ZHONGGUO GUDAI
SHOUGONG YE
GONGCHENG JISHU SHI

中国古代

手工业 (上)
工程技术史

何堂坤 / 著

山西出版传媒集团
山西教育出版社

图书在版编目（ＣＩＰ）数据

中国古代手工业工程技术史/何堂坤著. —太原：山西教育出版社，2012. 8
（中国古代工程技术史大系/路甬祥主编）
ISBN 978 - 7 - 5440 - 5600 - 7

Ⅰ. ①中…　Ⅱ. ①何…　Ⅲ. ①手工业史 - 中国 - 古代　Ⅳ. ①N092

中国版本图书馆 CIP 数据核字（2012）第 194860 号

中国古代手工业工程技术史
ZHONGGUO GUDAI SHOUGONGYE GONGCHENG JISHUSHI

选题策划	王佩琼
责任编辑	康　健
特约编辑	左执中
复　　审	张沛泓
终　　审	刘立平
整体设计	王耀斌
印装监制	郭　勋
	贾永胜

出版发行　山西出版传媒集团·山西教育出版社
　　　　　（太原市水西门街馒头巷 7 号　电话：0351 - 4035711　邮编：030002）
印　　装　山西新华印业有限公司
开　　本　787 × 1092　1/16
印　　张　68. 25
字　　数　1459 千字
版　　次　2012 年 8 月第 1 版　2012 年 8 月山西第 1 次印刷
印　　数　1—5000 册
书　　号　ISBN　978 - 7 - 5440 - 5600 - 7
定　　价　230. 00 元（上、下）

如发现印装质量问题，影响阅读，请与印刷厂联系调换。电话：0351 - 4120948

《中国古代工程技术史大系》编委会

顾 问（以姓氏笔画为序）

王玉民	孔祥星	朱光亚	刘广志	严义埙	李学勤
吴良镛	汪闻韶	陈克复	陈志恺	周世德	周光召
张驭寰	赵承泽	胡亚东	柯俊	顾文琪	俞伟超
桂文庄	钱临照	郭可谦	席泽宗	黄务涤	黄展岳
黄铁珊	韩德馨	董光璧	雷天觉	廖克	薛钟灵
潘吉星					

主 编 路甬祥

副主编 何堂坤（常务） 王渝生

常务编委（以姓氏笔画为序）

王兆春	王渝生	李文杰	李进尧	何堂坤	杨泓
周魁一	张柏春	路甬祥	廖克		

编 委（以姓氏笔画为序）

王兆春	王菊华	王渝生	冯立升	朱冰	刘德林
许平	李文杰	李进尧	李根群	苏荣誉	何堂坤
沈玉枝	杨泓	周嘉华	周魁一	钟少异	张芳
张柏春	张秉伦	赵继柱	高汉玉	黄赞雄	韩琦
路甬祥	廖克	谭徐明	熊寥		

办公室主任 张宏礼

工作人员 赵翰生 李小娟 王春玲

1. 江陵菱形纹越王勾践剑

采自《中国美术全集》"工艺美术编5·青铜器",文物出版社,1986 年

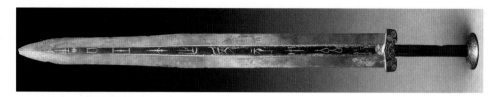

2. 故宫博物院藏少虡剑

传为 1923 年山西浑源李峪村出土,照片承故宫博物院提供

3. 新干尖翘锋短柄秃首蝉纹刀 XDM:315

采自江西省文物考古研究所等:《新干商代大墓》,文物出版社,1997 年

4. 上海博物馆藏龙纹镂脊尖翘锋短柄秃首刀

采自陈佩芬:《夏商周青铜器研究》(夏商篇下),上海古籍出版社,2004 年

1．曾侯乙墓尊盘

采自《中国美术全集》"工
艺美术编 5·青铜器"

2．刘胜墓所出错金博山炉

采自中国社会科学院考古研究
所等：《满城汉墓发掘报告》，
文物出版社，1980 年

1. 朝天耳三足大乳"宣德"款炉

高 12.2 厘米，重 1.139 公斤；台北故宫博物院藏

采自张光远：《大明宣德炉》，台北《故宫文物月刊》

第三卷第八期，1985 年 11 月

2. 马家窑文化彩陶瓶

通高 28.5 厘米，口径 13 厘米，泥质橙黄陶，敞口，鼓腹，平底，通体布满黑色彩绘，肩部绘网纹、十字圆圈纹，上下为弦纹、波纹；1978 年青海省民和县出土，青海省文物考古研究所藏

采自中国文物交流服务中心：《中国文物精华》，文物出版社，1999 年

1. 秦始皇陵一号铜车马

采自秦始皇兵马俑坑博物馆等：《秦始皇陵铜车马发掘报告》，文物出版社，1998年

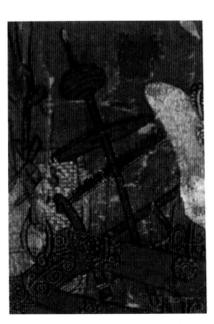 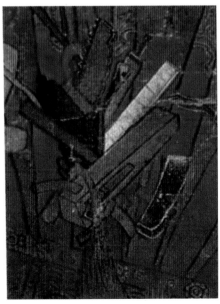

2. 苏汉臣货郎图（局部）所载床刨和舞钻

采自马晋封：《苏汉臣货郎图》，《故宫文物月刊》第1卷第11期，1984年，台湾

1. 长沙战国晚期褐地矩纹锦 M1023：20－3（局部）

2. 长沙战国晚期朱条暗花对龙对凤纹锦 M1023：20－6（局部）

采自湖南省博物馆等：《长沙楚墓》彩版肆陆，3、肆柒，1，文物出版社，2000年

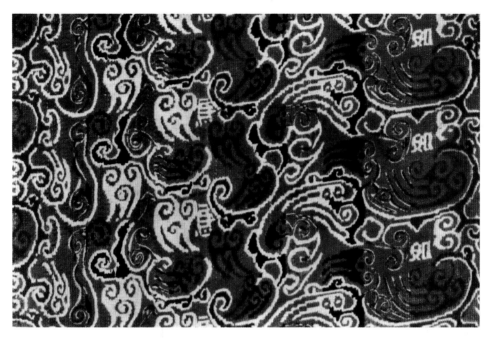

1. 新疆民丰东汉"万世如意"锦

采自夏鼐：《考古学和科技史》图版壹，科学出版社，1979 年

2. 马王堆汉墓长寿绣

采自上海纺织科学研究院等：《长沙马王堆一号汉墓出土纺织品的研究》图版二二，
文物出版社，1980 年

1

2

3

4

1. 南阳卧龙乡汉代青铜舟 YN1 内表面加工纹路

2. 南阳卧龙乡汉代青铜舟 YN1 外表面加工纹路

3. 徐州雪山寺宋代铜磬 DH：5 口沿内表面加工纹路

4. 徐州雪山寺宋代铜锣 DH：4 表面加工纹路

汉代铜舟标本呈刘绍明提供，雪山寺响器照片承李银德提供

1．阿斯塔那唐大历十三年花鸟纹锦

采自新疆维吾尔自治区博物馆:《吐鲁番县阿斯塔那—哈拉和卓古墓群清理简报》,《文物》1972年第1期

2．临川宋代张仙人瓷俑及其旱罗盘

采自中国历史博物馆等:《中国古代科技文物展》,朝华出版社,1997年

1．温州元"蚕母"套色版画

采自金柏东：《温州发现"蚕母"套色版画》，《文物》1995年第5期

2．元至正元年中兴路刊《金刚经注》朱墨套版

采自张秀明：《中国印刷史》，上海人民出版社，1989年

1

2

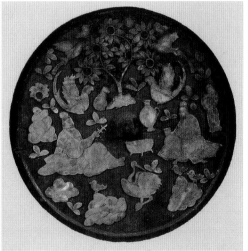

3

1．2．西安沙坡唐被中香炉

1963年陕西西安沙坡村出土，腹径4.8厘米。中国国家博物馆藏

采自中国历史博物馆等：《中国古代科技文物展》，朝华出版社，1997年

3．唐螺钿人物镜

1955年洛阳16工区76号唐墓出土，径25厘米；中国国家博物馆藏

照片承中国国家博物馆提供

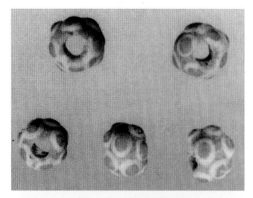

1．长沙楚墓十二眼玻璃珠

玻璃珠 M398：8—12。有 12 个眼，大小相同，分 3 周错开排列，每眼皆蓝珠白圈。珠径 1 厘米、孔径 0.5 厘米，胎体蓝色

2．长沙楚墓二十眼玻璃珠

玻璃珠 M907：15。有 20 个眼，眼为扁圆形，由蓝、白二色相间，计 8 圈组成；四大四小在中层，上下层各三大三小。此外，珠上另用白色小点连成双线组成的四个菱形纹，中层的四个大眼居菱形中央。珠高 1.9 厘米、直径 2.2 厘米、孔径 0.9~1.0 厘米。胎体黑褐色

3．长沙楚墓二十眼玻璃珠

玻璃珠 M907：15；与前同为一件

4．长沙楚墓三十眼玻璃珠

玻璃珠 M1955：5。有 30 个眼，眼的中心为蓝色，外仅有一个白圈。器呈圆管状，高 2 厘米、径 2.1 厘米、孔径 0.7 厘米。经激光分析，此器含有大量硅、铁，以及钠、钙、镁、铜，并含有微量的钡，但不含铅

皆采自湖南省博物馆等：《长沙楚墓》彩版肆叁，文物出版社，2000 年

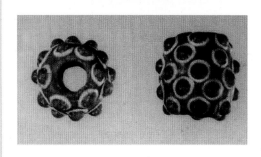

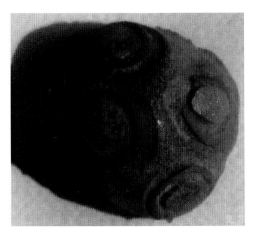

1

2

3

4

1．2．江陵秦家嘴战国早期墓蜻蜓眼式玻璃珠

外形与固始侯古堆夫差墓玻璃珠基本相同。表面烧成了玻璃，内部仍有砂粒，穿孔处保留有烧结过的黄泥芯；1986 年之后出土

采自后德俊：《先秦和汉代的古代玻璃技术》，载干福熹主编：《中国古代玻璃技术的发展》，上海科学技术出版社，2005 年

3．广西合浦西汉玻璃璧

1971 年合浦望牛岭二号西汉墓出土，面径 13.7 厘米、内径 3.7 厘米、厚 0.4 厘米、重 190 克，经密度测定，定为铅玻璃

4．广西合浦西汉玻璃杯

合浦县文昌塔西汉墓出土，淡青色，半透明，敛口，平唇，折腹并饰 3 道弦纹，通高 5.2 厘米、口径 7.4 厘米，含二氧化硅 79.69%、氧化钾 16.22%

3、4 皆采自黄启善：《中国南方和西南的古代玻璃技术》，载干福熹主编：《中国古代玻璃技术的发展》，上海科学技术出版社，2005 年

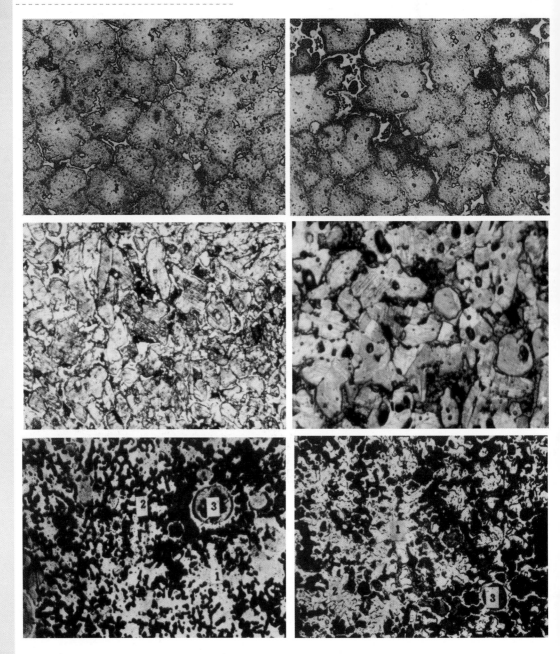

1. 姜寨仰韶文化早期黄铜片金相组织 ×400
2. 姜寨仰韶文化早期黄铜片金相组织 ×400

皆采自韩汝玢《姜寨第一期文化出土黄铜制品的鉴定报告》

3. 长岛店子龙山文化黄铜片金相组织 ×320
4. 长岛店子龙山文化黄铜片金相组织 ×500

皆承北京市粉末冶金研究所任新荷分析

5. 王城岗龙山文化晚期铜器残片 WT196H617：14 金相组织 未作人工腐蚀 ×280
6. 王城岗龙山文化晚期铜器残片 WT196H617：14 金相组织 人工腐蚀 ×400

两图中的符号："1"：α 固溶体；"2"：（α+δ）共析体；"3"：腐蚀了的铜
皆采自《登封王城岗与阳城》，孙淑云文，文物出版社，1992 年

1	2
3	4
5	6

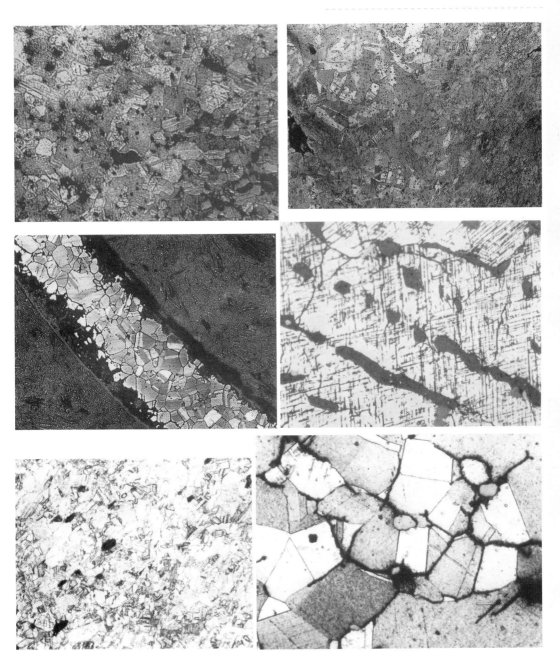

1. 朱开沟(商代中期)短剑 M1040：2 金相组织　×200
2. 朱开沟耳环（2700）金相组织　×100
3. 朱开沟残圈（2655）金相组织　×100
　　皆采自《文物》1996年第8期李秀辉等文
4. 琉璃河西周早期青铜戈 B36（M105：x）刃部金相组织　×320
5. 琉璃河西周早期青铜戈 B35（M253：x）刃部金相组织　×320
6. 河南光化春秋铜盒 Y22 金相组织　×320

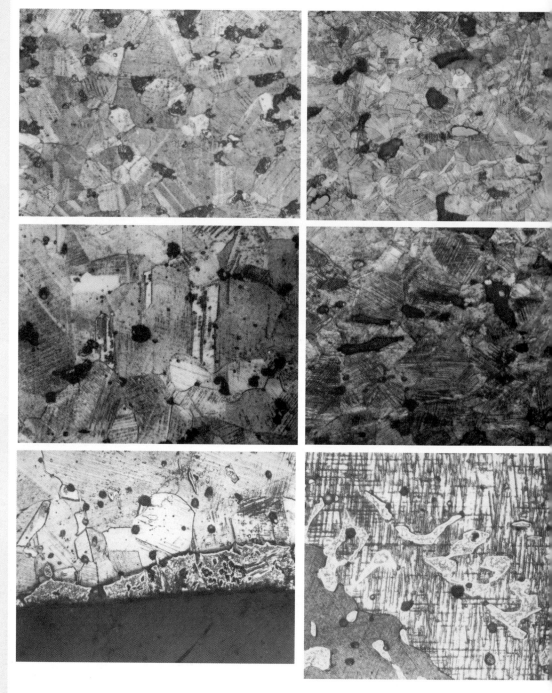

1. 河南固始春秋青铜匜 YG3 锻打组织 × 320
2. 湖北包山楚墓 C 形铕 EB12（M2：315-1）锻打组织 × 320
3. 湖北包山楚墓平顶盒 EB10（M4：25）锻打组织 × 320
4. 淮阴高庄战国刻纹铜器 Ha3 锻打组织 × 320
5. 四川战国青铜戈 S15 刃部锻打组织 × 320
6. 四川战国青铜戈 S5 刃部锻打组织 × 320

1	2
3	4
5	6

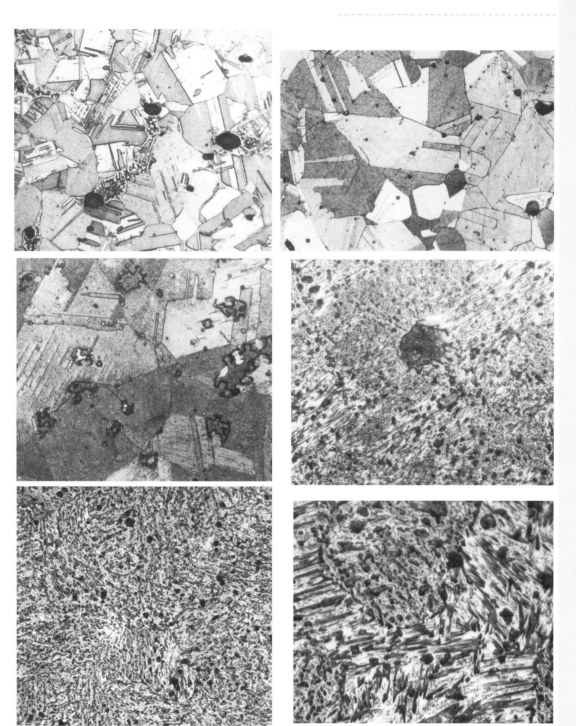

1	2
3	4
5	6

1. 云南战国西汉青铜剑 D6 尾部锻打组织　× 320
2. 云南战国西汉铜臂甲 D2 锻造组织　　× 320
3. 淮阴高庄战国刻纹铜器 Ha5 锻造组织　× 320
4. 临沂战国青铜剑 LY1 金相组织　　× 500
5. 江陵战国青铜剑 J20 金相组织　　× 200
6. 江陵战国青铜剑 J20 金相组织　　× 500

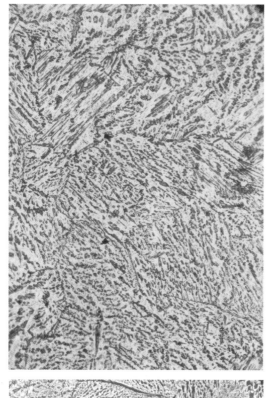

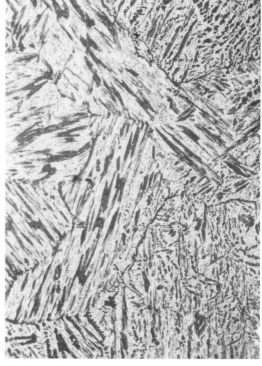

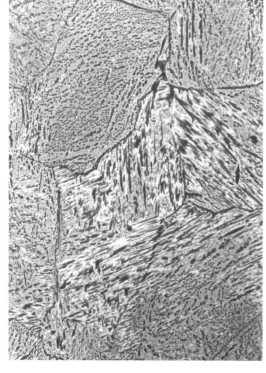

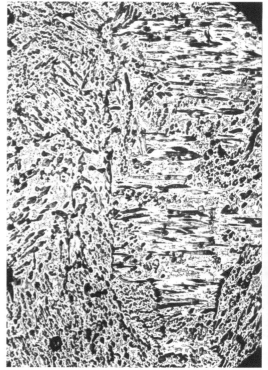

1. 峨眉战国刮刀 S22 金相组织　　× 320

2. 峨眉战国刮刀 S22 金相组织　　× 320

3. 江陵战国残镜 J10 金相组织　　× 320

4. 安徽战国蟠螭纹镜 W1 金相组织　　× 320

1	2
3	4

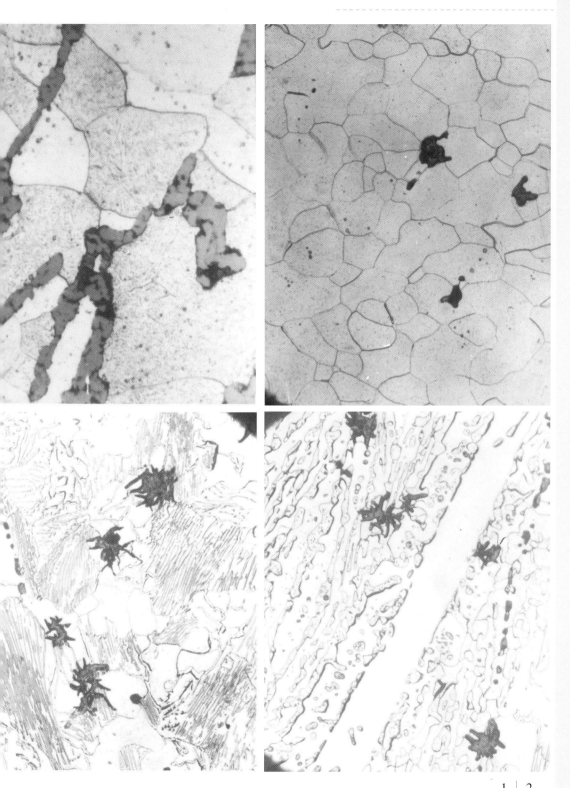

1. 荆门包山战国铁棺钉 EB19（M4 外棺盖上）的激冷组织　×500
2. 荆门包山战国铁斧 EB4（M2：135）表层脱碳组织　×320
3. 荆门包山战国铁斧 EB4（M2：135）表层下的可锻铸铁组织　×320
4. 荆门包山战国铁斧 EB4（M2：135）器体中心残留的生铁组织　×320

1	2
3	4

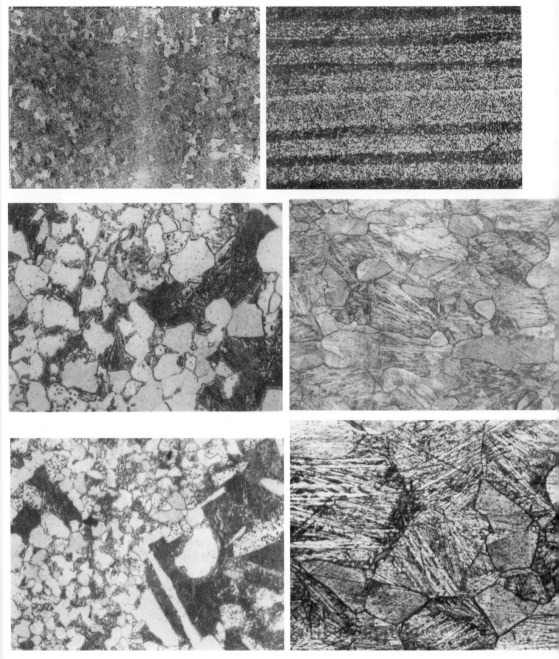

1. 建初五十涷 剑刃心部金相组织　×200
2. 建初五十涷 剑刃缘部金相组织　×100
　　皆采自柯俊等《中国古代的百炼钢》,《自然科学史研究》1984 年第 4 期
3. 河南固始东汉铁镜 YG6 金相组织（珠光体＋铁素体）　×320
4. 南阳铜舟 YN1 金相组织　×250
5. 河南固始东汉铁镜 YG6 金相组织（珠光体，铁素体呈针状并穿透晶界）　×320
　　皆承北京市粉末冶金研究所任新荷、王雨茹等分析
6. 南阳铜舟 YN1 金相组织　×500
　　标本承南阳市博物馆提供，承任新荷分析

1	2
3	4
5	6

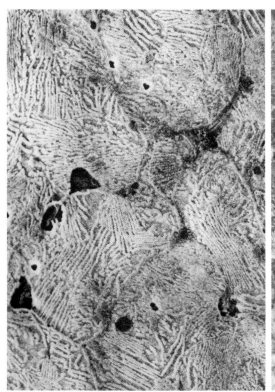

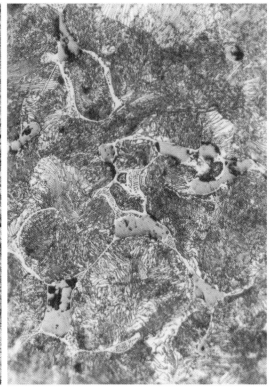

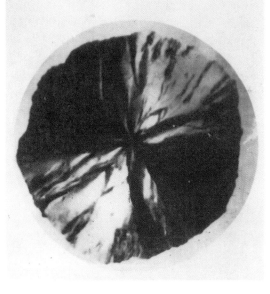

1	2
3	4

1. 洛阳坩埚附着钢 Y1-1-0 金相组织　×1250
   承原冶金部钢铁研究总院李文成扫描电镜能谱拍摄
2. 洛阳坩埚附着钢 Y1-1-7 金相组织　×500
3. 洛阳坩埚附着钢观察面外部形态 Y1-1-1　×20
   皆承原冶金部钢铁研究总院吴可秋分析
4. 巩县铁生沟汉代铁䦆中的球状石墨　×1500
   承北京科技大学冶金与材料史研究所提供

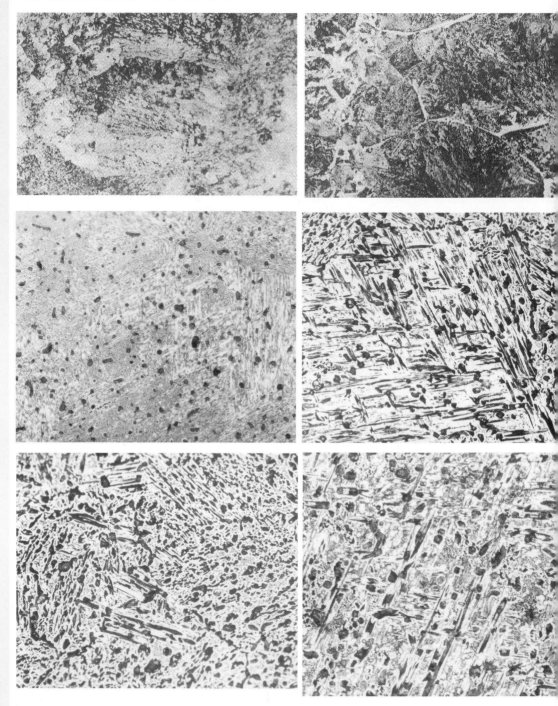

1. 河南登封阳城汉代铁镂　YZHT2H9：3 金相组织（中心，珠光体）　× 125
2. 河南登封阳城汉代铁镂　YZHT2H9：3 金相组织（珠光体＋铁素体）　× 100
　　皆采自韩汝玢《阳城铸铁遗址铁器的金相鉴定》
3. 陕西西汉昭明镜 Sh11 金相组织　× 320
4. 北京东汉连弧纹镜 B2 金相组织　× 320
5. 北京东汉连弧纹镜 B2 金相组织　× 320
6. 安徽东汉大钮镜 W12 金相组织　× 320

1	2
3	4
5	6

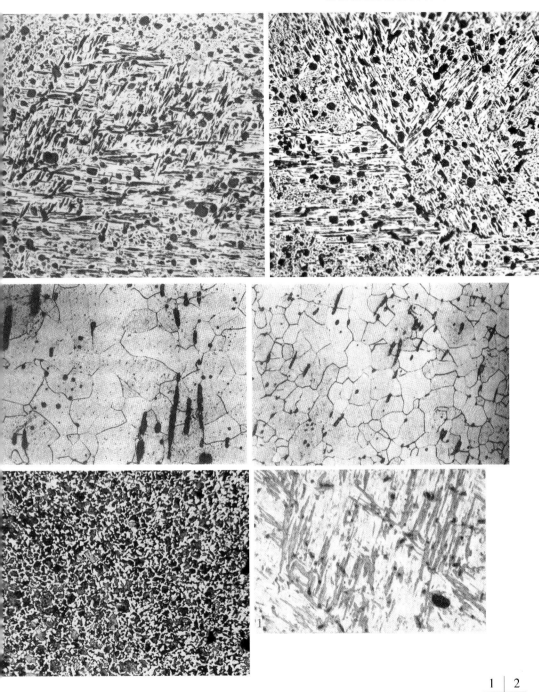

1. **鄂州东汉环状乳神兽镜 E20 金相组织　×320**
2. **鄂州东汉环状乳神兽镜 E20 金相组织　×320**
3. **洛阳唐兴元、至德间铁剪 YL118 金相组织　×400**
   承北京科技大学冶金与材料史研究所提供
4. **洛阳排灌站隋大业九年墓铁剪 YL122（M366）金相组织　×400**
5. **渑池汉魏 I 式斧 471 刃部金相组织（倍数缺如）**
   承北京科技大学冶金与材料史研究所提供
6. **赤峰唐盘龙镜 N4 金相组织　×320**

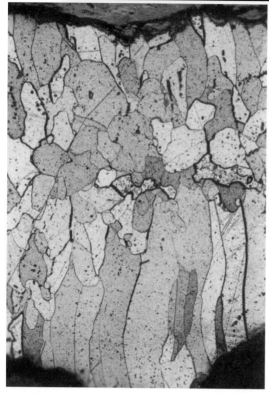

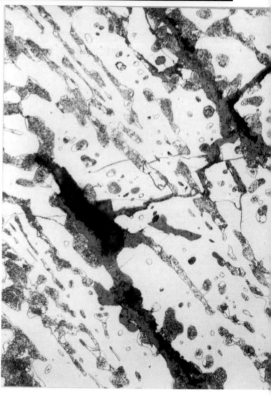

洛阳排灌站隋大业九年墓铁镜 Y125 金相组织

1. 观察面全貌，由上左至下右，即由内区至缘区：铁素体＋珠光体＋莱氏体　×12.5

上左：镜之内区，皆已脱碳，组织为纯铁素体，呈柱状晶

下右：镜之缘区，表层脱碳，稍里为高碳钢（颜色深黑，组织难辨），中心宝塔状物
为莱氏体组织

2. 内区镜肉部　×50

3. 镜缘部中心区　×400

1	
2	3

承北京汽车制造厂理化实验室张惠云等分析

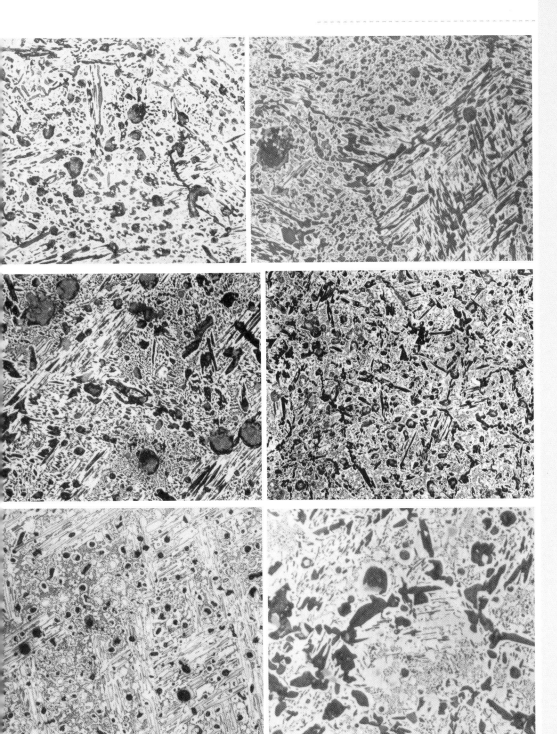

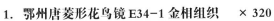

1．鄂州唐菱形花鸟镜 E34-1 金相组织　×320
2．鄂州唐方镜 E35-1 金相组织　×250
3．安徽唐初四神镜 W14-1 金相组织　×320
4．临沂唐禽兽葡萄镜 LY19-1 金相组织　×250
5．凤翔唐莲花镜 Sh3-1 金相组织　×320
6．鄂州唐八卦镜 E62-2 金相组织　×500

1	2
3	4
5	6

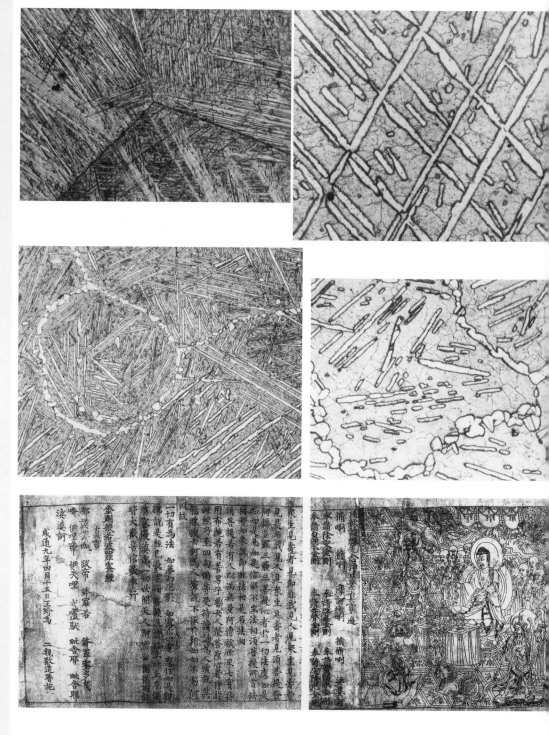

1. 自制高温淬火标本 S61W0 金相组织　×320
2. 自制高温回火标本 S61W1 金相组织　×320
3. 自制高温回火标本 S64W2 金相组织　×100
4. 自制高温回火标本 S64W1 金相组织　×160
5. 咸通九年《金刚般若波罗密经》卷首插图及卷尾题款
　　藏于不列颠博物馆

1	2
3	4
5	

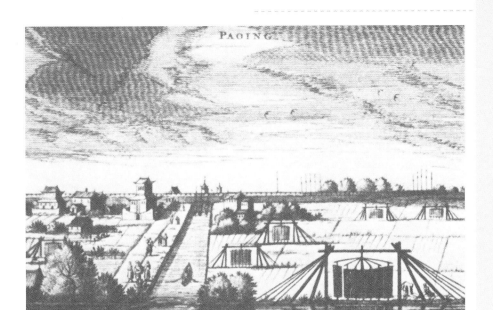

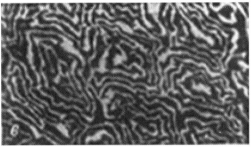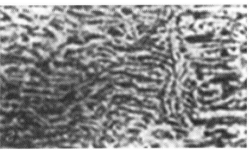

```
1
─
2
─
3
```

1. **17世纪江苏宝应立轴式风车（荷兰人 Jan Nieuhoff　1656年绘）**

   采自 Joseph Needham, Science and Civilisation in China, Vol.4, PartII, Fig. 688. Cambridge University Press, 1965（照片承冯立升提供）

2. **19世纪30年代安诺索夫制作的布拉特钢花纹形态（马刀）　×5**

   采自Большая Советская Энциклопедия.13.том Подписан К Печати 27 Июня 1952 Г

3. **铸造型大马士革钢花纹形态**

   采自 L.Aitchison, A History of Matals, 1960

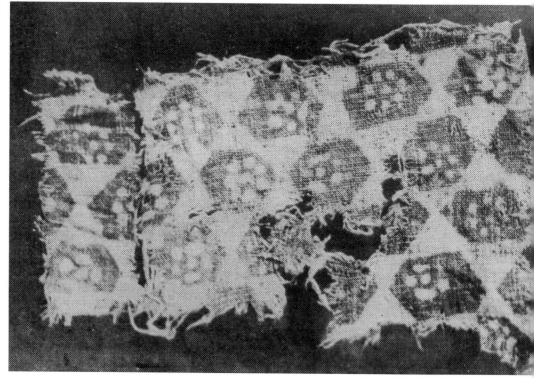

$$\frac{1}{2}$$

1. 民丰东汉蓝白印花棉布
2. 于屋来克北朝印花（夹缬）棉布

    采自沙比提《从考古发掘资料看新疆古代的棉花种植和纺织》,《文物》1973年第10期

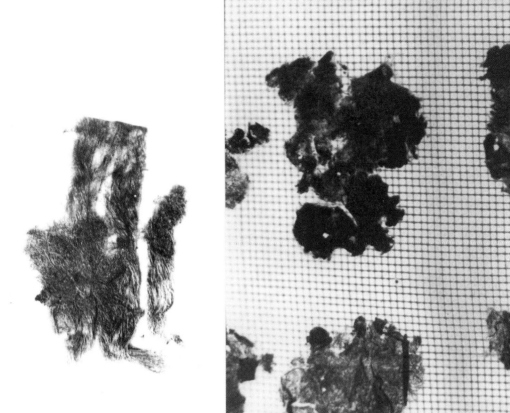

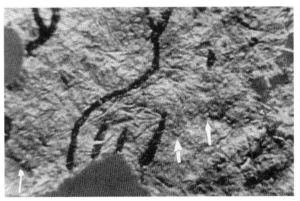

1	2
3	4

1. 灞桥纸状物中的瓣状纤维束　×3.5
　承戴家璋提供
2. 撕裂了的灞桥纸状物残片　×2.5
3. 放马滩地图状物及其经纬交织纹　×6
4. 放马滩地图状物上的经纬交织纹　×4
　皆承王菊华提供

序言

"工程技术"活动是人类最为基本的社会实践之一。现代工程技术主要表现为以科学发现来引导技术创新，并应用于生产；又围绕生产过程对技术实行集成，并以理论的形态，形成诸多独立的学科，起到联结科学与生产的桥梁作用。工程技术是在人类利用和改造自然的实践过程中逐渐产生，并发展起来的，在古代，人们只有有限，且不太系统的科学知识；科学与生产的联系也不像今天这样直接和紧密。古代工程技术，主要表现为累积了世代经验的生产手段和方法，这些手段和方法，有的经过了一定的总结和概括，有的就蕴含于生产过程之中。当然，由于目的及所采用的手段和方法的不同，古代工程技术也形成了许多门类。就中国古代工程技术而言，最为主要的有以下内容：采矿技术、冶铸技术、机械技术、建筑技术、水利技术、纺织和印染技术、造纸和印刷技术、陶瓷技术、军事技术、日用化工技术等。这些门类，也就是《中国古代工程技术史大系》所要包括的内容。

在科学技术突飞猛进的现代，来研究中国古代工程技术史，我觉得不能不思考三个问题，一是中国古代工程技术发展的特点或规律，二是中国古代工程技术实践的历史意义，三是中国古代工程技术实践的现实价值。我是学现代工程技术的，近些年因工作关系，与科学史界有较多接触，这次《中国古代工程技术史大系》编委会要我担任主编，也促使我有意识地对这些问题进行了思考，借此机会，谨将一些初步的认识梳理罗列于下，以与海内外科学史界的朋友交流、讨论。

（1）中国古代工程技术发展的主要特点

根植于中华农业文明，发展进程具有连续性、渐进性和相对独立性。

国家因素起着重大作用，具有强大组织功能的中央集权制国家机器推动产生了一系列规模宏大的工程技术实践。

独特的环境、独特的资源和独特的历史，孕育了诸多独特的发明创造。

辽阔与各具特点的地域，既孕育了丰富多样的技术成果，也导致了技术发展的地区差异

（2）中国古代工程技术实践的历史意义

与中国古代农业技术相结合，共同构成了中华农业文明体系的技术基础。

以富有特色的大量发明创造，形成了世界古代工程技术的独特体系。

以一系列独具匠心的发明，对人类文明进步和近代世界发展作出了贡献。

凝聚了中国古人对于自然以及人与自然关系的丰富而独到的认识。

（3）中国古代工程技术实践的现实价值

当前我们正面临一个全球化的时代，现代化和全球化不能以失落传统为代价，未来世界应当是一个高度发达，同时又保有多样文化传统的多彩世界，中国古代工程技术实践的成果结晶既是中华民族文化传统的有机组成部分，也是人类科学技术传统的重要组成部分。

基于"敬天悯人"的意识，中国先贤一直以"顺天而动"、"因时制宜"、"乘势利导"、"节约民力"为工程技术活动的重要原则，由于多种因素的交互作用，既有成功，也有失败，这部"悲欣交集"的历史长卷，对于今天的工程技术实践乃至整个人类的活动，仍有丰富的启迪意义。历史的经验和教训从来都是一笔宝贵的财富，后来者要善于以史为鉴、服务当今、创造未来。

以上诸点，只是粗线条的概括性认识。我相信，本书各卷的撰著者，必然都从各自的领域和角度对这些问题进行了深入的思考，并以大量的资料进行论证，从而得出自己独立的见解，为读者展现出丰富而生动的学术成果。

中国科技史研究以往存在重数理而轻技术的现象，我希望这次通过编纂《中国古代工程技术史大系》，能够集中全国各方面专家学者的力量，对中国古代工程技术实践进行系统的整理和研究，力求科学地理解中国古代工程技术发展的历史，并对以往有关中国古代工程技术史的研究进行一次总结。

目录

CONTENTS

前　言

我国是个伟大的文明古国，几千年来，有过许多重大的发明创造，尤其在生产技术、手工业技术方面，对人类文明作出了重大的贡献。英国著名科技史家李约瑟博士在《中国科学技术史》一书中说，从公元 1 世纪到 18 世纪，由中国先后传到欧洲等地的科技发明至少有 26 项之多[1]。细观此 26 项的实际内容，绝大多数都是属于手工业技术方面的。对这些发明创造进行全面、系统的总结，了解其发展过程和主要成就，了解其中的管理制度和思想方法，不但可增进人们对科技史的了解，而且对现代社会之发展，也是很有帮助的。

一、关于我国古代手工业技术发展的基本历程

我国古代手工业技术的发展，归结起来，大体上可分成六个不同的阶段：

（一）原始社会——手工业技术的孕育期

技术的发展，也经历了由低级到高级，由简单到复杂的过程。在旧石器时代，人们的生产活动主要是狩猎，主要生产工具是石、木、骨器。石器的基本制品是尖状器、刀斧状器、锯状器、球形器等。这些工具，人们又称之为"万能工具"，虽然十分粗陋、简单，但却是后世一切工具、一切生产技术的鼻祖。人类在旧石器时代获得了六项技术成就，即掌握了原始的石器打制技术、发明了飞石索技术、石镞和弓箭制作技术、工具装柄、石器骨器的磨光和穿孔技术，以及摩擦取火技术[2]。新石器时代与旧石器时代的主要区别是：由完全依赖自然的赐予，发展到了创造性的生产。新石器时代出现了农业，发明了制陶技术、纺织技术、冶金技术、原始机械技术、建筑技术等。我国今见最早的陶器，是广西桂林庙岩陶器等，距今 15000 年以上；今见最早的冶炼铜，是陕西临潼姜寨出土的半圆形铜片和铜质管状物，距今约 6600 多年；今见最早的纺织品，是郑州荥阳青台仰韶文化中期遗址出土的丝织物和麻织物，距今约 5500 年；今见最早的船桨和织机具，皆属河姆渡文化时期，距今约 7000 年；今见最早的制陶快轮，约属仰韶文化晚期、大汶口文化中期偏晚，距今约 5500 年；今见最早的漆器，是河姆渡遗址第四层的缠藤篾红漆木筒和第三层的红漆木碗，距今约 7000 年。这些生产技术的出现，说明我国进入了一个新的历史阶段。

自然，原始社会尚无私有制，亦无国家，是无所谓手工业的，但有手工生产和手工技术。在旧石器时代，农业尚未出现；在新石器时代，手工业依然包含在农业之中，故我们将整个原始社会称之为手工业技术的孕育期。

（二）夏商周——手工业技术的初步形成期

大约在夏或稍前的准国家时期，手工业便开始从农业中分离出来，而成了独

立的生产部门。

由夏、商、西周，到春秋、战国，前后约 1700 多年，这是我国古代手工业技术初步形成、初步发展的阶段，并在春秋战国时迎来了第一个发展高潮。其中较值得注意的是以下几个事件：

1. 出现了一些规模较大的手工业作坊（或工场）。

今存规模稍大，且年代较早的要算二里头手工业作坊，其中有冶铸、制陶、制骨等工种，属夏代中晚期。商代中、晚期之后，手工业作坊的数量和规模都有了较大扩展，今存较大的作坊主要有：瑞昌铜岭采矿场，开采时间为商代中期至春秋战国；大冶铜绿山采冶场，采冶时间主要为商代晚期到西汉；皖南采冶场，采冶时间主要为西周至唐宋；内蒙林西大井采冶场，采冶时间主要为西周晚期至春秋早期；洛阳西周铸铜作坊，属西周早期。在春秋战国时期，各诸侯国都建立了自己规模较大的手工业作坊，且许多地方都有发现。

2. 金属工具得到了较为广泛的使用，使我国社会生产具备了最为重要的物质基础。

先是青铜器，青铜技术在商代晚期便发展到了较高的水平，社会生产和社会生活的各个领域都大量而广泛地使用了青铜；紧接着是铁器，战国时期，农具、手工业工具、生活用器都已广泛用铁。我国古代的青铜文明、铁器文明，都达到了世界先进的水平。

在青铜技术中，较为重要的是合金技术。它约萌芽于二里头时期，商代晚期时，以锡为主要合金元素的 Cu—Sn 二元和 Cu—Sn—Pb 三元合金系便确立起来，在殷墟大墓中每有发现；春秋战国时期，便总结出了世界上最早的青铜合金规律——六齐规律。

在先秦青铜器物中，最具权威性的是鼎和钺，那是权力和地位的象征；在兵器和日用器中最具代表性的分别是青铜剑和青铜镜；在生产工具中较具代表性的当是斧、锯、铲、镬、锸；它们的形态，都带有几分神秘的色彩。

在先秦铁器技术中，最为重要的是生铁冶炼及可锻化退火处理技术。我国虽不是世界上最早使用铁器的国家，但却后来居上，很早就发明了生铁及其可锻化退火处理技术，未见独立而漫长的块炼铁阶段，使我国铁器文明很快就走到了世界前列。

3. 各学科、各行业都获得了多项重要技术成就。

如采矿技术。此时人们已总结出了一整套行之有效的找矿法，使用了竖井、斜井、平巷相结合的联合开采和群井开采，初步解决了开采过程中的井巷防护、排水、通风、提运等问题。开采了多处大型矿藏。

如冶铸技术。至迟在春秋时期，便建筑了一批规模较大的冶炼炉，炉底设置了风沟，使用了能力较强的鼓风器，使用了多管多孔送风；南方北方都使用了硫化矿；大井等地使用了石灰石造渣熔剂；产品的品位较高。早在商代中期，泥型铸造便发展到了相当高的水平；春秋时期发明了层叠铸造、出蜡铸造和金型铸造；至迟在春秋战国，便总结出了一套判定火候的熔炼技术规范。春秋战国时期，钢铁和青铜的淬火技术都已使用较多；发明了可锻铸铁技术，若无这一技术的发明和推广，先秦铁工具决不能得到如此广泛的使用。

如陶瓷技术。人们选择了含硅量较高的瓷土为制胎原料，发明了原始瓷；泥条盘筑法和拉拔造型等更为娴熟；商代早期发明了半倒焰式馒头窑和平焰式龙窑，商代中期南方印纹硬陶发展到了相当繁盛的阶段。

如机械技术。至迟在商代晚期便发明了滑车；大约西周又发明了辘轳；至迟在东周便发明了绞车。大约在夏或稍前，便发明了规、矩、准、绳这四大测量工具。战国时期，发明了蹶张弩、连弩、床弩；约春秋晚期，便发明了抛石机。我国古代车船技术的发明期大约都可上推到原始社会，夏商周皆发展到了更高水平。

如纺织技术。采用了热水煮麻（葛）脱胶，热水缫丝技术有发展；发明并使用了手摇纺车；织机具有了传动机构，形成了简单的机械体系，发明了多综多蹑提花机；草染已形成一整套技术体系，发明了多次浸染和媒染；发明了印花技术；出现了斜纹、经二重、纬二重和大提花等复杂组织，织出了绮、锦等文彩绚丽的织品。

（三）秦汉至魏晋南北朝——手工业技术的全面发展期

这也是我国古代手工业技术发展的第二个高涨期。其中较值得注意的事项是：

1. 各行各业都逐渐推广了钢铁工具，这对于统一多民族国家的形成是具有重要意义的。

在钢铁工具推广过程中，最为重要的便是"以锻代铸"的过程，即以锻造的钢铁器物取代铸造的青铜器和铁器。锻件不但强度高、硬度大，且较为轻便。在兵器中，以锻代铸的典型例子便是"以刀代剑"，即以钢铁刀代替青铜剑，其在西汉便已基本完成；往日有学者认为"以刀代剑"的出现是由于作战方式中，以骑兵代替了车战之故，这有一定道理；但可能还有一个较为重要的原因，那就是钢铁材料取代了青铜。在生产工具中，以锻代铸的过程大体上是东汉之后，随着炒钢和灌钢工艺的发展而逐渐完成的，其时间稍长一些。

2. 各项手工业技术，都取得了较大的发展。

如金属技术。在冶炼技术方面，建造了较为高大的冶铁高炉，使用了水力鼓风，可能还使用了预热送风。在炼钢技术方面，发明了炒炼法和灌炼法这两种半液态炼钢工艺，这是人类古代社会炼钢技术的最高成就。至迟在后赵（319～351年），便有了人工点化铜砷合金的记载；东晋时期，又炼出了镍白铜。在金属热处理方面，铸铁可锻化退火处理技术发展到较为成熟的阶段；南北朝时发明了油淬和尿淬。

如陶瓷技术。西汉时发明了低温釉陶，为后世各种低温釉的使用奠定了坚实的基础。东汉之后，在浙江、江西、湖南、四川等地，都烧出了真瓷，它的各项技术指标都已达较高水平。

如机械技术。在汉代，拉杆传动、绳索传动都巧妙地用到了纺织和鼓风机械中；齿轮传动用到了记道车、指南车和天文仪器上。发明了独轮车。造船技术有了较大提高，风帆已广泛使用于船舶航行。耕犁的结构更加趋向于完善；作为粮食加工工具的旋转磨有了较大发展，发明了礧和扇车；发明了游标卡尺、常平机械，以及某些自动机械。魏晋南北朝时期，发明了翻车等排灌机械，以及水磨、水碾、八转连磨、舂车、磨车等粮食加工机械，发明了木牛流马、帆车、水车等交通和运输机械。此外，还发明了一种利用螺旋桨飞行的"飞车"。

如纺织技术。在汉代，手摇缫车、手摇纺车都已推广，发明了脚踏纺车；脚踏斜织机已广泛使用，多综多蹑纹织机已相当完善，发明了束综提花机，织出了比较大型的花纹；染色技术有了较大发展，出现了多色套版印花，发明了蜡染工艺。棉纺技术在边境地区有了扩展。

尤其值得注意的是汉代发明了造纸术，它对人类文化的传播和保存，对人类文明的发展，都起到了十分重要的作用。东晋时期，我国出现了第一批书法家，南朝时期发明了雕版印刷。

3. 官府手工业得到进一步加强。

其优点是：可集中大批人力、物力，保证官府对手工业产品在产量和质量上的需求；缺点是客观上使民营手工业技术受到挤压。

4. 由于战争的破坏和摧残，魏晋南北朝手工业几乎是一片凋零，技术上亦无太多建树。

战争对人类文明的破坏是显而易见的。

（四）隋唐五代——平稳发展期

唐代社会在相当长一个时期都较为安定，工商政策较为宽松，与国外的文化技术交流较为活跃，手工业亦较发达，技术上处于一个相对平稳的发展阶段，但许多学科皆无太大建树，看来影响技术发展的因素是多方面的。此期较值得注意的事项是：

1. 在生产工具中，锻件已经较多，但仍有相当一部分铸件，尤其农具；铸铁可锻化退火在中原文化区依然保存着，部分器物的形制仍保留有先秦两汉遗风。

2. 民营手工业有了较大发展，产品质量也有较大提高。

以纺织业为例。唐代民营纺织业的规模较大，如定州何明远，曾从事多种经营，家有 500 张绫织机；又如北海人李清，靠祖传染业致富，家积百余万。

民营手工业产品的质量也有了较大提高。宫廷和官府一方面通过租庸调和折课的方式来获得民间优质产品，另一方面也直接到市场上采集；少府下所设和市监，可能便与此有关。《旧唐书》卷一〇五"韦坚传"载，天宝二年（743 年），韦坚为唐玄宗到南方采集了大宗物品，其中包括纺织品、金属制品、瓷器、各类珍宝、奇药等，皆属人间山海之珍，但相当一部分是手工业产品。

3. 中外文化技术交流十分活跃，纺织、冶金、陶瓷等多种手工业技术及其产品都受到过外来技术或艺术的影响。

4. 多项手工业技术依然取得了一定的成就。

如陶瓷技术。白瓷在北方有了普遍发展。初步发展了釉下彩、釉中彩、乳浊釉、花釉瓷。在低温釉陶方面创造了唐三彩。在装烧技术上推广了匣钵，烧造了一些大型制品和艺术陶瓷。

如纺织技术。斜织机、多综多蹑提花机都进一步推广和完善，平纹占主导地位的局面渐被打破，纬显花工艺取代了经显花的主导地位；花型大幅度扩展，色彩更为丰富，缂丝等高度艺术化的品种开始流行。植物性染料广泛使用；三缬印花、染花技术得到了较大发展。

如造纸技术。此时已发展到较为成熟的阶段。在继续生产麻纸、皮纸的同时，又发明了竹纸；打浆度提高，生产了大模纸。发明了表面施蜡技术；纸的质量大为提高。

雕版印刷开始兴起，唐代中期还发明了火药和指南针。

（五）宋元——繁荣期

宋代是我国古代手工业技术的繁荣期，冶铸、机械、纺织、制瓷等技术都更为成熟，作为"中国古代四大发明"的造纸、印刷、火药、指南针，都已登上了社会历史的舞台，为各国和各民族间的技术交流和各种联系，开拓了一条更为有效的途径。元代是民族压迫、阶级压迫都十分残酷的社会，多项手工业技术只能在夹缝中获得生存。此期较值得注意的事项有：

1. 在中原文化区的生产工具中，锻件已基本上取代铸件。

铸铁可锻化处理技术只在边境地区还保留着。一般生产工具的形制，已脱离了先秦两汉铸件那种古拙的形态，而变得轻便起来；铸制的交股剪逐渐向锻制的掠轴剪转变。

2. 各门手工业技术都取得了较大的成就。

如采矿。在宋代，井盐开采中发明了顿凿法的卓筒井；煤炭加工中发明了炼焦技术；在黄金业中开采了脉金。

如冶铸。冶铁炉已具有较为明显的炉身角和炉腹角，使用了风扇鼓风；灌钢技术有了发展；胆铜法开始大规模地运用于生产；以炉甘石配制黄铜的技术开始见于记载；蒸馏法炼汞技术有了发展；沙型铸造始见于记载；冷锻技术有了较大发展。

如制瓷技术。至迟在南宋，南方青瓷胎的含铝量便出现了增长的趋势；在制釉技术上有了多项新的突破，青瓷的石灰釉开始向"石灰—碱釉"转变，发明和发展了铜红釉、乳浊釉、影青瓷、粉青釉、梅子青、油滴釉、兔毫釉，以及片纹釉等，釉下彩技术也有了一定进步；发明了分室龙窑和葫芦窑；推广了覆烧法和火照法；出现了各具特色的六大名窑。到元代，制瓷技术又获得了一些进步，景德镇的胎、釉技术都有了发展，龙窑技术和馒头窑技术都有了提高。

如纺织技术。宋代便发明了脚踏缫车和水力大纺车；罗机子技术、提花技术都已发展到相当完善的程度，出现了宽幅重型棉织机；出现了缎组织，使三原组织得以最后形成；纬锦完全取代了经锦的主导地位；艺术织物，罗、锦、缂丝都发展到了更高的阶段。到元代，棉织业在中原地区得到了较大发展，从植棉、轧籽、弹花、卷筵，到纺纱织布，都形成了一整套独立、完整的工艺。

如"四大发明"。宋代的造纸技术已较成熟，造纸原料在继续使用麻、树皮的同时，又大量地使用了竹子、麦秆、稻秆等纤维；在制浆工艺中，使用了水碓捣浆，出现了关于"纸药"的明确记载。雕版印刷在宋代发展到了鼎盛阶段，使用了铜版印刷和型版套色印刷；同时还发明了活字印刷，其中包括木活字和胶泥活字两种工艺。火药在宋初运用到了实战中，并出现了世界上最早的管形火器。指南针技术有了发展，并在宋代用到了行军和航海中。

（六）明清——我国古代手工业技术集大成的阶段

此时，先世发明出来的许多重要技术成果，依然被人们沿用，而且有一定的改进和提高，操作上亦更为熟练。其中较值得注意的事项是：

1. 早在明代中后期，许多产业部门都出现了资本主义的生产方式，多种手工业的商品生产都已达到了一定的水平，这对其技术上的发展和提高自然会起到一定的促进作用。

张翰《松窗梦语》卷四六载，成化时，其先祖因经营酤酒业失利而购置了一张织机，因产品质量较好，而获利较多，"积两旬，复增一机，后增至二十余。"冯梦龙《醒世恒言》卷十八载，苏州盛泽镇上有一小业主姓施名复，家中原有一张织机，自己养蚕，妻络夫织，因其织品光彩润泽，皆争相购买，"几年间就增上三四张绸机，家中颇为饶裕……昼夜营运，不上十年，就有数千金家事，又买了左近一所大房居住，开起三四十张绸机。"显然这都是商品化生产。

2. 多方面仍有较为重要的技术发明。

如采矿。明代已对煤进行了较为科学的分类，对煤的成因有了一定认识；井盐开采中发明了多种钻具，而固井技术、打捞落物技术、淘井技术都发展到较高水平。清时，明代的撞子钎发展成了"转槽子"，深井开采技术进一步提高；清代还发明了爨盆，这是一种较为先进的油气开采设备。

如金属技术。至迟在明代便使用了活塞式风箱，使用了莹石稀释剂和部分焦炭冶炼；发明了串联式炒钢法和炼锌技术。直接用锌配制了黄铜。青铜熔炼技术有了较大提高，并形成了一整套"先除气、脱氧，再加锌、加锡"的工艺规范。青铜、黄铜锻打都发展到了较高水平。明末清初，广东部分高炉还使用了机车装料，清代灌钢发展到了苏钢的阶段。

如制瓷技术。在明代，景德镇瓷胎的"二元配方"法和石灰—碱釉都进一步确立；在低温釉基础上发展起来的各种釉上彩达到了比较成熟的阶段；创立了釉下青花和釉上多彩相结合的新工艺；永乐、宣德时期烧出了较好的铜红釉，充分显示了明代窑工的高超技艺；景德镇法华三彩采用了牙硝为助熔剂；明代还发明了阶级式龙窑。到清代，在此基础上又有进一步发展。

3. 由于造纸术、印刷术，以及整个社会文化事业的发展，宋、明、清各代，都出版了许多内容较为丰富的专业性和综合性图书，使大量古代科技史资料得以较好地保存了下来。

以上是我国古代手工业技术发展的六个基本阶段。

我国古代手工业向近代工业转变，大约经历了三个阶段：（1）知识传入期，为明代晚期及稍后。主要是由于传教士等的活动，西方近代工业的生产知识开始传入我国。大家较为熟悉的，如邓玉函撰王徵译《奇器图说》、汤若望授焦勖著《火攻挈要》（崇祯十六年印）、汤若望和李天经译《矿冶全书》（Dere Metallica）等。（2）技术引进期，即19世纪60年代至民国初年，较早引进的主要是与坚船利炮相关的各种机械，稍后有采煤和金属冶铸设备等。（3）初步形成期，即第一次世界大战后至20世纪40年代[3]。我国近代工业技术，是在引进西方近代技术的情况下发展起来的。

二、关于我国古代手工业技术的几个属性

我国古代手工业技术取得了许多重大成就，究其原因，是与多方面因素有关的，其中之一便是它本身的基本属性。归结起来，主要有如下几方面：

（一）创造性

在人类实践活动的各种属性中，这是最为重要的一种；没有创造，便没有人类的任何发展和进步。而善于创造，正是我们的民族，我国古代手工业技术十分重要的一个属性。我国古代的许多发明，如青铜技术、生铁技术、制瓷技术、丝织技术、造纸技术、火药技术、印刷技术、指南针技术、顿钻深井开采技术等，对中国文明和世界文明，都产生过重要的影响。但从资源上看，未必只有中国，而是许多地方都有条件做出这些发明的。我国并非是世界上最早使用铜器的国家，但却最早发明和发展了 Cu—Sn—Pb 三元合金的各项技术，从而将青铜技术和青铜文明发展到了最高水平。我国并非是最早用铁的国家，但却最早地发明并发展了生铁技术，从而很快地将铁器文明发展到了较高水平。世界上绝大多数古代民族都经历过制作陶器的阶段，其他地方也出产高岭土或瓷土，但并非所有古代民族都自己制作过瓷器。这些，显然都是与我们民族富于创造密切相关的。

（二）实践性

任何一项技术，都是适应于实践的需要而产生出来的，我国古代的科技发明自然也是这样。往昔有学者为了寻找中国近代科技落后的原因，便说："国人虽发明了火药，但却只会用来制作爆仗。""国人虽发明了指南针，但却只会用来看风水。"其实这种说法是不够全面，不够确切的。我国古代各项重大科技发明，实际上都具有较强的实践性和较强生命力，而且也很早就用到了实践中。如火药，约发明于唐代中期，至迟到北宋初年，便开始用到了军事上，《宋史》卷一九七载：开宝三年五月，冯继昇等进火箭法，试验后还得到了奖励。陈规《守城录》卷四载，南宋绍兴二年，制成了世界上最早的管形火器，即长竹竿火枪，这是世界上一切管形火器的鼻祖。人工磁化指南针至迟发明于唐代中期，唐代有了水针，并用到了僧人的涉山指向中；北宋时期，便被用到了军事上和航海事业中，《武经总要》和《萍州可谈》都谈到过指南针。后来有人用火药制作爆仗，用指南针看风水，那是问题的另外一个方面，是不宜相混的。

（三）开放性和包容性

我国古代手工业技术，作为中华文化的一个部分，自古便是既开放，且包容的，一直具有海纳百川、山容众仙的气概。数千年来，我国吸收和消化了许多外来的先进技术，而我国的许多先进技术亦源源不断地传到了国外。黄铜技术、镔铁技术、玻璃吹制技术等，大约都是从中近东、南亚传入的；而我国近代工业技术，基本上是在引进西方近代技术过程中逐渐确立起来的。有学者在探讨中国近代科技落后的原因时，将中国描绘成了一个长期自我封闭的体系，这是不够确切的。其实，政治、文化、技术上的自我封闭或被封闭，都是历史的片断，是由于积贫积弱的内部条件，以及外强的封锁和侵略造成的，并非民族文化、民族技术的本性。

（四）社会性

我们这个统一、多民族的国家得以形成、发展，并延续数千年而不中断，原因是多方面的，其中较为重要的有三方面：（1）特殊的地理环境，使这块土地上的人们为了自身的生存和发展，很早就结成了一个生命共同体。舜生于东夷，耕于历山，葬于苍梧；禹生于中原而葬于会稽；他们毕生的一项重要活动都是治水。就是治水，将这块广大的土地很早就连在了一起。大量研究表明，在夏代以前这里就建立了一个较为广泛的部落联盟。《禹贡》九州，应大体上是可信的。（2）发达的青铜技术和钢铁技术，为这个民族的生存、发展和经济上的繁荣打下了最为坚实的物质基础。（3）统一的文字，使这个民族有了共同的文化基础和长盛不衰的向心力。在这三方面中，前两方面都是属于工程技术方面的，我认为这便是技术的最为重要的社会性。

（五）继承性

许多优秀的手工业技术，都在我国沿用了千百年时间，直到现代大工业发展起来后，才逐渐失去了它的光彩。如炒钢技术、灌钢技术和刀刃嵌钢技术，皆发明于汉，却都沿用到了20世纪；后者则直到现在还在我国民间流传。这些技术之所以经久不衰，首先是其本身的先进性，在千百年的沧桑巨变中，具有强大的生命力；再便是我们民族对这些技术的坚强信念。许多手工业技术，都是靠一代代生产者的口传身授，而不是靠文字记载流传下来的，就更需要这种信念的坚定性。

以上说到了我国古代手工业技术的五个基本属性，因技术是靠人来体现的，故它也是人的一种属性，是我们民族文化、民族心理的一种属性。当然，世界上许多古文化民族的手工业技术都可能具有类似的属性，但在我国体现得更为明显和突出。这也是中华文化得已形成、发展，且数千年长盛不衰的重要原因之一。

三、关于我国古代手工业管理中的几个问题

管理制度对古代手工业技术发展的影响是显而易见的，部分史学工作者和经济史研究者曾对此做过一些不同程度的研究，但科技史工作者对这一领域则较少涉及。今仅依接触到的一些资料，对我国古代手工业管理的几个特点略述管窥之见。

（一）官营手工业在国家经济生活中长时期占有重要的地位

这是中国区别于西方古代社会的一个重要特点[4]。中国很早就建立了中央集权制，各级政府都具有直接控制和经营手工业的职能；中国最早出现的手工业，大约就是官府手工业。其具体形式虽因历史年代和地域而有所不同，如"工商食官"制、专卖制、各种官营制等，但基本属性都是官营的，由官府直接控制。官府经营手工业的目的：（1）为了满足皇室和政府的直接消费。（2）可税利合一，便于控制国家财政收入和稳定市场。这种体制的优点是：（1）其技术先进，资金雄厚，规模较大，分工较细，部分产品的产量和质量都易得到保证。（2）不但有利于保证王室和政府的一般需要，而且有利于满足国家应急之需，尤其是军事手工业。缺点是：（1）易于产生各种腐败现象。（2）将许多优秀的手工业者都集中到了一起，无疑又限制了其技术上的发挥和创造。这利与弊，得与失，汉《盐铁论》中都谈得较为清楚。宋代之后，虽由于民营手工业的发展，官营手工业的地位开始削弱，但其在许多部门的统治地位依然是十分牢固的。在古代手工业向近代工业转化时，我国第一批建立起来的大型工业，依然是官办工业。

（二）民营手工业一直是不可忽缺的

一般认为，我国最早产生的手工业是官府手工业，春秋时期依然是"工商食官"；当时的民间手工业是与农业结合在一起的。与农业相分离的私营手工业约兴起于战国时期，之后便一直延续了下来，并成了国家经济生活的重要组成部分。我国古代民营手工业的发展，其道路是较为曲折的。归结起来约有两种情况：一是政策较为宽松时，就发展得较快，否则就较慢。如汉代对民营手工业的一般管理，前期放任，中期限制，后期则趋于宽松；手工业的发展亦随之受到影响。二是社会极度混乱，民族压迫和阶级压迫过于残酷时，手工业技术便会受到极度挤压和摧残，魏晋南北朝和元代大体属于这一类型。总体上看，官府手工业与民营手工业这两种管理体制的利与弊，往往是相辅相成的；但一个宽松的环境，对官府手工业和民营手工业技术的发展，往往都会起到积极的推动作用。

（三）手工业中较早出现行会组织

"行"这一名称至迟出现于隋，最初大约只是一种业务性的称谓，或指个别店铺或作坊言，与该行业的组织并无关系。如《太平御览》卷一九一引《西京记》云："大业六年，诸夷来朝，请入市交易，炀帝许之。于是修饰诸行，茸理邸店，皆使甍宇齐正，卑高如一，瑰货充积，人物华盛，时诸行铺竞崇侈丽，至卖菜者亦以龙须席藉之。"此"行"显然是指一个行业，或诸多店铺，未必包含行业组织之意。之后，"行"的这一含义便一直延续了下来，在唐代及其之后皆随处可见。如：《太平广记》卷二六一"郑群玉"引《乾䐚子》："唐东市铁行有范生，卜举人连中成败，每卦一缣。"

随着工商业的发展，各行业内、不同行业间遇到的问题越来越多，大约唐代，某种形式的工商组织便自然地产生了出来。《古今图书集成·考工典》卷十引《卢氏杂说》："卢氏子失第，徒步出都城，逆旅寒甚，有一人续至附火，吟云：'学织缭绫工未多，乱拈机杼错抛梭；莫教官锦行家见，把此文章笑杀他。'卢愕然，以为白乐天诗。问姓名，曰姓李，世织绫锦，前属东都锦坊，近以薄技投本行，皆云：'以今花样与前不同，不谓伎俩见，以文彩求售者，不重于世，如此且东归去。'"即是说，李姓织工的技术不符"本行"眼下的技术要求，故投行时遭到拒绝。可知此"本行"不再是个别作坊，而是某种形式的手工业组织。

又，《太平广记》卷二八〇"刘景复"引《纂异记》："吴泰伯庙在东闾门之西，每春秋季，市肆皆率其党合牢醴，祈福于三让王。多图善马、彩舆、女子以献之，非其月，亦无虚日。乙丑春，有金银行首纠合其徒，以绡画美人捧胡琴以从，其貌出于旧绘者。名美人为胜儿，盖户牖墙壁会前后所献者，无以匹也。"此述为金银行与其他行的赛神活动。"市肆皆率其党"数句，即各行皆由其行首率领同行会员向吴泰伯庙献祭祈福。显然是一种有组织的行业活动。

这种唐代"行"的工商组织，其职能和规章制度如何，今已难得全面了解。从后世的情况看，无非是沟通官府、协调同业者、联络非同业者这三大方面。宋代之后，"行"的组织有了进一步发展，并在我国古代手工业管理中起到过一定的积极作用。

（四）较早便建立了一套相对完整的技术管理制度

我国古代对手工业的技术管理，一直都是较为重视的，并在春秋战国及至稍前，就建立了一套相对完整的体系。许多文献记载和铜器、漆器铭文皆可为证。

归结起来，这种技术管理至少包括如下八个方面。

1. 对产品大小、尺寸、重量等，都有明确规定。如《考工记》"车人为车"条载："车人为车，柯长三尺，博三寸，厚一寸有半。五分其长，以其一为之首。毂长半柯，其围一柯有半。辐长一柯有半。其博三寸；厚三之一。"这里便谈到了车子各部的尺寸规范。这类例子在《考工记》一书中较多。

南宋末年陈元靓《事林广记》前编卷十一"器用"条在谈到"器用制度"时说："且物莫不有制，制莫不有则，规矩准绳，度量权衡皆制物之定则也。盖规以取其圆，矩以成其方，准以揆其干，绳以就其正，度以度其长短，量以测其浅深，权以审其轻重，衡定其低昂，合是数者，然后谓之有制。"[5]《事林广记》系日用类百科全书。可知自古以来，不管官方还是民间，器用皆有制度的。

2. 对某些生产过程做出过明确规范，或提出过某种标识。如《考工记》"六齐"条说到了铸造不同的器物应使用不同成分的合金；"铸金之状"条谈到了以火焰颜色来辨别熔炼进程的方法等。

3. 产品质量不符要求者不准上市。如《礼记·王制》（下）载："用器不中度，不粥于市；兵车不中度，不粥于市；布帛精粗不中数、幅广狭不中量，不粥于市；奸色乱正色，不粥于市……果实未熟，不粥于市；木不中伐，不粥于市。"这里对一般用器、兵车、布帛，乃至果木的上市标准都作了规定。又如《考工记》"瓬人为簋"条载："实一觳，崇尺，厚半寸，唇寸。豆实三而成觳，崇尺。凡陶瓬之事，髻垦薜暴不入市，器中膊，豆中县，膊崇四尺，方四寸。"此一方面谈到了簋的各部尺寸规定，另一方面还谈到了如若质量不合要求便不准入市的规定。

4. 建立质量检查和赏罚制度。《考工记》"梓人为饮器"条说："凡试梓饮器，乡衡而实不尽，梓师罪之。"即是说，凡试饮器质量，只要举爵饮酒，当二柱向眉而爵中尚有余滴未尽时，梓师就要处罚制器的梓人。

长孙无忌等撰《唐律疏义》卷九载唐律云："诸御幸舟误，不牢固者，工匠绞（原注：工匠各以所由为首）。若不整饰及阙少者，徒二（年）。"又载云："诸乘舆服御物，持护修整不如法者，杖八十；若进御乖失者，杖一百；其车马之属不调习，驾驭之具不完牢，徒二年；未进御，减三等。"

《唐律疏义》卷二六："诸造器用之物及绢布之属，有行滥、短狭而卖者，各杖六十（原注：不牢谓之行，不真谓之滥，即造横刀及箭镞用柔铁者亦滥）。"

5. 每年定期检查。如《礼记·月令》载：孟冬之月，"命工师效功，陈祭器，按度程，毋或作为淫巧，以荡上心。"

6. "物勒工名"，以明确责任。《礼记·月令》载："必功致为上，物勒工名，以考其诚，功有不当，必行其罪，以穷其情。"这是关于"物勒工名"的明确记载，其目的是"以考其诚"，且说"功有不当"时，是"必行其罪"的。

7. 规定某项工程的具体用工用料量。大家较为熟悉的，如明《宣德鼎彝谱》卷一、卷二所记实为工部呈进御览的用料疏，其中包括各种物料的名称、数量和用途。清代的工部工程则例中所记基本上是用工用料量。这种制度当早已使用。

8. 一些重要的产品，大凡都要先做设计，之后再依图样进行生产加工。这不但有大量实物资料为凭，且有许多文字资料为证。从现有资料看，这种图样或模型约有三种：（1）参考样，即官方提供某类物品的基本形制和风格，生产过程中人们可对其部分尺寸或纹样做局部调整。1979 年，吉林珲春西崴子金代遗址出土一枚手柄文字镜，直径 9.1 厘米，镜背有五言诗铭："黄铜成勋业，青铜示范模；开奁时览处，还忆故人无。"[6]此"示范模"，显然是用作参考的基本型，在不影响总体风格的情况下，实际生产时可对其尺寸、纹样等作稍作调整。（2）小样，之后放大。如船舶设计，第六章的造船部分将要谈到。（3）标准样，即官方规定了某类器物的形制和尺寸，生产过程中再也不能更改。如钱币铸造，有关情况在第五章的出蜡法部分将要谈到。

这些技术管理制度，基本上是由国家某级管理部门制定的，对保证产品质量起到了积极的作用。

（五）采用官、民并重的方式培养技术人才

这方面的研究还较少。从本人接触到的一些古代文献看，古人大体上采用了私家培养与公家教育相结合的办法，即一方面注重父子相传、师徒相授、言传身教，另一方面，国家也有组织有计划地进行培养。

《国语·齐语》"管仲对齐桓公"在谈到对民众的管理方式时说："四民者，勿使杂处。""处工就官府；处商就市井；处农就田野。"认为这便于管理，少生事端，使各种职业团体和社会阶层十分稳定地一代代往下传。接着，管仲还谈到了这种管理方式在人才培养方面的优点："令夫工，群萃而州处，审其四时，辨其功苦，权节其用，论此协材，旦暮从事，施于四方，以饬其子弟，相语以事，相示以巧，相陈以功。少而习焉，其心安焉，不见异物而迁焉。是故其父兄之教不肃而成，其子弟之能不劳而能。夫是，故士之子恒为士。"可见当时官府培养手工业人才的方式便是勿使四民杂处，使四民"相语以事，相示以巧"。看来，这种言传身教，应是我国古代的民间手工业，以及早期官府手工业培养人才的主要方式。《韩昌黎集》卷十二"师说"："巫医乐师百工之人，不耻相师。"所说亦是此意。

《新唐书》卷四八"百官志·少府监"载："细镂之工，教以四年；车路乐器之工，三年；平漫刀矟之工，二年；矢镞竹漆屈柳之工，半焉；冠冕弁帻之工，九月。教作者，传家技，四季以令丞试之，岁终以监试之。"这里依不同的工种，规定了不同的学习期限，并说"教作者"每年还要"以监试之"。此外，《唐六典》卷二二"少府"条也有类似的说法，可与《新唐书》互为补充："凡教诸杂作，计其功之众寡，与其难易，而均平之。功多而难者，限四年、三年成，其次二年，最少四十日，作为等差而均其劳逸焉（原注：凡教诸杂作工业。金银铜铁铸钑凿镂错锡，所谓工夫者，限四年成，以外限二年成，平慢者恨（限）二年成；诸杂作有一年半者，有一年者，有九月者，有三月者，有五十日者，有四十日者）。"可见此官府手工业的技术人才，是有计划地进行培养的。这条资料十分重要，他处所见甚鲜。至于此种制度始于何时，是否每一朝代如此坚持，则有待进一步研究。

（六）较为重视科学试验

我国古代科学技术取得了许多重大成就，有的是生产经验的总结，有的则是通过科学试验而得到的；即使是实际生产，许多东西也是经过了反复实践，多次试验的。曾有学者对我国古代是否存在科学试验有些疑虑，这是不解情况之故。《墨经》中的许多光学现象，在生活实践中是看不到的，只能在试验中才能得到[7]。《考工记·六齐》的成分规定，并非来自于生产实践，亦非指导生产实践的工艺规范，而是一种试验资料的反映和归纳[8]。在冶金、机械、陶瓷、纺织等技术科学中，各种试验都是较多的，有的试验还较复杂。

今举一例考古资料。陕西铜川唐代黄堡窑发掘了3座三彩窑和一座试烧三彩釉的小窑。此小窑位于三彩作坊的第四工作室（实为窑洞）外，由落灰坑、窑门、燃烧室、烟囱四部分组成，用砖围砌。灰坑在前，长0.43米、宽0.25米、深0.13米。窑门宽0.27米、高0.26米，兼具了投柴口、进风口的功能。燃烧室的上部结构不明。烟囱位于燃烧室之后，周围是红烧土。窑内积满柴灰，且杂有三彩釉滴；人们认为，这当是试验用小窑，釉汁配出后，须先进行试烧，待色泽获得满意的效果后，才正式用来施釉[9]。试烧窑的使用，这就保证了产品质量，也为探索新的品种创造了良好的条件。

四、关于我国古代手工业技术史研究的简单情况

自古至今，我国历代对修书治史都十分重视。其始为官修，至迟到春秋，便出现了私家修史；《尚书》中许多篇章都是商代、西周时期的作品，这是今知最早的官修典籍；孔子作《春秋》，当是私家修史之始。之后，治史之风便在我国一直流传了下来。德国哲学家黑格尔曾赞叹道："中国'历史作家'的层出不穷，继续不断，实在是任何民族所比不上的。"[10]古人修史的目的也一直十分明确，即鉴古以知今。《史记》卷十八"高祖功臣侯者年表"载："居今之世，志古之道；所以自镜也，未必尽同；帝王者，各殊礼而异务，要以成功为统纪，岂可绲乎。"但历代所修之史，基本上是社会史；对于手工业技术史，则很少有人问津；在浩如烟海的经史子集中，包括各种"类书"，其科技史资料多是零星、分散的，且主要是人们对某些重要人物、重要器物及典型事件的简单追忆。对科技史的系统整理和研究，基本上是民国初年之后的事。此时，现代科技已经传入，第一批现代产业已经出现，第一批具有现代科学知识的科研教学队伍开始形成。从民国初年至20世纪末，我国古代技术史研究大约经历了四个阶段，即萌芽期、初步发展期、健步发展期和蓬勃发展期。我国科技史研究能取得今日之成果，一方面得益于先人创造的光辉业绩，另一方面则得益于近百年来几代学者，其中包括科技史工作者、考古工作者等的共同探索和努力。

萌芽期，即民国初年至20世纪20年代。此时多个学科都开始了对我国古代技术史的研究，其中有通论性作品，也有专题性研究。比较值得注意的事件主要有：（1）人们通过文献研究，发表了一系列专题论文。涉及的学科有采矿、冶金、机械、建筑、印刷术、指南针、陶瓷、纺织、印染、食品、水利等。依时间先后，大家较为熟悉的有：1914年乘骏《中国古瓷之研究》、1916年李启沅《中国历代工业考》、1918年章鸿钊《中国铜器铁器时代沿革考》、1919年王宠佑《中国矿业历史》、1920年王琎《中国古代金属原质之化学》、《中国古代金属化合物之化学》、1921年王琎《中国古代酒精发酵业之一斑》、1924年章炳麟《指南针考》、1925年张荫麟《卢道隆吴德仁记里鼓车之造法》、1926年心史《中国染业史》、罗

庸《模拟考工记车制》、1928 年贺圣鼐《中国印刷沿革史略》、刘敦桢《佛教对中国建筑之影响》、肖开瀛《历代浚治七浦略史》等。此外还有一些，在此不再一一引述。也有少数论文更早一些，如 1905 刘汉光《周末学术序——工艺学史序》等[11]。（2）开始对考古实物的科学分析，其中大家较熟悉的论文如：1921 年王琎《中国制钱之定量分析》、1923 年王琎《五铢钱化学成分及古代应用铅锡锌镴考》、1925 年梁津《周代合金成分考》等[12]。（3）1929 年成立中国营造学社，其为私人兴办，由朱启钤任社长，开始系统地研究中国古代建筑技术史。这是中国古代科技史研究的第一个学术团体。（4）进行了中外科技交流史的研究。大家较为熟悉的论文如：1926 年向达《纸自中国传入欧洲考略》[13]、1929 年向达翻译《中国印刷术之发明及其传入欧洲考》（T. F. Carter 著）等。此时，国外学者对中国科技史的研究也做了不少工作，不少研究甚至较中国学者稍早。

初步发展期，即 20 世纪三四十年代。这时国际国内环境都较严峻，但科技史研究却获得了初步发展。比较值得注意的事件是：（1）有关研究有了深入和扩展。如：刘仙洲对中国古代机械工程史料作了系统整理和研究，并发表了长篇连载的《中国机械工程史料》[14]。王振铎对指南针、指南车进行了深入研究，并发表了长篇论文《指南车记里鼓车之考证及模制》和《司南指针与罗盘经》，其中许多观点至今仍为学术界引用[15]。（2）纺织等学科往日涉及稍少，此期也发表了多篇专题论文，如朱杰勤《华丝传入欧洲考》、陆树勋《吉贝及白毡》、周匡氏《从历史的看法蚕丝发明在殷代》等[16]。（3）部分学者开始了传统技术调查。如 1938 年，周志宏对重庆北碚金刚碑炼钢厂的苏钢工艺进行了考察，后于 1954 年发表了《中国早期钢铁冶炼技术上创造性的成就》一文，其分析资料成了现代学者了解灌钢工艺原理的重要依据，其学术观点亦为现代学者引用。

健步发展期，即 20 世纪 50 至 70 年代初期。此时，在科学家们奔走和政府的支持下，科技史研究事业正式纳入了国家科学研究的轨道，各方面的工作都有计划地稳步发展起来。其中较值得注意的事项有：（1）1957 年，在中国科学院设立了专门的研究机构——自然科学史研究室，到 20 世纪 60 年代中期，在技术史方面已置有采矿、冶铸、机械、纺织、建筑 5 个学科；此外，清华大学、北京钢铁学院、上海硅酸盐研究所等许多高等院校和科研单位，都有专人从事技术史研究工作。此前，科技史研究总体上还是自发的。（2）由于考古事业的发展，出土了大量很有研究价值的古代文物，为技术史研究提供了许多宝贵的实物资料，从而促进了技术史研究事业的发展。如周仁对大量古陶器的分析研究[17]，便成了古代陶瓷科学研究的经典之作。（3）在系统研究的基础上，出版了第一批技术史专著。大家熟知的如杨宽《中国土法冶铁炼钢技术发展简史》（1960 年）、刘仙洲《中国机械工程发明史》（1962 年）和《中国古代农业机械发明史》（1963 年）等。

蓬勃发展期，即 20 世纪 70 年代中期至 90 年代。20 世纪 70 年代时，我国曾在较大范围内开展了“儒法斗争史”的研究，知识界许多人士，包括工厂、高等院校、科研单位、史学界、考古界的学者都置身于这一行列中，客观上为科技史研究输送了一大批优秀人才；使科技史研究出现了前所未有、蓬勃发展的新局面。此期较值得注意的事项是：（1）1980 年成立了中国科学技术史学会，其下属机构中，便有多个技术史分会。在这前后，部分高等学校和科研单位还设置了专门的技术史研究机构，部分省市还成立了中国科学技术史分会；它们都经常召开学术讨论会。(2) 各学科的研究方法都较前有了较大扩展，人们使用文献研究、考古实物的科学分析、传统技术调查、模拟试验等相结合的研究方法，使结论更为科学。(3) 在深入研究的基础上，许多学科都先后出版了自己的专著，如北京钢铁学院《中国冶金简史》(1978 年)、夏湘蓉等《中国矿业开发史》(1980 年)、陈维稷主编《中国纺织科学技术史（古代部分）》(1984 年)。之后有关专著逐渐增多，许多技术史研究都进入了集大成的阶段。

参 考 文 献

[1] 李约瑟:《中国科学技术史》第一卷"总论"第二分册,第546~547页。李约瑟认为,从公元1世纪到18世纪,由中国先后传到欧洲和其他地方的技术较多,受英文字母数的限制,他列举了26项,即:(1)龙骨车;(2)石碾和水力在石碾上的应用;(3)水排;(4)风扇车和簸扬机;(5)活塞式风箱;(6)平织机(它可能也是印度的发明)和提花机;(7)缫丝、纺丝和调丝机;(8)独轮车;(9)加帆手推车;(10)磨车;(11)拖重牲口用的两种高效马具,即胸带和套包子;(12)弓弩;(13)风筝;(14)竹蜻蜓和走马灯;(15)深钻技术;(16)铸铁的使用;(17)游动常平悬吊器;(18)弧形拱桥;(19)铁索吊桥;(20)河渠闸门;(21)造船和航运方面的无数发明,包括防水隔仓、高效率空气动力帆和前后索具;(22)船尾的方向舵;(23)火药以及和它有关的一些技术;(24)罗盘针,先用于看风水,后来又用于航海;(25)纸,印刷术和活字印刷;(26)瓷器。

[2]《中华文明史》第一卷"原始手工业技术"(此部分为何堂坤撰),河北教育出版社,1998年。

[3] 何堂坤等:《纺织与矿冶志》第397~422页,《中华文化通志》第七典,上海人民出版社,1998年。

[4] 刘佛丁等:《工商制度志》第23~57页,《中华文化通志》第4典,上海人民出版社,1998年。

[5] 见《新编纂图增类群书类要事林广记》前编卷十一。1963年中华书局影印本。胡道静在影印本"前言"中说:"《事林广记》是一部日用百科全书型的古代民间类书,南宋末年陈元靓编。宋季原本,今不可见,现存的元明刊本,都是经过增广和删改的。"此本系用元至顺(1330~1333年)建安椿庄书院本影印。"《事林广记》原本的成书时期,必在宋季,而决不入于元代。"

[6] 张英:《吉林出土铜镜》,文物出版社,1990年。

[7] 洪震寰:《"墨经"光学八条釐说》,《科学史集刊》第四期,科学出版社,1962年。

[8] 何堂坤:《"六齐"之管窥》,《科技史文集》第15辑,上海科学技术出版社,1989年。

[9] 陕西省考古研究所:《唐代黄堡窑址》第15页、第24页,文物出版社,1992年。

[10] 黑格尔:《历史哲学》第161页,三联书店,1956年。

[11] 乘骏:《中国古瓷之研究》,《东方杂志》1914年第11卷第5期。李启沅:《中国历代工业考》,《学生杂志》1916年第3卷第10期。章鸿钊:《中国铜器铁器时代沿革考》,《石雅》,1918年。王宠佑:《中国矿业历史》,《东方杂志》1919年第16卷第5期。王琎:《中国古代金属原质之化学》,《科学》1920年第5卷第6期。王琎:《中国古代金属化合物之化学》,《科学》1920年第5卷第7期。王琎:《中国古代酒精发酵业之一斑》,《科学》1921年第6卷第3期。章炳麟:《指南针考》,《国华》1924年第1卷第5期。张荫麟:《卢道隆吴德仁记里鼓车之造法》,《清华大学学报》1925年第2卷第2期。心史:《中国染业史》,《东方杂志》1926年第23卷第6期。罗庸:《模拟考工记车制》,《国立历史博物馆丛刊》1926年第1卷第1期。王宠佑:《中国冶业史》,《矿冶》1928年第1卷第4期。贺圣鼐:《中国印刷沿革史略》,《东方杂志》1928年第25卷第18期。刘敦桢:《佛教对中国建筑之影响》,《科学》1928年第13卷第4期。肖开瀛:《历代浚治七浦略史》,《太湖流域水利季刊》1928年第1卷第4期。刘汉光:《周末学术序——工艺学序》,《国粹学报》1905年第1卷第4期。

［12］（季）梁：《中国制钱之定量分析》，《科学》1921 年第 6 卷第 11 期，南京高师理科学生分析。王琎：《五铢钱化学成分及古代应用铅锡锌镴考》，《科学》1923 年第 8 卷第 3 期。梁津：《周代合金成分考》，《科学》1925 年第 9 卷第 10 期。

［13］向达：《纸自中国传入欧洲考略》，《科学》1926 年第 11 卷第 6 期。

［14］刘仙洲：《中国机械工程史料》，《国立清华大学工程学会会刊》1935 年第 4 卷第 1 期，第 1～44 页，第 2 期第 27～70 页。

［15］王振铎：《指南车记里鼓车之考证及模制》，《史学集刊》1937 年第 3 期，第 1～46 页。王振铎：《司南指针与罗盘经》，分载于《中国考古学报》1948 年第 3 期，第 119～259 页，1948 年第 4 期，第 185～223 页，1951 年第 5 期，第 101～176 页。

［16］朱杰勤：《华丝传入欧洲考》，《文史汇刊》1935 年第 1 卷第 2 期。陆树勋：《吉贝及白毯》，《古学丛刊》1940 年第 9 期。包宗福：《中国古代的纺织技术》，《纺织染》1948 年第 2 卷第 5 期。周匡氏：《从历史的看法蚕丝发明在殷代》，《蚕丝杂志》1948 年第 2 卷第 8 期。

［17］周仁等：《我国黄河流域新石器时代和殷周时代制陶工艺的科学总结》，《考古学报》1964 年第 1 期。

第 一 章

原始社会的生产活动和手工业技术的萌芽

从现有资料看，人类历史大约已有三四百万年的时间，其中绝大多数岁月都是在旧石器时代渡过的。旧石器时代约始于三四百万年前，止于一万五千年前，之后便是新石器时代；在我国一些主要文化区，新石器时代约止于四五千年前①。从世界范围看，世界各主要古文化区的发展速度和历史步伐虽有一些差别，但总体上是相差不大的。

在整个旧石器时代，各项手工技术都被最原始的生产活动掩盖着；在新石器时代，手工业亦未发展成独立的生产部门，而是与农业结合在一起，利用农闲时间进行的。新石器时代末期和铜石并用时代之后，随着生产的发展，私有制的产生，手工业才逐渐从农业中脱离出来，而成了独立的生产部门，也才有了真正的手工业技术。至于其"独立"出来的具体年代，学术界尚无一致看法，亦未进行过专门讨论，从现有考古资料看，我们认为大体应在龙山文化早、中期，即夏建国之前。主要理由是：（1）此时在长江、黄河两流域都出现了具有一定规模的古城，其中应住有一定数量与农业相分离了的手工业者；（2）在长江、黄河流域的考古文化中，手工技术的分工已相当明显和精细，并生产了一些服务于少数特殊阶层的精制产品，其应为专职手工业者制作[1]。自然，此"独立"出来的过程并不是在短期内实现的，各考古文化亦会有先有后，但在夏建国前当已基本完成。原始社会的绝大部分时间，大体上皆可视为手工业技术的"妊娠期"，而河南龙山文化、山东龙山文化、石家河文化、良渚文化及其与之年代相当的诸考古文化，则大体上可视为独立手工业技术的形成期或诞生期。

在旧石器时代，人类手工性生产获得了六项较为重大的成就，即：掌握了原始的石器打制技术，制作了最为简单的生产工具；使用了飞石索；制造了石镞和弓箭；发明了装柄工具；掌握了磨光和穿孔技术；发明了摩擦取火技术。在新石器时代，人类同样获得了六项较为重要的成就，即：有了农业，发明了制陶技术、纺织技术、冶金技术、原始机械技术和建筑技术。这些生产技术的出现，将人类社会推向了一个新的阶段。

---

① 1819 年，丹麦皇家博物馆馆长 C. J. 汤姆逊依据北欧馆藏考古资料，最先把史前期分成了石器时代、青铜时代和铁器时代三个阶段；1836 年，他在所著《北欧古物导论》一书中，阐明了此三个阶段的理论。1865 年，英国学者 J. 卢伯克又把石器时代分成了旧石器时代和新石器时代两个阶段。1877 年，意大利学者 G. 基耶里克又在新石器时代与青铜时代间插入了个"铜石并用时代"。本书只将原始社会区分为旧石器时代和新石器时代，而把铜石并用时代归于新石器时代晚期。

第一节　旧石器时代的几项主要手工性技术

人类的产生，是从制造工具开始的。在整个石器时代，人类使用的生产工具主要是石器，还有木器、骨器；在旧石器时代，这种石器都是打制的；打制石器也就成了当时主要的手工性生产。当时的主要生活来源是采集和狩猎，所以当时许多发明、创造都是与此有关的。其时农业尚未产生，更无所谓手工业，故我今将相关的生产活动暂称为手工性生产。

一、石器打制技术

石料因蕴藏丰富，且具有一定强度和易于加工，故很快就被人类利用起来。人们最初利用的"石器"应是直接从河滩等处采集来的，之后才发展到了有意制作的阶段。在旧石器时代，石器制作法主要是打制。一般认为，打制之法约分三步：一是采集和选择石料；二是打出雏形；三是修整打下的石片和石核。

（一）石料的采集和选择

从大量发掘资料看，原始人选择石料的基本原则是因地制宜、就地取材；对石料的基本要求是具有一定硬度，并易于打制加工。石料最初应是从河滩或岩石区拣来的自然石块，如北京人[2][3]、丁村人[4]以及广西的许多旧石器文化那样[5]；在旧石器时代晚期，有条件的地方便发展到了在原生岩层上开采石料的阶段，如呼和浩特东郊大窑文化的石器制造场等处所见[6][7]。石质种类则往往因时间、地点之不同而呈现一定差别。山西西侯度石器主要是石英岩，少数脉石英和火山岩[8]；云南元谋人石器亦以石英、石英岩砾石、石片为原料[9]；大窑文化对石英岩、花岗岩、砂岩三者则是基本上不用或少用的，大量使用的是优质燧石。

（二）打击石片之法

打击之法至少包括如下五种：

1. 碰砧法。即将选好的石料向一块较大的石砧（自然砾石）上碰击。这种方法得到的石片往往横向尺寸大于纵向尺寸。多用于砂岩。

2. 摔击法。即将选好的石料置于地上，之后手握另一石头摔击地上的石料。如上两法击下者，其石片角往往皆较大。

3. 锤击法。即把选好的石料置于地上，之后手握一块作为石锤的石头去锤石料，从石料边缘上敲剥石片。此法较为常见。所得石片面较小。

4. 垂直锤击法。即将石料置于石砧上，并用手扶住，另一手用石锤砸击石料。此法所得石片往往小而长。

5. 间接打击法。即用石锤先向木棒等媒介物上施力，之后再经由木棒等传递，使力作用于石料上。二次加工时亦常用此法。

此述五种方法中，前四种皆属于直接打击法；显然，间接打击法是稍见进步的。为区别起见，今人把从石料上打下的石块称之为"石片"，以它做成的石器谓之"石片石器"；打下石片之后剩下的石块称为"石核"，以之做成的石器便称之为"石核石器"。

（三）修整石片和石核的主要操作

打下的石片和同时产生的石核一般都是不太规整的，故须进行第二次加工。主要操作有：

1. 锤击法。即用石锤敲击石片的某一部分，使刃部变得锋利起来。

2. 指垫法。即用一只手指垫住石片，另一手持石锤轻轻敲击。

3. 压制法。即把石片放在石砧上，用木、骨的尖端对准石片加工部位用力推压。此法多见于旧石器时代晚期。

这些方法自然都是十分原始的，沿用时间也较长。旧石器时代石器往往不加修整或只作少许修整，著名的丁村人石器也很少进行第二次加工，广西地区则直到较晚的年代仍然如此[5]。我国境内的旧石器文化是以石片石器为主的，这早在西侯度文化中便已明显地表现出来，在呼和浩特大窑石器加工场，石核甚至被当成废品而被抛弃；但也有一些地方较为特殊，如广西是以石核石器为主的[5]。

（四）石器的主要品种

旧石器时代早期，石器品种是很少的，形制也十分简单粗糙。中、晚期后略有增加，加工稍见精细，某些品种逐渐定型。大体分来，旧石器时代石器主要有如下几种[3][10]：

砍砸器。包括单面砍砸器、双面砍砸器、盘状砍砸器等。常以石片、石核、砾石打制而成，刃部常作第二次加工，体型多较厚重。主要用于砍砸树木、砍劈木柴、制造狩猎用棍棒等，是出现较早、使用较广的一种器物。西侯度曾有出土，北京猿人等都曾大量使用，应是石斧的早期形态。

刮削器。包括直刃、凸刃、凹刃、多边刃、盘状等器形，多以小石片加工而成。主要用于刮削木棒、兽皮等。也是旧石器时代出现较早、使用较广的一种器形。西侯度曾有出土，大窑文化亦可看到。

尖状器。一种有尖的工具，多由石片加工而成，刃尖两侧常进行第二次加工，主要用于割剁兽皮等。在旧石器时代较为常见，西侯度、水洞沟[11]、大窑等地都可看到。水洞沟出土的尖状器器形周正，加工精细，左右对称，技术水平较高。

雕刻器。多用小石片加工而成。始见于北京人时期，北京周口店曾出土；多见于旧石器时代晚期，许家窑[12]、峙峪[13]、下川[14]都出土有斜边雕刻器，下川还出土有屋脊形雕刻器和鸟喙形雕刻器。

石锯。下川文化一共出土9件，多在石片的宽端从平整的一侧向另一侧均匀地做成锯齿状。

石钻。北京猿人时期已出现了与此相类的器物。许家窑文化曾出土一件，身部稍大，头部骤尖锐利。下川出土有石锥钻，在后世的细石器文化遗址中较为常见，并较典型。锥和钻都可用来穿孔，但两者是有区别的，锥通常只作"排开"式穿刺，被锥物体未必因被切削而产生碎屑；钻则需作"切削式"穿刺，被钻透的物体必然被切削掉一部分，并出现碎屑；自然，钻的功用亦更多一些。

此外还有石球、石镞、小石刀、手斧等。前二者将在下面专门介绍。手斧在旧石器时代早期的蓝田人时代便曾发现[15][16]，旧石器时代晚期的大窑文化、辽宁海城小孤山[17]亦有出土，但形制不甚规整，它在整个旧石器时代都不太流行。上述器物除了石球外，其实都是不同形式的尖状器、刃器，在力学上都是一种尖劈，这是人类对尖劈原理的一种较早利用。

二、石球的使用和飞石索

（一）石球

石质球形器的出现约可上推到旧石器文化早期的蓝田人和匼河文化时期；北京人遗址亦发现过 8 件，分属于 4 个层位[2]。但当时器形尚不太规整，且数量较少。旧石器时代中期，形制稍见规整起来，数量亦明显增多，这在丁村文化、许家窑文化等中都表现得十分明显。丁村石球计约 100 多枚[4][18]，加工比较细致，外形较为规整，重 500～1300 克，多用质地较软的石灰岩打成。石球在许家窑文化期极为盛行，共计出土了 1000 多件，重 80～2000 克左右，大者直径超过 10 厘米。有的资料形容其"球面已敲打得匀称圆滚"。旧石器时代早、中期，石球多见于陕西、山西、河南一带；旧石器晚期，则辽宁、内蒙、甘肃等地亦有出土，辽宁海城小孤山曾出土多件；大窑石器加工场亦出土石球 3 件，一件较规整，直径 7.9 厘米，通体浑圆。

石球制作方法约分三步：（1）把河滩上拣来的砾石打制成球状的雏形；（2）反复打击，制成球状荒坯；（3）左右两手各持一荒坯，互相打击，把荒坯表面的坑疤打平、磨平，即成圆滚的石球。在年代稍早的蓝田、匼河及至旧石器时代中期的丁村，大约只使用了上述第一、二步加工方法，第三步加工则是到了许家窑文化时期才看到的[3][10][12]。

石球可单独使用，也可组合起来使用，前者的一个重要例子是飘石投掷器，后者的重要例子是绊兽索和飞石索。这在后世的记载和民族学资料中都可看到[19]。

飘石投掷器。这是一种带有皮兜的棍棒投射器，具体做法是以兜挂竿头，贮石打出，石发圈落。清代许乃济《武备辑要续编》卷七"乡守器具"条在谈到其结构时说："每用一握竹，长五尺，以长绳二股，一头系竹上，一头用一环，绳中分用一皮兜，径五寸，摇竹为势，一掷而发，守城宜用。"

绊兽索。结构与长鞭相近，长棍一端拴一条长 5～6 米的绳子，绳的末端拴一石球。平时，绳子绕在木棍顶端，一旦逼近野兽，猛然甩动木棍，石球飞跃而出，击中目标后，因急速施转而将兽足绕住。20 世纪 50 年代以前我国部分少数民族还有使用。《晋书》卷一二二"吕光传"说到的一种"羂"，其实也是一种绊兽索，其原文是：库车以西的獖胡能"以革索为羂，策马掷人，多有中者，众甚惮之"。这是把绊兽索用到了作战上。

（二）飞石索

飞石索有三种不同形式[20][21]：（1）单股式。取一索，长约 0.6～0.7 米，一端系石球，一端握在手中；投掷时，先用力旋转，之后松手，石球引索出击，可击伤或击倒野兽。（2）双股式。取一条长 1.3 米左右的绳索，中间编一个网兜以作盛石之用。投掷时，将索的两端握于手中，用力旋转后将石球甩出。射程可达 50～100 米。这两种方法曾分别在藏族、羌族、纳西族、彝族中使用。（3）南美印第安人除了使用过如上两种外，还有三股飞石索，每股绳拴上一个石球。

当然，旧石器时代对石球的使用方法与上述是否完全一样，今日尚无十分确切的资料。绊兽索和飞石索的出现，是狩猎技术上的一项重大进步，也是旧石器时代的一项重要技术创造，绊兽索的木棍实际上是手臂的一种延长，两种工具都是对线速度的一种有效利用。

三、石镞的发明和弓箭的使用

在我国境内的旧石器文化中，石镞约始见于旧石器时代晚期，见于报道的主要有峙峪遗址[13]和下川遗址[14]等处。1963 年，山西峙峪出土石镞 1 枚，用薄而长的燧石石片制成，尖端锋利；镞身一侧边缘进行过精细加工，另一侧保持了石片原来的锋利边缘，唯近尖端处稍经修理，底端的左右两侧均经修理而变窄，状似短短的镞梃[13]。下川遗址出土石镞 13 件，包括圆底镞和尖底镞两类。尖端犀利，两边出刃，底端较薄，与新石器时代的细石器文化中的圆底镞基本一致[14]。此外，据步日耶的描述和鉴定，水洞沟和萨拉乌苏河遗址也发现过石镞[13]。

人类最早的远距离攻击大约是以投掷石块、木棒来实现的。当他们发现了竹木之材具有一定弹性后，便逐渐发明了弓箭。石镞的发现，是人类利用弹力，使用弓箭的有力证据，是人类历史上的又一项重大技术创造。

当然，从技术发展规律和有关实物资料、文献资料看，在石镞之前，人们很可能还使用过竹、木、角质之镞；在使用弓箭前，很可能还使用过弹弓；所以，人们利用弹力之始，很可能在石镞出现之前。但据记载和考古资料，弹力的利用却属于新石器时代。《周易·系辞下第八》说，黄帝、尧、舜"弦木为弧，剡木为矢"，这是古人曾以木为矢的例证。《世本》（雷学淇校辑）云："夷牟作矢，挥作弓。"宋衷曰："夷牟、挥，皆黄帝臣也。"与《周易》所述有些相近。新石器时代的河姆渡文化一期（最下层）① 出有骨镞 1079 件、二期 267 件、三期 33 件；一期出有木矛 42 件、二期 1 件，有的木矛便状如镞[22][23]，罗家角遗址出土有木镞[24]，这都是较好的例证。弹弓在早期考古发掘中尚未看到，《吴越春秋·勾践阴谋外传》载陈音云："弩生于弓，弓生于弹。"即是说，弩晚于弓箭，弓箭晚于弹弓。陈音之说与技术发展的一般规律是相符的。

四、装柄工具的出现

装柄工具，考古界习谓之复合工具，主要指装了柄的细小石器。

旧石器时代早中期，一般工具是没有把柄的，人们直接以手把握石器；及至旧石器时代晚期，情况就发生了变化。1963 年，峙峪遗址出土一件钺形小石刀，质地为半透明水晶，石刀一侧呈新月形锋刃，宽约 3 厘米，另一侧凸起，以便嵌入柄内，此凸起部分的两侧见有修理痕迹，顶端也经过了加工，器形周正。全器加工精细、小巧美观。这是我国所见较早、且较为规整的一件装柄工具[13]。此外，河北阳原虎头梁出土的尖状器中，有学者认为有的很可能是装了柄的投射头[25]。下川遗址出土过一种琢背小刀，背部修整得较为平齐，薄刃上有使用痕迹而缺乏第二次加工，纵剖面呈楔形，人们推测，它也是嵌于木（骨）柄上使用的。

---

① 河姆渡遗址自下至上，计分 4 个文化层，经测定，第四层约距今 7000～6500 年，第三层约距今 6500 ～6000 年，第二层约距今 6000～5600 年，第一层约距今 5600～5300 年；河姆渡文化自下至上，亦相应地分作 4 个文化期，即分别为第一、二、三、四期。第一期为第四层（最下层）。

此外，海城小孤山出土过一件鹿骨质的鱼叉，表面有锯、切、削、刮等痕迹。两侧有倒刺，根部作了修理，大约这是为了便于装柄和固定[17]。不过这类装柄工具在当时还不太常见。

器柄无疑是人手的延长和加强，它增大了力矩，改善了把持条件，对于提高工效具有十分重要的意义。新石器时代之后，各种各样的装柄技术都进一步推广开来，复合工具在细石器文化中发展得尤为充分，甘肃永昌鸳鸯池等新石器遗址中亦发现过一种在骨刀等上镶嵌细小石片的复合工具[26]，各种安装痕迹都十分清晰。

五、骨角器的使用和磨光、穿孔技术的发明

原始人对骨器的使用约可上推到旧石器时代早期，元谋人化石层位的骨片上见有清晰的人工切削痕迹，很可能是准备用来制作骨器的[9]，北京人遗址已有明显的骨角器出土，种类有刀形或尖形器、骨锤、角锤等。旧石器时代中期，随着狩猎经济的发展和加工技术的提高，骨器制造和使用日益普遍起来。如许家窑，所出骨角器便甚多，种类有铲式工具、尖状器、刮削器等，其中一件三棱尖状器最值得注意，其器身下部从骨料的髓腔向骨面左右各打有一个缺口，人们推测，这很可能是用来捆绑木柄的，加工方法皆系打制[12]。旧石器时代晚期，这技术便进一步推广开来，不但一般性骨、角生产工具继续沿用，更为重要的是还出现了磨光和钻孔的骨角器。

在旧石器时代，磨光和穿孔技术还使用得很少，主要用在部分骨器和石器上，多是小型生产工具和饰器，少数形制稍大。

磨制的骨质生产工具主要是骨锥和骨针。出土过骨锥的旧石器时代遗址有：辽宁营口金牛山上层、广西柳州白莲洞、贵州义兴猫猫洞、辽宁海城小孤山、宁夏灵武水洞沟等地；骨针出土地点有：辽宁小孤山、柳州白莲洞、北京山顶洞等。骨针多有鼻孔，显然是用一件尖锐的利器挖成。山顶洞还出土过一件赤鹿角，表面也经过了刮磨[27][28]。

磨制的装饰器种类较多，而且也经常是钻了孔的。2005年，人们在清理周口店博物馆化石时，发现两颗山顶洞人时期的动物牙齿化石，其上带有上大下小的孔洞。峙峪出土的石墨质椭圆形装饰器，大如鹅卵，两面扁平，一面和边缘磨得较光，另一面较为粗糙；由一面钻孔[13]，以作提系之用。河北阳原县虎头梁出土装饰品13件，包括穿孔贝壳、钻孔石珠、鸵鸟蛋皮和鸟骨制成的扁珠等，使用的技术有磨光、磨孔、两面对钻圆孔等技术[25]。水洞沟出土过鸵鸟皮的穿孔装饰品，边缘均经磨制。辽宁海城小孤山出土一批精制的骨制品，包括骨锥1件、骨针3件，以及钻孔牙齿、钻贝壳等饰器，后三者的孔洞都是两面对穿的。辽宁海城营口金牛山旧石器文化有早、晚两期，晚期除磨制骨锥外，还有穿孔尾椎骨饰器[29]。山顶洞出土有钻孔小石珠、钻孔石坠等。磨光及钻孔在原始石器加工中是具有划时代意义的重大事件，新石器时代的先进石器技术便是在此基础上产生出来的。曾有学者把磨光和非磨光石器作为区别新、旧石器时代的主要标志，虽这未必能够成立，但这也在一定程度上反映了这一技术的重要性。关于穿孔的具体操作，后面还要谈到。

六、摩擦取火

人类用火的历史应可上推到旧石器时代早期，西侯度遗址出土过烧骨，元谋人遗址出土过烧骨和大量炭屑，说明人类用火的历史至少可上推到180万年前。至迟北京人时期，便具备了控制火、保存火的能力。北京人洞穴遗址从上至下包括13层文化堆积面，其中有四层文化堆积最大，都有很厚的灰烬，自上往下，此四层的情况分别为：（1）第三文化层灰烬，计两堆。（2）第四文化层灰烬，最厚处达6米，这些灰烬皆成堆叠置，积灰的层次分明，其中还埋藏有烧石和烧骨。（3）第八至第九文化层之间的灰烬，最厚处可达4米。（4）第十文化层下部灰烬，厚约1米。这种厚大的灰烬堆积充分说明北京人已初步学会了保存火、控制火的技术。年代与此相当和稍后的许多旧石器时代遗址中，同样也发现过用火遗迹。属旧石器时代早期的如安徽和县龙潭洞，出土有烧过了的头骨、牙齿，以及灰烬；辽宁大石桥金牛山下层，出土有烧土块、灰烬、炭粒、烧骨等零散的火烧痕迹。属旧石器时代中期的如北京周口店新洞人遗址，出土有灰烬层和动物烧骨，灰烬层最厚处达1米左右；辽宁喀左鸽子洞遗址，灰烬层中包含有烧骨、木炭、烧木块和石块。旧石器时代晚期的如峙峪遗址，其灰烬、石器、烧石、动物化石都密集地成层共存；河北阳原县虎头梁发现有三处篝火遗址，其中有炭粒、烧骨等物；四川汉源县富林镇遗址，发现有木炭、灰烬、烧骨等物。当然，使用了火，一定程度上保存和控制了火，还不能肯定是否掌握了人工取火的技术，但从大量发掘资料以及有关文献资料看，把人工取火的历史上推到旧石器时代晚期及至中期大概是不会错的。

我国古代关于人工取火的记载较早，且较多，主要方式是钻木和错木（竹），其实都是摩擦取火。《韩非子·五蠹》说：上古之世，"民食果蛤，腥臊恶臭而伤害腹胃，民多疾病，有圣人作钻燧取火，以化腥臊，而民说之，使王天下，号之曰燧人氏"。此"钻燧取火"即钻木燧取火，也即钻木取火；因依《礼记·内则》所云：燧分金燧和木燧两种，金燧即是阳燧，是不能钻的。《太平御览》卷八六九引《河图挺佐辅》说："伏牺禅于伯牛，错木作火。"燧人氏、伏牺氏均为原始社会传说中人。类似的记载还有一些，《礼记·内则》、《史记·孙武列传》、《淮南子·说林训》、《易林》等都谈到过钻木取火的事；《庄子·外物篇》、《淮南子·原道训》、《关尹子·五鉴》、《物理小识》等都谈到过错木（或钻木）取火。《庄子》"外物"篇载："木与木相摩则然。"《淮南子》卷一"原道训"："两木相摩而然，金火相守而流。"20世纪后期，在新疆[30][31]、甘肃[32]等地还发现过多件春秋战国及汉晋间钻木取火用具（图1-1-1）。

据调查，原始的摩擦取火法直到近现代仍在我国云南、海南岛地区[32]~[36]保存着，有的地区直到20世纪中期仍在使用，基本操作形式亦是钻木、错木（竹），以及各种形式的摩擦取火。基本操作约分两步：一是制备火具，二是钻错取火。

海南黎族钻木取火所用"火具"原是一种名叫"山麻木"的植物，五指山地区遍地都有生长，表皮可纺织，木杆可以取火。火具制备过程可分三步：（1）取一根山麻木加工成扁平状，作为钻穴板；再折一根山麻木作钻杆。（2）在钻穴板上刻出较浅的凹穴，作为钻穴，其位置要尽量地靠近边缘。（3）在钻穴边缘向外

图 1-1-1　新疆先秦至汉晋钻木取火工具

左上　1977 年帕米尔高原塔什库尔干县春秋战国墓出土

右上　1976～1978 年托克逊阿拉沟春秋战国墓出土

下　1948 年苏联考古队在东帕米尔公元前五世纪至前四世纪的墓葬出土

采自文献[30]

刻出一个缺口，作为"飞火口"。钻火过程是：先把钻穴板平放于地，用双脚踩压固定，然后把钻杆的一端插入钻穴，双手用力搓动棍子，急速回旋。钻杆与钻穴因摩擦而产生的细碎木屑经由飞火口飞出，并堆积在其近旁。再继续搓动钻杆，就会因摩擦而生热，而由飞火口处飞出火星。火星将口外木屑点着，瞬息间便有轻烟升起。将此火引至事先准备好了的干柴上，取火便告完毕。制备钻穴所用工具，近代用铁刀，更早用石器。

云南西盟佤族钻木取火法与此大体相同，具体操作又有两种，一种钻穴由所谓"阿由木"的树干做成，同样要挖出钻穴和飞火口来，钻穴内塞以火草；另取一根较硬的木棒或竹棒置于小孔中又快又稳地搓转，即可摩擦生热并发出火花，随之将穴内火草点燃。另一种的钻穴板由称之为"蒿子"的植物做成，先将干茎削平，后平放于地，下垫以火草，无需事先挖出钻穴。取火时，取硬木棒向蒿子中心钻去，通常是蒿子被钻穿时便可生出火花。落下的火花正好将蒿子下面的火草点着。此法近现代已经很少使用，通常只用于火灾后驱送鬼神的仪式中。

锉木（竹）取火主要保存在云南苦聪人[34]、景颇族，以及西盟佤族中，具体操作较钻木取火法来得简单。

苦聪人锉竹取火的基本操作是把两片白竹对摩。白竹为本地所产，先把它劈开，取一作底片，其上刻出一个凹槽；另一为上片，需削成刀状。锉摩操作常由两人协作进行；每人一手执底片，一手执上片，不断地往复摩擦，便可生出火花，并将预先置于白竹片下的干芭蕉根点着。直至 1957 年时，苦聪人仍在原始森林中沿用此法。

景颇族取火的基本操作是把一个竹筒与一根竹片对摩。先将竹片下插入地，后取一竹筒（或合在一起的两块竹片）刻出凹槽来，内盛火草等引火物。将凹槽对准地下竹片刃部错摩，迸出的火花便可将引火草点着。错摩操作原需一人，但需多人在旁扶植竹片，并准备随时换班，有时要连续换人多次才得火星出现。此法在20世纪中期已很少使用，唯部分地区在刀耕火种的烧山仪式中，需用传统方法取火，并由一老者先行点火烧山。

西盟佤族错木（竹）取火的基本操作是用一根竹片在一种叫"阿由木"的树槽中错摩。先取一段阿由木树，后在其上纵刻一个凹槽，槽深须达树干中心。一人执竹片置凹槽中来回摩擦，另一人两手各执一小团火草置于凹槽两端，迸出的火花便可将火草点燃。此法在20世纪中期已经很少使用，与该族的钻木取火同样，只保留在火灾后的送鬼神仪式中。

除了钻木和错木（竹）取火外，云南还有一种压击取火，以及藤条锯木取火。

压击取火法主要流行于云南景颇族、傣族、布朗族和哈尼族中。取火工具包括两部分，一是圆柱形压击筒，长约8.0厘米，一端封闭，一端开有压击孔；二是大小与压击孔相应的压击杆，长约10厘米。前端有凹槽，后端有圆柄。取火时，先在压击杆一端的凹槽内放好艾绒，将压击杆对准压孔并稍入孔内，之后用手猛击杆柄。由于杆与筒的剧烈摩擦，温度上升，发火而将艾绒点着，拔出压击杆即可取出火来。此法操作简单，效率亦较高。

藤条锯木取火主要流行于云南佤族中，取火工具主要是一根木棒，一根藤条或竹条。先将木棒一端劈成十字形裂口，裂口处各夹进一个木楔，以作通风、干燥和存放艾绒引火用。在木棒的裂口一端砍出一条横向浅槽，作为藤条"锯"木用。取火时，将木棒放在地上，裂口一端垫起，令横槽向下；一脚踩着木棒，把藤条（或竹条）从木棒横槽下绕过，两手分别捏住藤条的两端，往复锯摩，使之与木棒反复摩擦，因而生热、发火，将艾绒点着（图1-1-2）[35][36]。

这是保留至今的几种原始取火法，此外还有一些，不再一一介绍。这钻木取火法的火具与新疆发掘出来的春秋战国火具基本一致，显然都是一种比较成熟了的形态；尤其是飞火口的制作，既有利于排出摩擦产生出来的细碎木屑，又有助于火花集中喷射，并将已经发热了的木屑点燃。从有关资料看，人类早期很可能还使用过击石取火，在欧洲，它是旧石器时代晚期出现的；我国文献的有关记载约属汉唐时期，云南苦聪人亦曾使用；但在我国境内，原始社会是否曾经使用，也是需要探讨的。

不论钻木取火，还是错木（竹）取火，都是把摩擦这样一种机械能转变成了热能，当热量集中达到了着火点后，就会喷发出火花来。摩擦取火的发明是人类改造自然的第一次伟大胜利。有了火，才有了烹饪，才使人类的智力和体质得到了增强；有了火才有了刀耕火种，以及制陶、冶金等多项生产技术。钻木取火、错木（竹）取火等法的发明，也是先民们在无意之中，对能量转换定律的一次较早运用。

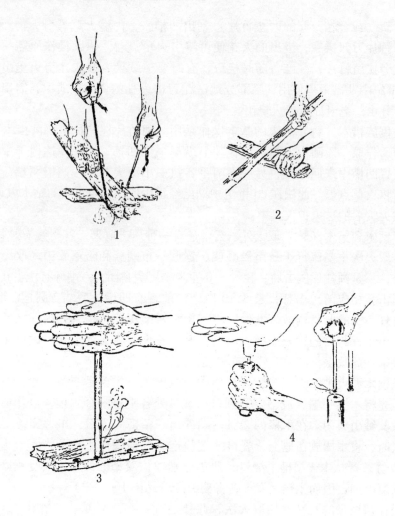

图 1 - 1 - 2   云南和海南岛地区 20 世纪的摩擦取火

1. 佤族的摩擦取火　　2. 苦聪人的锯竹取火

3. 黎族的钻木取火　　4. 景颇族的压击取火

采自文献 [36]

第二节　新石器时代石器加工技术的发展

新石器时代的石器加工，在生产规模、组织管理，以及操作技术上，都有了很大的提高。目前所见旧石器时代采石场只有呼和浩特大窑等少数遗址，新石器时代的石器加工场则在怀仁鹅毛口、南海西樵山、宜都红花套、枝江马家溪等处都有发现，而且往往规模更大。这些地方都蕴藏着丰富的石料资源（天然砾石和可供开采的石料），并出土有制作石器的工作台面、工具和石片、废料和半成品，分工也更细。从西樵山石器制造场资料看，其工艺程序应包括：开采石料——打成毛坯——锤琢加工——磨制抛光；其洞内保存有大量灰烬、炭屑、脉岩鳞片、烧石，洞壁上保存有火烧、剥离的痕迹；遗址断代为新石器时代晚期，约与仰韶文化相当[1]。

一般而言，从新石器时代早期到中期、晚期，石器加工技术是不断提高的，磨制和穿孔石器的使用量不断增加；这在同一遗址的不同文化层中表现得最为明显。如姜寨石斧，第一期文化出土 150 件，主要制法是打琢兼施；刃部磨光，通体磨光者极少，穿孔者更属个别；第二期出土 46 件，主要为磨制，打制者较少；第三期出土 3 件，皆通体磨光；第四期出土 77 件，多为磨制；第五期出土 31 件，磨制 17 件，打制 14 件[2]。又如山东境内各古文化遗址，北辛文化时仍保留着相当数量的打制石器，及至大汶口文化时，石质生产工具则几乎皆为磨制，许多器物通体磨光，圆润光洁，刃口犀利。

新石器时代的石器加工技术有了不少进步，许多考古工作者都做了大量研究，佟柱臣先生认为，仰韶、龙山文化的石器加工至少包括选料、打击、截断、琢治、砥磨、穿孔等项操作[3]，下面仅对其中较有特色的几项作一简单介绍，这对我们了解整个新石器时代的石器加工都有一定帮助。

一、选料技术

从大量考古资料看，此期选择石料的基本原则主要是两个方面：

1. 在品种上依据不同的资源条件，尽量选用既能满足使用性能要求，又便于加工成型的岩石。斧、锛类多选用硬度较高的石料，以利于砍伐；石刀多用解理能力较强者，以便于加工成型。如城背溪，石斧用玄武岩，刮削器多为石英石，少数为玄武岩[4][5]。又如半坡，石斧多用玄武岩、次为辉绿岩、辉长岩、石英、蛇纹岩；石铲多为石英岩、片麻岩；石锄多用辉长岩，次为玄武岩、石英岩[6]。大汶口，石刀多用紫色页岩和黄砂岩[7]。

2. 尽量选用外形与所需石器比较接近的石料，有时还利用旧残器，以减少加工量和节省加工时间。如石斧，往往选用长、宽皆较适宜的石块，刃部只稍作打击，其余部分保留原石皮。庙底沟出土了 8 件石斧，两面刃，刃呈椭圆形或近似圆形，皆由天然砾石磨制而成[8]。北辛一件石斧（H501:2），一面保留了原石皮，另一面是人工打击的破裂面；另一件石斧（H504:3）体宽而薄，两面均保留了原石皮[9]。又如石球：多用卵石打琢而成，如湖北王家岗一期石球等[10]。利用残器改制的实例有：北辛一件敲砸器（T605④:37）、一件石斧（H201:6）、一件盘状器（H701:15）等，皆用残石铲加工而成；北辛 35 件小石铲中，多数也是利用残石铲加工的。

石料来源大凡有两个不同的途径：

1. 就地取材。如磁山文化所用的闪长岩、透辉岩、方解石、硅化石灰岩、枚石、石英砂岩等，在河北南部及太行地区都是普遍存在的[11]。由于大自然的造化神功，有的石块已暴露于地表，遍地皆是，俯身可拾；有的虽埋藏于地下，亦可凿洞开采。南海西樵山遗址便发现了因长时期开采石料而凿成的洞穴[1]。

2. 通过交换等方式获得。主要是较为珍贵、性能较好的石料，如软玉、绿松石、黑曜石等。当然，普通石料也有外地运来的，如半坡遗址，经鉴定，所用岩石有玄武岩、砂岩、石英岩、辉绿岩、片麻岩等 40 种，但除片麻岩、石英岩等 8 种产于西安附近的翠华山、临潼，以及蓝田等地外，其余大部分都是产于关中以外地区的。这说明半坡人的活动范围已较宽，与其他氏族的交换都已相当广泛。

二、截断技术

石材截断加工是相当费事的，有关实物也较少。从仅有的实例看，具体操作主要有两种不同类型：

1. 砥断。即从两面相对砥磨，所得砥槽上口是平直的，两端深度大体一致。北首岭一件石锛的石材、大汶口一件条状锛形器上都有这类砥痕。

2. 划断。所得砥槽中间深两端浅，如灰嘴龙山文化一件方形石斧[3]等。

不管是砥断还是划断，锯切到一定程度后，都可用敲击或手掰的方式折断，一些石器的断口上下端平直，中间留有断碴，便是很好的证明。半坡有三件锯切加工标本，锯槽皆呈"V"型。

截断所用工具，从民族学资料看约有两种：一是木片，用加砂锯磨法切开；二是砂石片，用往复多次的方式切开[6]。

此外，可能还有琢窝打击法，即依岩石纹理，先在石块上用琢窝法琢出器物雏形，然后再打击石块，使石块沿着琢窝排列方式开裂。这种石坯上不见砥断、划断的痕迹。火成岩有定向纹理面，沉积岩有层理面，变质岩有片理面。有关实例曾在湖北宜都红花套遗址看到①。

三、琢

琢法即今石工所谓"打点"或"刺点"。《尔雅·释器》云："雕谓之琢。"其主要用于质地较为致密坚硬的石料，多用于补充磨光器或打制器在制作上之不足，纯粹的琢制器物是很少的。用琢法作补充修饰的石器约有三种情况：（1）在打制石器中，可用琢法加工其表面上的不平处，使其致平。（2）在磨制石器中，有的器物唯刃部磨光，余部皆用琢法修整。（3）穿孔时可用琢法[6]，这在下面还要谈到。半坡遗址纯琢器有锤头、斧、锛等。据统计，半坡遗址大约五分之四左右的石斧，都经过了琢法修饰。

琢的具体操作约有三种不同类型：

1. 上下直琢。所产生的点窝圆且深，直径大略相等，分布亦较均匀。一般石器表面上普遍采用此法。如三里桥一件梯形斜弧刃石斧（T102:02）等[3]。

2. 保棱琢法。石器棱角部分是不能用上下直琢的，须从棱角两侧向不同方向分琢开去，这类点窝一般斜且长，上部深而下部浅，如西乾沟一件梯形斜刃石斧上所见等。

3. 分层琢法。即分层下琢，可起到找平作用。

琢制加工之精粗及其所用工具种类，都常与所需器物形制有关。小器多用细琢法，大器多用粗琢法。从琢痕来看，半坡遗址使用过的工具约有三种：一种大约是硬质石凿，琢痕点子较粗，棱角不规则，多用于粗大器物。第二种似是尖利的石块，它原非专用琢具，具体做法是在已打成的雏形上撞击，故其痕迹更为粗大。第三种似是体形稍小而又较犀利的工具，琢点小而柔和，琢法稍见缓慢[6]。

---

① 红花套遗址曾于1973年至1976年发掘，但发掘报告未曾看到。前此的高仲达《宜都甘家河新石器时代遗址》（《考古》1965年第1期）一文未曾谈及此事。琢窝打击法是承李文杰先生惠告的。

四、磨

石器磨制技术虽旧石器时代晚期便已发明，但却是新石器时代才兴盛起来的，且是新石器时代石器加工的一种重要方法，多用于质地坚硬的石料加工。

石器砥磨约包括全磨和局部磨两种，使用情况主要与时间之早晚，以及器物形制有关。从时间上看，前期局部磨较多，后期全磨较多；从器物种类看，锥等小件一般都用全磨，小型的锛、凿、斧也多用全磨，大器多用局部磨；从部位看，局部磨主要施于刃部和柄部，一些大型石斧甚至只磨光了刃部。

砥磨的具体操作约有两种：一是纵砥，砥痕方向与石器长度方向平行，条痕一般较长；石锛侧面，石铲两面，石镞边锋常用此法。二是横砥，砥痕方向与石器长轴直交，砥痕一般较短。石刀、石镰刃部常用此法。

砥石（砺石），砂岩，许多遗址都有发现，大型石器多用固定式砥石，砥磨方向多较一致；砥痕较长且彼此平行。小型工具多用活动式砥石，砥痕较短且较零乱。

有一点值得注意的是磨制技术并不是单独使用的，不管全磨还是局部磨，都是石器一系列加工的最后工序；此前需先做出雏形，并经仔细加工和琢制，最后才是磨光，所以磨制是制石技术最高和最为完整的阶段。

五、作孔

与磨光同样，此技术也发明于旧石器时代晚期，也是新石器时代之后才兴盛的。从有关资料看，它约有五种不同的操作[3]：

1. 钻孔，所得之孔常呈漏斗状。常用两面钻孔法，特点是外孔和内孔都是较圆的，外孔周围并无琢点。作钻头的石质一般较坚，被钻的石料一般较软。1998年，安徽含山凌家滩新石器时代晚期遗址出土一件螺丝钉形石质钻头，涧西出土过一件穿孔石斧（T4H4）[3]。

2. 先琢后钻，即先从两面琢成不曾穿透的圆坑，后再用钻头钻通。所成之外孔是不规则的圆形，周边且有琢痕，内孔为规则的圆形，如客省庄一件长方形石刀等，半坡遗址也有此类实例。

3. 管钻，从民族学资料看，做法是用竹、骨质的管状物加沙蘸水旋研，所得之孔一般较直，周壁上留有明显的旋转纹痕迹。薄壁器可由一面钻透，如半坡一件纺轮等[6]，稍厚的器物可从两面施钻，大汶口石器穿孔多用此法。山东潍坊姚官庄龙山文化遗址还出土一件管钻遗留下来的石芯，直径达 1.6 厘米[12]。

4. 琢孔，主要用在大型器物上，孔内孔外都可看到明显的琢痕，大汶口有小部分器物曾用此法。

5. 划孔或者先划后钻，即用尖状石器往复刻划，常产生一个棱形窄槽，槽底可划出孔洞，有时也可再钻一下。

实际上，这些方法人们往往是穿插使用的，如庙底沟龙山文化"3B"型石刀计18件，有三种穿孔法：（1）两面对钻，计 10 件；（2）两面用凹槽划透，或者再在划沟中穿孔，计 5 件；（3）单面钻，3 件[8]。山西芮城西王村仰韶文化遗址计出土石刀 3 件，穿孔法分为两面对穿和先划（磨）后穿两种。

作孔工具种类较多，其中大家较为注意的是石钻，郑州林山砦等地曾有出土，但考古发掘中所见较少。山东姚官庄龙山文化曾出土一件石锥，大凡只能穿凿较软的东西。

这是石器加工技术的一般情况。关于打制技术，本章第一节"旧石器时代"部分曾经谈及，它在新石器时代又有一定的进步，不再介绍。在上述石器技术中，尤其值得注意的是磨光和穿孔，它们的发明，是两项具有革命意义的重大事件，对农业、手工业、建筑业都产生了难以估量的影响。石器磨光后，不但外形规整，使用轻便，而且刃部更为锋利，极大地改善了它们的使用性能。石器穿孔后，便于捆绑于柄；加柄后，一是便于把持，二是加大了力矩，从而提高了劳动工效。磨光和穿孔实际上都是随着农业、建筑业等的发明而逐渐兴起的。农业需要伐木垦荒，便需要锋利并便于把持的石斧和石铲；建筑业需要伐木、断木、平木，亦需要锋利并便于把持的石斧和石锛，这都极大地促进了磨光、穿孔技术的发展。

六、关于玉器加工技术

古代世界的许多原始民族大凡都曾用玉，但却没有哪个民族像我们中华民族这样，对玉器如此偏爱。先人们最初把它作为生产工具和一般饰器，后来竟用它作为祭祀用品、区别等级、充作信物，甚至还赋予了一种道德观念。因有感于玉器在中国古代文化中的特殊地位，有学者还提出了"玉器时代"的概念[13]。古人似乎也有过与"玉器时代"相似的说法。汉袁康《越绝书·外传·记宝剑》载风胡子云："轩辕、神农、赫胥之时，以石为兵。""黄帝之时，以玉为兵。""禹穴之时，以铜为兵。""当此之时，作铁为兵。"当然，"玉器时代"之说法未必十分严格，因"玉"也是一种石，《说文解字》云："玉，石之美有五德者"。所以我们以为"玉器时代"依然属于石器时代，治玉工艺亦未超出了治石工艺的范围①。

我国古代治玉技术约发明于新石器时代中期，首见于距今约 7600～8000 年的辽西查海文化。长江下游的河姆渡遗址第四期出土了约 20 多件石质装饰品，其中有玦 11 件、珠 7 件，两者皆多为石英和莹石质；又有璜 4 件、管 6 件，两者皆玛瑙质，多数钻孔；这些石质装饰器唯质地稍差②，制作较为粗糙[14]。公元前四千年之后，许多新石器文化，如黄河中游的仰韶文化、黄河下游的大汶口文化、长江中游的大溪文化、西辽河的红山文化等，都使用起玉来，技术上也有了提高。据 20 世纪 80 年代后期的一个统计资料，在考古发掘中，属于公元前 4000～前 1500 年间的玉器出土地点已达 60 处[15]。

从大量考古资料看，我国史前玉器大体上可划分为以长江下游和辽西地区为中心的南、北两大体系[16]。长江下游玉器由马家浜文化经崧泽文化到良渚文化，整个脉络十分清楚，其中又以太湖地区的遗存最为密集。马家浜文化主要流行玦、璜、璧、坠等造型单一的小件饰器；崧泽时期，造型向多样化发展，并一扫朴实无华的作风，出现了神面图像、云雷纹、鸟纹等图案等；良渚玉器以大型的玉琮、玉璧、玉钺、冠状饰等礼仪器最为典型。江苏吴县草鞋山出土 8 件玉琮，最大者高 18.4 厘米、宽 7.7 厘米、直径 4.5 厘米。常州武进寺 1982 年出土玉斧 3 件、玉璧

---

① 治，治理。治玉，治理玉、加工玉。前面说到的"琢治"，此说到的"治石"，后文说到的"治骨"，都是同一意思。宋应星《天工开物》卷十有"治铁"、"治铜"，实即加工铁、加工铜。"制"则是制造，今人常说的"制铁"，是指制造铁、冶炼铁。

② 早期发掘报告曾将河姆渡文化第四期的管、珠定为玉，见《考古学报》1978 年第 1 期。

25 件、玉琮 33 件、玉镯 3 件等；最大的一件玉琮高 33.5 厘米，计 13 节。1994～1995 年，其 5 号墓出土玉琮 2 件、玉璧 1 件、玉钺 1 件，玉璧直径达 29 厘米，系今见玉璧之最巨者[17]。良渚玉器出土数量也较大，1986 年反山墓地两次清理 11 座墓葬，出土玉器 1100 多件（单件 3200 多件），其中大件的玉璧仅 M23 一座墓就出土了 54 件[18]。反山一件玉钺高 17.9 厘米、背宽 14.4 厘米、刃宽 16.8 厘米，厚却只有 0.8 厘米。1987 年瑶山墓地清理了 11 座墓葬，出土各类玉器 635 件（组）[19]，数量是较多的。1998 年，安徽含山县凌家滩新石器时代晚期遗址也出土了大批精美的玉器和石器，其中包括玉人、玉龙、玉璜、玉双虎璜、玉猪、玉镯、玉喇叭形饰、玉斧、玉铲等。此玉人体态匀称，饰以浅雕，是我国今见最早的人体玉雕。此玉喇叭形饰口径 1.7 厘米，高 0.8 厘米，厚仅为 0.1 厘米，切割得十分精确规整，真乃稀世之珍，距今约 5000 年[20]。辽西玉器在查海文化与红山文化之间虽然尚有一些缺环，但特色也是十分明显的：其多通体光素无纹，但寥寥数刀，便把人物刻画得栩栩如生，维妙维肖，十分传神；它不以博大取胜，而以精巧见长；其玉器有璧、环之类几何形体，又有鸟、虫、猪、龟等动物形体，在静态中充满活力；数量和种类虽比不得其他地区丰富，但以动物形象为主的佩饰群，却是独树一帜的。

我国史前玉器大体上可区分为"生产工具"型和饰器型两大类，因地域之异，各文化区的生产和使用情况是不太一样的。在北方，玉质"生产工具"往往占有一定比例，南方则多偏重饰器，玉质生产工具较少，而且这种特征从一开始就有反映。辽西兴隆洼文化遗址出土了不少玉器，种类有玦、匕形器、管、斧、锛等，年代与查海文化相当，距今约 8000 年左右[21]。年代稍后的，1959 年，大汶口文化出土有两件精美的玉铲和一件玉凿，以及部分玉质石管[7]。山东曲阜西夏侯大汶口文化晚期 11 座墓葬所出玉器中，有斧、锛、铲，以及纺轮、镞形器等工具和少量的手镯、指环、管等饰物[15]。1976 年陕西神木县石峁遗址出土玉器 4 件，其中有玉锛 2 件，玉铲 1 件[22]。有学者考察过多年来神木石峁龙山文化遗址出土的 127 件玉器，属锋刃器型的计 76 件，其中有刀 38 件（包括 3 件半成品）、多孔刀 15 件、铲 2 件、斧 1 件、钺 8 件、戚 1 件、戈 3 件，其余的为饰器和用器，计有牙璋 28 件、圭 10 件、圭形器 1 件、异形器 2 件、璧 1 件、璜 11 件、人头像 1 件、玉蚕 1 件、虎头纹饰 1 件、玉蝗 1 件、螳螂 1 件、玉料 1 件[23]。这些玉质生产工具中，有的可能仍然属实用器，有的则完全脱离了实用器的范围，而只具有象征性意义，这一点在兴隆洼玉斧、玉锛上表现得最为明显；有的质地较差，身部和刃部都留有使用痕迹，有的则质纯色正，磨制精巧，毫无使用过的迹象[21]。余杭瑶山所出土的 635 件玉器中，大约只有锥形器（58 件）、纺轮（2 件）、钺可算作生产工具型，其余都是饰器；反山所出土的 1100 多件玉器中，只有钺（5 组）可算作"生产工具型"，其余亦皆饰器。南京市北阴阳营遗址所出土的 283 件玉玦、璜、管、珠、坠等玉器，均为装饰器[24]。吴县张陵山遗址出土的 100 多件玉器，绝大部分为饰片、镯、环、珠类饰物，仅有少数几件是穿了孔的玉斧[25]。

玉器加工显然是在石器加工基础上发展起来的，有学者在谈到良渚治玉工艺时说："良渚文化时期制造石器的工具，砥、砂、钻（实心、空心）亦可用以琢玉。"[26]凌家滩玉器加工大致运用了切、割、凿、挖、钻、雕、磨、抛光等技术，其多用阴线刻，部分为浅浮雕、半圆雕[20]。玉较石坚，故治玉较治石更难，各项技术要求也就更高。

在制作粗坯时，玉器与石器有一点不同，即石器可以打制，玉器则一般都是切割的。后世的切玉法是利用一种转动的砣具，带动高硬度而颗粒十分细小的解玉砂（金刚砂类），以间接摩擦的方式来对玉材进行加工，所以玉器加工在取料时就需要介质参与。良渚玉器表面常有一些粗细、长短、深浅不一的阴线弦纹，难度极高的剔地阳纹、象纹、弧线纹、云雷纹、面纹等，虽细如丝发，却自然流畅，无不体现了高超的技艺。许多学者认为这其中相当一部分应是砣具加工出来的，故宫博物院珍藏一件浙江出土的玉璧，一个侧面残有明显的直线和圆弧形开料痕，便是个很好的证明[27]。我国古代关于治玉砣具的记载始见于明代的宋应星《天工开物》，但一般都认为它早在新石器时代便已发明。

钻孔是玉器加工中广泛使用的一种工艺，始见于辽西兴隆洼文化时期[21]。凌家滩玉有的孔眼细如针眼[20]。从实物考察来看，新石器时代玉器的一些透孔，一些圆形或宽扁的未透卵眼，也都使用过钻具，有的钻具很可能是竹管。钻孔之法有单面钻和两面对钻两种；在良渚玉器中，不管厚度如何，多数都是对钻的；依此有人推测，当时很可能掌握了一种同时在两面钻进的管钻技术。其依据有二：一是钻孔两壁深度往往相等；二是即使钻孔错了位，其深度也往往是相应的[28]。

有学者认为，良渚玉钻孔时，很可能还使用了一种以手摇动而令其旋转的加工机构；福泉山出土过一件玉管，内壁密布了许多清晰细密、层层递进的旋螺纹[29]；不少良渚玉的大眼孔里，都见有沿同一方向旋转时留下的镗线（来福线）纹，有如螺旋口一般[27][30]，若无旋转式的加工机构，这种镗线是很难解释清楚的。金坛三星村马家浜文化出土一件大型石轮，外形与纺轮相似，直径20厘米，较为厚重，人们推测，它原装有木轴，是人们利用其转动惯性来加工玉石或钻孔用的[31]。还有学者通过偏光显微镜对凌家滩玉器作了观察，并发现了其用砣的痕迹，认为5300年前我国已使用了砣机[32]。

有学者认为，良渚玉器上有的细密阴纹是用硬质刀具徒手重复刻划出来的，如福泉山玉琮T4M6:21上布有类如小鸟眼睛一样的饰纹，细小若圆珠笔滚珠一般，在放大镜下，可看到它由许多重复刻划的短直线围成。但此种硬质工具是为何物，则有待进一步研究[29]。

七、关于骨角器加工技术

先民们在大量使用石器的同时，还大量地使用了骨角器。河姆渡文化一期（最下层）计出土石质生产工具357件，包括斧205件、锛33件、凿39件、砺石57件、石球4件、弹丸18件、纺轮1件等；出土骨角牙器1936件，其中有生产工具耜154件、镰形器9件、镞1097件、鱼镖2件、器柄4件、斧1件、凿138件、锥133件、钻1件、针61件、管形针41件、镞形器4件、梭形器5件、刀形器8件、柄形器斧3件等。三期出土石质生产工具88件，有斧11件、锛32件、凿8件、纺轮11件、刀3件、砺石18件、弹丸5件；出土骨角器49件，包括耜2件、镞33件、凿2件、锥3件、针2件、管1件、匕1件、珠1件、坠饰1件等[14]。

西安半坡共出土石质生产工具 1342 件，同时出土的骨质生产工具却为 1468 件，角质器 100 件。骨器主要有锥 606 件、镞 282 件、针 281 件、凿 77 件；角器主要有锥 99 件、矛 1 件。半坡所出土的针、凿全都是骨角质的[6]。大汶口出土有石质生产工具 176 件，同时出土的骨、角生产工具分别为 219 件和 15 件。其骨器主要有镞 50 件、锥 43 件、镖 23 件、针 20 件、匕 20 件、板 13 件、凿 10 件[7]。骨角器的优点是加工较石器容易，使用起来较为轻便。

骨角器加工一般包括四个工序：（1）选料。基本技术标准是材料强度适宜、外形与所需器物比较接近。（2）截断、劈分成条状或片状。（3）刮削，以成锥形。（4）砥磨。此外，有的器物还要穿孔和镂空。

细小光滑的骨针、骨锥等，通常是先把骨料锯成条状，后用刀子刮削，最后磨光；骨铲、骨凿、骨刀等大型工具则需先把长骨料劈成两半（或用肩胛骨），经刮削修治后再行磨光。圆形的锥子可用管状料制作，一端磨出圆形斜刃。平头凿和长方形铲可用长骨或管状骨经切割、劈分、砥磨而成。鱼钩、鱼叉、箭头等器制作精良，多用片状骨加工。骨器截割多用砥断法（或叫锉磨法）。与石器同样，骨器，以及木器的最后一道工序也是砥磨；在河姆渡，磨制的石器远较骨、木器为少。

骨器穿孔法至少有四种：

1. 挖孔。即用锋利的石块在骨、蚌器上挖出孔洞。如山顶洞人的骨针，庙底沟骨针（T235:11）等[3]。

2. 先挖后钻。所成之孔外扁内圆，如半坡骨针 P.125:21 等。

3. 凿孔。所成之孔多作方形，如庙底沟鹿角槌（T97:03）等[3]。

4. 钻孔。有人认为孔洞可用圆钻直接钻出，如在半坡所见。但从模拟试验的情况看，钻孔时，打制锥更优于磨制锥[33]，一般认为，尤以专门打制的锋利的三棱状石锥为佳。

骨器加工工具常有锯、刀、钻、凿、磨石等，许多遗址都有出土。大汶口骨针粗细介于 1.0 ~ 7.0 毫米间，细小者已与今纳鞋底的大针相近[7]，可见新石器时代的砥磨、穿孔等骨器加工技术已达到较高水平。

第三节　原始的制陶技术

我国古代制陶技术约发明于 14000 ~ 15000 年前。依其发展状况，新石器时代①制陶术约可分为四个阶段：（1）发明期，即新石器时代早期。出土陶器较早的遗址主要有：桂林庙岩（[14]C 年代测定距今 15000 年以上）[1][2]、江西万年仙人洞

---

① 20 世纪 80 年代后，人们对新石器时代的分期逐渐采用了一种新方法，许多学者早有论述，今亦从之。具体分法是：公元前 12000 ~ 前 7000 年视为新石器时代早期，公元前 7000 ~ 前 5000 年为中期，公元前 5000 ~ 前 3000 年为晚期，公元前 3000 ~ 前 2000 年为铜石并用时代。也有学者将公元前 5000 ~ 前 2000 年皆视为新石器时代晚期。但这只能是大概划分，我国幅员辽阔，技术和社会的发展都是不平衡的；如公元前 3000 ~ 前 2000 年时，黄河流域等大文化带已进入了铜石并用时代，长江下游一带则至今未发现此时期的铜器，便很难视为铜石并用时代。为此，本书也只好采用一种较为模糊的做法，在这一时期内，有的地方视为铜石并用时代，有的则仍称为新石器时代晚期。

和吊桶环（距今 14000～15000 年）[3]、湖南道县玉蟾岩（距今 14000～15000 年）[4]、河北徐水南庄头（距今 9700～10500 年）[5]、河北阳原于家沟（距今 1 万年以上）[6]、北京怀柔转年（距今 9200～9800 年）[7]、广西桂林甑皮岩下层和柳州鲤鱼嘴下层（距今 9000 年以上）[8]，其中出土陶片较多的是仙人洞和吊桶环，年代最早而器形完整的陶器是仙人洞陶罐[9]。（2）发展期，约相当于新石器时代中期。包括贾湖文化、裴李岗—磁山文化、大地湾一期等。新石器时代早期和中期陶器的基本特点是：数量和种类较少，器形较为简单；均为手制，往往使用贴片法；火候较低，质地松脆，或素或只有一些工艺性纹饰；非工艺性纹饰较少，习见有压印凹点纹、划纹、乳钉纹等。最初南、北皆用夹砂陶，稍后南方许多地方一度以夹炭陶为主；湖南岳阳坟山堡等处还发明了高镁质白陶[10]，湖南洪江高庙还发现了距今 7800 年的白陶。（3）成熟期，相当于新石器时代晚期，即与仰韶文化年代相当的诸考古学文化。此时制陶技术得到了较大发展，不但数量和种类急剧增加，而且从原料准备到成型加工①、表面装饰和烧造技术，都有了较大的进步。如原料方面，南方摈弃了羼炭技术，高镁低铁白陶有了增加；北方出现了高铝白陶。在成型工艺上，推广了泥条筑成法，此期还出现了快轮制陶；在装饰上，除了成型过程中制作的繁杂机械纹外，"陶衣"技术、彩陶技术等都得到了较为充分的发展；南、北许多地方都出现了较多的灰陶。（4）提高创新期，大体上相当于铜石并用时代，此期最为突出的成就是：许多地区推广了模制法，在山东龙山文化等许多地方推广了快轮制陶，生产了蛋壳陶，少数地方出现了原始青瓷。

新石器时代与旧石器时代的主要区别是：由完全依赖自然的赐予，发展到了创造性的生产。一般认为，新石器时代的主要成就是：出现了农业技术、制陶技术、纺织技术、冶金技术、原始机械技术、建筑技术等。制陶技术的发明，是人类改造自然的一项重要成果。

一、部分早期陶器的出土情况

我国今见年代最早的陶器属新石器时代早期，其中一些遗址还包含有旧石器文化的背景，距今都在一万年至一万五千年左右。

1998 年，庙岩遗址出土了 5 件陶片。陶片呈灰褐色，素面，部分表面有烟炱，质地粗糙，吸水性强，胎内含有细石英颗粒和炭粒[1]。

1962 年、1964 年，江西万年仙人洞两次发掘，其下层第一次出土陶片 90 余件，皆夹砂红陶，质地较粗，羼有大小不等的石英粒；第二次 298 片，亦皆夹砂红陶[9]。20 世纪 90 年代又进行了一次发掘，出土陶器 800 多片，多呈灰黑色、土黄色或棕褐色；这种颜色很可能与烧造过程中的氧化气氛和烟尘附着及渗入有关。第 4～2 层陶片结构较为疏松，一般含有较多大小不一的砂质颗粒[9]。

1993 年、1995 年，湖南道县玉蟾岩进行了两次发掘，均发现有原始陶片，经

---

① 成型，亦作成形。"型"当指铸型、模型，依模型而制者谓成型，无模型而制者谓成形。然而自古"形"、"型"相通。《左传》昭公十二年："形民之力。"杜预注："言国之用民，当随其力任，如金冶之器，随器而制形，故言形民之力。"孔颖达疏："随器而制形者，铸冶之家将作器而制其模谓之为形。"此"形"实指型。为简便起见，不管有模无模，本书皆写作成型。又，此两段文献中都用到了一个"制"字（见《十三经注疏》，中华书局），显然，都是制造的意思。

修复的一件为深腹尖底罐，胎厚近 2 厘米，夹炭，并夹有大颗粒石英砂，用贴塑法成型[4]。

1986～1987 年，徐水南庄头两次试掘，计出土碎陶 15 片，其中夹砂深灰陶 12 片、夹云母褐陶 1 片、夹砂红陶 1 片、夹砂红褐陶 1 片。胎厚 0.8～1.0 厘米，火候较低，质地疏松，能确知器形者似为罐类[11]；1997 年又掘得 40 余片，均系夹砂陶，色灰或褐，质地疏松，器形有平底直口或微折沿的罐等[12]。

这些大约都属世界上最早的陶器之一。日本陶器也是较早的，据说在长野县下茂内和鹿儿岛县简仙山都出土过公元前一万三四千年的陶片，但后者的烧成温度大约只有 400℃～500℃，尚未成陶，系名副其实的土器。此外，俄罗斯远东地区的部分遗址也出土过公元前一万年前的陶片，蒙古也出土过公元前一万年左右的陶片。

年代稍后的遗址，如 1965 年对桂林甑皮岩下层试掘，出土陶片 921 件，器形有罐、釜、钵、瓮等，及少数三足器。红陶和灰陶两个陶系，其中包括夹砂红陶 671 片、泥质红陶 8 片、夹砂灰陶 233 片、泥质灰陶 9 片。夹砂陶之砂为粗细不均的石英粒，火候较低；饰纹多为粗细不同的绳纹，以及少量席纹和划纹；器壁较厚，达 2.6 厘米。泥质陶质地稍细，较薄，火候稍高，饰纹有细绳纹和划纹等；最薄的为 0.3 厘米[13]。

一般认为制陶技术应产生于农业之后，但从现有考古资料看，我国最早出土陶器的许多地方其时都没有农业。徐水南庄头虽出土有石磨盘、磨棒等谷物加工工具，有了狗、猪等家畜和陶器，发现了不少野生的种子，却不见粟等栽培作物[11]。看来，各地的情况稍有不同，陶器可以在农业出现稍前产生，也可以农业出现稍后才产生。今见最早的栽培稻始见于湖南道县玉蟾岩、江西仙人洞和吊桶环。

一般认为，陶器之发明应是多中心的，它是人类历史发展过程中的必然产物。在中国，乃至全世界都是这样。

陶器是人类利用高温物理化学变化，并使之为自己服务的一项杰出成就。人们在制作石器时，只改变了石头的外部形态，而不曾改变它的本质；陶器则不然，它以粘土为原料，既改变了自然物的外部形态，更为重要的是改变了它的本质。此外，陶器的出现，还在物理、化学知识和高温技术上，为冶金术、制瓷术的产生打下了良好的基础。人类发明火之后，虽开始用烧烤的方式获得了部分熟食，但还是要经常生食的；陶器发明后，人类的"熟食"才有了确切的保证。罗泌《路史》云：圣人"于是大埏埴以为器，而人寿"。说的正是此意。此"埏埴"即制陶。《荀子·性恶》"埏埴而为器"注云：'埏，击也，埴，粘土也，击粘土而成器。"

二、胎料的选择和加工

我国新石器时代的制陶原料主要有两种，一是陶土，其中主要是普通易熔粘土，另有少量高镁质易熔粘土、高铝质粘土和高硅质粘土；二是羼和料，主要是砂粒、植物炭，以及少量的云母、蚌壳、滑石等。前者是基本的，后者则是为改善陶土的加工和烧造性能而加入的辅助用料。依照这些原料之不同，新石器时代陶器又可区分为泥质陶、夹砂陶、夹炭陶，以及白陶；此白陶又包括高镁白陶、高铝白陶、高硅白陶三种。最早的陶器大约是使用未经选择的粘土制成的；因纯粘土之陶器成型稍难，且不耐高温，经过一段时间实践后，便逐渐掌握了陶土选择、羼入砂粒或"植物炭"等一系列技术。此两个阶段的交替期已经很难分辨，1962 年、1964 年发掘的万年仙人洞原始陶器，皆羼有大小不等的石英砂粒，有的粒度达 1 厘米 × 0.5 厘米，当系有意加入。到新石器时代中期，如大地湾一期[14][15]、贾湖[16][17]、裴李岗—磁山文化等，羼入砂粒的技术便发展到一定水平，裴李岗文化[18]、磁山文化[19]、查海文化[20]、老官台文化[21]、大地湾一期等的陶胎皆曾羼砂，湖南彭头山文化陶胎羼有植物炭和砂粒[22]。

（一）陶土

我国新石器时代陶土主要包括四种不同类型：

1. 普通易熔粘土型

因关联因素较多，学术界对"易熔粘土"一词并无具体的成分界定，从科学分析看，易熔粘土型陶器的基本特点是低硅、低铝，含钙量亦较低，而助熔剂总量①，尤其是 Fe_2O_3 量较高。表 1-3-1 示出了 85 件标本（82 件为新石器时代陶器，3 件为制陶原料）的成分，其中有 51 件属普通易熔粘土型[23]~[28]，分属裴李岗文化、磁山文化、仰韶文化、大汶口文化、马家窑文化、龙山文化、齐家文化、大溪文化、屈家岭文化、河姆渡文化、罗家角文化、良渚文化、红山文化，以及桂林甑皮岩、广东翁源、江西万年仙人洞、修水、福建闽侯等文化遗址；有红陶、黑陶、灰陶、夹砂陶、夹炭陶、夹蚌陶、泥质陶、彩陶等。经统计，此 51 件标本平均成分为 SiO_2 59.78%、Al_2O_3 17.03%、Fe_2O_3 5.18%、TiO_2 0.77%、CaO 2.87%、MgO 1.85%、K_2O 2.49%、Na_2O 1.27%。SiO_2 波动范围为 49.05% ~69.84%，相对集中的成分范围是 55% ~65%；Al_2O_3 波动范围为 10.6% ~21.41%，相对集中的成分范围是 15% ~20%；CaO 量多在 3% 以下；Fe_2O_3 处于 1% ~11% 间，相对集中的成分范围为 3% ~7%。因铁氧化物和某些碱金属、碱土金属氧化物（R_2O、RO）具有较强的助熔作用，故这些陶器烧成温度一般不超过 1000℃ ~1050℃，温度再高时，便会产生出大量玻璃相，使制品变形乃至熔融。黄河流域在龙山文化、齐家文化前多用这类粘土，长江流域和其他地区也有使用[23][26]。从这些资料看，易熔粘土的 SiO_2 量通常应低于 70%，其陶化温度应低于 1000℃ ~1050℃；超过了这一成分和温度范围，通常便可视为高硅粘土、非易熔粘土。在上述 51 枚标本中，有 6 枚属夹炭陶，其含硅量与其他易熔粘土型陶器处于同一水平。

普通易熔型粘土主要制作普通陶器，其含铁量常因时代和地域而异。在黄河流域，仰韶文化及其之前，含 Fe_2O_3 量常达 6% ~8% 之间。上述学者分析的裴李岗文化、磁山文化、仰韶文化、大汶口文化、马家窑文化 17 件标本的平均 Fe_2O_3 量为 6.794%。龙山文化后稍有降低，多处于 4% ~5% 之间；上述学者分析的 6 件龙山文化、齐家文化标本的平均 Fe_2O_3 量为 5.56%。在河姆渡，陶片含铁量则由下层到上层呈升高趋势，下层的 Fe_2O_3 约为 1.5% 左右，最上层则处于 5% ~10% 之间（表 1-3-1）[27]。看来这主要与操作技术有关。

---

① 陶瓷原料的基本组分是 SiO_2 和 Al_2O_3，其他皆可视为助熔剂。除 SiO_2、Al_2O_3 使其耐火度提高外，其他碱土金属氧化物和碱金属氧化物等，都会在不同程度上使之降低。但不同的氧化物对耐火度的影响是不同的。

表 1-3-1　　　　　　　　新石器时代陶胎化学成分

序号	名称器号	文化类型	出土地点	SiO$_2$	Al$_2$O$_3$	Fe$_2$O$_3$	TiO$_2$	CaO	MgO	K$_2$O	Na$_2$O	MnO	P$_2$O$_5$	烧损
1	细泥红陶	裴李岗文化	河南新郑裴李岗	60.0	18.61	8.84	1.01	1.15	2.75	2.0	1.13	0.05	0.96	5.53
2	夹砂红陶			56.09	19.51	9.0	0.71	1.07	1.45	3.58	0.17	0.13	1.65	7.56
3	红陶			57.43	17.11	7.31	0.96	1.55	1.96	1.33	2.24		4.07	6.19
4	红陶	磁山文化	河北武安磁山	59.43	21.41	3.97	0.53	0.85	2.95	0.98	5.31			4.34
5	红陶			62.98	17.11	5.49	0.67	2.42	2.61	2.81	1.62			3.59
6	红陶			49.68	19.48	8.45	1.16	2.01	1.67	2.93	0.93		3.08	9.89
7	红陶	仰韶文化	仰韶村	66.5	16.56	6.24	0.88	2.28	2.28	2.98	0.69	0.06		1.43
8	夹砂红陶		西安半坡	64.66	17.35	6.52	0.77	2.39	3.35	3.35	1.26	0.09		1.47
9	夹砂红陶			67.08	16.07	6.40	0.8	1.67	1.75	3.00	1.04	0.09		1.47
10	夹砂红陶		陕县庙底沟	60.47	15.79	5.98	0.74	6.87	3.45	3.3	1.17			1.75
11	夹砂红陶			50.87	16.63	6.61	0.87	14.13	5.26	3.01	0.81			2.09
12	黄陶		甘肃	51.0	14.9	8.8	1.1	15.1	4.0	2.0	1.5			1.4
13	陶坯		洛阳	60.22	17.07	6.99	0.79	1.02	2.57	3.21	1.14	0.03		6.72
14	陶坯屪和料		西安半坡	75.27	12.81	1.35	0.17	1.84	0.41	3.88	3.37	0.04		0.77
15	红陶	大汶口	兖州王因	49.05	21.29	7.45	1.24	2.34	2.26	2.19	1.38	0.14	6.66	5.65
16	白陶		大汶口	66.24	25.3	2.42	1.05	1.54	0.44	1.61	0.28			1.74
17	彩陶（甘肃）	马家窑文化	甘谷西四十里铺	57.2	13.56	5.28	0.71	12.36	1.76	2.94	1.17			4.91
18	彩陶		临洮辛店	54.92	17.47	6.17	0.75	9.28	3.18	3.59	0.69	0.23		3.39
19	彩陶		天水天西山坪	59.64	16.44	6.22	1.05	7.21	3.46	2.84	1.07			2.48
20	薄胎白陶	龙山文化	山东章丘城子崖	63.03	29.51	1.59	0.74	0.82	1.48	0.18	0.03			1.45
21	白陶			49.48	27.75	1.71	1.09	5.33	6.15	1.79	0.44			5.91
22	黑陶		安阳后岗	67.98	13.97	6.13	0.79	2.34	2.38	2.73	1.35	0.05		1.52
23	薄胎黑陶		日照两城镇	61.11	18.26	4.89	0.81	2.7	1.34	1.55	2.42	0.11		6.97
24	黑陶		章丘城子崖	63.57	15.2	5.99	0.92	2.65	2.43	2.77	1.62	0.07		5.39
25	黑陶		胶县三里河	65.53	13.77	4.49	0.79	2.05	1.41	2.98	2.13	0.07	0.69	\
26	红陶	齐家文化	甘肃齐家坪	65.16	13.10	5.50	0.69	9.26	0.44	3.39	1.15			1.17
27	夹砂红陶			62.42	17.16	6.38	0.84	1.84	2.68	4.13	1.42			2.81
28	泥质红陶	大溪文化		63.68	15.28	6.69	0.88	1.47	0.99	3.05	0.53	0.16	2.25	4.79
29	夹炭红陶			54.78	17.1	4.85	0.94	2.5	0.71	2.22	0.29	0.09	4.4	8.49
30	夹蚌陶			64.72	14.49	5.24	0.9	1.85	0.53	1.52	0.89	0.11	3.68	5.77
31	白陶			66.46	3.68	1.64	0.01	0.37	23.97	0.15	0.04	0.03	0.17	3.45
32	白陶			69.71	22.12	1.54	1.0	0.21	0.81	3.08	0.13	0.01	0.06	1.27
33	细泥黑陶 T64(2A):140		枝江关庙山	61.42	19.01	4.43		0.9	0.79	1.87	1.51			5.31
34	泥黑陶 T68(IC)H62:41			64.83	17.83	5.17		0.54	1.44	1.83	0.94			6.04
35	泥质白陶 T11(4):83			68.12	20.57	2.68		1.85	0.09	2.43	0.75			
36	泥质白陶 T11(4):42			67.79	5.52	3.41		1.18	18.01	0.61	0.69			
37	泥质白陶 T70(6):110			68.33	5.57	1.33		0.53	19.31	0.34	0.41			3.27
38	薄胎黑陶	屈家岭		60.45	18.27	5.41	1.05	1.45	1.14	2.6	0.44	0.04	2.43	3.29
39	泥质浅灰陶			64.85	19.8	6.41	0.87	0.75	1.80	2.16	0.87	0.03	0.46	1.68
40	夹炭黑陶 YMT23(4)	河姆渡文化	河姆渡第四层	60.88	17.18	1.44	0.68	1.44	1.0	2.18	1.4	0.06	0.3	13.42
41	夹炭黑陶 YMT30(3)		河姆渡第三层	57.72	17.31	4.13	0.89	2.01	0.79	1.96	0.76	0.14	2.13	12.58
42	夹炭黑陶 YMT27(4)		河姆渡第四层	64.63	17.97	1.42	0.82	1.19	0.86	2.27	1.17	0.04	0.19	9.08
43	夹砂黑陶 YMT33(4)		河姆渡第四层	67.44	15.4	1.63	0.77	0.88	0.66	3.39	1.31	0.04	0.41	8.74
44	夹砂灰陶 YMT21(3)		河姆渡第三层	63.01	16.58	3.97	0.75	1.54	0.89	2.41	1.05	0.11	2.33	7.5
45	白陶	罗家角文化	桐乡罗家角一层	52.13	5.53	1.98	0.4	9.49	19.62	0.18	0.12	0.09	3.88	6.38
46	白陶		桐乡罗家角二层	58.25	6.35	2.01	0.4	9.39	21.48	0.47	0.16		0.57	0.94
47	夹砂红陶		桐乡罗家角三层	57.08	6.74	2.82	0.37	6.44	16.31	0.69	0.16	0.1	2.80	
48	白陶		桐乡罗家角一层	59.08	8.2	3.32	0.45	7.48	18.94	0.72	0.11	0.05	1.1	1.14
49	灰白陶		桐乡罗家角一层	51.7	8.29	3.12	0.34	7.91	16.25	0.5	0.11	0.13		6.74
50	灰白陶		桐乡罗家角一层	54.34	6.47	3.76	0.29	7.75	17.04	0.81	0.1	0.11		6.21
51	夹砂红陶		桐乡罗家角一层	60.9	15.36	6.32	0.54	1.78	1.04	2.14	0.86	0.05	3.37	7.01
52	夹炭黑陶		桐乡罗家角三层	61.03	14.64	5.13	0.54	1.61	0.94	1.78	1.32	0.11	4.2	9.11
53	夹炭灰黑陶		桐乡罗家角四层	60.22	15.45	5.04	0.98	1.93	0.88	1.45	0.95	0.13	4.37	7.96

（续表）

序号	名称器号	文化类型	出土地点	成　分（%）										烧损
				SiO_2	Al_2O_3	Fe_2O_3	TiO_2	CaO	MgO	K_2O	Na_2O	MnO	P_2O_5	
54	质灰红陶 YMT34(2)	河姆渡文化	第二层	61.23	16.22	3.62	0.86	1.68	1.53	2.78	1.33	0.09	3.43	7.27
55	夹砂红陶 YMT37(1)		第一层	65.2	14.78	5.04	0.47	0.87	0.68	2.63	1.05	0.04	3.24	6.49
56	泥质红陶 YMT33(2)		第二层	55.77	19.05	5.93	0.98	1.29	1.77	2.77	0.98	0.07	4.79	6.53
57	泥质红陶 YMT33(1)		第一层	55.46	20.33	10.0	1.28	0.63	1.77	2.4	0.67	0.07	3.59	3.25
58	灰陶	良渚	上海金山亭林	54.09	21.34	9.45	1.29	1.14	2.36	2.71	0.8	0.08	3.21	3.98
59	红陶	红山文化	辽宁赤峰水泉	65.91	13.07	4.52	0.73	4.95	2.71	3.19	0.91			3.43
60	红陶			62.68	14.92	5.76	0.84	6.3	2.0	2.46	1.28			3.75
61	夹砂红陶		桂林甑皮岩(3)	50.7	20.19	6.05	1.18		5.73	0.78	0.6			14.5
62	夹砂红陶		广东翁源青塘	59.39	23.85	3.24	1.02	1.98	0.95	0.65	0.63			8.5
63	红陶		江西修水跑马岭	50.14	29.38	4.16	1.28	1.4	0.1	2.39	0.23			10.56
64	红陶		万年仙人洞上层	70.1	18.86	3.3	0.48		1.13	1.98	9.43			2.55
65	夹砂灰陶			70.8	15.85	1.9	0.52	0.1	1.65	2.93	0.56			5.41
66	细砂灰陶		闽侯县石山下层	52.52	19.88	9.14	1.16	0.56	1.2	1.3	1.29			7.71
67	砂质陶 WX01		仙人洞四层,约万年前	73.07	14.88	2.68	0.97	0.84	1.38	1.41	0.05	0.02	0.07	4.15
68	砂质陶 WX03		万年仙人洞第三层约万年左右	72.07	14.26	5.42	0.77	0.46	1.05	2.27	0.20	0.06	0.15	3.27
69	砂质陶 WX07			70.33	18.69	1.60	0.65	0.55	0.87	3.01	0.12	0.02	0.05	4.12
70	砂质陶 WX09			74.53	13.76	2.65	0.94	1.00	0.98	1.87	0.15	0.02	0.11	4.10
71	砂质陶 WX12		万年仙人洞第二层约8000年前	78.86	11.68	1.50	0.65	0.85	0.65	0.88	0.12	0.02	0.22	4.50
72	砂质陶 WX13			76.32	10.60	2.87	0.92	2.08	0.68	1.75	0.04	0.05	0.35	4.38
73	砂质陶 WX14			75.93	12.24	3.44	0.67	0.84	0.88	1.61	0.05	0.05	0.17	4.17
74	夹砂灰褐陶(M2075 斝)		龙山文化陶寺类型早期	70.22	14.8	3.74	/	0.82	0.92	1.44	1.55	/	/	2.77
75	泥质红陶(H384 尖瓶)		陶寺庙底沟二期文化	69.18	16.48	6.04	/	/	0.9	2.6	2.6	/	/	1.05
76	泥质红陶罐 IIH4		龙山文化陶寺类型早期	69.84	16.23	5.28	/	0.32	0.81	2.33	2.55	/	/	0.71
77	泥质陶折肩罐 IIH		龙山文化陶寺类型早期	69.2	16.23	6.28	/	0.16	0.91	2.29	2.48	/	/	1.05
78	泥质红陶 T③:6		珠海淇澳岛后沙湾新石器	70.42	15.84	2.63	/	0.95	0.3	0.95	0.3	/	/	5.66
79	泥质黄陶 T③:6		珠海三灶岛草堂湾新石器	70.13	17.37	1.76	/	0.39	0.10	1.19	0.49	/	/	7.67
80	白粘土(生土)		枝江县雅畈	76.57	13.33	0.93	/	0.07	0.91	1.26	0.18	/	/	3.86
81	灰白粘土(生土)		枝江县关庙山	74.82	11.67	4.67	/	1.68	0.13	1.69	1.54	/	/	/
82	闽侯县石山印纹硬陶		新石器时代晚期	65.61	22.85	5.42	0.91	0.49	0.70	2.53	0.47	0.056	0.201	1.03
83	闽侯县石山印纹硬陶		新石器时代晚期	66.73	22.03	3.70	0.96	0.35	1.0	3.48	0.68	0.061	0.142	0.78
84	泉州印纹硬陶		新石器时代晚期	57.81	29.18	8.61	0.82	0.37	0.69	1.42	0.41	0.036	0.131	0.46
85	泉州印纹硬陶		新石器时代晚期	76.02	16.68	1.52	0.63	0.21	0.48	3.01	0.36	0.041	0.065	0.76
平均值	高铝质陶,9枚			60.90	25.77	3.59	1.07	1.38	1.30	2.05	0.83			3.52
	高镁质陶,9枚			59.46	6.26	2.59	0.24	5.62	19.0	0.5	0.21			3.13
	高硅质陶,13枚			72.98	15.04	2.69	0.55	0.70	0.85	1.87	1.03	0.02	0.09	4.12
	低熔点粘土型,51枚			59.78	17.03	5.81	0.77	2.87	1.85	2.49	1.27			5.03

注：（1）标本 1、2、28～32、38、39、45～53 号采自文献［23］；标本18、25 号采自文献［24］；标本 3～6、10、11、15、16、17、19、21、26、27、58～66 号采自文献［25］；标本 7、8、9、12、13、14、20、22、23、24 号采自文献［26］；标本 40～44、54～57 号采自文献［27］；标本 33～37、80、81 号采自文献［28］；标本 67～73 号采自文献［9］；标本 74～77 号采自《考古》1993 年第 2 期；标本 78～79 号采自文献［30］；标本 82～85 号采自文献［24］。

（2）本表共统计了 85 件标本，其中高铝质陶为 16、20、21、32、62、63、82、83、84 号，计 9 件，其中 62、63 号为红陶，16、20、21、32 号为白陶，82～84 号为印纹硬陶。高镁质陶为 31、36、37、45、46、47、48、49、50 号，计 9 件（其中 47 号为红陶，余皆白陶）。高硅质陶为 64、65、67～74、78、79、85 号，计 13 枚。14 号为陶坯羼和料，80、81 号为高硅粘土，统计陶器平均成分时，皆未计入内。余下的 51 件标本皆为易熔粘土型陶器。

（3）标本 20 的壁厚为 2.5 毫米，标本 22 的壁厚为 1.0～1.5 毫米。

（4）标本 42 尚含碳 1.31%。甑皮岩夹砂红陶（标本 61）烧损量达 14.15%，不知为何缘由。标本 67～73 号、82～85 号，每件标本皆有两组成分数据，其中一组的烧损量达 8% 以上，另一组的烧损量却为零，今引用的是平均成分。

（5）30 号标本原名"夹植物红陶"，承李文杰先生相告，实为夹蚌陶，特此更名。因土壤中酸性物质的腐蚀，其所含蚌壳全部消失，成为"泡陶"。

（6）除表中所列，陶寺陶片尚含一定量的 FeO：其中 74 号标本为 2.44%，75 号标本为 0.9%，76 号标本为 1.72%，77 号标本为 0.35%。

2. 高镁质易熔粘土型

主要特点是高镁和低铁、低硅、低铝。MgO 含量常达 16% ~ 24%，Al_2O_3 量通常只有 4% ~ 8%，Fe_2O_3 含量较低，常为 1.6% ~ 3.8%。这类粘土在地球上的分布远较低钙高铁易熔粘土为少；将其加热至 1100℃以上时，陶坯就会变形乃至熔融[23]。但也有个别含铁量稍高。有关学者分析了 9 件高镁质陶，其中包括浙江桐乡罗家角 5 件白陶、灰白陶，1 件夹砂红陶[23]，大溪文化 3 件白陶[23][28]，此 9 件标本的 MgO、Al_2O_3、Fe_2O_3 的平均值分别为 19.0%、6.2%、2.59%。

高镁白陶始见于皂市下层文化的岳阳坟山堡遗址，约属公元前 5500 年以前[10]；稍后在罗家角遗址下层、大溪文化等都有出土，主要流行于南方。大溪文化白陶在湖南安乡县汤家岗类型中较多，汤家岗遗址的早、中期泥质白陶分别占陶器（片）总数的 4% 和 5.3%，这是今知长江流域出土白陶最多的一处新石器时代遗址[31][32]。高镁白陶使用时间较短，商周之后便很少看到。

3. 高铝质粘土型

此粘土化学成分的基本特点是高铝和低铁、低助熔剂，与我国北方瓷土，或南方高岭土相当。我国今见最早的高铝质粘土陶器出自湖南道县玉蟾岩，其 Al_2O_3 含量达 30.3%，而 SiO_2 含量仅为 49.5%[4]。但这"高铝"一词的具体含义，学术界并无一致意见，我今且将 Al_2O_3 量大于 22% 者视为高铝。有关学者分析过 9 件年代稍后的高铝陶胎的化学成分，分属大汶口文化、大溪文化、龙山文化、广东翁源、江西修水、福建闽侯和泉州的新石器文化（表 1 - 3 - 1），此 9 件标本 SiO_2 平均值为 60.90%；Al_2O_3 量介于 22.03% ~ 29.38% 间，平均 25.77%；Fe_2O_3 量介于 1.59% ~ 8.61% 间，平均 3.59%[23][24][26]。其中翁源（Fe_2O_3 量达 3.24%）和修水（Fe_2O_3 量达 4.16%）的两件标本为红陶，福建的 3 件不明，余皆白陶；前者还是夹砂陶。上面谈到，51 件普通易熔粘土型陶器的 Al_2O_3 量介于 10.6% ~ 21.41% 间。故今设定的"Al_2O_3 22%"恰处于此 9 件高铝标本成分的下限附近和 51 件普通易熔粘土标本成分的上限附近。

高铝白陶主要见于黄河流域，始见于老官台文化时期；在仰韶文化后岗类型、大河村一期、庙底沟类型、大司空类型，以及大汶口文化中期（约为公元前 3500 ~ 前 2800 年）都有出土；其中又以海岱地区发展得最为充分[33]。1959 年，山东泰安大汶口文化晚期的 10 余座大型墓葬中出土白陶达 198 件，占陶器总数的 18%，数量相当可观[34]；公元前 3000 年之后，海岱白陶发展到我国早期白陶技术的最高水平[10]。虽高铝和高镁两种白陶在大溪文化关庙山遗址都有出土[28][29]，但高铝白陶在整个长江流域都是较少的。

不管高镁白陶还是高铝白陶，皆色泽鲜明，一般无须绘彩。高铝白陶更因胎薄、质硬，而备受世人赞许。我国是世界上最早发明了白陶的国家；尤其是高铝白陶的发明、高铝粘土的使用，对我们了解我国陶瓷技术的发展，以及由陶向瓷的转变，都具有重要的意义。

新石器时代晚期还出现了一种印纹硬陶，江西修水山背下层、清江营盘里、筑卫城遗址下层①、广东石峡文化等都有发现，并很快便有了一定的发展，筑卫城遗址中层、广东石峡文化第三期墓葬、增城金兰寺中层、福建昙石山中层等都有出土。往昔所见印纹硬陶主要是高硅质的，高铝者甚鲜。表1-3-1总计示出了4件新石器时代晚期的印纹硬陶，分别出土于福建闽侯和泉州，其中3件属高铝质，1件为高硅质[24]，这说明印纹硬陶也有高硅质和高铝质两种，而且都是产生较早的。其实，印纹硬陶的本意是有印纹和质地较硬，而高硅和高铝，都是可以提高陶器硬度的。

4. 高硅陶

化学成分的基本特征是含硅量较高（＞70%）②，助熔剂总量稍低，在万年仙人洞、广东珠海新石器时代遗址[30]、龙山文化陶寺类型早期墓葬和福建泉州新石器时代晚期遗址都有出土。表1-3-1统计了13件此类标本，平均成分为SiO_2 72.98%（波动范围70.1%～78.86%）、Al_2O_3 15.04%（波动范围10.60%～18.86%）、Fe_2O_3 2.69%（波动范围1.50%～5.42%）、TiO_2 0.55%、CaO 0.70%、MgO 0.85%、K_2O 1.87%、Na_2O 1.03%、MnO 0.02%、P_2O_5 0.09%、烧损4.12%，其中9件为砂质陶和夹砂陶（仙人洞9件标本中有8件为砂质陶，陶寺早期1件亦为夹砂陶）。有的标本含铁量稍低，如71号（仙人洞WX12），若无烟尘渗入粘附，其色当近于白陶；福建泉州的1件（85号样）为印纹硬陶，含铁量亦较低。但多件标本含铁量不低，且有3件标本为红陶（64号、78号、79号）。

有一点值得注意的是：此陶器获得高硅的原因可能有三种：（1）砂子带入，而砂子是人工羼入；（2）是砂质粘土本身所具有；（3）是其他粘土本身所具有。若为前者，此陶片便只能叫高硅陶，而不宜叫"高硅质粘土陶"，因较高的含硅量可能是羼和料带入的；若为后二者，此陶器则属高硅粘土陶。在表1-3-1所列生土标本中，80号为枝江白色粘土，含SiO_2量达76.57%，81号样为枝江灰白色粘土，含SiO_2量达74.82%。可知高硅粘土是存在的。在表1-3-1所示13件高硅陶器标本中，多数标本的高硅量可能都是砂子带入，只有少数，如珠海的2件等，应是原料粘土带入的，当然仙人洞红陶（64号样）和泉州印纹硬陶也不排除这种可能。可知在整个原始社会，高硅粘土在制陶工艺中的使用量是不大的。不过，在表1-3-1中，含SiO_2量接近70%的标本还有一些，如大溪文化泥质白陶35号、36号、37号，其SiO_2量分别大于67%或68%；陶寺所出庙底沟二期文化陶器、

---

① 修水山背下层、清江营盘里、筑卫城遗址下层等的绝对年代，一般认为是公元前3000～前2500年（《文物考古工作十年（1979～1989）》第150页，文物出版社，1990年；《新中国考古五十年》第217页，文物出版社，1999年），此年代约与中原庙底沟二期文化相当。

② 学术界对"高硅陶"并无一致的看法，我今把高硅陶的SiO_2量暂定为70%，主要理由是：下章表2-3-1所列50件夏商周原始瓷中，只有5件的SiO_2小于70%；而表1-3-1所列82件新石器时代陶器中，SiO_2量大于70%者只有13件，其中还有9件砂质陶和夹砂陶。

龙山文化早期泥质红陶（75号、76号、77号3器），其SiO_2量皆大于69%。此外自然还有一些。此期高硅陶较少的原因可能有二：（1）尚未找到大量的高硅质粘土；（2）因窑温不够高，达不到高硅土的陶化温度，而放弃了高硅土的使用。我们认为，第二个原因是不能低估的。

　　一般而言，新石器时代的陶土都是经过了选择的，并非随意取来。普通粘土含钙量一般较高，可塑性较差，会给手工造型带来许多麻烦；而且其中的钙化物很难用淘洗法去除。万年仙人洞陶片大多数都是砂质陶，遗址附近的红土中亦含砂粒，它们的化学组成非常相近，说明当时主要采用当地红土制陶[9]。在黄河流域，与古陶成分相近的陶土应是当地的红土、沉积土、黑土等[26]。经过了选择的陶土多较细腻、纯净；如裴李岗文化的一些细红陶，颗粒度常在15微米以下，很少超过了100微米的[23]。陶土的淘洗工艺亦至迟始见于裴李岗文化及与之年代相当的时期，河南瓦窑嘴裴李岗文化[35]、磁山[19]等的细泥陶都曾淘洗；一般认为，年代稍后的细泥陶、蛋壳陶，以及陶衣等用料，都应是淘洗过的。河南舞阳贾湖遗址还发现过淘洗池[16]，主要目的是制备泥浆，以涂刷于陶器外表；城背溪的个别器物也曾用淘洗过的泥浆来涂刷红色陶衣[36]。当然，一般泥质陶、夹砂陶，则无淘洗之需。

　　（二）羼和料

　　我国新石器时代的陶器羼和料主要包括两大类：一是砂粒，以及部分滑石、云母、蚌壳等；二是植物皮壳或秆茎等之炭。

　　1. 砂料

　　我国新石器时代早、中期遗址，如桂林甑皮岩、万年仙人洞、道县玉蟾岩、徐水南庄头、澧县彭头山、查海文化、裴李岗—磁山文化、老官台文化、大地湾一期、平谷上宅遗址（公元前5400～前4300年）[37]、北辛文化（距今约7300～6100年）[38]、北刘下层[39]、河姆渡文化、石门皂市下层和其他许多年代稍早的新石器时代遗址亦使用过羼砂制陶的工艺。此期夹砂陶比例往往较大，如南庄头，绝大多数是夹砂陶[11][12]。1965年，甑皮岩下层出土有921件陶片，夹砂红陶和夹砂灰陶计904件，计占陶片总数的98.15%；泥质红陶和泥质灰陶仅17件[13]。1962年、1964年，仙人洞两次发掘计出土387件原始陶片，皆为夹砂红陶[9]。1979年、1980年，北刘遗址下层出土陶器（完整的和可复原的）计50件，皆夹细砂，上层才出现了泥质陶[39][40]。仰韶、龙山文化之后，人们的生活有了较大扩展，泥质陶才逐渐增多起来。但值得注意的是，由于各种原因，各考古学文化泥质陶与夹砂陶的消长情况是不同的。河南陕县庙底沟3个仰韶文化灰坑计出土陶器（片）1602件，夹砂陶占32.62%；到了龙山文化时，该处3个灰坑计出土陶器3841件，夹砂陶增至66.45%[41]。山西芮城西王村仰韶早期遗址出土陶器650件，夹砂仅占19.12%，仰韶晚期遗址计出土陶器5134件，夹砂陶增至48.96%[42]。湖北宜城曹家楼屈家岭文化下层的陶器，夹砂陶占51%、泥质陶占34%，但上层则是夹砂陶只占10%，泥质陶却升至75%[43]，夹砂陶明显下降。

　　陶胎羼砂之数量，一方面与时间有关，如新石器时代早、中期往往较多；仰韶文化之后，羼砂量常为30%左右，赤峰四棱山红山文化陶器[44]、周仁等考察的部分半坡仰韶陶片、长安客省庄龙山文化陶片皆属这一范围[26]。另一方面则与地域、器物种类、大小、操作习惯、资源条件等因素有关，如现代云南傣族手工制陶，砂泥比达 1:1[45]。同时，其砂粒大小常在 1~2 毫米间，超过 3 毫米或小于 1 毫米的皆为数较少；颗粒常较光滑，很少带有棱角，说明它是经过了大自然长期风化、淘洗的天然砂粒。依羼入砂粒之粗细，夹砂陶又可区分为粗砂陶和细砂陶两种，后者较少。细砂陶的特点是，陶土细腻纯净，只羼和很细、很少的砂子，但硬度却在粗砂陶和细泥陶之上[46]。早、中期陶器中有的砂粒较粗。

陶器夹砂的目的：（1）减少陶土的粘结性能，以利于成型。（2）增加胎壁强度，防止和减少坯体在干燥和烧制过程中的开裂，提高成品率。（3）增加制品的抗急冷急热性能，避免陶器在火上加热时发生爆裂，延长使用年限。夹砂陶主要用作炊具和储藏器，如鼎、罐、釜等。陶器夹砂的缺点是表面往往较为粗糙。

从矿物学角度看，此"砂"约有三种不同类型：（1）石英、长石类，这是主要的。表 1-3-1 第 14 号样示出了西安半坡羼料砂的化学成分，所含 SiO_2 量高达 75.27%，含铁、镁、铝量却较低，其氧化物含量分别为 1.35%、0.41%、12.81%。（2）贝壳碎屑，数量远较前者为少，在北方的徐水南庄头、北辛文化，南方的大溪文化、罗家角遗址等地都可以看到。（3）云母、滑石类矿物，在新郑裴李岗、胶东白石村一期[47]、大连郭家村下层[48]等地也可看到。严格说来，后二者与石英砂是有区别的，但因其使用量较少，故未单独列出，而借用"夹砂"之名。

2. 炭料

此"炭"主要是水稻的皮壳，羼有炭料的陶器，习惯上称为"夹炭陶"。

我国的夹炭陶是 1976 年首先在浙江余姚河姆渡遗址看到的[49]。后在浙江桐乡罗家角遗址[50]、湖北枝江关庙山大溪文化[29][31]、屈家岭文化、石家河文化，以及宜城曹家楼屈家岭文化[43]、枝城城背溪[51]、湖南石门皂市下层[52]、湖南澧县[22]、临澧[53]、河南贾湖[16]等地都有发现；主要流行于长江流域及其之南地区，使用范围较夹砂陶为窄。从年代上看，其始见于新石器时代中期，尤以城背溪为多，贾湖也可看到，新石器时代晚期便有了进一步发展，但随着时间之推移，很快便减少和消失。如河姆渡文化一期 6 个探坑出土夹炭黑陶 27726 片，占此期陶片总数的 79.90%；二期 6 个探坑出土夹炭灰陶 10356 片，占此期陶片总数的 56.93%；三期三个探坑出土夹炭灰陶 356 片，占陶片总数的 8%；四期出夹炭灰陶 91 片，占此期陶片总数的 7.26%[49]。关庙山第二次发掘时，大溪文化第一期多为夹炭红陶，其次是泥质红陶，个别为黑陶；第二期仍以夹炭红陶为主；第三期便以泥质红陶为主了，其次才是夹炭红陶、夹砂红陶等；第四期夹炭陶更为减少[54]。北方夹炭陶较少，唯山东汶上县东贾柏村北辛文化遗址等曾有发现[55]。

夹炭陶中之炭粒往往是肉眼可见的，在罗家角，炭粒长多为 1.0~3.0 毫米，宽 0.5~1.5 毫米[23][50]。也有较细的，如河姆渡，其炭粒多在 1.0 毫米以下，唯少数达到几毫米[23]。张福康等曾分析过罗家角陶器的炭粒，知其主要成分是 SiO_2，这正是稻壳的主要成分；说明罗家角夹炭陶之"炭"应是稻壳，或主要是稻壳[23]。灰和炭是不同的，前者是完全燃烧所得，后者是闷烧炭化所得。对炭粒羼入陶土时的具体形态，学术界曾有过两种看法：一说它是未作炭化处理，而直接以谷壳、稻秆或其他植物种子的形式加入的[25]；二说它事先进行了炭化处理，"然后放到粘土中加水拌和使用"[27]。有学者还为此进行了模拟试验，最后认为：大溪文化陶器多数的"炭"皆事先作了炭化处理，只有少数陶片使用了未作炭化处理的碎稻壳，这种碎稻壳很可能是用某种方法筛分出来的[31][32]。

陶器夹炭的主要目的有二：（1）可减少陶土粘性，以利于成型。（2）可减少因干燥收缩、烧成收缩等而引起的陶坯和制品的开裂。

夹炭陶是一种比较原始的工艺，其主要特点是：胎壁较厚、质地较轻等；其流行地域较窄，并且很快就衰退下去。

夹炭陶在国外也有发现，罗马尼亚新石器时代早期的克里什文化陶器亦掺有麦糠，中期以后陶器才改成了掺入细粒陶末或砂粒。西奈半岛青铜时代的黑陶也含有形态与此相似的炭化植物碎屑[56]。

此外，羼和料中还有一种陶末。1981年，甘肃单尼县纳浪乡发现两处齐家文化遗址，其夹砂粗陶使用了碎陶末和页岩碎屑作羼和料。这应是后世陶瓷和金属铸造等工艺使用熟料之始。陶土羼砂等技术，对后世多种复合材料技术的发展都有一定影响。

从陶器原料的来源上看，新石器时代陶器约包括自然料陶器、羼和料陶器两大类；前云人为地羼入了石英砂、蚌壳、植物炭的陶器便叫羼和陶；那些不用羼和料，既不羼砂，亦不羼炭，纯用粘土制作的陶器便叫泥质陶，或砂质陶。后二者亦出现很早，如前所云，桂林甑皮岩下层便曾看到[13]；万年仙人洞上层第一次出土陶片56片，其中有泥质红陶和泥质灰陶计27片[9]。裴李岗文化出有泥质红陶和少量泥质灰陶[18][15]。泥质陶主要用来制作致密度要求较高的器物，如碗、瓶、甑等；仰韶文化彩陶、龙山文化黑陶都有不少细泥质陶。此"砂质陶"，指非人工羼入，而存在于自然界中的砂质粘土制成之陶，它与羼砂陶是有区别的。不过，自然之砂与人工羼入之砂，有时可以区分，多时是难以区分的，故此二者又往往混称。

三、早期陶器的成型工艺

经选择、加工过的泥料、羼和料，依一定比例配合后，再经掺匀、捣熟、陈腐，便可用来制坯。我国新石器时代陶器的成型工艺主要有三种，即手制、轮制、模制。

（一）手工成型

这至少包括三种不同的操作，即捏塑法、泥片筑成法、泥条筑成法。前二者约出现于新石器时代早、中期，亦较原始。

1. 捏塑法，即用手直接捏制。主要用于小型器物及稍大器物的附件。其出现时间较早，延续时间较长，在桂林甑皮岩一期（距今11000～12000年）、裴李岗文化[18]、西安半坡[46]、澧县彭头山[22]、关庙山大溪文化[29]及整个新石器时代都可以看到，今云南西双版纳傣族仍有使用[45]。这类陶器表面常留有手指的痕迹。

2. 泥片筑成法，又叫泥片贴筑法、泥片贴塑法。操作要点是将泥料先按成泥片，之后再经手捏和拍打使泥料互相粘合在一起。主要见于一些年代较早的遗址，如北京转年[7]、平谷上宅，舞阳贾湖[16]、裴李岗文化、滕县北辛；长江以南的余姚河姆渡、彭头山文化、皂市下层、城背溪[36]、华南的桂林甑皮岩三期、广东翁源县等都曾看到。操作较为简单,如老官台的一种泥质红陶是用多块泥片自下而上地粘贴成型的,具体操作是从器壁内侧往上接;在接口处,泥片贴在下块泥的内侧。平谷上宅一种早于红山文化的遗存,无论是泥质陶还是夹砂陶,往往用二至四层薄泥片相贴而成。这种工艺大体上是 20 世纪 70 年代中期之后才逐渐被学术界认识的,俞伟超[57]、牟永抗[58]等都作过许多研究。其主要缺点是坯体易从泥片连接处产生纵向裂纹,并呈鳞片状大片脱落下来,故只能制作形制较为简单的器物[32]。它与泥条盘筑法并存了相当长一个时期,至今仍在海南岛黎族制陶工艺中保留着。据李露露 1993 年的调查,今海南黎族制陶工艺既无快轮,亦无慢轮,只有手捏法和泥片贴筑法两种[59]。

3. 泥条筑成法,即先将坯泥搓成条状,后依一定方式堆筑成型,做出口沿,最后里外抹平。这类陶器表面常有明显的泥条堆筑痕迹。这是我国古代手工制陶的主要方式。其约始见于新石器时代早期的仙人洞遗址等[9],新石器时代中期便有了发展,在北首岭下层[60]、裴李岗文化[18]、磁山文化、北辛文化[61]等遗址都有使用。这类陶器表面常有明显的泥条盘筑痕迹;到了仰韶文化时期,南北都广泛使用起来,龙山文化乃至稍后一个时期仍有使用。

泥条筑成法约有两种不同操作:一是分层积叠式圈筑,即先将泥条围成一个圆圈,再分层依次积叠起来,我国新石器时代陶器多用此法。其器壁一般较厚,西安半坡多用它制作大型器物和粗砂陶[46]。今云南沧源、景洪和西双版纳的傣族制陶仍在使用[45][62]。二是螺旋式盘筑。先将泥料搓成泥条,然后螺旋式盘筑而上;可向左旋,也可向右旋;仰韶文化的小口尖底瓶常用此法,今云南佤族制陶亦曾采用[63]。这类陶器的表面常留有盘筑和捏合的痕迹。与贴片法相较,泥条盘筑法的优点是坯体不易产生纵向裂纹,可制作出稍见复杂的器物。不管层叠式圈筑法还是螺旋式盘筑法,都有"正筑"与"倒筑"之分,"正筑"即先筑器底,"倒筑"即先筑器口;在泥条盘筑法中,还有一个"正、倒"兼用之法,即器身上部用"正筑"法,下部用"倒筑"法,之后两段再接合为一。

最早的泥条盘筑法大约是将坯泥放在地面的木板、竹席上进行的,有时坯底垫以树叶;辽宁沈阳新乐遗址下层陶器的底面曾清晰地显示出这种叶脉的印痕[64]。之后才发展到将木板放到膝盖上,并不断地用手搓动木板边缘,使之顺时针方向旋转。直到 20 世纪 60~70 年代,云南沧源傣族仍在使用此法[45][65]。之后又才发明了可以转动的慢轮(俗称转盘)。

对于慢轮制陶的发明年代,学术界曾有不同看法。有学者认为其约发明于新石器时代晚期,理由是:(1)直到仰韶文化早期,所见慢轮修整痕迹还是较少的,及至仰韶文化庙底沟类型时,这类器物才明显增多起来;仰韶晚期,该技术才得到了广泛的应用和提高[66]。(2)目前在陕西、甘肃等地的许多仰韶文化遗址都发现过一种帽式陶转盘(图 1-3-1)。其中长安马王村发现 2 件,均为泥质红陶,形似一顶翻沿草帽,外表光洁,里面粗糙;西安半坡出土一件,泥质红陶,形制与马王村的相似。甘肃宁县阳坬、秦安大地湾、合水县孟桥,陕西宝鸡北首岭四处的仰韶文化遗址均出土有"锣式"陶转盘;这类陶转盘口径为 30~40 厘米不

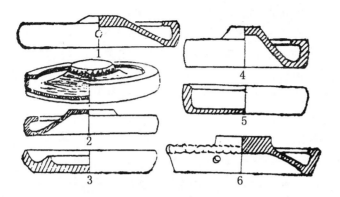

图 1 - 3 - 1　仰韶文化遗址出土的陶转盘
1、4. 铜川李家沟　2. 西安半坡　3、5. 宁县阳坬　6. 长安马王村
采自文献[67]

等。秦安大地湾仰韶文化层内还出土过一件石转盘[67]。也有学者认为其应发明于新石器时代中期,说大岗遗址,即贾湖文化晚期已出现了慢轮修整,如其中的陶盆(H:4:13),泥质红陶,在口沿内壁和外表,以及腹部中段以上的内壁,都见有细密的慢轮修整纹,这是今见最早的慢轮修整件[16]。我们认为此说当大体可信,慢轮的发明年代当在贾湖文化时期,即新石器时代中期的晚段,稍早于仰韶文化。看来各地制陶技术的发展情况是不太平衡的。转盘的优点是,其一,可自由转动,便于泥条盘筑、表面修整和加印陶纹。其二,可修整口沿等处,使形制更为规整。经慢轮修整后的陶器表面常留有清晰的轮纹。

　　类似的转盘制陶直到 20 世纪 70 年代,云南景洪傣族等仍有采用。景洪傣族的转盘是个倒置的截头圆锥体,盘的面径约 28 ~30 厘米,底径 20 ~24 厘米,高 16 ~18 厘米。在底部的中心接入一根竹筒,地上埋一细圆的木桩,木桩插入竹筒内以支撑转盘。用中足趾轻拨转盘而使之转动(图 1 - 3 - 2)[65]。

　　泥条筑成法制坯的基本过程,通常是先作器底和器身,后作附件;小器则可一次整体做成。大器的器底和器身也可以分

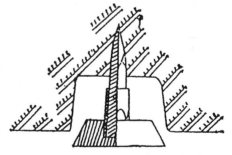

图 1 - 3 - 2　景洪傣族慢轮制陶木轮装置
采自文献[65]

制;器底可用整块坯泥以手捏成,也可用泥条筑成。器身可用分层圈筑法,也可用螺旋式圈筑法;景洪傣族用的是分层积叠式圈筑法[65],每盘完一圈后需用手将接缝捏合;上下两周泥条并非平直接合,而是向内或向外倾斜地接合起来;以内倾接合法最为常见。器身与器底的接合法主要有两种:一是包底式,即身坯下部内卷,把底部周边包住;二是包身式,即底坯外缘上卷,把身坯下脚包住。两种接合法在西安半坡,以及山西芮城东庄村、西王村的仰韶陶器中都可清楚地看到[42]。小口尖底瓶的底部与器身通常是分段制作的,然后接合在一起[66]。也有人

认为其用倒筑法，先筑器壁、后筑器底。泥条筑成法的陶器也可做得很薄，如关庙山所出蛋壳彩陶圈足碗和单耳杯，胎厚只有 1.0～1.5 毫米，距今约 5830～5940年，是我国最早的蛋壳彩陶。其做法是：先用泥条筑成法初步成型，经拍打后，再将坯体托在手上边转边刮薄；其彩色图案是以某些特殊的粘土和矿物为颜料，用兽毛类工具绘制的[68]。

（二）模制法

包括两种不同的操作：

1. 模具敷泥法。约产生于新石器时代中期。模具分内模和外模两种，皆低温烧制；内模主要用于器身成型，利用内模为依托，逐层敷泥形成器身。外模常用于壶的颈部，通常分作数块，每块皆呈弧形，利用外模作依托，逐层敷泥[69]。此法主要见于渭河流域的老官台文化，在大地湾遗址一期等地都可看到。

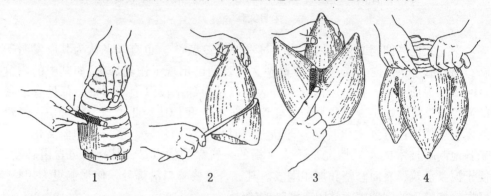

图 1-3-3　陶寺类型中期模具盘泥法工艺示意图

1. 袋足外滚压竖绳纹　2. 将袋足切出斜口　3. 用绳纹棍将裆沟压实　4. 用泥条盘出上半身

采自李文杰《中国古代制陶工艺研究》第 101 页

2. 模具盘泥法。它是在泥条盘筑法的基础上发展起来的，始见于仰韶文化时期。姜寨第四期文化层曾出一件瓶的模具，高 7.5 厘米、口径 3.1 厘米、底径 5.1厘米，夹砂红陶质，与 I 式尖底瓶的口部正好吻合①，发掘者认为可能是翻制 I 式尖底瓶口部的阳模[70][71]。大汶口部分陶器，如 M117 的三件灰陶壶，M9 的一组红陶鼎，M17、M47 出土的圆锥形空足鬶的足部等，它们大小相等，尤其是下部，很可能采用了模制法成型。具体操作当是：先用模具盘泥法分别制成下部、肩部和颈部，然后粘结在一起[34]。图 1-3-3 所示为龙山文化陶寺中期以模具盘泥法制作瘦足鬶的工艺示意图。基本步骤是：（1）以单个袋足模为依托，在外侧用泥条盘筑法做出单足。（2）以捲有绳子的木棍在袋足外表滚压，或用有篮纹的拍子拍打定型。（3）用刀具将袋足切割出斜口，以便三足安装。（4）将三足粘合在一起，并用"绳纹棍"压实裆沟，做出绳纹。（5）用泥条盘筑法盘出鬶的上半身。（6）最后用榫卯接合法将袋足的上端插入器身的底部。模具敷泥法和模具盘泥法虽然都使用了模具，但在具体操作和流行年代上却是不同的。模具敷泥法发明较

① 此发掘者认为，此小口尖底瓶的口部是模制的；承李文杰先生相告，他在斑村所见小口尖底瓶的口部全都是手制的。

早，也消失得较快，它是一种比较原始的制陶工艺；模具盘泥法沿用时间较长，技术上也较进步。

模具盘泥法最为流行的地区是黄河中游，主要流行于龙山文化时期，通常只用于袋足器（斝、鬲、盉、鬶、甗）下半身成型，上半身则为手制（无模的泥条盘筑法）或轮制。模具盘泥法应有多种操作，较为常见的一种是：把泥条盘筑于模具的外侧，之后再加拍打。河南安阳市后岗遗址出土过一件龙山文化陶鬲（或甗）内模[72]，空心、轮制，将之置于该遗址所出"袋足"内正好相合，说明此三足器是利用单足内模使三足分制的。三足器也有三足合制的，如山西夏县东下冯龙山文化的实心"鬲形器"、襄汾县陶寺的空心"鬲形器"等。据研究，其三足合制的坯体可整体脱模，亦可切开裆部，三足分别脱模[66]。模制法的发明，对于后世金属铸造中的造型技术，显然具有重要的启发作用。

有一点需说明的是：目前学术界对模制法的技术含义和发明时间，还是存在不同看法的，有学者把早期泥片贴筑法也纳入了其中[57]；也有学者认为模制法只包含模具盘泥法一种，不包括模具敷泥法，并认为它未见于仰韶文化，而始见于庙底沟二期。这些都可进一步探讨。

制作出来的陶坯稍事晾干，紧接着就要用各种不同形状的拍子去拍打器壁，这是制坯过程的一项关键工序。目的是：（1）赋予陶坯一个较为合理的外形。（2）弥合一些细小裂纹，排出部分水分，使器壁更为坚实、致密。（3）若在陶拍表面制作出了一些道纹，经拍打后，就会呈现出许多纹样来。陶器表面上的绳纹、篮纹等，大约都是这样加工出来的。（4）使坯体与内模之间出现空隙，似便于脱模。

最早的陶器是没有附件的，附件约始见于新石器时代中期；始为手制，后又增加了模制。各种附件的连接常在拍打加工后进行，连接方式有粘着法和嵌入法等。一般而言，器身和附件须用同一坯泥制成，但也有少数例外，上海马桥出土的柱足盉，器身采用泥质陶，底部和三足却是夹砂陶[73]。主、附件分制法简化了操作，提高了工效，对商周青铜工艺中的主、附件分铸法无疑是有启发的。

手捏法、泥片贴筑法、泥条盘筑法，以及模制法，都是出现较早的制陶工艺，其中又以前二者，及模制法中的敷泥法较为原始。在这些方法中，泥条盘筑法使用范围最广、沿用时间最长，模制法则使用得较少。泥条盘筑法开始取代泥片贴筑法，并逐渐推广开来，在渭水至黄河中游大约是公元前四五千年之际，长江中游大约是公元前4000年的上半期，长江下游大约是公元前4000年的中期以后，黄河中游大约是公元前4000年的下半期。在珠江三角洲，这更替过程大约要发生得更晚一些[57][58]。

手制和模制皆生产率较低，今沧源傣族手工制陶做一口径和高均12厘米的素面圜底罐，从盘筑泥条到最后做成，需18～20分钟；景洪傣族手工制陶做一中等大小的素面陶罐，需30～40分钟。新石器时代的手工制陶，大体亦处于这一水平。

（三）快轮成型

快轮又叫陶车，实际上是一种转速较快的转盘。操作要点是：将坯泥放在陶车上，藉其快速转动的力量，用提拉的方式使之成型。主件、附件分别制造，一般是先制主件，后安附件。商周青铜铸造工艺中的分铸法，最初也是先铸主件，之后再铸附件，并浇合为一的。

快轮制陶在我国约发明于新石器时代晚期后段，其发明地是多元的，在大汶口文化中期偏晚[74]、大溪文化晚期、崧泽文化晚期，几乎在同一个时段都出现了快轮制陶[31][32]，到了龙山文化、屈家岭文化时期，便在许多地方推广开来。由完全的手工捏制到慢轮制陶，是个较大的进步；快轮制陶的发明，则是制陶技术的一次飞跃，为后来瓷器成型打下了良好的基础。

山东曲阜西夏侯遗址的上下两层墓葬都发现有少量轮制小陶器，有的小陶鼎内底见有"螺旋形盘绕的条状痕迹"；其下层为大汶口文化中期偏晚（公前3500年），上层属大汶口文化晚期（公元前3000年)[74]。山东邹县野店大汶口文化陶器主要为手制，但也有少数器物，如镂孔高柄杯的杯部，小型的碗、盆、杯，为轮制[75]。大溪文化第四期（距今约5235~5330年）流行的细泥陶圈足碗、碗形豆、圈足罐、细泥红陶或橙黄陶的圈足碗和圈足罐，厚度仅为1.5~2.0毫米，有关学者说是轮制的[32]。关庙山遗址出土有许多细泥黑陶碗形豆，其圈足的内表往往留有非常规整的呈螺旋式上升的手指印痕，这显然是快轮拉坯留下的痕迹。距今约5235~5330年[31]。

陶车成型的特点是：（1）因其是藉助陶车旋转而产生的离心力、惯性力，使用提拉的方式成型的，故转速快，生产率较高。一件普通小罐，成型只在片刻之间。（2）器形规整，壁厚均匀，而且可做出很薄的制品来，著名的龙山文化蛋壳黑陶，以及屈家岭文化蛋壳彩陶，壁厚都常在1.0毫米左右。山东潍坊姚官庄3件龙山文化蛋壳陶经复原后，壁厚竟在0.5~1.0毫米之间，陶质细腻、漆黑发亮，轮制精细[76]。胶县三里河二期所见薄胎高柄杯等，有的壁厚不足0.5毫米[77]。1993年，青州市博物馆西大厅房基下发现一龙山文化器物坑，出土大量陶片和多件完整陶器，也是多属轮制[78]。（3）器表可能残留下3种不同的痕迹。一是普遍留有平行密集的旋螺式拉坯指痕，二是外底会留下细绳切割时形成的偏心涡纹，三是有时坯体内外表面还可看到细密的麻花状扭转皱纹[79]。此三种痕迹，也是今人鉴别古代陶器是否轮制的重要依据。此"拉坯指痕"是主要的，"偏心涡纹"有时在慢轮制陶中也可看到，"坯体扭转皱纹"则往往较难看到。当然，若经过了较好的修整和装饰，这几种痕迹都可能消失。相当一个时期内，学术界对快轮制陶的发明期和发明地都产生过一些不同观点，其中一个重要原因是对此快轮成型的痕迹有不同的理解和看法。

轮制法在我国南北各地发展很不平衡。在黄河流域，以下游最为发达，越往西则使用越少；中原龙山文化晚期仍以手制为主，轮制较少，部分器物采用了模制。黄河下游和长江中游是我国境内轮制法使用最早的两个地区[32][79]。

（四）成型修整

在陶坯成型过程中，要进行多次修整，其中较为重要的操作有：压印、拍打、刮削、抹平、慢轮修整、快轮（慢用）修整等。今仅介绍压印、拍打两项。

压印和拍打是初坯成型后期一项十分重要的工序，其目的主要是消除泥片或泥条间的缝隙，提高坯体的致密性和强度，并起到调整壁厚和器形的作用，以改善其使用性能。所用工具主要是木质的压印棒和拍子。这类工具多为糙面、纹面，也有光面、素面的，对于加固胎壁来说，糙面的压棒和拍子比光面、素面者要来得有效些。在压印和拍打过程中，不可避免地会在陶器表面产生一种压印纹和拍打纹；将绳子缠在木棒或拍子上压印、拍打陶坯时，便可得到一种绳纹；在陶拍上刻出条形、方格形或其他几何形阴纹时，便可得到篮纹、方格纹，以及其他几何形纹。因这种花纹属陶坯肌体的一个部分，故习惯上又谓之陶纹。人们在压印和拍打陶坯时，陶坯里面一般都要垫以卵石或陶垫，以便于加工和防止变形。这种压印和拍打等修整大约在新石器时代早期便已使用，之后便一直沿袭了下来。万年仙人洞下层两次发掘的陶器都饰有绳纹，有的甚至内外均可看到，这是仙人洞一期陶器的一个重要特点[9]。桂林甑皮岩下层的夹砂陶和泥质陶皆有绳纹[13]。

四、陶器表面装饰

陶坯经压印、拍打等成型修整后，通常还要磨光，并进行一些表面装饰，之后才能入窑烧造。在表面装饰前还需进行一些装饰性修整。装饰性修整和成型修整有时是结合在一起的。有的陶器作素面，有的作纹面。此纹面的做法又有两种，一是在陶坯肌体上做出，包括刻划、剔刺、堆砌、镂空等，二是在陶坯基本制成后，在其表面涂刷陶衣，或绘彩。

（一）装饰性陶纹的制作

1. 刻划、剔刺。即用尖细的竹木器等在陶坯上刻划、挑刺，可得到弦纹、几何纹、戳印点状纹、剔刺纹；有时还可用篦状器压印成篦点纹或划成篦划纹。在慢轮或快轮（慢用）修整时，亦可制作出一些凸弦纹或凹弦纹。

2. 堆砌。即在陶器表面另外堆上一些泥条或泥块，得到的花纹叫"附加堆纹"，这种花纹除装饰外，还可起到加固器壁的作用。

3. 镂孔。主要见于圈足器。镂孔有圆形、方形、三角形等种。

此三种操作产生的花纹皆属于陶胎肌体的一个部分，故习惯上亦谓之陶纹。前述压印纹、拍打纹都是成型过程中得到的，是避免不了的工艺性陶纹，此三种则是人为有意做出的装饰性、非工艺性陶纹，其一般出现于新石器时代中期，并延及至商周。1977年新郑裴李岗第二次发掘时，其泥质陶多素面无纹，夹砂陶一般有附加乳钉纹和篦形器压印出来的凹点纹和划纹[18]。武安磁山，陶器以夹砂陶为主，以素面为主；陶纹有绳纹、编织纹、篦纹、附加堆纹、剔刺纹、划纹等[19]。巫山大溪文化陶器有戳印纹、绳纹、刻划纹、条纹、锥刺纹、附加堆纹、镂孔[80]等。各种陶纹的使用情况一方面与年代有关，另外与地区也是有一定关系的。

（二）表面磨光

此操作在坯体并未全干时进行，做法是用砺石或骨器等在其表面上按研，就会出现光泽。此工艺至迟发明于裴李岗和磁山文化时期，仰韶文化的彩陶都是磨光过的；大溪文化、屈家岭文化、龙山文化都广为流行。据调查，今山东日照县城附近的萝花前村生产黑陶时，也采用了类似的研光工艺，而且这类陶器经长期使用后，会因反复抚摩而越加变得光亮[26]。

（三）涂施色衣（又叫陶衣）

涂施色衣是将淘洗所得细泥浆涂刷到将干而未干的坯体表面，之后入窑烧成。其习见颜色有红、白等。其目的主要是改善陶器表面的致密度和光洁度。仰韶文化时最为流行陶衣，其彩陶曾大量地使用，有的在涂刷陶衣前还要涂一层泥浆，作为打底。

陶衣技术约始见于新石器时代早期，最早流行于长江流域。甑皮岩下层出土的921件陶片中，一个陶片上便涂有红色陶衣[13]。这是今见最早的陶衣。但因数量较少，也有学者对此存有疑义。新石器时代中期，有关实物就多了起来，石门皂市下层的泥质红陶、城背溪遗址的红褐陶等都采用过涂敷白衣的工艺[10]。湖南澧县彭头山夹炭陶胎的内、外表面皆施一层较厚的泥质表层，有时还再施一层红色陶衣，河南舞阳贾湖陶器多用一层青色泥浆打底，之后再涂红色陶衣。但此"表层"和"红陶衣"较易脱落[22]。到了仰韶、大溪和与之年代相当的时期，陶衣技术又有了较大发展。仰韶时期的彩陶多是绘在白色陶衣上的，故彩色图案十分强烈、鲜明。大溪文化各时期陶器上都有陶衣，且以红色为主：第一期陶衣较厚，多呈深红色，也有红褐色或鲜红色，附着牢固；第二期的多呈鲜红，富有光泽，也有的呈深红色；第四期的较薄，多为浅红，容易脱落。总体呈现了泥浆由厚变薄，颜色由深变浅，附着力由强变弱的规律[32]。

各考古学文化陶衣之色也有一定差别。红色陶衣主要流行于仰韶文化、大溪文化等处，白色陶衣则流行于仰韶文化、大溪文化、大汶口文化等。良渚文化盛行灰胎黑陶衣和红胎黑陶衣。黑陶衣是渗碳所致的。当然这是大概情况，实际情况要复杂得多。施衣之法主要是涂刷，施后研光，以增加其与坯体的结合；在大溪文化中，多数器物是局部，而非全身施"衣"的[32]。

（四）彩绘陶

即用彩来绘陶，在已经烧成的陶器上，用不同的彩料绘画，绘后不再烧造，此被绘的是陶器，而不是陶坯。此技术约始见于仙人洞遗址下层，1964年作第二次发掘时，出土陶器（片）298片，其中有13片为硃绘陶，其硃彩绘在绳纹上[9]；但在整个新石器时代早期、中期都是使用不多的，新石器时代晚期稍有发展，在城背溪文化，以及大汶口文化、大溪文化等都有类似的器物出土。彩绘陶在我国沿用了相当长一个时期，1974～1983年，赤峰大甸子夏家店下层文化清理804座墓葬，出土各类陶质器皿1683件，其中有400多件曾经彩绘；陶器表面皆呈黑灰色，其彩皆白、红两色。经分析，一份白彩为碳酸钙$CaCO_3$，红彩为硫化汞HgS；但墓M453出土的红色矿物颜料为赤铁矿粉。年代相当于夏末商初[81]。及战国秦汉，彩绘陶盛极一时。

（五）彩陶

即带彩的陶，是烧造前用一种富含着色剂或基本上不含着色剂的天然矿物作为颜料，在陶坯表面绘制出各种不同的图案。依彩料成分和烧成气氛之不同，烧造后就会呈现出赭红、黑、白诸种颜色。目的是提高产品的艺术效果。

彩陶技术约发明于新石器时代中期，贾湖文化[16]、大地湾一期[14][15]、北刘下层[39]、河姆渡文化一期（最下层）都有少量彩陶出土[49]，新石器时代晚期，在仰韶文化、马家窑文化、大汶口文化中，彩陶技术都得到了充分发展，其中尤以马家窑文化为盛。兰州市白道沟坪马厂型12座陶窑计出土陶片5447件，其中有彩陶3390片[82]，占陶片总数的62.2%；甘肃广河地巴坪所出完整和可复原的彩陶

265 件，占陶器总数的 90%[83]；当然这是较为特殊的例子，马家窑文化彩陶所占比例多在 30%～50% 范围（彩版叁，2）。在仰韶文化、大汶口文化地区，彩陶数也不少，唯大溪文化不甚发达。

彩陶的做法通常是：慢轮修整后，用黑彩和红彩等在泥质红陶胎的表面，绘出各种不同的图案，之后再研光、入窑烧造。施彩部位多为器口、颈、肩和上腹部，也有通体施彩和器内施彩的；纹样多为几何纹，也有动物和人物图案。这些图案既细腻流畅，又形象生动。人们推测：当时很可能使用过兽类细毛制成的，类如毛笔一样的绘画工具，此外可能还有一种钝头的硬质绘制工具。彩陶之胎多为泥质和细泥质，多为易熔粘土，也可能有少数为高铝质粘土，其色则有红、黄、灰、白等种。彩陶是因其表面装饰来命名的，而人们划分陶系的主要依据是胎质和胎色，故它是个特殊命名方式的陶系。

周仁等曾对这些绘于陶器表面的彩料作过许多分析，得知红彩和红衣的着色元素皆主要是铁，其矿物可能是赭石；仰韶文化中出土的赭石和研磨工具，或与此有关。黑衣、黑彩的着色元素主要是铁和锰；白衣、白彩应是含锰、铁等着色元素较低，含铝量稍高的白色粘土[26]。张福康[23]、李家治[24]等分析过 8 件新石器时代陶衣、彩料的化学成分（表 1-3-2），1 件黑彩标本含 Fe_2O_3 和 MnO 含量都较高，分别达 12.73% 和 6.36%；1 件红衣唯含 Fe_2O_3 量较高，达 9.45%，MnO 量则较低，为 0.23%。3 件白衣试样含铁量皆较低，含铝量却较高。当然，不管红彩、白彩，其颜料并不止一两种。有学者又对河南渑池班村仰韶文化彩陶进行过分析，认为其黑彩系赤铁矿、磁赤铁矿、锌铁矿；红彩系磁赤铁矿、赤铁矿；白彩系非晶铝土矿[84]。陶衣应是釉的前身，但因其助熔剂量较低，加之烧成温度不高，故不能熔化，起不到釉的作用。彩陶是仰韶文化时期一项重要的艺术成就，由于它的出现，把新石器时代的陶器打扮得光彩夺目，在中国艺术史、世界艺术史上都占有重要的地位。

表 1-3-2　　　　　　　　新石器时代部分陶衣、彩料化学成分

名　称	成　分（%）										文献
	SiO$_2$	Al$_2$O$_3$	Fe$_2$O$_3$	TiO$_2$	CaO	MgO	K$_2$O	Na$_2$O	MnO	P$_2$O$_5$	
河姆渡彩陶白衣	56.32	32.5		1.62							[24]
河姆渡彩陶黑衣			6.44		0.67	0.5	1.49	0.1	<0.01		[24]
大墩子彩陶白衣	68.58	19.19	2.26	1.64	1.55	0.7	1.6	0.3	0.08	0.01	[24]
郑州大河村彩陶白衣	55.46	27.39	3.07	1.04	2.96	1.03	2.55	0.66			[24]
郑州大河村彩陶褐衣			6.42		4.6	1.0	2.52	0.81	2.75		[24]
大墩子彩陶褐衣	52.6	12.21	12.89	0.88	2.25	0.8	2.09	1.03	5.5		[24]
大溪文化彩陶表面红衣	59.99	15.4	9.45	0.01	1.06	0.48	1.91	0.26	0.23		[23]
大溪文化彩陶表黑彩	60.63	8.47	12.73	0.01	1.53	0.78	1.39	0.39	6.36		[23]

彩陶与彩绘陶是不同的：（1）工艺操作不同。彩陶是先绘后烧，彩绘陶则是先烧后绘的。（2）彩料性能不同。彩陶的彩料须经受高温的物理化学变化，必须是烧成后色相稳定的矿物颜料，故选料范围较窄。彩绘陶则无须再经高温，其色料可以是矿物颜料，也可以是有机染料，故选料范围较宽。（3）用途不同，彩陶

是实用器；彩绘陶主要用作明器①。

看来，追求艺术是人类天生的一种特性，还在原始社会，在茹毛饮血的洪荒蒙昧时期，人们就开始了美化自己的生活，便把自己的艺术情怀和美好情操，倾注到了最为简单的生产活动中；人们活着的时候追求艺术，离去时，还要把这种美好情操带到天国中去。不管彩陶还是彩绘陶，都给后人留下了许多难得的艺术珍品和对历史的美好回忆。

五、陶窑的产生和发展

陶窑是烧造陶器的基本设备，它对烧造温度和气氛的控制，以及产品质量之提高，都具有十分重要的意义。

最早的陶器可能是无窑烧造，即露天烧造的，之后才发展到了有窑的阶段。贾湖文化曾发现有大量红烧土块和红烧土粒，这很可能是露天烧造的残迹[16]。我国今见最早的陶窑属新石器时代中期的舞阳贾湖文化[16]、裴李岗文化[18]，只有这两处，计约10座，新石器时代晚期便普遍地推广开来。因北方地下水位较深，故从仰韶文化、龙山文化，直到西周，我国北方陶窑都是地穴式，即穴地为窑的，东周之后才开始建到了地面上②。截至20世纪80年代初期，新石器时代陶窑已发现100多座[25][85]，主要分布于黄河流域，少数分布于鄂、湘和辽西等地。

新石器时代陶窑的结构主要包括四大部分：即火膛、火道、火眼和窑室。火膛是燃烧室，窑室是陶坯烧造室，火眼是高温火焰由火道进入窑室的小孔洞。有的火眼位于窑壁与窑底之间，环底一圈布列；有的位于窑底并构成窑箅；也有部分陶窑没有火眼，只在窑室底部构筑一些窑柱，并形成道沟作为火焰通路，陶坯便放在窑柱上烧造。窑箅可用草拌泥制成；窑柱可在黄土上挖成，也可专门砌成。燃烧产生的高温火焰流经火道、火眼，进入窑室，最后从窑顶逸出。当然，这种具有四大部分的陶窑应是稍见成熟了的形制，主要见于新石器时代晚期，新石器时代中期陶窑的烧造室与燃烧室往往还是混而为一的。烟囱也是陶窑的重要组成部分，今见于报道的新石器时代陶窑中，唯一座南方陶窑设有烟囱，北方陶窑虽然发现较多，有烟囱者却一座也未看到。

依火眼与火膛相对位置之不同，新石器时代陶窑又可分为卧穴式（又叫横穴式）和竖穴式两种；其主要区别是：前者的火膛与窑室间相差一段较大的水平距离，呈卧式布置；后者的火膛与窑室大体处在同一竖直方向上，呈立式布置。从贾湖的陶窑情况看，这两种形式大体上应出现于同一历史时期，但因卧式陶窑构筑较为简便，故它最先得到了较好的发展，在裴李岗文化和仰韶文化时期都较盛行。早期卧穴式窑的火膛与窑室大体处于同一水平面上，后来才发展成斜坡状，窑室高于火膛。竖穴式兴起稍晚，大体上是庙底沟二期文化、龙山文化及其之后才盛行的。

---

① 明器。《礼记·檀弓上》："其曰明器，神明之也。"郑氏注："言神明，死者也。神明者，非人所知。故其器如此。"后人又写作冥器。

② 今日所见新石器时代窑址，绝大多数都是属于中原和北方的。所谓的穴地窑、横穴式、竖穴式等，都是指中原和北方窑来说的。南方地下水较浅，是否也经历过穴地窑的阶段，有待进一步研究，也不排除其一开始便是建到了地面上的可能性。

一般而言，古代陶窑的结构是否合理，主要应考虑下列三方面因素：（1）是否有利于提高火焰温度。（2）是否有利于改善高温火焰流的分布状态。（3）是否有利于窑内气氛的有效控制。一般而言，因竖穴式的火膛位于窑室之下，省下了横向延伸的火道，便增加了几何压头，减少了压头损失①，是有利于提高空气吸入量、强化燃料燃烧过程和提高窑内温度的。所以竖穴式较卧穴式更显得进步。当然，不管卧穴式还是竖穴式，其自身也有一个不断发展、不断完善的过程；同时，因自然条件之差异，各地筑窑方式也不尽相同。下面仅介绍几个主要遗址和主要类型。

贾湖文化陶窑。计9座，可分成坑穴式和横穴式两种，前者7座，后者2座。总体上保存较差，形状相当原始，甚至只有一个凹坑[16][17]。坑穴式窑中4座是新挖的，3座是利用旧窑改造的。新挖4座十分简单，总体为一圆形或椭圆形浅坑，圜底或平底，底部有一层厚0.1~0.2米的红烧土。烧造过程可能是这样：先在坑底铺一层柴草，之后架一层陶坯，之后柴草与陶坯层层相隔，最后铺一层柴草并用泥封抹，捅出若干烟孔，在一侧点火。发掘者认为，此贾湖坑穴式应是平地露天封烧的改进型，是竖穴式陶窑的原始形态。横穴式窑的窑室呈圆形或近似于圆形，一侧有火门，另一侧有1~2个出烟口，有的还保存有火道、烟道和窑壁。皆属贾湖文化二期。具体操作可能是这样：先挖一坑穴，并将之修成平底以作火台；又在窑室中间或周壁挖一火道，其一端通到窑室以外为火门，另一端修出一孔眼为烟道和出烟孔；坑壁上涂有一层厚约0.1米的泥浆为窑壁；陶坯置于火台上，烧造时窑顶封闭。不管坑穴式还是横穴式，其窑室与火膛皆处于同一个空间。

裴李岗文化陶窑。目前发现较少，构筑也较原始。1978年裴李岗发现一座卧穴式窑，横断面总体呈瓢状，窑径0.96米，深0.52米，窑底为圆形。火道长约0.8米，深0.6米，宽0.5米[18]。窑室南壁有5个半圆形残孔眼，直径约6~8厘米。窑壁、窑底、火道之壁都有一层厚厚的烧土。火膛与窑室大体处于同一空间，与火道一起，皆处于同一水平面上。

新石器时期晚期，陶窑技术有了发展，不但窑址数和窑口数发现较多，而且火膛与窑室多数都已分开，各部结构和尺寸更趋合理，窑体结构基本定型，人们为提高窑温、改善火焰分布状态，采用了许多有效措施。大家较为熟悉的窑址和窑口有：西安半坡6座[46]，山西芮城东庄村9座[42]，临潼姜寨4座[71]，华县柳子镇6座[86]。这些陶窑多为卧式，如半坡6座窑中便有5座卧式，一座竖穴式。

半坡陶窑火道分布情况通常是：三条火道倾斜向上伸展至窑室底部，并在底部汇成一个圆形通道；窑室横断面近于圆形，直径约0.8米；紧贴窑的周壁残留有10个长方形火眼，火道通过火眼而与窑室相通。火眼尺寸为：长6~17厘米、宽2~5厘米，接近火道的火眼较小，离火道远的较大。窑室内壁涂有一层厚约5~8厘米的细黄土。看来，这半坡窑的构筑已达一定水平：（1）火道倾斜向上伸展，

① 几何压头，气体力学专用术语，指的是单位体积气体所具有的相对位能。在陶窑和炼铁高炉中，也可把它理解为窑、炉内气体所具有的上升趋势。压头损失便是气体流动过程中，由于摩擦、冲击等原因造成的能量、上升趋势受到的损失，亦称阻力损失。

有利于减少压头损失。（2）火眼稍多，大小视需而定，有利于改善火焰分布状态；（3）外涂黄泥；半坡6号窑，及其他许多仰韶陶窑还涂有草拌泥。与半坡3号窑相类的火道、火眼分布法在陕西邠县下孟村[87]、陕西华县柳子镇[86]都可以看到。柳子镇的窑室平面为圆形，直径 0.8～1.5 米；窑壁上端微微内倾，窑顶很可能为半圆形，这对于窑内保温和气氛控制都具有重要的意义。陕西华阴横阵窑也呈现了口小底大的结构[88]。

安阳鲍家堂仰韶陶窑又别具一格，它在许多方面都较为进步，如：（1）窑址不选在平地，而是在斜坡上；窑室建在上坡，火膛建在下坡；窑箅比火门口高出 0.7 米。（2）不但设有两股主火道，而且在主火道外侧各设有三股垂直伸出的分火道与窑室相通，使火道横断面呈"非"字形布置，有利于改善火焰分布状态。郑州林山砦仰韶文化陶窑也显示了与此相类的结构（图 1-3-4）[89]。（3）火眼开在窑室底部，并构成了窑箅，有利于增大几何压头、减少压头损失。（4）箅孔较多，今仍可见 17 个，也有利于改善火焰分布状态。（5）与柳子镇窑相类似，窑室上小下大，呈土包式。窑室底部设有两个圆柱状的窑柱，其除放置陶坯外，客观上也起到了引导火焰运动的作用。

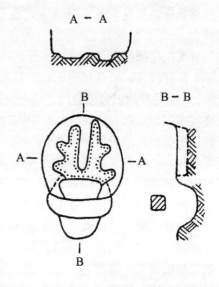

图 1-3-4 郑州林山砦仰韶文化陶
窑平面剖面图
采自文献[89]

河南偃师汤泉沟仰韶晚期竖穴式陶窑又进了一步，尤其是窑箅结构。此箅近于圆形，与窑壁之间留有 6 个宽度为 3.0～4.0 厘米的弧形火眼；此火眼是以草拌泥块间隔而成的，窑箅中部留有一个直径约 5.0 厘米的火眼（箅孔）。火膛位于窑室之下，直径约 0.94～1.0 米，较窑室稍小。火膛中部竖立有两个支撑窑箅的横列窑柱。窑柱皆束腰状，断面呈椭圆形。在窑箅和窑室的外围又糊了一层草拌泥，结构更为牢固[90]。

红山文化陶窑。基本形制与仰韶卧穴式相似，但也有一些不同。如昭乌达盟四棱山 1 号窑，呈马蹄形，窑长 1.4 米，宽 1.38 米；由火门至窑室亦呈斜坡式升高，窑室内置有 4 个排列有序的窑柱，后排两个为圆角方形，前排两个为圆角三边形，窑柱间形成十字形火道；因窑柱形状特殊，故可起到良好的分火作用。窑室与窑柱皆用石块砌成，窑室抹以泥土，窑柱抹以草拌泥。又如四棱山 6 号窑，属双火膛的双联室窑，窑室为长方形，2.7 米×1.0 米。窑室与火膛间有一隔梁，斜坡状的火道经由隔梁进入窑室，窑室内设有 8 个窑柱，正对火道的 4 个为圆角三边形，其余四个为圆角四边形和圆形，窑壁与窑柱皆土石结构，外表抹草拌泥（图 1-3-5）[44]。这土石结构和双火塘在其他类型的原始文化中很少看到，尤其是双火塘联室窑，它扩大了火膛，便提高了窑温；又扩大了窑室，提高了产量，是

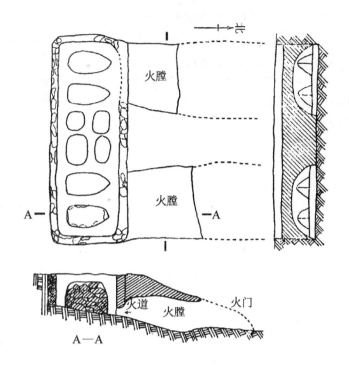

图 1 - 3 - 5 红山文化四棱山双联室陶窑（6 号）

采自文献[44]

相当进步的窑型[91]。

1996 年山西垣曲宁家坡发掘出 2 座庙底沟二期陶窑，结构基本相同，皆就生土挖成，均有火膛、火道、窑室、窑门、出烟渗水口等部分。窑身纵剖面近于梨形，上小下大，火膛位于窑室前方，窑室位于出烟道上，顶部为出烟口。发掘者认为，出烟口还兼有渗水口的作用。其火道亦分为主火道、分火道和支火道。主火道计有 2 条，由火膛直通到窑室后壁；近火膛的一段为暗火道，窑室下部为明火道；火道底部并非平直，其近火膛 0.6 米处升高了 0.4 米，向窑室伸展过程中是逐渐升高的。主火道两侧各有 5 条分火道，与主火道呈 60 度夹角；分火道底部亦呈斜坡状，近主火道处较深。火道之间有隔梁，亦为生土挖成，其长短和宽窄皆不尽相同。火道上方置有大小不等的草拌泥块，可起到调节火力的作用。隔墙表面涂有草拌泥，显得较为平滑。显然，这种火道构筑有利于火焰的均匀分布，并减少压头损失。窑室位于火道上方，底平面为圆形，直径 1.7 米，周壁向上呈弧形内收，窑顶正中为圆形的出烟渗水口，直径 0.4 米。窑室整体呈穹隆状（图 1 - 3 - 6)[92]。保存这样完好的炉窑已往看到的不多，尤其是它的窨水结构。

庙底沟二期和龙山文化陶窑。多为竖穴式，仰韶时期流行的卧穴式多被淘汰。此期陶窑的主要特点是火膛加深，火道和火孔数增多，窑室亦稍有加大；河南陕县庙底沟龙山文化陶窑是其中一个较好的类型[41]。其为竖穴式，窑室呈椭圆形，直径 0.93 米×0.78 米，窑壁残高 0.48 米，有一定弧度，可能原为半球状窑顶。火膛作长方形竖穴，长 0.94 米、宽 0.6 米、深 0.96 米，它深入到了窑室下部。这种既大且深的火膛，显然有利于提高燃烧量和增加几何压头。其火道分作8股，由火膛向上进入窑室底部；火道长0.1～0.36米、宽约0.07米、高约0.08米；窑箅上分布有25个大小不一的火眼；离火膛远处火眼稍大，近处稍小；火眼的纵剖面是下大上小的（图1-3-7）。这都有利于改善火焰的流动和分布状态。这种半球状的窑顶结构在长安沣西客省庄二期[93]等陶窑中也可看到，说明此技术在龙山文化时期已得到了较为普遍的应用。另外，庙底沟窑的火口、火膛、火道都是由生土挖出轮廓，之后再涂草拌泥的；窑箅亦由草拌泥制成，说明窑体保护技术亦得到了较好的推广。

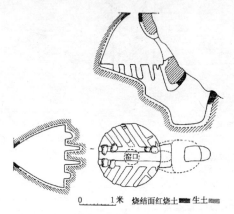

图1-3-6 垣曲宁家坡庙底沟二期陶窑(Y501)
平面剖面图
采自文献[92]

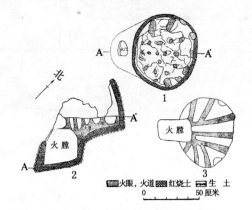

图1-3-7 庙底沟龙山文化陶窑
平面剖面图（Y1）
1. 窑箅平面图 2. 窑内结构剖面图
3. 火道平面图
采自《庙底沟与三里桥》第21页

　　新石器时代陶窑在南方发现较少，目前仅知1979年湖南安乡县划城岗报道1座，总体亦呈瓢状，可清楚地分辨出火道、火膛、烟囱3个部分。火膛下半部挖在生土中，上半部（高约40厘米）用大块红烧土垒成，窑壁残高80厘米，火膛直径1.2米，没有窑箅。窑壁内侧有一周放置陶坯的平台，其高30～40厘米、宽20厘米，火道长1.15米、宽0.5～0.54米，呈斜坡状。烟囱与火道相对，火道两边和烟囱都用大块红烧土垒成，约相当于大溪文化中期[102]。其与前述北方新石器时代晚期陶窑有两点差异：（1）其火膛与窑室仍处同一个空间，显示了一定的原始性。（2）其有烟囱（图1-3-8），这是一项较为进步的措施。除安乡外，南方新石器时代陶窑可能还有一些，有的则尚未报道。

　　我国新石器时代陶窑数量和种类都较多，早在20世纪80年代，就有学者对其进行过一些专门研究，有的学者还把新石器时代到西周的陶窑分成了三型18式，即横穴型7式，同穴型5式，竖穴型6式，对人们了解我国古代陶窑结构都有一定帮助。

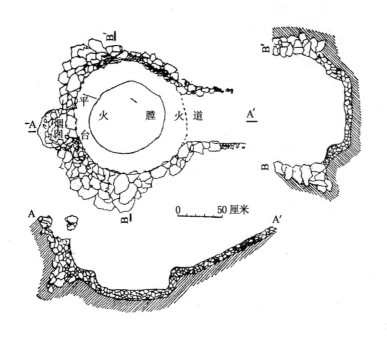

图1-3-8 湖南安乡县划城岗陶窑

采自文献［102］

六、早期陶器的烧造技术

（一）烧造操作的一般情况

坯体制成，并经完全干燥后便可入窑烧造。因窑内气氛、温度控制和渗碳情况不同，所出陶器常见有红色、灰色、黑色等不同色态。早期陶器以红胎见多，晚期则以灰胎见长，黄河下游等地还可看到较多的黑陶。颜色的变化，反映了窑内温度、气氛控制技术之提高和整个烧造技术之进步。

人类最早烧造的陶器，应是无窑，即露天烧造的，烧成温度较低，皆为氧化焰，基本上皆属红陶。类似的操作今世在云南傣族、佤族原始制陶工艺中仍可看到。景洪傣族烧陶常在专门的小屋中进行，堆烧前先用竹皮、木柴在地上堆摆成一个方框，后再在上面铺一层很厚的树皮、碎竹片和稻草。把陶坯放在稻草上，先放大罐，四五个或七八个一行，计放三四行。一个罐的底部与另一个的口部相接，中间夹以器盖等，上面再放小罐或其他器物。均使口部向下，旁边有时再放几个器物，其口向内；如此积叠成堆，其上其外再盖稻草，以沙浆上下封闭，后从四角点火；保持小火状态，缓慢燃烧。后封闭四角火口，在每边和顶部各通开10余个小孔，以形成空气流道。从点火到窑室冷却，约需10~12小时。沧源傣族的烧造术显得更为原始，把陶坯堆放在一块露天的平地上，下垫上盖柴草，敞开烧造，没有以沙浆涂抹、封闭等操作，产品基本上都是红陶[45]。

从无窑到有窑是制陶术一次飞跃性发展，从卧穴式到竖穴式窑则又是一次较大的发展。但总的来看，新石器时代的制陶水平还是较低的，火膛、窑室较小，窑的高度不足，没有烟囱等，故空气吸入量不大，燃料燃烧强度较小，窑温不高；

早期气氛控制亦较差。燃料多数是一般性柴草。从大量考古实物的检测情况看，此期陶器烧造温度多处于800℃～900℃间，但各地又不尽相同。如：裴李岗—磁山文化红陶为900℃～960℃；仰韶文化彩陶为900℃～1000℃；中原龙山文化早期灰陶为840℃，中原龙山文化晚期红陶、彩陶为1000℃；大汶口文化红陶为1000℃，白陶为800℃～900℃；大溪文化诸陶系均600℃～800℃；屈家岭文化彩陶和灰陶为900℃；赤峰红山文化红陶为900℃～1000℃[25]。可见由裴李岗—磁山文化到龙山文化，烧成温度并无太大差异，唯见南方的稍稍偏低。1990年，有人又对长江中游新石器时代陶器作了一番研究，认为其烧成温度一般为650℃～950℃[94]，与前述基本一致。此烧成温度之高低，主要与原料成分和窑炉结构等因素有关。一般而言，陶土含硅、含铝量稍高者，烧成温度亦稍高，含助熔剂总量稍高者，烧成温度则稍低；北方陶土往往含铝量稍高，故烧成温度往往稍高。烧成温度的下限是其必须陶化，即组织中应出现部分玻璃相，各组分的边缘须开始熔合、粘合；上限是坯体不软化、不变形，更不能烧流，石英颗粒通常依然保持原有晶型和外部形态。

（二）关于气氛控制和灰陶工艺

所谓气氛，在此即指窑内高温炽热气流的成分，这是冶金、陶瓷工艺的常用术语。一般而言，若空气流通，供氧充足，窑内游离氧含量达4%以上，便属氧化性气氛，或叫氧化焰；若空气不流通，供氧不足，窑内游离氧含量小于1%，一氧化碳含量达2%～4%间，便属还原性气氛，或叫还原焰。这两种气氛都有强弱之分，若一氧化碳含量达4%时，便可视为强还原气氛，若只有2%，便属弱还原气氛。在氧化焰中，陶器内的铁大部分转化成了Fe^{3+}，陶器呈土红色，习谓红陶；在还原焰中，大部分铁转化成了Fe^{2+}，陶器呈灰色到灰黑色，习谓灰陶。古人控制气氛的方法，大约主要是在烧成末期封闭窑顶，以及从窑顶上窨水入内；类似的操作今在某些旧式的砖瓦业、制陶业中仍可看到；若不加控制，任其燃烧，一般皆呈氧化焰的。所以还原焰烧造其实是分了两步的，前个阶段仍烧氧化焰，只是临近末了时才烧还原焰的。从考古资料上看，灰陶出现的时间也是较早的，但在新石器时代早期、中期，及至晚期的早段和中段，都以氧化焰为主，以红陶居多的，到了新石器时代晚期的晚段，或说铜石并用时代，才出现了以还原焰为主，灰陶居多的情况。当然这转变时间各地区亦有先有后，南方稍早，大约在屈家岭文化时，还原烧成便占居了主导地位；中原和北方稍晚，大体是到了山东龙山文化及其与之相当的年代，或说铜石并用时代后段，才以还原焰为主的。

1977年发掘的裴李岗生活用陶器几乎都是红陶，唯个别采集品为灰陶。这大体上反映了新石时代早期、中期气氛控制的部分情况。新石器时代晚期及至铜石并用时代，这情况才发生了变化。如庙底沟4个仰韶文化灰坑所出红陶（包括细泥红陶和夹砂粗红陶）计14415件，占去陶片总数的89.64%；灰陶只有泥质陶一种，计1663件，占10.34%，黑陶只有细泥质一种，计4件，只占陶器（片）总数的0.03%。其龙山文化期3件灰坑，灰陶量急剧增加，计出土3825件，占去陶器（片）总数的97.07%，黑陶（唯细泥质一种）增加至35件，占陶器总数的0.88%，红陶只有泥质的一种，计81件，占总数的2.05%。三里桥亦大体如此[41]。其他地方也有类似情况。可知裴李岗文化使用的主要是氧化焰，庙底沟和三里桥的龙山文化陶窑所用则主要是还原焰。龙山文化烧造技术的进步，在陶器颜色变化中得到了清晰的反映。

灰陶至迟出现于甑皮岩下层，1965年甑皮岩下层所出土的921件陶片中，便有242片灰陶[13]；万年仙人洞两次发掘时，下层无灰陶，但上层都有灰陶；1962年时，上层计出土陶片56件，其中红陶29片，灰陶27片[9]；1964年上层计出土陶片79件，其中红陶76片，灰陶3片[9]。1995年，河南巩义市瓦窑嘴裴李岗文化遗址也出土少量灰陶[95]。但这种新石器时代早、中期灰陶很可能是气氛不稳定，而无意烧成的。

白陶是陶器中的一个低铁品种，新石器时代的白陶虽有高镁质、高铝质、高硅质3种，但它们的一个共同特点是含铁量都较低，因当时窑内气氛不易控制，若含铁量较高，就很难或根本不可能烧出白陶来。

（三）关于陶胎渗碳和黑陶工艺

黑陶是一种从里到外皆呈黑色的陶器，始见于新石器中期，在中期的裴李岗文化[95][96][97]、贾湖文化二期、新石器时代晚期的河姆渡文化一期（最下层）、大汶口文化、大溪文化、马家浜文化等都有出土；河姆渡一期计出34695件陶片，皆为夹炭黑陶和夹砂黑陶[49]。山东龙山文化、中原龙山文化、屈家岭文化时，黑陶技术有了较大发展，其中尤其是山东龙山文化黑陶，其薄如蛋壳，习谓蛋壳黑陶。泰安大汶口遗址晚期墓葬出土7件泥质黑陶高柄杯（Ⅷ式），陶质细腻，表面透黑，器壁匀薄，厚度不超过2毫米[34]。西夏侯遗址出土黑陶杯17件，均为细泥质，乌黑发亮，口部腹部厚度仅为0.15~0.2厘米[74]。前面提到，姚官庄出土的蛋壳陶仅0.5毫米，大溪文化第二期黑陶较少，第三期有所增加，第四期猛增[31][32]。我国古代蛋壳陶可区分为蛋壳彩陶和蛋壳黑陶两种，如前所云，蛋壳彩陶始见于大溪文化时期[31][68]。

从大量研究资料看，黑陶工艺与灰陶是不同的，它主要是在氧化性气氛中烧成，只是烧造行将结束时，用烟熏法进行了渗碳；黑陶之"黑"原是渗碳造成。这有两方面的依据：（1）从科学分析看，黑陶的铁还原比值高于红陶而低于灰陶，说明其铁氧化程度较灰陶高，较红陶低。同时，黑陶胎的化学成分与一般红陶、灰陶无大差别，而含碳量、灼减量却较高。（2）类似的烟熏渗碳工艺今在山东日照县萝花前村仍可看到，具体做法是：烧造行将结束时，用泥封住窑顶和窑门，并从窑顶徐徐灌水入内，于是浓烟顿起，遂将陶器熏黑[26]。有学者还进行过类似的试验，也取得了良好的渗碳效果[32]。渗碳时间可长可短，若时间较长，则整个胎心皆呈黑色。从考古发掘看，一般黑陶都是较薄的，尤其在山东龙山文化中，看来主要是为了便于渗碳的缘故。

黑陶是我国古代制陶工艺的一项重要成就，从成型到渗碳都反映了相当高的技艺。因其炭粒可填充到陶胎的孔隙中，故黑陶的孔隙度较灰陶和红陶皆低，结构也就更为紧密，在相同条件下，也就更为坚固。缺点是：器壁一般较薄，从而强度较低，这就影响到了它在日常生活中的使用范围。据说南美印第安人也有一种黑陶工艺，操作"是将它们放置于松脂烟的大火焰上，使其光滑、色黑与坚实"[26]。

（四）关于夹炭陶的烧造工艺

夹炭陶的烧造制度，看来并非是完全一致的。大溪文化、屈家岭文化的夹炭陶是在氧化性气氛中烧造的，故器表呈现红色；其胎心却呈黑色，是稻壳未完全燃烧所致[28][29][31]。河姆渡夹炭陶断口呈黑色，有人认为，它是在燃烧温度较低、烧成方法较为原始的情况下，在较强的还原性气氛中烧成的[27]；其胎作黑色，主要是还原性气氛，以及植物炭所致。

（五）关于黑衣陶、黑皮陶的烧造工艺

"黑衣陶"和"黑皮陶"是两种渗碳时间都较短，仅表层呈黑色，内胎仍呈红色或灰色的陶器；前者涂有陶衣，后者未涂陶衣；其在大汶口文化、大溪文化、马家浜文化、良渚文化等遗址中都常看到，尤以良渚文化的最为典型。一般认为，它们都是采用烟熏渗碳法致黑的，且有窑内渗碳和窑外渗碳之别。窑内渗碳工艺与前云蛋壳黑陶相近，若胎壁较厚，或保温时间较短，渗碳层便仅及表层，便可得到"黑衣陶"或"黑皮陶"。从传统工艺调查、模拟试验等多方面研究来看，窑外渗碳则较复杂，又有单件渗碳、扣合渗碳、重叠渗碳、涂刷渗碳、贴木渗碳等种操作[31][32]。至于古人采用何法，则有待进一步核实。室外贴木渗碳亦见于今云南佤族制陶工艺，具体操作是：将烧好的陶器从炭火中取出，另一人手持一种称为"斯然"的褐色胶质物趁热涂在陶器的口沿或周身[63]，此"斯然"便是一种"渗碳剂"，此法应属窑外渗碳。

总之，我国新石器时代陶器品种繁多，它们的流行年代、工艺条件，彼此都有一定区别。从原料条件看，可区分为泥质陶、夹砂陶、夹炭陶、白陶；从烧成工艺看，又可区分为红陶、灰陶、黑陶、黑皮陶。夹砂陶、夹炭陶和泥质陶在新石器时代中期之前皆已发明，前者和后者在新石器时代晚期及至之后仍有使用，且南方、北方都广为流行；夹炭陶主要流行于南方，铜石并用时代之后便很少看到。

红陶、灰陶、黑陶，皆始见于新石器时代早期、中期。前二者主要是由陶胎成分和窑内气氛决定的，后者则主要与渗碳情况有关。在裴李岗、磁山文化时期，陶窑一般皆为氧化焰，故其产品一般为红陶；仰韶文化时期，虽仍以氧化焰为主，但还原焰明显增多，灰陶便明显增加；龙山文化时，许多地方都以还原焰为主了，灰陶便占据了主导的地位。黑陶是在烧成的最后阶段渗碳造成的。这些不同颜色的陶器，最初大约都是无意中得到的，仰韶文化之后便进到了有意制作的阶段。

彩陶亦始见于新石器时代中期，而盛行于仰韶文化、马家窑文化时期，它与陶衣同样，其颜色都是由彩料的成分决定的；一般皆在氧化性气氛中烧成。据李文杰惠告，唯关庙山遗址大溪文化中见到过一片蛋壳彩陶是在还原焰中烧成的，为灰地黑彩。

白陶的颜色主要是由胎料成分决定的，气氛对它没有影响。

实际烧造过程是十复杂的。由于多方面原因，窑内的温度、气氛会经常发生一些波动，所以陶器的颜色也会产生一些变化。在考古发掘中，常见一些陶器表面总体为红色，但却夹杂有一些灰斑或黑斑；从傣族原始手工制陶工艺看，此应是烧造过程中陶坯与燃料接触局部渗碳等所致。另外还有一些灰胎红陶，则应是

经还原性气氛烧成之后，临近熄火前窑内突然吸入了较多新鲜空气，使表面受到氧化而发红；即是说，灰胎红陶的器表呈红色，是二次氧化所致的。

七、关于原始瓷

原始瓷是介于陶和瓷之间的低级瓷器。它的基本特征是：（1）外表覆盖一层高温釉，其色青灰、青黄或青绿。（2）胎一般为高硅质，且多已瓷化，含有一定数量的莫来石晶体①和相当数量的玻璃态，也有一定数量的气孔，其色灰白、深灰、黄灰及至更深的色调。胎较致密，具有一定光泽，较为坚硬，敲击时能发出类于金属之声。（3）烧成温度较高，吸水率较低。"原始瓷"之说是1960年安金槐最先提出的[98][99]，20世纪七八十年代之后，渐为我国学术界接受。前此，这类器物习谓之"釉陶"。但我国古代原始瓷出现于何时，迄今为止，学术界依然是存在不同看法的。其中一种说法认为其始应见于龙山文化晚期，或说夏代初期②。

据报道，1976年，山西夏县东下冯龙山文化晚期遗址出土20多件原始瓷器，器形有罐、钵等，多为素面，有的饰篮纹、方格纹。器表施以青绿色薄釉，胎多青灰色，质地坚硬，胎釉结合较为紧密，烧结温度较一般陶器稍高，烧结较好，吸水率较低，击之铿锵有声，已具有商周原始瓷的一般特征。但不足的是釉色不纯，或青中泛黄，或黄中泛绿，断口较粗，且有气孔，胎色往往青灰，无透光性。东下冯龙山文化早期约与庙底沟二期文化相当或更早，其晚期约与洛阳王湾三期相当，据^{14}C年代测定，约在公元前2000年左右，即已进入夏纪年[100][101]。

又有学者认为，江苏宜兴良渚文化遗址也出土过原始瓷，其瓷釉成分为SiO_2 56.53%、Al_2O_3 13.38%、Fe_2O_3 2.52%、TiO_2 1.38%、CaO 16.58%、MgO 2.5%、K_2O 1.71%、Na_2O 0.65%、MnO 0.26%、P_2O_5 1.7%[103]，但形制未详。

此期原始瓷目前报道量还较少，上述标本是否可称之为原始瓷，学术界还存在一些疑虑。有学者认为夏代是否已经出现过原始瓷，目前尚无确切的依据，相当部分人认为我国原始瓷应始见于郑州商城二里岗文化下层[104]，或说商代中期[105][106]，而上述龙山文化、良渚文化的带釉硅酸盐人工烧制物，则仍属釉陶范围。我们认为此可进一步研究。从道理上讲，釉陶的发明年代应稍早于或不晚于原始瓷，若这批带釉的硅酸盐人工烧制物定为原始瓷的话，我们希望与此年代相当，或稍早的某个考古文化中看到带釉的陶器。

第四节 原始的机械技术

在人类各项生产技术中，机械技术也是萌芽较早的，旧石器时代的各种石质、骨质尖状器、锋刃器的使用，摩擦取火和弓箭的发明，飞石索和"复合工具"的

---

① 莫来石，亦名富铝红柱石，化学式为$3Al_2O_3 \cdot 2SiO_2$，斜方晶系，无色，含杂质时带玫瑰红或蓝色，呈柱状或针状晶体。在煅烧粘土、高铝耐火材料及陶瓷时生成，是粘土砖、高铝砖、瓷器等主要组成部分。1910℃时熔融。

② 依"夏商周断代工程"，龙山文化晚期应归入夏代。但有关夏代早期都城考古遗址目前学术界尚无统一意见，故今依旧有观点将龙山文化晚期归于铜石并用时代（或说新石器时代晚期）。

出现，在机械技术史上都具有十分重要的意义。新石器时代之后，机械技术有了进一步提高和扩展，其中尤其是如下六个方面：（1）成套简单生产工具的出现和器柄使用范围的扩展；（2）舟和桨的发明；（3）小口尖底瓶的使用；（4）陶轮、陶车的发明；（5）纺坠、原始织机的发明；（6）砣具的发明和使用。后三方面因在"制陶"、"纺织"和"玉器加工"部分已经提及，这里主要讨论前三个方面。

有一点需顺带说明一下的是"机械"一词的含义，今学术界、产业界有不同理解。本书将遵循我国古代传统之说，把"机械"规定为"用力少而见功多"的器械，此"力"即人力、畜力和风力、水力等自然力。此说始见于《庄子·天地》篇以及《韩非子·难二》篇等著作。"天地"篇云："子贡南遊于楚，反于晋，过汉阴，见一丈人，方将为圃畦，凿隧而入井，抱瓮而出灌，搰搰然用力甚多而见功寡。子贡曰：'有械于此，一日浸百畦，用力甚寡而见功多，夫子不欲乎？'为圃者卬而视之，曰：'奈何？'曰：'凿木为机，后重前轻，挈水若抽，数如泆汤，其名为槔'。""难二"篇说："舟车机械之利，用力少，致功大，则入多。"两段文献的意思大体一致，皆长期为后世学者沿用。我国机械工程史研究创始人刘仙洲也是推崇此说的[1]。

一、成套简单生产工具的出现和器柄使用范围的扩展

旧石器时代的工具，都是十分简单、粗糙的，且往往是一器多用的"万能工具"；新石器时代之后，由于农业的出现和磨光、穿孔技术的兴起，工具种类明显增多，分工越来越细，器形变得规整起来，也才出现了专门的、成套的工具。这些成套工具的出现和使用，促进了新石器时代社会生产的发展。此期的工具主要是石质，也有部分是木质和骨质；在马家窑文化、龙山文化晚期、齐家文化和四坝文化中，出现了少量的铜质工具。常见工具主要有斧、锛、锄、铲、镰、犁、镢、矛、镖、锥、针、锉、锯等。楔子发明较晚，有人认为它是由斧蜕变来的[2][3]。当然，从机械学角度看，这些工具依然是最为原始的机械，其中相当大一部分都具有尖劈的性质，其鼻祖当是西侯度旧石器时代的尖状器、砍斫器。下面主要介绍几种非金属工具，金属工具将在本章第六节提到。

（一）木工工具

主要包括斧、锛、楔、扁铲、锯、凿、锉等，其发明年代和使用状况都不尽相同。

1. 斧。是从原始型工具中较早分化出来的利器之一。目前在许多新石器遗址，如桂林甑皮岩、秦安大地湾一期、新郑裴李岗、武安磁山、滕县北辛、宜都城背溪等地都有石斧出土，而且数量较大，相当部分经过了仔细磨制。1973年，桂林甑皮岩出土石器63件，其中磨制石器32件，而斧（10件）、锛（13件）便占去23件，此二者皆通体磨光，制作规整精细[4]。武安磁山第一期文化出土石器193件，其中有打制石斧48件，磨制石斧45件，打磨兼制石斧10件，石斧占石器总数的53%；第二期文化出土石器总数为687件，其中打制石斧107件，打磨兼制石斧56件，磨制石斧167件，石斧占石器总数的48%。在两期文化中，磨制、打磨兼制的石斧又占石斧总数的64%。而纯磨制则占石斧总数的48.9%[5]。如前所云，河姆渡文化一期出土石斧205件，石锛33件，占石质生产工具总数

（357 件）的 66.7%[6]。可见石斧，尤其是磨制石斧，在新石器时代社会生产中是占有重要地位的。

石斧多取材于砾石，外部形态多呈扁圆梯形，横截面近于长方形、方形、椭圆形；两面刃，多较厚重。旧石器时代之斧通常无柄，是以手直接把握的，习谓之手斧；新石器时代后，一般都安装了木柄。关于石斧等的装柄之事，昔日主要是从有关使用痕迹上进行推测的；1974 年江苏吴县澄湖出土一件装有木柄的石斧；1975 年江苏溧阳沙河洋渚大队出土一件良渚文化带木柄的有段石斧；1977 年、1978 年该地又分

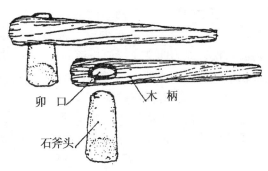

图 1 - 4 - 1　江苏吴县澄湖良渚文化穿柄斧装柄示意图　采自文献[3]

别出土带柄方柱形石斧及带柄有段石锛各一件，才得到了肯定[7]。从装柄方式上看，石斧约可分为 5 种类型：（1）穿柄斧，如吴县澄湖良渚斧（图 1 - 4 - 1）[7]。基本特点是木柄上有孔，石斧穿贯于木柄中，并固定。（2）有孔斧，如山东泰安大汶口所出者[8]，基本特点是石斧胸部钻有圆孔，木柄穿于孔中，并固定。（3）有肩斧，在南京市北阴阳营遗址出土过有孔有肩石斧[9]，广东南海县西樵山遗址[10]、甘肃永靖大何庄齐家文化遗址等都出土过有肩（无孔）石斧[11]。（4）束腰、束颈式石斧，西安半坡出土过束腰式石斧[12]，山东姚官庄龙山文化遗址出土一件束颈式石斧[13]。（5）有段石斧，即石斧的身部分成了高低不一的两个部分。江西修水山背遗址等地皆有出土[14]。这 5 种形式中，后 3 种的固定方式主要是捆绑；前二者自然也需捆绑，因其孔洞并不十分规整，往往孔端直径稍大，孔内直径较小，孔洞剖面实际上成了束腰扁鼓形，木柄显然很容易松动；有肩斧和有段斧实际上并无原则性差别，都是在斧身上做出了高低不平以便捆绑的台阶。

石斧的功用有二：一作生产工具，用于砍伐和狩猎；二作武器（在私有制产生后）。此砍伐主要指木材的横向截断；纵向剖分则只宜于短小木材，对粗大且较长的木材是难以胜任的。从新石器时代的考古资料看，石斧的外部形态约有两种不同类型：一是刃薄且宽；二是刃宽、身短且厚重[2][3]。显然这是由斧的不同功用和受力状态决定的。

早期的斧皆为石质，冶金技术发明后，才先后有了铜斧和铁斧。

2. 楔子。楔和斧都是最具尖劈特征的器物。在新石器时代，楔的主要功用是纵向剖分木材。由于定居生活的出现和建筑业的发展，社会对板材的需要量骤增。最初的板材大约是直接用斧加工的，但斧不易嵌入到较深的地方，人们就会捶击石斧的顶端，令其深入；因单斧容易被夹，便出现了双斧、多斧同时使用于一根木材的技术；经过多次反复实践，才演变出了楔子。早期楔与斧的形制应大体一致，分辨它们的方法主要是使用痕迹。一般而言，因反复砍伐的缘故，斧刃往往留有缺损等伤痕，楔则没有或很少有此种伤痕，但因反复打击的缘故，楔的顶端

多留有打击痕迹，斧则无此痕迹[2][3]。

目前学术界对楔的发明期尚无成熟看法，主要是往日对早期楔子研究较少，故常把它当成了斧之故。杨鸿勋认为，从黄河流域的山东、河南、陕西、甘肃、青海，到南方的湖北、西南边陲的云南、沿海的江苏，诸新石器文化中都有不少石楔出土[2][3]。其发明期至少应上推至新石器时代中期，比较明显的一个例子是河姆渡石楔，如第四文化层原报道的一件 I 式斧、一件 IIB 式斧、两件 III 式斧，第三文化层的一件 I 式斧、一件 IIB 式斧，实应属楔，第二文化层也出土过一件石楔，它们的顶端都有捶击破损的痕迹[3]。

楔子剖木在我国沿用了很长一个时期，金属大锯出现前，大型木料的纵向剖分主要是借助于楔的帮助来实现的，金属大锯出现后，许多地方仍在沿用。宋沈括《梦溪笔谈》卷二〇载："世人有得雷斧、雷楔者，云雷神所坠，多于震雷之下得之，而未尝亲见。元丰中，予居随州，夏月大雷，震一木折，其下乃得一楔，信如所传。凡雷斧多以铜、铁为之，楔乃石耳，似斧而无孔。"此"石楔"，很可能是为雷雨冲刷出来的新石器时代或稍后一个时期的遗物。称石楔为"雷楔"，应是人们对远古石楔的一种记忆或神化。楔有石质、木质，也有铜质、铁质的。《战国策》卷一八"赵一·苏秦为赵王使于秦"条，曾以铁钻（楔）来比喻离间他人关系的小人。河北易县燕下都武阳台西北 21 号战国中晚期铜铁铸造作坊遗址出土了 5 件铁钻，如刀形，其中一件长 10.1 厘米，器身作长条形，纵剖面为楔形；上部略呈圆形，斜刃，顶端部有打击痕迹，当是用于切割板形铁料的钻或楔[15]。1995～1996 年，山东长清县双乳山 1 号汉墓出土铁楔 1 件，长 25 厘米[16]。直至近现代铁楔仍在我国甘肃等部分偏僻地区保存着。

从工作性质看，人们对楔子的要求是：（1）背部要足够厚，即尖劈夹角要足够大，以保证有足够大的分力将木材向两边推开。（2）身部要足够地长，以便于楔子向下延伸。在考古实物中，楔也正是朝着这个方向发展的。秦安邵店大地湾（庙底沟型）出土过一件石楔，截面近于方圆，长达 20～30 厘米，便是个很好的例证。无锡市博物馆藏有良渚文化石楔，其背部的厚度都大于刃部的宽度，其中一件的背厚达 5.0 厘米，刃宽只有 4.0 厘米，身长达 14.5 厘米，显然是一种更加成熟了的形式。可知楔虽由斧脱胎而来，但它们的发展趋势是完全不同的[2][3]。

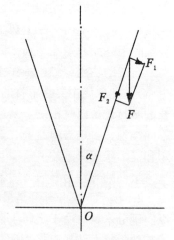

图 1-4-2 所示为尖劈受力状态。F 为人为的外加力；F_1 为垂直尖劈斜面、把木材向两侧推开的分力；F_2 为沿尖劈斜面、使木材剖开的分力。在外力 F 相等的情况下，尖劈夹角 α 越小，分力

图 1-4-2 尖劈受力状态分析

F_2 越大，越有利于木材的剖开；夹角 α 越大，分力 F_1 越大，则越有利于使木材向两边分开。所以斧刃宽而薄，楔背却较厚，与现代力学原理完全相符；先民们虽未具有这种理性认识，但无数次实践会使其具有十分丰富的经验。楔及斧等刃器

的发明，是人类对尖劈原理的较早应用。

从历史上看，楔的功用主要有三：（1）作纵向剖开木材；（2）在木器的榫头连接中，用来楔紧这一连接；（3）榨油机上用来压榨油料。前者使用较早，后者在明代的宋应星《天工开物》和徐光启《农政全书》中都有文字说明和图示。总的来看，楔的使用量和使用面还是较少较窄的。

3. 石锛。平木器，一面刃，当由斧分化而来。从装柄方式看，又包括四种类型：（1）有肩石锛，湖南安乡县划城岗大溪文化遗址[17]、甘肃永清大何庄齐家文化遗址[11]等皆有出土。（2）有孔石锛，陕县庙底沟龙山文化遗址[18]等都有出土。（3）有段石锛，山东大汶口文化遗址[8]、浙江古荡县[19]、江西清江筑卫城[20]、江苏新沂县花厅村大汶口文化遗址[21]等皆有出土。（4）长条（无孔、无段、无肩）石锛，甘肃秦安大地湾一期[22]、西安半坡[12]等地皆有出土。

在考古发掘中，石锛始见于新石器时代中期。磁山文化第一期出土磨制石锛2件，第二期文化出土磨制石锛8件，打磨兼制石锛2件[5]。河南郏县水泉裴李岗文化二期出土石锛23件，河姆渡文化一期出土33件[6]，在仰韶文化、大汶口文化、大溪文化中，锛都一直沿用了下来。冶金技术发明后，石锛便为铜锛、铁锛所取代。

4. 石扁铲。或叫石扁凿，原始的平木工具，应从锛和普通石凿中分化而来。发明年代似较锛稍晚，约始见于马家浜文化、河姆渡上层（第一层）；后者出土过一件石扁铲，原谓之Ⅰ式锛，扁平长条形，单面刃，长15.5厘米，刃宽约4.2厘米，顶宽约3.2厘米，厚2厘米左右，杨鸿勋将之改定为平木石扁铲[3]。河姆渡遗址从下层（第四层）起，就出土有许多加工精细的木器，表面皆较光滑、平整，同时还出土过一些加工细致的建筑木构件，与石扁铲的使用应是密切相关的。

平木扁铲在我国沿用了相当长一个时期，由石质而铜质而钢铁质，直到宋代仍较流行[23]，只不过形制上发生了一些变化。

5. 锯。始见于旧石器时代晚期。新石器时代时，不管石锯，还是骨锯、蚌锯都明显增多。其中比较值得注意的是1973年山东邹县出土的铜石并用时代石锯，其全长26.5厘米，中部宽8.0厘米，背厚1.0厘米，以花岗岩制成，有使用痕迹，锯身上有两个固定孔[24]。

6. 凿。至迟出现于新石器时代中期。磁山文化第一期出土打磨兼制石凿5件、磨制石凿3件、骨凿8件；既有单面刃，也有两面刃；二期文化出土打磨兼制石凿7件、磨制石凿13件、骨凿8件[5]。随着建筑业、木工业的发展，新石器时代晚期之后，凿的使用范围不断扩大，形制上也发生了许多变化。

7. 锉。在新石器时代有石锉和陶锉等种，这两种质料的锉在西安半坡仰韶文化遗址皆可看到[25]。

（二）简单农具

农具应是与农业一起产生出来的，最早的农具也是一器多用的。大约新石器时代中期，即裴李岗—磁山文化时期，农具种类便多了起来，并初步形成了从耕作到收获、到粮食加工的成套器具，常见的有石质的铲、锄、镢、镰、刀、犁形器、磨盘、磨棒，以及骨质的耜等。下面仅介绍较为特殊的几种。

1. 刀。旧石器时代便已发明，一直是重要的切割工具。新石器时代的各个时期都有使用，形制上也有一些变化。其材质主要是石，此外还有骨、蚌、陶，如磁山文化第一层出土骨刀 5 件、蚌刀 1 件；第二层出土打制石刀 3 件、骨刀3 件[5]。从把握方式看，新石器时代及其稍后的石刀约可区分为四种类型：（1）方亚式。刀身总体上为长方形，刃部在长边一侧，在两个侧边的正中各打出一个缺口，以为结绳把持之用，流行于仰韶文化早、中期。（2）有孔式[9][26]。薛家岗第三期出土穿孔石刀 38 件，孔眼数分别为 1、3、4、5、7、9、11、13，只有 1 件为偶数，其余均为奇数[27]。这种石刀有长方形、橘瓣形。在此尤其值得注意的是直背弧刃刀，它总体呈橘瓣形。我国南北都有出土，应是铚的前身。（3）有柄式。如江苏昆山县陈墓镇遗址石刀。（4）石刃骨刀、石刃骨匕首。甘肃永昌县马家窑文化墓葬出土有石刃骨刀、石刃骨匕首两种器物；甘肃东乡林家马家窑文化遗址出土石刃骨匕首 6 件，其柄部、身部皆为骨质，近刃部开一浅槽，石刃嵌于浅槽内[28]。此 4 种类型中，大家较为熟悉的是橘瓣形石刀，技术意义较大的是石刃骨刀。

2. 石锄。始见于新石器时代早期，山西省怀仁县鹅毛口遗址等地皆有出土[29]。新石器时代石锄装柄方式，至少有 3 种类型：（1）有孔式，如南京市北阴阳营遗址等地所出者[9][26]。（2）有肩式，如黑龙江宁安县莺歌岭新石器时代晚期遗址等地所出者[30]。（3）束腰式，黑龙江莺歌岭新石时代晚期遗址，以及吉林省库伦、奈曼两旗夏家店文化遗址等地皆有出土[31]。仰韶文化时期，黄河流域便进入了较为发达的锄耕农业阶段。

3. 石铲。始见于新石器时代中期，1977 年裴李岗遗址出土石质生产工具 86件，其中有石铲 35 件，多为青色石灰岩制成，磨制精致[32]。从装柄方式看，石铲至少包括有肩式、有孔式、凹胸式三种，后者为装柄原因，在胸肩处打出凹口。河南陕县庙底沟仰韶文化遗址出土有舌形大铲，长约 24 厘米，宽约 19.4 厘米[18][26]，很可能是土木工程作起土用的。

4. 石镰。弓背，长条形，一边有刃。始见于新石器时代早期，山西省怀仁县鹅毛口新石器早期遗址[29]，以及裴李岗、磁山新石器时代中期遗址等地皆有出土。山东泰安大汶口文化遗址等遗址还出土有牙镰、骨镰，郑州牛砦龙山文化遗址[33]、郑州市旭旮王村龙山文化遗址[34]等还出土过蚌镰。

5. 耜。起土工具。约始见于新石器时代晚期，有骨质和石质两种。骨耜尤以南方的浙江余姚河姆渡遗址为多[6]，江苏海安青墩遗址、吴江梅堰遗址、吴县草鞋山遗址[35]等地也有发现。骨耜常由偶蹄类哺乳动物的肩胛骨制成，通常皆保留其自然形态。河姆渡第一期出土骨耜 154 件，第二期出土骨耜 38 件，有的长柄可能是安在耜的背面[6]。《易经·系辞下》："神农氏作，斫木为耜，揉木为耒，耒耜之利，以教天下。"《淮南子·汜论训》："古者剡耜而耕，摩蜃而耨。"故一般认为，耜耕和锄耕，都是原始农业的重要耕作方式。

6. 石犁。农业发明之初，大约都是采用"刀耕火种"方式来生产的，新石器时代中期、晚期，才逐渐进入了锄耕和耜耕的阶段；大约铜石并用时代，犁耕农业才逐渐有了发展，一般认为，目前见于考古发掘的石犁皆属这一时期。如天津宝坻[36]，河南孟津县小潘沟[37]、山西襄汾陶寺龙山文化遗址[38]、江苏吴兴邱城崧泽文化墓葬[39]，浙江杭州水田畈遗址第四层[40]、吴兴钱山漾遗址第四层[41]、江苏昆山县荣庄[42]、江苏吴县洞庭西山消夏湾[43]、江苏昆山陈墓镇[44]等良渚文化遗址，以及上海马桥遗址等都有石犁出土[45]，尤以良渚文化石犁为多。这些石犁皆是平面呈锐角的三角形石板，厚约 1 厘米，长约 41～63.5 厘米，上宽约 33～43.5 厘米，中部琢有 2～3 孔，尤为重要的是，石犁背面都留有安装木柄的痕迹[46]。犁刃有双刃和单刃两种（图 1 - 4 - 3）[37]。显然，这三角形结构是有利于破土的。

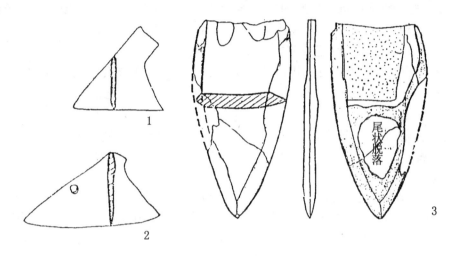

图 1 - 4 - 3　两种早期石犁
1. 江苏昆山陈墓镇良渚文化石犁　　2. 江苏吴县洞庭西山消夏湾石犁
3. 河南孟县小潘沟龙山文化石犁　　　　　采自文献[37]

　　一般认为，犁由耜演变而来，但其结构和力的作用方式却差别较大：（1）石耜的木柄安于耜的上端，石犁的木柄却是一直伸到了犁尖的。（2）石耜通常较小、较厚，截面呈三角形，撬土时就不易于折断；石犁则稍宽、稍薄，呈平板状。（3）耜用脚踏方式而使之入地插入土中，然后起土，可一人操作；石犁则不便脚踏入土，且须有人或畜在前牵拉。此最后一点，窃以为是耜与石犁最为重要的区别。若"耜"不用脚踏方式插入土中，前面还有了固定拉扦（原始的犁架），那么，这便是犁的早期形态。宋周去非《岭外代答》卷四"风土·踏犁"载："静江民颇力于田，其耕也，先施人工踏犁，及以牛平之。踏犁形如匙，长六尺许，末施横木一尺余，此两手所捉处也。犁柄之中，于其左边施短柄焉，此左脚所踏处也。踏可耕三尺，则释左脚以两手翻泥，谓之一进。迤逦而前，泥垄悉成行列。"静江，今桂林。这应是由耜到犁的一种过渡形态；一般而言，此踏犁之前面应当还有人力牵拉。

　　学术界在石犁研究中争论颇多。也有人认为其始见于仰韶文化时期，据说山西闻喜汀店等地都出土过仰韶"石犁"，其形态有舌形、双刃三角形、长方形三种^[47]。其实这类石器的用途是不明的，至多可视为石犁的前身或初始形态^[37]。

（三）简单渔猎工具

常见于考古发掘的新石器时代渔猎生产工具主要有镞、矛、鱼钩、鱼叉（镖）、网坠、弹丸等。其中比较值得注意的是镞、鱼钩、鱼标以及木弩。

1. 镞。始见于旧石器时代。在新石器时代亦为常见狩猎工具，多为石质，亦有部分骨、角、牙、木质。有三棱型、四棱型、圆柱型，以及扁平体等，有的骨镞还带有两翼和倒刺，一般通体磨光。西王村仰韶晚期遗址等亦出土有骨镞和石镞，其石镞计14件，皆通体精磨^[48]。

2. 关于木质弩机。其发明年代今尚无定论，有学者将之推到了新石器时代^[49]。主要依据是：（1）从民族学资料看，铜弩机出现前一般都曾有过使用木弩机的阶段。（2）从文献记载和甲骨文研究来看，战国时期和商代都曾有过木弩。（3）在新石器时代和铜石并用时代遗址中，庙底沟仰韶文化出土的小型有孔骨匕^[18]，徐州高皇庙龙山文化的长条形有孔蚌饰^[50]、齐家文化的长条形有孔骨匕、辛店文化的骨质穿孔器等^[51]，其形制和尺寸都与一些少数民族木弩的悬刀相似，有的可能就是悬刀。弩机发展的一般顺序应是"木弩机—铜弩机—铁弩机"。铜弩发明年代是稍晚的^[49]。这些说法都有一定道理，若能看到更为确凿的实物，问题当更为明了。

3. 鱼钩和鱼叉。在渔猎经济较发展的地区，骨质的鱼钩和鱼叉（镖）出土量都是较多的。鱼钩常以骨片挖刻磨制而成，尖钩处常带倒刺。鱼叉始见于旧石器时代晚期，新石器时代的鱼叉有单钩式和双钩式两种，其中尤其注意的是带索标。其基本特点是在骨质标上（尾部）系有绳索；并在标的尾部做出有孔洞、结节或者凹槽以为系绳之用。邳县刘林第二次发掘时，出土4件鱼标，以鹿角或兽骨加工而成，标呈长条形，下端有一孔洞，标上有一个或两个倒钩^[52]。邳县大墩子、梁山青堌堆龙山文化遗址^[53]等遗址都有带孔标出土。万年仙人洞出土过一件带有4个倒钩（一侧2个）的结节标，以动物的长骨劈制而成，标尖折残，残长15.4厘米、宽2.5厘米^[54]。西安半坡^[12]、江苏吴江梅堰、新沂花厅村、山东临沂援驾墩等遗址都出土过结节标。河南孟津小潘沟遗址出土一件精巧的小骨标，尖端的一侧有倒刺，尾端无孔无凸节，但做出了一圈内陷的凹槽，且有清晰的系绳痕迹^[55]。带索标的使用，反映了人们渔猎技巧之提高。这种带索标不仅可用于水中，而且可用于陆上捕鱼^[56]。

（四）关于器柄的使用

带柄工具在前面已经多次提及，现做一归纳。此技术约出现于旧石器时代晚期，但当时使用较少，制作水平亦较低；新石器时代之后，随着农业的产生和发展，为满足砍伐树木和开垦土地之需，带柄工具才迅速发展起来。新石器时代中期的裴李岗石镰，柄部下边均有小缺口，有的在安柄处还有一个小孔^[57]。新石器时代晚期北辛出土了10件鹿角锄，其中属Ⅰ式的6件，都是利用鹿角分叉制造的；短枝一侧磨成斜刃，长枝充作把柄。北辛一件蚌镰在安把处穿有一孔，以便捆绑^[58]。河姆渡一期还发现过骨角加工成的器柄4件、木质器柄52件，有的呈挂钩形、曲尺形^[6]。工具从无柄到有柄，使其整个工作状态发生了很大变化，这是早期生产工具发展过程中一次重大变革。

安柄的目的主要是便于把握，有时也可改变受力状态，最终便可达到改善劳动条件，提高生产效能的目的。但不同的工具，同一工具的不同工作阶段，柄的受力状态是不太一样的。如：

1. 铲类工具。其柄的受力状态较为复杂。当手握柄部往下进土时，柄只起着便于把持和传递力的作用；若土质较硬，需要用铲撬土，此柄便可起到杠杆的作用，铲的上端便成了支点。

2. 斧、锛、镰类工具。其柄实际上是手臂的延长。装柄后，斧头、锛头、镰身挥动时的线速度加大，动量增加，功效提高。石锤之柄大体上也可归入这一类型。这是人类无意中对动量原理的一次较早应用。

3. 标、镖类工具。其柄（杆）既有利于把握，亦可适当增加投射物的重量，并可使飞行体飞行运动更为准确、稳定。这是人类最早设计的空中飞行体。

二、舟和桨的发明

人类在水上从事生产和交通的时间很早，故舟和桨的发明，大约也是较早的。《周易·系辞下》说：黄帝、尧、舜垂衣而天下治，"刳木为舟，剡木为楫"，便反映了新石器时代和铜石并用时代舟、楫技术和水上交通的发展情况。此"楫"即是桨。最早的舟当是刳木而成的独木舟；最早的木桨则可能是未经加工，或稍经加工的一根木棍，之后才演变成了叶状、片状桨。在考古发掘中，新石器时代的木舟目前尚未看到，但却有木桨4起至少15件、陶质舟形器1件。

河姆渡一期出土木桨8件，器形一般皆较规整，体形小而修长，桨的柄、叶两部既分明而又连成一体，用整块厚木板加工而成，叶部大多呈狭长的椭圆形，扁薄；桨柄细长，叶柄相连处明显凸出于叶的两平面。柄的横断面呈圆形，少数为上圆下方。其中标本T235（A4):90，制作规整，柄呈圆形，叶横断面呈梭形，残长64厘米、叶宽10厘米。有3件标本的残长分别为40厘米、62厘米、63厘米。河姆渡第二层出土陶质舟形器（玩具）1件，夹炭灰陶质，长7.7厘米、宽2.8厘米、高3.0厘米[6]。

1956～1958年，吴兴钱山漾良渚文化遗址出土桨1件，全长96.5厘米、宽19.0厘米，以青刚木制成，翼呈长条形，稍有曲度，凸起的一面正中有脊，自脊向两边斜杀。柄长87厘米，已经腐朽，形状与今桨稍有不同，肩平直，翼长而柄短[41]，使用起来是较为费力的。

1958～1959年杭州水田畈遗址出土桨两种，一为宽翼式，一为窄翼式。前者桨身宽而扁平，宽26.0厘米，厚1.5厘米，桨翼末端削成了尖状，另外再作一柄捆绑其上；后者出土数量在3件以上，桨宽10～14厘米，桨身和桨柄是一根木制成的，柄呈圆锥形[40]。

此外，湖南澧县城头山大溪文化濠沟内发现船桨2件[65]。

可见这些木桨已具有一定水平，也说明舟已有一定发展，尤其是河姆渡和水田畈两地所出者。由这些情况来看，舟和木桨的发明年代应可上推至新石器时代中期或更早。除了桨外，舟的早期推进器大约还有篙；篙和桨，是分别利用河床和水的反作用力来推进的。舟和桨、篙的发明，是人类对浮力、反作用力的一次有效利用。

三、小口尖底瓶的使用

小口尖底瓶是一种口小、腹大、底尖的陶质容器，流行于仰韶文化时期。一些年代较早的仰韶文化遗址，宝鸡北首岭下层[59]、秦安大地湾仰韶早期地层[60]，以及西安半坡和姜寨等都有出土。姜寨一期计出土陶质容器 939 件（完整的和复原的），有小口尖底瓶 32 件（图 1-4-4）；第二期出土陶质容器 1105 件（完整和复原的），有小口尖底瓶 45 件。此两期文化距今分别为 6100～5500 年和 5500～5000 年[61]。

小口尖底瓶多为双耳提系，也有个别是单耳的，瓶高常为 40.0 厘米，最大直径达 70.0 厘米。它原是一种汲水器，古谓之"甀"[62]，《淮南子·氾论训》："木钩而樵，抱甀而汲。"《汉书·韩信传》："以木罂缶渡军袭安邑。"颜师古注："罂缶谓瓶之大腹小口者也。"《方言》说："自关而西，晋之旧都河汾之间，其大者谓甀。罂，其通语也。"有学者认为多数小口尖底瓶是作灌溉用的[63]。因其重心较高，又为尖底，所以放入水中后便会立刻倾倒，使水经由瓶口流入；

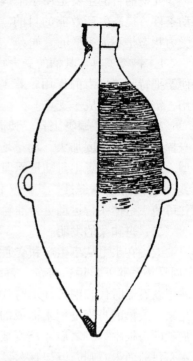

图 1-4-4　姜寨一期小口尖底瓶
采自文献[61]

使重心逐渐降低，瓶子便会逐渐直立起来；当水占据瓶内容积的三分之二左右时，瓶口便会露出水面，水再不能入内。若用手将瓶口下按入水，使水尽灌其中，手一旦松开，瓶中之水便会自动倾出；倾至三分之二左右时，又会恢复平衡[64]。使用起来十分方便。河南洛阳出土的汉代陶井所附陶水斗，也是大腹尖底的。

小口尖底瓶之汲水过程包含着深刻的力学原理，其作为一个浮体投入水中后，会同时受到两个力的作用：一是重力，二是浮力；它们大小相等，方向相反。当两个力的作用方向处于同一直线时，浮体便处于平衡状态。今人在浮体力学中常引入一个"倾定中心"的概念，它指的是浮体的对称轴（面）与浮力作用线的交点；当此交点，即倾定中心的位置高于重心时，浮体在水中的平衡是稳定的；若由于某种原因而使浮体稍有倾斜，其所受浮力与重心便不再处于同一直线上而形成力偶，此时力偶便会使浮体重新回到平衡状态。小口尖底瓶之装水至三分之二左右时，便进入一种稳定平衡，倾定中心的位置高于重心；船舶的情况亦是如此。当倾定中心的位置低于重心位置时，浮体处于不稳定平衡，力偶便会使浮体倾倒；小口尖底瓶初投入水中，以及用外力使水满灌瓶中时，皆与这一状态相当。小口尖底瓶的发明，是古人无意中对重心法则及倾定中心原理的最早应用。

春秋战国时有一种叫做欹器的东西，人又称之为"宥坐器"、"右坐器"，其原理与小口尖底瓶是一样的。

第五节 原始的纺织技术

纺织是将某种纤维性物质先纺成纱，再织成布帛的一项生产活动。纺，《左传》昭公十九年"纺焉"疏云："谓纺麻作纑也。"织，《说文解字》云："作布帛之总名也。"段玉裁注："经纬相成曰织。"从古人的这种定义看，不管"纺"，还是"织"，都可有广义与狭义之分。所谓广义，即把编织也作为一种"织"，为编织而进行的纺纱也可称之为"纺"。编织物有非经纬纹，也有经纬纹，但今人之所谓"纺织"，多指狭义言，是指在某种织机，包括原始腰机下进行的生产活动，通常是不包括编织的，其机件稍多；编织大约只有针、梭等最为原始的工具。

我国古代纺织技术发明于何时，学术界尚无一致看法，今在考古发掘中所见最早的纺织机具和纺织品，属河姆渡文化和仰韶文化时期。余姚河姆渡出土有原始腰机部件，荥阳青台遗址出土有仰韶文化时期的丝、麻织品，稍后的吴县草鞋山出土有马家浜文化的葛纤维织物，吴兴钱山漾良渚文化遗址出土有苎麻织物和丝织物。此外，年代更早的遗址中还出土有不少纺轮、骨梭和骨针等。整个原始社会实际上都处于手工编织、手工纺织的阶段，不管"纺"还是"织"，皆未形成独立的机械体系，亦无传动机构。此时期纺织技术的主要成就是：发明了蚕桑和丝织技术；青台和钱山漾可能采用了温水缫丝；发明了纺坠纺纱；使用了原始腰机，织出了罗纹布；有意无意地对丝纤维进行了漂练，丝织品着色初露端倪。

一、纺织技术的起源

在纺织技术发明前，大约人类先后还经历了穿缀树皮、兽皮为衣和编织植物纤维为衣的阶段。《庄子·盗跖》云："古者民不知衣服，夏多积薪，冬则炀之。"孔子曰："昔先王未有火化，食草木之实、鸟兽之肉，饮其血，茹其毛；未有丝麻，衣其羽皮。后圣有作，治其丝麻以为布帛。"[1]这大体上反映了先民由无衣到有衣，由衣鸟兽之"羽皮"，到治丝麻"为布帛"的整个历史过程。

（一）关于先纺织时期的衣着技术

主要包括穿缀树皮、兽皮和编织某种植物的秆、茎、叶和纤维。

原始人以树皮、兽皮为衣的情况，上述文献已有说明，类似的情况今在民族学资料中也可看到。如鄂伦春族曾以兽皮为衣，做法是在猎取了野兽后，趁热把皮剥下，再阴干，并进行简单的加工。加工约分四步：（1）把兽皮平铺于地，以木槌捶击，令其平整、柔软。（2）发酵。先在兽皮上喷水，或者加些朽木渣等，之后将之卷起，存放一二日。（3）清理。即用带齿木棒、木刀将兽皮上的肉丝和脂肪刮下，所得兽皮便称为生皮。（4）用木刀揉皮，皮间也夹一些朽木渣，并用烟火熏烤，最后成为熟皮。赫哲族善于加工鱼皮，做法是先用木刀把鱼皮剥下，阴干，再捶平捶柔，之后再用野生植物的汁液染色。制线法也较简单。鄂伦春族、鄂温克族的做法是：取鹿、狍的筋腱，并晒干；后用木槌拍击，去掉其中肉丝；此筋丝便可用来缝制皮衣和桦皮器皿。赫哲族则把胖头鱼、狗鱼和刀鱼皮割制成线[2]。台湾阿美族大约20世纪中期还制作过树皮布[3]，基本操作约分5步：（1）选择树皮。据1958年的一份调查[4]，主要用楮树的雄株、雌株和构树雌株。

稍粗者为良，取皮处须笔直、少疤痕。（2）用利刃将树皮剥下。（3）乘其未干时，立即用捶击的方式将之加工成树皮布，目的是撕去外层皮和内层皮，并使其松软如毯。做法是：将剥下之树皮置于光滑平整的木干上，以木棒或石棒敲打其外表皮，再撕去外皮；之后再捶击内表层，并撕去内表层。打击须轻快。（4）漂洗，目的是去除树汁。先将捶打后的树皮浸入河中，约半小时后再用手揉脚踩，之后再浸泡。如此三次。（5）晾干。脱浆后，先轻轻地绞干水分，再铺、挂晾干。之后便可缝制衣服。其只用香蕉茎的纤维为线，以竹为针[3]。在人类历史上，这个剥取兽皮、树皮为衣的阶段应始于旧石器时代，由它到纺织技术的出现，自然还要经历过漫长的实践过程。

编织技术发明于何时，目前尚无确切的依据。一般认为，旧石器时代出现的飞石索、各种罗网，皆应是人类较早的编织物之一；而纺轮、骨梭、骨针的使用，则是编织及至纺织技术出现的重要证据。

20世纪六七十年代，山西芮城风陵渡匼河遗址进行了多次发掘，其中发现有石球，呈多面体状，具有了早期石球的一般特征，有学者认为它是用作飞石索的。其年代不会晚于北京猿人，属中更新世早期[5]。山西阳高许家窑遗址出土有1059个石球，最重的达1500克，最小的不足100克，贾兰坡先生认为，其中一部分亦可用作飞石索[6]。经铀系法测定，含化石的地层距今12.5万～10万年[7]，属旧石器时代中期。显然，飞石索已具备了编织物的雏形。《易·系辞下》："古者包牺氏之王天下……作结绳而为网罟，以佃以渔。"此"网罟"便是一种网罗。又，《世本》（雷学淇校辑）云："芒作网。"汉宋衷注："芒，庖牺臣。"说明包牺氏时代，编织网罗技术已相当成熟，使用网罗已是当时狩猎和捕鱼的一种重要生产方式。

骨针在许多旧石器时代遗址中都有发现。年代较早的如辽宁海城小孤山遗址，1983年出土3枚骨针，保存较为完整，其中最为完整的一枚长6.58厘米，孔径0.3～0.34厘米，针孔圆滑，针身较直，通身留有纵向刮痕，其较山顶洞遗址稍早，骨针加工工艺却较之稍高。山顶洞骨针发现于20世纪30年代，骨针也较精致，身部略弯，且保存较好，针尖锋利光洁，表面有刮磨痕迹，唯针孔处残损，残长8.2厘米，孔径3.1～3.3毫米。遗址下层距今约3.4万年[8]。从民族资料看，骨针之前可能还有过木针、竹针。早期木针、竹针、骨针的用途主要有二：（1）联缀兽皮、树皮以为衣；（2）编织、编结各种网罗，以及飞石索之类器物。新石器时代之后，纺轮、骨梭、骨针出土量明显增加。江西万年仙人洞[9]、广西桂林甑皮岩皆出土有骨针[10]，河南舞阳贾湖文化出土有完整和不完整的陶纺轮8件，是东亚地区今见最早的纺轮[11]；甘肃秦安大地湾一期出土有多件陶纺轮和骨针[12]，临潼白家村下层[13]、甘肃天水西山坪一期[14]等地也都出土有骨针。1979年裴李岗出土骨针1件、陶纺轮2件[15]；1992～1995年，河南辉县孟庄裴李岗文化遗址出土陶纺轮2件，为夹砂红陶质[16]。河北武安磁山第一文化层出土陶纺轮8件、骨梭8件、角梭1件、网梭8件、骨针33件；第二文化层出土陶纺轮11件、骨针5件、骨梭2件、骨梭针6件[17]。纺轮、骨梭、骨针，都是既可用于编织，又可用于纺织和缝纫的，从现有资料看，从编织转变为纺织的年代当稍早于仰韶文化，亦稍早于河姆渡文化；因这两种文化分别出土了不少纺织品和织机具。一般认为，纺织技术应是在农业产生前后发明出来的，上述出土纺轮的多数地方，包括万年仙人洞和吊桶环在内，都已有了原始农业[9]。

（二）早期纺织纤维和纺织品的出土情况

今在考古发掘中所见早期纺织品主要有四起：

1．1958年，陕西华县柳子镇仰韶文化灰坑积土中发现有纺织品残迹，其状如麻布片。遗址中还出土了许多纺轮和骨针，纺轮的类型和纹饰各不相同[18]。

2．1972年，江苏吴县草鞋山马家浜文化居住遗址出土3片炭化了的织物残片；经鉴定为野生葛纤维，距今6300～6000年[19][20]。

3．1981～1987年，郑州荥阳青台仰韶文化遗址的四个瓮棺内出土有炭化了的丝织物和麻织物，有麻纱、麻布、丝帛、浅绛色罗纹丝织品和麻绳；伴出物有陶纺轮、石纺轮、石刀、陶刀、蚌刀、骨针、骨匕、骨锥等。W142和W217内都出土有大麻织品，据同层位木炭的^{14}C测定，其距今为5225±130～5160±120年，属于仰韶文化晚期；W164和W486内都出土有丝织品和麻织品，参照点军台器物形制，当属仰韶文化中期，距今约5500年；H163出土有麻线，同层位木炭的^{14}C年代测定为距今5270±120～5340±130年，属仰韶文化中晚期[21][22]。这是我国，也是全世界今日所见最早的丝织品实物。蚕桑技术、丝织技术的发明，是人类文化史上的重大事件。

4．1958年浙江吴兴钱山漾下层（第四层）良渚文化居住遗址出土一批织物残片，其中有苎麻布残片多件、丝线一团、丝带一团、绢一片，此外还有部分麻绳和13件陶纺轮。除绢片外，其余织物均已炭化[23]。经^{14}C测定，遗址距今4700±100年，树轮校正为距今5288±135年。

此外，与早期纺织纤维有关的实物还有一些：

1．20世纪80年代初，河北正定县南杨庄仰韶文化遗址出有陶质蚕蛹1件，外观黄灰色，长2厘米，宽0.8厘米。经^{14}C测定，遗址距今5400±70年[26]。

2．河南淅川下王岗遗址出土有陶蚕[27]。

3．1972～1975年，郑州市大河村仰韶晚期遗址出土了许多大麻种子，它说明我国早有大麻栽培[28][29][30]。

4．新疆孔雀河墓地出土有大麻编织物，以及罗布麻（亦称野麻）茎编织成的日用品，距今约4千年[31]。

5．甘肃东乡林家马家窑文化遗址出土有大麻种子[32]。

6．西安半坡[33]、陕县庙底沟[34]等仰韶文化陶器，以及山东泰安大汶口文化陶器上都发现过布纹的印痕[35]。仰韶文化陶器布纹的经纬密多在每厘米10根左右。

可见，我国今见最早的纺织品属仰韶文化中期，其纺织纤维有葛、大麻、苎麻、蚕丝等。因青台4座瓮棺墓所埋皆是早夭婴儿，骨架上附有多层纺织品，这说明仰韶文化时期，纺织品已非稀罕之物[21]。由上述纺织品和下述纺织机具的出土情况看，我们认为，我国古代纺织技术的发明期当早于仰韶文化，或可上推至新石器时代中期。

在古史传说中，对我国古代纺织技术的发明期曾有过多种不同说法。有伏羲说，南宋罗泌《路史》卷一〇引《皇图要览》云：伏羲氏"化蚕桑为繐帛"。伏羲氏又称包牺氏，是我国神话传说中的人类始祖。传说人类是由他与女娲氏相许而繁衍的，其时应与旧石器时代相当。有西陵氏说，《隋书·礼仪志二》云：北周"以一太牢亲祭，进奠先蚕西陵氏神"。"西陵氏"即黄帝之妻嫘母。又，《路史》卷一四引《皇图要览》云："伏牺化蚕，西陵氏始养蚕。故淮南王《蚕经》云：西陵氏劝蚕稼，亲蚕始此。"[36]此说西陵氏始养蚕，且被奉为蚕神。黄帝亦传说中人物，其年代约相当于仰韶文化中、晚期。与此相关的，还有伯余说，《世本》（雷学淇校辑）云："伯余制衣裳。"伯余，黄帝臣。此说伯余始作衣裳。在这些传说中，多数还是属于黄帝时代的。

二、纺织纤维之提取和初加工

我国新石器时代的纺织纤维有植物性和动物性两种不同类型，前者主要包括葛（又叫葛藤）、苎、大麻、苘麻等，后者主要指蚕丝。这些纤维最初自然是采集来的，农业发展起来后，才逐渐有了人工栽培、人工饲养。这类植物纤维的优点是：（1）分布较广，我国南北许多地方都有生长和种植；（2）具有良好的加工和使用性能。如苎麻，纤维不但细长、坚韧、抗湿、耐蚀，而且质地较轻，散热性能较好，颜色洁白，光泽亦良，是上述几种植物性纤维中最为优秀者。蚕丝不但纤长、强韧、耐酸蚀，较为光滑、柔软，而且有一定的弹性，光泽宜人。所以它们很早就为我国人民所利用。

（一）麻类纤维的加工

主要包括撕劈、脱胶、绩接、纺纱、加捻、合股等。现主要介绍其中三项。

1. 麻类纤维的剥取

可提取纤维的植物茎皮，皆由表层和韧皮层组成，并由果胶粘合，所以此类纤维加工的第一步便是撕劈和脱胶。

从考古和民族学资料推测，我国新石器时代提取葛麻纤维的方法主要有两种：（1）用手或其他工具直接剥取，稍加整理后便可使用。（2）浸沤脱胶分离法，即利用池水中自然繁殖的细菌来分解胶质，使纤维分离[37]。经考察，荥阳青台的麻纤维是大麻，其炭化纤维呈圆管状，横断面略呈椭圆形，管壁较厚；看来当时的沤麻技术已有了一定的水平[22]。

2. 麻类纤维的劈绩技术

"劈绩"包括了两项操作，一是劈分，即把经过椎击松解，或脱胶了的纤维撕裂到尽可能细小的程度，以便进一步加工。《说文解字》云："劈，破也。"二是续接，即把劈分过的一段段细小纤维束并合续接在一起。《说文解字》说："绩，缉也。"段玉裁注："绩之言积也，积短为长，积少为多。"

我国麻类纤维的劈分技术发明较早，石器时代许多制作精巧的骨针，就反映了这一史实。1959年大汶口出土骨针20枚，细的只有1.0毫米，针鼻小者约与今纳鞋针的相当[35]。临潼白家村下层所出骨针的鼻径只有0.5毫米，其他针鼻一般也都较细。一般而言，其间穿引的纤维便应是经过了仔细劈分、捻合的单纱或合股线，而不是一般动植物皮条和单根枝茎，否则是难得穿引的。

绩接是专用于葛麻类纤维加工的。新石器时代的绩接操作今已很难了解，在传统技术中见有两种方法：（1）对捻绩接法。先把浸泡过的片状葛麻纤维劈分成两头细中间粗的纤维条，后把其中一条的一端绪头用指甲劈分成缕，使其中一缕与另一条纤维的绪头对向合并捻转，连成一根；最后把两缕并列回捻成纱。（2）并捻折捻绩接法。先把需要绩接的两绪头平行排列，将它们的一端搓成长寸许的股线，后再将已经搓捻过的绪头折转，与纱身靠拢、捻合。此虽为今日所见传统技术，对我们了解古代绩接操作还是有一定帮助的。

3. 加捻。纺织纤维绩接过后，常要通体加捻一次，以提高纱线强度。也有只绩而不作整体加捻的，其优点是只在绩接处出现捻回，其他地方因无捻而仍呈现扁平状态，使纤维原有的挺直和光泽得以保存下来，使产品具有独特的韵味。但此劈分技术要求较高，所得纤维束必须均匀细长。

（二）蚕茧缫丝技术

缫丝亦属纺织纤维的初加工，主要有脱胶、抽丝、纺线、加捻、合股等。

蚕丝的主要成分是丝素和丝胶，丝素是透明而不溶于水的纤维，是茧丝的本体，丝胶包裹在丝素之外，有粘性，易溶于水，遇冷又会凝固。丝料准备工作的第一步便是使茧松解，把丝抽引出来并合成生丝，此过程俗谓缫丝。《说文解字》云："缫，绎茧为丝也。"这操作自然包含了脱除丝胶的过程。缫丝的操作要点是把茧置于热水中，文火加热，并适时加入一些冷水，以控制水温和丝胶浓度。经实测，荥阳青台纱和罗的经纬丝已有 3 种规格，其丝的投影宽度分别为：0.2 毫米、0.3 毫米、0.4 毫米，说明其已经使用了温水溶解丝胶和多粒蚕茧合并抽丝[22]。钱山漾绢片经纬纤维表面都显得十分光滑均匀，没有捻度；表面丝胶已经脱落，很可能是在热水中缫取的[37]。钱山漾遗址还出土过两把棕刷，柄部用麻绳捆扎，与后世的丝帚十分相似。丝的粗细是与合并茧粒数有关的。看来我国古代缫丝技术也发明较早。

最早的缫丝法可能是没有专门工具，只用两手，在普通工具帮助下完成的。据调查，直到 20 世纪 50 年代，甘肃等地还保留着类似的原始手工缫丝法。其工具只有锅 1 口，筛子（或木盘）1 个，筷子 1 双，小麦（或糜子、小豆等粮食）等粮食若干。操作要点是：添水入锅并加热，再放入蚕茧；蚕茧煮好后，随之用筷子索绪，然后抓住绪丝，一把一把地抽到筛子里。抽到一定数量后，将准备好的小麦等粮食撒到丝上，以防乱丝。抽丝完毕后，再将筛子移到阳光下稍晒令干。最后用纸团作芯子，绕丝成团[38]。

关于缫丝技术的发明过程，今人曾有过许多推测；有人说它与古人吃食蚕蛹有关，因剥食蚕蛹时须得撕掉茧衣，并用唾液润湿和松解茧层，扯破茧壳，就会牵引出来。也有人说，古人最初利用的是野蚕蛾口茧，野茧受到了雨淋日晒和微生物作用后，也会因丝胶分离而较易把丝绪引出。此可进一步研究。

三、纺坠纺纱

初步提取出来的丝麻类纺织纤维，通常皆须加捻、合股，此过程便是纺纱，之后才能织造。最早的纺纱操作全是由手工进行的。具体做法是：用双手把需要加工的纤维搓合，使之具有一定捻度，并接续在一起，这便同时包括了搓捻和绩接两个过程。为了提高功效，就发明了纺坠，古时又叫瓦、纺塼、线坠、旋锥等，是我国新石器时代唯一的纺纱工具，近世也称为捻坠。纺坠的初始形态大约只是一根垂拉纤维的木棍，为了便于绕线，后来又才加上了一根与之垂直的木杆；此杆既可绕线，又可充作捻杆；为了增加转动的稳定性和转速，后来才演变成了今见带纺轮的"中"字形结构。

纺轮的具体形态主要有如下几种：（1）扁圆柱形、算珠形。其纵断面近于长方形，外侧稍稍鼓起而成圆弧形、钝角形或锐角形。（2）截头圆锥形。其纵断面为梯形。（3）面包形、礼帽形。纵断面近于半圆形、凸字形。（4）束腰形。纵断面近于"工"字形。（5）穹盖形。纵断面呈月牙形。（6）铁饼形。（7）不规则形。这些器形分别在西安半坡、临潼姜寨[39]、郑州大河村、余姚河姆渡、芮城西王村[40]、京山屈家岭等处都可看到。不少纺轮都施加了彩绘，多用红褐颜料，以直线、弧线或卵点纹组成同心圆、辐射线等画面。

纺轮多为陶质，也有少数石质、骨质、木质，后世还有铜质。陶纺轮可用陶土烧造，如姜寨第一期所见等，也可用旧陶片打制而成，如姜寨第四期文化所见等。姜寨第一期文化出土石质纺轮两式4件，其纵剖面分别为长方形和橘瓣形[39]。河姆渡第一期出土陶纺轮209件、石纺轮1件；第二期陶纺轮122件、石纺轮15件；第三期陶、石纺轮为分别为7件、11件；第四期陶纺轮10件、石纺轮14件。木纺轮保留下来者甚鲜，河姆渡文化一期出土1件，大体亦为扁圆形，直径5.9厘米、厚0.9厘米[24][25][41]。1977年甘肃东乡林家马家窑文化遗址出土陶纺轮9件、石纺轮49件，其中一件石纺轮径6.0厘米，厚1.0厘米。纺轮中心一般皆有孔洞，有穿透了的，也有未穿透的。早期纺轮多偏大偏重，晚期则偏小偏薄。如西安半坡陶纺轮一般60~90克，最轻者50克；京山屈家岭彩陶纺轮平均重量，早期38.2克，晚一、二期分别为21.7克和14.7克。屈家岭纺轮一般都较轻、薄，外形多较均匀规整，大小适宜；其早期纺陶有大、中、小三种，直径大于4厘米者为大型，3~4厘米者为中型，小于3厘米者为小型。这种纺轮一方面已具有足够的转动惯量，加捻时具有较大的扭矩，另一方面又不是太重，故宜于纺制较细的纱。尤其值得注意的是一件Ⅲ式纺轮，中等大小，体薄，纺轮正背两面的内区皆较薄（向下凹平），而正背两面的周边都稍稍凸起，既减轻了重量，又保证了较大的转动惯量，这是相当合理的设计[42]。铜纺轮始见于二里头三期。

纺坠上的提杆最初大约是直的，多为竹木质；战国之后，有的在其顶端做了弯钩，并易之为铁质。

从民族学资料看，纺坠的具体操作约有吊锭法和转锭法两种。前者是把纺坠吊起来使用，一只手续出纤维并捻合，另一只手转动捻杆，使纺坠在半空旋转；同时不断地从手中绎放出纤维，使纺坠一面转动一面下降。纺成一段后需及时上提，并把纱绕在捻杆上；如此反复操作。转锭法是把纺坠倾斜地倚在腿上，而不是吊在空中，它只适用于透心型纺轮。其捻杆一般较长，纺轮置于捻杆中部，纺纱操作大体与吊锭法相似。荥阳青台的纺坠也有陶质和石质两种，经观察，出土麻纱为"Z"捻，即纺坠是依顺时针方向转动的。H163内出土的麻绳亦为Z捻，每10厘米有5个捻度[22]。

纺坠的构造虽然十分简单，却具备了现代纱锭的基本功能，即合股和加捻。

一般而言，若纺轮外径和重量稍大，转动惯量亦稍大，便宜于纺制刚度较大的粗硬纤维，成纱亦较粗；若外径和重量都稍小，转动惯量便较小，则宜于纺制刚度较小的柔软纤维，如经加工过了的植物纤维和丝、毛之类，成纱亦较细。若纺轮较轻较薄，而外径较大，则可延长转动时间，成纱支数亦较高且较为均匀。所以纺轮的形态与纺织纤维种类和加工情况是密切相关的，其中包含了深刻的力学原理。据浙江纺织科学研究所分析，钱山漾出土的丝带组合为10股，每股单纱3根，可知其由30根单纱编织而成。该遗址所出苎麻计有两种，一种为2股组合，一种为3股组合[23]，都表现了较高的纺纱纺线技术水平。

古代文献中常提到“纺塼”一辞。《诗·小雅·斯干》“载弄之瓦”注云：“瓦，纺塼也。”笺云：“明当主于内，事纺塼。”班昭《女诫》：“古者生女三日，弄之瓦塼，明习劳，主执勤也。”一般认为，此纺塼即是纺坠，或说纺轮。也有学者认为纺轮和纺塼是不同的，纺轮主要用于纺纱，纺塼则主要用于细纱并合、施捻合股成线。并认为，考古发掘中曾被定成了“网坠”、陶球、石球的器物中，有一部分应属纺塼[43]，尤其是那种竖有两槽，横有四槽的所谓网坠，显然是珍丝器[44]。都可进一步研究。

四、原始机织的发明

纺织纤维经过了制取、绩、纺之后，就成了均匀、细长的纱线，便可事织。最初的“织”大约就是一种手工编织，之后才使用了原始机织。从技法上看，布帛之编织与竹器之编织是有许多相似之处的。

（一）竹器编织技术

考古发掘所见藤竹编织器多属新石器时代晚期。这很可能与这类物件不易保存有关。河姆渡文化一期出有苇席残片，采用8经8纬编织法[45]，织纹规整匀称、结构紧密。半坡仰韶文化遗址虽未看到编织物出土，但一些陶器底部清晰地显示了编织物痕迹；其编织法既丰富多彩，又规整细腻，显示了较高的技术水平。这类器物在半坡遗址已见100多例[46]。钱山漾居住遗址出土有竹类编织物200多件，多用刮光过的竹篾条编成，也有少数使用了未经加工的竹片。器物种类有：捕鱼用的“倒梢”，日常坐卧和建筑用的竹席，农业、蚕业以及日常生活用的篓、篮、箅、谷箩、刀篰、簸箕等[23]。

从陶器底部的印痕看，半坡席类器物编织法约有如下几种[46]：（1）斜纹编织法，纬带与经带垂直相交，纬线下穿两根或数根经线而成，所成之纹成斜交状。具体做法又有：人字编织法，辫纹平直相交法等种。（2）缠结编织法。纬带绕经条而成，具体做法是纬带穿过经条一根，即压两根，并编绕后面一根，后一条则缠压前一条所压之后面一根。纹样为斜交人字纹。（3）棋盘格编织法，一经一纬垂直相交，互相间隔穿压而成。

从实物考察情况看，钱山漾竹器编织法约有如下几种[23]：（1）一经一纬人字纹。（2）二经二纬，或多经多纬人字纹。（3）梅花眼。花纹由三组稀朗、均匀的平行篾片交织而成。（4）菱形花纹。以稠密的平行纬线和疏朗交叉的经篾编织而成。（5）稀纬疏经十字纹。

除竹类编织物外，1977年甘肃东乡林家马家窑文化遗址还出土1件细草编织物，可能是草席，呈人字纹[32]。这些竹类和草类编织技术都较复杂，说明其已走过了一段不短的路程，这对我们了解早期"防寒护体物"之编织都是很有启发的。

（二）布帛手工编织技术

人类最初的衣着，很可能是手工编织出来的。一般认为，新石器时代的手工编织约有两种类型：

1. 平铺式。操作要点是：把若干根平行状的纱线平铺于地，一端固定在横木上，扯动相邻的或某一间隔的纱线，依正交（＋）或斜交（×）方式反复编织。也可借助于骨针和骨梭，在经线中穿织。每织完一条，须用骨匕类工具将纬线打紧。可依人的意愿，织出各种不同的纹样。河姆渡遗址等所出骨针、骨匕、骨梭，都是十分理想的编织工具。

2. 吊带式。操作要点是：把纱线垂吊于横杆或圆形物体上，纱线下端系以重锤，把经向纱线张紧；甩动相邻的，或一定间隔的重锤，使纱线互相纠缠，形成绞结，也能织出各种不同的纹样。考古遗址中所见石质或陶质网坠中，小而轻者可能是用作吊带式编织。有学者认为，钱山漾丝带可能使用了此法[47]。

（三）原始机织技术

手工编织的最大缺点是速度低，质地粗疏。《淮南子·汜论训》："伯余之初作衣也，緂麻索缕，手经指挂，其成犹网罗。""緂麻"即搓麻。索缕，捻缕致紧。这大体反映了原始手工编织时代的生产工艺和产品质量。经长时间探索、实践后，人们终于发明出了一种原始的织机。

目前在考古发掘中所见，与原始织机有关的实物皆属新石器时代晚期，主要是两类：（1）是前述青台、草鞋山、钱山漾等地出土的织物残件；（2）是河姆渡文化[41][24][25]、杭州反山良渚文化墓地出土的原始"织机"部件[48][49]。河姆渡的织机部件有：定经杆、综杆、绞纱棒、分经木、木质梭形器、机刀、布轴等，属第一、二层文化（图1-5-1）；反山出土有6件镶插端饰。下以河姆渡出土部件作一说明①。

定经杆和综杆。河姆渡文化一期（最下层）出土有一批大小不同的三种硬木棍：（1）断面为圆形，且端部削尖者，计18根。有的一端削尖，另一端磨平或修圆；有的两端削尖。长多为25厘米，最长达40厘米。（2）带榫且稍小者，计8根。一端有圆锥形或圆柱形榫头。断面为方形或矩形，少数近于半圆形。（3）两头近端部处各有一周凹槽者，计4根。一般认为，这些不同形式的小木棒，多数应当是原始织机上的定经杆、综杆、绞纱杆、分经杆等部件，有的则可能是某种复合器具上的构件。从民族学资料看，那些较细，两端大小相同的小木棒，则应是织机上的定经杆、综杆等部件。

木匕和骨匕。河姆渡文化一期出土木匕、骨匕，计37件：（1）木匕，4件，刀形和长方形各2件。一件刀形匕长16.3厘米、宽2.6厘米，硬木质，磨制，背

---

① 学术界对河姆渡织机具的基本看法是一致的，但对待每一件具体器物上则可能存在一些差别。如文献[25]说河姆渡一期所出木匕8件，骨匕69件，计77件；但文献[49]却说总计只有37件。本书在讨论织机具时，暂以文献[49]为准。

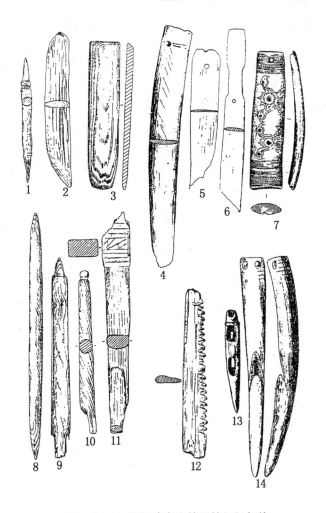

图 1－5－1　河姆渡出土的原始织机部件

1. 棒 T33④:94	2. 匕 T27④:17	3. 匕 T1 采
4. Ⅰ式匕 T1④:97	5. Ⅰ式匕 T1④:35	6. Ⅱ式匕 17④:85
7. 有柄匕 T21④:18	8. 棒 T26④:53	9. 带榫小木棒 T16④:43
10. 棒 T18④:47	11. 棒 T33④:71	12. 木质齿状器 T226④:1051
13. Ⅰ式梭形器 T20④:28	14. Ⅱ式梭形器 T29④:56	采自文献[41][24]

部平直且较厚，刃部较薄，略呈弧形；另一刀形匕残长 39 厘米，亦是背部平直。一件长方形木匕长 15.5 厘米、宽 3.3 厘米，一端平直，一端略呈弧形。一般认为，这类木匕很可能是打纬刀，外形与 20 世纪 50 年代以前杭州手工织带的木纬刀相似。（2）骨匕，27 件，以兽类肋骨对剖后通体修磨而成，表面十分光洁。计两式：Ⅰ式 23 件，较为轻巧，前端呈圆弧状，且较光滑，后端较为平直，后端或中部常有一、二个或多个孔洞。其中一件长 25.1 厘米、宽 3.1 厘米、厚 0.4 厘米，后端有一个孔洞。Ⅱ式计 4 件，与Ⅰ式不同处是，近后端的两侧刻有凹槽。其中一件残长 19.4 厘米。（3）带柄骨匕，6 件，皆以兽类肋骨制成。一般认为，这种骨匕和带柄骨匕既可用作食具，亦可用于打纬。河姆渡第二次发掘时，在第四层也发现

过一件骨质纬刀状物，长 31.7 厘米、宽 3.7 厘米，横断面呈月牙形，一端穿有二个小孔，磨制光滑。

木质卷布轴。河姆渡第二次发掘时，第 4 文化层出土 1 件。实为圆形木棍，长 24.55 厘米、径 1.78 厘米；两端削成四方形，且各刻有凹槽。此长度与人的腹宽相近，两端凹槽是为栓系腰带，并防止布轴转动。

河姆渡第二次发掘时，在第 4 文化层还出土过木质齿状物一件，状如理发用的牙剪，残长 21.73 厘米、宽 2.75 厘米、厚 1.05 厘米，很可能是梳理经纱的工具。此外还有一件木质齿状物，残长 7 厘米、宽 3 厘米、厚 0.5 厘米，据推测，很可能是用来固定经纱的。

一般认为，反山良渚织机比河姆渡的织机更为完善，卷布轴、经轴、开口刀都已具备[49]。

古代世界的原始织机有许多类型，常见的有原始腰机、综版式织机、竖机等；前两种织机的经面都是水平的，后者则是竖直的，结构都十分简单。从河姆渡、草鞋山、钱山漾考古发掘来看，我国新石器时代已有原始腰机无疑，是否还有一些其他类型的织机，可以进一步研究。

从上述考古资料以及民俗资料来看，原始腰机的主要部件是：两根横木、一把打纬刀、一个杼子、一根较粗的分经棍和一根较细的综杆。两横木相当于现代织机上的卷布轴和经轴，杼子可能只是骨针或一根木杆[50]，上面带着纬线。分经棍把奇偶数经纱分成上下两层，经纱的一端系于木柱上（或绕成环状），另一端系于织造者腰部。没有机架，织造时，织工席地而坐，利用分经棍形成一个自然的梭口，用杼子穿引纬线，用打纬刀打纬。第二梭时，提起综杆，将下层经纱带起，再次形成梭口；打纬刀放入梭口，立起砍刀固定梭口，杼子引线。若遇有开口不清，则于上层经纱之上加一较粗的压辊，以防止上层经纱同时浮动，如此往复交替，不断织作。织造时，经纱张力是靠腰背来控制的。从河姆渡打纬刀长度看，当时的织物幅宽只有 30 厘米左右[51]。直到 20 世纪 40 年代末，本人在广西农村还看到过类似的腰机，所见主要是用来织造一些窄幅的头带、飘带等带有图案的织物。

原始腰机的主要技术成果是使用了综杆、分经棍和打纬刀。综杆使需要吊起的经纱能同时起落，使纬纱一次引入；打纬则使纬线更为紧密，从而较好地完成了开口、引纬、打纬三项主要操作，使原始织机具有了机械装置的特点。

原始机织技术较大地提高了织物的产量和质量。草鞋山 3 件葛织品为原始的绞纱织物，织物残片的一头可见山形和菱形花纹，花纹处的纬纱曲折变化，罗纹纬纱上下绞结。经纱为双股，经密约 10 根/厘米，纬密在罗纹部约为 26～28 根/厘米，地部为 13～14 根/厘米。在山形和菱形花纹外，纬纱弯曲变化，无疑是骨针穿引而织成的。罗纹部的纬纱扭绞得很有规则，当系起综后，打纬刀放入梭口立起，张开梭口，然后用骨针上下穿引织作，以形成原始绞纬织物的。此法的特点是：不引通纬线，有如编织技术与腰机的结合[19][51]。类似的织法在半坡陶器的布纹印痕上也曾看到，这种布是由两条纬线绞穿经线而成的，纹样留有明显的相互绞缠的痕迹。

荥阳青台仰韶文化中晚期的麻织物皆为平纹（表1-5-1），经纬密度为10~12.5根/厘米，麻纱稍密，经纬密度较为均匀，经纬纱较为齐整；当是使用了原始腰机。青台丝织品有平纹纱和二经绞罗两种组织，平纹纱的经向、纬向密度分别为10根/厘米、8根/厘米；绞经组织的经向、纬向密度则分别为30根/厘米、8根/厘米。二经绞罗即两根经丝相绞织入一根纬丝，具体织法应是：左经和右经互相绞成织口，通入纬纱，之后左右经交换位置进行绞缠，再引入纬纱。罗织物的技术要求较平纹纱为高，产量也较低，它的出现，是原始织造技术的一大进步[22]。《世本》（雷学淇校辑）云："芒氏作罗。"汉宋衷曰："芒，庖牺臣。"说明罗的产生也是很早的。

表1-5-1　　　　荥阳青台仰韶文化丝、麻织物技术检测

序号	坑位	断代	原料	织物组织	织物尺寸（毫米）	经纱投影宽度（毫米）	纬纱投影宽度（毫米）	经向密度（根/厘米）	纬向密度（根/厘米）
1	T11W164	中期	丝	平纹	30×25	0.2	0.3	10	8
2	T11W164	中期	丝	二经绞罗	25×12	0.2	0.4	30	8
3	T11W164	中期	麻	平纹	12×11	0.3	0.3	12.5	12.5
4	T26W486	中期	麻	平纹	12×11	0.3	0.3	12.5	12.5
5	T12H163	中晚期	麻	麻绳	60×12	0.6	（Z捻）	（5捻/10厘米）	
6	T11W142	晚期	麻	平纹	20×10	0.4~0.5	0.6	10	10
7	T11W142	晚期	麻	平纹	35×40	0.2~0.3	0.2~0.3	12	12
8	T11W142	晚期	麻	平纹	35×28	0.3~0.4	0.4~0.6	8~9	12.5
9	T11W142	晚期	麻	平纹	48×25	0.2	0.3	9	8~9
10	T11W142	晚期	麻	平纹	30×30	0.3	0.4	10	10
11	T12W217	晚期	麻	平纹	12×11	0.3	0.3	12.5	12.5

注：采自文献[21][22]。

腰机在我国沿用了相当长一个历史时期，直到近现代仍在边远地区保存着。云南晋宁石寨山墓M1出土的铜质贮贝器盖上，铸有一组纺织图像（图1-5-2）[52]，有的与少数民族地区的传统腰机十分相似。

布帛的出现是人类改造自然的一项重大胜利；原始织机的出现更是人类认识和生产技术上的一次飞跃。有了织机，才真正地有了纺织技术。《韩非子·五蠹》说：部落联盟领袖尧"冬日麑裘，夏日葛衣"。这传说也在一定程度上反映了铜石并用时代，中原一带纺织技术的发展情况。

在此有一点需顺带指出的是，在相当长一个时期，我国古代的纺织业是以麻织为大宗的，夏商之前更是如此；当时一般平民皆着麻衣，故俗谓"布衣"，转意即是着麻布衣之人；"布衣"，明清以前皆指麻布是也。《战国策·赵策二》云："天下之卿相人臣，乃至布衣之士，莫不高贤大王之行义。"《吕氏春秋·达郁》云："人主之行与布衣异。"《史记》卷八七"李斯传"："今秦王欲吞天下，称帝而治。此布衣驰骛之时，而游说者之秋也。"此"布衣"皆指一般百姓。有学者认为我国"早期的纺织工业，主要是丝织业，其次为麻织业。"[53]这话似不太准确，只能说在技术上，丝织是水平最高的。

五、纺织品的早期漂练和着色技术

人类自降生到地球上，便开始打扮自己和美化自己的生活。据报道，山顶洞人的许多饰器上都留有赤铁矿染红的痕迹[54]，这显然是一种饰物着色、纹身式装饰的颜料。新石器时代之后，这种着色技术有了进一步发展，除了饰器和人体外，

图 1-5-2　晋宁石寨山汉代贮贝器纺织铸像复原图
采自文献[52][29]

还广泛地应用到了陶器、木漆器和其他生活日用器上。如前所云，仰韶文化彩陶已十分巧妙地使用了红、白、黑三种颜色[55]。当时的着色剂可能主要是赤铁矿、木炭、朱砂等物[56]；使用某种类似于毛笔，或细棍制的工具绘制而成；这种毛笔可由鸟兽细毛或植物纤维制成[57]。一般认为，早期纺织品着色方式可有两种，一是绘制，使用与陶器相类似的绘画方式，将图案绘制到衣物上。这显然受到过彩陶技术和纹身技术的影响。二是使布匹或衣物整体染色。目前在考古发掘中所见最早染色织物是荥阳青台浅绛色罗，属仰韶文化中期[22]。但因标本太少，其着色工艺甚难了解。一般而言，人类最早使用的着色剂应当是矿物性颜料，之后才发展到植物性染料的阶段，但并不能排除此青台丝织物为草染的可能性。

人们在研究青台丝织物时，还有一个较为重要的发现，即其丝胶残留量较少，单茧丝纤维间呈分离半松散状态。依此人们推测，其上色前很可能进行过水冻或煮练等脱胶处理，这将有利于上色和提高着色牢度[22]。如若鉴定无误的话，这便是纺织纤维的一种早期漂练。至于具体如何操作，是否有意进行，则有待更多的考古实物来证实。

在古史传说中，关于染色技术的记载大体上亦属新石器时代晚期，及至铜石并用时代。传说当时便已发明了草染和多种色彩。《后汉书》卷一一六"南蛮传"载，昔高辛氏时，南蛮已能"织绩木皮，染以草实，好五色衣服"，"衣裳斑斓"。《史记》卷一"五帝纪"："帝喾高辛氏者，黄帝之曾孙也。"若依此，在帝喾高辛氏之时，便有了草染，且有了五色。但黄帝为传说性的人物，大体相当于仰韶文化中、晚期。又，《史记》卷一"五帝纪"载，尧之时，"同律度量衡，修五礼、五玉、三帛"。郑玄注"三帛"云："高阳氏后用赤缯，高辛氏后用黑缯，其余诸侯皆用白缯。"① 若依此说，尧之时，或"高阳氏後"、"高辛氏後"便大量地使用了赤、黑、白三色，并使之成了某种区别的标志。尧应相当于龙山文化晚期时。又，《书·益稷》云：禹之时，"以五采彰施于五色，作服，汝明制之"。孔氏注："以五采明施于五色，作尊卑之服，汝明制之。"这是我国古代以服饰之色作为等级标志的最早记载。禹原传位于益，启诛益而建立夏朝②。有学者认为在夏以前，我国已形成了部落联盟式的联邦制王朝[58]，故禹之时，或稍前，以三色、五色作为等级标志也是完全可能的。

所以，由有关考古实物和文献记载看，纺织品着色技术发明于新石器时代晚期，即仰韶文化时期是肯定的；且存在当时已使用植物性染料的可能性。所谓植物性染料，其实就是植物的某种浆液；20 世纪 50 年代以前，民间许多地方仍有使用，其制作工艺亦较简单。

六、原始的纺织品

如前所云，我国考古发掘中所见最早的纺织品属新石器时代晚期，之后便逐渐多了起来。这些纺织品自然是较为原始的，其中较值得注意的有如下三点：

1. 此期的纺织纤维，至少包括葛、大麻、苎麻、蚕丝等种。葛，如草鞋山马家浜文化织物；大麻，如青台仰韶文化织物；苎麻，如钱山漾良渚文化织物；蚕丝，如青台、钱山漾织物等。

2. 到新石器时代晚期和铜石并用时代，纱线细度和织物的经纬密度都已达到一定水平。如钱山漾良渚文化绢片，平纹，表面光洁细腻，其经纬向丝线至少是由 20 多个茧缫制，未曾加捻，丝缕平直，股线平均直径为 167 微米，经密 52.7 根/厘米，纬密 48 根/厘米。与现代生产的 H11153 电力纺的规格十分接近。该处所出苎麻布亦是平纹，经密 30.4 根/厘米，纬密 20.5 根/厘米；有明显的捻度，都显示了相当的技术水平。比半坡陶器印纹上的布纹稠密得多[51]，较草鞋山和青台纺织品也有不少进步。

3. 此期的织物组织不仅有平纹，同时还出现了罗纹组织，这种原始纱罗在草鞋山和青台都可以看到。

第六节　冶金技术的发明

人类已有了三四百万年的历史③，但开始使用金属却是最近一万年左右的事。一般认为，人类使用金属最早的地方是中东的小亚细亚一带，人们曾在伊朗境内发现过公元前 9000～前 8000 年的自然铜小件饰物；又在土耳其南端靠近地中海的

---

① "高阳氏後"、"高辛氏後"，其中的"後"字都是"後人"之意，是不能简化成"后"字的。一旦简化，意思就完全变了。一种文字不能准确地表达人们的思想，使人有些难堪。类似的情况较多，故本书后面还会使用少量繁体字。

② 《史记·夏本纪》："及禹崩，虽授益，益之佐禹日浅，天下未洽，故诸侯皆去益而朝启。"《晋书·束皙传》引《竹书纪年》："益干启位，启杀之。"

③ 关于人类诞生的时间、地点，是各国科学家正在探讨的问题，目前存在一些不同说法，本书仍采用"三四百万年"之说。

查塔尔莹克（Catal Hüyük）发现过公元前 7000～前 6000 年的炉渣，其中含有铜粒，但很可能是自然铜的熔渣[1]。冶炼铜约出现于公元前 4600 年，1973 年，我国陕西临潼姜寨出土了 1 件黄铜残片和 1 件黄铜管状物，校正年代为公元前 4675 ± 135 年[2][3]。与此年代相近，伊朗的锡亚尔克（Sialk）也发现过一些精致的冶炼铜制品，其中一件为针头，其工艺是先铸后锻；一件为镦，经过了退火或热加工；约皆属公元前 4500 年。1970 年，伊朗的泰佩叶海亚（Tepe Yahya）出土过刮刀、凿子、锥子，据分析，其含砷 0.3%～3.7%，约属公元前 4000 年。但从世界范围看，属于公元前 4000 年以前的冶炼遗物为数不多，公元前 3500 年之后，冶炼铜才逐渐增多起来。今知最早的锡青铜是美索不达米亚属于乌拜德文明（公元前 3500～前 3200 年）的铜斧，含锡量分别为 8.1%、11.1%[1]。在世界多数地区，真正的青铜时代大约是与公元前两千纪相始终的，之后便直接进入铁器时代。也有少数地区，如原苏联的北部，除埃及之外的非洲的一般地区，都不曾有过青铜时代，石器时代之后便与铁器时代紧密相连。但不管青铜时代，还是"铁器时代"，对于数百万年的人类历史来说，都是短暂的一瞬。

我国古代冶金技术约发明于仰韶文化早期，龙山和齐家文化后，冶铸遗物的出土地点和数量都有了增加；夏末商初，我国就进入了早期青铜时代，至迟西周晚期，又发明了炼铁术，战国中、晚期，冶铁技术有了较大发展。从考古资料看，我国始用铜、铁器的时间较中东、亚西等地稍晚，但它一经发明，便飞速发展，很快走到世界的前面，创造出古代世界最为光辉夺目的青铜文明和铁器文明。

一、早期铜器的出土情况

我国古代冶金技术发明于仰韶文化早期，包括龙山文化、齐家文化在内，出土过早期冶铸遗物的地方至少 33 处，可辨器形的铜器约 50 多件。这些地方分别是：

仰韶文化（公元前 5000～前 3000 年）或与之相当的年代，计 7 处：（1）陕西临潼姜寨。1973 年，其 29 号房址的居住面上出土半圆形铜片一件，同时在另一个探方中出土铜质管状物一件[2][3]。经分析，前者属铅黄铜，铸制；后者属简单黄铜，卷制[4]。这是我国今见最早的金属器物。经 ^{14}C 测定并树轮校正，29 号房基的炭化木橡年代为公元前 4675 ± 135 年，皆属姜寨一期。（2）甘肃东乡林家。1977 年在马家窑文化遗址出土完整的铸制铜刀 1 件，以及数块冶炼不完全的铜渣[5]。经定性分析，铜刀属青铜[6]。（3）山西榆次源涡镇。1942 年曾发现一块陶片上附有铜渣[7]，年代约为公元前 3000 年。后经分析，铜渣成分为铜 47.67%、硅 26.81%、钙 12.39%、铁 8.00%[8]。（4）山东大汶口。其 1 号墓随葬的一件小骨凿上附有铜绿，含铜量为 9.9%，有人认为可能是铜器加工的遗迹[9]，属大汶口文化晚期，年代约为公元前 3000～前 2600 年。（5）辽宁建平牛河梁。1986～1988 年在一座墓中出土铜环一枚，在一处建筑遗址顶部发现了大量的坩埚残片[10]。（6）1987 年，西台红山文化房址发现了多块陶范，范作方形，经受过火的烧烤[11]。（7）陕西渭南仰韶文化晚期遗址出土黄铜笄 1 件，锻制[12]。

龙山文化（公元前 2800～前 2000 年）及与之年代相当的地方，出土过冶铸物的地方至少 17 处，其中 12 处可能稍早于夏纪年，5 处约与夏代早期相当。

早于夏纪年的 12 处是：（1）胶县三里河。1974 年发现两段铜钻，皆一端稍粗，一端稍细，皆铸制[13]，大体上可以对接起来。分别属锡铅黄铜和铅黄铜。（2）诸城呈子。1978 年发现了一件铜片。（3）栖霞杨家圈。1981 年发现了一件残铜锥，以及部分炼渣、孔雀石等炼铜原料[14]。（4）长岛北长山店子[14]。1982 年发现圆形铅黄铜一片，曾经锻打[15]。（5）日照王城安尧。曾发现炼铜渣[14]。（6）临沂大范庄铜器残片[16]。（7）淮阳县平粮台。1979 ~ 1980 年在龙山文化城址第三期灰坑（H15）的近底部发现一块铜渣[17]。树轮较正年代为公元前 4300 年。（8）山西襄汾陶寺。1983年出土红铜质铃形器 1 件，整体的横断面近似菱形。顶部中间有一圆形小孔，孔系整器铸成后再钻成的。后又发现过 1 件铜质齿轮形器和 1 件铜环[18]。（9）甘肃永登蒋家坪。在马厂类型的地层中出土有残铜刀 1 件[14]，经定性分析为锡青铜[6]。（10）甘肃酒泉县丰乐乡高苜蓿地出土马厂文化铜块 1 件，铸态。（11）甘肃酒泉县丰乐乡照壁滩出土马厂文化铜锥 1 件，锻制。经定性分析，高苜蓿地和照壁滩铜器皆为红铜[12][19]。（12）1987 年，湖北天门市石家河镇邓家湾石家河文化遗址出土残铜器 5件和部分铜渣，断代约公元前 2400 年[20]。

夏纪年之内的 5 处皆属今河南省境：（13）登封王城岗。在一个灰坑中出有容器残片 1 件，表面锈蚀严重，很像是铜鬶的腹与袋状足部分的残片。属王城岗龙山文化四期，铸制[21][22]，约属公元前 1900 年。这是我国今见最早的容器（残片）。（14）郑州西郊牛砦村。20 世纪 50 年代前期，在龙山文化遗址 C13T1 第三层出土有熔化铅青铜的炉壁残块[23]。（15）郑州董砦。在王湾三期地层内出土有方形铜片 1 件[24]。（16）临汝煤山。在其龙山文化遗址第二期两个灰坑中都出土有泥质的熔铜炉底残块[25]，炉壁上的"铜痕迹"含铜量近于 95%。树轮较正年代为公元前 2000 年，早于二里头一期。（17）河北唐山大城山。1955 年发现 2 件斧形铜饰牌，皆锻制[14][26]。

在上述 17 处出土地点中，属今山东 6 处、河南 5 处，甘肃 3 处，湖北、河北、山西各 1 处。

出土过齐家文化冶铸遗物的至少 9 处，即：（1）甘肃武威皇娘娘台。20 世纪 50年代和 70 年代，先后出土过 30 件铜器，其中有铜锥 15 件、铜刀 6 件、铜钻头 2 件，铜凿、铜环、条形器各 1 件、铜残片 4 件。人们对其中 8 件锥、2 件刀、1 件条形器进行了定性分析，皆为红铜。其中锥 15 件、刀 3 件、凿 1 件为锻制；刀 3 件、条形器 1 件为铸制[6][12][24][27]。（2）甘肃永靖大何庄。出土铜匕 1 件、残铜片 1 件[28]。（3）甘肃永靖秦魏家遗址。计出土 7 件，即斧形器 1 件、铜锥 1 件、铜指环 2 件、铜装饰品 2 件[29]、铜尖 1 件[30]。经定性分析，其中 1 件铜锥为铅锡青铜，1 件斧形器为红铜[6]，1 件铜尖亦为红铜[12]。锥 1 件、环 1 件为锻制，斧 1 件为铸制[12][4]。（4）甘肃广河齐家坪。出土铜质空首斧 1 件、镜 1 件，皆铸制[14]，经定性分析为红铜，镜为青铜[6]。（5）广河西坪，墓葬出土铜镰 1 件，铸制[31][14][12]，经定性分析为红铜[12]。（6）甘肃临夏县。采集骨柄铜刀刀 1 件[32]，经定性分析为锡青铜[12]。（7）甘肃岷县杏林，出土铜刀、铜斧各 1 件，皆铸制[33]。（8）青海贵南县尕马台，墓葬出土有铜镜、铜指环、铜泡等。镜为铸制[34]。（9）青海互助土族自治县总寨乡。1979 年、1980 年出土铜刀 2 件，骨柄铜刀 2 件、骨柄铜锥 2 件[35]。齐家文化为公元前 2200 ~ 前 1800 年（图 1 - 6 - 1）。

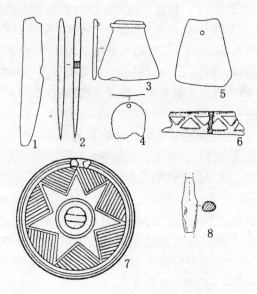

图1-6-1　龙山、夏家店下层和齐家文化铜器

1. 大何庄齐家文化铜匕　　2. 秦魏家齐家文化铜锥　　3. 秦魏家齐家文化斧形器
4. 秦魏家齐家文化坠饰　　5. 大城山夏家店下层文化斧形器
6. 皇娘娘台齐家文化刀柄（条形器）　　7. 尕马尔台齐家文化七角星纹镜
8. 杨家圈二期龙山文化铜锥　　　　　　采自文献[14]

这是仰韶文化、龙山文化、齐家文化及其与之年代相当的诸考古文化早期冶铸遗物的出土情况。其特点是：（1）分布地域稍窄，主要在北方的山东、河南、辽宁、内蒙、山西、陕西、甘肃、青海等省。长江流域及其之南的唯湖北一处。（2）数量还不是太多，由仰韶文化早期到齐家文化，计有2500年以上的时间，除了坩埚片、陶范之外，各种铜器加在一起大约也只有70余件，并且其中相当一部分集中在公元前2000～前2500年之间。（3）器形多较简单、粗糙，主要是小型日用器和小生产工具。多为素面，只有少数呈现简单的几何学纹。可辨器形者约50多件中，最多的是铜锥，约20件，其次是铜刀，约12件。器形较复杂的要算陶寺铜铃、登封铜鬶和尕马台七角星纹镜。体形较大的生产工具只有一种铜斧，容器只见王城岗铜鬶1件残片。（4）其青铜器所含锡、铅量都较低，故有关器物的铸造、加工和使用性能都是欠佳的。

我国古代开始冶炼和使用金属的各种传说也属这一时期。《史记》卷二八"封禅书"："黄帝采首山铜，铸鼎于荆山下。"首山，在今河南襄城县境。《洞冥记》："此刀，黄帝采首山之金铸之。"《世本》（雷学淇校辑）"作"篇："蚩尤以金作兵器。"宋衷曰："蚩尤，神农臣也。"黄帝和蚩尤都是传说中的人，一般认为，其应处于父系社会高度发展、私有制将要产生或已经产生、部落战争日益加剧的阶段，应相当于新石器时代晚期，或说仰韶文化中、晚期。

二、铜的早期冶炼和成型技术

人类之冶铜、用铜大体上经历了三个不同的阶段：（1）直接使用自然铜，用冷锻或浇铸方式成型。（2）用单金属矿直接冶炼出红铜，或利用双金属、多金属共生矿直接冶炼出青铜、黄铜或白铜。（3）有意识地利用两种和多种矿物或金属，采用某种方式，冶炼和配制出铜的合金。因各种条件的限制，这三个阶段在各国经历的时间是不太一样的。从仰韶文化到齐家文化，我国当处在第一、二阶段上，二里头文化之后，便逐渐进入了第三阶段。

表 1-6-1　　　　　　　　　　早期铜器（片）定量半定量分析

名称器号	地点文化类型	成　分（%）							合金类型	文献
		铜	锡	铅	锌	铁	硫	银		
铜片 T74F29:15	姜寨,仰韶	66.54	0.87	5.92	25.56	1.11			铅黄铜	[4]
铜片 T259(3):39	姜寨,仰韶	69.0			32.0	0.5	0.5~0.6		简单黄铜	[4]
铜钻粗端 T110(2):11	胶县	余量	2.12	2.74	22.8	未	未		锡铅黄铜	[6]
铜钻粗端 T21(2):11	龙山	余量	0.35	2.53	26.44	0.035	0.585		铅黄铜	[6]
圆形铜片 LC14	长岛,龙山	61.659	0.319	2.404	34.888	0.0728			铅黄铜	[15]
铃形器	陶寺,龙山	97.86		1.54	0.16				红铜	[18]
容器 H617:14	王城岗,龙山		7(+)	微					锡青铜	[37]
饰牌 T10(2):335	唐山大城山	99.33							红铜	[8]
饰牌 T10(2):339	唐山大城山	97.97	0.17						红铜	[8]
铜刀 AT5:249	皇娘娘台,齐家	99.63~99.87	0.1~0.3	<0.03					红铜	[27]
铜锥 A13:1	皇娘娘台,齐家	99.87	0.1	<0.03					红铜	[27]
铜片 T30:2	大何庄,齐家	96.96	0.02	痕					红铜	[28]
铜环 M99:6	秦魏家,齐家	95(±)		5(±)					铅青铜	[6]
铜镜	尕马台,齐家	91.4	8.76						锡青铜	[36]

人们先后对早期铜器中的 23 件标本进行过定性分析，这在前面已经谈到，表 1-6-1 所列是另外 14 件标本的定量、半定量分析结果。可知其合金成分大体上有三种不同类型：（1）红铜，计 23 件，如武威皇娘娘台铜刀 AT5:249、铜锥 A13:1、广河齐家坪铜斧等，占试样总数的 62.16%。（2）黄铜，计 6 件，包括姜寨铜片、铜管、渭南铜笄、店子铜片、三里河铜钻，占试样总数的 15.38%。（3）青铜，如东乡铜刀、尕马尔台铜镜等，计为 8 件，占试样总数的 23.08%。这三种不同成分的铜器中，第一种可能多为自然铜，第二、三种可能是共生矿直接冶炼得到的。

（一）关于自然铜

从世界范围看，许多古文化区都曾经历过使用自然铜的漫长阶段。在西亚，公元前 9000 年前后就使用了这种金属，直到公元前 4 千纪，依然以为自然铜为主。在小亚细亚，查塔尔萤克（Çatal Hüyük）和苏贝尔特（Suberde）分别出土过铜珠和铜丝，很可能也是自然铜的，断代为公元前 7000~前 6000 年。阿里喀什（Ali Kosh）也出土过一些铜珠，曾经锻打加工，也是自然铜制品，断代为公元前 7000~前 5800 年。埃及最早的铜制品大约是公元前 5000~前 4000 年间的铜锥和铜针，可能都是自然铜制品。从表 1-6-1 所示的分析资料看，红铜制品在我国早期铜器中所占比例也是较高的，其中相当部分可能是自然铜。但我国是否存在过单独使用自然铜的阶段，目前尚无确凿依据。姜寨黄铜片、黄铜管应是人工冶炼的制品。在国外，今见较为确凿的较早的人工冶炼制品应是伊朗泰佩叶海亚（Tepe Yahya）出土的凿、锥、刮刀，断代为公元前 3800 年[1]，较姜寨黄铜片、黄铜管稍晚。

自然铜分布较广，国内外大小铜矿几乎都有一定的蕴藏。1943 年《甘肃地质矿产调查报告》载，"武威、张掖、酒泉之南……祁连山北麓各沟谷中之砂砾层，含有大块自然铜；普通皆长三寸，宽二寸，所见之最大者，长一尺余，宽六寸，厚三寸，皆无棱角。"[38]这种大块自然铜，是很容易为齐家文化人发现和利用的。

据湖北大冶铜绿山考古队报道，铜绿山春秋战国古矿遗址大理岩周围，在红色粘土沉淀中也有自然铜、孔雀石和赤铜矿。老窿中看到的矿物主要有孔雀石、自然铜（粉状粒）、磁铁矿和赤铁矿，在老窿底部今仍见有富集而松软的自然铜和孔雀石[39]，这都是古人采集的主要矿物。

自然铜一般十分纯净，有时含有一定量的银或铁。要区分未经重新熔化过的自然铜是比较容易的，因其组织和成分皆不甚均匀，有的晶粒较粗，有的含有较小的角状晶，有时包含有较大的空穴，隙缝中还经常沉集一些非金属夹杂，在一块铜的不同部位亦常有成分偏析。这种组织和成分的不均匀性在锻打后仍可保存下来，只要加热温度不是太高，一些可溶性杂质就来不及扩散。一经熔化，非金属夹杂物便会分离出去，可溶性杂质就会被均匀地分布到整个铜液中，此时便很难把熔化过的自然铜与冶炼铜区分开来。为此，人们只好另找其他旁证，或者依经验来判断。一般而言，纯度较高的早期铸造红铜，可能多数都是自然铜[1]。

（二）关于早期氧化矿冶炼

自然界中的铜主要有 3 种存在形式，即硫化矿、氧化矿、自然铜。其中主要是硫化矿，它又包括黄铜矿 $CuFeS_2$、辉铜矿 Cu_2S、斑铜矿 Cu_3FeS_3 等；黄铜矿约占去世界铜矿总量的 2/3 左右。氧化矿是由原生硫化矿在地下水等的渗透作用下，经分解、氧化等作用转变而成，主要有赤铜矿 Cu_2O、蓝铜矿 $2CuCO_3 \cdot Cu(OH)_2$、孔雀石 $CuCO_3 \cdot Cu(OH)_2$、黑铜矿 CuO、硅孔雀石 $CuSiO_3 \cdot 2H_2O$ 等。有的自然铜可能是近地表的热水溶液析出，有的则与含铜矿物的风化有关。在地壳中，氧化矿较少，自然铜更少。氧化矿的冶炼较为简单，木炭还原后便可得到粗铜，再加精炼即可得到精铜。早期冶炼铜主要是氧化矿冶炼得到。

（三）关于早期共生矿冶炼技术

英国学者泰莱柯特曾对此作过许多研究[1]。从大量实物资料看，在欧亚大陆，以及埃及等古文化区的许多地方，铜石并用时代，早期青铜时代及其之后一个时期，都曾用共生矿直接冶炼过铜合金，其品种包括砷铜、锑铜，以及低锡青铜等。铜砷共生矿并不乏见，以色列铜石并用时代的提姆纳（Timna）工场附近就有这类矿床，其冶炼产品不但含砷，有时甚至含量较高。甘肃民乐东灰山四坝文化遗址（约与夏代晚期相当）[40]，内蒙林西大井夏家店上层文化，都发现过铜砷合金，当亦共生矿炼成。从冶炼技术上看，砷是易挥发之物，但氧化矿经还原冶炼后，只要坩埚较深，并拥有还原性气氛，砷的逸出量也是很少的。唯当共生矿是铜的硫化矿时，砷才会在焙烧过程中大量逸去。自然界中同样也存在锡铜、锑铜共生矿。而锡、锑挥发性能都较砷为低，故由共生矿直接冶炼出锡青铜、锑铜也是可能的；同样，利用共生矿直接冶炼出黄铜、铅青铜也是可能的；有时这些合金元素的含量还不是太低。

据调查，山东的昌潍、烟台、临沂等地都蕴藏有丰富的铜锌和铜锌铅共生矿，胶东福山县有铜锌共生矿，平度县有含铅的铜锌共生矿以及古采坑、炼渣、炉衬材料等遗迹，五莲县在 1958 年开采过含铅的铜锌矿床，日照县目前开采的一些小矿山也有铜铅锌共生的。这些矿藏都为胶县三里河人、长岛店子人炼制或使用黄铜创造了很好的条件。所以从资源上看，先民们利用共生矿炼制黄铜完全可能。为了解共生矿冶炼黄铜的可能性，有学者还进行过多次试验。结果表明：（1）单金属与氧化矿作混合冶炼时，可以得到黄铜，而且产品含锌量较高。（2）利用共生矿冶炼时，也可得到黄铜，但产品含锌量较低。有关学者认为，这很可能与选用矿料含铅量较高有关[27]。虽试验并不十分理想，但还可以进一步研究。

（四）关于早期铜器的成型技术

从考古实物的形制考查和科学分析来看，我国早期金属成型已使用了锻造和铸造两种工艺。大凡小件器物，如锥、指环等多为锻制，1957～1959年，皇娘娘台出土了15件铜锥、1件铜凿，都曾锻打过；而大件器物，如斧，则多是铸制的；刀则有锻有铸[12][24][27]。在前述仰韶龙山文化器物中，铸者7件，锻者5件，铸件比例是较高的，但前述齐家文化器物中，有铸者11件，锻者19件，明显地显示了以锻为主的事实，这应是一般早期金属成型法的一个重要特点。值得注意的是，此铸件比例较大，在整个早期铜器中，铸件已占42.85%，这是我国早期金属成型法的一个重要特点。铸造技术的出现，为金属成型开辟了一条广阔的道路。

早期铜器的铸造技术较为简单，多为单面范、双合范。前者如东乡铜刀、皇娘娘台采集的铜刀等，后者如皇娘娘台条形器等；只有少数，如襄汾陶寺铃形铜器，广河齐家坪空首斧和七角星纹镜的造型稍见复杂。其中陶寺铃形器可能使用了一个芯子和两块外范[41]。今见最早的铸范是西台红山文化（公元前4600～前2800年）陶范，但因其已残为多块而形制难辨。从实物考察来看，陶寺铃形器是泥型铸造的，所以它是今日确知的我国最早的泥型铸件。

据研究，陶寺铃形器的铸造工艺可能是这样：（1）先做一个泥模，连芯头做在一起，之后依模翻范。（2）阴干后分型成两块，在两壁范上同时翻出芯座。在芯头和芯座上安排有相应的榫、卯，其有三角形和长方形；靠芯头、芯座固定泥范。（3）阴干、烘烤后合范。（4）做范芯。范芯一般应是另外制作的，将泥模薄薄地刮去一层亦可。（5）在芯头两个长边处修出浇口，然后外边糊上一层草拌泥，干燥后浇注。铸件顶部及两壁见有砂眼，表面粗糙，厚薄不均；壁厚0.28厘米，顶部厚只有0.17厘米。顶部还有一个"浇不到"的孔洞，几乎占去顶部总面积的1/5，故铸造技术不高[41]。

从金相分析看，姜寨黄铜片、长岛店子铜片、三里河两段铜锥、王城岗铜鬶残片和秦魏家铜斧等皆为铸态。姜寨铜片基体为 α 黄铜，稍呈树枝状偏析（图版壹，1、2）[4]。店子铜片曾作局部轻加工，观察面上见有少量滑移线，看来还有一些回复（图版壹，3、4）[15]。王城岗容器残片基体为 α 相，并呈现树枝状结晶，基体上析出有（α+δ）共析体（图版壹，5、6）[37]。

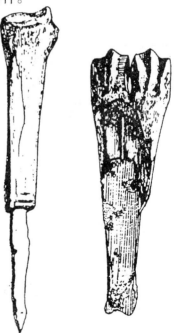

图 1-6-2　总寨骨柄铜锥和骨柄铜刀

左. 骨柄铜锥　右. 骨柄铜刀

采自文献[35]

此外，齐家文化人还制作了一种骨柄铜刃刀和骨柄铜锥，考古界谓之"复合工具"。青海总寨出土骨柄铜刃刀 2 件，呈片状，一件长 5 厘米、宽 1 厘米，两面开刃，一端镶在骨柄内；还出土骨柄铜锥 2 件，其中一件的铜头长 6.7 厘米、宽 0.5 厘米，镶在兽骨制成的柄内[35]，这对于改善工具的使用性能，显然是具有重要意义的（图 1 - 6 - 2）。

三、关于"铜石并用"的技术含义

一般认为，新石器时代晚期和青铜时代之间，我国曾有一个铜石并用时代。但它到底是指哪些考古文化，学术界却存在不同看法。有说它相当于龙山文化、齐家文化[14]，有说它相当于齐家文化[8][42]，还有人认为它相当于仰韶文化[43]；有说它依然是新石器时代晚期的一个部分，有人则主张把它作为一个独立的历史阶段。我们倾向于把龙山、齐家文化视为铜石并用时代的说法，但从本质上讲，它依然应当是新石器时代晚期的一个部分。从技术史角度，窃以为铜石并用时代似应具有下列三个条件。

1. 人们已冶炼并使用了一定数量的铜器，如若铜器数量过少，是很难独立地称之为铜、石"并用"的。从现有资料看，从仰韶文化早期到大汶口文化晚期，出土过冶铸遗物的地方只有 7 处，出土铜器（片）7 件，其中属于公元前 3200 年以前的铜器实际上只有 2 件。若把这一时期单立为"铜石并用"时代，或作为铜石并用时代的一个部分，恐怕都有些名实难符。

2. "铜石并用"时代的生产工具主要还是木石器，生活用器主要还是陶器。前述早期铜器（片），总计只有 80 余件，可辨器形的大约只有 50 多件，它们在社会生产中的实际作用是很小的。故实际上依然是新石器时代晚期的一个部分。

3. "铜石并用"之铜包括自然铜和冶炼铜，包括红铜和原始铜合金，它们都是用直接冶炼法制取的。铜石并用时代，应是使用红铜和原始铜合金的时代。

由这三个方面看，将龙山文化、齐家文化及其与之年代相当，并出土有一定数量铜器的考古文化视为铜石并用时代是合适的。

有学者认为，齐家文化应属于青铜时代[43]，这是值得商榷的：（1）齐家文化虽使用过少数青铜，但一般认为它是共生矿炼制，而非人工配制。原始铜合金与人工铜合金，在技术水平和认识能力上是很不一样的。（2）今见齐家文化青铜器含锡量都较低，与人们对器物使用性能的要求还相差很远。我以为，青铜时代至少应具备三个条件：（1）其青铜应是人工有意配制的，而不是利用共生矿冶炼的；（2）应具备了一定的合金知识，铜镜、兵刃器、生产工具等含锡量不应当太低。（3）青铜器应有一定的数量和品种，它在社会生产、社会生活中应占有一定的地位。齐家文化时期与这几个条件都不太相符[44]。

在此有个问题还需讨论一下，即在公元前 3000～前 2000 年间，黄河流域等部分地区出土了一些铜器，故将龙山文化和齐家文化视为铜石并用时代是可以的，但我国幅员辽阔，各文化区的发展状况并不完全一样。在这一时期内，洞庭湖地区、珠江流域、太湖地区，至今未见这一时期的铜器出土，那么龙山文化和齐家文化铜器的出土，是否对这些地区的政治、经济、文化造成了一定影响，是否也可称之为铜石并用时代？我认为这是值得商讨的。为此，本书有时亦将良渚文化等称之为新石器时代晚期。

第七节　采矿技术的发明

我国境内采矿技术的发明期约可追溯到旧石器时代，当时开采的是非金属矿，其中主要是制作石器的各种岩石，另有少量矿物颜料。新石器时代之后，人们又开采了陶土、玉石、煤玉、食盐，以及烧造石灰的石灰石等非金属矿。金属矿开采技术的发明年代约与冶金技术相当，当时开采的主要是铜矿，相当部分是自然铜，主要是露天开采，技术上也较简单。这里主要介绍一下煤玉和盐卤的开采。

1. 煤矿。我国古代对煤炭的接触和开采，约可上推到仰韶文化早期，今见实物主要是煤玉。1973 年，辽宁沈阳市北陵附近的新乐遗址下层出土了百余件煤玉的制品和半成品。器物种类有：（1）圆形泡饰 25 件。规格不一，最大的直径 5 厘米，高 2 厘米，最小的直径 2 厘米；皆通体磨光，顶部圆厚，边薄如刃。（2）耳珰形饰 6 件，长 3～3.5 厘米，呈束腰圆锥形。（3）圆珠 15 件，直径 1～2 厘米，磨制光滑。（4）此外还有部分煤玉半成品、碎煤玉和煤块计 97 块，有的半成品上还残留有明显的切割加工痕迹，经 ^{14}C 测定并树轮校正，遗址距今为 6800～7200 年，与仰韶文化早期相当。因裸露于地表的煤经过了风化，是难以雕琢的，说明早在新石器时代，人们就采用了未经风化的煤炭。结合前云内蒙呼和浩特大窑采石场、广东南海县西椎山遗址等的岩石开采技术看，新乐人在露头以下采煤是完全可以实现的。这也是人类用煤的最早见证。1980～1982 年，新乐遗址又发现了一批煤玉制品，计 72 件[1][2][3]。

2. 金属矿。由前可知，我国古代冶金技术约发明于仰韶文化早期，可知我国金属矿开采技术此时也已发明出来。

3. 食盐。我国最早开采和利用食盐的年代。目前尚难定论，从有关传说和考古资料看，可能是夏商，也可能是新石器时代晚期；最早利用的盐类可能是池盐和泉卤，也可能还有海盐，或同时使用了多种盐。

《世本》（雷学淇校辑）"作"篇云："宿沙作煮盐。"雷注："宿沙氏，炎帝之诸侯，今安邑东南十里有盐宗庙。"若依此，宿沙所作之盐当为池盐。对于宿沙氏的年代，古人的说法多较一致；对此盐之种类，文献上却有池盐和海盐等说。宋罗泌《路史》卷一三"质沙之民自攻其主以归"注云："质沙，炎帝时侯者也。《世本》、《世纪》皆作夙沙。亦见《英贤录》。《文子》作宿沙，云宿沙民自攻其君，归神农氏……《世本》、《唐韵》等言夙沙煮海为盐，以为炎帝之诸侯。今安邑东南十里有盐宗庙。吕枕云：宿沙氏，煮盐之神，谓之盐宗，尊之也。或以为灵公之臣夙沙卫，非也。齐多此姓，其后尔。"[4] 炎帝与黄帝同时，约相当于仰韶文化中、晚期，若依此，则在仰韶文化中、晚期，先民们便发明了制盐技术。它可能是池盐，也可能是海盐，也可能既有池盐，也有海盐。

《禹贡》"青州"条谈到过海盐："海岱惟青州……厥贡盐绨，海物惟错"。孔氏传："绨，细葛。错，杂，非一种。"若依此说，在禹之时，我国便有了纳贡海盐的制度。若禹之时已形成了纳贡制度的话，海盐生产的发明期当可上推到新石器时代晚期。但在今见关于海盐的考古资料中，最早却属商代晚期至西周早期，这一点下面再谈。

因井盐开采难度较大，故一直受到人们关注。一般而言，人们最早利用的盐卤，当是见于地表的各种泉卤和石盐，之后才是地下浅层盐卤、深层井卤。这种泉卤在重庆市不少地方都可看到，其中大家较为熟悉的一个是巫溪县的大宁盐泉，至今仍在涌流。政府对大宁盐泉的管理至迟始于东汉，之后许多文献都有记载。《蜀都赋》"滨以盐池"，刘逵注云："盐池出巴东北新井县，水出地如泉涌，可煮以为盐。"[5]据1987年的实测资料，盐卤的泉眼孔上为圆形，直径3.3厘米。旱季时，卤水浓度4.8°~5.2°Bé；雨季时，浓度很低，为1°Bé，已不可用[6]。从现有考古资料看，人们开发和利用盐卤的确切资料皆属商周。1997年后，三峡库区开展了大规模的文物抢救保护工作，在重庆忠县一带发现了多处商周盐业遗址，如瓦渣地遗址，在15000米²的范围内，散布了大量这类陶器，其年代最早为西周早期①，上限达商代晚期[7][8]。另外，重庆等地还有一种石盐，古人也是不难发现和利用的。王隐《晋书·地道记》载：朐忍县（今重庆云阳县）"入汤口四十三里，有石，煮以为盐，石大者如升，小者如拳，煮之，水竭盐成"[9]。

在探讨早期采矿技术时，还有两件事需要一提。（1）有学者认为，很可能西樵山人在采石时，便使用了火爆法[10]。西樵山遗址距今约6500~6000年[11]。火爆法在后世的河渠开凿和矿物开采中都经常使用。（2）迄今为止，多处新石器时代遗址都发现了水井。较早的如河姆渡第三期发现一口木构水井。井口方形，边长约2米，每边靠坑壁向下打进许多排桩；在排桩内顶套一个由榫卯套接而成的方木框，以防排桩倾倒；排桩之上平卧十六根长圆木，以构成井口框架。井底距当时地表深约1.35米，距今约6300~6000年[12]。这对于我们了解后世井巷开采技术的发展是很有帮助的。其他如1975~1976年，洛阳矬李三期遗址发现圆形水井一口，直径1.6米，井残深6.1米，属河南龙山文化晚期[13]。1976~1978年，汤阴白营遗址出土一口水井，四壁用井字形木根自下而上一层层叠加。约属公元前2100年[14]。1987年，上海青浦县崧泽遗址第三层文化发现马家浜文化水井两座，距今5700年以上[15]。此外，上海松江汤庙村和江苏吴县澄湖出有崧泽文化的数百口圆形浅井[16]；中原龙山文化村落，如河北邯郸涧沟、山西襄汾陶寺，也发现过保存完好的水井。这两件事对我们理解新石器时代及其商周采矿技术的发展，都是很有帮助的。

第八节　髹漆技术的萌芽

髹漆，是木器、竹器等表面涂刷油漆的一项装饰、保护性措施。《汉书》卷九七下"外戚传·孝成赵皇后"："居昭阳舍，其中庭彤朱，而殿上髹漆。"唐师古注："以漆漆物谓之髹。"从现有考古资料看，我国古代的髹漆技术约发明于河姆渡

---

① 也有人认为重庆忠县中坝制盐陶器的年代最早为公元前3000~前1600年，代表器物是侈口深腹小平底缸；其次为公元前1600~前1100年，代表器物是耸肩小平底罐；认为它们都是储卤晒盐的容器。见曾先龙《中坝遗址在三峡库区盐业考古中的地位》，《盐业史研究》2003年第1期。若依此说，新石器时代晚期已开采和利用了盐卤是肯定的。其年代正好与黄帝、炎帝相当，有待进一步研究。

文化时期，即新石器时代晚期早段，之后便逐渐增加起来。在南方的大溪文化、马家浜文化、良渚文化，北方的龙山文化，都有漆器或相关的器物出土。此期的漆器主要是木胎，也有少数竹胎；大约当时已初步掌握了生漆的脱水技术，及掺和颜料的技术，在装饰上发明了镶嵌玉石的技术。可见在新石器时代晚期和铜石并用时代，髹漆技术已发展到一定水平。

一、早期漆器的出土情况

从考古发掘看，较为重要的早期漆器遗址主要有如下几处：

1. 余姚河姆渡。1978 年，河姆渡文化二期出土红漆木碗 1 件，系由整段圆木镂挖而成，略呈瓜棱形，制作规整，器薄而匀，略带光泽，口径 9.2～10.6 厘米、高 5.7 厘米、底径 7.2～7.6 厘米。经红外线光谱分析，其光谱图与长沙马王堆汉墓所出漆皮的裂解光谱图相似，距今约 6000～5600 年[1][2]。这是我国今见最早的漆器。

2. 常州圩墩。1972～1973 年，江苏常州圩墩马家浜文化遗址出土喇叭形木器 2 件，一件全为深黑色，另一件上半部为深黑色，下半部为暗红色；黑色表面微泛光彩，直观与现代漆器无异，距今约 6000 年[3]。

3. 吴江团结村和梅堰。1955 年江苏吴江县团结村良渚文化遗址出土漆绘彩陶杯 1 件，1959 年吴江梅堰良渚文化遗址出土棕地黄红两色彩绘黑陶壶 1 件；用化学分析法对比后得知，此陶壶的彩绘层与汉代漆器性能完全相同，而和仰韶文化的彩陶、吴江红衣陶的试验结果迥异[2][4]。良渚文化的年代为公元前 3300～前 2200 年。

4. 余杭瑶山。1987 年浙江余杭县瑶山良渚文化遗址出土嵌玉高柄朱漆杯 1 件，高 29 厘米、口径 11 厘米、圈足径 12 厘米。出土时虽胎体已朽，但原有的髹漆膜依然保持原状。在杯底与圈足的结合部，及圈足近底处，各镶嵌一面弧凸、一面平整的椭圆形玉珠一周，这是我国古代最早的漆器镶嵌工艺[2]。

5. 荆州阴湘城。1997～1998 年，湖北荆州阴湘城址出土漆器 3 件，2 件属于大溪文化五期，1 件属屈家岭文化早期，距今约 5400～5000 年左右。大溪文化漆器中，一件可能是簪，木质，残长 7 厘米，一端镂一圆孔，外表以红漆为地，再用两种粗细不同的线条勾出叶脉状图案；另一件可能是箭杆，竹质，外表髹红漆。屈家岭文化漆器是一件状如木剑的钺柄，全长 59.5 厘米、宽 6.5 厘米、厚 0.8 厘米，表面以褐漆为地，其上镂刻出几何图案；手握部分的前后皆涂有红漆，在今见漆器中，这是年代较早且最为完整者，同时出土的一件小黑陶器的口沿部涂有红漆[5]。

6. 山西陶寺。1978～1980 年，山西陶寺出土近 10 种木器，多以红彩为地，以白、黄、黑、绿彩绘出鲜艳的图案，彩绘层脱落时呈卷曲状，物理性能与漆皮无异，器形与商周漆器十分相似。属龙山文化时期[6][7]。北方土壤多呈碱性，漆器较难保存，这是目前所知北方最早的漆器，也是我国最为原始的彩绘漆器。

上述是我国今见最早的漆器遗址，计 6 处，5 处属南方的浙江、江苏、湖北，一处为北方的山西。陶寺出土漆器 10 种，具体数量不明；南方 5 个地方计 10 余件，其中年代最早的属河姆渡文化一期。这些早期漆器多已朽坏，主要是木胎，有少数竹胎，吴江团结村和梅堰的漆绘彩陶为陶胎；其彩有红、黄、白、黑、绿、褐等多种颜色，还勾画了不少几何图案，并出现了镶嵌技术。可知新石器时代晚期和铜石并用时代，我国髹漆技术已达一定水平。

文献上关于髹漆技术的记载约可上推到铜石并用时代。《困学纪闻》卷四说："漆以饰器而已。舜造漆器，群臣咸谏，防奢靡之原也。"《韩非子·十过》篇："尧禅天下，虞舜受之，作为食器，斩山木而财（材）之，削锯修其迹，流漆墨其上，输之于宫，以为食器……舜禅天下而传之于禹，禹作为祭器，墨漆其外，而朱画其内。"此说舜时已造漆器，但受到了一些限制；禹时便用它作为祭器了。又，《禹贡》：济河惟兖州，"厥贡漆丝，厥篚织文。"荆河惟豫州，"厥贡漆枲絺纻。"此说禹时，兖、豫二州皆已贡漆。此兖州，孔注为"东南据济，西北距河。"此豫州，孔注为"西南至荆山，北距河水"。这大体反映了夏代之前漆器技术的发展情况，与陶寺漆器的发掘是相适应的。

二、早期漆器的工艺推测

漆原是一种树胶、树汁，与一般树胶同样，亦较粘稠。其特殊之处是：（1）凝固稍慢；（2）在空气中氧化后会逐渐变成褐色、黑色；（3）涂在器物表面上后，具有防水、防腐、防虫的作用。有人认为，人们最初用漆，可能是为了粘固某种东西[8]；但人们很快就发现了它的防水、防腐和装饰性能，而广泛利用起来。

由现有考古资料看，新石器时代晚期和铜石并用时代的髹漆工艺大约已具备了生漆脱水、配入颜料、镶嵌绿松石等程序。

从传统技术可知，采集回来的天然生漆，通常经脱水后便可使用。最为简单的脱水法是日晒、搅拌，此可去除所含水分的30%。之后，生漆就会由乳灰色转变成半透明的棕色。自然，人们还可采用加热法来脱水，但不得超过35℃；否则，水分蒸发过快过多。这种脱水后的半透明漆有三种用途：（1）配制黑色漆。其颜料，古人大约可用烟黑之类，今人则用氢氧化铁，配比为100:5。搅匀后两周即变黑漆。（2）调配各种彩色漆。（3）作罩漆[9]。看来，早在新石器时代晚期，人们就发明了掺入颜料的技术。今在考古发掘中看到的早期漆器，几乎都不是用原生漆直接涂刷的，河姆渡、余杭瑶山、荆州阴湘的红漆，吴江团结村和梅堰良渚文化的彩绘漆、山西陶寺的多彩漆，显然都掺和了颜料。经分析，河姆渡漆碗上的红色涂料应是天然硫化汞[10]。原生漆涂刷的颜色，应是黑色的。由前可知，早在新石器时代中期，我国便发明了彩陶技术，早期彩陶在贾湖文化[11]、大地湾一期[12][13]和稍后的河姆渡一期[1][14]等处都可看到。前面提到，有学者曾对大地湾一至四期陶器的着色颜料进行了分析，其中的红色颜料有两种，即 Fe_2O_3 和 HgS[15]。另外，在夏代之前，纺织物中的印染技术也已发明；《书·益稷》云：禹之时，"以五采彰施于五色，作服"。所以，新石器时代以硃，或他物作彩，制作出彩色漆来，是毫不为奇的。至于新石器时代晚期和铜石并用时代髹漆是否用油，眼下尚无多少证据，有待进一步研究。

此期漆器之胎，为斫制与挖并用，故多较厚重。如河姆渡漆碗，器表和圈足是以斫制为主的，器内则挖空而成[16]。

参 考 文 献

第一节　旧石器时代的几项主要手工性技术

[1] 任式楠：《中国史前城址考察》，《考古》1998 年第 1 期。张学海：《试论山东地区的龙山文化城》，《文物》1996 年第 3 期。孙广清：《中国史前城址与古代文明》，《中原文物》1999 年第 2 期。曹兵武：《聚落·城址·部落·古国——张学海谈海岱考古与中国文明起源》，《中原文物》2004 年第 2 期。李先登：《五帝时代与中国古代文明的起源》，《中原文物》2005 年第 5 期。王毅等：《成都平原早期城址的发现与初步研究》，张绪球：《长江中游史前城址和石家河聚落群》，此二文皆见严文明等主编：《稻作陶器和都市的起源》，文物出版社，2000 年。

按：本书的每一章都有一个开场白，其中都引用过一些文献，因其数量较少，为节省篇幅，其出处不再单独列出，暂并入第一节的文献中。各章皆然。

[2] 斐文中等：《中国猿人石器研究》，科学出版社，1985 年。贾兰坡等：《三十六年来的中国旧石器考古》，《文物与考古论集》（文物出版社成立三十周年纪念），文物出版社，1986 年。按："北京人"生活的年代，原定为四五十万年前，现经南京师范大学教授沈冠军等用铝铍埋藏测年法测定，更正为距今 77 ± 8 万年，测定标本是周口店第一地点的石英砂和石英石制品。有关报道发表于英国 2009 年 3 月 12 日出版的《自然》杂志上，今转引自《北京青年报》2003 年 3 月 13 日 A8 版。

[3] 贾兰坡：《中国猿人及其文化》，中华书局，1964 年。

[4] 裴文中等编：《山西襄汾丁村旧石器时代遗址发掘报告》，科学出版社，1985 年。按：丁村人遗址发掘于 1954 年。铀系法测定为距今 16 万 ~ 21 万年。

[5] 蒋廷瑜：《广西打制石器的传统风格》，《考古与文物》1990 年第 3 期。

[6] 内蒙古博物馆等：《呼和浩特市东郊旧石器时代石器制造场发掘报告》，《文物》1977 年第 5 期。

[7] 汪宇平：《呼和浩特市东郊大窑文化的石器工艺》，《中国考古学会第一次年会论文集》(1979)，文物出版社，1980 年。

[8] 贾兰坡等：《西侯度——山西更新世早期古文化遗址》，文物出版社，1978 年。按：西侯度遗址位于山西芮城县西侯度村，距今 180 万年。

[9] 张永兴等：《元谋人及其文化》，《文物》1978 年第 10 期。按："元谋人"化石于 1965 年发现于云南元谋县，距今 170 万年。

[10] 贾兰坡：《中国大陆的远古居民》，天津人民出版社，1978 年。

[11] 宁夏回族自治区博物馆考古组：《宁夏三十年文物考古工作概况》，《文物考古工作三十年（1949 ~ 1979）》，文物出版社，1981 年。

[12] 贾兰坡：《阳高许家窑旧石器时代文化遗址》，《考古学报》1976 年第 3 期。1976、1977 年的发掘报告分别见《古脊椎动物与古人类》1979 年第 17 卷第 4 期，1980 年第 18 卷第 3 期。按：许家窑人于 1973 年发现于山西阳高县和临近的河北阳原县，距今约 10 万年。

[13] 贾兰坡等：《山西峙峪旧石器时代遗址发掘报告》，《考古学报》1972 年第 1 期。按：峙峪遗址发掘于 1963 年，据 ^{14}C 测定，距今约 28940 ± 1370 年。

[14] 王健等：《下川文化——山西下川遗址调查报告》，《考古学报》1978 年第 3 期。按：下川遗址发掘于 20 世纪 70 年代，出土有上万件石器。距今 16400 ± 700 ~ 23900 ± 1000 年。

［15］吴汝康：《陕西蓝田发现的猿人下颚骨化石》，《古脊椎动物与古人类》1964 年第 8 卷第 1 期。贾兰坡：《蓝田猿人头骨发现经过及地层概况》，《科学通报》1965 年第 6 期。"蓝田人"遗址发现于陕西蓝田县的陈家窝和公王岭两个地方，前者发现于 1963 年，距今约 65 万年；后者发现于 1964 年，距今约 75 万 ~ 80 万年。

［16］戴尔俭等：《蓝田旧石器的新材料和蓝田猿人文化》，《考古学报》1973 年第 2 期。

［17］张镇洪等：《辽宁海城小孤山遗址发掘简报》，《人类学报》1985 年第 1 期。

［18］文献［4］说丁村出土球状器两枚，但据说之后又采集了百余枚（见宋兆麟《中国原始社会史》第 90 页，文物出版社，1983 年）。

［19］宋兆麟：《中国原始社会史》第 90 页，文物出版社，1983 年。

［20］耀西、兆麟：《石球——古老的狩猎工具》，《化石》1977 年第 3 期。

［21］宋兆麟：《中国原始社会史》第 91 ~ 93 页，文物出版社，1983 年。

［22］浙江省文管会等：《河姆渡发现原始社会重要遗址》，《文物》1976 年第 8 期。林华东：《河姆渡文化初探》，浙江人民出版社，1992 年。

［23］浙江省文物考古研究所：《河姆渡——新石器时代遗址考古发掘报告》，文物出版社，2003 年。第一期，骨镞见第 92 页，木矛见 133 页。第二期，骨镞见第 267 页，木矛见第 288页。第三期，骨镞见第 322 页。

［24］罗家角考古队：《桐乡县罗家角遗址发掘报告》，《浙江省文物考古所学刊》，1981 年。

［25］盖培、卫奇：《虎头梁旧石器时代晚期遗址的发现》，《古脊椎动物与古人类》1977 年第 4 期。

［26］甘肃省博物馆文物工作队等：《永昌鸳鸯池新石器时代墓葬的发掘》，《考古》1974 年第 5 期。

［27］贾兰坡：《山顶洞人》，龙门联合书局，1951 年。按：山顶洞人遗址发掘于 1933 ~1934 年。

［28］陈铁梅：《山顶洞文化年代的最新测定》，《中国文物报》1993 年 1 月 1 日。按：据 20世纪 80 年代的一次 ^{14}C 测定，山顶洞文化上层距今为 2.7 万年，下层达 3.4 万年。

［29］金牛山联合发掘队：《辽宁营口旧石器文化的研究》，《古脊椎动物与古人类》1978 年第 16 卷第 2 期。

［30］陈戈：《新疆出土的钻木取火工具——兼谈人类发明人工取火的途径》，《考古与文物》1982 年第 2 期。

［31］新疆文物考古研究所等：《新疆鄯善县苏贝希遗址及墓地》，《考古》2002 年第 6 期。1980、1992 年调查、发掘，出土钻木取火具计 5 件，有取火板和取火棒 2 种。据 ^{14}C 年代测定，墓葬年代为公元前 5 ~ 前 3 世纪。

［32］汪宁生：《我国古代取火方法的研究》，《考古与文物》1980 年第 4 期。

［33］张寿祺：《海南岛黎族人民的取火工具》，《文物》1960 年第 6 期。

［34］乐子：《"苦聪人"过去的生产简况》，《文物》1960 年第 6 期。

［35］宋兆麟等：《摩擦取火及其在历史上的意义》，《化石》1976 年第 1 期。

［36］宋兆麟：《中国原始社会史》第 81 ~ 90 页，文物出版社，1983 年。

第二节　新石器时代石器加工技术的发展

［1］黄慰文：《广东南海县西樵山遗址的复查》，《考古》1979 年第 4 期。

据西樵山 18 地点出土的贝壳的测定，其年代约在公元前 6500 ~ 前 6000 年之间（《新中国考古五十年》第 314 页，文物出版社，1999 年）。

[2] 半坡博物馆等:《姜寨——新石器时代遗址发掘报告》,文物出版社,1988 年。

　　[3] 佟柱臣:《仰韶、龙山工具的工艺研究》,《文物》1978 年第 11 期。本书石器加工部分许多资料引自此文。

　　[4] 陈振裕等:《宜都县城背溪遗址》,《中国考古学年鉴(1984)》,文物出版社,1984 年。

　　[5] 长办库区处红花套考古工作站等:《城背溪遗址复查记》,《江汉考古》1988 年第 4 期。

　　[6] 中国科学院考古研究所:《西安半坡》,文物出版社,1963 年。

　　[7] 山东省文物管理处等:《大汶口(新石器时代墓葬发掘报告)》第 35 ~ 49 页,文物出版社,1974 年。

　　[8] 中国科学院考古研究所:《庙底沟与三里桥》,科学出版社,1959 年。

　　[9] 中国社会科学院考古所山东队等:《山东滕县北辛遗址发掘报告》,《考古学报》1984 年第 2 期。

　　[10] 湖北省荆州地区博物馆:《湖北王家岗新石器时代遗址》,《考古学报》1984 年第 2 期。

　　[11] 河北省文物管理处等:《河北武安磁山遗址》,《考古学报》1981 年第 3 期。

　　[12] 山东省文物考古研究所等:《山东姚官庄遗址发掘报告》,《文物参考资料丛刊》第 5 辑,文物出版社,1981 年。

　　[13] 郭宝钧:《古玉新诠》,《中央研究院历史语言研究所集刊》第二十二本下册。曲石:《中国玉器时代》,山西人民出版社,1991 年。

　　[14] 浙江省文物考古研究所:《河姆渡——新石器时代遗址考古发掘报告》,文物出版社,2003 年。第一期,石器见第 71 ~ 78 页,骨角牙器见第 85 ~ 116 页。第三期,石器见 316 ~ 323 页,骨角器见第 321 ~ 324 页。第四期,石质装饰器见第 350 ~ 357 页。

　　[15] 曲石:《古代玉器的起源和发展》,《文博》1987 年第 3 期。

　　[16] 杨晶:《中国史前玉器概述》,《华夏考古》1993 年第 3 期。

　　[17] 南京博物院:《1982 年江苏常州武进寺墩遗址的发掘》,《考古》1984 年第 2 期。王奇文等:《良渚文化考古获重大成果——寺墩遗址发掘为探索中国文明起源提供重要例证》,《中国文物报》1995 年 6 月 25 日。后一文献说 1982 年 3 号墓出土玉璧 24 件、玉琮 32 件。

　　[18] 浙江省文物考古研究所反山考古队:《浙江余杭反山良渚文化墓地发掘简报》,《文物》1988 年第 1 期。

　　[19] 浙江省文物考古研究所:《余杭瑶山良渚文化祭坛遗址发掘简报》,《文物》1988 年第 1 期。

　　[20] 张敬国等:《凌家滩遗址考古发掘获重大成果》,《中国文物报》1998 年 12 月 9 日第 1 版。

　　[21] 杨虎、刘国祥:《兴隆洼文化玉器的发现及其意义》,《中国文物报》1995 年 4 月 30 日第 3 版。

　　[22] 西安半坡博物馆:《陕西神木石峁遗址调查试掘简报》,《史前研究》1983 年第 2 期。

　　[23] 戴应新:《神木石峁龙山文化玉器》,《考古与文物》1988 年第 6 期。

　　[24] 南京博物馆:《南京市北阴阳营第一、二次的发掘》,《考古学报》1958 年第 1 期。

　　[25] 南京博物馆:《江苏吴县张陵山遗址发掘简报》,《文物资料丛刊》(6),1982 年。

　　[26] 杨伯达:《中国古代玉器面面观》,《故宫博物院院刊》1989 年第 1、2 期。

　　[27] 周南泉:《试论太湖地区新石器时代玉器》,《考古与文物》1990 年第 5 期。

　　[28] 牟永杭:《良渚玉器三题》,《文物》1989 年第 5 期。

　　[29] 张明华:《良渚古玉综论》,《东南文化》1992 年第 2 期。

　　[30] 西北大学历史系:《中国古代生产工具图集》第一册,1984 年。

　　[31] 王根富等:《金坛三星村遗址发掘获重大成果》,《中国文物报》1996 年 9 月 22 日。

［32］张国敬等：《凌家滩玉器微痕迹的显微观察与研究——中国砣的发现》，《东南文化》2002 年第 5 期。

［33］李文杰：《骨针的仿制——模拟考古实验纪实》，《文物天地》1990 年第 5 期。此资料承李文杰先生提供。

第三节　原始的制陶技术

［1］湛世龙：《桂林庙岩洞穴遗址的发掘与研究》，《中石器文化及有关问题研讨会论文集》，广东人民出版社，1999 年。并见文献［2］。

［2］严文明等主编：《稻作陶器和都市的起源》，文物出版社，2000 年。朱乃诚：《中国陶器的起源》，《考古》2004 年第 6 期。按：许多考古遗址的年代一再被刷新，拙著新石器时代早期陶器的断代，多参照了此两种文献。玉蟾岩木炭和陶片的^{14}C 测定年代分别为公元前 12540 ± 230 年、公元前 12860 ± 230 年；仙人洞和吊桶环的数据与此相近。

［3］江西省博物馆等：《江西省考古五十年》，载《新中国考古五十年》，文物出版社，1999 年。严文明、彭适凡：《仙人洞与吊桶环——华南史前考古的重大发现》，《中国文物报》2000 年 7 月 5 日。

［4］湖南省文物考古研究所：《湖南省考古工作五十年》，载《新中国考古五十年》，文物出版社，1999 年。袁家荣：《湖南道县玉蟾岩 1 万年以前的稻谷和陶器》、《稻作陶器和都市的起源》，文物出版社，2000 年（北京大学^{14}C 试验室对 1993 年玉蟾岩出土陶片的同层位木炭测定年代为距今 14490 ± 230 年）。

［5］金家广等：《浅议徐水南庄头新石器时代早期遗存》，《考古》1992 年第 11 期。李君：《徐水南庄头又有重要发现》，《中国文物报》1998 年 2 月 11 日。

［6］河北省文物研究所：《河北考古五十年》，载《新中国考古五十年》第 41 页，文物出版社，1999 年。泥河湾联合考古队：《泥河湾盆地考古发掘获重大成果》，《中国文物报》1998 年 11 月 15 日。

［7］郁金城等：《北京转年新石器时代早期遗址的发现》，《北京文博》1998 年第 3 期。北京市文物研究所：《北京市考古五十年》，《新中国考古五十年》第 4 页，文物出版社，1999 年。

［8］漆招进：《桂林甑皮岩遗址研究的新进展》，《中国文物报》2000 年 4 月 5 日第 3 版。广西壮族自治区博物馆：《广西壮族自治区考古五十年》，《新中国考古五十年》第 333 页，文物出版社，1999 年。蒋廷瑜：《广西考古四十年概述》，《考古》1998 年第 11 期。柳州市博物馆等：《柳州市大龙潭鲤鱼嘴新石器时代贝丘遗址》，《考古》1983 年第 9 期。

［9］江西省文物管理委员会：《江西万年大源仙人洞洞穴遗址试掘》，《考古学报》1963 年第 1 期。江西省博物馆：《江西万年大源仙人洞洞穴遗址第二次发掘报告》，《文物》1976 年第 12 期。张弛：《江西万年早期陶器和稻属植硅石遗存》，载严文明、安田喜宪主编：《稻作陶器和都市的起源》，文物出版社，2000 年。吴瑞等：《江西万年仙人洞遗址出土陶片的科学技术研究》，《考古》2005 年第 7 期。

［10］任式楠：《公元前五千年前中国新石器文化的几项主要成就》，《考古》1995 年第 1 期。

［11］保定地区文物管理所等：《河北徐水县南庄头遗址试掘简报》，《考古》1992 年第 11 期。

［12］河北省文物研究所：《河北省考古工作 50 年回顾》，《文物春秋》1999 年第 5 期。

［13］广西壮族自治区文物工作队等：《广西桂林甑皮岩洞穴遗址的试掘》，《考古》1976 年第 3 期。

［14］甘肃省博物馆等：《甘肃秦安大地湾新石器时代早期遗存》；张明川等：《试谈大地湾一

期和其他类型文化的关系》；皆见《文物》1981 年第 4 期。按：大地湾一期距今约 7000 ~ 8000 年。

[15] 李文杰：《甘肃秦安大地湾一期制陶工艺研究》，《考古与文物》1996 年第 2 期。

[16] 河南省文物考古研究所：《舞阳贾湖》，科学出版社，1999 年。贾湖文化计分三期，经 ^{14}C 测定并树轮校正，其年代分别为：公元前 7000 ~ 前 6600 年、公元前 6600 ~ 前 6200 年、公元前 6200 ~ 前 5800 年。

[17] 张居中：《淮河上游新石器时代的绚丽画卷——舞阳贾湖遗址发掘的重要收获》，《东南文化》1999 年第 2 期。

[18] 开封地区文管会：《河南新郑裴李岗新石器时代遗址》，《考古》1978 年第 2 期。开封地区文物管理委员会等：《裴李岗遗址一九七八年发掘简报》，《考古》1979 年第 3 期，陶窑见此文。中国社会科学院考古研究所河南一队：《郏县水泉裴岗文化遗址》，《考古学报》1995 年第 1 期。

[19] 河北省文物管理处等：《河北武安磁山遗址》，《考古学报》1981 年第 3 期。

[20] 辛岩：《查海遗址发掘再获重大成果》，《中国文物报》1995 年 3 月 19 日。

[21] 北京大学考古教研室华县报告编写组：《华县、渭南古代遗址调查与试掘》，《考古学报》1980 年第 3 期。

[22] 湖南省文物考古研究所等：《湖南省澧县新石器时代早期遗址调查报告》，《考古》1989 年第 10 期。

[23] 张福康：《中国新石器时代制陶术的主要成就》，《中国古代陶瓷科学技术成就》，上海科学技术出版社，1985 年。

[24] 李家治：《中国陶器和瓷器工艺发展过程的研究》，《中国古代陶瓷科学技术成就》，上海科学技术出版社，1985 年。李家治：《中国科学技术史·陶瓷卷》第 71 页，科学出版社，1998 年。

[25] 中国硅酸盐学会：《中国陶瓷史》，文物出版社，1982 年。按：第 40 页说，目前已发现百余座新石器时代陶窑。

[26] 周仁等：《我国黄河流域新石器时代和殷周时代制陶工艺的科学总结》，《考古学报》1960 年第 1 期。

[27] 李家治等：《河姆渡遗址陶器的研究》，《硅酸盐学报》1979 年第 2 期。

[28] 李敏生等：《湖北枝江关庙山新石器时代遗址陶片的初步研究》，《中国原始文化论集》，文物出版社，1989 年。

[29] 中国社会科学院考古研究所湖北工作队：《湖北枝江县关庙山新石器时代遗址发掘简报》，《考古》1981 年第 4 期。

[30] 珠海市博物馆等：《珠海考古发现与研究》，广东人民出版社，1991 年。

[31] 李文杰等：《大溪文化的制陶工艺》，《中国原始文化论集——纪念尹达八十诞辰》，文物出版社，1989 年。

[32] 李文杰：《中国古代制陶工艺的分期和类型》，《自然科学史研究》1996 年第 1 期。李文杰：《陶器的化学组成与制陶原料的关系——兼论中国古代制陶工艺的分期和类型》，载《中国古代制陶工艺研究》第 329 ~ 360 页，科学出版社，1996 年。

[33] 谷飞：《白陶源流试析》，《中原文物》1993 年第 3 期。按：老官台白陶尚未进行科学分析，估计是高铝白陶。

[34] 山东省文物管理处等：《大汶口——新石器时代墓葬发掘报告》，文物出版社，1974 年。

[35] 廖永民等：《瓦窑嘴裴李岗文化遗存试析》，《中原文物》1997 年第 1 期。文中说：该地发现的泥质红陶和泥质黑陶均经淘洗。

［36］李文杰：《城背溪文化的制陶工艺》，《中国古代制陶工艺研究》第 119 页，科学出版社，1996 年。

［37］北京市文物研究所：《北京考古四十年》，燕山出版社，1990 年。

［38］郑笑梅：《试论北辛文化及其与大汶口文化的关系》，《山东史前文化论文集》，齐鲁书社，1986 年。

［39］半坡博物馆等：《渭南北刘新石器时代早期遗址调查与试掘简报》，《考古与文物》1982 年第 4 期。

［40］巩启明：《陕西新石器时代考古工作与研究》，《考古与文物》1988 年第 5、6 期。

［41］中国科学院考古研究所：《庙底沟与三里桥》，科学出版社，1959 年。

［42］中国科学院考古研究所山西工作队：《山西芮城东庄村和西王村遗址的发掘》，《考古学报》1973 年第 1 期。

［43］武汉大学历史系考古研究室等：《湖北宜城曹家楼新石器时代遗址》，《考古学报》1988 年第 1 期。

［44］辽宁省博物馆等：《辽宁敖汉旗小河沿三种原始文化的发展》，《文物》1977 年第 12 期。

［45］林声：《云南傣族制陶术调查》，《考古》1965 年第 12 期。

［46］中国科学院考古研究所：《西安半坡》第 152～160 页，科学出版社，1963 年。

［47］李步青：《胶东半岛新石器时代初论》，《考古》1988 年第 1 期。

［48］辽宁省博物馆等：《大连市郭家村新石器时代遗址》，《考古学报》1984 年第 3 期。

［49］浙江省文管会等：《河姆渡发现原始社会重要遗址》，《文物》1976 年第 8 期。有彩陶 3 片。浙江省文物考古研究所：《河姆渡——新石器时代遗址考古发掘报告》，文物出版社，2003 年。夹炭陶，第一期见第 31 页，第二期见第 233 页，第三期见第 298 页，第四期见第 335 页。第一期彩陶、夹砂黑陶，分别见第 30 页、31 页。

［50］罗家角考古队：《桐乡县罗家角遗址发掘报告》。张福康：《罗家角陶片的初步研究》，皆见《浙江省文物考古所学刊》，文物出版社，1981 年。

［51］长办库区红花套考古工作站等：《城背溪遗址复查记》，《江汉考古》1988 年 4 期。

［52］湖南省博物馆：《湖南石门县皂市下层新石器遗址》，《考古》1986 年第 1 期。

［53］湖南省文物普查办公室等：《湖南临澧县早期新石器文化遗存调查报告》，《考古》1986 年第 5 期。

［54］中国社会科学院考古研究所湖北工作队：《湖北枝江关庙山遗址第二次发掘》，《考古》1983 年第 1 期。

［55］中国社会科学院考古研究所山东工作队：《山东汶上县东贾柏村新石器时代遗址发掘简报》，《考古》1993 年第 6 期。

［56］转引自文献［27］。

［57］俞伟超：《中国早期的"模制法"制陶术》、《文物与考古论集》（文物出版社成立三十周年纪念），文物出版社，1986 年。

［58］牟永抗：《关于我国新石器时代制陶术的若干问题》，《考古学文化论集》（二），文物出版社，1989 年。

［59］李露露：《泥片贴筑制陶的"活化石"——黎族制陶工艺调查》，《中国历史博物馆馆刊》总第 20 期，1993 年。

［60］文物编辑委员会：《文物考古工作十年（1979～1989）》第 259 页，文物出版社，1990 年。

［61］中国社会科学院考古研究所山东队等：《山东滕县北辛遗址发掘报告》，《考古学报》

1984 年第 2 期。

　　[62] 张季:《西双版纳傣族的制陶技术》,《考古》1959 年第 9 期。

　　[63] 李仰松:《从佤族制陶探讨古代陶器制作上的几个问题》,《考古》1959 年第 5 期。

　　[64] 沈阳市文物管理办公室:《沈阳新乐遗址发掘报告》,《考古学报》1978 年第 4 期,图版肆,7。

　　[65] 傣族制陶工艺联合考察小组:《记云南景洪傣族慢轮制陶工艺》,《考古》1977 年第 4 期。

　　[66] 李文杰等:《黄河流域新石器时代制陶工艺的成就》,载《中国古代制陶工艺研究》第 13 ~ 17 页,科学出版社,1996 年。并见《华夏考古》1993 年第 3 期。

　　[67] 李仰松:《仰韶文化慢轮制陶技术的研究》,《考古》1990 年第 12 期。

　　[68] 李文杰:《大溪文化之最》,《江汉考古》1988 年第 1 期。

　　[69] 李文杰等:《甘肃秦安大地湾一期制陶工艺研究》,载《中国古代制陶工艺研究》第 27 页,科学出版社,1996 年。

　　[70] 半坡博物馆:《临潼姜寨新石器时代遗址的新发现》,《文物》1975 年第 8 期。

　　[71] 半坡博物馆等:《姜寨——新石器时代遗址发掘报告》,文物出版社,1988 年。

　　[72] 中国社会科学院考古研究所安阳工作队:《安阳后岗新石器时代遗址的发掘》,《考古》1982 年第 6 期。

　　[73] 上海市文物管理委员会:《上海马桥遗址第一、二次发掘》,《考古学报》1978 年第 1 期。

　　[74] 中国科学院考古研究所山东队:《山东曲阜西夏侯遗址第一发掘报告》,《考古学报》1964 年第 2 期。

　　[75] 山东省博物馆等:《邹县野店》,文物出版社,1985 年。

　　[76] 山东省博物馆:《山东潍坊姚官庄遗址发掘简报》,《考古》1963 年第 7 期。

　　[77] 昌潍地区艺术馆等:《山东胶县三里河遗址发掘简报》,《考古》1977 年第 4 期。

　　[78] 庄明军等:《山东青州市发现龙山文化器物坑》,《考古》2002 年第 1 期。

　　[79] 李文杰:《试谈快轮所制陶器的识别——从大溪文化晚期轮制陶器谈起》,《文物》1988 年第 10 期。

　　[80] 四川省博物馆:《巫山大溪遗址第三次发掘》,《考古学报》1981 年第 4 期。

　　[81] 中国社会科学院考古研究所:《大甸子——夏家店下层文化遗址与墓地发掘报告》,科学出版社,1996 年。

　　[82] 甘肃省文物管理委员会:《兰州新石器时代的文化遗存》,《考古学报》1957 年第 1 期。

　　[83] 甘肃省博物馆文物工作队:《广河地巴坪"半山类型"墓地》,《考古学报》1978 年第 2 期。

　　[84] 王昌燧等:《班村遗址出土彩陶的陶彩分析》,《中国历史博物馆馆刊》总第 24 期,1995 年。

　　[85] 徐元邦等:《我国新石器时代——西周陶窑综述》,《考古与文物》1982 年第 1 期。此文说前此已发现的新石器时代至西周窑址为 182 个。

　　[86] 黄河水库考古队华县队:《陕西华县柳子镇考古发掘简报》(《考古》1959 年第 2 期)、《陕西华县柳子镇第二次发掘的主要收获》(《考古》1959 年第 11 期)。

　　[87] 陕西省社会科学院考古研究所泾水队:《陕西邠县下孟村仰韶文化遗址续掘简报》,《考古》1962 年第 6 期。

　　[88] 黄河水库工作队陕西分队:《陕西华阴横阵发掘简报》,《考古》1960 年第 9 期。

　　[89] 河南省文化局文物工作队:《郑州西郊仰韶文化遗址发掘简报》,《考古通讯》1958 年

第 2 期。

　　[90] 河南省文化局文物工作队:《河南偃师汤泉沟新石器时代遗址的试掘》,《考古》1962年第 11 期。

　　[91] 刘可栋:《试论我国古代的馒头窑》,《中国古代陶瓷论文集》,文物出版社,1982年。

　　[92] 山西省考古研究所:《垣曲宁家坡陶窑址发掘简报》,《文物》1998年第 10 期。

　　[93] 考古研究所沣西发掘队:《1955～1957年陕西长安沣西发掘简报》,《考古》1959年第 10 期。

　　[94] 吴崇隽:《长江中游流域新石器时代制陶工艺初探》,《中国陶瓷》1990年第 1 期。

　　[95] 巩义市文物保护管理所:《河南巩义市瓦窑嘴新石器时代遗址试掘简报》,《考古》1996年第 7 期。

　　[96] 巩义市文物保护管理所:《巩义市瓦窑嘴遗址第三次发掘报告》,《中原文物》1997年第 1 期。

　　[97] 廖永民等:《对瓦窑嘴裴李岗文化泥质黑陶器的初步探讨》,《考古文物》2000年第 1 期。

　　[98] 安金槐:《谈谈郑州商代瓷器的几个问题》,《文物》1960年第 8、9 期。

　　[99] 姚仲源:《浙江德清出土的原始青瓷——兼谈原始青瓷生产和使用中的若干问题》,《文物》1982年第 4 期。

　　[100] 中国社会科学院考古研究所等:《山西夏县东下冯龙山文化遗址》,《考古学报》1983年第 1 期。

　　[101] 黄石林:《龙山时期小麦、青瓷、石灰和西周板瓦的发现》,《文物天地》1993年第 3 期。

　　[102] 湖南省博物馆:《安乡划城岗新石器时代遗址》,《考古学报》1983年第 4 期。

　　[103] 张福康:《铁系高温釉综述》,《中国古代陶瓷科学技术成就》,上海科学技术出版社,1985年。

　　[104] 河南省文物考古研究所:《郑州商城——1953～1985年考古发掘报告》,第 673 页郑州商城二里岗下层二期,第 791 页上层一期,发现了原始瓷残片或瓷器;文物出版社,2001年。下层相当于商代早期,上层相当于商代中期。

　　[105] 中国硅酸盐学会:《中国陶瓷史》第 76 页,文物出版社,1982年。

　　[106] 赵青云等:《河南古代陶瓷的科技成就》,《中国古代陶瓷研究》第五辑,紫禁城出版社,1999年。

第四节　原始的机械技术

　　[1] 刘仙洲:《中国机械工程发明史》第 4～5 页,科学出版社,1962年。

　　[2] 杨鸿勋:《石斧与石楔辨——兼及石锛与扁铲》,《考古与文物》1982年第 1 期。

　　[3] 杨鸿勋:《论石楔及石扁铲》,《文物与考古论集》(文物出版社成立三十周年纪念),文物出版社,1986年。

　　[4] 广西壮族自治区文物工作队:《广西桂林甑皮岩洞穴遗址试掘》,《考古》1976年第 3 期。

　　[5] 河北省文物管理处等:《河北武安磁山遗址》,《考古学报》1981年第 3 期。

　　[6] 浙江省文物管理委员会:《河姆渡遗址第一期发掘报告》,《考古学报》1978年第 1 期。《浙江河姆渡遗址第二期发掘的主要收获》,《文物》1980年第 5 期。吴玉贤等:《史前中国东南沿海海上交通的考古学观察》,《中国与海上丝绸之路》(论文集)第 276～277 页,福建人民出

版社，1991年。《河姆渡——新石器时代遗址考古发掘报告》，文物出版社，2003年。第一期，斧、锛等石质生产工具见第71~78页，骨耜见第85页，骨质器柄见第100页，木质器柄见第128页，木桨见第139页。第二期，骨耜见第265~267页，陶质舟形玩具见第253页。

［7］肖梦龙：《试论石斧石锛的安装与使用》，《农业考古》1982年第2期。关于澄湖石斧的资料亦转引自此文。

［8］山东省文物管理处等：《大汶口（新石器时代墓葬发掘报告）》图版贰伍、贰陆，文物出版社，1974年。

［9］南京博物院：《南京市北阴阳营第一、二次的发掘》，《考古学报》1958年第1期图版叁。

［10］广东省博物馆：《广东南海西樵山出土的石器》，《考古学报》1959年第4期。

［11］中国科学院考古研究所甘肃工作队：《甘肃永靖大何庄遗址发掘报告》，《考古学报》1974年第2期，图版拾柒。

［12］中国科学院考古研究所等：《西安半坡》，科学出版社，1963年。

［13］山东省文物考古研究所等：《山东姚官庄遗址发掘报告》，《文物资料丛刊》（5），图版叁，3。文物出版社，1981年。

［14］江西省文物管理委员会：《江西修水山背地区考古调查与试掘》，《考古》1962年第7期。

［15］河北省文物研究所：《燕下都》（上）第147页，文物出版社，1996年。战国中晚期铁钻。

［16］山东大学考古系等：《山东长清县双乳山一号汉墓发掘简报》，《考古》1997年第3期。

［17］湖南省博物馆：《安乡划城岗新石器时代遗址》，《考古学报》1983年第4期。

［18］中国科学院考古研究所：《庙底沟与三里桥》，科学出版社，1959年。

［19］林惠祥：《中国东南区新石器文化特征之一：有段石锛》，《考古学报》1958年第3期，图版陆，4。

［20］江西省博物馆等：《清江筑卫城遗址发掘简报》，《考古》1976年第6期第386页，图六。

［21］南京博物院等：《江苏省出土文物选集》，文物出版社，1963年。

［22］甘肃省博物馆等：《一九八〇年秦安大地湾一期文化遗址发掘简报》，《考古与文物》1989年第2期。

［23］孙机：《我国古代的平木工具》，《文物》1987年第10期。

［24］郑建芳：《四千年前的石锯》，《中国文物报》1995年6月11日。

［25］中国科学院考古研究所等：《西安半坡》，科学出版社，1963年。

［26］西北大学历史系编：《中国古代生产工具图集》（一）第72页，1984年。

［27］安徽省文物工作队：《潜山薛家岗新石器时代遗址》，《考古学报》1982年第3期。

［28］甘肃省博物馆文物工作队等：《甘肃永昌鸳鸯池新石器时代墓地》，《考古学报》1982年第2期。甘肃省文物工作队等：《甘肃东乡林家遗址发掘报告》，《考古学集刊》（4），中国社会科学出版社，1984年。

［29］贾兰坡等：《山西怀仁鹅毛口石器制造场遗址》，《考古学报》1973年第2期。

［30］黑龙江省文物考古工作队：《黑龙江省宁安县莺歌岭遗址》，《考古》1981年第6期。

［31］李殿福：《库伦、奈曼两旗夏家店下层文化遗址分布与内涵》，《文物资料丛刊》（7），文物出版社，1983年。

［32］开封地区文管会等：《河南新郑裴李岗新石器时代遗址发掘报告》，《考古》1978年第2期。

[33] 河南省文化局文物工作队:《郑州牛砦龙山文化遗址发掘报告》,《考古学报》1958 年第 4 期。

　　[34] 河南省文化局文物工作队第一队:《郑州旭旮王村遗址发掘报告》,《考古学报》1958 年第 3 期。

　　[35] 南京博物院:《吴县草鞋山遗址》,《文物资料丛刊》(3),1980 年。

　　[36] 天津市文物管理处:《天津北郊和宝坻县发现石器》,《考古》1976 年第 4 期。

　　[37] 余扶危、叶万松:《试论我国犁耕农业的起源》,《农业考古》1981 年第 1 期。

　　[38] 中国社会科学院考古研究所山西工作队等:《山西襄汾县陶寺遗址发掘简报》,《考古》1980 年第 1 期。

　　[39] 牟永杭、魏正瑾:《马家浜文化和良渚文化——太湖流域原始文化的分期问题》,《文物》1978 年第 4 期。

　　[40] 浙江省文物管理委员会:《杭州水田畈遗址发掘报告》,《考古学报》1960 年第 2 期。

　　[41] 浙江省文物管理委员会:《吴兴钱山漾遗址第一、二次发掘报告》,《考古学报》1960 年第 2 期。

　　[42] 王德庆:《江苏昆山荣庄新石器时代遗址》,《考古》1960 年第 6 期。

　　[43] 南波:《江苏省吴县洞庭西山消夏湾出土的一批石器和青铜器》,《文物》1977 年第 1 期。所出石犁较大。

　　[44] 南京博物院等:《江苏省出土文物选集》图 8,文物出版社,1963 年。

　　[45] 上海市文物管理委员会:《上海马桥遗址第一、二次发掘》,《考古学报》1978 年第第 1 期。

　　[46] 陈文华:《论农业考古》第 137 页,江西教育出版社,1990 年。

　　[47] 山西省文物管理委员会等:《山西闻喜汀店新石器及周代遗址》,《考古》1961 年第 5 期。

　　[48] 中国科学院考古研究所山西工作队:《山西芮城东庄村和西王村遗址的发现》,《考古学报》1973 年第 1 期。

　　[49] 宋兆麟、何其耀:《从少数民族的木弩看弩的起源》,《考古》1980 年第 1 期。杨泓:《中国兵器史论丛》"弩的出现"。文物出版社,1985 年。

　　[50] 江苏省文物管理委员会:《徐州高皇庙遗址清理报告》,《考古学报》1958 年第 4 期。

　　[51] 中国科学院考古研究所甘肃工作队:《甘肃永靖秦魏家齐家文化墓地》,《考古学报》1975 年第 2 期。黄河水库考古队甘肃分队:《甘肃永靖县张家嘴遗址发掘简报》,《考古》1959 年第 4 期。

　　[52] 南京博物院:《江苏邳县刘林新石器时代遗址第二次发掘》,《考古学报》1965 年第 2 期。

　　[53] 吴秉楠等:《对姚官庄与青堌堆两类遗存的分析》,《考古》1978 年第 6 期。

　　[54] 江西省文物管理委员会:《江西万年大源仙人洞洞穴遗址试掘》,《考古学报》1963 年第 1 期。

　　[55] 洛阳博物馆:《孟津小潘沟遗址简报》,《考古》1978 年第 4 期。

　　[56] 宋兆麟:《带索标——锋利的渔猎工具》,《中国考古学会第一次年会论文集》,文物出版社,1980 年。

　　[57] 中国社会科学院考古研究所河南一队:《1979 年裴李岗遗址发掘报告》,《考古学报》1984 年第 1 期。《河南郏县水泉裴李岗文化遗址》,《考古学报》1995 年第 1 期。

　　[58] 中国社会科学院考古研究所山东队等:《山东滕县北辛遗址发掘报告》,《考古学报》1984 年第 2 期。

［59］中国社会科学院考古研究所宝鸡工作队:《一九七七年宝鸡北首岭遗址发掘简报》，《考古》1979 年第 2 期。

［60］甘肃省博物馆文物工作队:《甘肃秦安大地湾遗址 1978 至 1982 年发掘的主要收获》，《文物》1983 年第 11 期。

［61］半坡博物馆等:《姜寨——新石器时代遗址发掘报告》，文物出版社，1988 年。

［62］石志廉:《谈谈尖底陶器》，《文物》1961 年第 3 期。

［63］黄崇岳等:《原始器灌农业与欹器考》，《农业考古》1994 年第 1 期。

［64］周衍勋等:《对西安半坡遗址小口尖底瓶的考察》，《中国科技史料》1986 年第 2 期。

［65］张绪球:《长江中游史前城址和石家河聚落群》，载严文明等:《稻作陶器和都市的起源》第 172 页，文物出版社，2000 年。湖南省文物考古所:《澧县城头山屈家岭文化城址调查与试掘》，《文物》1993 年第 12 期。

第五节 原始的纺织技术

［1］《太平御览》卷六八九"章服六·衣"，引《礼记》载孔子曰。

［2］转引自宋兆麟等:《中国原始社会史》，文物出版社，1983 年。

［3］龙村倪:《台湾兰屿雅美族造舟与花莲阿美族树皮布》，《中国少数民族科技史研究》第四辑，内蒙古人民出版社，1989 年。

［4］凌夏立:《台湾与环太平洋的树皮文化》，《树皮布印文陶与造纸印刷术(的)发明》，(台湾) 中央研究院民族学研究所(南港)专刊之三，1963 年。转引自文献［3］。

［5］贾兰坡等:《山西旧石器的研究现状及其展望》，《文物》1962 年第 4、5 期。

［6］贾兰坡等:《许家窑旧石器时代文化遗址 1976 年发掘报告》，《古脊椎动物与古人类》第 17 卷第 4 期，1979 年。

［7］陈铁梅等:《铀子系法测定骨化石年龄的可靠性研究及华北地区主要旧石器地点的铀系年代序列》，《人类学学报》第 3 卷第 3 期，1984 年。

［8］贾兰坡:《山顶洞人》第 60 页，龙门联合书局出版，1953 年。并见《中国文物报》1998 年 1 月 11 日第 3 版"骨针"。陈铁梅:《山顶洞文化年代的最新测定》，《中国文物报》1993 年 1 月 10 日。

［9］江西省文物管理委员会:《江西万年大源仙人洞洞穴遗址试掘》，《考古学报》1963 年第 1 期。张弛:《江西万年早期陶器和稻属植硅石遗存》，严文明、安田喜宪主编:《稻作陶器和都市的起源》，文物出版社，2000 年。后文说:吊桶环 E 层和仙人洞 3CIa 层开始出现野生稻与栽培稻植硅石共存的现象，这两个地层的年代约距今 11000~14000 年之间。

［10］广西壮族自治区文物工作队:《广西桂林甑皮岩洞穴遗址的试掘》，《考古》1976 年第 3 期。

［11］河南省文物考古研究所:《舞阳贾湖》上册第 343 页、下册第 953 页，科学出版社，1999 年。

［12］甘肃省博物馆等:《一九八〇年秦安大地湾一期文化遗址发掘简报》，《考古与文物》1982 年第 2 期。

［13］中国社会科学院考古研究所陕西六队:《陕西临潼白家村新石器时代遗址发掘简报》，《考古》1984 年第 11 期。

［14］中国社会科学院考古研究所甘肃工作队:《甘肃省天水市西山坪早期新石器时代遗址发掘简报》，《考古》1988 年第 5 期。

［15］中国社会科学院考古研究所河南一队:《1979 年裴李岗遗址发掘报告》，《考古学报》

1984 年第 1 期。

　　[16] 河南省文物考古研究所:《河南辉县孟庄遗址的裴李岗文化遗址》,《华夏考古》1999 年第 1 期。

　　[17] 河北省文物管理处等:《河北武安磁山遗址》,《考古学报》1981 年第 3 期。

　　[18] 黄河水库考古队华县队:《陕西华县柳子镇考古发掘简报》,《考古》1959 年第 2 期。

　　[19] 南京博物院:《吴县草鞋山遗址》,《文物资料丛刊》(3),1980 年。

　　[20]《江苏文物考古工作三十年》,《文物考古工作三十年 (1949~1979)》,文物出版社,1979 年。

　　[21] 郑州市文物考古研究所:《荥阳青台遗址出土纺织物的报告》,《中原文物》1999 年第 3 期。

　　[22] 张松林、高汉玉:《荥阳青台遗址出土丝麻织品观察与研究》,《中原文物》1999 年第 3 期。

　　[23] 浙江省文物管理委员会:《吴兴钱山漾遗址第一、二次发掘报告》,《考古学报》1960 年第 2 期。

　　[24] 浙江省文管会等:《河姆渡发现原始社会重要遗址》,《文物》1976 年第 8 期。河姆渡遗址考古队:《浙江河姆渡遗址第二期发掘的主要收获》,《文物》1980 年第 5 期。

　　[25] 浙江省文物考古研究所:《河姆渡——新石器时代遗址考古发掘报告》,文物出版社,2003 年。第一期陶、石、木纺轮,见第 64、78、139 页;第二期陶、石纺轮,见第 246、261 页;第三期陶、石纺轮,见第 312、319 页;第四期陶、石纺轮,见第 348、355 页。第一期织机木棍见第 136 页,木刀第 139 页;第二期木质梭形器见第 291 页。第一期木匕、骨匕见第 113、140 页。(按:早期发掘报告说两者计为 37 件,今计为 77 件)

　　[26] 郭郛:《从河北省正定南杨庄出土的陶蚕蛹试论我国家蚕的起源问题》,《农业考古》1987 年第 1 期 (总期第 13)。

　　[27] 河南省文物研究所:《淅川下王岗》,文物出版社,1989 年。

　　[28] 原发掘报告见郑州市博物馆:《郑州大河村遗址发掘报告》,《考古学报》1979 年第 3 期。按:此“大麻”原定为高粱;文献 [29] 改定为大麻,文献 [30] 将之归到了麻类作物中。

　　[29] 陈维稷主编:《中国纺织科学技术史 (古代部分)》第 8 页,科学出版社,1984 年。

　　[30] 陈文华:《中国古代农业考古资料索引》(十二),《农业考古》1987 年第 1 期,第 421 页。

　　[31] 王炳华:《新疆农业考古概述》,《农业考古》1983 年第 1 期。

　　[32] 甘肃省文物工作队等:《甘肃东乡林家遗址发掘报告》,《考古学集刊》(4),中国社会科学出版社,1984 年。西北师范学院植物研究所等:《甘肃东乡林家马家窑文化遗址出土的稷与大麻》,《考古》1984 年第 7 期。

　　[33] 中国科学院考古研究所等:《西安半坡》第 81 页,文物出版社,1963 年。

　　[34] 中国科学院考古研究所:《庙底沟与三里桥》第 26 页,科学出版社,1959 年。

　　[35] 山东省文物管理处等:《大汶口 (新石器时代墓葬发掘报告)》,文物出版社,1974 年。

　　[36]《路史》第四册,卷一四 (第 19 页),文渊阁《钦定四库全书》抄本,武汉大学出版社电子版第 215 碟。

　　[37] 陈维稷主编:《中国纺织科学技术史 (古代部分)》,科学出版社,1984 年。浸沤脱胶见第 41~45 页,热水缫丝见第 13 页。

　　[38] 何池:《甘肃省几种古老的缫丝方法》,《丝绸史研究》1987 年第 1、2 合期。

　　[39] 半坡博物馆等:《姜寨——新石器时代遗址发掘报告》,文物出版社,1988 年。

［40］中国科学院考古研究所山西工作队:《山西芮城东庄村和西王村遗址的发掘》,《考古学报》1973 年第 1 期。

［41］浙江省文物管理委员会等:《河姆渡遗址第一期发掘报告》,《考古学报》1978 年第 1 期。

［42］中国科学院考古研究所:《京山屈家岭》,科学出版社,1965 年。

［43］王若愚:《纺轮与纺专》,《文物》1980 年第 3 期。按:此“纺专”,本作“纺塼”(见《诗经·小雅·斯干》郑注),简化字则应写作“纺砖”。但也有学者写作“纺专”,或有所本。

［44］陈达农:《我对网坠的刍见》,《考古通讯》1957 年第 3 期。

［45］林华东:《河姆渡文化初探》,浙江人民出版社,1992 年。浙江省文物考古研究所:《河姆渡——新石器时代遗址考古发掘报告》,文物出版社,2003 年。一期编织物,第 153 ~ 154 页。

［46］中国科学院考古研究所等:《西安半坡》第 162 页,文物出版社,1963 年。

［47］陈维稷主编:《中国纺织科学技术史(古代部分)》第 23 ~ 24 页,科学出版社,1984 年。

［48］浙江省文物考古研究所反山考古队:《浙江余杭反山良渚文化墓地发掘简报》,《文物》1988 年第 1 期。

［49］赵丰:《良渚织机的复原》,《东南文化》1992 年第 2 期。该文认为:河姆渡遗物中,真正能断定为织机部件的只有卷布轴和打纬刀两种。

［50］赵承泽:《中国最早的投纬工具——捆》,《中国纺织史学术讨论会论文汇编》(内部资料),1984 年。

［51］陈维稷主编:《中国纺织科学技术史(古代部分)》第 26 ~ 34 页,科学出版社,1984 年。

［52］原出自云南省博物馆:《云南晋宁石寨山古墓遗址及墓葬》,《考古学报》1956 年第 1 期。图 1 - 5 - 2 转引自陈维稷主编:《中国纺织科学技术史(古代部分)》,科学出版社,1984 年。

［53］祝寿慈:《中国古代工业史》第 9 页,学林出版社,1988 年。

［54］贾兰坡:《山顶洞人》第 72 页,龙门联合书局,1951 年。

［55］中国科学院考古研究所等:《西安半坡》第 163 页,文物出版社,1963 年。

［56］青海省文物管理处考古队等:《青海乐都柳湾原始社会墓葬第一次发掘的初步收获》,《文物》1976 年第 1 期。1974 年发掘齐家文化墓 M314 的成年男性尸下撒有朱砂。

［57］李文杰:《中国古代制陶工艺研究》第 141 页,科学出版社,1996 年。

［58］许顺湛:《夏代前有个联邦制王朝》,《中原文物》1995 年第 2 期。

第六节　冶金技术的发明

［1］华觉明等编辑:《世界冶金发展史》,科学技术文献出版社,1985 年。原著 R. F. Tylecote, A History of metallurgy, 1976 年英文版原版。

［2］巩启明:《姜寨遗址考古发掘的主要收获及其意义》,《人文杂志》1981 年第 4 期。

［3］西安半坡博物馆等:《姜寨——新石器时代遗址发掘报告》,文物出版社,1988 年。

［4］韩汝玢:《姜寨第一期文化出土黄铜制品的鉴定报告》,载文献［3］。

［5］甘肃省文物工作队等:《甘肃东乡林家遗址发掘报告》,《考古学集刊》(4),中国社会科学出版社,1984 年。

［6］张学正等:《甘肃发现的早期金属器物的研究》,国际冶金史学术讨论会论文,北京,1981 年。

[7] 和岛诚一:《山西省河东平野及び太原盆地北半部に于ける先史学的调查概要》,《人类学杂誌》58 卷第 4 期, 1943 年。转自文献 [8]。

[8] 安志敏:《中国早期铜器的几个问题》,《考古学报》1981 年第 3 期。

[9] 山东省文物管理处等:《大汶口(新石器时代墓葬发掘报告)》第 43 页, 文物出版社, 1974 年。

[10] 牛河梁铜环见辽宁省文物考古研究所:《辽宁近十年来文物考古新发现》,《文物考古工作十年 (1979～1989)》, 文物出版社, 1990 年。

[11]《中国文明起源座谈纪要》,《考古》1989 年第 12 期, 并见《考古研究所史前工作二十年》,《考古》1997 年第 8 期。

[12] 孙淑云等:《甘肃早期铜器的发现与冶炼、制造技术研究》,《文物》1997 年第 7 期。

[13] 中国社会科学院考古研究所:《胶县三里河》, 文物出版社, 1988 年。鉴定报告并该书附五,《三里河遗址龙山文化铜器鉴定报告》。

[14] 严文明:《论中国的铜石并用时代》,《史前研究》1984 年第 1 期。栖霞杨家圈二期铜锥并详见北京大学考古系等:《胶东考古》第 198 页, 文物出版社, 2000 年。

[15] 何堂坤等:《长岛店子龙山文化铜片科学分析》, 待刊。

[16] 山东省文物考古研究所:《山东省文物考古工作五十年》, 载《新中国考古五十年》第 238 页, 文物出版社, 1999 年。

[17] 河南省文物研究所等:《河南淮阳平粮台龙山文化城址试掘简报》,《文物》1983 年第 3 期。

[18] 中国社会科学院考古研究所山西工作队等:《山西襄汾陶寺遗址首次发现铜器》,《考古》1984 年第 12 期。林晓毅等:《陶寺中期墓地被盗墓葬抢救性发掘纪要》,《中原文物》2006 年第 5 期。

[19] 李水城等:《酒泉县丰乐乡照壁滩遗址和高苜蓿地遗址》,《中国考古学年鉴》(1987 年), 文物出版社, 1988 年。

[20] 湖北省文物研究所等:《湖北石家河罗家柏岭新石器时代遗址》,《考古学报》1994 年第 2 期。《文物考古工作十年 (1979～1989)》第 194 页, 文物出版社, 1990 年。

[21] 河南省文物管理所等:《登封王城岗遗址的发掘》,《文物》1983 年第 3 期。

[22] 河南省文物研究所等:《登封王城岗与阳城》, 文物出版社, 1992 年。遗址中出土一件容器残片, 器形不易分辨, 有学者认为其像鬶的残片, 故暂且以之为名。

[23] 李京华:《关于中原地区早期冶铜技术及相关问题的几点看法》,《中原古代冶金技术研究》, 中州古籍出版社, 1994 年。

[24] 泉华:《中国早期铜器的发现与研究》,《史学集刊》1985 年第 3 期。

[25] 中国社会科学院考古研究所:《河南临汝煤山遗址发掘报告》,《考古学报》1982 年第 4 期。

[26] 河北省文物管理委员会:《河北唐山市大城山遗址发掘报告》,《考古学报》1959 年第 3 期。断代并见文献 [14] 严文明先生文。

[27] 甘肃省博物馆:《武威皇娘娘台遗址发掘报告》,《考古学报》1960 年第 2 期。《武威皇娘娘台遗址第四次发掘》,《考古学报》1978 年第 4 期。

[28] 中国科学院考古研究所甘肃工作队:《甘肃永靖大何庄遗址发掘报告》,《考古学报》1974 年第 2 期。谢端琚:《论大何庄与秦魏家齐家文化的分期》,《考古》1980 年第 3 期。

[29] 中国科学院考古研究所甘肃工作队:《甘肃永靖秦魏家齐家文化墓地》,《考古学报》1975 年第 2 期。

[30] 孙淑云等:《中国早期铜器的初步研究》,《考古学报》1981 年第 3 期。

[31] 甘肃省博物馆:《甘肃省文物考古工作三十年》,《文物考古工作三十年(1949~1979)》,文物出版社,1981年。

[32] 田毓璋:《甘肃临夏发现齐家文化骨柄铜刃刀》,《文物》1983年第1期。青海省文物考古队:《青海互助土族自治县总寨马厂、齐家、辛店文化墓葬》,《考古》1986年第4期。

[33] 甘肃省岷县文化馆:《甘肃岷县杏林齐家文化遗址调查》,《考古》1985年第11期。

[34] 青海省文物管理处考古队:《青海省文物考古工作三十年》,《文物考古工作三十年(1949~1979)》,文物出版社,1981年。

[35] 青海省文物考古队:《青海互助土族自治县总寨马厂、齐家、辛店文化墓葬》,《考古》1986年第4期。陈振中:《先秦的铜锥和铜钻》,《文物》1998年第2期。

[36] 李虎侯:《齐家文化铜镜的非破坏鉴定》,《考古》1980年第4期。

[37] 北京科技大学冶金史研究室:《登封王城岗龙山文化四期出土的铜器WT196H617:14残片检验报告》,载《登封王城岗与阳城》,文物出版社,1992年。

[38] 甘肃矿业公司矿产勘测总队:《甘肃地质矿调查报告书》,第74~75页,1973年。

[39] 铜绿山考古发掘队:《湖北铜绿山春秋战国古矿井遗址发掘简报》,《文物》1975年第2期。

[40] 甘肃省文物考古研究所等:《甘肃民乐县东灰山遗址发掘纪要》,《考古》1995年第12期。

[41] 张万钟:《泥型铸造发展史》,《中国历史博物馆刊》总第10期,1987年。

[42] 容庚、张维持:《青铜器的起源和发展》,《中山大学学报》1962年第3期。

[43] 陈戈、贾梅仙:《齐家文化应属青铜时代——兼谈中国青铜时代的开始及其相关的一些问题》,《考古与文物》1990年第3期。

[44] 何堂坤:《先秦青铜合金技术的初步探讨》,《自然科学史研究》1997年第3期。

第七节　采矿技术的发明

[1] 沈阳市文物管理办公室:《沈阳新乐遗址试掘报告》,《考古学报》1978年第4期。

[2] 辽宁省煤田地质勘探公司科学技术研究所:《沈阳新乐遗址煤制品产地探讨》,《考古》1979年第1期。

[3] 沈阳新乐遗址博物馆:《辽宁沈阳新乐遗址抢救清理发掘简报》,《考古》1990年第11期。

[4]《路史》第四册,卷一三,文渊阁《钦定四库全书》抄本,武汉大学出版社电子版第215碟。

[5]《文选》第二册,卷四,第21页,《蜀都赋》刘逵注。文渊阁《钦定四库全书》抄本,武汉大学出版社电子版第428碟。

[6] 白广美:《川东、北井盐考察报告》,《自然科学史研究》1988年第3期。

[7] 孙华:《四川盆地盐业起源论纲——渝东盐业考古的现状、问题与展望》,《盐业史研究》2003年第1期。

[8] 孙华:《渝东史前制盐工业初探——以史前时期制盐陶器为研究角度》,《盐业史研究》2004年第1期。

[9]《水经注》第十六册,卷三三,第22页"江水",文渊阁《钦定四库全书》抄本,武汉大学出版社电子版第234碟。

[10] 黄慰文:《广东南海县西樵山遗址的复查》,《考古》1979年第4期。

[11]《新中国考古五十年》第314页,文物出版社,1999年。

［12］浙江省文物管理委员会:《河姆渡遗址第一期发掘报告》,《考古学报》1978 年第 1 期,第 49～50 页。浙江省文物考古研究所:《河姆渡——新石器时代遗址考古发掘报告》第 293 页,文物出版社,2003 年。

［13］洛阳博物馆:《洛阳矬李遗址试掘简报》,《考古》1978 年第 1 期。

［14］安阳地区文物管理委员会:《河南汤阴白营龙山文化遗址》,《考古》1980 年第 3 期。

［15］上海市文物管理委员会:《1987 年上海青浦县崧泽遗址的发掘》,《考古》1992 年第 3 期。

［16］南京博物馆:《太湖地区的原始文化》,《文物集刊》第 1 期。

第八节　髹漆技术的萌芽

［1］河姆渡遗址考古队:《浙江河姆渡遗址第二期发掘的主要收获》,《文物》1980 年第 5 期。浙江省文物考古研究所:《河姆渡——新石器时代遗址考古发掘报告》第 291 页,文物出版社,2003 年。按:河姆渡文化一期出土过 25 件木质筒形器,有 7 件的外表留有藤缠或涂料装饰过的痕迹,但也有学者认为此涂料即是漆,惜未科学分析为凭。

［2］《中国美术全集·工艺美术编 8·漆器》,文物出版社,1989 年。

［3］吴苏:《圩墩新石器时代遗址发掘简报》,《考古》1978 年第 4 期。

［4］江苏省文物工作队:《江苏吴江梅堰新石器时代遗址》,《考古》1963 年第 6 期,并见文献［3］。

［5］贾汉清等:《阴湘城发掘又获重大成果》,《中国文物报》1998 年 7 月 1 日。

［6］中国社会科学院考古研究所山西工作队等:《1978～1980 年山西襄汾陶寺墓地发掘简报》,《考古》1983 年第 1 期。

［7］高炜:《陶寺考古发现对探讨中国古代文明起源的意义》,《中国原始文化论集》,文物出版社,1989 年。

［8］王世襄:《中国古代漆工杂述》,《文物》1979 年第 3 期。

［9］沈福文:《漆器工艺技术资料简要》,《文物参考资料》1957 年第 7 期。

［10］陈元生等:《史前漆膜的分析鉴定技术研究》,《文物保护与考古科学》7 卷第 2 期,1995 年。

［11］河南省文物考古研究所:《舞阳贾湖》,科学出版社,1999 年。

［12］甘肃省博物馆等:《甘肃秦安大地湾新石器时代早期遗存》;张明川等:《试谈大地湾一期和其他类型文化的关系》,皆见《文物》1981 年第 4 期。按:大地湾一期距今约 7000～8000 年。

［13］李文杰:《甘肃秦安大地湾一期制陶工艺研究》,《考古与文物》1996 年第 2 期。

［14］浙江省文管会等:《河姆渡发现原始社会重要遗址》,《文物》1976 年第 8 期;浙江省文物管理委员会:《河姆渡遗址第一期发掘报告》,《考古学报》1978 年第 1 期。

［15］马清林等:《甘肃秦安大地湾遗址出土彩陶(彩绘陶)颜料以及块状颜料分析研究》,《文物》2001 年第 8 期。

［16］陈振裕:《先秦漆器概述》,《楚文化与漆器研究》第 283～284 页,科学出版社,2003 年。

第 二 章

夏商周手工业技术的发展

夏、商、周三代是我国古代文明产生和发展的重要阶段，前后经历了 1800 多年，在中国文明史、世界文明史上都占有重要的地位。

夏族原是黄帝族的一支，据说他们先起晋南，然后东进豫境[1]。夏代是我国古代第一个统一的国家政权[2]，依据"夏商周断代工程"的研究，夏代约始于公元前 2070 年，终于公元前 1600 年[3]；在考古文化中，夏代之始年约与河南龙山文化晚期的王城岗二段相当，最初的都城当即登封王城岗[4]；王城岗二段的 ^{14}C 年代测定数，即相当于公元前 2070 年左右[5][6]。所以夏代当始建于龙山文化晚期，其早期便相当于王城岗二段、三段；中期、晚期则相当于二里头文化的一、二期。在考古学中，二里头文化计分四期，经 ^{14}C 年代测定，一期为公元前 1880 ~ 前 1730 年，二期为公元前 1740 ~ 前 1600 年，三期为公元前 1600 ~ 前 1555 年，四期为公元前 1560 ~ 前 1521 年[7]；第三、四期文化已进入商代纪年①。

夏已进入文明社会②。文明的几大要素：城市的形成、复杂礼仪中心的出现、冶金技术的发明，文字的使用和国家的出现等[8]，诸项条件基本上都已具备，夏代使用文字之事也不能完全排除。据考古发掘和研究，邹平丁公龙山文化陶片（约公元前 2200 ~ 前 2100 年）上已有了文字，桓台岳石文化已有了卜骨刻文（约公元前 1700 ~ 前 1500 年，相当于夏代晚期和商代早期）[9]。

此时手工业已从农业中分离出来。夏代手工业已较发达，在二里头遗址的南部有青铜冶铸作坊，出土有坩埚残片、陶范、铜渣和进行冶铸操作的工作面；遗址西北面有陶窑，可能是制陶作坊；遗址北面和东面出土有骨料和骨质的半成品、磨石，可能是制骨作坊[10]。显然这些手工业都已脱离了农业，而成为独立的生产部门。《考工记·国有六职》云："有虞氏上陶，夏后氏上匠。"这也从一个侧面反映了夏代手工业技术的发展。二里头遗址的宫殿居中，四周为手工业区和一般居住区，中间有道路相通，可见它已具备了早期都邑的规模和内容[11]。

商族原活动于漳水流域，即今河北南部、河南北部一带，其始祖是契，曾佐禹治水有功。汤灭夏前居亳，据考，即在今河南濮阳。从最新的考古资料看，偃

---

① ^{14}C 年代测定数据目前虽然已较准确，但还不是绝对准确，所以在二里头文化，或者其他考古文化的分期中，有些 ^{14}C 年代往往是重叠的。这种重叠式的年代表示法，不是疏漏，而是理应如此，它正好说明了这些数据"虽然比较接近于真实，但还未必十分真实"。

② 依《夏商周断代工程》，夏应始于龙山文化晚期，但其早期都城迄今尚未找到，今人对其总体形态尚缺乏了解，故本书所说的夏代实际上只是夏代中、晚期，即二里头时期；这也是目前学术界的通行做法。

师商城即是商灭夏后所建最早的都城，即是史书所云汤都西亳，它的始年即公元前 1600 年，这是夏、商两代政权更迭的标界[12][13][14]。今在考古发掘中所见商代的几个重要都城是：偃师乡尸沟商城、郑州商城和安阳殷墟。乡尸沟商城最早，郑州商城稍后，前二者为商代前期都城，殷墟则为商代晚期都城。商终于公元前 1046 年。

商代是我国古代奴隶社会的发展期，其手工业相当发达，并形成了许多独立的生产部门。1969～1977 年，安阳小屯村西的安阳钢厂一带发掘了 939 座殷代墓葬，有 76 座出土有铜（铅）锛、凿、锥、石斧、镰、陶纺轮、骨锥、陶拍等手工业具[15]，这些墓的主人生前很可能就是从事手工业生产的。《左传》定公四年载：周曾分商遗民六族给鲁，七族给卫。此十三族中至少有九族是因从事某种手工业而著称的；如给鲁的索氏，绳工；长勺氏、尾勺氏，酒器工；给卫的陶氏，陶工；施氏，旗工；繁氏，马缨工；锜氏，锉工或釜工；樊氏，篱笆工；终葵氏，椎工。可见工种较多且分工较细。这些手工业者大体上是原始社会沿袭下来的手工业氏族。《左传》定公元年载：春秋时期薛国的皇祖奚仲，曾"居薛，以为夏车正"。此"车正"应是管理制车工人的首领。当然，也可能有一部分手工业工人是奴隶。

周族起源于今陕西中部和甘肃东部一带，其始祖弃（后稷）曾被尧举为农师。古公父时期，周人迁徙到了岐山下的周原，并定国号为周，从此真正进入了文明社会。先周时期（西周以前）的周人实际上已进入了青铜时代。西周时期，在政治、经济上都采取了许多重大的措施，使我国古代奴隶社会的经济基础和上层建筑两方面都逐渐完善起来。但有一点值得注意的是：周灭商之后，在相当长一个时期内，其生产技术是不能与商代晚期相比的。夏人、商人、周人，都是古老的氏族，夏、商、周三代的更替，并不是在原有文化技术基础上建立新的体制，而是一个氏族取代另一个氏族的统治，故其间明显地存在着文化和生产技术上不太衔接的现象。仅西周而言，实际上是到了西周中晚期，生产技术才获得较大成就。东周时期，因礼乐崩溃，群雄割据，互相兼并，大统一的局面受到破坏，但各国通过不同形式的变法，整个社会又有了许多进步。西周和春秋战国时期的手工业都有了许多重要的发展。

第一节　采矿技术的初步发展

夏、商、周三代是我国古代采矿技术蓬勃发展的时期，多种金属和非金属矿开采都迅速发展起来，铜矿、铁矿、丹砂、食盐、煤炭的开采都取得了较大的进步。尤其是铜矿开采，在南方、北方都涌现出了我国古代第一批大型采矿场，并建立了一整套完整的地下开采体系。但在不同历史时期、不同地区，其发展状况又有一定的差别。

总体上看，夏、商、周三代采矿技术的发展大体经历了三个阶段：

第一阶段，夏至商代前期，或说二里头文化至二里岗文化时期，这是我国古代金属矿开采技术的兴起期。夏文化，以及四坝文化、岳石文化、夏家店下层文化等都较多地采铜、炼铜。二里头和盘龙城时期[16]，有的铜器含铅、含锡量已经不低，有报道说二里头三期遗存出土过 1 件铅片（IVH76:48）[17]，说明当时已采铅、炼铅。《禹贡》云：青州厥贡"岱畎丝枲铅松怪石。"此"铅"即铅。该书又云：扬州"厥贡惟金三品"，荆州"厥贡羽毛齿革惟金三品"。此"金三品"，孔传认为是金、银、铜；但由考古资料看，笔者认为释作铜、锡、铅更为适宜。《禹贡》原题为夏书，当基本可信。考古学家邵望平认为，原作者的地理知识是仅限于公元前 1000 年以前的；其中的"九州"说有可能出自商朝史官，或商朝史官对夏口碑的追述[18]。此期当主要是露天开采，或有部分小型的地下开采。

第二阶段，商代中、后期至西周，这是我国古代采矿业的第一个繁荣期，铜、锡、铅等金属矿，玉石、食盐等非金属矿都已大量开采，煤玉采取量也有增加。今见于考古发掘的先秦大型采矿遗址中，至少四处是此期着手开采的。它们是：（1）内蒙古昭乌达盟林西大井古铜矿，断代西周晚期至春秋早期[19]。（2）湖北大冶铜绿山古铜矿，年代上限为商代晚期，下限为西汉，隋唐时期又在早期基础上进行过开采。今发掘的矿体主要属于春秋战国时期[20]。（3）皖南古铜矿，年代上限为西周，下限为唐宋[21]。（4）江西瑞昌铜岭古铜矿，原断代为商代中期至春秋战国[22]。西周时期，煤玉出土大量增加，仅宝鸡市茹家庄一处两座西周墓便出土了 200 余件[23]。周代还设置了专管矿业的职官。《周礼·地官》云："卝人，掌金玉锡石之地，而为之厉禁以守之。"《周礼·职金》云："职金掌凡金玉锡石丹青之戒令。"这是我国古代关于矿业管理的较早记载。从江西铜岭古矿遗址看，至迟商代中期，我国古代地下开采的技术体系便已形成。

第三阶段，春秋战国，这是我国古代采矿业的转变期，在金属矿开采方面，由采铜（矿）为主转变成了采铁（矿）为主，同时开采技术也有了不少发展。春秋战国或更早，铜、铁、铅、锡、金、银、汞七种金属矿，我国先后都已开采和冶炼。从考古资料看，山顶洞人、北首岭人、大汶口人等，都曾使用过赤铁矿；但那是作为颜料、涂料使用的；作为冶铁用的铁矿石之开采，中原地区应始于西周时期，战国时期急剧增加起来。《山海经》一书记载了 73 种矿物，其中金属就有铁、铜、锡、金、银五种，此外还谈到了煤矿。其"五藏经"所载产铁之地 34 处，今有明确地点可考证的达 17 处。《管子·地数》篇说全国出铁之山三千六百零九，出铜之山四百六十七，此数字虽未必确凿，但说明了铁、铜开采之盛。此期经考古发掘的大型铜矿约有三处，一是湖南麻阳古矿，断代战国[24]，其余两个便是前面提到的皖南古矿和大冶铜绿山古矿。此外，滇池地区也在此期冶炼了不少铜器和部分铁器，肯定也有了金属矿开采，今新疆的奴拉赛铜矿也已采炼，其年代约与中原的东周相当。早期铁矿大约多是一些露天矿、鸡窝矿之类，其遗址是很难保留下来的。

此时期采矿技术中最值得注意的事项是：铜矿开采已由地上开采发展成了大规模的地下开采。在地下开采时，人们有效地采用了竖井、斜井、盲井、平巷相结合的开拓方式，初步解决了井巷支护、采掘、运输、提升、通风、排水、照明等一系列复杂的工程技术问题。有的矿井至今依然较好地保存着。人们在共生矿识别技术，以及在找矿、选矿技术方面，也都积累了丰富的经验。

一、大型采矿场的出现

今在考古发掘中看到的先秦大型采矿场主要有6处，即前云瑞昌铜岭（始于商代中期）、大冶铜绿山、皖南（皆始于商代晚期）、内蒙大井（相当于西周）、新疆奴拉赛（相当于春秋）、湖南麻阳（战国）古矿场。此6处之中，除麻阳外，都是兼具了采、冶的，唯麻阳有采无冶。

（一）林西大井采冶场[25][26][27]

林西大井古铜采冶场位于今内蒙赤峰市林西县境，1976年发掘，遗址范围约2.5平方公里，地表可见古采坑47处和8个冶炼区，是一座集采矿、选矿、冶炼、铸造为一体的联合作坊。开采工具主要是石器，计收集到1500多件（出土1061件，采集400多件）；种类有石钎、斧形钎、凿形钎、石锤等；铜质工具只出土过一件铜凿。据^{14}C年代测定，距今约2970±115年。

古采矿场是沿矿体走向作露天开采的，开采深度一般为7~8米，最深达17米，采场最长达500多米。矿脉急陡；为减少剥离量，边坡也十分陡峭。人们在露天采场的底部曾发现一个1米多深的平硐，这显然是为采挖底部富矿而开掘的。

从采集到的标本看，铜矿主要是一种含有锡石、毒砂的黄铁矿—黄铜矿，其占全矿区总储量的95%。铜矿平均品位为：铜1.84%（最高13.4%）、砷0.83%（最高14.68%）、锡0.51%、银0.01091%。这是迄今所知我国最早使用的硫化矿。

（二）铜绿山采冶场[20][28][29][30]

铜绿山古铜采冶场位于湖北省大冶县，1973~1974年发掘，遗址范围包括铜绿山、柯锡太村等处，南北长约2公里，东西宽约1公里，发掘了大量与找矿、采矿、冶炼有关的大量遗址和遗物。采矿场包括露天开采和地下开采两种。今已发现古代露天采场7个，地下采区18个，竖井252个，井巷总长度8公里以上。所有老窿全用木料支护，估计整个古矿区所用木料达3000米^3。古矿场内留有3万~4万吨铜矿石，品位高达12%~20%，平均达6%以上。人工堆积物70余万米^3。采掘工具以铜、铁器为主。铜工具有铜锛、铜斤、铜镢、铜斧、铜锄、铜凿，计47件，其中属商的有斧2件，属西周的有斧3件、斤2件、锛10件，属春秋的有斧17件。铁工具有铁锤、铁锛、铁斧、四棱铁錾、铁耙、铁铲等，计23件，其中1件锛属春秋中期，余皆属战国，及至西汉。木器、石器亦占较为重要的地位，所出木制及石质工具上千件，种类有木铲、木耙、木槌等[31]。在地下开采时，有效地采用了竖井、斜井、盲井、平巷等相结合的开拓方式，初步解决了井下支护、通风、排水、提升、照明等一系列复杂的技术问题。

今发掘的主要是"12线老窿"和"24线老窿"，分属春秋和战国两个时期。但因后一老窿曾出土有汉代河南郡第三冶铁作坊生产的铁铲（其上有"河三"二字铭），故很可能它在汉代亦曾使用。

这是迄今所见我国古代保存最为完整的一座采矿场，国内外都甚为罕见。有关其开采、冶炼技术方面的具体问题，下面再作介绍。

（三）皖南采冶场[21]

皖南古矿采冶场主要分布于安徽省南部的铜陵、南陵、繁昌、贵池、青阳一带。在铜陵市境内，今已发现商至唐宋的采冶遗址 29 处，其中属于商周的便达 7 处。一般都采、冶配套，凡有冶场处，附近多有采矿场。采矿方法有露天开采、地下开采，以及先露采后坑采三种。

（四）瑞昌铜岭采冶场[22][32]

1988～1992 年发掘，古采矿区约 70 000 米^2，古冶炼区约 170 000 米^2。考古发掘揭示采矿区约 1800 米^2，其中有露天开采，也有地下开采。古采矿区出土有露天采场、矿井、巷道、选矿场、工栅等百余处，铜、石、竹、木、陶质的生产工具和生活用器数百件。在采矿区内，今已清理竖井 103 口，平巷 19 条。井巷大多采用木质支护结构，井壁贴有扁平木板或小木棍，井体采用榫卯式和内撑式方框支架组接，井深大都在 8 米以上。发现铜渣堆 4 处，现存古冶炼区 3 处，均呈椭圆形分布。古代炼渣堆积最厚处达 4 米，总量约达数十万吨。据 ^{14}C 测定，遗址年代上限为商代中期，下限为春秋，及至战国早期。

出土遗物中有采掘、排水、选矿、装载、照明等生产工具和生活用具，其中尤其值得注意的是 3 种器物：一是木辘轳，这是我国今见年代最早的辘轳；二是钺形斧，青铜质，弧刃，造型十分别致，为开采所用；三是离式鬲，出于 11 号竖井，依其形制当为商代中期物。

（五）麻阳铜矿场[24]

麻阳铜矿场位于湘西沅麻盆地中段。1982 年清理，计发现古矿井 14 处，其中 13 处作了调查。此 13 处中，只有一处为露天开采，余皆为地下开采。矿井通常是自上而下、沿矿脉走向而倾斜开凿的，采幅一般为 0.8～1.4 米，最小 0.4 米，最大 3 米左右。12 处矿井中，有 10 处的开采深度都在 125 米标高以上，只有两处低于此数，其中"2202"号老窿的标高为 95 米，斜长 140 米，垂直深度 80 米。井巷上为木柱支护，有的地方还铺有地栿。木支柱皆系砍成，未经锯切。

今麻阳铜矿是一个以自然铜为主的砂岩型富铜矿，自然铜含量占铜矿物总量的 85%，其次为辉铜矿，以及孔雀石、赤铜矿、黑铜矿等，且伴生少量的银。13 处古矿井开采面积约 32 351 米^2，开采矿石约 175 365 吨；品位 2%～12.8%，平均 4.86%。

采掘工具主要是铁器，包括铁錾和铁锄等，另有部分木器，所见有木铲、木杯、木瓢、木槌等。据 ^{14}C 测定，遗址距今约 2730±90 年。结合器物形制判断，应属战国时期。

（六）奴拉赛古矿冶场

奴拉赛古矿冶场位于今新疆尼勒克县城南 3 公里，20 世纪 50 年代就已发现，80 年代时作了进一步调查和发掘，发现有古矿井及其木支护，采矿用的石器、炼渣、冶炼产品等。表层矿脉为氧化带，地表 5 米以下为原生带。原生矿以辉铜矿为主，且含斑铜矿、黄铜矿、黄铁矿等。1 号矿脉地表部分铜矿平均品位为 5%，有的高达 17%；掌子面采集的样品，品位可高达 30%。今已发现 10 余处古矿井，皆沿矿脉分布，可惜的是皆已塌陷。在 1 号矿体下的 15 米处，发现一个古代采空区，深及 30 米，宽 6 米，长 8 米。采空区内残留有木支护、石锤、炭块、骨片等。所出土的木支护经 ^{14}C 测定，年代为公元前 2650±170 年，约与春秋中期相当。采矿区附近还有一个冶炼场，出土有炼渣、木炭、矿石、冰铜等物[33]。

二、先秦铜矿的地下开采技术

从采矿技术的发展程序上看，大凡都是先有露采，后有坑采。从仰韶文化到二里头至二里岗时期，我国铜矿大约都是以露采为主的。但坑采始于何时，由露采到坑采的演变过程如何，眼下还不太清楚。目前所见大型铜矿遗址皆属商代中期之后，但从铜岭的发掘资料看，至迟商代中期，坑采技术便已达到较高水平。所以在商代中期之前，肯定还有一个坑采的发明、发展过程。在先秦古矿场中，保存较好、技术较为先进的是大冶铜绿山[20][28][29][30]和瑞昌铜岭矿场[22][32]，它们都进行过露采和坑采。露采的对象是矿体较厚、品位较高、剥离层较薄的矿体。从考古资料看，我国铜矿露采的具体做法通常是：先开采矿体露头，之后再将废石回填到露天采场之内。有的露天采场在后世又沿"废石堆"，在回填物底层下掘竖井，做地下开采。铜绿山的露天采场只有少数几个，如北 XI 号矿体（T4）等，此矿场有人工堆积物 20 多万米^3，端部留有品位为 4% 以上的铜矿石，堆积物中分布有 36 个春秋时期的竖井。此 XI 号矿体的露采应在春秋以前。坑采，即地下开采的操作要点是：从地表开掘通达矿体的巷道，构成采掘、运输、提升，以及通风、排水等一整套地下开采系统。今仅以铜岭和铜绿山坑采为例作一说明。

（一）井巷开拓与支护

井巷是地下开采的必由之路，它主要包括竖井、斜井、平巷三种，在不同历史时期，不同地区，三种井巷的使用和支护情况都有一定差别。

1. 铜岭支护技术[32]

从考古资料看，商代中期的井巷支护便开始规范化起来，之后，结构不断改进，逐步形成了一种具有抵抗侧压、顶压、地鼓等综合性能的木架支护。

（1）竖井支护。商代中期便采用了由井框和背棍组成的标准支护结构。井框为预制件，相间而置，支护时在井下装配，成为井筒的护壁。井框由 4 根圆木吻接而成方形或矩形，其中 2 根横木不作任何加工，另 2 根则将两端削成碗口状托槽，并以之作为内撑木；将碗口结构的内撑木装在同一壁，呈"同壁碗口接内撑式"。井筒断面约为 70 厘米×70 厘米（或 80 厘米×92 厘米）。这种碗口式接合，是为适应井巷围岩变形而设计的，唯存在挤压应力时才能接合牢固。商代晚期竖井支护无大变化，不同处是另加了 2 根内撑以为加强，可称之为"同壁碗口接内撑加强式"。西周竖井为正方形，仍采用间隔式框架支护，但框木采用榫卯衔接法，框木的一端为公榫，一端为母榫，框架背面采用封闭严密的木板护壁，从而增强了抵抗围岩侧压的能力。

（2）平巷支护。在商代，平巷采用厢架式支护法，每个厢架断面皆呈矩形，由 1 根顶梁、2 根立柱、1 根地栿组成，框架间距 60～80 厘米。商代中期，采用碗口接厢架式结构支护，与同期竖井支护方式相似，立柱两端砍削成碗口状托槽，以承顶梁和地栿。商代晚期采用开口贯通榫接厢架式支护，柱脚为圆周截肩单榫，柱头为开口贯通榫，顶梁两端为单榫与柱头贯通榫接，地栿两端有卯眼承接柱脚榫，组成厢架；在顶棚和巷背皆密排小棍，并敷以树叶和草，形成棚子。西周时期，巷道厢架采用榫卯式接合，顶棚、巷背均用木板密排，其封闭状况较商代晚期更为严密。

支护用木皆为质地坚硬、无木节、无扭纹的栎木、楠木。

2. 铜绿山开拓和支护情况[20][28][29][30]

商代晚期。其地下开拓方法已有两种形式：即单一开拓和联合开拓。前者主要采用一种方式，或竖井、或斜井、或平硐来开拓巷道；后者则用两种或两种以上的方式来开拓巷道。在联合开拓中，已采用竖井、斜井、盲井做联合开拓；主要见于Ⅶ号矿体的2号点，但总体上都显得较为原始。

西周。基本特征是竖井多而小，平巷少而短，是以竖井为主的群井开采。一个采区群体的竖井有的多达22个。井筒多呈方形，净断面宽度为45厘米或60厘米不等。用框木做间隔支护，间距40～60厘米。框木用带榫套接。井框外壁背有一层竹席。井深一般为20～30米。盲井的支护方式与竖井相同，平巷的断面形状、尺寸、支架结构亦与竖井相同。

春秋。成功地使用了竖井、斜井、平巷联合开拓的技术，初步形成了完整的地下开采系统。此期竖井仍以群井方式布置，一个采区群的竖井多达48个。

斜井的支护和掘井施工技术，难度都是较大的。此期斜井倾角一般为25°～70°。其支护方法有二：一是井框支架垂直于顶底板（图2-1-1，a、b）；二是井框支架沿地心方向敷设（图2-1-1，c）。这说明人们对斜井的支护已有了正反两方面的经验。为防止井框滑移、错动，人们还设计出了壁基式框架结构。

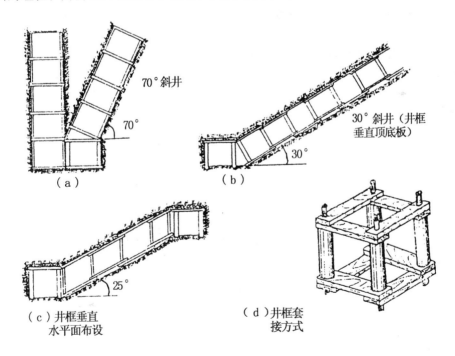

图2-1-1　铜绿山春秋斜井的两种支护方式

采自《有色金属》1980年第4期第89页

平巷是由竖井和斜井通向采场的走廊，有时也是工作面。此期平巷支护方式有了进步，一方面是不再采用有底梁的框架（仍用榫卯接），另一方面是断面加大且变成了矩形，净断面达 80 厘米×100 厘米或 80 厘米×120 厘米。

竖井是由地面通向矿体的主要通道，此期的竖井断面也变成了方形，净断面小者为 35 厘米×47 厘米，大者达 75 厘米×103 厘米，最大井深达 64 米，达潜水面以下 8~10 米。

战国、西汉。这是铜绿山矿区开采的全盛期。技术上的进步主要是出现了中段平巷，即竖井开挖到一定深度后，便向两边掘进中段平巷，在中段巷道的中部或一端，下挖盲井达采场（图 2-1-2）。

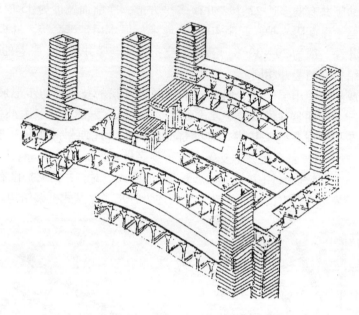

图 2-1-2　铜绿山仙人座 1 号矿体第 24 线战国西汉矿井开拓系统复原图
采自《有色金属》1980 年第 4 期第 90 页

此期竖井采用了经过精加工的方木或圆木，作密集式垛盘支护，完全可与现代木结构井架媲美。竖井断面虽仍为方形，但其尺寸明显增大，净断面边长有 90 厘米、105 厘米、120 厘米三种。有的竖井达潜水面下 28~30 米，若在原地貌条件下，估计井深应达 80~98 米。此期斜井技术的主要进步是出现了阶梯式斜井，它适用于次生富集带的探矿和采矿。此期平巷断面更为宽大，距离更长，支护更为坚固，其支护断面为 120 厘米×150 厘米~180 厘米×160 厘米（宽×高）。掘进在破碎带和围岩蚀变带内的巷道，采用了封闭式支架（即完全棚子），这表明古人对井巷掘进中出现的地压已有了一定认识，不但具有了与顶压、侧压作斗争的经验，而且具有防治底鼓的对策。

（二）地下采矿方法

铜岭与铜绿山虽有许多相似之处，但又各有特色。因资料不多，仅介绍如下：

1. 铜岭开拓法[32]。

铜岭矿体赋存于白云质灰岩与泥质粉砂岩的接触带内，埋藏较浅，岩体坚固性稍低，抗压强度为100～400千克/厘米^2。其大体上亦可区分为单一开拓法和联合开拓法两种。

（1）单一竖直浅井开拓法，适用于矿层较浅、较薄的情况。井筒断面约70厘米×90厘米。矿石采毕便是开拓终了，后期井深加大。

（2）联合开拓法。其又有两种方式：（1）坑槽—竖井式，即先在地表挖半地穴式露天坑槽，以追踪富矿，继之在矿坑尾端向下开挖井筒。（2）竖井—斜巷—平巷法，即先在地表向下开凿较浅的竖井，之后在井底开挖斜巷、平巷。今日所见商代实例皆规模较小，可知井下开拓在商代尚处于草创阶段。

2. 铜绿山开采方法[20][28][29][30]。

铜绿山古矿18个地下采区的开采方法，约可归纳为四类八种：

（1）群井开采。即用一群竖直井筒进行地下开采，井筒打在矿体内，下掘井筒就是开采过程，掘进终了就是开采终了。若继续开采须另打新井。井筒掘得越多，工作面就越大，矿石产量也就越高。约发明于殷商，西周多用此法，春秋时期仍有使用。有的一个井群多达48个。

（2）方框支柱开采。是借鉴了竖井和平巷的支护经验而总结出来的，后发展并用于采矿场的地压管理。又可区分为五种开采法：

单框竖分条开采。由地表下掘一个或数个井筒，边掘边采，至一定深度后，再开挖平巷。为追富矿，可再下盲井，于一定部位扩帮，形成单框（单采幅）竖分条。

单层小方框开采。与前法相似，特点是在井底开挖平巷或斜巷，以追踪富矿，并边掘、边采、边支护。

链式方框支柱法。由前两法发展而来，直接由竖井四壁扩帮。它扩大了开采空间，使一条井的回采工作面大为增加。为有效地支护空区，其将框式支架作系统架设，因在同一水平面上，框架相联的形式很像链板，故谓链式支柱法。

倾斜分层单框链式支柱法。此乃前法之变异，是为适应矿脉产状多变而出现的。

方框支柱填充法。特点是：在使用方框支柱的同时，并填充采场、维护采区，回采工作是在等于方框容积大小的分间内进行的，采出矿后立即架设方框。采完一个分层，向上采另一个分层时，就把采下的废石（夹石等）和低品位矿石填充入底层。

（3）护壁小空场法。特点是无须人工支护。主要用于开采呈水平产状的孔雀石矿脉，其矿脉的直接顶板为褐铁矿，一般都较稳固。采场高度达1.8～2.4米。空场面积达20～30米^2。古矿区内曾发现两个类似的采场，其分别用木板或圆木做成护壁。

（4）横撑支架开采场。由地表下掘竖井，井筒穿过节理裂隙发育的铁帽，进入铜矿石富集的氧化带内，由井底向四周扩大，上采超过了一定高度后，就架设一种横撑支架，以支撑空区，并在支架上构筑人工落矿平台。

3. 麻阳开采法。

麻阳战国矿场中采用过一个房柱法，这是很值得注意的。操作要点是：在开采过程中，留下一些矿隔墙、矿柱，以作支护。考古发掘时人们看到，麻阳一些跨度较大的采空区内，留有粗大的"I"字形矿柱或隔墙，而在跨度较大的相邻矿柱间又辅以木支柱，以防止矿井顶板因压力过大而下塌[24]。

（三）关于火爆法在铜矿开采过程中的使用

火爆法在我国约始于新石器时代的采石作业，战国时期，人们又把它用到了采铜和水利开凿中。人们在考察湖南麻阳战国铜矿遗址时发现，部分战国古矿的顶部或侧壁有大面积的烟熏痕迹，人们推测它是火爆法留下的痕迹，这是我国火爆法使用于铜矿开采的最早例证。《华阳国志·蜀志》卷三载：李冰在修理河道时，若遇坚石，"不可凿，乃积薪烧之"。对坚石灼烧，有时再泼水激冷，岩石便会爆裂开来。这是我国关于火爆法的较早记载。

（四）矿石之提升

依井筒深度和开拓系统之不同，约有两种方式：

1. 铜岭型

铜岭遗址已发现多种形式的提升方法：（1）木滑车提升。出土于商代采矿区。（2）装有定滑轮的人工提升。（3）西周时期可能还采用了桔槔提升。有关情况本章"机械"节再谈。

2. 铜绿山型[29]

（1）一段提升，包括人力和机械两种方式。前者用于浅井，西周使用较多，其井深多为20~30米；后者用于深井，战国、西汉使用较多，其机械是一种带制动轮的木辘轳，并配有木勾、绳索和平衡石。有关木辘轳的详细情况将在本章"机械"节介绍。

（2）分段提升。用于分段开采，主要见于春秋之后。因盲井把矿体划分成了20~30米一个分段，各中段同时进行回采作业，提升工作必须分中段进行。

（3）联合提升。即一段提升和分段提升同时使用。这是适应于多井筒、多中段提升而形成的复杂提升系统。

（五）矿井通风

古代矿井主要依靠自然通风。商至春秋时期，井多、巷短，自然通风比较容易。战国、西汉时期，虽井深近百米，但使用了多中段开采，且井巷相连，几乎没有独头巷道，人们可通过开拓工程的合理布局来实现自然通风。

在此有一点值得注意的是：铜绿山有的井底遗留有20~30厘米厚的竹柴燃烧灰烬及残留的竹篓，有学者认为这可能是一种辅助性通风法。井底燃烧竹篓后，空气变热而形成负压，新鲜空气由其他井筒前来补充，便会形成对流。在地表空气相对滞流的季节，这还是有一定作用的。

（六）矿井排水

铜绿山人对地下水的治理方法有二：一是排水。在井底设有水仓，水仓上部马头门处（竖井和平巷连接处）有大断面的集水木槽，平巷底板敷设（或悬挂在支架的顶梁上）木质水沟和渡槽，把井内涌出的地下水汇集于水仓中，然后用木桶提升到坑外。二是堵水。即可使用方框支柱充填法开采，经充填的采场涌水量会显著减少，也可用坑木和粘土封闭涌水的巷道。在开采深度不大时，此两种堵水法都能收到良好的效果。

三、关于商周铜料的来源

这是个一直受到人们关注的问题，原因主要有二：（1）20世纪70年代以前，部分学者存在这样一个疑问，我国商周青铜文化的中心是今河南、陕西一带，而这些地方一直未见大型铜矿，更少看到锡矿，那么，青铜器的原料又来自何方？（2）20世纪80年代后，有学者依据铅同素比值的测量情况，提出了部分殷墟青铜器的原料来自云南东川的观点，但不少人对此存有疑虑。从现有资料看，我们认为：（1）商周青铜器的原料应主要来自南方，但中原和北方也有一部分地区开采；（2）说殷墟部分青铜器的原料来自云南，当有一定道理，但须进一步研究和证实。

前面谈到，中原文化区在先秦时期约开采了5个规模较大的铜矿，即内蒙林西大井、湖北大冶铜绿山、皖南、江西瑞昌铜岭、湖南麻阳铜矿，其中4个是处于长江以南的，只有林西大井采冶场地处北方。而早在商代中、晚期，商王朝的势力范围便已东及今山东中部，南及长江流域，西及陕西西部，北及今河北北部一带，这4个地方，大体上都是商王朝可以触及的范围。在东方，山东益都苏埠屯曾发现两座商代晚期大墓、两座中型墓和一个车马坑，出土了许多珍贵器物，其1号大墓出土了两件大型铜钺，一件长31.8厘米、宽35.7厘米，另一件长32.5厘米、宽34.5厘米，皆是十分罕见的精品；2号大墓出土一件大铜戈，长达41厘米。一件铜钺的两面皆有"亚醜"铭，是商代氏族的族徽，墓主人应是方伯一类人物[34]。湖北黄陂盘龙城发现一座商代中期的方国城址，说明它是商代南方的重要城邑[35][36]。尤其值得注意的是，湖南的石门、宁乡、桃源、长沙，以至常宁都多次发现商代青铜器[37]，著名的四羊方尊便是宁乡出土的。江西吴城还出土过商代中期的大量石范和部分青铜器[38][39]。由这些情况看，商周时代开采上述一些大型铜矿、并利用其冶炼产品，是完全可能的。文献上也有类似的记载，《诗·商颂·殷武》在祭祀殷高宗武丁时说："挞彼殷武，奋伐荆楚，罙入其阻，裒荆之旅。"这是说殷武丁征伐荆楚的情况。《诗·鲁颂·泮水》在颂僖公修泮宫克淮夷时说："憬彼淮夷，来献其琛；元龟象齿，大赂南金。"僖公，这是先秦三传之称谓，《史记》作釐公。鲁釐公，春秋中期人，公元前659～前627年在位。淮夷，原指淮河流域的古老氏族。南，郑氏谓之荆扬。故此"大赂南金"应是淮夷降服后，南方皆大献其铜之意。《考工记》云："吴、粤之金锡，此材之美者也。"又前引《禹贡》云：荆、扬二州，厥贡唯金三品。可见古代文献中说到南方产铜，向中原贡铜的资料是较多的；而关于其他地方产铜、向中原进贡铜的记载则较少，所以先秦时期，主要产铜地应在南方，即长江中下游。

当然，黄河流域在先秦时期也是产过铜的，据《山海经》云：处于今山西境内的悬雍（悬瓮）山（在今太原）、少山（在今昔阳）、白马山（在今阳泉）、鼓镫山（在今垣曲）、湪山（在今吕梁）都曾有铜，槐山（在今闻喜）有锡；今河南的太行山（在今辉县）、柄山（在今宜阳、洛宁、卢氏三县境）有铜；今陕西的符禺山（在今渭南）、石脆山（在今华县）、松果山（在今华阴）、阳华山（在今华阴）、孟山（在今靖边）、瀭次山（在今长安）、蛊尾山（在今洛南）也有铜[40]。一般认为，《山海经》大体上反映了战国及稍前的一些山川、资源等状况。

所以商周时代曾在黄河流域进行过小规模铜矿采冶是完全可能的。到了唐代，山西还是全国重要产铜基地之一。

至于殷墟青铜器是否直接或间接地从云南得到过铜料，从铅同位素的现有测定情况看，可能性应当是存在的，但须进一步研究和证实。因为：（1）铅同位素在地质条件下的分布是不均匀的。今日检测过并以之作为对比的标样，只是全国所知含铅矿床中的很小一部分[41]，所以有关标准数据须进一步集累。（2）从现有考古资料看，云南年代最早的铜器当见于龙陵县大花石遗址和剑川海门口遗址，而不是东川遗址。前者发掘于1992年，出土有铜器残片、石范、炼渣等物，经^{14}C年代测定，约公元前1335±160年[42]。海门口出土铜器计14件，种类包括斧、钺、刀、镰、锥、凿、鱼钩等[43]，断代为公元前1165±90年[44]，树轮校正为公元前1335±155年。此两个遗址的年代皆与商代中晚期相当[45]。在此有两点值得注意：一是东川一带目前尚未看到年代较早的采冶遗址；二是除了大花石和海门口外，目前云南考古发掘的青铜器，一般都是属春秋战国之后的[45][46][47]。（3）从文献记载看，云南与内地的联系应始于战国时期。《史记·西南夷列传》："始，楚威王时，使将军庄蹻将兵循江上，略巴蜀、黔中以西。庄蹻者，故楚庄王苗裔也。蹻至滇池，方三百里。旁平地，肥饶数千里，以兵威定属楚。"《汉书·西南夷列传》同此。楚庄王系战国中后期人，公元前613～前591年在位。所以我们认为，说部分殷墟青铜器原料来自云南东川之事虽有一定道理，但目前尚不能最后定论，可以进一步研究。

四、对矿物"共生"关系的认识和找矿方法

人类对矿物"共生"关系的认识应当是较早的，而且有关记载也较早。《管子·地数》篇说：黄帝问于伯高，"伯高对曰：上有丹沙者下有黄金，上有慈石者下有铜金，上有陵石者下有铅锡赤铜，上有赭者下有铁，此山之见荣者也"。同书同卷又载桓公问管子地利之所在，管子除重述了伯高的一些观点外，还说过"上有铅者其下有银"[48]。又，唐张守节《史记正义》在注释"货殖传"的"铜铁则千里往往山出棊置"时，亦曾引用过《管子》一书，除重复前述一些提法外，还提到过"山上有银，其下有丹"。但此说不见于今本《管子》。

这三段记载的文字虽互有出入，但多数还是一致的，总体上谈到了七种金属，即金、银、铜、铁、铅、锡、汞[49]的六种"共生"关系。这说明早在先秦时期，人们在矿物的相互关系和找矿问题上已积累了相当的经验。

为了解这些记载的科学价值，人们结合现代矿床学进行了许多研究，认为上述六种关系应包括三种不同情况：（1）垂直的矿体或一条矿脉，山上露头中出现的某种矿物，可能对下层的主要矿物起到指示作用。（2）山上出现的某种矿物，与山下的某种矿物分别产于不同的地层或岩石中，既不同于一个矿体，在成因上又无明显关系，仅是个空间上的相对关系。（3）山上赋存有某种原生矿床，山下出现另一种砂矿，这是一种上与下的相对关系。所以，此所谓"共生关系"，与通常意义的"矿物共生"在内涵上是有区别的[50]。

下面介绍一下这六种不同的情况：

1. 上有赭者下有铁。这实际上是关于铁矿及其露头的一种描述。此"赭"指

红色土状的赤铁矿及其风化产物。今河北、河南的邯邢式铁矿和湖北鄂州的大冶式铁矿，多以赤铁矿型为主，有的也以赤铁矿磁铁矿型和磁铁矿赤铁矿型为主，与"上有赭者下有铁"的规律基本相符。部分鞍山式铁矿，如河南舞阳铁山庙铁矿，山顶一片鲜红，适与此规律相符。

2. 上有慈石者下有铜金。这是对铁铜矿的一种认识。此"慈"即磁的假借字；"铜金"，《路史》作"赤铜青金"[48]。经调查，大冶铜绿山铁铜矿床即属这一类型。它的重要特征之一是具有垂直矿化分带性，有铁在上、铜在下的趋势，即由铁铜矿渐变成了铜铁矿床[28]。

3. 上有陵石者下有铅锡赤铜。这应是对铅矿、锡矿、铜矿的一种认识。此陵石是何种矿物，今已难考，《太平御览》引"陵石"为"绿石"[48]，即孔雀石一类。若依此说，这段记载显然是成立的。这样，我们便可将上述文字改一下，并可区别三种情况来分别讨论：（1）"上有绿石者下有铅"，这适用于以铅为主的铅锌铜多金属矿床，如华山铅矿。（2）"上有绿石者下有锡"，这与许多锡矿都相适应，因许多锡矿的主要矿物成分，除锡外，都含有黄铜矿和其他金属矿物，这类锡矿床的氧化带中经常存在孔雀石。（3）"上有绿石者下有赤铜"，此更为众所周知，倪慎枢《采铜炼铜记》云：铜矿"充于中而见乎外……谛观山崖石穴之间，有碧如缕或如带，即知其为苗"，所云便是同一现象。

4. 上有铅者其下有银。此"铅"当主要指方铅矿，"银"似指自然银。自然银主要是次生的，赋存于铅银（或银铅）矿床上部的氧化带中。辉银矿有次生的，也有原生的，原生时常与方铅矿共生。方铅矿虽亦见于氧化带中，但却都是原生的，主要赋存于矿床的原生带中，一般为组成铅银矿体的主要矿物成分。所以许多自然银、辉银矿和方铅矿的赋存状态，都与"上有铅者其下有银"之说相对应。

5. 上有丹沙者下有黄金。这句话可以从两方面来解释。对原生脉金矿来说，它是没有任何实际意义的，因在汞和金的原生矿脉中，丹沙和自然金一般不存在共生的关系。而对于赋存汞和金的地层来说，在某个特定的地区内，它又是可以成立的，如川湘黔汞矿的成矿区，汞矿主要赋存于寒武纪地层，脉金则主要赋存于震旦纪的板溪群地层内。

6. 山上有银，其下有丹。这是说银矿和汞矿的关系。一般而言，和辰砂共生的矿物是很少含银的，虽有少数，如万山类型的汞矿含有微量的银[49]，但这很难为古人觉察。有一种可能是，银在上汞在下，仅仅是两种矿物赋予地质年代不同的上下两个地层，而不是一条矿脉的上下垂直分带关系。例如，《新唐书》卷四〇"地理志"云：凤州梁泉（今陕西凤县）有银有铁，兴州（今陕西略阳县）土贡蜡漆丹砂。《宋史》卷一八五"食货·坑冶"云："银产凤、建、桂阳三州，有三监"，"水银产秦、阶、商、凤四州，有四场"。经查，凤县铅锌铜矿带的矿化范围达几十平方公里，附近有花岗闪长斑岩，含矿层为石炭二叠纪灰岩。金属矿以方铅矿、闪锌矿和辉铜矿为主。依此，唐代"有银"的凤州梁泉，可能就在这个矿化带内；而凤县、略阳一带的汞矿却是产于泥盆纪地层内的，它位于出产铅锌矿的石炭二叠纪灰岩之下，这是两个地质年代。其他地方也有类似的成矿现象。所以，对于陕南等地的现象而言，此第六条具有一定的实际意义。

这是《管子》所载七种金属的六种"共生"关系[50]。其中第一条云"上有赭者下有铁",其中的"赭",实际上是铁矿的露头,故这条文献的适用范围,是较广的。第四条说"上有铅者其下有银",大体上是一种共生关系,故其适用范围也是较广的。这些经验显然是在长期找矿实践中总结出来的,反过来又可指导人们的找矿实践。先秦时期,我国已大量冶炼和使用了前述七种金属,与此当是密切相关的。

古人找矿之法,大约是依上述等经验,先辨认矿脉,之后再采出淘洗,并确定其是否具有开采价值。同治丁卯(1867年)《大冶县志》载:"铜绿山……山顶高平,巨石对峙,每骤雨过时,有铜绿如雪花小豆,点缀土石之上。"此"雪花小豆"状的铜绿便成了人们寻找矿脉的重要标志。铜绿山古矿遗址内发现过四五件船形、元宝形木斗,以整木挖成,两端伸出平板,并斜向上翘,中间为一方形圆仓。全长35.2厘米、宽14.0厘米、高7.0厘米,"仓"内空长20.0厘米、宽12.5厘米、深3.0厘米(图2-1-3)[20]。据考订,它实际上是一种淘金斗,一种利用岩石和矿物的比重差来洗选矿物的摇床,是用来鉴定、选择和跟踪富矿的。类似的选矿法早已出现。铜岭商代采址发现过4件淘沙木盘;西周采址发现过淘沙木盘和竹盘各1件,此外还在T5、T8内发现有淘沙木溜槽、尾沙池、滤水台等;春秋采址发现淘沙木盘2件。西周溜槽以大树干刳成,横断面呈弧形槽面,槽长3.43米、净宽34~42厘米,横流面倾角为6°(图2-1-4)。有学者还做了模拟试验,并获得了良好的选矿效果[32]。

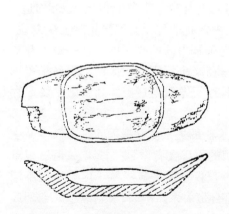

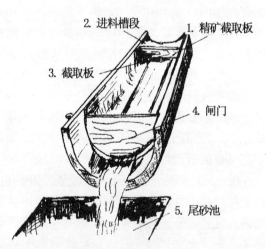

2. 进料槽段
1. 精矿截取板
3. 截取板
4. 闸门
5. 尾砂池

图2-1-3 铜绿山春秋淘沙船形木斗
采自文献[20]第7页

图2-1-4 江西铜岭西周木溜槽结构示意图
采自文献[32]卢本珊等文第123页

五、丹砂之开采和利用

我国古代对丹砂的开采和利用约可上推到仰韶文化晚期,秦安大地湾仰韶文化晚期一些彩陶曾用它作过红彩[51]。二里头至二里岗时期,使用量大为增加,且多用于殓棺或保存器物,目前见于报道的有:

二里头二期墓M22铜铃出土时,外表涂有丹砂痕迹[52]。

1967 年，偃师二里头早商宫殿遗址附近出土一批玉器，出土时全被裹于丹砂中，原距地表约 2 米余[52]。

1973 年，二里头遗址第三工作区发现两个长方形坑，坑底存有大量丹砂，其中一坑的丹砂铺层为长 2.4 米、宽 1.5 米、厚 1.5~5 厘米。丹砂层里有玉柄饰等物，丹砂是铺于席子上的，属二里头文化三期[52]。

1980 年，二里头三区、五区、六区计发掘 9 座墓葬，前两区的 3 座较大，墓底皆有丹砂。三区墓 M2 棺内丹砂范围是：长 2.1 米、宽 0.9 米，最厚处为 6 厘米；在墓底南部有一腰坑，坑东及北壁亦布满丹砂。三区 4 号墓底部丹砂厚达 1~2 厘米。五区 3 号墓底部丹砂厚约 2~3 厘米。六区计有 6 座墓，底部多数亦铺丹砂[53]。

1984 年，二里头发掘 6 座墓葬，墓底多铺丹砂[54]。

1987 年，二里头发掘的中型墓 M57 墓底铺有 2~3 厘米的丹砂[55]。

这是二里头遗址的情况。

1952~1955 年，郑州商代城外的二里岗、南关外、白家庄、花园路、人民公园、铭功路西侧等地，清理了大量遗址和墓葬。在当时清理的 5 座二里岗下层墓葬中，有 3 座的墓底铺有丹砂；在 25 座清理过的二里岗上层墓葬中，有 5 座底部铺有丹砂[56]。

1982 年，郑州北发掘 3 座商代铜器墓，其中的 1 号和 2 号墓底部都铺有厚 1 厘米的丹砂[57]。

西周之后，有关丹砂的记载开始出现，并逐渐增加。《逸周书·王会解》载："成周之会……方人以孔鸟、卜人以丹沙"献之。这说周成王在成周大会诸侯，南方的卜人（濮人）以"丹沙"作为贡品。成周，指西周初年营建的洛邑，最新研究认为，其具体位置当在洛水北瀍河两岸，西达涧水之东[58]。《穆天子传》卷三说周穆王曾以"朱丹七十裹"送礼，可见数量之大。《诗·秦风·终南》篇："君子至止，锦衣狐裘；颜如渥丹，其君也哉。"此用丹来表示美好的颜色。《吕氏春秋》卷二"仲春"载："越人三世杀其君，王子搜患之，逃乎丹穴。越国无君……越人薰之以艾"，王子搜始出。这说明此丹穴较深，开采规模也是较大的。此"王子搜"，《淮南子》说为越王翳，汉高诱认为是另一人[59]，待考。

看来，丹砂的早期用途主要是殓尸和作色，随后才发展到炼汞的阶段。

六、煤炭的开采和利用

人们接触和开采煤炭的时间约可上推到新石器时代晚期。西周时期，煤雕技术有了进一步发展，目前见于考古发掘的煤雕制品较多，仅陕西便有 4 处西周古墓出土了此类器物。

1956~1957 年，沣西张家坡西周墓出土炭精雕刻的圆环 6 件，直径 4.0 厘米，边宽 1.1 厘米，色黑[60]。

1976 年，宝鸡竹圆沟西周小墓出土过几件煤雕的块。宝鸡另一西周墓也出土过类似的器物[61]。

如前所云，1975 年宝鸡市茹家庄两座西周墓出土的 200 多枚煤雕块，大小不一，直径 2~10 厘米，厚 0.4~1.0 厘米，圆轮规整，从里向外呈一定坡度，边厚 0.2~0.3 厘米[23]，至今光亮圆润。

与新乐时期相比较，西周煤雕制品加工更为细致，造型亦更为美观，这表明煤雕技术已渐成熟。如此大量煤玉制品的出现，也说明西周时期煤炭开采技术已经达到较高水平。

战国时期，煤炭开采和利用技术又有了一定的发展，这主要表现在两方面：一是煤雕技术继续发展，二是文献上出现了关于煤的记载。

1977 年，四川荥经县战国晚期墓出土两枚炭精发簪，其呈八棱柱状，两端粗，中部细，长 7.8 厘米，端径 1.1 厘米[62]。

我国古代关于煤炭的记载始见于《山海经》一书。其谓煤为"石涅"，并先后出现过三次，即"西山经"一次，云"女床之山，其阳多赤铜，其阴多石涅"；"中山经"两次，云"岷山之首，曰女儿之山，其上多石涅"，又云"又东一百五十里，曰风雨之山，其上多白金，其下多石涅"。据考，此石涅即是煤。

这又有两方面的证明：

一是地质资料。据考，《山海经》所云女床之山、女儿之山、风雨之山，确实是产煤的。《山海经·西山经》毕沅注云，女床之山"其道里或凤翔府岐山县岐山也"。《文选》张平子《东京赋》有"鸣女床之鸾鸟"一语，唐李善注云："女床，山名，在华阴西六百里"，与岐山亦大体相符。而岐山以北有煤，赋存有低等变质程度的烟煤。《山海经·中山经》毕沅注"女儿之山"云："山在今四川双流县"；并认为女儿山即《隋书·地理志》所云蜀郡双流女伎山，纪、伎、几三音同。而在今四川双流和什邡煤田分布区域内，其中蕴藏有高等变质程度的烟煤。据考证：风雨之山当在今四川通江和南江、巴中一带，该处也是产煤之所。所以，《山海经》所云女床之山、女儿之山、风雨之山产煤是不错的。

二是文字上的考证。"涅"古音可读为"密"，与"墨"为双音，郝懿行《尔雅义疏释乐第七》"大管"条引舍人云："（管）中者，声精密，故曰篦。篦，密也。"今山东方言，"墨"仍读"密"音。故涅、墨可以通转[63]。而"石墨"又是煤的古称。李时珍《本草纲目》卷九"金石·石炭"云："石炭……上古以书字，谓之石墨，今俗呼为煤炭。煤、墨，音相近也。"今人章鸿钊《石雅》卷中亦考证"石涅"为煤。

我国古代用煤作燃料的起始年代今已难考。《墨子·备穴篇》云："百十每，其重四十斤，然炭杜之，满炉而盖之。"有学者认为，其中的"每"字当即"煤"字。此论是否成立，今日尚难定论，可以进一步研究。但煤玉的开采和利用，无疑会增进人们对煤炭性能的认识和了解。至迟汉代，日常生活和手工业生产都较多地使用起煤来了。

七、食盐的开采和利用

考古界对我国制盐技术的发展一直较为关注，但由于多种原因，直到 20 世纪末至 21 世纪初，盐业考古才获得了一些进展，所获资料主要涉及到井盐和海盐开采，其年代上限皆可推至商代晚期。从文献记载看，有周一代，采盐业便普遍发展起来，此时食盐已成了人们生活的必需品，国家设立了专门的管理机构，盐的使用也形成了一套礼制和规范。

（一）关于井盐的开采

前面谈到，1997年后渝东地区发现和发掘了多处先秦盐业遗址，其中有重庆忠县哨棚嘴遗址、瓦渣地遗址、邓家沱遗址、羊子岩（中坝）遗址、李园遗址等，其年代相当于商代晚期到秦代[64]。大约商代晚期之后，渝东，或说重庆地区的盐卤开采和利用技术都有了较大发展。当时所采可能主要是见于地表的泉卤。承自贡市盐业史博物馆刘德林函告云，该馆学者20世纪80年代作川东考察时，便提出过渝东的盐卤（主要是泉卤）开采应早于川西的想法。今有学者进一步提出：不管泉卤还是井卤，大凡渝东都早于川西的[65]。

有关记载认为，早在西周早期，巴国便向周王朝进贡了食盐。《华阳国志》卷一"巴志"载："武王伐纣，实得巴蜀之师。"巴国"土植五谷，牲具六畜，桑蚕麻纻，鱼盐铜铁丹漆……皆纳贡之"。这可与前述考古资料互相印证。战国中期，即秦统一巴蜀后，成都便设立了盐铁市官。《华阳国志》卷三"蜀志"载："（周赧王）五年，（秦）惠王二十七年，（张）仪与（张）若城成都……置盐铁市官并长丞，修整里阓，市张列肆，与咸阳同制……惠王二十七年也。"可知战国中期，蜀地的盐铁业已相当发达。这些盐当不能排除泉卤及至井卤的可能性。文献上关于开采井卤的明确记载属于战国末年。《华阳国志》卷三"蜀志"载："周灭后，秦孝文王（？）以李冰为蜀守，冰能知天文地理……又识齐水脉，穿广都（今四川双流县境）盐井、诸陂池，蜀于是盛有养生之饶焉"[66]。这是关于我国凿井采卤的最早记载。齐，同剂；调剂、配合、混合意，与《考工记》"六齐"之"齐"相类。齐水，即是混合了咸卤与淡水者，也即是卤水。我国是世界上较早开采和利用盐卤的国家之一，在世界井盐开发史上占有重要的地位[67]。

在此有一点需指出的是：前引《华阳国志》的三条文献中，后两条的年代都有一些问题：（1）经查，赧王五年是秦武王元年，而不是惠王二十七年；赧王四年才是惠王二十七年。这应是原作者弄错了。故张若开始在蜀置盐铁市官的年代，应订正为赧王四年，即公元前311年[68]。（2）李冰并非孝文王之蜀守，而是秦昭王时蜀守。《史记·秦本纪》云："孝文王除丧，十月己亥即位，三日辛丑卒，子庄襄王立。"秦孝文王于公元前250年在位，依干支纪日，己亥、庚子、辛丑是连着的，所以其在位前后仅有三天；说李冰为孝文王时蜀守，且开凿了盐卤是难以令人置信的。又，《水经注》卷三三"河水"曾两次提到李冰在秦昭王时为蜀守："秦昭王以李冰为蜀守"，"《风俗通》曰：'秦昭王使李冰为蜀守'"。再，《史记》卷二九"河渠书"，唐张守节"正义"亦有类似说法："《风俗通》云，秦昭王使李冰为蜀守，开成都县两江溉田万顷"。所以由这些情况来看，常璩说孝文王以李冰为蜀守，很可能有误，而东汉应劭等之说则可能是对的，即李冰为昭王时蜀守，秦昭王在位时间为公元前306~前251年[68][69]。此《风俗通》是《风俗通义》的简称。

（二）关于海盐的开采

2001年，山东省寿光市大荒北央发现了一处西周前期（约公元前1000~前900年）的海盐生产遗址，地层内有一个厚0.2~0.5米的黑色草木灰与灰绿色土，或黑色草木灰与橘黄色土相互叠压的堆积，并见有灰沟、灰坑、白色沉淀物和陶质的圜底盔形器等物。灰坑呈不规则条带状，沟壁内斜，其中一条长7米、口径

1～1.6米、深0.8～1.0米，沟底有厚约2厘米的红褐土。灰坑直径约0.5厘米、深0.3～0.4厘米，内壁涂有厚约2厘米的红褐色粘土，质地细腻，近底部有较多的草木灰颗粒。经分析，白色沉淀物主要成分是石英，它应是海卤经处理后而残留下来的难溶物质。陶盔数量较大，多残，口径和器高皆约20厘米，胎厚约2厘米，内壁多附1～3毫米厚的白色或灰绿色凝结物硬层。这种白色凝结物的含盐量在10%左右，明显高于文化层土样含盐量，其主要成分是碳酸钙，应是食盐形成过程中沉淀析出的难溶钙化物[70]。这类陶罐在山东沿海一带许多地方都有出土，早有学者认为它是一种煮盐工具[71]，其年代上限属商代晚期[72]。依此有关学者推测，这些遗物较好地反映了海盐生产的基本流程，并认为当时的海盐生产已采用淋煎法，基本流程是：（1）摊灰刮卤。先开沟获取卤水，再摊灰刮卤，然后筑坑淋卤。（2）煎卤成盐。先设灶，再用陶质盔形器煎煮，最后破罐取盐[70]。一般认为，盐的提取法有日晒法、煎煮法等种。《管子·轻重甲》云："今齐有渠展之盐，请君伐菹薪，煮沸火为盐。"戴望注："草枯曰菹。"这是我国古代关于煎煮海盐的较早记载，所述较为简单，稍见详细的记载是到了明代才看到的。

（三）关于周代用盐的文字资料

周代用盐已较普遍，这在文献记载和考古资料中都可看到。

《周礼》"天官"篇载有一个称为"盐人"的职官，主要负责"掌盐之政令，以供百事之盐"。这是关于盐官的较早且较明确记载。同书同篇还谈到了盐的品种、名称和使用制度："祭祀，共其苦盐、散盐；宾客，共其形盐、散盐；王之膳羞共饴盐"。此"苦盐"，即杜子春谓"出盐直用不涑治"者。"散盐"，郑司农称其为"涑治者。""形盐"，郑玄注云："盐之似虎形"者。"饴盐"，郑玄谓"盐之恬者，今戎盐有焉"。贾公彦疏云："饴盐"，"即石盐是也"。

《左传》僖公三十年云："冬，王使周公阅来聘，飨有昌歜，白、黑、形盐。"依孙诒让说，形盐惟飨大宾客，燕食及小宾客并用散盐也[73]。

《管子·地数》篇谈到了日常用盐的情况："十口之家，十口食盐，百口之家，百口食盐。"

食盐的赋存形式主要是海盐、石盐、池盐、井盐四种，先秦时期的开采业都有一定的发展。海盐，前云《禹贡》"青州厥贡"条已经谈到。《管子·轻重甲》篇还谈到了齐地产盐的情况："齐有渠展之盐。"清戴望注："渠展，齐地，水所流入海之处。"石盐即前饴盐。池盐之事更散见于《史记》、《山海经》等许多文献，年代较早的应是河东解州等池盐。《史记》卷一二九"货殖列传"云："猗顿，用盬盐起。""集解"引云："《孔丛》曰：猗顿，鲁之穷士也。耕则常饥，桑则常寒，闻朱公富，往而问术焉。"依此，猗顿当为春秋末年人。可见，猗顿在春秋末便以盐致富了。《山海经·北山经》："景山，南望盐贩之泽。"晋郭璞注云："即解县盐池也，今在河东猗氏县。"《盐铁论》卷二二"讼贤"文学云："骐骥之挽盐车，垂头于太行。"一般认为，此上太行的盐车，所载应是河东池盐。

1984年，陕西安康一里坡战国墓出土大量陶器，其中的陶坛和Ⅱ式罐盖部书写有文字，经考证，应是内装食品的一种标识，其中有的器盖上便标有"盐"字[74]。这说明食盐当时已进入人们的日常生活。

八、"丱"、"礦"考辨

矿（礦），又作鑛，古又假借作"丱"。前面提到，《周礼·地官》有"丱人"，曰："丱人掌金玉锡石之地"。可见，丱人的职掌范围是金玉锡石之地。这种对"丱"的认识，大体上与现代广义之"矿"相近。

但此"丱"的原义是什么，很早便存在不同看法。一种观点认为："丱"的本义是卵，是"未出生"、"未突破"之义，后转义为"未曾开采"；它并不是"矿"的古体或异体；《周礼》"丱人"之为"矿"，仅仅是一个假借字。另一观点认为："丱"即是"矿"之古文。现先将两种观点简述如下，再谈一下我的看法。

持前一观点的代表人物是清段玉裁，依段氏所说，汉许慎、郑玄，宋郭忠恕等也是持同一观点的。但许慎、郑玄等人的原话今已很难看到，我们今日看到的，主要是段玉裁的引述。

《说文解字注》云："丱，古文卵。"这句话应是许氏原文，但段注云："各本无，今依《五经文字》、《九经字样》补。《五经文字》曰：'丱，古患反，见《诗·风》，《字林》不见。又古猛反，见《周礼》。《说文》以为古卵字……是唐本《说文》有此无疑'"。此《五经文字》为唐人张参所撰，《九经字样》为唐人唐玄度所撰，即依段玉裁之说，直到唐代，许慎《说文解字》中还有"丱，古文卵"的话，其依据是唐人所撰《五经文字》和《九经字样》。

段玉裁又注云："《汗简》以丱为古文卵字。"此《汗简》为宋郭忠恕所撰。

段"注"接着又说："《周礼》有丱人，郑曰：'丱之言矿也，金玉未成器曰丱'。此谓金玉锡石之朴韫于地中，而精神见于外，如卵之在腹中也。凡汉注云之言者，皆谓其转注，段借之用。以矿释丱，未尝曰丱古文矿，亦未尝曰丱读为矿也。"依段玉裁之意，郑玄也是认为"丱"意为卵的。

对于部分学者将"丱"说成矿的古文，段玉裁是十分反感的，他说："而后有妄人敢于《说文》矿篆后益之曰：'丱，古文矿'。《周礼》有丱人，则不得不敢于卵篆后径删'丱，古文卵。'是犹改兰台柰书以合其私，其诬经诬许，率天下而昧于六书，不当膺析言破律，乱名改作之诛哉。"段玉裁的态度十分明确，甚至有些愤慨。只可惜在他引述的资料中，不但汉许慎、郑玄，就连唐代张参、唐玄度的原话，在今存版本中都已很难看到。

将"丱"解释成古"矿"的做法也较早便已出现。段氏在《说文解字注》"丱"字条接着又说："自刘昌宗、徐仙民读侯猛、虢猛反，谓即矿字，遂失注意。"又，宋王观国《学林》卷十"丱"条载："礦亦作矿，丱亦作金卯，则丱者，古文矿字也。"[75] 及清，又不断地有人重复这一观点。杨沂孙（1812～1881年）《说文解字段注读》（稿本，无刻本）云："丱者，并二卜为文，卜本炙龟（龟）之斥裂文。二卜为丱，亦象裂文，开矿则山地坼裂。"又，章太炎《文始》卷五："丱，盖象矿脉纵横，犹卜象龟裂纵横，此初文纯象形也。"今版《辞源》、《辞海》亦谓"丱"为"矿"之古体。20 世纪 80 年代以后，此观点更为流行，而且很少看到过不同的意见。今人夏湘蓉等在《中国古代矿业开发史》一书中，则又进一步把'丱'字解释成了矿井，云："这个古'丱'字的中间两竖可以认为是表示巷道的两壁，左右两横表示巷首的支护。今天，对照铜绿山古坑道遗迹来看，这个古代象形文字的结构,很耐人寻味。"[76] 有的文章甚至说:"早在公元前 8 世纪春秋时代,我国就已有记载'矿'的字符'圱'。中华民族文化史上,一切与矿有关的词都发端于此。卯、砃、砂、鉚、鉟、鈲、磺、礦、鑛都是由'圱'衍生而来的异化字,它们已有'矿物'的初级含义。"[77]

两种观点,孰是孰非,是需认真考辨的。我比较倾向于段氏之说,"圱"既不是矿的古体,亦非矿井的象形字;若要否定段氏观点,必需从陶文、甲骨文、金文中找到更多的资料,否则便是很难使人信服的。段氏从正面作了一些说明,我今再作一点补充和推论。

经查,今本《说文解字》并无"礦"、"鑛"二字,与之相近者只有一个"磺"字:"磺,铜铁朴石也。"段玉裁注云:"铜铁朴者,在石与铜铁之閒(间),可为铜铁而未成者也。"即是说:铜铁朴谓之磺;即在汉代,代表铜铁矿的是"磺"字。这个"磺"字是否还代表其他矿,则不得而知。

又,《说文解字》称汞矿为丹:"丹,冄,巴越之赤石也。象采丹井,丶,象丹形。"依许慎之意,丹便是采丹井的象形文字。今人温少峰等认为:"丹字甲骨文作冄,像矿井中有丹之形。"其引述许慎之话后认为:"丹字正是掘矿井采矿石之象形表意字,应是矿字之初文。""丹字初文是采矿之井,又是矿井中之矿石。"[78] 看来,在甲骨文时代,及至汉代,汞矿皆谓之丹,或者说,丹是汞矿。

由此我们可得到两点推论:(1)在汉代及其之前,人们对各种矿物的共性尚未形成统一的认识,亦未产生出一个与今义之"矿"相当的、高度概括的字。虽有"磺"字,但仅指铜铁矿言;虽有"丹"字,但仅指汞矿。它们是否包含有更为广泛的含义,亦是不得而知。(2)如若"圱"字便是古文矿的话,为何许慎和郑玄不直接说明,还要说它是古文卯呢?

在今见字书中,"礦"、"鑛"二字皆始见于《玉篇》。《宋本玉篇》"石部第三百五十一"载:"磺,铜铁朴也。"接着又说:"礦,同上。"即是说,从"石"之"磺"和"礦"都是铜铁朴。同书"金部第二百六十九"载:"鑛,鑛铁也。"即是说,此从"金"之"鑛"仅指铁朴言。此书为梁顾野王原著,后虽经唐孙强、宋陈彭年等增补,但此两个字,很可能还是顾野王所选。因"磺"还见于当时的其他一些文献。晋郭璞《江赋》曰:"其下则金磺丹砾,云精烛银。"[79]"云精",云母矿;烛银,说银有精光如烛。《水经注》:"倚亳川水出北山礦谷。"在此值得我们注意的是:(1)在晋代之后,便有了磺、礦、鑛这样三个表示"矿"的字。(2)但这三个字当时是否通用,则是不得而知的。仅从《玉篇》的解释来看,它们的含义并非完全相同,"磺"、"礦"似乎代表铜铁朴,而"鑛"则只代表铁朴。(3)《玉篇》的"礦"、"鑛"二字下,皆未提及"圱"字系它们的古体;《说文解字》和《玉篇》都是我国古代较为重要的字书,若"圱"为礦之古体,为何不直接指出呢?这是不好理解的。

总之,从现有资料看,要将"圱"说成是矿的古体,或矿井的象形,论据还是不足的。砃等与"圱"字的关系,自然十分明显;但若要证明磺、礦、鑛都是"圱"的异化字,都由"圱"字而来,则要再作一些研究。

第二节　青铜技术的伟大成就和钢铁技术的兴起

我国古代青铜技术约发明于二里头文化时期，或说夏代晚期至商代早期，殷墟至西周便达到了相当成熟的阶段。春秋之后，以礼乐器为中心的青铜业开始衰退。战国时代，因生铁技术的兴起，我国古代金属技术又进入了一个新的阶段。夏商周是人类金属文化史上至为光辉灿烂的时代，人们在金属冶炼、铸造，以及合金技术、加工技术、热处理和表面处理技术等方面，都取得了伟大的成就，这是古代世界任何一个地区、任何一个民族都不可与之比拟的。

一、夏商周青铜器使用的简单历程

（一）夏至商代早期

这是我国青铜技术的发明期。与此年代相当的一些考古文化，如二里头文化、岳石文化、四坝文化、夏家店下层文化，以及偃师尸乡沟早期商城遗址都出土了不少青铜器，其中尤以二里头文化铜器为多。属于这一文化的考古遗址，如偃师二里头[1][2][3]、山西东下冯[4]、洛阳东干沟、登封王城岗[5]等遗址都有铜器出土。依有关学者 20 世纪末的统计，仅二里头便不少于 175 件[3]。器物种类包括：（1）礼器，有鼎、觚、爵、斝、盉。（2）乐器，主要是铃。（3）兵刃器，有戈、镞、钺。（4）生产工具，有锛、凿、刀、钻、锥、鱼钩、铜条。（5）饰器，有圆形铜泡、镶嵌绿松石的铜牌。这些铜器多属二里头文化三、四期，一、二期只有刀、铃、锥等少数几件，铜兵器皆属三、四期，在中原文化区是最早的。二里头和尸乡沟早期商城都发现有规模较大的冶铜作坊，并出土了炼渣、泥范、熔炉残块、浇口铜等[6]。

与二里头文化相当的诸考古文化中，岳石文化出土铜器约在 10 件以上[7][8]；四坝文化出土铜器尤为丰富，1976 年玉门火烧沟出土 200 多件[9]，1986 年，安西出土铜器 7 件，后又采集了若干件，同年民乐西灰山遗址出土残铜器 2 件，1987年，民乐东灰山出土铜器 16 件，同时酒泉干骨崖遗址出土铜器 48 件[10]；夏家店下层出土铜器 70 多件，分布于内蒙、河北、辽宁、北京、天津等 10 多个地方，其中赤峰大甸子夏家店下层文化便出土 55 件[7][11][12]。此三种文化所出冶铸器物种类有：（1）兵刃器，包括矛、镞、匕首，其中的矛和镞皆见于火烧沟，这是我国迄今考古发掘最早的铜兵器。（2）手工业生产工具，包括刀、斧、凿、锥、针、锤。（3）农具，包括镢、镰。（4）饰器，包括铜泡、铜管、铜鼻环、铜镜、铜片、铜耳环、铜指环、铜杖首等。（5）容器，如铜瓿。（6）石范、陶范等。

可见与仰韶—龙山文化相比较：（1）此期器物种类明显增多，兵器的铜戈、铜矛、铜钺、铜镞，农具的铜镢、铜镰，手工业工具的铜锛、铜锤，以及镶嵌绿松石的饰器等，前此都不曾见过。容器在龙山文化时只见到了一件残片，此期却出土了爵、斝、鼎、瓿等多种器物。（2）器型明显增大，亦稍见复杂。二里头文化四期的墓 M57 出土一件铜爵，通高 1.64 厘米，流、尾距 19.8 厘米；同墓出土的一件铜刀长达 34 厘米[2]。（3）部分铜器上出现了简单的弦纹、乳钉纹、圆圈纹等。这说明夏末商初，青铜器已开始扩展到社会生产、社会生活的各个领域。

（二）商代中期

这是我国古代青铜技术的勃兴期，目前在河南郑州、辉县琉璃阁、河北藁城、北京平谷、湖北盘龙城等商代中期或与之年代相当的考古文化都出土了许多青铜器。郑州南关外、紫荆山北等地还发现了规模较大的冶铸铜遗址。青铜器开始在社会生产、社会生活的一些基本部门显示自己的重要地位。盘龙城在 1974 年及之前发掘的 12 座墓葬中，半数都出土有青铜生产工具[13]；郑州南关外铸铜作坊是以铸造生产工具为主的[6][14]。此期青铜器出土数量和种类明显增多，如盘龙城出土的二里岗期青铜器计 25 种，159 件以上[13]。此期习见的青铜器种类有：（1）兵刃器，包括戈、镞、钺、矛、镦等。（2）手工业工具，包括斧、锛、斨、凿、锯、刀、锥、钻等。（3）农具，包括锸、镢等。（4）容器，包括鼎、鬲、甗、瓿、爵、斝、罍、卣、盉、盘、簋、尊等。（5）各种饰器。郑州小双桥出土两件大型青铜建筑饰件，其中一件重 8.5 千克，高 21.5 厘米，宽 18~21 厘米。这五类器物都包含了不少新品种，如河北藁城出土有铜戟，长时期以来，人们一直以为戟是到了西周才出现的。

此期容器造型普遍向着宏大、复杂的方向发展。盘龙城一件大铜钺，长 41 厘米，刃宽 26 厘米，身上饰有夔龙纹和蝉纹[13]。1974 年，郑州杜岭街出土了两件大方鼎，一件通高 100 厘米，重 86.4 千克。1982 年郑州向阳回族食品厂窖藏发掘 2 件饕餮纹大方鼎，一件通高 81 厘米、口长 55 厘米、宽 53 厘米，底长 46 厘米、宽 44 厘米，重 75 千克[15]。

（三）商代晚期至西周

这是我国古代青铜技术高度发展的阶段，出土青铜器数量之多，种类之众，分布之广，体型之大，花纹之繁褥，都是前所未有的，其中尤以礼器和容器发展得最为充分。1976 年，安阳小屯村西北妇好墓出土铜器 468 件及小铜泡一组 109 件。种类有：礼器 20 多种 210 件，武器 3 种 134 件，乐器 1 种 5 件，生产工具 4 种 41 件，此外还有大量的生活用器和工艺品[16]，种类甚全。铜铚、铜犁等农具都始见于商代晚期。1939 年，安阳殷墟出土一件司母戊大鼎，高 1.33 米，重 875 千克。妇好墓出土的一对大型铜鼎（司母辛鼎），高分别为 80.1 厘米和 80 厘米，重分别为 128 千克和 117.5 千克。尤其值得注意的是，不仅黄河流域，而且长江中、下游，如江西、四川，也发现了大量商代晚期青铜器，从而改变了往昔认为这些地区开发较晚的观念。1973 年，江西吴城发现一处商代铸铜遗址，先后出土了 300 多件石范及少量陶范[17]。1986 年四川广汉三星堆发掘了一处与商代晚期年代相当的遗址，出土青铜器 439 件，其中一件站立大型铸铜人像通高竟达 260 厘米[18]。1989 年，江西新干大洋洲出土商代中晚期青铜器 480 多件，其中一件青铜甗高 105 厘米，一件铜钺长 35.2 厘米、刃宽 34.8 厘米[19]。商代晚期，青铜刀已较多地用到了军事上，青铜剑亦开始出现。彩版壹，3 所示为新干大墓所出商代晚期尖翘锋短柄秃首蝉纹刀 XDM:315，通长 67.9 厘米、本宽 9.0 厘米。彩版壹，4 所示为上海博物馆藏商代晚期龙纹镂脊尖翘锋短柄秃首刀，长 26.8 厘米，刃长 23.4 厘米。

（四）春秋战国

因礼乐崩溃，王室之器衰落，诸侯之器兴起，日用之器发达起来，此时整个青铜器的制作打破了商、西周时期的呆板、厚重、千篇一律的局面，而代之以轻便、新颖的造型，种类更多。由于经济发展，战争频繁，铸钱业、铸镜业、铜剑等兵器制造业，成了青铜业的主要生产部门。在南方的吴越一带，青铜农具得到了较大的推广和发展。据陈振中1987年的统计，我国见于考古发掘和馆藏的镰、铲、锄、镢四种农具，夏及其之前为12件，商代166件，西周389件，东周为1058件[20]。1977年，苏州城东北角一次就出土铜锄12件、铜锸5件、铜镰6件、铜耨1件，此外还有铜斤6件等。1975年，苏州城东南出土过锯镰4件、铚2件、铜锸1件、铜凹口锄4件[21]。战国时期，由于生铁的出现和使用，青铜在社会生产和社会生活中的主导地位发生了动摇，但青铜技术却更加成熟起来，著名的"六齐"合金规律就是在这一时期总结出来的。

二、青铜冶炼技术的伟大成就

夏至商代早期，我国青铜冶炼的技术水平还是较低的，商代中期有了较大提高，商代晚期便达到了较高水平。商代晚期至东周的铜矿采冶遗址计见5处：江西瑞昌铜岭采冶场、皖南矿冶场、湖北铜绿山矿冶场、内蒙林西大井矿冶场、新疆奴拉赛采冶场。它们的使用时间不尽相同。此期炼铜技术的主要成就是：构筑了较为高大的竖炉，在炉缸下构筑了防潮风沟，有了一定的炉身角，在炉腹上设置了风口，很可能还使用了石灰石作为造渣剂，初步解决了氧化矿和硫化矿的许多冶炼技术问题。

（一）原料准备

除自然铜外，人类早期使用的铜矿主要是氧化矿，至迟春秋早期，我国南方、北方和西北的新疆都使用了硫化矿炼铜。铜绿山所用主要是氧化矿，矿石通常都经破碎和筛分，矿粒度为0.5～4厘米。林西春秋早期冶铜作坊[22]、新疆奴拉赛冶铜作坊（年代相当于东周）[23]、皖南春秋晚期至战国初期冶铜作坊[24]都使用过硫化矿。大井出土过4座多孔炉，直径介于1.5～2.0米间，炉上覆盖的红烧

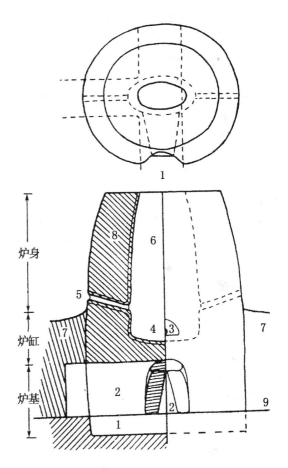

图 2 - 2 - 1　铜绿山 XI 号矿体春秋早期炼铜竖炉复原图（俯视、正视中剖）

1. 炉基　2. 风沟　3. 金门　4. 排渣口位置
5. 风口　6. 炉子胸腔　7. 工作平台　8. 炉壁
9. 原地面

　　采自《铜绿山古矿冶遗址》（文物出版社，1999年）第156页

土块层中布满了弯曲的孔道，孔径8~10厘米，有学者认为它可能是硫化矿焙烧炉[22]。

（二）冶炼设备

最早的冶炼设备很可能是一种坩埚，之后才发明了竖炉。我国今见最早的炼铜竖炉（或叫高炉）是大井春秋初期（或更早）竖炉和铜绿山春秋早期竖炉。

铜绿山春秋竖炉已发掘8座，结构和尺寸基本相近。炉体近于竖立的腰鼓形，分作炉基、炉缸、炉身三大部分（图2-2-1）。炉缸断面计有三种形态，即近于圆形，近于椭圆形，或近于长方形。前者直径约0.5~0.56米，炉高约1.5米，料柱高1.2米，炉内容积约0.28米^3。在炉体结构上值得注意的几点是：（1）炉缸下部的炉基设有"T"形风沟，可起到保温、防潮和防止炉缸冻结的作用。（2）每座炉子大约都有两个风口，其中4号炉的风口内倾角为19度，这对于改善火焰分布状态具有重要意义。（3）金门（出铜口）的门坎稍稍内倾，故铜液不能出尽，有利于炉缸保温。（4）炉身内壁稍稍内倾，炉身角适中，这既有利于炉内保温，亦与炉料运行规律相符。（5）炉衬所含SiO_2和Al_2O_3量较高，如4号炉金门拱顶内衬，SiO_2为76.67%，Al_2O_3为18.35%，耐火度达1580℃，显然这耐火材料是经过了精心选择的，表现了相当高的技术水平[25][26]。类似的先秦炼铜炉在皖南也可看到。

（三）冶炼技术

氧化矿冶炼的技术要点，是在一定的温度和气氛条件下，将铜还原出来，经过精炼后，便可将伴生元素和夹杂物去除，最后得到较为纯净的铜，矿石中所含脉石则与熔剂生成炉渣而排出。冶炼技术之高低，常可通过炉渣和铜块性状反映出来。经计算，铜绿山炉渣硅酸度一般为1.2~1.8，今人对炼铜渣硅酸度的要求是1~2；经分析，铜绿山渣含铜约为0.7%左右，3号炉的只有0.2%~0.67%，现代鼓风炉氧化矿还原冶炼要求渣中含铜量为0.7%~1.0%。其中3号、4号炉粗铜品位分别达93.32%、93.99%，含铁分别为3.35%、3.99%；现代粗铜品位一般为92%~95%。看来古人的冶炼技术已达一定水平，且已掌握配渣术。铜绿山早期开采和入炉的矿石主要有三种，不管使用哪种单一的矿石入炉，都是炼不出此种渣型的[25][26]。

硫化矿冶炼的第一步是去硫，依去硫情况之不同，又有两种不同的工艺：（1）"硫化矿—铜"，即经一次焙烧，便将矿石中的硫除净，之后再作还原冶炼，得到粗铜。（2）"硫化矿—冰铜—铜"，即矿石焙烧时并不能将硫完全去除，第一步的冶炼产品名为冰铜，这是以硫化亚铜（Cu_2S）与硫化亚铁（FeS）为主的硫化物熔融体，第二步再由冰铜还原成铜。后世多用第二种方法，即先炼为冰铜，再作还原冶炼。

大井古炼渣内含有石灰石颗粒，可能使用了石灰石造渣。经分析，其中1件出炉铜块的成分分别为：铜71.93%、锡21.79%、砷4.49%。这表明早在春秋时期或者稍早，我国就掌握了大规模开采、冶炼铜锡砷共生硫化矿的技术[22]。

奴拉赛使用的是一种高品位硫化矿。经测定，渣的熔点约1070℃~1160℃。这些渣既有含砷铜颗粒的还原渣，也有含冰铜、砷冰铜颗粒的冰铜渣。经扫描电镜分析，一件砷铜锭的成分是：铜82.02%、砷17.92%。据分析，铜矿石本身的含砷量很低，故有学者推测，此砷很可能是添加了高砷矿物之故。这种工艺在世界早期冶金中所见甚鲜，故其在冶金史上是具有重要意义的事件[23]。

鼓风技术应是与冶、铸同时，或稍稍滞后一个时期发明出来的。最为原始的送风方式自然是"对口管吹"式，之后才发展成了"挤压皮囊"式，亦即习之谓"鼓橐"。从现有资料看，这种橐的发明期至少可上推到商代晚期[27]。罗振玉《殷墟书契续编》（六·二四·六）载："……百，才……橐（橐）界（盧）"此橐，《甲骨文字集释》释之为橐；《说文解字》：橐，"囊也"。此"界"，即盧，乃爐的初文。此"橐"、"爐"两字连文，所述与冶铸有关无疑。林西冶铜遗址的马首陶质风管[22]，洛阳北窑西周早中期熔炉[28]、铜绿山炼炉等上的风口，都应当是皮囊送风的证据。春秋之后，有关实物进一步增多起来，侯马铸铜作坊（春秋中期到战国早期)[29]、新郑春秋铸铜作坊等都出土了大量鼓风管残段。侯马铸炉所用风管有直管和弯管两种，都是插入坩埚炉使用的，呈顶吹式，可知铜绿山炼炉和侯马铸炉的进风角都是很有讲究的。春秋战国时期，有关记载更加明确，《墨子·备穴》篇说："具炉橐，橐以牛皮。炉有两瓶，以桥鼓之"。还说"疾鼓橐以熏之"、"灶用四橐"。

三、青铜铸造技术的伟大成就

二里头时期，青铜铸造的技术水平还不高。二里头铜爵只有3块外范和1个芯子。二里岗时期，便有了突飞式发展，郑州杜岭街大方鼎用范达13块[30]。商代晚期之后，便发展到了相当成熟的阶段。此期铸造技术上的主要成就是：二里岗时期发明了分段造型和"先铸器体，后铸附件"的分铸法；商代晚期发明了"先铸附件，后铸器体"的分铸法；春秋时期发明了层叠铸造、出蜡铸造和金型铸造。西周早期便构筑了较为高大的铸铜竖炉，至迟春秋战国，便总结出了一套判定火候的熔炼技术规范。

（一）熔炼设备

此期的熔炼设备主要有坩埚和竖炉两种类型。

我国古代坩埚始见于临汝煤山二期，稍后在偃师二里头也可看到，但多是较小的残块。较大且较完整的化铜坩埚始见于郑州商城二里岗期[14]，稍后在安阳殷墟[31]、洛阳北窑西周铸铜作坊[28]、侯马春秋中期到战国早期铸铜作坊[29]都有出土。此期熔炼坩埚约可分为四种类型：（1）陶缸式，见于郑州南关外和洛阳北窑等地。以大口尊和沙质陶缸（南关外）或者陶瓮（北窑）作内胎，内外涂以草拌泥或耐火泥。（2）纯草拌泥式，南关外曾见一例。（3）将军盔式，外形如同广口陶尊。内残铜渣，外表多有烧流痕迹，很可能进行过外加热。（4）分段可拆式，侯马最为多见。其熔炉一般分作2段或3段，下部为炉盆，即炉缸，呈盆状、臼状、碗状，有的还有流嘴，当可作浇包用；之上为炉身，包括炉腹圈和炉口圈2节；多用草拌泥制成。内加热，风管从炉口插入。炉盆和炉身直径多为20～30厘米，少数稍大（图2-2-2）。

我国古代化铜竖炉始于何时今已难考，比较可靠的资料始见于安阳殷墟，之后在洛阳北窑西周早期铸铜遗址[28]、新郑仓城春秋战国铸铜遗址都有出土。洛阳北窑出土过数以千计的竖炉残块，经复原，炉体内径多为90～110厘米，最小的为50～60厘米，最大的可达160～170厘米，炉身用泥条盘筑法制成。部分炉子使用了4个鼓风口。鼓风嘴为陶质，炼炉内壁衬以耐火土，外壁涂草拌泥。新郑仓城化

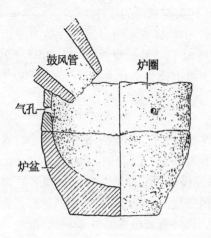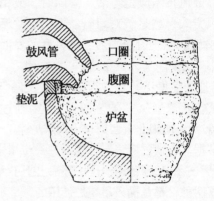

图 2-2-2 侯马东周化铜炉送风方式示意图

采自文献［29］第 76 页

铜炉技术又有了一些进步，炉体不再使用泥条盘筑法构筑，而是使用较厚的耐火砖，砖有梯形、弧形等，耐火材料亦改用了砂泥，不再使用草拌泥。

（二）熔炼技术

夏、商、周三代化铜炉一般为内加热，把金属块和燃料放入坩埚和竖炉后点火；坩埚从上口鼓风，竖炉可从设于炉腹的风口送风，也可将风管从上口插入炉内作顶吹式送风。有少数坩埚，如部分将军盔曾辅以外加热。熔炼的目的是：（1）熔化金属以便浇铸。（2）进一步排除杂质。（3）配制出适当的合金成分。所以熔炼技术极大地影响到产品质量。《考工记·桌氏》云："桌氏为量，改煎金锡则不耗；不耗然后权之，权之然后准之，准之然后量之。"汉郑玄认为"不耗"即是"消涑之精不复减也"。可见古人对铸器金属纯度是要求很高的。同书同条又说："凡铸金之状，金与锡黑浊之气竭，黄白次之，黄白之气竭，青白次之，青白之气竭，青气次之，然后可铸也。"一般认为《考工记》是东周时期齐国的官书，可知在《考工记》成书年代，人们已有了一整套依据火焰颜色来辨别熔炼进程的经验。

（三）石型铸造

我国古代的早期铸型主要是石型和泥型，出腊法和金型铸造都是春秋战国时期才发明出来的。

石型始见于夏及其与之年代相当和稍后的诸考古文化中，火烧沟出有镞范 1 件[9]、东下冯三期出有斧范 4 件、四期出有凿范 1 件[4]、红山后出有斧范 1 件，鼋神庙出有斧范 1 件、刀范 2 件、矛范 2 件等[7][32]。中原地区在二里岗文化时期，石范已经使用较少，东下冯五期（相当于二里岗下层）只出有石质斧范 2 块、多器型范 1 块（范的一侧凿有 3 枚双翼镞型腔，另一侧凿有斧腔和一个凿腔）等，但在南方的江西，吴城文化二期仍大量使用。

1975 年，吴城商代中晚期遗址出土 300 多件石范，基本成型的 57 块，种类有镞、斧、凿、刀、戈、矛、镰、匕首、粗范及部分车马饰范等，陶范只有少数几件。这些石范的基本特点是：（1）石料皆较松软。（2）范上刻有合范记号，有的凿出榫头和卯眼，以作合范定位。（3）多为双合范，多为形制较为简单的生产工具、兵刃器和车马器饰，未见石质容器范。（4）主要见于吴城二期，一、三期较少，时间范围较窄[33][34]。吴城文化二期约相当于殷墟二期。

石范铸造技术在我国一直沿用了下来，西周、东周及至近现代仍在部分地区使用，尤其是云南等地。1995年，云南弥渡合家山出土石范17片，多为砂石质，断代春秋末期至战国中期[35]；据王大道1982年的调查，当时云南曲靖还存在以石型铸造犁铧的工艺[36]。承李晓岑惠告，2000年9月，四川省木里县依吉乡依然使用石范铸造。

（四）泥型铸造

我国古代泥型铸造至迟出现于红山文化时期，龙山文化晚期和二里头文化时便有了一定发展，二里岗时期就逐渐成熟起来，殷商之后达到了相当成熟的阶段，它是我国商周青铜铸造的主要工艺；东周之后，由于金型和出蜡铸造的发展，其主导地位受到了一定冲击，但依然是十分重要的工艺。除西台红山文化陶范外，今见于考古发掘的一些年代较早的陶范出土地点主要有：偃师二里头[37]、赤峰四分地[38]和偃师尸乡沟早商城址等[6]，但数量都较少。商代中期之后，陶范出土量急剧增多，1954～1956年，郑州商城出土200多块[6]；1958～1961年，安阳苗圃北地出土的泥质范和模计19459块[31]；山西侯马牛村古城春秋战国铸铜遗址陶模、陶范达5万多片，其中可对合成套的便有近千套[29]。

1. 造型材料的选择和加工

古代造型材料一般都是就地取材，先选好泥土，之后再经研磨或舂捣，多要配入部分细砂，并经陈腐和练泥，范需缓慢阴干。侯马陶范、陶模所用泥料皆以文化层下的原生土为主[39]。商代晚期及其之前，多用单一范料造型，西周早期之后开始区分了面料和背料，侯马铸范一般也区分了面料和背料[29]。面料较细，可提高铸件精确度和花纹清晰度，面料中往往要掺入部分草木灰；背料一般较粗，可增加范的透气性和退让性。

谭德睿认为，我国古代之所以能用陶范铸造出许多花纹纤细，且器壁较薄的青铜器，其中一个技术关键是在陶范中羼入了植物灰，即使用了富含植物硅酸体的范土来造型。在陶范中羼入植物灰（或植物茎叶）的技术至迟发明于二里岗—盘龙时期，之后便一直沿袭了下来，这便使陶范具有了良好的充型性能。以往的研究认为，我国古代青铜器之所以能铸造出既花纹纤细，又器壁较薄的优良铸件，主要是古代陶范透气性较好之故，其实并非如此，古陶范的透气性实际上是很差的[39]。

2. 模、范、芯的制作

铸造的基本过程大体是：先塑出实物模型，后依模制范，最后合范浇铸。若器形较为简单，且同一器形的产品数量要求较少，此"模型"便只需做一次、做一个；若器形较为复杂，或同一器形的产品数量较多，此"模型"则须制作多次、多个。其大体程序便是：先制"一次阳模"（祖模），后再依之复制出"一次阴模"，再依此阴模制作出"二次阳模"，再依此"二次阳模"制范，最后才依范浇铸。此"一次阳模"一般应是一个整体，但二次阳模则可由多块分模合成。

模型常以泥作成，后烧成半陶质。模上的花纹可用堆、削、刻等方式做出，简单花纹也可用阴模直接模印。洛阳北窑车害模的顶部留有绘图工具的痕迹，其许多模型表面都留有明显的分型线；看来，分型设计是在泥模上进行的。大约从商代中期起，铸范如何分型，某器物使用多少范片，便开始规范起来。

铸范多数应是使用模盒填泥法，在模盒内夯填成的，也只有夯填法才能保证花纹之清晰。自然也可直接雕塑，或用小阳模印成。模印法在商代晚期已较发展，安阳苗圃北地所出陶模能辨出器形的有 22 件。范的制作，既可使用"整模"夯填法做出整范，也可使用分模夯填法做出分范，之后再合范浇铸。侯马牛村春秋铸铜遗址出土数千件陶模，部分铜器的纹饰便是用小陶模多次复印出来的[30]。北方在西周早期以前，通常是一模一范，很少看到两件尺寸完全相同的器物。西周中期之后，出现了一模多范的工艺，西安普渡村西周中期所出 27 件青铜器中，有两件簋的形状、大小、纹饰完全一样[40]。一模多范的工艺在南方可能稍早，江西新干商代晚期铜刀中有 4 对同形，有的刀上还有纤细的花纹，不能排除它们是泥型铸造的可能性。一般而言，泥范是不能多次使用的，尤其是那些形制稍见复杂的器物。两器和多器同形，当是用一个阳模盒，多次夯填造型的。学术界常有人使用"同范"器一词，其实，对于泥型铸造来说，同范的机会是很少的，泥型易碎，一般都是同"模"。

芯子的制作，一般认为其做法有二：（1）造型结束后，将模子表面削去一层，削去的厚度便是铸件的厚度。（2）另外制作，可用芯盒翻制，也可直接用手制。前一方法是十分困难的，因模已成半陶，且厚度不好掌握。由洛阳北窑西周早期铸铜工艺看[28]，商周青铜工艺的芯子，绝大部分应是第二种方法，即另外制作。

侯马铸铜遗址等处都使用过脱模剂[29]，其目的是便于脱模。

3. 铸型的干燥和焙烧

制好的铸型须置于阴凉处缓慢阴干，以去除水分并释放部分制范过程中产生的内应力，之后再放入炉内焙烧。烘范窑始见于郑州南关外，1 座，属二里岗期[6]；年代稍后，多处遗址都可看到。烘范的目的是使碳酸盐等发气物质完全分解，并达到半陶状，也可消除部分内应力。范务必烧透，一是加热温度必须足够高，二是保温时间必须足够长，使碳酸盐能够完全分解。烘烤温度通常为 850℃～950℃。范片经烘烤定形后便可合范、浇铸。一般而言，在正常气温下，皆可冷范浇铸，一般是不会产生冷隔的。冷范浇铸的优点是可提高器件表面光洁度和硬度；对生铁来说，冷范浇铸易于得到白口组织，有利于下一道工序的可锻化退火处理。

4. 关于大型复杂铸件的泥型铸造

上面讨论了泥型铸造的一般过程，下面介绍几种泥型铸造的大型复杂铸件工艺。

（1）多范块连续拼铸法。操作要点是：将整个器物划分成若干个部分，分别设计、制模、制范，并依次浇铸。从第二个部分起，每次造型时，均将已铸成的前块合拼在范中，如此连续逐个拼铸，最后铸合为一。每个部分间皆作榫卯式连接、铸合。郑州先后出土过 8 件商代前期大方鼎，即郑州张寨 2 件、向阳食品厂 2 件、南顺城 4 件，皆属这一类型。有的要经 10 多次拼铸才能成器[150]。河南龙山文化时期的一些轮制陶器也有多块拼合成的，如盉分可分成 8 块、斝可分成 6 块、鬶形器可分成 7 块，最后粘结成器。青铜器拼铸法，显然是在陶器拼粘法基础上演变过来的[150]。

（2）多范块分层套合的浑铸法。始见于二里岗——盘龙城时期。郑州商城一个大圆鼎，腹外范分了两层，每层又分了三块，全器6块范，再加一个连足的芯子[6]。后世一直沿用。

（3）多范片造型的浑铸。如司母戊大鼎，有人认为它使用了31块范[41]，但最新的检测结果则是24块范，即内范1块、四周腹壁连足计4块、顶范4块、双耳计14块（每个顶耳用外范4块、底范1块、芯2块）、底范1块。此外再加浇口范[151]。

（4）器体和附件分开铸造。它又包括两种类型：一是先铸器体法，即先铸器体，并在器体相应部位铸出榫头，之后再在器体上安放附件模型，并制范、浇铸，使器体和附件形成榫卯式接合。此法始见于火烧沟四坝文化时期的四羊铜权杖首，其四羊头与杖首便是分铸的。二里岗——盘龙城时期，此技术有了进一步发展，郑州出土的涡纹中柱盂和提梁卣等[42][6]、盘龙城青铜簋等[152]都使用了这一工艺。二是先铸附件法，这是对先铸器体法的一种改进，始见于商代晚期，西周时期就有了较大发展。操作要点是先铸器耳、器柄等附件，后把附件放入器体的范中，并浇铸在一起。许多体型复杂、图纹细腻的商周青铜，都是用分铸法浇铸出来的[153]。

著名的四羊方尊造型奇特、花纹细腻、气势宏伟，往日多以为是出蜡法铸造的，其实是先铸附件的分铸法。操作要点是：先铸卷曲的羊角，后把羊角插入羊头的铸型内，铸成带角的羊头，再将铸成的整个羊头、龙头同时嵌入尊体的铸型内，浇铸成完整的尊体[154]。

5. 一次浇铸多层范块的泥型铸造——叠铸

即在每合范内制作多个型腔，之后将多合范以横向或竖向的方式积叠起来，组合成套，使用多个或一个浇口，一次浇铸数件至数十件产品。主要用来生产车马器、钱币，以及部分小生产工具。依范片积叠方式之不同，又包括卧式叠铸和立式叠铸两种。前者的每合范自具一个独立的浇道，后者则一套组合起来的若干合范共用一个直浇道。此法发明于春秋时期，山西侯马春秋铸铜遗址[43]、河南新郑郑韩故城春秋铸铜遗址[6][44]都出土过卧式叠铸的范块。战国时期，此技术有了进一步发展，山东临

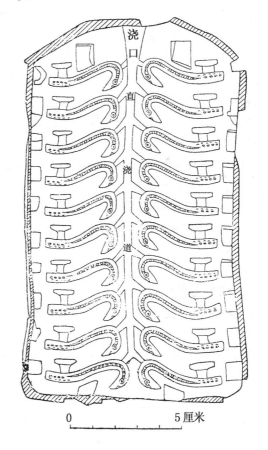

图 2 - 2 - 3　阳城铸铁遗址战国晚期带钩立式叠
铸泥范 YZHT5①:2
采自文献[5]第305页

淄出土过翻制立式叠铸泥范的铜质模盒，铸件是"齐法化"刀币；河北易县燕下都亦出土过叠铸泥范，叠层7合以上[45]。登封阳城战国早、晚两期铸铁遗址都出土过叠铸的带钩范，图2-2-3为阳城战国晚期叠铸带钩范，其往往两盒叠在一起浇铸。此法的优点是：批产量较大，可节省造型材料。

（五）出蜡铸造

这是我国古代的称谓，今学术界习惯谓之失蜡法、熔模法。操作要点是：先以油蜡塑造一个实物模型，后在蜡模上挂泥；先挂细泥，后挂粗泥；晾干去蜡后，便可得到一个与实物模型完全一样的型腔，之后再将金属液注入型腔。主要用于铸造花纹精细、表面光洁度要求较高，不宜采用分铸、焊接等法生产的大小器物。

我国古代出蜡法约发明于春秋中期，所见较早的实物有：1978~1979年河南淅川下寺春秋2号墓出土的铜禁及其兽形饰，1、2、3号墓所出铜盏附件，以及1号墓55号鼎的兽形饰等[46]；年代稍后的有，1978年曾侯乙墓出土的尊盘颈部的透空附饰等（彩版贰，1）[47]。1981年，浙江绍兴战国初期墓出土的青铜质的房屋模型等，屋中人物亦应出蜡法铸成。在伊朗、美索不达米亚、埃及、印度等地，虽出蜡法在公元前三千纪中晚期便已使用，但我们的先人却很快就将它发展到了较高水平，故在世界铸造史上仍占有十分重要的地位。

近年有学者认为我国青铜时代并不曾有过出蜡法铸造，说此工艺是随着中外文化交流的发展而从西方传入的，说前述春秋战国的出蜡法铸件皆可用"泥型铸造＋铜焊"的方式生产出来。此问题较为重要，需要认真研究。其实细想起来，这两种观点眼下皆无确定无疑的资料为凭。当初将那些铸件定为出蜡法时，主要依据是研究者的"常识和经验"，认为那些器物造型十分复杂，非出蜡法不可为。但如今要否定这一观点，要说它们是用"泥型＋铜焊"制作出来的，同样缺乏文献资料，或科学考察资料的确凿依据。我想，要证明上述器物为"泥型＋铜焊"时，至少要完成下列两方面的工作：（1）寻找铜焊工艺的确切证据，如对焊料残留物，或焊接部位进行科学分析，找到化学成分或金相组织上的确切依据。（2）用"泥型＋铜焊"的方式将上述物件复制出来，以作旁证。若无此第一方面的考察资料，又无模拟试验为辅，此观点便依然是一种假说。但可进一步探讨。本书今依然采用旧有观点，即将上述曾侯乙墓尊盘等器仍视为出蜡法铸件。

（六）金型铸造

此法约发明于战国或稍早。约包括铜范、铁范两种。今见于著录的先秦铜范主要有：平首布"梁一釿"铜范、"虞一釿"铜范等[48]；出土的有安徽繁昌铜质蚁钱范2枚，武汉出土的铜质贝范1枚，上海市博物馆藏有2枚[49]。此铜范主要用来铸钱，使用量不太大。铁范主要铸造铁质的农具、手工业工具、车马器和半成品的板材。金型习誉之"永久型"，其主要优点是铸型可反复使用，从而减少了制范工作量。我国古代金型铸造的主要成就是铁范，下面还要提到。

我国先秦青铜铸造工艺主要是如上几种，不同的工艺，适应于不同的情况和要求，使金属器的产量最大限度地满足了人们的需要，促进了社会文明的发展。

四、青铜合金技术的发展和"六齐"规律的出现

我国古代青铜合金技术约发明二里头时期，二里岗时期便有了一定的发展；

殷墟时期，Cu－Sn 二元、Cu－Sn－Pb 三元合金系基本确立；春秋战国时期，此合金系便发展到了相当成熟的阶段，并总结出了世界上最早的青铜合金规律——"六齐"规律。我国古代青铜技术获得了举世瞩目的成就，其中一个技术关键，便是这一合金技术体系的确立和发展。

（一）青铜合金技术的萌芽——二里头文化时期

此时期青铜合金技术上的主要特点是：

1. 青铜器使用量明显增加，在金属器中的比重明显增大。人们分析过 53 件二里头出土的铜器[2][50]~[54]，计有青铜 44 件，占标本总数的 83.02%，而红铜 6 件、砷铜 1 件、铅基合金 1 件、铅片 1 件，计 9 件，只占标本总数的 16.98%。有学者分析过 19 件朱开沟商代早中期金属器[55]，皆为青铜，竟无一件红铜或铅基合金等。

2. 有的标本含锡、含铅量较高。二里头 53 件标本的平均成分为：铜 83.98%、锡 4.61%、铅 10.6%，其中含锡量大于 13% 者计 5 件，最高含锡量达 23.09%（铜钩）[54]，含铅量大于 15% 的铅青铜、锡铅青铜计 13 件，其中又有 4 件含铅量超过 30%，最高达 41.46%。这样多的标本含锡含铅量较高，至少有一部分应是人工有意配制的。

在今人分析过的此时期青铜器中，尤以山西夏县东下冯 2 件铜镞成分选择为良，皆为铅锡青铜，且含锡量较高，其中一件为铜 78.59%、锡 14.13%、铅 4.46%[52]。

3. 合金技术的整体水平依然较低，最明显的一个例子是：容器的平均含锡量竟较兵工器还高。在二里头 53 件标本中，有容器 6 件，平均成分为：铜 81.62%、锡 7.03%、铅 9.32%；有兵工器 30 件，平均成分为：铜 86.57%、锡 3.39%、铅 9.66%。

4. 有的地方还较多地使用了红铜。有学者对 66 件火烧沟铜器做过定性分析[56]，有红铜 34 件，占标本总数的 51.52%；青铜 32 件，计占标本总数的 48.48%。另外，有的地方还较多地使用了原始砷铜，有学者考察过四坝文化民乐东灰山遗址的 15 件铜器[57]，其中 12 件为铜砷二元合金，2 件为铜锡砷三元合金，1 件为铜锡铅砷四元合金，不见红铜；其中 8 件的平均成分为：铜 92.63%、锡 1.44%、铅 0.11%、砷 4.37%（介于 2.62%~5.47% 间）。

可知在二里头文化及其与之年代相当考古文化，或说夏代中晚期至商代早期，青铜合金技术已经萌芽，我国已进入早期青铜时代。早期青铜时代的主要标志应是：（1）人们有意识地生产了一定数量的锡青铜和铅青铜，有的产品含锡、含铅量稍高。（2）但成分很不稳定，不同使用性能的器物，其合金成分并无明显差别；人们对铅和锡在铜合金中的不同作用尚无明确认识[58]。（3）在此期青铜合金中，相当大一部分可能还是利用共生矿直接冶炼得到的原始铜合金。

（二）青铜合金技术的初步发展——盘龙城、二里岗时期

我统计过 61 件二里岗—盘龙城时期的铜器合金成分，它们分别出土于湖北盘龙城（48 件）[13][59][60]、河南郑州（11 件）[42][61][62]、山西夏县东下冯（1 件）[52]、江西清江（1 件）[50]。由之可以看到这个时期青铜合金技术已有了初步发展。

1. 青铜器使用量迸一步扩大，红铜已经很少看到。在 61 件标本中，有青铜器 60 件，包括锡青铜 10 件、铅锡青铜 21 件、锡铅青铜 29 件，占标本总数的 98.36%；红铜只有 1 件，占试样总数的 1.63%。原始黄铜、砷铜皆未看到。

2. 铅和锡的含量大幅度提高。61 件器物的平均成分为：铜 86.33%、锡 11.83%、铅 10.75%，其中含锡量大于 10% 的达 36 件，最高值达 19.474%；含铅量大于和等于 10% 的 30 件，最高值达 27.1%。合金配锡配铅量的增长，这说明 Cu – Sn、Cu – Pb 二元和 Cu – Sn – Pb 三元合金系此时皆已初步形成。

在此期青铜器中，合金成分选择较好的是郑州小双桥出土者，我们分析过其 4 件容器，皆为锡青铜，且含锡量稍高，平均值为：铜 88.05%、锡 8.87%。

但此时的合金技术还不太成熟：（1）器物含锡量还不太高，其分布亦较分散。（2）平均含锡、含铅量相差不大，盘龙城的平均含锡量甚至低于平均含铅量，以铅为主要合金元素的青铜器依然较多，盘龙城一件青铜凿还使用锡铅青铜，说明人们尚未区分铅、锡对铜合金机械性能的影响。（3）青铜兵刃器的数量和种类依然较少。所以，二里头文化和二里岗文化时期，应是我国的早期青铜时代。

（三）Cu – Sn 二元和 Cu – Sn – Pb 三元合金系的确立——商代晚期

商代晚期，二元和三元青铜合金系已完全确立，这主要表现在殷墟大墓出土的青铜器中。1982 年，李敏生等分析过殷墟妇好墓出土的 91 件青铜器[63]，其中有鼎 20 件、一般容器 45 件、武器 12 件、生产工具 4 件、不辨器形的残器 10 件。由之可知：

1. 红铜、原始黄铜、原始砷铜皆未再现，而且铅青铜、锡铅青铜都很少使用。此 91 件标本都是 Cu – Sn 二元和 Cu – Sn – Pb 三元合金，而且多为锡青铜（计 66 件），占试样总数的 72.53%。

2. 平均含锡量较高，含铅量较低。91 件试样的平均成分为：铜 80.71%、锡 15.85%、铅 1.79%。

3. 合金成分较为稳定，出现了相对集中的成分区间。如兵工器（16 件），含锡量为 8.79% ~ 18.7%，平均 14.73%，其中 3 件镞、4 件锛的含锡量集中于 16% ~ 19% 之间。如鼎，含锡 11.62% ~ 19.08%，平均 16.34%。据有关学者分析，司母戊大方鼎成分为：铜 84.77%、锡 11.64%、铅 2.79%，亦处于同一成分范围。

这种成分配制，便在较大程度上满足了人们对器物使用性能的要求。这说明，在殷墟大墓中，以锡为主要合金元素的技术思想已经确立，人们已开始区分铅、锡两种金属及其对铜合金性能的不同影响。我国已进入了完全的青铜时代。

但商代晚期的青铜技术还有两点不足：（1）先进的青铜合金技术主要表现在殷墟大墓中，殷墟中小型墓和殷墟之外的其他处青铜器则较之逊色。1984 年李敏生等又分析了 43 件殷墟西区近千座中小型墓出土的青铜器[64]，1994 年，我分析了 13 件河南罗山、固始出土的殷商青铜器[65]；20 世纪中后期，国内外学者亦分析过不少安阳等地所出商代青铜器[66][67][68]，发现其铅青铜、锡铅青铜在青铜器中所占比例依然较高。这一方面可能与统治者限制平民使用性能较好的青铜有关，另一方面也可能是先进技术尚未向社会推广之故。（2）殷墟大墓青铜器大量地使用了含锡较高的锡青铜和铅锡青铜，这是一种很大的进步；但依现代技术原理，有的器物含锡量是可适当降低的，除响器外的多数器物，都可使用铅锡青铜。

西周时期，青铜合金技术又在殷墟大墓青铜器的基础上有了一定的提高。

（四）"六齐"合金规律的出现——春秋战国时期

春秋战国时期，我国青铜合金技术发展到了较为成熟的阶段。主要表现在：

1. 锡在铜合金中的主导地位完全确立。此期使用的主要是锡青铜和铅锡青铜，而锡铅青铜和铅青铜则使用较少，红铜和原始的黄铜、砷铜、锑铜更少看到。如青铜剑，我分析、统计过 59 件[67]~[76][155][156]，只有 2 件属锡铅青铜，余皆锡青铜和铅锡青铜。如青铜镜，我分析、统计过 13 件战国标本，皆系锡青铜和铅锡青铜[76][77]。如响器，我统计过 18 件东周钟、镈于、铃、镈的成分，其中锡青铜器 7 件、铅锡青铜器 11 件，不见铅青铜和锡铅青铜。又如除剑之外的一般兵工器中的刃器，我统计过 113 件，其中锡青铜 38 件，铅锡青铜 62 件，计 100 件，占试样总数的 88.49%，而锡铅青铜、锡铅黄铜、铅锌锡青铜、锑铅青铜共计 13 件，只占试样总数的 11.5%。

2. 含锡量较高，且成分分布较为稳定，尤其是镜、剑、响器。如剑，前述 59 件的成分为：锡 8.849% ~ 24.94%，平均 16.599%，有 41 件集中于锡 15% ~ 22% 间；铅平均 4.182%。又如镜，前云 13 件的成分为：铜 63.13% ~ 84.567%，平均 73.646%；锡 15.967% ~ 25.18%，平均 19.355%；铅 0 ~ 9.77%，平均 3.818%。又如响器，前云 18 件的平均成分为：铜 73.652%、锡 15.881%、铅 3.795%，其中乐钟成分为：锡 12.49% ~ 17.72%，平均 14.751%；铅 0.8% ~ 8.53%，平均 3.117%。可知这乐钟成分分布甚为集中。

3. 不同性能的器物使用了不同成分的合金。人们对剑、镜、响器的性能要求较高，故一般都用锡青铜和铅锡青铜，且含锡量稍高，含铅量较低或不含铅。上述所列百分比成分便清楚地显示了这一点，从而显示了较高的合金技术水平。而人们对容器的强度和硬度要求稍低，故其成分范围便可稍宽。我统计过 53 件春秋战国（少数标本属西周晚期至春秋早期）一般性青铜容器合金成分，有锡青铜 7 件、铅锡青铜 29 件、铅青铜 1 件、锡铅青铜 16 件。这说明，此期一般性容器虽以锡青铜和铅锡青铜为主，但铅青铜和锡铅青铜标本仍占较大比例，这是在镜、剑、响器、一般性兵工器中所不曾看到的，同样显示了较高的水平。

在青铜合金技术普遍发展的基础上，春秋战国时期还总结出了世界上最早的青铜合金规律，即"六齐"规律。《考工记·六齐》条云："六分其金而锡居一，谓之钟鼎之齐；五分其金而锡居一，谓之斧斤之齐；四分其金而锡居一，谓之戈戟之齐；参分其金而锡居一，谓之大刃之齐；五分其金而锡居二，谓之削杀矢之齐；金锡半，谓之鉴燧之齐。"即是说，使用性能不同的器物，应配以不同成分的合金，其含锡量应由钟鼎到斧斤、戈戟、大刃、削杀矢、鉴燧逐渐地升高。这便是著名的六齐合金规律，其基本精神与现代技术原理是相符的。由于这段文献记述得不是十分明白，今人对"六齐"的百分比成分又有不同的解释，归结起来主要有"金即赤铜"说和"金即青铜"说两种观点，而对"鉴燧之齐"则又有"金锡各半"说和"金一锡半"说两种观点（表 2—2—1）。在这许多观点中，我们是倾向于"金即赤铜"说和"金一锡半"说的[78]。

表 2－2－1　　　　　　　关于"六齐"合金成分的两种解释

"齐"名 \ 不同解释	"金即青铜"说		"金即赤铜"说		"金锡各半"说		"金一锡半"说	
	铜	锡	铜	锡	铜	锡	铜	锡
钟鼎	83.33	16.67	85.71	14.29				
斧斤	80.00	20.00	83.33	16.67				
戈戟	75.00	25.00	80.00	20.00				
大刃	66.67	33.33	75.00	25.00				
削杀矢	60.00	40.00	71.43	28.57				
鉴燧					50.00	50.00	66.67	33.33

在此有一点需指出的是：《考工记》规定的合金成分与考古实物科学分析的数据间存在明显的差距：（1）"六齐"规定数中皆无铅，而有关考古实物一般都是含铅的。这主要是人们把锡当成了主要的合金元素，把铅当成次要、辅助性合金元素，而省略了之故。（2）"六齐"规定的含锡量，多较考古实物实际含锡量为高。主要原因是："六齐"成分并非生产经验的总结，而是一种试验资料的反映和归纳，它只从某一角度反映了制作某种器物的极限值和理想值，而不是实际使用值[78]。

由上可知，春秋战国青铜器的实际操作和《考工记》"六齐"的规定，都是以锡作为主要合金元素的，这与现代技术原理基本相符。铜与锡可形成置换固溶体和多种电子化合物。在正常生产条件下，含量低于 5％ 时，锡常与铜形成置换固溶体，金属组织呈单相 α － Cu；含锡量达 5％ ~7％ 时，铸态组织中便有（α + δ）共析体析出，其色灰白，其性硬且脆，一定程度上可起到加强金属基体的作用。一般而言，当含锡量达 7％ 后，合金硬度和强度都有所提高，含锡量大于 14％ 后，强度和硬度都会明显提高，研磨面颜色逐渐显白；含锡量超过 20％ 后，材料强度逐渐达最大值；含锡量达 28％ 时，硬度达最大值，研磨面颜色接近纯白。所以在一定成分范围内，含锡量增加，合金强度和硬度都会随之增加，研磨面颜色亦逐渐变白起来。铅是以软夹杂形式存在于铜基体中的，对金属基体起到一种切割作用，从而破坏了金属的连续性，削弱了它的强度和抗腐蚀能力。所以，合金含铅量提高，材料强度和硬度都会受到影响。春秋战国时期兵工器和铜镜含锡量都较高，含铅量较低或不含铅，说明人们对锡、铅两种金属及其在铜合金中的作用都有了相当的认识，也是我国古代青铜合金技术已经成熟的表现。《吕氏春秋·似顺论》云："金柔锡柔，合两柔则为刚。"正好反映了这种合金化思想。从现代技术原理看，锡对铜合金性能的影响至少有三方面：（1）降低熔点。（2）提高强度。（3）减少金属的线收缩量。在一般合金中，锡青铜的线收缩是最小的，故能铸造断面复杂、花纹繁褥的精细的工艺品。锡青铜加入适量的铅，作用主要是：（1）降低金属熔点，改善金属铸造性能。（2）改善材料的切削加工性能。（3）在金属凝固后期，富铅溶液填入枝晶间的大量显微缩孔中，可适当减少组织疏松对材料性能的影响。（4）加入适量的铅，使金属具有一定的自润作用，提高它的耐磨性能和疲劳强度。

目前所见商周原始黄铜实物较少，我分析过的主要有山东长岛西周铜镞铤 1 件、湖北江陵战国铜镞 1 件、内蒙鄂尔多斯春秋战国"人骑马饰器"1 件，其他学者亦分析过数件鄂尔多斯的春秋战国黄铜饰器，总体上数量都不大。

五、青铜加工和热处理技术的发展

这主要包括锻打、焊接、复合材料技术、镶嵌，以及退火、淬火等方面，商周青铜器虽绝大多数都是铸造的，但在加工和热处理技术方面也取得了较大成就。

（一）锻打

夏文化锻件较少，这大约与其青铜礼器较多、铸造技术发展较快等因素有关。但岳石文化、四坝文化，及稍后的朱开沟文化五段①，锻件有时甚至占据了主导的地位。

有学者考察过尹家城岳石文化的 9 件金属器，其中 4 件进行了金相分析，有 2 件曾经锻打，1 件铜刀是铸造成型后刃部冷锻，1 件铜片系先铸后整体热锻；其余 5 件从外形考察来看，约有 4 件做过锻打，即铜锥 1 件、铜刀 2 件、红铜环 1 件[8]。9 件标本中有 6 件作了整体或局部锻打，占标本总数的 66.67%。

有学者对东灰山四坝文化 15 件铜器中的 11 件作了金相分析，均为锻造，其中有 6 件是先热锻成型，后又作了不同程度的冷锻[79]。有学者曾分析过 30 件酒泉干骨崖铜器的金相组织，有 14 件为锻造，另有 2 件是先铸，之后又作了冷加工[57]。此外，在火烧沟[56]、安西[57]等地，都发现有这一时期的锻件。

朱开沟铜器的冷热加工都使用得十分普遍，有关学者考察过 30 件标本，做过冷热加工的达 14 件，计占标本总数的 46.7%。其中不但有耳环、指环、铜针、环首刀等小型饰器和工具，而且有短剑、戈、镞。有的锻件含锡量还较高，含铅却不高，如短剑，其锡、铅含量分别为 14.2% 和 2.3%；一件耳环（8 号样）含锡量甚至达 17%，含铅量却小于 0.1%；故其加工难度不低（图版贰，1、2、3）[80]。

在二里岗—盘龙城时期和殷墟时期，青铜锻造技术发展缓慢，但西周时期，情况就有了变化，主要表现是：部分形体稍大的兵刃器，如戈、矛等也使用了局部加工（图版贰，4、5）[81]。

春秋战国时期，青铜热锻技术有了较大发展，不管边境地区，还是中原文化区，都较多地使用了起来。今见于报道的此时期锻件主要有三种：（1）大型兵刃器，如四川战国青铜戈 2 件、矛 1 件[82]，广东罗定战国早期青铜钺 2 件，佛岗战国晚期复合剑 1 件[73]。这类器物一般都是铸造成型后再在刃部进行局部加工，多为热锻，唯见罗定 1 件青铜钺为冷锻。（2）护卫器，如云南江川李家山的 2 件战国至西汉青铜臂甲，热锻成型[83]。（3）日用器，主要是一些薄壁小件，始见于春秋，战国西汉之后都有使用。习见器物有：匜、盘、盒、奁、勺（柄）、锄等，其中还包括部分刻纹铜器。图版贰，6、图版叁、图版肆，1、2 所示为春秋战国青铜加工组织。锻打不但可帮助成型，而且可提高材料的强度，从而改善器物使用性能。有的器物含锡量较高，热加工温度区间较窄，说明先秦青铜加工技术已达到相当高的水平。

---

① 朱开沟遗址的年代计分作 5 段：第一段大体相当于龙山文化晚期，第二段约相当于夏代初期，第三段约相当于夏代中期，第四段约相当于夏代晚期，第五段约相当于商代早中期。见《朱开沟——青铜时代早期遗址发掘报告》，文物出版社，2000 年。

在此需要一提的是云南，大约从剑川文化开始，直到西汉，其青铜锻打加工都占有一定的地位。剑川海门口曾发现一处青铜时代遗址，年代约相当于西周早期至春秋中期。其铜器的成型方式计有三种：（1）范铸，如镯、镰；（2）先范铸，后再作局部锻打，如斧、钺、锛；（3）锻制，如刀、鱼钩、凿、犁形饰件、夹形饰件等。其锻造之器和局部锻打之器，数量都是不小的[84]。再需一提的是成都金沙遗址，计出土了479件铜器，有学者分析过其中的13件标本，有11件曾经热锻，只有2件为铸件，平均成分为铜81.97%、锡12.9%、铅4.53%，多为不知器名的残片，有的壁厚仅为0.2毫米[82]，可知其合金技术和热锻技术都有了一定发展，并具有一定水平。遗址原断代为商代晚期至春秋，我们推测，今分析过的标本很可能是属于春秋或西周的。

（二）焊接

我国古代的焊接技术约发明于春秋时期。商代至西周中期，新器皆不做焊接，只在修补旧器时采用过焊补的操作。从历史上看，我国古代使用过的金属焊接约有铸焊、锻焊、钎焊、汞齐焊4种。狭义的焊接主要指钎焊和汞齐焊。汞齐焊发明较晚。钎焊又包括软钎焊和硬钎焊两种。软钎焊始见于春秋，北京延庆军都山文化春秋早期墓[85]、河南淅川下寺春秋中晚期墓[72]、郑州春秋墓[85]都有实物出土，其大体皆属铅焊料（或铅基焊料）和锡焊料（或锡基焊料），配比较为原始。如郑州的一件含铅88.78%、锡3.23%、锌2.4%[85]。春秋晚期至战国早期，软钎焊技术有了发展，有人分析过两份春秋晚期赵鞅墓焊料，成分分别为：铅38.837%、锡58.781%、铜1.855%；铅56.004%、锡40.837%、铜2.603%[86]。可知前者与现代锡铅焊料（锡63%、铅37%）比较接近。有人分析过随县曾侯乙墓所出尊盘焊料的成分，为锡53.4%、铅41.4%、铜0.38%、铁<0.01%，亦表现了同样的状况。硬钎焊约发明于战国早期，曾侯乙墓青铜器中，强度要术较高的地方曾使用过铜焊[87][88]，即硬钎焊。

（三）金属复合材料技术

我国古代的金属复合材料技术主要有四种形式：（1）铜与陨铁之复合。（2）高锡青铜与低锡青铜之复合。（3）铜与铁之复合。（4）钢与"铁"之复合。前三者先秦都已出现，皆为铸造；后者约始见于汉，皆为锻制。四种工艺都主要使用在金属锋刃器上。

1. 铜与陨铁之复合

所见器物主要有陨铁刃铜钺、陨铁刃铜戈等器。陨铁刃铜钺今看到过3件，河北藁城台西村[89][90]、北京平谷刘家河各出土1件[91]，皆属商代中期；据传1931年河南浚县出土1件，原断代西周。陨铁刃铜戈今看到过1件，亦传为1931年浚县所出。也有学者认为浚县所出两器皆属商代晚期[89]。这类器物的工艺要点大凡都是：先锻制陨铁质的刃部，之后再与器身铸接在一起[90]，因陨铁强度、硬度较大，故铁刃的嵌入较大地改善了钺和戈的性能。

2. 高锡青铜与低锡青铜之复合

主要见于春秋战国时期，代表性器物是习所谓"两色剑"。工艺要点是：剑刃使用含锡量较高、含铅量较低或不含铅的青铜，脊部使用含锡量较低、含铅含铜量稍高的青铜嵌铸而成。通常先铸脊部，并在浇铸刃部时，合铸为一（图2-2-4）。目前在湖南、湖北、广东、广西、浙江、江苏、江西、山西等省都有两色剑出土和收藏。年代较早的见于广西恭城，原断代春秋晚期至战国早期[92]；出土数量较多的是湖南省；最负盛名

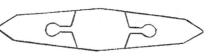

图2-2-4 鄂州青铜复合剑E53榫卯嵌铸示意图

的是传为山西浑源所出少虡剑，其全长54厘米，刃宽5厘米，两侧脊部有20字金错铭文："吉日壬午，乍为元用，玄镠（正面）镈吕，朕余名之，胃之少虡（背面）。"（彩版壹，2）我分析统计过9件青铜复合剑合金成分[68][69][71][93][94]，其刃部（8件试样）平均成分为：铜80.066%、锡18.321%、铅0.219%；脊部（6件试样）平均成分为：铜83.585%、锡10.370%、铅5.031%。复合剑的优点是：刃部较刚，脊部较柔，于是刚柔相济，此剑便具有了既锋利而又不易折断的优良性能。这是我国古代青铜剑技术、青铜合金技术高度发展的一种反映。昔有学者认为我国古代是铅锡相混的，其实这是一种误解。从大量考古实物的科学分析看，自商代晚期开始，人们便开始区分了铅和锡，春秋战国时，此认识又有了进一步提高，两色剑的使用，又是一个十分有力的证据。

3. 铜与铁之复合

此工艺主要流行于战国、西汉时期，代表性器物是铁铤铜镞，辽宁、吉林、河南、山西、陕西、湖北、湖南、江西、广西等地都有出土。此铁铤有块炼铁和白心可锻铸铁。工艺要点是先锻铁铤，之后再与镞头嵌铸为一。从科学分析看，普通铜镞与铁铤铜镞的合金成分并无太大差别[93]，铁铤铜镞的出现反映了我国古代兵刃器由青铜质向钢铁质过渡这一历史时期的特征。

（四）镶嵌和金银错

镶嵌是在器物表面依事先设计的纹样，嵌入另一种较为华丽之物以作装饰的工艺。若嵌入之物为金银，嵌入后便可用错石错磨致平、致光，习谓之金错银错；若为非金属，通常无须错磨，便谓之镶嵌。不管错与不错，皆属镶嵌范畴[95][96]。

我国古代铜器之镶嵌始见于二里头时期，1975年后曾有多次出土。器物种类有嵌了绿松石的圆形铜器、尖状器、兽面纹铜饰牌、兽面纹圆角梯形铜牌等[2]，与此相类的器物在天水[97]、四川广汉[98]等地都有出土，后者可能属于商代。以金属作装饰的镶嵌工艺是到了商代才看到的。其始为赤铜质，故宫博物院珍藏一件商代晚期直内青铜戈，援部两个侧面的脊上都嵌有青铜质的棘形纹饰[96]。美国旧金山亚洲艺术博物馆藏有一件商代青铜钺，内端嵌有赤铜质的细线条兽面纹。西周的镶嵌器物甚为鲜见。春秋战国之后，有关器物的出土数量和种类明显增多，器形亦增大，出现了金错、银错，"错"法亦有多种。

春秋战国的赤铜镶嵌器物历年来出土较多，如1923年山西浑源出土的春秋狩猎纹铜豆，1955年寿县蔡侯墓出土的春秋晚期青铜豆、敦、方鉴、缶、四联耳盘等[99]，1951年唐山贾各庄出土的战国狩猎纹铜壶、兽纹铜豆[100]，1957年陕县后川出土的战国狩猎纹铜壶、涡纹铜匜[101]。不少器物花纹布满周身，有的细如丝发，但皆自然流畅，精美异常。

金银错工艺始见于春秋中期。今见较为重要的实例有：中国国家博物馆（原名中国历史博物馆，2003年改为今名）珍藏的晋国栾书缶，肩部有金错文5行40字。栾书是晋国大夫。1965年江陵望山1号墓出土的越王勾践剑，近格处有金错铭文8字（彩版壹，1）[102]。前云少虞剑有20字错金错文。战国时期，金银错的使用范围有了较大扩展，不仅兵器、礼器，而且车马器、符节、玺印、铜镜、带钩等日用器也较多地使用起来。20世纪70年代，河北平山县战国中山国墓出土金银错长方形铜质架饰件、金银错四鹿四龙四凤座方案、银错双翼神兽等约10件（套）金银错器物[103]。1964年山东临淄商王庄出土有错金、银镶绿松石的大铜镜，直径29.8厘米[104]。这些金银错器多光亮如新，图文构思巧妙、形象生动，虽细如丝发，却自然流畅，反映了一种高超的技艺。

依嵌入方式之不同，镶嵌和金银错可有下列四种操作：（1）汞齐填充法。装饰用金银纹是以汞齐的形式填入嵌槽的。《说文解字》云："错，金涂也。"段注："涂俗作塗，又或作搽，谓以金槽其上也。"这应当是我国古代金银错的主要方法。（2）浇灌法。把铜液直接浇入嵌槽内。此法今尚未在考古实物中找到明确的证据，1977年我们到浙江龙泉宝剑社参观时，其曾使用此法在剑身上错出龙凤纹和七星纹。（3）捶压法。作装饰用的赤铜、金、银丝（片）是使用捶压方式嵌入槽内的。据说传统技术中曾有此法。（4）铸镶法。先把赤铜花纹单独铸出，之后再将它镶到器物的铸范上，并浇铸在一起。据考察，曾侯乙墓部分赤铜镶嵌器便使用了此法。上海市博物馆珍藏夅叔匜一件，腹壁上镶有4条赤铜龙纹，其在内外壁的位置完全一致，亦应是铸镶而成[105]。大约它只适用于长条、大块、简单的赤铜图案。

（五）青铜热处理技术

我国古代的金属热处理技术中，使用较早的大约是退火技术，但其发明年代目前尚难肯定。在早期铜器中，长岛店子龙山文化黄铜片[106]、永靖秦魏家和武威皇娘娘台两地所出齐家文化铜锥[57]，稍后的玉门火烧沟铜匕[56]、泗水尹家城岳石文化铜刀[8]等，都显示了与退火态相当的组织，但这到底是人工退火所致，还是停锻温度较高，或自然时效所致，目前尚难肯定。在现有资料中，与人工退火关系更为密切的实例是北京平谷刘家河、河北藁城、河南郑州等商代中期遗址出土的金箔，它们很可能都是有意识地进行了再结晶退火。但由商代中期到晚期，青铜退火的实例都很少看到，西周时期情况才发生了变化。经分析，北京琉璃河西周早期青铜戈（2件）等（图版贰，4、5）[81]，曾作局部锻打，之后便作了退火处理。但金属热处理技术的真正发展，是春秋战国之后的事。青铜退火、铸铁可锻化退火、青铜和钢的淬火技术都迅速发展起来。

1. 青铜退火技术。作退火处理的主要是春秋战国时代的三种青铜"锻件"，即兵刃器、护卫器、薄壁日用器，尤其是刻纹铜器操作，表现了相当高的技艺。它很可能是在黄金退火技术的启示下发展起来的。

刻纹铜器是用锋利工具在器壁上刻出了装饰性图案的青铜器，主要有匜、盘、奁、缶等。今见最早实例是江苏六合程桥出土的春秋晚期刻纹铜盘[107]。20世纪80年代时，见于报道的东周刻纹铜器约40多件[108][109]。经科学考察，其皆系锻件，工艺程序当是：（1）浇制坯件。（2）热锻成型。（3）再结晶退火（图版叁，

4、图版肆，3）。（4）清理退火过程中产生的表面氧化层，绘图、刻纹。这是十分科学的程序设计。再结晶退火后材料硬度降低，塑性提高。说明春秋战国时期人们对于退火处理的工艺操作及其与材料性能间的关系已有了较深的认识[109]。

成都金沙青铜的退火技术也使用较多，前云有学者分析过的 13 件金沙青铜器残件（片），有 11 件曾经热锻，都呈现等轴晶与孪晶[82]，这很可能经过了再结晶退火。

2. 青铜淬火技术。我国古代青铜淬火技术约发明于春秋晚期或稍早，战国中后期就较多地使用起来。今日所知我国古代进行过淬火处理的青铜器主要有 4 种，即刀剑类锋刃器、铜镜、铜舟等容器和锣钹类响器，先秦时期主要是前二者，后二者分别见于汉代和宋代，它们的含锡量都是较高的。锡青铜淬火的目的主要是降低其硬脆性，提高塑性，改善其综合的物理、机械性能。我国古代经过淬火的青铜锋刃器，今知至少 6 件：即江苏丹徒春秋晚期青铜戈[157]、广东罗定战国早期青铜篾刀[73]、四川峨眉战国刮刀[110]、湖北江陵青铜剑[69]、山东临沂战国青铜剑[106]，以及江苏吴越青铜残戈[157]。今见组织多为回火态，也有淬火态。铜镜淬火者较多，今知具有淬火、回火组织的战国青铜镜有：安徽出土的四山镜、蟠螭纹镜，长沙出土的彩绘镜、蟠螭纹镜，江陵残镜片等[77]。图版肆，4、5、6，图版伍为部分刀剑镜组织形态。也有报道说山西垣曲商代早期铜削 YQ–01 曾经淬火，但可惜示图较小而难窥全貌。还有报道说江苏高淳西周中晚期青铜剑 3:1253 的首部曾经淬火，但有学者持有异议[157]。皆可进一步研究。

六、青铜表面处理

此期金属表面处理的主要内容是镀锡、镀金银、硫化处理。其目的，一是改善器件表面物理、化学性能；二是改善艺术效果。

（一）镀锡

由现有资料看，镀锡技术约出现于晚商至西周时期，今做过科学考察的主要有河南罗山青铜镞、直戈、环首刀、爵、固始直戈等[65]。20 世纪 30 年代，殷墟出土过数具虎面铜盔，据说其中一件曾经镀锡，出土时依然光亮如新[111]。西周和春秋战国时期，镀锡技术逐渐推广开来，并广泛地使用到了兵器、日用器、车马器和部分生产工具中。古人镀锡的目的，主要是掩盖铸件表面的气孔、砂眼等各种缺陷，以及清理浇口、冒口时留下的痕迹。所以，除少数对表面状态要求不高的锅、鼎类容器和插、斧、镢类生产工具外，多数春秋战国青铜器都是外镀了的。法国考古学家卫松（Andre Vaysonde Pradenne）曾考察过我国部分周代青铜戈、青铜剑，亦发现其表面曾经外镀，并给予了很高的评价，说"中国古代已有外镀，殊可钦异……实足以超越斯世也"。

从有关资料推测，我国古代镀锡技术约有三种操作：（1）固态擦涂法。将固态锡擦涂到器物表面上，以达到镀的目的。直到汉代，人们依然称镀金为涂金，可知"镀"的本意即是涂。下面还要谈到。（2）汞齐涂附法。先制锡汞齐，之后将之涂抹到器物表面。（3）液态浇淋、浸挂法。如张子高所云，将锡液浇在金属器上，或将金属器浸入锡液中，以达到镀的目的[112]。初始大约使用第一种方法稍多，炼汞术发明出来后，大约又是第二种方法较多，第三种方法的操作难度较大，据说马口铁便是这样操作的，但青铜器是否能这样处理，尚须实验来证实。

在此有一点需指出的是，我国古代是否存在镀锡技术，历来都有两种不同看法。最初的争论主要围绕《诗·秦风·小戎》所云"鋈"字的解释上，20世纪90年代以后，争论的焦点又移到了战国汉唐铜镜是否存在镀锡上。今先看一下"鋈"字，铜镜表面处理之事后面再谈。"鋈"字在"小戎"篇中一共提到了三次，曰"游环胁驱，阴靷鋈续"，曰"龙盾之合，鋈以觼軜"，曰"俴驷孔群，厹矛鋈镦"。对这"鋈"字的解释，历来就存在两种不同观点：一说它指白色金属。《说文解字》："鋈，白金也。"二说它指外镀工艺。刘熙《释名·释车》："鋈，沃也，冶白金以沃灌靷环也。"即是说，刘熙认为"鋈"即是镀白金。今人张子高也支持这一观点，并进一步认为此"白金"即是锡[112]，"鋈"即是镀锡。我们认为，张子高说当是可相信的。

（二）镀金

汉代谓之"涂金"、"黄金涂"，今俗又谓之"鎏金"。操作要点是将金汞齐粉涂到洁净的铜器表面，令汞挥发后，器物表面便留下了一层薄薄的黄金。主要用于各种铜质的日用器、车马器、兵器、工艺品和建筑构件的装饰，至迟发明于战国早期。1957年河南信阳长台关1号楚墓出土的镀金铜削2件、镀金铜质鼓环2件，2号墓出土有镀金长方形铜板50件，断代战国早期[113]；1982年，浙江绍兴306号战国初期墓出土有镀金嵌玉饰[114]。在此一点值得注意的是：镀金和包金有时不易分辨，多件早期饰金器物，原报道说是镀金的，后来都订正为包金。战国中晚期，镀金技术有了一定发展，西汉便广泛地使用起来，并沿用至今。

（三）硫化处理

这是一种表面渗入工艺，约发明于春秋晚期，之后便一直沿用了下来。今日所见相关器物计约9件：春秋晚期越王勾践剑等[102][115]、包山战国剑形矛等[116][117]、雨台山战国铜戈、藤店战国铜镦等[118]。从科学分析看，约有三种不同类型：

高硫型。包括包山剑形矛、铜削、车辖、雨台山铜戈、藤店铜镦计5件，通体漆黑，或灰绿，有的稍带光泽。表面含硫较高，在诸组分中，硫仅次于铜而占第二位。5件标本12个分析点的表面平均成分为：铜72.310%、硫12.915%、锡4.888%、铅0.417%，以及少量铁、硅、铝；包山车辖表面含硫最高，平均值达17.298%。

高铅高硫型。包山鸟首车饰包皮1件，表面含铅、含硫都较高，表面平均成分为：铜60.005%、铅23.59%、硫12.695%，未显示出锡。

局部含硫型。包括越王勾践剑、与之伴出的同纹无铭剑、包山木樽戈3器。表面成分的最大特点是：漆黑部分（包括底色和花纹）都含硫，红黄色部分则不含硫。越王勾践剑黑色直线纹和剑格（黑色）的平均成分为：铜60.2%、锡31.025%、铅4.275%、硫1.825%。可见此表面含硫量较低，但其成分分布呈现一定规则。

硫化处理主要用作装饰，其操作工艺尚难了解，不能排除高温操作的可能性[117]。此外，我国古代青铜兵器上的物理化学类花纹也很引人注意，较为重要者约有四类：（1）龟裂纹，主要应是半永久型的涂料开裂所致。（2）黑色蝌蚪纹和黑色虎斑纹。（3）白色银斑纹。（4）暗花菱形纹。后 3 种可能都与镀锡、填锡和特殊物理化学处理有关。

七、金银铅锡汞的加工和使用

除铜外，我国在先秦使用过的有色金属还有金、银、铅、锡、汞，但其冶炼技术的发明年代却各不相同。

（一）金银

我国古代的金银加工技术约始于四坝文化时期，春秋战国便有了一定发展。早期黄金器多是锻制的，亦有部分型压，但也较早便出现了范铸。

我国今见较早的金银器有：（1）1976 年玉门火烧沟所出金耳环、金鼻饮、银鼻饮[9]。（2）1987 年民乐东灰山四坝文化遗址所出金耳环[119]。此两例年代约与夏相当。（3）昌平雪山第三期文化遗迹所出金耳环[120]，年代约与夏至商代中期相当。（4）1974～1983 年，赤峰大甸子夏家店下层文化所出金耳环，据[14]C 测定为公元前 1600 年[11]。属商代中期的有：（1）1977 年，北京平谷刘家河商代中期墓所出金臂钏、金笄、金耳环、金箔残片；从外形考察来看，其中的笄当为铸件[91][121]。（2）1973～1974 年，河北藁城台西村商代中期墓葬所出阴刻云雷纹圆形金饰片[122]。（3）1952～1955 年，郑州商城出土一片夔龙纹金箔[123]。

商代晚期，中原文化区、巴蜀文化区和北方草原文化区所出黄金器都明显增多，如四川广汉商代晚期墓出土有金面罩、虎形饰（皆模压而成）。殷墟出土有金箔，厚度仅 0.01 毫米。春秋战国时，黄金使用和加工技术在全国范围有了进一步发展，金银错、镀金等技术较多地使用起来。楚国出现了黄金币，山东、浙江、湖北等地还出土了少量金银器皿等。尤其值得注意的是，1992 年宝鸡益门春秋晚期墓出土了 100 多件（组）金器，多为浇铸，具有极高的工艺水平，如其铁剑金柄，饰作精巧的蟠螭纹和兽面纹，金带钩作成圆雕鸳鸯形等[124][125]。1978 年，随县侯乙墓出土金器约 3600 多克，其中一件金盏重 2.156 千克，这是迄今出土最重的一件黄金器皿。先秦时期，中原文化区与北方草原文化区的黄金制品存在不少差异，前者多数是用来装饰器物的，后者则多用于装饰人体[125]，这显然与人们的生活条件有关。

白银的出土和使用量一直较少，战国早期之后才逐渐增加起来。1977～1978 年，曲阜鲁国故城墓葬出土圆形金带饰大小两种 13 枚、三角形金带饰 3 枚、金叶 2 枚，以及猿形银饰 1 枚、镶嵌绿松石片银带钩 1 枚、银带钩 1 枚、银条筹 1 束，皆属战国早期[126]。信阳长台关战国早期墓出土有 2 件错银饰、1 件错金银铁带钩等[127]。

模压法在古代金银器加工中使用较多。除上所述，还有曲阜鲁国故城战国早期墓出土的圆形金带饰和三角形金带饰等，其饰纹皆模压而成。曾侯乙墓金箔最薄的达 0.037 毫米，其上多有压印花纹，也是模压的。金银压花工艺一般为：（1）制模具。金银质软，模具可用金属铸成，也可硬木雕成。（2）将金银打成薄片。（3）型压。（4）退火。相当长一个时期内，金银器之压花，当是我国古代金属型压的主要内容。三星堆黄金加工大约采用过模压和捶镶两种操作。

有一点需指出的是：人们使用和加工了黄金白银，但不等于冶炼出了黄金白银，因它们在地壳内都有自然金属存在。金、银之冶，可能都稍晚于四坝文化时期。自古至今，人们开采的金大体上都是自然金。获取黄金，或说冶炼黄金的基本工艺环节：一是淘金，二是使之与少量杂质分离。这第二步中，最为简单的方法便是熔炼；一经熔炼，便有夹杂分离，这便是最为简单的黄金冶炼。所以，如若刘家河金笄确为铸件的话，黄金冶炼术便可上推到商代中期。白银在自然界中多以硫化物的形式，伴生于铜、铅、锌等矿中，从这些化合态中还原银是较为麻烦的，但其也有少量单质，故不能排除火烧沟银鼻饮，以及《禹贡》"梁州"所贡之银，皆属自然银的可能性。我们推测，白银冶炼术很可能是春秋晚期至战国早期才发明出来的。

（二）铅锡

今见较早的铅器有：二里头三期遗存出土的铅块（IVH76：48）[52]，赤峰大甸子夏家店下层文化出土的铅杖首和铅贝[11]，它们的年代约与夏末商初相当。商代晚期有了较大的增长，安阳殷墟出土过11种57件铅器，种类有鼎、簋、瓿、爵、戈、锛、凿、锥、刀、镞等[129]。今在考古发掘中所见年代最早的纯锡器属商末周初，是锡戈，计7件，安阳大司空村出土[128]，时间较纯铅器稍晚，数量亦稍少，其实在整个先秦时期，纯锡器都较纯铅器为少。产生这种现象的原因是多方面的，与资源条件、锡的性能和用途等因素都有一定关系。但一般认为，我国炼锡技术与炼铅技术的发明期应相差不远，夏末商初我国就生产和使用了部分含锡量不低的锡青铜，便是一个证据。早期锡青铜中至少有一部分应是人们用纯锡有意配置的。古代锡、铅的用途主要有四种：（1）配制铜合金。（2）配制铅锡焊料。（3）作镀料；我国古代主要是镀锡。（4）制作少量纯锡、纯铅器。此外锡还可制作锡箔。两周时期，随着青铜合金技术、焊接技术、外镀技术的发展，铅、锡也越来越受到人们的重视。文献上关于铅、锡的记载也较早，《禹贡》曾说青州厥贡"丝枲铅松怪石"。此"铅"即是铅。《禹贡》说扬州"厥包橘柚锡贡"。

（三）汞

我国古代对汞矿，即丹砂的接触和利用很早，秦安大地湾仰韶文化晚期的陶彩中便发现过丹砂。二里头遗址也曾多次出土，如1980年发掘时，多座墓底都有丹砂铺垫，最厚的达6.0厘米[2]。先秦文献关于丹砂的记载较多。《逸周书》卷七"王会解"说："方人以孔鸟，卜人以丹沙"向周天子（成王）进贡。卜人，晋孔晁注："西南之蛮，丹沙所产。"《穆天子传》卷三载："天子赐之黄金之婴、贝带、朱丹七十裹。"但我国古代用汞和人工炼汞的时间目前尚难定论，比较确凿的资料是春秋时期。主要依据是此时已较多地用汞殉葬。唐魏王李泰《括地志》下云："齐桓公墓在临淄县南二十一里牛山上，亦名鼎足山，一名牛首岗，一所二坟。晋永嘉末人发之，初得版，次得水银池。"齐桓公于公元前685～前643年在位。《艺文类聚》卷八"山部下·虎丘山"引《吴越春秋》云："阖庐死，葬于国西北，名虎丘……冢池四周，水深丈余，椁三重，倾水银为池，池广六十步。"吴王阖闾属春秋晚期。这些记载当属可信。在自然界虽存在自然汞，但数量如此之大，恐难满足需要。若再结合镀锡技术的情况看，说我国用汞、炼汞的时间始于春秋或稍早都是可能的。

人类早期使用的汞当是自然汞，之后才是冶炼汞。我国古代关于自然汞的记载见有多处，如南宋周去非《岭外代答》云："邕江右江溪峒……有一丹穴，有真汞出焉。穴中有一石壁，人先凿窍，方二三寸许，以一药涂之，有顷，真汞自然滴出，每取不过半两许。"最早的炼汞法大约是低温焙烧法，将丹砂（HgS）置空气中焙烧，利用空气中的氧与硫作用，以达汞硫分离。反应式为：$HgS + O_2 = Hg + SO_2 - 60$ 千卡。此反应一般在 285℃便开始，汞的沸点为 357.253℃，而一般焙烧都远远高于这一温度，故汞还原出来后，需及时冷凝。生成的二氧化硫逸出，汞冷凝，并收集起来，冶炼便告完毕。

八、炼铁炼钢技术的发明

人类最早使用的铁是自然铁，主要是陨铁。从现有考古资料看，我国古代使用的陨铁始见于商周时期，计有4起7件：（1）传为1931年河南浚县出土陨铁刃铜钺、陨铁刃铜戈各1件，皆已流落海外。原断代西周。（2）1972年藁城台西商代中期遗址出土铁刃铜钺1件。（3）1977年北京平谷县刘家河商代中期墓出土铁刃铜钺1件。（4）1990～1991年，三门峡虢国墓出土铜内铁援戈1件、铜銎铁锛1件、铜柄铁削1件，断代西周晚期[130]。陨铁的使用，增加了人们对金属使用和加工性能的了解。

在现有考古资料中，中原地区的人工冶铁炼钢技术约发明于西周晚期。1990～1991年，虢国墓出土玉柄铜芯铁剑、铜内铁援戈、铜骹铁叶矛各1件，计3件，皆铜铁合制，前者和后者都定成了块铁渗碳钢，次者为块炼铁[130]。这是中原文化区迄今所见最早的钢铁器。

春秋时期，钢和铁的使用量逐渐增多。今见于考古发掘，属春秋早期及其稍后的铁器有：甘肃灵台铜柄铁剑（块铁渗碳钢）[131]、永昌铁锸[132]、陕西长武县铁匕首[133]、陇县铜柄铁剑[125][134]、北京延庆铜柄铁刀[135]。属于春秋中晚期之后的钢铁器物，则在河南淅川、陕西凤翔、宝鸡益门、江苏六合程桥、吴县[136]、湖南长沙杨家山、长沙龙洞坡、常德、河南登封、新郑唐户、甘肃庆阳、九江磨盘墩[137]、山西天马—曲村[136]、湖北大冶铜绿山，以及云南江川[138]等处都有出土。这些器物中，上可达春秋中期，下及春秋战国之际。其种类有：玉柄铁剑、金柄铁剑、铜柄铁剑、钢剑、金首铁刀等兵刃器，铁斧、铁锛、铁削、铁锸、铁铲等生产工具，鼎形器、铁箍等生活用器。早期钢铁器物相当大部分是用在兵刃器上的。

经统计，由西周晚期到春秋晚期，在中原文化区，连同云南江川在内，出土过钢铁器物的地方计约20余处，其中有生铁、熟铁、钢和可锻铸铁。生铁如六合程桥铁丸等[139]，这是迄今所知我国最早的生铁。熟铁有虢国墓铜内铁援戈[130]、六合程桥铁条等[139]。直到春秋晚期为止，鉴定过的钢制品至少5件，即虢国墓出土的玉柄铜芯铁剑、铜骹铁叶矛[130]、灵台铜柄铁剑[131]、杨家山钢剑[140]、吴县铁铲[136]。看来，我国古代的炼钢技术与炼铁技术大体上是在同一历史时期发明出来的。

新疆地区冶铁用铁的年代也较早，今日所见其最早的铁器相当于商代晚期到西周早期；至与春秋相当的年代，便普遍地使用起来。1981年，哈密焉不拉克墓地出土铁器7件，有刀、剑、戒指各1件、残铁器4件，经^{14}C测定，刀距今3240±135年，剑和戒指约相当于西周早、中期以前。此外，在乌鲁木齐等地还发现了公元前1000~前400年的铁器，如刀、短剑、镰、锥、铁釜等[141]。至于新疆早期铁器与西亚是否存在某种联系，目前尚无确切资料，也不能排除独自发明的可能性。

战国中晚期，钢铁技术有了较大发展，主要表现是：（1）由于生铁冶铸和可锻化退火技术的发展，铁器在全国范围迅速推广开来。目前南到广东、广西，北到辽宁，西到四川，东濒大海的许多地方都有战国铁器出土，数量之多，种类之众，分布地域之广，都是前所未有的。如河南辉县固国村5座魏墓，出土铁器达93件，种类有铁口犁、铁口锄、铁镢、凹字形锄、铲、方鉴斧、片状斧、铁削、凿、小刀、镰、匕首、钳形器、铁钉，以及86件铁铤铜镞。铜器却出土不多，且多为小件物[142]。说明铁器此时已在农业、手工业中取代了木石器，而占据了主导地位。（2）炼钢技术也有了发展。发展较快的地方主要有二：一是燕国。河北易县燕下都战国后期44号墓出土了79件钢铁器物，有人分析过其中的6件兵器，只有1把剑是块炼铁锻成，其余5件，即剑2把、戟1件、镞铤1件、矛1件都是块铁渗碳钢锻成的，并且其中的两把剑、一件戟还进行过淬火[143]。二是楚国。《史记·范雎列传》：秦昭王临朝叹息曰："吾闻楚之铁剑利而倡优拙。"前述长沙杨家山出土过春秋晚期钢剑。

人类最早冶炼的铁大约是在不太高的温度下，在矮小土炉中，用木炭对铁矿石直接还原而得到的，这种铁习谓之块炼铁。因炉子矮小，鼓风能力不强，还原出来的铁在炉内停留时间较短，故出炉产品是未经液态的海绵状固体块，所含硅酸盐—氧化亚铁共晶夹杂较多；炼完一炉再炼一炉，不能连续生产，生产率较低。后随着炉身的加高和鼓风能力之增强，及整个冶铁术的提高，才炼出了生铁。生铁的优点是：因炉温较高，出炉产品呈液态，基本上没有夹杂，可连续生产。先秦生铁的基本品种是白口铁，偶尔也可得到少量发展得不太充分的麻口铁和灰口

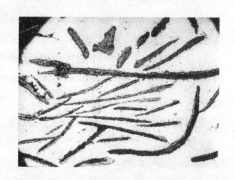

图2-2-5　山东滕县战国西汉铁块的灰口组织（未蚀）×100
标本承滕县博物馆万树瀛提供，承北京市粉末冶金研究所任新荷分析

铁。先秦麻口铁仅见于长沙窑岭战国早期M15铁鼎[140]、铜绿山战国中晚期铁锤[139]等；灰口铁只见于燕下都铁镐，以及滕县战国西汉铁块（图2-2-5），前者组织还不太典型[144]。直到明代为止，麻口铁和灰口铁都为数不多。冶铁技术的发明和铁器的广泛使用，是人类历史上具有划时代意义的事件。由于铁合金比青铜具有更高的强度、硬度和可塑性，资源更为丰富，所以更能促进社会生产力的发展。欧洲至迟公元前14世纪就掌握了块炼铁技术，却是公元14世纪才炼出生铁的。我国块炼铁技术虽然发明稍晚，但很早就发明了生铁，使我国的钢铁技术很

快就走到了世界的前面。若无生铁技术的发明，在灿烂的商周青铜文化之后，我国古代文明绝难再度辉煌。

从科学分析看，先秦制钢工艺至少有三种：（1）块铁渗碳钢。由块炼铁再次渗碳而成，如三门峡西周晚期玉柄铜芯铁剑、灵台铜柄铁剑等。（2）铸铁脱碳钢。这实际上是一种控制较好、组织和成分与钢相当的白心可锻铸铁。（3）铸铁脱碳渗碳钢。其实就是对白心可锻铸铁再次进行渗碳。此后二者，下面还要谈到。此外，可能还有一种块炼钢，这在古代世界的许多地方都可看到。它是在块炼炉内一次冶炼得到的，若块炼炉的温度稍高，或铁块在高温下停留的时间稍长，铁在还原出来后，出炉时就渗碳成了钢块，但这种工艺在我国一直未曾得到证实。此外有学者还将炒钢工艺发明期推到了战国，将登封阳城铸铁遗址出土的一件战国晚期铁凿鉴定成了炒钢[5]，可以进一步研究。

直到20世纪末，先秦冶铸铁遗址已发现20余处：有战国早期1处，即河南登封告成铸铁遗址[5]；战国中晚期遗址至少10处，分布于河南新郑仓城、辉县共城、淇县县城、上蔡故城西城墙外、商水、西平酒店、山东滕县、河北易县燕下都、兴隆寿王坟、福州市新店古城。由战国延续到了汉代的冶铸遗址至少12处，即河南西平杨庄、西平铁炉后村、西平付庄、舞钢市许沟、舞钢市沟头赵、舞钢市翟庄、舞钢市圪垱赵、固始古城、宜阳韩城、鹤壁故城、河北邯郸、山东临淄齐故城。其中有冶铁遗址、铸铁遗址和冶铸兼用者，所出遗物主要有炼渣、木炭、矿石、炉壁残块等。西平酒店赵庄还发掘一座保存较好的战国炼铁炉[145]。但总的来说，关于先秦炼铁技术的资料还是较少的。

九、生铁铸造技术

我国古代生铁铸造技术约发明于春秋时期，战国中后期就达到了较高水平，并在筑炉、鼓风、制范、烘范等技术上，很快地形成了一整套适应于生铁铸造的操作。先秦铸铁遗址目前在河南登封告成、新郑仓城、河北兴隆等地都有发现。

登封阳城出土有大量战国早、晚两期的铸铁炉残块。据考察，战国早期熔炉大体上可分作两种类型：（1）单层炼炉，用单一草拌泥，或单一的夹砂泥条盘筑而成，炉体作圆筒形。（2）多层炼炉，各层材质不同。由外往里一般分布规律是：夹细砂泥炉衬，夹粗砂炉圈，草拌泥质、泥质或砂质的炉体砖，最外为草拌泥表层。中间三层大体上可算作炉体。由上到下，又可分作炉口、炉腹、炉缸、炉基四个部分。砂质耐火材料和耐火砖的使用，炉体之分层并加厚，显然是个较大的进步。此外，炉壁内有的还夹有铁锄板，以为坚固。战国晚期，筑炉技术又有了一些提高，主要是在炉缸等部位使用了梯形、长方形等各种不同形状的耐火砖[5]。

阳城战国早、晚两期冶铸遗址都发现有许多直角式鼓风管，有陶质和草拌泥质两种类型。空气从炉顶垂直吹入[5]。

战国铁器铸造主要有泥型（包括层叠铸造）和铁型两种。阳城战国早期遗址出土的泥模只有镢模一种，泥范却有镢范、镰范、戈范、削范、容器范、带钩范、板材范等至少13种。晚期铸铁遗址出土的泥模、泥范种类就更多，其中尤其值得注意的是：（1）在泥模中有一种是用来铸制金属模具的，说明当时已使用了金属模具，这就减少了制模工作量；（2）除一般生产工具，如镢、锛、斧、锄、镰、凿范等之外，还有一种剑范，这种大型铁质兵刃器也使用"铸"的方法，显然受到了青铜剑工艺的影响。战国早、晚两期铸铁作坊都使用了一范多腔的工艺，如战国早期有二腔镢范、二腔镰范、五腔条材范、六腔削范；战国晚期有四腔、六腔、八腔条材范。战国早、晚两期都出土有卧式的叠铸带钩范。晚期的带钩叠铸范保存较好，一范20腔，一套2盒，一次可浇出40件产品。

战国铁范目前在河北兴隆[146]、磁县下潘汪[147]等地都有出土。兴隆铁范发现于1953年，计6种87件，包括锄范、双镰范、镢范、斧范、双凿范、车具范，有外范，也有内范，其结构紧凑，壁厚均匀，范上设有加强筋和把手，基本上符合均匀散热和抵御冷热变化的强度要求。

十、钢铁热处理技术的发明和发展

（一）钢的淬火技术

我国古代钢铁淬火技术约发明于春秋晚期，今见最早的钢铁淬火器物是长沙杨家山春秋晚期钢剑。此剑系折叠锻打而成，组织均匀致密，含碳量约0.5%，碳化物有些球化，并依一定方向排列，约与中碳钢高温回火态相当[140]。看来其很可能是经过了淬火、回火的。虽加工量、再结晶温度和保温时间，以及自然时效等，都会对锻件的组织形态产生一定的影响，但这些因素都很难获得与高温回火态相当的组织。

战国中晚期，钢的淬火技术有了一定发展。所见实物主要有河北易县燕下都M44出土的2件钢剑和1件钢戟等。此剑由两种含碳量不同的铁碳合金折叠锻打而成，高碳层含碳量约0.5%~0.6%，低碳层约0.15%~0.2%。在刃部外层，高碳部分为马氏体，低碳部分为带有铁素体的细珠光体，并有少量索氏体（细珠光体）[143]。另外，荆门包山铁棺钉似也显示了一种激冷组织，其白色块状物为铁素体，灰色块状物当是珠光体和某种激冷组织（图版陆，1）[116]。

（二）钢的退火和正火技术

我国古代可锻铁之退火和正火技术约发明于战国时期。经考察，河北易县燕下都出土的1件战国铁剑等进行过退火处理，此剑整个观察面皆为铁素体，晶粒间界上有少数渗碳体析出，不见珠光体，见有许多沿剑身方向延长分布的氧化亚铁—硅酸盐共晶夹杂。燕下都还有1件钢矛、1件镢铤呈正火组织[143]。

（三）生铁可锻化退火处理

生铁是既硬且脆的，极大地限制了它的使用范围，为弥补这一不足，便发明了可锻化退火处理技术，其中包括脱碳退火和石墨化退火两种工艺。它们显然是从青铜再结晶退火、消除应力退火演变过来的。

今见最早的铸铁可锻化退火处理件是河南新郑唐户南岗春秋晚期残铁板，属脱碳退火，表层脱碳，中心仍为共晶组织[148]。战国早期，此技术有了进一步发展，有人分析过6件登封阳城铁器（镬5件、锄1件），皆属脱碳退火，其中至少有3件完全脱碳成了钢和熟铁[149]。还有人分析过洛阳水泥制品厂出土的战国早期铁锛、铁铲各1件，前者为脱碳退火，后者为石墨化退火。这都是世界上最早的铸铁可锻化退火处理件。在西方，铸铁可锻化退火处理是1722年（一说1710年）才由法国人发明，石墨化退火是1826年由美国人发明出来的。

战国中晚期，铸铁可锻化退火处理技术迅速推广开来，目前在河北、河南、湖北、湖南等许多地方都出土过类似的实物。阳城战国晚期铸铁遗址还出土了3座可锻化退火炉。这个时期退火技术上的进步主要是：（1）作此处理的器物数量和种类都明显增加，既有大量生产工具、部分兵器、生活用具，而且有一部分条材、板材类半成品，待进一步加工。（2）脱碳退火有了较大发展，有的整体脱成了钢或熟铁，有时其"熟铁"又进一步渗碳成钢，使之成为先秦一种重要的制钢工艺。这种钢即所谓"铸铁脱碳钢"和"铸铁脱碳渗碳钢"，这在燕下都[144]和阳城[149]都可看到。燕下都的渗碳钢皆曾锻打，通常皆边缘含碳量较高[144]。（3）石墨化退火处理件明显增加，我们统计了57件这个时期可锻化退火处理标本，其中作石墨化退火的20件，占总数的35％。（4）在石墨化退火中，不但析出了发展得较为充分的絮状石墨，而且析出了一些球状石墨。图2-2-6所示为阳城铸铁遗址所出可锻铸铁的组织形貌[149]。图版陆，2、3、4所示为湖北包山楚墓铁斧组织形貌，表层脱碳，往里为可锻铸铁组织，中心残有生铁组织[116]，属夹生可锻铸铁，属战国中期。

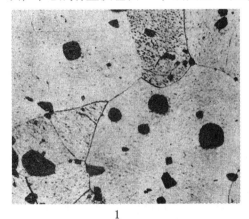
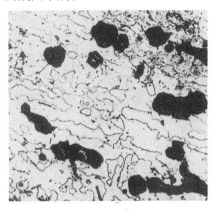

1	2

图2-2-6　阳城战国铸铁可锻化退火组织

1. 阳城战国早期铁镢 YZHT2H17:33 铁素体（晶内有针状析出物）×100
2. 阳城战国晚期铁锄 YZH采:42（铁素体＋渗碳体）＋球状石墨 ×250

采自文献［149］

铸铁可锻化退火技术的发明和发展，极大地改善了生铁铸件的使用性能，强度和塑性明显提高，硬脆性却降低了。这对铁范铸造尤为有利，因其易于得到白口组织，易于进行可锻化退火处理。若无可锻化退火技术的发明和推广，战国中晚期的铁器是不可能使用得如此广泛的。

（四）表面渗碳技术的发明

我国古代钢铁的渗碳技术约发明于西周晚期，实物如虢国墓玉柄铜芯铁剑和铜骹铁叶矛。战国时期的渗碳钢有两种操作，块炼铁渗碳钢和铸铁脱碳渗碳钢，前者如燕下都44号墓所出钢剑、钢戟[143]等，后者如燕下都部分剑、戟等[144]。因块炼铁渗碳的对象是整个钢料，故常把它作为一种制钢工艺；而铸铁脱碳钢件之渗碳有时渗及整个器体，有时仅及表面。若为后一情况，便相当于表面渗碳工艺。依此，我国古代金属表面渗碳技术应发明于战国时期。

第三节　制陶术的发展和原始瓷的兴起

夏、商、周时期的陶瓷技术有了较大发展：人们选择了含硅量较高的瓷土为原料，发明和发展了石灰釉；泥条筑成法和拉坯造型等更为娴熟；升焰窑技术有了提高，发明了半倒焰式馒头窑和平焰式龙窑，窑温明显提高；南方印纹硬陶发展到了相当繁盛的阶段，原始瓷在南方流行开来；陶瓷产品明显增加、质量提高，在更大程度上满足了社会的需要，文献上也出现了关于陶业管理的记载。

一、陶瓷技术发展的一般情况

今已发现的夏、商、周窑址较多，分布于我国南北许多地方。在偃师二里头[1]、郑州商城[2][3]、河北曹演庄[4][5]、湖北江陵纪南城[6]、浙江绍兴富盛[7]、萧山进化区[8]等地都有发现，为我们了解先秦陶瓷技术的发展提供了许多宝贵的资料。此时南方、北方都出现了一些规模较大的制陶作坊，大家较为熟悉的二里岗二期制陶作坊，面积约达一万多平方米，作坊区内发现 14 座陶窑，附近还有许多灰坑、陶坯、烧坏了的陶器、淘洗过的泥料，以及作为制陶工具的陶拍、菌状陶质砥手（陶垫）和印制花纹的陶印模等。该作坊出土的大量坯体，以及陶质废品和残件，都主要是盆、瓮、大口尊、簋、豆类，皆主要是泥质灰陶，夹砂陶较少。由此可以推论，它是烧制泥质灰陶为主的，鬲、甗、罐、斝、缸等夹砂陶当另有地方烧造，当时很可能已有了烧制泥质陶和夹砂陶之分工。2002 年，河南新郑郑韩故城发现战国晚期大型制陶作坊，面积约 5 万米²；目前已发现陶窑 5 座、大小作坊建筑 6 座、陶制排水管道 15 条，以及淘洗池、捶泥池、囤泥池、多种储存用的大型陶器，带有姓氏戳记的筒瓦、板瓦等[9]。在绍兴富盛和萧山进化区，目前已发现 20 多处比较集中，规模较大的战国印纹硬陶和原始青瓷窑，富盛长竹园窑址面积达一万平方米，在已暴露的 2 处窑床遗迹中，上下都叠压着 5 座龙窑[7]。

此期的陶瓷制品主要是灰陶，另有部分白陶和原始瓷。印纹硬陶在南方相当发达，其有泥质、夹砂质，有灰陶，也有红陶。釉陶也在部分地区有一定发展。陶器除继续大量地用作生活用器，以及纺轮、网坠、弹丸等生产工具外，此时还发展了建筑用陶和冶铸用陶。

灰陶。包括泥质和夹砂质两种，它在此期陶瓷产品中一直占据主导地位。与原始社会同样，多用于饮器、食器、盛储器等，其夹砂陶多用于炊具和大型的厚胎盛具。1987 年偃师二里头二、三期出土陶器 46 件，唯二期 1 件为泥质白陶，其余 45 件基本上都是灰陶[10]。夏、商、周三代，多数地方都是以泥质灰陶为主，夹砂灰陶为次的。当然也有例外，如王成岗的商代前期（二里岗期）、商代后期（殷墟时期），都是夹砂灰陶居多，泥质灰陶为次的[11]。

白陶。大汶口文化晚期和龙山文化时发展到了相当高的水平，岳石文化时期，便随着东夷制陶业之衰落而开始衰落[12]。但在中原文化区，由夏到商，白陶技术却发展到了一个新的水平，目前在夏、商文化的许多遗址和墓葬都有白陶出土，属二里头文化一期的，洛阳矬李四期出土白陶 1 件[13]，二里头遗址出土过白陶鬶、白陶盉[10][14]。商代晚期，中原白陶发展到了它最高和最后的阶段，河北藁城台西遗址上层[15]、山东济南大辛庄[16]、河南辉县琉璃阁、安阳殷墟等地都有数量不等的白陶出土，其中又以安阳为多。1978 年，安阳西北岗一座中型墓出土白陶 820 片[17]；1984 年安阳西北岗一座大型墓又出土白陶 90 多片[18]。殷墟白陶多仿青铜礼器，不但器类较多，造型规整，胎质洁白细腻，而且刻纹精美。白陶在殷墟主要见于少数贵族墓葬，当时仍是一种比较贵重的物品。西周之后，由于硬陶和原始瓷的发展，白陶很快消逝。

印纹硬陶。这是用质地稍粗的高硅质或高铝质陶土制成的强度较高的陶器。基本特征是：（1）胎质所含 SiO_2 或 Al_2O_3 较高，故烧成温度较灰陶、红陶稍高，亦比一般泥质或夹砂质陶更为细腻、坚硬，击之有金石之声。（2）主要使用泥条筑成法成型。这主要是作为原料的高硅质、高铝陶土较粗，而不宜拉坯之故。（3）表面呈现一种因拍印而形成的几何形印纹[19]。它主要用作贮盛器。印纹硬陶约出现于新石器时代晚期，江西修水山背下层、清江营盘里、筑卫城遗址下层、广东石峡文化等都有发现。新石器时代末期便有了一定的发展，筑卫城遗址中层、广东石峡文化第三期墓葬、增城金兰寺中层、福建昙石山中层等都有出土[20]。其兴盛于商至春秋，西汉衰退，东汉之后很少看到。主要流行于长江流域和东南沿海一带，尤以江西、浙江、广东一带为多。上海金山县戚家墩战国村落遗址，印纹硬陶占该期陶瓷总数的 39.9%，原始瓷占陶瓷总数的 8.1%，泥质陶和夹砂陶分别占 39.5% 和 12.5%[21]，广东始兴战国印纹硬陶占该期陶器总数的 94.3%[22]。印纹硬陶在黄河流域出现较晚，二里头晚期虽曾看到，但数量较少；二里岗时期依然不多，郑州南顺城街青铜器窖下层出土过 1 件印纹硬陶尊[23][24]。

印纹硬陶主要流行于南方，主要与南方高硅原料分布较广有关；也有学者认为它还与新石器时代晚期以来陶器的装饰传统有关，因这些地区主要继承了新石器时代中期以来的刻划和拍印技术[25]。

原始瓷和釉陶。如前所云，今见最早的原始瓷出于山西夏县东下冯龙山文化晚期遗址和江苏宜兴良渚文化遗址，稍后大家较为熟悉的是上海马桥夏至商初遗址，但直到商代早期为止，有关遗址和原始瓷出土量依然是较少的，分布地域也较窄，商代中期之后才在我国南方、北方的许多地方发展起来，在郑州铭功路、人民公园[26][27][28]、郑州小双桥、郑州商城西墙外、郑州南顺城街[29][30]、登封王城岗[11]、河北藁城、湖北黄陂盘龙城[31]、江西吴城等地都有出土，其中尤以长江下游为盛。如江西吴城原始瓷，一期文化出土有折肩罐、尊、钵、豆等；二、三期文化出土的器形明显增多，有折肩罐、大口尊、盆、钵、瓮、刀、纺轮，以及作为制陶制瓷工具的垫子等[32]。品种如此之多，应用如此之广，在中原地区是不曾见过的。南方原始瓷大约自商代中期起，至战国时代止，其产量一直呈上升趋势。我国的釉陶工艺始于何时，学术界尚无一致看法，它与早期原始瓷的关系也还区分得不太清楚，但有一点可以肯定的是，商代中期之后，釉陶在部分考古文化中开始增加。如吴城各文化期所出釉陶、原始瓷占陶瓷总数的比例分别为：一期（相当于二里岗上层）：釉陶占 3.84%，原始瓷占 0.23%；二期（相当于殷墟早中期），釉陶占 3.87%、原始瓷占 1.21%；三期（相当于殷墟晚期到西周初期），釉陶占 16.6%、原始瓷占 12.6%。浙江龙游地区大约是西周原始瓷的重要产地之一，20世纪70年代以来，该县扁石砖瓦厂便常有原始瓷出土，仅1999年一次便出土五六十件之多，釉色晶莹，胎釉结合较好。绍兴漓渚23座中小型墓所出印纹硬陶占全部陶瓷器的50%、原始青瓷占46%[33][34]；江西清江牛头山4座战国墓出土陶瓷器26件，其中印纹硬陶15件，原始瓷8件[35]。西周后期至战国，原始瓷在南方地区已达鼎盛阶段，但在北方则几乎绝迹。战国中晚期，由于战争等因素的影响，南方原始青瓷亦出现了短暂的中断。

一个时期以来，学术界对商代北方是否生产过原始瓷一直持有不同的意见。有学者认为：郑州、盘龙城、岳阳、江陵等地所出商代原始瓷都是吴城生产的，并认为这种"原始瓷单一地区生产的情况，可能延续到西周乃至更晚"。[36]也有学者对此说表示怀疑。有关情况下面再作讨论。

建筑用陶。我国古代建筑用陶约发明于龙山文化时期，最早的器物可能是河南淮阳平粮台龙山文化晚期的地下排水管道。此整个管道由多节套合而成，节长0.35～0.45米不等，大体近于直筒形，细端0.23～0.26米，管道残长约5米余，距今约4300年[37]。夏代之后，陶质水管使用量明显增加，偃师二里头、郑州二里岗商代遗址、安阳殷墟、登封阳城战国早期遗址等都有出土。安阳所出水管数量和种类都较多，其中有一种呈三通式，与今三通水管基本一致[38]。西周时期，随着建筑业的兴起和发展，出现了大型宫殿上的筒瓦和板瓦，歧山还出土了西周古砖。战国时期，制瓦业有了进一步发展，还出现了多种形式的铺地砖和壁面砖。

冶铸用陶。它是随着冶铸业的兴起而发展起来的，其中主要包括各种不同形式和用途的坩埚、陶范以及陶模等。其中最为讲究的应是陶范。

各地的陶瓷产品，从原料选择、加工、成型、烧造，往往都自成一个体系，且有自己独立的作坊。印纹硬陶的出现，原始瓷的发明和发展，说明当时在原料选择、加工，以及窑的构筑和烧成技术上，都达到了一个较高水平。

文献上关于陶器管理的记载在先秦许多著作中都可看到。《考工记》说到过两种陶工，一种为"陶人"，主管制甗、盆、甑、鬲、庾等；一种为"瓬人"，主管制簋、豆等。文中还对这些器物的形制和质量提出了明确要求。如甗，"实二鬴，厚半寸，唇寸"，"凡陶、瓬之事，髺垦薜暴不入市"。这是世界上关于陶器尺寸和质量管理的较早记载。在春秋及其之前，私营手工业是不太发达的，而战国时期出现了许多规模较大的私营制陶作坊。河北武安午汲故城等制陶作坊遗址都出土过许多带有陶文的器物（片），午汲所见有"文牛淘"、"粟疾已"、"韩口"、"史口"、"孙口"等陶文[39]。齐临淄故城出土的陶文除标出了业主的名称外，还标出了作坊所在的地点。这都反映了私营陶业的发展。

二、原料选择技术的发展

从化学成分上看，此期陶瓷原料亦包括三种类型：（1）低硅低铝型粘土，即普通易熔粘土，往往还"高铁"，主要用于普通灰陶和建筑用陶。（2）高铝低硅型粘土，其制品有白陶、印纹硬陶和原始瓷等。（3）高硅低铝型粘土，其制品主要是印纹硬陶和原始瓷器。此原料与新石器时代的原料主要差别是：（1）高镁型易熔粘土此时已经很少使用，此期白陶主要是高铝白陶。（2）高铝质、高硅质陶土在新石器时代使用较少，此期却较为流行。（3）由于青铜铸造技术的发展，此期还大量地使用了陶范，其成分与陶器存在一定差别。高硅质陶土的大量使用，是商、周陶瓷技术的一大成就和特点，说明人们不但找到了这种高硅质原料，而且具备了利用这种原料的技术和设备条件，其中包括窑炉条件等。下面分别介绍。

灰陶。夏、商、周灰陶成分与新石器时代大体一致。周仁等曾分析过 1 件河南辉县琉璃阁殷代早期的夹砂灰陶、1 件安阳五道沟殷代晚期灰陶，邓泽群等分析过 5 件山西垣曲商代灰陶（表 2 - 3 - 1），经统计，此 7 件标本的成分为：SiO_2 66.26% ~ 72.59%，平均 68.76%；Al_2O_3 12.94% ~ 17.89%，平均 15.31%；Fe_2O_3 4.42% ~ 6.78%，平均 5.74%；TiO_2 0.45% ~ 1.04%，平均 0.75%；CaO 0.86% ~ 2.23%，平均 1.65%；MgO 1.22% ~ 2.28%，平均 1.73%；K_2O 2.4% ~ 3.5%，平均 2.95%；Na_2O 0.66% ~ 1.29%，平均 0.9%；MnO 0 ~ 0.7%，平均 0.19%；P_2O_5 0 ~ 1.33%，平均 0.46%[40][41]。一般而言，此期灰陶所含 SiO_2 较低，助熔剂 R_xO_y 含量较高，碱土金属氧化物（$CaO + MgO$）总量达 3% 或稍高，Fe_2O_3 为 6% 左右或稍高。

表 2 - 3 - 1　　　　商、周灰陶陶范建筑用陶印纹硬陶原始瓷化学成分

原编号, 名称	成　分（%）											文献
	SiO_2	Al_2O_3	Fe_2O_3	TiO_2	CaO	MgO	K_2O	Na_2O	MnO	P_2O_5	烧损	
XM4, 夏商原始瓷罐腹, 褐	72.1	16.5	5.3	1.0	0.6	0.6	2.1	1.1	0.03	0.2		[47]
XM1, 商前原始瓷罐, 灰白	71.6	19.1	2.9	1.0	0.6	0.7	2.5	1.0	0.01	0.2		[47]
XM2, 商前原始瓷盘, 灰白	73.5	17.9	3.8	1.0	0.6	0.7	1.5	0.4	<0.01	0.2		[47]
XM3, 商前原始瓷盘, 灰色	75.8	16.3	1.8	1.0	0.8	0.4	2.2	1.0	0.02	0.1		[47]
52, 殷代早期夹砂灰陶	66.26	17.89	5.74	1.04	2.25	1.79	2.41	0.89			1.5	[40]
31, 五道沟殷代晚期灰陶	66.39	17.09	5.82	0.87	2.11	2.28	2.49	1.29	0.13		1.83	[40]
YQT - 1, 垣曲商城夏代夹砂灰陶	67.87	12.94	5.53	0.65	2.28	1.44	3.19	0.69	0.11	1.33	4.58	[41]
	70.68	13.47	5.76	0.68	2.37	1.5	3.32	0.72	0.11	1.38		
YQT - 2, 垣曲商城夏代泥质灰陶	68.31	14.22	6.72	0.89	1.39	2.06	3.47	0.94	0.12	0.99	1.16	[41]
	68.92	14.35	6.78	0.9	1.4	2.08	3.5	0.95	0.12	1.0		
YQX - 1, 垣曲商代前期夹砂灰陶	70.37	14.15	5.85	0.61	1.26	1.22	2.33	0.67	0.7	0.41	3.5	[41]
	72.59	14.6	6.03	0.63	1.3	1.26	2.4	0.7	0.7	0.42		
YQX - 2, 垣曲商代前期泥质灰陶	72.12	16.58	4.42	0.45	0.86	1.46	3.37	0.66	0.2	0.15	0.33	[41]
	72.06	16.57	4.42	0.45	0.86	1.46	3.37	0.66	0.2	0.15		
YQS - 3, 垣曲商代前期泥质灰陶	70.02	14.29	6.13	0.75	1.4	1.83	3.42	1.16	0.07	0.34	0.78	[41]
	70.44	14.37	6.17	0.75	1.41	1.84	3.44	1.17	0.07	0.34		
3, 郑州二里岗早商陶范	76.61	10.76	2.47	0.45	1.12	1.03	2.26	1.76			2.72	[43]
5, 安阳殷墟晚商陶范	74.06	12.27	3.05	0.47	2.24	1.41	2.3	1.8			2.1	[43]
6, 安阳殷墟晚商陶范	73.0	11.91	3.06	0.47	2.69	1.38	2.23	1.73			3.1	[43]
20, 洛阳西周铸铜址陶范	70.11	11.47	4.15		4.71	1.11	2.22	1.61			3.64	[43]
05, 侯马东周铸铜址陶范	64.36	11.53	3.97	0.66	6.51	1.83	2.37	1.73	0.07	0.18	6.37	[43]
32, 郑韩战国铸铜址陶范	77.59	12.18	3.03	0.42	1.12	1.46	2.14	0.72			0.41	[43]
33, 郑韩战国铸铜址青砖	69.78	15.84	5.03	0.58	1.34	1.99	2.81	1.3			1.06	[43]
28, 侯马铸铜址东周陶管	58.95	14.96	5.46	0.49	8.62	3.22	2.76	1.33			2.35	[43]
1, 殷代陶水管	66.49	16.97	6.46	0.80	2.84	1.98	2.98	1.32	0.14			[42]
2, 西周板瓦	67.39	15.99	6.11	0.82	1.42	2.77	3.34	2.08	0.08			[42]
3, 战国制陶作坊铺地砖	68.17	15.13	6.52	1.32	1.33	1.88	2.84	1.34	0.11			[42]
40, 安阳商代晚期白陶	49.14	41.21	1.72	3.34	0.6	0.82	0.74	0.17	0.03		1.88	[40]
Sh17, 湖南宁乡黄村商代印纹硬陶	71.24	19.19	3.03	0.97	0.53	0.74	2.41	0.8	0.03	痕	0.89	[44]
	71.93	19.38	3.06	0.98	0.54	0.75	2.43	0.9	0.03			

（续表）

原编号,名称	成分（%）											文献
	SiO$_2$	Al$_2$O$_3$	Fe$_2$O$_3$	TiO$_2$	CaO	MgO	K$_2$O	Na$_2$O	MnO	P$_2$O$_5$	烧损	
Sh6,吴城商代印纹硬陶	66.52	23.17	4.39	1.45	0.2	1.01	2.9	0.2				[44]
Sh5,安阳殷墟商代印纹硬陶	71.66	18.6	3.66	0.85	0.68	0.83	2.26	1.06	0.02		1.16	[44]
	71.96	18.68	3.68	0.85	0.68	0.83	2.25	1.06	0.02			
Zhj2－（3）,营盘山商代印纹陶	69.77	21.17	4.73	1.35	0.11	0.42	1.0	0.16	0.02	0.06		[44]
Zhj6,营盘山商代印纹陶	79.21	13.06	6.01	1.38	0.12	0.78	0.14	0.09	0.01			[44]
Zhj17,营盘山商代印纹陶	71.81	18.67	5.61	1.31	0.17	0.49	1.54	0.26	0.02			[44]
ZS6,营盘山商代印纹陶	70.08	21.15	5.21	1.33	0.21	0.57	0.47	0.09	0.02	0.04		[44]
ZS15,峡口商代印纹陶	65.36	24.58	5.98	1.19	0.4	0.18	1.5	0.56	0.02			[44]
ZS7,江山沅口商代印纹陶	71.36	18.08	5.15	1.02	0.4	0.49	3.45	0.98		0.07		[44]
ZS9,江山乌里山商印纹陶	64.53	21.84	8.76	1.12	0.39	0.94	1.34	0.38		0.05		[44]
ZZ16,地山岗西周印纹陶	64.4	21.26	9.35	1.23	0.28	0.81	1.63	0.46	0.03	0.04		[44]
ZZ17,江山西周印纹陶	73.96	16.27	5.05	1.08	0.29	0.4	1.37	0.49	0.03	0.07		[44]
ZZ18,江山五村春秋印纹陶	70.34	18.35	4.67	0.96	0.58	0.94	2.37	1.15	0.03			[44]
Y18,富盛窑战国印纹陶	68.59	18.84	7.14	1.1	0.3	0.91	2.37	0.72	0.08	0.13		[44]
HXZ05,河南新郑战国印纹硬陶	66.95	18.78	6.01	0.87	0.72	1.28	2.37	1.31	0.100	0.066	1.30	[44]
	68.00	19.07	6.10	0.88	0.73	1.30	2.41	1.33	0.102	0.067		
FG02,泉州商代印纹硬陶	61.11	27.71	3.74	1.08	0.33	0.69	2.67	0.44	0.04	0.048	0.34	[44]
JFL1,抚州商代印纹硬陶	65.05	24.22	4.17	1.09	0.32	1.04	2.78	0.76	0.076	0.111	0.30	[44]
JFQ1,抚州商代印纹硬陶	62.44	27.65	3.87	1.17	0.20	0.90	2.88	0.33	0.021	0.077	0.30	[44]
JNX1,南昌商代印纹硬陶	67.08	23.18	3.49	1.04	0.41	0.93	2.96	0.56	0.028	0.044	0.34	[44]
JQS17,吴城商代印纹硬陶	69.46	21.75	2.86	1.26	0.41	1.09	2.45	0.50	0.038	0.07	0.23	[44]
ZS15,江山商代印纹硬陶	65.44	24.60	5.99	1.19	0.40	0.18	1.50	0.56	0.02	0	0	[44]
JQS10,吴城晚商印纹硬陶	67.72	22.07	3.72	0.99	0.37	1.63	2.51	0.71	0.054	0.12	0.23	[44]
JYJ1,鹰潭晚商印纹硬陶	63.91	22.66	6.79	1.09	0.55	1.57	1.96	0.78	0.065	0.057	0.5	[44]
JYJ10,鹰潭晚商印纹硬陶	65.29	24.55	4.25	1.05	0.86	1.38	1.68	0.40	0.031	0.032	0.35	[44]
JYJ4,鹰潭晚商印纹硬陶	62.65	23.76	7.65	1.07	0.82	1.29	1.60	0.58	0.064	0.121	0.31	[44]
YQS－4,垣曲商前原始瓷	77.79	15.49	1.92	0.83	0.14	0.69	2.85	0.26	0.02	0.09	0.22	[41]
YQS－5,垣曲商前原始瓷	79.45	14.50	1.81	0.94	0.08	0.65	2.65	0.17	0.02	0.07	0.08	[41]
Sh8,二里岗商代原始瓷	76.38	14.91	2.27	0.91	0.67	1.18	2.06	0.97	0.09			[44]
Sh9,江西吴城商代原始瓷	73.34	18.0	2.79	1.11	0.33	0.89	2.2	0.5				[44]
Sh10,殷墟商代原始瓷	76.09	17.12	2.02	0.77	0.51	0.85	2.16	0.78	0.05		1.02	[44]
Sh12,藁城酱色釉原始瓷	73.16	18.05	3.52	1.02	0.29	1.0	2.49	0.52	0.02	痕	痕	[44]
Sh13,盘龙城黄釉原始瓷	82.84	11.56	1.62	1.11	0.33	0.5	0.91	0.13	0.01	0.58	1.32	[44]
Sh14,吴城青灰釉原始瓷	79.07	13.98	2.09	1.34	0.36	0.57	1.66	0.38	0.02	0.11	0.79	[44]
Sh15,饶平商酱釉原始瓷	67.54	26.13	2.89	1.92	0.23	0.16	0.66	0.04	0.01	0.08	1.44	[44]
Sh16,河南青灰原始瓷	72.09	19.79	1.82	0.85	0.3	0.37	3.89	0.54	0.03	痕	0.78	[44]
YJ27,鹰潭角山商原始瓷	73.11	19.34	3.77	0.75	0.29	0.67	0.66	0.43	0.01	0.02		[52]
YJ28,鹰潭角山商原始瓷	69.85	20.28	3.99	0.74	0.44	1.30	2.02	0.40	0.02	0.02		[52]
YJ29,鹰潭角山商原始瓷	71.12	19.53	2.78	0.78	0.42	1.37	2.14	0.87	0.02	0.01		[52]
YJ31,鹰潭角山商原始瓷	70.31	19.26	4.96	0.71	0.30	1.31	1.71	0.43	0.03	0.02		[52]
YJ32,鹰潭角山商原始瓷	64.19	25.10	4.61	0.76	0.47	1.51	1.77	0.59	0.02	0.02		[52]
YJ33,鹰潭角山商原始瓷	68.43	23.82	2.61	0.78	0.48	1.01	1.54	0.33	0.02	0.21		[52]
YJ34,鹰潭角山商原始瓷	70.20	21.10	3.21	0.64	0.42	1.20	1.82	0.43	0.02	0.02		[52]
YJ35,鹰潭角山商原始瓷	66.09	24.87	4.33	0.92	0.37	0.88	0.95	0.60	0.01	0.16		[52]
ZhJ3,乌里山青釉原始瓷	76.56	17.16	1.94	0.93	0.18	0.55	3.24	0.12	0.01	0.02	0.6	[44]
HZH1,郑州青釉原始瓷	79.10	15.06	1.6	0.99	0.2	0.42	1.87	0.24	0.01	0.06		[44]

（续表）

原编号，名称	成分（%）											文献
	SiO$_2$	Al$_2$O$_3$	Fe$_2$O$_3$	TiO$_2$	CaO	MgO	K$_2$O	Na$_2$O	MnO	P$_2$O$_5$	烧损	
HZH2，洛阳青黄釉原始瓷	73.95	18.03	1.86	0.87	0.25	0.34	3.39	0.56	0.01	0.07		[44]
ZHJ4-1，江山地山岗西周青釉原始瓷	75.61	17.22	2.0	0.82	0.08	0.45	2.74	0.22	0.01	0.18	1.01	[44]
ZHJ4-2，江山青釉原始瓷	78.88	15.73	1.78	1.16	0.08	0.47	2.51	0.15	0.02	0.06		[44]
ZHJ4-3，江山青釉原始瓷	72.08	21.05	2.08	0.8	0.18	0.44	3.32	0.37	0.02	0.03		[44]
ZHJZ5，江山青釉原始瓷	76.15	17.43	1.9	0.97	0.25	0.33	2.94	0.54		0.05	0.38	[44]
ZH3，张家坡西周原始瓷	72.36	19.32	1.64	0.83	1.03	0.45	3.75	1.04	0.07			[44]
ZH4，张家坡西周原始瓷	75.46	17.55	1.48	1.13	0.41	0.95	2.75	0.23	0.03			[44]
ZH5，张家坡西周原始瓷	76.16	14.40	2.88	1.59	1.21	0.47	2.86	0.65	0.05			[44]
ZH8，房山西周青釉豆足原始瓷	76.61	16.90	2.07	0.75	0.26	0.53	2.39	0.19	0.02	痕	1.19	[44]
ZH9，扶风青灰釉原始瓷	74.48	14.41	1.54	0.92	0.12	0.29	3.58	0.21	0.01	0.06		[44]
Zh10，浙江德清皇坟山西周青灰釉原始瓷	79.84	13.40	2.07	1.12	0.25	0.66	1.80	0.46	0.02	痕	0.98	[44]
M-668，洛阳北窑西周青绿釉原始瓷	75.40	16.30	1.36	0.91	0.42	0.28	4.34	0.65		0.03	0.95	[44]
M-37，洛阳北窑西周褐绿釉原始瓷	73.18	18.75	1.72	0.68	0.27	0.58	3.44	0.83		0.03	1.27	[44]
M-250，北窑黄釉原始瓷	73.52	18.43	1.58	0.9	0.43	0.43	3.67	0.68		0.05	0.54	[44]
M-198，北窑青釉原始瓷	77.61	16.74	1.22	1.1	0.27	0.47	2.58	0.47		0.06		[44]
M-32:5，北窑青釉原始瓷	75.32	18.58	1.34	1.0	0.2	0.42	3.05	0.35		0.11		[44]
1:67，屯溪青釉原始瓷	71.95	19.28	1.83	1.11	1.48	0.51	3.24	0.57	0.03			[44]
TI201，屯溪青釉原始瓷	71.86	19.4	0.99	0.59	0.32	0.31	3.84	0.77	0.05	0.04	1.11	[44]
Zh11，浙江肖山茅湾里东周青灰釉原始瓷	79.64	13.72	1.69	0.7	0.38	0.45	2.51	0.73	0.02	痕	0.65	[44]
Zh12，浙江绍兴富盛窑东周青灰釉原始瓷	76.6	15.27	2.13	1.19	0.41	0.62	2.32	0.77	0.02	0.1	1.1	[44]
Y1G，富盛窑东周原始瓷	75.73	15.54	2.34	1.09	0.47	0.63	2.43	0.69	0.03	0.09		[44]
Z1，吼山春秋碗类原始瓷	78.76	14.84	2.07	0.74	0.17	0.45	1.99	0.38	0.019	0.062		[46]
Z2，吼山春秋碗类原始瓷	78.46	14.82	1.80	0.86	0.13	0.41	2.2	0.50	0.02	0.059	0.85	[46]
SY-31，上虞黄绿釉原始瓷	76.75	16.28	2.02	1.23	0.4	0.25	2.85	0.35	0.07			[44]
Zh7，宜兴獾墩东周原始瓷	75.98	16.32	2.23	1.06	0.33	0.51	2.13	0.71			1.17	[44]
Zh2，侯马东周浅黄釉原始瓷	78.81	14.15	1.97	1.25	1.0	1.13	1.36	0.55	0.04			[44]
50件三代原始瓷平均值	74.62	17.57	2.36	0.96	0.4	0.65	2.43	0.51	0.03	0.06	0.35	
8件角山原始瓷平均值	69.16	21.67	3.78	0.76	0.40	1.17	1.58	0.51	0.02	0.06		
11件高铝印纹硬陶平均	64.78	24.38	4.93	11.28	0.44	0.98	2.27	0.53				
8件高硅印纹硬陶平均	72.70	17.93	4.80	1.11	0.37	0.66	1.75	0.62				
6件中铝硅印纹硬陶平均	67.37	20.63	6.48	1.16	0.37	0.91	1.86	0.59				
45件高硅原始瓷平均值	75.44	16.86	2.21	0.97	0.40	0.61	2.55	0.52				
4件高铝原始瓷平均值	65.56	24.98	3.61	1.10	0.39	0.89	1.23	0.39				
1件中硅中铝原始瓷成分	69.85	20.28	3.99	0.74	0.44	1.30	2.02	0.40				

注：（1）有的标本原无编号，为区别起见，今新加了一个编号，如文献［46］的Z1、Z2等。

（2）因表格较窄，部分标本的产地和色态等皆表述得不太完整，今补充说明如下：XM4，马桥IIТD203，夏商之际原始瓷罐腹，深褐色。XM1，马桥IIТ1021③B，商前期原始瓷罐腹，灰白。XM2，马桥IIТ62③C：3，商前期原始瓷豆盘，灰白。XM3，马桥IITG21③，商代前期原始瓷豆盘，浅灰色。52，琉璃阁殷代早期夹砂灰陶。31，安阳五道沟殷代晚期灰陶。20，洛阳铁路中学西周铸铜遗址陶范。32，郑州大吴楼郑韩战国铸铜遗址陶范。33，郑州大吴楼郑韩战国铸铜遗址青砖。Zhj2-3，浙江江山营盘山商代印纹硬陶。ZS15，浙江江山峡口商代印纹硬陶。ZZ16，浙江江山地山岗西周印纹硬陶。ZZ17，浙江江山淤头西周印纹硬陶。ZZ18，浙江江山五村春秋印纹硬陶。Y18，浙江绍兴富盛窑战国印纹硬陶。Sh12，藁城商代酱色釉原始瓷。ZhJ3，浙江江山乌里山商代青釉原始瓷。HZH1，郑州商代青釉原始瓷。HZH2，洛阳西周青黄釉原始瓷。ZHJ4-2，浙江江山地山岗西周青釉原始瓷。ZHJ4-3，浙江江山地山岗西周青釉原始瓷。ZHJZ5，浙江江山大麦山西周青釉原始瓷。ZH3，陕西张家坡西周原始瓷。ZH9，陕西扶风周原西周青灰釉原始瓷。M-250，洛阳北窑黄绿釉原始瓷。M-198，洛阳北窑西周青釉原始瓷。1：67，安徽屯溪西周青釉原始瓷。TI201，安徽屯溪东周青釉原始瓷。Y1G，浙江绍兴富盛窑东周原始瓷。Z1，绍兴吼山春秋中晚期碗类原始瓷。SY-31，浙江上虞东周黄绿釉原始瓷。Zh2，山西侯马东周浅黄釉原始瓷。FG02，泉州南安飞瓦岩商代印纹硬陶。JFL1，江西抚州雷劈石商代印纹硬陶。JFQ1，江西抚州棋盘垴商代印纹硬陶。JNX1，江西南昌新祺商代印纹硬陶。JQS17，江西清江吴城商代印纹硬陶。ZS15，浙江江山陕口商代印纹硬陶。JQS10，江西清江吴城商代晚期印纹硬陶。JYJ1，江西鹰潭角山商代晚期印纹硬陶。JYJ10，江西鹰潭角山商代晚期印纹硬陶。JYJ4，江西鹰潭角山商代晚期印纹硬陶。

（3）山西垣曲商代前期原始瓷标本等，一件标本有两组分析数据，今取其平均值。

建筑用陶。张子正[42]、谭德睿[43]分析过5件商到战国的建筑用陶成分，其中有板瓦、陶管、铺地砖，与灰陶大体属于同一成分范围（表2-3-1）。平均成分为：SiO_2 66.16%、Al_2O_3 15.78%、Fe_2O_3 5.92%、TiO_2 0.8%、CaO 3.11%、MgO 2.37%、K_2O 2.95%、Na_2O 1.47%、MnO 0.07%。可见其含硅、含铝量亦不高，唯含（CaO + MgO）总量稍高。

陶范。含硅量较灰陶稍高。谭德睿分析过6件出土于郑州二里岗、安阳殷墟、洛阳铁路中学（西周）、侯马（东周）、郑州大吴楼（战国）的陶范（表2-3-1），平均成分为：SiO_2 72.62%、Al_2O_3 11.69%、Fe_2O_3 3.29%、TiO_2 0.41%、CaO 3.07%、MgO 1.32%、K_2O 2.25%、Na_2O 1.56%、MnO 0.01%、P_2O_5 0.03%、烧损3.06%。在这6件试样中，只有一件的SiO_2低于70%。可见"陶范"的成分与陶器是有差别的：（1）陶范含硅量稍高，这具有尤为重要的意义。因石英石加热时膨胀系数较大，加热至573℃后，石英发生相变，体积更加膨胀，从而减少了泥料因加热收缩而引起的变形和陶范的变形、开裂。更为重要的是：石英可提高陶范的耐火度[43]。易熔粘土型陶器的烧成温度为1000℃~1050℃，这一温度适与青铜浇铸温度相当，以易熔粘土制范显然是不适宜的，故一般陶范的成分皆超越了易熔粘土范围。有学者分析过1件临淄出土的汉代铜镜的陶范，其SiO_2含量高达79.29%[43]。（2）陶范含CaO和MgO量稍低，可减少焙烧过程中碳酸盐的分解而引起的结构变化。（3）陶范含Fe_2O_3等熔剂量稍少，这可提高其耐火度。

在此有一点需说明一下："陶范"虽冠之以"陶"，但其质并非是陶，而是介于陶与泥之间的以硅酸盐为主的一种人工烧制物，故又有人称之为"泥范"。其与

"陶器"的主要区别是：陶范只作了焙烧，未达到陶化的高温；焙烧过程中，陶范各组份的边缘并未熔合、粘合在一起，大体上依然处于一种相对松散的状态，其中没有玻璃相；陶器在烧造过程中，各组份的边缘是要熔合、粘合在一起的，再不是松散的泥块，其中有数量不等的玻璃相。陶范与"泥"的主要区别是：它作了焙烧，SiO_2 发生了相变，碳酸盐多已分解。

白陶。在南方，因印纹硬陶和原始瓷都得到了较大发展，白陶已退居到较为次要的地位，但在北方，高铝白陶却发展到了较高水平。周仁等曾分析过一件殷墟出土的白陶片，成分为：SiO_2 49.14%、Al_2O_3 41.21%、Fe_2O_3 1.72%、TiO_2 3.34%、CaO 0.6%、MgO 0.82%、K_2O 0.74%、Na_2O 0.17%、MnO 0.03%[40]，可见其 Al_2O_3 量较高，Fe_2O_3 较低，但着色能力较强的 TiO_2 却不低；助熔剂总量 R_xO_y 较低，（CaO + MgO）计为 1.42%。殷墟 260 号墓发掘的 90 多件白陶片中，有的极白，有的却稍稍泛红[18]，与 Fe_2O_3 和 TiO_2 之存在无疑是有关的。

几何印纹硬陶。李家治分析过不少印纹硬陶，表 2-3-1 示出了其中的 25 件[44]，有 23 件属于南方（湖南宁乡、浙江绍兴、江西南昌、福建泉州各 1 件，江西抚州 2 件，江西吴城、鹰潭各 3 件，江山 11 件），2 件属河南（殷墟、新郑各 1 件），其年代分属商代至战国。经统计，此 25 件标本约可分成三种类型：（1）高硅型，即含 SiO_2 量高于 70%，含 Al_2O_3 量低于 22% 者，计 8 件，平均成分为：SiO_2 72.7%（70.08%～79.21%），Al_2O_3 17.93%（13.06%～21.84%）。（2）高铝型，即含 Al_2O_3 量高于 22%，SiO_2 量低于 70% 者，计 11 件，平均成分为：SiO_2 64.78%（61.11%～67.72%）、Al_2O_3 24.38%（22.0%～27.71%）。（3）中硅中铝型，即其 SiO_2 稍低于 70%，Al_2O_3 稍低于 22%，计 6 件，平均成分为：SiO_2 67.37%、Al_2O_3 20.63%。从平均成分看，三种印纹硬陶的 SiO_2 和 Al_2O_3 含量都是较高或稍高的，助熔剂 R_xO_y 含量较灰陶有所降低，其中 CaO 和 MgO 的总量已降至 1.5% 左右，与原始瓷大体一致。Fe_2O_3 仍然较高，波动范围是 3.05%～9.35%。看来，印纹硬陶的原料应是一种含硅量较高，或含铝量较高，或二者皆中高，而质地稍粗的陶土。有学者认为宜兴地区印纹硬陶的原料是一种当地名称为甲泥者[48]。在三种印纹硬陶中，高硅型数量最多，高铝型则较少，李家治分析统计过 70 余件由商代到战国的印纹硬陶，属高铝型的大约只有 20 余件。高硅型在南方、北方都可看到，北方原本是盛产高铝型粘土的，但高铝型印纹硬陶在北方却看到的较少。

原始瓷。李家治[44]、邓泽群[41]、周燕儿[46]、宋健[47]、吴瑞等先后都分析过不少的夏、商、周原始瓷，其出土地点有河南郑州、洛阳、安阳，河北藁城，北京房山，陕西张家坡、扶风，山西侯马、垣曲，江西吴城、鹰潭，湖北盘龙城，广东饶平，浙江江山、德清、萧山、绍兴、上虞，上海马桥，江苏宜兴，安徽屯溪等。表 2-3-1 列出了其中 50 件标本的成分。可见其亦可区分为三种类型：

（1）高硅型，基本特征是含硅量较高（SiO_2 含量一般大于 70%），计 45 件，平均成分为：SiO_2 75.44%（70.20%～82.84%）、Al_2O_3 16.86%（11.56%～21.10%）、Fe_2O_3 2.21%、TiO_2 0.97%、CaO 0.4%、MgO 0.61%、K_2O 2.55%、Na_2O 0.52%。这是先秦原始瓷的主体，尤以南方居多，北方也可看到，山西垣曲商城 1 件商代前期原始瓷的 SiO_2 含量便高达 79.71%。

（2）高铝型，基本特征是含铝量较高（Al_2O_3 含量一般大于 22%），计 4 件，平均成分为：SiO_2 66.56%（64.19% ~ 68.43%）、Al_2O_3 24.98%（23.82% ~ 26.13%）、Fe_2O_3 3.61%、TiO_2 1.1%、CaO 0.39%、MgO 0.89%、K_2O 1.23%、Na_2O 0.39%。这种高铝型原始瓷的数量较高硅型为少，目前主要见于南方，北方很少看到。

（3）中硅中铝型，基本特征是含硅、含铝量都在一个稍高而不太高的水平上（SiO_2 含量稍低于 70%，Al_2O_3 稍低于 22%），1 件，成分为：SiO_2 69.85%、Al_2O_3 20.28%、Fe_2O_3 3.99%、TiO_2 0.74%、CaO 0.44%、MgO 1.30%、K_2O 2.02%、Na_2O 0.40%。

总体上看，此 50 件原始瓷的助熔剂总量明显降低，有的较灰陶还低，（$CaO + MgO$）总量约在 1% 左右[44]。50 件标本助熔剂诸组分平均值为：Fe_2O_3 2.36%（0.99% ~ 5.3%）、TiO_2 0.96%、CaO 0.4%、MgO 0.65%、K_2O 2.43%、Na_2O 0.51%、MnO 0.03%、P_2O_5 0.06%。

由上可见，在夏、商、周三代，灰陶、陶范、印纹硬陶、原始瓷的成分是有差别的，其中主要表现在下列三个方面：（1）SiO_2 和 Al_2O_3 含量不同。由灰陶到印纹硬陶，到原始瓷，逐渐升高，原始瓷的最高，灰陶的最低，陶范与原始瓷的比较接近。（2）Fe_2O_3 含量不同，灰陶（5.78%）和印纹硬陶（4.8% ~ 6.48%）的较高，陶范次之，原始瓷（2.36%）最低。（3）（$CaO + MgO$）总含量不同，灰陶和陶范大体在 4% 左右，印纹硬陶和原始瓷大体为 1% 左右。印纹硬陶与原始瓷在成分上的主要区别是：前者的 SiO_2 或 Al_2O_3 含量稍低，Fe_2O_3 含量高；相同处是：两者的硅或铝含量都较灰陶为高，两者的 CaO 和 MgO 含量都较低。印纹硬陶和原始瓷的吸水率较低且较为致密，与其 CaO 和 MgO 较低是有关的。因印纹硬陶产生的年代较原始瓷稍稍早一些，且多个地方在原始社会末期便有出土，故它可看作是从灰陶向原始瓷的一种过渡，两者的原料条件稍有不同。有学者分析过江西九江磨盘墩下层出土的印纹软红陶、印纹硬陶、原始青瓷标本各 1 件，其 Fe_2O_3 量分别为：5.59%、3.95%、2.03%；同一地点，不同的陶瓷产品显示了不同的含铁量。自然，其烧成温度亦有差别，依次为：1040℃、1200℃、1310℃[45]。原始瓷的化学成分和烧成温度与陶都是不同的，原始瓷有较多的莫来石针状晶，其石英已有明显的融蚀边，还可看到较多的云母残片，玻璃态也较多，其显微结构已与瓷相近。

有一点需指出的是：人们对高硅陶土或瓷土、高铝陶土或瓷土的利用都是较早的，至迟新石器时代晚期（或说铜石并用时代），人们就用它们制出了高硅或高铝的印纹硬陶；夏、商、周三代，又用它们制出了高硅或高铝的原始瓷。但不管印纹硬陶还是原始瓷，都是以高硅为主的，我国最早使用的真瓷，亦主要是高硅制品；高铝真瓷在北方始见于北朝时期，迄唐始才兴盛；高铝的真瓷在南方约始兴于宋，迄至明清才占据主导地位。个中缘由应是多方面的，与原料条件、烧造条件等都有一定关系。

铁在陶瓷胎中的作用主要有二：一是助熔，在还原性气氛下，FeO 与 SiO_2 形成低熔点共晶物，助熔作用更为明显。二是着色，在还原性气氛下一般呈灰色、青色、黑色，氧化性气氛下一般呈红色。印纹硬陶多呈紫褐色或灰褐色，原始瓷多呈灰白色，少数泛黄，显然是与含铁量有关的。

由灰陶向原始瓷转变过程中，原料成分的主要变化是二氧化硅（或三氧化二铝）量的提高和助熔剂总量，尤其是 Fe_2O_3 和（$CaO + MgO$）总量之减少。因只有在二氧化硅和三氧化二铝较高的条件下，陶瓷坯才能在较高的温度下烧成，并生成较多的莫来石晶体，以提高坯体的高温机械性能，减少高温变形。印纹硬陶和原始瓷的出现，充分说明了原料选择技术的进步。

此期的陶瓷原料一般皆就地取材，因南方许多省份都蕴藏有丰富的高硅质粘土，故印纹硬陶主要流行于南方，原始瓷亦首先在南方得到了较为充分的发展。不管南方和北方，原始瓷多是高硅质的，北方虽高铝质原料稍多，但其高铝质的原始瓷并未超过南方。李家治分析统计过的 34 件原始瓷中，黄河流域及其之北的计 17 件，只有 2 件（河南和陕西各 1 件）的 Al_2O_3 高于 19%；长江流域及其之南的试样也是 17 件，有 4 件（分别出土于安徽、浙江、广东）的 Al_2O_3 高于 19%。原始瓷的原料，当亦各地所产高硅质粘土。据分析，鹰潭角山商代窑场的制瓷原料主要有两种，一是角山龙窑附近的白色泥土，二是从"陈腐池"、"练泥池"、"蓄泥棚"等作坊遗址采集的"青胶泥"[52]。白泥说已有多位学者提出[48]。此外，也有学者认为原始瓷可能已使用了瓷石做原料，我认为此可能性也不能完全排除，不过瓷石粉碎较为困难，使用量不会太大。印纹硬陶与原始瓷的原料成分较为接近，它们可能是相近而不相同的两种矿物，也可能是同一矿物，因采、选、洗等操作方式不同，而得到了两种产品。

各地原始瓷的原料当亦存在一些差别。如鹰潭角山商代原始瓷的含硅量不是太高，而含铝量、含铁量却稍稍偏高；表 2-3-1 所示 8 件角山原始瓷平均成分为：SiO_2 69.16%、Al_2O_3 21.67%、Fe_2O_3 3.78%。看来这主要是由当地土壤条件决定的。

陶瓷泥料大凡都要经过陶洗和捶练等工序。前云新郑郑韩故城战国晚期制陶作坊亦置有淘洗池、捶泥池和囤泥池，且分布密集[9]。

三、成型技术

此期依然沿用模制法、手制法和轮制法，且往往多法兼用，与新石器时代相比较，具体操作已有一些改进。此期已生产过部分大型陶器，如新郑郑韩故城制陶作坊出土过 1 件大陶桶，圆形直壁，口径 52.5 厘米，高 48.6 厘米[9]。此期成型技术中最值得注意的事项是：（1）不同的陶系、瓷系，同一陶系、瓷系的不同器物，成型方法都可能存在一定差别。（2）由夏到春秋，轮制法并未得到应有的发展，甚至不及龙山文化期来得普遍[49]。下依陶系述其成型方法。

灰陶。有模制、手制和轮制。一些便于轮制的圆形器物，如盆、钵等便为轮制；豆等径向尺寸变化过剧者，则器身和器足分别轮制，之后再粘结而成。鬲等难以轮制，应是模制，之后再用轮修整。一些厚胎器和大型器物，仍用泥条盘筑法，之后再作轮修[50]。1960~1964 年，偃师二里头出土陶器 360 多件（包括基本完整的和可以修复的），有夹砂陶、泥质陶、灰陶、红陶、白陶，有泥条盘筑法、轮制、模制、手捏等种，许多器物都是用多种方法合制成的[1]。河北邯郸涧沟出土的商代陶器中，陶土曾经淘洗，夹砂灰陶模制较多，泥质灰陶轮制稍多[51]。

白陶。基本上都是手制，也采用过轮制和泥条盘筑法。

建筑用陶。商代水管多用泥条盘筑法成型，之后再用快轮修整，但也有轮、模兼制的。西周至战国的筒瓦、板瓦多用泥条盘筑法一次做成圆筒坯，之后再切开。阳城战国早期板瓦的凹面有轮转痕迹，一些素面半圆形瓦当有轮割痕迹。战国时代的许多铺地和砌壁面方砖、矩形薄砖，当系模压而成[50]。

印纹硬陶。一般采用泥条盘筑法，小件器物以手捏成。附件以手捏制后再粘到器体上。断面尺寸变化较大的常用分制法，之后再粘结在一起，有时外壁再衬以泥条，以作固接之用[45]。印纹硬陶虽经拍打，但其内壁甚至外壁上，泥条筑的痕迹还是十分明显的，这在江西吴城、上海金山戚家墩遗址等处都可清楚看到。印纹硬陶操作一般是这样的：盘筑成器后，工匠一手拿蘑菇状陶质抵手（陶垫）抵住内壁，一手用刻有花纹的拍子在外壁拍打，使上下泥条紧密接合。陶拍上刻出花纹的初始目的，是为拍下时给空气留下一个逸出通道，如此拍印后，往往内壁上留下一个个凹坑，外壁上出现许多拍印纹。所以拍打与泥条盘筑法在工艺上是密切相关的，泥条盘筑法大约又与印纹硬陶相始终，浙江印纹硬陶窑址中，即使共存的灰陶、原始瓷使用了轮制，印纹硬陶却依然是泥条盘筑的，这情况一直延续到了汉代；东汉晚期，凡拍印几何纹的瓷器，仍然采用泥条盘筑法[19]。

其实，多数印纹硬陶是使用质地稍粗的高硅低铝质原料制成的，这种原料在我国南方许多地方都有丰富的蕴藏，其质地稍粗，如颗粒稍粗、含铁量稍高，有时可能还掺入了部分石英砂，塑性稍差，不便于拉坯造器，只好采用泥条盘筑法成型，并用陶拍来打实，于是就得到了一种带有印纹的高强度陶器，即印纹硬陶。所以，印纹硬陶的技术关键，是人们为获得高强度陶器而使用了含硅量较高、含铝量稍低的粗质陶土。

原始瓷。商、周多用泥条盘筑法，战国之后拉坯成型法增多。泥条盘筑成型的内表常留有泥条痕迹，外表常有拍印纹，其纹饰往往与同时期的印纹硬陶相同。部分小型器物，如瓷刀等也可模制和手捏。江西吴城出土的陶质瓷质生产工具，不管是泥质、夹砂质硬陶，还是釉陶和原始瓷，多是模制的[53]。

拉坯成型的生产率虽然较高，但新石器时代之后，并未迅速地发展起来，有的地方甚至发生了倒退的现象。河南龙山文化晚期，快轮制陶就已相当发达，临汝煤山遗址一期陶期多数是轮制的，但从二里头文化起，轮制量却大为减少，渑池郑窑与偃师二里头的一至三期，皆手制为主，模制和轮制为辅，此现象一直延伸到了西周和春秋。从夏到春秋，轮制法的使用量远较龙山、良渚、屈家岭文化逊色。战国时期，因商品生产的发展，轮制才重新受到人们的重视，并较多地使用起来[54]。

四、原始瓷釉的形成和发展

人类最早使用的陶器是无釉的，故表面显得十分粗糙，不但吸水率较高，且易污染。一般认为，瓷土选择技术的进步、高温釉的发明和筑窑技术的提高，是由陶向瓷转化的三个关键环节，所以制釉技术的发明，在制瓷技术上具有特殊的意义。

釉的前身应是"陶衣"，它亦是一种易熔粘土，但其助熔剂总量较低，在窑炉温度较低时是难得熔融的，故提高助熔剂含量、提高烧成温度，便成了制釉技术的两个关键环节。原始瓷釉多为青釉，只有少数黑釉，今见较早的黑釉器是马桥夏至商初原始瓷罐[47]，稍后有浙江瑞安凤凰山周墓原始黑釉瓷鼎、豆、盂、罐[91]。马桥原始瓷罐有青釉和黑釉两种类型。

有学者分析了 32 件夏、商、周原始瓷釉（表 2 - 3 - 2），标本分别出土于河北藁城、河南郑州、洛阳、山西侯马、浙江德清、江山、上虞、广东饶平[44]、江西鹰潭角山、清江吴城、樊城堆[44]、山西垣曲[41]、上海马桥[47]、浙江绍兴吼山[46]。这些标本的釉色有酱色、青色、青灰色、灰色、青黄色、青绿色、黄绿色等。由表 2 - 3 - 2 可见，32 件标本约可分成三种类型：（1）石灰釉，以石灰为主要助熔剂，含钙量较高，含钾、含钠量稍低，其 CaO 量常高于 10%，K_2O 量常低于 3%。表中所列此型标本 17 件，平均成分为：SiO_2 60.74%、Al_2O_3 14.68%、Fe_2O_3 3.03%、TiO_2 0.88%、CaO 14.15%、MgO 1.82%、K_2O 2.88%、Na_2O 0.75%、MnO 0.39%。（CaO + MgO）总量介于 11.69% ~ 25.11% 之间，平均 15.97%。（$K_2O + Na_2O$）总量介于 2.05% ~ 5.82% 之间，平均 3.57%。（2）石灰—碱釉，以石灰为主要助熔剂，以碱金属氧化物 K_2O 和 Na_2O 为次要助熔剂；其含石灰量较前者稍有降低，常为 6% ~ 9%，钾、钠含量稍有提高，K_2O 含量常为 3% ~ 5%。"石灰—碱釉"中的"碱"，实际上是"碱金属氧化物"的简称。表中所列此型标本计 8 件，平均成分为：SiO_2 65.54%、Al_2O_3 15.08%、Fe_2O_3 3.66%、TiO_2 0.60%、CaO 8.27%、MgO 1.60%、K_2O 3.09%、Na_2O 0.72%、MnO 0.21%，其（CaO + MgO）总量介于 6.64% ~ 12.40% 间，平均 9.87%；（$K_2O + Na_2O$）总量介于 2.54% ~ 6.45%，平均 3.80%。（3）碱—石灰釉，以碱金属氧化物为主要助熔剂，以碱土金属氧化物为次要助熔剂，钾、钠含量较前又有提高，其 K_2O 含量常达 5% ~ 9%，CaO 含量常为 3% ~ 5%，（$K_2O + Na_2O$）的总量大于（CaO + MgO）的总量。表中所列此型标本计 7 件，平均成分为：SiO_2 68.96%、Al_2O_3 12.88%、Fe_2O_3 5.77%、TiO_2 0.95%、CaO 2.45%、MgO 1.33%、K_2O 6.37%、Na_2O 0.88%、MnO 0.20%。其 RO 量介于 1.76% ~ 6.21% 间，平均 3.78%；R_2O 量介于 4.13% ~ 10.24% 间，平均 7.26%。这是夏、商、周原始瓷釉成分的基本情况，可见多数标本为石灰釉，少数为石灰—碱釉和碱—石灰釉。其中石灰釉在南北方都有使用，石灰—碱釉的 8 件标本中，6 件属南方，2 件属北方；7 件碱—石灰釉皆属南方。这种分布状态只是夏、商、周的情况，后世未必如此。釉的分类方法较多，人们可视需要，从多个不同角度对釉进行分类，如熔剂种类和数量、着色剂种类、釉的色态和形态等。此处是依熔剂种类和数量进行分类的，但学术界对此分类的标准并无完全一致的意见，本书第五、六章还要谈到一种与此相类似却不尽相同的方法。宜兴良渚文化的原始瓷釉也有石灰釉，亦具有相类似的特点，张福康分析的宜兴良渚文化原始瓷釉，RO 量达 19.08%（CaO 16.58%、MgO 2.5%），R_2O 为 2.4%[55]。南、北原始瓷釉的成分亦大体一致。此 32 件标本中，14 件属于夏、商时期，18 件属周代，经计算，其 CaO 的平均含量分别为 8.88% 和 11.08%。原始瓷釉虽在成分和性能上还带有较大的原始性，但又具有了透明、光亮、不吸水的特点。

表 2 - 3 - 2　　　　　　　商周原始瓷釉化学成分

原编号,名称	成　分（%）								
	SiO₂	Al₂O₃	Fe₂O₃	TiO₂	CaO	MgO	K₂O	Na₂O	MnO
XM4,马桥夏商原始瓷罐外表黑釉	63.65	13.95	6.36	0.95	8.85	2.06	2.39	1.5	0.29
XM1,马桥商前期原始瓷罐外表青绿釉	57.02	15.02	3.89	0.81	17.37	2.22	2.07	1.31	0.29
XM2,马桥商前期原始瓷豆盘内青绿釉	64.75	13.7	4.46	0.7	11.34	2.25	1.74	0.85	0.25
XM3,马桥商前期原始瓷豆盘内青绿釉	66.04	14.18	3.09	0.89	11.47	1.82	1.37	0.96	0.21
YQS-5,垣曲商代前期原始瓷釉	68.01	7.88	5.44	1.0	12.88	1.34	3.06	0.38	
Sh12,河北藁城商代酱色釉			5.31		6.49	0.15	2.29	0.96	0.14
Sh15,广东饶平商代酱色釉		15.99	5.2	0.98	8.85	2.61	2.41	0.13	0.13
Sh20,郑州商代青灰色釉	60.79	16.89	4.42	0.94	10.6	2.13	2.37	0.26	0.41
HZh1,郑州商代青灰色釉	62.85	12.56	2.13	0.78	12.7	2.38	3.84	0.46	0.29
Sh16,河南晚商青灰色釉	58.96	15.47	1.66	0.62	13.06	2.01	4.75	1.07	0.44
M216,洛阳西周青色釉	64.74	16.6	1.94		9.51	1.84	3.82	0.28	0.38
HZH2,洛阳西周青黄色釉	48.38	12.4	2.52	0.41	22.73	2.38	2.89	0.73	0.26
M-668,洛阳西周青绿色釉		13.49	3.06	1.41	18.42	3.86	2.98	0.81	0.52
M-37,洛阳西周褐绿色釉		14.53	3.8	1.41	17.94		2.84	1.13	0.76
M-250,洛阳西周黄绿色釉		17.08	3.76	1.43	16.73	0.94	3.25	1.01	0.93
M-198,洛阳西周青色釉		14.8	2.26	1.57	12.95	2.09	2.9	0.52	0.54
M-325,洛阳西周青色釉		15.68	2.03	1.37	11.75	2.28	3.8	1.07	0.58
Zh10,浙江德清西周青灰色釉		11.71	3.35	0.73	9.93	2.47	5.11	1.34	0.24
ZhJ4(1),浙江江山西周青色釉	67.57	15.01	2.07	0.57	7.32	1.36	3.17	0.3	0.29
ZhJ4(2),浙江江山西周青色釉	66.26	15.05	1.84	0.97	10.07	1.62	3.74	0.42	0.52
ZhJ4(3),浙江江山西周青色釉	54.35	21.44	2.23	0.73	13.86	2.12	3.7	0.57	0.39
ZhJ5,浙江江山西周青色釉	61.08	19.35	3.11	0.91	7.33	0.95	3.3	0.7	0.2
SY-31,浙江上虞东周黄绿釉			2.64		10.94	1.17	2.38	0.49	0.25
Z1,绍兴吼山春秋中晚期碗类原始瓷釉	70.68	12.96	1.94	0.68	7.91	1.36	2.2	0.53	0.22
Z2,绍兴吼山春秋中晚期碗类原始瓷釉（另一片）	74.53	13.54	2.40	0.83	2.16	0.74	3.3	0.83	0.11
37G,山西侯马东周青色釉			2.21		15.71	0.32	1.26	0.79	
JY17,鹰潭角山商代晚期原始瓷	61.56	16.78	10.11	1.25	1.67	1.86	5.68	0.64	0.21
JY18,鹰潭角山商代晚期原始瓷	61.69	17.97	5.00	0.96	4.49	1.72	7.43	0.47	0.05
JQF-1,清江樊城堆商至西周釉	72.52	8.56	4.23	0.34	3.65	0.68	8.97	1.27	0
JQF-3,清江樊城堆商周釉	68.53	12.7	8.98	1.25	0.91	1.76	5.10	0.77	0.48
JQS-4B,吴城西周中期至春秋中期釉	76.50	6.70	4.23	0.66	1.08	0.68	8.78	0.69	0.58
JQS-4,吴城西周中期至春秋中期釉	67.36	13.90	5.47	1.36	3.18	1.88	5.31	1.55	0
石灰釉标本平均成分（17件）	60.74	14.46	3.03	0.88	14.15	1.82	2.88	0.75	0.39
石灰—碱釉标本平均成分（8件）	65.54	15.08	3.66	0.60	8.27	1.60	3.09	0.72	0.21
碱—石灰釉标本平均成分（7件）	68.96	12.88	5.77	0.95	2.45	1.33	6.37	0.88	0.20

　　注：（1）山西垣曲商城原始瓷釉采自文献 [41]，马桥夏商原始瓷釉采自文献 [47]，绍兴吼山春秋中晚期标本采自文献 [46]，表中后 6 件瓷釉及其余标本皆采自文献 [44]。

　　（2）除表中所列，下列标本尚含 P₂O₅：SZH1 为 0.69%、HZH2 为 1.31%、XM4 为 0.4%、XM1 为 0.7%、XM2 和 XM3 皆为 0.05%，标本 Z1 为 0.56%、Z2 为 0.32%，JYJ8 为 0.22%，JYJ7 为 0.21%。此外，标本 Z2 烧损 0.69%。

　　（3）权作碱—石灰釉的标本计 7 件，包括后 6 件和标本 Z2（绍兴）。权作石灰—碱釉的标本计 8 件，包括标本 M216（洛阳）、Sh12（藁城）、Sh15（饶平）、XM4（马桥）、Zh10（德清）、ZhJ4（1）、ZhJ5（江山）、Z1（绍兴）。其余 17 件权作石灰釉。

　　（4）因部分标本的分析数据不全，故计算石灰釉的平均成分时，SiO₂、Al₂O₃ 是分别依 10

件、15 件计算的，余皆依 17 件标本计算；计算石灰—碱釉的平均成分时，SiO_2、Al_2O_3 是分别依 5 件、6 件标本计算的，余皆依 8 件标本计。

关于北方早期原始瓷的来源，学术界一直存在不同看法。有学者认为商代，及至更晚一些，北方印纹硬陶和原始瓷都是南方传去的。主要理由有二：一是中原和北方至今未见类似的窑址；二是部分科学分析数据，认为它表明南北原始瓷成分的基本特征是一致的。也有学者不同意这一观点[27]，依据是：（1）郑州商代遗址出土过一些敞口、高颈、折肩、鼓腹的圜底尊类器和瓮等的原始瓷器，与当地所出红陶尊、灰陶瓮的器形特征是基本相同的，甚至纹饰也是一样的；同时还发现过烧坏了的原始瓷器[26]。（2）洛阳庞家沟西周墓原始瓷的器形和纹饰不仅与商代陶器有着密切的关系，而且与洛阳西周墓陶器的形制也基本相同[26]。洛阳北窑西周墓的早、中、晚三期都出土有原始瓷器，虽其成分与南方原始瓷相类似，但器物种类、形制、釉色都存在许多差别[26]。我们倾向于后一说法，即北方印纹硬陶和原始瓷，都有可能是独自生产的，人们不可能将烧坏了的原始瓷从遥远的南方运到北方去。科学分析数据应当重视，但我们并不能排除北方也存在高硅低铝粘土的可能性。2005 年，有学者分析过 18 件南北方商、周原始瓷和 4 件吴城商代印纹硬陶，计 22 件标本。原始瓷北方有 6 件（山西垣曲 4 件、郑州商城 2 件），南方有 12 件（浙江黄梅山 4 件、安徽枞阳汤家墩 4 件、江西吴城 4 件）。分析结果表明，在北方的 6 件样品中，除郑州商城标本 ZS4 外，其余 5 件的微量、痕量元素组成都相近，且明显地不同于其他地区样品，这一分析结果"不支持我国北方的商代原始瓷来源于南方的观点"[92]。故我们以为只能说我国原始瓷首盛于南方，眼下尚不宜说它首创于南方或源于南方。

原始瓷的施釉法主要是刷釉法和蘸釉两种，从施涂部位上看，又有单面施釉、双面施釉、局部施釉之别。

刷釉法，即用刷子将釉浆刷于器坯表面。此法当发明稍早。其基本特点是：施釉不均，往往釉层厚薄、浓淡不一，常有流釉和聚凝的釉斑，胎釉结合亦欠佳，釉面时有开裂、脱釉现象，有的甚至会全部脱落[56]。

蘸釉法又叫浸釉法①，即是将坯件浸入釉浆中，坯体表面附着一层釉浆后较快地提起。蘸者，粘也，暂也，快速而短暂地粘附也。所附釉浆的厚薄，主要与釉浆的浓度和浸、蘸时间的长短有关。屯溪西周墓出土的 71 件原始瓷中，有薑黄绿釉器 61 件，采用刷釉法；青灰釉器 10 件，采用了浸釉法。薑黄绿釉器之内表全部施釉，外表则施釉不及底，下底及足部多不施釉；其内外表的釉层浓淡不均，少数器物下部有流釉现象。青灰釉器的内表、外表全都施釉，釉层既薄且匀[56]。

单面施釉法主要见于夏至早商，为节省釉料，人们采用了单面施釉法。如马桥遗址，其夏商之际的原始黑釉瓷罐、商代前期的原始青瓷罐，皆罐外施釉，罐

_____

① 有学者认为蘸釉与浸釉不同，说浸釉是整个坯件没入釉浆内，蘸釉则是局部没入，说蘸釉时间较短，浸釉时间较长。窃以为这应是部分地区，或部分学者和匠师的说法，与传统习俗未必相符。如《陶冶图说·蘸釉吹釉》、《景德陶录》卷一"荡釉"等，谈及我国古代施釉基本操作时，都只谈到了刷釉、蘸釉、吹釉，并未提到"浸釉"。从上下文看，此"蘸釉"即浸釉。另外，窃以为，不管"浸"还是"蘸"，时间都是很短的，皆可施于局部和全器。

内无釉；其商代前期的原始瓷豆盘，则豆盘内施釉，豆盘之外皆不施釉[47]。

双面施釉法，商代中期之后便较多地使用起来。清江吴城原始青瓷釉一般较薄，且多施于器表，如罐、尊等；但双面施釉者也不少，如一期的原始瓷豆残片，其残盘内外壁均施有黄绿色釉，或青黄色釉；二期的钵，双面皆施青黄色釉[32]。在内壁施釉时，人们还使用过一种荡釉法，其釉层稍厚且较均匀。春秋时期，镇江等地原始瓷器已采用浸釉、荡釉和刷釉等操作，器表主要采用浸釉，器内则用荡釉；有时也用刷釉法，此时釉面多有刷痕[90]。

局部施釉的一个主要目的应是为了便于装烧，如战国早中期绍兴原始瓷器，凡适宜于叠烧的部分碗、盘、洗、匜、鉴、甑等，内外底不施釉，罐类贮藏器，上釉皆不及底[46]。

原始瓷釉是人们长期探索的结果，但对它的制法，学术界也存在不同的意见。有说它主要由草木灰和粘土制成，其中的RO可能由石灰石、草木灰或含钙粘土引入，R_2O、Fe_2O_3和TiO_2则由粘土引入；因一般粘土皆含一定量的铁，故瓷釉也是含铁的[57][58]。也有人认为它主要由草木灰制成，理由是其成分与草木灰基本一致，并认为是松木灰、杉木灰等，经适当磨细、加水调成浆状后，涂在陶瓷坯件的表面，在1200℃的高温和适当的还原性气氛下，就能烧成青绿釉，其外观与殷墟原始青釉是十分相似的[55]。此外还有人认为它是石灰加粘土制成。我们认为，我国幅员辽阔，各地自然条件和技术背景都有一定差别，其制釉工艺亦未必完全一样，总体上应是胎泥加草木灰，或者再羼入部分石灰制成，但不同时间、不同地域，都会有一些调整，这种情况大约延续到了唐代，之后才发生了较大的变化。草木灰制釉的优点是：（1）原料来源较广，且易于获得。（2）它含有高温釉的各种化学组成，可单独使用。（3）使用方便。早期青釉所含CaO量往往较高，这种釉通常便叫石灰釉。其特点是熔融温度较低，高温粘度较小，釉面光泽较好，硬度亦较大，透明度亦较高，坯体上刻划的花纹图案、浮雕人物，都可一一清晰地透映出来。石灰釉在我国沿用了很长一个时期，对我国古代陶瓷技术的发展做出了重要的贡献。

新石器时代晚期至西周中期，江浙一带还出现过一种泥釉黑陶，顾名思义，它是表面涂刷了黑釉的陶器，但胎质依然是灰白、黄白的。它与良渚黑陶的不同之处是：黑陶是采用渗碳的方式致黑，采用表面打光方式来致亮的，泥釉黑陶则是涂刷或浸荡了一层泥釉而致黑的。显然，它对原始瓷釉的发展产生了积极的影响。有学者分析过6件浙江江山商代以前的泥釉黑陶，其陶胎成分与原始瓷相近，即含硅量或含铝量较高，其平均成分为：SiO_2 66.53%、Al_2O_3 24.01%、Fe_2O_3 4.18%、TiO_2 1.34%、CaO 0.21%、MgO 0.41%、K_2O 1.92%、Na_2O 0.25%、MnO 0.02%、P_2O_5 0.12%，这显然是人们有意选择的。这6件黑色泥釉的平均成分为：SiO_2 61.09%、Al_2O_3 20.19%、Fe_2O_3 6.13%、TiO_2 1.36%、CaO 1.66%、MgO 1.34%、K_2O 4.25%、Na_2O 0.86%、MnO 0.11%。可见：（1）此釉所含助熔剂总量（$RO + R_2O$）较低，尤其是RO（CaO + MgO）较低。（2）Al_2O_3和着色剂（$Fe_2O_3 + TiO_2$）总量却较高。大体上仍属易熔粘土范围。泥釉黑陶存在的时间较短，可视为早期原始瓷发展过程中出现的一个分支。在江山县南区，商代早期及其之前，泥釉黑陶是与泥质陶、印纹硬陶共存的，不见原始瓷。商代中期之后则只见原始瓷与印纹硬陶共存，不见了泥釉黑陶[59][60]。

与陶衣、绘彩同样，早期原始瓷釉亦常有釉层较薄、釉面不均、玻化不良，以及开裂、失透（透光性欠佳）、胎釉结合不好，乃致脱落等情况。春秋战国之后，施釉技术有了提高，肖山进化和绍兴富盛区出土的战国釉陶和原始青瓷釉虽薄至 10~50 微米，但胎釉结合较好。

有学者认为，文献上关于釉的记载当可上推到先秦时期[61]，《礼记·檀弓上·明器》中的"味"字便是釉的意思，并认为东汉或其之前便有人把"味"字当成"釉"字来使用了。此说当有一定道理。"明器"条云："瓦不成味。"郑玄注："味，当作沫。沫，靧也。"孔颖达疏："味，犹黑光也，今世亦呼黑为沫也。瓦不善沫，谓瓦器无光泽也。""靧谓靧面，证沫为光泽也。"若依郑、孔之说，此"味"便可释为光泽，"瓦不成味"意即陶无光泽，或陶成不了光泽。又，《玉篇》云："靧音悔，洗面也。"《集韵》云："靧，本作沫，洒面也。"若依此，味，或靧，便可释之为釉。

五、半倒焰窑和平焰窑的出现

我国古代陶瓷窑的种类较多，依窑室与火膛的相对位置，可区分为横穴窑和竖穴窑；依窑室所处位置，又可区分为地穴式和地面式；依窑室平面的几何形态，则有圆形、椭圆形、长方形、马蹄形、葫芦形、蛋形等；依窑室空间的纵向形态，则有馒头形、直筒形；依火焰流动方向，又可区分为升焰式、半倒焰式、平焰式等。因窑内最为主要的运动是火焰的流动，热能和气氛的主要载体都是火焰流，所以本书采用以火焰流动方向为主，其他因素为辅的分类法。

夏、商、周三代筑窑技术的主要进步是：（1）升焰式窑在结构上作了许多改进。（2）商代发明了半倒焰式的馒头窑和平焰式的龙窑。（3）至迟战国，部分北方窑室就建到了地面上[6]；西周以前，北方大体都是穴地为窑的，地面以上的陶窑很少看到[62]；大约秦代，陕西咸阳滩毛村还建造了半地穴式陶窑[93]。南方因地下水位较浅，其窑室很可能一开始便建到了地面上，但有关资料报道较少，目前仅知湖南划城岗大溪文化中期陶窑是半地穴式的。高硅粘土的利用、釉的发明、高温窑的构筑，是由陶器向瓷器转变的三项关键技术，它们是相辅相成，互相制约，缺一不可的。

（一）升焰窑。即火焰流从窑底升起，流经陶坯，之后径直从窑顶逸出者。新石器时代的卧穴式、竖穴式窑都属这一类型。卧穴式在龙山文化时基本上已被淘汰。竖穴式却一直沿用到了商、西周时期；它的基本结构仍分三个部分，即火膛、窑箅、窑室，以及火膛前面的火口。窑室作圆形、椭圆形及至方形，窑壁常涂一层草拌泥（耐火泥），多数内倾。与新石器时代相比较，此期窑室有所增大，窑顶排焰部位逐渐缩小[63]。如郑州洛达庙二里头文化早期陶窑，状如馒头，窑室底径 1.28 米，底部有一草拌泥制成的窑箅，箅下有一支柱立于火中，用来支撑窑箅[64]。郑州铭功路西侧发现 10 余座二里岗期陶窑，多为圆形，窑室直径 1.2 米左右[65]。郑州碧沙岗商代晚期陶窑的窑箅直径接近 1.74 米[66]。此时火膛亦有所加大，从而增加了燃烧量。箅孔数有所减少，孔径稍有增大，分布状态从不太规则变得较为规则起来[67]，从而加大了火焰流量，且有利于火焰的组织。商代晚期出现了一些窑箅不设支柱的窑炉，这就改善了火膛的工作和燃烧条件。春秋时期，又出现了以炉条代替窑箅的做法[68]。

（二）半倒焰窑。即火焰自火膛出来后分成了两股：一股先上升到窑顶，之后再反扑下来；一股横向运动；两股火焰都流经过坯体，再经由靠近窑底的进烟口竖直的烟道逸出。当由升焰窑直接演变过来，结构上最为重要的特点是：烟孔位置移到了窑壁之下，而不是设在窑顶。

半倒焰窑至迟发明于商代早期，有关窑口如黄陂王家嘴盘龙城二期圆窑等[69]，稍后的邢台曹演庄1、2、3号陶窑[4]等。盘龙城圆窑已残，由窑室、火眼、火膛三部分组成；窑室平面呈圆形，直径1.3米，残深0.23米，窑壁由黄土加白膏泥筑成。烧成温度较高，窑壁近火层呈青灰色，外层呈红砖色。窑室底部呈凹形，窑室周壁外侧布有10个大小相近、间距相同的火眼，孔径10~11厘米。火膛呈长方形，长0.4米、宽0.3米（图2-3-1）。大约是因地下水的关系，窑底建在生土层之上，与北方圆窑有所不同。年代约与二里头文化三期相当，其[14]C测定年代为公元前1630年~前1490年[69]。曹演庄1号窑烟孔设于窑后，并与窑底平；2、3号窑在窑壁四周设有7

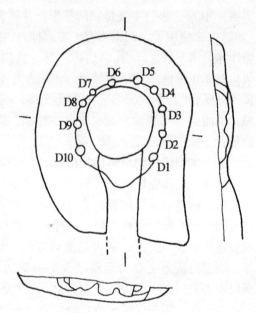

图2-3-1　王家嘴盘龙城二期圆形窑 Y2 平面剖面图

D1~D10　火眼　　采自文献[69]第88页

个烟孔[4]。往日一般认为半倒焰窑是西周发明出来的[78]，这主要是当时考古资料尚不足之故。西周时期，半倒焰窑有了进一步发展，目前在陕西沣西张家坡（西周晚期）[70]、江苏新沂西墩[71]、洛阳王湾（西周晚期）[72]等地都有发现。其中张家坡的烟囱布置显示得尤为清楚，其下与窑底相连，截面为0.3米×0.2米，残高0.1米，烟囱南面正对火门。春秋战国之后，半倒焰窑在全国范围普遍推广开来，三门峡春秋遗址[73]、侯马春秋遗址[74][75]、武安春秋战国遗址[39]、江陵毛家山战国遗址[6]、楚都纪南城遗址[76]、安阳阜城村战国窑址[77]等都曾出土过这种带有烟囱的陶窑。其中安阳阜城村3号窑（战国晚期）烟囱设于窑后，呈椭圆形，长径0.34米、短径0.26米，竖直向上，残高0.24米，口部有几块土坯收口。战国时期，半倒焰窑的结构基本定型：前面是窑门，往后依次为火膛、窑床和烟囱，烟囱立于窑后，窑体大小与同一时期的升焰窑相近。江陵毛家山窑是地面窑的重要实例，这对于减少地下水威胁，提高烟囱抽力等都有一定帮助。西周时期，许多烟囱还是立于窑腔上的，战国皆移到了窑后，这有助于减少窑内上下温差和提高窑温。

烟囱与半倒焰窑应当是在同一时期出现的。盘龙城圆窑上部已毁，烟囱之形状今已难得觅寻，但其将烟孔设于周壁外便是最好的证据。烟孔设于窑底，无疑会增加压头损失，从而影响到窑内通风和燃烧，若无烟囱，人们是绝不会将烟孔设于窑底周壁的。有报道说1974年发现的吴城二期窑设有烟囱，可以进一步研究。报道还说此窑上小下大，呈复钵状，"窑顶偏东有一圆形烟囱，烟囱内径0.15米、壁厚0.02~0.03米。"[80][81] 浅见以为，此窑恐怕只能算是升焰窑，此孔大约只能算是窑顶上的出烟孔，还不是烟囱。

（三）平焰窑。后世又谓之龙窑。基本特征是火焰流与窑体（或说窑室底面）平行。火焰离开火膛后，流经窑坯，倾斜上升，后经窑尾向外逸出。其常依山倾斜之式修建，身长约20~80米不等，宽1.5~2米左右，倾角约8°~20°。由窑头、窑室、窑尾三部分组成。窑身两侧依一定距离设有多个投柴口，对称排列；唯窑头设有单独的火膛，其余的燃烧室都在烧成室的通道内。没有烟囱。紧靠出烟坑处有一挡火墙，以防止火焰流速过快，以增加火焰与坯件的接触时间，并提高窑内温度。挡火墙下设有距离和大小皆相同的几个烟火弄，烟气由烟火弄进入出烟坑排出[79]，主要见于南方，今日所知商代龙窑至少有4处10座。其中年代最早的原始形态的龙窑始见于盘龙城二期、三期，盘龙城三期相当于二里头文化四期偏晚或二里岗下层一期偏早，相当于商代早期或早中期。年代稍后，江西吴城、鹰潭、浙江上虞也有出土。

1974~1976年，盘龙城王家嘴遗址发掘了3座陶窑，除圆形窑外，还有长形窑（龙窑）2座，分属盘龙城二期、三期。其中长窑PWZY1（二期）建于坡地上，全长54米，宽多为2.4~4.0米，最宽处近10米。窑呈长沟状，上部残，由窑头、窑室（包括窑底、窑壁、窑门、窑顶）、窑尾三部分组成。头低尾高，高度差达2.75米[69]。对盘龙城龙窑的鉴定，学术界曾进行过长时期的讨论，本人也曾两次前去参观，今说当属可信。1986年，江西吴城出土过9座商代陶窑，其中1986QSWY6号为龙窑，窑床呈长条形，残长7.5米，窑尾南北宽1.07米，窑头断残处宽1.01米，窑尾底部高于窑头0.13米；倾斜不太明显，坡度为1.7°，北壁设有9个投柴口，一字排开。窑头并非建于生土之上，而是利用坡地，挖高补低，平整夯实而成的。其比较原始，如坡度较小、投柴口设在一侧等[80][81]。1984年，浙江上虞县百官镇发现6座商代龙窑，其2号窑保存较好，全长5.1米，宽1.22米，残高0.33米，倾角16°。江西鹰潭角山亦发现1座商代龙窑，长3.15米、宽1.45米，坡度约15°~18°[82]。

战国时期，平焰窑技术有了扩展，今在广东增城、博罗、浙江绍兴都有出土。1962年广东增城出土龙窑2座，其中1号窑残长7.6米，宽2米，残高1.54米，圆卷顶，在平地上建起，倾斜为15.5°[83][84]。1995年，广东博罗县清理春秋晚期至战国早期龙窑1座，全长15米，由火膛、火道、窑床、窑尾等部分组成。火膛略呈椭圆形，长1.9米，宽1.05~1.5米，深0.5米；火道长2.2米，宽1.05~1.45米，残高0.5~1.3米；坡度20°。窑床长6.5米，前宽2米，后宽1.4米，残高0.4~1.1米；总体呈斜坡状，坡度20°（图2-3-2）[85]。绍兴富盛发现两处至少 10 座战国龙窑，其中一座残长 3 米，宽 2.42 米，拱顶，窑内清理出大量原始青瓷、印纹硬陶、扁圆形托珠等，窑倾斜 16°，窑底无垫具，说明陶瓷器是直接放在窑床上烧造的。富盛龙窑的基本特点是：短、宽、矮，倾斜度依然较小，这也在一定程度上显示了它的原始性。窑室短，热利用率较低；窑室宽，再加上拱顶用粘土筑成，就容易烧塌。类似的窑址在毗邻的肖山进化区发现近 20 处，而且窑址集中，窑场杂物堆积较厚[7]。

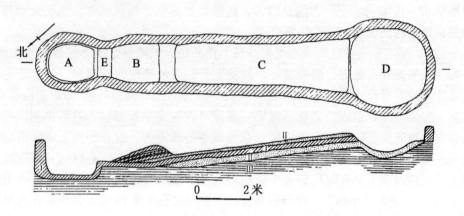

图 2-3-2　广东博罗春秋晚期至战国早期龙窑平面剖面图
A. 火膛　B. 火道　C. 窑床　D. 窑尾　E. 小平台
Ⅰ. 窑底与窑壁　Ⅱ. 铺沙　Ⅲ. 垫土
采自文献[85]

　　先秦炉窑主要是这三种形态。其中升焰窑是依靠窑内热空气上升产生的压差，把外界冷空气吸入室内的，故其没有烟囱也能形成一定的抽力。缺点是空气量难以控制，燃烧量较低，气氛亦难控制。火焰流从坯体上一掠而过，热利用率较低，故窑温较低，主要用来烧造灰陶、白陶和印纹硬陶。半倒焰窑设有专门的烟道和烟囱，它是依靠烟囱产生的抽力来吸入空气的，空气流可适当控制，从而延长了火焰在窑内的行程，增加了火焰流与坯体接触的时间，提高了热利用率，窑温较高，气氛亦可适当控制，可烧造灰陶、黑陶、印纹硬陶和原始瓷。烟囱的出现，是古代窑炉技术的一大进步。平焰窑的优点是[86]：（1）因其依山而建，窑室本身的高度差便可产生一种自然的抽力，故无需向上构筑烟囱。（2）窑床面积较大，火焰流分布较为均匀，所以产量高，质量亦较好。（3）窑体较长，可利用部分余热，热效率较高。（4）结构简单，造价较低。虽然商至战国的龙窑尚处

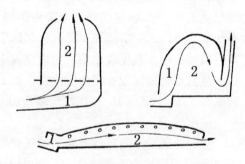

图 2-3-3　先秦陶瓷窑火焰流向示意图
左上：升焰窑　右上：半倒焰窑　下：平焰窑
1. 火膛　2. 窑室
采自文献[84]

于原始阶段，但龙窑的许多优点已经显示出来，其可用来烧造印纹硬陶和原始瓷。图

2－3－3为升焰窑、半倒焰窑、平焰窑火焰流向示意图。

六、烧造技术的发展

此期烧造技术的进步主要表现在窑温的提高和窑具的使用上。

（一）窑内温度和气氛的控制及其对产品质量的影响

在影响陶瓷产品质量的诸多工艺因素中，最为重要的是两个：一是原料的选择和加工，二是窑内温度和气氛的控制。以易熔粘土为原料时，不管窑温多高，都是只能烧出普通灰陶、红陶和黑陶；以瓷土、瓷石、高岭土为原料时，在适当高的温度下，便可烧出白陶、印纹硬陶，以及原始瓷来。白陶、印纹硬陶的发明和发展，陶衣、绘彩、泥釉技术的发明和发展，分别在胎质、釉质方面为原始瓷的出现做了充分的准备，而半倒焰窑和平焰窑的出现，才使原始瓷的出现变成了现实。如若温度不足，像升焰窑那样，即使有了瓷土、瓷石、高岭土和高温釉料，也是很难烧出原始瓷来的，而只能烧出白陶、印纹硬陶和釉陶来。北方高铝质粘土较多，高硅质粘土和瓷石较少，这便是北方原始瓷、青瓷发展缓慢于南方的原因。在当时的温度条件下，是很难使高铝质粘土瓷化，亦很难获得优质高温釉的。

夏、商、周的陶瓷品种较多，烧成时的热工制度也不尽相同。此期陶器的热工制度与新石器时代相仿，灰陶用还原焰，红陶用氧化焰，烧成温度约950℃～1050℃。涧沟早商升焰式陶窑的火口处曾使用9块土坯密封，其目的自然是要在烧造行将结束时，造成还原焰和生产灰陶[62]。在传统技术中，围堵烟口和向窑内呛水（窨水），都有助于形成还原性气氛。前云龙窑靠近出烟坑处的挡火墙，大约也可起到调控还原焰的作用。建筑用陶亦以还原焰为主。陶范不作烧结，只在850℃～920℃间焙烧，并在高温下保温一段时间，使碳酸盐完全分解。原始瓷烧造温度一般达1200℃，只有少数低于这一温度，有的达1250℃～1280℃。绍兴吼山春秋中晚期2件碗类原始瓷标本的烧成温度分别为1171±20℃、1060±20℃[46]。其常用弱还原焰和弱氧化焰。印纹硬陶的烧结温度一般高于灰陶，而与原始瓷大体处于同一水平。在浙江德清[87]、绍兴富盛[7]、肖山的城山、欢潭等地，都发现了原始瓷与印纹硬陶共烧的窑址[19]。

（二）窑具的发明和发展

早期陶器和原始瓷大约都是单件，或大件套小件地直接置于窑床上烧造的。春秋战国之后，随着施釉技术的发展和人们对陶瓷制品在产量和质量要求上的提高，垫烧具和支烧具才发展起来。

垫烧具是陶瓷烧造过程中，在坯件间起分隔作用，以防止釉面粘结、提高窑室竖向利用率的辅助性工具。习见有托珠、泥垫、垫饼、垫圈、钵形垫等[88]。垫烧具始见于西周至春秋早期的浙江德清原始青瓷窑址，其种类有垫珠、粗砂粒、窑渣等[87]。战国时有了一定发展，绍兴富盛窑出现了外形较为规整的圆珠形垫具[7]。一些早期青瓷器皿的内外底部都有3粒托珠垫隔而留下的痕迹，有的内底还有1～3粒托珠，说明当时采用了叠烧技术[89]。

支烧具是支托坯件，以进行烧造的器具。其始见于浙江德清战国窑址，最初是个简单的"工"字形支座。东汉之后便逐渐推广开来[88]。支烧的目的是：（1）使坯件离开窑底低温带，避免局部生烧。（2）防止和减少窑底砂尘对釉面的污染。

早期垫具、支烧具虽皆十分简单，但对保证产品质量和烧造过程的顺利进行，却起到了十分重要的作用。

原始瓷的发明是我国古代陶瓷技术的一大进步，说明陶瓷在原料选择和加工技术、釉料配制技术、窑炉构筑和烧造技术等方面都获得了重要的进步。与真瓷相比较，虽许多工艺环节还相当原始，不管胎中还是釉中，往往含有较多的铁、钛、锰等强着色剂，颜色多不太纯正，胎釉结合往往欠佳，但它向瓷迈出了十分重要的一步，从而在瓷器发展史上具有十分重要的意义。

第四节　机械技术的初步发展

夏、商、周三代是我国古代机械技术的初步发展期，各种农具、手工业工具、兵器的材质和形制都发生了许多变化。文献上出现了关于桔槔、辘轳等的记载，使用了一些简单的测量工具，大车广泛使用于战争，木船和弩机的结构有了许多改进；出现了销轴式活动连接和锁簧弹性件等。大约商代便利用了畜力。纺织机械此时亦有了较大进步，这在第五节再谈。人们对机械在社会生产中的作用开始有了初步的认识，前引《韩非子·难二》篇把机械之利归结为"用力少，致功大"，这是较为准确的表述。

一、几种简单机械的发展

简单与复杂，原是相对的，在古人看来十分复杂的东西，今人看来可能就十分简单，所以人们在研究机械技术史时，通常都是凭直觉和习惯对简单机械进行描述和分类，并常把以杠杆、斜面、滑动、轮轴等力学原理为基础而发展起来的一些装置称之为简单机械，也很少见人从机械原理方面对简单机械作过定义。本书依然遵照这一习惯做法。

（一）简单手工业工具

主要包括斧、锛、凿、刀、锯、错（锉）、钻、锥、针等，其中相当部分都具有尖劈的特征。在夏和商代前期，它们多为石质、骨质，商代晚期之后，中原文化区便大量地使用起青铜来，并最后占据了主导地位。战国中后期，铸造的铁斧、铁凿等便迅速登上历史的舞台。

斧与锛。我国古代铜斧始见于齐家文化时期，在秦魏家[1]、杏林[2]、齐家坪都有出土[3]，稍后的四坝文化火烧沟遗址[4]、湖北盘龙城二里岗期[5]等都有发现，山西夏县东下冯还出土有石质斧范[6]。铜锛始见于二里头三期[7]，年代稍后，湖北盘龙城二里岗期[5]等都有出土。锛和斧都是砍伐林木的重要工具。《孟子·梁惠王》上："斧斤以时入山林，材木不可胜用也。"在考古发掘中，斧与锛往往混淆，郭宝钧在《中国青铜器时代》一书中提出，"柄向与刃向一致的叫斧，用于砍木，一般较小，柄向与刃向垂直的叫斤，也叫锛，一般为单斜面，用于平木"。[8]但今一般又认为：在空首斧与空首锛中，凡单斜面（单面范）谓之锛，双斜面（双面范）谓之斧，平木之锛亦称为锄。

从装柄形式上看，铜斧约包括两种类型：即空首斧和穿肩斧。空首斧始见于齐家文化时期，甘肃广河齐家坪出土1件，身长15厘米、刃宽3.2厘米、头宽4

厘米、厚3.1厘米[9]。先秦多数铜斧都属这一类型。穿肩斧始见于东周，河南洛阳市东周王城4号墓出土1件，断代战国[10]。此外，据说还有一种实心斧，1974年福建南安出土2件，断代为西周到春秋，据说江西省博物馆也有收藏。但它到底是属于楔子还是斧，我认为是值得研究的。铜锛有实心型和空首型两种，前者始见于二里头时期[7]，后者在许多商代遗址都可看到。西安老牛坡出土商代空首铜锛1件，通长10.9厘米、刃宽4厘米[11]。

铁斧始见于战国早期，四川荥经[12]、山西长治分水岭[13]、河北易县燕下都16号墓[14]等都有出土。铁锛亦始见于战国早期，洛阳水泥制品厂战国早期灰坑出土1件。此期的铁斧和铁锛皆以空首型为多。

铜凿。始见于皇娘娘台齐家文化遗址。稍后，在河南偃师二里头（三期）[7]、山西夏县东下冯[6]等地都有出土。凿的分类方法较多，从首部看，可区分为无銎凿和有銎凿，前者如二里头所见，后者如二里岗所出者[15]。从刃部情况看，又可区分为单斜刃和双面刃两种，前者如二里头所见，后者如甘肃武威皇娘娘台齐家文化所出[16]。此外还可依刃部形状，区分为直刃、弧刃、圆刃、宽刃、窄刃型等。平刃和弧刃都较习见，圆刃者较少，1975年北京延庆县西拨子村西周晚期到春秋早期遗址出土1件圆刃凿，通长6厘米，刃宽1.3厘米[17]。淮阴高庄战国墓出土圆刃凿2件，弧刃自中部起槽，长分别为15.0厘米、8.6厘米[18]。铜凿刃宽常为1~2厘米，但1957年云南剑川海门口（相当于殷代晚期）出土2件实心无銎“凿”，刃宽分别只有0.3厘米和0.4厘米[19]，而陕西绥德县墕头村出土商代铜凿1件，刃宽达3.2厘米[20]。先秦铜凿种类已相当齐全，这在一定程度上也反映了当时木器加工技术的发展。

铁凿始见于战国早期，长治分水岭等地都有出土[13]。

锯。铜锯始见于二里头文化三期[7]，稍后在湖北盘龙城李家嘴[5]，河北藁城台西村等地都有出土[21]，流行于春秋战国时期。依把持方式之不同，约可分为4种类型，即厚背刀形锯、环首削形锯、木柄夹背锯、夹腰双刃锯，此期是否出现过弓架锯，有待进一步研究。前四者大约只能用来锯切浅槽和厚度不大的物件，后者则可锯切深槽和厚度较大的物件。四川省博物馆藏一件战国残锯片，铜质，残长20.9厘米，一端残断，完整的一端有一小孔，此孔很可能是用来固定锯条的[22]，如若两端都有小孔，则不能完全排除弓架锯的可能。我曾分析过一件四川峨眉所出战国青铜锯，成分为：铜88.955%、锡11.044%，可见这成分选择是不错的[23]。铜锯强度和硬度都较低，故不能做得太长、太宽。钢铁锯至迟见于战国晚期，湖南长沙等地都有出土[24]。汉代之后有了进一步发展，陕西长武丁家机站出土东汉铁锯条1件，长58厘米，宽2.2~2.8厘米，厚0.18~0.22厘米，锯齿明显倾斜，齿形近直角三角形，锯条两端靠背部有固定锯条的系绳小孔[25]。河南长葛汉墓出土有弧形锯，锯体为半圆形，“锯齿均向中间倾斜，并间隔向两侧弯曲为‘掰料’（或叫拨料、锯料）”，其两柄的间距为7.2厘米[26]。

错。今又作锉，古时又作鑢。《玉篇》:“错，鑢也。”铜错始见于战国时期，1935年河南汲县山彪镇战国1号墓出土1件，表面刻有阶梯状、单斜线状纹，半坡半峻，颇为锋利[27]，河北平山战国中山国墓出土2件[28]。铁错始见于战国中晚期，湖南衡阳[29]、河北易县等地都有出土[30]。

针。铜针始见于玉门火烧沟四坝文化时期[4]。商周之后出土量明显增多，山东济南商墓[31]、新疆哈密焉不拉克墓地、轮台县群巴墓（相当于西周中期到春秋中期)[32][33]、河南登封阳城战国早期铸铁遗址[34]等都有出土。有的还见有引线的小孔。钢针始见于春秋战国时期，侯马东周陶窑[35]、湖北包山楚墓等都有出土。包山钢针残长8.18厘米，直径0.08厘米，鼻孔呈椭圆形[36]。金属针的使用，提高了缝纫生产的速度和质量。

钻。一种重要的钻孔工具，有石质、铜质、钢铁质。石钻始见于旧石器时代晚期，当时的钻孔术便达到了相当高的水平。铜钻始见于龙山文化晚期和齐家文化，胶县三里河[37]、武威皇娘娘台各出土2枚[38]。铁钻约始见于战国，燕下都武阳台村战国中晚期遗址等地都有出土[39]。商、周时期，由于金属器的大量使用，钻孔术有了一定的发展，不但钻琢玉石，很可能还用到了金属加工中。北京延庆县军都山文化墓出土一件青铜敦，其盖上见有一段裂纹曾经铆固。盖厚2.0毫米，计有4个铆孔，分布于裂纹两侧。铆孔稍呈漏斗状，4个铆孔的外口径和内口径分别为：4.3毫米、3.5毫米、4.1毫米、3.7毫米、3.94毫米、3.3毫米、3.0毫米、2.6毫米。铆孔之壁较为光滑，器盖里、外两侧均无变形迹象。我们推测此孔应是利用旋削的方式，而不是钉穿的方式加工出来的。打击加工出来的孔壁和器表，都应当是不太光滑、不太平整，而且往往会因受力而变形或磨损。同时，器盖厚仅2毫米，打击所成之孔应以圆柱状为夥。旋削的具体操作可能有两种途径：（1）用竹竿沾带解玉砂，之后反复旋研，具体操作有如琢玉一般。（2）用带棱刃的铜钻头，或者夹有棱刃的金刚石之钻刀，反复旋研。可用手工操作，也不排除使用了简单机械的可能性[40]。

《管子·轻重乙》云："一农之事必有一耜一铫一镰一耨一椎一铚，然后成为农。一车必有一斤一锯一钉一钻一凿一𫓯一轲，然后成为车。一女必有一刀一锥一箴一𫓯，然后成为女。请以令断山木，鼓山铁，是可以毋籍而用足。"戴望注云：𫓯，"凿属。"𫓯，"长针也。"这大体上反映了战国中后期铁质手工业工具、农具以及日用器广泛使用的情况。

（二）犁。犁主要由犁铧和犁架两部分组成。目前在考古发掘中看到的主要是犁铧，犁架则很少看到。

犁铧也经历了由石质、铜质到铁质的过程。在考古发掘中，铜质犁铧约始见于商代中晚期，江西新干大洋洲出土2件，皆近于等边三角形，体宽，两侧薄刃微弧，正面中部隆起，背面平齐，銎口断面呈钝三角形，两面均有饰纹。1件长10.7厘米，肩阔13.7厘米，銎高1.9厘米；另1件长9.7厘米，肩阔12.7厘米，銎高1.6厘米，銎部正中有一装柄用的固定孔[41][42]。往昔在陕豫之间[43]和济南各出土过商代铜犁1件[44][45][46]；20世纪七八十年代时，浙江长兴县出土西周晚期铜犁2件[47]。铜犁数量虽仍较少，但还是具有重要技术意义。济南铜犁呈等腰三角形，边长13.5厘米、上端宽14.5厘米，重400克，稍残，器身中部隆起，銎部呈扁锥形，器身上有两个固定孔[44]。铁犁约始见于东周时期，目前在山西侯马北西庄东周遗址[48]、河南辉县战国墓[49]、河北易县燕下都战国遗址等都有出土[50]。侯马铁犁铧原断代为春秋，恐嫌太早[51]，今改定为战国之物。辉县犁铧呈等边三角形，斜边长 17.6 厘米、中央尖部宽 6 厘米、两侧宽 4 厘米，犁刃顶端上下两个面都有脊棱线，犁头尖角约 120 度，重 465 克。《孟子·滕文公》："许子以釜甑爨，以铁耕乎？"孟子（公元前 372～前 289 年）为战国中晚期人，由这些考古资料和文献记载看，战国中晚期时，铁耕使用已经较广。

犁耕之始，自然是人力牵拉的，之后才使用了畜力。牛耕始于何时，是学术界长时期争论的问题。唐徐坚《初学记》卷二九"兽部·牛"引《世本》曰："胲作服牛。"原注："胲，黄帝臣也。能驾牛。"[52]依此，驯牛应可上推至黄帝时。《山海经》载："后稷之孙曰叔均，是始作牛耕。"[53]后稷曾被尧举为农师，其孙当为夏初之人，依此，牛耕当始于夏初。但这些说法都很难得到相关资料的证实。今日所见较为确凿的资料属春秋时期。《史记》卷六七"仲尼弟子传"载："冉耕，字伯牛。""司马耕，字子牛。"足见春秋晚期牛耕使用已广，故牛耕的起始年代应在春秋早期或更早。

在农具中，最早用铜制作的是镰，其始见于齐家文化西坪遗址[4][54]。稍后，火烧沟文化出土有铜镰和铜镢。但从商到西周，在农具中占主导地位的依然是石器，青铜农具使用量是不太大的。

（三）杠杆

人们对杠杆原理的利用当可上推到新石器时代，春秋战国时期便有了较为明确的记载，大家较为熟悉的应用实例是衡器和桔槔。

衡器。《汉书》卷二一上"律历志·衡权"条："衡权者，衡，平也，权，重也。衡所以任权而均物，平轻重也。"衡器的发明年代今已难考。《史记·夏本纪》云：禹"其仁可亲，其言可信。声为律，身为度，称以出"。此"度"应即长度，"称"应即权衡。此说夏禹之时便有了称量的衡器，可惜无其他旁证，从一些更为明确的记载和考古资料看，至迟发明于春秋战国时期。

《庄子·胠箧》篇在抨击圣人的所谓仁义时说："为之权衡以称之，则并与权衡而窃之。"《荀子·礼论篇》在论述礼时说："衡诚县矣，则不可以欺轻重。规矩诚设矣，则不可以欺方圆。"一般而言，这种衡器应包括天平和杆秤两种，前者在先秦文献和考古发掘中都可看到，后者则主要见于文献记载。"胠箧"和"礼论"所云权衡至少是指天平，是否包含了杆秤，则不便肯定。

今在考古发掘中所见最早的权衡器属春秋战国时期，但多数只存有铜砝码（铜权），木衡因易于坏朽而难以保存下来，较为完整的权衡器在湖南长沙[55]、安徽寿县、安徽巢湖[56]、湖北江陵雨台山[57]等地都有出土。

1952～1994 年，湖南长沙近郊发掘 2048 座楚墓，出土权衡器计 327 件，其中有天平 12 件，铜砝码 315 件。在天平中，完整者仅 1 套，另有天平盘 11 件。天平盘形制相同，边钻孔，大小略有差别[55]。

1933 年，安徽寿县朱家集出土完整的天平一套，其中有砝码 6 枚，以及与之配套的木衡和铜盘；在第 7 枚砝码上刻有"郢之官环"字铭[56]。

1975～1976 年，江陵雨台山楚墓出土 3 套砝码 14 件，天平衡杆 1 件。属战国早期到战国晚期。衡杆木质，四棱扁条形，四端和中间各有一个供穿绳的小圆孔，长 28.3 厘米。其中战国早期的一套砝码计 4 枚，重量分别为：7.1 克、3.5 克、1.5 克、0.8 克；战国中期的一套计 7 枚，重量分别为：125 克、62 克、30.9 克、15.77 克、7.75 克、3.8 克、1.98 克[57]。

1945 年，长沙近郊出土 10 枚砝码，重量分别为：0.69 克、1.3 克、1.9 克、3.9 克、8.0 克、15.5 克、30.3 克、61.6 克、124.4 克、251.3 克，当为一套；第 9 枚上刻有"钧益"二字[58]。

此外，江陵九店还出土过 3 套砝码[59]。至 20 世纪末，楚国范围约出土过 10 套砝码。一套完整的砝码约有 10 个级别，分别为 1 斤、半斤、4 两、2 两、1 两、12 铢、6 铢、3 铢、2 铢、1 铢。从实物测算可知，楚国衡制与汉制中的斤、两、铢制是相符的，其关系为：1 斤 = 16 两，约 250 克；1 两 = 24 铢，约 15.6 克；1 铢约 0.65 克[56][60]。在战国时期，这些砝码重量虽有波动，但基本上还较为稳定，这也说明楚国衡制比较稳定，不但斤、两、铢制没有变化，而且重量亦无变化，而且楚国衡制与全国衡制基本上也是统一的[55]。

杆秤的发明年代应与天平相当或稍晚。《史记》卷六七"仲尼弟子传·端木赐"："子贡南见吴王说曰：'臣闻之，王者不绝世，霸者无疆敌，千钧之重，加铢两而移。'"说加铢两而能移千钧，这显然是指杆秤，而不是天平。其年代当在春秋晚期。

《墨子·经说下》还反复谈到了权衡器的平衡原理："衡加重于其一旁必捶，权重相若也。相衡，则本短标长。两加焉，重相若，则标必下，标得权也。"《说文解字》：标，"木杪，末也"。本，"木下曰本"。即是说，"标"指秤的末端，"本"指秤的首端。这段文字总共三句，许多学者都作过研究。有学者认为第一句指天平，第二、三句指杆秤，这应是不错的。但我以为三句都可能是指杆秤的。其大体意思是：当秤杆水平时，在秤的本端（粗端）加重，本端必然下垂，因权重须与之相当。若本端加重后秤杆是水平的，则必是移动了权的位置，使之本短标长。在标长本短的条件下，若在本端和标端分别加上重量相等之物，则标端必然下垂，因"标得权也"。

杆秤实物在考古发掘中很少看到。今见较早的秤的形态是南朝萧梁（502～557 年）时期张僧繇绘执秤图①（图 2 - 4 - 1）[61]。

图 2 - 4 - 1　萧梁张僧繇绘执秤图
采自文献[61]

---

① 萧梁张僧繇绘执秤图，见郑振铎《中国历史参考图谱》。但原图已较模糊，今人丘光明据此临摹。今采自文献[61]丘光明摹本。

桔槔。是一种吊杆式提运装置，多用来提水，也可提运其他物件。《淮南子·氾论训》："斧柯而樵，桔槔而汲。"传说桔槔始创于夏末商初，明代罗欣《物原》说："伊尹始作桔槔。"今见最早的桔槔属西周时期，为1988年江西铜岭西周晚期选矿遗址内出土桔槔衡杆1件，残长2.6米，直径10~14厘米。杆身上有一凹槽，应是用于捆绑以固定到立柱上的，杆旁有一立柱，并有一些装满尾砂的竹筐和选矿溜槽。看来，铜岭桔槔不仅可用于提运废砂，而且可用于浅井掘进中的提运[62][63]。关于桔槔的记载始见于春秋战国时期，大家较为熟悉的，一是本书第一章第四节曾经引用的《庄子·天地》篇所云："凿木为机，后重前轻，挈水若抽，数如泆汤，其名为槔。"这是对桔槔较为详明的描写。二是《庄子·天运》篇引师金答颜渊云："子独不见夫桔槔者乎？引之则俯，舍之则仰。"这里也谈到了桔槔。这都是我国古代关于桔槔的较早记载。桔槔在我国一直沿用至今。

抛石机。是一种利用杠杆原理来投掷石器的远程兵器，从有关记载看，其约始于春秋晚期。《汉书·甘延寿传》"投石拔距"条唐颜师古注云："张晏曰：《范蠡兵法》飞石重十二斤，为机发，行三百步。"这种能发石的机械为抛石机无疑，具体形态不详，发明年代应在春秋范蠡之前。至于早到何时，有待进一步研究。

《左传》桓公五年（公元前706年）有"旝动而鼓"一句，对其中的"旝"字，杜氏注曾有过两种不同的解释：一是令旗。"旝，旃也。通帛为之，盖今大将之麾也，执以为号令"。二是抛石机。"建大木，置石其上，发机以磓敌"。唐孔颖达从令旗说；汉贾逵（公元30~101年）、许慎《说文解字》从抛石机说。此"旝"是否为抛石机，亦有待进一步研究。

（四）欹器

欹，倾斜。欹器，虚则欹，空腹则倾斜之器。《荀子》卷二〇"宥坐篇"唐杨倞注为"倾斜易覆之器"，不确切。此器原是一种坐右器，用于随时提醒人们不要过与不及。至迟发明于西周时期。

《荀子·宥坐篇》载："孔子观于鲁桓公之庙，有欹器焉。孔子问于守庙者曰：'此为何器？'守庙者曰：'此盖为宥坐之器。'孔子曰：'吾闻宥坐之欹器者，虚则欹，中则正，满则覆。'孔子顾谓弟子曰：'注水焉'。弟子挹水而注之。中而正，满而覆，虚而欹。孔子喟然而叹曰：'吁，岂有满而不覆者哉。'"杨倞注："宥，与右同，言人君可置于坐右，以为戒也。"这是古代文献中最早提到欹器的地方，故事旨在说明为人处事需不虚不盈，方得不欹不覆。欹器原理约与小口尖底瓶相类似。类似的记载在《韩诗外传》三、《淮南子·道应训》、《说苑·敬慎》、《孔子·家语·三恕》等中都可看到。这种欹器在我国沿用了相当长一个时期，汉晋之后还有人制造过，但作为"坐右器"的意义却逐渐减弱，遂由最初的宗庙之器变成了一种游艺性器具。

（五）滑车、辘轳和绞车

滑车，属提升机械，"滑车"之名始见于明或稍前，今谓之滑轮，有关实物始见于商代晚期。今日所见先秦实物计有5件，皆出土于江西铜岭，1件属商代晚期，3件属春秋，另一件当属商、周[62][63]。

1989年，江西铜岭古铜矿遗址出土1件滑车，宽32厘米，两侧各有5齿，齿顶距轴孔中心 17.5 厘米，滑车与绳的接合面宽 12 厘米，滑车直径 25 厘米。轴孔大小有两种尺寸，中间 7.5 厘米、两侧为 5.5 厘米。据^{14}C 年代测定，距今为 3240 ±80 年，属商代晚期。

1988 年采集 1 件滑车，半成品，圆木长 38 厘米、直径 28 厘米，轴孔仅在圆木一端可见，直径 6 厘米，当属商、周时期。

1991 年出土 2 件滑车，皆出于铜岭 2 号露天槽坑，其中一件残，采用长 16 厘米、直径 22 厘米的圆木加工而成，约有 12 齿（今残 7 齿），齿断面呈梯形，齿高 4 厘米、齿顶厚 1.9 厘米、齿根厚 3.5 ~ 4.0 厘米，齿间距为 3.8 厘米 ~ 4.2 厘米不等，齿顶上微凹环槽。轴孔直径 6 厘米。另一件为半成品，圆木长 12 厘米、直径 16 厘米，其上见有未凿完的环形凹槽，断代春秋。

1993 年又采集 1 件滑车，由长 27 厘米、直径 25 厘米的圆木加工而成，滑车 9 齿，齿高 4.7 厘米，齿上有微凹槽，轴孔直径 6 厘米。经^{14}C 测定为距今 2615 ±80 年，属春秋时期。

这些滑车原皆定成了辘轳[64]，因其皆未装摇柄，故有学者又将之改定成了滑车[62][63]。因动滑轮需要稳定，通常较短，故较宽的滑车当是一种定滑轮。这些滑轮虽然有齿，但似非用于传动，而是用于防止绳索脱离，因其齿间距小于齿的厚度，不可能正常啮合。另有一事也很值得注意，即商代滑车两侧的齿间皆开有一个径向小孔，并与轴相通，孔径为 3.0 厘米×2.5 厘米，可能是用来添加润滑剂的（图 2－4－2）[62][63]。

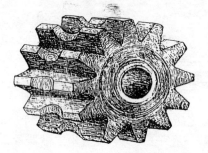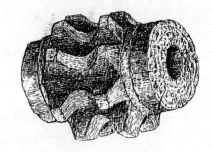

图 2－4－2　江西铜岭商代晚期滑车

左：91 滑车：1　　右：93 滑车：1

采自文献[62]第 75 页

辘轳。一种提升机械，古谓之"磨鹿"、"鹿卢"、"下磨车"等。《物原》云："史佚始作辘轳。"史佚为周初史官，若所述无误的话，辘轳的发明期便至少可上推到西周初期。战国时期，有关记载便明显增多起来。《墨子·备高临》篇在谈到攻城之法时说："矢长十尺，以绳口口矢端，如如戈（弋）射，以磨鹿卷收。"此"磨鹿"即辘轳。孙诒让注云："《六韬·军用》篇有转关辘轳。此'卷收'，即家上矢端著绳而言，古弋射盖亦用此。《国策·楚策》云'弋'者，修其苀卢，治其矰缴。卢亦即鹿卢也。""收，旧作牧，以意改。"[65]这说明《墨子》、《战国策》、《六韬》都曾提到过辘轳。又《墨子·备蛾傅》"折为下磨车"，孙诒让注云："下磨车亦即备高临篇之磨鹿，盖县重物为机以利其上下，皆用此车，故《周礼》王葬以下棺……之机亦即此也。"此"王莽以下棺……之机"当亦属西周时期。这些都在较大程度上反映了辘轳技术的发展和广泛使用的情况。

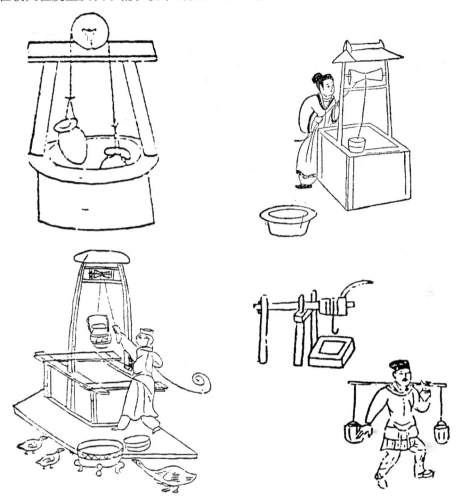

图 2 - 4 - 3 汉代和金代的绳索提升机械

左上：洛阳汉墓陶井中的提水滑车 采自文献[67]

右上：辽宁辽阳三道濠东汉墓壁画中的提水束腰辊轴 采自文献[68]

左下：山东诸城东汉墓画像石上的提水束腰辊轴 采自文献[69]

右下：山西绛县金墓壁画上的摇柄辘轳 采自文献[66]

先秦辘轳的具体形态今已难得详知。今所谓"辘轳"是以摇柄，或说曲柄来摇动的，其绳索接触部与中轴是连成一个整体的，中轴活动部位在其两端与支架接触部。在考古发掘中，这种摇柄辘轳是到了金代才看到的（图 2 - 4 - 3）[66]。在此有一点值得注意的是，今在汉画像石、汉陶井模型，以及汉井盐开采中看到的绳索牵动提升工具，基本上都是"滑车"式[67]或"束腰辊轴"式的[68][69]，而未见"摇柄"式。此滑车实际上是一种定滑轮，滑轮可在轴上转动，轴的两端固定。此"束腰辊轴"与滑轮不同，其活动部分设在转轴两端支架支付处，束腰辊轴与中轴是不能活动的整体。为此，有学者认为，我国古代的辘轳原应包括三种类型：其始为"滑车式"，稍后为"束腰辊轴式"①，再后才是现今的摇柄式[70]，具体构造各不相同。此说法或有一定道理，但需考古资料和文献资料的再次核实。

在现有资料中，人们把摇柄式绳索提升机械，与滑车区别开来之事当始于金或稍前，有关文字却是明代才看到的。王徵《奇器图说》卷三在谈到起重机械时，曾多处同时提到"辘轳"和"滑车"这两个名称，其"辘轳"便是摇柄式绳索提升机械，滑车便是滑轮。

绞车。一种绳索牵引机械。是在转轴的径向加了多个长柄的滑车，转动长柄，便可牵引包括船舶在内的多种重型物体，发明年代当与辘轳相当或稍后。今见实物属东周时期，所知东周实物计约3件，即湖北大冶铜绿山出土2件[71][72][73][74]、红卫古铜矿1件[62][63]。在铜绿山2件中，1件为成品，1件为半成品。轴全长250厘米、直径26厘米。在轴的两端做出圆柱形轴颈，颈长分别为28厘米、35厘米。轴的左右两方各凿有两周长方形的孔洞，孔中穿有半榫。两圈孔洞错开凿出，内圈孔洞较稀、大、深，孔间距8~10厘米，孔长8~9厘米、宽3~4厘米、深6~8厘米，故榫头也较粗大，安装较为牢固。将绞车放到支架上，扳动木杆，就能提升重物。外圈孔密，孔间距2厘米，孔长8厘米、宽3厘米、深3厘米。装入木杆后，可起到制动闸的作用，推上位于绞车支架上的插销，就能控制轴的回转，木杆较密的优点是便于随时停住（图2-4-4）。设计相当合理[73][75]，表现了相当高的技艺。《六韬·军用》篇曾多次提到过"绞车连弩"，这是文献上较早提到"绞车"的地方。《六韬》，旧题姜太公作，一般认为是战国时人所撰。

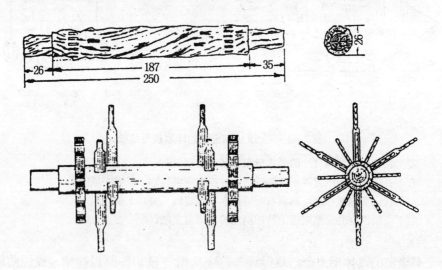

图2-4-4　铜绿山绞车复原图

采自文献[75]第86页

---

① 束腰辊轴式，1955年李文信始谓之"细腰辘轳"，1984年李趁友亦沿用了这一名称（分别见文献[68]、[70]）。

此滑车、辘轳为绳索提升机械，包括绞车在内，都属绳索牵引机械；唯滑车和辘轳常为垂直牵引，绞车常为水平牵引。古代机械中的绳索约有两种，一是牵引和驱动绳索，二是传动绳索。滑车、辘轳、绞车的绳索主要是用作重物提升和搬运的，绳索本身便是机械的执行部分，虽其也传递了力，但其主要目的是移动重物，当属牵引绳索。旧石器时代发明出来的弓弦，《天工开物》所云琢玉床中的绳索，大体亦属此类，当属驱动绳索。牵引也是一种驱动。古代纺车绳索则属另一类型，其有主动轴，亦有从动轴，纯系力的传递，便属传动绳索。显然，此两种绳索是有一定差别的。

（六）测量工具

在此主要指规、矩、准、绳，即圆规、角尺、水准器、墨线，发明年代不详，但河姆渡木构建筑、龙山文化城址、二里头宫殿遗址，以及良渚文化、红山文化玉器都体现了相当高的测量技术水平。《世本》云："垂作规矩准绳。"此"垂"又作"倕"，高诱说他是"尧之巧工"[76]。《史记·夏本纪》在谈到禹治水时说："命诸侯百姓兴人徒以傅土，行山表木，定高山大川……左准绳，右规矩，载四时，以开九州。"看来，夏或夏前发明出规、矩、准、绳四大工具还是完全可能的。

20 世纪 70 年代，洛阳北窑发现一处西周铸铜遗址，出土了不少骨质、铜质的制范工具，尤其值得注意的是车軎顶部绘有十分规整的同心圆纹，圆心处还发现有针眼，这显然是某种绘图圆规的遗痕[77]。我在考察淮阴高庄战国刻纹铜器时，看到相当部分刻纹都十分规整、流畅，应是在直尺、曲线板的帮助下，反复刻划而成的，没有这些工具，诸线纹便很难达到那种效果[78]。许多战国青铜剑的首部都有凸起的同心圆纹，尤其是江陵所出者，其凸纹常在 7～10 圈左右，每一层都很薄，其间隔既窄且深，层层相套，若无精细的绘图工具和高超的技艺，是无法生产出来的[79]。类似的几何图案在商周青铜器上几乎到处可见。尤其值得注意的是，1994 年江西德安县陈家墩商周遗址在两口水井中曾清理出测量工具木垂球和觇标墩。垂球上圆下尖，圆平面中心有一小孔；觇标墩上圆，三足连体呈三角形，圆平面光滑，中心有 0.4 厘米的大圆窝。有关研究认为，这是挖井用的测量工具。因这类测量工具的使用，才使我国古井都较规范[80]。

先秦文献关于测量工具的记载较多。《庄子·胠箧》在抨击圣人时说："毁绝钩绳而弃规矩，擺工倕之指，而天下始人有其巧矣。"此"钩"当指钩弧。这里谈到了钩弧、墨线、圆规、角尺四种测量工具。《庄子·天道》："水静则明烛须眉，平中准，大匠取法焉。"《管子·形势解》云："以规矩为方圆则成，以尺寸量长短则得。"这里谈到了规矩和直尺。《考工记·国有六职》云："车轸四尺，谓之一等；戈柲六尺有六寸，既建而迆，崇于轸四尺，谓之二等；人长八尺，崇于戈四尺，谓之三等；殳长寻有四尺，崇于人四尺，谓之四等……"原文谈到了车的六种规格、六组尺寸，这是测量工具使用已广的一种反映。类似的尺寸规范在《考工记》一书中是很多的。另外，据钱宝琮研究，《考工记·车人之事》条还谈到了矩、宣、欘、柯、磬折，这是我国古代最早的一套角度概念，其虽流传未广，但毕竟反映了我国古代的一种认识水平[81][82]。

先秦时期已有了较为详细的地图，这是测量工具发展水平的又一反映。《周礼·地官·大司徒》:"大司徒之职,掌建邦之土地之图……以天下土地之图,周知九州之地域广轮之数,辨其山、林、川、泽、丘、陵、坟、衍、湿之名物,而辨其邦国都鄙之数,制其畿疆而沟封之。"此外,《周礼·地官·遂人》、《管子·地图》篇、《战国策·赵策》等都谈到过地图。

（七）旋转磨

在农业发明后的相当长一个时期内,人类都是粒食的,新石器时代的石磨盘、石磨棒、杵臼等,大约只能用来去除谷物的皮壳,粉碎效率很低。面粉的真正使用,应是春秋战国时期,即旋转磨出现后的事。

《墨子·耕柱》:"子墨子谓鲁阳文君曰:今有一人于此……食不可胜食也。见人之作饼,则还然窃之。"此饼,《说文解字》云:"麷餈也。"段氏注:"麦部曰:麷,麦末也。麷餈者,饼之本义也。"可知至迟墨子生活的年代,已有了粉碎谷物的工具,人们已经麷食。

今在考古发掘中所见最早的圆形旋转磨属战国时期,计约3具。河北邯郸出土1具,属战国时期,形制不详[154];陕西临潼秦故都栎阳遗址出土1具,仅存下扇,直径55.5厘米、厚8.0厘米,中心有一方形竖孔,中置铁芯轴,磨盘上凿有7排磨齿,按同心圆状排列,属战国晚期至秦[155]。陕西临潼郑庄秦石料加工场1具,亦属战国晚期至秦[156]。

旋转磨的出现,对于改善人们的生活质量,提高健康水平,都具有重要的意义。

二、几种连接件和弹性件的发明和发展

从考古资料看,夏、商、周的机械连接件习见有榫、销、燕尾槽、铆钉、销轴等。当时前三种多为木质,后二者多为金属质。榫、销在河姆渡木构建筑中便已出现,自可援用到机械装置上。林寿晋在《战国细木工榫接合工艺研究》一书中谈到过14种榫合法,其中包括直榫、鸠尾榫、圆榫等,都表现了相当高的技艺[83]。铆接多见于春秋战国时期,当时多为铸铆,锻铆较少,这类例子较多,不再一一说明。下面主要谈一下销轴活动连接,以及弹性件中的锁簧片和弓弩。

（一）销轴活动连接——铜活页

始见于春秋时期,淅川下寺春秋5座楚墓[84]、湖北当阳曹家岗春秋晚期5号墓等都有发现[85]。

淅川下寺5号墓出土过34件,皆用在车上,大体可分为三式:Ⅰ式,14件,基本特点是一端有环钮,另一端为两块相向而不相叠的叶片,其与环钮相连,两叶片之间呈固定连接,不能互相开合,其间留有4毫米左右的空隙。两叶片上各有4个相对应的圆孔。环钮与叶片相接处有一活动的销轴,可以转动。其中M36出土的3件活页大小完全一致,长7.3厘米、宽3.5厘米,其他几件的尺寸亦相差不大。表面或素、或饰卷云纹。Ⅱ式,17件,形制与Ⅰ式基本相同,唯两叶片上各有3个(而非4个)对应的圆孔。Ⅲ式,3件,基本形制是两个长方形铜片呈"丁"字形以销轴相连,一枚铜片呈双层,但不能开启;两枚铜片上各有4个孔洞,其中一件长6.7厘米、宽5.4厘米[84]。

当阳曹家岗5号墓出土铜活页3件,亦系销轴活动连接,由叶片和销轴组成,长5.4厘米、宽2.8厘米、厚0.9厘米，叶片为两块方形铜片，上作凹口，轴桯与叶片凹口两侧铰接。叶片饰圆点纹，中间有4个圆钉孔[85]。

（二）活动铰接——折叠床

活动铰接的实物在先秦机械中所见较少，折叠床大约是个较好的实例，对人们了解先秦及至后世机械的活动铰接是有一定帮助的。

1986~1987年，湖北荆门十里铺包山战国墓出土1件折叠床。木质，由两个尺寸和构造都完全相同的半边组成，保存完好。全床包括床身、床栏、床屉三部分。每半边床又分别由床挡、床枋、挡枋连铰木、横撑组成。整个床拼合长度为220.8厘米、宽为135.6厘米、通高38.4厘米，其中床栏高14.8厘米、床屉高23.6厘米。其固定连接件主要是一些不同形式的榫卯接合。其"活动"连接件主要是一些不同形式的"铰木"（图2-4-5），实际上是一种"活动轴销"。铰又有单层和双层之别。单层铰的直径常为4厘米，厚2.2厘米左右，铰面中间有一圆形透孔，孔径0.9厘米。双层铰的直径亦4厘米，每层厚均为2厘米，铰面中央亦有一个透孔，孔径0.8厘米，上下两层铰之间内空约2.2厘米。铰的连接处用直径为0.8厘米（或稍小）的木质轴芯"固定"，折叠后，床架长137厘米、宽15厘米[86]。

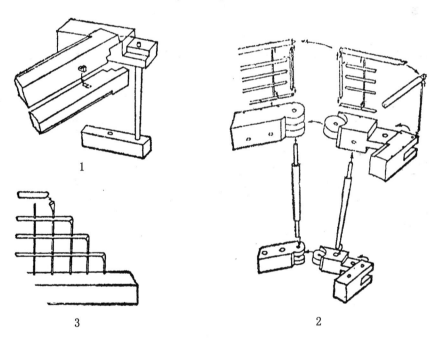

图2-4-5 包山楚墓折叠床"活动连接"示意图

1. 边搭榫及勾状钉结构　2. 铰接和榫接法　3. 床栏台阶结构

采自文献[36]第121页

此外，河南淅川下寺春秋楚墓还出土过5件双轴连环器，铜质，呈活动连接，但用途不明[87]。

（三）弹性件

夏、商、周时期，人们对弹力的利用主要包括两个方面：一是弓、弩；二是簧片。弓弩发明较早，主要用于狩猎和军事。弹簧片如锁簧、镊子，是生活用器。它们都是商、周时期随着金属技术的发展而发明出来的，今主要介绍一下锁簧片。

锁簧。锁，古又谓之"镳"。《文选》载晋潘安仁《马汧督谏》云："于是乎发梁栋而用之，罥以铁锁机关，既纵礧而又升焉。"它至迟发明于春秋晚期，1955年寿县蔡侯墓曾出土过两件铜质锁形饰，长16.0厘米、宽5.5厘米，镂空，中有一环轴，此轴可上下抽动，但不能抽出，当被一片状簧卡住[88]。1979年河南淅川下寺春秋2号楚墓出土一件，甚残，仅见锁身残部及锁舌，残长3.4厘米、残宽2.4厘米、残高1.5厘米，2号墓的主人是楚令尹子庚，年代为公元前552年或稍后[89]。1984年湖北当阳曹家岗春秋晚期楚墓出土1件锁形器，凹字形，有长桯，侧面呈"8"字形，体镂空，桯轴可转动，但不能脱出；一端有桯环；桯长21.5厘米、体长4.5厘米、宽4.2厘米[85]，构造不明。见于著录的先秦铜锁至少有两起，一传为1930年洛阳金村东周墓出土，有锁2件，钥匙1件，但未见簧片。二约民国间出土1件战国铜锁，出土时间地点不明，仅存锁须（锁簧），长6.0厘米，上有铭文"还安"2字，从字体上看，当为战国之物[90]。古锁形式较多，此5起东周铜锁中，肯定有锁簧的大约是蔡侯锁和"还安"锁，另3起则形制不明。

看来，我国古代对片状弹性件的利用当不晚于春秋时期，其材质主要是青铜，但这种器件的弹性还是较小的。

在此有一事需说明的是，先秦考古发掘中见有一种金银或铅锡的螺旋形丝管状物，丝管之大小、长短略有差异，其形态与后世的螺旋状弹簧极为相似，有报道称之为弹簧，其实大体上是没有弹性的，古人亦未将之作为弹性件使用。这类器物今已见有多起，1984年，湖北当阳曹家岗春秋5号墓出土螺旋形丝管状物约300件，由丝绳穿系，丝管状物长1.6~2.5厘米，直径0.4~0.65厘米，丝径1~1.3毫米，旋向有顺时针和逆时针两种，不可伸张弹拉。其成分基本上是锡，另含少量硅、铜、铅、铋、砷[85]。1988年河南春秋黄季佗父墓出土铅锡螺旋形丝管状物110件，成分为：锡57.93%、铅30.57%、锌1.62%[91]。1978年，湖北随县曾侯乙墓出土大量螺旋形丝管状物，其中包括金银质和铅锡合金质两种，经分析，金银弹簧成分为：金87.4%、银11.3%、铜0.07%；铅锡弹簧的成分为：铅43.9%、锡27.12%[92]。1991年安徽六安县战国早期墓出土金属丝管状物1段[93]。1979年，吉林桦甸西荒山屯出土铜质螺旋丝管状物1件，时代约与战国晚期到西汉早期相当[94]。可见这种金银质、铅锡质的螺旋形丝管状物始见于春秋时期，战国、西汉都可看到，用途不明，有可能是一种装饰，原报道说六安和西荒山所出者略具弹性，但应是极其有限的。具有弹性的螺旋状弹簧应是钢铁质的，其发明年代待查。

（四）弓

《释名·释兵》云："弓，穹也，张之穹隆然也。"它约发明于旧石器时代，但新石器时代之后才得到了广泛使用。最原始的弓体大约都是单片竹、木制成的，大约到了铜石并用时代或者夏代，才出现了复合弓，即弓体由两种或两种以上的材料复合而成。早期复合弓自然比较简单，商代便达到了一定的水平。在甲骨文中，"弓"字皆作Ƀ形，把弓中段的把手表现得十分突出。显然，这种弓已具备了我国古代复合弓的基本特点。其弦在解去而变得松弛时，弓体是反向弯曲的，这样可使弓体长期保持良好的弹性。安阳殷墟曾发现过两张类似的弛弓痕迹：一张装有玉质弓珥，两玉珥尖部相距 65 厘米，珥本相距 73 厘米；一张装有铜珥，两珥间距也是 65 厘米。人们推测，张弦时，此弓长约 160 厘米[95]。与珥同时出土的还有青铜"弓形器"，有学者认为它是用来保护弛弓的秘[96]。秘始为青铜质，后用竹制作。《仪礼·既夕礼》："弓……有秘。"郑玄注："秘，弓檠，弛则缚之于弓里，备损伤。以竹为之。"

镞实是由弓、弩发射出去的一种尖劈，始为竹、木、骨、石之质。铜镞在考古发掘中首见于与夏相当的考古文化，在四坝文化火烧沟类型[4]、泗水尹家城[54]都有出土，稍后，与商代早期相当的二里头文化三期[97][7]、夏县东下冯三期[6]都可看到。早期铜镞的形态有的相当原始，商代晚期铜镞在技术上有两点明显的进步：一是含锡量较多，李敏生分析过 4 件妇好墓铜镞，基本上都是 $Cu-Sn$ 二元合金，平均成分为：铜 80.61%、锡 17.325%、铅 0.89%、锌 0.148%。尤其值得注意的是，有 3 件镞的含锡量都在 18% 以上，而 4 件镞的含铅量都很低[98]。这就提高了镞头的强度和锋利性。二是镞的两翼夹角增大，翼末端的倒刺变得尖锐起来，翼侧还出现了明显的血漕。这样，既扩大了创伤面，射入后又不容易拔出。

周代以后，制弓术又有了较大发展，尤其是春秋战国时期，各国对弓的制作都提出了严格要求，并制定了相应的工艺规范。《周礼·夏官》载有名为"司弓矢"的职官，职能是"掌六弓、四弩、八矢之灋，辨其名物，而掌其守藏与其出入"。"六弓"即王弓、弧弓、夹弓、庾弓、唐弓、大弓。《考工记》载有"弓人"和"矢人"两节，详述了弓的材料选择和有关工艺流程，依身份服弓，以及依人之体形服弓的等级，从而使产品标准化、规范化起来。从考古资料、传统技术调查资料看，《考工记》的许多技术规定，与现代技术原理是基本相符的，并反映了一种较高的认识水平。

《考工记·弓人》在谈到选料时说，凡治弓需六材，即干、角、筋、胶、丝、漆。干的作用是使箭射远，最好的"干"材是柘，其次是檍，再其次分别为壓桑、橘、"木瓜"、荆、竹。干材须近于树心，远离树根，其色赤黑，其声清扬，处理干材时不得损伤纹理。角的作用是使箭速射。选择角时要注意牛的口齿数、健康状况和宰牛的季节。角要青白色的，根部须丰满，这样才坚韧。筋的作用是使箭深射。筋之小者，须成条而长，大者须抟结，而色有润泽。治筋须椎打劳敝。胶的作用是粘和，色须朱红而干爽。鹿胶青白，马胶赤白，牛胶火赤，鼠胶黑，鱼胶黄白，犀胶黄，其他的胶为次。丝的作用是缠固弓体，其色须如浸于水中一般清澈。漆的作用是抵御霜露，漆须清。同书同篇在谈到六材的处理时说，凡治弓，须冬析干，春浸角，夏治筋，秋天从事弓体制作，用丝、胶、漆把干、角、筋组合起来，冬天定型。冬析干则易，析干时一定要依顺木理，消除节目时，必须平缓。弓干需浸治两次。春治角则柔和，剖角时不要歪斜，角要浸治三次。以火治角治干，均以适度为宜。制弓时，峻部要方，柎部要高，隈角要长，敝要薄。这样，虽无数次引弓，弓部亦能缓急自如。弓有六材，唯有干材强劲时，张弓方得顺如流水。平时将弓置于檠中，引弦至于三倍，以防弓体变形。同时，该书还对弓的使用制度作了一些规定:"为天子之弓,合九而成规;为诸侯之弓,合七而成规;大夫之弓,合五而成规;士之弓,合三而成规。弓长六尺有六寸,谓之上制,上士服之;弓长六尺有三寸,谓之中制,中士服之;弓长六尺,谓之下制,下士服之"。

随县曾侯乙墓出土过55件复合弓,多已浮乱散断,除一件为小圆木做成外,余皆木片叠合而成。经鉴定,此木片原系刺槐,其韧性、弹性皆较好。弓长一般为1.12~1.17米,宽2.5~3.0厘米,最大者长达1.25~1.30米;每块木片厚0.3~0.6厘米。弓的制作方法完全相同,皆由三块木片拼合而成;其中两块较长,且有一定弧度,一端平齐较厚,一端较薄。两块木片较薄的一端在弓的中部叠合;叠合处附有一块短木片,即弓弣。用丝缠绕后,外表髹以黑漆。弓的两端皆有弓弭,为角质,形如蝉,贴于弓上,其底部与弓端平齐。"蝉"腹朝上,"蝉"颈外有一条横刻槽,应作系弦用。出土时皆无弦,弓为舒弛状,故其弧度方向与张开时正好相反[99]。弓的构造与汉刘熙《释名》所云基本相符[100]。

周代箭镞技术的进步主要表现在三方面:(1)依用途人们对它作了明确的分类,《周礼·夏官·司弓矢》云,矢有八种,即:"枉矢、絜矢,利火射,用诸守城车战;杀矢、鍭矢,用诸近射田猎;赠矢、茀矢,用诸弋射;恒矢、庳矢,用诸散射。"(2)对杀矢等的合金成分作了明确规定,《考工记》云,杀矢需"五分其金而锡居二"。(3)战国时代发明了铁铤铜镞。

(五)弩

约发明于新石器时代。唐兰认为商代以前便已用弩:"只要看一下甲骨文常见的弘字,画出弓上有一个臂的形状,就可以知道了。"[96]《礼记·缁衣》篇有一段文字,对我们了解商和商前用弩情况是很有帮助的,其引太甲云:"若虞机张,往省括于厥,度则释"。郑注云:"虞,主田猎之地者也。机,弩牙也。度,谓所拟射也。虞人之射禽,弩已张,从机间视括,与所射参相得,乃后释弦发矢。"太甲系商代国王,商汤嫡长孙。唐兰说应有一定道理。早期弩机当为木质,大约春秋之后才改成了青铜质。今在考古发掘中所见弩机多属战国时期,湖南[101]、湖北[102]、江苏[103]、河南[104]、河北[105]、山东[106]、四川[107][108]等地都有出土。关于弩机的构造,《释名》说得十分清楚:"其柄曰臂,似人臂也。钩弦于牙,似齿牙也。牙外曰郭,为牙之规郭也。下曰悬刀,其形然也。合名之曰机"。发射时,用手指扣动悬刀,牙因下坠,被牙钩住的弦急速前移,从而将箭杆弹出。

弓和弩都是通过弹力来做功的,其力的来源都是人力。它们的主要区别是:弓只依靠一人的臂力来张开,这就影响到了它的准确性和射程;弩却可用一人全身之力、多人之力、乃致机械之力来张开,此外亦可将弦挂于牙上,待机而发,就大大地提高了它的杀伤力、射程和准确性。战国弩机有三点较为重要的进步:

1. 发明了用脚踏张的所谓"蹶张"弩。《史记·苏秦列传》载,苏秦说韩宣王曰:"天下之强弓劲弩皆从韩出。……韩卒超足而射,百发不暇止……以韩卒之勇,被坚甲,蹠劲弩,带利剑,一人当百,不足言也"。司马贞云:"超足,谓起腾用势,盖起足蹋之而射也",即用脚踏张而射。

2. 发明了连弩。《墨子·备高临》曾有"临以连弩之车"之语。《六韬·军用》篇说"以五尺车轮，绞车连弩。"又据报道，1986 年湖北荆州楚墓曾出土双矢连弩一具，一次可射 2 矢，可连续发射 10 次计 20 支箭，射程可达 20～25 米[102]。从而较大地提高了弩机的打击力。

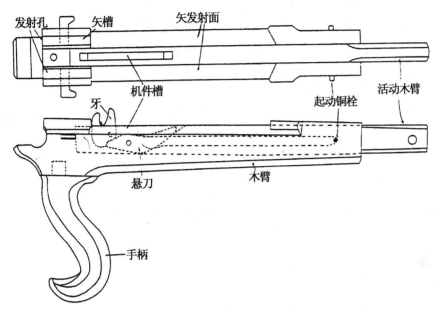

图 2-4-6　江陵战国双矢并射连发弩木臂及活动木臂
上：俯视　　　下：侧视
采自文献[102]

江陵连弩通长 27.8 厘米、通高 17.2 厘米、宽 5.4 厘米（图 2-4-6），外髹黑漆。整体包括矢匣、机体两个部分，机体又包括木臂、活动木臂、铜机件三部分。从复原研究看，普通弩机仅有木臂、机体和弩弓，江陵双矢连弩却在木臂机体上装有矢匣，在木臂内又设有活动木臂。木臂上平面有双矢发射面、发射管孔，以及弦活动槽，这样便可集中进矢、贮矢，矢自动落槽、自动进入发射管孔，并控制运行方向。两个并列的发射孔可以同时发射。江陵双矢连弩的铜机件与普通弩机也不同，普通铜机件有牙（望山）、悬刀（扳机片）和牛（钩心）。牙的底部是平的，通过牛来控制，牛又由悬刀控制，牙和悬刀之间没有互相制约的关系。双矢连弩的铜机件却无牛，只有牙和悬刀，而且其牙和悬刀亦较特殊。普通弩牙的后一个支突明显长于前面的支突，起协助瞄准的作用，故习又谓之望山，双矢连弩牙的后一支突因安在活动木臂槽内，只是协助钩弦，丧失了瞄准功能。普通弩的铜机件安在弩臂后端，在后端发射。双矢连弩的铜机件则安在活动木臂的前端，在臂前端钩弦，运行至木臂后端发射。这样，拉动活动木臂，同时可完成钩弦、拉弦、发射三个过程。双矢连弩不但轻便灵巧，而且其将矢匣置于弩的上方，利用矢的滚动和下落，较好地解决了自动进矢、自动落槽的问题。活动木臂巧妙地运用了运动力学、杠杆原理，把发射的全过程统一于活动木臂的前后运动中，是一种十分杰出的构思和设计，是我国古代弓弩技术高度发展的一种反映[102]。

3. 发明了床弩。这是设有弩床，即发射台之弩。其将一张或多张弓安装在弩床（发射台）上，用绞动轮轴的方式来张弓。有关实物此时尚未看到，但有两条文献为凭：一是前引《墨子》曾说"临以连弩之车"。连弩而有"车"，从我国古代对"车"字的习惯用法上看，它很可能是带有轮轴组合的活动支架。二是《六韬·军用》篇曾提到"绞车连弩"。"连弩"而以绞车发射，便很可能是置有发射支架的床弩，亦有人称之为车弩。

三、车、船技术的发明和发展

车是人们对滚动摩擦和轴承的一种较早利用，船则是人们对浮力、水力和反作用力的一种利用。

（一）车

"车"在我国古代有广义和狭义之别，广义之"车"泛指一般轮轴机械，如风车、筒车、龙骨车等；狭义之"车"专指带轮轴的陆上交通工具，亦此所指。我国古代关于车的发明期一直存在不同观点，《路史》和《古史考》等皆谓"黄帝造车"，而《墨子》、《荀子》、《吕氏春秋》、《世本》，皆说"奚仲作车"。先看前说。《古史考》云："黄帝作车，引重致远。其后少昊时驾牛，禹时奚仲驾马。"《荀子·解蔽》云："奚仲作车，乘杜作乘马。"杨倞注："奚仲，夏禹时车正。黄帝时已有车服，故谓之轩辕，此云奚仲者，亦改制耳。《世本》云，'相土作乘马'。杜与土同，乘马，四马也，四马驾车起于相土，故曰作乘马。以其作乘马之法，故谓之乘杜。乘，并音剩。相土，契孙也。"依这些说法，即黄帝发明了车，奚仲仅作了改进而已。又因黄帝号轩辕，故长时期来，一直有人认为这便是我国早在黄帝时代便已有车的证据。《说文解字》云：轩，"曲辀藩车也。"段注："谓曲辀而有藩蔽之车也。曲辀者，载先生曰，小车谓之辀，大车谓之辕。"可见，轩辕的本意即是带篷顶的大车。至于黄帝是否确实做了车，虽已难考，但可能性还是存在的。1986～1988年，辽宁建平牛河梁红山文化遗址中，由女神庙通向另一庙址的宽阔路面上便曾发现车辙印痕，断代为公元前3200年，相当于仰韶文化晚期[109]。与传说中的黄帝年代相差不大。至于奚仲作车，有关参考资料就更多一些，较为主要者有二：（1）1996年河南偃师商城在"路面上近城墙根部发现两道顺城墙而行车辙印，轨距约1.2米左右"，时当商代前期[110]。（2）殷墟一、二期时，发现有不太完整的车坑、马坑遗迹[111]。这与奚仲的年代都不是太远。今见较早且稍见完整的车子实物多属殷墟三、四期，河南安阳大司空村[112]、孝民屯[113][114]、殷墟西区[115]等地都有出土。据统计，自20世纪30年代起，至1986年为止，仅殷墟发现的车马坑便达18个，出土车子20辆[116]。年代稍后的陕西长安张家坡[117][118]、北京房山琉璃河[119]、山东胶县[120]、甘肃灵台[121]等遗址都出土过西周车；河南陕县上村岭[122]、淅川下寺[123]、山西太原[124]等都出土过春秋车；河南洛阳中州路[104]、辉县琉璃阁[125]等地都出土过战国车。太原金胜村出土13辆车，淅川下寺出土14辆车以上，数量都是较大的，这在一定程度上反映了春秋制车技术之发展。

最早的车应主要是用于生产的，但很快就被人们用到了军事上，由商代到春秋，车战一直是战争的主要方式。《楚辞·国殇》所述便是此期车战的生动写照。车战的缺点是不够灵便，不宜于山地和狭窄地段作战，大约春秋战国之际，便逐渐被人淘汰，骑兵和步兵逐渐成了战争的主要形式[126]。

从大量考古资料看，商周的车多数都是两轮独辕的，车箱作方形，在后面开门。车轮中心作长毂，在毂与轮缘（辋，又叫牙）间设有许多轮辐。车辕的前端横置车衡，衡上结轭，以驾辕马。车辕后端压在车箱下面车轴上，辕尾稍稍露于车后。车轮直径多为120~140厘米，轮辐18~24根。由殷到战国，车制变化的总趋势是：轨、轴、毂、辕向短的方向发展，轮辐增多，车舆增大。最早的车轮叫"辁"，无轮辐，作圆板状。从无辐到有辐，从少辐到多辐，都是制车术发展的表现[126][127]。车子当分军用和民用两种，后者又包括田车和乘车。战车一般用马拉曳，民用车也有用人力或牛力的。经复原，1981年孝民屯南地1613号墓出土殷代车子尺寸为，车箱广150厘米、进深170厘米、高45厘米、辕长290厘米、辕径12~13厘米、轴长294厘米、轴径10厘米、衡长113厘米、轮径126~145厘米、轨距224厘米，辐数为18[113][114][128]。

商、周制车技术取得了多项成就，这当与多方面因素有关，其中最值得注意的有如下几点：

1. 有关管理部门对车十分重视，从设计、加工、材料选择，都制定了一系列工艺规范、提出了严格要求，与现代技术原理基本相符。《管子·形势解》云："奚仲之为车器也，方圆曲直，皆中规矩钩绳，故机旋相得，用之牢利，成器坚固。"如前所云，奚仲，传为夏之车正。说明人们对制车工艺一直是要求严格的。《考工记》一书谈到了周朝官府手工业的30个工种，其中制车的便有4种，即轮人、舆人、辀人、车人。其"轮人"条谈到了车轮和车盖技术，"舆人"条谈到了车箱技术，"辀人"条说到了车辕、车衡、车轴、伏兔等制作技术。"车人"条谈到了大车和羊车（小车）的一些尺寸规定。

2. 人们已充分认识到了轮在车中的重要性，从设计到加工，都十分讲究。"车人"篇载："凡为辕，三其轮崇。"这强调以轮径为基数来进行设计。"轮人"在谈到毂时说："毂小而长则柞，大而短则挚。"此"柞"通窄，意指辐间狭窄。"挚"，危貌，或作"不坚"，或释为"行车不稳"[129]。在谈到辐时又说："凡辐，量其凿深以为辐广。"并认为辐广而榫浅则不牢，辐小榫眼深则虽装置牢固，但强度不足。这些说法都有一定道理。大约西周时期，还出现了辅辐，它相当于一种加强辐条，用来增加轮辐的承载能力。《诗·小雅·正月》："无弃尔辅，员于尔辐。"此"辅"即辅辐，"员"即盖。这是我国关于加强辐的最早记载。"正月"是抨击周幽王宠爱褒姒的，约成于西周末年。今在琉璃阁车马坑出土有双辅夹毂以助之轮[130]。这都说明了人们对轮之重视。

3. 对轮径与车行情况的关系已有了较深认识[131]。《考工记·国有六职》云："轮已崇，则人不能登也；轮已庳，则于马恒古登阤也。""崇"即高大；"庳"即低下。即是说，轮子过于高大，则登车十分困难；轮子过低，则车子好像经常处于爬坡状态。这是我国古代关于轮径与车行的关系的最早记载。

4. 至迟战国时期，就使用了铁锏，从而改善了轮、轴的工作条件。锏，《释名》云："间也，间釭、轴之间，使不相摩也。"1972年，洛阳中州路曾出土铁锏2组4件，作半筒形瓦状，是用铁钉固定在轴上的[104]。此外，1973年河北易县燕下都 23 号墓也出土过一件圆形筒状物，铁质，原报道说是铁辖，后有人说是铁釭。但总的来看，铜和釭的实物皆所见甚少。

5. 如前所云，可能商代晚期，轮轴上便使用了润滑剂[62][63]，春秋之后就有了较为明确的记载。《诗·邶风·泉水》云："载脂载舝，还车言迈。"此"脂"即润滑剂。"舝"指车轴头两端的金属。该篇是描写卫宣公（公元前 718～前 700 年）之女，许穆夫人怀念亲人和故土的，时为春秋早期。这是我国古代使用润滑剂的最早记载。《左传》"襄公三十一年"云："车马有所，巾车脂辖。"《左传》"哀公三年"云："校人乘马，巾车脂辖。"此"巾车"即主管车务之官。《吴子·治兵》云："膏锏有余，则车轻人。"此"脂"、"膏"当皆指润滑用油脂。《说文解字》云："戴角者脂，无角者膏。"《礼记·内则》曰："脂用葱，膏用薤。"郑玄注："脂，肥凝者。释者曰膏。"使用润滑剂的技术便在我国沿用了下来，直到明李时珍《本草纲目》卷三八"器部"（引宋《开宝本草》）等还有记载。后面将要谈到，古人还用石油膏车。

6. 东周时出现了双辕车。双辕车约始见于战国早期，陕西凤翔八旗屯战国早期墓出土有陶质双辕牛车模型一[132]，但使用未广，而且是牛车。双辕马车始见于战国晚期，河南淮阳马鞍冢战国晚期墓[133]，以及长沙楚墓所出漆卮绘图上都可看到[134]，汉后逐渐推广开来。

车子之运动，主要是由于畜力之牵拉，使轮、轴转动来实现的。普通车子的构造一般较为简单，为适应战争需要，商周时还发明了楼车、巢车等高驾车辆，它们在构造上皆较复杂。著名的云梯大体上亦可看作是一种楼车。大约自西周始，人们还使用了一种用于攻城摧坚的冲车，它的制作当亦较为复杂。

（二）造船技术的初步发展

我国古代造船技术约发明于新石器时代，夏、商、周之后便有了较大发展，并取得了多项成就。

在考古发掘中，我国最早的实物船体始见于商周时期。1982 年，山东荣成县松郭家村出土一艘商周独木舟，全长 3.9 米，头部、中部、尾部的宽度分别为 0.6 米、0.74 米、0.7 米，舟体最大高度 0.3 米。船体平面近于梯形。纵剖面略具弧形，前翘后低，两侧舱壁外凸，这是我国迄今所见最早的独木舟实物[135]。这种结构可在一定程度上减少阻力，增大浮力，显然已脱离了原始独木舟的形态。1965 年，江苏武进县奄城出土过两艘独木舟。一艘长 4.34 米，宽 0.7～0.8 米，深 0.56 米，底部厚约 6 厘米。据 ^{14}C 年代测定，约相当于西周早期[136]。1958 年，江苏武进县奄城还出土战国独木舟 1 艘，舟长 11 米，口宽 0.9 米，深 0.42 米，其形如梭，由伴出物看，当属春秋晚期至战国早期[137]。

有学者认为，大约在商代我国便进入了木板船的阶段，甲骨文中已有舟字，其写作 𛱀、𛱀、𛱀、𛱀、𛱀、𛱀、𛱀、𛱀、𛱀，这些象形文字显然已非独木舟形态[138][139]。因独木舟需巨木才能挖成，木板船的出现，就使人们在选料上有了更大的自由，且可视不同需要，拼接出大小不同的船来，这是造船技术的一大进步。《书·盘庚中》："若乘舟，汝弗济，臭厥载。"孔氏传："言不徙之害。如舟在水中流，不渡，臭败其所载物。"[140]可见盘庚时期，舟之使用已较广泛，但在考古发掘中，木板船是到了汉代才看到的[141]。

最早的船大约主要用在生产活动中，之后便很快就用到了军事上。武王伐纣时，吕尚在黄河渡口准备了 47 只木船用来运送军队[142]，这是今知军用木船的较早记载。商周时期，还发明了浮桥和并体船。《诗·大雅·大明》云：周文王娶商王之女为妻，"亲迎于渭，造舟为梁"。孔疏引杜预云："造舟为梁，则河桥之谓也。"郑玄注云："天子造舟，周制也，殷时未有等制。"此浮桥自然是并列众舟而成。此外，周时还有一种"方舟"，亦系并连而成。《庄子·山木》云："方舟而济于河。"成玄英疏："两舟相并曰方舟。"不管浮桥，还是方舟，都是为了增加舟的平稳性而制作出来的。在考古发掘中，今见较早的双体船是 1975 年在山东平度发现的，断代为隋[143]。另据报道，信阳孙砦遗址出土有西周时期的木橹[152][153]；这说明至迟西周，橹便已经发明。但在考古发掘中，关于橹的资料是到了汉代才看到的。

春秋战国时期，造船技术有了较大发展，尤其是南方，出现了较大的商队和水师。安徽寿县曾出土过一件"鄂君启金节"，其制作时间当为楚怀王六年（公元前 323 年）。鄂君启，楚国贵族，封于鄂，估计为楚怀王的兄弟或父子或叔侄。他依仗王室的特权，组成了庞大的商队，包括众多的车子和船只。其舟节行使的路线和区域是：自鄂（今鄂州市）出发，西过洞庭，溯汉水而上，到达郢都[144]，可见其舟行范围是很宽的。北方的航运业也相当发达。《左传》云，僖公十三年（公元前 647 年），晋饥，乞于秦，秦国的船队徒渭水，入河、汾直达晋境。春秋战国时期，吴越都建立了强大的水军。伍子胥曾建议吴王训练水军，他把船分成"大翼、小翼、突冒、楼舡、桥舡"。"大翼者当陵军之车，小翼者当陵军之轻车，突冒者当陵军之衡车，楼舡者当陵军之行楼车也，桥舡者当陵军之轻足剽定骑也"。[145]大翼长十二丈，宽一丈六尺，可载兵士、划船手九十一人[146]。吴越间亦常水战。

春秋战国时期，造船技术还获得了另外两项重要进步：（1）出现了双层和多层战船。1935 年，河南汲县山彪镇出土过两件图案大致相同的水陆攻战纹铜鉴，战船分两层，上层为持械格斗的士兵，下层是划桨者[147]（图 2-4-7）。1965 年，四川成都百花潭中学出土的水战图铜壶[148]，以及故宫博物院珍藏的宫乐渔猎攻战纹壶也有类似的双层甲板图案[149]。另外，台湾收藏家王振华珍藏有一件棘字铭船形纹戈，船形纹的前部建有重楼，后部树立建鼓和带斿的大旗，船尾探出平台，台上建尾舱，断代战国早、中期，这些都是迄今所见较早的楼船图案[150]。此时，文献上也有了关于楼船的记载，即上引《左传》"僖公十三年"提到的"楼舡"。"舡"，即船。从上图可见，这种船皆身部修长，首尾上翘，与现代流体力学原理相符。（2）把金属材料用到了造船工艺中。1978 年，河北平山县中山国墓出土了大小 5 只木船，其大船的船板是用铁箍拼联的，隙缝处用铅皮填塞[151]。这是我国造船用铁等金属的最早例证。

先秦时期，人们对物体下沉深度与其体积间的关系已有了一定认识。《墨子·经下》："荆之大，其沈浅也。说在其具。"[157]荆，通形；沈，沉；具，衡。即是说，对于同样重的东西，形体大者下沉浅，形体小者下沉深；在形体大小与下沉深度间存在一种均衡关系[158]。显然，这是指舟类物体说的，它包含了阿基米德原理的一些基本思想。

图2-4-7 汲县战国铜鉴上的楼船纹图

采自文献[147]

船的出现是人们对浮力原理、作用力和反作用力原理的一种利用，在划船前行时，实际上是人体和篙身、桨身、橹身一起构成了力的传动机件。

第五节 古代机械纺织技术的初步形成

夏、商、周是我国古代机械纺织技术的初步形成期，此时从原料培育、加工，到缫、纺、织、染，技术上都有了较大发展。纺织原料已逐渐过渡到以人工培育为主的阶段，纺织工具已发展成简单机械体系。丝织品组织复杂，色彩艳丽，十分的精美；麻纺织技术有了较大发展；毛织技术在我国西北地区普遍发展起来；棉织技术在武夷山等地开始出现。

夏代之后，纺织品的产地已经较宽，它不但是人们普遍服用的衣料，而且成了一种商品、贡品和区别贵贱等级的标志。《禹贡》在谈到九州厥贡时，说产丝的地方有兖州、青州、徐州、荆州、豫州等，可见地域之广。20世纪60~80年代，偃师（亳）二里头不止一次地出土纺织品[1][2][3]，说明了夏代纺织技术已有了较大发展。1960~1964年，二里头出土的一件铜铃外表附有纺织品痕迹，可能是麻布，经纬密均为10根/厘米[1]。1975年出土的一件镶嵌绿松石圆形器正面至少包有6层粗细不同的布，最粗者经纬密均为8根/厘米，最细者为52根/厘米×14根/厘米[2]。《管子·轻重甲》篇云："昔者桀之时，女乐三万人，端课晨乐，闻于三衢，是无不服文绣衣裳者。伊尹以薄（亳）之游女工文绣，纂组一纯，得粟百钟于桀之国。"伊尹，商汤臣。钟，容量单位，受六斛四升。纯，丝帛之一束①。亳，商都[4]。"三万人"无不服文绣衣裳，可见华美织品之众。伊尹以"纂组"交换了夏桀的大量粮食，这是我国古代关于纺织品交换的较早记载。

商代之后纺织技术进一步发展起来，从商纣王浪费绫纨等纺织品的惊人程度

---

① 《战国策》（第一册卷三第五页）"秦一·苏秦始建连横"："革车百乘，锦绣千纯。白璧百双，黄金万镒。"汉高诱注："纯，束也。""二十两为一镒也。"文渊阁《钦定四库全书》抄本，武汉大学出版社电子版第217碟。

便可见一斑。《帝王纪》云:"纣多发美女,以充倾宫之室,妇人衣绫纨者三百余人。"[5]商代还设置了专门管理蚕桑的职官。《殷墟书契后编》下二五:"丁酉,王卜,女蚕。"此"女蚕",当即是由女人担当的典蚕之官[6]。多年来,与纺织有关的商代考古实物所见较多,如藁城台西村商代居住遗址出土 1 卷炭化了的麻织物,墓葬所出青铜器和兵器上常残有丝织品包裹物。小屯出土的铜刀中,"锋刃 24"、"锋刃 31"、"锋刃 33"等的身部或柄部,都有丝的痕迹。1953 年安阳大司空村殷墓出土有玉蚕 1 件[7];1950 年安阳武官村殷代大墓出土的 3 件铜戈上附有绢帛痕迹[8];1955 年郑州出土的商代铜盆上附着有布的痕迹;1958 ~ 1961 年安阳后岗圆形祭坑内出土有丝、麻线多段,麻布 12 块和少许丝织品[9]。中国国家博物馆所藏商周铜器上亦常看到一些纺织品的痕迹[10]。

西周时期,纺织已成为社会生产的基本部门,国家对纺织技术,从原料征集到纺、织、漂、染,都设置了专门的管理机构,并建立了严格的管理制度。《周礼》记载了多个与纺织、印染、缝纫有关的职官。"天官"下设有"典丝,掌丝入而辨其物";有"典枲,掌布缌缕纻之麻草之物";有"缝人,掌王宫之缝线之事"。"地官"下设有"掌葛,掌以时征绤绤之材于山农"。《礼记·王制》还规定:"布帛精粗不中数,幅广狭不中量,不粥于市。"这是我国古代关于布帛质量市场管理的最早记载。商、西周时期,国家实行"工商食官"的制度,"处工就官府,处商就市井,处农就田野"[11]。春秋战国时代,这一制度开始发生变化,出现了许多私营的和个体的手工业,并出现了许多纺织中心,其中比较重要的有临淄、陈留、襄邑和会稽。《史记·货殖列传》说:太公望于营丘(临淄),"劝其女工,极技巧,通鱼盐,则人物归之,缲至而辐凑,故齐冠带衣履天下"。目前属于西周和春秋战国的纺织品都出土较多。

此期纺织技术的主要成就是:采用了热水煮麻(葛)脱胶,热水缲丝技术得到了发展;发明并使用了手摇纺车;织机具有了传动机构,形成了简单的机械体系;发明了多综多蹑提花机;丝麻漂练技术开始兴起;草染已形成了一整套技术体系,发明了多次浸染和媒染;发明了印花技术;出现了斜纹、经二重、纬二重和大提花等复杂组织,织出了绮、锦等文彩绚丽的织品;与纺织有关的文字资料几乎散见于所有先秦著作。

一、纺织原料的培育和加工

我国古代的纺织原料包括植物性纤维和动物性纤维两种。前者又包括皮类纤维(即葛、麻类纤维)和实类纤维(即棉花)两种,后者又包括蚕丝和羊毛等种。

(一)葛麻类植物纤维原料

我国古代纺织用皮类植物纤维原料主要包括大麻、苎麻、葛三种,此外,可能还包括部分苘麻、楮、薜和营。此期的纺织用植物纤维,已进入人工培育为主的阶段。《史记·周本纪》说弃儿时"游戏好种树麻菽麻",这便是栽培农业、栽培麻类纤维作物的一种写照。从以采集为主进到以栽培为主,是农业技术、纺织技术的一大进步。

大麻。有关记载较多,夏、商、周时,人们对它的生活习性已有较深认识,而且已较好地区别了它的雌性和雄性。《诗·齐风·南山》云:"艺麻如之何?衡从其亩。"此第二句显然是指人对大麻的耕作方法。《禹贡》云:青州厥贡"丝枲铅松怪石。"此"枲"即雄麻。《诗·豳风·七月》:"八月断壶,九月叔苴。"此"苴"即雌麻。《仪礼·丧服》:"苴绖者,麻之有蕡者也。""牡麻者,枲麻也。"这样明确的认识,显然是在长时期人工栽培管理过程中获得的。不过有一点需说明的是苴、枲,虽分别为雌麻、雄麻,但有时皆泛指为麻。

苎麻。分布不如大麻广泛,但长江、黄河流域皆可种植。《禹贡》说豫州"厥贡漆枲绪"。前引《周礼·天官》云:"典枲,掌布缌缕纻之麻草之物。"其中都谈到了苎麻。福建崇安武夷山白岩崖洞等地都有出土[12]。

葛。南北都有种植,以越国最为著名。《诗·周南·葛覃》:"为𫄨为绤,服之无𣃗。"此𫄨、绤分别指精、粗葛布。周南,其地在《禹贡》雍州之域,岐山之阳。《越绝书·外传记地传》曾谈到越国种葛:"葛山者,勾践罢吴,种葛,使越女织治葛布,献于吴王夫差。"《吴越春秋·勾践归国外传》更说到越王勾践"乃使国中男女入山采葛……乃使大夫种索葛布十万"。可见其规模之大。

其他几种纤维原料的有关记载不再一一介绍。

此期纤维加工技术也有了较大发展,其中最值得注意的是:(1)人们已掌握了不同植物原料的浸泡技术,并有了相应的记载。(2)采用了煮葛技术。

浸沤技术约发明于新石器时代,此时普遍使用起来。《诗·陈风·东门之池》:"东门之池,可以沤麻。""东门之池,可以沤纻。""东门之池,可以沤菅。"可见当时已分别掌握了大麻、苎麻、菅草的浸泡处理技术。前二者皆可作为纺织原料,后者可作绳索。浸泡处理的目的,是利用水中微生物的分泌物来分解植物韧皮和茎叶中的胶质,使纤维变得柔软起来,故古人又谓此过程为"柔麻"。"东门之池"条郑玄笺云:"池中柔麻,使可缉绩作衣服。"西方人多用露沤法脱胶,所需时间较此为长。

新石器时代的麻类纤维是否使用过热水脱胶法,目前尚无资料可寻。从现有记载看,至迟《诗经》时代,此技术便广泛使用起来。《诗·周南·葛覃》:"葛之覃兮,施于中谷;维叶莫莫,是刈是濩。"濩,郑笺云:"煮之也。"孔颖达疏:"于是刈取之,于是濩煮之。"煮的目的亦是脱胶,与常温浸沤脱胶相比较,优点是:(1)可缩短脱胶时间。(2)易于控制脱胶程度。因一些短纤维原料是无需完全脱胶,而只需半脱胶的。

(二)棉花

我国古代的棉纺技术始于何时,本地所产还是外域传入,是学术界长时期讨论的问题。1978年,福建崇安县武夷山白岩崖洞墓的船形棺中出土过大麻、苎麻、丝以及棉花纤维4种纺织品残片[12]。经考察,此棉织物的纤维结构与多年生灌木型木棉的结构形态非常近似,当属联核型木棉,既非乔木型,亦非草棉[13]。棉纤维宽度约20微米,表面呈扁平带状,无纹节,有明显沟漕,纤维每厘米约有10个天然转曲,纤维管壁较厚,中腔狭小,说明纤维成熟度较高[14]。据[14]C年代测定,约属公元前1420±80年,树轮校正为距今3620±130年[15],相当于夏末商初。也有学者认为此船棺墓的年代可能属于春秋时期,可以进一步研究,即便如此,它依然是我国今见最早的棉纤维织品。

一般认为，棉花约起源于近赤道的热带干旱地区，它有多个品种，宋元时期传入中原的棉花属亚洲棉，它的起源中心是印度。印度栽培棉花约有 5000 年的历史。1928 年，印度中央棉作委员会研究所撰文说，在印度的 Mohenjo‑dara 地方发现过 3 种棉纤维标本，约属公元前 3000 年。公元前 1500 年时，印度诗歌中就有了关于棉花的记载；公元前 800 年，印度就有了棉花栽培的记载[15][16]。但目前尚无法确定武夷棉与印度棉的关系。

有学者认为我国在夏代便有了生产棉布的记载，依据是：《禹贡》云扬州厥贡惟金三品，"岛夷卉服，厥篚织贝"。认为其中的"卉服"可能由木棉纤维制成[14][17]，并认为岛夷向夏进贡了棉布。我们认为此说法靠不住，且自古便有学者认为此"卉服"应是南海岛民用草本纤维制成之服。孔氏传称："南海岛夷草服葛越。"[19]《说文解字》："卉，草之总名也。"唐孔颖达疏："卉服是草服葛越也"，"岛夷卉服亦非所贡也"。孔颖达还引左思《吴都赋》关于"蕉葛升越"以之为证。明邝露《赤雅》卷一"卉服"条："南方草木可以衣者曰卉服。"[18]我们亦倾向于"卉服"即是草服的观点。关于左思"赋"，第四章还要谈到。

（三）家蚕

我国古代的家蚕丝发明于新石器时代，夏、商、周三代便进一步推广开来。从科学分析看，陕西扶风、辽宁朝阳等地所出西周丝织品皆属家蚕丝，但丝的直径较小，且丝的横断面近于三角形，与现代家蚕丝存在一定差别[20]。当时一年大约只养一茬，《周礼·夏官·马质》曾有"禁原蚕者之说"，此"原"即再，全句之意即禁止再养，这在客观上便避免了桑叶的过量采摘，不致影响来年生产。国家对蚕桑业一直比较重视，《礼记·月令》载：周代季春之月，"命野虞无伐桑柘……后妃斋戒，亲东乡躬桑"。即每年三月，皆禁止主管田地和山林的官吏（野虞）砍伐桑柘；后妃亲躬采桑，帅示天下。《礼记·祭义》云："古者天子诸侯，必有公桑蚕室，近川而为之。筑宫仞有三尺，棘墙而外闭之。及大昕之朝，君皮弁素积；卜三宫之夫人、世妇之吉者，使入蚕于蚕室，奉种浴于川，桑于公桑，风戾以食之。"这里谈到了养蚕的几项技术措施：（1）必有蚕室。（2）蚕种须入川清洗。这客观上可起到去除部分杂菌的作用，为此，蚕室须近川而为之。（3）蚕叶须得清洁，不沾露珠水汽；蚕性畏湿。此"大昕之朝"即季春朔日（三月初一）之朝。

战国时期，养蚕业已获得较大发展，《荀子》卷十八"赋篇"对蚕的功绩大加称颂，对蚕的生活习性作了较好的描述和归纳，便是这一时期养蚕业发展的较好体现。赋云："其状屡化如神，功被天下，为万世文，礼乐以成……功立而身废，事成而家败……冬伏而夏游，食桑而吐丝，前乱而后治，夏生而恶暑，喜湿而恶雨。蛹以为母，蛾以为父。三伏三起，事乃大已。"此"三伏三起"，当指当时的蚕多系三眠蚕。

商、周时期，缫丝技术已相当普及，并已形成完整的技术体系。缫丝的技术要点是把丝从蚕茧中牵引出来，并绕到框架上形成丝绞，再以络车整理，并倒绕到篗子上，之后再视需要进行并丝和加捻。比较值得注意的事项有：

1. 至迟周代便发明了选茧技术。《礼记·月令》云：季春之月，"蚕事既登，分茧称丝效功,以供郊庙之服,无有敢惰"。依据外观和重量来区分茧丝的等级,说明人们对丝质与茧的关系已有了一定认识。

2. 解丝索绪技术有了提高。《礼记·祭义》云:"及良日,夫人缫,三盆手,遂布于三宫夫人、世妇之吉者,使缫。"郑注:"三盆手者,三淹也。凡缫,每淹大总而手振之,以出绪也。"这段文字虽说得不是十分详明,但一般认为,这便是当时的煮茧法[21]。在缫丝操作中,煮茧是关键,温度之高低,时间之长短,都极大地影响到丝的质量。

3. 缫丝的茧粒数逐渐减少,且数目趋于稳定。陕西岐山西周丝织物经纬的缫丝茧粒数为 14、18、21[20],长沙战国织物只有 7~10 粒[22]。

4. 使用并推广了一些形制较好的绕丝工具。绕丝工具的发明期约可上推到新石器时代晚期,但今日所知较为确凿的文字资料是在甲骨文中才看到的。甲骨文中曾见一个"I"字,有学者认为它原是"紝"、"軒"的本字,是绕丝工具的形象[23]。1979 年,江西贵溪崖墓出土了 36 件纺织工具和部分丝、麻、苎麻织品,其中包括"H"形、"X"形绕纱框,据 ^{14}C 测定,距今 2595±75 年,树轮校正后距今 2650±125 年,当属春秋晚期[24][25]。有学者还推测,战国时代可能已出现辘轳式缫丝軒,即手摇缫车的雏形[26]。

(四)羊等兽毛

我国古代对毛纤维的利用或可上推到新石器时代,但今见资料多数是属夏、商之后的。《禹贡》"雍州"条说:"织皮崑崙、折支、渠、搜,西戎即叙。"孔传云:"织皮,毛布。"孔颖达疏:"四国皆衣皮毛,故以织皮冠之。"即是说,崑崙、折支、渠、搜,这西戎四国皆衣着皮毛。一般认为,这是我国古代利用皮毛和毛纤维的较早记载。又,《周礼·天官·掌皮》云:"其共氄毛为毡,以待邦事。"郑氏注:"氄毛,毛细褥者。"即是说,用细毛为毡。《诗·豳风·七月》云:"七月流火,九月授衣……无衣无褐,何以卒岁?"郑笺云:"褐,毛布也……贵者无衣,贱者无褐,将何以终岁乎?"看来,褐应是一种比较粗糙的毛织物。在考古发掘中,今见最早的毛织品是 1979 年新疆罗布泊古墓沟墓葬出土的一批毛织物和毛毡帽,约属商末周初,其中罗布泊北端铁板河 1 号墓出土有毛织粗布、毡子、毡帽,包括山羊绒、骆毛、牦牛毛,距今约 3800 年;哈密五堡遗址出土过毛织物和彩罽,包括黑花毛、青海细羊毛、山羊绒、西藏羊毛等,而且较细,距今约 3200 年[27]。1986 年,哈密焉不拉克墓地亦出土过毛织物,年代相当于西周早期至春秋晚期[28]。1957 年青海都兰县诺木洪一处相当于西周晚期的遗址出土一批毛织物,经分析,多属绵羊毛和牦牛毛等[29][30]。

二、拼捻和纺纱技术的进步

(一)蚕丝拼捻技术的发展

缫过的丝最初是绕在丝框上的,从丝框脱下后,即成丝绞。丝绞还须经过络丝,以去除缫丝过程中产生的一些纰病,如粘连和断头等,此时丝长可达 600~1000 米,如若要求不是太高,便可用来织造了。如若要求稍高,便还须并丝、加捻,以加粗,并提高强度。这些技术大约商前便已发明,商后更为熟练。据分析,钱山漾绢片系合股丝织成,不曾加捻[31]。今藏于瑞典远东古物博物馆的一件商代铜钺上有两种丝织物：一为平纹绢，由无捻单股丝织成；一为菱形花纹织物，经纬线均为双股并丝，均已加捻。此时人们已能依据织物组织的不同要求，生产出许多粗细和捻度都不同的丝线来。如藁城几块商代丝织品，经纱投影宽度 0.1 ～ 0.3 毫米，纬纱则为 0.1 ～ 0.5 毫米；经纱往往较细，捻度稍大，纬纱稍粗，捻度稍小[32]。长沙出土的两种战国丝织物尤其值得注意，一种朱条暗花对龙对凤锦的经纱投影宽度为 0.13 ～ 0.14 毫米，纬纱投影宽度为 0.7 毫米；一件黄色绢的经纱、纬纱投影宽度皆为 0.08 毫米[33]。看来，当时已出现纱线粗细有别，质量高低不同的产品档次，这反映了不同的工艺技术和质量标准。

（二）葛麻绩纺技术的发展

此期的葛麻劈绩和纺纱技术都有了提高。河北满城商代麻布片经纱投影宽度为 0.8 ～ 1.0 毫米，纬纱为 0.41 毫米[32]。西周时期，虽经纬纱的粗细程度依然相差较大，但投影宽度皆在 0.5 毫米以下者已较多见。1951 ～ 1952 年，长沙战国墓出土 2 块苎麻布，平纹，经纬纱密分别为 28 根/厘米和 24 根/厘米，纱线直径约在 0.2 毫米以下，较今市售棉布中的龙头细布更加紧密，现代龙头细布经密为 25.4 根/厘米，纬密为 24.8 根/厘米[34]。但也有的稍粗，江西贵溪春秋战国崖墓一块浅棕色麻布，平纹，经密为 10 根/厘米，纬密为 14（双根）/厘米；一块土黄色苎布经密为 14 根/厘米，纬密为 12 根/厘米[24][25]。与丝织品同样，此期麻织物的经纱亦往往较纬纱为细，如北京平谷刘家河出土的 4 块商代中期麻布，皆为平纹，纬纱投影宽度一般为 0.8 毫米，一件试样达 1.2 毫米，经纱一般为 0.5 ～ 0.8 毫米。同样，其经密亦往往大于纬密[35]。说明时人已充分认识到了此种织造法的优点。

此期关于葛麻绩纺技术的记载较多。《诗·豳风·七月》："七月鸣鵙，八月载绩。"《诗·陈风·东门之枌》："不绩其麻，市也婆娑。"其中的绩，皆指葛麻劈绩。《诗·小雅·斯干》："乃生之女。""载弄之瓦。"此"瓦"原指纺坠，即劈绩纺纱。

（三）毛纤维纺纱技术

有关此期毛纤维纺纱操作的记载较少，但从实物考察看，其技术水平已经不低。1983 年新疆和静县察吾乎沟口出土毛织品中，一件标本的经纬线均为单根，直径 0.5 毫米，经纬密均为 10 根/厘米[36]。诺木洪毛织物经纬投影宽度分别为 0.75 毫米和 1.0 毫米[29]，与粗麻缕相当。

（四）关于手摇纺车的发明和使用

最早的丝麻加捻都是藉助于纺坠的帮助，以手工进行的。因人手搓捻的力量不均，致使纺坠转速亦不匀、纱线均匀度欠佳，而且每搓动一次，只能纺出很短一段纱线，故纺坠纺纱，不但质量欠佳，而且生产率低下。至迟商代，我国便发明了一种简单的纺纱加捻机械。1974 年，藁城商代遗址出土一件陶制滑轮，直径 3.1 厘米，厚 2.4 厘米，形制与后世手摇纺车锭盘相近，王若愚认为它应是手摇纺车的零件[37]。又据研究，藁城台西村商代铜器附着的丝织品捻度高达每米 2500 ～ 3000 捻[32]，用纺坠是很难获得这种捻度的，很可能使用了一种简单纺车。上面提到的长沙战国苎麻织物，较现代龙头细布还要紧密[34]，这样细的麻线，纺坠很难纺制，很可能也使用了纺车。由这些情况推测，这种简单手摇纺车至迟发明于商代中期，战国之后便基本成型，它的出现和使用，对于提高纺织品的产量和质量，都是很有帮助的。

三、简单机织系统的形成

原始腰机是没有机架的，以人体作机架，织布者腰系卷布轴、脚蹬所谓的经轴，以手提综杆来实现开口；如若脚不再蹬、腰不再系，织机便成了一堆零散的部件。此期的织机已经有了支架、脚踏板、经轴、筘等重要部件，从而形成了一个完整的简单机械体系。这些部件的出现，是织机技术发展途程中的一次飞跃。

关于此期织机的记载较多，较为重要的主要有如下三起：

《诗·小雅·大东》云："小东大东，杼柚其空。"此杼、柚，郑氏笺引《说文》云：杼，"盛纬器。"柚，"又作轴。"朱熹《诗集传》说得更为明白："杼，持纬者也。柚，受经者也。"即是说，杼，是绕上了纬线的纡子；柚，是绕了经线的经轴。经轴的出现是织机结构上的一个重要进步，有了经轴，便说明"织机"有了支架，回转的经轴若无支架，是无以支承的。经轴不但可以缠绕经线，平整经纱，而且可对经纱长度作适当调整。此"杼"的具体形态今日已难知晓，很可能是呈箭杆状或刀状。一般认为，我国古代投纬器约有三种形式，或说经历了三个阶段[38]：（1）与打纬器分开者，其名习谓之梭，实际上是状如箭杆状的小竹棍，其端开口。（2）与打纬器合为一体者，即所谓的刀杼。（3）与打纬器又行分开者，即所谓的梭。今在考古发掘中所见最早的布梭形态属汉，布梭实物属三国时期[39]，故布梭当发明于战国或西汉时期；但刀杼应当出现于东周或之前。"大东"中的杼，可能是箭杆状，也可能刀状。

汉刘向《古列女传》卷一"鲁季敬姜"中有一段以织机为喻，谈论治国之道的长篇大论，此文虽汉人所作，但原始资料应取自先秦时期。其云：鲁季敬姜者，鲁大夫公穆伯之妻，文伯之母。"文伯相鲁，敬姜谓之曰：'吾语汝，治国之要，尽在经矣。夫幅者，所以正曲枉也，不可不疆，故幅可以为将。画者，所以均不均，服不服，故画可以为正。物者，所以治芜与莫也，故物可以为都大夫。持交而不失，出入而不绝者，梭也。梭可以为大行人也。推而往，引而来者，综也。综可以为关内之师。主多少之数者，均也。均可以为内史。服重任，行远道，正直而固者，轴也。轴可以为相。舒而无穷者，摘也，摘可以为三公。'文伯再拜"[40]。剔除政论方面的言语，可见其中提到了织机的8个部件：（1）幅。"所以正曲枉也"，是用以控制幅宽的幅撑。（2）物。"治芜与莫也"，是用来清理经面的工具，当为棕刷。（3）梭。"持交而不失，出入而不绝者"，一般认为是即引纬，后来还兼作打纬的工具[42]。也有学者认为是开口杆，这在少数民族的原始织机中还可看到。其系一棍扁平的木杆，以平放的状态插入由综或豁丝木开的梭口，之后侧立，以增大梭口；当第一梭投完后，开口杆即抽出，新的梭口再开时，再插入此杆，如此反复[43]。（4）综。"推而往，引而来者"。综的本义是综线，在此应指综杆。（5）均。"主多少之数者"，当即是分经木，又叫豁丝木，是把经丝依一定规律分为上下层的工具。（6）轴。"正直而固者"，当为卷布轴。（7）摘。"舒而无穷者"，当即经轴。（8）画。"所以均不均，服不服也"，即是筘[41][42][43]。

这种织机，今世学者习谓之"鲁机"。其中虽未言及机架，它的存在应可肯定①。

《列子·汤问》云：纪昌学射于飞卫，飞卫让其先学习不瞬，于是"纪昌归偃卧其妻之机下，以目承牵挺"。此"牵挺"，晋张湛注为机蹑，即踏板。列子，战国时人。蹑的出现具有十分重要的技术意义，它使织机从手工提综变成了脚踏提综。用脚踏机蹑的方式来牵动综之升降，既减轻了劳动量，又提高了生产率。蹑发明于何时，目前尚无更多的资料，有学者把它推到了商，说商代织机已利用杠杆原理，以蹑控制综绕升降来提花[23]。

从上述记载，以及考古发掘的众多纺织品和纺织工具看，至迟战国，已经产生了比较完整的斜织机应是肯定的。

考古发掘的商、周纺织工具中，最值得注意的是江西贵溪崖墓所出者，计36件，种类有：绕纱框、齿耙（整经具）、经轴、夹布棍、分经棒、刮麻具、清纱刀、撑经杆、挑经刀、弓、打纬刀、刮浆板、提综杆、杼、导经辊、引纬杆、纺塼、理经梳等[24][25]。原报道虽不曾提到机架，但从所出土的各种机具看，它的存在亦应是肯定的。云南江川李家山春秋末期墓葬也出土过一些织机零件，如卷布轴、卷经轴、梭口状布面撑弓、扁平的工字形络纱具等[44]。

一般认为，商、周时期应有了多综多蹑的提花工艺，其发展顺序大约是先有"多综"，之后才有了"多蹑"的。早期的提花、挑花，大约都是在原始腰机上进行的，之后才与"鲁机"结合，逐渐形成了完整的多综多蹑提花和束综提花机构。夏鼐认为，商代丝织物应有三种织法：（1）普通平纹组织；（2）畦纹的平纹组织；（3）地纹为平纹、花纹为三上一下的斜纹，由经线显花的文绮组织。并认为这些组织需要十几个不同的梭口和十几片综[41]。春秋战国时期，综片数又有了增长。据研究，随县战国墓大花纹丝织品中，花纹每一循环内有纬线136根，其中交织纬与夹纬各68根，夹纬中每相邻二纬的组织点都相同，故织造时提花综需34片[45]。1982年，江陵马山1号楚墓出土1件舞人动物纹锦，花纹纵向长5.5厘米，横向长5.0厘米；经密144根/厘米，纬密50～54根/厘米。其图案复杂生动，色彩丰富，尤其值得注意的是纹样间还有错花。同时，花幅（独幅）、花回（528根）和紧密度都较大，故技术上当更为复杂；断代战国中期[10]。这种多综的情况在文献中也有反映，《周易·系辞上》云："参伍以变错综其数，通其变，遂成天下之文。"孔颖达疏云："参，三也。伍，五也。或三或五以相参合，以相改变……错谓交错，综谓总聚。交错总聚共阴阳之数也。通其变者，由交错总聚通极其阴阳变也……以其相变，故能遂成就天地之文。"此"参伍"当指综数言，意即或三片综或五片综。用传统卧式织机织平纹时，两片综已足；若添置三片综，便可织出"小斜纹"，四片综便可织出正规的斜纹；缎纹至少要5片综，多至8～11片综。整段文字的意思是：只要掌握好综绕片的升降运动，就能织出各种不同的纹样来。

另外，从所出商、周绞纱丝织品推测，当时应有了简单罗机，它应是在"鲁机"一类有机架的织机上，在织地纹的综片前，加一二片起绞装置后演变出来的。

---

① 文献[41]、[42]、[43]都曾对《古列女传·鲁季敬姜传》中的织机部件作过注释，其说稍有差别，然各有所长。本书多采用文献[43]之说。

类似的装置今在湖南浏阳传统夏布机中仍可看到[46]。

四、漂练技术的发明和发展

丝麻等纺织纤维在生长和加工过程中，都会伴随一些天然杂质，并受到一些污染，为了纺织和印染的需要，须逐步将之去除。这通常包括两大工序：（1）纤维制取时的脱胶，如缫丝过程中的解绪，《诗经》所云沤麻、沤纻、沤菅和濩葛等，皆属这一工序范围。解绪有冷水和热水，沤指常温，濩则指热水。（2）织布之前，或织成布匹之后的漂练。去除这些天然和非天然杂质的方法有物理法、化学法和物理化学法等，各不相同。在"练"的化学法中，重要内容是碱剂处理；"漂"的重要内容是水洗和日晒。对于麻类纤维和织物来说，漂练之后，其纤维会更为纤细、洁白和柔软；对丝而言，未练则生，既练则熟；漂练前为生丝，漂练后才能成为熟丝；丝的珠光宝色，柔和的手感及飘逸丰满的神态，只有漂练之后才能充分显示出来。一般认为，丝麻漂练技术的发明期应属三代，但也有学者认为青台丝织品着色前，便可能进行过漂练[47]。只可惜这方面的资料太少，目前看到的文字和实物资料，多数依然是商、周之后的。可以进一步研究。

（一）麻的漂练

主要方法应是水洗和碱煮，今见较为确凿的资料属商代中期。据分析，河北藁城台西村商代中期遗址出土的大麻布，大部分纤维已分离成单纤维状态，说明其在沤麻、缉绩后还作了进一步脱胶，这是今日所知最早的麻织物漂练实例[48]。

关于麻布水洗和碱煮的记载在《仪礼》等中都可看到。《仪礼·丧服》规定了五个等级的丧服，即斩衰、齐衰、大功、小功、缌麻。前二者是无需漂练加工的，后三者均需漂练加工，但方式各不相同。其中，"大功布衰裳，牡麻绖，无受者"。郑注为"锻治之功粗沽"。此"沽"，即"粗劣"，具体操作其未说明。"锻"即椎打，故大功是须一边水洗一边椎打的。"小功布衰裳，澡麻带绖五月者"。绖，丧服期结在头上或腰间的麻带。此澡，郑注云："澡者，治去莩垢，不绝其本也。"可知小功布大体上是经过了水洗的麻布。缌，《礼记·杂记上》云："朝服十五升，去其半而缌，加灰锡也。"贾公彦疏："加灰锡也者，取缌以为布，又加灰治之则曰锡，言锡然，滑易也。"说明缌衰服是以草木灰或蜃灰煮过了的，目的是使之柔软滑易。

（二）丝的漂练

虽有学者认为青台丝织品曾作漂练，但在整个新石器时代，这类实物所见甚鲜。商、周时期，此技术便有了一定发展。瑞典学者西尔凡（Vivi Sylwan）曾分析过两件殷墟青铜钺上的丝织品，其中一件带有粘性物质，是未曾漂练的；另一件则十分柔和，是经过了漂练的。1979年，有人分析过陕西岐山出土的西周丝织品，丝胶脱除较好，显然也经过了漂练[48]。从文献记载看，当时的丝绸漂练主要包括水练和灰练两种，大约丝多用水练，帛多用灰练。

练丝。主要是水练。《考工记·慌氏》云："湅丝，以涗水沤其丝，七日；去地尺暴之。昼暴诸日，夜宿诸井，七日七夜，是谓水湅。"涗水，郑司农注为温水；去地尺暴之，是一种日光漂白工艺。可见此绞丝漂练计分二步：（1）先用温水浸泡七日，之后在离地面一尺高处暴晒作日光漂白；（2）白天作日光漂白，夜间浸于井水中，如此交替，历七天七夜。这是一套比较合理的工艺。日光漂白时，在阳光和空气的作用下，丝胶吸收紫外线而发生氧化，部分色素分解，在水中浸泡时，便会发生溶解。此溶解作用实际上可能包含了两层意思：一是溶解白日暴晒时分解了的丝胶；二是井水中可能存在某些微生物，可进一步分解部分丝胶。此丝未言及灰练。这是我国关于练丝工艺的最早的记载。

练帛。工艺程序是先灰练、后水练。此"灰"主要指草木灰和蜃灰两种，实际上都是一种碱剂。《考工记·慌氏》在谈到练帛时说："涑帛以栏为灰，渥淳其帛，实诸泽器，淫之以蜃，清其灰而盝之，而挥之，而沃之，而盝之，而涂之，而宿之，明日沃而盝之。昼暴诸日，夜宿诸井，七日七夜，是谓水涑。"此"栏"即楝，可见这整个练帛过程计分三步：（1）把帛置于楝灰水中浸泡；（2）再用蚌壳灰水浸泡；（3）再作七天七夜的水练。这工艺的优点是：（1）它利用了丝胶在碱性溶液中具有较大溶解度的特点，先用较强的碱溶液，如楝灰水、KOH 水溶液，使丝胶充分膨润、溶解，之后再用稍弱的碱溶液，即蜃灰水、$Ca(OH)_2$ 水溶液，把丝胶洗下；（2）采用反复浸泡的工艺，就避免了由于浸泡不均而脱胶不匀的现象。

灰练法在周代已经使用较广。《周礼·地官》曾置有"掌炭"的职官，"掌灰物炭物之徵令，以时入之"。郑玄注云："灰、炭，皆山泽之农所出也。灰给瀚练，炭之所共多。"灰水漂练法在我国一直沿用了下来，20 世纪五六十年代我国农村还有使用。

五、染色技术的发展和印花技术的发明

如前所云，我国纺织品人工着色技术约发明于仰韶文化中期[47]，且不能排除新石器时代便已使用了植物性染料的可能性。但在整个新石器时代，目前看到的着色织物仅此荥阳青台 1 例。夏、商、周三代之后，着色技术便有了较大发展，有关记载和实物也多了起来，并出现了五方正色、五方间色之说。《礼记·玉藻》云："衣正色，裳间色，非列采不入公门。"孔颖达引皇氏云："正谓青、赤、黄、白、黑，五方正色也；不正谓五方间色也，绿、红、碧、紫、骝黄是也。"此"五方正色"和"五方间色"，加起来便是 10 色，这是最为基本的色调，已经不少。大约商、周时期，染色便逐渐成了独立的生产部门，宫廷中设有职官，专门管理染色。《周礼》"天官"下设有"染人，掌染丝帛"；"地官"下设有"掌染草，掌以春秋敛染草之物"。《考工记》一书谈到了官府手工业的三十个工种，其中，"设色之工五……画、缋、钟、筐、慌"。

凡染，有石染、草染两种。前者系以矿物颜料着色，后者则是以植物性染料染色的。山顶洞人饰器之染红[49]，自然是矿物性颜料，为石染；《周礼》所记色彩中，当既有石染，也有草染。织物之石染，也在我国沿用了相当长一个时期。

（一）石染技术之发展

除青台丝织品外，今见较早的人工着色纺织品当属商代。故宫博物院珍藏一件商代玉戈，正反两面均残有麻布、平纹绢等织物痕迹，并掺有丹砂[50][10]。周代之后，着色技术便逐渐扩展开来，陕西岐山西周墓出土的丝绸上残有丹砂痕迹[20]；陕西茹家庄出土的纺织品上残有石黄（雄黄）痕迹[51]，这都是石染之证。商、周

石染的着色颜料主要有：赤铁矿、丹砂、石黄、空青、蜃粉等。《周礼·秋官》在谈到"职金"的职能时说："职金，掌凡金、玉、锡、石、丹、青之戒令。"郑玄注："青，空青也。"此"空青"又名青腰，是一种碱式碳酸铜 $CuCO_3 \cdot Cu(OH)_2$，呈绿色，自古便是一种着色颜料。孙诒让引陶弘景云："空青多充画色。"孙又按云："丹青并以共石染。"《荀子·正论》在谈到刑法时说："杀赭衣而不纯。"杨倞注："以赤土染衣，故曰赭衣。纯，缘也；杀之所以异于常人之服也。"即是说，死囚须着无领赭衣。这是古代以赤铁石（赭石）染衣之证。商、周所见白色颜料主要是胡粉和蜃灰。《楚辞·大招》："粉白黛黑，施芳泽只。"此"粉"即胡粉、铅白，学名碱式碳酸铅，古人用作化妆，亦可他用。《周礼·地官·掌蜃》说到职官"掌蜃"的职能时说："掌敛互物蜃物……祭祀共蜃器之蜃。"郑玄注云："敛五物者，以其互物是蜃之类。"注引郑司农云："蜃可以白器，令色白。"可知蜃可以白器。这些白色涂料常用作绘画的底色或色边，使花纹更为突出。

颜料与诸纺织纤维均不能发生染色反应，实际上只是一种物理沾染和附着。为了增加颜料附着力，古人还使用过一种有机粘合剂。《考工记·钟氏》云："钟氏染羽，以朱湛丹秫，三月而炽之，淳而渍之。"此"朱"即朱砂；"丹秫"即赤粟。说用粘合剂涂染羽毛。1974 年时，长沙发现一件战国丝织品，经二重组织，其一部分经丝是丹砂染色，和它靠在一起的另一部分经丝是淡褐色植物性染料染色的，两种色丝上下交织，很少彼此沾染，前者曾用粘合剂是无疑的[52]。

（二）草染技术的发展

依前引《后汉书》的说法，草染应发明于高辛氏时期，相当于仰韶文化中晚期至龙山文化前期。但在考古发掘中，草染实例在商及其之前还是甚为鲜见的，西周之后才广泛地使用起来。从文献记载看，周代的染料主要有靛蓝、茜草、紫草、荩草、皂斗等。《周礼·地官》在谈到与染色有关的职官时说：掌染草，"掌以春秋敛染草之物"。郑玄注："染草，茅蒐、橐芦、豕首，紫苏之属。"《周礼·地官·叙官》郑玄注"掌染草"云："染草，蓝、蒨、象斗之属。"贾公彦疏："蓝以染青，蒨以染赤，象斗染黑。"孙诒让"正义"云："掌染草者，凡染有石染，有草染。此官掌敛染色之草木，以供草染。"孙诒让在"掌染草"条中征引诸家之说，认为茅蒐即茜草；橐、宅、杔、芦、芦、栌，皆为一物，栌即黄栌，可以染黄；豕首即染蓝之草；紫苏即紫草，象斗即草斗，俗作皂斗[53][54]。大约商、周之后，以植物染料为着色剂的染色技术便逐渐发展成一个独立的生产部门，从染料选择、培育、加工，到布帛的漂练、染色、印花，都形成了一套完整的工艺。基本操作是多次浸染，周代可能还采用了媒染法。下面简要介绍。

靛蓝。主要染青、染蓝。《说文解字》："蓝，染青，草也。"据传夏代便已开始种植。《夏小正·五月》："启灌蓝蓼。"[55]蓝草种类较多，蓼蓝在夏历五月发棵，宜于分棵栽种。虽学术界对《夏小正》的年代存在不同看法，这条资料是否能肯定夏代便已种植了靛蓝，并用它作为染料，目前尚不能肯定，但它至少说明，靛蓝种植是较早的。《礼记·月令》也有类似的记载，说仲夏之月，"令民毋艾蓝以染"。蓼蓝在六七月间草叶成熟，如若仲夏（五月）采摘，便会影响生长。可见早在先秦时期，人们对蓝草的生长规律已有了较深认识，并靛蓝染色使用已广。蓼蓝叶中含有蓝甙，可提出靛蓝素，是靛系还原染料。蓝草叶泡入水中发酵后，蓝甙水解溶出，即成吲哚酚，后在空气中氧化缩合成靛蓝。一般认为，当时很可能是直接把布帛与蓝草叶揉在一起，或置于发酵后的蓝草叶澄清液中浸染的，之后，吲哚酚在空气中转化为靛蓝。靛蓝色泽浓艳，牢度较好，直到 20 世纪中期，还在我国民间沿用。

茜草。又名蒨草、茹藘、茅蒐。染红。《说文解字》：“茜，茅蒐也。”“可以染绛。”“蒐，茅蒐、茹芦。人血所生，可以染绛。”是周代广泛使用的染料。《诗·郑风·东门之墠》：“东门之墠，茹藘在阪。”郑笺云：“茹藘，茅蒐也。”孔疏云：“茅蒐，一名茜，可以染绛。”又《诗·郑风·出其东门》：“缟衣如藘，聊可与娱。”郑笺云：“茹藘，茅蒐之染女服也。”茜草的色素主要是茜素和茜紫素，如若不加媒染剂，便只能染成浅黄色，媒染剂不同，色泽亦异。

茜草的使用还在考古实物中得到了证实。20 世纪 80 年代时，新疆且末县扎洪鲁克墓和洛甫山普拉墓群皆出土过一批毛织物；前者断代为公元前 1000～前 800 年，后者断代为公元 0～300 年；其服饰皆呈红色，唯深浅略有不同，有绯色、绛色、枣红、玫瑰红、橘红等。经分析，此红色染料的原料便是茜草。表 2－5－1 为 9 件周、汉红色毛织物残片染料分析结果[56]。由之可见，9 件样品染料的主要成分都是茜素（alizarin）和紫茜素（pupurin）。茜草的主要成分有茜素、紫茜素、膺紫茜素（pseudoprupurin）、茜根定（rubiadin）、门依司丁（munjistin）。但不同的茜草，这些成分的含量和稳定性都有一定差别。

表 2－5－1　　　　　新疆周—汉毛织物红色染料主要成分分析（Area/%）

色素\样号	85QZM$_2$21－3	85QZM$_4$30－2	85QZM$_4$－6	85QZM$_2$34	MO$_1$3102－3
茜素	43.55	54.88	45.34	34.63	74.16
紫茜素	56.45	45.12	54.66	65.37	25.84

色素\样号	MO$_1$3014	MO$_1$3311	MO$_1$3515	MO$_1$3411－2
茜素	35.66	13.89	35.49	10.59
紫茜素	64.44	86.11	46.51	89.41

注：采自文献[56]。

紫草。染紫。周代使用已广。《管子·轻重丁》云：“昔莱人善染练，茈之于莱纯锱。”此“茈”即紫草。《尔雅·释草》：“藐，茈草。”晋郭璞注：“可以染紫，一名茈蒬。”宋邢昺疏：“一名茈草，根可以染紫之草。”说明先秦已用紫草染紫。又《韩非子·外储说左上》云：“齐桓公服紫，一国尽服紫。当是时也，五素不得一紫。”可见先秦紫绸生产量较大，且其价格在素绸的五倍以上。紫草与茜草相似，不加媒染剂时，丝毛麻纤维都是难以着色的。

荩草。又名绿、王刍、黄草、菉竹、菉草、竹叶菜、鸭脚莎等[57][58]。周代已有使用。可直接染黄，也可用铜盐作媒染，而得到鲜艳的绿色，其一名为“绿”，很可能与此有关。《诗·豳风·七月》：“八月载绩，载玄载黄。”《诗·邶风·绿衣》：“绿兮衣兮，绿衣黄里。”“绿兮衣兮，绿衣黄裳。”此玄、绿、黄皆指颜色，说明这些颜色当时已使用得较为普遍。《诗·小雅·采绿》：“终朝采绿，不盈一匊。”郑笺云：“绿，王刍也，易得之菜也。”此诗当作于幽王之时。《离骚》：“贳蒉蒑以盈室兮。"此"绿"、"纂"皆指荩草,说明荩草在当时已是为人们熟知之物,"采绿"也是一项较为普通的活动。《说文解字》:"荩,草也,可以染留黄。"留黄,又作流黄、駵黄。看来,当时用荩草染黄、染绿都是可能的。在先秦染料中,黄栌亦可染黄。

皂斗。系栎属树木的果实,是我国古代主要的染黑原料。《周礼·地官·大司徒》在谈到山林、川泽、丘陵、坟衍、原隰五种自然环境的不同贡税方式时说:"山林,其动物宜毛物,其植物宜皂物,其民毛而方。"汉郑司农注第三句云:"植物,根生之属;皂物,柞栗之属。今世间谓柞实为皂斗。"前引郑玄注"叙官·掌染草"中亦包括象斗。可见皂斗在周代已是染黑原料,且是一种重要的贡赋之物。黑为五方正色之一,皂斗的使用应是无疑的。

其他几种染草不再细说。上述文献资料和考古资料都表明,草染在西周时期已使用得相当普遍。

从工艺性质上看,我国古代的草染大约包括直接浸染、媒染和还原染等种。人类早期的草染大约主要是直接浸染,至迟先秦时期,又发明了媒染和还原染。

多次浸染法。这是早期染色的基本工艺。植物性染料虽可与丝麻纤维发生染色反应,但毕竟亲和力较低,每次浸染,着色都是较浅的,欲得深色,须得反复多次浸染。《墨子·所染第三》载:"子墨子言,见染丝者而叹曰:'染于苍则苍,染于黄则黄,所入者变,其色亦变,五入必,而已必为五色矣。"这里便谈到了织物颜色与染料颜色和放染次数间的关系。《尔雅·释器》云:"一染谓之缥,再染谓之赪,三染谓之纁。"此"缥"为黄赤色,"赪"是浅红色,"纁"为绛色。这里谈到了多次浸染。由一染到三染,颜色逐渐加深。《尔雅》为汉初学者缀缉旧文而成,用它来说明早期浸染还是可以的。类似的多次浸染法至今仍在使用。

媒染法。因周代已大量使用了茜草和紫草染色,故当时已采用媒染法无疑。此外,《考工记》云,钟氏染羽,"三入为纁,五入为緅,七入为缁"。"緅",黑中带赤者,全文原意是:染三次为绛色、五次为红黑色,七次为黑色,这显然是使用了媒染法,一般反复浸染是很难把绛色染成黑色的。一般而言,此媒染剂很可能是矾石一类矿物,汉代也有类似的工艺。《淮南子·俶真训》云:"今以涅染缁,则黑于涅。"高诱注:"涅,矾石也。"矾的种类较多,在此当指皂矾,学名硫碳亚铁,此物本身并不太黑,但它可与许多植物媒染染料形成黑色沉淀,从而使织物染黑。所以"钟氏染羽"实际上是以红色(纁)为地色,以矾石为媒染剂染成黑色(缁)的。这是我国古代关于媒染工艺的最早记载。

目前见于考古发掘的先秦染色织物已经不少,皆反映了相当高的技艺。如1982年江陵马山1号墓出土的舞人动物纹锦,经光谱分析,其经线有棕色、绛色和黄色,刚出土时,色泽鲜艳如新[10],很可能是草染所致。有学者曾对新疆且末县扎洪鲁克墓和洛甫山普拉墓群出土的6件毛织物进行过X射线荧光分析,认为其至少使用了四种不同的染色工艺:(1)蓝色样品1件,可能采用了直接染色法,即通过涂染、揉染和浸染着色,因有关织物上未显示铝盐或铬盐,似非媒染剂染色。(2)红色样品3件,很可能采用了铝盐作媒染剂染色,3件样品上都显示了较高的铝。(3)3件红色样品的颜色深浅不一,颜色较深者含铝量亦较高,这很可能是多次媒染所致的。（4）2件草绿色毛织物很可能采用了蓝色和黄色染料套染而成，当人们将草绿色样品中的蓝色素提出后，其反射光谱曲线与黄色样品十分接近[59]。

从矿物原料的沾染到普通植物性原料的浸染，再发展到媒染剂的媒染，显示了我国古代纺织品染色工艺发展的基本过程。植物性染料染色技术的推广，媒染法的发明和推广，是商、周染色技术最为重要的成就。织成的布帛经漂练、印染、整理后，便可裁剪缝纫。

（三）关于印花技术的发明

1978～1979年，江西贵溪春秋战国崖墓出土了双面印花的苎麻织物，基底深棕色，花纹银白色[60]。经分析，印花颜料为含硅化合物[61]。有学者认为，这是我国今见最早的印花织物，亦是我国，乃至世界型版漏印之始[62]。伴出物有两块刮浆板，较薄，断面呈楔形，平面呈长方形，短把。

器物表面上复制图案的工艺在我国出现较早，商、周青铜器图饰中，许多都是在铸型上用模具复印出来的；与织物印花在工艺上虽存在许多差别，但在技术思想上却是相通的。虽贵溪织物的图案较为分散，有学者对其持有疑义，但我们以为，印花技术发明于先秦的可能性还是存在的。

（四）关于画缋

先秦衣物除了一般染色外，还有一种以绘画方式着色或成纹的工艺。《周礼·天官·司内服》云："掌王后之六服，袆衣、揄狄、阙狄、鞠衣、展衣、绿衣、素沙。"郑司农云："袆衣，画衣也。""揄狄、阙狄，画羽饰。"即是说，六服之中，袆衣即是画衣；揄狄、阙狄为画羽饰，皆为司内服所掌，皆以绘画方式着色成纹。又据《考工记》载，在官府的百工之中，有设色之工五，其中包括"画"、"缋"之工①，说"画缋之事，杂五色。东方谓之青，南方谓之赤，西方谓之白，北方谓之黑。天谓之玄，地谓之黄。青与白相次也，赤与黑相次也，玄与黄相次也"。郑玄注云："此言画缋六色所象，及布采之第次。缋以为衣。"孙诒让"正义"引司几筵云："缋，画文也。"引《释名·释书契》云："画，绘也，以五色绘物象也。"[63]这种画缋工艺的具体操作，今已难得详知，估计应是衣物局部作彩和成纹，而非整体染色，更非帛画之类。《金史》卷四三"舆服志中"说到过一种"间金绘画"的装饰，对我们理解这种画缋之工当有一定帮助。

六、丰富多彩的纺织品

夏、商、周织物品种较多，做工也较精细，组织亦较复杂，尤其丝织物，显示了相当高的技艺，这个时期的织物再不是原始社会那种简单的平纹和原始纱罗，而是出现了斜纹、平纹与斜纹的变化组织、联合组织，以及经二重和纬二重、大提花等复杂组织。

纺织品是整个纺织技术从原料选择、加工，到纺、织、印染、整理等发展状况的综合反映的集中体现。商周时期，织物的平纹组织有了较大发展，并从纱支、

---

　　① 《考工记》"总叙"说，设色之工五，画与缋是作为两个不同的工种或氏族来述说的，但在正文中，画与缋却是作为一个工种（或氏族）而放在了一起。

密度、捻度等方面改变和丰富了织物结构，商代出现了斜纹，西周有了锦，有了复杂组织；许多织物花型秀美，构思巧妙，无不显示出高超的技艺。

（一）丝织品

夏、商、周时期见于文献记载和考古发掘的丝织品主要有绡、纱、纺、紬、绢、縠、缟、纨、绨、罗、绮、锦等，它们多已得到考古实物的印证。今只对縠、绮、锦、纱、绢、紬、罗作一简介。

縠。平纹熟丝织品，外观有明显的方孔，又有细致均匀的鳞状绉纹。平纹而呈现绉的效果，是经纬纱强捻，且方向相反所致。织物纱线间原留有一定空隙，煮练后因组织应力的缘故，使加捻的经纬丝退捻而引起收缩弯曲，使织物表面呈现绉纹。

今见较早的绉纱织物是河北藁城台西村商代铜觚附着的绉纱残片等，其经线由两股丝线捻合而成，捻度 2500～3000 捻/米左右；合股后经线投影宽度为 0.10 毫米，密度约 30～35 根/厘米；纬线为多股捻合而成，投影宽度约 0.3 毫米，密度约 30 根/厘米，捻度 2100～2500 捻/米[32][64]。

先秦文献中亦不乏关于縠的记载。《战国策·齐四·管燕得罪齐王》载："下宫糅罗纨，曳绮縠，而士不得以为缘。"糅，混杂。这里谈到了縠、罗、纨、绮 4 种织物。又，《汉书》卷四五"江充传"："充衣纱縠禅衣"。颜师古注："纱縠，纺丝而织之也。轻者为纱，绉者为縠。禅衣制若今服。"此倒数第二句，阐明了縠的基本特征。

绮。是织纹变化，在平纹地上起斜花的织物。绮多素织，织成后再染色，也有以彩线相间织造的。从现代织物组织分类学看，绮是一种小花纹织物，是由两种或两种以上的组织，按各种方式联合成的。有关的商、周实物较多，习见有菱纹、回纹、云雷纹等几何图案。据报道，故宫博物院珍藏的一把商代玉戈曾附有雷纹条花绮残迹，其花纹的丝用四枚异向斜显花，平纹地。显花的丝线不加捻，经纬密约每厘米 20 根和 16 根[50]。前引"齐策四"等皆提到过绮。

锦。以彩色丝线织成，且有花纹的织物。锦不但像绮那样重视花纹，而且重视色彩。把织物组织的变化和纱线色彩的变化巧妙地组合起来，使织物纹、彩并茂，绚丽多姿，是商、周丝绸生产技术高度发展的标志。今在考古发掘中所见年代最早的锦属西周早期，辽宁朝阳、宝鸡茹家庄等地都有出土。据分析，朝阳出土有经二重丝织品多层，经密 26×2 根/厘米，纬密 14 根/厘米，正反两面均采用三上一下的经重平组织，表面的经纬浮点都有斜纹效果[65][66]。茹家庄锦粘于铜剑上，为经、纬丝显花，纬二重，纬丝表里交换的菱纹丝织品，经密达 70 根/厘米，纬密 20×2 根/厘米；经复原，残存花纹的纬丝循环达 42 根，显花纬丝浮长 3～4 毫米[65]。春秋战国时期，各种锦织物有了进一步发展，尤其值得注意的是楚国，从 1952 年夏到 1994 年，长沙近郊发掘 2048 座楚墓，其中 4 座墓出锦 38 件，包括彩条纹锦、浅棕色菱形纹锦、深棕地红黄色菱纹锦、褐地矩纹锦（彩版伍，1）、褐地红黄矩纹锦（图 2-5-1）、朱条暗花对龙对凤纹锦（彩版伍，2）、褐地双色方格纹锦、褐地几何填燕纹锦等[67]，其花纹已超出了几何图案范围，色彩异常丰富，它们是采用经二重、经三重组织的，经纬丝色彩主要有：朱、棕、橘、土黄、褐等。纹样和色彩搭配得十分和谐，在设计和织造上都有相当高的造诣[33]。经二重、纬二重组织，三重经组织，皆是复杂组织，它们的出现是周代织物组织运用上的重大突破。1965 年江陵望山楚墓出土的对兽彩条锦更表现了一种独特的风格，其以阴阳块面纹组成角兽双虎，形象生动活泼，双色暗花。经密度为：甲组织部分 90 根/厘米，乙组织部分 180 根/厘米；纬密度皆为 42 根/厘米。经线无捻，纬线弱捻。甲组织为三上一下的左斜纹，乙组织为三上一下的二重组织[68]。1982 年湖北江陵马山一号楚墓出土大批丝织品和一双麻鞋，其丝织品有绢、绨、纱、罗、绮、锦、绦、组八大类，几乎包涵了先秦丝织物的全部品种，锦的纹样则多达十余种，尤以舞人动物纹锦衾的纹样最复杂[81]。

图 2-5-1　长沙楚墓战国晚期褐地红黄矩纹锦（M1023：20-5 局部）
采自文献[67]，图版壹伍伍，5

　　文献上关于锦的记载也较早。《诗·小雅·巷伯》也："萋兮斐兮，成是贝锦。"此"贝锦"即是彩如贝文的锦。巷伯乃时人刺幽王诗，时属西周晚期。《诗·卫风·硕人》："硕人其颀，衣锦褧衣。"说卫庄公夫人穿锦服罩布衣。时为春秋早期。《诗·秦风·终南》："君子至止，锦衣狐裘。"孔颖达疏："锦者杂采为文，故云采衣也。""终南"篇乃秦人刺秦穆公而作，属春秋中期。《左传》闵公二年："归夫人鱼轩、重锦三十两。"晋杜预注："重锦，锦之熟细者……三十两，三十匹也。"熟细之锦达三十匹，可见数量之大。又，《礼记·玉藻》曾多次提到锦，其中一次为："君衣狐白裘，锦衣以裼之"。

　　我国古代之锦，可区分为经显花和纬显花两大类，从战国到唐代初年，大凡都是以经显花为主的；又可区分为平纹锦与斜纹锦两种，大凡从战国到北朝初期，几乎都是平纹经锦，隋至唐初才逐渐盛行起斜纹经锦来[69][70]。

　　纱。又谓之沙、縠。是质地最为薄轻且稀疏的织物。组织为平纹交织，表面分布有均匀的方孔。前引《周礼·内司服》便提到过"素沙"。青台仰韶文化遗址曾出过麻纱。长沙楚墓出土过 12 件，其中标本 M115:30，为褐黄色方孔纱，纱孔均匀清晰，经密为 48 根/厘米，纬密为 46 根/厘米。此外还出土过纱冠 1 件、纱手帕

1 件[67]。

绢。采用平纹，或平纹变化组织为地的色织，或色织套染丝的织物。质地紧密薄轻，表面细洁光滑，光泽柔和。《说文解字》："绢，缯，如麦稠色。"始见于钱山漾下层良渚文化时期，中国国家博物馆 1 件商代铜片上附有绢片，平纹，经密 42～46 根/厘米，纬密 17～20 根/厘米，色白，其上有丹砂"污染"[10]。人们推测，此丹砂很可能是用来着色的。长沙楚墓出土绢 82 件，标本 M1023:20-1 为平纹，经密为 84 根/厘米，纬密为 50 根/厘米[67]。

绸。由粗茧纺织成的粗绸。较之更粗者谓绨，由茧的下脚料织成。至迟始于西周，信阳孙砦西周遗址出土 2 件绸[71]，平纹，经纬丝稍粗且曾加捻[72]。

罗。是质地薄轻，丝缕纤细，经丝互相纠缠，呈现均匀椒孔的织物。罗又包括素罗和纹罗，罗地不起花为素罗，提花起纹为纹罗。纹罗的显花原理与纹绮、纹锦是有区别的。纹绮和纹锦的经丝都互相平行，经纬丝交织时，因浮长线之不等而形成花纹和地纹，同时以经丝和纬丝并列，或重叠配置的方式，构成花纹和地纹组织。纹罗则是以绞经、地经相互绞缠，绞经有规则地向左右方与地经丝相互连续绞转而形成网纹的[73]。

罗始见于新石器时代晚期，荥阳青台出土有原始的二经绞罗。商、周时期，罗织物有了进一步发展，战国时期便有了四经绞素罗，如江陵马山 1 号楚墓所出土的素罗等。其绞经和地经有规律地交替向左右绞转，每相邻的 4 根经线形成近似六边形的网孔，每织入 4 根纬线完成一个组织循环。经、纬线都曾加捻，其投影宽度分别为 0.15 毫米、0.05 毫米。经纬密为 40 根/厘米×42 根/厘米。织物厚 0.17 毫米，灰白地（图 2-5-2）。时约公元前 340～前 278 年，为战国

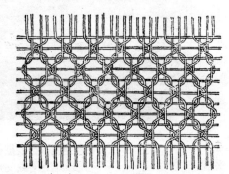

图 2-5-2　江陵马山 1 号楚墓（战国中晚期）素罗组织示意图
采自文献[74]，第 29 页

中期偏晚或战国晚期偏早[74]。前引《战国策·齐四》提到的 4 种丝织物中，罗便是其中之一。又《楚辞·招魂》："罗帱张些，纂组绮缟。"《招魂》为宋玉所作。这些都在一定程度上说明了罗织物之重要和发展。

上面介绍了縠、绮、锦，以及纱、绢、绸、罗的部分情况。此外，先秦文献还提到过其他一些丝织物。《礼记·玉藻》提到过绡："玄绡衣以裼之。"《战国策·齐四·鲁仲连谓孟尝》提到过缟："后宫十妃，皆衣缟纻，食粱肉。"《管子·轻重戊》提到过绨："鲁梁之民俗为绨。"（戴望注："缯之厚者谓之绨。"）在见诸文献记载和考古发掘的商、周丝织品中，绡、纱、纺、绸、縠、缟、纨等是无花纹的，绮、锦则是带有花纹的，它们分别反映了不同的织造工艺和组织结构。在此还有一点需说明的是：商、周丝织物已出现了斜纹组织，它的基本特点是：交织点连续而成斜向纹路，花纹突出，光泽较好。此期的斜纹组织还不是单独出现的，而是多见于回纹、云纹、菱纹的几何图案中，同时又以变化的斜纹组织出现。

（二）麻织品

相当长一个时期内，它是我国社会的主要衣着。由于官府手工业的发展和商品交换的需要，早在周代，我国便有了一套衡量其纱线精粗的质量标准，即"升"，这是依照每一幅宽内纱线多少来计算的。《仪礼·丧服》郑注云："布，八十缕为升。升字当为登；登，成也。"当时幅宽规定为二尺二寸①，故"朝服十五升"即是二尺二寸幅内有麻 $80 \times 15 = 1200$ 缕，若每尺依 23 厘米计算，此朝服的密度便为 $1200 / (23 \times 2.2) = 23.7$ 根/厘米；大工布九升，密度便为 $(80 \times 9) / (23 \times 2.2) = 14.2$ 根/厘米。当时最细的布为 30 升，用来做冕。《仪礼·士冠礼》"爵弁"郑注云："爵弁者，冕之次……其布三十升。"② 其密度则为 47.4 根/厘米。麻织品在我国南北方都有出土，并很早就达到了较高水平。前云武夷山白岩洞船棺墓出土有 3 块大麻布残片，平纹，经密为 20 ~ 25 根/厘米，纬密为 15 ~ 15.5 根/厘米，相当于 12 ~ 15 升布；一块苎麻布的经密为 20 根/厘米，纬密为 15 根/厘米，约相当于 12 升布[12]。长沙楚墓出土麻织品 7 件，其中包括麻布 2 件，其中一片为斜纹提花，组织为二上一下，深褐色，经密为 32 根/厘米，纬密为 22 根/厘米[67]。

（三）毛织品

主要出土于我国西北地区，平纹居多，也有部分斜纹；经密多大于纬密，也有纬密大于经密的；有红、绿、驼等色，也有未染的素织品。1983 ~ 1984 年，新疆和静县 1 号墓（相当于西周中期至春秋中期）出土 1 件毛织品，平纹，经线双根，经密为 5×2 根/厘米；纬线单根，纬密约 13 根/厘米[36]。2 号墓（相当于春秋战国之际）所出毛织物多为二上二下的斜纹[75]。1986 年，新疆哈密焉不拉克出土毛织品 30 件，有平纹、斜纹，还有编织物，平纹织物 19 件，皆一上一下组织，稀密程度不一。其中一件试样为驼色，较为稀疏，经密纬密皆 7 根/厘米。一件试样呈黄色，较紧密，经线稀且粗，经密为 5 根/厘米，每根直径 0.5 毫米；纬线密且细，纬密为 28 根/厘米，每根直径 0.2 毫米。经线被纬线包裹不外露，织物外观显出经向畦纹效应。斜纹组织 10 件，皆二上二下组织。一件试样为黄色，经线、纬线均单股，经密、纬密均为 13 根/厘米[28]。1999 年，新疆哈密市艾斯克霞尔墓地出土可辨器形的毛织品和编织品计 17 件，其中至少有 8 件为毛布制品，包括毛布袍 1 件、毛布袍残片 3 件、毛布帽 2 件、毛布裤残片 1 件、彩条纹毛布裹巾残片 1 件。其中毛袍 M5:5 为棕地条纹下摆残片，残长 110 厘米，残宽 50 厘米，平纹组织，经线为棕、浅蓝、橘黄三色，纬线褐色；经纬线均 Z 捻，经纬密度为 22 根/厘米 $\times$ 10 根/厘米，约属公元前 1000 年前的新疆青铜时代[76]。这些毛织物皆纱线均匀，织作平整，表现了较高的技术水平。

（四）刺绣

刺绣与锦等不同，它的花纹不是织出，而是在已经织好的织物上，用绣花针绣出的。始见于商，今日所见有殷代铜觯附粘的菱纹绣，属平绣法[77]；之后，刺

---

① 《礼记·王制》："布帛精粗不中数，幅广狭不中量，不粥于市。"孔颖达疏："广狭者，布广二尺二寸，帛则未闻。"

② 此"爵弁"到底是麻还是丝，文献上所述不甚明白，郑注云"其布三十升"，应是指麻；但郑接着又说："唯冕与爵弁用丝耳。"前后两说不一。贾公彦疏又说是麻，"爵弁者，冕之次者……绩麻三十升。"

绣便一直延续了下来。此期大家较为熟悉的刺绣品有：西周前期宝鸡刺绣衣衾[78]、长沙楚墓的凤纹绣等[79]。1974 年，宝鸡茹家庄西周前期強伯墓出土有刺绣衾，采用辫子股绣，即锁绣针法，在染色丝绸上，用黄色丝线绣出各种图案，色泽鲜明，工艺熟练。颜色有朱红、石黄、褐、棕四色。红、黄为天然丹砂、石黄加粘着剂涂染，刺绣料用植物染料染成[78][80]。1958 年，长沙烈士公园 3 号墓木椁墓出土有 2 件刺绣品，在绢上以链环状针脚绣出龙凤图案。此外还有丝被，在平纹织物上绣有堆花，且有朱色彩绘，断代春秋[79]。

第六节　髹漆技术的发展

新石器时代的髹漆技术水平还较低，夏、商、周便有了较大的发展，不但漆器种类增加、数量增多，而且出现了许多新工艺，制作了大量造型优美、技术水平和艺术价值都较高的产品。春秋战国时期，我国古代漆器技术发展到了一个前所未有的高峰，尤其是南方的楚国，成了全国漆器生产的重心。此期器胎除木胎、竹胎、陶胎外，还使用了皮胎，并发明了夹纻胎。木胎加工主要是斫制，同时使用了卷制。至迟战国时期，便已用油兑漆，使各种彩绘变得鲜艳夺目起来。镶嵌技术也有了进一步发展，发明了填漆、描金、贴金，以及釦器工艺，使此期髹漆技术在我国古代技术史和艺术史上都占有重要的地位。

一、夏、商、周髹漆技术发展的一般情况

夏、商、周时期，漆器出土数量、种类和地域都有了增加和扩展，目前在南方和北方都有漆器出土。

（一）二里头时期

河南偃师二里头的二、三、四文化期都出土有漆器，表面皆髹红漆，无彩绘。1981 年，其二期墓葬出土漆器 4 件，即钵 2 件、觚 1 件、鼓 1 件；鼓形较大，长筒束腰，长 54 厘米[1]。1980 年、1984 年，二里头三、四期墓葬出土漆器多件，可辨器形的有盒、豆、筒形器、觚等；三期墓葬还出土了一件木质雕胎漆器，雕兽面花纹[2][3]。

（二）商代前期及其与之相当的考古文化

1974～1983 年，赤峰大甸子夏家店下层文化清理 804 座墓葬，至少 16 座出土有残漆片。另有 10 多座出土有红色、黑色碎屑片，虽尚未进行科学分析，但一般认为是漆片。这些器物多已腐朽，漆皮亦多已破损，只有 1 件觚形器较为完整，另有 5 座墓也有类似器形。有的器物上似镶嵌有绿松石、蚌片、螺片，其年代约相当于夏末商初[4]。1977 年辽宁敖汉旗（今属内蒙古自治区）出土两件近似觚形的薄胎漆器，距今 3400～3600 年，有学者认为它很可能是中原或南方制造的[5]。

1973～1974 年，河北台西村商代中期遗址出土有盘、盒等薄板胎漆器，木胎上雕有浅浮雕花纹，多作朱红地、黑漆花。花纹有饕餮纹、蕉叶纹、云雷纹、夔纹等，花纹比较匀称、清晰、明朗，在饕餮纹中并镶有绿松石[6][7][8]。

1974 年，湖北盘龙城商代中期墓葬发现有内外壁皆曾髹漆的木椁，外壁雕刻饕餮纹和斜角云雷纹，并填红黑两色漆[9]。

（三）商代后期

在安阳殷墟[10]~[14]、山东益都苏埠屯[15][16]、山东滕县前掌大[17][18]、河南罗山天湖[19][20]等地都有商代漆器出土，前掌大还出有嵌蚌漆牌。这表明商代漆器工艺已日趋成熟。

（四）西周时期

漆器技术又有了进一步发展。此期漆器出土地点大家比较熟悉的有：河南浚县辛村卫国墓地[21]、三门峡上村岭虢国墓地[22]、洛阳庞家沟[23]、陕西长安丰镐地区周人墓地[24][25]、北京琉璃河燕国墓地[26][27]、安徽屯溪西周墓[28]、湖北蕲春毛家嘴遗址[29]、甘肃灵台西周墓[16]等。其中又以北京琉璃河、蕲春毛家嘴漆器保存较好，且制作较精，分别反映了南北漆器技术的先进水平。彩绘技术、雕花技术、镶嵌技术此时都使用得更加普遍和成熟起来。琉璃河西周漆器品种有罍、瓡、壶、簋、豆、杯、盘、俎、彝等，以豆居多。器表多有彩绘，多为红地褐彩或褐地红彩，黑漆地较为鲜见。有些漆器表面镶嵌蚌泡、蚌片、绿松石或贴金箔，个别漆器表面雕花，使图案呈浮雕状[26][27]。毛家嘴出土有圆形漆杯，圈足以黑漆和棕色漆为地，上施红彩，色彩鲜艳[29]。灵台中型墓出土有棺、椁，椁外髹棕色漆；有的棺上有红、黑两色相间的云气、草叶、几何形等纹饰彩绘[16]。在周代，国家对漆器的生产已较重视，并设置了相应的官吏和赋税制度。

归结起来，夏、商、西周漆器生产似具有如下几个明显的特点[30]：

（1）出土量较少，绝大多数出自高级贵族墓，尚未向中下阶层推广和普及。

（2）器物种类多为仿铜器的容器，主要用作礼器，品种亦较少。

（3）胎质多为木质，其他材料的较少，制作技术亦多较简单。

（五）春秋战国时期

这是我国古代漆器技术大发展、大转变的重要阶段，漆器出土地点已遍及江、河、淮、汉，以及珠江流域的广大地区，其中又以江汉流域为最。属春秋时期的依然偏少，其中较值得注意的有：湖北当阳越巷4号墓，早年被盗，1987年发掘时仍出土有20件左右精美的彩色漆器，包括漆壶、漆簋、漆豆等，断代春秋中期偏晚[31]；河南固始侯古堆1号墓，1978年发掘，出土有漆雕木瑟、漆雕木鼓、漆木鼗鼓、小肩舆、盘龙等漆木器和彩绘漆竹竿，断代春秋晚期[31]。战国时期，漆器明显地增多起来，其中较值得注意的有：湖北随县曾侯乙墓[32]、江陵天星观1号楚墓[33]、江陵望山沙冢墓[34]、江陵雨台山楚墓[35]、荆门包山楚墓、江陵九店东周墓等。曾侯乙墓属战国早期，出土漆器达数千件，其中包括部分髹漆甲胄片、乐器、箭杆和一般漆木器等[32]。湖北江陵望山与沙冢的8座楚墓计出土漆木器约460件，主要出土于望山1、2号墓和沙冢1号墓[34]；江陵雨台山500多座楚墓中，近半数出土有漆器，总数约千余件[35]。其他一些地方也出土不少漆器，如湖南常德德山晚期楚墓，出土有夹纻胎漆奁[36]。河南信阳1号楚墓，出土有二三百件漆木器，彩绘精细、雕刻浑朴[37]。成都羊子山172号墓，出土9件漆器，均为釦器，黑漆地上朱绘出龙纹等图案[38]。山东临淄郎家庄1号墓，出土大量彩绘漆器，及用骨片和金箔装饰的漆器[39]。山西长治分水岭，其14、126、269、270号墓都有漆器出土，14号墓所出漆棺并加纻数层[40]，126号墓发现了许多漆片和各种图案的金箔片[41]。北京永定门外贾家花园战国墓出土4件非常精致的错金银铜钮，分别为圆漆盒的盖顶、盖口、底口和底圈足，钮上嵌错出卷云纹、草叶纹、菱形纹等[42]。以往人们对云南漆器不太注意，其发明年代也是不晚的。1979年，云南呈贡天子庙滇墓群出土彩绘漆棒1件，木胎，黑地，上绘朱红、银白两色细线，属战国中晚期。1972年，江川李家山古墓群也出土过一些漆器，多为木胎髹漆，并彩绘，其中有的墓葬年代可上推至战国末期；江川李家山还出土有竹胎漆器[43]。

战国漆器已有官营和民营之别。平山县出土过一件漆盒，盖上有针刺文字："廿一年左库"[44]，此器当为左库所造。20世纪50年代以前，长沙出土过一件漆樽，其上亦有针刺铭文："廿九年，大（太）后口告（造），吏丞向，右工币（师）象，工大人台。"这也是一种官营作坊的产品，且"物勒工名"[45]。属于私营作坊的实例也可看到。长沙沙湖桥出土过1件漆耳杯，背面漆书"口里口"[46]。长沙杨家湾6号墓出土过一个漆盒，盒底外面与盒底里面阴刻"王二"字样；同墓还出土有20件漆耳杯，每个底部中央都有一个相同的烙印[47]。睡虎地漆器大部分都有针刻、烙印、漆书的文字和符号，其中针刻的有"李"、"张二"、"大女子口"、"路里"等[48]。这些很可能都是私营作坊的标记。至于睡地漆器烙印文中所见"亭"、"咸"等字样，则不能排除官营的可能性。

此期文献上关于漆的记载也多了起来。《诗·唐风·山有枢》："山有漆，湿有栗。"诗序云，此乃刺晋昭公之诗。《诗·秦风·车邻》："阪有漆，湿有栗。"《诗·鄘风·定之方中》："树之榛栗，椅桐梓漆。"可知当时漆树已经不少。周代还有了一套漆园的管理制度。《史记·庄子列传》载："庄子者，蒙人也，名周。周尝为蒙漆园令。"可知庄子曾为管理漆园的小官。《周礼·地官·载师》："唯其漆林之征，二十而五。"可见周时漆林主要是由国家掌握的，置漆园吏，以司其事；民间产漆，则须交纳四分之一的重赋。在《山海经》一书中，关于产漆的记载就更多了。如"西山经"载："曰号山，其木多漆棕。""曰英鞮之山，上多漆木，下多金玉鸟兽。""北山经"载："曰虢山，其上多漆，其下多桐椐。""曰京山，有美玉，多漆木多竹。"《中山经》载："曰熊耳之山，其上多漆，其下多椶。""翼望之山……其下多漆梓。"

与商和西周相比较，战国漆器的特点是：（1）分布地域更广、出土数量更多。（2）器物以实用为主。大约春秋晚期，漆器亦完成了由礼器向实用器的转变。曾侯乙墓便出土较多的实用器，如用于装物的有：衣箱、食具箱、酒具箱等；用于盛食的有：杯、豆、罐、盒等；乐器有：扁鼓、琴、瑟、笙、箫等[49]。（3）技术上有了较大的发展，如，器胎已不仅仅限于木质、竹类、陶质，而是有了皮革、藤类、金属类（铜）、骨角，以及丝质等，这些胎质在曾侯乙墓中多可看到[50]。此外，还出现了夹纻胎，使我国古代漆器技术发展到了一个较高的阶段。

二、制胎技术的发展

商、西周漆器的胎质较为单调，春秋战国之后胎质的种类就多了起来，其中较值得注意的是下述六种。

（一）木胎。制作方法大体上可区分为斫、挖、卷曲和雕刻等种类。夏、商、西周时期，主要用斫、挖、凿法。小器以整木做成，大器则是先分制，之后再粘接而成，这与铜器分铸法、陶器分制法相类似，这是一个重要的技术思想。此外，有学者认为先秦时期还使用了旋木胎。

斫木胎。即采用砍削的方式成型，这是早期漆木器的重要成型方式之一。大凡豆、勺、案、几、俎、梳、盾、剑鞘等皆以斫制为主[51]。

挖木胎。即采用挖的方式成型，也是早期漆器的重要加工方式。鸳鸯盒、扁圆盒、樽、卮、食具盒、酒具盒、剑盒等皆以挖制为主，楚墓中的耳杯，亦以挖制为主[51]。但也有人认为酒杯多采用刀斧砍削的方式，用整块木加工成的，先砍粗型，后作精细加工；一种器物可以使用多种加工方法。

卷木胎。元陶宗仪《辍耕录》卷三〇云："凡造碗、碟、盘、盂之属，其胎骨则梓人以脆松劈成薄片，于旋床上胶粘而成，名曰卷素。"器未饰为素，故卷素即是卷木胎之意。《髹饰录》"质法"第十七载："圆器有屈木者、车旋者。"[52]即是说，圆器有卷木胎和旋木胎两种。卷木胎大约是在薄胎漆器基础上发展起来的，薄板胎在敖汉旗，以及藁城台西村商代中期漆器上便有使用[6][7][8]，但数量一直较少，战国中期之后才逐渐发展起来，主要用在奁、杯上。制法是：先将长条薄木片的两端削成倾斜状，再弯卷成圆筒形，粘合后再粘接底板。见于考古发掘的有长沙杨家湾、颜家岭等楚墓所出漆奁等[53]。《孟子·告子上》载："子能顺杞柳之性，而以为桮棬乎？"此"桮棬"即指使用卷木胎制作的器物。"正义"引某氏云：圈即棬；桮，盘、盏、盆、盏之总名。《玉篇》："棬，屈木盂也。"

雕木胎。即木胎雕花，此技术始见于二里头三期，台西村商代中期遗址和琉璃河西周早期遗址亦有发现，战国时期便有了较大的发展。如战国早期曾侯乙墓所出案、禁，其案面、禁面四角都是浮雕，禁面当中透雕，有的漆器浮雕还有明显的仿铜器作风[49]。通常是先雕，之后髹漆。江陵望山出土有透雕漆绘小座屏，底座浮雕出蟠蛇，整座小屏共透雕出各种互相角斗的 51 个动物，是难得的艺术珍品[34]。有的为整木雕成，有的则是分别雕刻，之后再用榫卯接合或者粘合，其中有浮雕，也有透雕[51]。孔子有弟子姓漆雕，名开。《论语》："子使漆彫开仕，对曰：'吾思之未能信。'子说。"或与此有一定关系。

关于旋木胎。对我国古代漆器旋木胎的起始年代，学术界存在两种不同观点：（1）说其始于先秦时期。罗山天湖商代晚期墓出土有 1 件黑漆木碗，器形规整，碗底弧度自然，里外表面光滑，有学者认为其很可能是采用机械旋挖，再辅以手工修整而成型的，其操作与陶器的轮制法相类似[20]。另外，1973～1976 年江陵雨台山楚墓出土过不少漆器，有学者认为亦使用了旋制工艺[35]。（2）说其始于汉代。有学者认为，有明显旋纹的漆器器胎当属汉代，先秦器胎上是很少看到的。两说都有一定的道理，因未曾一一亲睹有关实物，孰是孰非，可以进一步研究。但我们以为：从技术背景看，先秦使用旋木胎的可能性还是存在的。如前云，不少学者认为良渚文化玉器加工中很可能使用了砣机；另外，部分战国青铜剑首部密密麻麻的多层同心圆，当是使用某种轮轴机械在范上加工出来的，旋床与之大体上皆属同一类型。

旋床后世又谓之"天运"。明黄成《髹饰录》"利用"第一云："天运，即旋床。"[54]杨明注："其状圜而循环不辍，令椀、盒、盆、盂，正圆无苦窳，故以天名之。"[55] 王世襄解说道："正圆形的漆器，如椀、盒、盆、盂等，它们的木质胎骨，除了是用薄木条圈粘（合）而成的外，都是用旋床来旋制的。"[55]

（二）皮胎。至迟始见于春秋中期。多用在皮甲上。皮甲髹漆，主要用作防潮。《左传》宣公二年（公元前 607 年）载："牛则有皮，犀兕尚多，弃甲则那。役人曰：从（纵）其有皮，丹漆若何？"依《左氏会笺》，后两句即是说："纵令有皮，而丹漆难给，将之若何？"可见春秋中期已有皮胎漆甲。目前见于考古发掘的皮胎漆甲器有：前云曾侯乙墓所出髹漆甲胄片，湖北江陵藤店 1 号墓所出皮胎漆甲片[56]，荆门包山 2 号墓所出髹漆人甲 2 件、马甲 2 件、4 号墓髹漆人甲 1 件，包山 2 号墓还出土有皮胎漆盾 1 件[57]，浏城桥亦出有漆盾等[58]。

（三）夹纻胎，即以纻麻织物作胎，其器后世又谓之脱胎漆器。具体操作是：先用木或泥制成内模，后在模上褙麻、抹漆灰（或谓刮漆灰），褙一层抹一层，之后磨光、上漆，干涸后再将内模取出。这种胎的优点是可避免木胎的干裂和变形。此法始见于战国中期，1980 年四川新都战国中期墓出土 1 件夹纻胎的黑漆圆形锥刀套，是今见最早的夹纻胎漆器。从漆器残迹看，此墓当随葬过多件夹纻胎漆器[59]。类似的器物在湖北、湖南的楚墓中都可看到。江陵望山 1 号楚墓 1 件铜削鞘（WM1：G17）为夹纻胎，为彩绘漆[34]，江陵马山 1 号楚墓出土有夹纻胎彩绘漆盘[60]。看来在战国时期，巴蜀和楚国都是漆器技术比较发达的地区，许多新工艺都是在此两地最先发明出来的。此"夹纻胎"之纻，早期用纻麻或纻布，后来亦使用各种麻、丝、棉类织品。夹纻胎的出现是髹漆技术的一大进步。

（四）木胎夹纻，即合木、纻二者为胎。多见于剑鞘上，其内层为两块粘合的木板，其外密缠丝线并髹漆，江陵雨台山 127 号楚墓、湖北黄冈国儿冲楚墓等都有出土[60]。成都羊子山 172 号墓出土的 1 件大方釦漆器也是木胎夹纻的，先在木胎上贴编织物，然后再髹漆[38]。这既可保证鞘等的固有形态，又不易破损，亦较轻便。

（五）竹胎。包括竹筒、竹片、竹条、竹篾等，其中尤以髹漆精细生竹篾编织物最为难得。竹胎漆器在云南江川李家山[43]，以及湖北江陵的雨台山、望山[34]、九店[61]等都有出土。江陵雨台山 354 号墓出土有 2 件竹筒，用涂有红、黑两色漆的篾编成，篾很细，编织成红黑相间的"山"字纹、矩形纹和雷纹[35]。该墓断代战国中期前段。成型方式主要有三种，即锯制、编制、斫制。竹筒、竹矢箙等以锯制为主；彩漆竹席、竹笥等，以髹红髹黑的篾片编成[51]。

（六）金属胎。今见有铜胎和锡胎两种，但皆实例较少。铜胎漆器约始见于商，河南罗山天湖商代晚期 6 号墓所出土 3 件铜鼎①，曾用黑漆髹饰其突出的夔纹、涡纹、蝉纹等图案[20]。稍后，属春秋时期的有山东曲阜鲁国故城出土的 2 件木奁中，分别装有 6 件和 4 件整体髹漆的铜方盒[62]。再后，有曾侯乙墓所出编钟上的髹漆铜人、爬虎状挂钩和荆门包山楚墓所出髹漆青铜樽等。曾侯乙墓铜人表面先髹棕褐漆，之后彩绘出类于现今"连衣裙"形状的服饰，使铜人栩栩如生。

---

① 承欧潭生先生之托，我曾请中国科学院化学研究所有机化学研究室魏先生对天湖商代铜器上的漆状物作过鉴定，从光谱和成分看，是为有机物质，看来应当是漆。

同墓出土的爬虎状挂钩表面髹漆后又彩绘出虎皮状斑纹，甚为形象生动[32]。包山楚墓出土有两件青铜樽，外表面有金银错纹饰，樽内全髹红色漆[57]。另外，在信阳长台关楚墓、长沙楚墓、荆门包山楚墓等地都出土过一些彩绘镜，在镜背绘漆。荆门包山2号楚墓铜人的头发，是以髹黑色漆的方式表示的。包山楚墓中出土的人擎灯上，铜人的头发髹了黑色漆，十分形象美观。锡胎曾见于四川，1980年时，新都战国木椁墓出土两片方形锡器角部的残片，表面涂有黑漆[59]。

在谈到金属胎时，有学者十分强调漆皮对金属的防腐功效，并认为这是古人将油漆用于金属防腐的有力物证[63]。油漆对金属的防腐作用，是应当肯定的，但我们以为当时髹漆的目的，主要还是为了装饰，而非防腐：（1）铜和锡，皆非短时间内便会氧化并被毁坏之物，尤其是锡，防腐的迫切性不高。（2）不管包山大墓铜樽，还是曾侯乙墓铜人等，其工作环境皆无防腐之需。虽新都方形器功能不明，也很难判断其是否工作于腐蚀性较强的环境中。

除上述六种外，还有陶胎和原始瓷胎。陶胎漆器在云梦县珍珠坡楚墓中曾有出土，其有的陶器表里皆髹黑漆，且用红、白粉彩绘各种花纹[64]。据说原始瓷胎曾在河南庞家沟西周410号墓中看到，那是在原始瓷豆外嵌了蚌泡的漆器托残片[62]。

在上述胎质中，使用较多的应当是木胎、皮胎、竹胎三种，而夹纻胎、木胎夹纻、金属胎，绝对使用量都不大，陶胎和原始瓷胎更少。

三、兑漆技术的发展

兑漆，即视不同的需要，掺入油和着色剂。从大量考古实物看，商、西周时期，兑漆技术大体上还沿用原始社会的工艺，当时的主要内容是掺入颜料，是否已经用油，目前尚难确定。当时漆器主要使用朱、褐、黑三色，山西陶寺、湖北蕲春毛家嘴[29]和北京琉璃河[26][27]都出有彩绘漆器，后二者多为黑地（或褐地）红彩，也有红地褐彩。安阳殷墟有时使用粉红、杏黄、黑、白4种绘彩，显然都是掺入了不同颜料来着色的。

战国时期，多种颜色的绘彩迅速扩展开来，信阳长台关楚墓漆器至少施用了鲜红、暗红、浅黄、褐、绿、蓝、白、金黄等多种颜色。彩绘工具可能使用了毛笔[37]。雨台山漆器多以黑、红漆为地色，通常器表髹黑漆，器内髹红漆；彩绘纹饰都施于黑漆地上，常用的颜色有金、黄、红、赭等色[35]。一般认为，这鲜明浅淡的色彩，不但掺入了着色剂，同时也是掺了油的[5]。单独用漆时，不管是生漆还是经脱水处理等之后的精制漆，通常都只能配制出黑色和较为浓重的颜色，无法配制出浅淡的色漆。

人们最早使用的漆应是单一的天然漆，之后才掺入了油类。掺油的目的是改善漆的流动性，提高制品光洁度等。一般而言，凡着黑色、深色者，主要使用天然漆；凡颜色浅淡鲜明的描绘，便必须用油。《髹漆录》杨明注云："黑唯宜漆色，而白唯非油则无应矣。""如天蓝、雪白、桃红，则漆所不相应也。古人画饰多用油。"[65]即是说，只用漆而不掺油时，便只能配制出黑色漆来，若需配制天蓝、雪白、桃红等浅色漆，单单用漆是不行的，故古代彩漆多数都用油。

关于先秦髹漆所用干性油的种类，目前尚难确定。有人认为可能是荏油，因

《尔雅·释草》记有"桂荏"之名[5];也有人认为先秦可能使用了桐油[63]。但在先秦及至汉代,关于使用荏油的资料都很少看到,今见关于荏油的确凿资料属于南北朝时期,关于桐油或油桐的记载则是唐代之后才看到的。

四、装饰技术的发展

髹漆的基本操作过程通常可分为三步,即打底、上漆、彩绘或装饰。商、西周时期便已采用多次上漆的工艺。此期的髹饰工艺较值得注意的主要有:彩绘、描金、贴金箔、镶嵌、釦器等种。彩绘是最为基本的装饰。镶嵌又包括镶嵌绿松石、镶嵌蚌泡、螺片等种。此外,也有学者认为此期髹饰技术中还使用了堆漆技术。

(一)描金。这是漆地上描绘黄金花纹的工艺,往往金银并用,故又谓之描金银。其地色以黑最为常见,次是朱色、紫色。明黄成《髹饰录》"描饰"第六"描金"条载:"描金,一名泥金画漆,即纯金花纹也。朱地、黑质共宜焉。"[66]其至迟发明于战国早期,如曾侯乙墓内棺之内壁,在红漆地上彩绘有墨、金等色的复杂图案;豆盖全身以黑漆为地,再以朱、金彩绘[67];信阳楚墓漆瑟残片的兽身图案周围皆平涂有极细的金彩[37]。荆门包山2号墓所出凤负双连杯,杯内髹红漆,杯外髹黑漆地,用红、黄、金三色彩绘[68]。此描金与金属工艺中的鎏金不同,鎏金需借助于汞齐对金和铜器的附着,描金只借助于水胶的粘着。

(二)贴金。做法是先在木胎上髹漆,当漆似干而未干时,将金箔贴于漆上。此技术始见于商代中晚期。1973～1974年,藁城台西村墓M14出土一件贴金漆盒,盒已朽,金箔残片呈半圆形,已脱落,厚不足1毫米,正面阴刻云雷纹[6][7][8]。琉璃河西周早期漆瓢也贴有金箔[26][27]。春秋战国后逐渐增多,1972～1973年湖北襄阳山湾东周墓[69]、临淄郎家庄东周墓等都有出土[39]。

目前学术界对金箔存在一些不同看法。有人认为今日所见先秦金箔皆较厚,只宜称为金片,而不得称为金箔,并认为今所谓贴金工艺,实际上是贴金片工艺。此说有一定道理,但未必十分全面。今人生产的金箔厚度仅为0.000123毫米[70],而殷墟金箔厚0.01毫米[71]、随县曾侯乙墓金箔厚0.037毫米[72]、临淄郎家庄东周墓"金箔"厚0.04毫米[39],相差80～325倍。任何事物都有一个发展过程,金箔技术也不能例外。金箔,原是金薄、薄金之意,而厚与薄的技术标准,是随着时代的发展、加工技术的进步而有所变化的。所以我们认为,此厚度为0.01～0.04毫米的先秦黄金薄片,称之为金片,或早期金箔、金箔都是可以的①。自然,不管是贴金箔,还是贴金片,都可称为贴金工艺。

(三)镶嵌。又包括镶绿松石、镶蚌壳、填漆等。

镶嵌绿松石。此技术约始见于大甸子夏家店下层文化。大甸子墓中"多次见到漆膜碎屑或红色涂料碎屑……其间所见松石片皆拼摆呈平面,蚌、螺片都是修整成长条形,拼摆在松石片之间,这些都是一面磨光,另一粗糙面贴附黑色胶结

---

① 金箔技术的发展主要与两方面因素有关:(1)加工技术。其中最为重要的是加工过程中防粘间隔物的选用和退火技术;此"间隔物"后世又谓之匮纸、乌金纸;退火则是为了再结晶和消除加工应力。虽黄金的再结晶温度较低,但实际加工过程中都要退火的。(2)社会对金箔的需要。由于技术条件的限制,先秦金箔是很难制得太薄的。

物质或红色涂料，或漆膜。表明这些松石、蚌、螺片是附在已朽坏器物上的镶嵌物。可能墓中原来有镶嵌松石、螺钿的小型漆木器。"其年代约相当于夏末商初[4]。商代中期，藁城台西村[6][7][8]等地都出土有镶嵌绿松石的漆器，西周之后有所减少，但琉璃河漆瓠上[26][27]仍可看到。前面谈到，漆器镶玉工艺在余杭县瑶山良渚文化遗址中便已出现[73]。在技术上，它们应当是相通的。

螺钿。这是一种把钿螺镶嵌于漆器表面以作装饰的工艺。黄成《髹饰录》"填嵌"第七云："螺钿，一名甸嵌，一名陷蚌，一名坎螺，即螺填也。"[74]可见，所谓螺钿，即陷蚌、填螺之意。其镶嵌用料总名为钿螺，其实包括"钿螺、老蚌、车螯、玉珧之类，有片有沙。"[74]不管此蚌、此螺是何形态，大体皆可称之为螺钿工艺。从考古资料看，这种蚌壳则有蚌泡和蚌片两种。前者显得较为原始，西周时期使用较多，后世则明显减少；镶蚌片工艺则沿用时间较长，工艺上亦较精到。今俗之谓，以及黄成在《髹饰录》中所说的螺钿工艺，皆主要指镶蚌片言。我们认为，镶蚌泡可视为螺钿的特殊形态或早期形态。学术界对螺钿工艺的含义，一直存在不同看法。有学者将镶嵌蚌泡和镶嵌蚌片都列入了螺钿的范围[75][5]，有学者则认为只有镶嵌蚌片才能叫螺钿，镶蚌泡是不宜称为螺钿的[76][77]。我们倾向于前一说法，这不但与《髹饰录》所云相符，而且与螺、钿二字的本义相符。螺即硬壳上有旋纹的软体动物的总称，在"螺钿"一词中，亦无泡与片之分。钿，原是金花意，多指妇人首饰。白居易《长庆集》卷一二"长恨歌"："花钿委地无人收，翠翘金雀玉搔头。"故"螺钿"的本义便是以螺作花样装饰，亦无泡与片之分。镶泡与镶片，其区别主要是年代早晚不同，技术高下不同，操作方式有差别，本质上应是一样的。在北京琉璃河、长安张家坡等地出土的西周漆器上，都同时镶嵌了蚌泡和蚌片，我们可将之视为同一工艺下的两种操作，而无需将之归入两项工艺。

镶嵌蚌泡。做法是将蚌磨成一面平整，一面圆鼓的圆泡，将平整的一面嵌入漆器表面，圆鼓面向外[76]。约始见于大甸子夏家店下层文化[4]，多见于西周时期，多施于漆豆表面[76]。陕县上村岭1704号墓出土有镶蚌泡漆豆[22]；洛阳庞家沟西周墓出土一件朱、墨两色漆的豆盘，盘和柄上面镶嵌两排蚌泡，分别与上下两道平行弦纹组成装饰纹带[23][78]。长安普渡村1号墓葬出土有镶蚌泡漆器，其工艺是：蚌泡平行地排列在所饰物口部的边缘，各蚌泡间距约3.5厘米，紧切蚌泡上下处，各有一道平行的红色漆皮，宽约0.3厘米，这红色漆带和蚌泡形成规则的几何图案，属西周初期[79]。这种镶蚌泡漆器的特点是：质地较厚，蚌呈泡形，鼓面凸出。长安张家坡西周墓漆器既镶嵌有蚌泡，也镶嵌有蚌片，如一件漆豆，其盘周壁镶蚌泡8枚，泡上以红彩画圈，豆柄中部镶2枚菱形蚌片和4枚圆形小蚌泡，小泡上也涂红彩[25]。

镶嵌蚌片。做法是将事先磨制好了的蚌片嵌入漆面以构成一定图案[76]。据黄成《髹饰录》所云，此又可分为三种，即：（1）镶蚌间填漆。即以蚌饰嵌入漆面作主题花纹，花纹间的漆地填漆，做锦纹。（2）填漆间螺钿。即以填漆作主题花纹，以螺蚌饰做陪衬。（3）填漆加甸。以嵌蚌片作为花纹图案的一部分，与填漆共同组成图案[80][76]。从现有资料看，镶蚌片的工艺始见于商代晚期，山东滕州市前掌大商代晚期墓有的漆器表面便镶以蚌片，构成兽面纹[81]。益都苏埠屯商代晚期墓葬出土有虎纹和兽面纹漆器，其图案均用加工成浑圆形、条形的龟甲、蚌片镶嵌而成，龟甲和蚌片皆较厚，表面凸出[15]。西周之后螺钿工艺明显增多，长安张家坡[25]、浚县辛村[21]、北京房山琉璃河[26][27]等西周墓葬都有出土。依照黄成《髹饰录》的说法，此蚌片需进行加工，如：（1）磨成薄片；（2）加工成各种不同形状以构成图纹；（3）可刻纹饰[74][76]，使螺钿器变得五光十色。

琉璃河遗址出土的漆罍、漆瓢、漆豆，三器上都有嵌饰。前二者皆系朱漆地，褐漆花纹，漆豆则是褐地朱彩。豆盘上用蚌泡和蚌片镶嵌，与上下的朱色弦纹组成装饰纹带；豆柄用蚌片嵌出眉、目、鼻等部分，与朱漆纹样组成饕餮纹图案。瓢则是镶嵌绿松石，并贴金箔三圈。其中琉璃河墓M1043所出漆罍的螺钿技术已具有相当高的工艺水平，其盖、肩、上腹部，都用蚌片镶成圆涡纹，颈部由蚌片和漆绘组成凤鸟纹带，下腹用蚌片和漆绘组成兽面纹。蚌片表面光滑平整，边缘整齐，蚌片间衔接严密。此外，其器耳部分由蚌片和漆绘成两只带冠凤鸟，鸟喙朝外而构成扉棱[26][27][76]。辛村一件残漆器片上，用磨制的小蚌片镶成圆形、角云形图案[21]。

我国很早就有了以蚌片作装饰的记载。《诗·小雅·瞻彼洛矣》："鞸琫有珌。"郑氏笺："鞸，容刀鞸也。琫，上饰；珌，下饰也。""天子玉琫而珧珌，诸侯璗琫而璆珌。"此"珧"便是小蚌。《尔雅·释鱼》："蜃小者珧。"郭璞注："珧，玉珧，即小蚌。"由这段记载看，人们用小蚌作饰也是肯定了的，而且，并不能排除此器为螺钿器的可能性。

填漆。这是用填漆方式来显示花纹的工艺。填漆前需在器表先做出阴纹，其做法有二：（1）先堆后填法。先在漆（胎）地上用干漆堆起阳文轮廓，轮廓内便成了阴纹。阴纹内再填色漆，阴纹外则需用漆填平。（2）先刻后填法。用镂刻方式在漆地上做出阴纹，阴纹内再用色漆填平[82]。黄成《髹饰录》"填嵌"第七云："填漆，即填彩漆也。磨显其文，有干色，有湿色，妍媚光滑。又有镂嵌者，其地锦绫细文者愈美艳。"杨明注："磨显填漆，魏前设文；镂嵌填漆，魏后设文。湿色重晕者为妙。"黄成和杨明也都谈到了两种填漆法，此"魏前设文"的磨显填漆法，当即是先堆后填法；此"魏后设文"的镂嵌填漆，当即是先刻后填法[82]。填漆工艺始见于商代晚期，罗山天湖商代晚期墓出土8件青铜鼎和1件青铜卣，其饕餮纹、云雷纹等的阴线内填有黑漆，使青铜纹饰更为醒目[20]。春秋战国时期，镂刻填漆工艺在楚国漆器上经常看到，淅川下寺春秋7号墓出土的蟠鼎的鼎耳花间便填有黑漆[83]。

（四）釦器。釦器即是器口上镶嵌了金属（主要是金、银、铜）的漆器。《说文解字》："釦，金饰器口。"此"金"指金属，主要指金、银、铜。此"口"常指上口，但也包括下口（即底圈）。器口饰金，主要是为了弥补卷木胎漆器不太坚牢而发明出来的。至迟见于战国时期，北京永定门外出有圆漆盒错金银铜釦[42]。1955年，成都羊子山172号墓出土釦器9件，其中有圆漆盒2件，皆为铜釦；1件圆漆盒的铜口和圈足还有精美的银错花纹。又有漆奁2件，其中1件为釦器。又有方釦漆容器2件，圆釦漆容器2件，大方釦漆器2件[38]。江陵凤凰山70号墓出土

1 件漆盂，箍釦为银质，镶嵌花纹，器上针刺小篆："廿六年（公元前 281 年）左工最元"七字[84]。釦器的出现是先秦漆器技术的一大进步。

关于堆漆。此工艺的要点是在漆面上堆叠出装饰性花纹。堆叠料可用漆来调制，亦可用胶或其他物质调制。以漆调成者较为坚实，颜色较深，其他物质者较为松脆，且颜色浅淡。此"堆漆"上可再贴金或涂彩。有学者认为堆漆工艺始见于战国时期，荆门包山 2 号墓出土过一件凤负双连杯，竹木结合制成；杯内髹红漆，口部绘黄色二方连续钩云连纹；杯外髹黑漆地，用红、黄、金三色描绘。主凤之翅和二足凤之尾，用堆漆法浮凸出器身。并认为这是今见最早的堆漆实例[68]。但也有学者对此持有异议，可以进一步研究。

第七节　玻璃技术的发明和初步发展

陶瓷、铜铁、玻璃，是人类早期高温技术创造出来的三种重要物质，在人类社会生产、社会生活中，都起到过十分重要的作用。

玻璃是一种人工烧制、具有非晶态结构的透明、半透明物质。从现代技术观点看，它是熔融体在过冷条件下凝固，并在固态下依然保持着液态无序结构的物质。普通玻璃的基本组分是硅酸盐。一般认为，人类最早制造和使用玻璃的地方是古埃及和两河流域，大约在公元前 2500 年，他们就用玻璃制作了串珠类饰器，约在公元前 2000 年，又制作了一些简单器皿①。早期玻璃使用量是很少的，其始为有色玻璃，之后才发展到了无色的阶段。大约公元前 6 世纪时，地中海沿岸一带的玻璃生产有了较大发展，有关制品传到了世界许多地方。公元前 1 世纪时，叙利亚工匠发明了玻璃吹制技术，之后很快就为罗马人采用。吹制技术的发明，为器皿类生产开拓了广阔的道路，玻璃便从饰器发展到了日用器的阶段。

从现有资料看，我国古代玻璃技术约发明于西周至春秋早期，最早使用玻璃的地方是新疆地区，有铅钙型、钙钠镁型、钙镁钾型、钙锑镁等型。中原玻璃技术约始见于春秋晚期，有钙型 $CaO - SiO_2$、钾钙型 $K_2O - CaO - SiO_2$、钠钙型 $Na_2O - CaO - SiO_2$ 三种。至迟战国，玻璃便在中原南北许多地方使用起来，并形成了以铅钡系 $PbO - BaO - SiO_2$、高铅系 $PbO - SiO_2$ 和钾系 $K_2O - SiO_2$ 为主的技术系统。在相当长一个时期内，我国中原玻璃主要是高铅系和高钾系，且由先秦一直延续到了明清。东汉之后虽出现过钠钙型 $Na_2O - CaO - SiO_2$，但其多数可能是外来的，其中少数产品则可能是国内偶然生产的。钠钙系玻璃的大规模生产，是清代晚期之后的事。

"玻璃"一词大约是到了宋代才出现的，明清时期才逐渐推广并固定下来。此前，人们常把玻璃称之为"流璃"、"琉璃"、"璧琉璃"，以及"五色玉"、人造"白玉"、"药玉"等，但这些名称往往还有他指。我国玻璃技术的发明时间不算太晚，但却发展得十分缓慢。有学者认为，这便是我国科学技术在十七世纪后停滞不前的一个重要原因，认为没有玻璃，便缺少了许多科学试验的器皿[1]。此论自然是极而言之，但玻璃在

---

① 对古代世界玻璃的发明期和发明地，学术界往往持有不同说法。今日所用是较为流行的一种观点。

人类社会生活和科学试验中的重要地位却也是显而易见的。

采用现代科学手段来研究我国古代玻璃之事约始于 20 世纪 30 年代，1934～1936 年，英国学者伯克（H. C. Beck）和赛里格曼（C. G. Seligman）较早地用化学分析和 X 射线分析了一批中国汉唐玻璃，发现汉代玻璃中含有 20% 左右的氧化铅和部分氧化钡，这在学术界产生了较大震动[2][3]。我国学者用现代科学手段研究古代玻璃之事约始于 20 世纪 50 年代时，最早的大约是袁翰青[4]，之后，张福康、史美光等许多学者都相继投入了这一工作，及至 20 世纪 80 年代，便取得了较大的进展。

本节先谈一下中原玻璃的起源，再谈一下新疆的早期玻璃。

一、料器的发明及其对中原玻璃技术的影响

自 20 世纪 50 年代以来，西周及稍后的许多中原文化墓葬、遗址都出土过一些半透明的人工烧制物，学术界常称之为烧"料"，有关器物则称之为"料器"①，一般认为，这些西周料器即是我国古代玻璃的前身[5][6]。大家较为熟悉的，如洛阳中州路西周墓[7]、洛阳庞家沟西周早期墓[8]、陕西扶风北吕村西周早期或先周墓、扶风云塘西周晚期 5 座平民墓、岐山县西周早期墓[9]、陕西沣西张家坡西周墓[10]、宝鸡茹家庄西周早期墓[11]、山东曲阜鲁国故城战国墓[12]、河南陕县上村岭虢国墓群（西周晚期到春秋早期）[13][14]等处都有料器出土，其种类有料珠、料管、料片、料质项链等物。它们的基本特点是：（1）种类较少，器形较小，多为饰器。（2）数量较大，如宝鸡茹家庄强伯墓仅 4 件串饰及部分零散珠饰，总数便在千件以上[9]。扶风北吕 500 座周人墓中，有 400 座出土有料器，少者数件，多者数十件[5]。（3）分布地域较广，陕西、河南、山东等地都有出土。（4）使用较为普遍。如扶风北吕周人墓地为平民墓[15]，大多不见铜器陪葬，料器却见于近 400 座墓葬中。一般学者依此认为，这些料器应是我国生产的。尤其是强国墓所出料器中，有一种椭圆带点纹的珠形器。纹饰与同墓所出青铜器的乳钉纹造型风格十分相似，这是西周料器为我国所产的重要例证[5][9]。

1983 年，张福康等人对 5 件出土于河南洛阳、陕西沣西的西周料珠、料管和河南淅川下寺出土的春秋中期料珠作了化学成分（表 2-7-1）和 X 射线衍射结构分析，得知它们都是一种含有少量玻璃相的多晶石英体，多未达到玻璃态，主要成分是 SiO_2，含量高达 90%～94%；熔剂总量较低，主要助熔剂是 K_2O，以及少量的 Na_2O，主要着色剂是 CuO。表 2-7-1 所列西周至春秋中期 5 件料器中，部分氧化物的平均成分分别为：CaO 0.32%、MgO 0.164%、K_2O 1.878%、Na_2O 0.68%、CuO 0.72%。人们推测，其制作工艺应是：将质地较纯的石英捣碎成 2～100 微米的粉末，再加入含有 K_2O、Na_2O 的物质作为助熔剂，加入含有 CuO 的物质为着色剂，经一次或多次滚沾成型后，在不太高的温度下烧结[16]。强伯墓管珠内壁有的呈弧形，可知其衬芯应是近似珠形的。有的料管内壁呈土黄色，很可能是黄土芯留下的痕迹，有的管壁上残有平行线纹等，亦应是某些衬芯留下

---

① "料器"之名至迟见于清代晚期，含义较为复杂，也用得较乱。从 20 世纪 30 年代前后至今，人们往往将早期玻璃，以及含有玻璃相的一些多晶石英体，都称之为"料"。有关情况本书第九章"玻璃"节还要谈到。

的痕迹[9]。1984 年，有学者对宝鸡强国墓、扶风北吕西周墓料珠进行过一番考察，也得到了大体一致的结论[5]，认为其主要组分是石英体，含有少量玻璃质，其既有别于普通石英珠，亦有别于真正的玻璃，却与古代埃及等地的氟昂斯（Faience）珠有些相近。料珠直到汉代还可看到，有学者分析过一件青海大通出土的东汉齿轮形料珠，器呈不透明状，外径 1.1 厘米，表面涂有绿釉；基体成分为：SiO_2 89.11%、Al_2O_3 4.81%、Fe_2O_3 1.67%、MgO 0.68%、K_2O 1.1%、Na_2O 2.07%。主要成分也是一种石英体[17]。依此，有学者又称这类料器为釉砂器。

表 2 - 7 - 1　　　　　　　　　西周至战国料器和玻璃的成分

样号	名　称	时代	成　分（%）											文献
			SiO_2	Al_2O_3	Fe_2O_3	CuO	CaO	MgO	K_2O	Na_2O	MnO	PbO	BaO	
G1	河南洛阳琉璃珠	西周	>90	0.3	0.2	1.6	0.4	0.3	3.4	1.2	0.03			[16]
G14	河南洛阳琉璃管珠	西周	大量		0.33	1.2	0.35	0.15	1.3	0.64		0.23		[16]
G6	沣西琉璃珠残片	西周	94	0.7	0.4	0.8	0.4	0.2	0.3	0.3				[16]
G7	浙川下寺琉璃珠珠芯（白色）	春秋中期	94.11				0.18	0.06	1.19	0.44				[16]
G7S	浙川下寺琉璃珠珠皮，绿色	春秋中期	>90				0.3	0.11	3.2	0.86		<0.01		[16]
G2	侯固堆蜻蜓眼式玻璃珠（绿色）	春秋晚期	大量		0.65		9.42	0.39	0.52	10.94				[16]
Z1	辉县吴王夫差剑剑格所嵌玻璃块	春秋晚期	（钙玻璃）											[20]
S1	江陵越王勾践剑剑格所嵌玻璃	春秋晚期	（钾钙玻璃）											[21]
H1	曾侯乙墓料珠	战国早期	高				较高		较高			很少或未见		[30]
E. C. 11: 240	曾侯乙墓料珠	战国早期	69.42	1.70	1.26	0.46	5.04	2.78	3.22	8.66	0.05	3.47	0.06	[28]
H7	曾侯乙墓绿色料珠	战国早期	56.1	1.37	1.02	0.37	4.07	2.24	2.60	6.99		2.80	0.05	[27]
H8	江陵九店 M286 料珠眼	战国中期	50.2	4.92	1.6		4.19	1.03		5.24		0.5		[27]
H9	江陵九店 M286 料珠外壳	战国中期	50.1	2.8	1.55		4.25	1.24		4.80		1.56		[27]
	亳县玻璃珠	战国（?）	47.15	11.18	1.05		1.20		1.39	3.36		22.46	12.12	[22]
PM3:5	平山圆柱状玻璃片饰	战国	44.28	3.37			1.04	1.24	0.24	5.846		29.38	14.72	[22]
PM6:4	平山蜻蜓眼式玻璃珠	战国	42.03	4.39	0.22		0.5			4.02		29.47	17.85	[22]
GSH:203	平山棱柱状玻璃饰	战国	29.13				0.55			3.67		48.77	18.06	[22]
GSH:202	平山圆弧状玻璃饰	战国	48.81	1.72	2.33		5.17	1.33	3.26	3.41		16.65	16.14	[22]
GSH:199	平山蜻蜓眼式玻璃珠	战国	65.24	2.92	0.82	1.79	4.29	2.57	5.13	15.46				[22]
G4B	郑州二里岗陶胎蜻蜓眼	战国		5.29			6.83	1.12	2.04	0.79	0.095			[16]
G4D	二里岗陶胎表面棕黑色玻璃	战国		5.59			3.33	0.5	1.42	2.7	0.03			[16]
G4G	二里岗陶胎表面绿色玻璃	战国		0.5	1.0	2.4	0.44	1.11	4.0					[16]

（续表）

样号	名 称	时代	成 分（%）											文献
			SiO₂	Al₂O₃	Fe₂O₃	CuO	CaO	MgO	K₂O	Na₂O	MnO	PbO	BaO	
G8	寿县玻璃璧	战国	32.26									41.14	13.57	[16]
	表面风化层	战国		0.09	0.26	0.52	0.04	0.39	0.07			55.72	0.33	
G12	长沙墓蓝色玻璃珠	战国			1.4	0.3	0.6	0.2	15.1	0.8	1.4	0.6		[16]
G13	长沙墓白玻璃片	战国	39.0	0.9	0.2	0.02	0.73	0.14	0.09	6.4		28.3	大量	[16]
R1	浓绿玻璃	战国	36.0	0.2	0.2	0.84	0.01	0.08	0.17	1.96		48.5	13.0	[58]
Yan1	洛阳料珠（玻璃）	战国	44.46	1.33	1.33		4.49			8.38		26.51	13.29	[4] [6]
Yan2	洛阳料珠（玻璃）	战国	18.2	/			/			3.29		74.61	/	[4] [6]
GW-1	长沙乳白色雕花玻璃璧，模压	战国	37.16	0.62	0.16	0.03	1.95	0.4	0.27	3.32		39.8	13.4	[37]
GW-2	衡阳白色雕花玻璃璧，模压	战国	36.57	0.46	0.15	0.02	2.1	0.21	0.1	3.72		44.71	10.1	[37]
GW-3	长沙绿色雕花玻璃璧，模压	战国	38.3	1.67	0.22	0.73	2.75	0.41	0.34	3.07		41.53	10.4	[37]
CL1	长沙料珠	战国	43.69									25.08	5.92	[4] [6]
LL1	琉璃璧	战国	34.69	1.16	1.16		9.62	0.54		5.02		37.24	10.36	[4] [6]
Br1	璧（无色）	战国	36.8	0.28	0.14	0.02	0.46	0.15	0.16	1.87	0.003	42.6	17.4	[35]
Br2	月状琉璃器	战国	40.3	1.82	0.65	0.13	3.67	0.61	0.57	3.17		32.2	17.4	[35]
Br3	玻璃珠（黑）	战国	51.5	0.98	3.54	0.6	1.0	0.75	0.21	5.39	0.008	21.0	14.5	[35]
Br4	玻璃珠（黑）	战国	37.3	1.19	7.35	0.42	1.89	0.61	0.37	3.75	0.01	37.5	9.40	[35]
Br5	玻璃珠（黑）	战国	41.7	1.9	5.04	0.35	2.92	0.53	0.63	2.02	0.036	34.5	10.1	[35]
Br6	玻璃珠（蓝绿）	战国	41.4	0.89	0.27	2.07	1.37	0.58	0.16	5.94	0.004	37.4	9.71	[35]
	埃及深青色不透明玻璃	公元前1350年	61.7	3.2	3.2	0.32	10.05	5.14	1.58	17.63	0.47			[59]
	埃及玻璃	公元前1400年	64.06	3.35	1.71		8.56	2.37	1.25	15.47				[22]
西周和春秋中期5件料器平均成分（%）			/	/	/	/	0.326	0.164	1.878	0.688	/	/	/	

注：（1）除表中所列，部分标本尚含有其他物质，标本 G12 含氧化钴 0.04%；标本 PM6:4 含氯 1.53%；标本 GSH:202 含氯 0.45%；标本 GSH:199 含氯 0.69%；标本 R1 含 Ag₂O 为 0.05%。

（2）表中所列曾侯乙墓料珠 E. C. 11:240 成分为折算成分，原用化学分析，公布成分为：SiO₂ 56.10%、Al₂O₃ 1.37%、Fe₂O₃ 1.02%、CuO 0.37%、CaO 4.07%、MgO 2.24%、K₂O 2.6%、Na₂O 6.99%、MnO 0.04%、PbO 2.8%、BaO 0.05%、TiO₂ 0.73%、FeO 1.3%、SrO 0.04%、CO₂ 0.58%、H₂O 0.58%、F 0.01%，总 80.68%。

（3）下列标本的原断代为：Br1，公元前 3 世纪；Br2、Br3、Br4、Br5，公元前 4 世纪至公元 1 世纪；Br6，公元前 5 世纪至公元 1 世纪。今参考文献 [60] 将之皆算作战国。

（4）安徽亳县玻璃珠原断代春秋晚期，有学者对此存在不同意见，今暂定为战国。

有学者比较强调炼铜技术和陶瓷技术对"料器"的影响，当有一定道理，但由成分上看，这种影响只是间接的、启发性的，未必存在直接的技术联系。由前可知，商、周陶瓷的 SiO₂ 的平均含量，灰陶约 69% 左右，原始瓷约 75% 左右，皆较料器的为低。商、周原始瓷釉是一种石灰釉，其平均 CaO 量约为 13%，其 SiO₂ 含量多在 65% 以下，也与料器存在较大差别。炉渣的含铁量一般较高，含硅量较陶瓷更低。总之，不管冶炼铜渣，还是陶瓷及其釉料，所含 SiO₂ 量皆较料器为低，而熔剂量都较之为高，故它们的操作工艺是存在较大差别的。

此期文献中也可看到与料器有关的记载。《穆天子传》卷四载："天子升于采石之山，于是取采石焉。天子使重䍐（雍）之民，铸以成器，于黑水之上，器服物佩好无疆。"[18]采石，文采之石。"取采石"，并"铸以成器"，很可能就是料器工艺。此"天子"指穆王，公元前976～前922年在位[19]。雍民，当即雍州之民。黑水，《禹贡》："黑水西河惟雍州。"看来，此铸石之地当在古雍州之域。这段文字所记是穆王一行从西北大旷原返回阳纡之山途中，在重雍看到有人采石铸器，于是亦命重雍之民采石铸器于黑水之上。《穆天子传》系太康二年汲县人盗发魏襄王墓所得，有说其为战国著作，也有人认为其非先秦著作，但我以为其所反映的基本事实当属可信。这是西周料器生产的重要记载，对我们理解西周料器的原料选择和料器，及至玻璃的技术渊源都是很有帮助的。

看来，西周"料器"应当是在炼铜玻璃渣、陶瓷釉料等的启发下发明出来的，其基本原料应是某种富含 SiO_2 的石头，而不是像陶瓷器那样的低熔点粘土或瓷石。其与制陶工艺相似处是：都要进行选料和配料，并先在常温下成型，之后再在不太高的温度下烧成。与后世玻璃工艺的相似处是，"料器"中也有一部分非晶态玻璃相，部分料器很可能在半熔融状态下进行过成型加工。由这种含有晶态物质的"料器"演变为玻璃的一个关键，当是改变原料配比，调节熔剂的种类和数量，调整烧造温度。"料器"主要流行于西周至春秋时期，汉代仍可看到，之后便渐少。

二、中原玻璃的发明及其使用情况

我国中原玻璃约发明于春秋晚期，战国时代便普遍使用起来，今见于考古发掘，并作了科学考察的春秋晚期玻璃器（块）一共3枚：（1）河南固始侯古堆春秋晚期墓出土的"蜻蜓眼"式玻璃珠1枚，纵剖面呈算珠形，最大直径0.8厘米，中有一孔，孔径0.4厘米；基体玻璃呈绿色，其上又配有蓝、白两种色调；绿玻璃透明度较好，白玻璃则浑浊不清，属钠钙玻璃[16]。（2）河南辉县所出土的吴王夫差剑剑格上嵌入的玻璃块1枚，属钙玻璃[20]。（3）湖北江陵所出土的越王勾践剑剑格上嵌入的蓝色玻璃块1枚，属钾钙玻璃[21][22]。这是迄今为止中原文化区所见最早的玻璃器（块）。此外，据说安徽亳县还出土过一件铅钡琉璃珠，原定为春秋晚期玻璃；但其玻化不够彻底，其中尚含部分 α - 石英特征谱线，残留了部分石英颗粒[22]，而且有人说其属战国。今暂依后说，列入战国玻璃中。云南江川李家山第22号墓出土浅绿色六棱形玻璃珠1枚，曾定为钾玻璃，断代春秋晚期。这类例子可能还有一些，由于多种原因，不再列出。

战国早、中期之后，玻璃出土数量和种类都有了扩展，据20世纪80年代中期的统计[23]，春秋战国玻璃器（块）约有800多枚，北到河北易县、唐山，南到广东肇庆、福建闽侯，东到山东临淄，西到四川成都、甘肃平凉的广大地域内都有发现。器物种类有珠、管之属，璧、环之属，剑饰之属，以及棒、柱、梭形器等。其中数量最大的是珠、管类，尤其是俗谓"蜻蜓眼"的珠子。这种珠子的主要特点是器身上做出色泽鲜明的"蜻蜓眼"式花纹，其大小不等，直径多为1.0厘米左右，南、北方都有出土。山东曲阜鲁国故城战国早期第52号墓出土过9枚，战国晚期第58号墓出土过10枚；多作深蓝色，器身做出白色"蜻蜓眼"纹，有的眼纹以褐色几何纹作地；最大直径2.7厘米，最小1.5厘米，器身上有一小孔[12]。湖北随县战国早期曾侯乙墓出土"蜻蜓眼"174枚，其中1枚（E.C.11：275）玻璃珠似双面人或动物之首面，每面均绘有双眼、一鼻和双颊；底色为湖蓝色，"点"为天蓝色，"点圈"为更深的湖蓝色，珠体呈半透明状，横径1.6厘米，纵径1.1厘米，中孔直径0.4厘米；珠形匀称，堪为稀世珍宝[24]。《庄子·让王》云："今且有人于此，以随侯之珠弹千仞之雀，世必笑之。是何也？则其所用者重，而所要者轻也。"（《诸子集成》）《淮南子·览冥训》云："隋侯之珠，和氏之璧，得之者富，失之者贫。"（《诸子集成》）可见随侯之珠美名之盛。

在数量上仅次于珠、管类的大约是璧，其多见于湖南楚墓，少数见于安徽寿县和福建闽侯。玻璃璧饰纹较为简单，只有谷纹和云纹两种。《周礼·典瑞》："子执谷璧，男执蒲璧。"此"谷璧"即饰有谷纹的璧；"谷纹"即密集的小乳钉纹，"蒲纹"即浅浮雕六角格子纹[25]。有时在璧的内外壁加一道弦纹，有饰纹的一面常较光滑，且有光泽，另一面较为粗涩。

长沙也是出土战国玻璃较多的一个地方，1952~1994年，长沙近郊发掘2048座楚墓，出土玻璃和陶胎玻璃器达410枚。种类有：（1）璧97枚。颜色以浅绿为多，乳白和米黄色次之，深绿最少。多为圆形的扁平体，外径多为7.9~9.4厘米，厚0.25~0.35厘米，重40~60克。（2）环，18枚，形体较小。（3）珠213枚，计2型10式，直径0.6~2.6厘米，高0.3~2.1厘米。A型为扁圆形小珠，无纹样，中有穿孔，计153枚，有蓝、白二色，前者居多。B型即俗谓之"蜻蜓眼"，近于球形，外表饰有蓝白相间的圆圈形图案，蓝色在中央，器体中部有穿孔，胎体多作深褐色，较粗涩，计60枚，每枚珠上的蜻蜓眼式装饰有3~30颗不等。（4）管，计64枚，出土于同一座墓中，呈圆形管状，长短不一，中等者长度约1.4厘米，直径0.6厘米。胎体较薄，多为陶质，表面或有少量玻璃质。（5）剑首。8枚3式，甲式为谷纹饰，乙式为柿蒂纹饰，丙式为蟠螭纹饰。颜色有浅绿色、乳白色。图2-7-1所示为长沙楚墓出土的玻璃珠和玻璃管，彩版拾壹，1、2、3、4所示为长沙楚墓蜻蜓眼式玻璃珠[26]。

春秋战国玻璃的基本特点是：（1）器物种类较少，且多为小型饰件，或兵器、或漆器上的嵌入件；（2）数量较大、分布较广，使用亦较普遍。其中璧始为玉质，后又增加了玻璃质，由新石器时代晚期到汉代都曾大量使用。长沙出土玻璃璧的战国墓多为四鼎以下墓葬，七鼎的诸侯墓和五鼎的大夫墓皆无玻璃璧。说明楚国玻璃璧在湖南地区已使用到了"士"和"平民"阶层[26]。

在我国古代，生产"料器"或玻璃的目的，完全是为了仿玉，以获得一种似明非明、似浊非浊的玉质感。具有少量析晶的二相、非均相结构的烧料，正好具备了这一特点，并满足了人们的这一需要。在我国古代，不管均相的玻璃，还是非均相、并含有少量晶态的"料器"，都是一种仿玉产品。大约魏晋南北朝之后，人们才逐渐放弃了仿玉的观念，并逐步进入了均相玻璃生产的轨道。当然，这个过程也是逐渐发生、缓慢进行的。

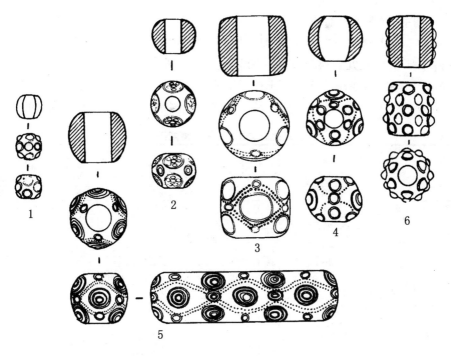

图 2 – 7 – 1　长沙楚墓所出玻璃珠

1. 丙类战国 B 型 V 式珠 M1526:1　　2. 乙类四期 B 型 V 式珠 M485 – 17:1

3. 丙类四期 B 型 VI 式珠 M615:7　　4. 丙类四期 B 型 VI 式珠 M671:4

5. 乙类四期 B 型 VII 式珠 M907:15　　6. 乙类战国 B 型 VIII 式珠 M1955:5

采自《长沙楚墓》第 341 页

三、春秋战国的玻璃工艺

（一）春秋战国玻璃成分的几种基本类型

表 2 – 7 – 1 列出了 3 枚春秋晚期玻璃的分析数据，分属 3 种不同的成分类型：

$Na_2O – CaO – SiO_2$ 型，1 枚，即候古堆"蜻蜓眼"[16]。

$K_2O – CaO – SiO_2$ 型，1 枚，即越王勾践剑剑格嵌入物[21]。

$CaO – SiO_2$ 型，1 枚，即吴王夫差剑剑格嵌入物[20]。

表 2 – 7 – 1 还列出了其他学者分析的 31 枚战国料器、玻璃器成分，表 2 – 7 – 2、表 2 – 7 – 3 列出了我们分析的 8 枚战国同类标本的成分，其他学者用密度法测定过 4 枚曾侯乙墓蜻蜓眼式玻璃珠，这总计为 43 枚，今且将之分成 5 系 13 型作一讨论①：

---

①　表 2 – 7 – 1 所示为氧化物的百分比成分，表 2 – 7 – 2 和表 2 – 7 – 3 所示为"元素"的百分比成分，它们是有差别的，但对玻璃分类的影响不是太大。我们曾把后两个表中 4 件标本的"元素"百分比含量换成了氧化物百分比含量，换算后的数值为：（1）ZHYL1（6 个分析点平均值）：SiO_2 66.05%、Al_2O_3 8.14%、Fe_2O_3 2.39%、CaO 11.65%、Na_2O 2.54%、K_2O 2.01%、CuO 0.72%、Sb_2O_3 3.68%。（2）ZHYL2（2 个分析点平均值）：SiO_2 61.01%、Al_2O_3 9.07%、Fe_2O_3 2.67%、CaO 5.06%、Na_2O 1.46%、K_2O 1.96%、CuO 1.84%、Sb_2O_3 11.15%。（3）ZHYL3（3 个分析点平均值）：SiO_2 65.08%、Al_2O_3 6.13%、Fe_2O_3 3.74%、CaO 11.67%、Na_2O 4.03%、K_2O 1.79%、CuO 1.29%、Sb_2O_3 4.31%。（4）JML1（18 个分点平均值）：SiO_2 46.44%、Al_2O_3 9.92%、Fe_2O_3 11.98%、CaO 3.26%、K_2O 0.84%、PbO 15.73%、CuO 2.32%、BaO 9.51%。可知此氧化物百分比含量的排列顺序与"元素"百分比含量的排列顺序差别不是太大。

1. 钠系，3 型 6 枚标本。

$Na_2O - CaO - SiO_2$ 型，4 枚，即二里岗陶胎表面绿色玻璃 G4G[16]、曾侯乙墓绿色料珠 H7、江陵九店料珠眼 H8、江陵九店料珠外壳 H9[27]。

$Na_2O - CaO - PbO - SiO_2$ 型，1 枚，即战国早期曾侯乙墓料珠 E. C. 11:240[28]。

$Na_2O - K_2O - CaO - SiO_2$ 型，1 枚，即平山战国蜻蜓眼式玻璃珠 GSH:199[22]。

表 2 - 7 - 2　　　　荆门战国蜻蜓眼 JML1 扫描电镜能谱分析[32]

分析序号	分析部位	成分(%)							
		硅	铅	钙	钾	铁	铜	铅	钡
1	外表面,蜻蜓眼中心区,浅绿色	37.21	7.88	5.44	0.62	3.47	9.31	16.61	19.47
2	外表面,蜻蜓眼中心区,另一处	33.26	7.35	2.76	0.57	4.36	14.61	16.34	20.75
3	外表面,蜻蜓眼中心区,另一处	34.09	7.08	4.64	0.73	4.69	9.65	20.00	18.31
4	外表面,蜻蜓眼中心区,另一处	32.74	6.13	3.32	0.43	2.89	10.84	22.18	21.47
5	外表面,中心区外围,乳白色沾绿	42.76	8.09	7.09	1.24	4.28	5.34	17.49	13.72
6	外表面,中心区外围,棕黄色	22.92	11.02	1.27	0.99	45.44	0.80	7.42	10.14
7	外表面,中心区外围,乳白色	45.00	11.18	4.37	2.17	9.21	0.87	13.51	13.69
8	外表面,中心区外围,另一处	45.38	18.08	4.58	4.17	14.28	1.19	2.09	10.30
9	断口,外第 1 层,乳白色	36.77	6.47	2.87	0.25	4.44		33.80	15.40
10	断口,外第 1 层,另一处	29.36	6.47	3.51	0.52	9.58		37.53	12.76
11	断口,外第 2 层,棕黄色	25.27	4.47	4.04	0.52	23.46		31.87	10.18
12	断口,外第 2 层,另一处	23.57	5.93	3.79	0.31	39.22		18.71	8.47
13	断口,外第 3 层,乳白色	47.71	7.19	6.47	0.09	5.15		20.36	13.02
14	断口,外第 3 层,另一处	30.20	5.69	1.46	0.84	3.79		44.64	13.39
15	断口,外第 4 层,棕黄色	24.30	5.32	2.18	0.57	26.75		32.54	8.33
16	断口,外第 4 层,另一处	43.18	15.26	1.78	0.62	26.94		15.94	5.79
17	断口,外第 5 层,乳白色	36.13	9.33	2.63	2.66	3.63		32.91	12.72
18	断口,外第 5 层,另一处	35.56	6.20	7.37	2.50	4.56		30.25	13.74
平均成分(%)	诸色平均(18 点)	34.20	8.27	3.87	1.1	13.12	2.92	23.01	13.43
	绿色分析点(4 点)	34.33	7.11	4.04	0.59	3.85	11.1	18.78	20.0
	棕黄色分析点(5 点)	25.91	8.4	2.61	0.60	32.36	0.16	21.30	8.58
	白色分析点(9 点)	38.75	8.72	4.48	1.60	6.55	0.82	25.84	13.19

注：(1) 荆门战国蜻蜓眼（样号 JML1）承原冶金部钢铁研究总院肖鹏、李洁扫描电镜分析。

(2) 绿色分析点，即蜻蜓眼外表中心区的 4 个点；棕黄色分析点，即蜻蜓眼表面和断口上的棕色层带；乳白色分析点，即蜻蜓眼表面和断口上的白层带。

表 2 - 7 - 3　　　　江陵随县淅川"料器"扫描电镜能谱分析[31]

样　号	分析部位及状态	成分(%)									
		硅	铝	钙	钾	钠	氯	铜	铁	硫	锑
YTSL1 - 1	表面,光亮平滑,墨绿欲滴	67.3	8.63	5.51	10.93				7.63		
YTSL1 - 2	断口,墨绿欲滴	58.09	5.91	4.81	6.86				24.33		
YTSL1 - 3	断口,墨绿欲滴	66.79	8.58	5.12	7.33				11.88	0.3	
YTSL2 - 1	表面,翠绿,粗糙,无光泽	38.49	4.07	21.48	16.75			4.79	7.00	1.49	
YTSL2 - 2	断口,翠绿色	41.01	6.66	19.28	13.16			4.98	6.42	1.42	
ZHYL1 - 1	右端,绿块,有光泽	57.63	12.25	13.60	3.13	2.72	2.78	3.23	3.84		
ZHYL1 - 2	往左,白色块,稍绿,有光	59.91	9.68	14.82	3.07	3.48	2.48	2.71	3.60		
ZHYL1 - 3	往左,棕色条	60.57	6.87	17.52	3.10	3.10	3.54	0.31	4.99		
ZHYL1 - 4	往左,白色块,有光泽	55.96	6.48	18.31	3.77	3.72	5.92		2.23	3.61	
ZHYL1 - 5	往左,棕色	48.54	6.07	12.56	2.19	3.95	3.49		1.96	3.05	18.19
ZHYL1 - 6	左端,棕色	51.64	5.31	13.28	2.85	4.02	3.89		2.09	1.81	15.12
ZHYL2 - 1	外表,绿色	45.69	6.48	11.72	1.86	3.36	2.65	3.19	2.25	2.64	19.79
ZHYL2 - 2	外表,绿色	47.92	6.08	12.88	3.41	0.14	3.05	1.57	5.39	3.23	16.33
ZHYL2 - 3	外表微区,绿色	58.98	5.83	19.72	4.03		3.30		8.15		

（续表）

样号	分析部位及状态	成分(%)									
		硅	铝	钙	钾	钠	氯	铜	铁	硫	锑
ZHYL2-4	外表微区，绿色	52.55	5.21	15.36	3.64		2.60		20.64		
ZHYL3-1	表面，蓝绿条	58.74	6.34	16.97	3.00	4.69		4.43	5.83		
ZHYL3-2	表面，棕色条	62.59	6.64	15.27	2.85	6.02		1.13	5.51		
ZHYL3-3	表面，棕色	42.98	4.44	12.57	2.13	5.35	3.15		2.70	7.31	19.37
XCL1-1	试样右端，白色，泛黄	64.08	5.37	24.91	2.02				3.62		
XCL1-2	往左，白色泛黄	65.48	6.44	19.76	2.70	2.41			3.20		
XCL1-3	往左，绿色，有光泽	58.96	6.34	19.37	2.56	1.33	1.98	2.00	5.33	2.22	
XCL1-4	往左，绿色，有光泽	57.17	8.06	20.58	2.37	2.34	2.61	0.93	4.21	1.73	
XCL1-5	往左，绿色，有光泽	56.34	4.68	20.98	2.63	1.45	3.00	3.56	5.28	2.09	
XCL1-6	往左，白色，有光泽	52.38	9.79	24.57	3.12	0.88	3.27		3.07	2.92	
XCL1-7	左端，白色，有光泽	50.88	7.11	26.19	2.55	0.77	3.28		5.79	3.42	
XCL2-1	试样右端，绿色，有光泽	63.37	5.00	18.33	2.02		3.52	4.58	3.18		
XCL2-2	往左，绿色，有光泽	64.32	3.80	19.54	1.17		2.35	5.84	2.98		
XCL2-3	往左，白色	37.23	3.43	18.80	0.85		.		1.71		37.97
XCL2-4	往左，白色	24.93	2.58	20.65	0.81				1.87		49.16
XCL2-5	往左，棕色	73.77	2.70	18.74	0.09		0.85		3.85		
XCL2-6	往左，棕色	73.2	4.55	15.93	0.62		1.72		3.98		
XCL2-7	往左，白色	24.97	13.51	17.01	1.14		0.58	2.72	3.81		36.25
XCL2-8	左端，白色	31.32	19.72	13.25	1.20		0.84	3.53	4.82		25.33
平均成分（%）	YTSL1（墨绿，3点）	64.06	7.71	5.15	8.37				14.61	0.1	
	YTSL2（翠绿，2点）	39.75	5.37	20.38	14.96			4.89	6.71	1.46	
	ZHYL1（6点）	55.71	7.78	15.02	3.02	3.40	3.68	1.04	3.12	1.41	5.55
	ZHYL2（2点）	46.81	6.28	5.86	2.64	1.75	2.85	2.38	3.82	2.935	18.06
	ZHYL3（3点）	54.77	5.81	14.94	2.66	5.35	1.05	1.85	4.68	2.44	6.46
	XCL1（7点）	57.89	6.83	22.34	2.57	1.31	2.02	0.93	4.38	1.77	
	XCL2（8点）	49.14	6.91	17.78	0.98		1.23	2.08	3.28		18.59
	绿色分析点（12点）	54.13	6.62	16.40	4.59	1.63	2.03	3.84	4.61	1.24	3.01
	白色分析点（9点）	45.25	8.27	20.38	2.02	0.86	1.54	0.69	3.35	1.11	16.52
	棕色分析点（7点）	59.04	5.23	15.12	1.98	3.21	2.38	0.21	3.58	1.74	7.53

注：（1）YTSL1，湖北江陵雨台山料珠残块，1986年雨台山 M10 出土，标本为料珠外壳的一部分，长宽厚约为 3.8×3.0×1.0 毫米。外表为墨绿色，光亮平滑，有如翡翠，业已烧流。

YTSL2，湖北江陵雨台山料珠残块，1986年雨台山 M10 出土，尺寸较 YTSL1 稍小，呈绿色，但无光泽，稍见粗糙，内表沾有泥土。

ZHYL1，湖北随县曾侯乙墓料珠，样长 3.7 毫米、宽 1.9 毫米。业已烧流，多色相杂，皆有光泽。

ZHYL2，湖北随县曾侯乙墓料珠，样长 2.8 毫米、宽 1.6 毫米。甚薄，呈深深的蓝绿色，光亮非常。已玻璃化，尖端处呈白色。

ZHYL3，湖北随县曾侯乙墓料珠，甚小，分为四个色区，为白、蓝（绿）、棕三色相间。

XCL1，河南淅川徐家岭战国墓"料器"，不规则残块，长 6.5 毫米、宽 4.1 毫米、厚 3.5 毫米，绝大部分呈深绿色，状如翡翠，有光泽，已玻璃化。标本两端皆为小块白色玻璃。

XCL2，河南淅川徐家岭战国墓"料器"。不规则块状物，较前者稍小，绿、白、棕三色相间。

（2）多个分析点成分有些异常，如分析点 YTSL1-2 含铁量较高、分析点 XCL2-3、4、7、8 等含锑量较高。待查。

（3）除表中所列，部分分析点显示了镁：ZHYL-1 为 0.83%、ZHYL-2 为 0.25%；部分分析点显示有磷：YTSL2-1 为 5.93%、YTSL2-2 为 7.06%。

（4）计算平均成分时，微区分析点 ZHYL2-3、ZHYL2-4 未曾统计。

（5）标本承原冶金部钢铁研究总院肖鹏、李洁扫描电镜能谱分析。

2. 钾系，2 型 7 枚标本。

$K_2O - SiO_2$ 型，5 枚，即长沙战国楚墓出土的蓝色玻璃珠 1 枚（G12）[16]。1986 年时有学者用密度测定法分析过多枚曾侯乙墓蜻蜓眼式玻璃珠，有 4 枚定成了钾玻璃[29]。

$K_2O - CaO - SiO_2$ 型，2 枚，包括战国早期曾侯乙墓蜻蜓眼式玻璃珠 H1[30]、雨台山料器 YTSL1[31]。

3. 钙系，4 型 8 枚标本。

$CaO - Na_2O - SiO_2$ 型，1 枚，即二里岗战国陶胎表面棕黑色玻璃 G4D[16]。

$CaO - K_2O - SiO_2$ 型，4 枚，即二里岗战国陶胎蜻蜓眼 G4B[16]、雨台山料器 YTSL2[31]、淅川料器 XCL1、XCL2[31]。

$CaO - K_2O - Na_2O - SiO_2$ 型，1 枚，即曾侯乙墓料器 ZHYL2[32]。

$CaO - Na_2O - K_2O - SiO_2$ 型，2 枚，即曾侯乙墓料器 ZHYL1[32]、曾侯乙墓料器 ZHYL3[32]。

4. 铅钡系，3 型 21 枚标本。

$PbO - BaO - SiO_2$ 型，6 枚，即标本 G8、G13、R1、CL1、Br1、荆门料器 JML1[32]。

在此值得注意的是寿县战国玻璃璧 G8，其 PbO、BaO 含量分别为：41.14% 和 13.57%，而其表面风化层（G8W）的 PbO、BaO 分别为 55.72% 和 0.33%，属 $PbO - SiO_2$ 型。其中的 BaO 可能大部流失，从而使含铅量提高。以往以为铅是易于流失的元素，看来并非任何情况下都是如此①。

$PbO - BaO - Na_2O - SiO_2$ 型，12 枚，即亳县玻璃珠、标本 PM3:5、PM6:4、GSH:203、Yan1、GW－1、GW－2、GW－3、Br2、Br3、Br4、Br6。

$PbO - BaO - CaO - SiO_2$ 型，3 枚，即标本 Br5、GSH:202、LL1。

5. 铅系，1 型 1 枚标本。

$PbO - Na_2O - SiO_2$ 型，1 枚，即洛阳战国料珠 Yan2 等。含 PbO 量高达 74.61%[4]。

由之可见：（1）中原文化区最早的玻璃属春秋晚期，有钠钙型、钾钙型、钙型 3 种。（2）由春秋晚期到战国早期，是中原地区玻璃技术的萌芽期、探索期，成分波动较大。战国早期又出现了钾系、钙系等。（3）战国玻璃计 5 系 14 型，其中占主导地位的是铅钡系，这是战国玻璃的一个重要特点，其有 3 型，计 21 枚，占此期标本总数的 48.84%。（4）铅钡系、铅系、钾系玻璃，都是我国古代独具特色的玻璃系。后二者在先秦时期用得不是太多，汉后便有了发展，并逐渐稳定下来，一直沿用到了明清，成了我国古代玻璃的基本体系之一。从现代技术可知，PbO 和 BaO 都能有效地降低玻璃的熔化温度，使玻璃不易析晶，且具有较好的粘

---

① 一般认为，铅是易于流失的元素，但从大量青铜器表面分析，以及此玻璃成分分析来看，氧化了的铅并未大量流失，而是大量附集到了氧化层中。看来，铅元素的迁移应分两步，氧化了的铅先是迁移到氧化层中，之后再随着氧化物的溶解和氧化层的脱落而流失，并非一旦氧化便流失了。在我分析过的铜镜及其他青铜器中，表面腐蚀层中的含铅量一般都较基体为高，很少看到低于基体的情况，此寿县战国玻璃 G8 与之甚是相似。请参考拙著《中国古代金属冶炼和加工工程技术史》第六章第六节。

度。这自然是人们在生产实践中总结出来的。

从现有资料看，古代世界的埃及、两河流域、地中海沿岸及其邻近地区，在漫长的历史时期内生产的主要是钠钙玻璃（表 2 - 7 - 1）。铅玻璃虽在古代东、西方的许多地方都有生产，但不太连续。我国古代铅玻璃则不但含铅量稍高，而且连续发展。在西方，含钡较高的玻璃是到了公元 19 世纪才出现的，其目的是为了制作光学玻璃。钾玻璃在古代西方很少看到，而我国在汉代之后，广东、广西一带都有较大发展。有人分析过 7 件广西汉代玻璃器，其中 5 件为钾玻璃，K_2O 量介于 11% ~ 16% 之间[33]。依照传统的说法，玻璃是由石英砂加入熔剂、稳定剂、着色剂后烧熔，快速冷却而成的，此熔剂可以是自然纯碱（Na_2CO_3）、硝石（KNO_3）和铅丹（PbO），稳定剂可以是石灰石，着色剂可以是富含 Fe_2O_3 或 CuO 或 CoO 的粘土类。上述 5 系 13 型料器、玻璃的主要差别之一是熔剂不同，钠钙玻璃大凡主要以自然纯碱为助熔剂，铅钡玻璃则主要是以氧化铅、氧化钡一类矿物为助熔剂的，氧化铅和氧化钡在铅钡玻璃中实际上也是玻璃的重要组分。钾玻璃的主要熔剂则可能是硝石（KNO_3）[34]。以往有学者认为可能是草木灰（K_2CO_3），但草木灰中通常都含有大量的 CaO 和 MgO，其数量约为 K_2O 的 1 ~ 4 倍，而今在钾玻璃中所见钾、钙、镁的成分比，却与此相差甚远。故赵匡华认为，说我国古代钾玻璃以草木灰为助熔剂是难以令人置信的[34]。玻璃而具有玉质感，主要是物相不均之故，或其液相中存有一定量的未熔固体颗粒，或产生了二液分相，或产生了一些细小气泡。侯固堆春秋晚期蜻蜓眼中含有少量 As 和 Sb 的氧化物的固体颗粒，那是一种乳浊剂[16]。氧化钡一方面可以助熔，另一方面还能产生一定的混浊度，使玻璃获得一种玉质感[35]。

（二）关于着色剂的分析

承有关文物考古单位的帮助，我们对湖北荆门罗坡岗[31][32]、江陵雨台山、随县曾侯乙墓、淅川徐家岭出土的 8 件战国料器进行了扫描电镜能谱分析，目的是了解早期玻璃及蜻蜓眼式料珠的着色剂。可惜未曾进行物质结构分析。此研究是与后德俊共同进行的。"蜻蜓眼"通常只有 3 种颜色。有的标本已经烧流。表 2 - 7 - 2、表 2 - 7 - 3 所示为其扫描电镜能谱分析结果。由之可见：

1. 其棕色、黄色，主要是以铁或锑着色的；墨绿色亦以铁着色。

荆门"蜻蜓眼"式料珠表面和断口上的棕黄色层分析了 5 点，含铁量波动范围是 23.46% ~ 45.44%，平均 32.36%。曾侯乙墓料器、淅川料器 7 个棕色分析点平均含铁为 3.58%；雨台山墨绿色标本 3 个分析点，含铁量波动范围是 7.63% ~ 24.33%，平均含铁量为 14.61%。曾侯乙墓料器有的含锑较高，其黄色、绿色都受到过锑氧化物的影响。

多件标本虽皆以铁着色，但含铁量、铁氧化物的形态，其他氧化物的数量和存在形式，以及色层的厚度等，都会对这些标本的色态产生不同的影响。

如制陶节所云，以铁着色之事在我国约可上推到旧石器时代晚期，当时主要是以之作为一种颜料；新石器时代后便多了起来，大家较为熟悉的便是彩陶中的红彩。

2. 绿色是以铜着色的。荆门蜻蜓眼表面中心区的 4 个绿色分析点平均含铜量为 11.1%，雨台山、曾侯乙墓、淅川 3 地料器 12 个绿色分析点平均含铜量为 3.84%。

3. 曾侯乙、淅川料器分析中都显示了较高的锑，使锑在作为着色元素的同时，还成了料器的重要组成部分。但在玻璃成分分类时，还是将其视为着色元素，因其多见于显色部分。

料器采用铜着色剂的年代至迟可上推到西周时期。1983 年，张福康在分析古代料器时，其中河南洛阳西周琉璃珠、琉璃珠管、陕西沣西西周琉璃珠，皆呈浅绿色和淡绿色，其着色剂都是铜，三器的 CuO 量分别为 1.6%、1.2%、0.8% [16]。铜的着色能力是较强的，这是今日所见年代较早的铜着色实例，其原料可能是氧化铜矿。在用铜着色上，西周料器与战国料器的不同处是：（1）前者把铜渗到了整个料器中，后者则基本上都是用来点饰"眼珠"的，目的十分明确，操作技术也更高。（2）这几件战国料珠的含铜量都较西周的为高。

可见，今分析的几件先秦玻璃着色元素主要是铁、铜两种，此外也偶尔使用过锑。其他学者分析的长沙战国楚墓蓝色玻璃珠 G12 中显示了不低的锰[16]。我国唐代陶瓷釉还采用过钴着色，但在古代玻璃分析中尚未看到类似的资料。

（三）我国早期玻璃成型工艺推测

一般而言，不管是作为晶态的金属，还是非晶态的玻璃，都可在三种状态下，使用三种方式成型：

1. 浇铸。金属通常都是范铸的，玻璃则可分为有范铸造和无范铸造两种，而且都使用不少。

2. 塑性加工。对金属而言，塑性加工亦是在固态下进行的，加工温度需高于再结晶点。对玻璃而言，塑性加工则是在胶融态下进行的，此温度范围即是它的软化区间。

3. 冷加工。金属冷加工温度范围是低于再结晶温度的。玻璃的冷加工温度常为室温，主要指打磨、抛光等，如部分广西古代玻璃的外表、内表、底部等，都留有较深的打磨抛光的转旋细圆纹[36]。

这是晶态和非晶态物质成型加工的一般情况，具体操作则千差万别。因玻璃自身的特点，在成型加工上，也有一些不同于金属的地方。从有关研究来看，先秦玻璃成型加工主要有下列几种：

1. 范铸法。这是基本的，有时还兼有模压。经观察，侯古堆玻璃珠的孔壁表面嵌有白色和棕黑色砂粒，并嵌到了玻璃体中，这当是热铸时范芯留下的痕迹。部分玻璃体的内孔多近纺锤形，孔洞中段较宽，两端较窄，显然是范铸造成的。越王勾践剑上的玻璃含有较多气泡，有一气泡呈椭圆形，当是成型过程中经受过外力的作用，故其很可能是模压成型[30]。表 2 - 7 - 1 所列 3 件长沙、衡阳所出战国玻璃璧都是模压成型[37]。大凡一般楚墓中的玻璃璧、玻璃剑首、玻璃珥、玻璃印章，都是模压成型的[27]。

据说香港关善明还收藏过一批战国至西汉浇铸玻璃的铸范，并依此认为此期玻璃铸造主要有单面模压铸造法、双面模压铸造法、泥芯范铸法三种类型[36]。

2. 烧结法。即先将制作玻璃的原料加工成粉状，依一定规则装入模具后烧结，令其表层玻璃化，内层则玻璃化或半玻璃化。江陵秦家嘴出土的蜻蜓眼式玻璃珠，断代战国中期或稍晚，表层玻璃化，内层为已烧结的泥芯，有学者认为，它便是使用烧结法成型的（彩版拾贰，1、2）[27]。但其操作难度可能较大。

3．粘贴法。是将多层处于软化状态（胶融状态）的玻璃逐层粘结在一起。其中大家较为熟悉的例子是蜻蜓眼式玻璃珠。其"眼"实际上是多层彩色玻璃粘结在一起的同心圆片，它们一层一层地覆盖，皆是中间厚而四周薄。从断口上看，层与层之间的界线有的十分清楚，有的则互相渗透（图2-7-2）。有学者认为，这种玻璃珠是先作"眼"，后作珠体，再后才在热态下粘合为一的[30]。我们推测，这种粘贴法亦可使用于陶胎玻璃珠上。

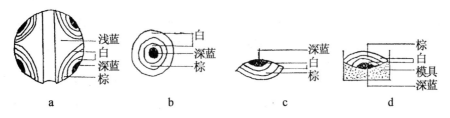

图2-7-2 "蜻蜓眼"式玻璃珠结构示意图

a. 整体形态   b. 俯视层状结构   c. 侧视层状结构   d. 着色程序

采自文献[30]

4．点滴法。即用逐次点滴玻璃液的方式，来达到与逐层粘贴的目的。大家较为熟悉的例子便是蜻蜓眼的制作。具体操作是：先向凹形铸范内滴入一滴蓝色玻璃液，当其达胶融态后，再滴入白色或棕色的玻璃液。如此反复多次，便可制作出具有多个色层的"蜻蜓眼"来，之后再将其粘贴到珠体上[27]。

四、关于新疆的早期玻璃技术

新疆地处我国边陲，又处于中西交通要冲，故其多种手工业技术都具有鲜明的特点，玻璃技术亦然。

在现有考古资料中，新疆最早的玻璃约相当于西周至春秋时期，较为重要的遗址有：新疆拜城县克孜尔水库的青铜—早期铁器时代墓地，出土有单色玻璃珠饰[38]；轮台县群巴克墓地，相当于西周中期至春秋中期，出土有单色玻璃珠和蜻蜓眼式玻璃珠；额敏县铁厂沟相当于春秋的墓葬等都出土过一些单色玻璃珠饰[38]。尤其是克孜尔墓地，1990～1992年计清理160余座墓葬，出土不少彩陶器、铜铁器、玻璃器等，经^{14}C测定、树轮校正，并综合分析，其相对年代应与西周至春秋早期相当[39]。有关学者对其中5件玻璃珠标本进行了科学考察，从外观和偏光显微镜观察来看，标本新断面的75%以上都是玻璃相，有的标本表面和内部都有气泡，有的还有裂纹，有的亦存有少量晶态物质。外形观察和科学分析结果见表2-7-4。有关学者还对各标本进行过微区成分分析，此表未曾列出。

表2-7-4　　　　　　　　　克孜尔水库玻璃珠扫描电镜能谱分析

标本编号和状态	成分(%)											
	硅	钙	钾	钠	镁	铝	铅	钡	锆	铁	铜	锑
1. 碎块，出91BKKM21，新断面黑，部分转白，有气泡，残有少量晶体	64.9	10.1	8.13	6.03	7.18	0.39	/	0.57	/	1.62	0.16	0.30
	65.6	9.44	7.27	5.90	8.89	/	/		0.01	2.29	0.37	/
2. 碎块，出91BKKM21，新断面浅蓝，往外显绿褐白，气泡裂纹都少	62.7	10.6	4.68	8.07	6.35	0.46	0.4	0.81	0.01	1.54	3.14	1.2
	66.0	10.4	3.62	5.99	7.03			0.21		1.33	3.45	2.00
3. 碎块，出91BKKM26，新断面黄，局部白、黑、褐黄，有气泡和裂纹	58.2	10.2	4.91	5.0	7.10	0.06	10.6	0.02	0.02	0.92	0.37	2.56
	54.9	11.3	4.83	6.15	6.63	0.10	11.4	0.22	0.64	0.97	/	2.72
4. 完整，出91BKKM26，算珠状，中孔，新断面蓝，局部浅灰土状，不透	60.1	10.1	4.87	5.54	7.70			0.49		1.84	2.05	7.31
	59.2	11.0	4.84	5.60	6.50			0.75	0.97	1.34	2.46	7.28
5. 碎块，出91BKKM37，新断面浅蓝，裂纹少；转浅绿，纹纹、气泡多	75.2	7.01	0.58	/	7.02		1.58	0.71	1.61	1.56	3.5	0.91
	75.6	6.79	0.83	/	6.9		0.33	1.18	1.04	1.51	4.05	0.84
平均	64.24	9.69	4.46	4.8	7.13	0.10	2.43	0.49	0.43	1.49	1.96	2.51

注：（1）标本外观皆呈玻璃态，皆断代西周至春秋早期，采自文献［40］并略作整理。

（2）表中每件标本都列出了两个成分数字，原报告说是两个"平均成分"，但如何平均法，其未说明。我估计是两次面扫描的成分，即每件标本都作了两次面扫描。微区分析通常是1微米范围。本人对古金属、古玻璃作扫描电镜分析时，扫描面积通常为1～2毫米范围。

（3）表中"新断面"一词，原报告多写作"新鲜表面"。今将之改写为新断口、新断面，示其未曾研磨。

（4）"/"：未显示。

1. 此5件标本的成分大体可归为2系5型[40]：

（1）钙系玻璃：

标本1，钙－镁－钾－钠－硅型，主要以铁作色。

标本2，钙－钠－镁－钾－硅型，主要以铜作色。

标本4，钙－锑－镁－钠－钾－硅型，主要以铜作色。

标本5，镁－钙－硅，主要以铜和铁作色。

（2）铅系玻璃：

标本3，铅－钙－镁－钠－钾－硅型，主要以锑作色①。

2. 其几种主要成分是：硅：54.9%～75.6%，平均64.24%；钙：7.79%～11.3%，平均9.69%；钾0.58%～8.13%，平均4.46%；钠0～8.07%，平均4.8%；铅0～11.4%，平均2.43%；钡0～1.18%，平均0.49%。

从分析情况看：（1）各标本的硅镁含量比较固定。经检测，标本内未熔晶体核心的硅镁比例亦几乎不变，说明其大体使用了同一类硅镁矿物。（2）两座墓所出3件玻璃珠内都含有锆石，其形态和成分都相近。（3）不管微区分析，还是面扫描，5件标本皆不含或少含铝。这些情况都表明这些玻璃珠是在同一地点生产的[39]。相关矿物在新疆及克孜尔吐尔地区都可找到，而这些玻璃的成分与中东、北非早期玻璃又不同，故它应当是新疆本地的产品[39]。（4）多数标本都含有一定量的钠，平均含钠量为4.8%，与中原玻璃的含钠量相差不大，但较埃及的低了不少。虽有学者曾用电感耦合等离子体原子发射光谱法（ICP－AES）分析克孜尔墓

---

① 因表2-7-4所列为元素百分比成分，故此亦以元素百分比含量来对玻璃组分进行分类。元素百分比成分与氧化物百分比成分是不同的，但对成分分类影响不是太大。故在本书第九章的表9-10-2中，采用了混合分类法。

和塔城墓早期玻璃时，显示了 9% ~ 18% 的 Na_2O 量①，但此法对于含量大于 3% 的元素，精度较化学分析法低[41]，故这一数据暂不采用。

新疆玻璃分析对我们了解中原古代玻璃技术的起源和发展，都是很有帮助的。

五、问题讨论

（一）关于中原玻璃技术的发明期

对我国中原玻璃技术的发明期，学术界一直存在不同的观点，归结起来主要有两种：（1）春秋以前。其中有"三代"说[42]、"西周"说[43][44]，或先周说、殷商说[9]。这些说法在 1983 年以前较为流行，当时西周料器尚未进行结构分析，人们对玻璃与非玻璃的区别既缺乏了解，又缺乏统一的认识，普遍地都把西周料器当成了玻璃，或者原始玻璃。直到 21 世纪初，依然有学者坚持这一观点[43]。（2）春秋晚期。这主要是由张福康等提出的[16]。20 世纪 80 年代后，多数学者皆接受了这一观点，本书亦然。我们以为，西周及至春秋中期的许多料器，都是晶态与非晶态的混合体，而且往往是晶态物质较多[45]，这是不宜称为玻璃的，亦不宜称之为"早期玻璃"，它只是玻璃的前身。早期玻璃应当是以非晶态为主，只含有少量晶态物质；"成熟玻璃"或"真玻璃"则是非晶态的，或只含有微量晶态物质的。今见不少古代玻璃，可能都含有微量晶态物质，这可能是烧制过程中残留下来的，也可能是长期埋藏过程中析晶所致。玻璃是在过冷状态下得到的，处于亚稳定状态中，具有降低内能的趋势，故从热力学上看，玻璃析晶是必然的。

我们知道，玻璃是一种无定形的非晶态物质，其与晶态物质的区别，主要是物质结构形态不同，在结构分析中，非晶态，或说玻璃态物质的 X 射线衍射曲线是弥散、平滑的；晶态物质的 X 射线衍射曲线则存在十分明显的波峰。另外，他们物理性态亦不同，如晶态物质有一个固定的熔点或凝固点，稍有过冷即凝，稍有过热即熔；非晶态物质则熔化和凝固都是在一个稍宽的温度区间内进行，即从液态到固态，中间有一个软化的温度区间，晶态物质则没有这样一个区间。古埃及和两河流域都生产过一种名为"费昂斯"（Faience）的人工烧制物，基本原料是石英砂，再加少量熔剂。烧制后，石英砂表面多已熔融成了玻璃态，但内部并未完全熔化，而保留部分晶态结构。西周料器大体与这种"费昂斯"相当。晶态和非晶态，在一定条件下是可互相转化的；但有的物质很容易成为玻璃态，有的在正常条件下则很难，或几乎不可能成为玻璃态。此后一种情况可能主要与其析晶倾向较小，及其在过冷条件下依然"不析晶"有关。

（二）关于早期玻璃外来说

对于我国早期玻璃的来源，学术界一直存在两种不同观点：一种观点认为我国古代早期玻璃技术系外域传来；另一种观点认为是我国自己发明的[1][46]。

前说影响较大，流传甚广，国内外都有学者主张此说。国外如 20 世纪 20 年代的德国人涅曼（Nenman）[47]、俄国人华林马柯夫斯基[48]、我国学者章鸿钊等[49]；20 世纪七八十年代以来，国内相当大一部分学者皆持此说。其主要依据是：（1）埃及和两河流域玻璃技术的发明期都远较我国为早，认为从较早的年代起，就有了中外技术交流的迹象。（2）认为我国今见较早的一些玻璃成分与古埃及玻璃成分（表 2-7-1）相类似，属钠钙玻璃。（3）说我国古代原无"玻璃"一词，与之音义相近的"颇梨"一语大约是在《魏书·西域列传》才看到的，它与先秦文献《禹贡》所云雍州厥贡"琳琅"，屈原《离骚》所云长佩之"陆离"、汉代著作《史记·西域列传》所云罽宾产"流离"，都是一种外来语。（4）蜻蜓眼式玻璃珠（即镶嵌式玻璃珠）在世界许多地方都有发现，且在公元前 1000 纪的西亚较为流行。而"蜻蜓眼"式的饰纹又与我国传统饰纹的风格不一。

这些说法都有一定道理，在历史进程中，各民族间发生技术和文化上的交流是十分自然的，但若说中国古代玻璃技术源于外域，恐怕尚不能定论。今说明如下。

1. 外来说目前还找不到更为确切的依据。两河流域和埃及的玻璃虽发明较早，但有关传播路径、轨迹、方式，目前都不清楚，很难说我国玻璃技术与之存在承传关系。新疆是中外交流的必经地和枢纽，但从上述科学分析可知，新疆早期玻璃也是本地生产的，从玻璃成分到饰纹，都很难说其源于埃及和两河流域。

2. 语言问题较为复杂，在现有先秦单词中，还很难肯定哪个指的就是玻璃，哪个就是外来语。如：

琳、琅。其原出自《禹贡》"雍州"条："厥贡球琳琅玕。"孔安国注："球、琳，皆玉石。琅、玕，石而似玉。"即它们都是玉石，或似玉的石。东汉王充认为《禹贡》曰璆、琳、琅、玕都是土地所生真玉[50]。"琅玕"，晋葛璞认为它是"石似珠也"[18]。可知古人皆认为其属石，而未说属烧石，故其内容是否与玻璃有关，其语音是否外来，目前还很难肯定。

陆离。在《楚辞》各篇中曾出现过多次，如：《楚辞·离骚经》："高余冠之岌岌兮，长余佩之陆离。"《楚辞·离骚经》："纷总总其离合兮，班陆离其上下。"《楚辞·九歌·湘夫人》："灵衣兮被被，玉佩兮陆离。"《楚辞·九章·惜诵》："带长铗之陆离兮，冠切云之崔嵬。"《楚辞·远遊》①："叛陆离其上下兮，遊惊雾之流波。"此外还有一些，不再枚举。此"陆离"，多数情况都被注释家们当成了参差、分散、文采等一类形容词[51][52]，大约只有一条，即《楚辞·九叹》的"薜荔饰而陆离焉兮"，王逸注把它当成了名词："陆离，美玉也"。但不管是形容词，还是名词美玉，皆不能成为外来语的确凿依据。有人认为"陆离"即汉代之"流离"[53][54]。在此值得注意的是：虽"陆离"和"流离"（"琉璃"）都包含有玻璃的意思，但在相当一个时期内，其非只有一种含义，我们是很难将"陆离"、"流离"与"玻璃"等同起来的。这一点，后面都还要谈到。

---

① 此诗之标题使用了一个繁体字，乃不得已而为之。在"远遊"二字中，"远"字简化后，通常不会引起误解，但"遊"字简化成了"游"字后，人们就可能将之理解成到远处游泳，或长距离游泳了。

3. 关于成分。在今见 3 件中原早期玻璃中，只有 1 件，即侯古堆蜻蜓眼式玻璃珠与古埃及的较为接近，但这 1 件也不能肯定其来自外域，因由西周至战国时期，我国都存在以钠、钙作为料器熔剂的情况。其他 2 件，即吴王夫差剑之剑格嵌入物、越王勾践剑之剑格嵌入物，与古埃及玻璃皆非一个成分体系，不存在外来的问题。

由现有分析资料看，虽西周至春秋中期，料器中的熔剂总量和钠、钙量都较低，但战国早期时，料器中的熔剂总量和钠、钙量都明显增加，而且生产过一些钠、钙量稍高的料珠。如曾侯乙墓料珠 E. C. 11:240[28]，以及 H7[27]，大体上都可归为钠、钙型，前者的成分为：CaO 5.04%、MgO 2.78%、K_2O 3.22%、Na_2O 8.66%、PbO 3.47%。经 X 射线衍射结构分析，此器多为玻璃态，只是"偶尔可见结晶态"，衍射曲线上只有 4 个小峰，其 I 值分别为 2、3、1，对应的 d 值分别为 3.34 Å、2.01 Å、2.97 Å、1.82 Å[28]。与玻璃只有一步之遥，若将成分稍加调整，便可成为完全的玻璃态。又如曾乙侯墓料器 ZHYL3（表 2 - 7 - 3），平均成分为：CaO 14.94%、Na_2O 5.35%。钙、钠量亦不低，应属于钙钠系。此器因未作物质结构分析，仍暂名为料器，若属玻璃态的话，便大体属于钙钠玻璃了。此外，江陵九店料珠眼 H8、江陵九店料珠外壳 H9[27]，大体上都可视为钠钙型玻璃。所以由这些情况看，战国早期生产出含钠、钙稍高的玻璃是完全可能的，如此，便不能排除春秋晚期生产出侯古堆钠钙玻璃的可能性。

另外，表 2 - 7 - 1 所列钠钙玻璃、料器中，其钠、钙量大体上有三个等级：古埃及两件标本的钠、钙量最高，分别为：16.47% ~ 17.62%、8.51% ~ 10.05%。侯古堆蜻蜓眼式玻璃珠钠、钙量次之，分别为：10.94%、9.47%。曾侯乙墓料珠 E. C. 11:240 的钠、钙量最低，分别为 8.66%、5.04%。曾侯乙墓绿色料珠 H7、江陵九店标本 H8、H9 的更低，分别为 4.8% ~ 6.99%、4.07% ~ 4.25%。我们很难由此便肯定：侯古堆玻璃与古埃及玻璃同属一个技术体系，也很难肯定曾侯乙墓两件标本、江陵九店 M286 两件标本亦与之同属于一个体系。

所以，虽侯古堆玻璃、曾侯乙墓料器、江陵九店料器含钠、钙量稍高，但并无来自外域的确凿依据。

4. 关于外形。虽蜻蜓眼式玻璃珠在中国和外国都可看到，而且外国的蜻蜓眼式（镶嵌式）玻璃珠可能较中国为早，但也不能肯定中国玻璃技术必定是源于外域，也不能排除中国只是仿制了蜻蜓眼式玻璃珠的纹饰，而玻璃这种材料本身依然是本国发明的可能性。

我们认为，许多迹象表明，不管西周料器，还是春秋战国时代的料器、玻璃器，多数都应当是我国自己制造的。这有几点理由：（1）其分布较广、数量较大。（2）许多料器、玻璃上皆沾有不洁之物，在当时情况下完全依靠进口，是难以想象的。（3）曾侯乙墓中，与料珠、玻璃珠伴出的还有 38 枚陶珠，它们皆为饰器，有的陶珠已经瓷化；显然它们都是本地所产的[30]。（4）如前所云，曾侯乙墓也出土过多色"蜻蜓眼式"玻璃珠。《论衡·率性篇》云："随侯以药作珠，精耀如真。"说明随侯制作过料珠和玻璃珠，其中的"药"当即是钾盐、钠盐等各种不同的熔剂。这也是我国古代制作玻璃的较早记载。于是，考古实物与文献记载互相作了印证。

所以，我国玻璃技术是否源于西亚或古埃及，还有待进一步证实。从现有资料看，中原早期玻璃的技术渊源，应是西周料器。有关考古工作者认为，埃及和西亚玻璃约公元前800~前500年便传入了新疆[55]，这是可能的；但表2-7-4所列新疆玻璃珠却应当是本地所产的。春秋战国"蜻蜓眼式"玻璃珠的纹饰受到过外来因素的影响也是可能的，但这与玻璃技术本身源于西方是不同的。

（三）结语

1. 新疆玻璃技术约发明于西周至春秋早期，中原玻璃技术约发明于春秋晚期。它是在炉渣技术、陶瓷技术的启示下，在料器技术的基础上发展、演变而来。

2. 由西周到春秋晚期，我国古代玻璃应有多个成分类型。在新疆地区，有铅钙型、钙钠型等2系5型；在中原则有钠钙玻璃、钾钙玻璃和钾玻璃；由春秋晚期到战国早期，我国古代玻璃系仍处在探索之中，当时的玻璃系还是较为湑杂的；独具特色，且受世人关注的铅钡玻璃、高铅玻璃、钾玻璃，都是战国时代才稳定下来的。

3. 在我国古代玻璃发展过程中，曾受到过外来影响是可能的。如春秋战国时代的"蜻蜓眼"，当多数是利用本国技术，自己生产，纹饰等则有可能受到过外域的影响。但若说中原最早的玻璃器（片），最早的玻璃技术皆源于外域，目前尚缺乏有力的证据[56][57]。

参 考 文 献

第一节 采矿技术的初步发展

［1］刘起钎:《古史续辨》第 142 页、145 页,中国社会科学出版社,1991 年。

［2］今一般认为,可能在夏代以前便有了准国家的形式。参见许顺湛:《夏代前有个联邦制王朝》,《中原文物》1995 年第 2 期;张忠培:《良渚文化的年代和其所处社会阶段——五千年前中国进入文明的一个例证》,《文物》1995 年第 5 期。

［3］夏商周断代工程专家组:《夏商周断代工程 1996～2000 年阶段成果报告》(简本),世界图书出版公司,2001 年。

［4］安金槐等早就提出了河南龙山文化晚期属于夏代早期,登封王城岗古城可能与"禹都阳城"有关的论点。见河南省博物馆登封工作站:《一九七七年上半年告成遗址的调查发掘》,《河南文博通讯》1978 年第 4 期;安金槐:《豫剧西夏文化初探》,《河南文博通讯》1978 年第 2 期。

［5］河南省文物研究所等:《登封王城岗与阳城》,文物出版社,1992 年。

［6］杨育彬:《^{14}C 年代框架与三代考古学文化分期》,《中原文物》2001 年第 1 期。杨育彬:《夏商周断代工程与夏商考古》,《中原文物》2001 年第 2 期。

［7］江林昌:《来自夏商周断代工程的报告》,《中原文物》2001 年第 1 期。并见文献［3］。

［8］《考古》杂志编辑部整理:《中国文明起源座谈纪要》,《考古》1989 年第 12 期,徐苹芳言。但张学海认为:文明起源的"多因素"说很难找到一个确定的标准。为此,他提出了两个新的标准:(1)典型史前聚落群"都邑聚"金字塔形等级结构的形成;(2)原始城市的产生和城乡分离的形成。并认为两者居其一就是国家(见《中国文物报》1999 年 9 月 1 日第 3 版)。其实,此"两个因素"说也是很难找到绝对标界的,如:"城"与"城市"是何时产生并区别开来的?"城"与"乡"是何时区分开来的?目前同样无法得十分清楚。

［9］山东大学历史系考古专业:《山东邹平丁公遗址第四、五次发掘简报》,《考古》1993 年第 4 期。光明等:《桓台史家遗址发掘获重大成果》,《中国文物报》1997 年 5 月 18 日。逄振镐:《从图像文字到甲骨文——史前东夷文字史略》,《中原文物》2002 年第 2 期。

［10］赵芝荃:《二里头遗址与偃师商城》,《考古与文物》1989 年第 2 期。

［11］杨鸿勋:《初论二里头宫室的复原问题——兼论"夏后氏世室"的形制》,《建筑考古学论文集》,文物出版社,1987 年。

［12］仇士华等:《有关所谓"夏文化"的碳十四年代测定的初步报告》,《考古》1983 年第 10 期。

［13］河南省文物研究所:《郑州商城内宫殿遗址区第一次发掘报告》,《文物》1983 年第 4 期。

［14］高炜等:《偃师商城与夏商分界》,《考古》1989 年第 10 期。

［15］中国社会科学院考古研究所安阳工作队:《1969～1977 年殷墟西区墓葬发掘报告》,《考古学报》1979 年第 1 期。

［16］何堂坤:《盘龙城青铜器合金成分分析》,载湖北省文物考古研究所:《盘龙城(一九六三年～一九九四年考古发掘报告)》,文物出版社,2001 年。

［17］李敏生:《先秦用铅的历史》,《文物》1984 年第 10 期。中国社会科学院考古研究所:

《偃师二里头——1959 年～1978 年考古发掘报告》第 399 页，中国大百科全书出版社，1999 年。

［18］邵望平:《"禹贡"九州的考古学研究——兼说中国文明的多源性》,《九州学刊》1987 年 9 月（总第 5 期）。

［19］林西大井古铜矿原断代西周,见文献［25］,后经[14]C 测定,并树轮校正,订正为春秋初期或稍早,见文献［26］。

［20］铜绿山考古发掘队:《湖北铜绿山春秋战国古矿井遗址发掘简报》,《文物》1975 年第 1 期。夏鼐等:《湖北铜绿山古铜矿》,《考古学报》1982 年第 1 期。

［21］安徽省文物考古研究所等:《安徽铜陵市古代铜矿遗址调查》,《考古》1993 年第 6 期。杨立新:《皖南古代铜矿初步考察与研究》,《文物研究》第 3 辑,1988 年。杨立新等:《皖南古铜矿发掘成果令人瞩目》,《中国文物报》1988 年 12 月 23 日。

［22］李再华等:《我国矿冶考古获重大突破——瑞昌发现商周时期大型铜矿采掘遗址》,《中国文物报》1989 年 1 月 27 日。李放:《瑞昌古采铜遗址前的遐想》,《中国文物报》1989 年 4 月 14 日。

［23］赵承泽等:《关于西周的一批煤玉雕刻——兼论我国开始用煤作燃料的时间》,《文物》1978 年第 5 期。

［24］湖南省博物馆等:《湖南麻阳战国时期古铜矿清理简报》,《考古》1985 年第 2 期。

［25］杜发清等:《战国以前我国有色金属矿开采概况》,《有色金属》1980 年第 2 期。

［26］辽宁省博物馆文物工作队:《辽宁林西大井古铜矿 1976 年试掘简报》,《文物资料丛刊》(7),文物出版社,1983 年。

［27］李延祥等:《林西县大井古铜矿冶遗址冶炼技术研究》,《自然科学史研究》1990 年第 2 期。

［28］杨永光等:《铜绿山古铜矿开采方法研究》,《有色金属》第 32 卷第 4 期,1980 年 11 月;第 33 卷第 1 期,1981 年 2 月。

［29］湖北省黄石市博物馆等:《铜绿山——中国古矿冶遗址》,文物出版社,1980 年。黄石市博物馆:《铜绿山古矿冶遗址》,文物出版社,1999 年。

［30］李庆元:《铜绿山古矿冶遗址采矿技术概况》,《中国冶金史料》1987 年第 1 期。

［31］卢本珊:《铜绿山古代采矿工具初步研究》,《农业考古》1991 年第 3 期。

［32］江西省文物考古研究所等:《铜岭古铜矿遗址发现与研究》,江西科学技术出版社,1997 年。按:今主要参考了该书的下列 3 文:(1) 卢本珊、刘诗中:《铜岭商周铜矿开采技术初步研究》;(2) 刘诗中、卢本珊:《瑞昌市铜岭铜矿遗址发掘报告》;(3) 卢本珊等:《铜岭西周溜槽选矿法模拟试验研究》。

［33］梅建军等:《新疆奴拉赛古铜矿冶遗址冶炼技术初步研究》,《自然科学史研究》1998 年第 3 期。

［34］齐文涛:《概述近年来山东出土的商周青铜器》,《文物》1972 年第 5 期。殷之彝:《山东益都苏埠屯墓地和"亚醜"铜器》,《考古学报》1977 年第 2 期。

［35］江鸿:《盘龙城与商朝的南土》,《文物》1976 年第 2 期。

［36］湖北省文物考古研究所:《盘龙城（一九六三年～一九九四年考古发掘报告）》,文物出版社,2001 年。

［37］文物编辑委员会:《文物考古工作三十年（1949～1979）》第 311～312 页,文物出版社,1979 年。

［38］文物编辑委员会:《文物考古工作三十年（1949～1979）》第 242 页,文物出版社,1979 年。

［39］江西省博物馆等:《江西清江吴城商代遗址发掘简报》,《文物》1975 年第 7 期。

[40] 夏湘蓉等:《中国古代矿业开发史》第 32 ~ 34 页,地质出版社,1986 年 6 月第二次印刷。

[41] 闻广:《中国青铜时代与矿产资源》,1985 年科技史学术讨论会论文。

[42] 王大道:《滇池史前考古的重要收获——大花石遗址墓地发掘硕果累累》,《中国文物报》1992 年 4 月 19 日第 1 版。

[43] 云南省博物馆筹备处:《剑川海门口古文化遗址清理简报》,《考古通讯》1958 年第 6 期。王大道:《云南剑川海门口早期铜器研究》,《中国考古学会第四次年会论文集》,文物出版社,1985 年。云南省博物馆:《云南剑川海门口青铜时代早期遗址》,《考古》1995 年第 9 期。按:2006 年时,有学者撰文说整个海门口遗址年代当为春秋时期,可进一步研究。

[44] 中国社会科学院考古研究实验室:《放射性碳素测定年代报告》,《考古》1978 年第 5 期。

[45] 文物编辑委员会:《文物考古工作三十年(1949 ~ 1979)》第 377 页,文物出版社,1979 年。

[46] 文物编辑委员会:《文物考古工作十年(1979 ~ 1989)》第 277 页,文物出版社,1990 年。

[47] 云南大学历史系等:《云南冶金史》第 1 ~ 3 页,云南人民出版社,1980 年。

[48] 戴望:《管子校正》卷二三校正:"上有丹沙者下有黄金,《路史》沙作研,金作银","上有慈石者,望案,慈即磁的假借字"。"下有铜金,《路史》作下有赤铜青金"。"上有陵石者,《御览·地部三》引作绿石,'珍宝部九'引作陵石。"(《诸子集成》第七册第 395 页,河北人民出版社,1986 年 4 月)

[49] 周德忠等:《贵州万山汞矿床的地质特征》,《地质评论》第 18 卷第 1 期,1960 年。

[50] 夏湘蓉等:《中国古代矿业开发史》第 317 ~ 330 页,地质出版社,1986 年 6 月第二次印刷。

[51] 甘肃省博物馆文物工作队:《甘肃秦安大地湾第九区发掘简报》,《文物》1983 年第 11 期。

[52] 二里头二期墓 M22 丹砂的见中国社会科学院考古研究所:《偃师二里头——1959 年 ~ 1978 年考古发掘报告》第 137 页,大百科全书出版社,1999 年。1967 年和 1973 年发现的丹砂皆见中国科学院考古研究所二里头工作队:《河南偃师二里头遗址三、八区发掘简报》,《考古》1975 年第 5 期。这些玉器属二里头文化三期。据当地农民说,20 世纪 50 年代以前,那一带曾多次发现玉器,其中有刀、戈、圭、琮、镶嵌绿松石的青铜容器等,出土时也都是包裹在丹砂里的。

[53] 中国社会科学院考古研究所二里头队:《1980 年秋河南偃师二里头遗址发掘简报》,《考古》1983 年第 3 期。

[54] 中国社会科学院考古研究所二里头工作队:《1984 年秋河南偃师二里头遗址发现的几座墓葬》,《考古》1986 年第 4 期。

[55] 中国社会科学院考古研究所二里头工作队:《1987 年偃师二里头遗址墓葬发掘简报》,《考古》1992 年第 4 期。

[56] 河南省博物馆等:《郑州商代城遗址发掘报告》,《文物资料丛刊》(1),1977 年。

[57] 河南省文物研究所:《郑州北二七路新发现三座商代墓》,《文物》1983 年第 3 期。

[58] 洛阳市文物工作队:《洛阳北窑西周墓》第 369 页,文物出版社,1999 年。

[59] 《吕氏春秋》卷二"仲春"高诱注。

[60] 中国科学院考古研究所:《沣西发掘报告》第 127 页,文物出版社,1962 年。

[61] 转引自《中国古代煤炭开发史》第 10 页,煤炭工业出版社,1986 年。

［62］荥经古墓发掘小组:《四川荥经古城坪秦汉墓葬》,《文物资料丛刊》（4）,文物出版社,1981年。

［63］新雨:《中国古代对煤的认识和应用》,《科技史文集》第9辑,上海科学技术出版社,1982年。

［64］孙华:《渝东史前制盐工业初探——以史前时期制盐陶器为研究角度》,《盐业史研究》2004年第1期。

［65］孙华:《四川盆地盐业起源论纲——渝东盐业考古的现状、问题与展望》,《盐业史研究——巴渝盐业专辑》2003年第1期。

［66］《华阳国志》第一册,卷一“巴志”第2页;《华阳国志》第二册,卷三“蜀志”第2页、6页、8页;文渊阁《钦定四库全书》抄本,武汉大学出版社电子版第223碟。

［67］吴天颖:《中国井盐开发史二三事——〈中国科学技术史〉补正》,《中国盐业史论丛》,中国社会科学出版社,1987年。该文第26页脚注［2］附云:古代世界中,唯法国洛林地区于公元前3世纪开采了盐卤,时间与李冰相当。俄国新城地区为11世纪前夕,奥地利盐矿体登堡为1123年,波兰波波里亚岩盐为1251年。参见《井盐技术》1975年第2期所载《国外井矿盐技术经济资料》,以及王海潜译:《苏联盐业历史简介》,载《井盐史通讯》1983年第1期。

［68］廖品龙:《试论张若在成都置盐铁市官与李冰穿广都盐井》,载自贡市盐业历史博物馆编《四川井盐史论丛》,四川社会科学出版社,1985年。

［69］白广美:《中国古代盐井考》,《中国盐业史论丛》,中国社会科学出版社,1987年。

［70］山东大学东方考古研究中心等:《山东寿光市大荒北央西周遗址的发掘》,《考古》2005年第12期。王青等:《山东北部商周时期海盐生产的几个问题》,《文物》2006年第4期。

［71］山东省文物管理处等:《山东文物选集（普查部分）》,文物出版社,1959年。

［72］方辉:《商周时期鲁北地区海盐业的考古学研究》,《考古》2004年第4期。

［73］详见《十三经注疏·周礼正义》。

［74］李启良:《陕西安康一里坡战国墓清理简报》,《文物》1992年第1期。

［75］《学林》第八册,卷十第22页“卅”条,文渊阁《钦定四库全书》抄本,武汉大学出版社电子版第316碟。

［76］夏湘蓉等:《中国古代矿业开发史》第25页,地质出版社,1980年。

［77］崔云昊等:《“矿物”词源再考》,《中国科技史料》1993年第3期。

［78］温少峰等:《殷墟卜辞研究——科学技术篇》第353～354页,四川社会科学出版社,1983年。

［79］郭璞:《江赋》,《文选注》第六册,卷十二第18页,文渊阁《钦定四库全书》抄本,武汉大学出版社电子版第428碟。

第二节 青铜技术的伟大成就和钢铁技术的兴起

［1］中国科学院考古研究所洛阳发掘队:《河南偃师二里头遗址发掘简报》,《考古》1965年第5期。

［2］中国科学院考古研究所二里头工作队撰文,分别登载在《考古》1974年第4期、1975年第5期、1976年第4期、1983年第3期、1983年第3期、1984年第1期、1986年第4期、1991年第12期、1992年第4期。

［3］李维明:《关于夏商分界的标准及其他》,《中国文物报》2000年3月29日第3版。

［4］中国社会科学院考古研究所:《夏县东下冯》,文物出版社,1988年。

［5］河南省文物研究所等：《登封王城岗与阳城》，文物出版社，1992年。

［6］李京华：《河南冶金考古的发现与研究》，载李京华：《中原古代冶金技术研究》，中州古籍出版社，1994年。

［7］严文明：《论中国的铜石并用时代》，《史前研究》1984年第1期。

［8］孙淑云：《山东泗水尹家城遗址出土岳石文化铜器鉴定报告》，见北京科技大学《中国冶金史论文集》（二），《北京科技大学学报》增刊，1994年。

［9］火烧沟铜器见文物编辑委员会编：《文物考古工作三十年（1949～1979）》第142～143页，文物出版社，1979年。

［10］李水城等：《四坝文化铜器研究》，《文物》2000年第3期。

［11］中国社会科学院考古研究所：《大甸子——夏家店下层文化遗址与墓地发掘报告》，科学出版社，1996年。

［12］牛河梁炉壁原报道见《文物考古工作十年（1979～1989）》第61页。科学分析见《文物》1999年第12期第44页。原定为红山文化，后定为夏家店下层文化。

［13］湖北省博物馆：《盘龙城商代二里岗期的青铜器》，《文物》1976年第2期。并见湖北省文物考古研究所：《盘龙城（一九六三年～一九九四年考古发掘报告）》，文物出版社，2001年。

［14］河南省文化局文物工作队第一队：《郑州商代遗址的发掘》，《考古学报》1957年第1期。

［15］河南省文物考古研究所等：《郑州商代铜器窖藏》，科学出版社，1999年。

［16］中国社会科学院考古研究所：《殷墟妇好墓》，文物出版社，1980年。

［17］江西省博物馆等：《江西清江吴城商代遗址发掘简报》，《文物》1975年第7期。《江西清江吴城商代遗址第四次发掘的主要收获》，《文物资料丛刊》（2），文物出版社，1978年。

［18］四川省文物考古研究所等：《广汉三星堆遗址二号祭祀坑发掘简报》，《文物》1989年第5期。陈德安等：《三星堆》，四川人民出版社，1998年。

［19］江西省文物考古研究所等：《江西新干大洋洲商墓发掘简报》，《文物》1991年第10期。江西省文物考古研究所等：《新干商代大墓》，文物出版社，1997年。

［20］陈振中：《青铜生产工具与中国奴隶制社会经济》第13页，中国社会科学出版社，1992年。

［21］廖志豪：《论吴越时期的青铜农具》，《农业考古》1982年第2期。

［22］李延祥：《林西县大井古铜矿冶遗址冶炼技术研究》，《自然科学史研究》1990年第2期。

［23］梅建军等：《新疆奴拉赛古铜矿矿冶遗址冶炼技术初步研究》，《自然科学史研究》1998年第3期。

［24］张敬国等：《贵池东周铜锭的分析研究——中国始用硫化矿炼铜的一个线索》，《自然科学史研究》1985年第2期。

［25］卢本珊：《铜绿山春秋早期的炼铜技术》，《科技史文集》第13辑，上海科学技术出版社，1985年。

［26］卢本珊等：《铜绿山春秋早期炼铜技术续探》，《自然科学史研究》1984年第2期。

［27］参见温少峰等：《殷墟卜辞研究——科学技术篇》，四川社会科学出版社，1983年。

［28］洛阳市文物工作队：《1975～1979年洛阳北窑西周铸铜遗址的发掘》，《考古》1983年第5期。

［29］山西省考古研究所：《侯马铸铜遗址》第441页，文物出版社，1993年。

［30］张万钟：《泥型铸造发展史》，《中国历史博物馆馆刊》总第10期，1987年。

［31］中国社会科学院考古研究所编著:《殷墟发掘报告（1958～1961）》第28～58页,文物出版社,1987年。

［32］安志敏:《唐山石棺墓及其相关的遗物》,《考古学报》第七册,1954年。

［33］江西省博物馆:《江西清江吴城商代遗址第四次发掘的主要收获》,《文物资料丛刊》（2）,1978年。彭适凡:《江西商周青铜器铸造技术》,《科技史文集》第9辑,上海科学技术出版社,1982年。此统计的石范基本成型者68件。

［34］江西省文物考古研究所等:《吴城——1973～2002年考古发掘报告》第143～153页,科学出版社,2005年。此书统计石范总数为57件。

［35］张昭:《云南弥渡合家山出土古代石、陶范和青铜器》,《文物》2000年第11期。

［36］王大道:《从现代石范铸造看云南青铜铸造的几个问题》,《云南文物》总第13期,1983年6月。

［37］赵芝荃:《二里头遗址与偃师商城》,《考古与文物》1989年第2期。

［38］辽宁省博物馆等:《内蒙古赤峰县四分地东山嘴遗址试掘简报》,《考古》1983年第5期。陶范1件,为泥质灰陶。

［39］谭德睿:《侯马东周陶范的材料及其处理技术的研究》,《考古》1986年第4期。谭德睿:《中国青铜时代陶范铸造技术研究》,《考古学报》1989年第2期。

［40］陕西省文物管理委员会:《长安普渡村西周墓的发掘》,《考古学报》1957年第1期。

［41］冯富根:《司母戊鼎铸造工艺的再研究》,《考古》1981年第2期。按:有学者认为"司母戊大鼎"应释为"后母戊大鼎",这牵涉到甲骨文的辨认问题,哪种解读更为合理,可以进一步研究。本书仍然采用"司母戊大鼎"一名。

［42］河南省博物馆:《郑州出土的商代前期大铜鼎》,《文物》1975年第6期。河南省文物研究所等:《郑州新发现商代窖藏铜器》,《文物》1983年第3期。河南省文物研究所:《河南考古四十年》第192页,河南人民出版社,1994年。

［43］张万钟:《从侯马出土陶范试探东周泥型铸造工艺》,《科技史文集》第13辑,上海科学技术出版社,1985年。

［44］汤文兴:《我国古代几种货币的铸造技术》,《中原文物》1983年第2期。

［45］河北省文物管理处:《河北易县燕下都第21号遗址第一次发掘简报》,《考古学集刊》（2）,1982年。

［46］河南省文物研究所等:《淅川下寺春秋楚墓》,文物出版社,1991年。

［47］随县擂鼓墩一号墓考古发掘队:《湖北随县曾侯乙墓发掘简报》,《文物》1997年第7期。

［48］《小校经阁金文拓本》卷十四"泉范"。

［49］汪本初:《安徽近年出土楚铜贝初探》,《文物研究》第2辑,1986年。

［50］李仲达等:《商周青铜容器合金成分的科学考察》,《西北大学学报》（自然科学报）1984年第2期。

［51］金正耀:《二里头青铜器的自然科学研究与夏文明探索》,《文物》2000年第1期。

［52］李敏生:《先秦用铅的历史概况》,《文物》1984年第10期。中国社会科学院考古研究所:《夏县东下冯》第208页,文物出版社,1988年。按:关于二里头标本ⅣH76:48的性质,李敏生此文说为"不成器的铅块";中国社会科学院考古研究所:《偃师二里头——1959年～1978年考古发掘报告》（中国大百科全书出版社,1999年）第240页说为"锡片",但该书所附曲长芝等文《二里头遗址出土铜器X射线荧光分析》表明,此金属片是铅而不是锡。今依李敏生、曲长芝说。

［53］梁宏刚等:《二里头遗址出土青铜钺分析测试报告》,《考古》2002年第11期。

［54］曲长芝等：《二里头遗址出土铜器 X 射线荧光分析》，《偃师二里头——1959 年～1978 年考古发掘报告》，中国大百科全书出版社，1999 年。

［55］李秀辉等：《朱开沟遗址早商铜器的成分及金相分析》，《文物》1996 年第 8 期。

［56］张学正等：《甘肃发现的早期金属器物的研究》，北京第一届国际冶金史学术讨论会论文。孙淑云等：《中国早期铜器的初步研究》，《考古学报》1981 年第 3 期。

［57］孙淑云等：《甘肃早期铜器的发现与冶炼、制造技术的研究》，《文物》1997 年第 7 期。

［58］何堂坤：《先秦青铜合金技术的初步探讨》，《自然科学史研究》1997 年第 3 期。

［59］何堂坤：《盘龙城青铜器合金成分分析》，载《盘龙城（一九六三年～一九九四年考古发掘报告）》，文物出版社，2001 年。

［60］郝欣、孙淑云：《盘龙城商代青铜器的检验与初步研究》，《盘龙城（一九六三年～一九九四年考古发掘报告）》，文物出版社，2001 年。

［61］扬根等：《司母戊大鼎的含金成分及其铸造技术的初步研究》，《文物》1959 年第 12 期。

［62］北京钢铁学院：《中国冶金简史》第 24 页，科学出版社，1978 年。

［63］中国社会科学院考古研究所实验室：《殷墟金属器物成分的测定报告（一）——妇好墓铜器测定》，《考古学集刊》（2），1982 年。

［64］李敏生等：《殷墟金属器物成分的测定报告（二）——殷墟西区铜器和铅器测定》，《考古学集刊》（4），中国社会科学出版社，1984 年。

［65］何堂坤等：《罗山固始商代青铜器科学分析》，《中原文物》1994 年第 3 期。

［66］季连琪：《河南安阳郭家庄 160 号墓出土铜器的成分分析研究》，《考古》1997 年第 2 期。刘屿霞：《殷代冶铜术之研究》，《安阳发掘报告》第 4 期，1933 年。冯富根等：《殷墟出土商代青铜觚铸造工艺的复原研究》，《中国冶铸史论集》，文物出版社，1986 年。梅原末治：《支那铜利器之成份之考古学的考察》，《东亚考古学论考》，1940 年。山内淑人、小泉瑛一分析。道野鹤松：《由化学上所见古代支那之金属及其金属文化》，《东方学报》京都第四册，1933 年。道野鹤松：《东洋古代金属の化学的研究》，《日本化学会会誌》第五十三卷，1932 年。

［67］田长浒：《从现代试验剖析中国古代铸造的科学成就》，《科技史文集》第 13 辑，上海科学技术出版社，1985 年。

［68］陈佩芬：《古代铜兵铜镜的成分及有关铸造技术》，《上海博物馆馆刊》第 1 辑，1981 年。

［69］何堂坤等：《江陵战国青铜器科学分析》，《自然科学史研究》1999 年第 2 期。

［70］何堂坤：《春秋战国青铜剑科学考察》，《中国冶金史料》1990 年第 3 期。

［71］何堂坤：《鄂州战国青铜兵刃器初步考察》，《江汉考古》1990 年第 3 期。

［72］李敏生：《淅川下寺春秋楚墓部分金属成分测定》，《淅川下寺春秋楚墓》，文物出版社，1991 年。

［73］徐恒彬等：《广东省出土青铜器冶铸技术的研究》，《科技史文集》第 14 辑，上海科学技术出版社，1985 年。

［74］湖南省博物馆：《长沙楚墓》，《考古学报》1959 年第 1 期。

［75］（1）复旦大学静电加速器实验室等：《越王剑的质子 X 莹光非真空分析》，《复旦学报》，1979 年第 1 期。（2）谭德睿等：《吴越菱形纹饰铜兵器技术初探》，《南方文物》1994 年第 2 期。（3）孙淑云：《当阳赵家湖楚墓金属器的鉴定》，《中国冶金史论文集》（二），《北京科技大学学报》增刊，1994 年。（4）田长浒：《中国金属技术史》第 91 页，四川科学技术出版社，1987 年。（5）Shu – Chuan Liangand Kan – Nan Chang, The Chemical Conposition of some Early Chinese Bronzes, Chinese Chemical Society, Peking, 1950.

［76］何堂坤：《山东青铜器合金成分分析》，《文物春秋》1992 年第 1 期。

［77］何堂坤：《中国古代铜镜的技术研究》第 33、40 页，中国科学技术出版社，1992 年。

［78］何堂坤：《"六齐"之管窥》，《科技史文集》第 15 辑，上海科学技术出版社，1989 年；并见中国科学院自然科学史研究所编：《科学技术史研究五十年（论文选）》，2007 年。

［79］甘肃省文物考古研究所等：《甘肃民乐县东灰山遗址发掘纪要》，《考古》1995 年第 12 期。

［80］李秀辉等：《朱开沟遗址出土铜器的金相学研究》，载内蒙古自治区文物考古研究所等编《朱开沟——青铜时代早期遗址发掘报告》，文物出版社，2000 年。

［81］何堂坤：《几件琉璃河西周早期青铜器的科学分析》，《文物》1988 年第 3 期。

［82］何堂坤：《部分四川青铜器的科学分析》，《四川文物》1987 年第 4 期。肖璘等：《成都金沙遗址出土金属器的实验分析与研究》，《文物》2004 年第 4 期。

［83］何堂坤：《滇池地区几件青铜器的科学分析》，《文物》1985 年第 4 期。

［84］云南省博物馆：《云南剑川海门口青铜时代早期遗址》，《考古》1995 年第 9 期。

［85］何堂坤、靳枫毅：《中国古代焊接技术初步研究》，《华夏考古》2000 年第 1 期。

［86］吴坤仪：《太原晋国赵卿墓青铜器制作技术》，《太原晋国赵卿墓》第 273 页，文物出版社，1996 年。

［87］华觉明等：《曾侯乙尊、盘和失蜡法的起源》，《自然科学史研究》1983 年第 4 期。

［88］湖北省博物馆：《曾侯乙墓》第 177、229、478 页，文物出版社，1989 年。

［89］河北省博物馆等：《藁城台西商代遗址》第 54 页，文物出版社，1977 年。

［90］李众：《关于藁城商代铜钺铁刃的分析》，《考古学报》1976 年第 2 期。

［91］北京市文物管理处：《北京市平谷县发现商代墓葬》，《文物》1977 年第 11 期。

［92］广西壮族自治区博物馆：《广西恭城县出土的青铜器》，《考古》1973 年第 1 期。

［93］何堂坤：《我国古代金属锋刃器复合材料的技术》，《五金科技》1983 年第 6 期。

［94］湖南省博物馆：《长沙楚墓》，《考古学报》1959 年第 1 期。

［95］史树青：《我国古代的金错工艺》，《文物》1973 年第 6 期。

［96］王海文：《青铜镶嵌工艺概述》，《故宫博物院院刊》1983 年第 1 期。

［97］张天恩：《天水出土的兽面铜牌饰及有关问题》，《中原文物》2002 年第 1 期。

［98］四川省文物考古研究所三星堆工作站等：《三星堆遗址真武仓包包祭祀坑调查简报》，《四川考古报告集》，文物出版社，1989 年。敖天照等：《四川广汉县出土商代玉器》，《文物》1980 年第 9 期。

［99］安徽省文物管理委员会等：《寿县蔡侯墓出土遗物》，科学出版社，1956 年。

［100］安志敏：《河北省唐山市贾各庄发掘报告》，《考古学报》第 6 册，1953 年。

［101］黄河水库考古工作队：《1957 年河南陕县发掘简报》，《考古通讯》1958 年第 11 期。

［102］湖北省文化局文物工作队：《湖北江陵三座楚墓出土大批重要文物》，《文物》1966 年第 5 期。

［103］河北省文物管理处：《河北省平山县战国时期中山国墓葬发掘简报》，《文物》1979 年第 1 期。

［104］齐文涛：《概述近年来山东出土的商周青铜器》，《文物》1972 年第 5 期。

［105］贾福云等：《曾侯乙青铜器红铜花纹铸镶法的研究》，《科技史文集》第 13 辑，上海科学技术出版社，1985 年。

［106］本人所作山东长岛店子龙山文化黄铜片科学分析、山东临沂战国青铜剑科学分析，详细资料皆待发表。

［107］江苏省文物管理委员会：《江苏六合程桥东周墓》，《考古》1965 年第 3 期。

［108］叶小燕：《东周刻纹铜器考》，《考古》1983 年第 2 期。

［109］何堂坤：《刻纹铜器科学分析》，《考古》1993 年第 5 期。

［110］何堂坤等：《四川峨眉战国青铜器的科学分析》，《考古》1986 年第 11 期。

［111］周纬：《中国兵器史稿》第 151～152 页，三联书店，1957 年。

［112］张子高：《从镀锡铜器谈到鉴字本义》，《考古学报》1958 年第 3 期。

［113］河南省文物研究所：《信阳楚墓》，文物出版社，1986 年。

［114］浙江省文物管理委员会等：《绍兴 306 号战国墓发掘简报》，《文物》1984 年第 1 期。

［115］复旦大学静电加速实验室等：《越王剑的质子 X 荧光非真空分析》，《复旦学报》（自然科学版）1979 年第 1 期。

［116］何堂坤：《包山楚墓金属器初步考察》，《包山楚墓》，文物出版社，1991 年。

［117］何堂坤：《几件表面含硫的战国青铜器的科学分析》，《中国科学技术史国际学术讨论会论文集》，中国科学技术出版社，1992 年。

［118］何堂坤等：《江陵战国青铜器科学分析》，《自然科学史研究》1999 年第 3 期。

［119］许永杰：《民乐东灰山火烧沟四坝文化遗址》，《中国考古学年鉴（1988）》，文物出版社，1989 年。

［120］严文明：《论中国的铜石并用时代》，《史前研究》1984 年第 1 期。

［121］刘秀中：《平谷刘家河商墓出土的金器》，《中国文物报》1993 年 8 月 8 日。

［122］河北省文物管理处台西考古队：《河北藁城台西村商代遗址发掘简报》，《文物》1979 年第 6 期。

［123］河南省博物馆等：《郑州商代城遗址发掘报告》，《文物资料丛刊》（1），1977 年。

［124］宝鸡市考古工作队：《宝鸡市益门村二号春秋墓发掘简报》1993 年第 10 期。

［125］张天恩：《秦器三论——益门春秋墓几个问题浅谈》，《文物》1993 年第 1 期。

［126］山东省文物考古研究所等：《曲阜鲁国故城》第 159 页，齐鲁社，1982 年。

［127］河南省文物研究所：《信阳楚墓》，文物出版社，1986 年。

［128］河南省文化局文物工作队：《1958 年春河南安阳市大司空村殷代墓葬发掘简报》，《考古通讯》1958 年第 10 期。

［129］中国社会科学院考古研究所安阳工作队：《1969～1977 年安阳殷墟西区墓葬发掘报告》，《考古学报》1979 年第 1 期。

［130］河南省文物考古研究所等：《三门峡虢国墓》，文物出版社，1999 年。鉴定报告见该书第一卷第 559～573 页所载韩汝玢等文。

［131］刘得祯等：《甘肃灵台县景家庄春秋墓》，《考古》1981 年第 4 期。鉴定结论并参见文献［130］。

［132］甘肃省博物馆文物工作队：《甘肃永昌三角城沙井文化遗址调查》，《考古》1984 年第 7 期。

［133］袁仲一：《从考古资料看秦文化的发展和主要成就》，《文博》1990 年第 5 期。

［134］张天恩：《再论秦式短剑》，《考古》1995 年第 9 期。

［135］何堂坤等：《延庆山戎文化铜柄铁刀及其科学分析》，《中原文物》2004 年第 2 期。

［136］转引自文献［130］韩汝玢等文。

［137］彭适凡等：《江西冶金史研究》专辑，《江西冶金》1994 年第 6 期。

［138］王大道：《云南滇池区域青铜时代的金属农业生产工具》，《考古》1977 年第 2 期。

［139］李众：《中国封建社会前期钢铁冶炼技术发展的探讨》，《考古学报》1975 年第 2 期。

［140］长沙铁路东站建设工程文物发掘队：《长沙新发现春秋晚期的钢剑和铁器》，《文物》1978 年第 10 期。

［141］新疆维吾尔自治区文化厅文物处等：《新疆哈密焉不拉克墓地》，《考古学报》1989年第3期。新疆文物事业管理局等：《新疆维吾尔自治区文物考古工作五十年》，《新中国考古工作五十年》，文物出版社，1999年。

［142］中国科学院考古研究所：《辉县发掘报告》，科学出版社，1956年。

［143］（北京钢铁学院）压力加工专业：《易县燕下都44号墓铁器金相考察初步报告》，《考古》1975年第4期。

［144］李仲达等：《燕下都铁器金相考察初步报告》，载河北省文物研究所：《燕下都》，文物出版社，1996年。

［145］河南省文物考古研究所等：《河南省西平县酒店冶铁遗址试掘简报》，《华夏考古》1998年第4期。

［146］郑绍宗：《热河兴隆发现的战国生产工具范》，《考古通讯》1956年第1期。

［147］河北省文物管理处：《磁县下潘汪遗址发掘报告》，《考古学报》1975年第1期。

［148］柯俊等：《河南汉代一批铁器的初步研究》，《中原文物》1993年第1期。

［149］韩汝玢：《阳城铸铁遗址铁器的金相鉴定》，见文献［5］附。

［150］李京华：《郑州食品厂商代窖藏大方鼎"拼铸"技术初探》，又《郑州南顺城街商代窖藏大方鼎"拼铸"技术再探》，皆见李京华：《中原古代冶金技术研究》（第二集），中州古籍出版社，2003年。

［151］宋淑悌：《司母戊鼎的X光检测及其铸造工艺》，《东南文化》1998年第3期。

［152］胡家喜等：《盘龙城遗址青铜器铸造工艺探讨》，载《盘龙城（一九六三年～一九九四年考古发掘报告)》，文物出版社，2001年。

［153］华觉明等：《妇好墓青铜器群铸造技术的研究》，《考古学集刊》（1），中国社会科学出版社，1981年。

［154］凌业勤：《中国古代传统铸造技术》，第29页，科学技术文献出版社，1987年。

［155］湖北省荆州地区博物馆：《江陵雨台山楚墓》第75页，文物出版社，1984年。

［156］华觉明：《吴越之剑的铸作与品相》，《台湾龚钦龙藏越王剑暨商周青铜兵器》，南京出版社，2003年。

［157］贾莹等：《吴国青铜兵器的金相学考察》，《文物科技研究》第二辑，科学出版社，2004年。

第三节　制陶术的发展和原始瓷的兴起

［1］中国科学院考古研究所洛阳发掘队：《河南偃师二里头遗址发掘简报》，《考古》1965年第5期。

［2］河南省博物馆：《郑州商代城址发掘报告》，《文物资料丛刊》（1），文物出版社，1977年。

［3］河南省文化局文物工作队第一队：《郑州商代遗址的发掘》，《考古学报》1957年第1期。

［4］河北省文物管理委员会：《邢台曹演庄遗址发掘报告》，《考古学报》1958年第4期。

［5］云明等：《邢台商代遗址中的陶窑》，《文物参考资料》1956年第12期。

［6］纪南城文物考古工作队：《江陵县毛家山发掘记》，《考古》1977年第3期。

［7］李毅华：《浙江绍兴富盛窑——兼谈原始青瓷》，《中国古代窑址调查发掘报告集》，文物出版社，1984年。绍兴县文物管理委员会：《浙江绍兴富盛战国窑址》，《考古》1979年第3期。

［8］王士伦:《浙江萧山进化区古代窑址的发现》,《考古通讯》1957 年第 2 期。

［9］河南省文物考古研究所新郑工作站:《郑韩故城发现战国时期大型制陶作坊遗址》,《中原文物》2003 年第 1 期。

［10］中国社会科学院考古研究所二里头工作队:《1987 年偃师二里头遗址墓葬发掘简报》,《考古》1992 年第 4 期。

［11］河南省文物研究所等:《登封王城岗与阳城》,文物出版社,1992 年。

［12］逄振镐:《东夷史前制陶业的发展》,《中原文物》1993 年第 1 期。

［13］洛阳博物馆:《洛阳矬李遗址试掘简报》,《考古》1978 年第 1 期。

［14］中国科学院考古研究所二里头工作队:《1981 年河南偃师二里头墓葬发掘简报》,《考古》1984 年第 1 期。灰白陶 2 件,一件通高 26.5 厘米。

［15］河北省博物馆等:《藁城台西商代遗址》,文物出版社,1985 年。

［16］山东省文物管理处:《济南大辛庄遗址试掘简报》,《考古》1959 年第 4 期。

［17］中国社会科学院考古研究所安阳队:《安阳侯家庄北地一号墓发掘简报》,《考古学集刊》(2),中国社会科学出版社,1982 年。

［18］中国社会科学院考古研究所安阳队:《殷墟 259、260 号墓发掘报告》,《考古学报》1987 年第 1 期。

［19］牟永抗:《浙江的印纹陶——试谈印纹陶的特征以及与瓷器的关系》,《文物集刊》(三),文物出版社,1981 年。

［20］江西省博物馆“印纹硬陶问题”研究小组:《试谈南方地区几何印纹陶的分期和断代》,《文物集刊》(三),文物出版社,1981 年。

［21］上海市文物保管委员会:《上海市金山县戚家墩遗址发掘简报》,《考古》1973 年第 1 期。按:早年的发掘报告常把原始瓷称为釉陶,此文亦然。

［22］广东省文物管理委员会等:《广东增城、始兴的战国遗址》,《考古》1964 年第 3 期。原报道说增城西瓜岭和始兴白石坪出土的“陶器都属于几何印纹硬陶的系统”。本文所引百分数又见文献［49］第 99 页。

［23］中国科学院考古研究所二里头工作队:《河南偃师二里头早商宫殿遗址发掘简报》,《考古》1974 年第 4 期。

［24］河南省文物研究所等:《郑州南顺城街青铜器窖藏坑发掘简报》,《华夏考古》1998 年第 3 期。

［25］彭适凡:《中国南方古代印纹陶》第 35～36 页,文物出版社,1987 年。

［26］安金槐:《谈谈郑州商代瓷器的几个问题》,《文物》1960 年第 8、9 期。洛阳庞家沟西周墓资料见洛阳博物馆:《洛阳庞家沟五座西墓的清理》,《文物》1972 年第 10 期。洛阳市文物工作队:《洛阳北窑西周墓》第 371～372 页,文物出版社,1999 年。

［27］姚仲源:《浙江德清出土的原始青瓷——兼谈原始青瓷生产和使用中的若干问题》,《文物》1982 年第 4 期。

［28］郑州市博物馆:《郑州铭功路西侧的两座商代墓》,《考古》1965 年第 10 期。

［29］陈旭《郑州小双桥商代遗址的年代和性质》,《中原文物》1995 年第 1 期。

［30］宋国定等:《商代王室重器在郑州重见日》,《中国文物报》1996 年 4 月 21 日第 1 版。

［31］湖北省博物馆:《盘龙城商代二里岗期的青铜器》,《文物》1976 年第 2 期。

［32］李科友、彭适凡:《略论江西吴城商代原始瓷器》,《文物》1975 年第 7 期。

［33］朱土生:《浙江龙游出土一批精美西周的原始瓷》,《中国文物报》1999 年 10 月 24 日。

［34］浙江省文物管理委员会:《绍兴漓渚汉墓》,《考古学报》1957 年第 1 期。其中有 23 座战国墓,31 座汉墓。

[35] 江西省博物馆等:《江西清江战国墓清理简报》,《考古》1977 年第 5 期。并见文献[49] 第 99 页。

[36] 陈铁梅等:《中子活化分析对商时期原始瓷产地的研究》,《考古》1997 年第 7 期。

[37] 河南省文物研究所等:《河南淮阳平粮台龙山文化城址试掘简报》,《文物》1983 年第 3 期。

[38] 中国科学院考古研究所安阳发掘队:《殷墟出土的陶水管道和石磬》,《考古》1976 年第 1 期。

[39] 河北省文物管理委员会:《河北武安县午汲古城中的窑址》,《考古》1959 年第 7 期。该遗址清理出春秋战国陶窑 2 座,战国末至西汉陶窑 10 座,西汉晚期至东汉陶窑 9 座。

[40] 周仁等:《我国黄河流域新石器时代和殷周时代制陶工艺的科学总结》,《考古学报》1960 年第 1 期。

[41] 邓泽群、李家治:《晋南垣曲商城遗址古陶瓷化学组成及工艺的研究》,载中国历史博物馆考古部等《垣曲商城(1985～1986 年度勘察报告)》,科学出版社,1996 年。

[42] 张子正等:《中国古代建筑陶瓷的初步研究》,中国科学院上海硅酸盐研究所编《中国古陶瓷研究》,科学出版社,1987 年。

[43] 谭德睿:《商周青铜器陶范处理技术的研究》,《自然科学史研究》1986 年第 4 期。汉镜陶范分析见刘煜、赵志军等:《山东临淄齐国故城汉代镜范的科学分析》,《考古》2005 年第 12 期。

[44] 李家治:《原始瓷的形成和发展》,《中国古代陶瓷科学技术成就》,上海科学技术出版社,1985 年。按:该文列出了 14 件商周印纹硬陶胎、34 件原始瓷胎、19 件原始瓷釉的化学成分;前者有 2 件、次者有 13 件试样列出了两组分析数据,在计算平均值时,都采用了第 1 组分析数据。又,李家治:《中国科学技术史·陶瓷卷》第 71 页、76 页,科学出版社,1998 年。

[45] 彭适凡:《中国南方古代印纹陶》第 391～395 页,文物出版社,1987 年。

[46] 周燕儿:《绍兴出土越国原始青瓷的初步研究》,《考古与文物》1996 年第 6 期。

[47] 宋健:《马桥文化原始瓷和印纹硬陶研究》,《文物》2000 年第 3 期。

[48] 彭适凡:《中国南方古代印纹陶》第 391 页,文物出版社,1987 年。原出自南京博物院:《宜兴古窑址调查》,《文博通讯》(南京博物院编)1975 年第 5 期。

[49] 李文杰:《陶器的化学组成与制陶原料的关系——兼论中国古代制陶工艺的分期和类型》,载李文杰:《中国古代制陶工艺研究》,科学出版社,1996 年。

[50] 中国硅酸盐学会:《中国陶瓷史》第 56、81、82、103、104 页,文物出版社,1982 年。

[51] 河北省文化局文物工作队:《河北邯郸涧沟村古遗址发掘简报》,《考古》1961 年第 4 期。

[52] 吴瑞等:《鹰潭角山商代窑场原始瓷的科技研究》,《2005 年古陶瓷科学技术国际讨论会论文集》,上海科学技术文献出版社。

[53] 江西省博物馆等:《江西清江吴城商代遗址发掘简报》,《文物》1975 年第 7 期第 54 页。

[54] 李文杰:《中国古代制陶工艺的分期和类型》,《自然科学史研究》1996 年第 1 期。李文杰等:《渑池县郑窑遗址二里头制陶工艺研究》,《华夏考古》1998 年第 2 期。

[55] 张福康:《铁系高温釉综述》,《中国古代陶瓷科学技术成就》,上海科学技术出版社,1985 年。

[56] 安徽省文化局文物工作队:《安徽屯溪西周墓葬发掘报告》,《考古学报》1959 年第 4 期。

[57] 李家治:《我国古代陶器和瓷器工艺发展过程的研究》,《考古》1978 年第 3 期。

［58］李家治：《中国陶器和瓷器工艺发展过程的研究》，《中国古代陶瓷科学技术成就》，上海科学技术出版社，1985年。

［59］李家治等：《浙江江山泥釉黑陶及原始瓷的研究》，载中国科学院上海硅酸盐研究所编《中国古陶瓷研究》，科学出版社，1987年。按：有的试样有两组分析数据，今讨论平均成分时采用第1组。

［60］毛兆廷：《瓷器起源新说》，《东南文化》1991年第3、4合期。

［61］宋伯胤：《关于我国瓷器渊源问题的探讨》，《中国古陶瓷论文集》，文物出版社，1982年。

［62］徐元邦等：《我国新石器时代——西周陶窑综述》，《考古与文物》1982年第1期。按：陶窑在何时开始砌于地面，学术界是有不同看法的，徐元邦等人认为是西周之后，张福康等人认为是商代（见文献［63］）。

［63］张福康：《中国新石器时代制陶术的主要成就》，《中国古代陶瓷科学技术成就》，上海科学技术出版社，1985年。

［64］陈嘉祥：《郑州洛达庙发现两座古代窑址》，《文物参考资料》1956年第11期。并见文献［50］第58页。

［65］河南省文化局文物工作队第一队：《郑州商代遗址的发掘》，《考古学报》1957年第1期。

［66］马全等：《郑州发现的几个时期的古代窑址》，《文物参考资料》1957年第10期。

［67］陈可栋：《试论我国古代的馒头窑》，《中国古陶瓷论文集》，文物出版社，1982年。

［68］山西考古研究所侯马工作站：《侯马晋国陶窑遗址勘探与发掘》，《考古与文物》1989年第3期。

［69］湖北省文物考古研究所：《盘龙城（一九六三年～一九九四年考古发掘报告）》，文物出版社，2001年。

［70］中国科学院考古研究所：《沣西发掘报告》，文物出版社，1962年。

［71］南京博物院：《江苏新沂县三里墩古文化遗址第二次发掘简介》，《考古》1960年第7期。

［72］北京大学考古专业教研室：《洛阳王湾周代遗址与墓葬》，发掘报告未得详见，转引自文献［62］、［67］。

［73］景通等：《三门峡发现春秋时期陶窑遗址》，《考古》1989年第3期。

［74］山西省文物管理委员会：《山西省文管会侯马工作站的总收获》，《考古》1959年第5期。

［75］山西省文管会侯马工作站：《侯马东周时代烧陶窑遗址发掘纪要》，《文物》1959年第6期。

［76］湖北省博物馆：《楚都纪南城的勘查与发掘》，《考古学报》1982年第3、4期。

［77］安阳市文物工作队：《安阳县阜城村战国窑址发掘简报》，《华夏考古》1997年第2期。

［78］熊海堂：《东亚窑业技术发展与交流史研究》第61页、75页，南京大学出版社，1995年。

［79］朱伯谦：《试论我国古代的龙窑》，《文物》1984年第3期。

［80］江西省博物馆等：《江西清江吴城商代遗址第四次发掘的主要收获》，《文物资料丛刊》（2），文物出版社，1978年。江西省文物工作队吴城工作站：《清江吴城遗址第六次发掘的主要收获》，《江西历史文物》1987年第2期。李玉林：《吴城商代龙窑》，《文物》1989年第1期。周广明等：《江西地区商代窑业技术概述》，《2002年古陶瓷科学技术国际讨论会文集》，上海科学技术文献出版社，2004年。

［81］江西文物考古研究所：《吴城——1973～2002年考古发掘报告》第82页，科学出版

社，2005年。按：目前学术界对吴城商代窑炉的总数，以及这些窑的属性仍有不同看法。文献［80］中的一些资料认为：1974年、1975年、1986年计发现窑址12座，并说1986年出土的10座商代陶窑中，4座为平焰窑、6座为升焰窑；有资料还说1974年的一座为半倒焰窑，并说其有烟囱。文献［81］认为1974年、1975年、1986年总共出土陶窑14座，其中有圆形窑2座、圆角的三角形窑6座、圆角的方形窑5座、长方形的龙窑1座。今依文献［81］。

［82］浙江省文物考古研究所：《浙江上虞县商代印纹硬陶窑址发掘简报》，《考古》1987年第11期。周广明：《江西地区商代窑业技术概述》，《2002年古代陶瓷科学技术国际讨论会论文集》，上海科学技术文献出版社。

［83］广东省文物管理委员会等：《广东增城、始兴的战国遗址》，《考古》1964年第3期。

［84］刘振群：《窑炉的改进和我国古陶瓷发展的关系》，《中国古陶瓷论文集》，文物出版社，1982年。

［85］广东省文物考古研究所等：《广东博罗县圆洲梅花墩窑址的发掘》，《考古》1998年第7期。

［86］叶宏明等：《关于我国陶器向青瓷发展的工艺探讨》，《中国古陶瓷论文集》，文物出版社，1982年。

［87］朱建明：《浙江德清原始青瓷窑址调查》，《考古》1989年第9期。

［88］熊海堂：《中国古代的窑具与装烧技术研究》，《东南文化》1991年第6期。

［89］彭适凡：《中国南方古代印纹陶》第408页，文物出版社，1987年。

［90］刘兴：《镇江地区出土的原始青瓷》，《文物》1979年第3期。

［91］俞天舒：《浙江瑞安凤凰山周墓清理简报》，《考古》1987年第8期。

［92］朱剑、王昌燧等：《商周原始瓷产地的再分析》，《吴城（1973～2002年考古发掘报告）》，科学出版社，2005年。

［93］陕西省博物馆等：《秦都咸阳故城遗址发现的窑址和铜器》，《考古》1974年第1期。秦都咸阳故城遗址滩毛村发掘3座半地穴式秦代陶窑。

第四节　机械技术的初步发展

［1］中国科学院考古研究所甘肃工作队：《甘肃永靖秦魏家齐家文化墓地》，《考古学报》1975年第2期。

［2］甘肃省岷县文化馆：《甘肃岷县杏林齐家文化遗址调查》，《考古》1985年第11期。

［3］严文明：《论中国的铜石并用时代》，《史前研究》1984年第1期。

［4］《文物考古工作三十年（1949～1979）》第142页，"甘肃省"部分，文物出版社，1979年。

［5］湖北省博物馆：《盘龙城商代二里岗期的青铜器》，《文物》1976年第2期。

［6］东下冯考古队：《山西夏县东下冯遗址东区、中区发掘简报》，《考古》1980年第2期。

［7］中国科学院考古研究所二里头工作队：《河南偃师二里头遗址三、八区发掘简报》，《考古》1875年第5期。中国科学院考古研究所：《偃师二里头——1959年～1978年考古发掘报告》第169页。三期遗存出土有兵工器30件，其中有戈1件、锛2件、凿2件、刀13件、镞7件、锥1件、锯1件、鱼钩2件、纺轮1件。

［8］郭宝钧：《中国青铜器时代》第19页，三联书店，1978年。

［9］安志敏：《中国早期铜器的几个问题》，《考古学报》1981年第3期。

［10］洛阳市文物工作队：《洛阳西郊四号墓发掘简报》，《文物资料丛刊》（9），第144页图四、5，文物出版社，1985年。

[11] 保全:《西安老牛坡出土商代早期文物》,《考古与文物》1981 年第 2 期。

[12] 四川省文管会等:《四川荣经曾家沟战国墓群第一、二次发掘》,《考古》1984 年第 12 期。

[13] 山西省文物管理委员会:《山西长治市分水岭古墓的清理》,《考古学报》1957 年第 1 期。断代依黄展岳说（见《文物》1976 年第 8 期）。

[14] 《文物考古工作三十年（1949～1979）》第 41 页,文物出版社,1979 年。

[15] 河南出土商周青铜器编辑组:《河南出土商周青铜器》（一）图版说明第 14 页,文物出版社,1981 年。

[16] 甘肃省博物馆:《甘肃武威皇娘娘台遗址发掘报告》,《考古学报》1960 年第 2 期。原报道未说明双面刃,双面刃说转引自文献[22]。

[17] 北京市文管处:《北京市延庆县西拨子村窖藏铜器》,《考古》1979 年第 3 期。

[18] 淮阴市博物馆:《淮阴高庄战国墓》,《考古学报》1988 年第 2 期。

[19] 王大道:《云南剑川海门口早期铜器研究》,《中国考古学会第四次年会论文集》,文物出版社,1985 年。

[20] 黑光等:《陕西绥德墕头村发现一批窖藏商代铜器》,《文物》1975 年第 2 期。

[21] 河北博物馆:《藁城台西商代遗址》第 19 页,文物出版社,1977 年。

[22] 陈振中:《青铜生产工具与奴隶制社会经济》第 77 页,中国社会科学出版社,1992 年。

[23] 何堂坤:《四川峨眉县战国青铜器的科学分析》,《考古》1986 年第 11 期。

[24] 高至喜:《湖南古代墓葬概况》,《文物》1960 年第 3 期。

[25] 刘庆柱:《陕西长武出土汉代铁锯》,《考古与文物》1982 年第 1 期,第 30 页。

[26] 李京华:《河南长葛汉墓出土的铁器》,《考古》1982 年第 3 期。

[27] 郭宝钧:《山彪镇与琉璃阁》第 42 页,科学出版社,1959 年。

[28] 河北省文物管理处:《河北省平山县战国时期中山国墓葬发掘简报》,《文物》1979 年第 1 期,第 11 页,6 号墓西库出土锉刀 2 件。

[29] 湖南省文物工作队:《长沙、衡阳出土战国时代的铁器》,《考古通报》1956 年第 1 期。

[30] 河北省文物局文化工作队:《燕下都第 22 号遗址发掘报告》,《考古》1956 年第 11 期,原报道第 570 页说,"IV 式匕形锥可能原来是铁锉一类工具"。

[31] 山东省文物管理处:《济南大辛庄商代遗址勘查纪要》,《文物》1959 年第 11 期。

[32] 新疆维吾尔自治区文化厅文物处等:《新疆哈密焉不拉克墓地》,《考古学报》1989 年第 3 期。

[33] 中国社会科学院考古研究所新疆工作队等:《新疆轮台县群巴墓葬第二、三次发掘简报》,《考古》1991 年第 8 期。

[34] 河南省文物研究所等:《登封王城岗与阳城》第 273 页,文物出版社,1992 年。

[35] 山西省文管会侯马工作站:《侯马东周时代烧陶窑址发掘纪要》,《文物》1959 年第 6 期。

[36] 湖北省荆沙铁路考古队:《包山楚墓》（上）第 224 页,文物出版社,1991 年。

[37] 昌潍地区艺术馆等:《山东胶县三里河遗址发掘简报》,《考古》1977 年第 4 期。按:胶县三里河铜钻,又有学者谓之铜锥。

[38] 甘肃省博物馆:《武威皇娘娘台遗址发掘报告》,《考古学报》1960 年第 2 期。《武威皇娘娘台遗址第四次发掘》,《考古学报》1978 年第 4 期。

[39] 河北省文物研究所:《燕下都》（上）第 147 页,文物出版社,1996 年。

[40] 何堂坤等:《军都山山戎墓地青铜铸造技术初步考察》,《历史深处的民族科技之光》,

宁夏人民出版社，2003年。

[41] 江西省文物考古研究所等:《江西新干大洋洲商墓发掘简报》,《文物》1991年第10期。

[42] 詹开逊:《谈新干商墓出土的青铜农具》,《文物》1993年第7期。

[43] 陈懋德:《中国发现之上古铜犁考》,《燕京学报》第37期,1949年12月。铜犁为陈懋德家藏,传为河南、陕西间出土,原定为西周至战国间。

[44] 中航:《济南市发现青铜犁铧》,《文物》1979年第12期。1973年秋,济南市天桥区东街仓库拣选得到铜犁1件,对其具体年代未曾最后定论。同时拣得的还有商代直内铜戈、1件铜锛、2件残铜削。

[45] 李学勤:《新干大洋洲商墓的若干问题》,《文物》1991年第10期。文章认为与大洋洲青铜犁相比较,济南出土的青铜犁很可能属于商代。

[46] 何洪源等:《济南市发现的青铜犁铧再探》,《农业考古》2001年第3期。文章认为陈懋德所藏陕豫古犁、济南市1973年采集的古犁皆属商代晚期。

[47] 夏星南:《浙江长兴县出土吴越青铜农具》,《农业考古》2001年第3期。

[48] 山西省文管会侯马工作站:《侯马北西庄东周遗址的清理》,《文物》1959年第6期。

[49] 中国科学院考古研究所:《辉县发掘报告》,科学出版社,1956年。

[50] 中国历史博物馆考古组:《燕下都城址调查报告》,《考古》1962年第1期。

[51] 黄展岳:《关于中国开始冶铁和使用铁器的问题》,《文物》1976年第8期。

[52] 今日所见关于"作服牛"者的资料多出自《世本》,但各家写法却略有不同。中华书局本《太平御览》卷八九九作"鲧作服牛";文渊阁《钦定四库全书》本的《太平御览》卷八九九作"骇作服牛";文渊阁《钦定四库全书》本《初学记》卷二九作"胲作服牛"。

[53] 转引自《说文解字》段玉裁注"犁"。

[54] 严文明:《论中国的铜石并用时代》,《史前研究》1984年第1期。

[55] 湖南省博物馆:《长沙楚墓》第286页、521页,文物出版社,2000年。湖南省文物管理委员会:《长沙出土的三座大型木椁墓》,《考古学报》1957年第1期。砝码原315件,现存49套234件。每套砝码数不尽相同,为1~9枚不等。完整的一套为1954年长沙左家公山15号墓所出,新编号M185:45;其天平杆为木质,扁条形,长27厘米,杆的中央有孔,穿一丝线做提纽;杆的两端0.7厘米处有两个直径为4厘米的铜盘;天平结构与杠杆原理完全相符。其砝码计9枚,重分别为125克、62克、31克、15.5克、8.3克、4.5克、1.8克、1.2克、0.7克,全套砝码重250克,应即当时的1斤。

[56] 寿县砝码见丘光明:《试论战国衡制》,《考古》1982年第5期。巢湖砝码见张宏明:《谈谈巢湖市发现的楚国砝码》,《文物研究》第7辑,1991年12月。

[57] 湖北省荆州地区博物馆:《江陵雨台山楚墓》第88页,文物出版社,1984年。

[58] 高至喜:《湖南楚墓中出土的天平与砝码》,《考古》1972年第4期。

[59] 湖北省文物考古研究所:《江陵九店东周墓》第254页,科学出版社,1995年。

[60] 郭伟民:《沅陵楚墓新近出土铭文码小识》,《考古》1994年第8期。

[61] 丘光明:《我国古代权衡器简论》,《文物》1984年第10期。

[62] 卢本珊等:《铜岭商周矿用桔槔与滑车及其使用方式》,《中国科技史料》1996年第2期。

[63] 卢本珊等:《铜岭商周矿用桔槔与滑车及其使用方法研究》,载江西省文物考古研究所等:《铜岭古铜矿遗址发现与研究》,江西科学技术出版社,1997年。

[64] 李再华等:《瑞昌发现商周时期大型铜矿采掘遗址》,《中国文物报》1989年1月27日第1版。铜岭商代滑车,文献[64]原称辘轳,原定为商代中期,今依文献[62][63]改定

为滑车，改定为商代晚期。又，铜岭滑车编号和出土时间以文献［63］为准。再，"88 采:5 滑车"原未断代，因铜岭遗址断代为商代中期至春秋战国，故本人今将此滑车定为商周。

［65］原文见《战国策·楚策·庄辛谓楚襄王》：黄鹄"不知夫射者方将脩其碎卢，治其缯缴，将加已乎百仞之上，彼礴磻，引微缴，折清风而坈矣"。

［66］张德光：《山西绛县裴家堡墓清理简报》，《考古通讯》1955 年第 4 期。

［67］《全国基本建设工程出土的文物》图版三十二，《文物参考资料》1954 年第 9 期。

［68］李文信：《辽阳发现的三座壁画古墓》，《文物参考资料》1955 年第 5 期。

［69］任日新：《山东诸城汉墓画像石》，《文物》1981 年第 10 期。

［70］李趁友：《汉代的辘轳及其发展》，《农业考古》1984 年第 1 期。

［71］铜绿山考古发掘队：《湖北铜绿山春秋战国古矿井遗址发掘简报》，《文物》1975 年第 2 期（24 线老窿原断代为战国）。

［72］黄石市博物馆：《铜绿山——中国古矿冶遗址》，文物出版社，1980 年。

［73］黄石市博物馆：《铜绿山古矿冶遗址》，文物出版社，1999 年。

按：铜绿山绞车，文献［71］原定为辘轳，断代为战国。文献［72］把它定为西汉遗物；文献［74］依然定为辘轳（第 131 页），断代战国至西汉（第 135 页）。今依文献［62］改定为绞车，定为东周物。

［74］卢本珊：《商周采矿技术》，《中国科学技术史国际学术讨论会论文集》，中国科学技术出版社，1992 年。

［75］杨永光等：《铜绿山古铜矿开采方法研究》（续），《有色金属》1981 年第 1 期。

［76］《吕氏春秋·精谕》："周鼎著倕而齮龁其指。"高诱注云："倕，尧之巧工也。"但《世本》、《玉篇》、《广韵》皆云倕为黄帝时人。

［77］叶万松：《从洛阳西周铸铜遗址出土的陶范熔铜炉壁谈西周前期的青铜铸造工艺》，冶金史国际学术讨论会论文，1981 年，北京。

［78］何堂坤：《刻纹铜器科学分析》，《考古》1993 年第 5 期。

［79］陈耀钧：《浅谈江陵楚墓出土的青铜剑》，《考古与文物》1984 年第 2 期。

［80］于少先等：《陈家墩遗址出土一批商代木器——测量工具木垂球和觇标墩为中国科学史上的一项重大发现》，《中国文物报》1994 年 3 月 27 日。

［81］李俨：《中国古代数学史料》第 10 页，科学出版社，1956 年。

［82］钱宝琮主编：《中国数学史》第 15 页，科学出版社，1981 年。

［83］林寿晋：《战国细木工榫接合工艺研究》，香港中文大学出版社，1981 年。

［84］河南省文物研究所等：《淅川下寺春秋墓》第 19 页、43 页、185 页、289 页、304 页，文物出版社，1991 年。文中把 10 号墓出土的 3 件定为 I 式，疑为 II 式之误，今归为 II 式。

［85］湖北省宜昌地区博物馆：《当阳曹家岗 5 号楚墓》，《考古学报》1988 年第 4 期。

［86］湖北省荆沙铁路考古队：《包山楚墓》（上）第 118~122 页，文物出版社，1991 年。

［87］河南省文物研究所等：《淅川下寺春秋墓》第 22 页、46 页、194 页，文物出版社，1991 年。

［88］安徽省文物管理委员会：《寿县蔡侯墓出土遗物》，科学出版社，1956 年。

［89］河南省文物研究所等：《淅川下寺春秋墓》第 194 页、324 页，文物出版社，1991 年。

［90］黄盛璋：《中西古锁丛谈》，《文物天地》1994 年第 3 期。洛阳金村古锁并见 W. C. White, Tombs of Old Luoyang.

［91］信阳地区文管会等：《河南光山春秋季佗父墓发掘简报》，《考古》1989 年第 1 期。

［92］湖北省博物馆：《曾侯乙墓》第 451 页，文物出版社，1989 年。

［93］安徽省六安县文物管理所：《安徽六安县城西窑厂 2 号楚墓》，《考古》1995 年第 2 期。

［94］吉林省文物工作队：《吉林桦甸西荒山屯青铜短剑墓》，《东北考古与历史》1982年第1期。

［95］石璋如：《小屯殷代的成套兵器》，《历史语言研究所集刊》第30本，1950年台北版。

［96］唐兰：《"弓形器"（铜弓柲）用途考》，《考古》1973年第3期。

［97］中国科学院考古研究所洛阳发掘队：《河南偃师二里头遗址发掘简报》，《考古》1965年第5期。

［98］中国社会科学院考古研究所实验室：《殷墟金属器物成分的测定报告（一）》，《考古学集刊》（2），1982年。

［99］湖北省博物馆：《曾侯乙墓》第295～296页，文物出版社，1989年。

［100］刘熙：《释名·释兵》云：弓"末曰箫；言箫，稍也，又谓之弭。以骨为之，滑弭弭也。中央曰弣；弣，抚也，人所抚持也"。

［101］高至喜：《记长沙、常德出土弩机的战国墓——兼谈有关弩机、弓矢的几个问题》，《文物》1964年第6期。

［102］陈跃钧：《江陵楚墓出土双矢并射连发弩研究》，《文物》1990年第5期。

［103］镇江市博物馆：《江苏武进孟河战国墓》，《考古》1984年第2期。

［104］洛阳博物馆：《洛阳中州路战国车马坑》，《考古》1974年第3期。

［105］河北省文物管理处：《河北易县燕下都44号墓发掘报告》，《考古》1975年第4期。

［106］山东省文物考古研究所：《曲阜鲁国故城》第154页，齐鲁书社，1982年。弩机属战国早期。

［107］四川省文物管理委员会：《成都羊子山第172号墓发掘报告》，《考古学报》1956年第4期。

［108］四川省博物馆等：《四川涪陵地区小田溪战国土坑墓清理简报》，《文物》1974年第5期。

［109］辽宁省文物考古研究所：《辽宁近十年来文物考古新发现》，《文物考古工作十年（1979～1989）》第61页，文物出版社，1990年。

［110］中国社会科学院考古研究所河南第二工作队：《偃师商城获重大考古新成果》，《中国文物报》1996年12月8日。

［111］郑若葵：《论中国古代马车的渊源》，《华夏考古》1995年第3期；从不完整的车坑、马坑遗迹和甲骨文看，用车之事在殷墟一、二期已相当普遍。

［112］马得志：《一九五三年安阳大司空村发掘报告》，《考古学报》第九册，1955年。

［113］中国科学院考古研究所安阳工作队：《安阳新发现的殷代车马坑》，《考古》1972年第4期。

［114］中国科学院考古研究所安阳发掘队：《安阳殷墟孝民屯的两座车马坑》，《考古》1977年第1期。

［115］中国社会科学院考古研究所安阳工作队：《1969～1972年殷墟西区墓葬发掘报告》，《考古学报》1979年第1期。

［116］中国社会科学院考古研究所：《殷墟的发掘与研究》，科学出版社，1994年。

［117］中国科学院考古研究所：《沣西发掘报告》，文物出版社，1962年。

［118］中国科学院考古研究所沣西发掘队：《1967年长安张家坡西周墓的发掘》，《考古学报》1980年第4期。

［119］琉璃河考古工作队：《北京附近发现的西周奴隶殉葬墓》，《考古》1974年第5期。

［120］山东省昌潍地区文物管理组：《胶县西庵遗址调查试掘简报》，《文物》1977年第4期。

［121］甘肃省博物馆文物队:《甘肃灵台白草坡西周墓》,《考古学报》1977 年第 2 期。

［122］中国科学院考古研究所:《上村岭虢国墓地》,科学出版社,1959 年。

［123］河南省文物研究所等:《淅川下寺春秋墓》第 24 页、26 页、47 页、49 页、208 页、210 页、292 页、307 页,文物出版社,1991 年。

［124］山西省考古研究所等:《太原金胜村 251 号春秋大墓及车马坑发掘简报》,《文物》1989 年第 9 期。

［125］中国科学院考古研究所:《辉县发掘报告》,科学出版社,1956 年。

［126］杨泓:《战车与车战》,《中国古兵器论丛》,文物出版社,1980 年。

［127］杨英杰:《先秦战车形制考述》,《辽宁师大学报》(社会科学版)1984 年第 2 期。

［128］杨宝成:《殷代车子的发现与复原》,《考古》1984 年第 6 期。

［129］《周礼正义·冬官考工记》注引。

［130］郭宝钧:《辉县发掘中的历史参考资料》,《新建设》1954 年第 3 期。

［131］杜正国:《"考工记"中的力学和声学知识》,《物理通报》1965 年第 6 期。

［132］吴振铎等:《陕西凤翔八旗屯秦国墓葬发掘简报》,《文物资料丛刊》(3),1980 年。

［133］孙机:《中国古代马车的系驾法》,《自然科学史研究》,1984 年第 2 期。河南省文物研究所藏资料。

［134］沈从文:《中国古代服饰研究》,第 32 页,香港商务印书馆,1982 年。

［135］王永波:《胶东半岛上发现的古代独木舟》,《考古与文物》1987 年第 5 期。

［136］戴开元:《中国古代的独木舟木船的起源》,《船史研究》1985 年第 1 期。据[14]C 年代测定,独木舟距今为 2890±90 年。

［137］谢春祝:《奄城发现战国时期的独木舟》,《文物参考资料》1958 年第 11 期。

［138］温少峰等:《殷墟卜辞研究——科技篇》第 270 页,四川社会科学出版社,1983 年。

［139］王冠倬:《从文物资料看中国古代造船技术的发展》,《中国历史博物馆馆刊》总第 5 期,1983 年。

［140］《尚书正义》,《十三经注疏》第一七〇页,中华书局,1980 年。

［141］武进县文化馆等:《江苏武进县出土汉代木船》,《考古》1982 年第 4 期。

［142］《太平御览》卷七六八引《六韬》曰:"吕尚为将,以四十七艘舡济于河。"

［143］山东省博物馆等:《山东平度隋船清理简报》,《考古》1979 年第 2 期。

［144］《文物考古工作三十年(1949~1979)》第 234 页,文物出版社,1979 年。

［145］《太平御览》卷七七〇引《越绝书》。

［146］《太平御览》卷三一五引《越绝书》。

［147］郭宝钧:《山彪镇与琉璃阁》第 18 页,科学出版社,1959 年。

［148］四川省博物馆:《成都百花潭中学十号墓发掘记》,《文物》1976 年第 3 期,图版式。

［149］杜恒:《试论百花潭嵌错图像铜器》,《文物》1976 年第 3 期。文后附"故宫所藏铅壶花纹拓片"。

［150］孙机:《关于"棘"字铭船形纹戈》,《商周青铜兵器暨夫差剑特展论文集》(《史物丛刊》第 10 辑),国立历史博物馆,1996 年,台湾。

［151］河北省文物管理处:《河北省平山县战国时期中山国墓葬发掘简报》,《文物》1979 年第 1 期。第 4 页:南室东西并列三只大船,南北各有一只小船,有的船上有桨,大船船板用铁箍联拼,用铅皮补缝。

［152］河南省文物研究所:《信阳孙砦遗址发掘报告》,《华夏考古》1989 年第 2 期。1959~1960 年,孙砦西周遗址在出土石器、陶范、青铜器的同时,还出土了 6 件木桨。桨用木板制成,只有 1 件稍好,其余多已残损。器身呈长方形,前端作剑锷形,脊部有棱线,两侧稍薄,器身

与今游艇的木桨相似。其中标本"坑7∶6"，一端残，柄细长，通长133厘米、桨身长53厘米、桨身宽7.5厘米。文献［150］说其中有桨、有橹。

［153］《文物考古工作十年（1979～1989）》第181页，文物出版社，1990年。

［154］邯郸市文物保管所：《河北邯郸市区古遗址调查简报》，《考古》1980年第2期。报道说有"大小石磨、石臼、石锤等"。

［155］陕西省文物管理委员会：《秦都栎阳遗址初步调查记》，《文物》1966年第1期。

［156］秦俑坑考古队：《临潼郑庄秦石料加工场遗址调查简报》，《考古与文物》1981年第1期。

［157］《墨子閒诂》第198页，《诸子集成》本，河北人民出版社，1986年。

［158］洪宸寰：《墨经力学综述》，《科学史集刊》（7），1964年。徐克明：《墨家的物理学研究》，《科技史文集》第12辑，1984年。《墨子閒诂》"经下"（第198页）、"经说下"（第228页）对荆、沈、具的解释与此略有不同。

第五节　古代机械纺织技术的初步形成

［1］中国科学院考古研究所洛阳发掘队：《河南偃师二里头遗址发掘简报》，《考古》1965年第5期，并见《偃师二里头——1959～1978年考古发掘报告》第137页，二里头二期墓葬出土的铜铃上有布纹。

［2］中国科学院考古研究所二里头工作队：《偃师二里头遗址新发现的铜器和玉器》，《考古》1976年第4期。

［3］中国社会科学院考古研究所二里头工作队：《1987年偃师二里头遗址墓葬发掘简报》，《考古》1992年第4期。在铜铃M57∶3上，至少包有两层纺织品，属二里头四期。

［4］《史记·殷本纪》"从先王居"唐张守节"正义"云："亳，偃师城也，商邱宋州也。汤即位都南亳后徙西亳也。"

［5］《后汉书》卷七"桓帝纪"唐章怀太子李贤注"倾宫虽积皇身靡续"引《帝王纪》。《二十五史》第788页第3栏，上海古籍出版社等，1986年。

［6］《周礼·天官》："女御。掌叙于王之燕寝。""女祝，掌王后之内祭祀。""女史，掌王后之礼职。"故可推测"女蚕"为管理蚕桑之女官。

［7］河北省文物研究所：《藁城台西商代遗址》第88页、145页，文物出版社，1985年。李济：《记小屯出土之青铜器》，《中国考古学报》第四册，1949年。马得志等：《一九五三年安阳大司空村发掘报告》，《考古学报》第九册，1955年。

［8］郭宝钧：《一九五〇年殷墟发掘报告》，《考古学报》第五期第19页，1951年。

［9］中国社会科学院考古研究所：《殷墟发掘报告（1958～1961）》第278页，文物出版社，1987年。

［10］古丝绸文物复制研究组：《舞人动物纹锦等五件古丝绸文物科研复制技术报告》，《中国历史博物馆馆刊》总第17期，1992年。

［11］《国语·齐语》"管仲对齐桓公"。

［12］福建省博物馆等：《福建崇安武夷山白岩崖洞清理简报》，《福建文博》1980年第2期，并见《文物》1980年第6期。对此崖墓的年代，也有人认为是春秋时期，存疑。本书暂依旧报道之说。

［13］林忠干等：《福建古代纺织史略》，《丝绸史研究》1986年第1期。

［14］陈维稷：《中国纺织科学技术史（古代部分）》第147～148页，科学出版社，1984年。

［15］曾凡等：《关于武夷山船棺的调查和初步研究》，《文物》1980年第6期。

［16］农林部棉产改进处编:《胡竟良先生棉业论文选集》第 2 页、4 页,中国棉业出版社,1948 年。

［17］陈炳应主编:《中国少数民族科学技术史丛书·纺织卷》第 22 页,广西科学技术出版社,1996 年。

［18］邝露:《赤雅》,文渊阁《钦定四库全书》抄本,武汉大学出版社电子版第 236 碟。

［19］《禹贡》,《十三经注疏》本。

［20］赵承泽等:《关于西周丝织品(岐山和朝阳出土)的初步探讨》,《北京纺织》1979 年第 2 期。

［21］陈维稷:《中国纺织科学技术史(古代部分)》第 50 页,科学出版社,1984 年。

［22］原出自布目顺郎:《蚕丝の起源と古代绢》第 221 页,雄山阁,1979 年。转引自文献［21］。

［23］王若愚:《从台西村出土的商代织物和纺织工具谈当时的纺织》,《文物》1979 年第 6 期。

［24］江西省历史博物馆等:《江西贵溪崖墓发掘》,《文物》1980 年第 11 期。

［25］李科友:《贵溪崖墓》,文物出版社,1990 年。李科友等:《试论东周时期干越族的纺织技术》,《中国少数民族科技史研究》第六辑,内蒙古人民出版社,1991 年。

［26］陈维稷:《中国纺织科学技术史(古代部分)》第 161 页,科学出版社,1984 年。

［27］王裕中等:《中国毛纺织发展简史——中国羊毛纺织渊源再探》,《中国纺织科技史资料》第 15 集,北京纺织科学研究所,1983 年,内部资料。

［28］新疆维吾尔自治区文化厅文物处等:《新疆哈密焉不拉克墓地》,《考古学报》1989 年第 3 期。

［29］青海省文物管理委员会等:《青海都兰县诺木洪搭里他里哈遗址调查与试掘》,《考古学报》1963 年第 1 期。

［30］中国社会科学院考古研究所编:《中国考古学中碳十四年代数据集(1965～1981 年)》,文物出版社,1983 年。

［31］原分析报告见浙江省文物管理委员会:《吴兴钱山漾遗址第一、二次发掘报告》附录二,《考古学报》1960 年第 2 期。

［32］高汉玉等:《台西村商代遗址出土的纺织品》,《文物》1979 年第 6 期。

［33］熊传新:《长沙新发现的战国丝织物》,《文物》1975 年第 2 期。

［34］中国科学院考古研究所:《长沙发掘报告》第 64 页,科学出版社,1957 年。

［35］北京市文物管理处:《北京市平谷县发现商代墓葬》,《文物》1977 年第 11 期。

［36］中国社会科学院考古所新疆队等:《新疆和静县察吾乎沟口一号墓地》,《考古学报》1988 年第 1 期。

［37］王若愚:《浅述河北纺织业上的几项考古发现》,《中国纺织科技史资料》第 5 辑。

［38］赵承泽:《中国古代纺织生产中的"梱"和贯》,《自然科学史研究》1984 年第 1 期。

［39］安徽省文物工作队:《安徽南陵县麻桥东吴墓》,《考古》1984 年第 11 期。

［40］《古列女传》卷一,文渊阁《钦定四库全书》抄本,武汉大学出版社电子版第 222 碟。构,"四库"本作均。摘,"四库"本作摘。

［41］夏鼐:《我国古代蚕、桑、丝、绸的历史》,《考古》1972 年第 2 期。

［42］陈维稷:《中国纺织科学技术史(古代部分)》第 59 页,科学出版社,1984 年。

［43］赵丰:《"敬姜说织"与双轴织机》,《中国科技史料》1991 年第 1 期。

［44］云南省博物馆:《云南江川李家山古墓群发掘报告》,《考古学报》1975 年第 2 期。王大道等:《云南青铜时代纺织初探》,《中国考古学会第一次年会论文集》,文物出版社,1980 年。

［45］高汉玉等：《随县曾侯乙墓出土的丝织品和刺绣》，《丝绸史研究》1981年第1、2期。

［46］陈维稷：《中国纺织科学技术史（古代部分）》第69页，科学出版社，1984年。

［47］张松林、高汉玉：《荥阳青台遗址出土丝麻织品观察与研究》，《中原文物》1999年第3期。

［48］陈维稷：《中国纺织科学技术史（古代部分）》，科学出版社，1984年。台西见第74页，岐山见第72页。

［49］贾兰坡：《山顶洞人》第72页，龙门联合书局，1951年。

［50］陈娟娟：《两件有丝织品花纹印痕的商代文物》，《文物》1979年第12期。

［51］陈维稷：《中国纺织科学技术史（古代部分）》第77页，科学出版社，1984年。

［52］原报道见文献［33］第50～51页，关于"粘合剂"的鉴定并见文献［14］第85页。

［53］《周礼正义》第三册，第六七八页，中华书局，1987年。

［54］《周礼正义》第四册，第一二一五页，中华书局，1987年。

［55］文渊阁《钦定四库全书》抄本，武汉大学出版社电子版第113碟。

［56］解玉林等：《周—汉毛织品上红色染料主要成分的鉴定》，《文物保护与考古科学》2001年第1期。

［57］《本草纲目》卷十六"草部·茜草·释名"。

［58］清王夫之：《楚辞通释》第一一页，中华书局，1959年。

［59］熊樱菲等：《周—汉毛织品的染色工艺探讨》，《文物保护与考古科学》2002年第1期。这些样品分属西周和汉代，至于哪件属西周，哪件属汉代，由于多种原因，原分析报告未曾说明。

［60］刘诗中等：《贵溪崖墓所反映的武夷山地区古越族的族俗及文化特征》，《文物》1980年第11期。

［61］陈维稷：《中国纺织科学技术史（古代部分）》第87页，科学出版社，1984年。

［62］宋育哲：《网版印刷探源》，《中国古代印刷史学术讨论会文集》，印刷工业出版社，1996年。

［63］《周礼正义》第十三册，第3305页，中华书局，1987年。

［64］袁宣萍：《略论绉类丝织物的起源和发展》，《丝绸史研究》1988年第3期。

［65］陈维稷：《中国纺织科学技术史（古代部分）》第96～97页，科学出版社，1984年。

［66］李也贞：《试论绫锦绮的命名依据》，《中国丝绸史学术讨论会论文汇编》，浙江丝绸工学院丝绸史研究室编，1984年1月，内部资料。

［67］湖南省博物馆等：《长沙楚墓》第213～217页，文物出版社，2000年。

［68］高汉玉：《江陵望山楚墓出土的织锦和刺绣》，《丝绸史研究》1989年第2期。

［69］屠恒贤等：《古代织锦的研究》，《中国丝绸史学术讨论会论文汇编》，浙江丝绸工学院丝绸史研究室编，1984年1月，内部资料。

［70］徐国华：《我国古代机织物的组织结构》，《丝绸史研究》1986年第1期。

［71］河南省文物研究所：《信阳孙砦遗址发掘报告》，《华夏考古》1989年第2期。

［72］赵丰：《古代纺织品研究》，《中国考古学年鉴（1991）》，文物出版社，1992年。

［73］上海市纺织科学研究院等文物研究组：《长沙马王堆一号汉墓出土纺织品的研究》第29～33页，文物出版社，1980年。

［74］湖北省荆州地区博物馆：《江陵马山一号楚墓》第33～34页，文物出版社，1985年。

［75］中国社会科学院考古研究所新疆队等：《新疆和静县察吾乎口二号墓地发掘简报》，《考古》1990年第6期。

［76］新疆文物考古研究所等：《新疆哈密市艾斯克霞尔墓地的发掘》，《考古》2002年第

6 期。

［77］夏鼐:《新疆发现的古代丝织品——绮、锦和刺绣》,《考古学报》1963 年第 1 期。

［78］李也贞等:《有关西周丝织和刺绣的重要发现》,《文物》1976 年第 4 期。1975 年发现。

［79］高至喜:《长沙烈士公园 3 号木椁墓清理简报》,《文物》1959 年第 10 期。

［80］《中国美术全集·印染织绣》,文物出版社,1987 年。

［81］荆州地区博物馆:《湖北江陵马山砖厂一号墓出土大批战国丝织品》,《文物》1982 年第 10 期。

第六节　髹漆技术的发展

［1］中国社会科学院考古研究所二里头工作队:《1981 年河南偃师二里头墓发掘简报》,《考古》1984 年第 1 期。

［2］中国社会科学院考古研究所二里头(工作)队:《1980 年秋河南偃师二里头遗址发掘简报》,《考古》1983 年第 3 期。

［3］中国社会科学院考古研究所二里头工作队:《1984 年秋河南偃师二里头遗址发现的几座墓葬》,《考古》1986 年第 4 期。

［4］中国社会科学院考古研究所:《大甸子—夏家店下层文化遗址与墓地发掘报告》,科学出版社,1996 年。

［5］王世襄:《中国古代漆工杂述》,《文物》1979 年第 3 期。

［6］河北省博物馆等台西发掘小组:《河北藁城县台西村商代遗址 1973 年的重要发现》,《文物》1974 年第 8 期。

［7］河北省文物管理处台西考古队:《河北藁城台西村商代遗址发掘简报》,《文物》1979 年第 6 期。

［8］河北省博物馆等:《藁城台西商代遗址》,文物出版社,1977 年。

［9］湖北省博物馆等盘龙城发掘队:《盘龙城一九七四年度田野考古纪要》,《文物》1976 年第 2 期。并见文献［30］。

［10］梁思永等:《侯家庄·1001 号大墓》图 37。中研院历史语言研究所,1962 年。

［11］郭宝钧:《一九五〇年春殷墟发掘报告》,《中国考古学报》第五册,1951 年。并见《中国考古学报》第二册（1937 年）、《考古学报》1979 年第 1 期相关报道。

［12］石璋如:《殷墟最近之重要发现附论小屯地层》,《中国考古学报》第二册。

［13］中国科学院考古研究所安阳发掘队:《1958～1959 年殷墟发掘简报》,《考古》1961 年第 2 期。

［14］中国社会科学院考古研究所安阳发掘队:《1969～1977 年殷墟西区墓葬发掘报告》,《考古学报》1979 年第 1 期。

［15］罗勋章:《刘家店春秋墓琐考》,《文物》1984 年第 9 期。《文物》1972 年第 8 期不曾提及苏埠屯漆器。

［16］文物编辑委员会:《文物考古工作三十年（1949～1979）》,"山东省"部分,第 191 页;"甘肃省"部分,第 144 页、145 页;文物出版社,1979 年。

［17］胡秉华:《滕县前掌大村商代墓葬》,《中国考古学年鉴（1986）》,文物出版社。

［18］文物编辑委员会:《文物考古工作十年（1979～1989）》第 169 页,"山东省"部分,文物出版社,1990 年。

［19］信阳地区文管会等:《河南罗山县蟒张商代墓地第一次发掘简报》,《考古》1981 年第 2 期。

［20］河南信阳地区文管会等:《罗山天湖商周墓地》,《考古学报》1986 年第 2 期,有髹漆木碗、木豆。欧潭生:《河南罗山县天湖出土的商代漆木器》,《考古》1986 年第 9 期。

［21］郭宝钧:《浚县辛村》,科学出版社,1964 年。出土有各种形状的蚌片,当系螺钿漆器之装饰。

［22］中国科学院考古研究所:《上村岭虢国墓地》,科学出版社,1959 年。

［23］洛阳市博物馆:《洛阳庞家沟五座西周墓的清理》,《文物》1972 年第 10 期。

［24］中国科学院考古研究所:《沣西发掘报告》,文物出版社,1962 年。

［25］中国社会科学院考古研究所沣西发掘队:《1967 年长安张家坡西周墓葬的发掘》,《考古学报》1980 年第 4 期。

［26］中国社会科学院考古研究所等琉璃河考古队:《1981 年～1983 年琉璃河西周燕国墓地发掘简报》,《考古》1984 年第 5 期。

［27］中国社会科学院考古研究所、北京市文物研究所:《北京琉璃河 1193 号大墓发掘简报》,《考古》1990 年第 1 期。

［28］安徽省文化局文物工作队:《安徽屯溪西周墓发掘报告》,《考古学报》1959 年第 4 期。

［29］中国科学院考古研究所湖北发掘队:《湖北蕲春毛家嘴西周木构建筑》,《考古》1962 年第 1 期。

［30］郭维德:《我国先秦时期漆器发展探讨》,《江汉考古》1988 年第 3 期。

［31］宜昌地区博物馆:《湖北当阳赵巷 4 号春秋墓发掘简报》,《文物》1990 年第 10 期。固始侯古堆一号墓发掘组:《河南固始侯古堆一号墓发掘简报》,《文物》1981 年第 1 期。

［32］湖北省博物馆:《曾侯乙墓》,文物出版社,1989 年。

［33］湖北省荆州地区博物馆:《江陵天星观 1 号楚墓》,《考古学报》1982 年第 1 期。

［34］湖北省文物考古研究所:《江陵望山沙塚楚墓》第 79～86 页、第 143～153 页、第 186～190 页、第 206 页、第 348～353 页,文物出版社,1996 年。湖北省文化局文物工作队:《湖北江陵三座楚墓出土大批重要文物》,《文物》1966 年第 5 期。

［35］湖北省荆州地区博物馆:《江陵雨台山楚墓》,文物出版社,1984 年。出土漆木器 20 多种 900 多件,此外还有经过髹漆的竹弓、矢箙、盾、伞、戈鞘、戈、柲、矛柄等。

［36］湖南省博物馆:《湖南常德德山楚墓发掘报告》,《考古》1963 年第 9 期。出土漆奁两件,一件为木胎,一件夹纻胎。

［37］河南省文物研究所:《信阳楚墓》,文物出版社,1986 年。

［38］四川省文物管理委员会:《成都羊子山第 172 号墓发掘报告》,《考古学报》1956 年第 4 期。

［39］山东省博物馆:《临淄郎家庄一号东周殉人墓》,《考古学报》1977 年第 1 期。

［40］山西省文物管理委员会:《山西长治市分水岭古墓清理》,《考古学报》1957 年第 1 期。

［41］边成修:《山西长治分水岭 126 号墓发掘简报》,《文物》1972 年第 4 期。

［42］张先得:《北京丰台区出土战国铜器》,《文物》1978 第 3 期。

［43］葛季芳:《云南出土漆器和传世雕漆》,《云南文物》2001 年第 1 期。

［44］河北省文物管理处:《河北省平山县战国时期中山国墓葬发掘简报》,《文物》1979 年第 1 期。

［45］此廿九年漆樽原出自《长沙古物闻见录》,多年来学术界对此器的制作地存在不同看法。并见马文宽:《谈战国时期的漆器》,《中国历史博物馆馆刊》总第 3 期,1981 年。

［46］李正光等:《长沙沙湖桥一带古墓发掘报告》,《考古学报》1957 年第 4 期。

［47］湖南省文物管理委员会:《长沙杨家湾 M006 号墓清理简报》,《文物参考资料》1954 年第 12 期。湖南省文物管理委员会:《长沙出土的三座大型木椁墓》,《考古学报》1957 年第

1 期。

[48] 孝感地区第二期亦工亦农文物考古训练班:《湖北云梦睡虎地十一号秦墓发掘简报》,《文物》1976 年第 6 期。

[49] 湖北省博物馆:《曾侯乙墓》第 353 页,文物出版社,1989 年。

[50] 郭德维:《我国先秦时期漆器发展试探——兼论曾侯乙墓漆器的特点》,《江汉考古》1988 年第 3 期。

[51] 陈振裕:《湖北出土战国秦汉漆器综论》,《迎接二十一世纪的中国考古学》(国际学术讨论会论文集),科学出版社,1998 年。

[52]《髹饰录解说》,文物出版社,1983 年。此书为明庆隆黄成著(名《髹饰录》),明天启杨明注,今人王世襄解说。今引为黄成原文,第 163 页。

[53] 吴铭生:《长沙楚墓出土的漆器》,《文物参考资料》1957 年第 7 期。

[54]《髹饰录解说》,文物出版社,1983 年。第 25 页,黄成原文。

[55]《髹饰录解说》,文物出版社,1983 年。杨明注和王世襄解说,皆见第 25 页。

[56] 荆州地区博物馆:《湖北江陵藤店一号墓发掘简报》,《文物》1973 年第 9 期。

[57] 湖北省荆沙铁路考古队:《包山楚墓》,文物出版社,1991 年。2 号墓:人甲第 216 页,马甲第 219 页,漆盾第 213 页,铜樽 189 页。4 号墓:人甲第 304 页。

[58] 湖南省博物馆:《长沙浏城桥一号墓》,《考古学报》1972 年第 1 期。

[59] 四川省博物馆等:《四川新都战国木椁墓》,《文物》1981 年第 6 期。

[60] 后德俊:《夹纻胎漆器出现原因初析》,《中国文物报》1995 年 11 月 26 日第 3 版。

[61] 湖北省文物考古研究所:《江陵九店东周墓》,文物出版社,1995 年。

[62] 陈振裕:《先秦漆器概述》,《楚文化与漆器研究》,科学出版社,2003 年。

[63] 李亚东:《古代巴蜀的油漆技术》,《大自然探索》1983 年第 3 期。

[64] 云梦县文物工作组:《云梦珍珠坡一号楚墓发掘报告》,《考古学集刊》(1),1981 年。

[65]《髹饰录解说》,文物出版社,1983 年。今引杨明注,见第 76 页、第 93 页。

[66]《髹饰录解说》,文物出版社,1983 年。黄成原文,"描金"见第 85 页。

[67] 湖北省博物馆:《曾侯乙墓》第 28 页、369 页,文物出版社,1989 年。

[68] 湖北省荆沙铁路考古队:《包山楚墓》第 140 页,文物出版社,1991 年。

[69] 湖北省博物馆:《襄阳山湾东周墓葬发掘报告》,《江汉考古》1983 年第 2 期。

[70] 陈允敦、李国清:《薄金工艺及其交流》,1982 年 2 月泉州海交史学术讨论会文。1982 年 2 月 23 日,本人曾到福州市金银工艺品厂参观了该厂的金箔工艺,所见与此文所述基本一致。这类金箔,用口轻轻一吹,便会扬起。

[71] 殷墟金箔厚度见北京钢铁学院冶金史编写小组:《中国冶金简史》第 34 页,科学出版社,1978 年。

[72] 湖北省博物馆:《曾侯乙墓》第 390～399 页,文物出版社,1989 年。

[73]《中国美术全集·工艺美术编 8·漆器》,文物出版社,1989 年。

[74]《髹饰录解说》,文物出版社,1983 年。第 33 页、101 页,黄成原意。

[75]《髹饰录解说》,文物出版社,1983 年。第 101～105 页,王世襄解说。

[76] 王巍:《关于西周漆器的几个问题》,《考古》1987 年第 8 期。

[77] 周南泉:《螺钿源流》,《故宫博物院院刊》1981 年第 1 期。

[78] 殷玮璋:《记北京琉璃河遗址出土的西周漆器》,《考古》1984 年第 5 期。

[79] 石兴邦:《长安普渡村西周墓葬发掘记》,《考古学报》1954 年第 8 期。

[80]《髹饰录解说》,文物出版社,1983 年。第 144 页、第 159 页,黄成原文。

[81] 中国社会科学院考古研究所夏商周考古研究室:《考古研究所夏商周考古二十年》,

《考古》1997年第8期第24页。

　　［82］《髹饰录解说》，文物出版社，1983年。第95～96页，王世襄解说。

　　［83］河南省文物研究所等：《淅川下寺春秋墓》第28页，文物出版社，1991年。

　　［84］湖北省博物馆：《湖北省文物考古工作新收获》，《文物考古工作三十年（1949～1979）》第302页。文物出版社，1979年。

第七节　玻璃技术的发明和初步发展

　　［1］朱晟：《中国玻璃考》，《中国科技史料》1983年第1期。

　　［2］原出 H. C. Beck, C. G. Seligman, Nature. Vol. 133, No. 6, P. 982, 1934. C. G. Seligman, P. D. Ritchie, H. C. Beck, The Museum of Far Eastern Antiguities, No. l0（1938）. 今转引自文献［3］。

　　［3］干福熹：《中国古代玻璃研究概况》，《中国古玻璃研究（1984年北京国际玻璃学术讨论会论文集）》，中国建筑工业出版社，1986年。

　　［4］袁翰青：《我国化学工艺史中的制造玻璃问题》，《中国化学学会1957年度报告会论文摘要》第80～81页。

　　［5］王世雄：《宝鸡、扶风出土的西周玻璃的鉴定与研究》，《中国古玻璃研究（1984年北京国际玻璃学术讨论会论文集)》，中国建筑工业出版社，1986年。

　　［6］干福熹等：《中国古玻璃化学组成的演变》，《中国古玻璃研究（1984年北京国际玻璃学术讨论会论文集)》，中国建筑工业出版社，1986年。

　　［7］中国科学院考古研究所：《洛阳中州路（西工区)》，科学出版社，1959年。出土料珠的816号墓可能属于穆王时期。

　　［8］洛阳博物馆：《洛阳庞家沟五座西周墓的清理》，《文物》1972年第10期。庞家沟54号墓属西周早期，出土有料珠。

　　［9］杨伯达：《西周玻璃的初步研究》，《故宫博物院院刊》1980年第2期。北吕三座墓出土有料质管珠，云塘西周晚期5号墓出土有料质项链，岐山县贺家山47号西周早期墓出土有料质管。

　　［10］中国科学院考古研究所：《沣西发掘报告》，科学出版社，1962年。183号西周墓出土有料珠。

　　［11］宝鸡茹家庄西周墓发掘队：《陕西省宝鸡市茹家庄西周墓发掘简报》，《文物》1976年第4期。强伯墓出土有料质管珠。

　　［12］山东省文物考古研究所：《曲阜鲁国故城》第178页、226页、227页，齐鲁书社，1982年。所出料器共25件（52号墓12件、58号墓13件），其中19件为"蜻蜓眼"式料珠。

　　［13］中国科学院考古研究所：《上村岭虢国墓地》，科学出版社，1959年。

　　［14］河南文物研究所等：《三门峡虢国墓》（文物出版社，1999年）第450页载，墓M2119椁盖板上出土料管一串，M2118的红玛瑙珠串饰之间有料珠间隔的痕迹，此两墓皆定为西周晚期。

　　［15］扶风县博物馆：《扶风北吕周人墓地发掘简报》，《文物》1984年第7期。

　　［16］张福康等：《中国古琉璃的研究》，《硅酸盐学报》1983年第1期。

　　［17］史美光等：《青海大通县出土汉代玻璃的研究》，《文物保护与考古科学》1990年第2期。

　　［18］《穆天子传》卷四，晋葛璞注。文渊阁《钦定四库全书》抄本，武汉大学出版社电子版第336碟。

［19］夏商周断代工程专家组:《夏商周断代工程1996～2000年阶段成果报告》，世界图书出版社公司。

［20］崔墨林:《吴王夫差剑的考究》，《中原文物》1981年特刊。

［21］石碧:《原子考古》，《科学园地报》1982年12月3日第2版。

［22］史美光等:《春秋玻璃珠和平山战国玻璃的研究》，河北省文物研究所:《𠍙墓——战国中山国国王之墓》，文物出版社，1996年。安徽亳县柴家沟M16出土蜻蜓眼式玻璃珠计约9颗，分析过的1颗为铅钡玻璃，原断代为春秋晚期，但也有人认为其属战国，今暂依后说。江川李家山春秋晚期钾玻璃珠见《硅酸盐学报》1986年第3期史美光等文。

［23］高至喜:《论我国春秋战国的玻璃器及有关问题》，《文物》1985年第12期。

［24］湖北省博物馆:《曾侯乙墓》第424～425页，文物出版社，1989年。此书原报道有料珠173枚，玻璃珠（E. C. 11:275E）1枚。在174枚料珠、玻璃珠中，做过定量分析和X射线衍射结构分析的只有1枚（E. C. 11:240），定成了料器。玻璃珠E. C. 11:275未做过科学分析。另有两类料珠，后德俊于1984年和1996年分别对它们进行过X荧光定性分析和密度测定，定成了钾钙玻璃和钾玻璃。做过密度测定的4件料珠是：E. C. 11:259、E. C. 11:179、E. C. 11:135、E. C. 11:207。

［25］夏鼐:《汉代的玉器——汉代玉器中传统的延续和变化》，《考古学报》1983年第2期。

［26］湖南省博物馆等:《长沙楚墓》第333页，彩版肆拾叁，文物出版社，2000年。

［27］后德俊:《先秦和汉代的古代玻璃技术》，载干福熹主编:《中国古代玻璃技术的发展》，上海科学技术出版社，2005年。九店料珠外壳资料见湖北省文物考古研究所:《江陵九店东周墓》（科学出版社，1995年）第332～333页。1981～1989年，江陵九店发掘西周晚期墓1座、春秋中期至战国晚期墓596座，计出土料珠、料管、琉璃珠、陶珠、陶管等253件，其中料珠38件，外观均达玻璃态，有素珠和纹珠两种。

［28］湖北省博物馆:《曾侯乙墓》第657～659页，文物出版社，1989年。(1) 原报告未把料珠E. C. 11:240列入玻璃，这是十分正确的，但我以为可视为原始玻璃，因其组织绝大多数为非晶态。(2) 原报告关于料珠E. C. 11:240的诸氧化物的总和为80.86%，为方便起见，本书及文献［56］［57］在引用时，都是把氧化物总量折成了100%后的相对含量。

［29］后德俊:《曾侯乙墓出土料珠的再研究》，《中国文物报》1996年11月3日。

［30］后德俊:《谈我国古代玻璃的几个问题》，《中国古玻璃研究（1984年北京国际玻璃学术讨论会论文集)》，中国建筑工业出版社，1986年。

［31］“雨台山战国玻璃分析报告”待发。本研究与后德俊合作进行。

［32］何堂坤、后德俊等:《荆门罗坡岗战国墓出土料珠的初步考察》，《江汉考古》1998年第4期。

［33］黄启善:《广西汉代玻璃制品初探》，《中国古玻璃研究（1984年北京国际玻璃学术讨论会论文集)》，中国建筑工业出版社，1986年。

［34］赵匡华:《试探中国传统玻璃的源流及炼丹术在其间的贡献》，《自然科学史研究》1991年第2期。

［35］美国康宁玻璃公司R. H. Brill等:《一批早期中国玻璃的化学分析》，《中国古玻璃研究（1984年北京国际玻璃学术讨论会论文集)》，中国建筑工业出版社，1986年。

［36］黄启善:《中国南方和西南的古代玻璃技术》，干福熹主编:《中国古代玻璃技术的发展》，上海科学技术出版社，2005年。

［37］史美光等:《一批中国古代铅玻璃的研究》，《中国古玻璃研究（1984年北京国际玻璃学术讨论会论文集)》，中国建筑工业出版社，1986年。

［38］新疆文物考古研究所:《新疆拜城县克孜尔吐尔墓第一次发掘》，《考古》2002年第

6 期。

　　[39] 张平：《中国北方和西北的古代玻璃技术》，干福熹主编：《中国古代玻璃技术的发展》，上海科学技术出版社，2005 年。

　　[40] 潜伟等：《新疆克孜尔水库墓地出土玻璃珠的分析与研究》，《弘扬民族科技促进西部开发——第五届中国少数民族科技史国际研讨会论文集》，广西民族出版社，2002 年。

　　[41] 李青会：《玻璃的科技考古和分析技术》，干福熹主编：《中国古代玻璃技术的发展》，上海科学技术出版社，2005 年。干福熹、李青会等：《新疆拜城和塔城出土的早期玻璃珠研究》，《硅酸盐学报》2003 年第 7 期。

　　[42] 赵汝珍：《古玩指南》第二十二章 "料器"。

　　[43] 杨伯达：《西周至南北朝自制玻璃概述》，《故宫博物院院刊》2003 年第 5 期。

　　[44] 周庆基：《关于中国古代玻璃的几个问题》，《河北大学学报》1985 年第 3 期。

　　[45] 杨伯达：《西周玻璃的初步研究》，《故宫博物院院刊》1980 年第 2 期。北京玻璃总厂玻璃研究所认为："只有晶体，未发现玻璃体，不能肯定是人工合成物，还是天然矿物。" 中央建委建筑材料研究院玻璃陶瓷物化室认为："可见大量石英和少量玻璃体。"

　　[46] 干福熹等：《我国古代玻璃的起源问题》，《硅酸盐学报》1978 年，第 1、2 合期。

　　[47] B. NeumannAntikeGlaser，II. ZeitschriftfurAngewandteChemie，Bd. 40，NO. 40，S. 363，1927. 转引自文献 [3]。

　　[48] M. B. фармаковский，Римские Стекловаренноче чечи，известмя Инстмйута Археологеской Технологми，Вкл. 1 Петербур 2，стр，1926，87～88. 转引自文献 [3]。

　　[49] 章鸿钊：《石雅》"玻璃"，1927 年。中央地质调查所，1918 年初版，1927 年再版。今见《民国丛书》第二篇第 88 册，上海书店，1990 年影印民国十六年版。

　　[50] 王充：《论衡·卒性篇》。

　　[51] 汉王逸：《楚辞章句》卷一第 10 页、第 15 页，卷二第 9 页，卷五第 5 页，文渊阁《钦定四库全书》抄本，武汉大学出版社电子版第 401 碟。

　　[52] 清王夫之：《楚辞通释》卷一第 9 页、卷一第 14 页、卷二第 35 页、卷四第 70 页、卷五第 110 页，中华书局 1959 年。

　　[53] 《本草纲目》卷八 "琉璃·释名" 云：琉璃，即火齐，"《汉书》作流离，言其流光陆离也，火齐与火珠同名。"

　　[54] 安家瑶：《我国古代玻璃研究中的几个问题》，《中国考古学研究——夏鼐先生考古五十年纪念论文集》，文物出版社，1986 年。

　　[55] 李文瑛等：《营盘墓地的考古发现与研究》，《新疆文物》1998 年第 1 期。

　　[56] 何堂坤：《关于我国古代玻璃技术起源问题的浅见》，《中国文物报》1996 年 4 月 28 日。

　　[57] 何堂坤：《再谈我国古代玻璃的技术渊源》，《中国文物报》1997 年 4 月 6 日。

　　[58] 标本 R1 原出自：山崎一雄，10th International Congress on Glass，NO. 9，15（1974），转引自文献 [46]。

　　[59] 埃及公元前 1350 年玻璃成分原出自 B. Neumann，Z. Angew. Chem.，42，835（1929）. 转引自文献 [46]。

　　[60] 赵匡华：《试探中国传统玻璃的源流及炼丹术在其间的贡献》，《自然科学史研究》1991 年第 2 期。

第 三 章

秦汉手工业技术的蓬勃发展

公元前 221 年，秦灭齐，结束了春秋以来诸侯割据、列国纷争的局面，建立了我国历史上第一个中央集权制国家。秦朝经历的时间虽较短暂，但却对中国历史产生了深远的影响。秦始皇取消了封国建藩的制度，在全国推行郡县制；"一法度衡石丈尺，车同轨，书同文"[1]。统一货币，将列国形制繁杂，品种繁多的各种自然物货币，以及刀、布和银锡各类金属币一律废止[2]，圆形方孔铜钱通行全国，从而极大地促进了全国共同经济生活、文化生活的形成。公元前 206 年，秦亡。西汉初年基本上沿袭了秦朝政治制度，因国家采取了一系列有效措施，社会生产较快地得到了恢复和发展。为加强专制主义的中央集权，汉武帝曾改革币制，把铸币权收归汉廷；实行盐铁官营，以及均输、平准政策，颁布了算缗和告缗令，以打击富商大贾和高利贷者的不法行为。东汉基本上沿袭了西汉的一些管理制度，但因土地兼并激烈，庄园经济得到较大发展，与此同时，耕作技术、农田水利事业都比西汉有所进步。秦汉是我国古代手工业发展的重要阶段，采矿、金属冶炼和加工、纺织、机械、油漆、食品加工技术都有了较大提高；原始瓷在经历了漫长的发展历程后，已发展到真瓷的阶段；此期还发明了造纸术。其中尤其是炼铁、炼钢技术的发展，使各生产部门广泛地使用起钢铁来，从而极大地促进了整个社会生产力的提高。

第一节 采矿技术之发展

秦汉时期，由于社会生产力的发展，金、银、铜、铁、铅、锡、汞七种金属矿的开采量都大为增加，煤炭、井盐、瓷土、玉石等非金属矿的开采技术亦迅速发展起来。从有关文献和考古资料看，此期在采矿技术上最值得注意的应是铜铁、黄金、煤和井盐之开采。

一、铜铁矿之开采

《史记·货殖列传》云：江南出金、锡、连、丹沙。"铜铁则千里往往山出棊置。"此"连"，"集解"引徐广曰："音莲，铤之未炼者。"意即铅矿或粗铅。"山出"应读作"山错"，言铜铁矿如山峰之错落；"棊置"，即棋置，形容铜铁矿如棋子般布置，可见其分布之广。《汉书》卷七二"贡禹传"云："今汉家铸钱及诸铁官，皆置吏卒徒，攻山取铜铁，一岁功十万人已上……凿地数百丈，销阴气之精，地藏空虚。"可见铜铁矿开采规模之大。我国今已发现了数十处汉代冶铁遗址，其附近一般都有不同数量的铁矿资源，有的还发现了铁矿开采遗址。如 1975 年，郑州古荥镇发掘一座汉代大型冶铸铁作坊，附近不少地方都有铁矿。《山海经·中山经》云："少室之山……其下多铁。""后山上多白金多铁。""大騩之山其阴多铁。""役山多铁。"据考，少室山在今登封，后山、役山位于郑州西，大騩山在今荥阳、密县间，这些地方与汉荥阳皆相去不远。又据地质部门调查，今荥阳、上街、新密一带都藏有含铅较高的褐铁矿，其成分适与古荥遗址铁矿相符[3]。1958～1959 年，河南巩县铁生沟发掘汉代大型冶铸铁遗址一处，该村西南 3 公里的罗汉村，西面的金牛山，东北面的青龙山都有铁矿，古矿坑至今犹存[4]。1985 年，信阳钢厂毛集发现战国至西汉铁矿采冶遗址一处，主要开采和冶炼年代是汉代。今人在第三采区打钻时，曾发现地面以下 40 米深处有空洞，在钻孔附近深约 100 米处亦发现有洞，其中尚残有木炭，洞壁多被木炭薰成了黑色[5]。这很可能是古代采坑。20 世纪 20 年代时，该处还见有两座古代炼炉。汉代的铜矿采冶遗址今见于报道的有：安徽铜陵金牛洞西汉采冶遗址[6][7]，山西运城东汉采冶遗址[8]，广西北流汉至南朝采冶遗址[9]，湖北大冶铜绿山古矿冶遗址[10]，河北承德汉代采冶遗址[11]等。所有这些铜铁采矿遗址中，保存较好的是铜陵金牛洞。铜陵汉属丹阳郡。金牛洞遗址的发掘为我们了解秦汉金属矿开采技术提供了丰富的实物资料。

金牛洞古矿井的地表部分均已破坏，残存部分主要处于距地表深 9～14 米的现代采坑坡壁上。从考察可知，当时的开采步骤是：先在矿脉露头处作露天开采，挖到一定深度后，再追踪矿脉作地下开采。地下开采则采用了竖井、斜井、平巷相结合的联合开采法。不管哪种井巷都采用了木质框架式支护[6][7]。

如第 1 号发掘地，清理竖井 2 条。其中 2 号竖井的井筒残高约 3.0 米，其下为马头门（井口），合计高约 5.0 米。井筒长宽约 1.6 米×3.0 米。采用"企口接方框密集支架"，即将四根圆木的端点砍成台阶式接口，互相垂直接合成一个方框。方框层层相叠，形成"垛盘"。这种"垛盘"支护的优点是抗压强度较高。底层方框由马头门立柱支承。此马头门系由 4 根地梁、4 根立柱、2～4 根中柱组成。地梁可防止"地鼓"。立柱间再加中柱可增强横梁的抗压强度。在第 1 号发掘地，清理出斜井 4 条，其中第 4 号斜井竖呈阶梯式，残长 4.0 米，倾斜约 20 度，井筒为梯形框架式支护（1 根地梁、1 根横梁、2 根立柱）；横断面宽 0.7～0.9 米，长 1.2 米。其立柱与梁成 85°角，故抗压能力较强。此发掘地还清理出平巷 3 条，皆沿矿体走向开拓。平巷高度随矿体及围岩的硬度而变化，皆处于 1.6～2.0 米间。作方形或梯形的框架式和半框架式支护，具体结构与第 4 号斜井类同。金牛洞古矿井的立柱均呈地心方向垂直。支撑方法有四：一是将立柱直接放在围岩上；二是放在预先凿好的脚窝内，以防止柱脚移动；三是若遇松散岩层时，需垫一木板或方木为基础，以分散立柱的压力；四是利用自然地形，在井巷边帮凸出的围岩上直接立一短桩以作为支撑。巷道两侧及顶棚多有木棍或木板护帮，有的用竹席封顶，以防止岩石坍落[6][7]。

金牛洞至少有两个水平开采层，上下层的高度差约 2.0 米。在 1 号发掘地，其上层由 1 号、2 号平巷和 1 号斜井、3 号平巷组成，并依次相通；下层以 1 号竖井、2 号斜井、2 号竖井、3 号斜井为一组，依次相通。其中 3 号斜井与 1 号平巷相交，前者延伸到了后者的底部。井巷内填有大量的矿石和废石。这说明当时的采掘方法是：先采底层矿石，采空后，用废矿或废石填充废弃了的井巷，后采上层矿石。此法的优点是：（1）可减少提运量，减轻井下工作面采空区的顶板压力；（2）可回采更多的矿石。这种水平分层采矿法在当时也是比较先进的[6][7]。

由考察情况看，金牛洞的提运方法有二：一是将矿石运到竖井下后直接提升到地面；二是通过井下硐室，分段提升到地面。其排水方法是：利用废弃了的低凹井巷为水仓，然后用桶将水提出，因渗水量不大，故设置亦较简单。采矿工具主要有铜凿、铁斧、铁锄、木桶、石球、木楔等。因矿井深度不大，主要是利用井口之高低不同，形成压差来通风。古人主要选用品位较高，易于冶炼的矿石进行冶炼；今人曾分析过部分被遗弃了的矿石成分，知其含铜量多处于 1.665% ～ 3.783% 之间，个别的高达 8.68%[6][7]。

火爆法在汉代已使用得相当普遍。金牛洞矿井内便发现过大量木炭屑，有学者认为，它可能与火爆法采矿有关[6][7]。承德西汉古铜矿采矿场的地面上，残有黑灰和烧剩的木炭[11]；山西运城汉代铜矿遗址的 2 号洞内，发现有大量木炭与碎石杂混[8]；这些都不能排除使用了火爆法的可能性。此时有关火爆法的记载也明显增多，且较为明确。《后汉书》卷八八"虞诩传"载："虞乃自将吏士案行川谷，由沮至下辩，数十里皆烧石翦木。开漕船道。"章怀太子注："诩乃使人烧石，以水灌之，石皆圻裂。"这虽是说用于开渠，但采矿业也会使用的。

二、对黄金矿物形态和产状的认识

我国古代的黄金开采约始见于四坝文化时期，商、周之后有了一定发展，但有关开采技术的记载却较少。两汉之后，有关记载明显增多，开采技术也有了较大提高，不但开采了水砂金，而且开采了山砂金，还发明了黄金萃取和提纯的多种工艺。

此期的黄金产地主要是汝汉、郫（章）郡和西南地区，其他地方较少。

汝汉之金，先秦汉后都常见于诸家著述。《盐铁论·力耕》："汝汉之金，纤微之贡，所以诱外国而钓羌胡之宝也。"

豫章黄金的记载始见于汉。《史记·货殖列传》载："豫章出黄金。"《汉书·地理志》"豫章郡·鄱阳"注："武阳乡右十余里有黄金采。"

云南哀牢产金亦见于汉。《后汉书》卷一一六云：哀牢"出铜铁铅锡金银"。《后汉书》卷三三"郡国志"也曾谈到哀牢出金，此书的作者和注者虽非汉代，但当有所本。

两汉时期，人们对水沙金和山沙金的矿物形态和矿床形态都有了较多的了解。王充（公元 27 ～约 97 年）《论衡·验符》篇："永昌郡（今云南保山县东北）中亦有金焉，纤靡大如禾粟，在水源沙中。"此"纤靡大如禾粟"，是古人对自然金形态的描述；"在水源沙中"，则是金的产状。

在汉代著作中，对自然金形态和产状描写得最为详明的还是大炼丹家狐刚子所作《出金矿图录》，其云："凡金矿，或在水中，或在山上。水中者，其如麸片、棋子、枣豆、黍粟等状。""水南北流，金在东畔。""入沙石土下三寸或七寸。""水东西流，金在南畔生。""入沙石土下五寸或九寸。"此水中金，"第一上金也"。"山中者其形皆圆。""山东西者，金在北阴中。""根脉向阳，入地九尺或九十尺，杂沙夹石土而生，赤黄色，细腻滑重。折之不散破，以火消熔，色白如银，以药搅合和，入八风炉淘石炼成之。""山南北者，金在西阴中生也。""带水杂沙，挟石出而生，深浅如上也，入杂沙挟土下，根脉向阳，或七尺，形质如上。""入八风炉，淘石炼土如上。"此山沙金，乃"第二金也"。此"淘石炼成"、"淘石炼土"两句，则概括了淘金和萃取的整个工艺过程，这也是我国古代较早提到淘金和炼金的地方。此书虽已失传，但为唐人编辑的道家著作《黄帝九鼎神丹经诀》卷九收录[12]。这里谈到了水沙金和山沙金的形态和埋藏情况。狐刚子，名狐丘，陈国符认为其为晋人，约葛洪同时，并认为狐刚子为最大的外丹黄白大师[13]；但赵匡华考证，狐刚子为东汉末年铅丹家，与张道陵同时或稍早，与魏伯阳大体同时[14]。今暂从赵说。

三、燃料用煤之开采

两汉是我国古代用煤的第一个高峰时期，日常生活和一般手工业都在开始用煤。有关文献记载和考古实物亦骤然增多。

《汉书》卷九七上"外戚列传"载：窦太后弟窦广国，字少君，"年四五岁时，家贫，为人所略卖……至宜阳，为其主人入山作炭。暮，卧岸下百余人。岸崩，尽压杀卧者，少君独得脱，不死"。此"炭"当即煤炭。"岸下"、"岸崩"，王充《论衡》"吉验篇"和"刺孟篇"在谈到同一事件时，皆作"炭下"（"积炭之下"）、"炭崩"。此煤窑压杀了百余人，可见其规模不小。窦广国入山作炭一事约发生于窦氏被立为皇后前不久，即文帝元年（公元前 179 年）前后。这是我国古代大规模采煤的较早记载[15]。

1938 年，辽宁抚顺永安公园发掘到了汉代居住遗址的一个火坑，坑面铺砖，并见有一个烧火口（或烟道），在烧火口前发现有散乱的煤壳灰，说明人们已用煤取暖、做饭。20 世纪 30 年代，抚顺老虎台露天煤矿采坑内曾发现有西汉文帝五年（公元前 175 年）半两钱和武帝元狩五年（公元前 118 年）的五铢钱[16]。

1955 年，洛阳汉河南县城东区汉代生活区的两个灰坑中都曾发现过煤和煤渣，与之同时出土的还有罐、盆、刀等生活日用品[17]。1988~1989 年，汉魏洛阳城发现一批古代烧瓦窑址，多数属于东汉，少数属于北魏时期，窑址分布密集。今已发掘 3 座，结构相近，无一不以煤作燃料，火膛中皆有大量的煤渣堆积，其中一个火膛的煤渣厚达 60 厘米。窑址附近的灰坑中也有许多煤渣，说明窑群曾大量用煤烧瓦[18]。

1979 年，地处黄河北岸的洛阳市吉利工区发现一座汉代墓葬，出土有 11 个坩埚和部分五铢钱，一些坩埚的外底部附着有煤，说明当时已把煤作为加热用燃料[19]。

另外，在巩县铁生沟汉代冶铸遗址和第 1~3 号烘范窑内均发现有煤灰，在 2 号窑的火门处尚发现有原煤块[4]；郑州古荥镇汉代冶铸遗址的 5 号窑内发现有煤饼[3]，其中有的煤末可能还用作筑炉材料。

这些都是汉代采煤和日常生活、一般手工业用煤的证据。至于汉代竖炉是否也曾用煤炼铁，今日尚无确凿资料。汉代采煤的具体操作技术，亦有待考古资料来说明。

四、井盐开采技术

商、周时期盐卤开采技术已有了一定发展，自李冰开采广都盐井后，四川各地的盐卤开采便迅速发展起来。秦代时，四川产盐地已有了3县，汉后扩展到18县，每县的盐井数亦有增加。晋常璩《华阳国志》卷三云：汉安县"有盐井鱼池以百计"，宣帝地节三年（公元前67年），曾一次"穿临邛、蒲江盐井二十所"。在众多的巴蜀盐井中，要以西汉白兔井（在今重庆市云阳县）[①]、东汉张道陵（？～156年）所开陵井（旧址在今四川仁寿县境）最负盛名。两者的历史都有少量记载，前者还一直沿用到了近现代，这对我们了解汉代，及至稍前的井盐开采技术都是很有帮助的。

白兔井所在的重庆云阳县，汉代名朐䏰县，后改云安县；明代改称云阳县。《文献通考》卷一五载：西汉元封元年（公元前110年），置"盐官凡二十八郡"，其中便有巴郡朐䏰[20]。之后，历代都有开采。《文献通考》卷一五载，宋制，"云安军云安监及一井岁煮盐八十一万四千余斤"[20]。白兔井一直保存了下来，至今井体部分依然完好，卤源旺盛，历两千余年而不衰[21]。有关情况第六章再作介绍。

陵井的资料出现较晚。唐李吉甫（758～814年）《元和郡县志》卷三四"陵州"载："陵井者，本沛国张道陵所开，故以陵为号……后废陵井，更开狼毒井，今之煮井是也。后人因依旧名，犹陵井，其实非也。"

汉代云南也产盐，《汉书》卷二八上"地理志·益州郡·连然"颜师古注："有盐官。"一般认为此盐当是卤水所制，但井卤在其中占多大比重，则难详知。连然今属云南安宁县。

有关汉代井盐开采的文字资料较少，幸好成都西郊、北郊，以及邛崃等地都出土过一些东汉采盐画像砖[22]，便为我们填补了这一空白。

图3－1－1　汉画像砖上的盐卤开采图

左：砖大40.8厘米×46.7厘米×7.0厘米，1954年成都羊子山1号墓出土。采自重庆市博物馆《重庆市博物馆藏四川汉画像砖选集》图一，文物出版社，1957年。

右：砖大34.5厘米×45厘米。20世纪50年代以前成都市郊出土。采自刘志远《四川汉代画像砖艺术》图三，中国古典艺术出版社，1958年，北京。

---

① 白兔井，传为樊哙发现。清咸丰《云阳县志》载：西汉高祖二年（公元前205年）四月十五日，五虎将樊哙（？～公元前189年）路过云安，发现白兔过江，射之而未毙，兔向汤溪河岸荒山逃窜，哙逐至今盐井附近，白兔突然失踪，见石缝有乳白液流出，汲而尝之，味咸。因命民凿井汲水煮盐，井是谓白兔井。

这些采盐画像砖图的形象大体一致（图3-1-1），皆为人力挖掘的大口浅井。井场坐落在山峦重叠的山区。井架双层，每层两人，上下计4人，分成两组协同操作。左边一组（上下两人）正协力向上提升盛满了卤水的桶，右边一组（上下两人）则合力向下拉动绳索帮助提卤，并使空桶入井。两桶一上一下，不断将卤提出。井架上层的横梁上有一个定滑轮，它一方面改变了人工用力的方向，将引力分散到两组人的身上，便减轻了每个人的劳动强度。另外，绳索两端各系一桶，亦提高了生产效率。提出的卤水在木架上层倾入盆形器中，利用自然落差，通过笕筒，盘山绕梁，然后注入灶旁的卤水缸中，再煎煮为盐。山麓上有二、三个人负物正佝偻而行，似在做盐之外运。这样，一方小小的画像砖，将采卤、输卤、煎卤、运盐，几大基本工序，皆一一刻画分明。

早期盐井大约都是井口较大、深度较小的大口浅井，习谓之"大口井"，开凿方法与民用水井并无多大区别，技术上亦较简单。昔曾有学者引用《汉书·贡禹传》载"凿井数百丈"等，来说明汉代已有深井开采[23]。由前云信阳钢厂古矿井井深度，以及当时各项技术条件看，达数十丈还是可能的，故此"数百丈"是否确凿，尚须进一步研究。曾有人从画像砖各部尺寸的比例进行过一些估算，认为当时的盐井深应在一丈五尺左右，井的口径应在五尺左右，是由一人猫身作业挖成的，而非顿钻挖成。据调查，这种深一二丈、径五六尺的大口浅井在四川个别地方，直到20世纪40年代还有使用[24]。关于汉代盐井的加固方法，目前尚未看到十分确切的资料，南北朝时，人们是以木料加固井壁的。《水经注》卷三三"江水"载："巴东郡之南浦侨县西，溪碛侧盐井三口，相去各数十步，以木为桶，径五尺，修煮不绝。"[25]因地下水一般都距地表较浅，卤水则较深，故盐井一般都较水井为深。

五、对天然气和石油的最初认识

我国古代关于天然气的记载约始见于汉或稍前，最早发现天然气的地方是今四川临邛等地。

四川临邛火井大约是随着井盐开采而发现的。《蜀王本纪》云："临邛有火井，深六十余丈。"[26]该书原托名西汉扬雄作，据今人考证，实为谯周所撰，约成书于东汉末年至蜀汉间[27]。又，刘敬叔《异苑》卷四云："蜀郡临邛县有火井，汉室之隆，则炎赫弥炽，桓、灵之际，火势渐微，诸葛亮一瞰而更盛，至景曜六年，人以烛投即灭。"可见临邛火井在东汉桓帝（147~167年）、灵帝（168~189年）之前，曾经是十分旺盛的。至于临邛火井的发现年代，一般认为是西汉宣帝地节三年（公元前67年）之后一个时期[28]，因据东晋常璩《华阳国志》卷三云，地节三年时，临邛地区曾广开盐井[29]。火井与盐井的关系是十分密切的，左思（约250？~约305年）《蜀都赋》刘逵注云："火井，盐井也。"[30]临邛火井是我国，也是世界上人工开凿的最早的天然气井。《博物记》云："临邛有火井，深二三丈，在县南百里，以竹木投取火，后人以火烛投井中，火即灭绝不复然。"[31]

在讨论天然气时，有两件事需顺带提一下。一是关于《易·革》"泽中有火"，往昔曾被认为这是关于天然气的记载。今有关学者认为，这是古人的一种比拟和虚构，是对《周易》八卦演释的一种误解，它与天然气实是无关的[32]。还有人认为《素问》所云"泽中有阳焰,如火烟腾腾"亦是同一道理。我们认为,此新说虽可成为一家之言,但毕竟有些勉强,可以进一步研究。二是关于《汉书》两次提到的鸿门"火井"或地火,是否天然气的问题。原文是这样的:卷二五下"郊祀志"载,汉宣帝神爵元年,"祠天封苑火井于鸿门"。卷二八下"地理志·西河郡"班固自注,鸿门县"有天封苑井祠,火从地出"。鸿门县在今陕西东北的神木县,靠近山西和内蒙。已往一般认为:这是我国早在公元1世纪便已发现火井的明证。今有关学者认为,此所谓火井,其实是煤层自燃现象,与天然气无关,亦不是火山口[33]。我们基本上同意此后一说法,鸿门火井可能是煤层自燃。

大约开采天然气之后不久,我国人民还发现了石油。《汉书·地理志》"上郡"条班固自注云:高奴"有洧水可燃",此高奴在今陕西延长县一带。此"洧(委wěi)水"可燃,显然是石油。这是我国古代关于石油的最早记载。

第二节　冶金技术的蓬勃发展

秦、汉是我国古代钢铁技术全面发展的一个重要阶段。战国时期,我国农业、手工业虽已大量用铁,但多是铸件,一般兵刃器仍用青铜铸作。秦、汉之后,这种情况发生了很大变化,因钢铁冶炼和加工技术的迅速发展,钢铁器物很快普及到了社会生产、社会生活的一切重要部门。大约从西汉中期起,在刀剑等大刃中,钢铁锻件就逐渐取代了青铜铸件的主导地位。青铜的使用量虽仍较大,但主要用来铸造铜镜、铜钱、铜洗等日用器,西汉晚期后,箭镞亦多改用了钢铁制作。此期冶金技术的主要成就是:建立了一批具有一定规模的高炉,发明了炒钢和灌钢两种半液态冶炼工艺,以"生铁-炒钢和灌钢"为轴心的我国古代钢铁技术的基本体系基本形成。钢铁技术的发展,有力地促进了汉代社会经济的繁荣和统一的中央集权国家的形成和巩固。铜的冶炼和加工技术得到了较大提高,对胆水炼铜中的金属置换作用有了初步认识。金、银、铅、锡、汞等有色金属的需要量急剧增加。使用了混汞法炼金。层叠铸造、金型铸造都有了进一步发展,很可能发明了简单的金属切削技术。铸铁可锻化退火处理技术更为成熟,钢和青铜的淬火技术进一步推广,金属表面镀锡、镀金银亦有较大发展。

一、钢铁冶铸遗址的发掘

数十年来,全国已发现50多处汉代冶铸铁遗址,分布于河南、河北、北京、山东、山西、内蒙、陕西、江苏、新疆等地,其中最多的是河南,见于报道的约有36处,分别位于新安孤灯、林县正阳地、温县西招贤、郑州古荥镇、汝州市夏店、汝州市范故城、巩义市铁生沟、登封铁炉沟、商水古城、鲁山望城岗、鲁山马楼、方城赵河、镇平安国城、南阳北关瓦房庄、桐柏张畈等处。规模最为宏大的是郑州古荥镇、巩县(今巩义市)铁生沟,以及南阳瓦房庄3处。其中有冶炼遗址、有铸造遗址,也有既冶且铸的遗址。在这36处中,有10处是由战国沿用到了汉代的,2处属汉魏时期[1],可见当时中原冶铸业之发达。

古荥镇作坊兼有冶炼和铸造两种功能,遗址面积约12万米²,出土有2座高炉炉基,大量炉底积铁、矿石、炼渣、耐火砖、风管残块、铁器、泥范,以及烘范窑等，断代西汉中晚期至东汉。因部分铁器和泥范上见有"河一"字样，依此人们推测它是河南郡铁官所辖第一冶铸作坊[2]。

巩县铁生沟作坊兼有冶铁、炼钢、铸造、热处理等工序；遗址面积2万米²，发掘炼铁高炉8座，炒钢炉、锻炉、铸铁退火炉各1座，烘范窑11座，多功能长方形排炉5座，以及大量的铁器、陶器、炼炉耐火材料、配料坑、废铁坑、铁范、泥范、浇口铁、鼓风管、木炭、矿石等。断代西汉中晚期，下限到东汉初期。因所出8件铁器上见有"河三"字样，人们推测它为汉河南郡第三冶铸作坊[3]。

南阳瓦房庄作坊原以铸造为主，兼有部分炒炼和锻打加工，遗址面积约12万米²，出土化铁炉基9座（西汉4座、东汉5座）、炒钢炉1座、锻造炉8座，以及大量的熔炉残块、炉渣、风管残块、风嘴、木炭、铁器、泥质铸模、泥范、铁范、烘范窑等。使用年代为西汉初期到东汉晚期。因见部分铁器上铸有"阳一"字样，依此人们推测，它应是南阳郡铁官所辖第一冶铸作坊[4]。这些作坊规模较大、配套完整、分工较细，反映了当时世界上最为先进的水平。

依《汉书》"地理志"注所云，汉代在40个郡（国）县设有49处铁官，以管理相关事务。一个铁官可有一个或多个作坊。如南阳郡，可能有两个冶铸作坊，南阳瓦房庄是第一冶铸作坊。1974年，陕西永寿县西村出土过"阳二"铭凹字形锸1件，传世还有"阳二"铭文铁锸1件[5]，当为南阳郡第二冶铸作坊的产品。河南郡可能有3个冶铸作坊，古荥镇和巩县铁生沟分别为第一、第三冶铸作坊。此外，陕西陇县出土过一件铸有"河二"铭文的铁锄[6]，当为河南郡第二冶铸作坊所铸。有学者认为，其具体地点很可能在今河南临汝县夏店[7]。今在古代铁器上看到的冶铸作坊纪名还有"东二"、"东三"、"山阳二"、"巨野二"、"淮一"、"蜀郡成都"、"中山"、"川"、"田"等[7]。这些作坊在当时都已有了一定规模。

二、炼铁技术的发展

（一）高炉构筑技术的发展

在考古发掘中，先秦冶铁炉唯西平见有一座，汉代炼铁炉仅河南省便发现30余座，除郑州古荥镇2座、巩县铁生沟8座外，还有鹤壁鹿楼村13座[8]、临汝夏店1座[9]、西平冶城1座、鲁山望城岗1座[10]、桐柏张畈村1座、方城赵河村4座等[11]。此期的炼炉往往较为高大，炉缸平面有圆形、椭圆形、长方形等种。古荥镇两座炉子的炉缸皆呈椭圆形，其中1号炉的炉缸长、短轴分别为4.0米和2.7米，炉缸面积约8.5平方米。经复原，有效高度可达6.0米，有效容积可达50立方米。可能有4个风口（图3-2-1）[11]。椭圆形炉缸的优点是可缩小短足两侧风口的间距，在鼓风能力不太强的情况下，也能到达炉缸中心，这就既适当地扩大了炉缸面积，又不致影响炉缸温度。它的出现，是汉代筑炉技术的又一成就。在欧洲，椭圆形高炉是19世纪中期才出现的。

（二）高炉冶炼技术的发展

这主要表现在以下几方面：

1. 原料选择和准备已相当严格。所用矿石主要是赤铁矿和褐铁矿，入炉前经破碎和筛分，古荥冶铁作坊的矿石多破碎到5厘米左右[11]，燃料主要是硬质木炭。

2. 古荥很可能使用了部分石灰石熔剂。这是炼铁史上的一件大事，对于改善

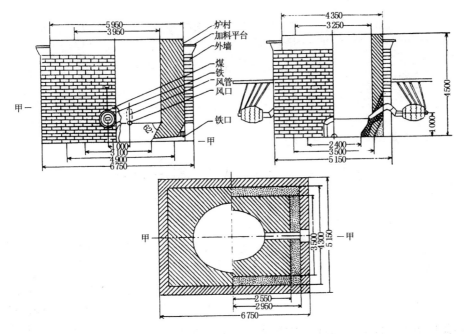

图 3 - 2 - 1 古荥镇汉代冶铁作坊 1 号炼炉复原图（尺寸仅作参考）

采自文献[11]

炉渣流动性和脱硫，都具有重要的意义[11]。

3. 使用了能力较强的鼓风装置。许多汉代冶铁遗址都发现过陶质鼓风管，如古荥鼓风管的粗端直径一般为 26 厘米，其中一段较为完整，其粗端内径竟达 32 厘米，细端 11 厘米[11]。

4. 发明了水力鼓风，这是人类历史上对水力的第一次有效利用。《后汉书》卷六一"杜诗传"说：东汉初年，河内郡汲县人杜诗任南阳太守。其性节俭，"善于计略，省爱民役"，造做了一种叫做水排的鼓风装置，"铸为农器，用力少见功多，百姓便之"。此虽说铸铁鼓风，冶铁当亦如此。在欧洲，水力鼓风在公元 12 世纪才发明出来，随着鼓风能力的加强和炉身的增高，公元 14 世纪才炼出了生铁。

5. 发明了预热鼓风。在郑州古荥镇和巩县铁生沟都有大量风管残段出土，风管明显分为两层，内层陶质，外层敷以草拌泥。其中一侧多被烧黑，外表烧流，流向与粗端轴向或互相垂直，或互相斜交，但与细端皆相平行；另一侧却火候很低，或未变色。人们依此推测，流向与粗端垂直的风管很可能与某种形式的预热鼓风有关，熔流与粗端斜交的风管，则很可能是倾斜地伸入炉内以送风的。预热对于提高炉温具有十分重要的意义。

一般认为，此期鼓风器的形态当如山东滕县宏道院 20 世纪 30 年代收集的冶铁画像石所示[12]，其实就是一种皮囊（图 3 - 2 - 2）。1959 年，王振铎曾对它进行过复原研究[12]。

（三）生铁品种和使用范围的扩展

战国时期已有了少量麻口铁和雏形灰口铁，两汉时期稍有增加。今见于报道的汉代灰口铁计约 10 件，即满城西汉中期墓的铁锏、铁质锄内范、镢内范[13]、南

图 3 - 2 - 2 滕县宏道院藏汉锻铁画像石（局部）

采自文献[12]

阳瓦房庄西汉浇口铁、东汉浇口铁和铁质范芯、镇平的汉代小型锤范、古荥生铁块、铁生沟生铁片等。麻口铁则有河南南召铁铧、鲁山望城岗铁权、铁质铲范、新郑犁镜、密县古桧城犁镜等[14]。这无疑是个进步。战国生铁主要用来铸器和制作可锻铸铁，汉代又扩展到了炼钢工艺，作为炒钢和灌钢的原料。另外，铸制的梯形、长方形小板（或条材）生产量也明显增大，在郑州古荥镇、南阳瓦房庄、鲁山望城岗等汉代冶铸遗址都曾看到。这是一种半成品，可用脱碳退火的方式生产出熟铁、低碳钢或者高碳钢，并进一步加工成各种不同的生产工具及兵刃器。

当然，汉代冶炼水平还是较低的，炉况不顺和各种故障都时有发生。《汉书》卷二七上"五行志"便记载过征和二年（公元前91年）、河平二年（公元前27年）两次因悬料、崩料造成的炉体爆炸事故。古荥等汉代冶炼遗址都出土有大量颜色发黑的石头渣，说明其炉温较低，熔化不够充分。汉、唐及至宋代冶铁遗址都发现过不少炉底积铁，这显然是由于发生了严重的冶炼事故，被迫突然停炉而造成的。

（四）关于坩埚冶铁

我国古代的坩埚冶铁术至迟发明于汉。目前所知与此有关的考古资料有：（1）北京清河西汉初期铜铁作坊，20世纪50年代出土有坩埚炼铁炉一座，底径约12米，坩埚高约小于60厘米，口径约30厘米，容积似不大于殷代化铜的"将军盔"[15]。（2）呼和浩特市二十家村南西汉铁工场，出土有16座冶铁炉，大小和形状都有差别，冶炉附近有坩埚、鼓风管、铁矿石、炉渣、炭灰、泥范等[16]。（3）1960年时，新疆库车等地发现了许多汉代坩埚残片[17]。（4）1979年，洛阳汉墓出土有11件坩埚，其中一个的内壁还附着了一块铸态钢。由这些资料看，我国古代坩埚冶铁很可能西汉便已发明。自然，它应是由先秦坩埚冶铜、化铜技术演变过来的。

三、多种制钢技术的发明和发展

我国先秦时期的炼钢方法主要是块炼铁渗碳法、铸铁脱碳法和铸铁脱碳渗碳法，此外可能还有块炼钢法，它们都是固态冶炼，渗碳、脱碳过程进行得十分缓慢，生产效率较低，产品含碳量往往也低，夹杂较多，这就极大地限制了钢的使用数量和范围。两汉时期，我国发明了作为半液态冶炼的炒钢法，以及在此基础上发明发展起来的百炼钢法和灌钢法，此外可能还炼出过液态坩埚钢，这就在较大程度上弥补了上述缺陷。尤其是炒钢和灌钢，它们的发明，极大地提高了钢的产量和质量，成为汉后可锻铁生产的主要工艺。

（一）炒钢技术的发明

炒钢是以生铁为原料，加热到液态、半液态，在氧化性气氛中使之脱碳到钢或熟铁成分范围的工艺。为使脱碳过程更加迅速和均匀，冶炼过程中需不断地搅动金属。以"炒"来称呼这一工艺大约是明代之后的事，汉代如何称呼，今已不得而知，唐代又谓之捣钢。

我国炒炼技术约发明于西汉初期，今见较早的实物有：陕县西汉初年墓出土的铁剑；徐州狮子山楚王陵（约公元前175～前154年下葬）出土的3件铁凿、1件铁矛、1件铁轴；广州西汉早期南越王墓出土的铁锉、铁锛、铁铲、铁剑、铁箭杆、铁甲片、铁镊[18]；巩县铁生沟[3]、南阳瓦房庄[4][11]、新安弧灯村[11]等冶铸铁遗址出土的炒钢炉；铁生沟出土的铁块、残铁锄、铁锤等。这些铁器的基本特点是：其夹杂物主要是易于变形的硅酸盐，细薄分散，往往总量稍少，分布亦稍均匀；块炼铁的夹杂则是以 $FeO-2FeO \cdot SiO_2$ 共晶夹杂为主的，此外还有大量不易变形的颗粒状氧化亚铁（FeO）夹杂，不但总量较多，分布不均，且块度大。依此看来，炒钢技术的发明期当可上推到西汉初期。文献上有关炒钢的记载始见于《太平经》卷七二云："使工师击治石，求其中铁；烧冶之，使成水，乃后使良工万锻之，乃成莫邪。"此"莫邪"原指锋利兵器。"烧冶之"三句指炒炼及制器的整个过程。《太平经》系道家著作，基本上保持了东汉中晚期的原貌[19]。有学者认为炒钢的发明，可能受到过铸铁可锻化退火的启示[20]，笔者认为更有可能受到过铜精炼技术的影响。

炒钢工艺的优点是：（1）以生铁为原料，因生铁易于得到，便扩大了原料范围。（2）冶炼在液态半液态下进行，氧化脱碳过程进行得较为迅速，生产效率较高。（3）成分可适当控制，产品质量较好。它的发明，从数量和质量两方面满足了古代社会对可锻铁的需要。此工艺在我国一直沿用了下来，据调查，直到20世纪七八十年代，还在我国浙江、湖南等地沿用。

炒钢的用途主要有三：（1）锻制一般性器具。（2）作"百炼钢"的原料，制作优质兵刃器。（3）作灌钢的原料。从科学分析看，炒"钢"成分范围很宽。巩县铁生沟出土过两块炒炼产品，一件原称为"优质铁"[3]，成分为：碳0.048%、硅2.35%、锰微量、硫0.012%、磷0.154%；另一块原称为"海绵铁"，成分为碳1.288%、硅0.231%、锰0.017%、硫0.022%、磷0.024%[21]，可知前者的含碳量约与今熟铁相当，后者则与今过共析高碳钢相当。

在欧洲，与炒钢相类的工艺大约是到了公元16、17世纪才发明出来，在整个中世纪，占主导地位的一直是作为直接冶炼的"自然钢"法和块炼铁渗碳法，故在相当长一个时期内，其可锻铁供应量受到一定限制。

（二）百炼钢技术的发明

百炼钢的原料是含碳量稍高的炒钢，操作要点是千锤百炼。因炒炼在半液态下进行，渣铁分离较为困难，故"百炼"的主要目的是进一步排除夹杂，同时还可均匀成分、致密组织，有时也可细化晶粒。"百"言多；"炼"者，锻也。许慎

《说文解字》云:"锻,小冶也。"故此"百炼"即是百锻[22]。

在冶金技术中,标以"炼数"的工艺始见于西汉晚期,当时主要用在熔铜、冶铜工艺中。在制钢工艺中,标以"炼数"的工艺约始见于东汉早期,先是"卅涷"、"五十涷"等,东汉晚期才出现了"百炼钢"一词。今日所见标以炼数的钢铁器物有:(1) 1978年,徐州市铜山县收集到一把"五十涷"铭文剑1件,为蜀郡西工官建初二年(公元77年)造,通长109厘米,剑柄正面有21字隶书错金铭文,云:"建初二年蜀郡西工官王愔造五十涷口口口孙剑口"[23]。(2)《贞松堂集古遗文》卷一五录有3把金马书刀,皆残,铁质,金书,均为"卅涷",皆广汉郡工官所造,其中一把的制作年代不清,余二为东汉和帝永元(公元89~105年)纪年,此两件铭文分别为:"永元十口口广口郡工官卅涷书刀工冯武(下漫灭)",存14字;"永元十六年广汉郡工官卅涷口口口口口口口史成长荆守丞熹主",存20字。书刀一面金镂年月工名,一面金镂马形,下去环寸许。这种书刀是广汉郡的特产。(3) 1974年山东苍山县收集东汉永初纪年刀1件,全长111.5厘米,刀身有15字隶书错金铭文:"永初六年五月丙午造卅涷大刀吉羊"[24]。(4)百炼钢实物仅见一例,即1962年日本奈良县栎本东大寺山古墓出土的中平(184~189年)纪年刀,其铭作:"中平口(年)五月丙午造作支百练清刚上应星宿(下)辟不(祥)"[25]。

据分析,不管永元纪年剑,还是永初纪年刀,都是以炒钢为原料,经反复锻打,千锤百炼而成。永初三十炼大刀的刃部由珠光体和少数铁素体组成,晶粒细小、组织均匀,含碳量约在0.6%~0.7%间。刃部曾经淬火,可见少量马氏体,硅酸盐夹杂总量较少,数目较多,细长分散,看不到大块的氧化亚铁-硅酸共晶。在金相显微镜下,其金属组织和夹杂分层现象都十分明显,竟达30层左右[21]。建初五十炼钢剑身刃部亦明显分层,中心部分计分15层左右,为均匀的珠光体组织,含碳量0.7%~0.8%。两侧各20层上下,高碳层含碳量约0.6%~0.7%,低碳层含碳量约0.4%左右。身刃部组织约近60层,刃部未淬火。夹杂物以硅酸盐为主,高碳部分夹杂稍少,变形量大,细薄分散,低碳部分夹杂稍多,且较细碎,变形量稍小。整个断面上都有磷偏析[26]。依此人们推测,此三十涷刀和五十涷剑都是由炒钢经多层积叠、反复折叠锻打成的。图版柒,1、2为建初五十涷剑组织形貌。

百炼钢的优点是组织均匀、致密、强度较高,缺点是炼制过程中劳动强度大,金属收得率较低,其主要用来制作宝刀、宝剑等名贵器物,生产上使用较少。

(三)灌钢技术的发明

灌钢是以生铁和"熟铁"为原料,把它们加热到生铁熔点以上,利用生铁含碳量较高、熔点较低,"熟铁"含氧化夹杂较多的特点,进行混合冶炼,最后取出加锤,得到一种夹杂较少,组织和成分都较均匀的钢团。"灌钢"之名是到了唐代才出现的。作为灌钢原料的古代"熟铁",与现代意义的熟铁是不同的,它实际上是一种含碳量稍高的炒炼产品[27]。

我国古代灌钢技术约发明于东汉晚期[28]。《全后汉文》卷九一载王粲(177~217年)《刀铭》云:"和诸色剂,考诸浊清,灌襞已数,质象已呈,附反载颖,舒中错形。"此"襞"应指"熟铁"多层积叠、多次折叠;"灌"应指生铁水向"熟铁"灌炼;"灌襞已数"应指多次灌炼的整个操作,意即积叠、折叠、灌炼已进行了数次。灌钢工艺亦属半液态冶炼。其优点是：（1）它以生铁和"熟铁"为原料，灌炼过程中，氧化反应进行得较为剧烈，去渣能力较强[28][29]。（2）冶炼在半液态下进行，生产效率较高。灌钢主要用作刀剑器刃部。

（四）关于坩埚钢

1979 年，洛阳吉利工区发掘了一批汉墓，其中一座墓圹内出土有 11 个坩埚。坩埚呈直筒形，外径一般为 14～15 厘米，高 35～36 厘米，壁厚 2 厘米；直口卷缘，直腹，圜底，内外壁均已烧流，并粘附有铁块、煤块、铁渣、煤渣，坩埚底部也附有煤块[30]。在其中一个坩埚的内壁上附有一块金属，呈流动状，经鉴定，原是一块铸态过共析钢，含碳 1.21%，金属基体为珠光体，晶粒间界上分布着许多网状渗碳体、磷共晶和部分氧化物，碳分布比较均匀。图版捌，1、2 为其金相形貌。这是迄今所见我国古代唯一的一块坩埚钢，在世界上也是较早的。我们推测，它很可能是铁矿石在高温下直接还原得到的，并已用煤作燃料和还原剂。它究竟是偶然得到的还是有意冶炼所得，有待进一步研究[31]。图版捌，3 为坩埚附着钢观察面外部形态。

以上谈到了秦汉时期我国的主要制钢法。块铁渗钢在汉代仍有使用，之后渐衰，铸铁脱碳钢在汉魏达鼎盛阶段，因其实属铸铁可锻化退火处理，下面再作介绍。到东汉晚期为止，我国古代制钢术的基本体系便已形成，以炒钢、灌钢工艺为主，以渗碳钢、百炼钢等为辅，这四种工艺一直沿用到了明清，前三者则直到近现代仍有使用。今人常把以铁矿石为原料直接制钢的工艺叫一步冶炼，把先炼生铁，后由生铁炼钢的工艺叫两步冶炼，故炒钢和灌钢应是世界两步冶炼的最早起点[32]。

由于钢铁技术的发展，铁器使用量大为增加。战国时期，铁器只在农业、手工业中占据着主导地位，钢铁兵器还是较少的，唯长沙衡阳一带[33]和燕下都[34]出土稍多。西汉中期之后，除箭镞外，钢铁兵器就逐渐占据了主导地位。如 1953 年，洛阳烧沟发掘 225 座西汉中期至东汉晚期墓葬，出土铁兵器 51 件，其中刀 18 件、剑 25 件、斧 4 件，但铜兵器只有铜镞、铜矛各 1 件。其中铁剑长度在 1.0 米以上者计 9 件，最长为 117.8 厘米[35]。洛阳西郊汉墓铁器反映的情况与此基本一致[36]。在兵器中，唯镞之铜铁更替过程较为缓慢，大约西汉中、晚期，铁镞才取代铜镞的主导地位。1975～1977 年，汉长安武库出土铁剑 3 把、刀 10 把、戟 4 件、矛 4 件、镞 1000 多枚，而铜兵器只有镞 100 多枚。武库建于高祖七年（公元前 200 年），毁于新莽[37]。

四、铜的冶炼及其合金技术

（一）铜生产的一般情况

从文献记载和考古资料看，秦汉时期主要有三大产铜区：（1）汉丹阳。即故"鄣郡"，武帝元封二年更名丹阳[38]。在铜镜铭文中，习见"汉有善铜出丹阳"等字样，吴王濞亦曾大量开采丹阳铜。《汉书·地理志》注所载设有铜官的地方只有丹阳一处。汉丹阳郡下属 17 县，包括今安徽、浙江、江苏的部分地方。唐《括地志》卷八"宣州"云："铜山，今宣州及润州句容县有，并属鄣也。吴采鄣山之铜即此。"同卷"湖州·安吉"条云："铜山，高一千三百尺，在县东三十里，吴采鄣山之铜即此。""宣州"在今安徽,"句容"在今江苏,"安吉"在今浙江,汉时皆属丹阳郡。(2)今湖北大冶铜绿山。其古井巷内曾发现汉河南郡铁官所辖第三冶铸作坊生产的"河三"铭铁斧[39]。(3)今四川、云南一带。《史记·货殖列传》云:"巴蜀亦沃野,地饶卮、姜、丹沙、石、铜、铁、竹木之器。"此外,《汉书·地理志》"地理志"注、《后汉书·西南夷传》等也谈到过四川、云南一带产铜。1988 年,四川西昌东坪发现汉代冶铸铜遗址一处,遗址面积约 2 平方公里,地面可见冶铸遗迹约 50 多处,冶铸用土石炉 11 座,作坊遗址 3 处,发现大量炼渣(估计约达 10 万吨)、矿石、木炭、炉衬、耐火砖、风管、坩埚、铜锭、陶范等[40]。遗址以东的白云岩发现有古矿洞,地望与"地理志"注所云适相一致。

1958 年,山西运城发现东汉采冶铜遗址一处,炼炉残破,暴露于悬崖,可能是圆形竖炉,出土有黄铜矿($CuFeS_2$),品位 5%,当采用了硫化矿冶炼[41]。《小校经阁金文拓本》卷一四"永元八年(96 年)河东铜官所造四石弩机"一件,此河东郡铜官很可能与此遗址有关。

1953 年河北承德清理汉代采冶遗址一处,包括采矿场、选矿场、冶炼场等,矿井深 100 多米,其铜锭上有"东六十"、"东五十八"、"西六十"、"西五三"等铭文,可能是东、西两厂分别生产的。有人推测该遗址至少有 5 座炼铜竖炉[42]。

广西北流县发掘汉至南朝采冶铜遗址一处,出土炼铜竖炉 14 座和大量鼓风管残段、炼渣、矿石、木炭等。炼炉为圆形竖炉,只残留炉底,底径 36～43 厘米,用粘土和石英砂筑成。以氧化矿冶炼,渣中氧化钙较高,冶炼时很可能加入了石灰石作熔剂,硅酸度为 2.0 左右,流动性较好。渣铜分离较好,渣中含铜量平均1.07%。有的鼓风管烧流得十分厉害,看来冶炼强度较高[43]。

汉代铜消耗量依然较大,其主要用途有四:(1)铸钱。由于社会经济的发展,货币流通量剧增。《汉书·食货志》云:"自孝武元狩五年(公元前 118 年)三官初铸五铢钱,至平帝元始(公元 1～5 年)中,成钱二百八十亿万余云。"每枚钱的重量不一,若依 3.0 克计,则由武帝到平帝 120 年左右的时间内,平均每年铸钱用铜量为 700 吨。此数是否确切,诸说不一。(2)日用器皿。包括一般容器、乐器、车马器、饰器等。满城汉墓出土铜器 188 件,有提梁壶、壶、钫、鼎、釜、鍸、盆、甗、盘、钵、匜、耳杯、勺、炉、熏炉、"长信宫"灯、灯、枕、镜、朱誊衔环杯、剑、弩机、合页等 40 种[44]。器皿类占了相当大一部分。(3)铜镜。我国古代铜镜技术约发明于齐家文化时期,兴起于战国中、后期。西汉之后便出现了一个异常繁荣的局面[45],全国南北方都有铜镜出土,不但种类较多,而且数量较大。洛阳烧沟 225 座墓中 95 座出土有铜镜,计 118 件[35];洛阳西郊 217 座汉墓出土铜镜 175 件[36]。(4)建筑构件。《晋阳春秋》云:"武帝改营太庙,南致荆山之木,西采华山之石,铸铜柱十二,涂以黄金,镂以百物。"桓谭《新论》云:"王莽起九庙,以铜为柱,薶带金银,错镂其上也。"[46]《汉书》卷九七下云:赵飞燕妹所居昭阳舍,"切皆铜,沓眉黄金涂"。这都是汉代建筑大量用铜之证。

(二)冶铜技术的主要成就

1. 炉底风沟技术进一步推广开来。此技术始见于铜绿山春秋炼炉,汉后在四川西昌东坪也有使用。东坪冶铸炉计分 5 种,其中 I 型 4 座大约是用于冶炼的,炉缸底部之下发现了两条风沟，风沟两头皆伸出炉壁之外，沟壁两侧以条砖砌筑，内壁敷草拌泥，再抹夹砂细泥，上用砖石覆盖[40]。

2. 使用了高岭土耐火材料。西昌东坪Ⅰ式炼炉炉缸底部存有部分残片，厚大于5厘米，高岭土制成。炉址中发现过一块圆饼状泥片，径约7厘米，亦高岭土制成。一座精炼炉的炉腔内发现一块坩埚残片，复原直径30厘米，由含有石英砂的高岭土制成。经分析，一件灰白色耐火材料含SiO_2 50%左右，其余为硅酸铝和硅酸铝钙，成分与米易县所产高岭土相同[40]。

3. 使用了石灰石作造渣熔剂，北流铜渣可以为证。

4. 对胆水中的金属置换作用有了初步认识。《太平御览》卷九八八"药部五·白青"条引汉刘安《淮南万毕术》云："曾青得铁则化为铜。""曾青"即天然硫酸铜。用化学式表示，即：$CuSO_4 + Fe \rightarrow Cu\downarrow + FeSO_4$。这是我国古代关于金属置换作用的最早记载，宋代的胆铜生产便是在此认识的基础上发展起来的。

5. 铜精炼技术有了发展，主要表现是出现了一种标以炼数的工艺。这种工艺至迟出现于西汉晚期，有"十涑"、"三十涑"等。容庚《汉金文录》卷一载阳朔元年（公元前24年）上林铜鼎一，铭作"上林十涑铜鼎，容一斗，并重七斤，阳朔元年六月庚辰，工夏博造"等，总计33字。这是迄今所见标有炼数的最早器物。同书同卷还载有永始二年（公元前15年）"乘舆十涑铜鼎"两件，永始三年"乘舆十涑铜鼎"1件、元延三年（公元前10年）"乘舆十涑铜鼎"2件；此外，《枫窗小牍》说北宋宣和三年，人得西汉绥和元年（公元前8年）"官造三十涑铜黄涂壶"1件。从现有资料看，标以炼数的工艺，最先在铸铜业和黄金业中使用，之后才用到了钢铁业中。它们的相同处是：不管铜、金，还是钢，"百炼"都是为了进一步去除夹杂；不同处是：铜和金的"百炼"是在液态下进行的反复精炼，钢之"百炼"则是在固态下进行的反复锻打。

（三）铜合金技术

此期铜合金主要还是青铜，可能还有低砷铜合金。是否生产过黄铜，尚无确切资料。在青铜器物中，最具代表性的是铜镜和铜钱，又以铜镜成分控制最好。

1. 关于黄色砷铜合金

早在四坝文化时期，我国就利用共生矿冶炼过不少砷铜合金。人工配制的砷铜合金出现于何时，是学术界长期争论的问题。

《汉书·景帝纪》云：中元六年（公元前144年），"定铸钱、伪黄金弃市律"。此"伪黄金"很值得注意。有人认为它是铜锌合金（黄铜），主要依据是有的汉镜、汉钱含有一定量的锌（最大值为6.96%）[47]。也有人认为是含砷较低的铜砷合金，主要依据是宋何薳《春渚纪闻》等的记载，说汉武帝时丹阳人茅盈三兄弟先后入山修炼，以丹阳岁歉，点化丹阳铜以救饥人，而后人又把煅砒点铜法谓之丹阳法[48]。

宋何薳《春渚纪闻》卷十的记载是这样的："丹竃之事……皆是仙药丹头也。自三茅君以丹阳岁歉，死者盈道，因取丹头点银为金，化铁为银，以救饥人，故后人以煅粉点铜，名其法曰丹阳；以死砒点铜者名其法曰点茆。"三茅，即茅盈（前145年~?）、茅固、茅衷兄弟三人，皆方士。

由上述资料看，我们倾向于《汉书》"伪黄金"即低砷铜合金的观点。下面将要谈到，汉钱含锌量大多数都很低，很难达到"伪黄金"色态。

2. 镜用青铜技术的稳步发展

笔者分析过14件西汉到东汉前期的铜镜合金成分，可知：（1）14件铜镜都以锡为主要合金元素，有铅锡青铜11件、锡青铜3件。（2）其中有10件为西汉镜，成分为：锡18.181%～26.754%，平均23.053%；铅1.238%～8.52%，平均4.227%。4件为新莽到东汉前期镜，成分为：锡18.631%～24.80%，平均22.381%；铅1.12%～7.004%，平均5.12%。可见此铜、锡、铅三者的比例不但十分得当，而且相当稳定，与战国镜大体属于同一成分范围，都反映了相当高的技艺[45]。

3. 钱币青铜技术

此期钱币含铅、含锡量一般都不高，含锌量很低。笔者统计过30枚汉代钱币合金成分[49]，其中包括汉半两、汉五铢、莽钱等。可知：（1）含锡量，平均值为4.04%，有18枚含锡量为0～5%，最高值只有9.83%。此三种货币中，各自的平均含锡量皆处于3%～5%间。（2）含铅量，平均值为7.33%，有10枚的含铅量为0～2%，有22枚的含铅量为0～8%。但值得注意的是有3枚标本含铅量超过了20%，最大值达37.05%。（3）含锌量，30枚钱币平均值为1.1457%。其中9枚西汉钱币（西汉半两3枚、吕后八铢半两1枚、文帝四铢半两3枚、西汉五铢2枚）平均值为1.2168%。在30枚标本中，含锌量大于2%的只有8枚，具体数值为：2.82%、2.66%、3.85%、2.9%、4.11%、3.03%、2.15%、6.96%。此铜、锡、铅当是人们有意配制，锌可能是无意带入。人们对钱币性能原无十分严格要求，这种成分自能满足其使用性能的需要。

五、汞和金银冶炼技术的发展

（一）水银使用量的增加和冶炼技术的进步

秦汉时期，水银冶炼技术有了较大发展，这从丹砂生产量和水银使用量两方面都可看到。《史记》卷一二九"货殖列传"云："巴蜀寡妇清，其先得丹穴，而擅其利数世，家亦不訾……秦皇帝以为贞妇而客之。"① 清的家族能擅丹砂之利数世，可见产量不小。丹砂有多种用途，其中较为重要的一个是炼汞。秦汉时期水银的主要用途约包括四个方面：（1）作汞齐以镀物。（2）用混汞法来提取金银。（3）入药。《本草纲目》卷九载：《神农本草经》将水银作为中品药。（4）殓尸，据说水银具有防腐功效。《史记》卷六"秦始皇本纪"载：始皇崩，葬郦山，"以水银为百川江河大海，机相灌输。上具天文，下具地理"。

依操作原理，我国古代炼汞法大约曾有过三种不同的工艺[50]：

1. 低温焙烧法。利用空气中的氧来还原丹砂中的汞，使丹砂中的硫以二氧化

---

① 对寡妇清的籍贯，史书上曾有两种说法：一是《史记》卷一二九"货殖列传"，说是"巴蜀寡妇清"；二是《汉书》卷九一"货殖传"，说是"巴寡妇清"。从后世研究者的注释来看，《汉书》之说当更准确一些。如《史记》裴骃"集解"引徐广曰："涪陵出丹。"张守节"正义"引《括地志》云："寡妇清，台山俗名贞女，山在涪州永安县东北七十里也。"古有巴国、蜀国，汉有巴郡、蜀郡，大约司马迁是将整个巴蜀当成一个大地区了。

硫的形式逸出。其约发明于先秦时期，直到汉唐仍有使用。《本草纲目》卷九"金石·水银·集解"载："经云：出于丹砂者，乃是山中石采粗次朱砂。作炉置砂于中，下承以水，上覆以盆器，外加火煅养，则烟飞于上，水银溜于下，其色小（稍）白浊。"这里未提到密封，也未提到还原剂，很可能是一种低温焙烧法；它是用"下承以水"的方式来冷却的。此"经"当指《神农本草经》，它是先秦至汉代本草学之集大成。

2. 蒸煮法。将丹砂置于密闭的容器内，利用配入的某种还原剂将丹砂中的硫夺去，将汞还原出来。还原出来的汞挥发后，依然同在一个系统内冷却。约发明于汉，一直延续到唐宋。依加热和冷却方式之不同，它又分为下列两种操作：

（1）下火上凝法。东汉大炼丹家狐刚子曾把水银冶炼工艺分成了三种，即"雄汞"法、"雌汞"法、"神飞汞"法，大体皆属蒸煮法。其炼"雄汞"法操作是："取朱砂十斤，酥一合。作铁釜，圆一尺，深半寸，平满，勿令高下不等，错（剉）之使平，以为釜灶，亦令正平。然后取青瓮，口与釜口相当者四枚，以酥涂釜，安朱砂于中，其朱捣筛令于釜中薄而使酥气，然后以瓮合之，以羊毛稀泥泥际口，勿令泄气。先然腐草，可经食顷，乃以软木柴然之……放火之后，不得在旁打地、大行、顿足，汞下入火矣。从辰至午当下之。待冷或待经宿，以破毛袋取著新盆中。以软苇皮裹新绵三四两许，好急坚缚，如研米槌状，于瓮中破之，安稳泻取尽罢矣……其烧汞之人多食猪肉及酒，若不食者，汞气入人腹中，五脏塞不能饮食，久久伤人，慎之。好朱一斤能得十二两，中朱十两，下朱八两。"[51] 可知其要点是：在密封的铁质或土质上下釜中加热丹砂，上下釜间以盐泥固济，丹砂受热分解产生的汞冷凝在上釜的内壁上。即火在下，汞凝于上。由后面几句可见，早在汉代，人们便对汞中毒有了一定的认识。文献中没谈到还原剂，可能是由下列两种物质代替的：一是原料带入的碳酸钙等夹杂，二是铁釜[50]，反应式当分别为：

$$4HgS（固）+4CaCO_3（固）=4Hg（气）+3CaS（固）+CaSO_4（固）+4CO_2（气）$$

$$HgS（固）+Fe（固）=FeS（固）+Hg（气）$$

两个反应式都有气体生成，尤其第一个反应式，气体量是很大的。故完全密闭也是不可能的，总有部分汞随之飞损。

《黄帝九鼎神丹经诀》卷一一还同时谈到了"雌汞"法和"神飞汞"法，不再一一引述。三法大约皆用铁釜入药，工艺上并无太大差别，唯配料稍有不同。"雌汞"法使用的猪脂，实即是碳，可起到还原剂的作用；"神飞汞"法使用的黄矾，即是硫酸铁，加热后可分解出 SO_3，它可氧化密闭系统中由 HgS 加热分解出来的硫，从而也可起到还原剂的作用。

（2）上火下凝法。明刘文泰《本草品汇精要》（1505 年）卷三"水银"条，引宋苏颂《图经本草》曰："经云：出自丹砂者乃是山中采粗次朱砂，和硬炭屑匀，内阳城罐内，令实。以薄铁片可罐口，作数小孔，掩之，仍以铁线罗固。一罐贮水承之，两口相接，盐泥和豚毛固济上罐及缝处，候干，以下罐入土，出口寸许。外置炉围火煅炼，旁作四窦，欲气达而火炽也。候一时则成水银，溜于下罐矣。"可见其整个蒸煮过程是在上下罐中进行的，上罐放朱砂和炭屑，其口向下，下罐盛水，其口向上，两罐口之间用一带孔的小铁板隔开，让汞蒸气透过。罐口相接处密封起来，下罐埋入土中，在上罐周围加热。"旁作四窦"系为加热炉通风用的。还原出来的水银冷凝于下罐的水中。这里使用了炭作为还原剂，显然，其生产效率远较上述方法为高。此"经"亦《神农本草经》。在此值得注意的是：这段文字不为宋《重修政和经史证类备用本草》所引，亦不为明《本草纲目》所录，这两本书引用的都是《神农本草经》中的低温焙烧法；唯刘文泰引用的是作为蒸煮法中的上火下凝法。刘文泰系明代太医判，所录当有所本，如若无误的话，上火下凝法的发明年代也可上推到汉代的。

3. 蒸馏法。汞的还原也是在还原剂的作用下，在密闭体系中进行的，但还原出来的汞经挥发后，在另一个专门的系统中冷凝。此法约发明于唐，一直沿用到近代，下面再作介绍。

蒸煮法和蒸馏法的还原剂（或说脱硫剂）有生铁、石灰石、铅等。

（二）黄金使用量之增加和提取技术之进步

此期黄金的主要用途有四：（1）秦和西汉皆以黄金作为货币。《汉书》卷二四下"食货志"云："秦并天下币为二等，黄金以溢为名，上币；铜钱质如周钱，文曰半两，重如其文。"西汉一代，黄金是上下通行的，名义上应与铜钱平等，实际上却处主币地位。文帝之后，"黄金重一斤，直钱万。朱提银重八两为一流，直一千五百八十"。1995～1996年，山东长清县双乳山一号汉墓出土金饼20块，总重4 262.5克，最大直径6.6厘米，最小直径6.2厘米；其上多划有"王"字，少数划有"齐"、"齐王"等字。为汉墓金饼出土克数最多者[52]。直至东汉时期，黄金才退出了流通领域[53]。（2）用作装饰，如镀金、错金、贴金和纯金类工艺品。1957年，陕西神木西汉墓出土金虎一对，雌虎长12厘米、高5.6厘米，通体饰条纹；雄虎长12.2厘米、高5.7厘米，两虎形制大体相同。（3）制作少量实用器具。满城1号汉墓出土有医用金针4枚、金银带钩各1枚[44]；广西贵县罗泊湾汉墓出土金耳挖1枚[54]。（4）君王用于赏赐。此四项中，除第三项外，其他使用量都是较大的，后者的数字更是大得惊人。赵翼《廿二史劄记》卷三"汉多黄金"条征引"史"、"汉"，对汉代大宗的黄金赏赐作了简单介绍："汉高祖以四万斤与陈平，使为楚反间。""文帝即位，以大臣诛诸吕功，赐周勃五千斤，陈平灌婴各二千斤，刘章刘揭各千斤。吴王濞反，募能斩汉大将者赐五千斤，列将三千斤，裨将二千斤。""梁孝王薨，有四十万斤。""卫青击匈奴……军受二十余万斤。""王莽娶史氏女为后，用三万斤。""莽末年，省中黄金万斤者为一匮，尚有六十匮。"这些数字的真实含义如何，早有学者提出过怀疑，今暂录于此，但数量较大应可肯定。

此期黄金采选和提取技术都获得了较大进步，人们不但对水砂金、山砂金的矿物形态和产床情况有了较深的了解，而且发明了硫黄炼金法、铅炼金法、汞炼金法等黄金提纯的多种工艺。

关于矿物形态和产床，前引《黄帝九鼎神丹经诀》卷九在谈到沙金时引东汉狐刚子《出金矿图录》说："凡金矿，或在水中，或在山上。"并说水中金"是第一上金也"，山沙金是"第二金也"[51]。这些经验显然都是在大量开采过程中获得的。

黄金冶炼习又谓提纯、提取，基本目的是去除其中的杂质和共生元素，此后者主要是银。最简单的炼金法便是一般性熔炼，许慎（58～147年）《说文解字》

云：“金，五色金也，黄为之长；久不生衣，百铄不轻。”大约这便是指一般性熔炼、冶炼，也只能去除一般性杂质。这是我国古代文献中较早提到黄金冶炼、熔炼的地方，也是较早提到“百炼”一词的地方。下面分别介绍其他一些炼金法。

硫黄炼金法。据《出金矿图录》“出水金矿法”所云，提取过程约分三步：（1）使金银与石英等夹杂分离，得到一种 Au－Ag 合金。其熔炼设备为坩埚，以松木炭为燃料，将金沙放入，鼓风加热，投入盐末，合搅，熔尽后以荆杖掠去浮渣。将所得金属倾入模中，冷定后将之打碎，并以铁锉加工成屑，以牛粪灰、盐末等分为助熔剂，以牛粪火加热熔化。所得金块若已柔软，则打成薄片。（2）使银与硫黄作用，而达到金、银分离的目的。具体操作是：用黄矾石、胡同律等分和熔，和泥涂金片上，再以炭火反复烧红四五遍，即成赤金。（3）进一步提纯，以得到可以用作金箔、金泥的黄金。大体操作是：熔金一斤，与石硫黄、曾青等分一两入埚中合搅[51]。从现代技术原理看，这整个过程是相当合理的。盐（粗盐内含 Na_2SO_4、$MgCl_2$）、牛粪灰（含 K_2CO_3 等）皆为造渣剂，使石英类夹杂与金、银分离。胡同律即胡同泪，即胡杨分泌的树脂。黄矾即硫酸铁，与胡同律一起煅烧必产生硫黄，硫黄与金箔中的银作用，产生色黑质脆的硫化银，从而使黄金与银等杂质分离。山砂金的提纯工艺更为复杂，所用熔剂种类亦更多。狐刚子，赵匡华考证为东汉末年人，与张道陵同时或稍早[55]。陈国符认为是晋人[56]，前面皆曾提到。今从赵说。

水银炼金法。张道陵《太清经天师口诀》载：“作水银炼金法：将此铅炼金三十六两，打作薄。用水银三十两，安瓷器中，微火缓暖之，渐下金薄，讫将一瓷器密合其上，经宿成泥。甘埚消之，水银消，唯有金在。如此三七遍，名曰水银炼。渐渐减毒，取合水银也。”[57] 显然，这过程分两步：（1）制作汞齐；（2）驱汞。这是利用水银提纯黄金，今俗谓之混汞法。

铅炼金法。《太清经天师口诀》“度灾灵飞散法”载：“一切金银多毒，若不精炼，恐畏伤人。先铅炼三七遍，次水银炼三七遍……铅炼金法：用金三十六两，用铅七十二两。作灰杯，火烧令干，密闭四边，通一看孔。安铅杯中。作一铁杯，大小可灰杯上，遍凿作孔，用合灰杯。杯上累炭，炭上覆泥。火之铅尽，还收取金。更作灰杯，如是三七遍，名曰铅炼金也。”[57] 此提纯方式是先作铅与金的合金，之后通过氧化的方式将铅去除，以达到提纯金的目的。

此三种黄金提纯法，适应于不同的条件，各自都有长处和不足。水银炼金法在 20 世纪末仍在民间使用。

（三）白银冶炼技术的进步

我国古代关于金银冶炼技术的记载较晚，并且是到了 20 世纪 80 年代中期，有关学者在研究狐刚子、张道陵时，才在《道藏》中发现的[55][56]。我国古代白银冶炼的主要方法是“铅炼银”法，今人又谓之灰吹法，它始见于东汉时期。

铅炼银法的基本原理是：利用银与铅容易形成合金的特点，先将银溶入铅中，之后置风炉中烧炼，令铅氧化成密陀僧（PbO），此物或为风吹去，或渗入灰中，从而达到提纯银的目的。狐刚子、张道陵为此都曾作过详细记载。狐刚子《出金矿图录》[51]谈到的“出矿银法”，即是从银矿中提取并进一步精炼白银的方法，这应是我国古代关于"铅炼银"法的最早记载[55]。它的基本操作与前述张道陵《太清经天师口诀》"铅炼金法"大体上是一致的[57]；唯狐刚子所云较为繁杂，故不再引出；张道陵所云虽较简明，但前已引出，今不再重复。后世炼银工艺的灰吹法，与此基本一致。第八章还要细谈。

六、铸造技术

先秦时期，我国古代金属铸造的一些基本工艺，如泥型铸造、出蜡铸造、金型铸造等都已出现；秦汉之后，各项操作皆更为娴熟起来。此期铸造技术上的重要变化是：(1) 在材质上，改变了战国中、晚期以前以铸铜为主的状态，铁器铸造在社会生产中占据了主导地位；(2) 生活日用器在铸件中的地位亦更加突显出来。

（一）化铜、化铁炉构筑技术的发展

从西昌东坪、南阳瓦房庄等铸造炉址看，汉代化铜炉、化铁炉技术又有了不少的进步。主要表现在下列三方面：

1．不管化铁炉还是化铜炉，都使用了砖石结构。南阳瓦房庄炉体使用了弧形耐火砖，外敷草拌泥，内搪炉衬；耐火砖以掺有石英砂粒（有的似曾粉碎过）的粘土制成。炉高达 3～4 米，内径平均 1.5 米[4][11]。西昌东坪 IV 式化铜铸钱炉以条砖和砂岩砾石砌成，砾石间衬以砂土，在第 13 层还发现一排弧形耐火砖[40]。战国阳城化铁炉是用掺有砂子的耐火土构筑的。

2．化铜、化铁炉都使用了保温防潮风沟，且结构上有所改进。西昌东坪 III 式椭圆形化铜炉炉底风沟呈马蹄形（U）形，炉身平面呈椭圆形，内径 1.8 米×0.80 米，风沟置于长轴方向上[40]。瓦房庄使用了一种空心炉底，炉缸建筑在透空支座上，支座下设有 15 个左右的支柱[4]。这种结构在战国阳城化铁炉上不曾看到，唯见于铜绿山春秋炼铜炉，且其只作简单的"T"字形[58]。

3．出现了椭圆形铸炉，这在西昌东坪可以看到[40]，目的和效果与炼炉同。

4．很可能也使用了换热式送风装置，不然一些风管表面烧流情况就很难解释。瓦房庄曾出土过一段风管，残长 0.7 米，内胎陶质，外敷厚约 45 毫米的草拌泥，其下侧的泥料表面烧流呈下滴状，近拐角处的泥料顺角往下流[4][11]。图 3－2－3 为南阳瓦房庄化铁炉复原图。

（二）泥型铸造

此期的泥型铸造虽不如商、周那样出色，但还是有不少值得注意的地方：

1．在镜范中羼入了稻壳灰。此类镜范是 1997 年之后在临淄陆续发现的，并于 2005 年做了科学鉴定[107]。稻壳灰所含 SiO_2 量较高（94.36%）[108]，它的使用，便扩大了铸范配料的来源，较好地保证了铸范含硅量和耐火度。这是经过了科学鉴定的关于铸范羼入稻壳灰的较早的实例。早期陶器中曾有过夹炭技术，但其与陶范羼灰在技术水平上是不同的。陶器夹炭是一种较为原始的工艺形态，并很快就退出了历史舞台，其主要目的是便于成型；陶范羼灰是一种较进步的工艺，并一直沿用下来，其主要目的是提高陶范的含硅量和耐火度。

2．面料和背料技术在操作上又有改进。古荥汉代铸铁作坊大型犁铧所用泥范，是先把背料制成范块，表面打出许多夯窝，然后将面料涂敷其上的；其面料抹得十分光平，且粘结较为牢固，这不但节省了面料，且提高了制范效率[2][11]。

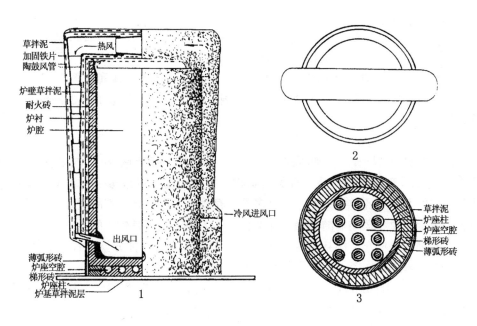

图3-2-3 南阳瓦房庄汉代化铁炉复原图

采自文献[11]

3. 泥芯和泥范用料不尽相同。芯料中常可看到星星点点的白色灰烬，显然是羼入了破碎过的植物干、茎、叶，这有利于改善芯子的透气性和高温强度。合范用的加固泥常选用较粗的泥料，并羼入多量的麦秸一类植物，可提高透气性。此技术在河南汉代各遗址所见大体相同[11]。1990年山西夏县禹王城汉代铸铁遗址出土一批陶范，其中包括铧、铲、六角承、釜、盆、罐、车軎等器范，其内范含砂量一般高于外范，亦含有糠壳类物质[59]。

4. 制范时很可能使用了模、模板和边框。做法是：先将模置于模板上，套上边框，再把和好的泥料填入框内，边放边夯实。之后阴干，入窑烘烤。南阳瓦房庄的犁铧，一字形锤、凹字形锛等和各种铁范，大约都是这样制造的[11]。

5. 浇口和冒口已明确分开。这在古荥泥范[11]，以及许多镜范上都可看到。类似的镜范在《岩窟藏镜》载1件，传为山东济南出土（图3-2-4）；《古器物范图录》载5件，有3件亦传为山东所出，另2件出土地点不详。6件镜范的基本结构一致，整体作瓢状，在"瓢柄"的顶端设有一个浇口，两侧各设一个冒口[60]，比战国时期又有了一些进步。1997~2005年，临淄齐国故城出土汉代镜范（片）达94件，亦

图3-2-4 《岩窟藏镜》所载汉草叶纹日光镜范

采自《岩窟藏镜》第二集上图二三，传为济南出土

反映了这个进步[109]。

6. 分型剂使用得更为普遍。河南古荥汉代泥范等皆使用了滑石粉涂料[11]；山西夏县禹王城汉代铸铁遗址出土的铸范中，不管是泥芯还是外范，表面多涂刷了滑石粉[59]。这些，对于提高生产效率，改善铸造质量，都具有重要意义。

秦汉时期的泥型铸造除了浇铸一般性铜、铁器外，还铸造了不少的铁范，以及部分铜范。

（三）层叠铸造

目前在陕西咸阳[61]、西安[62]、汉长安城[63]、河南南阳[64]、邓县[65]、温县[66]等地都发现了与汉代叠铸有关的实物，仅河南温县烘范窑一处就出土了以车马器为主的500套各类叠铸泥范，且多数保存较好。汉代叠铸产品主要有钱币和车马器，由于商业和运输业的发展，这两种产品的需求量都是较大的。

从实物考察可知，温县等地的汉代叠铸工艺大体有三种分型方式：（1）如六角轴承等，采用单面范，在端面分型；（2）如革带扣等，采用双面范，作对开水平分型；（3）如部分钩形器等，采用不平的分型面。一般叠铸范大凡都是使用金属模盒翻制出范片，然后叠合成套的。故范片皆有较高的互换性。有的铸范叠合层数较多，如革带扣范竟达14层，每层6件，一次便可铸84件。范腔之间的泥层一般较薄，有的小型铸件内浇口壁厚只有2毫米。范的外形与范腔亦较吻合，不少铸范削去了角部，这一方面有利于均匀散热，另一方面亦可节省泥料[11][66]。

（四）金型铸造

我国古代金型铸造主要包括铜范铸造和铁范铸造两种工艺，汉时都有了进一步发展，不但分布地域更宽，而且产品种类亦有增加，尤其铁范铸造。

汉代铁范和浇铸铁范的泥型目前在河南南阳瓦房庄[4]、郑州古荥镇[2]、鲁山[14][67]、镇平[68]、新安[69]、巩县[70]、山东莱芜[71]、滕县[72]等地都有发现，此外，从有关考古实物推测，今山东金乡很可能也有过铁范铸造[73]。铁范铸造的产品，主要是一般农具和轴承，此外还有一种四方形板材。铁范浇铸过程约可分为五步[74]：（1）先做实物模型；（2）以此模型翻出"一次泥范"；（3）再以"一次泥范"为模，翻出"二次泥范"；（4）以"二次泥范"浇出铁范；（5）最后再以铁范浇出形状与实物模型完全一致的产品来。铁范铸造的优点：一是其坚固耐用，从而减少了制范工作量，提高了生产效率；二是其产品易于获得白口铁组织，有利于下一步的可锻化退火处理。铁范铸造与可锻化退火处理的结合，是我国古代劳动人民在钢铁工艺方面的一项特殊创造。

铜范主要用来铸造钱币，目前在陕西澄城[75]、江苏徐州[76]、山东诸城[77]、湖南攸县[78]等地都有出土，陕西省博物馆等亦有收藏[79]，《簠斋吉金录》等也有著录。范体有长方形、圆形、椭圆形等，陕西省博物馆分别藏有"大泉五十"铲形铜范、圆形铜范各1件[79]。铜范浇铸工艺与铁范相类似，不再重复，曾有学者作过较为细致的研究[80]。

七、金属加工技术

（一）锻打技术

先秦时期，整个锻造技术都处于次要的地位。青铜锻造虽在春秋战国时有了一定发展，但数量依然是较少的；铁器成型亦以铸造为主，锻造主要用于兵刃器上，所以我国古代整个金属锻造技术的发展，实际上是汉代之后的事。其主要表现在下列五个方面：

1. 发明了百锻百炼技术，它在较大程度上反映了钢铁锻打技术的发展水平。

2. 一般兵刃器和日常生活用器中的锻件明显增多，有关情况前面谈到过一些，今再举一例。1991～1992 年安徽天长县发掘战国晚期（1 座）至西汉中晚期墓（24 座）葬群，其中西汉墓出土的铜器主要是生活日用品，种类有鼎、镳盉、洗、钫、壶、钟、舟、镜、钱币、带钩等 20 余种，属兵器的只有弩机、短剑 2 种；出土的铁器中相当大一部分是刃器，种类有剑 20 件、戟 2 件、矛 2 件、削 12 件、刀 2 件、匕首 2 件、斧 3 件、铲 1 件、扁铲 8 件、钻 3 件、方凿 2 件、凹凿 2 件、刨刀 1 件等[81]。虽今未曾进行科学分析，但可肯定相当部分铁器应是锻制的。东汉后期，锻制农具进一步增多起来。

3. 铜器热锻量亦稍有增加。如满城 1 号汉墓出土的一套铜甗、3 件铜釜、2 件铜盆等，都是捶镍制成的，薰炉（1∶5003）等的提笼则部分使用了捶镍工艺[82]。西汉南越王墓出土的 1 件铜销、1 件铜盆皆热锻而成。铜销成分为：铜 82.7%、锡 8.7%、铅 6.57%；铜盆成分为铜 66.6%、锡 12.6%、铅 1.4%、铁 1.06%、锌 < 0.01%，呈再结晶的等轴晶[83]。南阳卧龙乡汉代青铜舟 YN1 亦是热锻而成，成分为：铜 79%、锡 18.73%、铁 0.88%、硅 0.71%、铝 0.69%。图版柒，4、6 为其组织形貌[84]。

4. 锻制了不少铁甲。铁甲出现于战国时期，但今见实物多属汉器，西汉齐王墓[85]、洛阳西郊汉墓[36]、呼和浩特二十家子[86]、徐州狮子山西汉楚王陵、西汉南越王墓[18]、福建崇安[87]、河北满城汉墓[44]、汉长安武库等都有出土。满城出土铠甲一具，由 2859 片甲片联缀而成，经分析其中一片为块炼铁，含碳量不超过 0.08%；表层含碳量稍低，铁素体呈细小等轴晶，晶界上有少量游离渗碳体。尤其值得注意的是，徐州狮子山西汉楚王墓 6 件铁甲片皆为铸铁脱钢，其中 3 件曾经冷锻[18]。

5. 花纹钢始见于记载。花纹钢是一种表面上带有花纹的铁碳合金，传说它发明于春秋末年，但却是到了汉代才见于记载的。东汉赵晔《吴越春秋·阖闾内传第四》载，吴国铸剑大师干将制作了铁剑两枚，阳剑曰"干将"，"作龟文"；阴剑曰"莫邪"，"作漫理"；"干将匿其阳，出其阴而献之阖闾"。《越绝书·外传记宝剑》载：风胡子致吴，请越国铸剑大师欧冶子、吴国铸剑大师干将为楚王作铁剑三枚，一曰"龙渊"，"观其状如登高山，临深渊"；二曰"泰阿"，"观其钣巍巍翼翼，如流水之波"；三曰"工布"，"钣从文起，至脊而止，如珠不可衽，文若流水不绝"。此书不著撰者姓名，《四库提要》认为是汉袁康撰，吴平定。显然，从书中记述看，"干将"、"莫邪"、"龙渊"、"泰阿"、"工布"五枚铁剑都是具有花纹的，这是我国古代关于花纹钢的最早记载。从技术上看，春秋末年制作花纹钢剑的条件也是存在的，但可惜为孤证，需进一步研究；结合魏晋时期的大量文献记载看，汉代存在这一工艺是完全可能的。有关情况下章还要谈到。

（二）冷锻技术

早在岳石文化、四坝文化时期，人们就较多地使用过冷锻技术，但那是一种简单的成型，还是为了冷作硬化而采用的措施，目前尚难判断。汉代之后，冷锻技术有了较大发展，显然是人们有意所为。满城汉墓出土过一件铁鐾，含碳量约0.25%，刃部晶粒有明显伸长，显微硬度较高（刃部边缘约 HV = 250 千克/毫米^2，刃部中心约 HV = 200 千克/毫米^2），说明它成型后曾作冷锻，是利用冷作硬化来提高鐾刃部硬度的；变形量估计为30%[13]。徐州狮子山有3件铁甲作过冷锻，也是为了同样的目的。冷作硬化的利用，是汉代金属加工技术上的一项重要成就。

（三）铜锣技术

铜锣是一种重要的打击乐器，始见于汉。1976年，广西贵县罗泊湾西汉前期木椁墓出土1件[88]、1975年海南琼中县乌石农场东汉初年瓮棺墓出土1件[89]。后世铜锣一般含锡量较高，且都是锻打的，反映了较高的热加工技艺。此汉代铜锣未曾分析过，是铸是锻尚未可知，但因δ相的存在，铸制铜锣是较脆的。

（四）型压技术

我国古代金属型压技术主要用在金银器上，始见于先秦时期，汉后继续沿用。上海市文物保管委员会收藏铁质金背四神规矩镜1件，直径20.5厘米；圆钮，四叶座，座外双层方框，框内有十二地支铭，主纹为八乳、规距纹、四神等，外为一周流云纹。镜背内区皆为金质，金背部分径15.0厘米；缘区为铁质镜体，缘斜而宽。内区贴金图纹是用模子压成的，线条凸出流畅，挺劲有神[90]。

（五）拉拔

这是生产线材的重要工艺。它在我国约发明于汉，最初主要用在金丝拉拔上，宋代之后，才用到了铜铁工艺中。金属拉拔技术发明前，线材生产法大约主要有二：一是直接锤击；二是先将金属加工成薄片，再视需要进行剪切，之后再作修整。满城汉墓出土两套金缕玉衣，多数金缕都是应用第二种方法，即剪切金属片之法制成的，但也有少数金缕则很可能应用了拉拔技术。这后一种金丝呈合股状，每根粗约0.08~0.14毫米，12根拧为一股。在金相显微镜下，其边缘晶粒较细，中间晶粒较粗，且晶界平直，人们推测，这很可能是每次退火后加工量很小，变形不能深透造成的[13]。有学者认为秦俑坑铜丝有拉拔而成者，笔者亦曾做过观察和分析，认为此说目前尚无确切依据。

（六）关于车削加工

许多汉代青铜器，包括部分铜镜、青铜容器等的表面都存在一些细小、均匀、同心度较高的加工道纹，许多学者都曾注意到过这一现象。如湖北省鄂州市出土1件西汉卷叶纹镜E1，低卷缘，缘高0.65厘米，正背两面漆黑发亮，卷缘之内，以及卷起的缘上，都分布着密密麻麻、清晰均匀的加工纹路。类似的道纹在湖南长沙出土的西汉四乳四螭镜背缘部[45]、满城汉墓出土的五铢钱上[44]都可看到，尤其值得注意的是，河南南阳出土的汉代铜舟YN1，其内、外两个表面都呈现有匀细的加工道纹[84]，它是否使用了类似于车削和镗的技术，很是值得研究（彩版柒，1、2）。

一般而言，在器物表面形成加工道纹的原因可能有二：一是铸件的模子或型范留下的痕迹；二是直接加工铸件的痕迹。在此看来，前者的可能性较小，泥范或泥模一般不必进行这种加工，而且南阳铜舟 YN1 是一种锻件，似应以第二种的可能性较大。此加工所用"刃器"可以是钢，也可以是某种坚硬的石器。我国古代的制钢术和钢铁淬火术约分别发明于西周晚期和春秋晚期，故在汉或稍前使用钢的车具也是可能的；若为石器，且有多个刃口的话，便与磨削相当了。这种简单的车削当然较为原始，是不能与近现代相比的。它的发明，很可能受到过陶轮修边的启发。

（七）焊接技术

铜焊技术在秦汉有了进一步发展，人们在考察始皇陵 2 号铜车时，发现其轵与舆的连接处便使用了铜焊，今仍可见一道不甚规则的铜液流块[91]。满城 2 号汉墓曾出土 1 件"银柄"铁刃环首刀，其柄和环首皆由接近共晶成分的 Au – Cu 合金制成，"银柄"与铁刃是使用铜焊料焊接在一起的[13]。

看来到汉代为止，我国古代焊接技术便已大体成熟，这主要表现在下列三个方面：（1）古代钎焊技术的两项基本工艺，即软钎焊和硬钎焊，先秦便已具备，汉代又有了进一步发展。（2）早在先秦时期，部分焊料成分便已选择较好。（3）早在先秦时期便焊接了一些体型稍大、形制较为复杂的器物。除这三方面外，焊接熔剂的使用情况也是评价焊接技术发展水平的一项重要标志。一般而言，汉和汉前也应使用过某种焊接熔剂的，但具体情况不明。

在现有资料中，有关焊接熔剂的记载是到了唐代才见于《新修本草》的，其中谈到了硇砂和胡桐泪两种"焊药"，但这并不排除在六朝，或更早便使用过性能较好的焊接熔剂的可能性。东汉狐刚子在谈到"出矿银法"时说到过要用"硇末"作为助熔剂来炼银[110]，后赵（328～351 年）道家著作《神仙养生秘术》谈到过用硇砂来炼制砷白铜[111]，不管炼银还是炼制砷白铜，此硇砂都是一种熔剂。依此，我们并不能完全排除六朝或者更早便使用过硇砂等性能稍好的焊接熔剂的可能性。

（八）表面磨光技术的发展和"透光镜"的出现

人类对器物表面的磨光技术约发明于旧石器时代晚期，冶金术发明出来后，人们又把它用到了金属器上。商周时期，许多青铜器表面都要经过不同程度的打磨，尤其是鉴燧。汉后，因一般金属器物的表面加工量减少，铜镜表面加工就越发突出起来，透光镜便是铜镜研磨过程中产生出来的一种特殊产品。其特点是：把镜面对准太阳或其他强光源时，在反映到墙上的光斑中，能呈现与镜背图纹相应的图像，即是"透光"，其实铜镜是不透光的，此名不过是一种借喻。

"透光镜"约始见于战国时期，其始可能是偶然出现的，至迟唐代，人们就开始了有意生产，直到清代晚期还在我国一些地区生产和流传。从大量研究资料看，铜镜"透光"机理是在镜面上产生了与镜背图纹相应的曲率差异之故，影响铜镜"透光"的工艺因素较多，最主要的是两条：（1）镜背上要有足够大图纹凹凸；（2）镜体的肉部要足够薄。只要满足了这两个条件，一般的铜镜，乃致铜钱等，都可以产生"透光"效应[92][93]。

（九）钢铁锋刃器的复合材料技术

即习所谓刃部加钢工艺。至迟始见于汉，在文献记载和考古发掘中都可看到。

《考工记·车人》汉郑玄注云："首六寸,谓今刚关头斧。"唐贾公彦疏云："汉时斧近刃皆以刚铁为之,又以柄关孔,即今亦然。"此说汉代斧头的刃部已经嵌钢,这是我国古代关于钢铁器物刃部嵌钢的最早记载。刃部加钢后,刀剑斧等器便具有了锋利的刃部和坚韧的身部脊部,从而极大地改善了它们的使用性能。有分析报告认为,巩县铁生沟铁镢、吉林榆树老河深鲜卑族铁矛、直背环首刀(东汉)等都可能使用了刃部贴钢工艺[94]。说明此工艺当时使用已广。刃部嵌钢技术显然是随着制钢技术的发展和钢铁锋刃器的广泛使用而发明出来的,它应是先秦青铜复合剑技术的一种发展和演变。

八、热处理技术

此期热处理技术的成就主要表现在铸铁可锻化退火、钢和青铜的淬火,以及化学热处理三个方面。

(一)铸铁可锻化退火

秦汉时期,铸铁可锻化退火技术发展到了相当成熟的阶段。目前在北到吉林[94]、南到广州[95]的广大地域内都有这类器物出土,品种之多,数量之巨,都是前所未有的。有学者分析过188件郑州古荥镇汉代冶铁作坊出土的铁器(农具146件,手工业工具21件,生活用具8件,其他13件),至少有112件进行过可锻化退火,占试样总数的59.6%[96]。此期铸铁可锻化退火处理的主要成就是:

1. 不论是脱碳退火件,还是石墨化退火件,大都处理得较为完善,夹生可锻铸铁(中心夹有白口铁组织者,有学者又谓之脱碳铸铁)已经较少。苗长兴统计了38件河南战国可锻铸铁,夹生可锻铸铁计26件,占试样总数的68.42%,又统计过191件河南汉代可锻铸铁,夹生可锻铸铁只有12件,只占试样总数的6.3%[97]。

2. 石墨化退火技术更为娴熟,一方面析出了许多发展得较为完善的絮状石墨,另一方面还析出了部分较为规整的球状石墨。人们分析过铁生沟出土的32件汉代可锻铸铁,其中有7件是以石墨化退火为主的。这类退火石墨一般都发育较好,其中既有珠光体基体,也有铁素体基体。具有球状石墨的可锻铸铁标本在汉代铁器中已有10余件[97][98],如瓦房庄东汉铁镢(T1:135)、铁生沟铁锛(T3:28)、铁镢(T4:1)、古荥镇一字形锸(T7:5)等。有的石墨已全部球化,其金属基体有铁素体、珠光体、铁素体+珠光体,成分范围较宽。铁生沟铁镢T4:1、瓦房庄铁镢T1:135等都是较好的产品,其球墨都有明显的核心和放射结构,与现行球墨铸铁国家标准一类A级相当(图版捌,4)。这些球墨可锻铸铁的含硅量一般较低,锰硫比常为0.8~2.5,一般不含镁和稀土、碱土金属元素。如古荥铁镢采23的成分为:碳1.79%、硅0.14%、锰0.05%、硫0.05%。因球状石墨比絮状石墨的可锻铸铁具有更高的强度,为此,今人一直力图在退火状态下得到球状石墨,并进行了许多新的探索,但迄今仍只能在实验室中,在严格控制温度、气氛的条件下,在含硅量高于1%的高硫铸铁中获得。我国古代能在低硅、低硫的情况下达到这一目的,甚为罕见。

3. 脱碳退火较为自如,许多器件整体脱碳成钢或熟铁后,又随之进行了渗碳和组织均匀化处理,从而得到一种在组织和成分上与现代铸钢相近,性能亦相去不远的产品，使之成了汉魏可锻铁生产的重要工艺。人们不但用它制作了大量的斧、锛、刀、镰、剪、镢、锹、铲、锸、铧等生产工具、日用器和一般性兵器，而且生产了铁剑类大刀和铁镜类映照用器；同时人们还用脱碳退火的方式生产了一种梯形小铁板，这是有待进一步加工的半成品，人们可用它锻打加工成其他器物。满城汉墓铁锹等，脱碳退火后便直接使用了；而郑州东史马铁剪等[99]，则脱碳后又进行了充分的渗碳和组织均匀化退火，最后再加工成剪的形态。这种金相组织与钢相当的材料，习谓之"铸铁脱碳钢"，其实是处理得较好的"白心可锻铸铁"[100]。

4. 石墨化退火、脱碳退火两种产品在使用上表现出了分工的倾向，剪、刀、凿、斧、镢、梯形小板、铁镜等器，多作脱碳退火，少作石墨化退火。笔者分析过1件赤峰秦代铁锹、1件河南固始东汉铁镜（图版柒，3、5），其他学者分析过1件阳城汉代铁镢（图版玖，1、2）[20]、6件满城汉墓铁锹，以及3件郑州东史马铁剪，都是脱碳退火处理较为完善的器件，中心未见白口铁残余。说明人们对这两种工艺的操作技术及其产品性能已有了较深的认识。

关于我国古代铸铁可锻化退火处理的具体操作，今日尚难详知，河南新郑郑韩战国铸铁遗址、登封阳城战国晚期铸铁遗址、郑州古荥镇、巩县铁生沟汉代冶铸遗址都发现过古代铸铁可锻化退火炉残迹。其中阳城战国脱碳退火炉保存较好，其设有一个抽风口[101]，看来脱碳退火的氧气主要是由空气供给。欧洲最早的铸铁脱碳退火是在炽热的赤铁矿粉中进行的。铸铁可锻化处理的发展和推广，对于汉代铁器的广泛使用和中央集权制国家的形成和巩固，都具有十分重要的意义。

在铸铁可锻化退火技术发展的同时，可锻铁退火技术也有了一定发展，满城汉墓铁甲片[13]、呼和浩特二十家子西汉甲片[21]、广州南越王墓铁甲片[95]都进行过退火处理。退火目的主要是消除加工应力和均匀组织，以改善材料加工和使用性能。

（二）钢和青铜之淬火

由于炼钢技术的发展和锻制兵刃器的广泛使用，秦汉时期，钢的淬火技术迅速推广开来。今见汉代淬火钢铁器有：辽阳三道濠西汉钢剑[102]、广州西汉南越王墓钢剑[95]、满城汉墓刘胜佩剑、错金书刀、永初六年"卅湅大刀"[21]、密县古桧城出土的铁凿、铁刀等[14]。其中满城二器原定为块铁渗碳钢，南越王剑和"卅湅大刀"为炒钢，古桧城二器原定为"铸铁脱碳钢"。可见，南方和北方，名贵刀剑和普通生产工具都进行了淬火。刘胜佩剑表面局部渗碳后淬火。这种局部渗碳、局部淬火，说明汉代制刀技术、热处理技术已达相当高的水平。

由于铜镜之广泛使用，青铜淬火术亦推广开来，目前作过科学考察的汉镜淬火试样约有30多件，如陕西西汉昭明镜Sh11、鄂州汉四神规矩镜E3、东汉环状乳神兽镜E20、安徽东汉大钮镜W12、北京东汉连弧纹镜B2等。从大量古镜金相分析资料看，铜镜热处理组织约有四种形态：（1）观察面上可见到较多的交叉针状、针条状物者。其交叉状多数较短，有的稍粗，并较稀疏，其色青灰或棕褐，它们并非布满整个观察面；此处还有一些颜色与之相类的非交叉针状、条状、块状物；条状物常呈层流状、单片状分布，块状物无一定方向；这应是高温β相淬火，并经回火转变后的组织。这些组织间布满了斑纹状、絮状物，此应是回火分解得到的（α+δ）相。（2）观察面上可见到许多连续、不连续的环链状析出物者。这类组织亦呈青灰色、棕褐色，此外还可看到部分针条状、颗粒状物；这针状物常呈层流状、单片状或羽毛状分布，有的穿透晶界，而形成了明显的魏氏组织。这同样是 β 相淬火、回火转变后的组织。这类组织间同样可见到许多斑纹状、絮状的回火分解（α+δ）相。（3）兼有上述两种组织者。（4）观察面上可见到许多白色交叉状、针条状物者，如试样 Sh11 等。这些白色交叉条状物应是试样在（α+δ）两相区淬火得到的 α 相。它们之间同样布满了许多斑纹状、絮状物，应即是 γ 相淬火后回火分解的产物。图版玖，3、4、5、6，图版拾，1、2，分别为标本 Sh11、B2、W12、E20 的组织形貌。由上可见，汉镜曾在（α+β）相和（α+γ）相两个温度区间淬火[103]。

值得注意的是，此期还出现了一种新的青铜淬火器物，即青铜容器，即前面提到过的南阳汉代青铜舟 YN1，组织呈淬火—回火态（图版柒，4、6）。因淬火可改善青铜的塑性和加工性能，这是今日所见我国古代唯一经过了淬火处理的青铜容器。

我国古代关于金属淬火的记载始见于汉，《汉书》卷六四下"王褒传"引《圣主得贤臣颂》云："巧冶铸干将之璞，清水焠其锋。"《史记·天官书》云："火与水合为焠，与金合为铄。"《汉书·天文志》云："火与水合为淬，与金合为铄。"许慎《说文解字》云："焠，坚刀刃也。"此"焠"同"淬"。关于淬火的记载之多，说明了汉代淬火技术之发展。同时，从有关记载看，至迟东汉末年便开始了对淬火剂的选择，这将在第四章讨论。

需顺便说明一下的是，淬火对钢和青铜性能的影响是不完全相同的，淬火后钢的硬度会提高，青铜硬度却会降低，但两者淬火后的强度都会提高。

（三）化学热处理

此主要指钢铁器表面的渗碳技术。应发明于战国时期，汉后有了进一步发展。满城汉墓出土的刘胜佩剑和错金书刀[21]、广州西汉南越王墓出土的铁剑[95]、河南密县古桧城出土的铁凿等[14]，都进行过表面渗碳。刘胜佩剑和错金书刀内层含碳量低处为 0.05%，最高处为 0.15% ~0.4%，表层含碳量却均在 0.6% 以上[21]，这显然是表面渗碳造成的。渗碳后，刃口及表面硬度提高，就改善了它的使用性能。

九、表面处理技术

秦汉时期，我国多项金属表面处理技术都有了较大发展，其中尤其值得注意的是镀锡、镀金银和金银错工艺。

（一）镀锡。主要用在青铜器上。由于秦汉时期一般青铜器使用范围缩小，镀锡便主要保存到了铜镜工艺中。铜镜镀锡的目的：（1）掩盖各种铸造缺陷和磨光过程中留下的一些道痕；（2）提高其表面光洁度，以便于映照。铜镜表面镀锡技术发明于先秦时期，有关记载却是汉代才看到的。《淮南子·脩务训》："明镜之始下型，朦然未见形容，及其粉以玄锡，摩以白旃，鬒眉微毫可得而察。"此"玄锡"当即锡汞齐[104]。此工艺在我国一直沿用到了明清。

（二）镀金银。秦汉时期，镀金银技术使用得极为普遍，目前在河北、河南、陕西、甘肃、江苏、广西、云南等地都出土过一些保存较好的镀金银器。河北定县中山王穆王刘畅墓出土大小镀金器物500多件，仅耳环便超过90件[105]。满城汉墓出土的镀金器不但数量较多，而且体形往往较大，其1号墓出土的蟠龙纹壶，通高59.5厘米、腹径37.0厘米，重16.25千克，通体镀金镀银。2号墓出土的"长信"宫灯，通高48厘米，通体镀金。这些镀金器物皆光彩夺目，气势非凡，令世人瞩目。先秦镀金器多为小件，汉时除一般容器、一些车马器、兵器外，建筑构件也镀起金银来。前引《汉书》卷九七云："昭阳舍，其中庭彤朱，而殿上髤漆，切皆铜，沓冒黄金涂。"（《西京杂记》卷一略同）颜师古注："涂，以金涂铜上也。"此"涂"即后世之谓"镀"。"黄金涂"即黄金镀，镀黄金。《晋阳春秋》曾云武帝改营太庙铸铜柱十二，涂以黄金。这是说建筑构件镀金。这也是我国古代关于镀金的较早记载。

（三）金银错。此技术在秦汉时期有了较大发展，有关器物在考古发掘中所见较多，前云建初"五十涷"剑、永初"卅涷大刀"、传世永元金马书刀，以及成都出土的光和金凤书刀等都曾错金。光和书刀1957年成都天迥山崖墓出土，长18.5厘米、宽1.5厘米，环柄直身，环部镀金，刀身一侧用金丝嵌出铭文，一侧为精美的翔凤图案。铭文隶书24字："光和七年（184年）广汉工官□□□服者尊长保子孙宜侯王□宜□。"字体精美俊秀[106]。汉代还制作过一批形制较大的金银错制品，满城1号汉墓出土鸟篆文铜壶2件，一件通高40厘米、腹径28厘米；另一通高44.2厘米、腹径28.5厘米；两壶风格基本相同，周身用纤细的金银丝错出鸟篆文吉祥语和动物图案。1号墓出土的错金博山炉，通高26厘米、腹径15.5厘米，通体错金，饰纹自然流畅（彩版贰，2）。此时有关记载亦较多。《汉书》卷二四下云："错刀，以黄金错其文。"张衡《四愁》诗云："美人送我金错刀，何以报之以琼瑶。"前一"错刀"系指货币言，后一"错刀"当指金马书刀一类器物。前引谭桓《新论》说王莽起九庙，以铜为柱，其上错镂金银，可见此工艺已使用到了大型建筑物上。

关于金银错的具体操作，第二章已经谈到。由部分考古实物和文献记载看，笔者认为相当大一部分应当是采用类于镀金银的方式，将汞齐填入嵌槽而成的。今再举一条文献为证。《后汉书》卷一七"祭祀志"云："检用金镂五周，以水银和金以为泥。"十分明显，全文意思是：检之金镂，是使用涂填金汞齐的方式来实现的。

第三节　制陶技术的发展和瓷器的出现

秦汉是我国古代陶瓷技术发展的一个重要阶段，此时人们不但生产了大量的生活用陶和生产用陶，而且生产了许多大型陶塑制品。在生活用陶中，出土量最多的是泥质灰陶器皿，冶铸用陶除继续生产陶范和铜冶铸的坩埚外，还生产了一些钢铁的冶铸坩埚。因钢和生铁熔点皆较青铜为高，说明坩埚制造术又有了新的发展。建筑用陶在秦汉陶业中占有十分重要的地位，无论产量还是品种，都较战国时有了提高。秦汉陶塑艺术具有承前启后、继往开来的作用，秦始皇陵兵马俑是最好的体现。商周时代盛极一时的印纹硬陶此时已经衰落，南方原始瓷在战国中、晚期一度中断后，秦汉之际又烧出了从胎料、釉色、装饰都有别于前的新型原始瓷器；西汉时期，浙江、江西等地原始瓷已达相当高的水平。秦汉时期，我国陶瓷技术最为重要的成就是：（1）西汉发明了低温釉陶，为后世各种低温釉的使用奠定了坚实的基础；（2）东汉之后，浙江[1]、江西[2][3][4]、湖南[5]、四川[6]等地，都烧出了成熟瓷器，它的各项技术指标都已达较高水平。

秦汉陶瓷生产大体上经历了三个阶段[7]：一是秦至汉初，各地陶瓷制品仍地方性较强，官府控制的制陶作坊侧重于砖瓦等建筑材料烧造，私营作坊则生产了大量生活用陶。二是武帝至新莽，地方性色彩明显减弱，统一性增强，仿铜的陶礼器，如鼎、盘、匜等虽然仍有生产，但类于仓、灶、井等实用器物的模型（明器）急剧增长。这是思想观念上的一个重要变化。三是东汉之后，陶质礼器进一步减少及至绝迹，而反映庄园经济的成套陶质模型（明器）大量烧制出来。

下面主要介绍一下釉陶、陶塑、原始瓷、青瓷、黑釉瓷，以及有关成型、烧造工艺的一些问题。陶塑大体属于灰陶范围。

一、铅釉陶的发明

铅釉陶是汉代制陶术的一项杰出成就，其约始创于关中地区，今日所见最早的器物属武帝时期，宣帝之后有了较大发展，并扩展到了潼关以东地区。西汉末年至东汉，推广到了我国南北广大地区。其制作工艺要求较严，生活用具造型多用轮制，建筑模型用模印、雕塑，动物形象模制，装饰部分用模印或雕刻[8]。器物种类主要有鼎、盒、壶、仓、灶、井、家畜圈舍，以及水碓、陶磨、作坊、楼阁、池塘、碉楼等，所见釉陶多为明器，多为器物模型，实用器较少。甘肃武威临台出土一件绿釉陶的五层楼院模型，高 1.05 米，通体披挂翠绿色厚釉。整体长方形，四周设有围墙，墙角设有望楼，其间以飞桥相连，桥身两侧置有障墙，形象逼真，断代东汉末年[9]。

铅釉是一种以铅化合物为主要熔剂和基本组分，以铜为着色剂的低温釉。因其常呈翠绿色，故又谓之"绿釉"或"铅绿釉"。外观上的主要特点是：釉面光泽较好、平整光洁、清澈透明，有如玻璃，显得格外晶莹可爱。这主要是铅釉折射指数较高、高温粘度较小、流动性较好、熔融温度区间较宽、熔蚀性较强之故。在烧成过程中，胎中逸出的，以及釉层产生的气泡，多能逸出釉面之外；它没有石灰釉和石灰 - 碱釉那种混浑感，以及"橘皮"、"针孔"一类缺陷。后两种釉的高温粘度较大，气泡不易逸尽；并在气体逸出之处，其他地方的釉料难以将此空穴填满、填平，冷凝后便作为一种缺陷保存了下来。另外，在显微镜下，石灰釉和石灰 - 碱釉中常可见一些未熔融的石英晶体或粘土类矿物，这主要是此类釉质熔蚀性能较弱之故[10][11]。

张福康等曾对陕西诸地烧造的汉铅釉陶进行过较为全面的考察[10]，其中一件东汉绿釉陶胎的断面较粗，气孔较多且较大，肉眼观察时，釉层色调不甚均匀，草绿色基底上布有流纹状深绿色条纹，釉面光泽较好，见有五彩光晕，以及细纹片，釉层清澈透明。在显微镜下，基本上没有气泡和残余石英晶体。其分析过的 2 件汉代铅釉陶胎平均成分为：SiO_2 63.45%、Al_2O_3 15.15%、Fe_2O_3 5.57%、TiO_2 0.88%、

CaO 3.79%、MgO 2.78%、K_2O 2.95%、Na_2O 1.67%、MnO 0.065%。2 件铅釉平均成分为：SiO_2 32.6%、Al_2O_3 4.05%、Fe_2O_3 2.17%、PbO 53.6%、CuO 0.63%。可见此陶胎大体属易熔粘土；此绿釉含 Al_2O_3 量较低，大体上是由偏硅酸铅（PbO·SiO_2）和正硅酸铅（2PbO·SiO_2）组成的玻璃。我国古代绿釉都是以铜着色的[10][11]。石灰釉主要是以 CaO 为熔剂，以铁为着色剂的高温釉。

从现代技术观点来看，铅釉的配料较为简单，以铅的化合物，如铅粉 $Pb(OH)_2·2PbCO_3$、含硅物质（如石英粉），以及铜、铁等着色剂（如铜花、赭石、矾红料等），加水磨细、调和，用浇釉法或涂釉法施于白釉胎，或已烧制过的素胎（无釉）上，在 700℃～900℃ 的氧化性气氛中烧成[10][11]。

铅釉的缺点：（1）硬度较低。与砂石、铁器、瓷器等物体相摩时，往往较易划破。（2）化学稳定性较差，在大气中极易被腐蚀。标本表面上的五彩光晕，大概就是在大气中受到了轻微腐蚀而生成一层薄膜，使入射光线产生了光程差所致的。这些情况很可能与其烧成温度较低有关。大约到了公元 4 世纪，铅釉才用到了建筑业中，如作琉璃瓦等。

在汉代釉陶中，习见有釉层全部或局部呈银白色者，俗谓之"银釉"。对于它的成因，国内外学术界都曾产生过不同看法。有人认为它类似于云母，因硅酸盐玻璃发生了变化，使之具有了与云母相似的物理性质。张福康等人认为，它实际上是一种沉积在釉层表面、具有层片状结构的透明、半透明物，可用小刀轻轻将之刮下，之后绿色铅釉便可随之显示出来。银白色光泽乃是"半透明物"造成的。在显微镜下，银釉呈层片状结构，与云母片颇为相似，其层数多寡不一，层厚约 2 微米，非晶态。张福康等分析过一件宋代银釉器，其银釉层总厚度约 40 微米，计 20 多个层片，银釉下的绿釉总厚度约 80 微米[12][13]。从考古发掘情况看，银釉器多出自潮湿墓葬，干燥墓葬所出甚鲜，依此人们推测，它很可能与绿釉表面所受地下水或大气的轻微溶蚀有关。当水和空气与绿釉表面、裂纹表面直接接触时，因溶蚀和沉积作用，接触处就生成了一薄层沉积物。因这沉积物与釉面的接触并非十分紧密，水分和气体仍能渗入到它们之间，并且继续对釉面进行溶蚀，便又产生了新的沉积层。如是者反复进行，沉积层数不断增多；当沉积层达一定厚度后，因光的干涉作用，以及沉积层本身轻微的浮浊性，最终就表现出了银白色光泽来[12][13]。由科学分析看，汉代绿釉、宋代绿釉和汉代"银釉"三者的成分大体一致，皆系 SiO_2–PbO 二元系，皆以铜为着色剂，CuO 量为 1.26%～2.80%，其实都是一种铅釉[10]。

学术界对铅釉发祥地曾有过不同看法。有说其系国外传入，理由是碱金属的硅酸釉早在古埃及时代便已发明，但长时期没有传到其他地方，后来混入了铅，变成了容易使用的釉，便逐渐扩展到了美索不达米亚、波斯和西域等地，汉时就经由西域传到了中原[14]。也有学者认为它是我国独自创造，并依据商周时代对铅、铅粉的使用情况，认为我国在汉代发明出铅釉，不但可能，而且有着深刻的历史根源[11]。后说当有一定道理，联系到战国、西汉时代的铅玻璃、铅钡玻璃生产，也就更为清楚一些。

汉铅绿釉是我国最早的低温釉，是我国古代陶瓷史上的一朵绚丽之花。它颜色翠绿、光彩照人，在我国陶瓷艺术中占有重要的地位。后世低温釉的许多新品种，如唐三彩、宋绿釉、辽三彩，都是在此基础上发展、演变出来的。它们的着色元素虽有不同，但大体都以 $PbO-SiO_2$ 二元系为基础配制而成。

古代陶瓷釉可区分为高温釉和低温釉两大类。早期高温釉主要指石灰釉，先秦时期的原始瓷和釉陶都施高温釉。早期低温釉主要指铅釉，其约始见于秦汉时期。浙江先秦有一种泥釉黑陶，此泥釉实相当于一种易熔粘土，既非高温型的石灰釉，亦非低温型的铅釉。高温釉陶在秦汉时期仍在使用，如浙江汉代有一种釉陶，佳者胎质细密坚致，色灰白，似为瓷土所制，但一般产品的质量不及原始瓷，与中原地区常见的低温铅釉陶断然有别。在西汉墓中，这种釉陶约占随葬品的半数以上，浙东尤多[15]。各种釉陶的基本特征都是表面施釉，胎质为陶。不管高温釉还是低温釉，都一直沿用到了明清。

二、陶塑技术的发展

陶塑约发明于新石器时代，秦汉便达相当繁盛的阶段，目前在临潼始皇兵马俑坑[16][17]、西安任家坡汉陵从葬坑[18]、咸阳杨家湾西汉墓[19]、徐州北洞山西汉墓[20]、徐州狮子山西汉兵马俑坑[21]、济南北郊无影山西汉墓地[22]等，都出土了许多艺术价值、学术价值都较高的陶塑制品，其中最令世人惊叹不已的是始皇陵兵马俑。

1974 年以来先后发掘了 3 个始皇兵马俑坑。1 号坑东西长约 60 米、深 4.5～6.5 米，平面总面积约 12 600 平方米[16]。已发现的大型武士俑约 580 尊，身高 1.75～1.86 米；掛拖战车的陶马 24 尊，大小和真马颇为相似[23]。整个兵马俑坑的兵马俑估计约 6 000 余尊。这些陶俑身着交领右衽短褐，束发紧带，腿扎行藤，足登方口齐头履，手执弩机弓箭，背负盛置铜矢的箭箙；手执长矛，腰佩弯刀铜剑，形态各异；威武雄壮，意气昂扬[24]。技法明快洗练，雄健朴实，比例得当，结构严谨；精巧细腻，彩绘调和绚丽，是举世罕见的古代艺术珍品。

陶俑陶马制作的基本工序，大致是先按陶俑、陶马身体的不同部位，分别用陶模翻出粗胎，之后套合、接缝；再用细泥涂附粗胎表面，再塑五官、须发、铠甲、衣纹等细部，估计单件烧造，之后再施彩绘[25]。

经分析，秦俑的原料系就地取材的易熔粘土，其俑、马的化学成分为：SiO_2 62.8%～66.36%、Al_2O_3 15.98%～17.74%、Fe_2O_3 4.22%～6.88%、TiO_2 0.42%～0.87%、CaO 0.45%～2.96%、MgO 2.09%～4.16%、K_2O 2.98%～3.87%、Na_2O 1.24%～2.0%、灼失 0.18%～4.37%。可知这俑、马与新石器时代黄河流域易熔粘土型陶器成分亦基本一致[26][27]。

陶俑制作的具体操作方式是先作雏胎，再作细部雕饰。初胎采用由下而上逐步叠塑的方式成型。陶俑的双足都立于方形的足踏板上。足踏板与俑身可分别制作，也可一起制作，头和手则是单独制作的。足踏板系模制成型。陶俑的足履皆为手制，可用堆泥法塑出雏形。脚有实心和空心两种：空心处可用泥片卷筑法，也可用泥条盘筑法；实心脚可用泥片卷搓成棒状。躯干中空，塑法有两种：一种是由下而上地采用泥条盘筑法；另一种亦用泥条盘筑法，但其在腰部分成了上下两段，用榫卯式粘接套合。作躯干前，须先在双脚上复泥做成躯干的底盘，之后再在底盘上塑躯干。手臂皆为中空，制法有泥条盘筑法和泥片卷筑法两种。手臂有直形和曲形两种，若曲折弧度较大，则可分两节成型后再粘合在一起。双臂与体躯的接合法有两种，一种是在接合处做出糙面，之后糊泥粘合；另一种亦在接合处做出糙面，但在体部和臂部皆预留一孔，孔内糊泥，接触面亦糊泥，以为固结。孔内糊泥后便可起至榫头的作用。俑头皆模制法成型，可单模制作，也可合模制作。俑手皆单独制成，其法有：合模法、分段合模法、捏塑法，以及合模法与捏塑法相结合等种[27]。

秦俑质地坚硬，色作灰黄，有可能使用过还原性气氛，烧成温度约940℃，吸水率8.87%；陶马烧成温度约805℃、吸水率5.62%[26]。

俑、马的彩绘是烧成后施加的。做法：先在表面通体涂胶一层，之后绘彩。彩料有朱砂、石黄、赭石、石青、石绿、烟黑、铅粉等，加胶水调匀后使用。其颜色有大红、朱红、紫红、粉红、粉紫、土黄、橘黄、深绿、粉绿、灰、黑、白等。有的颜色脱落后还曾二次上色[26]。

除秦俑坑外，成都羊子山出土过高达1.5米的大型驾车陶俑，也反映了较高的技术成就。1984年徐州狮子山所出西汉兵马俑达2300余尊。兵俑高42~48厘米，亦是模制后烧成，亦有彩绘。兵俑每排多以5人或10人为单位，对我们了解汉代军事编制和战术原则等，都具有重要的意义。

我国古代制陶技术发明于新石器时代早期，今见年代最早的陶器出土于桂林庙岩；新石器时代晚期后段，或说龙山文化时期，制陶技术便发展到了相当成熟的阶段。商代中期之后，由于原始瓷的使用和青铜铸造技术的发展，我国古代制陶技术经受了第一次冲击。秦汉时期，由于制瓷技术的发明和髹漆技术的发展，制陶技术又经受了第二次冲击，陶器使用量被压缩到了更为狭小的地带。各色陶俑的出现和使用，实际上是制陶技术为自身生存而开拓的另一个空间。制陶术虽一直沿用至今，唐代还发明了三彩器，但从总体上看，秦汉之后便进入了衰落的阶段。

三、秦汉原始瓷之复出

战国末年[28]或秦汉之际，今浙江等地又烧出了一种新型的原始瓷，与越亡（355年）前的相比较，主要特点是：

1. 瓷胎质量往往不太稳定。有的烧成温度较高，胎骨致密；有的烧成温度稍低，便胎质疏松，气孔较多，吸水率较高。有的泥料在粉碎、淘洗、揉练上亦不及战国时期精细。

2. 釉层往往较厚，釉色多时较深，多为青绿、黄绿。施釉法由战国通体施釉改成了口、肩、内底等局部施釉；由浸釉演进到了刷釉。

3. 在成型工艺上，一改战国时期拉坯成器和线割器底的成型技法，普遍采用底身分制，然后粘结成型的方式。

4. 在品种和花纹上以仿铜礼器鼎、盒、壶、钫、钟和瓿为主；战国时期盛行一时的碗、钵、盘、盅等一类饮食器减少。饰纹趋于简朴，以水波纹、弦纹、云气纹等为主，战国时期常见的"S"、栉齿纹等甚为鲜见[4][29]。

这些情况说明，秦汉原始瓷并非直接从战国南方原始瓷演变、发展而来，而应当是既有先秦因素，也有汉代因素，它是两个历史时期的产物。

李家治分析过镇江和上海出土的汉原始瓷器各1件，与战国原始瓷相比较：

1. 两件汉原始瓷的 Al_2O_3 含量稍高，其值分别为 18.24% 和 17.23%。

2. 两件汉代标本所含 Fe_2O_3 亦稍高，其值分别为 1.71% 和 2.97%。

李家治分析过5件浙江肖山茅湾里、绍兴富盛、上虞，江苏宜兴獾墩的东周原始青瓷，其 Al_2O_3 含量为 13.74% ~ 16.41%，Fe_2O_3 含量为 1.69% ~ 2.342%[30]。含铝量提高的优点是：瓷器有可能在较高的温度下烧成，生成较多的莫来石晶体，从而提高产品机械强度，减少烧成过程中的变形。但若烧成温度不足，便会适得其反，使烧结情况变坏，出现坯体疏松等现象。秦汉原始瓷虽有一部分烧结温度稍高，但多不如战国的坚密。含铁较高主要是影响胎质颜色，在氧化性气氛中烧成时，胎易变为红色；在还原性气氛中烧成时，胎易变为青灰色；含铁量越高，胎骨颜色越深。

秦汉原始瓷釉依然是含 CaO 量较高的铁系高温釉，主要熔剂是 CaO，主要着色剂是铁，此釉高温粘度较小，流动性较好，透明度稍高，但易产生"泪痕"和聚釉现象。此期气氛控制往往欠佳，故釉色颇不一致，有的青中泛黄，有的呈黄褐色。

随着社会经济、技术之发展，汉代原始瓷在形制、装饰和制作工艺上都经历了一系列变化。秦汉之际，由蘸釉改成了刷釉，东汉中期后复取蘸釉法，且器物皆大半部分施釉，唯近底处无釉[4][29]。西汉中期，一些仿青铜礼器的品种在造型和工艺上都大不如前；西汉晚期，鼎、盒一类制品消失，壶、洗、盆、勺等日用品急剧增多，产品重于实用。西汉前期，饰纹多较简单；西汉中期之后，由十分简单的划弦纹改成了粘贴扁细泥条的凸弦纹。这种既实用，又有装饰价值的原始瓷器，在浙江和苏南一带广为流行，在江西、湖南、湖北、陕西、河南、安徽等地也有发现，它很可能是作为一种新颖商品而被远销外地的。1984年，江西宜春发现一座西汉木椁墓，出土陶瓷器50件，多为釉陶；原始青瓷有鼎、敦、钟等，胎骨灰白，外施白色细腻的化妆土，再施浅黄或青绿的色釉，釉质莹润，是难得的西汉原始瓷精品[31]。1983年，南昌西汉土坑墓出土一批原始青瓷，胎骨灰白坚致，釉色青绿光润，说明南方西汉原始瓷已达一定水平；缺点是釉层附着力稍差[32]。

东汉中晚期还出现了一种称为"酱色釉陶"的产品，大体上亦可归于原始瓷范围。其胎含铁较高，常呈暗红、紫色或紫褐色；因其可在较低温度下烧成，故多数器胎仍较坚硬致密。多皆通体施釉，釉层丰厚而富有光泽，质坚而耐用。它的出现，为黑釉的发展打下了良好的基础。

汉代原始瓷窑在浙江等许多地方都有发现，其中又以上虞为最，不但窑场多，而且时间连续，展现了陶瓷技术发展的一系列变化。东汉早中期时，陶器烧造依然较多，并兼烧部分原始瓷；随着时间的推移，原始青瓷品种增多，质量提高，并逐渐取得了陶、瓷合烧中的主导地位，最后便完成了由原始瓷向青瓷、青瓷窑的转变。在此有一点需顺带指出的是，原始瓷所用原料的物理形态和具体加工方式，目前还是不太清楚的，有待进一步研究。

四、瓷器的出现

学术界对我国瓷器发明期曾有过多种不同观点，昔日最流行的是"魏晋说"[33][34]，其把魏晋青釉器称为"早期瓷器"或"早期青瓷"，把商周至汉代的青釉器称之为"釉陶"；今日较为流行的观点是，把东汉或东汉晚期视为我国瓷器的发明期，把商周至西汉的一般青釉器皆称为原始瓷[35][36]；本书也采用了后一种说法。往昔产生分歧的主要原因是：（1）学术界对"什么是瓷"尚无一致认识；（2）相当长一个时期内，有关考古实物的出土量和科学分析量都做得不够充分。自 20 世纪 70 年代以来，实物出土量、科学分析量和人们的认识都发生了较大变化。对于瓷的标准，今一般看法是：（1）胎料须是含 SiO_2 或 Al_2O_3 较高的瓷土、瓷石、高岭土；釉须是高温型。（2）烧成温度需在 1200℃ 以上。（3）不吸水或吸水率很低（<1%）。（4）胎质坚强，叩之能发出清脆悦耳之声；胎质洁白。这四点既是瓷器的标准，亦是它区别于陶器之处，陶器是没有这些特点的。

从考古发掘看，我国最早的制瓷中心应是今浙江一带，在上虞、慈溪、绍兴、余姚、永嘉[37][38]、宁波[1]等地都发现过东汉制瓷窑址；此外，江西丰城、临川、分宜等地亦发现过东汉晚期窑址[3]；河南洛阳烧沟[39]、河北安平逯家庄[40]、安徽亳县[41]、湖南益阳和长沙[42]、湖北当阳[43]等东汉晚期墓葬，以及江苏高邮邵家沟汉代遗址[44]都发现过汉代瓷器，其中又以浙江、江西两省为最。尤其值得注意的是不少瓷器都出于纪年墓葬，有的瓷器上还有年款，这便为瓷器断代提供了更为有力的依据。大家较为熟悉的有永和元年墓所出开片青瓷罐[42]，"熹平四年"（175 年）墓所出青瓷耳杯、五联罐[45]，"建安"纪年墓出土的青瓷坛等[6]。1988年，湖南省湘阴发掘了青竹寺和白梅两个窑址，发现不少东汉青瓷器，青竹寺出土有青瓷坛、双口坛、罐、盂、钵、盆、釜、壶、瓶等，同时还出土了东汉顺帝"汉安二年"（143 年）铭瓷片[5]，这是我国今见带有纪年款的最早瓷片和最早窑址，说明湘阴地区烧瓷技术也是发展较早的。20 世纪 90 年代或稍前，浙江上虞出土 1 件东汉"熹平年"款青瓷盘口壶，在肩部釉下刻有"熹平年"3 字款[46]。

（一）关于青瓷的发明

青瓷是我国古代瓷器中最为主要的品种，其因坯体上施有含铁釉料，在还原性气氛中烧成，釉面呈青色而名。1978 年以来，国内学者李家治[47][48][49]、张福康[50]、郭演仪[51]、李国桢[52]、凌志达[53]等，分析过 6 件浙江上虞东汉青瓷胎、3件上虞东汉青釉片（表 3 - 3 - 1），为我们了解东汉青瓷技术发明和发展的情况提供了科学依据。

此 6 件青瓷胎[47][48][51][52]的平均成分为：SiO_2 76.68%、Al_2O_3 16.55%、Fe_2O_3 1.78%、TiO_2 0.92%、CaO 0.27%、MgO 0.53%、K_2O 2.69%、Na_2O 0.52%、MnO 0.02%、FeO 0.32%。可知：（1）其含硅量较高，皆介于 75.4%～78.47% 之间。（2）助熔剂 R_xO_y 总量较低。其（$CaO + MgO$）总量小于 1%，Fe_2O_3 和 TiO_2 量亦不高。有 3 件标本的 Fe_2O_3 皆低于 1.64%，较 1 件明代龙泉青瓷片（Fe_2O_3 1.71%）还低[47]。汉晋青瓷胎常呈灰白色，而非正白，主要是含有一定量的 TiO_2 所致，其着色能力较强，尤与 Fe_2O_3 在一起时。

表 3 - 3 - 1　　　　　　　秦汉原始瓷真瓷胎釉化学成分

样号	名　　称	成　分（%）											文献
		SiO₂	Al₂O₃	Fe₂O₃	TiO₂	CaO	MgO	K₂O	Na₂O	MnO	P₂O₅	FeO	
H2(12)	镇江汉原始瓷	73.79	18.24	1.71	0.98	0.14	0.64	2.93	0.17				[47]
H3	上海西汉原始瓷	74.07	17.23	2.97	1.06	0.33	0.63	1.69	0.51	0.01	0.21		[47]
H4	上虞小仙坛东汉青瓷	76.07	15.94	2.42	1.06	0.24	0.57	2.59	0.55	0.02	0.08		[47]
H5	上虞小仙坛东汉青釉印纹罍瓷片	75.85	17.47	1.64	0.97	0.2	0.52	2.66	0.54	0.03	微		[48]
SY8-5	上虞东汉晚期青釉盆腹残片	75.4	17.73	1.75	0.86	0.31	0.57	3.0	0.49	0.03		0.66	[51]
SY8-7	上虞东汉晚期青釉罐口残片	77.42	16.28	1.56	0.82	0.38	0.53	2.67	0.58	0.04		1.26	[51]
LG1	上虞小仙坛东汉青釉印纹罍	76.87	16.64	1.66	0.89	0.26	0.55	2.69	0.47				[52]
LG2	上虞小仙坛东汉青釉四耳罐残片	78.47	15.26	1.64	0.91	0.23	0.46	2.5	0.48				[52]
L1	上虞东汉印纹黑釉瓷片	76.0	15.71	2.35	0.83	0.36	0.52	3.14	0.92				[53]
L2	上虞东汉黑釉瓷	75.51	15.76	2.62	1.11	0.37	0.66	3.23	1.05				[53]
L3	上虞东汉黑釉瓷	75.81	16.25	2.61	0.81	0.37	0.69	3.17	1.02				[53]
LG1	上虞小仙坛东汉印纹罍青釉	62.57	12.57	2.72	0.83	15.01	2.63	1.87	0.44	0.51	0.87		[52]
H5	上虞小仙坛东汉印纹罍青釉	59.66	13.7	1.84		18.2	1.55	1.85	0.49	0.45			[49]
SY8-5	上虞东汉晚期瓷盆腹残片青釉	57.87	13.73	1.6	0.59	19.74	2.39	2.05	0.69	0.89	0.89	0.12	[49]
L2	上虞东汉黑釉	56.45	14.15	2.15	1.22	16.58	2.20	3.67	0.91	0.26		2.49	[53]
L3	上虞东汉黑釉	56.13	13.81	1.87	0.97	16.42	2.02	3.79	1.09	0.30		3.08	[53]

注：（1）标本编号多为原分析者所作，但为区别起见，今在其前面加了汉语拼音字母。

（2）除表中所列，釉片 L2、L3 还分别含有下列成分：Cr_2O_3 皆为 0.02%、CuO 皆为 0.01%、CoO 为 0.02%、0.03%。

（3）除表中所列，标本 H2（12）尚有 1.03%、H3 尚有 1.6% 的烧损，H5 尚有微量烧损。

此 3 件青釉片[49][52]平均成分为：SiO_2 60.03%、Al_2O_3 13.33%、Fe_2O_3 2.05%、TiO_2 0.47%、CaO 17.65%、MgO 2.19%、K_2O 1.92%、Na_2O 0.54%、MnO 0.62%、P_2O_5 0.59%、FeO 0.04%。可见：（1）所含 CaO 稍高，波动于 15.01% ~ 19.74% 之间。碱土金属氧化物总量 RO，即（CaO + MgO）平均 19.84%，波动于 17.64% ~ 22.13% 之间。（2）所含碱金属氧化物 R_2O 总量，即（K_2O ＋ Na_2O）量都不高，介于 2.31% ~ 2.74% 之间。依张福康等学者的说法，石灰釉的成分是：（CaO + MgO）为 14% ~ 22%，（K_2O + Na_2O）为 1% ~ 4%；此釉片适处于这一成分范围，故属石灰釉。有关石灰釉、石灰 – 碱釉等的区别方法，第六章再作介绍。

与商周原始瓷相较，东汉青瓷成分的基本特征是：SiO_2 和 Al_2O_3 的平均含量都稍有增加，且更趋稳定，助熔剂（CaO + MgO）量、Fe_2O_3 量都稍有降低。胎中 SiO_2 和 Al_2O_3 提高，显然是使用了瓷土，可能还有瓷石的缘故。瓷石是一种以石英和绢云母作为主要矿物成分的岩石，风化程度较浅时，常含少量长石，因部分长石尚未云母化；风化程度较深时，常生成若干高岭石族矿物。所以，风化程度深的瓷石常用来制胎，风化程度浅者常用来制釉[51]。目前学术界对原始瓷是否直接使用了瓷石为原料尚有疑虑，主要是其粉碎加工较为困难。汉代有了水碓，瓷石粉碎等加工就变得容易起来，说汉及其之后使用了瓷石当无大的疑问。但有一点可以肯定的是：从一万年前的江西万年仙人洞，到 20 世纪后期的福建等地，高硅粘土、高硅瓷土，一直是人们制陶、制瓷的重要原料。福建高硅瓷土质地较白，基本上是一种与石英、瓷石、长石共生的一种原生矿，SiO_2 含量一般大于 73%，Al_2O_3 含量则低于 18%。人们通常通过碓捣、淘洗等方式，来改善胎料的塑性，并适当提高 Al_2O_3 量和降低 Fe_2O_3 量。这种原料的出浆率大约只有 30% ~60%，而且塑性不高[54]。

经检测，上虞小仙坛东汉青釉印纹罍瓷片 H5 的烧结温度已达 1310 ±20℃[47][48]，烧结情况较好。显气孔率仅为 0.62%，甚至较元、明时期一些厚胎制品还低；吸水率仅为 0.28%，抗弯强度达 710 千克/厘米²，超过了清康熙年间 1 件厚胎五彩花瓤（700 千克/厘米²）的抗弯强度[55]。釉呈青色，透光性较好，0.8 毫米的薄片已可透微光。胎釉结合较好，无脱落现象；无纹片；击之铿锵有声。除 TiO_2 含量稍高而使胎呈灰色外，其余性能已达现代瓷的标准[48]。1 件标本的胎质亦呈灰色，且较致密；釉呈青色，有少量细碎纹，厚 0.1 ~0.2 毫米[51]。

这种瓷石制的胎，一般都含有大量石英、少量云母残留物及玻璃相。在显微镜下，东汉青釉印纹瓷片 H5 胎内残留石英颗粒较细，且分布较为均匀，石英周围有明显熔蚀，棱角已经圆钝，长石残骸中发育较好的莫来石到处可见；玻璃态物质较多。可知此瓷胎的显微结构与近代瓷基本相似，唯坯料处理欠精，在低倍显微镜下还可看到层状的长形小气孔。釉层中无残留石英，其他结晶亦不多见，釉泡大而少，故釉层比较透明。在胎、釉交界处可见多量的斜长石晶体自胎向釉层生长，并形成一个反应层，使胎釉紧密结合。无论外观还是显微结构，其釉质都摆脱了商周原始瓷的原始性[48]。李国桢等分析的 1 件上虞小仙坛东汉印纹罍腹残片中含有较多的莫来石和较多的 α - 石英，不见方石英。在一般陶瓷坯体中，莫来石形于 1 130℃，在 1 200℃后逐渐发育完成。而石英转变为方石英需在 1 200℃以上长时间保温，看来此器的烧成温度应在 1 130 ~1 200℃之间[52]。

从原始瓷到成熟瓷（或叫真瓷），经过了漫长的发展过程，其间既有缓慢发展，又有质的飞跃。东汉时期，上虞等地一些窑口仍是瓷器与印纹硬陶共烧，釉色往往不是十分纯正。宁波东汉郭塘岙窑虽皆烧瓷，釉色以青为主，但皆泛黄，且有少部分酱褐色（或叫黑色）釉[1]，显示了早期青瓷的一些特征。另外，东汉青瓷刚从原始瓷中脱胎出来，在造型技术和装饰风格上，与原始瓷以至印纹硬陶都有许多相似处；用泥条盘筑法成型的瓿等器物，外壁拍印麻布纹、窗棂纹、网纹等，与印纹硬陶图案基本相似。一般青瓷的装饰花纹仍为弦纹、水波纹、贴印铺首等，与原始瓷并无大的差异。

在此需要说明的一点是：我们把瓷器发明期说成东汉，这是依据现有科学分析资料从总体上说的，并不排除在此之前，部分地方生产过少量瓷器的可能性。有关报道认为，早在西汉时期，南方一些地方就出土过质量较好，超过了原始瓷的青瓷制品。1997 年，甚至鲁西南的微山县西汉中晚期墓也出土了 5 件青瓷器，皆日用器，胎质坚硬，不吸水，釉色鲜明，光洁如新，唯胎色较暗。但有人认为西汉时山东不烧青瓷，当是外地运来[56]，只可惜这些西汉时期以硅酸盐为主的人工烧制物尚未进行过科学分析，故难做最后的定论。

瓷器的发明，是我国古代劳动人民一项杰出创造，因瓷比陶坚固耐用，且洁净美观，又较铜器、漆器造价低廉，原料分布较广，所以它一经发明，便迅速地传播开来，成为十分普遍的日常生活用品。一般认为，汉代瓷器主要产于南方，北方则大体上仍处于原始瓷的阶段，是否生产过真瓷，尚待考古实物的证实。在今北方出土的汉代瓷器，可能都是南方运来的。

（二）关于汉代对"瓷"的称谓

在汉代文献中，关于"瓷"的资料很少，《说文解字》中不见"瓷"字，唯考古资料中透露出过一些信息。长沙马王堆汉墓发掘时，出土过一大批木简和系在器物上的竹牌，其中有 25 根曾用墨笔写有隶书"资"字；在一个印纹硬陶罐上有两块木牌，一块书"盐一资"，另一块书"口资"。这说明"资"便是指印纹硬陶罐[57]。此印纹硬陶的胎质与普通泥质灰陶不同，似属高岭土之类，内含少量细沙，火候较高，质地硬脆，其中的小口罐和带耳罐皆为轮制，瓿似为泥条盘筑法制成。器物肩部均拍席纹，腹部均拍方格纹，之后施釉；釉呈褐色，少数为黄绿色，上部釉层较厚，下部较薄[58]。显然，西汉初年，长沙人是把这类印纹硬陶称为"资"的。此"资"当是借用字，其并无作为一种瓦器、窑器的"瓷"的含意。《说文解字》云："资，货也。"段注云："资者，积也，旱则资舟，水则资车，夏则资皮，冬则资绨绤，皆居积之谓。"早在 1972 年，唐兰便提出了"资"字便是"瓷"字的观点[59]；看来，后世的"瓷"字很可能是由"资"字演变、发展而来的①，其音并无大的变化。在今见文献中，较早提到"瓷"字的地方有二：一是前引张道陵《太清经天师口诀》，说"将一瓷器密合其上"。但这是否反映了汉代用字的真实情况，今已难得分辨。二是西晋潘岳（247~300 年）《笙赋》[60]，这一点下章还要谈到。

（三）黑釉瓷的发展

在青釉瓷稍后，我国南方许多地区又烧出了一种黑釉瓷，它是铁系高温釉瓷的一个重要分支。原始黑釉瓷始见于夏商马桥遗址，周代原始瓷中亦常有使用。黑釉真瓷出现时间虽较青釉真瓷稍晚，但发展十分迅速，在我国古代陶瓷史上占有重要的地位。目前浙江、湖北、江苏、安徽等地汉墓都有黑釉器出土，在上虞东汉窑址还发现过青釉器与黑釉器共烧的现象。习见器物有壶、罐、瓿等大件，以及碗、洗等，造型和饰纹与青釉器基本一致。今见于考古发掘年代较早的器物有镇江小黑罐，安徽亳县"建宁三年（170 年）"墓黑釉器等[61]。值得注意的一点是黑釉虽冠之以"黑"，实际上多呈棕褐、棕黄、绿褐色，而非纯黑色。

1979 年，凌志达曾对我国古代黑釉器进行过一次较为系统的研究[53]，他分析了 21 件南北出土的器物，时代由东汉至元，其中有 3 件为上虞东汉黑釉瓷，胎体颗粒较细、且较均匀，说明其原料进行过较好的粉碎和淘洗；釉色绿褐至黑棕，釉层较薄，釉面开纹片，光泽较差。器胎平均成分为：SiO_2 75.77%、Al_2O_3 15.91%、Fe_2O_3 2.53%、TiO_2 0.93%、CaO 0.37%、MgO 0.62%、K_2O 3.18%、Na_2O 1.0%。可见其 SiO_2 含量较高（75.51% ~ 76.0%），Al_2O_3 含量较低（15.71% ~ 16.25%）；Fe_2O_3 含量亦较高（2.35% ~ 2.62%）。人们还对其中 2 件釉片进行了

---

① 此"资"字今用繁体字而未用简体字，因它是"瓷"字的前身，故以保留原字形为宜，这样亦可避免造成"汉代便有了'资'这个简体字"的误会。

分析，平均成分为：SiO_2 56.29%、Al_2O_3 13.98%、Fe_2O_3 2.01%、TiO_2 1.09%、CaO 16.5%、MgO 2.11%、K_2O 3.73%、Na_2O 1.0%、MnO 0.28%、FeO 2.79%。可知此 SiO_2 量较低（56.13%、56.45%）；CaO 量较高（16.42%、16.58%），为石灰釉。两件标本含铁量皆较高，尤其是低价铁，其 Fe_2O_3 分别为 2.15%、1.87%，FeO 分别为 2.49%、3.08%。

可见从胎到釉，黑釉器与青釉器的成分都有一定区别，两者皆出现于汉，说明时人对胎料、釉料的选择和配制能力已达到相当高的水平。

在显微镜下观察时，黑釉器胎体主要由玻璃体、石英颗粒、长石残骸、莫来石针晶及气孔等组成。石英粒无明显的熔蚀边，数量约占25%～40%，大小为15～40微米，少数达60～100微米。长石残骸上生长有莫来石针晶。可见到少量小云母晶体。釉层为透明玻璃体。胎釉结合处无明显的反应中间层。三器烧成温度范围为 1 220 ± 20～1 240 ±20℃，显然温度不高，其中一件标本含气泡亦较多[53]。

从大量的实物考察情况看，黑釉器的胎泥多数炼制不精，胎、骨不及青釉器细腻，器形也较简单，施釉常不及底，在器底及近底处常显露出深紫色。黑釉瓷的胎和釉皆以含铁较高的粘土作原料，优点是：（1）其分布较广。（2）烧结温度较低，在窑炉温度尚不太高的条件下，也能烧出较好的产品。（3）釉中含铁量较高，颜色较深，从而掩盖了粗糙且灰黑的胎体，改善了器物表面状态。黑釉瓷的产生和发展是汉代制瓷术的一项重要成就，较好地促进了我国古代陶瓷业的发展。

汉代瓷器成型主要是拉坯法和泥条盘筑法，亦兼用他法。宁波郭塘岙窑所烧青瓷主要有罍、钟、壶、罐、盆5种，除罍为手制外，其余4种皆为轮制，罍的口沿亦曾轮修。器耳多用模制，罍的口沿、钟的圈足是分段安装的[1]。上虞帐子山东汉窑址出土一件"陶车"构件——瓷质轴顶"碗"，内作臼状，壁上施有均匀光滑的青釉；处壁成八角形，上小而下大，镶嵌在轮盘的正中部位，置于轴顶，一经外力推动，即可持续而快速地旋转起来[62]。施釉法又由刷釉改成了蘸釉，釉厚且匀，郭塘岙窑的青瓷施釉亦常不及底，仅施一半者众。罍、钟、壶的内底常有刷釉现象。釉面光洁。釉厚多为0.2毫米，盆类的达0.7毫米，胎外施釉不均[1]。

五、筑窑和烧造技术之发展

此期窑炉主要有半倒焰式馒头窑和平焰式龙窑两种，前者主要见于北方，多用于烧陶器，后者多见于南方，用来烧瓷器，或陶、瓷共烧。早期青瓷主要在龙窑中烧成。

（一）半倒焰窑

我国半倒焰窑的基本结构战国便已定型，相当长一个时期内皆无太大变化，秦代才有一些进步，这主要表现在两方面：（1）火膛、窑室增大。如秦都咸阳窑[63]，以土坯砌成，容积约为午汲战国窑床的3倍，燃烧室深度加大一倍[64]。（2）窑床前高后低，如咸阳滩毛村4号陶窑的坡度约7度，这是一项新成就。因半倒焰窑的火焰，部分作横向运动，窑床上的坯件常因前半部受热较快，发生收缩而倾倒，有时还可能倒入燃烧室。适度地前高后低，便避免了这些现象的发生[65]。汉代陶窑较秦代又有了一些进步，主要表现是：(1) 将进烟口①增加到了两个或两个以上。设置两个时，分布于后窑墙的两侧；设置三个时，一个居中，两侧各一，也有三个并列的。进烟口均设在窑后的墙内，窑室内封一土坯。进烟口虽有两个或三个，但最后的排烟口，或说竖起来的烟囱，却只有一个。两侧烟道均向中部弯曲，烟经汇集后排出窑外。类似的结构在河南温县[66]、新乡[67]、甘肃酒泉[68]、陕西汉长安城[69]、河南偃师西罗洼村[70]等都可看到（图 3-3-1）。只设一个进烟口时，往往容易造成温度不均。1986 年，新乡北站区前郭柳村发现了三座汉代窑址，其中 2 号窑只有一个进烟口，3 号窑 3 个；1 号窑 4 个，均置于后墙内，一字排开，中间的两个较大，边上两个较小，两侧烟道均向中部弯曲，把烟汇集到中间通路，再由排烟口排出窑外[67]。这就改善了窑内火焰分布状态，使窑内各部均能达到较高温度。(2) 窑顶采用了券砖拱顶结构。1988~1989 年，河南偃师西罗洼村发现一处东汉烧煤的瓦窑遗址，其中有一座保存较好，全窑由窑门、火膛、窑室、烟囱组成，窑顶是由砖券砌而成的，系四隅券进式，这种结构在其他地方还很少看到[70]。(3) 窑后有一个较大的集烟室，这在许多窑上都可看到。如偃师西罗洼村东汉烧瓦窑，窑后在生土中挖一窑洞（集烟室），平面长 2.6米、宽 0.5 米，在高 1.25 米处收缩成一个细窄的烟道，烟道残口部长 0.5 米、宽0.3 米，向上将烟引出地面[70]。1994 年，汉长安北宫遗址南发现 20 多座砖瓦窑遗址，清理了 11 座，结构基本相同，值得注意的是，其窑室皆呈椭圆形，有的弧度还较为规整，这对于火焰运动显然是有利的[71]。

图 3-3-1　汉代陶瓷窑后墙内烟道分布图
左：甘肃酒泉下河清窑　中：西安草滩阎家寺窑　右：河南温县烘范窑
采自文献[65]

在今见汉代陶窑中，武安午汲一座东汉窑可谓颇具匠心。它将窑的后墙做成弧形且向外凸出，在窑室与后墙间，另用砖坯单行横砌一道上达窑顶的隔墙；隔墙下部贴近窑床处，设有三个间距相等的进烟口。于是，隔墙与窑后墙之间便组成了一个半月形的集烟室，把烟气汇集后再排出窑外（图 3-3-2）[64][65]。这种集烟室不但构筑方便，而且可起到"沉烟"和净化烟尘的作用。偃师西罗洼东汉窑在集烟室与窑室间有一生土隔墙，底部有三个进烟口使之与窑室相连[70]。

---

① "进烟口"和"排烟口"都是以竖立起来的烟囱为主体来命名的。烟流入烟囱之口，谓之进烟口；烟排出烟囱之口，谓之排烟口。

（二）龙窑

龙窑在东汉时期有了一定发展，主要表现是使用地域又有了扩展，除江西、浙江外，重庆等地也有发现。技术上的进步不大，唯坡度稍有加大，窑顶使用了粘土砖拱成，高度稍有增加等[72]。

浙江上虞 1 号龙窑残长 3.9 米，全长估计 10 米左右；残存部分的窑床底部宽 1.97～2.08 米，窑底前段

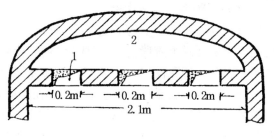

图 3 - 3 - 2　河北武安午汲东汉窑后部平面示意图
1. 进烟口　　2. 集烟室
采自文献[65]

倾斜 28°，后段倾斜 21°；2 号窑前段倾斜 31°，后段倾斜 14°。前后两段交界处都有一道明显的凸起折棱[62]。显然这两项技术都有利于提高空气抽力、提高窑温、改善温度分布，使温度提高到 1 300℃左右，为瓷的烧成创造了必要条件[73]。为控制火焰流速，2 号窑的烟道还用砖坯和粘土堵小。从烧造情况看，窑尾温度一般较低，很可能烧不出瓷器来，这在 1 号窑上表现得尤为明显，这与后段坡度较小有一定关系。两窑皆间烧青釉、黑釉瓷；1 号窑以青瓷为主，多为碗、盅类小件器物；2 号窑以黑釉器居多，多为罍、瓿、罐、壶等大件器物，表现了一定的分工倾向[62]。值得注意的是宁波郭塘岙汉代龙窑未见兼烧釉陶，亦未见上虞东汉龙窑那种青瓷与印纹硬陶兼烧的现象[74]，说明郭塘岙已发展成单一的青瓷窑[1]。

1992 年，江西丰城县港塘村发掘了 3 座东汉晚期龙窑，并排构筑，其中一座长约 10 余米，宽约 2 米，前段坡度 19 度，后段 9 度，烧结面厚约 5 厘米[75]。1997 年，重庆市忠县中坝发现 3 座汉代龙窑，长约 10 米[76]。

（三）窑具

此期窑具也有一定发展，比较值得注意的是圈式间隔具的使用、支烧具的初步推广和有关火眼的问题。

圈式间隔具至迟出现于东汉晚期，湖南湘阴青竹寺窑等都有出土，且有垫饼与垫圈同出[77]。这种间隔具的优点是稍见平稳。支烧具虽出现于战国，但发展较为缓慢，东汉时期才在浙江一带推广开来[78]。前述上虞两座龙窑的底部都置有部分窑具，1 号窑的垫座为斜底直筒形，叠烧时的间隔为三足支钉；2 号窑的垫座呈束腰斜底喇叭状[62]。宁波郭塘岙龙窑采用了高 10～10.4 厘米的覆钵形支烧具和高 36 厘米的喇叭形支烧具，可依烧成带中不同部位窑温不同的情况，把坯件置于最佳烧成位置，故其产品很少有生烧的[1]。

据报道，1982 年，始皇园陵附近的下和村陶窑出土了 1 件带孔的圆形陶片（82 下 Y1:73），外径 8 厘米、厚 3.1 厘米，正中有一直径 1.5 厘米的孔洞，发掘者称之为"火眼"，说其"是观察火候的工具"，其中间的小孔便是"观火透孔"[79]。从道理上讲，此观火的透孔对于遮挡高温火焰辐射是有一定作用的，但其在考古发掘中看到的较少，传统技术中亦不多见，所以这种有孔的圆形陶片是否观火透孔，有待进一步核实。

（四）青瓷的烧成技术

青瓷的烧造大体上可分为三大阶段，即氧化焰烧造、还原焰烧造、冷却；关键是控制好后两个阶段。青釉器是以铁氧化物为着色剂的，在氧化性气氛中，釉中釉色显黄；还原性气氛中显青；弱还原焰时，釉色青中泛黄；强还原焰时，呈现较深的青色。温度和气氛控制得当，便可得到纯正的淡青色；控制不当，便会产生薰烟，或窑温过高而流釉和变形，或温度过低而出现"生烧"的现象。在冷却过程中，冷却过慢，铁便会发生二次氧化，使釉色泛黄；太快又会产生"惊风"，致使胎壁开裂。东汉晚期一些青釉瓷，不但胎质较好，而且釉色纯正，无流痕，少开片；说明人们已较熟练地掌握了复杂的青瓷工艺。据分析，上虞小仙坛青釉瓷胎含 FeO 为 1.26%、Fe_2O_3 为 0.58%，还原比值（FeO/Fe_2O_3）为 2.17，说明其在还原性气氛中烧成。制瓷技术之高低，只有烧成之后才能充分地体现出来。

瓷器的发明，是印纹硬陶技术、原始瓷技术长时期发展的结果，它说明人们在原料选择和加工、釉料配制、筑窑技术、烧造技术等方面都达到了相当高的水平。选择并加工好原料，是烧制瓷器的基础；筑好窑、控制好温度和气氛，则是烧制出瓷器的外部条件。昔有学者认为，中国首先发明了瓷器，是最先使用了高岭土的缘故，实际上并非如此，而是最先使用了高硅的瓷土和瓷石。高岭土含 Al_2O_3 量较高，熔剂量较低，使用纯高岭土作为制瓷原料时，即使达到 1400℃ 的高温，也是很难致密烧结的，况且古代窑炉很难获得此种高温。所以在当时的温度条件下，用高岭土作原料时，就只能烧出白陶来。瓷土所含石英、高岭石和长石之比例，恰似配合好了的真瓷组分，这种组分在 1200℃~1300℃ 间具有良好的瓷化性能，就为瓷器的烧造打下了良好的基础[51][80]。商周以来，我国人民在长期生产实践中，逐渐积累了一整套如何选择瓷器原料的经验，其中主要是提高坯体 SiO_2 和 Al_2O_3 的含量，降低 Fe_2O_3 的含量。我国南方许多省份都有十分丰富的高硅瓷土资源；而南方龙窑技术的发展，使器胎能生成较多的玻璃质，促进它的烧成，使胎骨坚强致密，并使胎釉紧密结合而不至于脱落；这也是瓷器首先在我国南方，而不是在北方产生出来的原因。瓷器的发明，是我国人民对世界文化的一项杰出贡献，后来它又传到了东南亚、南亚、非洲、西亚，深受各国人民的喜爱。欧洲的第一批瓷器大约是 1575 年才在意大利的佛罗伦萨（Florence）烧制成功的。

第四节　古代机械技术体系之初步形成

秦、汉是我国古代机械技术全面发展的一个重要阶段，此时农业、手工业、军事、交通等社会生产和社会生活的各重要部门，都使用了较为复杂的组合机械。由于冶金技术的全面发展，一些简单机械，从材质到形制都发生了许多变化。水力已使用于粮食加工、冶铸鼓风和天文观测；风帆已广泛使用于船舶航行。此时的自动博山炉，应是对热力的一种早期利用。连杆传动、曲柄传动、绳索传动、拨杆（凸块）传动、"偏心矩"传动等都更加巧妙地用到了纺织、粮食加工和鼓风等机械中，而且把齿轮传动用到了记道车、天文仪器和指南车上。在交通工具中，发明了独轮车，造船技术有了较大提高；在农具中，作为粮食加工工具的旋转磨有了较大发展，发明了砻和扇车；耕犁的结构趋向于更加完善；弓弩技术有了发展；发明了游标卡尺、消暑大扇、被中香炉，以及某些自动机械。古代机械技术的基本体系开始形成。

一、水力和风力机械的发明和发展

古代机械的动力最初主要是人力，之后才使用了畜力、水力、风力、热力。先秦时期，我国机械的原动力基本上是人力和畜力，西汉之后才使用了水力、风力，后二者的利用，是人类改造自然、利用自然的又一伟大胜利。秦汉时期的水力机械主要有水碓、水排、翻车、浑天仪；风力机械主要是风帆。对热力的利用虽始于汉，但当时仅仅是一种游艺性机械。

（一）水碓

这是一种水力驱动的粮食加工机械，约发明于西汉。《桓子新论》云："宓牺之制杵臼，万民以济，及后人加巧，因延力借身，重以践碓，而利十倍杵春。又复设机关。用驴赢牛马及役水而春，其利乃且百倍。"[1] 这里叙说了粮食加工由杵臼到践碓、畜力碓、水碓的整个发展过程。这是我国古代关于水碓的最早记载。桓谭（公元25～57年），东汉早期人，故水碓发明年代当可上推到西汉。"宓牺"即伏牺，杵臼是否伏牺发明，今已难知。一般而言，它应是农业发明前后出现的；不管是采集来的，还是人工栽培的谷物，都需进行简单的加工。湖南澧县彭头山新石器时代中期遗址出土有石杵[2]，浙江河姆渡出土有木杵[3]，杭州水田畈和吴兴钱山漾良渚文化都出土有木杵，陕西华阳横阵仰韶文化遗址、甘肃秦安大地湾、山西襄汾陶寺都有石臼出土。用杵、臼春米的力，是人的臂力和杵的重力；践碓则是利用杠杆原理，把杵头安装在杠杆（碓身）的一端，用脚踏动杠杆另一端，借助重力春米的；畜力碓则是通过轮轴的转动，以安装于转轴上的拨杆（或说凸块）做传动件，代替人脚来间断压动杠杆（碓身）的。

水碓发明后在雍州等地得到了较广的使用。《后汉书·西羌传》载，顺帝永建四年（129年），虞诩上奏章，说"雍州之域……因渠以溉，水春河漕，用功省少而军粮饶足"。原注云："水春即水碓也。"

这些记载都较简单，关于汉代水碓的具体构造，依此很难了解。文献上关于水碓较为详明的记载是到了元代才看到的，其中大家较为熟悉的是元王祯《农书》、《资治通鉴》胡三省"注"，前者还配有插图。《资治通鉴》卷七八"魏纪十"元胡三省注"水碓"云："为碓水侧，置轮碓后，以横木贯轮，横木之两头，复以木，长二尺许，交午贯之。正直碓尾木，激水灌轮，轮转则交午木戛击碓尾木而自春。不烦人力，谓之水碓。"此"横木"即水轮之卧轴，此水轮为立式。午、交午，一纵一横。宋史炤《资治通鉴释文》卷八"魏纪十"："水碓，轮车也。"说水碓是用水轮驱动的轮车。这些，对我们了解汉代水碓都有一定帮助。元王祯《农书》卷一九"农器图谱·利用门"也载有类似的装置，此外还载有一种"槽碓"，其做法是："碓梢作槽受水，以为桩也。凡所居之地，有泉流稍细，可先低处置碓一区，一如常碓之制，但前桯较细，后梢深阔，为槽可贮水斗余。上芘以厦，槽在厦外，乃自上流用笕，引水下注于槽。水满则后重而前起，水泻则后轻而前落，即为一春"。此槽碓虽较简单，却蕴藏了较深的力学原理。水碓的发明，是人类利用自然力的又一重要成果。郭可谦先生函告云：此水碓亦是简单机械，并为早期自动机械的一个典型实例。因依经典的说法，一部完整的机械应包括三个主要部分，即动力部分、传动部分和执行部分，而此三部分在水碓机构中皆已具备，同时这里还置有机座和自动控制部分，从而具有更深一层的含义。

（二）水排

这是一种水力驱动的鼓风机械。"水排"即水力驱动的排橐，"橐"原是一种皮囊，"排"即是串在一起的一排鼓风皮囊。如前所云，人力推动的橐在商代和战国都有使用，水力驱动的橐则是发明于东汉初年。《后汉书》卷六一"杜诗传"说：杜诗乃河内汲县人，建武七年（公元31年）迁南阳太守，他"善于计略，省爱民役，造作水排，铸为农器，用力少见功多，百姓便之"。这是我国古代关于水力鼓风的最早记载。汉代水排的具体构造今已难知，从元代王祯《农书》卷一九所载水排图来看，它应是通过轮轴、绳索、拉杆来传动的。欧洲水力驱动的鼓风装置约发明于12世纪。

（三）翻车和渴乌

它们都是一种排灌机械。《后汉书》卷一〇八"张让传"云：掖庭令毕岚，"又作翻车、渴乌，施于桥西，用洒南北郊路，以省百姓洒道之费"。这是我国古代关于"翻车"和"渴乌"的较早记载。但此述十分简单，其具体构造很难确切了解，学术界便产生了许多不同看法。元王祯[4]、明徐光启[5]、今人刘仙洲[6]、陆敬严[7]等，皆说此"翻车"即后世的龙骨车；李崇州等则认为它实际上是一种辘轳[8]；但此两说皆未列出令人信服的文献依据。浅见以为汉代的翻车即是筒车，有关情况第四章再作讨论。"渴乌"即虹吸管。"张让传"章怀太子李贤注云："翻车，设机车以引水。渴乌，为曲筒，以气引水上也。"杜佑（735~812年）《通典》亦认为它是一种虹吸管。1977年，安徽阜阳汉墓出土一批西汉竹简和木牍，竹简之一载："泄并以半口母动，口管之水将自汲也。"墓主人为西汉汝阴侯夏侯灶（？~公元前165年）。此由井中"自汲"之管，当是一种虹吸管[9][10]，说明当时渴乌使用已较普遍。

（四）浑天仪

这是一种水力驱动的天体模型。古人认为天体之状如鸟卵，周旋无端，其形浑浑然，"浑天仪"原即此意。《晋书》卷一一"天文志上"云："张平子既作铜浑天仪，于密室中以漏水转之。令伺之者闭户而唱之。其伺之者以告灵台之观天者，曰璇玑所加，某星始见，某星已中，某星今没，皆如合符也。"张衡（78~139年），字平子，东汉人，这是我国古代水力驱动天文仪器的最早记载。由宋代苏颂所著《新仪象法要》所绘构造图等资料推测，汉代浑天仪应是一种水力驱动，以齿轮为主要传动的机械。同时引文还谈到了"皆如合符"，若非齿轮传动，是很难做到这一点的。

我国古代的天文仪器约发明于先秦时期，《尚书·舜典》有"璇玑玉衡以齐七政"的说法，一般认为，"璇玑玉衡"可能就是后世浑仪的原始形态。另据唐《开元占经》等的引述，战国魏的石申曾测量了100颗星的位置，并记下了所测恒星的赤道坐标，他很可能制作了某种具有赤道装置的天文仪器。1973年，长沙马王堆汉墓出土的《五星占》所记战国行星位置都相当准确，如其金星的会合周期为584.4日，比现代测定值仅大出0.48日，若无仪器，是很难达到如此准确的。到了汉代，有关天文仪器的记载就逐渐明确起来，西汉杨雄《法言·重黎》云："或问浑天，曰：落下闳营之，鲜于妄人度之，耿中丞象之。"李轨注云："落下闳为武帝经营之，鲜于妄人又为武帝算度之；耿中丞名寿昌，为宣帝考象之。"可见在武帝、宣帝时，人们已制作了浑天仪，并用它进行了观测的演示。关于西汉浑天、浑象仪的具体构造，今已很难了解，《开元占经》曾引东汉蔡邕言，对浑仪作过一些描述和评论。张衡所做浑天仪，是个划时代的创造。

（五）风帆

风帆是我国古代利用风力作动力的最早例证，有关记载始见于东汉中期。安帝元初二年（115年），马融所上《广成颂》便曾提到风帆，并对其使用情况作了十分生动的描述："然后方余皇，连舼舟，张云帆，施蜺帱，靡飔风，陵迅流，发櫂歌，纵水讴，淫鱼出，菁蔡浮，湘灵下，汉女游。"[11]此"张云帆"两句意即"张开似云彩、若霓虹的绸帆"。这是迄今所知我国古代关于风帆的最早的明确记载。稍后，王粲（177～217年）《从军诗》曾有"柂帆倚舟樯"等语。这里提到了"帆"和"樯"，是我国古代关于桅杆的较早记载。汉末刘熙《释名·释船》对帆是这样定义的："随风张幔曰帆。帆，泛也，使舟疾泛泛然也。"从这些情况看，东汉中晚期之后，风帆已经相当广泛。

关于风帆的发明年代，学术界一直存在不同看法：昔曾有人说它始创于夏，依据是明罗颀《物原》云："夏禹作舵加以篷碇帆樯"；今有学者则说它发明于商，理由是甲骨文中有一个"凡"字，而"凡"亦可训之为"帆"[12]；但也有学者对此持有异议，理由是：甲骨文"凡"字的含义较广，而且大量的东周、西汉文献均不见"帆"字踪影[13]。我们认为，这些皆可进一步研究。从现有资料看，其发明年代应在东汉中期之前。

（六）儿童玩具风车的出现

"风车"是一种利用风力推动的机械，及至汉代为止，类似的实物和文字资料皆未看到。但有报道说，辽阳三道濠东汉墓壁画中，见有一黑帻白衣人双手高举一只黄色风轮状物（图3-4-1），与后世儿童玩具风车颇为相似[14]。若所说无误的话，这便是借助于风力推动的儿童玩具风车，应是实用风车的原始形态。我们以为，东汉已经有纸，用纸或类似绢的东西做成玩具风车还是可能的。当然，由玩具风车到实用风车，还有一段漫长的路程。

图3-4-1　辽阳三道濠东汉墓壁画上
的风轮状物
采自文献[14]

二、齿轮传动机械的发明和发展

我国古代齿轮传动至迟发明于西汉时期，当时使用的机械主要有记道车、指南车和浑天仪等，它们都能比较精确地把一根轮轴的旋转运动和动力传递到了另一根轴上。水力驱动的浑天仪前已言及，下面分别介绍其他两种机械。

记道车。又谓之记里车、司里车、记里鼓车，它是利用车轮的转动，自动地把车行的里数记述下来的一种机械，功能与今汽车的里程表相当。

记道车至迟发明于西汉。《西京杂记》卷五云："汉朝舆驾祠甘泉汾阴，备千乘万骑。太仆执辔，大将军陪乘，名为大驾。司马车驾四中道。辟恶车驾四中道。记道车驾四中道。"《旧唐书·经籍志》谓《西京杂记》为晋葛洪撰。据云，葛洪家珍藏有刘歆"汉书"百卷，乃当时欲撰史录事而未得用者；班固《汉书》全取自刘歆之书，洪又抄集班固未录者而成卷。一般认为，《西京杂记》所录诸事大体上是可信的。关于记道车的具体构造，由《晋书》到《宋史》，许多文献都有记述，尤以《晋书》和《宋史》所述为详。后面再作介绍。

指南车。这是一种自动离合的齿轮传动机械。其发明年代历来都有不同说法。晋崔豹《古今注》说它始于黄帝，又云"旧说周公所作"。沈约《宋书》卷一八"礼志"也有周公所作之说，但沈约还提供了其他的一些资料。其云："其始周公所作……《鬼谷子》云，郑人取玉必载司南，为其不惑也。至于秦汉，其制无闻，后汉张衡始复创造。"说黄帝或周公始创了指南车，这是难以令人置信的。《鬼谷子·谋篇》虽也提起过"司南"，但其具体形态今已难考。从现有资料看，指南车应是东汉张衡创制，应是在记道车、司南等的启示下发明出来的。也有学者说其发明于西汉[15]，亦可进一步研究。

在此有一点值得注意的是，不管记道车、指南车，还是浑天仪，所用齿轮基本上都是木质的[16]，用于传动的金属齿轮今在考古发掘中尚未得到证实。几十年来，考古界虽发现过许多金属齿轮状物，有铁质、也有铜质[17]，有斜齿、人字齿，也有直齿，河北、河南、山西、陕西等许多地方都有出土，年代上限已推到了战国，但它们多是用于制动的，有的则用途不明。早在1937年，王振铎就已谈到过此事[18]。1989年，陆敬严在考察了大批金属齿轮状物后认为，只有1954年山西永济窖藏出土的两件齿状物可用于传动[19]，其伴出有战国至西汉遗物。其中一个为5齿，外径3厘米；另一个为6齿，外径2.1厘米。但笔者认为其是否能够传动，依然值得研究，且真实用途不明。1974年，陕西永寿县出土过一件金属直齿轮，齿数达48[20]，用法亦不明。一般而言，齿轮的功能大体上可归结为二：一是传递运动，二是在此同时并传递动力。记道车、指南车、浑天仪，基本上属于前一类型，其载荷量较小，使用硬木材料也是可以的，但也不排除其中部分小型齿轮使用过金属的可能性。

我国古代的机械传动主要有5种方式[21]，即连杆传动、齿轮传动、拨杆传动（凸块传动）、绳索传动、链传动。直至东汉为止，前4种机构先后都已出现。纺车和织机上有连杆和绳索传动，玉的琢具上有绳索传动，皆可上推至先秦时期。水碓、水排上有拨杆（凸块）传动；水排上还有拉杆传动；浑天仪、记道车、指南车都使用了齿轮传动。我国古代的机械链约有两种，即传送链和传动链；前者约出现于三国时期，后者则是到了宋代才看到的。秦汉考古发掘中虽见有不少金属链状物，有铜质，也有铁质，但皆与传动无涉。满城刘胜墓所出铜壶计有4条系链，以为提系，长达 48～48.5 厘米。其车马器上计有 9 件铁链，每节用两股粗铁丝拧成绳状，两端作环，环环相扣而成长链，各链粗细不同，其中一件残长 28 厘米[22]。山东寿光出土有汉代铁链 1 条，锻制，计 10 节，长 72 厘米[23]，用途不明。郑州古代窖藏出土有 4 件铁镣，并附有铁链，乃是一种刑具[24]；秦俑坑也出土过一些链条，种类较杂，其中包括黄金型、铜型、铁型，以及铜与石、皮与铜之组合型[25]，这些链在机械学上并无太大意义。

三、耕作和粮食加工机械的发展

这方面的机械较多，这里主要介绍一下犁、耧车、旋转磨、碓和扇车等人们较为关注的几种。

（一）耕犁结构之初步形成

我国耕犁约出现于铜石并用时代，这在长江流域和黄河流域的考古发掘中都可看到。始为石质、木质，以人力拉动，之后才发展到了青铜质、铁质，以牛拉动。秦汉时期，铁质犁铧在全国范围得到了推广，陕西、河南、山东、河北、甘肃、福建、辽宁等省的几十个地方都有汉代铁质犁铧出土。与战国相比较，秦汉犁铧的主要进步是：（1）由铁口犁逐渐演变成了全铁犁，而且出现了不少形制较大的制品。山东滕县出土一件大型犁铧，三角形，长 48 厘米，顶宽 45 厘米[26]。河北平泉下店发现几件大型犁铧，其中 3 件的长、宽和銎高分别为：46.0 厘米、47.0 厘米、15 厘米；43.0 厘米、46.0 厘米、14.5 厘米；40.0 厘米、44.0 厘米、13.0 厘米[27]。原始铁犁铧多为铁口型。（2）一些犁铧头部的角度变小，两刃内侧交接处向后延伸；于是阻力减小，较为省力[28]。（3）出现了犁壁。犁壁不但可用来翻土成垄，而且可起到除草杀虫的作用。在欧洲，犁壁是 13 世纪出现的。（4）犁体结构向完善化方向发展，作为犁的木质部分已有了犁辕、犁梢、犁底、犁箭、犁衡等。早期的直犁辕计有单直辕和双直辕两种，前者即所谓的"二牛抬杠"，后者则是一牛一犁；其犁箭可调节耕作深度；此双辕和犁箭，或说一牛一犁的出现，是一种较为先进的耕作方式，并具有重要的技术意义[29]。至于《汉书·食志》所云"二牛三人"的"耦耕"法，今世学者则有过许多不同意见，其中一种认为是二牛挽一犁（二牛抬杠），即一人牵牛，一人压辕，一人扶犁[30][31]。

（二）耧车

这是一种条播机械，约始见于汉武帝时期。早期的播种方式多为撒播，汉武帝时，尉粟都尉赵过推行代田法，须开沟作垄，将种子播于沟内，遂发明了耧车。东汉崔寔《正论》曾对其作过简单介绍："三犁共一牛，一人持之，下种挽耧，皆取备焉。一日种顷也。"[32]崔寔，字元始；《政论》，有时又写作《正论》。显然，此介绍过于简单。实际上，对耧车的详明记载是到了元代才看到的。元王祯《农书》卷一二"农器图谱二"云："耧种之制不一，有

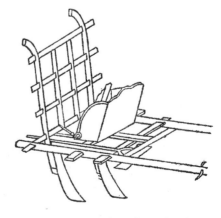

图 3-4-2　王祯《农书》所载耧车图

独脚、两脚、三脚之异……其制两柄上弯，高可三尺，两足中虚，阔合一垅，横桄四匝，中置耧斗，其所盛种粒，各下通足窍，仍旁挟两辕，可容一牛，用一人牵，傍一人执耧，且行且摇，种乃自下。"（图3-4-2）此法将开沟与下种同时进行，简化了操作，提高了工效，是汉代农业技术的一项重要成就。

（三）旋转磨

磨是谷物粉碎加工机械。旋转磨始谓之硙，又谓之磑。西汉史游《急就篇》卷三云："碓硙扇隤舂簸扬。"唐颜师古注："碓所以舂也，硙所以磑也。"史游，元帝（公元前48～前33年在位）时曾任黄门令。《说文解字》云："磑，石硙也。"段氏注："磑，今字省作磨。"但"磨"字在东汉时期亦已出现，崔寔（？～约170年）《四民月令》云："六月……馈治五谷、磨具。"这些都是我国古代关于旋转磨的较早记载。

如前所云，圆形旋转磨约始见于战国晚期，河北邯郸[33]，及属战国至秦的陕西临潼秦故都栎阳遗址[34]、临潼郑庄秦石料加工场[35]都有出土。汉后，山东济南、河北满城、河南洛阳烧沟、江苏江都、山西襄汾等都出土过西汉旋转磨；东汉时期便更加广泛地使用起来，有关实物出土量更多。但总的来看，秦汉旋转磨依然是处在发展过程中的。由战国至西汉，磨齿多为凹坑型，面粉不能迅速外流，凹坑也容易为粮食堵塞，显得有些原始。东汉之后，磨齿出现多样化，西汉时期处于萌芽状态的辐射形、分区斜线形此时逐渐推广，显然是人们看到了凹坑式的缺点。图3-4-3为河南正阳李家东汉中期墓石磨形态，直径50厘米，高16厘米，酱砂石质，表面斜刻细密凹槽[36]。西晋之后，磨齿结构才逐渐变得成熟起来[37]。

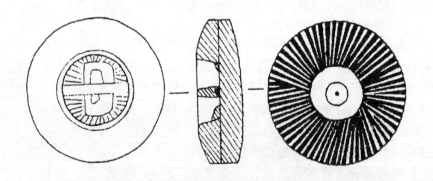

图3-4-3　河南正阳东汉石磨
采自文献[36]

（四）砻

这是一种用研磨来使谷类去皮的机械，其构造与圆形旋转磨相似，唯质地和功用有一定区别。磨皆石质，砻尚有竹编泥填而成者。《说文解字》云："砻，磑也。"段玉裁注云："此云磑也者，其引伸之义……今俗谓磨谷取米曰砻。"在考古发掘中，砻的形态始见于新莽。1984年江苏泗洪发现一汉画像石墓，其西室西壁画像石有一幅"庖厨图"，其中便有一砻，砻分两扇，顶部有承谷漏斗，下有砻盘承接加工过的谷物，砻右一人弓步推砻，墓葬属新莽时期。看来砻的发明期至少可上推到西汉晚期。砻的实物始见于东汉，今见有湖北云梦痲痲墩 1 号东汉墓陶砻、湖北鄂州东吴墓石砻等。前者上扇的边缘有柄，柄上有孔，可以安装推拉杆（曲柄）；后者有推拉杆（曲柄）同时出土[37]。此上扇之柄，便相当于一种偏心机构，以曲柄推拉时便会产生一个偏心力矩，在此偏心矩的作用下，砻便不断地旋转。产生偏心矩的机构较多，汉代的旋转磨、旋转砻、脚踏纺车，以及后世的偏心轮、脚踏木棉纺车等，大体上都具有这种机构。

大凡磨和砻之始都是人力驱动的，可通过推拉杆（曲柄）而使之绕轴心旋转，也可以人力推动磨柄旋转。总之这磨和砻都是在偏心矩作用下旋转做功的，这是我国较早的曲柄连杆组合传动装置。魏晋南北朝时，我国又发明了畜力磨、水力磨。磨和砻，皆一直沿用到了近现代。

（五）扇车

这是人力驱扇生风，以分离稻壳等杂物的粮食加工机械。有关记载始见于西汉《急就篇》，即前引"碓磑扇隤舂簸扬"。颜师古注云："扇，扇车也。隤，扇车之道也；隤字或作隧，隧之言坠也，言既扇之，且令坠下也。"今在考古发掘中所见最早的扇车形态是河南济源西汉末年墓所出扇车、践碓的陶质模型。其扇车位于米碓后边，车箱呈梯形，中部有一方形漏斗，扇叶安装在中央轴上，有一立俑摇动风扇的摇柄[38]。1971 年，山西芮城汉墓群出土 4 件东汉釉陶粮食加工作坊模型（明器），形制基本相同，平面呈长方形，顶长 30.5 厘米、顶宽 19.5 厘米、通高 15.5 厘米、屋长 23.5 厘米、屋宽 14.2 厘米；作坊中有碓、磨、扇车三种机械。风扇 6 叶，中轴通外有摇柄，上有盛米漏斗，下有出秕的夹槽，与流传至今的农村风扇车如出一辙[39]。1971 年，洛阳东汉砖卷墓亦出土有陶质风扇车、践碓模型[40]。可见扇车在东汉使用已广。

四、弓弩技术的发展

弓约发明于旧石器时代，弩约发明于新石器时代，都是古人对弹力的较早利用。由于对外征战之需，汉代弓、弩技术都有了较大提高。

（一）弓

汉代骑射技术得到了较大发展。此期弓箭技术上的进步主要有下列两项：（1）箭镞逐渐完成了以铁代铜的过程。秦俑坑于 20 世纪 70 年代两次发掘，出土铜镞计约 8 400 多只，铁铤铜镞只有 4 只，铁镞只有 1 只[41]。安徽阜阳双古堆西汉早期汝阴侯墓出土铁铤铜镞 36 只、铜镞 9 只[9]。西汉中期后，这情况就发生了变化，河北满城刘胜墓出土箭镞计 441 只，其中铁镞 371 只，铜镞 70 只[42][43]。刘胜死于元鼎四年（公元前 113 年）。如前所云，王莽时期毁于战火的汉长安武库中，铜镞与铁镞之比，大约只为 1∶10 左右。（2）弓体大小逐渐规范起来，弓体较为宽厚，镞短杆长，有利于远射。今见的几件汉弓尺寸都较接近，长约 130～140 厘米；箭有长、短两种，分别为 80 厘米和 67 厘米左右；不像楚墓所出箭镞那样长短悬殊[44][45]。居延甲渠候官遗址出土过一件新莽建武初年的复合弓，弓长 130 厘米，外侧材质为扁平的长木，里侧材质由几块牛角锉磨、拼接、粘合而成，弣部又夹辅二件木片。表面缠丝髹漆，外黑内红[46]。

（二）弩

汉《释名》云："弩，怒也。有势怒也。其柄曰臂，似人臂也。钩弦者曰牙，似齿牙也。牙外曰郭，为牙之规郭也。下曰县（悬）刀，其形然也。含括之口曰机，言如机之巧也。"此对弩的构造作了较好的描述，说明汉代对弩机各部分功能已有了进一步的认识。

汉代弩机的进步主要表现在以下 6 个方面：

1. 青铜扳机外装上了铜质机匣（即铜郭），这在战国时代是很少看到的。铜郭的使用，使机括能承受更大的张力，从而增加了弩的强度和箭镞射程。

2. 瞄准装置，即"望山"有所改进。望山始见于战国时期，汉后其高度有所增加，原来的弧面改成了直面，并在望山上增加了刻度。刘胜墓弩机的望山高约4.5 厘米，上有 5 个大的刻度，每个大刻度内又刻有半度，这对于远射时的瞄准具有尤为重要的意义[44][45]。

3. 弩的制造趋于标准化。据汉简所记，人们已依弩的弹力而把它分成了若干等级，见于汉简的有：一、二、三、四、五、六、七、八、十、十二石弩[47][48][49]，未央宫骨签刻记的弩力有 17 个级别，即一、二、四、五、六、七、八、九、十、十一、十二、十三、十四、十五、廿、卅、卌石[50]。仅此两种资料，弩力便有 18 个级别。此外还有一种能力更强的大黄弩。《史记·李广列传》"集解"引孟康说："太公《六韬》曰：陷坚败强敌用大黄连弩。"又引韦昭曰：大黄弩，"角弩，色黄而体大也"。看来，弩力至少有 19 个级别，其中最为习见的是六石弩。依武库铜权计算，一石约合今 30.23 千克，六石弩便为 181.4 千克。从三石至六石，射程约 120 步至 200 步，依汉一尺合今 23.2 厘米计[51]，便相当于 167 ~ 278 米。

4. 连弩、蹶张弩使用更为普遍。《史记·秦始皇本纪》载，三十七年（公元前210 年）始皇"还过吴，从江乘渡。并海上，北至琅邪"。方士徐市诈称大海求神药数岁不得，乃为大鲛鱼所苦，于是"以连弩射之"。可知在秦代，连弩已是军中的常设装备。汉代连弩多为绞车发射的车弩，李陵亦曾以连弩狙击匈奴。《后汉书》卷一引《汉官仪》注云："高祖命天下郡国选能引关蹶张，材力武猛者以为轻车骑士材官。"在普天之下选择材官来管理蹶张弩，可见其地位之重要和使用之广。《汉书》卷四二载，申屠嘉亦曾"以材官蹶张"。

5. 发明了伏弩。伏弩是一种自动触发的早期自动机械，主要用来护墓、伏击野兽和敌人。伏者，埋伏也。后世又谓之窝弩。有关记载始见于《史记·秦始皇本纪》，云："始皇初即位，穿治郦山，及并天下，天下徒送诣七十余万人，穿三泉，下铜而致椁，宫观、百官、奇器、珍怪、徙臧满之。令匠作机弩矢，有所穿近者辄射之。"这也是我国古代关于自动触发机械的较早记载。"伏弩"之名始见于《汉旧仪》，云：凡修造陵墓，均"设伏弩、伏火、弓矢与沙"。以防盗墓者。

6. 床弩有了发展。主要是有关记载增多，且更为明确。《后汉书》卷八六"陈球传"载，州兵朱盖等反，与桂阳胡兰数万人攻零陵，陈球"乃悉内吏人老弱，与共城守，弦大木为弓，羽矛为矢，引机发之，远射千余步，多所杀伤"。此"弦大木为弓，羽矛为矢"的大型弓箭，若非床弩，是很难发射的[44][45]。王充

《论衡》曾提到过"车张之弩",自然也应是一种床弩。

弩为汉代较为先进的常规远射兵器,用量也较大。从居延汉简、敦煌汉简的考察情况看,汉代各屯戍单位使用的兵器中,弩与其他兵器的比例约为2∶1。据江苏连云港市尹湾6号汉墓出土的《武库永始四年兵车器集簿》载,该库拥有的兵车器足可装备50万人以上的军队。在各式武器中,数量最多的是弩,其中有乘舆弩11 181张,普通弩526 526张,计537 707张[52]。

汉代弩机出土较多,河南洛阳、河北满城、湖南长沙、江西南昌、江苏盱眙、山东临沂、山西浑源、广东广州等汉墓都有出土。其中比较值得注意的是盱眙东汉墓出土的一张漆弩,其木臂保存完好,髹以黑漆;弩臂全长56.5厘米,前窄后宽,最宽处约4.2厘米;铜质机郭全长12.5厘米、宽2.7厘米;木臂前部呈长条形,面上刻出宽约1.0厘米的矢道,向后与铜机郭面的矢道联成一体,矢道全长近50厘米;握手的横截面呈椭圆形,其前侧下部开有竖直的窄槽,当扳发弩机时,可将后扳的悬刀纳入槽中。据推测,铜机郭与弩臂长度之比约为1∶4.5[44][53]。

五、车船技术的发展

(一) 车

秦汉时期,车的形制和装置都有了较大发展,商周车一般都是两轮、单辕的,此时推广了四轮和双辕,并创造了独轮车。

双辕车约始见于战国早期,但使用未广,汉后逐渐推广开来。长沙203号西汉后期墓出土有双辕木车模型[54],四川德阳等地画像砖上所见双辕车尤多[55]。《汉书·舆服志》载,汉代乘舆都是重牙、贰毂、两辖的,车行更为安全、牢固。为改善轮与轴的工作条件,釭和锏的使用较战国更为普遍。《说文解字》云:"釭,车毂中铁也。""锏,车轴铁也。"段玉裁注:"以铁鍱裹之谓之锏……釭中亦以铁鍱裹之,则铁与铁相摩,而毂轴之木皆不伤乃名,铁之在轴者曰锏,在毂者曰釭。"许多地方都出土过汉代铁釭,其中又以六角形釭最为习见。满城1号汉墓出土1对铁釭和10件铁锏,其中1件铁锏为灰口铁,这种材料具有较高的耐磨性和较小的磨擦阻力;2号墓出土7件铁辖、8件铁锏[56]。1975年河南镇平汉代窖藏出土圆形釭3件、六角形釭9件[57],经分析,其中两件六角轴承分别为共晶和过共晶白口铁[58]。

汉代铁釭生产已形成了一整套技术规范,镇平六角形釭最大的为15.0厘米,最小的为6.5厘米,每个等级相差0.5厘米,这与河南温县东汉六角釭范腔、渑池汉魏六角釭基本一致[57]。1954年,山西永济薛家崖出土的3件汉代铜制轴承,原报道说它与现代汽车轮上的滚动珠架一样,是铜质的环形槽,内分四格或八格,格中有生铁粒的残余,即以生铁粒为滚珠[59]。果真如此的话,这便是我国古代最早的滚珠轴承。

秦汉车子最值得注意的有三件事:一是秦俑坑所出铜马车,二是江苏连云港市尹湾6号汉墓所出《武库永始四年兵车器集簿》所载兵车,三是文献上记载的独轮车,这对我们了解秦汉车辆技术的发展状况都提供了很好的资料。

1980年,始皇陵陪葬坑内出土了两乘大型彩绘铜车马(彩版肆,1),分别为车马仪仗中的立车(又名高车)和安车。前者担负警戒和先导,后者是可供人休息的副车。两车皆单辕双轮，驾四马，尺寸约与真车的一半相当，皆造型准确，驾具完备，工艺精细。高车的车舆呈横长方形，广 126 厘米、进深 70 厘米；车的正中有一高柄圆形铜伞，车上站立一铜御官，装备铜弩机 1 件。安车的车舆平面呈"凸"字形，铜车和铜马通长 317 厘米、高 106.2 厘米；车舆分为前后两室，前室较小，置跪坐铜御官一。两套铜车马的主要部件多是铸造的，车箱的底板宽且厚，整件铸成；车箱顶板为一大型弯拱盖，长宽分别为 1.7 米、1.35 米，厚 2 毫米；车箱四壁厚约 4 毫米；车厢窗板厚仅 1.2～2.0 毫米。面积较大而厚度小的物件，铸造起来是很不容易的。其舆、辕、脊、轮所用材料的成分范围是：锡 11.05%～13.58%、铅 0～0.71%、余部为铜；牙、毂的含锡量分别为 9.17%、8.32%，含铅量分别为 0.12%、0.53%，余部为铜；大体上是一种 Cu－Sn 二元合金。从现代材料学观点看，这成分是不错的。其制作过程中使用了分铸法和嵌铸法，使用了铜焊、铆钉连接、销连接、子母扣连接等[60][61]。有些铜丝是通过锻打方式加工成的[62]。始皇陵铜车马的出土，为我们了解先秦及至两汉车制提供了大量的实物资料，并弥补了文献记载之不足，在技术史、军事史、舆服史上都具有重要的意义。

尹湾《武库永始四年兵车器集簿》凡 2 000 余字，所载皇室兵车器 58 种，114 693 件，非皇室兵车器 182 种，23 153 794 件，皇室和非皇室的两项合计有兵车器 240 种，23 268 487 件。其中战车类有：轻车、兵车、钲车、鼓车、戏车、武摩车、连弩车、冲车、蜚楼行临车、武刚强弩车、战车、三轮车、占车等。这些不同种类的车都有不同的用途，其中的"蜚楼行临车"当为侦察车，"钲车"、"鼓车"、"武摩车"、"戏车"当为指挥车、仪仗用车，说明汉代车制已向定型和规范化方向发展。其中数量最多的是连弩车，计 564 乘[52]。

我国古代独轮车约发明于西汉时期，始谓"一轮车"、"鹿车"，东汉后逐渐推广开来[63][65][66]。

有关独轮车的明确记载始见于《说文解字》"车"部，其中有一个"辇"字，原释云："辇，车轹规也。一曰一轮车。"① 可见在东汉早、中期已有了"一轮车"。东汉晚期应劭《风俗通义》曰："鹿车窄小……或云乐车。乘牛马者，到轩（斩）饮饲达曙，今乘此，虽为劳极，然入传舍，偃卧无忧，故曰乐车。无牛马而能行者，独一人所致耳。"[64]此鹿车"独一人所致"，无牛马而能行，故王振铎、史树青[65]、刘仙洲皆认为[66]它即是独轮车。"鹿"即"辘"，一种轮轴装置。看来此说是很有道理的。

文献上关于"鹿车"的记载至少可上推至西汉晚期，其中比较值得注意的资料有如下几条：

句道兴《搜神记》引西汉刘向（公元前 77～前 6 年）《孝子图》说：董永者，千乘人也。"家贫，至于农月，与（以）辘车推父于田头树荫下，与人客作，供养不阙。"

---

① 这里又用了一个繁体字"辇"，实乃不得已而为之。若依汉字简化方案，此"双头"头须简化成"草"字头，"車"字须简化成"车"字，将这两个简化部分合成后便成了"荤"字。而此"荤"的含义就变了，指的是鱼肉类食品，其意与作为"轮车"的"辇"是大相径庭的。

《后汉书》卷一一四"列女传·鲍宣妻"云：其"与宣共挽鹿车归乡里"，"修行妇道，乡邦称之"。鲍宣卒于汉平帝元始三年（公元3年）。

《后汉书》卷五六"赵憙传"载，西汉更始（公元23~25年）败，憙为赤眉兵所围，越屋而逃，"以泥涂仲伯妇面，载以鹿车，身自推之"。

《后汉书》卷五七"杜林传"云：建武六年（公元30年），杜林弟成物故，杜林"身推鹿车，载致弟丧"。

这几条文献都说"鹿车"系人力所推之车，且无牛马。若再证之有关砖石画像，问题便更为明白。

容庚在《汉武梁祠画像录》① 中考释董永故事时认为，坐鹿车之人即董永父[67]。此外四川成都羊子山2号汉墓、四川渠县燕家村、四川渠县蒲家湾都出土过画有独轮小车的画像石[66]。

可见，汉代已有独轮车是肯定的，三国时期的所谓木牛流马大约就是在此基础上，为适应蜀地军事运输的需要而发展、演变出来的，具体构造和尺寸上当有一些差别。独轮车的发明和推广，对我国古代社会生产和社会生活都产生过一定的影响。

（二）船

适应于军事和经济发展的需要，秦汉时期的造船技术有了很大发展。秦始皇本人便曾多次沿江、海巡游，还"遣徐市发童男童女数千人入海求僊人"。楼船约始于先秦时期，秦汉就更加盛行起来；汉武帝为征南越，在长安挖昆明池训练水军；《汉书·食志下》云：其"治楼船身高十余丈，旗帜加其上，甚壮"。若此说无误的话，依汉1尺为今23厘米[51]，此楼船高便达23米以上，相当于今三四层楼的高度。《西京杂记》卷六载，"昆明池中有戈船、楼船各数百艘，楼船上建楼橹，戈船上建戈矛。"《汉书·武帝纪》云：武帝元鼎五年，"遣伏波将军路博德出桂阳下湟水，楼船将军杨仆出豫章下浈水，归义越侯严为戈船将军出零陵下离水"。去平定南越叛乱。楼船兵在秦汉时期已成为三大兵种之一。《汉官仪》载，"平地用车骑，山阻用材官，水泉用楼船。"[68]汉代已有强大的水师，并北及今朝鲜，南过今越南一带。

1974年，广州发现一处秦汉造船工场遗址，其拥有三个长近百米，平行排列的造船台和一个木料加工场，船台由枕木、滑板、木墩组成，其整个布局采用船台与滑道下水相结合的原则。出土时1号船台两滑板中心距为1.8米，船的宽度应为3.6~5.4米；2号船台两滑板中心距为2.8米，船的宽度当为5.6~8.4米；可同时建造载重量为五六十吨的木船[69]。依目前考古发掘的汉船模型推算，若为狭长船形，则长度达60余米；若为宽短船形，则可达29米[70]。说明秦汉造船技术已达到相当高的水平。

秦汉造船技术上的进步主要表现在如下几个方面：

---

① 武梁祠画像石，实包括武氏家族三座石结构建筑，位于山东嘉祥武宅山西北。武梁祠，祠主武梁，卒于元嘉元年（151年）；前石室，祠主系武梁侄，卒于建宁元年（168年）；左右室祠主不明，建造时间与前石室相近。

1. 对桨和橹有了一定的认识。桨是最为原始的船舶推进器之一，古又谓之櫂、札、楫。汉刘熙《释名·释船》载："在旁拨水曰櫂。櫂，濯也，濯于水中也，且言使舟櫂进也。又谓之札，形似札也。又谓之楫；楫，捷也，拨水使舟捷速也。"这是我国古代关于桨的最早记载，也说明人们对桨的作用已有了较为明确的认识。

橹也是船的一种人力推动工具，外形似桨而较桨大，常支于船尾或船侧的支架上，它是像鱼尾那样左右摆动，且有规律地变更橹在水中的姿态，因形成了压差而产生推力的。橹亦可控制方向，作用类舵。《释名·释船》云："在旁曰橹。橹，旅也，用旅力，然后行舟也。"这是关于橹的最早记载。清王先谦按："旅之言众。旅力，众力也。"这也说明汉代的橹是置于船侧的，且已使用了"众力"。目前在汉代考古发掘中，出土过不少木质的，或者陶质的船舶模型，有学者认为，其中有的可能便是橹的形态[12][71]。与桨相较，橹的优点是：（1）桨是间歇做功的；橹可摇，就把桨的间歇运动转变成了连续运动。（2）因橹板以较小的攻角左右滑动，可起到用力少而见功多的效果。

2. 舵的发明和使用。舵是控制行船方向的一种工具。早期木船形体较小，方向易于控制，是可无舵的，桨便兼具了控制方向和推进两种功能。随着船体的加大，专为控制方向的舵便从桨中分离了出来。此时，专事推进的桨依然置于两侧，专事方向的舵就由船舷移到了船尾，而成了"尾桨"。

舵发明于何时，学术界尚无一致意见。由桨和橹的发明年代推测，其发明期当可上推至先秦时期，但这仅系推测，在古船模型中，与舵相关的实物皆始见于西汉时期。1951～1952年，长沙203号西汉晚期墓出土1件整木凿成的木船模型，全长1.54米，宽0.2米，随船出土了16支大小和形状完全相同的木桨，长52.8厘米。此外，还出土过1支约100.2厘米，其中叶长45厘米的大型"木桨"，其头部呈刀形，不对称，考古发掘时便将之定成了舵[54]。1956年，广州西郊西汉墓亦出土1件整个挖成的木船模型，其前房有两排4个木俑各持短桨1支，尾部1木俑亦持1桨，疑即是舵[72]。1973年，湖北江陵凤凰山西汉前期墓出土1只整木雕成的木船模型，全长0.71米，宽0.105米，配有4桨及1件桨形舵[73][74]。1954年，广州市十九路军坟场东汉墓出土过1件陶质船模型，尾部安有1舵，形状与桨相似，但叶片宽大[75]。

汉代还有关于舵的文献记载。东汉末年刘熙《释名·释船》："其尾曰柁。柁，拕也。在后，见拕曳也。且弼正船，使顺流不使他戾也。"可见舵是拖于船尾，用以正船方向的，说明汉代对舵的作用已有了相当认识。因这种舵拖于船尾，故又谓之"尾舵"，或"拖舵"。考古发掘中，实物舵始见于唐[76]。在西方，被认定的最早的舵属1242年，相当于南宋淳祐二年。

3. 矴的发明和使用。矴即后世之锚，石质谓矴（或碇），铁质谓锚，是沉之于水，或掷之于岸用作固定船位的。碇的发明期尚待研究，有关考古资料是到了汉代才看到的。广西贵县罗泊湾1号西汉早期墓曾出土两件铜鼓，其中一件大号铜鼓上示有羽人划船图像，船下横置一件长柄状物，头部呈菱形，与柄相接处置有四根倒钩，与木石锚的形态相类似[77][78]。东汉时期，石锚逐渐地成熟起来。1954

年，广州出土的东汉陶质船模的尾部曾系一物，正视为"十"字形，侧视为"Y"字形，基本上具备了后世锚的特点[69][75][78]。我国古代关于矴的记载较晚，《三国志》卷五五"董袭传"云：汉献帝建安十三年（208 年）时，"权讨黄祖，祖横两蒙衝挟守沔口，以栟间大绁系石为矴，上有千人以弩交射，飞矢雨下，军不得前"。蒙衝，舰名。

4. 船的形制和用途开始规范化。大凡汉代木船已有战船、货船、客船之分。以战船为例，其中又有许多类别，依《释名·释船》所云，"军行在前曰先登，登之向敌陈也；外狭而长曰艨衝，以衝突敌船也；轻疾者曰赤马，舟其体正赤疾如马也；上下重版曰槛，四方施版以御矢石，其内如牢槛也"。从考古发掘的木质、陶质船模型和各种船形图案看，有的船较为细长，有的稍为短宽；有的吃水稍深，有的吃水稍浅。20 世纪 50 年代长沙 203 号西汉墓木船模型当属细长平底船，江陵凤凰山西汉前期墓木船模型应属尖底船。凤凰山等船模型都有甲板和舷桥板，这有利于防止船舱进水等，舷桥板还可起到防浪、排浪和稳定船体的作用。宽短船型稳定性好、吃水浅，底平则不怕搁浅，已具备后世沙船的某些特征[69]。橹、舵、矴、风帆，以及船体各部结构技术的进步，都极大地提高了船舶航行的速度、准确性，以及稳定性。大约公元 10 世纪，舵始由中国传至阿拉伯，大约公元 12 世纪，舵和指南针始才传入欧洲。

六、游标卡尺和几种日用机械

（一）游标卡尺

这是现代工业生产不可缺少的测量工具，其早期形态约始见于公元 1 世纪初，即新莽（公元 9 ~ 23 年）时期。今见于著录的至少 5 件，此外，现存实物至少还有 3 件，计为 8 件。在西方，相类似的测量工具是 1631 年由法国数学家维尼尔·皮尔（1580 ~ 1637 年）发明的。

我国有关游标卡尺的著录始见于 1894 年成书的吴大澂《权衡度量实验考》一书，其云："是尺年月一行十二字，及正面所刻分寸皆镂银成文，制作甚工，近年山左出土，器藏潍县故家……正面上下共六寸，中四寸有分刻，旁附一尺作丁字形，可上可下，计五寸，无分刻。上有一环可系绳者，背面有篆文年月一行，不刻分寸。"篆文年月一行为"始建国元年正月癸酉朔日制"12 字[79]。容庚《汉金文录》卷三载有 4 件，其中一件的拓本上有吴重熹壬辰（1892 年）跋，称其为"始建国铜器"。吴重熹为山东海丰人，同治元年举人。此外，罗振玉《俑庐日札》、《贞松堂集古遗文》卷一三、柯昌济《金文分域编》卷一二、刘体智《小校经阁金文拓本》卷一一等皆曾言及或者著录过新莽游标卡

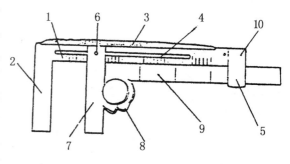

图 3 - 4 - 4　王莽游标卡尺构造图

1. 固定尺　2. 固定卡爪　3. 鱼形柄　4. 导槽　5. 组合套
6. 导销　7. 活动卡爪　8. 拉手　9. 活动尺　10. 铆钉

中国国家博物馆藏品　采自文献[80]

尺。不计转录重复者，著录过的计约 5 枚，遗憾的是这些器物今日均无下落。今见实物唯中国国家博物馆珍藏 1 枚[80]、1992 年扬州市邗江县姚湾村出土 1 枚[81]、北京市艺术博物馆珍藏 1 枚[82]。

这些卡尺的构造基本一致，青铜质，由固定尺、固定卡爪、鱼形柄、导槽、导销、组合套、活动尺、活动卡爪等部分组成（图 3 - 4 - 4），其固定尺和活动尺相当于现代游标卡尺的主尺和副尺；组合套、导销、导槽即相当于游标架。与现代卡尺的主要差别是：现代游标卡尺应用了微分法，通过对齐主尺和副尺的两条刻线，能较为精确地标示出本尺所测数据的精确度，这便是今人称其为"千分卡尺"之因；新莽卡尺则只能借助指示线，靠目测估量出长度"分"以下的数据，但就其原理、性能而言，两者是基本一致的。王莽游标卡尺可视为现代游标卡尺的早期形态[80]。用它同样可测量出器物的直径、深度，以及长、宽、厚，皆较普通直尺方便而精确[81]。中国国家博物馆游标卡尺的固定尺长 15.23 厘米、活动尺长 13.8 厘米[83]；北京市艺术博物馆游标卡尺固定尺长 15.37 厘米[82]；扬州姚湾游标卡尺固定尺长 13.5 厘米[81]。可见三者长短相差不大，比西方游标卡尺早了 1 600 年。

（二）七轮消暑大扇

这是消暑大扇。与前述扇车同样，都是人力驱动生风的机械。

有关消暑大扇的记载始见于《西京杂记》卷一，云长安巧工丁缓，"作七轮扇，连七轮，大皆径丈，相连续，一人运之，满屋寒颤"。这是我国古代关于人力机械扇的最早记载。其原理与扇车基本一致。发明年代至晚西汉。

（三）被中香炉

这是一种自动调节平衡的装置，亦是一种常平支架。至迟始见于西汉。《西京杂记》卷一云：长安巧工丁缓"作卧褥香炉，一名被中香炉。本出房风，其法后绝，至缓始更为之。为机环转运四周，而炉体常平，可置之被褥故以为名"。此"本出房风"说今已难考，但丁缓之事当属可信。司马相如《美人赋》亦曾提到此物，云："金锃熏香，黼帐低垂。"宋人章樵注："锃音匜，香球，衽席间可旋转者。"关于汉代被中香炉的具体构造，今已难得详知，1963 年西安出土了一件唐代被中香炉，其原理应是一致的，有关情况将在本书第五章的机械技术部分介绍。

（四）自动博山炉

《西京杂记》卷一云，长安巧工丁缓"作九层博山香炉，镂为奇禽怪兽，穷诸灵异，皆自然运动。"此记载十分简单，对其构造很难了解。但从"香炉"和"自然运动"二语推测，与后世走马灯在原理上应是一致的，应是人们将热能转变成机械能的最早尝试。

自然运动的九层博山香炉在考古发掘中尚未看到，河北满城 2 号汉墓出土一件"长信宫"灯，虽不能自然运转，但对我们了解当时灯具机械技术还是很有帮助的。此灯的外形作宫女跪坐持灯状，体内中空，无底，通体鎏金，全器由头部、右臂、灯座（分上下两部分）、灯盘、灯、罩六个部分分铸而合成，灯的各部均可拆卸，灯盘可以转动，灯罩可以开合，可视需要来调节照明度大小和照射方向。烛火的烟炱可通过宫女的右臂进入体内，使烟附着于体腔，以保持室内清洁。这既是一件难得的工艺美术品，在机械史上亦具有重要的价值。

（五）剪

有铜剪和铁剪两种，铜剪较少，铁剪是到了西汉时期才看到的。1991 年安徽天长县西汉早中期墓群[84]、河南洛阳烧沟西汉晚期墓等的出土文物中都可看到铁剪[85]，东汉之后铁剪迅速地推广开来，在陕县刘家渠[86]、郑州史马[87]等地都有出土。汉刘熙《释名》卷七"释兵"云："翦刀，翦，进也，所以翦稍前进也。"毕沅曰："今本翦作剪。"今日所见汉剪皆呈交股状，呈开口"8"字形；从分析过的标本推测，其材质相当一大部分都应当是白心可锻铸铁，或叫铸铁脱碳钢，前述郑州东史马铁剪便是这种铸铁脱碳退火处理件的制品[87]。

（六）平木床刨

我国古代平木用器大约有锛、铲，以及钩镰状器和床刨等。平木锛、铲当由普通锛、铲演变而来，发明年代较早，先秦到汉后都有使用；钩镰状器今在汉墓中见有一例[88]；大家较为关心的是床刨，由于文献记载不清，兼之考古资料较少，故学术界对其发明期一直存在不同看法。20 世纪八九十年代时还有过一些争论，有学者曾说它始见于明代中期[89]，本人曾认为至少可上推到唐代早期，且不能排除南北朝及至更早的可能性[90]。从现有资料看，平木床刨当汉代便已发明，之后，便逐渐成了我国平木用具的主要形式。

2003 年甘肃武威磨嘴子东汉墓出土了一枚保存完好的刨花（2003WMM 25:29），置于墓主人席下边角处，宽 3 厘米，长约 10 厘米，厚 0.5 毫米，成自然卷曲状，薄而富有弹性，颜色与棺木相同，形态与现代木工刨花相似，这显然是床刨所为。早期平木用物，诸如小锛、小铲等，是达不到此种效果的。此外，还有三件事也很值得注意：（1）此棺板的企口拼合凹槽内，深浅一致，槽底平直光滑，没有削刮痕迹。显然，只有槽刨才能达到此种效果。（2）此棺长达 2 米，由多块板拼成，接缝处拼得十分紧密。（3）棺木拼接方法较多，有凹凸拼接、暗栓拼接、银锭榫拼接、羊蹄榫拼接、羊蹄扣加销桩拼接、销桩榫拼接等；棺板角接榫有槽肩榫、斜肩榫、直肩榫等，这种制作法在磨嘴子汉墓中是普遍存在的现象[91]，都体现了相当的工艺水平，没有床刨加工，那是十分困难的。尤其是刨花和企口槽，决非锛、铲类工具所能奏效的。

又，1991 年，陕西汉景帝阳陵南区从葬坑出土过一批木工工具，计有铁凿、铁锛、铁锤、铁锯，以及一件刨刃[92]。虽刨刃形态报道未详，但当大体可信。

有学者力主平木用刨发明于明，主要是当时考古实物尚不够充足，文献记载又不太清晰之故。

第五节　纺织技术的发展

秦汉是我国古代纺织技术发展的一个高涨期，虽秦代末年耕织业一度受到影响，但汉后很快便得到了恢复和发展。《史记·平准书》说，武帝元封年间（公元前 110～前 105 年），每年"均输帛五百万匹"，可见数额之巨。汉代的官、私纺织业都较发达，西汉时少府下设有东、西织室；"织室"官制一直沿袭到了东汉。《三辅黄图》卷三："织室在未央宫，又有东西织室，织作文绣郊庙之服。"《后汉书·和熹邓皇后纪》载："又御府尚方织室，锦绣冰纨绮縠金银"等玩弄之物"皆绝不作"。这些地方都提到了织室。两汉私营作坊都具有一定规模，如《西京杂记》卷一云，巨鹿陈宝光家织绫锦，霍光妻一次便将陈家所产散花绫 25 匹送人，可见陈家纺织规模是不小的。《汉书·张安世传》说："安世尊为公侯，食邑万户，然身衣弋绨，夫人自纺织，家童七百人，皆有手技作事，内治产业，累积纤微，是以能殖其货。"看来张安世也是个私营纺织的作坊主。

秦汉蚕桑业较为发达的地区依然是黄河中下游一带，其次是今四川[1]。《史记·货殖列传》："泰山之阳则鲁，其阴则齐。齐带山海，膏壤千里，宜桑麻，人民多文彩、布、帛、鱼、盐。""陈夏千亩漆，齐鲁千亩桑麻。"其中比较著名的丝绸产地是临淄、襄邑和任城国。《汉书》卷二八上"地理志"颜师古注：汉在临淄和襄邑皆设有服官。《汉书·地理志下》说：齐地"其俗弥侈织作冰纨绮绣纯丽之物，号为冠带衣履天下"。襄邑在今河南睢县一带。《后汉书·舆服志下》："乘舆，刺史、公侯九卿以下，皆织成；陈留襄邑献之云。"《说文解字》："锦，襄邑织文也。"《后汉书·郡国志》载，任城国系东汉章帝元和元年从东平国分出建置，隶兖州。桑弘羊在《盐铁论·本议》中把山海之货归结为五，"兖豫之漆丝絺苎"便是其中之一，此"兖"大约就包括了任城一带。罗振玉《流沙堕简·释二》第 43 页有任城缣，其上题作"任城国亢父缣一匹，幅广二尺二寸，长四丈"等 31 字。这都是临淄、襄邑、任城国丝织品驰名之证。蜀地纺织业的中心是成都，其驰名年代较临淄、襄邑稍晚，但在东汉末年，便与前二者齐名，且有后来者居上之势。这一点可从后文将要提到的左思《蜀都赋》等资料看到。

此期麻布以西蜀和越地为上。《说文解字》："緤，蜀细布也。"《盐铁论·本议》："齐阿之缣，蜀汉之布。"《后汉书》卷一一一"陆续传"载，陆续的祖父在光武帝时为尚书令，"喜着越布单衣，光武帝见而好之，自是常敕会稽郡献越布。"这都说明了蜀地、越地之布为佳。

此期毛织品的产地仍主要是我国西北部和北部地区。《后汉书》卷一二○"乌桓传"载："乌桓者，本东胡也……食肉钦酪，以毛毳为衣。"其"妇人能刺韦作文绣织氀毼。"章怀太子引郑玄云："毛之褥细者为毳毛。"李贤又注："《广雅》曰：氀毼，罽也。"西汉时我国西南一带也有毛织物生产。《后汉书》卷一一六"西南夷传"载，哀牢夷"土地沃美，宜五谷蚕桑，知染采文绣罽氍"。冉駹夷"能作旄毡班罽青顿毞氍羊羧之属"。

此期纺织技术的主要成就是：手摇缫车、手摇纺车都已推广，发明了脚踏纺车；脚踏斜织机已广泛使用，多综多蹑纹织机已相当完善，发明了束综提花机，织出了比较大型的花纹；染色技术有了较大发展，出现了多色套版印花，发明了蜡染工艺。棉纺技术在边境地区有了扩展。

一、原料初加工技术的进步

秦汉时期的主要纺织原料是丝、麻、葛、毛，西北和南方还有一定数量的棉花纤维。

（一）桑蚕技术的发展

两汉时期，桑蚕技术除黄河中下游外，在今四川、长江中下游，以及西北地区都普遍发展起来。四川成都等地都出土有汉采桑画像砖[2]；呼和浩特市南的和林格尔县汉墓壁画显示有女子采桑图像，并见有筐箔类器物[3]；嘉峪关东汉砖室墓出土有大量反映蚕桑、丝绢的彩绘壁画砖[4]。《后汉书》卷一〇六"卫飒传"载，建武中，桂阳太守茨充"教民种殖桑柘麻苎之属，劝令养蚕织履，民得利益焉。"这些资料，大体上反映了全国南北蚕桑业的发展。此期养蚕技术的进步主要表现在三方面：（1）出现了二化蚕，一年养两次，从而提高了产丝量。《淮南子·泰族训》："原蚕一岁再收。非不利也，然而王法禁之者，为其残桑也。"汉高诱注："原，再也。"即此"原蚕"即二化蚕。（2）养蚕工具基本配套。东汉崔寔《四民月令·三月》载："清明节，命蚕妾治蚕室，涂巢穴，具槌（阁架蚕箔的木柱）、持（蚕架横木）、箔（养蚕竹筛）、笼（竹编的罩子）。"此书约成于145～167年[5]。崔寔，《后汉书》卷八二有传。其中提到的许多工具和基本操作一直沿用至今，而无多大变化。"涂蚕室"既可避鼠害，亦有利于调节巢穴温度。（3）秦汉时期，人们除了饲养家蚕外，还利用了一部分野蚕茧。《后汉书》卷一上"光武帝纪·建武二年"条载："王莽末，天下旱蝗，黄金一斤易粟一斗；至是野谷旅生，麻未尤盛，野蚕成茧被于山阜，人收其利焉。"

（二）热水煮茧缫丝法的普及

此期缫纺技术进步的主要表现是：普遍使用了热水煮茧缫丝法、手摇缫车逐渐推广。

热水煮茧缫丝法始于新石器时代晚期，先秦有了一定发展，秦汉便推广开来。《淮南子·泰族训》："茧之性为丝，然非得女工煮以热汤，而抽其统纪，则不能成丝。"董仲舒《春秋繁露》卷一〇"实性"云："茧待缫以绾汤而后能为丝。"这都是用热水缫丝作喻，来论述一个道理；都说明了这工艺当时使用已广。热水煮茧的优点是：能加速茧的膨润软化和丝胶溶解，既有利于丝的逐层舒解，亦有利于几根丝的抱合。

（三）手摇缫车之逐步推广

1952年，山东滕县龙阳店出土有汉画像石，其上刻有织机、纺车和络丝等图像[6]。可知手摇缫车汉代已开始推广。由其络丝图可知，丝是从垂直于丝绞方向退出的，故绞丝必须层次分明，若各圈丝缕互相嵌入，横向退绕就有很大困难；另外，其丝绞外形较大，可知缫丝时绕丝工具亦是较大的。由这些情况可以推知，当时的缫车已经相当完善，既具备了横动导丝机构，使绕上去的丝能依层次形成"交叉卷绕"，又具备了脱绞机构，使丝绞易于从车上御下[7]。

丝绞从缫车的丝軖上脱下后，还须经过一道络丝工序；之后，有的便可用于牵经络纬，以作织造；有的仍需经过并丝、捻线工序。并、捻可在纺车上同时进行。

（四）葛麻技术

秦汉时期，葛、麻都利用得十分广泛，葛约至唐，麻则元、明始才衰退。秦汉之麻主要指大麻和苎麻，长沙马王堆1号汉墓都有出土；其大麻布（N29－2）纤维投影宽度约22微米，横截面积153微米^2，断裂强度为4克强，断裂伸长为7%弱[8][9]，除去断裂强度外，其余诸项指标均与现代大麻纤维相近。江陵凤凰山汉墓也出土有苎麻纤维[10][11]。

葛、麻类纤维初加工时都要经过剥皮、刮青、脱胶、劈分等过程。脱胶通常可分为生物脱胶和化学脱胶两种，汉代都有使用。《齐民要术》卷二"种麻"引西汉后期《氾胜之书》说："夏至后二十日沤枲，枲和如丝。"这便是生物脱胶。夏至后气温较高，有利于微生物繁殖，可提高脱胶速度和质量。江陵西汉初年167号墓出土有不少苎麻絮，光谱分析表明，其纤维表面附有大量钙离子和镁离子，与今化学脱胶的苎麻绒分析结果极为相似，人们推测它很可能使用石灰或草木灰的水溶液进行了化学脱胶[12]。

（五）毛纤维技术

秦汉时期的毛纤维主要是羊毛，1959年新疆民丰东汉古墓群出土的人兽葡萄纹罽、龟甲四瓣花纹罽、毛罗和紫罽，皆系羊毛纤维织成。人兽葡萄纹罽的经纬密为56根/厘米和30根/厘米，甚为精密[13][14][15]。1986～1988年，古楼兰城东发现两处东汉墓地，出土大量的丝、毛织品。1984年，新疆和田地区清理一批古墓，时代约相当于战国至东汉，出土有大量毛织物，多为彩色条纹或方格毛布外衣；妇女的内衣亦用毛纱或毛罗缝制。此外，还有毛布裤、毡或毛布制作的帽子、毡袜、毡靴以及毛织地毯和一件彩色缂毛人首马身纹织品[16]。1994年，吐鲁番交河故城出土毛织物13件，包括罗、平纹组织、斜纹组织、编织物等；其中毛罗2件，二纠经罗；断代西汉早期[17]。我国在汉代还发明了一种通经回纬的织花毛织物，习谓之缂毛。它是1930年英人斯坦因（Marc Aurel Stein）在新疆古楼兰遗址首先发现的，那是一块东汉缂毛织物，用深红、棕黄、浅棕、浅黄、绿色、浅绿、淡紫等色彩织出生动的人物、卷草、奔马纹[18]。1984年，我考古工作者在和阗地区洛浦县山普拉公社汉墓发现1件彩色人首马身像缂毛[19]。

（六）边境地区棉花技术之扩展

我国古代棉纺技术虽发明较早，但因气候、技术、习惯等方面的原因，长时期皆局限于边境地区。秦汉产棉地主要是下列3处：

1. 东南沿海一带。虽秦汉时期，这一带与棉纺有关的实物和文献迄今未见，但崇安武夷山船棺中发现了夏末商初青灰色棉布，而宋时闽广一带又大量植棉，故秦汉时期，闽广产棉当是无疑的。

2. 今新疆一带。1959年民丰东汉墓葬出土有蓝白印花棉布、白布裤和手帕等，其中一块蜡染布的经纬密分别为18根/厘米和13根/厘米[14][20][21]。另外，和田地区战国至东汉古墓在出土大量毛织品的同时，还有一件蓝印花棉布[16]。从新疆的自然条件和后世的资料看，此当为一年生草棉。

3. 今两广云南一带。《后汉书·西南夷传》载：哀牢夷"土地沃美，宜五谷蚕桑，知染采文绣，罽毲帛叠，兰干细布"。章怀太子注"帛叠"云："《外国传》曰：诸薄国女子织作白叠花布。""哀牢人"可能是傣族的祖先，生活在交州永昌，即今云南保山一带。此"帛叠"、"白叠"，当即棉花。这是汉云南一带已产棉花之证，它很可能是一种多年生灌木。此"传"虽为南朝宋范晔所撰，但当有所本。

上述资料都较为明确，故秦汉时期，此三处出有棉布是肯定了的。此外还有一些文献记述得不太清楚，多年来学术界也存在一些不同看法。今亦略述管窥之见。

《史记》卷一二九"货殖列传"载："通邑大都，酤一岁千酿；醯、酱千瓿……贩谷粜千钟，薪稾千车；船长千丈，木千章，竹竿万个……其帛絮、细布千钧，文采千匹，榻布、皮革千石。"《汉书》卷九一"货殖传"基本相同。对其中的榻布，或荅布（《汉书》），自古至今，一直存在两种不同观点。一认为其为棉布。裴骃"集解"引《汉书音义》曰："榻布，白叠也。"[22]《汉书》注引孟康曰："荅布，白叠也。"[23] 现代的一些纺织史研究者亦多主此说，认为它指棉布[24][25]。二认为其为厚重之布。《汉书》唐颜师古注云：荅布，"粗厚之布也。其价贱，故与皮革同其量耳。非白叠也。荅者，厚重之貌。而读者妄为榻音，非也"[23]。《史记》宋裴骃"集解"亦引颜师古说。单从文字上看，孰是孰非，一时是很难分辨的，但若联系到当时的大背景，细细地重读一下原文后，问题便较为清楚了。其实这整段文字，都是指一般"通邑大都"商贸情况、民间日用品流通情况的，这些商品便包括荅布、皮革等。在汉代，若说棉布在今广东、云南，或今新疆一带较多地流通还是可能的，但若说其在一般通邑大都也能与皮革等一样大量地流通，便难以想象了。所以，我们认为从整个社会的技术背景上看，在汉代，棉布远未达到能在一般通邑大都流通的地步。那么，此"榻布"或"荅布"，便应从颜师古说，释作一般的粗厚布，而不宜释作棉布。

又，《后汉书·西南夷传》载，哀牢夷"有梧桐木华，绩以为布。幅广五尺，洁白不受垢汙"。此"梧桐华"能绩出幅广五尺之布，一般认为它是多年生棉花[26][27][28][29]，我们亦同意这一说法，但也有人说其是攀枝花的[30]。

又，东汉杨孚《异物志》云："广州木緜树高大，其实如酒杯，皮薄，中有如丝绵者，色正白。破一实得数斤，广州、日南、交趾、合浦皆有之。"[31] 此木緜"树高大"，一般认为是攀枝花[29]。

二、手摇纺车之推广和脚踏纺车的出现

此期纺纱技术的主要进步是：手摇纺车得到了普遍应用，并发明了脚踏纺车，使丝麻合股加捻的生产率大为提高。

原始的手摇纺车约发明于商周时期，但当时的纺纱工具依然主要是纺坠。秦汉时期，手摇纺车才逐渐推广开来，除了毛纺和少量绢纺（用下脚丝绵纺纱）外，纺车主要用作丝和麻的合股、加捻和卷绕。纺车的这种功能一直沿用到了唐宋时期，宋末之后，由于棉纺技术的发展，它的主要功能才发生了变化。

纺车在汉代又谓之轩，《说文解字》云："轩，纺车也。"段注云："纺者，纺丝也，凡丝必纺之而后可织。纺车曰轩，《通俗文》曰缫车曰轩，别是一物。"关于它的具体形态，在山东滕县龙阳店、滕县宏道院[6]、江苏铜山青山泉[32]、铜山洪楼（图3-5-1）[33]、江苏泗洪曹庄（图3-5-2）[34] 等地出土或收藏的汉画像石上都可看到；山东临沂金雀山西汉墓出土的帛画上亦有一个纺车图（图3-5-3）[35]。从所绘纺车工艺程序看，它们都是用来合并、加捻丝缕的，其中又以洪楼东汉画像石所绘最为真切：两只筦子（篗）悬挂上方，用卧式手摇纺车把丝合并、加捻于锭子上。金雀山西汉帛画所绘纺车是纺丝絮的，一个身着左衽上衣的妇人左手高举白色丝絮纺缕，其具体操作应与今棉花纺纱相当。1978年，安徽麻桥东

图3-5-1　江苏铜山洪楼东汉画像石（局部）上的纺织图
采自文献[33]

吴墓出土一只木质纺绽，表面髹黑漆，长20.1厘米，直径1.1厘米，一端有木榫，一端有三道凹槽，这是迄今所见较早的纺车零件[36]。

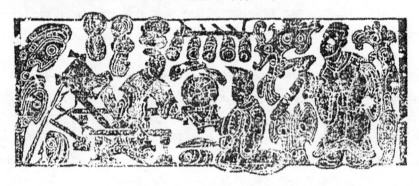

图3-5-2　江苏泗洪曹庄东汉画像石上的纺织图
采自文献[34]

纺车生产能力要比纺坠高出15～20倍，它的发明和推广，使丝、麻织物的产量和质量都大为增加。纺车还可依织物性质来决定丝麻缕捻度之高低，纺坠则难于进行此种控制。长沙马王堆1号汉墓出土25根瑟弦，其粗细不一，根弦都是用多根生丝分别并捻而成的。其三根尾岳分成三组，即外九弦，中七弦，内九弦。弦径最粗者1.9毫米，依次递减，最细为0.5～0.6毫米。这些弦粗细和捻度都较均匀，若无纺车，是很难达到这一技术水平的[37]。

图3-5-3　临沂金雀山西汉帛画纺车图摹本及细部　采自文献[35]

尤其值得注意的是，此期还发明了脚踏纺车。1974 年泗洪曹庄出土有东汉画像石[34]，其上示有一木板，其一端与绳轮相连，另一端放在车架托孔中，此板当即踏板，显然是脚踏纺车的形象。一般认为，脚踏纺车发明于汉当属无疑[38][39]。此脚踏纺车则很可能使用了偏心矩传动。也有学者对此持有不同看法，认为泗洪画像石所绘不甚清楚，并依南宋蔡骥编订的《新编古列女传》插图—"鲁寡陶婴"图，提出了我国脚踏纺车发明于宋的见解[40]。

三、织机技术的发展

此期的机子主要是斜织机、多综多蹑提花机、束综提花机，以及罗织机、立织机等。先秦出现的平纹及其变化，斜纹及其变化，绞经、经二重、纬二重、双层、提花等织物组织和品种，秦汉时皆继续使用，此外还较多地运用了"联合组织"。由于多种织机和组织的使用，便生产出了许多类似于纱、縠、罗、绮、绫、锦等色泽艳丽、图纹华茂的织品，它们不但满足了秦汉社会的大量需要，而且通过丝绸之路，传播到了世界许多地方。

（一）斜织机的普及

我国古代比较完整的斜织机至迟产生于战国时期，秦汉便普遍地使用起来。今日所见汉斜织机画像石约有 10 余块[41]，分别见于山东滕县宏道院、嘉祥县武梁祠、肥城孝堂山郭巨祠、济宁晋阳山慈云寺、江苏沛县留城镇、安徽宿县东汉建宁四年墓[42]、四川成都土桥曾家包东汉墓（图3-5-4）[43]，以及前述的山东滕县龙阳店、江苏铜山洪楼、泗洪曹庄等。其中尤以泗洪曹庄画像石所示最为具体清晰，织机上挂有经线，踏木横置，前方有横撑装置。斜织机的基本特点是：经面与水平面呈一倾角，有一牢固的机座，有经轴、布轴、分经木和综片，织机下有二片脚踏板（蹑）用来提综、开口、投梭[44][45]。其优

图 3-5-4　成都土桥曾家包汉画像石
（局部）上的斜织机

原图见文献[43]，今转引自文献[7]

点是：因经面腾空，不易受到尘土等的污染；织工坐于织机上，可一目了然地看到开口后经面是否平整，经线有无断头，并能用经纱导辊和织口卷布导辊绷紧经纱，使经纱张力较为均匀，有利于得到平整而丰满的布面[46]。脚踏板的发明和推广是纺织史上的重大事件。有资料认为，斜织机、平织机的工艺原理和工艺技术，是因丝绸之路的开辟，才陆续传到亚欧诸国的，它在欧洲约出现于公元 6 世纪，13 世纪才广泛使用。

（二）多综多蹑提花机的发展

汉画像石所绘斜织机多是单片综双踏杆的素织机，只能织出平纹来，为了适应提花的需要，人们又发明、发展了多种提花装置。其中较为重要的有多综多蹑提花机和束综提花机两种，前者约发明于战国时期，汉代便发展到了相当完善的

阶段[44]。《西京杂记》卷一载：汉宣帝（公元前73～前49年）时，"霍光妻遗淳于衍蒲桃锦二十四匹、散花绫二十五匹，绫出巨鹿陈宝光家，宝光妻传其法……机用一百二十蹑，六十日成一匹，匹直万钱"。此120蹑的织机，有学者认为其有些夸张，实际上是很难实现的，并依《三国志》卷二九"杜夔列传"裴松之"注"，认为汉代使用较多的应是"五十综者五十蹑，六十综者六十蹑"的绫织机。赵翰生在大量民间调查、文献研究的基础上，进行了精心计算，对开口机构作了较好的解析，最后认为《西京杂记》所载是可信，且可行的。历史上应出现过120蹑的织机，但需2个人联手操作，工效较低[47]。

织机上有五大较为重要的运动，即开口、引纬、打纬、卷经、送经，其中开口最为关键。原始腰机是使用手提综片之法来实现开口的，斜织机则用脚踏方式开口，多综多蹑机则是脚踏开口机构与多综提花的结合。斜织机使用了杠杆原理，用脚踏的方式带动穿经线的综绕；当踏动踏板时，被踏板牵动着的绳索就牵拉马头前俯后仰，使综线分层交替升降，形成梭口，以便投梭、引纬和打纬。斜织机、多综多蹑机的发明和推广，都极大地提高了生产率。

（三）束综提花机的发明

多综多蹑提花机因综片数有限，只能生产一些循环度较小的花纹，那些循环变化较大，组织较为复杂的大型花纹，如花卉、动物图案等，它便难以胜任，于是人们又发明了束综提花机。束综提花机的发明年代应在汉或稍前，《全后汉文》卷五七所载东汉王逸《机妇赋》已有较为形象的描述，有学者认为，这种提花机当已具有经轴、布轴、豁丝木、花楼、衢线、衢脚、提综马头和打纬机件等构件。机架和经面都呈水平状态，束综提花配以单综进行织造；束综通过花楼控制花部经丝的提沉，单综通过脚踏板控制，配上豁丝木就能织出平纹组织。汉锦的地组织都是平纹的，说明其多用束综提花机织出。从汉绒圈锦的分析研究可知，起绒圈的经丝与不起绒圈的经丝对送经量的要求是相差很大的，需另一经轴进行控制，这也说明束综提花机上已使用了双经轴装置[44]。由片综提花发展为束综提花，是一次大的飞跃，它提高了花机工作能力，为花纹大型化、艺术化开辟了广阔的道路。

（四）花楼提花机的使用

花楼提花始于何时，学术界长期存在不同看法。最新研究认为，其应在汉，及至战国便已出现，这不但有众多的考古实物为证，而且东汉王逸《机妇赋》等文献也提供了重要的依据[48][49]。

《机妇赋》中有这样一段文字："胜复回转，刻象乾形。大庭淡泊，拟则川平。先为日月，盖取昭明。三转列布，上法台星。两骥齐首，俨若将征。方圆绮错，极妙穷奇。兔耳跧伏，若安若危。猛犬相守，窜身匿蹄。高楼双峙，以临清池。游鱼衔饵，瀺灂其陂。鹿卢并趍，纤缴俱垂。宛如星图，屈膝推移。"① 其中最值

---

① 王逸《机妇赋》，在《全后汉文》卷五七、《太平御览》卷八二五等均有引载，文字稍有出入。《太平御览》的不同版本，如"四库"本、中华书局本等的文字亦稍有出入，今引自中华书局本。刻象、大庭、先为、两骥、方圆、以临、俱垂、屈膝，《全后汉文》分别作克像、大匡、光为、两冀、方员、下临、俱重、屈伸。《全后汉文》引录的文字、句子稍多。

得关注的是后半段。今且作一分析。

"高楼"两句：此"高楼"，显然是指织机的上层机构，它与《梓人遗制》中的"楼子"，《天工开物》卷二的"隆起花楼"，《豳风广义》中"提花高楼"的含义应是相类似的；它绝不是一般意义的小型织机。"以临清池"当是拽花工坐在机楼上俯瞰经面的形象描述。

"游鱼"两句：是承接"高楼"两句而来的。"游鱼"，当喻衢脚；"游鱼衔饵"，当指纤线与衢脚相连的情况。"瀺灂其陂"当是形容拽花工一次次提起手中的提花纤线，使"游鱼"在水中出没的情况。此有纤和衢脚，说明这是一种束综式提花机，其提花纤可单独运动，不应是多综多蹑式提花机。这一点前面亦已提到。

"鹿卢"两句：鹿卢，常作辘轳；《梓人遗制》称为"文轴子"；是花楼上极为重要的部件，可随提纤线而滚动；依纤线运动情况，其或作上下，或前后运动。

"宛如"两句：星图，当指纤上的花本。纤线平展在拽工前面，花本纬花就直接穿插在纤线中，星星点点，时隐时现，犹如星图一般。屈伸推移，形容花本的提拽拉动。每提拽一次，就移动一根花本纬线，星图也逐渐推移转动。花本的出现，是花楼机的一个重要标志，它使纹样的讯息得以贮存，并反复使用[49]。

此花楼提花机虽处早期发展阶段，但据推测，机高当在 3.5 米以上，否则纤中花本是不便操作的；机身长亦应在 3.5 米以上；机身宽度一般不受限制，从机楼需坐人的角度分析，以 1 米左右较为稳固[49]。

从实物考察来看，长沙马王堆西汉墓、江陵马山 1 号战国楚墓等都出土了许多花楼提花机的提花织物，其中又以马山楚墓的"舞人动物纹锦"最具研究价值。其通幅锦面上有 4 个山形图案框架，内填各种纹样。值得注意的是：左边约 5 厘米处有个明显的断纹，使山形斜边从中断开，接章纹样不在一条斜纹上，内填纹饰亦无法对映，整个错位，而此明显的错误在整幅织物中不断重复出现，说明此错误早已存在于花本之中，若无花本的话，这种错误肯定会在下一纹样循环中改正过来的[49]。

（五）罗织机和立式毛织机

罗织物约出现于仰韶文化中、晚期，战国时期便有了相应的名称。战国时期出现了四经绞素罗，秦汉时还出现了以四经绞罗为地，两经绞起花的菱纹罗。这些罗织物都是主要依靠罗织机的开口次序和织造工艺上的差别来形成不同罗纹效果的。1972 年，长沙马王堆 1 号汉墓便曾出土有四经绞素罗和杯形菱纹花罗[45][50]。

立式毛织机是经纱面与地面垂直的毛织机，约发明于汉，主要用于地毯、挂毯、绒毯等类毛织物。1959 年新疆民丰尼雅遗址出土有汉代毛织彩色地毯，残长30 厘米、宽 21 厘米，表面用橙黄、米红、翠绿等色线起绒，毛线粗壮，地毯丰厚，花纹历历在目，有学者认为其即由立式毛织机织成，据说该遗址还出土过用于地毯打纬的木掌[51]。这种立式毛织机构造较为简单，经轴置于高处，经线分成两片，分别穿综。依花纹要求标出色线位置，以彩色毛线作纬，依花纹织出绒纬[51]。

往昔有学者将这种立式毛织机与唐代之后出现的棉、丝立织机混为一种织机类型，赵承泽先生函告云：此事值得商榷。因不管是织机结构还是产品档次，它们都存在较大差别，最好是将之区别开来。为此，今将这种织制毛制品的立式设备称之为"立式毛织机"，使之与唐至明代的棉、丝用"立织机"区别开来。

（六）梭和筘的发展

此二者分别为引纬和打纬工具。梭当有织网梭和织布梭等种，前者出现较早，今见新石器时代的骨梭当多属这一类型；布梭约发明西汉时期，当由刀杼演变而来，其始或亦称之为杼[50]。今见最早的布梭图像属于汉，最早实物属三国时期，皆显示了一定水平。筘约发明于先秦时期，汉代之后，打纬功能便突显出来[50]。

泗洪曹庄东汉画像石（图3-5-2）织机图反映的是"谗言三至，慈母投杼"的故事，图中拱手而跪者系曾参，其右前方十分清楚地放着1个两头尖、中间空的梭子和1个纡子。1973～1974年，甘肃居延肩水金关遗址曾出土1件网梭，遗址年代为西汉武帝至新莽[52]，形态与布梭相近。1978年，安徽南陵麻桥东吴墓出土织布梭1件，枣核形，中间有一个长12.8厘米、宽2.6厘米的小槽，其侧有一小圆孔，供穿纬线之用，梭长31.6厘米、宽3.1厘米，外形与后世织布梭基本一致。伴出物有纺锭1件、线板4件等[36]。杼兼有引纬和打纬两种功能，梭则是专司引纬的。由这些图像和实物来看，将布梭的发明期推至西汉或稍早，都是可以的。

"梭"字出来稍晚。《说文解字》尚无"梭"字，只有"杼"字："杼，机持纬者。"清段玉裁注："楑梭，皆俗字。"稍后，"梭"字便常见于各种文献了。《晋书》卷四九"谢鲲传"："隣家高氏女有美色，鲲尝挑之，女投梭折其两齿。"在字书中，"梭"字始见于《玉篇》："梭，织具也。"虽后人曾对此书增字，此"梭"字当是梁顾野王原字。

筘当有三大功能，即疏经、定幅和打纬。初始当主要是前两项，第三项则不是十分突出。当引纬之事主要由梭承担后，筘的打纬功能便逐渐显示出来。但此功能究竟是何时突显出来的，从考古实物、文献记载中都很难得到肯定的答案，这只能估计，大体上是汉代的事。

古无"筘"字，汉代又称之为"杼"。汉末刘熙《释名·释采帛》载："笒辟，经丝贯杼中，一间并、一间疏。疏者笒笒然，并者历辟而密也。"意即经丝穿（贯）于筘（杼）齿中间，使经丝的排列一齿疏一齿密，或几齿疏、几齿密。疏处有空隙，密处则经丝密接，于是织物表面就形成了疏密的条状纹路。若非竹筘排列经纱，不在同一筘齿间穿入几根经纱，此种疏密效果是很难得到的。此主要强调了筘的疏经效果，而未言及定幅和打纬。泗洪曹庄东汉画像石（图3-5-2）中，曾母右手把握的织机部件应即是筘[46]。这种筘当皆具备了一定的打纬功能，但是否能取代打纬刀，则很难由此作出判断。我们认为，由杼刀打纬到筘打纬，这一过程应是逐渐完成的，中间很可能还有一个两者兼用的阶段。直至20世纪50年代时，民间斜织机虽主要使用筘打纬，但仍辅以刀打纬的。宋明又谓"筘"为"篦"，《广韵》、《集韵》释之织具；明代《字汇》仍无"筘"字，亦释"篦"为织具；明末宋应星《天工开物》卷二"乃服·穿经"条仍写作"篦"字。《康熙字典》中已有"筘"字，看来，"筘"字可能是明清之后才流行开的①。

由于梭和筘的使用，织造过程就形成了脚踏提综开口，一手投梭，一手持筘打纬的完整体系，这种织机一直沿用到了近现代，在织造平纹织物时，显示了很高的功效。

四、漂练和印染技术

秦汉时期，练、染、印技术都有了进一步发展。官府曾设官专门管理练染之事，《三辅黄图》卷三载：未央宫有"暴室，主掖庭织作练染之署。谓之暴室，取晒为名耳"。暴室，西汉时疑属织室令[53]，东汉则在平准令。《后汉书》卷三六"百官志"在谈到大司农属官时说："平准令，六百石。本注云：掌知物贾，主练染作采色。"这是宫廷的情况。此时，漂练印染也已纳入了寻常百姓的生活日程。崔寔《四民月令·八月》："凉风戒寒，趣练缣帛，染采色。"[5]

（一）漂练技术的发展

文献上关于此期丝帛的记载不是太多，但西汉班婕妤《捣素赋》却很值得注意。其云："于是投香杵，叩玖砧，择鸾声，争凤音；梧音虚而调远，桂由贞而响沉……"[54]此"捣"亦是一种练。此期的漂练工艺大约是在继续沿用先秦发明的草木灰沤练法和水漂日晒法等的同时，再结合砧杵捣练，从而提高了丝帛脱胶效果，缩短了脱胶时间。有学者分析过一件四川永兴汉墓出土的染色绢，其丝便是经过了精练，即碱剂处理的熟丝[55]。

（二）着色剂的发展

此期的着色剂以植物性染料为主，先秦使用过的茜草、靛蓝、荩草、紫草、皂斗等皆继续沿用，同时还使用了栀子（黄色），很可能还使用了红花（染红）等染料。

栀。秦汉之后广泛使用。直接浸染时，可染得鲜艳的黄色，用不同的媒染剂媒染时，可得到嫩黄（铜剂）、暗黄（铁剂）等色。《史记》卷一二九"货殖列传"载："若千亩卮茜，千畦姜韭，此其人皆与千户侯等。"此"卮"或即栀。梁陶弘景云：栀，"处处有，亦两三种，小异，以七棱者为良。经霜乃取之，今皆入染用"[56]。

染色时先用冷水浸泡黄栀子，之后煮沸，就可得到黄色染液。马王堆1号汉墓出土的部分黄色丝绸和绣花制品含有黄酮类物质，应是用栀子染料，经直接浸染或媒染染色而成[57]。直到20世纪40年代，民间不少地方还在使用。

红花。据说是张骞从西域带回的。晋张华《博物志》云："张骞得种于西域，今魏地亦种之。"[58]一般认为红花原产于埃及，先传到我国西北，之后再传入中原[59]。大约魏晋时期，便较普遍地使用起来。

茜草。经分析，四川永兴汉墓染色绢即是用茜草染成红色的，且用金属盐作媒染剂，但此金属盐的具体种类则不太明白。因其单根丝纤维表面的色彩十分均匀，相邻纤维间未见任何色差，故人们推定其系先染后织[55]。

---

① 《康熙字典》："〈字汇补〉：'丘遘切，音叩，布筘也。'金仁山〈论麻冕〉云：'三十升布则为筘一千二百目。'"今查，《续修四库全书》本《字汇补》不见"筘"字。宜再查。

（三）染色技术的发展

此期的染色方法仍主要是直接浸染和媒染。《说文解字》云："缃，帛赤黄色也，一染谓之缃，再染谓之赪，三染谓之纁。"这是援引《尔雅》中的话，自然，汉代依然沿用多次浸染的工艺。

经过了染色的织物，绚丽多姿，五彩缤纷。汉史游《急就篇》卷二有一段十分精彩的描述："郁金半见缃白𬘓，缥缥绿纨皂紫硟；烝栗绢绀缙红繎，青绮绫縠靡润鲜；绦络缣练素帛蝉，绛缇䌷绅丝絮绵。"唐颜师古对其中的色彩和纺织品都作过很好的注释。对颜色的注释是这样的："郁金，染黄也；缃，浅黄也"。"白𬘓，谓白素之精者"。"缥青，白色也。缥，苍艾色也"。"绿，青黄色也。纨皂，黑色。紫，青赤也"。"烝，栗黄色，若烝熟之栗也"。"绀，青而赤色也。缙，浅赤色也。红色，赤而白也。繎者，红色之尤深，言若火之然也"。有人曾对此依色谱作过分类排列，达20种之多。马王堆汉墓出土的染色丝织物和绣线的颜色，大约便有20余种，即朱红、深红、茜红、深棕、金棕、浅棕、深黄、金黄、浅黄、天青、藏青、蓝黑、浅蓝、紫绿、黑、银灰、粉白、棕灰、黑灰等[60]。这当然不是汉代染色技术的全部色谱。据查，东汉《说文解字》所列织物色彩的名称和专用字达39种（包括白色在内），分别是：（1）红色类：红（赤白）、缙（浅绛）、绯（赤）、纂（似组而赤）、𬘓（绛）、绾（绛）、绛（大赤）、綪（赤）、缙（浅赤）、絑（纯赤）。（2）橙色类：缇（丹黄）、缃（赤黄）。（3）黄色类：绢（麦稍色）、缃（浅黄色）。（4）绿色类：绿（青黄色）、綟（苍艾色）、綟（綟草染色）。（5）青色类：缥（青白色）、绡（青经缥纬）、縓（青色）。（6）蓝色类：绀（紫青）。（7）紫（赤青）、绀（青而赤）、䌈（青而赤）、緅（青赤色）。（8）黑色类：缁（黑）、纔（微黑）、𬙋（雅色）。（9）白色类：𬘓（白缟色）、纨（白素）、缚（白鲜色）、𬙂（白鲜色）、綊（白鲜色）。（10）其他色类：缟（鲜色）、素（白致缯）、纁（缯彩色）、缛（繁彩色）、纶（青丝绶）、绶（绛线）[61]。种类如此之多，分得如此之细，在古代技术条件下，实在难能可贵。

此期织物染色虽然较多，但在相当长一个历史时期内，我国的大众衣着，主要还是黑色、蓝色、白色，以及褐色、棕色等。汉代尚黑。《汉书》卷四八载贾谊陈政事疏："且帝之身，自衣皂绨，而富民墙屋被文绣。"师古曰："绨，厚缯也。"此说皇帝自衣较厚的黑色丝织物。《汉书》卷七八"肖望之传"："备皂衣二十余年"师古注引如淳注曰："虽有五时服，至朝皆著皂衣。"《汉书》卷八五"谷永传"："擢之皂衣之吏。"此说官吏著黑衣。

在此顺带提一下"染杯"、"染炉"的问题。这类器物在文献著录和考古发掘中都可看到。学术界对它的命名和用途是存在不同看法的。史树青认为它是汉代贵族家庭纺织作坊的一种染具。主要依据资料有三：（1）容庚《秦汉金文录》卷四著录有染炉、染杯各一具。染炉铭为："平安侯家染炉第十重六斤三两。"染杯铭为："史侯家铜染杯第四重一斤十四两。"（2）《山东文物选集》（1959年）录有山东昌邑汉代铜薰炉的形象，炉高12.7厘米、长16厘米。（3）1957年，河南陕县后川西汉墓出土染炉、染杯各1件，原发掘报告称之为"置有耳杯的方形温炉"。史树青认为，这些都应是"染丝的染炉和染杯，体积并不甚大"，"并不能适用于大规模的染色，而只能在贵族的家庭手工业中使用"[62]。黄盛璋则另持一说，其作了大量考证后认为[63]：（1）自宋吕大临，至 20 世纪 30 年代容庚，人们对这类器物是用途不明、命名纷歧的。吕大临《考古图》曾名之为"有柄温炉"，"以火温汤煮酒杯者也。"并定之为汉器[64]。容庚《秦汉金文录》卷四亦认为其用途不详，但又怀疑它是染丝用器。1962 年，史树青才正式将之定成了染丝用具。（2）此"染杯"实际上是沾染佐料的饮食器，"染炉"则是因染食而得名的，二者皆非织物染色之具[63]。染食法在中国起源甚早，战国便已通行。《仪礼·公食大夫礼》："宾升席，坐，取韭菹以辩，擩于醢，上豆之间祭。"郑玄注："擩犹染也。"又，《仪礼·特牲馈食礼》："右取菹换于醢，祭于豆间。"郑玄注："换醢者，染于醢。"贾公彦疏亦重复了郑注："换醢者，染于醢。"[65]擩、换相通，皆古字，染则为汉代通行的假借字。故染则指蘸盐、酱等佐料[63]。从字面上看，两说皆有一定道理，一时很难定论。但这些"染杯"和"染炉"实在太小，平安侯家染炉高才 13.2 厘米、长 17.6 厘米；"史侯家铜染杯"合今一斤左右[66]，不管是媒染、多次浸染，还是试验性染色，都是很难作为织物染具的。若说"染杯"系作提取、存放色素用具，则"染炉"便难解释，提取、存放色素时都未必需要加热的，故我们还是倾向于染食具之说。

（四）印花技术的发展

我国古代织物着花工艺约包括三种类型：（1）印花，包括凸版印花和凹版印花。（2）镂空型版印花。（3）染花，主要指缬染。印花之中，凸版印花较为习见。汉代使用的主要是凸版直接印花，其首见于我国南方，如南越王墓所见等；镂空型版印花亦有一定发展，有学者认为马王堆汉墓可能使用过镂空型版印花[67]。在印花技术的分类上，今世学者是存在不同看法的，有人把所有的着花工艺都称之为"印花"[68]，也有学者将我国古代着花工艺分成了两类，即型版印花和缬染染花[69]，我们认为从工艺形式上，还是分三种为宜。因不管凸版印花还是凹版印花，都有印版，操作法是将着色剂涂于印板上，再将印板按到织物上而着花的；镂空型版印花则是用型版将布夹住，将色料刷于镂空孔洞内而着花的，名之为"染"，其实是"涂刷"；缬染则通常是将织物的某些部分加以掩盖，之后整个织物浸于染液中而着花的。其一部分为"染"，另一部分实属"防染"，这种操作与印花是存在不少差别的。

我国古代织物型版印花约始于春秋战国时期，主要依据是江西贵溪崖墓出土的印花织物[70][71]，但部分学者对此存有疑义。目前为学术界公认的印花织物属汉，计约两起：一是广州南越王墓出土的两件青铜质印花凸版和部分印花丝织物[72]，二是长沙马王堆 1 号汉墓出土的金银色印花方孔纱 3 件，本体呈深灰色，其上布满均匀纤细的银白色线条，以及一些金色小点构成的印花图案。南越王墓印花凸版中，一块保存较好，形体呈扁薄板状，正面花纹近似于松树形，有旋曲的火焰状纹。纹线凸起，大部分十分薄锐。印版厚度多数仅及 0.15 毫米左右，并有磨损和使用过的痕迹，唯下端柄部的纹线处厚达 1.0 毫米左右。印版全长 57 厘米、宽 41 毫米。同墓还出土一些印有白色火焰纹的丝织品，其花纹形态与松树形印花凸版适相吻合。马王堆 1 号汉墓出土一种金银色印花纱，其图案与南越王墓印花版图案亦十分相似。据研究，马王堆1号墓的印花织物是用三套印花版，即定位纹版、主面纹版、小圆点纹版，依次套印而成的[73][74][75]。具体操作约三步：先用银白色颜料印出"个"字形网络，即所谓龟背骨架，然后在网络内套印出银灰色曲线组成的花纹，最后套印金色小圆点纹（图3-5-5）。工艺精巧，色浆细腻而淳厚，有良好的覆盖性能。我国古代型版印花的浆料大部分是矿物颜料。马王堆1号汉墓所出金银色印花纱，是我国今日所见较早的印金织物，只可惜其中的黄金不知是否作过成分分析。

图3-5-5　马王堆1号汉墓金银色印花图案及其工艺示意图

左1：银灰色分格纹　　　左2：灰褐色主面纹

左3：金黄色圆点纹　　　左4：套印后的图案（单元图案）

采自文献[73]

（五）染花技术的发展

此染花主要指缬染，或叫染缬，又包括蜡缬（蜡染）、夹缬、绞缬、灰缬（碱剂印花）等种。我国古代最早使用的染缬大约是蜡缬和夹缬，其始见于汉，绞缬始见于东晋，灰缬始见于唐。汉代使用的主要是蜡缬。

夹缬。高承《事物纪原》卷一〇"缬"条载："缬，事始曰夹缬。彻子造《二仪实录》曰：'秦汉间有之，不知何人造。陈梁间贵贱通服之。'"[76]我们认为此说大体是可信的。看来在各种缬类织物中，夹缬当是最早的。有关夹缬的实物则始见于北朝时期（后面再谈）。

蜡染（蜡缬）。从传统工艺看，其操作要点是：以"蜡刀"作笔，蘸取蜡液后，在平整光洁的织物上描绘出各式图样。"蜡刀"由两件或多件铜片组成，用作勾画线条，以竹签辅助点蜡。画蜡中可掺入少量松脂。蜡绘经干燥后，投入靛蓝溶液中进行防染，再用沸水去蜡，即可获得蓝地白花的蜡染织物。1959年，新疆民丰尼雅东汉墓葬出土两块蓝色印白花布（图版拾伍，1），其中一块饰斜交三角形纹，并以线纹和锯齿纹为边框，框内有同心圆纹和圆珠点纹；另一块上印有龙、狮，以及佛像。质地匀密、色泽和谐，精巧细致，是为蜡染花布[21][75][77]。技术已相当成熟，说明它已走过了一段相当长的发展历程。另据报道，四川峡江风箱峡崖墓还发现过战国、秦汉时期粗细不等的麻织品，图案系蜡印团花或菱形花纹[78]。若此属实时，那便是我国今见最早的蜡染资料。

也有学者对新疆东汉蜡染技术表示怀疑，认为该蜡染棉布的断代、产地、工艺都值得怀疑，并认为我国蜡染起源于西南地区[79]。这可以进一步研究。

五、丰富的丝织品

秦汉纺织品主要有丝、麻、棉三种，尤以丝织品的技术水平最高。

汉代将丝织品总名为"帛"、"缯"或"缯帛"，犹今泛称丝织物为"丝绸"然[45]。《说文解字》："缯，帛也。""帛，缯也。"汉史游《急就篇》卷二唐颜师古注："缯者，帛之总名，谓以丝织者也。""帛，总名诸缯也。"

依原料之精粗，以及织染技法之不同，又可分为锦、绫、绮、罗、纱、缣、缟、纨、绨、縠、绅、缦、紫、素、练、绢、织成等品名①。《说文解字》、《释名·释采帛》等都曾对这些品名作过一一的解释。如绮为文缯，纨为素缯，绨为厚缯，素为白缯等。葛、麻、毛织物也有许多品名，大凡现今所有的织物品种，汉代多已出现。从文献记载看，汉代织物以"锦、绣、绮、縠、绤、芒、罽"七者最为名贵，西汉初年时，曾明文规定商贾不得穿着。《汉书·高祖纪》卷下："贾人毋得衣锦绣绮縠绤纻罽。"前四者为丝织品，后三者分别为高级葛布、苎麻布和毛织物。其中的罽为西北少数民族所创，至迟汉代便已传入中原，《说文解字》云："罽，西胡毛布也。"

在考古发掘中，长沙马王堆、江陵凤凰山、河北满城汉墓，以及新疆民丰等地都发现过大宗汉代织物。马王堆1号汉墓所出织物保存得异常完好，除10多件单、夹、绵衣，以及香囊、巾袱、手套等外，还有46卷单幅的绢、纱、绮、罗、锦、绣等织物。下面仅介绍一下绢、锦、绣、绮四种织物。

绢。平纹，始见于新石器时代，汉代考古发掘的丝织物中所见最多。汉刘熙《释名·释采帛》："绢，𫄨也，其丝𫄨厚而疏也。"马王堆1号墓46卷单幅丝织品中，有绢22幅，占总数的47.8%。但细绢较少。满城汉墓出土有一种细绢，每平方厘米达200根×90根[80]；甘肃武威磨嘴子48号汉墓出土一种粗绢，每平方厘米仅及44根×18根[81]，粗细相差5倍。

锦。一种多彩织物，始见于西周早期，亦是汉代织物最高水平的反映。人们对锦的评价亦极高，《释名·释采帛》云："锦，金也，作之用功重，其价如金。"汉锦都是经线起花的平纹重经组织，由两个或两个以上系统的经线和一个系统的纬线重叠交织而成。经线中一个系统为地经，其余为花经。纬线依其作用，又可分为起平纹点的交织纬和起斜纹点的花纹纬，利用花纹纬将地经与花经分隔开来。1972年，长沙马王堆1号汉墓出土不少保存完好的锦，若从花纹和织法等显花效果上分类，其中便有平面显花的绀地绛红鸣鸟纹锦，香色地红茱萸纹锦，有凸纹呈立体感的凸花纹锦，以及若隐若现的隐花波纹孔雀锦、隐花花卉八角星形纹锦等。其中又以N6-3凸花锦最为复杂，其实物经密为156根/厘米、纬密为46根/厘米，外表似有近于凸纹效果的绒线圈，若无较好的提花机，这是很难织造出来的[82]。新疆民丰尼雅墓葬出土有"万世如意"汉隶铭文锦（彩版陆，1），经纬

---

① 对丝绸的命名，历代并不十分规范。1960年，国家统一和规范为14大类，即：纱、罗、绫、绢、纺、绡、绉、锦、缎、葛、绨、呢、绒、绸。这与汉代分类法是有差别的。

密分别为 168 根/厘米和 75 根/厘米，用经二重组织，分组分区显花[83][84]。1995年尼雅遗址发掘出大量精美的汉代丝绸，其织工精细，色彩斑斓，甚为罕见。尤其值得注意的是其中一块织锦护膊，长 18.5 厘米，宽 12.5 厘米，经密 220 根/厘米，纬密 24 根/厘米，经向花循环 7.4 厘米。其蓝地上用白、绿、蓝、红、黄五色织出云气纹、鸟兽纹、辟邪，以及代表日月的红白圆圈，图案上下各有白色汉字录书文字"五星出东方利中国"一行，计 16 字，令人叹为观止[85]。

绣。其始见于商[86]，汉时有了较大发展。汉绣与汉锦齐名，二者是经常并称的，皆被视为珍贵之品。张衡《四愁诗》："美人贻我锦绣缎，何以报之青玉案。"《后汉书》卷一〇上夸奖邓皇后节俭，"止画工三十九种，又御府尚方织室锦绣冰纨绮縠……皆绝不作"。两汉时期，锦的主要产地是襄邑，刺绣则是齐郡。王充《论衡·程材篇》说："齐都世刺绣，恒女无不能；襄邑俗织锦，钝妇无不巧。"目前在新疆民丰尼雅遗址[14][83]，以及罗布卓尔、诺音乌拉、帕尔米拉和甘肃武威等汉墓，都出土过汉绣。刺绣之针法多至数十种，尼雅出土过好几种汉绣，花纹异常精美，都是在单色细绢上用锁绣法绣出花纹的。巴泽雷克（东周）和长沙楚墓（春秋）标本所用亦为锁绣法；殷代菱纹绣、诺音乌拉汉代花卉绣，则属平绣法[86]。马王堆 1 号墓出土数十件刺绣品，基本上都是锁绣法，有开口锁绣和闭口锁绣两种操作。其"信期绣"计 19 件，7 件的坯料为绢，12 件坯料为罗；"长寿绣" 7 件（彩版陆，2），坯料皆为绢；"乘云绣" 7 件，其坯料 3 件为绮、4 件为绢。皆针法细腻流畅、图文秀美高雅，艺术价值较高[87]。

绮。纹绮是一组经丝与纬丝交织的单色、素地、生织、炼染的提花织物，为平地起斜纹花的织物，质地松软、光泽柔和，色调匀称。始见于商，汉时有了较大发展，如前所云，绮是汉代一种较为高贵、贾人不得服用的丝织品。《汉书》"高帝纪下"唐颜师古注："绮，文缯也，即今之细绫也。"汉刘熙《释名·释采帛》云："绮，倚也。其文欹邪不顺经纬纵横也。有杯文，文形似杯也。有长命，其彩色相间，皆横终幅，此之谓也。"长沙马王堆汉墓出土有几何菱形纹绮和对鸟纹绮（图 3 - 5 - 6）等。其杯形几何纹绮经密为 38.5 根/厘米，纬密为 31 根/厘米。纹样主要是由粗细线条相结合而组成杯纹菱形几何图案[88][89]。

图 3 - 5 - 6　马王堆汉墓对鸟花绮纹样
采自文献[88]

第六节　造纸技术的发明

纸是植物纤维经过剪切、沤煮、漂洗、舂捣、帘抄、干燥等步骤而交织、络合、固着成的纤维薄片，它的主要社会功能是书写和印刷。

我国古代最初用于抒情、纪事的书写、刻画材料是陶器、龟甲、青铜器、竹木和缣帛一类物料。其中的陶文约始见于新石器时代晚期；甲骨文约盛于殷商①；金文盛于西周，延及春秋战国；竹简和缣帛之用于纪事，大约多见于春秋战国时期，延及秦汉三国。非植物纤维纪事材料的缺点是：书写刻画十分不易，使用和保存也极不方便。早期植物纤维纸约始见于西汉；东汉时期，蔡伦对它作了较大的改良，质量上有了很大提高。造纸技术的发明，是我国劳动人民对世界文化的一项特殊贡献。汉刘熙《释名》卷六"释书契"："纸，砥也，谓平滑如砥石也。"把植物纤维的交织络合物称之为"纸"，大约是东汉中期之后的事。

一、早期植物纤维纸的出现

（一）见于报道的早期纸和纸状物

我国古代的早期植物纤维纸约始见于西汉时期，目前见于考古报道，原说是属于西汉的早期植物纤维纸或纸状物计有 7 起，它们分别是：

罗布淖尔纸。1933 年黄文弼在新疆罗布淖尔汉代烽燧亭发掘，1 片，麻质，白色，无字，作长方片状，四周不完整，长约 100 毫米，宽约 40 毫米，质甚粗糙，不匀净，纸面尚存麻筋。伴出物有汉宣帝黄龙元年（公元前 49 年）木简等，不见东汉之物[1]。原物已在 20 世纪 30 年代为日本人所毁。

灞桥纸状物。1957 年时，西安市东郊灞桥西汉墓出土过一件叠置于铜镜之下的纸状物，米黄色，伴出物有"半两"钱、三弦纽铜镜、青铜剑等。发掘者依据部分伴出物，认为其年代不会晚于汉武帝元狩五年（公元前 118 年）[2]。

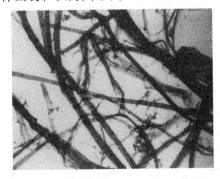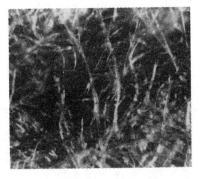

图 3 - 6 - 1　居延金关纸组织中的纤维 LM × 70

图片承王菊华提供，原出自文献[4][5]

---

① 据 2003 年的一份统计资料，百余年间，甲骨文出土量约 62 000 片左右，甲骨文单字总数为 3 950 个。见陈炜湛：《关于殷墟甲骨文的两个基本数字》，《中国文物报》2003 年 1 月 3 日，考古版。

居延金关纸。1973、1974 年居延肩水金关遗址出土，计为 2 件[3]。一件与汉宣帝甘露二年（公元前 52 年）木简共存，出土时已揉成一团，展开后最大一块长、宽分别为 21 厘米、19 厘米；颜色白净，细薄均匀；一面较为平整，一面稍起毛，质地坚韧。经鉴定，乃由本色废旧麻絮、绳头、布料等制成。麻质以苎麻为主要成分，纤维有明显的分丝帚化现象，帚化率 30% ~ 40%，微纤维较长。另一件出土于西汉平帝以前地层，长、宽约分别为 11.5 厘米、9.0 厘米，暗黄色，尚含麻筋、线头和碎布头，结构显得较为稀疏松弛，有学者说它并无舂捣和抄造痕迹，并谓之雏形纸或原始纸（图 3 - 6 - 1）[4][5]。

扶风中颜纸。1978 年陕西扶风县中颜村西汉窖藏出土。纸片已被揉成团状，填在作为漆器附件的铜泡空隙内。纸呈乳黄色，粘有不少铜绣，麻质，较为粗厚；展平后最大一片长、宽约分别为 7.2 厘米、6.8 厘米，厚约 0.22 ~ 0.24 毫米，其余几块大小不等[6]。经分析，纸上纤维束较多，表面不甚平滑，未经砑光处理，个别地方见有未经捣碎的细小绳头，至今仍具有一定机械强度和较好的色泽，纸

图 3 - 6 - 2　扶风中颜纸组织中的纤维 SEM × 100
图片承王菊华提供

的结构和纤维形态与居延宣帝纸相似（图 3 - 6 - 2）[4][5][7]，但纸面可见帘纹[8]。窖藏年代应在汉平帝（公元 1 ~ 5 年）之前，麻纸的制造年代可能在汉宣帝时[6]。

马圈湾纸。1979 年敦煌马圈湾汉代烽燧遗址出土。计 5 件 8 片，麻质，出土时均已揉皱。最大一件长 32 厘米、宽 20 厘米，色黄，质地粗糙，纤维分布不均。伴出物有汉宣帝元康（公元前 65 ~ 前 61 年）、甘露（公元前 53 ~ 前 50 年）纪年简等。年代较之稍后的有 2 件 4 片，与畜粪堆积在一起，色呈土黄，质地细匀，伴出的纪年简多属成、哀、平帝时期。年代最晚的是 1 件 2 片，白色，质地均匀，发现于烽燧倒塌废土中，应属王莽时期。另有一件属西汉中、晚期，白色，质地细匀，残边露出了麻纤维[9]。经分析，其中第三、四、五件皆制作较好，第四、五件皆作白色，质细，纤维束较少，第四件可见帘纹，第五件打浆较好[8]。

放马滩地图纸状物。1986 年甘肃天水放马滩 5 号汉墓出土一张类似地图的纸状物，残长 5.6 厘米、宽 2.6 厘米。原置于死者胸部，薄而柔软，出土时为不规则的碎片，色黄，今褪色变成了浅灰间黄；表面平整光滑，显示有山脉、河流、道路等纹路。墓葬断代西汉文帝（公元前 179 ~ 前 157 年）、景帝（公元前 156 ~ 前 141 年）时期。有学者称之为地图纸[10][11]，笔者今暂谓之地图纸状物。

悬泉置纸。1990 ~ 1991 年甘肃汉悬泉置遗址出土。数量较大，延续时间也较长，计有两种类型：（1）带字纸，从伴出的简牍和地层看，属西汉武、昭时期的 3 件、宣帝至成帝时期的 4 件，另有东汉初期 2 件，西晋 1 件，计 10 件。3 件武、昭纸为：标本 T0212④:1，长宽 18 厘米 × 12 厘米，正面隶书"付子"；标本 T0212④:2，长

宽 12 厘米 ×7 厘米，正面隶书"薰力"；标本 T0212④:3，长宽 3 厘米 ×4 厘米，正面隶书"细辛"。所书均为药名。据纸的形状和折叠痕迹，当为包药用纸。宣帝至成帝的 4 件中，标本 T0114③:609，尺寸约 7 厘米 ×3.5 厘米，为文书残片，形状不规则，黄色间白，质细而薄，有韧性，表面平整光洁，有草书 2 行："□持书来□致啬□"[12]~[15]。（2）不带字的麻纸，依颜色和厚薄划分，有黑色厚纸、黑色薄纸、褐色厚纸、褐色薄纸、白色厚纸、白色薄纸、黄色厚纸、黄色薄纸 8 种；时间从武、昭，经宣、元、成帝至东汉初年，及至西晋，计 460 余件。这批古纸皆主要用于书写文书、信件和包裹物品。用于书写者质地较细、较厚，且较光滑，用于包裹者较为粗糙。

　　这是 7 批见于考古报道的，说是属于西汉的早期植物纤维纸，或纸状物的基本情况。其中作过科学分析的计有 5 批，即中颜纸、居延纸、马圈湾纸、悬泉置纸，以及灞桥纸状物。由于各种原因，人们对这些考古发掘物的质地和断代，一直存在不同的看法。

　　（二）对报道的早期植物纤维纸和纸状物的一些不同观点

　　由学术界的评述和反映情况来看，除罗布淖尔纸为日本人所毁而不便讨论外，其余 6 起纸和纸状物，约可分为 3 种不同的情况：

　　1. 各派学者已取得基本共识，皆承认其属"植物纤维纸"或"雏形纸"者，计有两起，即居延金关纸和扶风中颜纸。其间的差别是，有学者称之为纸[7]，有学者则称之为雏形纸[4][5]，但大家皆承认其不能用于书写，而只宜于包装。

　　2. 对其是否属于植物纤维纸尚存不同看法者，亦为两起，即：

　　灞桥纸状物。有学者称之为纸，并名之为"灞桥纸"，认为虽其表面纤维束较多，交织不均，打浆度较低，但仍不愧为纸[2][16][17]。有学者则认为它不是纸，而是麻絮的积叠物[18][19][20]。两种观点，是非难辨。但我们有两点疑问：（1）由灞桥纸状物及其组织结构（图版拾陆，1、图 3-6-3）看，其纤维束无分丝帚化现象，有的纤维束的外形竟与卷曲的束状马尾毛一般[19]。分丝帚化现象，是纤维曾经打浆与否的重要标志，而打浆是造纸工艺的一项基本操作。若此照片无误的话，要将灞桥纸状物定之为纸，笔者认为是有一定困难的。（2）据报道，此纸状物出土后被撕裂成了 88 片，最大一块长宽竟达 10 厘米，厚约 0.14 毫米（图版拾陆，2）。若说它不是纸，而是乱麻絮的话，如何能撕得这样多片，且这样薄？隐藏在这两个疑问后的结论，可能是互相矛盾的。

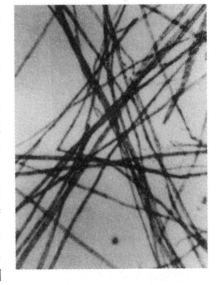

图 3-6-3　灞桥纸状物中的无帚化
大麻纤维　LM×70
采自文献[19]

　　放马滩地图纸状物。有学者认为它是人工有意绘制的纸质地图[10][11]。有学者则认为它可能是某种丝麻织物或帛类地图，主要依据是它明显地呈现出许多经纬交叉的织纹，纹粗约 0.3～0.4 毫米，平纹，线条均匀。1990 年时，国家文物局在故宫博物院举办了一个文物荟萃展，图版拾陆，3、4 系有关学者在展室中拍下的照片（局部），两张图中多处都显示有经纬交织纹和平行线纹，箭头所指处尤为明显[19]。我们认为，经过了打浆的植物纤维，其分布应当是淆乱的，此经纬交织纹亦不像抄纸后形成的布纹印痕。看来，要将这种具有较多经纬交织纹的物品定之为纸是有一定困难的。

3. 对标本断代尚存不同看法者，亦是两起，即马圈湾纸和悬泉置纸。

对这两起纸的质地，各派学者的看法是一致的，皆认为其属植物纤维纸或早期纸；不同处是：有学者认为其中有的属西汉时期[9][15]，有学者则提出了怀疑，说其晚于西汉。怀疑的理由有三：（1）书法风格，认为马圈湾纸应属东汉或唐代[21]，悬泉置纸应是东汉及至魏晋之物[22]。（2）从工艺上看，认为此二处所有的纸皆应晚于西汉。如 1 件马圈湾纸样（79. D. M. T9）、1 件悬泉置纸样（900XT103③）都显示了竹帘纹，且含有胶质填料，此两件纸样的原断代皆为西汉晚期到新莽；当时是否有了竹帘抄纸和涂布胶质填料这两种工艺，有关学者存有疑虑[5]。（3）认为有的标本断代有误。如 1 件悬泉置纸样（92DX1216②）为麦草浆，原断代为东汉，但麦草纸的年代当是更晚的[5]。我们认为这三条理由都有一定道理，但是否可以立论，目前尚难肯定，因目前看到的西汉纸标样太少；若有更多断代确凿的可作为标样的西汉纸作为参照，问题就更好分辨一些。

为此，学术界对我国古代造纸技术的发明期，西汉是否有了植物纤维纸，便产生了两种不同的观点：一种认为前述考古发掘的几起古纸或纸状物，不管断代还是质地，原判断都是可信的，皆说明了西汉有纸，并认为我国古代造纸技术发明于西汉时期[8][16]。另一种认为我国造纸技术应是东汉蔡伦发明的，而不是西汉，蔡伦之前并无植物纤维纸[4][5][18][19][20]。

我们的看法是：从金关纸、中颜纸的科学分析看，西汉已有雏形纸、早期纸是可肯定的；但灞桥纸状物、放马滩地图纸状物，目前还很难说它是植物纤维纸；具有竹帘纹和填料的悬泉置纸（900XT103③，原断代西汉晚期至新莽）和涂有填料的马圈湾纸（原断代西汉晚期至新莽）断代是否确凿，则须进一步研究。迄今为止，没有争议的、带字的西汉纸尚未看到。因纸的主要社会功能是书写和印刷，只有具备了此两项功能，才能成为文化的载体，所以今日所见西汉纸，还是暂称之早期纸为宜。至于纸的发明期，依立足点不同，则可有不同说法。若考虑到纸是一种文化载体，则将其定在东汉较为合适；若考虑到事物由低级向高级发展的过程，"早期纸也是一种纸"，则说成西汉也是可以的。

今日所见的西汉的早期纸皆为麻纸，从大量考古实物和文献记载看，唐以前的古纸标本亦多数是麻质的，所以人们推测，早期植物纤维纸的发明很可能与纺织用麻有关。我国麻纺技术在先秦已达较高水平，人们在劈分、绩接麻类纤维时，肯定要残留下一些麻头、乱絮之类；在"织麻为布"、"织丝为帛"、"网丝成茧"、"荐絮为纸"这一思想的启示下，一个偶然机会，人们将劈分得很细的麻絮积压成了薄片，或将许多麻絮捣碎，摊成了一个薄片，经晾干研光后，就可用作包装了，大约这就是纸的前身；再经漫长的探索，最后就演变出了"纸"来。有关情况本节下面还要谈到。

二、东汉纸的出土情况及其科学分析

今见于考古发掘的东汉纸，计约 6 起，它们分别是：

额济纳河纸。1942 年劳榦、石璋如等在内蒙古额济纳河旁汉烽燧遗址发掘。出土时纸已揉成一团，上有六七行字，纸质粗厚，帘纹模糊，经鉴定为麻纸。该处发现有 78 枚木牍，多为东汉永元五年（公元 93 年）至永元七年兵器登记册。有人依《汉书·西羌传》，认为此纸应是东汉永初三四年（109 年、110 年）汉军撤离时埋入地下的[23][24]。1972 年，陈大川拜访了石璋如，对此纸的外部形态和质地作了一些考察：纸呈深褐色，长宽各约 10 厘米，厚约 3 毫米，甚不均匀，无法看出帘纹，纤维较短，组织松软，可能属麻纤维[25]。

民丰纸。1959 年新疆民丰东汉墓出土，一块已揉成团，大部分已涂成了黑色，长 4.2 厘米、宽 2.9 厘米[26]。

旱滩坡纸。1974 年甘肃武威旱滩坡东汉晚期墓出土。古纸原成上下 3 层，贴附于木车模型的车舆和车辕上，已裂成碎片，最大一片长宽均约 5 厘米，因年久老化故，表面已呈褐色，唯内层有两片呈白色，且仍有一定强度和柔性。文字为隶书，可辨的有"青贝"等字[27]。

悬泉置纸。如上所云，1990～1991 年出土，带字者 2 件，属东汉初期；不带字者若干。其中标本 T0111①:469，尺寸为 30×32 厘米，呈不规则的长方形，黄色间灰，稍见厚而重，质地粗糙、疏松。上有隶书 2 行："巨阳大利上缮皂五匹。"[15]

此外，斯坦因在古长城的一个烽燧中，得到过 8 封用窣利文写在纸上的书信，是粟特商人的私信。经分析，此纸系以麻织物为原料制成，断代公元 2 世纪中叶[28]。此前，瑞典人斯文·赫定（Sven Hedin）在古楼兰遗址发现过公元 3 世纪初（东汉晚期）古纸[29]。斯坦因还在敦煌窃得过 3 张汉代纸写的残卷，断代公元 2 世纪[30]。

人们对旱滩坡纸先后进行了两次科学分析[4][31]，测知其厚度约为 0.07 毫米，与今机制原稿纸（40 克/米^2）相当，原料为大麻等麻类纤维。纤维帚化程度较高，细胞已遭破坏，大纤维束已经很少看到；纤维交织细匀，纸面紧密，透眼很少。碘氯化锌染色呈黄色和酒红色反应。人们还发现此纸曾进行过单面涂布加工，涂层细平而均匀，涂料中还有一种糊状物。因年代久远，有的涂层与纸基已结合得不太紧密，用小工具便可使之分离。纸基厚度只有 0.04 毫米，与今 20～30 克/米^{2}的薄型纸相当。

对这些东汉纸的断代和科学分析，学术界皆未见异议。

三、汉代的造纸工艺

从考古实物的科学分析和传统工艺调查来看[32]，造纸过程大体上可分为六大工序：（1）原料选择和预处理；（2）化学处理；（3）机械舂捣；（4）打浆；（5）抄纸，成型；（6）后期处理。这每一工序自然还要包括多项操作，每一操作的精粗，便反映了造纸技术的发展水平。

（一）原料选择

植物纤维在自然界的蕴藏量是十分丰富的，但并非所有植物都是造纸的最佳原料。

从现代技术观点看，人们对造纸原料的基本要求有二：（1）具有较好的物理性能，主要指纤维长度与宽度之比；（2）具有较好的化学性能，主要指纤维素含量。

造纸用纤维应以细长为佳，长纤维优于短纤维，细纤维优于粗纤维。因机械加工过程中，长纤维被打断后仍然较长，且帚化较好，成型后纤维绞缠较好，组织较为紧密，强度较大；短纤维打断后，就会更短，且帚化较次，成纸后绞缠较少，纸的结构便不甚紧密，强度亦较低。经有关学者测定，我国常用造纸纤维的平均长、宽比（倍数）分别为：苎麻3 000、大麻1 000、桑皮463、楮皮290、青檀皮276、黄瑞香皮222、慈竹133、毛竹123、稻草114、麦秆102[33][34]。可见麻类纤维的长宽比较大，其次是树皮，再次为竹类，最差是草类，所以草纸最是下品。

人们对纤维素的基本要求是：它的含量要稍高，其他夹杂较低。经有关学者分析，我国常用造纸原料的纤维素含量（重量百分比）分别为：苎麻82.81%、大麻69.51%、桑皮54.81%、青檀皮40.02%、楮皮39.08%、毛竹45.5%、慈竹44.35%、麦秆40.4%、稻草36.2%[35][36]。可见，纤维素含量最高的是麻，其次是树皮，再次为竹类，最次为草类，与纤维长宽比的分布状况大体一致。我国古代从一开始就选用了麻纤维作为造纸用原料，这也是我国古代劳动人民聪明才智的一种反映。

（二）造纸原料的预处理

主要包括浸泡、切碎、洗涤。浸泡的目的是使纤维膨润松解，易于剥离，同时亦易于洗涤。我国古代纺织用麻很早就有了浸泡操作，自然要被人们引用到造纸工艺中的。

（三）化学处理

除纤维素外，纤维中还包含有数量不等的灰分、果胶质、木素、蛋白质、半纤维素、色素等，它们对纸的质量都有不同程度的影响。半纤维素会降低纸的机械强度；果胶会使纤维成束，不易帚化；木素不但会极大地降低纸的强度，而且易于氧化而使纸呈现某种颜色。化学处理的基本操作，是用石灰水浸泡蒸煮，以去除各种有害夹杂，便于下一步舂捣，以得到较为纯净、分散的纤维。早在先秦时期，我国就在纺织技术中发明了热水脱胶法和灰水漂涑法，汉后又有了发展，这些技术自然都会应用到造纸技术中来。《诗·周南·葛覃》："葛之覃兮，施于谷中；维叶莫莫，是刈是濩。"濩，郑笺云："煮之也。"孔颖达疏："于是刈取之，于是濩煮之。"此煮即是热水脱胶，这是先秦热水脱胶之证。《考工记·幌氏》在谈到练帛时说："涑帛以栏为灰，渥淳其帛，实诸泽器，淫之以蜃，清其灰而盏之，而挥之，而沃之，而盏之，而涂之，而宿之，明日沃而盏之。"此"栏"即楝，可见练帛时须先将帛置于楝灰水中浸泡，之后再用蚌壳灰水浸泡，这都是一种碱处理。长沙马王堆1号汉墓出土的苎麻布，江陵西汉初年167号汉墓出土的大量麻絮，可能都用石灰或草木灰的水溶液进行过处理[37]。显然，居延金关纸所用废旧麻料是经碱液处理过的，否则便不可能达到如此高的白度[38]，中颜纸很可能也得到过碱液蒸煮处理[4]。

（四）机械处理

这主要指切、剉、舂捣一类操作。做法是将浸泡过石灰水的麻料切短并分批放到石臼中，以作人工舂捣，用机械强力把纤维的细胞壁和纤维束打碎，使纤维细化、帚化；同时亦可净化纤维，使纤维中的有害杂质以及泥土更为迅速、完全地去除。机械处理后一般都要进行洗涤。自然，居延宣帝纸若不进行长时间的机械处理，其纤维是不可能那样柔软和明显帚化的。

（五）打槽和捞纸

麻料经捣碎、洗涤后，就成了灰白色的絮状物，后将之放入水槽，加入清水，再用木棒充分搅拌，使纤维均匀分散，并悬浮起来，成为粘稠适度的浆液，再用筛状抄纸器（纸模）把纸浆捞出，滤去部分水分，就成了一层湿纸膜。居延宣帝纸的纤维交织程度不高，同向排列较多，匀度也较差，说明它未曾经受良好的悬浮成浆和打槽过程[4]，显示了相当的原始性。我国古代早期麻纸上多有一种交织状印纹，这是纸模留下的印迹。

有关汉代的抄纸工艺，文献上也有反映。东汉许慎（公元58～147年）《说文解字》云："纸，絮一箈也。""絮，敝緜也。""箈，潎絮簀也。""潎，于水中击絮也。""簀，牀栈也。""栈，棚也，竹木之车曰栈。"段注："击，当为擎。"即漂浮意，这是抄纸的形象表述。段又注"栈"说："许云竹木之车者，谓以竹若木散材编之为箱，如栅然。"可见，栈，或簀，或箈，即是以竹木类散材编成的箱状器；即是我国最早的抄纸器，或叫抄床。"纸，絮一箈也。"此意思十分的明显：纸，就是用抄床抄得的一帖纤维絮。这说明，纸，是由抄纸器抄出来的。这是我国古代文献中，关于抄纸工艺的最早记载。虽然十分简单，但却也较为明了。段玉裁认为，"擎絮，乃造纸之先声。"[39]下面讨论丝质纸时，有关情况还要谈到。

有一点需顺带指出的是：《说文解字》段玉裁注云："箈，各本伪笘，今正。"我们认为，段氏的说法是对的。笘的本义是一种小竹片，与箈相差较大。《说文解字》："笘，折竹为箠也。从竹，占声。颖川人名小儿所书写为笘。"显然，此笘与"纸，絮一箈也"的整个意思是不相符合的。

有学者认为我国早在蔡伦时代便发明了纸药，并认为纸药是发明造纸术的关键，没有纸药便没有蔡伦的造纸术，非但竹帘纸，就是布纹纸也是离不开纸药的。说纸药的主要作用，是揭分或分张，从传统技术调查来看，小幅纸，厚薄不均的长安构皮纸和富阳的坑边草纸，不用悬浮剂也可分张的；但纸幅稍大，打浆帚化程度较高的纸，没有纸药是不行的[40]。此说自然有一定道理，但问题还有更为复杂的一面。今承王菊华先生面告：纸药的使用，当与两方面因素有关，一是原料种类，二是纸张种类。长纤维纸，麻纸，较为细薄的纸，是非加纸药不可的。但皮纸则可不用纸药，因树皮中往往含有便于分张的植物粘液；一般的短纤维纸、较为粗厚的纸亦可不加纸药。依此，笔者认为汉代是否使用了纸药，目前尚无确凿的依据。

（六）纸的后期处理和加工

后期处理主要包括压纸、晒纸、揭纸等工序，加工则主要指染色。

在前述经过科学分析的古纸中，以东汉旱滩坡纸最佳。其纤维较长，且均匀分散，人们推测其很可能使用了悬浮剂；其纸面较为平滑致密，很可能成型后还采用了压平、干燥等操作。这都说明，当时的洗、舂、抄等工序都已达一定水平。

染色是古纸加工的一道重要工序，从现有记载看，此技术约发明于东汉，之后在我国沿用了很长一个时期。汉刘熙《释名》云：潢，"染纸也"。这是我国古代关于染纸技术较早且较明确的记载。东汉炼丹家魏伯阳《周易参同契》也说到过染黄："若蘖染为黄兮，似蓝成绿组。"因古时需染色的物品主要是纺织品和纸，而织物染黄是不太使用黄蘖的，故魏伯阳所云当与纸之染黄密切相关。只可惜目前看到的汉代色纸标本较少，故对其具体操作甚难了解。

四、蔡伦在造纸技术上的卓越贡献

我国古代的早期植物纤维纸虽始见于西汉时期，但当时质量还是较差的，社会书写用物主要还是绢类；东汉早期，造纸技术有了一定发展；东汉中期，由于蔡伦的卓越创造，便获得了飞跃式的进步，考古发掘的带字之纸增多，有关记载也多了起来。欧洲的第一个造纸厂是 1150 年在西班牙建立起来的。

《后汉书》卷六八"贾逵传"载，东汉永平年间（公元 58 ~ 75 年），"逵自选公羊、严颜诸生，高才者二十人，教以左氏，与简、纸经传各一通。"章怀太子李贤注"经传"云："竹简及纸也。"贾逵（公元 29 ~ 101 年）系扶风人。此"简纸经传"当指"简经传"和"纸经传"。可知东汉早期，用纸写的经传便已出现，纸的质量已达一定水平。

东汉中期，在蔡伦造纸术发明前，造纸业便已在全国范围发展起来。《后汉书》卷一〇上"邓皇后纪"云：在邓后即位前，"方国贡献竞求珍丽之物，自后即位，悉令禁绝，岁时但供纸墨而已"。晋袁宏《后汉纪》卷一四"和帝纪"亦有大体相类似的说法：永元十四年冬十月辛卯，立皇后邓氏。"后不好玩弄，珠玉之物不过于目。诸家岁时裁供（贡）纸墨，通殷勤而已"[41]。此外，《东观汉记》卷六"和熹邓皇后"也有类似的说法[42]。说明邓皇后即位前后，各地皆贡献用于书写的良纸良墨。这都说明了蔡伦造纸法发明前各地造纸术的发展。

东汉和帝元兴元年（105 年）后，蔡伦对造纸工艺作了许多改革，纸的产量和质量都有了进一步提高。《后汉书》卷一〇八"蔡伦传"载，蔡伦系东汉桂阳（今湖南耒阳）人①，东汉明帝永平年间（公元 58 ~ 75 年）入宫为宦，章帝建初（公元 76 ~ 84 年）升为小黄门，和帝即位（公元 89 年）转为中常侍，复加位尚方令。"永元九年（公元 97 年）监作秘剑及诸器械，莫不精工坚密，为后世法"。在这同时，蔡伦又以尚方令身份主持了造纸事务。"自古书契多编以竹简，其用缣帛者谓之为纸。缣贵而简重，并不便于人，伦乃造意用树肤、麻头，及敝布、鱼网以为纸。元兴元年（105 年）奏上之，帝善其能，自是莫不从用焉，故天下咸称蔡侯纸"。《东观汉记》："蔡伦典作尚方作纸，所谓蔡侯纸也。"[43]《太平御览》卷六〇五引《董巴记》云："东京有蔡侯纸，即伦（纸）也。用故麻名麻纸，木皮名穀纸，用故鱼网作纸名网纸也。"可见，蔡伦曾为尚方令。据《后汉书》卷三六"百官志"本注云：其职能是"掌上手工，作御刀剑诸好器物"。其在造纸技术上的贡

---

① 关于蔡伦的籍贯，《后汉书》卷一〇八"蔡伦传"说是桂阳郡。今人有两种注释，一为郴州，一为耒阳，这两者都不算错，唯后者更为具体。郴州为桂阳郡治所，耒阳为桂阳郡属县，蔡伦生于耒阳。后魏郦道元《水经注》，唐李贤引晋罗含《湘州记》注《后汉书》等，皆云蔡伦故宅在耒阳县。今耒阳有蔡侯祠。

献，也是任尚方令期间作出的。蔡伦在造纸技术上的贡献主要有三：（1）使用了树皮、破鱼网等作为造纸原料，从而扩大了原料来源，并出现了麻纸、榖纸、网纸之名，这在西汉是不曾有的。（2）蔡伦监作秘剑及诸器械，莫不工精，且为后世法；其监作纸，帝称其能，莫不从用；可能他在造纸技术方面也建立了一套既较为合理，又较严格的工艺制度。（3）生产了一批质量较好的纸，天下咸称蔡伦纸。这工艺和产品在全国都产生了重要的影响，从而在较大程度上促进了造纸技术的发展。所以当今学者称蔡伦为造纸技术的改革者、推广者，乃至发明者，都无不可的。元费著《笺纸谱》在谈到我国文字载体的演变过程时也说："古者书契多编以竹简，其次用缣帛，至用木肤、麻头、敝布、鱼网为纸，自东汉蔡伦始。简太重、缣稍贵，人遂以纸为便。"可见人们自古便认为，蔡伦对我国古代造纸技术的发展是作出了划时代贡献的。

　　在此有一点需顺带指出的是，今人常说蔡伦发明了造纸术，这并不是说蔡伦之前并无植物纤维纸，或蔡伦之前无良纸，而是为了强调蔡伦的重要贡献。我们认为在蔡伦之前，在东汉中期、早期，乃至西汉生产过质量稍好的植物纤维纸，可能性都是不能排除的。这两者并不矛盾。我们常说"瓦特发明了蒸汽机"，其实在瓦特之前就有过蒸汽机，唯功能稍差而已，但人们还是将发明权归到了瓦特身上。人们常说"瓷器发明于东汉"，其实在西汉，乃至战国，部分地方便生产过一些胎釉皆佳的真瓷，但学术界经多年争辩之后，依然把瓷器发明期定到了东汉。若说蔡伦之前肯定"没有植物纤维纸"，并将前述《后汉书》卷六八"贾逵传"和《后汉书》卷一〇"邓皇后纪"中提到的纸说成是帛[44]，我们是不敢苟同的。虽从文字上看，此两段文献中的"纸"到底是植物纤维纸，还是帛，尚不易分辨，但结合前述额济河纸带字的出土，问题就不一样了。从伴出的木牍看，带字纸的年代便有可能前推至公元93～95年，这便不能完全排除邓后执政前，或说蔡伦造纸前，有了书写用纸的可能性。蔡伦发明了树皮造纸，技术上较麻纸更为复杂，这本身便说明在此之前，造纸技术已走过了一定的发展历程。

　　东汉时期，宫廷内已设置有掌管纸墨的官吏。《后汉书》卷三六"百官志"载，少府守宫令，"主御纸笔墨及尚书财用诸物及封泥"，尚书令右丞"假署印绶及纸笔墨诸财用库藏"。此时，一般官吏和士人用纸之事也有了明确记载。《后汉书》卷九四"延笃传"注引"先贤行状"云："笃欲写《左氏传》，无纸，唐溪典以废笺记与之，笃以笺记纸不可写传，乃借本讽之。"《北堂书钞》卷一〇四又引延笃答张奂书云："惟别三年，梦想忆念，何月有违，伯英来惠书四纸，读之反复，喜不可言。"这些都反映了东汉造纸技术之发展。东汉末年时，还出现了一个名叫左伯的造纸名匠，《书断》卷一云："左伯，字子邑，东莱人……擅名汉末，又甚能作纸。"子邑尤得蔡伦之妙，"肖子良《答王僧虔书》云，'子邑之纸，妍妙晖光；仲将之墨，一点如漆。'"[45]仲将，韦诞字。看来左伯对造纸技术的发展也是作出了一定贡献的。另外，从"妍妙晖光"四字推测，也不能排除左伯发明了砑光和施布胶质填料的可能性。

　　当然，以纸取代简帛是一个十分漫长的过程，它由汉代一直延续到了三国及其之后。1996年，长沙市文物工作队在长沙市中心的五一广场22号古井内清理出数万枚竹、木质简牍，系三国吴嘉禾元年至六年（公元232~237年）长沙郡的部分档案，其内容涉及吴的政治、经济、军事、文化、租税、户籍、司法、职官等诸多方面，有的甚至是长沙郡所属民簿类、账簿类等，说明孙吴时期的简牍使用量依然是很大，且十分普遍的[46][47][48]。

五、关于丝质纸

从文献记载看，我国古代亦曾以丝制品作为书写用物，此事至迟始于春秋战国，并延续到汉代及至稍后一个时期。此"丝质书写用物"约有两层含义：一是缣帛类，即将绢帛裁成适用规格，其亦谓之为纸，是名"幡纸"。二是使用与后世造纸工艺相类似的方法，以丝絮络合成的纸状物。其实，"纸"字的最初含义便是指这种丝质制品。此丝絮纸尤其重要，它的发明，对植物纤维纸的出现具有重要的启示和影响。

丝帛类书写用物在先秦典籍中常可看到。如《墨子·明鬼》："古者圣王必以鬼神为（脱'有'），其务鬼神厚矣。又恐后世子孙不能知也，故书之竹帛，传遗后世子孙。咸恐其蠹绝灭，后世子孙不得而记，故琢之盘盂，镂之金石以重之。"墨子（约公元前468~前376年）生于战国早期。这是战国早期及其之前以帛书写之证。

目前看到的缯帛类书画实物较多。如1942年，湖南长沙子弹库战国楚墓出有帛书和帛画，帛书中的甲篇便有400多字，后流失海外[49]。1973年，同一地方又出土战国"人物御龙帛画"一幅[50]。1972~1973年，长沙马王堆3号汉墓出土帛画4幅，以及帛书20多种计约12万多字，其中有《老子》、《易经》、《战国纵横家书》的大部分章节写本，以及部分久已失传的佚书[51]。

用于书写的丝帛，自然可通过纺织的方式获得。但用于书写的丝絮，便是采用与造纸相似的工艺而获得的。前引《说文解字》云："纸，絮一箈也。""絮，敝绵也。""箈，潎絮簀也。"段注"敝"云："敝者，败衣也。"这几句话十分重要。但此"絮"，或说敝绵（绵）的具体含义，许慎还说得不是十分清楚。从现代技术观点看，它可能包括了两层意思[52]：一指丝絮，如段"注"所云，段认为古代之絮，"必丝为之"。二即是麻类纤维。这两种可能最早是由秦大川提出的。许慎的原意可能只包含了丝絮一种，也可能同时包含了丝絮和麻絮这两层意思。这说明，在许慎生活的年代及其稍前，"纸"仍有可能使用丝絮，即丝的下脚料制成。为此，清段玉裁"注"还作了一个较好的推测："造纸昉（仿）于漂絮，其初丝絮为之，以箈荐而成之。今用竹质、木皮为纸，亦有致密竹帘荐之是也。"即是说，纸的制造工艺，原仿于漂絮操作，初以丝絮为之，以原始抄纸器成之；今世用竹质木皮造纸，也用致密的竹帘抄纸。今用植物纤维纸很可能就是在这种丝絮纸工艺的影响下产生出来的。这是段玉裁的观点。看来，古人曾用丝絮做纸也是肯定的。据说在考古发掘中，也发现了两件古代丝絮纸，一件是1977年安徽阜阳地区双古堆西汉墓出土的茧絮纸，另一件是甘肃天水放马滩5号西汉墓出土的丝质纸的残片[53]，但可惜尚未看到正式的鉴定报告。

与"丝絮纸"相关的记载还有一些。服虔《通俗文》："方絮曰纸。"[54]服虔在东汉中平（184~189年）末年曾任九江太守。同样，此"絮"可能主要指丝絮，可能也包括麻絮，说络合成了方形的丝絮、麻絮就叫纸。

张揖《古今字诂》则从文字学的角度，更全面地谈到了由丝质纸到植物纤维纸的演变过程：王隐《晋书》载："魏太和六年（232 年），博士河间张揖上《古今字诂》，其'巾部'云：'纸'，今俗也，其字从巾，古以缣白（帛），依书长短，随事截绢数重沓，即名幡纸，字从系，此形声也。后，和帝元兴中，中常侍蔡伦以故布捣剉作纸，故字从巾，是其声虽同，系、巾为殊，不得言古纸为今纸。"[55] 即是说，纸原本是一种丝质品，故从丝从系从巾；绢帛视需裁断后便成了纸，名叫"幡纸"；植物纤维纸是在此之后才出现的。虽植物纤维纸与丝质纸同名，都用了一个"纸"字，但两者是有区别的，不能把古代的丝质纸当成后世的植物纤维纸。

其他文献也有过丝质纸的说法。如，前引《后汉书》卷一〇八"蔡伦传"："用缣帛者谓之为纸。"宋苏易简《文房四谱》卷四："幡纸，古者以缣帛依书长短，随事截之，以代竹简也。""汉兴已有幡纸代简，而未通用。"这都说到了汉代曾以缣帛、丝絮为纸，其名叫"幡纸"，人们力图以之代简，但未能通行。《文房四谱》卷四又载："古谓纸为幡，亦谓之幅，盖取缯帛之义也。自隋唐以降，乃谓之枚。"此"幡"、"枚"都是古人计算纸数的单位，这从另一个角度说明了汉代曾以缯帛为纸的情况。

下面再讨论一下《汉书》中的赫蹏是否指植物纤维纸的问题。在现代研究者中，最早肯定"赫蹏"是纸的是袁翰青，他说："纸在西汉的时候曾经名为赫蹏，《汉书》的'赵皇后传'里有在赫蹏上写字的记载。"[56] 经查，《汉书》卷九七下"孝成赵皇后传"有关文字是这样的：成帝后宫妃子曹伟能生一子，皇后之妹赵昭仪万分妒忌，将曹押进了宫廷监狱，并派狱丞籍武送去裹药二枚，赫蹏书曰："告伟能，努力饮此药，不可复入，女自知之"。唐颜师古注云："邓展曰，赫者，兄弟阋墙之阋。应劭曰，赫蹏，薄小纸也。晋灼曰，今谓薄小物为阋蹏。"可知应劭是认为"赫蹏"为纸的，袁翰青的依据便是应劭之说。应劭为东汉晚期学者，献帝时曾任泰山太守，他的话自然不会错。但值得注意的是，应劭理解的"纸"，很可能就是丝絮纸，而未必是植物纤维纸。古人的理解，与今人未必是完全相同的。宋赵彦卫《云麓漫钞》卷一便说到过此事："赵后传所谓赫蹏者，注云薄小纸，然其实亦缣帛……则古之纸即缣帛，字盖从系云。"[57] 所以，《汉书》中的"赫蹏"是否指植物纤维纸，目前还是不能定论的，并不能排除其为丝絮纸的可能性。看来，汉代文献中的"纸"字，有的可能是指植物纤维纸，有的则可能是指缣帛纸的，不可一概而论。

又，据云，湖北云梦睡虎地出土的一枚战国秦简上有一"纸"字，美籍华人学者钱存训怀疑早在战国时代便有了植物纤维纸[58]。这是一个值得注意的观点，但须得认真分辨。

第七节　髹漆技术的发展

秦汉是我国古代漆器技术的又一个繁荣期，不但使用量较大、分布地域较广，而且生产了许多技术水平和艺术价值都较高的高档制品。今南至广州[1]、云南[2]，西至甘肃武威[3]、宁夏银川[4]，北至呼和浩特[5]，以及汉乐浪郡，都出土过汉代漆器。这个时期文献上关于漆器的记载也多了起来。《史记·货殖列传》："山东多鱼、盐、漆、丝、声色。"此"山"，指太行山，说太行山以东皆多漆器。《盐铁论·本议》载："陇蜀之丹漆旄羽，荆扬之皮革骨象，江南之楠梓竹箭，燕齐之鱼盐旃裘，兖豫之漆丝绨纻，养生送终之具也。"此说陇、蜀、兖、豫皆产漆。可见漆器产地之广。此时，漆器与铜器、陶瓷器一起，成了人们重要的日常生活用品。在普遍发展的基础上，此时还形成了一些较大的漆器生产中心。西汉前期主要有"莒市"、"蕃禺"、"布山"、"成市"等。西汉中期至东汉，较大的漆器生产地有二：一是广汉郡和蜀郡，二是今扬州一带。前者是直属朝廷的工官制漆作坊所在地，后者则可能是以民间作坊为主的。在整个秦汉时期，漆器技术较为发达的是西汉，东汉之后，因青瓷技术的兴起等原因，便逐渐衰退下来。此期髹饰技术上的主要成就是：金银镶嵌（后世又谓之金银平脱）较多地使用起来；夹纻胎、钿器技术都有了较大发展。各项操作都更为成熟，这是我国古代髹漆技术发展史上的第二个高峰期。

一、漆器出土和使用的一般情况

（一）秦至西汉前期

秦至西汉前期，漆器出土地点主要分布在南方，批量往往较大，其中较值得注意的地方有：湖北云梦睡虎地、大坟头、江陵凤凰山、宜昌，湖南长沙马王堆、象鼻嘴、陡壁山和砂子塘，安徽阜阳双古堆，广州西村石头岗、三元里，广西贵县罗泊湾，四川成都、广元等秦汉之际和西汉前期遗址和墓葬。北方稍少，较值得注意的地方有：山东临沂、陕西咸阳等遗址和墓葬。这些地点中，出土量较大的有马王堆三座轪侯家族墓，计出700多件，器形主要有鼎、盒、壶、钫、卮、勺、匕、耳杯、耳杯盒、盘、匜、奁、案等，其中最多的是耳杯，几乎占去了一半，其次是盘，约有200件左右[6][7]。1973～1975年，湖北江陵凤凰山秦汉墓（下限到景帝）出土漆器600件上下，90%以上属文景时期，其中出土量较多的是8号、9号、10号[8]、167号[9]、168号墓[10]。长沙望城坡古坟垸西汉墓出土随葬品2 000多件，其中漆器1 500多件[11]。广西贵县罗泊湾西汉墓出土漆器700多件[12]。四川绵阳永兴双包山2号西汉墓出土漆器500多件[13]。此期漆器多较厚重，木胎居多，夹纻胎数量依然有限，一般只见于诸侯王和列侯墓葬，钿器亦为数不多。安徽阜阳双古堆两座西汉早期墓所出漆器中，可辨器形者约111件，钿器只有6件[14]，金银贴花者更少。四川绵阳双包山2号墓出土漆器有木胎和夹纻胎，主要器物有耳杯、盘、盒、俑、马等，髹饰方法主要有素面和彩绘两种。断代西汉中、前期[15]。

尤其值得注意的是，此期生产了许多名贵漆器，这既是社会繁荣、统治者奢华的一种表现，也是髹漆技术发展的一种反映。如满城刘胜夫妇墓漆器，器形有樽、卮、耳杯等，其虽多已腐烂，但珠光宝色依然可见。其樽盖和器身、卮的手柄、耳杯的耳部等处多有鎏金附件等装饰，其漆案有鎏金铜饰和兽纹铜足；其五子漆奁上镶嵌有绿松石和玛瑙；其漆棺上镶嵌有大小26块玉璧。墓年代为公元前113年，属西汉前期晚段[16]。

从漆器铭文看，此期漆器制作中心主要有陕西"咸市"、河南"郑亭"和"许市"、广东"蕃禺"、广西"布山"、山东"莒市"，以及为部分学者考定为成都的"成市"，这些大凡都是地方官漆的标记。

"蕃禺"。1953 年，广州市西村赵佗时期墓葬中出土一个椭圆形漆奁，盖面正中烙印有"蕃禺"二字[17][18]。此"蕃禺"即《史记·南越列传》中的"番禺"，是广州旧称。这显然是番禺官漆的印记。

"布山"。1976 年，广西贵县罗泊湾 1 号西汉墓出土大量漆器，其中耳杯可复原者约 20 件，有的漆耳杯底部或刻或烙有"布山"，或"市府草"、"市府□"字样。刻文有"□怀士"、"厨"、"胡"等[12]。此"草"即造，《广雅·释言》："草、灶，造也。""市"，当是市楼、市府的简称，是政府管理市井的官署；汉代不但国都和著名的商业中心设市，而且县以上行政单位皆设市。"市府草"当即"市政府造"。这当是地方政府所造，说明当时桂林郡也生产漆器[12]。这种标有地方政府"市"、"亭"的铭文在陶器上也有使用[19]。"□怀士"、"厨"、"胡"当是使用者所刻。

"成市"。有关漆器在长沙和江陵都曾看到。长沙马王堆 1 号汉墓出土过 184 件漆器，其中 73 件，包括鼎、匕、卮、耳杯、食盒、小盘、匜、奁等上见有烙印戳记，或印于漆外，或隐于漆下，每印 2～3 字，戳印文字计约 5 种，即"南乡□"、"中乡□"、"成市草"、"成市饱"等；马王堆 3 号墓的许多漆器上也烙印有"成市草"、"成市饱"、"南乡□"、"中乡□"等戳[6][7][18]。在同一时期的江陵凤凰山 8 号墓所出漆耳杯和漆盂上，所见烙印戳记的种类也很多，计有"成市"、"成市□"、"市府"、"市府饱"、"市府□"、"北市□"、"草"等[8][18]。此"饱"为"麭"的假借字。《说文解字》："麭，桼垸已，复桼之。"段氏注为："垸者以桼和灰，垸而鬃也，既垸之，复桼之，以光其外也。"可知此"麭"即是"复桼之，以光其外也"。可见此"成市草"、"成市饱"、"市府草"，都是"成市造"、"市府造"之意。有学者认为，此"成市"当是"成都市"的省称，而"南乡"、"北市"则是指成都市府的南北两个作坊，并认为马王堆 1、3 号汉墓和凤凰山 8 号汉墓的漆器，基本上都是成都市府生产的[18]。

"莒市"。1973 年，临沂银雀山四座西汉墓出土过大量漆器，其中 4 号西汉墓所出漆器中，1 件漆耳杯的外底烙印有"莒市"戳记，字为朱漆覆盖，应是先在木胎上烙印，之后鬃漆而成。2 件稍大的残黑漆彩绘耳杯外底见有"市府草"、"市"等字戳记，也是先烙印后鬃漆[20][21]。此"莒市"戳记则应是莒地市府作坊制品的标记[20]。

综上，由漆器烙印看，西汉前期的地方官漆中心至少有 4 处，即"蕃禺"、"布山"、"成市"、"莒市"等。有三者因标记较为明晰，指番禺、莒县等处官漆作坊无疑，学术界亦无异议。而"成市"、"南乡"、"中乡"虽有些费解，但结合故乐浪郡出土不少蜀郡和广汉郡漆器，马鞍山东吴墓出土大量蜀郡漆器来看，说其为成都官漆作坊的标记[18]还是有可能的。

（二）西汉后期至东汉

西汉后期所出土漆器的批量虽不如前期，但数量依然较大，出土地域也有了扩展，高档漆器又有增加。北方漆器是较难保存下来的，但如洛阳烧沟汉墓和西郊汉墓（西汉中期到东汉晚期），北京大葆台西汉中期燕王刘旦墓，以及山东临沂、文登、莱西，陕西咸阳马泉，甘肃武威，山西浑源，宁夏银川，内蒙古呼和浩特二十家子等地西汉后期墓都有漆器出土。南方漆器出土量依然较多，湖北光化，湖南长沙，广东广州，广西贵县、合浦，四川成都、巴县、西昌，贵州清镇、平坝，云南晋宁，江苏扬州，安徽天长等西汉后期墓都可看到。许多漆器都具有较高的技术水平和艺术价值。如 1991～1992 年，安徽天长县三角圩 24 座西汉墓（早期至中晚期）出土 170 件漆器，尤以中晚期的 M1、M10、M19 最为集中，且保存较好，多为夹纻胎，唯少数大件为木胎。器表均为黑漆地，多上朱色彩纹。器内施朱漆，上施黑色彩纹。有的在漆器上装饰数道银钮或嵌贴银柿蒂纹，或贴金箔等[22]。

汉代漆器生产包括官营和民营两种。官营之中，目前见于考古发掘的主要有两种：一是地方官府，如上述"莒市"漆器等，主要见于西汉前期；二是少府所属京外的工官，主要见于西汉中期之后，其中主要是广汉郡和蜀郡西工官。蜀郡西工官和广汉郡工官漆器在汉乐浪郡[23]、贵州清镇[24][25]、河南杞县[26]、江苏邗江[27]、湖南永州等地都有出土[28]。由考古资料看，由西汉后期至东汉，漆器生产又形成了两个较大的中心：一个是广汉郡（治今四川梓潼）和蜀郡（治成都），另一个是今江苏扬州一带。前者是直属朝廷的工官漆器作坊，后者则可能是民间作坊，它们都生产过不少高档漆器。

关于广汉郡和蜀郡西工官漆器。有关研究认为，此二工官约设置于文帝之后，至武帝之初[18]。主要依据是传世有"二年蜀郡西工"造铜酒锅[18][23]。1916 年，日本人便在旧乐浪郡发现了汉代漆器，故郡即今平壤沿大同江一带；1924 年时，乐浪郡遗址发掘，又获得了大批漆器；1933 年王光墓发掘，所得漆器达 84 件。据粗略估计，从 1916 年算起，至 20 世纪末，所见有"蜀郡西工"、"广汉郡工官"刻铭的漆器约 40 多件。其中梅原末治《支那汉代纪年铭漆器图说》载有汉代纪年铭漆器 44 件，属蜀郡西和广汉郡所产者计 36 件。其中铭作"蜀西工"（3 件）、"蜀郡西工"（25 件）、"成都郡工官"（2 件）者计 30 件；铭作"广汉郡工官"（4 件）、"子同郡工官"（2 件）者计 6 件。年代最早的是 3 件"始元二年（公元前 85 年）漆耳杯"，年代最晚的是永平十四年（公元 71 年）漆耳杯。铭作"蜀西工"者皆西汉"始元二年"造，铭作"成都郡工官"者唯见于新莽始建国五年，该郡工官在两汉生产的其他漆器皆铭作"蜀郡西工"，此铭不见于新莽时期。铭作"子同郡工官"造者，唯见于新莽始建国天凤元年；该郡工官在汉代生产的其他漆器皆铭作"广汉郡工官"，此铭亦不见于新莽时期。大家较为熟悉的有"建平四年蜀郡西工造"金铜钮画纻漆盘[23]；"建平三年（公元前 4 年）蜀郡西工造"画纻黄涂漆盒盖[23][29]。1956 年贵州清镇汉墓出土 2 件广汉郡工官造夹纻胎耳杯，铭为"元始（公元 1～5 年）三年广汉郡工官造"等字；1 件蜀郡西工官造夹纻胎耳杯，铭为"元始三年（蜀）郡西工"等字[24]。1958～1959 年清镇所出 1 件完整的广汉郡工官漆饭盘，铜胎，口唇镀金，铭为"元始四年广汉郡工官造"[25]。1985 年江苏邗江出土漆盘 6 件，其中 M104:26 的外沿刻有隶书："元康四年广汉护工卒史佐"

等 45 字铭，夹纻胎[27]。1995 年湖南永州出土漆盘一件（M2:66），夹纻胎，铜釦鎏金，下沿下部有锥刻铭文："建平五年广汉郡工官造" 等 63 字。又出有耳杯 4件，其中 1 件已朽，其余 3 件形制相同，器底外沿有锥刻铭文，皆为 "元延三年广汉郡工官造"，其中 M3:65 为 72 字铭，M2:77 和 M2:78 为 71 字铭[28]。1996 年河南杞县许村岗汉墓出漆盘（残件）1 件，在口沿鎏金的铜箍上有一行刻铭：有 "绥和元年（公元前 8 年）广汉郡工官造" 等字[26]。经考察，蜀郡西工官和广汉郡工官制造的耳杯，在式样、尺寸、图案和铭文的体例上，都是相互一致的，这说明当时已存在统一的管理和技术规范。《盐铁论·散不足》："今富者银口黄耳，金罍玉锺；中者舒玉纻器，金错蜀杯；夫一文杯得铜杯十。"[30] 此银口黄耳、舒玉纻器、金错蜀杯，大凡都是对蜀汉漆器，尤其是银釦器、鎏金耳、镶玉、夹纻胎、错金等工艺漆器的赞扬。

汉代工官的设置时间有先有后，大约一半左右是景帝到武帝时创置的。从纪年漆器铭文来看，广汉郡工官和蜀郡西工官生产漆器的时间最早为西汉昭帝始元二年（公元前 85 年）；从文献记载看，最晚当为东汉和帝元兴元年（105 年）。《后汉书·和熹邓皇后纪》载：元兴元年（105 年），"其蜀汉扣器、九带佩刀，并不复调"。说明元兴元年之后，蜀汉不再为宫廷生产高档漆器。

除蜀郡西和广汉郡外，属中央工官的 "考工"、"供工" 等也生产过官漆器。它们皆属少府管辖。供工在《汉书·百官公卿表》中失载。

今知 "考工" 铭漆器至少 2 件。1 件为居摄三年银涂釦夹纻漆盘，1931 年时小泉显夫等人在石岩里 201 号墓发掘所得，后为梅原末治著录，铭为："髹汩画纻银涂釦斗槃，居摄三年，考工工虞造，守令史音，掾赏主，守右丞月，守令口省"[23]。另一件即武威所出夹纻鎏金铜釦耳杯。1972 年以前，甘肃武威磨嘴子清理了数十座汉墓，其中 62 号墓出土 2 件大小、形制、纹饰相同的夹纻鎏金铜釦耳杯，耳杯长 15.6 厘米、高 4.5 厘米，双耳镶鎏金铜壳，耳杯内朱外墨；杯底近座处有半圈针刻隶书 47 字款："乘舆，髹汩画木黄耳一升十六勺杯。绥和元年考工工并造，汩工丰，护臣彭，佐臣讯，啬夫臣孝主（？），守右丞臣忠，守令臣丰省。"[3] 它们有可能都是考工令下属所作。考工所制铜器较漆器为多。此多条铭文中都提到了一个 "髹" 字，可见这一称呼当时使用已广，此后，一直沿用至今。

今见 "供工" 漆器有多件。江苏邗江县宝女墩汉墓出有漆盘 6 件，1 件（M104:29）外沿针刻隶书铭文 50 字："乘舆髹汩画纻黄釦斗饭槃。元延三年（公元前 10 年），供工工疆造，画工政，涂工彭，汩工章，护臣纪，啬夫臣彭，掾臣承主，守右丞臣放，守令臣兴省"。另 1 件（M104:28）外沿外刻隶书 32 字："河平元年，供工髹漆，画工顺，汩工姨绾，护忠，啬夫昌主，右丞谭，令谭，护工卒史音省"[27]。湖南永州市鹞子岭 2 号汉墓出土漆卮 2 件，1 件无铭，纻胎。另 1 件（M2:64）的盖底均为木胎，器身为夹纻胎，盖上有锥刻铭文 18 字："绥和元年（公元前 8 年），供工考造，掾肇，守右丞口，守令口占"；器身外锥刻铭文为："鸿嘉五年（公元前 16 年）供工工敞造，护望，守啬夫护，掾宗主，右丞茂，令咸省，一口"[28]。平壤梧野里发现汉漆盘 1 件，铭为："乘舆，髹汩蜀画纻黄金涂釦槃，容一斗，初始元年（公元 8 年），供工工服造，守令史臣并，掾臣庆主，右丞臣参，令臣就省"。

关于扬州漆器。今见于考古发掘的多属西汉晚期，也有个别向前或向后延伸了的，其中亦不乏高档名贵之物。大家较为熟悉的有：

（1）邗江甘泉"妾莫书"木椁墓[31]。1977年发掘，出土漆器计百余件，多为生活用品。其中有漆耳杯60多件，有夹纻胎和木胎，多为彩绘，一般外墨内朱，有的镶有鎏金铜钮、银钮，杯身贴金箔。有彩绘漆罐3件，夹纻胎，全身贴鸟兽和云气纹金箔，腹下贴三角形金箔一周，口沿、腰和底部嵌银箍。罐盖中心嵌银片柿蒂形座，上套铜环。罐盖面上贴四兽金箔，边沿嵌银钮。又有彩绘漆案3件，木胎，长方形，1件的边沿嵌铜钉，马蹄形案足，并镶鎏金铜钮。又有桃形小漆盒1件，木胎，银钮，内髹朱漆，墨绘云气纹。墓中出土1件素面黑漆残碗，碗底针刻有"工定"二字款；有的素面杯中还有"仙"字印文。总之，此漆器的装饰工艺有金、银嵌饰、贴金银、针刻，及朱、黑、绿、黄等多彩色漆彩绘。因墓内出有"妾莫书"银印，故此墓习谓"妾莫书"墓。断代元帝至平帝时期（公元前48～公元5年）。墓主人可能是刘氏宗族的亲属[31]。

（2）邗江县甘泉乡姚庄101号汉墓[32]。为夫妻合葬，1985年发掘，出土漆器131件，占全部出土器物的50%以上，足见漆器在当时社会生活中的地位。其中最值得注意的是两件银钮嵌玛瑙七子漆奁。一件出于男棺，木胎，奁外表饰以银钮和贴金银贴箔，在金银箔上或空隙处绘朱彩纹。盖之顶部中心嵌一红玛瑙，六出银柿蒂座，周围每瓣各嵌一粒鸡心形红玛瑙。四周贴金银带饰。奁身彩绘，奁内朱漆彩绘。奁内有七子盒，皆薄木胎，器表嵌玛瑙、镶银钮。另一件出于女棺，木胎，奁顶盖中心嵌一黄色玛瑙，银质四叶柿蒂座，四叶上各嵌一粒鸡心形红玛瑙，外为三道银钮。奁内有子盒，其也有银钮，顶上亦嵌红玛瑙，器壁也有银箔纹饰[32]。另外还值得注意的是，其头箱中出土漆沙砚1件，木胎，由砚盒和砚池组成，呈凤尾状，长19厘米、前宽9.8厘米、后宽8.2厘米、高6.6厘米；池面木质坚硬，触摸时有细砂感；漆沙砚表面满髹黑漆；砚外侧用银箔贴饰精美图案。这是现今所见年代最早的漆沙器。本墓所出许多漆器都异常精美华丽。墓葬断代西汉晚期[32]。

（3）扬州邗江县胡场汉墓[33]。1979年发掘，计4座。1号墓出土漆器69件，其中出土七子奁1件，其器盖顶贴柿蒂纹银箔及4只银箔白虎。2号墓出土夹纻胎耳杯5件，其中2件耳翼下分别针刻有"工冬"、"工克"二字款，另一件耳杯底部用红漆写出"大张"二字，属西汉晚期[33]。

此外，邗江县郭庄汉墓（西汉晚期或新莽时期）[34]、扬州七里甸汉墓（东汉初年）[35]、凤凰河木椁墓[36]等都有漆器出土，数量都不太少，亦不乏上乘之作。至于妾莫书墓和胡场汉墓漆器上的"工定"、"工冬"、"工克"二字款，以及"仙"、"大张"字款，很可能是"物勒工名"的责任制，也可能是私营作坊的标记。海州西汉霍贺墓出土的漆奁上有篆书"桥氏"[37]，当是私营作坊的印记。看来，这些扬州漆器字款皆与官府无涉，一般认为，它们可能多数是民间作坊生产的。

如上主要介绍了蜀郡西、广汉郡，以及扬州的漆器。北方漆器亦不乏精美之品，如北京大葆台发掘的西汉中期燕王墓便是最好的例证，后面还要谈到。

总体上看，西汉后期漆器形制与前期无大出入，仍以饮食器、妆奁器为主，但夹纻胎、钿器的比例明显增大，金银镶嵌亦使用起来。东汉漆器发现较少，可能与青瓷崛起等因素有关。自西汉后期至东汉，漆器制作都十分讲究，尤其是工官漆器。《汉书》卷七二"贡禹传"："见赐杯案，尽文画金银饰。"《盐铁论·散不足》："一杯卷用百人之力，一屏风就万人之功。"

二、从器铭看汉代漆器的工艺程序

（一）从器铭看髹漆生产管理

与先秦相比较，汉代的各项髹漆技术都更加成熟起来，操作更为讲究，不但分工精细，而且形成了一整套严格的管理制度和质量规范。今日所见不少汉代名贵漆器上都有铭文，尤其是蜀郡西工官和广汉郡工官所制者，其中都记有加工工序及其责任人，对我们了解汉代髹漆技术和官府手工业的质量管理制度都具有重要的意义。下面先看一下汉乐浪郡和贵州清镇所出土的汉代漆器铭文：

汉乐浪郡"建平三年蜀郡西工造"漆盒："建平三年，蜀郡西工造乘舆髹丹画、纻、黄涂壁耳樽，容三升盖。髹工有，上工宜，铜壁黄涂工古，画工丰，丹工戎，清工赛，造工宗造；护工卒史嘉，长袖，丞骏，掾广，守令史岑主。"计65字[23][29]。

清镇墓M15"元始三年广汉郡"耳杯："元始三年，广汉郡工官造乘舆髹羽，画木黄耳棓，容一升十六籥，素工冒，髹工立，上工阶，铜耳黄涂工常，画工方，羽工平，清工匡，造工忠造。护工卒史恽，守长音，丞冯，掾林，守令史谭主。"[24]

清镇墓M65元始四年广汉郡漆饭盒："元始四年广汉郡工官造乘舆髹洀画纻，黄钿饭槃，容一升，髹工则，上工良，铜钿黄涂工伟，画工谊，洀工平，清工郎造。护工卒史恽，长亲，丞冯，掾忠，守令史万主。"计61字[25]。

湖南永州广汉郡漆盘铭："建平五年广汉郡工官造乘舆髹洀画纻黄扣旋，径九寸，髹工福，上上恩，铜钿黄涂工伟，画工武，洀工忠，清工立，造工章造，护工卒史显，守长竟，丞尚，掾宗，令史梦主。"凡63字[28]。此洀，有的铭刻又写作"𦨵"、"𤉢"、"𦨞"、"𦩠"、"彤"等。

这类铭文较多，不再一一枚举。总体上看，其中提到过的各级工匠（工序）和职官名称有：素工、髹工、上工、铜钿黄涂工、画工、雕工、清工、造工、供工、护工、守长、丞、掾、令史、佐、啬夫等16种。这些官职的名称有时还有变化，有学者认为：由西汉昭帝始元二年（公元前85年）至东汉和帝永元十四年（102年）间，所设为"护工卒史"（东汉明帝时改为"护工掾"）、"长"、"丞"、"啬夫"（元帝后改为"掾"）、"令史"等官职，但王莽执政时一度改为"护工史"、"宰"、"丞"、"掾"、"史"、"掌大尹"等官[23]。

（二）汉代髹漆的工艺程序

铭文提到的髹漆职官虽有10多种，但其工序则主要是8道，并由不同的人负责，在整个汉代并无太大变化，其分别是：

1. 素工，制胎。陶宗仪《辍耕录》卷三〇载："凡造碗、碟、盘、盂之属，其胎骨则梓人以脆松劈成薄片，于旋床上胶粘而成，名曰卷素。"此"卷素"，原指卷曲而成的器坯、器胎。

2. 髹工，垸漆、糙漆。即以灰打底和第一次上漆。《说文解字》："垸，以桼和灰丸而髹也。"明黄成《髹饰录》"质法第十七"载："垸漆，一名灰漆。用角灰、磁屑为上，骨灰、蛤灰次之，砖灰、坯屑、砥灰为下。"

3. 上工，即漆工，进一步上漆。《说文解字》谓之䰍："䰍，桼垸已，复桼之。"

4. 黄涂工，即镀金。

5. 画工，绘纹饰。

6. 清工，清理打磨。

7. 豖工、䍐工、䍼工、䌸工、彤工等。

8. 造工（工师），即负责验收。

可见，汉代工官漆器管理制度是较为严格的，分工也相当精细。在这8道工序中，多数都不难理解，亦无太多争论。唯其中的第7道，即豖工，或䍼工等，学术界争论较大，在文字的字形和字义上都一直存在不同看法。王仲殊释为"豖"，认为指漆器上的精心刮摩；陈直亦释为"豖"，认为是"雕"的简体[38]；傅举有[11]、后德俊认为指阴干工序[38]。陈振裕释为"䌸"，即"盘"，是盘旋、旋绕之意，意即磨光、拭光[39]。周世荣释为"豖"，为"罩漆工序"[40]；孙机释为"彤"，即"丹"，即涂红漆。各说皆有一定道理，一时很难定论。

三、髹漆技术的发展

下面仅依现代技术观点，依据考古实物和文献记载，对汉髹漆工艺的操作情况作一介绍：

（一）制胎

汉代漆器主要使用木胎、夹纻胎、木胎夹纻，此外还有竹胎、铜胎、骨胎、皮胎、铁胎、铅胎、陶胎、纱胎等。

1. 木胎。发明较早，使用也最广。长沙马王堆所出漆器中有500件为日用器，绝大多数是木胎，只有少数夹纻胎。木胎主要有旋制、斫制、卷制三种[6][7]。马王堆汉墓出土的漆盘，盘心均有一个浅浅的圆锥形小眼，说明当时使用了旋床。阜阳双古堆西汉早期汝阴侯墓111件漆器中，只有23件夹纻胎，余皆木胎；制法亦主要是旋制、斫制、卷制[14]。西汉早期多为斫木胎和旋木胎，晚期则多为薄木胎。汉代漆器发展的一个趋势是由厚向薄，由重到轻。汉代已经生产不少卷木薄胎漆器[11]。先秦漆器是否使用过旋胎，学术界尚有不同看法，有关实例亦较少；汉代旋胎的痕迹一般都较明显，有关实例亦较多，学术界亦形成了共识。

2. 夹纻胎。始见于战国中期，但数量较少，汉后才盛行起来。长沙陡壁山曹㛦墓出土漆器约150件以上，多为夹纻胎，有的器物表面尚有金银箔贴花[41]。河北满城1号汉墓出土漆器中，可辨器形者约39件，夹纻胎有27件，即樽1件、盒3件、盘11件、耳杯12件[16]。这比例是不小的。更有甚者，山东长清双乳山一座西汉中期墓出土大量漆器，全皆夹纻胎，不见木胎和竹胎[42]。当时人们对夹纻胎漆器的牢固性已有了较深认识。《汉书》卷五〇"张释之传"载：汉文帝视察自己的生坟霸陵时说："嗟乎！以北山石为椁，用纻絮斮陈漆其间，岂可动哉！"由大量考古资料看，大约西汉早期至中期，是人们开始较多地使用夹纻胎的阶段。

至迟西汉初期，夹纻器便有了相对固定的名称，或谓"绪"器、"褚"器、"画纻"器之名。1972～1973 年，湖北云梦大坟头 1 号墓所出土的木牍上记有"绪杯廿"字样，恰与该墓所出土的 20 个夹纻胎黑漆素面耳杯相吻合，断代西汉初年[43]。显然，此"绪"即"纻"，"绪杯廿"即"夹纻杯廿个"。满城汉墓出土有许多漆器，经考察，漆器铭文中凡有"褚"字者，都是夹纻漆器[16]。可知此"褚"即是纻的假借字。《盐铁论·散不足》云："今富者银口黄耳"、"中者舒玉纻器"。此"银口"当即银钿，"纻器"即夹纻漆器。在梅原末治著录的汉纪年漆器中[23]，从永始元年（公元前 16 年）到初始元年（公元 8 年），有 15 件漆器的铭文中提到"画纻"。这些器物自然都是夹纻胎。东汉便出现了"侠纻"器之名。在早年著录的汉纪年漆器中[23]，从建武二十一年（公元 45 年）到永平十四年（公元 71 年），有 6 件漆器的铭文提到了"侠纻"二字。如建武廿八年（公元 52 年）蜀郡西工官造漆杯，铭为："建武廿八年，蜀郡西工造乘舆侠纻量二升二合羹桮，素工回，髹工吴……"经考察，该杯即是夹纻胎制成。可知此"侠"即"夹"，足证至迟东汉早期便有了"夹纻"之名。"夹"者，《说文解字》："持也。"段注："捉物必以两手，故凡持曰夹。""古多假侠为夹。"依此，"夹纻"便是持纻之意。

3. 木胎夹纻。始见于战国中期，东汉后明显增加，见于著录的建武二十一年漆耳杯、建武二十八年漆耳杯、建武三十年漆耳杯、永平十二年神仙画像漆盘等皆属此类[44]。黄文弼《罗布淖尔考古记》在谈到罗布淖尔出土的汉代漆器时说："就此地出土漆器而言，作法有三：一以纻布为胎涂漆者，如漆杯是也。一以木为胎，涂漆，如桶状杯……是也。一以木为胎，夹纻布之者，如漆扁形匣及诸残块是也。"[45]前者即夹纻胎，次者木胎，后者即木胎夹纻。此名的本意，亦如黄文弼云，"以木为胎，夹纻布之者"。但此"夹"非夹，而是粘、贴。1962 年时，日本学者佐藤武敏又谓之"木心夹纻"[44]。

以上三种器胎使用较多，此外还有如下几种：

竹胎。如长沙马王堆 1 号汉墓出土有竹胎透雕龙纹漆勺[6]、成都凤凰山汉墓出土有红漆竹笥[46]、江苏邗江胡场汉墓出土有竹胎漆奁[33]，此外咸家湖西汉曹嬛墓[41]等都有竹胎漆器出土。

铜胎。所见有清镇所出土的元始四年漆饭盒、广西贵县罗泊湾 1 号墓出土有蒜头形铜胎扁壶[12]，广州龙生冈 43 号东汉木椁墓出土有薄胎小盒[47]，山东诸城西汉中晚期墓出土有彩绘铜胎漆壶[48]等。

铁胎、铅胎。如山东临沂西汉墓出土有铁胎漆鼎、铁胎漆钫。山西朔县汉墓出土有铅胎漆箭，均残，只存箭杆，中心铁质，周围裹铅，外表髹漆[49]。山西浑源毕村汉墓出土有铅胎六博筹，外表髹漆[50]。

陶胎。光化五座坟西汉墓[51]、襄阳擂鼓台 1 号西汉墓[52]、阜阳双古堆汝阴侯墓[14]等都出土有陶胎漆器，有的甚至表里髹漆。临沂银雀山西汉墓出土有 21 件髹漆灰陶[21]。

皮胎。如江苏邗江胡场汉墓出土有皮胎漆箭箙[33]、山东临沂金雀山 33 号汉墓出土有漆皮带[53]、广西罗泊湾 1 号汉墓出土有漆皮甲[12]。

骨胎。如山东诸城汉墓出土有骨胎漆圆盒[48]。

纱胎。如山东诸城西汉中晚期墓出土有漆纱 1 卷[48]。

（二）兑漆技术的发展

兑漆的主要内容是加入着色颜料和油类。此两项技术大约战国时期皆已发明。汉代漆器仍以黑、红为主。如作为汉广陵国故地的扬州曾多次发现过成批漆器，常在黑漆地或朱红地上，用朱红、赫红、金黄、土黄、银白、乳白、粉绿、暗绿、深绿、蓝紫等构成各种纹饰，线条细腻匀称，别具一格。杞县许村岗汉墓内棺顶部用漆和油彩绘出龙、鹤、鱼等精美图案。

一般认为，汉代兑漆所用之油可能依然是荏油。先秦着色剂种类已经不少，但因未进行科学分析，故很难说得具体。大约汉代着色剂种类更多一些，从现有分析资料看，可能有氧化亚铁、油烟（着黑色）、硫化汞（着红色）、石黄（着黄色）等。日本大阪市立工业研究所村田弘曾对汉乐浪王盱墓 3 件漆器残片作了光谱分析，对我们了解其着色剂种类有一定的帮助。其 1 号试样表面呈褐黑色，含有 Fe、Al、Si、Ti、Mg、Ca、Cu，以及微量的 Na 和 Pb；其内层呈朱红色，含 Fe、Al、Si、Ti、Mg、Ca、Cu，以及微量的 Hg、Na、Pb。2 号试样表、里均呈黑色，含 Fe、Al、Ti、Mg、Ca、Cu。3 号试样呈黄色，含 Fe、Al、Si、Ti、Mg、Ca、Cu，并有 As、Pa 的痕迹。人们推测，1 号试样表层着色剂是氧化亚铁，里层使用了硫化汞；2 号试样着色剂是氧化亚铁和油烟；3 号则使用了石黄（As_2S_3）[44]。硅、铝、镁等元素可能是一种污染。汞是易于挥发的物质，故今残留量较低。

（三）阴干

在秦汉髹漆工艺中，人们十分强调荫室操作。《史记》卷一二六"滑稽列传·优旃"云："二世立，又欲漆其城。优旃曰：善，主上虽无言，臣固将请之。漆城虽于百姓愁费，然佳哉；漆城荡荡，寇来不能上，即欲就之，易为漆耳，顾难为荫室。于是二世笑之，以其故止。"构筑"荫室"的目的，主要是为了造成一个具有适当温度、湿度和通风条件的工作空间，以利于漆之阴干。《髹饰录》"利用"第一"荫室"杨明注："荫室中以水湿则气薰蒸，不然则漆难干。"

（四）装饰技术

考古发掘的汉代漆器习见精美之作，既富丽堂皇、雍容华贵，又别致典雅。从制胎、髹漆到装饰，都表现了高超的技艺。下面仅介绍几种常见的装饰工艺：

1. 彩绘。这是漆器最为基本的装饰之一，因漆料中需加入油料，故古人又谓之油画。《后汉书》卷三九"舆服制"："大贵人、贵人、公主、王妃、封君，油画辁车。"此油画辁车，当指用油漆绘彩的车子。当时对彩绘方式已有了一定认识。《淮南子·说山训》："染者，先青后黑则可，先黑而后青则不可。工人下漆而上丹则可，下丹而上漆则不可。万事由此所先后上下。"此说凡事都要遵循一定的规则和先后次序。倒数第二、三句意即：若在丹色上髹漆，丹色便为黑色掩盖。这显然是一种生产经验的积累。彩绘之事当时已使用得较为普遍。《盐铁论·散不足》："今富者，黼绣帷幄，涂屏错跗。中者锦绨高张，采画丹漆。"有关考古实物较多，不再枚举。

2. 镶嵌

漆器之镶嵌始见于大甸子夏家店下层文化，汉代亦常有使用，其中值得一提的是螺钿、金银镶嵌、多宝镶。

螺钿。又叫"坎螺"。《周易·说卦》云："坎为水，为沟渎，为隐伏。"《周易·序卦》："坎者，陷也。"所以"坎螺"即是陷螺，亦属镶嵌漆器范围。钿，原指金花，此转义为陷，即指贝壳金银等镶嵌工艺。《北史》卷九五"赤土国传"："主榻后作一木龛，以金银五香木杂钿之。"这是文献记载中，较早用"钿"来表示镶嵌工艺的一个地方。依构图之需，陷入之"螺"可用贝片，亦可用贝屑、螺泡。螺钿亦始见于大甸子夏家店下层文化，商、西周时有了一定发展。汉墓中所见不是太多，唯马王堆 2 号墓（西汉初年）个别铜器上加饰有铜钿和螺钿[7]；及唐，又才发展起来。

金银镶嵌。工艺要点是先将金银饰片（箔）用胶漆平粘到素地上，空白处填漆，之后全面髹漆数重，并晾干细磨过，至金银纹与漆面平齐而又得以脱露于漆面中。它应是在贴金银的基础上发展过来的，唐代又谓之金银平脱。明黄成《髹饰录》"填嵌"第七载："镶金、镶银、镶金银，右三种，片、屑、线各可用。有纯施者，有杂嵌者，皆宜磨显揩光。"[54]可见在黄成看来，漆器之镶金银，与金银平脱的基本操作是一致的①。从有关考古发掘看，漆器表面的金银镶嵌技术约发明于西汉前期，主要是镶银器，如安徽阜阳双古堆西汉前期墓出土有柿蒂纹银平脱漆奁等[14]。西汉后期和东汉，这技术就普遍使用起来，江苏海州西汉侍其繇墓（西汉中晚期）出土一套小漆盒，其盖顶有银平脱四叶纹或三叶纹[55]；网疃庄汉墓（西汉末东汉初）漆盒盖上有银平脱四叶纹等[56]。山东莱西岱野西汉中晚期墓漆奁盖有银平脱花瓣，髹漆胭脂盒、梳篦盒、粉盒盖上亦有银平脱饰等[57]。王世襄亦认为，这些镶嵌银饰的漆器与唐代的金银平脱已没有什么差别[54]。此外，也有学者对上述汉代漆器到底是镶金银、金银平脱，还是贴金银存有疑虑。原因是金银箔太薄，它在漆器表面上是平出的还是凸出的，往往不易分辨。此可以进一步研究，今仍尊重原发掘者的判断。

汉代文献中也有了以金箔装饰漆器的记载。《后汉书》卷三九"舆服志"载："乘舆、金根、安车、立车，轮皆朱班重牙，贰毂两辖，金薄缪龙为舆倚较。"徐广曰："缪，交错之形也。较在箱上。"此金箔装饰到底是贴金还是镶金，从字面上不易分辨。这是我国古代文献中较早提到"金薄（箔）"一词的地方。此外，狐刚子《出金矿图录》[58]还用到过"金箔"一词。

玉石镶嵌。镶玉漆器在汉代文献中常可看到。《盐铁论·散不足》云："中者舒玉纻器。"这是明白地说到了漆器（纻器）镶玉的。还有的文献虽说得不是十分明白，但也应是漆器镶玉之作。如《史记·司马相如传》载：天子"乘雕玉之舆"。郭璞注："刻玉以饰车也。"因汉代车子一般皆髹漆，故刻玉饰车当即漆器镶玉。考古发掘中的镶玉漆器所见较多，如满城汉墓一件大型漆棺，内壁镶玉板 192 块，外

---

① 从道理上讲，贴金银、金银镶嵌、金银平脱应是有区别的，但实际上人们通常只作"金银平脱"式生产，且亦将此工艺称之为"镶金银"，故往往又将二者混同为一，有关情况唐代部分还要谈到。

壁镶玉璧 26 块。此外还出土了许多其他镶玉漆器,只可惜漆器腐朽而脱落,器形难辨[16]。在汉代镶玉漆器中,数量较多的要算玉具剑。《晋书·舆服志》:"汉制自天子至于百官无不佩剑。"其中较为贵重的一种便是剑鞘镶玉之剑,即常说的玉具剑,其在考古发掘中亦常看到。

玛瑙镶。玛瑙在漆器上有时与金银一起镶嵌,有时单独使用。如前云海州网疃汉墓漆奁和漆盒上,贴有三叶或四叶柿蒂形银薄,每叶中心嵌鸡心形玛瑙小珠[56]。徐州石桥汉墓的漆杖首,嵌有 10 多颗淡黄色玛瑙[59]。

多宝镶嵌。即集玉石、玛瑙、象牙、玳瑁、云母、金、银等宝物为一器者。《西京杂记》卷一载:"天子笔管,以错宝为跗,笔皆以秋兔之毫,官师路扈为之。以杂宝为匣,厕(侧)以玉璧翠羽,皆直百金。"同卷又说:"高祖斩白蛇剑,剑上七彩珠、九华玉以为饰,杂厕五色琉璃为剑匣。"同书卷二载:"武帝为七宝床,杂宝案、厕宝屏风、列宝帐,设于桂宫,时人谓之四宝宫。"此"七宝床"之宝为何物,文中未曾说明,从有关文献记载和考古资料推测,很可能是玉石、象牙、玛瑙、玳瑁、云母,以及金银等物。这种多宝镶嵌在考古发掘中亦不乏见。山东五蓬张家仲崮汉墓所出漆奁 1 件,残,只存银钿和漆木残片,镶有珍珠、金箔、银质和骨质的动物形饰片[60]。满城 2 号汉墓 1 件漆奁,错金银,镶有绿松石和玛瑙[16]。北京大葆台西汉燕王刘旦墓漆器有的镶嵌玛瑙、玳瑁、云母、鎏金铜沓、柿蒂铜饰,贴金银箔等[61]。这类多宝嵌在许多时代都有使用,明代又谓之"百宝嵌"。

3. 钿器。这是用金属加固的漆器,品种有铜钿、银钿,以及镀金的银钿等。始见于战国,汉时有了较大发展,全国南北不少地方都有出土。长沙马王堆 2 号墓(西汉初期)出土有铜钿[7],安徽阜阳双古堆汝阴侯墓出土有银钿[14],山东临淄西汉初年齐王墓出土有银钿、铜钿[62],河北满城汉墓出土有银钿[16],北京大葆台西汉燕王墓出土有镀金的铜钿[61],扬州西汉"妾莫书"墓出土有银钿、镀金铜钿[31],长沙砂子塘西汉墓出土有银钿盒[63],安徽天长西汉墓出土有银钿,广州龙生冈东汉木椁墓出土有木胎铜钿漆耳杯[47],洛阳烧沟汉墓出土有鎏金铜钿等[64],在此不再一一列举。此外,据说还有一种纯金钿器。宋程大昌《演繁露》卷一一"金钿器"条引云:"《续汉书》:桓帝祠老子,用纯金钿器。"《汉官旧仪》载:"太官尚食,用黄金钿器;中官私官尚食,用白银钿器。"[65]

我们分析过临淄稷山汉墓出土的两件钿器:(1)一件为鎏金铜钿,鎏金层成分为:金 88.71%、铜 11.228%。铜钿基体成分为:铜 88.187%、锡 7.090%、铅 4.721%。此鎏金层中的铜可能是来自于铜钿基体。铜钿基体是一种含锡含铅量都不太高的铅锡青铜,其性坚韧。(2)一件为银钿,成分为:银 93.74%、金 6.259%。此金很可能是伴生的,也可能是有意掺入的。分析手段为扫描电镜能谱,标本承齐临淄故城博物馆张龙海提供。

钿器是一种高级工艺品,制作复杂,价格远在一般漆器、铜器之上。西汉扬雄《蜀都赋》云:"雕镂钿器,百伎千工。"《后汉书》卷一〇上载,和熹邓皇后为示节俭,曾敕"蜀汉钿器、九带佩刀,并不复调"。

4. 堆漆。有学者认为堆漆始于战国,也有学者认为它发明于西汉早期[11]。长沙马王堆汉墓漆器中，黑地彩绘棺、红地彩绘棺、云纹长方形漆奁、云纹圆漆奁等都采用了堆漆法装饰[11]。据研究，其基本操作是先用白色凸起的线条勾边，后用红、绿、黄三色填出云气纹；白色线条或不曾用漆，而是用胶或其他物质调和的[7][66][67]。1961 年，长沙砂子塘西汉木椁墓外棺一端挡板的正中绘有一特磬，据研究，特磬上的谷纹是用稠灰堆起，然后描绘的，稠灰可能用漆调成[63][66]。

5. 戗金银。操作要点是：在干固了的朱色或黑色漆地上，用针或刀尖镂划出纤细的花纹，花纹之内打金胶，然后将金箔或银箔粘著于纹中，成为金色或银色的花纹[68]。其实它也是一种镶嵌。《髹饰录》"锵划"第十一"锵金"条杨明注，戗金银操作是："其文陷以金箔或泥金，用银者宜黑漆，但一时之美，久则霉暗。"此工艺唯"宜朱黑二质，他色多不可。"[69]戗金一名约始见于唐，《唐六典》载有十种黄金装饰工艺，其中便包括了戗金[70]。

戗金银工艺约始见于西汉中期，湖北光化县 3 号、6 号汉墓出土的两件漆卮，在黑漆地上用针刻出了虎、鸟、兔、怪人等纹饰，在这些物象间并刻有流云纹，所有刻纹内均填入了金粉[51][66]。但此"金粉"未必都是黄金之粉，亦可用其他黄色粉状物代替。

戗金银应是在刻纹铜器、填漆、刻纹漆器的基础上发展过来的。刻纹铜器始见于春秋晚期，战国时代便已相当成熟[71]；填漆始见于商，漆器表面针刻文字的技术在信阳长台关楚墓等中都可看到[72]；漆器素刻花纹的技术则在西汉早期就已相当成熟，在马王堆 1 号墓等中都可看到[6]。

第八节　玻璃技术的发展

秦汉玻璃技术比先秦有了一定发展，出土地域有了扩大，数量和品种也有了增加，更为重要的是生产了部分实用性器皿，以及玻璃板等。在秦汉时期，玻璃仍以铅钡系为主，但钾玻璃在南方也逐渐形成了独立的技术体系，模压成型技术也有了提高。西汉时期，外域玻璃开始传入中国，东汉时期便出土了一些钠钙玻璃和吹制、搅胎的外域玻璃制品。

一、汉代玻璃使用的一般情况

（一）国内玻璃出土的一般情况

目前在北抵内蒙[1]、辽宁[2]，西及甘肃[3][4]、青海[5]、新疆[6]、四川[7]、贵州[8]，南达广东[9][10]、广西[11][12][13]，东达江苏[14][15][16]的广大地域都有汉代玻璃出土，其总数约达 15 000 枚，其中出土量最多的是今广东、广西一带，两广是汉代玻璃的一个重要产地。1953 年，广州龙生岗东汉前期墓出土玻璃珠 1 965枚[9]；到 20 世纪 80 年代中期为止，广州南越王时期和汉代的墓葬、遗址出土玻璃器计 9 700 枚上下[10][17]。1954～1955 年，广西贵县东汉墓出土玻璃珠 1 504 枚，玻璃碗 1 个[11]；至 20 世纪 80 年代中期为止，广西出土汉代玻璃器总数约在 4 320枚以上[12]。中原地区出土也不少，1952 年，河南禹县出有"料器"蝉 10 枚、饰件 25 枚、"玻璃珠" 1 枚、"料质管状器" 2 枚[18][19]。汉代玻璃仍以饰器为主，种类主要有珠、管、璧、耳珰、环、玲带钩、玻璃小板、玻璃衣片等，但也出现了部分实用性器皿，如杯、盘、碗、托盏、钵等。制作工精、器形复杂的玻璃器多见于王室大墓。此玻璃器皿和玻璃小板的出现，是汉代玻璃技术的一大进步。

在汉代玻璃器中，数量最多的仍是珠子，主要见于今两广地区。如广西，在出土的4 320多枚汉代玻璃器中，非珠饰类大约只有20枚上下。珠子有透明、半透明和不透明之别，颜色不尽相同，多呈单色；多为算珠形，少数为椭圆形、菱形、橄榄形等[12]。又如广州，南越王墓所出玻璃器中，有璧5件、鼻塞2件、牌饰约28件等，此外便是珠饰类。主棺室出土有玻璃贝70粒、玻璃珠数以千计；东侧室出土有串珠2 100粒，玻璃珠10颗；西耳室出土有蜻蜓眼式玻璃珠1颗[17]。大约在南越王时期和两汉时期，墓葬、遗址出土的非珠类玻璃器计只有40枚上下，亦以单色为主。广州西汉后期墓出土过一件表面镀金的玻璃珠[20]。像先秦那种复色"蜻蜓眼"式玻璃珠已经很少，南越王时期的墓葬只出土过3枚[10]。

非珠类玻璃器稍少，器皿更少，所见器皿主要有：杯、盘、碗、钵等，南方北方都有出土。其中较值得注意的是徐州北洞山西汉中期墓，出土玻璃器计20件，其中便有筒形杯16件，件重超过了500克。其中标本6 103号口径8.4厘米、缘厚0.4厘米、高8.2厘米、底径8.5厘米。另有玻璃兽1件，只残半器，残长9.5厘米、宽6.7厘米、高5.8厘米，残重852克。还有蜻蜓眼式玻璃珠3件。此6103号杯更是我国最早的玻璃器皿，此玻璃兽则是迄今所见单件重量较大的玻璃器件。墓葬年代约为公元前140～前118年之间[14]。说明在西汉前期，我国玻璃生产技术已达一定水平。此外，满城汉墓出土有玻璃盘1件、耳杯2件，皆呈翠绿色，半透明，晶莹如玉。盘含钡较高[21]。其耳杯与汉墓出土的漆耳杯形制相同，杯、盘皆系中国制造[22]。广西出土的汉玻璃器皿约12件，即杯7件、碗3件、盘2件，杯的纹饰在汉代铜器、陶器上经常可以看到。盘的造型与满城汉墓的相近，自然为我国所产[12][13]。但对其中碗的产地，学术界则有不同看法，下面再谈。彩版拾贰，3、4为广西合浦出土的西汉玻璃璧和玻璃杯[13]。

在非珠类玻璃器中，数量最多的是1977年江苏邗江县"姜莫书"墓出土的玻璃衣片[23]，它原是盖于死者头部和身上的服饰，整套玻璃衣由600多块玻璃小板联缀而成。玻璃片计有长方形、梯形、多角形、圆形等11种，以长方形（6.2厘米×4厘米）居多，厚度均为0.4厘米。多为素面，少数圆形、长方形玻璃片上模印出蟠螭花卉纹饰；少数花蕊饰上见有一些金箔。玻璃衣片分为内外两层，内层呈半透明状，有气泡，基本上属于玻璃态，其中含有许多微小晶体；表层色灰白，成分与内层相近，含有较多的晶态物质，这很可能与自然风化和析晶有关。其蟠螭纹饰等都显示出中国传统的艺术风格[15]。

在所出汉代玻璃器中，还有一个很值得注意的品种，即玻璃小板，其主要见于南越王墓。东侧室出土2件，长方形，尺寸9.5×9.5×0.3厘米，浅蓝色，已残破，西耳室出土7对14块，皆长方形，亦呈浅蓝色，透明，尺寸相近，其中一块长10厘米、宽5厘米。它们都是嵌于铸制铜框上的[10][17]，应是本国所产。

（二）关于西方传入的玻璃

西方玻璃器是何时开始传入中国的？这是学术界长期争论不休的问题。前章说到，有学者认为是春秋时期，可惜无确切依据，但汉代是毫无疑问的。这不但有大量的文献记载，而且有不少考古实物为证。

从现有研究情况看，西方玻璃传入我国的时间约可上推至西汉时期，这有两宗4件器物值得我们注意。一是1954年广州横枝岗西汉中期墓出土的3件玻璃碗，其大小相同，口径10.6厘米，底径4厘米，厚0.3厘米，色深蓝，透明，内壁光滑如镜，外壁有些发毛，可能与长期使用摩擦有关[10][24]。因其形制有些特殊，有学者认为其属罗马玻璃[22]。二是1956年长沙西汉墓出土的玻璃矛，色浅蓝，通体透明，全长18.8厘米；刺身较短，长约9厘米。两刃之间最宽处2.6厘米；有脊棱，脊侧有血槽。柄长9.8厘米，柄部最大直径为1.2厘米。表面有打磨痕迹，稍带白色；内部的玻璃质感较强，可见少数小气泡，质坚而脆。比重约2.47克/厘米^3，入葬时间约属西汉中期。有关学者认为，因其形制与中国传统铜矛存在一定差别，比重与钠钙玻璃较为接近，当系西亚或古罗马传来[25]。这些说法都有一定道理，若能再作一下定量分析，问题便更为清楚一些。

东汉时期，具有西方风格和成分的玻璃器更多了起来，而且南方北方都有出土。有学者认为，广西贵县东汉墓出土的2件玻璃碗、贵县南斗村东汉墓出土的1套托盏，都应是罗马制造的[22]。1980年江苏邗江甘泉2号汉墓（公元67年）出土玻璃钵1件（3块可对合的残片），属搅胎玻璃，紫黑色和乳白色相间，透明，模压而成，外壁有模型的辐射形凸棱纹饰，系钠钙玻璃，一般认为它也是罗马传来[22][26]。青海大通东汉墓出土的4件玻璃珠，属钠钙型和钠镁系玻璃，亦属西方玻璃系[5]。

（三）汉代文献的有关记载

在秦汉词语中，尚无与玻璃相应的名称。文献中所谓"流离"、"瑠璃"、"琉璃"一词，有时可能指玻璃，有时却是他指。但值得庆幸的是，此期出现了一些关于玻璃生产的记载，有的还较明确。

《汉书》卷八七上"扬雄传"载其《羽林赋》云："方椎夜光之流离，剖明月之珠胎。"《盐铁论·力耕第二》云："璧玉、珊瑚、瑠璃，咸为国之宝。"《西京杂记》卷一又说："高祖斩白蛇剑，剑上七采珠九华玉以为饰，杂厕五色琉璃为剑匣，在室中光景犹照于外。"同书卷二说："武帝时，身毒国献连环羁，皆以白玉作之，玛瑙石为勒，白光琉璃为鞍。鞍在暗室中常照十余丈，如昼日。"[27]此四段引文中的"流离"、"瑠璃"或"琉璃"，真实含义今已很难分辨，可能指玻璃或相近的人工烧制物，也可能指水晶类。"流离"一词出现的时间可能稍早于"琉璃"。《本草纲目》卷八"琉璃·释名"李时珍曰："《汉书》作流离，言其流光陆离也。"

《西京杂记》卷一说："赵飞燕女弟居昭阳殿……窗扉多是绿琉璃。"[27]《汉武故事》载："武帝好神仙，起伺神屋，扉悉以白琉璃作之，光照洞彻。"[28]此两段文献中的"琉璃"，很可能是一种建筑装饰，属玻璃的可能性较小。

王充《论衡·乱龙篇》载："今伎道之家铸阳燧，取飞火于日，作方诸取水于月，非自然也，而天然之也……五月丙午日中之时，消炼五石铸以为器，乃能得火。"此"阳燧"，冶金史研究者常说其为青铜质[29]，但部分玻璃史研究者却指其为玻璃质[30]。其原文较为简单，单从这字面上很难作出明确的判断。但从大量文献记载和考古实物看，由汉魏一直到唐宋，道家和民间用于取火的阳燧基本上都是青铜质的，玻璃阳燧可能也有，但目前尚未见于报道。道家取水所用方诸，也多是青铜质，未闻玻璃质者[29]。我们认为，"乱龙篇"中的阳燧应以释之为青铜质为宜。

《论衡·卒性篇》云："《禹贡》曰璆、琳、琅、玕者，此则土地所生真玉珠也，然而道人消炼五石，作五色之玉，比之真玉，光不殊别。"①即是说，璆、琳、琅、玕皆是天然自生的真玉；而道人消炼五石所作"五色之玉"，其光泽与真玉并无差别。显然，此"五色之玉"应当是玻璃。这是汉代文献中关于玻璃生产最为明确的记载。此作为玻璃原料的"五石"含义不明。葛洪《抱朴子》认为是雄黄、丹砂、慈石、矾石、曾青[31]；杨伯达认为其即清孙廷铨《颜山杂记》"琉璃"条所云马牙石、紫石、凌子石、硝石以及金属矿物等[32]。笔者认为此五石应当是泛指，"五"言多，未必正好是五之数；石，即是与所制器物相应的矿石。它会因玻璃质地、时代不同而略有不同，未必是葛洪或孙廷铨说的五种。"五石"原是附和五行说之用语。

汉代文献还谈到过中外璧琉璃交流的情况。

《汉书》卷二八下"地理志·粤地"说今印度半岛的古黄支国，"民俗略与珠崖相类，其州广大、户口多，多异物，自武帝以来皆献见。有译长，属黄门，与应募者俱入海市明珠、璧流离、奇石异物，赍黄金、杂缯而往"。又，《汉书》卷九六上"西域传"载：罽宾国产"珠玑、珊瑚、虎魄、璧流离"。此"璧琉离"的真实含义不明，但结合到下文将要谈到的东晋时期，交、广二州与外域的玻璃交流，以及古印度、罽宾产玻璃的情况，其属玻璃的可能性还是较大的。若此说无误，则早在西汉，玻璃等奇异之物便以贡品或商品形式传入了我国，汉武帝以来还曾派人前去采买。

《后汉书·西域传》载："大秦国一名犁鞬，以在海西……土多金银奇宝，有夜光璧、明月珠、骇鸡犀、珊瑚、琥珀、琉璃、琅玕……"此大秦国即古罗马，其产玻璃，故这大秦国"琉璃"有可能是玻璃。

二、汉代玻璃的成分选择和成型技术

（一）成分选择

表3-8-1为国内学者分析的65件秦汉玻璃器、料器成分，有关试样分别出土于广西（29件）、广东（7件）、青海（10件）、江苏（6件，北洞山玻璃杯风化物不列入内）、甘肃（2件）、河南（2件）、湖南（2件）、云南（2件）、山东（3件）。另有2件出土地点不明。广西玻璃出土量较多。65件标本，粗略分来，约包括4系11型：

1. 铅钡系，5型21件。

PbO-BaO-SiO$_2$型，1件，即扬州西汉晚期"妾莫书"墓玻璃衣片Z1。但其内层的PbO和BaO含量都较高，分别为40.37%和21.49%；但表层（Z1B）的PbO量达50.39%，BaO量却仅有3.6%。我们认为，此一涨一落，很可能与玻璃衣片风化所造成的BaO流失、PbO富集有关。

---

① 《禹贡》"梁州"："厥贡璆铁银镂。"孔氏传："璆，玉名。镂，刚铁。"《禹贡》"雍州"："厥贡惟球琳琅玕。"孔氏传："球、琳，皆玉石。琅、玕，石而似玉。"

表 3-8-1　　　　　　　　　　秦汉玻璃成分分析

样号	名称 颜色	成分（%）										文献
		SiO₂	Al₂O₃	Fe₂O₃	PbO	BaO	CaO	MgO	K₂O	Na₂O	其他	
LJZ1	洛阳金村秦代料珠,无色	34.42	0.92	0.92	43.2	12.58	0.12	0.34	1.02	4.32		[37]
LJZ2	洛阳金村秦代料珠,蓝色	41.9	4.4	4.4	24.5	19.2	4.5		4.5	4.5	CuO 少量	[37]
A1	卷发络腮胡须人头坠子	54.64	5.96	1.0	26.01	4.02	5.47		0.82		CuO? 0.57	[43]
A2	（战国西汉）	50.89	6.88	3.37	8.69	20.66	4.31		0.93	2.16		[43]
A3	无下巴人头坠子(战国、西汉)	49.64	3.58	1.62	27.62	6.21	3.77		0.55	4.13	CuO? 0.26 MnO₂ 2.06	[43]
C181	南越王墓汉初平板玻璃,浅蓝	42.46	0.18	0.09	33.73	12.83	3.79	0.43	0.05	5.01	CuO 0.04 MnO₂ 0.06	[33]
C211	南越王墓汉初平板玻璃,浅蓝	40.49	0.95	0.09	33.35	11.93	5.41	0.89	0.34	6.03		[33]
C192	南越王墓汉玻璃璧,乳白色	42.03	1.56	0.03	38.73	10.85	1.24	0.67	0.77	4.4		[33]
C140	南越王墓汉串珠,蓝色	41.0	1.71	0.73	25.0	21.89	2.74	1.2		5.8		[33]
WHG-3	徐州北洞山玻璃兽	39.18	0.96	0.2	41.28	11.15	0.85	0.1	0.26	3.66		[14]
WHG-4	徐州北洞山深蓝玻璃块	41.63	1.52	1.46	25.64	19.46	1.96	0.76	0.15	4.23		[14]
WHG-1	徐州北洞山玻璃杯残片	34.66	1.48	0.11	39.25	16.23	0.42	0.1	0.11	3.65		[14]
WHG-2	徐州北洞山玻璃杯残片	34.4	1.56	0.13	39.51	15.84	0.36	0.1	0.18	3.57		[14]
	徐州北洞山玻璃杯残片风化物	14.17	1.60	0.17	48.3	9.47	2.15	0.1	0.11	0.1		
GH-6	甘肃酒泉汉玻璃耳珰,蓝紫色	49.33	1.42	0.48	21.62	10.5	3.16	1.4	0.51	9.3	CuO 0.09 CoO 0.04 MnO₂ 0.03	[3]
Z1	姜莫书玻璃衣片,内层	36.03	0.02	0.07	40.37	21.49	0.22	0.08	0.07	2.27		[15]
(Z1B)	姜莫书玻璃衣片,外层	30.27	0.12	0.32	50.39	3.6	0.7	0.03	0.04	2.28		
G1	合浦西汉玻璃珠,蓝色	81.2	2.69	0.65			1.0	0.49	12.16	0.79	MnO₂ 0.36	[12]
G2	合浦西汉玻璃珠,蓝色	78.22	2.56	1.28			1.45	0.27	13.81	0.41	MnO₂ 1.85 TiO₂ 0.14	[12]
G3	合浦西汉玻璃珠,蓝色,半透明	74.75	3.20	1.35			0.6	0.28	15.54	0.18	MnO₂ 1.7 CoO 0.063	[12]
G4	合浦西汉龟形玻璃器,蓝色,半透明	77.87	1.55	2.14			1.42		16.97			[12]
G5	广西贵县西汉玻璃鼻塞,绿色,半透明	39.87			34.4	17.4	0.29			7.2	CuO 0.81	[12]
G6	合浦西汉玻璃杯,蓝色,半透明	73.83	1.75				3.47	0.57	17.6		MnO₂ 1.41	[12]
H3	贵县西汉玻璃杯	77.5	4.03	0.77			0.69		15.38	1.53	Cl 0.1	[12]
H4	贵县西汉玻璃杯,绿色	74.66	6.24	0.27			0.76	0.57	15.66	0.65	Cl 0.75	[12]
HM1	广州西汉后期玻璃珠,月白色	76.97	7.15	0.57			0.67	0.28	13.72	0.49		[10]
H7	合浦西汉晚期玻璃杯,淡青色	79.69	2.14	1.36			0.41	0.01	16.22		CuO 0.22	[13]
	考古所藏西汉料片	72.75	1.98	1.98			1.07		18.58			[37] [38]
GH-10	云南晋宁西汉算珠状玻璃珠,蓝色	77.87		0.47			2.33		17.22		MnO₂ 1.37	[42]
GH-11	云南江川西汉六棱柱形珠,绿色	81.36	2.70				1.80		14.27			[42]
GH-13	广州西汉算珠状物,蓝色	71.98	3.36	1.65			1.43	1.33	15.27	1.46	CuO 0.08 CoO 0.05 MnO₂ 1.47	[42]
GH-14	广州西汉算珠状物,另一件	71.70	4.81	1.57			0.69	0.42	16.38	0.35	CoO 0.03 MnO₂ 1.42	[42]

（续表）

样号	名称 颜色	成分（%）										文献
		SiO$_2$	Al$_2$O$_3$	Fe$_2$O$_3$	PbO	BaO	CaO	MgO	K$_2$O	Na$_2$O	其　他	
GH-17	长沙西汉黑蓝色算珠状物	80.27	4.25	2.23					9.62		MnO$_2$ 3.15	[42]
GH-15	合浦西汉蓝色珠状物	74.71	2.96	1.35			0.61	0.28	15.52	0.18	CoO 0.063 MnO$_2$ 1.7	[42]
GH-16	合浦西汉特形蓝玻璃珠	76.9	2.56	1.36			1.42	0.23	14.9	0.73	CoO 0.073 MnO$_2$ 1.85	[42]
C3	合浦西汉蓝色圜底杯	73.69	5.68	0.73			0.66		16.53	1.58	CuO 0.25 MnO 0.69	[44]
C4	合浦西汉蓝色圜底杯	74.62	5.36	0.71			0.68	0.41	16.01	1.56	MnO 0.64	[44]
C6	合浦西汉天蓝色圜底杯	78.29	1.99	0.56			0.12		17.28		CuO 1.67	[44]
C10	贵港西汉无色珠	80.71	2.25	0.43			1.22	0.19	14.17	0.23		[44]
C13	合浦西汉蓝玻碎片	79.0	1.41	0.56	0.04		1.64	0.22	14.10	0.58		[44]
C14	合浦西汉蓝色珠	75.8	2.74	1.20	0.09		1.30	0.35	14.50	0.21		[44]
C15	合浦西汉酱色珠	74.84	4.37						14.20		MnO 4.03	[44]
C16	合浦西汉绿色珠	77.20	5.90						15.83		CoO 1.05	[44]
C17	西林西汉紫色小珠	76.54	1.61				1.14		17.63		MnO 3.04	[44]
C22	合浦西汉蓝色玻璃管	79.10	1.86	1.50	0.02		2.05	0.50	10.40	0.87	MnO 0.08	[44]
C18	贵县东汉料珠	92.78	2.39	0.42			0.34	0.41	0.88	1.85	CuO 0.78	[44]
GH-18	酒泉东汉耳珰,蓝色	77.45	2.15	1.21			1.48	0.4	13.80	0.52	CoO 0.04 MnO$_2$ 0.81 CuO 0.03	[42]
G7	广西昭平东汉玻璃珠,绿色	83.9	2.93				1.18		11.03	1.38		[12]
G8	广西昭平东汉玻璃珠,绿色、砖红色	65.9	4.13	1.12			2.15	2.83	15.88	2.48	P$_2$O$_5$ 1.92 MnO$_2$ 0.22 CuO 2.25	[12]
G9	昭平东汉玻璃耳珰,墨绿色	55.04	1.99	0.315	22.28	8.82	2.67	2.24	0.27	5.1	Cl 1.74	[12]
G10	广西贵县东汉玻璃耳珰,墨绿色	78.11	3.22	1.25			0.68		13.76	1.56	MnO$_2$ 1.52	[12]
G11	广西贵县东汉玻璃杯,淡青色,透明	76.28	3.28	0.47			0.54	0.45	15.43	0.27	TiO$_2$ 0.17 P$_2$O$_5$ 0.22	[12]
G12	广西贵县东汉玻璃杯,蓝色,不透明	74.94	4.6	0.6			0.03	0.18	15.97	0.16	CuO 1.24 MnO$_2$ 1.52 P$_2$O$_5$ 0.45	[12]
N1	扬州东汉玻璃钵,搅胎	64.79	3.44	1.3			7.66	0.61	0.88	18.18	CuO 0.03 MnO$_2$ 2.45	[16]
	常德东汉绿色料珠	28.53	1.13	0.17	65.36		0.06	0.04	0.06	2.4	CuO 0.45 Cl 1.74	[39] [40]
G11	东汉蓝色玻璃小珠			2.0	0.4		1.9	0.4	15.3	2.9	CuO 0.04 CoO 0.07 MnO$_2$ 1.3	[41]
H8	广西贵县东汉玻璃盘,青绿色	77.7	3.17	0.78					16.8		CuO 0.162	[13]
S1	青海大通西汉T形耳珰,绿色,ICP分析法	35.06	1.09	0.3	42.28	11.71	2.38	1.79		5.29	CuO 0.53	[5]
S3	大通西汉玻璃珠,深蓝色,AAS分析法	77.78	3.98	1.97			0.55	0.29	14.16	0.34	CoO 0.12 MnO$_2$ 0.25 Cl 1.54	[5]
	大通西汉玻璃珠,深蓝色,EDX分析法	78.05	4.39	1.83					13.78			
S4	大通东汉前期玻璃耳珰,绿色,ICP分析法	39.18	0.38	0.22	37.26	15.79	0.45	0.12		4.62	CuO 0.13	[5]

（续表）

样号	名称 颜色	成 分(%)										文献
		SiO₂	Al₂O₃	Fe₂O₃	PbO	BaO	CaO	MgO	K₂O	Na₂O	其 他	
S5	大通东汉玻璃耳珰,蓝色,ICP 分析法	54.32	0.85	0.63	17.12	11.13	3.65	0.95	1.69	6.27	CoO 0.04 Cl 1.85	[5]
	大通东汉玻璃耳珰,蓝色,EDX 分析法	52.26	2.33	0.34	19.33	9.51	2.31	2.07	1.48	9.16	MnO 1.37	[5]
S6	大通东汉晚期玻璃耳珰,蓝色	45.85	1.66	0.14	27.25	12.93	0.77	2.16	0.34	9.31	Cl 1.28	[5]
S8	大通东汉前期玻璃珠子,淡黄色,ICP 分析法	68.11	2.11	1.04			4.71	0.54	0.11	18.23	Cl 0.83 MnO₂ 1.3	[5]
S9	大通东汉前期玻璃珠子,金色	64.49	7.28	0.93			5.9	2.24	0.7	17.6	Cl 1.19	[5]
S10	大通东汉晚期玻璃珠,镀金	65.44	4.02	0.87			8.16	2.26	0.59	17.35	Cl 1.05	[5]
S11	大通东汉玻璃珠,肝红色	57.38	8.59	0.19			2.62	5.28	0.84	23.48		[5]
S12	青海大通东汉料珠,涂绿釉	89.11	4.81	1.67				0.68	1.15	2.07		[5]

注：（1）扬州玻璃衣片 Z1 含有少量晶态，大通料珠 S12 多为晶态而只含少量玻璃态，严格说来此 2 件标本皆属琉璃、费昂斯范围的，今依原报，权且当成了"玻璃"，暂列如此。

（2）除表中所列，广西贵县东汉玻璃杯 G11 尚含 CuO 0.01%、Cl 0.1%。玻璃珠 G8 尚含 Cl 0.46%。

（3）大通玻璃中，标本 S9～S12，皆用 EDX 法。文献［12］所引标本皆化学分析。

（4）扬州西汉晚期姜莫书墓玻璃衣片（半透明）Z1 中，尚含有许多微小的晶体，故其只呈半透明状。此标本分析数据中，各组分总量仅 87.75%；若折算为 100%，各组分则依次为：34.5%、0.14%、0.36%、57.42%、4.1%、0.8%、0.03%、0.04%、2.6%。

（5）原报告说 A1、A3 还分别含有少量 0.57% 和 0.26% 的 CaO，疑为 CuO 之误。

（6）除表中所列，标本 A1、A2、A3 还含有少量 ZnO、SrO，略。

（7）北洞山玻璃中，标本 WHG-1、WHG-2（玻璃片）、WHG-3，用原子吸收光谱法分析；标本 WHG-2（风化物）、WHG-4 用等离子发射光谱法分析。

PbO-BaO-Na₂O-SiO₂ 型，17 件。包括洛阳金村秦代无色料珠 1 件（LJZ1）、西汉初期的广州南越王墓 4 件、西汉中期徐州北洞山 4 件、甘肃酒泉汉墓 1 件（GH-6）、青海大通西汉墓 1 件（S1）和东汉墓 3 件（S4、S5、S6）、广西西汉（G5）和东汉（G9）墓各 1 件。可见其分布地域较广，在两广和甘肃、青海都可看到，并以广州、徐州、大通出土较多，由汉初到东汉都有使用。此型玻璃的部分成分范围是：Na₂O 4.32%～9.31%，PbO 17.12%～43.2%，BaO 8.28%～21.89%。有两件标本的 Na₂O 量超过了 9%。另外，洛阳金村秦代蓝色料珠 LJZ2 理应属 PbO-BaO-K₂O-Na₂O-CaO-SiO₂ 型，为简化起见，并入 PbO-BaO-Na₂O-SiO₂ 型。此器成分较为复杂，K₂O、Na₂O、CaO 的含量皆为 4.5%，它们对玻璃性能的影响都较重要。

PbO-CaO-BaO-SiO₂ 型，1 件，即传为沂南出土的卷发络腮胡须人头坠子 A1。

BaO-PbO-CaO-SiO₂ 型，1 件，即传为沂南出土的卷发络腮胡须人头坠子 A2。

PbO-BaO-CaO-SiO₂ 型，1 件，即传为沂南出土的无下巴人头坠子 A3。

2. 铅系，1 型 1 件。

PbO – Na$_2$O – SiO$_2$ 型，即湖南常德东汉绿色料珠，PbO 含量达 65.37%。

3. 钾系，2 型 37 件。

K$_2$O – SiO$_2$ 型，36 件，属西汉的广西有 20 件、云南 2 件、广州 3 件、湖南 1 件、青海 1 件；属东汉的广西有 6 件、甘肃 1 件；此外还有不明出土地点的西汉料片 1 件，东汉蓝玻璃小珠 1 件。可知其主要出土于广西，西汉和东汉都有使用；西北的甘肃、青海也有出土，但数量较少。此玻璃的 K$_2$O 含量介于 9.62% ~ 18.58%。

K$_2$O – CaO – SiO$_2$ 型，1 件，即广西合浦西汉蓝色玻璃管（C22）。

4. 钠系，3 型 6 件。

Na$_2$O – CaO – SiO$_2$ 型，4 件，即扬州搅胎玻璃钵（N1），大通珠子（S8、S9、S10），皆属东汉时期，含 Na$_2$O 量皆处于 17.35% ~ 18.23% 之间，平均 17.84%；CaO 量处于 4.71% ~ 8.16% 之间，平均 6.61%。

Na$_2$O – MgO – SiO$_2$ 型，1 件，即青海大通出土的东汉玻璃珠（S11）。其 Na$_2$O 和 MgO 的含量分别为 23.48% 和 5.28%。可见这钠镁含量不低。

Na$_2$O – SiO$_2$ 型。1 件，即青海大通出土的东汉玻璃珠（S12）。其 Na$_2$O 和整个熔剂量都较低。

以上 65 件标本成分分析的基本情况：（1）数量最多的是钾系，计 37 件，占标本总数的 56.92%。我国硝的产量较多，有关利用硝石制作玻璃、火药的记载，下述多章都要谈到。（2）其次是铅钡系，计为 5 型 21 件，占标本总数的 32.3%。此相当大一部分属铅钡钠型。若与下章将要谈到的自然灰治"琉璃"之事联系起来，问题便更好理解一些。（3）单纯的铅玻璃在秦汉时期依然是数量较少的。（4）此 4 系 11 型中，前 3 系 8 型大体上都应当是中国制造的[33]，不但成分反映了中国玻璃的传统技术，而且有关器物，如耳珰、珠子、衣片等的外形，都具有明显的中国传统特征[5][12]。我国不但较早地生产了含铅、含钡较高的玻璃，而且显示了较大的连续性；高铅玻璃在我国一直沿用到清代。高钡玻璃在先秦两汉都可看到，在西方，这种玻璃较少，且不太连续。K$_2$O – SiO$_2$ 系器物亦具有明显的中国特征，高钾玻璃在西方也是不曾多见的。广西贵县和昭平的东汉墓都出有玻璃耳珰（表 3 – 8 – 1，G9、G10），颜色、造型都十分相似，但昭平耳珰为 Na$_2$O – PbO – BaO – SiO$_2$ 系，贵县耳珰为 K$_2$O – SiO$_2$ 系[34]；两者外形都具有中国风格，这便互相作了印证，说明它们皆系中国所产。（5）在 4 系 11 型中，Na$_2$O – CaO – SiO$_2$ 型和 Na$_2$O – MgO – SiO$_2$ 型一般认为是外来之品，不但其成分与西方玻璃相类似，且器形与中国的传统风格也有别[5][22]。但在此有一点需要说明的是：此统计数字有较大的随机性，未必十分全面、准确。

（二）成型技术

与先秦同样，两汉及至东晋，我国玻璃依然主要是采用铸造、模压等方式成型的。

玻璃之模压成型技术始见于先秦时期，汉代又有了一些发展。这类例子较多，如 1957 年广西贵县东汉墓所出圜底杯，高 4.0 厘米，口径 7.7 厘米，厚 1 厘米；广口，直腹，蓝色，半透明，模压成型。又，1985 年广西合浦县文昌塔西汉墓所出土的龟形器，呈透明状，开细小冰裂纹，模压成型。再，贵县罗泊湾西汉墓所出鼻塞，呈圆钉帽状，绿色透明，模压成型[12]。再，1986 年安徽天长西汉初年墓出土的玻璃璧残段，璧厚约 3 毫米，复原直径约 15 厘米，深绿色，半透明；一面印有凸起的涡纹，色泽光亮，另一面粗糙不平，表层风化，模压成型[35]。

现在讨论一下"姜莫书"墓玻璃衣片成型工艺。自然，其模压特征是十分明显的：(1) 其虽有 11 种类型，但每一种的尺寸基本一致，厚度皆为 4 毫米。(2) 部分玻璃衣片是有纹饰的，但饰纹四边无棱角，底部深浅一致，毫无雕镂痕迹[15]。若非模压，是很难达到这种效果的。但关于模压的具体操作，则有待进一步研究。

有学者认为"姜莫书"玻璃衣片的具体操作工艺是：（1）先依设计要求，制作出 11 种类型的陶范，并在部分陶范上刻出花纹。（2）为了便于脱"模"，先在铸型内撒上一层薄薄的粉料，其成分应与"衣片"成分相近。此脱模粉的厚度不尽相同，一般介于 0.1~0.4 毫米之间。（3）浇铸。（4）在玻璃液面上再撒一层同样的脱模粉料。（5）趁玻璃尚未完全硬化时加压成型。（6）在部分花纹处贴金[15]。我们认为，此六步之中，第一、三、五、六步大体上是对的；但第二、四步是否确凿，则有待进一步研究：（1）要将本为粉状的脱模剂在模压成型后加热成为玻璃，恐非易事，尤其第四步。（2）铅玻璃化学稳定性较差，其表层历两千年而不风化，这是不太容易的。有关学者认为"姜莫书"玻璃衣片内层含钡较高，表层含铅较高，是工艺操作造成的，说其本来便是两种成分不同的物质，其表层并非风化层[15]。此论是否确凿，也需进一步用实验来证明。（3）这种表层含铅量较高、含钡量较低的现象在前述徐州北洞山玻璃杯碎片 WHG-2 上也可看到，其玻璃杯碎片的 PbO 量（39.51%）远较其风化层（48.3%）低；前述寿县战国玻璃璧 G8（表 2-7-1），也是这样。若"姜莫书"玻璃片为两种材料制成，那么，北洞山汉王墓玻璃杯 WHG-2、寿县战国玻璃璧 G8 是否也具有同样的工艺？很值得怀疑。我们认为，"姜莫书"玻璃衣片应当是采用常规操作法模压成的，并未使用不同成分的脱模剂；其表、里呈现了两种成分，很可能是风化所致的。这种铅腐蚀后并未流失，而是留在了风化层中的现象，在古代青铜器分析中是经常看到的。有人认为铅腐蚀后马上流失了，这与大量考古实物的分析结果不符。看来，铅的流失过程大约分为两步：第一步是先氧化并迁移到表面腐蚀层中，第二步才是流失到土壤中。

吹制法制作的玻璃在汉代考古发掘中也曾看到，如 1957 年广西贵县南头村东汉墓出土的托盏高足杯，此器基本完整，由杯、托盘两部分组成。杯高 8.2 厘米、口径 6.4 厘米、足径 5.2 厘米，盘高 2 厘米、口径 12.4 厘米、底径 9 厘米、胎厚 0.1~0.4 厘米。通体透明，呈淡青色，开细小冰裂纹[12]。但一般认为它是西方传入的[22][36]。

搅胎玻璃在考古发掘中也曾看到，即邗江甘泉 2 号墓出土的玻璃钵残片，但一般认为其系罗马传入[22]，这也是今日所见较早的一件西方传入品。这种工艺的基本操作是将两种（或多种）着色较为悬殊的玻璃胶融体，依一定工艺要求搅合在一起，之后再模压成型。主要特点是能呈现出有如大理石般的纹理。其操作要点是：（1）分别熔制两种（或多种）不同颜色的玻璃熔体。（2）搅胎。即将两种不同成分、不同颜色的玻璃熔体，依照一定的工艺要求搅出所需要的花纹来。搅动操作宜在粘稠态、胶融态、软化状态下进行；如若温度过高，流动性太好，玻璃体处于完全的液态，一经搅拌，两种成分的玻璃便会迅速混合；成分均匀了，花纹也就顷刻间消失。（3）成型。主要使用旋绞法或者模压法，而未必经过"浇铸"的阶段。有学者认为搅胎装饰法，即是将熔融的紫红色透明玻璃和白色透明玻璃液混合起来，经过一定的搅拌，再灌模成型；这种说法是不太确切的。实际上，此"混合"、"搅拌"都是十分有限的，其"灌模"的含义应当亦与通常之"灌"有别。搅匀了，花纹便不复存在了。

参 考 文 献

第一节 采矿技术之发展

[1]《史记》卷六"秦始皇本纪"。

[2]《史记》卷三十"平准书"。

[3] 郑州市博物馆:《郑州古荥镇汉代冶铁遗址发掘简报》,《文物》1978 年第 2 期。

[4] 赵青云等:《巩县铁生沟汉代冶铸遗址再探讨》,《考古学报》1985 年第 2 期。

[5] 河南省文物研究所等:《信阳钢厂毛集古矿冶遗址调查简报》,《华夏考古》1988 年第 4 期。

[6] 杨立新:《皖南古代铜矿初步考察与研究》,《文物研究》第 3 辑,1988 年。

[7] 安徽省文物考古研究所等:《安徽铜陵金牛洞铜矿古采矿遗址清理简报》,《考古》1989 年第 10 期。

[8] 安志敏等:《山西运城洞沟的东汉铜矿和题记》,《考古》1962 年第 10 期。

[9] 广西壮族自治区文物工作队:《广西北流铜石岭汉代冶铜遗址的试掘》,《考古》1985 年第 5 期。孙淑云等:《广西北流县铜石岭冶铜遗址的调查研究》,《自然科学史研究》1986 年第 3 期。

[10] 黄石市博物馆:《铜绿山古矿遗址》,文物出版社,1999 年。

[11] 罗平:《河北承德专区汉代矿冶遗址的调查》,《考古》1957 年第 1 期。

[12]《黄帝九鼎神丹经诀》卷九,第 1~4 页(《道藏》总第 584 册)。按:本书所用《道藏》,皆 1923~1926 年上海涵芬楼影印本。

[13] 陈国符:《〈道藏经〉中外丹黄白经诀出世朝代考》,《中国科技史探索》,上海古籍出版社,1983 年。

[14] 赵匡华:《狐刚子及其对中国古代化学的卓越贡献》,《自然科学史研究》1984 年第 3 期。赵匡华:《我国古代的金银分离术与黄金鉴定》,《化学通报》1984 年第 12 期。

[15] 赵承泽:《关于西汉用煤的问题》,《光明日报》1957 年 2 月 14 日。

[16] 杜遹三三:《增订抚顺史话》,抚顺新报社版。(参考抚顺档案室存《抚顺旬刊》1947 年第 5 期)。转引自《中国古代煤炭开发史》第 21 页,煤炭工业出版社,1986 年。

[17] 黄展岳:《一九五五年春洛阳汉河南县城东区发掘报告》,《考古学报》1956 年第 4 期。

[18] 中国社会科学院考古研究所洛阳汉魏城队:《汉魏洛阳城发现的东汉烧煤瓦窑遗址》,《考古》1997 年第 2 期。

[19] 洛阳市文物工作队:《洛阳吉利发现西汉冶铁工匠墓葬》,《考古与文物》1982 年第 3 期。

[20]《文献通考》第十册,卷一五,第 7 页、第 33 页,文渊阁《钦定四库全书》抄本,武汉大学出版社电子版第 238 碟。

[21] 白广美:《川东、北井盐考察报告》,《自然科学史研究》1988 年第 3 期。

[22] 今日所见四川盐井画像砖至少四方,即:(1)邛崃和成都西郊各出一方,载闻宥:《四川汉代画像选集》图 73、74,群益出版社,1955 年。刘志远:《四川汉代画像砖艺术》第 3、4 图,中国古典艺术出版社,1958 年。(2)成都北郊羊子山出土一方,与成都西郊所出者大体一致。刘志远:《四川汉代画像砖与汉代社会》第 47 页,文物出版社,1983 年。(3)郫县出土

一方，载吴天颖：《中国井盐开发二、三事》，《中国盐业史论集》第 34 页，中国社会科学出版社，1987 年。

［23］燕羽：《中国古代关于深井钻掘机械的发明》，《中国盐业史论丛》，中国社会科学出版社，1987 年。

［24］吴天颖：《中国井盐开发史二、三事——"中国科学技术史"补正》，《中国盐业史论丛》，中国社会科学出版社，1987 年。

［25］《水经注》第十六册，卷三三，第 20 页"江水"，文渊阁《钦定四库全书》抄本，武汉大学出版社电子版第 234 碟。

［26］《太平御览》卷八六九，"火部二"注。

［27］徐中舒：《蜀王本纪的成书年代及其作者》，《社会科学研究》1979 年第 1 期。

［28］林元雄等：《中国井盐科技史》第 281 页，四川科学技术出版社，1987 年。

［29］《华阳国志》第二册，卷三，文渊阁《钦定四库全书》抄本，武汉大学出版社电子版第 223 碟。

［30］《文选注》卷四，梁昭明太子萧统编，唐李善注。因刘逵早已为《蜀都赋》和《吴都赋》作注，李善在注释《文选》时，便将原注移了过来。"'三都赋'成，张载为注'魏都'，刘逵为注'吴蜀'。自是之后渐行于俗也。"文渊阁《钦定四库全书》抄本，武汉大学出版社电子版第 428 碟。

［31］《后汉书·郡国志》"蜀郡·临邛"条注引。

［32］廖品龙：《"泽中有火"是天然气或沼气吗》，《井盐史通讯》1979 年第 1 期。

［33］祁守华：《是地表裂缝，不是"火山口"》，《盐业史研究》1989 年第 4 期。

第二节　冶金技术的蓬勃发展

［1］李京华：《中原古代冶金技术研究·河南冶金考古的发现与研究》，中州古籍出版社，1994 年。

［2］郑州市博物馆：《郑州古荥镇汉代冶铁遗址发掘简报》，《文物》1978 年第 2 期。

［3］赵青云等：《巩县铁生沟汉代冶铸遗址再探讨》，《考古学报》1985 年第 2 期。河南省文化局文物工作队：《巩县铁生沟》，文物出版社，1962 年。

［4］河南省文物研究所：《南阳北关瓦房庄汉代冶铁遗址发掘报告》，《华夏考古》1991 年第 1 期。

［5］刘庆柱：《陕西永寿出土的汉代铁农具》，《农业考古》1982 年第 1 期。罗振玉：《贞松堂集古遗文》卷一五。

［6］陕西省博物馆等：《陕西省发现的汉代铁铧和镤土》，《文物》1966 年第 1 期。

［7］李京华：《汉代铁农器铭文试释》，原载《考古》1974 年第 1 期。

［8］河南省文化局文物工作队：《河南鹤壁市汉代冶铁遗址》，《考古》1963 年第 10 期。

［9］倪自励：《河南临汝夏店发现汉代炼铁遗址一处》，《文物》1960 年第 1 期。

［10］赵全嘏：《河南鲁山汉代冶铁厂调查记》，《新史学通讯》1952 年第 7 期。

［11］河南省博物馆等：《河南汉代冶铁技术初探》，《考古学报》1978 年第 1 期。中国冶金史编写组：《从古荥遗址看汉代生铁冶炼技术》，《文物》1978 年第 2 期。

［12］叶照涵：《汉代石刻冶铁鼓风炉图》，《文物》1959 年第 1 期；山东省博物馆：《汉画像冶铁图说明》，《文物》1959 年第 2 期；王振铎：《汉代冶铁鼓风机的复原》，《文物》1959 年第 5 期。1984 年时承滕县博物馆馆长万树瀛面告，滕县冶铁画像图实系 1930 年宏道院设立时，在民间收集到的，出土时间不详，并非 1930 年。

［13］北京钢铁学院金相实验室:《满城汉墓部分金属的金相分析报告》,载《满城汉墓发掘报告》,文物出版社,1980 年。

［14］柯俊等:《河南古代一批铁器的初步研究》,《中原文物》1993 年第 1 期。

［15］黄展岳:《近年出土的战国两汉铁器》,《考古学报》1957 年第 3 期。

［16］张郁:《呼市郊区发现一处西汉铁工场遗址》,《内蒙古日报》1962 年 4 月 3 日。

［17］史树青:《新疆文物调查随笔》,《文物》1960 年第 6 期。

［18］中国社会科学院考古研究所:《陕县东周秦汉墓》第 147 页、227 页,科学出版社,1994 年。北京科技大学冶金与材料史研究所:《徐州狮子山西汉楚王陵出土铁器的金相实验研究》,《文物》1999 年第 7 期。北京科技大学冶金史研究室:《西汉南越王墓出土铁器鉴定报告》,载广州市文物管理委员会等编:《西汉南越王墓》,文物出版社,1991 年。

［19］王明:《太平经合校·前言》,中华书局,1960 年。

［20］韩汝玢:《阳城铸铁遗址铁器的金相鉴定》,《中国冶金史论文集》(二),《北京科技大学学报》增刊,1994 年。

［21］李众:《中国封建社会前期钢铁冶炼技术发展的探讨》,《考古学报》1975 年第 2 期。

［22］何堂坤:《百炼钢及其工艺》,《科技史文集》第 13 辑,上海科学技术出版社,1985 年。

［23］徐州博物馆:《徐州发现东汉建初二年五十涑钢剑》,《文物》1979 年第 7 期。

［24］刘心健等:《山东苍山发现东汉永初纪年铁刀》,《文物》1974 年第 12 期。

［25］梅原末治:《奈良县栎本东大寺山古坟出土の汉中平纪年の铁刀》,《考古学杂誌》第 48 卷第 2 号,1962 年。

［26］柯俊等:《中国古代的百炼钢》,《自然科学史研究》1984 年第 4 期。

［27］何堂坤:《关于明代炼钢术的两个问题》,《自然科学史研究》1988 年第 1 期。

［28］何堂坤:《关于灌钢的几个问题》,《科学史文集》第 15 辑,上海科学技术出版社,1989 年。

［29］周志宏:《中国早期钢铁冶炼技术上创造性的成就》,《科学通报》1956 年 2 月。

［30］洛阳市文物工作队:《洛阳吉利发现西汉冶铁工匠墓葬》,《考古与文物》1982 年第 3 期,原发掘报告断代为西汉中、晚期;后经[14]C 测定,下限为东汉。

［31］何堂坤等:《洛阳坩埚附着钢及其科学研究》,《自然科学史研究》1985 年第 1 期。

［32］何堂坤:《中国古代炼钢技术初论》,《科技史文集》第 14 辑,上海科学技术出版社,1985 年。

［33］湖南省文物工作队:《长沙衡阳出土战国时代的铁器》,《考古通讯》1956 年第 1 期。

［34］河北省文物管理处:《河北易县燕下都 44 号墓发掘报告》,《考古》1975 年第 4 期。

［35］中国科学院考古研究所:《洛阳烧沟汉墓》,科学出版社,1959 年。

［36］中国科学院考古研究所洛阳发掘队:《洛阳西郊汉墓发掘报告》,《考古学报》1963 年第 2 期。

［37］中国社会科学院考古研究所汉城工作队:《汉长安城武库遗址发掘的初步收获》,《考古》1978 年第 4 期。

［38］《汉书》卷二八上"地理志"师古注。

［39］(大冶钢厂)冶军:《铜绿山古矿井遗址出土铁制及铜制工具的初步鉴定》,《文物》1975 年第 2 期。

［40］四川大学历史系考古专业:《四川西昌东坪汉代冶铸遗址的发掘》,《文物》1994 年第 9 期。

［41］安志敏等:《山西运城洞沟的东汉铜矿和题记》,《考古》1962 年第 10 期。

［42］罗平：《河北承德专区汉代矿冶遗址的调查》，《考古通报》1957 年第 1 期。

［43］广西壮族自治区文物工作队：《广西北流铜石岭汉代冶铜遗址的试掘》，《考古》1985年第 5 期。孙淑云等：《广西北流县铜石岭冶铜遗址的调查研究》，《自然科学史研究》1986 年第3 期。前文说遗址断代为西汉早期至东汉早期，经 ^{14}C 测定及树轮校正，距今约为 1910 ± 90 年。后文说遗址年代为汉至南朝时期。

［44］中国社会科学院考古研究所等：《满城汉墓发掘报告》，文物出版社，1980 年。铜器皿，见第 246 ~ 247 页；铜钱车削纹，见第 212 页；铁甲，见第 111 页，铁甲科学分析，见第 372页。

［45］何堂坤：《中国古代铜镜的技术研究》，中国科学技术出版社，1992 年。

［46］《太平御览》卷五三一。

［47］章鸿钊：《中国用锌的起源》，《科学》第八卷第三期，1923 年。《再述中国用锌之起源》，《科学》第九卷第九期，1925 年。

［48］赵匡华：《中国历代黄铜考释》，《自然科学史研究》1987 年第 4 期。

［49］30 枚标本中，赵匡华等分析 8 枚（见《自然科学史研究》1986 年第 3 期），戴志强等分析 1 枚（见《中国钱币》1985 年第 3 期），章鸿钊等分析 10 枚（见《石雅》），王琎等分析 4枚（见《中国古代金属化学及金丹术》，中国科学图书仪器公司，1955 年），李秀辉等分析 7 枚（见《上孙家汉墓出土金属器物的鉴定》，载青海省文物考古研究所：《上孙家寨汉晋墓》，文物出版社，1993 年）。

［50］赵匡华：《我国古代"抽砂炼汞"的演进及其化学成就》，《自然科学史研究》1984 年第 1 期。

［51］狐刚子：《五金粉图诀》炼汞法，见《黄帝九鼎神丹经诀》卷一一，第 2 ~ 4 页（《道藏》总第 585 册）。狐刚子：《出金矿图录》采冶黄金法，见《黄帝九鼎神丹经诀》卷九，第 1 ~3 页；"铅炼银法"见《黄帝九鼎神丹经诀》卷九，第 7 页（均见《道藏》总第 584 册）。

［52］山东大学考古系等：《山东长清县双乳山一号汉墓发掘简报》，《考古》1997 年第 3 期。

［53］龙登高：《西汉黄金非币论》，《中国钱币》1990 年第 3 期。

［54］广西壮族自治区博物馆：《广西贵县罗泊湾汉墓》第 54 页，文物出版社，1988 年。

［55］赵匡华：《狐刚子及其对中国古代化学的卓越贡献》，《自然科学史研究》1984 年第3 期。

［56］陈国符：《"道藏经"中外丹黄白法经诀出世朝代考》，《中国科技史探索》，上海古籍出版社，1982 年。

［57］"铅炼金法"、"水银炼金法"见《太清经天师口诀》第 7 页（《道藏》总第 583 册）。本书所用《道藏》，皆 1924 年上海涵芬楼影印本。

［58］卢本珊等：《铜绿山春秋炼铜竖炉的复原研究》，《文物》1981 年第 8 期。

［59］山西省考古研究所：《山西夏县禹王城汉代铸铁遗址试掘简报》，《考古》1994 年第8 期。

［60］何堂坤：《中国古代铜镜的技术研究》第 99 ~ 100 页，中国科学技术出版社，1992 年。

［61］李长庆：《咸阳发现秦代车零件泥范一窑》，《文物参考资料》1958 年第 5 期。

［62］陕西省博物馆：《西安北郊新莽钱范窑址清理简报》，《文物》1959 年第 11 期。

［63］中国社会科学院考古研究所汉城工作队：《1992 年汉长安城冶铸遗址发掘简报》，《考古》1995 年第 9 期。

［64］王儒林：《河南南阳发现汉代钱范》，《考古》1964 年第 11 期。

［65］安金槐：《河南邓县发现了一处汉代铸钱遗址》，《文物》1963 年第 12 期。

［66］河南省博物馆等：《河南省温县汉代烘范窑发掘简报》，《文物》1976 年第 9 期。

[67] 河南省文物研究所等:《河南省五县古代铁矿冶遗址调查》,《华夏考古》1992 年第 1 期。

[68] 河南省文物研究所:《河南镇平出土的汉代窖藏铁范和铁器》,《考古》1982 年第 3 期。

[69] 河南省文物研究所:《河南新安县上孤灯汉代铸铁遗址调查简报》,《华夏考古》1988 年第 2 期。

[70] 见文献 [3]。铁器 T18:13 经重新鉴定,实系一字锸的铁范芯,说明巩县铁生沟汉代冶铸作坊使用过铁范浇铸。

[71] 山东省博物馆:《山东省莱芜县西汉农具铁范》,《文物》1977 年第 7 期。

[72] 李步青:《山东滕县发现铁范》,《考古》1960 年第 7 期。

[73] 李京华:《中原古代冶金技术研究》第 118 页,中州古籍出版社,1994 年。

[74] 河南省文化局文物工作队:《从南阳宛城出土汉代犁铧模和铸范看犁铧的铸造工艺过程》,《文物》1965 年第 7 期。

[75] 陕西省文管会等:《陕西坡头村西汉铸钱遗址发掘简报》,《考古》1982 年第 1 期。

[76] 马春卿:《徐州市云龙山发现北朝末期墓葬及汉代五铢钱范》,《文物参考资料》1955 年第 11 期。

[77] 凤功等:《山东诸城出土一批五铢钱铜范》,《文物》1987 年第 7 期。

[78] 李孔壁:《湖南攸县发现西汉五铢钱铜范》,《文物》1984 年第 1 期。

[79] 师小群:《陕西省博物馆所藏新莽钱范》,《考古与文物》1994 年第 5 期。

[80] 韩士元:《新莽时代的铸币工艺探讨》,《考古》1965 年第 5 期。

[81] 安徽省文物考古研究所等:《安徽天长县三角圩战国西汉墓出土文物》,《文物》1993 年第 9 期。

[82] 中国社会科学院考古研究所等:《满城汉墓发掘报告》第 52 ~ 66 页,文物出版社,1980 年。

[83] 孙淑云:《西汉南越王墓出土铜器、银器及铅器鉴定报告》,载广州市文物管理委员会等:《西汉南越王墓》,文物出版社,1991 年。

[84] 何堂坤、刘绍明:《南阳汉代铜舟科学分析》,《中原文物》2010 年第 4 期。

[85] 山东省淄博市博物馆:《西汉齐王墓随葬器物坑》,《考古学报》1985 年第 2 期。

[86] 内蒙古自治区文物工作队:《呼和浩特二十家子古城出土的西汉铁甲》,《考古》1975 年第 4 期。

[87] 福建省文物管理委员会:《福建崇安城村汉城遗址试掘》,《考古》1960 年第 10 期。

[88] 罗泊湾铜锣见蒋廷瑜:《广西贵县罗泊湾出土的乐器》,《中国音乐》1985 年第 3 期。

[89]《文物考古工作十年(1979 ~ 1989)》第 249 页,文物出版社,1990 年。

[90] 沈令昕:《上海市文物保管委员会所藏的几面古镜介绍》,《文物参考资料》1957 年第 8 期。

[91] 袁仲一等:《秦陵铜车马的结构及制作工艺》,中国机械史第二届学术讨论论文,1991 年 11 月。

[92] 何堂坤:《关于透光镜机理的几个问题》,《中原文物》1982 年第 4 期。

[93] 何堂坤等:《关于透光镜的模拟试验》,《自然科学史研究》1990 年第 3 期。

[94] 北京钢铁学院冶金史研究室:(榆树老河深鲜卑墓葬)《金属文物的鉴定报告》,载吉林省文物考古研究所:《榆树老河深》,文物出版社,1987 年。

[95] 北京科技大学冶金史研究室:《西汉南越王墓出土铁器鉴定报告》,广州市文物管理委员会等:《西汉南越王墓》,文物出版社,1991 年。

[96] 丘亮辉等:《郑州古荥镇冶铁遗址出土铁器的初步研究》,《中原文物》1983 年特刊。

[97] 苗长兴等：《从铁器鉴定论河南古代钢铁技术的发展》，《中原文物》1993 年第 4 期。

[98] 汉代具有球状石墨的铁器今已看到 10 余件，如铁生沟 5 件，详见文献 [3]；古荥镇 9 件，见文献 [96] 和丘亮辉《古代展性铸铁中的球墨》（载北京钢铁学院《中国冶金史论文集》，《北京钢铁学院学报》编辑部，1986 年）；南阳 1 件，见文献 [11]。

[99] 韩汝玢等：《郑州东史马东汉铁剪刀与铸铁脱碳钢》，《中原文物》1983 年特刊。

[100] 何堂坤：《铸铁脱碳钢与白心可锻铸铁》，《中国文物报》1995 年 11 月 26 日。

[101] 河南省文物研究所等：《登封王城岗与阳城》第 282～284 页，文物出版社，1992 年。

[102] 华觉明等：《战国两汉铁器的金相学考查初步报告》，《考古学报》1960 年第 1 期。

[103] 何堂坤：《从科学分析看我国古代的青铜热处理技术》，《金属热处理学报》1987 年第 1 期；并见文献 [45] 第 137～141 页。

[104] 何堂坤：《滇池地区几件青铜器的科学分析》，《文物》1985 年第 4 期。

[105] 定县博物馆：《河北定县 43 号汉墓发掘简报》，《文物》1973 年第 11 期。

[106] 刘志远：《成都天迥山崖墓清理记》，《考古学报》1958 年第 1 期。

[107] 刘煜、赵志军等：《山东临淄齐国故城汉代镜范的科学分析》，《考古》2005 年第 12 期。

[108] 张福康：《中国古代陶瓷的科学》第 19 页，上海人民美术出版社，2000 年。

[109] 中国山东省文物考古研究所、日本奈良县立橿原考古研究所：《山东省临淄齐国故城汉代镜范的考古学研究》，科学出版社，2007 年。第 101 页说自 1940～2005 年，临淄齐国故城计出土汉代镜范 95 件，其中只有 1 件是 1940 年出土的，今藏日本，其余都是 1997～2005 年出土。

[110]《黄帝九鼎神丹经诀》卷九，第 7 页，《道藏》总第 584 册，上海涵芬楼影印本。据陈国符考证：《黄帝九鼎神丹经诀》20 卷，乃唐人所纂，狐刚子的许多著述亦收入《黄帝九鼎神丹经诀》中。狐刚子在谈到"出矿银法"时说："有银若好白，即以白矾石、硇末，火烧出之。"

[111]《神仙养生秘术》第 2～3 页，《道藏》总第 599 册，上海涵芬楼影印本。《神仙养生秘术》云："点白：硇砂四两、胆矾四两、雄黄四两、雌黄四两、硝石四两、枯矾四两、山泽四两、青盐四两，各自制度。"

第三节　制陶技术的发展和瓷器的出现

[1] 林士民：《浙江宁波汉代瓷窑调查》，《考古》1980 年第 4 期。

[2] 杨赤宇：《湖口县象山东汉纪年墓》，《江西历史文物》1986 年第 1 期。

[3] 文物编辑委员会：《文物考古工作十年（1979～1989）》第 152～153 页，"江西省"，文物出版社，1990 年。

[4] 余家栋：《江西陶瓷考古综述》，《景德镇陶瓷》1989 年第 1 期。

[5] 周世荣：《湖南陶瓷》，紫禁城出版社，1988 年。

[6] 文物编辑委员会：《文物考古工作三十年（1949～1979）》第 355 页，"四川省"，文物出版社，1979 年。1973 年大邑县城郊发现两座东汉晚期残砖室墓，墓砖上印有"建安"年号，出土物中有两件残瓷坛。具体墓号未详。

[7] 中国硅酸盐学会：《中国陶瓷史》第 106 页，文物出版社，1982 年。

[8] 李知宴：《汉代釉陶的起源和特点》，《考古与文物》1984 年第 2 期，并见文献 [7] 第 114 页。

[9] 甘博文：《甘肃武威雷台东汉墓清理简报》，《文物》1972 年第 2 期。

[10] 张福康等：《中国历代低温色釉和釉上彩的研究》，《中国古陶瓷论文集》，文物出版

社，1982 年。

［11］张福康等:《中国历代低温色釉的研究》,《硅酸盐学报》1980 年第 1 期。

［12］姜晓霞:《汉代铅绿釉陶器"银釉"的分析》,《文物》1992 年第 6 期。

［13］张福康:《中国传统低温色釉和釉上彩》,《中国古陶瓷科学技术成就》,上海科学技术出版社,1985 年。

［14］叶喆民:《中国古陶瓷浅说》,轻工业出版社,1960 年。

［15］文物编辑委员会:《文物考古工作三十年（1949～1979)》第 221 页,"浙江省",文物出版社,1979 年。

［16］始皇陵秦俑坑考古发掘队:《临潼县秦俑坑试掘第一号简报》,《文物》1975 年第 11 期。

［17］始皇陵秦俑坑考古发掘队:《秦始皇陵东侧第二号兵马俑坑钻探试掘简报》,《文物》1978 年第 5 期。秦俑坑考古队:《秦始皇陵东侧第三号兵马俑坑清理简报》,《文物》1979 年第 12 期。

［18］王学理等:《西安任家坡汉陵从葬坑的发掘》,《考古》1976 年第 2 期。

［19］展力等:《试读杨家湾汉墓骑兵俑——对西汉前期骑兵问题的探讨》,《文物》1977 年第 10 期。

［20］徐州博物馆等:《徐州北洞山西汉墓发掘简报》,《文物》1988 年第 2 期。

［21］徐州博物馆:《徐州狮子山兵马俑坑第一次发掘简报》,《文物》1986 年第 2 期。

［22］济南市博物馆:《试谈济南无影山出土的西汉乐舞、杂技、宴饮陶俑》,《文物》1972 年第 5 期。

［23］秦鸣:《秦俑坑兵马俑军阵内容及兵器试探》,《文物》1975 年第 11 期。

［24］闻枚言等:《秦俑艺术》,《文物》1975 年第 11 期。

［25］始皇陵秦俑坑考古发掘队:《秦始皇兵马俑坑出土的陶俑陶马制作工艺》,《考古与文物》1980 年第 3 期。

［26］屈鸿钧、程朱海等:《秦俑陶塑制作工艺的探讨》,《中国古陶瓷论文集》,文物出版社,1982 年。

［27］陕西省考古研究所等:《秦始皇陵兵马俑坑（一号坑发掘报告)》,文物出版社,1988 年。

［28］黄宣佩:《上海市嘉定县外冈古墓清理》,《考古》1959 年第 12 期。

［29］中国硅酸盐学会:《中国陶瓷史》第 122～125 页,文物出版社,1982 年。

［30］李家治:《原始瓷的形成和发展》,《中国古陶瓷科学技术成就》,上海科学技术出版社,1985 年。

［31］黄颐寿等:《宜春西汉木椁墓》,《西汉历史文物》1986 年第 1 期。并见文献［3］。

［32］许智范:《南昌市老福山西汉墓》,《江西历史文物》1983 年第 3 期。并见文献［3］。

［33］陈万里:《中国青瓷史略》第 4～5 页,上海人民出版社,1956 年。

［34］张子高:《中国化学史稿（古代之部)》第 88 页,科学出版社,1964 年。

［35］水既生:《对瓷器起源问题的管见》,《中国古陶瓷论文集》,文物出版社,1982 年。

［36］叶宏明等:《关于我国瓷器起源的看法》,《文物》1978 年第 10 期。

［37］冯先铭:《新中国陶瓷考古的主要收获》,《文物》1965 年第 9 期。

［38］冯先铭:《三十年来我国陶瓷考古的收获》,《故宫博物院院刊》1980 年第 1 期。

［39］中国科学院考古研究所:《洛阳烧沟汉墓》,科学出版社,1959 年。

［40］河北省文化局文博组:《安平彩色画汉墓》,《光明日报》1972 年 6 月 22 日。

［41］亳县博物馆:《亳县凤凰台一号汉墓清理简报》,《考古》1974 年第 3 期。安徽省亳县

博物馆:《亳县曹操宗族墓葬》,《文物》1978 年第 8 期。

[42] 周世荣:《湖南益阳市郊发现汉墓》,《考古》1959 年第 2 期。高至喜:《略论湖南出土的青瓷》,《中国考古学会第三次年会论文集》,文物出版社,1984 年。

[43] 沈宜扬:《湖北当阳刘家冢子东汉画像石墓发掘简报》,《文物资料丛刊》(1),1977 年。

[44] 江苏省文物管理委员会:《江苏高邮邵家沟汉代遗址的清理》,《考古》1960 年第 10 期。

[45] 王利华:《奉化白杜汉熹平四年墓清理简报》,《浙江省文物考古所学刊》1981 年。

[46] 吴战垒:《东汉熹平年款青瓷盘口壶》,《浙江省文物考古研究所学刊》,长征出版社,1997 年。

[47] 李家治:《我国古代陶器和瓷器工艺发展过程的研究》,《考古》1978 年第 3 期。

[48] 李家治:《我国瓷器出现时期的研究》,《硅酸盐学报》1978 年第 3 期。

[49] 李家治:《中国陶器和瓷器工艺发展过程的研究》,《中国古陶瓷科学技术成就》,上海科学技术出版社,1985 年。

[50] 张福康:《铁系高温瓷釉综述》,《中国古陶瓷科学技术成就》,上海科学技术出版社,1985 年。

[51] 郭演仪等:《中国历代南北方青瓷的研究》,《中国古陶瓷论文集》,文物出版社,1982 年。郭演仪:《中国制瓷原料》,《中国古陶瓷科学技术成就》,上海科学技术出版社,1985 年。

[52] 李国桢:《历代越窑青瓷釉的研究》,《中国陶瓷》1988 年第 1 期。

[53] 凌志达:《我国古代黑釉瓷的研究》,《中国古陶瓷论文集》,文物出版社,1982 年。

[54] 吴任平:《"建玉瓷"与二次烧成高级细瓷》,《福建文物》1993 年第 1、2 期合刊。

[55] 周仁等:《清初瓷器胎釉的研究》,《景德镇瓷器的研究》,科学出版社,1958 年。并见文献 [48]。

[56] 杨建东等:《微山县清理西汉画像石墓——出土五件青瓷器及画像石,具有重要学术价值》,《中国文物报》1997 年 7 月 27 日。

[57] 宋伯胤:《关于我国瓷器渊源问题的探讨》,《中国古陶瓷论文集》,文物出版社,1982 年。

[58] 湖南省博物馆:《长沙马王堆一号汉墓》上册,第 122 页、126 页,文物出版社,1973 年。

[59] 唐兰:《座谈长沙马王堆一号汉墓》,《文物》1972 年第 9 期。

[60] 《全上古三国两晋文》"全晋文"卷九一。

[61] 安徽省亳县博物馆:《亳县曹操宗族墓》,《文物》1978 年第 8 期。

[62] 中国硅酸盐学会:《中国陶瓷史》第 131 页,文物出版社,1982 年。

[63] 陕西省博物馆等勘查小组:《秦都咸阳故城遗址发现的窑址和铜器》,《考古》1974 年第 1 期。遗址中发现过 3 块始皇诏版,断代秦代,或说战国至西汉以前。

[64] 河北省文物管理委员会:《河北武安县午汲古城中的窑址》,《考古》1959 年第 7 期。1959 年清理古代窑址 21 座,其中属春秋战国的 2 座,属战国末期到西汉的 10 座,属西汉末到东汉的 9 座。

[65] 刘可栋:《试论我国古代的馒头窑》,《中国古陶瓷论文集》,文物出版社,1982 年。

[66] 河南省博物馆等:《河南省温县汉代烘范窑发掘简报》,《文物》1976 年第 9 期。

[67] 新乡市文管会:《新乡北站区前郭柳村汉代窑址发掘》,《考古》1989 年第 5 期。1986 年清理,窑址计 6 座,报道了 1、2、3 号 3 座,断代东汉。

［68］甘肃省文物管理委员会:《酒泉下河清汉代砖窑窑址试掘简报》,《文物参考资料》1958 年第 12 期。

［69］中国社会科学院考古研究所汉城工作队:《汉长安城 2～8 号窑址发掘简报》,《考古》1992 年第 2 期。

［70］中国社会科学院考古研究所洛阳汉魏城队:《汉魏洛阳城发现的东汉烧煤瓦窑遗址》,《考古》1997 年第 2 期。

［71］中国社会科学院考古研究所汉城工作队:《汉长安城北宫的勘探及其南面砖瓦窑的发掘》,《考古》1996 年第 10 期。

［72］朱伯谦:《试论我国古代的龙窑》,《文物》1984 年第 3 期。

［73］刘振群:《窑炉的改进和我国古陶瓷发展的关系》,《中国古陶瓷论文集》,文物出版社,1982 年。

［74］朱伯谦等:《从浙江上虞东汉窑址调查看我国瓷器的生产》,古陶瓷学术讨论会论文,1978 年。并见文献［38］。

［75］余家栋:《江西陶瓷史》第 104 页,河南大学出版社,1997 年。

［76］四川省文物考古研究所内部资料,见《新中国考古五十年》第 367 页,文物出版社,1999 年。

［77］周世荣等:《湘阴县青竹寺东汉青瓷窑址》,《中国考古学年鉴（1989）》第 222～223 页,文物出版社,1990 年。

［78］熊海棠:《中国古代的窑具与装烧技术》,《东南文化》1991 年第 6 期。

［79］秦俑考古队:《秦代陶窑遗址调查清理简报》,《考古与文物》1985 年第 5 期。

［80］李国桢等:《中国名瓷工艺基础》第 71 页,上海科学技术出版社,1988 年。

第四节　古代机械技术体系之初步形成

［1］《太平御览》卷八二九"资产部·碓"。

［2］湖南省文物考古研究所等:《湖南省澧县新石器时代早期遗址调查报告》,《考古》1989 年第 10 期。

［3］谢仲礼:《江南地区史前木器初探》,《东南文化》1993 年第 6 期。`

［4］王祯:《农书》卷一八"农器图谱·灌溉门":"翻车,今人谓龙骨车也。魏略曰:马钧居京都,城内有地可为园,无水以灌之,乃作翻车。令童儿转之,而灌水自覆。汉灵帝使毕岚作翻车,设机引水,洒南北郊路,则翻车之制又起于毕岚矣。"

［5］徐光启:《农政全书》卷一七"水利·灌溉图谱":"翻车,今人谓龙骨车也。魏略曰:马钧居京都,城内有闲地可为园,无水以灌之,乃作翻车。令童儿转之,而灌水自覆。汉灵帝使毕岚作翻车,设机引水,洒南北郊路。则翻车之制,又起于毕岚矣。"徐光启此观点完全是援引王祯《农书》的,两者比较,此仅多了一个"闲"字。其实关于"翻车"的文字中,徐光启援引王祯原话远不止此,略。

［6］刘仙洲:《中国古代农业机械发明史》第 51 页,科学出版社,1963 年。

［7］陆敬严、华觉明主编:《中国科学技术史·机械卷》第 78 页,科学出版社,2000 年。

［8］李崇州:《中国古代各类灌溉机械的发明和发展》,《农业考古》1983 年第 1 期。

［9］安徽省文物工作队等:《阜阳双古堆西汉汝阴侯墓发掘简报》,《文物》1978 年第 8 期。

［10］王燮山:《中国古代物理学史与出土文物》,中国物理学史学术讨论会论文,1984 年,杭州。

［11］《后汉书》卷九〇上。

［12］王冠倬：《从文物资料看中国古代造船技术的发展》，《中国历史博物馆馆刊》总第5期，1983年。

［13］文尚光：《中国风帆出现的时代》，《武汉水运工程学院学报》1983年第3期。

［14］李文信：《辽阳发现的三座壁画古墓》，《文物参考资料》1955年第5期第33页，插图24，一黑帻白衣人双手高举一风轮状物，似为玩具风车。

［15］刘仙洲：《中国机械工程发明史》第100页，科学出版社，1962年。刘仙洲把指南车发明期推到了西汉，主要依据是说《西京杂记》曾记有"司南车，驾四，中道"。但今查，不管是"汉魏丛书"本、"四部丛刊初编缩本"，还是"四库"本的《西京杂记》，均无"司南车"，而只有"司马车，驾四，中道"。待查。

［16］吴正伦：《关于我国古代的传动齿轮》，《文物》1986年第2期。

［17］铜质的齿轮状物至迟见于战国时期，洛阳等地都有出土。但多为制齿动轮，有的则是用途不明。如洛阳博物馆《洛阳战国粮仓试掘纪要》（《文物》1981年第11期）载一齿轮状物，单模铸造，轮径4.2厘米，中心有方孔，方孔边长为2.5厘米，斜齿40枚。

［18］王振铎：《指南车记里鼓车之考证及模制》，《史学集刊》第三集，1937年。并见王振铎：《科技考古论丛》，文物出版社，1989年。

［19］陆敬严等：《中国古代齿轮新探》，《中国历史博物馆馆刊》总第12期，1989年。1954年山西永济出土的"齿轮"为铜质，一个为5齿，外径3.0厘米，厚约1.1厘米；另一个为6齿，带柄，外径约2.1厘米，厚约1.3厘米。齿形瘦长，齿廓弯曲。

［20］刘庆柱：《陕西永寿县出土的汉代铁农具》，《农业考古》1982年第1期。1974年，陕西永寿县西村农民平整土地时，发现过48件汉代铁质农具和车器、兵器等，其中有一件直齿轮，齿顶圆直径5厘米、齿根圆直径4.56厘米、轮厚1.2厘米、轴孔尺寸2.4厘米×2.4厘米、节圆直径4.8厘米、齿宽1.2厘米，模数1、齿数48。伴出物有西汉五铢和莽钱。

［21］刘仙洲：《中国机械工程发明史》，科学出版社，1962年。"目录"，并正文第五章。

［22］中国社会科学院考古研究所等：《满城汉墓发掘报告》第48页、204页，文物出版社，1980年。

［23］贾效孔：《纪国附近出土一批汉代铜器》，《考古》1984年第1期。

［24］于晓兴：《郑州近年发现的窖藏铜铁器》，《考古学集刊》（1），1981年。

［25］郭长江：《秦俑坑出土的古代链条》，《文博》1984年第2期。秦俑坑链状物计约5种：（1）以铜丝串联的石质链；（2）以皮条串连的铜环链；（3）纯铜环链；（4）金链索；（5）铁索链，一种刑具。与郑州铁器窖所出土的大体相类似。

［26］庄冬明：《滕县长城村发现汉代铁农具十余件》，《文物参考资料》1958年第3期。

［27］张秀夫等：《河北平泉下店村发现汉代大型铁铧》，《考古》1989年第5期。

［28］赵继柱：《中国古代铁农具的研究》，《科技史文集》第9辑，上海科学技术出版社，1982年。

［29］张振新：《汉代的牛耕》，《文物》1977年第8期。王星光：《中国传统耕犁的发生、发展和演变》，《农业考古》1989年第2期。

［30］谢忠梁：《我国古代的二牛耕田法》，《江海学刊》1963年第5期。

［31］宋兆麟：《西汉时期农业技术的发展——二牛三人耦犁的推广和改进》，《考古》1976年第1期。

［32］《太平御览》卷八二二"资产部·耕"。《正论》，《太平御览》卷八二三"资产部·犁"作《政论》）。

［33］邯郸市文物保管所：《河北邯郸市区古遗址调查简报》，《考古》1980年第2期。报道说有"大小石磨、石臼、石锤等"。

［34］陕西省文物管理委员会:《秦都栎阳遗址初步调查记》,《文物》1966 年第 1 期。

［35］秦俑坑考古队:《临潼郑庄秦石料加工场遗址调查简报》,《考古与文物》1981 年第 1 期。

［36］驻马店市文物工作队等:《河南正阳李冢汉墓发掘简报》,《中原文物》2002 年第 5 期。

［37］南京博物院等:《江苏泗洪重岗汉画像石墓》,《考古》1986 年第 7 期。李发林:《古代旋转磨试探》,《农业考古》1986 年第 2 期。

［38］河南省博物馆:《济源泗涧沟三座汉墓的发掘》,《文物》1973 年第 2 期。

［39］赵家有等:《山西芮城出土风扇车模型》,《农业考古》1988 年第 2 期。

［40］余扶危等:《洛阳东关东汉殉人墓》,《文物》1973 年第 2 期。

［41］始皇陵秦俑坑考古发掘队:《临潼县秦俑坑试掘第一号简报》,《文物》1975 年第 11 期。一号坑出土铜镞近 7 000 只、铁镞 1 只、铁铤铜镞 1 只。《秦始皇陵东侧第二号兵马俑坑钻探试掘简报》,《文物》1978 年第 5 期。二号坑出土铜镞 1 462 只,铜镞铁铤 3 只。

［42］中国社会科学院考古研究所实验室:《满城汉墓出土铁镞的金相鉴定》,《考古》1981 年第 1 期。

［43］中国社会科学院考古研究所等:《满城汉墓发掘报告》第 85 页、109 页,文物出版社,1980 年。

［44］杨泓:《弓和弩》,《中国古兵器史论丛》(增订本),文物出版社,1985 年。并见《中国军事大百科全书(古代军事分册)》第 76 页,军事科学出版社,1991 年。

［45］孙机:《床弩考略》,《文物》1985 年第 5 期。

［46］甘肃居延考古队:《居延汉代遗址的发掘和新出土的简册文物》,《文物》1978 年第 1 期。

［47］吉田光邦:《弓和弩》,《中国科学技术史论集》,东京,1972 年。其中统计了一、三、四、五、六、七、八、十石弩,计 8 个级别。

［48］谢桂华等:《居延汉简释文合校》第 518 页,文物出版社,1987 年。其中谈到了二石弩。

［49］甘肃省文物考古研究所等:《居延新简:甲渠候官与第四燧》第 525 页,文物出版社,1990 年。其中谈到了十二石弩。

［50］中国社会科学院考古研究所:《汉长安未央宫——1980 ~ 1989 年考古发掘报告》,上册第 92 ~ 95 页、117 页,中国大百科全书出版社,1996 年。

［51］矩斋:《古尺考》,《文物参考资料》1957 年第 3 期。

［52］李均:《研究汉代武器装备的珍贵史料》,《中国文物报》1997 年 12 月 7 日第 3 版。

［53］南京博物院:《江苏盱眙东汉墓》,《考古》1979 年第 5 期。

［54］中国科学院考古研究所:《长沙发掘报告》,科学出版社,1957 年。

［55］刘志远:《四川汉代画像砖艺术》,中国古典艺术出版社,1958 年。

［56］中国社会科学院考古研究所等:《满城汉墓发掘报告》第 182 页、312 页,科学分析见 371 页,文物出版社,1980 年。

［57］河南省文物研究所等:《河南镇平出土的汉代窖藏铁范和铁器》,《考古》1982 年第 3 期。

［58］李仲达:《河南镇平出土的汉代铁器金相分析》,《考古》1982 年第 3 期。

［59］畅文斋:《山西永济县薛家崖发现的一批铜器》,《文物参考资料》1955 年第 8 期。

［60］秦俑考古队:《秦始皇陵二号铜车马清理简报》,《文物》1983 年第 7 期。党士学:《试论秦陵一号铜车马》,《文博》1994 年第 6 期。孙机:《始皇陵二号铜车马对车制研究的新启示》,《文物》1983 年第 7 期。袁仲一:《秦陵铜车马的结构及制作工艺》,中国机械史第二届学术讨论

会论文，1991 年，湖南大庸。

[61] 秦始皇兵马俑博物馆等：《秦始皇陵铜车马发掘报告》，文物出版社，1998 年。

[62] 试样承程学华提供，资料待发。

[63] 早在 20 世纪四五十年代，王振铎便先后两次复制过汉代独轮车（鹿车）；20 世纪 60 年代时，史树青、刘仙洲又对此进行了许多研究，分别见文献 [65] [66]。

[64] 《太平御览》卷七七五。其中之"轩"字，史树青疑之为"斩"字之误，见文献 [65]。

[65] 史树青：《有关汉代独轮车的几个问题》，《文物》1964 年第 6 期。

[66] 刘仙洲：《我国独轮车的创始时期应上推到西汉晚年》，《文物》1964 年第 6 期。

[67] 容庚：《汉武梁祠画像录》，《考古学社专集》第 13 种，1936 年第 10 期。

[68] 《后汉书·光武帝纪下》唐章怀太子李贤引《汉官仪》注。

[69] 广州市文物管理处等：《广州秦汉造船工场遗址试掘》，《文物》1977 年第 4 期。

[70] 王永波：《从考古发掘看我国早期造船业》，《船史研究》1989 年第 4～5 期。

[71] 王冠倬：《汉代造船技术的发展》，《文物天地》1986 年第 2 期。

[72] 广州市文物管理委员会：《广州皇帝冈西汉木椁墓发掘简报》，《考古》1957 年第 4 期。

[73] 长江流域第二期文物考古工作人员训练班：《湖北江陵凤凰山西汉墓发掘简报》，《文物》1974 年第 6 期。原报道说出土 5 件桨，未提舵；文献 [74] 说，可能其中一桨便是舵。

[74] 王冠倬等：《中国古船扬帆四海》第 94 页，人民教育出版社，1996 年。

[75] 广州市文物管理委员会：《广州市东郊东汉砖室墓清理纪略》，《文物参考资料》1955 年第 6 期。

[76] 阙绪杭等：《隋唐运河柳孜唐船及其拖舵的研究》，《技术史研究》（论文集），哈尔滨工业大学出版社，2002 年。

[77] 广西壮族自治区文物工作队：《广西贵县罗泊湾一号墓发掘简报》，《文物》1978 年第 9 期。

[78] 王冠倬：《从碇到锚》，《船史研究》1985 年第 1 期。

[79] 吴大澂：《权衡度量实验考》，成于 1894 年，刻印于 1915 年。

[80] 刘东瑞：《世界上最早的游标量具——新莽铜卡尺》，《中国历史博物馆刊》总第 1 期，1979 年。

[81] 李健广：《东汉铜卡尺》，《文物天地》1994 年第 6 期。

[82] 转引自李健广：《东汉铜卡尺》，《文物天地》1994 年第 6 期。

[83] 白尚恕：《王莽卡尺的结构、用法及在数理上的分析》，《中国历史博物馆馆刊》总第 3 期，1981 年。

[84] 邓朝源：《安徽考古获重大成果——天长汉墓群出土大批珍贵文物》，《中国文物报》1992 年 7 月 5 日。

[85] 中国科学院考古研究所：《洛阳烧沟汉墓》，科学出版社，1959 年。

[86] 黄河水库考古工作队：《河南陕县刘家渠汉墓》，《考古学报》1965 年第 1 期。

[87] 李众：《中国封建社会前期钢铁冶炼技术发展的探讨》，《考古学报》1975 年第 2 期。

[88] 安徽文物考古研究所等：《安徽天长县三角圩战国西汉墓出土文物》，《文物》1993 年第 9 期。原报道说，此刨整体呈曲尺形，原有弯木柄，通长 15.7 厘米、刨刀长 16.0 厘米、刃宽 2.5 厘米。长方形銎，双刃，前推后拉均可起到刨光作用，并附图，其形态与锛、铲、床刨都不同，确实名称待考。伴出物见本章第二节（文献 [81]）。

[89] 孙机：《我国古代的平木工具》，《文物》1987 年第 10 期。

[90] 何堂坤：《平木用刨考》，《文物》1996 年第 7 期。

［91］赵吴成：《平木用"刨"新发现》，《文物》2005 年第 11 期。

［92］陕西省考古研究所汉陵考古队：《汉景帝阳陵南区从葬坑发掘第二号简报》，《文物》1994 年第 6 期。

第五节　纺织技术的发展

［1］宋伯胤：《汉代丝绸琐记》，《丝绸史研究》1986 年第 2 期。

［2］刘志远：《四川汉代画像砖艺术》第 6 图，中国古典艺术出版社，1958 年。画像砖高 23 厘米、长 26 厘米，载一人于桑树林中采桑。

［3］吴荣曾：《和林格尔汉墓壁画中反映的东汉社会生活》，《文物》1974 年第 1 期。

［4］嘉峪关市文物清理小组：《嘉峪关汉画像砖墓》，《文物》1972 年第 12 期。

［5］汉崔寔：《四民月令》，石声汉校注，中华书局，1965 年。

［6］宋伯胤等：《从汉画像石探索汉代织机构造》，《文物》1962 年第 3 期。

［7］陈维稷主编：《中国纺织科学技术史（古代部分）》第 161 页。科学出版社，1984 年。

［8］上海市纺织科学研究院等文物研究组：《长沙马王堆一号汉墓出土纺织品的研究》，文物出版社，1980 年。"大麻物理性能"见第 72～75 页，"苘麻"见第 69～70 页。

［9］陈维稷主编：《中国纺织科学技术史（古代部分）》第 130～133 页，科学出版社，1984 年。

［10］纪南城凤凰山一六八号汉墓发掘整理组：《湖北江陵凤凰山一六八号汉墓发掘简报》，《文物》1975 年第 9 期。

［11］凤凰山一六七号汉墓发掘整理小组：《江陵凤凰山一六七号汉墓发掘简报》，《文物》1976 年第 10 期。

［12］陈维稷主编：《中国纺织科学技术史（古代部分）》，科学出版社，1984 年。"苎麻脱胶"见第 137～138 页。

［13］陈维稷主编：《中国纺织科学技术史（古代部分）》第 141 页，科学出版社，1984 年。

［14］新疆维吾尔自治区博物馆：《新疆民丰北大沙漠中古遗址墓葬区东汉合葬墓清理简报》，《文物》1960 年第 6 期。

［15］新疆维吾尔自治区博物馆考古队：《新疆民丰大沙漠中的古代遗址》，《考古》1961 年第 3 期。

［16］文物编辑委员会：《文物考古工作十年（1979～1989）》第 348～349 页，"新疆"部分，文物出版社，1990 年。

［17］新疆文物考古研究所：《吐鲁番交河故城沟北 1 号台地墓葬发掘简报》，《文物》1999 年第 6 期。

［18］斯坦因：《西域考古记》第八章第 109 页，向达译。

［19］文物编辑委员会：《文物考古工作十年（1979～1989）》第 349 页，"新疆"部分，文物出版社，1990 年。

［20］陈维稷主编：《中国纺织科学技术史（古代部分）》第 399 页，科学出版社，1984 年。

［21］沙比提：《从考古发掘资料看新疆古代的棉花种植和纺织》，《文物》1973 年第 10 期。

［22］《史记》卷一二九"货殖列传"裴骃"集解"引《汉书音义》。

［23］《汉书》卷九一"货殖传"唐颜师古注。

［24］陈维稷主编：《中国纺织科学技术史（古代部分）》第 146 页，科学出版社，1984 年。

［25］赵承泽主编：《中国科学技术史·纺织卷》第 146 页，科学出版社，2002 年。

［26］陈维稷主编：《中国纺织科学技术史（古代部分）》第 149 页，科学出版社，1984 年。

［27］于绍杰：《中国植棉史考证》，《农史研究》1993 年第 2 期。

［28］赵承泽主编：《中国科学技术史·纺织卷》第 148 页，科学出版社，2002 年。

［29］章楷：《我国历史上栽培棉花种类的演变》，《农史研究》第五辑，农业出版社，1985 年。

［30］容观琼：《关于我国南方植棉历史研究的一些问题》，《文物》1979 年第 8 期。

［31］《异物志》，《文选》第三册，卷五《吴都赋》刘渊林注，文渊阁《钦定四库全书》抄本，武汉大学出版社电子版第 428 碟。

［32］王黎琳等：《江苏铜山县青山泉的纺织画像石》，《文物》1980 年第 2 期。

［33］段拭：《江苏铜山洪楼东汉墓出土纺织画像石》，《文物》1962 年第 3 期。

［34］泗洪县文化馆：《泗洪县曹庄发现一批画像石》，《文物》1975 年第 3 期。

［35］刘家骥：《金雀山西汉帛画临摹后感》，《文物》1977 年第 11 期。

［36］安徽省文物工作队：《安徽南陵县麻桥东吴墓》，《考古》1984 年第 11 期。

［37］上海市纺织科学研究院等文物研究组：《长沙马王堆一号汉墓出土纺织品的研究》，文物出版社，1980 年。瑟弦分析见第 13 ~ 14 页、18 页。

［38］陈维稷主编：《中国纺织科学技术史（古代部分）》第 180 页，科学出版社，1984 年。

［39］赵承泽主编：《中国科学技术史·纺织卷》第 166 页，科学出版社，2002 年。

［40］李崇州：《我国古代的脚踏纺车》，《文物》1977 年第 12 期。

［41］文献［6］统计了 7 块纺织画像石，分别出土或见于滕县宏道院、龙阳店、嘉祥县武梁祠、肥城孝堂山郭巨祠、济宁晋阳山慈云寺、江苏沛县留城镇、铜山县洪楼。另外，文献［32］还说铜山青山泉出土 1 块；文献［34］说泗洪出土 1 块；文献［42］说安徽宿县建宁四年墓出土 1 块；文献［43］说四川成都曾家包东汉墓出土 1 块。此外，其他地方可能还有一些。超过 11 块是肯定的。

［42］宿县纺织画像石见《文物考古工作三十年（1949 ~ 1979）》第 236 页，"安徽省"部分，文物出版社，1979 年。

［43］成都市文物管理处：《四川成都曾家包东汉画像砖石墓》，《文物》1981 年第 10 期。

［44］鲍晓风：《秦汉丝绸》，《丝绸史研究》1988 年第 2 期。

［45］夏鼐：《我国古代蚕、桑、丝、绸的历史》，《考古学和科技史》，科学出版社，1979 年。原载《考古》1972 年第 2 期。

［46］高汉玉：《汉画像石上的纺织图释》，《丝绸史研究》1986 年第 2 期。

［47］赵翰生：《中国古代多臂织机再研究》，《自然科学史研究》2003 年第 2 期。

［48］孙毓棠：《释关于汉代机织技术的两段史料》，《中国纺织科学技术史资料》第一集，1980 年。

［49］赵承泽主编：《中国科学技术史·纺织卷》第 195 ~ 196 页，科学出版社，2002 年。

［50］陈维稷主编：《中国纺织科学技术史（古代部分）》，科学出版社，1984 年。"罗织机"见第 220 页，"梭和筘"见第 230 ~ 233 页。

［51］陈维稷主编：《中国纺织科学技术史（古代部分）》第 225 ~ 226 页，科学出版社，1984 年。

［52］甘肃居延考古队：《居延汉代遗址的发掘和新出土的简册文物》，《文物》1978 年第 1 期。图版贰，4，织网竹梭。

［53］李仁溥：《中国古代纺织史稿》第 46 ~ 48 页，岳麓书社，1983 年。

［54］《钦定古今图书集成》"考工典"第七九九册，第二四〇卷，"砧杵部"第 43 页。并见《钦定历代赋汇》第六十九册，卷九八，文渊阁《钦定四库全书》抄本，武汉大学出版社电子版第 438 碟。

［55］朱冰等:《四川永兴汉墓出土染色绢分析》,《中国科技史料》2003年第2期。

［56］《重修政和经史证类备用本草》卷一三"木部·栀子"引陶弘景。

［57］上海市纺织科学研究院等文物研究组:《长沙马王堆一号汉墓出土纺织品的研究》,文物出版社,1980年。栀染色见第92~101页。

［58］《本草纲目》卷一五"红蓝花"条"集解"引晋张华《博物志》。

［59］赵丰:《红花在古代中国的传播、栽培和应用》,《中国农史》1987年第3期。

［60］上海市纺织科学研究院等文物研究组:《长沙马王堆一号汉墓出土纺织品的研究》,文物出版社,1980年。"色谱"见第116页。

［61］陈维稷主编:《中国纺织科学技术史（古代部分）》第250页,科学出版社,1984年。云《说文解字》列有10类39种,今省略了一些。

［62］史树青:《古代科技事物四考》,《文物》1962年第3期。

［63］黄盛璋:《染杯、染炉初考》,《文博》1994年第3期。

［64］宋吕大临:《考古图》第三册,卷一〇,文渊阁《钦定四库全书》抄本,武汉大学出版社电子版第315碟。

［65］《仪礼·公食大夫礼》、《仪礼·特牲馈食礼》,分别见《十三经注疏》第1081页下、1184页上。

［66］从长沙出土的战国砝码看,楚国一斤约合今250克左右。见丘光明:《试论楚国衡制》,《考古》1982年第5期。郭伟民:《沅陵楚墓新近出土铭文砝码小识》,《考古》1994年第8期。

从西安上林苑出土的铭文马蹄金看,武帝时一斤约合今253.46克。见李正德等:《西安汉上林苑发现的马蹄金和麟趾金》,《文物》1977年第11期。

［67］上海市纺织科学研究院等文物研究组:《长沙马王堆一号汉墓出土纺织品的研究》,文物出版社,1980年。镂空型版印花见第106页,彩版三二、三七。

［68］陈维稷主编:《中国纺织科学技术史（古代部分）》第269~282页,科学出版社,1984年。

［69］赵承泽主编:《中国科学技术史·纺织卷》第285页,科学出版社,2002年。

［70］江西省历史博物馆:《江西贵溪崖墓发掘简报》,《文物》1980年第11期。

［71］李科友:《贵溪崖墓》,文物出版社,1990年。

［72］吕烈丹:《南越王墓出土的青铜印花凸版》,《考古》1989年第2期。

［73］上海市纺织科学研究院等文物研究组:《长沙马王堆一号汉墓出土纺织品的研究》,文物出版社,1980年。金银色印花纱,见第108~110页,纹样见图版第叁拾陆。

［74］王㐨:《马王堆汉墓的丝织物印花》,《考古》1979年第5期。

［75］陈维稷主编:《中国纺织科学技术史（古代部分）》第272~276页,科学出版社,1984年。

［76］高承:《事物纪原》第十册,卷一〇,第二五页,文渊阁《钦定四库全书》抄本,武汉大学出版社电子版第323碟。

［77］新疆维吾尔自治区博物馆:《新疆民丰县北大沙漠中古遗址墓葬区东汉合葬墓清理简报》,《文物》1960年第6期。《新疆出土文物》第21页,文物出版社,1975年。

［78］林向:《川东峡江地区的崖墓》,《民族论丛》第1期。

［79］赵承泽主编:《中国科学技术史·纺织卷》第286~287页,科学出版社,2002年。

［80］中国社会科学院考古研究所:《满城汉墓发掘报告》（上）第154页,文物出版社,1980年。

［81］甘肃省博物馆:《甘肃武威磨嘴子汉墓发掘》,《考古》1960年第9期。嘉峪关市文物清理小组:《武威磨嘴子三座汉墓发掘简报》,《文物》1972年第12期。

［82］上海市纺织科学研究院等文物研究组：《长沙马王堆一号汉墓出土纺织品的研究》，文物出版社，1980年。锦见第33～43页。

［83］武敏：《新疆出土汉—唐丝织品初探》，《文物》1962年第7、8期。

［84］陈维稷主编：《中国纺织科学技术史（古代部分）》第325～340页，科学出版社，1984年。

［85］楼婷：《"五星出东方利中国"汉式锦——国家级文物》，《北方文物》2002年第2期。

［86］夏鼐：《新疆发现的古代丝织品——绮、锦和刺绣》，《考古学报》1963年第1期。

［87］上海市纺织科学研究院等文物研究组：《长沙马王堆一号汉墓出土纺织品的研究》，文物出版社，1980年。刺绣见第55页。

［88］上海市纺织科学研究院等文物研究组：《长沙马王堆一号汉墓出土纺织品的研究》，文物出版社，1980年。绮见第23～28页。

［89］陈维稷主编：《中国纺织科学技术史（古代部分）》第305～306页，科学出版社，1984年。

第六节　造纸技术的发明

［1］黄文弼：《罗布淖尔考古记》第168页，国立北平研究院，1948年。

［2］田野：《陕西省灞桥发现西汉的纸》，《文物参考资料》1957年第7期。

［3］甘肃居延考古队：《居延汉代遗址的发掘和新出土的简册文物》，《文物》1978年第1期。

［4］王菊华等：《从几种汉纸的分析鉴定试论我国造纸术的发明》，《文物》1980年第1期。

［5］王菊华、李玉华：《二十世纪有关纸的考古发现不能否定蔡伦发明造纸术》（2），《文物保护与考古科学》2002年第2期。

［6］罗西章：《陕西扶风中颜村发现西汉窖藏铜器和古纸》，《文物》1979年第9期。

［7］潘吉星：《喜看中颜村西汉窖藏出土的麻纸》，《文物》1979年第9期。

［8］潘吉星：《从考古新发现看造纸技术的起源》，《纸史研究》第1辑，1985年12月。

［9］甘肃省博物馆等：《敦煌马圈湾汉代烽燧遗址发掘简报》，《文物》1981年第10期。

［10］甘肃省文物考古研究所等：《甘肃天水放马滩战国秦汉墓群的发掘》，《文物》1989年第2期。

［11］国家文物局、中国历史博物馆：《中国古代科技文物展》，朝华出版社，1997年。文献［10］说放马滩纸地图是"黑线"绘制的，文物展览的说明文则进一步说是"墨线"绘制的。

［12］悬泉置遗址发掘队：《汉悬泉置遗址发掘获重大收获》，《中国文物报》1992年1月5日。

［13］蒋迎春：《本报评出九一年十大考古新发现》，《中国文物报》1992年2月2日。

［14］阎渭清：《汉代悬泉置遗址》，《中国考古学年鉴（1992年）》，文物出版社，1994年。

［15］甘肃省文物考古研究所：《甘肃敦煌汉代悬泉置遗址发掘简报》，《文物》2000年第5期。

［16］潘吉星：《世界上最早的植物纤维纸》，《文物》1964年第11期。

［17］许鸣岐：《对三次出土的西汉古纸的验证》，《科技史文集》第15辑，上海科学技术出版社，1985年。

［18］王菊华等：《再论"灞桥纸"不是纸》，《纸史研究》第1辑，1985年12月。

［19］王菊华、李玉华：《二十世纪有关纸的考古发现不能否定蔡伦发明造纸术》（1），《文物保护与考古科学》2002年第1期。

［20］戴家璋:《再论"灞桥纸"是废麻絮的真象——与潘吉星先生再商榷》,《纸史研究》第9辑,1991年。戴家璋:《中国造纸技术简史》,中国轻工业出版社,1994年。

［21］郑啸等:《浅议"马圈湾西汉纸"假说并提问》,《纸史研究》第2辑,1986年10月。荣元恺:《关于马圈湾纸是唐代的分析论证》,黄河、刘文桂主编:《纸史研究论文选集》,中国造纸学会纸史委员会、吉林造纸厂科学技术协会汇编,1991年。1996年戴家章惠赠。

［22］徐国旺:《悬泉置纸不应断为东汉前纸》,《纸史研究》第12辑,1995年。

［23］劳榦:《论中国造纸术之原始》,《历史语言研究所集刊》第十九本,第489～498页,商务印书馆,1948年。

［24］张德钧:《关于造纸在我国的发展和起源的问题》,《科学通报》1955年第10期。刘仁庆:《中国造纸史话》第23页,轻工业出版社,1978年。

［25］陈大川:《中国造纸术盛衰史》第55～56页,台北中外出版社,1979年。

［26］新疆维吾尔自治区博物馆:《新疆民丰县北大沙漠中古遗址墓葬区东汉合葬墓清理简报》,《文物》1960年第6期。

［27］武威县文管会:《甘肃省武威县旱滩坡东汉墓发现古纸》,《文物》1977年第1期。

［28］原出自 Serindia: Detailed Report of Explorations in Central Asia and Westernmost China. Oxford, Clarendon Press, 1921 (《西域考古图记》)。转引自姜亮夫《敦煌——伟大的文化宝藏》第1页,上海古典文学出版社,1956年。

［29］原出自 August Courady: Die Chinesischen and Sonstigen Kleinfunde Sven Hedin in Lou-lan (《斯文赫定在楼兰发现的中文写本及其他零物》),今转引自姜亮夫《敦煌——伟大的文化宝藏》第1页。

［30］原出自 É d. Chavannes: Les Documents Chinois, découverts par Aurel Stein dans les sablesdu Turkestan Oriental (《斯坦因东土尔其斯坦发现之中文文书》),转引自姜亮夫《敦煌——伟大的文化宝藏》第2页。

［31］潘吉星:《谈旱滩坡东汉墓出土的麻纸》,《文物》1977年第1期。

［32］王诗文:《中国传统手工纸事典》,财团法人树火纪念纸文化基金会发行(台北),2001年。

［33］张永惠等:《中国造纸原料纤维纸的观察》,《造纸技术》1957年第12期。

［34］《中国造纸原料图谱》,轻工业出版社,1965年。

［35］孙宝明等:《中国造纸植物原料志》,轻工业出版社,1959年。

［36］河北轻工业学院造纸教研室:《制浆造纸工艺学》上册,轻工业出版社,1961年。

［37］陈维稷主编:《中国纺织科学技术史(古代部分)》第137～138页,科学出版社,1984年。

［38］潘吉星:《中国造纸技术史稿》第39页,文物出版社,1979年。

［39］《说文解字注》第564页,"水部"。上海古籍出版社,1981年。

［40］荣元恺:《纸药——发明造纸术中决定性的关键》,《纸史研究》(六),1989年。

［41］晋袁宏:《后汉纪》第七册,卷一四,第16页,文渊阁《钦定四库全书》抄本,武汉大学出版社电子版第207碟。

［42］《东观汉记》(第一册)卷六"和熹邓皇后":"太后临朝,万国贡献悉令禁绝,岁时但贡纸墨而已。"文渊阁《钦定四库全书》抄本,武汉大学出版社电子版第214碟。

［43］《北堂书》卷一〇四引。

［44］戴家璋:《中国造纸技术简史》第68页,中国轻工业出版社,1994年。

［45］《书断》,元陶宗仪《说郛》第一〇五册,卷八七下,文渊阁《钦定四库全书》抄本,武汉大学出版社电子版第319碟。

［46］ 长沙市文物工作队等:《关于长沙出土三国东吴简牍的数量和内容》,《中国文物报》1997 年 2 月 16 日。

［47］ 胡平生等:《新发现的长沙走马楼简牍的重大意义》,《光明日报》1997 年 1 月 14 日。

［48］《（19）96 年全国十大考古新发现评选揭晓》,《中国文物报》1997 年 2 月 2 日。

［49］ 商承祚:《战国楚帛书述略》,《文物》1964 年第 9 期。

［50］ 湖南省博物馆:《长沙子弹库战国木椁墓》,《文物》1974 年第 2 期。

［51］ 湖南省博物馆等:《长沙马王堆二、三号汉墓发掘简报》,《文物》1974 年第 7 期。

［52］ 陈大川:《中国造纸技术盛衰史》第 18～19 页,中外出版社,台北,1979 年。

［53］ 杨巨中:《中国古代造纸史渊源》第 24～25 页,三秦出版社,2001 年。

［54］《通俗文》,引自《太平御鉴》卷六〇五。

［55］ 引自《太平御览》卷六〇五,见文渊阁《钦定四库全书》,台湾商务印书馆版 893～901。今通行的中华书局本《太平御览》卷六〇五,"王隐《晋书》"条错漏稍多。并见《释名疏证补》卷六"释书契·纸",毕沅引云。

［56］ 袁翰青:《中国化学史论文集》第 106 页,三联书店,1956 年。

［57］《云麓漫钞》,《笔记小说大观》第六册,江苏广陵古籍刻印社,1983 年。

［58］（美）钱存训:《纸的起源新证：试论战国秦简中的纸字》,《文献季刊》2002 年第 1 期。

第七节　髹漆技术的发展

［1］ 广州市文物管理委员会:《广州三元里马鹏冈西汉墓》,《考古》1962 年第 10 期。

［2］ 葛季芳:《云南出土漆器和传世雕漆》,《云南文物》2001 年第 1 期。

［3］ 甘肃省博物馆:《武威磨嘴子三座汉墓发掘简报》,《文物》1972 年第 12 期。另见《考古》1960 年第 9 期、《考古》1960 年第 5 期。据前文所载,"考工"铭漆耳杯原文为 46 字,释文为 47 字;因原文中一句话为"考工并造"4 字,释文为"考工工并造"5 字。今从释文。

［4］ 宁夏回族自治区博物馆:《银川附近的汉墓和唐墓》,《文物》1978 年第 8 期。

［5］ 内蒙古自治区文物工作队:《呼和浩特二十家子古城出土的西汉铁甲》,《考古》1975 年第 4 期。

［6］ 湖南省博物馆等:《长沙马王堆一号墓》,文物出版社,1973 年。

［7］ 湖南省博物馆等:《长沙马王堆二、三号墓发掘简报》,《文物》1974 年第 7 期。不包括髹漆的兵器和乐器,马王堆三座墓所出一般漆器约 500 件左右。

［8］ 长江流域第二期文物考古工作人员训练班:《湖北江陵凤凰山西汉墓发掘简报》,《文物》1974 年第 6 期。

［9］ 凤凰山一六七号汉墓发掘整理小组:《江陵凤凰山一六七号汉墓发掘简报》,《文物》1976 年第 10 期。

［10］ 纪南城凤凰山一六八号汉墓发掘整理组:《湖北江陵凤凰山一六八号汉墓发掘简报》,《文物》1975 年第 9 期。

［11］ 傅举有:《中国漆器的巅峰时代——汉代漆工艺综论》,《中国历史暨文物考古研究》,岳麓书社,1999 年。

［12］ 广西壮族自治区博物馆:《广西贵县罗泊湾汉墓》第 69 页,文物出版社,1988 年。广西壮族自治区文物工作队:《广西贵县罗泊湾一号墓发掘简报》,《文物》1978 年第 9 期。

［13］ 绵阳博物馆等:《绵阳永兴双包山二号西汉木椁墓发掘简报》,《文物》1996 年第 10 期。

［14］安徽省文物工作队等：《阜阳双古堆西汉汝阴侯墓发掘简报》，《文物》1978 年第 8 期。原报告说漆奁上"有针刻篆书涂朱文字"。

［15］胥泽蓉：《绵阳双包山 2 号汉墓出土大批珍贵文物》，《中国文物报》1995 年 12 月 3 日。

［16］中国社会科学院考古研究所等：《满城汉墓发掘报告》第 145～153 页，文物出版社，1980 年。并见《考古》1974 年第 1 期第 67 页。

［17］梁国光、麦英豪：《秦始皇统一岭南地区的历史作用》，《考古》1975 年第 4 期。

［18］俞伟超、李家浩：《马王堆一号汉墓出土漆器制地诸问题——从成都市府作坊至蜀郡工官作坊的历史变化》，《考古》1975 年第 6 期。

［19］俞伟超：《汉代的"亭""市"陶文》，《文物》1963 年第 2 期。

［20］蒋英炬：《临沂银雀山西汉墓漆器铭文考释》，《考古》1975 年第 6 期。

［21］山东省博物馆等：《临沂银雀山四座西汉墓》，《考古》1975 年第 6 期。

［22］安徽省文物考古研究所等：《安徽天长县三角圩战国西汉墓出土文物》，《文物》1993 年第 9 期。

［23］梅原末治：《支那漢代紀年銘漆器圖説》，京都桑名文星堂，昭和十八年。内总录两汉漆器 56 枚（组），其中西汉 41 枚（组）、新莽 7 枚（组）、东汉 8 枚。有纪年铭者计 44 枚，其中西汉 30 枚、新莽 6 枚、后汉 8 枚，计 44 枚。其中年代最早的是 3 件始元二年（前 85 年）"蜀西工"铭漆耳杯，年代最晚的是永平十四年（公元 71 年）"蜀郡西工"铭漆耳杯、漆案。

［24］贵州省博物馆：《贵州清镇、平坝汉墓发掘报告》，《考古学报》1959 年第 1 期。

［25］贵州省博物馆：《贵州清镇平坝汉至宋墓发掘简报》，《考古》1961 年第 4 期。

［26］李合群等：《杞县清理一座西汉大型木椁墓》，《中国文物报》1997 年 9 月 14 日。开封市文物管理处：《河南杞县许村岗一号汉墓发掘简报》，《考古》2000 年第 1 期。

［27］扬州博物馆等：《江苏邗江县杨寿乡宝女墩新莽墓》，《文物》1991 年第 10 期。

［28］湖南省文物考古研究所等：《湖南永州市鹞子岭二号西汉墓》，《考古》2001 年第 4 期。

［29］李学勤：《四海寻珍》第 71～72 页，清华大学出版社，1998 年。

"建平三年蜀郡西工造"漆盒盖原载文献［23］，现藏于德国斯图加特林登博物馆，但梅原末治博士一直未见实物，唯于 1935 年获得过图片。李学勤曾于 1986 年在德国斯图加特林登博物馆看到过此器，并纠正了此器铭文解释中的不确之处。其铭计 65 字。

［30］今引自《诸子集成本》。舒玉，有的版本作"野王"，较难理解。银口，有的版本作"银钮"。

［31］扬州博物馆：《扬州西汉"妾莫书"木椁墓》，《文物》1980 年第 12 期。

［32］扬州市博物馆：《江苏邗江姚庄 101 号西汉墓》，《文物》1988 年第 2 期。李则斌：《汉砚品类的新发现》，《文物》1988 年第 2 期。对姚庄汉墓中的漆砚，今依清代学者的命名法，称之为"漆沙砚"，而不是"漆砂砚"。本书各章同此。这不但是其中沙粒十分细小，而且研磨时发出"沙沙"的声音。但当今学术界也有人写成"漆砂砚"的（见本书第九章）。

［33］扬州市博物馆等：《扬州邗江县胡场汉墓》，《文物》1980 年第 3 期。

［34］印志华：《扬州邗江县郭庄汉墓》，《文物》1980 年第 3 期。

［35］南京博物院等：《江苏扬州七里甸汉代木椁墓》，《考古》1962 年第 8 期。

［36］苏北治淮文物工作组：《扬州凤凰河汉代木椁墓出土的漆器》，《文物》1957 年第 7 期。

［37］南京博物院等：《海州西汉霍贺墓清理简报》，《考古》1974 年第 3 期。

［38］陈直：《两汉经济史料论丛》第 215 页，陕西人民出版社，1980 年。后德俊：《氵月及氵月工初论》，《文物》1993 年第 12 期。

［39］陈振裕：《洀与洀工探析》，原载《于省吾教授百年诞辰纪念文集》，吉林大学出版社，1996 年。

［40］周世荣：《汉代漆器铭文'沕工'考》，《考古》2004 年第 1 期。孙机：《关于汉代漆器的几个问题》，《文物》2004 年第 12 期。

［41］长沙市文化局文物组：《长沙咸家湖西汉曹㜍墓》，《文物》1979 年第 3 期。

［42］山东大学考古系等：《山东长清县双乳山一号汉墓发掘简报》，《考古》1997 年第 3 期。漆器数量此文未曾详说。

［43］湖北省博物馆：《云梦大坟头一号汉墓》，《文物资料丛刊》（4），1981 年。

［44］佐藤武敏：《中国古代工业史の研究》，木心夹纻胎见第 239 页、乐浪郡漆器成分见 244 页，古川弘文馆，昭和三十七年。

［45］黄文弼：《罗布淖尔考古记》第五章"漆器类"第 153 页，国立北平研究院，1948 年。

［46］徐鹏章：《成都凤凰山西汉木椁墓》，《考古》1991 年第 5 期。

［47］广州市文物管理委员会：《广州市龙生冈 43 号东汉木槨墓》，《考古学报》1957 年第 1 期。

［48］诸城县博物馆：《山东诸城县西汉木椁墓》，《考古》1987 年第 9 期。

［49］山西省平朔考古队：《山西省朔县赵十八庄一号汉墓》，《考古》1988 年第 5 期。

［50］山西省文物工作委员会等：《山西浑源毕村西汉木椁墓》，《文物》1980 年第 6 期。

［51］湖北省博物馆：《光化五座坟西汉墓》，《考古学报》1976 年第 2 期。

［52］襄阳地区博物馆：《襄阳擂鼓台一号汉墓发掘简报》，《考古》1982 年第 2 期。

［53］临沂市博物馆：《山东临沂金雀山九座汉代墓》，《文物》1989 年第 1 期。

［54］《髹饰录解说》第 106 页，文物出版社，1983 年。《髹饰录》一书原为明庆隆黄成著，明天启杨明注，今人王世襄解说。

［55］南波：《江苏连云港市海州西汉侍其繇墓》，《考古》1975 年第 3 期。

［56］南京博物院：《江苏连云港市海州网疃庄汉木椁墓》，《考古》1963 年第 6 期。

［57］杨子范等：《山东莱西县汉木椁墓中出土的漆器》，《文物》1959 年第 4 期。

［58］狐刚子：《出金矿图录》，见《黄帝九鼎神丹经诀》卷九，《道藏》总第 584 册。

［59］徐州博物馆：《徐州石桥汉墓清理报告》，《文物》1984 年第 11 期。

［60］潍坊市博物馆等：《山东五莲张家仲崮汉墓》，《文物》1987 年第 9 期。

［61］北京市古墓发掘办公室：《大葆台西汉木椁墓发掘简报》，《文物》1977 年第 6 期。

［62］山东省淄博市博物馆：《西汉齐王墓随葬器物坑》，《考古学报》1985 年第 2 期。

［63］湖南省博物馆：《长沙砂子塘西汉墓发掘报告》，《文物》1963 年第 2 期。

［64］中国科学院考古研究所：《洛阳烧沟汉墓》第 205 页，科学出版社，1959 年。

［65］《汉官旧仪》。文渊阁《钦定四库全书》抄本，武汉大学电子版第 241 碟。

［66］王世襄：《中国古代漆工杂述》，《文物》1979 年第 3 期。

［67］《髹饰录解说》第 112 页，文物出版社，1983 年，王世襄解说。

［68］《髹饰录解说》第 137 页，文物出版社，1983 年，王世襄解说。

［69］《髹饰录解说》第 136 页，文物出版社，1983 年，杨明注。

［70］《通俗编》卷十二载："《唐六典》有十四种金：曰销金、曰捎金、曰镀金、曰织金、曰研金、曰披金、曰泥金、曰镂金、曰戗金、曰撚金、曰圈金、曰贴金、曰嵌金、曰裹金。"（清陈元龙《格致镜原》卷三十四所引基本相同）

［71］何堂坤：《刻纹铜器科学分析》，《考古》1993 年第 5 期。

［72］河南文物研究所：《信阳楚墓》，文物出版社，1986 年。

第八节　玻璃技术的发展

［1］郑隆：《内蒙古扎赉诺尔古墓群调查记》，《文物》1961 年第 9 期。有琉璃珠。

［2］东北博物馆：《辽宁三道濠西汉村落遗址》，《考古学报》1957 年第 1 期。有琉璃珠、琉璃耳珰。

［3］史美光等：《一批中国古代铅玻璃的研究》，《中国古玻璃研究（1984 年北京国际玻璃学术讨论会论文集）》，中国建筑工业出版社，1986 年。酒泉出土有玻璃耳珰。

［4］甘肃省文物管理委员会：《兰新铁路武威—永昌沿线工地古墓清理概况》，《文物参考资料》1956 年第 6 期。有料珠。

［5］史美光等：《青海大通县出土汉代玻璃的研究》，《科技考古论丛》（第二届全国科技考古学术讨论会论文集），中国科技大学出版社，1991 年。青海省文物考古研究所：《上孙家寨汉晋墓》，文物出版社，1993 年。

［6］新疆维吾尔自治区博物馆：《新疆民丰县北大沙漠中古遗址墓葬区东汉合葬墓清理简报》，《文物》1960 年第 6 期。有琉璃珠。

［7］刘志远：《成都天迴山崖墓清理记》，《考古学报》1958 年第 1 期。有琉璃耳珰。

［8］贵州省博物馆：《贵州清镇平坝汉墓发掘报告》，《考古学报》1959 年第 1 期。有琉璃珠，琉璃小狮，琉璃耳珰。

［9］广州市文物管理委员会：《广州市龙生岗 43 号木椁墓和漆器》，《考古学报》1957 年第 1 期。

［10］黄淼章：《广州汉墓中出土的玻璃》，《中国古玻璃研究（1984 年北京国际玻璃学术讨论会论文集）》，中国建筑工业出版社，1986 年。

［11］广西省文物管理委员会：《广西贵县汉墓的清理》，《考古学报》1957 年第 1 期。

［12］黄启善：《广西汉代玻璃制品初探》，《中国古玻璃研究（1984 年北京国际玻璃学术讨论会论文集）》，中国建筑工业出版社，1986 年。黄启善：《广西古代玻璃制品的发现及其研究》，《考古》1988 年第 3 期。此说广西出土汉代玻璃碗 3 件，文献 ［22］ 说为 4 件。

［13］黄启善：《广西发现的汉代玻璃器》，《文物》1992 年第 9 期。黄启善：《中国南方和西南的古代玻璃技术》，干福熹主编：《中国古代玻璃技术的发展》，上海科学技术出版社，2005 年。

［14］李银德：《徐州发现一批重要西汉玻璃器》，《东南文化》1990 年第 1～2 期。徐州博物馆等：《徐州北洞山西汉楚王墓》，文物出版社，2003 年。分析报告并见发掘报告所载史美光等：《徐州古代玻璃的新发现》。此墓年代为公元前 128 年。

［15］程朱海等：《扬州西汉墓玻璃衣片的研究》，《中国古玻璃研究（1984 年北京国际玻璃学术讨论会论文集）》，中国建筑工业出版社，1986 年。

［16］建筑材料研究院等：《中国早期玻璃器检验报告》，《考古学报》1984 年第 3 期。

［17］广州市文物管理委员会等：《西汉南越王墓》，文物出版社，1991 年。

［18］河南省文化局文物工作队：《河南禹县白沙汉墓发掘报告》，《考古学报》1959 年第 1 期。

［19］程朱海：《试探我国古代玻璃的发展》，《硅酸盐学报》1981 年第 1 期。

［20］广州市文物管理委员会等：《广州汉墓》，文物出版社，1981 年。

［21］中国社会科学院考古研究所等：《满城汉墓发掘报告》第 212～214 页、第 386 页，文物出版社，1980 年。

［22］安家瑶：《中国的早期（西汉—北宋）玻璃器皿》，《中国古玻璃研究（1984 年北京国际玻璃学术讨论会论文集）》，中国建筑工业出版社，1986 年。

[23] 扬州博物馆:《扬州西汉"妾莫书"木椁墓》,《文物》1980 年第 12 期。

[24] 麦英豪等:《广州市东北郊西汉木椁墓发掘简报》,《考古通讯》1955 年第 4 期。原报道写作琉璃碗。

[25] 熊传新:《谈中国长沙出土的一件汉代玻璃矛》,《中国古玻璃研究（1984 年北京国际玻璃学术讨论会论文集）》,中国建筑工业出版社,1986 年。此矛的墓葬年代原发掘报告定为西汉晚期（《考古学报》1957 年第 4 期,李正光等文）。熊传新改订为西汉中期。

[26] 南京博物院:《江苏邗江甘泉二号汉墓》,《文物》1981 年第 11 期。

[27]《西京杂记》。文渊阁《钦定四库全书》抄本,武汉大学出版社电子版第 335 碟。

[28]《太平御览》卷八○八"珍宝·琉璃"引。

[29] 何堂坤:《中国古代铜镜的技术研究》,中国科学技术出版社,1992 年初版;紫禁城出版社,1999 年再版。

[30] 蒋玄佁:《古代的琉璃》,《文物》1959 年第 6 期。

[31]《抱朴子·内篇》卷一七"登涉"载:"《金简记》云,以五月丙午日日中,捣五石,下其铜。五石者,雄黄、丹砂、雌黄、矾石、曾青也（孙星衍按:当衍雌黄,脱慈石。前'金丹篇'不误）。"

[32] 杨伯达:《西周至南北朝自制玻璃概述》,《故宫博物院院刊》2003 年第 5 期。

[33] 史美光:《西汉南越王墓出土玻璃技术检验报告》,《西汉南越王墓》,文物出版社,1991 年。

[34] 贵县东汉耳珰属 $K_2O - SiO_2$ 系玻璃之事,见文献 [12]。

[35] 王步毅等:《安徽古玻璃璧分析》,《考古与文物》1995 年第 5 期。

[36] 安家瑶:《中国的早期玻璃制品》,《考古学报》1984 年第 4 期。

[37] 干福熹:《中国古玻璃化学组成的演变》,《中国古玻璃研究（1984 年北京国际玻璃学术讨论会论文集）》,中国建筑工业出版社,1986 年。

[38] 袁翰青:《我国化学工艺史中的制造玻璃问题》,《中国化学学会 1957 年度报告会论文摘要》第 80~81 页。

[39] 史美光:《一批中国古代铅玻璃的研究》,《硅酸盐学报》1986 年第 1 期。

[40] 赵匡华:《试探中国传统玻璃的源流及炼丹术在其间的贡献》,《自然科学史研究》1991 年第 2 期。

[41] 张福康:《中国古琉璃的研究》,《硅酸盐学报》1983 年第 1 期。

[42] 史美光:《一批中国汉墓出土钾玻璃的研究》,《硅酸盐学报》1986 年第 4 期。

[43] 安家瑶:《玻璃考古三则》,《文物》2000 年第 1 期。3 件玻璃人头坠子系安金槐等于1997 年在青岛购得,传为沂南出土,史树青断代为战国至西汉,今暂置西汉内。

[44] 黄启善:《广西古代玻璃的研究》,《中国南方古玻璃研究》（2002 年南宁中国南方古玻璃研究讨论会文集）,上海科学技术出版社,2003 年。

第 四 章

魏晋南北朝手工业技术的缓慢发展

　　魏晋南北朝是我国古代社会大分化、大动荡、大倒退的阶段，若从东汉灵帝中平元年（184 年）爆发以张角为首的黄巾起义算起，到隋文帝开皇九年（589 年）统一全国为止，前后共计 405 年，即使扣除了三国西晋时期的短暂安定，也足足混战了 350 年左右的时间，这是人类历史上的一次重大灾难。

　　这四百多年的时间大体上可分为四个阶段：（1）东汉末年的军阀混战。黄巾起义被镇压下去后，董卓带兵进入洛阳，他放纵兵士烧杀掠夺、奸淫妇女；又虐刑滥罚，不择手段地消灭异己。董卓被杀后，其部将又转相攻杀，大大小小的割据势力又进行了激烈的兼并，造成了整个中原和关中"白骨露于野，千里无鸡鸣"的悲惨景象（《曹操集·蒿里》）。（2）西晋末年的"八王之乱"。八大王互相厮杀，你攻我夺，许多城市又遭洗劫和焚烧，数十万人丧生。此乱长达 16 年，使西晋前期造成的复苏化为乌有。（3）东晋十六国时期，几个少数民族与汉族之间，以及他们自身之间，进行了更为野蛮的屠杀、兼并和混战，又足足厮杀了 130 多年，成为中国历史上一次空前的大浩劫。一部《晋书》，尤其是其中的"载记"，满载了血淋淋的史实，广大人民不死则逃，来不及逃的都成了屠杀的对象。（4）北魏统一北方。此后才出现了一些安定和生机。

　　与北方相比较，南方则处于相对稳定，虽有走马灯似的六朝政权更替，又要应付北方的战争，但终未造成大的动乱，所以生产仍有一定发展。中华民族的文化是以黄河、长江流域为中心的多元文化，自新石器时代晚期以来，它的经济、政治中心一直是在中原和关中的，即一直处于黄河流域，夏、商、周、秦、汉莫不如此；魏晋南北朝之后，全国的经济中心开始南移，关中和中原这两个古老的中心开始衰落。

　　从总体上看，魏晋南北朝手工业正处在一个低峰期，三国、西晋和十六国，都沿用了汉代的技术，很少有新的建树。在考古发掘中，除了孙吴铜镜外，在整个魏晋南北朝时期，精美之器不多。但科学技术毕竟是文明社会发展途程中最为活跃的因素，它经常是在十分困难的条件下，在夹缝中求生存、求发展的。一个社会需要存在，就要发展生产，就要发展科学和技术，所以魏晋南北朝在科学技术上仍取得了一定的进步。其中比较值得注意的是，青瓷技术在南方迅速推广开来，北魏时期，北方亦烧出了青瓷和黑瓷，接着还成功地烧出了白瓷。由于马钧对绫织机的改革，使花织机生产能力大为提高；绫、锦、织成的织造和靛蓝染色，都达到了较高水平。此时还发明了翻车等排灌机械，水磨、水碾、八转连磨、舂车、磨车等粮食加工机械，木牛流马、帆车、水车等交通机械。尤其值得注意的是，还发明了一种利用螺旋桨来飞行的"飞车"。由于原料的扩展，活动帘床抄纸器的发明和各项加工技术的进步，纸的产量和质量大为提高，最后完成了由简到纸的转变。许多科学技术在当时世界上都处于遥遥领先的地位。

第一节　采矿技术

魏晋南北朝时期，我国金属矿开采技术并无明显提高，大体上都是沿用了汉代的工艺；但在非金属矿，尤其是三大燃料矿物，即对煤炭、石油、天然气的认识、开采和利用上，却获得了长足的进步。此时煤炭开采量已经不小，而且边境地区也已用煤冶铁，很可能还发明了双眼井开采；石油已被人们用作润滑剂和燃料，分别用到了生产和军事上；天然气也被应用于日常生活和煮盐手工业，使我国成为世界上最早开凿天然气井，并最早利用到了煮盐业中的国家。

一、铜矿开采技术

此期的金属矿开采遗址所见较少，技术上亦无大的进步。

1984～1986年，安徽南陵小破头山发掘一处六朝铜矿开采遗址，所用为浅层群井开采法，不见木柱支护。在200平方米范围内，发现有8座竖井（估计原先约有15座），密集地沿山势排列，间距约5米，井口为方形，尺寸约0.7米×0.7米，深一般为5米，最深者超过了8米。竖井接触矿体后，即沿矿体走向采掘，巷道长一般只有2米，个别大于4米。巷道皆为圆筒形，横断面直径约0.8米，井巷间多互相连通。采空后可用废石填充，但有一处是用矿石填充的，用矿量约达4吨。巷道底部见有一层薄薄的木炭屑，很可能与火爆法开采有关。因地层较浅，井口密集，故井下空气对流较好。发现的采矿工具有：铁凿、工具柄、石球、供提升用的平衡石。平衡石大者达30～40千克。当然，此矿井未必能代表当时的先进水平。断代依据主要是小破头山地层内发现有不少青色、酱色半挂釉瓷碗，矿井内还出土有夹砂灰陶[1]。

南陵井字钎山、小破头山等处还发现过六朝时期的露天开采遗址，但规模较小。井字钎山头有数个圆形浅坑，半径10～15米、深2～8米，周围堆有许多废石。"小破头山"之得名，大约便与这露天开采有关，因其山顶最高处的岩石约被劈掉了10米，从而呈现丫形破口。山顶迄今尚存数个人工开凿的沟漕，约长60米、宽20米，沟北堆积有厚达3米的废石和废矿石，其中包括铜、铁矿石。全椒县铜井山发现一处大型露天采场，直径达150米，深数十米，规模之大，甚为罕见，其跨越的年代可能较长[2]。

二、煤炭开采量之增大和使用范围之扩展

我国古代最早接触和使用的煤类矿物是煤精，它主要用作装饰品、工艺品。因古时木柴易于获得，故先秦用煤作燃料是十分稀少的。我国大量开采和使用煤炭的起始年代是汉，魏晋南北朝时期在煤炭开采和使用上都有了一定扩展，技术上亦有了提高。

（一）采煤量之增大

最明显的例子是曹操在邺都（今河北临漳县西南）筑三台（铜雀台、金虎台、冰井台）时，贮藏了数十万片煤炭。《陆士龙文集》卷八载西晋文学家陆云《与兄平原君书》云："一日上三台，曹公藏石墨数十万片[①]，云烧此，消复可用，然（燃）烟中人不知，兄颇见之不？今送二螺。"[3] 此"石墨"即石炭，将之称为"煤"和"煤炭"，大体上是南宋的事。"消复可用"即正在燃烧的煤经扑灭后，可再次使用。"然（燃）烟中人不知"即煤气中毒，这是我国古代关于煤气中毒的最早记载。曹操贮煤量如此之大，在一定程度上反映了当时采煤业的发展。

关于三台贮藏煤的目的和方法，东晋陆翙《邺中记》作了进一步说明，云"三台皆在邺都北城西北隅，因城为基址……北则冰井台，有屋一百四十间，上有冰室，室有数井，井深十五丈，藏冰及石墨。石墨可书，又爇之难尽，又谓之石炭。又有窖粟及盐，以备不虞"。可知三台贮煤，实际上主要是冰井台贮煤，具体做法是把它贮藏于冰窖中，与冰窖贮粟、贮盐同样，都是为了"以备不虞"，以长期备战作燃料用的。冰井贮煤的优点是可减缓它的风化速度。此提到了"石炭"一词，这一名称在我国沿用了相当长一个时期，时至今日，日本民间和学术界依然沿用。魏晋南北朝时期，以煤作燃料已相当的普遍，《隋书》卷六九"王劭传"载，北齐时，王劭上书曰："今温酒及炙肉，用石炭、柴火、竹火、草火、麻荄火，气味各不相同"。这种认识显然是从大量生活实践中得到的。

汉代以前，关于采煤和用煤的资料大体上都是属于北方的，此时却扩展到了南方。南朝雷次宗（？～448年）《豫章记》说："县（建城，今江西高安）有葛乡，有石炭二顷，可燃以爨。"[4] 此"爨"即炊。这是我国古代南方采煤用煤的最早记载。

（二）煤炭使用范围之扩展

这主要表现在以下三方面：

1. 部分地区已大量用煤作为坩埚冶铁的燃料。关于这一点，东晋释道安《西域记》曾明确提到。有关情况将在本书"冶金技术"部分，详作介绍。

2. 煤雕技术进一步发展。从考古资料看，先秦煤雕技术的分布地是较窄的，品种亦较少。汉魏南北朝后，此技术进入了普遍发展的阶段，不但产地更宽，品种增多，而且技术上亦有提高。在今四川[5]、甘肃[6]等地，都有此期煤雕品出土，品种有猪、羊、狮子等饰件和印章。甘肃嘉峪关新城出土过一件炭精羊饰，长、宽、高各1.0厘米，由炭精石磨制而成。羊作卧状，四腿盘卧，极其精巧。煤雕艺术的发展，在一定程度上也说明了整个煤炭开发利用技术之发展。

3. 发明了煤香饼。南朝徐陵《徐孝穆集·春情》诗说："风光今旦动，雪色故年残；薄夜迎新节，当垆却晚寒，奇（一作故）香分细雾，石炭捣轻纨……年芳袖里出，春色黛中安。"此第五、六两句所云便是煤香饼的功效和工艺。根据明人杨慎《升庵外集》卷一九所云，其具体制法是："捣石炭为末，而以轻纨筛之，欲其细也……以梨枣汁合之为饼，置于炉中以为香籍，即此物也。"[7] 这种煤香饼费

---

① 此"数十万片"，也有学者引作"数十万斤"。

工费时，成本又高，自然是难入寻常百姓家的，但却是我国古代煤炭加工和使用技术上值得注意的一件事。

（三）煤炭开采技术的进步

《水经注》卷一三"灅水"在谈到大同煤矿时说：黄水又东历故亭北，"右合火山西谿水，水导源火山，西北流，山上有火井。南北六七十步，广减尺许，源源不见底，炎势上升，常若微雷发响"。"井（火井）北百余步有东西谷，广十许步。南崖下有风穴，厥大容人，其深不测。而穴中肃肃常有微风。虽三伏盛暑，犹须袭裘；寒吹凌人，不可暂停"[8]。从文献描述的情况看，此"风穴"很可能是为煤窑通风而人工开凿的风洞。根据调查，该地露出的地层都是侏罗纪的砂岩和石质页岩，故不可能是石灰岩溶洞；而洞穴又"其深不测"，故亦不可能是风蚀砂岩洞或居民挖的生活用洞。这说明早在南北朝或其之前，我国已由单眼井采煤发展到了双眼井采煤，已掌握了利用进风口与出风口之间的高度差来构成一个良好的自然通风系统，这是我国古代采煤技术上的一项重大进步[9]。这对于改善井巷通风，保证正常生产具有十分重要的意义。

三、对石油的早期认识和利用

我国古代对石油的认识约始于汉，魏晋之后，有关记载明显增加，除《汉书》提到过的高奴县外，酒泉延寿县（今甘肃玉门市）、西域龟兹都发现了石油露头。

《博物记》云：酒泉郡延寿县，"县南有山，石出泉水，入（大）如筥篆（音举举，竹篓）；注地为沟，其水有肥，如煮肉泊（汁），兼兼永永，如不凝膏，然（燃）之极明；不可食，县人谓之石漆"[10]。这石漆显然是石油，可见玉门石油早为古人所知。此《博物记》一般认为即是西晋张华（232～300年）《博物志》之异名；也有学者说它原是单独一书，作者是东汉末年唐蒙，待考。

《水经注》卷三"河水"也有类似的说法："高奴县有洧水，肥可爇（燃），水上有肥，可接取用之。《博物志》称：酒泉延寿县南山出泉水，大如筥，注地为沟，水有肥如肉汁，取著器中，始黄后黑，如凝膏，然（燃）极明，与膏无异，膏车及水碓缸最佳。彼方人谓之石漆。水肥亦所在有之，非止高奴县洧水也。"说当时已把石漆当作了润滑剂涂在车和水碓的轴承上，这是我国古代利用石油的最早记载。同时，还可看到，石油在北魏时期已是"所在有之"，而非稀罕之物了。由"接取用之"、"取著器中"可见，此石油当是自然流出，人们在露天条件下便可采取。

《魏书》卷一〇二"西域传·龟兹"条说："其国西北大山中，有如膏者流出成川，行数里入地；状如䊗䊅（浆糊），甚臭。""西北大山"当指今哈尔克山。可见我国新疆石油亦早已露头。《北史》卷九七"西域传·龟兹"条所载完全相同。

此时人们还把石油用到了军事上，唐李吉甫《元和郡县志》卷四〇"肃州·玉门"条说："石脂水在县（今玉门镇）东南一百八十里。泉有苔，如肥肉，燃之极明，水上有黑脂，人以草蓋（捞）取，用涂鸱夷酒囊（革制酒囊）及膏车。周武帝宣政（578年）中，突厥围酒泉，取此脂燃火，焚其攻具，得水俞明。酒泉赖以获济。"这里谈到了当时石油的三种用途，即鞣制皮革、膏车以及作为火攻用燃料。此"石脂"即石油。可知魏晋南北朝及唐，石油曾有"石漆"、"水肥"、"石脂"等名。"石油"一词大约是到了宋代才出现的。

四、对天然气和卤水的开采及利用

我国古代关于天然气的记载至迟始见于汉。魏晋之后，有关记载明显增多。因天然气具有许多奇异的特性，燃烧起来异常壮观和瑰丽，故许多博物学家、辞赋家都为之惊叹不已。西晋左思（250？～305 年）《蜀都赋》云："火井沉熒于幽泉，高焰飞煽于天垂。"刘逵注云："蜀郡有火井，在临邛县西南。火井，盐井也。欲出其火，先以家火投之，须臾许，隆隆如雷声，焰出通天，光燿十里，以竹筒盛之，接其光而无炭也。"[11]东晋文学家、训诂学家郭璞（276～324 年）《盐井赋》说，"饴戎见轸于西邻，火井擅奇乎巴濮。"[12]东晋大书法家王羲之曾给远在千里之外的四川故人周抚写信，十分关切地了解盐井和天然气的有关情况，说："彼盐井，火井皆有否？足下目见不？欲广见闻。示此。"[13]

除去临邛外，当时的酒泉延寿（今玉门）、范阳（今河北定兴县）、幽州遒县（今已分别划归河北涿县、易县）亦有天然气露头。《博物志》卷二说："酒泉延寿县南山，名火泉，火出如炬。"《宋书》卷三四"五行志"五说："晋惠帝光熙元年（306 年）五月，范阳地然（燃），可以爨。"《魏书》卷一一二"灵征志"上："孝昌二年（526 年）夏，幽州遒县地然（燃）。"但这些天然气的成因可能与临邛不同，它们应是与石油层有关的。

天然气最初大约主要用于照明、做饭等日常生活，之后才用到了煮盐业中。有关记载约始见于西晋时期。张华《博物志》卷二说："临邛火井一所，从（纵）广五尺，深二、三丈，井在县南百里，昔时人以竹木投以取火，诸葛丞相往视之，后火转盛，热（执）盆盖井上煮盐（水）得盐，入于家火即灭，讫今不复燃矣。"这里谈了天然气的两项用途，一主要是日常照明、取暖和炊事，即"昔时人以竹木投以取火"。二用作煮盐。这是我国，也是世界上利用天然气煮盐的最早记载。

《华阳国志》卷三"蜀志"也有类似说法，且有所补充：临邛县"有火井，夜时光映上昭（照），民欲其火，光（先）以家火投之，顷许，如雷声，火焰出，通耀数十里，以竹筒盛其光藏之，可拽行终日不灭也。井有二水，取井火煮之，一斛水得五斗盐；家火煮之，得无几也"。可知除日常生活和煮盐用天然气外，这里还谈到了简单的储存、携带技术。

这段引文一般都较好理解，但有两句话需要讨论一下。

"井有二水"句。此句甚难索解。明人顾祖禹《读史方舆纪要》卷七一疑其脱漏了三字，遂改为"井有二，一燥一水"。今世学者也有一些不同的解读。承刘德林先生函告云：《华阳国志》的记载并无错漏，确是"井有二水"，顾祖禹之说不过是一种揣测。自古至今，四川凿井开采之卤水皆分两种：一是黑水卤，二是黄水卤。临邛地区在汉晋时期开采的虽是浅层卤水，同样也分两种的，这在明马骥《盐井图说》和清李榕《自流井记》中都曾谈到。马骥所言为川北地区，其浅层卤水分"腰脉水"（上层淡卤水，深度约五十丈）和"咸水"（下层咸卤水，深约六十余丈）两种；李榕所言为川南地区，分为"草皮水"（上层，淡黄水，深约七八十丈）和"黄水"（下层咸黄水，深约百二三十丈）两种。

关于"一斛水得五斗盐"。细细计算一下便知，其实这是不可能的。因 18℃

时，1升水中氯化钠的最大溶解量为358.6克，故"一斛水"至多能溶3斗多盐，况且浅层卤水距饱和状态甚远。

郦道元《水经注》卷三三"江水"条还引王隐《晋书·地道记》，说朐忍（今重庆云阳）县利用天然气煮盐："有石煮以为盐，石大者如升，小者如拳，煮之，水竭盐成。"可见天然气煮盐在当时已非独家采用的工艺。

我国使用天然气煮盐的起始年代，学术界曾有过不同看法。1955年，闻宥在《四川汉代画像选集》第七十四图"煮盐"说明文中，提出我国早在汉代就"利用地下天然煤气煮盐"的观点，之后广为学术界引用。李约瑟《中国科学技术史》第一卷第七章亦持此说。其实，四川汉画像砖所示煮盐用燃料应是木柴[14]；白广美认为，从西晋张华《博物志》的记载来看，井火煮盐的起始年代只宜上推至蜀汉[15]，而不是汉代。我们同意此说。

第二节　冶金技术

魏晋南北朝的冶金业不甚发达，尤其北方，有时甚至陷入了停滞、瘫痪的状态；南方社会虽较安定，生产状况亦远逊于汉。此期的冶铸遗物比较值得注意的是1974年河南渑池出土的窖藏铁器，计60多种，4000多件，3500千克。种类包括铁范、农具、手工业工具、交通工具、铁材、烧结铁等。据考察，除了六角锄和铁板镢等少数器物为汉器外，其余多属于曹魏至北魏时期[1]。我国古代钢铁技术的基本体系在汉代就已形成，此期大体上是沿用、推广汉代的一些技术，很少再有重大创新。青铜在社会生产、社会生活中已退居到了辅助性地位。此期冶金技术上比较值得注意的事项是：灌钢技术已在我国南北方普遍推广开来，炒钢和百炼钢技术有了进一步提高，花纹钢技术发展到了较为繁盛的阶段；炼出了镍白铜和黄色的铜砷合金，生产出了一定数量的黄铜；在热处理技术中开始注意到了不同的水对淬火质量的影响，并发明了油淬；铸铁可锻化退火处理技术仍保持在较高水平上；在军事、农业、手工业中，锻件最后取代了铸件的主导地位。

一、钢铁冶炼技术

（一）炼铁技术

此期的炼铁、炼钢技术都有一定发展。炼铁技术上比较重要的事件是：水力鼓风的进一步推广，煤炭在西北地区也较多地用于冶炼，很可能发明了风扇送风。

由先秦到汉代的鼓风器都是一种叫做囊的皮囊，大约晋代之后，便发明了风扇送风。《文选》卷三五载晋张协（？～307年）《七命》在谈到宝剑锻打工艺时说："丰隆奋椎，飞廉扇炭"。又，葛洪（281？～341年）《抱朴子·黄白》载：汉黄门郎程伟好黄白之术，"伟方扇炭烧箭，箭中有水银"。可见此两段文献都说到了"扇"，即用"扇"，而不是"吹"的方式来送风的。而以囊鼓风时，古人是用"吹"字来描述的。《神仙养生秘术》在谈到砷白铜工艺时，说得更为明白："用坩埚一个，装云南铜四两，入炉，用风匣扇"。这里提到了"风匣"扇风，不再是"鼓囊吹埵"。此书约成书于后赵。这应是今见文献中，较早，且较明确地提到风匣、风扇的地方。

我国古代水力鼓风约发明于东汉初年，魏晋南北朝时期便较广泛地使用起来。《三国志》卷二四"韩暨传"载：南阳人韩暨任魏国监冶谒者时，曾大力推广过水力鼓风。"旧时冶作马排，每一熟石用马百匹，更作人排，又费功力。暨乃因长流为水排，计其利益，三倍于前。在职七年，器用充实"。《水经注》卷一六"谷水"条：白超垒，"垒侧旧有坞，故冶官所在，魏晋之日，引谷水为水冶，以经国用，遗迹尚存"。《太平御览》卷八三三引《武昌记》说：元嘉（424～453 年）初年，武昌（今鄂州地方）新造了冶塘湖，兴建"水冶"，利用水排鼓风，后因"难为功力，因废水冶，以人鼓排"。清嘉庆《安阳县志》卷五引《水冶图经》说："后魏时引水鼓炉，名水冶，仆射高隆之监造。"水力鼓风的使用不但节省了人力、畜力，而且可提高鼓风量。

　　关于我国古代冶铁用煤的年代，学术界一直十分关心。北魏郦道元（466？～527 年）《水经注》卷二"河水"条说："释氏《西域记》曰：屈茨北二百里有山，夜则火光，昼日但烟。人取此山石炭，冶此山铁，恒充三十六国用，故郭义恭《广志》云：龟兹能铸冶。"此"屈茨"、"龟兹"皆今新疆库车的古名；"夜则火光"两句，说煤炭因风化而自行燃烧，或因人为开采而加剧了自燃现象，这是我国古代关于煤炭自燃的最早记载。"人取此山石炭"以下数句，说明当时屈茨已用煤炭冶铁，且产铁量足供西域三十六国之用，这是我国古代煤炭炼铁的最早记载。但此冶铁炉究竟是竖炉还是坩埚炉，学术界却一直存在不同看法。因煤的热稳定性较差，用作高炉燃料时，会因爆裂而严重破坏料柱透气性，所以一般认为，释氏《西域记》所云，应指坩埚冶炼。20 世纪 50 年代后，河北、河南、内蒙等地都发现过汉代冶炼坩埚；前云洛阳吉利工区汉墓所出土的坩埚上，有的便粘有煤块、钢块[2][3]。黄文弼在《塔里木盆地考古记》中说，1929 年他到新疆库车拜城实地考察时，发现过大批古代冶铁坩埚，所以当时库车用煤作燃料，用坩埚炼铁是完全可能的。今人岑仲勉在《中外史地考证》一书中认为，《水经注》中的"释氏"即晋代之释道安[4]；而郭义恭亦西晋时人，说明早在晋代，西域地区也已大量用煤冶炼坩埚铁。

　　此期生铁品种有白口铁、麻口铁、灰口铁 3 种。渑池窖藏铁器所见白口铁制品有铁铧、铁锸等；麻口铁制品有铁斧、六角轴承等，灰口铁制品有箭头范、"新安"铭铧范以及铁锸等。我国古代生铁含硅量一般较低，有人分析过 5 件渑池生铁铸件，平均含硅量只有 0.096%，作为灰口铁的"新安"铭铧范含硅量也只有 0.21%[5]。硅是有利于石墨化的元素，现代灰口铁要求含硅量为 1.0%～3.5%。我国古代能在低硅的情况下生产出灰口铁来，在世界铸铁史上是甚为鲜见的。

　　南朝的产铁量亦不算低。《梁书》卷一八"康绚传"载，梁代初年，为了军事上的需要，欲堰淮水以灌寿阳（寿县），但合堰甚难；"或谓江淮多有蛟，能乘风雨决毁崖岸，其性恶铁。因是东、西二冶铁器，大则釜鬵，小则锄锄，数千万斤，沉于堰所，犹不能合"。能调集数千万斤铁器去填塞河堰，足见当时产铁量不低。《南史》卷十"陈后主纪"记载了一个流星坠入铸铁厂的事件：祯明二年（588 年），"五月甲午东冶铸铁，有物赤色，大如数升，自天坠镕所，有声隆隆如雷，铁飞出墙外烧人家"。这虽是极其偶然之事，但也从一个侧面说明了南朝铸铁业已有一定规模。北方铁业也有一定发展，渑池窖藏铁器便是一例。又，《宋书》卷九五"索虏传"云：北魏太祖北伐，"取泗渎口，虏碻磝戍主"，获"铁三万斤，大小铁器九千余口，余器仗杂物称此"。说明碻磝（今山东茌平县境）冶铁规模不小。

（二）炼钢技术

此期使用的制钢工艺主要有灌钢法、炒钢法、百炼钢法、铸铁脱碳法等。块铁渗碳钢已经很少看到。坩埚钢唯汉代偶露尊容，之前之后皆未再现。今主要介绍前3种工艺，"铸铁脱碳钢工艺"实是铸铁可锻化退火处理，下面再作讨论。

1. 灌钢。我国古代灌钢技术约发明于东汉晚期[6]，魏晋南北朝后，南方北方都普遍地推广开来，有关记载亦明显增加。

晋张协（？～307年）《七命》云："楚之阳剑，欧冶所营；邪溪之铤，赤山之精；销踰羊头，镆越锻成。乃炼乃铄，万辟千灌；丰隆重奋椎，飞廉扇炭；神器化成，阳文阴缦。"此"销"，许慎注为生铁。"镆"或作镩，《广雅》注为铤，即"熟铁"料[7]。"乃炼乃铄"两句指灌钢工艺。这整段文字所述，则是制作灌钢并用它制作宝刀宝剑的基本操作过程。

《重修政和经史证类备用本草》卷四"铁精"条引梁陶弘景（456～536年）云："钢铁是杂炼生鍒作刀镰者。"此"生"即生铁；"鍒"即柔铁、可锻铁，一种含碳量稍高的炒炼产品；"杂炼生鍒"即灌钢工艺。可知在陶弘景生活的年代已广泛地利用灌钢来制造刀镰一类锋刃器。《北齐书》卷四九云：綦母怀文以道术事高祖，"又造宿铁刀，其法烧生铁精以重柔铤，数宿则成刚。以柔铁为刀脊，浴以五牲之溺，淬以五牲之脂，斩甲过三十扎"。这里谈到了制作宿铁刀的三项主要工艺操作：一是冶炼灌钢，即"烧生铁精"两句；其中"数宿则成刚"意即数次灌炼就可得到性能刚强的产品。二是使用了刃部嵌钢的复合材料技术，即"以柔铁为刀脊"，以宿铁（即灌钢）为刀刃。三是使用了尿淬和油淬，即"浴以五牲之溺"两句。可知这"宿铁刀"实际上是以灌钢为刃，热处理技术掌握较好的宝刀。

在考古发掘中看到的灌钢较少，主要是其组织特征往往不是十分明显。有学者曾对32件北票喇嘛洞鲜卑族墓铁器进行过金相分析，包括兵器11件、工具7件、农具9件、杂器5件；分析者认为，其中铁矛7121号可能是灌钢制品，时代约为公元三世纪末四世纪中期[8]。可以进一步研究。

2. 炒钢。今人分析过的此期炒钢实物至少2批14件。一批是洛阳晋元康九年徐美人刀1件[9]。另一批便是北票喇嘛洞鲜卑族墓铁器13件，其中包括板材1件、木棺包角1件、镰1件、剑3把、刀2把、镞1件、铲1件、凿2件、镳1件。其中一把剑进行过边部渗碳，一把剑曾经冷锻[8]。可见炒钢使用量已经较大。1965年北燕冯素弗墓出土铁斧3件、扁铲2件，皆系锻制而成[10]。渑池窖藏铁器中的锻件有铁釬，残长达124.9厘米，直径3.5～8.1厘米。此外，还有11件铁砧，是锻铁用的砧子。这些锻件的原料，估计多是一种炒炼产品。嵇康好锻的故事，更为世人熟知，《三国志》卷二一裴松之注、《太平御览》卷三八九所引《文士传》等都曾谈及。又《南齐书》卷三〇"戴僧静传"云："锻箭镳用铁多，不如铸作。东冶令张候伯以铸镳钝不合用，事不行。"可见至少在南朝时，锻制镳箭已取代了铸件的主导地位，其原料自然也应是炒钢的。我国古代的炒钢在汉代主要用来制作刀、剑类大型兵刃，生产工具则多用可锻铸铁制成，箭镞则用青铜或可锻铸铁；此锻制铁斧、铁箭镞的大量使用，充分说明了炒钢技术的提高和"以锻代铸"过程的进展。

3. 百炼钢。其原料是含碳量稍高的炒钢，基本操作是千锤百炼[11]。它约发明于东汉时期，魏晋之后有了进一步发展，有关记载亦多了起来。三国时期，魏蜀吴皆制作过"百炼"型钢铁刀剑。《北堂书钞》卷一二三引曹操《内诫令》说："往岁作百辟刀五枚，吾闻百炼利器，辟不祥，摄伏奸宄者也。"《古今注·舆服》云：吴大帝有宝刀三，"一曰百炼，二曰青犊，三曰漏影"。《太平御览》卷三四六引梁陶弘景《刀剑录》："蜀主刘备令蒲元造刀五千口，皆连环，及刃口刻七十二炼。"同书卷六六五引梁陶弘景云：晋永嘉（307～313年）中，刘恂多奇，凡试刀之钝利，先以毛髮悬束芒于杖头，挥刀砍之，须芒断而髮连者方为良，且计芒断之多少而较刀之高下。"有一百炼刚刀，斫十二芒。"南朝时有一种"横法刚"也是"百炼"成的。又，夏赫连勃勃凤翔（413～417年）年间，亦制作过百炼钢刀，《晋书》卷一三〇云：赫连勃勃以叱干阿利领将作大匠，阿利性尤工巧，"造百炼刚刀，为龙雀大环，号曰大夏龙雀"。其背铭曰："古之利器，吴楚湛卢；大夏龙雀，名冠神都；可以怀远，可以柔通；如风靡草，威服九区。世甚珍之"。在一般诗文中，"百炼钢"说更为习见。刘琨（271～318年）《重赠卢谌》诗云："何意百炼钢？化为绕指柔。"便是大家十分熟悉的诗句。

百炼钢的具体操作应有多种类型，从有关实物分析和文献记载来看，其中最为重要的一种应是多层积叠、反复折叠锻合法。前云建初二年五十湅长剑，其刃部组织计约50层左右，层与层之间含碳量不甚均匀，但层内比较均匀[12][13]；永初六年卅湅大刀其刃部组织亦为30层左右[9][14]。这显然由含碳量不太均匀的钢铁材料多层积叠，反复折叠所致。此或说明在汉代，此"炼数"与刀剑组织层数间存在一定关系。又，曹操的"百炼利器"又叫"百辟刀"。"辟"者，襞也，原指衣服上之褶裥；可见曹操的百炼利器也是多层积叠、多层折叠锻合而成。一般炒钢经反复锻打、千锤百炼后，便可进一步排除夹杂、均匀成分、致密组织；多层积叠时，还可起到刚柔相济的作用。这种方法后来传到了日本，对日本刀工艺产生过许多重要的影响。

（三）关于对"钢"字的称谓

先秦文献中未见"钢"字，而只有"刚"字。有学者认为，先秦及至汉代曾用"镂"等名来称呼钢。至迟西汉中期，人们便开始用"刚铁"一词来称呼钢了。与现代字形和含义相同的"钢"字大约是东汉晚期才开始出现的。

《逸周书》卷六"谥法解"载："疆毅果敢曰刚。"《易经·杂卦》载："乾刚坤柔。"先秦典籍用到"刚"字的地方较多，一般应是"刚强"之意，并无"钢"的意思。

说先秦及至汉代曾称钢为"镂"[15]的依据主要有二：一是《禹贡》梁州"厥贡璆铁银镂"中有一个"镂"字，西汉中期孔安国传云："镂，刚铁；二是东汉早期许慎（58～147年）《说文解字》亦云："镂，刚铁也，可以刻镂"。看来此说是有一定道理的，但也有两个问题值得思考：（1）梁州"厥贡"有关文字的年代难以肯定，若定之为夏，说夏代便有了称之为"镂"的钢，这是不能令人置信的。
（2）除梁州"厥贡"孔安国传、许慎《说文解字》外，其他文献中很少看到谓钢为"镂"的。

有学者还认为战国时期钢称为"钜"[15]，主要依据是《荀子·议兵篇》有"宛钜铁䤨，惨如蜂虿"一语，杨倞"注"引徐广曰："大刚曰钜"。但我认为依此便将"钜"释为钢是值得商榷的，其实徐广并未说"钜"即是钢，而只说了"钜"是"大刚"，大刚者，十分刚强也，在此，"钜"只是一个形容词，而不是名词，并无"钢"的意思。徐广在接下来的话中说得更为明白："䤨与锬同，矛也……言宛地所出此刚铁为矛，惨如蜂虿。"可见，徐广认为"钜铁"即是大刚之铁，而非"钜"便是大刚之铁。

在现有资料中，将钢称之为"刚铁"之事约始于西汉中期，即前引《禹贡》"梁州"条中的孔安国注。"刚铁"者，刚强之铁也。"刚铁"一名的使用，说明人们已初步认识到了钢与铁这两种铁碳合金间的联系和区别。孔安国系孔子后裔，以治《尚书》为汉武帝时博士。东汉中、晚期时，人们还曾将钢铁称之为"刚"。《考工记·车人》汉郑玄（127～200年）注："首六寸，谓今刚关头斧，柯其柄也。"唐贾公彦疏："汉时斧近刃皆以刚铁为之，又以柄关孔，即今亦然。"从郑玄"注"和贾公彦"疏"来看，"刚关头斧"之"刚"显然是"钢"的意思。

字形和含义与今相同的"鋼（钢）"字至迟出现于东汉晚期。陈琳（？～217年）《武军赋》云："铠则东胡阙巩，百炼精钢。"[16]阙巩，《左传》定公四年（公元前506年）"注"说是甲名。东胡，古时活跃于今内蒙南部、河北北部、辽河流域的游牧民族，约与夏家店上层文化相当。这是今日所知较早提到"钢"字的地方之一。

在东汉晚期及其之稍后的文献中，"钢"字已不鲜见。在现存字书中，"鋼（钢）"字始见于《玉篇》；此书为南朝梁顾野王原著，后经唐人、宋人增字。钢的名称产生和演变的过程，恰好反映了我国古代炼钢技术发展的基本历程。

二、有色冶金技术

（一）冶铜技术

此期南方、北方的冶铜业都有一定的发展，其中又以南方为盛。南方较大的产铜地有三处：丹阳郡、武昌和南广郡。

《三国志》卷六四"诸葛恪传"说：恪"以丹阳地势险阻……山出铜铁，自铸甲兵"。这是丹阳郡产铜之证。

《太平寰宇记》卷一一二"鄂州·武昌"条说："白雉山在县西北二百三十五里……南出铜矿。自晋、宋、梁、陈以来，置炉烹炼。"此说武昌产铜。20世纪80年代，湖北鄂州还发现过孙吴东晋时期的采炼铜遗址。

《南齐书》卷三七"刘悛传"云：齐武帝永明八年，"悛启世祖曰：南广郡界蒙山下有城名蒙城，可二顷地，有烧炉四所，高一丈，广一丈五尺，从蒙城渡水南百许步，平地掘土深二尺得铜……甚可经略……上从之，遣使入蜀铸钱，得千余万。功费多乃止"。这里不但谈到了南广郡产铜事，而且谈到烧炉规模。

此外，南方冶铜处所还有一些，如广西北流汉至南朝冶铜遗址等，不再重复。

北方产铜地主要是河南、山东两地。《魏书》卷一一〇"食货志"载，尚书崔亮曾奏请开采了恒农郡（今河南陕县）的铜青谷、苇池谷、鸾帐山铜矿，河内郡（今河南泌阳）王屋山铜矿，每斗得铜 4～8 两不等，并恢复了南青州（今山东益都）苑烛山、齐州（今山东历城）商山两处铜矿。《魏书》卷四九"崔鉴传"载，孝文帝时，崔鉴"出为奋威将军、东徐州刺史……又于州内冶铜以为农具，兵民获利"。

　　此期的铜约有四大去处，即佛事用、建筑用、铸造钱币及日用器。总的来看，此期铜生产量是不大的，《宋书》卷三载，为示节俭，宋武帝永初二年（421 年）还曾下令"禁丧事用铜钉"。

　　此期铜器中比较值得注意的是三国孙吴时代的铜镜，如神兽镜、画纹带佛兽镜、四叶八凤佛像镜、三角缘鸟兽镜等，其不但图纹清晰，而且铜的精炼较好，其中许多品种都曾引起国内外学者的注意。曹魏铜镜还传到了日本，在中日文化交流史上占有重要的地位。《三国志》卷三〇"倭人传"：景初二年（238 年）十二月，倭王俾弥呼遣使来朝，魏王赐"五尺刀二口，铜镜百枚"等物。关于这百枚铜镜的形制，日本学术界一直都是十分注意的，并进行过长时间的热烈讨论。

　　有关此期炼铜技术的文献较少。《抱朴子·内篇》卷一七"登涉"曾引《金简记》，简单地提到过炼铜工艺："以五月丙午日日中，捣五石，下其铜。五石者，雄黄、丹砂、雌黄、矾石、曾青也（孙星衍按：当衍雌黄，脱慈石，前"金丹篇"不误），皆粉之以金华池浴之，内六一神炉中鼓下之，以桂木烧为之，铜成以刚炭炼之"。"欲知铜之牝牡，当令童男童女，俱以水灌铜……有凸起者，牡铜也；有凹陷者，牝铜也"。此虽是丹铅家所言，但基本原理当是一致的。前部分文字说炼铜工艺，后部分文字说取铜操作，类似的操作直到近代还在传统技术中使用。

　　这个时期的铜精炼技术也有了一定发展，主要表现之一是标以"炼数"的工艺明显地增加起来，其多见于铜镜铭文。在镜铭文中标以炼数的做法约始见于建安时期，传世有建安七年半圆方枚神兽镜一，铭作"建安七年九月廿六日作明竟，百涑青同"等，此后就迅速地增加起来，目前所见有黄初三年"五涑"神兽镜、黄武元年"百涑明竟"（半圆方枚神兽镜）、赤乌元年"百涑正铜"镜（半圆方枚神兽镜）、黄龙元年"师陈世造三涑明镜"（重列神兽镜）、西晋太康元年"百涑青铜镜"（神兽镜）、西晋元康元年"百涑正铜镜"（半圆方枚神兽镜）等。《汉三国六朝纪年镜图说》载有吴纪年镜约 60 枚，其中标有"百涑"的至少 23 枚，此外尚有"三涑"、"五涑"、"九涑"各 1 枚[17]。关于这类熔炼的具体操作，后面再作讨论。

　　在讨论这个时期冶铜技术时，还有一点需注意的是，人们对胆水中的金属置换作用又有了进一步的认识。晋代大炼丹家葛洪《抱朴子·内篇·黄白》说："以曾青涂铁，铁赤色如铜……而皆外变内不变也。"此"曾青"也即石胆，天然硫酸铜。此"外变内不变"，说明葛洪已了解到，只是"铁"的表面为铜而已。南北朝时期，人们的认识又有了扩展。《重修政和经史证类备用本草》卷三"矾石"条引陶弘景云："鸡屎矾，不入药，唯堪镀作，以合熟铜，投苦酒中，涂铁，皆作铜色。外虽铜色，内质不变。"此鸡屎矾大约是难溶于水，易溶于酸的碱式碳酸铜。苦酒即醋。于是，这就把金属置换作用这一认识，从只溶于水的硫酸铜扩展到了其他可溶性铜盐中，从而超出了胆水的范围。唐宋之后，这一认识就被用到了生产实践中。

（二）镍白铜的出现

此期铜合金技术取得了三项比较重要的成就，即炼出了镍白铜，文献上有了配制砷铜的记载，生产了一定数量的黄铜。

东晋常璩《华阳国志》卷四"南中志"云："堂螂县因山而得名，出银、铅、白铜；杂药有堂螂、附子。"堂螂县在今云南会泽县境，与巧家县接界，接近东川铜矿和四川会理铜镍矿。从清代以后的大量资料看，此"白铜"系镍白铜是无疑的，这是我国，也是全世界关于镍白铜的最早记载。有人分析过会理力马河铜矿的成分，含镍1.12%、铜3.36%、铁22.6%[18]；王琎还分析过一件传世的白铜墨盒，成分为：铜62.5%、锌22.1%、镍6.14%、铁0.64%、锡0.28%，未显示铅[19]。早期镍白铜应是由铜镍共生矿炼制的，之后才发展到了有意配制的阶段。此东晋镍白铜自然是利用共生矿冶炼的，但前后两种工艺的演变过程如何，则有待进一步研究。

在此有一点值得注意的是，古代"白铜"的含义，在不同地方未必是一样的，它可能指镍白铜，也可能指砷白铜，还可能指高锡青铜，以及镀了锡的青铜等其他铜合金，需依具体情况，认真分析。如传世汉光和元年神兽镜铭说："光和元年五月作尚方明竟，幽涑白同。"此"白铜"显然是指高锡青铜言。《玉篇》云："鋈，白金也。"此白金一般认为是镀了锡的金属。

（三）铜砷合金技术的发展

前面谈到，早在四坝文化时期，我国便冶炼和使用了 Cu – As 二元和 Cu – As – Sn 三元合金[20]。此后的多个历史时期都发现过类似的实物。日本学者山内淑人等分析过的一件传为郑州出土的商代晚期铜戈，合金成分为：铜83.05%、铅10.11%、砷4.72%、铁1.07%[21]；李延祥等分析过一些昭乌达盟林西春秋矿冶遗址出土的金属颗粒，其平均锡、砷量分别为20%和4.5%[22]。有学者还分析过一件丹阳司徒乡出土的春秋铜锛，成分为：铜44.25%、铅33.34%、砷8.93%、硫7.17%、铁4.23%、锡1.31%，属砷铅青铜[23]。一般认为，这些含砷铜合金很可能都是利用共生矿冶炼得到的。人工配制技术可能始于西汉[24]，但较明确的记载是东晋初年才出现的。

晋葛洪（281~341年）①《抱朴子·黄白篇》曾详细地谈到了一种制造假"黄金"的方法：（1）先取武都雄黄，捣之如粉，以牛胆汁和之，后把戎盐、石胆末、雄黄末、炭末置于赤土釜中，并加热。戎盐系熔剂，雄黄和石胆被还原而生成铜砷合金。（2）使此铜砷合金与丹砂水（硫化汞在醋和硝石的混合液中溶解而成）作用。捣碎，加入生丹砂和汞，加热冶炼，"立凝成黄金矣"。此第二步或与精炼

---

① 葛洪的生卒年有一些不同说法，如《辞源》说为"281？~341年"，《辞海》说为"284~364年"，另外还有人说是"283~343年"。据《晋书》卷七二"葛洪列传"，葛洪去世时，"年八十一，视其颜色如生，体亦柔软"，其尸"甚轻，如空衣"。但也有人对《晋书》的记载存有疑义，因一般丹铅家，吃仙丹以求长生不老的人，由于污染和食物中毒，都是短命的，葛洪如何能够例外，活到81岁？今暂用《辞源》说。

有关。《抱朴子》一书成于 317 年，这是东晋开国之年。这是我国古代关于生产黄色铜砷合金的最早记载[25]。稍后的梁陶弘景《名医别录》云：雄黄"得铜可作金"，说的应是同一意思。早期铜砷合金大约主要是以三黄，即雄黄、雌黄、砒黄点化的，因技术上难度较大，所得合金含砷量常在 10% 以下，合金颜色为黄；后来有了改进，才得到了含砷量较高，颜色发白的铜砷合金。

人工点化白色铜砷合金的记载始见于至迟成书于后赵（319～351 年）的《神仙养生秘术》，说"其四点白，硇砂四两、胆矾四两、雄黄四两、雌黄四两、硝石四两、枯矾四两、山泽四两、青盐四两，各自制度"[26]。此"点白"即点化白色铜砷合金。雄黄、雌黄分别为 As_2S_2、As_2S_3，该书还谈到了一系列点化操作[24]。可见直到东晋为止，我国对炼制黄色铜砷合金（含砷 < 10%）和白色铜砷合金（含砷 > 10%）的技术才有了初步了解。但新疆一带人工配制铜砷合金的工艺可能较中原稍早，梅建军分析过一些新疆奴拉赛古矿冶遗址的遗物，发现了不少含砷较高的冶炼产品，年代与春秋晚期相当[27]。

（四）黄铜在民间的应用

黄铜，自东汉末年至宋，我国民间习又谓之锗石、碖石，作为铜锌合金的"黄铜"一词，大体上是元代之后才出现的。我国古代对铜锌合金（即黄铜）的冶炼和使用约可上推到仰韶、龙山文化时期[28][29]，但当时的锌很可能是以共生矿形式带入的。从商、西周，到西汉，文献记载和考古实物中看到的铜锌合金都较少。汉末至魏晋时期，有关记载才逐渐多了起来。大约南朝梁时，民间也使用起黄铜来。

从现有资料看，我国古代关于黄铜，即锗石的记载至迟始于东汉三国间。

三国吴支谦所译《佛说阿难四事经》云："世人愚惑，心存颠倒，自欺自误，犹以金价买锗铜也。"[30]这里提到了"锗铜"[31]，即是锗石、黄铜。支谦，字恭明，三国吴时杰出的译经家，生卒年不详，主要活动于公元 3 世纪前期。这应是我国古代关于锗铜的较早记载之一。

《太平御览》卷八一三引钟会《刍荛论》云："夫莠生似禾，锗石像金。"钟会（225～264 年），三国魏颍川人，官至司徒。此像金之"锗石"自然应是黄铜。

这两段记载都比较可靠，东汉三国间锗铜已在我国流传应可肯定。

又，《西京杂记》卷二载："（武帝）后得贰师天马，帝以玫瑰石为鞍，镂以金银锗石。"① 此书旧题作晋葛洪撰；今据《四库提要》考证，应系汉刘歆（？～23 年）编撰。依此，武帝时期便有了"锗石"一词，那么，"锗石"、"锗铜"其物、之名便有可能与张骞通西域有关。

大约两晋时期，关于锗石、锗铜的记载便逐渐多了起来。《太平御览》卷八一三又引晋郭义恭《广志》云："锗石似金，亦有与金相杂者，淘之则分。"同书同卷又引晋王嘉《拾遗记》云："石虎为四时室浴，台皆用锗石、斑玞为陛岸。"此"斑玞"即玉石。晋陆士衡（机）《演连珠》："悬景东秀，则夜光与斑玞匿耀。""锗石"、"斑玞"皆是奢华之物，而"锗石"又置于"斑玞"之前，当系黄铜。

---

① 若把"（武帝）後"简化成"（武帝）后"，主语就变了，故不得不使用繁体字。

大约南朝时期，锑石使用量有了明显的增加，而且还有了民间使用锑石的明确记载。梁（502～557年）宗懔《荆楚岁时记》云："七月七日为牵牛织女聚会之夜……是夕，人家妇女结采缕，穿七孔针，或以金、银、锑石为针，陈几筵酒脯瓜果于庭中，以乞巧。"此"锑石"与金、银并提，且可作针，当是铜锌合金。锑石成了民间的节日用品，说明已非稀罕之物。

但这些黄铜到底是我国本土冶炼，还是外域传入？自20世纪20年代起，人们就进行过许多研究，今一般认为，它很可能是与西亚、南亚有关的。理由主要有四：

1."锑石"一词似非我国固有词汇。早在20世纪20年代，一位名为洛弗尔（B. Laufel）的外国学者就提出了我国古代之"锑石"，与波斯人和阿拉伯人所谓"偷梯雅（tutiya）"正好相符的观点；当时章鸿钊亦引用过这一说法[32][33]。1933年，陈文熙认为阿拉伯语中的Tutty即是黄铜，是即我国的锑石，并认为黄铜之制当在汉初。同年，章鸿钊认为"锑石"一词很可能与印度语Tamra有关[34]。

2. 西亚、南亚一些地方的黄铜技术皆较我国为早。在公元前后，罗马人便用锌黄铜制造货币。有人分析过3枚罗马货币，成分为：铜81.3%、锌15.9%（公元前79年）；铜71.1%、锌27.6%（公元前45年）；铜88.96%、锌7.89%、锡2.43%、铅0.18%（161～162年）[35]。《魏书》、《周书》都说到过波斯产锑石。唐宋及至稍后，关于波斯产锑石之说依然不断。

3. 秦汉之后，我国所见较早的两批黄铜实物都出土于西北地区，都可能与中外文化交流有关。如1995年新疆罗布泊西侧营盘墓地出土的3件黄铜实物，含锌量皆大于20%，杂质很少，年代与汉晋相当，有学者认为它很可能是西方传入的[36]。

4. 西北地区新发现的贸易文书中，包含了不少中外黄铜贸易的资料。如哈拉和卓90号墓所出文书残页载："归，买锑石……毯百八十张。"此墓属公元5世纪[37]。阿斯塔那305号墓所出物单上记有："锑钲钗一双"等字，墓中伴出物有"建元廿年（384年）"具结[38]；514号墓所出文书载有："翟萨畔买香五百七十二斤，锑石叁拾。"[37]唐代敦煌文书中，关于锑石贸易的文书更为习见[39]。

看来，汉魏晋所用黄铜由波斯等地传入，或受到过外来技术的影响，还是可能的，古代社会并不像今人想象那样封闭。但这影响的具体内容、形式和路径如何，从西域传来的到底是黄铜实物还是冶炼工艺？还是二者俱来？仍需进一步研究。

在此有两点需顺带指出的是：（1）今世有学者认为我国古代文献中的"锑石"，有时指的是黄铁矿、黄铜矿。这种观点大约是1963年岳慎礼提出[40]，并为许多学者采用，其实这并无可靠的依据。关于古代"锑石"的性属和定义，宋程大昌已说得十分清楚，"锑石"的本质是铜，并无石的含义。这一点，本书宋代部分还要谈到。（2）在元代以前，古籍中的"黄铜"一词含义较为丰富，可能指赤铜，也可能指颜色发黄的青铜，直到宋代依然如此。

（五）青铜合金技术的发展

此期的青铜合金技术中，较值得注意的主要是铜镜。我分析过16件湖北鄂州、安徽、山西、北京等地所出的东汉中晚期至六朝的镜[17]，合金成分为：铜68.59%～75.127%，平均71.11%；锡20.14%～28.2%，平均23.492%；铅1.794%～7.0%，平均5.025%。可知其与战国至东汉前期镜基本一致，其合金技术依然保持在较高水平上。

此外还值得注意的一点是，此时人们对铸镜合镜的配制又有了进一步认识。梁陶弘景云："古无纯铜作镜，皆用锡杂之。"[41]即是说铜镜是以锡作为主要合金元素的，这是在《考工记》"六齐"之后，再一次强调了锡在镜用铜合金中的主导地位。

（六）单质砷的出现

大约与黄色的砷铜合金不相先后，我国还炼出了半金属砷。葛洪《抱朴子·仙药篇》在谈到雄黄的服法时说："铒服之法：或以蒸煮之，或以酒铒，或先以硝石化为水，乃凝之；或以元胴肠裹蒸之于赤土下，或以松脂和之，或以三物炼之，引之如布，白如冰。服之皆令人长生，百病除。"此说为了服食雄黄，须预先对它进行一番处理，葛洪在此谈到了6种处理法，其中最值得注意的是第6种，即"以三物炼之"。三物，即硝石、元胴肠、松脂。硝石，此当硝酸钾。元胴肠，孙星衍注云："《大观本草》引元胴肠作猪胴二字"，也即猪大肠，猪脂。有关学者还用这些方法进行了多次模拟试验，分别得到了单质砷和氧化砷。看来，葛洪确实是制取了单质砷和氧化砷的[25][42]。这是我国制取单质砷的最早记载。

对我国早期炼砷技术的研究是在1962年，由美国著名科学史家席文（N. Sivin）最先进行的，他对唐代医学家孙思邈《太清丹经要诀》"造赤雪流朱丹法"进行模拟试验后，便提出了中国最早制取了单质砷的结论[43]。1982年之后，我国学者王奎克、赵匡华等对此作了进一步的论证。此前，西方化学家一般认为砷是公元13世纪时，由德国罗马教修道会学者制取的，但其未对砷的性态作出更多的描述。直到16世纪，瑞士医学家才再次制作了单质砷，并说其色白如银。

（七）关于炼汞技术

此时炼汞技术上比较值得注意的是如下两个方面：（1）文献上开始有了关于自然汞的记载。《重修政和经史证类备作本草》卷四"水银"条引南朝梁陶弘景云："今水银有生、熟。此云'生'，符（涪）陵平土者，是出朱砂腹中，亦别出沙地，皆青白色最胜；出于丹沙者，是今烧粗末朱砂所得，色小（稍）白浊，不及'生'者甚。"可知此"生"水银系指自然汞，"熟"水银系指丹砂烧出者。"出朱砂腹中"、"别出砂地"，都是一种产状。（2）关于人工炼汞的记载有了增加。如晋张华《博物志》卷四云："烧丹朱成水银。"晋葛洪《抱朴子·金丹篇》："丹砂烧之成水银。"也都谈到了汞的冶炼。可惜的是所述甚为简单，很可能仍属低温焙烧范围。

三、铸造技术

此期南方北方的铸造技术都有了一定发展。《魏书》卷一一〇"食货志"云："铸铁为农器兵刃，所在有之。"这大体上反映了当时实情。从渑池铁器窖的出土情况看，截至北魏为止，不仅是农具，而且许多手工业工具，以及箭镞等兵刃器，都曾用浇铸法成型，这一方面说明了铸造技术之发展，另一方面也说明，"以锻代铸"经历了何等漫长的过程。汉代铸造工艺的一些基本操作此期都在沿用,在此比较值得注意的应是铁范铸造和层叠铸造两种。

铁范铸造约发明于战国时期,魏晋南北朝仍使用得十分普遍,渑池汉魏铁器窖出土过不同种类和形式的铁范计152件,其中有铁板范64件、双柄犁范3件、犁铧范32件、锸范5件、斧范12件、锛范18件,此外还有镰范、锤范、碗形器范、锄形器范等[1]。其中斧范2式,箭镞范计5式,铁范铸造的基本操作应与汉代无异。

层叠铸造约发明于东周时期,汉魏南北朝时亦有不少使用,主要用来铸造钱币和部分小型器物。1975年,江苏句容县葛村出土过东吴"大泉五百"、"大泉当千"钱及其叠铸清理下来的浇口杯和直浇道。直浇道呈截头圆锥形,上粗下细,残长约14厘米。钱币型腔呈"十"字形分布,每层可铸4枚,计约20余层,一次可铸百余枚[44]。1935年,南京通济门外出土过梁武帝时的铸钱泥范,因钱文比较呆板,故有人认为它可能是用木戳印成;而其各段范片上的钱形排列各不相同,故人们又推测,其所用木模是较多的[45]。

魏晋南北朝的铸件,除一般生产工具、兵器、日用器外,还有一些大型佛像、人像、铜钱、铁钱、大铁镬等也很值得注意。此时佛教已广为流传,铸制佛像之风甚盛。《魏书》卷一一四"释老志"云:"兴光元年(454年)敕有司于五缎大寺内为太祖已下五帝铸释迦立像五,各长一丈六尺,都用赤金二万五千斤"。天安二年(467年),"又于天宫寺造释迦立像,高四十三尺,用赤金十万斤,黄金六百斤"。据稗史称,京口北固山甘露寺有二大铁镬,系梁天监(502~519年)中所铸,上有铭文可辨,云其为五十石镬。另外,《魏书》卷七四还谈到过不少铸制的人像,所有这些铸件,自然均需一定的设备、人力和技术水平。

四、锻造技术

魏晋南北朝的金属锻造技术取得了不小进展,除前述百炼钢外,花纹钢、铁锁链、金箔等的加工都很值得注意,尤其是花纹钢,表现了高超的技艺。

(一)花纹钢

花纹钢是一种带有花纹的钢铁材料,一经抛光,有时再腐蚀一下,花纹即现。我国古代花纹钢都是平面花纹,看得见,摸不着,可摄影,不可拓摩。

我国花纹钢发明较早[46]。东汉末年和魏晋南北朝时,有关记载便十分明确起来。曹丕《剑铭》云:建安二十四年,丕命国工精炼宝刀宝剑九枚,皆因姿定名。宝剑"色似彩虹"者,名曰"流采";宝刀"文似灵龟"者,名叫"灵宝","采似丹霞"的就叫"含章";露陌刀"状如龙文",谓之"龙鳞";皆系"至于百辟,其始成也"。故其刀又叫"百辟宝刀",匕首又叫"百辟匕首"。此外,曹毗《魏都赋》、傅玄《正都赋》、裴景声《文身刀铭》、《文身剑铭》、张协《七命》、《文身刀铭》等,都赞美过花纹钢刀剑。傅玄《正都赋》云:"苗山之铤,铸以为剑,百辟文身,质美铭鉴。"裴景声《文身刀铭》云:"良金百炼,名工展巧,宝刀既成,究理尽妙;文繁波回,流光电照。"这些文字都清新俊秀,脍炙人口。

从文献记载看,汉魏南北朝的花纹钢工艺主要有二:一是"百辟百炼",即把含碳量不同的铁碳合金多层积叠,反复折叠锻打;曹丕《剑铭》、傅玄《正都赋》所云皆属此类。二是"万辟千灌",其基本操作与灌钢工艺是相类似的,如张协

《七命》所云。从模拟试验的情况看，花纹钢原是组织和成分不均匀的钢铁集合体，抛光了或再稍加腐蚀，在自然光作用下，高碳部分颜色较亮，低碳部分颜色较暗，明暗相间，黑白相映，是即所谓的花纹。花纹钢制作是十分艰难、复杂的；加热温度不宜过高，否则会因组织和成分均匀化而使花纹消失；因其需反复锻打、千锤百炼，如若温度稍有不均，或锤锻稍有不慎，焊合不好，便会前功尽弃。直到 20 世纪 30 年代，与"百辟百炼"相类似的工艺仍在北平沿用[46][47]。

此时，一种外国花纹钢，即镔铁——大马士革钢此时也传入了我国。《魏书》卷一〇二"西域列传"说：波斯国都宿利城，出金、银、鍮石、"金刚、火齐、镔铁"；《周书》卷五〇"异域列传"也曾谈到波斯产镔铁，这是我国古代文献中关于镔铁的较早记载。镔铁有多种不同的工艺，其中一种与我国花纹钢百辟工艺相似[48]，唐慧琳《一切经音义》卷三五曾有记载。

（二）大型铁锁链的出现

从现有资料看，在我国古代军事和交通上产生过重要影响的大型锁链至迟出现于西晋时期。《晋书》卷四二"王濬传"云：太康元年，濬等伐吴，克丹阳，"吴人于江险碛要害之处并以铁镩横截之，又作铁锥长丈余，暗置江中以逆距船"。此"铁镩"即铁锁链。《南史》卷二五"垣护之传"云：垣护之随玄谟入河，玄谟攻滑台，"玄谟败退，魏军悉牵玄谟水军大艒，连以铁镩三重断河，以绝护之还路"。《南史》卷六七"肖摩诃传"云：周武帝遣其将宇文忻争吕梁。摩诃深入周军，纵横奋击。及周遣王轨来赴，"结长围，连于吕梁下流，断大军还路。"《梁书》卷五五"武陵王纪传"载，公元 551 年，割据巴蜀地区的梁武陵王肖纪率军沿江东下，直出三峡，"世祖命护军将军陆法和于峡口夹岸筑二垒，镇江以断之"。但只锁江一月，结果肖纪"筑连城，攻绝铁镩"。此外《北史》卷六二"王轨传"等也谈到过铁锁链在军事上的应用。这些铁锁链的锻制，当非易事。

（三）锣钹

锣、钹都是打击乐器。明《正字通》云：锣，"筑铜为之，形如盘，大者声扬，小者声杀"。《旧唐书》卷二九"音乐志"："铜钹亦谓之铜盘，出西戎及南蛮，其圆数寸，隐起若浮沤，贯以韦皮，相击以和乐也。"锣始见于汉，钹约始见于东晋十六国时期。《隋书》卷一五"音乐志下·西凉"云："西凉者，起苻氏之末，吕光、沮渠蒙逊等据有凉州，变龟兹之声为之，号为秦汉伎，魏太武既平河西得之，谓之西凉乐。至魏、周之际，遂谓之国伎……其乐器有钟……腰鼓、齐鼓、担鼓、铜钹等十九种。"吕光建后凉系公元 386 年，沮渠蒙逊于公元 401~433 年在位。所以凉州之用钹当在公元 4 世纪末，龟兹之用钹当更在此之前。《北齐书·神武纪》云："初，孝明（516~528 年）之时，洛下以两钹相击，谣言曰：铜钹打铁钹，元家世将末"。可见在 6 世纪初，中原一带应用亦广。宋《乐书》谓钹为南齐穆士素所造，恐非。此锣钹是铸是锻尚未知晓，因后世皆为锻制，今暂置"锻造技术"下。前面谈到，南阳汉代铜舟 YN1 便是使用淬火与锻打相结合的方式制成的，可知锻造锣钹的一些基本技术在汉代便已掌握。

五、热处理技术

在此期热处理技术中，比较值得注意的是铸铁可锻化退火和钢的淬火，前者虽基本上沿用了汉代的操作，但技术上更为成熟；后者则取得了两项较为重要的成就，即认识了不同的水对淬火质量的影响，并发明了油淬[49]。

（一）铸铁可锻化退火

此技术在东汉之后就发展到了较为成熟的阶段，此期仍保持在较高水平上，这在渑池铁器中表现得最为清楚[5][50]。

一是可锻化退火处理器件的中心一般不再残留有白口铁组织。人们分析过的12件渑池可锻化处理件皆无白口残余。人们分析过的北票喇嘛洞鲜卑族墓铁器中，有13件进行过可锻化退火处理，其中11件为脱碳退火件（2件石墨化退火），只有一件为夹生可锻铸铁，其余10件皆为铸铁脱碳钢[8]。

二是脱碳退火和石墨化退火在使用上的分工表现得较为明显，前一操作主要用于斧、镰一类对锋利性能要求较高的器件，后一操作则主要用在铲、锄、镢、铧等对锋利性要求不高的农具上。在渑池12件可锻化处理铁器中，10件为脱碳退火，其中6件是斧，2件是镰，作石墨化退火的2件器物分别是铲和铧。

三是作可锻化退火处理的器件仍有球状石墨析出，如渑池铁斧（257号）等。

四是部分器件脱碳退火成了熟铁和钢后，又在刃部进行了局部渗碳，有的还进行了局部锻打。如渑池镰（528号）刃部边缘珠光体占70%，中心的珠光体只占30%左右；Ⅰ式斧（471号）边部表层含碳量为0.7%~0.8%，稍里为0.5%~0.6%，中心含碳量只有0.3%~0.4%；这显然是渗碳所致的（图版拾，5）；而Ⅱ式斧（257号）刃部在作了局部渗碳后还进行了锻打加工。这说明人们对于脱碳、渗碳已有了相当的认识，操作上亦表现了较高的技艺[5][50]。河南唐河县出土一把六朝环首铁刀，系由铸铁脱碳退火处理产品锻打而成，组织不甚均匀，夹杂很少，有明显的铸造缩孔[51]。

（二）淬火剂选择技术上的进步

主要表现在两个方面：

一是认识到了不同的水对淬火质量的影响。《蒲元传》载：蒲元于斜谷为诸葛亮制刀三千口，但认为汉水钝弱，不能淬火，不如蜀水爽烈，于是派人前往成都取水。有一人从成都取水后率先回到了斜谷，蒲元"以淬，乃言：'杂涪水，不可用。'取水者犹悍言不杂。君以刀画水，云：'杂入升，何故言不？'取水者方叩头首伏云：'实于涪津渡负倒覆水，惧怖，遂以涪水入升益之。'于是咸共惊服，称为神妙。刀成，以竹筒密内铁珠，满其中，举刀断之，应手虚落，若薙生刍，故称绝当世，因曰神刀。"[52]这段记载或有些夸张，但与现代技术原理是基本相符的。因不同地区的水所含矿物质的多寡、种类都不一样，其导热性能和淬透性便不一样，对淬火质量就会造成不同的影响。这是我国古代关于选择淬火剂的最早记载。明代李时珍《本草纲目》卷五"水部·流水"条也有类似说法："观浊水流水之鱼，与清水止水之鱼，性色迥别，淬剑染帛，各色不同，煮粥烹茶，味变有异。"说的都是同一道理。

二是发明了油淬和尿淬。人们使用得最多且最早的淬火剂是水。水淬的优点是在高温区（550℃~650℃）冷却较快，缺点是低温区（200℃~300℃）也冷却较快，易造成较大的组织应力，于是人们又发明了油淬。我国古代有关油淬的记载始见于前引《北齐书》所云綦毋怀文造宿铁刀事，其中"浴以五牲之溺"意即以动物之尿为淬火剂，尿实际上是含有多种矿物质的水溶液；"淬以五牲之脂"意即以动物之油作淬火剂，是即油淬。油淬的优点是在低温区冷却较慢，从而可减少组织应力，缺点是在高温区也冷却较慢。今人常在高温区使用水淬，低温区使用油淬，这样既避免了珠光体类型的转变，保证了工件能获得较高的硬度，又避免了因组织应力而产生裂纹。文献上说綦毋怀文既使用了尿淬，又使用了油淬，这是否属于分级淬火，可以进一步研究。

六、表面加工技术

魏晋南北朝时，因铜器使用量减少，除了铜镜外，外镀铅锡的操作已经很少使用，此时比较值得注意的表面加工有镀金和金银错等项。

在考古发掘中，三国、两晋、南北朝都有镀金器物出土。1971～1977年，湖北鄂州先后出土了3件孙吴时期的镀金画纹带神兽镜[53]；1953年江苏宜兴晋墓出土有镀金花瓣铜饰5件[54]；1973年山西寿阳县贾各庄一座北齐早期墓出土镀金器60多件，其体形小巧，为南北朝所鲜见[55]。关于镀金操作，《抱朴子神仙金汋经》有一段文字说得甚为明白，云："上黄金十二两，水银十二两。取金，铣作屑，投水银中令和合（恐铣屑难煅铁质，煅金成薄如绢，铰刀翦之，令如韭菜许，以投水银中。此是世间以涂杖法，金得水银，须臾皆化为泥。其金白，不复黄也，可瓦器为之）"[56]。有人认为，此书的著作年代是晋、宋之间[57]。梁陶宏景也说得十分明白：《本草纲目》卷九"金石·水银"集解引梁陶弘景云：水银"能消化金银使成泥，人以镀物是也"[58]。可见古人对镀金工艺已有了相当的认识。

为满足统治阶级的特殊需要，此期的金银错工艺也有一定的发展。《魏书》卷一一〇"食货志"云："和平二年（461年）秋，诏中尚方作黄金合盘十二具，径二尺二寸，镂以白银，钿以玫瑰。其铭曰：'九州致贡，殊域来宾，乃作兹器，错用其珍。锻以紫金，镂以白银，范围拟载，吐耀含真。纤文丽质，若化若神。皇王御之，百福惟新'。"由描述情况看，其技术水平是不低的。《邺中记》中也谈到了不少镶金银的斗帐、香炉、屏风等。今见于考古发掘的有：1966年陕西省博物馆收集到的前凉升平十三年（369年）金错泥筩（铜质竹筒状器）[59]；故宫博物院珍藏的一件六朝蟠龙镇，通体错金银；1965年辽宁冯素弗墓出土的错金柿蒂纹大铁镜[10]；前云鄂州镀金画纹带神兽镜，钮部错金。但数量不是太多。

第三节　南方青瓷的发展和北方瓷器的出现

魏晋南北朝时期是我国古代陶瓷技术发展的一个重要阶段，南方因社会比较稳定，东汉晚期发明的青瓷、黑瓷都得到了进一步发展。长江下游的江、浙地区，长江中上游的赣、湘、鄂、蜀地区，以及东南沿海的闽、粤、桂一带，都烧出了独具特色的瓷器，并在胎料和釉料的选择、配制，以及成型、施釉、筑窑、烧造技术上，都取得了长足的进步。北方则因战事连年，陶瓷技术长期停滞不前，至北魏才在南方的影响下烧出了青瓷和黑瓷，之后又烧出了白瓷。白瓷的出现，是我国古代劳动人民的又一重要贡献。

浙江是我国瓷器的重要发源地和主要产地之一。由于制瓷技术的迅速发展，此期已逐步形成了越窑、瓯窑、婺州窑、德清窑四大窑系。其中又以前者发展最快、窑场分布最广、瓷器质量最好，江苏的均山窑亦开始形成。

　　越窑主要分布于古越人居住的上虞、余姚、绍兴等地。始烧于东汉，是我国最先形成产品风格一致的窑系。此期越窑窑址除上虞、绍兴、余姚外，在鄞县、萧山、金华、永嘉、余杭、德清、吴兴、临海、宁波、丽水、奉化等地都有发现[1]。据20世纪90年代初的统计，仅上虞一县，已发现的三国西晋越窑有140多处；东晋南朝时期，由于江西、湖南、四川等地瓷业的发展，上虞越窑才见减少，但其技术上却取得了多项成就[2][3]。越窑瓷器的特点是胎质致密坚硬、釉层光滑，在口、肩、腹部装饰有各种花纹。在三国末年到西晋，其制瓷技术精巧，品种亦较丰富，其中许多产品都堆雕刻画，器形复杂，如上塑亭台楼阙、佛像、各色人物和禽兽的谷仓，肩部堆塑神鹰的鹰形壶等。东晋后期，越窑青瓷出现了普及的趋势，造型趋于简朴，各种装饰减少[3]。文献上关于越窑的记载是到了唐代才看到的，唐陆龟蒙（？～881年）《秘色越器》诗等，都对越窑瓷器作了热烈的赞扬。

　　长江中上游的江西、湖南、湖北、四川也是我国早期青瓷的重要产地。江西汉代就烧出了青瓷，三国西晋便达到了较为成熟的阶段[4]；今发掘的丰城罗湖南朝窑址，是著名唐洪州窑的前身[5]。湖南青瓷亦创始于东汉时期[6]，魏晋之后有了进一步发展。1973年发现的湘阴青瓷窑，是著名唐岳州窑的前身，其约创始于魏晋[7]。湖北青瓷约始烧于晋。广东亦出土过不少两晋南朝青瓷器，近年在深圳市沙田猪肉地和岗头山还发现了4座馒头窑[8]。广西青瓷约始烧于南朝时期，值得注意的是目前在桂北、桂东、桂东南出土的东晋至南朝青瓷中，虽相当部分为外地传入的，但也有部分为本地烧造[9]。福建青瓷亦始烧于东晋南朝时期，目前在泉州、福州等地都发现了一些南朝窑址[10]，但福建两晋和南朝前期墓葬仍然是以越窑产品为主的。

　　一般认为，"瓷"字约出现于西晋时期。《全上古三国两晋文》"全晋文"卷九一载晋潘岳（247～300年）《笛赋》云："披黄花以授甘，倾缥瓷以酌酃。"其中的"瓷"即是瓷器。缥，《说文解字》说是"帛白青色"，《释名》卷四"释采帛"说是"浅青色也"。《艺文类聚》卷八二载晋夏侯湛《浮萍赋》："散圆叶以舒形兮，发翠绿以发缥。"此缥亦指浅青色。晋人吕忱的《字林》中亦出现过"瓷"字，只可惜原书早已亡佚，今人只见辑本。值得庆幸的是，《玉篇》"瓦"部有一个"瓷"字，注云："瓷器也，亦作瓷。""缶部"有一个"瓷"字，注云："亦作瓷。"此书为梁顾野王原著，后经唐孙强、宋陈彭年等增补，但此"瓷"和"瓷"为顾野王选入是无疑的，这些皆是我国古代关于"瓷"字的较早记载。依此，今世学者皆释"缥瓷"为青白釉，或者青黄釉的瓷器。

　　我国瓷器之纪年款始见于东汉时期，如前所云，目前所见有"汉安二年"（143年）、"熹平年"（172～178年）等。三国时期，便有了增加的倾向，目前所知仅越窑便有：（1）赤乌十四年（251年）越窑青瓷虎子，腹部刻有"赤乌十四年会稽上虞师袁宜作"13字，南京赵士岗4号墓出土，今藏中国国家博物馆。（2）永安三年（260年）越窑青瓷谷仓，其龟碑正面刻有"永安三年时，富且详

（祥），宜公卿，多子孙，寿命长，千意（億）万岁未见英（央）"铭款，绍兴古墓出土，今藏故宫博物院。（3）甘露元年（265年）越窑青瓷熊形灯，承盘底部刻有"甘露元年五月造"，出于南京清凉山吴墓，今藏中国国家博物馆[11]。纪年款的增加，一定程度上反映了制瓷技术的发展。

北方青瓷技术约出现于北魏时期，河南、河北、山东都出土过北魏青瓷制品。如河南孟津北魏永平四年（511年）阳平王元阳墓（M17）出土有青瓷碗2件[12]。偃师北魏熙平元年（516年）洛州刺史元睿迁葬墓出土有青瓷碗4件[13]。20世纪八九十年代以来，洛阳北魏城址出土不少青瓷和黑瓷制品[14]；河北省的河间、吴桥、赞皇和磁县等亦出土过北魏时期的青瓷。此期北方窑址发现较少，目前所知，有山东淄博寨里青瓷窑和河北内丘白瓷窑等；前者至迟创烧于东魏（534～543年），并一直延续到了唐代中晚期[15]；后者是邢窑的前身，始烧于北齐，隋唐时又烧出了黑釉、黄釉、三彩器等，唐末五代衰落。

洛阳北魏大市出土的青瓷器有杯、盏、钵，黑瓷有碗、杯、盂等，以青瓷居多。此时的青瓷、黑瓷技术虽然已趋成熟，但仍显示了一些原始性。多数青瓷胎体厚重，加工粗糙，其色灰黄，釉面多缺光泽、透明度较差，少数器物有脱釉现象；黑瓷的胎釉一般结合较好，釉层脱落甚少。值得注意的是有一种青瓷杯（Ⅱ式），胎质洁白，质地坚硬，薄胎薄釉，釉色淡青明亮，微透白色胎骨。显示了类于白瓷的特征，说明北方白瓷已经萌芽[14]。

寨里东魏瓷器主要有碗、盆、器盖等，其中以碗居多，器类较为简单。此期的寨里瓷多呈青褐色和黄褐色，少数为深褐色，近于黑色，釉层厚薄不均，呈斑块状，且常有垂泪状，器内挂釉更加不均，内底聚釉甚厚，但其他处却有露胎现象。胎质厚重、疏松，并见有气孔和黑斑，断口呈褐色，显示了相当的原始性。

此期南方和北方的制陶业亦有不少差别，在整个六朝时期，南方陶业都有一定发展，尤其是陶制明器。在孙吴和西晋时期，明器有谷物加工工具、生活用具、家畜家禽等；陶胎多为红色，外施一层棕黄色的薄釉。东晋以后，庄园经济在南方得到较大发展，器形以车马为主，其他明器逐渐衰退。六朝日用陶器出土较少，除了缸外，多是火候较低，质地疏松的灰陶，与前代实用硬陶明显不同。陶缸在浙江上虞和江苏南京发现较多，一般高约80厘米、口径40厘米、底约30厘米左右，胎色青灰，外施一层黑褐色釉。由于制瓷技术的发展，一般生活用陶已退居次要地位[16]。在北方，三国至十六国时期的陶业都远不及汉代发达，民间流行的陶器多为火候较低，质量较差的灰陶；北魏之后，汉代发明的低温釉陶始才复苏、流行，并且用到了建筑业中。

一、南方制瓷技术的主要成就

（一）胎料选择和加工技术的稳步发展

由现有分析资料来看，东汉至五代，及至北宋，南方青瓷一般采用本地瓷土和瓷石为原料，但在不同地区、不同历史阶段，因原料选择、配制技术的差别，瓷胎成分也产生了许多差异。此期胎料配制技术上有两个值得注意的事项：一是越窑瓷胎含铁量增加，二是婺州窑化妆土的成功使用。

有学者分析三国至南朝的16枚浙江、江西青瓷片[17]～[20]，多为越窑产品，分别出土于上虞、绍兴、金华、瑞安，还有婺州窑青瓷 1 片，平均成分为：SiO_2 76.37%、Al_2O_3 16.4%、Fe_2O_3 2.19%、TiO_2 0.82%、CaO 2.73%、MgO 0.66%、K_2O 2.5%、Na_2O 0.64%、MnO 0.001%。可知其 SiO_2（73.51% ~ 78.0%）和 Al_2O_3（14.85% ~ 20.18%）含量与东汉越窑青瓷并无明显差别。但 Fe_2O_3 量（1.63% ~3.38%）明显提高，故六朝越器胎色往往较深，呈灰色，并对釉起衬托作用，使釉色青中带灰，色调比较深沉[17]。有的试样所含 TiO_2 量亦较高，有人认为这很可能是选用了含铁、钛量较高的瓷土或在胎中加入了少量紫金土之故①。陈显求分析过 3 件福州怀安梁代青瓷胎成分[21]，基本特点是 SiO_2 量较高，为 80.57% ~ 86.7%，平均 84.53%；Al_2O_3 量较低，为 8.72% ~ 14.66%，平均 10.87%。这在历代越窑中都是很少看到的。同时，其铁、钛量亦不高，平均值分别为：0.62%、0.54%。但也有少量怀安南朝瓷器含硅量稍低，含铝量稍高的，李家治分析过 1 件标本成分为：SiO_2 67.68%、Al_2O_3 22.4%[19]。

德清窑创烧于东汉，以青瓷为主，汉末、三国便生产出了黑瓷；东晋南朝时，以黑瓷为主，兼烧青瓷，而且合烧青釉、黑釉两种瓷器；隋唐时期转为单烧青瓷，唐后衰落。其原料选择和加工都比较复杂。凌志达分析过 2 件德清窑东晋黑釉器成分[22]，主要特点是 Fe_2O_3 量较高（2.68%、2.77%），TiO_2 量亦不低（0.92%、0.93%）。有关研究认为，德清窑所用原料约有六七种之多，即瓷土，以及普通陶土和耐火粘土等。人们使用含铁量较高的原料作黑瓷胎，用含铁量较低的原料作青瓷胎，这些原料均曾分别粉碎、淘洗、精心搭配，表现了相当高的技艺[16]。显然，德清窑的黑釉瓷，是在江浙一带的黑釉陶技术、黑釉原始瓷技术基础上发展起来的。

化妆土技术最先是在婺州窑上取得成功的。婺州窑位于今金华地区，武义县曾发现过西晋窑址。今见较早的有关器物有：衢州市街路村元康八年墓出土的瓷碗，武义履坦村、王宅村出土的东晋瓷碗、瓷盏等[23][24]。使用化妆土的目的：一是掩盖坯体粗糙表面，使之显得比较光滑整洁；二是覆盖颜色较深的胎体，使一些质量较差的原料也得到了充分利用；三可使釉层显得比较饱满柔和，增加釉层的艺术美感。婺州窑自西晋晚期便采用了红色粘土作坯，开拓了新的原料来源。东晋时期的越窑、德清窑、南朝时期的湖南、四川一带都采用了化妆土。其缺点：一是增加了淘洗和化妆工序；二是器胎、化妆土、釉三者的烧结温度、膨胀系数需大抵一致，否则容易脱落[25]。南朝过后，浙江青瓷已很少采用这一工艺。

（二）成型技术的进步

此期的碗、盏、钵、壶、罐等圆器都已采用了拉坯操作。拉坯用的陶车也采用了比较先进的瓷质轴顶碗装置，使轮盘能转动自如，提高了生产率。一些扁壶、方壶、狮形烛台等式样特殊的器物，则采用拍片、模印、镂雕、手捏等工艺。如扁壶和方壶，是先拍成所需器物的方形、长方形或椭圆形薄片，然后粘合成器身，再粘结口、耳、足等附件。为使器形规整，扁壶的腹片可在外模中修整。三国西晋常见的谷仓成型较为复杂，其口、腹部系分段拉坯，之后再粘在一起；底和屋

---

① 紫金土是一种含铁量较高的泥土，外观呈土黄、土红、暗红等色，矿物组成较为复杂。

檐等则用拍片，各式人物、禽兽，则用模印和手捏，仓口和器腹的小圆孔则雕镂而成。上虞县宋家山晋代青瓷成型工具所见有狮形水注陶模和鸡首陶模，对我们了解当时陶瓷成型技术提供了实物依据[25]。

（三）制釉和施釉技术的发展

我国古代瓷釉技术的发展大约经历了三个不同阶段，即：形成期，为商周；成熟期，汉唐；提高期，宋代以后[20]。从大量考古实物的科学分析看，此期江浙一带的青釉成分与东汉是相差不大的，唯 CaO 量稍有提高。有学者分析过13件三国至南朝的青瓷釉化学成分[17][18][19]，可知其平均值为：SiO_2 59.35%、Al_2O_3 12.86%、Fe_2O_3 2.43%、TiO_2 0.79%、CaO 17.85%、MgO 2.37%、K_2O 2.0%、Na_2O 0.74%、MnO 0.31%。可见其 SiO_2 较低，多处于56% ~62%之间；Al_2O_3 亦较低，多处于11% ~14%间；CaO 量皆稍高，较东汉高，较商周的更高[26]。这三国六朝青瓷釉亦是典型的石灰釉。有学者认为其原料主要是釉石（瓷石）和草木灰（或石灰石）。

我国历代青瓷都是以铁为着色剂的，用还原焰烧成。含铁量对釉的呈色有着十分明显的影响。一般而言，当氧化铁含量达0.8%左右时，釉呈影青色；随含铁量增加，呈色亦加深，当氧化铁含量达1% ~3%时，釉呈青绿色；达4% ~5%时，呈灰青色、茶叶末色或墨绿色；达8%左右时，釉呈赤褐色乃至暗褐色；当厚度达1.0毫米以上，氧化铁含量增长至10%左右时，便呈现黑色[27]。

除铁外，石灰釉中的钛和锰也是很强的着色元素，钛可使釉呈黄色或紫色，锰可使之呈棕色或紫色，若釉内同时含有铁、钛、锰的氧化物，即使含量较低，也会呈现出青中带黄或灰黄微绿的色调；若含量较高，则呈暗褐色或黑色。在晋代，德清窑又利用含铁量很高的紫金土，甚至掺入了含锰粘土来配制黑釉，这是制釉工艺又一个大的进步。

釉下彩技术在三国西晋时期已初露端倪。它的基本操作是：在器胎上用彩料绘饰，并罩盖透明釉，之后入窑，在高温下一次烧成。1983年，南京中华门外长岗村吴末晋初墓出土一件精美的青瓷釉下彩盘口壶；1960年南昌西晋永安元年墓出土一件造型精美釉色晶莹的青瓷釉下褐彩莲瓣纹鹰首壶，有人认为其可能与吉州窑有关[28]。长沙东晋墓曾出土具有长沙窑特点的釉下蓝黑点彩盘口壶[29]。唐宋时期，釉下彩瓷获得了较大的发展。

东晋时期，高温釉上褐彩技术亦在温州窑上开始出现。人们在分析东晋瓯窑青瓷褐彩时发现，其色料是装饰在釉面之上的，并在高温下一次烧成，这种褐彩，应属高温釉上彩[30]。东晋婺州窑一些盘口壶、鸡头壶等器的口沿部还使用了一种彩斑状装饰，此应是花釉的雏形[53]。

在南朝梁时，乳浊釉亦开始崭露头角。这种釉色呈月白、天蓝、乳浊，能给人一种清幽、纯美、恬适和仿玉之感。类似具有乳浊光斑的釉面早在西周釉陶上便已出现，西晋青瓷谷仓上有时也可看到蓝白色的乳光，但具有乳光的批量瓷器却是梁至唐代早期才出现的。1982年，福建怀安县发掘了一处梁至唐代中期的窑址，出土大量的瓷器和窑具，其上分别见有南朝梁"大同三年"（537年）和唐"贞元"（785 ~805年）年款。有学者曾对怀安窑器进行了详细分析，其中大同三年款釉呈粉蓝色乳光，釉面光洁如玉，如脂般光泽莹润，盘口曲折处聚釉有极细的兔丝纹[21]。此技术在宋代得到了较大的发展。

此期的制釉法依然是胎泥羼草木灰和石灰，各种釉在颜色和形态上的差别，则是通过部分用料，其中包括着色剂等的调整和烧造工艺的控制来实现的。如青釉、黑釉都与含铁量有关，乳光釉则是在釉中出现了二液分相的缘故，与釉的成分和烧造工艺都有一定关系。

汉代仍以刷釉法为主，三国西晋后，浸釉法普遍推广起来。此时釉层一般较为均匀，呈色亦较稳定；胎釉结合较好，流釉较少；西晋青瓷釉厚度已多在0.1毫米以上，说明其胎釉烧成温度、膨胀系数都较匹配。1993年，湖南保靖县汉墓出土一件龙首青瓷灯，器高15厘米、口径10厘米、底径11.8厘米，胎质灰白，通体施豆青釉，莹洁闪光，稍稍泛黄，并呈冰裂纹，造型生动别致，是湘阴窑不可多得的产品[7]。此期湘、鄂、蜀、赣等地瓷窑的产品，可能都采用了含铝量较高、含铁量较低的瓷土作为胎料，而使胎的烧成温度提高。

（四）龙窑技术的改进

三国时期，龙窑结构仍处在探索的阶段，西晋南朝之后，才逐渐变得合理起来。

上虞鞍山发现过一座保存较好的三国龙窑，全长13.32米，宽2.1～2.4米，由火膛、窑床、烟道三部分组成。窑底前段倾斜13度，后段23度，中段下凹。窑墙用粘土筑成，高30～37厘米，用粘土砖坯拱顶。在燃烧室与烧成室交界处设一障焰板，以避免前列坯件因受热过急而瘫软前倾。在窑床与烟道间有一道高10厘米的挡火墙，墙后设有六个排烟孔。与东汉龙窑相比较，优点是窑身加长，可提高装烧量；窑身前宽后窄，有利于瓷器烧成；缺点是前段坡度较小而影响抽力，对发火和升温不利；后段因坡度较大而抽力太大，不利于保温。此窑的窑床内遗留有大量用来装烧坯件的垫具，中段最为密集，后段接近火墙处则很少看到，说明前段中段烧成较好，后段则可能烧不出瓷器来[32][33]。

由战国、秦汉，及至三国，龙窑结构的基本特点是短、宽、矮、陡。短是受到了火焰长度的限制，宽是为了扩大装烧面，矮是与当时叠装高度相适应的，陡是为了提高自然抽力，这结构显然是不太合理的。西晋时期，因较好地采用了"分段烧成"法，使窑身变长、变高、变缓起来，从而提高了烧成率，提高了产量，使龙窑技术获得了突破性进展。上虞帐子山发现过一座晋代龙窑，仅存窑床后段和出烟坑部分，残长3.27米、宽2.4米。窑的结构和建筑用料虽与汉代相同，但其窑床后段的倾斜度约为10度，与现代龙窑相似；窑底的砂层上所置窑具纵横成行，排列有序，行距疏密不同，可适当调节火焰分布状况；且窑尾残器烧成较好，若非"分段烧成"，其后段是很难达到此种烧造效果的[32][33]。原始龙窑虽也有多个投柴口，但其窑尾经常生烧，可能与其"分段烧成"技术不太成熟有关。采用"分段烧成"后，龙窑长度可视需要而定。加长的优点是：（1）可增加装烧面积，从而增加装烧量。（2）可提高热利用率。（3）可使窑身宽度变小，从而可延长窑顶寿命（因当时的窑顶是用土坯砌造的，过宽则易倒塌）。（4）可使窑内温度分布更为均匀。这样，龙窑结构逐渐走向定型[25]。

（五）装烧技术的提高

这主要表现在三方面：一是支烧具在南方得到了较为普遍的采用；二是发明了匣钵；三是发明了火照。此外，覆烧工艺的雏形大约也已出现。

三国时期，有的支烧具作直筒形，腰部作弧形微束，西晋时改作了喇叭形和钵形。"钵形"窑具主要用作支烧盆、钵类大件器物，绍兴发现过两处三国至西晋的青瓷窑址，其中便使用了部分钵形窑具[28][34]。间隔具在三国时多用三足支钉，西晋窑工又发明了一种锯齿状口的盂形隔具。东晋之后，德清窑和部分越窑已不再采用间隔具，而是在坯件间放置几粒扁圆形泥点（雅号"托珠"）垫隔，这不但增加了装烧量，而且节省了原料和制作垫具的工时，具有较高的经济价值。

匣钵约始见于南朝早期，1982年、1983年在江西丰城龙雾州先后两次出土东晋、南朝匣钵；1992～1993年，江西丰城洪州窑出土了大量东晋、南朝早期的瓷器、窑具和大量废弃了的匣钵[31][35]。桂林南朝晚期窑址也发现了大量匣钵等物[36]。1973年，湖南湘阴发现了南朝与隋唐之际的窑址，其中亦有匣钵[37]。此期匣钵使用量虽还较少，但它的出现却具有重要的经济技术意义。

"火照"是用来观察窑内火候和试釉的一种坯件。其常呈三角形，上端有一圆孔。多用未曾烧制的碗坯改制，半截上釉，下部尖状处插入放满沙粒的一个匣钵中，此匣钵置于炉前的观火孔内侧；欲了解瓷器胎、釉的烧造情况时，便以钩子伸入观火孔内，将火照从匣钵中钩出。每窑烧造过程中，都要检查火候数次，每次都要钩出一个火照来。火照虽器形简单，但对人们准确掌握窑温、提高成品率具有十分重要的意义。往昔认为火照发明于宋，后又推及唐，1994年江西丰城窑发掘时，在东晋和南朝地层都有出土。东晋火照呈小盏形，盏呈尖圆唇，曲壁，浅圆饼足，似是将已施釉的盏体壁挖出一个大圆孔而制成；南朝火照与此基本相同，亦呈盏形，但其盏较浅，有的挖孔稍大[52]。

覆烧法是我国古代瓷器的一种重要装烧工艺，基本操作是：口朝下，底朝上。其约始见于五代至北宋时期，但作为其初始形态的仰覆对口烧，则南朝（420～589年）洪州窑便已使用。唐洪州窑位于江西丰城罗湖一带，1979年第一次发掘时出土有不少芒口钵；其Ⅰ式、Ⅳ式平底钵，口沿均露素胎（即无釉），当用仰覆对口烧造而成。其中Ⅰ式钵发现了2件，Ⅳ式钵发现了8件对口烧。这应是今见较早的芒口瓷①，也是覆烧工艺的初始形态[38][39]。

此期的烧成技术有了较大提高，尤其六朝时期。李家治分析过一件上虞西晋元康七年墓出土的越窑双系罐瓷片，烧成温度达1300℃，吸水率0.42%；显气孔率0.92%；胎内有发育得较好的莫来石晶体；石英颗粒较细，并有较多的玻璃态；釉色青灰，厚薄均匀，胎釉结合较好，无剥落现象；0.5毫米厚时便可微微透光，瓷片击之铿锵有声；除Fe_2O_3和TiO_2含量稍高（分别为2.72%和1.11%），使胎呈现较深的灰白色外，其余大体已接近宋、元、明瓷器的组成[19]。郭演仪等分析过一件上虞帐子山三国青瓷碗残片，显气孔率为1.06%，吸水率0.5%，烧成温度1240℃；在弱还原性气氛中烧成，烧结程度较好，薄片可微透光，基本上达到了现

---

① 芒口瓷，口沿不施釉，而带"芒"的瓷器。口沿不施釉的原因是：为防止对口烧互相粘连。

代瓷标准[17]。其坯件虽无匣钵等保护体，明火烧造，但熏烟现象很少，过烧和流釉现象亦很少看到，说明烧成技术是较高的。

早在三国时期，南方便烧造了一些形制较大的瓷器，如金华古方 12 号三国墓出土 1 件瓷罍，高 36.7 厘米、口径 30 厘米、腹径 48.5 厘米、底径 20.4 厘米。大型器物的烧制需满足多项技术指标，它显示出在原料选择、加工、成型、烧造技术等方面的进步[40]。

二、北方制瓷技术的主要成就

这主要表现在下列三个方面：即发明了青瓷、黑瓷、白瓷。

（一）青瓷技术的发明

如前所述，今见年代较早的北朝青瓷属北魏中期，如孟津永平四年墓青瓷碗等。但作过科学考察的北朝青瓷器较少，主要有 1955 年河北景县封氏墓出土的一件青釉器。这件青瓷器釉色显灰略黄，极薄，有细纹片；胎质较粗，色灰，见有黑点和气孔[41]。成分为：SiO_2 67.24%、Al_2O_3 26.94%、Fe_2O_3 1.11%、TiO_2 1.17%、CaO 0.54%、MgO 0.53%、K_2O 1.86%、Na_2O 0.2%。可见：（1）SiO_2 含量较南方青瓷为低，Al_2O_3 含量较南方青瓷为高，这正是北方青瓷的一个特点。封氏墓群的年代是北魏至隋代初年，这应是我国今日所见年代最早的一批高铝瓷器。从东汉到五代，及至北宋，南方青瓷多为高硅低铝质。此高铝的优点是有利于成型和烧制，但需相应的原料处理条件和高温技术相配合，否则很难使瓷器的致密度达到最佳状态。（2）TiO_2 含量较高，这也是北方瓷系的重要特征。封氏墓青瓷和其他北方青瓷胎一般着色较深，与此是不无关系的。这主要是 Fe_2O_3 和 TiO_2 在高温下生成了 $FeO \cdot TiO_2$ 与 $2FeO \cdot TiO_2$ 以及 $Fe_2O_3 \cdot TiO_2$ 等化合物使胎着色之故[17]。南北青瓷虽含铁量相去不大，但因南方青瓷含钛量稍低而呈色较浅。

人们还分析过 1 件北朝封氏墓青釉片，其化学成分为：SiO_2 57.25%、Al_2O_3 16.35%、Fe_2O_3 1.65%、TiO_2 0.69%、CaO 17.99%、MgO 3.35%、K_2O 2.51%、Na_2O 0.52%、MnO 0.06%[41]。可见其亦是一种含 CaO 较高的石灰釉。另外，其所含 Al_2O_3 量亦较高，这显然与原料有关。此期北方瓷器施釉主要有荡釉和蘸釉两种。从寨里窑发掘情况看，大凡碗、盆、四系罐等均采用器内荡釉、器外蘸釉的方法。

（二）北方黑瓷的兴起

由前可知，青瓷、黑瓷实际上都是以铁等为着色元素的。以青釉器为中心，若在工艺上设法排除了铁的干扰，就会烧出白瓷来；若加重了铁在釉中的呈色，就会烧成黑瓷。北方黑瓷的发明年代目前尚不了解，但前云洛阳北魏城址在出土青瓷的同时，亦出土了黑瓷，故其发明年代亦至少可上推到北魏时期。看来，不管南方北方，黑瓷与青瓷的发明年代，是不会相差太远的。除了洛阳北魏黑瓷外，今日所知的北朝黑瓷还有：河北平山县北齐崔昂墓出土的黑釉四系缸[42]，1975 年河北赞皇县东魏李希宗墓出土的黑釉瓷片[43]。前者造型稳重大方，线条挺拔，制作颇精，胎质坚硬，釉色匀称光亮；后者虽难辨器形，但其制作规整，釉色漆黑光亮，胎骨细薄坚硬，都表现了较高的工艺水平。

（三）北方白瓷的出现

白瓷是我国古代瓷器的基本品种之一，它以含铁量较低的瓷土为胎，施以纯净的透明釉而烧成。一般认为，其发明年代较青瓷稍晚。虽长沙东汉墓曾发现过几种灰釉器，胎质灰白，釉层匀润，已近白瓷，但后来未见连续生产[44]。作为一项连续发展的白瓷工艺，它是始于北方的。今在考古发掘中看到的白瓷器属北魏中期，1991 年河南孟津邙山永平四年（511 年）阳平王元阳墓在出土青瓷碗的同时，还出土 1 件白瓷盘（残）[12]。此外，1989 年偃师南蔡庄北魏墓也出土过几片白胎青釉瓷片[45]。洛阳北魏大市遗址所出 II 式杯胎质洁白，釉呈乳浊，薄而透明[14]。北齐时期，白瓷技术得到进一步发展。1971 年河南安阳北齐武平六年（575 年）范粹墓出土了一批碗、杯、缸、瓶等白瓷器。经分析，其胎料曾经淘洗，既白且细，没有化妆土，釉薄而滋润，其色乳白。这些白瓷因刚从青瓷脱胎出来，无论胎釉的白度、烧成后的强度和吸水率等，都不能与现代标准的白瓷相比的，尤其是其釉呈乳浊的淡青色，在釉厚处依然泛青[46]，说明其并未完全摆脱开铁的呈色干扰。其实，由青瓷到白瓷，也经历了一定的发展时期，甚至到了唐代，有的白瓷虽在薄釉处呈白色，但在厚釉处却依然泛青。1974 年，河南安阳市发现了相州窑址[47]，这是北方较早看到的早期瓷窑之一。有学者认为，范粹墓瓷器[42]、濮阳李云墓瓷器[48]，很可能都是相州窑烧造的[49]。这种白釉白胎的白瓷的出现是我国陶瓷史上的一个重大事件，它为后世青花、釉里红、五彩、粉彩等各种彩绘瓷的发明奠定了良好的基础，为我国瓷器技术的发展开辟了一条广阔的道路。白瓷始于北方，其中一个重要因素是高铝瓷土在北方较为丰富。

三、北方铅釉陶的发展

北魏建国后，北方的制瓷业开始发展，制陶业亦复苏起来。此期的低温铅釉陶在汉代基础上有了许多改进，其釉色莹润明亮，花色品种增加，有黄地加绿彩、白地加绿彩，以及黄、绿、褐三色并用等种。开始脱离了汉代的单色釉，而向多色彩釉迈进，并为唐三彩的出现奠定了良好的基础。

此期的河北、河南、山东、山西等省都出土过工艺水平较高的铅釉陶。在河北，大家较熟悉的是封氏墓群所出诸器，如黄釉高足盘，釉色黄中闪青，晶莹如镜，造型简洁明快；又如酱色釉玉壶春式瓶，胎色棕褐，质地坚密，造型优美，釉层匀润而不甚透明，是北方釉陶中难得的精品[50]。在河南最有代表性的是北齐范粹墓所出几件黄釉扁壶，模制成型，正面略呈梨形，高 20 厘米，造型别致；胎质细腻，釉色深黄，透明莹润，曾被误认作瓷器。范粹墓还出土有绿釉、淡黄釉、酱色釉等铅陶器；有的还在淡黄釉上再挂黄釉和绿彩。濮阳北齐李云墓釉陶也有淡黄釉挂绿彩的工艺[48][51]。看来，北朝釉陶在汉、唐釉陶间起到了一种承前起后的作用。

第四节　纺织技术之继续发展

魏晋南北朝的丝、麻、毛、棉纺织技术都有一定的发展，尤其今四川、江南和部分边远地区。

秦汉时期，我国蚕桑业较发展的地区是黄河中下游；魏晋南北朝之后，巴蜀和江南蚕桑业亦兴盛起来，《华阳国志》载，当时的巴郡、巴东郡、巴西郡、涪陵郡、蜀郡、永昌郡等均有蚕桑生产。西晋左思《蜀都赋》在赞美蜀锦时说："阛阓之里，伎巧之家；百室离房，机杼相和；贝锦斐成，濯色江波；黄润比筒，赢金所过。"[1]李善注："贝锦，锦文也。""黄润，谓筒中细布也。"古人认为，蜀锦丽质，与其水质较好是有关的。《文选》李善注引谯周《益州志》说，"成都织锦既成，濯于江水，其文分明，胜于初成；他水濯之，不如江水也。"[1]这是我国古代文献中，关于漂练用水选择的最早记载。六朝时期，蜀锦在国内已负盛名。（刘宋）山廉之《丹阳记》说："江东历代尚未有锦，而成都独称妙；故三国时，魏则布（市）于蜀，而吴亦资西道。"[2]说魏、吴皆喜蜀锦。又，《江表传》载："陆逊攻刘备于夷陵，备舍舡步走，烧皮铠以断道，使兵以锦挽车，走入白帝。"[3]此云"以锦挽车"，可见蜀锦使用量较多、生产量较大。刘备赐群臣也多用锦。《蜀志》云："先主入益州，赐诸葛亮、法正、张飞、关羽锦各千匹。"[4]蜀汉还曾以锦作为军饷的重要来源，诸葛亮曾说："今民贫国虚，决敌之资，唯仰锦耳"[5]吴国也极力提倡蚕桑，《三国志》卷六五载，华覈谏孙皓疏称："大皇帝……广开农桑之业，积不訾之储"。"宜暂息众役，专心农桑"。吴时，官营纺织手工业规模迅速扩大，《三国志》卷六一"陆凯传"载：陆凯曾上书谏孙皓，说："先帝时，后宫列女及诸织络数不满百……先帝崩后……伏闻织络及诸徒坐乃有千数计"。统治者竞服丝绸之风也渐南侵，华覈所云"内无儋石之储，而有出绫绮之服"，正说明了这一情况。西北地区的丝织业此时也有一定发展，从考古发掘的文书上看，至迟魏晋时期，今新疆一带就有了丝绸织造业，并在疏勒（今喀什一带）、龟兹（今库车）、高昌（今吐鲁番）等地都形成了织造中心，在哈拉和卓古墓出土的北凉—高昌时期文书中，曾见有"交与丘慈锦三张"、"高昌所作黄地丘慈锦"、"疏勒锦"等的字样[6]。显然，这些锦皆系本地区所织。过去一般认为，丝织品，尤其是锦，都应当是中原织造的。

魏晋南北朝时，麻类纤维仍被广泛地使用着，北方多植大麻，南方多植苎麻。从有关记载看，南方自东晋至南朝各代，政府的户调制皆是布绢兼收的；绢的实际收入往往还不及麻布之数。《晋书》卷一〇〇"苏峻传"载："峻陷宫城……时官（府）有（麻）布二十万匹，金银五千斤，钱亿万，绢数万匹……峻尽费之。"可见官府所藏绢数亦远较麻布为少。苏峻之乱平定后，官库收入中则有布而无绢[7]。南朝历代对臣僚的赐品亦是布多于绢。有人从《宋书》摘得赙赐例13条，其中赐布9条，赐绢者3条，绢布兼赐者1条；又从《梁书》摘得赙赐例40条，其中赐布者33条，赐绢的4条，二者兼赐者3条[8]。此时士大夫之俭朴者亦以麻类衣着为常服。《陈书》卷二七"姚察传"说："察自居显要，甚励清洁……尝有私门生，不敢厚饷，止送南布一端，花练一匹。察谓之曰：吾所衣著只是麻布蒲纤练，此物于吾无用。"此"南布"有人认为是指棉布；"练"即极为精细之苎麻布，汉谓"疏布"，三国谓"疎布"。

毛织业在西北地区亦有一定发展。《晋书》卷八六"张轨传"载，晋怀帝永嘉四年，凉州刺史张轨派人捐送毛织物三万匹和马五百匹到洛阳，可见其毛织品产量之大。当时的毛织物品种主要有绰毛、花罽、毛毯等。

此期纺织技术的主要成就是：由于马钧对绫织机的改革，花机生产能力大为提高；绫、锦、织成都有了不少的发展；红花已被广为使用，靛蓝提取和染色技术都有了进一步提高；夹缬、绞缬技术逐渐兴盛起来；有关边境地区用棉的记载明显增多。

一、原料加工技术的进步

魏晋南北朝的纺织用原料主要是丝、麻、葛、毛；我国的棉花种植和棉纺业此时仍然局限于西北、两广和云南一带。

（一）家蚕饲养技术的发展

此期家蚕饲养技术从选种、孵化到贮茧，都取得了较大的进展，其中较为重要的是低温催青法、盐腌杀蛹法以及炙箔法。

"低温催青"即是利用低温来控制蚕种的孵化时间。《齐民要术》卷五"种桑柘"引晋《永嘉记》说："取蚖珍之卵藏内瓮中，随器大小，亦可十纸。盖覆器口，安硎泉冷水中，使冷气折出其势，得三七日，然后剖生养之。"一般二化蚕第一次产卵后，在自然状态下，经七八天就会孵化出第二代蚕来，这低温（冷泉）处理若控制得好，便可在"三七日"，即 21 天后孵化，从而在较大幅度上调节了养蚕时间。

盐腌杀蛹法亦始见于这一时期。《齐民要术》其卷五"种桑柘"说："用盐杀茧，易缫而丝韧；日晒死者，虽白而薄脆。缣练衣著，几将倍矣。甚者，虚失藏功，坚脆悬绝。"[9]梁陶弘景《药总诀》亦云："凡藏茧，必用盐官盐。"这就既有效地控制了缫丝时间，又提高了生丝质量。秦汉时期大约主要是利用薄摊阴凉或日晒杀蛹来推延、适当控制缫丝时间的，但它只能推延一二日，且丝质欠佳。

"炙箔"实际上是暖烘蚕箔。《齐民要术》卷五"种桑柘"条说蚕上簇后，需在簇"下微生炭以暖之，得暖则作速；伤寒（嫌冷）则作迟"。可见炙箔的初始目的是为了快速作茧。此后，炙箔技术便一直沿袭了下来，明代曾把与此相似的操作谓之"出口干"，意即蚕丝一旦吐出，由于烘烤之故，即刻变干。

魏晋南北朝的缫丝技术大体上都沿袭了秦汉以来的一些基本操作，普遍地使用了热水煮茧，并推广了手摇缫车。

（二）麻类加工技术。麻加工技术的进步主要表现在对沤渍脱胶的用水量、水温、沤渍时间上都有了进一步认识。《齐民要术》卷二"种麻"条说："获欲净（原注：有叶者喜烂），沤欲清水，生熟合宜（原注：浊水则麻黑，水少则麻脆。生则难剥，大烂则不任挽。暖泉不冰冻，冬日沤者，最为柔韧也）。"这与现代技术原理是基本相符的。"水少则脆"，是麻纤维与空气接触而被氧化了的缘故。除了沤渍脱胶外，魏晋南北朝亦沿用了周代以来的煮练脱胶法。三国吴人陆机在《毛诗草木鸟兽虫鱼疏》中说："苧亦麻也……剥之以铁若竹，刮其表，厚皮自得脱。但其理韧如筋者，煮之用缉。"

（三）铰毛技术。《齐民要术》卷六"养羊"条简要地谈到了铰毛的时间和方法，说"白羊三月得草力，毛床动则铰之（原注：铰讫，于河水之中净洗。羊则生白净毛也）。五月毛床将落，铰取之（原注：铰讫，更洗如前）。八月初，胡葈子未成时，又铰之（原注：铰了，亦洗如初。其八月半后铰者，勿洗；白露已降，寒气侵人，洗即不益。胡葈子成然后铰者，匪直著毛难治；又岁稍晚，比至寒时，毛长不足，令羊瘦损）。""羝（疑误，应作羖）羊，四月末五月初铰之（原注：性不耐寒，早铰，寒则冻死）。"可见白羊（绵羊）每年可铰毛三次，羖羊（即山羊）只可铰毛一次[10]。这显然都是人们在长期生产实践中总结出来的。

此期见于考古发掘的毛织物也不少。1959年，新疆巴楚县脱库孜沙来古城遗址出土过2块北魏时期的缂毛毯，以灰白毛纱为经，以红、黄、深蓝、天蓝、淡蓝、深棕6色毛纱为纬，织成大幅宝相花纹。经纬密分别为4根/厘米、12根/厘米。毛纱较粗，织物较为厚实[11][12][13]；1964年，哈拉和卓前凉建兴三十六年（348年）墓出土一件毛织物残片，平纹，经纬密分别为11根/厘米和8根/厘米，经线加捻得较细较紧[14][15]。1975年，哈拉和卓古墓出土一件高昌早期毛罽，织法和传统锦一样，经显花，有红、黄、白、褐四色，纬线为红褐色，每平方厘米夹纬各6枚，经线17枚。该墓还出土有柔然郁久闾予成永康十七年（480年）文书[14]。1965年，辽宁北票北燕冯素弗墓也出土有毛毯残片，颜色灰白、棕白，质地细软[16]。除羊毛外，此时人们还使用了一些禽兽毛纤维。如《南齐书·文惠太子传》载："织孔雀毛为裘，光彩金翠，过于雉头矣。"以孔雀毛为裘，自然十分的珍贵。

（四）边境地区用棉记载增加

魏晋南北朝时期，我国的棉花依然主要产于西北和西南边境地区，但有关记载明显增加，其名称有白叠、木緜（木绵）、吉贝，以及梧桐木、橦树等。一般认为，现代栽培棉均属锦葵科棉属，为一年生亚灌木，热带和亚热带也有多年生灌木或小乔木类。棉花的原始型系多年生灌木或小乔木。我国新疆一带的棉花属"草棉"（或叫"非洲棉"）中的库尔加棉类型①，一年生[17]；闽广一带的棉花属亚洲棉，为多年生或一年生灌木，少数为多年生小乔木。此外，南方还有一种名为攀枝花的落叶乔木，其主要用作褥絮，亦可制作粗布，古人亦常谓之"木绵"或"木棉"。由于古代文献往往较为简略，故后人常将攀枝花与棉花相混，其实它们是有差别的。这一点，第八章还要细谈。

西北地区一年生草棉较为确切的记载始见于《梁书·西北诸戎传》，其云：高昌国"多草木，草实如茧，茧中丝如细𬟁，名为白叠子，国人多取织以为布，布甚软白，交市用焉"。高昌国首府在今新疆吐鲁番东南的哈拉和卓。此"白叠"，有人认为即梵语Bhardvdji，意即野生棉[18]。此书虽为唐姚思廉所撰，但当有所本。这是我国古代文献中，较早提到草棉的地方。《南史》卷七九"西域诸国·高昌国"所述与此基本一致，其作者为唐李延寿。此说"实如茧"之"草"，自然是如草一样，植株低矮的一年生棉。可见草棉之说渊源久远。

此期西北棉织品的考古实物亦有多起。1900年，斯文·赫丁（Sven Hedin）在楼兰遗址发现了一些注有年代的"木板"和纸，其年代为公元265~270年，其中纸上所注年代为公元252年。据德国政府检验局分析，此纸属麻纸，但含有棉纤维[19]。1964年，吐鲁番阿斯塔那晋墓出土过1件布俑，身上衣裤皆为棉布缝制。1959年，于田县屋于来克遗址的北朝墓出土2件棉布裙褸，长21.5厘米，宽14.5

①　草棉计有5个类型，其中3个为多年生，2个为一年生。新疆棉属草棉中的库尔加型，一年生。

厘米，经纬密 25 根/厘米和 21 根/厘米，较为致密，用本色和蓝色棉纱织出方格纹[17]。

同年，另一座北朝墓出土一块蓝白印花棉布，长 11 厘米，宽 7 厘米（图版拾伍，2）[17]。在阿斯塔那高昌时期的墓葬中还发现有高昌和平元年（西魏大统十七年，551 年）借贷棉布（"叠"）和锦的契约，其中提到：一次借贷叠布达 60 匹之多[20]。1999 年新疆尉犁县营盘墓地发掘的 8 座墓中，出土棉织品 3 件，其中有棉布袍 1 件、棉布裤 2 件，皆出土于 8 号墓，断代东汉至魏晋[21]。说明吐鲁番一带的棉织业当时已相当发达。

此期关于西南地区产棉用棉的记载主要有下面一些：

吴人万震《南州异物志》云："五色斑布，以丝布，古（吉）贝木所作。此木熟时，状如鹅毳，中有核如珠珣（原注：公后切），细过丝纩。"[22]此书为万震见闻录。"南州"约指今广西与越南接壤一带。古代文献中常把草棉或亚洲棉称之为吉贝；而其毳"细过丝纩"，故此很可能是指多年生或一年生的棉花，而不会是攀枝花。

西晋张勃《吴录·地理志》云："交趾定安县有木纩树，高丈余，实如酒杯，口有纩如蚕之纩也，又可作布，名曰白㡜，一名毛布。"[23]交趾，今两广及越南北部一带。此木纩树仅"高丈余"，应当是棉花；因攀枝花经常是高达十余丈的。

西晋左思《蜀都赋》中曾有"布有橦华"一语，西晋刘渊林注云："橦华者，树名橦，其花柔，毳可绩为布，出永昌。"永昌，今云南保山一带。又，东晋《华阳国志·南中志》云：永昌郡，古哀牢国，"有梧桐木。其华柔如丝，民绩以为布……俗名曰桐华布"。哀牢，约在今云南保山怒江以西地方。一般认为，此橦树[24][25]和"梧桐木"[24][25][26]都是棉花，但也有学者认为它们都是攀枝花[27]。

西晋郭义恭《广志》曰："梧桐有白者，剽国有白桐木，其葉（华？）有白毳，取其毳淹渍缉织以为布也。"[28]"剽国"为缅甸古称。一般认为，此梧桐、白梧桐都是棉花[24]，也有人认为它们都是攀枝花[25]。

南朝宋沈怀远《南越志》载："桂州（今桂林一带）出古终藤，结实如鹅毳，核如珠珣，治出其核，约如丝绵，染为斑布。"[29]此古终藤是为何物，今人的分歧较大。有人认为它是棉花[25][30]，但也有人说它可能是皮类纺织纤维植物[27]。可以进一步研究。有一些记载，如东晋裴渊《广州记》[31]所云，其木纩仅能"为絮"，便很可能是攀枝花。

此时棉布已经作为贡品或交易品流入了内地。《太平御览》卷八二〇引吴笃《赵书》云："石勒建平二年，大宛献珊瑚、琉璃、氍毹、白叠。"帝王之家、达官贵人当时也有衣着棉布的，可能依然较贵。《梁书·武帝纪》载：武帝服节俭，"帝身衣布衣（麻布衣），木棉皂帐"。

今学术界对南方木棉树、梧桐等往往存在一些不同看法，其原因主要有三：（1）文献记述得不太清楚，遂使今人产生了不同的理解。（2）人们对我国古代棉花的具体形态缺乏了解，一般认为其属锦葵科，也有学者认为其属木棉科。（3）对攀枝花亦缺乏认识。有人认为其不能，或者很难作布；其实，以手工接续，以纺坠加捻，攀枝花是可以织成粗布的；海南岛的黎族还有过使用攀枝花绩布的历史[27]。

有一点需顺带说明的是：对于"白叠"、"吉贝"等棉花称谓的来源，今学术界一般都采用了胡竟良的观点，认为我国古代棉花的早期名称，很可能都与梵语有关，"白叠"系梵语Bhardvdji（野生棉）的音译，"吉贝"系梵语Karpasi（栽培棉）的音译[18]。但也存在一些不同看法，如有学者认为，"白叠"系突厥语Pahta（棉花）的音译[52]。此外也有一些记载是不太好理解的。《太平御览》卷八二○"白叠"条云："晋令曰：士卒百工不得服越叠。"一般认为此"越"即百越；"叠"，即"白叠"，棉布。但《（嘉泰）会稽志》卷一七"草部·纸"条却载："白叠布，自一种。杜子美诗所谓光明白氈巾者也。晋令曰士卒百工毋得服越叠，盖旧出于越，今无之。"若"越叠"为越地棉布的话，为何宋代却"无之"？应是增加了才对。所以，这是不好理解的。

（五）对蕉麻的利用

蕉麻是生长于南方的多年生草本植物，其品种较多，实可食，其茎中包含有可用于纺织的纤维，并可织成焦布。我国古代与蕉麻有关的记载最早属汉，直到清代为止，许多文献都有专门记载。《三辅黄图》卷三载："扶荔宫在上林苑中，汉武帝元鼎六年，破南越，建扶荔宫，以植所得奇草、异木、菖蒲百本、山薑十本、甘蕉十二本。"此书不著作者姓名，约为唐人所撰，所述当有所本。关于蕉麻纺织的记载始见于晋。晋嵇含《南方草木状》卷上载："甘蕉，望之如树，株大者一围余，叶长一丈或七八尺，广尺余二尺许，花大如酒杯，形色如芙蓉……一名芭蕉，或曰芭苴……其茎解散如丝，以灰练之，可纺绩为缔绤，谓之蕉葛，虽脆而好，黄白，不如葛赤色也。交广俱有之。"[32] 嵇含，晋惠帝时人，《晋书》卷八九有传。这里谈到了蕉麻之灰水沤练，说其可纺织绩为缔绤。左思《吴都赋》："蕉葛升越，弱于罗纨。"李善注："蕉葛，葛之细者。升越，越之细者。"[33] 此期的郭义恭《广志》、杨孚《异物志》等都有相类似的记载。

二、纺纱技术的发展

魏晋南北朝的纺纱技术大体沿袭了秦汉以来的一些基本操作，手摇纺车、脚踏纺车进一步推广；其中最值得注意的是，南方很可能还使用了木棉纺车。

三国万震《南州异物志》云：吉贝木实中之纤维，细过丝緜。"人将用之，则治出其核，但纺不绩，在（任）意小抽相牵引，无有断绝。欲为斑布，则染之五色，织以为布。"其中值得注意的是：（1）吉贝纤维"但纺不绩"。纺，《说文解字》云："纺丝也。"段注云："丝之纺，犹布缕之绩缉也。"绩，《说文解字》："缉也。"段注云："绩之言积也，积短为长，积少为多。故《释诂》曰，'绩，继也。事也、业也、功也、成也。"缉，《说文解字》："绩也。"段注云："析其皮如丝，而撚之，而划之，而绩之，而后为缕，是曰绩，亦曰缉。"所以，纺即牵引出纤维，并加捻；而绩、缉，则是接绩、积短为长。故"但纺不绩"便是连续地牵引纤维，而无需劈绩接续。（2）"任意小抽相牵引，无有断绝"。看来，此应是一种能够连续不断地牵引出棉纱的机械，即棉花纺车。因早在汉代，我国就较多地使用了丝麻纺车，故三国时期南州发明出棉纺车也是可能的。丝麻纺车与棉纺车的差别主要是，前者只用作合股、加捻，无需引出纱条，绳轮与锭子间的传动比较大；棉纺则不但需牵引出纱条，还要加捻，故传动比较小；故由纺丝麻转变成纺棉，务必要加以改造，否则，势必因牵引不及，而使棉纱旋捻过多而崩析。但我国在汉代便发明了浑天仪、记里鼓车和指南车，人们对传动比早有较深认识；所以，三国时期将丝麻纺车改造成棉纺车，还是可能的。棉纺车的发明，是此期纺车技术的一项重要成就。

在讨论此期纺车技术时，还牵涉到《新编古列女传》插图——"鲁寡陶婴"图的断代问题。《古列女传》原为汉刘向所撰，晋顾恺之曾为之作图，历代均有翻刻，但原图已经失传，今见最早刻本为南宋蔡骥编订，成于嘉定七年（1214年），其插图系福建建安余氏模刻的，配图中描写了三锭式脚踏纺车的形象。此"三锭脚踏纺车"是否反映了晋代的史迹？依此，学术界便产生了两种不同观点。有人认为，这表明我国早在晋代便使用了三锭式脚踏纺车[34]。另一种意见则认为，《新编古列女传》系宋人编订，其主要思想虽出自汉晋，但宋人对其作一些局部调整、改动是完全可能的，无法证明它是原原本本地反映了晋代情况，而只能说其反映了宋代的情况[35][36]。看来两说都有一定道理，有待进一步研究。

三、织造技术和织物品种的发展

（一）织造技术的发展

此期的织造技术获得了长足进步，由于马钧对多综多蹑花织机的改革，织出了不少具有新风格的产品；斜织机、罗织机、立织机等在继续沿用的同时，都有一定的发展。

我国古代的多综多蹑机早在汉代就发展到了较高水平，当时社会上广为使用的是一种"五十综者五十蹑，六十综者六十蹑"的装置，因其操作较为麻烦，三国时期，马钧又对它作了一些改革。《三国志》卷二九"杜夔传"裴松之注引傅玄序云：马钧乃扶风人，巧思绝世，天下名巧也。其为博士居贫，乃思绫机之变，"旧绫机五十综者五十蹑，六十综者六十蹑，先生患其丧功费日，乃皆易以十二蹑，其奇文异变，因感而作者，犹自然之成型，阴阳之无穷"。由这段记载看，马钧改变了昔日综片数与踏杆数相等的状态，把控制开口用的脚踏杆从五六十根减少到了十二根，综片仍然保持原来的五六十片，即用十二根拉杆来控制五六十片综，这就大大地简化了操作[37]。

魏晋南北朝时，提花技术得到了较大的普及，这不但有众多考古实物为证，而且西晋杨泉《织机赋》等文献也在一定程度上反映了这一情况。赋云："取彼椅梓，枨于修枝，名匠聘工，美手利器。心畅体通，肤合理同，规矩尽法。""足闲踏蹑，手习槛匡；节奏相应，五声激扬。"这说的是织工和挽花工共同操作的情况。织工脚踏提综，起出了锦上地纹；用手打纬，并和挽花工按花纹提拉经线，一唱一和，密切配合。文中对织机材料、安装规格、提花操作等都作了细致的描写，若此花织机无较大程度的普及，辞赋家是很难描写得如此细致、形象生动的。

（二）织物品种的发展

从组织结构上看，魏晋南北朝织物大体上沿袭了汉代的品种，个中自然也有一些发展和变化；此时人们还把起皱技术推广到了毛织品中。在织锦工艺中出现了纬显花。下面仅介绍一下绫、锦、织成的情况。

绫。是斜纹（或变形斜纹）地上起斜花的织物，它是在绮的基础上发展起来的，汉代已初露头角。《释名·释彩帛》在区分绮和绫时说："绮，欹也；其文欹邪不顺经纬之纵横也。""绫，凌也。其文望之如冰凌之理也。"汉前之绫在考古发掘中很少看到，汉代的散花绫可与刺绣媲美。三国马钧思绫机之变后，其纹饰向着复杂的动物和人物图纹方向发展，产量亦大幅度增加。北魏太武帝（424～451 年）时，平城宫内曾有"婢使千余人织绫锦"，并有"丝绵布绢库"[38]。孝文帝（471～499 年）时，罢尚方锦绣绫罗工，"以绫绢布百万匹……赐王公以下"[39]。足见官府绫等丝织产品数量之巨。又，《北史·毕众敬传》说："众敬临还，献……仙人文绫一百匹"。《中华古今注》卷中"绯绫袍"载："北齐贵臣多着黄文绫袍，百官士庶同服之。"可知花绫衣袍在北方已经使用较多。但绫的考古实物所见甚鲜。

　　锦。魏晋南北朝锦的品种较多，据晋陆翙《邺中记》云：石虎织锦署有"大登高、小登高、大明光、小明光、大博山、小博山、大茱萸、小茱萸、大交龙、小交龙、蒲桃文锦、斑文锦、凤凰朱雀锦、韬文锦、桃核文锦……工巧百数，不可尽名也"。南朝锦的产量也较大，《梁书》卷五六"侯景传"载，侯景据寿春，将反，"启求锦万匹，为军人袍"。这数量是不少的。魏晋时期，织锦的传统作风依然较浓，北朝之后就渗入了许多中亚异民族气息，如构图题材增加了许多中土所不熟悉的大象、骆驼、翼马、葡萄等图像；在构图方式上，中原传统的菱形纹、云气纹多为中亚的团窠形、双波形、多边形代替。这种锦在考古发掘中已有多件，1959 年，吐鲁番阿斯塔那北区墓葬出土有北朝树纹锦，经纬密为 112 根/厘米×36 根/厘米，用绛红、宝蓝、叶绿、淡黄、纯白五色丝线织出树纹。伴出物有高昌和平元年（551 年）墓志[15][40][41]。1967 年，同一地方高昌延昌七年（567 年）墓出土有夔纹锦，平纹地，经显花；计有红、蓝、黄、绿、白五色；经线红、黄、蓝、绿四色分区排列配色，整个图案绚丽非常[15][41][42]。1964 年，同地高昌延昌二十九年（589 年）唐绍伯墓出土有牵驼纹"胡王"字锦，实物残片长度为 19.5 厘米×15 厘米，经密 48 根/厘米，纬密 32 根/厘米（包括明暗纬）。在黄色地上以小型联珠环和正倒人牵驼，以及"胡王"两字组成主题纹饰（彩版柒，1）[14][15]。组织为斜纹重经的经线显花，地纹也是斜纹组织结构。虽墓葬年代属隋（581～618 年），但其制作年代应在隋前。这就否定了过去人们认为隋唐以前锦的基本组织是平纹，或把经线斜纹显花作为平纹的一种变化组织的说法[42]。秦汉六朝的锦大体上是平纹组织为地，经线起花的；大约北朝后期就开始出现了纬显花。纬锦的出现可能与波斯锦，以及国内兄弟民族毛织技术都有一定关系[42][43]。

　　三国时期，还出现了把金丝用于织物的记载。《三国志·魏志》卷九"夏侯尚传"载："今科制，自公列侯以下，位从大将军以上，皆得服绫、锦、罗、绮、纨、素、金银缕饰之物。自是以下，杂彩之服通于贱人。"这是把金银丝织入或绣入织物，并列为服饰等级的较早且较为明确的记载。

　　织成。又有"织绒"、"偏诸"等名。它是从锦分化出来，在经纬交织的基础上，另以彩纬挖花的实用装饰物。织法是：以平纹或斜纹作地组织，依花型或衣片的轮廓线，依据配色设计，用彩色丝线以平纹或斜纹挖花的方式织入。其始见于汉。《西京杂记》卷一说汉宣帝常以琥珀笥盛身毒国宝镜，"缄以戚里织成锦，一（曰）斜纹锦"。《后汉书·舆服志下》说："公侯九卿以下皆织成，陈留襄邑献之。"魏晋时，织成较多地使用起来。《玉台新咏》三载晋杨方《合欢》诗："寝共织忘被，絮用同功锦。"当时内地的织成锦工，已驰名塞外，芮芮（柔然）王曾向南朝求锦工。《南齐书·芮芮虏传》载："芮芮王求医工等物，世祖诏报曰：知须医及织成锦工、指南车、漏刻，并非所爱。南方治疾与北土不同，织成锦工并（是）女人，不堪涉远。指南车、漏刻，此虽有其器工匠，久不复存，不副为误。"1964年阿斯塔那前凉（317~376年）末年墓出土的一双织成履，长22.5厘米，宽8厘米，高4~5厘米，用褐红、白、紫、黑、蓝、土黄、金黄、绿八色丝线依照履的形式，用"通经断纬"的方法织成，鞋面上织出有"富且昌宜侯天天延命长"10个汉字隶书铭文[14][15]。此即是汉晋文献中说到的"丝履"。

四、漂练和印染技术

魏晋南北朝纺织品的漂练、染色、印花技术大体上亦沿袭了前世的一些操作，但也有一些新的发展。

（一）漂练技术的发展

此期漂练技术的进步主要表现在五个方面：（1）使用了冬灰和荻灰，说明草木灰品种较前有了扩展。《本草纲目》卷七"冬灰"条引梁陶弘景云：冬灰，"即今浣布黄灰尔，烧诸蒿藜积聚炼作之，性亦烈；荻灰尤烈。"（2）为增加白度，使用了"白土"助白。王祯《农书》卷二一"矿絮·绵矩"条引后魏郦道元《水经注》云："房子城西出白土，细滑如膏，可用濯绵，霜鲜雪耀，异于常绵。"从有关工艺调查来看，这种白土应属膨润土或高岭土类，内含硅铝化合物[44]。（3）对漂练用水有了一定认识。除前引谯周《益州志》说到过江水对蜀锦色泽的影响外，《水经注》卷三三"江水一"在谈到成都锦官城时，也有类似的说法："言锦工织锦，则濯之江流，而锦至鲜明，濯以佗江，则锦色弱矣，遂命（名）之为锦里也"。这都说到了长江水是洗练织绵的最佳用水。（4）使用了绿豆漂白法。《齐民要术》"杂说第三十"说："凡浣故帛，用灰汁则色黄而且脆。捣小豆为末，下绢篚，投汤水中以洗之，洁白而柔韧，胜皂荚矣。"（5）使用了酶练法。《齐民要术》"杂说第三十"又载："漱生衣绢法：以水浸绢令没，一日数度回转之，六、七日，水微臭，然后拍出，柔韧洁白，大胜用灰。"显然，酶练是胜过普通灰练的。

（二）染色技术的发展

汉代的染色原料主要是茜草、朱砂（皆染红）、栀子（染黄）、靛蓝（染蓝）、荩草（用铜盐作媒染剂可得绿色）、皂斗、墨黑（皆染黑）等；使用直接浸染、媒染、还原染的方式着色，这些原料及其染色工艺此期皆继续使用。魏晋南北朝染色技术的进步主要表现在：（1）对靛蓝和红花的染色技术有了稍见详细的记载，认识上有了较大提高；（2）以铁作媒染剂的染皂技术上有了明确记载；（3）染红等原料有了扩展。

靛蓝染色技术先秦使用已广，汉后便逐渐成熟起来，魏晋南北朝出现了种蓝、制蓝和染色的详细记载。后魏《齐民要术》卷五"种蓝"条说："刈（割）蓝倒竖于坑中，下水，以木石镇压，令没；热时一宿，冷时再宿；漉去荄，内汁于瓮中，率十石瓮，著石灰一斗五升。急抨之，一食顷止。澄清，泻去水。别作小坑，贮蓝淀著坑中。候如强粥，还出瓮中盛之，蓝靛成矣。"在此最值得注意的有两点：一是"热时一宿，冷时再宿"，即热天浸泡一夜，冷天浸泡两夜；说明此时人们已打破了蓝草染色的季节性限制，这是制蓝技术的一大进步。二是"著石灰一斗五升"，目的是中和染浴，使染液发酵，在发酵中靛蓝被还原成靛白。靛白具有弱酸性，加入碱质可促进还原反应的迅速进行，靛白染色后，经空气氧化又可复变为鲜艳的靛蓝。这是蓝草制靛工艺的系统总结，也是世界上关于靛蓝技术和还原染技术的较早记载之一，此造靛和染色工艺，与现代合成靛蓝的染色机理是完全一致的[45]。

红花是一种红色染料，汉代便已种植和使用[46]，魏晋南北朝便推广开来，有关红花提取的记载亦始见于这一时期。后魏《齐民要术》卷五"种红花蓝花栀子"条曾记述过一种民间泡制红花染料的"杀花法"，说："摘取即碓捣使熟，以水淘，布袋绞去黄汁，更捣，以粟饭浆，清而酸者淘之，又以布袋绞汁，即收取染红勿弃也。绞讫，著瓮器中，以布盖上，鸡鸣更捣令均于席上，摊而曝干，胜作饼"。这是我国古代关于制造红花染料较早且较为详细的记载，与现代染色学、红花素提取原理是完全一致的[45]。

铁应是我国使用较早的媒染剂，但今日所知，较早且较为明确的记载却始见于南北朝时期。《重修政和经史证类备用本草》卷四"铁精"引梁陶弘景云："铁落是染皂铁浆。"此"染皂"显然是指媒染。因铁剂易于获得，这就极大地扩展了媒染剂的范围。此工艺在我国沿用了相当长一个时期，后世的不少文献都有记载。

苏枋染红的记载约始见于西晋时期。嵇含《南方草木状》卷中云："苏材类槐花，黑子，出九真，南人以染绛，渍以大庾之水，则色愈深。"[32]此明确说到了苏枋染红。苏枋的色素为媒染性染料，对棉、毛、丝等纤维均能上染，经媒染剂染色后，具有良好的染色牢度。

（三）染花技术的发展

魏晋南北朝时，印花、染花技术进一步推广开来，其中尤其值得注意的是染花技术中的夹缬、蜡缬和绞缬三种工艺。

夹缬。约发明于汉，但有关实物却是到了北朝才看到的。操作要点是：将织物夹于两块镂空型版之间，将之固定并绷紧，于镂空处涂刷或注入色浆后，解开型版，花纹即现。1959 年，新疆于田县屋于来克北朝遗址出土一块蓝白印花棉布，便使用了这一工艺[17][41][47]。此外还有一种防染性夹缬，工艺要点是：将织物绷紧，并夹于镂花夹板之间，镂空处涂以蜡，解去夹板，后染色、晾干；去蜡后花纹即现。吐鲁番阿斯塔那北朝末年墓出土有一种大红地白点纹缬，便使用了这一工艺[40]。

蜡缬。汉代已经相当成熟。南北朝时期，除印染棉织品外，还用到了毛织品上。1959 年屋于来克古城遗址出土蓝色蜡缬棉织品一件，残长 11 厘米、宽 7 厘米，并出土有北朝印花毛织品，其中一件长 19 厘米、宽 4 厘米[41][48]。

绞缬。"缬"是我国古代织物染花的一种常用工艺，此名最初主要指绞缬。唐玄应《一切经音义》卷十载：缬，"谓以丝缚缯，染之，解丝成文曰缬也"。元《古今韵会举要》卷二七云："缬，系也，谓系缯染为文也。《广韵》：'结也。'《增韵》：

'文缯'。"从有关研究来看，绞缬的具体操作约有两种：（1）以谷粒状物作垫衬物进行扎结，便可得到圆圈形或鱼子形花纹；若先扎成球状，后再在球上和球外进行扎结，则能得到各种奇丽的图案。由于植物纤维的毛细管效应，所得花纹带有艺术化的无级层次的色晕效果[47]。（2）将织物折成连皱，用针线穿过，然后将线捆紧钉牢，再染色，晾干后拆线，便可显现散点组成的花瓣形图案[40]。绞缬在东晋时期已相当成熟。新疆阿斯塔那古墓出土有建元二十年（384年）绞缬绢，大红地上显出行行白点花纹[40]。1963年，阿斯塔那建初十四年（418年）韩氏墓出土有绞缬绢，绛地，白色方形花纹，平纹，经纬密为52根/厘米、45根/厘米[14][15][48]。1979年，阿斯塔那发掘了北凉承平十六年（458年）彭氏墓，出土有红底白点绞缬绢15匹，蓝底白点绞缬绢1匹，这些绢都是小卷状下脚料[49]。1959年于田县屋于来克古城遗址出土有北朝红色绞缬绢，长32厘米、宽8厘米[41]。南北朝后，绞缬的梅花型、鱼子型纹样便广泛地用到了妇人服饰上。此期缬类织物的生产和消费量都较大。《魏书》卷三二"封回传"："荥阳郑云迨事长秋卿刘腾，货腾紫缬四百匹，得为安州刺史。"一匹为四丈，"货腾紫缬四百匹"，便是1600丈，这数量是不小的。

五、丝绸技术之外传

魏晋南北朝时，中外在丝绸和蚕桑技术上的交流是十分活跃的。早在公元前6世纪～前5世纪，中国的丝绸就传到了波斯帝国。最早把中国称之为"丝国（塞里斯 Seres）"，并把它介绍给西方的是希腊人克泰西亚斯（Ctesias），他约于公元前5世纪末生活在波斯，并曾在波斯王宫充当过御医。公元1世纪的罗马博物学家普里尼（GaiusPliniusSecundus，公元23～79年）在《自然史》一书中曾有一段关于丝绸的文字[50]。前云新疆出土了大量魏晋南北朝丝织品，这是我国丝绸西传过程中路过此地的重要证据。此时养蚕技术亦传到了西方。传说公元550年时，东罗马皇帝尤斯提尼阿奴斯决意创建缫丝业，当时有两位到过中国的波斯僧侣便将蚕卵藏于通心竹杖中，偷运出境，献给了东罗马皇帝，蚕丝业自此传入欧洲[51]。中国与日本的纺织品交流此时亦有了发展。《三国志》卷三〇"倭人传"载，景初二年（238年）十二月，倭王特使赠魏王斑布二匹二丈等物，魏王回赠倭女王"绛地交龙锦五匹，绛地绉粟罽十张，茜绛五十匹"。又赐倭王"绀地句文锦三匹，细班（斑）华罽五张，白绢五十匹"。正始四年（243年），倭王又遣使献给魏廷倭锦、绛青缣、绵衣、帛布等物。一般认为，丝织提花技术，以及型板印花技术都是此时传到日本去的。

第五节　机械技术的发展

魏晋南北朝时，我国机械技术有了不少发展：在原动力利用方面，水力机械不但沿袭了汉代的水碓、水排和浑天仪，而且还发明了水磨和水碾；在风力机械中，船帆技术有了很大提高，且发明了车帆。在传动机构方面，齿轮传动不但使用于记道车、指南车和浑天仪，而且用到了粮食加工等项生产上；连杆和绳索传动使用得更加巧妙和纯熟，马钧对绫机的改革就在很大程度上反映了人们这方面的智慧。拨杆，这种把一个轴的连续运动转变为另一装置的间歇运动的机件，也使用得更为普遍，不但在水碓、水力天文仪、记里鼓车，而且在舂车上也有应用。床弩、独轮车技术都有了改进；为适应战争、生产、生活的多种需要，还发明了连续发石机、磨车、水车等实用性机械，以及飞车、百戏图等游艺性机械。机械技术显示出来的巨大生产潜力，引起了社会上的广泛注意：一方面涌现了诸如马钧、杜预、耿询、祖冲之等一批机械发明家，另一方面也产生了诸如韩暨那样尊重技术的一些官吏。下面依据各机械的功用，分类作一简单介绍。因绫机在纺织技术部分所述甚详，这里不再赘言。

一、农业机械技术的发展

（一）耕作机械的发展

这主要表现在双辕犁的推广上。我国早期耕犁一般都是直辕的，这情况大约一直延续到南北朝，及至唐代。如前所云：直辕又分单直辕和双直辕两种。单直辕一般较长，通常役使二牛，俗谓"二牛抬杠"；双直辕一般较短，一牛挽拉[1]。双直辕犁约始见于汉[2]，直到魏晋南北朝才推广开来，隋唐仍在使用。在当时这是一种较为先进的耕作方式。《晋书》卷一〇儿"慕容皝载记"：皝曾下令"苑囿悉可罢之，以给百姓无田业者。贫者全无资产，不能自存，各赐牧牛一头。若私有余力，乐取官牛垦官田者，其依魏晋旧法"。此给无资产者牧牛一头以作耕种，是一牛挽双辕之证。山东滕县宏道院东汉牛耕画像石、敦煌唐代壁画[3]等，都显示过一牛挽双直辕的画面。

（二）整地机械的发展

此期耕作机械技术较为重要的成就是旱地整理机械"劳"和水田整理机械"陆轴"，都有了较为明确的记载。

劳，又作"耢"，主要功能是碎土、平地，并可起到保墒的作用。贾思勰《齐民要术》卷一载："春季多风，若不寻劳，地必虚燥。"还说："犁欲廉，劳欲再。"此"廉"意即犁要窄小，破土才能深而细；劳欲再，说明了整地之重要。同卷又说："春耕寻手劳，秋耕待白背劳。""耕而不劳，不如作暴。"此后两句的意思是，若耕而不劳，不如什么也不做。关于劳的构造和操作，《齐民要术》未曾细说，元王祯《农书》卷一二"农器图谱·劳"条所述却较简明："无齿耙也，但耙桯之间用条木编之，以摩田也，耕者随耕随劳……务使田平而土润，与耕颇异。耙有渠疏之义，劳有盖摩之功也。"同书卷二"耙劳篇"载："凡治田之法，犁田既毕，则有耙劳。耙有渠疏之义，劳有盖磨之功。今人呼耙曰渠疏，劳曰盖磨，皆因其用以名之，所以散垡去芟，平土壤也。"此元代劳的形态和操作，对我们了解南北朝的情况还是很有帮助的。

陆轴，即后世之碌碡。实际上是一种绕轴（或谓端轴）转动，带棱而无齿的石滚。《齐民要术》卷二"水稻"条载："稻无所缘，唯岁异为良。"栽种之时，"先放水十日，后曳陆轴十遍（原注：遍数唯多为良）"。这是关于水田整理机械较早且较为明确的记载。

（三）排灌机械的发展

此期排灌机械的主要成就是马钧制作了翻车。《三国志》卷二九"杜夔传"裴松之注云："马先生钧，天下服其巧矣。居京都，城内有坡可为圃，无水以灌之，乃作翻车；令童儿转之，而灌水自覆，更入更出，其巧百倍于常。"此"翻车"也记述得十分简单，如前所云，元王祯[4]、明徐光启[5]、今人刘仙洲[6]、陆敬严[7]皆认为后汉毕岚，以及此马钧所作"翻车"，皆系后世之龙骨车；李崇州却认为它们是两种不同的机械，并说毕岚"翻车"系辘轳汲水机，马钧"翻车"则是一种高转筒车[8]。我们认为：李崇州对马钧"翻车"的解释虽有一定道理，但未必确切，而诸家对毕岚"翻车"、马钧"翻车"的解释则仅是一种推测，皆未列出确切的文献依据。其实，此所谓的"翻车"，应是水力或人力推动的大水轮车，即普通筒车或高转筒车。我们的依据为：

（1）汉服虔《通俗文》云："水碓曰翻车碓。"[9]显然，此推动水碓的"翻车"，决不是龙骨车，而是水轮、筒车，故服虔的原意是：水碓又叫筒车碓，或水碓即是水轮推动之碓。因大水轮既可引水灌溉，也可推动水碓，还可两者兼而有之。若将此"翻车"解释成龙骨车，服虔的话就成了"水碓又叫龙骨车碓"，这无论如何是讲不通的；因不管在古代文献中，还是传统技术中，皆未看到过既带动龙骨车，又带动水碓的水力机械。所以，汉至三国时期作为排灌机械的"翻车"，当即是筒车。服虔为汉代之人，其说当属可信。

（2）不但汉代将"大水轮"或"水转筒车"称之为"翻车"，而且宋代，及至清代，民间依然是沿用这一称呼的。清屈大均《广东新语》卷一六"器语·水车"条云："从化之北有流溪……水湍怒流，居民多以树木障水为水翻车。子瞻诗：'水上有车车自翻。'水翻车，一名大**辋**，车轮大三四丈，四周悉置竹筒。筒以吸水，水激轮转，自注槽中。高田可以尽溉，西宁亦然。每水车一辆，可供水碓十三四所。"显然，屈大均说的翻车即是水转筒车；此筒车同时兼具了引水灌溉和推动水碓两种功能。这种身兼两职的大水轮直到近现代仍可看到。"子瞻"，苏东坡字。显然，依屈大钧看来，苏东坡所说"水上有车车自翻"中的"车"也是筒车。此说当有一定道理，从苏东坡描写的形态和气势看，不像是龙骨车。可知宋人、清人，都是把筒车称之为翻车的。

依此，我们认为：毕岚"翻车"应是普通筒车，即水转筒车；因马钧"翻车"需"令童儿转之"，则可能是人力推动的高转筒车。依理，高转筒车当属于"链传送"范围。有关高转筒车的情况，元代部分再谈。元王祯、明徐光启、今刘仙洲、陆敬严等说毕岚、马钧的翻车皆为龙骨车，李崇州说毕岚翻车为辘轳，这些皆与汉服虔所云不符，与宋代、清代民俗亦不符。有关情况第七章还要谈到。

（四）粮食加工机械的发展

较为重要的有如下几种：

水碓。约发明于西汉，魏晋南北朝时，有关记载明显增加，使用地域也有了扩展，技术上亦有了提高。汉代关于水碓的记载只有少数几条，魏晋南北朝则有20条以上，据不完全统计，见于《晋书》的便至少有7条。东汉时期使用水碓的主要是雍州等地，魏晋南北朝则扩展到了洛阳，以及南北许多地方。《晋书》卷三三载：石崇有"水碓三十余区，苍头八百余人"。卷四一"魏舒传"载：魏舒少时"迟钝质朴，不为乡亲所重；从叔父吏部郎衡，有名当世；亦不之知，使守水碓"。卷四三

"王戎传"云：故吏"性好兴利，广收八方园田，水碓周遍天下，积实聚钱，不知纪极"。《全晋文》卷二八引王浑《表立水碓》云："洛阳百里内，旧不得作水碓，臣表上先帝听臣立碓，并换得官地。"由此可见当时水碓广泛使用之一斑。

至迟晋代，还发明了几个碓共用一个转轴的连机碓。《太平御览》卷七六二"器物部七·碓"引东晋傅畅《晋诸公赞》云："征南杜预作连机水碓。"这是我国古代关于连机碓的最早记载。它的发明，大大提高了水碓功效。关于连机碓的具体构造，元王祯《农书》卷一九"农器图谱·利用门·机碓"曾有详细记述："今人造作水轮，轮轴长可数尺，列贯横木相交，如滚枪之制，水激轮转，则轴间横木，间打所排碓梢，一起一落舂之，即连机碓也。"（图4-5-1）前章所引《资治通鉴》胡三省"注"所述当也是一种连机碓。

機碓

图4-5-1 元王祯《农书》所载连机碓

水碾、水磨。有关记载约始见于南朝时期。《南史》卷七二"祖冲之传"云：祖冲之"于乐游苑造水碓磨，武帝（483~493年）亲自临视"。此提到了水碓磨。《魏书》卷六六"崔亮传"云："亮在雍州读杜预传，见为八磨，嘉其有济时用，遂教民为碾。及为仆射，奏于张方桥东堰谷水造水碾磨数十区，其利十倍，国用便之。"此提到了水碾磨，时当公元500年前后。又，《北齐书》卷一八"高隆之传"云：高隆之于天平（534~535年）初"领营构大将军……又凿渠引漳水，周流城郭，造治碾硙，并有利于时"。此外，《洛阳伽蓝记》卷三"景明寺"也有类似记载。我国古代的圆形旋转磨始见于战国晚期，但磨齿结构却是在西晋至隋唐才成熟起来的。西晋之后的磨，其磨齿多分成八区，并呈斜线状排列[10]。

关于南北朝水磨、水碾的传动机构，今已很难了解。从元代王祯《农书》等所绘水磨图看，它约有两种类型：一是卧轮式，用水推动一个卧轮，在卧轮上连一立轴，在立轴上安装磨盘，通过立轴传动。一种是立轮式，由水力推动一个立轮，在立轮的横轴上装一齿轮，使之与磨的立足下部平装的一个齿轮相衔接（两轮的作用相当于一对圆锥齿轮），通过横轴、齿轮、立轴来传动。元王祯《农书》卷一九"农器图谱·利用门"详细说了这两种磨的结构，图4-5-2所示为其中的卧轮式水磨。水磨既可做成卧轮，也可做成立轮，前者宜用于冲动力较大处，后者则宜用于冲动力稍小，但水量稍大处。水碾的传动机构与水磨大体一致，元王祯《农书》卷一九"农器图谱·利用门"载："其下轮作卧轮或立轮，如水磨之法，轮轴上端，穿其碾榦，水激则碾随轮转循槽轹谷，疾若风雨。"（图4-5-3）

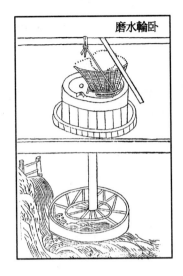

图 4 - 5 - 2 元王祯《农书》所载
卧轮式水磨

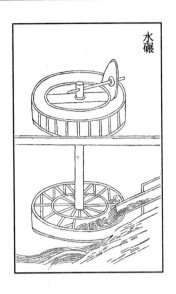

图 4 - 5 - 3 元王祯《农书》所载
卧轮式水碾

畜力八转连磨。这是以畜力推动，使八盘磨同时工作的机构。《太平御览》卷七六二引嵇含《八磨赋》云："外兄刘景宣作为磨，奇巧特异，策一牛之力，任转八磨之重。"由前引《崔亮传》推测，这八磨连转机构很可能是杜预创制的。

春车和磨车。均系粮食加工用车辆。其通过几种机械传动装置，把车轮和车轴的旋转运动，转换成拨杆压杠，或摇柄推磨的运动，以达到春米和磨面的目的。有关记载始见于东晋十六国时，陆翙《邺中记》云："（后赵）石虎（295～349年）有指南车及司里车，又有春车木人，及作行碓于车上，车动则木人踏碓春，行十里成米一斛。又有磨车，置石磨于车上，行十里辄磨麦一斛。"此春车和磨车是否使用了齿轮传动，因文献记载不详，后世亦无类似的机械而难以推测，可以进一步研究。但春车上使用了拨杆应是可以肯定的。

二、造车技术的发展

在汉代的基础上，魏晋南北朝的制车技术有了进一步发展，不但民间用车已较普及，而且技术上也有了许多提高，还出现了一些形制较新、较大的车辆。《晋书》卷一○七"石季龙载记"云：永和三年（347年），石季龙"使尚书张群发近郡男女十六万，车十万乘，运土筑华林苑及长墙于邺北，广长数十里"。一次能在近郡发民车十万之众，可见当时民间用车量已经较大。同书卷一○六云，石虎性好猎，"其后体重不能跨鞍，乃造猎车千乘，辕长三丈，高一丈八尺，置高一丈七尺格兽车四十乘，立三级行楼，二层于其上"[1]。《魏书》卷一○八"礼志四"载，天子、太皇、太后、皇太后郊庙所乘"小楼辇辂八……架牛十二"。天子法驾行幸巡狩小祀所乘游观辇"架马十五匹"。可见此猎车、辇车规模都是不小的。又《梁书》卷五六"侯景传"谈到侯景曾"造诸攻具及飞楼撞车、登城车、登堞车、阶

---

① 若将"其後体重不能跨鞍"简化成"其后体重不能跨鞍"，句子的主体就由石虎变成石虎之妻了。

道车、火车，并高数丈，一车至二十轮"。"景又攻东城府，设百尺楼车，钩城堞尽落，城遂陷"。此车高"数丈"、"二十轮"，及至"百尺"，可见规模之大；看来此期所制之器都有规模增大的趋势。

魏晋南北朝制车技术上较值得注意的是：关于记里鼓车和指南车的记载更为明确，发明了"木牛流马"和帆车。记里鼓车和指南车都是礼仪用品，真正的实用车是木牛流马和帆车。

（一）记里鼓车

其发明于汉，魏晋时期有关记载明显增多，且更为明确。

《晋书》卷二五"舆服志上"云："记里鼓车，驾四，形制如司南。其有木人执槌向鼓，行一里则打一槌。"这是我国古代文献中关于记里鼓车工作状况的最早记载。晋代之后，它就成了一种礼仪用车。

晋崔豹《古今注》："记里鼓车，一名大章车。晋安帝（397～418 年在位）时刘裕灭秦得之，有木人执槌向鼓，行一里打一槌。"

此外，《宋书》卷一八"礼志五"，《南齐书》卷一七"舆服志"，陆翙《邺中记》等都曾简略提及。《南齐书》还说其"机皆在内"。但这些记里鼓车究竟是谁人制作，则不得而知，正如《宋书》云："记道车，未详其所由来，亦高祖定三秦所获。"

关于记里鼓车的具体结构是到了宋代才为岳珂《愧郯录》记述下来的，之后的《宋史》卷一四九"舆服志"也有记述。《宋史》谈到了两种设计方案，一为天圣五年（1027 年）卢道隆所献，一为大观元年（1107 年）吴德仁所献。实际上都是一种以齿轮传动为主的机械装置，车中装有可起减速作用的传动齿轮、拨杆（凸轮）、杠杆等机构，车行一里，车上木人因受拨杆（凸轮）牵动，由绳索拉起木人右臂而击鼓。1925 年，张荫麟对宋代两种记里鼓车的造法都作了深入研究[11]。1937 年，王振铎又依据卢、吴两家的设计对它进行了复原[12]，这些研究和复原都取得了很好的成绩。

（二）指南车

虽东汉张衡便已制作，但较为详细的记载却是魏晋之后才看到的。

《三国志》卷二九"杜夔传"裴松之（372～451 年）注云：马钧与常侍高堂隆、骁骑将军秦朗在朝议时，对指南车发生了争论。高、秦二人认为古代没有指南车。马钧云："古有之，未之思耳……虚争空言，不如试之，易效也。于是二子遂以白明帝，诏先生作之，而指南车成。"裴松之系南朝宋人，由其"注"可知，马钧制作了指南车是肯定的。稍后的《晋书》、《宋书》、《南齐书》都有关于指南车的记载。

《晋书》卷二五"舆服志上"说："司南车一名指南车，驾四马，其下制如楼，三级。四角金龙衔羽葆。刻木为仙人，衣羽衣，立车上，车虽回运而手常南指。"

《宋书》卷一八"礼志五"说，马钧所作之指南车因晋乱而"复亡，石虎（295～349 年）使解飞，姚兴使令狐生又造焉。安帝义熙十三年（417 年），宋武帝平长安，始得此车"。

《南齐书》卷五二"祖冲之传"说："姚兴指南车有外形而无机巧，使冲之追修古法。冲之改造铜机，圆转不穷而司方如一。"使指南车的技术水平达到了前所未有的高度。

与记里鼓车同样，我国古代关于指南车具体结构的记载也是到了宋代才为岳珂《愧剡录》记述下来，之后的《宋史》在卷一四九"舆服志"中也有记载，文字基本一致，计有两种设计方案：一是天圣五年（1027 年）肃燕所献传统制法；二是大观元年吴德仁所献大型新车制。原理基本一致，都是一种以齿轮传动为主的机械，并使用了离合器。指南车是在我国古代独辕双轮车的基础上发展过来的，它的发明和使用，说明我国古代齿轮传动技术、离合器技术，都取得了较高的成就。

（三）木牛流马

它是依据蒲元的提议，由诸葛亮主持制作的特殊运输小车。《三国志》卷三五"诸葛亮传"云："（建兴）九年（231 年），亮复出祁山，以木牛运……十二年春，亮悉大众由斜谷出，以流马运。"裴松之注引《诸葛亮集》云："作木牛流马法曰：'木牛者，方腹曲头，一脚四足。头人领中，舌著于腹，载多而行少，宜可大用，不可小使；特行者数十里，群行者二十里也。曲者为牛头，双者为牛脚，横者为牛领，转者为牛足，覆者为牛背，方者为牛腹，垂者为牛舌，曲者为牛肋，刻者为牛齿，立者为牛角，细者为牛鞅，摄者为牛鞦轴。牛仰双辕，人行六尺，牛行四步。载一岁粮，日行二十里，而人不大劳。'"此对木牛的形态和尺寸作了不少描述，但很不具体，且经常使用一些比喻和隐语，使人不易读懂。《蒲元别传》也曾谈及此事，并说木牛流马原是蒲元创意的："蒲元为诸葛公西曹掾，孔明欲北伐，患粮运难致，元牒与孔明曰：'元等推意作一木牛，兼摄两环，人行六尺，牛行四步，人载一岁之粮也。'"[13]究竟木牛流马的具体构造和形态如何①，千百年来人们曾有许多不同看法。自宋代至今，其中比较流行的观点认为，它是适应于蜀道（或说今川北、陕西西南一带）运输的一种独轮车。《宋史》卷三〇九"杨允恭传"，宋高承《事物纪原》，今刘仙洲《中国古代农业机械发明史》等大体上均持这一观点。陈从周等近年又对此说作了进一步阐述，认为"木牛"（小车）基本构造是：独轮、四足，装置有一个简单的车架，架长约 4 汉尺，宽近于 3 汉尺，车架后面有两个推手；前面系绳可用人、畜拉曳。车架前方的上部安有一个牛头状装饰物。四足是前后各二足，分别用于车停在上坡和下坡路面时支撑车身，以防翻倒的。"流马"形制与此大体一致，但无前辕，且车身稍显细长[14]。李迪、冯立昇认为，木牛和流马是两种不同的独轮手推车；木牛轮子稍小，载重量较大，前面用人拉，后面用人推，行动如牛那样迟缓；流马轮子稍大，载重量较小，一人

---

① 《三国志》卷三五"诸葛亮传"，裴松之注引《诸葛亮集》云："流马尺寸之数，肋长三尺五寸，广三寸，厚二寸二分，左右同。前轴杠孔分墨去头四寸，径中二寸。前脚孔分墨二寸，去前轴孔四寸五分，广一寸。前杠孔去前脚孔分墨二寸七分，孔长二寸，广一寸。后轴孔去前杠分墨一尺五分，大小与前同。后脚孔分墨去后轴孔三寸五分，大小与前同。后杠孔去后脚孔分墨二寸七分，后载尅去后杠孔分墨四寸五分。前杠长一尺八寸，广二寸，厚一寸五分。后杠与等板方囊二枚，厚八分，长二尺七寸，高一尺六寸五分，广一尺六寸，每枚受米二斛三斗。从上杠孔去肋下七寸，前后同。上杠孔去下杠孔分墨一尺三寸，孔长一寸五分，广七分，八孔同。前后四脚，广二寸，厚一寸五分，形制如象。轩长四寸，径面四寸三分，孔径中三脚杠，长二尺一寸，广一寸五分，厚一寸四分，同杠耳。"

推动，如马一样行动敏捷。木牛、流马之名，并非其外形如牛似马，而是指其性状，或说是负重量和敏捷程度来说的[15]。这些说法都有一定道理，其实"木牛"、"流马"之名称，在一定程度上是对这种独轮车的形容和赞誉；至于此二者性能的区别，则如裴松之"注"所云，木牛是"载多而行少，宜可大用，不可小使"的。我国古代独轮车约发明于西汉[16]，木牛流马应是在西汉独轮车的基础上，为适应蜀地运输而设计出来的，实际上也是对西汉独轮车的改进和发展。

（四）风帆车技术的发明和发展

我国古代关于风帆推车的记载始见于南北朝，梁元帝（552～555年在位）肖绎《金楼子》卷六"杂记篇"云："高苍梧叔能为风车，可载三十人，日行数百里。"[17]高苍梧叔，应指南朝宋后废帝（473～477年在位）刘昱。此"风车"即以风为动力的风帆推车，而非风扇车；能"日行数百里"，速度是相当快的。这风帆车在我国一直沿用了下来，近现代在山东、安徽等地农村手推小车上还有加帆的，吉林冬季的冰床亦有加帆的例证。

三、航运机械之发展

魏晋南北朝时期的造船技术和航运技术都有了较大的发展，尤其南方，不管内河航运还是海上航运，都已具备了相当的规模和技术水平。《三国志》卷四七"孙权传"载，黄龙二年（230年）春正月，遣将军卫温、诸葛直将甲士万人浮海到达夷洲（台湾）。嘉禾二年（233年），吴国大夫张弥等统带万人渡海北上至辽东。《梁书》卷五四"海南诸国传"云：吴孙权遣使朱应、康泰通东南亚诸国，"所经及传闻则有百数十国"。这些大规模的海上活动，所需船舶的数量和规模都是较大的。《北齐书》卷三二"王琳传"载，梁大将王琳起兵反对朝中掌权的陈霸先，"每行，战舰以千数"。北方造船业亦已具备相当规模。《太平御览》卷七七〇引云："魏文帝《沂淮赋》曰：建安十四年王师东征，泛舟万艘。"又《晋书》卷四二"王濬传"云："武帝谋伐吴，诏濬修舟舰，濬乃作大船连舫，方百二十步，受二千余人，以木为城，起楼橹，开四出门，其上皆得驰马来往……舟楫之盛，自古未有。"《太平御览》卷七七〇"舟三·舰"载："《义熙起居注》曰：卢循新作八槽舰九枚，起四层，高十余丈。"义熙（405～418年），东晋安帝司马德宗年号。卢循，浙江农民起义首领。八槽，王冠倬认为很可能是水密舱之意，因汉代内河船便采用了横梁结构，只要安装竖板，便可分隔成舱[18]。此说是否成立，尚有待考古实物证实。因晋1尺约相当于今0.24米[19]，此"高十丈余"便在24米以上，这是较高的。后赵的船舶也具有相当规模。《太平御览》卷七六八引崔鸿《后赵录》曰：张弥师众一万，徙洛阳钟簴、九龙、翁仲、铜驼等物过黄河，"造万斛舟以渡之"。《梁书》卷六"敬帝纪"：梁朝的徐度与北齐作战，在合肥一次就"烧齐船三千艘"。《资治通鉴》宋元帝元嘉七年载：北魏神麚三年，为准备与刘宋作战，一次就"诏冀、定、相三州造船三千艘"。双体船，即舫的制造技术此期也有一定发展，宋摹本顾恺之《洛神赋图》上见有东晋画舫形象，其有并列的船身，船上重楼高阁，纹饰华美。虽其行速较慢，但却较为平稳。

此期船舶技术上比较重要的成就有如下几个方面：

1. 至迟晋代，重板造船技术已发展到相当高的水平。《太平御览》卷七七〇引晋周处《风土记》云："小曰舟，大曰船，温麻五会者，永宁县出，豫林合五板以为大船，因以五会为名。"此"五"有两层意思：一是"多"、"众多"；二是纵横交错。《说文解字》云：五，"阴阳在天地间交午也"。段注"午"云："一纵一横曰午。"故此"合五板"即纵横交错地重合多板之义。

关于重板技术的发明期，目前尚未在考古实物中找到确切的答案。从文献记载看，春秋船的规模已经较大，至迟战国便有了楼船，汉代楼船又有了进一步发展。若不用重板，只用单板，则不但备料较难，而且结构强度也会受到影响。故重板技术的发明期，很可能在晋代之前。

2. 出现了名叫"水车"的船舶。梁宗懔《荆楚岁时记》云："五月五日竞渡，俗为屈原投汨罗日，伤其死，故并命舟楫以拯之，轲舟取其轻利谓之飞凫，一自为水车，一自以为水马。"可见这"水车"、"水马"、"飞凫"都是以其轻快而得名的。既为船却又冠以"车"之名，很可能具有一种轮轴组合，我国自古便有将轮轴组合之器名之为"车"的习惯。《陈书》卷一三"徐世谱传"也提到过水车，云"谱乃别造楼船、拍舰、火舫、水车、以益军势。将战，又乘大舰居前，大败景军"（《南史》卷六七同）。

这种"水车"的发明年代约可上推到南齐时期，《南齐书》卷五二"祖冲之传"云："又造千里船，于新亭江试之，日行百余里。"一般认为，此"水车"、"千里船"，以及后世的所谓"车船"，皆属同一类型，其推进器已不再是间歇划动的长片桨，而是连续运动的轮形桨，否则是决不可能轻快如飞凫，日行百余里的，亦不会谓之"水车"和"车船"。轮桨的发明，是我国古代造船技术上的又一进步。欧洲大约是16世纪才使用车船的。

3. 梢的使用已经较广。梢也是控制航向的工具。其用整木制成，末端如刀形，长可达船长的70%，多用于急流航道上。大凡舵和梢都与桨有一定的关系，扩展桨叶面积，桨遂演变成了舵；加大柄的长度，桨遂演变成了梢。文献上关于梢的记载约始见于晋。《晋书》卷九四"夏统传"载：夏统，会稽永兴人，颇能随水戏，"操柁正橹，折旋中流"，"奋长梢而船直逝者三焉"。有关梢的早期实物目前尚无一致意见，前云长沙西汉木船模尾部的大长桨状物，有学者认为是舵，但也有学者认为它便是梢[20]。可以进一步研究。但由"夏统传"的记载来看，西汉用梢的可能性还是存在的，晋代便相当广泛。

4. 橹的使用亦更为广泛，有关记载明显增加。《三国志》卷五四"吕蒙传"云：吴将吕蒙与蜀将关羽战于浔阳（今九江），"尽伏其精兵艨艟中，使白衣摇橹，作商贾人服，昼夜兼行，至羽所置江边屯候，尽收缚之"。此"摇"字便很好地概括了橹的使用特点。

"柁"在此期已垂直固定于船尾，变成了真正的舵，而不再是舣后拖着的梢了。在今见古代文献中，《玉篇》是最早把"柁"称作"正船木"的。

四、天文仪器

魏晋南北朝曾多次制作过天文仪器，技术上也有不少进步。此期天文学上的许多新发现都是与浑天象和浑象的使用分不开的①。有关资料在《晋书》卷一一、《宋书》卷二三、《隋书》卷一九的"天文志"等中都可看到。

据《隋书》卷一九"天文志·浑天仪"条载，吴国的陆绩、王蕃等都制作过天文仪器，"陆绩造浑象，形如鸟卵"。"王蕃云……浑天象者，以著天体，以布星辰。而浑象之法，地当在天中"。王蕃浑象，乃依张衡旧制而作，唯尺寸稍小。同卷"浑天象"条载："吴时又有葛衡明达天官，能为机械巧，改作浑天，使地居于天中，以机动之，天动而地上（止），以上应晷度"。

《宋书》卷二三"天文志"载：南朝宋元嘉十三年（436年），太史令钱乐之作铜浑仪，"上置立漏刻，以水转仪"。"十七年又作小浑天"。

《隋书》卷一九"天文志·浑天象"载：南朝梁也制作过浑象，"梁末，秘府有以木为之，其圆如丸，其大数围，南北两头有轴，徧体布二十八宿、三家星、黄赤二道及天汉等。别为横规环，以匡其外"。

北方一些政权对制作天文仪器也十分热心。《隋书》卷一九"天文志·浑天仪"载：前赵"光初六年（323年），史官丞南阳孔挺所造，则古之浑仪之法者也"。北魏"道武天兴初（398年），命太史令晁崇修浑仪，以观星象"。永兴四年（412年）在晁崇主持下，铸成了我国历史上唯一的一台铁质浑仪；其底座上铸有"十"字形水槽，以便注水校准水平。这是一项重要的进步。这些浑天、浑象，因记述不详，对其具体结构很难了解，一般认为都是使用水力推动，以齿轮传动为主的。

五、其他机械和机件

较为重要的主要有下面几种：

（一）绞车

订弩。发明于先秦。魏晋南北朝时期，关于绞车的记载更为明确。《晋书》卷一〇七"石季龙载记"云："邯郸城西石子堈上有赵简子墓，至是季龙令发之。初得炭，深丈余；次得木板，厚一尺；积板厚八尺乃及泉。其水清冷非常，作绞车以牛皮囊汲之，月余而水不尽，不可发而止。"绞车在我国一直沿用了下来，在生产、交通、军事等方面都有使用。先秦、两汉，以及之后的一般床弩，大凡都是使用绞车张弓的。

（二）抛石机

抛石机至迟发明于春秋时期，魏晋南北朝时，技术上又有不少进步。主要表现在两个方面：（1）抛石机的机座装上了车轮，成了发石车。此技术的发明期当在东汉末年或稍前。《三国志·魏书·袁绍传》载：建安五年（200年），曹操与袁绍战于官渡，"绍为高橹，起土山，射营中，营中皆蒙楯，众大惧，太祖（曹操）乃为发石车击绍，楼皆破，绍众号曰霹雳车"。《后汉书》卷一〇四上"袁绍传"所记大体一致，唐章怀太子注"霹雳车"云："以其发石声震烈，呼为霹雳，

---

① 浑象、浑天象，都是表现天体运动的仪器。依三国吴中常侍王蕃的说法，凡地在天内的表演仪器便称之为浑天象；凡地在天外，象征性更强的表演仪器便称之为浑象。但直到宋代，此二者往往又是混用的（《隋书·天文志上·浑天仪》）。

即今之抛车也。"（2）马钧始创了连续发石机。《三国志》卷二九"杜夔传"裴松之注云：马钧"又患发石车，敌人之于楼边县（悬）湿牛皮，中之则堕，石不能连属（续）而至。欲作一轮，县（悬）大石数十，以机鼓轮为常，则以断县石飞，击敌城，使首尾电至。尝试以车轮悬瓴甓数十，飞之数百步矣"。

这种抛石装置始谓之"机"，或"车"，魏晋时期，又称之为"砲"或"礮"。曹叡《善哉行·我徂》载："我徂我征，伐彼蛮虏……发砲若雷，吐气成雨。"这"砲"显然是指抛石。"礮"字始见于西晋潘安仁《闲居赋》："礮石雷骇，激矢蛮飞。"唐李善注云："礮石，今之抛石也。"[21]这是在今见文献中，较早用"砲"和"礮"来称呼抛石机的地方。但在字书中，礮字则始见于《玉篇》：礮，"雄姿石"。稍后的《钜宋广韵》则说："礮，礮石，军战石也。"可见此"礮"，或者"砲"，实际上是指抛石机，及其投射出去的石球。

（三）床弩、连弩、伏弩技术的发展

床弩。发明于先秦[22]，南北朝时有了进一步发展，有关记载亦更为明确。因其以绞车张弓，故杀伤力超过了所有的人力蹶张弩。《北史》卷二八"源贺传"载，源贺曾"都督三道军，屯漠南……城置万人，给强弩十二床，武卫三百乘。弩一床给牛六头，武卫一乘给牛二头，多造马枪及诸器械"。此"弩"的单位以"床"计，且需六头牛作为张弓的动力，显然是一种强力床弩。时为北朝早期。这也是较早提到"床弩"之名的一个地方。南朝也有床弩，且还曾出土过。《南史》卷五五"杨公则传"载，齐末，杨公则攻建邺，"尝登楼望战，城中遥见麾盖，纵神功弩射之，矢贯胡床，左右皆失色"。此矢贯胡床的神功弩，当是一种床弩。1960年，南京秦淮河出土一件南朝时期的大型铜弩机，长39厘米、宽9.2厘米、通高30厘米[23]。若予以复原，弩臂之长当在2米以上，这种弩自当是床弩。到了唐代，有关记载更为明确，并出现了"绞车弩"之名。杜佑《通典·兵二》："今有绞车弩，中七百步。"此"七百步"约合今1060米，即二市里有余，这射程是较远的。这与先秦"绞车连弩"、"连弩之车"的名称是基本一致的。

连弩。发明于先秦，此时使用更广，并出现了十矢俱发的"诸葛弩"。《三国志》卷三五"诸葛亮传"云："亮性长于巧思，损益连弩，木牛流马，皆出其意。"裴松之注引《魏氏春秋》云：亮"又损益连弩，谓之元戎，以铁为矢，矢长八寸，一弩十矢俱发"。明代宋应星《天工开物》卷一五"佳兵"条也记载过一种"十矢弩"，亦谓之"诸葛弩"。其云："又有诸葛弩，其上刻直槽，相承函十矢，其翼取最柔木为之。另安机木，随手板弦而上，发去一矢，槽中又落下一矢，则又扳木上弦而发。机巧虽工，然其力绵甚，所及二十余步而已。此民家妨窃具，非军国用。"明代的诸葛弩与三国的有何差异，今已不得而知，但这对我们了解连弩发射情况还是很有好处的。

伏弩。始见于先秦，一直沿用到了近现代。明代焦周《焦氏说楛》云："近有发陆逊墓者，丛箭射出。"陆逊，三国吴人，《三国志》卷八五有传。说明三国时也有人以伏弩护墓。唐段成式《酉阳杂俎》也载有一种护墓伏弩，说当时李藐有一庄客曾盗发一座古墓，"开时，箭出如雨，射杀数人"。后来"投石其中，每投，箭辄出，投十余石，箭不复发，因列炬而入"。可见所藏伏弩的箭是不少的。此

"古墓"年代不明,当在秦汉至六朝时期。

（四）飞车

这是一种利用空气动力来升托重物的游艺性机械,也是人们对惯性力的一种利用。其飞升原理应与今儿童玩具中的竹蜻蜓及飞机上的螺旋桨大体一致,竹蜻蜓两翼（或螺旋桨）在运动过程中,其上下两面的压差便会产生一种升力或推力。

有关飞车的记载始见于东晋时期,葛洪（281？～341年）《抱朴子·内篇》卷一五"杂应"云:"或用枣心木为飞车,以牛革结环,剑以引其机……上升四十里"。这是关于飞车的全部文字,虽只寥寥数语,却大体阐明了它的结构特征。王振铎曾对此进行过许多研究,并成功地进行了模拟试验。文中的"枣心木"指枣木的心部,其硬度和强度较大,木质较为致密,吸水率较低。"车"系我国古代对轮轴机械之泛称,故"飞车"即是可以飞行的轮轴机械。"剑"在此应即是拉弓。据《晋书·舆服制》云,晋代的佩剑为木质,故作为拉弓之剑亦应是木质的,其工作过程应与传统舞钻上的钻弓相类似;不同处是,此飞车之"剑"只需一次拉转而已。王振铎认为,飞车下部当为一件直立的握把,把上立有小轴,并装一辘轳;小轴的顶部有两个机牙与飞轮毂上的槽孔相啮合,革带环结在辘轳上,革带的两端系在剑柄和剑锋上;从左至右拉紧革带,飞车即升。王振铎曾在故宫博物院作过试验,飞车不仅上升平稳,而且高度可抵午门的阙楼下簷[24]。

（五）纸鸥、纸鸢,即风筝

这是人们对于空气动力、风力的一种利用。有关记载始见于南北朝时期。

《北史》卷一九"彭城王勰传"记述了这样一个故事,高洋推翻东魏而自立为帝时,令魏皇室后裔拓跋黄头与囚犯们从高二十六丈的金凤台乘纸鸥跳下,以置之于死地,但黄头却乘纸鸥滑行了相当长一段距离,至紫陌殿始才坠下。原文是这样的:"世哲从弟黄头,使与诸囚自金凤台各乘纸鸥以飞,黄头独能至紫陌乃坠。"这是我国古代关于纸风筝的较早记载。

又,《独异志》载:"梁武[帝]太清三年（549年）,侯景围台城,远不通问。简文作纸鸢飞空,告急于外。侯景谋臣王伟谓景曰:'此纸鸢所至,即以事达外。'令左右善射者射之。及坠,皆化为鸟。"[25]"简文"即肖纲,梁武帝子,即位后称简文帝。这是风筝用于军事的较早记载。此事在《资治通鉴》卷一六二亦有记载。

（六）游艺性自动机械

此期发明并使用过的自动机械较多,前云记里鼓车、水力天文仪等都设有类似的装置。今主要介绍其中几种游艺性、且较为重要的几种。

百戏图。这是马钧改造的游艺性机械。《三国志》卷二九"杜夔传"裴松之注云:"有上百戏者,能设而不能动也。帝以问先生（按:指马钧）可动否? 对曰:'可动。'帝曰:'其巧可益否?'对曰:'可益。'受诏作之。以大木雕构,使其形若轮,平地施之,潜以水发焉,设为歌乐舞象。至今木人击鼓吹箫,作山岳,使木人跳丸、掷剑、缘倒立,出入自在。百官行署,舂磨斗鸡,变巧百端。"

妇人当户再拜机和鼠市机。汤球《晋阳秋辑本》:"衡阳区纯者,甚有巧思。造作木室,作一妇人居其中。人扣其户,妇人开户而出,当户再拜。还入户内,闭户。又作鼠市于中,四方丈余,开有四门,门中有一木人,纵四五鼠于中,欲出门，木人辄以椎椎之（一作辄推木掩之），门门如此，鼠不得出。"《搜神后记》、《太平广记》亦有衡阳区纯作鼠市的类似记载。

檀车。陆翙《邺中记》云："石虎性好佞佛，众巧奢靡，不可纪也。尝作檀车，广丈余，长二丈，四轮，作金佛像坐于车上，九龙吐水灌之。又作木道人，恒以手摩佛心腹之间。又十余木道人，长二尺余，皆披袈裟绕佛前（一作行）。当佛前，辄揖礼佛。又以手撮香投炉中，与人无异。车行则木人行，龙吐水，车止则止。亦解飞所造也。"

七宝镜台。《太平御览》卷七一七引《三国典略》云："胡太后（北齐，550～577年）使沙门灵昭造七宝镜台，合有三十六户，每室别有一妇人，手得执镳。才下一关，三十六户一时自闭；若抽此关，诸门皆启，妇人各出户前。""镳"同锁。《太平广记》卷二二五引《皇览》、俞安期《唐类函》卷二七二略同。

木马。《南史》卷五"东昏侯本纪"："（东昏侯）始欲骑马，未习其事，俞灵韵为作木马，人在其中，行动进退，随意所习，其后遂为善骑。"

木人。《陈书》卷二八"长沙王叔坚传"："刻木为偶人，衣以道士之服，施机关，能拜跪。"

此外还有一些，不再一一引述。其中多属游艺性机械。关于这些机械的具体构造，今已湮没难寻。从上文来看，其原动力应有水力，如百戏图等；有畜力，如檀车等；大凡百戏图、檀车等都使用了齿轮传动，否则，其动作决不可能如此合契。

（七）欹器

约发明于西周时期，魏晋南北朝后有关记载便多了起来，且西晋杜预，南朝祖冲之，西魏文帝元宝炬（535～550年在位）等都曾制作过欹器。这是古人对重心法则及倾定中心原理的一种应用。

《晋书》卷三四"杜预传"："周庙欹器，至汉东京犹在御座。汉末丧乱不复存，形制复绝。预创意造成，奏上之，帝甚嘉叹焉。"《南史》卷七二"祖冲之传"载，"永明中，竟陵王子良好古，冲之造欹器献之，与周庙不异。"由于记载较为简单，杜、祖二人所造欹器形制今已很难了解。

《周书》卷三八"薛憕传"谈到过一种"仙人欹器"和"水芝欹器"。其中说"大统四年（538年），宣光、清徽殿初成，憕为之颂。魏文帝又造二欹器：一为二仙人共持一钵，同处一盘；钵盖有山，山有香气。一仙人又持金瓶以临器上；以水灌山，则出于瓶而注乎器；烟气通发山中，谓之仙人欹器。一为二荷同处一盘，相去盈尺，中有莲，下垂器。上以水注荷则出于莲而盈乎器，为凫、雁、蟾蜍以饰之。谓之水芝欹器。二盘共处一床，钵圆而床方。中有人，言三才之象也。皆置清徽殿前。器形似舐而方，满则平，溢则倾。各为作颂。"（《太平广记》卷二二五"水芝欹器"条略同）这里对欹器的外部形态作了许多描述，原理应是一致的。但文中说"满则平，溢则倾"，与孔子所云"中则正，满则倾"有别，不知是否刊误。若"满则平"，那是起不到教育作用的。

第六节　造纸技术之推广

我国古代造纸技术发明于汉，魏晋南北朝便逐渐在全国范围推广开来，纸的产量和质量也逐渐有了提高，社会上对纸和书籍的需要量激增，最后完成了由简到纸的转变。纸的发明和发展对科学文化的传播和发展起到了难以估量的作用。此期造纸技术的主要成就是：纸的原料和品种有了较大扩展，生产过程中的一系列物理、化学处理进行得更加精细和完善，发明了活动帘床抄纸器，以及向纸施胶等技术，纸的使用性能得到了很大改善，生产了一批品质优良的纸，并在此基础上出现了我国第一代用纸写字的书法家。

一、社会用纸的普及

从现有资料看，汉代的书写材料主要是简，其次是缣帛，纸尚处于辅助性阶段，大约三国依然如此。目前在考古发掘中看到的汉纸，除了甘肃汉悬泉置遗址所出数量稍多外，一般都是较少的。三国时期，考古发掘的纸也为数不多，大家较为熟悉的是前云楼兰古纸，其纪年为公元 252 年[1]。两晋南北朝时，情况就发生了很大变化，有关纸的实物资料和文献资料多得再也难以统计。当时国家还专门设立了专管纸业的机构。《文房四谱·纸谱》引《丹阳记》云："江宁县东十五里有纸官署，齐高帝于此造纸之所也。常造凝光纸赐王僧虔（一云银光纸也）。"这是关于造纸职官的较早记载。除了书写、绘画外，生活用纸也大量增加，出现了纸伞、人物剪纸、纸花和卫生纸等。此期书写用纸的实物中，最值得注意的是两个方面：一是敦煌石室写经纸，二是新疆出土的一批又一批古纸。

（一）敦煌石室写经纸

这是指原保存在敦煌石窟内的大量佛经写本。石室始凿于东晋（317～420年），之后延及唐宋。十分令人心痛的是自 20 世纪初起，它就遭到了外强一连串的洗劫。1902～1904 年间，日本人大谷光瑞，及其弟子橘瑞超，曾窃去佛经 400多卷。1907 年，斯坦因（M. A. Stein）受英属印度政府之命，以"考古"为名，第一次潜入我国敦煌，掠去 24 箱写本，以及 5 箱画绣品和美术品；1914 年，他再次窜到敦煌，又掠去 5 大箱 600 多卷佛经。两次窃去的经卷皆藏于不列颠博物馆，总数当不下 7000 卷；掠去的敦煌壁画画幡之类，则绝大部分藏于新德里中亚细亚古代文物博物馆。1907 年，法国人伯希和（PanlPelliot）掠去佛经 1500 多卷（一说 3000 多卷），并从北京运回了巴黎。1909 年，此事惊动清廷，之后才将劫余的6000 多卷解运至北京。1929 年，陈垣编《敦煌劫余录》，计为 8679 卷，其中 99%都是佛经[2]。据不完全统计，今为各地收藏的经卷总数约达 25000 卷[3]。今日所见年代最早的敦煌写经纸为吴末帝孙皓建衡二年（270 年）的《太上玄元道德经》纸，其次为现藏于日本的西晋元康六年（296 年）《诸佛要集经》纸[4]。但敦煌经书的年代多属东晋十六国时期至北宋。石室所藏写本，除佛经外还有许多我国迄今罕见的经、史、子、集写本和公私文书、契约等。除大量汉文资料外，还有不少我国境内许多少数民族以及南亚、欧洲民族的文字资料，可见内容之丰富和用纸量之巨。

（二）新疆出土的古纸

早在 20 世纪初，新疆就出土过一些古纸，20 世纪 50 年代末至 70 年代中期，考古工作者在吐鲁番县阿斯塔那、哈拉和卓两地先后作了 13 次发掘，出土各种文书达 2700 多件；但其中只有少部分纸样，如"衣物疏"、"功德录"、告身及部分契约等，是以完整的形式直接入葬的，而大部分纸样都是剪裁成了死者穿戴的鞋靴、冠帽、腰带、枕褥等服饰入葬的，因而残缺不全。不少文书都有纪年字样，年代最早的为西晋泰始九年（273 年），最晚为唐大历十三年（778 年）。在 2700 多件文书中，属十六国时期的 100 多件，属割据高昌王朝的 700 多件[5]。许多文书记述的都是日常生活琐事，如 1975 年吐鲁番出土的《北凉玄始十一年（422 年）马受条呈为出酒事》文书，实际上是供应军队用酒的记账单，其中有"十一月四日出酒三斗赐屠儿"等字样[6]。说明当时日常用纸已较普遍。其中尤其是那些纪年文书的出土，对我们了解当时造纸技术的发展提供了十分可靠的资料。

（三）从文献记载看社会用纸的普及

两晋南北朝官方和民间用纸都已十分的普遍，而且数量较大。晋人虞预《请秘府纸表》说："秘府有布纸三万余枚。"[7]此"布纸"当指麻布做成的纸，或"有布纹的纸"。秘府藏纸量达 3 万余枚，数量是不少的。《唐语林》载："王右军（王羲之）为会稽谢公乞笺纸，库中唯有九万余枚，悉与之。"[8]枚，古代常用计量单位，与"件"、"个"相当；往往使用于小件或心爱之物，但有时又不尽然①；隋唐以前，文人学士们常用作纸的计量。库中藏纸量达 9 万多枚，充分说明了造纸业之发展。大凡西晋到东晋前期，官方文书仍是纸、简并用的；东晋末年之后，竹简才被大量削减下来，有的统治者甚至作出了奏议一律用纸，而不得用简的规定。《桓玄伪事》载：东晋豪族桓玄（369～404 年）在废晋安帝，自立为皇之后，曾下诏说："古无纸，故用简，非主于敬也。今诸用简者，皆以黄纸代之。"[9]在考古发掘中，东晋以后的简牍已经很少看到。此时各种书籍用纸量急剧增加，并出现了许多抄本。《隋书·经籍志》序云：魏秘书监荀勖所编官府藏书目录《新簿》中，收集的四部图书达 29945 卷；南朝宋元嘉八年（431 年）秘书监谢灵运造四部目录，所藏图书 64582 卷。此时私人藏书量亦大为增加，因雕版印刷尚未发明和推广，故出现了不少孤灯抄书的感人事例。《南齐书》卷五四"沈骥士传"载，沈骥士"守操终老，笃学不倦，遭火烧书数千卷，士年过八十，耳目犹聪明，以（已）火，故抄写灯下，细书复成二三千卷，满数十篋"。《梁书》卷四九"袁峻传"载，袁峻"笃志好学，家贫无书，每从人假借必皆抄写，自课日五十纸，纸数不登则不休息"。人们在考古发掘中看到的大量此期文书，以及石室写经，都是一字一字地抄在纸上的。作为书写和绘画，纸的优越性自非简、帛可以相媲美，我国的第一代书法家，如王羲之（303～361 年）便是晋代出现的。文人学士们还创作了不少诗赋，对纸进行了许多热情的颂扬。如《全晋文》卷五一载西晋傅咸（239～294 年）《纸赋》云："夫其为物，厥美可珍；廉方有则，体洁性真。含章蕴藻，实

---

①　以"枚"作计量单位之事，先秦汉后都可看到。《墨子·备城门》："枪二十枚。"《史记》卷一二九"货殖列传"："木器髹者千枚。"曹操《内诫令》："往岁作百辟刀五枚。"

好斯文；取彼之弊，以为此新。揽之则舒，舍之则卷；可伸可屈，能幽能显。"[10]

"洛阳纸贵"的故事也是这一时期出现的。《晋书》卷九二"左思传"载，左思（250？～305年？）作《三都赋》，十年乃成，最初不为世人重视，及至皇甫谧为之作序，张载、刘逵为之作注，张华誉之为"班（固）张（衡）之流"，于是，"豪贵之家竞相传写，洛阳为之纸贵"。这说明了两晋时期民间用纸已较普遍。此时，私人著书修史之风甚盛，且出现了不少长篇巨著，如晋《博物志》、《华阳国志》、北魏《洛阳伽蓝记》、《水经注》、后魏《齐民要术》等都是此期出现的。据王嘉《拾遗记》卷九说，张华撰《博物志》成，凡400卷，奏于晋武帝；帝诏云：此书"记事采言，亦多浮妄。宜更删翦"。于是"分为十卷"，一并赐纸万番。这些私人长篇巨篇的出现，显然与造纸技术的发展是分不开的。大约南北朝时，社会用简就十分稀少了。

（四）多种生活用纸的出现

此期的纸类生活用品，除上述提到的入葬用鞋靴、冠帽、腰带、枕褥等外，较值得注意的还有纸风筝、纸伞、纸花等。纸风筝在本章机械部分已经提及，今简述一下其他两项。

纸伞。始于北魏时期。陈元龙《格致镜原》（1735年）卷三一条引《玉屑》云："前代士［大］夫皆乘车而有盖，至元魏（北魏）之时，魏人以竹碎分，并［以］油纸造成伞，便于步行、骑马，伞自此始。"[11]可见，油纸及其之制成的伞至迟始于北魏时期，此纸涂油，自然是为防水。

纸花。即用各种色纸经折叠、剪切、揉搓而成的装饰性花束。《太平御览》卷六〇五引晋人孙放《西寺铭》："长沙西寺层构倾颓，谋欲建立。某日有童子持纸花插地，故寺东西相去十余丈，于是建刹，正当［插］花处。"

（五）造纸中心的出现

随着造纸技术的发展，南北都出现了一些造纸中心，较负盛名的是"河北"、"胶东"两地。南朝徐陵（507～583年）《玉台新咏》《序》载："丽以金箱，装之宝轴，三台妙迹，龙伸蠖屈之书。五色华笺，河北、胶东之纸。"[12]

二、造纸原料的扩大

汉代造纸原料主要是麻和树皮，其中的"麻"包括新采下的，以及用旧了的麻类织物、编织物等，树皮主要是楮皮。魏晋南北朝时，一方面继续沿用旧有的原料，此外还增加了桑皮，并创造了藤皮纸和"侧理"纸。

麻纸。麻类纤维依然是此期的主要原料，有关麻纸的实物和文献记载都不少。潘吉星曾分析过4件敦煌写经纸，即北凉神玺三年（399年）《贤劫千佛品经第十》、西凉建初十二年（416年）《律藏初分第三》、北魏太安四年（458年）《戒缘下卷》、北魏延昌二年（513年）《大方广佛华严经第八》[3]；又分析过7件新疆出土的古纸，即哈拉和卓前凉建兴三十六年（348年。前凉曾奉西晋建兴年号）文书残件、阿斯塔那前凉升平十四年（370年）文书、西凉建初十四年（418年）文书残件、西凉建初残纸片、北凉缘和六年(438年)《衣物疏》、吐鲁番晋写本《三国志·孙权传》、西凉建初十四年纸鞋[13]；还分析了故宫博物院保存的西晋陆机（261～305年）《平复帖》；全都是麻质的[14]。20世纪初，奥地利人威斯纳也曾对新疆、甘肃敦煌等地所出晋、南北朝古纸作过分析，多数是以大麻和苎麻制成的。在今人分析过的近百件魏晋南北朝古纸中，90%以上都是麻质。北宋米芾《书史》云："王羲之《来戏帖》，黄麻纸，字法清润。"[15]米芾《十纸说》："六合（今扬州附近）纸，自晋已用，乃蔡侯渔网遗制也。网，麻也。"这都说明了当时麻类纤维纸广泛使用的情况。

皮纸。文献上关于皮纸的记载始见于《后汉书·蔡伦传》。魏晋南北朝时，皮纸有了较大发展，其种类计有楮皮纸、桑皮纸、藤皮纸等①，也有将树皮纤维与麻纤维混合使用的。

楮皮纸始见于东汉。前引《董巴记》云：东京有蔡侯纸，"用故麻名麻纸，木皮名榖纸。"楮皮纸主要使用于南方；南北朝时，大约北方亦有不少使用。三国吴陆玑《毛诗草木鸟兽虫鱼疏》卷上"其下维榖"条载："榖，幽州人谓之榖桑，或曰楮桑，荆扬交广谓之榖，中州人谓之楮。殷中宗时，桑榖共生是也。今江南人绩其皮以为布，又捣以为纸，谓之榖皮纸，长数丈，洁白光辉。"[16]南朝梁陶弘景《名医别录》说："楮，此即今构树也，南人呼榖纸亦为楮纸，武陵人作榖皮衣，甚坚好尔。"[17]这说的都是南方。后魏农学家贾思勰在《齐民要术》卷五专门介绍了楮的种植技术后说：其"煮剥卖皮者虽劳而利大。自能造纸，其利又多"。说明黄河中下游也使用了楮皮造纸。大英博物馆所藏斯坦因窃去的60种中国古纸中，多属公元4~10世纪，其原料多为楮或苎麻。

桑皮纸在科学分析和文献记载中都可看到。今见较早的桑皮纸实物有威斯纳分析的新疆罗布淖尔所出魏晋公文纸等，除桑皮外其中还掺入了破布。此外有学者认为，敦煌千佛洞土地庙出土的北魏兴安三年（454年）《大悲如来告疏》用纸，阿斯塔那高昌建昌四年（558年）墓出土的《孝经》（一卷）补缝用纸，皆系树皮纸，这类树皮大凡多是楮皮、桑皮[14]。

文献上大家较为熟悉的桑皮纸即所谓"桑根纸"。北宋苏易简（958~996年）《文房四谱》卷四云："雷孔璋曾孙穆之，犹有张华与祖书，乃桑根纸也。"此即"桑根纸"一辞的由来。但对此"根"字的真切含义，学术界一直都是存在不同看法的。有人认为是笔误，因造纸是常用枝茎之皮的，根皮不可用来造纸，但也有人认为根即是干，根皮即是干皮，自可造纸。这可进一步研究。

藤皮纸。至迟创始于晋，并首盛于今浙江省嵊县南曹娥江上游的剡溪附近，故史又谓之剡藤纸。张华《博物志》云："剡溪藤，可造纸。"[18]说明"藤皮纸"在西晋便已出现。又据《北堂书钞》卷一〇四、《初学记》卷二一所引，东晋范宁（339~401年）在浙江做地方官时，曾规定："土纸不可以作文书，皆令用藤角纸"。有人认为，此"角"是"榖（楮）"之转音，"藤角纸"即"藤榖纸"。由"皆令用藤角纸"可知，当时藤皮纸质量已经较高。众所周知，在常用造纸原料中，麻类纤维的长宽比是最大的，纤维素含量最高，桑皮纤维的物理化学性能在诸皮类纤维中也是较好的，所以剡藤纸能取代这些旧有且较好的麻纸、桑皮纸作

---

① 皮纸，是"树皮纸"的简称。虽麻纤维、藤纤维亦取于皮部，大体亦属"皮"的范围，但在行业习惯中，皆置于一般"皮纸"之外。

为文书用纸，说明它在范宁之前就走过了一段相当长的发展历程。

　　藤皮纸盛于晋，延及于唐，名噪一时。因其原料来源有限，产地较窄，产量不高，宋后即被竹纸淘汰。潘吉星分析过数十件新疆古纸[13]，藤皮纸皆未曾一见。

　　侧理纸。这是因原料之差异而制作出来，具有特殊风格的艺术加工纸。有关记载始见于后秦王嘉《拾遗记》卷九，说西晋张华《博物志》成，晋武帝赐张华"侧理纸万番，此乃南越所献。后人言陟厘，与侧理相混。南人以海苔为纸，其理纵横邪侧，因以为名"①。此"越"同粤，指两广一带。秦朝末年，赵佗自立为南越武王；1983年，广州象岗山发掘了第二代南越王赵眜的墓葬[19]。今以广东为粤，浙江为越。因文献记载过于简单，长时期来，人们对其制作工艺是不太了解的，并产生过一些不同的意见。潘吉星依据自己的试验，认为海苔制造不出一般实用纸张来，虽一种沙草科苔类植物可以造纸，但它非海苔；他又以麻料、树皮、竹料制成纸浆，再掺入少量鲜水苔，制成的纸与《拾遗记》等书所云纹样基本一致；依此他认为，侧理纸的基本原料仍然是一般麻类或韧皮类纤维，而非海苔，海苔仅仅是作为一种填充料、添加料而使用的。基本操作是：在捞纸前向纸浆中加入少量的有色纤维状物，如绿色的水苔，紫色的发菜等，之后再打槽捞纸。这样生产出来的纸就会呈现出一种纵横交织的有色纹理[20]。陈大川的观点亦与此相近，认为此海苔是一种胶剂、悬浮剂，而不是造纸的主体纤维原料[21]。

　　关于草纸。我国古代草纸始于何时，学术界尚无一致意见。有说始于南朝，主要依据是前引范宁曾作过"土纸"，而今俗谓草纸为"土纸"。但多数人不同意此说，认为范宁"土纸"是当地所产，加工较为粗糙的麻纸或桑皮纸。在今见文献中，以麦秆、稻草造纸之事是唐宋时期才看到的。

　　关于竹纸。我国竹纸发明于何时，学术界也无一致意见。有说其发明于晋，并认为其最早出现于东晋的会稽，主要依据是赵希鹄《洞天清禄集·古翰墨真迹辨》所云："若二王（羲之，献之）真迹，多是会稽竖纹竹纸。盖东晋南渡后，难得北纸，又右军父子多在会稽，故也。其纸止高一尺许，而长尺有半，盖晋人所用大率如此。验之，《兰亭帖》押缝可见"。今世学者有从此说者，认为当时会稽已生产了竹纸[22]，但也有怀疑者[14]。怀疑的理由是后人所见的所谓"二王真迹"，往往是唐宋摹本、赝品。其实，宋赵希鹄亦有过类似的说法，其《洞天清录·古翰墨真迹辨》又云："今世所有二王真迹，或有硬黄纸，皆唐人仿书，非真迹也"。明代项元汴《蕉窗九录》也有相类的说法："今秘府所藏二王书皆唐人临仿，纸皆硬黄。"看来，宋人所见竹纸二王"真迹"是否可信，东晋是否有了竹纸，目前还是不能肯定的。

　　所以，由现有资料看，魏晋南北朝造纸原料主要是麻、树皮和藤皮三种，草纸和竹纸尚不能肯定。

三、抄造技术的进步

　　此期纸加工技术的进步至少表现在三个方面：一是常规操作进行得更为精细，

---

　　① 引自"古小说丛刊"本，中华书局，1981年。《太平御览》卷六〇五"文部·纸"大体相同。"四库"本《拾遗记》并未提到赐侧里纸为万番，亦未说"南越所献"，只说"南人以海苔为纸"。

二是使用了活动帘床抄纸器，三是使用了向纸施胶、表面涂布粉料和染色的技术。

（一）纸浆处理技术的进步

由古纸的比较研究可知，两晋南北朝的造纸技术获得了十分明显的进步：其表面平滑，白度增加；结构较为紧密，纸质较细较薄；纤维束较少，帚化程度较高，有的晋纸帚化程度达 70%；有明显的帘纹。今日所见此期古纸，并不乏品质优良、色泽宜人之作。如吐鲁番出土的晋抄本《三国志·孙权传》用纸，便是优良的上等加工纸（粉笺），其质细薄，表面光洁，颜色白净；纤维帚化程度很高，且交织紧密，纤维束较少；为高粘状纸浆[14]。又如敦煌石室写经中的北魏太安四年（458 年）《戒缘下卷》用纸，表面平滑、白度较高、纤维细长、交结均匀、筋头较少。又如敦煌石室写经北魏延昌二年（513 年）《大方广佛华严经卷第八》用纸，其质甚薄，表面研光，纤维曾充分打浆。当然，与稍后的唐纸相比较，两晋南北朝纸的质量还不是太稳定的，多数质量还不是太高，常混有不曾打散的纤维束，这在敦煌石室写经和新疆古纸中都表现得比较明显。如吐鲁番西凉建初十四年（418 年）纸鞋，纸质较厚，纤维分散不佳，杂质未曾除尽。阿斯塔那升平"十四年（370 年）文书"纸，厚薄不均，纤维束很多，纤维交结不够紧密。此期的纸在制作过程中，一般都进行了碱处理；其纸样的染色反应一般都较明显，如前引石室写经西凉建初十二年"律藏初分第三"纸样，北魏延昌二年"大方广佛华严经卷第八"纸样等，对碘氯化锌溶液皆呈酒红色反应[23]。碱性处理对于分散纤维束、去除杂质，都具有十分重要的意义。总之，两晋南北朝的造纸工艺，从沤制脱胶、碱液蒸煮、舂捣、漂浸，到打浆、捞纸等一系列工序，比汉代都有了进步。有学者推测，当时很可能已采用了践碓来代替杵臼舂碓，其舂捣和洗涤都不止进行一次，否则是难得使纤维打得那样细小，洗得那样干净的。此说当有一定道理，但可惜无文字和实物的可靠依据。

（二）活动帘床抄纸器的发明和使用

关于汉代抄纸工艺的记载很少，除《说文解字》的一段简单解释外，他处很少看到。文献上关于抄纸技术的记载大体是到了晋至南朝时期才看到的。《世说新语》载："戴安道就范宣学所为，范宣读书亦读书，范宣抄纸亦抄纸。"[24]此书为南朝宋刘义庆撰，梁刘孝标注。范宣为东晋学者。有学者认为，这是我国古代文献中，最早明确地提到抄纸的地方。

从新疆出土的古纸和敦煌石室写经纸的考察情况看，晋代的抄纸器约有两种类型：一是布纹模，二是帘纹模。帘纹模又包括草帘和竹帘两种。布纹模产生年代较早，我国早期的纸多数都是采用此类模抄造的，新疆所出"前凉建兴三十六年（348 年）文书残件"，"西凉建初十四年（418 年）纸鞋"，都使用了布纹模。其中西凉建初十四年纸鞋用纸的模具网目为 110 孔/平方厘米。前引《通俗文》有过"方絮曰纸"的话[25]，依此人们推测，当时的抄纸器应是一种固定的正方形或长方形筛状物，早期的模底当呈经纬线交织；为了贮存纸浆，其上应有一个高约 1 厘米的凸缘。其实，纸模的形状和尺寸是可视需要和操作情况而定的。由于网筛状纸模的影响，这种纸的一面通常都印有网筛状织帘纹，或称为"布纹"。这种抄纸器在我国一直沿用了下来，近现代还在一些边境地区使用。它的缺点是：湿纸需晾干后才能揭下，故生产率较低。今日所见汉代帘纹纸较少，有关实物多数是属于晋代及其之后的，如前云吐鲁番所出晋《三国志·孙权传》抄本纸，阿斯塔那所出"西凉建初十四年文书残件"纸和同一地方所出西凉建初纪年残纸片，以及"北凉缘禾六年（438年）衣物疏"用纸等。但由汉许慎所云"纸，絮一箔"可知，此箔从竹，故我们不能排除竹帘模产生于汉的可能性。在敦煌石室写经纸中，晋代之后的纸大多数都具有竹帘纹。早期（即晋、十六国、南北朝）帘纹一般较粗，五代亦多较粗，隋唐时期才变得较细起来[23]。这种竹帘纹纸的出现，很可能与使用活动帘床抄纸器有关。

从传统工艺调查来看，帘纹纸的抄造器应包括三个部分：一是帘子，由较细且圆的竹条或其他植物茎杆编成，它可随意舒曲卷叠；二是帘床，是为支承帘子用的阶梯状框架，木质；三是边柱，用来把帘子固定在帘床上，亦系木质。此三部分可随意折合。抄纸时，先置帘于床上，左右两方用边柱压紧、固定。将纸模倾斜地插入纸浆中，纸浆随即流入帘面；提出帘床，滤去水分，帘面上就会得到一层薄薄的湿纸膜；拆下边柱，取出帘子，并将纸膜翻扣在一个平板上。如是者反复进行，活动帘床不断地捞纸，湿纸膜不断地被翻扣到平板上；纸膜层层相叠，以至于千百层。将湿纸粗压一次，挤出一些水分后，在半干状态便可将纸逐层揭下，刷于墙上晾干。这种活动纸模的优点是：只用一套模具就可抄出千万张纸来，从而降低了设备的成本，亦提高了生产率。一般而言，南方竹多，床帘多以竹制，北方竹少，床帘多以芨芨草或萱草茎杆编成。在古纸中，有的帘纹疏密度为9～15根/厘米，当系竹帘所成；有的为5～7根/厘米，当是竹帘或草帘所成[20]。因草帘较粗，抄纸时滤水速度较快，故往往纸质不够紧密均匀，为克服这一缺点，常把纸抄得较厚，宋赵希鹄《洞天清禄集·古翰墨真迹辨》称"其质松而厚"即是此意。竹帘较为细密，滤水速度适中，故能抄出薄且匀的纸来。当然，北纸也有许多是洁白细薄的，纸之粗细不仅与帘之粗细有关，而且与造纸过程中的许多工序都有一定的关系。从古纸考察情况看，南纸、北纸的帘纹横竖情况，以及帘的结构都是大体一致的，宋赵希鹄《洞天清禄集·古翰墨真迹辨》说："北纸用横帘造，纸纹必横……南纸用竖帘，纹必竖。"这大约是赵希鹄看到的情况，未必尽是如此。此期帘纹纸的尺寸，据潘吉星测定为：两晋时期的甲种纸（小纸）直高23.5～24.0厘米，横长40.7～44.5厘米；乙种纸（大纸）直高26～27厘米，横长42～52厘米。南北朝的甲种纸（小纸）直高24.0～24.5厘米，横长36.3～55.0厘米；乙种纸（大纸）直高25.5～26.5厘米，横长54.7～55.0厘米[20]。这些纸虽然多数经过了剪裁，但大体上保留了原有纸幅的尺寸。北宋苏易简《文房四谱》卷四说："晋令诸作纸，大纸[广]一尺三分，长一尺八分，听参作广一尺四寸。小纸广九寸五分，长一尺四寸。"若依晋后尺，一尺为今24.532厘米折算[26]，苏易简所云晋大纸尺寸为：广25.27厘米，长26.49厘米；小纸为：广23.31厘米，长34.34厘米；与上述实测数有的相差稍大。可见两晋南北朝纸一般都是长方形的，不管"小纸"还是大纸，幅度都不太大，这种抄纸器便可一人操作，如后世那样的大幅宽纸当时很少看到。

活动帘床抄纸器的发明和发展，极大地提高了纸的产量和质量，对造纸技术的发展起到了十分重要的作用。我国造纸技术外传后，它亦随之在全世界广为流传。公元十八、十九世纪欧洲出现的长网和圆网造纸机，就是在这活动帘床抄纸器的结构原理上发明出来的。

（三）施胶技术的发明和发展

古纸的结构一般都十分疏松，纤维间充满了无数孔隙和通道，下笔书写时往往会走墨渲染。为改善纸的书写效果，人们采取了一系列补救措施：最初是用光滑的细石将纸面砑光，以堵塞部分毛细管和纤维间隙；后来又发明了施胶术，以增加纸的强度和对液体渗透的阻抗力。汉刘熙《释名·释书契》："纸，砥也，谓平滑如砥石也。"不管幡纸、丝絮纸、麻絮纸，都需要砥平的。平滑如砥石才便于书写。

从有关研究看，施胶术应始见于东晋，最早的施胶剂是浆糊，后来还使用过其他物质。1973年，有学者在检查后秦白雀元年（384年）衣物券用纸时，发现其表面施了一层淀粉糊剂，且曾以细石砑光过。西凉建初十一年（415年）契约纸也有淀粉处理过的痕迹。施胶法有多种操作：有表面施胶，也有内部施胶。表面施胶时，通常只在正面进行，背面不作任何处理。此法的优点是操作简便，效果明显；缺点是淀粉层易于隆起，以致脱落下来。内部施胶实例稍少，今见较早的标本有：国家图书馆（原称北京图书馆）藏西凉建初十二年（416年）石室写经《律藏初分第三》纸，其纸浆纤维间含有淀粉糊状物。新疆出土的建初十四年（418年）文书纸，也是施了淀粉糊的[20]。有学者分析过浙江图书馆藏北朝手抄本《大智度论经》，其系鸠摩罗什（344~413年）所译，原料全为苎麻，纸面有淀粉和白色矿物涂料，曾经砑光。纸背面的纤维为本色，未经漂白，纸质粗糙；正面的白度、平滑度、紧密度都较高，且发墨性较好，书写流畅[27]。内部施胶的基本操作是将胶剂添加到纸浆中搅匀，但也有学者对此工艺的存在提出过异议，认为手抄纸中使用淀粉浆后，湿纸难于揭开，这还有待进一步试验。

向纸施胶也是我国古代纸加工技术的一项重要成就。因淀粉高分子中具有极性羟基，故能与纸纤维素分子的极性羟基产生氢键缔合，这就提高了纸的强度，增强了它不透水的能力，直到清代，它仍在我国许多地区沿用。据考察，明清时代的许多满、蒙、维、藏文抄本，表面上都有一层淀粉糊。此技术发明于我国，后来也随造纸术一起传到了世界各地。

（四）表面涂布技术的发明和发展

表面涂布是古纸表面处理的又一重要措施。操作要点是在纸的表面涂布一些白色的矿物粉。目前所见较早的实物有新疆前凉建兴三十六年（348年）文书残件，以及东晋写本《三国志·孙权传》[13]；年代稍后的还有前秦建元二十年（384年）文书，正面也涂了白粉，背面未作处理。本世纪初，威斯纳（A. F. R. Hoernle）在分析新疆所出南北朝纸时，发现其表面亦涂有一层石膏粉末。这些都是我国，也是全世界最早的涂布纸。自然，此技术的发明期有可能在南北朝之前。

从现代技术原理推测，涂布用的白色粉料主要是石膏，此外可能还有白垩、滑石粉、石灰等物。做法是先将这些物料碾细，并制成悬浮液，再将之与淀粉共煮，经充分混合后，用排笔涂于纸上，再经干燥和砑光。这样，纸的白度、致密度、平滑度、吸水性都会得到提高，透光度则明显降低下来。如东晋写本《三国志·孙权传》纸，今日所见仍然是颜色洁白，字迹古朴俊秀，墨黑而有光，犹如新作一般。

（五）染色装潢技术的发展

最早的纸大体呈现不太纯净的白色，之后才发明了染色技术。从现有资料看，此技术约发明于东汉时期，刘熙《释名》云：潢，"染纸也"①。西晋时期便盛行起来，东晋后又有了一些发展。染色的目的主要有二：一是增加美感，二是杀虫防蛀。当时品种主要有黄纸、青纸和其他色纸。

当时在民间和官方使用较多的大约是黄纸。前云桓玄登位后诏告臣僚以黄纸上表，便是使用黄纸的例证。《太平御览》卷六〇五引崔鸿《前燕录》云："慕容儁三年（354 年）广义将军岷山公黄纸上表。"可见这把黄纸当作了官府用纸。从有关记载看，此染黄之法计分两种，即先写后染和先染后写。西晋陆云（262～303年）《陆士龙集》卷八"与兄平原（陆机）书"云："前集兄文为二十卷，适讫一十，当黄之，书不工，纸又恶，恨不精。"此说的便是先写后潢。《晋书·刘卞传》云：刘卞到洛阳入太学，吏"令写黄纸一鹿车。卞曰：刘卞非为人写黄纸者也"。这是说先潢了而后再写的。在今见古纸中，敦煌石室写经纸便多是这种先潢而后写者。

染黄所用染料看来主要是黄柏等。前引东汉炼丹家魏伯阳《周易参同契》云："若蘖染为黄兮，似蓝成绿组。"[28]此"蘖"即黄蘖、黄柏，乔木，其干皮呈黄色，气微香，皮内含有一种生物碱，可作染料用，亦可杀虫。

染黄操作又谓之潢。《玉篇》："潢，汙也。《说文》曰，'积水池也。'又胡旷切，染潢也。"对于此潢的具体操作，后魏贾思勰《齐民要术》第三十"杂说"曾有明确记载："凡潢纸，灭白便是，不宜太深；深色年久色暗也……蘖熟后漉滓捣而煮之，布囊压讫，复捣煮之。凡三捣三煮，添和纯汁者，其省四倍，又弥明净。写书经夏，然后入潢，缝不绽解。其新写者，须以熨斗缝缝熨而潢之。不尔，入则零落矣。"这说的是先写后潢。

染青也是当时使用较多的一种工艺。《晋书》卷五九"楚隐王玮传"载："玮临死，出其怀中青纸诏，流涕以示监刑尚书刘颂曰：'受诏而行，谓为社稷；今更为罪，托体先帝，受枉若此，幸见申列。'"此说以青纸写诏书。《北史》卷七二"牛弘传"载："永嘉（307～313 年）之后，寇窃竞兴，春建国立家虽传名号，宪章礼乐寂灭无闻，刘裕平姚，收其图籍五经子史才四千卷，皆赤轴青纸，文字古拙。"宋王楙《野客丛谈》载："诏，晋时多用青纸，见楚王伦太子遹等传，故刘禹锡诗曰'优诏发青纸'。"[29]可见，当时的诏书和经史子类图书皆以青纸。

其他诸色纸亦已广为使用。《梁简文帝启》载："谨奉红笺二十幅。"[30]这是说染红笺。《太平御览》卷六〇五"文部·纸"引《桓玄伪事》云："玄令平准作青、赤、缥、绿、桃花纸。"又引晋陆翙《邺中记》曰："石季龙与皇后在观上为诏书，五色纸著凤口中。凤既衔诏，侍人放数百丈绯绳，辘轳回转，凤凰飞下；谓之凤

---

① 宋程大昌《演繁露》卷六"潢匠"："秘书省有装潢匠，《广韵》引《释名》云：染纸也。"

诏。"这是出现较早的"五色纸",其制作方法,有的可能是有意加入了某种色料之故,但也不能完全排除脱色不佳的可能性。此可以进一步研究。

在今见古纸中,敦煌石室写经纸是加工较好的,有表面涂布粉料、砑光、染色等,这大约与人们对各种宗教经书比较重视有关。宋米芾《书史》载:"六朝写经褾字注之后,人复以雌黄涂,盖岁久胶脱落,字见五分。"此涂雌黄当可起到保护作用。宋米芾《十纸说》载:"古纸捣细,不在唐澄心之下。"[31]新疆出土的多为官府籍账、民间契约、文教用纸等,故多为本色纸,只有东晋写本《三国志·孙权传》等少数为上等加工纸。

（六）名家、名纸

由于原料选择、抄造、加工技术的进步,此期又出现了一些造纸名家,如张永等;制造了一些名纸,如蚕茧纸等。

张永。《宋书》卷五三"张永传",其云:"永涉猎书史,能为文章,善隶书……又有巧思,益为太祖所知。纸及墨皆自营造,上每得永表启,辄执玩咨嗟,自叹供御者了不及也。二十三年（446年）造华林园、玄武湖,并使永监统,凡诸制署,皆受则于永。"张永,字景云。即是说,张永善作纸笔墨,宋太祖便让他管理"诸制署"。宋董逌《文川书跋》卷六载:"王右军作书,惟用张永义制纸,谓紫光泽丽,便于行笔。"[32]

蚕茧纸。宋苏易简《文房四谱》卷四"纸谱·三之杂说"载:"羲之永和九年制兰亭集序,乘乐兴而书,用蚕茧纸,鼠鬚笔。遒媚劲健,绝代更无。太宗後得之。泊玉华宫大渐语高宗曰:'吾有一事汝从之,方展孝道。'高宗泣涕引耳而听,言:'兰亭序陪葬,吾无恨矣'。"① 一般认为,此"蚕茧纸"并非以蚕茧制作的纸,而是喻纸之细白,说纸似茧而泽之意。其很可能依然是麻纸或楮皮纸,因麻和楮皮是此期的主要造纸原料。

第七节　雕版印刷的发明

我国是世界上最早发明了印刷术的国家,大约南朝时期就发明了雕版印刷,唐代便推广开来;宋代又发明了活字印刷,对人类古代文化的保存、传播和发展作出了重要的贡献。

一、早期图文复制技术

人类早期图文实物都是一件件地制作出来的,从贾湖—裴李岗文化,到仰韶文化、龙山文化的陶器、骨器、龟甲等上的刻画符号和文字莫不如此;后来随着生产技术的发展和人们对同一图文需要量的增大,才发明了图文复制术。这种复制术初始约见于陶器、青铜器和织物上,最后才扩展到了纸上。在早期图文复制术中,与印刷术在工艺形态上较为接近的约有下列五种,即:

---

① 此处又使用了几个繁体字。如"太宗後得之"中的"後"字,如若简化成了"后"字,其意便相去甚远了。

（一）陶器模印图文法

陶器表面的图纹模印法出现较早，商周时期就发展到了较为成熟的阶段。基本操作是先制作一个陶质的花纹模，之后再在陶坯上复印出图纹来。主要工艺形态至少包括三大类：

1. 硬陶拍打成纹法

主要用在印纹硬陶装饰性图案的复制上。前面谈到，印纹硬陶表面一般都呈现出因人工拍打而形成的几何图案，其中有云雷纹、叶脉纹、曲折纹、回纹等。在此，陶拍实际上就成了拍印几何纹的模子，"拍实"过程也就成了复印花纹的过程。

2. 饰纹模印法

这类装饰性印纹在一般陶器上皆可看到。如 1958～1961 年，安阳殷墟出土过一件牛面纹陶质印模，系泥质灰陶，面部内凹，呈牛面形纹，大眼、双角，刻纹精细；模高 2.6 厘米，宽 3.4 厘米。考古学家认为它"可能是印制陶簋上的兽头所使用的印模"[1]。陶簋之兽首的制作过程，就是用模具复印花纹的过程。

3. 陶文模印法

此最具代表性的器物是陶量。带有印文的陶量至迟出现于战国时期，20 世纪 40 年代，山东邹县便出土过多件属于战国时代的邹器，其底部有印文"稟"字铭；往昔山东临淄出土过印文分别为"公豆"（阳文）、"公区"（阳文）的齐国陶量；1972 年济南出土有印文为"市"的齐陶量等。年代稍后，大家较为熟悉的有始皇诏陶量，丘光明《中国历代度量衡考》一书收集了 5 件，其中一件高 8 厘米，口径 16.8 厘米，容积 1000 毫升；外壁有始皇二十六年诏书，系 10 枚方印分别打在陶坯上制成。另一件高 8.3 厘米，口径 16.4 厘米，容积 970 毫升，外壁印有秦始皇二十六年诏书。两器皆山东邹县出土，皆为半斗量，前者今藏山东省博物馆，后者藏中国国家博物馆[2]。

封泥、瓦当的各种文字和图案之模印，大体亦属这一类型。《淮南子》卷一一"齐俗训"："若玺之抑埴，正与之正，倾与之倾。故尧之举舜也。"高诱注："玺，印也。埴，细泥。""印正而封亦正。"[3] 这便反映了战国西汉时期，使用印章和封泥盖印的情况。

（二）铸型模印图文法

此法出现较早，有关印模在商周冶铸遗址中常可看到，在车马器、礼器、铜镜等上都常使用。1958～1961 年，安阳苗圃北地铸铜遗址出土过多种制作陶范的陶质模子；陶范上的纹饰，皆主要由模子翻印而成；陶模的纹饰有阴纹也有阳纹，皆直接在模子表面刻出。如小屯村曾出土过一枚刻有夔纹及兽面纹的方彝陶模，便为阳纹，刻于模子表面的附加泥块上[1]。

1975～1979 年，洛阳北窑西周早期铸铜遗址出土了许多用来制范的模具，其中有车軎模、銮铃模、节约模、兽头模等，不少模具上都雕刻有精美的图案[4]。有关部件的造型过程，也就是某种图纹的复制过程。

《侯马铸铜遗址》[5]一书说，侯马春秋战国铸铜遗址出土了大量花纹模，有的很小，只有一个单元花纹，并认为部分较大的纹样模是用单元模拼接起来后，再用背料联接在一起的。显然，后来的活字与这种单元模存在不少相似性。

此工艺在先秦青铜镜上也常可看到。周世荣在《湖南出土铜镜图录》一书中说：楚镜造型有好几种方法，其中的纯地纹镜，其"地纹是用一个刻有地纹的小模子作四方连续模印而成的，范痕一般非常清楚"。[6]梅原末治在《汉以前的古镜》一文中也有同样的说法，认为纯地纹镜的花纹不是以纽为中心布置的，而是以一个小矩形图案为单位，以上下左右平铺的方法来布满整个镜背的，余下部分则依镜子形状任意裁割，整个镜背图纹是同一单元图案在范面上机械地反复操作的结果[7]。李正光认为长沙所出战国云纹地蟠螭纹镜和羽状纹地四叶镜的地纹都是由几个部分组成，"每部分的纹样都一模一样，并且，在每部分相接的地方，现出有明显的接痕"[8]。可知镜范制作过程中使用过模印法，尤其是那些同型镜，毫无疑问是使用同一镜模复制出来的[9]。容庚在《商周彝器通考》一书中也说到了类似的工艺："浚县所出饕餮纹兽盉方镜，郭宝钧谓制法为四模，棱与兽即其接模处。"同时，容庚还引罗振玉等说，认为不仅铜镜，其他器物上也有类似的操作："罗振玉谓'秦公敦'之文每字为一范，合多范而成文，以证活字之始，远在东周之世……卢江氏所藏'奇字钟'亦为一字一范，若'秦瓦量'则四字一范，合十范而成全文。"[10]如若这些考查不错的话，此"多字一模"，便有些近似于雕版；"一字一模"，便有些近似于活字了。尤其值得注意的是：南阳瓦房庄冶铸作坊的东汉地层内出土过7枚字范，字范皆残，以粘土羼砂制成[11]。

此铸型模印图文法与前述陶文模印法的区别：（1）加工对象不同，一个是陶坯，一个是铸型；（2）产品形态不同，一个是陶器，一个是金属器。

（三）章印文字法

在考古发掘中，印章始见于商，于省吾《双剑誃古器物图录》载有安阳出土的三方铜玺[12]，这是我国今见较早的印章。之后，各种不同材质的印章便在我国一直沿用了下来。

先秦时期，印章始称为玺，尊卑通用；秦汉之后，唯皇帝之印独得称玺。《宋书》卷一八"礼志"云："玺，印也。自秦汉以前，臣下皆以金玉为印，龙虎钮为所好。秦以来以玺为称，又独以玉，臣下莫得用。"先秦以印章封记的文书，称为"玺书"。《左传》襄公二十九年："公还及方城，季武子取卞，使公冶逆，玺书追而与之。"杜氏注："玺，印也。"古时还有一种玺节，其上有章印，作为通商的凭证。《周礼·地官·司市》云："凡通货贿，以玺节出入。"郑注："玺节，印章，如今斗检封矣，使人执之以通商，以出货贿者。"孔疏"玺节"云："汉法斗检封，其形方，上有封检，其内有书，则周时印章，上书其物识事而已云。"可见先秦和汉代都有一种盖了印章的通商凭证，只不过名称不同而已。汉魏之后，印章雕刻技术有了进一步发展，葛洪《抱朴子·内篇》卷一七说："古之人入山者，皆佩黄神越章之印，其广四寸，其字一百二十，以封泥著所住之四方各百步。"此话当属可信，可知东晋之前印章雕刻便达到较高水平。

考古发掘的印章较多，尤其是汉代。大家较为熟悉的如：1973年长沙马王堆2号西汉墓出土的铜质"轪侯之印"，同出的铜质"长沙丞相"印和玉质"利苍"印；1977年扬州邗江县西汉晚期墓出土的银质"妾莫书"印；1983年广州南越王墓出土的西汉金质"文帝行玺";1981 年江苏邗江甘泉山出土的东汉金质"广陵王玺";1953 年新疆沙雅于什格提出土的铜质西汉"汉归义羌长"印;1956 年云南晋宁石寨山出土的西汉金质"滇王之印";1953 年新疆沙雅于什格提出土的"汉归义羌长"铜印;1956 年云南晋宁石寨山出土的金质"滇王之印";1784 年日本福冈志贺岛出土的东汉金质"汉委奴国王"印。1959 ~ 1960 年,南阳瓦房庄冶铸作坊东汉地层在出土字范的同时,还出土有 1 枚印章模[11]。此外,与印章相关的还有山东临淄先后出土的多块西汉齐铁官印封泥,如"齐铁官印"封泥,以及"齐采铁印"、"齐铁官长"、"齐铁官丞"等印封泥。20 世纪 90 年代后期,有人在北京古玩市场上收集到了近 200 个品种的古代封泥,其中有"丞相之印"、"左丞相印"、"右丞相印"、"少府"、"少府工丞"、"少府幹丞"、"寺工之印"、"寺工丞印"等。大体皆属秦汉时期[13]。

(四)拓印图文法

学术界对我国古代拓印技术的发明年代尚有不同看法,有东汉说,有东晋说。前说的主要依据是《后汉书》卷九〇下"蔡邕传"所云:"邕以经籍去圣久远,文字多谬,俗儒穿凿,贻误后学。"邕等乃奏求正定六经文字,灵帝许之,"邕乃自书册于碑,使工镌刻,立于太学门外。于是后儒晚学,咸取正焉。及碑始立,其观视及摹写者,车乘日千余两(辆),填塞街陌"。在此,后世学者有谓"咸取正焉"一辞为拓印的[14],也有称"摹写"一辞为拓印的[15]。东晋说是近人王国维提出的[16]。据说东晋名画家顾恺之具有才绝、画绝、痴绝之称,而且掌握了一套摹拓名画的妙法。这些说法都有一定道理,但其中有的记载并不十分明确,有的则属推测,皆可进一步研究。从现有资料看,南北朝已经使用拓印法应是确定无疑的。《隋书》卷三二"经籍志一"说,隋代"相承传拓之本,犹在秘府"。这是南北朝已有拓印之明证。及唐,拓印技术便得到了较大的发展。何延之《兰亭记》载:唐太宗得王羲之《兰亭序》后,"命榻书人赵模、韩道政、冯承素、诸葛贞等四人各榻数本,以赐太子、诸王、近臣"[17]。此榻书即是拓印。韦应物(737 ~ 786 年)《石鼓歌》载:"令人濡纸脱其文,既击既埽白黑分。"[18]这便十分形象地反映了拓印的基本工艺形态。此"脱"即拓。后世拓印的具体操作是:把稍湿之纸平铺于石刻上,然后轻轻捶打,与刻文(阴文)相应部位的纸便会向下陷入,再刷墨,后揭起,便可得到黑地白字的拓本。

(五)纺织品型版印花技术

关于织物型版印花的发明期,学术界尚有不同看法,有学者认为是春秋战国,也有人认为是汉,但不管怎样,西汉早期已发展到了相当成熟的阶段。这在前面皆已言及,不再重复。

由上可知,模印铸型图纹、模印陶量铭文、章印、拓印、织物型版印花等复印工艺,在我国皆早已发明,雕版印刷应当是这一系列复印工艺长期发展、演变的结果,它应是在这些不同工艺的直接影响下发明出来的,它们在技术思想上亦存在密切的关系。

有学者从"大印刷史观"出发,把上述诸图文复制方式都归入了印刷术中[19][20][21],我认为是值得商榷的。许多图文复印方式虽也具备了"印"和"刷"

的操作，但作为在人类文化史上产生过重大影响，对人类文化的保存和传播产生过重大作用的"印刷术"，应指雕版印刷，及其之后的活字印刷；陶印纹饰、模印陶量、拓印、织物印染等，应是印刷术的前身；虽其也保存过古代人类文化的一些讯息，但无论如何也是不能与雕版和活字印刷相比的。它们的出现，在技术上、思想上，为印刷术的发明打下了良好的基础；在研究印刷术的技术渊源和技术思想时，把它们放在一起研究是应当的，但这些技术不应归于印刷术范围。英国哲学家法兰西斯·培根（FrancisBaon，1561～1626 年）首先提出了古代三大发明，即印刷术、火药、指南针对世界文明有显著影响的观点，并说它们改变了近代欧洲的整个面貌。他所说的"印刷术"，自然是雕版印刷及其之后的活字印刷，不会包括印染，也不会包括陶印等工艺的。人们常说中国是印刷术的故乡，也应当是指雕版印刷和活字印刷，而不应包含陶器、青铜器的模印和织物印染的。通常意义的印刷术，其载体应当是纸，印刷的内容应主要是各种文章和图书。在纸上进行的简单的图案和文字复制，应属印刷术的早期阶段。没有纸的图、文复制，只能称为印刷术的前身。罗树宝认为：印刷术的生产量有三个重要的特点：一是复制效率较高，二是复制成本较低，三是复制品容载量较大。这是诸种原始的图文复制方式不可与之相比的。印章复制速度虽然不低，但容载量较小；碑刻拓印虽容载量稍大，但效率和成本都难与印刷术相比[22]。

二、雕版印刷的发明

我国古代雕版印刷发明于何时，学术界曾进行过长时间的讨论。20 世纪 80 年代以来，较为流行的是唐代说；2001 年时，有学者把它提前到了南朝时期。

（一）南朝雕版印刷的发明

由清代到 20 世纪 50 年代，都不断有人认为我国雕版印刷术应发明于魏晋六朝时期。如清道光间李元复在《常谈丛录》中说雕镂板印之法，当始于魏晋六朝时，但未提出具体依据；乾隆末洪腾蛟在《寿山丛录》卷二又提出雕版印刷应始于北齐，依据是他引用的《北史》卷四七中有"梓而卖之"一语，但学术界对此语存在不同看法。张秀民指出，今见各种版本皆为"写而卖之"，未知洪氏引文出自何种版本[23]。又，清初陈芳生《先忧集》卷五○"济饥辟谷丹"载："晋惠帝永宁二年（302 年），黄门侍郎刘景先表奏：'臣遇太白山隐土传济饥辟谷仙方。臣家大小七十余口，更不食别物。请将真方镂板，广布天下。'"20 世纪 60 年代，张秀民曾引用这一文献，将我国雕版印刷发明期推及西晋。但之后张秀民自己又否定了这个观点[23]。故至 20 世纪 90 年代止，持魏晋六朝说者亦鲜。

2001 年，方晓阳依据《南齐书》关于龚圣人所作"玉印玉版书"的记载，提出了我国古代雕版印刷始于南朝的观点[24]。

《南齐书》卷五三"裴昭明传"载："裴昭明，河东闻喜人，宋太中大夫松之孙也。""永明三年（485 年）使房，世祖谓之曰：'以卿有将命之才，使还，当以一郡相赏。'还为始安内史。郡民龚玄宣云：神人与其玉印玉板书，不须笔，吹纸便成字，自称龚圣人。以此惑众，前后郡守敬事之。昭明付狱治罪。"

《南史》卷三三"昭明传"也有大体相类似的记载："永明二年（484 年）使魏，武帝谓曰：'以卿有将命之才，使还，当以一郡相赏。还为始安内史。郡人龚玄宜（宣）云：神人与其玉印玉板书，不须笔，吹纸便成字。自称龚圣人，以此惑众，前后郡太守敬事之，昭明付狱案罪。"

此两段文献关于玉印玉版书的内容基本一致，唯时间和个别地点稍有出入，无碍本书的讨论。"玉印"的本义应是玉质印章，在此当指玉质印版；"玉版书"当即某种玉石质的雕版印刷的书。在此有两点值得我们注意：一是此时有了雕版；二是此雕版印刷的产品为"书"，而不是一页两页的画像或文告。这便是我们将雕版印刷发明期定在南朝的主要依据。此所谓"吹纸便成字"，看来这既是写实，也带有某种夸张和渲染。说其写实，即吹纸法也可印字的；说其"渲染"，即龚玄宣只不过以此来引起他人的注意。大量印刷时，当与后世印刷操作大同小异，而未必要使用吹印法的。所以在公元5世纪后期，或说公元484年以前，我国已有雕版印刷无疑；既然"前后郡守敬事之"，可知其事在当地已流传多年。只可惜未能推广，一项重要的发明，就这样和发明家一起被投进了监狱，这是我国古代科技史中的又一幕悲剧。雕版印刷在南朝未能推广的原因看来主要有二：（1）当时经济破坏，文化凋零，社会尚无对印刷术的急切需求。（2）有关管理机构和官员不重视发明创造。裴昭明这位为史家称颂的"良吏"，却比不上"前后郡守"来得开明，他非但未能奖励雕版印刷的发明者，反诬其"惑众"而将之治罪。

"玉版"之说汉代便已出现。《史记》卷一三〇"太史公自序"："维我汉继五帝末流，接三代统业，周道废，秦拨去古文，焚灭《诗》、《书》，故明堂石室金匮玉版，图籍散乱。于是汉兴，萧何次律令。"如淳曰："刻玉版以为文字。"《汉书》卷四九"晁错传"："若高皇帝之建功业，陛下之德厚而得贤佐，皆有司之所览，刻于玉版，藏于金匮，历之春秋，纪之后世，为帝者祖宗，与于地相终。"此"玉版"似指刻有文字的玉石，它是否曾经印制过，是否印过书籍，则是不得而知。所以，它与南朝的"玉印玉版书"是有差别的；一个是刻有文字的版，一个是印有文字的书。

（二）关于我国古代雕版印刷发明期的讨论

对我国古代雕版印刷的发明期，以往曾有过汉代说、东晋说、六朝说、隋代说、唐代说、五代说、北宋说等七种不同观点。自元代起，学术界便一直进行各种不同的探索和研究，并先后提出过多种不同的观点。今只介绍其中的汉代说。

汉代说较早大约是由元代王幼学等提出的，其主要依据是《后汉书》卷九七"张俭传"和同书卷一〇〇"孔融传"中的两段话。"张俭传"云："俭举劾览及其母罪恶，请诛之。览遏绝章表，并不得通，由是结仇览等。乡人朱并，素性佞邪，为俭所弃，并怀怨恚。遂上书告俭与同郡二十四人为党，于是刊章讨捕。俭得亡命，困迫遁走，望门投止，莫不重其名行，破家相容。"意即是说，张俭因检举宦官侯览，而与之结下了怨仇，后反为小人朱并诬陷，于是遭到"刊章讨捕"。"孔融传"也说到了同一事件，云："山阳张俭为中常侍侯览所怨，览为刊章下州郡，以名捕俭。"在此尤其值得注意的是"刊章"一语。元王幼学《资治通鉴纲目集览》卷一二在解释"刊章"含义时说："刊章即印行之文，如今板榜。"元时"板榜"即印刷而成的通缉告示。显然，其认为汉代便有了雕版印刷。

但刘攽、李贤早有另外的解释。唐章怀太子注云："刊，削也。谓削去告人姓名。"可知章怀太子认为"刊"是"削"的意思，而非后世之"刊印"。章怀太子"注"又引刘放曰："览何能刊章下州郡？盖是'诏字'，张俭传中可见也。"此刘放的意思虽不十分明确，似认为"刊章"即是"刊诏"；而无"刊章"即是"刊印"之意。

　　当然，印刷是在纸上进行的，有了纸，有了墨便具备了印刷的基本条件；张俭招诬之事见于桓帝延熹八年（165 年）之后，距蔡伦发明造纸术已有多年，用纸刊印部分公文下达州郡的可能性还是存在的；但当时汉纸的质量依然较差，造纸技术的长足进步应属两晋之后的事。著名的傅咸《纸赋》出现于西晋，我国第一批书法家是东晋产生出来的。废简而用纸，那是东晋之后的事。所以，即使汉代有了少数雕版式印刷，那也是偶然事例，而不宜视为一种文化载体。人们之所以把印刷术的发明当成我国古代的一项重大科技成就，便因它是一种文化载体，对古代文化的保存和交流，对人类古代文明的发展，起到了十分重要的作用，而这种作用，则不是印章式按印、少量的或单件的雕版式印刷所能担负的。我们把南朝作为雕版印刷的发明期，是因其生产了"玉印玉板书"，不管这种"书"的份量和内容如何，皆可视之为一种早期的文化载体。由汉至东晋，大体上是印刷术的孕育期，南朝则可视为雕版印刷的发明期。但由于各种原因，雕版印刷在南朝时并未得到推广，及至到了隋代，大量发行的诏书依然是用手抄写的。《资治通鉴》卷一七六"陈纪十"载，隋文帝伐陈前，"送玺书暴（陈）帝二十恶，仍散写诏书三十万纸，遍谕江外"。胡注："中原以江南为江外。"说明隋代初年时，即使帝王为了军事上的需要，依然未能使用雕版印刷，否则 30 万纸诏书是决不会"散写"的[25]～[28]。印刷术的推广，应是唐代的事。

第八节　髹漆技术

　　此期漆器出土量大不如前，髹漆技术基本上沿袭前代工艺，并无大的创新。总体上属于髹漆技术的低潮期。其中值得注意的事项是：此期出现了关于漆器使用和收藏的专题性记载，出现了夹纻胎佛像工艺，木胎夹纻工艺也有了一些发展，发明了犀皮工艺。

一、漆器出土的部分情况

　　魏晋南北朝漆器出土量较前大为减少，这一方面大约是此期手工业备受摧残之故，另一方面当与制瓷技术的发展和社会意识的变化等有关。在此期漆器中，较值得注意的主要是孙吴和北魏的几批漆器。

　　东吴朱然（182～249 年）墓漆器。1984 年安徽马鞍山市出土，漆木器约 80件，包括案、盘、羽觞、槅、盒、壶、樽、奁、凭几、梳、砚等 10 余个品种。胎质有木、篾、皮、木胎夹纻等。漆画用色有朱红、红、黑红、金、浅灰、深灰、赭、黑等。有的镶鎏金铜钿，有绘画，也有素面；装饰手法有漆绘、锥刻戗金、犀皮等。有的器上有铭。其中较值得注意的几件是：（1）宫闱宴乐图漆案。木胎夹纻，即木胎上先贴一层麻布，再涂漆腻，之后再髹漆。四缘镶嵌有鎏金铜皮，在黑红漆地上用朱红、黑、金等色漆绘制有宫闱宴乐场面，其中有 55 位人物。此彩绘法今谓之描漆法或设色画漆法。（2）季扎挂剑图漆盘。木胎，边缘镶鎏金铜钿，盘外底以朱漆书"蜀郡造作牢"5字。盘中间绘春秋吴季扎挂剑徐君冢树的历史故事。器以黑漆为地，其上绘有红、黄、灰、金等色。此"牢"即坚牢意，宋代部分再作讨论。（3）犀皮黄口羽觞（耳杯），2件，皮胎，椭圆口，平底，月牙形耳，耳及口沿都镶有鎏金铜钿。器身属"黑面红中黄底片云斑犀皮"。花纹自然流畅。（4）锥刻戗金漆盒盖，木胎夹纻，顶面和四侧针刻青龙、白虎等，线条流畅，刻纹内戗金。（5）素色漆器木凭几，弦长69.5厘米、宽12.9厘米、高26厘米，全身髹黑红漆。汉晋时期，人们席地而坐，凭几是放在床榻之上，使坐者有所凭靠的，故有"凭几而坐"之说。（6）漆沙砚，木胎，长方形盒，分为四层，为三盘一盖，可以叠合，下为底盘，可以放置研石、颜料等。上为砚盘。砚池长27.4厘米、宽24厘米，池内涂黑漆和细砂粒。池上有一方形小水池。因季氏挂剑图盘朱书"蜀郡"等字，故有学者认为，其皆系蜀地制造的[1]。

东吴高荣墓漆器。1979年江西南昌出土，计15件。种类有盒、奁、鬲、钵、碗等；有木胎、夹纻胎和木胎夹纻；器外表多髹黑色、内面为红色。其中较值得注意的主要有：（1）圆盒，2件，夹纻胎，盖顶中央的钮饰用铜镶嵌出柿蒂形图案，顶盖边缘彩绘，筒腹上镶嵌2道铜片。（2）奁盒，2件，盖顶中心之钮用铜片镶嵌柿形图饰，在每瓣和蒂的中心各镶嵌水晶珠一颗。柿蒂形图案外用铜片镶嵌两圈，在盖顶边角处用铜片包裹[2]。有盒2件为脱胎漆器。这些漆器的制作工艺和艺术风格与前述扬州漆器十分相似，故它应当是长江下游地区的产品。

东吴麻桥墓漆器。1978年安徽南陵县麻桥出土，其中2号墓出土了少数几件漆器，种类有：长方形盒、小圆盒、双层奁、梳妆盒、果盒（榼）、碗等。其中长方盒的盖顶镶嵌铜柿蒂形图案，器身及套盖均镶有三道铜钿。其他几件也有类似工艺[3]。

北魏司马金龙墓所出木板漆画屏风。1966年初山西大同出土，据墓志铭，司马金龙死于484年。此屏风较完整者5块，每块长约80厘米、宽约20厘米、厚约2.5厘米，有榫可以拼合。板面遍涂红漆，题记及榜题处再涂黄色，上面墨书黑字。绘画中线条用黑色，人物面部和手部涂铅白（易脱落），其余有黄、白、青绿（深浅不同）、橙红、灰蓝等色。颜色中约调有漆类粘合剂而不易剥落[4]。看来这是一件较为典型的"描漆"制品。"描漆"漆器至迟在战国时期就已经出现，汉后便有了发展[5]。黄成《髹饰录》"描饰"第六载："描漆，一名描华，即设色画漆也。其文各物备色，粉泽烂然如锦绣……又有彤质者，先以黑漆描写，而后填五彩。"司马金龙漆画与此述基本一致。

二、髹漆技术的发展

此期的髹漆技术虽处低潮期，诸项操作基本上是沿袭了前代工艺，但也有几件在漆器史上值得书写一笔的事例。主要是：

（一）出现了关于漆器使用、收藏的专题性记载

我国古代髹漆技术发明于河姆渡文化时期，虽先秦秦汉后不少文字提到髹漆工艺，但都较为简单，且一般都是顺带提到，此期却出现了关于漆器使用的专题性记载。后魏贾思勰《齐民要术》第四九"种漆"条载："凡漆器，不问真伪，送客

之后，皆须以水净洗，置床箔上，于日中半日许曝之使干，下晡乃收，乃坚牢耐久。若不即洗者，盐醋浸润，气彻则皱，器便坏矣。其朱裹者，仰而曝之，朱本和油，性润耐日。"下晡，日将落时。这显然是生活经验的总结，说明当时漆器使用已相当广泛。

（二）木胎夹纻工艺有了发展

木胎夹纻始见于先秦时期，此期有了进一步发展，上述东吴朱然墓至少出土有2件，即宫闱宴乐图漆案和锥刻戗金漆盒盖；东吴高荣墓漆器也有此种胎质。说明此工艺不但保留着，且有一定的发展。这工艺在《髹饰录》"质法"第十七称之为"布漆"，具体操作是："捎当后用法漆衣麻布，以令麀面无露脉，且棱角缝合之处，不易解脱，而加垸漆。"王世襄又对木胎夹纻工艺（即布漆）作了进一步的解释，说："布漆是制造漆器的第四道工序（前三道分别是卷素、合缝、捎当）。在已经捎当（填平裂缝、节眼）之后的器物上，用法漆将麻布糊贴到上面去。这样，即使将来用石搓磨，也不致于将木胎或木筋透露出来。同时周身贴了麻布，拉扯连系力加强，木胎拼合的地方，也不容易松裂脱开了。"[6]黄成认为，木胎夹纻工艺最容易出现两个毛病，即"邪宄，浮起"。杨明注"邪宄"云："贴布有急缓之过。"即漆器贴布时，松紧不均，有时布纹亦歪斜。杨明注"浮起"为："粘贴不均之过。"即有的地方粘住了，有的地方没有粘住而浮起[7]。

此期还出现了夹纻胎大型佛像。佛教约于汉代传入我国，夹纻胎佛像约出现于六朝时期，东晋戴逵曾以夹纻胎制作佛像[8]，梁简文帝作有《为人造八夹纻金薄像疏》[9]（其具体尺寸不详）。

（三）出现了将荏油用于手工业的记载

《齐民要术》第二六云："荏子秋末成……收子压取油，可以煮饼，为（涂）帛、煎油弥佳（原注：荏油性浮，涂帛胜麻油）。"可见后魏已用荏油涂帛。这对我们探讨兑漆用油当有一定帮助。

（四）雕漆和犀皮工艺的发明

雕漆，即在漆层上进行雕刻。基本操作有二：（1）用色漆在底漆上堆砌成花纹图案的大致轮廓，之后再雕刻出所需花纹图案来。（2）用相同的，或不同色调的油漆在胎体上一层层地髹涂，当色漆积叠到一定厚度后再作雕刻。这两种操作的区别是：前者只在花纹图案处一层一层地堆砌色漆，后者则是在整个表面一层一层地髹涂色漆。所髹漆层的数目，常视需要而定。不管前者还是后者，若髹涂的漆层颜色相同，雕漆断面的颜色便是大体一致的，整个雕漆产品便是颜色均一的雕漆、浮雕艺术品；若髹涂的漆层颜色不同，且呈现某种规律性差异时，雕漆断面便会显示一道道不同颜色的纹路，此产品便谓之犀皮，或犀毗、西皮、剔犀。所以，犀皮是雕漆工艺的一种特殊形式。雕漆和犀皮都是我国古代漆器装饰技术的重要成就。普通雕漆产品的颜色是相同的，或红、或黄、或绿、或黑色的浮雕；犀皮则会呈现出不同的文采，通常有云钩纹、香草纹、回文等。明黄成《髹饰录》"雕镂"第十载："剔红，即雕红漆也。髹层之厚薄，朱色之明暗，雕镂之精粗，亦甚有巧拙。"黄成《髹饰录》"填嵌"第七载："犀皮，或作西皮，或犀毗，文有片云、圆花、松鳞诸斑。"同书"雕镂"第十载："剔犀，有朱面，有黑面，有透明紫面。或乌间朱线，或红间黑带，或雕鏨等复，或三色更叠。其文皆疏刻剑环、绦环、重圈、回文、云钩之类，纯朱者不好。"这里便分别谈到了雕漆和犀皮两种工艺。在此值得注意的是：剔犀只用红、黄、黑三色，即所谓"三色更叠"，而不用绿色等。杨明注云："三色更替，言朱、黄、黑错重也。用绿者，非古制。剔法有仰瓦，有峻深。"

在考古发掘中，此期的普通雕漆产品尚未看到，但文献却是有记载的。晋陆翱《邺中记》载："石虎御坐（座）几，悉雕漆，画皆为五色花也。"[10]可知至迟在后赵石虎时期，即公元4世纪前期便有了"雕漆"工艺。自此，这个名称就一直沿用了下来。

文献上关于此期犀皮工艺的记载尚未看到，但却出土了两件犀皮器物，即前述孙吴朱然墓的两件犀皮漆耳杯。两耳杯皆保存完好，其中一件长径9.6厘米、径5.6厘米、高2.4厘米。表面光滑，花纹匀称而多变；若行云流水，自然流畅[1]。这是今在考古发掘中所见年代最早的犀皮漆器，也是最早的雕漆产品。在此有一点需顺带说明的是：此"雕漆"与西周时期的漆器雕花是不同的；雕漆是在一层层砌叠起来的漆层上进行雕镂的；而早期雕花漆器，则是在木器上雕花后再髹漆的。从操作原理到工艺效果都不相同。

关于犀皮工艺的发明期，学术界长时期没有定论。在相当长一个时期内，人们曾定之成唐[11]。由于朱然墓犀皮黄口羽觞觞的出土，各种疑虑也就如冰之释。

关于犀皮工艺的具体操作，袁荃猷曾于1957年在北京崇文门外作过专门调查，其漆烟袋竿的犀皮工艺程序为：（1）打埝，意即在平地上打出高起的埝来。做法是先向生漆中调入一定量的石黄，以提高其粘稠度；之后涂到木质的烟袋竿上，并趁漆未干时，用右手姆指轻轻推动漆层，使其形成一道道带尖凸的皱皮；从烟竿的一端旋转着推向另一端，状如蛇皮的鳞纹。（2）阴干。（3）用红漆、黑漆相间地涂到每个突起的皱尖处，每涂一次，入荫一回，如此四五回。（4）再用红漆、黑漆相间地通体涂刷，亦是每涂一次，入荫一次，及至20多次。（5）用磨石及炭打磨，凡打埝较高的地方，此时都会显现出一圈圈的色漆，是即花纹。花纹的具体形态则取决于打埝方法和上漆的情况[12]。

（五）镶嵌技术的扩展

1965年，辽宁北票冯素弗墓出土一批很有价值的文物，其中有一件黑漆长方形盒，用菱形骨片嵌成几何纹图案，作工有如螺钿器一般，墓主人死于415年[13]。这大体上可视为漆器镶嵌技术的一种扩展。类似的技术清代还可看到，故宫博物院便藏有一件清初黑漆嵌骨人物长方盒[14]。

第九节　玻璃技术

魏晋南北朝是我国古代玻璃技术的一个转变期，在器形上，实现了从饰器向器皿类的转变，珠饰类玻璃大为减少；在成型工艺上，开始了从铸造模压，向吹制的转变，吹制成型得到了初步发展；从文献记载看，我国已生产了部分钠钙玻璃。此时，西亚和欧洲的玻璃更多地传入我国，极大地促进了我国玻璃技术的发展。

一、玻璃出土的部分情况

此期见于考古发掘的玻璃器主要是器皿和珠饰，南北都有出土；多为域外传来，只有少数国产；器皿量不是太多。其中较值得注意的主要有下面几宗：

1. 1964 年河北定县北魏塔基石函（481 年）中出土有玻璃器 7 件，计有：玻璃钵 1 件，口沿烧成了圆唇，圈足，天青色，透明，气泡较多。玻璃瓶 2 件，壁厚约 0.1 厘米，天青色，透明，有密集的气泡。玻璃葫芦小瓶 3 件，浅蓝色，透明。残玻璃器 1 件，天青色，透明，气泡较多[1]。7 件器物皆无模吹制，其中 6 件较小，且器形简单、不太规整、气泡较多，说明吹制技术不太成熟；加之其玻璃钵、葫芦瓶皆我国传统器形，故这批器物当为我国所制[2][3]。这是今日所见最早的国产吹制玻璃器。

2. 1978 年湖北鄂州五里墩西晋墓出土磨花圜底玻璃碗残片 1 件，无色透明，有小气泡，外表有多排椭圆形的磨花纹饰，当是冷加工磨琢而成。相类似的器物在伊朗高原三～七世纪墓葬中曾有大量出土，此当是较早输入东方的萨珊玻璃[2][4]。

3. 1965 年北京西晋华芳墓出土圜底玻璃碗 1 件（残片），淡绿色，透明，内含较多大小不等的气泡。无模吹制。腹部的乳钉装饰是用烧软的玻璃条趁热粘上去的，有学者亦认为其属于萨珊玻璃[5][6]。

4. 1970 年南京象山东晋墓出土 2 件磨花筒形玻璃杯，无色，透明，气泡较少。1 件完整，透明，泛黄绿色，口沿及下底磨有椭圆形花瓣纹。这种器形在罗马玻璃器中经常看到，当为西方传入[2][7]。

5. 1965 年，辽宁北票县北燕冯素弗墓出土 5 件玻璃器，计有：鸭形玻璃注 1 件，无模吹制，鸭身上的装饰系玻璃条缠绕而成的；玻璃碗 1 件，光洁明澈，淡绿色，气泡很少；玻璃杯 1 件，翠绿，透明，质地纯净，色泽鲜丽，很少气泡，底部有疤痕，说明制造时采用了铁棒技术，此杯的器形国内很少看到。此外，还有玻璃钵 1 件、玻璃残兽 1 件。5 件当为罗马传入[2][8]。

6. 1983 年宁夏固原北周李贤夫妇墓出土有完整的玻璃碗 1 件，口径 9.5 厘米、腹径 9.8 厘米、腹深 6.8 厘米、高 8 厘米。淡黄绿色，内含小气泡，分布较为均匀；有模吹制，表面有琢磨而成的凹球面纹饰，是古代玻璃的精品。为传入我国的萨珊玻璃器[6][9]。

7. 1995 年，新疆营盘汉晋墓葬 M9 出土 1 件玻璃杯，黄白色，半透明，侈口，平底，腹部排满圆形凹面纹，口径 10.8 厘米、高 8.8 厘米，是典型的伊朗高原产品。大约在公元前 800～前 500 年时，埃及和西亚生产的玻璃便已传入新疆[10]。

8. 1994 年，洛阳北魏永宁寺出土了 15 万余枚玻璃小珠，珠径 1～5 毫米，中有穿孔，孔径 0.5～2 毫米，高 1～6 毫米。直径 ≤3 毫米者约占总数的 95% 以上。有黑色、绿色（半透明）、黄色（不透明）、砖红色（不透明）、无色（透明）、深蓝色（透明）、白色（不透明）、天蓝色（半透明）、豇豆红色（不透明）等。皆系拉拔成的细管料切割而成[11][12]，很可能是印度制品[12]。

这是魏晋南北朝时期部分玻璃器的出土情况，这些器物多为器皿和珠饰类，器皿有杯、碗、瓶、钵等；据判断，其中 7 宗为传入品，只有 1 宗是国产的。国产玻璃较少，这一方面固然与战争破坏有关，另一方面也说明了西亚和欧洲玻璃在技术上的某些优势。

二、成分选择和成型技术

（一）几件外来玻璃的科学分析

表4－9－1　　　　　　　　魏晋南北朝外来玻璃成分分析

出土处、名称、颜色、原产地	成　分（%）									
	SiO_2	Al_2O_3	Fe_2O_3	CaO	MgO	K_2O	Na_2O	MnO_2	CuO	Sb_2O_3
鄂州五里墩西晋墓玻璃碗，淡黄，萨珊	64.22	1.64	0.57	9.19	3.21	3.59	17.51	0.04	0.02	
南京大学北园东晋墓玻璃杯，淡黄，罗马	69.39	1.89		6.81	0.27	0.49	19.60			0.29
南京幕府山玻璃杯，淡黄，罗马	67.70	3.43	0.58	6.05	0.94	0.45	19.23	1.63	0.02	
南京幕府山玻璃杯，深蓝，罗马	69.15	2.09	1.22	5.79	0.55	0.33	15.84	0.03	0.27	
辽宁北票北燕冯素弗墓玻璃钵，浅绿，罗马	64.82	2.71	0.82	6.14	2.35	4.43	16.02	0.08	0.02	
平　均　值	67.06	2.35	0.64	6.79	1.46	1.86	17.64	0.36	0.07	0.06

注：采自文献[3]、[13]

表4－9－1所示为魏晋南北朝时期，传入我国的5件外域玻璃器成分。由之见：

（1）此5件器物都是清一色的钠钙玻璃，成分为：CaO 5.79%～9.19%，平均6.79%；Na_2O 15.84%～19.6%，平均17.64%。有的标本亦含有一定量的钾；着色剂有铁、铜、锰。

（2）此5件标本大体上皆可归为钠系，但细分起来又包括两种类型，即 Na_2O － CaO － SiO_2 型（3件）和 Na_2O － CaO － K_2O － SiO_2 型（2件）。

（3）此期的国产玻璃分析较少，先秦两汉那种高铅、高钾玻璃的使用情况则难得知晓；高钡玻璃是否仍在使用，亦不明了；亟待进一步研究。

表4－9－2　　　　　　　　洛阳北魏永宁寺遗址玻璃珠成分

色　态	直　径（毫米）	成　分（%）									
		SiO_2	Al_2O_3	Fe_2O_3	K_2O	Na_2O	CaO	MgO	CuO	MnO	ZnO
砖红色	3.56	6.31	11.01	1.23	4.01	8.69	2.73	－	3.25	0.48	－
深蓝色	2.15	8.31	4.1	1.24	2.47	16.2	6.21	0.208	0.81	0	0.033
黄色	2.25	5.51	8.2	1.27	2.36	17.2	1.10	0.313	0.426	1.64	0.024
黑色	2.16	9.2	7.95	2.43	2.50	15.7	1.46	1.459	0.392	0	0.033
无色透明	2.06	3.11	2.6	1.04	2.11	16.2	4.37	0.277	0.415	1.37	0.045
砖红色，表面风化	1.85	1.91	8.3	2.40	2.34	15.8	2.28	0.541	5.20	0	0.05
砖红色	4.2	67.43	12.0	1.34	3.90	9.13	2.72	－	3.20	0.49	－
平　均　成　分		61.68	13.45	1.56	2.81	14.13	2.98	0.40	1.96	0.57	0.03

注：采自文献[11]

表4－9－2所示为有关学者分析的7件洛阳北魏永宁寺印度玻璃珠成分。这些玻璃珠直径多为1.8～4.2毫米，砖红色者稍大[12]。由之可见：

（1）其平均成分为：SiO_2 61.68%、Al_2O_3 13.45%、Fe_2O_3 1.56%、K_2O 2.81%、Na_2O 14.13%、CaO 2.98%、MgO 0.4%、CuO 1.96%、MnO 0.57%、ZnO 0.03%。可知其主要助熔剂是钠、钾、钙。

（2）其含 Na_2O 量较高，为8.69%～17.2%。国产玻璃的 Na_2O 量常在8%以下，唯少数几件，如春秋晚期侯固堆玻璃珠达10.94%，平山战国玻璃珠达

15.46%（表 2 – 7 – 1）。

（3）此 7 件玻璃约包括三个成分系列，其中：Na_2O – K_2O – CaO – SiO_2 型 3 件，Na_2O – CaO – K_2O – SiO_2 型 2 件，Na_2O – CaO – K_2O – SiO_2 型 2 件。

（4）着色元素主要是铁和铜，此外还有锰。实际上，一般物体的呈色往往是由两种或多种着色剂共同作用的结果。我们曾对古代玻璃着色剂进行过一些分析（表 2 – 7 – 3），其着色元素也主要是铁和铜，但其铜、铁含量都较高，而这些外域玻璃的着色元素含量则较低。

（二）从文献记载看此期国产玻璃的成分

此期国产玻璃所见较少，亦未进行过科学分析，下面只好通过文献记载，对其成分选择进行一些探讨。

三国万震《南州异物志》云："琉璃本质是石，欲作器，以自然灰治之。自然灰状如黄灰，生南海滨，亦可浣衣，用之不须淋，但投之水中，滑如苔台，不得此灰则不可释。"[14]"琉璃本质是石"，即琉璃的原料原本是石；欲作之"器"，当指玻璃器，而不像是琉璃瓦。"自然灰"，一般认为是指天然碳酸钠；以其制成的琉璃，当即是钠钙玻璃。"释"当即稀释、熔化之意，这充分说明了自然灰作为熔剂的作用。前面谈到，此书为万震见闻录，"南州"约指今广西与越南接壤一带。可知当地在三国时已生产钠钙玻璃。

《抱朴子·内篇》卷二"论仙"载："外国作水精椀，实是合五种灰以作之，今交广多有得其法而铸作之者。今以此语俗人，殊不肯信。乃云水精乃自然之物，玉石之类，况于世间幸有自然之金，俗人当何信其有可作之理哉。"这里说到了好几层意思：（1）在晋人看来，水晶有两种，一如"俗人"言，乃自然之物，属玉石类，这是真水晶。二如葛洪所言，以五种灰做成，应是假水晶，当是玻璃。（2）作为玻璃的"水晶"本是外国所作，东晋时已传入交广。五种灰，具体含义不详，但若为外国工艺，少不了应有自然灰，即天然碳酸钠。依此，这种玻璃亦应是含钠含钙的。

此外，《魏书》卷一〇二"西域传·大月氏"条，还谈到过西域匠人至京师制作"琉璃"的情况，云："大月氏国都卢监氏城……世祖时，其国人商贩京师，自云能铸石为五色瑠璃。于是采矿山中，于京师铸之。既成，光泽乃美于西方来者。乃诏为行殿容百余人，光色映彻，观者见之，莫不惊骇，以为神明所作。自此，国中瑠璃遂贱，人不复珍之"。这段记载对"五色瑠璃"的性属谈得不是十分清楚，有学者认为它即普通玻璃[3][15]，有学者认为它是一种建筑装饰[16][17][18]，诸如琉璃瓦之类。浅见认为建筑材料的可能性较小，理由是：（1）从西方运来琉璃瓦的可能性不大。而文中说"五色瑠璃"美于西方来者。（2）"五色瑠璃"行殿能"容百余人"，若为玻璃装饰，那才是真正令人惊骇的。《北史》卷九七"西域·大月氏传"所记略同。

由上述记载来看：（1）至迟三国时期，南州便掌握了利用自然灰制作钠钙玻璃的技术。万震未说到此技术的来源，可能是外域传来，也可能是本地创造的。（2）东晋时期，外国玻璃（钠钙）技术便传入了交广一带。所以，虽目前从科学分析中尚难了解国产玻璃的组分，但从上述记载来看，三国、东晋时期我国生产过部分钠钙玻璃是可以肯定的。

（三）关于吹制法的使用

此前，我国玻璃制造工艺一直是沿用先秦两汉的模铸法等操作。魏晋南北朝在玻璃成型技术上有何进步，因此期出土的国产玻璃器较少，目前尚难作出准确的评价。一般认为，吹制法已在北魏时期传入我国，并逐渐推广开来。主要依据是定县北魏塔基出土的一些国产的吹制玻璃器。吹制法约在公元前200年始见于巴比伦，之后为罗马人采用。罗马玻璃技术繁荣的时代适与我国汉至南北朝相当。

三、关于"琉璃"等名称

在此期文献中，用来称呼玻璃的词汇主要还是沿用汉代"流璃"、"琉璃"等词，但由于历史条件的限制，这些词汇的含义并不是十分固定的，除玻璃外，往往还有其他含义，还需作具体分析。与无序结构相对应的"玻璃"一词，实际上是到了宋代，及至明代才出现的。

《汉书》卷九六上"西域传·罽宾"条载：罽宾出"珠玑、珊瑚、虎魄、璧流璃"，师古"注"引三国魏孟康说："流离，青色如玉。"[19]此用玉来形容"流离"，可知其不是玉；而罽宾国更靠近西亚和欧洲，故有可能是玻璃。师古"注"又引《魏略》云："大秦国出赤、白、黑、黄、青、绿、缥、绀、红、紫十种流离。"[20]大秦国即罗马帝国。由于吹制法的发明，此时的玻璃技术已达较高水平，故此十色琉璃有可能多为玻璃，但也不排除尚包括部分水晶等物的可能性。

北魏杨衒之《洛阳伽蓝记》卷四载："河间王琛最为豪首。""琛常会宗室，陈诸宝器，金瓶、银瓮百余口，瓯檠盘盒称是。自余酒器，有水晶钵、玛瑙盃、琉璃碗、赤玉卮数十枚。作工奇妙，中土所无，皆从西域而来。"[21]此"琉璃"很可能是玻璃。

西晋潘尼《潘太常集》"琉璃碗赋"："览方贡之彼珍，玮兹碗之独奇。济流沙之绝险，越葱岭之峻危，其由来也阻远，其所托也幽深……于是游西极、望大蒙、历钟山、窥烛龙、觐王母、访仙童；取琉璃之攸华，诏旷世之良工。"[22]此描述了琉璃碗传入过程之艰难。因所述甚为简单，故此"琉璃碗"到底是玻璃碗还是水晶碗，眼下很难肯定。

晋王嘉《拾遗记》卷八载："孙亮作绿琉璃屏风，甚薄而莹澈，每于月下清夜舒之。常宠四姬，皆振古绝色……使四人坐屏风内而外望之，了如无隔，惟香气不通于外。"[23]此"绿琉璃"能做到"了如无隔"，应当是玻璃；若为建筑琉璃瓦的话，不管怎样地薄，都不会"了如无隔"的。部分学者在引用这段文献时，只引了前面一句，而未引后面几句，故误以为是建筑装饰用的琉璃。至于这种玻璃到底有多大，则是不得而知。

《魏书》中首次出现了"颇黎"一词，但《魏书》并未说到"颇黎"的生产工艺，我们从语音上是很难断定它便是玻璃的。《魏书》卷一〇二"西域传·波斯"载：波斯国都宿利城，"出金、银、鍮石、琥珀、车渠、马脑，多大真珠、颇黎、瑠璃、水精……"这里同时说到了颇黎、瑠璃、水精三物。到底谁个是作为无序结构的玻璃？依此很难肯定。后面还要谈到，在唐代，"颇黎"实际上是多指天然宝石和美玉的，并无玻璃的含义。依此我们推测，《魏书》中的"颇黎"亦未必是玻璃。

南朝宋刘义庆《世说新语》卷下之下"纰漏三十四"载："王敦初尚主……既还，婢擎金澡盘盛水，瑠璃盌盛澡豆。"[24]此"瑠璃"可能是玻璃，但含义却不是十分明确。

参 考 文 献

第一节 采矿技术

[1] 杨立新:《皖南古代铜矿初步考察与研究》,《文物研究》第 3 辑,1988 年。

[2] 杨立新:《安徽沿江地区古代铜矿》,《文物研究》第 8 辑,1993 年。

[3] 《陆士龙文集》卷八,文渊阁《钦定四库全书》,台湾商务印书馆版 1063 – 442。

[4] 《后汉书》卷三二"郡国四·豫章郡·建城"条引。

[5] 沈仲常:《四川昭化宝轮镇南北朝时期的崖墓》,《考古学报》1959 年第 2 期。

[6] 甘肃省博物馆:《酒泉嘉峪关晋墓的发掘》,《文物》1979 年第 2 期。《嘉峪关新城十二、十三号画像砖墓发掘简报》,《文物》1982 年第 8 期。

[7] 杨慎:《升庵外集》卷一九"用器",桂湖藏板,道光甲辰影明板重刻。

[8] 《水经注》第七册,卷一三,第 11 页、12 页,文渊阁《钦定四库全书》抄本,武汉大学出版社电子版第 234 碟。

[9] 《中国古代煤炭开发史》第 45 页,煤炭工业出版社,1986 年。

[10] 《后汉书》卷三三"郡国志·酒泉郡·延寿"条梁刘昭注引。丛书集成本《博物志》卷九所记与此大体一致:"酒泉延寿县南,有山出泉,注地为沟,其水有脂,如煮肉汁,挹取若著器中,始黄后黑,如不凝膏,然之极明,与膏无异,膏车及水碓缸甚佳,但不可食,彼方人谓之石漆"。"四库"本《博物志》无此段文字。

[11] 《文选注》卷四"三都赋",并李善注引。

[12] 郭璞:《郭宏农集》卷一。

[13] 明曹学佺:《蜀中广记》卷六六引。

[14] 重庆市博物馆:《四川汉画像砖选集》,文物出版社,1957 年。

[15] 白广美:《关于汉画像砖"井火煮盐图"的商榷》,载《中国盐业史论丛》,中国社会科学出版社,1987 年。

第二节 冶金技术

[1] 渑池县文化馆等:《渑池县发现的窖藏铁器》,《文物》1976 年第 8 期。

[2] 洛阳市文物工作队:《洛阳吉利发现西汉冶铁工匠墓葬》,《考古与文物》1982 年第 3 期。

[3] 何堂坤等:《洛阳坩埚附着钢及其科学研究》,《自然科学史研究》1985 年第 1 期。

[4] 岑仲勉:《中外史地考证》第 213 页,中华书局,1962 年。

[5] 北京钢铁学院金属材料系中心化验室:《河南渑池窖藏铁器检验报告》,《文物》1976 年第 8 期。

[6] 何堂坤:《关于灌钢的几个问题》,《科技史文集》第 15 辑,上海科学技术出版社,1989 年。

[7] 《六臣文选》卷三五张协《七命》。

[8] 北京科技大学冶金与材料研究所等:《北票喇嘛洞墓地出土铁器的金相实验研究》,《文物》2001 年第 12 期。

［9］ 李众：《中国封建社会前期钢铁冶炼技术发展的探讨》，《考古学报》1975 年第 2 期。

［10］ 黎瑶渤：《辽宁北票县西官营子北燕冯素弗墓》，《文物》1973 年第 3 期。

［11］ 何堂坤：《百炼钢及其工艺》，《科技史文集》第 13 辑，上海科学技术出版社，1985 年。

［12］ 徐州市博物馆：《徐州发现东汉建初二年五十湅钢剑》，《文物》1979 年第 7 期。

［13］ 柯俊等：《中国古代的百炼钢》，《自然科学史研究》1984 年第 4 期。

［14］ 刘心健等：《山东苍山发现东汉永初纪年铁刀》，《文物》1974 年第 12 期，科学分析并见文献［9］。

［15］ 杨宽：《中国土法冶铁炼钢技术发展简史》，上海人民出版社，1960 年。

［16］ 《北堂书钞》卷一二一。

［17］ 何堂坤：《中国古代铜镜的科学研究》，中国科学技术出版社，1992 年。

［18］ 《中国矿产地一览表》第二卷下，第 75 页，1942 年。

［19］ 王琎：《中国铜合金内之镍》，《科学》第 13 卷第 10 期，1929 年。

［20］ 甘肃省文物考古研究所等：《甘肃民乐县东灰山遗址发掘纪要》，《考古》1995 年第 12 期。

［21］ 山内淑人等：《古利器の化學の研究》，《東方學報》京都版第 11 册。

［22］ 李延祥等：《林西县大井古铜矿冶遗址冶炼技术研究》，《自然科学史研究》1990 年第 2 期。

［23］ 曾琳等：《苏南地区古代青铜器合金成分的测定》，《文物》1990 年第 9 期。

［24］ 赵匡华：《我国金丹术中砷白铜的源流与验证》，《自然科学史研究》1983 年第 1 期。

［25］ 王奎克等：《砷的历史在中国》，《自然科学史研究》1982 年第 1 期。

［26］ 《道藏》洞神部众术类，总第 599 册，1924 年上海涵芬楼影印本。

［27］ 梅建军等：《新疆奴拉赛古矿冶遗址砷铜冶炼技术的研究》，《亚洲文明与青铜文化国际学术会议论文摘要》。

［28］ 孙淑云等：《中国早期铜器的初步研究》，《考古学报》1981 年第 3 期。

［29］ 唐兰：《中国青铜器的起源与发展》，《故宫博物院院刊》1979 年第 11 期。

［30］ 《新修大正大藏经》卷一四，第 757 页。

［31］ 周卫荣：《黄铜冶铸技术在中国的产生与发展》，《故宫学术季刊》第一八卷第一期，2000 年秋。

［32］ 章鸿钊：《中国用锌的起源》，《科学》第八卷第三期，1923 年。

［33］ 章鸿钊：《再述中国用锌之起源》，《科学》第九卷第九期，1925 年。

［34］ 转引自袁翰青：《中国化学史论文集》第 20 页，三联书店，1956 年。

［35］ 华觉明等译：《世界冶金史》第 153 页，科学技术文献出版社，1985 年。

［36］ 李文瑛等：《营盘墓地的考古发现与研究》，《新疆文物》1998 年第 1 期。李文瑛：《输石——丝绸之路贸易中的重要商品》，《中国文物报》1997 年 12 月 26 日。

［37］ 国家文物局古文献研究室等：《吐鲁番出土文书》第 2 册第 24 页、第 3 册第 8 页，文物出版社，1981 年。

［38］ 新疆维吾尔自治区博物馆：《新疆吐鲁番阿斯塔那北区墓发掘简报》，《文物》1960 年第 6 期。

［39］ 参见姜伯勤：《敦煌吐鲁番文书与丝绸之路》第 67 页、68 页，文物出版社，1994 年。

［40］ 岳慎礼：《丹阳铜与输石——再论我国黄铜》，《大陆杂志》第 26 卷第 12 期，1963 年。

［41］ 转引自李时珍：《本草纲目》卷九"铜锡镜鼻"条。

［42］ 赵匡华等：《关于我国古代取得单质砷的进一步确证和实验研究》，《自然科学史研究》1984 年第 2 期。

［43］N. Sivin：《ChineseAlchemy：PreliminaryStudies》（1968），P. 180－183.

［44］刘兴：《江苏句容县发现东吴铸钱遗物》，《文物》1983 年第 1 期。

［45］郑家相：《历代铜质货币冶铸法简说》，《文物》1959 年第 4 期。

［46］何堂坤：《折花钢工艺简介》，《五金科技》1981 年第 4 期。

［47］何堂坤：《关于花纹钢及其模拟试验》，《锻压技术》1988 年第 4 期。

［48］何堂坤：《关于镔铁的产地和工艺》，《中国国学》第 25 期，1997 年，台湾。

［49］何堂坤：《我国古代的钢铁热处理技术》，《技术史纵谈》，科学出版社，1987 年。

［50］李众：《从渑池铁器看我国古代冶金技术的成就》，《文物》1978 年第 8 期。

［51］柯俊等：《河南古代一批铁器的初步研究》，《中原文物》1993 年第 1 期。

［52］《太平御览》卷三四五引。

［53］湖北省博物馆等：《鄂城汉三国六朝铜镜》，图 95、96、97，文物出版社，1986 年。

［54］罗宗真：《江苏宜兴晋墓发掘报告》，《考古学报》1957 年第 4 期。

［55］王林克：《北齐库狄迴洛墓》，《考古学报》1979 年第 3 期。

［56］《道藏》洞神部，众术类，总第 593 册，卷上第 1 页。

［57］任继愈主编：《道藏提要》（社会科学出版社，1991 年）引孙诒让云："《金勺经》，晋宋间人依傅《抱朴子》假托施工为之。"

［58］李时珍：《本草纲目》卷九"金石·水银"集解引。

［59］秦烈新：《前凉金错泥筩》，《文物》1972 年第 6 期。

第三节　南方青瓷的发展和北方瓷器的出现

［1］中国社会科学院考古研究所：《新中国的考古发现和研究》第 635 页，文物出版社，1984 年。

［2］马志坚：《越窑中心论》，《东南文化》1991 年第 3、4 期合刊。

［3］中国硅酸盐学会：《中国陶瓷史》第 137～145 页，文物出版社，1982 年。

［4］余家栋：《江西陶瓷考古综述》，《景德镇陶瓷》1989 年第 1 期。

［5］江西省历史博物馆等：《江西罗湖窑发掘简报》，《中国古代窑址调查发掘报告集》，文物出版社，1984 年。

［6］《文物考古工作十年（1979～1989）》第 213 页，文物出版社，1990 年。

［7］关于湘阴窑的年代见《文物考古工作三十年（1949～1979）》第 318 页，"湖南省"部分，文物出版社，1979 年。关于湘阴窑西晋龙首青瓷灯，见《中国文物报》1997 年 12 月 7 日第 3 版，湖南保靖县文物管理所文。

［8］《文物考古工作十年（1979～1989）》第 224 页、225 页，文物出版社，1990 年。

［9］覃义生：《广西出土的六朝青瓷》，《考古》1989 年第 4 期。

［10］曾凡：《福建南朝窑址发现的意义》，《考古》1989 年第 4 期。

［11］吴战垒：《东汉熹平年款青瓷盘口壶》，《浙江省文物考古研究学刊》，长征出版社，1997 年。

［12］310 国道考古队：《洛阳孟津邙山西晋北魏墓发掘报告》，《华夏考古》1993 年第 1 期。

［13］中国社会科学院考古研究所洛阳二队：《河南偃师县杏园村四座北魏墓》，《考古》1991 年第 9 期。

［14］杜玉生：《北魏洛阳城内出土的瓷器与釉陶器》，《考古》1991 年第 12 期。

［15］山东淄博陶瓷史编写组：《山东淄博寨里北朝青瓷窑址调查纪要》，《中国古代窑址调查发掘报告集》，文物出版社，1984 年。

［16］中国硅酸盐学会：《中国陶瓷史》第 150 页、170 页，文物出版社，1982 年。

［17］郭演仪等：《中国历代南北方青瓷的研究》，《硅酸盐学报》1980 年第 9 期。

［18］李国桢等：《历代越窑胎釉的研究》，《中国陶瓷》1988 年第 1 期。

［19］李家治：《我国瓷器出现时期的研究》，《硅酸盐学报》1978 年第 3 期。

［20］李家治：《我国古代陶器和瓷器工艺发展过程的研究》，《考古》1978 年第 3 期。

［21］陈显求等：《公元六世纪出现的分相釉瓷——梁唐怀安窑陶瓷学的研究》，《硅酸盐学报》1986 年第 2 期。

［22］凌志达：《我国古代黑釉瓷的初步研究》，《中国古陶瓷论文集》，文物出版社，1982 年。

［23］衢县文化馆：《浙江衢县街路村西晋墓》，《考古》1974 年第 6 期。

［24］朱伯谦：《从浙江武义出土文物看婺州窑瓷器》，《文物》1981 年。

［25］中国硅酸盐学会：《中国陶瓷史》第 137 ~ 145 页，文物出版社，1982 年。"成型"见第 149 ~ 151 页，"龙窑"见 152 ~ 154 页。

［26］李家治：《原始瓷器的形成和发展》，载《中国古代陶瓷科学技术成就》，上海科学技术出版社，1985 年。

［27］参见叶喆民：《中国古瓷浅说》第 33 页，轻工业出版社，1982 年。

［28］范凤妹：《吉州窑的彩绘瓷》，《东南文化》1994 年增刊 1。

［29］长沙窑课题组：《长沙窑》第 235 页，紫禁城出版社，1996 年。

［30］陈尧成等：《瓯窑褐彩青瓷的初步研究》，《江西文物》1991 年第 4 期。

［31］余家栋等：《洪州窑考古发掘的新收获》，《中国古陶瓷研究》第五辑，紫禁城出版社，1999 年。

［32］朱伯谦：《试论我国古代的龙窑》，《文物》1984 年第 3 期。

［33］熊海堂：《东亚窑业技术发展与交流史研究》第 85 页、86 页，南京大学出版社，1995 年。

［34］周燕儿：《绍兴两处六朝青瓷窑址的调查》，《东南文化》1991 年第 3、4 期合刊。

［35］万良田：《江西省丰城龙雾州瓷窑调查》，《考古》1993 年第 10 期。杨后礼：《谈洪州窑的历史地位》，《东南文化》1994 年增刊 1 号。另见《中国文物报》1993 年 5 月 2 日。

［36］桂林博物馆：《广西桂林窑》，《考古学报》1994 年第 4 期。

［37］周世荣：《从湘阴古窑址的发掘看岳州窑的发展变化》，《文物》1978 年第 1 期。

［38］江西省历史博物馆等：《江西丰城罗湖窑发掘简报》，《中国古代窑址调查发掘报告集》，文物出版社，1984 年。

［39］余家栋：《试析洪州窑》，《中国古代窑址调查发掘报告集》，文物出版社，1984 年。

［40］贡昌：《谈婺州窑》，《中国古代窑址调查发掘报告集》，文物出版社，1984 年。

［41］周仁等：《中国历代名窑陶瓷工艺的初步科学总结》，《考古学报》1960 年第 1 期。

［42］河北省博物馆：《河北平山北齐崔昂墓调查报告》，《文物》1973 年第 11 期。

［43］石家庄地区文化局：《河北赞皇东魏李希宗墓》，《考古》1977 年第 6 期。

［44］《文物考古工作三十年（1949 ~ 1979）》第 137 页，文物出版社，1979 年。

［45］偃师商城博物馆：《河南偃师南蔡庄北魏墓》，《考古》1991 年第 9 期。

［46］河南省博物馆：《河南安阳北齐范粹墓发掘简报》，《文物》1972 年第 1 期。

［47］河南省博物馆：《河南安阳隋代瓷窑址的试掘》，《文物》1977 年第 2 期。该窑址出土了许多青釉、黄釉瓷片和一些窑具。河南省博物馆：《河南文物考古工作三十年》，见《文物考古工作三十年（1949 ~ 1979）》，文物出版社，1979 年。文中说到了安阳相州窑的发掘，并认为相州窑的最早年代可上溯到北朝时期。

［48］周到等：《河北濮阳北齐李云墓出土的瓷器和墓志》，《考古》1964 年第 9 期。

[49] 赵青云等:《河南古代陶瓷的科技成就》,《中国古代陶瓷研究》第 5 辑,紫禁城出版社,1999 年。

[50] 张季:《河北景县封氏墓群调查记》,《考古》1957 年第 3 期。

[51] 李知宴:《三国、两晋、南北朝制瓷业的成就》,《文物》1979 年第 2 期。

[52] 赖金明:《洪州窑制瓷工艺的突破成就》,《南方文物》2001 年第 2 期。

[53] 贡昌:《浙江龙游、衢县两处唐代古窑址调查》,《考古》1989 年第 7 期。

第四节　纺织技术之继续发展

[1]《蜀都赋》,昭明《文选注》卷四,唐李善注。文渊阁《钦定四库全书》,台湾商务印书馆版 1329 - 1。

[2]《丹阳记》,转引自《太平御览》卷八一五。

[3]《江表传》,转引自《太平御览》卷八一五。

[4]《蜀志》,转引自《太平御览》卷八一五。

[5]《诸葛亮集》,转引自《太平御览》卷八一五。

[6] 新疆博物馆考古队:《吐鲁番哈喇和卓古墓群发掘简报》,《文物》1978 年第 6 期。"哈喇和卓"的音译名有两种写法,另一种是"哈拉和卓"(见《文物考古工作三十年(1949 ~ 1979)》第 176 页)。本书在正文中今统一写作"哈拉和卓",文献中保持了原样。

[7]《晋书》卷六五"王导传"。

[8] 李仁溥:《中国古代纺织史稿》第 75 ~ 76 页,岳麓书社,1983 年。

[9] 石声汉选释:《齐民要术选读本》,农业出版社,1961 年。1956 年中华书局本《齐民要术》作"用炭易练而丝韧",不作"用盐",疑误。

[10] 羖羊,石声汉《齐民要术选读本》释为黑羊。文献 [13] 第 144 页释作山羊,今从后说。

[11] 李遇春:《新疆脱库孜沙来遗址出土毛织物初步研究》,《中国考古学会第一次年会论文集(1979)》,文物出版社,1980 年。"孜沙来"的音译名有两种写法,另一种是"孜萨来"(见《文物考古工作三十年(1949 ~ 1979)》第 180 页)。

[12] 赵承泽:《从新疆出土的三件织品谈有关织成的几个问题》,《中国纺织科技史资料》第 3 集。内部刊物。

[13] 陈维稷主编:《中国纺织科学技术史(古代部分)》第 391 页,科学出版社,1984 年。

[14] 新疆维吾尔自治区博物馆:《吐鲁番阿斯塔那——哈拉和卓古墓群发掘简报(1963 ~ 1965)》,《文物》1973 年第 10 期。

[15]《新疆出土文物》,文物出版社,1975 年。

[16] 黎瑶渤:《辽宁北票县西官营子北燕冯素弗墓》,《文物》1973 年第 3 期。

[17] 沙比提:《从考古发掘资料看新疆古代的棉花种植和纺织》,《文物》1973 年第 10 期。

[18] 农林部棉产改进处编:《胡竟良先生棉业论文选集》第 2 ~ 3 页,中国棉业出版社,1948 年。胡先生谓梵文诗歌中,栽培棉有四个名称:(1) Karpasi;(2) Vadara;(3) Tundikeri;(4) Samudrinta。野生棉则称为:Bhardvdji、Qutn(Katan 或 Kutun),其语出自希腊拉丁文,原义为麻及单独之细纤维。英文 Cotton 语出自阿拉伯文的 Kutn、Katan 或 Kutun,原意亦为麻类,而非棉花。

[19] 转引自陈大川:《中国造纸技术盛衰史》第 60 页,中外出版社,台北,1979 年。

[20] 吴震:《介绍八件高昌契约》,《文物》1962 年第 7、8 期。

[21] 新疆文物考古研究所:《新疆尉犁县营盘墓地 1999 年发掘简报》,《考古》2002 年第

6 期。

[22]《南州异物志》,《太平御览》卷八二〇"布"条引。

[23] 北魏贾思勰:《齐民要术》卷一〇"木緜"条引。

[24] 陈维稷主编:《中国纺织科学技术史(古代部分)》第 149 页,科学出版社,1984 年。

[25] 章楷:《我国历史上栽培棉花种类的演变》,《农史研究》第 5 辑,农业出版社,1985 年。

[26] 赵承泽主编:《中国科学技术史·纺织史》第 148 页,科学出版社,2002 年。

[27] 容观琼:《关于我国南方植棉历史研究的一些问题》,《文物》1979 年第 8 期。

[28] 西晋郭义恭:《广志》,引自《太平御览》卷九五六"木部·桐"。

[29] 南朝宋沈怀远:《南越志》,转引自李时珍《本草纲目·木部·木棉》。《太平御览》卷八二〇载稍有不同:"《南越志》曰,桂州丰水县有古终藤,俚人以为布。"

[30] 钟遐:《从兰溪出土的棉毯谈至我国南方棉纺织的历史》,《文物》1976 年第 1 期。

[31] 东晋裴渊:《广州记》云:"蛮夷不蚕,采木緜为絮。"采自《太平御览》卷八二〇"布"条。

[32]《南方草木状》,文渊阁《钦定四库全书》抄本,武汉大学出版社电子版第 236 碟。

[33]《吴都赋》,《文选注》第五册,卷五,第 20 页,文渊阁《钦定四库全书》抄本,武汉大学出版社电子版第 428 碟。

[34] 陈维稷主编:《中国纺织科学技术史(古代部分)》第 181 页,科学出版社,1984 年。

[35] 李崇州:《我国古代的脚踏纺车》,《文物》1977 年第 12 期。

[36] 林忠干等:《福建古代纺织史略》,《丝绸史研究》1986 年第 1 期。

[37] 陈维稷主编:《中国纺织科学技术史(古代部分)》第 204 页,科学出版社,1984 年。

[38]《南齐书》卷五七"魏虏传"。

[39]《魏书》卷七"高祖纪下"。

[40] 武敏:《新疆出土汉—唐丝织品初探》,《文物》1962 年第 7、8 期。

[41] 新疆维吾尔自治区出土文物展览工作组:《丝绸之路(汉唐织物)》,文物出版社,1972 年。

[42] 陈维稷主编:《中国纺织科学技术史(古代部分)》第 340～347 页,科学出版社,1984 年。

[43] 夏鼐:《新疆新发现的古代丝织品——绮、锦和刺绣》,《考古学报》1963 年第 1 期。

[44] 陈维稷主编:《中国纺织科学技术史(古代部分)》第 247 页,科学出版社,1984 年。

[45] 陈维稷主编:《中国纺织科学技术史(古代部分)》第 256～263 页,科学出版社,1984 年。

[46] 赵丰:《红花在古代中国的传播、栽培和应用》,《中国农史》1987 年第 3 期。

[47] 陈维稷主编:《中国纺织科学技术史(古代部分)》第 272～278 页,科学出版社,1984 年。

[48] 新疆维吾尔自治区博物馆:《丝绸之路上新发现的汉唐织物》,《文物》1972 年第 3 期。

[49] 吐鲁番地区文物保管所:《吐鲁番北凉武宣王沮渠蒙逊夫人彭氏墓》,《文物》1994 年第 9 期。

[50] 朱龙华:《从"丝绸之路"到马可·波罗——中国与意大利的文化交流》,周一良主编:《中外文化交流史》第 267～268 页,河南人民出版社,1987 年。

[51] 叶奕良:《"丝绸之路"丰硕之果——中国与伊朗文化系》,周一良主编:《中外文化交流史》,河南人民出版社,1987 年。

[52] 靳秦泓:《高昌回鹘王国的手工业》,《新疆文物》1997 年第 4 期。

第五节　机械技术的发展

[1] 宋兆麟:《唐代曲辕犁研究》,《中国历史博物馆馆刊》总第 1 期,1979 年。

[2] 王星光:《中国传统耕犁的产生、发展及演变》,《农业考古》1989 年第 2 期。

[3] 金毓黻:《从榆林窟壁画耕作图谈到唐代寺院经济》,《考古学报》1957 年第 2 期。安西榆林窟 25 号壁画（唐代中期）、敦煌莫高窟 61 号壁画（宋代）均有二牛抬杠。莫高窟 445 号窟的曲辕犁壁画也有人认为属于盛唐时期。

[4] 王祯:《农书》卷一八"农器图谱·灌溉门":"翻车,今人谓龙骨车。"王祯且认为马钧和毕岚所作之翻车皆系龙骨车。

[5] 徐光启:《农政全书》卷一七。

[6] 刘仙洲:《中国古代农业机械发明史》第 51 页,科学出版社,1963 年。

[7] 陆敬严、华觉明主编:《中国科学技术史·机械卷》第 78 页,科学出版社,2000 年。

[8] 李崇州:《中国古代各类灌溉机械的发明和发展》,《农业考古》1983 年第 1 期。马钧所作"翻车"为高转筒车的观点,是李崇州最先提出的。

[9] 《通俗文》,汉服虔撰,一卷,原书失传,清人曾有辑本。今引自元王祯:《农书》卷一九"农器图谱·利用门·机碓"条。

[10] 李发林:《古代旋转磨试探》,《农业考古》1986 年第 2 期。

[11] 张荫麟:《卢道隆、吴德仁记里鼓车之造法》,《清华大学学报》第二卷第二期,1925 年。

[12] 王振铎:《指南车、记里鼓车之考证及模制》,原载《史学月刊》第 3 期;今见王振铎:《科技考古论丛》,文物出版社,1989 年。

[13] 引自清张澍《诸葛亮集》。

[14] 陈从周等:《木牛流马辨疑》,第一届全国技术史学术讨论会论文,1983 年,昆明。

[15] 李迪、冯立昇:《对"木牛流马"的探讨》,《机械技术史——第三届中日机械技术史国际学术会议论文集》,2002 年,昆明。CJICHMT－2002 编辑委员会编辑。

[16] 刘仙洲:《我国独轮车的创始时期应上推到西汉晚年》,《文物》1964 年第 6 期。

[17] 《金楼子》,见文渊阁《钦定四库全书》,台湾商务印书馆版 848－791。

[18] 王冠倬:《中国古船图谱》第 81 页,三联书店,2000 年。

[19] 矩斋:《古尺考》,见《文物参考资料》1957 年第 3 期。

[20] 席龙飞:《中国造船史》第 85~90 页,湖北教育出版社,2000 年。

[21] 《文选》卷八。

[22] 孙机:《床弩考略》,《文物》1985 年第 5 期。该文认为"床弩在我国的发明不晚于东汉"。

[23] 南京博物院等:《江苏省出土文物选集》图 130,文物出版社,1963 年。

[24] 王振铎:《葛洪"抱朴子"中飞车的复原》,《中国历史博物馆馆刊》总第 6 期,1984 年。

[25] 引自《太平广记》卷四六三"禽鸟四·纸鸢化鸟"。

第六节　造纸技术之推广

[1] 转引自陈大川:《中国造纸技术盛衰史》第 60 页,中外出版社,台北,1979 年。

[2] 姜亮夫:《敦煌——伟大的文化宝藏》第 19~25 页,上海古典文学出版社,1956 年。

［3］潘吉星:《敦煌石室写经纸的研究》,《文物》1966 年第 3 期。

［4］陈大川:《中国造纸技术盛衰史》第 75 页,中外出版社,台北,1979 年。

［5］吐鲁番文书整理小组:《吐鲁番晋—唐墓葬出土文书概述》,《文物》1977 年第 3 期。

［6］新疆博物馆考古队:《吐鲁番哈喇和卓古墓群发掘简报》,《文物》1978 年第 6 期。

［7］晋虞预:《请秘府纸表》,见《初学记》卷二一。

［8］《唐语林》,见《太平御览》卷六〇五。

［9］《桓玄伪事》,《太平御览》卷六〇五。

［10］《全上古三国六朝文·全晋文》卷五一。

［11］《玉屑》,清陈元龙《格致镜原》第十三册,卷三一"朝制类二·伞"条引,见文渊阁《钦定四库全书》抄本,武汉大学出版社电子版第 335 碟。

［12］《玉台新咏》,见文渊阁《钦定四库全书》抄本,武汉大学出版社电子版第 428 碟。

［13］潘吉星:《新疆出土古纸研究——中国古代造纸技术史专题研究之二》,《文物》1973 年第 10 期,并见文献［5］。"建初十四年"为年款,但据《中国历史纪年表》所载,西凉"建初"年号只用到了"十二年"。

［14］潘吉星:《中国造纸技术史稿》第 55～58 页、74 页,文物出版社,1979 年。

［15］《书史》第八页,见文渊阁《钦定四库全书》抄本,武汉大学出版社电子版第 312 碟。

［16］《毛诗草木鸟兽虫鱼疏》,见文渊阁《钦定四库全书》抄本,武汉大学出版社电子版第 105 碟。《毛诗正义》孔颖达疏引略同。

［17］李时珍:《本草纲目》卷三六"楮"。

［18］转引自清陈元龙:《格致镜原》第二十六册,卷六九"附藤",见文渊阁《钦定四库全书》抄本,武汉大学出版社电子版第 335 碟。

［19］广州象岗汉墓发掘队:《西汉南越王墓发掘初步报告》,《考古》1984 年第 3 期。

［20］潘吉星:《中国造纸技术史稿》第 60～64 页,文物出版社,1979 年。

［21］陈大川:《中国造纸技术盛衰史》第 67 页,中外出版社,台北,1979 年。

［22］戴家璋主编:《中国造纸技术简史》第 78～81 页、85 页,中国轻工业出版社,1994 年。

［23］潘吉星:《中国造纸技术史稿》第 174 页、177 页、182 页,文物出版社,1979 年。

［24］《世说新语》,引自《太平御览》卷六〇五"文部·纸"。文渊阁《钦定四库全书》本的《世说新语》无抄纸之说,其卷下之上"巧艺"第二十一载:"戴安道就范宣学,视范所为,范读书亦读书。"其余文字大体相同。当然,对"抄纸"二字也可有不同理解,从上下文看,是既可理解为抄纸工艺,亦可理解为抄书的;可进一步研究。

［25］《通俗文》,引自《太平御览》卷六〇五。

［26］矩斋:《古尺考》,《文物参考资料》1957 年第 3 期。

［27］陈志蔚等:《中国书画用纸的演变》,《纸史研究》1995 年第 13 辑。

［28］后蜀彭晓:《周易参同契通真义》卷下第 5 页,见文渊阁《钦定四库全书》抄本,武汉大学出版社电子版第 338 碟。

［29］宋王楙:《野客丛谈》,引自《格致镜原》第十六册,卷三七,见文渊阁《钦定四库全书》抄本,武汉大学出版社电子版第 335 碟。

［30］《梁简文帝启》,引自《格致镜原》第十六册,卷三七"文具类一·纸·纸色",见文渊阁《钦定四库全书》抄本,武汉大学出版社电子版第 335 碟。

［31］宋米芾:《十纸说》,引自《格致镜原》第十六册,卷三七,见文渊阁《钦定四库全书》抄本,武汉大学出版社电子版第 335 碟。

［32］宋董逌:《广川书跋》(第三册)卷六,第16页,见文渊阁《钦定四库全书》抄本,武汉大学出版社电子版第312碟。

第七节 雕版印刷的发明

［1］中国社会科学院考古研究所:《殷墟发掘报告(1958～1961)》第165页,文物出版社,1987年。

［2］丘光明:《中国历代度量衡考》,科学出版社,1992年。

［3］《淮南子》卷一一"齐俗"。《诸子集成》第十册第173页,河北人民出版社,1986年。

［4］洛阳市文物工作队:《1975～1979年洛阳北窑西周铸铜遗址的发掘》,《考古》1983年第5期。

［5］山西省考古研究所:《侯马铸铜遗址》,文物出版社,1993年。

［6］湖南省博物馆:《湖南出土铜镜图录》第7页,文物出版社,1960年。

［7］梅原末治:《支那考古学论考·汉以前的古镜》,弘文书房,1938年。

［8］李正光:《略谈长沙出土的战国时代铜镜》,《考古通讯》1957年第1期。

［9］何堂坤:《中国古代铜镜的技术研究》,紫禁城出版社,1999年。

［10］容庚:《商周彝器通考》上,第158页,哈佛燕京学社,1941年。

［11］河南省文物研究所:《南阳北关瓦房庄汉代冶铁遗址发掘报告》第69～70页,《华夏考古》1991年第1期。字范7枚,其字为阴文,惜笔画残缺,产品当属青铜质,阳文。原报道说另有印章模1枚,长方立柱形,上大下小,顶部有拱形钮,钮中有半圆形钮芯,长5.9厘米、宽4.5厘米、通高5.5厘米;但其上未见文字。

［12］于省吾:《双剑誃古器物图录》第二册,1940年。

［13］周晓陆等:《秦代封泥的重大发现》,《考古与文物》1997年第1期。

［14］卡特:《中国印刷术的发明和它的西传》第30页,商务印书馆,1957年,吴泽炎译。卡特认为:《后汉书·蔡邕传》中的"咸取正焉"系指拓印言。

［15］柳毅:《中国的印刷术》第81～82页,94～99页,科学普及出版社,1987年。

［16］王国维:《魏石经考》,载《观堂集林》卷二〇。

［17］何延之:《兰亭记》,见唐张彦远:《法书要录》第二册,卷三,第39页,见文渊阁《钦定四库全书》抄本,武汉大学出版社电子版第312碟。

［18］韦应物:《石鼓歌》,(康熙四十二年)《御定全唐诗》第五十一册,卷一九四,见文渊阁《钦定四库全书》抄本,武汉大学出版社电子版第438碟。

［19］李兴才:《应从大印刷史观研究中国印刷史》,《中国印刷史学术研讨会文集》,印刷工业出版社,1996年。

［20］凌纯声:《树皮布印花与印刷术发明》,《中央研究院民族学研究专刊》之三,第103页、104页、154页,台北,1963年(转引自李兴才文)。

［21］宋育哲:《孔版印花的起源与印刷术的发明》,见《中国印刷史学术研讨会文集》,印刷工业出版社,1996年。

［22］罗树宝:《中国古代印刷史》第60～61页,印刷工业出版社,1993年。

［23］张秀民:《中国印刷史》第18～19页,上海人民出版社,1989年。

［24］方晓阳:《〈南齐书〉新出印刷史料之辨证》,《中国印刷》2001年第2期。

［25］张秀民:《中国印刷术的发明及其对亚洲各国的影响》,见《张秀民印刷史论文集》,印刷工业出版社,1988年。

［26］张秀民:《中国印刷史》第21页,上海人民出版社,1989年。

［27］吉敦谕:《中国雕版印刷发明年代辨误》,《历史教学》1979 年第 4 期。

［28］孙机:《唐代的雕版印刷》,《文物天地》1991 年第 6 期。

第八节　髹漆技术

［1］安徽省文物考古研究所等:《安徽马鞍山东吴朱然墓发掘简报》,《文物》1986 年第 3 期。

［2］江西省历史博物馆:《江西南昌市东吴高荣墓的发掘》,《考古》1980 年第 3 期。原报道说:所出漆器为木胎,有的木胎外再贴麻布;又说出土有漆盒 2 件,为脱胎漆器。

［3］安徽省文物工作队:《安徽省南陵县麻桥东吴墓》,《考古》1984 年第 11 期。

［4］山西大同市博物馆:《山西大同石家寨北魏司马金龙墓》,《文物》1972 年第 3 期。

［5］王世襄:《髹饰录解说》第 89 页,文物出版社,1983 年。王世襄解说。

［6］王世襄:《髹饰录解说》,文物出版社,1983 年。王世襄解说,黄成原文,杨明注,王世襄释,皆见第 170 页。

［7］王世襄:《髹饰录解说》,文物出版社,1983 年。王世襄解说,黄成原文,杨明注,王世襄释,皆见第 65 页。

［8］唐法林:《辩证论》卷三〇,嘉兴藏,万历刻本。

［9］《全上古三代秦汉三国六朝文》"全梁文"卷一四。

［10］晋陆翙:《邺中记》,见文渊阁《钦定四库全书》抄本,武汉大学出版社电子版第 223 碟。

［11］王世襄:《中国古代漆工杂述》,《文物》1979 年第 3 期。

［12］袁荃猷:《谈犀皮漆器》,《文物参考资料》1957 年第 7 期。

［13］黎瑶渤:《辽宁北票县西官营子北燕冯素弗墓》,《文物》1973 年第 3 期。

［14］转引自文献［5］,第 105 页。

第九节　玻璃技术

［1］河北省文化局文物工作队:《河北定县出土北魏石函》,《考古》1966 年第 5 期。

［2］安家瑶:《中国的早期玻璃制品》,《考古学报》1984 年第 4 期。

［3］安家瑶:《中国的早期(西汉—北宋)玻璃器皿》,《中国古玻璃研究(1984 年北京国际玻璃学术讨论会论文集)》,中国建筑工业出版社,1986 年。

［4］建筑材料研究院等:《中国早期玻璃器检验报告》,《考古学报》1984 年第 4 期。

［5］北京市文物工作队:《北京西郊西晋王浚妻华芳墓清理简报》,《文物》1965 年第 12 期。

［6］安家瑶:《北周李贤墓出土的玻璃碗》,《考古》1988 年第 2 期。

［7］袁俊卿:《南京象山 5 号、6 号、7 号墓清理简报》,《文物》1972 年第 11 期。

［8］黎瑶渤:《辽宁北票县西官营子北燕冯素弗墓》,《文物》1973 年第 3 期。

［9］宁夏回族自治区博物馆等:《宁夏固原北周李贤夫妇合葬墓发掘简报》,《文物》1985 年第 11 期。

［10］李文瑛等:《营盘墓地的考古发现与研究》,《新疆文物》1998 年第 1 期。

［11］中国社会科学院考古研究所:《北魏洛阳永宁寺 1979 ~ 1994 年考古发掘》,中国大百科全书出版社,1996 年。

［12］安家瑶:《玻璃考古三则》,《文物》2000 年第 1 期。

［13］干福熹、黄振华:《中国古玻璃化学组成的演变》,《中国古玻璃研究(1984 年北京国

际玻璃学术讨论会论文集)》，中国建筑工业出版社，1986年。

[14]《太平御览》卷八〇八"珍宝部七"。

[15] 安家瑶:《魏晋南北朝玻璃技术》，载干福熹主编:《中国古代玻璃技术的发展》，上海科学技术出版社，2005年。

[16] 蒋玄佁:《古代的琉璃》，《文物》1959年第6期。

[17] 杨根等:《古代建筑琉璃釉色考略》，《自然科学史研究》1984年第4期。

[18] 朱晟:《中国玻璃考》，《中国科技史料》1983年第1期。

[19]《汉书·西域传》"罽宾国"条，注引三国魏孟康云。

[20]《汉书·西域传》"罽宾国"条，颜师古引《魏略》注。并见《太平御览》卷八〇八"珍宝部七"。

[21] 北魏杨炫之:《洛阳伽蓝记》第二册，卷四，第12页，见文渊阁《钦定四库全书》抄本，武汉大学出版社电子版第235碟。

[22] 西晋潘尼:《潘太常集》"琉璃椀赋"，《续修四库全书》第1584册，第579页。

[23] 晋王嘉:《拾遗记》卷八，见文渊阁《钦定四库全书》抄本，武汉大学出版社电子版第336碟。

[24] 南朝宋刘义庆《世说新语》第六册，卷下之下第52页"纰漏三十四"，见文渊阁《钦定四库全书》抄本，武汉大学出版社电子版第335碟。

第 五 章

隋唐五代手工业技术的发展

北周大定元年（581 年），职掌北周军政大权的外戚杨坚结束了北周政权，建立隋朝（581～618 年），定都长安。开皇九年（589 年），隋军南下灭陈，结束了自汉末以来长期混战、分裂的局面，我国又进入了一个相对统一、稳定的阶段。杨坚建国后，在政治和经济上采取了一系列进步措施，整顿国家机构，在中央确立三省六部制，在地方实行州、县两级制；六部之建自此成为定制，一直延续到清末；创立科举制；抑制和打击豪门大族；减轻刑罚和徭役，实行均田制、租庸调法；厉行节俭等；从而出现了一度繁荣。但为期短暂，继位的隋炀帝荒淫无度，沉缅酒色，遂使隋王朝在农民起义的风暴中灭亡，历时 37 年。

在反隋的割据势力中，李渊是起兵较晚的，他凭借各种优势，最后扫灭群雄，统一了全中国，建立了我国历史上著名的唐王朝（618～907 年）。李渊时期，国家逐步统一，社会逐渐安定下来，并采取过不少进步措施，但经济尚未恢复；玄武门之变，李渊次子李世民登极，他采取了一系列巩固政权的措施，改革中央和地方官制，利用贤能；发展庠序，改革科举，史称"贞观之治"。隋、唐两代对完善我国古代官制起了决定性作用，并使宰相由个人担任变成了集体担任。其时实行均田制、轻税薄赋，减省国用，与民休息；改革军事制度；修订《唐律》，完善法制；促进民族团结；使农业、手工业、商业都得到了较大发展。司马光在《资治通鉴》卷一九二说：唐太宗"去奢省费，轻徭薄赋，选用良吏，使民衣食有余"。唐玄宗开元年间，也实行过一些改革，但他后期不问政事，酿成"安史之乱"，使唐由盛而衰。唐代后期，由于政治腐败，人民不堪忍受，终于暴发了黄巢起义。黄巢起义失败后，出现了藩镇割据，唐帝国名存实亡，后为宣武节度使朱温所代。唐亡，历时 289 年。

接着，我国又进入了一个分裂、混乱的五代十国时期。"五代"是指相继占据中原的五个王朝，名为五代，实是八姓。"十国"指南方、北方十个较大的割据政权，一些较小的割据势力尚不包括在内。各割据势力互相混战，耗尽了民脂民膏，"天下编氓，殆无膏血"，尤其是中原地区。南方稍见稳定，十国之中，唯吴越稍见繁荣。五代十国历时只有 53 年，一个个皆如走马灯般，匆匆而过。

唐代是我国古代手工业的一个繁荣期，无论是生产规模、生产技术、产品的种类和质量、管理技术，都达到了一个新的高度。采矿、陶瓷、纺织印染、机械、造纸、印刷、玻璃、火药、指南针等技术都取得了较大的成就，其中许多发明，对世界文明的继承和发展都曾产生过重要的影响。

第一节　采矿技术的繁荣

隋、唐是我国古代采矿业大发展的阶段，主要表现是开采地点增多，规模普遍扩大，不管金属矿中的金、银、铜、铁，还是非金属矿的盐等都是这样，其中的大口井采盐技术已达到了古代世界最高水平。

一、铜铁矿开采技术之发展

唐代金属开采量较大。《新唐书》卷五四"食货志"在谈到当时金属矿的数量和分布时说：凡银、铜、铁、锡之冶 168 处，其中又以铁冶和铜冶为众，产量也较大。据《新唐书·地理志》载，全国"有铁"之所计 104 处，"有铜"之所计约 62 处[1]。"有铁"之所主要分布于今四川、山西、陕西、河北，以及福建、山东、湖北、湖南、江苏、江西、浙江、广东、河南等地。"有铜"之所主要分布于今山西、安徽、浙江、江西、福建、湖南、四川等省。其大体可分为 5 大区系：

1. 今山西一带。主要是平陆、解县（今解州）、曲沃、闻喜、盂县、五台、阳城、翼城、黎城等。这一地区的采铜业大约是汉代以后才逐渐发展起来的。《新唐书》卷三八"地理志·陕州·平陆"条原注：平陆"有银穴三十四，铜穴四十八，在覆釜、三锥、五冈、分云等山"。此"穴"，显然是指矿坑、矿场。同书卷三九"河中府"条载，解县"有盐池……有铜六十二"。同书同卷"绛州"条载，曲沃"有铜"，翼城"有铜有铁"，闻喜"有铜穴"。同卷"太原府"条载，盂县"有铜有铁"。"代州"条载，五台"有银有铜有铁"。"新州"条载，黎城"有铜"。"泽州"条载，阳城"有铜有锡有铁"。

2. 长江中下游的汉丹阳一带，包括安徽、浙江、江苏的部分地区，从先秦到唐代，这都是我国的重要产铜地。如《新唐书》卷四一"地理志"载：宣州当涂"有铜有铁"；池州秋浦（今贵池）"有银有铜"，青阳"有铜有铁"，南陵利国山"有铜有铁"；扬州江都"有铜"，六合"有铜有铁"，天长"有铜"；宣州上元"有铜有铁"，句容"有铜有矾"，溧水"有铜"，溧阳"有铜有铁"；苏州吴县包山"有铜"；湖州安吉"有铜有锡"。

3. 长江中游的湖北、江西一带。自先秦起，一直是我国的重要产铜地。如《新唐书》卷四一载：鄂州武昌县（今湖北鄂州市）"有银有铜有铁"，永兴"有铜有铁"；洪州豫章"有铜坑一"；江州寻阳（今江西九江）"有铜有铁"，彭泽"有铜"；饶州鄱阳郡"有铜坑三"，乐平"有金有银有铜有铁"；袁州宜春郡"有铜坑一"。

4. 今四川、云南一带。这一带早在先秦便已采铜，四川汉代的铜铁采冶业都较发达，迄唐依然如此。《新唐书》卷四二"地理志"载：邛州"临邛，紧有铜有铁"①；嶲州越嶲郡土贡麸金，雅州卢山郡土贡麸金，卢山"有铜"，荣经"有铜

———————

① "紧"，县邑的一个等级。《文献通考》卷一〇"户口"："周广顺三年敕：'天下县邑素有等差，三千户以上为望县，二千户以上为紧县，一千户以上为上县。'"

有金"①。

5. 今山东莱芜一带。汉代以前，山东一带便曾产铜产铁。迄唐依然未歇。《新唐书》卷三九"地理志·兖州"载：莱芜"有铁冶十三，有铜冶十八，铜坑四，有锡"。又，"沂州"条载，沂水"有铜"。

此外，见于《新唐书·地理志》的"有铜"处还有不少，不再一一列举。《新唐书·食货志》在谈到铸钱炉时，说唐开元"天下炉九十九，绛州（治今山西新绛县）三十，扬（治今扬州）、润（治今镇江）、宣（治今安徽宣城）、鄂（治今湖北武昌县）、蔚（治今河北蔚县）皆十，益（治今成都）、邓（治今河南邓县）、郴（治今湖南郴县）皆五，洋州（治今陕西洋县）三，定州（治今河北定县）一。每炉岁铸钱三千三百缗"[2]。可见山西绛州铸钱炉是最多的。这铸钱地一方面固然与该处的政治、经济地位有关，另一方面，也是与产铜量有关的。

唐代金属矿开采遗址虽见有多例，但多数保存不是太好，尤其是铁矿，不少都是露天开采的。

1986年，山东莱芜市发现34处汉至明代的采铁冶铁遗址，其中属于唐代的铁矿开采遗址计2处，即莱芜市羊里镇的西温石遗址、泰安郊区的峥峪遗址；属于唐宋的计2处，即泰安郊区的柴庄遗址，莱芜市的赵庄遗址。这4处遗址中，西温石遗址属露天开采，深度约25米。在距地表25米的地层内，可见古代朽木和采矿后填入的淤泥。1975年以来，古矿区内多次发现古人的生活用器和采矿工具，如瓷碗、瓷壶、铁镐、瓷注、木锨等[3]。

20世纪70年代中期，人们对河南林县石村东山唐宋铁矿开采遗址作过一次调查，在地表10米以下发现一条长100多米的古矿洞，矿洞为南北向，在南半段洞内有18个支洞，矿洞断面呈圆角三角形，高1.8米、宽1.5米，不见支护痕迹。伴出物有黑釉瓷碗、瓷片，以及重达15千克的铁锤[4]。

1986年，安徽南陵大工山北坡清理一处隋唐铜矿开采遗址，有竖井、斜井、平巷、斜巷等。竖井和斜井以围岩为井壁，无木架支护，竖井横断面为长方形，宽约0.9米，深约10米。斜井断面为圆形，直径0.9~1.0米，倾角约70°~80°。竖井与平巷是相通的。平巷断面近于方形，残长9米，残高1.0米以上，有木柱支护的残迹，井壁较为光滑整齐。斜井为方框支护法，立柱为圆木，直径约15~20厘米，高150厘米以上；柱顶为人工砍凿成的叉形；立柱底下有梁，上有横梁；框架之间用直径为7~10厘米的松木排成顶棚。斜巷内见有大量回填物。断代依据大约是黄釉矮圈瓷碗等[5]。可见此开采技术未必较先秦两汉高。

1987年，南京九华山发现一处唐代采铜冶铜遗址，其中有4个古代采矿场，

---

① 此县之名今称"荥经"，但文献中多称"荣经"。《新唐书》卷四二"地理志"、《旧唐书》卷四一"地理志"、《元和郡县志》皆作荣经，这在文渊阁《钦定四库全书》抄本（武汉大学出版社电子版）中显示得尤为清晰。之后，《宋史》"地理志"、《明一统志》、《明史》"地理志"、乾隆《四川通志》卷二"建置沿革"，以及《清史稿》"地理志"皆作荥经；《辞海》（1980年版）的"雅州"条亦作荥经，《辞源》（1979~1983年版）设有"荥经"县专条。在笔者看到过的出版物中，唯《中国地图册》（中国地图出版社，2001年）示为荥经。2008年8月，笔者曾多次打电话到荥经县请教，承一位先生相告：该县之名原叫荣经，明代洪武十三年（1380年）改为荥经，此说当有所本。

皆地下开采，有竖井、平巷、斜巷、盲井，以及通风用的天井。4 个采场中，以 4 号采场空间最大，长 23 米、宽 20.6 米，最高处达 5 米。采场顶部及壁面有较多的弧形凹面，当是古人采掘矿石后留下的工作面。有的工作面下留有古人开凿时搭设的木结构工作台及框架残件。框架有较粗的立柱，长达 1.1 米，宽 0.2 米；立柱上方有较长的横梁，长达 1.7 米。采掘的基本方法是从上往下，沿富矿带的走向作业。具体做法是：工人从平巷进入一个新采区时，逐渐向上下和四周扩展，以扩大开掘面，并形成掌子面（工作面），之后再由天井解决通风问题。因其依矿脉开掘，所以会形成不规则、上下叠加的几个采场空区。从整个采场情况看，时人已能依据地质构造，合理利用板块结构，一方面最大限度地采尽石英闪长斑岩，及石英岩与贫矿石之间的富矿带，另一方面也能利用这种结构，采用空场留柱、分层切割、回填等方法，保证了采空区的牢固性。开掘过程中，采富丢贫，保留一些岩石和矿石作为岩矿柱，起支撑作用。矿石主要是黄铜矿，偶见斑铜矿、辉铜矿。从物相分析看，铜的原生硫化矿占 88.69%，次生硫化矿占 6.01%，氧化矿占 5.3%。矿区铜的品位一般为 0.5% ~ 1.5%，最高达 16.65%。当时所采主要是品位较高者，品位常达 8%。依据采场内木支护样品的 ^{14}C 年代测定，并树轮校正，距今约为 1320 ± 55 年，属唐代初期；但依据有关考古实物综合判断，当属唐代中晚期。伴出物有：木质的框架提升器、木钩、竹器、瓷器等[6][7]。

1970 ~ 1979 年，浙江淳安铜山发现一处唐代矿冶遗址，计有老硐 4 处，以及摩崖石刻、冶炼遗址和矿渣堆等。这是个铜、铁、锡、铍等多种金属的共生矿，硐之水平深度约 60 ~ 70 米，最深处有 100 余米。铁矿体最厚处达 10.79 米，平均水平厚度 5.95 米，平均品位 TFe32.88%。铜矿有氧化铜、结合型氧化铜、硫化铜 3 种。氧化铜矿体平均厚度为 3.58 米，平均品位 1%。其锡矿体包括胶态锡、锡石、硫化锡三种，平均含锡品位 0.39%。从 4 处古硐遗址看，古人的开采方法是探、采结合，通常是先露采，再坑采；其井巷有竖井、斜井、平巷等开拓法。巷道常追随较富的氧化矿而掘进，有矿则进，无矿停，随矿脉走向而变化。矿区工程地质条件较好，大部分巷道无需支护，只有少数地区留有支护架残木等物，估计古人是采用了边采掘边支护的办法。摩崖石刻题记为阴刻直行楷书："大唐天宝八年（749 年），开山地取铜，至乾元元年七月，又至大历十年十右二月再采，续至元和四年（804 年）"。计 4 行 35 字。可知其前后开采了约 60 年。铜山遗址与皖南为邻，秦属鄣郡为歙县所辖，汉元狩时改鄣郡为丹阳郡，淳安属之[8]。

唐代采矿技术中大约也使用过火爆法，这可由水利建设中找到旁证。《新唐书》卷五三"食货志"载："（显庆）二十九年，陕郡太守李齐物凿砥柱为门以通漕，开其山颠为挽路，烧石水沃醯而凿之。"唐《朝野金载》卷二："杨务廉孝和时，造长宁安乐宅，仓库成，特授将作大将，坐赃数十万，免官。又上章奏：闻陕州三门凿山烧石，岩侧施栈道。"因采矿业在旧日不受人重视，有关记载较少，故类于火爆法等技术也就很难在采矿文献中看到。

二、黄金开采技术的发展

（一）砂金开采技术之发展

原生脉金风化后，就会破碎成粒状、片状、末状，由于风力、水力的机械搬运作用，遂形成了金砂矿床；加之化学、物理化学，以及生物的作用，使金在沉积过程中又发生了一些不同程度的聚集，从而形成了许多大小不同的颗粒。早在汉代，狐刚子对金的产状便有了"或在水中，或在山上"的说法，对其形态则有"如麸片、棋子、枣豆、黍粟等状"的描述；魏晋南北朝时，有关记载依然不断。王隐《晋书》卷二"地道记"载："鄱阳郡安乐出黄金，凿土十余丈，披沙之中，所得者大如豆，小如粟米。"[9] 这是一种平地掘得之金。《魏书·食货志》载："汉中旧有金户千余家，常于汉水沙淘金。"这是水沙金。唐代文献提到较多的是麸金，据《新唐书·地理志》卷四二载，剑南道多数州皆贡金，基本上都是麸金；五代又出现了瓜子金、马蹄金等名。后世又依其粒度分别称之为狗头金、马蹄金、瓜子金、麸金等。人类古代所采之金主要是砂金，1850 年以前，其占世界总产量的98%。隋唐五代时，有关砂金开采的记载明显增多，一定程度上反映了这一技术的发展。

砂金开采法主要是淘洗法，"水砂金"在河中淘洗，"山砂金"则在山涧或蓄水坑中淘洗。唐樊绰《蛮书》卷七"云南管内物产"条载："生金，出金山及长傍诸山、藤充（腾冲）北金宝山。土人取法：冬春间先于山上掘坑，深丈余，阔数十步；夏月水潦降时，添其泥土入坑，即于添土之所沙石中披拣。有得片块，大者重一斤或至二斤，小者三两、五两，价贵于麸金数倍。"这里说的便是山砂金，挖坑蓄水淘金，手选与淘洗并用。同书又说："麸金出丽水，盛沙淘汰取之。"这说的便是河中淘洗的水沙金。

隋苏玄明《宝藏论》也有淘洗砂金的记载，其云："麸金出五溪汉江，大者如瓜子，小者如麦……山金出交（今越南）广（今广西）、南韶（诏）诸山，衔石而生。马蹄金乃最精者，二蹄一斤。毒金即生金，出交广山石内，赤而有大毒"。[9] 这里提到的麸金、瓜子金、麦金、马蹄金，皆为自然金粒或金块；此"山金"、"出交广山石内"的生金，含义不甚明晰，可能也是指山砂金。关于生产脉金的较为明确的记载是到了宋代才看到的。五代赵崇祚《花间集》引唐薛昭蕴《浣溪沙》其八还谈到过越女淘金，云"越女淘金春水上，步摇云鬓鸣璫，渚风江草又清香"。

唐陈藏器《本草拾遗》还谈到过一种俗称"纷子石"的伴金石。说："常见人取金，掘地深丈余，至纷子石，石皆一头黑焦，石下有金，大者如指，小者犹麻豆，色如桑黄，咬时极软，即是真金。夫匠窃而吞者，不见有毒。其麸金出水沙中，毡上淘取，或鹅鸭腹中得之。"[10] 此挖地所得之金，当属山砂金；"出水沙中"的麸金，则为水砂金；毡上淘取者，看来是粒度更细的糠金，用毡更有利于它的附集。"纷子石"，而从现代矿床学看，应是脉金矿床中与金相伴的矿物，可能是石英、黄铁矿、黄铜矿、辉银矿，或者黝铜矿、方铅矿、闪锌矿；古人看到的色态，应是黑色、灰黑色浸染体或斑点状细粒的集合体；纷子石的发现，说明人们在采金技术上，已积累了相当丰富的经验。

（二）关于脉金和"黄银"

金矿分砂金和脉金两种，前者之采甚早，后者始于何时，学术界则一直持有不同看法。其中一种观点认为其始于隋唐时期，主要理由是：

（1）唐陈藏器《本草拾遗》谈到过纷子石。既然如此，便说明开采了脉金，而不再是砂金。

（2）唐代文献中出现了"黄银"一词，而这黄银便是银金矿[11][12]，因原生银金矿床是属于脉金矿的。

"黄银"一词在唐代文献中曾见于《元和郡县志》等处，其卷一三"莱州·昌阳（今莱阳）县"载："黄银坑在县东一百四十里，隋开皇十八年，牟州（治今山东牟平）刺史辛公义于此坑冶铸得黄银，献之；大业末、贞观初，更沙汰得之。""莱州（掖县），开元贡黄银。"说明隋唐时期，昌阳（山东莱阳）、牟州（山东牟平）已开采了银金矿。

黄银即金银矿，即脉金，有关史料在明代文献中曾见于《龙泉县志》。（乾隆）《浙江通志》卷一〇七"物产七·温州府"引《龙泉县志》说黄银即淡金，并对其春碓、浮选过程作了较好的描述。这一点，第八章还要谈到。

从这些情况看，我们认为将古代文献中的"黄银"理解为金银矿，及致脉金，都有一定道理，但尚不能最后定论，因有的文献还可作另外的理解：

1. 与纷子石伴出者未必都是脉金。如唐陈藏器云：纷子石下有真金，其大者如指，小者如麻豆，咬时极软。显然，此与纷子石伴出者应当是砂金，而不是脉金。又，宋《重修政和经史证类备用本草》卷四"金屑"条引《本草衍义》云："颗块金即穴山或至百十尺，见伴金石，其石褐色，一头如火烧黑之状，此定见金也。其金色深，赤黄"。显然，这种伴金石下赤黄色之金也不是脉金，而应是块金。

2. "黄银"未必都与脉金有关。"黄银"之说约始见于隋[①]。《隋书》卷七三载：酷吏辛公义迁牟州刺史，"时山东霖雨，自陈汝至于沧海，皆苦水灾……山出黄银，获之，以献。诏水部郎娄崩就公义祷焉；乃闻空中有金石丝竹之响"。此说黄银的出现与水灾有关。又，宋程大昌《演繁露》卷七载："隋高祖时辛公义守牟州，州尝大水流出黄银"。这说得更为明确，说"黄银"是大水流出的，当为自然金块。再，前引《元和郡县志》先说了辛公义在牟州冶铸得黄银，紧接着又说"大业末、贞观初更沙汰得之"。此强调的是"沙汰"，而不是先"破碎"后"沙汰"。依此，牟州隋唐时期的"黄银"肯定是有砂金的，虽不能排除脉金的可能性。实际上，山东金矿是既有砂金，也有脉金的。

3. 说"黄银"为银金矿，这是现代研究者的一种看法，古人也有说它是黄铜的。宋程大昌《演繁露》卷七所载，唐太宗先赐房玄龄之黄银带，其实就是鍮石，即黄铜；接着，程大昌还谈了一番真鍮和假鍮的区别，说天然自生者为真鍮，以炉甘石煮成者为假鍮。我们知道，山东是存在铜锌共生矿的，故不能完全排除隋或唐

---

① 往日曾有学者把"黄银"的出现时间推到了汉晋，这是值得研究的。方以智《通雅》、陈元龙《格致镜原》引《山海经》云："皋涂山多黄银"。张澍《蜀典》亦引《山海经》晋郭璞注："黄银出蜀中，与金无异，但上石则色白。"依此，"黄银"一词似汉晋或秦前便已出现。但今查，《山海经·西山经》载："皋涂之山……其阴多银、黄金"。并未说到黄银。《蜀典》引晋郭璞之注，为今本所不见。对于这些资料，章鸿钊早在《石雅》（第326页）中已辨其误；黄盛璋《唐代矿冶知识与技术的发展》（《中国图书文史论集（下篇）》）也引用了章鸿钊的说法，并与之持了同样观点。看来，说"黄银"始见于隋还是比较可靠的。

时，曾用共生矿冶炼过黄铜的可能性。所以，即使浙江明代黄银可定为银金矿，但也不能排除莱州隋唐黄银为黄铜的可能性。

总之，古代文献虽然透露了隋唐开采脉金的种种讯息，但仍须进一步查证，眼下尚不能定论。

三、煤炭使用范围的扩展

隋唐五代时期，煤炭的开采和使用都进一步推广开来，其不但使用于手工业和日常生活中，而且还用到了防潮和医药中；尤其值得注意的是，炼焦技术也开始萌芽。此外，人们还把石炭用到了火药技术中，有关情况本章第八节再谈。

唐代诗人李峤咏《墨》诗云："长安分石炭，上党结松心。"[13]这第一句说明当时长安用煤已较普遍；第二句则说明唐代制墨时，上党松心是最佳的原料；李诩《戒庵老人漫笔》卷七"笔墨"条载："古墨以上党松心为烟。"段成式《酉阳杂俎》卷一〇"物异"载："石墨，无劳县山出石墨，爨之弥年不消。"此"石墨"当即石炭。一些地质矿产部门认为，山西太原的西山煤田、辽宁烟台煤矿、山东淄博和枣庄煤矿，唐宋时代都已开采。

1958年，山西长治市还发现一处用煤隔水防潮的设施，它是唐代用来存放舍利棺的。出土时，舍利置于金属盒中，金属盒放在方形石函内。石函高55厘米、长66厘米、宽55厘米，石函置于一个土坑内，土坑底面积约1米^2，深1米，坑内填满了煤炭[14]。这说明早在唐代，人们对煤的隔水、防潮性能已有一定的认识。

唐时，人们对煤的药用价值也有了一定的了解。柳宗元《答崔黯书》曾说过这样一件事："吾见病腹，人有啖土炭嗜碱酸者，不得则大戚。"[15]土炭，煤的别名。明《本草纲目》卷九"石炭"条也谈到过用煤可治疗腹中积滞。配方是："乌金石，即铁炭也，三两，自然铜为末；醋熬，一两。当归，一两。大黄、童尿浸晒，一两，为末。每服二钱、红花酒一盏、童尿半盏，同调。"这里的药味较多。李时珍还说煤可治疗金疮出血，方法是："急以石炭末厚傅之，疮深不宜急合者，加滑石"。用吃煤来治病的现象，个别地区在20世纪后半叶还存在。

在长期接触和使用的基础上，炼焦技术亦已萌芽。唐人康骈《剧谈录》卷下"洛中豪士"载："（唐）乾符中，洛阳有豪贵子弟，承藉勋荫，物用优足，恣陈锦衣玉食……凡以炭炊饭，先烧令熟，谓之炼火，方可入爨。不然，犹有烟气难餐。"[16]此"炼火"，显然是将石炭炼熟，而不是将木炭炼熟，炼熟了的石炭便是焦炭。虽此炼炭工艺不得而知，但它至少是我国炼焦技术的前身和萌芽。

四、大口井采盐技术达最高水平

汉代以后，大口井采盐技术进一步发展，唐代便发展到了鼎盛阶段，凿井区域扩大、井数增加、井深增加、单井产量增长。我国古代井盐首盛于四川，迄唐，产盐之井遍及60余县，盐井数达640所[17]。《通典》卷一〇"食货"载，开元年间，"蜀道陵绵等十州，盐井总九十所"。同时，云南也已凿井采盐，唐樊绰《蛮书》第七"云南管内物产"云："安宁城内皆石盐，井深八十尺。城外又有四井，劝百姓自煎"。这是今见文献中，关于云南井盐较早且较为明确的记载。唐代还出现了一些规模较大的盐井，李吉甫《元和郡县志·剑南道下·泸州》载："富义县盐井在县西南五十步，月出盐三千六百六十石"。其中最值得注意的是陵井（在今四川仁寿县境），多种文献都有记载，其不但深度较大，且各项操作技术都达到了相当高的水平。

《元和郡县志》卷三四"剑南道三·陵州"载："陵井纵广三十丈，深八十余丈。益都盐井甚多，此井最大。以大牛皮囊盛水引出之，役作甚苦，以刑徒充役。"又，《云笈七签》卷一一九引杜光庭《道教灵验记·陵州天师井填欠数盐课验》载："今陵州井，直下五百七十尺，透两重大石，方及咸水。"宋释文莹《玉壶野史》卷三还谈到了陵井的结构，甚为简洁明了："陵州盐井，旧深五十余丈，凿石而入。井上土下石，石之上凡二十余丈，以楩柟木四面锁迭，用障其土，土下即盐脉，自石而出"。宋李焘《续资治通鉴长编》卷八"太祖·乾德五年"载："陵州有陵井，伪蜀置监，岁炼盐八十万斤。广政二十三年井口摧圮，毒气上如烟雾。"宋初，陵井通判贾琰始才修复。"是井本深五十四丈，皆凿石而入。其半曰小罨口，小罨上皆以栭柏旁叠。初炼盐日三百斤，稍增，日三千六百斤"。可见，唐五代陵井的基本结构是：（1）长宽达"三十丈"，依唐1尺为0.311米计[18]，则为93米左右。深度则有"八十余丈"、"五十七丈"、"五十四丈"（或"五十余丈"）等多种说法①。今人常以五十四丈为是②。《元和郡县志》成于唐代中晚期的元和八年（813年），杜光庭（850~933年）为唐末五代人。若依"五十四丈"计，则为167米左右。（2）井壁以楠木锁迭方式加固，以障壁土。（3）以皮囊汲卤。陵井曾在唐初龙朔元年（661年）崩坏，修复后又于后蜀广政二十三年（960年）"井口摧圮"，宋初贾琰修复时，曾"引锸徒数百人"[19]。其产量则达日产"三千六百斤"，也可见其规模不小。

五、对石油认识的扩展

前面谈到，早在魏晋南北朝时，我国就把石油用到了柔革、膏车，以及火攻等方面。唐五代时，人们对它的认识又有了一定扩展，主要是对其腐蚀性能有了一定认识，五代时还出现了"猛火油"一名，并将之用到了战争中。

唐刘禹锡云："石脑油宜以瓷器贮之，不可近金银器，虽至完密，直尔透过。"[20]此"石脑油"即石油。这里说到了它的腐蚀性。

五代时期，人们又把石油用到了战争中。《资治通鉴·后梁均王贞明三年》载：917年，属于十国之一的南方政权吴王杨隆演，"遣使遗契丹主（辽太祖耶律阿保机）以猛火油，曰：以此油然火焚楼橹，敌以水沃之，火愈炽。契丹王大喜，即选骑三万欲攻幽州"。此"猛火油"当亦石油。当时不但国内已经产油，而且外域亦曾向中原进贡。《新五代史·四夷附录·占城》载，后周显德五年（958年），

---

① 承刘德林先生函告云："八十余丈"可能是陵井新开成时的原始井深；"五十七丈"、"五十四丈"、"五十余丈"则可能是经年开采，由于岩层坍塌，井底填高，在定期或不期修整后测得的井深。此说当有一定道理。此外可能还有一个原因，即标准尺不同，如西安唐石尺长0.28米，中国国家博物馆藏鎏金镂花唐铜尺长达0.3135米（矩斋：《古尺考》，《文物参考资料》1957年第3期）。这样，每尺就相差3.35厘米；不同的人使用不同的尺子，结果自然不同。

② 文献上对陵井深度有多种说法。但宋初乐史《太平寰宇记·剑南东道四·仁寿县陵井监》、南宋王象之《舆地纪胜·成都府路》皆云"是井本深五十四丈"。乐史曾于太平兴国五年后知陵州（见《宋史》卷三〇六"乐黄目传"），距贾琰大规模修井只有十余年，故有学者以为陵井应以"深五十四丈"为是，并认为李吉甫所云可能有误。

占城遣使"贡猛火油八十四瓶"。与此相类的记载在宋张世南《游宦纪闻》卷三也曾看到,其云:"占城前此未尝与中国通,唐显德五年,国王……遣使者莆诃散来贡猛火油八十四瓶,蔷薇水十五瓶……猛火油以洒物,得水则出火"。今查,唐无显德年号,此二事当为一事,当同为五代时期。

第二节 冶金技术的持续发展

隋唐五代冶金技术的创造性成就虽不是太多,但其冶金业却是比较发达的。据《新唐书》卷五四"食货志"载,唐代"凡银、铜、铁、锡之冶一百六十八。陕(治今河南陕县)、宣(治今安徽宣城县)、润(治今江苏镇江)、饶(治今江西波阳县)、衢(治今浙江衢县)、信(治今江西上饶县)、五州(按:应作六州)银冶五十八、铜冶九十六、铁山五、锡山二、铅山四。汾州(治今山西汾阳县)矾山七。麟德二年(665年)废陕州铜冶四十八"。据《新唐书·地理志》载,全国"有铁"地点计108处,"有铜"之所62处[1]。当时金属生产量也较大,《新唐书》卷五四"食货志"载,元和初(约806年),天下岁"采银万二千两,铜二十六万六千斤,铁二百七万斤,锡五万斤,铅无常数"。大中(847~859年)间,铁岁产仅为532 000斤,铜增至655 000斤。此期冶金技术的主要成就是:冶炼规模明显增大,产品数量、品种、质量明显提高,操作技术更为纯熟。生铁技术、炒钢、灌钢技术,以及硫化矿炼铜技术都有了发展,胆水炼铜法约在五代时开始应用于生产;炼汞技术、黄金萃取技术都有了发展。黄铜、砷白铜技术有了一定发展;出蜡法铸造有了明确的记载。人们不但生产了大量的生产工具、兵器、生活用器等普通金属器物,而且生产了诸如大周颂德天枢、沧州铁狮子、扬州方丈镜等大型铜铁器,以及大量复杂、精巧、富丽堂皇的金银器,从而最大限度地满足了社会各阶层对金属制品的需要。

一、炼铁和炼钢技术

(一)炼铁技术

唐代炼铁遗址所见不是太多,目前只见有安徽繁昌[2]、江苏利国驿[3]、山东莱芜[4]、河南林县[5]等数处,部分遗址还跨越了好几个朝代。其中又以繁昌的冶铸遗物最为丰富,该县竹圈湾、三梁山、铁牛山一带约方圆十里的范围内发现了6处较大的冶铁炉遗址、17个废墟墩,以及一些较小的冶铁址。遗址大体皆属唐宋时期。其中以竹园湾炉址保存较为完整,其炼炉纵剖面近似桃形,直径约1.15米,炉身残高0.6米;炉壁用灰砖立砌而成;耐火泥内衬厚4厘米,其中羼有大量粗沙;炉膛内残留有尚未炼成的铁块,以及栗树炭、石灰石块等。遗址内未见铸范,由这些情况可知:(1)竹园湾炼炉是具有炉身角和炉腹角的,比汉代一些直筒式炼炉有了进步。(2)使用石灰石作熔剂的技术有了进一步发展。(3)其炉子规模虽较古荥汉代高炉为小,但这与唐代鼓风能力、燃料条件等是适应的。利国驿唐宋冶铁遗址发现有成堆的矿粒、大量炉渣,并在断崖上发现了三处炉址,但形制难辨。

1986年,山东莱芜市发现34处汉至明代的矿冶遗址,其中8处属唐。此8处之中，寨里镇宜山村冶铁遗址属于唐宋时期，至今仍见有一块大型的炉底积铁，并出土有大量炼渣、矿石、炭灰、薄壁耐火砖，以及唐代、宋代的陶、瓷片[4]。

1974 年，李京华、黄务涤等对河南林县铁炉沟冶铁遗址进行过一次调查，在半公里长的小河两岸，约有 9 座炼炉，3 处炼渣堆，一处矿粉和煤炭堆积，此外还散布着大量的炼渣、炉壁残块和少量陶片等，其中多属唐宋时期，个别可上推至汉代。总体上看，铁炉沟炼炉有 3 个明显的特点：（1）多处炼炉都利用台地筑炉，一侧靠山，一侧向坡，利用山势，不但省工，而且便于操作；（2）多利用鹅卵石筑炉，既就地取材，又耐高温；（3）炉子较小，便于操作。这都是筑炉技术上的进步[5]。

（二）炼钢技术

汉代发明出来的炒钢、百炼钢、灌钢等工艺，此时都在继续使用；原始的块铁渗碳法已经很少看到，铸铁脱碳钢亦已衰落。

《夏侯阳算经》卷中"称轻重"有几条演算例题，云："今有生铁六千二百八十一斤，欲炼为黄铁，每斤耗五两，问为黄铁几何？答曰：黄铁四千三百一十八斤三两。"又云："今有黄铁四千三百一十八斤三两，欲炼为钢铁，每斤耗三两，问钢铁几何？答曰：钢铁三千五百八斤八两一十铢五絫。"此"黄铁"、"钢铁"的具体含义，此处不曾明说，由前引陶弘景所云"钢铁是杂炼生𨰲作刀镰者"可知，此"钢铁"应即灌钢；由南北朝到唐、宋、元、明、清，"钢铁"一语都是指灌钢的。"黄铁"可能是指炒钢；由传统技术调查可知，由于氧化作用等的缘故，炒炼产品的表面有时是显黄的。《夏侯阳算经》系唐代宗（762～779 年在位）年间写成[6]，这是我国古代由生铁到冶炼"炒钢"、"灌钢"的最早的定量计算。此冶炼过程被数学家当作演算实例，可见其在唐代已为人们熟知。

樊绰《蛮书》卷七"物产"记述了一种南诏剑工艺，原料应是一种炒钢。其云："南诏剑，使人用剑。不问贵贱，剑不离身。造剑法：锻生铁取进汁，如是者数次烹炼之，剑成即以犀装头。"一般而言，生铁是不能锻打的，故此"生铁"应指尚未炼熟之铁，此"锻生铁"当是以生铁为原料的，炒炼过程中的锻打，目的是均匀成分，加速氧化脱碳过程；"数次烹炼"即多次炒炼、多次锻打；其产品含碳量一般不会太低。

唐代早期苏游在《三品颐神保命神丹方叙》中，曾从方药的角度，对各地钢铁之优劣，作了系统的评述，并简要地谈到了炒钢和灌钢的一些操作。其云：凡入丹药，"古方，多以雅州百丈、建州东矍为上，陵州都卢为次，并州五生为下。又，祥舸及广郴二州所出并不烦灌炼，即堪打用，此即自然刚也"。"又，灌刚之时，必须栎栗等炭，余皆不堪用。调停火色，唯须善别生熟，失宜即不任用"。刚铁，"取自然成刚铁上，次取捣刚五灌已上者佳"。[7] 此"捣刚"，当即炒钢；"自然刚"，当是一种优质炒钢；"灌"，当指灌炼；"灌刚"，当即以灌炼方式制成之钢。据作者自序云，此书成于唐初开耀二年（682 年）正月。这段资料十分重要。由之可见：（1）唐代早期广郴二州的炒钢质量都是较好的，炒炼后"不烦灌炼，即堪打用"，能"自然成刚"。这大约是操作得宜，含碳量稍高，夹杂量也较少之故。（2）唐人灌炼所用燃料，必须栎栗等炭，余皆不堪用。（3）灌炼之时，必须善于观察和掌握火色，善别铁之生熟，失宜则不堪任用。（4）唐代之钢有两种，一种是未经灌炼的炒钢，即所谓"自然成刚"；一种是至少灌炼五次的灌钢。（5）往日以为"灌刚"一词始见于北宋《梦溪笔谈》，由这段引文看来，至迟可上推至唐代初期。（6）在字书中，"钢（鋼）"字虽始见于《玉篇》，若本书引用的版本准确的话，直到唐代，它的使用还不是十分普遍的。

刘禹锡《砥石赋》也提到过灌钢工艺，其云："彼屠者之刀（一作刃），猎者之铤；不灌不淬兮，糅错（一作锡）衔铅"[8]。此"灌"显然是指钢之灌炼，青铜是无须灌炼的；"淬"当指淬火处理。这几段话的含意，当指青铜兵刃器言，杂锡含铅，不灌不淬（或少淬），都是青铜兵刃器的工艺。

五代有一种"九炼钢"。《册府元龟》卷一六九载：后唐庄宗同光三年（925年）"九月，徐州进九练神钢刀、剑各一"。后晋高祖天福六年（941年）十一月壬申，荆南遣使进"九练纯钢金花手剑二口"。后汉高祖天福十二年（947年）荆南高从诲贺登极，进"九练纯钢刀一口"。后周太祖广顺元年（951年）六月①，荆南高保融进"九练神钢陷金银刀剑各一"。后周太祖显德元年（954年）②六月荆南高保融进"九练神钢陷金、银刀、剑各一"。后周世宗显德三年（956年）二月，"荆南节度使高保融进御衣、金带、九练纯钢手刀、弓、箭等"。此"九练"，当即"久练"，多次"冶炼"之意，与百炼钢属同一工艺范畴。

隋唐五代的锻件分析不是太多。其中较值得注意的是杜弗运分析过41件隋唐时期洛阳、西安出土的铁器，包括生产工具、生活用器和兵器，其锻件达30件，占试样总数的73.17%[9]，这比例是较大的，这显然与炒钢技术的发展密切相关。其中的镰、铲、凿、锛、锄、斧、剪等类器物，战国两汉时期多以铸制，隋唐则多改成了锻造，这是个很大的进步，尤其值得注意的是洛阳隋大业九年墓铁剪、西安大明宫铁锸、西安铁铲等都使用了锻件。其中大业九年墓铁剪组织为铁素体＋珠光体，含碳量约0.2%，晶粒度5～6级（图版拾，4）；同墓所出铁鼻（马饰），含碳量约0.3%，组织为铁素体＋珠光体，晶粒度4级；西安大明宫铁矛，平均含碳量约0.2%，晶粒度7级，有魏氏组织，夹杂主要是细长且排列成行的硅酸盐；这些都应当是炒钢制品[9]。图版拾，3为洛阳唐代铁剪金相组织，亦为炒炼产品，但与大业九年墓铁剪同样，皆炒成了熟铁。

二、有色金属的冶炼和合金技术

（一）炼铜技术

由前引《新唐书》卷五四"食货志"可见，唐代的铜冶数较多，产铜量也是较大的。前面谈到，乾元元年以前，天下铸钱炉九十九，绛州三十，扬、润、宣、鄂、蔚皆十，益、邓、郴皆五，洋州三，定州一，"每炉岁铸钱三千三百缗，役丁匠三十，费铜二万一千二百斤、镴三千七百斤、锡五百斤。每千钱费钱七百五十，天下岁铸三十二万七千缗"。此"镴"含义不明，当指铅或铅锡合金。

---

① 原文为"广顺六年"，据《中国历史年代简表》（文物出版社，1974年），"广顺"年号只有元年、二年、三年，无"六年"，疑"六年"为"元年"之误。

② 据《中国历史年代简表》（文物出版社，2001年），后周太祖"显德"年号只有元年，世宗沿用"显德"年号，才有二至六年。太祖显德"六年"疑为"元年"之误。

唐代铜业冶铸遗址在扬州[10]、南京[11][12]、皖南[13][14]和浙江淳安[15]等地都有发现。江南是我国古代一个重要的产铜区。《新唐书》卷四一"地理志"载，宣州属县八，其中当涂"有铜有铁"，南陵"有铜有铁有银"、"有梅根宛陵二监钱官"，并曾置"铜官冶"。唐李白《秋浦歌》之十四写到："炉火照天地，红星乱紫烟，赧郎明月夜，歌曲动寒川。"诗中所述，正反映了当时皖南冶铜的壮观场面。秋浦，县名，唐属池州，在今贵池县境，"有银有铜"。

前面谈到，自 1984 年以来，皖南一带发现了六朝至唐宋的冶炼遗址有 20 多处。从考察情况看，其中有两点很值得注意：（1）其冶铜量较大，如铜陵朱村乡五房唐宋冶铜遗址发现两堆废渣，一堆高达 10 米，底径近 30 米；南陵塌里牧冶炼场废渣量约在 30 万吨以上，断代三国至唐宋。（2）炉渣成分控制较好，冶炼技术也达较高水平。此地先秦铜渣多呈褐色，气泡较多，表面呈"挤膏状"；汉代铜渣多呈灰绿色，表面平整，见有细微皱纹，结构稍显致密；六朝至唐宋铜渣多呈灰、黑色，表面有流动波纹，渣的块重亦较大[13][14]。

唐代南京九华山是用硫化矿炼铜的。其南山矿的矿石主要是黄铜矿、黄铁矿；据物相分析，铜的原生硫化矿占 88.69%，次生硫化矿占 6.01%，氧化矿只占 5.3%。遗址中出土有大量炉渣，多呈片状，色多灰黑，有水波纹，说明出炉时流动性是较好的。炉渣中含有许多冰铜粒，为铜和铁的硫化物。李延祥采集并分析了 67 个渣样，其 Cu/S 比的平均值约为 0.5，说明此炼渣属冰铜渣。从分析情况看，67 件试样计有两种渣型，一种为高钙型，含脉石较多，应是首次冰铜渣，其产品含铜量可达 25%；一种为高铁型，可能是二次冰铜渣，其产品含铜量可达 40%，这些情况表明当时的硫化矿冶铜技术已相当成熟[12]。

前述，1970～1979 年，浙江淳安铜山发现一处唐代矿冶遗址，属铜、铁、锡、铍等共生矿。在此发现有圆形炼铜炉 3 座，残高分别为 30、40、60 厘米，直径分别为 125、115、195 厘米。炉缸由石块叠砌而成，其外为红烧土，炉内尚残有木炭。炉基附近发现的助熔剂有破碎过的石英石和白石等堆积。炉渣堆积区达 3 平方公里，厚约 2～4 米；炉渣多为黑色玻璃渣，有光泽，表面有流动皱褶，质地疏脆。矿区所产既有氧化矿，也有硫化矿。

此期冶铜技术上一个值得注意的事项是，可能"胆水炼铜"法已开始运用于生产。五代轩辕述《宝藏畅微论》载："铁铜，以苦胆水浸至生赤煤，熬炼成而黑坚。"[16]此"铁铜"即以铁置换出来的铜，这是我国古代对胆铜的最早称谓。又，《丹房镜源》也有一段类似的记载，说："今信州铅山县有苦泉流以为涧，挹其水，熬之则成胆矾，即成铜。煮胆矾铁釜久久亦化为铜矣"[17]。此书原为唐人所作[18]，但"铅山县"乃五代南唐设置，故这条资料可能留有后人的墨迹，似不能以此作为唐代已用胆水炼铜之证。但依轩辕述的话，推及唐五代民间已有"铁铜"（胆铜）的少量生产还是可以的。"铁铜"、"胆铜"等名，便逐渐成了人们对这一工艺的称谓。

（二）铜精炼技术的发展

此期铜精炼技术的一个重要进步是人们对"百炼"工艺的实质，有了进一步认识。1954 年，西安东郊郭家滩唐墓出土方形八卦百炼镜一件，圆钮，无座，主纹是八卦相组成的方折纹，其外有 16 字铭："精金百炼，有鉴思极，子育长生，形神相识"[19]。《小校经阁金文招本》卷一七第七一页载，方形八卦镜两件，其八卦相、铭文与郭家滩镜完全一致，皆有"精金百炼"等字铭，镜子大小亦相近，唯后者稍成委角形。唐代诗文中习见有"百炼"一说，大家较为熟悉的莫过于白居易的《百炼镜》歌："百炼镜，熔范非常规，日辰处所灵且祇，江心波上舟中铸"。这"百炼"是否果真要操作一百次呢？看来并非如此，唐人也未必是这样做的。李肇《国史补》卷下云："扬州旧贡江心镜，五月五日扬子江心所铸也。或言无有百炼者，功至六七十炼则易破难成。"这一说法很有道理。从现代技术观点看，反复精炼的次数，应以去尽夹杂为度；因反复精炼的同时，还会伴随金属吸气；精炼次数越多，吸气量越大，温度稍高时尤其如此。所谓的"易破难成"当是吸气等所致。今见唐镜皆断口洁白、致密，气孔、夹杂都很少看到，说明其合金成分，以及熔炼时间、温度、气氛等整个操作都是控制较好的。

（三）黄铜技术

我国民间在南北朝时已经使用黄铜，入唐之后，使用范围又有了扩展，人们一方面把它当成了区别贵贱、等级的标志，另一方面还把它用到了佛像和建筑物的装饰上。《旧唐书》卷四五"舆服志"说：唐初武德四年（621 年）诏，三品以上饰用玉，五品以上饰用金，六品七品饰用银，八品九品饰鍮石，流外及庶人饰铜铁。上元元年又规定，三品以上用金玉带，四品五品用玉带，六品七品用银带，八品九品用鍮石带，庶人用铜铁带。此"鍮石"即黄铜，其位置皆在玉和金银之下，只在普通的铜铁之上，说明价值并不太高。这是作为等级标志之证。《新唐书》五四"食货志"说："太和三年诏，佛像以铅、锡、土、木为之，饰带以金银鍮石，乌油蓝铁。"这是用作建筑物装饰的例证。明陈仁锡《潜确居类书》也有类似的说法："鍮钰，黄铜似金者。我明皇极殿顶，名是风磨铜，更贵于金，一云即鍮也。"[20]可见以鍮石作建筑物装饰的做法在我国还沿用了相当长一个时期。

在中原文化区的汉唐考古中，目前还很少看到含锌量较高的黄铜器。笔者分析过一件湖北鄂州市出土的素面镜，合金成分为：铜 65.9%、锡 3.4%、铅 4.3%、锌 26.6%，含锌量较高，但属唐宋间物，年代下限为北宋[21]。边境地区黄铜使用量却稍多。李秀辉等分析过 8 件青海都兰吐蕃墓葬出土的铜器，其中 5 件，即铜条、铜钩饰、牛鼻圈、带环、带扣皆为铅黄铜，含锌量都较高，成分区间为：铜 61.25% ~ 75.09%，锌 17.75% ~ 29.23%，铅 3.5% ~ 9.2%[22]。可见其种类和使用范围远较中原为宽，数量亦较之为多。

此时文献上也有了点化黄铜的记载。五代独孤滔《丹方鉴源》卷上云："武昌铜出鄂州白慢，可点丹阳银、鍮石。"[17]具体操作不详。

（四）砷白铜

如前所云，早期铜砷合金含砷量较低（< 10%）而呈黄色，至迟后赵，我国就点化出了含砷量较高（> 10%）的白色铜砷合金来。隋唐时期，砷白铜技术有了进一步发展，成书于隋开皇年间（581 ~ 600 年）的苏玄明《宝藏论》对使用雄黄、雌黄、砒霜点化黄色和白色铜砷合金的方法作了简单的总结，说："雄黄若以草药伏住者，熟炼成汁，胎色不移。若将制诸药成汁并添得者，上可服食，中可点铜成金，下可变银成金"[23]。"雌黄伏住火，胎色不移，鞴熔成汁者，点银成金，点铜成银"[24]。"砒霜若草伏住火，煅色不变移，熔成汁添得者点铜成银"[25]。此以雄黄点铜而成之"金"，应即含砷量稍低的铜砷合金；以雌黄、砒霜点铜而成之"银"，应即砷白铜。这些文字虽出于铅丹家之手，但说明隋时砷白铜制作技术已较成熟。

唐五代时，点化砷白铜的记载在各家方书中都可看到，王奎克、赵匡华等都作了不少研究[26][27]。金陵子在唐乾元年间（758～760年）所撰《龙虎还丹诀》谈得尤为具体，其法：先以砒黄（氧化砷矿）、雌黄（As_2S_3）等为原料，做成精制的砒霜，后将之溶入铜液中，并加炭使之还原为砷，同时生成白色的铜砷合金。在这过程中，人们十分强调砒霜要分数次加入，并需按到埚底，"即以炭搅之"，"其锅稍宜深作"[28]，以减少砷的蒸发，并加速溶解，与现代技术原理是完全相符的。唐人依托三国郑思远（葛洪之师）的著作《真元妙道要略》第八也有一段以砒霜点化白铜的文字，甚为简明："雄、雌二黄，砒黄等伏火皆有用处……红银者，每两点化伏火雌黄三铢成上金，亦可杂用砒霜伏火能白铜"[29]。此"红银"当指红铜，"上金"指上等黄色铜砷合金，"白铜"即砷白铜。五代南唐独孤滔在《丹方鉴原》中亦曾多次提到点化"丹阳"，如其卷一云："红银：可勾金，亦可点为独体丹阳"。同卷还说武昌铜可点丹阳银及鍮石；亦可点化蕃折铜、东川赤札铜为丹阳。此"丹阳"即铜砷合金。但值得注意的是，"丹阳"一词至少有两种意思，一是砷铜，二是赤铜。《石药尔雅》卷上："熟铜，一名丹阳，一名赤铜。"此"丹阳"指赤铜。

从有关记载看，唐代可能还点化过数量相当可观的黄色铜砷合金。《太平广记》卷四〇〇引用过唐戴孚《广异记》中一段传说性文字，云："隋末有道者居于太白山炼丹砂，合大还，因得道，居山数十年。有成弼者给侍之，道者与居十余岁，而不告以道。弼后以家艰辞去，道者曰：'子从我久，今复有忧。吾无以遗子，遗子丹十粒，一粒丹化十斤赤铜则黄金矣，足以办葬事。'弼乃还，如言化黄金以足用。办葬讫，弼有异志，复入山见之，更求还丹。道者不与，弼乃持白刃劫之。""弼多得丹，多变黄金，金色稍赤，优于常金，可以服饵，家既殷富。"唐太宗召弼造金凡数万斤，所谓大唐金也。百炼益精，外国亦传成弼金为宝货。此"成弼金"乃以丹粒点化赤铜化而成，很可能是砷黄铜。当然这是传说，属实与否，尚待查证。

砷白铜实物在中原文化区的隋唐五代考古发掘中看到较少，唯李秀辉等在分析青海都兰吐蕃墓葬的8件金属器时，发现过一件铅砷白铜，成分为：铜77.44%、砷15.89%、铅4.7%[22]。结合前云甘肃民乐县东灰山四坝文化砷铜器物来看，似不能排除此吐蕃砷铜系共生矿所炼的可能性。

（五）镜用青铜合金

在我国古代众多的青铜器中，合金成分控制最为严格的主要是三种：鉴燧、兵刃器（如刀剑等）和响器（如编钟、锣、钹等）。汉唐之后，编钟、青铜兵刃器皆渐渐被淘汰，锣、钹使用量一直较少，铜镜合金技术的杰出成就便更加突出地表现出来。

笔者分析、统计过26件隋唐五代青铜镜，分别出土于湖北、安徽、山西、内蒙、湖南、陕西等地，成分是：铜 62.15% ~78.814%，平均 72.228%；锡 17.734% ~ 27.3%，平均 22.166%；铅 1.428% ~ 9.346%，平均 4.646%[21][30]~[34]。此成分与战国至汉魏六朝镜大体处于同一成分范围。可见由战国至五代，铜镜合金成分是相当稳定、相当合理的，并一直处于最佳状态。

（六）钱币铜合金

直到明代中期为止，我国钱币铜合金基本上都是 Cu – Sn – Pb 三元合金，但各历史时期不尽相同。我们曾统计过有关学者分析的 22 枚唐代钱币合金成分[35]~[37]，其中包括开元通宝和乾元重宝。由之可知：（1）其含铅、含锡量波动较大，锡 3.37% ~16.89%、铅为 1.43% ~34.4%。（2）含铅量稍高。22 件标本平均成分为：铜 69.23%、铅 16.37%、锡 9.94%，其中有 16 件为锡铅青铜和铅青铜，6 件为铅锡青铜或锡青铜。（3）22 件标本中，15 件的含铅量处于 10% ~25% 间。这大体上反映了唐代钱币合金的基本情况。

（七）炼汞技术

唐代的炼汞法大约主要有如下几种，有沿用前代的，也有新发明的[38]。

低温焙烧法。约发明于先秦时期，唐代仍在使用。唐人所辑《黄帝九鼎神丹诀》[39]卷一〇第一载："丹砂、水银二物等分作之，任人多少。铁器中或坩埚中，于炭上煎之，候日光长一尺五寸许，水银即出，投著冷水盆中，然后以纸收取之。"这里未谈到蒸馏器，其冷凝和收取汞的方法是"投著冷水盆中"，当是低温焙烧法。因汞飞损较大，唐代过后很少采用。

下火上凝法。约发明于东汉，唐初仍有使用，且记载较为明晰。唐武德四年至开元末年成书的《太上卫灵神化九转丹砂法》[40]第一"化丹砂成水银法"载："取光明砂一十六两（原注：辰、锦州者良），黄矾十二两（原注：用瓜州者）。右件药二味，先取黄矾砂炒过，研成末，布于炉子底，次研朱砂末，安在黄末向上，以银匙子均摊，令得所了。向上亦用黄矾末覆盖之，令厚二分，却以一小瓶子盖之，后用六一泥固济如法，须令坚密，勿使有泄气之处，候泥干了……然后下火。初先文火，养之一日一夜，讫后渐渐加武火，烧之经两日夜，候药炉通赤了便止火。候药炉冷了，细细开炉看之，其朱砂尽化成水银，以物扫之收取。如飞末尽者，须再准前用黄矾末覆于炉子内，如法固济，更加武火重飞之一两日间，以候飞尽水银为度。名曰河上姹女也。"此"六一泥"即"六加一"之泥，通常由七种物质合烧而成，可视为原始水泥。此"黄矾"当可起到还原剂的作用。此法的缺点是凝于上釜内壁的水银在聚集稍多后，便会坠落而回到下釜，所以生产率较低，大约唐代中期之后便为"上火下凝"法取代[38]。

上火下凝法。始见于《神农本草经》。操作要点是在冶炼装置的上部加热，使产生的水银在下部被冷却，并承接起来，这就克服了下火上凝法中水银滴回高温区的缺点，从而提高了生产率。它应当是在下火上凝法的基础上发展过来的。

上火下凝法曾有过多种不同的操作，唐代主要是"竹筒式"，多家文献都曾有记述。其中较值得注意的是陈少微《大洞炼真宝经九还金丹妙诀》[41]（成书于垂拱二年至开元末年），其云："诀曰：先取筋竹为筒，节密处全留三节，上节开孔，可弹丸许粗，中节开小孔子，如筋头许大，容汞溜下处。先铺厚腊纸两重致中节之上。次取丹砂，细研入于筒中，以麻紧缚其筒，蒸之一日。然后以黄泥包裹之，可厚三分。埋入土中，令筒与地面平，筒四面紧筑，莫令漏泄其气。便积薪烧其上一复，令火透其筒上节，汞即流出于下节之中。毫分不折。忽火小汞出末（未）尽，尚重而犹黑紫，依此更烧之，令其汞合大数足……余别诀飞抽者损折积多，而同（筒）抽诀最妙。"这里记述了"竹筒式"炼汞的整个装置和过程。

此"下火上凝法"和"上火下凝法"皆属蒸煮法，汞还原出来后很快气化，并在同一个系统内冷凝。

陈少微《大洞炼真宝经九还金丹妙诀》[41]还谈到了一种以铅帮助取汞的工艺："取黑铅一斤，将其黑铅于鼎中熔化成汁，次取紫砂细研，投入铅汁中，歇去火，急手炒，令和合为砂，便致（置）鼎中，细研盐覆盍，可厚二分，紧按令实。固济，武火飞之半日，灵汞即出，分毫无欠。"这里谈到了以铅作为还原剂，还说到了密封，属蒸煮法是无疑了的。

蒸馏法。唐张果《玉洞大神丹砂真要诀》"抽汞诀"："先取铁鼎上下安盐固济，炉上开一孔子，引内气出，即用木柴火烧之，三日一收。汞出未尽更飞之。抽汞此为妙矣。"[40]在此值得注意的是"引内气出"、"抽汞此为妙"两语，依此推测，其很可能已使用了汞蒸气的导管和另外的冷凝装置。如若这一推测无误的话，这便是关于蒸馏法的较早记载，它应是上火下凝法的发展。

（八）黄金提纯术的发展。

这主要表现在两方面，一是先世发明的诸工艺在操作上更为熟练，二是汉代的黄矾—树脂法演变成了硫黄法。

唐代道家著作《修炼大丹要旨》（卷上）"分庚银法"云："将淡金作汁，先用些小硫撺之提起，候冷，次下前药盖面，上头用陈壁土和盐盖头，又用小锅盖之，铁线扎缚封固，通身用泥固之，大火辐得十分好。候冷，破锅取出。其金作一块在内，银在外包了，打去外银，仍将金用前法……再用药一半，再如此辐之，又如前去银……其金方净。"[42]此"淡金"，即金银矿。"前药"，指引文前提到的硫黄、伏火硝石、矾及盐的粉状混合物。这里主要是突出了硫黄的作用，反复多次后，便可达到分离金、银，提纯黄金的目的，应是汉代硫黄—树脂法的发展。

三、铸造技术

隋唐五代的铸造作坊发掘不是太多，大家较为熟悉的有扬州手工业作坊等处[10]。1975年、1977年、1978年，考古工作者曾对该作坊遗址进行了三次发掘，总面积当在一万米^{2}以上，主要由铸铜作坊和雕刻、制骨作坊两部分组成。第一次发掘时，在200米^{2}范围内出土了9座炉灶和5件较为完整的坩埚。炉灶有4座为直筒形，横断面有圆形和椭圆形两种，炉膛直径0.88~1.9米；另5座为非直筒形，一座口小底大（口径1.4米，底径1.6米），4座口大底小；一般用砖砌成，用途不详，有的可能与熔铸铜合金有关。坩埚多以较厚的夹砂陶和泥质陶制成，呈灰黑色圆筒状和杯状；长5~27厘米，口径4~10厘米；筒状者壁内留有铜汁，壁外有釉泪；杯状者底尖，无把手，口有流，一件长6.5厘米，口径5厘米，另一件长3厘米、口径5.5厘米，皆较筒状者稍小。坩埚伴出物有铜矿石、煤渣、铜锈块等。这种尖底的杯状坩埚对我们了解殷墟将军盔用途是有一定帮助的。第二、第三次发掘时，也出土过一些炉、灶和坩埚残片，有的坩埚残片上粘有铜锈。扬州是唐代重要的铜镜产地，《新唐书》卷四一"地理志"载，扬州"土贡金银青铜镜"诸物。

唐五代铸造技术方面比较值得注意的事项有：

（一）出蜡法铸造有了较为明确的记载

我国古代出蜡法铸造约发明于春秋时期，但有关记载却是到了唐代才看到的。

《唐会要》卷八九载："武德四年（621年）七月十日，废五铢钱，行开元通宝钱……郑虔《会粹》云，（欧阳）询初进蟻样，自文德皇后掐一甲迹，故钱上有掐文。"此"蟻"即蜡，"蟻样"即蜡质之钱样。《太平广记》卷四〇五"文德皇后"条引《谭宾录》也有过类似的记载："钱有文如甲迹者，因文德皇后也。武德中，废五铢钱，行'开元通宝'钱，此四字及书，皆欧阳洵所为也。初进样日，后掐一甲迹，因是有之。"这都说明开元通宝最初使用了出蜡法铸造，这是今日所知关于出蜡法铸造的最早记载。

带有指甲文的开元钱已见多例。姜绍书《韵石斋笔谈》卷下"开元钱"条载："余幼时见开元钱与万历钱参用，轮郭圆整，书体端庄，间有青绿硃斑，古雅可玩。背有指甲痕，相传杨妃以爪拂蜡模，形如新月。"20世纪70年代初，唐郑仁泰墓曾出土了3枚开元通宝，其中1枚的背面亦有明显的指甲文[43]。本人亦曾有幸得到过1枚这种铜钱，指甲痕纤细清新，恰如新月。也有学者对《唐会要》所记是否属实表示过怀疑，理由是今见开元通宝的指甲文都是阳文；若果真为甲痕，便应是阴文的。这些说法应有一定道理，但话又说回来，若非王者，谁人能有此等权力，在钱币上掐出一道甲痕？所以笔者认为，并不能排除原指甲文进行过加工，重新在蜡模上制成了阳文的可能性，即古代文献所述依然大体可信。

另外，《灵宝众真丹诀》第十二页"几公白法"有这样一段文字，似也与出蜡法有关。其云："白虎三十两，太阴玄精十二两，矾石十二两，胡粉八两。右三物捣研成粉，以左味和为泥。先捏蜡八两作鸡子形，即以药泥涂蜡鸡子上，令遍。以甘土泥药上，令周币（布）。泥令厚半寸许。顶上开一小孔子，如豆颗许，然后曝干，火烧去蜡。"[44]白虎，铅。太阴玄精，不详，疑为氯化镁。矾石，或为硫酸铜等。胡粉，碳酸铅$PbCO_3$或碱式碳酸铅$Pb(OH)_2 \cdot 2PbCO_3$。

同书第七页"金碧丹砂变金粟子方"也有大体同样的说法："先将（作）泥子，泥用黄丹、白土、瓦末、盐醋溲，用蜡为胎，不得令有微隙，阴干，傍边安孔去蜡，更烧过。"这显然是用出蜡法来铸造炼丹器具。

据陈国符考证，《灵宝众真丹诀》乃唐人所纂，后经宋人重订[45]。这对我们了解出蜡法的使用情况还是很有帮助的。

有学者认为武德四年行开元通宝，曾用翻砂法，并说从唐初到清代一直未变[46]。这种可能性是存在的。但可惜迄今未见唐翻砂法铸钱的确凿资料，有关记载是宋代才出现的。

（二）特大型铸件明显增多

唐五代一方面生产了大量技术水平较高、艺术效果较好的铜镜、铜钱等小型铸件，另一方面还生产了较多的铜质、铁质的特大型铸件，这是此前任何时代都不能比拟的。这一方面反映了国家经济的繁荣，另一方面也是金属冶炼、铸造技术高度发展的表现。其中尤其值得注意的铸件有下面一些：

大周颂德天枢。《新唐书》卷七六"则天武皇后传"载："孝明皇帝延载三年，武三思率蕃夷诸酋及耆老，请作天枢，纪太后功德……大裒铜铁合冶之，署曰'大周颂德天枢'，置端门外。其制若柱，度高一百五尺，八面，面别五尺。冶铁象山为之趾，负以铜龙，石镵怪兽环之，柱颠为云盖。出大珠，高丈围三……用铜铁二百万斤，悉镂群臣蕃酋名氏其上。"从西安所出，以及中国国家博物馆和日本正仓院的收藏情况看，唐 1 尺约相当于今 0.28 ~ 0.3135 米，多为 0.3 米以上[47]。今以 0.3 米计，则大周颂德天枢全高（105 + 10）× 0.3 = 34.5 米；豫州鼎则高 5.2 米。

九州鼎及十二神。《资治通鉴》卷二〇五说：天册万岁元年（695 年）"铸铜为九州鼎及十二神，皆高一丈，各置其方"（《通鉴纪事本末》卷三〇"武韦之祸·天册万岁元年"同）。

扬州方丈镜。《朝野佥载》卷三："中宗令扬州造方丈镜，铸铜为桂树，金花银叶，帝每骑马自照，人马并在镜中。"可见这镜是较大的。唐代还造过镜殿。《资治通鉴》卷二〇二"开耀元年"云：少府监裴匪舒善营利，"又为上（唐高宗）造镜殿，成，上与仁轨观之，仁轨惊趋下殿。上向其故，对曰：'天无二日，土无二王，适视数壁有数天子，不祥孰甚焉。'上遽令剔去"。我国古代的特大型铜镜至迟出现于秦，《西京杂记》卷三载："高祖初入咸阳宫，周行库府，金玉珍宝不可称言……有方镜广四尺，高五尺九寸。表里有明"。1978 ~ 1980 年，淄博市西汉初年墓随葬器物坑出土矩形蟠螭纹镜 1 件，长 115.1 厘米，宽 57.7 厘米，厚 1.2 厘米，重 56.5 千克[48]。西晋也有大镜，《太平御览》卷七一七"服用部"载："陆机（261 ~ 303 年）与弟云书曰，仁寿殿前有大方铜镜，高五尺余，广三尺二寸，立着庭中，向之，便写人，形体了了亦怪也"。此"形体了了亦怪也"，大约是一种哈哈镜效应。

蒲津铁牛。坐落于山西永济县黄河蒲津桥头。蒲津桥始建于公元前三世纪。唐张说（667 ~ 730 年）《张燕公集》卷一二"蒲津桥赞"载：其原有竹索浮桥，连舰十艘；唐开元一二年（724 年）改为铁索浮桥。两岸各置铸制的铁牛四头、铁人四个、铁山四座，连成一体以作"固地锚"，又用 36 根铁棍连接牛腹，对拽若干条铁链，连接几百艘船。1989 年，考古工作者对此遗址进行了清理。其铁人分别代表维吾尔族、藏族、蒙古族、汉族。维吾尔族铁人身高 1.75 米，身宽 0.79 米。一号铁牛高 1.5 米、身长 3.3 米、脖围 2.24 米。其余亦大体相同。铁牛皆蹲立于铁板上，铁板宽 2.3 米、长 3.5 米、厚 0.7 米；每尊铁牛重约 15 吨，其下皆有 4 根铁柱斜插入坚固的石堤基础内；铁柱长 3 米余、直径 40 厘米。两岸各有铁山两座，置于四尊铁人中间，铁山露出地面 1 米余。铁牛、铁人、铁山整个布局的正中入地一根巨型铁轴，铁轴周长 1.03 米，露出地面 0.75 米，作为浮桥铁索的系柱。东西两岸皆有铁牛、铁人、铁山、铁柱，每岸用铁约 10 万余斤。两岸有"七星柱"布列如星斗形，用以固定并调节铁索长度，令其随黄河水位起落而缩盈[49][50]。《张燕公集》卷一二"蒲津桥赞"记述当时情况云："于是大匠藏事，百工献艺；赋晋国之一鼓，法周官之六齐。飞廉煽炭，祝融理炉，是炼是烹，亦错亦锻。结而为连鏁，熔而为伏牛，偶立于两岸，襟束于中潬。鏁以持航，牛以鸷（挚）缆，亦将厌水，物奠浮梁，又疏其舟间。画其鹢首，必使奔渐不突，积凌不隘。"《新唐书》卷三九"地理志"也有简明记载：说蒲津关"开元十三年铸八牛，牛有一人策之，牛下有山，皆铁也，夹岸以维浮桥"。所述与今考古发掘的情况皆基本相符。此桥于公元13世纪废绝。

沧州铁狮子。后周广顺三年（953年）铸，高5.4米、长5.3米、宽3米，重旧说50吨[51]，新说29.3吨[52]，右项及牙边皆铸有"大周广顺三年铸"七字。今存河北沧州县东南的古城内（图5-2-1）。泥型铸造，用顶注法浇铸，计约使用了500多块外范[51]。

图5-2-1 沧州铁狮子
照片承北京科技大学吴坤仪提供

上述大型铸件有的早已消失，有的保存至今。保存至今的还有一些，如：（1）陕西富县宝室寺铜钟，唐贞观三年（629年）铸，通高1.54米、口径1.33米、厚壁7.5厘米[53]。（2）西安铜钟，唐景云二年（711年）铸，通高2.4米、口径1.4米，重约6吨。（3）云南弥渡铁柱，坐落于城西约2.5公里处，872年铸，高3米有余，体圆，周长1米。（4）大理崇圣寺大殿观音铜像，传为舜化贞时（879～902年）所造，高8米。（5）据说段思平时（913～944年），曾铸铜像10 000尊[54]。

四、热处理技术

在此最值得注意的是铸铁可锻化退火处理仍在继续沿用和青铜淬火技术见于文献记载。

（一）铸铁可锻化退火处理技术

我国古代可锻铸铁技术在汉魏时期已发展到了相当成熟的阶段，后因炒钢技术的发展，在农业、手工业工具中开始了"以锻代铸"的过程，铸铁可锻化退火处理遂逐渐衰退下来，但隋唐仍有使用。今见隋唐有关器物一共3批10件：（1）我们分析过的洛阳隋唐铁器，包括隋大业九年墓铁镜Y125号、铁剪Y122号等，皆为铸铁脱碳退火处理件。其中铁镜Y125组织较为典型，其钮与镜体分别铸造，先铸钮，后把镜钮插入镜体的铸范中，一起浇出。镜子铸出后，在氧化性气氛中进行过脱碳退火。内区的整个断面皆已脱碳成了熟铁；缘区外层脱碳，稍里为珠光体＋铁素体，含碳量约0.7%，中心残有少量莱氏体，属夹生可锻铸铁[55]。图版拾壹为其组织形貌。（2）杜莆运分析过10件唐代铸铁件，其中有铁犁、铁川、铁锄、铁板、铁铲、铁铧、残农具、残工具各1件，铁锛2件，约有7件进行了可锻化退火处理，其中西安唐墓出土的铁铲为完全脱碳退火，洛阳唐贞元十七年墓出土的残农具进行了不完全的脱碳退火，其余5件都进行了石墨化退火。在石墨化退火的 5 件中，西安唐墓铁锛为铁素体基体，西安唐大明宫铁锄、铁板、唐墓铁铧、洛阳唐墓铁锛分别为珠光体，或珠光体 + 铁素体基体[9]。（3）苗长兴等分析过一件河南登封出土的铁刮刀（4207 号），由白心可锻铸铁锻打而成。组织为铁素体 + 珠光体，含碳量约 0.3%，质地纯净，观察面上不见夹杂。原断代为宋，后改定为唐[56]。

（二）青铜淬火技术

此期青铜淬火主要用在铜镜上，不但使用较多，而且有了文献记载。20 世纪八九十年代时，笔者先后分析过 20 件唐、五代镜的金相组织，其中有 14 件进行了淬火处理，今见组织与回火态相当。图版拾、6、图版拾贰，分别为赤峰唐盘龙镜 N4、鄂州唐菱形花鸟镜 E34、方镜 E35、八卦镜 E62[57]、山东临沂禽兽葡萄镜 LY19、安徽唐初四神镜 W14[58]、陕西凤翔唐莲花镜 Sh3 组织形貌[59]。与汉镜同样，此期铜镜亦曾在包含 β 相的温度区间（586℃～789℃）和包含 γ 相的温度区间（520℃～586℃）淬火，不同处是，唐镜组织较战国两汉的稍见粗大[60]。

我国古代关于铜镜淬火的记载是唐代才看到的。唐人传奇小说《聂隐娘传》："聂隐娘者，唐贞元中魏博大将聂锋之女也。""忽值磨镜少年及门，女曰：'此人可与我为夫。'白父，又（父）不敢不从。遂嫁之，其夫但能淬镜，余无他能。"史树青认为此"淬镜"即是铜镜淬火之意[61]。类似的记载在宋、元、明各代都可看到，而且都说得十分明白。宋苏轼《物类相感志·杂著》云："锡铜相和，硬且脆，水淬之极硬。"说锡青铜淬火前兼具了"硬"和"脆"两种特性，水淬后便只剩下"硬"性了。此"硬"应是"坚硬"意，与现代技术辞典中的"硬度"有别。元人伪撰《格物麤谈》卷下也有类似说法："铜锡相和，硬且脆，水淬便硬。"稍后，明李时珍《本草纲目》卷八"金石·锡铜镜鼻"条说："锡铜相和，得水浇之极硬，故铸镜用之"。此"硬"亦与苏轼所云相同，为坚强之意。故古人以锡青铜铸镜，主要是因其淬火后更为坚强之故。方以智《物理小识》卷八也有类似的说法："锡铜相和，得水浇之极坚。"古人的说法与现代技术原理是基本相符的，因战国汉唐镜皆以高锡青铜铸成，其中的（α + δ）量甚多，故镜硬且脆；淬火后，高温 β 相转变成了 β′相，并保存下来；若在 γ 相区淬火，则将 γ 相保存下来；这些都使锡青铜的塑性和强度都大为提高。一些现代研究者认为锡青铜淬火后硬度会提高[62]，其实这是一种误会。有个别学者曾对我国古镜存在淬火处理之事存有疑虑[63]，其原因主要是：（1）分析的标本太少，一两件试样是看不到全貌的。（2）其模拟试验的操作不合要求。其淬火标样是采用把青铜液倾倒入水的方式来制备的，须知，这种做法是不能称之为淬火的。（3）其认为高锡青铜的高温回火组织与高温退火组织是一样的，从而把古镜的高温回火组织指为高温退火组织，这与现代技术原理、与科学试验结果都是不符的。（4）忽视了宋代、元代、明代十分明确的文献记载。我们认为，我国古镜存在淬火处理工艺应是肯定无疑的，不管文献记载，还是考古实物的科学分析，以及模拟试验，都证明了这一点[64]。图版拾叁，1、2、3、4 为我们模拟试验所得淬火、回火组织形态，与图版拾贰的形态基本一致。迄今为止，人们虽进行过无数次试验，但谁也不曾在铸造条件下得到过类于图版拾贰、图版拾叁等这样的组织，而使用淬火回火方式时，得到这种组织却是十分容易的事。

五、金属加工和表面处理技术

(一)文铁刀和镔铁

《新唐书》卷四〇"地理志·山南道"载,忠州"土贡生金,绵……文刀"。涪州"土贡麸金、文刀、镣布、蜡"。涪陵县有开池,"开池在县东三十里,出钢铁,土人以为文刀"。《元和郡县志》卷三一"涪州"条亦说"开元贡麸金、文铁刀。"我国素有文身刀、文身剑之说,故此"文刀"、"文铁刀"为花纹钢刀无疑。他们的操作工艺和花纹形态大体属于同一类型。

此时文献上也有了关于镔铁工艺的记载,唐慧琳《一切经音义》卷三五云:"镔铁出罽宾等外国,以诸铁和合,或极精利,铁中之上者也"。此"诸铁"即含碳量不同的铁碳合金。"和合"即锻合,这与现代技术原理是基本相符的。镔铁主要有三种不同的工艺:一是直接还原的自然钢法,二是块铁渗碳法,三是诸铁和合法。前二者亦即乌兹钢法,其原料原产于印度;后者的原料是处皆有,与我国古代百劈文身刀工艺原理是一样的[65]。

(二)金银细工

我国古代金银器加工技术约发明于四坝文化时期,但长时期发展较为缓慢,及汉才迎来了它的第一次繁荣,唐代发展到了较为繁盛的阶段。此时人们不但在一般生活用器,如铜镜、漆器、服饰,甚至陶瓷器上都使用了金银作为装饰,而且使用多种技法,制作了大量纯金、纯银容器。金银器饰的经久不衰,把唐代社会生活打扮得金碧辉煌,光彩夺目。

自20世纪70年代以来,我国曾多次出土唐代金银器,大家比较熟悉的有:1970年西安何家村出土的窖藏文物,其中有金银器270件,除去装饰品外仍有205件,器物种类有碗、盘、碟、壶、罐、锅、盒、炉等,年代下限为盛唐时期(约公元8世纪末)[66]。1980年、1982年江苏丹徒丁卯桥两次发现唐代窖藏,出土各种银器计976件[67]。此外,1957年西安和平门外[68],1958年陕西耀县柳林背阴村[69],1963年西安东南郊沙坡村[70],1976年辽宁昭盟喀喇沁旗锦山一带[71]等处都有发现。从整个出土情况看,有两点很值得我们注意:(1)唐初金银器出土量较少,高宗、武则天时锐增。(2)早期器物明显存在两种不同的风格,一种从形制到纹饰都含有较多的波斯萨珊朝金银器工艺的因素,它们可能是输入品或仿制品;一种则从形制到纹饰都兼收了我国瓷、铜、漆器的特点。随着时间的推移,前者的数量逐渐减少,后者逐渐增多起来,外来的与传统的技艺融合为一,使金银器工艺达到了相当成熟的阶段。基于这样一些事实,不少学者认为:唐代金银器的发展在很大程度上受到了萨珊朝的影响。

人们曾对何家村金银器进行过不少研究,得知其加工工艺十分复杂、精细。器物成型以扳金和浇铸为主,焊接、切削、抛光、铆、镀、錾刻、镂空等技艺都使用得十分普遍和纯熟。如焊接,有大焊、小焊、两次焊、掐丝焊等;焊口平直,且不易被发现。在盘、盒、碗等器物上,都有明显的切削加工痕迹,螺纹清晰,起刀和落刀点显著,刀口跳动亦历历在目。有的小金盒螺纹同心度很高,纹路细密,盒的子口经锥面加工,子母扣接触严密。各种加工件很少有轴心摆动现象。

人们推测，当时很可能已使用了手摇式和脚踏式加工机械。也有的器物仅在器内中心部位捶打出突起的动物图案[72]。在唐代银器中，不少饰纹是錾刻出来的，之后再镀金；这种银器饰以镀金花纹的工艺，似是唐代新兴的，迄今尚未看到唐代以前的金花银器[19]。

（三）金银错和贴金银

这是唐代使用较多的金银加工工艺，多作铜镜装饰，1954 年、1955 年，西安东郊韩森寨先后出土唐错金镶料镜、嵌银鸾兽镜各 1 件[19]。1981 年，韩森寨唐墓又出土银背凸花镜 1 件，满背镶银，花纹由银片模压而成[73]。传洛阳出土贴银壳鸟兽花枝六弧镜 1 件，背纹原已铸出，其上又贴银片[74]。《在欧美的中国古镜》[33]一书载有贴银八菱海兽葡萄镜 1 件、八菱贴银镀金双鸾衔绶宝马镜 1 件、贴银鎏金花卉镜 1 件、八角贴金禽兽葡萄镜 1 件、六菱贴金狻猊镜 1 件。《旧唐书》卷七八"高季辅传"载："太宗尝赐金背镜一面，以表其清鉴焉。"

唐代金银工艺甚为发达，《通俗编》卷一二说《唐六典》有 14 种"金"，其中涉及到了金属器、织物、纸张、漆器等多类器物表面装饰黄金的工艺。有关研究认为，唐代已有许多金银铺，以打造金银器饰为主，同时经销这些器饰，并从事生金、生银的买卖和鉴定。

（四）掐丝珐琅

我国古代珐琅工艺始于何时，学术界尚有不同看法，但可以肯定的是唐代已有使用。何家村窖藏出土一件八棱金杯，饰纹为掐丝珐琅做出，填料已经脱落，仅残留少量粉末，但仍不愧是珍贵的掐丝珐琅作品；可认为这是明代景泰蓝的前身[66]。此外，太原隋唐墓曾出土过一件"铜胎料镯，镯环纤细扁圆，呈青灰色，似珐琅质"[75]。

（五）镀金银

镀金技术发明于先秦，汉后获得较大发展，隋唐时期又发展到了一个新的阶段，不但使用数量大、分布广，而且制作工精。隋的镀金器如 1954 年西安郭家滩大业六年墓所出者，有镀金铜带钩等饰物 30 余件[76]。唐代镀金器在南北许多地方都有出土，而且相当大一部分为银器镀金。仅 1982 年，丹徒丁卯桥所出镀金的银器便有 86 件，其中 2 件镀金凤纹大银盒高 26 厘米、足径 25.6 厘米、腹径 31 厘米[67]。1970 年西安南郊何家村窖藏器物中，出土有镀金八曲银杯、镀金铜锁等[66]。1958 年陕西耀县柳林背阴村出土有镀金刻花四曲银盌、镀金刻花银鍱、镀金刻花银盘等[69]。此期的文人学士亦常以镀金为喻，以抒发自己情怀。李绅《答章孝标》诗云："假金只用真金镀，若是真金不镀金；十载长安得第一，何须空腹用高心。"[77]便是其中较为著名的诗句。

此时有关制作金银汞齐的记载明显增多，道家著作中的作金粉法、作金泥法，医家所云作银膏法等，实皆汞齐法。《黄帝九鼎神丹经诀》卷一一第二页载：水银"能消化金银使成泥，人以度物是也"[39]。此金泥、银泥，都可用作镀物。

（六）焊接技术的发展

此期的焊接技术有了一定的发展，主要表现在文献上有了焊接熔剂的记载。

唐《新修本草》卷五在谈到硇砂时说："硇砂，味咸、苦辛；温，有毒……柔金银，可为汗药。"在谈到胡桐泪时说："胡桐泪，味咸……又为汗金银药。出肃州、川西平泽及山谷中……木堪器用，一名胡桐律。"[78]此汗药，即焊药，即焊接熔剂，此指硇砂（NH_4Cl）和胡桐泪，这是我国古代文献中，较早提到焊接熔剂的地方。焊接熔剂是一种助熔剂，还可起到造渣、保护高温金属等作用，从而可提高生产效率和产品质量。

第三节　南青北白的制瓷技术

　　一般认为，我国古代制瓷技术的发展大体上可分为三个阶段：一是龙山文化到西汉，为原始瓷时期；二是东汉至南北朝，为真瓷（成熟瓷器）产生、初步发展期；三是隋唐及其之后，为真瓷成熟、深入发展期。

　　隋唐时期，制瓷技术在我国南方、北方都普遍地发展起来。瓷器的产量、质量、品种，都有了很大的提高和扩展，它已成为陶瓷生产的主流，人们日常生活已广泛地使用起瓷器来。截至 20 世纪 90 年代初，北方的河北、河南、山东、山西、陕西，南方的安徽、浙江、江西、江苏、福建、广东、广西、湖南，西南的四川等地，都发现过这一时期的窑址，计约一二百处[1]，它们往往连续使用相当长一个时期。这些窑址多见于南方，其中又以浙江为最，在上虞、宁波、余姚、金华、丽水、永嘉、温州、诸暨、奉化、瑞安、黄岩、兰溪等 20 个县都有发现[2]。在瓷业普遍发展的基础上，南方、北方都出现了一批名窑，南方主要有：浙江越窑、瓯窑、婺州窑，湖南湘阴的岳州窑、长沙铜官窑，江西丰城洪州窑，四川邛崃县邛窑、成都青羊宫窑，北方则有内邱临城的邢窑、曲阳定窑、黄堡窑、巩县窑、安徽淮南寿州窑等，其中尤其值得一提的是铜川黄堡窑，其始烧于唐，北宋康靖以前获得较大发展，元代仍在生产。在 20 世纪 50～90 年代，其先后进行过三次大规模发掘，有关资料分别汇集于《陕西铜川耀州窑》[3]、《唐代黄堡窑址》、《五代黄堡窑址》[4]等中①。第一次发掘了许多唐代灰坑、宋代窑址、金元作坊和窑址，并获 85 000 多件标本，后两次发掘的唐代遗址有：三彩作坊 1 座、制瓷作坊 8 座、三彩窑 3 座、瓷窑 5 座、灰坑 7 个，以及大量标本。五代遗址有：制瓷作坊 4 座、灰坑 18 个、各种标本 71 722 件[5]。这是迄今为止发掘规模较大且较完整的一处古代窑址。由于原料条件等的差异，此时的北方窑系仍以白瓷为主，兼烧部分青釉瓷、黑釉瓷、黄釉瓷。南方窑系则以青瓷为主，兼烧部分白瓷、黄釉瓷、黑釉瓷，于是形成了"南青北白"的局面。南方青瓷和北方白瓷的杰出代表分别是越窑和邢窑，其中又以越窑青瓷最受时人称颂。唐人陆羽《茶经》卷中"茶之器·盌"条曾对部分窑口的瓷器作了一次综合性评述，说："盌，越州上，鼎州次，婺州次，岳州次，寿州、洪州次"。"若邢瓷类银，越瓷类玉，邢不如越一也；若邢瓷类雪，则越瓷类冰，邢不如越二也；邢瓷白而茶色丹，越瓷青而茶色

---

　　① 依历史年代，作者把铜川县黄堡镇古窑址冠以了不同名称，唐窑称"黄堡窑"，宋窑称"耀州窑"；黄堡地区在五代虽已归耀州，作者认为仍名"黄堡窑"为宜。因"鼎州窑"的具体情况仍须研究，故不用此名称呼黄堡古窑。

绿，邢不如越三也"。"越州瓷、岳（州）瓷皆青，青则益茶"。"邢州瓷白，茶色红；寿州瓷黄，茶色紫；洪州瓷褐，茶色黑，悉不宜茶"[6]。这里逐一谈到了唐代六大名窑及其产品的特点，说明唐代制瓷技术已发展到较高水平，并形成了自己的鲜明特点。从数十年来的窑址调查和考古发掘看，婺州窑、岳州窑、洪州窑、寿州窑当分别在今浙江金华[7]、湖南望城镇铜官镇[8]、江西丰城[9]、安徽淮南[10]；邢窑则在今河北的内邱[11]、临城[12]两个毗邻的县都有发现；"鼎州"之名存在时间较短，鼎州窑地址不明，有学者认为，陕西铜川黄堡窑当属鼎州窑系的范围[13]。《全唐诗》卷六一一载皮日休《茶瓯》诗云："邢客与越人，皆能造兹器，圆似月魂堕，轻如云魄起。"此"兹"即瓷的假借字。可见唐瓷器型规整，色泽宜人，且较轻便。浙江越窑几乎全烧青瓷；长沙铜官窑、耒阳窑在烧造青瓷的同时，皆兼烧部分白釉瓷。《全唐诗》卷二二六引杜甫《又于韦处乞大邑瓷碗》诗云："大邑烧瓷轻且坚，扣如哀（一作寒）玉锦城传；君家白碗胜霜雪，急送茅斋也可怜。"可见四川大邑白瓷质地之优良。

在民间普遍用瓷的基础上，瓷器也成了一种贡品、官用品。《新唐书·地理志》载，当时土贡瓷器的地方，北方有邢州、南方有越州。1977年，慈溪上林湖附近出土一件墓志铭青瓷罐形器，其志文作："光启三年（887年）岁在丁未二月五日，殡于当保贡窑之北山"等字[14]。可见越窑在唐代晚期已是贡窑。目前在考古发掘中已发现不少晚唐至五代的"官"、"新官"款瓷器。1978年，浙江临安唐昭宗光化三年（900年）钱宽墓出土13件"官"字铭、1件"新官"铭精细白瓷，大约其产地皆在北方[15]~[17]。此外，约葬于唐昭宗天复元年（901年）的浙江临安水邱氏墓等也有类似器物出土[18]。从有关考古资料看，唐五代烧制这种"官"、"新官"瓷之所至少有四处：即河北定窑、陕西耀州窑、浙江越窑、赤峰缸瓦窑[19]。据权奎山统计，仅耀州窑遗址发掘的五代"官"字款便有14件，即1984~1992年出土12件，另采集过2件[20]。另外，一些民窑，如芜湖东门渡窑等也烧过"宣州官窑"款的制品[21]，断代约五代至北宋。1987年，扶风法门寺出土一批精美的越窑青瓷，被物账曾谓之"秘色瓷"，显然是作为贡品运到陕西去的[22]~[24]。目前见于报道的唐、宋初"官"字、"新官"字铭白瓷、青瓷约有200多件[20]。贡窑原是技术水平较高的民窑，除了贡品外，还可生产部分民用品行销于市；后世专为宫廷服务的"官窑"应是在唐五代贡窑，以及这种带有"官"、"新官"字款窑的基础上演变出来的。关于"官窑"的含义，不同历史时期未必相同；大约从晚唐到北宋早期，是指官府开设的窑场，或其产品由官府指派的窑场，"官"、"新官"款瓷器，则应当是这类窑场的产品；南宋及至明代的官窑，则应是由朝廷直接管理，产品专供宫廷使用的窑场[20][25][26]。

此时瓷器还是一种重要的交易品，并传到了海外。《旧唐书》卷四八"食货志"载，韦坚"请于江淮转运租米，取州县义仓粟，转市轻货"。据同书卷一〇五"韦坚传"所云，豫章船轻货有"名瓷"、"酒器"、"茶釜"、"茶铛"、"茶椀（碗）"。此"名瓷"很可能与洪州瓷有关。唐五代时，我国瓷器传到了亚洲和非洲的许多地方，目前在日本、巴基斯坦、印度尼西亚、伊拉克、埃及等地都出土了许多唐代瓷器（片），其中有越窑和长沙窑青瓷，也有邢窑和定窑白瓷等[27]~[29]。

中国古代手工业工程技术史

由于瓷器的使用已较普遍，关于瓷器的记载明显增多，"瓷"字的使用频率也高了起来，除前面提到的陆羽《茶经》、皮日休《茶瓯》、杜甫《又于韦处乞大邑瓷盌》、《旧唐书》卷一〇五"韦坚传"外，李肇《唐国史补》卷上、卷中和柳宗元《柳河东集》卷三九等都曾提到过"瓷"器、"甆"器或"兹"器。

此期陶瓷技术的主要成就，首先是原料选择和加工更为精细；胎中着色剂有所降低；白瓷在北方普遍发展起来，南方也烧出了白瓷，繁昌等五代瓷胎使用了Al_2O_3含量较高的原料；成型技术更为纯熟；在施釉技术上新创或初步发展了釉下彩、釉中彩、乳浊釉、花釉瓷，北方白瓷大量使用了化妆土；在低温釉陶方面创造了唐三彩；南方龙窑、北方马蹄窑技术都有了进一步发展，在装烧技术上推广了匣钵，烧造了一些大型产品和艺术陶瓷。隋唐陶瓷业得到较大发展，首先是由制瓷技术本身的发展规律决定的，官方的禁铜令，民间的喝茶风，以及外贸事业的发展，客观上也起到了促进的作用。

一、胎料选择和加工技术

（一）青瓷胎的成分选择

青瓷在东汉首盛于南方，北魏时北方也发展起来，但北方青瓷出现后，很快就向白瓷演变，并在唐代形成了以白瓷为主的局面。青瓷仍是唐代瓷器生产的主流，并达到了相当繁荣的阶段。

从东汉到唐代，我国瓷器生产基本上是以本地瓷土、瓷石为原料的，及至宋代，多数地方依然如此。在长期的生产实践中，各窑系都逐渐形成了自己的技术风格，浙江的越窑、瓯窑、婺州窑三大窑系，它们在东汉均已烧造青瓷，唐时均有一定发展；瓯窑胎白，釉淡青；婺州窑胎色泛红，釉青褐；越窑器最是精良。唐代越窑虽仍集中在上虞、余姚、宁波一带，但随着社会需瓷量的增加，绍兴、奉化等更为广泛的地区也发展起来，并形成了巨大窑群，其中最为繁荣的要算余姚地区。郭演仪分析过3件浙江象山、余姚、温州出土的唐代青瓷，器胎平均成分为：SiO_2 76.07%、Al_2O_3 16.57%、CaO 0.36%、MgO 0.47%、K_2O 3.03%、Na_2O 0.66%、Fe_2O_3 1.5%、FeO 1.25%、TiO_2 0.84%[30]。可见其SiO_2较高，Al_2O_3较低，助熔剂总量较低，（$CaO+MgO$）仅为0.83%，与东汉六朝相差不大；其Al_2O_3量无明显的提高，但其Fe_2O_3和TiO_2量却明显降低。南方其他地区的青瓷大体上也显示了同样的特点。有学者分析过1件隋代武昌窑青瓷[30]、2件五代武昌青瓷，其Al_2O_3量皆处在19.5%~19.9%之间[31]，较景德镇瓷器稍高。有学者分析过1件五代景德镇青瓷，其Al_2O_3量只有16.92%[30]。长沙窑青瓷含铝量亦较景德镇的稍高，周世荣等分析过11件[32][33]、彭子成等分析过6件[34]唐长沙窑青瓷器，此17件瓷器平均成分为：SiO_2 73.59%、Al_2O_3 19.0%、Fe_2O_3 2.01%、CaO 0.33%、MgO 0.67%、K_2O 2.94%、Na_2O 0.2%、TiO_2 0.8%。南方青瓷中也有少数含铝稍高的制品，有学者分析过广东新会官冲窑多件瓷胎的成分，Al_2O_3的平均含量约超过26%，1件黑釉瓷胎超过35%，窑址断代为唐至北宋[35]。

此时北方也生产过部分青瓷，器胎成分与南方有不少差别。有人分析过3件唐耀州瓷[30][35]、1件隋安阳瓷[30]，计4件，器胎平均成分为：SiO_2 65.92%、Al_2O_3 26.04%、Fe_2O_3 2.57%、TiO_2 1.73%、CaO 0.59%、MgO 0.68%、K_2O 2.2%、Na_2O 0.24%。

504

可见其 SiO_2 较南方青瓷为低，Al_2O_3 较之为高，Fe_2O_3 亦较之为高。这种南方青瓷多为高硅质，北方青瓷多为高铝质的情况，主要是南北原料条件差异造成的。

（二）白瓷胎的成分选择

白瓷约发明于北魏中期，隋代就逐渐成熟起来；唐、五代时，白瓷成了北方瓷器生产的主流，而且南方也开始烧造。1959 年，安阳隋开皇十五年（595 年）张盛墓出土一批白瓷，虽其仍具有青瓷的某些特征，但较北魏、北齐有了不少进步；稍后，西安隋大业四年（608 年）李静训墓，郭家滩隋大业六年（610 年）墓，以及姬威墓所出白瓷，都达到了较高水平。隋代北方白瓷窑目前在河北临城[36]、内丘等都有发现[37][38]，著名的邢窑便在临城、内丘境内。唐末五代时，邢窑白瓷的地位渐为曲阳定窑白瓷取代。南方白瓷约始见于唐，亦较早便烧造了一些品质较好的产品。唐李勣奉敕《新修本草》"玉石部"云："白瓷屑，平无毒，广州良，余皆不如。"李勣即徐茂公，唐开国元勋。此虽说的是入药，但亦说明广州白瓷在唐代初期、早期已负盛名。由前引杜甫《又于韦处乞大邑瓷盌》诗可知，至迟唐代中期，四川也生产了质地优良的白瓷。故宫博物馆珍藏的一件唐五代白釉花口瓶，釉下刻有"丁大刚作瓶大好"七字铭，与长沙窑唐代瓷器书写的"卞家小口天下第一"、"郑家小口天下有名"做派相似，有学者认为它们很可能都是唐长沙窑生产的[39]。南方专烧白瓷的窑址约始见于五代时期，江西景德镇的胜梅亭、石虎湾、黄泥头[40]，湖北武昌青山[41]，安徽繁昌[42]~[44]等地都有发现；唐代南方白瓷窑则迄今未见。白瓷虽然发明较晚，但它纯洁、素雅，故一经出现，便迅速扩展开来，并对青瓷的主导地位产生了很大的冲击。

白瓷应是在高铝低铁粘土的基础上，由青瓷演变来的。唐代早期之前，我国北方瓷窑多烧青瓷。1985 年及稍后，洛阳大市北魏遗址出土 65 件较为完整的瓷器，其中有青瓷 53 件、黑瓷 9 件，竟无一件完整的白瓷器。但其中Ⅱ式青瓷杯很值得注意，胎质洁白坚硬，胎薄釉薄，釉色淡青，流露了白瓷的特征和讯息[45]，也显示了青瓷向白瓷转变的过程。

李家治、郭演仪分析过 5 件唐代巩县白瓷[46]，平均成分为：SiO_2 58.38%、Al_2O_3 33.53%、Fe_2O_3 0.74%、TiO_2 0.96%、CaO 0.5%、MgO 0.42%、K_2O 3.75%、Na_2O 1.36%。可见其 SiO_2 含量较低，Al_2O_3 较高，着色剂 Fe_2O_3 和 TiO_2 皆较低。其实，由青瓷过渡到白瓷的关键是减少胎中的 Fe_2O_3 量。尤其值得注意的是其中一件薄胎白瓷片（HG4），其 SiO_2 含量仅为 53.41%，Al_2O_3 含量却达 37.15%；一件厚胎白瓷片（HG6），SiO_2 仅为 52.75%，而 Al_2O_3 含量却达 37.49%，这是迄今所见白瓷中，SiO_2 含量最低，Al_2O_3 含量最高的例证。巩县白瓷的 R_2O 量亦较高，薄胎白瓷（HG4）达 7.15%，厚胎白瓷（HG6）达 7.35%，这便是两试样所含 Al_2O_3 量皆较高，却依然能在 1 300℃下烧结的原因。在北方白瓷中，着色剂（Fe_2O_3 + TiO_2）量最低的是邢瓷，李家治、郭演仪还分析过 7 件唐代邢瓷的成分[46]，平均值为：SiO_2 62.53%、Al_2O_3 32.4%、CaO 0.75%、MgO 0.72%、K_2O 1.17%、Na_2O 0.48%、Fe_2O_3 0.91%、TiO_2 0.55%。可知其含硅量较高，着色剂总量较低，（Fe_2O_3 + TiO_2）为 1.46% 左右，其中 TiO_2 含量皆处于 0.38% ~0.87% 间，其中有 6 件试样的 Fe_2O_3 处于 0.48% ~0.75% 间，只有一件高达 2.59%，故邢瓷白度一般

达 70%，与景德镇清代初白瓷相当。

有学者分析过 4 件江西景德镇胜梅亭、石虎湾五代白瓷胎[46]，平均成分为：SiO_2 76.22%、Al_2O_3 18.14%、Fe_2O_3 0.93%、K_2O 2.6%、Na_2O 0.39%。这景德镇白瓷与北方白瓷相同处是：Fe_2O_3 量较低；不同处是：SiO_2 量较北方为高，Al_2O_3 量较北方为低。与同一地区同一时代的青瓷相较，它们的不同处是：白瓷胎的 Fe_2O_3 量较青瓷的为低；相同处是：不管青瓷、白瓷，五代景德镇瓷器都是高硅低铝的。陈尧成分析过 2 件湖北武昌青山五代白瓷胎的化学成分，此两器的成分十分接近，平均值为：SiO_2 73.5%、Al_2O_3 20.4%、CaO 0.3%、MgO 0.1%、K_2O 4.2%、Na_2O 0.1%、Fe_2O_3 0.6%、TiO_2 0.2%。与景德镇白瓷大体处于同一成分范围，但含 Al_2O_3 量稍高。青山窑位于武昌县青山村，约始于五代，终于北宋晚期[41]。

有一点值得注意的是，不管景德镇的，还是武昌的，白瓷的 Al_2O_3 量皆较同一时代，或前代南方青瓷稍高。前面谈到，汉代越窑青瓷的平均 Al_2O_3 量为 16.55%，魏晋南北朝南方青瓷为 16.4%，唐代为 16.57%；而景德镇五代白瓷的 Al_2O_3 平均值却达 18.14%，武昌五代白瓷竟达 20.4%。此外还有人分析过一件五代繁昌影青瓷，成分为：SiO_2 72.69%、Al_2O_3 21.52%、CaO 0.31%、MgO 0.27%、Fe_2O_3 0.76%、TiO_2 0.13%、K_2O 0.9%、Na_2O 3.31%、MnO 0.01%[42]。繁昌窑地处长江以南，始烧于五代，兴于北宋，废于南宋，是江南专烧影青瓷的窑口[42]~[44]，其 Al_2O_3 量较同一时期的武昌青山窑、景德镇窑白瓷都高，依此有学者认为当时便采用了二元配方，因繁昌县一般瓷土的 Al_2O_3 量皆较此数为低[42]。我们认为此须进一步研究才能定论：（1）如若当时果真采用了"瓷石＋高岭土"的二元配方，为何宋、元，及至明代，许多南方瓷器依然含铝量较低呢？故纵然当时确在瓷土中掺入了高岭土，那也是无意识的偶然事件。（2）使用单一高硅瓷土，通过采、选、淘的方式，未必富集不出像武昌、繁昌瓷那种含铝量来。

（三）黄釉瓷的成分选择

隋唐五代最有代表性的黄釉瓷是寿州瓷，林淑钦分析过 4 件唐寿州瓷胎，平均成分为 SiO_2 65.49%、Al_2O_3 27.48%、Fe_2O_3 2.87%、TiO_2 1.02%、K_2O 1.68%、Na_2O 0.35%[47]。可见：（1）其 SiO_2 较低，Al_2O_3 较高，与北方瓷较为接近。（2）Fe_2O_3 较高，这是黄釉瓷胎的一个重要特点，故其胎多呈浅黄色。陈显求分析过一件唐耀州窑黄釉瓷胎的化学成分[35]，与此亦较接近，其值为：SiO_2 65.21%、Al_2O_3 26.10%、CaO 0.84%、MgO 1.14%、K_2O 2.23%、Na_2O 0.23%、Fe_2O_3 2.26%、TiO_2 1.99%。

（四）关于婺州瓷的成分选择

婺州窑始烧于东汉，三国、两晋时获得较大发展，唐代中期后渐趋衰落。唐婺州（治所在今浙江金华）瓷通常选用两种原料分别制器：一是普通瓷土，主要用于执壶、碗、盏、钵等小型器物，烧成后胎质灰白或灰色；无釉时，器表亦呈淡红色；二是本地所产粉砂岩，多用于盘口壶、罐、盆等大型器物。粉砂岩容易粉碎，可塑性强，作大器时成型较易，亦易于并接和粘贴，烧成后胎成紫色或紫灰色[48]~[50]。婺州窑主要生产民用瓷器。

归结起来，此期瓷胎成分的基本特征是：（1）凡南方瓷器，不管青瓷还是白瓷，一般都是高硅低铝的；凡北方瓷器，不管青瓷还是白瓷，一般都是高铝低硅的。当然也有少数例外。邢窑白瓷的 Al_2O_3 量一般在 28% ~35% 之间。（2）凡白瓷，不管南方还是北方，Fe_2O_3 和 TiO_2 量皆较低。（3）凡青瓷、黄釉瓷，不管南方北方，含钛都较高。有学者分析过一件耀州黑釉白瓷胎，其 Fe_2O_3 和 TiO_2 含量分别达 1.53% 和 1.36%[35]。（4）一般而言，北方白瓷胎所含 Fe_2O_3 量较南方白瓷稍低。这四方面中，第一方面主要是唐、五代及其此前的特征，五代、北宋之后，南方白瓷含铝量有所升高；后几方面则适用于更宽的历史年代。唐代制瓷原料的选择和配制，比前世有了进步，其中尤其值得注意的是巩县唐代薄胎和厚胎标本，在选择高铝料的同时，还选择了碱金属氧化物 R_2O 作熔剂，表现了相当高的技艺。

（五）唐三彩器胎的成分选择

"唐三彩"是唐代三彩陶器的简称，它是一种低温铅釉陶，其以白色粘土作胎，以铜、铁、钴、锰为釉料的着色剂，并在釉中加入较多的炼铅熔渣和铅灰作助熔剂；先素烧一次，之后再施彩色釉，二次烧成。釉色呈深绿、浅绿、翠绿、黄、白、赭、褐等多种色彩。谓之"三彩"，实是多彩，也有两彩和单彩的。它约始创于唐高宗时期（650 ~683 年），唐玄宗开元（713 ~741 年）间便达鼎盛阶段，天宝时（742 ~756 年）数量渐减，质量下降、品种简化。目前年代最晚的三彩制品，出土于西安嘉里村裴氏小娘子墓（葬于唐宣宗大中四年，850 年）。唐三彩主要出土于西安、洛阳一带墓葬；扬州，以及山西、甘肃等地也有部分出土。主要用于明器，也有部分实用器和建筑材料等。它是唐代陶瓷工艺中的又一奇葩。

典型三彩器的胎质一般较白，唯部分标本因含铁量稍高，并在氧化性气氛中烧成而稍稍发红。张福康、李国祯等人曾分析过 6 件河南巩县和陕西出土的唐三彩器[51] ~[53]，平均成分为：SiO_2 65.74%、Al_2O_3 27.59%、CaO 0.88%、MgO 0.46%、K_2O 1.66%、Na_2O 0.52%、Fe_2O_3 1.02%、TiO_2 1.24%。可见其与唐代一些巩县白瓷胎大体属于同一类型，基本特点都是 Al_2O_3 较高、Fe_2O_3 较低；唯三彩器胎料加工无白瓷胎精细，在显微镜下可见到较多的石英颗粒、未粉碎的粘土团块，及其聚集物[52]。三彩器之胎虽然含铝量稍高，但因烧造温度稍低，仍为陶质。

（六）原料加工技术

唐、五代制瓷原料的加工技术有了较大发展，在此，黄堡窑制瓷作坊遗址为我们提供了大量的宝贵资料。

从发掘情况看，唐黄堡窑遗址所见原料加工有粉碎、淘洗、沉淀、练泥、陈腐等设施。遗址所见胎料釉料粉碎工具有：石杵、石臼，以及带流的石盘。石杵计 4 件 4 式，皆长圆形；其中标本 IIT6④:7，长 38 厘米，一头大一头小，大头直径 22 厘米，小头直径 10 厘米，杵头较平。石臼 3 件 3 式，其中标本 IIT6④:8 近于圆锥形，底小而平，臼凹较深，口径 50 厘米、底径 17 厘米、壁厚 5.5 ~10 厘米，高 45 厘米。石臼有大有小，可能是分别用于粉碎硬料和小量釉料的。其第 202 号作坊为淘洗工序，内设淘洗池和沉淀池。淘洗池以耐火砖砌成，长宽 1.55 米 ×0.7 米，深 0.1 ~0.15 米，底部用耐火砖铺平。沉淀池位于淘洗池旁，长宽 1.5 米 ×9.65 米，深 0.6 米。一壁用耐火砖砌成，其余三壁均为土壁。此外，在沉淀池边上还有 9 个陶缸，今均残破，其中残留有细堆泥。地面留有厚约 10 厘米的踩踏层，皆为坩泥。依此人们推测，其原料加工程序为：（1）将瓷土粉碎；（2）入淘洗池内淘洗，以除去粗粒和杂质；（3）把坩泥浆倾入沉淀池内沉淀；（4）将沉淀过的上层泥浆舀入大缸中，待水分渗漏挥发后便成了坩泥；（5）将坩泥从缸中取出，经练制，成为制作瓷器的胎泥。（6）胎泥经陈腐、练制，便可用于成型[54]。南方越窑的瓷石一般也要经过较好的粉碎和淘洗，坯泥在成型前一般都要揉练，故胎质细腻、致密，不见分层，气孔较少[55]。

二、成型装饰技术的发展和绞胎瓷的出现

（一）成型技术

此期的成型方法主要有轮制、模制、手捏三种。一般圆器皆在转盘上拉坯成型；一些附件用模制；一些小件和工艺品可用模制和手捏。唐黄堡窑出土过不少与成型和修整有关的工具，如转盘附件、盘头、刮泥板、转盘拨动器和各种模具。今举例说明如下：

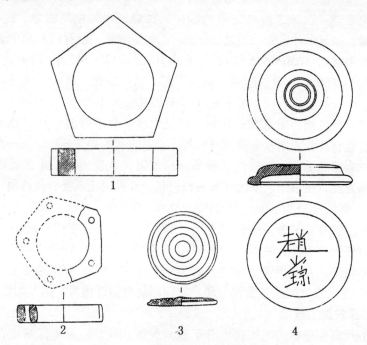

图 5 - 3 - 1　转盘附件和转盘头

1. 转盘附件 II Z2 - 3:47（铁质）　　　2. 转盘附件 IV T2②:1（瓷质）

3. 盘头 I T11②:85（瓷质）　　4. 盘头 II Z2 - 4:15（瓷质）

采自《唐代黄堡窑址》第 469 页

拉坯转盘。木质，圆形，直径约 80 厘米、厚约 17 厘米，转盘下的直轴亦为木质，深埋 90 厘米。

转盘附件计为 4 件 4 式，包括铁质 1 件，瓷质 3 件。其中标本 IIZ2 - 3:47 为铁质，呈五角形，轴孔径 12.6 厘米，棱边长 12.4 厘米，厚 4 厘米（图 5 - 3 - 1，1）。其应安装在轮盘下面，套在木质车筒之外，使轮盘与车筒牢固地结合在一起。出于三彩作坊。

盘头计17件3式，皆为瓷质，多为覆盆形，部分为圆饼形。其中标本 IIZ2－4:15，敞底，平宽沿，盘面直径16厘米，底直径21厘米，厚2.1厘米，高3.9厘米，沿下施黑釉，底刻"赵少琮"三字，这可能是匠人姓名，盘面中心有一圆形低凹部分，并刻有2周凹旋纹（图5－3－1，4）。盘头安置在转盘上面正中，在盘头上拉坯、修坯。

刮泥板，为修坯用的工具，计7件2式，有圆饼形，半圆形等，多为素烧瓷质，也有石质。

转盘拨动器，计9件8式，有方形、长方形、椭圆形等，瓷质，施黑釉。此器是安装在转盘上面边缘部位的。图5－3－1所示为铜川唐代黄堡窑部分拉坯成型工具[56]。

唐黄堡窑模制技术较为发展。一些特殊的器物，如鱼形瓶等，常用模具成型。模子常作两半，素烧。瓷塑或三彩陶塑，一般都用模具成型。人像多为前后合模，动物有前后合模也有左右合模，铃铛则上下合模；模外常刻合模符号，以免合模时错位。制枕是先将胎泥压成片并卷好，使用时将泥片切下放入模内挤压，粘结成型。模制器物有俑、狮子、猴、狗、骆驼、马、双鱼瓶、盅、壶嘴、壶柄、器足、器座、铃铛，以及枕等。圆器可拉坯成型，其附件模制。模具多为瓷质，素烧[56]。

长沙石渚出土过某种器物的附耳模，以及玩具龟的印模等[32]。金华孟宅窑瓷常用模制兽首作为装饰。

此期瓷器成型技术上的一个进步是生产了较多的大型器具。此技术约可上推到三国时期，始见于婺州窑，隋唐时有了进一步发展。如金华白龙桥出土的盘口龙瓶（盘已残），颈部饰盘龙，系上塑有龟和壁虎，残高达55厘米[50]；金华古方出土的褐釉盘口壶，高达60厘米以上，青釉龙瓶高达58厘米；至于高度为50厘米左右的各类盘口壶，在唐代早期窑口和墓葬中，几乎处处可见[49]。稍后，越州窑等也烧制了一些大型瓷器，临安板桥五代吴氏墓出土一件褐彩云纹四系瓶，高50.7厘米、腹径31.5厘米[57]。临安五代钱元玩等墓出土的几件瓷缸，高37.0厘米、口径62.5～64.7厘米、底径35～38厘米[58]。大型瓷器技术的推广，说明了整个瓷器技术的进步。

唐三彩的成型方式亦主要是拉坯、模制、捏塑三种，尤以模制和捏塑为多。从河南巩义市（原巩县）黄冶三彩窑址发掘情况看，模制法在大型制品、扁体、椭圆体、不规则体和特殊制品中，是使用得相当广泛的。黄冶窑约创烧于南北朝至隋，主要生产青瓷和白瓷；唐初正式烧造三彩器，并迅速成为该窑的主要产品；唐代中期，三彩器、绞胎器、各种单彩色釉器都进入了全面发展期；五代至宋金，黄冶三彩器日益萎缩。从工艺形态看，黄冶窑模具约可分为4种类型：（1）单模，主要用于较为简单的器物，包括器物的各种附件，整体成型的猪、狗、羊等动物俑和人面、兽面，以及井、磨等明器。（2）二合模，用于制作小型的人物、动物俑，多棱形器皿、乐器、窑具等，其中又包括左右（合）模、上下（合）模、前后（合）模三种。在接合部往往刻有吻合记号，有的模具背面刻有工匠姓名，个别的还刻有年代。（3）器物印花模。（4）组合模，主要用于一些器形较大、比较复杂的器物，先用多组成套模具分别制作，最后粘合为一。若为高大的人物俑，可头部和躯体分别制作，在颈部粘接；也可在颈下部设插柱，直接将头部插入体部孔穴中[59]。

（二）装饰技术

常见的装饰法有三：

模印法。即用瓷质印模在瓷坯上压印出阴纹暗花，后施釉，入窑烧制。唐黄堡窑出土 6 件纹样模，式样各不相同。其标本 IIH8:5 近于半圆形，模内刻一盛开的花朵，右下刻一"王"字。胎呈白色，宽 9.4 厘米、高 7.9 厘米、厚 1.3 厘米。

刻划法。用尖利工具在瓷坯上刻划出各种花纹，施釉后入窑烧制。为不着色的暗花。

粘贴法。先模印或捏制出一种浅雕图案，用泥浆粘附到器物表面，施釉后入窑烧制。

由于各种原因，各窑口使用这些方法的时间先后和频率是不太一样的，如刻划法，石渚长沙窑就使用得不多。

（三）绞胎器的发明

绞胎器的操作要点是：用褐、白两色胎泥，采用某种特殊方式相间地叠合在一起，经绞合、切片、贴合、拼接、挤压成型，此胎便具有了褐白相间的自然花纹[60][61]；其状如木纹，似凤尾，若彩云，千变万化，层出不穷。绞胎器有陶质、也有瓷质，有全绞，也有半绞；全绞即整器皆用绞胎泥制作，半绞即只在表层，或其他局部粘贴绞胎泥，以作装饰。绞胎器采用模制法成型，常见器物有绞胎枕等。这是我国古代陶瓷技术的一项特殊创造。

绞胎器至迟发明于唐代早期，1971 年，懿德太子墓出土一件骑士俑，全器均为绞胎装饰，该墓葬于神龙二年（706 年）。前此发掘的杨谏臣墓出土绞胎瓷一件，墓志铭有"开元二年"（714 年）字样[62]。此外，浙江、上海、苏州、扬州，巩义黄冶，以及故宫博物院也都出土或收藏有绞胎瓷器。河南黄冶窑、陕西黄堡窑都是唐代绞胎器的重要产地，黄冶窑绞胎器的主要产品有枕、小盘、杯、碗等，连同残器和素烧器残片在内，出土有数百件之饶；黄冶窑也是目前所知产量最大、形制和花样最多的唐代绞胎器窑口[63]。

从工艺形态上看，绞胎器的发明很可能受到过百辟花纹钢和漆器中犀皮工艺的启发。前者是使用含碳量相差较大的铁碳合金，通过旋拧、绞合、多次折叠锻合而成的，约发明于东汉三国及至更早的年代[64]；后者是两种或多种色漆叠加在一起后雕刻成的，至迟发明于孙吴时期[65][66]。今在考古发掘和传世品中所见我国古代绞胎器大凡都是模制的，有的花纹较为规整，有的稍显紊乱，但却流畅。绞胎器当非轮制，轮制件的花纹应当是横向旋转，并稍稍向上的，这种纹路迄今未见。

绞胎器在我国沿用了相当长一个时期，明代还可看到。1988 年江苏泰州出土一件绞胎陶罐，次年同地又出土一件绞胎釉陶壶[60][61]。但因绞胎器制作麻烦，产量一直较低。

三、釉彩技术的多项重大成就

隋代历时较短，在陶瓷技术上并无超越前代的建树，它的主要成就是北方白瓷有了发展；唐代在陶瓷技术上则贡献颇多，尤其是釉彩技术。从西安地区的唐墓发掘看，唐代初年到高宗时，是以青瓷为主的，白瓷较少。武则天至代宗，白瓷技术有了发展，釉色纯正滋润，青瓷施釉术亦有了提高，黑釉、黄釉、酱色釉相继出现，且产生了彩釉瓷器；德宗之后，施釉技术又有提高，瓷器品种更加丰富[67]。这是西安地区的情况，其他地方的基本历程亦大体如此。釉下彩、釉中彩、乳浊釉、唐三彩等都是唐代出现或开始兴起的品种。唐代以前，釉面基本上是单色的，迄唐，便突破了这种纯单色釉的局面，使瓷器变得绚丽多姿、五彩缤纷起来。

（一）青釉成分选择技术的发展和秘色瓷的出现

此期的青釉依然主要是高钙质的石灰釉，虽南北胎料条件不尽相同，但釉料成分却相差不是太大，这显然是人们有意选择的结果。郭演仪分析过 3 件浙江唐代青瓷釉的成分[30]，平均值为：SiO_2 60.31%、Al_2O_3 11.84%、Fe_2O_3 2.28%、TiO_2 0.64%、CaO 17.21%、MgO 2.13%、K_2O 2.14%、Na_2O 0.71%。郭演仪和陈显求又先后分析过 1 件安阳隋代青瓷釉片、3 件耀州窑唐代青瓷釉片[30][35]，平均成分为：SiO_2 62.96%、Al_2O_3 13.79%、Fe_2O_3 1.69%、TiO_2 0.44%、CaO 16.51%、MgO 2.18%、K_2O 1.75%、Na_2O 0.21%。可见南北青瓷釉的成分的主要差别是，北方的 Al_2O_3 量稍稍偏高、Fe_2O_3 量稍稍偏低。传统青瓷釉的主要助熔剂是 CaO 和 K_2O；一般认为 CaO 主要由草木灰或石灰石、方解石引入；K_2O 在南方主要由瓷石引入，北方主要由长石引入。此期青瓷釉中的 K_2O 仍然较低，南方北方一般都在 3%以下。着色剂仍主要是铁的氧化物，因原料成分和铁还原比不同，各窑口青釉的颜色还存在不少差异。总的来看，宋代以前北方的青瓷釉不如南方的典雅、柔和。

在此顺带提一下"秘色瓷"，这是个长时期使学术界感到困惑的问题。

"秘色"之说始见于唐陆龟蒙（？～881年）《秘色越器》诗，作者在诗中以"九秋风露越窑开，夺得千峰翠色来"[68]的诗句描写了秘色越器之佳美，因越窑一直是青釉，故此"千峰翠色"当指青釉言。但其具体形态如何，世人却长时期不得其解。1987年，陕西扶风法门寺出土了16件精美瓷器，其账单上又有"秘色瓷"之说，这才为"秘色瓷"提供了较好的例证。所谓"秘色"，原是质地优良、制作精美，釉色以青绿为主的一种越器之色，其实是一种"青绿"釉。一般认为，其色稍稍泛绿，当与其 FeO 含量稍高（如还原比 FeO/Fe_2O_3 达55%）有关，普通越窑青釉所含 FeO 则较之稍低（还原比 FeO/Fe_2O_3 常为40%～45%）。有学者曾对 1 件唐上林湖贡窑出土的秘色瓷釉作过成分分析，与上述浙江唐代青釉成分基本一致[69]。因法门寺地宫建于咸通十五年（814年），故"秘色瓷"始烧年代应在此之前。《景德镇陶录》卷七认为，五代时，吴越王钱氏、蜀王建都曾烧造这种瓷器以贡献于中原王朝。宋代之后，虽越窑衰落，这名称却保留了下来，并被人长时期用到了龙泉青瓷上[70]。

（二）白釉成分选择技术的发展

白釉约发明于北魏至北齐时期，隋唐便有了较大发展。此时的南北白瓷釉亦主要是石灰釉，但北方还使用了不少石灰—碱釉和碱—石灰釉。石灰釉的基本特点是着色剂 Fe_2O_3 量较低，TiO_2 亦经常较低。李家治、郭演仪等分析过 5 件河南巩县（今称巩义市）唐代白瓷釉[46]，平均成分为：SiO_2 65.97%、Al_2O_3 16.45%、Fe_2O_3 0.75%、TiO_2 0.36%、CaO 9.21%、MgO 1.97%、K_2O 3.08%、Na_2O 1.7%。可见其 Fe_2O_3 和 TiO_2 都较北方青瓷为低，故釉的白度较高；其 R_2O 平均值高达 4.78%，有利于釉的烧成。李家治、郭演仪两位又分析了 7 件隋唐时期的邢窑白瓷釉[46]，其含硅量和含铝量都不太高，含铁量和含钛量却都较低。SiO_2 为 60% ~ 71%，平均 67.367%；Al_2O_3 为 13.3% ~ 19.5%，平均 17.328%；Fe_2O_3 为 0.4% ~ 0.88%，平均 0.607%；TiO_2 为 0 ~ 0.2%，平均 0.096%。故所谓白釉，实是一种含铁、钛等着色元素都很低的瓷釉。邢窑白瓷的着色剂 Fe_2O_3、TiO_2 量较巩县白瓷更低，故其白度更高。

有学者分析过 3 件南方五代的白釉片（景德镇 1 件[46]、武昌 2 件[41]），平均成分为：SiO_2 67.09%、Al_2O_3 14.66%、Fe_2O_3 0.68%、TiO_2 0.15%、CaO 12.44%、MgO 0.95%、K_2O 3.23%、Na_2O 0.21%。可见这南方白瓷釉与北方并无太大差别，着色剂量都较低。唯北方白瓷釉 MgO 稍高，有学者认为可能是加入了一定量白云石等含镁矿物之故[53][70]。南方白瓷釉的 K_2O 量稍大于 3%，北方部分白瓷釉亦常如此。

在此还有一点值得注意的是：此期人们在使用石灰釉的同时，北方的巩县窑、邢窑都使用过一些碱土金属氧化物，即 RO（$CaO + MgO$）含量稍低，碱金属氧化物 R_2O（$K_2O + Na_2O$）含量稍高的"石灰—碱釉"或"碱—石灰釉"。本书第二章谈到了一种对古代瓷釉分类的简便方法，该法的缺点是具体操作时，有的标本不易归类，今再介绍一种摩尔数计算法，归类就方便一些。如唐巩县中胎白瓷釉 HG7，其 RO 和 R_2O 的重量百分比含量为：CaO 3.3%、MgO 4.14%、K_2O 2.86%、Na_2O 2.79%[46]；经计算，若釉式中（RO + R_2O）摩尔数设定为 1，其中 RO 的釉式分子数便为 0.67，应属"石灰—碱釉"。隋邢窑白瓷釉 YN6 相应的成分为：CaO 2.7%、MgO 0.7%、K_2O 6.4%、Na_2O 1.3%[71]；经计算，其釉式中 RO 的釉式分子数便为 0.42，应属"碱—石灰釉"；隋邢窑白瓷釉 YN7 的成分为：CaO 8.4%、MgO 1.3%、K_2O 4.7%、Na_2O 1.4%[71]；经计算，其 RO 的釉式分子数为 0.72，应属"石灰—碱釉"（表 5 – 3 – 1）。有关这几种釉的分级标准，下章再作详细介绍。这种方法的缺点是计算起来也有些麻烦。

有学者还在此期北方瓷釉中分出了一种"钙—镁釉"来，说这种釉的基本特点是：其助熔剂以 CaO 为主，以 MgO 为辅，釉中 4 种主要助熔剂含量情况为：CaO 量 > MgO 量 > K_2O 量、Na_2O 量。其 CaO 含量常低于 12%，MgO 含量较一般石灰釉稍高。这种分类法也有一定好处，它把 RO 中的 CaO 和 MgO 严格地区分开来了，而摩尔数计算法则是将 RO 当成了 CaO，即将 MgO 当作 CaO 一起计算的。本书主要介绍摩尔数计算法，而把"钙—镁釉"看成是石灰釉的一个分支或特例。

表 5-3-1　　　　　　唐代瓷釉碱土金属和碱金属氧化物的釉式分子数计算

样　号	分子数类别	氧化物及其分子量			
		CaO 56.08	MgO 40.32	K_2O 94.19	Na_2O 61.99
唐巩县中胎白瓷釉 HG7	重量百分比的分子数	3.3/56.08 =0.0588445	4.14/40.32 =0.1026785	2.86/94.19 =0.0303641	2.79/61.99 =0.0450072
	令($RO+R_2O$)为1时,釉式中的分子数	0.0588445/0.2401712 =0.2450106	0.1026785/0.2401712 =0.4275221		
隋邢窑白瓷釉 YN6	重量百分比的分子数	2.70/56.08 =0.0481455	0.70/40.32 =0.0173611	6.40/94.19 =0.0679477	1.40/61.99 =0.0225842
	令($RO+R_2O$)为1时,釉式中的分子数	0.0481455/0.1560385 =0.3085488	0.0173611/0.1560385 =0.1112616		
隋邢窑白瓷釉 YN7	重量百分比的分子数	8.40/56.08 =0.149786	1.30/40.32 =0.032242	4.70/94.19 =0.0498991	1.40/61.99 =0.0225842
	令($RO+R_2O$)为1时,釉式中的分子数	0.149786/0.2545113 =0.5885239	0.032242/0.2545113 =0.1266819		

（三）黄釉和黑釉的成分选择

唐代黄釉以寿州窑最负盛名。寿州窑约始烧于南朝陈时，隋代以前主要用还原焰烧造青瓷，唐代就采用了氧焰来烧造黄釉瓷器[72]，是唐代六大名窑之一。有学者分析过 5 件唐代寿州瓷黄釉[47]，平均成分为：SiO_2 61.06%、Al_2O_3 14.62%、Fe_2O_3 4.02%、TiO_2 0.6%、CaO 13.34%、MgO 2.38%、K_2O 2.14%、Na_2O 0.52%、MnO 0.31%，与其他瓷釉相比较，最大特点是 Fe_2O_3 和 TiO_2 含量较高。

我国古代南北不少窑口都烧造过黑釉器，北方主要有耀州窑、巩县窑、淄博窑等，这种釉的主要特点是含铁量较高，在还原焰中烧成，有学者分析过一件唐耀州窑白胎黑釉片，成分为：SiO_2 65.92%、Al_2O_3 12.80%、Fe_2O_3 5.24%、TiO_2 0.83%、CaO 8.70%、MgO 3.41%、K_2O 2.83%、Na_2O 0.26%[35]。一件唐寿州窑黑釉片，成分为：SiO_2 63.24%、Al_2O_3 17.35%、Fe_2O_3 5.56%、TiO_2 0.82%、CaO 6.0%、MgO 2.43%[47]。虽两地相去甚远，但成分却相差不大。

这是隋、唐、五代青釉、白釉、黄釉、黑釉成分的基本情况。可知：（1）不管南方北方，由白釉至青釉、黄釉，Fe_2O_3 量呈现了升高的趋势，TiO_2 量亦大抵如此。（2）各种瓷釉的助熔剂总量多在 20% ~25% 之间，只有少数偏高和偏低，巩县白瓷的则多在 20% 上下。（3）青瓷釉片的（CaO＋MgO）量多在 16% ~20% 间，白瓷釉片则多在 10% ~14% 之间，一件巩县白瓷釉只有 7.44%；两件黑釉的也较低。（4）至唐五代为止，一般试样的（K_2O＋Na_2O）量皆为 2% ~3%，只有几件巩县白瓷釉达 5% ~6%。此期之釉大体上仍属石灰釉。

（四）化妆土在北方制瓷技术上的推广

瓷器上的化妆土技术约始于西晋婺州窑[50]，南朝之后，浙江青瓷已很少再用；但隋唐时期，却在北方白瓷上迅速推广开来，技术上亦发展到较高水平；直到宋代，许多北方窑口仍在使用。若瓷胎本色较白，人们便直接挂釉；若胎色发黄、发灰，便先施化妆土后挂釉。邢窑一件厚胎白瓷的 Fe_2O_3 含量达 2.59%，TiO_2 量达 0.87%，两者之和达 3.46%，若不施化妆土，势必影响釉面颜色。定窑创烧于唐代早期[73][74]，唐代中期已相当发达，窑址在今河北曲阳涧磁村及东西燕川村，古属定州，因名。早期定窑生产粗胎的青釉、黄釉、褐釉和白釉瓷器，断口上并见有较多的褐色斑点，故常施化妆土以改善胎面质量；唐代晚期至五代，其胎质细白致密，再无此之需，釉色白里泛青，不亚于现代一般白瓷[46]。长沙窑瓷器一般质较粗，白度不高，常先施化妆土，之后再施彩釉[75]。寿州瓷胎的 Fe_2O_3 量较高，加之表面粗涩，亦常施一层白细的化妆土[72]。化妆土技术的推广，是唐代瓷器技术的一项重要成果。

陈显求分析过唐耀州窑生产的 3 件标本，即青瓷、黑釉白瓷、黄釉瓷上的化妆土成分，平均值为：SiO_2 59.26%、Al_2O_3 31.88%、Fe_2O_3 1.28%、TiO 1.81%、CaO 1.97%、MgO 0.59%、K_2O 2.94%、Na_2O 0.25%[35]。可见其 Al_2O_3 量较高，Fe_2O_3 和 TiO_2 量较白釉瓷稍高；从 Al_2O_3 和着色剂含量上看，与耀州白瓷胎比较接近，但其 R_2O 总量却较之为高；看来此化妆土应白度稍高，熔点则介于胎和釉之间。

（五）釉下彩的发展

从表面有无装饰的角度看，瓷器又可区分为素瓷和彩瓷两种，素瓷即未加彩饰的白瓷，彩瓷则是施有彩饰的瓷器。依据彩饰的方式，彩瓷又包括釉下彩、釉上彩、釉中彩等种。"釉下彩"是釉下彩瓷器的简称，是在成型了的素胎上用色料绘画，之后上釉，入窑一次高温烧成的。素胎上有时要涂一层化妆土，彩料有绿、褐、蓝、红等色；釉为高温石灰釉，常为青釉。其彩在釉下，永不褪脱，光洁平整，颜色鲜艳，操作简便，深受世人欢迎。釉下彩又包括釉下青花、釉里红、釉下三彩、釉下五彩、釉下褐彩、褐绿彩等。此工艺约始创于三国西晋时期[76]，唐五代便较多地使用起来；唐长沙窑、邛崃窑、耀州窑都有烧造；扬州手工业作坊亦发现了多种形式的釉下彩。长沙窑约兴起于唐天宝年间，盛于唐代晚期，衰落于五代[8]；其既烧青瓷，亦烧少量白瓷、黑瓷，褐、绿、红釉瓷，但以釉下彩最具特色。釉下彩有绿、褐、蓝等色，在瓦渣坪[77]、石渚[32]都可看到；其釉仍为石灰釉，彩以铜和铁的氧化物着色。长沙窑产品中，单色釉器约占 54%，釉下彩器约占 41%。单色釉包括青、酱、白、绿釉和少量红釉；釉下彩包括釉下单彩和釉下多彩，釉下单彩又有青釉褐彩、青釉绿彩、白釉绿彩，釉下多彩又有青釉褐绿（红）彩，白釉褐绿（红）彩[75]。邛崃窑约始于南朝，主要烧青瓷，唐代盛极，北宋之后渐衰。1988 年邛崃瓦窑山发现一处隋代窑址，出土有连珠纹釉下彩瓷器[78]；前此还发现过一种釉下三彩，即在素胎上用绿、黄、褐三色绘成图案，或一些散状斑纹，再涂以米黄色或白色的釉，高温下一次烧成[79]。

在釉下彩瓷中，最受世人关注和珍爱的要算釉下青花，它是以含钴矿物为着色剂，在生胎上绘画，之后上釉，高温下一次烧成的，整个构图为白地蓝彩，色泽简洁明快，给人一种清新素雅之感，具有中国传统水墨画的效果。

釉下青花技术约发明于唐，20 世纪 70 年代之后的 20 多年里，扬州地区已发现 9 批 30 多件青花瓷片。1975 年，唐扬州故城出土 1 件青花瓷枕残片，残长 8.5 厘米、宽 6.7 厘米、厚 0.6 厘米，釉层厚 0.1 毫米；瓷胎灰白，正面釉色灰白，并有细小冰裂纹，青花图案为零散的碎片夹菱形文，与后世青花文饰迥异[80][81]。20 世纪 80 年代，扬州唐城遗址先后发现了 6 批，其中比较值得注意的是 1983 年，唐城范围内所出一批具有唐代造型特征的青花瓷壶、碗、盘等残片，计约 10 余块[82]~[87]。1990 年，扬州文化宫南唐代遗址发掘 14 片，器形有碗、盘、壶、枕，青花饰纹有梅花点、花草、椰子等[88]。此外，1974 年，扬州一农民在平整土地时也发现过一件白釉蓝点纹盖罐，据考察认为也是一种青花器[89]。尤其值得注意的是，1993 年前后，巩县黄冶窑场被盗掘，其中亦不乏白釉蓝彩器，如小型完整的执壶、碗各 1 件，另有青花碗、水注等器残片[90]。2002 年，黄冶窑址考古发掘时，出土了大量唐三彩，亦出土了部分胎质纯净、器形规整、火候较高，更为成熟的青花器残片，器形有碗、盏、罐等[91]。迄今为止，所见青花器较多的是郑州地区，博物馆和个人都有收藏，据有关资料统计，完好或基本完好的器物应在 10 件以上，残片则有三四十件[92]。此外，洛阳、香港、南京等地也有收藏。1980 年，有人在洛阳收集到一批多件，其中一件为壶；1989 年有人在洛阳收集到一件青花瓷罐盖；香港冯平山博物馆藏有一件唐青花条彩三足盂，传为 1948 年洛阳出土；国外至少 5 个地方藏有唐代青花片，美国波士顿泛美艺术馆藏有一件青花瓷碗、丹麦哥本哈根装饰艺术博物馆藏有一件青花瓷罐、瑞典斯德哥尔摩远东古物博物馆有一件青花小壶、伊拉克撒马拉遗址与阿曼苏哈尔遗址亦发现过唐青花瓷残片[93]。

迄今所见唐代青花瓷不仅外观相同，胎釉化学成分接近，而且装饰和烧成工艺也基本相同。另外，它们与唐代巩县白瓷有着十分密切的关系，不仅胎、釉的化学成分比较接近，而且同类器物的成型、烧造工艺也很相似，故很早便有学者认为这些唐代青花瓷应当是巩县窑的产品[53][94][95]。今巩县黄冶窑青花器的出土，则更证明了这一点[91]。有学者分析过 4 件青花瓷胎[81][94]，平均成分为：SiO_2 63.09%、Al_2O_3 29.86%、CaO 0.67%、MgO 0.51%、K_2O 2.75%、Na_2O 0.47%、Fe_2O_3 1.06%、TiO_2 1.21%。其 Al_2O_3 量介于 28.71%~30.95% 间。有学者分析过 3 件唐代"青花＋釉"的成分[71][81][94]，平均值为：CaO 12.11%、MgO 1.6%、K_2O 2.61%、Na_2O 1.22%、Fe_2O_3 1.09%、MnO 0.17%、CoO 0.4%、CuO 0.12%。其 CuO/CoO 比为 0.3，而 MnO/CoO 比为 0.425，Fe_2O_3/CoO 为 2.725，此比值与河南唐三彩釉的蓝彩较为接近（表 5-3-2）。可见，青花器的青花料，与三彩器的蓝彩料，都是以氧化钴为着色剂的。从分析情况看，唐青花料的钴矿含有少量铜、铁，而硅、铝等氧化物含量较低，矿料颗粒较粗，故钴蓝点分布不够均匀；它可能产于南非、中亚，也可能是我国甘肃、河北一带[94]。在此有一点需注意的是：唐三彩是低温釉陶器，釉下青花是高温彩瓷器，虽然彩料中都有钴着色，但两者是有差别的。

在唐代釉下彩中，还有一个值得注意的品种，即耀州窑釉下褐彩瓷器，它是以化妆土在素胎上描绘出各种花纹，之后入窑烧造而成的。唐耀州窑还使用了一种黑釉剔光填白彩的技法，这在其他窑口是不曾看到的[35][96]。

（六）高温釉上彩的发展

这是彩瓷的另一个品种。基本操作是：先在素胎上遍涂不透明白釉，再在其上施彩，后入窑一次烧成；烧成后色料熔入釉中，彩、釉结合紧密，有近于釉下彩的艺术效果；因其彩溶入了釉中，故谓之"釉中彩"。因釉上彩分为高温型和低温型两种，而通常说的"釉上彩"往往是指低温型，故加上"高温"二字以示区别。

高温釉上彩技术约始见于东晋时期，唐代有了一定发展，长沙窑瓦渣坪所见彩色有红色、绿色，也有蓝、酱、褐及其他颜色，常作多种纹样装饰[75][77]。唐耀州窑也有类似的工艺，习见操作有二，一是先在薄胎上施化妆土，再罩透明釉，再绘绿彩，最后成为别具一格的奶油色绿彩器；二是胎上施黑釉，再涂白色斑块或弦纹[35]。

表5-3-2　　　　　　　唐青花和唐三彩之蓝彩着色元素的比较

| 名　称 | 编　号 | 着色氧化物含量(%) | | | | MnO/CoO | CuO/CoO | Fe₂O₃/CoO |
		CoO	MnO	Fe₂O₃	CuO			
巩县窑唐三彩之蓝彩	T-1	1.63	0.03	0.99	0.38	0.02	0.23	0.61
	T-6	0.56	0.02	0.7	0.24	0.04	0.43	1.25
	T-7	0.47	0.02	1.10	0.19	0.04	0.40	2.23
唐青花瓷"釉+彩料"	1975年唐扬州青花枕 TB-W	0.32	0.07	0.82	0.09	0.22	0.28	2.56
	TBW4	0.32	0.1	1.4	0.06	0.31	0.18	4.38
	1980年出土唐青花器 TY-1	0.57	0.18	1.04	0.22	0.32	0.39	1.82

注：采自文献[71]。但表右的几个比值，本书在转引时有所改动。

（七）乳浊釉的发展

如前所云，梁怀安窑已生产不少乳浊釉瓷器，唐代早期又有了一些发展，浙江龙游方坦窑、衢县上叶窑出土的盘口壶、罐、盆、钵、碗、盏等都采用过这一工艺。两处窑址皆以白色乳浊釉为主，少数为天青、天蓝色，釉层比同一时期的青瓷稍厚，釉层均匀，釉面光洁[48]。部分唐代北方窑口虽也使用过天蓝色、月白色瓷釉，但它通常只作点缀性装饰，很少遍体涂施，技术上无婺州窑成熟。

（八）花釉的进一步发展

由两种不同的色釉配合、组合而成。类似的工艺始见于东晋，当时在婺州窑的一些盘口壶、鸡头壶等器的口沿部作彩斑状装饰[48]，唐代之后进一步发展起来。此两种色釉的组合方式有二：一是深色地浅色斑，即以黑釉、黄釉、黄褐釉、茶叶末釉为地色，再饰以天蓝色、月白色釉的斑块；二是浅色地深色斑，即以青釉、乳浊釉为地色，再饰以褐色釉的斑块。斑块或作规则排列，或任意绘制，或任其自然流畅。两色上下相映，互相衬托，色泽格外强烈、明快。前一方式所见较多，河南的郏县、鲁山、内乡、禹县等地都有使用；后一方式多见于浙江金华（原婺州）地区；南北色调组合虽有不同，却有异曲同工之妙。

（九）影青瓷的出现

又叫青白瓷，釉色白中泛青，青中泛白，莹润淡雅；胎质既细且洁，犹如青玉。始见于五代繁昌窑上，1984年繁昌南郊窑工墓出土一件影青釉盘口壶，1986年铜陵市亦出土一件影青釉盘口壶，两者形制颇为相似。繁昌窑创建于唐，始烧白瓷，五代至宋元增烧影青瓷[42]。有学者认为河南影青瓷的创烧期亦可上推到五代或更早[97]。

（十）唐代三彩釉技术

唐代三彩釉是在汉代低温釉陶和唐初彩绘陶基础上发展、演变过来的[94][98]，它们都是一种低温型铅釉。绿釉（包括汉绿釉、唐三彩的绿釉等）都是以铜、铁两种氧化物着色的；但唐三彩的蓝釉却增加了钴和锰两种氧化物为着色剂；唐三彩黄釉与普通黄釉瓷同样，皆以铁着色。有学者分析过陕西和河南的2件唐三彩陶器的黄釉，其 Fe_2O_3 量分别达 4.87%、4.18%[52]，与前述5件寿州瓷黄釉 Fe_2O_3

平均含量（4.02%）比较接近。而此陕西三彩黄釉的 Al_2O_3 量仅 6.93%，可见此三彩黄釉的原料应是含铁较高，含铝稍低的矿物（如赭石等）[95]。1972 年，陕西乾县麟德元年（664 年）郑仁泰墓出土了大批彩绘釉陶俑，胎质洁白、坚硬，上施黄、绿釉，釉上绘彩[98]，唐三彩一些操作当与此接近。

从黄堡窑的情况看，三彩器的胎料与瓷器是基本一致的，绝大多数都是高岭土质，颜色一般泛白，或白中微泛红，皆较细腻，经粉碎、淘洗、沉淀、脱水后再成型。黄堡窑三彩器的成型方法也有两种或三种，圆器皆拉坯而成，人物造型等可直接捏塑；有的器物可用翻模法，模具用瓷土素烧而成。其胎釉一般结合较好，很少有脱落现象[63]。唐三彩通常采用两次烧成法，先在马蹄窑中素烧生坯，温度约 1050℃；后施以各种颜色的色釉，再入直焰窑中烧釉，温度约 900℃，为氧化焰[53]。因三彩器胎含铝量稍高，先在稍高的温度下素烧一次便有利于提高它的强度。也有学者认为唐三彩既可两次烧造，亦可一次烧造；此说或有一定道理，但有一点可以肯定的是，两次烧造应是它的主要操作方式。

黄堡窑还出土过一批不曾施釉的素烧器，而且种类和数量都较多。有的当是成品，有的则可能是瓷器和琉璃瓦的半成品，可见黄堡窑不但三彩器须两次烧造，就是琉璃和瓷器也有两次烧造的。第一步皆是生坯不施釉，先入窑素烧，施釉后，再入窑烧造成器[99]。

（十一）施釉技术的发展

此期的施釉法依然主要是荡釉、蘸釉、涂釉等种；器里常用荡釉，器表常用蘸釉。但往往亦因时因地而异。唐长沙窑所用有荡釉、浸釉、淋釉、滴釉和涂釉等[100]。唐黄堡窑主要有蘸釉和涂釉，施釉前往往先上一层化妆土；有时，器里和器表施两种不同颜色的釉[101]。为了便于叠烧，隋代以及唐代前期，一些窑口往往只将釉汁施到器物的上部和中下部，而器里、器外近底部经常是不施釉的；使用匣钵装烧后，施釉部位又向器物下部作了不同程度的延伸。五代黄堡窑多施满釉，足上裹釉；也有的足底施釉后再将之刮去一小圈[102]。

四、筑窑和装烧技术的重要进步

（一）筑窑技术

从先秦到唐代，我国古代瓷窑的基本形态有二：一是馒头窑，其窑室平面有圆形、椭圆形、马蹄形、苹果形、方形、三角形等，由先秦到清代，它们基本上皆属半倒焰窑；二是龙窑，前期龙窑皆属平焰窑，宋后又出现了半倒焰式龙窑。在隋、唐、五代，馒头窑主要见于北方，南方也有使用；龙窑仍主要用于南方。宋元时期，南方出现了葫芦窑；元代及明代早期，景德镇多用葫芦窑；清代景德镇使用了蛋形窑。窑炉的具体形态，往往因时代、地域和操作习惯而各有不同；原料和燃料条件、装烧技术、对产品的不同要求等，都会影响到窑炉的结构。不管陶窑还是瓷窑，人们对它的基本要求是：热能利用率较高、温度分布较为合理，所以窑炉的发展，也反映出古代热工学的发展过程。

唐代圆窑容积往往较小。陕西铜川唐代黄堡窑的 3 座三彩窑都是半倒焰窑；瓷窑中 2 座为横焰窑，4 座半倒烟窑；窑底皆近于马蹄形。其中 6 号瓷窑为半倒焰窑，由窑门、燃烧室、窑室、烟囱四部分组成，残长 8.28 米。燃烧室呈扇形，用砖砌成，呈斜坡状，计分三级台阶；窑室面积约 10.95 米^2，近于方形，较燃烧室最高一级台阶高出 0.42 米；计两座烟囱，皆用砖砌成；每个烟囱底部都有两个吸烟孔[103]，这对于火焰均匀分布将产生重要的影响。这种双烟囱结构也是唐宋瓷窑的一个重要特点[104]。河北曲阳定窑窑床平面近于方形，长约 2.2 米，宽达 2.6 米；前高后低，倾斜约 10 度；燃室深达 1.6 米，烟囱较为宽大[105]；烧成温度可达 1300℃～1350℃。广东潮安北堤头陶窑，高 1.3 米，窑床前宽后窄，长度稍大于宽度，燃烧室深仅为 0.4 米[106]。此外，山东宁阳西太平[107]、河北临城祁村[104]等也发现过唐五代窑炉。有学者认为，山东等北方地区在唐五代时，窑炉逐渐趋于规整，窑室平面多呈"U"字形，部分窑室平面变宽，及至部分窑室的宽度大于长度[107]。

我国龙窑发明较早，南朝之后逐渐成熟起来。从现代技术观点看，龙窑的抽力、长度，与窑内结构和装烧情况都有一定关系，如坡度，合理的设计应是窑头坡度稍大，以利于上火，窑尾坡度稍小，以利于存火。现代龙窑长约 40～100 米，宽 1.5～2.5 米，高 1.6～2.0 米，窑头倾斜 20 度，窑身 15 度，窑尾 10 度，窑身两侧约隔 1 米左右设有投柴口。隋唐时期，龙窑在南方已相当普遍，目前在浙江、江西、广东、湖南、四川等都有发现，其技术上的进步主要有二：（1）总体上看，长度增加、高度增大、坡度更趋合理；（2）有的地方用砖等砌造部分窑体，从而为窑体加高创造了更好的条件。1988 年，四川邛崃发现一座隋代龙窑，长 46.5 米[78]。丽水吕步坑发现一座唐代龙窑，残长 39.85 米、宽 1.7 米，窑身前段倾斜 10 度，中后段 12 度[108]。广州西村晚唐至北宋龙窑长 35 米。长沙铜官窑发掘了两座唐代龙窑，一座长约 28 米，窑床宽 3.3 米，坡度 20 度；另一座长约 40 米，宽 2.8 米，窑墙残高 0.4 米[100]。江西丰城罗湖洪州窑发现一座隋代、两座唐代龙窑，其隋代龙窑亦用砖和砖坯依山砌成，窑全斜长 21.6 米，火膛斜度 11 度，窑室前部、后部、窑尾的倾斜度分别为 18 度、24 度、17 度，窑室斜长 16.02 米，宽 1.9～1.95 米，窑室前部最宽处达 1.8 米[109]；其唐代龙窑一座全长 18 米、宽 1.8 米、残高 0.7 米，倾斜 15～19 度，窑头隔墙用砖迭砌[110]。洪州窑至迟始烧于东汉晚期，东晋南朝进入鼎盛阶段，盛烧期一直延续到唐代中期，晚唐和五代始衰[109]。

（二）装烧技术的重大发展

此期装烧技术的主要成就是南方、北方瓷窑都较普遍采用了匣钵，支烧具和垫具的使用技术也有了发展；窑内温度、气氛控制水平有了提高，不少窑口使用了火照。至迟五代，景德镇就使用了覆烧法。

早期青瓷、白瓷都是直接放在窑床上，用明焰烧成的，坯件下置有垫具，坯件间置有间隔具；凡碗、盘等口大底小，能够重叠的坯件，皆逐层叠装，以增加装烧量；为了承重，器底一般作得较厚；烧成后，器物内外底都留有窑具支烧的痕迹。此法的缺点是：釉面常有烟薰和粘着砂粒等。为此，东晋南朝时就发明了匣钵，把坯件置于匣钵中烧造；但当时使用量很少，南朝末期和隋朝才有了一些发展，如山东曲阜宋家村出有隋代圆筒形匣具[111]，河北邢窑出有隋代桶形匣钵[112]、广西桂林窑出有南朝后期至隋代匣具[113]。唐代中晚期，匣具便在全国范围推广开来，当时的许多名窑，北方黄堡窑，南方湖南长沙窑、湘阴岳州窑、江西丰城的洪州窑、广州西村窑、四川邛窑、浙江宁波窑等都有出土。越窑采用匣钵稍晚，大约是唐代中期晚段才使用的[114]。北方的山东曲阜[115]、河南巩义黄冶窑[59]、河北曲阳定窑等此时都已采用了匣钵装烧；除了罂等大件器物外，皆置于匣钵之内，之后再将匣钵叠成柱状进行烧造；因有匣钵保护，坯件不受重压，不易损坏，也减少了明火对坯件的烧烤和烟薰，为烧造精细瓷器打下了良好的基础。

匣钵常作圆形。丰城罗湖窑匣钵计有 3 式：I 式为圆筒状，平底，口沿上有三个半圆孔，近底部有两个透气孔；II 式近于罗筛状，平底，直口，腹部有 6 个透气孔；III 式为扁鼓状，口沿有两个半圆孔[110]。匣钵有盖，多呈圆形，这既便于成型，也减少了对火焰流的阻力。唐黄堡窑匣钵有桶形、方形、钵形等种；桶形具多，钵形较少（图 5 - 3 - 2）。黄堡匣钵未见变形者，说明其耐火度是较高的；其匣钵曾经素烧[116]。

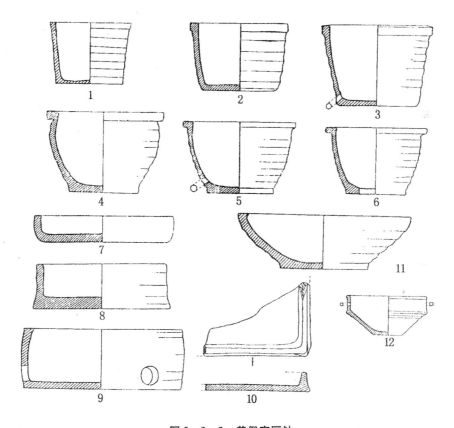

图 5 - 3 - 2　黄堡窑匣钵

1、2、3、4、5、6. 桶形匣钵　　　7、8、9. 扁圆形匣钵

10. 方形匣钵　　　11、12. 钵形匣钵

采自《唐代黄堡窑址》第 492 页

黄堡窑的装烧法有二：一是将瓷坯放在耐火材料制成的长方形架板上，明火直接烧造；二是将坯件置于匣钵内，再入窑烧造。大约从盛唐开始，除三彩外，黄堡窑便采用了匣钵装烧；大件器物往往采用两个匣钵相扣装烧，有的大件套烧小件；匣钵叠装时，钵与钵间须用胎泥糊抹，最上一层须盖闭。坯件与匣钵间可

用垫具隔开，以防粘结。垫具有圆形、三足支垫、四足支垫等。各种垫具的胎料应与瓷器相当，以保证其具有相同的收缩率[116]。

唐黄堡窑支烧具出土有4式37件，有圆柱形、束腰空柱形等。其中一件束腰状支烧具高13.4厘米、口径11厘米、底径11.6厘米，敞口，平沿，平底，腹壁近底处一圆孔；从粘结物的情况看，它应是倒扣在窑床上使用的，这有利于火焰依一定方向流通[116]。

使用垫具的目的主要是：一为垫平，二为防止其与匣钵粘结。唐黄堡窑所出垫具、间隔具计4式29件，有圆饼状、环状、三叉形、支钉形等；以三足垫具为多[116]。

"火照"约发明于东晋南朝时期，始见于江西，到唐便开始推广，今在唐长沙窑、宜兴窑遗物中都可看到。长沙窑出土12件火照，有平底敛口钵状、碗状、盒状三种器形，有的施釉[117]。宜兴窑的火照是从产品坯体上切割下来的泥条[118]。唐代黄堡窑未见火照，五代黄堡窑火照计出土12件，多用碗片或碗底制成，皆穿有圆孔[119]。宋代之后，火照技术进一步普及和推广开来。

一般认为，覆烧法首创于宋代定窑，今有学者认为五代景德镇窑已经发明。景德镇东郊出土过一件芒口青瓷大碗，直径23.5厘米，高11.5厘米，足外径10厘米；圈足内亦施釉；口沿芒口，并留有支钉痕迹；器之内外，包括底足，计留有37颗支钉。有学者认为，它应当是垫在支钉上覆烧的；而其釉色、碗足皆与湖田、黄泥头五代青瓷碗一样，故其当属五代器[120]。此说当有一定道理，但实物较少，可进一步研究。但作为覆烧法初始形态的仰覆对口烧，则在南朝和唐代的洪州窑上都已看到。

最后，还有一点需要特别指出的是，河南内乡大窑遗址的唐代瓷片中，还发现过"窑变"现象[121]，这对人们了解宋代钧窑"窑变"的来源和发展都具有重要的意义。

第四节 纺织技术的发展

唐代是我国古代纺织技术大放异彩的阶段，由于社会经济、文化的发展和丝绸之路的畅通，纺织品的产量、质量和品种都有较大的提高和扩展，技术上亦有不少进步。择茧、缫丝，沤麻、劈绩，以及纺、织，虽皆沿用汉代以来的一些工艺，但技术上更为熟练；多综多蹑提花机都进一步推广和完善，提花技术亦进一步发展；平纹占主导地位的局面渐被打破，纬显花工艺取代了经显花的主导地位；花型大幅度扩展，色彩更为丰富，缂丝等高度艺术化的品种开始流行。捣、洗相结合的丝绸漂练获得了良好的技术效果。植物性染料广泛使用起来。三缬印花染花技术得到了较大发展，创造了碱剂印花。中国丝绸及其技术由陆上、海上运送到了世界各地，受到了世界各国人民的赞许。

一、丝麻棉织品生产的一般情况

隋唐五代的纺织原料仍以丝麻为主，民间的基本衣着依然是麻，棉花在边远地区已有较多种植，其产品已较多地流入中原。

丝织品。唐代产丝地仍主要是北方，从《新唐书·地理志》所载各州贡物来看，较多的是河南道（今河南、山东），其次是河北道（今河北及河南之一部分），再次是江南道（今江苏、浙江一带）。北方尤以定州、青州最负盛名。《新唐书》卷三八载，河南道"厥赋绢、绝、绵、布，厥贡丝、布、葛"等；卷三九载，河北道定州"土贡罗、紬、细绫、瑞绫、两窠绫、独窠绫、两色绫、熟线绫"。安史之乱后，社会经济、技术重心南移，江南丝绸技术才有了较大提高。李肇《国史补》卷下载："初，越人不工机抒，薛兼训为江东节制，乃募军中未有室者，厚给货币，密令北地娶织妇以归，岁得数百人。由是越俗大化，竞添花样，绫纱妙称江左矣。"又，《元和郡县志》卷二六载，越州在开元时贡品只有"交梭白绫"一种，"自贞元以后，凡贡之外，别进异文吴绫及花鼓歇单纱、吴绫、吴朱纱等纤丽之物，凡数十种"。白居易《新乐府·缭绫》诗："缭绫缭绫何所似？不似罗绡与纨绮；应似天台山上明月前，四十五尺瀑布泉……织者何人衣者谁？越溪寒女汉宫姬。"说明了越地缭绫品质之优。值得注意的是，此时西北和北方地区，今陕西及山西的丝织技术已远不如南方发展，如关内地区，《新唐书》卷三七"地理志"只说其厥赋"绢、绵、布、麻"，而在所属各州贡品中，除京兆府记有隔纱、同州有绌纹外，余皆不见特别的丝织物。又如河东道，《新唐书·地理志》卷三九只说"厥赋布褴，厥贡布、席"，各州贡品中唯绛州有白穀一项。又，《旧唐书·食货志上》载，开元二十五年（737年）三月敕："关辅庸调，所税非少，既寡蚕桑，皆资菽粟，常贱粜贵买，捐费逾深……其河南河北有不通水利，宜折租造绢，以代关中调课"。可知关中农户只有菽粟，农村纺织业已经衰落，唯河南河北能维持汉代之盛况。

我国古代桑树种类较多，有学者把它粗分为高干型和低干型两种，并认为早期以高干型为主，后期则密集的中、低干型得到了普及，从而促进了江南丝绸业的发展，其转折点便始于唐，终于南宋时期[1]。

麻织品。隋唐时期，苎麻和大麻的种植都十分广泛。苎麻主要产于南方，大麻虽在黄河、长江的中下游，以及新疆一带都有种植，但亦以南方为众。葛是我国古代使用较早的纺织原料之一，汉代黄河中下游和江南都出产过一些高质量的葛布，但唐代之后渐为苎麻、大麻取代，只在长江中下游偏僻地区仍有种植。李白《黄葛篇》诗云："黄葛生洛溪，黄花自绵幂，采缉作缔绤，缝为绝国衣……此物虽过时，是妾手中迹。"[2]这便大体反映了唐代葛的种植情况。洛溪，古代水名，在今四川珙县一带。越地出产细葛，鲍溶《采葛行》诗说其"织成一尺无一两"，这自然与越地的技术传统有关。其他葛织物较少，且无甚名气。《唐六典》规定的绢、布类中，均未见葛织物的缔和绤。

棉织品。棉花在唐代仍只限于西北、西南和东南沿海地区。

玄应《一切经音义》卷一"大方等大集经"第十五："劫波育，或言'劫贝'者，讹也，正言'迦波罗'，高昌名氎，可以为布。罽宾已南，大者成树，已此（北）形小，状如土葵，有壳，剖以出华如柳絮，可纫以为布也。"[3]此对棉花形态的描述与今日所见十分吻合。迦波罗即梵语 Karpasi[4]。可见当时的"棉花"已有"草棉"和植株稍大的灌木和小乔木棉等种，在高昌和罽宾南北都有出产，罽宾即今之克什米尔。《新唐书·高昌传》载：高昌"有草名白叠，撷花可织为布"。此高昌棉当即一种植株矮小的"草棉"。《册府元龟》卷九七二载：五代后周太祖广顺元年（951 年）回鹘来朝，贡"白氎布一千三百二十九段，白褐二百八十段"；广顺三年回鹘来朝，入贡"白氎段七百七十"。可见这数量都是较大的。也说明了当地棉花生产之盛。1964 年，哈拉和卓 2 号唐墓出土一件长 18 厘米、宽 24 厘米的棉布口袋，伴出物有贞观十四年（640 年）墓志。1966 年，阿斯塔那 44 号唐墓出土一只纸鞋，拆开后发现了一些文书残片，其中有"叠布袋贰佰柒拾口"、"九月二日叠布袋"等字样。这显然是一种发放棉布口袋的记账。除吐鲁番盆地外，喀什地区也出土过一些唐代棉布织品。1959 年，巴楚县脱库孜沙来晚唐地层出土有棉布、蓝白印花棉织品，以及棉籽；织

图 5-4-1　脱库孜沙来晚唐蓝
白印花棉织品
采自文献[5]，图版叁，4

花棉织品残长 26 厘米、宽 12 厘米，质地粗厚，在蓝色地上，以本色棉线为纬，织出花纹（图 5-4-1）[5]。中国农业科学院曾对此晚唐棉籽作过分析，证明其属非洲草棉，而南方棉花属亚洲棉，此两者是不同的[5]。非洲棉原产于非洲，因其株体矮小而被称之为"草棉"或"小棉"；其经中东传到新疆，后又传到河西走廊一带；20 世纪 40 年代，河西走廊一带还见有此种棉花栽培[6][7]。直到现在，新疆、甘肃西部的棉花依然是较为矮小的①。

唐李石《续博物志》卷八载："闽中多木绵，植之数千株，采其花，纺为布，名吉贝。《南史》言，林邑等国出古贝木，以古为吉讹也。"说明闽中唐代植棉已经较多。

另外，随着使用量的增加，棉花的称呼也发生了变化。六朝及其之前，人们对棉花的称呼很不规范，有的可能是外来语，有的则至今不明其真实含义。经查，《玉篇》卷一二载有一个"橖"字，注为"有子似栗"，当指棉花。我国古代原无"棉"、"橖"二字，而只有"绵"字，其原指丝绵。由"绵"演变为"橖"，是人们认识上的一大变化，也说明棉花的使用量已经增多。《玉篇》为梁顾野王原撰，后经唐孙强、宋陈彭年等人增删。陈彭年增删本成书于大中祥符六年（1013 年），但在大中祥符元年（1008 年）成书的《广韵》已把"橖"字改成了"棉"字，可见此"橖"字应非陈彭年增补，而至少应当是唐孙强增补的，也不排除梁顾野王原有的可能性。

二、织造技术之发展和纬锦的确立

隋唐时期，织机技术并无大的创新，值得一提的是立织机见于记载并得到了

---

① 2005 年 9 月，我到新疆、甘肃出差，看到当地棉花都不太高。新疆棉花高的约 80 厘米，相当部分仅为 50 厘米左右；甘肃敦煌一带的多为 50 厘米，矮的则仅有 30 厘米左右。产量却都较高。

较大的推广，各种织机的操作更为娴熟。此期织造技术上较值得注意的事项是：纬锦的确立和绫织物的发展。

（一）立织机

在织机的五大运动，即开口、引纬、打纬、送经、卷经中，开口是关键。依照开口方式之不同，织机可粗分为手提开口和脚踏开口两种，前者即原始腰机类，后者即斜织机类。织机还可依经面延伸方向之不同，区分为水平机、斜织机、立织机等，我国古代主要使用前二者，此外也使用过少量立织机，即经面与地面垂直的机子。

我国古代关于立织机的文字资料始见于唐代[8][9]。敦煌遗书《净土寺食物等品出入账》【P.2033（2）】中记载了不少立机织品，如："立机一匹、斜褐一段，宗法律手工，西仓折场入。""立机一匹，唐丑儿女患会诵用。""立机一匹，净土寺西仓影胜广进等买铜用。"该账单的年代约为中和四年（884年）前后。据考察，1959年，巴楚县脱库孜沙来晚唐织花棉织品便是用立织机织造的，其在蓝色地上，以本色棉线为纬，织出花纹。直至20世纪后期这种织机还在南疆一些地方保存着[5]。年代稍后，与五代相当的多件文书、契约都分别见有"立机"、"如立机"、"立机蝶"字样。莫高窟K98北壁五代壁画《华严经变》还有一架立机图像[9]。大量关于立机的文字资料的出现，一定程度上说明这种机型使用已广。关于立机更为完整，且图文并茂的资料则是元人在《梓人遗制》一书中记载下来的。直到明代，立织机还用于生产简单的平纹绢等丝织品；清代之后，立织机从棉、丝织中渐被淘汰，以致失传。

西方也有立织机，但其有重锤式、双轴式多种，均靠手动提综或挑花而织，而我国立织机则是沿续汉代斜织机的传统，用脚踏踏板来提综开口的，故有学者将之称为踏板立织机[8]。这是我国古代立织机的一个重要特点，它很可能是从脚踏式斜织机演变出来的。前面谈到过一种经面与地面垂直的立式毛织机，其约发明于汉[10]，近现代仍在使用。此唐至明代的棉、丝用立织机，与由汉至今一直沿用的立式毛织机在结构和产品档次上，都是存在差别的。

（二）纬锦的确立

锦的组织复杂、花纹绚丽、技术上要求较高，是古代丝绸技术最高发展水平的反映。六朝以前的锦多用彩色经线显花，花型可横贯全幅，其纬线循环数一般只有几厘米，故花型不是很大，而且一架织机的一批经线一旦上好，花纹色彩便会固定下来，再也不得更改。纬显花则可在较大程度上避免这些缺点。纬显花织物发明较早，先秦出土的纬二重织物，汉代"通经回纬"的缂毛和织成，都是纬显花的。唐代中期以后，随着重型打纬机构的发展，以及人们对多色大花型的需要，斜纹纬纱显花的织法开始确立，最后并逐渐取代了平纹、经显花的主导地位。

隋及唐代初年，斜纹纬显花织物便有了增多的趋势。今见实物有：（1）1966年，吐鲁番阿斯塔那村48号墓所出"贵"字孔雀纹锦，长18.5厘米、宽8.7厘米；经线每股双根，每厘米25股50根；纬线每股有红、蓝、白三色，每厘米18股54根。花纹为对孔雀，尾部上翘，外绕联珠纹一周。伴出物有高昌延昌三十六年（596年）、义和四年（617年）等衣物疏。（2）1967年，上述地92号墓所出联珠对鸭纹锦，长 19.8 厘米、宽 19.4 厘米，经线每股双根，每厘米为 11 股 22 根；纬线有黄、白、棕、蓝 4 色，但每区只有两色或三色，每厘米 28 股不足 76 根。花纹为对鸭，周绕联珠纹圈。伴出物有延寿十六年（639 年）和总章元年（668 年）墓志[11]~[13]。盛唐（7 世纪中叶至 8 世纪中叶）时期，斜纹纬锦流行开来，今见实物有：（1）1967 年，阿斯塔那 77 号墓所出联珠骑士纹锦，长 13.5 厘米、宽 8.1 厘米，经线每股 3 根，每厘米 20 股 60 根；纬线每股三色，蓝、绿、白，每厘米 26 股 78 根。花纹为骑士像，外绕联珠纹一圈。（2）1969 年，阿斯塔那 138 号墓所出联珠熊头纹锦覆面。长 16 厘米、宽 14 厘米，经线单根，每厘米 20 根；纬线每股 3 色（红、白、黑），每厘米 23 股 69 根；花纹为野猪头，獠牙上翘，舌部外露，脸上有田字纹贴花三朵，外绕联珠纹一圈。（3）同墓还出土一件联珠鸾鸟纹锦，长 17.8 厘米、宽 15.5 厘米；经线每厘米 21 根，纬线为红、白两色为一股，每厘米 21 股 42 根；花纹为一站立的鸾鸟，外绕联珠纹一圈。（4）1968 年，上述地 105 号墓所出晕绸彩条锦。经线以红、黄、褐、绿、白五色成行组成，经密 48 根/厘米；纬线每股 2 根，黄褐色，纬密 24×2＝48 根/厘米，纬线提花，彩条底上显出小团花。（5）1968 年，上述地 381 号墓出土的花鸟纹锦，经线每股 2 根，经密 26×2＝52 根/厘米；纬线 8 色，每股 3 色，每厘米 32 股 96 根。纬线显花，花纹以五彩大团花为中心，周围绕以飞鸟、散花等。锦边为蓝地五彩花卉带；此锦有大历十三年（778 年）文书同出；其图案布局紧凑、协调，色彩鲜艳，花鸟形态生动逼真，系唐锦之佳品（彩版捌，1）[11]~[14]。（6）1970 年，乌鲁木齐市盐湖唐墓所出银红地宝相花纹锦，系四重五枚斜纹纬锦；经线分明经和暗经，明经单根，暗经双根；经密 60 根/厘米，纬密 36 根/厘米，银红色地上以黄、蓝、白等色纬线显出宝相花纹，雅静美观[15]。另外，日本正仓院、法隆寺、神护寺、东大寺等至今保存着的唐锦中，多数都是属于二枚、三枚斜纹的纬显花锦。纬锦的优点是：（1）织造过程中可随时改动不同颜色的纬线。经锦是靠经线起花的，经线固定在织机上后，再难改动。（2）纬锦每副的表里纬虽包括不同的颜色，因其可以逐一穿入梭口，且可用箱打纬，既不会纠缠，也不会过疏。经锦一副的表、里经不同颜色的经线过多则会出现一些不利情况，密则易纠缠，疏则表经只一根，里经地位过广，不但使织物太松，而且花纹的颜色和轮廓也受影响[16]。（3）组织表面多较致密美观，织机装造较为简便，出现断丝错花时，亦较易查清，故唐代之后的高级锦缎多用纬显花，且大有取代经显花之势。纬显花的缺点是：织造时需不断更换不同彩色的地纬和纹纬，不像经锦那样一把通梭织到底。经锦和纬锦都一直沿用至今[17]。斜纹因织物表面布满了长浮线，能充分显示丝线的光泽，故亦广为织锦工采用。从平纹经锦过渡到斜纹纬锦，是织物组织上的一次重大变化。

在此有一点需指出的是，斜纹组织和纬显花技术在我国古代皆早已出现，斜纹纬锦自然是我国织物组织自身发展、演变的结果；但它在唐代迅速产生和崛起，与波斯锦的促进作用也是密不可分的。由于原料等的差异，古代西亚的传统纺织技术是斜纹（当然也有平纹）和纬显花，但其养蚕术和提花术都是从中国学去的。为了满足"西方"市场的需要，隋和唐初，中国丝织品的图像和织法，都采用了一些波斯的风格和技艺[16]。目前在 6 世纪末 7 世纪初的墓葬中，发现了较多具有

"西方"纹样的平纹经锦，它们一方面沿袭汉锦成行排列花纹的传统，另一方面却在花纹纹样中注入了"西方"题材。在 7 世纪中叶的墓葬中，还出现了一些从图纹到织法都具有波斯风格的纬锦，有的可能还是吐鲁番地区生产的。大历十三年花鸟纹锦是今日所见年代最早具有中原风格的纬锦，它在图纹和织造技术上，都达到了相当高的水平[14]。

加金织物在隋唐时期亦有使用。《隋书》卷六八"何稠传"载："稠博览古图，多识旧物，波斯尝献金綖锦袍，组织殊丽；上命稠为之。稠锦既成，逾所献者。上甚悦。"可知隋代织金技术已达较高水平。又，《通俗编》卷一二载："《唐六典》有十四种金：曰销金、曰捎金、曰镀金、曰织金、曰研金、曰披金、曰泥金、曰镂金、曰撚金、曰戗金、曰圈金、曰贴金、曰嵌金、曰裹金。"[18]显然这是唐代的 14 种表面饰金工艺，其中多数皆与织物装饰有关。《宋史》卷一五三"舆服五"在谈到禁止饰金装饰时，说到过销金、贴金、间金、戗金、圈金、解金、剔金、陷金、明金、泥金、楞金、背影金、盘金、织金、金线撚丝等工艺。显然这也是织物装饰工艺。这一点，后面还要谈到。

（三）缂丝技术的发展

缂丝，宋、明时又写作"剋丝"、"克丝"或"刻丝"，它是以本色丝作经，彩色丝作纬的纬丝起花艺术织物。以专门的小梭，依据花型的色彩逐次织入，织物上常因垂线的花纹轮廓留下纬丝转向时的断痕，形成"通经回纬"的结构特征。缂丝的目的是要将原绘画移植到织物上，其纬丝色泽的选择范围常达 1 000 多种，有时达五六千种[10]，具有极高的艺术效果，在我国一直保留至今[19][20]。

通经回纬的织法在我国约始见于汉[19]，开始只用于毛织，唐或稍前才用到了丝织上；唐时，这工艺开始盛行起来[21]。今见的唐代实物主要有：（1）1959 年巴楚脱库孜沙来遗址所出 6 件唐代晚期缂毛残片，经密 3～4 根/厘米，纬密 11～12 根/厘米，其中六瓣花纹缂毛毯裂成了两块，经线直经约 3 毫米，经密 4 根/厘米，纬线直经约 0.8 毫米，纬密 12 根/厘米。纬线有红、蓝、黄、白四组，在蓝色地纹上显出白色六瓣花朵，以黄色填成花蕊，每朵花之间又用红色纬线相间；图案醒目生动[22]。（2）1973 年阿斯塔那出土有几何绫纹缂丝带[23]，丝带宽只有 1 厘米，剪成的长度为 9.5 厘米。草绿色地，用大红、橘黄、土黄、海蓝、天青、白色、沉香等 8 彩结成四叶形图案。（3）1983 年青海都兰出土唐代蓝地十字花芯四瓣花纹缂丝，为平接四方连续纹样，幅宽约 5.5 厘米，以生丝作经，两股 Z 捻丝并成 S 捻作纬[24]。此外日本正仓院也保存了一些唐代的缂丝残片。通经回纬工艺在世界一些古文化区发明较早，但织法各有特色，古埃及尼罗河流域的科布特织物常用亚麻线为经，羊毛线为纬；南美印加织物常以棉纱为经，兽毛线为纬。"通经回纬"的织法用于丝织物则源于中国。

（四）绫的繁盛

绫是在斜纹（或变形斜纹）地上起斜花的织物，约发明于汉或汉前。史游《急就篇》卷二已提到绫："青绮绫縠靡润鲜。"说明西汉晚期时，"绫"已非罕见之物。"绫"是在绮的基础上发展起来的。唐代之后，绫发展到了鼎盛的阶段，各州所贡品种亦异常繁盛。《新唐书·地理志》载，江南东道所贡丝织品中，润州只有罗1种（衫罗），绫却有5种以上，即水纹绫、方纹绫、鱼口绫、绣叶绫、花纹绫等；杭州有绫2种，即白编绫、绯绫；睦州有文绫1种；越州有罗2种（宝花罗、花纹罗）、绫3种（白编绫、交梭绫，十样花纹绫），縠、纱、绢各1种；明州有吴绫、交梭绫2种。在北方也是同样，前云定州所贡6种丝织品中，6种是绫。《唐六典》卷二二载，少府下有织染署，"凡织纴之作有十，一曰布，二曰绢，三曰绝，四曰纱，五曰绫，六曰罗，七曰锦，八曰绮，九曰绸，十曰褐。"也说明了绫在唐代织物中的地位。此期绫的生产规模亦较大，《新唐书》卷四八"百官志"说武则天垂拱元年（685年），"绫锦坊巧儿三百六十五人，内作使绫匠八十三人，掖庭绫匠百五十人，内作巧儿四十二人"。前云定州何明远"有绫机五百张"。绫织之精细亦远胜他种缯帛。前引白居易《新乐府·缭绫》诗曾对缭绫的生产过程和式样作了生动的描述，"缭绫缭绫何所似，不似罗绡与纨绮；应似天台山上月明前，四十五尺瀑布泉。中有文章又奇绝，地铺白烟花簇雪……天上取样人间织，织为云外秋雁行，染作江南春水色……异彩奇文相隐映，转侧看花花不定"。《旧唐书·舆服志》还对各级官吏著绫的花纹和颜色作了明确规定。武德四年八月勅，"三品已上，大科绸绫及罗，其色紫，饰用玉；五品已上，小科绸绫及罗，其色朱，饰用金；六品已上服丝布，杂小绫，交梭双钏，其色黄"。五年八月敕，"七品已上，服龟甲双巨十花绫，其色绿，九品已上，服丝布及杂小绫，其色青"。绫锦也作为一种商品、礼品，大量地流向西亚、欧洲、南亚、日本和朝鲜。绫在唐代盛极一时，并出现了四枚异向绫，以三枚斜纹为地的同向绫等组织[1]。绮和绫也都逐渐采用了纬显花。日本正仓院至今仍收藏有葡萄唐草文绯绫，地经为三上一下右斜四枚纹，花纹是纬向三上一下左斜四枚纹，为左右异向斜纹组织，纬花组织成葡萄花纹；经向四枚右斜纹的组织使用四片综框，分别操纵不同的经线[25]。在福州[26]和金坛[27]的宋墓中都分别发现过纬显花的绫、绮织品。

还值得一提的是：新疆盐湖唐墓出土的3块烟色牡丹花纹绫，其以二上一下斜纹组织为地，六枚变则缎纹起花；三原组织的缎纹组织在唐代已初露端倪[28]。

三、丝绸漂练技术之发展

随着纺织业的发展，漂练作业也越来越受到人们的重视。《唐六典》卷二二"织染署"载："练染之作有六：一曰青，二曰绛，三曰黄，四曰白，五曰皂，六曰紫。"其中青作、红作、黄作、黑作、紫作，自然是染色，而"白"作则可能指漂练工艺，说明了唐代官府对漂练之重视。

唐代丝绸漂练技术较值得注意的主要是三个方面：（1）对洗练、漂练用水有了进一步认识。李肇《国史补》卷下载："凡造物由水土，故江东宜纱绫宜纸者，镜水之故也。蜀人织锦初成，必濯于江水，然后文绮焕发；郑人以荥水酿酒，近邑与远郊差数倍；齐人以阿井水煎胶，其井比旁井重数倍。"（2）继续沿用草木灰水浸渍技术。灰水中含有较多的钠、钾化合物，可促进丝胶的溶胀、水解。《本草纲目》卷七"土部·冬灰·集解"引唐苏恭云："冬灰本是藜灰，余草不真，又有青蒿灰、柃（一作苓）灰，乃烧木叶作，并入染家用。"《重修政和经史证类备用本草》卷五"冬灰"条引《唐本草》亦有类似的说法。（3）继续沿用砧杵捣练。这既有书画资料，亦有文字资料为证。唐画家张萱曾作有《捣练图》，其中便生动地描述了唐代妇女制作丝绢的场面。全图分为三节，计有大小人物 12 个，分别描绘了砧上打丝绢、检查修缝、熨烫的情景。今流传于世的作品传为宋徽宗赵佶所摹，已被外强掠去，藏于波士顿博物馆。又，唐人魏璀曾作《捣练赋》，描写人们在月夜寒露中，将浸渍过的丝帛进行捣练的情景，"细腰杵兮木一枝，女郎砧兮石五彩；闻后响而已续，听前声而犹在……于是拽鲁缟，攘皓腕；始于摇扬，终于凌乱。四振五振，掠飞雁之两行；六举七举，遏彩云而一断"[29]。砧杵法最宜于练丝。生丝经过碱液浸渍和木杵槌打后，既容易脱去丝胶，丝束又不易紊乱，成丝且能显现出明亮的光泽，远胜过单独的水练，故一直沿用至今。

四、印染技术之发展

唐代印染技术是比较发达的。唐时已普遍地采用了植物性染料。《唐六典》卷二二"织染署"载："凡染，大抵以草木而成；有以花叶，有以茎实，有以根皮。出有方土，采以时月。"唐代印花织物繁多，工艺上亦有不少创新。

（一）染料技术之发展

唐代植物性染料的色谱已较齐全。据不完全统计，在吐鲁番出土的唐代丝织物中，不同色阶者，红有银红、水红、猩红、绛红、绛紫等五色；黄有鹅黄、菊黄、杏黄、金黄、土黄、茶褐等六色；青和蓝有蛋青、天青、翠蓝、宝蓝、赤青（紫色有蓝光，古称"绀"色）、藏青等六色；绿有葫（湖）绿、豆绿、叶绿、果绿、墨绿等五色；连同黑、白在内，计有 24 色之多[30]。唐代红色染料主要是红花、苏木，以及茜草。红花种植已十分的普遍，此时红花素提取技术还传到了日本。从科学分析的情况看，阿斯塔那唐代丝织物至少使用过如下几种染料：（1）茜草，所见染色织物有 108 号墓所出唐猩红色绮，104 号墓所出绛紫绮等；（2）靛蓝，所见染色织物有 88 号墓所出藏青绢，100 号墓所出天青绢等；（3）黄栀，所见染色织物有 108 号墓所出黄地花树对鸟纹纱等；（4）槐花与靛蓝套染，所见染色织物有 105 号墓所出绿地狩猎纹纱等[31]。

我国古代媒染剂名目甚繁，但归结起来主要是铁剂和铝剂两大类[32]，唐代依然如此。铁媒染剂的来源，主要是皂矾和铁浆。皂矾的化学式是硫酸亚铁 $FeSO_4$，在染料中主要起作用的是二价铁离子 Fe^{2+}。对于铁浆的制法，唐陈藏器《本草拾遗》曾作过简要说明："取诸铁于器中以水浸之，经久色青沫出，即堪染皂者"[33]。铝媒染剂的主要来源是明矾，如吐鲁番所出唐代丝绸中，便有可能是明矾媒染的，其色猩红[30]。

（二）印花染花技术之发展

此期的颜料印花，以及各种防染着花、缬染技术都有了较大发展，并创造了碱剂印花技术。

1. 印花技术的发展

唐代的凸纹型版和镂空型版技术都有了进步，后者表现得最为明显。王谠《唐语林》卷四"贤媛"篇载，唐玄宗时，柳婕妤妹"性巧慧，因使工镂板为杂花象之，而为夹结（缬）……因敕宫中依样制之。当时甚秘，后渐出，遍于天下，乃为至贱"。这种镂空型板能广为流传，说明了制版术的进步。在吐鲁番出土的唐代印花丝织物中，有一些不闭合的小圆圈花样，其内外圈有一线相连[30]，这类图案的型版决非一般镂刻所能达到，很可能是在镂空处保持了连接点，并以生丝及粘附材料等加固所致，也可能是制成了分版套印的。依此，这种型版的材质则不能排除纸的可能性。此纸自然须经特别加工。镂空型版的创造，为后世纸型印花和绢网印花打下了一定的基础[34]。

隋唐时期，传统的颜料印花已向创新型版的多色套印和色地印花方面发展，使印花工艺达到了一个新的高度。1972年阿斯塔那出土的唐"天青色敷金彩轻容"织物[31]和"茶褐地绿白印花绢"等[30]，都是很有代表性的颜料印花制品。据研究，前者使用了染色、印花、画绘三结合的工艺，先用靛蓝染色，再用型版印花定位，之后分别彩绘及敷金。花纹匀称，色彩素雅细腻。后者可能使用了两种色彩，印出间断空心圆圈的大簇花纹，并利用接版技巧，横饰全幅，使之成为精美多彩的服饰品[34]。

唐代印花工艺中还有一种印金或贴金操作，新疆吐鲁番阿斯塔那曾出土过"天青色敷金彩轻容"织物[31]。其操作要点是把金箔或金屑粘附于织物表面[35]。《唐六典》所说"十四种金"中有一种为"贴金"，其工艺内容较广，其中大约便包含了衣物装饰的贴金。

　2. 缬染技术的发展

夹缬。南北朝时已较成熟，隋唐时期又有了较大的发展，文字资料和实物都更加多了起来。"夹缬"一词大约也是这一时期出现的，且频繁地出现于许多文献中。五代马缟《中华古今注》卷中"裙衬裙"载："隋大业中，炀帝制五色夹缬花罗裙，以赐宫人及百僚母、妻。"[36]前云柳婕妤妹使工镂版"而为夹缬"。白居易《玩半开花赠皇甫郎中》有"成都新夹缬，梁汉碎胭脂"之说[37]。阿斯塔那193号墓所出《天宝年间行馆承点器物帐》中有"内二夹缬"（被）等字样[38]。吐鲁番所出唐代夹缬着花织物有如下数例：（1）187号墓出土的大红地着花绢，计3片。其中一片长15厘米、宽53厘米，经纬密60根/厘米×40根/厘米，质薄，手感较为柔和，大红地，其上显出纤巧细丽的六瓣白色小团花，有明显的花版痕迹。（2）第214号墓出土的烟色地着花缣裙，长100厘米、宽41厘米，经纬密70根/厘米×30根/厘米，质地致密，手感柔软，为熟缣；焰色地，显黄色花纹，图案为变形瓜类叶、藤，作蔓盘绕。织物表面有清晰完整的花版印痕。（3）第191号墓出土的狩猎纹着花绢，经纬密为36根/厘米×29根/厘米，焰色地，显白花。（4）第191号墓出土的棕色地着花缣裙。长15～40厘米，经纬密为66根/厘米×30根/厘米。棕色，显黄花，主纹为变形卷草组成的团科花，花心填一立鸟。这几件标本皆属盛唐时期，工艺上的基本特点是：（1）皆为花版着花，花版经向明显短于纬向，花版长度多为10～15厘米。花版长度与单元图案的大小成正比，花纹横向都是二版。接版处在织物横幅中心。（2）全为浆印。（3）花版采用连续纹样[38]。

灰缬。又有学者谓之碱剂印花。这是人们在考察阿斯塔那唐代印花丝织物时发现的工艺，既不见于文献记载，亦不见于唐前唐后的考古实物。基本特征是：地色处的经束抱合较为紧密，手感较硬，色泽较暗；但花纹处的丝束却较松散，手感柔和，且富光泽。从蚕丝的特性看，地色处应为生丝，花纹处应为熟丝，这

目录

CONTENTS

是一种在生丝地上，以强碱剂印浆使熟丝显花的工艺。有关实例有：（1）墓108所出"原色地白花纱"，应是先用强碱剂浆料在生丝绸上印花，之后水洗即成。生丝在强碱剂作用下，丝胶膨胀，水洗后花纹部位的丝胶旋即脱去。地部仍为生丝，花纹部便呈现出熟丝的光泽。（2）墓108所出"黄地花树对鸟纹纱"，同样是先在生丝绸上用强碱剂印花，后用直接性植物染料"栀子"浸染即成。因生丝（地部）和熟丝（纹部）在染浴中的染色率不同，故形成了深浅不同的色光。（3）同墓所出"绛地白花纱"，是生丝绸在强碱剂印花后不作水洗，待干燥后，入"红花"染液中作弱酸性染浴即成。花纹部位因有弱酸性中和而不得上色，故呈现绛色地白色花[38]。

绞缬、蜡缬在唐代亦比较流行，尤其是前者，随着植物性染料的发展，曾风靡一时。

第五节　机械技术

此期机械大部分依然沿用南北朝以来的一些技术，但也有一些改进和创新，其中比较值得注意的是：在耕作机械方面，开始了直辕犁向曲辕犁的转变；粮食加工机械方面，使用了一个水轮带动多个水碾的机构；排灌机械方面，发明了架空索道的辘轳汲水法和井式水车，筒车技术亦有了发展；日用手工业工具中出现了掠轴剪。造船技术方面使用了水密分舱，以及船底鬃漆技术，沙船船型开始形成；"车船"技术有了一定提高。天文仪器中的浑天仪技术亦有了发展。此外，人们还制作了诸如走马灯、水饰等众多的游艺性机械。所有这些，对于促进唐代社会生产力的提高和经济的发展，丰富人们的生活，都起到了重要的作用。

一、几种农业和手工业机械之发展

（一）曲辕犁的发明和推广

我国早期耕犁一般都是直辕的，唐代之后才逐渐开始了由直辕向曲辕的转变[1][2]。直辕犁的缺点是：（1）犁架大而笨重，往往需二牛、多人同时工作，汉代"二牛三人耦耕"便是典型的例证。（2）转弯时较为麻烦，操作起来很不方便。《齐民要术》"耕田"篇云："今自济州已西，犹用长辕犁，两脚耧。长辕，耕平地尚可，于山涧之间则不任用，且回转至难，费力。"故直辕犁对于牛耕的推广和精耕细作，都是不利的。

有关曲辕的资料始见于唐，张鷟《朝野佥载》卷一说，贞观年间，河北定州鼓城县有个叫魏全的人，其母忽然失明。一天来了位做犁的"青衣者"，此人"持斧绕舍求犁辕，见桑曲枝临井上，遂斫下。其母两眼焕然见物"。此故事原是个传说，但它至少说明，时人使用曲木为犁辕已非稀罕之事。另外，敦煌445号窟壁画上也有一架曲辕犁，农夫用曲辕犁耕种，有人持镰收获，以及打场、挑运等；画面描写了整个庄园的农作场面；断代晚唐[3]。关于曲辕犁的具体结构，唐代陆龟蒙在《耒耜经》中作了精辟描述，说："耒耜，民之习，通谓之犁。冶金而为之者曰犁镵，曰犁壁，斫木而为之者曰犁底，曰压镵，曰策额，曰犁箭，曰犁辕，曰犁梢，曰犁评，曰犁建，曰犁槃。木与金凡十有一事"。又云："前如桯而俏者曰辕。"可见唐犁已有 11 个部件，结构与今世曲辕犁相近。槦，盖杠[4]。樏，《玉篇》云："木下曲曰樏"。可见依陆氏原意，唐犁之辕是如盖杠一样向下弯曲之木，说得再清楚不过的。

曲辕的出现是耕犁史上具有划时代意义的事件[5][6]。其主要优点是：（1）节省了人力畜力。在直辕犁中，畜力 F_n 的作用点与犁镜间存在一个较大的距离 d，从而形成较大的转动力矩 M；在耕作过程中，犁的重量 Mg 和耕者向下施加之力 F_r 所形成的力矩必须与转动力矩 M 平衡，否则，犁镜便可能越陷越深而难以正常工作。在曲辕犁中，畜力 F_n 的作用点与犁镜间的距离很小，耕者稍稍向下施力，即可保持犁的平衡，从而减少了耕者的体力消耗。另外，在直辕犁中，为平衡转动力矩，耕者向下所施之力也会加大犁对地面的正压力，从而增加了畜力消耗（图 5－5－1）。（2）犁体回转较为灵活。便于在狭小土地上耕作，使牛耕更为有效地推广开来。（3）调节深度的结构较为完善。（4）犁头形式改善[7]。

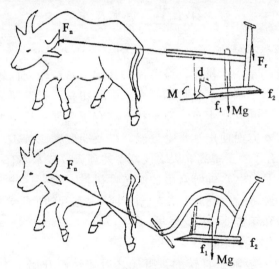

图 5 - 5 - 1　直辕犁和曲辕犁受力分析
采自文献[7]，并稍作调整

在谈到唐代耕作具时，需要一提的是王方翼的代耕具。《旧唐书》卷一八五上"王方翼传"载：永隆（680～681 年）中，车簿反叛，王方翼"以功迁夏州都督，属牛疫，无力营农，方翼造人耕之法，施关键，使人推之，百姓赖焉"。可见这是一种"施关键，使人推之"的人耕之法。具体结构虽已难得了解，但它曾经使用于生产却是肯定的。

（二）田地整理机械的发展

此期值得注意的田地整理机械主要有：耙、礰礋、砺碑。

陆龟蒙《耒耜经》载："耕而后有爬，渠疏之义也。散拨去芟者也。"可见耙是用作破碎翻起来的土块和清除杂草残茬的。元王祯《农书》卷一二"农器图谱"云："今日只知犁深为功，不知耙细为全功，耙功不到，则土粗不实，后虽见苗立根，根土不相著，不耐旱，有悬死、虫咬、干死等病。耙功到则土细又实，立根在细实土中，又碾过，根土相著，自然耐旱，不生诸病，盖耙遍数惟多为熟。"此耙的力学结构虽较简单，但在农业之精耕细作中，却占有十分重要的地位。

《耒耜经》又云："爬而后有砺碡焉，有礰礋焉。自爬至砺碡皆有齿。礰礋，觚棱而已，咸以木为之，坚而重者良。"

礰礋，《齐民要术》名之为"陆轴"。其约有石制、木制两种，又有旱作、水作两种，元王祯《农书》卷一二"农器图谱二·礰礋"条作了进一步说明："然北方多以石，南人用木。盖水陆异用，各从其宜也。其制可长三尺，大小不等，或木或石，刊木刮之。中受篗轴，以利旋转，又有不觚棱混而圆者，谓混轴，俱用畜力挽行，以人牵之，碾打田畴上，块垡易为破烂"。

砺碡，王祯《农书》卷一二"农器图谱二"说其"与礰礋之制同，但外有列齿，独用于水田，破块滓，溷泥涂也"。

此礰礋、砺碡大体都是一种轮轴结构，把直线运动变成圆周运动（或说把移动变成转动），利用周边的凸棱和列齿，将土块打碎，并平整地面。

（三）排灌机械之发展

此期较值得注意的排灌机械主要有下面几种，其中有唐代发明的，也有汉代发明的。

1. 架空索道的辘轳吸水装置

《刘梦得文集》卷二七载《机汲》说："比竹以为畚，置于流中，中植数尺之臬，挐石以壮其趾，如建标焉。索绹以为绲，縻于标垂，上属数仞之端；亘空以峻其势，如张弦焉。锻铁为器，外廉如鼎耳，内键如乐鼓，牝牡相函，转于两端，走于索上，且受汲具。及泉而循缘下缒，盈器而圆轴上引；其往有建瓴之驶，其来有推毂之易。瓶绠不赢，如博而升；技长澜出，高岸拂林杪，踰峻防；剡蟠木以承溜，贯脩筊已达脉。"[8]刘禹锡（772～842年），字梦得，此说起承载作用的架空索道，由辘轳处一直延伸到了水中竖立的木桩上，木桩以笼石为基座。索道上挂一个"外廉如鼎耳，内键如乐鼓"的宽槽滑轮，水桶系于其下。另设长缏牵引水桶。水桶由于自身的重力而沿索道下滑，并没入水中汲水，之后摇动辘轳的摇柄，便可将水桶提上。此技术约始见于唐，主要使用于江南沿江地区的大斜坡上。这是唐代排灌机械的一大发明。它不但扩大了汲水的空间跨度，而且具备了索道运输之雏形[9]。

2. 井式水车

这是一种链筒式（或链斗式）垂直汲水机械，它用木桶（或戽斗）负水，一个个木桶（或戽斗）串联着，套在井边的立轮上；立轮转动，木桶便连续将水提起。主要使用于华北、西北干旱地区。《太平广记》卷二五○"邓玄挺"条引《启颜录》云："唐邓玄挺入寺行香，与诸僧诣园观植蔬，见水车以木桶相连，汲于井中。乃曰：'法师等自踏此车，当大辛苦。'答曰：'遣家人挽之。'"可见此井式水车是以一串相连的水桶依次沉入水中提水的；可用脚踏动，亦可用手挽动；很可能使用了齿轮传动[9][10]。其中的木质链条，便成了具有传送功能的搬运链。依《旧唐书》卷一九○上所说，邓玄挺卒于唐武后永昌元年（689年）。可知这种机械至迟唐代早期便已发明。此外，《刘梦得文集》外集卷二《何处春深好》诗说"比栽篱槿，咿哑转井车"。此"井车"也应当是井式水车。有关情况第七章还要谈到。

3. 筒车

原指侧立于河边的轴式大竹（木）轮，其周边绑有许多倾斜放置的竹筒，利用河水的力量推动大竹轮旋转，竹筒把水汲到高处。其约发明于汉，汉代名之为"翻车"，唐代和北宋多谓之"水轮"，南宋和元代之后才多称之为"筒车"[9]。

《全唐文》卷九四八载陈廷章《水轮赋》说："水能利物，轮乃曲成……斫木而为，凭河而引；箭驰可得而滴沥，辐凑必循乎规准，何先何后，互兴而自契心期。""信劳机于出没，惟与日而推移，殊辘轳以致功，就其深矣。鄙桔槔之烦力，使自趋之。""磬折而下随惢彼，持盈而上善依于。"显然，此"轮乃曲成"等，描写的正是筒车制作和工作状况。

关于唐代或唐前筒车的结构，今已难得了解。元王祯《农书》卷一八"农器图谱·灌溉门"曾有详细说明，且曾附图，对我们还是很有帮助的。其云："筒车，流水筒轮。凡制此车，先视岸之高下，可用轮之大小，须要轮高于岸，筒贮于槽，乃为得法。其车之所在，自上流排作石仓，斜擗水势，急凑筒车。其轮就轴作毂，轴之两旁，阁于椿柱山口之内，轮辐之间，除受水板外又作木圈，缚绕轮上，变系竹筒或木筒（原注：谓小轮则用竹筒，大轮则用木筒）。于轮之一周，水激轮转，众筒兜水，次第下倾于岸上，所横木槽，谓之天池，以灌稻田，日夜不息，绝胜人力，智之事也。"（图5-5-2）此"受水板"即挡

图5-5-2 元王祯《农书》所载筒车图

水板，是水的作用面。水力从切线方作用于受水板，推动水轮转动。斜缚于轮周上的水筒便源源不断地将河水提起，并倾入"天池"（受水槽）内。这是普通形式的筒车，其水轮为立轮。这种机械因制作简便，一旦制作成功，便长年不息，汲水不断。

（四）水碾、水磨的发展

此两种水力机械约发明于南北朝，隋唐之后有了进一步发展。

《唐会要》卷八九载："开元九年正月，京兆少尹李元纮奏，疏三辅诸渠，王公之家，缘渠立碾，以害水功，一切毁之，百姓大获其利。至广德二年三月……奏请拆京城北白渠上王公寺观碾碾七十余所，以广水田之利。"此说因某些关系处理不当，故发生农田与碾碾争水之事。全文虽说的是毁碾，但也说明了碾之发展。同书同卷还说："大历十三年正月四日奏，三白渠下，碾有妨，合废拆，总四十四所。"

关于唐代水碾的结构，文献上未曾细说。陆羽《茶经》卷中谈到过一种茶碾，

对我们或有一定帮助；其云："碾以桔木为之，次以梨、桑、桐、拓为之，内圆而外方。内圆备于运行也，外方制其倾危也。内容堕而外无余木堕，形如车轮，不辐而轴焉。长九寸，阔一寸七分，堕径三寸八分，中厚一寸，边厚半寸，轴中方而执圆。其拂末以鸟羽制之"。

唐代水碾技术上的主要成就，是出现了一个水轮带动多个碾轮的机械。《旧唐书》卷一八四"高力士传"载，"力士资产殷厚，非王侯能拟……于京城西北截沣水作碾，并转五轮，日破麦三百斛"。此"并转五轮"之说，是不见于前的，可能还使用了齿轮传动。此外，《太平广记》卷二二七"伎巧·张芬"条引《酉阳杂俎》载："张芬曾为韦皋行军，曲艺过人，力举七尺碑，定双轮水碾。"说明唐代曾有双轮、五轮水碾。

唐代水力利用技术上还有一件值得注意的事，即出现了船磨。据《鸣沙石室佚书》"唐水部式"载：唐咸通八年（867 年）曾下令"洛水内及城外在侧，不得造浮硙"。此硙，即磨，"浮硙"当即后世之所谓船磨。唐代船磨的具体结构已难了解，元王祯《农书》、明唐顺之《武编前集》等都有记述，对我们还是很有帮助的。王祯《农书》卷一九"农器图谱·利用门·水磨"载："复有两船相傍，上立四楹，以苇竹为屋，各置一磨，用索缆于急水中流，船头仍斜插板木凑水，抛以铁爪，使不横斜，水激立轮，其轮轴通长，旁拨二磨，或遇泛涨，则迁之近岸，可许移借，施之他所，又为活法磨也。"

（五）捵轴剪

由于钢铁技术的发展，唐宋时期，一些手工工具从材质到形制都发生了一些变化，剪刀便是其中一个代表。

剪刀在唐代的发展有 3 件值得注意的事项：

一是出现了一些名牌产品，有的还成了贡品。杜甫《戏题王宰画山水图歌》云："焉得并州快剪刀，剪得吴淞半江水。"[11]此说并州剪较为锋利，且已负盛名。《新唐书》卷三七"地理志"谈到邠州时，说其"土贡剪刀"等物。自然，此邠州剪也是名牌产品。

二是唐代出现了一种"两片式"铁剪。如前所云，汉代铁剪皆由一根铁条弯曲而成，外形呈开口"8"字状，依靠弹力来张合两刃，俗谓交股剪；直到唐代，多数唐剪依然如此，使用起来很不方便。1991 年，湖南益阳轴承厂出土一把铁剪，由两片铁制成，长 18 厘米、刃宽 2.2 厘米，断代唐代晚期。伴出物有鸳鸯衔绶镜，以及具有唐代风格的青瓷双系罐[12]。因锈蚀较甚，此剪的材质、加工方法皆难了解。但既为"两片"铁，便须得有轴，否则这两片铁是难得支承和张合的。如若报道无误的话，此便是我国最早的捵轴剪。它的出现，便改善了剪的使用状况，提高了生产效率。宋代之后，捵轴剪迅速推广，河南[13]、北京等地都有出土[14]。

三是出现了不少炒钢锻的铁剪。汉魏时期，铁剪多是铸制的，之后再进行脱碳退火处理。近年有人分析过部分西安隋唐墓、洛阳唐兴元元年墓出土的铁剪，皆由炒钢锻成，其中皆见有较多的硅酸盐夹杂[15]。以炒钢为原料，以锻打方式成型，这是剪刀技术的一大进步。宋代之后，铸制的铁剪逐渐减少。

剪刀一般都是钢铁质的，但也有少数青铜质。商承祚《长沙古物闻见记》卷下载有一把唐代铜质交股剪，长 11.8 厘米、厚 0.2 厘米，墓葬出土[16]。这大约是为了满足一些特殊需要而制作出来的。

二、抛石机和弩机技术之发展

抛石机和弩机，都是古代战争的主要远射兵器，唐宋时期有了较大发展，并成了军队配置的重要武器，在战争中显示出强大的威力。

（一）抛石机

发明于先秦，此期使用更多，射程更远，人们还较多地用它投射引燃之物。

《新唐书·李密传》载：大业十三年，"护军将军田茂广造云旝三百具，以机发石，为攻城械，号将军礮，进逼东都"。旝，《说文解字》云："旌旗也"。"一曰建大木，置石其上，发以机，以槌敌"。

《旧唐书·侯君集传》：唐初名将侯君集攻高昌，"抛车飞石，击其城中，其所当者无不糜碎……城上守陴者不复得立，遂拔之"。

《新唐书·高丽传》载，唐征高丽时，"勒列抛车，飞大石过三百步，所当辄溃"。

杜佑《通典》卷一六〇"兵十三·攻城战具附"还对抛车的结构作了较为详细的说明："以大木为床，下安四独轮，上建双胜，胜间横检，中立独竿，首如桔槔状，其竿高下长短大小以城为准，首以窠盛石，石大小多少随竿力所制，人挽其端而投之，其车推转逐便而用之。亦可埋脚著地，逐便而用其旋风四脚，亦可随事而用。谓之抛车。"可见唐代的抛车（礮车）有固定式和可移动式等种。此"旋风"，即抛杆（雄姿杆）可以旋动者，使用起来较为方便，《武经总要》也曾有说明。

唐代以前，抛石机的投掷物主要是石块之类，唐代之后，便较多地投射了引火之物，这是抛石机发展史上的一次重大变化；但在相当一个时期内，人们依然将这种投石机称之为"礮"或"砲"，而不是从火之"炮"。从现有资料看，投掷"引火物"之事至迟始于唐代中期，《全唐诗》卷三一六载武元衡（758~815 年）《出塞作》云："白慢羽矢飞先火礮，黄金甲耀夺朝暾"。此"火礮"，当是投掷"引火物"的抛石机。宋路振（957~1014 年）《九国志》卷二载：唐哀宗天祐元年（904 年），郑璠攻豫章（今南昌），"璠以所部发机飞火，烧龙沙门，率壮士突火先登入城，焦灼被体，以功授检校司徒"。此"发机飞火"，当亦以抛石机掷出燃烧物。到了宋代，"发机飞火"便普遍使用起来。宋初许洞于景德元年（1004 年）撰《虎钤经》卷六云："飞火者，谓火炮、火箭之类也。"

（二）弩机

发明于铜石并用时代及至新石器时代晚期，唐代已正式把它列入军队的必备兵器配置。《唐六典·武库令》载："弩之制有七，一曰擘张弩、二曰角弓弩、三曰木单弩、四曰大木单弩、五曰竹竿弩、六曰大竹竿弩、七曰伏远弩。"杜佑《通典》卷一六〇还说到过一种车弩："作轴转车，车上定十二石弩，弓以铁钩绳，连车行轴转引弩弓持满。弦牙上弩为七衢，中衢大箭一镞，刃长七寸，广五寸，箭杆长三尺，围五寸，以铁叶为羽……其牙一发，诸箭齐起，及七百步，所中城垒无不摧陨，楼橹亦颠坠，谓之车弩。"同书卷一四九"兵二·法制附"谈到过一种绞车弩，"今有绞车弩，中七百步，攻城拔垒用之。擘张弩中三百步"。若依西安出土的镀金镂花铜尺（1 尺＝0.301 米）计[17]，此绞车弩的射程则为 1053.5 米。《资治通鉴》"周世宗显德元年（955 年）"载，周世宗柴荣南征时，南唐寿春城守军"城上发连弩射之，矢大如屋椽"。此说可能有些夸张，但这也说明了唐、五代强弩威力之大。

三、造船技术之发展

隋唐时代的造船技术比较发达，不管内陆航运，还是海运，都达到了较高水平。

隋初便建造了一些大船，据《隋书》卷四八"杨素传"载：为灭陈故，杨坚命杨素在永安（今四川奉节）制造"五牙"、"黄龙"等大型战船。其中"五牙，上起楼五层，高百余尺，左右前后置六拍竿，并高五十尺，容战士八百人，旗帜加于其上"。此"拍竿"是用来拍击近旁敌船的。依西安镀金镂花铜尺，此"百余尺"则相当于今 30 余米[17]。而黄龙船则"置兵百人"。杨素还利用夜间袭击，"亲率黄龙数千艘，衔枚而下"，悄悄接近陈军水寨，天明之时，水陆两军夹攻，大获全胜。当时不但官家，而且私人也能建造大船。《隋书·高祖纪下》载，开皇十八年诏曰："吴越之人往承敝俗，所在之处私造大船，因相聚结，致有侵害，其江南诸州，人间有船长三丈已上，悉括入官"。

据《旧唐书》卷四三载，唐廷设有专门的都水监，职掌天下"舟楫灌溉之利"等。隋唐五代在许多地方都设有大型造船场，其中又以江南为众。大家较为熟悉的如扬子县（在今江苏仪征）船场、浙东船场、洪州船场、嘉州船场、金陵船场、广州船场等。《唐语林》卷一"政事上"：刘晏"初议造船，每一船用钱百万……乃置十场于扬子县，专知官十人，竞自营办"。可知扬子县有十个造船场。又据《新唐书》卷五三"食货志"载，代宗广德二年，凡漕事亦皆决于刘晏，为减少转运之费用，"晏为歇艎支江船二千艘，每船受千斛，十船为纲，每纲三百人，篙工五十人"。可见扬子县造船量是较多的。《白孔六帖》卷一一载："韩滉迁浙东西观察使，造楼船三十艘"（按："四库"本作"三千柁"）。《新唐书》卷一〇〇"阎立德传"载，立德复为将作大匠，"即洪州，造浮海大航五百艘"。《旧五代史》卷一三六"王衍传"载："伪东川节度使宋承葆献计于衍……请于嘉州沿江造战舰五百艘。募水军五千。"诸船场之中，又以金陵楼船最盛。据《资治通鉴》卷一九七载：贞观十八年（644 年）秋七月，唐太宗为东征之需，"敕将作大监阎立德等诣洪、饶、江三州，造船四百艘以载军粮"。冬十一月，以刑部尚书张亮为平壤道行军大总管，"战舰五百艘，自莱州泛海趋平壤"。唐船的载重量最大可达八九千石。《唐语林》卷八载："水不载万，言'大船'不过八、九千石。大历贞元间，有俞大娘航船最大，居者养生送死婚嫁悉在其间，开巷为圃，操驾之工数百。南至江西，北至淮南，岁一往来，其利甚大。"（1 石，120 斤）《汉书·律历志》上："三十斤为钧，四钧为石。"从出土的唐税银和库银看，唐一大两约合 40.3～43.59 克间[18]，若依 42 克计，一斤则为 672 克；九千石便是 3628.8 吨。这种巨型私船的出现，充分反映了唐代造船技术之发展。唐代的海上交通，北可达朝鲜、日本，南及南亚和阿拉伯地区。

隋唐木船在考古发掘中也常看到。1975 年，山东平度县胶莱河下游出土一只隋代双体木船，残长 20.24 米，最大宽度 2.82 米，"单体"各为一条独木舟[19]。
1996 年，河南永城市京杭大运河故道出土唐代木船一艘，保存基本完整，现长 24
米、宽 5 米多，船体内深约 1.4 米，主要由船艏、船艉、船舱、船舷、船底组成，
可分为 33 个舱，为内河运输船。河底出土有唐代早期的"开元通宝"钱 1 枚；船
内和船体以上淤土中出土有三彩注子、三彩盆、三彩方壶、瓷碗等初唐瓷器，断
代初唐[20]。1999 年安徽淮北市濉溪县隋唐运河中出土多艘唐代沉船，其中 1 号船
之船体残长 9.6 米，船之底板、后舱、拖舵皆保存较好；经复原，总长 18.97 米，
总宽 2.58 米，船深 1.1 米。载重量估计可达 8～10 吨。尤其值得注意的是，此船
上还发现了一枚拖舵，其状如切头枇杷叶，总长 4.2 米，其中舵叶长 2.15 米，最
大宽度 1.26 米，叶厚 5 厘米，舵叶由两块板拼接而成[21]。我国古船之舵约发明于
先秦时期，有关记载和模型始见于汉；此濉溪舵是今见最早的实物舵。虽其形态
较为原始，但操纵起来还是十分便捷的。如《释名》所云，早期船舵是拖于船后
的；当人们把舵柱的入水方式由斜向改成了竖向后，才演变成了垂直舵。因唐开
元间著名画家郑虔所绘山水画中已出现过具有垂直轴的舵，故其发明期当在唐或
唐代以前[22]。

此期造船技术上的进步主要有：

1. 发明了水密舱

这是一种利用水密舱壁把船舱分隔成多间的技术，其主要功效有二：（1）可
增加船的抗沉性，即便一舱漏水，其他舱仍能安然无恙。（2）可起到支承、加强
甲板和外板的作用，使船体具有足够的横向强度和抗扭刚性。水密舱壁一般都是
经过密封处理、由多块厚板拼合成的横向壁板。

水密分舱技术至迟发明于唐代早期。1973 年，江苏如皋县出土一艘唐代早期
木船，出土时首尾皆部分损坏，残长 17.32 米，全船计九舱，第三、四、五舱之
间隔舱板内部互通，第六、七两舱之间为舱门，第二、三舱之间隔板中尚存一段
桅杆。船舱和船底用铁钉按人字形钉牢，缝间用石灰桐油填塞，严密坚固，力学
结构较为合理[19][23][24]。1960 年，江苏扬州施桥镇出土两只唐代晚期木船，大者
残长 18.4 米，船艄部分已被破坏，全船分为 5 个大舱和若干个小舱。隔舱板和船
弦榫接，隙缝处用油灰填塞[19][25]。水密分舱技术的发明，是中国对世界造船技术
的一项重要贡献。著名科学史家李约瑟博士认为，欧洲的水密分舱是 18 世纪时从
中国学去的[26]。

关于水密分舱的技术渊源，往日人们不太注意。承郭可谦先生函告云：它很
可能与船体横向加强性隔板的使用存在一定关系。一般的独木舟，舱内是未必设
置横向隔板（隔条）的①；随着船体的增大，其牢固性就成了较为突出的问题，设
置横向隔板（或隔条）就成了一项重要的技术措施，便逐渐出现了分舱技术。最
早的分舱当是不防水的；当漏水问题突显出来后，才出现了水密分舱技术。我认

---

① 从大量考古资料看，我国出土的独木舟多无横向支撑构件，但也有例外，广东化州曾出土过 6 艘东
汉独木舟，舟壳皆较薄，其中 2 号舟保存较好，舟内两侧各有 7 个左右对称的稍微突起的木痕，实则横向构
件，其把舟分成了 8 隔（舱），每隔长在 0.23～0.6 米间。详见湛江地区博物馆等：《广东省化州县石宁村发
现六艘东汉独木舟》，《文物》1979 年第 12 期。

为此说很有见地，水密分舱很可能是在船体横向加强隔板的基础上，在防漏实践中逐渐创造出来的。

2．车船技术有了进步

文献上关于车船的记载始见于南北朝，至迟唐代就用到了战船上。《旧唐书》卷一三一"李皋传"说：李皋"常远心巧思，为战舰，挟二轮蹈之，翔风鼓疾，若挂帆席，所造省易而久固"。此第一次明确谈到了以脚驱动战舰的情况，在造船史上具有重要的意义。《册府元龟》卷九〇八也有类似说法，"皋为洪州观察使，尝为战舰，挟以二轮，令蹈之，愬风鼓浪，其疾如挂帆席"。

3．沙船的发明

适应于各种不同的水下条件和用途，人们设计出了各种各样的船型。在杭州湾以北，常因水浅、沙滩多而建平底水船；以南则因水深、岛屿多、暗礁多而建尖底船。

沙船是在古代平底船基础上发展起来的。基本特点是：平底、方头、方艄、船身较宽、吃水较浅，具有航行平稳和便于通过浅水的优点。其以"出崇明沙而得名"[27]。今见最早实物是后唐庄宗同光二年（924 年）沉没于爪哇岛三宝垅附近的一艘中国船，确认为是沙船[28]。由此看来，沙船的发明年代应可上推到唐代中晚期。有学者认为，唐代北洋航线上常有海运之事，如杜甫《后出塞五首》所云"云帆转辽海，粳稻来东吴"，以及《昔遊》诗云"幽燕盛用武，供给亦劳哉。吴门转粟帛，泛海陵蓬莱"①。可能都与北洋航船有关，而沙船正是典型的北洋船型[29]。有学者认为，敦煌壁画中亦不乏沙船的资料[30]。在宋、元、明、清各代，沙船都是我国主要船型之一。

与沙船发展的同时，大约以福州船型为代表的"福船"也已出现，主要依据是《西山杂志》说过天宝年间泉州所造海船，其底"作尖圆形"[28]。至迟北宋初期，便有了尖底船的确切记载。

4．船底髹漆

《旧唐书》卷一四六"杜亚传"载，唐德宗贞元（785～805 年）年间，杜亚任扬州长吏兼淮南节度观察使，"江南风俗，春中有竞渡之戏，方舟并进，以急趋疾进者为胜。亚乃令以漆涂舡底，贵其速进。又为绮罗之服涂之以油，令舟子衣之，入水而不濡"。船底涂漆一方面可减少阻力，令其速进，此外，还可起到防腐作用。江南水土微显酸性，油漆防腐效果还是比较明显的，后世一直沿用。又，《太平广记》卷二二七引《谭宾录》云：唐玄宗于华清宫"置长汤池数十间，屋宇环廻，甃以文石，为银镂漆船及檀香水（木）船"。这里也谈到了船之髹漆，应是现实生产技术的一种反映。

这种涂漆船在考古发掘中也曾看到。前云 1996 年河南永城市京杭大运河故道处出土的唐代木船，船底由 8 块木板组成，表面便曾涂漆。船板缝填以麻丝类和香油灰捣成的粘合物[20]。

———————————

① 此诗标题中用了一个"繁体"字，此乃不得已而为之，若将"遊"字写成了"游"字，就很容易造成误解，让人认为此诗的内容是说往昔的游泳。

5. 铁锚的产生和发展

铁锚，又作铁猫、铁鑗。明焦竑《俗书刊误》卷一一载："船上挈泥铁器曰鑗，音茅。"我国古代铁锚的发明期目前尚无定论。在词书中，"锚"字始见于梁顾野王原著的《玉篇》，释之为"器"。此书虽曾经后人增删，但仍不能排除铁锚发明于南北朝的可能性。从现有资料看，关于铁锚的确切资料是到了五代和宋才看到的。五代卫贤绘有《闸口盘车图》，主题画面是官营磨面作坊的生产场面，其上约有40余个栩栩如生的人物，磨坊前有一河道，河中有小船往来，其中一船的船头板上倒扣一个齿状物，计4齿，并列一侧，酷似农具中的铁耙，两肩下削，且呈弧状弯曲，当系铁锚形象[31]。关于锚的文字记载是到了宋代才看到的。不论在东方还是西方，铁锚皆是古代一种较大的锻件。关于铁锚制作工艺，明代部分再作介绍。

造船用料多用楠木、樟木等优质木材。《元和郡县志》卷三〇载：江南道南州南川县萝缘山"山多楠木，堪为大船"。《本草纲目》卷三四"樟·集解"引陈藏器《本草拾遗》说："江东舸船，多用樟木。县名豫章因县得名。"李时珍云：樟木，"西南处处山谷有之"。因铁易锈，故造船一般不用铁钉，而用榫接和竹木钉等作固定连接。《岭表录异》卷上云："贾人船不用铁钉，只使桄榔须系缚，经橄榄糖泥之，糖干甚坚，入水如漆也。"

四、天文仪器技术之发展

此期的天文仪器一方面较好地继承了先世的优良传统，同时也有不少创新，从而把我国天文仪器技术提高到了一个更高的水平。早在隋代，耿询便制造了水运浑象，其运转时显示的天象恰与实际契合[32]。唐代天文仪器制造方面最值得注意的是李淳风和一行。

《旧唐书》卷七九"李淳风传"载："淳风幼俊爽，博涉群书，尤明天文、历算，阴阳之学。"贞观初，其上言曰："灵台候仪是魏代遗范，观其制度，疏漏实多"。于是受太宗之命新造了浑天黄道仪，"贞观七年造成，其制以铜为之，表里三重，下据准基，状如十字，末树鳌足，以张四表焉"。第一仪名曰六合仪，第二仪名曰三辰仪，第三仪名曰游仪。依《新唐书》、《旧唐书》两书"天文志"所记，此"三辰仪"是新加进来的，不但有赤道，而且有黄道和白道。李淳风巧妙地解决了一系列难题，使浑仪空前地复杂和完善起来。可惜的是此仪深受唐太宗喜爱而深锁宫禁，灵台上实际使用的依然是后魏铁浑仪。

《新唐书》卷三一"天文志"载，玄宗"又诏一行与令瓒等更铸浑天铜仪，圆天之象，具列宿赤道及周天度数。注水激轮，令其自转。一昼夜而天运周。外络二轮，缀以日月，令得运行。每天西旋一周，日东行一度，月行十三度十九分度之七。二十九转有余而日月会。三百六十五转而日周天。以木柜为地平，令仪半地下。晦明朔望，迟速有准，立木人二于地平上；其一前置鼓以候刻，至一刻则自击之；其一前置钟以候辰，至一辰亦自撞之。皆于柜中各施轮轴，钩键关鏁，交错相持"。与前代相应的仪器较之，此一方面增加了每一刻自动击鼓，每一辰自动撞钟的机构，另一方面又在浑象仪外加上了日环和月环，以显示太阳和月亮的运转。这样，浑象、太阳、月亮的运动，以及击鼓撞钟的报时机构，都由一个水轮带动，构造上更为复杂。

五、走马灯及其对热力的利用

走马灯其实是一种利用热力学原理来使用空气做功的游艺性灯笼，因其能显示人物奔马之类图像而得名。从传统技术看，其基本结构是：灯笼正中竖一立轴，立轴上部卧置一个叶轮；在立轴的中部，沿水平方向纵横装上几根（多为4根）细铁丝，每根铁丝外端都贴有纸剪的人马等；在叶轮下，近立轴根部处置一灯或烛，点着后就会不断地产生出上腾的热气，借此之力就会推动叶轮回转。与此相应，纸剪人物、骏马亦随之飞奔起来。这些东西都是罩于灯笼内的，旋转时其影子就会投射到灯笼外壁上，于是就产生了许多有趣的活动画面。有的走马灯还装有一个较低的外层，其处于下部，且不会遮挡中部的影子。在此内外两层间再装上几个纸人，使其手、脚和头部都由一条或几条细铁丝通到内层；同时在内层立轴的下部又横装一条细铁丝，使之旋转时，不断地拨动外层伸入的细铁丝，外层纸人也随之产生一定的动作[33]。

我国古代走马灯至迟发明于唐，唐冯贽《云仙杂记》卷四"上元影灯"条载："洛阳人家上元以影灯多者为上，相胜之辞曰'千影万影'（原注：采自《影灯记》）"[34]。清陈元龙《格致镜原》卷五〇引郑处诲《明皇杂录》说："上在东都遇正月望夜，移仗上阳宫，大陈影灯。"[34]《全唐诗》卷五四载崔液《上元夜》六首之二："神灯佛火百轮张，刻像图形七宝装，影里如闻金口说，空中似散玉毫光。"这记载十分明确，可见唐代已有走马灯是确定无疑的。也有学者据《钦定古今图书集成》卷八〇五"影戏"条所引，认为可上推至西汉时期。但有关记载不太明确，尚难定论。原文为："汉武帝夫人李氏死，帝思之，有齐人名少翁，能致之。夜设帐，张灯烛，帝坐他帐望之，仿佛是夫人之像，由是后世有影戏，然汉

图5-5-3　流传下来的走马灯示意图
采自文献[33]

武以下无闻。"宋代之后，有关记载更多了起来。金盈之《醉翁谈录》载：上元自月初开东华门为灯市，又有"镜灯、字灯、马骑灯、凤灯"。这说的是北宋都城开封之事。南宋周密（1232～1298年）《武林旧事》卷二"灯品"载："若沙戏影灯，马骑人物，旋转如飞。"《乾淳岁时记》载："灯品至多，若沙戏影灯，马骑人物，旋转如飞。"这里提到的"影灯"皆有马骑人物图像，与马骑灯显然是同物而异名，皆为一种走马灯。图5-5-3为流传下来的走马灯构造图[33]。具有双层构造的走马灯中，其内层立轴上所装细铁丝便具有拨杆的作用。

自动博山炉和走马灯，都是人们将热力转变为机械力的一种尝试，也是人们对热力的一种较早利用。一般认为，它们都是燃气轮机的鼻祖。但此二者仅仅是一种玩具，因无社会的需要，故长时期未能向燃汽轮机转化。将热能转变成机械

能的实用机械，我国古代一直未有出现。在欧洲，燃气轮机是1550年见于记载的。

六、欹器、常平支架和游艺性机械

（一）欹器

隋唐文献中依然常可看到。据云，隋代的耿询、唐代的马待封、李皋等人都曾制作过欹器，但有关记载都较简单。

《隋书》卷一九"天文志"云："隋大业初，耿询作古欹器，以漏水注之，献于炀帝。帝善之。"

《太平广记》卷二二六"马待封"条引《纪闻》云，唐开元初，"东海马待封能穷伎巧，于是指南车、记里鼓、相风鸟等，待封皆改修，其巧踰于古"。至开元末，"与崔邑令李劲造酒山、朴满、欹器等。酒山立于盘中，其盘径四尺五寸，下有大龟承盘，机运皆在机腹内"。造"欹器二，在酒山左右，龙注酒其中。虚则欹，中则平，满则覆。则鲁庙所谓侑坐之器也"。

《新唐书》卷八〇"李皋传"："皋尝自创意为欹器，以髹木上出五觚，下锐圆，为盂形。所容二豆（斗），少则水弱，多则疆，中则水器力均；虽动摇，乃不覆云。"

直到宋代，关于欹器的记载仍可看到，宋燕肃、徐邈等皆曾制作；宋代之后逐渐减少。

（二）常平支架

大家较为熟悉的是被中香炉和木火通。其功用正如其名。

被中香炉。唐代的被中香炉在考古发掘和传世品中已见多枚。1963年西安东南郊沙坡村出土4枚，银质（彩版拾，1、2）[35]；1970年西安南郊何家村唐长安城兴化坊出土1枚，银质[36]；1987年陕西扶风法门寺唐代地宫出土2枚，银质[37]。另外，日本正仓院亦有收藏。

被中香炉的基本结构是：最外层为一个镂空球形外壳，中心为一个半球形的盛香灰的小盂，外壳与灰盂间有2～3层同心圆环；灰盂的径向两端皆有活动短轴，此轴支承于内环的两个径向孔洞内，令其能自由转动。同样，内环支于外环上，外环支于球形外壳的内壁上。灰盂、内环、外环，以及外壳内壁的支承轴，依次互相垂直，使其具有了三个自由度。灰盂之中焚香、盛灰，由于重力的作用，不管球形外壳如何的滚动，灰盂之口沿总是保持水平状态。

被中香炉是镂刻精细，饰纹华美的高级工艺品，通常采用满地雕的手法作装饰，粉蝶团飞，彩鸳双泳，奇葩遍地，芝草出岩。构图巧妙，栩栩如生。唐代银质被中香炉一般较小，1963年和1970年沙坡村与何家村计出土5枚，直径皆介于4.5～4.8厘米，通高皆介于4.5～5.3厘米[38]；唯法门寺的稍大，其中一件直径为12.8厘米，重547克。被中香炉多为2层内环，正仓院的一件有3层。被中香炉虽较珍贵，但在唐代已非稀罕之物，唐温庭筠《更漏子》云："垂翠幕，结同心，侍郎熏绣衾"。五代韦庄《天仙子》云："绣衾香冷懒重薰。"[39]其中都谈到了被中香炉。

被中香炉在我国沿用了很长一个历史时期，中国国家博物馆藏有一枚明代珍品，高12.8厘米，铜质，遍体镂空[40]。许多学者都描写过它的构造。明屠隆

（1542～1605年）《考槃余事》卷四"起居器服笺"说其"以铜为之，花纹透漏，机环四周，而炉体常平，可置之被褥"。明代著作《留青日札》卷二二"香球"条载："今镀金香球，如浑天仪然，其中三层关捩，轻重适均，圆转不已，置之被中，而火不复灭。其外花卉玲珑，而篆烟四出。"

木火通。《太平广记》卷二二六"技巧二·十二辰车"引唐张鷟《朝野佥载》："则天如意（692年）中，海州进一匠……又作木火通，铁盏盛火，辗转不翻。"此"木火通"当即取暖用的"火笼"。

（三）自动机械

其发明期至少应上推到秦代，魏晋南北朝便发展到了一定的水平，隋唐之后又有了一定发展，其中大部分是游艺性的，也有部分为实用型，见于记载的主要有如下几种：

水饰。《太平广记》卷二二六引隋人杜宝《大业拾遗记》说：水饰，"总七十二势，皆刻木为之"，有舟、山、平洲、磐石、宫殿。木人长二尺许。"杂禽兽鱼鸟，皆能运动如生，随曲水而行"。"木人奏音声、击磬、撞钟、弹筝、鼓瑟，皆得成曲。及为百戏，跳剑、舞轮、升竿、掷绳、皆如生无异"。"擎酒木人于船头伸手，遇酒，客取酒，饮讫还盃，木人受盃"。此外，《隋书》卷三三"经籍志"史部地理类载有《水饰图经》二〇卷，子部小说类载有《水饰》一卷。看来，它并非是完全虚构的。如此复杂的机械，很可能使用了比较复杂的齿轮系和其他一些传动机构、执行机构。

木人。唐张鷟《朝野佥载》卷六："洛州殷文亮曾为县令，性巧，好酒。刻木为人，衣以缯彩，酌酒行觞，皆有次第。又作妓女，歌唱吹笙，皆能应节。饮不尽即木小儿不肯把，饮未竟则木妓女歌管连理催。此亦莫测其神妙也。"同书又载："将作大匠杨务廉甚有巧思，尝于沁州市内刻木作僧。手执一椀，自能行乞。椀中钱满，关键忽发，自然作声云：'布施'。市人竞观，欲其作声。施者日盈数千。"（《太平广记》卷二二六引载略同）

木鹤。《全唐文》卷八九七辑罗隐撰《广妖乱志》："高骈末年，惑于神仙之说……后于道院庭中刻木为鹤，大如小驷，**羇**箐中设机捩，人或逼之，奋然飞动。"这是自动飞鹤。

木獭。唐张鷟《朝野佥载》卷六载："彬州刺史王琚刻木为獭，沉于水中取鱼，引首而出。盖獭口中安饵为转关，以石缒之则沉。鱼取其饵，关即发，口合则衔鱼，石发则浮出。"这是自动捕鱼机。

马待封妆具。《太平广记》卷二二六引《纪闻》云："开元初修法驾，东海马待封能穷技巧……又为皇后造妆具，中立镜台，台下两层，皆有门户。后将栉沐，启镜奁后，台下开门，有木妇人手执巾栉至。后取已，木人即还。至于面脂、妆粉、眉黛、髻花，应所用物，皆木人执继至，取毕即还，门户复闭。如是供给皆木人。后既妆罢，诸门皆阖，乃持去。其妆台金银彩画，木妇人衣服装饰，穷极精妙焉。"

此外，《隋书》的"何稠传"、"礼仪志"、"宇文恺传"、韩偓《迷楼记》等，都记述过一些游艺性，或者实用性自动机械；《太平广记》卷二二五至二二七转录了许多类似资料，不再一一介绍，有些文字虽有夸张成分，但大体上还是可信的。

第六节　造纸技术之初步繁荣

隋唐时期，因社会长时期相对稳定，社会经济和文化都较为发展，造纸业也随之进入了初步繁荣的阶段。此时造纸技术已扩展到了我国南北许多地方，官方和民间都大量而普遍地使用起纸来，纸的品种增多，技术上也有了不少提高。

唐代产纸之所主要集中于南方州郡。据《新唐书·地理志》载，贡纸之所有江南东道的杭州、越州、衢州、婺州（均在今浙江），江南西道的宣州、歙州、池州（均在今安徽）、江州（在今江西）、衡州（在今湖南）。据《元和郡县志》载，开元时，江南东道的扬州曾经贡纸，江南西道的信州（在今江西）曾贡藤纸。《唐六典》卷二〇"右藏署令"条注说：益府贡大小黄白麻纸，杭婺衢越等州贡上细黄白状纸，均州贡大模纸，宣衢等州贡案纸次纸，蒲州贡百日油细薄白纸。《国史补》卷下说韶州产竹纸，临川产滑薄纸，宋亳间有茧纸。《新唐书》卷一〇一"肖做传"说："南海多穀纸，做敕诸子缮补残书。"唐段公路《北户录》卷三说罗州（今广东廉江县北）产香皮纸。福州也产纸，《十纸说》载："福州纸，浆捶亦能岁久。予往见于杭州俞氏《张长史恶扎禅不合为婚主》是也，入水不透"[1]。张长史为唐代书法家。可见唐代产纸之地分布很广，仅此所引便近20处，其中多属长江流域及其之南，属于北方的大约只有蒲州等处；边远的南海、罗州等处皆已产纸，一定程度上反映了唐代造纸业之兴盛[2]。

在产纸州郡中，比较值得注意的是宣州和蜀郡。上引《唐六典》卷二〇"右藏署令"条注说宣州、衢州等贡纸；又《新唐书》卷四一"地理志"说宣州土贡纸笔；《旧唐书》卷一〇五"韦坚传"说，天宝二年（743年），韦坚为唐玄宗到南方采集了大宗物品，"宣城郡舩即空青石、纸、笔、黄连"。唐张彦远《历代名画记》卷二"论画体工用写"说得更为详明："江南地润无尘，人多精艺……好事家宜置宣纸百幅，用法蜡之，以备摹写；古时好拓画，十得七八，不失神采笔踪。"此"宣纸"即是宣州纸，这是今见文献中最早提到"宣纸"的地方。说明宣纸之名在唐代便已出现，且负盛名，其已可用作书画和摹拓图画，质量已居上乘。但此唐代"宣纸"显然是纪地纸，与明代"宣纸"是不同的，后者是"宣德纸"的简称，是纪年纸。显然它们的含义是不同的[3][4]。

成都一带大约早在隋代便已产纸。元人费著《蜀笺谱》载："双流纸出于广都，每幅方尺许，品最下，用最广，而价亦最贱。双流实无有也，而以为名，盖隋炀帝始改广都曰双流，疑纸名自隋始也，亦名小灰纸。"到了唐代，蜀纸大量运销长安供内府使用。《唐六典》卷九"集贤殿书院·知书官八人"注："集贤所写，皆御本也。书有四部……分为四库……四库之书，两京各二本，共二万五千九百六十一卷，皆以益州麻纸写。"五代南唐时，纸墨砚都设务置官，蜀纸依然是较好的。宋陈师道《后山谈丛》卷一载："南唐于饶置墨务，歙置砚务，扬置纸务，各有官，岁贡有数，求墨工于海，求纸工于蜀，中主好蜀纸，既得蜀工，使行境内，而六合之水与蜀同。"[5]

唐代用纸量较大。《旧唐书》卷四七"经籍志下"载："开元时，甲乙丙丁四部书，各为一部……凡四部库书，两京各一本，共一十二万五千九百六十卷，皆以益州麻纸写。"《新唐书》卷五七"艺文志"载，太府每月给集贤院学士"蜀郡府麻纸五千番"。《唐会要》卷三五还记载了集贤院每年用纸的数字，"集贤书院奏：大中二年正月一日以后至年终，写完贮库及填缺书凡三百六十五卷，计用小麻纸一万一千七百七张"。这数字自然是不小的。唐代用纸已经十分广泛，不但公私文书、契约、各种书籍、图画大量用纸，而且日常生活也大量地使用起来。冯贽《云仙杂记》卷五"印普贤象"条载："玄奘以回锋纸印普贤象施于四众，每岁五驮无余。"（原注：采自《僧园逸录》）

唐代官方文书用纸十分讲究。太宗贞观年间，敕文用白麻纸；后因白麻纸易蛀，高宗上元年间，尚书省颁下诸司及州县，改用了黄纸。这在宋王楙《野客丛谈》卷一、宋叶梦得《石林燕语》卷三等都有记载。《野客丛谈》曾对六朝以来诏书用纸的颜色都作了一些说明："敕旧用白纸，唐高宗上元间，以白纸多蠹，遂改用黄；除拜将相制书用黄麻纸，其或学士制不自中书出，故独用白麻纸，所以有白麻黄麻之异也。诏，晋时多用青纸，见楚王伦太子遹等传，故刘禹锡诗曰'优诏发青纸'。表亦用黄纸，观《前燕录》载岷山公黄纸上表。《北史》邢邵为人用表，自买黄纸写送之。因知古者，上下所书之纸，不拘如此。"[6]宋叶梦得《石林燕语》卷三载：唐中书制诏，有黄麻纸、黄藤纸和绢黄纸。"纸以麻为上，藤次之，用此为重轻之辨"。唐李肇《翰林志》载：元和（806～820年）初置书诏："凡赦书、德音、立后、建储、大诛讨免、三公宰相命将、曰制并用白麻纸"；"凡赐与、征召、宣素、处分、曰诏用白藤纸，凡慰军旅用黄麻纸"；"凡太清宫道观荐告词文用青藤纸"；"凡诸陵荐告、上表，内道观叹道文，并用白麻纸"；"凡将相告身用金花五色绫纸"；"凡吐蕃赞普书及别录用金花五色绫纸……回纥可汗、新罗渤海王书及别录，并用金花五色绫纸"；"诸蕃军长、吐蕃宰相、回纥内外宰相、摩尼以下书及别录，并用五色麻纸"[7]。这些用纸情况，下面还要分别谈到。此用纸之不同，反映了封建社会的等级和身份，也反映了造纸技术的发展。但民间用纸还是较为随便的，不管是麻纸、藤纸、绫纸、金花纸，在非官方文书上都有使用[2]。

大约战国以降，作画一般都是用绢的，汉代依然如此，传世的唐代以前的纸本画稀如凤毛麟角，今日所见的早期纸本画多数是属于唐代的。图画用纸的出现，从另一个侧面反映了造纸技术之发展[8]。此外，隋唐五代时期民间日用品也大量地使用起纸来，有关情况下面还要谈到。

隋唐造纸技术的主要成就是在继续生产麻纸、皮纸的同时，又生产了竹纸；打浆度提高，抄纸工艺发展到娴熟的阶段，生产了大模纸，可能还发明了纸药和表面施蜡技术；纸的质量大为提高。早在六朝时期，我国造纸术便传到了朝鲜，及隋又传到了日本；大约8世纪时，中国造纸术又传到了今阿拉伯一带，对世界文化的发展作出了重要贡献。

一、原料之扩展和竹纸的出现

我国古代造纸用原料主要有五种：（1）麻，主要指大麻、苎麻，以及部分野麻；(2) 树皮，即楮树皮、桑树皮、青檀皮等；(3) 藤皮；(4) 竹；(5) 麦秆和稻秆。前三种大体上属于韧皮类纤维，后两种则属茎类纤维[9]。隋唐时期，大约前四种皆已使用，一般认为麦秆和稻秆纸是宋代之后才出现的。唐代占主导地位的依然是麻纸，其次是皮纸，竹纸可能刚刚发明。

麻纸。有人分析、统计过新疆出土的隋唐及高昌时期的 23 件古纸，其中有麻纸至少 15 件，包括阿斯塔那出土的景龙四年（710 年）"卜天寿《论语郑注》"用纸，同处出土的开元四年(716 年)"籍账簿"用纸，吐鲁番出土的"唐花鸟画"用纸等。有皮纸 6 件，包括载初元年（689 年）"宁和才授田户籍"用的树皮纸，开元三年（715 年）"西州营名籍"用的楮皮纸等。有麻、皮混合纸 1 件，即麟德二年(665 年)"卜老师借钱契"用纸。此外还有 1 件阿斯塔那所出唐"萎蕤丸"裹药纸，很可能也是麻纸[8][10]。有学者还分析过 11 件隋唐五代的敦煌石室写经纸，其中有麻纸 7 件，包括贞观四年（630 年）"四分戒本（一卷）"用纸、五代"佛说无量寿经"用纸等；有皮纸 4 件，包括隋开皇二十年（600 年）"护国般若波罗密经（卷下）"用的楮皮纸[8][11]等。可见麻在唐代造纸原料中所占比例是很大的。四川是当时全国造纸业的一个中心，由前可知，其所产也主要是麻纸。宋苏易简《文房四谱》卷四亦云："蜀中多以麻为纸。"

皮纸。即树皮纸，约发明于东汉，但在东汉六朝遗物中所见甚鲜，今在新疆和敦煌所见古代树皮纸都是隋唐之后的。有人分析过 8 件晋代、十六国时期的新疆古纸[12][9]，以及 10 件十六国、南北朝时期的敦煌石室写经纸[11]，清一色都是麻纸。皮纸在前述新疆出土的隋代古纸、唐代敦煌写经纸中分别占 26% 和 36%，充分说明了唐代皮纸之发展。从考古实物的科学分析看，这些隋唐皮纸主要是楮皮纸和桑皮纸，有关文献记载说明了这一点。前引《新唐书》卷一〇一"肖做传"说"南海多榖纸"，此"榖"纸即楮皮纸。宋《文房四谱》卷四云："北土以桑皮为纸。"此外，文献上还谈到过香皮纸、芙蓉皮纸等。唐段公路《北户录》卷三载："香皮纸，罗州多栈香树，身如（柜）巨柳，其华繁白，其叶似橘皮，堪捣纸，土人号为香皮帋。作灰白色，文如鱼子笺。今罗辨州皆用之。"[13]此"香树"实即沉香树。唐刘恂《岭表录异》云："罗州多栈香，如柜柳，其花白而繁，皮堪作纸，名为香皮纸；灰白色，有文如鱼子笺，其理慢。"[14]此说的是香皮纸。明宋应星《天工开物》第十二"杀青·造皮纸"条载，唐代四川所产"薛涛笺，亦芙蓉皮为料……其美在色，不在质料也"。这是说芙蓉皮纸。陈大川说："芙蓉在台湾生长甚速，春初插枝，经夏即发长枝，长过六尺，径愈半寸，秋花后即可伐枝取皮供用，笔者试种多株，试制皮纸亦佳，为可推广之原料。"[15]有关研究认为，宣纸在明代以前，是纯用青檀皮为原料的，清代曾采用过"全皮"、"半皮"、"七皮三草"等不同的原料配比[9]。

藤皮纸。始于晋，唐代便达到了极盛的阶段，前引《新唐书》、《翰林志》等都记述过朝廷使用藤纸的情况；除剡溪外，婺州，以及余杭的由拳在唐时也生产藤皮纸。《元和郡县志》卷二七"婺州"载，元和时，婺州贡"白藤细纸"[16]。贺次君校《元和郡县图志》卷二五载，余杭县"由拳山，晋隐士郭文举所居，傍有由拳村，出好藤纸"[17]。但因藤的生长周期较长，资源有限，唐后渐渐减少下来。

《全唐文》卷七二七舒元兴《悲剡溪古藤文》便是这情况的一种写照；其云："剡溪上四五百里，多古藤……遂问溪上人，有道者言，溪中多纸工，刀斧斩伐无时……历见言书文者，皆以剡纸相夸。"杨慎《升庵外集》卷一九载："敲冰纸，剡所出也。张伯玉《蓬莱阁》诗'敲冰呈好手，丝素竞交（姣）鸾'注：越俗，竞夸敲冰纸。剡水清洁，山又多藤楮，以敲冰时制之佳，盖冬水也。"[18] 故藤纸的盛行时间主要是晋到唐时，较为短暂。

竹纸。如前所云，曾有人认为我国古代竹纸发明于东晋[19]，但并无确凿的资料。及唐，这资料就十分明确了。其始约见于今广东韶关一带，至迟唐代晚期，浙江也生产了竹纸。李肇《国史补》卷下载："纸则有……韶之竹笺。"李肇系唐代中期人，元和（806～820年）时曾为翰林学士。唐人段公路《北户录》在说到广东罗州沉香皮纸时，曾说它"不及桑根、竹莫（膜）纸"，10世纪的崔龟图注"竹模纸"说"睦州出之"[13]。睦州在今浙江淳安县西。这是广东在唐代中期，浙江在唐代晚期生产了竹纸之证。因竹茎结构紧密，化学成分较为复杂，纤维僵硬，打浆帚化较为困难，制浆条件要求较高，故竹纸的出现，也说明了造纸工艺之发展。

关于草纸。如前所云，有学者认为草纸发明于南朝时期，但并无确凿的依据。今又有学者认为它是唐代出现的。主要依据是：（1）明罗欣《物原·文原》第九载："唐王屿以竹及草为纸。"王屿在玄宗时任祠祭使。（2）唐元稹（799～831年）《奉和浙西大夫李德裕述梦四十韵》云："麦纸侵红点，蓝灯焰碧青。"[20] 前一条文献说得较为明确，但惜为孤证，罗欣为明代之人，不知他有何依据。第二句中的"麦纸"，今有人说它是麦秆所造[21]，但这种解释与作者原意不符。元稹自注"麦纸"云："书诏皆用麦文纸。"[20] 可知"麦纸"即是用作"书诏"，带有麦文的精良加工纸。故唐代是否有了草纸，眼下尚嫌资料不足。

二、抄纸和后期处理技术的进步

（一）抄纸技术的进步

由敦煌石室写经用纸的考察情况看，十六国至五代，各时期的纸质是不尽相同的；隋唐最佳，十六国至北朝次之，五代最差。有学者考察过22件此期写经纸，其中属于唐代中期的计8件，打浆度一般较高，纤维分散度较大，交织紧密均匀，一般都经过了碱液蒸煮处理，可知它们都是经过了充分舂捣的，漂洗的时间和次数亦有增加。如开元六年（718年）《无上秘要卷第五十一》用纸，原料为树皮，纸色黄，为细横竹纹，纤维细长，交结均匀，表面平滑，曾经打蜡。又如初唐《法华经》用纸，麻质，色黄，细横帘纹，纤维打浆较好，平均长度为0.8～1.0毫米，交结匀细，曾经打蜡，表面平滑，半透明，为上等纸。属十六国至南北朝的计10件，质量稍次。晚唐至五代的计4件，纸质较为粗糙，如五代《佛说无量寿经》纸，是为本色纸，粗横纹，打浆不匀，有透光，稍厚。又如晚唐《一切智清净经》纸，泛黄，粗横纹，厚薄不均，有筋头，酒红色反应。[11][22]

值得一提的是，《唐六典》卷二〇还说到过"均州之大模纸"，此"模"当指纸模，"大模纸"即是大幅纸、大型帘床所抄的纸。它的出现也说明了唐代抄纸技术的发展。五代也有一种大幅纸。宋苏易简《文房四谱》卷四"纸谱·杂说"载：

"江南伪主李氏常较举人毕，放榜日给会府纸一张。可长二丈，阔一丈（按："四库"本作'二丈'），厚如缯帛数重，令书合格人姓名。每纸出，则缝掖者相庆，有望于成名也，仆顷使江表，睹今坏楼之上，犹存千数幅。"此李氏当指南唐之李氏。明张应文《清秘藏·论纸》亦曾提到此事，说："李后主有会府纸，长二丈，阔一丈，厚如缯帛数重"。宋代之后，此工艺有了进一步发展。如此长阔厚重之纸，自然不能在普通纸槽中捞得。

有鉴于纸药在造纸工艺中的重要性，长时期来一直受到学术界的关注。有学者认为它发明于汉[23]，但无确凿依据。奥地利人威斯纳（J. Wisner）曾分析过我国新疆、甘肃出土的唐纸，发现大历三年（768年）、建中三年（782年）、贞元二年（786年），以及贞元三年等纪年文书用纸中都含有淀粉和地衣，如此推定，此地衣便是最早的纸药。此说当有一定道理，但与我国传统纸药还有一段相当的距离。

（二）后期处理技术

后期处理主要指纸张成型后的表面处理，包括捶打、施胶、填粉、砑光、加蜡，以及染色等。前几项操作的目的主要是阻塞纸面纤维间的部分毛细孔，使表面更为致密、平滑、光洁，运笔时不致走墨晕染；染色的目的是增加艺术效果；加蜡可增加纸的光泽并起到防蛀的作用。唐人把纸区分为"生"、"熟"两种，捞出后未经加工者为"生"，加工者为"熟"。宋人邵博《闻见后录》卷二八说："唐人有熟纸，有生纸，熟纸所谓妍妙辉光者，其法不一；生纸非有丧事故不用。"唐张彦远《历代名画记》卷三"论装背裱轴"在谈到名画的装背时说："勿以熟纸，背必皱起，宜用白滑漫薄大幅生纸。"[24]为调整纸的抗水性，使纸的表面平滑、运笔流利、易于着墨，皆须将生纸加工成熟纸；有时为了便于保存和其他特殊需要，也要进行一些不同的加工。下面主要介绍一下捶打、施胶、染色、涂蜡等项加工。

捶打。基本操作是把部分待加工的纸用掺有某些植物粘汁的水浸润，之后用木锤捶打，使其结构更为紧密、细致、光滑，以便于书写。有关记载约始见于唐，宋后便较多地使用起来。

北宋米芾《十纸说》载[1]："六合纸，自晋已用，乃蔡侯渔网遗制也。网，麻也。因用木皮。油拳不浆，湿则碓；能如浆，然不耐久，唐人以浆碓。六合慢麻纸，书经明透，岁久水濡不入。"① 可见唐代已有捶打工艺，既浆且捶，便能达到岁久水濡不入的效果。此"浆"的具体含义不明，很可能是淀粉糊剂处理。宋米芾《书史》载："唐人背右军帖，皆碓熟软纸，如绵乃不损古纸。"[25]同书在谈到唐《争坐位帖》时说："《争坐位帖》是唐畿县狱状碓熟纸，韩退之（朝愈）以用生纸录文，为不敏也。生纸当是草书所用。"[26]米芾《十纸说》载："福州纸，浆捶亦能岁久。"[1]这都谈到了捶熟加工。米芾本人亦曾督槌纸以学书作诗。《御定渊鉴类函》卷二○五载："米芾碓越竹短截作轴，日学书作诗。诗曰：'越筠万杵如金版，

_____

① 油拳，又作由拳。一种藤纸、纪地纸。乾隆元年《浙江通志》（第五十三册，文渊阁《钦定四库全书》抄本，武汉大学出版社电子版第229碟）卷一○一"物产·杭州府"载："藤纸，《元和郡县志》：余杭县由拳村出好藤纸。"

安用杭油与池茧；高压巴郡乌丝栏，平欺泽国清华练；老无他物适心目，天使残年向笔研。'"此说越纸经硾打加工后，胜过其他许多名纸。同卷还载有谢陈适"用惠纸诗"，其中也谈到了硾纸工艺："蛮溪切藤卷盈百，侧理羞滑茧羞白；想当鸣杵砧面平，桄榔叶风溪水碧"[27]。说藤纸经硾打加工后，质量得到较大改善，既不像侧理纸那样显得不太光滑，亦不像茧纸那样显得不太白。

关于捶纸的具体操作，未见唐人细说，明代项元汴《蕉窗九录》"纸录·造搥白纸法"曾有详细说明："法取黄葵花根捣汁，每水一大盌，入汁一、二匙，搅匀，用此令纸不粘而滑也。如根汁用多，则反粘不妙。用纸十幅，将上一幅刷湿，又加干纸十幅，累至百幅无碍，纸厚以七、八张相隔，薄则多用不妨。用厚板石压纸，过一宿，揭起俱润透矣。湿则晾干，否则平铺石上，用打纸槌敲千余下。揭开晒十分干，再叠压一宿，又捶千余槌，令发光与蜡笺相似方妙。余尝制之，甚佳。但跋涉耳"。这里详述了捶纸的全过程。可见这是一种捶、压相结合的工艺，捶打时需一幅"湿"纸，10幅干纸相间放置；需两次用巨石叠压，两次木槌捶打；时间为两天两夜。浸润剂是稀释了的黄蜀葵一类植物浆液，相当于所谓"纸药"。此虽为明人记述，对我们了解唐代捶纸工艺还是很有帮助的。依此，我们并不能排除唐代捶纸过程中使用了纸药的可能性。从历史上看，纸药当有两种用法：一是掺入纸浆中，以作悬浮剂、防粘剂；二是捶纸时作为浸润剂，主要是防粘及增强。纸药的发明和推广，在造纸技术史上是具有重要意义的事件。有关情况宋代部分还要谈到。

施胶。从晋纸至隋唐纸的考察情况看，此"胶"多数是一种淀粉剂。具体操作是将它掺入到纸浆中，或刷于纸张表面。如敦煌唐代《波罗密多经》用纸，是将淀粉掺于纸浆中的，因试剂着色故，其组织间存在一种蓝色的淀粉颗粒[11][22]。阿斯塔那所出唐代"中医汤药方"用纸、吐鲁番所出唐末"回纥文写经"用纸[10][28]，都是将浆糊刷在表面上。据说唐代著名的蠲纸也涂了浆糊。明代《正字通·虫部》云："唐人以浆糊纸，使莹滑，名曰蠲纸。"有关情况后面还要谈到。这种淀粉剂的优点是不走墨，缺点是时间过长时，会龟裂脱落下来，故也有的使用动物（或植物）胶来代替。北宋米芾（1051～1107年）《十纸说》云："川麻（纸）不浆，以胶作黄纸，唐诏敕所以有白麻之别是也。"[1][29]宋代以后，纸上施胶矾的技术更加普遍起来。

染色。此技术始于东汉，兴于六朝，隋唐五代仍然十分盛行。唐代对公文用纸的颜色曾有过明确规定，前引李肇《翰林志》云："凡慰军旅用黄麻纸"，"凡诸陵荐告、上表，内道观叹道文，并用白麻纸"等。在众多色纸中，黄纸是使用得最广的，敦煌石室唐人写经几乎全都是黄纸。书法家亦用黄纸。清人李调元《诸家藏书簿》卷三说，唐代欧阳询草书《孝经》、五代杨凝式小字一幅，皆系黄麻纸，皆他亲眼所见。其他色纸亦颇受唐人青睐。值得指出的是，部分色纸，尤其是部分黄纸，是具有防蛀作用的。《事物纪原》卷二载："唐高宗上元三年（676年），以制敕施行，既为永式，用白纸多为虫蛀，自今以后，尚书省颁下诸州诸县并用黄纸，敕用黄纸自高宗始也。"[30]这便强调了黄纸的防蛀作用。

涂蜡。此操作当在成纸后进行。习见有黄纸涂蜡、白纸涂蜡、粉纸涂蜡等种。

黄纸涂蜡，是先染后涂。唐代又称之为"黄硬"或"硬黄"。到了宋代，涂蜡纸便成了优质、名贵纸张之一。唐张彦远《历代名画记》卷二（947年）载："好事家宜置宣纸百幅，用法蜡之，以备摹写（原注：顾恺之有摹搨妙法）古时好搨画，十得七八不失神采笔踪，亦有御府搨本。"[31]同书卷三在谈到书画装潢时说："汧国公家背书画入少蜡，要在密润，此法得宜（原注：赵国公李吉甫家云：背书要黄硬。余家有数帖黄硬，书都不堪）。"[24]米芾《十纸说》载："唐硬黄摹书，皆令冷金向明搨也。"[1][29]这都谈到了涂蜡工艺。在今见古纸中，敦煌石室写经《无上秘要卷第五十二》（开元六年）纸等皆属"硬黄"[22]。硬黄纸的特点是味苦、气香、色美、质地坚密，具有防水防蛀的性能。

也有学者把加浆染黄，用以写经之纸称为"硬黄"的。宋赵希鹄《洞天清录集·古翰墨真辨》载："硬黄纸，唐人用以书经，染以黄蘗，取其辟蠹。以其纸加浆泽，莹而滑，故善书者。"明代项元汴《蕉窗九录》也有类似的说法："唐纸，有硬黄纸，唐人以黄蘗染之，取其辟蠹，其质如浆，光泽莹滑，用以书经。"谁是真"硬黄"，今日已难分辨，或许古人便曾把染黄涂蜡作画和加浆染黄写字，皆称作了"硬黄"也未可知。但赵希鹄把"硬黄纸"与写经纸混为一谈，却是值得商榷的。宋董逌《广川书跋》卷六"硬黄"条说："硬黄，唐人本用以摹书，唐又自有书经纸，此虽相近，实则不同。惟硬厚者，知非经纸也。"[32]同书卷十"为邵仲参书宝章集"又说："以树木皮作纸，名穀纸。至蘗汁涅染，点治槌装，则当经纸。"

关于"硬黄"的具体操作，宋张世南《游宦纪闻》卷五"辨博书画古器"条曾有记载："硬黄谓置纸热熨斗上，以黄蜡涂匀，俨如枕角，毫厘必见"。

白纸施蜡的目的与黄硬纸大体相同，故宫博物院所藏旧题唐吴彩鸾写《刊谬补缺切韵卷》是经过了双面加蜡、研光处理的，属白蜡纸。在宋元时代，黄、白蜡笺都十分盛行。

粉蜡。包括施粉和涂蜡两道工序，它是南北朝的填粉纸工艺与唐代涂蜡纸工艺相结合而产生出来的。米芾《书史》载："唐中书令褚遂良《枯木赋》是粉蜡纸搨。""智永《千文》，唐粉蜡纸搨。"具体操作可能是先将白色矿物细粉涂于纸表，之后再涂蜡，从而兼收了粉纸与蜡纸两种工艺的优点。

（三）关于唐纸的厚度和帘纹

厚度和帘纹，是考察造纸技术的两个重要参数。经测定，敦煌唐代石室写经纸厚一般为0.05~0.44毫米[22]，充分说明唐纸的打浆度较高，纸浆较为均匀且具有较高的抄纸技术。甚至十六七世纪时，欧洲生产的一些纸也不能与之相比。从整个写经纸看，晋后多有帘纹，晋、十六国、南北朝以及五代的帘纹较粗，每纹约1.5~2.0毫米；隋唐纸的帘纹一般较细，其纸帘很可能是细竹条编成[10]。隋唐五代抄纸器绝大部分是使用活动帘床纸模，唯纸帘有粗细之别[33]。由布纹到粗帘纹，由粗帘纹到细帘纹，都是造纸技术发展的一个个印迹。

三、纸品种之增多

由于加工技术之进步和需求量之增加，隋唐五代纸的品种明显增多，且出现了不少名贵加工纸。依原料分类，其品种有麻纸、皮纸、藤纸、竹纸等；依产地分类，又有宣纸、蜀纸等；依用途分类，又有茶衫子纸、笺纸，以及日常生活用纸和汇票等；依色彩加工工艺，则更有许多品名。唐李肇《国史补》卷下采用一种综合分类法，列举了当时天下名纸，说："纸则有越之剡藤、苔笺，蜀之麻面、屑末、滑石、金花、长麻、鱼子、十色笺，扬之六合笺，韶之竹笺，蒲之白薄重抄，临川之滑薄；又宋亳间有织成界道绢素，谓之乌丝栏、朱丝栏；又有茧纸"。[34]可见尤以四川名纸为多。该书成于穆宗（821~824 年在位）之后，这大体反映了穆宗及其之前的一些情况。有的种类上文已经提到，不再重复，下面仅对其他影响较大的几种作一简单介绍。

水纹纸。又名花帘纸、砑花纸。基本特点是在透光处看时，能显示出除去帘纹外的多种纹理、艺术图案或文字；当平置，非透光情况下观看时，图案和文字便隐而不现，给人一种潜在的美感，奇妙无穷。唐代有一种蠲纸，也是水纹纸。明杨慎（1488~1559 年）《丹铅总录》卷一五"字学类·蠲字音义"条云："唐世有蠲纸，一名衍波笺，盖纸文如水文也。"[35]水纹纸工艺可能有二[33]：（1）自然薄浆法。即在纸帘上编织出水纹或其他图案，令其稍凸出帘面，抄纸时此处浆薄而纹理透明发亮。较为明确的记载尚未看到。从传统工艺看，此法应当是存在的。杨慎《升庵外集》卷一九谈到过一种唐蠲纸工艺，但未明确说到其是否有产生过水纹："唐人有蠲纸，以浆粉之属，使之莹滑，蠲之为言洁也"[18]。（2）压力薄纸法。即用雕有水纹或其他图案的模子压于未曾完全定形的纸面上。苏易简《文房四谱·纸谱》说："遂幅于方版之上砑之，则隐起花木麟鸾，千状万态。"陶谷（903~970 年）《清异录》卷下"砑光小本"条载："姚颛子侄善造五色笺，光紧精华，砑纸板乃沉香木刻山水、林木、折枝花果、狮凤、虫鱼、八仙、钟鼎文，幅幅不同，文绣奇细，号砑小本。"

在此顺带谈一下"蠲纸"的问题，其约始于唐，五代及宋都甚为流行。它有两重含义，一方面是某种上等加工纸，如施胶纸、浆粉纸等，另一方面还是一种纸户"免本身力役"之纸。宋周辉《清波别志》载："唐有蠲府纸，凡造纸户，免本身力役，故以蠲名。"[36]又，《新五代史》卷五六"何泽传"也有类似说法："五代之际，民苦于兵，往往因亲疾以割股，或既丧而割乳庐墓，以规免州县赋役。户部岁给蠲符，不可胜数，而课州县出纸，号为'蠲纸'。泽上书言其敝，明宗下诏悉废户部蠲纸"。此说蠲纸是户部向州县摊派的纸，州县贡此纸后，便可领到豁除赋役的证书。今有学者认为，将一些不同类型的纸都称为"蠲纸"，是宋、明文献将之混淆了之故。其实并非如此。"蠲"的含义是较广的，上述涂粉、施胶、水纹、"免本身力役"，都未超出"蠲"字范围。《宋本玉篇》载："蠲，虫也，明也，除也，又疾也。"《丹铅总录》卷一五"字学类·蠲字音义"："《说文》：蠲，马蠲也，从虫，引'明堂'、'月令'，腐草为蠲。明也、洗也、洁也、除也。"[35]显然，前云涂布淀粉纸、水纹纸，大体上都可归为"明也、洗也、洁也"的范围；而造纸之人得以豁除力役，便是"除也"之义。另外，这些名称亦无矛盾处，免除力役之纸，可包括各种不同的工艺，施胶、水纹等都可包含其中的。

薛涛笺。薛涛，唐代成都女诗人，常以一种特制的红色小笺与当代名士元稹、白居易、杜牧、刘禹锡等相唱和，故这种红色小彩笺又有薛涛笺之称①。北宋苏易简《文房四谱》"纸谱"云："元和（806～820年）之初，薛涛尚斯色，而好制小诗，惜其幅大，不欲长之，乃命匠人狭小为之。蜀中才子既以为便，后裁诸笺亦如是，特名曰薛涛笺。"元费著《蜀笺谱》："薛涛本长安良家女，父郧，因官寓蜀而卒；母孀养涛，及笄以诗闻外，又能扫眉涂粉，与士族不侔。""涛出入幕府。""其间与之和唱者，元稹、白居易……皆名士，凡二十人，竞有酬和。涛侨止百花潭，躬撰深红小彩笺。"可见这是一种别具特色的红色粉笺。

十色笺。如前所云，早在晋代便出现了"五色纸"，南朝便出现了"五色华笺"之说。此十色笺当是在简单色纸、简单色笺基础上发展起来的，其中尤以蜀地十色笺最负盛名，这在前引唐《国史补》中已经提及；但《成都古今记》说得更为详细，其云："十样蛮笺曰深红、曰粉红、曰杏红、曰明黄、曰深青、曰浅青、曰深绿、曰浅绿、曰铜绿、曰浅云"[37]。韩浦（928～1007年）《寄弟泊蜀笺》也曾提及："十样蛮笺出益州，寄来新自浣溪头，老兄得此全无用，助尔添修五凤楼。"[38]此"十样蛮笺"的作者不详，亦不知是否与薛涛有关。关于十色笺的制作工艺，宋《文房四谱》卷四"纸谱"曾有涉及，其云："蜀人造十色笺，凡十幅为一榻，每幅之尾必以竹夹夹和十色水，逐榻以染，当染之际，弃置椎理，堆盈左右不胜，其委顿逮干，则光彩相宜不可名也。然逐幅于方版之上砑之，则隐起花木麟鸾，千状万态"。这对我们了解江南，及至后世他处十色笺也是有一定帮助的。

鱼子笺。纸面之纹鳞鳞若霜粒，如鱼子者。唐陆龟蒙《袭美以鱼笺见寄因谢成篇》诗云："捣成霜粒细鳞鳞，知作豪吟幸见分；向日乍惊新茧色，临风时辨白萍文；如将花下承金粉，堪送天边咏碧云；见倚小窗亲襞染，画图春色见夫君。"[39]北宋苏易简《文房四谱》卷四"纸谱"曾谈到过这种鱼子笺工艺："以细布先以面浆胶令劲挺，隐出其文者，谓之鱼子笺，又谓之罗笺。今剡溪亦有焉。"由这段记载可知，此所谓"鱼子笺"，应是以细布令其隐出纹者。前云罗州香皮纸，苏易简所云剡溪纸，唐蜀地鱼子笺等都带有鱼子纹。历史上最负盛名的大约是蜀郡鱼子笺。

流沙笺等。《文房四谱》卷四"纸谱"在谈到了唐鱼子笺后接着又说："亦有作败面糊和以五色，以纸曳过令露濡，流离可爱，谓之流沙笺。亦有煮皂荚子膏，并巴豆油傅于水面，能点墨或丹青于上，以姜揾之则散，以狸须拂头垢引之则聚。然后画之为人物，砑之为云霞及鸳鸟鸽羽之状，繁缛可爱。以纸布其上而受采焉。必须虚窗幽室，明盘净水，澄神虑而制之，则臻其妙也。"

金花笺。即粘附了金、银末（片）之笺，唐李肇《翰林志》说："凡将相告身，用金花五色绫笺。"北宋米芾《书史》说："王羲之《王润帖》，是唐人冷金上双钩摹。"

---

① 《格致镜原》卷三七"文具·纸"："《南部新书》：唐元和初，蜀妓薛涛好制小诗，惜其幅大，不欲长腾，乃狭小之，人以为便，云薛涛笺。"（文渊阁《钦定四库全书》本）。今世学者一般亦认为：薛涛并不曾造纸，她的主要贡献是令匠人将大幅纸切成适合诗笺使用的窄幅纸，并将之染成了桃红小笺（荣元恺：《唐代薛涛笺的再探讨和补遗》，《纸史研究》第13期，1995年）。

此外，《通俗编》卷一二提到的唐"十四种金"中的"销金"，亦是一种加金笺，后世又谓之"洒金笺"。宋陆游《老学庵笔记》五："绍兴中，有贵人好为俳谐体诗及笺启。诗云：'绿树带云山泼画，斜阳入蜀地销金。'"

澄心堂纸。"澄心堂"原为南唐烈祖李昪节度金陵时，燕居、读书和阅览奏章之所；后主时，令工匠生产名贵纸，以供宫中使用，名为"澄心堂纸"。这些纸造成后，在长达半个世纪的时期内，一直深藏宫中，北宋时期才被世人了解和重视。宋程大昌《演繁露》卷九"澄心堂纸"条载："江南李后主造澄心堂纸，前辈甚贵之，江南平后六十年，其纸尤有存者。欧公尝得之，以二轴赠梅圣俞，梅诗铺叙其由而谢之曰：'江南李氏有国日，百金不许市一枚；当时国破何所有，帑藏空竭生莓苔。但有图书及此纸，弃置大屋墙角堆；狭幅不堪作诏命，聊备粗使供鸾台。'用梅诗以想其制，必是纸製大佳，而幅度低狭，不能与麻纸相及，故曰'狭幅不堪作诏命'也。"① 据说欧阳修（字永叔）曾从刘敞处得到过十枚，并分赠梅尧臣。梅尧臣在《宛陵集》卷七"永叔寄澄心堂纸二幅"中对此纸质量曾作过很好的描述："昨朝人自东郡来，古纸两轴缄縢开。滑如春冰密如茧，把玩惊喜心徘徊。蜀笺脆蠹不禁久，剡楮薄慢还可咍。书言寄去当宝惜，慎勿乱与人剪裁。江南李氏有国日，百金不许市一枚。澄心堂中唯此物，静几铺写无尘埃。"可见澄心堂纸是滑如春冰、细如密茧，坚牢胜蜀笺，质地赛剡楮，价值百金的名纸。在宋代，名公们皆争而用之。

对于澄心堂纸的原料、工艺和产地，因其密而不传，故后人有过多种不同说法，其中一种认为其产于今安徽南部的歙州地区，是采用"寒溪浸楮"、"破冰举帘"之法生产出来的。宋人蔡襄《文房四说》云："李（后）主澄心堂为第一，其为出江南池、歙二郡，今世不复作精品，蜀笺不堪久，自余皆非佳物也。"这里谈到了澄心堂纸的原料（楮皮）、产地（江南池、歙二郡）和质量（"第一"）。梅尧臣《宛陵集》卷二七"答宋学士次道寄澄心堂纸百幅"诗云："寒溪浸楮春夜月，敲冰举帘匀割脂。焙干坚滑若铺玉，一幅百钱曾不疑。"此前两句谈到了澄心堂纸的生产季节；"敲冰举帘匀割脂"是一道十分重要的技术措施，其意在改善纸浆的悬浮效果[33]，纸药在较低的温度条件下，效果尤佳。此"春夜月"的具体含义不明，但至少说明了人们对春捣的注意，这对于提高打浆度是很有帮助的。

匮纸。这是一种特殊加工用纸，后世又谓之乌金纸，锤打金箔时，用之作为间隔，以防互相粘合。清查慎行《得树楼杂钞》载："南唐升元（937～943年）之帖，以匮纸摹搨……匮纸者，打金箔之纸也。"如若此说可靠的话，其发明期当可上推到唐代[40]。

飞钱。即后世之汇票，始见于唐。《新唐书》卷五四"食货志"载："宪宗以钱少，复禁用铜器，时商贾至京师，委钱诸道进奏院及诸军、诸使，富家以轻装趋四方，合券乃取之，号飞钱。京兆尹裴武请禁，与商贾飞钱者，廋索诸坊，十人为保。"此"飞钱"，宋代之后皆认为其即是纸质，且为纸币的前身。"进奏院"，

---

① "用梅诗以想其制，必是纸製大佳"。这里又使用了一个繁体字，也是着实无奈。如若将"製"字简化成了"制"，显然，理解起来就要费一番周折。

约相当于各地住京办事处。此"飞钱"便是我国，也是世界上最早的汇票，在中国经济史、世界经济史上都具有重要的意义。因飞票对纸质要求较高，故它的出现，也从一个侧面说明了造纸技术的发展。

隋唐五代时期，生活用纸的范围更加扩展，大家较为熟悉的有名片、纸灯笼、剪纸、卫生纸、纸伞、纸风筝、纸衣、纸被、纸甲、纸帐、纸钱、窗户纸，以及纸棺等，今仅列举名片等数项。

名片。人们自我介绍的一种小型文书。它在造纸技术发明之前便已出现，其始谓之名刺，纸发明后又谓之名纸、门状、名帖、名片。汉刘熙《释名》卷六载："书称刺，书以笔，刺纸简之上也……画（书）姓名于奏上曰画（书）刺。"宋孔平仲（约 1042～1120 年）《谈苑》载："古者未有纸，削竹木以书姓名，故谓之［名］刺，后以纸书，故谓之'名纸'。唐李德裕为相，极其贵盛，人之加礼，改具衔候起居之状，谓之门状。"[41]这种门状在唐宋时代已相当流行。

纸衣。其中主要是禅衣。元和（806～820 年）进士殷尧藩《赠惟俨师》诗云："云锁木龛聊息影，雪香纸袄不生尘；谈禅早续灯无尽，护法重编论有神。"[42]这其中便说到了纸禅衣。

纸被。有关记载至沢见于唐末五代时期。唐末五代人徐寅曾有《纸被》诗，其云："文采鸳鸯罢合欢，细柔轻缀好鱼笺。一床明月盖归梦，数尺白云笼冷眠。披对劲风温胜酒，拥听寒雨暖于绵。赤眉豪客见皆笑，却问儒生值几钱。"[43]这种纸被大约宋代还可看到，陆游曾作有《谢朱元晦寄纸被》诗，其中有云："纸被围身度雪天，白于狐腋软如绵"[44]。宋代过后，随着棉花技术的兴起，纸被渐少。

纸甲。《新唐书》卷一一三"徐商传"载：宣宗时，徐商领兵与突厥战，"置备征军凡千人，襞纸为铠，劲矢不能洞"。这是说纸甲的。

纸风筝。发明于南北朝时期，唐五代时有了进一步发展。如五代吴越罗隐《寒食日早出城东》诗云："向谁夸丽景？只是叹流年。不得高飞便，回头望纸鸢。"[45]

纸钱，即明纸，或叫"冥纸"。唐封演《封氏闻见记》卷六"纸钱"条载："纸乃后汉蔡伦所造，其纸钱，魏晋以来始有其事，今自王公逮于匹庶通行之矣。"[46]

窗户纸。唐冯贽在《云仙杂记》（901 年成书）卷二引《凤池编》云："杨炎（729～781 年）在中书，后阁糊窗用桃花纸，涂以冰油，取其明甚。"这是糊窗用纸之例。

纸棺。1973 年，新疆阿斯塔那 506 号墓出土了一件纸棺，长 2.3 米、前高 0.87 米、宽 0.68 米，后高 0.5 米、宽 0.466 米。以木杆为骨架，糊以故纸，表面涂红，无底。伴出物有大历四年（768 年）《张天价买地券》等。纸棺所用故纸多为天宝十二至十四年（753～755 年）间一些马料收支账[12]。这是纸棺之例。

四、造纸技术的外传

从现有资料看，隋或稍早，我国造纸技术便传到了朝鲜，隋时，便经朝鲜传到了日本，唐代又传到了阿拉伯世界。

据《日本书纪》卷二二"推古天王"载：推古天皇十八年（610 年），"春三月，高丽王贡上僧昙征法定，昙征知五经，且能造彩色及纸墨，并造碾硙，盖造碾硙始于是时欤？"《旧事本纪》又载："（圣德）太子与昙征造纸，召三韩纸用之。今昙征所制纸……不甚经久，乃太子制楮纸……又植楮于诸邑，以造纸法教国县人。"圣德太子因提倡造纸，故在日本被尊为"纸圣"、"纸祖"。推古天王十八年即隋大业六年（610年），造纸技术便由朝鲜传到了日本，故其传至朝鲜的时间当在此之前。

至迟8世纪初，造纸术便传到了中亚。1933年，原苏联塔吉克共和国的穆格山（在撒马尔汗正东约120公里）粟特古城遗址曾发现过唐中宗神龙二年（706年）的中国文书残纸，其是有"交城守促使"、"大斗守促使"、"伍调"等字语[47]。

8世纪中期，造纸术又传到了阿拉伯世界。据《新唐书》卷五"玄宗纪"载：天宝十年（751年）七月，"高仙芝及大食，战于恒逻斯城（今吉尔吉斯境内），败绩"。在这次战争中，唐朝许多士兵被俘，其中便包括了造纸等手工业工人。当时杜佑的侄子杜环也在这次战争中被俘到了大食，回国后写了一本名为《经行纪》的书，杜佑《通典》曾不止一次地提到过此事。其卷一九一"西戎总序"载："族子环随镇西节度使高仙芝西征，天宝十载至西海。宝应初因贾商船舶至广州而回，著《经行纪》。"[48]其卷一九三"大食"条引杜环《经行纪》云：大食的"绫绢机杼、金银匠、画匠，（皆）汉匠起作。画者京兆人樊淑、刘泚，织络者河东人乐𠙶、吕礼"[49]。此未提到造纸术，最早明确提到中国造纸术及其西传的人是10世纪的阿拉伯学者比鲁尼（Al‐Biruni，973~1048年），其云："初次造纸是在中国"。"中国的战俘把造纸法输入撒马尔罕。从那以后，许多地方都造起纸来，以满足当时存在着的需要"[50]。撒马尔汗当在唐时称为康国，751年为大食占领。于是造纸术传至阿拉伯世界，并较快地传到了非洲。

第七节　雕版印刷的兴起

雕版印刷虽南朝便已出现，但使用未广；及唐代，随着整个社会经济、文化的发展，而迅速兴起，整个书籍生产和文化事业皆焕然一新。印刷术的发明和推广，是人类文化史上的重大事件，它为优秀文化的保存和传播，起到了十分重要的作用。

本节主要介绍隋唐五代雕版印刷的兴起过程，以及我国古代书写、印刷用墨发明发展的简单情况。

一、隋代雕版印刷的显露

不管南朝还是隋代，雕版印刷的实物皆迄今未见。隋代值得一提的是，有关雕版印刷之事在有关文献中再次显露出来。

隋费长房《历代三宝记》卷一二载："开皇十三年十二月八日，隋皇帝佛弟子姓名，敬白……作民父母，思拯黎元，重显尊容，再崇神化，颓基毁迹，更事庄严。废像遗经，悉令雕撰。"[1]该书同时还提到过"毁像残经"、"毁废经像"、"奉庆经像，日十万人，香汤浴像"等事。其中最值得注意的是"悉令雕撰"一语，明清两代，都有学者认为其指佛经雕刻言；今人柳毅等支持这一观点，并认为此"雕撰"，可释为"既雕塑佛像又雕刻佛像、经书印刷"[2]。也有学者认为"雕撰"系指雕塑佛像言，"不会是佛经雕撰"[3][4]。我们比较倾向于前一说法。

二、唐代雕版印刷的兴起

从现有资料看，我国古代雕板印刷约兴起于唐代早、中期，唐代晚期之后便在全国范围逐渐推广开来。这既有多起考古实物，也有大量文献记载为证。

（一）唐代雕版印刷的考古实物

今见于报道的唐代印刷制品有 10 多件，分属唐代早、中、晚期，其中相当部分属佛教的经、咒，只有少数为日用历书。它们分别是：

1. 1906 年新疆吐鲁番出土的《妙法莲花经》残本，现存文字 194 行。其始归新疆布政使王树楠（1851～1936 年），后转日本人江藤涛雄、中村不折。中村氏原将其定为隋代，1952 年时，目录学家长泽规矩也发现其中有武周制字，遂定之为武周刊本[5]，其刊印时间当不会晚于 695～699 年。也有学者认为制字不能作为断代的唯一标准，后世也有使用制字的，制字只能说它不早于武周时期[6]。

2. 1966 年韩国东南部庆州佛国寺释迦塔内发现的汉文印本《无垢净光大陀罗尼经》，1 卷。其长约 630 厘米、宽 6 厘米、版心高 5.5 厘米，桑皮纸印成；用 12 块木板印成后粘接而成，每块约 20～21 英寸；出土时缠在一段两端髹漆的竹轴上。墨迹清晰，字体秀丽。其中有 4 个武则天的"制字"：证、撰、地、初，它们先后计出现过 9 次[7][8]。1979 年之后，中国学者方了解到此事，并进行了许多研究。从制字看，其当武周时期（684～704 年）印成；也有人认为是长安四年至天宝十一年间（704～752 年）印成。虽出土于韩国，应是唐代印本[6]~[12]。

3. 1974 年西安柴油机厂出土的梵文本陀罗尼经咒，1 件。印本近于正方形，长 27 厘米、宽 26 厘米，纸质粗糙，字的行距疏密不一，有的字迹不甚清楚。出土时装在一个铜腭托中，原报道说其伴出物有规矩四神镜一枚，并依此将其定为唐代初期，即 7 世纪初叶[12]。但也有学者认为其出土地层不明，规矩四神镜未必是其伴出之物，从而将其年代定到了 756～845 年之间[6]。

4. 1967 年西安造纸网厂（原名西安铜网厂）古墓铜管内发现的梵文印本陀罗尼经咒，1 件。经咒印画为一长方形的单页纸，长 32.3～32.7 厘米、宽 28.1～28.3厘米，纸质发黄，韧性较好，纸面有明显的帘纹，帘纹宽约 1 毫米。纸的纤维较长，表面有明显的胶质层，纸质接近于楮皮纸。因无伴随物出土，经咒上亦无年代题记，有学者依据画面和经文推测，推定其属唐玄宗时期的印刷品[13]。

5. 1975 年西安冶金机械厂出土的汉文印本陀罗尼经咒，1 件，正方形，边长 35 厘米，纸面光滑致密，印文娴熟流畅，字迹清晰。原断代为盛唐时期[14]，后有学者将其改定为 756～845 年之间[6]。

6. "文化大革命"期间，安徽阜阳唐代中晚期墓出土的梵文印本《陀罗尼经咒》，半幅，伴出物有白瓷碗、盘[15]。

7. 1944 年，成都唐墓出土的印本《陀罗尼经咒》，1 件，用唐代名茧纸印刷，纸薄而透明，韧性较好，其上印有菩萨像和数行梵文经咒，并署有汉字"成都府成都县□龙池坊□□□近下□□印卖咒本"等字样[16]。笔画秀挺圆润。据鉴定，当系 850 年以后印刷，今藏中国国家博物馆。

8．1953 年，浙江龙泉县在拆毁一座古塔时发现一些古代经卷，其中一卷为《妙法莲华经》，字大如钱，欧体，经鉴定为晚唐刻本[2][17]。

9．1974 年，西安市郊晚唐墓出土《陀罗尼咒》印本一张，约 50 厘米见方，印制风格与成都的相仿，应同为唐代晚期之物[3][4]。

10．1907 年，斯坦因（M. A. Stein）在甘肃敦煌石室藏经洞内发现的大量佛经写本和雕版印刷品。其中较值得注意的有咸通九年(868 年)《金刚般若波罗密经》（简称"金刚经"）印本等。"金刚经"其首尾完整，全长约一丈六尺，高约一尺，由六块长方形木板刻成，后印在六张纸上。卷后署有"咸通九年（868）四月十五日王玠为二亲敬造普施"。刀法纯熟、雕刻精美，字体浑朴，刚劲凝重，图文并茂，画面神态生动，字迹清晰，墨迹浓淡相宜（图版拾叁，5），可知当时雕版印刷已发展到了较高水平。此经卷为斯坦因盗去，现存英国不列颠博物馆，这是今见带有确切纪年的最早印刷品。

11．不列颠博物馆还藏有敦煌石室出土的僖宗乾符四年（877 年）历书残页，其中除记载了节气、月份大小，以及日期外，还杂有阴阳五行和凶吉禁忌，与宋、元、明、清历书的风格比较接近。

12．敦煌还出土有中和二年（882 年）历书，其已残破不堪，其上署有"剑南西川成都府樊赏家历"等字。这两起是全世界今见最早的印版书本和最早的历书。

以上是 12 件（批）唐代的印刷制品。此外还有一些，不再列举。其中可能属于唐早期的 3 件，即两件带武周制字的佛经和 1 件梵文陀罗尼经咒。虽学术界对其断代提出过一些不同观点，但要否定其原断代，尤其是有武周制字者，亦非易事。纪年印刷品计 3 件，即咸通九年"金刚经"、乾符四年历书、中和二年历书，皆属唐代晚期。其中有的是书籍类，有的虽较单薄，但印数较大。这些佛教经、咒和历书的印制，都是唐代各时期雕版印刷兴起的重要物证。

（二）唐代雕版印刷的文献记载

这方面的资料较多，在唐代早、中、晚各期文献中都可看到，今依时间顺序略举数例如下：

属于唐代早期的主要是佛事印刷品，较值得注意的有如下 3 段：

后唐冯贽《云仙散录》（926 年）卷五引《僧圆逸录》云："玄奘以回峰纸印普贤像，施于四众，每岁五驮无余。"说此普贤像是印制的，虽可能为单张印刷，但每岁五驮，印数较大。据《旧唐书》卷一九一"僧玄奘传"载，玄奘"贞观九年（645 年）归至京师，太宗见之大悦"。其印刷普贤像的时间当在回国后，去世前，即 645~664 年之间。属唐代早期。

天台宗将《华严经》一部八会别为前后二个部分，认为前部分"七会"是佛成道后在前三个七日之间的说法，后部分"第八会"为此后的说法。法藏不同意此说，其《华严经探玄记》卷二载："此经定是[佛成道后]第七日所说……于此二七之时，即摄八会同时而说。若尔，何故会有前后？答：如印文，读时前后，印纸同时。"[18]显然，这是用印刷术为喻，来说明佛祖成道后，其法已在心中，说法虽有先后，却无前后之分。此书纸成于696~697年，亦属唐代早期。既以印刷术为誉，可知此术流布已广。

法藏在另一著作《华严一乘教义分齐章》卷一也有类似的说法："一切佛法并于第二七日，一时前后说，前后一时说。如世间印法，读文则句义前后，印之，则同时显现。"[19]其成书年代约与前书相当，亦属唐代早期。

此外，有学者认为太宗长孙皇后所撰《女则》也是雕版印刷的，清代江陵人郑机（约卒于光绪六年前）和今人张秀民都支持过这一观点。其主要依据是明代史学家邵经邦（1491~1585年）《弘简录》卷四六中的一段文字：长孙氏既崩，"上为之恸，及宫司上其所撰《女则》十篇，采古妇人善事……帝览而嘉叹，以后此书足垂后代，令梓行之"。从社会和技术背景看，贞观时期"梓行"过《女则》是可能的，但可惜在唐代文献，如《旧唐书》、《新唐书》等中，都找不到"梓行"二字的证据。胡适博士认为，"梓行"二字是明人无心之话，"这一句十六世纪的无心之误，绝不是七世纪的证据"[20]。可以进一步研究。

唐代中期与印刷有关的记载不是太多，较值得注意的是"印纸"，它是商人纳税的一种凭据[20]。《旧唐书》卷四九载，德宗建中四年（783年），户部侍郎赵赞为解脱经济困境，提出了两种增税法。其中一法为："除陌决，天下公私给与、货易率一贯旧算二十，益加算为五十。给与他物，或两换者，约钱为率算之，市牙（衙）各给印纸，人有买卖，随自署记，翌日合算之。"稍后，元和初还发行过飞钱，前节已经提到。

唐代晚期，印刷品种类向多样化发展，文字类工具书、相宅、历书、文学作品等都大量刊行起来。

《元氏长庆集》卷五一载，长庆四年（824年）时，元稹给友人白居易《诗集》作序说："二十年间禁省观寺，邮侯墙壁之上无不书；王公妾妇，牛童马走之口无不道。至于缮写模勒，衒卖于市井，或持之以交酒茗者，处处皆是。（原注：扬越间多作书模勒乐天及予（余）杂诗，卖于市肆之中也。）"[21]这说明唐代晚期，扬越间到处都有白居易和元稹的杂诗印刷本出售。"勒"即雕刻；《隋书·史岁万传》："于是勒石颂美隋德。"这是印刷文学作品之例证。

《全唐文》卷六四载，太和九年（835年）冯宿上奏，请求禁止私刻日历，"准敕，禁断印历日版。剑南、两川及淮南道皆以版印历日鬻于市。每岁司天台未奏颁下新历，其印历已满天下，有乖敬授之道"。这是私印日历之例，可见其数量之多，地域之广。

咸通年间范摅《云溪友议》卷下"羡门远"条说：纥干泉（又作臮）"及镇江右，乃大延方术之士，乃作《刘弘传》，雕印数千本，以寄中朝及四海精心烧炼之者"[22]。纥干泉曾于大中元年（847年）至三年任江南西道观察使，印刷《刘弘传》之事，应在其任期之内，这是关于道家印书的较早记载。

宋王谠《唐语林》卷七载："僖宗入蜀，太史历本不及江东，而市有印货者，每差互朔晦。货者各征节候，因争执。"说明当时历法印制作坊较多，往往出现差错而互相争执。此"僖宗入蜀"系黄巢起义攻克长安后，僖宗于中和元年（881年）流亡成都事。

敦煌石室所出唐写经《新集备急灸经》卷末题："京中李家于东市印。"由此可知，此石室写本是照着印本抄录的。其背面有咸通二年（861年）写的阴阳书，三年写的神灵药方；印本的时间当在此前[23]。

《旧五代史》卷四三"明宗纪"，原注引（柳玭）《柳氏家训序》说："中和三年（883年）癸卯夏，銮舆在蜀之三年也，余为中书舍人。旬休，阅书于重城之东南，其书多阴阳杂说、占梦、相宅、九宫五纬之流，又有字书、小学，率雕板印纸，浸染不可尽晓"。柳玭系唐代书法家柳仲郢之子，他随僖宗逃到成都，此述系他亲眼所见，可知当时成都东南的杂书等类皆是雕板印刷的。

有关文献还有不少，不再一一列出。可知从唐代早期到晚期，实物资料和文献资料，都是逐渐增多的，这大体反映了印刷术兴起的基本历程。印刷术的发源地目前尚难确定，唯知唐代晚期时，剑南、两川、淮南、扬州、越州、江南西道、长安等地都已开版印刷。其中又以今四川一带最为发达，仅成都一地，有据可查的便有樊家、卞家、过家三个商号，皆为私营作坊；前二者上文已经提及，与过家书坊有关的资料国家图书馆原有收藏[24]。京中印刷业也较发展，仅东市便有李家、大刁家两个商号。从部分实物和文献记载看，早期雕版主要是印刷一些佛像和有关经书，之后才用到了日历和文学作品上。唐代晚期，官方和私人都在印书，除前面提到者外，还有《日光旧疏》等大型书籍。《金刚经》等的印刷质量，一些大型书籍的出版，都说明雕版印刷在唐代晚期已发展到了较高水平。

三、五代雕版印刷的发展

五代时期，虽国家四分五裂，战乱纷纷，但却是我国古代印刷术发展的重要阶段。主要特点是：（1）在唐代基础上，一些地区的印刷技术有了进一步发展；吴越一带逐渐形成了几个新的印刷基地；唐代中期发展起来的益州印刷亦有了一定发展。（2）开创了朝廷主持出版儒家经典的历史，从而极大地推动了整个印刷术和文化事业的发展。（3）佛教印刷异常兴盛，私营印刷也有了较大发展。

在朝廷主持的儒家经典出版活动中，较早且规模较大的是冯道刻九经。《五代会要》卷八载：后唐长兴三年（932年），宰相冯道奏"请依石经文字，刻九经印板"。先将西京石经本"抄写注出，仔细看读，然后雇召能雕字匠人，各部随秩（又作帙）刻印板，广颁天下，如诸色人要写经书，并须依所印敕本，不得更使杂本交错"。此事为宋元学者广为引用，并认为雕版印刷源于冯道①。其实自非如此，冯道是大量刻印经书的第一人，而不是雕版印刷之始。冯道奏刻九经的目的，与蔡邕刻石经是一样的，皆系为读书人提供一个标准文本。后汉干佑元年（948年），五经成，于是又奏请继续雕造《周礼》、《仪礼》、《公羊》、《谷梁》四经。后周广顺三年（953年）②，"九经成，进印板、九经书、《五经文字》、《九经字样》各二部，一百三十册"。前后花了22年时间。同书同卷又载，后周世宗显德二年（955

---

① 王祯《农书》卷二二"造活字印书法"："五代唐明宗长兴二年（多作长兴三年），宰相冯道、李愚请令判国子监田敏校正九经，刻板印卖，朝廷从之，镂梓之法，其本于此。"

② 《丛书集成初编》本《五代会要》作"周广顺六年六月"，查《中国历史年代简表》，"广顺"这个年号只用到"三年"，即953年；954年为显德元年。《旧五代史》卷四三作"广顺三年丁巳板成"。今从《旧五代史》，"九经"刻成时间为953年。

年），中书门下奏，又校刻《经典释文》三〇卷。

五代十国的佛教印刷亦非常兴盛。虽唐代末年佛教曾一度受到摧残，但有的号令并未执行；五代十国时期，由于统治者的提倡，佛教迅速地复兴起来。佛经印发量亦相当的惊人，尤其是吴越一带。今举数例考古实物如下：

1917 年，浙江湖州天宁寺经幢中发现了《一切如来心秘密全身舍利宝箧印陀罗尼经》数卷，卷首扉画前有"天下都元帅，吴越国王钱弘俶印《宝箧印经》八万四千卷，在宝塔内供养，显德三年丙辰（956 年）岁记"字样，每行八九字，经文共 338 行。

1924 年杭州雷峰塔（吴越王妃黄氏所建）倒塌，后在其中发现一部《宝箧印经》，经首印有"天下兵马大元帅，吴越国王钱俶造此经八万四千卷，舍入西关砖塔，永充供养。乙亥八月日记"。经高 7.0 厘米，长 2.0 米，经文 271 行，每行 10～11 个字。此"乙亥"年，实际上已是北宋开宝八年（975 年）。

1971 年，安徽无为县宋代舍利塔下砖墓小木棺内，发现五代后周显德三年（956 年）吴越国王钱弘俶印《宝箧陀罗尼经》一卷[25]。无为县原非吴越版图，可见钱氏印经流行之广。

1971 年绍兴出土金涂塔一座，内藏佛经一卷，每行 11～12 字，卷首印"吴越国王钱俶造《宝箧印经》八万四千卷，永充供养，时乙丑（965 年）岁记"。扉页画面明朗秀美，经文清晰悦目，纸质洁白，墨色精良；千年如新，甚为罕见[26]。如宋本之佳椠。

私营印刷业此时亦得到了进一步发展。其中既有宗教书籍，也有文学书籍。如《道德经广圣义》（30 卷），这是我国第一部道家经典，为道士杜光庭编撰，唐灭亡后第二年，前蜀任知玄自出俸钱，雇赁良工，为之雕版，五年（909～913 年）乃成。又如，后蜀宰相毋昭裔少时贫寒，向人借书遭到拒绝，当即立下誓言，异日若贵，当板以镂之，以遗学者。后，入后蜀为相，在成都私资雇工雕印《文选》、《初学记》、《白氏六帖》[27]。又如后周文学家和凝、须昌（今山东东平县人），擅长短歌艳曲，有集百卷，曾自行印了数百帙送人[28]，开文学家自行出版之先河。

五代印书坊的分布亦比唐代有所扩展，前后蜀、吴越、南唐等的印刷业都是较为发达的；南唐李氏曾梓行过刘知几《史通》，及《玉台新咏》等[29]；成都、江宁、浙江、汴梁、沙州（在今甘肃）、青州（在今山东）等地都已印书。四川仍是其中比较发达之所。

过去人们常说五代印刷技术水平不高，其实并非如此。在短短 20 年内，吴越印经三次，每次皆 84 000 卷，可见印书量之巨，销售量之大。如此儒家经典和佛、道两家经书皆广为流传开来。

四、雕版印刷的工艺操作

文献上关于雕版印刷操作技术的记载，有如凤毛麟角，甚为鲜见。从传统技术调查来看，基本步骤当是：（1）写版。将文稿写于稿纸上。（2）贴版。将写好的文稿反贴到用作雕刻的木板上，并稍施力，令其平实。这样，文字和图像便反向地转移到了木板上。（3）雕版。令刻字工依贴稿字样刻出反向的凸字、凸版来。

（4）定版。即将印版朝上，并固定于台面。（5）施墨、印刷。先在印版表面均匀刷墨，后覆以用于印刷的白纸，再用干净的刷子轻轻刷过，揭下后便完成一张纸的印刷。如此者不断操作，百卷巨著可成。

五、关于铜版印刷的发明

先秦至汉的图文复制工具中，计有木质、泥质（或半陶质）、金属质等种，所以在人们发明出木质雕版印刷的同时，自然要联想到金属雕版，首先是铜雕版的。我国古代铜版印刷发明于何时，学术界尚无定论，迄今主要有"唐代"说、"五代"说等种。

唐代说是清叶昌炽首先提出的，其《语石》卷九在谈到反文书范时说："宋熙宁八年君山铁锅，及唐开元《心经》铜范、蜀刻韩文书范，亦皆用反文"[30]。今有学者认为此铜范"是直接用以印刷《心经》的雕版铜版"，若依此说，铜版印刷便早在唐开元间便已发明[31]。

五代说的主要依据有二，一是宋岳珂在自刻《九经三传沿革例》中曾说："家塾所藏：唐石刻本、（后）晋天福（936～943年）铜版本"[32]。二是清朱彝尊《经义考》卷二九三引明人杨守陈说："魏太和有《石经》，晋天福有铜版《九经》，皆可纸墨摹印，无庸笔写"[33]。此也说到了晋铜版，并将之与魏石经并举，皆可摹印。

从技术上看，我国在唐代和五代发明出铜版印刷都是可能的，尤其是五代，上述资料都说得十分明白，只不过铜版使用较少罢了。

六、关于网版印刷的起源

传统印刷技术大体上可区分为平、凸、凹、孔四大类；丝网版、誊写版，便可归于孔版印刷范围。因丝网印刷在近代使用较多，故其始于何时，颇受世人关注，国内外都有学者对它进行过一些探索性研究，迄今尚无一致结论。

有学者认为，孔版印刷最为原始的表现形式是纺织物的型版印花[34]。型版印花约起源于春秋战国时期，前云江西贵溪崖墓的春秋印花布便是其最早的例证[34][35]；汉至北朝有了进一步发展，这在北朝夹缬型版的发展中便得到了证明[36][37]；及唐，便开始了向网版印花的过渡，大家较为熟悉的例子便是前云吐鲁番出土的唐代印花布[34]。凡印花清晰者，其圆圈均不闭合，这是镂空印花版的特有现象；尤其是那些小圆圈的直径不过3毫米，圈内圆点仅1毫米左右，一般花版是难达此种程度的，当系一种特殊的纸版刻镂而成。它可能是在镂空处保持了连接点，然后以生丝和粘附材料加固[38]。这种型版的创新，便为后代的纸型印花和绢网印花打下了初步的基础[39]。我们基本上同意这一看法，但这种丝网印花，只可视为丝网印刷的前身，它还不是丝网印刷，亦不宜直接地将这种印花当成了印刷；我国真正的丝网印刷始于何时，还有待考古实物的证实。

七、我国古代制墨技术的发明和发展

墨是印刷和书写的基本材料之一。纸、笔、墨、砚，在我国古代一直被人们誉之为"文房四宝"，对我国古代文化的保存和传播，都起到了重要的作用。今主要介绍一下墨的问题。

（一）关于墨的发明和初步发展

我国古代之"墨"发明于何时，学术界尚无一致看法。从考古发掘看，人们使用黑色颜料的时间至少可上推到仰韶文化时期，前面提到的彩陶便是最好的例证。但炭质黑色颜料大体上是到了商代才看到的，美国纽约大学一位教授曾分析过殷墟出土的甲骨片，认为其黑色颜料是炭黑。在考古资料中，书写用墨约始见于西周早期；1964～1966 年，洛阳北窑发掘 348 座西周墓，见有 7 件以墨书字的器物[40][41]，其中有铜簋、铜戈、铅戈、戟等，分别写于器物的底部或援的背面，皆属西周早期。如"白懋父"簋，底部墨书"白懋父"三字。"白"同伯，"懋"或作髦，当即康叔之子康伯髦，此器年代为周初康王（公元前 1078～前 1054 年）时期[42]。"史矢"戈，援的背面墨书"史矢"二字。"尧"戈，援的背面墨书"尧"字。"封氏"戈，援的背面墨书"封氏"二字[43]。这是迄今所见最早的墨书器物。可知书写用墨的发明期当在西周早期之前。1965～1966 年，山西侯马秦村盟誓遗址出土玉、石质的朱书盟书和墨书诅辞 5 000 余件，其中较为完整且可辨认者约 600 余件，断代春秋[44]，这是今见春秋盟书中较大的一宗。早期书写用墨很可能是液态的，因其不便于携带和保存，之后才为块状墨代替。今在考古发掘中所见最早的固体墨块属战国时期。江陵九店战国墓 M56 出土 1 个墨盒（M56:13-2），内装墨一大块数小块，大块近方形，长 2.1 厘米、宽 1.3 厘米、厚 0.9 厘米，断代战国晚期前段，这是我国今见最早的墨。1975 年湖北云梦睡虎地战国末年墓出土 1 块（M4:12），其色纯黑，圆柱状，圆径 2.1 厘米，残高 1.2 厘米；伴出的还有布满墨痕的石砚、写满墨字的木牍等，其年代当在战国末年的秦统一六国前[45]。元陶宗仪《辍耕录》卷二九认为，至魏晋时始有墨丸①，显然与史有差距[46][47]。

文献上关于用墨的记载约可上推到夏代以前。《书·虞书·舜典》载："五刑有服。"孔氏注："五刑，墨、劓、剕、宫、大辟。服，从也，言得轻重之中正。"此说五刑用墨。舜约相当于夏代之前的早期部落联盟的一个盟主。若依此，铜石并用时代末期便有了墨刑，便有了墨。之后，《书·商书·伊训》载："臣下不匡，其刑墨。"孔氏注云："臣不正君，服墨刑；凿其额，涅以墨。"孔颖达疏："臣无贵贱，当匡正君也。"这也是关于墨刑的记载。此说当属可信。看来，商代，及至更早的年代便有了墨刑，便有了墨。当然，原始墨的成分和制作工艺与后世未必完全相同。周代之后，有关记载更多，且更为明确。《周礼·地官·占人》云："史占墨。"郑氏注："墨兆广也。"贾公彦疏："墨纵横，其形体象以金木水火土也。凡卜，欲作龟之时，灼龟之四足，依四时而灼之。"《礼记·玉藻》云："史定墨。"孔颖达疏："凡卜，必以墨画龟，求其吉兆。"这都说到了周人以墨占卜的情况。《韩诗外传》卷七："赵简子有臣曰周舍，立于门下三日三夜。简子使问之曰：子欲见寡人何事？

---

① 元陶宗仪《辍耕录》卷二九云："上古无墨，竹挺点漆而书；中古方以石磨汁，或云是延安石液；至魏晋时始有墨丸，乃漆烟、松煤夹和为之。所以晋从多用凹心砚者，欲磨墨贮沈耳。自后有螺子墨，亦墨丸之遗制。"此观点在学术界影响较大，许多人都曾引用。今细究之，多数不太严格。如"点漆而书"便较难置信，漆带粘性，是很难真正用于书写的。"以石磨汁"，亦不严格。所谓"延安石液"，实是石油燃烧的烟黑。说"魏晋时始有墨丸"，则与考古实物相左。

周舍对曰：愿为谔谔之臣，墨笔操牍，从君之过而日有记也，月有成也，岁有效也。"此说到了用墨。《考工记》所云宫廷作坊的三十个工种中，有一个"画绘之工"，这自然是要用墨的。《庄子》外篇"田子方第二十一"载："宋元君将画图，众史皆至，受揖而立，舐笔和墨，在外者半。"和，调和。宋元君即宋元公，公元前531～前516年在位。此说宋元君请国师用笔墨画国中山川地土图样之事。这说明周代用墨已经较为普遍。

汉代之后，随着经济文化的发展，以及造纸技术的发明，墨的使用亦更加广泛。1973年，山西浑源毕村西汉墓出土了墨丸及带有墨迹的石砚；墨丸略呈半圆锥体形，石砚呈长方形和圆形的板状[48]。同年，湖北江陵凤凰山文帝前元十三年（公元前167年）墓出土有毛笔及带有墨迹的石砚[49]；1983年广州象岗西汉墓出土圆饼状固体墨4 385枚，墓主人为南越王赵眜（约公元前162～前122年）[50]。1953年，河北望都西汉墓墓室的一幅壁画中，见有砚台和墨锭的形象[51]。1955年，河南陕县刘家渠44座东汉墓出土5件墨，其中3件保存较好，手捏而成，皆呈圆柱形，直径1.6～2.4厘米、高1.8～3.3厘米，有使用过的痕迹[52]。另外，南京老虎山3座晋墓出土两块墨[53]。此时关于墨的文献记载更多了起来。《说文解字》云："墨，书墨也。从土、黑。"蔡质《汉官仪》："尚书令仆丞郎，月赐渝糜大墨一枚、小墨一枚。"[54][55]此"渝糜"，又作"隃糜"，地名，汉置隃糜县，属右扶风，故地在今陕西千阳县。应劭《汉官仪》亦有同样的记载①。《东观汉记》云："和熹邓后即位，方国贡献悉禁绝，惟岁供纸墨而已。"[54]《后汉书》卷三六"百官志"：守宫令"主御纸笔墨及尚书财用诸物及封泥"。尚书右丞"假署印绶及纸笔墨诸财用库藏"。《宋书》卷三九"百官志"也有类似说法："尚书令仆而丞郎，月赐赤管大笔一双，隃糜墨一丸。"敦煌所出六朝写经，千数百年如新，墨光如漆。

（二）关于早期制墨工艺

早期书写用墨的制作工艺，今已难得详知。一般认为，战国两汉当由炭黑和胶两种材料配制；至迟东汉三国时期，便开始向墨中加入添加剂，并逐渐形成了一套较为复杂的工艺。添加剂的作用主要是防腐、助色、益香、润湿、调节酸碱度、增加稳定性等。魏晋南北朝、宋代、明代，都曾对我国古代制墨技术作出过较大贡献。

中国墨的主要呈色物质和基本成分是炭墨，古人习谓之"烟"或"煤"，它是由含碳物质，主要是碳氢化合物在供氧不足的条件下，作不完全燃烧而得到的一种质轻、粒细、疏松的黑色粉末。人们对制墨所用炭黑的基本性能要求：一是粒细；二是色黑。这两个指标都直接受到炭黑原料的影响。我国古代生产炭黑的原料主要有两大类：（1）树木，主要是松木（以及松香）、桦木等；虽所有树木大体皆可制墨，但有高下之别。（2）油脂，主要是桐油、石油、猪油、麻子油、苏子

---

① 文渊阁《钦定四库全书》收有汉卫宏《汉官旧仪》；《续修四库全书》746册（上海古籍出版社）收有应劭《汉官仪》二卷，汉蔡质《汉官典籍仪式选用》一卷，汉卫宏《汉官旧仪》二卷补遗二卷。蔡质书之正名当如《续修四库全书》收云。

油、豆油、皂青油等矿物和动植物的油类。汉唐最为推崇松木，而且，历代都有自己选择的最佳松木。曹植（192～232年）《乐府》诗云："墨出青松烟，笔出狡兔翰；古人感鸟迹，文字有改判。"[61]其中便明确地说到了墨出青松烟。唐《墨薮》卷二"王逸少笔势图第十四"载："墨取庐山之松烟，代郡之鹿角胶，十年以上强如石者，纸取东阳鱼卵虚柔滑净者。"宋代晁季一《墨经》（约1100年）在谈到历代制墨用松时说："汉贵扶风隃麋终南山之松……晋贵九江庐山之松……唐则易州、潞州之松，上党松心尤见贵。唐后则宣州黄山、歙州黟山松、罗山之松。"李诩《戒庵老人漫笔》卷七"笔墨"条载："古墨以上党松心为烟，以代郡鹿角胶煎为膏而和之，其坚如石。"[56]用松制墨的优点，乃因其含有大量松脂，即松香和松节油；不但能做成优质炭黑，且可使墨具有一种天然的清香。

制墨的另一种重要原料是胶，主要是动物胶，作粘合剂用。早在先秦时期，我国就掌握了一套提取多种动物胶的工艺，并区分了它们的不同性能。《考工记·弓人为弓》条在谈到制弓用胶的选择时说："凡相胶，欲朱色而昔，昔也者，深瑕而泽，紾而抟廉。鹿胶青白，马胶赤白，牛胶火赤，鼠胶黑，鱼胶饵，犀胶黄，凡昵之类不能方。"此前五句谈到了选择胶的一些基本条件，即颜色深红而光润，且纹理粗糙者为良胶，其次六句谈到了六种动物胶的颜色，最后一句说其他胶皆不能与此六种相比。昵，亲昵，粘性。方，比拟，比较。关于胶的制法，《周易参同契》说是"皮革煮为胶"。

以炭黑和胶制墨，这是较为原始的操作。东汉三国或稍前，便逐渐形成了一套较为规范的工艺，其具体演变情况今已不得而知。今日所见较早的一个制墨工艺是三国韦仲将墨法，北宋苏易简《文房四谱》卷五"墨谱·之造"载："韦仲将'墨法'曰：今之墨法以好醇松烟干捣，以细绢筛于缸中，筛去草芥，此物至轻，不宜露筛，虑飞散也。烟一斤已上，好胶五两，浸梣皮汁中。梣皮即江南石檀木皮也，其皮入水绿色，又解胶并益墨色；可下去黄鸡子白五枚，亦以真珠一两、麝香半两，皆别治细筛都合调下。"[57]筛，筛。韦仲将，名韦诞，三国魏人，善书法，善制墨。仲将墨早负盛名①，肖子良《答王僧虔书》云："仲将之墨，一点如漆。"[58]《三国志·魏志》有"韦诞传"。此仲将墨制法虽是先世流传下来，其中有的文字好像是苏易简注，但基本内容当属可信，且多家都有记述②。其基本组分是醇烟和胶，另有添加剂梣皮、鸡蛋白、"真珠"、麝香，计为6种。此"醇烟"即纯净的烟黑。梣，即秦皮，既解胶，又益墨色；秦皮汁原呈黄碧色，但稍带蓝色萤光，使墨在黑中泛青；又具有抑菌作用。蛋白原是一种胶体，可提高牛胶和炭黑的浸润性，并增强炭黑与胶分散体的稳定性。"真珠"，即朱砂末。宋李孝美《墨谱法式》卷下云："本草：'丹砂'作末名真珠。陶隐居云：'真珠即今朱砂也。''珠'字恐是传写之缪。"[59]朱砂（HgS），可杀菌，且助色。麝香为上等香

---

① 元陆友《墨史》云："洛阳、许、邺三都宫观始就，诏令诞题署，以求永制。给御笔墨皆不任用，因奏蔡邕，自矜能书，兼斯喜之法，非纨素不妄下笔。夫欲善其事，必利其器，若用张芝笔，左伯纸，及臣墨，兼此三具，又得臣手，然后可以逞径丈之势方寸千言。"[60]

② 宋李孝美《墨谱法式》卷下载："仲将墨：醇烟一斤以上，以胶五两浸梣皮汁中，不可下鸡子白，去黄五颗，亦以朱砂一两，麝香一两，别治细筛都合稠。"[59]这也是6种组分。其中的"不"字可能是刊误。

料，不但生香，且具抗菌防腐的作用。

关于仲将墨所用添加剂的种类，宋晁季一《墨经·药》说只有朱砂和麝香两种[55]，今世学者也有人引用这一说法的[47]，其实并非如此。本书从苏易简《文房四谱》和李孝美《墨谱法式》等之说，至少有 4 种。

北魏时期，有关制墨工艺的记载更为明确。《齐民要术》卷九第九十一"笔墨"条载："合墨法：好醇烟捣讫，以细罗绢筛于缸内，筛去草莽，若细砂尘埃。此物至轻微，不宜露筛，喜失飞去，不可不慎。墨屑一斤，以好胶五两，浸梣皮汁中。梣，江南樊鸡木皮也，其皮入水绿色，解胶，又益墨色。可下鸡子白，去黄，五颗。亦以真朱砂一两，麝香一两，别治，细筛，都合调，下铁臼中，宁刚，不宜泽。捣三万杵，杵多益善。合墨不得过二月、九月，温时败臭，寒则难干潼溶，见风日解碎。重不得过三二两。"此"醇烟"、"墨屑"皆指纯净的烟黑。此合墨用料亦为 6 种，即炭黑、动物胶、梣汁、鸡子白、朱砂、麝香。炭黑为基本原料，胶为粘合剂，其他为添加剂。墨屑与胶之重量比为 16:5。潼溶，即胶干得不好，或无法使胶干得很好，以致形成粘糊状。可见此制墨用料与前述仲将墨法基本一致，大体上反映了南北朝，及其稍前、稍后的制墨工艺；说明相类似的配方大约三国或稍前便已形成。

后魏《齐民要术》卷九第九十说得更为具体，基本工序是先浸皮，使之初步膨润，然后加水煎煮，并不断搅拌，最后"待皮烂熟，以匕沥汁，看末后一珠，微有粘势，胶便熟矣"。倾入盆中，分级，晒干，便可得到成品胶。其中有两点值得注意的是：此时人们对气温和水质，与制胶过程的关系有了较深认识，说："煮胶要用二月、三月、九月、十月，余月则不成（原注：热则不凝，无作饼；寒则冻瘃，令胶不粘）"。又说："凡水皆得煮，然咸苦之水，胶乃更胜"。因咸苦之水多呈碱性，可提高胶的水解速度。

（三）隋唐五代制墨添加剂的变化

墨的基本组分是烟和胶，但添加剂则历代多有变化。韦仲将墨、贾思勰墨的添加剂都是梣皮、鸡蛋白、朱砂、麝香 4 种，唐五代则又有不同。宋晁季一《墨经》载："凡墨，药尚矣……唐王君德用醋石榴皮、水犀角屑、胆矾三物。王又法：梣木皮、皂角、胆矾、马鞭草四物。李廷珪用藤黄、犀角、真珠、巴豆等十二物。"[55]此"水犀角屑"，元陆友《墨史》卷上作"水牛角屑"。可见唐代的王君德墨添加剂又新增了五物，五代李廷珪墨却用了十二种，他们各自都是当代制墨名家。王君德，元陆友《墨史》卷上载："王君德者，唐末人。蔡君谟云：'世有王君德墨，人间少得之，皆出上方。或有得之，是为家宝也。"[60] 李廷珪，《墨史》卷上又载："江南黟歙之地有李廷珪，墨尤佳，廷珪本易水人，其父超，唐末流离渡江。""廷珪，超之子也，世为南唐墨官。蔡君谟云：廷珪墨为天下第一品。"[60]其中皂角是古代常用表面活性剂，可提高胶液对炭黑的浸润性和保持墨的稳定性。胆矾可改善墨的色相，使胶液稍具酸性，亦有杀菌防腐的性能。

第八节　火药的发明

"火药"之原意当为"含火之药"、"发火之药"，是中国古代四大发明之一，后经阿拉伯传到了欧洲,对世界文明的发展和社会的进步作出了巨大贡献。在 19 世纪后期发明的以硝化棉为主要原料的无烟火药前,中国发明的"火药"是人类使用的唯一爆炸性材料。

今人称古代"火药"为"黑火药",基本成分是硝石、硫黄和木炭,其中硝石是关键,没有硝石便没有火药。当此三种物质混合燃烧时,便会产生强烈的氧化—还原反应,猛烈燃烧,释放出大量的热量和气体,体积急剧膨胀,产生强烈爆炸。火药的爆炸性能常因其组分比例的变化而异。我国古代火药技术发明于唐代中期,它的发明与炼丹家对炭、硫、硝的长期使用是密切相关的。

一、唐以前对硫和硝的认识

在黑火药的三个基本组分中,人们对炭的接触和利用是最早、最多的,除日常生活外,制陶、冶金都要大量用炭;对硫和硝的接触和使用虽然稍晚,但亦可上推到先秦时期。

(一)对硫的早期认识和应用

我国古代对硫黄的认识和利用至晚始于春秋时期,前面谈到,江陵出土的越王勾践剑黑色花纹曾作硫化处理,剑格正中含硫量达 5.9%;另一件伴出的菱形花纹剑首部含硫最高达 8%[1]。我国古代关于硫的记载当也可上推到春秋时期。《太平御览》卷九八七"药部四"云:"范子计然曰:石流(黄)出汉中。"此"石流(黄)"即硫黄。计然,传为春秋越人,范蠡之师。汉中,战国属楚,秦统一全国后,其地置汉中郡,汉代仍之。有学者依此认为这条文献当出于秦代之后[2],当有一定道理,但其基本事迹和原始出处应当更早一些。

战国时期,人们对硫的认识和利用都有了扩展,硫化处理的实例增多,可能人们还把它应用到了医药中。如前所云,我曾分析过荆门十里铺包山大墓青铜器,至少 5 件进行了硫化处理,表面最高含硫量达 17%,其中有 3 件器物表面平均含硫量达 13.477%,在表面诸组分中,硫仅次于铜而居第二位[3],断代战国晚期。关于硫黄入药的情况下面再谈。

汉魏时期,有关硫的记载就较为明确了。《淮南子》卷三"天文训"云:"夏至而流黄泽,石精出。"高诱注云:"流黄,土之精也,阴气作于下,故流泽而出也。石精,五色之精也。"《淮南子》约成书于公元前 120 年。高诱为东汉人。说"流黄"至夏而"泽",未必是属实的,只不过反映了古代的一种思想和观念。《本草纲目》卷一一"石硫黄·集解"条引《吴普本草》说:硫黄"或生易阳,或生河西,或五色黄,是潘水石液也。烧金(又作"令")有紫焰,八月九月采"。《吴普本草》,魏吴普撰,一卷。吴普,广陵人,华陀弟子。这些文献对硫黄的性状都作了较好的描述。

大约汉和汉前,人们便开始以硫黄入药。《本草纲目》卷一一"石硫黄"条又引吴普云:石硫黄,"'神农'、'黄帝'、'雷公',咸,有毒;'医和'、'扁鹊',苦,无毒"。所云神农、黄帝皆传说中人。雷公,《本草纲目》卷一上说其为黄帝时人;医和,春秋秦国良医;扁鹊,战国名医。以这些名医来命名的本草类书、医书的写作年代当在先秦或秦汉之间,故用硫入药之事,亦应大体反映了先秦,或者秦汉间的一些情况。《本草纲目》卷一上云《吴普本草》分记了《神农本草》、《黄帝内经》等书的一些主要内容，云"所说性味甚详，今亦失传"。

至迟南北朝时，人们便从医学立场，对硫黄的质量作了分级。《本草纲目》卷一一"石硫黄"条引梁陶弘景云："东海郡属北徐州，而箕山亦有。今第一出湖（扶）南林邑，色如鹅子，初出壳者名昆仑黄；次出外国，从蜀中来，色深而煌煌。"硫黄"仙经颇用之，所化奇物，并是黄白术及合丹法"。这说到了硫黄的质量分级，并说它已用于炼丹之中。

（二）对硝石的早期认识和应用

"硝石"的成分主要是硝酸钾。《本草纲目》卷一一"金石·消石·释名"引宋马志云：消石，"以其消化诸石，故名"。我国古代对硝的接触和应用当可上推到先秦时期，这至少有三条资料：

1. 《太平御览》卷九八八"药部四"引"范子计然曰：消石出陇道"。此"陇道"之名虽有些像唐"陇右道"之讹①，似为唐人之语，但其史迹当是可信的。

2. 《重修政和经史证类备用本草》卷三"消石"条引《吴氏本草》云："消石，《神农》苦；《扁鹊》甘。"（《太平御览》卷九八八"消石"条同）这条文献虽为后人引述，但应大体反映了先秦，或秦汉间的一些本草学、临床学知识。这是当时已用硝石入药的证明。

3. 1973 年，长沙马王堆汉墓出土的帛书医方，即《五十二病方》中记有"消石"，云"稍（消）石直（置）温汤中以洒痈"。据考，这些帛书当抄写于秦汉之际，其"病方"则应当问世于《黄帝内经》成书之前的战国时期[4]。

及汉，有关硝石的资料又有了增加，其中较值得注意的简牍和文献资料有如下几条：

1. 甘肃武威旱滩坡东汉墓葬出土了大批医药简牍，涉及 100 余种药物，有矿物药 16 种，其中便包括雄黄和硝石[5][6]。

2. 《道藏》"三十六水法"中[7]，有 42 种"水"，计 59 方，其中 32 方有"消石"，此书据认为是八公授淮南王刘安的，基本内容应出自汉代，即使今本与原本内容稍有出入，但作为主要药剂的"消石"，也应当是必不可少的[8]。这说明早在汉代，人们便把"消石"用到了炼丹实践中。

3. 《云笈七签》卷一〇八引刘向（前 77？~前 6 年）《列仙传》载："赤斧者，巴戎人也，为碧鸡祠主簿。能作水澒炼丹，与消石服之。"

4. 《史记》卷一〇五"扁鹊仓公列传"载，淳于意（即仓公）曾用"消石"为淄川王美人治疗过脉燥症，云："菑川王美人怀子而不乳，来召臣意，臣意往，饮以莨蓎药一撮，以酒饮之，旋乳。臣意复诊其脉，而脉燥；燥者，有余病，即饮以消石一齐，出血；血如豆，比五六枚"。淳于意约生活于公元前 216~前 150 年间。

5. 《本草纲目》卷一一"金石·消石·释名"云："消石"，得火即烟起，"狐

①　古无"陇道"说，唯见唐分天下为十道，陇右道为其一，辖陇山以西至今新疆东部一带。但"陇山"之名当早已有之，战国秦置有陇西郡；"道"之行政划分亦较早，汉代在少数民族地区设置的县谓之"道"。

刚子《炼粉图》谓之北帝玄珠"。如前所云,狐刚子为东汉末年人。

6.《神农本草经》云:"消石,味苦寒,主五脏积热,胃胀闭,涤去蓄结饮食,推陈致新,除邪气。炼之如膏,久服轻身,一名芒消(据《太平御览》引文补),生山谷。"[9]

南北朝之后,关于硝石的记载又有了增加,人们对它的性能也有了进一步认识,并初步掌握了区别真假硝石,及其提纯的方法。《本草纲目》卷一一"金石·消石·修治"条引抱朴子曰:硝石"能消柔五金,化七十二石,为水制之"。这里谈到了硝石的一些化学性能。《本草纲目》卷一一"消石·集解"引梁陶弘景云:"消石疗病与朴消相似,仙经用此消化诸石,今无真识此者。"此"朴消"即硫酸钠,"消石"即硝酸钾。这谈到了硝石的医药和化学性能。陶弘景又说:"有人得一种物,色与朴消大同小异,朏朏如握盐雪,以火烧之,紫青烟起,云是真消石也。"这谈到了区别真假硝石的方法。"朴消"当为假硝;"紫青烟起"是钾盐的重要特征,是为真硝。钾盐灼烧时会产生紫色火焰,钠盐在同样条件下产生的火焰是黄色的。这是世界上区别钾盐与钠盐的最早记载。《本草纲目》卷一一"金石·消石·集解"引陶弘景云:"今芒消乃是炼朴消作之。"此"朴消"当为一种原料或粗品,"芒消"即硝酸钾的结晶[10]。这是我国古代提纯硝石的较早记载。

在此有一点需顺带说明的是,"消"、"消石"本应指硝酸钾的,但由于某些矿物的外部形态和部分性能与之比较接近,而古人又缺乏足够的物理化学知识,故人们往往把它与硫酸钠($Na_2SO_4 \cdot 10H_2O$)、硫酸镁($MgSO_4 \cdot 7H_2O$),及致硝酸钠($NaNO_3$)混称。陶弘景虽已经指出了鉴别真假硝石的方法,但即使到了唐代,依然经常相混。据分析,鉴真大师东渡日本带去的"芒消"竟然是硫酸镁[11]。多物一名,一名多物的现象在历史上是经常发生的[12]。但不管怎样,在先秦、汉后关于"消石"的资料中,多属硝酸钾无疑,我国古代对硝酸钾的认识仍然是较早的。

二、关于火药的技术渊源

一般认为,火药的发明应归功于炼丹家的实践[13],导源于炼丹术中的一系列"伏火"试验。古人炼丹的主要目的,是获取长生不老的仙丹。在长期的炼丹实践中,人们会经常看到这样一些现象,或因生成了挥发性物质,或因丹炉中发生了剧烈的氧化和燃烧,致使炼丹产品皆逸散以尽,得不到任何结果,人们便把这现象归之于有关炼丹物质具有"火"的属性[14],于是产生了一系列的"伏火"丹炉法,以降伏丹炉物料的"火性",得到冀望的产品。由现有资料看,降服挥发物的"伏火法"至迟出现于汉[14];有学者认为,《周易参同契》便奠定了伏炼法的基础[15]。从有关资料看,前期"伏火"处理主要是针对汞等挥发性物质言的,后期则又针对燃烧性物质等。至迟西晋末年,硝、硫、炭三者便同时作为丹房物料而见诸记载[16]。

《抱朴子·内篇》卷一一"仙药"谈到过六种服食雄黄的方法,云:雄黄"饵服之法,或以蒸煮之;或酒饵;或先以硝石化为水,乃凝之;或以元胴肠裹蒸之于赤土下;或以松脂和之;或以三物炼之,引之如布,白如冰"。这里列举了饵服雄黄的六种方法,其中最值得注意的是第六种,即以"三物"与雄黄共炼,最后取其精华而食之。文中所云"三物",指硝石、元胴肠、松脂。元胴肠,《重修政和经史证类备用本草》卷四"玉石部·雄黄"条、《本草纲目》卷九"金石·雄黄"条都引作"猪脂";又《玉篇》:"胴,大肠也。"说明"元胴肠"即是猪大肠,亦即是猪脂。因松脂、猪脂,皆为含碳物质,为强还原剂,硝石是强氧化剂;若"三物"与雄黄合炼的话,雄黄又是含硫的,势必引起爆炸[17]。在古代条件下,炼丹家使用这种方法是不可能获得任何反应产物,即仙丹的。这是迄今所知与火药有关的最早丹炉配方。我国古代黑火药应是由此发展、演变而来的,或者说,火药的发明应导源于炼丹家以"三物"与雄黄共炼的实践[16]。但此配方还不是火药,只能说是火药的前身。依葛洪所说,当时并未发生剧烈的燃烧,即三物并未"含火",而是生成了"引之如布,白如冰"的反应产物,即白色氧化砷结晶,说明当时并未同时把硝、炭、雄黄放在一起加热,而可能是采用了其他方法,如:(1)以"三物"分别与雄黄合炼。(2)依先氧化,后还原的顺序,用"三物"先后依次与雄黄(和反应生成物)合炼。(3)依先还原,后氧化的顺序,用三物先后与雄黄(和反应后生成物)合炼。在这些合炼产物中,有的可能是氧化砷,有的则是单质砷[16]。

三、火药的发明

从现有资料看,人们认识到"火药"是一种含火的"药剂"之事,其起始年代应属唐代中期[18]。唐元和三年(808年)清虚子撰《铅汞甲庚至宝集成》"伏火矾法·伏硫法"载:"硫二两,硝二两,马兜铃三钱半。右为末拌匀,掘坑,入药于罐内,与地平,将熟火一块弹子大,下放里面,烟渐起,以湿纸四五重盖,用方砖两片捺,以土冢之,候冷取出,其硫黄(伏)住。"[19]。这里谈到了硫、硝、炭(马兜铃)三者混合的情况,且把整个操作过程称之为"伏火矾法",说明人们已经认识到了此三者的混合物具有"火性",并隐藏着剧烈的燃烧和爆炸的危险。有学者还依照这一组分进行了模拟试验,得知药品在伏火前后都具有急剧燃烧的性能[20]。今人一般即以此唐代中期,即元和三年"伏硫法"作为我国火药发明的一个重要标志。

《真元妙道要略》也有类似说法,云:"有以硫黄、雄黄合硝石并蜜烧之,焰起烧手面及烬屋舍者"。又云:"硝石……生者不可合三黄等烧,立见祸事"[21]。这两段记载中,前一段谈到了硫黄、雄黄、硝石、炭(蜜烧而成)并烧,后一段谈到了三黄与硝石并烧,皆会引起剧烈的氧化反应。此书托名晋郑思远撰,据考,其成书年代当也在唐代中期。说明硝、硫、炭三者混合物的易燃性能此时已广为人知,也说明了"火药",即"含火之药"此时已经发明。之后的五代独狐滔《丹方鉴源》卷中在谈到三黄和硝石处理时,也有类似的记载。云"石炭伏硫磺,去锡晕,制雄、雌,制砒砂、消石,少可用"[22]。此"少可用"即"只有少量才可使用",或"少量可以使用"之意,这显然是为了避免发生剧烈燃烧。

至于火药用于军事上的时间,目前学术界尚无一致意见。有人认为其可上推到唐代晚期,主要依据是《九国志》和《虎铃经》中的部分文字。宋初路振(957~1014年)《九国志》卷二"吴臣传·郑璠"云:唐哀帝天祐初(约905年),郑璠"以所部发机飞火,烧龙沙门"[23]。其中提到了"发机飞火"。宋初许洞(约

976～约1017年)《虎钤经》(景德元年，1004年)卷六"火利第五十三"云："风助顺利为飞火。"许洞自注云："飞火者，谓火炮、火箭之类也。"[24]这两种文献都谈到了"飞火"，有学者认为，路振和许洞是同时代人，两人说的"飞火"的含义应当是一致的，即都是火炮之意。笔者认为此说未必靠得住。因《九国志》为史书，路振在撰写此书时，采用的应是历史资料、历史上的语言，其所云"飞火"应反映唐代末年含义；而《虎钤经》及其"注"，则是宋人著作，其中的"飞火"应反映宋代"飞火"的含义。所以，同为一词，同为宋初之人所撰，但两书立足点不同，所云"飞火"的含义便未必一样。另外，若将郑璠部905年所用"飞火"解释为火药火器时，还有两个问题较难理解：(1)若火药火器唐末便已用于战争，为何战乱的五代十国未见使用？(2)同样，为何宋太祖开宝三年(970年)，兵部令史冯继昇等进火箭法时，还要命其"试验"？其实，从大量的文献记载来看，火药火器，作为一种改造社会的物质工具而应用于社会，应是北宋之后的事。我们以为：唐代郑璠所用"飞火"，当属非火药类；而宋初许洞所云"飞火"，则属火药类；两者都是以抛石机发射的。

　　火药在唐代发明出来是炼丹家长期探索、实践的结果。从技术上看，则与硝的辨别和提纯技术的进步密切相关。在火药的三个基本组分中，硝最为重要。明唐顺之《武编前编》卷五"火"条载："硝则为君，而硫则为臣……惟灰(炭)为之佐使。"这大体上反映了三个组分在火药中的不同作用和地位。唐代之后，鉴别、提纯硝石的初步方法又有了进一步发展。唐人辑纂的《黄帝九鼎神丹经诀》[25]卷八"明化石篇"载：真物(硝酸钾)"形极似朴消(按：此指钠盐芒硝)，当先以一小片置火炭上，有紫烟(焰)出，乃成灰者上"。同书卷一六又云："硝石与朴消(钠芒消)，大同小异，胊胊如握盐雪不冰，强烧之紫青烟起，仍成灰，不沸无汁者是硝石也，若沸而有汁者，即是朴硝(钠硝)也。""朴消(钠硝)，用之者烧之，汁沸出，状如矾石。"这里谈到了钾硝与钠硝的区别法，钠芒硝的特点是一经加热便释出结晶水，且自身溶入，形成溶液，进而沸腾，待蒸发后，便只余下无水芒硝的白色粉末了，它很有些像明矾。而钾硝受强热后(不得与炭接触)则熔化如油，是不会沸腾的。《本草纲目》卷一一"金石·消石·正误"引唐苏恭云："消石即是芒消、朴消，一名消石朴。今炼粗恶朴消，取汁煎作芒消，即是消石。"即是说，将粗硝石经火熔、煎煮、再结晶，便可得到芒硝。硝石鉴别、提纯技术的发展和推广，为火药的发明打下了坚实的技术基础[13][26]。

　　在讨论火药发明期时，还有两个问题是需要说明一下：

　　1.相当长一个时期内，人们一直认为关于火药的记载始见于"孙真人丹经内伏硫黄法"[13]，其实这是一场误会。经英国著名科学史家李约瑟博士考证，这是由于该文最初的引用者粗心，以讹传讹造成，实际上关于火药的最早记载与孙真人(孙思邈)并无关系[18][27]。

　　2.有学者认为，我国古代火药应发明于晚唐时期，其理由有二：(1)唐代晚期以前，军事领域中绝无利用火药的记载。(2)《道藏·铅汞甲庚至宝集成》只谈到了"伏火"，人们依然是把硝、硫、炭三者的混合物视为危险品的，尚未出现将此物的燃烧性能和爆炸力加以利用的观念，要把此三者混合物加以利用，方士们仍需在心理上、观念上、技术上实现一个大的飞跃。我们认为这两点理由都是值得商榷的：（1）前面不止一次地提到，"火药"即"含火之药"。元和三年清虚子所云"伏火矾法"中，显然人们已经意识到了该药剂"含火"。所以把元和三年或稍前作为我国火药发明期是不错的。这与"火药"的原意基本相符。（2）发明和应用，是两个不同的阶段；火药尚未应用于社会，不等于它尚未发明出来。

第九节　指南针的发明

我国古代最早制作出来，用以指示方向的装置是圭表（圭木或臬木）。它是利用测量日影来确定东南西北的，但这往往要受到天气的限制，于是人们先后又发明了磁石定向法和磁针定向法。磁石定向法的主要仪器是司南，磁针定向法则有指南鱼、指南针、罗盘等。从现有研究情况看，司南约发明于战国时期，一直沿用到了唐代，指南针发明于唐代中期，罗盘则发明于宋代。指南针的发明和发展，对人类开拓自己的地理视野和后来美洲大陆的"发现"，都起到了重要的作用。

一、指南针的前身——司南

一般认为，"司南"即磨成了勺状的天然磁石，放于"地盘"上，勺底磨得较为圆滑，地盘上刻有指明方向的刻度，在地磁场作用下，勺柄就会指向南方[1][2]。

我国古代关于司南的记载始见于战国时期。《韩非子·有度》篇载："夫人臣侵其主也，如地形焉，即渐以往，使人主失端，东西易面，而不自知。故先王立司南，以端朝夕。"此"端"即是"正"。"朝夕"原意为早晚，转意为东西方向。"端朝夕"即是"校正东西方向"。司南既为先王所立，其发明年代自应在韩非（约前280～前233年）之前。又《宋书》卷一八"礼志五"载："《鬼谷子》云，郑人取玉，必载司南，为其不惑也。"鬼谷子，楚人，战国纵横家之祖，传为苏秦、张仪之师；这说明司南在战国时已非罕见之物。《宋书》接着又说，司南"至于秦汉，其制无闻，后汉张衡始复创造"。《宋书》为沈约所撰，其前后所云"司南"的含义是有区别的。《鬼谷子》所云者，应为磁石制作；张衡所作者，当为指南车。指南车实际上是一种礼仪性机械，并非磁石制成，采玉是不便携带它的。

汉代以后，有关司南的记载明显增多，一些文献还较为明确地谈到了司南的形制和使用方法。其中最为重要的资料有如下两条：

一是东汉王充《论衡·是应篇》。其云："故夫屈轶之草，或时无有而空言生，或时实有而虚言能指。假令能指，或时草性见人而动；古者质朴，见草之动，则言能指。能指，则言指佞人。司南之杓，投之于地，其柢指南。鱼肉之虫，集地北行，夫虫之性然也。今草能指，亦天性也。"这整段文字的前一部分是辨析屈轶之草是否能指佞人的①；后一部分说司南之柢指南，以及鱼肉之虫北行，屈轶之草指佞人，原都是一种"天性"，一种自然现象。

据王振铎考证，《论衡·是应篇》所云"投之于地"的"地"，并不是土地，

---

① 屈轶之草能指佞人之说其他文献中也曾提到。《竹书纪年》卷上"黄帝轩辕氏"条，梁沈约附注："天下既定，圣德光被，群瑞华臻。有屈轶之草生于庭，佞人入朝，草则指之，是以佞人不敢进"。

而是其形如栻之方盘。栻，系古时用以占时日的器具，以枣心木等制成[3]。《史记》卷一二七"日者列传"云："今夫卜者，必法天地，象四时，顺于仁义，分策定卦，旋式正棊，然后言天地之利害、事之成败。"司马贞"索隐"曰："式即栻也，旋转也。栻之形，上圆象天，下方法地，用之则转天纲，加地之辰，故云旋式。棊者，筮之状正棊，盖谓下，以作卦意。"此"加地之辰"之"地"，也即是"地盘"之地。三国张揖《广雅》训"栻"云："桐有天地，所以推阴阳，占吉凶。"此"桐"即棋盘，"天"、"地"即天盘、地盘。《唐六典》卷一四"用式之法"注云："今其局以枫木为天，枣心为地。"[4]个中的天、地，与"是应篇"所云"投之于地"之地，是同义的。据研究，汉代地盘四周刻有八干（甲、乙、丙、丁、庚、辛、壬、癸。天干中"戊、己"没有刻上，原因是"戊、己"在五行中属土，在中央）、十二支（子、丑、寅、卯、辰、巳、午、未、申、酉、戌、亥），以及四维（乾、坤、巽、艮），计24向，用来配合司南定方位[1]。

二是唐韦肇《瓢赋》，赋中有一段文字谈到了司南的形态："器为用兮则多，体自然兮能几？惟兹瓢之雅素，禀成象而瑰伟……挹酒浆，则仰惟北而有别；充玩好，则校司南以为可。"[5]全文300余字，热情地赞扬了瓢之雅素和瑰伟的品质。"挹酒浆，则仰惟北而有别。"是以瓢比德北斗。此语出《诗·小雅·大东》："维北有斗，不可以挹酒浆。""充玩好，则校司南以为可。"是以瓢比德比行于司南，说瓢可充玩好之物，可校司南之形。依韦肇之意，司南的形状必近于瓢者。这说明直到唐代为止，人们对司南的外形依然是比较熟悉的。

此外，在东汉至唐代的文献中，关于司南的记载还有不少，其中相当大一部分皆以之作喻。如《三国志·蜀志·许靖传》："南阳宋仲子于荆州，与蜀郡太守王商书曰：'文休倜傥瑰玮，有当世之具，足下当以为司南。'"梁刘勰《文心雕龙》卷六"体性"云："八体虽殊，会通合数，得其环中，则辐辏相成。故宜摹体以定习，因性以练才。文之司南，用此之道也。"[6]

学术界对司南的发明年代也有一些不同看法，有学者认为它发明于汉，而不是战国，说《韩非子·有度》所云之司南是指测日影的木臬，与《考工记·匠人》所云用以"正朝夕"的木臬是一样东西[7][8]，但可惜论据不甚充分，多有不从其说者[9]。

为了验证文献上关于司南的记载，20世纪四五十年代，王振铎曾用天然磁石琢制过数枚司南模型，其中有的磁力较强，有的较弱。有学者曾用其中磁性稍弱的两枚做过80次定向试验[2]，其中64次正指午向，有14次指在丙午、丁午向，或丙、丁的位置上；只有两次指异常，指到了坤、辰向，这可能与司南模型底部球面的接触条件有关。由试验可知，此两枚磁性不是十分强的司南模型，其指南的概率达80%，指南或基本指南的概率是97%，而只有2.5%的意外。可见，天然磁体的地盘定向是可信的，古人关于司南的记载亦是基本可信的[2]。

二、指南针的发明

我国古代指南针当是用淬火碳素钢制作，经人工磁化处理而成的。因天然磁石的机械强度极低，制作司南尚可，琢磨指极针状物则十分困难了，而且其磁向中心也不易找到。

我国古代指南针发明于何时，学术界长期存在不同看法，今主要介绍如下两种：

（一）汉代说

这是刘洪涛等在 20 世纪 80 年代提出的[7]。其主要依据有如下两方面资料：

1. 汉代以前人们就认识到了磁石吸铁的现象。《吕氏春秋》第九"季秋纪·精通"条说："慈石召铁，或引之也。"高诱注："石，铁之母也，以有慈，石故能引其子。"又，《鬼谷子·反应篇》云："若慈石之取针，舌之取燔骨。其与人也，微见其情也"。

2. 汉时，人们对钢针被磁化的现象有了进一步认识。《太平御览》卷七三六引《淮南万毕术》云："慈石提碁，取鸡（血）磨针铁以相和，慈石、碁头，置局上自相投也。"同书卷九八八又引《淮南万毕术》云："磁石拒碁，取鸡血作针，针磨铁，捣之，以和磁石，日涂碁头，曝干之，置局上，则相拒不休。"①

我们认为这些记载基本上都是可信的，它说明汉代对钢针磁化现象已有了一定认识，但并未说到永久磁针的使用情况，若依此便说汉代已发明指南针的话，则依据尚嫌不足。钢针被磁化后，还有一个保持磁性的问题，若其含碳量较低，或未经淬火，或淬而不佳，磁性维系很短，那是不能成为指南针的。

（二）唐代中期说

这是吕作昕、吕黎阳在 20 世纪 90 年代提出的。他们曾进行过大量的文献研究，其中最值得注意的有如下两方面[8]：

墓志铭。这类资料在考古发掘和文献记载中都可看到。在今接触到的资料中，唐代中期以前的墓志皆不记载墓穴的详细方位，最多只提到山势地形，如六朝后期文学家庾信（512～580 年）所撰《窦氏墓志铭》等[10]、1960 年长治所出唐代早期乐士则墓志铭等[11]皆是如此。唐代中期之后则不然，如柳宗元（773～819 年）《伯祖姚赵郡李夫人墓志铭》，其中便有"艮之山，兑之水"等字[12]；1984 年浙江慈溪所出唐昭宗光化三年（900 年）"马氏夫人墓志罐"，铭中便有"葬于当乡湖内山北，保其坟甲向，永为万岁之坟也"等语[13]；这两篇墓志铭都谈到了详明的方位，显然当时已有了指南针[8]。

唐代诗文。其中最值得注意的是段成式（803～863 年）《酉阳杂俎续集》卷五"寺塔记上"所载诗句。会昌三年（843 年），段成式与张希复等遍游了长安各寺院，并作了许多诗篇，在游历了靖善坊兴善寺时，有感而作《辞·二十字连句》一首，云："乘晴入精舍，语默想东林；尽是忘机侣，谁惊息影禽。有松堪系马，遇钵更投针，记得汤师句，高禅助朗吟。一雨微尘尽，支郎许数过。方同嗅薝蔔，不用算多罗"[14]。其中最为重要的是第五六两句，从上下文看，此"松"当即松树，此"针"当是指南磁针。"遇钵更投针"便是把指南浮针投入钵中的水面上以辨方向[8]。同书同卷又载，段成式在游览了平康坊菩萨寺后，因有感于一位束草游僧的事迹，又作《辞·书事连句》，描写僧人爬涉山野时的诸般情景。云"悉为

① 《太平御览》，此据文渊阁《钦定四库全书》抄本（武汉大学出版社电子版第 321 碟）。中华书局本个别文字有别。

无事者，任被俗流憎。客异千时客，僧非出院僧。远闻疏牖磬，晓辨密龛灯，步触珠幡响，吟窥钵水澄……佛日初开照，魔天破几层。咒中陈秘计，论就正先登。勇带绽（绽疑作磁）针石，危防邱井藤"[14]。从上下文看，此"磁针石"应即磁针和磁石；磁针用作指向，磁石用作养针，以免磁针失去了磁性。"吟窥钵水澄"指游僧一边苦吟经书，一边观察水面磁针所指方向，以防迷路[8]。

《酉阳杂俎续集》前后两段诗文，都描写了僧人的活动；僧人超凡脱俗，游于天地之间，其所携带的"钵"和"针"当非民俗中用于游戏之针，而应是一种指南水针；虽其具体形态尚难分辨，但其能浮之于水，便应装有浮标。再结合唐代中期墓志铭的情况看，唐代中期已发明水针当是无疑了的。只不过民间使用尚少，而多存留于道者手中而已。

此外，20世纪40年代时，还有过"宋代说"，这是王振铎提出的[15]。这方面的资料较多，而且较为确凿，也研究较透，故当时很快便得到了学术界的首肯。故宋代已有指南针是十分肯定的，但从最新研究情况看，宋代不应是指南针的发明期，而是其大量使用的阶段。我们还是倾向于"唐代中期"说。

造纸、印刷、火药、指南针，向来被人们称为中国古代的四大发明。至此，这四大发明都已产生；造纸术发明于汉，雕版印刷发明于南齐，后两项则都是唐代发明出来的。

指南针当是在方术家长期探索、实践的基础上，由司南发展、演变而来的，它与指极磁体(司南)的区别主要有三：（1）形态和大小不同。一个呈勺状、瓢状，体型较大；一个呈针状，体型较小。（2）材质和加工方法不同。一个由天然磁石琢磨而成，一个由钢针经淬火，人工传磁而成。（3）装置方法不同。司南的磁勺是直接放在栻占式地盘上的，指南针则有多种装置法。指极磁体由天然磁石发展到永久磁铁，是人类认识上的一大进步。磁针是1180年（相当于南宋淳熙七年）前后，经由阿拉伯人之手，从中国传到欧洲去的。欧洲关于指南针的记述始见于1195年英国亚力山大·内卡姆（AlexandeNekam，1157～1217年）《论物质的本性》一书。

第十节　髹漆技术的发展

隋唐时期，由于瓷器技术的发展，漆器使用范围大为缩小，本来用漆器制作的部分器物，此时期都改用了瓷器；由于社会意识的变化，考古发掘的漆器亦大为减少。但此期的髹漆技术还是具有鲜明特点的，如夹纻胎技术有了扩展，并较多地用到了大型佛像和果物形态的工艺品上，多层卷木胎亦有了发展，并出现了银铅胎；金银平脱发展到更高水平，螺钿工艺盛况空前；雕漆技术、犀皮技术亦有了一定发展。

一、几种特殊漆器的产生和发展

（一）夹纻胎的发展

唐代夹纻胎漆器的使用领域进一步扩展开来，除了制作一般器具外，还用此法制作了一些大型佛像、人像，及至类于工艺品性质的果物形态。

关于夹纻胎佛像的记载在多种文献上都可看到。《旧唐书》卷一一载：大历十三年（778年）二月甲辰，"太仆寺佛堂有小脱空金刚"。此"脱空"显然是指脱胎，这也是唐代用"脱"字将表述夹纻胎漆器之例证。《资治通鉴》卷二〇五载：天册万岁元年（695年）正月，"明堂既成，太后命僧怀义作夹纻大像，其小指中犹容数十人，于明堂北构天堂以贮之。堂始构，为风所摧，更构之，日役万人，采木江岭，数年之间，所费以万亿计，府藏为之耗竭"。胡三省注称："夹纻者，以纻布夹缝为大像，后所谓麻主是也。"[1]唐张鷟《朝野金载》卷五所载略同，而且还谈到了一些具体尺寸，云："周证圣元年（695年），薛师名怀义，造功德堂一千尺于明堂北，其中大像高九百尺，鼻如千斛船，中容数十人并坐，夹纻以漆之"[2]。此三段文献都说到了夹纻胎佛像。文中说佛像高九百尺，鼻中，或说小指（内腔）中能容数十人，可能有些夸张，但较多处应是可信的。此技术大约也传到了周边地区，《大唐西域记·瞿萨量那国》载："王城西南十余里，有地迦婆缚那伽蓝，中有夹纻佛像"。

制作人像的记载亦有多段。邵博《河南邵氏闻见后录》卷二六载："苏世长云：臣昔侍陛下于武功，见（唐高祖）所居宅仅庇风雨者。有唐二帝纻漆像，不知何帝也。"[3]又，宋郭若虚《图画见闻志》卷二"厉归真"条："道士厉归真，异人也，莫知其乡里……尝游南昌信果观，有三官殿，夹纻塑像乃唐明皇时所作，体制妙绝"[4]。大型佛像已不易制作，制作人像自然要更难一些。

《宣和画谱》卷一六"花鸟二"还谈到了五代画家滕昌祐用夹纻胎制作果物之事：滕昌祐本吴郡人，后游四川而为蜀人。其栽花竹杞菊，而得其形似于笔端。其画工于花鸟和动物，还"兼为夹纻果实，随类传色，宛有生意也"[5]。

唐人还以夹纻胎漆器制作过一些建筑物。《新唐书》卷一三"礼乐志"载：则天已毁东都乾元殿，以其地立明堂。"开元五年，复以为乾元殿而不毁。初，则天以木为瓦，夹纻漆之"。

唐代的夹纻胎漆器今已甚为鲜见，然美国纽约市大都会美术馆却藏有仪容端庄的唐夹纻胎坐佛一尊；像高97厘米，眉目疏朗，衣纹简练；唯有的着色已经脱落，手腕残缺；从其中空处，可观察到干漆布层的厚度[6]。

（二）多层卷木胎漆器的发展

1978年，湖北监利县一砖石墓出土了8件漆器，器形有碗、盘、盒、勺等，内朱外墨，皆为素色漆器，无彩绘。除勺为整木雕成外，余为多层木胎夹纻。具体做法是：由宽2毫米的薄杉木条一圈圈地圈成，外裱麻布并髹漆。伴出物有"开元通宝"及三彩陶罐，断代为唐[7]。这批漆器的主要特点是：（1）其胎由2层以上的薄板，采用粘贴、对接的方式叠成、圈成，且夹纻。它显然是多层卷木胎夹纻。我国古代的薄板胎漆器在敖汉旗，以及藁城台西村商代中期漆器上便有使用，战国时期便有了一定的发展。木胎夹纻胎漆器约始于先秦时期，之后历代都有使用。多层卷木胎夹纻在唐代以前所见不多；已往的薄板胎或夹纻胎漆器通常都只有一层木胎。（2）这批漆器皆为素色漆，即漆器表面只髹1~2种色漆，没有彩绘。这种髹漆方式发明较早，但唐前使用较少，宋后有了进一步发展。

（三）银铅胎漆器的出现

1942～1943年，四川前蜀王建墓出土一批漆器，器形有：门、棺、椁、册匣、宝盝、镜盒等6种。其中最值得注意的是银衬铅胎漆碟和银平脱册匣、镜匣。碟为五瓣形，圆底，圈足，最大直径19.5厘米，深2厘米，圈足高1厘米。胎分二层，内层为银，外层为铅，总厚约1毫米。外层表面极为粗糙，漆层业已脱落，仅见残迹。碟内表不髹漆，银衬外露。银衬上钻贴有金箔镂花；金花钻痕透至铅胎上。碟之内表既有镂空金花，又见银底，金碧相映，光彩夺目[8][9]。这种钻贴了金花的银衬铅胎漆器，此前很少看到，极其奢华。其金箔上的抓钉，一方面为固定自身，另一方面还可起到固连银衬、铅胎的作用。王建葬于前蜀光天元年（918年）。

（四）"金银平脱"漆器的空前发展

前面谈到，金银平脱亦属镶嵌工艺范围，它是在漆器贴金银的基础上发展过来的，此工艺的发展当受到过青铜金银错的启发和影响。漆器镶嵌玉石的工艺可追溯到良渚文化时期，漆器上贴金箔工艺可追溯到商代中期；至迟西汉，金银平脱工艺便显示了一定的技术水平。由于社会经济的发展和统治者的奢华，迄唐，金银平脱这种高级工艺品便发展到相当成熟的阶段，"平脱"一词大约也是这一时期出现的。现代研究者陆树勋[10]、梁上椿[11]、冯汉骥[8]、杨有润[9]等人认为，此名称的本意便是花纹平出。

目前在考古发掘和传世品中看到的唐五代金银平脱漆器主要是铜镜和匣盒类器物，所见实物主要有：

唐金银平脱天马鸾凤镜。1963年陕西博物馆收集，圆形，直径30.0厘米，高圆钮，连枝花瓣覆萼座；主纹为二奔马，二翔凤，它们之间布有缠枝花草，以及一对飞翔的小凤、一只小麻雀、一只小天鹅。凤翅和凤尾，马鬃和马尾皆嵌金，凤身和马身皆嵌银，在褐色漆地的衬托下，天马鸾凤，皆闪耀着夺目的光彩[12]。

唐金银平脱羽人飞凤花鸟镜。传为郑州出土，八出葵花形，直径36.2厘米。高圆钮，重瓣花纹座；座外有4组对称排列的石榴花纹，其间饰以同向飞翔的4只禽鸟。主纹为双羽人与双飞凤，其间配以花卉和禽鸟。八莲座、羽人、飞凤、大型花卉皆嵌银，作点缀的花鸟嵌金[13]。

唐金银平脱鸾鸟绶带镜。西安东郊出土，圆形，直径22.7厘米，圆钮，无座，钮外饰银片莲叶纹，再外有金丝同心结纹一周。主纹为4只金叶剪成的衔绶鸾鸟，均衔绶带，同向环钮作飞翔状，其间配以四组银饰带叶花瓣，再外又有金丝同心结纹一周[14]。

唐金银平脱鸾凤绶带镜。1970年洛阳唐天宝九年（750年）墓出土。直径30.5厘米，八出葵花形，圆钮，重瓣八花瓣形座。主纹为四只衔绶鸾鸟，环钮作同向飞翔状，间以彩蝶花草，充分利用了金银片的毛雕手法[15]。

唐金银平脱对鸟镜。偃师杏园村郑洵唐大历十三年（778年）墓出土。圆形，直径21厘米，主纹为银箔对鸟衔花图案，间以金箔剪成的石榴。镜缘内一周银箔串珠图案。金、银箔的一般厚度为0.2～0.3毫米，串珠直径0.4毫米[16]。

唐银平脱凤鸟牡丹花纹镜。2000年洛阳东郊唐元和十四年（819年）高秀峰墓出土，圆形，圆钮，钮外四花瓣，花瓣外饰鸾鸟。直径18厘米[17]。

此外，属铜镜类的还有：上海市博物馆藏银平脱花鸟狩猎纹镜、日本正仓院藏金银平脱花鸟镜，《在欧美的中国古镜》录方形银平脱宝相花镜和委角金银平脱双凤镜等。

唐银平脱方漆盒。1984～1985 年河南偃师李景由墓出土，盒长 20.5 厘米、宽 21 厘米、盖高 3 厘米、通高 12 厘米，木胎已朽。漆盒外表嵌银箔，平脱，錾刻缠枝花卉图案，技法精湛，纹饰繁褥[16]。

前蜀银平脱册匣、镜匣等。前面已经提到，出于前蜀王建墓。册匣为木胎，长 2.32 米、宽 0.45 米、高 0.225 米；盖、底座上镶银质薄带 5 匝，用银钉钉实；通身朱漆。盖面饰银质雕出凤、鹤等图样。镜匣 1，木胎，朱漆，27.5 厘米×27.5 厘米；盖面饰银质方形团花，盖的四侧两银镶边之间，嵌条枝花纹一道，盒身两道银镶边之间嵌约 2.5 厘米宽的花纹一条。此镜匣是墓内遗物中最为精美的银平脱漆器[8][9]。

五代花卉纹银平脱镜盒。江苏常州五代墓出土。木胎，盖顶正方形，盖面覆一整体镂雕花卉图案的银片，银片略高出漆地，其上花卉刻纹纤毫可辨[18]。平脱器的花纹一般都是平出的，由于各种原因，所见也有少数花纹是稍稍凸起的。

这一时期的杂记、笔记小说及至正史中，都经常提到金银平脱器。如唐段成式《酉阳杂俎》卷一载：安禄山恩宠莫比，锡赏无数，其受赐品目有：金平脱犀头匙箸、金银平脱隔馄饨盘、平脱着足叠子、银平脱破觚、银瓶平脱掏魁织锦筐、银平脱食台盘；贵妃赐金银平脱装具玉盒、金平脱铁面碗等。《资治通鉴》卷二一六载：唐天宝十年（751 年），"上命有司为安禄山治第于亲仁坊，敕令但穷壮丽，不限财力。既成，具帏帘器皿，充牣其中"。其中便有银平脱屏风一。这些文献都明确地提到了"金银平脱"一词，说明唐代中期时，"平脱"一名使用已广。

金银平脱漆器是一种高级生活用品。经过了安史之乱，国力衰竭，为此，唐肃宗至德年间，曾明令"禁珠玉、宝钿、平脱、金泥、刺绣"[19]。五代及宋后，此工艺便衰退下来，很少再见记载；明黄成在《髹饰录》中只提到了金银镶嵌，而未提及"平脱"之名；明方以知《通雅》卷三四在解释平脱工艺时，虽费了不少笔墨，却不知所云。

（五）螺钿漆器的空前发展

如前所云，此工艺是在素地上用漆贴螺片、贝壳，来构成装饰图纹的；部分饰片上兼雕镂刻划，使饰纹显得光彩莹润，入细入微，具有极高的艺术价值。此工艺约始见于大甸子夏家店下层文化（约相当于夏末商初），西周时期便有了较大的发展。由秦汉至南北朝时期都使用较少，及唐，又才复兴起来，并达到了相当高的水平。今日所见螺钿器多为铜镜，也有部分其他器物。主要有：

唐螺钿人物花鸟镜。1955 年在洛阳 16 工区 76 号唐墓出土。圆形，直径 25 厘米，圆钮，主纹由镶嵌螺钿构成。钮的上方有一株枝叶繁茂的花树，树梢上一轮明月，树叶丛中有小鸟飞翔。钮的左侧端坐一手弹琵琶的老者，右侧端坐一手持酒盅的老者，以及侍女和一鼎一壶。钮下有仙鹤、水池、鸳鸯等。画面生动，人物的服饰、须发，鸟兽的羽毛都刻划精细，构图满而不塞，繁而不乱，充满了田园生活的浓郁气息（彩版拾，3）[20]。

唐螺钿人物镜。1955 年西安东郊郭家滩第 419 号墓（贞观十四年）出土，直径 10.3 厘米[21]。

唐螺钿云龙镜。1957 年河南陕县至德六年（756 年）墓出土，直径 22 厘米，背纹为一螺钿镶嵌的盘龙，盘绕在云纹中，作昂扬飞腾状[22]。

唐螺钿宝相花镜。八出葵花形，直径 27.4 厘米，圆钮。整个镜纹皆由镶嵌的玉石、青金石、贝壳、琥珀等组成连珠座、花叶纹和连珠分区纹。后者将背纹分为内外两区，内区由四花苞，及相间的四莲叶纹组成。外区为四朵大莲枝，每朵莲枝的中间为盛开的花瓣，两侧为蔓生花苞及繁茂的叶片。日本正仓院收藏。看来，明代镶嵌工艺中的百宝嵌，与此是不无关系的。

此外，所见唐螺钿镜还有一些。如沈从文《唐宋铜镜》[23]亦著录过一枚唐螺钿宝相花镜等。至德年间禁用的"宝钿"，其具体含义不详，总之是名贵的镶嵌器，可能是多种宝物的镶嵌品，也可能就是螺钿漆器，或包含有螺钿漆器。

五代螺钿经箱。1978 年苏州瑞光寺塔出土。是嵌螺钿与金银平脱相结合的精美漆器。箱内经卷上的题记最早为吴杨溥大和三年（931 年）。箱为木胎，通身髹黑漆，用天然彩色厚螺钿镶嵌成各种花草图案，色有大红、水红、绿、黄等，整个经箱上螺钿花纹密布，如繁星闪烁。经箱须弥座的四周有凹形壶门，内施金平脱花纹，金碧辉煌，雍容华贵[24]。

与金银平脱同样，螺钿器也是一种极为奢华的工艺品，安史之乱后便成了禁用之物。唐代之后，螺钿镜很少再现，但螺钿工艺却在一般器物中保留着，宋代仍有人提起，元代并有一定发展，明代则有过较大发展，此工艺便一直保留了下来。

二、几种特殊的漆器工艺

唐五代髹漆技术中成就较高的是佛像夹纻胎技术、金银平脱技术和螺钿技术，但人们对其工艺操作上的特点却知之甚少。为此，我们只能依照相关操作和相关文献作一些推测。

（一）关于夹纻胎工艺的推测

武周时期的巨型佛像早已为历史的烟尘湮没，今人难睹其尊容；之后，巨型佛像夹纻胎使用量减少。值得庆幸的是，鉴真像亦为夹纻胎制成，却一直保留了下来。鉴于中日两国文化技术上的密切关系，这对我们了解唐代髹漆佛像的夹纻工艺还是很有帮助的。鉴真死于日本天平宝字七年（763 年），子弟为其造干漆夹纻坐像一尊，像高 80.1 厘米。1937 年维修时，日本学者安藤更生和大川逞一对其内部作了一些考察。漆布很薄，多则五六层，少则三四层，漆厚处达 4.5 毫米。内部从头至腹皆涂有白粗砂。背部九分角处，有长约 27 厘米的简易井字形木框。从左肩到右腕，以"H"字形木框支撑。安藤更生认为这当是初始的构件和形态，但大川逞一依其他干漆的例子，认为砂子和木框皆为后世维修时所加进去的。一般估计佛像内原为细型木结构支撑，经年腐朽而失去。佛像两手的指头，系桧木制成。佛身作肉色，唇点朱，眉墨描，并画睫毛。头上二丝，鼻下须和颚须，皆用黑白二色点描。耳毛亦墨描。褊彩朱，横被用带黄色的朱彩涂绘。墨笔勾出袈裟柔和的衣纹[25]。

20 世纪 50 年代时，沈福文在调查研究的基础上，曾对脱胎花瓶的工艺程序作过系统的研究和整理，对我们了解唐代夹纻胎工艺当有一定帮助。其基本步骤是[26]：

1．制作石膏模型。此计分三步：第一步，作粗坯。以一圆钢条为轴心，缠以草绳，敷上粘土，做出泥坯，再敷一层薄石膏，是即粗坯。第二步，作"半扇形铁叶花瓶"，以作为刮削修整工具。制作法是：依花瓶设计尺寸，用薄铁皮剪成半扇形花瓶，后将之钉在刮削架上，它旋转起来后即可显示花瓶形态。第三步，刮削成型。依要求调整好粗坯和"半扇形铁叶花瓶"间的距离，将粗坯对着"半扇形铁皮花瓶"旋转，多余的石膏即被刮去，便可得到外形规整石膏模型。"半扇形铁叶花瓶"与泥坯间的距离约为二分。

2．在石膏模型外涂刷脱模剂。此操作须在石膏模型干燥后进行。脱模剂可用浓肥皂水或胶水，稍厚为宜。

3．刷细漆灰。在肥皂水干燥后进行。先后涂刷三次，前一次漆灰干燥后再刷第二次。细漆灰配比为：黄土细粉 55%，生漆 45%。调配法：先向细土中加入少量（如 1/4）生漆，并拌匀，之后再加入余下的生漆，并加入适量的水（如上二物总量的 10%），拌匀。

4．刷中细漆灰。亦是三层，前次漆灰干燥后再刷下一次。漆灰配比为：生漆40%，糯米糊 5%，瓦灰 25%，细黄土粉 30%。再以适量，如上述总量的 15% 的清水调合。

5．刷粗漆灰。亦为三层，须前次漆灰干燥后再刷下一道。粗漆灰调配法：生漆 40%、砖瓦灰 40%、糯米糊 20%，调拌如泥状。

6．用漆糊裱麻布。此麻布干涸后，其相接而重叠处须用刀削平。连裱 4 层，每层都要刷上薄薄的中漆灰，之后再裱麻布。

7．再刷 3 层粗漆灰。

8．再刷 3 层中漆灰。

9．再刷 2 层细漆灰。

10．再用"半扇形铁叶花瓶"来修理器形，多余的细漆灰被刮除。

11．脱胎。即干涸后将内中钢轴、草绳、泥木取出，并把夹纻花瓶放入热水桶内，使残余的石膏层脱落下来。

12．打磨。工具为细磨石，里外打磨光滑后须再糅涂黑漆，待干燥后再用灰条或木炭打磨，再涂黑漆，再打磨平顺。造型即此基本完成。

13．装饰花纹，安装底子。

脱胎法不仅可制造形制较为复杂的器物，而且强度较高，可以长时期保存[26]。

此述为花瓶脱胎工艺。不同的器物，具体造型过程自然是有区别的；圆器可用半扇形铁叶整形，而方器、佛像等则是不宜使用此法的。正如窑器中的方器不宜使用快轮一样。不过，凡脱胎器物，基本工序却应相同，故这对我们了解唐代佛像，及至其他时代一般器物的脱胎工艺，都是很有启发的。

（二）金银平脱工艺与其他饰金工艺之比较

金银平脱与金银镶嵌的比较。从道理上讲，金银镶嵌与金银平脱是有区别的，前者是将金箔贴于底漆上，之后在空白处填漆，其金银箔可以平出，亦可凸出；它强调的是嵌入工序；后者则需在前述操作的基础上，再髹面漆数重，并需晾干细磨过，其金银箔务必平出，它强调的则是花纹平出工序及其工艺效果。不过，人们在实际操作中，往往只作平脱，且将之称之为金银镶嵌，前引黄成《髹饰录》"填嵌第七"便是将"嵌金银"与"平脱"合而为一的。

青铜表面装饰工艺中，有一组名为"金银镶嵌"和"金银错"的工艺；它们之间的关系，与髹漆中的"金银镶嵌"和"金银平脱"十分相似。金银错也是一种镶嵌，"金银镶嵌"强调的是嵌入工序，"金银错"强调的则是错平工序。当然，青铜器的表面加工，与漆器表面加工是有区别的，即青铜器之镶嵌，须得通过铸造、镂凿等方式预制嵌槽，漆器镶嵌则不必如此，在底漆上粘贴金银片，再用髹漆方式找平，"嵌槽"即刻形成。青铜镶嵌之嵌槽，是可见且可摸的；漆器镶嵌之嵌槽，则是可以想象，却是难得见，难得摸的；因金箔较薄，纵使这些金银箔脱落了，其嵌槽用肉眼也不易分辨。

漆器表面的饰金工艺较多，前述描金、钿器、戗金、贴金、镶金，以及金银平脱等，皆属这一类型。其中的"金"一般皆指黄金；但如戗金，则可以是某种颜色类金的物质。这些饰金工艺的具体操作各有特色。从字面上看，描金、钿器、贴金，都在髹漆工艺基本完成后才进行；所以，此金粉、金片、金箔应稍高出漆器表面；戗金虽也在髹漆基本完成后进行，但其金粉须涂入刻纹中。

本章冶金、纺织、造纸部分，都谈到了唐有十四种黄金装饰工艺，即销金、捎金、镀金、织金、砑金、披金、泥金、镂金、撚金、戗金、圈金、贴金、嵌金、裹金。值得注意的是，此同一名称，往往可用于不同的行当，其中的销金、泥金、戗金、贴金、嵌金等，都是与髹漆有关的。

销金，后世又谓之洒金，即漆地上洒金片或金屑，上面再罩透明漆。金片大小、疏密各不相同[27]。《髹饰录》"罩明"第五载："洒金，一名砂金漆，即撒金也。麸片有细粗，擦敷有疏密，罩髹有浓淡。"王世襄解："据清代实物，洒金金片（有）较大的，漆地以朱、黑两色为多，但也有紫色、绿色或其他色漆的。""金片细密如沙的，多以紫色漆为地（因隔着罩漆看，故颜色较深）。这种做法多作为器物的漆地或里子。在上面还要加以描金或堆漆等其他文饰，一般不独自存在。"[28]销金在纸张加工中也有使用，本章"造纸技术"部分曾经提及，操作自不相同。

泥金。指漆器周身粘贴稍厚的金。明黄成《髹饰录》"质色"第三"金髹"云："又有泥金漆，不浮光。"王世襄解云："泥金也是周身粘金，但粘金的方法与贴金不同，要厚一些。"[29]"泥金"之名在织物等装饰中也有使用。

戗金。工艺操作大约与镶金相类似，《髹饰录》"戗划"第十一："戗金，戗或作戕，或作创，一名镂金、戗银。朱地黑质共可饰"。依明代黄成之说，在漆器工艺中，"镂金"也即是"戗金"。但在唐代，镂金是否等同于戗金，恐则未必。因唐"十四种金"中，便同时包括了镂金和戗金。所以我们推测，唐"十四种金"中的镂金，很可能是指金属加工，而不是漆器加工。王嘉《拾遗记》卷七："（魏文）帝以车十乘迎之，皆镂金为轮辋。"

（三）关于螺钿工艺的几种不同类型

前面谈到，有学者认为，螺钿是指镶嵌蚌片的，镶嵌蚌泡则不能叫做螺钿工艺[30]。又有学者认为，"螺钿镶嵌实际上也是一种平脱"。我们认为：这两种说法都是值得商榷的。凡镶嵌蚌贝类物者，不管是泡状还是片状，皆可谓之螺钿；这在第二章已经谈到；说"平脱"是一种镶嵌犹可，说镶嵌也是一种平脱则未必全面。

从钿螺形态和花纹之平凸上看，我们认为螺钿工艺当可区分为三种不同的工艺形态，即（1）镶嵌蚌泡，其泡凸起，加工稍见粗糙，始见于夏末商初，主要使用于商西周。（2）镶嵌蚌片等，其片凸起，始见于商代晚期，并一直沿用了下来。（3）镶嵌蚌片等，其纹平出。出现年代稍晚。我们认为所谓"螺钿镶嵌也是平脱"之说，应当是相对于这种花纹平出工艺来说的，它是螺钿工艺的一种。

从明代《髹饰录》的记载来看，螺钿工艺还可依螺片加工形态，再往下细分为多种不同的工艺操作，如依螺片之厚薄，可分为厚螺钿和薄螺钿；依螺片下是否垫饰金银片，又可区分为垫金螺和未垫金螺；依螺片加工后能否使花纹显现浮雕状，又可区分为"镌甸"和非"镌甸"。但这是明代的分法。因唐代文献记载和今人对唐螺钿漆器的报道，都十分的简单，唐代是否能进行这些较细的分类，眼下很难判断。目前仅知直到唐宋为止，螺片都是较厚的，大体皆属厚螺钿范围。这些，后面还要提到。

（四）雕漆工艺的初步发展

"雕漆"之名是清人之说，明黄成谓之"剔红"。工艺要点是：用笼罩漆调银朱，在漆胎上逐层积累到一定厚度，再用刀雕刻出花纹来。其实除剔"红"外，还有剔黄、剔绿、剔黑、剔彩的；但皆用"剔红"之名。从雕漆刀口的断面，便可知施漆的道数[31]。

雕漆技术至迟发明于后赵时期，此前孙吴朱然墓出土的犀皮漆器应是一种特殊的雕漆产品。唐五代时期，雕漆技术有了进一步发展，上面提到的前蜀衬银漆碟，外层表面极为粗糙，虽漆层业已脱落，仅余痕迹；冯汉骥认为，此漆碟为银铅胎骨，应即是后世文献中的"金银胎剔红"器；虽因漆层脱落，而不能推见它的雕镂情形[8]。但结合宋代相类似的漆器出土情况，其为剔红当属可信。

明黄成《髹饰录》"雕镂"第十也谈到过唐代雕漆："剔红，即雕红漆也。……唐制多印板刻平锦朱色，雕法古拙可赏。复有陷地黄锦者。"杨明注："唐制如上说，而刀法快利，非后人所能及，陷地黄锦者，其锦多似细钩云。"[32]这里说到了唐代剔红，即雕漆技术。虽唐代实物迄今未见，因我国在后赵时期便有了雕漆工艺，此说自是可信。

（五）犀皮工艺的发展

犀皮漆器至迟发明于三国时期，唐代便有了一定的发展。这既有实物资料，也有文献资料为凭。

1906年，斯坦因（M. A. Stein）在米兰堡（Fort Miran）发现了一片唐代的皮甲片，甲片可能用骆驼皮制成，各片均作长方形，大小不一，长约2~4英寸余，宽2英寸余。两面髹漆，或至7层，以朱、黑两色为主，也施暗红、棕褐及黄色漆。甲片上的花纹有同心圆圈、椭圆圈和近似逗号及倒置的 S 形等几何花纹。这种花纹是使用刮擦法透过不同的漆层而获得的[33]。这是迄今所知唯一的唐代犀皮实物。

唐代文献上还有过犀皮枕的记载。唐代袁郊《甘泽谣》载：至德（756～758年）之后，异人红线深夜潜入田家，"田亲家翁止于帐内，鼓趺酣眠，头枕文犀"[34]。此文犀，当即犀皮枕。

宋曾三异《因话录》还对"犀皮"名称的由来和含义进行了探讨，云："髹器称西皮者，世人误以为犀角之犀，非也。乃西方马鞯，自黑而丹，自丹而黄时，复改易五色相叠。马镫磨擦有凹处，粲然成文，遂以髹器仿为之。"[35]此说到了"犀皮"起源的两种观点，孰是孰非，今已难得分辨。但这条文献至少说明，犀皮工艺在民间已流传了相当长一个时期。从道理上讲，一项技术的发明，无非是内因和外因的作用；早在商周时期，人们就在同一件器物上使用了多种不同的色漆，偶尔也会重重叠叠的，于是，人们在其断口上，或磨损面上，便会看到一种近于重圈状的奇妙花纹，人们有意地将其利用起来后，就成了犀皮工艺。我们认为，漆器装饰中的犀皮工艺，与钢铁加工中的花纹钢工艺、陶瓷技术中的绞胎工艺，在技术思想和操作原理上，都是互相关联的。这些成花技术的产生和发展，也可能受到过某种外来因素的影响，但我国本身的技术条件，是可以发明出这些成花工艺的。

第十一节 玻璃技术的发展

隋唐是我国古代玻璃技术发展的重要阶段，在经历了先秦、两汉的发展后，高钡玻璃在隋唐时期基本上已经消失，高铅玻璃的主导地位进一步确立。吹制工艺普遍推广，先秦、两汉那种以珠饰为主的状态得到了完全的改变，生产了种类更多的器皿。

一、玻璃容器品种之扩展

隋唐玻璃器在黑龙江宁安[1]，辽宁朝阳[2]，河南洛阳、郑州[2][3][4]，陕西西安[5]、三原[6]、耀县，甘肃泾川[7]，湖北郧县[2]，湖南长沙[8]，新疆吐鲁番[9]，广西钦州[10][11]，江苏扬州等地都有出土[12]，但数量远较汉代为少，分布亦无汉代那样集中。今见于考古发掘的主要有瓶、盒、罐、杯、珠、罗汉像等；与汉代相比较，容器种类增多，器形稍见复杂，珠饰大为减少。其中较值得注意的有：陕西西安隋代李静训墓出土玻璃器 8 件，即绿色玻璃盒 1 件、绿色蛋形器 2 件、草绿色管形器 1 件、绿色小杯 1 件、深绿色无颈瓶 1 件、绿色扁瓶 1 件、蓝色小杯 1件，其中有 5 件是器皿[5]，有学者认为其皆具有国产器物的传统风格。唐李泰墓出土玻璃器 4 件，皆为容器，2 件为黄色矮颈瓶，2 件为绿色的玻璃瓶和玻璃杯[2]，有学者认为其皆具有国产器物的风格[13]。至 20 世纪 80 年代为止，见于考古发掘的隋唐玻璃容器约 30 件上下，比较值得注意的品种有玻璃瓶、玻璃盒、玻璃罐，这些器物此前都是较少的。玻璃珠在陕西乾县[14]、辽宁朝阳[2]都有出土，乾县一次曾出土过 157 件。汉代出土玻璃器较多的地方是两广一带，唐代却移到了关中和中原。下面仅对几种主要器物作一简单介绍。

玻璃盒。西安隋李静训墓出土1件，绿色而透明；表面大体光洁，无腐蚀层。小圆口，圜底，口上有圆形盖。盖与盒的质地相同，唯表面已经风化，其色黄白，有彩虹现象，与其形制相类似的瓷盒在同一墓葬[2][5]，或者其他隋代墓葬中都可看到。

玻璃瓶。隋唐墓都有出土，是此期器皿中所见较多的一种。有国产的，也有进口的；有日用玻璃瓶，也有舍利瓶；形制亦有不同。隋李静训墓出土有玻璃瓶二，皆呈绿色，一件作扁平状，一件无颈；前者质地较好，制作工精；后者质地较粗糙，气泡和杂质较多，透明度较差，器壁亦稍厚[5][13]。甘肃泾川[7]、黑龙江宁安[1]，以及西安东郊开元八年舍利塔基[13]，都出土过唐玻璃舍利瓶。泾川玻璃舍利瓶无色透明，长颈，球形腹，底微凹，器壁不足1毫米；瓶的内底表层已经风化，色白，边缘色黄；瓶内装舍利子，瓶外有金棺、银函、铜函、石函。洛阳关林唐墓出土一件玻璃细颈瓶，其色翠绿而透明，表层风化，色金黄，球腹，底微凹。有学者认为它是伊朗高原的萨珊玻璃[13]。

玻璃杯。汉代便已生产，隋唐时代在陕西西安隋李静训墓[5]、郭家滩姬威墓[15]、湖北郧县李泰墓[2][13]、广西钦州隋唐墓[10]等都有出土。李泰墓出土玻璃杯1件，绿色透明，气泡较多，表面附有白色风化层。直口直壁，圈足，口沿火烧成圆唇。其形制与唐代青瓷杯十分的相似。西安何家村唐代窖藏出土凸弦纹玻璃碗1件，平底侈口，口沿外翻卷成圆唇，口沿下有一阳弦纹，腹部有八组纵三枚纹，无色透明，稍泛蓝绿色，有学者认为它可能是来自伊朗高原的萨珊玻璃[16][13]。

玻璃罐。西安郭家滩姬威墓等都有出土。郭家滩罐高6厘米，口径3厘米，相伴出土的还有小杯2件，皆质坚胎薄，色嫩绿、半透明，表层风化，色淡绿且泛白。

扬州玻璃残片。1990年扬州唐代中晚期居住址出土一批玻璃残片，其中面积大于2厘米^{2}的便有190块，表面皆呈现不同程度的风化，皆透明，主要有绿、淡绿、深蓝、黄、黄绿色，及无色。其中绿色者计153片，无色透明者7片。经复原，器形有鼓腹水瓶、香料瓶、直筒瓶、胆形瓶、碗或盆等。厚度不尽相同，绿色玻璃片为1~1.5毫米，浅绿色玻璃片为0.3~0.9毫米。一般认为这些残片多属伊斯兰制品[12]。

总的来看，隋唐玻璃容器以小件居多，以薄壁（2毫米左右）者为众，显得十分的小巧玲珑，造型上基本保持了我国日用器、饰器的传统风格。此时，伊斯兰玻璃已较多地传入我国，如陕西扶风法门寺唐乾符元年（874年）地宫，所出完整无损的玻璃器皿计约20件，除茶托子是典型的国产品和几件素面盘子目前尚难确定外，其余的可能都是伊斯兰产品，其中包括贴花盘口瓶1件、刻花蓝玻璃盘6件、印纹直桶杯2件、彩釉盘1件等[17]。这对我国玻璃技术自然会产生一定影响。

除上所述，在文献记载中还有玻璃窗。唐王棨《瑠璃窗赋》有云："彼窗之丽者有瑠璃之制焉，洞澈而光凝秋水，虚明而色混晴烟。"[18]此"瑠璃窗"，当为玻璃窗无疑。但可能透明度稍差。

还有一事值得一提的是，何稠对隋唐玻璃、琉璃技术的贡献，学术界是有不同看法的，这主要是文献记载不清之故。《隋书》卷六八"何稠传"载：何稠，字桂林，性绝巧，有智思，用意精微。"开皇初授都督，累迁御府监，历太府丞。稠博览古图，多识旧物。波斯尝献金縣锦袍组织殊丽，上命稠为之，稠锦既成，踰所献者，上甚悦。时中国久绝琉璃之作，匠人无敢厝意，稠以绿瓷为之，与真不异"。对文中提到的"琉璃"，有学者认为它是玻璃[19]，有学者则认为它是今俗之琉璃[20]，而且双方都列举了一些理由。前述《魏书·西域传·大月氏》条也有同样的问题，我们认为，两说是非难辨，皆须进一步研究。但不管怎样，有两点是可以肯定的：（1）不管玻璃还是琉璃，在本例中都是作为建筑装饰材料的，故何稠对隋代建筑装饰材料生产是作出了重要贡献的。（2）文中提到的"琉璃"以绿瓷为之，当是以铜作色的，这对我们了解隋代的玻璃、玻璃工艺都是有益的。

二、高铅玻璃进一步确立

（一）从科学分析看隋唐玻璃的成分体系

表 5 - 11 - 1　　　　　　　　　　唐代玻璃成分分析

出土处、名称、颜色	成　分（%）										文献
	SiO_2	PbO	Al_2O_3	Fe_2O_3	CaO	MgO	K_2O	Na_2O	CuO	MnO	
广西钦州隋玻璃杯	34.92	62.1	1.57					1.43			[11]
辽宁朝阳唐高英淑墓玻璃珠表层中心,风化,绿色透明	26.08	68.51		0.26	0.18	0.09	0.06	0.29	0.41		[2]
湖北郧县唐李泰墓黄色矮颈玻璃瓶	30.49	64.23	1.61	0.33	0.2	0.3	0.27	0.31			[19] [24]
唐玻璃小佛像,琥珀色,中度风化	19.6	75.0	1.03	2.52	1.0	0.32	0.01	0.2	0.12	0.096	[22]
唐玻璃小佛像,浅绿色乳浊状,中度风化	21.3	75.9	0.17	0.16	0.28	0.11	0.01	0.21	0.2	0.003	[22]
唐琥珀色玻璃珠	29.0	67.4	0.47	2.14	0.25	0.11		0.33	0.15	0.02	[22]
陕西三原唐李寿墓绿色玻璃瓶,吹制	36.16	46.65	2.42		1.09	2.84	0.95	10.01			[23] [24]
河南洛阳关林唐墓 M118 翠绿细颈瓶	62.70		2.75	1.05	6.57	4.84	2.6	18.11		0.04	[19] [24]
湖北郧县唐李泰墓绿色高颈玻璃瓶	61.58		1.66	0.69	6.27	6.43	3.53	17.86			[19] [24]
唐模制蝉碎片,无色,混浊,轻度风化	62.8	0.01	4.91	0.41	16.9	4.12	1.15	9.2	0.03	0.009	[22]
唐模铸浮雕发针头,无色稍浊,中度风化	65.1	0.37	1.96	0.56	10.6	2.71	9.76	8.84	0.01	0.024	[22]
新疆若羌县玻璃	51.11		9.57	1.89	5.27	4.79	6.4	16.89		0.05	[21]
唐发针头乳白色,轻度风化	64.4	0.07	1.51	0.5	18.7	5.49	8.07	0.99	0.005	0.008	[22]
唐扬州绿色透明玻璃	64.95		2.51	0.49	5.09	6.44	2.61	15.62		1.72	[12]
唐扬州淡绿色透明玻璃	67.74		2.17	0.71	5.22	5.72	3.58	13.68		0.58	[12]

注：除表中所列，新疆唐若羌县玻璃和洛阳关林唐墓细颈瓶尚分别含 TiO_2 0.11% 和 0.15%。辽宁唐高英淑墓玻璃珠含 MnO_2 0.02%。文献[22]所引样品中，有的尚含有少量、微量 Sb_2O_5、SnO_2 等，以及 0.1% 以下的 BaO，略。文献[12]所引唐扬州绿色透明玻璃含 Cl 0.54%。

表 5 - 11 - 1 是 15 件隋唐玻璃器定量分析结果。试样分别出土于陕西、湖北、河南、辽宁[2]、新疆[21]、广西[11]等地，有国内学者分析的，也有国外学者分析

的[22]。其成分大体上包括 3 系 8 型。

1. 铅系，2 型 7 件。

$PbO - SiO_2$ 型，6 件，即广西钦州隋代玻璃杯、湖北郧县唐代小瓶、辽宁唐高英淑墓玻璃小珠，以及国外学者分析的 2 尊佛像和 1 枚小珠。占试样总数的 46.7%。含 PbO 量为 62.1% ~ 75.9%，平均 68.86%。

$PbO - Na_2O - SiO_2$ 型，1 件，即陕西三原唐李寿墓玻璃小瓶。PbO 和 Na_2O 含量分别为 46.65% 和 10.01%。

经 X 射线荧光分析，隋李静训墓绿玻璃盒（及其器盖）含铅量较高，不含钡[19]，亦属铅玻璃范围。虽此器未作定量和半定量分析，仍统计在 7 件之内。

2. 钠系，3 型 5 件。

$Na_2O - MgO - CaO - SiO_2$ 型，3 件，即湖北郧县另一件唐代小瓶、唐扬州居住址所出绿色玻璃片、浅绿色玻璃片。

$Na_2O - CaO - MgO - SiO_2$ 型，1 件，即河南洛阳关林唐细颈瓶。

$Na_2O - K_2O - CaO - SiO_2$ 型，1 件，即新疆若羌玻璃。

经 X 射线荧光分析，李静训墓的 2 件玻璃小杯和无颈瓶亦为钠钙玻璃[19]，但未计入此 5 件之内。

3. 钙系，3 型 3 件。

$CaO - Na_2O - MgO - SiO_2$ 型，1 件，唐模制蝉片。

$CaO - K_2O - Na_2O - SiO_2$ 型，1 件，即发针头。

$CaO - K_2O - MgO - SiO_2$ 型，1 件，即另一件发针头。

总的来看，这 15 件玻璃的化学成分具有如下几个特点：（1）铅玻璃的比例较先秦、两汉都明显增加，此计 2 型 7 件，占此期标本总数的 46.7%。这应是唐代玻璃的主要体系。（2）高钡玻璃、铅钡玻璃未曾再见。钾玻璃亦未看到，不知是否与随机取样有关；但从后述文献记载看，此期我国似生产过一部分钾钙玻璃。（3）钠系玻璃似有增加，计 3 型 5 件，占此其标本总数的 1/3。其中多数当系外来；有学者认为其中李泰墓绿色小瓶当系国产[13]，依此，这便是较早的国产玻璃器皿之一；但钠钙玻璃在我国的技术地位此时尚未确立。（4）多件标本含 CaO 较高。

铅玻璃的优点是折射率较高，故光泽较好，现代光学玻璃和一些装饰玻璃中往往皆有意识地加入一定的氧化铅。其缺点是化学稳定性较差，故出土铅玻璃常呈现一个黄白色的风化层。

（二）文献记载的玻璃原料

孙思邈《太清丹经要诀》[25]有一段关于玻璃生产的记载，对我们了解唐代玻璃成分选择是很有帮助的。其"造白玉法"条载："取大蛤蒲捣为末，细研之，取一斤内竹筒中，复内消石，密固之，内左味中，二十日成水。后取白石英半斤，捣作末投筒中即凝，出之，好炭火火之令赤，即成白玉。"大蛤蒲，蛤蚌壳，主要成分是碳酸钙 $CaCO_3$。硝石，一般指钾硝石，但古人有时将硫酸钠、及至硫酸镁，也都混称为硝石[26][27]。左味，醋。此述虽较简单，但大体轮廓还是勾画出来了。此制作"白玉"的主要原料是蛤蚌壳、"硝石"。故此人造"白玉"应是钾钙玻璃

$K_2O - CaO - SiO_2$，这正好弥补了上述科学分析之不足。

三、玻璃吹制技术的发展

此期的玻璃成型工艺主要是两种，即传统的范铸法和新兴的吹制法[28]，在吹制成型过程中，使用了铁棒技术。

范铸法出现于先秦时期，隋唐时期虽无创新和进步，但未曾停止。所见器物如陕西乾县南陵村僖宗靖陵的龙凤纹玻璃佩饰和璧，以及大量的玻璃彩珠、串珠等[28]。

我国古代玻璃的吹制技术约始见于北魏时期，河北定县北魏塔基（481年）出土的3件玻璃葫芦瓶、2件玻璃瓶、1件玻璃钵、1件残玻璃器底，都是无模自由吹制的，其外形皆具有明显的中国风格[29][13]。隋唐时期，此技术开始推广开来，大家较为熟悉的此期吹制器物有：陕西三原李寿墓小瓶、西安李静训墓无颈瓶、小盒、小杯、管形器、蛋形器，甘肃泾川舍利瓶、湖北郧县李泰墓玻璃杯、矮颈瓶、高颈瓶等。从实物考察来看，吹制成型后，有的采用过玻璃条缠粘圈足和口沿的技术，如李静训墓绿扁瓶等；有的曾经冷磨，如李静训墓小盒、蛋形器等，因其未经抛光，故磨痕依然可见；有的曾经镀金，如李静训墓一件稍大的蛋形玻璃器孔洞处等[13]。在国产玻璃器中，质色较好的要算李静训墓绿色扁瓶，绿色透明，气泡和结石很少，比较接近西方的先进水平[13]。

"铁棒技术"是容器吹制过程中的一项重要操作。容器吹制成型后，须从吹管上剪下，以对口沿进行加工，为此便须用铁棒粘住容器底部，以将之从吹管上剪下。因铁棒粘结，器底外便留下了一个疤痕，此疤痕便成了铁棒技术的证据。这种疤痕在我国始见于隋李静训墓玻璃器，该墓计出8件完整的玻璃器，皆属无模自由吹制，但绿玻璃盒、蛋形器和管形器底部没有疤痕，说明其未采用铁棒技术；而绿色扁瓶、无颈瓶和蓝色小杯、绿色小杯则底部有疤痕，说明加工时曾采用铁棒技术[19]。

今再归纳一下隋李静训墓玻璃，因它在隋唐时期很有代表性。此墓计出8件完整的玻璃器，皆为国产，皆为无模自由吹制；其器型计分两类：即器皿，5件（盒1件、瓶2件、杯2件）、其他3件（蛋形器2件、管形器1件）；其成分至少有两种，一是铅玻璃，即盒等，二是钠钙玻璃，即2件杯、1件瓶等；其吹制操作亦有两种类型，即盒、蛋形器、管形器4件未使用铁棒技术，其他4件则使用了铁棒技术。这些情况反映了国产玻璃容器的发展，吹制技术的推广，铁棒技术的使用和多种成分体系并存。

但从总体上看，隋唐玻璃技术还是不太稳定的，相当部分产品的气泡依然较多，这也可能与人们对玻璃技术重视不够等因素有关。我国古代的玉器技术、青铜技术、瓷器技术、漆器技术，工艺水平都是较高的，说明在这些行业中，都有许多十分优秀的人才，他们为此付出了大量的时间和精力。

四、关于玻璃的名称

我国中原文化区的玻璃技术约发明于春秋晚期，在战国、两汉都有一定的发展，对人们的社会生活产生过一定影响。但在相当长一个时期内，我国玻璃并无固定名称。人们此时仍常用"流离"一词来称呼玻璃，但它同时还有其他含义。

虽《魏书》和部分唐代文献都提到过"颇黎（黎、梨）"一词，但直到唐代为止，它指的很可能还是宝石。

（一）关于"流璃"

直到唐代，人们依然认为"流离"有两种[30]，一种是自然之物，当指水晶或其他宝石；一种是人造之物，即"销石汁，加以众药，灌而为之"者，当即玻璃。

《汉书·西域传》"罽宾国"条，说罽宾国出流离，唐颜师古注"流离"云："此盖自然之物，采泽光润，踰于众玉，其色不恒。今俗所用，皆销石汁，加以众药，灌而为之，尤虚脆不上贞，实非真物"。可知，唐代大注释家颜师古将流离区分了两种类型，一是自然之物；二是加药销石灌成。

这一认识在部分考古实物中也有反映。西安何家村窖藏物中，一个提梁大银罐内装有一件圆圈纹玻璃杯和一件水晶碗，而罐盖里面题记却为："琉璃盃碗各一"[31]。显然，这是把水晶和玻璃都称作了琉璃。

（二）关于"颇梨"、"颇黎"、"玻瓈"

这几个形、音相近的词约出现于北魏时期，但这几个词的来源、本义，从《魏书》简单记载中都很难得到明确了解。

唐玄应《一切经音义》卷二四载："颇眡加，陟尸反，亦言婆破致迦，西国宝名也。旧云颇梨者，讹略也；此言水玉，或言白珠。大论云：'此宝出石窟中，遇千年冰化为颇梨珠。'此或有也。但西国极饶此物，彼乃无冰，以何为化？但石之类耳。"[32]可知"颇梨"、"颇眡"原是梵言"颇眡迦"、"婆破致迦"，即是水玉，属石之类，即一种宝石。此书撰于贞观年间，计25卷。

慧琳《一切经音义》卷二七在解释"颇黎"时也有类似的说法："此云水精，又云水玉，或云白珠。大智度论中，此宝出山石窟中，一云过千年冰化为之，此言无据，西方暑热，上地无冰，多饶此宝，何物化焉？此但石类，处处皆有也。"此书撰于元和年间，采玄应及诸家音义而成，计100卷；其也承袭了"颇黎是宝石"的观点。

类似的说法对后世影响较大。《重修政和经史证类备用本草》卷三条引唐陈藏器云：玻瓈，"此西国之宝也，是水王（玉），或云千岁冰化为之，应玉石之类，生土石中，未必是冰"。《本草纲目》卷八"玻瓈·集解"所引略同。

这一观点在考古实物题记中也得到了证实。何家村窖藏所出提梁大银罐的罐盖里面题记又有"颇黎等十六段"字样，经查，罐内所装之物有蓝宝石七块、紫宝石两块、翠玉六块、黄精一块，正好十六块[31]。

自然，唐温庭筠（812～？年）《菩萨蛮》所云："水精帘里颇黎枕，暖香惹梦鸳鸯锦。"[33]其中的"颇黎"也应是一种宝石。

可知在唐人眼中，颇黎，并非玻璃，而是宝石、美玉一类。"颇黎"具有玻璃的含义，那是唐代之后的事。

参 考 文 献

第一节 采矿技术的繁荣

[1] 夏湘蓉等:《中国古代矿业开发史》第70页,地质出版社,1980年。

[2] 《二十五史》未提到"邓州"。

[3] 泰安市文物考古研究室等:《山东省莱芜市古铁矿冶遗址调查》,《考古》1989年第2期。

[4] 河南省文物研究所等:《河南省五县古代铁矿冶遗址调查》,《华夏考古》1992年第1期。

[5] 杨立新:《皖南古代铜矿初步考察与研究》,《文物研究》第3辑,1988年。

[6] 南京市博物馆:《南京九华山古铜矿遗址调查报告》,《文物》1991年第5期。

[7] 李延祥等:《九华山唐代炼铜炉渣研究》,《自然科学史研究》1996年第3期。

[8] 鲍艺敏等:《浙江淳安铜山唐代矿冶遗址》,《南方文物》1997年第3期。

[9] 清汤球:《九家旧晋书辑本》三,《丛书集成初编》三八〇八。

[10] 《本草纲目》卷八"金石·金·集解"。

[11] 夏湘蓉等:《中国古代矿业开发史》第305~306页,地质出版社,1986年第2次印刷。

[12] 卢本珊等:《中国古代金矿的采选技术》,《自然科学史研究》1987年第3期。

[13] 《御定佩文斋咏物诗选》卷一八〇。文渊阁《钦定四库全书》抄本,武汉大学出版社电子版第439碟。

[14] 山西省文物管理委员会等:《山西长治唐代舍利棺的发现》,《考古》1961年第5期。

[15] 明彭大翼:《山堂肆考》徵集卷一八三"器用·酒"。

[16] 《钦定四库全书》抄本,武汉大学出版社电子版第336碟。

[17] 《新唐书·食货志四》。

[18] 矩斋:《古尺考》,《文物参考资料》1957年第3期。日本人藏唐镂牙尺相当于今0.311米。

[19] 释文莹:《玉壶野史》卷三,文渊阁《钦定四库全书》抄本,武汉大学出版社电子版第335碟。此书之名称,一般作《玉壶清话》。

[20] 《本草纲目》卷九"金石·石脑油·集解"。

第二节 冶金技术的持续发展

[1] 夏淑蓉等:《中国古代矿业开发史》第70页,地质出版社,1980年。

[2] 胡悦谦:《繁昌县古代炼铁遗址》,《文物》1959年第7期。

[3] 南京博物院:《利国驿古代炼铁炉的调查情况及清理》,《文物》1960年第4期。珍珠泉水塔附近为唐宋炼炉址。

[4] 泰安市文物考古研究室等:《山东省莱芜市古铁矿冶遗址调查》,《考古》1989年第2期。

[5] 河南省文物研究所等:《河南省五县古代铁矿冶遗址调查》,《华夏考古》1992年第1期。

［6］钱宝琮校：《算经十书》，中华书局，1963 年。

［7］《云笈七签》卷七八引。

［8］《文苑英华》卷一○九。

［9］杜莆运：《隋唐墓出土铁器的研究》，全国冶金技术史学术讨论会论文，河南舞阳，1989 年。

［10］南京博物院等单位发掘工作组：《扬州唐城遗址 1975 年考古工作简报》，《文物》1977 年第 9 期。南京博物院：《扬州唐城手工业作坊遗址第二、三次发掘简报》，《文物》1980 年第 3 期。

［11］南京市博物馆等：《南京九华山古铜矿遗址调查报告》，《文物》1991 年第 5 期。

［12］李延祥等：《九华山唐代炼铜炉渣研究》，《自然科学史研究》1996 年第 3 期。

［13］杨立新：《皖南古代铜矿初步考察与研究》，《文物研究》第 3 辑，1988 年 6 月。

［14］杨立新：《安徽沿江地区的古代铜矿》，《文物研究》第 8 辑，1993 年 10 月。

［15］鲍艺敏等：《浙江淳安铜山唐代矿冶遗址》，《南方文物》1997 年第 3 期。

［16］李时珍：《本草纲目》卷八"金石·赤铜"条引。

［17］《丹房镜源》原未具作者名，在今人编纂的《道藏》"提要"和"引得"中，亦无它的篇名；其唯见于《铅汞甲庚至宝集成》卷四（涵芬楼影印本第 595 册），该文第 3 页。独孤滔《丹方鉴源》见《道藏》第 596 册。

［18］郭正谊：《水法炼铜史料新探》，《化学通报》1983 年第 6 期。

［19］陕西省文物管理委员会：《陕西省出土铜镜》，文物出版社，1959 年。

［20］明陈仁锡：《潜确居类书》卷九三，此书又名作《潜确类书》。清康熙年间的陈元龙《格致镜原》卷三四亦引。

［21］何堂坤：《中国古代铜镜的技术研究》第 37 页，中国科学技术出版社，1992 年。

［22］李秀辉等：《青海都兰吐蕃墓葬出土金属文物的研究》，《自然科学史研究》1992 年第 3 期。

［23］《重修政和经史证类备用本草》卷四"雄黄·宝藏论"条引。

［24］《重修政和经史证类备用本草》卷四"雌黄·宝藏论"条引。

［25］《重修政和经史证类备用本草》卷五"砒霜·青霞子"条引。

［26］王奎克等：《砷的历史在中国》，《自然科学史研究》1982 年第 2 期。

［27］赵匡华等：《我国金丹术中砷白铜的源流与验证》，《自然科学史研究》1983 年第 1 期。

［28］见《道藏》洞神部众术类，第 590 册，该文卷上第 19 页。

［29］见《道藏》洞神部众术类，第 596 册，涵芬楼影印本。

［30］何堂坤等：《安徽出土铜镜成分分析》，《文物研究》第 2 辑，1986 年。

［31］小松茂、山内淑人：《东洋古铜器の化学的研究》、《古镜の化学的研究》，分别载于《东方学报》1933 年京都版第 3 册、1937 年京都版第 8 册。

［32］近重真澄：《东洋古铜器の化学研究》，《史林》第 3 卷第 2 号，1918 年。

［33］梅原末治：《欧米における支那古镜》，第 103 页，1931 年。波士顿博物馆藏品，据说出于成都。

［34］周欣、周长源：《扬州出土的唐代铜镜》，《文物》1979 年第 7 期。

［35］王琎等：《中国古代金属化学及金丹术·附录》，中国科学图书仪器公司出版，1955 年。3 枚。

［36］赵匡华等：《北宋铜钱化学成分剖析及夹锡钱初探》，《自然科学史研究》1986 年第 3 期。5 枚。

［37］水上正胜：《志海苔出土古钱的金属成分》，《中国钱币》1985 年第 3 期，阿祥译。10

枚。石野亨：《铸造技术の歴史と源流》第 247 页，株式会社産業技术センター，1977 年。4 枚。

[38] 赵匡华：《我国古代"抽砂炼汞"的演进及其化学成就》，《自然科学史研究》1984 年第 1 期。

[39] 《道藏》洞神部众术类，总第 584 册。

[40] 《道藏》洞神部众术类，总第 587 册。

[41] 《道藏》洞神部众术类，总第 586 册。

[42] 《道藏》总第 491 册，涵芬楼影印本，1923～1926 年。

[43] 陕西省博物馆等：《唐郑仁泰墓发掘简报》，《文物》1972 年第 7 期。

[44] 《道藏》总第 192 册。

[45] 陈国符：《道藏源流续考》，明文书局，1983 年。

[46] 祝寿慈：《中国古代工业史》第 372 页，学林出版社，1988 年。

[47] 矩斋：《古尺考》，《文物参考资料》1957 年第 3 期。

[48] 山东省淄博市博物馆：《西汉齐王墓随葬器物坑》，《考古学报》1985 年 2 期。

[49] 《山西通志》卷五九"古迹"，雍正十二年（文渊阁《钦定四库全书》抄本第 49 册，武汉大学出版社电子版第 231 碟）。《张燕公集》卷一二（文渊阁《钦定四库全书》抄本第 3 册，武汉大学出版社电子版第 401 碟）。关于架设铁索桥的时间，前者说为开元二十二年，后者说为开元十年，今从后说。

[50] 樊旺林等：《唐铁牛与蒲津桥》，《考古与文物》1991 年第 1 期。王泽庆：《唐蒲津桥与黄河铁牛铁人》，《中国文物报》1991 年 5 月 26 日第 3 版。李福昌：《蒲津铁牛壮山河》，《北京晚报》1992 年 1 月 8 日。

[51] 吴坤仪等：《沧州铁狮的铸造工艺》，《文物》1984 年第 6 期。

[52] 曹英杰：《沧州铁狮子迁居，吊车解开重量之迷》，《北京晚报》1984 年 11 月 27 日。

[53] 姬乃军：《我国存世最早的唐钟——陕西富县宝室寺铜钟》，《考古与文物》1983 年第 1 期。

[54] 李述方：《汉宋间云南冶金业》，《学术研究》1962 年第 11 期（社会科学报）。

[55] 何堂坤：《我国古代铁镜技术初步研究》，《中国国学》第 20 期，台湾，1992 年。

[56] 苗长兴：《从铁器鉴定论河南古代钢铁技术的发展》，《中原文物》1993 年第 4 期。

[57] 何堂坤等：《由金相分析看鄂城铜镜的热处理技术》，《江汉考古》1988 年第 3 期。

[58] 何堂坤等：《安徽出土铜镜金相分析》，《文物研究》第 3 辑，1988 年。

[59] 何堂坤：《几枚水银沁镜的科学分析》，《考古与文物》1991 年第 1 期。

[60] 何堂坤：《中国古代铜镜的技术研究》第 136～168 页，中国科学技术出版社，1992 年。

[61] 史树青：《古代科技事物四考》，《文物》1962 年第 3 期。

[62] 上海交通大学西汉古铜镜研究组：《西汉"透光"古铜镜研究》，《金属学报》1976 年第 1 期。

[63] 孙淑云等：《中国古代铜镜显微组织的研究》，《自然科学史研究》1992 年第 1 期。

[64] 何堂坤：《古青铜热处理模拟试验》，《自然科学史研究》1994 年第 1 期。

[65] 何堂坤：《关于镔铁的产地和工艺》，《中国国学》第 25 期，台湾，1997 年。

[66] 陕西省博物馆革命委员会写作小组：《西安南郊何家村发现唐代窖藏文物》，《文物》1972 年第 1 期。

[67] 丹徒县文教局等：《江苏丹徒丁卯桥出土唐代银器窖藏》，《文物》1982 年第 11 期。其中，1980 年出土银锭 20 笏，1982 年在同一地点出土多种银器 956 件。

[68] 马得志：《唐长安城平康坊出土的鎏金茶托子》，《考古》1959 第 12 期。

［69］陕西省博物馆:《陕西省耀县柳林背阴村出土一批唐代银器》,《文物》1966 年第 1 期。

［70］西安市文物管理委员会:《西安市东南郊沙坡村出土一批唐代银器》,《文物》1964 年第 6 期。

［71］喀喇沁旗文化馆:《辽宁昭盟喀喇沁旗发现唐代鎏金银器》,《考古》1977 年第 5 期。

［72］卢兆荫:《试论唐代的金花银盘》,《中国考古学研究》,文物出版社,1986 年。

［73］袁长江:《西安唐墓出土开元年间银背凸花铜镜》,《人文杂志》1982 年第 5 期。

［74］梁上椿:《岩窟藏镜》第三集,图九三。

［75］山西省文物管理委员会:《太原西南郊清理的汉至元代墓葬》,《考古》1963 年第 5 期。

［76］陕西省文管会:《西安郭家滩隋姬威墓清理简报》,《文物》1959 年第 8 期。

［77］《全唐诗》卷八七〇。

［78］《新修本草》(辑复本),唐苏敬等撰,尚志钧辑校,安徽科学技术出版社,1981 年。

第三节 南青北白的制瓷技术

［1］熊海棠:《中国古代的窑具与装烧技术研究》,《东南变化》1991 年第 6 期、1992 年第 1 期连载。

［2］李德金:《古代瓷窑址的调查和发掘》,《新中国的考古发现和研究》,文物出版社,1984 年。

［3］陕西省考古研究所:《陕西铜川耀州窑》,科学出版社,1965 年。

［4］陕西省考古研究所:《唐代黄堡窑址》,文物出版社,1992 年。

［5］陕西省考古研究所:《五代黄堡窑址》第 237 页,文物出版社,1997 年。

［6］陆羽:《茶经》,文渊阁《钦定四库全书》抄本,武汉大学出版社电子版第 315 碟。

［7］贡昌:《婺州古窑》,紫禁城出版社,1988 年。

［8］长沙窑课题组:《长沙窑》,紫禁城出版社,1996 年。

［9］余家栋:《江西陶瓷史》,河南大学出版社,1997 年。

［10］胡悦谦:《谈寿州窑》,《考古》1988 年第 8 期。

［11］内邱县文物保管所:《河北内邱县邢窑调查简报》,《文物》1981 年第 9 期。

［12］河北临城邢窑研究小组:《唐代邢窑遗址调查报告》,《文物》1981 年第 9 期。

［13］陕西省考古研究所:《唐代黄堡窑址》,文物出版社,1992 年。第 527～528 页。

［14］阮平尔:《唐光启三年瓷质罐形墓志及相关问题》,《东南文化》1993 年第 2 期。

［15］浙江省文物管理委员会:《浙江临安板桥的五代墓》,《文物》1975 年第 8 期。

［16］浙江省博物馆等:《浙江临安晚唐钱宽墓出土天文图及“官”字款白瓷》,《文物》1979 年第 12 期。

［17］冯先铭:《有关临安钱宽墓出土“官”字、“新官”款白瓷问题》,《文物》1979 年第 12 期。板桥五代墓所出“官”字铭青瓷为越窑产品。

［18］明堂山考古队:《临安县水邱氏墓发掘报告》,《浙江省文物考古研究所学刊》,文物出版社,1981 年。

［19］冯永谦:《赤峰缸瓦窑村辽代瓷窑址的考古新发现》,《中国古代窑址调查发掘报告集》,文物出版社,1984 年。

［20］权奎山:《关于唐宋瓷器上的“官”和“新官”字款问题》,《中国古陶瓷研究》第五辑,紫禁城出版社,1999 年。

［21］胡欣民:《宣州窑浅见》,《文物研究》第 10 辑,1995 年。

［22］陕西省法门寺考古队:《扶风法门寺唐代地宫发掘简报》,《文物》1988 年第 10 期。

[23] 冯先铭：《法门寺出土的秘色瓷》，《文物》1988 年第 10 期。

[24] 李辉柄：《略谈法门寺出土的越窑青瓷》，《文物》1988 年第 10 期。

[25] 袁南征：《重新认识官窑——关于官窑概念的探讨》，《文博》1995 年第 6 期。

[26] 刘毅：《"宣州官窑"及其相关问题研究》，《考古》1999 年第 11 期。

[27] 孟凡人等：《中国古瓷在非洲的发现》，紫禁城出版社，1987 年。

[28] 李锡经等译：《陶瓷之路》，文物出版社，1984 年。三上次男原著，1972 年岩波书店发行。

[29] 长沙窑课题组：《长沙窑》第 210～216 页，紫禁城出版社，1996 年。出土长沙窑产品的国家和地区有：朝鲜、日本、印度尼西亚、伊朗、泰国、菲律宾、斯里兰卡、巴基斯坦、阿曼、沙特阿拉伯、伊拉克、肯尼亚、坦桑尼亚等。

[30] 郭演仪等：《中国历代南北青瓷的研究》，中国硅酸盐学会编《中国古陶瓷论文集》，文物出版社，1982 年。

[31] 陈尧成等：《武昌青山窑古代青瓷研究》，《南方文物》1994 年第 3 期。

[32] 周世荣：《石渚长沙窑出土的瓷器及其有关问题的研究》，《中国古代窑址调查发掘报告集》，文物出版社，1984 年。成分见第 232 页。

[33] 长沙窑课题组：《长沙窑》第 24～25 页，紫禁城出版社，1996 年。

[34] 彭子成等：《用 EDXRF 方法研究临江诸窑场古瓷胎的化学组成分区特征》，《南方文物》1997 年第 4 期。

[35] 陈显求等：《唐新会官冲窑》，载上海古陶瓷科学研究会编：《1992 年古陶瓷科学技术国际讨论会论文集》第 129 页，1992 年。陈显求等：《耀州青瓷和黑釉瓷》，《中国陶瓷》1990 年第 4 期。

[36] 杨文山：《隋代邢窑遗址的发现和初步分析》，《文物》1984 年第 2 期。

[37] 李辉柄：《北方瓷器发展的几个问题》，《故宫博物院院刊》1991 年第 4 期。

[38] 李辉柄：《略谈中国瓷器考古的主要收获》，《故宫博物院院刊》1989 年第 4 期。

[39] 中国硅酸盐学会：《中国陶瓷史》第 203 页，文物出版社，1982 年。

[40] 冯先铭：《三十年来我国陶瓷考古的收获》，《故宫博物院院刊》1980 年第 1 期。

[41] 陈尧成等：《武昌青山窑古代白瓷研究》，《中国陶瓷》1993 年第 3 期。青山窑发掘报告见湖北省文物考古研究所：《武昌青山瓷遗址发掘简报》，《江汉考古》1991 年第 4 期。本书引用的青山窑资料，除有关学者明确定成了五代的瓷片外，其余多数置于北宋范围。

[42] 胡悦谦：《安徽江南地区的繁昌窑》，《东南文化》1994 年 1 号增刊（《中国古陶研究会'94 年会论文集》）。

[43] 蔡毅：《关于景德镇与繁昌白瓷的讨论》，《文物研究》第 10 辑，1995 年。

[44] 陈衍麟：《繁昌窑器釉色及造型工艺》，《文物研究》第 10 辑，1995 年。

[45] 杜玉生：《北魏洛阳城出土的瓷器与釉陶器》，《考古》1991 年第 12 期。

[46] 李家治、郭演仪：《中国历代南北著名白瓷》，《中国古代陶瓷科学技术成就》，上海科学技术出版社，1985 年。

[47] 林淑钦等：《唐寿州窑黄釉瓷器》，《文物研究》第 10 辑，1995 年。

[48] 贡昌：《浙江龙游、衢县两处唐代古窑址调查》，《考古》1989 年第 7 期。

[49] 贡昌：《唐代婺州窑概况》，《中国古陶瓷研究》第 2 辑，1988 年。

[50] 贡昌：《谈婺州窑》，《中国古代窑址调查发掘报告集》，文物出版社，1984 年。

[51] 李知宴、张福康：《论唐三彩的制作工艺》，载中国科学院上海硅酸盐研究所：《中国古陶瓷研究》，科学出版社，1987 年。

[52] 李国桢等：《唐三彩的研究》，载中国科学院上海硅酸盐研究所：《中国古陶瓷研究》，

科学出版社，1987 年。

[53] 张福康：《中国传统低温色釉和釉上彩》；张福康：《铁系高温瓷釉综述》，二文均载《中国古代陶瓷科学技术成就》，上海科学技术出版社，1985 年。张福康等：《中国历代低温色釉和釉上彩的研究》，《中国古陶瓷论文集》，文物出版社，1982 年。

[54] 陕西省考古研究所：《唐代黄堡窑址》，文物出版社，1992 年。淘洗作坊见第 31 页、第 42 页，粉碎工具见第 466 ~ 467 页、第 489 页。

[55] 中国硅酸盐学会：《中国陶瓷史》第 191 ~ 196 页，文物出版社，1982 年。

[56] 陕西省考古研究所：《唐代黄堡窑址》，文物出版社，1992 年。第 468 ~ 469 页、第 489 ~ 491 页、第 524 ~ 525 页。

[57] 浙江省文物管理委员会：《浙江临安板桥的五代墓》，《文物》1975 年第 8 期。

[58] 浙江省文物管理委员会：《杭州、临安五代墓的天文图和秘色瓷》，《考古》1975 年第 3 期。

[59] 河南省巩义市文物保护管理所：《黄冶唐三彩窑》第 9 ~ 13 页，科学出版社，2000 年。

[60] 杨静荣：《谈陶瓷装饰工艺——绞胎》，《故宫博物院院刊》1986 年第 4 期。

[61] 黄炳煜：《从泰州出土的绞胎罐、壶谈绞胎器》，《南方文物》1993 年第 3 期。

[62] 关双喜等：《唐杨谏臣墓出土的几件文物》，《文博》1985 年第 4 期。

[63] 河南省巩义市文物保护管理所：《黄冶唐三彩窑》第 49 ~ 51 页，科学出版社，2000 年。

[64] 何堂坤：《关于花纹钢及其模拟试验》，《锻压技术》1988 年第 4 期。

[65] 安徽省文物考古研究所等：《安徽马鞍山东吴朱然墓发掘简报》，《文物》1986 年 3 期。

[66] 王世襄：《对犀皮漆器的再认识》，《文物》1986 年。

[67] 段鹏琦：《唐代墓葬的发掘与研究》，《新中国的考古发现和研究》，文物出版社，1984 年。

[68] 陆龟蒙：《秘色越器》诗见《全唐诗》卷六二九。

[69] 张福康：《中国古陶瓷的科学》，上海人民美术出版社，2000 年。

[70] 虞浩旭：《试论"秘色瓷"含义的演变》，《文物研究》第 10 辑，1995 年。李知宴：《关于秘色瓷的几个问题》，《中国历史博物馆馆刊》总第 25 期，1995 年。

[71] 李家治：《中国古代科学技术史·陶瓷卷》第 115 页、第 366 页，科学出版社，1998 年。

[72] 胡悦谦：《寿州窑瓷器釉色的研究成果》，《文物研究》第 10 辑，1995 年。

[73] 文物编辑委员会：《文物考古工作十年（1979 ~ 1989）》第 34 页，"河北省"，文物出版社，1990 年。

[74] 穆青：《早期定瓷初探》，《文物研究》第 10 辑，1995 年。

[75] 长沙窑课题组：《长沙窑》第 25 ~ 28 页，紫禁城出版社，1996 年。

[76] 范凤妹：《吉州窑的彩绘瓷》，《东南文化》1994 年增刊 1 号。

[77] 周世荣：《长沙古瓷窑的彩釉彩绘装饰》，《考古》1990 年第 6 期。

[78] 文物编辑委员会：《文物考古工作十年（1979 ~ 1989）》第 258 页，"四川省"；文物出版社，1990 年。

[79] 魏达议：《具有地方特色的四川古窑》，《四川古陶研究》，四川社会科学出版社，1984 年。

[80] 南京博物院等：《扬州唐城遗址 1975 年考古工作简报》，《文物》1977 年第 9 期。

[81] 张志刚等：《扬州唐城出土青花瓷的测定及其重要意义》，《中国陶瓷》1984 年第 3 期。罗宗真等：《扬州唐城出土青花瓷的重要意义》，中国科学院上海硅酸盐研究所：《中国古陶瓷研

究》，科学出版社，1987年。

[82] 文化部文物局扬州培训中心：《扬州新发现的唐代青花瓷片概述》，《文物》1985年第10期。原报告未曾明确说到所出青花瓷片的数目，从行文推测，至少有11片。1983年秋冬发现。

[83] 扬州市博物馆：《扬州三元路工地考古调查》，《文物》1985年第10期。白釉青花瓷盘1件，1983年下半年发现。

[84] 顾风、徐良玉：《扬州新出土两件唐代青花瓷碗残片》，《文物》1985年第10期。青花瓷碗残片2件，1983年11月出土。

[85] 马富坤：《扬州发现的一件唐青花瓷片》，《文物》1985年第10期。青花瓷碗残片，1983年初发现。

[86] 薛炳宽：《扬州又出土一件唐代青花瓷器》，《中国文物报》1988年7月8日。青花瓷碗残片，1988年出土。

[87] 张浦生：《近年来中国青花瓷的发现与研究》，《东南文化》1993年第3期。

[88] 扬州城考古队：《江苏扬州市文化宫唐代建筑基地发掘简报》，《考古》1994年第5期。

[89] 周长源：《扬州市郊出土一件白釉蓝彩盖罐》，《文物》1977年第9期。

[90] 河南省巩义市文物保护管理所：《黄冶唐三彩窑》，彩版一六、五七，科学出版社，2000年。

[91] 郭木森等：《巩县黄冶窑发现唐代青花瓷产地，找到烧制唐三彩窑炉》，《中国文物报》2003年2月26日。

[92] 张松林等：《唐代青花瓷探析》，《中原文物》2005年第3期。

[93] 马文宽：《唐青花瓷研究——兼谈我国青花瓷所用钴料的某些问题》，《考古》1997年第1期。

[94] 陈尧成等：《唐代青花瓷器及其色料来源研究》，《考古》1996年第9期。青花标本TB－W－2、TB－W－4原自张志刚等《唐代青花瓷与三彩钴蓝》，《景德镇陶瓷学院学报》1986年第1期。

[95] 陈尧成等：《历代青花瓷和着色料》，《中国古代陶瓷科学技术成就》，上海科学技术出版社，1985年。

[96] 马文宽：《关于我国目前的古陶瓷研究》，《东南文化》1994年增刊1号。

[97] 赵青云等：《河南青白瓷探源——兼谈与繁昌窑的关系》，《文物研究》第10辑，1995年。

[98] 陕西省博物馆等：《唐郑仁泰墓发掘报告》，《文物》1972年第7期。

[99] 陕西省考古研究所：《唐代黄堡窑址》第466页，文物出版社，1992年。

[100] 长沙窑课题组：《长沙窑》第29页，紫禁城出版社，1996年。

[101] 陕西省考古研究所：《唐代黄堡窑址》第525页，文物出版社，1992年。

[102] 陕西省考古研究所：《五代黄堡窑址》第234页，文物出版社，1997年。

[103] 陕西省考古研究所：《唐代黄堡窑址》第23页、第37页、第42页，文物出版社，1992年。

[104] 河北省邢窑研究组：《邢窑工艺技术研究》，《河北陶瓷》1987年第2期。临城县祁村、双井村各清理1座晚唐窑炉。

[105] 河北省文化局文物工作队：《河北曲阳县涧磁村定窑遗址调查与试掘》，《考古》1965年第8期。

[106] 曾广亿：《广东潮安北郊唐代窑址》，《考古》1964年第4期。

[107] 刘凤君：《山东古代烧瓷窑炉结构和装烧技术的发展序列初探》，《考古》1997年第

4 期。

[108] 叶宏明等:《关于我国陶器向青瓷发展的工艺探讨》,《中国古陶瓷论文集》,文物出版社,1982 年。

[109] 《中国文化报》讯:《洪州窑址调查发掘获重大成果》,《中国文化报》1993 年 5 月 2 日。

[110] 江西省历史博物馆等:《江西丰城罗湖窑发掘简报》,《中国古代窑址调查发掘报告集》,文物出版社,1984 年。

[111] 宋百川等:《山东曲阜、泗水隋唐窑址调查》,《考古》1985 年第 1 期。

[112] 内丘县文物保管所:《河北省内丘县邢窑调查简报》,《文物》1987 年第 9 期。

[113] 李铧:《广西桂林窑的早期窑址及其匣钵装烧工艺》,《文物》1991 年第 12 期。作者认为桂林窑当始于南朝后期,盛于隋,终于隋或唐初。

[114] 林士民:《勘察浙江宁波唐代古窑的收获》,《中国古代窑址调查发掘报告集》,文物出版社,1984 年。

[115] 《曲阜宋家村古代瓷器窑址调查》,《景德镇陶瓷》1984 年第 2 期。

[116] 陕西省考古研究所:《唐代黄堡窑址》第 491 ~ 500 页、第 525 页,文物出版社,1992 年。

[117] 长沙窑课题组:《长沙窑》第 115 ~ 116 页,紫禁城出版社,1996 年。

[118] 陈文学等:《湖北武昌县青山瓷窑"火照"及相关问题》,《东南文物》1992 年第 4 期。

[119] 陕西省考古研究所:《五代黄堡窑址》第 237 页,文物出版社,1997 年。

[120] 曹建文:《关于中国古代瓷器覆烧工艺的几个问题》,《文物研究》第 10 辑,1995 年。

[121] 河南省文物研究所:《河南内乡大窑遗址的调查》,《中国古代窑址调查发掘报告集》,文物出版社,1984 年。

第四节　纺织技术的发展

[1] 赵丰:《唐代丝绸的历史地位》,《丝绸史研究》1988 年第 3 期。

[2] 李白:《黄葛篇》,《全唐诗》卷一六四,第 1699 页,中华书局,1960 年。

[3] 玄应:《一切经音义》卷一"大方等大集经·第十五",《丛书集成初编》0739 - 32(商务印书局,民国二十五年)。《大藏经》56 - 819.3。

[4] 农林部棉产改进处编:《胡竟良先生棉业论文选集》第 2 ~ 3 页,中国棉业出版社,1948 年。

[5] 沙比提:《从考古发掘资料看新疆古代的棉花种植和纺织》,《文物》1973 年第 10 期。

[6] 原出自俞启葆:《河西植棉考察记》,《农业推广通讯》1940 年第 2 卷第 10 期。今转引自文献 [7]。

[7] 章楷:《我国历史上栽培棉花种类的演变》,《农业研究》第 5 辑,农业出版社,1985 年。

[8] 赵丰:《踏板立机研究》,《自然科学史研究》1994 年第 2 期。

[9] 王进玉、赵丰:《敦煌文物中的纺织技艺》,《敦煌研究》1989 年第 4 期。王进玉:《敦煌壁画纺车织机浅谈》,《丝绸史研究》1984 年第 3 期。

[10] 陈维稷主编:《中国纺织科学技术史(古代部分)》,科学出版社,1984 年。"立织机"见第 225 页,"缂丝"见 374 ~ 375 页。

[11] 新疆维吾尔自治区博物馆:《吐鲁番县阿斯塔那—哈拉和卓古墓群清理简报》,《文物》

1972 年第 1 期。

[12] 新疆维吾尔自治区博物馆出土文物展览工作组:《丝绸之路（汉唐织物）》,文物出版社,1972 年。

[13] 夏鼐:《吐鲁番新发现的古代丝绸》,《考古学和科技史》,科学出版社,1979 年。

[14]《无产阶级文化大革命期间出土文物展览简介·新疆维吾尔自治区吐鲁番阿斯塔那北区晋唐墓葬》,《文物》1972 年第 1 期。

[15] 王炳华:《盐湖古墓》,《文物》1973 年第 10 期。

[16] 夏鼐:《新疆发现的古代丝织品——绮、锦和刺绣》,《考古学和科技史》,科学出版社,1979 年。

[17] 陈娟娟:《新疆吐鲁番出土的几种唐代织锦》,《文物》1979 年第 2 期。

[18] 转引自《通俗编》卷一二,并见陈元龙《格致镜原》卷三四。

[19] 魏松卿:《略谈中国缂丝的起源》,《文物参考资料》1958 年第 9 期。

[20] 陈娟娟:《缂丝》,《故宫博物院院刊》1979 年第 3 期。

[21] 朱启钤:《清内府藏刻丝书画录》卷三"宋刻丝绣合璧",张习志跋云:"刻丝作盛于唐贞观、开元间……皆以之为标帜,今所谓包首锦者是也"。

[22] 李遇春等:《新疆脱库孜沙来遗址出土毛织品初步研究》,《中国考古学会第一次年会论文集》,文物出版社,1980 年。此文谈到了 7 件缂毛织物,6 件属于唐代晚期,1 件属宋,不曾谈到北魏缂毛。

[23] 新疆维吾尔自治区博物馆等:《1973 年吐鲁番阿斯塔那古墓群发掘简报》,《文物》1975 年第 7 期。

[24] 孙惠林:《都兰吐蕃墓群发掘获重大成果》,《中国文物报》1996 年 6 月 16 日第 1 版,并见《文物天地》1994 年第 4 期第 10 页。

[25] 转引自文献 [10] 第 319 页。

[26] 福建省博物馆:《福州市北郊南宋墓清理简报》,《文物》1977 年第 7 期。

[27] 镇江市博物馆等:《江苏金坛南宋周瑀墓发掘简报》,《文物》1977 年第 7 期。

[28] 赵承泽主编:《中国科学技术史·纺织卷》第 303 页,科学出版社,2002 年。原出处见文献 [15]。

[29]《御定历代赋汇》卷九八,见文渊阁《钦定四库全书》抄本第六九册,武汉大学出版社电子版第 438 碟。

[30] 武敏:《吐鲁番出土丝织品中的唐代印染》,《文物》1973 年第 10 期。

[31] 新疆维吾尔自治区博物馆:《新疆出土文物》第 111 页,文物出版社,1975 年。

[32] 赵丰:《唐代丝绸染色之染料与助剂初探》,《中国丝绸史学术讨论会论文汇编》,浙江丝绸工学院丝绸史研究室编辑,1984 年。

[33]《本草纲目》卷八"铁浆·集解"引唐陈藏器《本草拾遗》。

[34] 陈维稷主编:《中国纺织科学技术史（古代部分）》,科学出版社,1984 年。"印花"见第 270 ~ 273 页。

[35] 罗瑞林:《关于印金云龙纹包袱皮印染工艺的分析》,《中国丝绸史学术讨论会论文汇编》,杭州丝绸工学院丝绸史研究室编,1984 年。

[36]《中华古今注》,文渊阁《钦定四库全书》抄本,武汉大学出版社电子版第 316 碟。

[37]《长庆集》卷六四。

[38] 武敏:《唐代的夹版印花——夹缬》,《文物》1979 年第 8 期。"夹缬被"见该文第 48 页注 [4]:"笔者曾见 72TAM193 所出《天宝年间行馆承点器物账》,首行有'远载破被五张',下加边注:'内二夹缬'。文书原藏新疆维吾尔自治区博物馆。"

第五节 机械技术

[1] 宋兆麟：《唐代曲辕犁研究》，《中国历史博物馆刊》总第1期，1979年。

[2] 王星光：《中国传统耕犁的产生、发展及演变》，《农业考古》1989年第2期。

[3] 金毓黻：《从榆林窟壁画耕作图谈到唐代寺院经济》，《考古学报》1957年第2期。安西榆林窟25号壁画（唐代中期）、敦煌莫高窟61号壁画（宋代）均有二牛抬杠。莫高窟445号窟的曲辕犁壁画也有人认为属于盛唐时期。

[4] 《考工记·轮人》："轮人为盖，达常围三寸，桯围倍之，六寸。"郑司农云："桯，盖杠也。"疏："此盖柄下节，粗大常一倍，向上含达常也。"即是说，桯是车盖下较粗的一段。有学者认为"桯当作曲字解"（见文献[1]），当有一定道理。然"樛"亦有曲意。

[5] 阎文儒等：《唐陆龟蒙〈耒耜经〉注释》，《中国历史博物馆馆刊》总第2期，1980年。

[6] 杨荣垓：《曲辕犁新探》，《农业考古》1988年第2期。

[7] 张春辉等：《江东犁及其复原研究》，《农业考古》2001年第1期。

[8] 《四部丛刊初编缩本》157册，商务印书馆影印，1936年。

[9] 李崇州：《中国古代各类灌溉机械的发明和发展》，《农业考古》1983年第1期。

[10] 刘仙洲：《中国古代农业机械发明史》第50页，科学出版社，1963年。

[11] 《分门集注杜工部诗》卷一六。

[12] 益阳地区博物馆：《湖南益阳市大海塘唐宋墓》，《考古》1994年第9期。

[13] 河南省文化局文物工作队：《河南方城盐店庄村宋墓》，《文物参考资料》1958年第11期。墓砖上有"宋宣和改元十一月"等字。

[14] 北京市文物管理处：《北京通县金代墓发掘简报》，《文物》1977年第11期。

[15] 杜茀运：《隋唐墓出土铁器的研究》，中国冶金史学术讨论会论文，1989年，舞阳。

[16] 商承祚：《长沙古物闻见记》卷下，第25页，1929年金陵大学中国文化研究所刻本。

[17] 矩斋：《古尺考》，《文物参考资料》1957年第3期。

[18] 朱捷元：《唐代白银地金的形制、税银与衡制》，《唐代金银器》，文物出版社，1996年。

[19] 王冠倬：《从文物资料看中国古代造船技术的发展》，《中国历史博物馆馆刊》总第5期，1983年。

[20] 商丘市文物工作队：《河南永城市侯岭唐代木船》，《考古》2001年第3期。

[21] 阚绪杭等：《隋唐运河柳孜唐船及其拖舵的研究》，《技术史研究》（论文集），哈尔滨工业大学出版社，2002年。

[22] 金秋鹏：《中国古代的造船和航海》第49页，中国青年出版社，1985年。

[23] 南京博物院：《如皋发现的唐代木船》，《文物》1974年第5期。

[24] 徐英范：《水密舱壁的起源和挂锚法》（油印本）。

[25] 江苏省文物工作队：《扬州施桥发现了古代木船》，《文物》1961年第6期。原断代为宋，文献[19]说它为晚唐。

[26] Needham, j., ScienceandCivilisationinChine, Cambridge, 1971, Vol. Vl：3, pp420-421.

[27] 乾隆《崇明县志》："沙船以出崇明沙而得名。太仓、松江、通州、海门皆有。"

[28] 转引自王寇倬：《中国古船图谱》第98页，三联书店，2000年。

[29] 周世德：《中国沙船考略》，《科学史集刊》（5），1963年。

[30] 王进玉：《敦煌文物中的舟船史料及研究》，《中国科技史料》1994年第3期。

[31] 王冠倬：《从碇到锚》，《船史研究》1985年第1期。

［32］《隋书》卷七八"耿询传"："询创意造浑天仪，不假人力，以水转之，施于室中，使智宝外候天时，如合符契。"

［33］刘仙洲：《中国机械工程发明史》第 71 页、第 121 页，科学出版社，1962 年。

［34］文渊阁《钦定四库全书》抄本，武汉大学出版社电子版第 335 碟。

［35］西安市文物管理委员会：《西安市东南郊沙坡村出土一批唐代银器》，《文物》1964 年第 6 期。

［36］陕西省博物馆等：《西安南郊何家村发现唐代窟藏文物》，《文物》1972 年第 1 期。

［37］陕西省法门寺考古队：《扶风法门寺塔唐代地宫发掘简报》，《文物》1988 年第 10 期。

［38］韩伟：《唐长安城内发现的袖珍银熏球》，《考古与文物》1982 年第 1 期。

［39］后蜀赵崇祚辑：《花间集》。

［40］史树青：《古代科技事物四考》，《文物》1962 年第 3 期。

第六节　造纸技术之初步繁荣

［1］《十纸说》，收入明毛子晋《海岳志林》，见《笔记小说大观》第 14 册，江苏广陵古籍刻印社，1983 年。

［2］王明：《隋唐时代的造纸》，《考古学报》1956 年第 1 期。

［3］曹天生：《试议宣纸源于徽纸》，《纸史研究》第 2 期，1986 年。

［4］曹天生：《中国宣纸》第 43 页，中国轻工业出版社，2000 年。

［5］《后山谈丛》卷一第 14 页，文渊阁《钦定四库全书》抄本，武汉大学出版社电子版第 335 碟。

［6］宋王楙《野客丛谈》，陈文龙《格致镜原》（第十六册）卷三七，第 22 页，文渊阁《钦定四库全书》抄本，武汉大学出版社电子版第 335 碟。

［7］李翰：《翰林志》第 4 页。文渊阁《钦定四库全书》抄本，武汉大学出版社电子版第 236 碟。

［8］潘吉星：《中国造纸技术史稿》第 60 页、第 76 页，文物出版社，1979 年。

［9］刘仁庆：《中国古代造纸史话》第 34 页、第 58 页，轻工业出版社，1978 年。

［10］潘吉星：《新疆出土古纸的研究》，《文物》1973 年第 10 期。

［11］潘吉星：《敦煌石室写经纸的研究》，《文物》1966 年第 3 期。

［12］新疆维吾尔自治区博物馆等：《1973 年吐鲁番阿斯塔那古墓群发掘简报》，《文物》1975 年第 7 期第 12 页。

［13］唐段公路：《北户录》卷三第 7 页。文渊阁《钦定四库全书》抄本，武汉大学出版社电子版第 236 碟。

［14］转引自《重修政和经史证类备用本草》卷一二"沉香"条。

［15］陈大川：《中国造纸技术盛衰史》第 241 页，中外出版社（台湾），1979 年。

［16］唐李吉甫撰：《元和郡县志》（第十二册）卷二七，文渊阁《钦定四库全书》抄本，武汉大学出版社电子版第 224 碟。

［17］贺次君校《元和郡县图志》卷二五"江南道一"，中国古代地理部志丛刊，中华书局，1983 年，

［18］杨慎：《升庵外集》卷一九"用器·文具"，桂湖藏板，道光甲辰影明板重刻。

［19］戴家璋主编：《中国造纸技术简史》第 78～81 页，中国轻工业出版社，1994 年。

［20］元稹：《奉和浙西大夫李德裕述梦四十韵》，《全唐诗》（第十二册）卷四二三，第 4646 页，中华书局，1960 年。李德裕，《新唐书》卷一八〇有传。

［21］荣元恺:《草浆纸史溯古今》,《纸史研究》(十四),1986年。

［22］潘吉星:《中国造纸技术史稿》第174~175页,文物出版社,1979年。

［23］荣元恺:《纸药——发明造纸术中决定性的关键》,《纸史研究》(六),1989年。

［24］唐张彦远:《历代名画记》(第二册)卷三第8页,《钦定四库全书》抄本,武汉大学出版社电子版第312碟。

［25］《书史》第32页。文渊阁《钦定四库全书》抄本,武汉大学出版社电子版第312碟。

［26］《书史》第15页。文渊阁《钦定四库全书》抄本,武汉大学出版社电子版第312碟。

［27］清张英等:《御定渊鉴类函》(第一三九册)卷二〇五(第11页)"文学部十四·纸五",文渊阁《钦定四库全书》抄本,武汉大学出版社电子版第330碟。

［28］潘吉星:《中国造纸技术史稿》第182~184页,文物出版社,1979年。

［29］米芾《十纸说》,见《笔记小说大观》第14册,江苏广陵古籍刻印社,1983年。《格致镜原》(第十六册)卷三七第15页至16页所引略同,文渊阁《钦定四库全书》抄本,武汉大学出版社电子版第335碟。

［30］《事物纪原》卷二,《丛书集成初编》1209,王云五主编,商务印书馆。

［31］唐张彦远:《历代名画记》(第一册)卷二第7页,文渊阁《钦定四库全书》抄本,武汉大学出版社电子版第312碟。

［32］《广川书跋》(第三册)卷六(第15页至16页)"硬黄"条,文渊阁《钦定四库全书》抄本,武汉大学出版社电子版第312碟。

［33］潘吉星:《中国造纸技术史稿》第80页、第85~86页,文物出版社,1979年。

［34］《国史补》(第二册)卷下第16页,文渊阁《钦定四库全书》抄本,武汉大学出版社电子版第335碟。

［35］《丹铅总录》(第十六册)卷一五,文渊阁《钦定四库全书》抄本,武汉大学出版社电子版第316碟。

［36］《清波别志》,转引自清沈翼机等《浙江通志》(第五十六册)卷一〇七"物产七·温州·纸"注。文渊阁《钦定四库全书》抄本,武汉大学出版社电子版第229碟。

［37］清《格致镜原》(第十六册)卷三七,见文渊阁《钦定四库全书》抄本,武汉大学出版社电子版第335碟。

［38］韩浦诗,见清张玉书等编:《御定佩文斋咏物诗选》(第二十九册)卷一八三"笺"第3页,文渊阁《钦定四库全书》抄本,武汉大学出版社电子版第439碟。

［39］陆龟蒙诗,见清张玉书等编:《御定佩文斋咏物诗选》(第二十九册)卷一八三"笺"第1页,文渊阁《钦定四库全书》抄本,武汉大学出版社电子版第439碟。

［40］陈允敦、李国清:《薄金工艺及其交流》,第一届海上交通史学术讨论会论文,1982年3月,泉州。

［41］孔平仲:《谈苑》,《格致镜原》(第十六册)卷三七,文渊阁《钦定四库全书》抄本,武汉大学出版社电子版第335碟。

［42］见《御定全唐诗》(第一四二册)卷四九二第11页,文渊阁《钦定四库全书》抄本,武汉大学出版社电子版第438碟。

［43］徐寅:《纸被》,康熙四十二年《御定全唐诗》(二〇七册)卷七一〇第8页,文渊阁《钦定四库全书》抄本,武汉大学出版社电子版第438碟。

［44］陆游:《谢朱元晦寄纸被》,《剑南诗集》(第二十二册)卷三六第16页,文渊阁《钦定四库全书》抄本,武汉大学出版社电子版第411碟。

［45］罗隐:《寒食日早出城东》,康熙四十二年《御定全唐诗》(第一九一册)卷六五九第5页,文渊阁《钦定四库全书》抄本,武汉大学出版社电子版第438碟。

［46］《封氏闻见记》（第二册）卷六第 9 页，文渊阁《钦定四库全书》抄本，武汉大学出版社电子版第 317 碟。

［47］原出自万斯年译：《唐代文献丛考》第 116 页；岩佐精一郎：《唐代粟特城塞之发掘及其出土文书》。今转引自文献［2］第 126 页。

［48］唐杜佑：《通典》（第五十七册）卷一九一"边防七·西戎·西戎总序"第 12 页，文渊阁《钦定四库全书》抄本，武汉大学出版社电子版第 237 碟。

［49］唐杜佑：《通典》（第五十八册）卷一九三"边防九·西戎五·大食"第 29 页，文渊阁《钦定四库全书》抄本，武汉大学出版社电子版第 237 碟。

［50］原出自 Al – Biruni' sIndia, ed、byC、Schau, p. 171（1914, London）。今转引自文献［8］第 154 页。

第七节　雕版印刷的兴起

［1］隋费长房：《历代三宝记》，《大正新修大藏经》卷四九，"史传部"，第 108 页。东京，大正一切经刊行会，1924 年。

［2］柳毅：《中国的印刷术》第 81 ~ 82 页、第 94 ~ 99 页，科学普及出版社，1987 年。

［3］张秀民：《中国印刷术的发明及其对亚洲各国的影响》，《张秀民印刷史论文集》，印刷工业出版社，1988 年。

［4］张秀民：《中国印刷史》第 21 页，上海人民出版社，1989 年。

［5］中村不折：《新疆と甘肃の探险》第 7 页，东京，雄山阁，1934 年。秃氏佑祥：《东洋印刷史研究》第 20 页，东京，青裳堂书店，1981 年。

［6］赵永辉：《关于印刷术起源问题的管见》，《中国文物报》1997 年 2 月 26 日。

［7］胡道静：《世界上现存最早印刷品的发现》，《书林》1979 年第 2 期。

［8］梁玉玲译：《关于一件新发现的最早印刷品的初步报告》，《书林》1980 年第 3 期。原作者为美国学者 L. Coodrich。

［9］张秀民：《南朝鲜发现的佛经为唐朝印本说》，《张秀民印刷史论文集》，印刷工业出版社，1988 年。

［10］孙机：《唐代的雕版印刷》，《文物天地》1991 年第 6 期。

［11］潘吉星：《韩国新发现的印本陀罗尼经与中国武周时的雕版印刷》，《中国印刷史学术研讨会文集》，印刷工业出版社，1996 年。

［12］潘吉星：《论韩国发现的印本〈无垢净光大陀罗尼经〉》，《科学通报》1997 年第 10 期。

［13］安家瑶等：《西安沣西出土的唐印本梵文陀罗尼经咒》，《考古》1998 年第 5 期。

［14］保全：《世界最早的印刷品》，《中国考古学研究论集——纪念夏鼐先生考古 50 周年》，1987 年，西安三秦出版社。

［15］宿白：《唐宋时期的雕版印刷》第 7 ~ 8 页，文物出版社，1999 年。

［16］冯汉骥：《记唐印本陀罗尼经咒的发现》，《文物参考资料》1957 年第 5 期。

［17］文物编辑委员会：《文物考古工作三十年（1949 ~ 1979）》第 225 页"浙江省"部分，文物出版社，1979 年。

［18］唐法藏：《华严经探玄记》卷二，《大正新修大藏经》卷三五，第一二七页，东京，大正一切经刊行会，1926 年。

［19］唐法藏：《华严一乘教义分齐章》卷一，《大正新修大藏经》卷四二，第四八二页，东京，大正一切经刊行会，1926 年。

［20］张秀民：《中国印刷史》第 13 ~ 14、第 37 页，上海人民出版社，1989 年。

［21］《元氏长庆集》（第十二册）卷五一第 2 页，文渊阁《钦定四库全书》抄本，武汉大学出版社电子版第 402 碟。

［22］《云溪友议》卷下"羡门远"条（第 3 册）第 21 页，文渊阁《钦定四库全书》抄本，武汉大学出版社电子版第 335 碟。

［23］国家图书馆藏敦煌照片，并见文献［6］。

［24］国家图书馆藏唐人写经"金刚经"（"有"字第九号）一小册，残本第十页，其末有"西川行过家真印本"字样；又有"丁卯年三月十二日八十四岁老人手写流传"字样。可知它是五代开平元年丁卯（907 年）一位老人据过家印本重抄的。又，巴黎图书馆《敦煌书目》349号"金刚经"，其末有天福八年（943 年）"西州（川）过家真印本"字样。详见《北京大学国学季刊》卷四号。

［25］"无产阶级文化大革命"期间出土文物简介：《无为宋塔下出土的文物》，《文物》1972年第 1 期。

［26］张秀民：《五代吴越国的印刷》，《张秀民印刷史论文集》，印刷工业出版社，1988 年。

［27］《宋史》卷四七九、《旧五代史》卷四三"明宗纪"注、宋人王明清《挥尘余话》卷二、《五代史补》、清吴任臣《十国春秋》卷五二"毋昭裔传"。

［28］《旧五代史》卷一二七"和凝传"：和凝"平生为文章，长于短歌艳曲，尤好声誉。有集百卷，自篆于版，模印数百帙，分惠于人焉"。

［29］明丰坊《真尝斋赋》（藕香零拾本）："暨乎刘氏《史通》，《玉台新咏》（原注：上有退业文房之印），则南唐之初梓也。"

［30］清叶昌炽：《语石》卷九，《续修四库全书》第 905 册第 312 页。

［31］庄葳：《唐开元〈心经〉铜范系铜版辨——兼论唐代铜版雕刻印刷》，《社会科学》1979 年第 4 期，上海社会科学出版社。

［32］岳珂：《九经三传沿革例》第 3 页，文渊阁《钦定四库全书》抄本，武汉大学出版社电子版第 118 碟。

［33］清朱彝尊：《经义考》（第七十六册）卷二九三，第 19 页，文渊阁《钦定四库全书》抄本，武汉大学出版社电子版第 224 碟。

［34］宋育哲：《网版印刷探源》，《中国印刷史学术研讨会文集》，印刷工业出版社，1996 年。

［35］刘诗中等：《贵溪崖墓所反映的武夷山地区古越族的族俗及文化特征》，《文物》1980年第 11 期。

［36］新疆维吾尔自治区博物馆：《丝绸之路上新发现的汉唐织物》，《文物》1972 年第 3 期。

［37］新疆维吾尔自治区出土文物展览工作组：《丝绸之路（汉唐织物）》，文物出版社，1972 年。

［38］武敏：《吐鲁番出土丝织品中的唐代印染》，《文物》1973 年第 10 期。

［39］陈维稷主编：《中国纺织科学技术史（古代部分）》第 270 页，科学出版社，1984 年。

［40］洛阳市文物工作队：《洛阳北窑西周墓》，文物出版社，1999 年。

［41］蔡运章：《洛阳北窑西周墓墨书文字略论》，《文物》1994 年第 7 期。

［42］"白懋父"簋，口径 18.9 厘米、腹深 10.8 厘米、圈足径 15.4 厘米、通高 14.1 厘米。见文献［40］第 80 页。

［43］洛阳市文物工作队：《洛阳北窑西周墓》第 100 页，文物出版社，1999 年。"史矢"戈、"尧戈"、"封氏"戈。

［44］张颔等：《侯马盟书》，1979 年。

［45］湖北省文物考古研究所：《江陵九店东周墓》第 292 页，科学出版社，1995 年。湖北

孝感地区第二期亦工亦农文物考古训练班:《湖北云梦睡虎地十一地座秦墓发掘简报》,《文物》1976 年第 9 期。

［46］尹润生:《中国墨创始年代的商榷》,《文物》1983 年第 4 期。

［47］李亚东:《中国制墨技术的源流》,《科技史文集》第 15 集,上海科学技术出版社,1989 年。

［48］山西省文物工作委员会:《山西浑源毕村西汉木椁墓》,《文物》1980 年第 6 期。

［49］长江流域文物考古工作人员训练班:《湖北江陵凤凰山西汉墓发掘简报》,《文物》1974 年第 6 期。

［50］广州市文物管理委员会等:《西汉南越王墓》(上册)第 142 页,文物出版社,1991 年。

［51］《望都汉墓壁画》,图版十六、十七,古典艺术出版社,1955 年。

［52］黄河水库考古工作队:《河南陕县刘家渠汉墓》,《考古学报》1965 年第 1 期。

［53］南京市文物保管委员会:《南京老虎山晋墓》,《考古通讯》1959 年第 6 期。

［54］《太平御览》卷六〇五"墨"条引。

［55］宋晁季一:《墨经》"松"条、"药"。文渊阁《钦定四库全书》抄本,武汉大学出版社电子版第 315 碟。

［56］李诩:《戒庵老人漫笔》卷七"笔墨",《续修四库全书》第 1173 册第 790 页。

［57］苏易简:《文房四谱》,文渊阁《钦定四库全书》抄本,武汉大学出版社电子版第 314 碟。

［58］肖子良:《答王僧虔书》,文献［59］宋李孝美亦曾引用。又见《书断》(见元陶宗仪《说郛》(第一〇五册)卷八七下,文渊阁《钦定四库全书》抄本,武汉大学出版社电子版第 319 册。

［59］宋李孝美:《墨谱法式》卷下,文渊阁《钦定四库全书》抄本,武汉大学出版社电子版第 315 碟。

［60］元陆友:《墨史》,文渊阁《钦定四库全书》抄本,武汉大学出版社电子版第 315 碟。

［61］曹植《乐府》诗,载《御定佩文斋咏物诗选》卷一七二,文渊阁《钦定四库全书》抄本第二八册,武汉大学出版社电子版第 439 碟。

第八节　火药的发明

［1］复旦大学静电加速器实验室等:《越王剑的质子 X 荧光非真空分析》,《复旦学报》(自然科学版)1979 年第 1 期。

［2］孟乃昌:《全国自然科学史学术会议论文汇编》(上)第 6 章第 1 页,1980 年,油印本。

［3］何堂坤:《几件表面含硫的战国青铜器的科学分析》,《中国科学技术史国际学术讨论会论文集》(1990 年,北京),中国科学技术出版社,1992 年。

［4］马王堆汉墓出土帛书整理小组:《五十二病方》,文物出版社,1979 年。

［5］甘肃省博物馆等:《武威旱滩坡发掘简报——出土大批医药简牍》,《文物》1973 年第 12 期。

［6］中医研究院医史文献研究室:《武威汉代医药简牍在医药史上的重要意义》,《文物》1973 年第 12 期。

［7］《三十六水法》见《道藏》总第 597 册,涵芬楼影印本,1923～1926 年。

［8］孟乃昌:《汉唐消石名实考辨》,《自然科学史研究》1983 年第 2 期。

［9］《神农本草经》,人民卫生出版社,1963 年版。

［10］《本草纲目》卷一一"金石·消石·释名"引宋马志云:"消石","初煎炼时有细芒,

而状若朴消，故有芒消之号，不与朴消及《别录》芒消同类"。

［11］朝比奈泰彦泰编修：《正仓院药物》第 189～295 页，大阪植物文献刊行会，1955 年。

［12］赵匡华等：《中国古代试辨硝石与芒硝的历史》，《自然科学史研究》1994 年第 4 期。

［13］冯家昇：《火药的发明及其传布》，《史学集刊》第 5 期，1947 年。《火药的发明和西传》，华东人民出版社，1954 年。

［14］陈国符：《关于炼丹术中"伏火"的两则杂记》，《中国古代火药火器史研究》，中国社会科学出版社，1995 年。

［15］孟乃昌：《火药发明探源》，《自然科学史研究》1989 年第 2 期。

［16］王奎克等：《砷的历史在中国》，《自然科学史研究》1982 年第 2 期。

［17］郑同等：《单质砷炼制史的实验研究》，《自然科学史研究》1984 年第 2 期。

［18］郭正谊：《火药发明史料的一点探讨》，《化学通报》1981 年第 6 期。

［19］《道藏》洞神部众术类，总第 595 册，卷二第 7 页。

［20］杨硕等：《古代火药配方的试验研究》，《中国古代火药火器史研究》，中国社会科学出版社，1995 年。

［21］《道藏》洞神部众术类，总第 596 册第 3 页、第 9 页。

［22］《道藏》总 596 册，《丹方鉴源》卷中第 2 页。《本草纲目》卷九"金石·石炭"引作，石炭"可去锡晕、制三黄、硇砂、消石"。今《道藏》涵芬楼本无"消石"二字，本书引文参照《本草纲目》补此二字。

［23］《九国志》卷二"郑璠"，《续修四库全书》第 333 册，上海古籍出版社。

［24］许洞：《虎钤经》（第二册）卷六，文渊阁《钦定四库全书》抄本，武汉大学出版社电子版第 304 碟。

［25］《黄帝九鼎神丹经诀》见《道藏》总 584～585 册，涵芬楼本。

［26］赵匡华：《火药的发明与中国炼丹术》，《中国古代火药火器史研究》，中国社会科学出版社，1995 年。

［27］潘吉星：《论古代火药的发明及其制造技术》，《科技史文集》第 15 辑，1989 年，上海科学技术出版社。

第九节　指南针的发明

［1］王振铎：《司南指南针与罗经盘——中国古代有关静磁学知识之发现和发明（上）》，原载《中国考古学报》第 3 册，1948 年。今见王振铎《科技考古论丛》，文物出版社，1989 年。

［2］林文照：《天然磁体司南的定向实验》，《自然科学史研究》1987 年第 4 期。

［3］《汉书》卷九九下"王莽传"："天文郎按栻于前"师古注："所以占时日。天文郎，今之用栻者也"。

［4］《唐六典》（第六册）卷一四（第 32 页）"用式之法"注，文渊阁《钦定四库全书》抄本，武汉大学出版社电子版第 236 碟。

［5］《全唐文》卷四三九。

［6］刘勰：《文心雕龙》（第六册）卷六（第 4 页）"体性"，文渊阁《钦定四库全书》抄本，武汉大学出版社电子版第 443 碟。

［7］刘洪涛：《指南针是汉代发明》，《南开学报》1985 年第 2 期。

［8］吕作昕、吕黎阳：《中国古代磁性指南器源流与发展史新探》，第二届中国少数民族科技史国际学术讨论会论文，1994 年 8 月，延吉。

［9］林文照：《关于司南的形制与发明年代》，《自然科学史研究》1986 年第 4 期。

［10］《全上古三代秦汉三国六朝文·全后周文》卷一八"庾信文·窦氏墓志铭"等。

［11］山西省文物管理委员会晋东南文物工作组:《山西长治北石槽唐墓》,《考古》1965 年第 9 期。墓主人卒于显庆四年（659 年）,墓中未见釉俑和三彩器。

［12］《柳宗元集》卷一三,中华书局,1979 年。

［13］章均立:《上林湖地区出土两件唐代瓷刻墓志》,《文物》1988 年第 12 期。

［14］段成式:《酉阳杂俎续集》（第八册）卷五（第 3 页、第 14 页）,文渊阁《钦定四库全书》抄本,武汉大学出版社电子版第 336 册。

［15］王振铎:《司南指南针与罗经盘——中国古代有关静磁学知识之发现及发明（中）》,载《中国考古学报》第 4 册,1949 年。

第十节　髹漆技术的发展

［1］《资治通鉴》（第九十六册）卷二〇五,文渊阁《钦定四库全书》抄本,武汉大学出版社电子版第 207 碟。

［2］唐张鷟:《朝野佥载》（第三册）卷五（第 10 页）,文渊阁《钦定四库全书》抄本,武汉大学出版社电子版第 335 碟。

［3］邵博:《河南邵氏闻见后录》卷二六,线装《学津讨原》本第 28 函第 16 集。

［4］宋郭若虚:《图画见闻志》（第一册）卷二（第 11 页）"厉归真"条,文渊阁《钦定四库全书》抄本,武汉大学出版社电子版第 312 碟。

［5］宣和敕撰:《宣和画谱》（第五册）卷一六"花鸟二"（第 13 ~ 14 页）,文渊阁《钦定四库全书》抄本,武汉大学出版社电子版第 312 碟。不载作者姓名。

［6］原载 A. Priest: Chinese Sculpture in the Metropolitan Museum of Art, New York, 1944. 今转引自文献［28］第 166 页,王世襄解说。并见文献［27］。

［7］湖北省荆州地区博物馆保管组:《湖北监利县出土一批唐代漆器》,《文物》1982 年第 2 期。

［8］冯汉骥:《前蜀王建墓出土的平脱漆器及银铅胎漆器》,《文物》1961 年第 11 期。

［9］杨有润:《王建墓漆器的几片银饰件》,《文物参考资料》1957 年第 7 期。

［10］陆树勋:《平脱钿螺髹漆考》,《古学丛刊》第三期。1943 年。

［11］梁上椿:《隋唐式镜之研究》,《大陆杂誌》第六卷第六期。1953 年。

［12］刘向群:《唐金银平脱天马鸾凤镜》,《文物》1966 年第 1 期。

［13］沈令昕:《上海市文物保管委员会所藏的几面古镜介绍》,《文物参考资料》1957 年第 8 期。

［14］珠葆:《唐鸾鸟绶带纹金银平脱铜镜》,《考古与文物》1981 年第 3 期。

［15］洛阳博物馆:《洛阳关林唐墓》,《考古》1980 年第 4 期。

［16］王振江:《唐代金银平脱铜镜的修复》,《考古》1987 年第 12 期。中国社会科学院考古研究所河南第二工作队:《河南偃师杏园村的六座纪年唐墓》,《考古》1986 年第 5 期。

［17］洛阳市文物工作队:《洛阳市东明小区 C5M1542 唐墓》,《文物》2004 年第 7 期。

［18］陈晶:《常州等地出土五代漆器刍议》,《文物》1987 年第 8 期。

［19］《新唐书》卷六"肃宗纪"。

［20］河南省文化局文物工作队第二队:《洛阳 16 工区 76 号唐墓清理简报》,《文物参考资料》1956 年第 5 期。

［21］陕西省文物管理委员会:《陕西省出土铜镜》,1959 年。

［22］黄河水库考古工作队:《1957 年河南陕县发掘简报》,《考古通讯》1958 年第 11 期。

［23］沈从文：《唐宋铜镜》图五十六，中国古典艺术出版社，1958 年。

［24］苏州市文管会等：《苏州市瑞光寺塔发现一批五代、北宋文物》，《文物》1979 年第 11 期。

［25］原出自《奈良六大寺大观》卷一三"唐招提寺"二"解说"。岩波书店，1976 年。鉴真坐像解说水野敬三郎。转引自郁进《日本奈良唐招提寺鉴真夹苎像》，《文物》1980 年第 3 期。

［26］沈福文：《漆器工艺技术资料简要》，《文物参考资料》1957 年第 7 期。

［27］王世襄：《中国古代漆工艺》，《中国美术全集》"工艺美术 8·漆器"，文物出版社，1989 年。

［28］《髹饰录解说》，文物出版社，1983 年。黄成原文见第 83 页，王世襄解说见第 83 ~ 84 页。

［29］《髹饰录解说》，文物出版社，1983 年。黄成原文见第 76 页，王世襄解说见第 76 页，具体操作见第 78 页。

［30］王巍：《关于西周漆器的几个问题》，《考古》1987 年第 8 期。

［31］《髹饰录解说》，文物出版社，1983 年。第 119 页，王世襄解说。

［32］《髹饰录解说》，文物出版社，1983 年。第 118 页，黄成原话。

［33］原出自 M. A. Stein：Serindia Vol. 1，1921，P459 ~ 467。转引自《髹饰录解说》第 131 页，文物出版社，1983 年。王世襄释文。

［34］唐袁郊：《甘泽谣》，见《太平广记》卷一九五"红线"条。哈尔滨出版社，1995 年。

［35］宋曾三异：《因话录》"西皮"：(1)《说郛》卷一九，涵芬楼本第一函。(2)《说郛》（第三十册）卷二三上，第 18 页，文渊阁《钦定四库全书》抄本，武汉大学出版社电子版第 318 碟。有学者说这段关于"西皮"的文字原出自唐赵璘《因话录》，今查"四库"本唐赵璘《因话录》，却未见此段内容，未知出自何种版本。今引自宋曾三异《因话录》。

第十一节　玻璃技术的发展

［1］宁安县文管所等：《黑龙江省宁安县出土的舍利函》，《文物资料丛刊》（2），1978 年。舍利玻璃瓶 1 件，唐。

［2］建筑材料研究所等：《中国早期玻璃器检验报告》，《考古学报》1984 年第 4 期。

［3］河南省文化局文物工作队第二队：《洛阳 16 工区 76 号唐墓清理简报》，《文物参考资料》1956 年第 5 期。料饰 8 粒。

［4］郑州市文物考古研究所：《郑州西郊唐墓发掘简报》，《文物》1999 年第 12 期。均为残片，计两类，一类为瓶器，翠绿色，透明，壁厚 0.6 毫米；另一类为杯，侈口，淡黄色，透明，壁厚亦 0.6 毫米。

［5］中国社会科学院考古研究所：《唐长安城郊隋唐墓》，文物出版社，1980 年。

［6］陕西省博物馆等：《唐李寿墓发掘简报》，《文物》1974 年第 9 期。出土小玻璃瓶 3 件。

［7］甘肃省文物工作队：《甘肃省泾川县出土的唐代舍利石函》，《文物》1966 年第 3 期。舍利玻璃瓶 1 件。

［8］湖南省博物馆：《长沙西晋南朝隋墓发掘报告》，《考古学报》1975 年第 3 期。玻璃戒指 1 枚，隋。

［9］新疆维吾尔自治区博物馆：《新疆吐鲁番阿斯塔那北区墓葬发掘简报》，《文物》1960 年第 6 期。玻璃穿珠，隋。

［10］广西壮族自治区文物工作队：《广西壮族自治区钦州隋唐墓》，《考古》1984 年第 3 期。

隋，玻璃杯1件。直口敛、深腹、圆底、壁薄、青绿色，口径7.5厘米，通高8.0厘米，足径3.8厘米。

[11] 黄启善：《广西古代玻璃制品的发现及其研究》，《考古》1988年第3期。

[12] 安家瑶：《玻璃考古三则》，《文物》2000年第1期。

[13] 安家瑶：《中国的早期玻璃器皿》，《考古学报》1984年第4期。

[14] 昭陵文物管理所：《唐越王李贞墓发掘简报》，《文物》1977年第10期。珠长0.5厘米，直径0.4厘米，中心穿孔。

[15] 陕西省文物管理委员会：《西安郭家滩隋姬戚墓清理简报》，《文物》1959年第8期。玻璃小罐1件、玻璃杯2件。

[16] 陕西省博物馆等：《西安南郊何家村发现唐代窖藏文物》，《文物》1972年第1期。

[17] 安家瑶：《试探中国近年出土的伊斯兰早期玻璃器》，《考古》1990年第12期。

[18] 唐王棨：《瑠璃窗赋》，《钦定历代赋汇》卷九八（第六十九册），文渊阁《钦定四库全书》抄本，武汉大学出版社电子版第438碟。

[19] 安家瑶：《中国的早期（西汉～北宋）玻璃器皿》，载《中国古玻璃研究（1984年北京国际玻璃学术讨论会论文集)》，中国建筑工业出版社，1986年。

[20] 蒋玄怡：《古代的琉璃》，《文物》1959年第6期。朱晟：《中国玻璃考》，《中国科技史料》1983年第1期。

[21] 张福康等：《中国古玻璃的研究》，《硅酸盐学报》1983年第1期。

[22] 美国康宁玻璃公司B. H. Brill、S. C. Tong等：《一批早期中国玻璃的化学分析》，《中国古玻璃研究（1984年北京国际玻璃学术讨论会论文集)》，中国建筑工业出版社，1986年。

[23] 史美光等：《一批中国古代玻璃的研究》，《中国古玻璃研究（1984年北京国际玻璃学术讨论会论文集)》，中国建筑工业出版社，1986年。

[24] 干福熹：《中国古玻璃化学组成的演变（编后）》，《中国古玻璃研究（1984年北京国际玻璃学术讨论会论文集)》，中国建筑工业出版社，1986年。

[25] 载《云笈七签》卷七一，第402页、第400页，齐鲁书社，1988年。

[26] 孟乃昌：《汉唐消石名实考辨》，《自然科学史研究》1983年第2期。

[27] 孟乃昌：《唐、宋、元、明应用消石的历史》，《中国古代化学史研究》1985年，北京大学出版社。

[28] 黄振发：《隋唐宋时代的古代玻璃技术》，载干福熹主编：《中国古代玻璃技术的发展》，上海科学技术出版社，2005年。

[29] 河北省文化局工作队：《河北定县出土北魏石函》，《考古》1966年第5期。

[30] 安家瑶：《我国古代玻璃研究中的几个问题》，《中国考古学研究——夏鼐先生考古五十年纪念论文集》，文物出版社，1986年。

[31] 戴应新等：《关于〈何家村出土医药文物补证〉一文的讨论》，《考古》1983年第2期。

[32] 唐玄应：《一切经音义》，宛委别藏，台湾商务印书馆。

[33] 赵崇祚辑：《花间集》，文渊阁《钦定四库全书》抄本，武汉大学出版社电子版第444碟。

第 六 章

两宋手工业技术的繁荣

从 10 世纪中期到 13 世纪 70 年代，我国存在着好几个先后并存，且激烈兼并的政权：先是辽、北宋、西夏并存，后是金、南宋、西夏鼎立，周围还有大理、吐番、回鹘等政权的割据，最后为元代所统一。宋是汉族在中原和南方建立的王朝；从赵匡胤陈桥兵变，代周称帝，到靖康之变（1127 年），徽、钦二帝为金朝俘去，皆建都北方开封，史称北宋；从建炎元年（1127 年）赵构继位，到祥兴二年（1279 年）陆秀夫负幼帝赵昺投海，皆建都南方临安（今杭州），史称南宋。辽（916～1125 年）、金（1125～1234 年）分别为契丹族、女真族在东北地区建立的政权，西夏（1038～1227 年）是党项族在西北地区建立的政权，它们皆长期与宋对峙。宋代在军事上是较软弱的，但其农业、手工业和商业都相当发达，同时也是我国古代科学技术发展的又一个高涨期。本章将以宋代为主，综述这一时期内整个中华民族手工业技术的优秀成果。

第一节　采矿技术

两宋是我国古代采矿技术发展的一个高涨期，不管是金、银、铜、铁等金属矿的开采，还是瓷土、煤炭、石油、井盐等非金属矿的开采，都取得了长足的进步，产量都有较大提高。此期采矿技术上的主要成就是：井盐开采中创造了"卓筒井"，日常生活和手工业用煤推广开来，发明了焦炭，对石油的认识有了进一步提高，金属矿开采中的火爆法有了明确的文献记载。

一、卓筒井的产生和发展

我国古代盐井大体有两种不同类型，一是大口浅井，约始于先秦，止于北宋中期，代表是唐代陵井；二是小口井，始于北宋中期，代表是北宋产生的卓筒井。

大口井技术在北宋仍有一定发展。宋沈括《梦溪笔谈》卷一三载："陵州盐井，深五百余尺，皆石也。上下甚宽广，独中间稍狭，谓之杖鼓腰。旧自井底用柏木为干，上出井口。自木干垂绠而下，方能至水。井侧设大车绞之。岁久井干摧败，屡欲新之，而井中阴气袭人，入者辄死，无缘措手。惟候有雨入井，则阴气随雨而下，稍可施工，雨晴复止。后有人以一木盘，满中贮水，盘底为小窍，洒水一如雨点。设于井上，谓之雨盘，令水下，终日不绝，如此数月，井干为之一新，而陵井之利复旧。"这里谈到了宋代陵井的基本形态、加固方式和提升方式。在此尤其值得注意的是两点：（1）是"设大车绞之"。这是过去的文献不曾提到的。

（2）是采用了雨盘来吸收井中阴气（主要指硫化氢等）。这是一项重要创造，是宋代采矿技术、化工技术的一项重要成就。

但不管唐代的，还是宋代的大口井，都有相同的缺点，即：（1）挖掘量大。需工人在井下施工，作业面至少要容纳一人，故"役作甚苦，以刑徒充役"。若采用漏斗形挖掘法，则井越深，作业面越大，唐代陵井"深八十余丈"，"纵广三十丈"，使用简单的锄、铲、锹、凿等生产工具，是十分艰难的。（2）固井、提卤、井下通风、照明、防止地下淡水渗入等一系列技术问题均难以圆满解决。（3）深层位盐卤难以得到开采。从四川盆地的情况看，浅层位卤水浓度一般较低，深层位则浓度较高，经长时间开采后，浅层卤水渐竭，从而使井盐产量下降，及至供不应求。于是，一种更为先进的深开凿法——卓筒井法，也就应运而生。

卓筒井约发明于北宋庆历年间（1041～1048年），较早提到这一发明的主要是下列三条文献：

范镇（1007～1087年）《东斋记事》卷四："蜀江有咸泉，有能相度泉脉者，卓竹江心，谓之卓筒井。"范镇，华阳（今成都市郊）人，举进士，曾参预《新唐书》、《仁宗实录》的编撰，除《东斋纪事》外，还有《范蜀公集》等。

文同（1018～1079年）《丹渊集》卷三四"奏为乞差京朝官知井研县事"云："伏见管内井研县，去州治百里。地势深险，最号僻陋，在昔至为山中小邑，于今已谓要剧（聚）索治之处。盖庆历已来，始因土人凿地植竹，为之卓筒井，以取咸泉，鬻炼盐色，后来其民尽能此法，为者甚众。"文同是四川盐亭人，文学家，1071～1072年曾任陵州太守，这是他亲自调查卓筒井后的奏文。文同调查时，卓筒井已具相当规模，"访闻豪者至有一二十井，其次亦不减七八……今本县界内，已仅及百家……每一家须役工匠四五十人至三二十人者"。

苏东坡（1036～1101年）《东坡志林》卷六："自庆历、皇祐以来，蜀始用筒井，用圜刃凿如碗大，深者数十丈，以巨竹去节，牝牡相衔为井，以隔横入淡水，则咸泉自上。又以竹之差小者，出入井中为桶，无底而窍，其上悬熟皮数寸，出入水中，气自呼吸而启闭之，一筒致水数斗。凡筒井皆用机械，利之所在，人无不知。《后汉书》有水鞲，此法唯蜀中铁冶用之，大略似盐井取水筒。"苏东坡系眉州人，去井研不远，他在此对卓筒井开凿、汲卤的基本过程作了十分简明的描述。类似的汲卤筒直到20世纪80年代在四川仍可看到，这一点，第九章第一节还要提到；显然，这种汲水筒与唐代井式水车，即筒链式的垂直汲水机械的结构存在一定关系。

这是北宋时期关于卓筒井的三段主要记载。卓，直立。苏辙《次韵洞山克文长老诗》："无地容锥卓，年来转觉贫。"卓筒井，直筒井。

由上述记载可知：

1. 卓筒井是庆历年间出现于井研县的。较范镇稍早之人，如乐史（930～1007年），曾任陵州守，在其所撰的《太平寰宇记》中，并不见卓筒井的只言片语。

2. 卓筒井是以"圜刃"为钻具开凿的，因此，它只能采用冲击式顿凿法，即以人力踏动碓板，牵引篾索，提起钻具，用冲击力破碎井下岩石。这是继践碓之后，对冲击式顿凿法的又一具体运用。明宋应星《天工开物》所述甚详。这种圜刃钻应是世界上较早的盐井钻头。

3. 其以巨竹去节，牝牡相衔作为大套管，以为固井和防止淡水渗入，井口大小与巨竹内径相同，这是世界上最早的套管隔水法。

4. 以活瓣式小竹筒作为提卤工具，活瓣装于筒底，竹筒往下运行时，活瓣启开，卤水入内，竹筒上提时，由于卤水的压力，活瓣关闭；一次可提卤水数斗。苏东坡认为这种活瓣式提卤筒与冶铁业中活瓣式鼓风器的原理是一致的。

5. 因其具有劳动量较小、占地面积较小、开凿时间较短等优点，故一经问世，便迅速地推广开来[1]。因此，宋代井盐生产量大幅度增长。《宋史》卷一八三"食货志·盐下"载，宋代初年，益梓夔利四州有盐井 652 口，岁鬻 323282 石；仁宗时，此四路增 96 井，岁课减 170292 石 3 斗。此井数增加，而岁课额减少，显然主要是前云大口井生产能力和产量下降之故。南宋绍兴二年（1132 年），"凡四川二十州，四千九百余井，岁产盐约六千余万斤"[2]。

我国古代盐卤生产大体上经历了四个不同的阶段：（1）发现和利用自然卤时期，由新石器时代晚期至商周。（2）人力挖掘大口井时期，商周至北宋中期。（3）采用冲击式顿凿法的卓筒井时期，由北宋中期至清代初期。（4）小口深井期，清代中晚期以后[3][1]。在井盐开发史上，卓筒井的发明是具有划时代意义的重大事件。冲击式顿凿法、活瓣式汲卤法、牝牡相衔的套管护壁法，都是卓筒井的重要技术成果。欧洲的第一批自流井约出现于公元 12 世纪，李约瑟博士认为，它很可能受到过中国人的启发[4]。

活瓣式汲卤法稍见复杂，后世之人也作过许多记述。如吴鼎立《自流井风物名实说》载："取坚韧斑竹或南竹除皮通中，筒颠有铁梃使之坠，筒底有牛皮如钱，半翕半张。方入水时，水激钱张，水盈筒内，车一推则水下坠而钱仍翕。"

二、保留至今的卓筒井和大口井

（一）保留至今的卓筒井

卓筒井自创立后，便在我国一直沿用了下来。清代早期时，卓筒井在川北曾十分发达，仅射洪一县，雍正八年（1730 年）达 2319 口，乾隆二十三年（1758 年）增 293 口，三十二年迭增 390 口[5]。清乾隆《富顺县志》卷二"卓筒井"条还详细地说了井的结构和生产情况："井深百余丈，大径八九寸，咸水在底。以巨竹去节，入井七八丈，隔去淡水，则咸水自上。井口架二巨木，高二三丈，上置辘轳；数丈外复置车盘，以长绠系车，辘轳过绠，系竹筒入井。筒皆去节，底缀熟皮自为开闭，下入则开，水满则闭，涓滴不渗。用牛马挽上，致水数石可煎一斗。井皆人力为之，积年始成，岁久水涸，则为废井。"这种采卤法直到 20 世纪前期还在四川各地大量保存，仅蓬溪县大英乡，在 20 世纪 50 年代时还有 1170 口卓筒井，108 个灶；20 世纪 50 年代后渐被淘汰；1986 年仅存 47 井，10 灶。现存之井多位于田梗、路边或山凹中。今以蓬溪县大英乡大顺灶的"老井"为例作一介绍[6][7]。

老井位于田梗上，人力凿成，井口直径 9 厘米、井深 130 米、井口至水面 95 米。井壁上护以楠竹套管，以隔淡水，并防止井壁坍塌，套管长 23 米。汲卤设备较为简单，值得注意之点是其汲卤筒。筒长9米，外径6厘米，用5节竹筒接续而成，筒底置有熟皮活塞，筒入卤水时，水激皮张而水入筒；提起时，水压皮而水不泄。如是凭借汲卤车的往复运动，便可不断地将卤水汲上。每筒可汲15~20公斤，日产卤约250公斤，卤水浓度9°~10°Bé[6]。

（二）保留至今的大口井

虽宋代创造了卓筒井，但大口井技术也一直沿用了下来。嵇璜等《续文献通考》卷一九载，南宋淳熙四年（1177年），四川制置使胡元质在奏疏中提到："山谷之民相地凿井，深六七十丈，幸得盐泉，募工以石甃砌，以牛皮为囊，数十人牵大绳汲取之"。这是南宋的情况，还是使用皮囊作为汲具，此为数十人牵大绳汲卤，规模也是较大的。1951年川东盐务管理局的报告中还谈到过云阳大口井："云阳盐井……井口上面，依井口大小装设木架，架的周围挂滑车，每个滑车之上装麻制绳索，绳的两端，各系一汲卤小木桶，由未着衣服的井工（因衣服经卤水浸渍，最易滥〔烂〕）用两手持绳，上下扯动，将卤水汲起，腐（俯）倾入旁边木桶，流出，进入笕杆，输到灶房制盐。"云阳县今属重庆市。这几乎可为前引汉盐井画像砖作注[3]。

在保留至今的传统大口井中，较负盛名的是始于西汉的白兔井。此井历经了两千多年风霜，虽进行过多次维修，但操作上仍保持了古井的原有风貌，对我们了解古代大口井生产状况还是很有帮助的。据白广美等1987年实测，今白兔井井口直径为3.22米、井壁直径3.94米、裸井直径4.12米、井深40.05米（井口至井底）、卤水深30.54米（井口至卤水面）、卤水浓度3.8~4.0波美度。日产卤水1000米³，可制盐约1万公斤。为防坍塌，井壁内筑有固井贴板。贴板用枞木板榫接，层层垒叠而成，总体呈正八棱柱体。枞木板长155厘米、宽30厘米、厚9厘米，榫接后每层构成正八角形。在井壁与贴板间填以三合土。固井贴板上端距井口约84厘米。为便于汲卤人站立，

图6-1-1 保留至今的云阳西汉白兔井
承缪自平、刘德林提供

在固井贴板以上铺垫多层大方木，且渐敛口，直至井口。井口呈圆形，由20块梯形踩板围成；每块踩板成梯形，上底长52.0厘米、下底长65.0厘米、腰长54.0厘米。井口上方悬数个定滑轮。汲卤绳用棕制成。汲卤桶口径约23厘米、底径19厘米、高23厘米，每桶盛卤水约5公斤（图6-1-1）[6]。

白兔井汲卤方式与汉画像砖所绘极其相似，唯白兔井井口稍大，周围最多可

容 20 人同时汲卤。桶出井口后，将卤倒入身旁的楻桶中，其底与竹枧相连，通至灶房储卤桶内，再用以煮盐。这种生产方法一直沿用到 20 世纪 50 年代[6]。

三、采煤技术的发展和炼焦技术的发明

宋代的采煤业获得了空前的发展，生活用煤、手工业用煤，都在我国南北较为普遍地推广开来，技术上也有了提高。

（一）煤炭开采地域之扩展

宋代南方北方的采煤区域都有了扩展，其中又以北方的河南、山西、河北、陕西、山东等地最为突出。宋朱翌《猗觉寮杂记》卷上云："石炭自本朝，河北、山东、陕西方出，遂及京师。"朱弁《曲洧旧闻》卷四载："石炭用于世久矣。然今西北处处有之，其为利甚博。"这都在一定程度上反映了宋代石炭业的兴盛情况，"处处有之，为利甚博"两句便是很好的写照。庄季裕《鸡肋编》卷中载，当时汴京居民已普遍用煤，"汴都数百万家，尽仰石炭，无一家燃薪者"。此"数百万"虽有些夸张，但大体上反映了汴京大量用煤的情况。山西采煤术此时也进一步推广开来，居民不仅炊事用煤，而且把采卖煤炭当成了谋生之计。《宋史》卷二八四"陈尧佐传"载，"尧佐议徒河东路，以地寒民贫，仰石炭以生，奏除其税"。便说到了这层意思。

南方产煤地较北方为少，陆游《老学奄笔记》卷一云："北方多石炭，南方多木炭，而蜀又有竹炭，烧巨竹为之"。但当时江西萍乡、丰城煤炭都已开采，可见宋代煤炭业之发展。宋谢维新《古今合璧事类备要》"外集"卷五五"炭产山间"注："丰城、平乡二县，皆产石炭于山间，掘土黑色可燃，有火而无烟，作硫磺气，既销则成白灰。"此云便是江西宋代产煤。

北宋时还设立了相应的煤炭管理机构。如《宋史》卷二八四载："（陈）尧佐议徒河东路，以地寒民贫，仰石炭以生，奏除其税。"《文献通考》卷一四载："熙宁元年（1068 年）诏，三路支移或民以租赋齎货至边贸易以转官者毋税石炭。"不管对石炭征税还是免税，都说明其设立了相应的管理机构。

（二）煤炭使用和认识范围的扩展

宋代煤炭使用范围又有了扩展，有关记载亦较多，炊事、锻铁、陶瓷、砖瓦等都已大量使用。

宋李焘《续资治通鉴长编》卷一六四载，北宋仁宗年间（1023～1063 年）大臣郑戬曾云："自河东行铁钱，山多炭、铁，鼓铸利厚"。同书卷二七九载，神宗熙宁（1068～1077 年）年间，太原府韩绛云："保德以东五州，军计置不至艰甚，况本路铁矿、石炭，足以鼓铸"。《宋史》卷二六五"李昭述"载："阳城冶铸铁钱，民冒山险，输矿、炭，苦其役，为奏罢铸钱。"这三段文献都谈到了今山西等地宋时以煤冶铸之事。

宋代之后，陶瓷和砖瓦业也已普遍使用起煤来，据 20 世纪 80 年代中期的统计，考古发掘的这类陶瓷窑址至少有 16 处，多见于北方和今四川一带，计有：河北曲阳的定窑、邯郸的观台窑、河南禹县的钧窑、汤阴的鹤壁窑、新安的云梦山窑、陕西铜川的耀州窑和玉华窑、旬邑的安仁窑、山东淄博的磁村窑、安徽肖县的白土窑、北京门头沟的龙泉务窑、四川重庆南岸的涂山窑、彭县的磁蜂窑、广元的瓷铺窑、巴县姜家窑、辽宁抚顺大官屯的金代瓷窑等[8]。如耀州窑，1959年曾发现4座窑址，火膛内堆积有煤渣和未曾烧过的煤末，窑门外堆有炉渣厚约0.5米；"火膛下部设有漏煤渣的炉坑"[9]。玉华窑窑址周围发现的炉灰、煤渣、匣钵、垫饼、瓷片等遗物的堆积层厚达1~2米[10]。此时也有了用煤烧造陶瓷的记载。《宋会要辑稿·食货·窑务》载："陈康民先言，勘会在东窑务，所用柴数，仍与石炭兼用。"

宋代之后，煤炭加工成型技术也有了发展。首先是"炭墼"，即煤砖逐渐增多，据《豹隐纪谈》载，有的地方甚至出现了"家家打炭墼"的情况。其次是香煤饼的使用更为普遍。欧阳修《归田录》卷下载："有人遗余以清泉香饼一篚者，君谟闻之叹曰：香饼来迟，使我润笔独无此一种佳物……清泉，地名；香饼，石炭也，用以焚香，一饼之火，可以终日不灭。"宋孟元老《东京梦华录》卷三"诸色杂卖"条在谈到宋东京的诸色杂卖职业有："荷大斧斫柴，换扇子柄，供香饼子炭团……"看来，香煤饼的生产和贩卖还成了一种专门的职业。

以煤入药之事在宋代已见于药书。宋张锐《鸡峰普济方》"方卷"第十五中记有一个"补真丹"，配料中有"禹余粮、乌金石各肆两"。此"乌金石"即煤[11]。金张子和《儒门事亲》记有一个治疗腹中积滞的方子，其乌金石配入量达50%，云："乌金石（原注：即铁炭也）三两；自然铜为末，醋熬，一两；当归，一两；大黄，童尿浸、晒，一两，为末"[12]。后世泄药中常含有较多的活性炭类物质，当是由此发展而来的。

此时人们对煤气中毒现象亦有了一定的认识。宋慈（1186~1249年）《洗冤录详义》（清许槤校）卷二"煤熏死"载："西北人多卧火坑（炕），每人煨烧臭煤，人受熏蒸，不觉自毙。其尸软而无伤，与梦魇死者无异。"同书卷三"意外诸毒"载："中煤炭毒，土坑（炕）漏火气而臭秽者，人受熏蒸，不觉自毙。""房中置水一盆，并使窗户有透气处，则煤炭虽臭，不能为害。"此既谈到了煤气中毒，还谈到了防止方法，是一段难得的资料。值得一提的是：此煤气的主要成分是一氧化碳，另外可能还有部分二氧化硫等物；"置水一盆"大约只能吸收其中的二氧化硫之类，是不能吸收其中一氧化碳的。

把石炭称之为"煤"之事，至迟始于南宋时期，除宋慈外，周密（1232~1298年）《志雅堂杂钞》卷下等也曾提到："霍清夫云：火浣布乃北方石炭之丝，撚而织之，非火鼠鬐也（原注：石炭即煤，岂能成丝）"。煤，原指屋上之烟黑或做墨之烟黑类。《玉篇》："煤，炱煤。""炱，炱煤，煙尘也。"《广韵》："炱煤，灰集屋也。"沈括《梦溪笔谈》卷二四"杂记一"："鄜延境内有石油……燃之如麻，但烟甚浓，所沾幄幕皆黑，予疑其烟有用，试扫其煤以为墨。"元《古今韵会举要》卷四："煤，炱。煤灰集屋者。""煤"又作"霉"。清光绪《崇庆州志》卷五"物产"："霉炭，产西八甲万家坪山上，有亮炭、火炭、双龙泡炭等名。"直到现在，南方民间仍把烟黑称之为"煤"的。煤的称谓的一般演变情况是：由汉到北宋，常称之为"炭"、"石墨"、"石炭"；南宋之后，又新增了"煤"、"煤炭"之称，"石墨"之称则逐渐减少；清代之后，"煤炭"和"煤"逐渐流行；"石炭"一词则一直沿用到20世纪前期，20世纪后期便很少再用。

（三）开采技术上的进步[8][13]

这方面的文字和实物资料都不是太多，宋代采煤遗址目前仅见河南鹤壁遗址等处。鹤壁古矿址发现于1959～1960年，有井筒一个、较大的巷道4条、排水用蓄水井一口、采煤区（工作面）10个，以及部分提升、排水、运煤、照明等工具和许多生活用具[13]。从发掘情况看，其开采技术已相当进步，在井筒位置的选择、采场布置和开采、提升、排水、运输、照明等技术上，都达到了较高水平[14]；原断代为宋元时期[13]。1999年时，有学者将它定到了北宋，主要依据是伴出物中的许多瓷器与鹤壁集窑所出北宋早期瓷器比较接近[15]。是迄今所见年代最早且最为完整的古煤矿井。下面介绍一下有关的技术内容。

关于井筒位置的选择。鹤壁古矿的井筒呈圆形，直径2.5米，深约46米。其位置选择相当准确、合理；从横向看，它大体处于几个采煤区的中心；从纵向看，井底巷道正好在井田中央，上下"皆为厚6米的自然煤层"。说明当时的煤田地质知识及找煤方法已相当成熟，不然是很难将46米深的立井打到煤层中心的。

巷道布置。该矿井有两种巷道：（1）主巷道，计两条，断面较大，皆只发现部分残段，段长分别为4米和6米，高皆2.1米，宽皆2米。（2）分巷道，较长者约有4条，全长约500米，通向各采区。高1.0米，上窄（1.0米）下宽（1.4米），故顶板压力不大，均无顶柱承托。

关于工作面和回采方式。古采煤遗址计发现10个采区（工作面），与井口的距离介于10～100米间，各采区间保持一定距离，并以保留的煤柱相隔（即所谓房柱法），以减少采区顶板的压力，各采区虽无支护，迄今仍未完全塌落，可见其采区布置是较为合理的。此古矿井采用房柱法回采方式进行开采，在工作面内则是由近及远的冒落法，突破一点后，向里并向两帮掘凿，在落煤中已经采用掏槽法。

需顺带说一下的是：这种房柱法不但在采煤中，而且在其他采矿工作中也常有使用。屈大均《广东新语》卷五"石语·端石"条载：宋治平（1064～1067年）间，在端溪开采砚石，"昔人取石留数柱，虞其颓圮。今名为东留柱，西留柱，亦取之，以木柱代矣。"即是说，宋人采用房柱法采砚石，从而留有柱石；明清时期，人们把此柱石也采掉了，且以木柱代替了原有的石柱。

关于照明。鹤壁古矿巷道的两壁以及巷道的交岔处，计开凿有100余个圆形、近似长方形的灯龛，内置瓷碗和瓷盘，以作"灯"用，且有贮油用的瓷瓶和瓷罐。在煤壁上设置灯龛，这是我国煤窑工人的一项创造。

关于运输、提升和排水。鹤壁古煤井下发现有许多编筐，部分扁担，一架辘轳和一口"水井"，说明它是先把煤挑到井筒底部，之后再用辘轳提到井上的。"水井"则说明它采用了集中排水法，先把矿井内之水引入"水井"，后用辘轳集中排出。

鹤壁古煤矿的井下通风法尚不了解，有待进一步发掘和研究。

（四）焦炭的使用和炼焦技术的发明

我国古代炼焦技术发明于何时，学术界尚无一致意见。今日所见最早的用焦实例属于金大定（1161～1189年）时期。1978～1979年，山西稷山县马村两座金代砖墓出土了煤炭和焦炭各 250 公斤，此焦与今无异。墓葬年代下限不晚于金大定二十一年（1181 年），上限为北宋晚期。这批墓葬皆无棺椁，尸体置于砖床上，焦炭和木炭出于床下，床的四周有栏杆[16]，此焦炭大约是为防腐、防潮的。这是我国古代用焦的最早的实例。又，1957～1958 年，河北邯郸峰峰矿区的观台镇发现两座古代瓷窑，以及三座炼焦炉。遗址断代为宋元时期[17]。由这考古实物看，金代已有焦炭无疑，再结合唐代已有炼煤技术来看，北宋发明出炼焦术也是可能的。

在现有资料中，我国关于炼焦的记载是到了明代才看到的。

四、金属矿开采技术的进步

（一）铁矿开采技术

此期见于文献记载的采矿地点不少，古矿洞则在河南、黑龙江等处都有发现；但技术资料不是太多，创造性成就更少。下面仅介绍两个遗址的情况。

林县申家沟宋代采矿遗址。此采矿场今仍为安阳钢铁厂沿用，古矿洞位于今安阳钢铁厂第二、第三采区内。1973 年采掘时，第二采区被炮炸出了 3 个古矿洞；3 洞相连，长度约 20 余米，洞高 1.3 米，洞壁及顶部被熏黑，洞外有矿粉约 40 万吨。经分析，含铁量为 67.1%。因古代用打钻法开采，粉矿常占 2/3 左右，故当时所得块矿当为 20 万吨。第三采区内也发现了 3 个古矿洞，其中北洞最高处约 1.6 米，最低处约 0.6 米，洞宽 3.4 米，亦发现了大量粉矿等物；粉矿中伴出物有 7 件锻制的铁锤、1 件阳文铭"祯"字铁权、6 件铁镢。此整个采区皆为磁铁矿，皆含一定量的硫。此外，西南寨等处也发现了宋代古矿洞，石村发现有唐宋古矿洞，但其开采和支护方法皆无法进一步了解[18]。

黑龙江省阿城县五道岭金代铁矿。1958～1959 年时发现过 10 余个古矿洞，大体都是沿矿脉开采的。斜向延伸最长达 40 余米，坑道沿矿脉呈螺旋阶梯式下降，坑道宽约 1.5 米，高约 2 米；至洞底时，每隔一定距离便有一个宽敞的作业区；坑道与作业区相连处均有油烟熏过的痕迹。被废弃的矿石、粉矿皆回填在采坑内。坑内发现有大量坑道顶木，长约 1～1.5 米，直径 5～10 厘米。古矿洞内先后发现的遗物有：北宋铜钱"熙宁元宝"、"元丰通宝"各 1 枚，开凿工具有生铁锤、熟铁锤、铁钻，照明用具有灰陶灯碗，运输工具有编织筐等；灯碗平底，底部有轮制旋纹，内外均附有一层油垢[19]。

（二）铜矿之开采

在此最值得注意的是管理制度的变化，以及火爆法和井下毒气排除法的使用。

《宋会要辑稿》"食货"三四之二四载：南宋嘉定十四年（1221 年）十月僚臣言，嘉定以前，铜矿的正常开采都有一套严格的管理制度："照得旧来铜坑，必差廉勤官吏监辖，置立'隔眼簿、遍次历'，每日书填：某日有甲匠姓名，几人入坑及采矿几箩出坑；某日有矿几箩下坊碓磨；某日有碓了矿末几斤下水淘洗；某日有净矿肉几斤，上炉烊炼"。嘉定之后，既不差官，又无隔眼簿和遍次历，且不按时发给匠人工资，管理十分混乱。可见铜矿开采的生产工艺流程是：（1）入坑采矿；（2）将矿石碓磨成粉矿；（3）浮选；（4）上炉冶炼二十日。

我国古代水利方面的火爆法记载较早，但采矿方面的火爆法却是到了宋代才见于记载的，这在采铜、采金中都可看到。洪咨夔《大冶赋》在谈到黄铜矿开采时说:"宿炎炀而脆解,纷剖劂而巧斩。批亢轰博浪之椎,陷坚洞混沌之凿。岩云欲起而复坠,石火不吹而自跃;磅磅驰霆,剥剥洒雹……共工触不周而地维断,神禹劈伊阙而龙门拓。"炎,极热;炀,烘烤、焚烧。亢,咽喉;批亢,抓住要害;博浪之椎,源于张良使力士以铁锤于博浪沙狙击秦始皇的典故。"宿炎炀而脆解"一句显然是指矿石极热后的酥解。这整段引文描写的便是火爆法开采及其壮观场面,其气势如共工触不周之山而地维折断,神禹开伊阙而龙门拓开。

宋孔平仲《谈苑》卷一载:"韶州岑水场。往岁铜发,掘地二十余丈即见铜。今铜益少,掘地益深,至七八十丈。役夫云,地中变怪至多,有冷烟气,中人即死。役夫掘地而入,必以长竹筒端置火先试之,如火焰青,即是冷烟气也,急避之,勿前乃免。"[20]在此值得注意的是两个方面:一是开拓深度,初期为二十余丈,后发展到了七八十丈。若这为完全的竖向深度的话,那是较深的。二是地下毒气排除技术。看来,在宋代井下有害气体的排除法已被人们广泛采用。

(三)沙金之开采

宋代之后,淘金技术有了较大发展,这主要表现是:

溜槽淘金法有了明确记载。我国古代的采金法约有手选法和淘洗法两大类;淘洗法又包括重砂法和溜槽法两种;重砂法发明较早,使用范围较宽,流行时间也较长,依所用工具之不同,又有淘槽法、淘盆法和淘筛法等,工作原理都是利用了矿物的重力差。我国铜矿选洗的溜槽始见于战国西汉时期,即湖北大冶铜绿山所出者,其始定为水槽,后又经有关专家详细鉴定,改定为淘槽[21]。淘金之溜槽也可能使用较早,但也是到了宋代才见于记载的。宋朱或《萍州可谈》卷二载:"两川冶金,沿溪取沙,以木盘淘,得之甚微且费力。登莱金坑户止用大木锯剖之,留刃痕,投沙其上,泛以水,沙去,金著锯纹中,甚易得。"此溜槽的结构和操作都谈得较为明白。溜槽法的发明和推广,使生产力大为提高。1984年,笔者曾到招远调查,类似的方法仍在使用。

(四)脉金开采始见于记载

我国古代关于脉金开采的明确记载始见于宋,不但文字明晰,而且多处都有记述。这是宋代采矿技术的又一重要成就。

《宋会要辑稿》"食货"三四之一五载:"绍圣三年(1096年)湖南转运司言,潭州益阳县金苗发泄,已差官检视置场,今体访得先碎矿石,方淘净金。"此"先碎矿石,方淘净金",这显然是指脉金开采言;若非脉金,是无须"先碎矿石,方淘净金"的。这是宋人开采脉金的确切证据。

宋洪咨夔《大冶赋》在谈到黄金采取时,也有过类似的描述。云:"渠阳泽铣,毓奇溪洞,寻苗劂汸之邃;破的礓壁之壅,燉以火则流脂铁笼之烈,淬以水则舂糜铅杵之重。"此前三句指找矿,后三句则指脉金之采掘,最后一句应指火爆法开采和碎矿。显然,若非脉金,是无需"淬以水"的。洪咨夔(1176~1236年),字舜俞,号平斋,宋临安于潜人,南宋嘉定二年(1209年)进士,授如皋主簿,寻试为饶州教授;此"赋"当为这一时期所作。入朝后曾官至刑部尚书、翰林学士等职。

《关尹子·六匕》也有一段关于脉金开采的文字:"我之为我如灰中金,而不若砂之金；破矿得金，淘砂得金，扬灰终身无得金者。"此"破矿得金，淘砂得金"，正好说到了我国古代黄金开采的两项基本工艺，即脉金开采和砂金开采。《关尹子》，旧题周尹喜撰，《汉书·艺文志》曾有著录，但《隋书·经籍志》等不载，可知原书久佚。今本为宋人伪撰，这条文献不会晚于宋代是肯定的。

脉金开采技术的发明，不但拓宽了黄金资源，而且扩充了人们的矿物学知识。

（五）对自然金的形成有了新的看法

宋范成大（1126～1193年）《桂海虞衡志·志金石》载："生金出西南州峒，生山谷田野沙土中，不由矿出也。峒民以淘沙为生，坯土出之，自然融结。成颗大者如麦粒，小者如麸片。"依范成大的意思，生金，即沙金，是自然融结成的，而不像脉金那样出于矿中。这是个相当大胆而出色的见解。新近研究认为，砂金是在金的原生矿风化后，经过多次富集、结集、叠加、再生，不断地表面活化而最后形成的；此过程既有机械作用，也有化学、物理和生物的作用，就连大块狗头金也应当是在砂矿床和矿床氧化带中"长大"的[22]。此"融结"二字原是指流体、胶融体之聚集和固化，在此却十分生动地描述了砂金的形成过程，用得非常之妙。虽宋人尚不可能认识到其中的许多科学道理，但"融结"之说无疑是一种大胆的探索。范成大于隆兴中（1163～1164年）为静江（今桂林）地方长官，此书系记其见闻所得。

周去非《岭外代答·金石门》也谈到过自然金的形成过程："凡金不自矿出，自然融结于沙土之中，小者如麦麸，大者如豆，更大如指面，皆谓之生金。"其中有的说法与范成大有些相类似，很可能是从范书中借用过来的。周去非曾于淳熙中（1174～1189年）任桂林通判，有人问岭外情况，因作此书以答。

（六）白银开采技术

我国古代白银采冶技术约发明于先秦时期，汉唐便有了记载，宋代便稍见详明起来。

宋赵彦卫《云麓漫钞》卷二云："取银之法，每石壁上有黑路乃银脉，随脉凿穴而入，甫容人身，深至十数丈，烛火自照。所取银矿皆碎石，用白捣碎，再上磨，以绢罗细，然后以水淘，黄者即石，黑者乃银。"这里说了两个问题，即（1）辨认矿脉和采矿。说石壁上的"黑路"即是银脉，坑道甫容人身，开采时须以烛火自照。（2）破碎和选矿。其中包括捣碎矿、上磨、以绢罗细、以水淘洗。

宋代还开始了对银矿的简单分类。《太平寰宇记》卷一〇一载："龙焙监。建州建安县（属福建）南乡秦溪里地。以本州地出银矿，皇朝开宝八年（975年）置场收铜、银。至太平兴国三年（978年）外为龙焙监，凡管七场。"人们还依据外部形态，对当地银矿石进行了分类，分别有黄礁矿、黑牙礁矿、马肝礁矿、桐梅礁矿、黑牙矿、光牙矿，以及白矿、松矿、土卯白矿、红礁夹生白矿、赤生铜矿、水镶矿等不同类型[23]。

五、对石油的认识和利用

宋代之后，人们的石油知识又有了进一步扩展，并出现了"石油"一词。

沈括《梦溪笔谈》卷二四载："鄜延境内有石油，旧说高奴县出脂水，即此也。生于水际、沙石，与泉水相杂，惘惘而出。土人以雉尾挹之，乃采入缶中，颇似淳漆，燃之如麻，但烟甚浓，所沾帷幕皆黑。予疑其烟可用，试扫其煤以为墨……此物后必大行于世，自予始为之。盖石油至多，生于地中无穷，不若松木有时而竭。今齐鲁间松林尽矣，渐至太行、京西、江南，松山大半皆童矣，造煤人盖未知石烟之利也。石炭烟亦大墨人衣。予戏为延州诗云：'二郎山下雪纷纷，旋卓穹庐学塞人；化尽素衣冬木老，石烟多似洛阳尘。'"此"鄜延"为北宋路名，包括鄜州府和延安府，相当于今陕西延安地区。此"煤"指制墨之烟黑，而非煤炭。可见，（1）宋代已出现"石油"一词，这是我国古代最早提到这一名称的地方；（2）沈括还发明了以石油烟黑的制墨工艺；（3）沈括已认识到石油"生于地中无穷"，之后"必大行于世"。这是很有见地的。

石油在当时战争中的作用依然主要是燃烧，它使火攻在战争中的作用和地位又得到了加强。王得臣《麈史》卷一载，宋代中央的军器监下设有一个"广备攻城作"，计11个部门，即："火药、青窑、猛火油、金火、大小木、大小炉、皮作、麻作、窟子作是也"。其中的"猛火油"即是石油，可见它已成为宋代一种重要的战略物资。宋代还发明了一种名叫"猛火油柜"的喷火器，本章"机械技术"一节再作介绍。

此外，北宋末年康与之《昨梦录》云："西北军城边库，皆掘地作大池，纵横丈余，以蓄猛火油。不阅月，池土皆赤黄，又别为池而徙焉。不如是，则火自屋柱延烧矣……他物遇之即为火，唯真琉璃器可贮之。中山府（今河北定县）治西有大陂池，郡人呼为海子，余犹记都帅就之以安水战，试猛火油，池之别岸为虏人营垒。用油者以油涓滴自火中过，则烈焰遽发，顷刻虏营净尽。油之余力入水，藻荇俱尽，鱼鳖遇之皆死"。这里谈到了猛火油用于军事的一些情况，及其腐蚀性能、燃烧性能。

前面提到，早期石油是自然流出，露天采取的，大约宋代依然如此，这是最为原始的工艺。

第二节 金属冶炼和加工技术

两宋是我国古代金属技术发展的又一高涨期，许多金属制品的产量、质量都有较大提高，工艺上更为娴熟，并有不少创新，尤其北宋时期。两宋金属技术的主要成就是：冶铸炉上使用了活门式风扇，炼铁炉技术有了较大提高；灌钢、百炼钢技术有了发展；胆铜进入了大规模生产的阶段，以炉甘石配制黄铜的技术有了明确记载；砷白铜，以及金、银、汞的冶炼技术有了进步；出蜡铸造、沙型铸造、金型铸造又有了新的发展；钢铁冷锻技术、花纹钢技术、青铜热加工技术有了提高；加轴剪开始推广，很可能还发明了铜、铁拉拔技术；锻件在生产工具中进一步取代了铸件的地位，许多器物的形制与近现代的已经十分接近；金属制品已在较大程度上满足了社会生产和社会生活的多种需要，人们对各种金属的性能亦有了更深的认识。

一、炼铁技术的发展

此期的冶铸铁遗址在南北许多地方都有发现，大家较为熟悉的有河北邢台[1]、沙河[2]、河南林县、安阳、南召[3]、广东曲江[4]、福建同安[5]等冶铸遗址，以及黑龙江阿城金代冶铁遗址等[6]。其中又以林县、安阳、南召等处炼炉保存较好。这些冶址的使用年代不尽相同，有的为宋、元，有的延续到了明。

（一）筑炉技术的提高

从古代遗址的发掘和调查情况看，此期炼炉具有4个比较明显的特点。

1. 相当部分是利用山坡地形，依山傍沟建造的，这种炉子在河南林县铁炉沟唐、宋冶铁遗址，安阳铧炉村宋、明冶铁遗址[3]等处都可看到。优点是可减少筑炉工时，增强炉体牢固性，便于操作。人们可利用上坡平台上料，利用下坡平台送风、出铁、放渣，这种构筑法在唐、宋以前是不曾看到的。

2. 多数炉子尺寸不大，如林县铁炉沟唐、宋炼炉，直径约0.8～0.9米，这不但便于生产管理，更重要的是在鼓风能力不是太强的情况下，还有利于炉况顺行。

3. 炉体常用红色和白色的沙质鹅卵石构筑，一定程度上可提高炉体牢固性，这在铧炉村宋、明冶铁遗址和林县铁炉沟唐、宋冶铁遗址等地都可看到。

4. 部分炼炉已具有明显的炉身角和炉腹角，如南召下村炉身角为78°～80°，与炉料向下和煤气上升这两大运动中单位体积变化的规律较为适应。

南召下村发现一处宋、元冶炼遗址[3]，面积1.6万平方米，现存残炉7座，其6号炉保存较好，残高3.9米，炉壁厚0.8～1.0米、内径3.5米、外径6.1米。炉壁均采用河卵石砌筑，石缝间填以耐火土，石壁外为一层厚0.5米的红烧土。下村高炉炉缸部位砌筑坚固细致，没有缝隙，储存的铁水不易渗漏；炉体上部，尤其是外壁，则砌筑较为粗糙，说明人们对冶炼过程中炉体破坏情况已有较深认识。

安阳粉红江宋、明冶炼遗址发现炼炉3座，1号、3号炉保存较好，1号炉残高4米、炉径4米[3]，在断崖处挖成圆井状，以河卵石构筑炉壁，石壁之外为土壁。

阿城小岭炼炉往往筑于黄土岗上，炉壁多用花岗岩构筑，有的底部也铺有石块，炉底有圜底（呈锅底状）和平底，有的炉基下还筑有风沟。其五道岭一座的炉壁以花岗岩筑成，厚约30厘米，其中约有5～10厘米厚已经烧黑，并附有铁渣；炉子平面呈长方形，残高90厘米、长宽110厘米×75厘米。炉门宽45厘米，炉底亦花岗岩筑成。炉壁外为原生黄土。其东川2号炉残高2.1米，炉膛长宽各0.8米；炉膛用花岗岩砌成，厚约56厘米；炉内壁抹有一层耐火土，业已烧成熔融状。炉底呈锅底状，底部尺寸约60厘米×55厘米、深约15厘米。炉基下有一风沟，由4块石板作为四壁，石板长80厘米、宽65厘米、厚7厘米；风沟长约1.2米，直达炉的后壁。石板上铺有厚达17厘米的耐火土。炉底曾抹过两层耐火泥内衬[6]。但关于阿城金代炼炉的操作工艺尚待进一步研究。

（二）鼓风技术的进步

此期鼓风技术上较值得注意的事有二：一是有了关于活瓣式木扇送风的十分明确的图示资料；二是有可能在蜀中使用了活塞式风箱。

曾公亮等所撰《武经总要》"前集"卷一二载有一幅"行炉"图，此炉是用于化铁，以泼敌人的。行炉旁置有一个梯形木扇，木扇上有两个小孔，应为进风活门，其上当有活瓣。扇板与箱架间原应有皮革等物构成密封式活动连接（图略）。该书成于北宋庆历四年（1044 年）。

"行炉"一词早在唐代中期便已出现，成书于唐乾元二年（759 年）的李筌《神机制敌太白阴经》卷四"战具·守城具"条："行炉，常镕铁汁，炉舁行城上，以洒敌人。"所述虽然甚简，且无图示，但其行文用词与《武经总要》颇为相似，故很可能唐代便使用了类似的行炉、风扇和守城方法。

年代较《武经总要》稍后的敦煌榆林窟西夏（1038～1227 年）锻铁图上亦载有木扇（图 6 - 2 - 1）送风的形态，推动木扇的拉杆，扇板启闭，牵动活瓣启闭便可起到鼓风作用。这都是最早的活瓣式风扇图示资料。

图 6 - 2 - 1 敦煌榆林窟西夏锻铁木风扇

采自白金波等《西夏文物》第 39 图，文物出版社，1988 年

（按：此图在榆林窟第三窟内室东壁南端千手千眼观世音法光两侧上部，左右对称，一式两幅。图中绘铁匠 3 人，一为坐式，正在推拉风扇；一人左手握住火钳，挟坯件置于钻上，右手举锤；一人双手抡锤准备锻打。）

在宋代资料中，与活塞式风箱有关的资料主要有两条。

（1）前引《东坡志林》卷六所云提取卤水的木桶，其"无底而窍，其上悬熟皮数寸，出入水中，气自呼吸而启闭之"。苏东坡还说"《后汉书》有水鞴，此法唯蜀中铁冶用之，大略似井盐取水筒"。显然，前段文字说的是卓筒井汲卤法，类似的方法在明清文献中多有记载，且直到 20 世纪 80 年代还可看到。后段说蜀中冶铁用鼓风器"大略似井盐取水筒"。若如此理解不错的话，宋代蜀中冶铁便有可能使用了活塞式风箱。

（2）《武经总要》"前集"卷一二所云"猛火油柜"，其实是一种单缸、单拉杆、双活塞的，用来攻击敌人的喷火器[7]。此至少说明，"活塞"这一机件在宋代已非稀罕之物。关于它的具体结构本章机械部分再作介绍。

由这些资料看，宋代在蜀中使用了活塞式鼓风器的可能性是存在的，但我国古代关于活塞式风箱的更为明确的记载和广泛使用，是明代的事。

（三）关于宋代的冶铁燃料

宋、元冶铸用燃料依然主要是木炭；坩埚冶铁中自然使用过煤炭的。这是总的情况。此外还有两种可能：一、可能使用过少量焦炭，因金代已经炼焦；二、可能在高炉中使用过少量煤炭。但这后二者，即高炉用焦、用煤冶铁，其数量都应是非常少的。

以往不少学者都曾认为我国宋、元时期曾经用煤冶铁，其主要理由：一是苏轼《石炭》诗[8]中的有关文字；二是部分宋代铁器含硫较高。其实这都是不太牢靠的。

《石炭》诗计16句，前4句说彭城曾遇雨雪，连百姓做饭、取暖都发生了困难；中间8句说山中发现了煤炭，使万人鼓舞千人看；与冶铁有关的文字是诗的最后4句，及诗的序言。最后4句是这样的："南山栗木渐可息，北山顽矿何劳锻；为君铸作百炼刀，要斩长鲸为万段。"诗"序"是这样的："彭城旧无石炭，元丰元年十二月始遣人访于州之西南，白土镇之北，以冶铁作兵，犀利胜常云。"显然，诗中说到了以煤炭锻（煅）矿，序中说到了以煤炭冶铁。但这是文学作品，其真实含义如何，我们是不了解的；若以此作为宋代高炉冶铁的依据，则有两件事很难理解：（1）从现代技术观点看，因石炭热稳定性较差，受热后易于爆裂成粉状，并堵塞煤气通道，从而影响高炉透气性，还会造成炉况不顺和悬料、崩料，所以直到近现代，高炉直接用煤冶炼还是较为困难的。笔者认为宋代高炉即使用煤，也是少量的、试验性的。（2）因石炭生铁一般含硫较高，炒炼出来的钢一般亦含硫较高，就容易发生热脆，是很难锻造的。故在古代技术条件下，石炭铁或者石炭钢是很难达到苏轼所云"犀利胜常"的。为此，我们推测，苏轼所说锻矿、"冶铁"可能有三种含义：（1）用煤冶炼坩埚铁。（2）先将煤炼成焦炭，之后再在高炉中以焦炭炼铁。（3）诗"序"所说"冶铁作兵"，原是锻铁作兵之意，因锻，小冶也。

至于部分宋、元生铁含硫量较高，这有两种可能：一与矿石有关。生铁中的硫主要有两个来源，即燃料和矿石；把部分生铁含硫较高的原因都归于燃料，是不适合的。二可能是坩埚生铁。把高硫生铁都视为高炉生铁也是不合适的。

二、炼钢技术的发展

见于文献记载和考古发掘的宋代制钢工艺主要有炒钢、灌钢和百炼钢三种。

（一）炒钢技术的发展

炒钢是我国古代可锻铁生产的基本工艺，汉代之后一直不断地发展。灌钢、百炼钢、渗碳钢等，实际上都是对炒炼产品的进一步加工。此期炒钢技术发展的一个重要标志是：除少数特殊品种外，锻制的生产工具、生活用具已基本上取代了铸件的主导地位；许多生产工具已向小型、轻便方向发展，器形与近现代的较为接近。

汉代过后，与炒钢有关的冶炼遗址很少看到。1977年铜绿山出土了17座宋代炒炼炉，为我们了解宋代炒钢技术的发展提供了十分宝贵的资料[9]。此炉结构简单，系由地面向下挖一圆坑而筑成。炉缸总体成缶形，较浅、较小；直径约0.5米，其中14号炉风口区的直径为0.4米，向上稍有扩大。炉子上部结构不明，估计其高度不超过1米。炉底无防潮风沟。炉缸用高岭土、磁铁矿粉及砂岩粉混合后夯实，上面再抹以厚约2厘米的砂岩粉、木炭粉及高岭土混合料。炉壁由黄泥构筑，内用高岭土涂抹。有风口一个，位于渣口的对面。炉缸皆曾多次修补，每次修补量都较大，风口对面侵蚀尤为严重。炉子分布密集，17座炉子都排列于320平方米的范围内。类似的炉子此前还在附近发现过12座，形制基本相同，可惜已毁。说明此处在宋代曾是一座规模较大的炒钢作坊。

此时，人们对诸铁碳合金间的关系有了进一步认识，有关钢铁方面的知识亦开始系统化起来。宋苏颂《图经本草》所云："初炼去矿用以铸泻器物者为生铁，再三销拍，可以作镙者为镙铁，亦谓之熟铁，以生柔相杂和，用以作刀剑锋刃者为钢铁。"[10]即是说：最初从竖炉中冶炼出来，去除了"夹杂"，用以铸造器物的叫生铁；经过了再三熔融、锻打，可以锻成铁片的叫"熟铁"；将生铁和"熟铁"混合冶炼，用来制作刀剑锋刃的叫做钢铁。在此，苏颂提出了区分三种铁碳合金的两个标准：一是它的冶炼工艺，二是产品性能。"初炼去矿"指高炉冶炼，"再三销拍"指炒炼，"生柔相杂"指灌炼，这都是冶炼工艺。"用以铸泻器物者"是指生铁性能和功用，因生铁只可铸，不可锻；"可以作镙者"指"熟铁"性能和功用，因其塑性、可锻性较好；"用以作刀剑锋刃者"指钢的性能和功用，因其刚性较好。这是我国古代对三种最为基本的铁碳合金较为系统的认识和分类。在当时技术条件下，这种分类标准和方法都是较为科学的。苏颂（1020～1101年），北宋晚期人，官至右仆射兼中书门下侍郎，在天文学和本草学上都作出过重要贡献。对铁碳合金的分类和定义，梁陶弘景和唐苏敬都作过一些工作，《重修政和经史证类备用本草》和《本草纲目》都有引述，但无苏颂说得系统和确切。

（二）灌钢技术的发展

我国古代灌钢技术约发明于东汉晚期，但关于灌炼操作的记载却是到了宋代才看到的。这些大约都与造纸术、印刷术的发展有关。沈括（1031～1095年）《梦溪笔谈》卷三"辨证一"说："世间锻铁所谓钢铁者，用柔铁屈盘之，乃以生铁陷其间，泥封炼之，锻令相入，谓之团钢，亦谓之灌钢。"这是我国古代关于灌钢具体操作的最早记载。此"锻铁"原指可锻铁，可以锻打的铁碳合金。"钢铁"即"刚铁"，具有刚性的"铁"，指灌钢。"柔铁"，即具有柔性，刚性较低的炒炼产品。此把灌钢直呼之为"钢铁"，也说明了灌钢工艺在当时的发展状况和重要地位。此"封泥"的目的：（1）为减少加热过程中的氧化脱碳。（2）为防止生铁熔化后的流失，使之更好地与柔铁作用。（3）使"铁料"各部均匀受热[11]。昔有学者认为"封泥"是"把炉密封起来烧炼"[12]。这是值得商榷的。密封起来了，是既不能烧又不能炼的。

在此有一点需指出的是：宋周去非《岭外代答》卷六谈到过一种"梧铁淋铜"的工艺，其实应是"淋钢"（"淋铁"）之误。其"梧州铁器"条云："梧州生铁，在熔则如流水……诸郡铁工煅铜，得梧铁杂淋之，则为至刚，信天下之美材也。"同卷"融剑"条说："梧州生铁最良，藤州有黄岗铁易，融州人以梧铁淋铜，以黄岗铁夹盘煅之，遂成松文，刷丝工饰，其制剑亦颇钴，然终不可以为良。"此"淋"，即灌；淋铜，应即淋钢之误。此"以黄岗铁夹盘煅之"，"以梧铁淋"之，其行文、用语，与前引沈括所云是一样的，显然是指灌钢工艺。此"松文"即花纹钢之纹理，前云汉张协《七命》在谈到灌钢工艺时，也说灌钢有花纹。"终不可以为良"实是周去非的一种误解，认为只有百炼钢才是真钢，灌钢操作十分简便，则被宋人当成了"伪钢"。曾有人认为此梧铁淋铜是"合金铁"、"合金钢"或"铜合金铁"[13][14]，这是值得商榷的。因为：（1）铜与生铁的基本物理化学性能相差很大，要将生铁"淋"到铜上，使之焊合为一，且成为至刚至美之物，这是十分困难的；在技术上很难实现，道理上也不好理解。（2）"梧州铁器"条说"铁工煅铜"，于情理不顺；说诸郡皆是如此，更有些不好理解。从逻辑上讲，应当是铁工煅（锻）铁、铜工煅（锻）铜。（3）"融剑"条的第一、二句说的是梧州生铁和可以夹盘起来的黄岗铁；第三句却说梧铁淋铜，前后不协调。（4）在我国，以及汉文化区的其他地方，再未看到过以生铁水淋到铜上的工艺。

（三）百炼钢技术之发展

百炼钢应是在炒钢加工过程中发展起来的，其始约可上推到东汉早期，与灌钢同样，有关其具体操作的记载亦是到了宋代才看到的。沈括《梦溪笔谈》卷三说："予出使至磁州，锻坊观炼铁，方识真钢。凡铁之有钢者，如面中有筋；濯尽柔面，则面筋乃见，炼钢亦然。但取精铁锻之百余火，每锻称之，一锻一轻，至累锻而斤两不减，则纯钢也，虽百炼不耗矣。此乃铁之精纯者，其色清明，磨莹之，则黯黯然青而且黑，与常铁迥异。亦有炼之至（"四库"本作"不"，疑误）尽而全无钢者，皆系地之所产。"此"真钢"即百炼钢。"精铁"即百炼钢原料，当是含碳量稍高，含夹杂较少的炒炼产品。此"精铁"之"精"，当指可能锻炼成钢，其中不含硫等杂质。依沈括之见，"百炼"的基本操作是"锻之百余火"，这是对百炼钢工艺一个十分精辟、准确的描述。"一锻一轻"是不断地排除了夹杂，氧化铁皮不断产生并脱落了的缘故。"炼之至尽而全无钢者"，看来主要是铁中含硫较高，热加工时容易产生热脆，难以锻打成型之故。"百炼"的目的，主要是进一步排除夹杂、均匀成分、致密组织，有时还可细化晶粒，从而极大地改善了材料的机械性能[15]。

"百炼"钢工艺在宋代的其他地方也可看到，《独醒杂志》卷四说湖南瑶人有一种黄钢，系"百炼"而成；《岭外代答》卷六"蛮刀"条说到过一种峒刀，以三十炼为佳。

三、铜的冶炼及其合金技术的发展

我国古代冶铜，有火法和湿法两种工艺，前者发明较早，沿用时间较长，生产能力较大，是我国古代炼铜的主要方式；后者约始于五代，盛于宋，在南宋时期曾占有相当重要的地位。此期冶铜技术上值得注意的事件是：（1）火法硫化矿炼铜工艺开始有了文献记载。（2）湿法炼铜进入了大规模生产的阶段。（3）北宋张潜、张磐撰写了中国历史上第一部冶金技术的专著《浸铜要略》，可惜今已失传。南宋洪咨夔（1176～1236 年）创作了《大冶赋》[16]，详细地描述了从找矿、采矿、焙烧，到冶炼的基本过程及其热烈场面，成为我国古代保留下来的最早的冶金技术专著。

（一）火法炼铜

《大冶赋》是以词赋的形式来描述铜矿采冶过程的，首先谈到了矿物的赋存形态和开采情况，接着便谈到了焙烧和冶炼。在谈到后两项时其云："徒堆阜于平陆，矗岑楼于炉步。熺炭周绕，薨薪环附。若望而燎，若城而炬。始束缊輴于毕方，旋鼓而熛怒。鞭火牛而突走，骑烛龙而腾骛。战列缺霹历于焱庙（炖），舞屏翳丰隆于烟雾。阳鸟夺耀，荧惑逊度。石进髓，汋流乳，江锁融，脐膏注。铘再炼而粗者消，瓳复烹而精者聚。排烧而汕溜倾，吹拂而翻窠露。利固孔殷，力亦良苦。唯彼泉井淘沙可铸。"这便是《大冶赋》关于火法炼铜的基本内容，虽其中使用了许多典故和隐语，但所述生产过程还是基本清楚的。其中"熺炭周绕"等四句是说矿石之焙烧，故其开采的应是硫化矿。"石进髓"以下8句则指铜之冶炼和初步提纯。

有一点需注意的是：以黄铜矿为原料，以火法冶炼所得之铜，《大冶赋》是称之为"黄铜"的。自然，这与今人所谓黄铜，即铜锌合金是不同的。《宋会要辑稿》"食货"三三等，也使用过"黄铜"一词，含义与《大冶赋》相同[17][18]。

（二）胆铜法

"胆铜"之名兴起于宋，《宋会要辑稿》"食货"三三，常将"胆铜"与"黄铜"对应使用。大约在五代至北宋前期，胆铜生产已在民间逐渐兴起。北宋绍圣元年（1094年），饶州德兴人张潜、张槃著《浸铜要略》一书，并使张甲献于朝[19]，认为浸铜乃系利国之术，官方便在信州铅山、饶州兴利等地经营并推广了这一工艺。从有关记载看，宋代胆铜法约有如下三种操作：

1. 烹炼法。沈括《梦溪笔谈》卷二五说："信州铅山县有苦泉流以为涧，挹其水熬之则成胆矾，烹胆矾则成铜，熬胆矾铁釜久之亦化为铜。"此熬胆水以成铜，应是胆铜工艺的早期形态，自然也只适用于小规模生产。

2. 浸渍法。《宋史》卷一八〇载："浸铜之法，以生铁锻成薄片，排置胆水槽中，浸渍数日，铁片为胆水所薄，上生赤煤，取刮铁煤入炉，三炼成铜。大率用铁二斤四两得铜一斤。"此"赤煤"即从胆水中置换出来的铜。"用铁二斤四两得铜一斤"是经验数字，从理论上看，大约只要0.88斤铁便可置换出一斤铜来。关于浸铜沟槽中铁片的排列方式，《宋会要辑稿》"食货"一一说"如鱼鳞状"；《大冶赋》说浸铜槽中排列着旧铁锅[16]。2002年4月，笔者曾到江西铅山（yán Shan）调查传统胆铜生产情况，其操作要点是：在地面上构筑许多浸铜槽，令胆水流经其中；槽内置铁刨花以作置换之用。

3. 淋铜法。崇宁元年（1102年）游经上言："古坑有水处为胆水，无水处为胆土，胆水浸铜，工少利多，其水有限；胆土煎铜，工多利少，其土无穷。"[20]此"胆土"是采铜矿时贫矿（硫化铜矿）经风化、氧化等作用而得到的硫化铜与矿土混合物。淋铜法应是在"煎铜"法的基础上发展过来的，后者的操作要点是把天然胆土用水煎熬而溶出硫酸铜，再用铁把铜置换出来；后来人们有意利用一些贫矿，把它堆积起来，令其风化、氧化，再淋水，便成了所谓的"淋铜"工艺[21]。《大冶赋》曾对淋铜工艺的发展过程作了较为详细的说明："其淋铜也，经始岑水，以逮永兴。"浸渍法和淋铜法大约都在北宋晚期便已使用。在欧洲，与淋铜法相类似的工艺是到了 1752 年才首先在西班牙采用的。

胆铜法的优点是：（1）可在常温下进行操作，从而节省了大量燃料和高温冶炼设备。（2）可利用贫矿。（3）设备简单，操作较易，成本较低。

（三）铜合金技术

宋代铜合金技术的主要成就是黄铜工艺有了明确记载，砷白铜工艺更为娴熟；镜用青铜合金技术出现了衰退的现象，锣钹等响器合金技术发展到相当高的水平。

1. 黄铜技术

虽黄铜出现较早，但有关其工艺操作的记载却是到了五代末、北宋初才看到的。《日华子点庚法》说："百炼赤铜一斤，太原炉甘石一斤，细研，水飞过石一两，搅匀，铁合内固济阴干，用木炭八斤；风炉内自辰时下火，煅二日夜足，冷取出，再入气炉内煅，急扇三时辰，取出打开，去泥，水洗其物，颗颗如鸡冠色。母一钱点淡金一两成上等金。"[22] 此"上等金"即黄铜。操作要点是把赤铜、炉甘石（$ZnCO_3$）、木炭混合后密封起来烧炼。日华子姓大名明，四明人，宋开宝（968～975 年）中撰有《日华子本草》传世。稍后的崔昉《外丹本草》说得更为简明："用铜二斤，炉甘石一斤，炼之即成鍮石一斤半。"崔昉系方士，号文真子，宋仁宗（1023～1063 年）时曾在湖南为官。此"用铜二斤"，疑为"用铜一斤"之误。

关于宋代黄铜生产和使用的一般情况，许多文献都有记载。《宋史》卷一八○载：崇宁二年"太严私铸之令，民间所用鍮石器物，并官造鬻之，辄铸者依私有法加二等"。《宋会要辑稿》"食货"三四、洪迈《容斋三笔》卷一一都说到过生产鍮石之事。这都说明宋代黄铜生产和使用量已经不少。

两宋黄铜实物在考古发掘中看到的较少，笔者分析过一件鄂城五代至宋的素面镜，成分为：铜 65.9%、锡 3.4%、铅 4.3%、锌 26.66%；一件北京金代的带柄龟裂纹镜，成分为：铜 59.822%、锡 1.785%、铅 3.352%、锌 33.717%[23]。皆为复杂黄铜，含锌量都不低。

此时，人们对黄铜的本质已有了较为明确的认识。程大昌《演繁露》卷七"黄银"条载："世有鍮石者，质实为铜，而色如黄金，特差淡耳。""鍮，金属也，而附石为字者，为其不皆天然自生，亦有用炉甘石煮炼而成者，故兼举两物而合为之名也。《说文》无'鍮'字，《玉篇》、《唐韵》、《集韵》遂皆有之，岂前乎汉者未知以石煮铜，故其名不附石也耶。谚言：'真鍮不博金。'甚言其可贵也。夫天然自生者既名真鍮，则炉甘石所煮者决为假鍮矣。"可见，程大昌认为，真鍮和假鍮都是一种金属，虽附石为字，质实为铜。其主要区别，真鍮系天然自生者，假鍮则是炉甘石所煮者。今有学者说古人把黄铁矿等当成了黄铜，其实并非如此。

2. 砷白铜技术

宋代砷白铜技术较唐代更为进步，且已有了一套较为成熟的工艺。北宋末年人何薳《春渚纪闻》卷一○"丹阳化铜"条载：兰陵人薛驼，"尝受异人（炼丹家）煅砒粉（砒霜）法，是名丹阳者。余尝从惟湛师访之，因请其药。取帖药抄二钱匕相语曰：'此我一月养道食料也，此可化铜二两为烂银。若就市货之，煅工皆知我银，可再入铜二钱，比常直每两必加二百付我也。'其药正白而加光璨，取枣肉为圆，俟熔铜汁成，即投药甘锅中，须叟，铜汁恶类如铁屎者，胶着锅面，以消（硝，芒硝）搅之，倾槽中，真是烂银，虽经百火，柔软不变也。此余所躬亲试而不诬者。"此"烂银"即砷白铜，基本工艺是：将砒霜用枣肉制成圆球，投入铜液中，以芒硝搅之即可。"取枣肉为圆"的目的，是为减少砷的挥发；枣肉炭化后，可起到还原剂的作用。"硝"是造渣剂，使各种氧化夹杂较好地与铜液分离。这是一套比较成熟、合理的工艺。既然"煅工皆知我银"，可见其已非稀罕之物，生产量当也是不会太少了的。

3. 响器合金技术

此期响器合金技术又有了一定发展，主要表现是含锡量稍有提高，且成分更为稳定。我分析过宋代的 2 件铜钹（江西和徐州雪山寺出土）、1 件铜锣和 1 件铜磬（皆雪山寺出土），4 件标本成分为：铜 79.12% ～81.26%，平均 80.134%；锡 16.87% ～18.74%，平均 17.873%；铅 0 ～0.81%，平均 0.323%[24]。吴坤仪分析过 1 件熙宁十年钟，成分为：铜 80.135%；锡 16.5%；铅 0.16%[25]。可知它们都是清一色的锡青铜，且含锡量较高，成分波动很小。其中的铅可视为夹杂。这种成分与现代技术原理是基本相符的。这进一步表明，古人对铅、锡，及其对铜合金性能的影响已有较深的认识。

4. 宋代钱币含铅量明显提高

20 世纪 20 年代前后，国内外学者便开始对我国古代钱币进行了许多分析。20 世纪 70 年代以来，对北宋铜钱分析量较大的主要有 3 宗：一为 1973 年日本学者水上正胜分析了 119 枚[26]；二为 1985 年戴志强等分析了 62 枚[27]；三为赵匡华等分析了 192 枚[28]；3 宗计 373 枚，为我们了解北宋钱币合金情况提供了许多宝贵的资料。由此可知：

（1）其含铅量较高，其中含铅量处于 20% ～30% 的达 290 枚，占试样总数的 77.7%；最高含铅量达 46.7%。且由汉到唐，到宋，我国钱币含铅量是不断升高的。由前可知，73% 的汉钱含铅量为 0 ～8%；68% 的唐钱含铅量为 10% ～25%。

（2）含锡量不高，为 5% ～11% 的达 326 枚，占试样总数的 87.4%；为 8% ～11% 间的达 203 枚，占试样总数的 54.4%。每批试样的锡分布大体上都遵守了这一规律，说明北宋铜钱的含锡量也较稳定。

宋代钱币含铅量提高，一方面大约与技术要求和成本有关，但可能还有一个原因，即与边事有关；因铅青铜的机械强度较低，不宜制作兵刃之器。

5. 关于镜用青铜合金的演变

由战国到唐代，镜铜合金都是高锡低铅的。五代之后部分镜子含铅量逐渐升高，南宋时期便大量地使用起锡铅青铜来[23]。笔者统计过 25 件宋金铜镜合金成分[23][29][30]，约包括 5 种合金类型：（1）高锡型，计 5 件标本，含锡 18.987% ～27.43%，平均 23.193%。（2）黄铜型，计 2 件。（3）高铜型，计 5 件，含铜 81.674% ～87.245%，平均 84.103%。（4）低锡低铅型，1 件，铅、锡量皆在 11% ～13% 间，含铜量低于 75%。（5）高铅型，计 12 件，占标本总数的 48%；含铅 16.465% ～29.181%，平均 22.03%。显然，在这 5 种合金中，第一种是沿用战国汉唐的，其余 4 种则是宋后独创的，其中最具代表性的是高铅型。高锡青铜镜的优点是映像清晰、易于研磨、艺术效果极佳。缺点是：（1）其性硬脆，易于摔破。铜镜淬火技术，以及宋、金时期的高铅青铜镜，都是人们为克服硬脆性而作的努力。（2）易于产生组织疏松，而且很难在镜面上避开，从而影响映照效果。高铅型合金的优点是：（1）塑性较好，不易摔破，便于携带，便于制作。（2）组织疏松的倾向较锡青铜为低。（3）经表面处理后，也可获得较好的映照效果。高铅型合金的这3个优点，尤其是第2个，很可能是宋、金时期铜镜合金成分变化的重要原因。这种合金的缺点是：耐蚀能力较差、机械强度较低、艺术效果欠佳。

在此值得注意的是，虽宋镜配锡量大为减少，用铅量急剧上升，但人们依然是十分强调铸镜用锡的，而且这种认识一直延续到了明、清。宋马志云："凡铸镜皆用锡。"[31]明宋应星《天工开物》第八"冶铸·镜"条载："凡铸镜，模用灰沙，铜用锡和。"这里依然强调铸镜配锡，而未提到铅。

对于铸镜用锡的技术效果，古人谈了两方面：（1）致白。宋马志《开宝本草》云：铸镜不用锡，"即不明白"耳[31]。清郑复光《镜镜詅痴》卷一"镜资"条："铜色本黄，杂锡则青，青近白，故宜于镜。"（2）致坚，且易研磨。《吕氏春秋·似顺论》："金柔锡柔，合两柔则为刚。"唐代孟郊《结交》诗："铸镜需青铜，青铜易磨拭……凡铜不可照，小人多是非。"这两点认识与现代技术原理皆基本相符。此外，锡青铜铸镜还有一个优点，这在前面曾经提到，即其线收缩较小，不易形成集中性缩孔，宜于铸造各种断面形状变化较大的艺术品，故又有"艺术青铜"之称。

四、金、银、汞的冶炼技术

（一）黄金提纯技术

宋代的黄金开采技术有了较大发展，溜槽淘金技术、原生脉金开采技术，都有了较为明确的记载，这在前面都已谈到。另外，关于汞炼金法的记载亦更为明确，说明黄金提纯又有了进一步发展。

《老学庵笔记》卷九载："宣和（1119~1125年）末，又以方士刘知常所炼金轮颁之天下……知常言其法：以汞炼之成金，可镇分野、兵饥之灾。"此"以汞炼之成金"显然是混汞法。清严如熤《三省边防要览》卷九也谈到过汞炼金法。

（二）白银采冶技术

在自然界中，虽金、银、铜、铁、汞都存在单质自然金属，但其数量却是各不相同的，大约金、铜、汞稍多，铁和银的则很少。从历史上看，人类使用的银多以硫化物的形式，伴生于铜、铅、锌等矿中。我国古代白银采冶技术发明较早，有关记载断断续续，或隐或现，宋代之后才逐渐明确起来。

宋赵彦卫《云麓漫钞》卷二载，银矿采来后，须先"用臼捣碎，再上磨，以绢罗细，然后以水淘，黄者即石，黑者乃银"。之后，"用面糊团入铅，以火煅为大片，即入官库。俟三两日再煎成碎银，每五十三两为一包。与坑户三七分之，官取三分，坑户得七分。铅从官卖……它日又炼，每五十两为一锭，三两作火耗……大抵六次过手，坑户谓之过池、过水池、铅池、灰池之类是也"。这里谈到了炼银的基本过程，先制"铅陀"，即含银的铅块；二三日后再去铅炼成碎银。它日再炼，用铅炼银法，大抵要"吹"六次。这是一段难得的资料。此书之序作于开禧二年（1206年）。

《本草纲目》卷八"金石·银"条引宋苏颂《图经本草》云："银在矿中与铜相杂，古人采得，以铅再三煎炼方成，故为熟银。"这里谈到了银的主要赋存形式是"与铜相杂"，冶炼时，须"以铅再三煎炼"，意即先炼成银铅合金，后再用"铅炼银法"（灰吹法）炼银。

（三）炼汞技术的发展

我国古代最早的人工炼汞法应是"低温焙烧法"，之后发明了蒸煮法；唐代又出现了蒸馏法[32]。宋代炼汞技术的主要成就是：蒸煮法有了发展，出现了"石榴罐式"、上下釜式等操作；蒸馏法也有了较大提高；关于自然汞的记载更为具体明确。

南宋方士白玉蟾《金华冲碧丹经秘旨》（成书于1225年）载[33]："石榴罐中盛辰砂十两，赤金（红铜）珠子八两，磁瓦碎片塞口，倒扑石榴罐在甘（坩）埚上，埚内华池水二分。"这便是石榴罐式。基本操作是：将辰砂和红铜（还原剂）盛于石榴罐内，罐口用碎瓷片堵塞，后将罐倒扣在坩埚上。坩埚埋于地内。石榴罐与坩埚间用六一泥固济。从上方加热石榴罐底，水银被还原出来，并滴入坩埚下面的华池水底。因这种操作是"火在上，水在下"的，在六十四卦中，"上离（火）下坎（水）"为

图6-2-2　《丹房须知》所载未济炉（上火下水）

未济卦，故宋人又谓之"未济式"。图6-2-3为南宋《丹房须知》所载未济炉。上边的圆筒形器为药鼎，其外有火围烧；下部是盛水的鼎，其外围大约是灰土之类；水鼎有一导管贯通，是供给冷水和引出蒸气的管子[34]。

宋周去非《岭外代答》卷六"炼水银"条也谈到过类似的操作，其云："邕人炼丹砂为水银，以铁为上下釜，上釜盛砂，隔以细眼铁板；下釜盛水，埋诸地，合二釜之口于地面，而封固之。灼以炽火，丹砂得火化为霏雾，得水配合，转而下坠，遂成水银，然则水银即丹砂也。"这种"上下釜式"与上述"石榴罐式"、唐代的"竹筒式"、汉代的"阳城罐式"，操作原理基本上是一致的，皆属蒸煮法范围。这种工艺一直沿用到了元末明初[32]。缺点是只宜于小规模生产。

蒸馏法炼汞在唐代已露端倪，宋代便逐渐推广开来，宋人吴悮所撰《丹房须知》载有一幅原题作"抽汞之图"者，有燃烧室、蒸煮室和冷凝室，与后世农村的蒸馏装置基本一致，曹元宇说它已是相当"完美的蒸馏器"[34]（图6-2-3）。该书的篇首有作者于南宋孝宗隆兴癸未年（1163年）自序，是成于南宋早期。虽未见其文

图6-2-3　《丹房须知》所载蒸馏法炼汞图

字说明，但图示已经十分清楚。

我国古代关于自然汞的记载始见于南朝梁陶弘景《名医别录》[35]，其将自然汞称之为"生水银"，丹砂烧出者称为"熟水银"。《岭外代答》卷七"炼水银条"也谈到过自然汞，说："邕州右江溪峒，归德州大秀墟，有一丹穴，真汞出焉，穴中有一石壁，人先凿窍，方二三寸许，以一药涂之，有顷，真汞自然滴出，每取不过半两许"。此"真汞"即自然汞。稍后的清代文献也有类似的记载。

五、铸造技术的发展

我国古代几项主要的传统铸造技术，即泥型铸造、出蜡铸造、金型铸造，宋代都在使用，且有不同程度的发展。此期铸造技术上最值得注意的事项是：砂型铸造已较多地运用于生产，出蜡法有了较为详明的记载，铸件质量有了不少提高。

（一）砂型铸造

我国古代砂型铸造发明于何时，学术界依然存在不同看法。1959年，有人提出它发明于唐，说"到了唐初，铸钱已完全用'母钱'和'翻砂法'，不但不用'铜铸母范'，并且不用土印子范"。还说此"母钱"有铜质和锡质等种[36]。此论或有一定道理，但可惜缺少实物和文献上的有力依据。1994年，又有人将它推到了南北朝时期，依据是南朝刘宋的部分钱币上存在一种名之为"定位星"的铸造痕迹，说这"是我国早期砂模铸造的重要标志"[37]；1995年，其又将之推到了新莽时期，理由是新莽钱币上存在一种"郭浇柄现象"，认为这种现象"只能产生在砂型铸造中"[38]。此说当有一定道理，但最好能找到更多的证据。现在学术界普遍接受的一种说法是：翻砂法铸造至迟发明于北宋时期，南宋之后便较多地使用开来。

《宋会要辑稿》"刑法"四载，大观元年，"池州言，勘会永丰监除见管兵匠，及外州差来兵士六百九十五人外，见缺六十四人，敕翻铸御笔大观通宝小平钱，字精细，系背赤仄"。此"翻"，当即翻覆、反覆、来回变换之意；"翻铸"，前此很少看到这样的技术用语，一般认为当指翻砂铸造。经查，池州永丰监，设监于至道二年（996年），属北宋早期。

《金石萃编》卷一四"韶州新置永通监"条，载有"模沙、冶金、分作有八。刀错水莹，离局为二"等文。此"模沙"说得十分明白，当指铸钱工艺中的翻砂。从《续资治通鉴长编》卷一六五可知，韶州永通监设立于庆历八年（1048年），属北宋中期。

这两条资料若分割开来看，那还是较为单薄的；结合起来时，问题就较为明白了。所以我们认为，说北宋中期或稍早已有翻砂铸造当属可信。

南宋时期，翻砂铸造更加广泛地使用起来。宋张世南《游宦纪闻》卷二谈到铸钱时说："其用工之序有三：曰沙模作，次曰磨钱作，末曰排整作。"此"作"即工作、作业、工种、工序；"沙模"即沙型。记载虽然简单，其意却十分明了。

（二）出蜡铸造

此期出蜡铸造上值得注意的事项是：有关工艺操作的记载较为详明。宋赵希鹄《洞天请禄集·古钟鼎彝器辨》载："古者铸器，必先用蜡为模如此器样，又加款识刻画。然后以小桶加大而略宽，入模于桶中；其桶底之缝，微令有丝线漏处。以澄泥和水如薄糜，日一浇之；候干再浇。必令周足遮护讫。解桶缚，去桶板，急以细黄土，多用盐并纸筋固济于元澄泥之外，更加黄土二寸留窍中，以铜汁泻入。"这里谈到了出蜡法铸造的基本操作过程：（1）雕塑蜡模，其各部形态皆与所需器物应完全一致。 （2）在蜡模外挂泥，先挂细泥，后用盐泥、纸筋加固。（3）出蜡，浇铸。这是我国古代关于出蜡法具体操作的最早记载。此外，宋代著作《宣和博古图》在谈到周召公尊时也提到过出蜡法，说："尊有五指纹……今此指痕以蜡为模，以指接蜡所成也"。

（三）金型铸造

我国古代的金型铸造约发明于春秋时期，战国汉魏时代便得到了较为充分的发展，隋唐使用稍少；两宋时期，中原地区亦不常见，但颇受辽金重视。1972 年，辽宁北镇发现辽代铜犁范一件，范作菱形，重 13.75 千克，通长 41.5 厘米。浇口呈漏斗状，上口 6 厘米×6 厘米，下口 2.5 厘米×2.5 厘米；范上有合范销栓[39]。1978 年吉林前郭县出土金代犁铧铜范 1 件，范为二合，出土时上下范叠在一起；1966 年，该县还出土过一件铜质犁铧上范，质地和造型皆与前范相同。这些犁铧范与吉林市江南金代窖藏铁犁铧，以及辽宁新民县金元遗址出土的铁犁铧形制相同[40]。1979 年河北隆化发现辽末金初铜铧范 1 件，范的前端平直；县内八达营出土的铁犁铧与之形制相同[41]。

随着操作技术之提高，宋代铸件质量亦有了改善。许多薄壁小件皆精巧玲珑；如部分钱币，形制精美，文笔工整，颇受国内外收藏家所爱；部分日用器也比较讲究，周去非《岭外代答》卷六"梧州铁器"条说："梧州生铁，在熔则如流水，然以之铸器，则薄几类纸，无穿破，凡器既轻且耐久"。铁器几薄如纸而不穿破，工艺水平自然不低。许多大型铸件皆宏大厚重，表现了相当高的技艺。宋李心传《建炎以来朝野杂记》卷四"景钟"条载："景钟，绍兴十六年（1146 年）秋七月铸，钟高九尺，天子亲祠上帝。"若依宋代 1 尺合今 0.313 米计，则此钟高达 2.817 米，这也是不小了的。此外还有不少大型铸件完好地保留至今。如河北正定隆兴寺，原建于隋开皇六年（586 年），毁于后周显德年间，北宋开宝四年重铸佛像；其佛为千手千眼观音，高达 22 米，分 7 层铸成。湖北当阳铁塔，原建于北宋嘉祐六年（1061 年），计 13 级，今实测高度达 17.9 米。《焦氏类林》卷六引《漫志》云："宋河中府浮桥，用铁牛八维之，一牛且数万觔。"

六、金属加工和热处理技术

此期的金属加工和热处理技术在许多方面都取得了较大成就，尤其是热锻、冷锻、铜铁拉拔和黄铜淬火等方面。

（一）热锻

宋代金属热锻技术，在钢铁和青铜两方面都有较高成就，前者主要表现在百炼钢和刀剑技术上，后者主要表现在锣钹上。今主要介绍一下刀剑技术和锣钹加工。

1. 刀剑技术。我国古代钢铁刀剑始兴于春秋战国时期，汉魏六朝便十分繁盛起来，在原料选择、锻打、刃部嵌钢、热处理技术等方面，都已达到相当高的水平。我国古代钢铁刀剑有三绝：即犀利非常、舒曲自如、带有多种自然花纹[42]，宋代钢铁刀剑在这三方面都达到了较高的水平。

沈括《梦溪笔谈》卷一九载："古剑有湛卢、鱼肠之名。湛卢，谓其湛湛然黑色也。古人或以剂钢为刃，柔铁为茎干，不尔则多断折。剑之钢者，刃多毁缺，巨阙是也；故不可纯用剂钢。鱼肠即今蟠钢剑也，又谓之松文；取诸鱼燔熟，褪去胁，视见其肠，正如今之蟠钢剑文也。"

这里谈到了两个问题：

（1）花纹钢，或说"蟠钢剑"技术，这种花纹是呈现于器物表面的盘曲状自然花纹。与魏晋花纹钢刀剑，唐慧林《一切经音义》所云镔铁，20世纪30年代北京折花剑，其工艺原理都是一样的。

（2）刃部嵌钢的复合材料技术。沈括说古代刀剑都以剂钢为刃，以柔铁为茎干。此"剂钢"应即含碳量较高，夹杂较少的钢。剂，调剂。据分析，江阴北宋葛闳夫妇墓出土一把钢剑便使用了夹钢工艺[43]。

《梦溪笔谈》卷二一载："钱塘有闻人绍者，常宝一剑，以十大钉陷柱中，挥剑一削，十钉皆截，隐如秤衡，而剑锷无纤迹，用力屈之如钩，纵之铿然有声，复直如弦。关中种谔亦畜一剑，可以屈置盒中，纵之复直。张景阳《七命》论剑曰：'若其灵宝，则舒屈无方。'盖自古有此一类，非常铁能为也。"

这里主要谈到了刀剑的两项性能：

（1）犀利非常，十大钉陷柱中，挥剑一削皆截。

（2）弹性较好，或可屈之如钩，或可屈置盒中，纵之复直。

曾敏行《独醒杂志》卷四载：湘地瑶人有一种黄钢刀，做法是："举子，姻族来劳视者，各持铁投其家水中。逮子长，授室，大具牛酒，会其所尝往来者，出铁百炼，尽其铁以取精钢"。"刀成，铦利绝世，一挥能断牛腰"。"予尝访之老冶，谓之到钢，言精炼之所到也"。这里谈到了宝刀的原料、百炼工艺及其铦利性能。尤其突出了精炼的必要性。

宋周密《云烟过眼录》卷一还谈到过一种具有银白色花纹的钢刀，云："蒗刀一，其铁皆细花文，云此乃用银片细剪，又以铁片细剪如丝发，然后团打万槌，迺成自然之花。其靶如合色乌木，乃西域鸡舌香木也。此乃金水总管所造刀也，上用渗金镂错造五字。斌铁自有细文如雪花，以银和铁团打，恐非也"。这种"银白色"花纹钢的存在当属可信。至于说其"乃用银片细剪"，"然后团打万槌"，则不过是世人的一种误传。一般情况下，要将金属银与钢铁锻合为一，那是十分困难的，周密也不太相信。

我国古代钢铁刀剑具有多种优良性能，其影响因素是多方面的，其中最为重要的有四：（1）原料选择较好。（2）锻炼精到。（3）刃部嵌钢的复合材料技术使用得好。（4）热处理技术掌握得好[42]。蟠钢剑、钱塘闻人剑、关中种谔剑、湘地黄钢刀，都反映了宋代刀剑技术的发展水平。

2. 锣钹磬。宋金时期，锣钹技术有了进一步发展，有关实物南北都有出土。1977年，浙江嘉兴出土南宋铜锣1件，直径50厘米，上刻"嘉兴府咸淳四年（1268）"等字样[44]。1971年，江浦黄悦岭南宋张同之夫妇墓出土小铜钹一副，直径8.5厘米[45]。1978年大连金代窖藏出土铜锣2件，直径分别为14.5厘米、19.2厘米；铜钹2副，直径分别为22.2厘米、29.4厘米[46]。1984年徐州铜山县茅村雪山寺遗址发现一北宋窖藏，出土有铜钹、铜锣、铜磬、铜铙、石幢等物。其中有铜钹 2 副（发掘号分别为 DH:1、DH:2），钹 DH:1 两片的直径皆 28.5 厘米，钹 DH:2 两片直径分别为 27.2 厘米、27.5 厘米；有铜锣 1 件，直径 21 厘米；磬 1 件，口径 31 厘米[47]。我们曾对江西出土的宋代铜钹 G2 和徐州宋代铜锣茅 DH:4、铜钹茅 DH:2 乙片、铜磬茅 DH:5 进行过科学分析①，知其皆为高锡青铜，含铅量低于 1%，含锡量介于 16.87% ~18.74% 间；皆热锻而成，钹 G2、茅 DH:2、磬茅 DH:5 曾经淬火态，今见组织为淬火态；锣茅 DH:4 可能是停锻温度稍高，或锻造后又在低温下进行过不太完全的退火处理，今见组织为退火态（图 6 - 2 - 4）。淬火常在冷加工前进行，它一方面可改善它的冷加工性能，另一方面亦可改善响器音质。对铜磬的情况以往我们关注较少，看来其加工和热处理技术与锣钹大体上是一样的。此外，我们分析过的 4 件宋代响器表面都见有清晰的加工道纹，这显然是某种机械加工所致的（图 6 - 2 - 5、彩版柒，3、4）[24]。类似的螺旋纹往昔在南阳卧龙乡汉代青铜舟 YN1 上也曾看到，说明这种工艺在我国已有相当的发展历程。

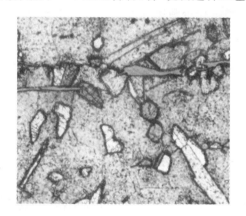

图 6 - 2 - 4　宋代锣钹的热加工组织

左：徐州铜锣茅 DH:4 热锻退火组织　×500　　右：江西铜钹 G2 热锻淬火组织　×200

图 6 - 2 - 5　雪山寺宋代铜钹茅 DH:2 乙片正面的加工道纹

照片承徐州博物馆李银德提供

① 江西铜钹标本 G2 为 1987 年承李恒贤提供。徐州锣、钹、磬标本为 1992 年承李银德提供，发掘报告见文献[47]。

（二）冷锻

宋代冷锻技术获得了出色的成就，主要表现在瘊子甲锻造和人们对加工硬化的认识上。

我国古代铁甲技术约发明于战国时期[48]，汉代有了进一步提高，从河北满城和内蒙二十家子汉代铁甲金相分析情况看，早期铁甲大凡多是热锻而成[49]，冷锻铁甲是到了宋代才见于记载的。沈括《梦溪笔谈》卷一九载："青堂羌（在今青海西宁附近）善锻甲，铁色青黑，莹沏可鉴毛发。以麝皮为綅旅之，柔薄而韧……去之五十步，强弩射之不能入……凡锻甲之法，其始甚厚，不用火，冷锻之，比元厚三分减二乃成。其末留筋头许不锻，隐然如瘊子。"这里谈到了冷锻瘊子甲的基本操作过程，与现代技术原理是完全相符的。现代材料学研究表明，冷加工量小于 60% ~70% 时，材料强度随变形量的增加而提高；当变形量大于此数后，硬度增加不多，材料却急剧变脆，使强度降低；所以此"三分减二"乃是获得高硬度、高强度的最佳变形量。这是我国古代少数民族在金属加工技术上的一项重要成就。冷锻的优点是：（1）因加工硬化，产品比热锻时具有更高的硬度。（2）因避免了热锻时的高温氧化，器表显得晶莹光滑。除《梦溪笔谈》外，李焘（1115~1184 年）《续资治通鉴长编》卷一三二、岳珂（1183~1234 年）《愧郯录》卷一三等都有记载。后者说："甲不经火，冷砧则劲可御矢，谓之冷端（锻）。"并说"此甲在祖宗朝已有之"。说明不但边境少数民族，而且中原地区也较早就使用了这一工艺，其时间未必较边境为晚。

（三）车削技术

简单的金属车削技术我国发明较早，前云汉、唐考古实物中都可看到；宋代亦有使用，最明显的例子是铜钹车削加工。如前所云，1984 年徐州铜山县茅村雪山寺窖藏出土几件铜锣、铜磬、铜钹，其上都留有清晰的车削加工的旋螺纹[47]。它们皆热锻成型，并非是铸制；显然，其中的旋螺状加工纹是成型过程中形成的，而不是铸造所致。徐州铜钹茅 DH:2 合金成分为：铜 79.89%、锡 17.92%、铅 0.12%。至于宋代之车削加工较汉、唐有何进步，则是不得而知。

（四）铜铁拉拔技术

我国古代金属拉拔技术至迟发明于西汉时期，当时主要用在金丝加工上[50]。铜铁因刚性较大，其拉拔工艺很可能是到了宋代才发明出来的。这有两条资料为证：（1）中国国家博物馆收藏有宋代济南刘家功夫针铺的广告印版，此版上部刻有"济南刘家功夫针铺" 8 字，下部刻有"收买上等钢条，造功夫细针"等字。此"功夫细针"以铜版印制广告，说明其生产规模是较大的，人们推测，它很可能采用了拉拔成型的工艺。（2）据《宋会要辑稿》"职官"二九之一载，少府监所辖文思院领有 42 "作"，其中有"打作"、"镀金作"、"钉子作"等，最值得注意的是还有一个"拔条作"。此谓"拔条"而不叫"拔丝"，当非金银之属，而很可能是铜铁，假若这判断无误的话，宋代发明了铜铁拉拔工艺便是肯定的。

（五）钢的淬火技术

宋代在这方面的主要成就是淬火剂的使用，其中包括油和水的选择上都积累了更为丰富的经验。苏东坡《物类相感志》载："香油蘸刀则不脆。"[51]此香油为植物油，与南北朝所述动物油的技术原理是基本一致的。《岭外代答》卷六"蛮刀"条云："今世所谓吹毛透风，乃大理刀之类，盖大理国有丽水，故能制良刀云。"可见在古人看来，大理刀能吹毛透风，主要是丽水淬火性能较好之故。

（六）黄铜淬火技术

苏轼《物类相感志·器用》云："鍮石铜先烧赤，取出令冷，以水淬之，槌打则不爆。"此"鍮石铜"即黄铜。淬火的目的是把塑性较好的高温相保留下来。可见早在宋代，人们便对黄铜的淬火性能已有了一定认识。这是我国古代关于黄铜淬火的最早记载。

（七）铸铁可锻化退火技术

由于炒钢技术的发展，铸铁可锻化处理逐渐衰退，但金、元时期依然可以看到。

1985 年，吴家瑞等分析过 8 件黑龙江省所出金代铁器，其中包括：镞 5 件、匕首 2 件、矛 1 件，皆进行过脱碳退火。多数标本的金属基体基本上都是"铁素体+珠光体"；珠光体量一般较少，多呈粒状；边缘完全脱碳。绥滨县 2 件铁镞脱碳退火进行得不太完全，边缘有较多的珠光体和少量铁素体，中心残留有明显的树枝状晶和莱氏体组织，属夹生可锻铸铁。肇源县 1 件铁镞的金属基体为"铁素体+分散的珠光体"，边缘脱碳，但基体上见有少量石墨。宾县 1 件铁矛曾经锻打，金属基体为"铁素体+珠光体"，组织均匀，夹杂物带有方向性；边缘脱碳成纯铁素体[52]。

此外，宋代文献关于青铜淬火的记载亦更为明确，这在唐代部分已经提到。

第三节　南北制瓷技术的普遍提高和六大窑系的出现

两宋时期，制瓷技术在南方和北方都更为普遍地发展起来，假若说隋唐五代制瓷技术的基本特征是"南青北白"，北方青瓷仍不及南方的话，那么，两宋制瓷技术的基本特征便是：在我国南北出现了众多不同风格的窑系，青瓷在全国范围出现了兴旺发达的局面。

据统计，截至 1990 年为止，我国已发现古代窑址 2270 处，窑炉 6090 座，其中唐宋时期的便占去 52%[1]；20 世纪 80 年代初，全国已有 170 个县发现了古代窑址，其中有 75% 是属于宋代的[2]；可见宋代瓷业之发达。

从考古资料看，宋代较为重要的窑系主要有六个，即北方的定窑系、耀州窑系、钧窑系、磁州窑系，南方的龙泉青瓷窑系、景德镇青白瓷窑系①。

定窑约始烧于唐代早期，极盛于北宋及金，衰于元，主要烧造白瓷。耀州窑始烧于唐，窑址以今铜川市黄堡镇为代表，北宋中晚期达极盛段，以青瓷为主，

---

① 本书说的"六大窑系"，是以考古资料为主的，与文献记载稍有不同。文献记载的"六大窑系"是柴、汝、官、哥、钧、定，其始见于明吕震《宣德鼎彝谱》卷一。但其中的柴窑，明人已无法说清。《事物绀珠》卷二二"古窑器类"："柴窑，窑同，制精，色异，为诸窑之冠。或云柴世宗时始进御，今不可得。"又说："秘色窑，越州烧进，御用，臣庶不得用，故云秘色，唐世已然。或云即柴窑。"今人对柴窑更无从了解，故往往又有人说宋为五大窑系。

金元仍在烧造。铜川在宋代属耀州。钧窑约始烧于唐，兴于北宋，窑址在今河南禹县，古属钧州，元后渐衰；主要烧造青瓷。磁州窑约始烧于隋唐时期，窑址在今河南观台镇和彭城镇地区，明代之后渐衰；其宋时以白瓷、黑瓷、白地釉下黑彩为主。龙泉窑约始烧于五代，兴起于北宋，清代仍在烧造。景德镇瓷器约始于唐五代时期①。除此六大窑系外，宋代比较重要的还有赤峰缸瓦窑、福建建窑、江西南丰窑、广西滕县中和窑、永福窑、四川彭县瓷峰窑、重庆涂山窑、湖北湖泗窑、湖南衡山窑等。它们在成型、釉色、装饰，以及各项操作工艺上，都各有特色。其中有的窑系规模亦较大，各种窑炉遗址、窑具、各种釉色的瓷片都发现较多。如重庆涂山窑，约始于北宋，衰于宋末元初，分布于重庆市长江南岸的涂山区，连绵约 10 公里，其中较大的小湾窑址，面积约 4000 平方米，窑址杂物堆积厚约 4~6 米；发现有作坊遗址、淘洗池、马蹄形半倒窑、匣钵、火照等；以黑釉、黑褐釉为主[3]。赤峰缸瓦窑，据 1995 年调查，窑址连绵长 2.5 公里，陶瓷堆积达 3 米，已清理窑炉 5 座，作坊遗址 1 处，灰坑 20 处；出土物中较为引人注意的有"官"字铭匣钵残器，"新官"铭垫柱残器等；其经历了辽、金、元三代[4][5]。湖北湖泗窑，今在梁子湖、张桥湖一带 100 余座山丘上发现有大量瓷片和窑具，并发掘了两座北宋龙窑，清理出瓷器、窑具 1 万余件[6]。四川彭县瓷峰窑，约始于五代至宋初，成于北宋中晚期，盛于南宋，终于宋末元初；窑址堆积绵延约 1 公里，出土有大量匣钵、各种窑具、快轮、各种印模、大量瓷片，以及"火标"等[7]。耀州窑在宋代又获得了较大发展，并形成了庞大的窑系。耀州窑在金代仍在发展，产量和质量依然保持在较高水平上，其作坊和灰坑中还出土了一批标准器，其青瓷不但可与北宋媲美，而且创造了青白玉釉的新品种[8]。越窑在唐代中期已达鼎盛阶段，此盛况大约延续到了北宋中期，北宋晚期之后越窑渐衰，产品开始趋于草率、粗糙。

宋代许多窑场都用工量较大、分工较细、管理较为严格，这从所出窑具、瓷器铭文上都可看到。如广西滕县宋代中和窑，其漏斗形匣钵外刻印有许多姓名和数字，如"林"、"程"、"梁"、"刘"、"伍"、"朱"、"任"、"马"、"周"、"莫一"、"莫十"、"莫一立"、"陈三"、"文三"、"林四"、"刘四"、"李五"、"李九"、"欧二"等 30 余个姓氏名款，此外还有 20 个左右的其他文字、数字铭，而这类刻文、印文都很少看到重复的[9]。

从发掘情况看，古代瓷窑多建在盛产瓷土、燃料，以及临水和交通便利之处。如彭县瓷峰窑，该地盛产瓷土、釉石、石英、长石、耐火土和煤炭，窑址分布于河的两岸[7]。1985 年以前广西计发现 40 多处宋代窑址，皆盛产瓷土、燃料，交通也十分便利[10]。赤峰缸瓦窑一带蕴藏有丰富的优质高岭土和煤炭[4]。杭州市发现一处南宋民营陶瓷作坊，遗址面积约 2000 平方米，出土有釉陶缸等物，与南宋皇城区近在咫尺[11]。

---

① 从有关文献看，景德镇陶业约始于汉，但其瓷业始于何时，学术界则有不同看法。有说其始于唐，认为这既有文字记载，也有实物资料；也有学者对此说及其依据表示怀疑，认为始于五代。详见余家栋《江西陶瓷史》，河南大学出版社，1997 年。

由于宋官方一再禁止民间用铜，又有百姓喝茶之风的兴起等原因，故此期民间用瓷量迅速增加，从而也促进了民间瓷业的发展。官瓷和官窑制度，也在此时逐渐完善起来，宫廷不仅强令一些民窑进贡优良产品，而且专置了窑场烧造。当时质量优良的一些窑场，如定窑、耀州窑、钧窑、汝窑、哥窑、景德镇窑等在烧造民用瓷器的同时，都烧造了一定数量的宫廷瓷器。此外宋代还有三个窑场，即浙江余姚、慈溪的越窑、汴京官窑、杭州官窑，其产品也是为宫廷垄断的，完全失去了商品性质[12][13][14][15]。汴京官窑约始于政和间，宋叶寘《坦斋笔衡》云："政和间，京师自置窑烧造，名曰'官窑'"。1998 年，慈溪上湖寺龙口窑南宋地层内出土一个外底阴刻"官"字的匣钵，说明南宋初期它便曾为宫廷烧造瓷器。北京故宫博物院和台湾故宫博物院皆收藏有汝窑、官窑、钧窑、哥窑所烧四种官瓷，关于这几个窑口的具体地点，除哥窑外，其他三窑皆已探明。1965 年河南禹县发现了烧造宫中所用钧瓷的窑址，说明北宋后期仍在禹县建立贡窑。杭州官窑先后有二，即修内司窑和郊坛下窑。宋叶寘《坦斋笔衡》云："世言钱氏有国日，越州烧进，不得臣庶用……本朝以定州白磁器有芒，不堪用，遂命汝州造青窑器；故河北唐、邓、耀州悉有之，汝窑为魁。江南则处州龙泉县窑，质颇粗厚。政和间，京师自置窑烧造，名曰官窑。中兴渡江，有邵成章提举后苑，号邵局，袭故京遗制①，置窑于修内司，造青器，名内窑。澄泥为范，极其精制，油色莹澈，为世所珍。后郊坛下别立新窑，比旧窑不侔矣。"[16]其中的"磁"即"瓷"的假借字。这里所说主要是两宋京城官窑设置情况，并谈到了南宋修内司窑和郊坛下窑。郊坛下官窑发现于 20 世纪 50 年代；修内司窑于 1996 年在杭州上城区发现，出土有大量南宋官窑瓷片[17][18]。其他名窑也烧造过官用瓷器，1977 年，建窑便出土过一件带有"供御"字样的碗垫[19]。

宋代比较注意海上贸易，并把它作为国家的一项重要税收来源。自晚唐、五代之后，瓷器便逐渐成为世界性的商品。《宋史》卷一八六"食货志·互市舶法"载，开宝"四年，置市舶司于广州，后又于杭、明州置司，凡大食，古逻……三佛齐诸蕃并通货易，以金、银、缗钱、杂色帛、瓷器，市香、药、犀、象……"《宋会要辑稿》"职官"四四之一所载略同，说以金、银、精粗瓷器与诸蕃市香、药、宾铁诸物等。朱彧《萍洲可谈》卷二在谈到商船运贩中国瓷器时说："船舶深阔各数十丈，商人分占贮货，人得数尺许，下以贮货，夜卧其上。货多陶器，大小相套，无少隙地。"宋赵汝适《诸蕃志》等也有类似的记载。其瓷器外销情况已为国外考古发掘所证实[20]，广州西村的宋代窑器在国内很少看到，却多见于东南亚诸国，说明当时已形成了专门的外贸窑场。

宋代瓷器不管在质量还是艺术外观上，都产生了较大飞跃。至迟南宋，南方青瓷胎的含铝量便出现了增长的趋势，在制釉技术上更有多项新的突破。由商周一直沿用下来的青瓷石灰釉开始向"石灰—碱釉"转变，发明或发展了铜红釉、乳浊釉、影青釉、粉青釉、梅子青、油滴釉、兔毫釉，以及片纹釉等，釉下彩技

---

① 《坦斋笔衡》，转引自《辍耕录》卷二九"窑器"条。"遗制"，"四库"本原作"遗製"。"遗制"和"遗製"在此皆通，但两者的含义是有差别的。

术也有了一定进步，其中许多品种都具有强烈的玉质感。发明了分室龙窑和葫芦窑；在装烧工艺中，推广了覆烧法和火照法。六大名窑，各系窑口，都为我国制瓷技术的发展作出了积极的贡献。

一、南方瓷胎含铝量的提高

因受资源条件限制，我国北方瓷胎，不管青瓷还是白瓷，一般都是高铝质的；南方则依历史年代，有过两种不同情况：东汉至五代，大体属于高硅低铝质，SiO_2 常在74%以上，Al_2O_3 则多处于14% ~ 19%间；五代之后，Al_2O_3 量呈现了增长的趋势。前云繁昌、武昌五代的影青瓷、白瓷所含 Al_2O_3 量便达20% ~ 21%，这应是南方高铝胎之始，北宋时高铝胎又有了一些扩展。但龙泉窑、景德镇窑的高铝胎是分别在南宋和元代之后才逐渐增多的。

宋代北方瓷胎含铝量一般都较高，尤其是白瓷（表6-3-1）。有学者分析了7件北宋定窑白瓷胎的成分[23]，其 Al_2O_3 含量介于29.19% ~ 36.33%间，平均32.907%；其他成分的平均值为：SiO_2 60.84%、Fe_2O_3 0.71%、TiO_2 0.65%、CaO 1.58%、MgO 1.0%、K_2O 1.44%、Na_2O 0.74%。可见此含铝量较高，含硅量较低，铁、钛量亦较低。北方青瓷胎含铝量也较高，有学者分析过11件宋代北方青瓷片[27][30]，分属汝窑、临汝窑、耀州窑、耀州塔坡窑、宜阳窑、内乡窑、宝丰窑、陕西旬邑窑、黄堡窑，其 Al_2O_3 含量介于19.01% ~ 29.47%间，平均26.07%；其他成分的平均值为：SiO_2 67.10%、Fe_2O_3 1.87%、TiO_2 1.3%、CaO 0.91%、MgO 0.54%、K_2O 1.87%、Na_2O 0.38%。与白瓷胎相比较，这北方青瓷胎的含铝量稍低，铁钛量稍高。有学者分析过3件北方宋、金定窑的白釉泛黄瓷胎[28]，其 Al_2O_3 含量为27.34% ~ 32.73%之间，平均29.43%；其他成分平均值为：SiO_2 63.53%、Fe_2O_3 0.9%、TiO_2 0.89%、CaO 1.11%、MgO 0.76%、K_2O 1.83%、Na_2O 0.36%。可见此含铝量也不低。现代定窑白釉泛黄瓷胎的 Al_2O_3 含量为32.19%。这种高铝质的制瓷原料在北方约有两种，一是单一的高铝质粘土，二是在这种粘土中再加入部分低铝质的高熔剂原料。据研究，宋代河南宝丰清凉寺汝官窑和临汝窑青瓷，便是用河南本地所产高铝质的神垕粘土，再加入少量长石配制成的，神垕粘土 Al_2O_3 含量高达38%（表6-3-1）[27]。从部分研究情况看，在宋代，配土技术在我国南方、北方都已使用。

表6-3-1　　　　　　　　　宋代南北瓷胎成分

编号	窑系和品名	成　分（%）									文献
		SiO_2	Al_2O_3	Fe_2O_3	TiO_2	CaO	MgO	K_2O	Na_2O	MnO	
S1-1	汝窑青瓷盆	65.0	28.08	1.96	1.38	1.35	0.56	1.37	0.15	痕	[30]
S1-2	临汝窑青瓷碗	64.89	27.61	2.06	1.14	1.46	0.81	1.19	0.43	0.06	[30]
S1-3	临汝窑青瓷片	63.95	28.38	2.53	1.18	0.93	0.66	1.55	0.5	0.03	[30]
S7-1	耀州窑青瓷片	65.44	28.05	1.54	1.27	0.93	0.22	2.48	0.3	痕	[30]
S7-2	耀州塔坡窑青瓷碗	68.96	22.39	2.26	1.17	1.95	0.62	2.06	0.51	0.02	[30]
61	河南宜阳窑青瓷碗底	64.13	29.47	1.73	1.29	0.4	0.46	2.03	0.58		[27]
62	内乡窑青瓷碗底	65.91	28.61	0.57	1.93	0.71	0.37	1.4	0.71		[27]
69	宝丰窑青瓷碗底	65.98	27.86	2.06	1.29	0.48	0.41	1.55	0.24		[27]
72	临汝窑青瓷碗底	65.47	27.88	1.8	1.32	0.76	0.36	1.5	0.37		[27]
243	陕西旬邑窑青瓷碗底	73.91	19.01	2.54	1.15	0.46	0.81	2.33	0.2	0.01	[27]
247	铜川黄堡窑印花青瓷片	74.49	19.43	1.56	1.18	0.54	0.64	2.12	0.17	0.005	[27]
D(82)I-8	北宋定窑白釉瓷	61.02	33.84	0.76	0.33	1.32	0.75	1.21	0.37		[23]

（续表）

编　号	窑系和品名	成　分（%）									文献
		SiO_2	Al_2O_3	Fe_2O_3	TiO_2	CaO	MgO	K_2O	Na_2O	MnO	
D(82)Ⅰ-10	北宋定窑白釉瓷	59.31	33.04	0.68	0.94	2.11	0.99	1.21	1.82		[23]
D(82)Ⅰ-17	北宋定窑白釉瓷	62.07	29.19	1.05	0.75	3.21	1.36	1.70	0.55		[23]
D(83)Ⅲ-2	北宋定窑白釉瓷	59.32	36.33	0.41	0.87	1.08	0.85	0.88	0.79		[23]
D(83)Ⅲ-3	北宋定窑白釉瓷	60.94	34.78	0.48	0.66	1.06	0.75	1.15	0.46		[23]
D(83)Ⅲ-4	北宋定窑白釉瓷	61.92	33.95	0.39	0.56	0	0.94	1.77	0.78		[23]
D(82)Ⅰ-7	北宋晚期定窑白釉瓷	62.28	29.58	1.18	0.43	2.28	1.33	2.17	0.39		[23]
DS-2	定窑白釉泛黄瓷器	65.63	28.22	1.04	0.86	1.00	0.70	1.77	0.55		[28]
DS-3	定窑白釉泛黄瓷器	65.72	27.34	1.00	1.07	1.51	0.46	2.05	0.23		[28]
DJ-1	定窑白釉泛黄瓷器，金代	59.25	32.73	0.66	0.75	0.83	1.13	1.67	0.29	0.01	[28]
181	北宋永福窑青瓷釉盏片	73.87	19.18	1.94	1.06	0.5	0.77	2.1	0.27	0.01	[27]
185	北宋惠州窑头山窑青瓷碗底	72.44	21.92	1.43	1.07	0.07	0.35	2.23	0.19	0.01	[27]
WS1	北宋武昌青山窑白瓷碗	72.6	22.1	0.5	0.2	0.3	0.1	4.5	0.1	0.01	[22]
WS2	北宋武昌青山窑白瓷碗	72.6	21.1	0.5	0.2	0.3	0.1	4.5	0.1	0.01	[22]
WS3	北宋武昌青山窑白瓷碗	72.8	21.4	0.6	0.2	0.3	0.1	3.8	0.2	0.01	[22]
WS4	北宋武昌青山窑白瓷碗	72.6	21.8	0.6	0.2	0.2	0.1	3.8	0.2	0.01	[22]
WQ1	北宋武昌青山窑青瓷碗	72.1	20.7	1.5	0.3	1.3	0.3	3.6	<0.1	0.02	[22]
WQ2	北宋武昌青山窑青瓷碗	73.7	20.3	1.5	0.2	0.4	0.3	3.4	<0.1	0.02	[22]
WQ3	北宋武昌青山窑青瓷碗	74.5	21.1	0.9	0.2	0.1	0.1	3.0	<0.1	0.01	[22]
WQ9	北宋武昌青山窑青瓷壶	74.1	20.2	1.4	4.0	0.3	0.5	2.8	<0.1	0.02	[22]
WQ12	北宋武昌青山窑青瓷碗	69.7	20.9	3.8	1.0	0.1	0.7	2.8	<0.2	0.04	[22]
NSL-2	北宋龙泉白胎青瓷器	76.47	17.51	1.28	0.42	0.6	0.34	3.08	0.27	0.02	[24]
NSL-1	北宋晚期至南宋早期龙泉白胎青瓷	74.23	18.68	2.27	0.42	0.54	0.59	2.27	0.48	0.02	[24]
SSL-1	南宋晚期龙泉白胎青瓷	67.82	23.93	2.10	0.22	痕	0.26	5.32	0.32	0.03	[24]
48	南宋晚期龙泉白胎青瓷	68.9	23.46	1.35	0.18	0.51	0.29	4.61	0.49	0.07	[24]
S3-1	南宋晚期龙泉白胎青瓷	70.95	21.54	2.39	痕	痕	0.06	4.54	0.43	0.04	[24]
S3-2	南宋晚期龙泉白胎青瓷	69.76	22.39	2.36	痕	痕	0.39	4.42	0.75	0.05	[24]
S3-3	南宋晚期龙泉白胎青瓷	73.93	18.36	2.43	0.39	0.31	0.67	3.16	0.22	0.15	[24]
S3-4	南宋龙泉黑胎青瓷器	61.37	27.98	4.5	0.74	0.87	0.73	3.74	0.38	0.20	[24]
LK0-1	南宋龙泉黑胎青瓷器	64.12	25.63	4.61	0.95	0.57	0.44	3.2	0.35	0.06	[24]
LK0-2	南宋龙泉黑胎青瓷器	62.18	27.31	4.3	0.66	0.45	0.64	4.08	0.39	痕	[24]
LK0-3	南宋龙泉黑胎青瓷器	63.79	25.54	4.07	0.63	0.76	0.51	4.34	0.26	痕	[24]
LK0-4	南宋龙泉黑胎青瓷器	63.77	25.40	4.95	0.92	0.67	0.43	4.15	0.19	0.06	[24]
LK0-5	南宋龙泉黑胎青瓷器	58.81	32.02	3.53	0.46	0.69	0.35	4.28	0.33	0.06	[24]
LK0-7	南宋龙泉黑胎青瓷器	63.07	26.06	4.19	0.73	0.70	0.51	4.00	0.25	0.04	[24]
LK0-8	南宋龙泉黑胎青瓷器	65.26	24.98	3.58	0.49	0.44	0.41	4.29	0.36	痕	[24]
LK0-9	南宋龙泉黑胎青瓷器	64.73	24.77	4.25	0.55	0.69	0.50	4.19	0.26	0.04	[24]
S9-1	宋湖田窑影青碟碎片	76.24	17.56	0.58	0.06	1.36	0.1	2.76	1.02	0.03	[30]
S9-2	宋湖田窑影青瓷碟碗碎片	74.7	18.65	0.96	0.03	1.01	0.50	2.79	1.49	0.08	[30]
S9-3	宋湖田窑影青碗碎片	70.9	22.16	0.92	0.07	0.84	0.18	2.5	1.7	0.06	[30]
HTB-1	宋湖田窑青瓷	74.12	18.18	0.83	0.05	0.59	0.21	2.97	1.4	0.04	[29]
HTB-2	宋湖田窑青瓷	74.79	18.35	0.88	0.05	0.56	0.2	2.71	1.38	0.04	[29]
HTB-3	宋湖田窑青瓷	75.23	19.28	1.54	0.1	0.71	0.37	2.48	0.69	0.07	[29]
HTB-4	宋湖田窑青瓷	74.96	18.05	1.4	0.09	1.05	0.36	2.24	1.05	0.08	[29]
HTB-5	宋湖田窑青瓷	75.6	18.22	0.97	0.25	0.41	0.39	2.32	1.01	0.03	[29]
HTB-6	宋湖田窑青瓷	74.39	19.81	0.92	0.24	0.61	0.29	2.28	0.64	0.03	[29]
S10-1	湘湖窑影青瓷	75.41	18.15	0.81	0.35	0.96	0.63	2.95	0.46	0.09	[30]
S10-6	湘湖窑厚沿白碗	77.39	17.54	0.63	痕	0.54	0.35	2.85	0.21	0.12	[30]
	宋重庆涂山窑系小湾窑瓷片	75.42	17.9	1.5	0.87	0.7	0.61	2.75	0.13		[3]
SK-1	南宋郊坛下官窑瓷碗（灰胎）	69.12	22.42	3.87		0.76	0.52	3.02	0.31		[21]
SK-2	南宋郊坛下官窑碗（胎灰黑）	66.72	23.67	4.94		0.61	0.72	3.81	0.42		[21]
SK-3	南宋郊坛下官窑瓷片	68.72	22.37	3.62		0.79	0.58	3.46	0.38		[21]
DM-1	附：现代定窑白釉泛黄瓷	63.59	32.19	0.26	0.63	0.20	0.14	2.52	0.33	0.01	[28]
	河南神垕粘土	45.79	38.87	0.18	0.46	0.23	0.06	0.07	0.04	0.01	[27]
	河南召南长石	67.61	18.23	0.10	痕	0.29	0.02	10.51	3.67	0.01	[27]
LJB-3	江西临江宋代黑釉瓷	66.68	23.03	1.13	0.74	0.14	0.53	6.85	0.5	0.02	[29]

（续表）

编号	窑系和品名	成　分（%）									文献
		SiO₂	Al₂O₃	Fe₂O₃	TiO₂	CaO	MgO	K₂O	Na₂O	MnO	
LJB－4	江西临江宋代黑釉瓷	66.19	23.33	1.12	0.75	0.19	0.54	6.33	0.49	0.007	[29]
LJB－6	江西临江宋代黑釉瓷	67.83	23.11	1.72	0.7	0.53	0.58	4.88	0.2	0.05	[29]
LZB－1	江西吉州南宋黑釉瓷	66.77	23.33	1.31	0.7	0.12	0.31	6.63	0.45	0.001	[29]
LZB－2	江西吉州南宋黑釉瓷	66.68	23.85	1.28	0.69	0.12	0.34	6.5	0.18	0.002	[29]
LZB－3	江西吉州南宋黑釉瓷	67.25	23.07	0.96	0.74	0.11	0.14	6.9	0.49	0.001	[29]

注：（1）标本 HTB－5 原刊三氧化二铝含量为 8.22%，疑误，今写作 18.22%。

（2）标本 D(82)Ⅰ－8、D(82)Ⅰ－10、D(82)Ⅰ－17、D(82)Ⅰ－7 分别含有 P₂O₅：0.03%、0.08%、0.04%、0.04%。

（3）除表中所列，文献[27]所列样品 61、62、69、72、243、247、181、185 号尚含 FeO，其值分别为 1.36%、0.25%、1.37%、1.35%、0.24%、1.28%、0.22%、0.62%。

（4）除表中所列，文献[22]所列样品 WS1、WS2、WS3、WS4、WQ1、WQ2、WQ3、WQ9、WQ12 尚含 P₂O₅，其值皆约 0.1%。

（5）除表中所列，河南神垕粘土有 14.34% 的烧损。

宋代南方瓷胎含铝量虽较前世有所提高，但仍较北方为低，各窑口亦呈现一定差别（表 6－3－1）。北宋时期，南方只有部分窑口的瓷胎含铝量稍高，如广西永福窑田岭青瓷盏的 Al₂O₃ 含量为 19.18%，广西滕县中和窑北宋影青瓷盏 Al₂O₃ 含量达 24.28%[10]，广东惠州窑头山窑青瓷碗 Al₂O₃ 含量为 21.92%，四川彭县瓷峰窑 1 件白瓷的 Al₂O₃ 含量达 29.1%[7]；有学者分析过 4 件武昌青山北宋白瓷胎[22]，其 Al₂O₃ 含量介于 21.1% ~ 22.1%，平均 21.6%。有人分析过 5 件武昌青山北宋青瓷胎[22]，其 Al₂O₃ 含量介于 20.3% ~ 21.1% 间，平均 20.64%。龙泉北宋青瓷胎含铝量较低，张福康分析过龙泉窑北宋至南宋早期的 2 件白胎青瓷胎，Al₂O₃ 含量分别为 17.51% 和 18.68%[24]。重庆涂山窑系小湾窑一件瓷胎的 Al₂O₃ 含量也只有 17.9%，SiO₂ 含量却达 75.42%[3]。江西临江窑和吉州窑在宋代都生产过部分含铝稍高的瓷器，有学者分析过此两窑的黑釉瓷，都有多件制器的 Al₂O₃ 含量高达 23%[29]。宋代南方瓷器成分选择技术的进步主要表现是：南宋中期之后，龙泉青瓷胎的 Al₂O₃ 含量多增到了 20% 以上，个别高达 32%。张福康等分析过 5 件南宋龙泉青釉白胎器，平均成分为：SiO₂ 70.27%、Al₂O₃ 21.94%、Fe₂O₃ 2.13%、TiO₂ 0.19%、CaO 0.16%、MgO 0.33%、K₂O 4.41%、Na₂O 0.44%、MnO 0.07%。又分析过 9 件南宋龙泉青釉黑胎器，其 Al₂O₃ 含量波动范围是 24.77% ~ 32.02%，平均为 26.63%[24][25]。官窑瓷胎的含铝量亦稍高，有人分析过 3 件南宋郊坛下官窑瓷胎的成分，平均成分为：SiO₂ 68.187%、Al₂O₃ 22.82%、Fe₂O₃ 4.143%、CaO 0.72%、MgO 0.607%、K₂O 3.43%、Na₂O 0.37%[21]。此含铝量提高的原因，可能其瓷土本身便是含铝稍高的，也可能是使用了风化程度较高的高硅高铝瓷石，并经过更为充分的选、洗之故；也不能排除有的标本掺入了高铝粘土的可能性[26][27]。景德镇和越窑瓷胎的含铝量，大凡都是元代之后才有增长的[28]；有学者分析过 9 件宋代景德镇湖田窑青瓷和影青瓷片[29][30]，只有 1 件标本（S9－3）的 Al₂O₃ 含量稍高（22.16%），其余 8 件都不高，成分为：SiO₂ 74.12% ~ 76.24%，平均 74.55%；Al₂O₃ 17.56% ~ 19.81%，平均 18.92%；其他组分的平均值为：Fe₂O₃ 1.0%、TiO₂ 0.1%、CaO 0.79%、

MgO 0.29%、K_2O 2.56%、Na_2O 1.2%、MnO 0.05%；可见从总体上看，宋代景德镇瓷器含铝量依然是较低的。

在此还需一提的是含铁量。北方青瓷以及宋前的南方青瓷胎多呈灰白色，这主要是 Fe_2O_3 含量较高，且含一定量的 TiO_2 之故，它们在高温下会生成 $FeO \cdot TiO_2$、$2FeO \cdot TiO_2$，以及 $Fe_2O_3 \cdot TiO_2$ 等化合物，使瓷胎呈现深浅不同的颜色。TiO_2 含量越高，复合着色的效果越明显；因北方青瓷胎所含 TiO_2 稍高，故往往颜色较深；南方官窑和哥窑青瓷胎所含 Fe_2O_3 常在 3.5% ~ 5% 左右，及至胎近黑色。此铁和钛可能是无意带入的，有的也可能是有意配入。前云 5 件龙泉南宋青釉白胎器的 Fe_2O_3 含量平均为 2.13%，波动范围是 1.35% ~ 2.43%；有学者分析过 9 件龙泉南宋黑胎青瓷[24]，平均成分为：SiO_2 63.01%、Al_2O_3 26.63%、Fe_2O_3 4.22%、TiO_2 0.68%、CaO 0.65%、MgO 0.5%、K_2O 4.03%、Na_2O 0.3%、MnO 0.05%。可见其 Fe_2O_3 含量较高。一般认为，龙泉青瓷，不管是白胎还是黑胎，都配入了含铁稍高的紫金土；因龙泉瓷石的 Fe_2O_3 含量多为 1% 以下，唯个别达 2%。配入紫金土的目的：一可降低胎的白度，使胎色古朴沉着；二可利用冷却过程中的二次氧化，形成"紫口铁足"的特殊装饰[24]。紫金土配入技术至迟始于东晋，宋代把它提高到了更高的阶段。有学者认为，南宋官窑胎釉成分与北方青釉器比较接近，胎中 Fe_2O_3 含量较高，还认为这是邵成章提举袭旧制，在临安设窑记载的一个旁证[30]。我们以为，这种可能性是存在的，邵成章未到过临安，但南宋官窑利用一些北方窑工及北宋官窑技术、管理经验都是可能的，但还不能定论，由表 6 - 3 - 1 可知，南方窑也有含铝、含铁较高者，故也不能排除其主要由南方窑工所为的可能性。

二、原料加工和成型技术

凡制瓷原料，大凡都要经过选择、配合、粉碎、淘洗、沉淀、练泥、陈腐等工序，其中不少工序在唐黄堡窑中都可看到，一些宋、金窑址也出土过原料加工工具。

赤峰缸瓦窑出土有粉碎矿石的石辊和石臼。石辊计两种：一为带齿碾砣，长约 86 厘米，碾砣圆径约 58 厘米，齿呈尖状，计 11 个，高约 10 厘米，宽约 12 厘米，碾砣中心有一方眼；二为圆形不带齿的碾砣，长约 68 厘米，直径 62 厘米，两端中部有一方孔。前者当用于初次粉碎，后者则当用于第二次粉碎。石臼包括圆柱形和方柱形两种，长约 95 厘米，宽约 74 ~ 81 厘米，高约 55 ~ 57 厘米，臼坎为圆形，圆径大小不一[31]，这类粉碎工具在考古发掘中所见甚鲜。从技术传统上看，辽代瓷业应源于中原的定窑等处，中原当亦早就采用了类似的粉碎工具。

重庆小湾窑出土过上扇残磨，磨面多已磨光，仅余 3 组深浅不等的磨齿，形制与彭县窑磨制釉石的磨子相似。小湾窑还出土一个淘洗池，连同泥料堆积坑在内，长 4.62 米、宽 2.12 米，其中泥料坑 1.8 米×1.8 米，坑中堆有 20 ~ 65 厘米厚的高岭土。洗泥池用薄砖错缝铺地，池墙残高 20 ~ 50 厘米，以不太整齐的条方石砌成[3]。

1998 年，河北井陉窑的河东坡窑区发掘窑炉 7 座、澄清池 1 组、作坊 1 处，完整和基本完整的瓷器、窑具 400 余件。窑炉年代分属唐代晚期至金，有 1 座为金代烧釉窑。澄清池由两个方坑组成，口径分别为 2.1 米、2.3 米，深分别为 1.1 米、1.35 米，底小。池底分别存有 0.2 米和 0.5 米厚的深灰色矸子泥。有的房屋遗址中堆有矸子泥，有的堆有黄色釉土，说明这是成型、施釉处。澄清池和作坊大约皆系金代遗址[32]。

两宋时期，拉坯技术更为娴熟，目前已发现过多件快轮的转盘等器。

四川彭县瓷峰窑曾发现石质转盘（快轮）一具，状如碾盘。并有细泥灰陶座一件，八方形，高8.6厘米，直径23.3厘米，中心有上小下大的圆孔，其外沿刻有"嘉祐口口月二十二日，谢家史（使）用，赵博土造，右土西登用。"[7]。这类转盘和轴座在考古发掘中所见不多。

重庆小湾窑亦出土过拉坯用的石转盘，计2件，皆残，大小不等，并皆存有拉坯时拨动转盘之凹窝。一件面平，并有边框；另一件残为三小块，复原直径为54厘米，面平，其中部有一凹弦纹；底有边框，厚7厘米，盘座厚5.4厘米（图6-3-1）。此盘底座呈方形，上述彭县转盘底座是呈圆形的[3]。

福建建阳芦花坪窑址出土过拉坯成型用的瓷质"轴顶碗"4件，其中两件完整，似圆臼形，底内凹呈尖锥状，内施酱色釉，器表呈灰白色，有使用过的痕迹，口径6~7厘米，高5厘米。另2件残，成八角柱形，高5厘米。此外还有瓷质"拨手"3件，上部圆形内凹，施黑釉，下部近似方形，中穿一圆孔，口径9.7~11厘米、高7.8~9.2厘米（图6-3-2）。此外还有"套圈"5件，其套在车轴外，防止轮盘转动时产生晃动。包括轴顶碗在内，此三种工具都是快轮装置的部件。断代晚唐至南宋[33]。

宋、辽、金时期的一般圆形器物都普遍采用了拉坯成型[4][9][19]，一些把手、提梁，以及器形复杂的工艺品等，则仍采用模制等法。河南内乡大窑店瓷窑出土有陶质蹲狮模、陶质抱球俑模、瓷质抱球俑模。该窑约始烧于唐末，盛于宋代中叶，历经金、元[34]。诸如壶把、壶嘴、壶梁一类附件，一般亦是模制后再粘于器体上的。南宋修内司窑亦以轮制为主，个别器物采用手制、模制[17][18]。

印花是宋代瓷器使用较广的装饰，南北许

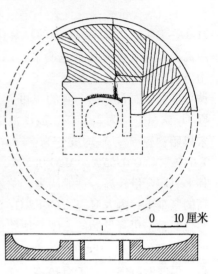

0   10厘米

图6-3-1 重庆小湾窑石转盘
采自文献[3]

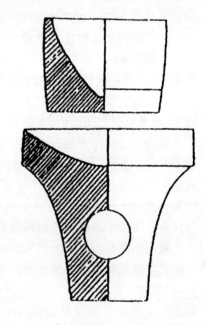

图6-3-2 建阳晚唐到南宋的瓷质轴顶碗和拨手

上：轴顶碗   下：拨手
采自文献[33]

多窑口都可看到。如广西滕县中和窑瓷器装饰，以印花为主，兼用刻花和贴花等，印花占95％以上，题材有人物、花草、禽兽、海水[9]。四川彭县瓷峰窑出土过刻有花卉纹的瓷质和灰泥胎质印模，以及印纹瓷片[7]；河南鹤壁瓷窑出土过相当数量的印花瓷器，造型精致，胎质洁白细腻，壁薄如蛋壳[35]。这一方面反映了造型技术之高超，另一方面也说明了原料之精良。

三、绚丽多姿的宋代瓷釉

宋代的瓷釉技术在多个方面都取得了较大成就。在操作方法方面，使用了釉灰，使釉料变得更为细腻；在熔剂配制方面，增加了碱金属氧化物的含量，使碱—石灰釉占据了主导地位；着色剂技术有了提高，铜红釉的使用多了起来；形态各异的色釉和彩饰技术，同时得到了较大的发展。

宋代瓷釉技术上的杰出成就主要表现在色釉技术上，人们通过改变着色剂种类、含量和分布状态，改变釉料的有关组成，改变施釉方法和釉层厚度，控制烧造温度和气氛等方式，来适当控制成釉过程的物理化学变化，从而创造了多相釉，使釉色达到了最佳的艺术效果，使瓷器不但成为一种品质优良的日用品，而且是一种高雅的艺术品，成为世界艺术宝库中一朵绚丽之花。钧瓷的海棠红，灿如晚霞，其窑变色釉如行云流水，又似春风拂柳；景德镇影青瓷如冰如玉；汝窑釉如砌膏凝脂；龙泉窑的梅子青翠绿欲滴；建窑的结晶釉如兔毫、似油珠，光彩照人；磁州窑的釉下黑花，清爽悦目。这些，都显示了优于唐、五代瓷釉的仪态和风范。

我国古代色釉名目繁多，尤其宋代及其之后，若以着色剂来划分，则主要是三大类[36]：即铁系、铜系、钴系等。铁系品种最多，使用最广，历史最为悠久，青釉、白釉、青白釉、黑釉，大体上都可归为铁系高温釉范围；黑釉又派生出酱色釉、油滴釉、兔毫釉等；此外还有铁系的多种低温釉、彩。我国传统高温釉主要是青釉，它是以 FeO 着色的，从原始瓷器到汉唐的越窑瓷器，基本上都烧青釉。宋代以前，北方青瓷技术一直未曾得到充分发展，质量总体上不如南方；宋代之后，南、北青瓷都发展到了一个更高的阶段，并出现了一些名窑。宋代的龙泉窑、耀州窑、官窑、哥窑、汝窑，以及各地其他名窑，都是以青釉器闻名于后世的。

（一）制釉方法的变化和釉灰的使用

一般认为，自先秦到汉、唐，我国制釉操作的基本方式是草木灰（或再加入部分石灰）加胎泥；宋后就发生了变化，主要是景德镇使用了釉灰加釉泥（釉果、釉石）的操作。人们提出这一观点的依据，一是部分文献记载和传统技术调查，二是对宋代瓷釉的科学分析。

在浩瀚的古代文献中，关于制釉方法的具体记载是到了元代才看到的。元蒋祈《陶记》在谈到当时景德镇制釉术时说："攸山、山槎灰之，制釉者取之。而制之之法，则石垩炼灰，杂以槎叶、木柿，火而毁之，必剂以岭背'釉泥'而后可用。"[45]可见，元代景德镇制釉工艺为：第一步，将攸山（游山）、山槎（仙槎）两地出产的石灰石（石垩）烧成石灰；第二步，将此"石灰"与槎叶（蕨类植物，景德镇俗称狼鸡柴）、木柿（刨削下来的木材碎片、木皮）叠烧制成釉灰；第三步，将釉灰与岭背出产的釉泥配成釉料。于是釉灰成。文献说的"釉泥"是专门用来制釉的一种天然泥土，今人又谓之釉果、釉石。表6－3－2最下端附带列出了今世景德镇制釉原料的成分[41]。

在此值得注意的是石灰的烧制和使用过程，用化学式表示出来即为：

（1）$CaCO_3 \rightarrow CaO + CO_2$。这是烧制生石灰，即碳酸钙分解的过程。

（2）$CaO + H_2O \rightarrow Ca(OH)_2$。这是生石灰在空气中吸收水分，或人为地向生石灰淋水，使其变成熟石灰的过程。可惜的是文献记载未对这一过程作出描述，想必是遗漏了，但它的存在是必然的，否则后面的操作便不好理解。

（3）$Ca(OH)_2 + CO_2 \rightarrow CaCO_3$。这是熟石灰与狼鸡柴、木柿一起叠烧的过程，叠烧过程中生成的 CO_2 与熟石灰 $Ca(OH)_2$ 作用，就会变成颗粒细小而疏松的 $CaCO_3$，其与草木灰合一起，即"釉灰"。这种釉灰因粒度较细而会使釉面更为光洁。

今景德镇使用的釉灰分头灰、二灰两种，头灰就是只经粉细、过筛、淘洗者；二灰即是先经过一两个月的陈腐，之后再经炼制者[41]。

这是文献上所记的元代制釉工艺，因景德镇传统制釉法与此大抵相类似，而宋代景德镇等地瓷釉成分又显示了与汉、唐有别，为此人们便推测，此釉灰技术很可能宋代便已发明。至于用于叠烧的草木种类，则未必与蒋祈所云完全一致，现代学者也有不同说法。关于宋代瓷釉成分，下面即刻谈到。

（二）熔剂成分的变化和南宋石灰—碱釉、碱—石灰釉的使用

依釉中石灰等几种主要助熔剂的含量，人们将瓷釉区分成了石灰釉、石灰—碱釉、碱—石灰釉，前二者的主要熔剂都是 CaO，后者的主要熔剂是 K_2O 和 Na_2O。此三种釉皆早在先秦便已出现，但此后相当长一个时期内，都是以石灰釉为主的；在北方，石灰—碱釉和碱—石灰釉到唐代才明显地增多起来；在南方，一般认为是南宋之后才增多，并占据主导地位的。但对石灰釉、石灰—碱釉如何界定，人们却有一些不同看法。有人以 $0.3K_2O$、$0.7CaO$ 为石灰釉的标准碱性成分；又有人把 8% 的 CaO 含量作为石灰釉与石灰—碱釉的分界线[37]。李家治等提出了使用釉式中 RO 分子数为标准的划分法，即釉式中"$RO + R_2O$"的摩尔数为 1 时，若 RO 的分子数大于 0.76，则为"石灰釉"；若为 0.5 ~ 0.76，则为"石灰—碱釉"；小于 0.5，则为"碱—石灰釉"[38]。此所谓"分子数"，实际上是 $RO/(RO + R_2O)$ 的一种比值，但它不是重量百分比含量的比值，而是分子数的比值；它是以分子数形式表现出来的，碱土金属氧化物在主要熔剂中所占的份额。为区别起见，且名之为"釉式分子数"。此在第四章、第五章都曾提及。张福康则采用一种更为简便的办法，将石灰釉中助熔剂含量定为：$CaO + MgO$ 为 14% ~ 22%，$K_2O + Na_2O$ 为 1% ~ 4%；将"石灰—碱釉"助熔剂含量定为：$CaO + MgO$ 为 6% ~ 10%，$K_2O + Na_2O$ 为 5% ~ 8%；将"高碱釉"助熔剂含量定为：K_2O 为 10% ~ 20%[39]。宋代青釉技术的主要成就是：南方瓷器亦开始了由石灰釉向"石灰—碱釉"的转变，釉层厚度大为提高，并进一步控制了还原烧成，烧出了梅子青、粉青釉等名贵产品。宋和宋前，青瓷一直是我国瓷器生产的主流[40][41]。

张福康等分析过 16 件宋代龙泉青瓷釉的成分[24]，依釉色之不同，其成分计有三种不同情况（表 6 - 3 - 2）：（1）黄绿色青瓷釉片，2 件，属北宋（或至南宋早期），其成分分别为：SiO_2：59.37%、63.25%；Al_2O_3：15.96%、16.82%；Fe_2O_3：1.8%、

1.42%；TiO_2：0.39%、0.23%；CaO：16.04%、13.0%；MgO：2.04%、1.09%；K_2O：3.43%、3.26%；Na_2O：0.32%、0.57%；MnO：0.62%、0.43%。（2）黑胎青瓷釉片，7件，属南宋晚期，平均成分为：SiO_2 64.36%、Al_2O_3 15.45%、Fe_2O_3 1.03%、TiO_2 0.08%、CaO 14.17%、MgO 0.69%、K_2O 4.0%、Na_2O 0.33%、MnO 0.08%。（3）粉青釉（4件）、虾青釉（1件）、淡黄色青瓷釉（1件）、梅子青釉（1件），计7件，属南宋晚期，平均成分为：SiO_2 67.2%、Al_2O_3 14.68%、Fe_2O_3 1.23%、TiO_2 0.1%、CaO 10.0%、MgO 0.75%、K_2O 4.6%、Na_2O 0.76%、MnO 0.17%。可见：（1）宋代龙泉青釉的 Fe_2O_3 量已明显降低，尤其南宋，平均只有 1.0% ～ 1.3%；（2）其 CaO 量亦明显降低，尤其南宋的粉青釉。（3）K_2O 量已明显升高，南宋晚期上升至 4.0% 以上。1 件南宋晚期龙泉粉青釉的 K_2O 高达 5.06%[24]。从大量分析资料看，宋代以前助熔剂总量 R_xO_y 多介于 22% ～25%；宋代，尤其南宋之后，便逐渐下降至 14% ～18%。助熔剂减少主要是含钙量下降之故，因 CaO 在历代青釉中常占助熔剂总量的 40% ～80%。含钙量下降，含钾量升高，青釉助熔剂就从以石灰为主，变成了以石灰—碱为主，由石灰釉变成了"石灰—碱釉"[36]。今采用氧化物的釉式分子数计算法来判断釉的属性。先令（$RO + R_2O$）的摩尔数为 1，经计算，南宋晚期龙泉的淡粉青釉 SSL－1、粉青釉 S3－1、虾青釉 S3－2，其碱土金属氧化物 RO 的釉式分子数分别为 0.74、0.74、0.73，皆介于 0.5～0.76 之间，属"石灰—碱釉"（表 6－3－3）。由上述分析资料看，北宋时期，龙泉青釉还是沿用石灰釉的，南宋时期才实现了向石灰—碱釉的转变。

表 6－3－2　　　　　　**宋代青釉白釉黑釉及今制釉原料的成分**

样号	时代名称	成 分（%）									资料出处
		SiO_2	Al_2O_3	Fe_2O_3	TiO_2	CaO	MgO	K_2O	Na_2O	MnO	
FDL－1	北宋龙泉黄绿色青釉	59.37	15.96	1.8	0.39	16.04	2.04	3.43	0.32	0.62	[24]
NSL－1	北宋晚南宋早龙泉黄绿色青瓷釉	63.25	16.82	1.42	0.23	13.0	1.09	3.26	0.57	0.43	[24]
SSL－1	南宋晚期龙泉淡粉青釉	69.16	15.4	0.95	痕	8.39	0.61	4.87	0.32	痕	[24]
48	南宋晚期龙泉淡粉青釉	67.97	14.79	未测	0.32	9.07	0.72	4.43	未测	0.02	[24]
S3－1	南宋晚期龙泉粉青釉	65.63	15.92	1.1	痕	9.94	0.86	5.06	1.12	0.32	[24]
S3－2	南宋晚期龙泉虾青釉	65.73	14.58	2.3	0.1	9.74	0.92	4.94	1.27	0.20	[24]
S3－3	南宋晚期龙泉淡黄色青瓷釉	66.33	14.28	0.99	0.03	11.34	1.17	4.35	0.99	0.36	[24]
SSL－6	南宋晚期龙泉粉青釉	68.63	14.32	1.01	0.12	10.02	0.32	4.31	1.08	0.12	[24]
SSL－7	南宋晚期龙泉梅子青釉	66.97	14.71	1.01	0.14	11.51	0.65	4.26	0.54	0.20	[24]
S3－4	南宋晚期龙泉黑胎青瓷釉	65.31	16.61	0.83	痕	12.24	0.82	3.75	0.45	0.08	[24]
LK0－1	南宋晚期龙泉黑胎青瓷釉	63.13	15.26	0.98	痕	16.18	0.32	3.39	0.41	0.03	[24]
LK0－3	南宋晚期龙泉黑胎青瓷釉	65.67	15.88	1.03	0.25	12.11	0.85	4.24	0.22	0.03	[24]
LK0－4	南宋晚期龙泉黑胎青瓷釉	63.35	14.42	1.03	0.12	16.66	0.80	3.97	0.20	0.11	[24]
LK0－5	南宋晚期龙泉黑胎青瓷釉	66.07	15.81	1.19	痕	11.98	0.33	3.97	0.38	0.08	[24]
LK0－7	南宋晚期龙泉黑胎青瓷釉	66.08	14.43	1.01	0.11	13.18	0.86	4.58	0.28	0.16	[24]
LK0－9	南宋晚期龙泉黑胎青瓷釉	60.91	15.73	1.16	0.12	16.83	0.82	4.09	0.26	0.10	[24]
NST2(2)	北宋德化窑白瓷釉	68.7	19.39	0.42	0.02	4.79	0.31	4.61	0.16		[28]
NST3(2)	北宋德化窑白瓷釉	72.19	15.22	0.58		6.55	0.25	4.56	0.17		[28]
S9－2	宋湖田窑影青碗釉片	66.68	14.3	0.99	痕	14.87	0.26	2.06	0.31	0.15	[30]

（续表）

样号	时代名称	成 分(%)									资料出处
		SiO₂	Al₂O₃	Fe₂O₃	TiO₂	CaO	MgO	K₂O	Na₂O	MnO	
S10-1	宋湖田窑影青碗釉片	67.26	17.08	0.93	0.12	10.05	1.9	2.27	0.3	0.20	[30]
4	宋山西临汾油滴釉片(碗)	68.63	13.83	4.17	0.87	4.28	1.88	4.32	1.05	0.09	[53]
192	北宋建窑兔毫釉	58.66	20.59	3.22	0.69	6.85	1.92	3.72	0.24	0.82	[53]
附1	今世景德镇釉灰(头灰)	3.25	0.56	0.79	/	55.32	1.13	0.22	0.15	/	[41]
附2	今世景德镇釉石(釉果)	74.43	14.64	0.62	0.06	1.97	0.16	2.90	2.38	0.02	[41]

注：（1）除表中所列，宋山西临汾油滴釉片（4号）尚含 FeO 1.05%、Cr_2O_3 0.02%、CuO 0.03%、CoO 0.03%。

（2）北宋建窑兔毫盏釉片（192）尚含 FeO 2.47%、Cr_2O_3 0.01%、CuO 0.02%、CoO 0.02%。

（3）北宋德化窑白瓷釉含 P_2O_5：NST2（2）为 0.08%、NST3（2）为 0.01%。

（4）今景德镇制釉原料的烧损量：釉灰（头灰）为 38.51%，釉石为 2.85%。

表 6-3-3　　　　　宋釉碱土金属和碱金属氧化物的釉式分子数计算

样 号	分子数类别	氧化物及其分子量			
		CaO 56.08	MgO 40.32	K₂O 94.19	Na₂O 61.99
南宋晚期龙泉淡粉青釉 SSL-1	重量百分比的分子数	8.39/56.08 = 0.149608	0.61/40.32 = 0.015129	4.87/94.19 = 0.051704	0.32/61.99 = 0.005162
	令（RO+R₂O）为1时，釉式中的分子数	0.149608/0.221603 = 0.6751172	0.015129/0.221603 = 0.0682707	0.051704/0.221603 = 0.2333181	0.005162/0.221603 = 0.0232939
南宋晚期龙泉粉青釉 S3-1	重量百分比的分子数	9.94/56.08 = 0.1772467	0.86/40.32 = 0.0213293	5.06/94.19 = 0.0537212	1.12/61.99 = 0.0162929
	令（RO+R₂O）为1时，釉式中的分子数	0.1772467/0.26859 = 0.6599215	0.0213293/0.26859 = 0.0794121	0.0537212/0.26859 = 0.2000119	0.0162929/0.26859 = 0.0606608
南宋晚期龙泉虾青釉 S3-2	同前法，略	0.1736804 0.6446168	0.0228174 0.084687	0.0524471 0.194658	0.0204871 0.0760381
北宋德化白瓷釉 NST2(2)	同前法，略	0.0854136 0.5905703	0.0076884 0.0531594	0.048946 0.3384245	0.002581 0.0178456
北宋德化白瓷釉 NST3(2)	同前法，略	0.1167974 0.6706608	0.0062003 0.0356026	0.0484127 略	0.0027423 略
宋临汾油滴釉片(碗4号)	同前法，略	0.0763195 0.4108677	0.0466269 0.2510169	0.0458674 略	0.0169382 略

　　石灰—碱釉占据主导地位，是宋代制瓷技术的一项重要成就。由商到隋、唐、五代，我国青釉大体皆属石灰质，主要助熔剂是氧化钙，其次是氧化钾；前者主要由草木灰（或石灰、方解石）引入，含量常为 16%~20%。石灰釉的优点是高温粘度较低、流动性较好、透光性较强、硬度亦较高；缺点是因其熔融温度较窄，易于流釉，故其釉层厚度一般皆小于 0.5 毫米。宋代窑工常把制瓷当成了仿玉之作，为追求青瓷瓷釉的玉质感，他们把釉层厚度增加到了 1.0 毫米，梅子青釉甚至达到了 1.5 毫米。此时，石灰釉再不能适应这一需要，便创造出了石灰—碱釉。此釉的优点是：高温粘度较大，故釉厚而不流、气泡析出却不变大、光泽柔和、质感丰满幽雅、色泽如玉。具体操作约有两种方式：（1）以釉灰代替草木灰[36]，釉灰主要由草、竹枝叶，如凤尾草[42]，或者用毛竹枝叶，与石灰叠烧数次，再经陈腐而成，其中毛竹灰所含 K_2O 量高达 27%。（2）选用风化程度较浅，含 K_2O、Na_2O 较高的瓷石制釉，以提高 K_2O 含量[43]。釉灰的使用，是宋代制釉技术的一项

重要事件。

在此还有两件事值得注意：一是我们说前期瓷釉多数属石灰釉，这主要是指青瓷釉说的，因白瓷釉的 CaO 量一般较低，南方北方皆然。如表 6 - 3 - 2 所示 2 件北宋德化窑白瓷釉，其 RO 量较低，R_2O 却较高[28]，经计算，两标本的釉式分子数分别为 0.64、0.71（表 6 - 3 - 3），皆属"石灰—碱釉"。这说明南方德化白瓷在北宋便使用了"石灰—碱釉"；前章还谈到，北方白瓷早在隋唐时期，便使用了"石灰—碱釉"，乃至"碱—石灰釉"。所以我们说石灰釉向"石灰—碱釉"的转变，实际上是指南方青釉说的。二是北方白瓷釉含 MgO 量亦较高，一般认为此 MgO 应是有意配入的[36]。这种钙—镁釉大约唐代使用稍多，宋代亦有使用，之后便衰，大体上可视为石灰釉的一个特例。

（三）着色剂技术的发展和铜红釉的使用

前面说到，我国古代瓷釉的着色剂主要是铁、钴、铜三种，我国传统高温色釉中，最为重要的品种是以 FeO 着色的青釉，由原始青瓷到汉晋时期的越窑，及至宋代诸名窑，基本上都是烧青釉为主的；宋代以前，青釉瓷是我国瓷器生产的主流，其次是白釉瓷，宋后才发生了一些变化，即烧造了铜红釉瓷器。

铜红釉是以铜为着色剂的高温色釉，始见于唐长沙窑[44]。宋时，在钧窑得到了一些发展，其釉色有"海棠红"、"玫瑰紫"、"红霞"等；青釉是以 FeO 着色的，铜红釉则以 Cu_2O 着色，皆还原焰烧成；铜的着色能力极强，铜红釉所含 CuO 通常只有 0.1% ~ 0.3%[40]。有人认为早期钧红釉的 CuO 含量为 0.004% ~ 0.45%[46]。有人认为铜红的玻璃熔体在高温下有多种存在形式，所以成分有微量波动，温度、气氛的些许变化，都可能引起平衡的移动，使釉呈现出各种不同的色彩。古钧瓷以青蓝居多，紫红次之，彩色多变，其主要着色因素当为 CuO 和 Cu_2O。近代铜红釉以红紫居多，着色因素应以 Cu_2O 和 CuO 为主[47]。钧釉的紫色原是红釉与蓝釉互相熔合的结果，钧釉的紫斑则是在青蓝釉上又涂了一层铜红釉之故。钧红创于北宋，盛于徽宗建中靖国至政和（1101 ~ 1118 年）间，后来传到了景德镇。铜红釉的发明和发展，是色釉史上一个重要事件，它进一步改变了色釉中由单色青釉一统天下的局面，对宋、元时期的海棠红和玫瑰紫，明、清的宝石红、霁红、郎窑红、桃花片以及某些窑变花釉等技术的发明和发展，都产生了重要影响。

我国古代花釉约有两种类型：一是底釉与面釉颜色深浅不一所致者，为唐代多见；二是两种或两种以上的色釉在一定温度下自然流淌而成者，如窑变花釉等，为宋后多见。

（四）形态各异的宋代瓷釉

1. 乳浊釉的迅速发展

乳浊釉的基本特征是其状如乳浊，色质莹润如玉。批量的乳浊釉器始见于梁怀安窑上，唐婺州窑上亦有使用，宋后在钧窑中得到了较为充分的发展。

乳浊釉实际上是一种"液—液"分相釉，由于原料成分、烧成温度和气氛等方面原因，烧成过程中产生了"液—液"之间的相分离，使釉中形成了无数亚显微尺寸的液相小滴，使光线散射而呈现柔和的乳光[48]。一般而言，釉的熔体产生

"液一液"分相时，在成分上必需满足两个条件：（1）含有一定量的分相剂、乳浊剂，这在釉的诸组分中主要指磷和钛的氧化物；因我国南北青瓷含钛量都不高，故主要又指磷的氧化物。（2）不利于"液一液"分相的因素应尽量少些、弱些，在青釉诸组分中，铝等是不利于分相的；若 SiO_2/Al_2O_3 的比值较高，即 SiO_2 含量较多，Al_2O_3 量较少，则有利于分相釉形成。从科学分析可知，钧釉所含 P_2O_5 为 0.5%~0.95%（宋官钧釉为 0.5%~0.6%）；所含 SiO_2 常为 70% 左右，Al_2O_3 约为 10% 左右。其 SiO_2/Al_2O_3 的比值较高（宋官钧为 12.5 左右）。在所有青瓷中，钧瓷釉的 Al_2O_3 量是最低的，但 SiO_2 却较高，是一种很好的"液一液"分相组分。钧釉中的分散相（悬浮着的无数圆球状小珠滴）含 Al_2O_3 较多，其连续相则含 P_2O_5 较多[28][40]。从大量研究情况看，乳浊釉是在低温，以及还原性气氛下，经长时间才能烧成的，分相过程一般在 1200℃ 以下进行。一般青釉都是均相的，宋钧等窑系通过改变原料条件，控制烧造温度和气氛，烧出了二相或多相釉，这是宋代制釉技术上的又一杰出成就。

在此有一点需说明的是，我国青釉一般都含有一定数量的磷、钛、硅、铝，这些组分的相对数量对"液一液"分相的形成，至关重要。一般窑系的青釉所含 Al_2O_3 皆高于钧釉，但一般窑系的 SiO_2 却较之为低，故很难产生出"液一液"分相来。在适当温度条件下，虽可析出大量微型气泡和微型晶团，但这是另一种形式的分相，其散射光亦可使青釉产生某种乳浊效果，但无钧釉那种乳光，无那般莹润，那样具有柔和的玉质感，且当温度升高时，微型气泡会聚集成稍大的气泡逸出，微晶亦会回熔于釉中，最后成为透明或半透明状[26][27]。

2. 关于窑变釉

这是釉料在窑内高温物理化学作用下，出乎意料地突然变化，而自然得到的色釉。其始是无意的，后来人们便有意地利用了这种自然的变化，而获得一种具有极高观赏价值的产品。这种现象在多个窑口都曾发生过，但宋钧的窑变，已具有一定工艺水平。清《南窑笔记·均窑》在谈到清代窑变工艺时说："今所造法，用白釉为底，外加釉里红、元子少许，罩以玻璃、红宝石、晶料为釉，涂于胎外，入火借其流淌，颜色变幻，听其自然，而非有意预定为某色也。其覆火数次成者，其色愈佳。"此"均窑"即"钧窑"，"元子"系浙江所产的一种青料。这对我们了解宋钧窑变工艺也是很有帮助的。

窑变釉是一种"液一液"分相釉，它既具有二液分相釉的共性，在成分和结构上又具有一些独自的特点。一般认为，窑变是在特定工艺条件下出现的，影响因素较为复杂，其中最为基本的是产生了二液分相釉，釉的成分、着色剂（铜铁）数量、釉的粘度和表面张力，以及温度和气氛控制等工艺因素对二液分相釉的形成都有一定影响。刘凯民[49]、陈显求[50]等都曾对它进行过许多研究。与一般青釉相比较，一般钧釉的特点是：（1）碱金属氧化物与碱土金属氧化物之比，即 R_2O/RO 多处于 0.17:0.83~0.25:0.75 之间；而南宋龙泉粉青、梅子青等釉的 R_2O/RO 之比则处于 0.268:0.732~0.331:0.699 之间。（2）其 SiO_2/Al_2O_3 之比值绝大多数大于 11，最高达 13.3；在龙泉青釉中，这一比值仅为 6.57~8.25。（3）其 P_2O_5 较龙泉青釉为高，官钧和某些元钧釉还含有较高的 TiO_2。这是影响一般钧釉的乳光效果，使钧釉产生二液分相，并呈现乳光蓝色的内因。在成分上，影响钧釉窑变效果的关键是：SiO_2/Al_2O_3 须大于12，这一成分范围可称为"窑变区"；而典型的早期宋钧单色乳光釉的 SiO_2/Al_2O_3 是小于12 的，这一区域可称为"单色釉区"。即是说，具有较低的 Al_2O_3 量（<10%）和较高的 SiO_2 量（$SiO_2/Al_2O_3 >$ 12），才有利于窑变，否则不利于窑变，而易于形成单色乳光釉。当然，影响窑变的因素决不止化学成分一个，烧造温度等也是十分重要的，如若出现了生烧或轻微生烧，自然都会影响到窑变发生[49]。

从结构上看，钧釉呈现复杂色彩变化与其分相结构的宏观不均匀性是密切相关的。在显微结构中，窑变釉背景区的分相釉液滴直径皆小于瑞利散射的粒径上限，故其选择性地散射波长较短的蓝光，外观上呈现半透明状的天青色或天蓝色；而流纹区中的绝大部分液滴的直径皆大于散射的粒径上限，其不发生选择性的光散射，而将全部可见光漫射出来，故呈现半透明或不透明的淡蓝色和蓝白色；若釉中含有千分之几的 CuO，背景区就变成紫红色，流纹区仍为淡蓝至蓝白色；CuO 的引入并非产生窑变的内因[49]。

3. 影青瓷的发展

"影青"，又作隐青，实为白胎青釉器。釉色极淡，或隐或现，洁白细腻的胎骨亦或隐或现。始创于五代安徽繁昌窑，宋后迅速推广开来，江西景德镇、江西南丰窑、吉州窑、广东潮安窑、浙江江山窑、广西容县窑、湖北湖泗窑等都烧影青瓷，其中又以景德镇湖田窑最负盛名[51]。宋代已有"青白瓷"的专名。耐得翁《都城纪胜》"铺席"条载："都城天街……有大小铺席，皆是广大货物，如平津桥沿河、布铺、扇铺、温州漆器铺、青白碗器铺之类。"此明确地说到了青白瓷碗。宋赵汝适《诸蕃志》卷上载："阇婆国……番商兴贩夹杂金银，及金银器皿、五色缬绢、皂绫……漆器、铁鼎、青白甆(瓷)器，交易此番胡椒。"此说用"青白瓷"与诸蕃贸易。吴自牧《梦梁录》也说到过临安(今杭州)设有专卖"青白瓷"的瓷器铺。

周仁等分析过 3 件宋代湖田窑影青瓷胎成分[30]，平均值为 SiO_2 75.95%、Al_2O_3 19.46%、Fe_2O_3 0.82%、TiO_2 0.05%、CaO 1.07%、MgO 0.26%、K_2O 2.68%、Na_2O 1.74%、MnO 0.06%，这成分与南方白瓷胎大体一致，铁钛量亦较低，故胎色大体洁白。周仁等还分析了其中两件湖田窑影青瓷的釉层（表6-3-2）[30]，平均值为：SiO_2 66.97%、Al_2O_3 15.69%、Fe_2O_3 0.96%、TiO_2 0.06%、CaO 12.46%、MgO 1.08%、K_2O 2.17%、Na_2O 0.31%、MnO 0.18%[30]。可知其石灰量已降低，但钾、钠量不高，仍属石灰釉。在显微镜下，湖田窑影青釉清澈透明，为均相釉，釉中几乎看不到残留石英，釉泡亦少。大凡影青瓷都是用还原性气氛烧造的。据分析，湖田窑影青釉 SER 谱线是含 Fe^{3+} 离子的硅酸盐玻璃特征线，若其中 Fe^{3+} 浓度较低，而 $Fe^{3+} - O - Fe^{2+}$ 原子团浓度较高的话，则釉色偏青，反之则偏黄[48]。自然，釉层厚度也影响到影青釉呈色；白瓷釉的厚度常为 0.2 毫米，可见光基本上皆可通过，故给人以白色之感。影青釉厚常为 0.3 毫米，印花处可达 0.6 毫米，其对可见光作选择性吸收，故其呈色与白釉不同[36]。影青釉的 Fe_2O_3 含量一般较低，白釉的 Fe_2O_3 含量更低（表6-3-2）。

4. 粉青釉、梅子青釉的出现

它们是龙泉青釉器的两个特殊品种，前者色如青玉，后者可与翡翠媲美。龙泉窑约兴起于北宋初期，专烧青瓷，南宋晚期便达到了鼎盛阶段；明清之后，因景德镇彩瓷的兴起而渐衰退。粉青釉和梅子青皆产生于南宋晚期，属石灰—碱釉，都在还原性气氛中烧成。

粉青釉的特点是烧成温度偏低，常为 $1230 \pm 20℃$，釉料熔融不透，釉层中存在大量残留石英和硅灰石，其尺寸多在 10 微米之下，因光线不易穿透而使透明度大为降低。同时因釉中存在大量气泡，以及玻化较差而引起釉面微区不平，都会使粉青釉具有一种玉质感。张福康分析过 4 件龙泉南宋晚期粉青釉[24]，平均成分为：SiO_2 67.85%、Al_2O_3 15.11%、Fe_2O_3 1.02%、TiO_2 0.11%、CaO 9.36%、MgO 0.62%、K_2O 4.67%、Na_2O 0.84%、MnO 0.12%。可知其 CaO 已降低，K_2O 则明显增高。这种釉是需 1280℃ 以上才能烧成的。其实这种瓷器的胎质都呈现了不同程度的生烧[24]。

梅子青釉与粉青釉不同，它熔融较透，釉层中很少看到残留石英颗粒和钙长石结晶，气泡亦鲜，故釉层清澈透明，釉面光泽较好。其工艺上的两个重要特点是：(1) 烧成温度较高，还原性气氛更浓，釉中 Fe^{2+} 更多。(2) 釉层更厚，其色态给人一种青翠欲滴之感。有学者分析过 1 件南宋晚期龙泉梅子青釉片，成分为：SiO_2 66.97%、Al_2O_3 14.71%、Fe_2O_3 1.01%、TiO_2 0.14%、CaO 11.51%、MgO 0.65%、K_2O 4.26%、Na_2O 0.54%、MnO 0.2%[24]。此成分与前述粉青釉并无太大差别。

5. 油滴釉和兔毫釉的发明

我国古代黑釉原始瓷始见于夏商之际的马桥文化，黑釉真瓷始于东汉，唐代开始流行，宋代达到了极盛的阶段，在全国各地窑场中，大约有 1/3 都烧过黑釉瓷器，有兼烧的，也有专烧的。早期黑釉亦属石灰釉，宋辽之后[52]才逐渐转变成了石灰—碱釉。南北历代黑釉大凡皆在偏氧化气氛中烧成[36]。油滴釉、兔毫釉，以及玳瑁釉等，都是人们通过控制原料成分以及烧成温度、气氛、釉层厚度等而创造出来的黑釉器新品种，皆因其外部形态而定名，它们的出现，从另一个角度显示了宋代窑工的杰出创造。

油滴釉。为结晶釉，始见于宋。主要特征是釉面上布满了状如油滴印迹的银灰色或红色小圆斑。河北定窑、河南鹤壁窑、山西临汾窑等都有烧造。临汾一件瓷片的油滴釉斑直径达 1.5 毫米。显微观察表明，银色油滴釉实际上是无数赤铁矿和磁铁矿小晶的聚集体，红色油滴釉则主要是赤铁矿小晶的聚集体，它们周围都存在着钙长石晶束和液相分离的结构。有人认为油滴釉的形成与釉层中的气泡有关，当温度达到 1200℃ 以上时，釉层中的铁氧化物会大量分解成 FeO 和 O_2，并产生大量气泡，其四周便聚集了许多铁的氧化物；气泡一旦上升到釉面并破裂后，铁氧化物来不及扩散，就残留下来而成了油滴状物。有学者分析过一件宋代山西临汾油滴釉（碗），其 Fe_2O_3 含量为 4.17%、TiO_2 含量为 0.87%、CaO 4.28%、MgO 1.88%、K_2O 4.32%、Na_2O 1.05%、FeO 1.05%、MnO 0.09%、Cr_2O_3 0.02%、CuO 0.03%、CoO 0.03%。可见：(1) CaO 含量较低，K_2O、Na_2O 含量较高。经计算，其 RO 的釉式分子数为 0.66（表 6-3-2、表 6-3-3），属石灰—碱釉。(2) 着色剂 FeO

含量较高。此外还有不同数量的其他着色剂，如 TiO_2、MnO、Cr_2O_3、CuO、CoO 等。一般黑釉器的 Fe_2O_3 含量为 5%～6%，宋吉州永和窑的最低，仅 2.97%，浙江武义北宋黑釉的最高，达 9.54%。油滴釉化学成分的特点是：（1）P_2O_5 含量较低，常为 0.15%～0.25%，多数黑釉的 P_2O_5 含量为 1%～2%。临汾油滴釉片（4 碗号样）的 P_2O_5 含量不曾分析。（2）MnO 亦较低，说明其未曾使用草木灰制釉。有关研究认为，油滴釉烧造难度较大，温度必须控制在 1200℃～1240℃ 间，釉中 Fe_2O_3 含量以 5%～7% 为宜，釉料高温粘度须较大，釉层须较厚[36][53]。

兔毫釉。主要特征是黑釉上透出黄棕色、铁锈色的兔毫状流纹；在显微镜下，兔毫状流纹呈鱼鳞状结构；四川、山西、福建等地在宋代都曾烧造。最负盛名的品种是福建建阳窑的兔毫盏，有学者分析过一件北宋建阳盏的兔毫釉（表 6-3-2），成分为：SiO_2 58.66%、Al_2O_3 20.59%、Fe_2O_3 3.22%、TiO_2 0.69%、CaO 6.85%、MgO 1.92%、K_2O 3.72%、Na_2O 0.24%、FeO 2.47%、MnO 0.82%、Cr_2O_3 0.01%、CuO 0.02%[53]。可见其具有宋代黑釉的一般特点。有关研究认为，建阳兔毫还有两个自身的特点：（1）P_2O_5 和 MnO 都较高，故它可能是由含 Fe_2O_3 较高的釉加草木灰配成的。（2）其 SiO_2/Al_2O_3 比在黑釉中最低，上述试样的仅为 2.85。建阳兔毫的形成机理约有两种不同解释，其中一种认为它可能与"液—液"相的分离有关，分离出来的液相小滴在釉面聚集并析出 1～2 微米厚的氧化铁晶体薄膜，烧还原性气氛时，薄膜中的 Fe_3O_4 含量较高，就形成银兔毫；烧氧化性气氛时，薄膜中 Fe_2O_3 含量较高，就形成黄兔毫[54][55]。

6. 片纹釉

基本特征是釉面上呈现大小不一、深浅不同的龟裂纹。其出现年代较早，初始是偶然出现的缺陷，宋代才巧妙地把它转变成了一种装饰，在传世哥窑、南宋官窑釉以及龙泉黑胎青瓷釉等上都可看到。具体形态和名称又不尽相同，大家较为熟悉的有冰片纹、鱼子纹、鹰爪纹，以及百圾碎纹等。

大量研究表明，釉面纹片原是胎釉膨胀系数不一造成的，因釉的强度低于胎，冷却过程中会因应力不同而绽裂。同时，宋后青釉往往多次施加，虽成分相同，但釉层较厚，各层间因内外温差也会引起釉层开裂。裂纹的数量和走向往往与釉层显微结构有关。唯胎釉膨胀系数十分接近，釉层冷却速度又十分均匀时，方可避免裂纹发生。总的来看，纹片之产生与釉的配方、釉料颗粒度和混合时的均匀度、釉层厚度、烧成温度、冷却速度等一系列工艺因素都有一定关系[24][26][27]。

（五）彩瓷技术的发展

1. 釉下彩

釉下彩始见于三国、西晋时期，宋后又有了较大发展，其中最值得注意的是磁州窑的白釉釉下黑彩和浙江窑的釉下青花。

磁州窑除了烧造白釉器和黑釉器外，还生产了不少釉下彩瓷和釉下彩刻花瓷。其釉下彩瓷主要有：白釉绿彩、白釉褐彩、白釉釉下黑彩、白釉釉下酱彩、白釉釉下黑彩刻花、白釉釉下酱彩刻花、绿釉釉下黑彩，以及低温铅釉三彩等。白釉釉下黑彩是磁州窑瓷系的主要装饰方法，白釉釉下黑彩刻划花则是磁州窑器的高档产品。后者的制作方法是：先在坯件上敷一层洁白的化妆土，后用黑色细料绘画，再用尖状器在黑色图案上刻划出轮廓线和花瓣叶脉，将黑彩刻划掉后，便会露出白色化妆土来；表面施以薄而透明的釉料，再入窑烧制。黑白相映，产生强烈的比照。

宋代的釉下青花较唐代又有了进步，主要表现是其产地已由唐代的洛阳巩县一带扩展到了今浙江等处。1957年，浙江龙泉县金沙塔塔基下出土13件青花瓷片，经复原，为3个碗的口腹部残片。塔砖上模印着"太平兴国二年"（977年）的纪年文字。1970年，浙江绍兴环翠塔基下出土青花瓷碗残片1件，瓷胎细腻洁白，烧结，不吸水，外壁绘有青花。塔基下发现过一块古石碑，其上刻有"岁次咸淳乙丑六月念八日"等28字[56]。陈尧成等对金沙塔下的两件青花瓷片进行了科学分析，一件胎质粗糙，但色白、烧结、不吸水，青花色偏于深蓝，色调不太美观；另一件胎质白中泛灰，烧结，釉色光亮而略带青灰色，青花绘于内壁，其色暗蓝。用叠烧法烧成，烧成温度约为 $1270 \pm 20℃$，气孔率2.08%，吸水率0.95%。瓷器略呈生烧，胎中残留石英较多，有融熔边，颗粒一般为80微米，大的达200微米。莫莱石晶体生长较好，长约15微米。釉中残留石英亦较多，颗粒一般为60微米，说明其原料均未经过精选淘洗，胎、釉质量都较差。经计算，此两件青花瓷所用青料的 MnO/CoO 比分别为10.58、11.4（表6-3-4）。可见此两件青花瓷片的锰钴比较为接近，而浙江江山县生青料的 MnO/CoO 为11.03，故不能排除它们采用同一青花料着色的可能性，而且其原料很可能是浙江钴土原矿。又，金沙塔青花瓷胎与宋代龙泉地区所产青瓷胎的化学成分比较接近，且与龙泉县石层、毛家山、沅底和木岱口地区的瓷石组成也相近，这也说明金沙青花瓷是北宋浙江生产的[57]。

表6-3-4　　　　　　　　　　　浙江北宋青花瓷胎釉成分

| 编号 | 分析内容 | 氧化物含量 Wt% | | | | | | | | Fe₂O₃/CoO | MnO/CoO |
		SiO_2	Al_2O_3	Fe_2O_3	CaO	MgO	K_2O	Na_2O	CoO	MnO	Fe_2O_3/CoO	MnO/CoO
S-1	釉			1.25	11.6	0.32	3.49	0.63	0.01	0.16		
	青花+釉			1.19	9.34	0.38	2.94	0.55	0.24	2.54	4.96	10.58
S-2	釉	69.65	16.13	1.27	7.68	0.54	4.4	0.61	<0.01	0.08		
	青花+釉			1.23	7.25	0.6	3.99	0.56	0.1	1.14	12.3	11.4
	胎	74.07	18.24	1.62	0.2	0.11	4.87	0.67		0.03		

注：标本"S-2"之胎尚含 TiO_2 0.01%。采自文献[57]

2. 釉上彩

严格说来，釉上彩可区分为高温型和低温型两种。高温釉上彩是一次烧成的，东晋、唐代都有使用，但人们常说的釉上彩却主要指低温型，它是在已经烧成的瓷器的釉面上，用彩料绘画作装饰的瓷器。其属两次烧成，先在高温下烧成瓷器，后作彩绘，然后在稍低的温度下烘烤，谓之彩烧。它是在传统低温釉基础上发展起来的，见于宋北方诸窑，尤其是磁州窑。磁州窑低温釉上彩计有两种类型：（1）低温三彩釉陶。这是唐三彩的继续，观台窑出土较多。（2）白釉釉上红绿彩瓷。两者之中又以后者最为珍贵，1972年和1989年，邯郸峰峰矿区先后两批计出10余件[58]，国外一些博物馆也有收藏[59]。

红绿彩是一种低温釉上彩，工艺要点是：先烧造高温白釉或白釉釉下黑彩，再在白釉上，以红、绿、黄等彩勾画或填涂出纹饰，再第二次入窑低温烧成。有学者又谓之"宋加彩"、"金加彩"。与唐宋三彩器的区别是：（1）"三彩"是以黄、绿为主的；"红绿彩"则增加了红彩，且以之为主。（2）红绿彩瓷是在已烧成的白釉瓷上加彩，表面常以白釉为主，或白釉占有相当大的比例；三彩则常在素烧的坯体上遍涂黄绿彩。红绿彩瓷约产生于金代中后期，一直延续到了明代初年[59]。

（六）施釉技术上的进步

宋前瓷釉一般较薄，施釉次数也较少。宋人为增加釉面的玉质感，逐渐将之加厚，与此相应，施釉次数也明显增多；官窑青瓷釉层有时比胎还厚。从实物考察来看，宋、元、明的龙泉青瓷都是先烧素胎，然后施釉的，常施 3～5 次；南宋官窑青瓷釉常施 4～5 次。北方青瓷也是先素烧，然后施釉的，或施一次，或施多次。厚度对釉的色调和气泡存在状态都有明显的影响。釉层厚度增加、多次施涂，是我国古代窑工长期实践、探索的结果。若将厚釉一次施上，势必造成流釉、缩釉或者剥脱等现象。此期的施釉方法仍主要是蘸釉和荡釉两种[24][26][27]。

宋代瓷釉技术取得了多项十分重要的成就。人们通过改变釉料成分、增加釉层厚度、控制烧成温度和气氛，利用二液分相和气泡的光学效应，利用胎釉膨胀系数之差别，创造了多种不同的瓷釉，从而大大提高了瓷器的艺术效果。宋人是重釉而不重胎的，甚至官、哥、汝、钧、建等名窑也是如此；黑瓷胎内常见有大量砂粒等，有的官、哥瓷黑灰胎甚至混料不匀；有的瓷胎甚至不曾完全瓷化，前云粉青釉的胎质就呈现不同程度的生烧。但宋代瓷胎含铁量一般较低，龙泉窑、德化窑、景德镇影青瓷等皆是如此，甚至达到了现代瓷的水平。

四、筑窑技术的重大进步

此期的瓷窑发现较多，窑的种类也有了变化，有半倒焰窑、通室龙窑、分室龙窑、葫芦窑等种。半倒焰窑依然主要是圆形、椭圆形、长方形等；北方仍以半倒焰的馒头窑为主，南方以龙窑为主，也有馒头窑。此期筑窑技术的主要成就是：（1）新出现了分室龙窑、葫芦窑。（2）馒头窑的窑室平面形态更趋合理，有的窑室较为高大；龙窑更长更大，结构亦更合理。葫芦窑呈长形束腰式，始见于福建南安[60]，窑全长 7.0 米，椭圆形部分最宽处为 1.5 米；束腰部分宽 0.5 米左右，实际上是火焰通道。断代为宋。

半倒焰式馒头窑在四川彭县瓷峰南宋中晚期窑址[7]，山东临川金、元窑址[61]，赤峰缸瓦窑金代窑址[62]，以及河南禹县的钧窑及汝窑窑址[63]、河北磁州观台窑址[64]等处都可看到。瓷峰计发现两座窑基，一座保存较好，基本结构亦是窑门、火膛、窑床、烟囱四个部分。有两点值得注意的是：（1）其窑床较大，长 3.6～4.64 米；全窑长 8.32 米，宽 5.76 米。（2）窑门内口排列着三组重叠的匣钵，钵上压着整齐的三层砖块，大约可起到挡风和观火两种作用，窑门外两壁用石条砌成挡风墙。赤峰缸瓦窑金代瓷窑窑室长达 5～6 米，宽近 4 米[62]。河北磁州观台窑址的 Y3、Y8 都较高大，Y3 为马蹄形馒头窑，窑床长 230 厘米，宽 354 厘米，窑床残高 180 厘米，从内收的弧度分析，窑床距窑顶最高处约达 300 厘米；Y8 面积更大，空床长 273 厘米、宽 564 厘米，高可能达 350 厘米。断代北宋晚期至金、元时期[64][65]。

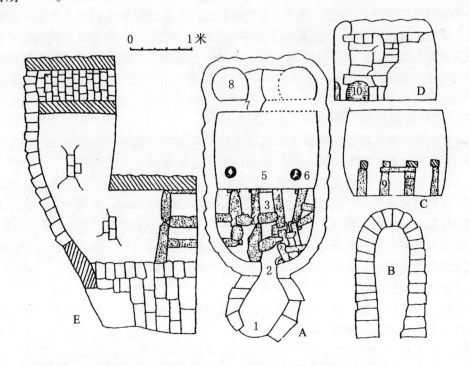

图6-3-3　重庆涂山窑系小湾1号窑结构示意图

A. Y1 平面示意图　B. 窑门结构　C. 火膛后壁　D. 烟囱隔墙　E. 窑炉纵剖面图

1. 烧火工作坑　2. 窑门　3. 火膛　4、9. 石炉栅　5. 窑床　6. 匣钵

7. 烟窗隔墙　8. 烟窗　10. 烟孔　　　采自文献[3]第440页

　　重庆宋代涂山窑系的小湾瓷窑为1985～1988年发掘，计为3座，皆以石筑成，以煤做燃料；不但保存较好，且结构亦较复杂。其中Y1平面呈马蹄形，由砂岩条石和不规则的石块砌成；可分为烧火工作坑、窑门、火膛、窑膛、烟囱等部分。火膛内设有炉栅，由不规则的条石搭成。炉栅高于地面58～70厘米，前高后低；栅距较大，但其为活动结构，可随时调整。窑膛呈长方形，净宽186厘米、净长125厘米，前高后低（相差10厘米）。膛底垫有黄沙，两壁涂有1～2厘米厚的耐火泥。有烟囱2个。窑膛前高后低，有利于火焰均匀分布；炉栅较高，有利于煤块燃烧（图6-3-3）。Y2系就地深挖，以不规则的石条石块砌造而成，平面呈马蹄形，全长3.2米、净宽1.7米，残存窑门、火膛、窑膛、烟囱4部分。火膛内壁涂有烧结的泥衬。窑膛净宽1.7米，净深1.2米；窑底前高后低（相差10厘米），窑底铺有5～10厘米的黄砂层。烟囱2个置于窑后，残高1.2米。其中Y1、Y2当属南宋或稍早；Y3结构更为繁杂，约属宋末元初[3]。

　　此外还值得一提的是：（1）杭州修内司窑（老虎洞窑）发现过2座用做低温烘烤坯件的素烧窑，形制基本相同，平面呈马蹄形。其中一座通长1.8米、最宽处1.2米，火膛为半圆形。在窑的左右及后面见有大量素烧坯堆积[17][18]。（2）1998年，河北井陉窑的河东坡窑区发掘出7座古代窑炉，其中3座，即Y7（晚唐）、

Y2（晚唐到五代）、Y3（金代）保存较好。其中井陉金代窑炉结构较为特殊：（1）其由灰室和窑床组成，无单独的火膛，窑床和灰室中的灰烬完全相同，故其燃料当是直接放到窑床上燃烧的。（2）没有专门的烟囱，燃烧产物由顶部逸出。（3）窑炉较小，内径只有 1.5 米。以木柴和煤为燃料。据发掘者推测它很可能是专门烧制釉料的[32]。

宋代名窑甚多，筑窑技术亦有一定进步。窑室平面向更为规整的马蹄形、椭圆形和圆形发展；窑室小者仍为 6～10 平方米，大者增至 20 平方米，窑床至窑顶的高度可达 3 米。窑室空间增高增大，这大约与用煤作燃料，用匣钵装烧，以及整个筑窑技术的提高都有一定关系[65]。

我国古代是否有过倒焰式陶瓷窑，长期未能定论。有学者说山东淄博磁村北宋窑址发现过多座"全倒焰的圆窑"，其排烟孔设在靠近窑底的侧墙上，在窑底上用垫柱和砖块砌成临时吸孔和支烟道，可令火焰自窑顶全部倒向窑底[66]。自然，此吸火口设于窑底，对改善火焰流向，及其分布状态是很有帮助的；但我们认为，它并未达到全倒焰的状态，依然是半倒焰窑。从窑炉热工原理看，倒焰窑结构的技术要点是：燃烧室与加热室间应有一道挡火墙，使火门底部稍高于或平于被加热工件的上表面；吸火口设于窑底。由于烟囱抽力的作用，高温火焰流离开火膛后，先窜上窑顶，之后再由窑顶全部倒扑下来，流经坯体，再经窑底吸火孔进入烟道、烟囱。倒烟窑的优点是：温度分布更为均匀，可避免部分产品过烧、欠烧，热利用率亦更高。显然，磁村北宋窑的燃烧室与加热室间并无挡火墙，高温火焰流进入加热室后依然会分成两股，一股拔到了窑顶，另一股则横向穿过窑室，吹向坯件侧面，之后进入窑底吸火口，故依然属于半倒焰窑。但可肯定的一点是，因其吸火口置于窑底，故高温火焰流分布更为均匀，较一般半倒焰窑更为进步。

宋代龙窑在浙江龙泉、杭州、慈溪，广西北流、永福、藤县、桂平，江西赣州，福建三明，湖北湖泗等处都有发现。基本特点是：（1）长度、宽度、高度都较大，坡度更趋适中。（2）窑壁皆用废旧匣钵、砖、粘土混合砌造。如龙泉宋代龙窑长一般为 50 米以上，最长达 80 米；窑室通常是前窄后宽，前段宽 1.4～1.6米，中段宽 1.85～2.2 米，后段宽 2.0～2.3 米，个别窑达 2.8 米；坡度通常为 11～16 度，个别达 22 度；但其窑室坡度设计有些欠佳，它经常是前缓后陡[67]。南宋越窑系的龙窑近年才有发现，1998 年，慈溪市寺龙口窑址发现一座，斜长 50米，宽约 2 米，残高 30 厘米，坡度 12 度；见有窑门 11 个[68]。今见较长的宋代龙窑是广西北流岭峒窑，达 108 米，窑身弯曲沿坡向上延伸，两边设有投柴口，窑床宽 2.0～2.3 米，最宽处达 3 米[69]。1989～1992 年，福建建窑出土 10 座古代窑址，其中 7 座属宋代，7 座中有 2 座长达百余米，其余均在 80 米以上[70]。故宋代龙窑装烧量较大。建阳芦花坪一座龙窑，长 56.1 米，装烧瓷器估计可达 30 000 件以上[33]。1989 年，湖北青山窑发掘了 2 座龙窑，残长分别为 39.5 米、40.3 米，构筑方式上很有一些特点：（1）很大一部分窑身坡地为人工填筑。其先在台地上修建较小的龙窑，并进行生产，之后，将生产过程中各种遗弃物填于窑尾后部，当填至一定高度和宽度后，再扩建窑身。（2）窑室由红砖、废旧匣钵交替、错缝砌成，排列规整、对称。顶部用楔形砖券砌。既坚固，又美观。（3）窑墙外侧用废旧匣钵堆砌一道护墙，两墙间用土填实。（4）窑尾有一长方形蓄烟室。断代五代至北宋晚期[71]。

为解决窑室坡度过大而引起的抽力过大，火焰流速过快的问题，宋代龙窑采用了三个办法[67][72]：（1）在山势平缓处，将窑身建成曲折形、"之"字形。宋代之前，龙窑基本上都是笔直的。（2）无规则地分级，即将整个窑身分成坡度不同的2级或2级以上。龙泉的做法是：用单砖错缝平铺三四层，使坡度减缓[67]。藤县清理了两座宋代龙窑，窑

图 6-3-4　分室龙窑火焰流向示意图
1. 火膛　　2. 窑室
采自文献[66]

床皆分为二级。1号窑残长51.6米，前级坡度为15度，后级为20度，两级落差为40厘米。2号窑残长51米，前级长22米，倾斜5度；后级长27米，倾斜19度；两级落差为40厘米，窑床宽约3～3.3米。2号窑尾部且设有挡火墙，结构较1号窑更为完善[9]。（3）分室，即在窑身内加设多道隔墙，隔墙到顶，下部常留有六七个通火孔，梅县瑶上区宋代龙窑隔墙多至10个。这些隔墙将整个窑身分隔成若干个较小的窑室，每个小室都具有半倒焰窑的性质。这在广西永福[10]、广东梅县[73]等地都可看到。隔墙一方面可改善火焰分布状态、调节火焰流速；另一方面可减少高温火焰流对产品的直接烧烤，减少坯件烧结、粘连和变形。这种分室龙窑，兼具了龙窑和半倒焰窑的一些特点，其火焰流形态与通室龙窑已有不少差别，且再不能用平焰来表述。图6-3-4为分室龙窑火焰流向示意图。

束腰式葫芦窑实际上是在龙窑和馒头窑的基础上发展过来的，宋代使用较少，元代部分再作介绍。

五、装烧技术的主要成就

两宋时期，装烧技术的主要成就是：（1）匣钵和火照在我国南北都更为普遍地使用起来。匣钵在赤峰缸瓦窑、浙江武义宋元瓷窑[74]、福建建窑、四川彭县瓷峰窑、重庆涂山窑、湖北湖泗窑、广西永福窑和藤县窑等遗址都有出土，匣体多为漏斗形、筒形、无底直筒形等。（2）北方有更多的炉窑用煤作燃料。此两项技术的推广，为提高装烧量和改善产品质量创造了良好的条件。

明火单烧和明火叠烧此期仍在使用。匣钵装烧法主要有三种，即仰烧、叠烧和覆烧。

仰烧是将坯件置于匣钵内，一器一匣，为避免匣与器之粘连，可用垫饼或石英砂间隔，再叠钵入窑。这种入匣仰烧之器内外皆釉。重庆小湾窑[3]、彭县瓷峰窑[7]、北宋早期湖田窑等皆用此法[75]。也有无匣仰烧，器口朝上，圈足无釉，相叠平放入窑的。

叠烧即一匣叠放多器，器与器之间可用瓷质托珠、环垫、垫柱、堆砂等方式隔开。间隔具可视需选用；瓷托珠垫烧的优点是装烧量较大，缺点是其常粘留碗心或足底；环垫叠烧是以石英砂为介质，优点是不易粘结，缺点是操作上较为麻烦[7]。

覆烧法即将盘、碗、碟类器皿反扣过来，装入支圈式匣钵内烧成。北宋时期，北方定窑、南方景德镇窑等都已使用；与此同时或稍晚，彭县瓷峰窑、重庆小湾窑等也已使用。但各地具体操作不尽相同，瓷峰窑是口沿悬空，支托托上碗底，圈足无釉[7]；景德镇覆烧工艺异常丰富，湖田窑常用斜壁敞口匣中之支圈来支托芒口器，器坯对准匣圈装好，之后再放入大匣钵覆烧[75][76]。覆烧法因可密排套装，故最大限度地利用了窑位空间。不足处是仍隐约可见砂粒疤痕。

除以上三种外，还有：（1）套烧，即大件套小件装烧，坯件皆口底无釉，口对口，底对底叠烧。（2）仰覆烧，与套烧相同，但器内不装小件，多用于中等器件。

宋代火照在河北、河南、湖北、四川、重庆、浙江、福建、广东等地都有发现。今已发掘的彭县瓷峰窑，至迟属南宋中晚期[7]，为白瓷"火照"，器的中部挖一圆孔，断口无釉。湖北武昌县青山瓷窑的火照以破旧瓷坯改制而成，多为梯形，也有多边形、不规则形、长方形，中挖一圆形或椭圆形孔洞[71][77]。此外，河北磁州观台北宋窑、河南汝窑、广东潮州笔架山北宋窑、福建德化窑、四川重庆涂山窑、浙江龙泉山头窑、景德镇湖田窑等都有宋代火照出土。福建建阳芦花坪窑出土黑釉瓷照子7件[33]。清蓝浦《景德镇陶录》卷四"陶务方略"亦云："本烧户亦有自制火照之法。盖坯器入窑，火候生熟究不可定，因取破坯一大片，中控一圆孔，置窑眼内，用钩探试生熟。若坯片孔内皆熟，则窑渐陶成，然后可歇火。"对火照的形制、功用都说得甚为明白。

宋代窑炉已大量用煤做燃料，为宋前所不及。据统计，曾用煤作燃料的宋、辽、金窑址约近20个[78]，如河北曲阳定窑、邯郸观台窑、河南鹤壁窑、钧窑、陕西耀州窑、玉华窑、安仁窑、山东磁村窑、北京龙泉务窑、四川彭县瓷峰窑、重庆涂山窑、巴县鸡窝窑、广元瓷铺窑、安徽肖县白土窑、辽宁抚顺大官屯窑、赤峰缸瓦窑等。磁州观台窑用煤烧瓷之事约始于北宋晚期，此期窑床的前部挡火墙和火膛周壁不但被煤火烧流并粘有煤渣，部分窑的进风口底部和窑旁还保存有尚未燃烧的煤[79]。以煤烧瓷，对节省木柴资源，保证窑温，提高瓷器的产量和质量，都具有重要的意义。

从大量分析资料看[26][27]，浙江地区五代以前的青瓷烧造温度为 1220℃ ～1270℃；宋代以后的龙泉青瓷为 1230℃ ～1300℃，官窑青瓷为 1170℃ ～1220℃，汝官窑为 1150℃ ～1200℃，临汝窑为 1270℃ 左右，钧窑青瓷为 1240℃ ～1270℃，耀州窑青瓷为 1300℃ 左右。影响青釉色调的因素较多，铁、钛等着色元素的含量，SiO_2/Al_2O_3 比，CaO/K_2O 比，烧成温度和气氛，釉层厚度及熔融状态等都有一定的影响。人们常用还原度，即 Fe^{2+}/Fe^{3+} 的比值来标示气氛，当 Fe^{2+}/Fe^{3+} 小于 0.3 时，便逐渐由还原性转变成了氧化性气氛。但值得注意的是，烧成温度、助熔剂种类和数量等，也会影响到这一比值，烧成温度较高时，Fe_2O_3 易于分解成 FeO[24][26][27]，这在 $Fe-O-C$ 系气相平衡图中也可看到。

第四节　丝织重心的南移

由于政治方面的诸多原因，自有文字记载以来，我国社会的经济、技术重心，由北向南至少发生了三次较大的迁移：第一次是魏晋南北朝时期，第二次是安史之乱时期，第三次便是宋代。每迁移一次，南方的经济、技术都得到一次加强和提高。相应地，北方则受到了一次削弱。三次迁移之后，关中、洛阳这两个古老的文化中心，再也雄风难振。早在北宋时期，南方丝织品的产量、质量便已远远地超过了北方。据《宋会要辑稿》卷六四载，乾德五年（967 年）之后，东南诸路及今四川一带上贡国家的丝织品已达全国上贡总数的 3/4，其中两浙路①竟占了总数的 1/3，北方诸路才占总数的 1/4。宋室南迁，一些官、商巨头，文人、手工业者也随之南迁，使南方手工业技术、经济、文化得到了进一步发展，随之对丝织品的需求量大增，从而也促进了南方蚕桑业的发展。

两宋的纺织手工业都相当发达，纺织品的产量、质量、花色、品种，都较前有了提高和扩展。宋廷少府监下设有绫锦院、裁造院、内染院、文绣院等纺织品生产和管理的机构；朝廷在开封、洛阳、润州（今镇江）、梓州（四川三台）等地设有规模宏大的绫锦院、绣局、锦院等工场，在成都还设有转运司、茶马司锦院，其中成都锦院是规模较大、工匠较多、管理较为严格的一个。《宋会要辑稿》"职官"二九之八"绫锦院"云："绫锦院在昭庆。乾德四年（966 年）以平蜀所得锦工二百人，置内绫院。太平兴国二年（977 年）分东西二院，端拱元年（988 年）合为一，以诸朝官诸司使副内侍三人，监领兵匠千三十四人。"元费著《蜀锦谱》载："元丰六年，吕汲公大防始建锦院于府治之东，募军匠五百人织造，置官以涖之，创楼于前以为积藏待发之所……设机百五十四，日用挽综之工百六十四，用杼之工五十四，练染之工十一，纺绎之工百一十而后足。役岁费丝，权以两者一十二万五千；红蓝紫荔之类，以斤者二十一万一千而后足，用织室吏舍、出纳之府，为屋百一十七间而后足居。自今考之，当时所织之绵（锦），其别有四：曰上贡锦、曰告锦、曰臣僚袄子锦、曰广西锦，总为六百九十匹。"这里谈到了北宋蜀锦院的一些情况。"而渡江以后，外攘之务十倍，承平建炎三年都大茶马司始织造绵（锦）绫被褥。"[1]

宋代中原地区的大众衣料仍以麻织品为主，西北地区和闽广一带，北宋时期的棉织业已相当发达，但不管江南还是中原，以棉代麻的过程，大约都是南宋末才开始，并在元代逐渐完成的。

在考古发掘中，我国南北都出土过不少这一时期的纺织品，尤其南方。湖南衡阳一座北宋晚期石椁墓出土大量丝麻衣物，织物品种计有麻布、素纱、花纱、素罗、绢、本色花绫等；花纱、花罗、花绫的纹样装饰有大、小两种提花织物[2]。1966 年浙江兰溪出土有南宋纯棉毯子，以及丝织的单衣、夹衣[3]。福州淳祐三年（1243 年）黄昇墓出土大量丝织品，成件和不成件的计达 334 件，其中有长花袍 9件、短衣 55 件（长袍、短衣，均有单、夹之分）、裤 23 件、裙子 20 件、鞋 6 双、袜 16 双、被衾 5 条，以及 100 多件成幅、不成幅的料子和部分下脚料。料子最长的达 11.04 米，多为罗、绢，少数为纱、绫、绉纱；一件最长的料子上墨书"宗

---

① 唐肃宗时，把江南东道分置浙江东、西两路，钱塘江以南叫浙东，以北叫浙西。宋置两浙路，有今江苏长江以南及浙江全境。

正纺染金丝绢官记"字样[4]。江苏金坛南宋末年周瑀墓出土一具完好的尸体，其上衣物保存完好，伴出的还有一轴绢本牒文[5]。黑龙江省阿城巨源金代齐国王墓出土丝织品30余件，主要是男女服饰，有袍、衫、裤、裙、腰带、鞋、袜、冠帽等，织物品种有绢、罗、锦、绫、纱等，并有印金、描金等技法。织物组织致密，经纬线密度较大，丝质甚佳，工艺精湛，有相当大一部分为加金织物[6]。

此期纺织技术的主要成就，在原料方面是：有了嫁接桑树的记载，南方推广了四眠蚕；棉植业在闽广地区已较发展；在缫纺技术方面，缫车机械有了较为明确的记载，发明了脚踏缫车，发明了水力大纺车；在织造技术方面，罗机子技术、提花技术都已发展到相当完善的程度，出现了宽幅重型棉织机，出现了缎组织，使三原组织得以最后形成；纬锦完全取代了经锦的主导地位；艺术织物，罗、锦、缂丝都发展到了更高的阶段；颜料印花更为完善。

一、原料栽培和初加工技术的发展

（一）桑树嫁接技术的产生和发展

两宋朝廷都比较重视蚕桑业，并一再颁布奖励蚕桑的诏令。宋太祖建隆三年（962年），"命官分诣诸道中劝课桑之令"[7]。南宋孝宗乾道六年（1170年）三月，"诏谕大臣均役法，严限田，抑游手，务农桑"[7]。两宋时期，蚕桑技术上也取得了不少进步，其中比较值得注意的有如下几项。

桑树嫁接始见于文献记载。我国古代果木嫁接技术发明较早，也很早就取得了较高成就，《尔雅》和《齐民要术》等著作都有说明。但关于桑树嫁接之事却是到了宋代才见于记载的，宋陈旉（1075～？年）《农书》卷下载："若欲接缚，即别取好桑直上生条，不用横垂生者。三四寸长截，如接果子样接之。其叶倍好，然亦易衰，不可不知也。湖中安吉人皆能。"[8]此书成于南宋绍兴十九年（1149年），陈旉时年七十有四。金《士农必用》还谈到了荆桑根株嫁接鲁桑条的经验，说："接缚之妙（原注：荆桑根株，接鲁桑条也），惟在时之融，手之审密，封系之固，拥包之厚（凡缚接皆同，此最为要诀），使不致疏浅而寒凝也"[9]。至于这两种桑树的不同特点，明邝璠《便民图纂》卷四曾有说明："荆桑根固而心实，能久远；鲁桑根不固而心不实，不能久远。荆桑以鲁条接之，则久远而茂盛"。

（二）养蚕技术的发展

南方育成并推广了四眠蚕。王安石《荆川裨编》云："北蚕多是三眠，南蚕俱是四眠。"三眠蚕的优点是抗病能力较强，较易饲养；四眠蚕的优点是体态肥大，茧质较优。故四眠蚕的育成和推广，是养蚕技术上的一大进步。

从有关记载看，宋代北方主要饲养一化性蚕，南方亦以一化性为主，虽有少量二化性蚕，但丝质欠佳。陈旉《农书》卷下"收蚕种之法篇"云："又有一种原蚕，谓之两生……切不可育，既损坏叶条，且狼藉作践，其丝且不耐衣著，所损多而为利少。"二化性蚕虽发明于汉，但推广得十分的缓慢；二化性以及多化性蚕大约都是明代之后才逐渐推广开来的。

此期有关盐腌杀蛹法的记载较为详细。秦观《蚕书》云："凡浥茧，列埋大瓮地上，瓮中先铺竹簧。次以大桐叶覆之，乃铺茧一重。以十斤为率，掺盐二两，上又以桐叶平铺，如此重重隔之，以至满瓮。然后密盖，以泥封之，七日之后，出而缫之，频频换水，即丝明快。盖为茧多不及缫取，即以盐藏之，蛾乃不出，其丝柔韧，润泽，又得匀细。"[10] 秦观（1049～1100年），北宋扬州高邮人，曾任太学博士，迁秘书省正字兼国史院编修官。南宋陈旉《农书》卷下"簇箔藏茧之法篇第五"所载，从内容到文字都基本一致。盐腌杀茧法在我国虽也出现较早，后魏《齐民要术》及其之后的许多文献都曾提及，但所述无此详明。

（三）缫丝技术的发展

这主要表现在三方面：一是有了关于手摇缫车机构的详细记载；二是发明了脚踏缫车；三是对缫丝水温的控制积累了丰富的经验。

我国古代的手工缫丝发明较早，并在汉代便已推广，约唐代还在沿用[11]，但文献上较为明确的记载却是到了宋代，在秦观《蚕书》中才看到。由《蚕书》可知，缫车大体由机架、钱眼、锁星（又叫镂星）、鼓、丝钩、丝𨄄等机件组成。钱眼、镂星皆缫车的集绪部分；添梯、鼓、丝钩、丝𨄄，则是缫车的卷丝部分。依《蚕书》所云，手工缫车的基本操作是："系自鼎道钱眼升于镂（一作锁）星。星应车动，以过添梯，乃至于车"。即丝从缫丝锅通过集绪的"钱"，绕过导丝滑轮的锁星，再通过横动导丝杆"添梯"上的丝钩，才到丝𨄄上。车架是承载丝𨄄和其他机件的四柱形框架。钱眼的作用是合并丝

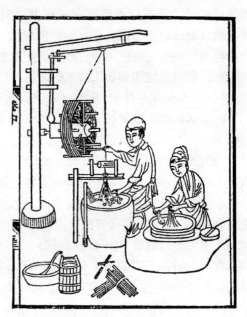

图6-4-1　清《豳风广义》所载手摇式缫水丝图

线，实际上就是一个小孔，"钱眼为版，长过鼎面"。"绪总钱眼而上之"。锁星的作用是导丝和消除丝缕上的糙节；"镂星为三芦管"，"管之转以车下直钱眼"。丝𨄄（秦观谓之"车"）的作用是卷绕长丝，其状"如辘轳，必活其两幅，以利脱系"。添梯，是使丝分层卷绕在丝𨄄上的横动导丝杆。鼓，即木质鼓状物，作用相当于今之偏心盘。丝钩的作用是导丝，位于添梯上。《蚕书》在谈到缫车部分构件的工作过程时说："车之左端置环绳。其前尺有五寸，当车床左足之上，建柄长寸有半，匼柄为鼓。鼓生其寅以受环绳。绳应车运，如环无端，鼓因以旋。鼓上为鱼，鱼半出鼓。其出之中，建柄半寸，上承添梯……其上揉竹为钩以防系。窍左端以应柄，对鼓为耳。方其穿以闲添梯。故车运以牵环绳，绳簸鼓，鼓以舞鱼，鱼振添梯，故系不过偏。"在此有一点值得注意的是，秦观所述缫车到底是以手驱动，还是以脚驱动，因记载不详而难以分辨。图6-4-1所示为清陕西兴平杨屾《豳风广义》所载手摇缫车，此书成于乾隆五年，之后献给了陕西当局[12]。

从现有资料看，关于脚踏缫车的形态是在秦观稍后的梁楷《蚕织图》中看到的[11]，其中的缫车图中便绘有脚踏缫车的形态。从图可知，脚踏缫车的基本结构

与手摇缫车相同，主要差别是将手摇缫车的曲柄改成了连杆和踏板。因手摇缫车需两人共同操作，一人投茧索绪添绪，一人手摇丝轩，一定程度上影响了生产率的提高；脚踏缫车的发明，便较大地提高了缫丝生产率。

两宋时期，人们对热盆缫丝的温度控制，已积累了相当丰富的经验，其中较值得注意的是宋秦观《蚕书》所说，须"常令煮茧之鼎汤如蟹眼"。所谓"汤如蟹眼"，是对水近沸点时的一种形象描述；此时有大量细微气泡冒出，其状有如蟹眼一般。从现代生产实践看，缫丝水温似以略低于100℃为宜，过高则丝胶溶解过多。"汤如蟹眼"时，盆的中心部约达100℃，周围则稍稍低于此数，缫丝适是相宜。

在长期生产实践中，人们还总结出了"细圆匀紧"四字操作法。元王祯《农书》卷六"农桑通诀·蚕缫篇"引《士农必用》云："缫丝之诀，惟在细圆匀紧，使无偏慢节核粗恶不匀也。缫丝有热釜冷盆之异，然皆必有缫车丝轩，然后可用。"此四字诀直到近现代依然是适用的。

（四）西北棉植业的发展

宋、辽时期，棉花已在新疆、甘肃、陕西等地有了更多的种植。《宋史》卷四九〇"外国传·回鹘"载：宋天圣二年（1024年）5月，河西走廊的甘州（今甘肃张掖）回鹘曾遣使十四人，"来贡马及黄湖绵细白氎"①。看来，西夏建国前甘肃地区很可能已生产了棉花，且生产量还不算太少。《续资治通鉴》卷九四载，宋宣和四年（1122年），金使庆裔赴宋，徽宗"赐金线袍缎，（庆裔）疑与夏国棉褐同，却而不受"。此"棉褐"可能是棉毛合制品，竟能与宋朝"金线袍缎"媲美，说明夏国棉织品已具有较高的工艺水平。另外，西夏文蒙童双语读本《番汉合时掌中珠》载有"白叠"一词[13]，这也是西夏植棉业发展的重要证据。宋史乐（930~1008年）《太平寰宇记》卷三〇"关西道六·凤翔府"载："土产：龙资草贡、蜡烛贡、麻布、棉布、胡桃。"[14]此书约修于太平兴国（976~984年）年间。可见北宋早期，陕西凤翔府亦已产棉。

今日所见与西夏棉织品有关的实物主要有：

内蒙古额济纳旗老高苏木出土的烟色纱绣衣方片衬里白棉布，经纬密为8~13根/厘米×12根/厘米[15]。

前苏联在圣彼得堡所藏西夏文献用纸。1966年，有关学者分析过其中的10件纸样，其原料计有3种类型，其中两种含有棉布：一种是亚麻和棉布纸浆；另一种是棉花破布纸浆[16]。可见当时棉布在西夏已使用得较为普遍。

宁夏贺兰拜寺沟方塔所出西夏文佛经《吉祥遍至口和本续》封面纸。在所出数十种西夏文献中，人们总计分析了7件纸样，其原料计有4种组合：（1）苎麻与大麻；（2）破棉布和破麻布；（3）构皮；（4）大麻和亚麻。7件标本中，有2件属棉、麻破布浆，皆为《吉祥遍至口和本续》封面，编号分别为3甲、3乙[17]。这又是一起破棉布造纸的实例，再一次说明棉布使用量已经较大。

① 《宋会要辑稿·蕃夷·回鹘》四之八：仁宗天圣二年，甘州可汗王遣使贡方物，马三疋、黄绢、绌、白氎等。

（五）闽广地区棉植业的发展和江南植棉之始端

至迟北宋（960～1127年），闽广一带的棉织业已相当发达，有关记载明显增多，而且也稍见详明；棉纺在部分地方甚至取代了丝麻而占据了纺织业的主导地位。

史乐《太平寰宇记》卷一六九"岭南道·琼州"载："土产，琼州出……苏木、密蜡、吉具（贝）布、白藤……"可见棉布在北宋早期便已是琼州土产。

北宋彭乘《续墨客挥犀》卷一载："闽岭以南多木棉，土人竞植之，有至数千株者。采其花为布，号吉贝布。"人植木棉达数千株，说明当时闽岭以南棉花种植量之大。此"吉贝"、"白叠"，自古便是对棉花的一个称呼，其一直沿用到了清代，及至20世纪50年代①。最初大约主要是用来称呼草棉的，后来也用它称呼其他品种的棉花。

李寿《续资治通鉴长编》卷三四六载，元丰七年（1084年）陈绎知广州，其子陈彦辅曾纵容广州军人织造木棉布，从而获罪。其原文云："彦辅坐役禁军织木棉非例，受公使库馈送及报上不实也。"此木棉能组织军人大量生产，说明当时广州棉布生产已经较广。

苏轼《格物麤谈》卷上载："木縣子，雪水浸种耐旱，鳗鱼汁浸过不蛀。"说明当时种棉已经不少。

方勺《泊宅篇》卷中云："闽、广多种木绵，树高七八尺，叶如柞，结实如大菱而色青，秋深即开，露白绵茸茸然。土人摘取出壳，以铁杖杆尽黑子，徐以小弓弹令纷起，然后纺绩为布，名曰吉贝。今所货木绵，特其细紧尔。当以花多为胜，横数之得一百二十花，此最上品。海南蛮人织为布，上作细字，杂花卉，尤工巧，即古所谓白叠巾也。李琮诗有'腥味鱼中墨（原注：乌贼鱼也），衣裁木上绵。'"[18]此谈到了闽广，以及海南棉的一些情况。这里描述了棉花的外部形态、生长季节，以及棉花初加工的基本程序。此木棉深秋开花，显然指棉花。其高七八尺，约相当于今制的2.1～2.4米[19]，最上品者横数能得"一百二十花"，大体上是一种小乔木。其棉花去籽的方法是以铁杖杆（赶）之；弹花工具是一张小弓。方勺系婺州金华人，生于1066年，卒于1141年之后。此书是他的见闻笔记。

南宋（1127～1279年）时期，棉花种植仍以闽广一带为盛。周去非（1174～1189年）《岭外代答》（1178年）卷六"吉贝"载："吉贝，木如低小桑枝，萼类芙蓉，花之心叶皆细，茸絮长半寸许，宛如柳绵，有黑子数十，南人取其茸絮，以铁筋碾去其子，即以手握茸就纺，不烦缉绩，以之为布，最为坚善。'唐史'以为'古贝'，又以为草属；顾'古'、'吉'字讹；草木物异，不知别有草生之古贝，非木生之吉贝耶……雷化廉州及南海黎峒富有，以代丝纻。"此"木棉"如小桑枝，大体上应属灌木或小乔木范围。周去非认为，岭外这种"木如低小桑枝"

---

① 清光绪《广州府志·舆地略》载："土人以中春种吉贝核，五六粒一坎，以土掩之。五月即生花结子，壳内藏有三四房，烈日中开房，有棉花垂下，洁白如雪。绞去其核，纺以为布，细腻精密，精如蚕纸，又名白叠布。"这是清代末年，人们称棉花为"吉贝"、"白叠"之证。又，今人于绍杰云：1957年他到广东时，番禺农民还称自己种的中棉为吉贝。又据其友人介绍，"海南黎语称整株棉花为 jibei，称絮棉为 bei，是吉贝的语源。"（《中国植棉史考》，《中国农史》1993年第2期）

的吉贝，与古所谓"草属"的吉贝是不同的。

赵汝适《诸蕃志》卷下"志物·吉贝"也说过闽广产棉："吉贝，树类小桑，萼类芙蓉，絮长半寸许，宛如鹅毳，有子数十。南人取其茸絮，以其铁筋碾去其子，即以手握茸就纺，不烦缉绩，以之为布。最坚厚谓兜绵，次曰番布，次曰木棉布，又次曰吉布。"[20]赵适（音 kuò）曾于南宋嘉定（1208～1224 年）至宝庆（1125～1227 年）间任福建路市舶提举，此书为当时所作。所述多为外国风土物产。在"志物"中一般都要说出各物的主要产地，但说到棉花时，未说具体产地，而只提到了"南人"二字，故我们推测，这很可能指闽广一带。可见，此吉贝树亦类如小桑，"木棉布"、"吉贝布"，都是吉贝树的产品。

1966 年，兰溪出土的宋代棉毯等棉制品约成于淳熙六年（1179 年）前后，有人认为它可能是从广州地区带回去的[21]，但也有人认为它可能是江南自产的[3]。

棉花技术开始大规模向中原传播的时间，今人一般认为是南宋末年至元代初年，但其开始向中原传播的时间，则是更早一些的。《资治通鉴》史炤（1091 年前后～1160 年之后）"释文"在注释"梁武帝·木緜皂帐"时说过这样一段话："木棉，江南多有之。以春二、三月下种，既生，须一月三薅；秋生黄花、结实。及熟时，其皮四裂，其中绽出如绵，土人以铁梃碾去其核，取如棉者，以竹小弓，长尺五寸许，牵弦以弹绵。卷为筒，就车纺之，自然抽绪如缫丝状，以为布。"①史炤系眉山（属今四川）人，该书约成于 12 世纪 60 年代，即南宋早期。其中说到了棉花的生长规律，它是春天下种，秋天开花的；以及棉花初加工的情况，须经铁杖赶籽、小竹弓弹花、卷筵、纺车纺纱。其中"江南多有之"一语最值得注意，若所说无误的话，南宋早期江南便"多有"植棉了[22]。但此"多有"与"普及"还有一段相当的距离。

（六）南方苎麻业之发展

宋代南北都产麻布，又以广西苎麻布最负盛名。宋周去非《岭外代答》卷六"布"条载："广西触处富有苎麻，触处善织布。柳布、象布，商人贸迁而闻于四方者也。静江府（桂林）古县，民间织布……及买以日用，乃复甚佳，视他布最耐久。"同卷"练子"条载："邕州左右江溪峒，地产苎麻，洁白细薄而长，土人择其尤细长者为练子，暑衣之，轻凉离汗者也。"除广西外，浙江一带的苎布亦佳。罗濬《宝庆四明志》卷四载："奉化绝密而轻，如蝉翼，独异他地。象山苎布最细，曰女儿布，其尤细者也。"两宋时期，大麻布的技术地位已经衰退。

二、纺纱技术的发展

我国古代丝麻纺车技术的发展大体上可区分为两个阶段：一是先秦到隋唐，

① 史炤《资治通鉴释文》关于木棉的文字，不少学者都曾引用，而未详具体出处。今查，《资治通鉴释文》通行本，即《四部丛刊初编缩本》并无这段关于木棉的记载，我今引自清陈元龙《格致镜原》（第二十五册）卷六四"草本木棉"条，其云："史炤《释文》：'木棉，江南多有之……'"（文渊阁《钦定四库全书》抄本，武汉大学出版社电子版第 335 碟）。雍正十二年《山西通志》卷四七"物产·蒲州府"亦有相类记载："宋史照（炤）《释文》：'木棉，江南多有之，春三月下种，至秋开黄花结实……'"胡三省《资治通鉴》"音注"卷一五九"木緜皂帐"条与之相同处甚多；但哪些是史炤的，哪些是胡三省的，今从"音注"中是不易分辨的。《格致镜原》和《山西通志》当有所本。

这是手摇纺车和脚踏纺车产生和发展的阶段；第二阶段是宋代之后，除继续沿用前述两种纺车外，还发展了多锭纺车，有的还使用了水力。这标志着我国古代纺纱技术已发展到了一个新的水平。

图6-4-2　宋刻《新编古列女传·鲁寡陶婴》图

前面提到，《新编古列女传·鲁寡陶婴》图上已有三锭脚踏纺车（图6-4-2）[①]，此图原为晋顾恺之所绘，南宋嘉定间模刻。虽这三锭纺车的发明期尚难定论，但宋代已广泛使用是肯定了的。它的发明和推广，极大地提高了生产率，是纺车技术发展史上的重要事件。因这三锭纺车系闽人所刻，故还有学者认为，它是闽人用作纺制棉纱的[23]。

脚踏纺车的功能与手摇纺车相同，但结构上有了改变。秦汉斜织机是通过绳索，把脚踏板与"马头"（杠杆）联接起来的，脚踏板的上下运动牵引着"马头"绕支点来回摆动，使综片作上下运动，形成织机的开口运动。脚踏纺车则援用和发展了这一技术原理，通过凸轮、曲柄和传动，把踏板的上下运动，转变为大轮、锭子的旋转运动，从而达到加捻、合股、纺线等目的。它不但使右手从手摇纺车中解放出来，而且生产率大为提高[24]。

关于大纺车的记载始见于元王祯《农书》中，该书约1295年之后开始撰写，1313年付梓，故有关大纺车的情况"元代部分"再作讨论。因王祯《农书》卷二二"麻苎门"说当时"中原麻布之乡皆用之"，故一般认为其发明于宋。此书开始撰写的时间距宋亡仅16年。大纺车的发明，是我国古代纺织技术的一项杰出成就。

三、提花技术之发展和三原组织的完成

在宋代织造技术中，尤其值得注意的是罗机子和提花技术的发展，以及三原组织的最后完成。

（一）罗机技术的发展

我国古代的原始纱罗早在新石器时代便已出现，及至先秦时期，罗织物便有了一定发展，之后历代都有不同程度的提高；宋元时期，各种罗织物都盛行起来。

薛景石《梓人遗制》载，罗机子的开口主要是由鸟坐木上的特木儿（吊综杆）来完成的，其一端系吊综

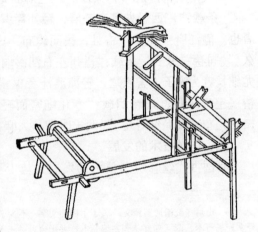

图6-4-3　《梓人遗制》中的罗机子

---

① 《古列女传》，汉刘向编，文渊阁《钦定四库全书》曾有收录，但无图。今图6-4-2转引自文献[24]第180～183页。

绳，连踏脚杆，另一端的鸟儿眼下吊大泛扇桩子或小泛扇桩子。"泛扇子"即综框，织素罗可以不用；织造提花罗时，需加用提花机构（束综）来控制花型（图6－4－3）[24]。该书成于元中统二年（1261年）。罗机子可以织造二经绞和三经绞的素罗，也可以织造各种提花织物。这在各地出土的南宋花罗中都可以看到。江苏金坛南宋周瑀墓[5]、福建福州南宋黄昇墓[4]、宁夏银川西夏陵区一〇八号墓[25]等均有四经绞作地纹、两经绞和浮线等作花纹的织物出土。四经绞罗因绞经与相邻地经左右绞缠，不能用竹筘一次打纬，便一直沿用打纬刀，故其生产率较低，明代便很少再用[26]。黄昇墓出土的三经绞牡丹花罗，地纹是两根地经，一根绞经，它们可穿入同一筘齿内，花纹是两上一下的斜纹组织，故这种花罗织物的穿筘方法，可如同两经绞罗一样地穿入筘齿内，用竹筘打纬，从而提高了花罗生产率。江西德安南宋周氏墓出土三经绞纹罗残片6件，经纬密大体相近，为44～51根/厘米、20～24根/厘米，纹样有牡丹、山茶，间饰如意。其黄褐色牡丹山茶罗的花纹循环（＞）60×（＞）17厘米，若纬密依20根/厘米计，其花本至少在1200根以上。这样大的花纹循环，在同期丝织品中是不多见的[27]。

宋代提花技术已发展到相当完善的程度，这在有关出土文物和文献资料上都可看到。唐、宋之后，人们采用多绽多蹑的机构与束综提花结合起来，织出了更大的花纹和纬显花组织。

（二）缎纹的出现和三原组织的最后完成

缎纹是在斜纹基础上发展来的，在每个完全组织中，其组织点并不像平纹或斜纹那样排成连续的线条，而是均匀分散，并为浮长较大的纱线掩盖，使织物表面只显现出经线或纬线的独特风格。以缎纹构成的织物，表面平整、质地致密而富有光泽、手感柔软。缎纹与提花等结合起来，便可产生许多新的组织品种。其结构有单层组织的素缎、暗花缎，也有重组织的锦缎。如前所云，缎纹组织在唐代便已初露端倪[28]。宋黄昇墓曾出土过六枚纹纬松竹梅提花缎，其经、纬丝均为先染后织，交织后有明显的闪色效果；经丝略加拈，甲、乙纬丝均不曾加拈；地部以经丝起六枚缎组织，由甲纬织入，色调较纯，乙纬沉在背面，花部是以乙纬组成的六枚纬显花，甲、乙纬在花地不同的位置上相互交替，形成纬二重组织，纹样作满地松、竹、梅，花纹单位是17×10厘米，以写意手法表现出组织结构的特点[29]。现代织物组织学把平纹、斜纹、缎纹合称为"三原组织"，其中的平纹及其变化，斜纹及其变化组织等，均在先秦便已出现，缎纹却是到了宋代才确立起来的。值此，三原组织都已产生并确立。

关于织物组织的分类，目前学术界产生了多种不同说法，"三原组织"说是最早的一种。此外，韩国学者沈莲玉还提出了"四原组织"说，她把中国古代织物组织归为4种，即平纹、斜纹、缎纹，再加上罗纹[30]。赵丰把它归为2种"组织元"，即平经元、绞经元[31]。高汉玉又把整个织物组织归为3种"结构元"，即平经、绞经、立绒；其平经包括平纹、斜纹、缎纹及其变化组织；绞经包括二经绞罗、三经绞罗、四经绞罗及其花罗组织；立绒包括绒圈、栽绒、漳绒（缎）、雕绒及其花纹绒等[32]。看来，用"三原组织"来概括常用织物，或说普通织物的组织形态还是可以的，但它未曾言及罗纹、立绒等特殊织物的组织；而三种"结构元"

的分类法则概括了所有织物的组织，故较为全面。

（三）几种颇具匠心的纺织品

宋后，织物结构向艺术化、大众化两个方面发展，唐代以前出现的织金、起绒、挖花，也与缎纹结合起来了，从而创造了许多新的品种。作为工艺美术织物的缂丝，亦更加盛行起来。宋代纺织品名目繁多，花色绚丽，反映了纺织印染方面的高超技艺。黄昇墓出土的罗、绫多为提花，最大的花朵达 12 厘米，其写实而奔放，完全摆脱了汉唐提花以细小规矩纹为图案的作风，开创了写实图案的提花工艺[4]。下面仅介绍一下宋代锦、罗、缂丝，以及棉毯的情况。

锦。由于技术传统和自然资源之差异，宋代出现了不少各具特色的名贵纺织品。在锦中，最负盛名的有二：一是"蜀锦"，产于四川；二是所谓的"宋锦"，产于苏州、湖州、杭州等江浙一带。汉代的蜀锦原属经显花，唐后又吸收了纬显花的技艺，其固有特色已经很少。元费著《蜀锦谱》载，宋代蜀锦曾仿造湖州的染织法，织造"真红湖州大百花孔雀锦、四色湖州百花孔雀锦、二色湖州大百花孔雀锦"[1]。南宋蜀锦已达 40 多种，图案有写实山水、花鸟、人物、禽兽，有写意瑞草云鹤，还有传统的狮子戏球、天马行空、百花孔雀等。江浙一带的"宋锦"是到了宋代才开始盛行的，它采用精密细致的"三枚斜纹地"，经线分面经和底经两重；面经用本色生丝，底经用有色熟丝；纬用多种色彩的练丝。以底经作地纹组织，面经作纬线浮长的"结接经"。这种结构继承了唐以来的纬锦织造技术，用彩纬加固，形成纬三重起花[33]。

我国古代织锦显花技术的发展可分为两个阶段：一是唐代以前，以经显花为主，主要代表是蜀锦；二是唐代之后，以纬显花为主，主要代表是所谓"宋锦"。

辽、金还有一种加金织物，其中主要是向锦缎类织物中织入金丝。我国以金丝、金泥装饰织物的工艺至迟始见于汉，长沙马王堆汉墓曾见金银印花纱，魏、晋之后开始增多，宋、辽、金时有一定的发展。辽宁法库县叶茂台辽墓（断代 960～980 年）出土有片金刻丝、描金、捻金等饰金织物，其中有一件 2 米长的缂丝袷被，以金为主色，织出升龙、火珠、山、水、海怪组成的复杂图案[34]。新疆的回鹘人亦擅长织金，南宋初年的洪皓（1088～1155 年）出使金国归来后撰有《松漠纪闻》，其卷一说回鹘有罗绵、绒锦、线罗、尅丝等织物，"以五色线织成袍，名曰尅丝，甚华丽。又善捻金线，别作一等，背织花树"。阿城金代齐国墓出土有织金绫、织金绢、织金锦等。其中一件烟色地双鸾朵梅织金绸锦男护胸，衬里为驼色绢，内絮薄丝绵。饰纹以满地织金朵梅为衬托，再饰一排对飞的织金双鸾，图案生动活泼，造型精细，风格独特[6]。金代对帝后宗室服金用金都有明确规定。《金史》卷四三"舆服志中"载："衮用青罗，夹制五彩，间金绘画。正面日一、月一、昇龙四、山十二……"其接着还谈到了"销金"、"镂金"等工艺。此"间金绘画"，对我们了解先秦画缋之工是有一定帮助的。同卷又载："宗室及外戚并一品命妇衣服听用明金，期亲虽别籍女子出嫁并同。又五品以上官母妻许披霞帔，帷首饰霞帔领袖腰带许用明金。"此"用明金"，与"间金绘画"一样，都是一种饰金。加金银织物在宋代是一度受到禁止的。《宋史》卷一五三"舆服五"曾有详细记述。如大中祥符"八年诏：内廷自中宫以下，并不得销金、贴金、间金、戗金、圈金、解金、剔金、陷金、明金、泥金、楞金、背影金、盘金、织金、金线撚丝装著衣服，并不得以金为饰"。但这种规定时紧时松[35]，南宋之后又渐解禁。所以，总体上看，饰金银之风在宋廷统治区也还是盛行的，福州北郊南宋墓出土过印金、描金花卉花边[4]，江西德安南宋周氏墓便出土过褐色印金罗[27]。

罗。人们常以汉锦、唐绫、宋罗，来概括每一时代的代表性织物。所以罗在宋代，是颇具时代特色的流行织物。各种罗织物在宋代都较流行，有素罗，也有花罗。宋代花罗有四经绞花罗、三经绞花罗、二经浮纹罗等。如前所云：四经绞花罗在武进宋墓、金坛南宋周瑀墓、福州南宋黄昇墓等都有出土。三经绞斜花罗在黄昇墓、德安周氏墓，三经平纹（即单绞）花罗在武进南宋墓等都有出土。江西德安南宋周氏墓登记在册的纺织品残片计65件，其中罗片有39件，占残片总数的60%；有素罗，也有纹罗；花罗有二经绞纹罗、三经绞纹罗、三经绞斜纹罗、四经绞纹罗[27]。润州（今镇江）、遂宁、婺州、定州、杭州等地皆产罗。北宋润州设有"织罗务"。陆游《老学庵笔记》卷二说："遂宁出罗，谓之越罗，亦似会稽尼罗而过之。"[36]杭州生产各种高级丝织品，吴自牧《梦梁录》卷十八载，"绫：柿蒂、狗蹄；罗：花、素、结罗、熟罗、线佳；锦：内司街坊以绒背为佳"。前云黄昇墓所出土的大量衣物料中，多数皆为罗。

缂丝。缂丝技术始于唐，宋后便有了较大发展，不仅质地细致，而且色彩相当丰富，其花鸟纹的立体感极强，其中又以河北定州缂丝为最。南宋时期，缂丝模仿名人书画，甚为逼真。宋代庄季裕《鸡肋篇》卷上说："定州织刻丝，不用大机，以熟色丝经于木棍上，随所欲作花草禽兽状，以小梭织纬时，先留其处，方以杂色线缀于经纬之上，合以成文，若不相连。承空视之，如雕镂之象，故名刻丝。如妇人一衣，终岁可就。虽作百花，使不相类亦可，盖纬线非通梭所织也。"[37]今苏州传统技术中所用缂丝机，系小型平素织机，只挂两片平纹综片，下连两根脚竿，机身设有送经轴和卷取轴，再配以竹筘、大如竹叶的小梭以及打纬用的竹制小披子，织时于经丝下方挟以图样，并用笔将花纹轮廓拓描到经丝上，后依花纹色彩，用彩色纬丝以小梭逐块缂织，两个色块间的纬色并不相连，碰到直线边界时，便出现一条"裂缝"，是即"通经断纬"，"承空视之如雕刻之象"[38]。这对我们了解古代缂丝操作是很有帮助的。在两宋缂丝中，又以南宋缂丝为最，其兼收了绘画和书法的上乘之作。传世有北宋缂丝黄莺鹊谱等佳品[38]。

棉毯。如前所云，1966年兰溪宋墓出土棉毯1条，至今仍保存完好，色白，全长2.51米，宽1.16米，平纹，双面起绒，绒头丰满厚实，经密19~20根/厘米（布边经密约为38~40根/厘米），纬密9根/厘米。经纬纱都十分平直，应是以筘打纬而织成的。因棉毯为独幅，经密与纬密都较大，说明宋代已使用了宽幅的重型棉织机，并且很可能是两人司织的，左右轮流投梭，一人兼施打纬。棉毯的经纱为单股，捻度较大，纬纱为双股，捻度稍小；纬纱起绒，其双股在并捻时夹进了一根搓制的细棉条，以供起绒之用；其绒头与纬纱粘着得并不牢固。用双股纬纱，很可能与古代纺锤、纺车无法纺制适用于绒毯的粗支弱捻纬纱有关[3][39]。这是我国迄今出土的唯一的棉毯。

此外，江西德安南宋周氏墓还出土了一片苎麻织品，经纬密为22根/厘米、17

根/厘米。经计算，此德安麻布便相当于汉制的 14 升布[40]，属高级麻织品。从选料、脱胶到纺织，都具有较高的工艺水平[27]。

四、漂练印染技术的进步

（一）漂练技术。宋代漂练技术多沿用前代的一些工艺，但也有一些新的成就。周去非《岭外代答》卷六"布"条云：静江府古县苎麻布最为耐久，"原其所以然，盖以稻穰心烧煮布缕，而以滑石粉膏之，行梭滑而布以紧也"。这里谈到了灰水漂练和滑石粉处理两项操作。织物灰水处理在我国发明甚早，及至近现代，农村仍在沿用；表面涂白粉的技术在魏晋南北朝的纸张后期处理中也曾看到。此外，宋代还沿用前世的白土浣衣技术，《本草纲目》卷七引宋苏颂云：白善土（即白垩土）"处处皆有之，人家往往用以浣衣"。又引宋寇宗奭云："白善土，京师谓之白土粉，切成方块，卖于人浣。"白土浣衣的工艺至迟南北朝便已使用。宋代还出现了硫黄漂白的记载，《格物麤谈》云："葛布年久则黑，将葛布先洗湿，入烘笼内铺着，用硫黄熏之，色则白"。此书旧题宋苏轼撰，但其内容往往与苏轼《物类相感志》相重，又有人认为它是元人伪撰。硫磺漂白的记载前此是不曾看到的。

（二）凸版印花。宋代的印染技术得到了较大发展，其最值得注意的是型版印花技术，不管是凸版印花、镂空型版印花，还是缬染著花，都表现了高超的技艺；前两种在福州南宋黄昇墓都可看到。

凸版印花常分三步：第一步是先将涂料或金泥刷于凸纹版上，并在织物上印出图案的底纹，或直接印出金色的轮廓来；第二步是描绘敷彩；第三步是用白、褐、黑等色料，或金泥勾出花瓣和叶脉。这是汉唐以来凸版印花技术的发展。黄昇墓所见有印花彩绘百菊花边、印花彩绘龙凤花边等。

（三）镂空型版印花。黄昇墓出土的衣袍都有丰富多彩的边缘装饰，其中包括镂空型版印花、印金、刺绣、彩绘等[4]。镂空型版大约是以硬质木板或硬纸板制成的，印花操作是：将花版平置于处理过的织物上，再于镂空部位涂刷色浆，脱去花版后，花纹即现。色料中常需调入一些粘合剂。因色浆多次涂刷，以致于印出的花纹有些凸起，而且织物的纱孔也可能会被色浆覆盖，有的部分可能还有浸渍现象。但总的来看，花纹线条还是比较润泽流畅的。作为花纹的一些主要部位，则在印好底纹后再加工描绘。其具体操作约有四种：（1）植物染料印花，如蓝点印花绢裙等，裙面上满印靛蓝小点花纹，呈现两面印花的良好效果。（2）涂料印花，如其浅褐色双虎罗单幅料，涂料中当含某种胶着剂。（3）胶印描金印花，即先用颜料刷印彩色缠枝花纹，再用金泥勾描纹样轮廓。（4）洒金印花，先将镂空型版贴在熨平了的织物表面，再在镂空处刷以掺有色彩的胶粘剂，脱去花版，在纹样处洒以金粉，之后再抖去多余的金粉，即成洒金花纹。宋代的型板印花因在印出了主要纹样的轮廓后，再进行细致的彩绘，使服饰花边既有固定花位，又有接版循环。完全摆脱了汉唐图案的作风，使南宋颜料印花达到了一个新的高度[41][42]。

（四）灰缬染花。此技术始见于唐，宋后又有一些发展。《古今图书集成》"方舆汇编·职方典"卷六八一引《苏州纺织品名目》云："宋嘉泰中有归姓者创为之，以布抹灰药而染青，候干，去灰药，则青白相间，有人物、花鸟、诗词各色，充衾幔之用。"[43]此"灰药"当为某种碱剂。

（五）夹缬染花。宋代缬类织物主要是夹缬，依其使用情况，前后约可区分为两个阶段：（1）北宋时期，明令禁止民间使用染缬，而是以之作为军用、官用之品。《宋史》卷一五三"舆服志五"载：大中祥符七年（1014年），"禁民间服销金及铍遮那缬"。"八年又禁民间服皂斑缬衣"。稍后的天圣三年（1025年）还诏禁了撮晕花样布："在京士庶，不得衣黑褐地白花衣服，并蓝黄紫地撮晕花样……令开封府限十日断绝。"此"撮晕花样"，当为绞缬。（2）南宋时期，逐渐开始解禁，夹缬染色便在民间流传开来。山西南宋墓曾出土一件镂空版白浆的夹缬染色印花罗[44]，甚为珍贵。《朱文公文集》卷一八"按唐仲友第三状"载，唐仲友（1136～1188年）"又乘势雕造花板，印染斑缬之属，凡数十片，发归本家彩帛铺充染帛用"。这也说明了私营夹缬之发展。

（六）蜡缬染花。宋代中原地区使用较少，多流行于西南少数民族中。周去非《岭外代答》卷六说："瑶人以蓝染布为斑，其纹极细，其法以木板二片镂成细花，用以夹布，而熔蜡灌于镂中，而后乃释板取布投诸蓝中，布既受蓝，则煮布以去其蜡，故能受成极细斑花，炳然可观，故夹斑之法，若瑶人者也。"这把蜡染工艺及其流传情况都说得十分明白。南宋末年宋朱辅《溪蛮丛笑》"点蜡幔"条也谈到了西南少数民族的蜡染："溪峒爱铜鼓，甚如金玉，模取鼓文，以蜡刻版印布入靛缸渍染，名点蜡幔。"[45]

（七）关于染皂铁浆。铁浆染皂始见于南北朝时期，唐、宋文献都有记载。宋苏颂《图经本草》云："取诸铁于器中水浸之，经久色青沫出，可以染皂者为铁浆。"[46]此记载依然较为简单，对媒染的化学过程未作说明。一般而言，诸铁器的氧化物是难得溶于水中，并起到媒染作用的；故有学者认为，很可能是其中加入了醋酸，生成了少量醋酸铁的缘故[47]。可以进一步研究。

第五节　机械技术的发展

先世发明出来的各种机械在宋代都使用得更为广泛，技术上也日臻娴熟。此期机械技术比较值得注意的事项是：（1）原动力利用方面，发明了水力大纺车，发明了风力加工机械和风力排灌机械；利用了浮力起重。（2）多种小型机械，如榨糖车、簧片锁、舞钻等皆始见于图案或文字记载；发明了"猛火油柜"，抛石机和弩机都发展到了它们的高峰期，掞轴剪逐渐推广开来。（3）齿轮传动和链传动都发展到了更高水平，有关指南车、记里鼓车、水力天文仪器的记载都更为详细。（4）造船技术达到了较为发达的阶段。下面仅对其中部分机械作一介绍。

一、风力和水力的利用

（一）风力排灌机械和风力加工机械的发明

我国古代关于风力排灌和风力加工的机械皆始见于宋。这是宋代风能利用技术的一项重要成就。

刘一止（1087～1161年）《苕溪集》卷三"水车"载："我欲浸灌均两涯……老龙下饮骨节瘦，引水上泝声呷呀。初疑蹙踏动地轴，风轮共转相钩加……残年我亦冀一饱，谓此吹鼓胜闻蛙。"[1]这是我国古代关于风力灌溉的较早记载。其中的"钩加"当指风轮与龙骨车之间的传动。

宋洪咨夔（1176~1236年）《大冶赋》在谈到铸钱工艺时，说到过以风力和水力加工钱币的机械："液爰泻于兜杓，匦遂明于模印。绝之落落，贯之磷磷，嗟之以风车之翻轧，辏之以水轮之砰隐。缯网涓拭，盅覈摩揞。肉好周廓，坚泽精紧"[1]。此前两句指浇铸，第三、四句指脱范之后，机加工之前穿贯钱币的情况；第五、六两句应指以风力和水力来加工钱币。显然，此"水轮"，即水力机械；"风车"，即是风力推动的加工机械。

这是我国古代关于以风力提水、风力加工钱币的较早记载。但这风力机械的具体结构，今则很难了解。一般而言，当有立轴式、卧轴式、斜轴式等种。

此外，耶律楚材（1190~1244年）《湛然居士文集》卷六"西域河中十咏"还谈到过风力磨，其云："寂寞河中府，西流绿水倾，冲风磨旧麦（原注：西人作磨，风动机轴，以磨麦）；悬碓杵新粳（原注：西人皆悬杵以舂）"[2]。耶律楚材，原为契丹人，曾任金燕京行尚书省左右司员外郎，先元太祖十年（1215年）降蒙古，十四年（1219年）随太祖西征；太宗即位，助定君臣礼仪。"河中十咏"有可能是西征期间所作，其生活年代约与南宋（1127~1270年）中晚期相当。这种风力磨当在西域沿用了相当长一个时期，此"河中府"故治在今中亚撒马尔罕，我国境内尚未看到使用风力磨的记载。清王士禛《池北偶谈》卷二三"风磨风扇"条引陈诚《西域录》还对这种风力磨的构造作了简要说明："西域哈剌赛玛尔堪诸国多风磨，其制筑垣墙为屋，高处四面开门，门外设屏墙迎风。室中立木为表，木上用围置板，乘风下置磨石，风来随表旋动，不拘东西南北俱能运转。风大而多故也。耶律文正诗'冲风磨旧麦，悬碓杵新粳'。又有风扇于帐房中，高悬布幔，下多用头发当面绳索牵动，自然有风，不用掸扇也。"[2]此"哈剌赛玛尔堪"当即今撒马尔罕。

我国古代利用风力做功的最早实例大约是船帆，它始于汉或汉前；稍后是车帆，约始见于南北朝；再后才是风力加工车和风力扬水车，皆始见于宋。玩具风车自然也是风力做功的一种形式，如前所云，其或始于东汉[3]；南宋画家李嵩所绘《货郎图》中，货郎担前框中，也有儿童玩具风车的形态[4]。李嵩，钱塘人，少为木工，光宗（1190~1194年）、宁宗、理宗（1225~1264年）三朝任画院待诏。

（二）浮力起重

此事唯见于宋代文献，最明显的例子是打捞蒲津桥铁牛。蒲津桥在开元间曾大修过一次，将竹索式浮桥换成了铁索式浮桥，两岸铸铁为牛，以为牵引。之后虽小修不断，但历三百余年不曾发生重大事故。宋庆历间（1041~1048年），水涨桥毁，铁牛沉入河中，英宗（1064~1067年）时僧怀丙利用浮力原理将铁牛捞起。

《宋史》卷四六二"僧怀丙传"载："河中府浮梁用铁牛八维之，一牛且数万斤。后水暴涨绝梁，牵牛没于河，募能出之者。怀丙以二大舟实土，夹牛维之，用大木为权衡状钩牛，徐去其土，舟浮牛出。转运使张焘以闻，赐紫衣。"张焘，宋临濮（今山东鄄城西南）人，治平四年（1067年）加龙图阁直学士。僧怀丙打捞铁牛当在治平四年张焘加龙图阁直学士之前。

吴曾《能改斋漫录》卷一三"河中府浮桥"条也记载过此事，但所述稍有不同。云："及刘元瑜知河中府，河水大涨，不得决泄，桥遂坏，铁牛皆拔，流散十步，沉河中，中潬亦坏，自是不能复修，津济阻碍，人畜数有溺死者。英宗时，有真定僧怀丙，请于水浅时以缍系牛于水底，上以大木为桔橰状，系巨舰于其后。俟水涨，以土石压之。稍稍出水，引置于岸，每岁止于出一牛。至治平四年（1067 年）闰三月新桥乃成，然中潬亦终不能立也。赐转运使张焘等奖谕，其僧亦赐紫衣。"[5]此具体操作与《宋史》稍有出入，但从原理上看，它们都是可行的，都利用了浮力和杠杆原理。

（三）水力排灌机械

先世发明的水力排灌机械都继续沿用，有关记载也有了增加。此期尤其值得注意的是筒车和龙骨车。

筒车。北宋时仍泛称为"水车"、"水轮"。《范文正集》卷二〇《水车赋》说："器以象制，水以轮济；假一毂汲引之利，为万顷生成之惠。"此"一毂"的水车，显然指筒车。宋王应麟《玉海》卷二二"河渠·金水河"载："开宝九年，上步自左掖，亲按地势命水工引金水凿渠为大轮，注晋邸及潜龙园。"此具有"大轮"的引水机械，当亦是筒车。可见当时还把筒车用到了园林作业中。北宋梅尧臣《水轮咏》云："孤轮运寒水，无乃农者营；随流转自速，居高还复倾。利才畎浍间，功欲霖雨并；不学假混沌，亡机抱瓮罂。"[6]此"孤轮运寒水"，所指当也是筒车。到了南宋，便出现了"筒车"之名。南宋张安国《过兴安呈张仲钦》诗云："筒车无停轮，木枧着高格。"[7]这是我国古代文献中，较早明确地提到"筒车"一名的地方。张安国《湖湘以竹车激水粳稻如云书此能仁寺壁》[8]诗则描写了筒车运动的情况。

龙骨车。这是一种具有搬运功能的链传送机械，整个器身由上下两个叶轮、"龙骨"、叶板、行道槽组成；其"龙骨"和叶板合在一起便组成了"链条"；整个器身皆为木结构。驱动上叶轮，带动下叶轮，龙骨和叶板便沿着行道槽将水汲起。其驱动方式，宋代主要是人力踏动，元代又有了水力推动和畜力推动，明代又出现了一人以手摇动者。元王祯《农书》卷一八"农器图谱·灌溉门"曾对龙骨车形制作过详明的描述："龙骨车……其车之制，除压栏木及列槛桩外，车身用板作槽，长可二丈，阔则不等，或四寸至七寸，高约一尺。槽中架行道板一条，随槽阔狭。比槽板两头俱短一尺，用置大小轮轴。同行道板，上下通遇以龙骨板叶，其在上大轴两端，各带拐木四茎，置于岸上木架之间。人凭架上，踏动拐木，则龙骨板随转循环，行道板刮水上岸。"可见此"链"主要是为了传送、搬运水的；虽然它也接受和传递了一种动力，但那仅仅是为了克服传送阻力的。

"龙骨车"之名约始见于宋，许多文献都曾提到。明田艺蘅《留青日札》卷一八"龙骨"条载："今水车中，虾蟆练头名龙骨，盖龙能行水，亦取其形似脊骨也。"[9]王安石《元丰行示德逢》云："倒持龙骨挂屋敖。"宋李壁注云："龙骨所以车水，既得雨则无用，故挂之屋敖。"王安石《后元丰行》又云："龙骨长干挂梁楣。"[10]显然，此"龙骨"即龙骨车。这是我国古代文献中较早提到"龙骨"车的地方。《东坡全集》卷六"无锡道中赋水车"提到了"蜕骨蛇"之车，实际上也是龙骨车。其云："翻翻联联衔尾鸦，荦荦确确蜕骨蛇；分畦翠浪走云阵，刺水绿针抽稻牙。"[11]关于龙骨车形态的绘画始见于北宋画家扬威的《耕获图》，系四人踏动。南宋陆游《剑南诗稿》"春晚即事"则说得更为明确："龙骨车鸣入水塘，雨来犹可望丰穰；老农爱犊行泥缓，幼妇忧蚕采叶忙。"[11]这里更为明确地用到了"龙骨车"一词。南宋王十朋《得雨复用闻水车韵》也说到过"龙骨"的意思："蜕骨木龙忧不雨，更唤两牛眠下土（原注：农家以架车者为眠牛）；水从地底飞上田，不减在天行雨苦。"[12]李崇州认为，宋人常说的"踏车"、"水车"，皆指龙骨车言[13]。此说当有一定道理。如东坡诗《次韵吴正字主户曹二首》中提到过踏车："使君下策真堪笑，隐隐惊雷响踏车。"[14]南宋陆游《入蜀记》卷一，说在运河边看到过踏车："妇人足踏水车，手犹绩麻不置。"[15]又，王安石《山田久欲拆》同时提到了龙骨车与踏车："山田久欲拆，秋至尚求雨；妇女喜秋凉，踏车多笑语……龙骨已呕哑，田家真作苦"[16]。此当是一种用脚踏动的龙骨车。《梦溪笔谈》卷一三谈到过苏州至崑山间一种筑堤用的排水水车："苏州至崑山县凡六十里，皆浅水，无陆途，民颇患涉，久欲为长堤。但苏州皆泽国，无处求土。嘉祐中，人有献计，就水中以蘧篨刍藁为墙……则以水车车去两墙之间旧水，墙间六丈皆土，留其半以为堤脚，掘半为渠，取上以为堤。""水车"一词的含义，不管在文献记载还是民俗中，都十分丰富，各种汲水的轮轴机械，大体上都可称之为水车，具体含义需一一分析。显然，此"水车"即是龙骨车。

学术界对龙骨车的发明年代一直存在不同看法；元王祯[17]、明徐光启[18]、今人刘仙洲[19]、陆敬严[20]等皆说其始于汉；李崇州则说其始于北宋，并说宋代龙骨车并无"翻车"的别名[13]。我们倾向于后说，且有 3 条理由补充：（1）"翻车，今人谓龙骨车"，这是王祯最早提出的，之后为徐光启，今世一些学者沿用，但我们并不知道王祯立论的真实依据，但却知道其与汉代服虔的话不符。对汉代文献的解释，自应相信服虔为宜，这一点，本书第四章已经提到。（2）明宋应星作过许多民间调查，他并未把龙骨车称之为"翻车"，而是称之为"踏车"（二人踏动者）和"拔车"（一人摇动者）的。（3）汉代已有水碓，从技术发展的一般程序看，水碓与筒车是较为接近的，与龙骨车则距离稍远；龙骨车构造较为复杂，汉代是否能够制作出这样进步的机械，目前并无更多的证据。

二、几种简单机械的发明和发展

（一）碾糖车

发明年代未详。有关记载始见于宋，王灼《糖霜谱》第四载："糖霜户器用：曰蔗削，如破竹刀而稍轻。曰蔗镰……曰蔗碾，驾牛以碾所剉之庶，大硬石为之，高六七尺，重千余斤。下以硬石作槽底，循环丈余。曰榨斗，又名竹袋，以压蔗，高四尺，编当年慈竹为之。曰枣杵，以筑蔗入榨斗。曰榨盘，以安斗，类今酒槽底。曰榨床，以安盘，上架巨木，下转轴引索压之"。可见这是一种碾式榨糖车，基本操作是用硬石作成之碾将蔗汁榨出，之后再作他种处理。

（二）关于簧片锁的记载。簧片锁始见于先秦时期，汉、唐墓葬都有出土，汉代文献便有了相关的记载，近现代仍在民间使用。但明确地提到"簧"字的文献，宋前却不曾多见。欧阳修《归田录》卷下载："燕龙图肃有巧思。初为永兴推官，知府冠莱公好舞柘枝，有一鼓甚惜之，其鐶忽脱，公怅然。以问诸匠，皆莫知所为。燕请以鐶脚为锁簧内之，则不脱矣。"此记载虽较简单，但却在一定程度上也说明了簧片锁技术的发展。

（三）舞钻

发明年代不详，刘仙洲《中国机械工程发明史》[21]，郭可谦、陆敬严《中国机械发展史》[22]均未讨论。今查，较早的形态见于宋苏汉臣"货郎图"，原画高159.2厘米、宽97.0厘米。绢地工笔傅彩，人物有七，一老者，一货郎，五个儿童。货郎手推独轮车一，车上悬挂着农具，如半月锄、多齿锄、铁口镐等；手工业工具，如舞钻、刨、锛、墨斗、曲尺等；兵刃器，如刀、剑、钺、矛等；生活日用器，如镊子、耳挖勺、剃刀等；乐器，如铙、钹、法螺、琵琶等数十种器物；舞钻挂在车子正前方的最下部，平木用刨挂于独轮车右侧前方（彩版肆，2）[23]。

从传统技术调查来看，舞钻主要是借助重力和惯性的作用来做功的。整个钻具由3部分组成：（1）钻杆。为木质杆状物，顶端安一圆形和长方形的木块（亦有石块者），下端安钢钻头。（2）钻扁担，为一长条形横板，横板中部有一圆洞，使钻杆穿过此洞且能上下活动。（3）皮条。计2根，装法一致；一头系于钻杆顶端，一头系于钻扁担的一端。操作时，先拨转钻扁担，将皮条大部分缠于钻杆上，之后将钢钻头对准钻位，一手猛压钻扁担；由于皮条的牵动和钻杆顶端木块的惯性，只要不断均匀地压动钻扁担，钻杆就会不停地旋舞起来。钻头工作时受到两个向下的力的作用：一是木块的重力，二是工匠之手的下压力。做功的钻扁担上下移动，钻杆便左右（或说顺逆时针）转动，钻头便往下钻孔。旋转力实际上来自皮条的拉力，而此拉力又来自工匠之手的下压力。木块旋转是供木块惯性运动和储能的。此皮条是一种驱动装置，而不是一般的传动装置。与图中所示宋代舞钻似有一些差别，其"木块"不是安在钻杆顶端，而在钻头稍上的部位，其转动惯性力当较近代舞钻稍逊。

其实，舞钻的工作原理早已被人们发现和利用。新石器时代的石器、玉器，便是通过钻杆来回旋转的方式来钻孔的，开始完全是手工，后使用了一些简单机械；解玉的盘刀，其轴也是往返旋转的。葛洪《抱朴子》中的飞车，其轴虽为一个方向旋转，但也使用了绳索拉动；先秦、汉后的一些木器孔洞，光洁平整，都很难排除使用舞钻的可能性。依此我们推测，舞钻的发明期应在宋代之前。

（四）掾轴剪和掾轴火钤

掾轴剪始见于唐，宋后迅速推广开来。今在南北多处都有出土。如1954年洛阳烧沟涧西区熙宁五年墓（1072年），1958年河南方城宋宣和改元墓[24]，北京通县金大定十七年（1177年）墓[25]、长沙纸园冲宋墓[26]、四川宋墓[27]等都有出土。此外，《武经总要》"前集"卷一二载有一种火钤，是猛火油柜用来夹火的，其结构、形态与掾轴剪十分接近。说明宋代掾轴机械的使用已较广泛。

（五）绞车和抛石机

宋代战事频繁，绞车和抛石机都使用较多。绞车约发明于先秦时期，晋代便有了十分明确的记载，宋曾公亮（998～1078年）《武经总要》"前集"曾多次谈到绞车；其卷一二"守城"曾把绞车作为一种重要器具列出，不但介绍了它的构造，而且详述了它的使用方式，云："绞车，合大木为床，前建二叉手柱，上为绞车，下施四单轮，皆极壮大，力可挽二千斤。凡飞梯、木幔逼城，使善用搭索者遥抛钩索，掛及梯慢，併力挽，令近前，即以竿举大索钩及，而绞之入城"。（图6-5-1）

抛石机技术在宋代已发展到了它的高峰期。陈规《守城录》卷二说："攻守利器皆莫如砲；攻者得用砲之术，则城无不拔；守者得用砲之术，则可以制敌。"此"砲"即抛石机。史炤《资治通鉴释文》卷二八"后梁纪二"："机石也，或从包。"[28]可见，"砲"即是一种以机发石的装置。唐人常把抛石机称作

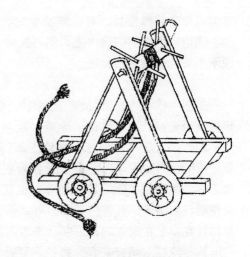

图6-5-1 《武经总要》所载"绞车"图
采自文渊阁《钦定四库全书》抄本
电子版，原题有"绞车"二字

"礮"，宋人在《守城录》（"四库"本）和《武经总要》（"正德"本、"四库"本）等书中却皆称之为"砲"。唐宋时期，这种抛石机主要投射石块，以及纵火物（如油脂等）、有毒物、生铁汁等，宋代亦投掷部分火药包，往往皆谓之"砲"或者"礮"，有时亦称之为"炮"。从部分字书、韵书的注释来看，"砲"和"礮"的含义并无明显区别，"砲"只是"礮"的俗字或省笔字，而且直到明清，两者依然经常混用。明郑若曾《筹海图编》卷一三载有一幅"礮图式"，是一种多人扯动的转轴式大型抛石机；明丘濬《大学衍义补》卷一二二说到的一种"礮"是管形火器；清龚振麟作有《铸礮铁模图说》一文，其"礮"亦是管形火器。

在宋代，炮兵已成为军队编制的一个重要组成部分，宋廷还对多种石炮的构造、尺寸、制作技术、使用性能作了总结；不但发射方法有了改进，而且威力更强，直至宋末元初，仍在战争中发挥着重要作用。

宋炮种类较多，《武经总要》"前集"卷一〇绘有两种"行砲车"，无文字说明。卷一二绘图介绍了16种炮，即："砲车"、"单梢砲"（两种）、"双梢砲"、"五梢砲"、"七梢砲"、"旋风砲"、"虎蹲砲"、"拄腹砲"、"独脚旋风砲"、"旋风车砲"、"卧车砲"、"车行砲"、"旋风五砲"、"合砲"、"火砲"，另外还有一种"手砲"；它们并非都是独立的种类，有的则差别很小。书

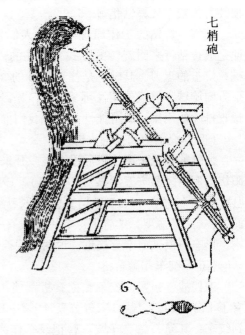

七梢砲

图6-5-2 《武经总要》所载"七梢砲"

中只对8种炮的性能、尺寸、制作方法作了说明；能力最强的是"七梢砲"，杆长2丈8尺，力臂长5尺7寸，拽索125根，拽手250人，定放手2人，射程90步，石弹重90斤。最为轻便的是"手砲"，杆长8尺，拽手、定放手总共2人，石弹重半斤，用于近射。炮架有4轮（如"砲车"、"卧车砲"），或2轮者（如"车行砲"、"旋风车砲"），有植入地下者（如"独脚旋风砲"），有置于地面而无车轮者。"独脚旋风砲"的支架只是一根立柱，包杆可以回转。这16种宋炮之中，大约只有"火砲"一种是投射火药包的，余皆投掷石块[29]。图6-5-2为《武经总要》"前集"卷一二所载"七梢砲"。据说元人攻襄阳时①，还使用过能力更强的炮，其石弹重达150斤。《元史》卷二○三"方伎传"载，"亦思马因，回回氏，西域旭烈人也，善造砲⋯⋯至元十年（1273年），从国兵攻襄阳，未下，亦思马因相地势置炮于城东南隅，重一百五十斤，机发，声震天地，所击无不摧陷，入地七尺"。此"入地七尺"之说可能有些夸张，但炮的威力较强当属可信。明、清时期，由于火药火器技术的发展，这种抛石机的石炮使用量大为减少，并逐渐退出了历史的舞台。

（六）弩机

发明于新石器时代晚期，唐、宋达到了它的高峰期。《武经总要》"前集"卷二"教弩法"载："若乃射坚及远，争险守隘，怒声劲势，遏冲制突者，非弩不充。"宋代弩机虽种类和名称都较多，但大体上皆可概括为制式弩和特种弩两类，制式弩中又可区分为轻型弩和重型弩（床弩）两种。轻型弩由兵士以脚力蹶张；床弩则置于坚实的四脚凳（即木床）上，由数名兵士绞轴张弦，它是在前代绞车弩基础上发展起来的。宋王应麟《玉海》卷一五○在谈到宋代兵制时说到的有"太平兴国连弩"、"冲阵无敌流星弩"、"乾道木鹤弩"等。宋《武经总要》"前集"卷一三所记以绞车发射者便有7种，如三弓弩、双弓床弩等，除发射一般箭矢外，还发射"油脂火箭"和"火药箭"。下面简单介绍其中几种弩的情况：

远射床子弩。文莹《玉壶清话》卷八云：宋太祖开宝间，"魏丕为作坊使。旧制，床子弩止七百步，上令丕增至千步。求规于信，信令悬弩于架，以重坠其两端，弩势负，取所坠之物较之，但于二分中增一分以坠新弩，则自可千步矣。如其制造后，

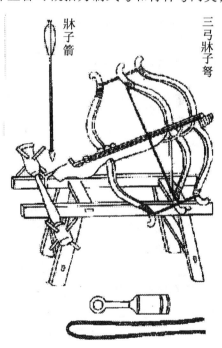

图6-5-3 《武经总要》所载床子弩

果不差"[30]。《宋史》卷二七〇"魏丕传"所述略简。若所述无误的话，依中国国家博物馆所藏宋镂花铜尺（1尺=0.316米）折算[31]，此射程便为1580米。图6-5-3所示为《武经总要》"前集"所载床子弩。

寒鸦箭弩。《武经总要》"前集"卷一三载："系铁斗于弦上，斗中常著箭数十支，凡一发可中数十人，世谓之斗子箭，亦云寒鸦箭，言矢之纷散如鸦飞也。"一发而数十支，可见威力是不小的。

神臂弓和克敌弓。一种蹶张弩，一人便可张开，既轻便又能远射，使用甚广。《梦溪笔谈》卷一九载："熙宁（1068~1077年）中李定[32]献偏架弩，似弓而施干镫，以镫距地而张之，射三百步，能洞重札，谓之神臂弓，最为利器。"后为宋廷采用。洪迈《容斋三笔》卷一六说得更为具体，并说南宋时将之改名为"克敌弓"："神臂弓出于弩遗法，古未有也……弓之身三尺有二寸，弦长二尺有五，箭木羽长数寸，射二百四十余步，入榆木半筒。神宗阅试，甚善之，于是行用。而他弓矢弗能及。绍兴五年，韩世宗又侈大其制，更名克敌弓，以与金虏战，大获胜捷"。《宋史》卷四二二"曾三聘传"说当时所用克敌弓"一人挽之，而射可及三百六十步"。依前法折算，此"三百六十步"约合今540米左右，杀伤力应是较大的。

伏弩。关于伏弩的记载始见于秦，宋时，在军事上的使用有了发展。《宋史》卷三六九"王渊传"载："宣和五年（1123年），刘延庆讨方腊，以渊为先锋。"方腊力量较强，"渊谕小校韩世宗曰，贼谓我远来，必易我，明日尔逆战而伪遁，我以强弩伏数百步外，必可得志"。方腊"果追之，伏弩卒发，应弦而倒"。伏射数百步，应是一种强弩。

（七）猛火油柜

"猛火油"即是石油，此名约始见于五代，第五章第一节所云《新五代史》、《资治通鉴·后梁均王贞明三年》等都提到过猛火油之名，此二书虽为后人所撰，但当有所本。"猛火油柜"之名始见于宋，这实际上是一种单筒、单拉杆、双活塞的液体压力泵，今世又谓之柱塞泵，其利用拉杆的往复运动，将猛火油连续喷出、燃烧，以攻敌人。

曾公亮（999~1078年）、丁度等撰《武经总要》"前集"卷一二"守城"条载："以熟铜为柜，下施四足，上列四卷筒。卷筒上横一巨筒，皆与柜中相通。横筒首大、细尾、开小窍；大如黍粒，首为圆，口径半寸，柜旁开窍。卷筒为口，口有盖，为注油处，横筒内有拶丝杖，杖首缠散麻，厚寸半，前后贯二铜束，约定。尾有横拐，拐前贯圆掭，入则用闭筒口，放时以杓自沙罗中抱油注柜窍中，及三斤许。筒首施火楼，注火药于中使然。发火用烙锥。入拶杖于横筒，令人自后抽杖，以力蹙之，油自火楼中出，皆成烈焰。"（图6-5-4）这里详细地谈到了猛火油柜的构造和使用方法。"熟铜柜"实即贮存易燃性轻质石油的一种容器，其上的"横筒"（"巨筒"）即是唧筒，"四卷筒"实为4条抽油管，横筒内的"拶丝杖"实为拉杆；"前后贯二铜束"，说明有两个活塞。当拉杆往前推时，横筒内的石油经前端小口喷出，"熟铜柜"中的石油便进入横筒后端；拉杆往后拉拽时，横筒后部的石油绕过后端小口由前方小口喷出，后端活瓣关闭，熟铜柜中的石油经

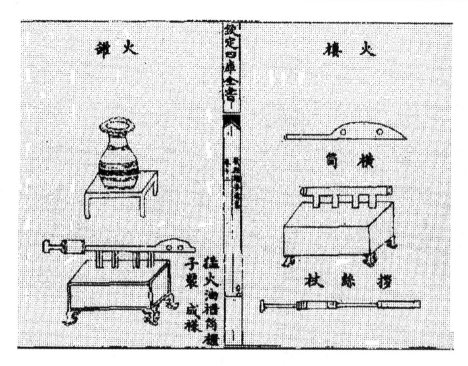

图 6 - 5 - 4 《武经总要》所载猛火油柜
采自文渊阁《钦定四库全书》本

小管进入横筒前方。这样，不管拉杆往前推，还是往后拉，都有猛火油从熟铜柜中喷出，便达到了连续喷油、喷火的目的[33]。这是我国古代利用柱塞原理做功的较早记载之一。

据马令《南唐书》卷一七载，五代时也有一种火油机，是施油以纵火的机具。北宋初年统一江南时，南唐将领朱令赟从湖口发水军救援金陵，与宋军在大江中遭遇，"令赟先创巨舟，实葭苇，灌膏油，欲顺风纵火，谓之火油机，至此势蹙，乃以火油机前拒，而反风回煽自焚大筏，水陆诸军不战而溃，令赟投火死，粮器俱焚"。此"火油"当即"猛火油"。"火油机"的构造和形态皆不得而知，但至少其技术思想，对"猛火油柜"是有启发的。

三、齿轮和链传动机械的杰出成就

在我国古代齿轮传动机械中，较为重要的是记里鼓车、指南车和天文仪器，其发明年代虽皆较早，但早期文献记载多较简单，宋代之后，有关记载才稍见详明起来。这一方面自然与造纸术和印刷术的发展有关，另一方面也说明齿轮传动技术在宋代已发展到了较高水平。尤其值得注意的是：真正的链传动已在苏颂水运仪的天梯中出现。

（一）记里鼓车

《宋史》卷一四九"舆服志"载："记里鼓车，一名大章车。赤质，四面画花鸟，重台，勾阑，镂拱。行一里则上层木人击鼓；十里则次层木人击镯。一辕，凤首，驾四马。驾士旧十八人，太宗雍熙四年，增为三十人。仁宗天圣五年，内侍卢道隆上记里鼓车之制：'独辕、双轮，箱上为两重，各刻木为人，执木槌。足轮各径六尺，围一丈八尺。足轮一周，而行地三步，以古法六尺为步，三百步为里，用较今法五尺为步，三百六十步为里。立轮一，附于左足，径一尺三寸八分，围四尺一寸四分，出齿十八，齿间相去二寸三分，下平轮一，其径四尺一寸四分，围一丈二尺四寸二分，出齿五十四，齿间相去与附立轮同。立贯心轴一，其上设铜旋风轮一，出齿三，齿间相去一寸二分。中立平轮一，其径四尺，围一丈二尺，出齿百，齿间相去与旋风等。次安小平轮一，其径三寸少半寸，围一尺，出齿十，齿间相去一寸半。上平轮一，其径三尺少半尺，围一丈，出齿百，齿间相去与小平轮同。其中平轮转一周，车行一里，下一层木人击鼓；上平轮转一周，车行十里，上一层木人击镯。凡用大小轮八，合二百八十五齿，递相钩镶，犬牙相制，周而复始。'诏以其法下有司制之。"此记里鼓车与《晋书》、《宋书》所述的一个差别是：其计分两层，行一里时，下层击鼓；行十里时，上层击镯。双层记里车至迟出现于五代，五代马缟《中华古今注》云："记里车，所以识道里也，谓之大章车。起于西京，亦曰记里车。车上有二层，皆有木人焉。行一里下一层击鼓，行十里上一层击钟。《上（尚）方故事》有做车法"。

《宋史》卷一四九又载有吴德仁设计的记里鼓车，它减少了用作击镯的一对齿轮，使木人在车行一里时，同时击鼓击钲。原文为："大观之制，车箱上下为两层，上安木人二身，各手执木槌。轮轴其四。内左壁车脚上立轮一，安在车箱内，径二尺二寸五分，围六尺七寸五分，二十齿，齿间相去三寸三分五厘。又平轮一，径四尺六寸五分，围一丈三尺九寸五分，出齿六十，齿间相去二寸四分。上太平轮一，通轴贯上，径三尺八寸，围一丈一尺，出齿一百，齿间相去一寸二分。立轴一，径二寸二分，围六寸六分，出齿三，齿间相去二寸二分。外太平轮轴上有铁拨子二。又木横轴上关楗、拨子各一。其车脚转一百遭，通轮轴转周。木人各二（一？）击钲鼓。"

张荫麟[34]、王振铎[35]分别于1925年、1937年对《宋史》所云记里鼓车进行了较深的研究，王振铎还作了模拟试验；1962年，刘仙洲也作了一些考察[36]，皆取得了较好的成果。图6-5-5为张荫麟推断的卢道隆记里鼓车齿轮示意图。若足轮（即记里车之运行轮）转一周，则依各齿轮的齿数和衔接、传动关系，其转动情况为：

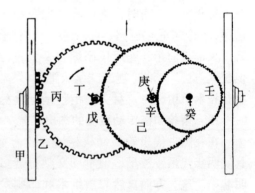

图6-5-5　卢道隆记里鼓车齿轮传动示意图
今人张荫麟绘，原出自文献[34]。
今转采自文献[36]

立轮：因与足轮同轴，具18齿，故也转1周18齿。

下平轮：具54齿，因与立轮垂直而以齿传动，故它也转18齿，1/3周。

旋风轮：具3齿，因与下平轮同轴故也转1/3周，1齿。

中平轮：具100齿，因与旋风轮以齿传动，故也转1齿，1/100周。

所以，足轮须转100周，中平轮方转一周。中平轮之轴顶旁有一铁拨子，推动关挨拨子，则下层木人击鼓，是为 1 里。

下面再以中平轮为参照物，设中平轮转动 1 周，看一下其他两个轮子的转动情况：

小平轮：位于中平轮之顶，具 10 齿，因与中平轮同轴，故其也转 1 周，10 齿。

上平轮：具 100 齿，与小平轮以齿相衔，故小平轮转 10 齿时，它也转 10 齿，为 1/10 周。

可见，中平轮转 1 周，上平轮转 1/10 周，中平轮若转 10 周，为 10 里时，上平轮便转 1 周，为 10 里。上平轮之轴顶旁亦设有铁拨子，故使上层木人击镯。《宋史》所云虽有不甚严格处，但基本上还是正确的[34][35][36]。可见记里车的传动部分主要是轴、齿轮，以及拨动铁拨子的拨杆（凸块）。

吴仁德记里鼓车工作原理与卢道隆的大体一致，但记述较为零乱，数字亦有讹误者[34][35]。

除《宋史》外，《金史》卷四三"舆服志"也提到过记里鼓车："大定十一年将有事于南郊，命太常寺，检宋南郊礼，卤簿当用……指南车，记里鼓车。"《金史》卷四一"仪卫志"："（天眷）法驾……指南、记里车各三十人。"直到元代，杨维桢还作有《记里鼓车赋》一篇[37]。之后，记里车和指南车皆湮没无闻。

（二）指南车

约发明于汉，魏晋南北朝时文献记述甚多，之后，虽然《隋书·礼仪志》、《旧唐书·舆服志》、《新唐书·车服志》、《新唐书·仪卫志》等都有记载，但皆较简单，较为详细的记述是到了宋代，在岳珂《愧郯录》中看到的，《宋史·舆服志》也有记述，两者内容基本一致。宋代指南车又有两种，一为天圣五年（1027年）工部郎中燕肃所奏，系传统之法；二为大观元年（1107 年）内侍省吴德仁所献，系新法。前者仅用一个木人指向，利用两个足轮（车轮）、两个小滑轮、5 个大小不同的齿轮（即附足立子轮二，各 24 齿，小平轮二，各 12 齿，中心大平轮一，48 齿）组成齿轮系的离合传动机构。指南车出行前，须事先设定木人所指方向，如南方，于是，当轮行向右转时，前辕亦随之转向右方，由于大平轮的立轴穿贯车箱，以辕为轴承，辕之后部必向左移。因辕之后端系有传动之绳索，于是左边之小平轮下降，右边之小平轮上提，而左边之小平轮又与立子轮、足轮啮合，由于齿轮传动的关系，当车身右转 1 周时，附足立子轮转 2 周，小平轮转 4 周，大平轮逆转一周。各轮皆转 48 齿，木人随之逆转一周，故指向不变。当车身向左转一周时，木人便向右转一周，仍指原定位方向[35][38]。图 6－5－6 为王振铎复原的燕肃指南车构造图，吴德仁指南车的基本原理与之一致，只做了局部调整。

指南车首创于张衡，之后盛于历代卤簿，宋金仍有制作，元后无闻。

（三）浑仪

从历代记载来看，宋代制作天文仪器的数量是较多的。据《宋史》卷四八"天文志"载，宋太宗太平兴国四年（979 年），司天监学生巴中人张思训作漏水转象仪，"其制起楼，高丈余，机隐于内"；乃开元遗法，运转以水，因天寒时水易凝结，故改以水银为动力。至道（995～997 年）中，韩显符"初铸浑天仪于承

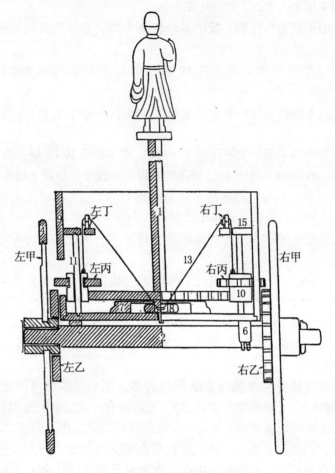

图 6-5-6　燕肃指南车结构复原图

甲．足轮　乙．立子轮　丙．小平轮　丁．小轮

1. 贯心立轴　2. 车轴　4. 辋（又名牙）　6. 伏兔　7. 压辕板　8. 车辕　9. 车箱

10. 铁坠　11. 立柱　13. 拉索　15. 横木

按：（1）图中原缺编号3、5、12、14。编号1当即木仙人立轴。（2）今重绘了个别零件的剖面线。

王振铎复原，采自文献[35]

天监"。尤其值得注意的是元祐（1086～1094 年）间苏颂制作的水运仪象台，它在很大程度上反映了我国古代天文仪器技术、天文学技术的最高成就。苏颂主持并参与了水运仪象台的制作，并撰有《新仪象法要》一书流传于世，其中绘有象形图和结构图，成为世界天文史、世界机械技术史上极为宝贵的资料。

据《宋史》卷四八"天文志"载，苏颂所作者，是"浑仪中设浑象，旁设昏晓，更铸激水以运之，三器一机"的大型天文仪器，它较好地把浑仪、浑象和报时三部分装置结合到了一起。整个设备以水推动，通过齿轮等的传动，使浑仪和浑象自动跟踪天体，并自动报时。仪器计分 3 层，全高约 12 米，宽 7 米，下层为动力装置和报时装置，中层为浑象，上层为铜浑仪观测室。依功能之不同，其有两个齿轮系：一由水轮（即枢轮）的等速回转运动，经过部分齿轮的传动，使浑象每天等速回转 1 周；二由水轮的等速回转运动，经过部分齿轮的传动，使浑仪的天运环得到每天等速转 1 周[21][39]。经复原计算，枢轮每 25 秒钟落水 1 斗，一刻钟转 1 周，24 小时转 96 周。而昼夜机轮、浑象、浑仪则 24 小时转 1 周，与天体的运转一致[40]。图 6-5-7 所示为苏颂《新仪象法要》卷下所载"天衡"图，它实际上是水运仪象台控制水轮匀速运转的系统。

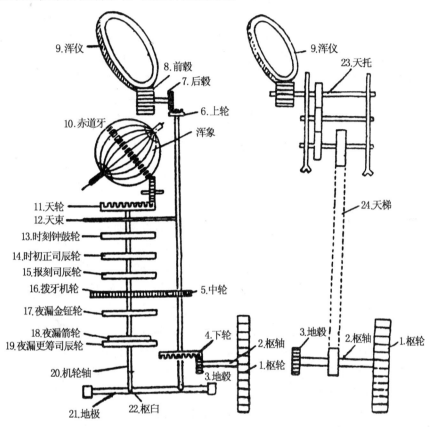

图 6-5-7　苏颂水运仪象台传动机构示意图

采自文献[21]

南宋时期也制造过浑天仪。李心传《建炎以来朝野杂记》卷四"浑天仪"条载："浑天仪，古器也，旧京凡四座，每座约用铜二万斤。""绍兴三年，工部员外郎晋陵袁正功献浑仪本样，命有司制之，太史局请折半制造，计用铜八千四百余斤。"

（四）天梯中的链传动

天梯是苏颂所作浑仪中的一个金属链传动机构。《新仪象法要》卷下载："天梯，长一丈九尺五寸。其法以铁括联周匝上，以鳌云中天梯上毂挂之，下贯枢轴中天梯下毂。每运一括，则动天运环一距，以转三辰仪，随天运动。"此"铁括"大约就是组成铁链的链节。"每运一括，则动天运环一距"。说明其啮合得十分严密。至于此铁链是如何制作的，因记述简单而难得详知。这是较为典型的链传动机构，它的主要目的不是搬运，而是有节律地传动一个力、一种运动。其他地方很少看到这种纯传动的金属链，诸如龙骨车等水力机械中的所谓"链传送"，与此是有差别的。这一点下面还要谈到。

（五）日历戳和齿轮传动

我国古代的日历戳至迟始于宋。《文献通考》卷一一五载："（宋）景祐三年，篆文官王文盛言于少府监曰，在京粮料院印，多伪效之以摹卷历者。谓宜铸三面印；圆其制，而面阔二寸五分；于外围周匝，篆纪年及粮料院名，凡十二字。以围篆十二辰，凡十二字。中央篆正字，上连印钮，令可转旋，以机穴定之。用时，月分对年中互建十二月，自寅至丑，始终循环。每改元，即更铸之。云：若此，使奸人无复措其巧矣。少府监以奏。诏三司详定，请如文盛言。"此述显然是日历戳。其印为圆形，中心刻一个"正"字，且连印钮，令可旋转，其外共刻两圈铭文。第一圈刻十二辰，凡12字；第二圈，即印的最外圈刻年份和粮料院名。使用时，两圈铭文互相对应，互建十二月，往复无穷。改元时更铸之。在此最值得注意的是"机穴"2字，它很可能是一种齿轮状装置；"以机穴定之"，说明此"机穴"可起到一种定位的作用。

四、造船技术之长足进步

两宋时期是我国古代造船技术获得长足进步的重要阶段，不但船舶生产的数量较多、规模较大，而且专业化程度较高、设备较为完善，在世界上处于领先的地位。宋、元海上交通甚为发达，达到了我国历史上的一个高峰期。

宋代造船地主要分布于南方，北方的陕西、河北、山东也有较大发展。《宋会要辑稿》"食货"四六之一"水运"载，宋太宗至道（995～997年）末，诸州岁造运船3337艘；天禧（1017～1021年）末，岁减421艘[41]，其中处州605艘[42]、吉州525艘、明州177艘、婺州105艘、温州125艘、台州126艘、楚州87艘、潭州280艘、鼎州240艘、凤翔斜谷600艘、嘉州45艘。北方造船地点虽然较少，但斜谷一地的产量是不低的。当然，不同年份，造船地点及其产量仍会发生变化。南宋造船业的中心是临安、建康、平江，制造海船较为著名的是明州、泉州和广州；造船数量亦较大。《宋会要辑稿》"食货"五〇之九载，建炎二年（1128年），江湖四路仍造船2767艘。陆游（1125～1210年）《入蜀记》卷四载，武昌水军演习时，出动大舰700多艘，舰长二三十丈。

宋船载重量也有了较大提高，规模更大。在唐代，通常船舶皆如《国史补》卷下所说："水不载万，言大船不过八九千石"。唯俞大娘船可能已达万石，但宋代则有一万二千石者。张舜民《画墁集》卷八载，他在岳州"丙戌（1106年）观万石船，船形制圆短，如三间大屋，户出其背，中甚华饰，登降以梯级。非甚大风不行，钱载二千万贯，米载一万二千石"。宋代海船规模也较大，朱彧《萍州可谈》卷二载："甲令，海舶大者数百人，小者百余人……船舶深阔数十丈"。《岭外代答》卷六"木兰舟"云："浮南海而南，舟如巨室，帆若垂天之云，柂长数丈，一舟数百人，中积一年粮，养豕酿酒其中……盖其舟大载重，不忧巨浪，而忧浅水也。"徐兢《宣和奉使高丽图经》卷三四"客舟"条载，宣和五年（1123年）宋朝出使高丽的客舟"长十余丈，深三丈，阔二丈五尺，可载二千斛粟"，即载重二千石。我国古代以十斗为斛，南宋末年改为五斗为一斛，两斛为一石。同行的神舟"长阔高大，什物器用、人数，皆三倍于客舟"，载重量亦是不小的。《梦梁录》卷一二载："海商之舰，大小不等，大者五千料，可载五六百人，中等二千料至一千料，亦可载二三百人。"此"料"与"石"相当。宋代客船的装备已较齐全，有的还较为华丽。据《宣和奉使高丽图经》卷三四载，当时客船上有腐屋，高及丈余，四壁施窗户，如房屋之制。上施栏楯，朱绘华焕，而用帘幕增饰。

古人早已意识到了木材质地对船舶寿命的影响，唐、宋造船主要采用松、杉、楠、樟、杞、梓等木材，前四者最为习见。《重修政和经史证类备用本草》卷一四引《本草衍义》云："楠材，今江南等路造船场皆此木也，缘木性坚而善居水。"为保护海船，人们还在其外采取了防护措施。周密《癸辛杂识》续集卷上"海蛆"条载："凡海舟，必别用大木板护其外，不然则船身必为海蛆所蚀。"

为加强海外贸易，宋廷先后在广州、杭州、明州（今宁波）、泉州、密州板桥镇（今山东胶州市）设置市舶司，在秀州华亭县（今上海松江县）、温州、江阴、秀州澉浦（今浙江海盐县）等处设置市舶务，以处理海外贸易之事。而唐朝只在广州一地设有市舶司。

宋代造船技术既较好地继承了汉、唐以来的优良传统，又有不少创新。比较值得注意的事项有如下几点：[43][44]

（一）船型设计方面

1. 对船舶的长宽比有了进一步认识，有关记载也有了增加

一般而言，船舶长宽比与材料、用途和航行水域等都有一定关系。客船、货船因皆求稳，长宽比往往较小，而稍显短粗；战船常求迅速，长宽比往往较大，而稍显细长。海上因风高浪急，海船的长宽比一般稍小；内河因风浪较小，长宽比可以稍大。古船因以木材制作，抗压强度较低，长宽比一般较今船为小。在同一时代，战船皆较客船、货船细长；在不同时代，今船当较古船细长[44]。张舜在岳州看到的万石船"形制短圆"，朱彧在广州看到的海船"形如方斛"，长宽比都较小。《宋会要辑稿》"食货"五〇之二二载，宋孝宗乾道五年（1169 年），明州造八百料四十二桨海战船，长 8 丈 3 尺，阔 2 丈，长宽比达 4.15。可见这长宽比有了增加。同书"食货"五〇之八载有轻便快速的鲂鱼船，长 5 丈，宽 1 丈 2 尺，长宽比为 4.17。同书"食货"五〇之三二载嘉泰年间池州造海鹘船，身长 10 丈，宽 1 丈 8 尺，11 舱，长宽比 5.56。长宽比更大了一些。今世学者或谓古船皆较短粗，或谓皆较细长，都是不够全面的[43]。古船实际上既有短粗者，也有稍见细长者。此海鹘船也是一种轻便战船。《武经总要》"前集"卷一一载："海鹘者，船形头低尾高，前大后小。如鹘之形，舷（"四库"本作"船"）上左右置浮板，形如鹘翼翅，助其舡，虽风涛涨而无侧倾。"

2. 车船技术得到了更大发展

车船始见于南朝，成熟于唐，兴盛于宋后，宋代在长沙和两浙路等地都曾制作。李纲（1083～1140 年）《梁溪集》卷二九载："长沙有长江重湖之险，而无战舰水军。余得唐嗣曹王皋遗制，创造战舰数十艘，上下三层，挟以车轮，鼓蹈而前。"并以此成五首绝句，其一云："车船新制得前规，鼓蹈双轮势似飞；创物从来因智者，世间何事不由机"。宋代利用车船作战，影响最大的应是与杨么领导的义

军之战，由建炎四年（1130 年）至绍兴五年（1135 年）间，义军和官军都建造了不少车船，且规模皆较大。《老学庵笔记》卷一载："官军战船亦仿贼车船而增大，有长三十六丈，广四丈一尺，高七丈二尺五寸。"依前法折合今制，此船则长达 100 多米。车船因速度较快，且机动灵活，故深受宋人重视。《宋会要辑稿》"食货"五〇之一五载，绍兴四年二月，枢密院张浚言：鼎州"知州程昌禹造下车船通长三十丈或二十余丈，每支可容战士七八百人，驾放浮泛往来可以御敌"。绍兴四年五月，两浙转运副使吴革言："江浙诸州军打造九车十三车战船，以备控扼，缓急遇敌追袭掩击须用轻捷舟船相参使用，今做湖南五车十桨小船样制"。

一般而言，我国古代船舶的推动力主要是人力和风力，人力通过桨、橹、车（轮桨）的传递便可达到推进的目的。但这种推动方式，往往是综合使用的；如车、桨兼用，车、橹兼用，或橹、桨兼用的；而桨、帆兼用，橹、帆兼用，车、帆兼用，桨、橹、帆，或者车、橹、帆兼用的事例亦不乏见。

3. 尖底船技术有了发展

尖底船可能唐代便已发明，但有关实物和更为明确的记载却是到了北宋才看到的。1979 年，宁波东门码头遗址发掘出一艘尖头、尖底、方尾的三桅外海船，残长 9.3 米、残高 1.14 米、最宽处 4.4 米，上部结构已经朽坏，但底部，船体壳板与抢梁肋骨、龙骨仍结合在一起，且保存较好，至龙骨后部已经残断，残长 7.34 米，估计全长大于 10 米。伴出物有五代至北宋瓷器和乾德（963 ~ 968 年）元宝 1 枚[45]。这是我国今见最早的单龙骨尖底船实物。

北宋晚期时至南宋时，尖底船技术便更广地使用起来。《宣和奉使高丽图经》卷三四"客舟"条说，当时福建、两浙的海上贸易船长十余丈，深三丈，"上平如衡，下侧如刃，其贵可以破浪而行"。此"上平如衡，下侧如刃"，显然是尖底船。"宣和（1119 ~ 1125 年）"为北宋徽宗年号。这是我国古代关于尖底船较早且较为明确的记载。

《宋会要辑稿》"食货"五〇之八载：高宗建炎元年（1127 年）七月，"尚书省言，濒海沿巡检下鱽鱼船可堪出战，式样与钱塘、扬子江鱽鱼船不同，俗又谓之钓槽船；头方小，俗谓盪浪斗，尾阔可分水面敌，可容人兵，底狭小如刀刃，状可破浪"。时为南宋初年。鱽鱼，带鱼之俗称。可见，鱽鱼船也是一种尖底船，但战用鱽鱼船与钱塘扬子江鱽鱼船又有一定差别。因尖底船吃水较深，抵御风浪能力较强，船舶稳定性更好，故可破浪而行。

《宋会要辑稿》"食货"五〇之一八载：绍兴二十八年，福建安抚转运司言："准指挥令两司共计置打造出战鱽鱼船一十只，付本路左翼军统制陈敏水军使用，契勘鱽鱼船乃是明州上下浅海，去处风涛低小，可以乘使。如福建、广南，海道深阔，非明海洋之比，乞依陈敏水军见管船样造尖底海船六只，每面阔三丈，阔三尺，约载二千料，比鱽鱼船数已增一倍，缓急足当十舟之用"。此进一步谈到了尖底船的长处。文献记载之多，说明了尖底船技术已相当发展。

（二）施工技术方面

1. 使用了修船坞

《梦溪笔谈》补卷下载："国初两浙献龙船长二十余丈……岁久腹败。欲修治，而水中不可施工。熙宁（1068～1077 年）中，宦官黄怀信献计，于金明池北凿大澳，可容龙船，其下置柱，以大木梁其上，乃决水入澳，引船当梁上，即车出澳中水，船乃于空中。完补讫，复以水浮船，撤去梁柱，以大尾蒙之，遂为藏船之室，永无暴露之患。"这是世界上利用船坞修船的最早记载。

2. 使用了滑道下水法

《金史》卷七九"张中彦"传载，正隆（1156～1161 年）时，张中彦曾主持在黄河上架设浮桥并造船，"浮梁巨舰毕功，将发旁郡，民曳之就水。中彦召役夫数十人，治地势顺下倾泻于河，取新秫秸密布于地，复以大木限其旁，凌晨督众乘霜滑曳之。殊不劳力而致诸水"。

3. 造船过程中采用了二重板、三重板技术

泉州后渚发掘出一艘宋代海船，残长 24.2 米，宽 9.15 米。船为尖底，头尖尾方。而且依木材性质，视不同部位的不同需要，使用了不同材质的木料组合[46]。舷侧和船底分别为三重和二重木板结构，船板上下左右之间多采用榫合和参钉、吊钉连接工艺。其舷侧板三重的总厚度便达 18 厘米（里重 8、中重 5、外重 5）[47]；这不但便于弯板加工，而且还会提高板件的强度和耐蚀能力。这些重板加工精细，贴合紧密，表现了相当高的技术水平。

4. 水密分舱技术普遍推广开来

此技术约发明于唐，推广于宋、元，宋代水密分舱实物今在许多地方都可看到。1960 年扬州施桥镇出土宋代大木船和独木舟各 1 艘，前者残长 18.4 米，船艄部分已经破坏，从残存情况看，约可分为 5 个大舱和若干个小舱。隔舱板与船舷是榫接的，隙缝用油灰填塞[48]。1978 年上海嘉定县出土南宋木船 1 艘，残长 6.23 米（约为全长的 2/3），船头呈方形，残存 7 舱；舱壁板厚约 5 厘米[49]。1978 年天津静海县元蒙口村发现北宋末年木船 1 艘，船体近似长方形，长 14.62 米，方头，平底，13 舱[50]。此外，1979 年宁波发现的宋船残存 6 舱[45]。1974 年泉州湾后渚港出土宋代木构海运货船 1 艘，复原尺寸为：船长 30 米，水线宽 10.2 米，型深 5 米，吃水 3.75 米。分成 13 舱[47][51]。1982 年泉州法石乡发掘的南宋古船，在已清理部分中发现 4 舱[51]。可见在已发现的 6 艘宋船中，不管河船还是海船，皆已分舱。泉州、宁波、嘉定等处古船都可看到明显的过水眼，其设于舱壁的低处，使积水或渗漏水汇集到最低处。当一舱漏而堵塞过水眼后，其他舱可免受影响。

此期文献上也有了水密舱的明确记载。《宣和奉使高丽图经》卷三四"客舟"条载，宣和五年（1123 年）遣使高丽的客舟"长十余丈"，"前一仓不安舱板"，"其次一仓装作四室；又其后一仓谓之腐屋"。《宋会要辑稿》"食货"五〇之三二至三三载，嘉泰三年（1203 年）打造海鹘船一只一千料，船身通长"一十丈"，计一十一舱。铁壁铧嘴船一只四百料，船通长"九丈二尺"，计一十一舱。可见宋代的河船和海船都普遍地采用了水密舱结构。

5. 为了船舶的牢固和密封，宋船的舱缝工艺也都相当出色

泉州宋船的板缝和榫隙是采用麻丝、竹茹与桐油灰捣拌成的舱料来密封的[47]。

6. 造船工艺的设计过程更为科学

一般皆须先绘图，或先造小样，之后再施工；建造形式较为新颖或者结构较

为复杂的船舶时，大凡都要先作模型，后再依比例放大、施工[52]。

《宋史》卷三七九"张矍传"载，张矍"知处州，尝欲造大舟，幕僚不能计其直。矍教以造一小舟，量其尺寸而十倍算之"。这就提高了船舶单件或者批量生产的效率，降低了成本，保证了产品质量。这种先做小样的方法，除造船业外，张矍还把它用到了其他行业中。"又有欲筑绍兴园神庙垣，召将计之，云费八万缗，矍教之。自筑一丈长，约算之，可直二万。即以二万与匠者。"

《金史》卷七九"张中彦传"也有类似的记载：金正隆年间（1156～1161年），彰德军节度使张中彦奉命督造战船。"舟之始制，匠者未得其法，中彦手制小舟才数寸许，不假胶漆而首尾自相钩带，谓之'鼓子卯'，诸匠无不骇服。其智巧如此。"西方是到了16世纪才出现简单船图的。

《宋会要辑稿》"食货"五〇之八载，高宗建炎元年，"知扬州吕顺浩言：沧州并滨州一带，与北界地形隣接，最系要害去处，理宜措置合用鲀鱼战船，已行画样颁下州县"，随宜改造。《宋会要辑稿》"食货"五〇之一八载：绍兴二十八年，福建安抚转运司言："鲀鱼船乃是明州上下浅海，去处风涛低小，可以乘使。如福建、广南，海道深阔，非明海洋之比，迄依陈敏水军见管船样造尖底海船六只"。这都提到了依船样造船。

（三）操纵技术和航海性能方面

1. 船舵技术有了多方面的进步

发明和发展了平衡舵。平衡舵是人们为减小水对舵的作用力矩，使操舵轻便灵活而发明出来的。做法是把舵轴由舵前端向后端移动少许，缩短舵面水压力中心与舵轴的距离，以降低转舵力矩。1978年，天津静江县元蒙口出土的宋船上发现一件平衡舵实物[50]，这是迄今所见年代最早，而且保存较好的平衡舵实例，其平衡面积比约为10%。[53][54]

学术界对平衡舵的发明时间尚无一致意见，有人将之推到了五代至北宋初年[38]，依据是古画《雪霁行江图》、《江天楼阁图》，以及《清明上河图》等都显示过它的形态。《雪霁行江图》的作者是郭忠恕（？～977年），生于后周广顺中；宋太宗时，召为国子监主簿。《清明上河图》为北宋晚期张择端所绘。也有学者认为平衡舵应始于唐[55]，理由是北宋官修《武经总要》（成书于1044年）中的楼舡、海鹘等船上均有较为原始的平衡舵形态，舵叶呈四边形，上宽下窄，舵的高度较小；而海鹘船在唐代已经使用了很长一个时期。此两说皆有一定道理，可以进一步研究。元时，平衡舵有了进一步发展，1975年，河北磁县漳河故道附近出土6只元代木船，皆残，方头平底，分为数舱；其中5号船最大，残长16.6米，11舱；也有平衡舵，三角形舵叶的平衡面积比为20%。现代舵叶的平衡面积比为20%～30%，可见元代舵叶平衡面积与现代已无多大差别。[55][56]在西方，直到18世纪尚未看到这种装置。

使用了升降舵。其目的是依据水的深浅来调节舵的高低，停泊时还可将之吊起，以提高舵的功效。这样，船行浅水时，把舵提高，使之得到了保护；船行深水时，将之降到船底之下，使其免受船尾水流涡漩的影响，同时可抗横漂。舵之升降通过滑轮系控制。北宋张择端《清明上河图》中便绘有升降平衡舵的图像。

今见最早的升降舵实物属北宋时期。1974 年泉州湾后渚港出土 1 艘海船，其中便有升降舵；其舵承座由 3 块大樟木构成，又用两重樟板加固于承座背面；舵承座板残长 3.44 米、残高 1.37 米、宽 0.44 米；附加樟板厚 20 厘米。在一个舱内还保存一樟木的绞车轴残段，残长 1.4 米，直径 35 厘米。轴身凿有两个直径为 13 厘米的圆通孔，当是绞棒孔。此绞车轴应是起舵用的绞关构件[51]。

使用了副舵及三副舵。宋后之大船往往不止一舵，有的设有大小两个主舵，依水之深浅交替使用；有的还设有副舵，以作备用。《宣和奉使高丽图经》卷三四"客舟"条说：前往高丽的客舟"之后有正柂大小二等，随水浅深更易，当腐（艉甲板）之后从上插下二棹，谓之三副柂，唯入洋则用之"。此"柂"即是舵。一些日本学者也曾提到赴日的宋船使用三副舵的情况[57]。此"三副舵"是不能转动的，只为减少舵行中的横漂。

发明了开孔舵。开孔舵即在舵叶上开了许多孔洞之舵，因其能使舵叶两边的水流相通，减少了涡流的影响，从而减小了转舵所费之力，对舵的功效却影响甚微。这种舵的发明期尚待研究，有学者说其发明于宋、元之交[55]，也有人认为其发明于唐；后说的主要依据是广州市博物馆陈列的唐船模型的开孔舵[58]。平衡舵多用于内河航运，开孔舵多用于海洋船舶。中国帆船的开孔舵曾使西方海员为之吃惊，西方是 20 世纪初才采用的。

2. 设置了防摇装置

据报道，宁波宋代海船[45]两边船舷的第七和第八外壳板接缝处，各有一根截面为 140 毫米 × 90 毫米的半圆形纵向长木，残长 7.1 米，用两排间隔为 40 ～ 50 厘米的钉子固定在船壳板上；此半圆木远在舷边之下，正处在船的舭部，即使空载，也不会露出水面来，当非一般护舷木；其作用应与现代船舶中经常运用的舭龙骨，即减摇龙骨相当；船舶在风浪里做横摇运动时，它会起到减缓船舶摇摆的作用[59][60]。在欧洲，此技术约见于 19 世纪 30 年代。

文献上也有类似的记载。《宣和奉使高丽图经》卷三四"客舟"载："于舟两旁，缚大竹为橐以拒浪。装载之法，水不得过橐，以为轻重之度。"这样，便可增加船体在风浪中的稳定性。

3. 使用了较大的铁锚

在字书中，"锚"字虽见于《玉篇》，但关于铁锚的明确记载和实物资料，却是到了宋、金时期才看到的。周密《癸辛杂识》续集卷上"栅沙武口"载，南宋末年，宋、元水师战于沙武口，宋将夏贵"搭船三百只，左右前后皆置棹，先以棹迎之，俟彼船出口子，即以铁猫（锚）儿固定，复回棹。拽其船以归"。同书同卷"海蛆"条：元代初年，往来于张家浜、盐城间的海船，"其铁猫（锚）大者重数百斤，尝有舟遇风下钉，而风怒甚，铁猫（锚）四爪皆折，舟亦随败"。这是今见文献中，关于使用铁锚的较早记载。今见最早的铁锚实物属于金代，1975 年，吉林市郊区发掘出一个金代窖藏文物坑，其中有 19 件铜器、37 件铁器，内有 1 件铁锚；锚高 22.5 厘米，三齿，环周均布，锚柄呈方柱形。据推断，这批文物的年代当在1119 ～ 1171 年，相当于北宋末、南宋初年[61]。

此外还使用了游碇。当船舶在风浪中作横向及纵向摇摆时，游碇可增加对摇摆的阻尼作用。《宣和奉使高丽图经》卷三四"客舟"载:"若风浪紧急,则加游碇,其用如大碇。"

4. 帆樯的设计和驶风技术有了改正

《宣和奉使高丽图经》卷三四"客舟"载:"风正则张布舰(帆)五十幅,稍偏则用利篷,左右翼张,以便风势。大樯(桅)之巅,更加小舰(帆)十幅,谓之野狐舰(帆),风息则用之。然风有八面,唯当头风不可行……大抵难得正风,故布帆之用,不若利篷翕张之能顺人意也。"即除篾制硬帆(利篷)外,还使用了软帆(布帆),将帆转向左右两舷之外,便可获得最大风力。在正帆之上复加小帆,即野狐帆,以便风正时使用[62]。

此外,加野狐帆后,可借风势劈浪前进,这是改善其抵御风浪能力的有效措施[62]。《宣和奉使高丽图经》卷三四"半洋焦"条对此有过较好的描述:"舟行过蓬莱山之后,水深碧色如玻璃,浪势益大。洋中有石,曰半洋焦。舟触焦则覆溺,故篙师最畏之。是日午后,南风益急,加野狐舰,制舰之意,以来浪迎舟,恐不能胜其势,故加小舰于大舰之上,使之提挈而行。"

5. 船上设有深水铅锤,以测水深,预防搁浅

《宣和奉使高丽图经》卷三四"黄水洋"条:"故舟入海,以过沙尾为难,当数用铅时,其深浅不可不谨也。"

6. 最早把指南针用到了航海事业上

有关指南针之事,后面还要谈到。

第六节　造纸技术趋于成熟

两宋是我国古代造纸技术的成熟期,造纸原料在继续使用麻、树皮、竹的同时,又大量地使用了麦秆、稻秆等纤维。在制浆工艺中,使用了水碓捣浆,出现了关于"纸药"的明确记载,此时不但生产了大量普通用纸,最大限度地满足了书籍印刷和日常事务之需,而且生产了一些白度较高且具有特殊性能的加工纸,其中尤其是巨幅匹纸和绘画用纸。宋代不但名纸迭出,而且还出现了关于纸的专著,使我国造纸、用纸技术都进入了一个新的历史时期。当时造纸技术水平较高的大约是江南和四川两处。国家对造纸业也较重视,《金史》卷五六"百官志二"载:金代在户部下设有"抄纸坊",但级别都较低,"使从八品,副使正九品,判从九品"。原注:"大安二年以'印造钞引库'兼,贞祐二年复置,仍设小都监二员。"

造纸术、印刷术、火药、指南针,是我国古代的四大发明。前者约发明于汉,雕板印刷约发明于南朝,火药、人工磁化的指南针约发明于唐,活字印刷是到了宋代才出现的。可见在宋代,举世著称的四大发明便基本形成。造纸和印刷术的发明和传播,加速了世界文化的交流;指南针的发现和传播,导致了世界地理的大发现;火药的发明和应用,则无情地打开了锁国时代的大门。它们都有力地推动了世界文明的进程,在世界文明史上占有特殊重要的地位。

一、造纸原料之扩展

苏易简曾在《文房四谱·纸谱》(986 年成书)中对宋代各地造纸原料作了较

好的概括："蜀中多以麻为纸，有玉屑、屑骨之号；江浙间多以嫩竹为纸，北土以桑皮为纸，剡溪以藤为纸，海人以苔为纸。浙人以麦麸（茎？）、稻稈（秆）为之者脆薄焉。以麦膏（藁）、油藤[纸]为之者尤佳。"南宋袁说友《笺纸谱》则强调了皮纸在全国纸业中的重要地位："今天下皆以木肤为纸，而蜀中乃尽用蔡伦法。笺纸有玉版，有贡余，有经屑，有表光。玉版、贡余，杂以破布、破履、乱麻为之，惟经屑、表光，非乱麻不用。"又说："广都纸有四色：一曰假山白，二曰假荣，三曰冉村，四曰竹丝，皆以楮皮为之。"[1]与前代相比较，宋代造纸原料的主要特点是较多地使用了竹料和草料。

（一）竹纸的兴起

我国古代竹纸至迟发明于唐，宋代便普遍推广开来，除上引《文房四谱·纸谱》外，苏轼（1037～1101年）《东坡志林》卷九亦载："今人以竹为纸，亦古所无有也。"此说宋代产竹纸，并说"古"，或指唐前无竹纸。

宋代竹纸主要产于江浙一带，直至北宋早期，其质量依然欠佳，易于撕裂。《文房四谱·纸谱》又说："今江浙间有以嫩竹为纸，如作密书，无人敢拆发之，盖随手便裂，不复粘也。"北宋晚期之后，质量才有了提高。米芾（1051～1107年）《书史》说："予尝硾越竹（纸），光滑如金版，在油拳上，短截作轴入笈番覆，一日数十张，学书作诗。"[2]说明越州竹纸的质量已超过了古老的油拳纸。南宋陈槱《负暄野录》卷下说："今越之竹纸甲于他处。"并说"吴人取越竹，以梅天水淋，晾令干，反复捶之，使浮茸去尽，筋骨莹彻，是谓春膏，其色如蜡。如以佳墨作字，其光可鉴，故吴笺近出，而遂与蜀产抗衡。"[3]施宿等《（嘉泰）会稽志》卷一七"草部·纸"条在谈到会稽竹纸时说它有五大优点："工书者独喜之。滑，一也。发墨色，二也。宜笔锋，三也。卷舒虽久，墨终不渝，四也。惟不蠹，五也。"[4]此五点中，前四点评价都是十分得体的，唯第五点有些夸张，因在诸品纸之中，竹纸最易受蠹。但不管怎样，越州竹纸质量当时已达一定水平。

随着生产技术的发展，竹纸也出现了不少名牌产品。《（嘉泰）会稽志》卷一七"纸"条载："（会稽）今独竹纸名天下，他方效之，莫能仿佛，遂掩藤纸矣。竹纸上品有三：曰姚黄、曰学士、曰邵公，三等皆佳……自王荆公好用小竹纸，比今邵公纸尤短小，士大夫翕然效之。建炎、绍兴以前，书柬往来率多用焉。"[4]看来，这三种"上品"纸应是书写诗词、信札的小幅笺纸。该书接着谈到了米芾捶越州纸后说："学书前辈，贵会稽竹纸，于此可见。"[4]

今日所见宋代纯竹纸有：故宫博物院藏米芾《珊瑚帖》、宋人所摹王羲之《雨后帖》、王献之《中秋帖》等。竹麻混合纸有：故宫博物院珍藏的米芾《公议帖》、《新恩帖》等；竹料与楮皮混合纸有：米芾《寒光帖》等[5]。

竹料富含纤维，其纤维细胞的含量约占细胞总面积的60%～70%[6]。造纸原料由麻扩展到树皮是个进步，由麻和树皮扩展到竹是个更大的进步，所以竹纸的出现和推广是具有划时代意义的事件。汉代之后，麻纸一直占据统治地位；晋至唐代，藤纸一度盛行；宋、元之后，麻纸有所衰退，藤皮纸渐被淘汰，竹纸因质量较好，原料来源较广，竹纸和树皮纸在宋、元两代都占有重要的地位。西方竹纸大约是19世纪才出现的。1875年，一个名叫劳特里奇（Thomas Routledge）的英国人写了一本关于以竹造纸的小册子，且用竹纸印刷出版了此书，这大约是西方较早的竹纸。

（二）草纸的发明和发展

有人认为我国草纸应始于唐[7]，但有关记载较少或不太明确，到了宋代，便更加明确起来。

前引北宋苏易简《文房四谱·纸谱》载："浙人以麦麴（茎?）稻穰（杆）为之者脆薄焉。以麦膏（藁）、油藤［纸］为之者尤佳。"这是世界上关于草类纤维纸较早且较为明确的记载。草纸的出现，进一步扩大了造纸原料的来源。西方草纸大约是 1857～1860 年在英国用西班牙草制成的。

（三）棉花纤维之用于制浆

1992 年，宁夏贺兰县出土了数十种西夏（1038～1227 年）文献[8]，本章第四节谈到，有学者对其中的 7 件纸样进行了科学分析，其中 3 件的原料为构树皮，4 件为破布。在破布纸样中，1 件为苎麻和大麻，1 件为大麻和亚麻，2 件，即编号分别为"3 甲"、"3 号"的《吉祥遍至口和本续》封皮，皆为棉破布和大麻破布混合浆。这是迄今所见最早的棉花纤维的纸制品[9]。

其实，西夏棉花纤维纸人们早已发现。20 世纪初期，西方探险家曾窃走过许多西夏文物；1966 年，前苏联学者曾对藏于圣彼得堡的 10 件西夏纸标本作了科学分析，其纸浆大体上是 3 种类型：（1）亚麻和棉破布浆；（2）棉破布浆；（3）含有大麻纤维杂质的亚麻破布浆[10]。这都是世界上最早的一批棉花纤维纸。

在西夏纸样分析中我们还可看到，不管是麻还是树皮，这些原料都经过了切断、净化等较好的预处理，纸样的尘埃度很小，纤维平均长度只有 3 毫米左右[9]。

当然，从全国范围看，此期造纸原料依然是以麻为主的。据说斯坦因在黑水城获得过约 48 种西夏文书，几乎都是黄麻纸，有的甚薄，纸质甚佳，有的曾经多层焙干或裱褙[11]。各种树皮纸此时仍在使用，如马可·波罗曾于 1274～1279 年时在元朝为官，他便记述过汗八里（今北京）用桑皮造纸的工艺[12]。时为南宋末年，但亦入元代纪年，有关情况下章再谈。

（四）故纸的回收和还魂纸的使用

我国古代关于回收故纸，生产再生纸的记载始见于明宋应星《天工开物》，但从实物资料看，还魂纸技术至少可上推到北宋时期，今人在分析北宋乾德五年（967 年）写本《救诸众生苦难经》、南宋嘉定（1208～1224 年）江西刻本《春秋繁露》时都发现了其中杂有未曾捣碎的故纸。说明北宋已经有了回收故纸的做法[13]。当然，生产还魂纸时，必须掺入适量新纸浆，而不宜纯用故纸，否则纸的强度便会受到影响。

总之，宋代造纸用原料主要是树皮和麻类，但竹类也呈快速上升之势，并占有了重要的地位。

二、制浆和抄纸技术之提高

在此尤其值得注意的有三个方面：一是使用了水碓捣浆；二是出现了关于纸药的明确记载；三是出现了更多的巨幅纸。

（一）水碓的使用和打浆技术的发展

我国古代水碓捣米技术约发明于西汉时期，魏晋便逐渐推广开来。但文献上关于水碓打浆的明确记载却是到了南宋才看到的。南宋庆元间（1195～1200 年）袁说友《笺纸谱》载："以浣花潭水造纸故佳，其亦水之宜矣。江旁凿白为碓，上下相接。凡造纸之物，必杵之使烂，涤之使洁。"[1] 由这段记载看，宋代曾用水碓打浆是肯定无疑的。水碓的使用，节省了人力，提高了功效，对纸张产量和质量的提高都具有重要的意义。

从科学分析看，此期制浆和抄纸技术已更加成熟。如其沤煮制浆技术已使用得更为普遍，1999 年人们分析的 7 件西夏纸样中，都发现了石灰和草木灰制浆的迹象，这对于提高浆料白度和纤维分散度都具有重要的意义。西夏纸料亦舂捣适度，经测定，打浆度都在 30～40°SR 之间。均匀度亦较好，很可能已掌握了良好的匀浆技术。西夏纸帘纹细小、平直、均匀、清晰，每厘米多为 7 条，当为竹帘抄制，抄纸技术较高[9]。其中，《吉祥遍至口和本续》（以下简称"本续"）的正文纸色泽较白，近于一般生白布色调；纸质均匀细平，不见明显粗大的纤维束；正面平滑度较好，有明显的帘纹，纹路较直，宽约 1 毫米；帘纹数约每厘米 7 条。经测定，纸页厚 0.13 毫米，纸重 30 克/米^2。用显微镜观察时，纤维较宽，壁上有明显的横节纹；用碘氯化锌试剂染色后呈酒红色，判定为苎麻及大麻纤维。打浆度约 40°SR，纤维平均长度 3.17 毫米，宽 25.2 微米。在扫描电镜能谱下，纤维表面均匀地附着一层胶质状物，说明抄纸过程中使用了纸药。能谱分析时，显示的钙、钾量皆较高，说明原料制备过程中曾用石灰和草木灰处理，因此纤维较白。经分析，"本续"封皮纸的原料为白净的棉和麻破布，经过了剪切、打浆、低浓分散解离，并加入了淀粉。纸页两面平滑度相差较小，纤维束较少；曾经入潢处理（黄柏汁染色），其作用一是染黄，二可防蛀。其中的"西夏文长卷"原料为大麻和亚麻破布，虽打浆帚化程度不高，但纸质较为细薄，匀度较好，白度约 30%，纸重约 20 克/米^2，当为细竹帘抄造[9]。

（二）关于纸药

"纸药"是造纸过程中用于防止纸浆纤维粘结的植物浆液。"纸药"之名始见于明，宋应星《天工开物·杀青》条说："竹麻已成，槽内清水浸浮其面三寸许，入纸药水汁于其中（原注：形同桃竹叶，方语无定名），干自成洁白"。这是我国古代文献中，最早提到"纸药"一词的地方。纸药发明于何时，学术界尚无一致看法，有东汉说，有唐代说，但较为明确的记载却是到了宋代才看到的。宋周密《癸辛杂识》续集卷下"撩纸"条载："凡撩纸必用黄蜀葵梗叶，新捣方可以撩。无则占粘，不可以揭。如无黄葵，则用杨桃藤、槿叶、野葡萄皆可，但取其不粘也。"此"黄蜀葵梗叶"显然是纸药。使用它的目的是"取其不粘也"，粘则"不可以揭"。除了黄蜀葵外，宋人还使用了杨桃藤、槿叶、野葡萄等作为纸药。关于纸药的防粘作用，清代《临汀汇考》说得更为简单明白："羊桃生山中，造纸者取枝叶捣汁以分张，备物致用，缺一不可"。从传统工艺看，一般纸幅较大，打浆帚化程度较高者，都必须添入纸药；而那些薄如蝉翼、韧如缣帛的长纤维薄型原纸，如油印蜡纸原纸等，所需纸药量尤多[14]。

除了防粘外，纸药还有两个作用：（1）作悬浮剂，使纸浆中的纤维悬浮分散，以便均匀成型；（2）保护压榨，使湿纸免于"压花"，不为浆水冲破[14]。如前所云，纸药既可掺入纸浆中，亦可作为浸润剂，用于捶纸工艺中。

在此有一点需指出的是，淀粉浆是不能作为纸药使用的，因其与纸药的性质有着完全不同的一面，虽两者都有悬浮作用，但纸药是防粘的，淀粉却带粘性。显然，若手工抄纸使用了淀粉剂，湿纸将更难分张[14]。

关于纸药的悬浮作用，人们进行过许多研究，一般认为它主要是改变了水的表面张力。如黄蜀葵汁和水后其分子便呈现网状结构，这对溶液的表面张力和悬浮性能都有明显的影响。纤维比重大于水，若无悬浮剂，纸浆虽经搅拌，也难免有部分纤维沉于槽底，以至缠绕成束，聚集成团，使抄出之纸厚薄不均[15]。试验表明，这种粘液的稠度、网目数，都会随着存放时间之延长和温度的升高而下降。

（三）巨幅纸的出现

明文震亨《长物志》卷七说：宋"有匹纸，长三丈至五丈；有彩色粉笺及藤白、鹄白、蚕茧等纸"。屠隆《纸笔墨砚笺》说：宋"有匹纸，长三丈至五丈，陶谷家藏数幅，长如匹练，名鄱阳白"。"匹"原是布帛类织物的量名。《汉书·食货志下》说："布帛广二尺二寸为幅，长四丈为匹。"宋陶谷《清异录》卷下"鄱阳白"条载："先君子蓄纸百幅，长如一匹绢，光紧厚白，谓之鄱阳白。问饶人云，本地无此物也。"宋代匹纸至今仍可看到，辽宁省博物馆今藏南宋赵佶草书《千字文》，长三丈余，其间并无接缝，纸上朱地描以泥金云龙纹图案。故宫博物院今藏南宋法常（1176~1239年）《写生蔬果图卷》，原是白色精细的皮纸。明人沈周在此图的跋中说："纸色莹洁，一幅长三丈有咫，真宋物也。"经测量，此画高达47.3厘米，横长达814.1厘米[16]。从有关实物看，宋1尺约相当于今制之31~32厘米[17]，依此，此画横长便相当于宋制二丈六尺左右。巨幅匹纸的出现充分说明了宋代抄纸设备、抄纸技术都有了较大进步。

苏易简《文房四谱·纸谱》曾对匹纸的抄造工艺作过简要的描述，说："黟、歙间多良纸，有凝霜、于（澄）心之号。复有长者，可五十尺为一幅。盖歙民数日理其楮，然后于长船中以浸之，数十夫举抄（帘）以抄之；傍一夫以鼓而节之；于是以大薰笼周而焙之。不上于墙壁也。由是自首至尾，匀薄如一。"可见，这匹纸在宋代多产于今皖南的黟、歙一带；抄纸是在长船式水槽中进行的；需数十人执纸帘，一人击鼓指挥，协同进行。关于纸帘的情况苏氏不曾提及，人们推测应是以较为细长的竹条以丝拼接而成。

对于这种巨幅纸的抄造工艺，清人纳兰性德《渌北亭杂识》曾对此发表过许多赞叹："古人造纸，奇技绝艺，实有不可以常理论者。余尝举此询之老年纸工，据云闻诸前人，造甚长之纸，宜用阔帘趁出水未干时陆续衔接而成，非一器所能就，理或然也。"

除此工艺外，有的巨幅纸还使用过粘接法。元陶宗仪《辍耕录》卷二九"粘接纸缝法"条载："王古心《笔录》内一则云：青龙镇隆平寺主藏僧永光，字绝照，访予观物，斋时年已八十有四。话次因问光：'前代藏经，接缝如一线，日久不脱，何也？'光云：'古法用楮树汁、飞面、白芨末三物调和如糊，以之粘接缝，永不脱解。过如胶漆之坚。'"说明宋代已有粘结能力较好的糊料配方。这种接缝技术当发明较早，据说敦煌藏经洞的写经纸中就有接缝的。

三、品种繁多的名纸及其技术特点

宋纸的生产规模、分布地域比唐代都有了较大扩展，品种和质量亦有了较大增加。宋纸名目繁多，有的以原料或产地命名，有的以加工状况命名，有的则完全是一种美喻，明代屠隆《纸墨笔砚笺·纸笺》云："宋纸：有澄心堂纸，极佳；宋诸名公写字及李伯时（李公麟）画，多用此纸……有歙纸，今徽州歙县地名龙须者，纸出其间，光滑莹白可爱。有黄白经笺，可揭开用之。有碧云春树笺、龙凤笺、团花笺、金花笺。有匹纸，长三丈至五丈，陶谷（903～970 年）家藏数幅，长如匹练，名鄱阳白。有藤白纸、观音帘纸、鹄白纸、蚕茧纸、竹纸、大笺纸。有彩色粉笺，其色光滑，东坡、山谷（黄庭坚）多用之作画、写字"。这里谈到了多种宋代名纸，其分类方法各不相同。明张应文《清秘藏》卷上"论纸"条载："（宋有）藤白纸、砑光小本纸、蜡黄藏经纸（原注：有金粟山、转轮藏二种）、白经笺、鹄白纸、白玉版纸、蚕茧纸。"这又是另一种分类法。宋代的正史和方志中也谈到过不少的名纸。《宋史·地理志》说徽州府贡白苎纸、池州红、白纸；成都府贡笺纸。淳熙《新安志》（1173 年）卷二"贡纸"条说宋代新安"贡表纸、麦光、白滑、冰翼纸"。宋代浙江有一种备受后人重视的"金粟山藏经纸"；经检验，它原是桑皮纸及麻纸。温州地区当时生产过一种"蠲纸"，也实为桑皮纸。官场和民间都使用过一种华贵的金花纸。在众多色调中，宋代亦重黄色，尤其是内府各馆阁官方文书字本，规定都用黄纸。《建炎以来系年要录》卷一五一说："绍兴十四年（1144 年）诏诸军，应有刻板书籍，并用黄纸印一帙，送秘书省。"《梦溪笔谈》卷一载："今三馆秘阁四处藏书，然同在同文院……嘉祐中，置编校官八员，杂雠四方书，给吏百人写之，悉以黄纸为大册写之，自是私家不敢辄藏。"此说许多重要文献都用黄纸。

在宋代诸多工艺纸中，比较值得注意的有如下几种，其中有的是沿用旧日的工艺或名称者，也有创新者。

（一）水纹纸

此纸又叫"砑花纸"，为艺术加工纸。其始见于唐，所谓的鱼子笺即属这一类型。南宋袁说友《笺纸谱》载："凡造纸之物，必杵之使烂，涤之使洁。然后随其广狭长短之制以造。砑则为布纹、为绫绮、为人物、花木、为虫鸟、为鼎彝，虽多变，亦因时之宜。"[1]今见世界上最早的水纹纸实物属北宋时期，故宫博物院珍藏有《同年帖》，呈现透亮的精巧水波纹图案；米芾（1051～1107 年）的《韩马帖》（33.2 厘米×33.2 厘米），砑有复杂的云中楼阁图案，宋末李衎（1245～1320 年）的《墨竹图》（29 厘米×87 厘米）呈现飞雁、游鱼图案。但这类实物为数甚少。

（二）施布胶矾或淀粉之纸

类似的操作约始见于六朝时期，之后便沿用下来，但具体操作和普及情况则各时代不尽相同。南宋赵希鹄《洞天清录·米氏画》说："米南宫多游江浙间，每卜居必先择山明水秀处"，渐得天然之趣；"其作墨戏，不专用笔，或以纸筋，或以蔗滓，或以莲房，皆可为画；纸不用胶矾"。此最后一句说米氏作画时纸不用胶矾，反过来，说明当时一般人作画之纸是用了胶矾的。人们推测，此胶大约可用植物胶或动物胶，"矾"，在我国古代主要指明矾。

施布淀粉之纸在宋代甚为流行，蠲纸仍是其中之一。蠲纸约始见于唐，宋后有了进一步发展，有关记载也明显增多。宋代赵与时《退兵录》云："临安有鬻纸者，泽以浆粉之属，使之莹滑，谓之蠲纸。犹洁也。"此蠲纸是一种涂了浆粉的纸。

宋代蠲纸大约依然保留着唐、五代时期的一些基本含义。元人程棨《三柳轩杂识·蠲纸》云："温州作蠲纸，洁白坚滑，大略类高丽纸。东南出纸处最多，此当为第一焉，由拳[纸]皆出其下。然所产少。""至和（1054～1056 年）以来方入贡。权贵求索者浸广，而纸户力已不能胜矣。吴越钱氏时贡此纸者，蠲其赋役，故号蠲云。"[18]至和，北宋仁宗年号。可见，宋代蠲纸大约亦有多种含义，从工艺上看，它是一种涂淀粉纸、洁白坚滑纸，从社会功能上看，它还是一种免除了纸户力役的纸。

（三）防蛀纸

宋版《春秋经传集解》在书末钤有木戳，其文说："淳熙三年（1176 年）四月十七日，左廊司局内曹掌典秦玉桢等奏，闻壁经《春秋左传》、《国语》、《史记》等书，多为蠹鱼伤牒。未敢备进上览。奉敕用枣木、椒纸，各造十部，四年九月进览。览造臣曹栋校梓，司局臣郭庆验牒"。此"椒"当指蜀椒，其果实中含有香茅醛、水芹萜等，具有杀虫功能。"椒纸"当是用蜀椒果实的浸出液处理过的纸。其法约有二：一是把浸入的椒液兑入纸浆中；二是把它涂布于成纸之上。

在考古实物中，今见西夏《吉祥遍至口和本续》的封皮和一件无名残纸中都含黄柏汁，既可着色，亦可防蛀[9]。

1974 年，山西应县木塔内发现一大批辽代书籍、杂抄、绘本、雕印佛像等，除 3 件绢本外，均为纸质，其纸质优良，曾用黄蘗汁潢过[19]。亦可防虫。

（四）十色笺

唐代便已出现，宋代仍较盛行。唐代较负盛名的是蜀地十样蛮笺，宋代较负盛名的是谢公十色笺。袁说友《笺纸谱》载："谢公有十色笺：深红、粉红、杏红、明黄、深青、浅青、深绿、浅绿、铜绿、浅云，即十色也。""纸以人得名者，有谢公，有薛涛。所谓谢公者，谢司封景初师厚，创笺样以便书尺，俗因以为名。"[1]元费著《蜀笺谱》亦引用过此说[20]。谢景初（1020～1084 年），宋杭州富阳人，字师厚，庆历（1041～1048 年）进士，历任湖北转运判官、成都路提点刑狱，不能排除其曾受蜀地十样蛮笺影响的可能性。往昔曾有人认为谢师厚在薛涛之前[18]，或说"景初"即"唐昭宗景福（892 年）之初"[21]；恐非。潘吉星[22]和戴家璋[23]都做过一些说明。笔者今又查，梅尧臣（1002～1060 年）《宛陵集》卷二七载有"喜谢师厚及第"诗一首，题注云："时第一甲二十八人，君名在二十三"。可知其与梅尧臣生活的年代大体相当。

除了十色笺外，大约还有一般色笺。《妮古录》载："唐有鱼子笺，宋颜方叔尝创制诸色笺，有杏红、露桃红、天水碧，俱砑花、竹、鳞、羽、山、木、人物，精妙如画，亦有金缕五色描成者，士大夫甚珍之，范成大云，蜀中粉笺正用吴法。"[24]

宋时不少地方都可生产笺纸，四方贵蜀笺，但蜀人却贵江南的徽纸、池纸和竹纸。袁说友《笺纸谱》载："四方例贵川笺，盖以其远号难致。然徽纸、池纸、竹纸在蜀，蜀人爱其轻细，客贩至成都，每番视川笺价几三倍。"[1]

（五）书画、拓片和货币用纸

书画。汉、晋时期多用绢作画，唐代虽然有了纸本画，但为数甚鲜。实际上，纸本画的大量出现是宋代的事。绘画常用皮纸，质量要求是较高的；某些书画用纸，如彩绘蜡笺、冷金笺、暗花纸，以及前云彩色粉笺，原都是精巧的工艺品，若再加以优秀的书法、精美的图画，它们互相衬托、映照，便可收到十分完美的艺术效果。

拓片用纸。宋代金石学甚盛，在复制钟鼎文和碑文过程中，金石拓片纸和碑帖纸亦迅速发展起来。人们对拓片用纸的要求是细、薄、致密、强度较高，对碑帖用纸的要求是坚实、受墨、表面平滑。宋曹士冕《法帖谱系》上"淳化法帖·绍兴国子监本"载："绍兴中，以御府所藏淳化旧帖刻版实之国子监，其首尾与淳化阁本略无少异。当时御府拓者多用匮纸，盖打金银箔纸也，字画精神，极有可观。今都下亦时有旧拓者，元板尚存；迩来碑上往往作蝉翼，且以厚纸覆板上，隐然为银锭口痕，以惑人。"[25] 这里谈到了拓片多用匮纸和蝉翼纸，匮纸亦可用于打制金银箔。

元《缀耕录》卷一五"淳化阁帖"条也说到过宋匮纸："高宗绍兴中，国子监本其首尾与淳化略无少异，当时御前拓者多用匮纸，盖打金银箔者也。"[26] 明代屠隆《考槃馀事》卷一"淳化阁帖"条谈到过拓片纸：宋太宗搜访古人墨迹，于淳化三年（992年）命王著摹勒作十卷，题"淳化三年壬辰岁十一月六日奉旨摹勒上石，用澄心堂纸，李庭珪墨，拓打以手摩之，墨不污手"。王公大臣各赐一本，后世谓之《淳化阁帖》，甚为精良。

纸币。宋统谓之楮币，北宋时又谓之"交子"，始创于四川，后演变成"钱引"；南宋时期，东南诸路又谓之"会子"，绍兴元年时浙江婺州又谓之"关子"。

相当长一个时期内，我国流通领域使用的主要是金属货币，它有两个十分严重的缺点：一是原料来源较为困难；二是使用起来很不方便。为此，汉代便出现了一种轻便的货币，即白鹿皮币。《史记》卷三〇"平准书"载："以白鹿皮方尺，缘以藻缋，为皮币，直四十万。"一年有余，废而不行。随着造纸技术、印刷技术的发展，唐代出现了飞钱（汇票）；宋代便出现了纸币，纸币的出现，是造纸术、印刷术发展的一项重要成就。

宋代纸币系由唐代飞钱演变而来，其始于宋真宗时，创于四川，初为民办，后转为官办。《宋史》卷一八一"食货志"载："会子、交子之法，盖有取于唐之飞钱。真宗时，张咏镇蜀，患蜀人铁钱重，不便贸易，设质剂之法，一交一缗，以三年为一界而换之。六十五年为二十二界，谓之交子，富民十六户主之。后富民赀稍衰，不能偿所负，争讼不息，转运使薛田、张若谷请置益州交子务，以榷其出入，私造者禁之。仁宗从其议，界以百二十五万六千三百四十缗为额。""当时会子纸取于徽、池，续造于成都，又造于临安。会子初行止于两浙，后通行于淮、浙、湖北、京西。"据《宋史》卷九"仁宗本纪一"载，仁宗天圣元年（1023年），政府正式接办，"置益州交子务"。

金代也曾印制过不少钞票。《金史》卷五六"百官志二"载：户部下设有"印造钞引库（原注：大安二年兼抄纸坊）"，"掌监视印造勘覆诸路交钞盐引，兼提控抄造钞引纸"。此大安二年，即1210年。

至于纸币的印刷，下面再作讨论。

（六）反故纸

这是一种利用反面的旧纸。明人张萱（1557～？年）《疑耀》载："每见宋版书，多以官府文牒翻其背，印以行。如《治平类编》一部四十卷，皆元符二年（1099年）及崇宁五年（1106年）公私文牍启之故纸也。其纸极坚厚，背面光滑如一，故可两用。"这里说到了宋人利用旧纸背面的情况。

（七）仿澄心堂纸

"澄心堂纸"原为五代名纸，北宋时流出南唐宫中后，曾引起过当时社会的广泛注意。明谢肇淛《五杂俎》卷一二载："宋子京（889～1061年）作《唐书》，皆以澄心堂纸起草，欧[阳]公作《五代史》亦然。"[27]用澄心堂纸作草稿用，可见其数量较大。明屠隆（1542～1605年）《考槃余事》卷一"论书"载："尝见宋版《汉书》，不惟内纸坚白，每本用澄心堂纸数幅为副。今归吴中，不可得矣。"卷二"纸笺·宋纸"说："有澄心堂纸极佳，宋诸名公写字，及李伯时画，多用此纸。""有歙纸，今徽州歙县地名龙须者，纸出其间，光滑莹白可爱。"[28]伯时为李公麟字，北宋晚期人，熙宁（1068～1077年）进士，居京不游权贵门。

仿造澄心堂纸事至迟始于北宋中期。宋敏求（字次道，1019～1079年）曾得到过南唐澄心堂纸，其后又转赠梅尧臣百枚；为此，梅尧臣曾在《宛陵集》卷二七"答宋学士次道寄澄心堂纸百幅"诗中说：澄心堂纸"浸堆闲屋任尘土，七十年来人不知。而今制作已轻薄，比如古纸诚堪嗤；古纸精光肉理厚，迩岁好事亦稍推"[29]。这说明至少在梅尧臣时代，已有仿制之澄心堂纸，其质较古纸轻薄。北宋陈师道（1053～1103年）《后山谈丛》卷二载："余于丹徒高氏见杨行密节度淮南补将校牒纸，光洁如玉，肤如卵膜。今士大夫所有澄心堂纸不迨也。"[30]看来，这些仿制之澄心堂纸与原纸是有一定差别的。

四、造纸专著的出现

我国对造纸资料的收集约可上推到隋代末年，虞世南（558～638年）在任隋秘书郎时曾作《北堂书钞》，其卷一〇四便收集了不少纸的历史资料。到了唐代，欧阳询《艺文类聚》卷五八、徐坚《初学记》卷二一都做过类似的工作。不过，这都是文献摘抄，而不是纸的专著；关于纸的专著实际上是到了宋代才出现的，其中最重要的是北宋苏易简（958～996年）《文房四谱》、蔡襄（1012～1067年）《文房四说》、米芾《书史》与《评纸帖》、陈槱《负暄野录》、南宋袁说友《笺纸谱》，以及赵希鹄《洞天清录》等，其中有的是专述纸及其制品的，有的则兼谈了别样。这是我国，也是全世界最早的一批关于纸的论著。这些书籍的出现，较大程度上反映了造纸技术之发展。其中最值得一提的是《文房四谱》，作者苏易简，梓州铜山人，太平兴国五年进士，以礼部侍郎出知邓州陈州。此书有雍熙三年（986年）自序，云其"阅书秘府，集成此书"。中专有"纸谱"一篇，其又包括叙事、制造、杂说、辞赋四项，谈到了麻纸、藤纸、楮皮纸、桑皮纸等的源流、加工及其用途，亦谈到了北宋的竹纸、麦秆纸、稻秆纸，从而具有较高的史料和学术价值。

第七节 雕版印刷的发展和活字印刷的发明

两宋是我国古代印刷技术蓬勃发展的一个重要阶段，所刻书籍之多、刻印规模之大、内容之广、印版之精、字体之美、用纸之佳，都达到了相当高的水平。今所谓"宋体字"，便是在宋代雕版印刷中逐渐发展起来的。宋版书已成为精美的工艺品和重要的文物。此期印刷技术的主要成就是：雕版印刷发展到了鼎盛的阶段；使用了铜版印刷和型版套色印刷；发明了活字印刷，其中包括木活字和胶泥活字两种；发明了蜡板印刷；制墨技术有了较大发展。

一、雕版印刷的长足进步

整个宋代社会从上到下，对雕版印刷都十分重视。宋初战乱基本平定后，宋王朝便开始了对经、史书籍的收集、校勘和刻印。宋太祖开宝五年（972年）完成了《尚书》、《经典释文》的校勘和印刷；宋太宗时，这工作全面开展起来。宋廷不但组织了专门的学者从事重要典籍的校勘，有时皇帝亦亲临视察。《宋史》卷四三一"邢昺传"载，景德二年（1005年），宋真宗亲自到国子监视察并观看了库藏之书，"问昺：'经版几何'？昺曰：'国初不及四千，今十余万，经、传、正义皆具。臣少从师业儒时，经具有疏者百无一、二，盖力不能传写，今板（版）本大备，士庶家皆有之。斯乃儒者逢辰之幸也'"。在开国后四五十年内，经传便达到了"士庶家皆有之"的状况，充分反映了宋代印刷业发展之迅速。

（一）三种经营体制

从投资性质和经营情况看，宋代雕版印刷约可分为三种类型，即官刻、私刻、民间集资刻印。由于三种经营形式的发展，在全国形成了一个较大的出版组织[1][2]。

"官刻"指从朝廷到地方的各级行政部门、文化教育部门等公帑投资或主持刻印者。两宋朝廷中的许多机构，国子监、崇文院、秘书省、国史院、刑部、大理寺、太史局印历所等都曾刻书，其中最重要的是国子监，它不但是最高学府和教育主管部门，并且兼具了出版发行典籍的职能。《宋史》卷二六六"李至传"载："淳化五年（994年）兼判国子监（李）至上言：五经书、疏已板行，惟二传、二礼、《孝经》、《论语》、《尔雅》七经、疏未备，岂副仁君垂训之意。今……皆励精强学，博通经义，望令重加雠校，以备刊刻。"说明淳化五年以前，五书已经刊行，淳化五年时，七经也准校刊，这都是由国子监主持的刻本。北宋时期，"监本"多数出自杭州，部分出自汴梁；南宋之后，临安印刷业更加繁荣起来。地方的官刻范围较广，各州、府、军、县，各转运司、安抚司、提刑司、茶盐司，各府学、州学、县学等，都可刻书。如绍兴二年（1132年）余姚县刻印司马光《资

中国古代手工业工程技术史

治通鉴》294 卷，端平三年（1236 年）常州军刻印宋章樵《古文苑注》21 卷，绍兴十五年（1145 年）平江府刻宋李诫《营造法式》34 卷等。在整个古代印刷中，官刻一直是占据主导地位的。

"私刻"又分两种：（1）家刻，即私宅家塾刻书。（2）坊刻，即手工业作坊刻书。家刻主要是一些文人学士崇尚道德文章，为传授学术思想所为；也有的是为了保存自己的文章，以传后人；其旨不在盈利。宋代士大夫皆喜刻书，据云，陆游父子、范成大、杨万里、朱熹、张栻等人在各处做官时，无不刻书，其中较为著名的有岳珂的相台家塾本和廖莹中的"世彩堂"刻本。前者书目有《九经》、《三传》以及《孟子注附音义》10 卷、《论语集解附音义》10 卷；后者书目主要有《韩昌黎集》40 卷、《柳河东集》44 卷等。坊刻的主要目的是盈利。坊刻业约始创于唐代中后期；及宋，由于朝廷提倡，历代经典大量出版，这种民间的印刷作坊才得到了较大的发展，并形成了几个较大的印刷业中心，其中最著名的是浙江的杭州（临安）、福建的建阳、建安，以及四川。印书质量又以杭州为上，蜀次之，福建最下。杭州印刷多用浙江桑皮纸，蜀中多用皮纸、麻纸，闽中多用较为粗糙的竹纸。南宋杭州印刷作坊有铺名可考的约近 20 家，其中有的是北宋灭亡后从开封迁来的。杭州印刷业中，最著名当是陈姓各家字号。有的坊主本身便是藏书家，身兼编辑、刻印和销售多项职能。

民间集体集资刻印，这主要指寺院、道院、祠堂刻印，它们既不同于官刻，也不同于私刻。传世东禅寺大藏经本《华严经》卷八〇后之题记云："福州东禅等觉院住持，慧空大师冲真于元丰三年庚申岁谨募众缘，开雕大藏经板一副，上祝今上皇帝圣寿无穷，国泰民安，法轮常转。"说明其刻经资金系"谨募众缘"所得。这诸多经营方式中，唯坊刻以盈利为目的。

（二）印刷内容的扩展

宋代印刷内容十分广泛，既包括经、史、佛学、道学，还有大量的子部、集部书籍，以及一些笔记小说、日常生活用书、考古研究、新闻报道性质的出版物。

早在宋代初期，朝廷就主持出版了一些大型图书，如开宝四年（971 年）曾派人往益州雕印佛经大藏经，太平兴国八年（983 年）始成，计雕版 13 万块，凡 5048 卷，是我国历史上印刷最早、且规模最大的佛经总集，世称《宋开宝刊蜀本大藏经》，简称"开宝藏"或"蜀藏"，这是印刷史上的壮举。可惜已不见全本传世，国家图书馆藏有残卷。宋太宗时，为怀柔安置旧臣和降王旧臣，于太平兴国二年（971 年）起，命李昉等人主持编纂了《太平御览》1000 卷、《太平广记》520 卷、《文苑英华》1000 卷。宋真宗（998～1022 年）时，为与其父媲美，命王钦若等人主持编纂了《册府元龟》1000 卷。之后又有司马光（1019～1086 年）《资治通鉴》294 卷问世。这些大型出版物对我国文化事业都产生过深远的影响。此外，淳化至景德间还校印了《三史》，即《史记》、《汉书》、《后汉书》；咸平年间又校刻了《三国志》、《晋书》、《唐书》；嘉祐年间又有《宋书》、《齐书》、《梁书》、《陈书》、《魏书》、《北齐书》、《北周书》校订刊行，史称"嘉祐七史"。另一部大藏经，即由东禅寺住持慧空大师冲真等发起募款刻印的《福州东禅寺大藏》，始刻于元丰三年（1080 年），成于崇宁二年（1103 年），凡 6434 卷，又称

"福藏"、"崇宁藏"、"崇宁万寿大藏"。宋岳珂（1183～1234年）《愧郯录》卷九"场屋编类之书"云："建阳书肆日辑月刊，时异而岁不同，以冀速售。"这从一个侧面反映了宋代出版业的发展状况。

保存下来的许多宋版书籍都十分精良，刀法纯熟，纸墨上乘，字体亦为后世仿效，不管监本、坊本，还是家刻本都经过了缜密的校勘，故宋版书一直受到后人的珍视。

（三）版权保护之发端

由于印刷业的发展，商业竞争亦激烈起来，大约南宋中期，便出现了保护版权的问题。较为明显的版权保护刊记，今日所见至少三例。一见于王称（1147～1210年）《东都事略》（1181年），在眉山本目录后有一长方形印记："眉山程舍人宅刊行。已申上司，不许覆版"。这说得十分简单明白，与今人所云"版权所有，不得翻印"有异曲同工之妙。二见于祝穆（1197～1264年）《方舆胜览》（1238年），在原刊本"自序"后录有禁止翻刻的官府榜文，内中称《方舆胜览》、《四六宝苑》、《事文类聚》等书，"积岁辛勤，今来雕板，所费浩瀚。窃恐书市嗜利之徒辄将上件书版翻开，或改换名目"。"如有此色，容本宅陈告，乞追人毁版，断治施行。""福建路转运司状，乞给榜约束所属，不得翻开上件书版。"云云。此最后一句，便也说得十分明白。三见于段昌武（1177～1242年）《丛桂毛诗集解》，此书出版时其已谢世，其子侄向国子监申请到了版权，书前有国子监的禁止翻版公文，要浙、闽两路转运司"约束所属书肆……如有不遵约束违戾之人，仰执此经所属陈乞，追板必毁，断罪施行"。最后落款是"淳祐八年七月口日给"。可见版权之争在当时社会上已引起了较大的反响。这是世界上关于版权保护的最早呼声[3][4]。

不过有一点值得注意的是，此三次版权案例，都是由个人申请，再由某级主管部门备案的，而不是朝廷的统一政令。在整个宋代，朝廷从未统一发布过禁止翻印的公文。宋廷印刷的书籍，非但不禁止民间翻版，而且还通过皇权的力量，对书籍严加校勘，为民间提供着较为标准的版本[5]。清人蔡澄《鸡窗丛话》云："尝见骨董肆古铜，方一二寸，刻选诗或杜诗、韩文二三句，字形反，不知何用。识者曰，此名书范，宋太宗初年，颁行天下刻书之式。"[6]今见宋版格式多较规整，与朝廷的重视，统一出一种较好的格式当是不无关系的。

（四）辽、西夏、金的雕版印刷

辽（916～1125年）为契丹族建立的地方政权，居于我国北方；西夏（1032～1227年）是以党项族为主体的地方政权，其原居于四川、西藏等地，后迁，散居于西北广大地区；金（1115～1234年）是女真建立的地方政权，居于我国东北和北方。在中原文化的影响下，它们的雕版印刷术都有较大发展。此三个割据政权中，西夏的活字印刷尤为发达，下面再谈。

1. 辽代雕版印刷

辽代所用书籍多系北宋购进的汉文印刷品，契丹文译本只在小范围内流通。辽代印刷业主要集中在汉族居住的地方，其印刷规模最大的是《辽藏》（也称契丹藏），这是宋刻《大藏经》的翻刻本，计有大字卷轴本和小字网装本两种，全用汉字；见于记载的辽代契丹文本有《贞观政要》、《五代史》、《白氏讽谏集》、《方脉书》等，但皆未流传下来。

在今见辽刻本中，最值得注意的有三宗：（1）1974年山西应县木塔内发现的61件雕版印刷品，其中有《辽藏》12卷，单刻经35卷，刻书、杂刻8件，佛像6幅[7]。（2）1987年河北丰润天宫寺塔内发现辽藏一帙8册，及其他佛教经卷、册19件[8][9]。（3）1988~1992年内蒙巴林右旗庆州白塔发现佛经221件。三批经卷皆全为汉字。许多经卷刻版手法圆熟精到，刀法流畅自如，刻画传神，表现出了相当高的刻版印刷水平。应县《辽藏》为大字疏朗的卷轴本，丰润《辽藏》为刻印精巧的密行小字本[9][10]。

2. 西夏雕版印刷

西夏雕版印刷技术也是相当发达的。西夏也创立过自己的文字，其印刷品既有西夏文，也有汉文，既有佛经、儒家经典、历史类、兵家类，亦有日用类书籍。他们也从北宋大量购买书籍。因文献资料稍少，详细情况难以了解，在考古实物中，较值得注意的主要有下列三起：（1）1909年俄国人柯兹洛夫（П. К. Козлов）在西夏故城黑水城（今内蒙古额济纳旗境内）发掘出大批的西夏文、汉文、藏文、回鹘文资料。在西夏文资料中，已考订的写本和刊本计405种3000多件，其中有民俗性著作和佛经两大类；尚未考订者尚有5000多件[11][12]。汉文资料有刊本（包括雕版本和活字本）、写本、文书、纸币，计488件，其中可定为西夏时期的佛经刊本有23种97件。这是今见西夏雕版印刷品中，年代较早且数量较大的一宗[11][13]。黑水城出土的印本以夏仁宗（1140~1193年）时期数量最多，如《圣观自在大悲心总持功能依经录》、《胜相顶尊总持功能依经录》等都是刻本。（2）1917年宁夏灵武县修筑城墙时出土一批西夏文佛经，后多为北平图书馆购得。据统计，今藏于国家图书馆的西夏文佛经为17种100多件，其中多为元代印制，属西夏时期的刊刻本只有1种2件[14][11]。在今见西夏佛经刻本中，大家较为熟悉且年代稍早的是《大方广佛华严经》卷四〇，是大安十年（1085年）大延寿寺僧人守琼为向教徒散发而刻印的，宋体字。（3）1990年贺兰县宏佛塔出土西夏文刊本残页多种，西夏文木雕残版2000余块，最大一块残高12厘米、宽23.5厘米、厚2.2厘米，字迹清晰[15]。此外还有一些，不再一一列举。这都从一个侧面反映了西夏雕版印刷，及至整个印刷技术的发展。

3. 金代雕版印刷

金代印刷是在原辽国和北宋基础上发展起来的；汉文、女真文、契丹文皆为官方通用；不管经、史、子类书目，还是宗教类书目和民间日用书目，都曾大量印刷。今主要介绍一下女真文印刷。

金代印刷以汉文为主，为推行本民族文字，亦有不少女真文印本。如《金史》卷九九"徒单镒传"：徒单镒"七岁习女直（真）字，大定四年诏以女直字译书籍；五年（1165年），翰林侍讲学士徒单子温进所译《贞观政要》、《白氏策林》等书。六年，复进《史记》、《西汉书》，诏颁行之"。这可能是较早用女真文印刷的一批书籍。又，《金史》卷八"世宗纪下"：世宗大定二十三年（1183年）八月，世宗"观稼于东郊，以女直字《孝经》千部付点司分赐护卫亲军"。一次便分赐女真文《孝经》千部，可知其印量不小。同书同卷又载，九月己巳，"译经所进所译《易》、《书》、《论语》、《孟子》、《老子》、《扬子》、《文中子》、《刘子》及《新唐书》。上谓宰臣曰：'朕所以令译五经者，正欲女直人知仁义道德所在耳。'命颁行之"。可知印书量较多且较大。

（五）型版套色印刷

我国古代织物上的型版套色印染约发明于汉，但纸上的雕版套色印刷，却是到了宋代才发明出来的，这是宋代印刷技术的一项重要成就。雕版印刷、活字印刷、套色印刷，是我国古代印刷技术发展史上的三项重大事件。

明曹学佺《蜀中广记》卷六七"方物记"第九"交子"篇引云："大观元年（1107 年）五月，改交子务为钱引务，所铸印凡六：曰敕字、曰大料例、曰年限，曰背印，皆以墨；曰青面，以蓝；曰红团，以朱。六印皆饰以花纹。红团、背印则以故事。"[16]此"印"显然是指印刷钞票的雕版，说印钞需 6 套印版，且套墨、蓝、朱三色。虽然迄今尚未看到实物，但所云十分明白。这是我国古代套印中较为明确的最早记载，其具体操作有待研究。

宋、辽、金时期，宋代雕版套色印刷的实物今日仅见一例，即 1994 年温州国安寺石塔内发现的"蚕母"套色版画。"蚕母"套色版画，残品，残高约 21 厘米、残宽约 19 厘米，阳文刻版，用浓墨、淡墨、朱红、浅绿四色套色在质地柔软的纸上，画面以蚕母、蚕茧、吉祥图案为主。蚕母位于左侧，其上的长方形铭框内有直书"蚕母"二字；"蚕母"高髻、鞠衣，体态雍容丰满，颇具晚唐、五代遗风。右侧有满框蚕茧，框内套色，从左至右，单数为淡绿色，双数为朱红色（彩版玖，1）。石塔建于元祐庚午至癸酉（1090～1093 年），套色版画当为元祐或此前的作品[17]。

属于辽、金的套色印刷制品见有多起，其中比较值得注意的是：（1）1973 年西安碑林《石台考经》的石柱中发现的一幅《东方朔盗桃》版画，画高 100.8 厘米、宽 55.4 厘米，阳刻，用浓墨、淡墨、浅绿套印在淡黄色的整张细麻纸上[18]，据称为 12 世纪金代平阳所印。其由三块色版套印而成：第一块为大样，即全画的轮廓线，为浓墨；第二块为人物的衣服、鞋帽，为淡墨；第三块桃叶和衣服上的小花纹，为淡绿色。其线条清晰、色彩均匀，套印准确[19]。（2）1974 年山西应县木塔内发现的辽代彩色画，有学者认为其中的三幅《南无释迦牟尼像》可能采用了丝漏印刷，即先制成两套漏版，漏印了红色再换版漏印蓝色，然后用笔染上黄地[20]。也有学者持有不同意见，说它可能是雕刻半版画面，然后分别刷染红、黄、蓝三色于不同部位，再将整幅素绢单折后上版刷印的。[9][10]可以进一步研究。

多色套印的工艺形式较多，各家之说亦稍有差异。潘吉星谈到三种：（1）一版多色一次印刷。即在一张印版的不同部位涂以不同颜色，一次印成。（2）一版多色多次印刷。即在一张印版的不同部位，依次涂以不同颜色，分别先后多次印成。（3）多版多色多次印刷，即制作多块小印版，分别涂以不同颜色，分别先后印成。后者的高级形式即明代的饾版印刷[21]。前者应是多色印刷的早期形态，其特点是在两色交汇处常发现颜色相混的现象；后二者当是在前者基础上发展和演变过来的，特点是两色接触处无颜色相混的现象。前者操作较为简便，后者技术上要求较高，故三种方法长期共存。

方晓阳又对潘吉星所云第三种，即"多版多色多次印刷"作了进一步研究，又将其分成了三种工艺：（1）每版一色，多版色块，多次印刷。操作步骤是：绘制画稿、分色摹绘、分色上版、雕镌阳文、分色多次印刷。技术特点是：依色分版，每版一色，先印大样，再印色版，多版套印。方晓阳认为，1973 年发现的《东方朔盗桃》版画应是此法的早期代表作；明末的《花史》亦属此工艺。（2）每版一色，多版线图，多次印刷。基本操作类如前者，主要区别是：此为线条印刷，而非色块印刷。宋代的纸币、钱引，以及明代的《竞春图卷》等人物故事画，皆属这一类型。此二法的缺点是：版味较重，用色呆板，缺少浓淡变化，无中国水墨画的效果。（3）饾版印刷。基本操作与前两法相类似，但其克服了前两法的缺点[19]。有关情况明代部分再谈。前两法始见于宋，后者则是到了明代才看到。在此三法之前，方晓阳认为还有一种"线版印刷，手工填彩"法。操作步骤是：绘制画稿、薄纸摹绘、反贴于版、雕镌阳文、刷墨上版、覆纸印刷、手绘填彩。技术特点是：手工填彩，只印一次或少数几次。如敦煌发现的 947 年观音像，有几幅用这种方法上了 6 种颜色[19]。这种手工填彩大体上可视为多色套印的前身。

二、金属"雕"版印刷的发展

此金属"雕"版主要指铜版，此外可能还有铅版，它们与木质雕版有着十分密切的关系。

（一）铜版印刷的发展

我国古代铜版印刷约发明于唐、五代时期，有关文献记载和实物资料到了宋代皆更多且更加明确起来；除了书籍外，还较多地用到了印钞上。

仁宗景祐三年（1036 年），孙奭《圆梦秘策》的"序"文说："用不敢私，镌金刷楮，敬公四海"。此"金"即铜，"楮"即楮皮纸，"刷楮"即用楮皮纸印刷。祝慈寿认为此"镌金刷楮"可能是铜版印刷[22]，张秀民大体上亦倾向于这一观点[23]。

《文献通考》卷九"钱币考二·会子"篇："淳熙三年（1176 年）诏：第三界、四界各展限三年，令都茶场会子库将第四界铜版接续印造会子二百万，赴南库椿管。""湖会"条载：孝宗隆兴元年（1163 年），核准地方印行会子，嗣因印数过多而生流弊。"乃诏总所以印造铜板，缴申尚书省，又拨茶引及行在会子收换焚毁。"这是宋代铜版印刷的较早且较确凿的记载。

宋代印书铜版迄今未见，在一般铜质印版中见有钞版 2 块、广告版 1 块传世。

中国国家博物馆藏传世"行在会子库"铜版 1 块，呈竖式长方形，长 17.4 厘米，宽 11.8 厘米，上部右边为金额"大壹贯文省"5 字，左边刻有料号"第壹佰拾料"，当中方框内刻有赏格文，"敕伪造会子犯人处斩，赏钱壹阡贯。如不愿支赏，与补进义校尉。若徒中及窝藏之家能自告首，特与免罪，亦支上件赏钱，或愿补前项名目者听"。计 56 字。印版中部横刻"行在会子库"5 个大字。印版下部刻有一幅山泉纸纹图案。印版原藏上海市博物馆[24]。据《宋史》卷一八一"食货志"载：宋王朝曾多次立"伪造交子罪"法，其始为神宗熙宁三年（1070 年），后有崇宁三年（1104 年）、绍兴三十二年（1162 年）等。其中后者的规定与此铜版的文字最为接近，其云，绍兴"三十二年定伪造会子法，犯人处斩，赏钱十贯，不愿受者补进义校尉；若徒中及庇匿者能告首，免罪受赏，愿补官者听"。日本亦藏宋代铜质的纸币印版 1 块，亦竖式长方形，长 16 厘米、宽 9.1 厘米，上半部刻有"除四川外许于诸路州县公私从便，主管并用，见钱七百七十陌流转行使"29 字，下半部刻有房屋、人物和成袋的包装物品图景。图中有 3 个人正在房外的空地上背运货物，版面未刻钞名[25]。

宋代铜质广告印版今见有"济南刘家功夫针铺"铜版等，原藏上海市博物馆，今藏中国国家博物馆。最上部横刻"济南刘家功夫针铺"8 字，上半部正中刻玉兔捣药图像，左右两边分刻"认门前白"、"兔儿为记"8 字，铜版下半部刻有"收买上等钢条"等 28 字。据有关专家鉴定，应为北宋遗物。

关于铜质印版的制作工艺，因缺少这方面的科学分析资料，在此只能作一些推测，一般而言，古代铜质印版当有铸制、直接镂制两种工艺。书籍印版因文字凸起，笔锋深峻，加之需要量较大，应以铸制为主；货币类印版等，便可使用镂刻之法。铸制印版的一个关键技术是如何避免和减少气孔、砂眼、组织疏松、缩孔等对版面文饰的影响；镂刻的一个技术关键是"铜"的硬度稍大，不易操作。但不管哪种操作，古人都使用了一个"雕"字；铸版之"雕"，当指泥型雕塑言。

（二）关于铅版印刷

1983 年，安徽省东至县在废品仓库中发现了宋代"关子"钞版和"关子库印"1 套，计 8 块[26]，版厚约 0.4 厘米，总重量约 3850 克，以铅锡合金铸成。钞版 4 块，即"行在榷货务时对桩金银见钱关子"、"准敕"、"景定五年颁行"、"瓶花"。其中"准敕"版高 18.9 厘米、宽 13.3 厘米。印章计 4 方，三方完好，一方残缺，无台无钮，文皆汉书篆字。其文分别为"国用见钱关子之印"、"行在榷货务金银见钱关子印库"、"金银见钱关子监造检察之印"、"（榷货务）见钱关子审容印"。其中第 1 块稍大，为 6 厘米 ×5.8 厘米见方，其余 3 块的长宽亦在 5.4 厘米 ×5.5 厘米间。因这些"关子"版无编号、无签押，制作粗率、简陋，甚至官印也是铅锡合金，故有学者对其真实性提出了怀疑[27]。我们认为，此肯定和否定，都有一定道理，可以进一步研究。但宋代使用过铅锡雕版的可能性还是不能排除的。

（三）金代的铜版和纸币印刷

金代建国之初，主要沿用辽、宋旧钱，贞元二年（1154 年），金朝在中都设印造钞引库及交钞库，专门从事纸币印刷和发行。《金史》卷四八"食货志"载："贞元二年迁都之后，户部尚书蔡松年复钞引法，遂制交钞与钱并用。""贞元间既行钞引法，遂设印造钞引库及交钞库。"蔡松年父子均曾在北宋为官。"复"即重复，即承袭北宋钞引法。同书同卷又云："交钞之外，制为阑，作花纹，其上横书贯例，左曰'某字料'，右曰'某字号'。料号外，篆书曰'伪造交钞者斩，告捕者赏钱三百贯'。料号横栏下曰'中都交钞库，准尚书户部符，承都堂札付，户部覆点勘，令史姓名押字'。又曰：'圣旨印造逐路交钞，于某处库纳钱换钞，更许于某处纳钞换钱，官私同见（现）钱流转'……年月日印造钞引库、库子、库司、副使各押字，上至尚书户部官亦押字。"直到1234年为蒙古所灭为止，纸币一直是金代最重要的流通货币，历时约80余年。金和南宋的纸币印刷都是在北宋基础上发展起来的，但金代纸币管理不但较北宋有了发展，而且较南宋先进。

金代纸币，以及金宣宗元光年间用丝绸印制的"元光珍宝"（习谓元光绫币），虽无一存下，但保留下来的印钞铜版却不少见，大家较为熟悉的有贞祐宝券铜版、兴定宝泉铜版、三合同十贯大钞铜版、山东路十贯大钞铜版、二贯钞铜版等[28][29]。

三、活字印刷的发明

雕版印刷的发明，极大地促进了书籍生产，因而天下书籍遂广。然而雕版印刷也有缺点，元王祯《农书》卷二二"造活字印书法"云："板木工匠，所费甚多，至有一书字板，功力不及，数载难成。虽有可传之书，人皆惮其工费，不能印造，传播后世"。于是在印章、封泥、诸铜器铭文等工艺的启发下，又发明了活字印刷。从现有资料看，我国古代使用过的印刷活字，大体上可区分为非金属活字和金属活字两大类，前者包括泥质和木质等，后者包括铜活字、锡活字、铅活字等。一般而言，金属活字皆非纯净金属制成，而应是二元或多元合金。这些活字中，最先发明的是泥活字，主要使用于宋；稍后，西夏还较多地使用了木活字。我国是世界上最早发明印刷术的国家，不但最早地发明了雕版印刷，而且最早地发明了活字印刷，对人类文化的传播和发展，起到了十分重要的作用。

（一）宋代泥活字印刷的发明

我国古代关于活字印刷的记载始见于宋，沈括《梦溪笔谈》卷一八"技艺"云："板印书籍，唐人尚未盛为之。自冯瀛王始印《五经》，已后典籍皆为版本。庆历（1041～1048年）中，有布衣毕昇又为活版。其法：用胶泥刻字，薄如钱唇，每字为一印，火烧令坚。先设一铁版，其上以松脂、腊和纸灰之类冒之。欲印，则以一铁范置铁板上，乃密布字印，满铁范为一板。持就火炀之，药稍熔，则以一平板按其面，则字平如砥。若止印三二本，未为简易；若印数十百千本，则极为神速。常作二铁板，一板印刷，一板已自布字，此印者才毕，则第二板已具，更互用之，瞬息可就。每一字皆有数印，如'之'、'也'等字，每字有二十余印，以备一板内有重复者。不用则以纸贴之。每韵为一贴，木格贮之。有奇字素无备者，旋刻之，以草火烧，瞬息可成。不以木为之者，木理有疏密，沾水则高下不平，兼与药相粘，不可取；不若燔土，用讫再火；令药熔，以手拂之，其印自落，殊不沾污。昇死，其印为余群从所得，至今保藏。"这里简要地记述了泥活字制作、印刷的全过程及注意事项。这是我国，也是全世界关于活字印刷的最早记载。其发明者是一位叫毕昇的布衣。宋江少虞《事实类苑》（成书于绍兴十五年，1145年）卷五四"板印书籍"条也有同样的记载。

毕昇活字印刷中值得注意之点是：（1）以胶泥制作活字。此胶泥，民间又谓之膏泥，是一种含Al_2O_3较高，成分与高岭土相近的一种粘土，其强度稍高，致密性稍好。（2）每印一字；每字多印，如"之"、"也"等字则有20余印，以备一版内有重复使用者。阳文反字的凸起高度"薄如钱唇"。非常用字可随时烧制。（3）泥活字须火烧令坚。此"烧"当为焙烧，其质仍为泥质，或至半陶质。（4）活字以韵分类，置于木格内。（5）泥活字须固定于铁板，即"铁范"内；铁范须两块，一作印刷，一作准备（布字）。（6）以松脂、腊、纸灰为粘药，用加热法将活字粘于印版上。印完后加热令药熔，手拂印落。

看来，毕昇还试用过木活字，但未获成功，沈括说其有下述两个缺点：（1）木有纹理，沾水则高低不平；（2）易与药粘，难以取下。其实，如若控制得当，这两个缺点都是可以避免的，下述西夏木活字等皆可为证。

毕昇的生平、籍贯待考。清代李慈铭称其为益州人，未知有何凭据。张秀民则推断毕昇为杭州人，因毕昇部分泥活字曾为沈括侄儿们所得，而沈括为杭州人[23]。20 世纪 90 年代，湖北英山发现了毕昇墓碑，有学者又认为其为英山人；但也有学者持不同意见[30]；有待进一步研究。

（二）周必大泥活字印刷实践

宋人记述了泥活字印刷，但此技术的使用状况如何，它是否印刷过书籍，印过何种书籍，昔因未曾找到确凿证据，学人长期众说纷纭；清代以来的藏书目录虽著录了七八种宋活字本，但均未得到有关学者的认可。1984 年，台湾学者黄宽重发现南宋周必大（1126～1204 年）于光宗绍熙四年（1193 年）在今长沙用胶泥活字印刷了他的著作《玉堂杂记》，此事始有了确证[31]。《周益文忠公集》卷一九八载有绍熙四年周必大与程元成给事札子，其中有云："近用沈存中法，以胶泥铜版移换摹印，今日偶成《玉堂杂记》二十八事，首恩台览，尚有十数事，俟追记补缀续纳"[32]。周必大，江西庐陵人，南宋中期名臣。《玉堂杂记》凡三卷，59 条，约 14000 言，成于淳熙九年（1182 年）。这是迄今为止人们了解到的宋代泥活字印本实例，周必大是否还用胶泥活字印刷过其他著作，今已不得而知。

据说朱熹也使用过胶泥活字。《朱文公文集》卷三八载，庆元四年（1198 年），理学家朱熹在一封信中说他正使用胶泥制作一份"地理图"，但不知此图是否完成。下面还要谈到，可能西夏文也有过泥活字印本。

至于 1965 年温州白象塔发现的《佛说观无量寿佛经》印本残页，是否使用了泥活字，学术界则有不同说法。此经文作回旋排列，计 12 行，同出的写本《写经缘起》残页上见有崇宁二年（1103 年）款。有认为其为泥活字本[33]，理由是：每行字排列不规则，字的大小和笔画粗细不一，墨色浓淡不一，有的字旋转了 90 度。也有人认为其仍为雕版本，理由是：经文上下字间，有的笔画相连[34]。须进一步研究。

泥活字在我国沿用了相当长一个时期，不但宋代有人使用，元代杨古、清代吕抚、翟金生（1775～？年）等都曾制作过泥活字。有关情况下面还要谈到。在西方，活字印刷是到了 15 世纪中期才由日耳曼人古腾堡发明。

（三）西夏文木活字本实物

西夏不但雕版印刷较为发达，而且活字印刷也取得了很大成就，其中有西夏文活字本，也有汉文活字本，相当部分印本还保留了下来。从现有研究情况看，其中部分西夏文印本使用了木活字是肯定的，是否还使用了其他活字印刷，则有待进一步研究。

今公认的西夏文木活字本实物是佛经《吉祥遍至口和本续》。1991 年，宁夏贺兰县拜寺沟方塔废墟清理出了 10 多万字的西夏文、汉文文献等大批文物;《吉祥遍至口和本续》便在其中，其 9 册，约 10 万字。它不但反映一般活字印刷的特点，同时显示了木活字的特点:(1) 其版框四角不衔接，曾有大小不等的空隙。(2) 虽然文字风格总体较为一致，但也有部分字体大小不一，有的笔锋、笔画粗细也不尽相同。(3) 墨色浓淡不一，有的半深半浅，有的字根本没有印上。(4) 个别字有印倒了的。(5) 版心行线漏排。(6) 残留有隔行竹片的印痕。有关学者认为，这些特点在雕版印刷中一般是不会出现的;这最后一点尤为重要，是将其定为木活字的主要依据;此恰与王祯《农书》所云木活字印刷，"排字作行，削成竹片夹之"的工艺相符。与此佛经伴出物中有西夏崇宗贞观（1102～1114 年）西夏文木牌、仁宗乾祐十一年（1180 年）发愿文，故应属于西夏中后期之物。经鉴定，这是我国今见最早的西夏文木活字印本实物。[35]~[39]

（四）西夏其他活版实物

除我国外，西夏文献在英、法、德、日、瑞典等国都有收藏，其中俄国圣彼得堡东方学研究所最多。如前所云，后者所藏是 1909 年俄国人柯兹洛夫（П. К. Козлов）在西夏故城黑水城得到的。这批资料除西夏文、汉文外，还有藏文、回鹘文、波斯文资料;不但数量大、种类多，而且内容丰富、具有极高的学术价值。早在 20 世纪 70 年代，就有英国学者提出了其中的西夏文佛经《维摩诘所说经》（简称《维经》，5 卷）属活字版的问题;1981 年，又有俄国学者提出黑水城的西夏文《三代相照言文集》（1 册）和《德行集》（1 册）为活字本;后来又有人在《三代相照言文集》中发现过"活字"题款。我国学者史金波在整理俄藏西夏文资料时，也认为上述三个活字本属实，并认为《大乘百法明镜集》（1 卷）也属活字版[39][40]。

1987 年，甘肃武威市新华乡缠山村西夏亥母洞发现一部西夏文佛经《维摩诘所说经》，今存 4 卷，总 54 面，计 6400 多字。依题款和其他伴出的西夏文物来看，当为西夏仁宗时期印本。孙寿龄[41]、牛达生[42]认为它是泥活字;史金波还认为，武威《维经》和黑水城《维经》具有同样的形制和特点，都应当是泥活字印本[40]。主要依据是:(1) 有的字横竖交叉笔画不够连贯，不够笔直，有时形成结点，此当与泥上刻字不连贯有关。(2) 有"气眼笔画"，这是泥质欠佳，或烧制过程中产生气眼所致。(3) 有"变形笔画"，这是泥活字在煅烧时，字体变形所致。(4) 文字有断边、脱落现象，这是泥质较脆所致。[39][41]我们基本上同意这一看法，即《维经》当为泥活字印成。

2001 年，史金波对黑水城历书等资料进行了许多研究，认为其中有雕版本，也有活字本。其中有一部分汉文的历书残页印本，内容与敦煌发现的宋历基本形式相同;其将之定成了活字本，并认为它是迄今所见年代最早的汉文活字本实物。主要依据是:(1) 字形歪扭，排列不整齐。如 269 号标本的"阴"字，扭位达 20 度左右。(2) 字间距较大，各字之间并无相触、相交现象。大小字号皆为方形。(3) 各字间的墨色浓淡不一。如 8117 号标本第 2 竖行中的"寨"字明显较其下的"兴"、"发"等字浓黑。(4) 表格的横、竖线该相交处却往往不相交，横线与竖线间有空缺。(5) 文字倒置（图 6-7-1、图 6-7-2）[43]。史金波认为此历书印制地点为西夏，主要依据是：（1）因残历书出土于黑水城，为西夏管辖范围。（2）其中讳"明"字，当是避西夏太宗德明的名讳。其依据有关干支日、月分之大小等推算后认为，其印制时间为宋嘉定四年（1211 年）[43]。至于它是泥活字还是木活字版，则有待研究。

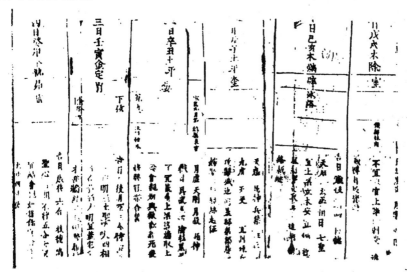

图 6 - 7 - 1　汉文活字历书残页 TK – 5469/V1

采自文献[43]

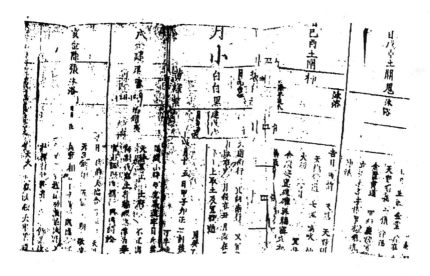

图 6 - 7 - 2　汉文活字历书残页 TK – 5469/V3

采自文献[43]

　　总之，西夏已较多地使用了活字印刷，其中有西夏文印本，也有汉文印本；西夏文佛经印本《吉祥遍至口和本续》是今公认的木活字本实物；西夏文佛经《维摩诘所说经》为泥活字印本、部分汉文历书为活字本亦属可信；这都是今见最早的活字本实物。宋代中原地区虽发明了活字印刷，所用主要是泥活字，但使用不是太多，木活字不太成功，确凿的泥活字本实物迄今尚未发现。

四、蜡版印刷的发明

从现有资料看，我国传统的蜡版印刷至迟发明于宋。何薳《春渚纪闻》卷二"杂记·毕渐赵谂"记载了这样一个故事："毕渐为状元，赵谂第二，初唱第，而都人急于传报，以蜡[版]刻印，渐字所模点水不着墨，传者厉声呼云：'状元毕斩第二人赵谂。'识者皆云不祥。而后谂以谋逆被诛，则是'毕斩赵谂'也。"这个故事虽带有迷信色彩，但它却充分说明，宋时已有了蜡版印刷。此技术在宋、元、明都很少使用，唯清道光初，广州曾用它印刷报纸。

五、书写和印刷用墨技术的发展

随着造纸技术、印刷技术和整个文化事业的发展，宋代制墨技术也有了提高[44]。此时不但制作出了许多质地优良的书写、印刷用墨，涌现了一批制墨巧匠、制墨作坊和制墨中心，而且出现了一批关于墨的专著。宋晁季一《墨经·工》云："凡古人用墨，多自制造，故匠氏不显。唐之匠氏，惟闻祖敏。"[45]宋代便发生了变化。宋张邦基《墨庄漫录》卷六云："近世墨工多名手，自潘谷、陈瞻、张谷名振一时之后，又有常山张顺、九华朱觐、嘉禾沈珪，金华潘衡之徒，皆不愧旧人。宣、政间如关珪、关镇、梅鼎、张滋、田守元、曾知唯，亦有佳作者。"[46]当时不仅墨工造墨，甚至士大夫亦喜造墨、藏墨、品墨；茶以白为尚，墨以黑为胜，成为一时风尚。宋何薳《春渚纪闻》卷八"买烟印号"条载："黄山张处厚、高景修，皆起灶作煤制墨为世业，其用远烟鱼胶所制，佳者不减沈珪、常和。"[47]此"煤"即烟黑，这种称谓至今仍在南方一些地方保存着。当时北方的制墨中心是汴京，墨工以潘谷、张孜最为著名；南方制墨中心是徽州，墨工以嘉禾沈珪较为著名。南宋庄季裕《鸡肋篇》上："徽州世出墨工，多佳墨。"徽州墨的名气自此便一直沿袭了下来，直到20世纪。宋墨实物在考古发掘中亦可看到，如1976年、1978年，江苏武进县村前乡南宋墓出土残墨2块：一块呈舌形，残长8.3厘米、宽3.5厘米、厚0.9厘米，烟质，质地稍松；一块呈长条形，残长5.5厘米、宽2.2厘米、厚0.5厘米，墨黑而光亮，正面下半段有模印贴金字，残见一"玉"字；背面阴刻长方形铭框，框内残见"茂实制"3字。此"茂实"当为南宋制墨家叶茂实，其制墨年代当在理宗淳祐年间（1241～1264年）或稍后[48]。1988年，合肥市城南乡北宋马绍庭夫妻合葬墓出土墨锭2块，分置于男女棺中。女棺墨呈长梭形，长21厘米、最宽处3.4厘米、平均厚度0.7厘米，脱水后重47克，墨块正面楷书"九华朱觐墨"5字；"九华"即九华山，朱觐，人名，元、明两墨书都曾提到过朱觐和朱觐墨。女棺墨的背面也有纹饰，线框外两端各有一个阳文"香"字。男棺墨近于长方形，两头呈圭角形，长25厘米、最宽处5厘米、平均厚1.4厘米，干燥处理后重158.8克，正面线框内有阳文篆书"歙州黄山张谷……"字样，反面无字。两块墨皆系墨模制成[49][50]。宋代制墨技术的主要成就是：制墨原料有了扩展，较多地使用了油烟；松烟窑由立式转变成了卧式，烟黑收得率有了提高；较多地使用了和墨添加剂，并对其作用有了一定认识；和墨技术有了发展，采用多种措施提高了墨的润湿性；生产出了许多品质优良的墨锭。

（一）制墨原料的扩展

这主要表现在两个方面：一是制墨用松的产地有了扩展；二是使用了油脂烧烟。

1. 制墨松的产地扩展和分级

宋晁季一《墨经·松》条在列举了汉、唐制墨用松后说："今兖州泰山、徂徕山、岛山、峄山，沂州龟山、蒙山，密州九仙山，登州牢山，镇府五台，邢州潞州太行山，辽州辽阳山，汝州灶君山，随州桐柏山，卫州共山，衢州柯山，池州九华山及宣、歙诸山皆产松之所。"[45] 可知宋代制墨之松几乎遍及全国。

前面谈到，人们选择松木制烟作墨，乃因其富含松脂之故，故此选择标准便应是松脂含量。晁季一《墨经·松》条云："兖、沂、登、密之间山总谓之东山，镇府之山则曰西山。自昔东山之松色泽肥腻，性质沉重，品惟上上，然今不复有……西山之松与易水之松相近，乃古松之地，与黄山、黟山、罗山之松品惟上上，辽阳山、灶君山、桐柏山可甲乙，九华山品中，共山、柯山品下。"[45] 此依据含脂量对全国之松作了质量分级。接着，晁季一又依据松树的生长情况，对制墨松树质量作了另一种形式的分级，云："大概松根生茯苓，穿山石，向生者（曰）透脂松，岁所得不过二三株，品惟上上；根干肥大，脂出若珠者，曰脂松，品惟上中；可揭而起，视之而明者，曰揭明松，品惟上下。明不足而紫者，曰紫松，品惟中上。矿而挺直者，曰篦松，品惟中中。明不足而黄者，曰黄明松，品惟中下。无膏油而漫糖甚然者，曰糖松，品惟下上。无膏油而类杏者，曰杏松，品惟下中；其出沥青之余者，曰脂片松，品惟下下。其降此外，不足品第"[45]。上、中、下各三品，计为九品。此"沥青"即松香。元代罗天益《卫生宝鉴》曾有详细说明。

2. 油脂的使用

油脂制墨工艺约始于宋，主要是植物油，另有部分矿物油（石油）。宋赵希鹄《洞天清禄集·古今石刻辩》云："北墨多用松烟，故色青黑；更经蒸润，则愈青矣。南墨用油烟，故墨纯黑。"[51] 此话反映了当时的一个实情。但第二句有些不太确切，南墨依然是以松烟为主的，明代部分再谈。

何薳《春渚纪闻》卷八"桐华烟如点漆"条说："潭州胡景纯专取桐油烧烟，名桐花烟，其制甚坚……每磨研间，其光可鉴画工宝之，以点目瞳子。"[47] 此便谈到了桐油烟所制之墨，黑如点漆。同书同卷还谈到了松烟、油烟、漆滓烟混合制墨的优点，其"漆烟对胶"条云："沈珪，嘉禾（今浙江嘉兴）人……出意取古松煤，杂用脂、漆滓烧之，得烟极精黑，名为漆烟"[47]。同书同卷"油松相半则经久"条又说到了松烟掺油烟制墨的优点，云："近世所用蒲大韶墨，盖油烟墨也……半以松烟和之，不尔则不得经久也"。好字，好墨，写在好纸上，就构成了中国特有的书法艺术。好墨的价钱也是十分昂贵的，《太平御览》卷六〇五"墨"条引云："范子计然曰：墨出三辅，上价，石，百六十，中三十，下十"。杨慎《升庵外集》卷一九云："宋徽宗尝以苏合油搜烟为墨，至金章宗购之，一两墨黄金一斤。"[52]

石油烟黑制墨始见于宋沈括《梦溪笔谈》卷二四，云："石油燃之如麻，但烟甚浓，所沾帷幕皆黑，予疑其烟可用，试扫其煤以为墨，黑光如漆，松墨不及也，遂大为之，其识文为延州石液者是也。此物后必大行于世。自予始为之"。利用石油之烟制墨，是我国古代炭黑工艺中的一项重要发现。其墨名之为"延州石液"，说明此石液原为延州所产。此"石液"原指石油，今延伸为石油烟黑所制之墨。宋代之后，制墨用油又有了进一步扩展。

（二）松烟制作工艺的进步

松烟墨和油烟墨的工艺原理是一致的，但因原料不同，故具体操作又存在不少差别。松烟是在窑炉中制备的，油烟却在特殊油灯下获得；油烟粒度较细，松烟粒度稍粗，故在胶、烟配合比等操作上都有一定的差别。

1. 松烟窑炉的分类和结构

松烟制作主要在窑炉中进行，制烟窑炉分立式和卧式两种，与制陶同样，最先发展起来的也是立式窑，卧式窑约始见于宋。

宋晁季一《墨经·煤》云："古用立窑，高丈余，其灶腹宽小口，不出突，于灶面覆以五斗瓮，又益以五瓮，大小为差，穴底相乘，亦视大小为差，每层泥涂，惟密约瓮中煤厚，住火，以鸡羽扫取之。"此"古"的具体含义不明，当指晁季一之前的整个时期。此立窑，其实是叠置的6个大瓮，瓮间以小孔相通，以构成气体通道。从现代技术原理看，烧制炭墨的技术要点是：使碳氢化合物在适当的高温下发生分解，但不完全燃烧，使生成的细小炭黑微粒有效地沉积下来。此立窑以底部开孔且相连的六瓮，组成一个完整的热裂、炭化、沉集系统，生成的炭粒在上升过程中可依颗粒大小自动分级，便较好地满足了制烟的技术要求。这是我国古代一项出色创造，其空气流量可适当控制，操作亦较简便。

立式窑的缺点是叠瓮高度有限，一些粒度十分细小的炭黑会随轻烟逸散，从而降低了收得率。宋人所用主要还是卧式窑。晁季一《墨经·煤》云："今用卧窑，叠石累矿，取冈岭高下形势向背，而长或百尺，深五尺，脊高三尺，口大一尺。"在燃烧室与烟室间有2尺见方的"胡口"（咽口）相通，因烟道较长，有利于烟黑逐级沉积，从而提高了收得率。宋李孝美《墨谱法式》卷上"造窑"条说得较为明白："造窑：用板各长九尺，阔尺余，每两板对倚，相次全用泥封合，窑梢一角为突（原注：盖以高下角突，大小约二寸，径合如。窑病，燃火有碍，及出烟不快，即开突，斟酌修治。事讫，复闭之）。窑心地面上亦有出气眼（原注：直通突外，以备出气）。其窑至十二步陡低，一边留取煤小门，一边用石板对倚为巷，至六步为大巷；又渐小一步为拍巷；又五步节次低小为小巷；又半步为燕口（只开二寸，高五寸）。大堂下安台，台下凿两小池（一池以备积灰，一池以浸小扫帚，以备扫灰）。"[53]此说得较为详细，窑尾还设有烟囱。但图示（今略）表示得不太清楚，其中"板"的含义便不太明确。依晁季一《墨经》所云，窑是叠石而成的，从《墨谱法式》的图示来看，烧烟窑系以砖砌成。

2. 松烟的烧制

大体上可区分为削枝、发火、取煤三项操作。

削枝。松枝采来后，须经适当加工方能入窑。宋李孝美《墨谱法式》卷上云："采松之肥润者，截作小枝，削去签刺，惧其先成白灰，随烟而入则煤不醇美。"[53]

"发火"。这是制烟的一项重要操作，关键是不能使之完全燃烧。宋李孝美《墨谱法式》卷上"发火"条云："发火，要活，不用多然。然死，灰多，则墨不黑也。廷珪墨所以妙，正缘此。此造法第一关也。"[53]立式窑的发火操作今已难得了解，晁季一《墨经·煤》条谈到了卧式窑的发火操作是"以松三枝或五枝徐爨之。五枝以上烟暴，煤粗；以下则烟缓，煤细。枝数益少，益良。有白灰去之，凡七昼夜而成"。可见在卧式窑中，投柴量是影响烟黑粒度和产量的一个重要因素，通常"以松三枝或五枝"为宜。完全燃烧过的"白灰"须及时清除，以免降低炭粒的黑度。

取煤及煤之质量鉴别。《墨谱法式》卷上云："烧煤。自发火止于十日，不候窑冷，令人开巷边小门而入，以扇子取，分前后中为三等。唯后者最优（原注：《墨苑》云，突之末者为上），中者次，前者又其次。"这里谈到了取煤法和烟黑分级法。此质量分级法，实际上是一种风选法，远者轻者为良，近者重者为次之。宋晁季一《墨经》也有类似的质量分级法："煤贵轻……凡器大而轻者良，器小而重者否。凡振之而应手者良，击之而有声者良，凡以手试之而入人纹理难洗者良，以物试之自然有光成片者良。"晁季一的认识似乎更深了一步，这显然是在大量实践经验的基础上总结出来的。1975 年，美国学者 J. Winter 用扫描电镜能谱分析了一幅 14 世纪的中国画上的墨，其炭黑粒度皆处于 0.05~0.1 微米，未见粗大颗粒，达到了现代炭黑的粒度水平。

（三）油烟制作工艺

油烟的获取系在一种特制油灯下进行的。宋李孝美《墨谱法式》卷下"油烟墨"条云："桐油二十斤，大麁碗十余只，以麻合、灯心旋旋入油八分，上以瓦盆盖之，看烟煤厚薄，于无风净屋内以鸡羽扫取，此二十斤可出煤一斤。"又法为："清油、麻子油、沥青作末，各一斤，先将二油调匀，以大碗一只，中心安麻花，点着旋旋掺入沥青，用大新盆盉之，周回（围）以瓦子衬起，令透气薰取，以翎子扫之。"这两种方法都说到了要在油的火焰上"以瓦盆盉之"，目的是令其不完全燃烧，且收集烟黑。

（四）和墨技术

和墨，即把炭黑用胶和制。胶与炭黑的比例，炭黑的湿润性和它在胶液中的分散度，对墨的质量都有重要影响。

质地优良的墨，当是色黑，且莹润、坚硬、耐磨。为此，尤为重要的是控制好动物胶与炭黑的比例。一般而言，胶多煤少，则墨块硬度高、黑度低。《齐民要术》第九十一所云配比为煤一斤，好胶五两。宋代用胶量稍低。晁季一《墨经·和》云："凡煤一片（斤），古法用胶一斤，今用胶水一斤，水居十二两，胶居四两……胶多利久，胶少利新。匠者以其速售，故喜用胶少。"此说的是松煤。宋李孝美《墨谱法式》卷下"法"条谈到了庭珪墨、仲将墨、多种古墨、多种油烟墨的和制法，其中一种"油烟墨"为："每煤四两，用颍川梳头胶一两，先以秦皮水煎取浓汁四两，并胶再熬匀化，搜煤"。宋代和墨的主要特点是规定了胶与水之比例。

人们对胶的质量历来十分重视，宋人对此则又有了进一步的认识。《墨经·胶》载："凡墨，胶为大，有上等煤而胶不如法，墨亦不佳。如得胶法，虽次煤能成善墨。且潘谷之煤，人多有之，而人制墨莫有及谷者，正在煎胶之妙。"[45]《墨经》最推崇的是鹿胶，次为牛胶，并认为制牛胶时"火不可爆"，虽高温可提高胶原纤维的水解，但原胶的次级水解产物量也会增加，从而降低了胶的质量。该书又认为："墨胶不可单用，或以牛胶、鱼胶、阿胶参和之。"[45]几种粘度不同的胶掺合使用，主要为改善其粘结性能。

依现代技术原理，用胶量应主要取决于炭黑的粒度；粒度越小，表面积越大，充分浸润和粘结所需的胶量越多，所以和墨时的油烟用胶量应较松烟稍大。到明代，人们对此便有了进一步的认识。

（五）添加剂的使用

除了煤、胶、水外，制墨还要加入许多添加剂。其主要目的是防腐、助色、增香、润湿，以及调节酸度等。添加剂的使用，是中国墨的一大特色。

前云三国韦仲将墨、北魏贾思勰墨的添加剂中有秦皮汁、鸡子白、朱砂、麝香4种原料，唐五代时添加剂种类有了一些新的变化，五代李廷珪墨用了十二种添加剂。及宋，李孝美《墨谱法式》卷下"叙药"条甚至谈到了45种，计有：调色剂地榆、藤黄、苏木、丹参、黄连、朱砂、五倍子等；增香剂麝香、龙脑、白檀香、丁香等；防腐剂巴豆、猪胆、藤黄、胆矾等；润湿剂鸡子白、皂角、生漆等；酸碱调节剂绿矾、胆矾等；有的药往往还兼有多种功效。如此之多，达到了前所未有的高峰。

在历史上，添加剂的使用经历了一个"少—多—少"的过程，宋代大约是最多的，之后便逐渐减少下来。其实，添加剂过多，反会降低墨的质量，宋人对此也是有了一定认识的。宋何薳《春渚纪闻》卷八"记墨·烟香自有龙麝气"条云："凡墨入龙、麝，皆夺烟香而蒸湿，反为墨病，俗子不知也。"物极必反，故宋代也有人回至原始状态，只用烟和胶两种物料，不用任何添加剂的。宋晁季一《墨经·药》条在谈到了李廷珪墨用药12种后说："今宛人不用药为贵。其说曰：'正如白麵清麵，又如茶之不杂以外料。'亦自有理。"但作者还是认为：凡做墨，无药者"不及药者良"[45]。

第八节 火药技术的进步和初级火器的出现

我国古代火药技术约发明于唐代中期，但军事上的应用却是北宋初期，即10世纪晚期的事[1]。南宋和金代，多种火器都登上了历史舞台。

宋代的初级火器主要有三种不同类型：即燃烧型、爆炸型、管型。此外，喷气推进型亦初露了端倪。它们都是近现代各种火器的始祖。北宋火器主要是燃烧型，依靠弓、弩以及抛石机来发射。当时的火药常以纸包裹，以麻缚定；含硝、含炭量一般较低，多呈膏状，没有火捻；靠烧红的烙锥发火。爆炸型火器在北宋也已开始出现。南宋时期，火器技术有了较大发展，爆炸型火器逐渐推广开来，并出现了管形火器；烟火，作为后世喷气推进火器的前身，在北宋末、南宋初也已使用。火药中含硝量有了增加，粉状火药开始出现，并使用了铁制的火药罐。

一、初级火器的出现

说我国古代火器约出现于北宋早期，主要有下面几条依据：

《宋史》卷一九七"兵志·器甲之制"云：宋太祖开宝三年（970 年）五月，"兵部令史冯继昇等进火箭法，命试验，且赐衣物、束帛"。成书于《宋史》之前的王应麟《玉海》（1267 年）卷一五〇亦有类似说法："开宝二年（969 年）三月，冯继昇、岳义方上火箭法，试之，赐束帛。"[2] 此二说内容基本一致，唯时间相差了一年，可能是刊误。当时赵匡胤尚未平定天下，急需先进兵器对南汉、南唐用兵，故对冯继昇予以赏赐是可想而知的。此"火箭法"是新进献的，且需进行试验，一般认为是以弓弩发射火药的火箭，而不是旧式的油脂火箭。

《宋史》同卷又云：咸平三年（1000 年）"八月，神卫水军队长唐福献所制火箭、火毬、火蒺藜"。

明人丘濬《大学衍义补》卷一二二"严武备·器械之利下"云：咸平五年（1002 年），"石普言能发火球、火箭"[3]。

前引许洞《虎钤经》（1004 年）卷六注云："飞火者，谓火炮、火箭之类也。"说明 1004 年前，"火炮"、"火箭"类火器已不少见。此"火炮"当指抛石机发射的火药包。炮者，包也，包火也。这是古代文献中较早将这种火器称之为"火炮"的地方。炮，原为烧烤意，《诗·小雅·瓠叶》："有兔斯首，炮之燔之"。《宋本玉篇》：炮，"炙肉也"。这种投掷火药包的抛石机，前引《武经总要》"前集"卷一二也曾提到。

这些，都是我国古代关于火药火器的最早记载。之后，有关记载便明显地增加起来。曾公亮（999～1078 年）和丁度（990～1053 年）于 1044 年奉宋仁宗之命编纂了《武经总要》一书，其"前集"的卷一一、一二提到的火器名称与上述完全一样，并记述了三种火药配方。这也是今世学者把上述三例"火箭"皆定为火器的重要依据之一。

火药火器的使用，结束了人类历史上几千年来冷兵器独占鳌头的时代，开始了火器与冷兵器并存，并逐渐取代冷兵器的过程。此过程大体相当于宋到清，前后约 900 年。军事技术史家常把火器的使用作为兵器技术史的一个分界线，唐和唐代之前，战争中所用基本上都是冷兵器，便谓之冷兵器时代；宋代之后，由于火器的使用，便进入了火器与冷兵器并用的时代；1840 年之后进入火器时代。由宋到元明清，火器的数量，及其在战争中的地位，是逐步增加和不断加强的；宋代依然以冷兵器为主，火器亦基本上依靠抛石机和弓、弩来发射。

由于战争的需要，宋代对火器，以及各种兵器都十分重视。《宋史》卷一九七载："器甲之制，其工署则有南北作坊，院有弓弩院，诸州皆有作坊，皆役工徒而限其常课。"军器作坊内分工较细，王得臣《麈史》卷一云：军器监中除设八作司外，又设广备攻城作，"其作凡十一目，所谓火药、青窑、猛火油、金火、大小木、大小炉、皮作、麻作、窑子作是也，皆有制度作用之法"[4]。

二、初级燃烧型火器的主要类型

这类火器的功能主要是燃烧，有的尚兼有施放烟幕和毒气等作用，它是火器的最早形态。前云开宝三年冯继昇等所进"火箭"、咸平三年唐福所制"火箭"、"火蒺藜"、咸平五年石普所发火球、火箭等皆属这一类型。据有关学者统计，宋、元、明时期的燃烧性火器约有五六十种，大体都是依靠外力来抛射的。依照发射方式之别，宋代燃烧性火器主要有下列两种类型。

（一）"弓弩火药箭"和"火药鞭箭"

这是两个不同类型的火药箭。

1. 弓弩火药箭。这是指以弓和弩来发射火药包的装置，此火药通常用纸包成球状或卷筒状，绑在箭杆前端，引燃后射出。北宋大约多用烙锥点火，之后逐渐改用了火捻。庆历四年（1044年）成书的《武经总要》"前集"卷一三载："火箭，施火药于箭首，弓弩通用之，其傅药轻重，以弓力为准。"[5]此"火箭"即弓火药箭和弩火药箭，引文简要地说到了它的基本特点。

"火箭"之名始见于三国时期，《三国志·魏书·明帝纪》注引《魏略》载：诸葛亮于建兴六年（228年）攻陈仓（宝鸡东），"起云梯、冲车以临城"。魏守将郝昭"以火箭逆射其云梯，梯然（燃），梯上人皆烧死"。之后的《北史》卷六二"王思政传"、《宋书》卷九二"杜慧度传"等，都谈到了"火箭"。早期"火箭"的原意应是"带火之箭"，此"火"应是油脂等易燃物所生，而不是火药。其制作和使用之法通常有二：（1）在箭上束草或捆布，再浇上油脂之类的易燃品，点火后发射出去；（2）分两次发射，第一次把挂有油葫芦的箭射出，向敌营泼油，第二次再发箭引火[6]。两种方法都少不了油脂。为区别起见，这种早期火箭可称之为"纵火火箭"，或"油脂火箭"。

其实，这种带火之箭的起源尚可进一步上推到先秦时期。《周礼·夏官·司弓矢》所载"八矢"之中，便有带火者。云："枉矢、絜矢，利火射，用诸守城、车战"。此"火射"，意即"带火而射"，也即是带火之箭。郑玄注云：此"二者皆可以射敌、守城、车战"。自然，先秦带火之箭也不能排除了使用油脂的可能性；若无油脂而只用松明之类明火，其效果恐怕是较差的。

大约北宋中期，关于弓弩火药箭更为明确的记载便急剧增多起来。《武经总要》"前集"卷一二载："放火药箭者如（加）桦皮羽，以火药五两贯镞后，燔而发之。"[7]这里说到了火药包所用"火药"的数量，及其在箭杆上的位置和点火时间。如前所引，同书卷一三也说到了火药箭的装置，并指出火药包的重量应以弓力之大小为准。

2. 火药鞭箭。亦始见于北宋时期。它是一种借助于竹竿的弹力，来投掷火药包的一种装置。《武经总要》"前集"卷一二载："鞭箭，用新青竹，长一丈，径半寸为竿，下施铁索，稍系丝绳六尺。别削劲竹为鞭箭，长六尺，有镞，度正中施一竹臬（原注：亦谓之鞭子）。放时，以绳钩臬，系箭于竿，一人摇竿为势，一人持箭末激而发之……放火药箭者如（加）桦皮羽，以火药五两贯镞后，燔而发之。"[7]前数句所云为非火药的普通鞭箭及其制作和甩掷情况，后三句所云便是火药鞭箭。此二者的发射方式相同，都借助于竹竿的弹力；不同处是：一个无火药包，一个带有火药包。

此两种火器都发明于北宋时期，前者，即弓弩火药箭使用较多，南宋时期仍在大量制造，并在战争中曾起到过十分重要的作用。

赵与衮《辛巳泣蕲录》载：南宋宁宗嘉定十四年（1221 年）金兵围蕲州，三月十六日："出弩火药箭七千只，弓火药箭一万只，蒺藜火砲三十只，皮大砲二万只"[8]。可见此数量之巨。这里提到了"弓火药箭"和"弩火药箭"，这个命名是十分得体的。此"火砲"实指"火药包"，原是纸壳等包裹的火药球。

《续文献通考》卷一三一"兵考"载，金天会八年（1130 年）四月，金与南宋战于江，金兵"乘轻舟以火箭射之，烟焰蔽天，守军大溃"。所说金人向南宋使用之火箭，当也是弓弩火药箭。

（二）机发火药炮

这是以抛石机发射火药包的装置。其至迟出现于咸平三年（1000 年），即前云神卫水队长唐福在当年进献的火球和火蒺藜。稍后的《武经总要》前集谈到的蒺藜火球、铁嘴火鹞、竹火鹞、霹雳火球，大体都属这一类型。

蒺藜火球。《武经总要》"前集"卷一二载：蒺藜火球，"以三枝六首铁刃，以药药团之，中贯麻绳，长一丈二尺，外以纸，并杂药傅之。又施铁蒺藜八枚，各有逆鬚。放时，烧铁锥烙令焰出"[7]（图6-8-1）。此蒺藜火球便是机发式火药包。"三

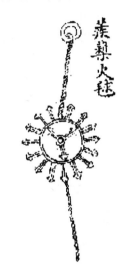

图6-8-1　《武经总要》所载
蒺藜火球

枝六首铁刃"和"铁蒺藜八枚"的具体形态未能详知，大约都是待火药包燃烧完毕后，遗留地面以阻敌骑兵的障碍物；前者类于"拒马"，三枚铁棍，互成120度的方式联结在一起，无论如何滚动，都是三脚着地一刃朝上。

竹火鹞。同书同卷载："竹火鹞，编竹为疏眼笼，腹大口狭，形微脩长，外糊纸数重，刷令黄色，入火药一斤，在内加小卵石，使其势重束杆草三五斤为尾……若贼来攻城皆以砲放之。"[7]

霹雳火球。是兼有燃烧、施毒的火器。同书同卷云："霹雳火毬，用干竹两三节，径一寸半，无罅裂者，存节勿透，用薄瓷如（加）铁钱三十片和火药三四斤，裹竹为毬，两头留竹寸许，毬外加傅药（火药外傅药注：具火毬说）。若贼穿地道攻城，我则穴地迎之，用火锥烙毬，开声如霹雳。然以竹扇簸其焰，以薰敌人。"[7]

北宋初期，火球类火器的包壳主要是纸壳，大约北宋后期，又出现了陶壳、瓷壳。纸壳曾见于《武经总要》，后二者在馆藏实物和考古发掘中都可看到。中国国家博物馆藏有宋代夹砂红陶火蒺藜一枚，器呈罐形，小口大腹；高 10 厘米，横径 16 厘米（包括刺长），上部隆起有小孔，外表布有 28 枚刺钉，罐内中空[9]；又藏有辽代陶蒺藜罐 2 枚，辽代青釉火药投弹一枚。后者呈瓶状，收口尖底，不能正立放置。高 13.1 厘米，最大径 8.1 厘米，壁厚 1.2 厘米[10]。1983 年，天津市蓟县一次就出土陶蒺藜 594 枚，径 10～20 厘米[11]。辽宁抚顺出土有金代馒头形瓷

蒺藜[12]。

机发火球技术在宋代得到了迅速的推广，并成了战场上的常用武器。《宋会要辑稿》"兵"二九之三二载，建炎三年（1129年），监察御史林之平曾建议福建、广东沿海船只"用望斗、箭隔、铁撞、硬弹、石砲、火砲、火箭及兵器等，兼防火家事之类"。包恢《敝帚藁略》卷一载："今欲少效火攻，则所在军中自有火礶之法，左统领自有见成可用之炮。"这些都在一定程度上反映了火炮、火箭在宋代战争中广泛使用的情况。这里同时提到了"石炮"和"火炮"，前者当是抛石之砲，后者则是抛火药之炮①。

此外，北宋时期还有一种机发"火枪"[13]，其兼具了燃烧和刺杀的功能。《武经总要》"前集"卷一二在谈到"单梢砲"的使用方法时说："凡一砲，百人拽，一人定放，放八十步外，石重二十五斤。亦放火毬、火鸡、火枪、撒星石，放及六十步外。"[14]即是说，单硝砲主要投射石块，亦投放火毬（或火球）、火鸡（或火鹍）②、火枪等。此"火枪"便是用抛石机投射出去的、带火药的矛头。

三、初级爆炸型火器的主要类型

爆炸型火器约出现于11世纪中期，有学者认为，《武经总要》"前集"卷一二所云霹雳火球，应是爆炸型火器的"先声"[15]。据研究，霹雳火球的火药配方与蒺藜火球相同[16]。从模拟试验情况看，在已知的唐、宋火药配方中，霹雳火球的燃烧热、燃烧气体产物比容、燃烧速度，都是较大的[17]，故有学者认为它具有了较强的爆发力，能够爆炸[16]。文献上关于爆炸型火器的较早战例是靖康元年（1126年）的汴梁之战和绍兴辛巳（1161年）的采石矶之战。从历史上看，我国古代爆炸型火器主要有三种类型，即爆炸弹、地雷和水雷。宋代主要是前者，后二者大约都是明代才出现的。宋代爆炸弹主要两种：即"霹雳炮"（纸壳）和"震天雷"（铁壳），大约都可使用人力或抛石机投掷。最初的炮弹壳是一层层厚纸，之后才发展成了陶质壳、铁壳，并有了火捻。铁壳炮是金人于1221年最先使用的。

（一）霹雳炮（纸壳火炮）

这是纸壳爆炸弹，是一种早期的爆炸型火器，主要功能是制造烟幕，造成惊恐和燃烧，直接杀伤力很小。

《续资治通鉴长编拾补》卷五三载：靖康元年（1126年）二月壬寅，李纲守汴梁之战，"先是蔡懋号令将士，金人近城不得辄施，故有引砲及发床子弩者皆杖之，将士愤怒。纲既登城，令施放自便，能中贼者厚赏。夜发霹雳砲以击之，军皆惊呼"[18]。此炮施于夜晚，主要目的当非施烟；又结合其"霹雳"之名来看，当具有一定爆炸能力。这应是我国古代使用爆炸型火器的最早战例。

---

① 砲、礶、炮，古人亦常混用，本书在引用古代文献时，皆尊重原版字形；正常行文时，则将抛石机投掷的石砲称之为"砲"；砲者，包石也，抛石也；曹叡《善哉行·我祖》是较早地提到这个"砲"字的地方之一（见本书第四章第五节）；而将抛石机投掷出去的各种火药包称之为"机火砲"或"机火炮"；炮者，包火也，抛火药之火也；前引"四库"本《虎钤经》是较早将抛石机投掷的火药包称之为"炮"的地方之一。元明之后的大口径管形火器则直呼为"炮"或"火炮"。

② 毬，球的异体字，《武经总要》等多写作"毬"。本书在引用古籍时，皆尊重原版字形；正常行文中，一般写成球。鹍，鹰科。火鹍、火鸡（鸡），两个名称在《武经总要》中都曾提到。

杨万里《诚斋集》卷四四"海鳅赋·后序"载：绍兴辛巳（1161年）虞文在采石矶之战大破金兵，"人在舟中蹈车以行船，但见舟如飞而不见有人。敌以为纸船也。舟中忽发一霹雳礟，盖以纸为之，而实之以石灰、硫黄。礟自空而下，落水中，硫黄得水而火作，自水跳出，其声如雷，纸裂而石灰散为烟雾，眯其人马之目，人物不相见。吾舟驰之，压敌舟，人马皆溺，遂大败之云"[19]。此"礟"，即霹雳炮，即用纸包裹的火药包；它能"自水跳出"，显然具有了一定的爆炸力，但似不能伤人，主要功能是燃烧后造成惊恐，并"眯其人马之目"。

（二）火罐炮（陶火炮）

这是一种带有火捻的陶壳爆炸弹。据金人元好问（1190～1257年）《续夷坚志》卷二"狐锯树"条载，金世宗大定二十九年（1189年），阳曲（今山西定襄县）北郑村有铁李者，以捕狐为业，"李腰悬火罐，取卷爆，潜爇之，掷树下，药火发，猛作大声，群狐乱走，为网所胃，瞑目待毙，不出一语，以斧椎杀之"。显然，此"火罐"是一种陶质的"火罐炮"。其内装火药，上面的小孔安火捻，使用时，点燃火捻，火罐爆炸，狐群惊逃，从而落入阴设的捕网中，再用斧将其砍死[20]。

（三）震天雷（铁火炮）

这是一种铁壳炸弹，为13世纪早期金人创制。主要特点是使用了生铁外壳，有了火捻，从而具有了较大的直接杀伤力。南宋和元代都曾大量生产和使用，当时便有了"铁火炮"之名。这是金代、南宋火器技术的一项重要成就。

《辛巳泣蕲录》云：南宋嘉定十四年（1221年），金人进攻蕲州，继以铁炮攻之，"十一日，番贼攻击西北楼，横流砲十有三座，每一砲继一铁火砲，其声大如霹雳"。此"铁火砲"，实是一种铁壳炸弹，"其形如匏状而口小，用生铁铸成，厚有二寸"[21]。这里谈到了铁质炸弹的外形和厚度。

《金史》一一三"赤盏合喜传"载：金哀宗天兴元年（1232年），蒙军进攻金兵据守的开封，金兵"攻城之具有火砲名震天者，铁罐盛药，以火点之，砲起火发，其声如雷，闻百里外，所爇围半亩之上。火点著，甲铁皆透"。"人有献策者，以铁绳悬震天雷者，顺城而下，至掘处火发，人与牛皮皆碎迸无迹"。这里谈到了"震天雷"的名称和威力。

宋代爆炸弹的生产和使用量都较多，而且威力较强。李曾伯《可斋续藁·后》卷五载："火攻之具，则荆淮之铁火砲动（辄）十数万只，臣在荆州，一月制造一二千只，如拨付襄、郢皆一二万。"[22]可见此"铁火砲"（炸弹）数量之巨。《宋史》卷四五一"马墍传"载，南宋景炎二年（1277年），宋将马墍坚守静江（今桂林），抗击元军。静江陷落时，部将娄钤辖250人退守月城，后因粮尽而无法坚守，"娄乃命所部入拥一砲然之，声如雷霆，震城城皆崩，烟气涨天外，兵多惊死者。火熄，入视之，灰烬无遗矣"。此"砲"当是就地引爆的一种爆炸弹，并无抛石机一类投射装置。

显然，"铁壳砲"的出现，当受到过北宋初年纸蒺藜、北宋后期的陶蒺藜、瓷蒺藜，以及陶质火罐炮的启发和影响。

在宋代爆炸型火器中，纸壳爆炸弹"霹雳炮"杀伤力较小，主要用于燃烧；

陶壳爆炸弹的杀伤力也不是太大；宋代爆炸型火器主要是名为"震天雷"的铁壳炸弹。

四、初级管形火器的主要类型

管形火器是依靠火药在发射管内燃烧后产生出来的喷射力来杀伤敌人的，最初管形火器以竹筒为发射管，没有子弹，只能喷射火焰、毒气或砂子，之后才发展成了发射子弹的管形火器。管形火器的出现，是火器技术的一大进步。宋代管形火器主要有如下几种：

（一）"长竹竿火枪"。其以竹筒为枪管，始见于绍兴二年（1132年）。制法是：将装有火药的竹筒（管）绑在长竹竿上，两人共持一根竹竿，作战时，点燃火药使之向前喷火，以焚烧敌方战具和营寨。据陈规《守城录》卷四载，绍兴二年时，宋德安（今湖北安陆）守将陈规"以火砲药造下长竹竿火鎗二十余条……皆用两人共持一条，准备天桥近城于战棚上下使用"[23]。《宋史》卷三七"陈规传"载，陈规守德安时，"以六十人持火枪自西门出，焚天桥以火牛助之，须臾皆尽"。这是使用管形火器的最早记载。

（二）飞火枪。兼具了喷火管和枪锋的装置。此"枪"是一种长柄且有尖头的直刺、投刺兵器，《墨子·备城门》篇："枪二十枚。"《旧五代史·王彦昌传》：彦章以骁勇闻，"常持铁枪，冲坚陷阵"。"飞火枪"是绑有火药管，一种能"飞火"的枪（长矛），它兼具了冷兵器和火器的功能。现代步枪附带刺刀，当是同一道理。一般认为飞火枪系金人所创制。

《金史》卷一一三"赤盏合喜传"载：金哀宗天兴元年（1232年），蒙军攻金兵据守的开封，金兵有"飞火枪，注药以火发之，辄前烧十余步，人亦不敢近"。此"注药"二字，说明其药装于筒中；"飞火"、"烧十余步"，即是喷火之意。这是关于飞火枪的较早记载。

《金史》卷一一六"蒲察官奴传"载：天兴二年（1233年）五月五日，金归德守军将领蒲察官奴祭天，令"军中阴备火枪战具"。"枪制以敕黄纸十六重为筒，长二尺许，实以柳炭、铁滓、磁末、硫黄、砒霜之属，以绳系枪端。军士各悬小铁罐藏火，临阵烧之，焰出枪前丈余，药尽而筒不损。盖汴京被攻已尝得用，今复用之"。这里详细地谈到了"火枪"的结构、制作和使用方法。可见火药是系于枪端使用的，作战之时，先以火药喷射火焰以杀伤敌人，之后再用枪（长矛）与敌格斗。此"砒礵"可能是硝石之误。

（三）烟枪。这是喷施烟幕，熏灼敌人的初级管形火器，其形制当与"长竹竿火枪"、"飞火枪"相近。

南宋周密《武林旧事》卷二"御教"条载："寿皇（孝宗）留意武事，在位凡五大阅：乾道二年、四年、六年、淳熙四年、十年。"教阅的一个内容是"诸军呈大刀、车砲、烟枪、诸色武艺"[24]。《宋史·礼志·军礼·阅武》载：乾道四年秋，孝宗于临安城外茅滩阅军，"步人分东西引拽，马军交头于御台下，随队呈试骁锐大刀试艺，继而进呈车砲、火砲、烟枪，及赭山打围射生"。这两条文献都提到了烟枪，但其具体形态皆未说明。

（四）子窠突火枪。这是一种能发射"子弹"的早期管形火器，此前的管形火器只能喷火和喷烟。

《宋史·兵制·器甲之制》载："开庆元年（1259 年）寿春府（今安徽寿县）造甋筒木弩……又造突火枪，以钜竹为筒，内安子窠，如烧放，焰绝然后子窠发出，如砲声，远闻百五十余步。"可见此"突火枪"以巨竹为筒。此"子窠"当即子弹；窠，通"棵"，植物一株谓之"一窠"。在明代中期之前，我国古代管形火器喷射的子弹主要有两种类型：（1）颗状散弹；（2）独枚大圆弹。后者约出现于明代中后期。此"子窠"形态不明，或为一种散弹，即铁砂、碎石、碎瓷之类。后世的各种金属管形火器当由突火枪演变而来，突火枪也是世界枪炮的鼻祖，也是宋代管形火器的最高成就。

以上是宋代管形火器的四种主要类型。

此外，还有两事值得讨论一下：

其一，关于降魔变绢画中的筒状喷火器。敦煌莫高窟藏经洞中有 1 件佛教绢本彩绘画，画高 145 厘米、宽 114 厘米，绘有释迦牟尼得道前夕的降魔故事，原画已于 20 世纪初被劫往法国，郑振铎编《域外所藏中国古画集》曾经收录[25]。画面右侧上方所绘攻击释迦牟尼的众魔中，有一个头上伸出三条毒蛇之头的恶魔，恶魔双手持一形态奇特的筒状喷火器，口上喷出熊熊烈焰。从绘画风格看，其年代约为 950 年左右。1979 年，李约瑟博士引用了这一资料，并认为它是一种较早的火枪，说"火枪肯定在 950 年就存在"[26]。后来，国外学者不少人都曾引用过这一观点，但国内学者多持慎重态度，因其属于孤证，在同一时代或稍后一个时期，目前尚未看到类似的资料。不过它依然为我们探索管形火器的发明期提供了一条新的线索[27][28]。

其二，关于李全"梨花枪"。李全，宋潍州北海（今山东潍坊）人。金末起兵山东，长于骑射和玩弄铁枪（长矛）。蒙古兵围青州，兵败而降。绍定三年（1230年）围攻扬州，兵败后被杀。他死后，其妻杨妙真夸其为"二十年梨花枪，天下无敌手"[29]。关于李全梨花枪的具体形态，《宋史》未曾说明，后人便产生了不同说法。

宋末周密（1232～1298 年）认为它是长铁枪，其《齐东野语》卷九云："李全，淄州人，第三，以贩牛马来青州……后复还淄，业屠，常就河洗刷牛马，于游土中蹴得铁枪杆，长七八尺，于是就上打成枪头，重可四十五斤，日习击刺，技日以精，为众推服，因呼为'李铁枪'"[30]。依其所云，李全"梨花枪"，原是在河中蹴得的一根铁杆，就上打出枪头后便成了枪，其实是一条全铁长矛，与火器无缘。我们亦支持这一说法。

但明代也有人认为它是一种管形火器，后世亦有附和此说者。明《筹海图编》卷一三载："梨花枪者，用梨花一筒，系于长枪之首，临敌时用之，一发可远去数丈，人着药即死，火尽枪仍可以刺贼，乃军前第一火具也。宋李全昔用之以雄山东，所谓'二十年梨花枪，天下无敌手'是也。此法不传久矣。"（图 6 - 8 - 2）[31]可见，此书把李全"梨花枪"与"飞火枪"等同起来了，其实这是一种误会。后面我们将要谈到，明代是把飞火枪称为梨花枪的，但宋代未必如此。关于《筹海图编》的作者，"四库提要"题为明胡宗宪辑，但从现有研究情况看，实际上是明郑若曾编撰的，胡宗宪仅修改、审定而已①。

五、初级喷气式推进器

在燃烧型、爆炸型、管形火器使用的同时，宋代也有了喷气式推进器的雏形，其具体形态约主要是烟火，它是游艺性物品，是否有了喷气推进的火箭，尚待进一步研究。

（一）烟火

关于烟火的发明年代，学术界目前主要有北宋说和南宋说两种意见。

北宋说的主要依据是北宋孟元老《东京梦华录》（1147年成书）卷七"驾登宝津楼诸军呈百戏"条所载，说东京军士御前表演百戏时，中有烟火一项，"忽作一声如

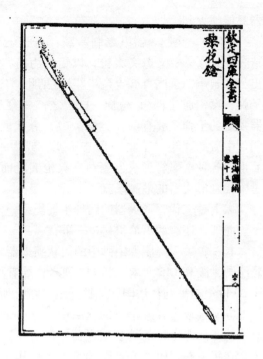

图6-8-2　《筹海图编》卷一三所载"梨花枪"

霹雳，谓之爆仗，则蛮牌者引退，烟火大起，有假面披发口吐狼牙烟火，如鬼神状者上场……或就地放烟火之类。又一声爆仗，乐部动拜新月慢曲，有面涂青绿戴面具金睛……又爆仗一声，有假面长髯……"[32]同书还谈到了北宋汴梁的著名伎艺人，如李外宁、张臻妙、温奴哥等烟火设计、表演名师。有学者认为此"爆仗"、"烟火"就是火药杂戏，并认为北宋晚期已有烟火无疑[33][34]。

但也有学者认为，此所述"烟火"原是"旧戏中演火烧场面或鬼神出场时放烟火的情况"，其"烟"、其"火"，都是纸和松香等物在燃烧时形成的，与火药并无关系；文中"烟火大起，有假面披发"、"烟火中有七八人皆披发文身"等语更说明了这一点。为此，这些学者认为真正的烟火应是南宋孝宗时代才出现的[17][35]。

我们比较倾向于前一观点，即北宋已出现烟火，南宋时期，烟火技术有了较大发展，有关记载明显增加，而且出现了一些著名的工艺和产品。

周密《武林旧事》（1270年成书）一书多次提到南宋的烟火和爆竹，其卷二"元夕"条云：正月初一日，"宫漏既深，始宣放烟火百余架。于是乐音四起，烛影纵横，而驾始还矣，大率效宣和盛际，愈加精妙"[24]。这段文献十分重要，它先后说到了两层意思：（1）南宋时期，宫中于元旦之夜宣放烟火百余架，规模甚大，

① 清代以来的众多书目皆云《筹海图编》为明胡宗宪辑，《辞海》、《辞源》亦沿用此说。20世纪80年代前后，有关学者对所发现的明嘉靖四十一年（1562年）初刻本和隆庆六年（1572年）重刻本作了新的考订，认为其实际作者系胡宗宪幕僚郑若曾，唯经胡宗宪修改，康熙三十二年（1693年）刊本亦署为郑若曾辑。今《中国兵书集成》（十六）收有《筹海图编》，其题为："崑山郑若曾辑"，据嘉靖四十一年胡宗宪刻本影印（解放军出版社，辽沈书社，1990年）。

且较北宋晚期宣和间更加精妙。（2）北宋宣和（1119～1125年）年间便有了烟火。这便支持了我们前述的观点。而且，孟元老《东京梦华录》与周密《武林旧事》，两书的记载基本吻合。

《武林旧事》卷三"西湖游幸"云，孝宗于淳熙间（1174～1189年）游杭州西湖时，看到了许多新奇的烟火品种。"淳熙间，寿皇以天下养，每奉德寿三殿，游幸湖山，御大龙舟……时承平日久，乐与民同。凡游观买卖，皆无所禁……烟火：起轮、走线、流星、水爆、风筝，不可胜数，总谓之赶趁人，盖耳目不暇给焉。"此"起轮"、"走线"等，看来都是当时著名的烟火品种。

周密《齐东野语》（1290年成书）卷一一"御宴烟火"条还谈到了在我国一直流传至今，名为"地老鼠"的烟火。其云：南宋理宗赵昀即位（1225年）之初，曾于上元日在宫内清燕殿点放名为"地老鼠"的烟火，"清燕殿排当，恭请恭圣太后。既而烧烟火于庭。有所谓地老鼠者，径至大母圣座下，大母为之惊惶，拂衣径起，意颇疑怒，为之罢晏"[36]。此"地老鼠"实属旋转型烟火，其机理是利用火药燃烧产物外喷而形成的反推动力，使之围绕一个轴心旋转。明代沈榜《宛署杂记》（1593年）、清代赵学敏《火戏略》（1780年）等都曾描述过地老鼠的形态。《宛署杂记》卷十七云："起火中带炮连声者曰三级浪，不响不起、旋绕地上者曰地老鼠。"

南宋时期不但宫中，而且地方上也有了烟火。朱熹《朱文公集》一八"按唐仲友三状"："仲友有婺州邻近人周四会放烟火，其妻会下碁。"

（二）关于喷气推进火箭

我国古代喷气推进火箭发明于何时，目前学术界主要有两种不同看法：一是宋金说（或说南宋晚期说）；二是明代说。

"宋金说"的主要依据是部分国内和蒙古人西征的战例。国内战例主要是绍兴辛巳（1161年）虞文在采石矶大破金兵之战，其霹雳炮"自空而下，落水中"，之后又"自水跳出，其声如雷"。显然只有"二踢脚"一类火箭才具有这种功能。蒙古贵族西征战例中，最值得注意的是1235～1244年蒙古军发动第二次西征时使用的"中国龙喷火筒"。17世纪时，一位波兰军事建筑师依据有关史料和古战场附近的壁画，对蒙古军在1241年向波兰骑士使用火龙的情景作了描述：火龙有龙头，在龙头的发射器内排立着火箭束。国内外都有人认为那就是集束式火箭[37]。"明代说"认为宋代的烟火应属火箭的前身，真正的火箭则应始创于明[34]。两种观点皆可进一步研究。如若波兰军事建筑师所绘图像自然是属于"集束式火箭"，但那是17世纪之作，并非13世纪的原始资料，而且宋、元文献中尚未看到类似的记载。

宋代火器主要有如上四种，即燃烧型、爆炸型、管形、喷气式。但在早期火器中，有的一物却兼具了多种火器的特征，如霹雳炮等，总体上属燃烧型，但具有轻微的爆炸力，也具有一些早期喷气式火箭的特征。两宋时期，火器已成了军队的重要装备，不但品种较多，而且使用量较大。南宋周应合《景定建康志》卷三九"武卫志二·军器"载："开庆元年（1259年）四月十三日至景定二年（1261年）七月，大使马光祖任内……又刓（创）造、添修火攻器具共六万三千七百五十四件，内刓造三万八千三百五十九件；铁砲壳，十斤重四只，七斤重八只，六斤重一百只，五斤重一万三千一百四十四只，三斤重二万二千四十四只，火弓箭一千只，火弩箭一千只，突火筒三百三十三个，火蒺藜三百三十三个，火药弃袴枪头三百三十三个，霹雳火砲壳一百只；内添修二万五千三百九十五件，火弓箭九千八百只，火弩箭一万二千九百八十只，突筒五百二个，火药弃袴枪头一千三百九十六个，火药蒺藜四百四个，小铁砲二百八只，铁火桶七十四只，铁火锥六十三条。"[38]其中提到了铁砲壳、弓火药箭、弩火药箭、霹雳砲、火蒺藜、铁火桶等，其铁砲壳又包括大小多种类型，这都说明了宋代火器大量使用的情况。

六、宋代的火药配方

由前可知，两宋时期已有了燃烧型、爆炸型和发射型火药，这是人类社会获得的一项重大技术成果。今见于记载的宋代火药配方一共三个，皆属北宋早期，大体上皆属于燃烧型，唯霹雳球火药稍具爆炸性；北宋中期和南宋之后的火药配方当更为进步，只可惜不曾留下具体记载。

《武经总要》"前集"卷一一载："毒药烟毬。毬重五斤，用硫黄一十五两、草乌头五两、焰硝一斤十四两、芭（巴）豆五两、狼毒五两、桐油二两半、小油二两半、木炭末五两、沥青二两半、砒霜二两、黄蜡一两、竹茹一两一分、麻茹一两一分，捣合为毬。贯之以麻绳一条，长一丈二尺、重半斤为弦子；更以故纸一十二两半、麻皮十两、沥青二两半、黄蜡二两半、黄丹一两一分、炭末半斤，捣合涂傅外。若其气薰人，则口鼻血出。"此方计 10 余种药，狼毒、巴豆皆有毒之物，草乌头为大毒，砒霜剧毒。"沥青"指松香。可见此配方的主要成分为：硝 38.5%、硫 19.2%、炭 6.0%、其他有机物 21.8%、毒药及无机物 14.1%[39]。这是个燃烧兼施毒的火药配方。模拟试验表明，此配方的燃烧速度为 0.17 克/秒，发火点为 473℃，气体产物比容 152 升/千克，燃烧热为 940.02 焦耳/克。此燃烧热甚低，这是施毒效果最佳的发热量[40]。

同书卷一二载：蒺藜火球，"火药法：用硫黄一斤四两、焰硝二斤半、粗炭末五两、沥青二两半、干漆二两半，捣为末；竹茹一两一分、麻茹一两一分，剪碎；用桐油、小油各二两半，蜡二两半熔汁和之。外傅用纸十二两半、黄麻一十两、黄丹一两一分、炭末半斤，以沥青二两半、黄蜡二两半熔汁和合，周涂之"。经计算，其组成为：硝石 50.0%、硫黄 25.0%、木炭 6.2%、其他有机物 18.8%[39]。从模拟试验看，此配方的发火点为 428℃，燃烧产物的比容 192 升/千克，燃烧热为 2134.4 焦耳/克[40]。

同书卷一二又载：火炮，"火药法：晋州硫黄十四两、窝黄七两、焰硝二斤半、麻药一两、干漆一两、砒黄一两、定粉一两、竹如一两、黄丹一两、黄蜡半两、清油一分、桐油半两、松脂一十四两、浓油一分。右以晋州硫黄、窝黄、焰硝同捣、罗，砒黄、定粉、黄丹同研，干漆捣为末，竹茹、麻茹即微炒为碎末，黄蜡、松脂、清油、桐油、浓油同焚成膏状，入前药末，旋旋和匀。以纸伍重裹衣，以麻缚定，更别熔松脂傅之，以砲放"。经计算，此火炮组分为：硝石 48.5%、硫黄 25.5%、松剂 17.0%、其他有机物 5.41%、毒物及无机物 3.6%[39]。从模拟试验看，此配方的燃烧速度为 0.07 克/秒，发火点为 451℃，燃烧产物的比容为 160 升/千克，燃烧热为 2143.6 焦耳/克。其燃烧速度较慢，可能与所含松脂较多有关[40]。

此三个火药配方中，毒药烟球的燃烧速度是最慢的，燃烧热也最低，有利于毒药缓慢挥发；火炮火药发热值较高，有利于燃烧；蒺藜火球的火药燃烧速度最快，发热值也较大，气态产物比容最大；可见这些火药配方基本上满足了不同的性能要求。说明早在北宋早期，人们对火药配方与其性能的关系，尤其是对硝石的作用，已有了一定的认识[40]。此三个配方中，性能最佳者当属蒺藜火球[41]，据推算，其低熔点可燃物（包括硫）含量为 38.9%，较火炮火药（45%）稍低。近代军用黑火药（硝:硫:炭比为 75:10:15）的低熔点可燃物含量为 10%，燃烧速度为 0.8克/秒，燃烧产物的比容为 210 升/千克，燃烧热为 2682.4 焦耳/克[40]。

但总体上看，宋代火药还是较为原始的，主要表现是：（1）无效或效率不高的组分较多，便在较大程度上削弱了有效组分的作用。（2）有效组分的比例与近代军用黑火药还有较大距离。

第九节　指南针技术的发展

我国古代指南针技术约发明于唐代中期，但当时仍停留在方家术士手中，有关记载也较少；北宋之后便迅速推广开来，不但记载较多，且较明确。宋代磁针主要有旱针和水针两种，它们都有多种不同类型；至迟南宋，便发明了枢轴式旱罗针，即木刻龟子和罗盘。水针和罗盘，便先后在北宋和南宋时期用到了航海事业中。

一、宋代指南针的几种装置

在宋代文献中，年代较早且更为明确地说到指南针的文献，要算北宋堪舆著作《茔原总录》，其卷一云："客主的取，宜匡四正以无差。当取丙午针，于其正处，中而格之，取方直之正也。"即是说，欲定四正方向，须先取丙午针（即正南偏东 7.5 度），待停止摆动后，中而格之，方可得到正确方向。此既明确地谈到了指南针，还明确地谈到了磁偏角①，是世界上关于磁偏角的最早记载。此书是仁宗庆历元年（1041 年），由天监杨维德撰写的②，但所述依然较简。稍后，《武经总要》"前集"卷一五、《梦溪笔谈》卷二四等，都分别谈到了磁针的结构、制作、使用方法等。

（一）宋代磁针的几种不同装置

从承载方式看，我国古代指南针大体可区分为水针和旱针两种，前者是依靠水的浮力来维系磁针的，后者则是依靠丝缕的提系，或者将磁针放在盌唇、指甲或尖细的立轴上；水针和旱针，宋代都已使用，但使用较多的是水针，成就最高

---

① 地球绕着假想的地轴永无休止地转动，地轴南北两端与地表接触的地方便叫南北两极，连接两极的子午线叫地理子午线；地球是一个巨大的磁体，具有南北两个明显的磁极，连接地球两个磁极的子午线叫地磁子午线；因地球两极与地磁两极的位置并不一致，于是，地理子午线与地磁子午线间就产生了一个夹角，这便是磁偏角。

② 《茔原总录》，藏国家图书馆，善本，残存元刻本一册五卷。在现代研究者中，《茔原总录》关于磁偏角的这段资料最早由严敦杰发现，后为各家引用。

的应是旱罗盘。

在宋代文献中，较早对指南针进行概括性分类的是沈括（1031～1095 年）《梦溪笔谈》二四"杂志一"，其云："方家以磁石磨针锋，则能指南，然常微偏东，不全南也。水浮多荡摇；指爪及盌唇上皆可为之，运转尤速，但坚滑易坠；不若缕悬为最善，其法取新纩中独茧缕，以芥子许蜡缀于针腰，无风处悬之，则针常指南。其中有磨而指北者。予家指南北者皆有之。磁石之指南，犹柏之指西，莫可原其理"。沈括在此谈到了 5 个问题：（1）磁化方式，即用"磁石磨针锋"方式作人工磁化。下面还要谈到，宋代还采用过其他磁化法。（2）磁偏角。说指南针并非不偏不离地指着正南，而是稍稍偏东。地磁偏角的发现，是我国古代科学的一项重大成就。（3）磁针有三种装置法，即漂浮法、支承法和缕悬法。漂浮法即所谓的水针，支承法和缕悬法皆属旱针。指甲旋法和盌唇旋法皆属支承法。（4）指南针是由方家制造的。前章谈到，指南针应是唐代晚期时，由方家发明出来的。（5）磁针指南是一种自然现象，其原理尚不明了[1]。由沈括的这些记述来看，在宋代，方术家辨别方向依然是指南针的一个重要用途。1949 年，王振铎还对沈括所云三类四种指南针进行过复原试验[2]。

稍后，北宋政和年间（1111～1118 年）的寇宗奭《本草衍义》卷五"磁石"条也有类似的记载："磨针锋，则能指南；然常偏东，不全南也。其法取新纩中独缕，以半芥子许蜡，缀于针腰，无风处垂之，则针常指南；以针横贯灯心，浮水上，亦指南；然常偏丙位。"[3]此也谈到了人工磁化的方法和磁偏角，"丙位"即正南偏东 15 度，适与微偏东之说相符。与沈括所说不同处是：（1）此只谈到了两种针法，即漂浮法和缕悬法，可能是此二法使用较多之故；（2）谈到了漂浮法的具体装置，是以针横贯灯心草，浮于水上。

宋末元初，程棨《三柳轩杂识·指南鍼》也谈到了指南针的结构和基本类型，与《本草衍义》所云基本一致，有关情况下章还要提到。

（二）几种不同形式的水针

宋代使用较多的是水针，由现有资料看，其至少有四种不同的装置：

磁针穿贯灯心草式。如前引《本草衍义》所云，即以针横贯灯心草上，浮于水面。与此相关的图绘"王"字形水针碗在元磁州窑上多有发现，下章再作介绍。

铁片指南鱼。《武经总要》"前集"卷一五在谈到行军辨向时说："若遇天景曀雨狸，夜色暝黑，又不能辨方向，则当纵老马前行，令识道路，或出指南车及指南鱼，以辨所向。指南车世法不传，鱼法以薄铁叶剪裁，长二寸，阔五分，首尾锐如鱼形，置炭火中烧之，候通赤，以铁钤钤鱼首出火，以尾正对子位，蘸水盆中，没水数分则止，以密器收之。用时置水碗于无风处，平放鱼在水面令浮，其首常南向午也。"这里谈到了指南鱼的外形、淬火和磁化方法、使用时的放置方法等。经王振铎复原，此指南鱼的腹部应当稍稍下凹，宛如一方浅舟方可[1]；若为一块平平的薄铁片，那是很难漂浮的。

木刻指南鱼。据南宋晚期陈元靓《事林广记》卷一〇"神仙幻术"载：指南鱼作法是："以木刻鱼子，如母指大，开腹一窍，陷好磁石一块子，却以腊填满，用针一半金从鱼子口中钩入，令没放水中，自然指南，以手拨转，又复如出。"[4]

可见，此指南鱼以木刻成，如拇指大小，置水中。钢针从鱼的口部插入。它是用天然磁石对钢针磁化的，并使之长久接触，以保持此种不间断的磁化过程。《事林广记》系一种日用百科全书型的民间类书。陈元靓系福建崇安人，约生活于南宋宁宗（1195～1224 年）、理宗（1225～1264 年）时。

以上是见于文献记载的宋代水针装置法。使用较多的当是灯心草式。《武经总要》所云铁片式指南鱼虽然无针，但其理相同，故置一处讨论。当然，水针决不止以上几种，明代方以智《物理小识·神鬼方术类》谈到一种针头涂油涂垢，利用水的表面张力来制作浮针之法，大体亦可归入此类；其云："取头中垢，以涂塞其孔，置水即浮，中通曰：人垢人汗人油涂针上，不须塞孔，针皆能浮"。

在此还值得一提的是，有学者认为"指南鱼"并非出现于宋，而是晋代便已发明，并认为晋代还发明了"指南舟"，这都是古人对磁针指极性能的一种应用[5]。主要依据有二：（1）唐代徐坚《初学记》卷二五"舟部"引晋《宫阁记》谈到过一种"指南舟"；（2）据说某些版本的晋代崔豹《古今注》曾提到过"指南鱼"。有学者认为，此指南舟、指南鱼是用"薄钢皮剪成，长约数寸而中部微凹，一端成为尖端，状如小鱼或玩具小船的东西，它磁化后能浮于水面而尖端指南"。但我们认为这些文献未必靠得住。经查，《初学记》的记载是这样的："晋《宫阁记》曰：天泉池有紫宫舟、升进舟、曜阳舟、飞龙舟、射猎舟；灵芝池有鸣鹤舟、指南舟；舍利池有云母舟、无极舟；都亭池有华泉舟、常安舟"。由这段引文看，"指南舟"指南是肯定了的，但它是否可以浮起，是磁石还是磁针，则难以肯定。因为引文中还说到有"云母舟"，此云母舟是否能够浮起，同样难以肯定。至于崔豹《古今注》有的版本谈到了"指南鱼"的问题，则有待进一步查实。今俗所见《古今注》谈到过"玄针"、"玄鱼"，但那是指蝌蚪说的，与指南针无涉。总之，我们以为《初学记》和《古今注》这两条资料目前仍只能作为探讨我国指南针发明年代的线索，而不宜作为晋代已有指南鱼和指南舟的凭证。

欧洲早期水针的装置与宋代基本一致。1195 年英国亚力山大·内卡姆（Alexande Neckam）在《论物质的本性》（《De Naturis Rerum》）一书中说："在阴沉的日子或阴暗的夜晚，当瞧不见天上的星星时，航海者就使铁针或钢针磁化，再把它穿在麦管上，浮在水面，我们用这个方法就可以知道哪边是北方。"[6]这也从一个侧面反映了欧洲水针与中国水针的技术关系。

（三）关于指极磁铁的制作方法

在此最为关键的问题是如何获得并保持磁性，从文献记载来看，宋人主要采取了三项技术措施：

1. 钢针淬火。这在前引《武经总要》"前集"卷一五已有详细说明，制作指南鱼时，将鱼形铁片"置炭火中烧之，候通赤，以铁铃铃鱼首出火，以尾正对子位，蘸水盆中，没水数分则止"。明代方以智《物理小识》卷一"气节异"说"针淬而指南"，即是说，磁针淬火后便指南了。这是否依靠地磁来磁化，说得不太明白；地磁磁化的真实效果如何，亦有待试验。若使用强磁体来磁化，效果会更好一些的。但可肯定的是：淬火对钢针磁化是有重要影响的。从现代技术观点看，作为永久磁铁的钢，均须具有较高的矫顽力和剩余磁感，而且均须不因时间的推移而发生变化。一般而言，凡晶格处于应力状态，如冷加工硬化、时效硬化、相的分散分布、细晶粒度等，都有增大矫顽力的作用；淬火可使矫顽力急速上升，这主要是淬火组织内存有较多的残余奥氏体和非磁性夹杂之故。若钢针未经淬火，其磁性将很快地消失。

2. 采用多种方法磁化。如前引《梦溪笔谈》、《本草衍义》等说到的磁石磨针锋等。

3. 注意养针，以免失去了磁性。《武经总要》"前集"所云指南铁鱼平时系"以密器收之"，此"密器"当即是藏有天然磁石的养针器。《事林广记》所云木刻指南鱼、指南龟，皆内藏磁石，在使用过程中同时进行着"保养"。据有关学者调查，1937 年时，苏州和安徽休宁罗盘作坊的养针法是：平时将磁针散布于天然磁石上受磁，磁石置于铜质或木质的有盖盒内，使用时启盖取针[2]。

二、枢轴式旱针的发明和十六分度法

枢轴式旱针始见于南宋时期，它亦属支承法，其主要有两种类型，一是木刻指南龟，二是罗盘。

（一）木刻指南龟

《事林广记》卷一〇"神仙幻术"在谈到了指南鱼做法后接着说，指南龟做法是："以木刻龟子一个，一如前法制造，但于尾边敲针入去，用小板子上安以竹钉子，如箸尾大。龟腹下微陷一穴，安钉子上拨转常指北，须是钉尾后"[4]。可见，此指南龟亦以木刻成，如拇指大小，用天然磁石使钢针磁化，亦使之长久接触。钢针则是从尾部插入。这是关于枢轴式旱针的最早记载。1949 年，王振铎曾复原过指南鱼、指南龟；指南鱼中空，作漂浮状；指南龟亦中空，下用

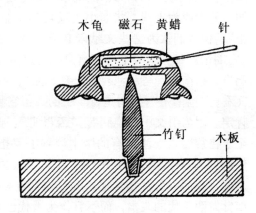

图 6-9-1　《事林广记》指南龟复原图
采自文献[2]

一竹钉支承；制作指南龟的一个重要技术问题是选择好重心，使之既保持平衡，又能旋转自如[2]。图 6-9-1 所示为王振铎复原的《事林广记》指南龟。

（二）罗盘

这是一种具有辨正细微方位的磁针指极仪器，用带有方位刻度的圆形承受器装置而成。罗盘又叫罗经、罗经盘；罗者，广布也，遍布也。《史记·五帝本纪》"旁罗日月星辰"，"索隐"云："旁非一方；罗，广布也。"经者，度也。《考工记·匠人》"经涂九轨"疏："南北之道为经，东西之道为纬。"盘，当与地盘有关。罗盘分度列向，以正南北，故谓之为经、经盘、罗经盘也[7]。

关于罗盘的发明年代，迄今尚无确凿证据，昔曾有学者依墓志铭、买地券，以及堪舆著作中关于墓向选择中出现了 24 向（或 48 向），便将之推到了唐代中期[5]，其实这是靠不住的，因 24 分向法早在汉代便已形成，况且，有的所谓唐代堪舆著作并不能排除了后人增删伪撰的可能性。唐代虽有了指南水针，但它与罗

盘仍有一定区别。目前关于罗盘比较确凿的记载当属 12 ~ 13 世纪，南宋曾三异《因话录》"子午针"条说："地螺或有子午正针，或用子午、丙壬间缝针，天地南北之正，当用子午。或今谓江南地偏，难用子午之正，故以丙壬参之。古者测日景于洛阳，以其天地之中正也，然又于其外县阳城之地，地少偏，则难正用，亦自有理"[8]。此"螺"同罗，这是我国古代较早提到罗盘的地方。值得注意的是，这里也谈到了磁偏角。曾三异，为三聘之弟，南宋新涂人，淳熙（1174 ~ 1189 年）乡贡，端平（1234 ~ 1236 年）授承事郎，成书年代不详。自然，罗盘的发明年代应在其著书之前；因罗盘亦有水、旱两种[9]，一般而言，水罗盘应早于旱罗盘，而今在考古发掘中所见旱罗盘的最早形象属于 12 世纪末期，故水罗盘至少是可上推至 12 世纪中期、早期的。

1985 年，江西临川县窑背山南宋邵武知军朱济南（1140 ~ 1197 年）墓（1198 年入葬）出土 70 件瓷俑，俑均为单体侍立状圆雕，由模印、贴塑而成，多中空，胎质细匀，素烧，江西烧造。其中有张仙人俑一式二件，此俑高 22.2 厘米，炯炯有神，束发绾髻，身穿右衽长衫，右手抱一罗盘，置于右胸前，右手紧执左袖口，俨然是一位堪舆大师，座底墨书"张仙人"三字（彩版捌，2），当系《永乐大典》卷八一九九"大汉原陵秘葬经"所云阴阳家张景文一类人物[10]。其装置法与水针不同，此针的中部作菱形，中心有一圆孔，显然是一种支承式旱罗盘[11]。这是我国早在 12 世纪，即南宋时期便已发明了旱罗盘的明证。其形态与前云宋代各种水针、元代图绘"王"字形水针，以及传世品中所见明代水经罗，都有明显区别。

相当长一个时期内，学术界一般认为旱罗盘系西人创制的，明隆庆（1567 ~ 1572 年）时经日本传入中国。最早提出这一观点的人是明隆庆时李豫享，其《推篷寤语》卷七云："近年吴越闽广遭倭变，倭船尾率用旱针盘以辨海道，获之仿其制，吴下人始多旱针盘。但其针用磁石煮制，气过则不灵，不若水针盘细密也"[12]。还有人考订说欧洲在明代已多用旱针。其实，这都是一面之辞，不管水针还是旱针，都是我国首创的。旱针为我国首创之事，清乾隆时堪舆家范宜宾在《罗经精一解·针说》中便有说明，其云："指南旱针，造自圣王，今反弃古不用，转用后人伪造之水针，乖谬已极，失去根本矣……今余之经盘，遵用旱针，不用水针，亦去伪遵古之意也夫"。"缘此针创自江西，盛于前明，以此定南北之枢。"范宜宾认为旱针盛于明代，明代以前创自江西，与临川旱罗盘造像适是相符。但其认为水针为后人伪造，则未必妥当。

古代世界的罗经盘计有 24 向（含 48 向）和 16 向（含 32 向）两大体系。从文献记载和有关考古实物来看，自秦汉以来，24 向定位法便在我国地理分向中形成[1]，并一直沿用了下来。相当长一个时期内，人们一直认为 16 向法是西洋人首创的，英国诗人乔叟（G. Chauer）早在 1391 年的《论星盘》中就说，当时的航海罗经使用的已是 32 向位[13]；有学者认为明嘉靖（1522 ~ 1566 年）以来，欧洲海舶已多用此种罗经，并说这种 16 向罗经是先传至日本，之后再传入中国的[7]。有学者认为，其实并非如此，从考古资料和文献记载看，16 向位法也是中国人发明[11]。

1997 年 8 月，临川陶俑罗盘在中国历史博物馆举办的《中国古代科技文物展》

上展出，经观察，它应当有 16 条刻度线。今已看到 14 条，十分清楚，分布大体均匀；另有一条短线，与一条长线同一个起点，显然是划错了的。依照这 14 条刻度线的分布情况推测，在与指针相重处的上下两个方位，应当各有一条刻线；下面一条当是陶俑的手挡住了，上面一条则是制作指针时，为泥条遮掩了；今在罗盘的上缘部似乎还有一个小"缺口"，很可能它便是原刻线的尽头[11]。如若宋罗盘没有十六分度法，人们绝不会在"张仙人"的罗盘上随意刻出这种分格的。故这应是世界上最早的旱罗盘，也是最早的十六分度罗盘。

十六分度罗盘大约与后天八卦的使用存在一定关系，宋王赵卿《针法诗》云："虚危之间针路明，南方张度上三乘。坎离正位人难识，差却毫厘断不灵"。此"虚危之间"即丙午偏角。前二句是以天星表示磁偏角的。"坎离正位"是后天八卦的北南正位，后天八卦以离为正南，坎为正北。这说明宋代堪舆家曾用后天八卦分度。八卦，八方，再加上缝针，便是 16 个方位。这是宋代采用了十六方位法的又一例证[11]。自然，这都远在欧洲之前。

三、指南针和罗盘在航海技术上的应用

人类早期航海活动主要是依靠星星和太阳来辨别方向的，指南针发明出来后，这种靠天辨向的情况便有了根本性变化。我国古代关于航海指南针的记载约始见于北宋晚期，之后便很快地推广开来。

北宋宣和元年（1119 年）成书的朱彧《萍州可谈》卷二载："舶深阔各数十丈……舟师识地理，夜则观星，昼则观日，阴晦观指南针，或以十丈绳钩海底泥嗅之，便知所至。"据《四库全书》"提要"载：朱彧系乌程人，其父朱服，"元丰（1078～1085 年）中以直龙图阁，历知莱润诸州；绍圣（1094～1098 年）中尝奉命使辽，后又为广州帅，故彧是书多述其父所见闻，而于广州蕃坊市舶言之犹详"。说明早在公元 11 世纪末、12 世纪初，我国之南洋海船已有指南针装置，这是世界上关于航海指南针的最早记载，但针的具体装置则不得而知。

稍后，徐兢《宣和奉使高丽图经》卷三四也记有一种航海浮针，云：舟行过蓬莱山之后，浪势益大，"是夜洋中不可住，维视星斗前迈，若晦冥则用指南浮针，以揆南北"。

南宋时期，有关航海用指南针的记载便更多了。赵汝适《诸番志》（1225 年）谈到福建市舶司的一些情况时说："舟舶来往，唯以指南针为则，昼夜守视惟谨，毫厘之差，生死系矣。"

在航海业中，明确提到罗盘的始见于 13 世纪后期。南宋咸淳年间（1265～1274 年）吴自牧《梦粱录》卷一二"江海船舰"载："风雨冥晦，惟凭针盘而行，乃火长掌之，毫厘不敢差误，盖一舟人之命所系也。"[14]此明确提到了针盘，而且须专人守护。此针盘当系罗盘，看来，罗盘的使用方法已逐渐形成了一种制度。同卷接着又说："海洋近出礁则水浅，撞礁必坏船，全凭南针，或有少差，即葬鱼腹。"元明时期，便形成了依"针路"航行的做法。

第十节　髹漆技术的发展

汉代之后，漆器使用量虽有减少，但因漆器本身固有的优点，实际用量还是不少的，髹漆技术亦不断向前发展，并且每个时代都有自己的特点和值得人们关注的东西。若说唐代漆器的代表性成就是夹纻佛像、金银平脱和螺钿工艺的话，宋代漆器较值得注意的便是：多层卷木胎、金银胎漆器、银衬胎技术、戗金技术、素色漆技术、雕漆技术、犀皮工艺都有了发展，桐油兑漆技术始见于文献记载，很可能还发明了薄螺钿工艺。宋代的主要漆器产地依然在南方，尤其是浙江、江苏、湖北等地，其中较为著名的漆器产地有温州、杭州、苏州、襄州等。

一、漆器出土的部分情况

两宋时期，漆器出土量还是不少的，其中较值得注意的主要有下列几宗：

1. 常州市武进县村前乡南宋墓漆器。1976 年和 1978 年发掘，计出自 6 座南宋墓，漆器有奁、盒、镜箱、执镜盒、粉盒等，约 14 件，其中较值得注意的器物有：（1）戗金细钩填漆斑纹地长方盒 1 件，木胎，通高 11 厘米、长 15.4 厘米、宽 8.3 厘米，盖内朱书"庚申（1260 年）温州丁字桥巷解七叔上牢"13 字款，断代1260 年之后。（2）戗金细钩花卉人物奁 1 件，通高 21.3 厘米、径 19.2 厘米。木胎，十二棱莲花瓣形，盖面戗金人物花卉，银钿镶口。盖内侧朱书"温州新河金念五郎上牢"10 字。（3）戗金朱髹长方盒 1 件，通高 10.7 厘米、长 15.3 厘米、宽 8.1 厘米，盖内朱书"丁酉（1237 年）温州五马钟念二郎上牢"12 字。后两器断代 1237 年之后。（4）镜箱 1 件，木胎，长方形，黄地。漆层已全部脱落，箱盖面有云钩纹图案的线条痕迹，发掘者认为它"有可能是剔犀工艺"。（5）粉盒 6 件，大小略同，木胎，素面，圆筒形或扁圆形，有盖，子母口，有的盖口环以银包口。表里黑漆。（6）唾盂 1 件，高 10.5 厘米、口径 20.5 厘米，口沿及腹部均用窄条薄木片圈叠成胎，表里黑漆。此外还有填漆斑纹长方盒 1 件、剔犀执镜盒 1 件等漆器。可见其装饰有素色漆、戗金（3 件）、填漆（1 件）、犀皮（2 件）等；在 3 件戗金漆器中，有 2 件是戗金朱髹的，盖面皆系人物画，工艺娴熟，刻画精美[1][2]。

字款中的"念"字，在宋镜铭文中也经常看到，当是"廿"之意，其中的"念二郎"即"二十二郎"，"念五郎"即"二十五郎"。湖州镜铭中最常见的是"念二叔"，实即二十二叔；湖州镜铭中曾有过"湖州石家三十郎家照子"，以及"湖州石四十六郎无比炼铜照子"等，都是这种解释的一个明证[3]。将"廿"音作"念"之事，约始于北宋时期。顾炎武《金石文字记》卷三"唐·开业寺碑"条载："碑阴多宋人题名，有曰：'济南李政至道王亢……过此同宿承天佛舍，元祐辛未（1091 年）阳月念五日题'。以'廿'为念，始见于此。杨用修谓'廿'字韵书皆音入，惟市井商贾音念，而学士大夫亦从其误也。"[4]

2. 常州北环新村北宋漆器。1982 年出土，其中值得注意的器物是：（1）银衬漆罐 2 件。一件圆筒形，通高 6.3 厘米、口径 8 厘米。罐分两层，内层为银质平底筒形罐，壁厚 1.2 毫米，相当于器之内衬；外层为木胎漆罐，髹素色黑漆，退光。银筒罐口略高于漆罐外壁，形成子口。器盖内壁亦为银质。（2）银衬扁圆漆盒 1件，口径 10 厘米、通高 3 厘米。此器亦分两层，内层为银质平底盒，银层口伸出，形成子口；外层为木胎漆盒，髹素色黑漆，退光。盖内层为银质，外包漆盖。（3）银包口朱漆托子 1 件，通高 6 厘米、托杯口径 8.7 厘米、托沿径 14.5 厘米。杯口、托沿和足沿周皆镶银包口，托底朱书"苏州真大黄二郎上辛卯"10 字款。

（4）扁圆形黑漆盒1件，用宽3.5厘米、厚0.15厘米的3层薄木片圈盘成胎，外面两层木片重叠圈盘，内层伸出呈子口[5]。显然，此盒为多层卷木胎制成。

3. 淮安北宋墓漆器。1959年，淮安5座北宋墓出土漆器72件，19件有铭文，较值得注意的是：

盘27件，其中有平底盘22件（大盘2件，中盘7件，小盘13件）、凹底盘2件、圈底盘3件。皆花瓣形，皆素色漆。凡内红外墨者为10瓣形，内外均红者为6瓣形。部分盘上有朱书字款。在1号墓出土的小漆盘中，有5件底外朱书"杭州胡"3字款；一件底外部朱书"已酉杭州吴口上牢"8字款。2号墓出土有2件圈底大漆盘，盘外分别朱书"丁卯温州开元寺东黄上牢"、"壬申杭州真大口口上牢"。3号墓出土有平底漆盘1件，底外朱书"杨中"二字款。4号墓出土4件平底小漆盘，外边和外底分别朱书："江宁府烧朱任口上牢"、"江宁府烧朱口口上牢庚子口"、"杭州胡二"、"己丑温州口口上牢口"。

碗15件，皆六花瓣形。1号墓出土有4件，皆黑漆色，有2件的底外朱漆书"香"字，2件底外朱漆书"库"字。3号墓出土的1件圈底漆碗，通身髹黑漆，外底朱书"选行素漆丙子口张义目口口"。此"素漆"二字铭很值得注意，它说明宋人已把这种只髹一种或两种漆，而无文彩的髹漆工艺称之为"素漆"了。素者，无文也；素漆或素髹，即无文采之髹漆工艺；此名既简洁、雅致，又科学，故一直沿用至今。

盒9件，其中圆形的5件、长方形2件、腰形1件、菱花形1件。4号墓出土的1件花瓣式圈底漆圆盒，木胎夹纻，身髹酱红色，外底髹黑漆，外底朱书"戊申温州念三叔上牢"。

罐5件，其中2号墓出土有平底圆罐1件，木胎夹纻，通身髹黑漆，盖里朱书"壬申杭州北大吴口口"。

此外，不再一一引述。此5座墓中，2座为纪年墓，1号墓为嘉祐五年（1060年）、2号墓为绍圣元年（1094年）。这些器物多为木胎夹纻，亦有部分木胎；大部分髹黑漆，少部分髹酱红漆；也有一部分为内黑外红，或内红外黑的。凡底部或外部有字款处，皆为黑漆色，字款朱漆色[6]。

这些器物相当大一部分都有铭文，其中7件器物铭文中有"牢"字，当是坚牢意，下面再作讨论。1件碗上有朱书"素漆"二字款，说明该器为素色漆。许多铭文中的干支纪年，估计皆属南宋时期。

4. 杭州老和山宋墓漆器。1953年4座小型宋墓计出土10余件，包括碗3件、盘1件、漆棒1件、漆剑1把、盒2件、奁2件等，皆素色，除1件盒为厚木胎（0.3~0.4厘米）外，余皆薄木胎（0.1~0.2厘米）；基本上皆髹黑漆，仅在残存漆皮上见有彩绘痕迹；其中3件碗、1件盘的外口，皆朱书"壬午临安府符家真实上牢"11字，此二种器物皆为敞口[7]。

5. 汉阳十里铺北宋墓漆器。1965年出土，计19件，有碗、带托碗、盘、钵，全为素色漆，有的有铭文。较值得注意的有：（1）碗2式4件。Ⅰ式2件，碗敞口外侈，为六花瓣形，薄胎，内外皆髹黑红漆；Ⅱ式2件，平折宽唇，外髹黑红漆，内髹赭色漆，器底外壁皆朱书"丙戌邢家上牢"。（2）钵2件，六花瓣形，胎薄，内外皆髹黑红漆；两器壁外分别朱书："己丑襄州邢家造真上牢" 10 字、"戊子襄州驸马巷西谢家上牢□□" 14 字。（3）盒，分 3 式 4 件。其中 I 式 1 件，器全身为六花瓣形，木胎较薄，器内外髹黑红漆，器壁外朱书"丁亥邢家上牢" 6 字。这些铭文中提到的漆器产地有"襄州"，即今襄阳；作坊主有"邢家"、"谢家"。襄阳是唐宋时期著名的漆器产地[8]。《新唐书》卷四〇"地理志"："襄州襄阳郡望土贡纻巾漆器库露真二品。"《宋史》卷八五"地理志"："襄阳府望襄阳郡……贡麝香白谷漆器。"

6. 辽宁法库叶茂台辽代漆器。1974 年辽墓出土，计 20 余件，器形有钵、碗、奁、盘、勺等。多为旋木胎，或卷木夹苎胎。漆器颜色有黑、朱红、酱红三种，多数器物髹素色漆。其中较值得注意的是瓜楞式奁盒，卷木夹苎胎，外表黑光，内壁和凹窝处作朱色；盒内有一花式盘，盘胎甚薄，盘内朱漆，外髹黑漆。部分漆器底部有朱漆字款，如银钿钵计有 4 条款识："庚午岁李上牢"（底款）、"旧（？）癸（？）亥迮（？）家自造上牢"（底款）、"丁丑翟　杨家自造上牢"（底款）、"杨家自造上牢"（边款）。漆奁内花式盘底部铭文为"□□成上牢"。一件木胎小碗的圆足底内则有墨书"官"字款等[9]。皆不著产地。

7. 浙江瑞安慧光塔宋代漆器。1966～1967 年在慧光塔内发现，计有北宋文物 66 件，皆属北宋庆历三年（1043 年）以前。漆器至少 2 件：（1）庆历二年描金堆漆经函，檀木胎，盝盖。合外函和内函。外函长 40 厘米、宽 18 厘米、高 16.5 厘米，用漆堆塑像、神兽、飞鸟、花卉等，并嵌小珍珠；地纹为金绘飞天、花鸟，精巧之至。函底有金书一行，仍可见"大宋庆历二年"等字样。内函无堆漆，除函底外，都有工笔金描。（2）庆历二年描金堆漆舍利函。函作方开，盝盖，底宽 24.5 厘米、高 41.2 厘米，金描堆漆菊花形纹，亦嵌小珍珠，四面中部工笔金绘人物画四幅。函底有金丝栏金书一行，具录施主名位，题记为"庆历二年"。杨伯达认为，此舍利函集沥粉、描金及堆起（隐起描金）三种工艺于一身，真乃漆器遗产的瑰宝[10][11]。

以上谈到了见于考古发掘的 7 宗宋辽漆器出土情况，此外还有不少，不再一一引述。由之可见：（1）此期漆器产地依然主要是南方，尤其浙江、江苏、湖北等地。从漆器铭文看，较为著名的产地有温州、苏州、杭州、江宁、襄州等；多为私营作坊制品，作坊名号，温州有解七叔、念五郎、念二郎、开元寺东黄、念三叔等；苏州有大黄二郎、杭州有胡二、临安府有符家、襄州有邢家与谢家等。辽代也有少数"官"字款。（2）宋代素色漆器较多，主要是黑色，其次是朱色、紫色等。有的保存较好，漆层致密坚实，宝色内含，素洁高雅，主要是日用器。圆形的盘、碗类往往呈六出或八出等花瓣形，与唐宋铜镜、瓷器相似，体现了同一时代的风貌。（3）多层圈叠的卷木胎工艺有了较大发展。上列漆器中，最为明显的例子是武进村前乡唾盂[1][2]、常州北环新村北宋扁圆形黑漆盒[5]，以及下面将要谈到的沙州宋墓雕漆碗等[12]。（4）银衬木胎漆器工艺亦有一定发展，这类漆器大体属于工艺品范围。（5）慧光塔舍利函等集三种技艺于一器，充分显示了髹饰技术的优越性。

二、卷木胎和银衬胎技术的发展及关于"牢"字的讨论

由上述漆器出土情况可知,此期制胎技术上的一个重要特点是多层卷木胎和银衬胎的发展。

(一)关于多层卷木胎

顾名思义,"多层卷木胎"是由两层以上的薄木片卷制而成的,多时还夹有纻布。此技术在湖北监利唐代漆器上已经看到,宋后有了较大发展。其常作素色漆。

对这种多层卷木胎的操作工艺,因受多种因素制约,目前了解得尚不是十分具体。有学者推测,其要点应是这样的:将木片裁成条,水浴加温,弯曲成圈,烘干定形;之后再一圈圈地累叠,胶结成型。再经打磨、上灰、髹漆。其各圈接口错开,从而降低了脱扣的可能性,故强度较高[13]。缺点是制作麻烦,故在唐、宋之前和之后都较少看到。

(二)关于金银胎

我国古代的金属胎漆器至迟始于战国时期,这在曾侯乙墓、包山楚墓等处都可看到;尔后,历代使用不多。前蜀时期的银衬铅胎碟大体可归为这一工艺范围。宋代的金银胎漆器目前仅见于文献记载,实物迄今未见。

明黄成《髹饰录》"雕镂"第一○载:"金银胎剔红,宋内府中有金胎、银胎者,近日有鍮胎、锡胎者,即所假效也。"[14]即是说,宋内府有金胎、银胎者;明代有以鍮代金,以锡代银,以假效者。明曹昭《格古要论》卷下"剔红"条说得更为明白:"宋朝内府中物,多是金银作素者。"[15]此"金银作素",即以金银为胎,髹素色漆。这类金银胎漆器,与前蜀银铅胎漆器,大体属于同一类型[16]。它们都是奢华之物,一种工艺品和观赏品。

前面数列的几件宋代"银衬"漆器,如常州北环新村北宋银衬漆罐、银衬扁圆漆盒,以及下面将要谈到的沙洲银衬漆碗等,与金银胎是不同的。此银衬胎并不是真正的以黄金、白银为胎,并在器外髹漆,而仅仅是以贵金属为衬而已,器胎依然是木质。银片衬于木胎内,主要是为了装饰。

(三)关于字款"牢"的含义

"牢"字款在古代铭文中是经常看到的。汉乐浪郡漆器永平十二年神仙画像漆盘等上便见有"牢"等字样[17];三国朱然墓又出土有"蜀郡作牢"铭;宋代漆器对此字亦使用较多,前述6宗宋辽漆器中,朱书了"牢"字款者至少24次,基本上都是以"上牢"形式置于款后的。

关于这"牢"字的具体含义,目前学术界存在两种不同说法:一认为是"牢固"、"吉祥"意,梅原末治在20世纪30年代便力主此说[17],依此,"上牢"即是"上等牢固"、"最为牢固"之意[5];二认为"牢"即圈、杯圈、圆形器物,"作牢"即是制作圆形器物[18],"上牢"即是髹涂圆形器物。前说未曾列举过多理由,后说曾查找过一些文献,并认为凡题有"牢"字款的汉代漆器皆是杯等圆器[18]。我们倾向于前说,后说在部分汉代杯盘类漆器中尚可理解,但在宋代漆器上则是很难理解的。今补充几条考古资料,从这些资料看,具有"上牢"字款者未必都是圆器。如:

前云淮安5座北宋墓出土了72件漆器,有盘27件,皆为花瓣形,其中有7件

盘上都朱书"上牢"等字款[6]。前云汉阳十里铺北宋墓所出漆器中，2件钵和1件盒朱书了"上牢"等字款，3器皆为六花瓣形[8]。显然，这种花瓣形器与圆器是有差别的。此"牢"字与"圆形器物"的含义自然不太相符。

尤其值得注意的是前云常州武进出土的温州漆器，有3件朱书了"上牢"等字款，其中两件，即戗金细钩填漆斑纹地长方盒、戗金朱髹长方盒，都是长方形[1][2]。这便更难将"牢"字解释为圆器了。我想，古人决不会故意去做"名实不符"的事，将长方形器称之为圆器的。假若花瓣形器犹可勉强称之为圆器的话，这长方形器无论如何是与圆器无缘了的。

所以我们认为，宋代漆器中的"牢"字铭款，应是坚牢之意，它不过是一种宣传，一种希望，一种赞许。

说到这里，不禁想起了"牢盆"一语。《史记·平准书》载："愿募民自给费，因官器作煮盐，官与牢盆。"对"牢"字的含义，多年来学术界也存在不同意见，今试作一些考察，对我们了解漆器"牢"字款含义或有一定帮助。

同书同卷"集解"引"如淳曰：'牢，廪食也。古者名廪为牢也。盆者，煮盐盆。'"若依如淳意，"牢"便是廪食，便是官府提供粮食，那么，"牢盆"的本意便是官府提供的煮盐盆了。

同书同卷"索隐"载："苏林云：'牢，价直也。今代人言雇手牢盆。'晋灼云：'苏说是。'乐产云：'牢乃盆名，其说异。'"这里列出了两种不同的观点。依苏林说，"牢"便是"价值"，换句话说，便是牢固、坚牢之意。依乐彦之说，"牢"却是盆之名。

从上述观点来看，我们认为《史记·平准书》中的"牢"可能有两层意思，本意当为如淳云，"牢"即官府供给之物，"牢盆"即是官府提供的煮盐盆。这一名称从汉代一直沿用了下来，明宋应星《天工开物》卷五还提到过"牢盆"之名。但我们认为，汉代之后，有的牢盆可能依然是官方提供的，但有的则未必，所以汉后"牢盆"之名除保留原有含义外，也不能排除已发生转移、变化的可能性。故在汉代之后，苏林说也有一定道理。煮盐之盆最易受蚀，一般都做得较为坚厚，其有铁铸成者，亦有编竹而糊蜃灰等以成者，求其坚牢是自然的。于是，一个"牢"字，便一语双关了。故这宋代漆器"牢"字款，亦是求其坚牢意。

三、关于兑漆、炼漆技术

在此，宋代值得关注的事项有二：一是兑漆有了使用桐油的记载；二是有了炼制熟漆的记载。

我国古代桐油兑漆之事未知始于何时，但有关记载却是到了南宋才看到的。宋程大昌《演繁露续集》卷五"桐油"条载："桐子之可为油者，一名荏油。予在浙东，漆工称当用荏油。予问荏油何种，工不能知。取油视之，乃桐油也。"[19]这是今见文献中，关于使用桐油兑漆的最早记载。同时我们也可看到，当时漆工对桐油的名字还是不太熟悉的，且误认为是荏油了。这至少说明在浙东地区，漆工使用荏油在前，桐油在后的，而且很可能当时使用桐油的时间不是太久。

漆分生漆和熟漆两种。未炼为生，既炼则熟。炼漆法主要是曝晒或煎煮，或者加入桐油及其他植物油。这种炼漆法应当发明较早，但有关记载却是到了宋代才看到的。宋人较为关注的主要是退光漆，这是一种常用熟漆。

北宋成书的《琴苑要录·琴书》谈到过一种"鬐光"法，并用"鬐光"加生漆来配制"琴光漆"（琴的退光漆），其"煎鬐光法"条载："好生漆一斤，清麻油六两，皂角二寸，油烟煤六钱，铅粉一钱，诃子一个，右用炭火同熬煎，候见鹘鸰眼上，用铁刀子上试，牵得成丝为度，绵滤过为鬐光也"。其"合琴光法"条载："煎成鬐光一斤，鸡子清二个，铅粉一钱，研，清生漆六两，右用同调和合匀，亦须看天时气，并漆紧慢。如冬天用，加生漆八两至十两；如夏天用，即减五两。春（秋）二时增减随时，并须临时相度，上简试之。如见干迟即更入些生漆，如或干速即更入些黑光，少点些麻油和好绵滤过，然后用之。"此炼漆所用主要是掺和法，即兑入麻油，掺入鸡子清、皂角、油烟煤、铅粉等。这是今见文献中，关于炼漆工艺的最早记载。类似的记载南宋时期亦可看到。

四、装饰技术的发展

由前可知，先世发明出来的许多装饰技术，如素色漆、金银钿、填漆、雕漆、犀皮、戗金等，此期都有使用，很可能此期还发明了薄螺钿片。在此较值得我们关注的当是素色漆、薄螺钿、漆雕和犀皮工艺的发展，以及漆沙器之再现。

（一）素色漆技术

从考古资料看，在早期漆器中，大约相当大一部分都是素髹的，如余姚河姆渡漆器、常州马家浜文化漆器等。由于人类对艺术的热切追求和早期艺术门类之贫乏，原始的素髹很快就为彩色漆器所取代。此后，素色漆器使用量大为较少。及唐，由于制瓷技术的发展和社会艺术重心的转移，彩绘漆开始受到冷落；前云湖北监利唐代砖石墓中出土了8件漆器，都是素色的；这种情况在宋后有了进一步发展。虽唐、宋素色漆是在原始素色漆基础上发展起来的，但其退光技术更为精到。上述淮安北宋墓漆器、杭州老和山宋墓漆器、汉阳十里铺北宋墓漆器、辽宁法库叶茂台辽代漆器等，都大量地使用了素色漆。素色漆器之重新兴起，是此期髹饰工艺的一个重要特点。

素髹使用最多的是黑、红二色，并相应出现了黑光（黑髹）、朱红（朱髹）等名。这些名称虽见于元、明时期，但有关工艺却早已出现。

对于"黑光"（黑髹）的具体操作，元陶宗仪《辍耕录》卷三〇"髹器"曾有过详细描述。云："髹工买来（卷素等物），刀刳胶缝，干净、平正。夏日无胶汎之患，却炀牛皮胶和生漆，微嵌缝中，名曰捎当。然后胶漆布之，方加粗灰，灰乃砖瓦捣屑筛过，分粗、中、细也。胶漆调和，令稀稠得所。如髹工自家造卖低歹之物，不用胶漆，止用猪血厚糊之类而用麻筋代布，所以易坏也。粗灰过停，令日久坚实，砂皮擦磨，却加中灰，再加细灰，并如前。又停日久，砖石车磨去灰浆洁净。一二日，候干燥，方漆之，谓之糙漆。再停数月（日）车磨糙漆，绢帛挑去浆迹，才用黑光。黑光者，用漆斤两若干，煎成膏，再用漆如上一半，加鸡子清打匀，入在内，日中晒翻三五度，如栗壳色；入前项所煎漆中和匀，试简看紧慢；若紧，再晒；若慢，加生漆，多入触药，触药即铁浆沫，用隔年米醋，煎此物，干为末，入漆中，名曰黑光。用刷蘸漆漆器物上，不要见刷痕。停三、五日，待漆内外俱干，置荫处晾之，然后用揩光石磨去漆中类。揩光石，鸡肝石也，出杭州上柏三桥埠牛头岭。再用篛帉，次用布帉，次用菜油傅，却用出光粉揩，方明亮。"可知此黑光操作大体可分作六步：（1）捎当。即将器胎的接口、裂缝等处填以法漆，之后通体刷生漆。《髹饰录》"质法"第十七"捎当"杨明注还说，若"器面窊缺，节眼等深者，法漆中加木屑斳絮嵌之"[20]。（2）胶漆涂布，并加粗灰、中灰、细灰，每次皆须令其日久坚实，砂皮擦磨。（3）上糙漆。（4）制"黑光"。用漆、鸡子清、触药（铁浆）依法制成。这种掺入铁浆的工艺直到20世纪50年代还在使用[21]。（5）上黑光。前此须经车磨绢帛挑去浆迹。若细分来，此最后一道"上黑光"便有五道操作，即揩光石推光、篛帉推光、布帉推光、菜油推光、出光粉推光。

《辍耕录》提到的触药即铁浆，主要成分是氢氧化铁，这是黑漆呈色的一个重要因素。触药与隔年米醋煎煮后，可能会生成醋酸铁。醋酸铁水解后，便会得到部分低价和高价的铁盐和铁氧化物。其作用机理，大约一方面是本身的呈色，另一方面还可起到催化剂的作用。纺织业的染色工艺中亦常使用铁浆，它便是作为染黑媒染剂的，前引梁陶弘景云："铁落是染皂铁浆"[22]。至于铁浆的制法，前引唐陈藏器云："取诸铁于器中以水浸之，经久色青沫出，即堪染皂者"[23]。

对于"朱红"操作法，《辍耕录》卷三〇亦有说明："朱红，修治布灰一一如前，不用糙漆，却用赗朱桐叶色。然后用银朱，以漆煎成膏子，调朱。如朱一两，则膏子亦一两，生漆少许，看四时天气试简加减，冬多加生漆，颜色闇。春秋，色居中；夏四、五月，秋七月，此三月颜色正，且红亮"。此操作与黑光有一定差别，此作色剂是银珠，并特别强调节气对髹漆质量的影响。今在传统朱红工艺中同样使用银朱[21]。

（二）雕漆技术的发展

雕漆至迟发明于后赵或孙吴时期，直到宋代才有了较大的发展。前述常州北环新村北宋银衬漆罐、银衬扁圆漆盒，以及下面将要谈到的沙洲宋代银衬漆碗、金坛雕漆扇柄等，皆属这一类型。

文献上关于宋代雕漆的记载较多，而且多属金银胎。黄成《髹饰录》"雕镂"第十"金银胎剔红"说宋内府中器有金胎银胎。杨明注云："金银胎多文，间见其胎也。漆地刻锦者，不漆器内。又通漆者，上掌则太重。输锡胎者多通漆。"[14]此第一、三两句，都是说的雕漆。

明高濂《遵生八笺》卷一四"燕闲清赏笺上·论剔红倭漆雕刻镶嵌器皿"条："高子曰：宋人雕红漆器，如宫中用盒，多以金银为胎，以朱漆厚堆至数十层，始刻人物楼台花草等像，刀法之工，雕镂之巧，俨若画图。"[24]

明张应文《清秘藏》卷上"论雕刻"也有类似的记载："宋人雕红漆器，宫中所用者多以金银为胎，妙在刀法圆熟，藏锋不露，用朱极鲜，漆坚厚而无敲裂，所刻山水楼阁谷物鸟兽，皆俨若图画为佳绝耳。"[25]

谢堃《金玉琐碎》："宋有雕漆盘盒等物，刀入三层，书画极工，竟有以黄金为胎者，盖大内物也。民间有银胎、灰胎，亦无不精妙。近因贾肆跌损一器，内露黄金，一时喧哄，争购剥毁，盖利其金。殊不知金胎少而灰胎多。一年之内，毁剥略尽。"[26]

这类雕漆器在民间藏品中亦偶有所见。近代古器物家袁励准收藏有宋政和雕漆小盒1件，黄金胎，上刻云龙。邓之诚《骨董续记》卷三"政和雕漆盒"称："袁珏生侍讲藏宋雕漆小合，迳不及寸，金底上刻云龙，鳞鬣筋肉，骨角爪牙，夭矫飞动，宛若生成，平生所见雕漆，此为第一。迥非明漆可比，底刻'政和年制'四字隶书，刀法圆劲，必出当时名手。"[27]

类似的记载还有一些，不再一一引述。宋人喜用金银胎漆器作雕镂，未知是何缘由，或与金银性能较为稳定有关。当然，主要还是为了显示其华丽的效果。

（三）犀皮漆器技术的发展

犀皮漆器始见于孙吴时期，唐代便有记载；到了宋代，有关实物明显增加，有的地方还出现了犀皮铺，说明这一工艺有了较大发展。

1977年，江苏沙洲县宋墓出土2件银衬剔犀碗，碗高6.5厘米、口径14厘米、厚0.5厘米、底径6厘米，圈足。漆碗为木胎，由宽0.3厘米、厚0.1厘米的多层薄木片圈叠而成，两面堆漆。碗之内壁衬银，银片由底及口沿外，之后反转嵌入漆中。外表剔犀，紫面，红、黄、紫三色相间，通体云钩纹。碗口以麻布包沿。一件完好，一件的银箔已与木胎脱离。银层表面今已变黑，但内层依然洁白[5][12]。

1975年，江苏金坛南宋周瑀墓出土2把团扇，长圆形，以细木杆为扇轴，以竹篾丝为扇骨，其中一把的扇柄属犀皮工艺，其略呈橄榄形，夹纻胎，柄长12.5厘米，最大径2.4厘米。剔犀纹为三组如意云头纹，并刻有"如意"二字。剔犀表层和底层皆为黑漆，中间为朱、黑二色更叠，朱漆约10余层。另一把的扇柄为镂空雕漆。周瑀卒于南宋淳祐九年（1249年）[28][29]。

20世纪50年代初，山西大同一金代墓出土1件剔犀奁，出土时业已散开，经复原，奁长24厘米、宽16厘米、高12.2厘米。楠木夹纻胎，壁厚0.4～0.5厘米，用燕尾榫斗拼，外表糊一层麻布，之后髹漆。内髹褐红漆，外为剔犀，通体凸起香草纹，婉转缠绕，布满全奁。奁盖与奁体子口相扣，内卡托盘一个，托盘四周及底皆髹褐红漆，正面亦饰香草纹剔犀。托盘长20.6厘米、宽13.7厘米、深3.7厘米。经考察，此奁的剔犀工艺是：面及底皆用黑漆，中间朱漆两层，夹黑漆一层，漆皮厚约0.12厘米，朱黑相间[30]。

1982年，四川彭山南宋虞公著墓出土剔犀圆盒盖1件。木胎，直径7.7厘米、高1.5厘米，剔犀表层朱红，剔云纹。盒体已失，盖已朽，仅存盖之剔犀漆层[31]。

前面提到，1976年、1978年，常州市武进县村前乡南宋墓地出土14件漆器，其中有剔犀执镜盒1件，木胎，长27厘米、直径15.4厘米、高3.2厘米，采集。剔犀表层髹黑漆，中间为朱、黄、黑三色更叠；器内髹黑漆。剔犀为云纹，大部脱落，仅左下及柄周沿尚存约1/5。另外，如前所云，其镜箱也"有可能是剔犀工艺"[1][2]。

此期文献上关于犀皮的记载也更为明确。宋程大昌《演繁露》卷九"漆雕几"条载："《邺中记》：石虎御座几，悉雕漆，皆为五色花也。按今世用朱、黄、黑三色漆沓冒而雕刻，令其文层见叠出，名为犀皮。"这里既提到了普通雕漆，也提到了犀皮。程大昌为南宋绍兴进士。值得注意的是，程大昌是把雕漆与犀皮归于一类的，说石虎时便有了雕漆，宋人用三色漆沓冒而雕，其文层见叠出，是为犀皮。程大昌的归类法与明黄成《髹饰录》是一致的；黄成把剔红、剔黄、剔黑、剔绿等普通雕漆，与剔犀一起，都归入到了"雕镂"类中。

明初曹昭《格古要论》卷下"古漆器论"也说到过剔犀，云："古剔犀，以滑地紫犀为贵，底如仰瓦，光泽而坚薄，其色如枣色，俗谓之枣儿犀；亦有剔深峻者。次之福州旧做色黄滑地园花儿者，多谓之福犀，坚且薄，亦难得。"[32] 曹昭为松江人，此书成于明洪武二十年（1387年）。此"古"，当指宋、元时期。

此外，据吴自牧《梦粱录》卷一三"铺席"谈到了杭州城里许多著名的铺子，其中便有"清湖河下戚家犀皮铺、里仁坊口游家漆铺"、"水巷桥河下针铺、彭家温州漆器铺"。耐得翁《都城纪胜》"铺席"条也谈到过"温州漆器铺"等[33]。

（四）关于螺钿技术的记载和薄螺钿漆器的发明

我国古代螺钿漆器约发明于大甸子夏家店下层文化时期，西周时期便有了发展，唐代曾一度兴盛。但有关"螺钿"一词似乎是到了宋代才见于记载。宋方勺（1066~？）《泊宅编》卷中载："螺填器本出倭国，物象百态，颇极工巧。"此"填"当即将螺片填入漆面之意，亦即"螺钿"。钿者，饰宝也，以金银贝壳等镶嵌器物也。方勺说螺填器本出倭国，这是失考的，但这却是今见文献中，较早提到"螺填（钿）"这一全称的地方。

从文献记载和考古资料看，我国古代漆器之钿螺有厚薄两种，并代表了两种不同的风格和技术。《髹饰录》"填嵌"第七"螺钿"条杨明注云："壳片古者厚，而今者渐薄也。"这一个"古"字系指何时？因杨明为明天启西塘人，故已往认为其当指明代以前；20世纪70年代时，因有元代薄螺片出土，故人们便将此"古"字提到了宋代；20世纪80年代末，王世襄等又将此"古"字提到了北宋以前，认为北宋以前可谓之"古"，北宋之后可谓之"今"；认为薄螺钿技术应发明于北宋时期，南宋便已流行开来，并达到高度发展的水平[13]。其主要依据是：（1）北宋苏汉臣所绘《秋庭婴戏图》上有两具五开光黑漆坐墩，上面密布了浅色缠枝莲纹，其写状便是薄螺钿[34]。（2）周密《癸辛杂识》"别集卷下"谈到过一件螺钿桌面屏风十副，图贾似道事迹十项[35]，其上必有众多人物、宫殿楼阁、山水景色和战争场面，这只有薄螺钿才能成就。我们以为，这些说法都是有一定道理的，但最后的结论仍需事实来支持。

（五）漆沙器

迄今为止，宋代漆沙器之事只见于文献记载，有关实物一直未见。清康熙年间，扬州漆艺名家卢映购得了一件宋宣和年间内府制作的漆沙砚；清道光时，顾千里从卢映之孙卢葵生处看到了此物，并作《漆沙砚记》，以纪之。云："邗上卢君葵生以漆沙砚见惠，且告予曰：康熙丁酉春，先大父于南城外市中买得一砚，上有'宋宣和内府制'六字，其形质类澄泥而绝轻，入水不沈（沉），甚异之，久后知其为漆沙所成。"[36] 这整段文献谈到了宣和漆沙砚的发现过程，及其部分性能。可知此砚为漆沙所成，其质甚轻，入水不沉。顾千里《思适斋集》卷一七"漆沙砚铭"也谈到了这枚宣和砚，云："日万字墨此可磨，得之不复求宣和。"[37] 有关情况在清代部分还要谈到。

第十一节　玻璃技术

此期的玻璃依然以高铅型为主，吹制技术广泛地采用起来，玻璃器皿的使用量又有了扩展。伊斯兰玻璃较多地传入我国。

一、玻璃使用的一般情况

（一）玻璃出土的一般情况

宋、辽玻璃器在南北多省都有出土，主要有下面几处：

1. 甘肃灵台五代末至宋初舍利石函。1957 年出土，有玻璃器 3 件，皆葫芦瓶，瓶底内凹，器形规整，壁薄均匀，透明度较大，分别为乳白色、绿色、米黄色。外口沿系将拉成条状的玻璃丝热粘而成[1]。

2. 河北定县北宋塔基。1969 年，河北定县两座（5、6 号）北宋塔基出土 70 余件玻璃器[2]，其中有国产的，也有伊斯兰玻璃。属后者的有玻璃瓶 7 件、玻璃碗（或作盆）1 件、玻璃杯（或作缸）2 件等，其余多为国产。

其中 5 号塔始建于北魏，最后一次建于北宋太平兴国二年（977 年），塔基中出土有玻璃缸（或作杯）3 件、玻璃盆（或作碗）2 件、玻璃瓶 7 件、玻璃葡萄一串及其他玻璃制品 24 件。其中有一种刻花玻璃瓶，细长颈、折肩、平底，颈部和腹部都刻有几何形花纹，属伊斯兰玻璃制品。一件玻璃碗器形较大，壁薄，底部有疤痕，成型时当采用了铁棒技术。出土玻璃葡萄大小不一，有圆形、椭圆形；薄壁，中空，半透明；无模吹制，以棕色为多。玻璃葫芦瓶呈金黄色，透明度较好，内有气泡，无模吹制[2]。

其中的 6 号塔建于北宋至道元年（995 年），塔基内出土有玻璃盆（又作碗、杯）1 件，玻璃葫芦 33 件。前器体形稍大，腹壁较薄，淡绿色，半透明，无模吹制；器壁有密集的冰裂纹和小气泡，口沿呈六出花瓣状。经同位素 X–衍射荧光分析，其硅、铅量偏高，属高铅玻璃。玻璃葫芦中，有 20 件经过了 X 射线荧光分析，均属于铅玻璃[2]。

3. 河南密县北宋塔基。出土的玻璃器中，可辨器形者约 50 余件，有白色、淡绿色两种颜色；包括壶形鼎，细颈瓶，椭圆形蛋形器，宝莲形物，鸟形物等[3]。

4. 浙江瑞安北宋慧光塔。1966～1967 年，塔内发现一批北宋文物，玻璃器有：刻花玻璃瓶 1 件、小玻璃瓶 1 件、玻璃珠 2 件，其中刻花玻璃瓶高 9 厘米，浅蓝色，口沿平折，长颈鼓腹，腹部划花，内储细珠粒，当属伊斯兰玻璃；小玻璃瓶高约 3～4 厘米，小口平底，薄如蛋壳，已碎[4]。

5. 天津蓟县独乐寺塔室。1983 年在塔室发现 4 件玻璃器，有刻花玻璃瓶 1 件、绿玻璃葫芦瓶 1 件、绿玻璃瓶 2 件，其中刻花玻璃瓶高 26.4 厘米，口径 7.8 厘米，颈高 10.5 厘米，表面有黄色风化层，细长颈，平底，底部有疤痕，颈部和肩部都刻有花纹。经分析为钠钙玻璃，当系伊斯兰制品。绿玻璃葫芦瓶，平口，透明度差，高 3.7 厘米。在上层塔室中还发现有辽清宁四年（1058 年）石函[5][6]。

6. 辽宁朝阳姑营子辽耿氏墓。1977 年，耿延毅夫妻合葬墓出土有绿色玻璃把杯 1 件、黄色玻璃盆 1 件[7]。

7. 内蒙古奈曼旗辽代陈国公主墓。1986 年，辽陈国公主（1000 ~ 1018 年）墓出土玻璃 7 件，计有带把玻璃杯 2 件、刻花玻璃瓶 1 件、乳钉纹玻璃瓶 1 件、刻花玻璃盘 1 件、高颈水瓶 2 件。只有 1 件杯和 1 件盘保存较好，有 4 件可复原，1 件无法复原。造型美观，工艺精致，多为吹制，皆系中亚制品[8]。

8. 安徽无为县宋代舍利塔下小墓（1036 年）。1971 年出土磨花蓝玻璃瓶 1 件，为伊斯兰制品[9]。

这是宋、辽时期玻璃出土的部分情况，此外安徽无为、江苏连云港等地都有出土，器物有玻璃瓶、碗、杯、玻璃葫芦等器皿，以及玻璃葡萄、玻璃蛋形器、玻璃鹅等饰器。在这些玻璃器中，有不少属伊斯兰制品，如内蒙辽代陈国公主墓 7 件、蓟县独乐寺白塔 1 件、浙江瑞安北宋慧光塔 1 件、河北定县北宋塔基 1 件，安徽无为 1 件等，这自然是中外文化技术交流的重要见证，对我国古代玻璃技术的发展当也产生过积极的影响。

（二）从文献记载看宋代玻璃的产地和使用

玻璃器在宋、辽时期虽然仍较珍贵，但还是有不少使用；既有外域传来，也有中国所产；当时的苏州、福州、新安等地都有生产。

周密《武林旧事》卷二“元夕”条有一段关于杭州元宵节使用琉璃灯的记载，云：“禁中自去岁九月菊灯……鳌山灯之品极多，每以苏灯为最，圈片大者径三四尺，皆五色琉璃所成……福州所进则纯用白玉晃耀夺目，如清水玉壶爽澈心目。近岁新安所进益奇，虽圈骨，悉皆琉璃所为，号无骨灯。禁中尝令作琉璃灯山，其高五丈，人物皆用机关活动……连五色琉璃阁……有幽坊静巷好事人家，设五色琉璃泡灯，更自雅洁。”[10]这里谈到了元宵节禁中使用“琉璃（玻璃）灯”的情况，不但种类极多，而且数量大，其灯山高五丈，若依中国国家博物馆所藏宋木矩尺（0.309 米）计[11]，则达 15.45 米。

宋蔡绦《铁围山丛谈》卷六还谈到过进口半成品玻璃料。政和四年，“奉宸中得龙涎香二，琉璃缶、玻瓈母二大筐。玻瓈母者，若今之铁滓然，块大小犹儿拳，人莫知其方，又岁久无籍，且不知其所从来，或云柴世宗显德间大食所贡；又谓真庙朝物也。玻瓈母诸跕以意用火煅而模写之，但能作珂子状，青红黄白随其色”[12]。

此“玻瓈母”当即作为半成品的玻璃料块，可用火煅而范铸之。

（三）关于宋代琉璃遗址的发掘

1995 年，江苏镇江清理一座宋代琉璃炼炉，出土有多件小型坩埚、炼渣块、琉璃象棋子、琉璃发簪，以及大量陶瓷文物等。炼炉 1 座，残，以砖砌成，内径约 1.2 米；炉壁内附有红烧土。坩埚为陶质，口径 5.5 ~ 6.5 厘米，高 6.2 ~ 7.2 厘米；埚内多有琉璃附着层，坩埚外底多戳有“小尹大（窑）”字样，很可能是一处私营作坊。棋子计 4 枚，呈圆形，直径 2.5 厘米、厚 0.4 厘米，阴文，其中 3 枚泛蓝（两“卒”一“士”），1 枚泛白（“士”）[13]。看来，此琉璃窑作坊应是以现成的琉璃料块为原料，置坩埚内，再置于砖窑内加热熔化，之后再采用模铸法制作象棋子、发簪等小型器物的。此“琉璃棋子”是世俗称谓，其物质结构到底是以晶态为主，还是以非晶态为主，因尚未进行分析而不便妄加推测，自然也不能排除其多为玻璃态的可能性。但不管怎样，对我们了解宋代玻璃生产都是有一定帮助的。

二、玻璃的成分选择和成型技术

（一）宋及伊斯兰玻璃标本成分分析

表6-11-1　　　　　　　　　　宋及伊斯兰玻璃成分分析

名　　称	成　　分（%）										文献
	SiO_2	PbO	Al_2O_3	Fe_2O_3	CaO	MgO	K_2O	Na_2O	CuO	Mn_2O	
定县北宋绿葫芦玻璃瓶,透明吹制	26.85	70.04		0.19	0.35	0.1	0.34	0.18	0.41	0.02	[14][22]
甘肃灵台北宋淡绿玻璃瓶,透明吹制	36.32	50.31		0.16	0.13	0.1	10.09	0.29	0.13	0.02	[14][22]
密县北宋淡绿玻璃鹅,吹制,热粘		47.34		0.15	0.17	0.04	11.45	0.08	0.18		[15]
密县北宋深红蛋形玻璃器,吹制	33.78	40.15	2.62	3.15	3.52	0.31	14.78	0.13	1.32		[15]
密县北宋深黄色蛋形玻璃器,吹制	31.66	41.57	2.22	4.39	3.35	0.3	13.75	0.11	0.4		[22]
定县北宋黑褐色玻璃葡萄,吹制	36.93	45.93	1.11	4.13	0.36	0.08	8.45	0.08	1.44		[15]
天津独乐寺伊斯兰刻花玻璃瓶,无色透明	67.63		1.28	0.39	6.21	5.4	2.3	13.62		MnO 0.34	[16]
安徽寿县宋绿玻璃小瓶	27.88	66.86	0.32	0.2	0.22	0.04	0.53	0.13	2.96		[21]
安徽寿县宋黄玻璃小瓶		67.83	0.44	1.77	0.33	0.07	0.61	0.21	0.4		[21]
内蒙奈曼旗伊斯兰高颈玻璃瓶 H90	68.00		3.85	0.83	6.40	2.74	4.11	12.35		MnO 0.98	[8]
内蒙奈曼旗伊斯兰乳钉纹高颈玻璃瓶 H61	59.78		4.20	0.21	4.56	6.46	3.95	20.66		MnO 0.15	[8]
内蒙奈曼旗伊斯兰带把玻璃杯 167	63.66		4.07	1.25	6.21	3.18	4.27	15.58		MnO 0.18	[8]
内蒙奈曼旗伊斯兰刻花高颈玻璃瓶 H57	66.55		4.35	1.10	6.00	3.27	3.84	13.48		MnO 0.86	[8]
新疆叶城县伊斯兰玻璃器座,浅绿色,半透明,表层风化	58.27		5.38	0.97	11.88	4.04	5.51	12.87			[21]
	61.03		/	1.01	5.68	3.81	6.06	15.18	0.04		[21]
铅钾系平均值	34.67	45.06	1.19	2.4	1.51	0.17	11.7	0.14	0.69		

注：（1）除表中所列，天津蓟县独乐寺刻花玻璃瓶残片尚含 TiO_2 0.07%。

（2）7件伊斯兰玻璃的年代为：天津独乐寺玻璃，早于1058年；内蒙奈曼旗玻璃，早于1018年；新疆叶城玻璃，相当于宋、元时期。

表6-11-1所列是今人分析的15件宋、辽玻璃标本，其中有瓶8件，杯1件，蛋形器2件，玻璃鹅和玻璃葡萄各1件，器座2件，后二者原断代约与宋、元相当；分别出土于河北定县、甘肃灵台、河南密县、内蒙奈曼旗、天津蓟县、新疆叶城县宋、元居住遗址。其中有宋器，亦有伊斯兰器。

这些成分大体上可区分为2系6型：

1. 铅系，3型8件。

PbO-SiO_2 型，3件，即定县北宋塔基绿葫芦瓶1件、安徽寿县玻璃小瓶2件。前者 PbO 含量高达70.04%，但其他熔剂量皆较低。

PbO-K_2O-SiO_2 型，3件，即甘肃灵台淡绿瓶、密县淡绿玻璃鹅、定县黑褐色玻璃葡萄。

PbO-K_2O-CaO-SiO_2 型，2件，即密县深红蛋形器、密县深黄色蛋形器。

2. 钠系，3 型 7 件。

$Na_2O - CaO - MgO - SiO_2$ 型，1 件，即天津独乐寺刻花水瓶。

$Na_2O - CaO - K_2O - SiO_2$ 型，5 件，即内蒙奈曼旗陈国公主墓玻璃瓶 3 件（H90、H61、H57）、带把玻璃杯（167 号）1 件、新疆宋、元玻璃器座 1 件。

$Na_2O - K_2O - CaO - SiO_2$ 型，即另 1 件新疆宋、元玻璃器座。

此 2 系 6 型玻璃中，一般认为，铅系应是本国所产；钠系 3 型则不管从器形还是成分上看，都可能是外域传来的。看来，宋代国产玻璃依然是以高铅为主的。

国产玻璃主要是铜和铁着色，几件进口玻璃则主要是锰着色。有的器物，如定县塔基绿葫芦瓶可能 CuO 的作用更强一些，但多数器物则可能是两种或多种着色剂共同作用的结果，如定县北宋玻璃葡萄呈黑褐色，其 Fe_2O_3 量高达 4.13%，CuO 量达 1.44%，显然不是单一着色剂的作用。

（二）从文献记载看铅玻璃的成分配制

铅玻璃至迟出现于战国时期，汉代亦有使用，唐代便占据了主导的地位，但有关以铅作为玻璃原料的记载却是到了宋代才看到的，此时对铅玻璃性能的认识也已相当明确。

宋程大昌《演繁露》卷三"流离"条引苏东坡《作药玉盏》诗云："熔铅煮白石，作玉真自欺。"[17] 此"白石"可能指石英石，"熔铅煮白石"当指铅与石英石在一起熔炼，"作玉"当指制作铅玻璃，当属 $PbO - SiO_2$ 系。可见直到北宋时期，人们依然是把玻璃工艺视为仿玉的。

程大昌在同书同卷又云："然中国所铸有与西域异者，铸之中国则色甚光鲜，而质则轻脆，沃以热酒，随手破裂。至其来自海舶者，制差朴钝，而且亦微暗；其可异者，虽百沸汤注之，与磁银无异，了不损动，是名番琉璃也。番流（琉）璃之异于中国流（琉）璃，其别盖如此。"[17] 此"琉璃"即玻璃，这里谈到了国产铅玻璃与蕃玻璃的性能差别，即国产铅玻璃"色甚光鲜"，而质"轻脆"，蕃玻璃则色"微暗"，而热稳定性却较好。这里的叙述基本属实。说明早在宋代，人们对铅玻璃的性能已有了较深认识。

宋赵汝适《诸蕃志》卷下"志物·琉璃"条也有类似的说法："琉璃出大食诸国，烧炼之法与中国同，其法用鈆、硝、石膏烧成，大食则添入南鹏砂，故滋润不烈，最耐寒暑，宿水不坏，以此贵重于中国。"[18] 此"琉璃"即玻璃。这段话可能有脱字或衍文，从现有研究资料和上下文看，"其法用鈆、硝、石膏烧成"一语应是专指中国玻璃的，其应属 $PbO - K_2O - CaO - SiO_2$ 型；而"大食则添入南鹏砂"则是专指大食玻璃的，鹏砂即 $Na_2BO_7 \cdot 10H_2O$。所以这段文字还谈到了中国和大食玻璃的原料，及其性能上的差别。但引文中忽略了石英石，它应是传统玻璃的重要组成之一。在今接触到的分析资料中，PbO 含量最高的标本是唐玻璃小佛像（中度风化，表 5 – 11 –1），达 75.9%，但其中亦含 SiO_2 21.3%。

宋杜绾《云林石谱》（绍兴三年）卷中也谈到过铅玻璃的制作："西京洛河，水中出碎石，颇多青白，间有五色斑斓，采其最白者，入铅和诸药可烧变假玉，成琉璃用之。"[19]

由上述可见，宋人所制主要还是铅玻璃。

宋李诫《营造法式》卷一五"窑作制度"条还记载了建筑用琉璃的制造法，对我们了解宋代玻璃原料也是有一定帮助的。其云："凡造瑠璃等之制，药以黄丹、洛河石、铜末，用水调匀（原注：冬月以汤），瓶瓦于背面，鸱兽之类于安卓露明处（原注：青棍同），并遍浇刷瓿瓦于仰面内中心。"黄丹，氧化铅；洛河石，当为一种石英石。可见这是一种以铜着色的铅琉璃。隋何稠琉璃以绿瓷为标样，它们大体皆属于同一类型，都是一种建筑材料。同书同卷接着又说："凡合瑠璃药所用黄丹阙炒造之制，以黑锡盆硝等入镬，煎一日为麤渣，出候冷，捣罗作末，次日再炒煿，盖掩，第三日炒成。"[20] 此"黑锡"即铅；盆硝，又名芒硝，即 $Na_2SO_4 \cdot 10H_2O$。"煿"，煎炒。自然，此便是一种铅钠琉璃。宋人既已使用盆硝制作琉璃，也不能排除其用盆硝制作过玻璃的可能性，即宋代也可能生产过铅钠玻璃。

此外，还值得一提的是《白雪圣石经》的有关记载。此书收于《道藏》的《铅汞甲庚至宝集成》卷四中[23]，其记述了多项"玻璃"等烧料工艺，为我们提供了不少宝贵资料。但作者和成书年代不详，有学者定之为唐[24]，有学者定之为宋、金及至稍后[25]，其实皆无确凿的依据。《铅汞甲庚至宝集成》收录的各篇章大体皆属唐、宋时期，其卷四收录的《丹房镜源》中，提到过"信州铅山县"这一地名，而铅山县是南唐设置的，故今将《白雪圣石经》暂置于宋代处。

《白雪圣石经》约记述了 15 种不同的玻璃工艺，其谓称之"十五变"。基本原料有二：一是白垩石，当即白垩，方解石，基本成分是 $CaCO_3$；二是白石，当即石英石，基本成分是 SiO_2。其"第一变"是：将此二物加水煮制，并取疏松的石花置罐中加热一昼夜，产品为一团雪白的"圣石"。这是最为基本的工艺，其中的"石花"成分不明。其余十四变中，有的是在"第一变"的基础上，有的则是在"前一变"的基础上衍生出来的；各"变"的主要差别是再加入了不同数量的白石，或铅汞等药物，从而得到了一些不同成分、不同颜色的产品。这些产品都有不同的名称，第一变名"圣石"，第二变名"戎盐"，第三变名"琉璃"，第四变名"青砂石"，第七变名"道玻璃"，第八变名"碧波石"，第十一变名"五色石"，第十五变名"玻璃石"。第十变还谈到了以模成型。其中第十五变的工艺操作为："母珠砂，（白垩、白石）同煎取花，入器中，烧作火色一伏时，锅中熔为锭子，名为第十五变保生丹，又名玻璃石。法用雌、雄、空青、石碌、水银珠、硫、砂，此七种石，皆得成宝。以上诸石各一斤，别捣为末，以玻璃一两和研，见风便硬，表里光明，火烧不热，即是上等美玉。"可见此第十五变得到的"玻璃石"还可与"七石"炼成上等美玉。"七石"中，雌、雄黄含硫含砷，可作助熔剂和乳浊剂；空青、石碌皆含铜，可作着色剂。总体上看，此"十五变"大体上皆属传统的玻璃或烧料工艺，其中约有 9 种，或说"九变"为铅玻璃，包括铅钙玻璃和铅锡玻璃等。

（三）吹制技术的进一步推广

从大量实物考察来看，宋、辽玻璃成型技术中值得注意的事项主要有三：

（1）吹制技术进一步推广开来，表 6-11-1 所列 6 件国产玻璃皆系吹制成型。许多器物皆器形规整、壁厚均匀、透明度较高，一定程度上反映了玻璃熔炼和成型技术的提高。

（2）热粘技术亦更多地使用起来。如甘肃灵台五代末至宋初舍利石函玻璃瓶，其口沿是将拉成条状的玻璃热粘成的。

三、关于宋代文献中"玻璃"一词的含义

由前可知，宋代对玻璃仍有多种称谓，如"琉璃"、"玻瓈"、"流离"、"药玉"等。此外，还出现了"玻璃"一词，前引《铁围山丛谈》、《白雪圣石经》等都曾提及。尽管其含义与现代玻璃未必完全一致，但这毕竟是人们认识水平上的一个进步。今再对有关资料作一分析和补充。

由上可知，《白雪圣石经》中使用了"道玻璃"、"玻璃石"、"玻璃"三个词语，前两个词语是分别与"道"和"石"构词的，后面一个则是以"玻璃"独立构词的。总体上看，书中所云"十五变"皆系一种仿玉的人工烧料，其中可能有一些晶态和非晶态的混合体，有的可能还包含少量细小的气泡，或未熔化的小颗料，但大约也有一部分属于非晶态的玻璃。这说明在宋代，人们已把自己制作的仿玉烧料称之为"玻璃"了。

宋徐兢《宣和奉使高丽图经》卷三四"半洋焦"条也用到了"玻璃"一词："舟行过蓬莱山之后，水深碧色如玻璃。"[26]此用"玻璃"一词来形容海水的碧色。此"玻璃"当系泛指中国和外国的人工烧料。

如前所引，《武林旧事》卷二"元夕"条是称国产玻璃为"琉璃"的，但同书同卷"赏花"条在提到大食进口者时，却用到了"玻璃"一词："禁中赏花非一……堂内左右各列三层，雕花彩槛，护以彩色牡丹画衣，间列碾玉水晶金壶及大食玻璃官窑等瓶，各簪奇品"[10]。显然"玻璃"主要指大食制品。但值得注意的是，这种做法在宋代并无普遍性，前云程大昌《演繁露》、赵汝适《诸蕃志》皆未从称呼上把传入品和国产品区别开来，且皆谓之"琉璃（璃）"。

总体上看，宋代对玻璃的称谓依然不太统一。不管传入品还是国产品，都使用过"玻璃"这一称谓，但更多情况下则是使用"琉璃（璃）"、"流璃"、"药玉"等名的。《武林旧事》曾把传入品和国产品分别称之为"玻璃"和"琉璃"，这大约是部分人的做法。将人工烧制的非晶态物质称为"玻璃"之事，大体上是明末清初之后才逐渐流行开的。

参 考 文 献

第一节 采矿技术

[1] 白广美:《中国古代盐井考》,《中国盐业史论丛》,中国社会科学出版社,1987 年。刘春源等:《我国宋代井盐钻凿工艺的划时代革新——四川"卓筒井"》,自贡市盐业历史博物馆编:《四川井盐史论丛》,四川社会科学出版社,1985 年。

[2] 宋李心传:《建炎以来朝野杂记》甲集卷一四"蜀盐"(《丛书集成》1837 – 195)。

[3] 吴天颖:《中国井盐开发史二三事——〈中国科学技术史〉补正》,《中国盐业史论丛》,中国社会科学出版社,1987 年。1951 年川东盐务管理局关于云阳大口井的报告亦转引自此文。

[4] 李约瑟:《中国科学技术史》第一卷第二分册,第 555 页,科学出版社,1975 年。

[5] 丁宝桢、菘蕃、唐炯等:《四川盐法志》卷五,刊于光绪八年(1882 年)。今见《续修四库全书》第 842 册。

[6] 白广美:《川东、北井盐考察报告》,《自然科学史研究》1988 年第 3 期。波美度,一种表示卤水等溶液浓度的单位,与浓度单位"克/升"的基本含义相同,这两种单位可以进行换算。

[7] 钟长永:《川东北盐业考察报告》,《井盐史研究》第一辑,1986 年 12 月。

[8]《中国古代煤炭开发史》第 72 ~ 76 页、第 67 ~ 72 页,煤炭工业出版社,1986 年。

[9] 陕西考古所泾水队:《陕西铜川宋代窑址》,《考古》1959 年第 12 期。

[10] 铜川市旬邑县文化馆等:《陕西新发现两处古瓷窑遗址》,《文物》1980 年第 1 期。

[11] 李时珍:《本草纲目》卷九"金石·石炭·释名"云:石炭,又名"煤炭、石墨、铁炭、乌金石、焦石"。

[12] 转引自《本草纲目》卷九"金石·石炭"条"附方"。

[13] 河南省文化局文物工作队:《河南鹤壁市古煤矿遗址调查简报》,《考古》1960 年第 3 期。

[14]《中国古代煤炭开发史》第 68 ~ 72 页,煤炭工业出版社,1986 年。

[15] 姚志国:《河南鹤壁古代采煤遗址浅见》,《华夏考古》1999 年第 3 期。

[16] 山西省考古研究所:《山西稷山金墓发掘简报》,《文物》1983 年第 1 期。

[17] 河北省文化局文物工作队:《观台窑址发掘报告》,《文物》1959 年第 6 期。又《河北省考古工作介绍》,《考古》1962 年第 10 期。但详情不明。

[18] 河南省文物研究所等:《河南省五县古代铁矿冶遗址调查》,《华夏考古》,1992 年第 1 期。

[19] 黑龙江省博物馆:《黑龙江阿城县小岭地区金代冶铁遗址》,《考古》1965 年第 3 期。1977 年 9 月,在王永祥陪同下,笔者曾与北京钢铁学院(今名北京科技大学)黄务涤等人一起到阿城小岭地区作过调查。

[20] 宋孔平仲:《谈苑》卷一第 10 页,文渊阁《钦定四库全书》抄本,武汉大学出版社电子版第 335 碟。

[21] 铜绿山考古发掘队:《湖北铜绿山春秋战国古矿井遗址发掘简报》,《文物》1975 年第 2 期。

[22] 卢本珊等:《中国古代金矿的采选技术》,《自然科学史研究》1987 年第 3 期。

［23］《太平寰宇记》卷一〇一"江南东道十三·建州·龙焙监"，文渊阁《钦定四库全书》抄本，第二〇册，第 13～14 页，武汉大学出版社电子版第 224 碟。

第二节　金属冶炼和加工技术

［1］唐云明：《河北邢台发现宋墓和冶铁遗址》，《考古》1959 年第 7 期。

［2］任志远：《沙河县的古代冶铁遗址》，《文物参考资料》1957 年第 6 期。

［3］河南省文物研究所等：《河南省五县古代铁矿冶遗址调查》，《华夏考古》1992 年第 1 期。南召古冶址原断代为汉，此文订正为宋、元。粉红江整个遗址断代为宋至明，其 1 号炉的炉径较大，直筒形，其确切使用年代甚难分辨。

［4］曾广亿：《广东发现古代冶铁遗址》，《光明日报》1962 年 3 月 30 日。

［5］陈仲光：《同安发现古代炼铁遗址》，《文物》1959 年第 2 期。

［6］黑龙江省博物馆：《黑龙江阿城县小岭地区金代冶铁遗址》，《考古》1965 年第 3 期。

［7］戴念祖等：《中国古代的风箱及其演变》，《自然科学史研究》1988 年第 2 期。

［8］《东坡诗集注》卷三〇。

［9］朱寿康等：《铜绿山宋代冶炼炉的研究》，《考古》1986 年第 1 期。

［10］《重修政和经史证类备用本草》卷四"柔铁"条引。

［11］何堂坤：《关于灌钢的几个问题》，《科技史文集》第 15 辑，上海科学技术出版社，1989 年。

［12］张子高：《中国化学史稿（古代之部）》第 101 页，科学出版社，1964 年。

［13］杨宽：《中国土法冶铁炼钢技术发展简史》第 211 页，上海人民出版社，1960 年。

［14］祝慈寿：《中国古代工业史》第 457 页，学林出版社，1988 年。

［15］何堂坤：《百炼钢及其工艺》，《科技史文集》第 13 辑，上海科学技术出版社，1985 年。

［16］洪咨夔：《平斋文集》卷一，载《四部丛刊续篇·集部》。

［17］黄盛璋：《宋代冶金技术初步探》，《科技史文集》第 13 辑，上海科学技术出版社，1985 年。

［18］赵匡华：《中国历代"黄铜"考释》，《自然科学史研究》1987 年第 4 期。

［19］《舆地纪胜》卷九〇"韶州"下引《长沙志》。孙承平：《〈"浸铜要略"序〉的发现与剖析》，《中国科技史料》2003 年第 3 期。《浸铜要略》二卷，其奠基人是张潜，执笔者是其长子张磐，最后由其次子张甲呈献于朝廷。

［20］见《宋会要辑稿》"食货"三四。《宋史》卷一八五所载略同。

［21］郭正谊：《水法炼铜史料新探》，《化学通报》1983 年第 6 期。

［22］宋人汇辑的丹经《诸家神品丹法》卷六第 1 页，见《道藏》总第 594 册。

［23］何堂坤：《中国古代铜镜的技术研究》，中国科学技术出版社，1992 年。

［24］何堂坤等：《宋代锣钹磬的科学分析》，《考古》2009 年第 7 期。

［25］吴坤仪：《明清梵钟的技术分析》，《自然科学史研究》1988 年第 3 期。

［26］水上正胜：《志海苔出土古钱的金属成分》，《中国钱币》1985 年第 3 期。阿祥译。

［27］戴志强等：《北宋铜钱金属成分试析》，《中国钱币》1985 年第 3 期。

［28］赵匡华等：《北宋铜钱化学成分剖析及夹锡钱初探》，《自然科学史研究》1986 年第 3 期。

［29］何堂坤等：《江西省博物馆所藏饶州镜及其科学分析》，《文物》1993 年第 10 期。

［30］何堂坤：《宋镜合金成分分析》，《四川文物》1990 年第 3 期。何堂坤等：《几件金代铜

镜的科学分析》，《北方文物》1990 年第 3 期。

[31] 转引自李时珍：《本草纲目》卷九"铜锡镜鼻"条。

[32] 赵匡华：《我国古代"抽砂炼汞"的演进及其化学成就》，《自然科学史研究》1984 年第 1 期。

[33] 《道藏》洞神部众术类，总第 592 册，卷下第 4 页。

[34] 曹元宇：《中国古代金丹家的设备及方法》，《中国古代金属化学及金丹术》，中国科学图书仪器公司，1957 年。

[35] 《重修政和经史证类备用本草》卷四"水银"条引。

[36] 郑家相：《历代铜质货币冶铸法简说》，《文物》1959 年第 4 期。

[37] 袁涛：《定位星是我国早期砂模铸造的重要标志》，《自然科学史研究》1994 年第 1 期。

[38] 袁涛：《郭浇柄现象——三论我国古代的砂型铸造》，《江苏钱币》1995 年第 4 期。

[39] 刘鲲：《辽宁北镇发现辽代铜犁范》，《考古》1984 年第 11 期。

[40] 刘景文：《吉林省前郭县出土的金代犁铧铜范》，《东北考古与历史》1982 年第 1 期。

[41] 隆化县文物管理所：《河北隆化县发现金代窖藏铁器》，《考古》1981 年第 4 期。

[42] 何堂坤：《我国古代钢铁刀剑及其工艺》，《五金科技》1982 年第 5 期。

[43] 《文物考古工作十年（1979～1989）》第 112 页"江苏省"部分，文物出版社，1990 年。

[44] 嘉兴博物馆：《浙江嘉兴发现南宋铜锣》，《文物》1980 年第 8 期。

[45] 南京市博物馆：《江浦黄悦岭南宋张同之夫妇墓》，《文物》1974 年第 4 期。

[46] 刘俊勇：《大连谭家屯金代窖藏》，《文物资料丛刊》（8）。1983 年。

[47] 李银德：《徐州雪山寺北宋窖藏纪年文物》，《文物》1990 年第 3 期。

[48] 河北省文物管理处：《河北易县燕下都 44 号墓发掘报告》，《考古》1975 年第 4 期。河北省文物管理处：《河北易县燕下都第 21 号遗址第一次发掘报告》，《考古学集刊》（2），1982 年。

[49] 李众：《中国封建社会前期钢铁冶炼技术发展的探讨》，《考古学报》1975 年第 2 期。

[50] 中国社会科学院考古研究所等：《满城汉墓发掘报告》第 390 页，文物出版社，1980 年。

[51] 又，据元马临端《文献通考》卷二一四载，《物类相感志》系宋僧赞宁撰。赞宁为吴人。

[52] 吴家瑞等：《黑龙江出土金代铁兵器的金相研究》，全国第二次金属史学术讨论会论文，1985 年 10 月，哈尔滨。

第三节　南北制瓷技术的普遍提高和六大窑系的出现

[1] 熊海堂：《中国古代的窑具与装烧技术研究》，《东南文化》1991 年第 6 期。

[2] 中国硅酸盐学会：《中国陶瓷史》第 229 页，文物出版社，1982 年。

[3] 重庆市博物馆：《重庆涂山窑小湾瓷窑发掘报告》，《四川考古报告集》，文物出版社，1998 年。四川彭县磨原藏四川省博物馆，今亦转引自文献 [3]。

[4] 王大方：《赤峰松山区缸瓦窑遗址发掘获重大新成果》，《中国文物报》1996 年 4 月 28 日。

[5] 冯永谦：《赤峰缸瓦窑村辽代瓷窑址的考古新发现》，《中国古代窑址调查发掘报告集》，文物出版社，1984 年。

[6] 贺世伟等：《湖泗窑考古发掘获重要发现》，《中国文物报》1996 年 5 月 12 日。

［7］陈丽琼等:《四川彭县瓷峰窑调查的收获》,《中国古代窑址调查发掘报告集》,文物出版社,1984 年。

［8］马文宽:《关于我国目前的古陶瓷研究》,《东南文化》1994 年增刊第 1 辑。

［9］韦仁义:《广西藤县宋代中和窑》,《中国古代窑址调查发掘报告集》,文物出版社,1984 年。

［10］广西壮族自治区文物工作队:《广西永福窑田岭宋代窑址发掘简报》,《中国古代窑址调查发掘报告集》,文物出版社,1984 年。

［11］盛久远:《杭州发现南宋陶瓷作坊遗址》,《中国文物报》1997 年 1 月 26 日。

［12］李民举:《宋官窑论稿》,《文物》1994 年第 8 期。

［13］牟永杭、任世龙:《官哥简论》,《湖南考古辑刊》第 3 集。

［14］沈岳明等:《越窑考古又获重大突破——出土大量精美瓷器,首次发现作坊遗址和南宋龙窑遗址,发现南宋初期宫廷用瓷产地,为解决贡窑、秘色瓷等学术问题提供可靠实物资料》,《中国文物报》1999 年 1 月 20 日。其中亦谈到慈溪南宋官窑。

［15］中国硅酸盐学会:《中国陶瓷史》第 289 页,文物出版社,1982 年。

［16］叶真:《垣斋笔衡》,已佚,今转自元人陶宗仪《辍耕录》(第十四册)卷二九,文渊阁《钦定四库全书》抄本,武汉大学出版社电子版第 336 碟。叶真,字子真,号垣斋,池州青阳人。

［17］吕成龙:《修内司官窑研究取得突破性进展》,《中国文物报》1996 年 12 月 22 日。

［18］《杭州老虎洞窑址考古获重要成果——发现宋元时期窑址,揭露窑炉、素烧炉等重要遗址,初步确认南宋时期窑址即修内司窑》,《中国文物报》1999 年 1 月 6 日。

［19］叶文程:《"建窑"初探》,《中国古代窑址调查发掘报告集》,文物出版社,1984 年。

［20］三上次男:《陶瓷之路》,李锡经等译,文物出版社,1984 年。日文原版为 1972 年。孟凡人、马文宽:《中国古瓷在非洲的发现》,紫禁城出版社,1987 年。

［21］叶宏明等:《南宋官窑青瓷的研究》,《中国古陶瓷研究》,科学出版社,1987 年。

［22］陈尧成等:《武昌青山窑古代白瓷研究》,《中国陶瓷》1993 年第 3 期。陈尧成等:《武昌青山窑古代青瓷研究》,《南方文物》1994 年第 3 期。

［23］李家治:《中国科学技术史·陶瓷卷》第 154 页,科学出版社,1998 年。

［24］张福康:《龙泉窑》,《中国古代陶瓷科学成就》,上海科学技术出版社,1985 年。

［25］周仁、张福康:《关于传世"宋哥窑"烧造地点的初步研究》,《文物》1964 年第 6 期。

［26］郭演仪:《中国南北方青瓷》,《中国古代陶瓷科学成就》,上海科学技术出版社,1985 年。

［27］郭演仪等:《中国历代南北方青瓷的研究》,《中国古陶瓷论文集》,文物出版社,1982 年。郭演仪等:《宋代汝窑和耀州窑青瓷》,载《中国古陶瓷研究》,科学出版社,1987 年。

［28］李家治、郭演仪:《中国历代南北方著名白瓷》,《中国古代陶瓷科学成就》,上海科学技术出版社,1985 年。

［29］彭子成等:《用 EDXRF 方法研究临江诸窑场古瓷胎的化学组成分区特征》,《南方文物》1997 年第 4 期。

［30］周仁、李家治:《中国历代名窑陶瓷工艺的初步科学总结》,《考古学报》1960 年第 1 期。

［31］中国硅酸盐学会:《中国陶瓷史》第 318 页,文物出版社,1982 年。并洲杰:《赤峰缸瓦窑村辽代瓷窑调查记》,《考古》1973 年第 4 期。

［32］孟凡峰等:《井陉窑发掘获重大成果》,《中国文物报》1998 年 11 月 18 日第一版。

［33］福建省博物馆等:《福建建阳芦花坪窑址发掘简报》,《中国古代窑址调查发掘报告

集》，文物出版社，1984年。

[34] 河南省文物研究所：《河南内乡大窑店瓷窑遗址的调查》，《中国古代窑址调查发掘报告集》，文物出版社，1984年。

[35] 鹤壁市博物馆：《河南省鹤壁集瓷窑遗址1978年发掘简报》，《中国古代窑址调查发掘报告集》，文物出版社，1984年。

[36] 张福康：《铁系高温瓷釉综述》，《中国古代陶瓷科学成就》，上海科学技术出版社，1985年。

[37] 转引自罗宏杰：《中国古陶瓷与多元统计分析》第93页，中国轻工业出版社，1997年。

[38] 李家治：《中国科学技术史·陶瓷卷》第161~162页，科学出版社，1998年。并文献[37]，第94~95页。

[39] 张福康：《中国古代陶瓷的科学》第3页，上海人民美术出版社，2000年。

[40] 中国硅酸盐学会：《中国陶瓷史》第254页、第261页、第262页，文物出版社，1982年。

[41] 周仁等：《我国陶瓷工艺技术发展过程的初步总结》，《中国古陶瓷研究论文集》，轻工业出版社，1983年。周仁等：《景德镇制瓷原料及胎、釉的研究》，载《中国古陶瓷研究论文集》，轻工业出版社，1983年。

[42] 郭演仪：《中国制瓷原料》，《中国古代陶瓷科学成就》，上海科学技术出版社，1985年。

[43] 周仁等：《龙泉历代青瓷烧制工艺的科学总结》，《考古学报》1973年第1期。

[44] 周世荣：《长沙古瓷窑的彩釉釉绘装饰》，《考古》1990年第6期。

[45] 元蒋祈《陶记》，原出自《浮梁县志》，今转引自熊寥主编的《中国陶瓷古籍集成》第29页，江苏科学技术出版社，2000年。

[46] 轻工业部陶瓷工业科学研究所：《中国的瓷器》，轻工业出版社，1983年。

[47] 李兵等：《浅谈对河南钧瓷与后起之秀铜红釉的见解》，《中国陶瓷》1990年第5期。

[48] 陈显求等：《湖田影青、枢府瓷的结构和影青瓷釉的ESR谱》，《中国古代陶瓷科学成就》，上海科学技术出版社，1985年。

[49] 刘凯民：《钧窑釉的进一步研究》，中国科学院上海硅酸盐研究所：《中国古陶瓷研究》，科学出版社，1987年。

[50] 陈显求等：《河南钧窑古瓷的结构特征及其两类物相分离的确证》，《硅酸盐学报》1981年第3期。

[51] 冯先铭：《综论我国宋元时期"青白瓷"》，《中国古陶瓷论文集》，文物出版社，1982年。

[52] 中国硅酸盐学会：《中国陶瓷史》第277~283页，文物出版社，1982年。

[53] 凌志达：《我国古代黑釉瓷的初步研究》，《中国古陶瓷研究》，科学出版社，1987年。

[54] 陈显求等：《宋代建盏的科学研究》，《中国陶瓷》1983年第1~3期。

[55] 陈显求等：《绚丽多姿的吉州天目釉的内在本质》，《中国古代陶瓷科学成就》，上海科学技术出版社，1985年。

[56] 浙江省博物馆：《浙江两处塔基出土宋青花瓷》，《文物》1980年第4期。

[57] 陈尧成等：《历代青花瓷和着色青料》，《中国古代陶瓷科学成就》，上海科学技术出版社，1985年。

[58] 秦大树等：《邯郸市峰峰矿区出土的两批红绿彩瓷器》，《文物》1997年第10期。

[59] 秦大树等：《论红绿彩瓷器》，《文物》1997年第10期。

［60］黄炳元:《福建南安石壁水库古窑遗址试掘情况》,《文物参考资料》1957 年第 12 期。

［61］淄博市博物馆:《山东淄博坡地窑址的调查与试掘》,《中国古代窑址调查发掘报告集》,文物出版社,1984 年。

［62］王大方:《赤峰松山区缸瓦窑遗址发掘获重大新成果》,《中国文物报》1996 年 4 月 28 日。有学者把赤峰缸瓦窑遗址的年代定得较宽,但此研究认为今发掘的 5 座馒头窑皆属金代。

［63］刘可栋:《试论我国古代的馒头窑》,《中国古陶瓷论文集》,文物出版社,1982 年。

［64］北京大学考古系等:《河北省观台磁州窑址发掘简报》,《文物》1990 年第 4 期。

［65］刘凤君:《山东古代烧瓷窑炉结构和装烧技术发展序列初探》,《考古》1997 年第 4 期。

［66］刘振群:《窑炉的改进和我国古陶瓷发展的关系》,《中国古陶瓷论文集》,文物出版社,1982 年。

［67］李德金:《浅谈龙泉窑的窑炉结构》,《中国考古学研究——夏鼐先生考古五十年纪念论文集》,文物出版社,1986 年。

［68］沈岳明等:《越窑考古又获重大突破——出土大量精美瓷器,首次发现作坊遗址和南宋龙窑遗址,发现南宋初期宫廷用瓷产地,为解决贡窑、秘色瓷等学术问题提供可靠实物资料》,《中国文物报》1999 年 1 月 20 日。

［69］彭长林:《北流发掘一座宋代窑址》,《中国文物报》1996 年 5 月 12 日。

［70］曾凡:《建窑考古新发现及相关问题研究》,《文物》1996 年第 8 期。

［71］湖北省文物考古研究所:《武昌青山瓷遗址发掘简报》,《江汉考古》1991 年第 4 期。陈文学:《湖北青山窑考古的重要收获》,《中国文物报》1997 年 7 月 27 日。

［72］朱伯谦:《试论我国古代的龙窑》,《文物》1984 年第 3 期。

［73］杨少祥:《广东梅县市唐宋窑址》,《考古》1994 年第 3 期。

［74］李知宴:《浙江武义发现三处古窑址》,《中国古代窑址调查发掘报告集》,文物出版社,1984 年。

［75］刘新园等:《景德镇湖田窑各期碗类装烧工艺考》,《文物》1982 年第 5 期。

［76］曹建文:《关于我国古代瓷器覆烧工艺的几个问题》,《文物研究》第 10 辑,1995 年。

［77］陈文学等:《湖北武昌县青山瓷窑"火照"及相关问题》,《南方文物》1992 年第 4 期。

［78］《中国古代煤炭开发史》第 72～79 页,煤炭工业出版社,1986 年。该书统计了 16 处,在宋代或与宋代相当的时候,这些窑口大凡都曾用煤炭作过燃料。赤峰缸瓦窑用煤情况见文献［4］。

［79］秦大树:《论磁州观台窑制瓷工艺、技术的发展》,《华夏考古》1996 年第 3 期。

第四节　丝织重心的南移

［1］元费著:《蜀锦谱》,见元陶宗仪《说郛》(第一一八册)卷九八,文渊阁《钦定四库全书》抄本,武汉大学出版社电子版第 319 碟。

［2］文物编辑委员会编:《文物考古工作三十年(1949—1979)》第 322 页"湖南省"部分,文物出版社,1979 年。

［3］汪济英:《兰溪南宋墓出土的棉毯及其他》,《文物》1975 年第 6 期。

［4］福建省博物馆:《福州市北郊南宋墓清理简报》,《文物》1977 年第 7 期。

［5］镇江市博物馆等:《江苏金坛南宋周瑀墓发掘简报》,《文物》1977 年第 7 期。

［6］黑龙江省文物考古研究所:《黑龙江阿城巨源金代齐国王墓发掘简报》,《文物》1989 年第 10 期。

［7］魏光焘:《蚕桑粹编》(光绪二十六年)。

［8］陈旉:《农书》第21页，中华书局，1956年版。

［9］《士农必用》，作者不详，元司农司《农桑辑要》、元王祯《农书》等皆有引述。《农桑辑要》成于至元十年（1273年），即元立国后第三年和南宋亡（1279年）之前六年；故《士农必用》的成书年代当为宋、金时期，下限是元初。此书当时在黄河流域相当流行，原书已佚，今转引自徐光启《农政全书》卷三二，第895页，上海古籍出版社，1979年。

［10］秦观:《蚕书》，转引自元王祯《农书》（中华书局，1956年版）卷二〇"蚕瓮"条，第461页。清《格致镜原》（"四库"本）卷四三所引秦观《蚕书》与此基本相同。但文渊阁《钦定四库全书》所收秦观《蚕书》不见此盐腌杀蛹的内容。陈旉《农书》所引盐浥杀茧法，从文字到内容，皆与本书所引基本一致，但其未说出处。

［11］赵承泽主编:《中国科学技术史·纺织卷》第158页，科学出版社，2002年。

［12］清杨屾:《豳风广义》，农业出版社，1956年。中国古农书丛刊本。书前有郑辟疆《校注〈豳风广义〉序》。

［13］黄振华等:《番汉合时掌中珠》第53页，宁夏人民出版社，1989年。

［14］宋史乐:《太平寰宇记》第七册，文渊阁《钦定四库全书》抄本，武汉大学出版社电子版第224碟。

［15］陈炳应:《中国少数民族科学技术史丛书·纺织卷》第691页，广西科学技术出版社，1996年。

［16］王克孝:《西夏对我国书籍生产和印刷术的突出贡献》，《民族研究》1996年第4期。

［17］牛达生等:《从贺兰拜寺沟方塔西夏文献纸样分析看西夏造纸业状况》，《中国历史博物馆馆刊》1999年第2期。

［18］宋方勺:《泊宅编》，唐宋史料笔记丛刊，中华书局，1983年。有关"木棉"之事，见于三卷本的卷中，十卷本的卷三，文字基本相同。

［19］矩斋:《古尺考》，《文物参考资料》1957年第3期。其中载有7枚宋尺，长度介于0.281~0.329厘米间，平均约0.31厘米。

［20］《诸蕃志》（第二册）卷下，文渊阁《钦定四库全书》抄本，武汉大学出版社电子版第236碟。

［21］容观琼:《关于我国南方棉纺织历史研究的一些问题》，《文物》1979年第8期。

［22］史炤:《资治通鉴释文》。

［23］林忠干:《福建古代纺织史略》，《丝绸史研究》1986年第1期。

［24］陈维稷主编:《中国纺织科学技术史（古代部分）》，科学出版社，1984年。脚踏纺车见第180页，罗机子见第224页。

［25］高汉玉等:《西夏陵区一〇八号墓出土的纺织品》，《文物》1978年第8期。

［26］赵承泽:《谈福州、金坛出土的南宋织品和当时的纺织工艺》，《文物》1977年第7期。

［27］杨明等:《江西德安南宋周氏墓纺织品残片种类与工艺》，《南方文物》1998年第4期。本文所述仅仅是纺织品残片，不包括成衣。

［28］赵承泽主编:《中国科学技术史·纺织卷》第303页，科学出版社，2002年。

［29］《中国大百科全书·纺织卷》第353~355页，夏正兴撰"宋代纺织文物"。中国大百科全书出版社，1984年。

［30］沈莲玉:《中国历代纹织物组织结构织造工艺及织物机的进展》，中国纺织大学博士学位论文，1995年，上海。

［31］赵丰:《织物的类型与组织元》，《中国纺织大学学报》1996年第3期，上海。

［32］高汉玉:《织纹与结构元》。此文是高汉玉长篇讲稿的一部分；1999年5月，承其相赠而得拜读。

［33］陈维稷主编：《中国纺织科学技术史（古代部分）》第 358～366 页，科学出版社，1984 年。

［34］文物编辑委员会编：《文物考古工作三十年（1949—1979）》第 95 页"辽宁省"部分，文物出版社，1979 年。

［35］《宋史》卷一五三"舆服志五"："景德三年诏：通犀金玉带，除官品合服及恩赐外，余人不得服用。大中祥符五年诏曰：方团金带，优宠辅臣。今文武庶官，及伎术之流，率以金银做效……自今除恩赐外，悉禁之。"由此也可见宋代服饰用金之盛。《续资治通鉴长编》卷一一九仁宗景祐三年八月已酉。其中谈到了官员宫室、服饰的规定，皆未明确提到不许服金之事。

［36］《老学庵笔记》第一册卷二第 11 页，文渊阁《钦定四库全书》抄本，武汉大学出版社电子版第 317 碟。

［37］《鸡肋篇》（第一册）卷上第 46 页，文渊阁《钦定四库全书》抄本，武汉大学出版社电子版第 336 碟。

［38］陈娟娟：《宋代的缂丝艺术》，《文物天地》1994 年第 4 期。

［39］陈维稷主编：《中国纺织科学技术史（古代部分）》第 401～402 页，科学出版社，1984 年。

［40］《仪礼·丧服》郑注云："布，八十缕为升。"当时幅宽规定为二尺二寸，每尺可粗略地依 23 厘米计。

［41］陈维稷主编：《中国纺织科学技术史（古代部分）》第 274 页，科学出版社，1984 年。

［42］福建省博物馆：《福州南宋黄昇墓》，文物出版社，1982 年。

［43］《钦定古今图书集成》"方舆汇编·职方典"卷六八一引《苏州纺织品名目》，见第十八函，第一一五册。

［44］陈娟娟：《故宫博物院织绣馆》，《文物》1960 年第 1 期。

［45］宋朱辅：《溪蛮丛笑》，文渊阁《钦定四库全书》抄本，武汉大学出版社电子版第 236 碟。

［46］《重修政和经史证类备用本草》卷四"柔铁"引苏颂《图经本草》。

［47］陈维稷主编：《中国纺织科学技术史（古代部分）》第 265～266 页，科学出版社，1984 年。

第五节　机械技术的发展

［1］刘一止：《苕溪集》，文渊阁《钦定四库全书》抄本，武汉大学出版社电子版第 408 碟。洪咨夔：《平斋文集》卷一，《四部丛刊续篇·集部》。

［2］耶律楚材：《湛然居士文集》卷六"西域河中十咏"，《四部丛刊初编缩本》。清王士禛：《池北偶谈》（第八册）卷二三"风磨风扇"，文渊阁《钦定四库全书》抄本，武汉大学出版社电子版第 318 碟。

［3］李文信：《辽阳发现的三座壁画古墓》，《文物参考资料》1955 年第 5 期第 33 页，插图 24，一黑帻白衣人双手高举一风轮状物，似为玩具风车。

［4］惠孝同：《李嵩货郎图》，《文物参考资料》1958 年第 6 期。

［5］文渊阁《钦定四库全书》抄本第 8 册，武汉大学出版社电子版第 316 碟。

［6］梅尧臣：《宛陵先生集》卷四，《四部丛刊初编缩本》189－39。

［7］《于湖居士文集》卷五，《四部丛刊初编缩本》，上海商务印书馆缩印慈谿李氏藏宋本。书前有"嘉泰元年（1201 年）"序。

［8］《于湖居士文集》卷四，《四部丛刊初编缩本》。

［9］田艺蘅：《留青日札》卷一八，《续修四库全书》1129 册。

［10］王安石《元丰行示德逢》："湖阴先生坐草室，看踏沟车望秋实。……倒持龙骨挂屋敖，买酒浇客追前劳。"王安石《后元丰行》："龙骨长干挂梁栯，鲥鱼出纲蔽洲渚。"见《王荆公诗注》卷一，文渊阁《钦定四库全书》抄本，武汉大学出版社电子版第 405 碟。

［11］《无锡道中赋水车》，《东坡全集》卷六，文渊阁《钦定四库全书》抄本，武汉大学出版社电子版第 405 碟。《春晚即事》，《剑南诗稿》（第三十八册）卷七〇第 22 页，文渊阁《钦定四库全书》抄本，武汉大学出版社电子版第 411 碟。

［12］《梅溪王先生文集·后集》卷二〇，《四部丛刊初编缩本》第 240 册，第 408 页。

［13］李崇州：《中国古代各类灌溉机械的发明和发展》，《农业考古》1983 年第 1 期。

［14］《集注分类东坡诗集》卷一八。见《四部丛刊初编缩本》。

［15］陆游：《入蜀记》卷一，乾道六年六月八日。"四库"本。

［16］《临川先生文集》卷八。《四部丛刊初编缩本》第 199 册，上海商务印书馆。

［17］王祯：《农书》卷一八"农器图谱·灌溉门"："翻车，今人谓龙骨车。"王祯且认为马钧和毕岚所作"翻车"皆系龙骨车。

［18］徐光启：《农政全书》卷一七"水利·灌溉图谱"："翻车，今人谓龙骨车也。"其亦援引王祯之说，认为马钧和毕岚所作之"翻车"皆系龙骨车。

［19］刘仙洲：《中国古代农业机械发明史》第 51 页，科学出版社，1963 年。

［20］陆敬严、华觉明主编：《中国科学技术史·机械卷》第 78 页，科学出版社，2000 年。

［21］刘仙洲：《中国机械工程发明史》，科学出版社，1962 年。

［22］郭可谦等：《中国机械发展史》第 9 页，机械工程师进修大学，1987 年。

［23］马晋封：《苏汉臣货郎图》，《故宫文物月刊》第 1 卷第 11 期，1984 年，台湾。

［24］河南省文化局文物工作队：《河南方城盐店庄村宋墓》，《文物参考资料》1958 年第 11 期。墓砖上有"宋宣和改元十一月"等字。

［25］北京市文物管理处：《北京通县金代墓发掘简报》，《文物》1977 年第 11 期。

［26］湖南省文物管理委员会：《湖南长沙纸园冲工地古墓清理小结》，《考古通讯》1957 年第 5 期。

［27］王家祐：《四川宋墓札记》，《考古》1959 年第 8 期。

［28］《四部丛刊初编缩本》，第 050 册，第 171 页。

［29］见明"正德"刊本。"四库全书"卷一〇所载两种砲为："行车砲"、"轩车砲"；卷一二载有 16 种砲，无"手砲"。

［30］文莹：《玉壶清话》，"笔记小说大观"本。

［31］矩斋：《古尺考》，《文物参考资料》1957 年第 3 期。

［32］《宋史·兵志十一》亦作李定，朱弁《曲洧旧闻》卷九等又作李宏。

［33］戴念祖等：《中国古代的风箱及其演变》，《自然科学史研究》1988 年第 2 期。

［34］张荫麟：《宋卢道隆吴德仁记里鼓车之造法》，《清华学报》第 2 卷第 2 期，1925 年。

［35］王振铎：《指南车记里鼓车之考证及模制》，原载《史学集刊》1937 年第 3 期；今见王振铎：《科技考古论丛》，文物出版社，1989 年。

［36］刘仙洲：《中国机械工程发明史》第 94 ~ 98 页，科学出版社，1962 年。

［37］《钦定古今图书集成·考工典》卷一七五"车舆部"第 14 页，引杨维桢《记里鼓车赋》云："虚轮晕轸，横辕倚貌。平厢层构，低亭间施。木镌象以正立，手潜奋以有持。列鼓镯于上下，各叩击以司时。"

［38］王振铎：《燕肃指南车造法补证》，《文物》1984 年第 6 期。

［39］刘仙洲:《中国在计时器方面的发明》,《天文学报》第 4 卷第 2 期, 1956 年。

［40］王振铎:《宋代水运仪象台的复原》,《文物参考资料》1958 年第 9 期。

［41］这段资料有两个地方所记互有出入。一是《宋会要辑稿》本身记述的数字互有出入, 其云天禧末年船只岁减后的总数为 2916 艘 (3337 – 421), 而当年各州船只相加之数却为 2915 艘, 这在正文已经看到。二是《宋会要辑稿》与《宋史》两书所记至道末船只数稍有不符,《宋史》卷一七五"漕运"载为:"诸州岁造运船。至道末三千二百三十七艘, 天禧末减四百二十一。"

［42］《宋会要辑稿》作处州,《文献通考》卷二五"漕运"作虔州。

［43］王冠倬:《从文物资料看我国古代造船技术的发展》,《中国历史博物馆馆刊》总第 5 辑, 1983 年。

［44］王冠倬:《中国古船》第 28 ～ 38 页, 海洋出版社, 1991 年。

［45］林士民:《宁波东门码头遗址发掘报告》,《浙江省文物考古学刊》, 文物出版社, 1981 年。

［46］陈振端:《泉州湾出土宋代海船木材鉴定》,《海交史研究》总第 4 期, 1982 年。

［47］泉州湾宋代海船发掘报告编写组:《泉州湾宋代海船发掘简报》,《文物》1975 年第 10 期。

［48］江苏省文物工作队:《扬州施桥发现了古代木船》,《文物》1961 年第 6 期。

［49］倪文俊:《嘉定封浜宋船发掘简报》,《文物》1979 年第 12 期。

［50］天津文物管理处:《天津考古》, 天津人民出版社, 1982 年。《天津静海县发现宋代河船》,《天津文物简讯》1978 年第 9 期。

［51］席龙飞:《中国造船史》第 163 ～ 165 页, 湖北教育出版社, 2000 年。

［52］周世德:《雕虫集·试论我国传统的船舶设计》, 地震出版社, 1994 年。

［53］联合试掘组:《泉州法石古船试掘简报和初步探讨》,《自然科学史研究》1983 年第 2 期。

［54］席龙飞:《桨舵考》,《武汉水运工程学院学报》1981 年第 1 期。

［55］辛元欧:《中国古代船舶人力推进和操纵机具的发展》,《船史研究》1985 年第 1 期。

［56］磁县文化馆:《河北磁县南开河村元代木船发掘简报》,《考古》1978 年第 6 期。

［57］须藤利一编:《船》, 法政大学出版局, 1968 年。转引自文献［49］。

［58］周世德:《中国古船桨系考略》,《雕虫集》第 18 页脚注, 地震出版社, 1994 年。

［59］席龙飞:《对宁波古船的研究》,《武汉水运工程学院学报》1981 年第 2 期。

［60］席龙飞等:《中国古船的减摇龙骨》,《自然科学史研究》1984 年第 4 期。

［61］吉林市博物馆:《吉林市郊发现的金代窖藏文物》,《文物》1982 年第 1 期。

［62］席龙飞等:《中国科学技术史·交通卷》第 99 页, 科学出版社, 2004 年。

第六节　造纸技术趋于成熟

［1］南宋袁说友:《笺纸谱》, 谢元鲁校释。《巴蜀丛书》第一辑, 巴蜀书社, 1988 年。

［2］《书史》第 41 页, 文渊阁《钦定四库全书》抄本, 武汉大学出版社电子版第 312 碟。

［3］宋陈槱:《负暄野录》(一册), 文渊阁《钦定四库全书》抄本, 武汉大学出版社电子版第 318 碟。

［4］施宿等:《(嘉泰) 会稽志》(第十六册) 卷十七 (第 50 页)"草部·纸"条, 文渊阁《钦定四库全书》抄本, 武汉大学出版社电子版第 226 碟。

［5］潘吉星:《中国造纸技术史稿》第 91 页、第 92 页, 文物出版社, 1979 年。

［6］孙宝明等:《中国造纸植物原料志》第 157 页,轻工业出版社,1959 年。

［7］荣元恺:《草浆纸史溯古今》,《纸史研究》(十四),1986 年。

［8］宁夏回族自治区文物考古研究所、宁夏贺兰县文化局:《宁夏贺兰县拜寺沟方塔清理简报》,《文物》1994 年第 9 期。

［9］牛达生、王菊华:《从贺兰拜寺沟方塔西夏文献纸样分析看西夏造纸业状况》,《中国历史博物馆馆刊》1999 年第 2 期。

［10］转引自王克孝:《西夏对我国书籍生产和印刷术的突出贡献》,《民族研究》1996 年第 4 期。

［11］向达译:《斯坦因西域考古记》,上海书店、中华书局,1987 年。

［12］陈开俊等:《马可·波罗游记》第二十四章,福建科学技术出版社,1981 年。

［13］潘吉星:《中国造纸技术史稿》第 94 页,文物出版社,1979 年。

［14］荣元恺:《纸药——发明造纸术中决定性的关键》,《纸史研究》(六),1989 年。

［15］潘吉星:《中国造纸技术史稿》第 209 页,文物出版社,1979 年。

［16］潘吉星:《中国造纸技术史稿》第 104 页,文物出版社,1979 年。

［17］矩斋:《古尺考》,《文物参考资料》1957 年第 3 期。

［18］程棨:《三柳轩杂识》,载《说郛》(第三十二册)卷二四下"传讲杂记",文渊阁《钦定四库全书》抄本,武汉大学出版社电子版第 318 碟。

［19］文物保护研究所等:《山西应县佛宫寺木塔内发现辽代珍贵文物》,《文物》1989 年第 6 期。

［20］元费著:《蜀笺谱》,见元陶宗仪《说郛》(第一一八册)卷九八。文渊阁《钦定四库全书》抄本,武汉大学出版社电子版第 319 碟。

［21］陈大川:《中国造纸术盛衰史》第 111~112 页,中外出版社,台北,1979 年。

［22］潘吉星:《中国造纸技术史稿》第 96 页,文物出版社,1979 年。

［23］戴家璋主编:《中国造纸技术简史》第 125 页,中国轻工业出版社,1994 年。

［24］《格致镜原》(第十六册)卷三七"文具类·纸",文渊阁《钦定四库全书》抄本,武汉大学出版社电子版第 335 碟。

［25］《法帖谱系》卷上第 3 页,文渊阁《钦定四库全书》抄本,武汉大学出版社电子版第 244 碟。

［26］《缀耕录》(第七册)卷一五(第 1 页),文渊阁《钦定四库全书》抄本,武汉大学出版社电子版第 336 碟。

［27］《续修四库全书》第 1130 册,上海古籍出版社,2002 年。

［28］《丛书集成初编》第 1559 册,商务印书馆,1937 年。

［29］《宛陵集》(第十册)卷二七,文渊阁《钦定四库全书》抄本,武汉大学出版社电子版第 404 碟。

［30］《后山谈丛》,见文渊阁《钦定四库全书》抄本,武汉大学出版社电子版第 335 碟。

第七节　雕版印刷的发展和活字印刷的发明

［1］李致忠:《宋代的刻书机构》,《中国印刷史学术研讨会文集》,印刷工业出版社,1996 年。

［2］宿白:《唐宋时期的雕版印刷》,文物出版社,1999 年。

［3］叶得辉:《书林夜话》(1920 年)卷二,第 36~42 页,古籍出版社,1955 年。

［4］潘铭桑:《中国印刷版权的起源》,《雕版印刷源流》,印刷工业出版社,1990 年。

［5］罗树宝：《中国古代印刷史》第 116～117 页，印刷工业出版社，1993 年。

［6］蔡澄：《鸡窗丛话》，《丛书集成续编》90－1005，上海书店，1994 年。

［7］国家文物局文物保护科学技术研究所等：《山西应县佛宫寺木塔内发现辽代珍贵文物》，《文物》1982 年第 6 期。阎文儒等：《山西应县佛宫寺释迦塔发现的"契丹藏"和辽代刻经》，均见《文物》1982 年第 6 期。

［8］陈国莹：《丰润天宫寺塔保护工程及发现的重要辽代文物》，《文物春秋》1989 年创刊号。

［9］毕素娟：《论辽朝大藏经的雕印》，《中国历史博物馆刊》第九辑。

［10］毕素娟：《重视辉煌的辽代雕版印刷品》，《中国印刷史学术研讨会文集》，印刷工业出版社，1996 年。

［11］徐庄：《略谈西夏雕版印刷在中国出版史中的地位》，《中国印刷史学术研讨会文集》，印刷工业出版社，1996 年。

［12］戈尔芭切娃、克恰诺夫：《苏联科学院亚洲民族研究所藏西夏文写本和刊本现已考定书目》，莫斯科东方文献出版社，1963 年。中国社会科学院民族研究所历史研究室资料组编译。转引自文献［11］。

［13］孟列夫：《黑城出土汉文遗书叙录》，前苏联科学出版社，1984 年。王克索译，转引自文献［11］。

［14］史金波：《西夏佛教史略》，宁夏人民出版社，1988 年。

［15］宁夏文管会等：《宁夏贺兰县宏佛塔清理简报》，《文物》1991 年第 8 期。

［16］《蜀中广记》卷六七，文渊阁《钦定四库全书》，台湾商务印书馆版 592－120。

［17］金柏东：《温州发现"蚕母"套色版画》，《文物》1995 年第 5 期。

［18］刘最长等：《西安碑林发现女真文书，南宋拓全幅集王"圣教序"及版画》，《文物》1979 年第 5 期。

［19］方晓阳：《饾版印刷术之研究》，《中国印刷史学术研讨会文集》，印刷工业出版社，1996 年。

［20］柳毅：《中国的印刷术》第 168～169 页，科学普及出版社，1987 年。

［21］潘吉星：《中国科学技术史·造纸与印刷卷》第 431 页，科学出版社，1998 年。

［22］祝慈寿：《中国古代工业史》第 508 页，学林出版社，1988 年。

［23］张秀民：《中国印刷史》第 664 页、第 668 页，人民出版社，1989 年。

［24］燕义权：《铜版与套色版印刷的发明与发展》，载《中国科学技术发明和科学技术人物论集》第 208 页，生活·读书·新知三联书店，1955 年。

［25］张秀琦：《宋代纸币及其现存的印版》，《中国印刷史学术研讨会文集》，印刷工业出版社，1996 年。

［26］韩家梁：《东至县发现宋代"关子"钞版和"关子库印"》，《安徽史志通讯》1984 年第 4 期。

［27］李国梁：《东至"关子钞版"的有关问题》，《文物研究》总第 5 期，1989 年。

［28］张秀民：《中国印刷史》第 270 页，人民出版社，1989 年。

［29］张季琦：《金朝纸币——"交钞"、"宝券"及其他》，《中国印刷史学术研讨会文集》，印刷工业出版社，1996 年。

［30］孙启康：《毕昇墓碑鉴定及相关问题考证》，《中国印刷》第 42 期，1993 年 11 月。张秀民：《英山发现的是活字印刷家毕昇的墓碑吗？》《中国印刷》第 42 期，1993 年 11 月。孙启康：《答毕昇墓碑质疑》，《中国印刷》第 44 期，1994 年 4 月。张秀民：《对英山毕昇墓碑的再商榷》，《中国印刷》第 44 期，1994 年 4 月。

［31］黄宽重：《南宋活字印刷史料及其相关问题》，原载《国立中央研究院历史语言研究所集刊》第 55 本第一分册，1984 年。今转引自《中研院历史语言研究所集刊论文类编》"历史编·宋辽金元（三）"，中华书局，2009 年。《活字印刷的发明和早期发展》，《南宋军政与文献探索》，台湾新文丰出版公司，1990 年。

［32］《文忠集》（第七十六册）卷一九八（第 6 页）"劄子十·程元成给事（绍熙四年）"，文渊阁《钦定四库全书》抄本，武汉大学出版社电子第 410 碟。

［33］金柏东：《早期活字印刷术的实物见证——温州市白象塔出土北宋佛经残页介绍》，《文物》1987 年第 5 期。

［34］刘云：《对"早期活字印刷术的实物见证"一文的商榷》，《文物》1988 年第 10 期。

［35］牛达生：《西夏文佛经"吉祥遍至口和本续"的学术价值》，《文物》1994 年第 9 期。

［36］牛达生：《我国最早的木活字印刷品——西夏文佛经"吉祥遍至口和本续"》，《中国印刷史学术研讨会文集》，印刷工业出版社，1996 年。

［37］李进增等：《宁夏发现迄今世界最早的木活字版印本，"吉祥遍至口和本续"通过鉴定》，《中国文物报》1996 年 12 月 1 日。

［38］陈悦新：《宁夏回族自治区文物考古五十年成就》，《新中国考古五十年》第 474 页，文物出版社，1999 年。

［39］］牛达生：《西夏活字印本的发现及其活字印刷技术的研究》，《历史深处的民族科技之光》（第六届中国少数民族科技史暨西夏科技史国际会议文集），宁夏人民出版社，2003 年。

［40］史金波等：《中国活字印刷术的发明及其早期传播——西夏和回鹘活字印刷研究》第 58 页、第 41 页、第 49 页等，社会科学文献出版社，2000 年。

［41］孙寿龄：《西夏泥活字版佛经》，《中国文物报》1994 年 3 月 27 日第 3 版。

［42］牛达生：《西夏文泥活字版印本〈维摩诘所说经〉及其学术价值》，《中国印刷》2000 年第 12 期。

［43］史金波：《黑水城出土活字版汉文历书考》，《文物》2001 年第 10 期。

［44］李亚东：《中国制墨技术的源流》，《科技史文集》第 15 集，上海科技出版社，1989 年。

［45］晁季一：《墨经》，文渊阁《钦定四库全书》抄本，武汉大学出版社电子版第 315 碟。

［46］张邦基：《墨庄漫录》卷六（第三册）第 9 页，文渊阁《钦定四库全书》抄本，武汉大学出版社电子版第 317 碟。

［47］何薳：《春渚纪闻》（第四册）卷八。文渊阁《钦定四库全书》抄本，武汉大学出版社电子版第 317 碟。

［48］陈晶等：《江苏武进村前南宋墓清理纪要》，《考古》1986 年第 3 期。关于叶茂实的制墨年代，此文曾有考证。

［49］合肥市文物管理处：《合肥北宋马绍庭夫妻合葬墓》，《文物》1991 年第 3 期。

［50］胡东波：《合肥出土宋墨考》，《文物》1991 年第 3 期。此文说马绍庭夫妻合葬墓出土有两块墨。

［51］《丛书集成初编》第 1552 册。

［52］杨慎：《升庵外集》卷一九"用器·文具"，桂湖藏版，道光甲辰影明版重刻。

［53］李孝美：《墨谱法式》，文渊阁《钦定四库全书》抄本，武汉大学出版社电子版第 315 碟。

第八节　火药技术的进步和初级火器的出现

［1］潘吉星：《中国火箭技术史稿》第 39 页，科学出版社，1987 年。

［2］《玉海》卷一五〇，文渊阁《钦定四库全书》，台湾商务印书馆版 946－859。

［3］丘濬：《大学衍义补》（第五十一册）卷一二二第 11 页"严武备·器械之利下"，文渊阁《钦定四库全书》抄本，武汉大学出版社电子版第 303 碟。

［4］王得臣：《麈史》卷一，文渊阁《钦定四库全书》，台湾商务印书馆版 862－599。

［5］《武经总要》"前集"（第八册）卷一三第 3 页，文渊阁《钦定四库全书》抄本，武汉大学出版社电子版第 304 碟。

［6］《筹海图编》卷一二："火箭，以小瓢盛油冠矢端，射城楼、橹板木上，瓢败油散，顺烧，矢镞内中射油散处，火立燃，复以油瓢翼之，则楼橹尽焚。"类似的记载并见《神机制敌太白阴经》卷四、《通典》卷一六〇。

［7］《武经总要》"前集"（第七册）卷一二，文渊阁《钦定四库全书》抄本，武汉大学出版社电子版第 304 碟。"鞭箭"、"放火药箭"，第 61 页；"蒺藜火球"、"竹火鸡"，第 62 页；"霹雳球"，第 69 页。

［8］赵与衮：《辛巳泣蕲录》，《四库全书存目丛书》史 45－62，齐鲁书社，1996 年。

［9］王育成：《中国古砲考索》，《中国史研究》，1993 年第 4 期。

［10］赵匡华：《火药的发明与炼丹术》，《中国古代火药火器史研究》，中国社会科学出版社，1995 年。

［11］成东、钟少异：《中国古代兵器图集》，解放军出版社，1990 年。

［12］赵光林、张宁：《金代瓷器初步探索》，《考古》，1979 年第 5 期。

［13］钟少异：《铳、炮、枪等火器名称的由来和演变》，《中国古代火药火器史研究》，中国社会科学出版社，1995 年。

［14］《武经总要》"前集"（第七册）卷一二第 43 页"单梢砲"条，文渊阁《钦定四库全书》抄本，武汉大学出版社电子版第 304 碟。

［15］冯家昇：《火药的发明和西传》第 22 页载：霹雳火球，"以火锥烙球，声如霹雳，是爆炸性火器的先声"，华东人民出版社，1954 年。

［16］叶英：《爆炸性火器的起源》，《中国古代火药火器史研究》，中国社会科学出版社，1995 年。

［17］杨硕、丁憼：《古代火药配方的试验研究》，《中国古代火药火器史研究》，中国社会科学出版社，1995 年。

［18］《续资治通鉴长编拾补》卷五三，《续修四库全书》349－554，上海古籍出版社，2002 年。

［19］杨万里：《诚斋集》（第十三册）卷四四"海鳅赋"，文渊阁《钦定四库全书》抄本，武汉大学出版社电子版第 411 碟。

［20］元好问：《续夷坚志》卷二，《笔记小说大观》第十册，江苏广陵古籍刻印社，1984 年。

［21］赵与衮：《辛巳泣蕲录》，《四库全书存目丛书》史 45－82，齐鲁书社，1996 年。

［22］李曾伯：《可斋续藁·后》（第二十册）卷五第 52 页。文渊阁《钦定四库全书》抄本，武汉大学出版社电子版第 413 碟。

［23］陈规：《守城录》卷四第 9 页，文渊阁《钦定四库全书》抄本，武汉大学出版社电子版第 304 碟。

［24］周密：《武林旧事》（第一册）卷二，"御教"，"元夕"。文渊阁《钦定四库全书》抄本，武汉大学出版社电子版第 236 碟。

［25］郑振铎编：《域外所藏中国古典画集·西域画》26～29 "降魔图"，上海出版公司影印本，1947～1948 年。

[26] 李约瑟:《开封府的枪》,《李约瑟文集》(1944～1984年)第586～587页,辽宁科学技术出版社,1986年。

　　[27] 钟少异:《早期管形火器研究》,《中国古代火药火器史研究》,中国社会科学出版社,1995年。

　　[28] 杨泓:《降魔变绢画中的喷火兵器——探寻古代管形射击火器发明时间的新线索》,《文物天地》1986年第4期。并见文献 [13]。

　　[29]《宋史》卷四七七“李全传”,《二十五史》1568.3(6740.3),上海古籍出版社等,1986年。

　　[30] 周密:《齐东野语》卷九,文渊阁《钦定四库全书》865-724,台湾商务印书馆。

　　[31]《筹海图编》(第十册)卷一三第68页,文渊阁《钦定四库全书》抄本,武汉大学出版社电子版第235碟。

　　[32] 孟元老:《东京梦华录》(第二册)卷七“驾登宝津楼诸军呈百戏”,文渊阁《钦定四库全书》抄本,武汉大学出版社电子版第236碟。

　　[33] 潘吉星:《中国火箭技术史稿》第17页,科学出版社,1987年。

　　[34] 郭正谊:《中国烟火的发展及火箭技术的起源》,《中国古代火药火器史研究》,中国社会科学出版社,1995年。

　　[35] 张子高:《中国化学史稿(古代之部)》第129页,科学出版社,1964年。

　　[36] 周密:《齐东野语》(第五册)卷一一(第20页),文渊阁《钦定四库全书》抄本,武汉大学出版社电子版第317碟。

　　[37] 潘吉星:《中国火箭技术史稿》第51页、第55页、第59～62页,科学出版社,1987年。

　　[38] 南宋周应合:《景定建康志》(第二十三册)卷三九第21页至第23页“武卫志二·军器”,文渊阁《钦定四库全书》抄本,武汉大学出版社电子版第226碟。

　　[39] 丁儆:《中国古代发明火药和发现冲击波的历史》,《中国古代火药火器史研究》,中国社会科学出版社,1995年。

　　[40] 杨硕、丁儆:《古代火药配方的试验研究》,《中国古代火药火器史研究》,中国社会科学出版社,1995年。实验时,狼毒、黄丹、砒霜缺,油类是以豆油代替的。

　　[41] 袁成才、松全才:《中国古代火药史刍议》,《中国古代火药火器史研究》,中国社会科学出版社,1995年。

第九节　指南针技术的发展

　　[1] 王振铎:《中国古代磁针的发明和航海罗经的创造》,《文物》1978年第3期。并见王振铎《科技考古论丛》,文物出版社,1989年。

　　[2] 王振铎:《司南指南针与罗经盘——中国古代有关静磁学知识之发现及发明(中)》,原载《中国考古学报》第4册,1949年;今见王振铎《科技考古论丛》,文物出版社,1989年。

　　[3]《重修政和经史证类备用本草》卷四“磁石”条亦引。

　　[4] 陈元靓:《事林广记》癸集卷一〇“神仙幻术”,上海古籍出版社,1990年影印本。1960年中华书局影印本无木刻指南龟和指南鱼两段文字。

　　[5] 吕作昕、吕黎阳:《中国古代磁性指南器源流与发展史新探》,第二届中国少数民族科技史国际学术讨论会论文,1994年,延吉。

　　[6]《论物质的本性》一书已难看到。这段关于磁针的论述,各家所引却略有差别,文献 [11] 亦曾引述。但李约瑟博士认为,《论物质的本性》一书并未提到磁针的装置方式,甚至未

提到它是水针还是旱针，明确提到以麦秆来装置水针之事始见于 1205 年法国学者德·普洛文的《经书》（Guyit de proins, La bible）。

[7] 王振铎：《司南指南针与罗经盘——中国古代有关静磁学知识之发现及发明（下）》原载《中国考古学报》第 5 册，1951 年；并见王振铎《科技考古论丛》，文物出版社，1989 年。

[8] 宋曾三异：《因话录》：(1)《说郛》卷一九，涵芬楼本第一函。(2)《说郛》（第三十册）卷二三上（第 14 页），文渊阁《钦定四库全书》抄本，武汉大学出版社电子版第 318 碟。

[9] 明李豫亨：《青乌绪言》云："以针浮水定子午，俗称水罗经……以针入盘中，贴纸方位其上，不拘何方，子午必向南北，谓之旱罗经。"

[10] 陈定荣、徐建昌：《江西临川宋墓》，《考古》1988 年第 4 期。

[11] 闻人军：《南宋堪舆旱罗盘的发明之发现》，《考古》1990 年第 12 期。

[12] 李豫亨：《推篷寤语》卷七，《续修四库全书》1128－398。

[13] 转引自文献 [1] [11]。

[14] 吴自牧：《梦梁录》（第四册）卷一二（第 17 页）"江海船舰"，文渊阁《钦定四库全书》抄本，武汉大学出版社电子版第 236 碟。

第十节 髹饰技术的发展

[1] 陈晶：《记江苏武进新出土的南宋珍贵漆器》，《文物》1979 年 3 期。

[2] 陈晶等：《江苏武进村前南宋墓清理纪要》，《考古》1986 年 3 期。

[3] 矢岛恭介：《湖州并浙江诸州の铭ある南宋时代の镜に就て》，《考古学杂誌》三四卷第十二号，昭和二十二年。

[4] 顾炎武：《金石文字记》（第三册）卷三（第 12～13 页）"唐·开业寺碑"，文渊阁《钦定四库全书》抄本，武汉大学出版社电子版第 245 碟。

[5] 陈晶：《常州北环新村宋墓出土的漆器》，《考古》1984 年 8 期。

[6] 罗宗真：《淮安宋墓出土的漆器》，《文物》1963 年 5 期。

[7] 蒋缵初：《谈杭州老和山宋墓出土的漆器》，《文物》1957 年 7 期。

[8] 湖北省文化局文物工作队：《武汉市十里铺北宋墓出土漆器等文物》，《文物》1966 年 5 期。

[9] 辽宁省博物馆等：《法库叶茂台辽墓记略》，《文物》1975 年 12 期。

[10] 浙江博物馆：《浙江瑞安慧光塔出土文物》，《文物》1973 年第 1 期。

[11] 杨伯达：《明朱檀墓出土漆器补记》，《文物》1980 年第 6 期。依文献 [10]，慧光塔经函和舍利函，都是描金堆漆的，皆未提到沥粉之事。文献 [11] 认为，舍利函合描金、堆漆、沥粉三艺于一器，今从杨伯达说。

[12] 包文灿：《江苏沙洲出土包银竹胎漆碗》，《文物》1981 年 8 期。文献 [8] 认为沙洲出土的包银碗为是竹胎，文献 [3] 更正为多层薄板胎，碗内衬银。

[13] 王世襄：《中国古代漆工艺》，《中国美术全集》"工艺美术篇 8·漆器"，文物出版社，1989 年。

[14]《髹饰录解说》，文物出版社，1983 年。黄成原文，以及杨明注皆见第 123 页。

[15] 明曹昭：《格古要论》卷下 "剔红"，文渊阁《钦定四库全书》抄本，武汉大学出版社电子版第 318 碟。

[16] 冯汉骥：《前蜀王建墓出土的平脱漆器及银铅胎漆器》，《文物》1961 年第 11 期。

[17] 梅原末治：《支那汉代纪年铭漆器图说》第 49 页、第 50 页，桑名文星堂，昭和十八年。

[18] 连劭名：《三国吴朱然墓出土漆器题铭中的"蜀郡作牢"》，《文物研究》总第 2 期，1986 年 12 月。

[19] 宋程大昌：《演繁露续集》（第七册）卷五"桐油"（第 12 页），文渊阁《钦定四库全书》抄本，武汉大学出版社电子版第 316 碟。

[20] 《髹饰录解说》，文物出版社，1983 年。杨明注，见第 169 页。

[21] 沈福文：《漆器工艺技术资料简要》，《文物参考资料》1957 年第 7 期。

[22] 《重修政和经史证类备用本草》卷四"铁精"条引梁陶弘景云。

[23] 《本草纲目》卷八"铁浆·集解"引唐陈藏器《本草拾遗》。

[24] 明高濂：《遵生八笺》（第十三册）卷一四（第 73 页）"燕闲清赏笺上·论剔红倭漆雕刻镶嵌器皿"，文渊阁《钦定四库全书》抄本，武汉大学出版社电子版第 318 碟。

[25] 明张应文：《清秘藏》卷上"论雕刻"，文渊阁《钦定四库全书》抄本，武汉大学出版社电子版第 318 碟。

[26] 谢堃：《金玉琐碎》，《美术丛书》三集第八辑。

[27] 邓之诚：《骨董续记》卷三，《民国丛书》5－84，上海书局，1996 年。

[28] 镇江市博物馆等：《金坛南宋周瑀墓》，《考古学报》1977 年第 1 期。

[29] 和惠：《宋代团扇和雕漆扇柄》，《文物》1977 年第 7 期。

[30] 陈增弼：《介绍大同金代剔犀奁兼谈宋金剔犀工艺》，《文物》1982 年第 12 期。

[31] 四川省文物管理委员会等：《南宋虞公著夫妇合葬墓》，《考古学报》1985 年第 3 期。

[32] 明曹昭：《格古要论》卷下"古漆器论"，文渊阁《钦定四库全书》，台湾商务印书馆版 871－108。

[33] 吴自牧：《梦梁录》卷一三"铺席"，《丛书集成初编》3220－114。耐得翁：《都城纪胜》"铺席"，文渊阁《钦定四库全书》抄本，武汉大学出版社电子版第 236 碟。

[34] 此图藏台北故宫博物院，《故宫文物》月刊总 31 期第 76 页载有坐墩部分特写。

[35] 周密：《癸辛杂识》"别集卷下（第 37 页）·钿屏十事"，文渊阁《钦定四库全书》抄本，武汉大学出版社电子版第 336 碟。"钿屏十事"原载："王梣，字茂悦，号会溪，初知郴州，就除福建市舶。其归也，为螺钿卓（桌）面屏风十副，图贾相盛事十项，各系之以赞以献之贾。大喜，每燕客必设于堂焉。""十事"的标题为：度宗即位、南郊庆成、鄂渚守城、月峡断桥、鹿矶奏捷、草坪决战、安南献象、建献嘉禾、川献嘉禾、淮擒字花。

[36] 清顾广圻：《思适斋集》卷五"漆沙砚记"。原版为道光己酉（1849 年）十月上海徐氏校刊。《续修四库全书》1491－50。

[37] 清顾广圻：《思适斋集》卷一七"砚铭九首·漆沙砚铭"。《续修四库全书》1491－143。

第十一节　玻璃技术

[1] 秦明智等：《灵台舍利石棺》，《文物》1983 年 2 期。

[2] 河北定县博物馆：《河北定县发现两座宋代塔基》，《文物》1972 年 8 期。此"玻璃"，原报道皆写作"琉璃"。

[3] 金戈：《密县北宋塔基中的三彩琉璃塔和其它文物》，《文物》1972 年 10 期。

[4] 浙江省博物馆：《浙江瑞安北宋慧光塔出土文物》，《文物》1973 年第 1 期。

[5] 天津历史博物馆考古队：《天津蓟县独乐寺塔》，《考古学报》1989 年第 1 期。

[6] 安家瑶：《试论中国近年出土的伊斯兰早期玻璃器》《考古》1990 年 12 期。

[7] 朝阳地区博物馆：《辽宁朝阳姑营子辽耿氏墓发掘报告》，《考古学集刊》（3），

1983 年。

　　[8] 内蒙古自治区文物考古研究所:《辽陈国公主墓》第 56 页，文物出版社，1993 年。

　　[9]《无产阶级文化大革命期间文物展览简介·无为宋塔下出土的文物》,《文物》1972 年第 1 期。

　　[10] 周密:《武林旧事》(第一册) 卷二，文渊阁《钦定四库全书》抄本，武汉大学出版社电子版第 236 碟。

　　[11] 矩斋:《古尺考》,《文物参考资料》1957 年第 3 期。

　　[12] 宋蔡绦:《铁围山丛谈》(第二册) 卷六第 5 页，文渊阁《钦定四库全书》抄本，武汉大学出版社电子版第 335 碟。

　　[13]《镇江发现宋代炼制琉璃遗迹，出土我国最早的琉璃象棋子》,《中国文物报》1996 年 1 月 7 日第一版。

　　[14] 安家瑶:《中国的早期(西汉—北宋)玻璃器皿》，载《中国古玻璃研究(1984 年北京国际玻璃学术讨论会论文集)》，中国建筑工业出版社，1986 年。

　　[15] 史美光等:《一批中国古代玻璃的研究》,《中国古玻璃研究(1984 年北京国际玻璃学术讨论会论文集)》，中国建筑工业出版社，1986 年。

　　[16] 安家瑶:《试探中国近年出土的伊斯兰早期玻璃器》,《考古》1990 年第 12 期。

　　[17] 宋程大昌:《演繁露》(第一册) 卷三 "流離"，文渊阁《钦定四库全书》抄本，武汉大学出版社电子版第 316 碟。

　　[18] 宋赵汝适:《诸蕃志》卷下 "志物·琉璃"，文渊阁《钦定四库全书》抄本，武汉大学出版社电子版第 236 碟。

　　[19] 宋杜绾:《云林石谱》卷中 "西京洛河"，文渊阁《钦定四库全书》抄本，武汉大学出版社电子版第 315 碟，卷中第 6 页。

　　[20] 宋李诫:《营造法式》(第四册) 卷一五 "窑作制度·瑠璃瓦等"(第 11 页)，文渊阁《钦定四库全书》抄本，武汉大学出版社电子版第 244 碟。

　　[21] 张福康:《中国古琉璃的研究》,《硅酸盐学报》1983 年第 1 期。

　　[22] 建筑材料研究院等:《中国早期玻璃器检验报告》,《考古学报》1984 年第 4 期。

　　[23]《铅汞甲庚至宝集成》卷四,《道藏》第 595 册，涵芬楼影印本。

　　[24] 祝亚平:《道家文化与科学》第 284~290 页，中国科学技术大学出版社，1995 年。

　　[25] 陈国符:《道藏源流续考》第 334 页、第 380 页，明文书局，1983 年。

　　[26] 宋徐竞:《宣和奉使高丽图经》第 4 册，文渊阁《钦定四库全书》抄本，武汉大学出版社电子版第 236 碟。

第 七 章

元代手工业技术的艰难发展

1206 年，成吉思汗统一蒙古族各部，立国漠北，号大蒙古国；1271 年（至元八年），取《易经》"大哉乾元"之义，又建国号为大元；1272 年（至元九年），迁都燕京，称之"大都"；1368 年（至正二十八年），元顺帝出亡。元朝前后经历了 97 年。

蒙古贵族出现在世界历史舞台上时，是一个刚脱离了原始氏族社会，并开始步入奴隶社会的新兴奴隶主阶级，具有极强的掠夺性和嗜杀性。元朝在统一全国的过程中，曾在全国范围内极其残暴地进行了大规模的屠杀、掠夺和焚烧，使全国广大地区，尤其是北方各省被破坏得荡然无存。虽忽必烈即位后，采取故老诸儒之言，考求前代之典，立朝廷而建官府，但从总体上看，从政治、经济、文化，到手工业生产，元代都是一种历史的大倒退。包括手工业在内，元代的诸管理制度并不是宋代的延续和改善，而是为了适应奴隶主贵族征战和奢侈生活的需要而制订出来的，尤其前期。所以元代手工业一直处在十分恶劣、艰难的环境中。

但为了自身的生存和发展，任何一个社会都要维系其最为基本的生产，所以此期手工业技术仍有一定发展；技术与社会间的关系，有时也是十分复杂的；元代的制瓷技术、机械技术等都取得了一定的成就。

第一节 煤炭使用和石油开采技术的发展

元代采矿业不甚发达，有关考古资料和实物资料皆为数不多，其中较值得注意的是瓷土开采技术、采煤和用煤技术，以及石油开凿技术。瓷土技术待第三节再谈。

采煤技术。其在元代受到过一定的重视。主要表现是在徽政院、储政院属下的内宰司设有西山煤窑局，专门管理西山煤窑事务[1]。我国古代的煤业管理机构始见于宋，元代也有同样的建制。

元代煤炭的使用范围已经较宽。我国古代煤炭主要有五大用途：（1）作生活用燃料。（2）作陶瓷、坩埚冶铁等手工业用燃料。（3）用于炼焦。（4）掺入耐火土中作碳质耐火材料。荥阳楚村元代冶铸遗址的坩埚胎料中发现有煤粉，显然是使用了煤粉作为坩埚的炭质耐火材料[2]。（5）其他特殊用途，如作煤雕、制墨、作火药、入药、殓尸等。从汉到元，断断续续都可看到。

荥阳楚村许多元代坩埚的内外壁都有熔融痕迹，并粘有炉渣及煤块，遗址中也发现了煤块，不少炼渣上粘有煤块[2]。这说明其在坩埚内外都曾用煤作燃料。王可曾分析过元大都出土的 16 件铸制铁器，金相显微镜下，其中 15 件存在较多的 FeS 夹杂，其车轴、铁钟、铁炉 3 器含硫量分别为 1.06%、0.66%、0.71%。人们又对 53 件（其中锻件 36 件，铸件 17 件）元大都铁器进行了硫印试验，发现其中 36 件为阳性，占硫印试样总数的 68%；而在 36 件锻件中，呈阳性的为 19 件，占硫印锻件试样总数的 53%；含硫较高者皆为铸件[3]。这很可能与铸造及冶炼用煤有关。北京地区的坩埚冶铁始见于汉。

　　西方使用煤炭的时间也是不晚的，英国锻冶业可追溯至罗马时代，但数量较少，且不太普遍、不太连续。我国自汉代以后，日常生活和手工业用煤便逐渐推广开来，至迟汉代，就用到了坩埚冶铸中。宋、元之后，用煤更为普遍。这使意大利旅行家马可·波罗十分惊奇，他说：“契丹全境之中，有一种黑石，采自山中，如同脉络，燃烧与薪无异，其火候且较薪为优。盖若夜间燃火，次晨不息，其质优良，致使全境不燃他物，所产木材固多，然不燃烧，盖石之火力足而价亦贱于木也”。[4]这段话看来多少有一些夸张，但也反映了当时我国用煤数量之大和地域之广。同时也说明，当时欧洲用煤量依然是很少、很不普遍的。马可·波罗在中国的时间大约是元世祖至元八年到元成宗元贞三年（1271~1297 年）。

　　石油开采技术。元代石油开采获得过一项较为重要的成就，前面提到，大约到宋代为止，石油都是自然流出，露天采取的，元代便发生了变化。孛兰肹等《元一统志》卷四“延安路·土产”：“石油在延长县南，迎河有凿开石油一井，其油可燃，兼治六畜疥癣，岁纳壹百壹拾斤。”“石油，在宜君县二十姚曲村石井中，汲水澄而取之，气虽臭，而味可疗驼、马、羊、牛疥癣。”此书约成于 1286~1303 年。由之可见，延长县油井是“凿开”出来的，这是我国古代关于人工开凿油井的最早记载。

第二节　冶金技术发展的艰难历程

　　元代冶金技术的发展是十分艰难的，技术上并无创造性的重大成就，其中比较值得注意的事项是：在冶铸方面，筑炉技术有了明确记载，水力鼓风技术进一步推广开来，自六朝以来被冷落了多时的金属模具又被人们重视起来；金属加工方面，开始了由国家组织镔铁生产；铸铁可锻化处理技术在元大都依然可以看到。

一、熔炉构筑技术的发展

　　我国古代早就构筑了一批规模较大的冶铸炉，但有关炉子构筑及其工艺操作的记载却是到了元代才看到的。这也是元代冶铸技术中一项值得注意的事件。

　　至顺元年（1330 年）陈椿所绘《熬波图》第三十七载有一幅铸造牢盘（煮盐大铁锅）的工艺图像（图 7-2-1），并附有文字说明，其文云：“熔铸样（盘），各随所铸大小，用工铸造，以旧破锅镀铁为上。先筑炉，用瓶砂、白礓、炭屑、小麦穗和泥，实筑为炉。其铁样沉重，难秤斤两，只以秤铁入炉为则。每铁一斤，用炭一斤，总计其数。鼓煽熔成汁，候铁熔尽为度。用柳木棒钻炉脐为一小窍，炼熟泥为溜，放汁入样模内，逐一块依所欲模样泻铸。如要汁止，用小麦穗和泥一块于杖头上，抹塞之即止。样一面亦用生铁一二万斤，合用铸冶，工食所费不多"[1]。此示图和文字简明地反映了元代化铁炉的炉型、筑炉材料、熔铸操作等工艺要素：（1）此化铁炉大体呈腰鼓型，具有一定的炉身角和炉腹角。上口较小，可增加炉料与炽热气体接触的机会，提高热利用率，加速铁料的熔化和某些物理化学过程；炉腹下收，有利于热量集中，以提高炉缸温度。基本形态与考古发掘中所见唐、宋熔炉炼炉大体一致。（2）所用耐火材料是掺和了瓶砂、白礓、炭屑、小麦穗的泥土。瓶砂，即陶瓷器的碎粉，相当于一种"熟料"，可提高筑炉材料的耐火度和强度。白礓，即白色耐火泥，具有较高的耐火度和热稳

图7-2-1　《熬波图》所载元代化铁炉及其风扇
采自文渊阁《钦定四库全书》本

定性。《本草纲目》卷七"白垩·释名"条云："土以黄为正色，则白者为垩色，故名垩。后人讳之，呼为白善。"同卷"白垩·集解"条云："白土处处有之，用烧白瓷器坯者。"前面还谈到，古人还曾用白善浣衣。炭屑，这是一种很好的耐火材料，因炭在还原性气氛下具有较高的耐火度和抵抗炉渣侵蚀的能力；小麦穗炭化后亦可起到与炭屑同样的作用。（3）其铁炭比为1:1。（4）操作要注意以熟泥堵塞出铁口，在炉前设池铸造，炉口上设一挡风墙。可知这耐火材料技术、炉型设计、熔炼操作都已达到较高水平。与流传至今的传统铸造工艺亦有许多相似之处，这对我们了解元及其稍前的化铁炉、冶铁炉炉型，以及铸造和冶炼技术都具有十分重要的意义。《熬波图》计有47幅图画，反映了海盐生产的全过程。"铸造铁样（盘）图"系其中之一。

　　此期耐火材料技术的发展，不但可从化铁炉，而且可从坩埚炉上看到。1981年，郑州市荥阳县楚村元代铸造作坊遗址出土过一批坩埚，直筒状，直口直腹，口沿部较薄，底部微收，圆底较厚；高约16.5～19.0厘米，口径8.5～10厘米，腹径略大于口，底径7.5～9.0厘米，壁厚1.0厘米，底厚1.0～2.5厘米，与坩埚伴出的还有铜模、残炉壁、炼渣、陶窑等[2]。吴坤仪分析过其中的4件坩埚，物相基本一致，主要组分是粘土和少量煤粉，其粘土团中杂有石英屑，煤粉中含有少量石墨。一件未曾使用过的坩埚中尚见有少量莫来石（$3Al_2O_3 \cdot 2SiO_2$）晶体。看来，此物相与《熬波图》所云大体一致。因为：（1）莫来石系粘土、高岭土在高温下煅烧而形成，它出现于未经使用过的坩埚组织中，说明此坩埚使用了类于

废旧坩埚、砖瓦碎片等熟料，其作用与《熬波图》所云"瓶砂"是一样的。（2）两者都使用了炭质材料，荥阳坩埚中见有少量石墨，更有利于提高其强度和耐火度。其中一件坩埚的化学成分为：SiO_2 56.15%、Al_2O_3 30.32%、CaO 0.8%、MgO 0.58%、TFe 3.66%、MFe 1.24%、C 5.36%、S 0.055%，耐火度达1580℃～1610℃。样品粉碎中吸出了2.96%的金属铁。可见：这是一种高铝质粘土，具有较高的高温强度和抗侵蚀的能力，这种筑炉材料此前是很少看到的[2]。

二、水力鼓风技术的发展

我国古代水力鼓风约发明于东汉早期，但有关其结构形态却是到了元代才被王祯《农书》记述和图示出来的。

元王祯《农书》卷一九载有两种不同形式的水排：一为卧轮式，其主动轮的轮辐平面呈水平卧状。二为立轮式，其主动轮的轮辐平面是竖立的。卧轮式是这样的："其制当选湍流之侧，架木立轴，作二卧轮，用水激转下轮，则上轮所周弦索，通缴轮前旋鼓，掉枝一例随转。其掉枝所贯行桄，因而推挽卧轴左右攀耳，以及排前直木，则排随来去。搧冶甚速。"（图7-2-2）此"弦索"相当于传动带，"旋鼓"即可以转动的鼓状物；"掉"即摆动，"掉枝"即可以摆动的枝杆；"行桄"即连杆。可知这卧式水排的结构和传动方式大体上是这样：先在河流湍急处设一木架，木架上竖一转轴，转轴上下各安一个水平放置的卧轮，下卧轮的辐向装有挡水叶板，水击叶板，下轮转动，上轮亦随之旋转，再通过绳索的传动，带动旋鼓转动。旋鼓原是置于上卧轮前方的，它又带动掉枝、行桄、攀耳、排前直木一起运动；由于排前直木一推一拉，使风扇一启一闭，便不断将风鼓入炉内。

图7-2-2 王祯《农书》所载卧式水排图

立轮式水排是这样的："先于排前直出木簨，约长三尺，簨头竖置偃木，形如初月，上用秋千索悬之。复于排前植一劲竹，上带桦索，以控排扇。然后却假水轮卧轴所列拐木，自然打动排前偃木，排即随人。其拐木既落，桦竹引排复回，如此间打一轴可供数排，宛若水碓之制。"此"簨"指横木。古代卦钟的架子叫"簨虡"，横杆叫"簨"，直柱叫"虡"。此"拐木"即卧轴周边上的凸块。所以立轮式水排的构筑方式是：先在排前装一条长约3尺，名叫木簨的横杆。木簨的一端与扇板相连，另一端安上一块半圆形偃木，并用秋千索吊起，再在木扇前立一劲竹，以提扇板。水轮带动卧轴转动，卧轴周边所装名叫拐木的凸块间断地碰撞偃木，拐木与偃木碰上时，扇板就关闭；脱离接触后，因劲竹之力，扇板提起。这样一启一闭，便达到鼓风的目的。一条打轴可供数排之用[3]。类似的水力鼓风冶铁装置到20世纪70年代，还在我国浙江永嘉等地流传。

三、铜质模具造型技术

此所谓"模具"，即是用来制作铸范的器具，习谓之母范。我国古代泥型铸造的造型方法主要有模具夯填法、手工直接雕塑法，以及二者兼用的混合法等种。泥型铸造一般皆用模具，自然也可不用模具，但翻砂铸造则是必须使用模具的。模具可用木头、陶瓷，以及金属材料等专门制作，亦可使用相应的实物代替。实物模具多用于钱币铸造。专门制作的金属模具也出现较早，前云汉代的许多铜质范盒便是一种模具，但用量一直不大；六朝之后，在中原文化区便很少看到，及元时，又在北方部分地区流行开来，并且较多地用到了农具上。

1981年，荥阳楚村在出土元代坩埚的同时，还出土了17件铜质模具，其中有犁镜模一套2件、犁铧模1件、犁铧芯盒一套2件、耧铧模2件、芯盒2套4件、犁底（？）模1件、耙齿模2件、莲花饰模2件、桥形器模1件。模具上多见有较为明显的合范缝和浇口痕迹；模型表面有轻度印痕，致使器壁厚薄不均；但犁铧、耧铧模则随表面凹凸而构成了复杂的型腔。模具及其范芯盒设计上有不少独到之处，如犁镜模设计有边框，可在边框内成型。铜质犁铧模的芯座一侧有一长方形凸起，恰好与芯盒模型一侧凹块相吻合，使型与型芯上下左右对正。铜耙齿模和桥形器模均采用两件并连，共用一个浇口的方法。从现代技术观点看，人们对模具的要求是：表面光洁、花纹清晰，分型面设计较好，便于起模。荥阳铜模与此是大体相符的。金属模的优点是：强度较高、寿命较长，缺点是制作较为麻烦[2]。

类似的铜质模具在其他地方也有发现。1984年，北京延庆千家店元代铸造遗址发现4处炼炉灶坑、3件铜质模具（习又谓"范母"），其中两件铸有"至正"年款，分别为："至正十九年造"、"至正二十七年月五造"。在犁铧模正面后端两侧还书有"任造"两字[4]。1963年，包头市郊麻池出土铜质犁镜模盒，计上下二盒，初步断代为元，伴出物有铁渣，附近有坩埚片、煤渣、木炭灰等[5]。

从考古资料看，金属模可说是元代铸造技术的一个特点；也有人认为这是元代翻砂铸造获得较大发展的一个证据。

元廷对铸造业还是较为重视的。《元史》卷八五"百官一"载，工部下设有诸色人匠总管府，"掌百工之技艺"，其下设有"出蜡局提举司"，"掌出蜡铸造之工……延祐三年（1316年）隀提举司"。此"出蜡"即今人之谓"失蜡"，这是我国古代对这一熔模铸造法的较早称谓之一①。另外还设有"铸泻等铜局"、"掌铸泻之工，至元十年始置"。可见工部下设有两局专管铸造。此外，徽政院下还有铸印局等。

四、热处理技术

此期的热处理技术总体上是沿用了前世的操作，淬火、退火都被广泛采用，铸铁可锻化退火依然保存着。

淬火方面值得注意的事项有二：一是1964年出土的1件元大都铁刀曾经淬火，刃部取样，金属基体为马氏体，并见有细长的硅酸盐夹杂；1件铁矛曾经夹钢，并淬火。尖部取样，试样中心为马氏体，试样两侧为铁素体[6]。二是人们对淬火剂进行了多种探索。元人伪撰《格物麤谈》卷下载："地渡油又如泥，色黄金，气腥烈，柔铁烧赤投之二三次，刚可切玉。"此"地渡油"即石油，以矿物油作淬火剂这是首次见于记载。此"柔铁"即古代意义的"熟铁"，即可锻铁；其淬火后"刚可切玉"，含碳量应当较高。此外，与宋《物类相感志》同样，《格物麤谈》也谈到过青铜淬火和用香油作淬火剂的问题，内容和行文基本一致。

尤其令人兴奋的是，人们在考察元大都铁器时，发现了2件可锻铸铁，都进行过脱碳退火：一件是小铁铲，刃部取样，金属基体为珠光体，部分碳化物呈网状，观察面上见有较多的FeS夹杂；另一件是铁勺，金属基体为珠光体和少量铁素体，观察面上亦见有FeS夹杂[6]。这是迄今所知年代最晚的一批古代可锻铸铁。

五、关于镔铁的产地和工艺

元代金属加工技术虽无创造性成就，但也有一些特色，其中最值得注意的是镔铁。前面谈到，"镔铁"实际上是由国外传入我国的一种花纹钢，即大马士革钢[7]，北魏时期传入我国，之后的许多历史时期都有记载。元代曾由国家专设了管理镔铁的机构。镔铁的传入，是中外技术交流的一个例证。因其性能较好，千百年来一直受到世人的称赞。今把镔铁的部分资料再作一介绍。

（一）关于镔铁的原产地

如前所云，我国古代提到的镔铁原产地有波斯和罽宾两个地方，《魏书·西域列传》、《周书·异域列传》都说到过波斯产镔铁；之后，《隋书·漕国列传》、唐慧琳《一切经音义》卷三五、宋史乐《太平寰宇记》卷一八二等又都谈到过罽宾产镔铁；《隋书·波斯列传》、五代轩辕述《宝藏论》等则谈到了波斯出产镔铁。这基本上都反映了历史的真实。有学者认为，镔铁原产地只有罽宾一处[7]，其实并非如此[8]。

早期镔铁大约主要以礼品形式传入我国，之后商品量逐渐增加；及宋，镔铁便成了海上贸易的重要交换品，这在《宋史》卷一八六曾有记载。我国自己生产和加工镔铁的记载始见于元、明时期。《元史》卷八五"百官志"载，工部的诸色人匠总管府下设有"镔铁局"，"掌镂铁之工，至元十二年置"。工部下还设有提举

---

① 依清朱象贤《印典》卷六"镌制·铸印法"所云，宋王基《梅菴杂志》亦提到过熔模铸造工艺，并称之为"拨蜡"法（这在第九章还要谈到），若《印典》引用的文字确凿的话，"拨蜡"法之名应是人们对熔模铸造工艺的较早称谓，可惜的是我们眼下尚未查到《梅菴杂志》一书，故不知"拨蜡"二字是宋人原文，还是清人会意写下的。

右八作司，"在都局院造作镔铁、铜、钢、鍮石、东南简铁"。

关于"镔铁"一词的含义，章鸿钊先认为它可能是波斯语 Spaina 之音译，这当有一定道理。但今查，清邹代钧《西征纪程》卷三引《元史》曾说波斯有一个名为"镔铁"的地方，宝祐六年（1258 年），蒙古人渡过红海，收富浪国，"师还至失罗子，至镔铁"。原注云：富浪国，"当为埃及国别部"。失罗子，"即今波斯国法尔斯部之什拉自城度分"。"'镔铁'即今波斯国吉德国斯部之宾铁城，在赤道北二十六度十二分，京师偏西五十六度四十二分。"依此看来，镔铁城当在今伊朗境内。所以，不能排除此"镔铁城"与作为花纹钢的镔铁间存在某种关系的可能性，即是说，"镔铁"很可能也是一个地名[8]。

（二）关于镔铁的工艺

今学术界皆认为，镔铁即是大马士革钢。依此，元代和其他朝代的镔铁生产工艺，也即大马士革钢工艺。

由国外学者的大量研究看，古代的大马士革钢主要有两大工艺类型：（1）"铸造"型，它是以印度乌茨钢为原料的。所谓"铸造"，不过是一种借喻；因在古人看来，成型方式只有两种，非锻即铸，故此"铸造"之名只表明这种大马士革钢花纹并不是锻焊得到的。乌茨钢冶炼又包括直接法和间接法（块炼渗碳法）两种，皆属坩埚冶炼。其冶炼产品本身便是一种含碳量较高、组织和成分极不均匀的固体块。这种冶炼产品还需要在氧化性气氛下进行脱碳退火，要脱碳处理到可以锻打为止。这种脱碳退火后的产品依然是一种组织和成分极不均匀的固体块。人们便以这种固体块作为大马士革钢的原料。（2）"锻焊"型，它以任意两种含碳量差距较大，具有一定可锻性的铁碳合金为原料，通过多层积叠、反复折叠，以及旋拧等方式锻合、焊合而成。此锻焊在一起的钢料，便是大马士革钢料。任何地方的可锻铁皆可制作此种大马士革钢的。早期大马士革钢原包括"铸造"型和"焊接"型两种工艺的，早在罗马帝国时代，大马士革城就成了这种带花纹的优质兵器生产的中心。后来随着锻焊大马士革钢的发展，"大马士革钢"一词便主要指锻焊花纹钢了。

我国古代对锻焊大马士革钢的工艺，唐慧琳《一切经音义》卷三五便有明确记载。有学者认为慧琳谈到的"诸铁和合"法生产不出花纹钢来，说其必有合拼的痕迹[7]。这与现代技术原理，与我们的模拟试验[9]都是不相符的。

由上述情况推测，我国古代的镔铁工艺亦可能有两种操作：（1）使用国产钢铁料制作出锻焊型大马士革钢，及其刀剑等器。（2）以印度生产的乌茨钢为原料，加工成刀剑等器。有学者认为锻焊法制作不出花纹钢来，只承认"铸造型"之存在[7]，故其结论便是镔铁原产地只有罽宾一处。如若看到了锻焊大马士革钢在技术上的可能性，镔铁原产地便不止一处了。图版拾肆，2、3 为大马士革钢花纹形态。

第三节　元代制瓷技术的发展

在相当长一个时期内，元代瓷器是不为后世研究者重视的，说它并无创造性成就，20 世纪 50 年代后，因大量考古实物的先后发现，此认识逐渐被打破。

在元代窑口中，首先值得一提的是钧窑，其始烧于唐，但却是到了元代才形成一个窑系的。今河南、河北、山西的不少地方，元时皆烧造过钧瓷，窑址数量远远超过了宋代。北方各省、自治区都发现过元钧瓷器，在元大都出土的各窑瓷片中，钧瓷位居第二[1]。元钧瓷釉色常为天蓝与月白交融，以月白为主；宋钧瓷的海棠红、玫瑰紫，元时已甚为鲜见。元钧瓷虽较宋钧瓷粗糙，但亦不乏精美之品。1972 年北京后桃园元代遗址出土一对钧窑双耳瓶，高 63 厘米，花口，莲座，造型别致，釉色艳丽[2]。保定市出土一件元钧瓷大盆，月白釉，口径达 45 厘米。

元代磁州窑器除河北外，河南、山西亦有烧造，主要生产白釉黑花器，有的施加棕色彩釉，也有黑花再罩孔雀绿。

耀州窑青瓷在元代虽已衰落，但其白地黑花瓷却异军突起，并迅速发展，及元末始衰。往昔认为耀州窑衰于金末元初，看来此判断有些与事实不符[1][3]。

龙泉青瓷虽在南宋已达鼎盛阶段，但元代仍有一定发展，其窑址群亦数倍宋代。南宋那种质如美玉的作品，元时在大窑、上严口、安仁口等地都有生产，器物品种也超过了南宋[4]。元代龙泉青瓷的一个重要特点是器型高大，胎体厚重。大窑和竹口等窑址都发现了许多大型瓷器，有的花瓶竟高达 1.0 米，瓷盘直径达 60 厘米；安仁口岭脚窑址所出大碗口径达 42 厘米。其器形规整，釉面光洁，色泽宜人。粉青釉、梅子青等高档品种虽然减少，但生活用品的产量增大了。

景德镇瓷业在元代取得了突破性进展。《元史》卷八八"百官志四·将作院"载："浮梁磁局秩正九品，至元十五年立，掌烧造磁器，并漆造马尾、棕藤、笠帽等。"景德镇官窑亦始于元，其各项管理制度更为规范；其民窑在元代也有不少发展。景德镇元代制瓷工艺的主要技术成就是：胎中含铝量稍有提高；釉下青花技术有了较大发展；烧出了釉里红和卵白釉；高温色釉技术逐渐成熟起来，烧出了蓝釉，发展了铜红釉，使昔日釉色主要仿玉类银的局面开始发生了变化，为明、清两代景德镇瓷业的发展打下了良好的基础。

元代对外贸易的数量和规模较宋代都有了扩展，从文献记载看，出口地点主要是亚洲一些地区，但考古资料则延及到了非洲东部。元汪大渊《岛夷志略》载，当时我国外贸瓷器的地区达 50 多个，分属今菲律宾、印度尼西亚、马来西亚、泰国、缅甸、孟加拉国、印度、巴基斯坦、伊朗、沙特阿拉伯等国[5]。出口瓷器品种主要有青瓷、白瓷、青白瓷、花瓷[6]。该书成于元惠宗至元六年（1340 年），是汪大渊前后两次，计约八年出洋所见。1976 年，韩国在新安海底经 8 次打捞，共得中国元代沉船瓷器 18 000 余件，品种有青瓷、白瓷、青白瓷、黑瓷、枢府瓷、乳白釉瓷、白釉彩瓷、白釉黑彩瓷等；所属窑口有龙泉窑、景德镇窑、建窑、吉州窑、赣州窑、磁州窑、定窑、南宋官式窑、钧釉系窑，以及一些不明窑口的瓷器。该船沉于 1323 年，部分器物具有南宋特征。今出土和收藏有元代青花瓷的地方遍及东亚、东南亚的日本、菲律宾、新加坡、印度尼西亚、马来西亚，而且还有西亚的伊朗、伊拉克、叙利亚、土耳其和北非的埃及、东非沿海的肯尼亚等地[7]。这在较大程度上反映了元代瓷器外销业的发展。

元代制瓷技术的主要成就：一是景德镇的胎、釉技术都有了发展；二是龙窑技术和葫芦窑技术都有了提高；三是许多窑场，如钧窑、磁州窑、龙泉窑、景德镇窑、德化窑等的生产规模普遍扩大；大型器物增多，烧造技术亦更加成熟；其产品不但满足了国内市场的需要，而且大量外销。此期的瓷器生产，基本上是景德镇与多个窑系并列的局面。

一、胎料选择技术的进步

元代胎料选择技术上的主要进步是：江西景德镇和杭州老虎洞瓷胎的含铝量都明显提高，后者提高得更为明显。

有学者分析过 9 件景德镇元代瓷胎的化学成分[4][8][9]，其中有青花瓷 6 件，釉里红、影青瓷、枢府瓷各 1 件，其 SiO_2 含量处于 71.59% ~ 75.21% 间，平均 73.16%；Al_2O_3 含量为 18.75% ~ 21.28% 间，平均 20.46%；Fe_2O_3 为 0.16% ~ 1.27%，平均 0.83%；其他组分的平均值为：TiO_2 0.24%、CaO 0.37%、MgO 0.19%、K_2O 2.83%、Na_2O 1.88%、MnO 0.05%。与宋代相比较，景德镇元代瓷器的 SiO_2 含量稍有降低，Al_2O_3 稍有升高，Fe_2O_3 则变化不大。前云有学者分析过 9 件景德镇宋代瓷胎成分，Al_2O_3 平均值为 18.92%，只有 1 件含铝量稍高[10]。依此有学者认为：宋及宋前景德镇瓷胎成分与瓷石、瓷土比较接近，当是采用单一瓷石、瓷土制胎的；元代则可能采用了"瓷石 + 高岭土"的二元配方法。但也有人认为元代依然采用单一瓷石、瓷土，是通过采、选、洗来提高原料含铝量的。后一观点的理由主要有二：（1）元代景德镇瓷器的 Al_2O_3 含量依然不是太高，单一瓷石（瓷土）完全可以获得这种成分；（2）迄今所见两条元代文献都说景德镇是使用单一瓷土的。一是蒋祈《陶记》所云："进坑石泥，制之精巧。湖坑、岭背、界田之所产已为次矣。"① 进坑，景德镇东的进坑村。石泥，瓷石加工所成之泥，或风化程度较高的夹石瓷土。二是孔齐《至正直记》卷二"饶州御土"条所云："饶州御土，其色白如粉垩，每岁差官监造器皿以贡，谓之'御土窑'。烧罢即封，土不敢私也。或有贡余土作盘、盂、碗、碟、壶、注、盏之类，白而莹，色可爱。底色未着油药处，犹如白粉甚雅，薄难爱护，世亦难得佳者。"① 御土，制作御用瓷器之土；余土，江西余干所出之土。可见两段文献所述皆为单一瓷土。蒋祈、孔齐，皆元人。不管"二元"还是"单一"，胎中含铝量提高，都是景德镇制瓷技术上的重要进步。

杭州老虎洞窑址元代地层出土了不少瓷器，其下层便是南宋官窑旧址。有学者分析了 5 件老虎洞元代瓷器标本，平均成分为：SiO_2 66.202%、Al_2O_3 25.46%（波动范围 24.33% ~ 27.16%）、Fe_2O_3 2.73%、TiO_2 1.29%、CaO 0.15%、MgO 0.314%、K_2O 2.82%、Na_2O 0.41%、P_2O_5 0.24%、MnO 0.08%[11]。可见它们的含铝量较南宋官窑瓷器有明显提高。前云南宋郊坛下官窑瓷器 Al_2O_3 的平均含量仅 22.82%。又有人分析过 4 件元大都瓷器[12]，其平均值为：SiO_2 61.37%、Al_2O_3 27.24%（波动范围 24.17% ~ 28.95%）、Fe_2O_3 3.55%、TiO_2 1.03%、CaO 0.23%、MgO 0.49%、K_2O 3.54%、Na_2O 0.6%、P_2O_5 0.13%。从

---

① 孔齐《至正直记》、蒋祈《陶记》，今皆转引自熊寥《中国陶瓷古籍集成》，江西科学技术出版社，2000 年。

成分分布状态到平均成分，这两批标本都较为接近，故有学者认为，此 4 件北京标本很可能是杭州生产的[11]。在此，杭州和元大都瓷器的 Al_2O_3 含量都较高，其原料是单一瓷土，还是掺合了高岭土，有待进一步研究。

其他窑口的情况也各不相同。

龙泉窑。龙泉青瓷的 Al_2O_3 含量早在宋代便已达到了较高的水平，张福康等分析过 5 件南宋龙泉青釉白胎器，平均含 Al_2O_3 21.94%。及元，龙泉瓷胎的含铝量并未提高，此时匠师的注意力主要放到了降低铁、钛量上，故元代龙泉青瓷胎的白度大为提高。周仁[13]、郭演仪[14]分析过 5 件龙泉元代瓷碗、瓷盘的成分，其 SiO_2 为 70.36% ~73.36%，平均 71.62%；TiO_2 平均 0.09%；Al_2O_3 为 18.88% ~20.48%间，平均 19.94%；Fe_2O_3 介于 1.5% ~1.98%间，平均 1.66%；CaO 为 0.04% ~0.17%；MgO 为 0.1% ~0.74%；K_2O 为 4.91% ~5.5%；Na_2O 为 0.09% ~0.82%；MnO 为 0.05% ~0.11%。明陆容《菽园杂记》卷一四"青瓷"条引《龙泉县志》云：龙泉青瓷初出于一个叫刘田的地方，后来虽然它处亦有生产，"然泥油（胎泥，瓷釉）精细，模范端巧，俱不若刘田"。刘田之胎"泥则取于窑之近地"，"大率取泥贵细"。说明龙泉窑对胎泥的选择和加工都比较注意。此书虽成于明代，但对我们了解元代龙泉胎料、釉料还是很有帮助的。

有学者认为龙泉元代瓷胎原料依然是单一瓷石，它亦主要是通过选择高铝矿源和加强淘洗，来提高瓷胎含铝量的。郭演仪等分析过考古发掘得到的两份元代瓷石，加热时均未显示高岭石族的特征峰，但在电子显微镜下都可看到少量多水高岭石的管状颗粒。两份原料的主要矿物成分依次为石英（62.25%、57.37%）、绢云母（32.21%、37.08%）和少量多水高岭石（5.06%、5.01%）。同时，人们还考察了两份考古发掘的明代原料瓷石，其主要矿物成分是石英（69.95%、60.02%）、多水高岭石（18.77%、29.67%）以及部分绢云母（11.22%、10.21%）。可见明代制瓷原料的多水高岭石含量较元代的有大幅提高。通过多方考察，人们认为宋代与元、明时期的龙泉窑原料产地是不同的，故瓷石风化程度相差较大，内中绢云母和多水高岭石含量亦呈现较大差别。南宋淘洗程度较北宋稍高，元、明淘洗依然较好[14]。龙泉瓷胎的主要特点是含铁量较高，宋代常为 2% ~4%。如前所云，人们分析过的 5 件南宋青釉白胎瓷，平均 Fe_2O_3 含量为 2.13%；9 件南宋龙泉黑胎青瓷平均 Fe_2O_3 含量为 4.22%。元代有所降低，这是个进步，这可能与景德镇白瓷技术的影响有关[13]。故历史上的龙泉瓷有白胎和黑胎两种，白胎多泛灰、泛灰黄，黑胎多呈不同程度的灰黑色。

元代南方有的瓷胎含铝量依然较低，有学者分析过 4 件云南玉溪、建水窑元代青花瓷胎，其 SiO_2 为 76.30% ~80.76%，平均高达 78.72%；Al_2O_3 为 14.0% ~16.98%，平均只有 15.66%；Fe_2O_3 为 0.94% ~1.4%，平均 1.19%；TiO_2 为 1.07% ~1.35%[15]。可见此胎尚含有一定量的铁和钛，对胎色是有一定影响的。

钧窑。北方窑器的含铝量一直保持在较高水平上。经分析，元代钧瓷含铝量稍有提高，含铁量却稍有降低，但总体变化不大。其成分波动范围是：SiO_2 61.28% ~66.99%、Al_2O_3 24.8% ~30.59%、TiO_2 1.14% ~1.66%、Fe_2O_3 1.44% ~3.68%、

CaO 0.62%～2.73%、MgO 0.04%～0.7%、K₂O 1.45%～2.91%、Na₂O 0.25%～0.5%。宋代官窑钧瓷的成分为：SiO_2 63.99%～67.14%、Al_2O_3 25.3%～27.3%、TiO_2 1.1%～1.37%、Fe_2O_3 2.8%～3.35%、CaO 0.63%～0.94%、MgO 0.53%～0.7%、K_2O 2%～2.85%、Na_2O 0.22%～0.58%[1]。

元代陶瓷的成型大体上沿用了前世的工艺，在此有一点值得一提的是：陕西铜川发现过一件耀州窑"至元四年（1267 年）"铭碗内模[16]。这对我们了解碗类器物的成型方式是很有帮助的。

下面谈一下"瓷石"这个名称。瓷石的开采年代约可上推到汉或汉前，直到元代为止，一直是我国南方的主要制瓷原料，明代之后才发生了较大的变化。但"瓷石"这一名称始于何时？却很少见人提起，给人的印象似乎是 20 世纪七八十年代才流行开的。为了弄清这一问题，笔者查阅了大量文献，终于找到了几条有关"磁石"的记载，其含义与今俗之所谓大体上是一样的，今略举三例。

元蒋祈《陶记》说：景德镇附近有一个名叫"磁石堂"的地方，"厥土赤石仅可为匣模"。这是今知文献中较早提到"磁石"一名的地方。此"磁"即"瓷"的借用字，故"磁石"即是"瓷石"。因"磁石堂"这个地方就在景德镇附近，蒋祈说"厥土赤石仅可为匣模"，故我们推测此"磁石"的基本成分与今俗之瓷石接近。这也是文献中较早提到南方产"磁石"的一个地方。学术界对《陶记》一书的年代曾有不同看法，今采用熊寥的观点，定之为元[51]。

清蓝浦《景德镇陶录》卷七"古窑考·各郡县窑考·磁州窑"（1815 年成书）云："始磁州昔属河南彰德府，今属北直隶广平府。称磁器者，盖此又本磁石制泥为坯陶成，所以名也。"同篇"许州窑"云："明河南许州烧造，制磁石为之，亦瓷器也。"这两段文献资料都提到了"磁石"一名，文中皆称其为制瓷原料，故亦是借"磁"字作"瓷"字而已。假若记述无误的话，此两段文献提到的"磁石"一般都应当是高硅质的，因文献中皆称其为石，而在古代制瓷原料中，只有一种高硅质原料是呈石块状的，高铝质制瓷原料一般皆呈散泥状，鲜见石块状者。当然，也不排除误记的可能性，因磁州、许州皆属北方，北方制瓷原料一般应当是高铝质的，如若如此的话，"磁石"一名不过是借用而已。这是关于北方制瓷原料谈到"磁石"的两个地方。

总之，"瓷石"是我国古代一种重要制瓷原料，古人也曾使用过这一名称，了解这一点，对我们了解古人对制瓷原料的认识过程当有一定帮助。

二、石灰—碱釉的稳步发展和碱—石灰釉的使用

南方青瓷的石灰—碱釉形成于宋，它是为了提高釉层厚度，以适应瓷器仿玉之需而产生出来的；及元，此技术继续沿袭了下来，并在景德镇等地都得到了发展。有学者分析过景德镇（5 件）[4][8]、龙泉（5 件）[13][14]、元大都（3 件）[8]、杭州（1 件）[8] 出土的 14 件一般性元代釉片，多属石灰—碱釉。釉平均成分为：SiO_2 68.16%、Al_2O_3 14.64%、Fe_2O_3 1.22%、TiO_2 0.04%、CaO 9.22%、MgO 0.68%、K_2O 3.33%、Na_2O 2.19%、MnO 0.22%。其中 5 件景德镇试样皆为青花瓷釉，其平均成分为：SiO_2 69.58%、Al_2O_3 14.93%、Fe_2O_3 0.89%、TiO_2 0.04%、CaO 8.06%、MgO 0.31%、K_2O 3.4%、Na_2O 2.73%、MnO 0.22%。可知其 RO 量较低（8.37%），

R_2O 量较高（6.13%），着色剂 Fe_2O_3 和 TiO_2 量亦较低。5 件龙泉青釉的平均成分为：SiO_2 65.89%、Al_2O_3 14.5%、Fe_2O_3 1.54%、TiO_2 0.04%、CaO 11.12%、MgO 1.27%、K_2O 4.0%、Na_2O 0.53%、MnO 0.45%、FeO 0.12%。可见龙泉青釉的含铁量、含钙量稍高，但 K_2O 含量亦稍高，且较稳定。明陆容《菽园杂记》卷一四引《龙泉县志》在谈到龙泉青釉时说："油（釉）则取诸山中，蓄木叶烧炼成灰，并白石末澄取细者，合为油。大率取泥贵细，合油贵精。"此"油"即釉，"白石"即制釉的瓷石。此虽见于明代著作，估计元时亦与此相去不远。由传统工艺调查，并结合科学分析资料看，此第二句当遗漏了"石灰石"一物，大凡南宋之后，南方瓷釉一般都是先以草木与石灰石叠烧成釉灰，之后再与用作制釉的瓷石，即引文中的所谓"白石"配制而成的。石灰—碱釉的制作要点，是减少釉灰配入量，增加釉石（瓷石）配入量，因釉灰中所含 CaO 稍高。

在此期瓷釉中，大约以景德镇枢府瓷釉的 RO 量为低，而其 R_2O 量则稍高，有学者分析过 5 件这类枢府瓷的釉片[17]，成分为：SiO_2 71.98% ~ 73.41%，平均 72.72%；Al_2O_3 14.61% ~ 15.63%，平均 15.24%；Fe_2O_3 0.78% ~ 1.01%，平均 0.87%；CaO 4.03% ~ 6.06%，平均 5.16%；MgO 0.16% ~ 0.68%，平均 0.31%；K_2O 2.27% ~ 3.72%，平均 3.08%；Na_2O 2.27% ~ 3.72%，平均 3.08%；MnO 0.08% ~0.11%，平均 0.1%。可知这成分较为稳定，且 RO 量稍低，R_2O 量稍高；依前章所说之法计算，则此平均成分的釉式中 RO 分子数便为 0.54，依然属于石灰—碱釉，但与碱—石灰釉相当接近。尤其是 5 号标本，RO 量尤低，R_2O 尤高；其成分为：SiO_2 73.41%、Al_2O_3 15.63%、Fe_2O_3 0.95%、CaO 4.03%、MgO 0.24%、K_2O 3.22%、Na_2O 3.34%、MnO 0.1%[17]。经计算，其釉式中 RO 的分子数为 0.48，显然属于碱—石灰釉范围。但这种釉在元代使用还不是太多。

实际上，在不同年代、不同地区间，各类青釉的 CaO、K_2O 量是相差很大的，如前所云，浙江在北宋以前，河南在隋唐以前，青釉基本上是高钙质，其 CaO 量常处于 15% ~20% 之间，K_2O 常在 3% 以下。元时，北方钧瓷也使用了石灰—碱釉。有人统计过一些元钧瓷釉的成分范围，SiO_2 69.29% ~74.35%、Al_2O_3 9.4% ~ 10.45%、TiO_2 0.17% ~ 0.53%、Fe_2O_3 1.36% ~ 2.4%；CaO 6.77% ~ 12.09%；MgO 0.5% ~1.4%、K_2O 2.35% ~5.5%、Na_2O 0.51% ~2.3%。可见其 CaO 量不高，而 R_2O 量不低[1]。

元时，石灰釉在云南玉溪窑和建水窑等处仍在使用。有学者分析统计过此两个窑口的 4 件元青花瓷，成分为：SiO_2 60.54% ~ 66.96%、Al_2O_3 11.05% ~ 13.57%、Fe_2O_3 1.08% ~1.51%、TiO_2 0.86% ~1.41%、CaO 12.58% ~18.39%（平均 14.38%）、MgO 1.75% ~3.04%（平均 1.95%）、K_2O 1.73% ~2.4%（平均 2.18%）、Na_2O 0.04% ~0.23%（平均 0.17%）、MnO 0.18% ~0.33%。可见其 RO 较高，平均达 16.33%，R_2O 较低，平均为 2.33%，是比较典型的石灰釉[15]。

三、釉下青花和色釉白釉技术的主要成就

元代瓷器施釉和着色技术取得了多项成就，大部分是在景德镇获得的，主

要是：

（一）青花技术的勃兴

我国古代釉下青花技术首创于唐，但直到宋代，考古发掘的青花器依然是不多的；元时，此技术才进入了成熟的阶段。目前看到的元青花器不但数量多，种类繁，而且分布地域较广。20世纪90年代时有人作过统计，国内收藏的元代青花瓷器已达100多件，分布于江西、江苏、浙江、安徽、河北、北京、湖南、云南等省市，其中江西一域便有46件[18]，而且在江西景德镇和吉州[19]、浙江江山县[20]、云南禄丰[21]、玉溪[22]、建水[15]、四川会理[23]等地都发现了烧造青花瓷的作坊。目前所见元青花瓷的器形有云龙象耳瓶、云龙罐、梅花纹高足碗、观音像、菊花纹双耳带座香炉、梅花纹壶带座花瓶以及笔架、水滴、印盒一类的文房用具等，有的尚有铭文，有的较为高大。1985年，江苏句容县出土一对青花瓶，高40.8厘米，青花淡雅，笔画细致。1980年，淮安市在明代墓葬中发现一件元代至正型青花缠枝牡丹纹盖罐1件，通高43.5厘米，青花呈色鲜艳[18]。约20世纪90年代初，有人收集到元代青花花盆一件，长19.5厘米、宽12.5厘米，青花鲜艳俊雅，笔法洗练、洒脱，为国产钴料青花之珍品[24]。在元代青花器中，当以景德镇青花最为上乘，其瓷胎致密洁白，釉面光亮，烧成质量较好，胎釉间常形成较大的钙长石晶体[8]。

景德镇烧制青花的起始年代约可上推至宋末元初，大家较为熟悉的早期器物有：1978年杭州出土的至元十三年（1276年）郑氏墓的3件青花观音童子像等[18]。元时，官窑和民窑都烧过青花瓷器[25]，但因技术、资金、管理等方面的差异，在造型和胎釉质量上都存在一定差别。景德镇青白瓷早在宋代就成了重要的出口商品而销往国外，元代后期，其青花瓷亦跻身于外销行列，目前在东亚、东南亚、中近东、东非沿岸，及至欧洲都有发现及收藏[7]。

元代青花瓷应是在唐、宋基础上发展起来的，着色料都是一种钴土矿，但产地和具体组分却有许多不同。唐代青花采用含铜、低锰的钴土矿着色；北宋龙泉金沙塔青花采用浙江钴土原矿着色；元代青花料不但与唐、宋不同，而且自身也存在不少差别。有学者分析过12件元代青花瓷的"青花＋釉"成分[8][15][26]，出土于景德镇（4件）、云南玉溪、建水（4件）、元大都（3件）、杭州（1件）①②。云南4件的平均成分为：Fe_2O_3 1.41%、CaO 12.99%、MgO 1.78%、K_2O 2.04%、Na_2O 0.06%、MnO 2.14%、CoO 0.17%。景德镇、元大都、杭州8件的平均成分为：Fe_2O_3 3.09%、CaO 7.05%、MgO 0.31%、K_2O 2.7%、Na_2O 3.31%、MnO 0.11%、CoO 0.59%。可知：

（1）CaO 量，云南青花料的较高（10.06% ~ 16.18%），平均12.99%；其他三处较低（5.56% ~ 9.28%），平均7.05%。可见，云南元代青花器之釉实系石灰釉[15][27]。

---

① 因"青花"的厚度通常只有0.01毫米，很难把它与釉分离开来，故通常分析的都是"青花＋釉"，而不是纯"青花"的成分。

② 文献[8]、[15]、[26]都列出了12组元代"青花＋釉"的成分，但文献[15]把试样YU－2（玉溪青花碗）定为明代，文献[26]将之定为元代。本书依文献[15]，将YU－2定为明代；依文献[8]，将试样Y－10定为元代。

（2）K_2O 和 Na_2O 量，云南青花料的较低，K_2O 为 1.53% ~ 2.23%，平均 2.04%，Na_2O 为 0.03% ~ 0.075%，平均 0.06%；其他三处的稍高，K_2O 为 2.29% ~ 3.11%，平均 2.7%，Na_2O 为 2.62% ~ 3.85%，平均 3.31%。

（3）MnO/CoO、Fe_2O_3/CoO，云南元代青花料的为 10.2 ~ 12.97、0.97 ~ 2.49；云南钴土矿的为 4.92 ~ 7.35、1.15 ~ 1.33；可知此两组比值相差不是太大[15][26]。其他三处元代青花料中，此两组比值为 0.01 ~ 0.05、2.21 ~ 4.49；可见此青料含锰量较低，含铁量较高[8]。

（4）经检测，景德镇青花基本上不含铜和镍，但显示有微量的硫和砷，因硫、砷两物皆易挥发，此足以证明景德镇青花料应是含硫含砷，而不含镍和铜的[26]。

所以景德镇青花料应是一种低锰高铁，含砷含硫，不含铜和镍的钴矿[26]。

关于元代青花料的来源，国内外学者都进行过许多研究，众说纷纷。20 世纪 90 年代的最新研究认为：（1）云南元代青花料所用应是本地所产的一种钴土原矿[15]。（2）景德镇、元大都、杭州的元代青花料则可能有两个来源，一是我国甘肃、新疆一带所产，二是来自中亚或欧洲，但皆为一种钴毒砂[26]。但也有学者认为：景德镇和元大都的青花料皆主要来自伊朗卡善的卡姆萨尔村，甚至说唐代青花瓷所用钴料也是外域传进来的，并说其具体地点可能有四：（1）伊朗、阿富汗；（2）大食；（3）印度；（4）佛朗吉斯坦[28]。这些皆需进一步研究。

总之，从产地看，元代青花钴料计有国产和进口两种；从成分看，又有云南系和景德镇系两种，这与唐、宋青花是不同的。一般而言，国产钴料之青花通常发色清淡，纹样洒脱疏朗，釉多作卵白色，多为轻巧的小件，制作稍见粗糙，主要见于民窑，多为日用器，除国内使用外，也有部分销往国外；进口青料着色浓艳，多用透明的影青釉作为罩釉，饰纹规整繁茂，器形多较厚重高大，工艺讲究，即世所谓"至正型"青花，其多销往国外，国内存世者不是太多[18]。

青花瓷器的优点是：（1）青花料着色力强，发色鲜艳，对窑内气氛的变化不是十分敏感，烧成温度较宽，呈色较为稳定。（2）青花器物为白地蓝花，明净素雅，具有中国传统水墨画的效果，深受国内外人士喜爱。（3）青花为釉下彩，纹饰永不褪色。（4）青花料为含钴的天然矿物，资源丰富，我国的云南、浙江、江西，以及甘肃、新疆一带都有出产，亦可由国外进口。青花技术的兴起，是我国古代制瓷技术史上具有划时代意义的重要事件。元代以前，瓷器图纹装饰是以刻花、印花为主的；元代之后，由于绘画青花的迅速发展，这几项技法很快便退居到了次要地位，青花器便成景德镇瓷器的主流，并因此迎来了景德镇瓷业在明、清时代的繁荣[20]。

（二）釉里红的出现

釉里红亦是一种釉下彩，做法是先以铜红料在素胎上绘画，之后罩以透明釉，在高温还原性气氛下烧成，使釉下呈现红色的图案。它是在唐代釉下青花、釉上红彩和宋钧红的基础上发展演变过来的。前云唐长沙窑瓦渣坪便看到过釉上红彩、釉上绿彩的工艺[29]。它的出现是元代窑工的又一重要贡献。

釉里红与釉下青花的主要区别是：一个以铜着色，呈红色；一个以钴着色，显蓝色。因 CuO 易受气氛波动的影响，釉里红对气氛要求较严，唯还原性气氛呈色较好，故烧成难度较大；釉下青花则不易受到气氛干扰，易于获得较好的产品；故所见釉里红器的数量远不能与青花器相比。国外在亚洲的菲律宾、非洲的肯尼亚、索马里、坦桑尼亚等地都有青花瓷器或釉里红器出土[7][20]，其中较为著名的是一个名叫给地的地方出土的釉里红玉壶春瓶，该器口部残缺，釉色青白，形制与内蒙额济纳旗所出釉里红玉壶春瓶极为相似[30]。国内大家较为熟悉的有：北京丰台所出的釉里红玉壶春瓶[31]；保定窖藏所出的一对青花釉里红开光镂花大罐[32]；1974 年江西景德镇至元四年（1338 年）凌氏墓出土的 4 件釉里红器，其釉色均呈影青，用青花和釉里红作彩饰，用青料书写文字[33]；1980 年江西高安市元代窖藏出土一批青花、釉里红器（计 24 件），较为重要的有釉里红开光花鸟纹罐、釉里红雁衔芦纹匜等，其中釉里红开光花鸟纹罐尤为精致，器高 24.8 厘米，口径 13.3 厘米，底径 15.4 厘米[34]。因铜在高温下也是较易挥发之物，故元代釉里红器并无淡彩，而只有一个较浓的色阶，饰纹亦较晕散。

元代还发明了青花与釉里红同施于一器的工艺，实例如上述保定青花釉里红开光镂花大罐等。因青料与铜红料对温度、气氛要求差别较大，故其操作难度是较大的。青花釉里红的成功之作大约出现于清雍正时期。

（三）卵白釉的技术成就

"卵白釉"是今人对元代印花白釉瓷器的专称，胎体厚重，釉呈失透状，色白而微青，恰似鹅卵色。它是元枢密院在景德镇定烧的瓷器，器内印有"枢府"字样，世人又谓之"枢府器"。其印花题材多较简单，习见有双龙纹、缠枝花卉纹等。明《新增格古要论·古饶器》云："元朝烧小足印花者，内有枢府字者高。"考古发掘的元景德镇瓷器中，除青花、釉里红外，卵白釉器是最佳的。1980 年，江西高安元代窖藏出土青白釉瓷、卵白釉瓷 45 件。[34]~[37] 1982 年安徽歙县先后发掘了两个元代窖藏，一个出土卵白釉印花瓷器 109 件，内壁印有缠枝牡丹纹，花间对称处皆印"枢府"二字；另一个也出土卵白釉印花瓷器多件，但未带铭文，当亦属"枢府型"[38]。

郭演仪分析过 4 件景德镇元代卵白釉，成分为：SiO_2 70.09%～73.41%，平均 72%；Al_2O_3 13.68%～15.63%，平均 14.95%；Fe_2O_3 0.78%～0.95%，平均 0.86%；TiO_2 0.1%～0.22%，平均 0.15%；CaO 4.03%～6.4%，平均 5.2%；MgO 0.18%～0.24%；K_2O 2.99%～3.22%；Na_2O 3.13%～3.6%。可见此卵白釉亦为石灰—碱釉，其 RO 量较低，R_2O 量较高，而着色元素铁、钛的含量都不高[39]。陈显求分析过 5 件湖田卵白釉的成分，也显示了大体一致的规律：SiO_2 71.98%～73.36%；Al_2O_3 14.61%～15.63%；Fe_2O_3 0.78%～1.01%；TiO_2 痕迹；CaO 4.03%～6.06%；MgO 0.16%～0.26%；K_2O 2.88%～3.22%；Na_2O 2.27%～3.72%；MnO 0.08%～0.11%；P_2O_5 痕迹。可知其 CaO 量较低，K_2O 和 Na_2O 却稍高，亦属石灰—碱釉；着色剂 Fe_2O_3 和 TiO_2 亦较低[40]。

卵白釉大体上亦可视为均相釉，但常作轻微的乳浊，略具玉质感，其缘由：一是其中包含有异相的残留石英颗粒，直径多小于 40 微米，而导致了光的散射；二是含有部分釉泡，数量较影青釉稍多，直径约为 10～40 微米。从化学成分看，配制枢府釉的釉果应含有钠长石和云母，而釉灰配入量则可能较少[40]。

元代枢府瓷的胎质、釉色，及制作工艺都较精湛，大凡宋、元影青器亦然。在显微镜下，两者都含有一定量的石英颗粒，其呈尖角状，结构完整，尺寸多在40 微米以下，原料皆经过严格淘洗。枢府器与影青器的一个重要区别是：枢府器胎釉界面上完全没有钙长石 CAS_2 针状晶丛；这是釉中 CaO 浓度较低，扩散到界面上去的数量稍少，而不足以在该处析出 CAS_2 之故。此外，枢府器胎中的长石残骸较多，粒度较影青器的石英为小（约 30 微米）。[40]

早期枢府釉因含铁量稍高，色微闪青；晚期因含铁量减少，色趋纯正，洁白、润泽，而成为明永乐甜白釉的前身。

（四）铜红釉和钴蓝釉的发展

铜红釉始见于唐代长沙窑上，[29][41]宋代在钧窑中有了一定发展，元景德镇窑器中又有了进一步提高。因其烧成气氛不易控制，故呈色多不够纯正。传世和出土的元铜红釉器都是较少的；及至明代永乐时，烧造技术才有了较大提高，并烧出了色泽鲜艳的永乐鲜红釉。

钴蓝料的使用亦始见于唐，最为大家熟知的实物是唐三彩。1972 年，陕西乾县唐高宗麟德元年（664 年）郑仁泰墓出土一件白釉蓝彩罐钮[33][42]，这是唐初使用钴蓝之证。但唐三彩中的蓝彩釉属低温型，它只有绮丽之感，缺乏沉着的色调；元代才在景德镇烧成了高温蓝釉，其具体工艺有蓝釉金彩和蓝釉白花两种，从而为瓷器增加了一些新的品种，亦为其在明、清两代的发展打下良好的基础。

四、筑窑技术的进步

元代筑窑技术的进步主要表现在三个方面：一是分室龙窑进一步推广；二是景德镇等地也出现了束腰形葫芦窑；三是通室龙窑结构有了改进。

（一）分室龙窑的推广

分室式龙窑始见于宋，在广西永福，广东梅县、潮安[43]等地都可看到；元代进一步推广开来，结构上亦有改进。宋代龙窑有斜坡式和分级式两种，元代龙窑多为斜坡式。1976 年，福建德化屈斗宫窑址发掘一座分室式龙窑，全长 57.1 米，宽 1.4～2.95 米，竖直高度 14.4 米，倾斜 11°～22°。全窑计分 17 室，窑室一般为长方形，长 2.39～2.45 米；窑体较大，火膛狭小；窑底两边设有火焰流的通道；每堵隔墙下设有 5～8 个通火孔，其宽 0.08～0.19 米，高 0.26 米。窑基上残存有14 个窑门，多开于窑室前端（其中 11 个开于东侧，3 个开于西侧）。窑身两壁外残有护墙，可起到保护窑壁的作用[44]。1991～1992 年，福建建阳县亦发现 1 座分室龙窑，窑长 40.5 米、宽 1.33～2.6 米，高差 8.45 米，坡度 7°～12°。窑室内残存七道挡火墙，挡火墙下留有焰火孔，两侧窑壁下设有火道，与德化屈斗宫窑相似，断代南宋晚期至元代初期[45]。

龙窑的优点是升温和降温都较快，易于形成还原性气氛，宜于烧造坯胎较薄的石灰釉瓷器，釉色一般光泽较好，透明度较高，显得纯净晶莹，如冰如玉。但宋后出现了石灰—碱釉，其高温粘度较大，为了获得光滑均匀的釉面，须得严格控制升温速度和保温时间；热得快，冷得也快，又不易保温的通室龙窑已不能满足需要，尤其德化白釉瓷，其胎釉所含 K_2O 皆较高，更不宜于在通室龙窑中烧成。有学者分析过元代德化白瓷 5 件、象牙白釉瓷片 2 件、影青釉瓷片 2 件、白釉瓷片

1 件，胎中 K_2O 量为 4.37% ~ 5.82%，平均 5.07%；釉中 K_2O 量为 3.77% ~ 5.0%，平均 4.24%[46]。分室龙窑因兼具了半倒焰式馒头窑、平焰式通室龙窑的优点，对于每个分室言，它是半倒焰窑，升温、降温都是较慢的；对全窑言，它仍具有龙窑的一般优点；故其一方面升温降温速度和保温时间都较易控制，另一方面又可提高火焰流的抽力，提高热利用率[43]。及明，分室龙窑就更加完善起来，遂发展为阶级龙窑。

（二）葫芦窑的发展

葫芦窑亦始于宋，1957 年福建南安发现宋长条束腰葫芦窑 1 座[47]，元代末年景德镇等地也建造了同样的窑炉。1979 年，景德镇湖田窑南河北岸元代后期遗址发现葫芦窑 1 座，全长 19.8 米，窑壁残高 0.6 ~ 1.2 米，前室宽 4.56 米，后室宽 2.74 米，坡 12 度（图 7 - 3 - 1）[48]。可见此葫芦窑兼具了平焰式龙窑、半倒焰式馒头窑构造上的一些特点，实际上是一种只有二室的"分室龙窑"。

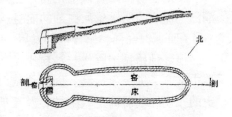

图 7 - 3 - 1　南河北岸元代后期湖田窑俯视侧视图
采自文献［48］

湖田葫芦窑还出土有枢府釉瓷、影青釉瓷和黑釉瓷，前者是典型的石灰—碱釉，是不宜在通室龙窑中烧成的[43][48]。由五代到宋，景德镇主要烧单色釉，主要是使用龙窑的，及元，为适应彩瓷、高温色釉的需要，又发展了葫芦窑[49]，龙窑、馒头窑此时在景德镇依然沿用。

（三）通室龙窑的改进

龙泉等在元代依然采用通室龙窑，但其结构上有一些改进，其窑室长度一般为 25 ~ 50 米，宽 1.4 ~ 2.4 米，坡度 10°~ 16°，个别窑达 22°。元代通室龙窑的最大进步是：窑室前段较陡，中段和后段坡度较小，已与近代龙窑相似[50]，这是比较科学的。

第四节　棉纺技术的兴起和丝织业的发展

元代是我国古代纺织业由丝麻纺向棉纺转变的重要阶段。棉织技术在经过了漫长的发展后，元时终于在关中和长江中下游一带逐渐推广开来。宋代以前，平民衣着是以麻布为主的[1]；南宋末年时，棉布在中原地区仍是较为珍贵之物，元代才逐渐多了起来。与此同时，丝织业却出现了下降的趋势。黄河下游自古盛产丝绸，安史之乱后，开始出现萧条；元初虽一度恢复，元代中期后却又衰落下来，一些地方转为植棉，蚕桑再无昔日的风采。今四川一带自古便是我国丝绸的重要产地，但经蒙古兵征战、蹂躏后，蚕桑业元气大伤，长久不能恢复。长江中下游的丝绸业是唐后繁荣起来的，南宋时已成为丝绸业的中心。但蒙古贵族的游牧经济、野蛮掠夺、横征暴敛，其亦难免厄运；其政策后来虽有调整，但因棉织业的兴起，蚕桑地域已经缩小，丝织业便开始向集中和专业化方向发展。

此期纺织技术的主要成就是：棉织业在中原地区得到了较大发展，从植棉、轧籽、弹花、卷筵，到纺纱织布，都形成了一整套独立、完整的工艺；丝织技术也有了提高，推广了笼蒸杀茧法；缫车、纺车、织机的结构和生产过程都有了较多的记载，且常附有示图，为后人了解古代织机具提供了十分宝贵的资料，尤其是脚踏缫车和 32 锭水转大纺车的推广，充分显示了我国古代纺织技术的发展水平，及其在世界上的领先地位。而媒染、印金、加金等技术的发展，则更把元代织物装饰得五光十色，光彩夺目。

一、棉织技术的推广和纺织原料初加工技术的进步

（一）棉花种植技术的推广

宋末元初，棉花技术已较多地传入了内地，有关记载也多了起来。

《农桑辑要》卷二"论苎麻木棉"载："苎麻本南方之物，木棉亦西域所产，近岁以来，苎麻艺于河南，木棉种于陕右，滋茂繁盛，与本土无异。"此书为元司农司主修，成于至元十年（1273 年），当时南宋尚未灭亡。此"木棉"实指新疆一带的一年生草棉。艺，种植。陕右，陕西的右边，即河西走廊的甘肃一带，或包括陕西西部一些地方。说明宋末元初，草棉已在今甘肃、陕西种植。前面谈到，北宋时期，凤翔府便已贡棉布，这更明确地谈到了甘肃、陕西西部一带种植草棉。

《资治通鉴》卷一五九"身衣布衣，木緜皂帐"胡三省"音注"亦云："木緜，江南多有之。"[2]胡三省为宋末元初人，南宋理宗宝祐四年（1256 年）进士，此"音注"约成于元世祖至元二十二年（1285 年），即南宋灭亡后六年。这段文字可能是从史炤处援引过来的，但综合其他文献看，此时江南植棉已远胜于史炤时期。这段记载较为明确，各种版本所载皆同，所以棉花传至江南的时间至少可上推至南宋晚期。

因棉花具有诸多优点，传入内地后，便受到了人们的喜爱和热烈赞扬。王祯《农书》卷二一"矿絮门·木绵序"载："比之桑蚕，无采养之劳，有必收之效。埒之枲苎，免绩缉之工，得禦寒之益。可谓不布而布，不茧而絮。"王祯，东平人（今山东东平），官旌德（今安徽旌德）、永丰（今江西广丰）县尹。此书成于元仁宗皇庆二年（1313 年）。

棉花技术得以迅速传入内地，与有关管理部门的提倡也是密切相连的。蒙古贵族虽曾将大量耕地圈成牧场，但元代初年时，朝廷也曾鼓励农耕，并在黄河流域推广先进的棉花技术。《农桑辑要》卷二"论苎麻木棉"条在谈到了棉花传入陕右之事后说：河南植麻，陕右植棉，"二方之民深荷其利，遂即已试之效，令所在种之"。即是说，新疆棉花已在陕右试种成功，便"下令所在种之"。

随着棉织业的发展，棉布便逐渐成了一种重要的赋税之物。此事始见于 1289 年。《元史》卷一五"世祖纪"载，至元二十六年曾"置浙东、江东、江西、湖广、福建木绵提举司，责民岁输木绵十万匹，以都提举司总之"[3]。但二十八年（1291 年）却又罢去[4]。及至 1296 年，才最后确定下来。《元史》卷九三"食货志一·税粮"载："成宗元贞二年（1296 年）始定征江南夏税之制，于是秋税止命输租，夏税则输以木绵、布、绢、丝、绵等物。其所输之数，视粮以为差。"[5]这是我国封建王朝把"木绵"列为常赋之始，此后的科差代输中，棉花及棉布便成了常见物品[6]。它也进一步促进了棉织技术的发展。

一般认为，棉花是分南北两路传入内地的：一是北路的草棉，从新疆传到了陕右；二是南路的亚洲棉，从闽广传至整个中原。明徐光启《农政全书》卷三五"蚕桑广类·木棉"引邱濬《大学衍义补》云：木棉，"宋元之间，始传其种入中国，关陕闽广，首得其利"。此第一、二句所说未必十分严格，其实在北宋时期，凤翔府便已种棉。这谈到了棉花从关陕、闽广，北南两路传入的情况。两路之中，南路是主要的。因西北草棉的纤维较短，强度稍低，品质稍差，产量亦不高，再加之西北气候干燥，往往易于断纱，难于纺出高支度纱来，布亦较为粗糙，不易受到人们的重视，故传至陕右之后，便达到了它的终点，未能再向内地他处传播[7]。所以，元王祯《农书》卷二一"纩絮门·木绵序"在谈到棉花传入情况时，便未谈到陕右，而只谈到了江淮川蜀，并说其是从海南传来的："木棉产自海南，诸种蓺制作之法，驿驿北来，江淮川蜀，既获其利；至南北混一之后，商贩于北，服被渐广，名曰吉布，又曰棉布"。

有学者认为，棉花并不是中国原产，北路的草棉是从非洲传入的，南路的亚洲棉则是从印度传来的[8]。此观点自然有一定道理，但毕竟还是一种推论，有关传播路线、时间和方式等，都还缺乏更为确切的依据。同时，武夷棉属公元前1600多年，它们之间有何关系？都是需要进一步研究的。

（二）棉花初加工技术的进步

早在南宋时期，闽广一带的棉花加工就形成了一套由铁铤辗籽、小竹弓弹花、卷筳（卷为小棉筒）、纺纱等一整套较为完整的工艺，但截至宋末元初，长江、黄河流域相类同的技术还是较为原始的。《资治通鉴》卷一五九胡三省"注"说："木緜……土人以铁铤碾去其核，取其绵者，以竹为小弓，长尺四五寸许，牵弦以弹绵，令其匀细，卷为小筒，就车纺之。"[2]此谈到了江南以铁铤碾（辗）籽和小竹弓弹棉。而《农桑辑要》卷二在谈到当时北方棉花初加工时，只说到了"用铁杖赶（辗）出子（籽）粒"，弹花之事却只字未提；在谈到棉花用途时，只说到了"捻织毛丝"和"棉装衣服"[9]，似比江南还要落后些。直到13世纪末年，长江中下游的棉花加工技术才发展起来，从有关记载来看，这与黄道婆的活动是密切相关的。据元末明初陶宗仪《辍耕录》（成书于1367年）卷二四载：黄道婆系松江府乌泥泾（今上海旧城西南约4.5公里处）人氏，年轻时曾流落崖州（海南岛崖县），元成宗元贞间（1295～1297年），遇海船搭乘返回了故里，并把崖州的先进棉纺技术带回了松江。松江"初无踏车、椎弓之制，率用手剖去子，线弦竹弧置按间，振掉成剂，厥功甚艰"。她在家乡传授"做造捍、弹、纺、织之具，至于错纱配色，综线挈花，各有其法。以故织成被、褥、带、帨，其上折枝、团凤、棋局、字样、粲然若写"。黄道婆所传纺织工具的具体形态，陶宗仪不曾细说，难作进一步判断。陶宗仪，元末举进士不第，明洪武中曾任教官。

王祯《农书》卷二一所载棉花初加工工具计有三种，即木棉搅车、木棉弹弓和木棉卷筳，用于棉花辗籽、弹花和将棉花卷成筒状。下面分别介绍。

木棉搅车。是碾去棉籽的工具，始见于王祯《农书》卷二一，发明年代不详。宋代文献在谈到闽广一带去除棉籽的方法时，只提到过小铁杖，未闻搅车。王祯说：去除棉籽，"昔用辗轴，今用搅车尤便。夫搅车，四木作框，上立二小柱，高约尺五，上以方木管之，立柱各通一轴，轴端俱作掉拐，轴末柱窍不透，二人掉轴，一人喂上棉英，二轴相轧，则子落于内，棉出于外。比用辗轴，工利数倍"（图7-4-1）。此谈到了棉花搅车的结构和具体操作。显然，这是迄今所知，关于手摇搅车的最早记载。前此，文献上关于去除棉籽的方法，只提到过以铁杖赶之，未闻搅车。以手摇搅车去籽，自然是"工利数倍"。明时又发明了脚踏式搅棉车，生产效率进一步提高[10]。

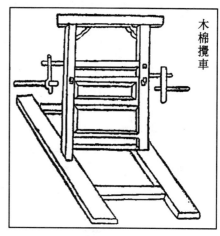

图7-4-1　王祯《农书》所载手摇式
"木棉搅车"

　　木棉弹弓。是将去籽后的皮棉弹开的工具。弹开的目的，一为便于纺纱，二为去除混杂于棉花中的浮土等夹杂，使棉花显得更为洁白匀净。宋代以前如何弹花，文不可征。我国古代最早提到木棉弹弓的是宋方勺《泊宅编》，其弓体较小；及元，弓体增大，有关尺寸大约亦稍见合理。王祯《农书》卷二一载："木棉弹弓，以竹为之，长可四尺许，上一截颇长而弯，下一截稍短而劲，控以绳纮，用弹棉英，如弹毯毛法。务使结者开，实者虚，假其功用，非弓不可。"

　　木棉卷筵。是将弹松后的棉花纤维均匀地卷成小筒状。有关记载始见于宋，元代更为详明。王祯《农书》卷二一说："淮民用葛黍稍茎，取其长而滑，今他处多用无节竹条代之。其法先将棉毳条于几上，以此筵捲而扞之，遂成棉筒；随手抽筵，每筒牵纺，易为匀细，捲筵之效也。"筵，《说文解字》："维丝筦也。"即络丝用的竹管，在此指棉筒。

　　这里谈到了元代棉花初加工的三大工序，即搅车辗籽、弹弓弹花、卷成棉筒。这对我们了解南宋或更早的年代，闽广一带棉花初加工亦有一定帮助。

　　在此有一点需顺带指出的是，元人常把"木棉"与"木绵"混用，当与棉花技术刚兴起不久有关。

　　（三）茧处理和缫丝技术的进步

　　杀茧技术的进步。我国古代的蚕茧处理，始为日晒；南北朝时发明了盐浥法；至迟元代，又发明和推广了笼蒸法。王祯《农书》卷二○"蚕缫门·茧瓮"条引《农桑直说》云："生茧即缫为上。如人手不及，杀茧慢慢缫者，杀茧法有三：一曰晒，二曰盐浥，三曰笼蒸。笼蒸最好，人多不解。日晒损茧，盐浥瓮茧者稳。"笼蒸法的具体操作是："用笼三扇，以软草捆圈，加于釜口；以笼两扇，坐于其上。笼内匀铺茧，厚三指许，频于茧上以手试之。如手不禁热，可取去底扇，却续添一扇在上，如此登倒上下，故必用笼也。不要蒸得过了，过则软了丝头；亦不要蒸得不及，不及则蚕必锼了。如手不禁热，恰得合宜。""一般快釜，汤内用盐二两，油一两，所蒸茧不致干了丝头。如锅小茧多，油盐旋入。"这里详明地谈到了笼蒸法的具体操作和注意事项，并对日晒法、盐浥法、笼蒸法作了比较，并认为笼蒸最好，是一段十分难得的资料。

缫丝技术的进步。我国古代手摇缫车技术约发明于先秦时期，汉后逐渐推广开来；脚踏缫车约发明于宋，元代进一步推广。王祯《农书》卷二〇"蚕缫门·缫车"条，在引述了秦观《蚕书》关于缫车的文字后说："轵必以床，以承轵轴。轴之一端，以铁为裹掉，复用曲木撠作活轴。左足踏动，轵即随转。自下引丝上轵，总名曰缫车"。（图7-4-2）秦观《蚕书》关于缫车的记载前已言及。由图可知，此脚踏缫车是在丝轵的曲柄处接了一条拉杆，拉杆下端与踏板相连，踏动踏板，便可带动丝轵，及致整台缫丝车运动。元时，南北缫车虽结构基本相同，但也存在一些差别，如北缫车煮茧用落地式方灶，有水平连杆和角尺式踏板；南缫车所用则为"缸灶"，即陶土制成的缸状灶，有垂直连杆和贴地长踏板。

图7-4-2　王祯《农书》所载南缫车

元代缫丝用水亦有热水和温水两种，王祯《农书》卷二〇分别称之为热釜和冷釜。热釜法主要用于茧量较多和时间较紧迫时。其具体操作，依《农桑直说》所云即是："釜要大，置于竈上（原注：如釜蒸法，可缫粗丝，单缴者双缴者亦可），釜上大槃甋接口，添水至甋中八分满，可容二人对缫。水须常热，宜旋旋下茧缫之。多则煮损。""冷盆"是相对于热盆来说的，依《农桑直说》，实际上"亦是火温之"，而非冷水。冷盆的优点是："可缫全微细丝；中等茧可换下缴，比热釜者有精神，又坚韧也"[11]。

（四）麻类加工技术

此较值得注意的是：苎麻脱胶法有了较为详细的记载。元司农司《农桑辑要》卷二"苎麻"条载："最好刈倒时随即用竹刀或铁刀从梢分批开用，手剥下皮即以刀刮其白瓤，其浮上皴皮自去。缚作小葽，搭上房上，夜露昼曝，如此五七日，其麻自然洁白，然后收之。若值阴雨，即于屋底风道内搭涼，恐经雨黑渍故也。所剥之麻，春夏秋温暖时分绩，与常法同；若于冬月，用温水浸润，易为分擘，不然干硬难分。其绩既成，缠作缨子于水瓮内浸一宿，纺车纺讫，用桑柴灰淋下。"这是我国古代文献中，关于苎麻脱胶操作的一段较为详细的文字。其要点是夜露昼曝，冬月则温水浸泡。前引《诗·陈风·东门之池》虽说苎亦可沤，但具体操作不明，这里却提供了一段较为详明的文字，可知其与大麻脱胶存在不少区别。

二、纺车技术的重要发展

此期纺车技术的发展主要表现在：出现了多种不同用途的纺车，仅王祯《农书》便载有两类4种。第一类1种，即脚踏式木棉纺车，用来纺制木棉；第二类3种，锭数较少的叫"小纺车"，锭数较多的叫"大纺车"，还有一种水力推动的叫"水转大纺车"，此第二类都是用作丝、麻加捻、合股的。其中较值得注意的是木棉纺车和水转大纺车。

（一）脚踏式木棉纺车的发展

如前所云，由《南州异物志》来看，棉纱纺车在闽广地区有可能三国时期便已发明，但在中原地区，却是宋末元初之后才逐渐推广开来的。对其具体形态的描述则首见元王祯《农书》，其卷二一"矿絮门·木棉纺车"载："其制比麻苎纺车颇小，夫轮动弦转，莘繀随之；纺人左手握其棉筒，不过二三续于莘繀，牵引渐长，右手均撚，俱成紧缕，就绕繀上。"（图7-4-3）可见：（1）此纺车的脚踏机构由踏板、凸块、曲柄三部分组成，操作较为简单。（2）此纺车的纺纱机构与手摇式相似，主要由绳轮、锭子等组成。（3）此纺车设有3锭，生产率是较高的。欧洲在18

图7-4-3 王祯《农书》所载脚踏式三锭木棉纺车

世纪产业革命前，曾有人发明过两锭纺车，但能操作这种纺车的人甚为罕见。宋、元棉纺技术在世界上是遥遥领先的。

为了棉纱合股均匀、防止互相绞结，并提高生产率，当时还使用了一种名为"木棉线架"的机械，以控制各纱缕的张力。据王祯《农书》卷二一所载，其结构是："以木为之，下作方座，长阔尺余，卧列四维，座上凿置独柱，高可二尺余，柱下横木长可二尺，用竹筬均列四弯，内引下座四缕，纺于车上，即成棉线。旧法先将此维络于篗上，然后纺合；今得此制，甚为速妙"。

（二）水转大纺车的推广

如前所云，我国水转大纺车约发明于宋，但有关记载却是到了元代，才在王祯《农书》中看到的。该书卷一九谈到水力机械时，曾专设了一个名为"水转大纺车"的条目，介绍过它的动力部分；卷二二谈到麻苎纺织时，又专设了一个"大纺车"的条目，介绍了它的纺纱部分。

王祯《农书》卷二二"麻苎门·大纺车"条着重介绍了加捻捲绕机构："其制长二丈余，阔约五尺，先造地柎木框，四角立柱，各高五尺，中穿横桄，上架枋木，其枋木两头山口，卧受捲纑，长轩铁轴次于前，地柎上立长木座，座上列臼，以承锭底铁簧（原注：其锭用木车成筲子，长一尺二寸，围一尺二寸，计三十二枚，内受缠），锭上俱用杖头铁环，以拘锭轴，又于额枋前排置小铁叉，分勒绩条，转上长轩。仍就左右别架车轮两座，通络皮弦，下经列锭，上樛转轩、旋鼓。或人或畜，转动左边大轮。弦随轮转，众机皆动。上下相应，缓急相宜，遂使绩条成紧，缠于轩上。昼夜纺绩百斤。"（图7-4-4）其中，桄，此指连接四个立柱的横木。枋，车架上方左右两边起连接作用的横木档。纑，麻缕。轩，纱框，常为六边形或四边形。臼，此指木质轴承。锭，锭子。铁簧，锭子底部的铁锭杆。"置小铁叉，分勒绩条"，是为了使各麻缕在加捻捲绕过程中，不致发生互相纠缠。旋鼓，即鼓状木轮。

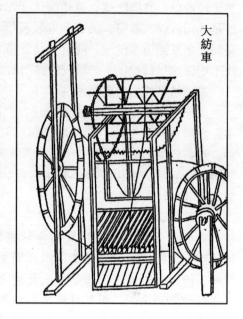

图7-4-4 王祯《农书》所载大纺车

可见这是一种32锭，日纺麻量百斤的大纺车。此纺纱机构由车架、锭子、导纱棒、纱框等组成。其传动机构包括两部分，一是传动锭子，二是传动纱框，以完成加捻和卷绕麻缕的任务。其动力有人力、畜力、水力。

王祯《农书》卷一九专门设条对"水转大纺车"做了介绍："所转水轮，与水转辗磨之法俱同，中原麻苧之乡，凡临流处所多置之。"整个纺车由原动、传动、加捻卷绕三部分组成。西方水力纺车是18世纪后期的事。1769年，英国人瑞恰德·阿克莱（Richard Arkwright）发明了水力纺车并建立了欧洲第一个水力纺纱厂。

无论人力、畜力或水力大纺车，都是既可用于麻，亦可用于丝的合股和加捻的，但丝纺车的尺寸稍小。王祯《农书》卷二二在谈到大纺车时还说："又新置丝线车一，[制式]加上（大纺车），但差小耳。"其意十分明白。

元时，人们使用4种不同的纺车，满足了棉纺引纱、丝麻加捻合股等不同需要，说明人们对许多机械原理，都有了较深的认识。如：（1）对传动比和工作性质的认识。我们知道，纺车做功，是通过绳轮来传动的。因锭子直径一般较小，故绳轮直径之大小，就成了影响传动比的关键因素。绳轮越大，传动比就越大，锭子转速就越快，便可较大地提高生产率。但传动比之大小，又受到纺车工作性质的制约。若纺车的功能只是加捻、合股，如麻纺那样，绳轮直径便可做得稍大一些。但若纺车需要引出棉纱来，如棉纺那样，绳轮直径便不宜过大。否则，锭子的转速过大，就会牵引不及，使棉纱捻度过高而易于断纱。棉纺车与麻纺车同时存在，说明人们对绳轮大小与传动比及纺车工作性质间的关系已有了较深认识。（2）对锭子数与工作性质的认识。我们知道，纺纱过程中，纱与纱之间是很容易互相纠缠的；为此，务必使之互相隔开。而棉纺以手牵引，只能间隔4支纱，故棉纺之锭子至多只有4枚。麻纺则与此不同，其只需将一根或数根麻缕加捻或合股，无需引纱并拉细，故王祯《农书》中的小纺车也可具有5个锭子。这说明人们对锭子数与纺车工作性质间的关系也有了较好的认识。

三、丰富多彩的织物品种和加金织物的发展

元代织机具已较完善，各项分工亦较精细。从宋末元初薛景石《梓人遗制》所述来看，当时的织机具主要有：华机子（提花机）、立机子（立织机）、布卧机子（织造麻、棉布的平织机）、罗机子（织罗机）等。此立机子的机架是直立的，上端顶部有经轴（滕子），经纱片向下展开，通过豁丝木（分经木），两头有吊综杆（其形似马头）。由吊综绳接于综框，再连接于长短踏板。双脚踏动两块踏板，牵动马头上下摆动，便可完成交换梭口和引纬打纬。其系平素织机（图7-4-5）。由于织造、印染技术的提高，以及多元文化的发展，使元代织物品种显得异常的丰富多彩。从实物考察看，当时的丝织物品种主要有：锦、绫、缎、罗、纱、绒、绉、暗花绸及缂丝等，现代丝织物的几种基本组织，元时都已具备。当时江南棉织品亦

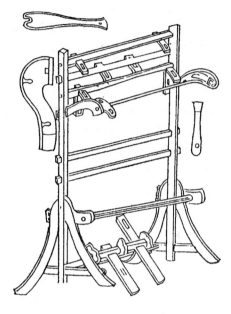

图7-4-5　《梓人遗制》所载立织机

已较多，今山西省博物馆所藏元代棉布用纱达30号以下，并采用了经重平组织[12]。下面仅介绍锦和加金锦缎两种织物及其工艺。

锦。其多承唐宋传统，多为重纬组织。元集宁路故城曾出土一件提花织锦，在组织结构上采用了对称穿吊的方法，以斜纹为基础，用黄、蓝两色纬丝起花，起花部分的长纬用乙经将纬纱压下。经纬密48根/厘米×36根/厘米，花本的最少根数经向为926根，纬向为1937根[13]。元陶宗仪《辍耕录》卷二三"书画裱轴·锦裱"条所列元锦等织物的花色品种计50余种，如克丝作楼阁、克丝作龙凤、紫小滴珠方胜鸾鹊、红遍地芙蓉、红七宝金龙等，可谓其名目繁多，其中有的名称是从宋代沿袭下来的。值得注意的是，在陶宗仪所说的50余种锦裱类织物中，当多数属锦，但也有的已超出了锦的范围。

加金锦缎。朝廷对金织物甚为重视，并收罗了大批西域织金工，在弘州（今山西境内）等地设局织造。《元史》卷一二〇"镇海传"载：镇海"先是收天下童男童女及工匠置局弘州，继而得西域织金绮纹工三百余户……皆隶属弘州，命镇海世掌焉"。此期加金织物主要有加金锦、加金缎两种，这种以金丝织成的锦缎元代又谓之"纳失失"或"纳石失"。据云，此名系原于波斯语。明叶子奇《草木子》卷三"杂制篇"载："官民皆带（戴?）帽……衣服贵者用浑金线为纳失失。或腰线绣通神襕，然上下均可服，等威不甚辨也。"[14]说明元代官民服加金织物较为普遍，生产量也较大。因金丝的织入，使织物获得了特殊的光泽效果。

织金所用金丝有捻金和片金两种，片金系金箔剪切而成；捻金又称圆金，是将金片加捻或将金片包绕在丝线外而制成的。1979 年，乌鲁木齐市南郊盐湖元墓曾出土过片金锦和捻金锦两种金织物，其经线皆系蚕丝，皆分单经和双经（以两根经丝同时交织）。片金锦的地纬仍用蚕丝，纹纬则是片金和彩色棉线；片金宽 0.5 毫米，彩色棉线直径 0.6 ~ 0.75 毫米。单经与纹纬成平纹交织，双经则与地纬成平纹交织；在显花处，双经被夹在中间而成为暗经。经纬密为 52 根/厘米×48 根/厘米。此捻金锦以棉线作地纬，以两根平行的捻金线为纹纬，单经与纹纬成一上三下的斜纹交织，双经则与地纬成平纹交织，经纬密为 65 根/厘米×40 根/厘米[15]。片金织入的特点是：以单丝覆盖和固结金线，使黄金的颜色在织物表面得以充分体现；捻金织入的特点则是金色较为柔和。

加金和印金织物都是元代颇具特色的织品，它之兴盛，一方面反映了蒙古等北方民族的欣赏习惯和元统治者之挥霍无度；另一方面与其战争掠夺、海外贸易和发行纸币等途径而获取了大量黄金也是密切相关的。印金织物下面再谈。

四、漂练和印染技术的发展

（一）漂练技术

元代以前的漂练工艺主要是灰水浸泡、捶捣、日晒；元、明时期，技术上有了较大提高，其中最值得注意的是：丝类织物中使用了生物化学脱胶法，麻类纤维中使用了硫黄漂白法，以及石灰与草木灰混合脱胶法。这在元末明初《多能鄙事》、元人伪撰《格物麤谈》等中都可看到。

《多能鄙事》卷四"服饰类·洗练法"条谈到过丝织物的多种漂练法，其中较值得注意的是如下两种：（1）"练绢法。凡（先?）用酽柔柴灰，或豆秸荞麦杆（秆）灰，或箬中硬柴白炭灰，煮熟了，然后用猪胰练帛之法。须俟灰火滚（时）下帛，候沸，不住手转，勿过熟，过熟则烂；勿夹生，夹生则脆。验生熟，以所煮绢就手扭些，随手散即未熟；再煮，候扭住不散为度。"因帛有胶则挺，若能拉住不散，表明帛已不挺，则脱胶已足。（2）"用胰法。猪胰一具，同灰捣成饼，阴干，用时量帛多少。剪用稻草一条，折着四指长条，搓汤浸帛。如无胰，只用瓜蒌，去皮，取瓤剁碎，入汤化开，浸帛尤好。"[16]《多能鄙事》一般认为是刘基（1311 ~ 1375 年）所作，刘基于洪武八年去世，故此书大体上反映了明初以前的一些情况。可见此时人们已使用了胰酶生物化学脱胶法，扩展了豆秸、荞麦秆灰等作为练液原料，并形成了一整套检验练绢生熟的质量标准。尤其是胰酶脱胶法，是我国丝绸漂练技术的一大发明。瓜蒌也是富含蛋白质的，它的使用显然也是一种生物脱胶技术[17]。这在明代部分还要谈到。

我国古代麻类纤维的沤练技术在《齐民要术》等中已有一些记载，但在苎麻精练方面，则以元司农司《农桑辑要》所述为详，其卷二"苎麻"条载："其绩既成，缠作缨子，于水瓮内浸一宿。纺车纺讫，用桑柴灰淋下水，内浸一宿，捞出。每绺五两，可用一净水盏，细石灰拌匀；置于器内，停放一宿；至来日择去石灰，却用黍秸灰淋水煮过，自然白輭。晒干，再用清水煮一度，别用水摆拔极尽晒干，逗成绺，铺经纬织造，与常法同。"此详细地谈到了苎麻漂练工艺，其练液是桑柴灰水、石灰水、黍秸灰水，或煮或沤；之后过清水、晒干。因桑柴灰、黍秸灰富含碳酸钾，与消石灰作用后，会生成强碱氢氧化钾，从而获得较好的精练效果。王祯《农书》卷二二"农器图谱·麻苎门"还谈到过南方漂练苎麻脱胶的一个方法，虽操作较为简便，但仍有较高的实用价值。其说"苎亦可沤。问之南方造苎者，谓苎性本难𫐙，与沤麻不同，必先绩苎以纺成纑，乃用干石灰拌和累日（夏天三日，冬天五日，春秋约中），既毕，抖去，别用石灰煮熟待冷，于清水中濯净。然后用芦帘平铺水面（如水远则用大盆盛水。铺芦帘或草摊，纑浸曝，每日换水亦可），摊芦于上，半浸半晒，遇夜收起，沥干，次日如前。候纑极白，方可起布。此治苎池沤之法，须假水浴日曝而成，北人未之省也"。此工艺与《考工记·𫷷氏·湅帛》的水湅工艺有些接近，都强调水漂、日晒，但此记述更为详细。《考工记·𫷷氏》所说为湅帛，要用蜃灰；此述为练苎麻，所用为石灰，且要"煮熟"。王祯《农书》说到了桑柴灰与石灰混用，此只说到了石灰。

元人伪撰《格物麤谈》卷下"服饰"还谈到了麻类织物的硫黄漂白法，其云："葛布年久色黑，将葛布洗湿，入烘笼内铺着，用硫黄薰之即色白。"[18]这是今日所知关于硫黄漂白的较早记载。以硫黄薰白，时至21世纪，民间仍有使用。

（二）染色技术

元代印染技术也取得了较大成就，一是色谱的扩展，二是媒染法之内容更为丰富。这在元末陶宗仪《辍耕录》和明初刘基《多能鄙事》中都可看到。《辍耕录》卷一一"调合服饰器用颜色"计列有40余种色彩，其中属褐色者便有20种，如荆褐、艾褐、鹰褐、银褐、珠子褐、藕丝褐、露褐等，这一方面说明了时人对褐色之青睐，但更重要的是说明了人们对颜色区分之细和色谱之扩展。陶宗仪生卒年不详，元至正间进士不第，明洪武间曾任教官。此书之前有元末至正二十七年（1367年）序。《多能鄙事》卷四"服饰类·染色法"谈到的染色方法有：染小红、染枣褐、染椒褐、染明茶褐、染暗茶褐、染艾褐、用皂矾法、染搏褐、染青皂法、染白皂法、染白蒙丝布法、染铁骊布法、染皂巾纱法等，其中染"褐色"者将近半数。所云多为媒染法，媒染剂除了明矾、绿矾、铁浆、草木灰外，此时还新添了黄丹。单色染多用明矾预媒，绿矾后媒的多媒工艺；复色染则多用二俗法套染[19]。常通过拼色、套色来改变色调。如用黄栌木与皂斗拼色，经白矾或绿矾媒染，可得到暗茶褐色；苏木与皂斗拼色，经白矾或绿矾先后媒染，可得椒褐色；以荆叶与皂斗拼色，再用白矾和皂矾分先后媒染，可得艾褐色；后入的矾类媒染剂用量，可视所需色泽深浅来配入。其中的染小红法至为复杂，需先用苏木、黄丹、槐花染料拼色，后以明矾为媒染剂，套染小红，"染后分头令干，其色鲜明甚妙"。同时还谈到了加温操作，这对加速染色过程，提高制品质量都是很有帮助的。

（三）印花技术

元代印花技术中有染缬和印金等种，其中稍具特色的是印金。

早在西汉时期，金银色颜料印花便已较为成熟[20]，唐代使用得更加普遍[21]，金元时期则盛极一时。基本操作是：利用金箔或金屑，制成金泥，加上粘结剂后，用绘画或压印方式，装饰到织物表面上去，就成了印金或描金类织物。1976年，内蒙古自治区集宁市东南郊出土了一批元代丝织品，其中不少是印花装饰的，计有印金夹衫、印金提花长袍、印金被面、印金素罗残片、印金素罗残带各1件，印金绢残带2件。这些印花织物都是提花绫和纱罗组织，皆先在织物上印出金花，之后再剪裁缝纫。其中的印金提花长袍为蓝色地的斜纹提花绫，经纬密为48根/厘米×36根/厘米。袍用两匹提花绫裁剪，都是缠枝牡丹花。衣料上印制的金花每朵2厘米×2.3厘米，8朵为一组，每组有牡丹、莲花、菊花、草花等。印花的基本做法是：先在雕有花纹图案的凸版上涂金，之后直接印在织物上；也可先在凸版上只涂刷粘结剂，并把它印到织物上，之后再粘贴金箔、金粉，经烘干烫干后，剔除多余的金粉或金箔，并修整。[13][22]从出土实物看，宋代印金多施于衣物边部，元代则遍施于整件衣物，故显得更加富丽、华贵。

第五节　机械技术

　　元代机械在继续沿用先世技术的基础上，也取得了一些新成就，其中比较值得注意的是：鼓风机械中出现了关于风扇的图像；纺织机械中发明了水力大纺车；排灌机械中，龙骨车、高转筒车等的构造都有了较为明确的记载，并使用了畜力筒车；粮食加工中，发明了兼具磨碾砻三种功能的水轮机械和水击面罗。农学巨著王祯《农书》中较为详细地介绍了许多农业、手工业机械的结构，并附有插图，为我们了解元及其之前的机械技术提供了很有价值的资料。与宋代同样，元代的造船和航海技术依然保持在较高的水平上。下面仅依工作性质分类，介绍几种简单机械的情况，鼓风器具和大纺车已分别在冶金和纺织部分做了介绍。

一、排灌机械

　　此期排灌机械中，较值得注意的主要是龙骨车、筒车和井式水车。

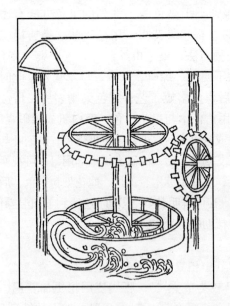
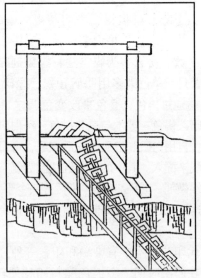

图7-5-1　王祯《农书》所载卧式水转龙骨车

　　龙骨车。约发明于北宋[1]，元代才有了较为详明的记载。元代龙骨车的动力有人力、畜力和水力三种，王祯《农书》卷一八"农器图谱·灌溉门"皆曾提及。

在谈到水转龙骨车时，王祯云："其制与人踏翻车俱同，但于水流岸边，掘一狭堑，置车于内，车之踏轴外端，作一竖轮；竖轮之旁，架木立轴；置二卧轮，其上轮适与车头竖轮辐支相间；乃擗水傍激，下轮既转，则上轮随拨车头竖轮，而翻车随转，倒水上岸，此是卧轮之制。若作立轮，当别置水激立轮，其轮辐之末，复作小轮，辐头稍阔，以拨车头竖轮，此立轮之法也"。在此，王祯说的"翻车"即是龙骨车。这里谈到了卧轮式（图7-5-1）和立轮式两种水转龙骨车的构造。前者的主动轮有上下两个卧轮，从动轮为一立式轮。同书同卷还介绍了牛转龙骨车。其不管牛转还是水转，都使用了齿轮传动。

前面谈到，汉代、宋代，及至清代，"翻车"一般都是指筒车的，王祯在此却将翻车说成了龙骨车。我们认为，若王祯之说无误的话，那也只能是部分时段、部分地区的现象。

卫转筒车和高转筒车。筒车约发明于汉，唐、宋时期进一步推广开来。其始主要是水动，即水转筒车；为适应不同的地理条件，之后又出现了人力和畜力推动者，相应地便产生了"高转筒车"和"卫转筒车"。如前所云，高转筒车约出现于三国时期，即马钧所造者，卫转筒车的发明年代不详。古代文献中，这两个名称都是到了元代才看到的。在此有一点需指出的是：依照古人的习惯，单言"筒车"时，便指水转筒车，无须另外的传动件；高转筒车则属"链传送"（链搬运），卫转筒车则是齿轮传动的。

卫转筒车即驴转筒车，卫，驴的别称。唐《雲溪友议》八："南中丞卓，吴楚游（遊）学十余年，衣布缕，乘牝卫，薄游（遊）上蔡。"元王祯《农书》卷一八"农器图谱·灌溉门"载："卫转筒车"的主动轮为卧轮；从动轮为立轮，带动立式汲水轮。基本结构与水转筒车相同，"但于转轴外端，别造竖轮；竖轮之侧，岸上复置卧轮……凡临坎井，或积水渊潭，可用浇灌园圃，胜于人力汲引"。

高转筒车是一种人力或畜力推动的链筒式汲水机械。王祯《农书》卷一八"农器图谱·灌溉门"载："高转筒车，其高以十丈为准，上下架木，各竖一轮；下轮半在水内，各轮径可四尺。轮之一周，两傍高起，其中若槽，以受筒索。其索用竹均排三股，通穿为一，随车长短，如环无端。索上相离五寸，俱置竹筒。筒长一尺，筒索之底，托以木牌，长亦如之。通用铁线缚定，随索列次。络于上下两轮，复于二轮筒索之间。刳木平底行槽，一连上与一轮相平，以承筒索之重。或人踏，或牛拽转上轮，则筒索自下兜水循槽，至上轮轮首覆水，空筒复下，如此循环不已。"若"再起一车，计及二百余尺，田高岸深，或田在山上，皆可及之"（图7-5-2）。可见此高转筒车系由两个立轮、木架、筒索、平底行槽等组成。下立轮为从动轮，半浸于水中，以取水。而且这还是一种可多车叠加使用，将水逐层提到二百多尺的有效器械。可用人力，亦可用畜力驱动。"用人力则于轮轴一侧作棹枝，用牛则制作竖轮，如牛转翻车之法，或于轮轴两端作拐木，如人踏翻车之制"。此"翻车"指龙骨车。

井式水车。至迟始见于唐，元熊梦祥《析津志辑佚·古迹·施水堂》也有记述，说京师乃人马之宫，城广地大，"而马匹最为负苦，其思渴尤甚于饥者。顷年有献施水车……其制随井浅深，以口硙水车相衔之状，附木为戽斗，联于车之机，直至井底。而上人推平轮之机，与主轮相轧，戽斗则倾于石砚中，透出于栏外石槽中。自朝暮不辍，而人马均济；古无今有，诚为可嘉"[2]。这记述也较简单。与前述唐代井车不同处是，唐盛水器为木桶，当为圆形；此却为木戽斗，当为方形或长方形。有学者依此分别称之为"筒式水车"和"木斗水车"。

图7-5-2　王祯《农书》所载高转筒车

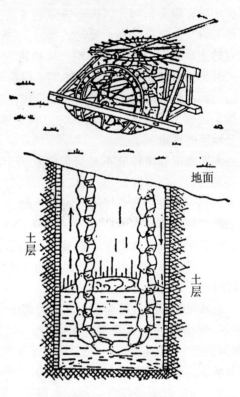

图7-5-3　流传至今的斗链井式水车

采自文献[3]

前面提到，古代机械链大体包括两种类型，即传动链和传送链。属传动链的大约只有苏颂浑仪中的天梯等少数机械；而龙骨车、高转筒车、井式水车等上所见者，实际上都是传送链。这两种链的区别是：（1）材质不同。传动链及其链轮多金属质，传送链则多皆木质。（2）功能不同。传动链只是单纯地传递动力，自身一般不做功；传送链则主要是搬运、传送水等物品。所以此两者是不可等同的。

斗链井式水车直到20世纪还在我国一些地方保留着，有的依然较为原始，有的则经过了一些改良。其中一种如图7-5-3所示，主动轮为一卧式大齿轮，与之相衔的从动轮是一个立式齿轮；立式齿轮再通过轮轴与另一立式大轮相连。一个个木斗是用小横轴连成环链状的，环链的上端便绕在立式大轮上，立式大轮置于井口之上方。用畜力通过拉杆，便可带动卧式大齿轮（主动轮）、立式大齿轮（从动轮）、立式井口大轮转动，盛水木斗便不断地将水从井中提起，并倾于水簸箕里[3]。

在此有一点需指出的是，及至元代，齿轮传动在排灌机械中已使用得十分广泛，王祯《农书》中所载水转龙骨车、牛转龙骨车、卫转筒车，以及《析津志辑佚》中的井式水车等，都使用了齿轮传动。

二、粮食加工机械

王祯《农书》提到的粮食加工机械有水磨、水碾、水砻、槽碓、机碓、船磨、水轮三事、水转连磨和水击面罗等，其中较值得注意的是后三者，它们都是元代首次见于记载的。

水轮三事。这是一台兼具了磨、碾、砻三项工作的水转轮轴机械。元王祯《农书》卷一九"农器图谱·利用门"在提到其制作法时说："初则置立水磨，变麦作面，一如常法。复如磨之外周，造碾圆槽；如欲毇米，惟就水轮轴首，易磨置砻；既得糙米，则去砻置碾，碨碾循槽碾之，乃成熟米。夫一机三事，始终俱备。"

水磨。简单的水磨大凡一个水轮只带动一张磨盘，其主动轮可为卧式，也可为立式；稍见复杂者则一个水轮可带动两张或多张磨盘，王祯《农书》卷一九"农器图谱·利用门"先介绍了单盘卧轮水磨，接着便介绍了"连二磨"和"水转连磨"。

"凡欲置此磨，必当选择用水地所，先作并岸擗水激轮，或别引沟渠，掘地栈木，栈上置磨，以轴转磨，中下彻栈底，就作卧轮，以水激之，磨随轮转，比之陆磨，功力数倍。此卧轮磨也。"这便是水转卧轮单磨。

同书同条接着说："又有引水置闸，堑为峻槽，槽上两旁，植木作架以承，水激轮轴，轴腰别作竖轮，用击在上卧轮一磨，其轴末一轮旁拨周围木齿。一磨既引水注槽，激动水轮，则上傍二磨，随轮俱转，此水机巧异，又胜独磨，此立轮连二磨也。"此即"连二磨"，显然这是齿轮传动。明徐光启《农政全书》卷一八亦引用了这段文字（图 7-5-4）。

图 7-5-4　明徐光启《农政全书》所载连二水磨

同书同卷还谈到了一个水轮带动多盘磨的"水转连磨"。王祯《农书》卷一九载："水转连磨，其制与陆转连磨不同。此磨须用急流大水，以凑水轮。其轮高阔，轮轴围至合抱，长则随宜。中列三轮，各打大磨一樏，磨之周匝俱列木齿。磨在轴上，阁以板木。磨傍留一狭空，透出轮辐，以打上磨木齿。此磨既转，其齿复傍打带齿二磨，则三轮之功，互拨九磨。"这便是水转连磨，即一架水轮通过齿轮传动，带动九盘磨，但只宜于急流大水处。明徐光启《农政全书》卷一八原原本本地抄录了这段文字，并重绘了插图（图 7-5-5）。

水击面罗。罗是筛面用的一种工具。最简单的罗面法是手摇法，之后才发明了水力推动的"水击面罗"和人力双脚踏动的"脚打罗"。它们都是通过连杆带动面罗往复运动来实现筛面的，都使用了连杆传动。脚打罗与水击面罗的区别是：一个用人的双脚推动，一个用水轮带动。元王祯《农书》卷一九"农器图谱·利

图 7 - 5 - 5　明徐光启《农政全书》所载水转连磨

用门"云："水击面罗，随水磨用之，其机与水排俱同。按图视谱，当自考索。罗因水力互击椿柱，筛面甚速，倍于人力。又有就磨轮轴作机击罗，亦为捷巧。"明《农政全书》卷一八一字不误地转引了这段文字，并重绘了插图。此述为水击面罗。脚击面罗（脚打罗）未知始于何时，是到了明代才在《天工开物》中见于记载的。

三、自动报时机械和日用机械

（一）自动报时机械

我国古代最为古老的计时器是圭表和日晷，它们都是利用太阳的影子来计时的，其缺点是受天气影响较大。为此，人们又发明了一种铜壶滴漏，它是利用水滴均匀泄漏原理来计时的。在机械钟发明前，这是我国最为重要的计时器。我国最早的机械计时器是和天文仪器结合在一起的，如汉张衡的水转浑天仪、唐梁令瓒等人的开元水运浑天、宋苏颂等人制造的水运仪象台，都把浑仪、浑象和报时装置结合在了一起，其计时部分都采用了复杂的齿轮系统[4]。及至元代，一种独立的计时机械才从复合天文仪器中分离出来，这便是郭守敬的大明殿灯漏。

《元史》卷四八"天文志·大明殿灯漏"载："灯漏之制，高丈有七尺，架以金为之。其曲梁之上，中设云珠，左日右月；云珠之下复悬一珠。梁之两端，饰以龙首；张吻转目，可以审平水之缓急。中梁之上，有戏珠龙二，随珠俛仰，又可察准水之均调。凡此皆非徒设也。灯毬杂以金宝为之，内分四层；上环布四神，旋当日月参辰之所在。左转日一周。次为龙、虎、鸟、龟之象，各居其方，依刻跳跃，铙鸣以应于内。又次周分百刻，上列十二神，各执时牌，至其时四门通报，又一人当门内，常以手指其刻数。下四隅，钟、鼓、钲、铙各一人。一刻鸣钟，二刻鼓，三钲四铙。初正皆如是。其机发隐于柜中，以水激之。"其中所设张吻转目之龙"可以审平水之缓急"，戏珠二龙"可察准水之均调"，当是一种调控装置。

显然，这是一种水力推动，以齿轮传动为主的自动报时钟，它不但能使四隅木人一刻鸣钟、二刻击鼓、三刻击钲、四刻击铙地报时，而且，还饰有能按时自动跳跃的动物模型。

元顺帝时，宫里又制造了一台报时宫漏。《续文献通考》载："至正十四年（1354年），帝自制宫漏，高六七尺，广半之，造木为匮，藏壶其中，运水上下。匮上设三圣殿，腰立玉女捧时刻筹，时至辄浮水而上。左右二金甲神，一悬钟，一悬钲。夜则神人自能按更而击，无分毫差。鸣钟钲时，狮凤在侧者皆自翔舞。匮之东西有日月宫、飞仙女人立宫前。遇子午时，自能耦进，度仙桥达三圣殿，复退立如前。其精巧绝出人意。皆前所未有也。"[5]与大明殿灯漏同样，此至正报时宫漏也是一种水力推动，以齿轮为主的传动体系，同样具有报时、动物模型飞舞应节等功能，但具体构造更为复杂，实际上只能供帝王消遣，在社会上是不能推广的。

（二）几种日用机械的推广

在日用机械中，人们较为关心的是揿轴剪、舞钻、簧片锁等，及元皆进一步推广开来。1976年，河北磁县南开河村发掘了6艘元代木船，船上计出有瓷器、陶器、铁器、铜器、木器、石器、琉璃计486件，以及北宋铜钱45枚、南宋铜钱18枚、元代铜钱2枚。这些器物中，有铁剪3件，其中一件长19厘米；铁锁3把，长12厘米；舞钻2件，其中一件的铁钻头呈方形，钻杆上有3个引绳孔，器长68厘米。这些器物的外形与20世纪50年代的大体一致。木船倾覆的年代上限为至正十二年（1352年）[6]。

四、航运业和造船技术

宋代造船技术方面所获得的多方面成就，大凡元代都继承了下来，但技术创新不多。此期造船技术的成就主要表现在下列三方面：

1. 造船规模较大。蒙古人虽以骑兵之骁勇而威震欧亚大陆，但其灭宋之战却是得力于水师的。元朝立国后，在与南宋决战的短短十年内，便先后造战船10800艘。至元七年（1270年），"阿术与刘整言：围守襄阳必当以教水军、造战舰为先务。诏许之。教水军七万余人，造战舰五千艘"[7]。至元十年（1273年），"刘整请教练水军五六万，及于兴元、金、洋州，汴梁等处造船二千艘，从之"。次年，又"造战舰八百艘于汴梁"[8]。至元十七年（1280年），福建行省在泉州造船三千艘[9]。蒙古人还大规模地海外用兵，为征服日本，至元五年（1268年）时，曾诏谕高丽"当造舟一千艘，能涉大海可载四千石者"[10]。至元十一年（1274年）第一次东征日本，出动千料舟、拔都鲁轻急舟等九百艘，"惟虏掠四境而归"。至元十八年（1281年）东征日本规模更大，但遭遇暴风，舟师十万全军覆没[11]。

2. 开创了海上漕运。南宋末年，金履祥便提出了使用自长江口至渤海湾的航线[12]，但元朝初年方付诸实践。据《元史》卷九三"食货一·海运"载：经过三次调整，自长江口至海河口的航线最后确定为："从刘家港入海，至崇明州三沙放洋，向东行，入黑水大洋。取成山，转西至刘家岛，又至登州沙门岛，于莱州大洋入界河。当舟行风信有时，自浙西至京师，不过旬日而已"。前此，我国漕运主要是依靠运河、内河进行的。

3. 海外贸易的扩展。宋、元皆是我国古代海外贸易的顶峰期，尤其是元代，中国海船经常往来于东南亚、阿拉伯海、波斯湾、非洲东部沿海，及至地中海地区的一些地方[13]。

今见于考古发掘的元代古船至少有三起 10 艘，即：（1）1976 年在韩国新安海底打捞到的元代海运货船。[14][15]关于此船的国籍，多数学者皆认为是中国，但也有一些其他说法。（2）1984 年，山东蓬莱水城（登州湾）清淤所见 3 艘元代战船[16]。（3）1976 年河北磁县出土了 6 艘内河木船[6]。此海运货船、战船、内河木船，正好反映了元代船舶三方面的情况。此三起元代古船，尤其是蓬莱战船，为我们了解元代造船技术的发展提供了许多有益的资料[17]：

1. 新安海运货船和蓬莱战船皆尺寸较大，新安货船残长 28 米、最大宽度 6.8 米，分成 8 舱。蓬莱战船残长 28.6 米，残宽 5.6 米，残深 0.9 米，分成 14 舱，稍见细长，属于海防用刀鱼战船，当具有较好的快速反应能力。[16][17]磁县木船稍小，其 1 号船残长 8.24 米，存 6 舱；5 号船长约 16.6 米，约分成 11 舱[6]。

2. 蓬莱战船主龙骨的接合处更为讲究。蓬莱战船的主龙骨支撑尾龙骨和首柱，与宋代泉州、宁波海船大体一致，但蓬莱战船采用了带有凸凹榫的钩子同口连接，榫位长达 0.72 米，约为泉州、宁波宋船的 2 倍。尤其值得注意的是，其主龙骨与尾龙骨、首柱的接头处增加了补强材料，长度分别达 2.2 米和 2.1 米，断面为宽 26 厘米、厚 16 厘米。这较宋代显然是个进步[16]。

3. 蓬莱战船有 13 道舱壁，舱壁板厚达 16 厘米。值得注意的是：其相邻板列不是简单的对接，而是采用凸凹槽对接的，相邻板列凿有错列的 4 个榫孔，长 8 厘米、宽 3 厘米、深 12 厘米。接合较宋船精细，这更有利于保持舱壁的形状、船体整体刚性，以及水密性。[16][17]

第六节　造纸技术

我国古代造纸技术发明于汉，两宋便发展到了较为成熟的阶段，古代造纸业的许多重要技术都已发明出来，元代之后便进入了总结提高的阶段。但因元统治者的掠夺和摧残，使整个社会经济，许多手工业都受到了极大的破坏。虽有活字印刷的发明和一般经史类图书、宗教类图书，以及钞票等印刷的需要，但其造纸技术上亦无大的建树。宋代的不少名纸，如由拳纸、温州蠲纸等都已停产，不少元代纸都质量稍次。此期在造纸技术上较值得注意事项是：

（1）与金代同样，为抄造宝钞用纸，元代也设有抄纸坊。《元史》卷八五"百官志"载："抄纸坊，提领一员，正八品；大使一员，从八品。"

（2）对纸的质量进行了定额和规范式管理，并留下了相应的一些记载。如明人汪舜民（1440～1507 年）等修《（弘治）徽州府志》（1502 年）卷二"土贡"条在谈到徽州府元代土贡时说："常岁供官有赴北纸、行臺纸、本道廉访司纸；其纸有三色：曰夹纸、线纸、检纸。其赴北夹纸，岁三百万张。皇庆二年（1313 年）省箚坐下金玉府料例，赴北夹纸每千张重五十觔，用白净楮一百五十觔；线纸重每千张三十二觔八两，用白净楮九十斤三两四钱八分；检纸每千张重二十觔，用净白楮五十五勺四两一钱。续降式样：夹纸每张长二尺四寸，阔二尺；线纸每张长二尺二寸，阔一尺八寸；检纸每张长二尺，阔一尺六寸半；行臺纸、廉访司纸通计岁额口口二十万张，色样不齐，轻重不等。"[1]在三色纸中，检纸尺寸最小，线纸稍大，赴北夹纸则更大一些；大约检纸稍薄，线纸次之，赴北纸稍厚。这是朝廷对徽州府贡纸量和贡纸规格的一种管理，其他产纸地大约也实行了同样的管理。对纸的定额和定式管理大约此前便出现，具体时间待查。

（3）元费著完成了《蜀笺谱》一书[2]，对先世四川造纸技术进行了一些总结，这是我国古代造纸技术上值得重视的事件。

一、原料选择

此期的造纸原料主要是树皮、竹类和麻类，其次是草类。

树皮。元费著《蜀笺谱》载："天下皆以木肤为纸。"[2]此说天下普遍采用树皮造纸。同书又说："广都纸有四色，一曰假山南，二曰假荣，三曰冉村，四曰竹纸，皆以树皮为之。"[2]可见，著名的广都纸，也是以树皮为原料的。其中的"竹纸"是指细白且薄的一种纸，并非以竹为原料造成。这显然是从南宋袁说友《笺纸谱》援引过来，这大体反映了宋、元时代的情况。

元代还用桑皮造纸，并用它来印钞。《马可·波罗游记》第二卷第二十四章载："汗八里（今北京）这个城市里有一个大汗的造纸厂，它采用下列工序生产货币纸的技术：他命令人将桑树——它的叶子可以养蚕——的皮剥下，取出介于桑树粗皮和木质之间的一层极薄的内皮，然后将它浸泡在水中，随后倒入臼中，捣烂成糊浆，最后制成纸，其质地就像用棉花制成的纸，不过十分黑。到能使用时，就裁切成一片片大小不一的货币。"[3]1960年，无锡市南元代墓葬出土154件随葬品，其中包括"至元通行宝钞"15张，便是桑皮纸做成，色灰，原长27.8厘米、宽18.9厘米。钞版版长25厘米、宽16.4厘米，面额为"伍百文"，纸币上端自右至左横写"至元通行宝钞"[4]。

麻类。麻依然是元代的重要造纸原料，尤其在四川。元费著《蜀笺谱》载："天下皆以木肤为纸，而蜀中尽用蔡伦法。笺纸有玉版，有贡余，有经屑，有表光。玉版、贡余杂以旧布、破履、乱麻为之。惟经屑、表光，非乱麻不用。"[2]

其他原料使用情况不再列举。

二、打浆和抄造技术

打浆技术中值得注意的是水碓舂捣。有关记载始见于宋，元费著《蜀笺谱》亦有大体相类似的说法，但所述更详。云："府城之南五里有百花潭，支流为二，皆有桥焉。其一玉溪，其一薛涛。以纸为业者家其旁。锦江水濯锦益鲜明，故谓之锦江。以浣花潭水造纸故佳，其亦水之宜也。江旁凿臼为碓，上下相接，凡造纸之物，必杵之使烂，涤之使洁，然后随其广、狭、长、短之制以造。砑则为布纹，为绫绮，为人物花木，为虫鸟，为鼎彝，虽多变，亦因时之宜。"[2]说明水碓打浆在元代成都亦在使用。

关于元代抄造技术的资料较少。明汪舜民等修《（弘治）徽州府志》卷二"土贡"条谈到元时向内府所进楮皮纸的生产过程时说："造纸之法，荒黑楮皮率十分，割粗得六分，净溪沤灰腌暴之、沃之，以白为度。渝灰大镬中煮至糜烂，复入浅水沤一日。拣去乌丁黄根，又从而腌之。捣极细熟，盛以布囊，又于深溪用辊轳推荡，洁净入槽，乃取羊桃藤捣细，别用水桶浸揉，名曰滑水，倾槽间与白皮相和，搅打匀细，用帘抄成张。榨经宿，干于焙壁，张张摊刷，然后截沓解官，其为之不易盖如此。"[1]这里谈到了造纸的基本过程，其中包括原料选择、灰水沤沃、蒸煮、捣细、打槽、加入纸药、捞纸、焙干等工艺过程，是关于楮皮造纸的较早的资料。其中的"滑水"，即是纸药的水溶液。这是继周密《癸辛杂识》后，再次明确提到纸药的地方。此述楮皮纸工艺只经一次石灰沤腌发酵和煮料、冲洗、捣碎，同时未经日光漂白。后面谈到的明代江西皮纸则较此繁杂。

三、纸的品种

元代纸品中，除徽州等贡纸外，较值得注意的主要有：

四川广都皮纸。元费著《蜀笺谱》说，广都皮纸，"广幅无粉者，谓之假山南；狭幅有粉者，谓之假荣。造于冉村，曰清水[纸]；造于龙溪乡曰竹纸，蜀中经史子籍（集），皆以此纸传印。而竹丝之轻细似池纸，视上三色[纸]价稍贵；近年又仿徽、池法，作胜池纸，亦可用，但未甚精致尔"[2]。此说到了广都皮纸的三个品种，并说龙溪"竹纸"（注：皮纸）曾模仿徽纸、池纸的工艺。可见徽纸在元代已负盛名。这显然引用过前引南宋袁说友的文字。

诸笺纸。纸笺在唐宋便已十分流行，元时还出现了所谓百韵、连四等笺。元费著《蜀笺谱》载："纸固多品，皆玉版、表光之苗裔也。近年有百韵笺，则合以两色材为之，其横视常纸，长三之二，可以写诗百韵，故云。人便其纵阔可以放笔快书。凡纸皆有连二、连三、连四（原注：售者：连四一名曰船）笺，又有青白笺，背青面白；有学士笺，长不满尺；小学士笺，又半之。做姑苏作杂色粉纸，曰假苏笺，皆印金银花于上。承平前辈，盖常用之，中废不作比始复为之。然姑苏纸多布纹，而假苏笺皆罗纹，惟纸骨柔薄耳，若加厚壮，则可胜苏笺也。"[2]此百韵笺、连四笺、青白笺、学士笺、小学笺、姑苏笺等都是当时名笺。百韵笺大约较为长大，可写诗百韵。关于"连三"、"连四"，则有多种说法：（1）一次抄造连在一起的三笺、四笺；（2）福建纸业中的连氏兄弟；（3）"连"字即福建连城，"四"即是纸幅放大了四倍，"连四"便代表连城生产的大白纸。潘吉星主张前说[5]，戴家璋则主张后说[6]。他们的相同处是，都认为此名称与其工艺有关。我们基本上倾向于潘吉星的说法，下面将要谈到，明代江西也有"连三"、"连四"，及至"连七纸"，故第二、三种解释恐怕较难成立。《蜀笺谱》还将蜀笺与其他纸进行了一些比较："蜀笺体重，一夫之力仅能荷五百番，四方例贵川笺，盖以其远，号难致然。徽纸、池纸、竹纸在蜀，蜀人爱其轻细，客贩至成都，每番视川笺价几三倍。"[2]说蜀笺体重，徽纸、池纸较轻。

仿澄心堂纸。元费著《蜀笺谱》云："澄心堂纸，取李氏澄心堂样制也，盖表光之所轻脆而精绝者。中等则名曰玉水（冰）纸，最下者曰冷金笺，以供泛使。"[2]五代澄心堂纸原较厚重，宋、元仿制者皆较轻且薄。这大体上反映了宋、元两代仿造澄心堂纸的一些情况。

仿薛涛笺。因薛涛笺在人文中颇负盛名，故唐代之后，由宋及元，都不断有人仿制。清初王士禛（1634～1711年）《香祖笔记》卷一二引《雪蕉馆纪谈》云：

"明玉珍在蜀，有成都人陆子良能造薛涛笺，工巧过之。玉珍建捣锦亭于浣花，置笺局，俾子良领其事。"[7] 此"工巧过之"，自然是对其质量的一种赞誉。明玉珍（1331～1366 年）于元至正十七年（1357 年）领兵入蜀，次年克成都。他据蜀时间为 1358～1366 年。陆子良仿薛涛笺，当在此时或稍前。

春膏笺和水玉笺等。《妮古录》载："元有春膏、水玉二笺，**鲀色尤奇**，又以缳纸作蜡色，两面光莹，多写大藏经流传于世。故有宋笺元笺之称。近年所造者，幅小于昔，虽便于用而无古法。"[8]

此外，其他学者也谈到过一些元代名纸、名笺，并都给予了较高评价。明张应文《清秘藏》卷上"论纸"载："元有黄麻纸、铅山纸、常山纸、英山纸、上虞纸，皆可传之百世。"[9] 明文震亨《长物志》卷七"器具·纸"条载："元有彩色粉笺、蜡笺、黄笺、花笺、罗纹笺，皆出绍兴。有白箓、观音、清江等纸皆出江西。"[10]

四、费著《蜀笺谱》

费著（1303～1363 年），华阳人，进士及第，曾任四川重庆府总管，至正十九年，明玉珍攻城时，为避战乱而迁犍为。著有名为《笺纸谱》者一卷，约成书于1360 年。主要谈蜀笺，并旁及了姑苏笺、薛涛笺、宋景初十色笺等。对蜀笺沿革、品种、形制、用途都作了简要说明。为与鲜于枢的《纸笺谱》更好地区别开来，后人多谓之《蜀笺谱》。元陶宗仪《说郛》卷九八等曾经收录。"四库"本《说郛》称之为《蜀笺谱》，清《格致镜原》谓之《笺纸谱》[2]。

第七节　印刷技术的发展

蒙古贵族最初只谙弓马，而未遑文事。待其政权在全国逐渐确立下来后，便也做起了尊经崇儒、兴学立教之事来，使其印刷术在宋代基础上又有了一些发展。最初主要是收集南宋旧版重印，稍后，各级刻书机构也先后建立起来。元代朝廷一级的印刷出版机构主要有：兴文署、广成局、国子监，以及太医院、司天台等；地方有各路、府、州及郡县的儒学、书院或其他机构；民间刊刻则多为各地书铺，及少数私人家塾。在朝廷一级中，尤以兴文署刻本最负盛名，其中刻印较早且质量较好的应是至元二十二年（1285 年）的胡三省《资治通鉴音注》。总体上看，元代刻印书籍不少，有的质量也不错，但不得与宋代相比。这一方面固然与元代稍短，且经济破坏较甚有关，但更为重要的是朝廷曾对刻印书籍有过严格限制，必得向有关衙门提出申请，获准后方能印行。这无疑会扼杀一些很有价值的图书。明陆容《菽园杂记》卷一〇"古人书籍"条在谈到刻印书籍的版本质量时说："元人刻书，必经中书省看过，下有司，乃许刻印。"[1] 清蔡澄《鸡窗丛话》载："先辈云：元时人刻书极难，如某地某人有著作，则其地之绅士呈词于学使，学使以为不可刻，则已；如可，则学使备文咨部，部议以为可，则刊板行世，不可则止。"[2] 清末叶德辉（1864～1927 年）《书林清话》（1911 年）卷七"元时官刻书由下陈请"条更依据元刊本的版牌记，列出了不少有关刻书申请的程序[3]。元代经济长期未能恢复，著作原本不多，加上这些限制，显然要影响到元代的出版业。元代印刷业较为发达的是南方福建的建宁、建安，江西的庐陵，浙江的婺州、杭州和江苏的苏州；北方则以山西的平阳为盛。元代占主导地位的仍是雕版印刷，但技术上并无太大进步。元代印刷的主要成就是：中原木活字的使用见于记载，并使用了排版转轮；进行了金属活字的探索；雕版套色印刷有了发展；木版和铜版印刷纸币的技术较广泛地使用起来。

一、木活字印刷技术的发展

此期木活字技术的发展主要表现在两方面：一是王祯总结了一套木活字印刷的成功经验，并详尽地记述了下来；二是西北地区木活字印刷有了扩展。

（一）王祯木活字印刷

我国古代活字印刷发明于宋、辽时期，较早使用的有泥活字和木活字两种。今日看到的早期活字本实物既有汉文，也有西夏文，但皆见于原西夏地区。清代以来的藏书目录中，约著录过七八种宋活字本，如故宫博物院旧藏《周礼疏》，以及宋开庆元年（1259 年）《金刚经》，原有人认为其皆为木活字所成；后又有人认为，两者皆为雕版所印。清代藏书家缪荃孙（1844～1919 年）《艺风堂藏书续记》（1913 年）卷二说，北宋范祖禹（1041～1098 年）所著《帝学》为南宋嘉定木活字本，有学者认为其亦是雕版印成；其中范祖禹衔名一行多至 30 余字，上下重叠相连，几乎不可分割，若为活字印制，每字间总应有一定距离的[4][5]。看来，木活字在中原的真正使用，当是元王祯时期实现的。王祯不但成功地进行了木活字印刷的实践，并且是详尽记录了木活字印刷的第一人。

王祯《农书》卷二二"造活字印书法"载："今又有巧便之法。造板木作印盔，削竹片为行，雕板木为字。用小细锯镂开，各作一字，用小刀四面修之，比试大小高低一同；然后排字作行，削成竹片夹之。盔字既满，用木擖擖（楔）之，使坚牢，字皆不动，然后用墨刷印之。"这里谈到了木活字印刷的基本过程。制作木活字的方法是：先将所需文字刻在一块整板上，之后再用小锯锯成单个活字；为使之大小高低一致，须用小刀逐个四面修理。之后再排成行，两边夹以竹片，空隙处用木楔子楔（擖）紧，之后上墨印刷。"印盔"即印版。此活字，是先用整版雕出的，这不但效率高、省料，而且质量较有保证。

接着，王祯还详细地介绍了相关的六个辅助工序：

1. "写韵刻字法"。依国子监颁布的官韵选取可用字，依五声韵头制定字样，抄写完备后，请善于书写者依要求在白纸上写出各种字样，糊于板上，命刻字工刻出阳文反字。每字四边须稍留空隙，以便锯开。之、乎、也、者等语气词，数目字，常用字，各为一门类，且要多刻一些。总字数计约三万余字。

2. "锼字修字法"。主要介绍锯字修字的基本操作。"将刻讫板木上字样，用细齿小锯，每字四方锼下，盛于筐筥器内，每字令人用小裁刀修理整齐。先立准则，于准则内试大小高低一同，然后另贮别器。"

3. "作盔嵌字法"。介绍活字在贮字盘内的排序法。

4. "造轮法"。介绍旋转式贮字盘的构造和使用方法："用轻木造为大轮，其轮盘径可七尺，轮轴高可三尺许，用大木砧凿窍，上作横架，中贯轮轴，下有钻臼。立转轮盘，以圆竹笆铺之。上置活字板面，各依号数上下，相次铺摆，凡置轮两面：一轮置监韵板面，一轮置杂字板面。一人中坐，左右俱可推转摘字，盖

以人寻字则难，以字就人则易……字数取讫，又可铺还韵内。"（图7-7-1）

5. "取字法"。介绍排字、取字的一些基本操作："将元（原）写监韵另写一册，编成字号，每面各行各字俱计号数，与轮上门类相同，一人执韵依号数喝字，一人于轮上元（原）布轮字板内取摘字只，嵌于所印书板盔内，如有字韵内别无，随手令刊匠添补，疾得完备。"

6. "作盔、安字、印刷法"。介绍植字、印刷操作："用平直干板一片，量书面大小，四围作栏，右边空候摆满，盔面右边安置界栏，以木楎楎之。界行内字样，须要个个修理平正。先用刀削下诸样小竹片，以别器盛贮，如有低邪，随字形衬垫（垫）楎之，至字体平稳，然后刷印之，

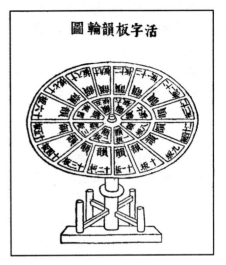

图7-7-1 元王祯《农书》所载旋转式韵类贮字盘

又以棕刷顺界行竖直刷之，不可横刷。印纸亦用棕刷顺界行刷之，此用活字板之定法也。"

本书详尽介绍了木活字印刷的各基本工序和辅助工序。宋代的毕昇也试行过木活字，未获成功。王祯木活字印刷的主要进步是：（1）解决了沾水则高低不平的问题，其具体操作今已不得而知。人们推测，其可能采取了两项措施：一是选用了水沾后不易变形的木材做字；二是可能王祯木活字稍高，从而减少了变形的可能性。（2）活字不用"松脂、腊和纸灰"等药粘附，而用楔子固定，就解决了拆版时活字"不可取"的困难。（3）毕昇泥活字虽也依韵放置，但它是置于贮字箱内的，王祯将之改造成了依韵排列的旋转式贮字盘，从而提高了找字和排字速度，减轻了劳动强度，这又是一项不错的发明。

王祯，字善伯，山东东平人。《农书》系其任宣州旌德县尹时（1295～1298年）开始编纂的。因感篇幅较大，难用雕版法付印，便命工匠制作木活字，二年便成，并先用它试印了大德《旌德县志》（1298年），此书约6万余字，不一月而百部印齐，"一如刊板"。两年后（1300年），王祯调任江西永丰县尹，木活字亦一同带了去，当时《农书》方成。原准备用此活字付印的，而江西方面已将《农书》雕版印刷，这套活字便未再用。其质量既"一如刊板"，自然是不错的。西夏虽可能也使用过木活字，但《吉祥遍至口和本续》的印刷质量显然不是太高。王祯木活字的试印成功，并详尽地记录了下来，是印刷技术史上的一个重大事件。

（二）西北木活字印刷的扩展

西北地区木活字技术始见于西夏时期，及元，西夏文木活字仍在使用，且又扩展到了维吾尔族地区。

元代西夏文木活字印刷是人们在研究西夏文《大方广佛华严经》时提出的。如前所云，1917年9月，宁夏灵武县知事余鼎铭修城时，在城墙内发现了西夏文

佛经两箱，后来，有的为国立北平图书馆收藏①，有的流落海外，有的仍留存民间。在 1930 年，就有人指出过其中的西夏文《大方广佛华严经》为木活字版[6]；1972 年[7]、1979 年[8]、1985 年[9]、1996 年[10]，先后又有好几位学者对其进行过认真研究，并一致肯定了其为活字本。王静如曾研究过宁夏博物馆所藏《大方广佛华严经》第 26 卷、第 57 卷残页和第 76 卷全本，他还进一步肯定其为木活字本。主要论据是：（1）经背透墨深浅不一。（2）有的字行排列歪扭。（3）有重字和脱字现象。（4）有的字误置。如第 76 卷封皮"经函标目"误置[7]。张思温还指出了其部分经阅卷中有挖补重印、错字上加盖正字，以及笔书校正误字等现象，认为其属活字版无疑[8]。牛达生对其第 76 卷作了再研究后还指出了两个现象：（1）该卷中的"宝"字，是在预留空格上捺印的。这种捺印补字法，是木活字印刷的有力证据。（2）"该经虽为木活字，但封皮经名函签，却为小块雕版印成。"[10]此外，日本学者藤枝晃于 1958 年，西田龙雄于 1966 年，都先后认为西夏文《大方广佛华严经》为木活字本。值得注意的是：往日的印刷史专著，很少有人关注过《大方广佛华严经》为木活字本的问题[10]。

这是元代西夏文木活字本的情况。下面再看元代维吾尔族木活字。

1908 年，甘肃敦煌千佛洞发现了数百个维吾尔文的木活字，硬木制成，大小不等，高矮一致，据考为 1300 年左右制成。维文原是拼音的，但这些活字并非字母，而是一个个的单词，这便表明了它与中原活字间的关系[11]。这些维族木活字当是在中原活字、西夏活字影响下制作出来的。

（三）关于马称德活字

元时，活字印刷在南方也有了扩展，其中较值得注意的一个事例是：广平（今河北永年）人马称德（1279～1335 年）的活字印刷。他于延祐六年（1319 年）任浙江奉化知州，因政绩较佳，离任后有人立碑颂其功德。元人李洧孙《知州马称德去恩碑记》（1323 年）载："广平马侯称德，字致远，作州于庆元之奉化，兴利补弊，无事不就正……荒田之垦至十三顷……杂木以株计者二百八十余万，养土田增置千二百石，活书板镂至十万字，教养有规。"[12]此说马称德用活字版印书 10 万字。又，元邓文源《建尊经阁增置学田记》："广平人马侯致远来牧是州……及今次刊到活字书板印成《大学衍义》等书。"至正《四明县志》（1342 年）卷七载奉化《书田记》："知州马称德任内置到活板十万字，书籍活版印刷《大学衍义》一部，计二十册。"此说马称德印活版书《大学衍义》，可惜此书今已不传。其中虽未说明此活版的材质，但自 20 世纪 50 年代至 90 年代，学术界一般都将其视为木活字，[13][14][15][16]当有一定道理。因为从时间和地点上看，马称德与王祯相去不远，受其影响是极有可能的。

二、关于瓦活字和锡活字的探索

如前所云，先秦和汉代的图文复制工具有陶质、半陶质、木质、金质、铜质

---

① 前身为 1909 年清学部奏请筹建的京师图书馆，1931 年 7 月在现址置建馆舍，定名"国立北平图书馆"（按：《辞海》说是 1928 年改名为国立北平图书馆），解放后改名"北京图书馆"，1999 年改名"中国国家图书馆"。

等；唐宋雕版印刷工具有木质、铜质，可能还有铅质。所以，当人们使用了泥活字、木活字，并看到了它们强度不足等缺点后，自然要试用瓦活字和金属活字的。有关这方面的记载始见于元王祯《农书》卷二二"造活字印书法"条，其在谈到了雕版印刷的不足后说："有人别生巧技，以铁为印盔界行，内用稀沥青浇满，冷定，取平火上再行煨化，以烧熟瓦字排于行内，作活字印板。为其不便，又有以泥为盔界行，内用薄泥，将烧熟瓦字排之，再入窑内烧为一段，亦可为活字板印之。近世又铸锡作字，以铁条贯之作行，嵌于盔内界行印书。但上项字样难于使墨，率多印坏。所以不能久行。"这里先后谈到了瓦活字和锡活字。此"瓦"字含义不明；王祯说瓦活字是"烧熟"了的，前云毕昇说胶泥活字是"火烧令坚"；从字面上看，不能排除瓦活字烧成温度稍高的可能性。但从现代技术原理上看，不管泥活字，还是瓦活字，其烧造皆相当于一种焙烧。焙烧过程主要是消除加工应力、脱水和促使某些碳水化合物分解，这与"陶模"、"陶范"焙烧过程大体上是一致的，故这泥活字和瓦活字，总体上皆应属于泥质、半陶质，而不能达到陶质，即不能达到陶的烧造温度，以免因相变和发生体积变化，而影响字形笔画的精确性。自然，更不能达烧结的温度。

与泥活字相比较，此锡活字的主要优点是：强度稍高，反复使用的次数较多。缺点是"难于使墨，率多印坏"。瓦活字未曾流行开来，可能与其烧成温度稍高，容易出现烧结，并引起活字体积变化有关。但锡活字和瓦活字的试用，反映了人们一种不断探索的精神，尤其是锡活字，这是见于记载的最早金属活字。锡活字的出现，为铜活字、铅活字的出现作了一定的准备。因纯锡较软，故这种锡活字很可能是一种锡为基的锡铅二元合金，此外可能还含有少量其他金属元素。

三、泥活字印刷技术的发展

毕昇之后，在元代，及至清代，都有人对泥活字印刷进行过研究和仿制。在元代，大家较为熟悉的主要是杨古（1216～1281 年），他曾用泥活字印制过《小学》等书。元姚燧《牧庵集》卷一五说：忽必烈谋士姚枢（1201～1278 年）曾因"《小学》书流布未广，教弟子杨古为沈氏活版，与《近思录》、《东莱经史说》诸书散之四方"[17]。此"沈氏活版"即沈括记述的泥活字版印刷术。另外，据 15 世纪的朝鲜人金宗直说，杨惟中（1205～1259 年）也曾作泥活字版。金宗直在跋朝文活版本《白氏文集》时说："活板之法始于沈括，而盛于杨惟中。天下古今之书籍无不可印，其利博矣。然其字皆烧土而为之，易以残缺，而不能耐久。"但杨惟中到底作了哪些泥活字版，却未说明，而《牧庵集》卷一五只说过杨惟中曾用雕版印刷过一些书籍，并未说其使用泥活字版。这有两种可能：一是金宗直另有所据[18]；二是不能排除金宗直把杨古的泥活字版算到了杨惟中头上的可能性，因杨惟中时任中书令。

四、雕版套色技术的发展

早在北宋和辽代，我国就用雕版套色法印制过佛像和纸币，但用套色法印书，却是到了元代才看到的。今人所见最早的朱、墨套印本是元中兴路（湖北江陵）资福寺所刊《金刚经注》。其卷首扉画坐着无闻老和尚注经，有侍者一人，旁立一人，连同书案、云彩、灵芝，皆为红色，上方松树为黑色（彩版玖，2）。至正元年（1341年）出版[19]。这虽非最早的套色印刷实物，却是世界最早的套色印刷的书籍。但书籍套色技术一直发展较慢，今见套色印本书多数是属于明万历之后的。

对资福寺《金刚经注》的印制方法，学术界也有不同意见。有人认为它是在同一雕版的不同部位涂了不同颜色而一次印成的，但我们还是倾向于多次印刷说，主要理由是其两色毫无沾染。

五、纸币印刷

为满足大规模军事行动的财政支出和蒙古贵族的物质奢求，元政府发行了大量纸币，并制定了一整套发行制度。据《元史》卷九三"食货志·钞法"载："元初仿唐宋金之法，有行用钞，其制无文籍可考。世祖中统元年（1260年）始造交钞。"罢除了各地临时发行的纸币，统一发行了"中统交钞"。"是年十月，又造'中统元宝钞'"。印刷用版计有两种，"初钞印用木为板，（至元）十三年（1276年）铸铜易之"。1960年，江苏无锡市元墓出土过"至元通行宝钞"33张，皆为桑皮纸，灰黑色，其中面额为"伍伯文"者15张，其全长27.8厘米、宽19.8厘米，钞面版长25厘米、宽16.4厘米，背面下部亦有版印；面额为"贰伯文"者18张[20]。元钞虽因发行量过大而引起通货膨胀，引起人民群众不满和拒绝使用，但纸币对纸的质量和印刷质量都要求较高，在印刷史上还是值得一提的。

第八节 火药火器技术的发展

我国古代火器在北宋初年开始使用。宋、金时期，一些初级火器一齐登上了战争的历史舞台，并显示了一定的威力和发展前景。元代在继续使用机发火砲（炮）、子窠突火枪的同时，又创制了金属的管形射击火器，即火炮和火枪，把火药、火器技术又向前推进了一步。

一、火药配制技术的提高

有关元代火药配方的文献资料迄今未见，但从有关火药爆炸事故的记载来看，元代火药技术的进步是十分明显的，其爆炸力亦大为提高。

周密《癸辛杂识·砲祸》载："赵南仲（1186~1266年）丞相溧阳私第常作圈，豢四虎于火药库之侧，一日，焙药火作，众砲倏发，声如震霆，地动屋倾，四虎悉毙，时盛传以为骇异。"[1]这是元代初年发生在溧阳的火药大爆炸事故。该条接着又说，至元庚辰（1280年）维扬砲库之变更为惨烈。因最初都是南人操作的，"遂尽易北人，而不谙药性，碾硫之际，光焰倏起，既而延燎，火抢奋起，迅如惊蛇……大声如山崩海啸，倾城骇恐，以为急兵至矣。仓皇莫知所为，远至百里外，屋瓦皆震……事定按视，则守兵百人皆糜碎无余。楹栋悉寸裂，或为砲风扇至十余里外，平地皆成坑谷至丈余。四比居民二百余家，悉罹奇祸"[1]。这是元代初年发生在扬州的两次火药大爆炸事故。其中的"砲"实指火药、火药包。"砲风"当指爆炸产生的各种冲击波。楹栋被炮风扇至十余里外，平地坑谷至十余丈，足见元代初年及至南宋末年火药爆炸威力之大和火药技术的进步。

在谈到元代火药时，还有一事值得一提。1974年，西安出土过一件铜火铳，药室中装满了火药；其色黑褐，出土时多已结成坚实的固体块，散碎者含有较大的颗粒。标本今虽丧失了爆炸力，但仍能燃烧，且有火星显现，燃烧后留有残渣[2]。经分析，其主要元素含量为：13.67% C、1.6% H、2.24% S、0.13% N。依此，有学者推定其物质组成为硝、黄、炭三物，并假定其依然沿用了《武经总要》中的硝硫比（3:1）；于是便得出了西安元代黑火药的配比为硝6、黄2、炭2的推论。因当时欧洲黑火药的成分是①：硝石67%、硫黄16.5%、木炭16.5%；有关学者并得出了此西安火药与之接近的结论。[2][3]此说当有一定道理，但如此层层设定的合理性，亦是需要研究的：（1）今日看到的火药成分，显然并非其原貌。（2）西安火药早已研碎，并已风化，其真实组分是不易分辨的。（3）《武经总要》中尚无金属管形火器用药，它的硝硫比，很难为西安火铳借用。

二、金属管形射击火器的出土情况

我国古代管形射击火器最初是竹质的[4]，大约元初便制造出了金属管形射击火器，今见于考古发掘和传世的元代管形火器多属铜铳，计约10例：

阿城铜手铳。1970年黑龙江省阿城县半拉子城出土。全长34厘米，重3.55千克。由前膛（铳管）、药室、尾銎三部分组成。前膛长17.5厘米，铳口内径2.6厘米，口部外沿铸有加固箍。药室外凸呈椭圆状，腹围21厘米，上有小孔可置火捻。尾銎中空，口大底小如喇叭形，可供装柄。伴出物皆属元代，发掘者结合有关文献推测，火铳铸制年代下限可能不晚于1290年[5]。

内蒙大德碗口铳。1989年发现于内蒙锡林郭勒盟一位牧民的羊圈边。全长34.7厘米，口外径10.2厘米，内径9.2厘米，壁厚约0.5厘米，口部呈碗口状，重6.21千克。铳体坚固，保存完好。前膛深27厘米，膛后部药室微隆起，壁上开有一个火门。尾部中空，长6.5厘米。尾銎两侧的铳壁上铸有两个对穿的小孔，孔径约2厘米，系装置火铳使用的水平轴孔。铳身两侧竖刻两行八思巴文，意为："大德二年（1298年）于迭额列数整八十"。这是迄今所知有明确纪年的最早的金属管形射击火器[6]。

西安铜手铳。1974年西安东关出土，全长26.5厘米，重1.78千克，亦由前膛、药室、尾銎三部分组成。前膛长14厘米、内径2.3厘米。药室为椭球形空腔，壁上有一小孔。在药室前后端、尾銎后端和铳口前端，计铸有6道加固箍。伴出物的建筑构件质地与元代安西王王府遗物一致[2]。依此人们推测，此手铳约14世纪铸成[7]。

通县铜铳。1970年北京通县出土，全长36.7厘米、口径2.6厘米、尾径2.6厘米，重2.13千克。此铳形制稍有特殊，铳膛及尾部稍呈喇叭形，药室前后各有一道箍，制作较为粗糙。年代无考，估计为13世纪末至14世纪初期之物。今藏首都博物馆。

余杭"天佑丙申（1356年）"铜铳。1983年，浙江余杭县征集，形制与至正辛卯铳相似而略小，全长32.6厘米，口径2.8厘米，重3.665千克，铳身上亦有6道箍。铳身有"天佑丙申，朱府铸造"8字铭。天佑为元末张士诚年号[8]。

① 一般认为，中国火药是在1258～1304年间传到伊斯兰教国家的；在1290～1325年间，欧洲人在与伊斯兰教国家作战时，也逐渐掌握了这一技术。

合肥铜手铳。1991 年合肥逍遥津公园出土，全长 38.5 厘米，由前膛、药室、尾銎、手柄 4 部分组成。前膛和尾銎均呈筒状，膛口及尾銎底座略呈喇叭形。前膛长 18.5 厘米、外口径 7.0 厘米、内径 3.0 厘米，尾銎长 9.0 厘米、外底口径 6 厘米、内径 4 厘米。药室外凸呈椭圆形，长 11.0 厘米、围度 26 厘米，药室前后端有扁圆形手柄相连。柄已断为二段。铳身两侧有合范缝，铳身首尾两端皆铸有一道加强箍。无铭文，亦无伴出物，有关学者从火铳形制比较推测，其年代当不晚于至正十一年（1351 年）[9]。

清江铜铳。形制与阿城火铳相似，伴出物有八思巴文铜钱，断代为元[10]。

益都"至正辛卯（1351 年）"铜铳。全长 43.5 厘米、口径 3.0 厘米，重 4.75 千克，自铳口至尾端，计有六道箍和三处 16 字铭：中部为"神飞"2 字，前部为"射穿百札，声动九天"8 字，尾部为"至正辛卯，天山"6 字。表面光滑，造型美观，字体工整，清新醒目，保存完好。乾隆二年（1737 年）发现于益都。今藏中国人民革命军事博物馆[11]。

房山"至顺三年（1332 年）"盏口铳。1935 年北京房山云居寺发现。铳身粗大，铳口似盏。由盏形铳口、铳膛、药室、铳尾构成。全长 35.3 厘米，口径 10.5 厘米，尾底口径 7.7 厘米，膛径 8 厘米，重 6.94 千克。铳身铭文为："至顺三年二月吉日，绥边讨寇军，第叁佰号马山。"今藏于中国国家博物馆[11]。

张家口碗口铳。1961 年张家口市发现，长 38.5 厘米、内口径 12 厘米、外口径 15.8 厘米，断代为元[12]。

这是今见铜火铳实物的简单情况，此外可能还有一些，不再枚举。这些火铳皆系铸制，大体上皆由铳膛、药室、尾銎三部分组成。尾銎的设计，一是为了便于铸造，二是便于装柄。阿城、西安铜铳，形制皆较简单，制作亦较为粗糙，铳管厚薄不甚均匀，口径不圆；阿城火铳在药室前后皆无加固箍。这些早期火铳皆身部较短，射程较短；装药和发射速度较慢；无瞄准器，命中率较低；铳身后坐力较大，且易炸裂。这些，都表现了一定的原始性。明代之后，才逐步得到了一些改进。

从使用方式上看，元代火铳大体可分为两种类型：（1）单兵手铳。直口，口径介于 2.3～3.0 厘米之间。单兵以手把持使用。（2）碗口铳。口呈碗状，或说盏口状，口径介于 10～12 厘米之间。安于架上发射。今在考古发掘中所见多属前者，后者所见有内蒙大德二年碗口铳、房山至顺三年盏口铳、张家口碗口铳等器。[11][13]因有关实物依然较少，且缺少详明的记载，故这两种火器谁个出现在先，眼下尚难判断。碗口铳虽较单兵手铳简单，但其发展也是很快的。上述几件铳的碗口只是稍有外侈，药室较短，且隆起较小，显示了早期碗口铳的特点；明代之后，碗口外侈增多，药室增大且明显鼓起[6]。

关于我国古代金属火铳的发明期，目前尚难肯定，一般认为是元代初年。今见较为确凿的实物是大德二年铳。但因有学者推定阿城铜铳的年代为 1290 年以前，这距南宋灭亡（1279 年）只有 10 年左右，而蒙古人的火器技术远较宋、金落后，依此，便有学者推测阿城铜铳应是南宋铸造，之后才落入了元人手中的[7]；不过，也有学者对此推断表示了怀疑，有待进一步研究。大德二年铳和至顺三年铳的銎壁上都铸有尾鋬水平转轴孔，其装入木轴后，便可起到转轴的作用；铳的前身垫置后，可通过抬高或压低转轴的方式来调节铳口的发射角；显然这是一种较为进步的装置。至顺三年铳的轴孔还呈方形，便于鋬壁与转轴间的固定连接。看来这几件元代火铳已走过了一定的发展历程[6]。

金属管形火器显然是从南宋竹质突火枪演变过来的，它的出现是火药火器技术发展史上的一次飞跃。其主要优点是：（1）强度高，能承载较大的压力，便能增加装药量，提高射出弹丸的初速度和杀伤力。（2）铜管较为耐热，故能保持良好的弹道性能，提高命中率。（3）铜管散热较快，使两次射击的时间间隔大为缩短。（4）使用寿命延长。（5）可视需要进行设计，故结构较为合理；可用铸造方式成型，故产品易于规范化，并可批量生产。

三、关于早期金属管形射击火器的记载

金属管形火器在军事上的应用当始于元代初期，但文献上的有关记载则是到了元代晚期才看到的，其名称主要有：火炮、火铳、火筒、火箭、火枪等。在攻城、守城、水战中都有使用，既用于镇压反元武装，亦用来互相残杀。

《元史》卷一九四"纳速剌丁传"载：至正十年（1350年），张士诚起兵反元，元廷派纳速剌丁前往镇压，"乃发火箭、火镞射之。死者蔽流而下"。这是较早提到"火箭"的地方，时为元代晚期。"箭"即筒，《汉书·律历志》："制十二箭以听凤之鸣"。此火箭即火铳。

元徐勉之《保越录》载：至正十九年（1359年），张士诚部将吕珍守越（绍兴），朱元璋部将胡大海率军来攻，将城围住并猛攻，"天将曙，大军列阵于城外，飞矢如雨，又以火筒、火箭、铁弹丸射入城中，其锋疾不可当"[14]。这里提到了"火筒"，亦是火铳；铳者，亦即筒也。此"铁弹丸"也很值得注意，虽其发射方式不得而知，但并不能完全排除管形火器发射的可能性。

钱谦益《国初群雄事略》卷四"汉陈友谅"载：至正二十三年（1363年）七月，朱元璋率舟师二十万至鄱阳湖，与陈友谅主力（号称六十万）决战，战斗开始后，朱元璋按部署攻击陈友谅水军，"火砲、火铳、火箭、火蒺藜、大小火枪、大小将军炮、大小铁炮、神机箭"等火器，一起射出[15]。时为元代末年。此火砲、火铳、大小将军炮、大小铁炮，包括大小火枪在内，为管形火器当是无疑了的。此"大小铁炮"，则是元代已有铁质管形火器之证。可知，作为管形火器的枪、铳、炮元代都已出现。此"将军炮"一名在明、清文献中常可看到，它是对一些重型火炮的一种美誉。此两段文献都提到了"火箭"，很可能也是火药发射的。《火龙经》卷中便载有火药发射的"火箭"。

此外，关于元人使用铜火器的文字还有一些。如杨维桢诗《铜将军》，描写张士诚弟张士信在平江（今江苏苏州）被铜火炮击毙的情况。其题注云："刺伪相张士信也。丁未（1367年）六月六日为龙井砲击死。"诗中有云："铜将军，无目视有准，无耳听有神……天假手疾雷一击，粉碎千斤身。"[16]此"龙井砲"即一种铜火炮。

关于元代使用铁质管形火炮的情况，这里还有一条文献。张宪诗《铁碾行》："黑龙堕卵大如斗，卵破龙飞雷鬼走，火腾阳燧电火红，霹雳一声混沌破。"[17]此

"铁砲"又誉之为"黑龙",当即是铁质的管形火器,与前引钱谦益《国初群雄事略》卷四所说"大小铁炮"应是一样的。但元代铁质管形火炮的实物却迄今未见。清末金陵校场出土的铁炮,旧传为元末张士诚铸,经有关学者考订,应是吴三桂所铸,因张士诚不用"周"纪年,吴三桂才用"周"纪年[18]。

作为管形火器的枪、铳、炮,是为适应不同的需要而制造出来的;为了便于单兵冲锋陷阵、使用轻便,就造得小一些;为了加大威力、加大杀伤力,就铸得大一些。上述房山至顺三年铳、张家口元代铳的炮口皆呈碗口(盏口)状,主要是为了发射直径较大的炮弹,其中包括石弹和火药弹等[19][20]。有关情况下一章还要谈到。

我国古代之砲或炮,约有两种类型:(1)抛石机。其迟至发明于春秋时期,始称之为"机",约魏晋时期便有了"砲"和"砲"的称呼;被投射物始为石球,至迟唐代又有了油脂类等易燃物,北宋之后又有了火药性易燃、易爆物。(2)金属管形火器。约发明于元代初年,兴盛于明、清,被投射物主要是火药弹。从宋初到元末,是抛石机从抛石过渡到抛火药的阶段。抛石在宋代仍十分盛行,明、清时期还有使用。一般认为,作为金属管形火器的"炮"、"火炮"的名称,是由抛石机演变过来的。在实际生活中,人们不但把投石机和管形火器称之为"砲"或"炮",而且把被投射物,如大石球、瓦质或铁质的火药罐等也冠上了"砲"或"炮"之名。

第九节 指南针技术的推广

我国指南针技术约发明于唐代中期,当时主要是水针,多存在于方术家手中。至迟北宋晚期,水针便用到了航海事业上。至迟南宋中期,我国又发明了旱罗盘。元时,指南针进一步推广开来,目前在中国南北许多地方都有图绘"王"字形水针瓷碗出土,并有了航海针路的许多记载。针路的出现,为海船的安全行驶提供了有力的保证。

一、水针技术的推广

在元代,水针的使用日渐增多,这可由图绘"王"字形水针瓷碗的出土情况得到证实。这种图绘"王"字形水针瓷碗在宋代尚无一见;元代以后,有关实物在河北、北京、辽宁、江苏等地都有出土。今见于报道的主要有下列几处:

观台窑元代地层。1957年,河北磁县观台镇窑址元代地层出白釉瓷碗、碟、盘等物,瓷碗较大,口沿外撇,深腹、高圈足。碗的内底多见有马、王、吴、刘、元等不同的文字,显然,这应是一种纪姓标记。值得注意的是,有一种碗的内底绘有"王"字形图案,具体形态是三个花生形、算珠形的墨点,中间横贯一细线。有的碗保存较好,有的只见残片,内底亦多绘有两周黑色或赭色弦纹[1]。

1964年,考古工作者在观台镇、冶子村、东艾口村等,磁州窑的这三处遗址中发现过多件晚于宋代的图绘"王"字形水针瓷碗,其中一件口径14.6厘米、高5.8厘米;另一件口径18.8厘米、高8.5厘米。碗内施白色满釉,碗底绘有"王"字形图案[2]。

旅大甘井子元代墓葬。1958 年，辽宁旅大市（今属大连市）甘井子元代墓葬出土有白釉褐花大瓷碗两件，碗高 7.5 厘米，碗外挂半釉，碗内绘有两周褐釉弦纹，碗底中心绘有"王"字形图案。碗之外底圈足内绘墨书一个"针"字[3]。

磁县南开河元代沉船。1975 年，磁县南开河元代沉船内出土大量窑器，其中有白釉碗 42 件，碗高 7.6 ~ 8.3 厘米，有的碗的内底亦绘有"王"字图案[4]。

丹徒元代窖藏。1962 年，江苏丹徒大港一带发现一处元代窖藏，出土瓷器 26 件，其中有 3 件磁州窑白釉带花碗，碗高 7.2 厘米、口径 17.2 厘米，撇口圈足；碗外半釉，碗内满釉；碗内绘有两周弦纹，内底中心绘有"王"字形图案[5]。

此外还有北京明城墙豁口。20 世纪 70 年代晚期，北京市文物工作队在明初所筑北城墙的豁口处，亦发现过图绘"王"字形瓷片[5]。

这种图绘"王"字形瓷碗都大体相同：通常外表半釉，内表满釉；内底中心图绘有"王"字形图案，其外有两周弦纹；有的碗之外底墨书一个"针"字。王振铎认为：这种绘有水针的瓷碗，实际上是漂浮式水针的天池，也即是水针的承载体。其"王"字当中的竖线便表示磁针；三个花生状、算珠形墨点（即所谓的三条横线），便表示水针的三支灯心草。将磁针放入针碗的水

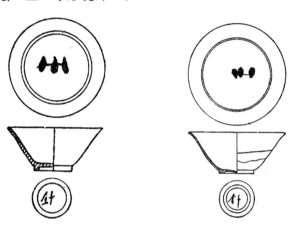

图 7-9-1　旅大甘井子图绘"王"字形水针瓷碗
采自文献[5]

中，与所绘磁针上下对照，视需而转动针碗，所绘磁针便可指出转移的方位。如，磁针上下对准后，再将针碗转成直角，碗内所绘磁针（即"王"字的一竖线）的方向便是东西向位，从而便可确定东、南、西、北四个方位（图 7-9-1）[5]。这种瓷碗在中国南方、北方都有出土，说明这种水针此时使用已广。

二、对磁偏角认识的发展

元人对磁偏角亦有了进一步的认识。元初赵友钦撰、明王袆修订的《重修革象新书》卷下"地有偏向"载："地中有子午卯酉四向。四向既正，则轮盘二十四向皆正矣。然而八方之地，各有偏向。春分前二日、后二日，此两日卯酉时，日在卯酉正位；设地偏南北，则卯酉表景不相直。北极为子正之位；日中，太阳为正午之位；设地偏东西，则子午表景不相直。故于偏地而欲取正四向以分轮盘，则二十四向疏密不均，首尾不对矣。要当各立偏向而先审定偏卯偏酉之方……若世所用指南针，要亦可准。试即偏地用之，验其所指者，正午欤？偏午欤？使偏地而指偏午，则二十四向皆随偏午而定，而亦可因以测天。苟指正午，则偏地难指正向，午虽正午，而子非正子，首尾不对，一向既差，余向俱差矣，此不可不辨也。"[6]此进一步阐明了宋代以来关于磁偏角的思想。虽因历史条件限制，时人在解释磁偏角的原因时还不是十分周密，但这毕竟是人们认识上的的一个进步。

元程棨在《三柳轩杂识·指南铖》中，亦谈到了磁偏角，并谈到了水针："阴阳家为磁石引针定南北，每有子午丙壬之理。按本州沽义，磁石磨针锋，则能指南，然常偏东，不全南也。其注取新矿中独缕，以半芥子蜡缀于针腰，无风处垂之，则针当指南，以针积贯灯心，浮水上亦指南，然常偏丙位，盖丙为土火庚辛金其制，故知是物类感耳"[7]。说明在元代，它们都已为较多的人所了解。

三、关于航海针路的记载

元代在指南针应用上获得了一项新的突破，即出现了航海罗盘的"针路"，这是航海过程中，用罗盘针表示的航向或航线。在现有文献中，关于针路的记载始见于元，不少文献都有记载。

周达观《真腊风土记》："自温州开洋，行丁未针，历闽、广海外诸州港口，过七洲洋，经交趾洋到占城；又自占城顺风可半月到真蒲，乃其境也。又自真蒲行坤申针，过崑苍洋入港。"[8]周达观，温州人，其于元成宗元贞元年（1295年）至大德元年（1297年）出使真腊（今柬埔寨）。其在该书的"总序"中便谈到了前往真腊的针路。这里提到了丁未针、坤申针两种航向，且十分具体。

《大元海运记》卷下"测候潮汛应验"条云："万里海洋，渺无涯际，阴阳风雨，出于不测，惟凭针路定向行船。仰观天象，以卜明晦，故船主高价召募惯常梢工，使司其事。"此虽说得较为概括、笼统，但却十分明确地说到了"凭针路定向行船"。此书原收集在至顺二年（1331年）成书的《皇朝经世大典》中；1915年时，由罗振玉收入《雪堂丛刻》而得流传。

明清时期，有关航海针路的文字资料明显增多，其中大家较为熟悉的《海道针经（甲）·顺风相送》、《海道针经（乙）·指南正法》两书，前者约成书于明代中晚期，后者约成书于明末清初。它们记述了东西洋各国的水山形胜和往返针路。[9][10][11]

这些针路显然是人们在长期航海实践中总结出来的，"针路"的出现，说明了航海事业和航海罗盘针技术的发展。

在此有一点需指出的是，今世有学者认为：中国人发明了火药，但只用来制作爆仗；中国人发明了指南针，但只用来看风水；其实并不是这样的。由上可见，火药发明于唐代中期，北宋初年开始制成火器并用于战争，在元、明两代战事中都显示过强大的威力；指南针约发明于唐代中期，早在北宋便使用到了航海事业中，元代海军的多次远征、明代郑和下西洋等重要海事活动都使用了指南针。其实，造纸、印刷、火药、指南针这四大发明，也和其他科技成就一样，都是在实践中产生出来，在实践中得到了发展，都在中国历史上作出了重要贡献。

第十节 髹漆技术

元代历时较短，但出土漆器还不是太少的，且在我国漆器技术发展史上占有重要的地位。其中最值得注意的事项是：（1）剔红技术、螺钿技术、戗金技术和素色漆技术等，此期都有了较大发展，其中薄钿片的使用则具有划时代的意义。（2）元人陶宗仪著《辍耕录》中，对多项髹漆工艺做了详明的记载，这是保存至今的最早的髹漆工艺的资料。这些都在一定程度上说明了此期髹漆技术的发展。

一、漆器出土和收藏的一般情况

（一）考古发掘的元代漆器

较值得注意的主要有：

青浦任氏墓漆器。1952 年发掘，出土漆器 7 件，包括雕漆山水人物圆盒 1 件、漆奁 1 件、漆小盒 4 件、漆瓶 1 件，其中较值得注意的是：（1）雕漆山水人物圆盒，高 4.0 厘米、直径 12.2 厘米，木胎，盒面雕陶渊明东篱采药图，雕漆呈枣红色，与后述故宫博物院所藏"张成造"款雕漆山水人物盒，在造型、刀法上均极为相似，很可能出于同派工匠之手。张成为嘉兴人，元末雕漆名匠。《格古要论》卷下"古漆器论"载："剔红，器无新旧，但看朱厚色鲜红而坚重者为好……元末西塘杨汇有张成、杨茂，剔红最得名。"[1]（2）小漆盒，高 4.9 厘米、直径 8.8 厘米，朱漆，镶银口。这是一组任氏家族墓，伴出物中有 6 块墓志铭和 3 块墓碑，其中载有墓主人的生卒年月和生平事迹[2]。这些漆器一定程度上反映了元代雕漆技术的发展。

无锡元墓漆器。1960 年发掘，计约 10 件，包括：（1）漆奁 1 件，八葵形，分为 3 格，带盖，有子口。通高 22.5 厘米、直径 16.5 厘米、底径 12.3 厘米，外朱红，里和外底皆黑色。（2）盒 3 件，置奁内，里外皆髹黑漆。（3）盆 4 件，其中 I 式 2 件，里外皆黑，外底红色。（4）桶 2 件，里外皆黑，外底红色。此 10 件漆器皆髹素色漆，多为黑色，或间有红色等。伴出物有"至元通行宝钞"等物[3]。可见素色漆技术在元代又有了发展。

北京元大都薄螺钿残片。1 件，1970 年北京元大都贵族居住址出土，原器系木胎漆盘，盘径约 37 厘米，盘之内表面用海螺壳薄片镶嵌成嫦娥奔月图。图案正中是一座双层楼阁，楼阁旁边植有梧桐树和桂树，楼阁上方云雾缭绕。螺片五光十色，构图气象万千[4][5]。前述唐代钿螺片都是较厚的，这元大都螺钿则是今日所见年代最早的薄钿螺片实物，在我国古代漆器技术史上占有重要的地位。薄螺钿的优点主要是构图更为细致清新。

北京延庆泰定元年（1324 年）"内府官物"朱漆盘。1989 年出土，盘高 5.9 厘米、口径 36.3 厘米、足径 28.5 厘米，木胎夹纻，表里皆髹朱漆，盘底髹黑漆，盘底直书朱楷体字款三行：中行"内府官物"，右行"泰定元年三月漆匠作头徐祥天"，左行"武昌路提调官同知外家奴朝散"。外家奴为人名，元人常以"千家奴"、"百家奴"取名。"朝散"是虚衔，只领俸禄，并无职权[6]。可知这是一件供内府使用的官物。元官府对髹漆业还较重视，《元史》卷八五"百官志"载：至元十二年设"诸色人匠总管府"，隶属工部，下置出蜡局、镔铁局、油漆局等。

（二）传世品中所见元代漆器

这类漆器主要是雕漆、犀皮，以及戗金漆器，国内外都有收藏。

故宫博物院藏张成造剔红山水人物盒。1 件，1954 年购得。表面为朱红罩漆堆起，漆层约 80 道，呈深红色（俗谓枣红色），里面及底部皆用光漆，呈棕黑色（俗谓栗子皮色），盒底针刻"张成造"3 字[7]。

故宫博物院藏杨茂造剔红花卉渣斗。1 件，周身以土黄色罩漆为地，用朱红罩漆堆起，约有50层漆，雕成秋葵、山茶纹样。底部和里面用数道纯黑色退光漆，底部有针刻"杨茂造"3字。用朱不厚，底和里部满布"牛毛断纹"[7]。如前云，杨茂和张成同为嘉兴西塘人，俱善雕漆，对我国雕漆技术的发展都作出过重要贡献。

故宫博物院藏张成造剔红花卉圆盘。1件，盘里及表面均用红罩漆堆起，约百十漆层，盘心雕牡丹一枝，盘外边作连云带状图案，其面光漆呈纯黑色。雕工刀法与张成造剔红山水人物圆盒相同，盘底靠边处有针刻"张成造"3字[7]。

安徽省博物馆藏张成造剔犀漆盒。1件，圆形，直径15.4厘米，通高6.5厘米，盖和底的周缘皆雕三组云纹，雕工圆润，堆漆肥厚，刀口深几达1厘米。盒的漆色黝黑，刀口中露出朱漆3层，每层相隔约2毫米。盖底足内光素，漆色紫黑，靠近足的边缘，针刻"张成造"3字。1956年民间捐赠[8]。

日本也保存有不少元代漆器，1977年东京国立博物馆《东洋の漆工艺》展出的元代戗金漆器便有10件之多，其中有4件为"延祐年"款，有的并写明制者和产地[9]。日本出版的《世界美术全集》（修订本）卷一四载有两件图片，当为一斑：

双鸟纹经箱。箱之正面开光内戗划2只飞翔的鹦鹉，地子用平行的横线充填，并加朵云纹。开光外划牡丹状花卉。用黄成所谓"物象细钩之间——划刷*丝*"的方法做成[10]。开光之上见有"存性"二字。箱上有"延祐二年栋梁神正杭州油局桥金家造"16字款。延祐二年即1315年。广岛光明坊所藏[11]。

人物花鸟纹经箱。箱长40厘米、宽20.6厘米、高25.8厘米，无款识，箱盖戗划凤凰，两侧为孔雀，前面为长尾鸟，背面为人物。图案处理亦为开光内划双鸟及朵云纹，开光外四角划牡丹纹，似与前箱同出于一个高手。但此箱边缘有嵌螺钿细壳的条带，前箱无此。吉泽家旧藏[11]。

见于考古发掘和传世的元代漆器还有一些，不再一一引述。此期漆器既有官营者，也有民营者，在技术上都达到了较高水平。官器如北京延庆"内府官物"盘，民器如"张成造"、"杨茂造"字款器。这些器物反映的技术中，最值得注意的是薄螺片、雕漆和素髹漆器三项技术，它们都从不同角度反映了元代髹漆技术的发展水平和特殊成就。

二、髹漆工艺

古代的许多制作工艺，往往是数百年，及至上千年皆无太大变化，髹漆工艺自然也不例外。从现有资料看，元代髹漆工艺中较值得注意的是：制胎方面，有了关于夹纻胎工艺操作的简单记载；兑漆方面，有了桐油熬制工艺的记载，并表现了较高的技术水平；装饰方面，有了戗金银工艺的记载。薄螺钿虽意义较大，可惜无更多的资料，难作进一步讨论。

（一）夹纻胎技术的发展

这主要表现在佛像制作上。唐、宋时期，夹纻胎佛像已有较大发展，元代大体上仍保持了这一趋势，其工匠中的代表性人物是刘元，有关他的事迹，多种文献都有记载。

元末陶宗仪《辍耕录》卷二四"精塑佛像"条载："刘元，字秉元，蓟之宝坻人，官至昭文馆大学士……其艺非一，而独长于塑。至元七年，世祖建大护国仁王寺，严设梵天佛象，特求奇工为之，有以元荐者及被召，又从阿纳噶木国公学西天梵相，神思妙合，遂为绝艺。凡两都名刹有塑土范金，搏换为佛，一出元之手，天下无以比。所谓搏换者，漫帛土偶上而髹之已，而去其土，髹帛俨然像也。昔人尚为之，至元尤妙。搏丸又曰脱活，京师语如此。"[12]这段文献的前半段说刘元生平事迹，后半段则说其夹纻胎制作佛像的工艺。说制作夹纻胎佛像，须先用泥土塑造佛像模型，再漫漆灰、布帛而髹之，髹完之后去其泥土，便髹制成佛像了。这段文字虽仍较为简单，但它依然是今见关于夹纻胎漆器操作工艺的最早记载。"夹纻"一词始见于汉，元代又称之为"搏换"、"搏丸"、"脱活"等名，清后始谓之"脱胎"。此"脱活"，大约便是"脱胎"一语的前身。

《元史》卷二〇三"工艺传"所载大体一致：阿尼哥善画塑及铸金为像，"有刘元者，尝从阿尼哥学西天梵相，亦称绝艺……至元中，凡两都名刹，塑土范金，搏换为佛像，出元手者，神思妙合，天下称之其上……搏换者，漫帛土偶上而髹之，已而去其上髹帛，俨然成像云"。元虞集《道园学古录》卷七"刘正奉塑记"[13]所记，与《辍耕录》和《元史》基本一致。

（二）鳗水

即灰膏子。《髹饰录》"质法"第一七"垸漆"载："垸漆，一名灰漆。用角灰、磁屑为上，骨灰、蛤灰次之，砖灰、坯屑、砥灰为下。皆筛过分粗、中、细，而次第布之如左，灰毕而加糙漆。"杨明注云："又有鳗水者，胜之。鳗水即灰膏子也。"[14]髹漆前抹灰膏子之事未知始于何时，但有关记载却是到了元代，才在《辍耕录》中看到的。其卷三〇"髹器"条在谈到了前述"黑光"、"朱红"操作后，接着便谈到了鳗水。其云："鳗水，好桐油煎沸以水试之，看躁也。方入黄丹、腻粉、无名异，煎一滚以水试，如蜜之状，令冷油水各等分，杖棒搅匀。却取砖灰一分、石灰一分、细面一分和匀，以前项油水搅和，调粘灰器物上，再加细灰，然后用漆，并如黑光法，或用油亦可。"[15]此"鳗水"，20世纪80年代前，北京匠师将类似的工艺称之为"找满"；鳗，或即满的谐音[16]。躁，急躁，在此指"以水试"时的沸腾情况。黄丹，即黄色的氧化铅PbO；但因金属铅或铅粉在空气中焙烧后，常为两种氧化物，即PbO和Pb_3O_4（铅丹）的混合物，故铅丹与黄丹，古人经常二名混用。《本草纲目》卷八引陶弘景云：铅丹，"今熬铅所作黄丹也"[17]。腻粉之名不详，或即胡粉，妇人用来胡面之物。无名异，制作青花瓷釉的一种钴锰矿，亦可入药，产于西亚和阿拉伯。这是我国古代关于制作灰膏子的最早记载。

北京传统的打满工艺中，熬制灰油的过程是这样的：先将生桐油放入锅中煎煮，缓缓调搅，及沸，再放入研细的章丹（即铅丹或黄丹）和土子。每油一斤，章丹、土子各一两。章丹经煎熬，色渐转黑，然后取出少许，滴入水碗中试之。若油入水便散，说明尚未煎成；若入水便凝成了珠状，并沉下复又浮起，便是煎成。此时锅须离火，并用勺在油内搅动，使油出烟，至油凉烟尽为止。搅动不可稍停，否则烟不得出，造成窝烟，且可能使油致燃。油冷后，用坚牢的纸（行话谓之"掩头"）将油面盖严，放在一边待用[16]。这与《辍耕录》所云熬油过程相近，但亦有一定差别。

（三）戗金银法

此法约发明于西汉时期，历代都有使用，尤其唐、宋时期，元代亦有不少发展。"戗金"一词始见于唐，但有关其工艺操作的详细记载却是到了元代才看到的。

元陶宗仪《辍耕录》卷三〇载："戗金银法，嘉兴斜塘杨汇髹工戗金戗银法：凡器用什物，先用黑漆为地，以针刻画，或山水树石、或花竹翎毛、或亭台屋宇、或人物故事，一一完整。然后用新罗漆，若戗金则调雌黄，若戗银则调韶粉。日晒后角挑，挑嵌所刻缝罅。金箔或银箔，依银匠所用纸糊笼罩置，金银箔在内，遂旋细切取，铺已施漆上，新棉揩拭牢实。但著漆者自然粘住，其余金银都在绵上，于熨斗中烧灰，坩埚内熔锻，浑不走失。"[18]这里谈到了戗金银法的基本操作。可知其所谓的"金银"有两种，一是具有金色的雌黄和银色的韶粉。此雌黄即 As_2S_3，色金黄；韶粉即胡粉，学名碳酸铅 $PbCO_3$ 或碱式碳酸铅 $Pb(OH)_2 \cdot 2PbCO_3$，色白，古代女子用作胡脸化妆。二是真金真银，掉下的细碎须设法回收。这是我国古代文献中，关于戗金操作的最早记载，简单明了。

（四）堆红

用漆灰堆起花纹后髹漆而成。曹昭《格古要论》卷下载："堆红，假剔红，用灰团起，外面用朱漆漆之。"堆漆技术至迟发明于战国时期，故这种堆灰技术也不会太晚的。虽有关实物不是太多，再结合曹昭的文字推测，元代或元代之前，此工艺必已出现。

三、陶宗仪《辍耕录》"髹器"诸条及其历史地位

我国的髹漆技术约发明于河姆渡文化时期，但在保留至今的文字资料中，有关髹漆工艺的记载却是到了元代，才在陶宗仪《辍耕录》中看到的。五代朱遵度虽撰有《漆经》一书，可惜今已佚失。

陶宗仪，生卒年不详，字九成，号南村，浙江黄岩人，元末明初学者。元至正间举进士不第，明洪武间曾任教官。《辍耕录》之书前署有"至正丙午夏月江阴孙作大雅序"。依此，此书约成于至正二十六年（丙午，1366 年）。据"序"云，元代末年，陶九成避兵三吴间。有田一廛，家于松南；作劳之暇，每以笔墨自随。时时辍耕，休于树阴；抱膝而叹，鼓腹而歌。历十余年，随录而成此书。陶宗仪学识渊博，此外还著有《南村诗集》和《书史会要》九卷，并节录前人笔记小说编为《说郛》一〇〇卷等。

《辍耕录》并非髹漆专著，"四库全书"将其纳入"笔记小说类"，实为杂录，凡三十卷，不立卷名，卷下即为条目。如卷三〇有："印章制度"、"银工"、"书画楼"、"髹器"、"银锭字号"、"戗金银法"等条目。本书所录髹漆工艺计为 4 条：即（1）卷一一的"西皮"条，全录自唐《因话录》；（2）卷二四的"精塑佛像"；（3）卷三〇的"髹器"和"戗金银法"，计 2 条。"髹器"条计有 3 项内容，即"黑光"、"朱红"、"鳗水"，前两项在宋代章已经提到。

《辍耕录》关于髹漆技术的记载具有重要的技术意义：（1）其关于漆器技术的 4 个条目中，除"犀皮"引自唐《因话录》外，其余皆首次见于此书。虽朱启钤《髹

饰录》"弁言"认为："每谓《辍耕录》所载黑光、朱红、鳗水及戗金银诸法，出自朱遵度《漆经》。"但《漆经》可惜已佚失，因《辍耕录》而得以保存下来，而"鳗水"条在明代黄成《髹饰录》中亦无记述，唯杨明"注"提过而已。依此，本书的历史地位便不言自明。（2）所述工艺过程较为详细，而且笔墨洗练、深入浅出，风格清新，甚至明黄成《髹漆录》亦为之逊色。

参 考 文 献

第一节 煤炭使用和石油开采技术的发展

[1] 鞠清远：《元代系官匠户研究》，《食货》第一卷第9期，1935年4月。

[2] 吴坤仪等：《荥阳楚村元代铸造遗址的试掘与研究》，《中原文物》1984年第1期。

[3] 王可等：《元大都遗址出土铁器分析》，《考古》1990年第7期。

[4] 《马可·波罗游记》第404页，中华书局，1955年。

第二节 冶金技术发展的艰难历程

[1] 《熬波图》，文渊阁《钦定四库全书》抄本，武汉大学出版社电子版第243碟。

[2] 吴坤仪等：《荥阳楚村元代铸造遗址的试掘与研究》，《中原文物》1984年第1期。

[3] 杨宽：《中国古代冶铁鼓风和水力冶铁鼓风炉的发明》，《中国科学技术发明和科学技术人物论集》，三联书店，1955年。

[4] 赵光林：《北京市发现一批古墓遗址和窖藏文物》，《考古》1989年第2期。

[5] 盖山林：《内蒙古包头市郊麻池出土铜范》，《考古》1965年第5期。俗称为铜范，实为制范的铜质模具。

[6] 王可等：《元大都遗址出土铁器分析》，《考古》1990年第7期。

[7] 张子高、杨根：《镔铁考》，《科学史集刊》第7期，1964年。

[8] 何堂坤：《关于镔铁的产地和工艺》，《中国国学》第25期，1997年，台湾。

[9] 何堂坤：《关于花纹钢及其模拟试验》，《锻压技术》1988年第4期。

第三节 元代制瓷技术的发展

[1] 关甲堃等：《论元代的钧瓷》，《考古与文物》1990年第3期。

[2] 中国科学院考古研究所等：《北京西绦胡同和后桃园的元代居住遗址》，《考古》1973年第5期。

[3] 陕西省考古研究所铜川工作站：《耀州窑作坊和窑炉遗址发掘简报》，《考古与文物》1987年第1期。

[4] 周仁等：《中国历代名窑陶瓷工艺的初步科学总结》，《考古学报》1960年第1期。

[5] 苏继顾：《"岛夷志略"校释》，中华书局，1981年5月。

[6] 彭适凡：《"岛夷志略"中的"青白花瓷器"考》，《中国古代陶瓷的外销》，紫禁城出版社，1988年。

[7] 张浦生等：《元代景德镇青花瓷器的外销》，《中国古代陶瓷的外销（一九八七年福建晋江年会论文集）》，紫禁城出版社，1988年。

[8] 陈尧成等：《历代青花瓷和着色青料》，《中国古代陶瓷科学技术成就》，上海科学技术出版社，1985年。

[9] 郭演仪：《中国制瓷原料》，《中国古代陶瓷科学技术成就》，上海科学技术出版社，1985年。

[10] 周仁、李家治：《中国历代名窑陶瓷工艺的初步科学总结》，《考古学报》1960 年第 1 期。彭子成等：《用 EDXRF 方法研究临江诸窑场古瓷胎的化学组成分区特征》，《南方文物》1997 年第 4 期。

[11] 李家治等：《杭州凤凰山麓老虎洞出土瓷片的工艺研究》，《建筑材料学报》2000 年第 4 期。

[12] 陈显求等：《元大都哥窑型和青瓷残片的显微结构》，《硅酸盐学报》1980 年 2 期。

[13] 周仁等：《历代龙泉青瓷烧制工艺的科学总结》，《考古学报》1973 年第 1 期。

[14] 郭演仪：《古代龙泉青瓷和瓷石》，《考古》1992 年第 4 期。

[15] 陈尧成：《玉溪、建水窑青花瓷器研究》，《中国陶瓷》1989 年第 6 期。

[16] 洪石：《陕西铜川市发现耀州窑纪年陶范》，《考古》2003 年第 2 期。

[17] 陈显求等：《湖田影青、枢府瓷的结构和影青瓷釉的 ESR 谱》，《中国古代陶瓷科学技术成就》，上海科学技术出版社，1985 年。

[18] 张浦生：《近年来中国青花瓷工艺的发现与研究》，《东南文化》1993 年第 3 期。

[19] 唐昌朴：《江西吉州发现宋元青花瓷》，《文物》1980 年第 4 期。

[20] 中国硅酸盐学会：《中国陶瓷史》第 338 页、第 339 页、第 343 页，文物出版社，1982 年。

[21] 葛季芳：《云南罗州窑和白龙窑调查纪要》，《中国古代陶瓷的外销（一九八七年福建晋江年会论文集）》，紫禁城出版社，1988 年。

[22] 葛季芳：《云南玉溪发现古瓷址》，《考古》1962 年第 2 期。

[23] 魏达议等：《论会理青花瓷窑》，《四川古陶瓷研究》，四川省社会科学出版社，1984 年。

[24] 蔡利民等：《罕见的元代瓷珍品——青花花盆》，《东南文化》1994 年增刊 1。

[25] 杨后礼：《馆藏元代景德镇民窑青花瓷》，《文物研究》总第 10 期，1995 年。

[26] 陈尧成等：《中国元代青花钴料来源的探讨》，《中国陶瓷》1993 年第 5 期。

[27] 陈尧成：《元代青花瓷器的研究》，《中国陶瓷》1984 年第 4 期。

[28] 马文宽：《唐青花瓷研究——兼谈我国青花瓷所用钴料的某些问题》，《考古》1997 年第 1 期。

[29] 周世荣：《长沙古瓷窑的彩釉彩绘装饰》，《考古》1990 年第 6 期。

[30] 马文宽、孟凡人：《中国古瓷在非洲的发现》第 47 页，紫禁城出版社，1987 年。

[31] 《中华人民共和国出土文物选》图 97，文物出版社，1976 年。

[32] 河北省博物馆：《保定市发现一批元代瓷器》，《文物》1965 年第 2 期。图版壹。

[33] 杨厚礼等：《江西丰城发现元纪年青花釉里红瓷器》，《文物》1981 年第 11 期。

[34] 刘裕黑等：《江西高安发现元青花、釉里红等瓷器窖藏》，《文物》1982 年第 4 期。

[35] 刘裕黑：《谈谈高安元代青花釉里红瓷的几个特色》，《文物研究》总第 10 期，1995 年。

[36] 杨道以：《元釉里红芦雁纹匜》，《中国文物报》1997 年 5 月 25 日。

[37] 彭明瀚：《青花釉里红开光花鸟纹罐》，《中国文物报》1998 年 6 月 14 日。作者说 1980 年江西高安出土元代瓷器 238 件，有青花器 19 件，釉里红器 4 件。

[38] 转引自李辉柄：《略谈中国瓷器考古的主要收获》，《故宫博物院院刊》1989 年第 4 期。

[39] 郭演仪：《古代景德镇瓷器胎釉》，《中国陶瓷》1993 年第 1 期。

[40] 陈显求等：《湖田影青、枢府瓷的结构和影青瓷釉的 ESR 谱》，《中国古代陶瓷科学技术成就》第 277 页，上海科学技术出版社，1985 年。

[41] 周世荣：《石渚长沙出土的瓷器及其有关问题的研究》，《中古代窑址调查发掘报告

集》，文物出版社，1984 年。

[42] 陕西博物馆等：《唐郑仁泰墓发掘简报》，《文物》1972 年第 7 期。

[43] 刘振群：《窑炉的改进和我国古陶瓷发展的关系》，《中国古陶瓷论文集》文物出版社，1982 年。

[44] 德化古瓷窑址考古发掘工作队：《福建德化屈斗宫窑址发掘简报》，《文物》1979 年第 5 期。

[45] 中国社会科学院考古研究所等建窑考古队：《福建建阳县水吉建阳窑遗址 1991～1992 年度发掘简报》，《考古》1992 年第 2 期。

[46] 李家治等：《中国历代南北方著名白瓷》，《中国古代陶瓷科学技术成就》，上海科学技术出版社，1985 年。

[47] 黄炳元：《福建南安石壁水库古窑址试掘情况》，《文物参考资料》1957 年第 12 期。

[48] 刘新园等：《景德镇湖田窑考察纪要》，《文物》1980 年第 11 期。

[49] 王上海：《从景德镇制瓷工艺的发展谈葫芦形窑的演变》，《文物》2007 年第 3 期。

[50] 李德金：《浅谈龙泉窑的窑炉结构》，《中国考古学研究——夏鼐先生考古五十周年纪念论文集》，文物出版社，1986 年。

[51] 熊寥主编：《中国陶瓷古籍集成》第 30 页，江西科学技术出版社，2000 年。

第四节　棉纺技术的兴起和丝织业的发展

[1] 汉桓宽：《盐铁论》："古者庶人耆老而后衣丝，其余则仅衣麻枲，故曰布衣。"

[2] 《资治通鉴》卷一五九，胡三省音注。文渊阁《钦定四库全书》，台湾商务印书馆版（1986 年）第 307 册第 418 页。

[3] 《元史》卷一五，见《二十五史》第 7277 页，上海古籍出版社等，1986 年。

[4] 《元史》卷一六"世祖纪"载：至元二十八年五月，"罢涨南六提举司岁输木绵"。见《二十五史》第 7280 页，上海古籍出版社等，1986 年。

[5] 《元史》卷九三，《二十五史》第 7508 页，上海古籍出版社等，1986 年。

[6] 《新元史》卷六八"食货志一·科差"。

[7] 章楷：《我国历史上栽培棉花种类的演变》，《农业研究》第五辑，农业出版社，1985 年。

[8] 于绍杰：《中国植棉史考证》，《中国农史》1993 年第 2 期。

[9] 元司农司：《农桑辑要》卷二载："待棉欲落时为熟。旋熟即摘，随即摊于箔上，日曝夜露，待子粒干取下。用铁杖一条，长二尺，粗如指，两端渐细，如赶饼杖样；用梨木板，长三尺，阔五寸，厚二寸，做成床子，逐旋取棉子置于板上，用铁杖旋旋赶出子粒，即为净棉。捻织毛丝或棉装衣服，特为轻暖。"

[10] 《农政全书》卷三五"木棉搅车"条，其中说明代搅车，一人可当三人；太仓式两人可当八人，自然是脚踏的。明宋应星《天工开物》图示了脚踏式搅车。

[11] 《农桑直说》，见王祯《农书》卷二〇"茧缫门·热釜"、"茧缫门·冷盆"两节所引。

[12] 陈维稷主编：《中国纺织科学技术史（古代部分）》第 404 页，科学出版社，1984 年。原物为山西省博物馆所藏。

[13] 潘行荣：《元集宁路故城出土的窖藏丝织物及其他》，《文物》1979 年第 8 期。

[14] 明叶子奇：《草木子》卷三，第 31 页。文渊阁《钦定四库全书》抄本，武汉大学出版社电子版。此"杂制篇"之"制"乃是形制之制，而非制（製）造之制（製）。

［15］王炳华：《盐湖古墓》，《文物》1973 年第 10 期。

［16］《多能鄙事》，上海荣华书局版，1917 年。

［17］陈维稷主编：《中国纺织科学技术史（古代部分）》第 244 页，科学出版社，1984 年。

［18］《格物麤谈》卷下"服饰"条，《四库全书存目丛书》子部 117－18，齐鲁书社，1995 年。原为江西省图书馆藏涵芬楼影印清道光十一年六安晁氏木活字，学海类编本。

［19］袁宣萍：《元代的丝绸业》，《丝绸史研究》1988 年第 4 期。

［20］湖南省博物馆：《长沙马王堆一号汉墓》第 56 页，金银色印花纱。文物出版社，1973 年。

［21］新疆维吾尔自治区博物馆：《新疆出土文物》第 111 页，图 136，敷金彩，文物出版社，1975 年。

［22］李逸友：《谈元集宁路遗址出土的丝织物》，《文物》1979 年第 8 期。

第五节　机械技术

［1］李崇州：《中国古代各类灌溉机械的发明和发展》，《农业考古》1983 年第 1 期。

［2］元熊梦祥：《析津志辑佚》（北京图书馆善本组辑）第 110 页，北京古籍出版社，1983 年。

［3］刘仙洲：《中国古代农业机械发明史》第 50 页，科学出版社，1963 年。

［4］梅苞：《天文计时仪器的发展与展望》，《计时仪器史论丛》（第一辑），中国计时仪器史首次学术讨论会专辑，1994 年 5 月。

［5］见《古今图书集成》卷九八"历法典"。

［6］磁县文化馆：《河北磁县南开河村元代木船发掘简报》，《考古》1978 年第 6 期。

［7］《元史》卷七"世祖纪四"，《二十五史》7253.1，上海古籍出版社等，1986 年。

［8］《元史》卷八"世祖纪五"，《二十五史》7255.3，上海古籍出版社等，1986 年。

［9］《元史》卷一一"世祖纪八"。

［10］《元史》卷二○八"高丽传"。

［11］《元史》卷二○八"日本传"。

［12］《元史》卷一八九"儒学传·金履祥"："履祥因进牵制捣虚之策，请以重兵由海道直趋燕蓟，则襄樊之师将不攻自解。"

［13］孙光圻：《中国古代航海史》第 392～404 页，海洋出版社，1989 年。

［14］李德金等：《朝鲜新安海底沉船中的中国瓷器》，《考古学报》1979 年第 2 期。

［15］船史研究会：《记韩国 MBC 电视台三次访问船史研究会》，《船史研究》1997 年第 11 期、第 12 期。

［16］席龙飞等：《蓬莱古船及其复原研究》，《武汉水运工程学报》1989 年第 1 期。

［17］席龙飞：《中国造船史》第 194～219 页，湖北教育出版社，2000 年。

第六节　造纸技术

［1］《（弘治）徽州府志》，《四库全书存目丛书》史部 180－642，齐鲁书社据天一阁原版影印，1996 年。

［2］元费著：《蜀笺谱》，见元陶宗仪《说郛》（第一一八册）卷九八，第 67 页。文渊阁《钦定四库全书》抄本，武汉大学出版社电子版第 319 碟。又，《格致镜原》卷三七（第十六册）"文具类·纸"曾有摘引，见文渊阁《钦定四库全书》抄本，武汉大学出版社电子版第

335 碟。

[3] 陈开俊等译：《马可·波罗游记》，福建科学技术出版社，1982 年。书中所言造纸之所不知是否指今北京城南的白纸坊，但白纸坊并不在元大都内。《辍耕录》（第十册）卷二一"宫阙制度"却是说到过，礼部下设有教坊司、铸印局、白纸坊等（见文渊阁《钦定四库全书》抄本，武汉大学出版社电子版第 336 碟）。此后者当即造纸之所，其名称一直沿用至今，旧址在今北京城南。

[4] 无锡市博物馆：《江苏无锡市元墓中出土一批文物》，《文物》1964 年第 12 期。

[5] 潘吉星：《中国科学技术史·造纸与印刷卷》第 195 页，科学出版社，1998 年。

[6] 戴家璋：《中国造纸技术简史》第 217 页，中国轻工业出版社，1994 年。

[7] 见《笔记小说大观》第十六册，第 61 页，江苏广陵古籍刻印社，1984 年。

[8]《格致镜原》（第十六册）卷三七"文具类·纸"，文渊阁《钦定四库全书》抄本，武汉大学出版社电子版第 335 碟。

[9] 明张应文：《清秘藏》卷上（第 24 页），文渊阁《钦定四库全书》抄本，武汉大学出版社电子版第 318 碟。

[10] 明文震亨：《长物志》（第二册）卷七"器具·纸"（第 20 页），文渊阁《钦定四库全书》抄本，武汉大学出版社电子版第 318 碟。

第七节　印刷技术的发展

[1] 明陆容：《菽园杂记》卷一〇"古人书籍"条（第三册，第 18 页），文渊阁《钦定四库全书》抄本，武汉大学出版社电子版第 336 碟。

[2] 清蔡澄：《鸡窗丛话》，《丛书集成续编》90 – 1005，上海书店，1994 年。

[3] 清叶德辉：《书林清话》（1911 年）卷七第 4 页："有经由各省守镇分司，呈请本道肃政廉访使，行文本路总管府事下儒学者；有由中书省所属，呈请奉准施行，展（辗）转经翰林国史院、礼部详议，照准行文各路者，事不一例。然多在江浙间。"《民国丛书》第二编第 50 册，上海书店，1990 年。据宣统辛亥年观古堂刻本影印。书前有叶德辉宣统辛亥年自述。

[4] 张秀民：《元明两代的木活字》，载《张秀民印刷史论文集》，印刷工业出版社，1988 年。

[5] 张秀民：《中国印刷史》第 669 ~ 670 页，上海人民出版社，1989 年。

[6] 罗福苌：《〈大方广佛华严经〉卷一释文》，《北平图书馆馆刊》第四卷第三期，西夏文专刊，1930 年。1917 年 9 月宁夏灵武出土的西夏文经书多为京师图书馆（现中国国家图书馆）收藏。周叔迦于 1930 年对这批经书做了一次较为全面的整理，计有经论 13 种 100 册，其中《大方广佛华严经》占 63 册。上虞罗氏、仁和邵氏曾得其第一卷至第十卷 10 册；1922 年，经王国维考察，认定其为元刊本，并断定其为元大德（1297 ~ 1307 年）间杭州路大万寺雕刻的西夏文大藏经，3620 余卷中的一部分。罗振玉之子罗福苌将其卷一的前 3 页译成了汉文，其兄罗福成在译文后注道："右刊本每半页 6 行，行 17 字，为河西《大藏经》，雕于大德年中。自第一卷至第十卷完全无缺，现藏仁和邵氏。节录其首页原文与释文读之如左。附活字印本一页。"罗福成在此明确指出了该经为西夏文活字印本。

[7] 王静如：《西夏文木活字版佛经与铜牌》，《文物》1972 年第 11 期。

[8] 张思温：《活字版西夏文〈华严经〉卷十一至卷十五简介》，《文物》1979 年第 10 期。

[9] 史金波、黄润华：《北京图书馆藏西夏文佛经整理记》，《文献》1985 年第 5 期。

[10] 牛达生：《元刊木活字西夏文佛经〈大方广佛华严经〉的发现、研究及版本价值》，《中国印刷史学术研讨会文集》，印刷工业出版社，1996 年。

［11］卡特：《中国印刷术的发明和它的西传》第 187～188 页，商务印书馆，1957 年。

［12］元人李洔孙：《知州马称德去恩碑记》，《顺治奉化县志》卷一三、康熙《奉化县志》（1686 年）卷一一引。

［13］张秀民：《中国印刷术的发明及其影响》第 83 页，人民出版社，1958 年。

［14］张秀民：《王祯传》，《中国古代科学家》，科学出版社，1959 年。

［15］张秀民：《中国印刷史》第 673 页，上海人民出版社，1989 年。

［16］潘吉星：《中国科学技术史·造纸与印刷卷》第 388 页，科学出版社，1998 年。

［17］元姚燧：《牧庵集》（第四册）卷一五第 5 页，文渊阁《钦定四库全书》抄本，武汉大学出版社电子版第 415 碟。

［18］张秀民、韩琦：《中国木活字印刷史》第 14 页，中国书籍出版社，1998 年。

［19］张秀民：《中国印刷史》第 326 页，上海人民出版社，1989 年。

［20］无锡市博物馆：《江苏无锡市元墓中出土一批文物》，《文物》1964 年第 12 期。

第八节　火药火器技术的发展

［1］周密：《癸辛杂识·砲祸》第 15 页，文渊阁《钦定四库全书》抄本，武汉大学出版社电子版第 336 碟。

［2］晁华山：《西安出土的元代手铳与黑火药》，《考古与文物》1981 年第 3 期。

［3］陕西省化工设计研究院：《古代黑火药分析报告》，《考古与文物》1981 年第 3 期。

［4］《宋史》卷一九七"兵志十一"，《二十五史》第 5796 页，上海古籍出版社等，1986 年。

［5］魏国忠：《黑龙江省阿城县半拉城子出土的铜火铳》，《文物》1973 年第 11 期。

［6］钟少异等：《内蒙古新发现元代铜火铳及其意义》，《文物》2004 年第 11 期。

［7］王冠倬：《火炮浅议》，《中国历史博物馆馆刊》1984 年总第 6 期。

［8］余杭市文物管理委员会：《新发现张士诚"天佑"年铭铳小考》，《中国古代火药火器史研究》，中国社会科学出版社，1995 年。

［9］郝颜飞：《安徽合肥出土元代铜铳》，《文物研究》总第 8 期，1993 年。

［10］黄冬梅：《清江出土的铜火铳和八思巴文铜钱》，《江西历史文物》1987 年第 1 期。

［11］王荣：《元明火铳的装置复原》，《文物》1962 年第 3 期。

［12］河北省博物馆：《河北出土文物选集》第 232 页，文物出版社，1980 年。

［13］《中国军事百科全书》第 5 卷第 427 页，军事科学出版社，1997 年。

［14］《保越录》，一卷，第 21 页，文渊阁《钦定四库全书》抄本，武汉大学出版社电子版第 223 碟。"四库提要"说其未具作者名，今一般认为是元徐勉之撰。

［15］钱谦益：《国初群雄事略》卷四"陈汉友谅"，第 103 页，中华书局，1982 年。

［16］杨维桢：《铜将军》诗，载《铁崖古乐府补》第四册卷六第 4 页，文渊阁《钦定四库全书》抄本，武汉大学出版社电子版第 417 碟。

［17］张宪：《玉笥集·铁碾行》，文渊阁《钦定四库全书》抄本，武汉大学出版社电子版第 417 碟，第二册第 30 页。

［18］马非白：《谈周炮的年代问题》，《文物参考资料》1955 年第 7 期。

［19］成东：《碗口铳小考》，《文物》1991 年第 1 期。

［20］成东：《中国古代火炮发明问题的新探讨》，《中国古代火药火器史研究》，中国社会科学出版社，1995 年。

第九节　指南针技术的推广

［1］河北省文化局文物工作队：《观台窑址发掘报告》，《文物》1959 年第 6 期。

［2］李辉柄：《磁州窑遗址调查》，《文物》1964 年第 8 期。此文对"王"字碗说得较为简单，详见文献［5］。

［3］许明纲：《旅大市发现金元时期文物》，《考古》1966 年第 2 期。

［4］磁县文化馆：《河北磁县南开河元代木船发掘简报》，《考古》1978 年第 6 期。

［5］王振铎：《试论出土元代磁州窑器中所绘磁针》，《中国历史博物馆馆刊》总第 1 辑，1979 年。江苏丹徒、北京，以及部分磁州窑器资料皆引自此文。

［6］元赵友钦撰、明王祎刊定：《重修革象新书》卷下"地有偏向"。赵友钦原本《革象新书》卷四"偏远准（準）则"所载基本一致。皆见文渊阁《钦定四库全书》抄本，武汉大学出版社电子版第 310 碟。

［7］元程棨《三柳轩杂识·指南铖》，元陶宗仪《说郛》（第三十二册）卷二四下"传讲杂记"，文渊阁《钦定四库全书》抄本，武汉大学出版社电子版第 318 碟。

［8］周达观：《真腊风土记》，文渊阁《钦定四库全书》抄本，武汉大学出版社电子版第 236 碟，台湾商务印书馆版 594－54。

［9］向达校注：《两种海道针经》，中华书局，1961 年。

［10］章巽：《论〈海道经〉》，《章巽文集》，海洋出版社，1986 年。

［11］《中国科学技术史·交通卷》第 496 页，第十三章由朱鉴秋执笔，科学出版社，2004 年。

第十节　髹漆技术

［1］《格古要论》卷下"古漆器论"，文渊阁《钦定四库全书》，台湾商务印书馆景印版 871－108～109。

［2］沈令昕等：《上海市青浦县元代任氏墓葬记述》，《文物》1982 年第 7 期。

［3］无锡市博物馆：《江苏无锡市元墓中出土一批文物》，《文物》1964 年第 12 期。

［4］中国科学院考古研究所等：《元大都的勘查和发掘》，《考古》1972 年第 1 期。

［5］《无产阶级文化大革命期间出土文物展览简介》，《文物》1972 年第 1 期。

［6］高桂云等：《元代"内府官物"漆盘》，《文物》1985 年第 4 期。

［7］魏松卿：《元代张成与杨茂的剔红雕漆器——记故宫博物院重要藏品之一》，《文物参考资料》1956 年第 10 期。

［8］王世襄：《记安徽省博物馆所藏的元张成造剔犀漆盒》，《文物参考资料》1957 年第 7 期。

［9］王世襄：《中国古代漆工艺》，《中国美术全集·工艺美术编 8·漆器》，文物出版社，1989 年。

［10］《髹饰录解说》"戗划"第十一"戗金"，文物出版社，1983 年。明庆隆间黄成原著，明天启间杨明注，今人王世襄解说。此引黄成原话，见第 136 页。

［11］原出自日本《世界美术全集》（修订本），今转引自《髹饰录解说》第 138～139 页。

［12］元陶宗仪：《辍耕录》（第十二册）卷二四（第 11 页）"精塑佛像"条，文渊阁《钦定四库全书》抄本，武汉大学出版社电子版第 336 碟。

［13］元虞集：《道园学古录》（第六册）卷七（第 24 页）"刘正奉塑记"，文渊阁《钦定四库全书》抄本，武汉大学出版社电子版第 416 碟。

[14]《髹饰录解说》，文物出版社，1983年。"质法"第十七"楮榡"，黄成原文及杨明注，皆见第171页。

[15] 元陶宗仪：《辍耕录》第十四册卷三〇第11页"髹器·鳗水"，文渊阁《钦定四库全书》抄本，武汉大学出版社电子版第336碟。

[16]《髹饰录解说》，文物出版社，1983年。王世襄解说，第172页。

[17]《本草纲目》卷八"铅丹·集解"引。

[18] 元陶宗仪：《辍耕录》第十四册卷三〇第17页"戗金银法"，文渊阁《钦定四库全书》抄本，武汉大学出版社电子版第336碟。

第 八 章

集大成的明代手工业技术

1368 年（至正二十八年），元顺帝退出大都（今北京市），朱元璋在应天（今南京市）登极，建立了明朝；至 1644 年朱由检自缢煤山，明亡，凡 276 年。明代是我国古代封建社会发展的又一个高峰期，也是我国古代科学技术集大成的重要阶段。

明代建国后，在政治上采取了几项较为重要的措施：一是扫除元朝残部、征讨各地割据势力，完成国家统一大业。这期间，朱元璋吸取了元代施行民族奴役政策的教训，攻占元大都后，便下令废除民族歧视，说蒙古人、色目人、华夏诸族类，皆"同生天地之间"，"与中夏之民抚养无异"[1]；凡有才能者，准许不次升用。这便为民族团结和国家稳定打下了良好的基础。洪武二十七年（1394 年）编辑《寰宇通志》时，其疆域已东达朝鲜边境，西及土蕃，南及安南，北距大碛，成为当时世界上最为幅员辽阔、势力强大的国家之一。二是对中央和地方机构进行了一系列改革，进一步确立和完善了君主极权制；撤销了"行中书省"，以削弱地方权力；废除了丞相制，将权力集中于皇帝一人。三是大封诸子为王，以永延帝祚。朱元璋出身微寒，曾为生计而投入空门，深知民间疾苦，故其建国后，较为注意与民休养生息，轻赋税，严禁兼并，惩饬贪劣，兴修水利，奖励垦殖，实行军垦，军饷不仰藉于县官，为人民减免边运杂税。使农业、手工业、商业、航海事业、科学技术和文化事业都较快地恢复和繁荣起来。此期的手工业也获得了较大发展，尤其是民营手工业，甚至超过了官府手工业的水平，许多地方还出现了资本主义萌芽。另外，明代中后期还出现了一些新的学术思想，尤其是王守仁（1472～1528 年）提出的"知行合一"观，以及泰州学派的王艮等强调"百姓日用之学"，对明代科学技术的发展都有一定影响。在我国历史上，元代的科学技术是有过一些成就的，但其社会经济却一直处于低谷；明代的科技成就和生产水平等诸多方面，不但超过了元代，而且超过了宋代，达到了我国古代史上又一个新的高峰。采矿、冶铸、机械、纺织、陶瓷、造船、火药、造纸技术等多项手工业技术，都达到了集大成的阶段。不论官营手工业，还是民营手工业，都取得了长足的进步，这种繁荣状况一直延续到了明代中期。此时，我国的生产力发展水平和科技水平，在世界上依然是领先的。明代中期之后，由于政治腐败，国力亦逐渐衰落下来。

第一节 采矿技术的大发展

明代初年，最高统治者对矿业十分懂慎，主要是担心扰民，尤其是官办矿业。

《明史》卷八一"食货·坑冶"载："坑冶之课，金银铜铁铅汞硃砂青绿，而金银矿最为民害。徐达下山东，近臣请开银场，太祖谓银场之弊，利于官者少，损于民者多，不可开。其后有请开陕州银矿者，帝曰土地所产，有时而穷，岁课成额，征银无已。言利之臣皆戕民之贼也。临淄丞乞发山海之藏，以通宝路，帝黜之。"嵇璜等《续文献通考》卷二三"征榷·坑冶"载，洪武十五年五月，广平府（今河北永年县）吏王允道言："磁州临水镇地产铁，元时尝于此置铁冶提举司，总辖沙窝等八冶，炉丁万五千户，岁收铁百余万斤，请如旧置冶铁。帝曰，闻治天下无遗贤，不闻天下无遗利。各冶铁数尚多，军需不乏，而民生业已定，若复设此，必扰之。是又欲驱万五千户于铁冶之中。命杖之，流海外"。这种矿业政策延续了相当长一个时期，《明史》卷八一"食货·坑冶"继而载道："成祖斥河池民言采矿者。仁、宣仍世禁止，填番禺坑洞，罢嵩县白泥沟发矿"。当然，明代初年也开采过一些矿藏，同书同卷同条载："福建尤溪县银屏山银场局炉局四十二座始于洪武末年，浙江温、处、丽水、平阳等七县亦有场局，岁课皆两千余两。永乐间开陕州商县凤凰山银坑八所"。这些，皆可见明初矿业政策之一斑。大约永乐十年之后，随着社会经济的发展，矿业政策就逐渐发生了一些变化，最后遂走上了前代矿业的老路。总体上看，明代矿业是较为发达的，不管金属矿还是非金属矿，技术上都获得了多项重要成就，其中又以井盐技术成就最高。

一、铁矿和铜矿开采技术

（一）铁矿开采技术

我国古代用于冶炼的铁矿石至迟始采于西周时期，但稍见详细的记载却是到了明代才看到的。虽依然较为简单，但却反映了古代采铁技术的发展状况。

《天工开物》卷一四"五金·铁"条载："凡铁场，所在有之。其质浅浮土面，不生深穴，繁生平阳岗埠，不生峻岭高山。质有土锭、碎砂数种。凡土锭铁，土面浮出黑块，形似秤锤，遥望宛然如铁，燃之则碎土。若起冶煎炼，浮者拾之，又乘雨湿之后牛耕起土，拾其数寸土内者。耕垦之后，其块逐日生长，愈用不穷。西北甘肃、东南泉郡，皆锭铁之薮也。燕京、遵化与山西平阳，则皆砂铁之薮也。凡砂铁，一抛土膜，即现其形，取来淘洗，入炉煎炼，熔化之后，与锭铁无二也。"在此，宋应星说到了铁矿石埋藏情况、种类、开采和加工方法。此述主要是露天开采。"其质浅浮土面"四句，所云当是一种沉积变质铁矿床，是一些贫矿经长期风化、淋滤去硅等作用，而成富矿沉积下来的，风化作用较深。有学者认为，今江西分宜县的贵山采冶遗址，便是宋应星著《天工开物》铁业采冶的主要依据，贵山铁矿也是露天开采的，那一带至今还保留有名叫"铁坑村"的地名[2]。宋应星谈到的铁矿种类主要有"土锭铁"和"砂铁"。前者捻之则碎，说明其结构较为松散；砂铁在我国分布较广，遵化铁厂是明代一个重要的钢铁基地[3][4]，所用便主要是砂铁。总的来看，此采矿方法较为简单，凡土锭铁，既可俯首拾起，亦可雨后以牛耕出而拾起；凡砂铁，取来淘洗则可。这是今见文献中关于铁矿开采最早的专门性记载。当然，此关于铁矿种类、埋藏情况、开采方法的描述还是不太全面的，明和明代以前开采的铁矿决不止露天开采一种。在"深穴"和"峻岭高山"中，也是藏有铁矿的。而且，明嘉靖四十五年《徽州府志》卷七便谈到过地下开采，其云："凡取矿，先认地脉，租赁他人之山，穿山入穴，深数丈，远或至一里。矿尽又穿他穴……即得矿，必先烹炼，然后入炉，煽者、看者、上矿者、取矿沙者、炼生者，而各有其任，昼夜轮番"。此"穿山入穴，深数丈，远或至一里"，可见其井巷是较深较长的。此"烹炼"当指焙烧。

（二）铜矿开采技术

明代文献已有多段关于采铜技术的记载，尤以《龙泉县志》所述最为详明。

明陆容《菽园杂记》卷一四引《龙泉县志》[①]，在谈到处州采铜法时说："采铜法：先用大片柴不计段数，装叠有矿之地，发火烧一夜，令矿脉柔脆。次日火气稍歇，作匠方可入身，动锤尖采打；凡一人一日之力，可得矿二十斤，或二十四五斤。每三十余斤为一小箩，虽矿之出铜多少不等，大率一箩可得铜一斤。每烊铜一料，用矿二百五十箩，炭七百担，柴一千七百段，雇工八百余"。此处说到了井下采铜的一些基本过程和铜的品位，是我国古代文献中关于采铜技术的一段较为详明的记载。采铜时，先须火烧，之后用锤尖采打。火爆法在我国早已广泛使用，明代水利建设中亦可看到。《明史》卷八七"河渠志五"载，明嘉靖间，王献在山东开凿运河，得知"元人尝凿此道，遇石而止"。"献乃于旧所凿地迤西七丈许凿之，其初土石相半，下则皆石，又下，石顽如铁。焚以烈火，用水沃之，石烂化为烬"。自然，火烧水沃，效果会更佳。

二、金银矿的开采

明代的金银矿开采量较大，在开采技术上值得注意的事项是：砂金开采技术有了进步、脉金开采的记载更加明确，银矿采冶也都有了更为明确的记载。

（一）关于金矿的产状和分类

宋应星《天工开物》卷一四"五金·黄金"条载："凡中国产金之区，大约百余处，难以枚举。山石中所出，大者名马蹄金，中者名橄榄金、带胯金，小者为瓜子金。水沙中所出，大者名狗头金，小者名麸麦金、糠金。平地堀井得者，名面沙金，大者名豆粒金，皆待先淘洗后冶炼而成颗块。"在此，宋应星依自然金的产状，先将之分成了"山石金"、"水沙金"、"平地金"三种，后又依其颗粒度，将之分成了若干个等级[②]。这种分类已往文献虽也提及，但无此详明。"水沙金"、"平地金"，皆属自然金；看来此"山石"中所出者也是一种沙金，而非脉金；这对我们理解前引隋苏玄明《宝藏论》所云"山金"是有一定帮助的。此引文的最后一句说先淘后冶，这是沙金采冶的基本流程。

---

① 陆容《菽园杂记》卷一四载，该卷的"五金之矿"、"青瓷"、"韶粉"、"采铜法"、"香蕈"五条皆引自《龙泉县志》，而非陆容原著。今世学者往往忽视了这一点。其中的"五金之矿"条主要说的是银矿采冶。此《龙泉县志》成书年代不详，陆容为明成化丙戌（1466年）进士。

② 砂金的分类方法在不同的国家和地区都不尽相同。吉林省冶金研究所等编《金的选矿》（第266～267页，冶金工业出版社，1978年）将之分为六种，即：（1）大块金，大于5毫米；（2）粗粒金，5～1.65毫米（10目）；（3）中粒金，1.65～0.83毫米；（4）细粒金，0.83～0.42毫米；（5）微粒金，0.42～0.15毫米；（6）最微粒金，小于0.15毫米。但也有人将之分为五种，即：块金、粗粒金、中粒金、细粒金、粉状金，中间三种皆可用淘洗法收集；并认为古所谓"麸金"约相当于中粒砂金，直径0.25～2毫米，约2200粒为一两；瓜子金约相当于粗粒金；糠金相当于此细粒金；粒度小于0.05毫米者，今谓粉金，须用混汞法才能收集，淘洗法是为之乏力的，大约古人也很难提取。

《天工开物》卷一四"五金·黄金"又进一步说道："金多出西南。取者穴山至十余丈，见伴金石，即可见金；其石褐色，一头如火烧黑状。水金多者出云南金沙江（原注：古名丽水）。此水源出土蕃，绕流丽江府，至于北胜州，回环五百余里，出金者有数截。又川北潼川等州邑与湖广沅陵、溆浦等，皆于江沙水中淘沃取金。千百中间有获狗头金一块者，名曰金毋（母），其余皆麸麦形。入冶煎炼，初出色浅黄，再炼而后转赤也。儋、崖有金田，金杂沙土之中，不必深求而得，取太频则不复产；经年淘炼，若有则限。然岭南夷獠洞穴中，金初出如黑铁落，深挖数丈得之黑焦石下。初得时咬之柔软，夫匠有吞窃腹中者，亦不伤人。河南蔡、巩等州邑，江西乐平、新建等邑，皆平地堀深井取细沙淘炼成，但酬答人功，所获亦无几耳。大抵赤县之内，隔千里而一生。"在此，宋应星说到了明代的主要产金地，并简要地述说了各种金的产状及获取方法。

（二）关于脉金的开采

我国古代对脉金的开采当始于宋或宋前，明代又有了进一步发展。（乾隆）《浙江通志》卷一〇七"物产七·温州府"引《龙泉县志》云："黄银即淡金。其采炼之法与白银略不同。此矿脉浅，无穿岩破洞之险。每得矿不限多少，俱春碓成粗粉，然后以水浸入，磨成细粉，仍贮以木桶浸之。用杨梅树皮渍搅数次，石粉浮而金粉沉，乃用金盆如洗银法洗之。"此金矿须"春碓成粗粉"再作淘洗，显然是脉金。故此脉金开采的基本步骤是：（1）由岩中采出；（2）春碓成粗粉；（3）浸水后磨成细粉；（4）用杨梅树皮水浸渍，此液可改善表面张力，提高浮选效果。这是我国古代关于浸渍浮选法的最早记载。从现代技术看，黄银（银金矿）的含银量一般在20%以上，其色远较金为淡，故谓淡金。我国山东、浙江等地的金银矿皆属火山岩、次火山岩矿，与《龙泉县志》描写的"矿脉较浅，无穿岩破洞之险"正好相符。

（三）银矿之开采

我国古代的炼银技术约发明于春秋战国时期，但有关银矿开采稍见详细的记载却也是到了明代才看到的。明陆容《菽园杂记》卷一四在谈到五金之矿时，曾引《龙泉县志》，系统地谈到了银矿开采、破碎、淘洗，及至冶炼的整个过程。其云："五金之矿，生于山川重复，高峰峻岭之间，其发之初，惟于顽石中隐见矿脉，微如毫发。有识矿者得之，凿取烹试，其矿色样不同，精粗亦异。矿中得银多少不定。或一笋重二十五斤，得银多至二三两，少或三四钱。矿脉深浅不可测，有地面方发而遽绝者，有深入数丈而绝者，有甚微久而方阔者，有矿脉中绝而凿取不已，复见兴盛者，此名为过壁。有方采于此，忽然不现，而复发于寻丈之间者，谓之虾蟆跳。大率坑匠采矿，如虫蠹木。或深数丈，或十丈，或数百丈，随其浅深，断绝方止。旧取矿携尖铁及铁锤，竭力击之，凡数十下，仅得一片。今不用锤尖，惟烧爆得矿。"这里详细谈到了银的产状和开采方法，是一段难得的资料，并谈到了火爆法开采。在此值得一提的是，有学者认为其中的"烧爆得矿"并非火爆法，而是火药爆破，可以进一步研究。但地下瓦斯较多，故在古代技术条件下，火药爆破是较危险的。

《菽园杂记》又引《龙泉县志》继续谈到了矿石的破碎和洗选："矿石不拘多

少，采入碓坊，舂碓极细，是谓矿末。次以大桶盛水，投矿末于中，搅数百次，谓之搅粘。凡桶中之粘，分三等：浮于面者谓之细粘，桶中者谓之梅砂，沉于底者谓之粗矿肉。若细粘与梅砂，用尖底淘盆，浮于淘池中，且淘且汰，泛扬去粗，留取其精英者。其粗矿肉，则用一木盆，如小舟然；淘汰亦如前法。大率欲淘去石末，存其真矿，以桶盛贮，璀璨星星可现，是谓矿肉。"此操作要点是：矿石须粉碎至极细；浸润时须搅数百次；矿"粘"须分级且采用不同方式处理，以提高收得率；最后得到的矿肉，即是精矿。

关于明代铅、锡矿开采技术，《天工开物》卷一四也曾提及，但较简单，且技术资料不多，待下节炼锡、炼铅部分再作介绍。

三、采煤技术的发展

我国古代对煤炭的认识和利用约可上推到仰韶文化时期，及明，其使用更为普遍，开采技术和认识水平都有了较大提高，并获得了多项成就，有关记载也明显增加。《本草纲目》卷九"金石·石炭·集解"李时珍云："石炭，南北诸山产处亦多，昔人不用，故识之者少，今则人以代薪，炊爨、煅炼铁石，大为民利。"这大体上反映了明代采煤业的基本情况。

（一）采煤技术的提高

明代文献关于煤炭的记载较多，其中尤其值得注意的是孙廷铨《颜山杂记》和宋应星《天工开物》，他们从多方面叙述了明代采煤技术的发展水平和对煤炭科学知识的提高。

1. 找矿方法

明末清初孙廷铨(1613～1674年)《颜山杂记》卷四"物产·石炭"条载："凡煤之在山也，辨死活。死者，脉近土而上浮，其色蒙，其臭平，其火文，以柔其用，宜房闼围炉。活者脉夹石而行，其色晶，其臭辛，其火武，以刚其用，以锻金治陶。或谓之煤，或谓之炭；块者谓之硙，或谓之砟；散无力也，炼而坚之，谓之礁；顽于石，重于金铁。绿焰而辛酷，不可爇也（注：或指黄铁矿之不可燃）以为矾，谓之铜碛（黄铁矿结核）。故礁出于炭而烈于炭，碛弃于炭而宝于炭也。"这里谈到了煤矿的性质和地质条件，前一段文字说的是煤，后面几句还谈到了夹于煤层中的黄铁矿结核①。在此，孙廷铨较早地提到煤炭矿藏学和共生矿的一些问题。孙廷铨，山东益都人，明崇祯庚辰（1640年）进士，清荐授河南府推官，擢吏部主事，历官内秘书院大学士。康熙丙午（1666年），孙廷铨以大学士予告在籍，因蒐旧闻作为此书。书中保留了明末清初颜神镇许多手工业技术资料，其中最值得注意的是它的采煤技术和玻璃生产技术。玻璃生产之事待本章第十节再谈。益都有颜神镇[5]，益都西鄰即是淄博煤田。

接着，《颜山杂记》又简要地谈到了探寻煤矿的一些基本方法："凡脉炭（注：寻找矿脉）者，视其山石。数石（注：似指页岩）则行，青石（注：石灰石）、砂石则否。察其土有黑苗，测其石之层数，避其沁水之潦（注：指涌水）。因上以知

---

① 明嘉靖《青州府志》卷七"物产"："矾，出颜神镇，皆山石也。采而碎之，合石炭中黑石名曰铜渍，入镀煎炼乃成。"

下，因远（近）以知近（远），往而获之为良工。"在此，孙廷铨谈到的找矿方法主要是两条，即一"视其山石"，二"察其土有黑苗"。《天工开物》卷一一"燔石·煤炭"条也有类似的说法："凡取煤经历久者，从土面能辨有无之色。"《物理小识》卷七"五金·煤炭"条云，煤炭，"石墨一种而异类也……外记孛露，有土能然（燃），可作炭用"。也都谈到了"察土"的情况。此外，《天工开物》卷一一"燔石·煤炭"条还谈到过一种视植被的方法，说"南方秃无草木者，下即有煤。北方勿论"。但此说并无普遍性，有无草木并不能作为判定煤矿的标志；不管南方北方，草木之山也有产煤的。

2. 开采技术

我国古代采煤亦包括露天开采和地下开采两种，前者技术上较为简单，后者则往往较为复杂。

孙廷铨《颜山杂记》卷四"物产"载："凡攻炭，必有井干（注：主井）焉，虽深数百尺而不挠。已得炭，然后旁行其隧。视其炭之行，高者倍人，薄者及身，又薄及肩，又薄及尻（注：脊骨尽处）。凿者跂，运者驰；凿者坐，运者偻；凿者蠢（注：蛴螬，金龟子幼虫，以背滚行）卧，运者鳖行。视其井之干，欲其确尔而坚（注：准确而坚牢）也，否则削（注：加以修整）。入其隧，欲其燥以平也；否则研（注：平整）。井凡得炭而支行。其行隧也，如上山。左者登，右必降；左者降，右必登。降者下城（注：阶齿），登者上城。循山旁行，而不得平；一足高，一足下，谓之仄城（注：煤层起伏不平）。脉正行而或结，礌石阻其前，非曲凿旁达，不可以通，谓之盘锢（注：断层）。脉乍大乍细，窠窠螺螺，若或得之而骤竭，谓之鸡窝。二者皆井病也。凡行隧者，前其手，必灯而后，入井则夜也，灯则日也。冬气既藏，灯则炎长，夏气强阳，灯则闭光。是故凿井必两，行隧必双，令气交通，以达其阳。攻坚致远，功不可量，以为气井之谓也。"这段文字较长，其要点是：

（1）选择好井干（井筒）位置。井干务必坚牢，即引文所云"凡攻炭，必有井干焉，虽深数百尺而不挠"、"视其井之干，欲其确尔而坚也，否则削"。这是进行地下开采的首要事项。

（2）做好井巷开拓部署，保证井下通风和运输。引文"已得炭，然后旁行其隧"，"井凡得炭而支行"即指出了拓巷道的必要性。引文"凿井必两，行隧必双，令气交通，以达其阳；攻坚致远，功不可量"，即是说开拓两条主巷，是为了通风和运输；显然，这是十分科学的布置。另外，井巷必须具有较好的地质条件，含水量不宜过大，即前引文中所云"测其石之层数，避其沁水之潦"。主巷道须干燥平整，才便于通风和交通，即文中云"欲其燥以平也，否则研"。在巷道上还须设有阶齿，以防滑和便于行走。

《天工开物》卷一一"燔石·煤炭"条说："一井而下，炭纵横广有，则随其左右阔取。"李时珍《本草纲目》卷九"金石·石炭"条说："土人皆凿山为穴，横入十余丈取之。"也都说到了开拓平巷。

（3）对开拓过程中的井病，可采取绕过去的办法。即引文所云"脉正行而或结……谓之盘锢。脉乍大乍细，窠窠螺螺，若或得之而骤竭，谓之鸡窝"。此井病皆可"曲凿旁达"。此"井病"，实际上也是人们对煤炭地层学的较早认识。

（4）做好井下照明和通风情况检查。引文所云"凡行隧者，前其手，必灯而后，入井则夜也，灯则日也"。即说照明。"冬气既藏"四句，则是说冬天空气流通一般较好，故灯火焰长；夏天闷热，空气流通较差，灯则闭光；这一方面说明了气温对通风情况的影响，另一方面人们也可通过灯焰状态来了解地下通风情况。

此外，明代还有一些较为重要的技术，《颜山杂记》不曾提及，而散见于其他著述中，它们都从不同角度反映了明代采煤技术的先进水平。如：

（1）井深。宋应星《天工开物》卷一一"燔石·煤炭"条载："凡取煤经久者，从土面能辨有无之色，然后掘挖。深至五丈许，方始得煤。"此说井深为"五丈"。依嘉靖牙尺，1尺＝0.32米[6]，便是16米。崔铣（嘉靖）《彰德府志》卷八："安阳县龙山出石炭，入穴取之无穷，取深数十百丈，必先见水，水尽然后炭可取也。"此说安阳龙山石炭"取深数十百丈"，若设其为五十丈，则合160米，若为竖直深度的话，此数字便是较大的了。

（2）井下支护。明代文献对此记载较少。《天工开物》卷一一"燔石·煤炭"条只说了一句"其上支板，以防压崩耳"。但具体操作不明。《颜山杂记》卷四"物产"条载："烧琉璃者多目灾，掘山炭者遭压溺，造石矾者有喑疾。"这从一个侧面说明了煤矿井下支护之重要。此"喑"即哑。

（3）回填。对采空区之回填，这是开采过程中的一项重要操作。《天工开物》卷一一"燔石·煤炭"条载："凡煤炭取空而后，以土填实其井，经二三十年后，其下煤复生长，取之不尽。"此前两句话说的是回填，后三句话所说，则可能是地压造成的一种假象。煤炭是在地质年代中产生出来的，不可能凭空在二三十年内"复生长"。

（4）排除地下瓦斯法。宋应星《天工开物》卷一一"燔石·煤炭"条载，开掘"深至五丈许，方始得煤。初见煤端时，毒气灼人。有将巨竹凿去中节，尖锐其末，插入炭中，其毒烟从竹中透上。人从其下施锼拾取者"（图8-1-1）。此"毒气"即所谓"瓦斯"，主要成分有甲烷、一氧化碳、二氧化碳、硫化氢等。这是我国古代关于排除煤层瓦斯的最早记载，这也是一种安全、有效的方法。

（5）提升。从《天工开物》卷一一"燔石·煤炭"所载"南方挖煤"图（图8-1-1）可见，其中使用了辘轳。这是我国自商代之后，及至近现代的重要提升工具。它可用于提水、提土和提各种矿石。

图8-1-1 《天工开物》所载"南方挖煤"图

（二）煤炭科学知识的提高

1. 依据煤的性态、用途和使用方法，对煤进行了较为系统和科学的分类。

宋应星《天工开物》卷一一"燔石·煤炭"条载："煤有三种：有明煤、碎煤、末煤（煤）。明煤，大块如头许，燕齐秦晋生之，不用风箱鼓扇，以木炭少许引燃，爇炽达昼夜；其傍夹带碎屑，则用洁净黄土调水作饼而烧之。碎煤有两种，多生吴楚，炎高者曰饭炭，用以炊烹；炎平者曰铁炭，用以冶煅，入炉先用水沃湿，必用鼓鞴后红，以次增添而用。末炭如面者，名曰自来风；泥水调成饼，入于炉内；既灼之后，与明煤相同，经昼夜不灭；半供炊爨，半供熔铜、化石、升朱。至于燔石为灰与矾、硫，则三煤皆可用也。""其炊爨功用所不及者，唯结腐一种而已（原注：结豆腐者用煤炉则焦苦）。"此分类标准是煤的物理性状，其中包括煤的硬度、挥发分、烧结性能、燃烧性能等，说明人们对煤的性状已有了一定认识。这是一种较为科学的分类法，前此是不曾有过的[7]。此"明煤"当是无烟煤，其硬度较大、密度较高。"碎煤"都是烟煤，硬度较低，易于破碎。"末煤"是硬度和挥发分都相当低的贫煤。"饭炭"是挥发分较高，胶质层较薄，不宜炼焦，只能用作炊事者[8]。"铁炭"即是可用做锻铁的煤炭。这种分类法应是明清时期使用较广的一种，清代文献亦有引用，雍正《陕西通志》卷四三"物产"条、嘉庆《汉南续修郡志》卷二二"物产"条等，皆曾引用《天工开物》"石炭有三种"的说法。

此外，还有其他一些分类法。如《本草纲目》卷九"金石·石炭·集解"条李时珍云，石炭"有大块如石而光明者，有疏散如炭末者，俱作硫黄气"。嘉靖《彰德府志》卷八"物产"："（煤）炭有数品，其坚者谓之石，软者谓之煤，气愈臭者，燃之愈难尽。"

2. 为满足生产和生活的需要，人们对不同品种的煤，总结出了多种不同的燃烧法，如：（1）沃水法。前引《天工开物》卷一一"燔石·煤炭"条云："炎平者曰铁炭，用以冶锻，入炉前先以水沃湿。"（2）做成煤饼。前引《天工开物》卷一一"燔石·煤炭"："末炭如面者……泥水调成饼，入于炉内。"

3. 对煤的成因开始有了一些认识。明陈继儒《偃曝谈余》卷上载："新安西王乔（桥）洞，其石皆上（土）所成，取而破之，木叶之形交错其间，文理具在，如雕刻者，不特一石为然，众石皆然。洞之上二木亦皆化石，而一木复产枝叶。"[9]其中的"石"很可能是一种低变质煤。清代之后，这种认识便有了进一步发展。

4. 对石炭与石墨的关系有了进一步认识。六朝时期，"石炭"亦称之为"石墨"，郦道元《水经注》卷一〇"浊漳水"，冰井台"藏冰及石墨，石墨可书，又燃之难尽，亦谓之石炭"。明时，人们已将煤与石墨区分开来，并认为是同类二物，这是十分精辟、十分难得的见解。方以智《物理小识》卷七"金石"："煤炭，石墨，一种而异类也。陆文裕、张孟奇以为一，然永乐抽分书煤与石炭为二项。"

四、盐井开凿技术的发展

我国古代井盐技术发明于先秦时期，当时采用的主要是大口浅井法，及唐，这种大口浅井技术发展到了鼎盛的阶段，北宋中期便创造了卓筒井。卓筒井是我国古代盐井从大口浅井向小口深井过渡的标志，它不仅促进了四川井盐业的发展，而且创造了近代油、气井的雏形[10]。但早期卓筒井的凿井方法较为简单，固井措施不力，排除井下故障的能力较低；到了明代，钻井技术又取得了长足的进步，它的主要特点是钻具的多样化、固井技术的提高和井身结构的变化、打捞落物技术的提高。明马骥曾著《盐井图说》，较为完整地记述了它的基本操作。马骥为四川射洪县人士，万历（1573～1620年）初曾任射洪县令[11]。《盐井图说》今已失传，其主要部分已为明曹学佺《蜀中广记》卷六六"方物记·盐谱·井法"，及明顾炎武《天下郡国利病书·四川》收录，文字基本一致。其开场白云："盐井其来旧矣。先世尝为皮袋井，围径三五尺许，底有大塘，利饶课重，工力浩钜，非一载弗克竣。今皆湮没殆尽不可考。民循故业以纳课，率多从竹井制，其施为次第，在井匠董之。"[12]紧接着，马骥对井盐开拓的主要工艺环节一一作了说明。现分出标题，引述如下。

（一）凿井技术之发展和规范化

1. 选择好井位，这是凿井的首要事项。"凡匠氏相井地，多于两河夹岸，山形险急，得沙势处"[12]。

2. 开井口，立石圈。井口开成后，便以之为中心立石圈，目的是加固表层井壁，以便盐井钻进。"鸠工立石圈，尽去面上浮土，不计丈尺，以见坚石为度，而凿大小窍焉。大窍，大铁钎主之；小窍，小铁钎主之。钎一也，大钎则有钎头扁竟七寸，有轮锋，利穿凿。"[12]在此，尤其需要指出的是钻具的改进，它是井深提高的一个关键。此钻头由"扁竟"和"轮锋"（即扁头和刀锋）两部分组成，较宋代圜刃又有了进一步发展。此"大钎"和"小钎"便是适应于大窍和小窍而发明出来的。清代之后，此钻具品种又有了增加。

3. 立井架，凿大窍。这是钻凿井圈以下，至"红岩"的一段井腔。"兴井日，北（井?）口傍树两木，横一木于上，有小木滚子，以火掌绳钎末附于横木滚子上，离井六七步为一木椿，纠火掌簽而耦春之，滚竹运钎，自上下相乘矣。匠氏掌纤簽，坐井口傍，週遭圜转，令其窍圆直。初则灌水凿之，及二三丈许，泉蒙四出，不用客水，无论上（土）石，钎触处俱为泥水。"[12]凿井时灌水或利用地下水的目的，主要是为了扇泥，将使水、石、泥混合物取出；同时还具有冷却和润滑钻头的作用。

4. 扇泥，清孔。在凿井过程中，要不断地扇泥、清孔。"每凿一二尺，匠氏命起钎。用筒竹一根，约丈余，通节，以绳系其梢，筒末为皮钱，掩其底，至泥水所在，匠氏揉绳伸缩，皮欹水入，挹满搅出，泥水渐尽，复下钎凿矣。次第疏凿，不计功程力，大较至二三十丈许，见红石岩口，大窍告成矣。"[12]此扇泥贯穿凿井过程的始终。

5. 下木竹套管。早期卓筒井之套管全用竹筒，明代始出现木质套管。"随议下竹。竹有木竹、樺竹二种。木竹，取坚也。剞木二片，以麻合其缝，以油灰衅其隙。樺出马湖山中，亦以麻裹之。木竹末为大麻头，累累节合。下尽全竹，四溃淡水障阻，不能浸淫。"[12]可见下此木竹套管的主要目的是封隔淡水，使之不能浸淫。

6. 凿小窍。这是钻凿竹木井筒以下，直至深井卤层为止的一段岩层，这应是盐井的主体部分。"逦截去大钎头,用钎梢凿小窍,法如大窍然。凿至二十丈,中见白沙数丈,有咸水数担,名曰腰脉水,去咸水不远。寻凿之,而咸水渊涓自见也。水有广水,昼夜力汲不竭,然味近淡;有咸水,昼夜计有数,然味亦不齐。有一担而煮盐五六斤者,有八九斤至十二三斤者,顾遇何如耳。"[12]小窍成,盐井即算凿成。

可见,明代井盐开采已形成了一套程序化、规范化的工艺,其中最值得注意的是两方面:(1)钻具的改进,即大小钎头的发明。(2)固井技术的提高和井身结构的改进。立石圈、下竹木套管,显然可分别增强井口和井身的牢固性。在此,选用强度大、硬度高、耐腐蚀的竹木便具有了十分重要的意义。据明代郭子章《〈盐井图说〉序》云,明代盐井"浅者五六十丈……深者百丈"[13]。依故宫博物院所藏嘉靖牙尺[6],折合今制则为160~320米。若无先进的工具和较好的固井措施,是很难钻出此种深井的。

（二）汲卤

7. 建井架,汲卤。"厥工既就,始树楼架,高可似敌楼。上为天滚,有辘轳声。制筒索吸水,如前吸泥水法,而枢轴则管于车床也。床横木为槃,槃有两耳,作曲池状,左右低昂逆施;左揞地右伸,右揞地左伸。循环用力,索尽筒出。咸水就灰笆泼水,而煎烧有绪矣。转辘轳者,盖三人为之。力厚者则制牛车,车状大,力逸而功倍也。此自成井而论耳。"[12]此简要地谈到了建井架和汲卤的基本过程。建架的目的自然是为了便于提升。这里还使用了辘轳之类机械。

（三）治井技术的重大成就

开凿盐井,不但需要先进的钻井工具和固井技术,而且还要善于处理深井开凿过程中的各项技术事故,其中最值得注意的是打捞落物和淘井。

8. 打捞落物。"若掘凿之际,钎偶中折而堕其中者,或遭淤泥作阻者,其出法亦巧,而为器亦异。钎带火掌篾而堕者,以搅镰钩出,为力易易。惟钎半堕,或止堕钎头者,取之之法,制为铁五爪,如覆手状,爪背入木数寸,以竹三尺许,劈碎一尺,缠扎爪木令坚致;上一尺亦劈碎,则活系撞子钎,不令拘泥偏向,中一尺通其节,以待撞子钎假道挞伐,垂爪入井,爪定所堕钎头,匠氏从上督索,撞子钎由筒中击木,木击五爪,数击则爪攫剿钎头者牢,不可以游滑自匿,虽欲不出,不可得矣。"[12]在此,尤其值得注意的是撞子钎和铁五爪,它能准确地抓住落于井中之物,有如机械手一般,这显然是明代井匠的一项杰出创造。这与我国历代自动机械的使用显然是紧密相关的。

9. 淘井。这是明代治井技术的另一项重要内容。"若被游泥填溢大小窍,犹关格症然。甚者制为搜子,以和解其胶密。搜子者,铁条之有啮齿者也。未甚者制为漕钎,以冲击其脂凝。漕钎者,撞子钎之有啮齿者也,支解既析,则为刮筒以取其泥。刮筒之制与盐筒殊科,不通其节,而每节之始凿为方口,投井中吸泥,亦如汲水式。盖水可以疏通翕受,泥则踰节不可。是匠氏作法意也。"[12]可见淘井的主要工具是搜子、漕钎、刮筒。搜子是有啮齿的铁条,近代仍在川北沿用。漕钎是由撞子钎衍化而成的,是有啮齿的撞子钎。刮筒不同于扇泥筒,不通节,亦无皮钱。

明代较好的钻井工具和固井技术，行之有效的打捞落物技术，都为清代盐井技术的进一步发展打下了良好的基础。

明末宋应星《天工开物》卷五"作咸·井盐"条也曾对井盐开采作过较好的描述："凡滇蜀两省，远离海滨，舟车艰通，形势高上，其咸脉即韫藏地中。凡蜀中石山去河不远者，多可造井取盐。盐井周围不过数寸，其上口一小盂覆之有余，深必十丈以外，乃得卤信。故造井功费甚难，其器冶铁锥，如碓嘴（嘴）形，其尖使极刚利，向石山春凿成孔。其身破竹缠绳，夹悬此锥。每春深入数尺，则又以竹接其身，使引而长。初入丈许，或以足踏碓稍（梢），如春米形。太深则用手捧持顿下，所春石成碎粉，随以长竹接引。悬铁盏挖之而上。大抵深者半载，浅者月余，乃得一井成就。盖井中空阔，则卤气游散，不克结盐故也。井及泉后，择美竹长丈者，凿净其中节，留底不去。其喉下安消息，吸水入筒，用长缆系竹沉下，其中水满，井上悬桔槔、辘卢（轳）诸具。制盘架牛，牛拽盘转，辘轳绞缒，汲水而上，入于釜中煎炼（原注：只用中釜，不用牢盆），顷刻结盐，色成至白。"这里谈到了盐井开凿的整个过程，基本过程与马骥所云是一致的，但也有一些特殊处，尤其是对"足踏碓梢，如春米形"的凿井法描写得甚为详明，且附有插图（图8-1-2），这是马骥《盐井图说》所不及的。这在盐井史、机械史上都是具有重要意义的。但宋应星说凿井具"其尖使极刚利"是不太确切的，大约这是明人的习惯说法，其实应是"扁尖"；只说"尖"时，一般人易理解为圆尖，圆尖钻是不宜凿井的。前面谈到，宋代卓筒井以"圜刃"钻具开凿；明《盐井图说》则说大钻头呈扁形，"扁竟七寸，有轮锋"；下面将要谈到，清代又有鱼尾锉、银锭锉、双马蹄锉、单马蹄锉等数种[14]。

图8-1-2　《天工开物》所载"蜀省井盐"图

明代的多项采盐技术都达到了集大成的阶段，除井盐外，海盐、池盐等的开采都有了较为详细的记载，这在宋应星《天工开物》等文献中都可看到，今不再叙述。

五、天然气的利用和石油开采技术

明代文献关于天然气的记载较多，有的侧重于对现象的描写，有的只谈一般性利用，其中较值得注意的是宋应星《天工开物》，其卷五"作咸·井盐"条在述说了井盐开采后，对四川天然气煮盐技术作了较好的说明。其云："西川有火井，事奇甚，其井居然冷水，绝无火气。但以长竹剖开去节，合缝漆布，一头插入井底，其上曲接，以口紧对釜脐，注卤水釜中，只见火意烘烘，水即滚沸，启竹而视之，绝无半点焦炎意。未见火形而用火神，此世间大奇事也。"这里述说了天然气煮盐的基本情况。可知此天然气是直接采取的，用竹管将之引入灶内燃烧，一口井供一口锅，看来这应是气流量较小的浅层井。较《天工开物》稍早的明张瀚《松窗梦语》卷二"西游记"谈到过一种气流量较大的火井："有火井，土人用竹筒引火气煎盐，一井可供十余锅，筒不焦，而所通盐水辍沸。"看来此井的气流量应当较大，且已在输气管上安装了分气管。这种分气管的安装，也算是天然气利用技术上的一项成就。但总的来看，明代天然气的开采和利用，其技术水平还是较低的。

明代的石油开采技术又有了进一步发展，四川用"小口井"法开凿了油井，人们对石油的认识也更为系统。

明曹学佺《蜀中广记》卷六六"火井与油井"引"通志"云："国朝正德末年，嘉州（今四川乐山地区）开盐井偶得油水，可以照夜，其光加倍，沃之以水，则焰弥甚，扑之以灰则灭，作雄硫气，土人呼为雄黄油，亦曰硫黄油。近复开出数井，官司主之，此是石油，但出于井尔。"[15]这也是我国今日所知人工开凿的较早油井。因这是在开凿井盐过程中无意凿出的，故其开凿工艺当与盐井工艺相似。若说元代陕西油井是否使用了"小口井"工艺尚难判断的话，此明代四川油井便肯定是"小口井"工艺了。

明杨慎《升庵外集》卷四"地理·火山火井"条也曾提及采油之事："火井在蜀之临邛，今嘉定、犍为有之，其泉皆油，爇之然，人取为灯烛，正德中方出。古人博物，亦未及此也。积阳之气所产，固非怪异。"[16]

看来，明代开采井盐时，采得石油之事未必只有一次。明郑仲夔《隽区》卷五载："蜀嘉定州井通溪，其地产盐……或有穿得油井者，其水黑色，有气若臭，用以点灯，光亮无比。凡油畏风雨，惟此油当风雨更明。"

明杨慎《升庵外集》卷四"石漆"条又载："延州高奴县有石脂水，水腻，浮水面如漆，投以膏车及炷灯，谓之石漆。宋时用以烧烟造墨，谓之延州石液，刻于墨上。与近日蜀中火井汲出硫黄油，皆异产也。"[16]这里提到了石油的多种用途。

明朱国祯《涌幢小品》卷一五载："延安府延长县，石油出自泉中。岁秋，民勺之，可以燃灯，亦可治毒疮。浸不灰木，以火爇之，有焰，灭之则木不坏。"[17]这里也提到了"石油出自泉中"和"民勺之"。这是一种自然流出和露天采取的工艺。

李时珍《本草纲目》卷九"金石·石脑油"所述更为详明："石油所出不一，出陕之肃州、鄜州、延州、延长，及云南、之缅甸、广之南雄者；自石岩流出，与泉水相杂，汪汪而出，肥如肉汁。土人以草挹入缶中，黑色颇似湩漆，作雄硫气；土人多以然（燃）灯，甚明；得水愈炽，不可入食，其烟甚浓。""石油气味与雄硫同，故杀虫治疮。其性走窜，诸器皆渗，惟瓷器琉璃不漏。"李时珍引述了沈存中《梦溪笔谈》、段成式《酉阳杂俎》、康誉之《昨梦录》等关于石油的记载，对石油的产地、性状和用途作了全面的描述。当然，整个古代社会，人们对石油的认识水平依然是较低的；石油的用途，也主要是照明、膏车、作墨、作淬火剂、军事上用作火攻，以及作药以治皮肤病等。石油淬火之事见于前引元人伪撰《格物麤谈》卷下，《本草纲目》卷九也有类似的说法。

第二节　金属技术的重大成就

明代冶金技术一方面继承了先世的优秀技术传统，另一方面也有了不少创新。炼铁方面，构筑了较为高大的炉子，使用了萤石作稀释剂；炼焦技术和活塞式风箱都有了明确记载。炼钢方面，使用了串联式炒炼炉，灌钢技术有了提高，相当于箱式渗碳法的焖钢工艺始见于记载。有色金属冶炼方面，发明了炼锌技术，火法炼铜和炼铅技术都有了较为详明的记载，镍白铜技术有了提高，黄金采冶技术有了发展。铸造方面，出蜡法铸造、钟鼎类特大器件的铸造，都有了较大发展。金属加工方面，热锻、冷锻、化学热处理技术都有了长足进步，并创造了一种名叫生铁淋口的液态渗碳工艺；拉拔工艺开始有了较为详细的记载；制作了名叫宣德炉的祭祀用品，其铸造技术、合金技术，尤其是表面处理技术，都达到了一个较高的水平。

一、炼铁技术的新发展

此期炼铁技术的发展主要表现在如下三个方面：

（一）筑炉技术的提高和冶炼技术的发展

我国古代生铁技术虽然发明较早，但在筑炉和冶炼技术方面稍见详细的记载，是到了明代才在宋应星《天工开物》、朱国祯《涌幢小品》等书中看到。

宋应星（1587～1667年前后）《天工开物》卷一四"五金·铁"条载："凡铁炉，用盐做造，和泥砌成。其炉多傍山穴为之，或用巨木匡围。塑造盐泥，穷月之力，不容造次。盐泥有罅，尽弃全功。凡铁一炉载土二千余斤，或用硬木柴，或用煤炭，或用木炭，南北各从利便。扇炉风箱必用四人、六人带拽。土化成铁之后，从炉腰孔流出。炉孔先用泥塞。每旦昼六时，一时出铁一陀。既出，即叉泥塞，鼓风再熔。"这里谈到了炉子构筑方法、冶铁燃料，以及鼓风、出铁等冶炼过程，甚为全面。

明朱国祯《涌幢小品》卷四载："遵化铁炉，深一丈二尺，广前二尺五寸，后二尺七寸，左右各一尺六寸，前辟数丈为出铁之所，俱石砌，以简干石为门，牛头石为心，黑沙为本，石子为佐。时时旋下，用炭火置二鞴扇之，得铁日可四次。妙在石子产于水门口，色间红白，略似桃花，大者如斗，小者如拳，捣而碎之，以投于火，则化而为水。石心若燥，沙不能下，以此救之，则其沙始销成铁……其炉由微而盛而衰，最多至九十日则败矣。"[1]这里谈到了炉子的尺寸、筑炉方法、炉况处理等冶炼过程。孙承泽（1592～1676年）《春明梦余录》卷四六、《天府广记》卷二一等也有类似的记载。遵化铁厂始建于永乐年间，是明代的重要铁厂。

可见明代炼铁技术的基本情况是：（1）炉子可用盐泥、石块和土泥构筑。为坚牢故，多傍山穴，或用巨木匡围。此匡围加固法，已往是不曾见于记载的。（2）炼铁炉外形未必都是圆的，遵化炼铁炉的横断面近于梯形。明一尺约相当于今0.32米[2]，故遵化炉深（高）为3.84米。（3）燃料有硬木柴、煤炭、木炭。木炭是主要的。此"煤炭"到底是直接使用还是炼焦后再用，未能详知。（4）使用了萤石，即"色间红白，略似桃花"的石子作为稀释剂。在炉况严重不顺时，用来防止悬料和崩料。这是我国古代冶铁高炉使用稀释剂的最早记载。

直至20世纪，河北省武安县矿山村附近依然保存一座较为完整的炼铁炉，据调查，炉"高八公尺，宽三公尺，中空如瓶，宽二公尺。附近有一铁块，半没于土，露出者三尺余"[3]。可见其较为高大，中空如瓶，具有一定的炉身角和炉腹角。

（二）鼓风技术的发展

我国古代冶铸用鼓风器的发展大约经历了三个阶段：

1. 橐。即一种皮囊，橐的具体形态正如宏道院汉画像石所示。发明年代不详，甲骨文中便有了"橐"字，汉、晋时期一直沿用此名。《老子·道德经》第五章晋王弼注："橐，排橐也。"运橐以送风便谓之"鼓橐"、"鼓橐吹埵"。

2. 活瓣式风扇。很可能西晋便已出现，较为明确的图示资料始见于宋。送风便谓之"扇"。隋苏玄明《宝藏论》等中都提到过"韛"字[4]，至少有一部分包括在风扇的范围。

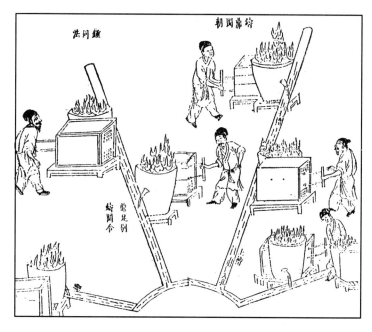

图8-2-1 《天工开物》所载"铸鼎图"及其活塞式风箱

图中文字，上端："铸鼎图朝"、"钟同法"。左中："鼎足别铸闰(斗)合"；
左下："槽"；右中："土槽"；右下："土槽"、"入孔"。

3. 活塞式风箱（图8-2-1）。很可能宋代蜀中便已使用，但较为明确的图片资料始见于明《天工开物》，此书多处都载有风箱的示图。其卷一四"五金·银"条并云："风箱安置墙背，合两三人力，带拽透管送风。"其工作原理与今民间所用风箱应基本一致。风箱的出现是鼓风技术的一项重要成果。在欧洲，活塞式鼓风器约出现于18世纪后期。

虽然鼓风器先后使用了多种名称，但迄今我们了解到的，只有橐、扇、风箱这3种结构形态。风箱在21世纪初民间仍有使用，风扇近代在四川依然保留着（见后）。

（三）炼焦技术的发展

我国古代炼焦技术约发明于宋、金时期，但有关记载却是明代才看到的。

方以智（1611~1671年）《物理小识》卷七载："煤则各处产之，臭者烧熔而闭之成石，再凿而入炉曰礁，可五日不绝火，煎芔（借为'矿'）煮石，殊为省力。"此"礁"即焦炭，这里还简要地谈到了焦炭的烧造工艺。此"煎矿煮石"含义不明，可能包括坩埚冶炼、高炉冶炼，以及锻户之锻炼。这是我国古代文献中较早提到焦炭炼铁的地方。但不管怎样，在明代，焦炭的使用量还是不多的。

前引明末清初孙廷铨（1613~1674年）《颜山杂记》卷四"物产"条在谈到煤炭时也谈到过炼焦："或谓之煤，或谓之炭，块者谓之碘，或谓之砟，散无力也。炼而坚之，谓之礁，顽于石，重于金铁……故礁出于炭而烈于炭。"从清康熙《颜神镇志·物产》条的记载来看，其焦炭便用到了"诸冶"中。这一点，后面还要谈到。

二、炼钢技术的新成就

明代使用较多的制钢工艺主要是炒钢法、灌钢法、渗碳制钢法和百炼钢法四种，其中前二者是基本的，前三者都取得了不少的新成就。

（一）串联式炒炼法的出现

宋应星《天工开物》卷一四"五金·铁"条载："若造熟铁，则生铁流出时，相连数尺内，低下数寸，筑一方塘，短墙抵之。其铁流入塘内，数人执持柳木棍排立墙上；先以污潮泥晒干，舂筛细罗如面，一人疾手撒掺，众人柳棍疾搅，即时炒成熟铁，其柳棍每炒一次，烧折二三寸，再用则又更之。炒过稍冷之时，或有就塘内斩划成方块者，或有提出挥椎（椎）打圆后货者。若浏阳诸冶，不知出此也。"（图8-2-2）此"熟铁"即炒炼产品，含碳量约相当于现代意义的可锻铁[5][6]。晒干了的污潮泥大约是一种造渣熔剂。数人执柳木棍急搅，目的是帮助氧化脱碳。这里叙述了串联式炒炼法的全过程。其优点是：（1）省去了生铁重新加热的工序，提高了生产率。（2）金属无需再加热，避免了燃料中的硫分进入金属的可能性，故这是一项很不错的工艺。这也是我国古代文献中，关于炒钢操作较早，且较为详明的记载。但现代研究者对此串联式炒炼法也有一些疑问，即由高炉中流入方塘的生铁数量较少，冷却较快，在无外加热的条件下，是否能即时炒成"熟铁"？其"污潮泥"是否具有较强的造渣能力？都有待试验来证实。

此时人们对铁、"熟"铁的关系也有了进一步的认识。宋应星《天工开物》卷一四"五金·铁"条载："凡铁分生、熟，出炉未炒则生，既炒则熟。"即是说，炼铁炉冶炼出来，未经炒炼的是生铁，炒炼过的便是"熟铁"。南朝梁陶弘景、唐

图8-2-2　《天工开物》所载"生熟炼铁炉"图

苏敬、宋苏颂等都曾对生、"熟"铁作过区分，尤以宋应星说得简洁、明了。

（二）灌钢技术的发展[6][7]

这主要表现在：有关记载明显增加、出现了多种不同的灌炼操作、人们对灌钢工艺原理有了进一步认识等方面。

明唐顺之《武编》"前集"卷五"铁"条载："熟钢无出处，以生铁合熟铁炼成；或以熟铁片夹广铁锅，涂泥入火而团之；或以生铁与熟铁并铸，待其极熟，生铁欲流，则以生铁于熟铁上，擦而入之。此钢合二铁，两经铸炼之手，复合为一，少沙土粪滓，故凡工炼之为易也。"此"熟钢"即灌钢；"无出处"即无特别的产地，许多地方都有生产。宋人曾把灌钢贬称作"伪钢"，明代已泛称之为"熟钢"，这是认识上的一个重要进步。此"铁锅"当即"锅铁"，即生铁。这里谈到了两种灌炼操作，一与沈括所云相类似，将生铁陷于"熟铁"之间，可谓之"生铁陷入法"；二可称之为"生铁灌淋法"，即将生铁与"熟铁"一起加热，待生铁开始熔化时，再将"生铁于熟铁上，擦而入之"。此当即清代苏钢法的雏形或前身。可见，灌炼法的主要优点是去渣能力较强："少沙土粪滓，故凡工炼之为易"。灌钢工艺主要就是通过操作去除夹渣，而不是调剂含碳量来提高材料质量的。这是我国古代文献中，最早提到灌钢去渣能力的地方。这说明人们对灌钢工艺原理的认识已达较高水平。

宋应星《天工开物》卷一四"五金·铁"条谈到了另外一种操作："凡钢铁炼法，用熟铁打成薄片，如指头阔，长寸半许，以铁片束包尖（夹）紧，生铁安置其土（上）（原注：广南生铁名堕子生钢者妙甚）；又用破草履盖其上（原注：粘带泥土者，故不速化），泥涂其底下。洪炉鼓鞲，火力到时，生钢先化，渗淋熟铁之中，两情投合。取出加锤，再炼再锤，不一而足。俗名团钢，亦曰灌钢者是也。"此"堕子钢"，依宋应星所云即广南生铁。与《梦溪笔谈》所述的工艺相比较，其操作特点是：（1）生铁安置"熟铁"之上，熔化后向下渗淋，便增加了生、"熟"铁接触的机会。此法可谓之"生铁覆盖法"。（2）无需封泥相炼，只需上盖破草鞋，下涂泥就行了。（3）熟铁呈薄片状，如指头阔，长寸半许，从而增加了反应面，提高了生产率。

宋代以前的灌钢操作今已很难了解，宋、明时期主要约有上述3种，即"生铁陷入法"、"生铁灌淋法"、"生铁履盖法"。由前可知，汉王粲《刀铭》、晋张协《七命》都曾提到过"灌"炼；宋《岭外代答》说到过梧铁"淋铜（钢）"，所以，我们并不能排除汉、晋和宋代使用过"生铁灌淋法"的可能性，并且还有可能，在相当长一个时期内，3种或多种方法是长期并存的。

在明人的心目中，灌钢再也不是伪钢，而是一种"熟钢"，一种重要的制钢工艺。李时珍（1518~1593年）《本草纲目》卷八"金石·钢铁"条云："钢铁有三种：有生铁夹熟铁炼成者，有精铁百炼出钢者，有西南海山中生成，状如紫石英者。"此前者即灌钢，次者即百炼钢，后者当是金刚石之误。

（三）百炼钢技术的发展[8]

因操作艰难，宋、明时期百炼钢工艺已很少使用，但人们对它依然是相当重视的。

百炼钢工艺的主要技术目的也是排除夹杂。质量要求较高时，锻打次数就多些，否则就少些。前引明唐顺之《武编》"前集"卷五"铁"条，便谈到了高碳和低碳两种炒炼产品再度加工的情况。经过反复锻打，"则渣滓泻而净铁合，初炼色白而声浊，久炼则色青而声清"。明代对"百炼"还有一个新的认识，即如唐顺之所云，不管是福建铁，还是处州之铁，皆"百炼百拆，虽千斤亦不能存分两也"。这种认识与现代技术原理是相符的，不断地加热锻打，氧化铁皮不断地生成并脱落，其重量便要不断地减轻，最后"分两无存"。这与沈括所说"斤两不减"是不同的。

自古以来，百炼钢主要用来制作宝刀、宝剑等贵重兵器刃器，明代依然如此。明宋应星《天工开物》卷一〇"锤锻·斤斧"条在谈到刀剑包钢工艺时说："刀剑绝美者，以百炼钢包果（裹）其外，其中仍用无钢铁为骨。"这是说用百炼钢制作刀剑的表层，以期不折、锋利、耐磨、耐蚀。明包汝楫《南中纪闻》说倭人和黔蜀皆有一种"数十锻"钢刀："倭奴制刀，必经数十锻，故铦锐无比。其国中，人炼一刀自佩，起卧不离。即黔、蜀诸土夷亦然。土夷试刀，尝于路旁伺水牛经过，一挥，牛首辄落，其牛尚行十步许才仆，盖锋利之极。"显然，这钢刀是由"数十炼钢"制成的。

（四）渗碳钢技术的发展

我国古代的渗碳钢技术约发明于先秦时期，但文献上关于渗碳制钢的记载却是到了明代才看到的。

宋应星《天工开物》卷一〇"锤锻·针"条在谈到针的加工时说，先用拉拔方式制成针坯，"然后入釜，慢火炒熬。炒后以土末入松木火天（矢）、豆豉，三物罨盖，下用火蒸。留针二三口插于其外，以试火候。其外针入手捻成粉碎，则其下针火候皆足，然后开封。入水健之。凡引线成衣与刺绣者，其质皆刚；惟马尾刺工为冠者，则用柳条软针。分别之妙，在于水火健法云"。这里记述了钢针渗碳的整个过程。此釜相当于渗碳箱，兼有加热和渗碳两种功能。我国古代的早期渗碳工艺，很可能是在煅炉的炽热碳层中进行的，之后才使用了一种专门的渗碳设备，其发明年代今已难考。"慢火炒熬"，主要是为了消除针坯拉拔过程中产生的内应力。"土末"，填充剂；"松木火矢、豆豉"，渗碳剂。此"火矢"不是一般木炭。此试火候的外针能够捻碎，是完全氧化了的缘故。马尾，地名，在今福州市东南。针之刚柔"分别之妙，在于水火健法云"，说明了热处理技术对钢针质量的影响。可见，这制针法有较好的渗碳设备、渗碳剂、催渗剂和控制火候的方法，已是一套相当成熟的工艺。

三、炼铜技术的发展

明代冶铜技术有了较大发展，其一方面继承了先世的优秀技术成果，另一方面也有了不少提高，操作上更为成熟，产量明显增加，记载也更为详明。明代炼铜仍以火法为主，陆容《菽园杂记》、宋应星《天工开物》等都有记载。

明陆容（1436～1494 年）《菽园杂记》（1495 年）卷一四引《龙泉县志》，在谈到处州冶铜法时说，铜矿采来后，"用柴炭装叠，烧两次，共六日六夜，烈火亘天，夜则山谷如昼。铜在矿中，既经烈火，皆成茱萸头，出于矿面。火愈炽，则熔液成驼（坨）。候冷，以铁锤击碎，入大旋风炉，连烹三日三夜，方见成铜，名曰'生烹'。有生烹亏铜者，必碓磨为末，淘去麄浊，留精英，团成大块，再用前项烈火，名曰'烧窑'。次将〔击〕碎连烧五火，计七日七夜，又依前动大旋风炉，连烹一昼夜，是谓成钶（音潮）。钶者，粗浊既出，渐见铜体矣。次将钶碎用柴炭连烧八日八夜，依前再入大旋风炉，连烹两日两夜，方见生铜。次将生铜击碎，依前入旋风炉烊炼，如烊银之法，以铅为母，除滓浮于面外，净铜入炉底如水。即于炉前逼近炉口铺细砂，以木印雕字，作'处州某处铜'，印于砂上，旋以砂壅，印刺铜汗入砂匣，即是铜砖，上各有印文。每岁解发赴梓亭寨前。再以铜入炉，烊炼成水，不留纤毫滓杂，以泥裹铁勺，酌铜入铜铸模匣中，每片各有蜂寠，如京销面，是谓十分净铜，发纳饶州永平监应副铸……铜矿色样甚多，烊炼火次亦各有异，有以矿石径烧成者，有以矿石碓磨为末如银矿烧窑者，得铜之艰视银盖数倍云。"陆容，太仓人，成化丙戌（1466 年）进士。这段文献较长，主要谈到了铜矿冶炼的基本过程：（1）焙烧。即"用柴炭装叠"以下一段，计六天六夜。目的是去硫和破碎矿石。（2）入大旋风炉连炼三日三夜。即"候冷"以下数句。此过程叫"生烹"，约与今造锍熔炼相当。（3）粉碎，洗选，再用前项烈火烧炼，即自"有生烹亏铜者"以下数句。此过程叫"烧窑"。（4）冶炼生铜。即由"次将（烧窑）击碎连烧五火"，到"方见生铜"。须多次击碎，反复烹炼，总计 17 昼夜。此反复煅炼的一个重要目的是去硫。（5）如炼银之法，以铅为提纯，制取粗铜，并浇铸成铜砖。即从"次将生铜击碎"以下数句。（6）再将铜砖入炉精炼，"是谓十分净铜"。前后须 20 多个昼夜，与前云宋代冶铜需"排烧窑次二十余日"大体一致；可见古代炼铜是十分艰难的。现代火法炼铜大体上可分为四步：（1）焙烧，主要为去硫。（2）造锍熔炼，其产品是冶炼过程的中间产物，即是冰铜，主要是 Cu_2S 与 FeS 的一种熔融体，并含有许多贵金属。（3）炼制粗铜。（4）炼制精铜。

明末宋应星《天工开物》卷一四"五金·铜"条所载冶铜过程较为简单："凡铜质有数种，有全体皆铜，不夹铅、银者，洪炉单炼而成。有与铅同体者，其煎炼炉法，傍通高低二孔，铅质先化从上孔流出，铜质后化从下孔流出。东夷铜又有托体银矿内者，入炉炼时，银结于面，铜沉于下；商舶漂入中国，名曰日本铜，其形为长方板条，漳郡人得之，有以炉再炼取出零银，然后写（泻）成薄饼，如川铜一样货卖者。"这里简要地说到了含银与不含银的两种铜矿，及其不同的冶炼工艺。开"高低二孔"之说，《物理小识》卷七"金石类·铜矿"条也曾提及。

明代胆铜业也有一定发展。《明史·食货志》云，明初曾在德兴、铅山置铜场。《明史·地理志》云，德兴县北有铜山，"山麓有胆泉，浸铁可以成铜"。又说铅山县西南"有铜宝山，涌泉浸铁，可以为铜"。明末清初顾禹祖（1631～1692年）《读史方舆纪要》卷八十五"铅山县·锁山门"条曾详述过铅山胆水浸铜之业，云："昔时胆水出此，其水或涌自平地，或出自石罅……宋时为浸铜之所，有沟槽七十七处，兴于绍圣四年，更创于淳熙八年，至淳祐后渐废，其池有三：胆水、矾水、黄矾水，每积水为池，每池随地形高下深浅，用木板闸之，以茅蓆铺底，取生铁击碎入沟排砌，引水通流浸染，候其色变，锻之则为铜，余水不可再用"。此云大体上是宋代其之后的一般情况，明代胆铜的基本操作或与之相类同。

值得注意的是，明人对胆水中的金属置换作用又有了新的认识。明沈周（1427～1509年）《石田杂记》载："江西信州铅山铜井，其山出空青，井水碧色，以铅、锡入水浸二昼夜，则成黑锡，煎之则成铜。"[9] 显然，这说的是铅、锡对铜的置换作用。《古今秘苑》卷二也有类似说法："锡变红铜法：胆矾一两，白矾二钱，共为末，搽锡上，如金色，搽铁变红色。"这说的是锡、铁与铜的置换作用。

四、炼锌技术的发明

我国古代冶炼的单质金属计有 8 种，即金、银、铜、铁、锡、铅、汞、锌；半金属只有 1 种，即砷。在 8 种古代金属中，前 7 种皆始见于先秦时期，锌却是到了明代才见于记载的。

明宋应星《天工开物》卷一四"五金·附倭铅"条载："凡倭铅，古书本无之，乃近世所立名色，其质用炉甘石熬炼而成。繁产山西太行山一带，而荆、衡为次之。每炉甘石十斤，装载入一泥罐内，封果（裹）泥固，以渐研干，勿使见火拆裂。然后逐层用煤炭饼垫盛，其底铺薪，发火煅红，罐中炉甘石熔化成团。冷定，毁罐取出。每十耗去其二，即倭铅也。此物无铜收伏，入火即成烟飞去，以其似铅而性猛，故名之曰'倭'云。"（图 8-2-3）此"倭铅"音作"窝源（wō yuán）"，即是锌。"炉甘石"即菱锌矿，化学式 $ZnCO_3$。"泥罐"即炼锌用的坩埚。"此物无铜收

图 8-2-3 《天工开物》所载
"升炼倭铅"图

伏，入火即成烟飞去"，指锌的易挥发性能。这段文字谈到了明代炼锌的基本过程。这是今日所知，我国关于炼锌技术的最早记载。操作要点是：（1）将原料炉甘石装入泥罐。（2）先在加热炉底部铺薪一层，其上再放坩埚；坩埚之间用煤炭饼垫盛。（3）点火，外加热，蒸馏。（4）金属锌还原出来后，很快气化，且以蒸气形式逸出，在泥罐口部冷凝下来，并收集于扣合在一起的冷凝器（碗）内。（5）从冷凝"碗"内取锌。直到 20 世纪 80 年代，类似的立罐炼锌工艺在贵州等地还保存着[10]。

至于我国古代炼锌技术发明于何时，学术界曾有过许多不同意见，看来当可推至嘉靖及至稍早一个时期。其中一个重要依据是，嘉靖时期国家已开始大量用锌配铸钱币，有关情况后文再谈。

一些较新的考古资料认为，世界上最早发明炼锌技术的地方可能是印度，其西北部拉贾斯坦邦的查瓦尔古发现了一个炼锌遗址，年代上限为 1025～1280 年，16 世纪便有了商业性生产。但印度之炼锌法是"上火下凝"式，坩埚口部是朝下的，宋应星图示的炼锌罐是口部朝上的，操作上存在不少差别。所以，我国之炼锌法与印度炼锌法未必存在什么联系[11]，很可能都是独自发明出来，自成一个技术体系的。

五、金银冶炼技术的发展

（一）黄金提纯技术的发展

明代黄金提取法主要沿用先世的工艺，但技术上更为熟练，赵匡华曾作过不少研究[12]。因金银经常共生，故此提纯的一个关键便是金银分离。此期的黄金提取法主要有：

硫炼金法。《墨娥小录》（1571 年出版）卷六载："分次庚：以庚入甘（坩）埚中作汁，却以石灵芝（原注：倭硫也）为末，每一两投入三钱，触之，放冷，破埚取，赤庚在底下，其银气却被石灵芝触黑，浮在面上，取出入灰，煎成花银，如此则庚银不折也。"此"庚"即金。其操作计分两步：先使硫与银铜等重金属作用，生成的硫化物成渣而浮起，金与硫不相作用而被提纯；之后再通过还原冶炼，将银还原出来，如此便可达到庚、银不折的目的。此书原已失传，20 世纪后期又发现一部，作者不明，郭正谊认为可能是陶宗仪[13]。

硼砂炼金法。宋应星《天工开物》卷一四"五金·黄金"条载："欲去银存金，则将其金打成薄片剪碎，每块以土泥果（裹）涂，入坩锅中鹏（硼）砂熔化，其银即吸入土内，让金流出，以成足色。然后入铅少许，另入坩锅内，勾出土内银，亦毫厘具在也。"此过程计分两步：第一步是先使硼砂与银作用而生成硼酸银，熔化后渗入土中，以达到金银分离的目的；第二步是用铅将银从硼酸银中置换出来。宋代已用硼砂制作药金，硼砂炼金法显然是在此基础上发展过来的[12]。

矾硝法。明初《格古要论》卷中"金铁论·金诈药"（成书于洪武二十年）条载："用燔（焰）硝、绿矾、盐，留窑器内，入净水调和，火上煎，色变则止，然后刷上金器物，烘干，留火内略烧焦色，急入净水刷洗，如不黄再上，然俱在外也。"此过程中大约产生了硝酸，使银溶解而达到金银分离的目的。但这只是一种表面处理工艺，它只能分离出"金器"表面上的银，故谓"俱在外也"。

（二）白银冶炼技术的发展

我国古代的炼银技术发明于先秦时期，但稍见详细的记载却是明代才出现的。

明陆容《菽园杂记》卷一四引《龙泉县志》系统地谈到了银矿开采、破碎淘洗、冶炼的整个过程，其在谈到焙烧和铅炼银法（灰吹法）时说：“次用米糊搜伴，圆（团）如拳大，排于炭上，更以炭一尺许覆之，自旦发火，至申时住火，候冷，名‘窖团’。次用烊银炉炽炭，投铅于炉中，候化，即投窖团入炉，用鞴鼓扇不停手，盖铅性能收银尽归炉底，独有滓浮于面。凡数次，（破）炉爬出炽火，掠出炉面滓垢。烹炼既熟，良久，以水灭火，则银铅为一，是谓铅驼（砣）。次就地用上等炉灰，视铅驼（砣）大小，作一浅灰窠，置铅驼（砣）于灰窠内，用炭团叠，侧扇火不住手。初铅银混，泓然于灰窠之内。望泓面有烟云之气，飞走不定。久之稍散，则雪花腾涌。雪花既尽，湛然澄彻。少顷，其色自一边先变浑色，是谓窠翻（原注：乃熟银之名）。烟云雪花，乃铅气未尽之状。铅性畏灰，故用灰以捕铅。铅既入灰，惟银独存。自辰至午，方见净银。铅入于灰坯，乃生药中密陀僧也”。此操作要点是：先焙烧去硫；后制作银铅合金，以去除非金属等类夹杂；再将铅氧化存银；此氧化铅即密陀僧。沈翼机等编《浙江通志》卷一〇七“物产”所引《龙泉县志》炼银术与此大体一致。

自然，依矿物种类和操作习惯之不同，各地炼银之法是有一定差别的。《天工开物》卷一四“五金·银”条在谈到云南等地一些炼银操作时说，其“成银者曰礁”，“凡礁砂入炉，先行拣净淘洗。其炉，土筑巨墩，高五尺许，底铺瓷屑、炭灰。每炉受礁砂二石，用栗木炭二百斤，周遭丛架。靠炉砌砖墙一朵（垛），高阔皆丈余。风箱安置墙背，合两三人力，带拽透管通风。用墙以抵炎热，鼓鞴之人方克安身。炭尽之时，以长铁叉添入。风火力到，礁砂熔化成团。此时，银隐铅中，尚未脱出。计礁砂二石，熔出团约重百斤。冷定取出，另入分金炉（原注：一名虾蟆炉）内，用松木炭匝围，透一门以辨火色，其炉或施风箱，或使交箑，火热功到，铅沉下为底子（原注：其底已成陀僧样，别入炉炼，又成扁担铅）。频以柳枝从门隙入内燃照，铅气净尽，则世宝凝然成象矣。此初出银，亦名生银，倾定无丝纹，即再经一火，当中止现一点圆星，滇人名曰茶经。逮后入铜少许，重以铅力熔化，然后入槽成丝（原注：丝必倾槽而现，以四围匡住，宝气不横溢走散）。其楚雄所出又异，彼硐砂铅气甚少，向诸郡购铅佐炼，每礁百斤，先坐铅二百斤于炉内，然后煸炼成团，其再入虾蟆炉沉铅结银，则同法也”。引文前段所述当为银铅共生矿的冶炼情况，操作要点是：先作还原冶炼，银、铅皆被还原出来，且熔混如一；后段则说铅炼银法，使银与铅等重金属分离，以提纯银；对生银的提纯往往要进行多次。楚雄银矿的共生铅太少，故还原冶炼时须将铅加入。箑，即扇，风扇。

（三）关于金和银的合金

人们在提取和使用黄金的过程中，对黄金及其合金（如 Au - Ag、Au - Cu）的性态也有了进一步的认识。《本草纲目》卷八“金石·金·集解”条载：“和银者性柔，试石则色青，和铜者性硬。”这里便谈到了 Au - Ag、Au - Cu 合金的性态。《天工开物》卷一四“五金·黄金”条载：“凡金性又柔，可屈折如柳枝……凡足色金参和伪售者，唯银可入，余物无望焉。"这些认识与现代技术原理皆基本相符。

此时关于银合金的知识也进一步丰富起来。《天工开物》卷一四"五金·铜"："凡造低伪银者，唯本色红铜可入；一受倭铅、砒、矾等气，则永不和合。然铜入银内，使白色顿成红色，洪炉再鼓，则清浊浮沉立分，至于净尽云。"《物理小识》卷七"银印兼铜"条还谈到了银铜合金的性能，其云："银铸则有印纹不到处，必入铜熔，则一铸而满纹皆就。"此说银铜合金的铸造性能更优于纯银。

六、铅锡汞冶炼技术

（一）炼铅技术

我国古代炼铅技术约发明于二里头文化时期，但较详细的记载是明代才看到的。

宋应星《天工开物》卷一四"五金·铅"条载："凡产铅山穴，繁于铜、锡。其质有三种：一出银矿中，包孕白银，初炼和银成团，再炼脱银沉底，曰银矿铅。此铅云南为盛。一出铜矿中，入洪炉炼化，铅先出，铜后随，曰铜山铅。此铅贵州为盛。一出单生铅穴，取者穴山石，挟油灯寻脉，曲折如采银矿。取出淘洗煎炼，名曰草节铅。此铅蜀中嘉、利等州为盛。其余雅州出钓脚铅，形如皂荚子，又如蝌斗子，生山涧沙中，广信郡上饶、饶郡乐平出杂铜铅；剑州出阴平铅，难以枚举。凡银矿中铅，炼铅成底，炼底复成铅。草节铅单入洪炉煎炼，炉傍通管，注入长条土槽内，俗名扁担铅，亦曰出山铅，所以别于凡银炉内频经煎炼者。"在此较为系统地谈到了铅的矿物形态、分布状况，以及不同的冶炼工艺。宋应星认为铅矿及其冶炼方法主要有三种，一是"银矿铅"，即与银共生之铅，如与银共生的方铅矿等；炼铅之法是先还原出银铅合金，之后将银铅分离。二是"铜山铅"，即与铜共生之铅；炼铅之法是同入洪炉做还原冶炼，铅先出，铜后出。三是单一的铅矿，又叫草节铅，大约指方铅矿。此外，还有钓脚铅（自然铅）、杂铜铅、阴平铅等种。宋应星在此依矿物形态与冶炼工艺对铅进行了分类，与近代分类思想较为接近。

（二）炼锡技术

锡在我国古代青铜文化中起到过十分重要的作用，但关于其冶炼操作的记载也是到了明代才看到的。

宋应星《天工开物》卷一四"五金·锡"条对锡的产地、矿物形态、冶炼方法都作了详细的介绍："凡锡，中国偏出西南郡邑，东北寰生……今衣被天下者，独广西南丹、河池二州，居其十八；衡、永则次之。大理、楚雄即产锡甚盛，道远难致也。"这是说明代锡的产地。"凡锡有山锡、水锡两种；山锡又有锡瓜、锡砂两种。锡瓜块大如小瓠，锡砂如豆粒，皆穴土不甚深而得之。间或土中生脉充牣，致山中自颓，恣人拾取者。水锡，衡、永出溪中，广西则出南丹州河内；其质黑色，粉碎如重罗面。南丹河出者，居民旬前从南淘至北，旬后又从北淘至南，愈经淘取，其砂日长，百年不竭……南丹出锡，出山之阴；其方无水淘洗，则连接百竹为枧，从山阳枧水淘洗土滓，然后入炉。"此是说锡的矿物形态和开采技术。"凡炼煎亦用洪炉，入砂数百斤，丛架木炭亦数百斤，鼓鞲熔化。火力已到，砂不即熔，用铅少许勾引，方始沛然流注。或有用人家炒锡剩灰勾引者，其炉底炭末、瓷灰铺作平池，傍安铁管小槽道，熔时流出炉外低池。其质初出洁白，然过刚，承锤即拆裂。入铅制柔，方充造器用。售者杂铅太多，欲取净则熔化，入醋淬八九度，铅尽化灰而去。"这是说锡的冶炼操作，计约分为两步：（1）还原冶炼。其中的"用铅少许"应是为了降低金属熔点，用"剩灰"当是为了造渣，目的是使渣与还原出来的金属较好地分离。（2）醋淬去铅。因第一步得到的实为铅锡合金，故第二步便是在高温下使铅与醋作用，生成醋酸铅 $Pb(CH_3COO)_2$，从而达到铅、锡分离的目的。《物理小识》卷七也有类似的记载。从现代技术观点看，还原冶炼前还应有一道焙烧工序，以去除部分硫等杂质。

（三）炼汞技术

宋、元之后，我国的炼汞法主要是蒸馏法，其他方法很少再用。此法约发明于唐。

宋应星《天工开物》卷一六"丹青·朱"较完整地记述了明代汞矿的主要产地、产状、矿物形态、采选，以及汞和银珠的冶炼等："凡升水银，或用嫩白次砂，或用缸中跌出浮面二朱，水和槎（搓）成大盘条，每三十斤入一釜内升汞，其下炭质亦用三十斤。凡升汞，上盖一釜，釜当中留一小孔，釜旁盐泥紧固。釜上用铁打成一曲弓溜管，其管用麻绳密缠通稍（梢），仍用盐泥涂固。煅火之时，曲溜一头插入釜中通气（原注：插处一丝固密），一头以中罐注水两瓶，插曲溜尾于内，釜中之气达于罐中之水而止。共煅五个时辰，其中砂末尽化成汞，布于满釜。冷定一日，取出扫下。此最妙玄，化全部天机也"。（图8-2-4）可见这炼汞用的原料是嫩白次砂和"浮面二朱"，还原剂是炭。其冶炼设备主要由三部分组成：（1）加热室。内盛朱砂和炭，下加热；顶部有一汞

图8-2-4 《天工开物》所载
"升炼水银"图

蒸气出口，与导管相连。（2）汞蒸气传导管，图中叫铁弓空管。其一端插入加热室顶部，另一端与冷凝罐相连。凡接口处皆须密封。（3）冷凝罐，内中盛水。汞被还原出来后，即刻气化，由导管进入冷凝器而被收集起来。可见这是一个生产率较高、且能较好地收集汞蒸气的冶炼装置。整个工艺已相当成熟。古人将炼汞和炼锌皆谓之"升炼"，既形象又确切。这是一段难得的记载。

七、青铜和白铜技术的发展

我国古代的铜合金技术约产生于先秦，至明，三种主要的铜合金，即青铜、白铜、黄铜，技术上都更为成熟，产量提高、使用范围扩展，认识上也更深化。

明李时珍（1518～1593 年）《本草纲目》卷八"金石·赤铜·集解"云："铜有赤铜、白铜、青铜。赤铜出川、广、云、贵诸处山中，土人穴山采矿采取之。白铜出云南，青铜出南番，惟赤铜为用最多，且可入药。人以炉甘石炼为黄铜，其色如金，砒石炼为白铜，杂锡炼为响铜。"这里把铜及其合金分成了赤铜、白铜、黄铜、响铜、青铜 5 种；前三者的含义与现代的基本一致，其中的"白铜"似包括镍白铜(云南白铜)和砷白铜(砒石白铜)两种；"响铜"即是用作响器的 Cu－Sn 合金；由传统技术中的习惯用语来看，此"青铜"很可能是指含镍稍高的一种铜镍合金，这一点，下章还要谈到。

　　宋应星《天工开物》卷一四"五金·铜"条说得更为简明："凡铜供世用，出山与出炉止有赤铜。以炉甘石或倭铅参和，转色为黄铜；以砒霜等药制炼为白铜；矾、硝等药制炼为青铜；广锡参和为响铜；倭铅和写（泻）为铸铜；初质则一味红铜而已。"此亦将铜合金区分成了黄铜、响铜、白铜、铸铜、青铜 5 种。此"黄铜"、"响铜"的含义与李时珍相同；此"白铜"含义与李时珍稍有不同，此仅指砷白铜(砒石白铜)；但李、宋两种说法都是与现代技术语汇相通的。这里的"青铜"依然指含镍稍高的一种铜镍合金。此"铸铜"与"黄铜"都是 Cu－Zn 合金。

　　在明代，青铜依然主要用作铸钱、铸镜和制作响器；白铜分砷白铜和镍白铜两种，都主要用作一般性用器；黄铜主要用作铸钱。

　　（一）响器

　　我国古代响器包括乐钟、朝钟、梵钟、锣钹等数种。乐钟在先秦使用较多，后世减少；后几种在明代都有使用。

　　锣钹一般含锡量较高，宋应星《天工开物》卷一四"五金·铜"载："凡用铜造响器，用出山广锡无铅气者入内。钲（今名锣）、锣（今名铜鼓）之类，皆红铜八斤，入广锡二斤，铙、钹，铜与锡更加精炼。""广锡"，广西所产之锡。依此，原料配比便为铜 80%、锡 20%。显然，这种成分的响器具有较为清脆、悠扬的音质。

　　梵钟和朝钟含锡量较锣钹稍低。《天工开物》卷八"冶铸·钟"载："凡铸钟，高者铜质，下者铁质。今北极朝钟则纯用响铜，每口共费铜四万七千斤，锡四千斤，金五十两、银一百二十四两于内。"若烧损均衡的话，此钟的含锡量便为 7.8%；考虑到烧损时，实际含锡量当低于此数。至于铸钟是否要加入金、银，它们对钟的机械性能和发音效果有何影响，则要用实验来证实。凌业勤[14]、吴坤仪[15][16]分析过 7 座明代梵钟，即永乐大钟、宣德甲寅钟、成化十年钟、正德三年钟、宣德五年钟、万历戊午钟、天启钟；成分为：铜 66%～80.8%，平均 75.18%；锡 12.2%～18.7%，平均 16.69%；铅 0.04%～1.12%，平均 0.51%。可知其皆为锡青铜，含锡量皆较宋应星所说为高，其中著名的永乐大钟成分为：铜 80.54%、锡 16.4%、铅 1.12%[14]。

　　（二）铜镜

　　铜镜技术在宋代便进入了衰退期，明代虽铸制过一些稍好的铜镜，但终不及汉、唐。我统计过 4 件明代铜镜合金成分[17][18]，便有 3 种不同的合金：(1) 锡青铜和铅锡青铜，2 件，但含锡量皆较低（11.844%～15.014%），平均成分为：铜

82.312%、锡 13.429%、铅 3.758%。（2）锡铅青铜镜，1 件，铜 81.53%、锡 8.10%、铅 10.368%。（3）锡锌铅青铜镜，1 件，铜 79.95%、锡 5.97%、铅 11.45%、锌 9.18%[17]。4 件标本竟有 3 种合金，可见其合金制度之淆乱。但值得注意的是，此时人们对高锡青铜镜依然是十分重视的。《天工开物》卷八"冶铸·镜"条载："凡铸镜，模用灰沙，铜用锡和（不用倭铅）。"此说铸镜须配锡，未提到配铅，反对配锌，这与我国传统认识是基本一致的。这说明，一种正确的认识一旦在历史上出现，是很难消亡下去的。

（三）钱币

明代使用的铸币合金有一个较为明显的界线，即嘉靖以前基本上都是青铜质，嘉靖时兼用青铜与黄铜，之后基本上皆用黄铜。有学者分析过 30 枚嘉靖之前的钱币合金成分[19]，基本情况为：（1）成分分布不甚均匀，30 枚钱币中，有锡铅青铜钱 22 枚，占标本总数的 73.33%；铅锡青铜钱 7 枚，占 23.33%；锌铅青铜钱 1 枚，占 3.33%。（2）含铅量较宋代低，含锡量明显升高。30 枚的平均成分为铜 75.351%，铅 14.824%，锡 7.795%。可见，虽明代前期铜钱沿用了先世以铅为主要合金元素的制度，但百分比数作了调整。（3）锌铅青铜钱出现于弘治时，含锌量达 9.77%。

我国古代钱币技术始于先秦，终于明、清，其合金技术经历了漫长的发展历程。先秦各国钱币一般含铅量较高、含锡量较低。汉时铅锡量都较低。及唐，铅锡量都稍有提高。宋时，含铅量大幅度提高，含锡量明显降低；北宋钱币多为：铅 20%～30%，锡 5%～11%；南宋钱币平均含铅量达 37% 左右，含锡量不足 4%。明代前期钱币含铅量有所降低，嘉靖后出现了黄铜钱。从先秦到明嘉靖，我国钱币的主要合金元素是铅，其含铅量经历了"高—低—高—低"的发展过程。

（四）镍白铜

自古至今，我国镍白铜主要产于云南、四川两省交界的会理、会泽、巧家和牟定一带。黄一正《事物绀珠》卷二五"珍宝·五金"载："白铜出滇南，如银。"[20]此说云南产白铜。《明一统志》卷七三"四川行都指挥使司"载："土产：铁、盐、白铜（原注：宁番卫出）"等。此书成于明天顺五年（1461 年）。宁番卫治今四川冕宁县。明屠隆《考槃余事》卷三"香笺·匙箸"条载："云间胡文明制者佳，南都白铜者亦适用，金玉者似不堪用。"此白铜已被制作日用器，说明其产量不低。明文震亨《长物志》卷七"器用·匙筋"条也有类似说法："紫铜者佳，云间胡文明及南都白铜者亦可用。"

（五）关于砷白铜

元、明时期，砷白铜成了一种较为重要的铜合金，产量也不太低。除前引《本草纲目》卷八、《天工开物》卷一四等外，其他地方也曾提及。如：

《天工开物》卷一〇"锤锻·治铜"载，凡红铜，"用砒升者为白铜器，工费倍难，侈者事之"。说砷白铜器制作较难，唯侈奢之人使用。

宋应星《天工开物》卷一一"燔石·砒石"条在谈到砒的使用情况时说："此物生人食过分厘立死，然每岁千万金钱速售不滞者，以晋地菽麦必用伴（拌）种，且驱田中黄鼠害；宁绍郡稻田必用蘸秧根，则丰收也。不然，火药与染铜，需用能几何哉！"此以砒石"染铜"，产品当是砷白铜，此"染"的具体操作不详，不能排除"配制砷白铜"的可能性。

八、黄铜技术的重要进步

我国人工配制黄铜的技术始于何时，目前学术界尚无一致的意见，可以肯定的是宋代便有了以炉甘石配制黄铜的记载。明代之后，黄铜技术便有了较大发展，主要表现在：（1）出现了以倭铅与红铜直接配制黄铜的工艺；（2）人们对黄铜的性能有了进一步的认识，并总结出了一套行之有效的合金配制技术，其中包括简单黄铜和复杂黄铜；（3）边境地区亦生产了黄铜，使用范围大为扩展。

明代前期的黄铜大约依然是利用炉甘石点化的，中后期便发生了变化，有学者分析过从嘉靖到崇祯的 72 枚明代钱币[19]，从分析情况可知：

（1）钱币合金出现了以黄铜为主的局面。在 72 枚钱币中，有黄铜钱 70 枚，占标本总数的 97.22%；青铜钱只有 2 枚，即铅锡青铜、锌铅青铜钱各 1 枚，计占试样总数的 2.78%。

（2）由嘉靖到崇祯，钱币含锌量大体可分成两个区域。万历以前，平均含锌稍低，多为 12%～23%；万历之后明显升高，多为 29%～34%。

（3）70 枚黄铜钱的成分分布是：铅黄铜 31 枚、锡铅黄铜 17 枚、简单黄铜 13 枚、锡黄铜 7 枚、铅锡黄铜 2 枚；可知明代中后期钱币主要是铅黄铜，次为锡铅黄铜。

（4）随着时间的迁移，各种黄铜钱的升迁状况是不同的：锡黄铜币逐渐减少，铅黄铜币却是不断增多。在今人分析过的嘉靖至明末 72 枚钱币中，锡黄铜钱只有 7 枚，皆属嘉靖时期；嘉靖通宝、隆庆通宝无一属于铅黄铜；而在万历通宝、泰昌通宝、天启通宝、崇祯通宝中，半数皆属铅黄铜。

明代文献中还有了关于铸件配锌量的记载。宋应星《天工开物》卷八"冶铸·钱"条载："凡铸钱每十斤，红铜居六七，倭铅（原注：京中名水锡）居三四，此等分大略。"这是说铸钱。同书卷一四"五金·铜"条又云："凡铸器，低者红铜、倭铅均平分两，甚至铅六铜四；高者名三火黄铜、四火熟铜，则铜七而铅三也。"这是说铸造一般器物。可见此黄铜铸件的成分范围是较宽的，其中说到的三七黄铜和四六黄铜，基本上都处于 α – 黄铜相区，其强度较高，塑性多数亦较高，对钱币来说，这是一种较好的配比；对塑性要求不是太高的器物，则配锌量可达 50%或稍高。

明时，黄铜的使用范围有了较大扩展。除钱币外，大家较为熟悉的黄铜器物还有：建筑用料、印章、祭祀用品（宣德炉等），及其他生活用器。明陈仁锡《潜确居类书》卷九三说："我明皇极殿顶名是风磨铜，更贵于金，一云即'鍮石'也。"这是建筑用黄铜之例。"风磨铜"即鍮石、黄铜，此名至今民间仍在沿用。

九、铸造技术的长足进步

明代的熔炼技术也有了提高，泥型铸造、出蜡铸造都有了长足进步，砂型铸造进一步推广开来。既浇铸出了诸如宣德炉那样艺术价值极高的祭祀品，还采用群炉汇聚的方式，浇铸出了类如朝钟、梵钟这样的大型铸件，使我国古代铸造技术发展到了一个新的高峰。

（一）熔炼技术的发展

及明，标以"炼数"的精炼工艺依然保存着，而且还形成了一套包括加料顺序在内的、较为完善的金属熔炼、精炼工艺。

明冯梦祯《快雪堂漫录》载："凡铸镜，炼铜最难，先将铜烧红打碎成屑，盐醋捣，荸荠拌，铜埋地中；一七日取出，入炉中化清，每一两投磁石末一钱，次下火硝一钱，次投羊骨髓一钱；将铜倾太湖沙上，别沙不用。如前法六七次，愈多愈妙。待铜极清，加椀锡；每红铜一斤加锡五两，白铜一斤加六两五钱。所用水，梅水及扬子江水为佳。白铜炼净一斤只得六两，红铜得十两，白铜为精。"此"磁石"（Fe_3O_4）、"火硝"，皆为氧化性熔剂，它们皆可起到除气（氢）的作用。"羊骨髓"含磷，为脱氧剂[18]。"椀锡"即锌。清郑复光《镜镜诒痴》卷四"作照景镜"条说："倭铅即白铅，又名椀锡。"此"白铜"当为镍白铜，也可能是砷白铜。可见，此加料熔炼的步骤是：先用磁石、火硝来提高熔液含氧量，以达到除氢气的目的；之后再用羊骨髓脱氧；之后加锌，以减少锡的氧化；最后再加锡。这是一套相当完善的熔炼、精炼工艺，它与现代技术原理是基本相符的。文中的"如前法六七次"主要指除气、脱氧两道工序；至于文中所云"愈多愈妙"，则未必完全可信。

（二）出蜡铸造

明人不但用出蜡法铸造出印章等精细物件，并且用它铸造出朝钟一类大型铸件。《天工开物》卷八"冶铸·钟"条便详细记述过出蜡法铸造"万钧钟"的工艺过程："凡造万钧钟，与铸鼎法同。堀坑深丈几尺，燥筑其中如房舍，埏泥作模骨；其模骨用石灰三和土筑，不使有丝毫隙拆。干燥之后，以牛油、黄蜡附其上数寸。油蜡分两：油居什八，蜡居什二。其上高蔽抵晴雨（夏月不可为，油不冻结）。油蜡墁定，然后雕镂书文、物象，丝发成就。然后，春筛绝细土与炭末为泥，涂墁以渐而加厚至数寸。使其内外透体干坚。外施火力炙化其中油蜡，从口上孔隙熔流净尽，则其中空处即钟、鼎托体之区也。凡油蜡一斤虚位，填铜十斤。塑油时尽油十斤，则备铜百斤以俟之。中既空尽，则议熔铜。凡火铜至万钧，非手足所能驱使。四面筑炉，四面泥作槽道，其道上口承接炉中，下口斜低以就钟、鼎入铜孔。槽旁一齐红炭炽围。洪炉熔化时，决开槽梗（原注：先泥土为梗塞住），一齐如水横流，从槽道中枧注而下，钟鼎成矣。凡万钧铁钟与炉、釜，其法皆同，而塑法则由人省啬也。"墁，即涂抹，粉刷。此主要工艺环节是：（1）构筑浇铸坑。（2）做模骨。（3）在模骨上敷牛油、黄蜡。其中未谈及松香。（4）在油、蜡模上雕镂文书、物象。（5）在蜡模上敷细泥。（6）加热炙化油蜡。（7）浇铸。这是我国古代关于出蜡法铸造大型器物的最早记载。此尤具特色的操作是：要构筑浇铸坑、四面筑炉化铜。

明文彭《印章集说》则谈到过出蜡法铸印的基本过程："铸印有二：曰翻砂，曰拨蜡……拨蜡以蜡为印，刻纹制钮于上，以焦泥涂之，外加熟泥，留一孔令干，去其蜡，以铜熔化入之。其文法钮形，制具精妙。辟邪狮兽等钮，多用拨蜡。"此"拨蜡"法，即元人之谓"出蜡法"。今俗"失蜡法"之名是外来语，应是 lost waxprocess 的意译，看来，"失蜡法"之名尚不及"出蜡法"或"拨蜡法"来得确切、明了。印章虽为小件器物，但基本操作过程与前是一样的。

（三）翻砂铸造

翻砂铸造在明代已经使用较广，工艺上也更加成熟起来。前引《印章集说》便有砂模铸造的明确记载，其云："铸印有二：曰翻砂，曰拨蜡。翻砂以木为印，复于砂中，如铸钱之法。"此亦明确说到了"翻砂"。

《天工开物》卷八"冶铸·钱"曾完整地记载了明代铸钱的整个工艺过程，但其铸型的质地如何，因原文记述不清，铸造史界曾有不同说法；有说其为砂型者[21]，有说为泥型者[22]，可以进一步研究。今暂置翻砂法中，且将原文引述如下："凡铸钱模，以木四条为空匡（原注：木长一尺二寸，阔一寸二分）。土、炭末筛令极细，填实匡中，微洒杉木炭灰或柳木炭灰于其面上，或熏模则用松香与清油。然后以母钱百文（原注：用锡雕成），或字或背，布置其上。又用一匡，如前法填实合盖之。既合之后，已成面、背两匡，随手复转，则母钱尽落后匡之上。又用一匡填实，合上后匡，如是转复，只合十余匡。然后以绳捆定，其木匡上弦原留入铜眼孔，铸工用鹰嘴钳，洪炉提出熔罐，一人以别钳扶抬罐底相助，逐一倾入孔中。冷定，解绳开匡，则磊落百文，如花果附枝，模中原印空梗，走铜如树枝样，挟出逐一摘断，以待磨锉成钱。"（图8-2-5）这是我国古代钱币铸造至为详细的记载。这里谈到了熏模剂，包括松香和清油两种物料，以作脱模剂。清油，当即菜子油，南方至今依然有此称谓。《天府广记》卷二二"宝源局·铸钱则例"在规范铸钱工艺的操作要点时，也多次提到过脱模剂。脱模剂在我国使用较早，但此前记载较少。

图8-2-5　《天工开物》所载"铸钱"图

（四）泥型铸造

泥型铸造是我国古代使用时间最早、范围最广、沿用时间最长的铸造工艺，明、清时期不但较多地用到了火炮、锅釜等器物的铸造中，而且还用到了诸如永乐大钟一类的特大型铸件上，把泥型铸造推向了又一高峰。

"永乐大钟"系明永乐年间在德胜门内铸钟厂铸成，初悬于汉经厂，明万历五年（1577 年）移至西直门外万寿寺，清雍正十一年（1733 年）移至西郊觉生寺，以至今日。其声宏亮，清脆悠扬，"昼夜撞击，声闻数十里"。钟通高 6.75 米，口外径 3.3 米，钟唇厚 0.185 米，总重量约 46.5 吨。钟体内外满铸 23 万多字，其中有汉文，也有梵文；有《华严经》、《金刚经》等。合金成分已如前述。泥型铸造，钟体与蒲牢是分铸的；钟体有 7 层外圈范、钟顶 10 块外范，芯为一个整体。凌业勤[23]、吴坤仪[15]等都曾对其铸造工艺进行过研究。这是世界上现存较大的钟之一，是世界上铭文最多的钟；既是佛教的梵钟，也是代表皇权的朝钟。

十、金属加工技术的多项成就

随着社会生产的发展，明代的金属加工技术有了很大的提高，在锻打技术方面，铁锚加工、火铳成型、锣钹技术、花纹钢技术都有了较大进步。钢铁、青铜、黄铜的锻造都有了提高；金属复合材料技术、拉拔技术、焊接技术，都有了长足的进步。此时还制作了宣德炉，这是一种具有较高技术水平和艺术价值的祭礼用品，在合金技术、铸造和表面处理技术上，都达到了较高的水平。我国古代金属加工技术曾有过三次较大的发展，第一次是春秋战国，第二次是汉代，第三次便是明代。

（一）钢铁锻造技术的发展

从历史上看，我国古代的金属成型，相当长一个时期内是以"铸"为主的；直到宋代，生产工具、生活用具、兵器中的主要器物，才最后完成了"由铸造为主到锻造为主"的转变。明代之后，锻造技术又有了新的发展，尤其值得注意的器物是火铳、铁锚、铁索桥和花纹钢，它们在一定程度上反映了明代锻造技术的先进水平。

1. 火铳

我国的管形火器约发明于宋，早期多为铸造；铸件的缺点是表面粗糙、组织疏松、常有气孔和砂眼；及至明代，管形火器才由铸制发展到了锻制的阶段。

《武编》"前集"卷五"铁条"载，铁有生铁，有熟铁。熟铁多灌淬，"今人用以造刀、铳、器血（皿）之类是也"。枪、铳、炮，是我国古代三种主要的管形火器。可见明代中期已有了锻制铁铳。明赵常吉《神器谱》"制铳"条说到过用福建炒铁制铳。当然，我国明、清火炮还是以铸制为主的，宋应星《天工开物》卷八"冶铸"设有铸"炮"一节，并说其质地有的用熟铜，或生铜与熟铜兼半，有的用铁。该书卷一〇专谈"锤锻"，谈到了许多器物的锻造，但无"锻炮"的内容。今在各地博物馆看到的明、清管形火器亦多为铸制。

2. 铁锚

我国古代铁锚发明较早，但关于其制作工艺的记载却是到了明代才看到的。

《天工开物》卷一〇"锤锻·锚"载："凡舟行遇风难泊，则全身系命于锚。战舡、海舡，有重千钧者。锤法：先成四爪，以次逐节接身。其三百斤以内者，用径尺阔砧，安顿炉傍，当其两端皆红，掀去炉炭，铁包木棍，夹持上砧。若千斤内外者，则架木为棚，多人立其上，共持铁练（链），两接锚身，其末皆带巨铁圈练(链)套，提起掟转，咸力捶合。合药不用黄泥，先取陈久壁土筛细，一人频撒接口之中，浑合方无微罅。盖炉锤之中，此物其最巨者。"（图 8－2－6）这里介绍了铁锚加工的全过程。其工艺要点是：分段锻成，逐节接身；壁土频撒，咸力锤合。重 300 斤以内者，直接用人力操纵；千斤内外者，则架设人力揽转的起重装置。其中的"黄泥"、"陈久壁土"可能是一种保护性熔剂，使锻缝免遭氧化。不管东方还是西方，炉锤之中，铁锚都是较大的器物。

图 8－2－6　《天工开物》所载"锤锚图"

3. 花纹钢技术的发展

明、清时期，花纹钢技术又有了进一步发展，不但旧有的工艺更为熟练，同时还发明了一些新工艺。

明方以智《物理小识》卷七"金石类·藏铁不锈法"方中通注曰："折铁者，锤钢条而入银，曲折锤之，如此百次。"可见，此"折铁"是具有银白色花纹的钢铁材料；其约始见于宋；但非"锤钢条而入银"所成，而是用纯铁或熟铁、低碳钢，与高碳钢锻合而成。

明代还有一种"菊花钢"。明屠隆《考槃余事》卷四"起居器服笺·印章"说，刻印章"惟用菊花钢煅而为刀"。此花纹钢工艺不明。

明代还有一种用表面处理方式得到的花纹钢。《武编》"前集"卷五"铁"条载："刀花：羊角煅灰、粉心水提过、酸酸草烧灰、硝、酱。"（茅元仪《武备志》卷一○五"铁钢附"条所引基本相同）此"羊骨煅灰"、"酱"皆为含碳物质，"硝"为含氮物质。看来，此当是渗碳或碳氮共渗的化学热处理工艺。作此处理后，刀剑表面便因成分和组织的不均，从而显示出花纹来。这是我国花纹钢工艺的又一成果。

从前述文献记载和传统技术调查来看，我国和世界古代花纹钢工艺主要有五种类型，即：

（1）铸造型花纹钢（Лигая уэорчатая Сталъ）。其以印度乌茨（wootz）钢为

原料加工而成，习谓"铸造大马士革钢"，在俄国又叫布拉特钢（图版拾肆，2、3）。乌茨钢是一种坩埚钢，它又有两种不同的工艺[24]。

（2）锻焊型花纹钢。这是以两种含碳量相差较大的铁碳合金（其中一种可为纯铁），通过某种方式锻合、焊合成的。依锻合、焊合方式之不同，其又有一些不同操作：有的比较讲究多层积叠、多次折叠、多次旋拧、反复锻打，故花纹亦较华茂、流畅，且无规则，如我国古代的"百辟百炼"型花纹钢、中东和欧洲的"锻造大马士革钢"、唐慧琳说的镔铁、日本刀的地文钢、20世纪30年代北平的折花钢和1981年我们模拟的北平折花剑等[25]。有的只注重材料的积叠，不作过多的折叠和旋拧，花纹较有规则，如波罗的海沿岸的大马士革钢、马来的克力士短剑钢等；有的则在积叠锻合后，再作机械的剪切、挖锉等加工，如20世纪30年代前北平的一种"马牙钢（锯齿纹钢）"等。

（3）灌炼型花纹钢。其原料是生铁和"熟铁"，基本操作与灌钢相类同。主要见于下列文献：一是前引晋张协《七命》，其云"万辟千灌……神器化成，阳文阴缦"；二是前引宋周去非《岭外代答》卷六，其云"融州人以梧铁淋铜（钢），以黄岗铁夹盘煅之，遂成松文"。

（4）局部渗碳型花纹钢。如前引明《武编》"前集"卷五所云"刀花"等。

（5）局部热处理型花纹钢。如日本刀的刃纹钢等。

这是目前所知的古代中国和世界花纹钢的五种类型，此外可能还有一些，可以进一步研究。五种花纹钢中，第一种主要产于古印度，第五种主要见于日本；古代世界上使用最广的是第二种的"百辟百炼"型，在东方、西方都可看到；第三、四种主要见于我国文献，第三种为中国特有，第四种在其他地方亦很少看到。这种分类的主要依据是其工艺原理。

4. 铁索桥

我国古代铁索桥约兴起于公元3世纪后期，最初主要用于军事；约8世纪前期，便架设了著名的民用铁索桥；明、清时期，铁索桥工程有了长足的进步，我国西南一些峡谷幽深、水流湍急处架设了多座大型铁索桥。在明代，大家较为熟悉的有贵州盘江桥、云南霁红桥等。

田雯《古欢堂集》卷三八"黔书·铁索桥"载，盘江之源出自金沙江，所经处遇两山夹峙，一水中断。"明天启（1621～1627年）间，监司朱家民拟建桥而不可以石，乃彷澜沧之制，冶铁为絙三十有六，长数百丈，贯两崖之石而悬之，覆以板。类于蜀之栈而道始通。"田雯，康熙甲辰（1664年）进士，官至户部侍郎。

清靖道谟等编《云南通志》卷六"津梁·永昌府"载："霁红桥在城北八十里，跨澜沧江，蜀汉武侯南征始架木桥……明洪武中，镇抚华岳铸二铁柱于石以维舟。成化中，僧了然募化建桥，以铁索系两岸上，盖以板。"

5. 铁画的出现

铁画是以含碳量较低的铁碳合金为原料，通过锻打、焊接、退火、烘漆等工序制作出来的铁质工艺品。其融丹青水墨画技法，以及民间剪纸、雕塑等技艺于一身，获得了立体水墨画的效果。

今见最早的铁画类工艺品是武当山紫霄宫大殿内玉帝御前陈放的一对铁蜡台，

属明代中期；其状如"铁树开花"，高 2.7 米，由树根、树干、树枝和盛开的花朵组成；树干上盘踞一条铁龙；花朵由多层铁片锻、焊、剪切而成；各焊接处皆平滑光洁，无接茬锻痕。铁质条幅上留有大段文字，至今依然清晰可辨："新安歙县岩石镇信士汪虎关备资打造铁腊台一对，送献武当山大岳紫霄宫玉帝御前永远供奉。弦（弘）治辛酉上元之吉打造人路永和，米庄人吴存。"可见，此铁蜡台是明弘治十四年（辛酉，1501 年）正月十五日进献的[26]。清代之后，铁画技术获得了进一步的发展。

（二）青铜锣钹锻打技术

我国古代的青铜锻件较少，先秦时期主要是青铜甲、刻文和非刻文的薄壁铜器等，汉、唐之后除薄壁铜器外，还有锣钹一类响器。这响器也是在我国沿用时间较长、技术成就较高的青铜锻件。锣钹在我国使用较早，但有关其加工技术的记载却是到了明代才看到的。

宋应星《天工开物》卷一〇"锤锻·治铜"条载："凡锤乐器：锤钲（俗名锣）不事先铸，熔团即锤；锤镯（俗名铜鼓）与丁宁，则先铸成圆片，然后受锤。凡锤钲、镯，皆铺团于地面。巨者众共挥力，由小阔开，就身起弦，声俱从冷锤点发。其铜鼓中间突（凸）起隆炮（泡），而后冷锤开声。声分雌与雄，则在分厘起伏之妙。重数锤者，其声为雄。凡铜经锤之后，色成哑白，受镗复显黄光。经锤折耗，铁损其十者，铜只去其一。气腥而色美，故锤工亦贵重铁工一等云。"这里系统地介绍了锣钹加工的全过程。主要工艺程序是：（1）配置合金成分。前面谈到，锣钹类响铜的成分是：铜八斤锡二斤。（2）热锻。（3）冷锻。可提高材料强度，致密组织，并获得较为光洁和坚硬的表面，同时可改善音质。《物理小识》卷七"金石·冷锤"："冷锤者，其质更坚。"在此要说明的是，锣钹冷锻前应有一道淬火，这是十分重要的工序，可能是宋应星遗漏了。淬火的目的是为了将塑性较好的高温相（β）保留下来，便于冷锤定音。不淬火，是不能冷锻的。

（三）黄铜锻打技术的发展

《天工开物》卷一四"五金·铜"："凡红铜升黄色为锤锻用者，用自风煤炭（原注：此煤碎如粉，泥糊作饼，不用鼓风，通红则自昼达夜。江西则产袁郡及新喻邑）百斤灼于炉内，以泥瓦罐载铜十斤，继入炉甘石六斤，坐于炉内，自然熔化。后人因炉甘石烟洪飞损，改用倭铅。每红铜六斤，入倭铅四斤，先后入罐熔化，冷定取出，即成黄铜，唯入打造。"这里谈到了加工黄铜的配比和熔炼方法，入细入微，是我国古代关于黄铜锻打的较早记载。操作要点是：（1）须用自风煤为燃料，目的是不用鼓风，以减少熔化温度过高而造成的锌烧损。（2）因炉甘石烟洪飞损，最好是直接使用倭铅与红铜配合，以减少熔炼时间。（3）物料配比为红铜六斤，倭铅四斤。从现代材料学看，黄铜含锌量为 30%～32% 时，塑性最好，延伸率高达 58%。依四六比配入，经烧损后，便大体处于这一范围。可见，这是一套较为合理的工艺。"唯入打造"一语说明，人们对加工黄铜合金成分选择已有较深认识。

同书卷一〇"锤锻·治铜"还谈到了黄铜加工的技术要点："凡黄铜，原从炉甘石升者，不退火性受锤；从倭铅升者，出炉退火性，以受冷锤。"这是明代黄铜加工的重要技术成果，其与现代技术原理是基本相符的。"原从炉甘石升者"，倭铅烧损较多，加工前无须退火；"从倭铅升者"，合金含锌量较高，加工前须先行退火。此退火的目的，是消除枝晶偏析和高锌α－黄铜在非平衡结晶时出现的少量β相，进一步改善室温塑性。

（四）刃部嵌钢技术的发展

刃部嵌钢是我国古代金属复合材料技术的重要工艺，其又有包钢、夹钢、贴钢3种不同操作，这都是令刀剑既锋利又不易折断的重要措施，其在明代大约都有使用。

《天工开物》卷一〇"锤锻·斤斧"载："刀剑绝美者以百炼钢包果（裹）其外，其中仍用无钢铁为骨；若非钢表铁里，则劲力所施，即成折断。其次寻常刀剑斧，止嵌钢于其面。即重价宝刀，可斩钉截铁者，经数千遭磨砺，则钢尽而铁现也……凡健刀斧，皆嵌钢、包钢整齐，而后入水淬之。"此"百炼钢包裹其外"者，即是"包钢"工艺，其内层为铁，外表为钢。"寻常刀剑斧，止嵌钢于其面"，可能是指"贴钢"工艺；"于其面"三字十分重要。"嵌钢"，大约指夹钢；嵌，原有嵌入之意。此外，同书同卷"锤锻·凿"条载："凡凿，熟铁锻成，嵌钢于口"。《武备志》卷一〇四载："腰刀造法，铁要多炼，刃用纯钢。"都说到了金属复合材料技术。此三种操作中，"包钢"最为讲究，今已很少看到；"夹钢"使用最广，今在民间仍广为流传。日本刀亦采用"包钢"。

（五）拉拔技术的发展

明代的铜铁拉拔技术都得到了较大的发展，当时的浙江、山西、广东等地都有了铁丝生产，产品种类亦迅速增加。

《嘉靖浙江通志》卷一七"贡赋"载，在杭州府赋税中，有"粗细铜丝各八十斤，粗细铁线各五百三十二斤，铁条五百三十八斤，针条一百一十一斤"[27]。这里谈到了粗细铜丝和粗细铁丝，这不同材质、不同型号的拉拔产品，说明杭州府铜铁拉拔生产已具有相当规模。

唐顺之（1507～1560年）《武编》"前集"（成书于1559年）卷五"铁"条："泽潞出铁，上等铁，丝铁，如黄豆大，长丈余，用工最多；次等铁，条铸，中凿三眼；三等，手指铁，凿五条纹。"显然，此"丝铁"系拉拔而成。同书接着还说到了广东铁丝："广东条铁，今人用抽铁丝，造大器不用。"可见当时山西、广东等地都有铁的抽丝生产。

十分难得的是，明《天工开物》卷一〇"锤锻·针"条还详述了拉拔制针的整个工艺过程，云："凡针，先锤铁为细条，用铁尺一根，锥成线眼，抽过条铁成线。逐寸剪断为针。先镑其末成颖，用小槌敲扁其本，刚（钢）锥穿鼻，复镑其外，然后入釜，慢火炒熬"。（图8－2－7）炒熬的目的即是渗碳，之后淬火。此铁线必须通过"线眼"，其工艺原理与现代拉拔生产基本上是一致的。

（六）焊接技术的发展

明代的焊接技术又发展到了一个新的阶段，文献记载明显增多，出现了多种不同的焊料配方及操作工艺，铜焊内容亦有了扩展，并有了银焊的记载。

明宋应星《天工开物》卷一〇"锤锻·治铁"条："凡焊铁之法，西洋诸国别有奇

图 8 - 2 - 7　《天工开物》所载"抽线琢针图"

药，中华小焊用白铜末，大焊则竭力挥锤而强合之。"此焊料为白铜，当亦铜砷合金。因《天工开物》一书只提到了砷白铜，而未提镍白铜，更未将高锡青铜称为白铜。

同书同卷"治铜"条："用锡末者为小焊，用响铜末者为大焊（原注：碎铜为末，用饭粘和打，入水洗去饭，铜末具存，不然则撒散）。若焊银器，则用红铜末。"此焊料有锡、响铜、红铜。此"小焊"对焊口强度要求稍低，"大焊"对焊料强度要求稍高。

《物理小识》卷七"金石类·锻缝"条简要地引述了《天工开物·治铜》关于焊接的内容，最后总结道："皆兼硼砂"。即不管大焊小焊，铜焊锡焊，皆须以硼砂为焊接熔剂。同条接着又说："巧焊金玉用银末，如玉柄铁刀之类。"此即银焊，以银基合金为焊料。

《物理小识》卷七"金石类·汗药"条载："汗药，以硼砂合铜为之。若以胡桐泪合银，坚如石；今玉石刀柄之类汗药，加银一分其中，则永坚不脱。"此前两句说的是铜焊，焊接熔剂是硼砂，第三句以下说的是胡桐泪与银合成的"汗药"，具体操作不明，或与银焊相当。

（七）关于宣德炉工艺

"宣德炉"是明宣德三年（1428 年），由明宣宗朱瞻圣谕，由工部制作的一批鼎彝器的代称。它从合金成分选择，到铸造和表面处理技术，都表现了高超的技艺，其中又以其"发于内露于外"的珠光宝色最为难得（彩版叁，1）[28]。数百年来，其一直受到世人推崇，是汉后铜器技术的又一杰出成就。

《宣德鼎彝谱》卷一、卷二记载了工部呈进御览的第一批鼎彝器的"用料疏"，其金属料计有风磨铜、倭源白水铅、倭源黑水铅、生红铜、锡等 5 种。此"风磨铜"即黄铜，是铸造宣德炉的主要原料。"贺兰花洋斗锡"即金属锡，"日本生红铜"也即普通红铜，都是用来调剂合金成分和铸造性能的辅助性材料。其中的"倭源白水铅"和"倭源黑水铅"到底为何物，则是十分费解，学术界也有不同看法。笔者倾向于"倭源白水铅"是锌、"倭源黑水铅"是铅的观点，因金属在反复精炼过程中要造成大量烧损，此二者便是分别用来弥补锌、铅烧损的。宣德鼎彝器属于黄铜是可以肯定的，但其具体成分则难得详知。由前引大量文献记载来看，明代黄铜器多为"三七黄铜"或"四六黄铜"，因文献上皆说宣炉色泽艳丽，故我们推测当以四六黄铜可能性最大。

宣炉的熔炼十分讲究，通常都要反复多次。《宣德鼎彝谱》卷六所载诸器有"五炼"、"六炼"、"八炼"、"十炼"、"十二炼"等说。天启年间项子京的《宣炉博论》云："昔闻一老中贵言，宣庙当铸冶之时，问工匠曰：'炼铜何法，遂至精美?'工奏云：'凡铜经炼至六，则现珠光宝色，有若良金矣。'宣庙遂敕工匠炼必十二，每斤得其精者才四两耳，故其所铸鼎彝，特为美妙云。"可见，宣炉之铜是经过了多次熔炼，及至"十炼"、"十二炼"的。

1925年，王琎分析过两枚铜器合金成分，其中一件颜色较深，原称为"黄铜"，成分为：铜52.7%、锌20.4%、铁12.1%、锡4.4%、铅2.3%；另一件颜色较浅，原称为"白铜"者，成分为：铜48.0%、锌36.4%、铁2.3%、锡2.7%、铅3.7%[29]。此二器原是当作宣炉来研究的，但其来源无考，"真"、"假"难分辨。值得注意的是：其中都含有一定的铁和铅，它们在宣炉用料呈册中皆无著录；我们认为不管"十二炼"还是五炼、六炼，都不应当含有多量的铁。依此，我们认为此二器皆非真"宣"，尤其颜色较深者，含铁量高达12.1%，肯定会影响到炉体光泽和美观的。

宣德鼎彝器工艺中，最为出色的是表面处理技术。项子京《宣炉博论》赞道："宝色内涵，珠光外现，淡淡穆穆，而玉毫金粟，隐跃于肤理之间。"

从《宣德鼎彝谱》的记载来看，宣炉表面的底色主要有3种：（1）本色。若为四六黄铜，则其色类金，灿烂辉煌。（2）镀金镀银，其中有全镀和局部镀之别。全镀即文献中说的"赤金纯裹"、"白银纯裹"；局部镀则又有"覆祥云"、"涌祥云"之别。（3）仿古诸色。如青绿色、蜡茶色、深蜡茶色、蜡茶本色；棠梨色、棠梨本色；藏经纸色、淡藏经纸色、深藏经纸色；枣红色、青瓷色等。《宣炉博论》说："凡宣炉本色有三种，流金仙桃色，一也；秋葵花色，二也；栗壳色，三也。而仙桃色为最，秋葵花色次之，栗壳色则又次之耳。"在本色、鎏金、仿古诸色地上，都可镶金镶银，其中最令后人赞叹的是纯仿古诸色。对这诸色仿古的具体工艺，《宣德鼎彝谱》未作详细说明，"用料疏"中虽留下了许多原料的名称、数量和用途，但今人很难从中了解到诸仿古配方和操作过程。有一种观点认为，宣炉表面形成了珐琅质[30]，但须待进一步研究来证实。

（八）镔铁技术的发展

镔铁于南北朝时传入我国，之后历代文献都曾提及，但关于镔铁花纹较为清楚的记载，却也是到了明代才看到的。

明曹昭《格古要论》卷中载："镔铁出西蕃，面上有旋螺花者，有芝麻雪花者，凡刀剑器打磨光净，用金丝矾矾之，其花则见，价值过于银。古云：识铁强如识金，假造者是黑花，宜仔细看验。刀子有三绝：大金水总管刀，一也；西蕃鸿濑木靶，二也；鞑靼鞴皮鞘，三也。尝有镔铁剪刀一把，制作极巧，外面起花镀金，里面嵌银回回字者。"[31]这里谈到了镔铁的花纹和镔铁剪的形态。花纹计有旋螺花、芝麻雪花、嵌银回回字等。金丝矾，大约是黄矾，即硫酸铁的十水化合物$Fe_2(SO_4)_3 \cdot 10H_2O$，是显示花纹的腐蚀剂[32]。这是我国古代文献关于镔铁花纹最为详细的记载。稍后，明周履靖《夷门广牍》[33]、方以智《物理小识》等都曾引用。镔铁主要有两项优良性能：一是具有花纹，即如明曹昭所云；二是十分锋利，如前引唐慧琳所云。

除《格古要论》外，其他明代文献也常提到镔铁剪。如文震亨《长物志》卷七说："有宾铁剪刀，外面起花镀金，内嵌回回字者，制作极巧。"明屠隆《考槃余事》卷四："剪刀，有宾铁剪刀，制作极巧，外面起花镀金，里面嵌回回字者，如潘（蕃）铁所遗倭制摺叠剪刀，古所未有，有则宝之，后世必有好尚之者。"

明时，边境的吐鲁番火州，山西的废云内州等地都曾土贡或生产镔铁。重修《明会典》卷一〇七载，吐鲁番火州、柳陈城"贡物"有："马、驼、玉石、镔铁刀、镔铁锉、各色靶小刀、金刚钻、梧桐鳞、羚羊角……"《大明一统志》卷八九说，火州、哈密卫土产镔铁。同书卷二一"大同府·土产"条说，山西废云内州（今右玉县治）出有"青镔铁"。火州、柳陈城、废云内州土贡镔铁，可见其产量是不小的，这很可能是仿照波斯或罽宾工艺在本地制作的。

镔铁于北魏时期传入我国，最初大约主要是外域生产的；至迟宋代，边境民族也有了生产，元时朝廷设局制造；它与我国传统的花纹钢技术互相弥补，共同发展，对人们的生产和生活都产生过不少积极的影响，是中外技术交流的一个较好例证。

十一、热处理技术的多项成就

明代金属热处理取得了多项成就，钢铁和有色金属之淬火、退火都运用得更为纯熟，回火技术也有了明确记载；化学热处理有了长足进步，发明了名为"生铁淋口"的特殊化学热处理工艺；针的消除应力退火、锉的再结晶退火、黄铜的组织均匀化退火等，都反映了高超的技艺。这些都在较大程度上满足了农业、手工业工具的多方面需要[34]。由于可锻铁技术的进一步发展，铸铁可锻化退火处理不复再现。

（一）淬火和退火技术

我国古代的金属淬火技术至迟发明于春秋晚期，战国中晚期便有了较大发展，并较快地用到了青铜和钢铁器物中；汉后进一步推广开来，南北朝发明了油淬；及明，淬火剂种类又有了增加，人们的认识也有了一定提高。

《天工开物》卷一〇"锤锻"曾多处谈到淬火，其"治铁"条云："凡熟铁、钢铁已经炉锤，水火未济，其质未坚。乘其出火之时，入清水淬之，名曰健钢、健铁。言乎未健之时，为钢为铁弱性犹存也。"此较好地说明了淬火的基本操作及其对钢铁性能的影响。"未济"，即八卦中的未济卦。健，即强健；明人又称"淬火"为"健钢、健铁"。同卷"斤斧"、"锄镈"、"锉"、"针"条也谈到过淬火，这在较大程度上说明了这一技术广泛使用的情况。

《物理小识》卷七"铁"条方中通"注"等还谈到过鉴别淬火质量的一些方

法："烧淬刀口，色白再烘之，为喜鹊青乃刚。"此"喜鹊青"，与宋沈括所说湛卢剑"湛湛然黑色也"，应是一个意思。

不同的淬火剂，其淬透性是不尽相同的，对此，古人一直都有较为清醒的认识。李时珍《本草纲目》卷五"水·流水·集解"载："观浊水流水之鱼，与清水止水之鱼，性色迥别，淬剑染帛，色各不同，煮粥烹茶，味亦有异。"

用地溲淬火的记载约始见于元，及明，卢若腾《岛居随录》卷下、《本草纲目》卷九"石部·石脑油"、《天工开物》卷一四"五金·铁"、《物理小识》卷八等都曾谈及，所述多与《格物麤谈》相类；唯《物理小识》卷八"器用类·淬刀法"内容较为丰富，除地溲外，它还谈到了多种淬火剂："山间水出而殷者曰绣水。淬刀刻玉，地溲也。一曰虎骨朴硝酱，刀成之后，火赤而屡淬之。"此"绣水"，当即锈水，是一种含有铁氧化物之水。"地溲"如前所云。"虎骨、朴硝、酱"，为含碳、含氮物质，酱内还含食盐；因淬火停留的时间是很短的，故这些混合物便只能起到淬火剂的作用。

明代青铜器使用量已经较少，但关于青铜淬火的记载却更为明确。李时珍《本草纲目》卷八"金石·锡铜镜鼻"条说："锡铜相和，得水浇之极硬，故铸镜用之。"方以智《物理小识》卷八"铸法"载："锡铜相和，得水浇之极坚。"这充分反映了人们对青铜淬火、铜镜淬火的重视和它留在人们心目中的深刻记忆。

明代对退火技术的利用已十分熟练，不管钢铁器，还是铜器，不管是加工过程中，还是加工终了，不管消除应力退火，还是组织均匀化退火和再结晶退火，都能视需要而作出适当的处理。前云拉拔制针，入釜渗碳时先作"慢火炒熬"，便是消除应力退火；前云倭铅配制的黄铜，须"出炉退火性"，之后才能锻打，这是组织均匀化退火。另外，《天工开物》卷一〇"锤锻·锉"条说，锉若因"久用乖平"，便"入火退去健性，再用鋈划"。此便是再结晶退火。锉在制作过程中需经淬火，组织中当有马氏体，退火后便可回复到珠光体。

（二）化学热处理

我国古代的化学热处理约发明于战国时期，当时主要是表面渗碳。明、清时期，化学热处理技术有了进一步发展，且出现了碳氮共渗，即氰化处理。

明、清渗碳法的主要成就是使用了"釜式"渗碳法。本节"炼钢"部分曾引《天工开物》卷一〇"锤锻·针"条所述渗碳制针工艺，那即是一种渗碳钢工艺。其实，渗碳钢之渗碳，化学热处理之渗碳，技术原理是一样的；唯针作了整体渗碳，故将之当作"制钢"法；如若只作表面或局部处理，便属化学热处理范围。自然，我们并不能排除明人曾用这种"釜式"渗碳法作局部或表面处理的可能性。

此期渗碳技术的另一成就是使用了一种膏状渗碳剂，其始见于明代初期，之后许多文献都有记载。

刘基《多能鄙事》卷五"钢铁法"载："羊角乱发，煅过细研，水调傅刀口，烧红磨（淬）之。"此羊角、乱发，皆为含碳物质，如若保温时间较长，自然可起到渗碳作用。明邝璠《便民图纂》卷一六"制造类下·点铁为钢"条、《古今秘苑》卷一二"点钢法"条等，都有大体一致的说法。

前引唐顺之《武编》"前集"卷五"铁"条所说，用"羊角煅灰、粉心水提过、酸酸草烧灰、硝、酱"来调涂刀身，这也是一种表面渗碳，目的是使刀身呈现花纹。接着，唐顺之还说了一种局部或表面渗碳法，"刀方：羊角、铁石、硇沙"。此铁石作用不明，羊角含碳，硇砂含氮，当为碳氮共渗。这是较早提到碳氮共渗的地方。《武备志》卷一〇五亦曾引用过这一内容。

宋应星《天工开物》卷一〇"锤锻·锉"条也说到过渗碳法，"划锉纹时，用羊角末和盐醋先涂"。其中提到的醋，也是含碳物质，自然可起到渗碳，及催渗的作用。

《物理小识》卷八"器用类·淬刀法"所说内容更为丰富："一曰虎骨朴硝酱，刀成之后，火赤而屡淬之。一以酱同硝涂錾口，煅赤淬水。一以羊角乳（乱）发为末，调傅刀口，不必蟾酥涂而自然灰埋也。"此"蟾酥"即蛤蟆皮下的白汁，有毒。"自然灰"的成分不甚了解，《南州异物志》、《本草拾遗》等都有解释。值得注意的是这里还提到了硝，这是含氮物质，或可起到碳、氮共渗的作用。

（三）生铁淋口技术

依渗碳剂形态之不同，我国古代金属表面处理工艺约有三种类型：即固态渗碳法、凝膏渗碳法、液态渗碳法。前述"釜式"渗碳制针法属第一种，在刀口刀身上调涂各种含碳含氮物质的属第二种，此生铁淋口则属第三种。生铁淋口是我国古代特有的表面处理工艺。约始见于明，据笔者调查，直到20世纪七八十年代，还在我国浙江、河北等地流传。

《天工开物》卷一〇"锻锤·锄镈"条载："凡治地生物，用锄镈之属，熟铁锻成，熔化生铁淋口，入水淬健，即成刚劲。每锹、锄重一斤者，淋生铁三钱为率，少则不坚，多则过刚而折。"古代"熟铁"的含碳量大抵与现代可锻铁相当，此"熟铁"可作锄，且可用于生铁淋口，约与现代低碳钢相当。此云操作要点是：以生铁水为渗碳剂，将之浇淋到锄镈的表面，令碳分渗入，之后锻打、淬火。从传统技术调查来看，生铁浇淋的部分通常是锄镈的上表面，锄镈使用过程中便可起到自然磨刀的作用，越用越锋利。这类工件的刃部组织应当是：最上层为生铁，依次为过共析、共析、亚共析钢，中心和下表面为器件基体组织[35]。

上述三种表面渗碳工艺中，"釜式"渗碳法适用范围较宽，既可加工稍大的工件，也可加工针一样的小件；可作整体渗碳，也可作局部和表面渗碳，近现代仍在我国农村广为流传，常用来处理一些农具和手工业工具[36]。"凝膏"渗碳法主要用在各类刀具上，用作刀花，及刃部渗碳和氮化，近现代所见较少。生铁淋口主要用来处理锄镈类农具的刃口[35]。

第三节　以景德镇为中心的明代制瓷技术

我国古代制瓷技术发展的大致历程是：东汉时期，青瓷技术首先在南方发展起来；魏晋南北朝时期，青瓷在南方又有了发展，北方亦烧出了瓷器，并烧制了白瓷；隋唐时期，出现了"南青北白"的局面；宋代，制瓷技术在南北普遍发展的基础上形成了"六大窑系"；元代，景德镇瓷器开始显现，并呈现与多个窑系并列的局面；明代制瓷业的一个基本特点便是"一个中心"，即瓷都景德镇的出现。景德镇瓷业约始于五代，及明，不管生产规模还是生产技术，在全国都占据了主导的地位,其瓷器不但产量大、品种多,而且质量好、销路广。它既生产了大量的日用器,又生产了大量的宫廷御用品和朝廷内外赏赐、交换的全部官用器,从而满足了国内外各方面的需要。宋应星《天工开物》卷七"陶埏·白瓷"条说,全国瓷器"合并数郡,不敌江西饶郡产……中华四裔,驰名猎取者,皆饶郡浮梁景德镇之产也"。

景德镇的瓷都地位,是由多方面因素决定的,归结起来至少与下列三方面有关。(1) 优越的自然条件。其位于江河交汇处,四面环山,交通便利,具有丰富的粉碎瓷土的水力资源。明代的浮梁县境,及附近的婺源等地都蕴藏有丰富的制瓷原料。(2) 较好的技术背景。早在宋代,景德镇瓷器便开始崭露头角;及元,由于青花、釉里红、铜红釉、钴蓝釉、卵白釉的成功烧制,为其明代彩瓷和单色釉的发展准备了较好技术条件。(3) 较好的机遇。入明之后,由于多种原因,景德镇以外的南北各大窑场日趋衰落。钧窑系的各种产品几乎全部停止,龙泉青瓷、磁州白瓷在一个时期内虽仍大量烧造,但技术上无法与景德镇匹敌,明代中期之后亦逐渐衰退,使一些具有特殊技能的优秀工匠汇集景德镇。

景德镇瓷业有官营、民营两种。前者即是御器厂,其设置年代史籍中曾有洪武二年和建文四年两种说法[1]。初设之时有20窑,宣德时增至58窑。《景德镇陶录》卷一"图说·御窑厂图"载,官窑有6种类型,即青窑、龙缸窑、风火窑、色窑(原注:烧炼颜色者)、爁熿窑(窑制大小不一,厂坯上釉用火爁烘,有漏渺者再上渺,入窑烧)、匣窑(原注:厂匣皆先空烧,再装坯烧)。但真正烧瓷器的大约只有缸窑和青窑两种。其中缸窑30余座,是专烧缸类的,青窑烧小件瓷器,色窑专烧颜色釉。重修《明会典》卷一九四载,宣德八年(1433年),宦官张善任督陶官,曾往饶州烧造各种瓷器443 500件。《明英宗实录》载,天顺三年(1459年)光禄寺原奏请江西饶州烧造瓷器133 000余件,"工部以饶州民艰难,奏减八万"。《江西大志·陶书·御供》详列了景德镇官窑供御的情况,嘉靖七年以前案毁不可考,从嘉靖八年(1529年)一直列到了三十八年,总的趋势是其数量不断增加。如:八年烧造"磁器"2570件;十年烧造"磁碟"、"钟(盅)"11 000件,碗1 000件,爵300件;十三年烧造青花白地瓯碗3 000件、紫色碟1 000件、紫色碗500件;二十年各种白地青花碗、碟、钟(盅)27 300件,二十三年各种"磁器"70 950件,二十五年各种"磁器"103 200件……二十六年120 260件,三十一年44 780件,三十三年100 030件[2]。嘉靖、万历间,经常每年要进贡各种瓷器10万件以上。

此述《江西大志》中的"磁"即是瓷,直至明、清,人们依然是经常借"磁"为"瓷",称瓷器为"磁器"的。"瓷"字约始见于西晋时期,至唐,此名便在社会上流行开来,但同时也出现了"瓷"的多个异体字和假借字,习见有"䓝"(见《玉篇》)、"甆"(见宋赵汝适《诸蕃志》)、"兹"(见唐皮日休《茶瓯》)、"磁"(见宋叶寘《垣斋笔衡》、元汪大渊《岛夷志略》、明曹昭《格古要论》)等。在这些异体字和假借字中,沿用时间较长、使用得较多的是"磁"字,北京崇文门外至今还保留有"磁器口"的地名。但对于以"磁"称"瓷"的缘由,学术界是有过不同看法的。一认为"磁器"之名源于磁州窑,此说以明谢肇渭、清蓝浦为代表，谢肇淛《五杂俎》卷一二云："今俗语窑器，谓之磁器者，盖河南磁州窑最多，故相沿名之，如银称朱提，墨称隃糜之类也。"蓝浦《景德镇陶录》卷八"陶说杂篇上"："磁、瓷字不可通，瓷乃陶之坚致者，其土埴壤。磁，实石名，出古邯郸地今磁州，州有陶以磁石制泥为坏烧成，故曰磁器。非是处陶瓷皆称磁也。"二认为称瓷器为"磁器"与磁州无关，此说以清俞樾为代表，其在《茶香室丛钞·四钞》卷二七"窑器称磁之误"中认为：由《玉篇》的注释来看，称瓷器为"磁器"，"不因磁州"，"后人以同声之磁字代之耳"。我们比较倾向于俞樾的说法。有一点需要补充的是：依《宋史》卷八六"地理志"所云，"磁州"之名始于宋政和三年（1113 年），而唐皮日休诗中便用了"兹器"一名，显然，"磁"与"兹"都是"瓷"的同音假借字。

景德镇民营瓷业约勃兴于明代后期。明万历（1573～1620 年）时王世懋《二委西谭》记录当时景德镇的繁荣景象时说："天下窑器所聚，其民繁富，甲于一省。余尝以分守督运至其地，万杵之声殷地，火光烛天，夜令人不能寝。戏目（呼）之曰'四时雷电镇'。"《天工开物》卷七载，景德镇制瓷过程分工较细，计有春土、澄泥、造坏、汶水、过利、打圈、字画、喷水、过锈、装匣、满窑、烘烧等工序。"共计一杯工力，过手七十二，方克成器"[3]。民窑的生产量也较大，正统元年（1436 年），浮梁县民陆子顺一次就向北京宫廷进贡 5 万余件瓷器[4]。

虽景德镇民窑亦较发达，但官窑一直占据着特殊的地位，并对民窑产生了较大的限制和破坏，这主要表现在三个方面：（1）官窑在较大程度上垄断了技术较为熟练的工匠。（2）垄断了优质瓷土、青料、釉料等。（3）对民窑产品的品种作了种种限制。（4）用"官搭民烧"的办法对民窑进行盘利[5]。

明代制瓷技术的重大成就，大部分是在景德镇取得的，较为重要的有：景德镇瓷胎的"二元配方"法开始确立，胎中 Al_2O_3 量较宋代、元代都明显提高；创造了薄胎瓷器；石灰—碱釉进一步确立；釉下青花器普遍发展起来，它不但是景德镇，而且成了全国瓷器生产的主流；在低温釉基础上发展起来的各种釉上彩达到了比较成熟的阶段；创立了釉下青花和釉上多彩相结合的新工艺；单色釉技术有了较大提高，尤其是永乐、宣德时期的铜红釉，充分显示了明代窑工的高超技艺。除江西景德镇外，福建德化的象牙白、山西晋南的法华三彩、江苏宜兴的紫砂器等，也达到了较高水平，景德镇法华三彩采用牙硝为助熔剂是一项重要贡献。明代还发明了阶级式龙窑，为提高热利用率，提高产品质量，创造了良好的条件。

一、制胎技术的发展

（一）胎料选择

北方窑口大凡一直是采用单一瓷土的，及至明代，南方的多数窑口大体依然是这样，直到明代才有了变化。

明宋应星《天工开物》卷七"陶埏·白瓷"云，景德镇"不产白土。土出婺源、祁门两山；一名高梁山，出粳米土，其性坚硬；一名开化山，出糯米土，其性粢软；两土和合，瓷器方成。其土作成方块，小舟运至镇"。婺源，在景德镇东；祁门县，在景德镇东北，属安徽[6]。高梁山，即高岭[6]，实属浮梁乡。"开化山"即祁门开化山，即祁山。这里主要谈了三个问题，（1）景德镇瓷胎所用瓷土，主要来自祁门开化山；所用高岭土，主要来自浮梁东乡的高岭，即所谓高梁山。
（2）瓷土性软，高岭土性硬。（3）瓷器需两土混合方能成器。这是我国古代文献
中，较早地明确谈到二元配方处，此项技术的发明期似乎更早一些。祁门高硅低
铝土，高梁高铝低硅土，明人皆谓之制瓷"白土"。从现代分析瓷料看，此所谓
软、硬，主要是含铝量不同之故。经分析，粒度小于 1 微米的祁门瓷土成分为：
SiO_2 50.24%、Al_2O_3 29.87%、Fe_2O_3 1.03%、K_2O 8.11%、Na_2O 0.68%[7]。
而淘洗后的明砂高岭精泥成分为：SiO_2 47.69%、Al_2O_3 36.01%、Fe_2O_3 0.99%、
K_2O 2.51%[8]。可见祁门瓷土与高岭的含铝量是相差不小的。景德镇瓷胎二元配
方的使用，加宽了烧成温度范围，为提高瓷器产量和质量，为薄胎、脱胎瓷器的
出现打下了良好的基础。

景德镇所用瓷土，原本是产于浮梁县的；至祁门开化，已是三易其地。朱琰
《陶说》卷一云："饶窑陶土，初采于浮梁新正都麻仓山。万历时，麻仓土竭，复
采于县境内吴门托；至祁门，而三易其地矣。"卷三"说明·造法"条说得更为详
细："陶土，出浮梁新正都麻仓山，曰千户坑，曰龙坑坞，曰高路坡，曰低路坡。
土埴炉，均有青黑界道，洒洒若糖点，莹若白玉，闪烁若金星者为上土……万历
间，坑深膏竭……其后因县境内吴门托新土有糖点如麻仓者，尤佳……造龙缸用
余干婺源土及石末、坏屑，参和为之。"这里除谈到景德镇瓷土采取地的变更情况
外，还谈到了制作龙缸时须使用旧料。使用"旧料"也是我国古代陶范技术和制
陶技术的一项重要配料措施。此书首刊于乾隆三十九年。

高岭土的主要矿物成分是：高岭石，占60%～80%；水白云母（绢云母）和长石，
占20%～40%；石英，约占5%。瓷土成分还与产地有关，有的高岭化程度较高，主要
组成是高岭石、绢云母和石英，所含长石较少；有的高岭化程度较低，甚至不含高岭
石，而含有较多的长石（可达20%）、绢云母和石英。高岭土的配入，烧成温度的提
高，窑具及窑炉随之改进，成了景德镇制瓷技术的一个转折。

从分析资料看，明代景德镇和龙泉瓷胎的含铝量，大体都保持在元代以来的
稍高水平上，但福建德化窑、云南玉溪窑等却依然沿用高硅操作。

有学者分析过8件明景德镇瓷胎成分[9]，包括6件青花瓷、1件黄釉瓷、1件
五彩瓷，分属明代早、中、晚三期。平均成分为：SiO_2 72.24%（68.3%～
74.0%）；Al_2O_3 21.25%（18.9%～25.61%）；Fe_2O_3 1.03%（0.9%～1.25%）；
TiO_2 0.075%、K_2O 3.1%、Na_2O 1.33%。与元代相比较，含铝量稍有提高，含
铁量却有些回升。人们又分析过5件明代龙泉青瓷胎化学成分[10][11]，平均值为：
SiO_2 71.22%（68.5%～73.08%）、Al_2O_3 20.14%（18.9%～21.5%）、Fe_2O_3 2.0%
（1.63%～3.05%）、TiO_2 0.13%、K_2O 5.11%、Na_2O 0.43%。可见，景德镇瓷器
Al_2O_3 量较之稍高，着色剂 Fe_2O_3、TiO_2 却较之稍低，熔剂 K_2O 亦较之稍低，一般
认为，明代龙泉瓷胎依然是采用单一瓷石为原料的，但可能风化程度稍高。

自宋代至明代，德化白瓷胎的基本特点是高硅、低铁、高钾，含铝量一直不
高，有学者分析过 4 件明代德化白瓷胎[12][13]，平均成分为：Al_2O_3 17.72%、
Fe_2O_3 0.29%、TiO_2 0.24%、K_2O 6.55%。玉溪瓷的含铝量亦较低，有学者分析
过其中1件明代青花瓷胎，Al_2O_3 只有 14.99%[14]。

（二）瓷土加工

制胎原料采来后，一般均需淘洗，有的还要粉碎。在新石器时代中期的裴李岗文化，其陶器已使用了淘洗工艺[15]；前云唐黄堡窑发现过石杵、石臼，以及带流的石盘等粉碎工具，辽代制瓷作坊发现过粉碎瓷土的碾子[16]。但有关淘洗、粉碎工艺较为详细的文献记载，却是到了明代才看到的，《天工开物》卷七"陶埏·白瓷"条在谈了景德镇制瓷的"两土和合"后说："造器者两土等分入白，舂一日，然后入缸水澄。其上浮者为细料，倾跌过一缸。其下沉者为粗料。细料缸中再取上浮者，倾过为最细料，沉底者为中料。既澄之后，以砖砌方长塘，逼靠火窑，以借火力，倾所澄之泥于中，吸干，然后重用清水调和造坯"。这里说到了原料粉碎、淘洗分级等一系列操作，是一段十分难得的资料。可见这整个加工过程大体可分五步：（1）配料，须"两土等分"。（2）入白舂一日。（3）两次淘洗，两次分级，取细料缸中的上浮者为"最细料"，这一方面可去除粗粒原料，同时可去除夹杂，从而提高瓷胎的白度和透光性。（4）澄清。（5）吸干。清代《景德镇陶录》卷一也有类似记载，有的地方说得更为详细。

（三）成型

我国古代真瓷约发明于东汉时期，但关于成型工艺较为详细的记载却是明代才看到的，其中包括拉坯法、模制法、手制法三种。

《天工开物》卷七"陶埏·白瓷"载："凡造瓷坯有两种：一曰印器，如方圆不等瓶、瓮、炉合之类，御器则有瓷屏风、烛台之类。先以黄泥塑成模印，或两破，或两截，亦或囫囵，然后埏白泥印成，以锈水涂合其缝，烧出时自圆成无隙。一曰圆器，凡大小亿万杯盘之类，乃生人日用必需，造者居十九，而印器则十一。造此器坯，先制陶车。车竖直木一根，埋三尺入土内，使之安稳。上高二尺许，上下列圆盘，盘沿以短竹棍拨运旋转，盘顶正中用檀木刻成盔头，冒其上。凡造杯盘，无有定型模式，以两手捧泥盔冒之上，旋盘使转，拇指剪去甲，按定泥底，就大指薄旋而上，即成一抔（杯）碗之形（原注：初学者任从作费，破坯取泥再造）。功多业熟，即千万如出一范。凡盔冒上造小坯者，不必加泥；造中盘大碗则增泥大其冒，使干燥而后受功。凡手指旋成坯后，覆转用盔冒一印，微晒留滋润，又一印，晒成极白干，入水一汶，漉上盔冒，过利刀二次（原注：过刀时手脉微振，烧出即成雀口）。然后补整碎缺，就车上旋转打圈。圈后或画或书字，画后喷水数口，然后过锈（釉）。"其中的"印器"法即模印法，或叫模制法；"圆器"法即拉坯法。图8-3-1所示为明代拉坯图，图8-3-2为明代瓷器过利图，即旋削加工图。

这段引文较长，详细地谈到了瓷器成型的全过程，大体说了五个问题：（1）明代瓷器成型的基本工艺是两种，即"印器"法和"圆器"法，前者又谓之模印法，或模制法，主要用于方器、长方器和形状较为复杂的圆器；后者即拉坯法，主要用于一般圆器。（2）模印法的基本操作。（3）陶车的基本结构。此"陶车"即考古界常说的"快轮"、"转盘"。（4）拉坯的基本操作。（5）拉坯后的旋削修坯操作，即是过利。如此详尽的文字，此前是不曾看到过的。

图8-3-1 《天工开物》所载"造瓶"图　图8-3-2 《天工开物》所载瓷器"过利"图

（图8-3-2中原题，上："过利，手刀一振，即成雀口"；中："造瓷，圆器杯盘"；下："陶车根埋土内"）

在各种瓷器中，方器之作最为艰难。清朱琰《陶说》卷一"琢器做坯"条载："《事物绀珠》云：'窑器，方为难。'方何以难也？出火后多倾欹坼裂之患，无疵者甚少。造坯之始，当角者廉之，当折者挫之，当合者弥缝之。隐曲之处，虑其不和；上下前后左右，虑其不均；故曰方为难。若圆器浑成，故由手法之准，而车已当人力之大半，不如方棱之全资人巧也。印坯有模，'唐碗脱'见高宗时民谣，为造碗之模。"[17]此"琢器"，主要指不能只靠拉坯法，还须通过雕镶印削等工艺才能成最后成型的器物，如瓶、罍、尊、彝等。此主要说到了方器成型的难处和特点。"唐碗脱"即唐代造碗的模子，说模印法成型。朱琰结合《事物绀珠》的一句论断，对方器成型作了较好的描述。《事物绀珠》刊于万历十九年（1591年）。

明代瓷器成型中，薄胎器很值得我们注意。它约始于永乐（1403～1424年）时期，但当时只是"半脱胎"，成化（1465～1487年）之后才达到了几薄如纸，类如蛋壳，有如"脱胎"。清《景德镇陶录》卷二"脱胎器"条说："镇窑专造此者，有半脱胎，极薄；有真脱胎，更如纸薄，为最精美器。所谓脱胎，脱去胎质，纯以釉成也。"此"纯以釉成"自然是一种比喻，前一句"更如纸薄"方是脱胎瓷器工艺真实的反映。脱胎瓷器之制作，从配料、拉坯、修坯、上釉到烧成，都有一套十分严格的工艺规范，如胎料含铝须较高，拉坯须有高超的技艺，而修坯尤须细致。修坯过程中，坯体从利篓处取下装上，反复数百次，才能成为厚度为2～3

毫米的粗坯，要修成薄如蛋壳的脱胎瓷，则需付出更为艰巨的劳动。隆庆、万历时的"蛋皮"式白瓷也达到了"脱胎"的程度[16]。

二、石灰—碱釉的发展

我国古代原始瓷釉约发明于夏、商时期，真釉至迟出现于东汉，但有关配釉的文献记载却是明代前后才出现的，其中较为重要的文献有《龙泉县志》和《天工开物》等。前者主要说龙泉窑，所说为青釉，本书元代部分已经谈到；后者主要说景德镇窑，所说为青白釉；两者配料法稍有差别。《天工开物》卷七"陶埏·白瓷"条云："凡饶镇白瓷锈，用小港嘴泥浆和桃竹叶灰调成，似清泔汁（原注：泉郡瓷仙用松毛水调泥浆，处郡青瓷锈未详所出），盛于缸内。"此"锈"即釉。"釉"字约始见于宋代《集韵》，释作"物有光也。通作油"。前引《龙泉县志》亦引作"油"，明《正字通》作"渺"，清《景德镇陶录》却是"釉"、"渺"并用。"釉"字是较晚才流行开的。依此，明代晚期景德镇瓷釉是利用小港嘴地方的瓷石与桃竹叶灰调成，改变釉灰（草木灰与石灰之混合物）与釉石（做釉的瓷石）的配比，便可改变釉的成分。这段记载十分简洁明了。明代早、中期大约还使用过小港嘴以外的釉土。朱琰《陶说》卷三"说明·造法"云："釉土，出新正都。曰长岭，作青黄釉；曰义坑，作浇白器釉……又出桃树坞，青花白器通用之。"

有学者分析过5件明代景德镇瓷釉成分，平均值为：SiO_2 68.37%、Al_2O_3 15.26%、Fe_2O_3 1.17%、TiO_2 0.03%、CaO 8.11%（7.5%～9.59%）、MgO 0.29%、K_2O 4.09%（3.27%～4.93%）、Na_2O 2.59%。可见其 RO 量较低，R_2O 较高，为石灰—碱釉[9]。又有学者分析过2件景德镇永乐白瓷釉，其 RO 量较低，而 R_2O 量却较高。标本 MY-1、标本 MY-2 的碱土金属和碱金属氧化物成分分别为：CaO 2.36%、MgO 0.6%、K_2O 5.28%、Na_2O 2.7%，CaO 2.65%、MgO 0.4%、K_2O 5.34%、Na_2O 2.0%[18]。依第六章之法计算，永乐白瓷釉标本 MY-1、MY-2 的釉式中，碱土金属氧化物 RO 的釉式分子数分别为 0.36 和 0.39，皆属碱—石灰釉。永乐白瓷釉的优良性能，当与此有关。表中列出的1件景德镇宣德祭红釉标本，经计算，其釉式中 RO 的分子数为 0.56，属石灰—碱釉。又有学者分析过5件明代龙泉青釉，平均成分为：SiO_2 66.93%、Al_2O_3 15.72%、Fe_2O_3 1.68%、TiO_2 0.05%、CaO 6.43%、MgO 1.3%、K_2O 3.83%、Na_2O 0.37%。可见，其 CaO 较低，R_2O 稍高，亦是石灰—碱釉[11]。但龙泉青釉中的 CaO 无景德镇的稳定，R_2O 量亦无景德镇高。明代玉溪青花瓷釉的 CaO 量为 13.96%、K_2O 2.43%，仍属石灰釉（表8-3-1）。

表8-3-1　　　　　　　明代瓷釉化学成分

样号	名称和釉色	成 分（%）										文献
		SiO_2	Al_2O_3	Fe_2O_3	TiO_2	CaO	MgO	K_2O	Na_2O	MnO	P_2O_5	CuO	
M1	景德镇宣德青花大盘	69.15	14.30	0.83	痕迹	8.44	0.44	3.27	3.34	0.06			[9]
M5	景德镇嘉靖青花罐	67.98	14.65	1.85	0.14	7.84	0.5	4.14	2.68	0.35			[9]
M2	景德镇万历五彩盘	69.60	15.45	1.00	痕迹	7.50	/	4.93	1.85	0.03			[9]
M3	景德镇万历青花盘	68.41	15.35	0.99	痕迹	9.59	0.14	3.33	2.52	/			[9]
M4	景德镇万历青花梵字盘	66.78	16.55	1.16	痕迹	7.54	0.07	4.77	2.56	0.04			[9]
	景德镇瓷片永乐祭红	70.07	13.56	0.82		7.83	0.34	4.61	2.04			0.35	[34]

（续表）

样号	名称和釉色	成 分（%）											文献
		SiO_2	Al_2O_3	Fe_2O_3	TiO_2	CaO	MgO	K_2O	Na_2O	MnO	P_2O_5	CuO	
	景德镇瓷片宣德祭红	70.56	13.20	0.71		6.57	0.41	5.83	2.32			0.42	[34]
	景德镇瓷片宣德祭红副花红釉	71.83	13.45	0.72		6.31	0.26	4.28	2.64			0.26	[34]
MY-1	景德镇永乐白瓷釉	71.18	15.22	1.17	0.1	2.36	0.6	5.28	2.7	0.09	0.16		[18]
MY-2	景德镇永乐白瓷釉	72.25	16.01	0.8	0.05	2.65	0.4	5.34	2.0				[18]
018	龙泉青瓷盘,豆青釉	68.74	14.11	1.51	<0.01	9.07	1.41	3.83	0.31	0.45	1.38		[10]
020	龙泉青瓷盘,灰黄釉	68.63	16.32	1.61	0.028	7.78	1.09	4.13	0.18	0.35	0.34		[10]
022	龙泉青瓷碗,青绿釉	62.95	14.29	1.63	<0.01	13.07	1.72	4.31	0.17	0.63	0.82		[10]
024	龙泉青瓷碗,淡黄釉	64.14	13.43	1.92	<0.01	12.05	2.01	3.87	0.22	0.77	0.85		[10]
ML-1	龙泉大窑青瓷碗,黄泛棕釉	70.18	20.47	1.17	0.19	0.16	0.29	6.02	0.97	0.10			[11]
ZH1	德化白瓷	64.05	17.10	0.59	0.02	9.26	1.40	6.61	0.26	0.28		0.51	[12]
ZH2	德化白瓷	68.09	14.50	0.04	0.04	9.73	0.44	6.45	0.36				[12]
MZ199	德化白瓷猪油白釉	69.66	15.64	0.62		6.98	0.43	5.42	0.17		0.08		[13]
MTB1	德化白瓷猪油白釉	69.01	15.56	0.24	0.35	6.04	0.78	6.65	0.16		0.45		[13]
YU-2	玉溪青花碗	63.5	11.68	1.52	1.02	13.96	2.04	2.43	0.06	0.45			[14]

注：除表中所列外，景德镇标本 M5 尚含 CoO 0.36%；龙泉标本 018 尚含 FeO 0.04%，标本 020 尚含 FeO 0.15%，标本 022 尚含 FeO 0.31%。

从实物观察和文献记载看，我国古代施釉法约有荡釉、蘸釉、浇釉、刷釉、吹釉等种，一器可用一法，但经常是多法兼用，其具体操作则往往又因时代、地域、器物形态和部位，以及工匠的操作习惯等而不同，明代所用主要是前几种，也有人推测明代可能使用过吹釉法[19]。《天工开物》卷七"白瓷"条说："凡诸器过锈，先荡其内，外边用指一蘸涂弦，自然流遍。"可见这里谈到了荡釉和蘸釉两法，原书图示的为蘸釉法。同书同卷"罂瓮"条只谈到了蘸釉法和涂釉法，说施釉时，"橄（搅）令极匀，蘸涂坯上，烧出自成光色"。实际上，关于吹釉法的记载始见于清乾隆时唐英所著《陶冶图说》，明代吹釉技术的使用情况，是有待进一步研究的。

三、彩瓷技术的多项成就

彩瓷即是以彩绘作装饰的瓷器，其中应包括点彩、釉下彩、彩上彩，以及斗彩。斗彩即是釉上彩与釉下青花之结合。此"彩"通常又有高温型和低温型两种。

如前所云，我国古代瓷器的彩绘装饰技术约始于三国西晋时期，当时主要是釉下彩。隋、唐时期有了进一步发展，隋邛崃窑有釉下彩，唐长沙窑、耀州窑有釉下彩和釉上彩。宋时，釉下彩技术在磁州窑发展到了较高水平。元时，釉下钴蓝彩（釉下青花）技术在景德镇兴起。及明，在全国范围内，彩绘都成了瓷器装饰的主要手段。明代是彩瓷的黄金时代，也是我国古代制瓷技术光辉灿烂的时期，五光十色的高温色釉，各种各样的彩瓷都被创造出来。其代表性窑口是景德镇，较为重要的工艺主要有：

（一）釉下青花

此技术在明代获得了空前的发展，成了景德镇，乃至全国瓷器生产的主流，官窑、民窑都在烧造。今在江西、浙江、福建、广东、广西、云南、山西等省的20多个县所见明代窑址中，大部分产品皆为青花器。

明代青花的一个重要特点是色料多样，其产地、配合方式各不相同。归结起来，其青料约有四种不同类型[16]：

1. 国产青料。在官窑中主要使用于两个历史时期，即洪武时期和万历至明末，这大约都与战争或其他原因中断了进口青料有关。多数民窑一般都使用国产青料；进口青料多由朝廷控制，而且较贵。

国产青料当时主要产于浙江、江西、云南等地，优劣不一。《天工开物》卷七"陶埏·白瓷"云："凡画碗青料，总一味无名异……此物不生深土，浮生地面，深者塌下三尺即止，各省直皆有之，亦辨认上料、中料、下料……凡饶镇所用，以衢、信两郡山中者为上料，名曰浙料；上高诸邑者为中，丰城诸处者为下也。""如上品细料器及御器龙凤等，皆以上料画成。"看来，官窑，以及高级民窑青花所用皆为浙料，较粗的民窑器则为江西上高、丰城诸邑料。从科学分析看，民窑青花的 MnO/CoO 比和 Fe_2O_3/CoO 比多与浙江、云南精选并煅烧后的钴土矿较为接近[20]。从外观看，国产料的青花颜色往往偏暗。

2. 苏麻离青，又作苏渤泥青、苏泥勃青。旧传产于波斯，但今伊朗不产青料，不知是矿源已枯，还是原产于今叙利亚一带。主要用于永乐、宣德时期的官窑。此期青花器的胎釉皆较精细，青花色泽浓艳，纹饰秀美，是我国青花瓷的黄金时代。

王世懋《二委酉谭》云："我朝则专设于浮梁县之景德镇。永乐、宣德间内府烧造，迄今为贵。其时以骢眼、甜白为常，以苏麻离青为饰，以鲜红为宝。"该书成于万历十七年（1589年），这是我国古代关于使用苏麻离青的最早记载。黄一正《事物绀珠》卷二二"器用·今窑器类"载："正德间，大珰镇云南得外国回青，以炼石为伪宝，价初倍黄金，已知其可烧窑器，用之，色愈古器。"[17]同年，高濂《遵生八笺》卷一四在讨论饶器、新窑、古窑时亦说"宣窑之青，乃苏渤泥青"。

朱琰《陶说》卷三"说明·造法"条在谈到明代瓷器工艺时说："苏泥勃青，宣窑青花器用此，至成化时已绝。""回青，正德时大珰镇云南，得此于外国。嘉靖御器用此，其后亦不能继。"此说得更为简明。

据分析，明代青花色料的 Fe_2O_3/CoO 比和 MnO/CoO 比相当分散，充分说明其青料种类之多[20][21]。宣德青花的 Fe_2O_3/CoO 比为 2.5～5.81，MnO/CoO 比为0.68～0.81，与元代较为接近，这是一种低锰、低铝、高铁的钴料。典型宣德青花的颜色系蓝中泛绿，深者为黑色，呈黑斑或黑点。此黑色当与铁氧化物在还原性气氛中还原出了金属铁有关[22]。

3. 国产料和进口苏麻离青间杂使用，时而用此，时而用彼。这主要发生于成化、弘治、正德时，当与苏麻离青突然断绝有关。成化、弘治青花器的主要特点是胎薄、釉白，青花之色淡雅，所用国产青料主要是江西饶州乐平的平等青。典型正德青花器的主要特点是胎厚，青花浓艳而泛灰；所用青料有瑞州上高石子青等。据分析，成化青花的 MnO/CoO 比为 1.82、Fe_2O_3/CoO 比为 1.91，当是国产钴土原矿与进口低铝高铁钴料的混合体[20]。

4. 回青杂合瑞州石子青。主要流行于嘉靖、隆庆和万历初年。其青花色调的主要特点是蓝中泛紫泛红，显得浓重鲜艳。成书于嘉庆三十五年（1556年）的《江西大志·陶书》云："陶用回青，本外国贡也，嘉靖中遇烧御器，奏发工部，行江西布政司贮库时给之。""回青淳，则色散而不收；石青加多，则色沉而不亮；每两加石青一钱，谓之上青，四六分加，谓之中青。"[2] 可见回青是不宜单独用的。

在传统工艺中，钴土矿皆需经过淘洗、装钵烧炼、精选、研乳等加工，未经炼制加工的钴土原矿是不宜绘画的[22]。

从大量研究看，影响青花色态的因素主要有三：一是钴料中着色元素钴、铁、锰的含量及其相互间的比例。我国青花瓷并非单一钴离子 Co^{2+} 着色。二是青料中的 Al_2O_3 含量。三是烧成时的温度和气氛[20]。明代前期青料所含 Al_2O_3 常低于18%～20%，釉料与色料结合处的成分仍处于磷石英区，色料会被釉全部熔融，而形成蓝色玻璃相。因 Co^{2+} 在这种粘度较小的蓝色玻璃相中是较易扩散的，故元代和宣德青花皆易流散，而难以描绘出纤细线条和人物的五官眉发来，但却使之获得了"晕青"的特色，而达到了水墨画的效果。正德（1506～1521年）之后，色料所含 Al_2O_3 量常超过18%～20%，釉与青料结合处的成分才有可能进入钙长石或莫莱石相区，着色区才会出现钙长石或莫莱石晶体和青料残留颗粒，使色料不易流散，故明代中后期（及至清代）的青花纹路细致、清晰，人物眉发不易失真[20]。青花宜于在还原性气氛中烧成[22]，若为氧化性气氛，即使上等青料，颜色也不会鲜艳，而会变成略带污染的黑色。所以明代青花技术的发展，是制胎术、制釉术、青料选择加工和烧成技术等整体都提高了的表现。

（二）釉上彩和斗彩

明代瓷器的釉上单彩和釉上多彩技术都有了较大进步，习见彩色有红、黄、绿、蓝、黑、紫等。比较重要的釉上彩和斗彩品种有：

1. 洪武釉上红彩。早在宋代，釉上红彩技术便在今山西、河南有了发展，及明，又有了进一步提高，主要是胎釉更为洁白、细腻。1964年，南京明代故宫出有洪武白釉红彩云龙纹盘，十分精致[23]。釉上红彩工艺在整个明代都不曾间断过。

2. 宣德青花红彩。这是釉下青花与釉上红彩相结合的工艺。基本操作是：先烧出釉下青花，后在釉上用铁红料绘制花纹图案，再经低温烘烤而成。釉下青花和釉上彩技术虽早已发明，但过去都是单独使用的，把两者结合起来，是明代宣德窑工的又一创造。

青花红彩的出现很可能与元代青花釉里红有关[24]。但两者在工艺上存在许多差别，青花釉里红系用钴蓝料和铜红料在釉下着色，然后高温一次烧成；青花红彩工艺则分两步，先烧造釉下青花，再在低温下烘烤釉上红彩。青花釉里红烧成难度较高，明代工匠采用釉下青花与釉上红彩相结合的工艺，十分简便地获得了与青花釉里红同样好的艺术效果。

3. 成化斗彩，是釉下青花与釉上多彩相结合的工艺。它是在宣德青花红彩的基础上发展起来的。其区别是：一个仅用红色，为单彩；一个使用多色，为多彩。"斗彩"之名始见于清《南窑笔记》"彩色"条，说"成、正、嘉、万俱有斗彩、五彩、填彩三种。先于坯上用青料画花鸟半体，复入彩料，凑其全体，名曰斗彩。

填（彩）者，青料双钩花鸟、人物之类于坯胎；成后，复入彩炉，填入五色，名曰填彩。其五彩，则素瓷纯用彩料画填出者是也"。该书著者佚名，约成于清雍正年间，对明代和清乾隆以前景德镇瓷器烧造情况所述甚详。这里把斗彩、填彩、五彩的工艺要点都一一地作了说明。可见：斗彩是釉下青花与釉上彩色拼斗而成完整图案者；填彩是用釉下青花双钩出各种图案的轮廓线，然后再以釉上色彩填入者；五彩则是单纯的釉上彩。关于这些色彩的原料，同书同条也作了详细说明："彩色有矾红，用皂矾炼者，以陈为佳。黄色用石末、铅粉，入矾红少许配成。用铅粉、石末入铜花为绿色。铅粉、石末入青料则成紫色。翠色则以京翠为上，广翠次之。以上颜色，皆诸朝名"。清代则又有差别。成化斗彩的技术意义是开创了釉下青花与釉上多彩相结合的工艺，主要特点是用色极为鲜明。鲜红则色艳如血，油红则色艳而有光，鸡冠红则与鸡冠色一般模样；其鹅黄之色则既娇嫩，且又透明而微闪绿光。这些都为嘉靖、万历五彩的发展奠定了良好的基础。

4. 嘉靖、万历五彩。其中主要有青花五彩、色地五彩、金彩和纯色五彩。名曰"五彩"，实是多彩的。

青花五彩。也是釉下青花与釉上多彩相结合的工艺。它与成化斗彩的区别是：成化斗彩的青花在构图中处于决定性、主导性的地位，做法是先以青花勾画好图案轮廓线，再依其规定好了的范围填入釉上彩；而嘉靖、万历五彩的青花则仅仅是构图的普通因素，与红、黄、绿等色是处于同等地位的。另外，成化斗彩构图疏雅，色泽鲜艳，嘉靖、万历五彩的花纹则几乎布满了全器，且彩色浓重，尤其是万历五彩。

色地五彩。这也是嘉靖、万历釉上彩瓷的重要品种，且数量不少。在传世品中看到的有黄地红彩、黄地紫彩、黄地蓝彩、黄地绿彩、红地绿彩等，其中有的需经过三次烧造才成。如黄地红彩，第一次在高温下烧制瓷胎（即素烧），后浇黄釉；第二次在650℃～900℃烧成黄釉器，并用铁红料填出所需图案；第三次在低温下烘烤铁红彩。因铁红彩罩于黄地上，给人一种红地黄彩的错觉，故此工艺习又谓之红地黄彩。

金彩。嘉靖朝尤盛。嘉靖《江西大志·陶书·颜色》在谈到其制作工艺时说："描金，用烧成白胎上金黄，过色窑，如矾红过炉火，贴（？）金二道，过炉火二次，余色不上金黄。"[2]

纯色五彩。所见较少，其色彩主要有红、黄、绿三种。

5. 素三彩。创于正德时期，操作要点是把几种不同色调的低温色釉，依器胎上事先雕刻好了的花纹图案，在相应部位分别填釉。习用黄、绿、紫三色，但也可多色，主要特点是不用红色，这与釉上五彩中以红为主的工艺是不同的。

这是明代釉上彩、斗彩的几种主要品种[25][26]。一般认为，釉上彩当是在汉低温釉基础上演变过来的，历代低温色釉的着色元素皆限于铁、铜、钴、锰四种，早期釉上彩也是这样的[27]。两者的区别主要是，低温釉属 PbO – SiO_2 二元系，釉上彩一般属 PbO – SiO_2 – K_2O 三元系，即在上述二元系中，以硝石的形式加入了 K_2O [28][29]。

彩瓷的兴起具有重要的技术意义和社会意义，我国古代瓷器的着色剂都是天然矿物，着色元素主要是铁、铜、钴三种，明代工匠使用不同的色料和配方，制作出了许多不同的色彩来，充分反映了我国古代陶瓷工人的聪明才智和创造精神。彩瓷的发展一方面与彩料技术有关，另一方面与白瓷胎质量的提高也是分不开的，有了洁白细腻的白瓷做底，绚丽多姿的彩画才能更为完美地反映出来。彩瓷的兴起，使长时期占据统治地位的颜色釉器退居到了次要地位，也使某些单色釉瓷窑，如龙泉窑、磁州窑等，受到了很大的冲击。这些彩瓷主要见于景德镇官窑，许多品种在民窑上也有生产，但质量一般不如官窑。

四、单色釉技术的发展

在彩瓷技术发展的同时，明代单色釉（包括高温型和低温型两种），也有了较大发展。《南窑笔记》"官窑"谈到的明代单色釉瓷有永乐、宣德甜白瓷、霁青瓷、霁红瓷，此外还谈到了月白釉、蓝色釉、淡米色釉、米色釉、淡龙泉釉、紫金釉六种，并说这些色釉"宣、成以下俱有"。明代单色釉的优秀品种主要是：永乐宣德铜红釉、宣德钴蓝釉、正德孔雀铜绿和弘治铁黄釉，下面仅介绍其中三种：

（一）永乐、宣德铜红釉。我国古代铜红釉始见于唐长沙窑[30]，宋钧窑、元景德镇窑等都有使用，但因技术难度较大，故明代以前，通体皆红、色泽纯美的铜红器是很少看到的；明永乐时才成功地烧造出来，宣德时又有了进一步提高。这种铜红釉的成功烧制是景德镇窑工的又一重大贡献。因其色泽红艳，有如红宝石一般，又如雨过天晴之霞霁，故又获得了"鲜红釉"、"宝石红"、"霁红"等美称；又因其宜作祭祀，故又谓之"祭红"；因其在宣德年尤为突出，而又谓之"宣烧"、"宣德宝烧"等等。永乐、宣德红釉器的特点是胎质细腻、釉面不流不裂，色调虽然鲜艳，但却庄重、肃穆、深沉[31]。

我国古代陶瓷工艺中，以"铜"为着色剂的色釉计有两种：一是低温铅釉，呈绿色，在氧化焰中烧成；始见于汉，之后许多时代都有使用；它是使用二价铜离子 Cu^{2+} 着色的。二是高温钙质釉，呈红色，在还原焰中烧成。但学术界对它的着色机理仍有不同看法，有说纯铜着色，认为我国乃至日本的铜红釉，几乎都看不到氧化亚铜的迹象[32]；有说主要依靠氧化亚铜着色，二价铜离子 Cu^{2+} 起辅助作用[33]，可以进一步研究。但不管怎样，铜红釉应在稳定的还原气氛中烧成，铜的数量和存在状态是呈色的决定性因素。一般而言，在其他条件相同的情况下，釉中含铜为 $0.3\% \sim 0.5\%$ 时，呈色是最佳的；含铜量过高，釉色会像火漆一样混浊。铜的存在状态不但与烧成温度、气氛有关，而且与釉中其他组分的数量，如 SiO_2 和碱金属氧化物的含量有关。虽然明代烧出了鲜红的铜釉，但其技术难度还是较大的，故传世品中色泽鲜红者甚少。有学者分析过 3 件永乐、宣德铜红釉[34]，成分为：CuO $0.26\% \sim 0.42\%$，平均 0.34%；CaO $6.31\% \sim 7.83\%$，平均 6.9%；K_2O $4.28\% \sim 5.83\%$，平均 4.91%，典型的石灰—碱釉。其他组分的平均值为：SiO_2 70.82%、Al_2O_3 13.4%、Fe_2O_3 0.75%、TiO_2 未显示、MgO 0.34%、Na_2O 0.23%。

（二）宣德钴蓝釉。这是一种以钴着色的高温色釉。钴蓝始见于唐代的三彩陶和釉下青花瓷，元代钴蓝釉已有较大发展；及明，尤其宣德时期，钴蓝器不但数量较多，而且质量较好，被后人推为宣器之上品，《景德镇陶录》卷三"配合釉料"条载："霁青釉，用青料配泑合成"。此"霁青"即钴蓝，民俗习谓"蓝"为

"青"。此景德镇之釉，显然是指青白釉。可见钴蓝釉系用钴土矿与普通青白釉合成的。它也是一种石灰—碱釉，生坯施釉，在 1280℃～1300℃ 下一次烧成。呈色稳定，色调浓淡均匀，深沉安静，釉面不流不裂。

（三）弘治黄釉。是以三价铁离子 Fe^{3+} 着色的低温色釉，其矿物主要是天然矿物赭石[35]。我国古代的低温黄色铅釉早在唐三彩上便已出现，但明代以前的黄釉皆非正黄，而是褐黄或深黄；明弘治时，正黄的铅釉始成，其色调较为均匀一致，釉面平整，光泽较好，达到了黄釉历史的最高水平。

低温黄釉中的 Fe_2O_3 量波动较大，有人分析过一件明弘治正黄色釉，其值为 3.66%；其余组分为：SiO_2 42.93%、Al_2O_3 4.52%、CaO 1.16%、MgO 0.1%、K_2O 1.3%、Na_2O 0.73%、MnO 0.03%、PbO 45.0%、CuO 0.05%；一件唐三彩的棕黄釉，其 Fe_2O_3 为 4.71%；而一件光绪素三彩的正黄釉含 Fe_2O_3 为 1.39%[35]。

清朱琰《陶说》卷三"说明·造法"条系统地谈到了明代白釉、青釉，以及各种颜色釉、彩的配料情况。云："油色，用豆青油水、炼灰、黄土合成。紫金色，用罐水、炼灰、紫金石合成。翠色，用炼成古铜水、硝石合成。黄色，用黑铅末一勺、碾赭石一两二钱合成。金绿色，用炼过黑铅末一勺、古铜末一两四钱、石末六两合成。金青色，用炼成翠一勺、石子青一两合成。矾红色，用青矾炼红、每一两加铅粉五两，用广胶合成。紫色，用黑铅末一勺、石子青一两、石末六两合成。浇青，用釉水、炼灰、石子青合成。纯白，用釉水、炼灰合成。"这段引文较长，但对我们了解明代彩瓷、色釉工艺是很有帮助的。其中有高温釉，而加有铅、硝石者则属低温釉、彩。第一句之"油"，即釉，此指青釉。"炼灰"即釉灰。"紫金石"，应是含铁较高的一种粘土。硝石，此即牙硝，主要成分为 KNO_3。黑铅末，原指铅的氧化物，景德镇实际使用的是一种混合料，成分为：SiO_2 42%、SnO_2 8%、PbO 43%、K_2O 7%，这是一种低温釉。赭石主要成分是 Fe_2O_3。青矾的主要成分是硫酸亚铁，化学式为 $FeSO_4 \cdot 7H_2O$。石子青即前云用作青花之钴蓝料。从传统工艺调查来看，我国低温釉的施釉法主要有蘸釉法、浇釉法和涂釉法三种，其胎有素烧的，有烧结过了的"石胎"，也有带釉的白瓷成品，后者的操作是将低温釉涂在玻化了的白釉表面。弘治黄釉因常用浇釉法，习谓之浇黄。与其他低温色釉相比较，浇黄釉有两个明显特点：一是烧成温度较高（850℃～900℃），稳定性较好；二是透明度较好，使瓷胎上雕刻的花纹图案透过釉层清晰地显示出来，从而产生特殊的艺术效果[25]。

我国传统黄釉有两种：一是高温型的石灰釉，二是低温型的铅釉，皆是铁黄釉。弘治之后，明代历朝都有黄釉生产，且成了祭器的重要颜色之一。

五、景德镇以外的民营制瓷技术

除瓷都景德镇外，明代其他地方制瓷技术也有不同程度的发展，其中最突出的是福建德化白瓷、山西法华三彩、江苏宜兴紫砂器。龙泉青瓷在明代初年的生产量还是很大的，截至弘治年间止，民间所用仍以龙泉瓷为主，但技术上无甚建树。

（一）德化象牙白。此窑约始烧于宋[36]，及明便在胎、釉的选择和加工、烧成技术等方面都达到了较高水平，并成了全国优秀产品之一。

由于自然的和人为的因素，德化白瓷所含 SiO_2 一般较高，Al_2O_3 量则较低，着色剂 Fe_2O_3、TiO_2 亦较低，助熔剂 K_2O 则由早期到晚期呈现明显增长的趋势。李家治等分析过 5 件宋代德化影青瓷和白瓷，其中北宋白瓷 2 件、影青瓷 1 件、南宋影青瓷 2 件[13]，成分为：SiO_2 介于 71.76% ~ 81.6% 之间，平均 76.49%；Al_2O_3 14.92% ~ 21.76%，平均 18.85%；Fe_2O_3 0.42% ~ 1.12%，平均 0.72%；TiO_2 0 ~ 0.09%，平均 0.03%；K_2O 2.75% ~ 5.16%，平均 3.96%。可见在宋代，其硅、铝量虽有一定波动，但总体上显示了硅高铝低的特点。他们还分析过 5 件元代德化白瓷胎，其中影青瓷 2 件、象牙白 2 件、普通白瓷 1 件[13]，成分为：SiO_2 72.69% ~ 77.22%，平均 75.36%；Al_2O_3 17.38% ~ 20.68%，平均 19.05%；Fe_2O_3 0.25% ~ 0.55%，平均 0.37%；TiO_2 0 ~ 0.18%，平均 0.07%；K_2O 4.37% ~ 5.82%，平均 5.07%。可见元代德化白瓷胎的 Fe_2O_3 明显降低，K_2O 量明显提高。有学者分析过 4 件明代德化白瓷[12][13]，平均成分为：SiO_2 74.6%、Al_2O_3 17.2%、Fe_2O_3 0.29%、TiO_2 0.24%、CaO 0.24%、MgO 0.22%、K_2O 6.55%、Na_2O 0.14%。其 Fe_2O_3 较元代又有降低，K_2O 又有提高。德化白瓷胎的质地较白，且易于正烧，烧成后玻璃相较多，胎质致密，透光性较好。其 K_2O 量不断提高，很可能与原料曾充分淘洗，对绢云母颗粒进行了较好的富集有关[13]。有学者分析过 4 件明代德化白瓷釉成分，其 CaO 量较低，为 6.09% ~ 9.73%，平均 8.0%；K_2O 较高，为 5.42% ~ 6.65%，平均 6.28%；Fe_2O_3 较低，为 0.24% ~ 0.62%，平均 0.460%；TiO_2 亦较低，为 0 ~ 0.35%，平均 0.1%。这是典型的石灰—碱釉。因其釉中、胎中 K_2O 都较高，且较接近，便形成了胎、釉助熔剂相仿的状态，使德化白瓷给人一种胎釉一体的美感。德化白瓷釉的配制法与景德镇相仿，也以瓷石合釉灰而成。明、清釉灰配入量大约只有宋、元的一半，这便为其胎釉结合创造了更好的条件。宋代德化白瓷是采用还原焰烧成的，故釉色白里泛青；元明时用了氧化焰，釉色白里泛黄，有如象牙、猪油之色，并因此而获得了"象牙白"、"猪油白"的美称[12][13]。

（二）法华三彩。始创于元，明代中期之后，盛于山西晋南一带，明嘉靖前后江西景德镇亦开始仿制。法华器原是一种陶胎中温釉器，因常作庙宇祭祀用品，故常以"法"字冠称。釉色有黄、绿、蓝、紫、白等，习谓法黄、法绿、法蓝、法紫等，其花纹图案常凸出釉面，但釉面常有开裂。景德镇仿制时，将陶胎改成了瓷胎。

景德镇法华三彩系两次烧成，先在坯胎上绘制出花纹图案的轮廓线，再用毛笔蘸上胎料泥浆，并在轮廓线上堆出一定高度的凸线，之后入窑烧成完全瓷化的素胎；又在凸起的轮廓线内填上各种不同色调的法华釉，轮廓线外平涂法翠或法紫，最后入窑在 1200℃ 下烧成[27][29]。

景德镇法华三彩采用钾盐为助熔剂，与我国传统低温色釉采用铅粉为助熔剂是不同的。《南窑笔记》"法蓝"条云："法蓝、法翠二色……本朝有陶司马驻昌南传此二色，云出自山东琉璃窑也。其制用涩胎上色，复入窑烧成者。用石末、铜花、牙硝为法翠，加入青料为法蓝。"此"牙硝"主要成分为 KNO_3。钾盐助熔剂的起源约可追溯到宋代磁州窑的孔雀绿釉上，经分析，其主要助熔是 K_2O 和

Na_2O，含量分别达 8% 和 7% 左右，而 CaO、MgO、PbO 的含量都在 1.5% 以下[27][29]，这与我国传统低温铅釉和高温石灰—碱釉都有一定区别。牙硝的采用，这是景德镇工匠的又一创造。

（三）宜兴紫砂壶

宜兴紫砂壶是一种质地细腻、含铁量较高的无釉细陶器，其色赤褐、淡黄或紫黑等。始创于宋，盛于明代中期，清时又有了进一步发展。有学者分析统计过 4 件古代宜兴紫砂器，其中北宋 1 件，清代早、中、晚期各 1 件[37]，成分为 SiO_2 62.5% ~ 70.55%，平均 65.1%；Al_2O_3 17.67% ~ 25.19%，平均 22.03%；TiO_2 1.28% ~ 1.35%，平均 1.31%；Fe_2O_3 7.4% ~ 8.66%，平均 8.1%；K_2O 1.36% ~ 2.5%，平均 1.86%；FeO 0.33% ~ 1.38%，平均 0.64%。可见其含硅量不高，含铝量较高，着色剂铁、钛量较高。宜兴紫砂壶在氧化焰中烧成，成品透气性较好，吸水率小于 2%。

六、筑窑和装烧技术的重大进步

此期在筑窑技术上取得了多项重要成就：一是葫芦窑有了发展，二是出现了阶级式龙窑。这些情况对于提高热利用率，改善窑内温度分布和气氛控制，提高产品质量，都具有重要的意义。

（一）葫芦窑的发展。始见于宋福建南安窑，元代后期景德镇便已使用，明代亦沿用了下来。明宋应星《天工开物》卷七便载有这种葫芦形窑的形态（图 8-3-3），用于烧造白瓷器，原署名"瓷器窑"，但原书只载有工作图，无文字说明。

在景德镇考古发掘中，明代葫芦窑已发现多座。1972 年在乌泥岭东发掘 1 座，窑全长 8.4 米，腰部内折，似葫芦形，分前后两室，前宽后窄（3.7~1.8 米），前短后长，坡斜 4 度~10 度（图 8-3-4），属明代早、中期[42]。可见此窑与前述元代后期的葫芦窑的外部形态已经明显的不同，后者更接近葫芦形，其前后两室的长度相差较少。2002 ~ 2004 年又在珠山北麓发现 7 座，其中有 2 座保存较好，窑体斜长约 10 余米，

图 8-3-3 《天工开物》所载"瓷器窑"图
（图中原题：上："瓷器窑"；中："天窗十二眼，后入薪烧火两个时，火从上足下，共计火力十二时辰"；下："门火先烧十个时，足火从下攻上"。）

前室宽 3.2 ~ 3.28 米，后室宽 2.14 ~ 2.28 米，倾斜 8 ~ 10 度；属洪武至永乐时期[43]。

（二）阶级式龙窑的出现。从历史上看，我国古代龙窑计有三种类型：（1）通室式，见于宋代以前。（2）分室式，或叫鸡笼式，始见于宋，发展于元。广东潮安宋代龙窑、福建德化屈斗宫元代龙窑、明代龙泉龙窑等皆属这一类型。（3）阶级式。其首创于明代德化窑[38][39]，基本特点是窑底呈阶梯形，

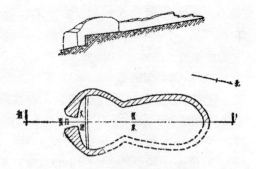

图 8 - 3 - 4 景德镇乌泥岭明代早、中期葫芦窑
采自文献［42］

每一阶为一个窑室，并用隔墙（或谓挡火墙）分开，后一室的底部比前一室的稍高；全窑被分隔成 5 ~ 7 个，或者更多个互相连通的窑室。每一窑室设有一个窑门。窑身一般较宽较高，宽可达 7.0 米，高可达 3.0 米。窑顶半圆形。因隔墙对火焰阻力较大，为此，窑的坡度亦做得较大（如达 21 度）。每室的前端皆设火膛，火膛两侧皆设投柴口，隔墙下设有通火孔；每一窑室都相当于一个半倒焰式的馒头窑，其火焰流形态与通室龙窑已有明显不同（图 8 - 3 - 5）。这种窑便兼具了通室龙窑和半倒焰式馒头窑的优点，既提高了热利用率，易于创造较高的温度和还原气氛，又更便于保温，从而适应了石灰—碱釉的需要[38][39][40]。显然它是宋代不规则的分级式、分室式龙窑的发展和完善。图 8 - 3 - 6 所示为阶级式龙窑及其火焰流向示意图。

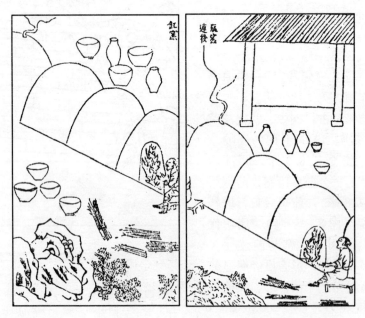

图 8 - 3 - 5 《天工开物》所载"瓶窑连接缸窑"图

《天工开物》所载陶瓷窑计有两种，一即前云葫芦窑，用于烧制白瓷；二即阶

级式龙窑，用于烧造陶缸、瓮、坛一类大件。其卷七"陶埏·罂瓮"条在谈到烧缸龙窑时说："凡缸、瓶窑不于平地，必于斜阜山冈之上，延长者或二三十丈，短者亦十余丈，连接为数十窑，皆一窑高一级。盖依傍山势，所以驱流水湿滋之患，而火气又循级透上。其数十方成陶者，其中苦无重值物，合并众力众资而为之也。其窑

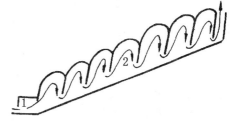

图 8 - 3 - 6　阶级式龙窑火焰流向示意图

1. 火膛　　2. 窑室

采自文献[40]

鞠成之后，上铺覆以绝细土，厚三寸许。窑隔五尺许，则透烟窗，窑门两边相向而开。装物以至小器装载头一低窑，绝大缸瓮装在最末尾高窑。发火先从头一低窑起，两人对面交看火色。大抵陶器一百三十斤，费薪百斤。火候足时，掩闭其门，然后次发第二火，以次结竟至尾云。"这里谈到了阶级龙窑的结构和装烧过程，是我国古代关于龙窑结构较早且较为详明的记载；明、清时期出现过多部关于陶瓷的专著，但很少像《天工开物》这样，如此详明地述说陶瓷工艺的。

景德镇窑形演变情况较为复杂，这主要是为了适应胎、釉技术的发展和不同需要而造成的；大凡从五代到宋，主要烧龙窑；元、明发展了葫芦窑[44]；明洪武至永乐时期主要使用葫芦窑，宣德及其之后主要采用馒头窑。但明御器厂对葫芦窑和馒头窑都作了不少改进。元代葫芦窑的窑体较长，后室左右两壁略外弧；明御器厂葫芦窑的窑体则较短，且后室变窄，左右两壁平直，略向外撇。明代以前的馒头窑一般稍长，窑床前高后低，多为两个烟囱；

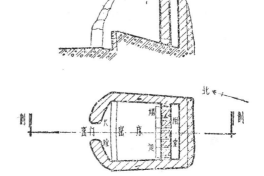

图 8 - 3 - 7　明代中期乌泥岭马蹄窑

采自文献[42]

明御器厂馒头窑之窑长一般不过 4 米，宽约 2 米，窑床平齐，设置一个长方形大烟囱[43]。1977 年，乌泥岭顶出土明代中期马蹄窑 1 座，长 2.95 米，宽 2.5 ~ 2.7 米，依然采用前高后低的结构，倾斜 12.5 度（图 8 - 3 - 7）[42]；2004 年，珠山南麓清理馒头窑 14 座，大体属于宣德至万历时期[43]。龙窑在景德镇亦长时期沿用，如东河流域的民窑场，主要烧造生活日用器皿，从宋、元一直沿用到了明、清，皆主要使用龙窑[44]。

（三）关于倒焰窑的讨论。因考古发掘的古代窑炉往往破损较剧，加之缺乏文献记载，故学术界对我国古代陶瓷工艺是否存在倒焰窑之事一直未能定论。在古陶瓷研究中，有两处窑址：即前云淄博磁村北宋瓷窑和南京聚宝山明代琉璃窑，都曾有学者称之为倒焰窑，其实两者皆未达到全倒焰的状态，大体上依然属半倒焰窑。聚宝山琉璃窑发掘于 1959 年，计一排 6 座，马蹄形，全为砖砌，由窑门、火床（燃烧室）、窑室（加热室）、烟囱 4 部分构成。窑门内为燃烧室，其面积约

占整个窑腔面积的 1/3。燃烧室的底部与窑门下限相平，距窑顶拱脚约 2.2 米。加热室径约 3.0 米，有砖砌的拱形窑顶，其底部高于燃烧室底部 66 厘米。整个窑室底部都设有吸火孔道，此孔道由上下两层砖直交砌成，每层砖就如一条条地塄，并构成一条条吸火道；砖高皆 12 厘米，砖距皆 6 厘米，吸火道横断面为 12 厘米 × 6 厘米。窑壁间亦留下空隔，并形成环壁吸火孔道。烟囱置于窑室后部，与窑门相对；下层火道直对烟囱底部，并与之相连。断代为明洪武初年[41]。第六章第三节谈到了倒焰窑结构的两个技术要点，与北宋磁村窑同样，此聚宝山琉璃窑也只具备了第二点，其吸火道满布窑底，对改善火焰流向及其分布状态都有良好作用，但尤为重要的第一点，即加热室与燃烧室间的挡火墙并未具备，故高温火焰流进入加热室后，依然有一小部分要横向穿过窑室，而未能达到"全倒焰"的状态。其与磁村窑的区别是，磁村窑的烟气是经由窑壁侧墙才进入烟道和烟囱的，此聚宝山明代琉璃窑却是经由窑底的烟道进入烟囱的，但两者的吸火孔都置窑底，故其高温火焰流的分布状态大体一致。它们都是古代窑址中，高温火焰流分布较为均匀，最接近于"全倒焰"的陶瓷窑。

（四）明代瓷器装烧技术

在现有文献中，关于瓷器装烧的详细记载是到了明代才看到的。看来这与造纸印刷术的发展，与社会观念的变化都有一定关系。

《天工开物》卷七"陶埏·白瓷"条在谈到葫芦窑的瓷器装烧时说："凡瓷器经画、过锈之后，装入匣钵（装时手拿微重，后日烧出，即成坳口，不复周正）。钵以粗泥造，其中一泥饼托一器，底空处以沙实之。大器匣装一个，小器十余共一匣钵。钵佳者装烧十余度，劣者一二次即坏。凡匣钵装器入窑，然后举火。其窑上空十二圆眼，名曰天窗。火以十二时辰为足。先发门火十个时，火力从下攻上，然后天窗掷柴烧两时，火力从上透下。器在火中，其软如棉絮；以铁叉取一，以验火候之足。辨认真足，然后绝薪止火。共计一杯工力，过手七十二，方克成器。其中微细节目尚不能尽也。"这里详细地谈到了瓷器装烧的全过程。其中最值得注意的有三点：（1）瓷器需装入匣钵，这是南朝以来瓷器装烧技术上的一项重要措施。（2）指出了"火力经下攻上"和"火力从上透下"的流向，此当是一种热效率很高的半倒焰窑。（3）使用了检验火候的"火照"。可见它在操作上是十分讲究、要求很高的。葫芦窑较龙窑为小，火候、气氛便于控制，故在景德镇沿用了很长一个时期。

七、制瓷技术之外传

世界上绝大多数古文化民族都经历过生产陶器的阶段，但并不是任何一个地区和民族的制陶技术都能自然演变为制瓷技术，这不但与资源，而且与人文条件都有一定关系。瓷器是我国人民的一项杰出创造。从现有资料看，至迟唐代，我国的青瓷、白瓷器便传到了亚洲和非洲的许多地方；至迟明代，我国制瓷技术便开始外传。大约 15 世纪，在我国影响下，朝鲜烧出了青花瓷，越南则聘请中国工人，也在此时烧出了青花器；15、16 世纪，日本开始大规模烧造青花器。大约 14、15 世纪，埃及也利用本地瓷土仿制了中国青花器；16 世纪初，中国技师已在波斯的伊斯伯罕烧造瓷器，之后并向叙利亚等地辐射传播。大约 1470 年，意大利人从阿拉伯人处学到了中国的制瓷术[37]，之后逐渐传到了欧洲其他地方。使亚洲、非洲、欧洲的许多地区都先后掌握了制瓷技术，从而为世界技术史、文化史作出了杰出的贡献。

第四节　棉织技术的全面推广和丝织技术之继续发展

明代是我国纺织技术史上一个重要的转变期，此前我国纺织业一直是以丝麻为主的，此后遂进入了棉织为主的阶段。此时也是我国古代纺织技术的一个全盛期，纺织品的产量、质量和花色品种都有了很大的提高和扩展，从而在较大程度上较好地满足了社会各阶层的不同需要。

明代统治者一直较为注重桑麻棉的种植。早在朱元璋为吴国公时，便于龙凤十一年（1366年）明确规定了桑麻棉的种植数量："凡民有田五亩至十亩者，栽桑、麻、木棉各半亩；十亩以上倍之。不种桑罚每年出绢一疋，不种麻及木棉罚出麻布、棉布各一疋"[1]。洪武元年（1368年）便把这一规定推广到了全国，并规定了科征数量："麻亩征八两，木棉亩四两；栽桑以四年起科"[2]。这显然是为了恢复生产，增加赋税收入而采取的一种强制性措施，但客观上却有力地推动了新兴的棉纺技术和传统的桑、麻技术的发展。由于朝廷的提倡，棉花种植迅速在全国范围推广开来。棉布不但成了国家贡赋的重要物品，也成了大众衣料的主要来源。徐光启《农政全书》卷三五"蚕桑广类·木棉"引丘濬《大学衍义补》云："自古中国布缕之征，惟丝枲二者而已，今世则又加以木棉焉……则是元以前，未始以为贡赋也……至我国朝，其种乃偏布于天下，地无南北皆宜之，人无贫富皆赖之，其利视丝枲盖百倍焉。"正说明了此意。

随着棉植业的发展，中原的河南、山东及长江中下游一带，形成了两大重要的产棉区，后者还成了全国最大的棉纺中心。如河南，南阳李义卿"家有广地千亩，岁植棉花。收后载往湖湘间货之"[3]。如山东，其"登莱三面距海，宜木棉，少五谷"[4]。如江苏，嘉定"地产棉花……种稻之田不能什一"，"其民独托命于木棉"[5]。《天工开物》卷二"乃服·布衣"说得亦较明白："凡棉布，寸土皆有，而织造尚淞江，浆染尚芜湖。"此前两句说明了全国棉布广泛使用的情况，后两句则说江南成了全国的棉花纺织印染中心。丝麻业则被压缩到了较为狭小的地带。宋代之后，丝绸业重心便从北方移到了南方。明时，四川一带的丝绸业已经衰退，太湖一带成了全国最大的丝织业中心[6]。艺术性较强的高级提花织物获得了空前的发展，并生产了许多饰纹富丽、雄浑的产品。张瀚《松窗梦语》卷四载："总揽市利，大抵东南之利，莫大于罗绮绢纻，而三吴为最。"这在一定程度上反映了三吴的实况。

此期纺织技术的主要成就是：棉花初加工中发明了脚踏式搅车和悬掉式弹棉机；蚕业中采用了方格簇；缫丝操作中总结出了"出水干"操作法，发明了竹针眼导丝法；织机技术更为完善，织出了漳缎、双面绒、妆花缎等名贵织物，并出现了一种名为"改机"的织品；使用了猪胰漂练法；在红花饼制作中创造了"青蒿覆一宿"的杀菌处理等；各项染色工艺都更加成熟起来。

一、原料准备和初加工技术的进步

（一）棉花初加工技术的进步

我国古代棉花纺纱前的初加工主要包括三项操作，即搅棉、弹棉和卷筵。前两项在明代的进步都十分明显。

脚踏式搅棉车的发明。去除棉子的方法，最初是以铁杖赶之，至迟元代便发明了手摇搅车。因手摇搅车需三人操作，不但劳动强度大，而且不易配合，至迟明代，又发明了脚踏式搅车。

在现有资料中，较早图示脚踏式搅车的是初版于崇祯十年（1637年）的宋应星《天工开物》卷二"乃服·布衣"（图8-4-1，左），但其文字说明甚简，云：棉花"粘子于腹，登赶车而分之，去子取花"。但其图却十分清楚地展示了一个脚踏机构：赶棉工以右脚踩动踏板，通过绳索和曲柄，带动碾轴转动；左手向相反的方向摇动另外一根辗轴；右手则向两转轴间喂棉。

图8-4-1 《天工开物》所示"赶棉"图和"弹棉"图

关于脚踏式搅车较为详细的文字说明始见于《太仓州志》，其云："轧车，制高二尺五寸，三足（？）。上加平木板，厚七八寸，横尺五。直杀之板上，立二小柱，柱中横铁轴一，粗如指；木轴一，径一寸。铁轴透右柱，置曲柄；木轴透左柱，置圆木约二尺，轴端络以绳，下连一小板，设机车足。用时右手执曲柄，左足踏小板，则圆木作势，两轴自轧。左手喂干花轴罅，一人日可轧百十斤，得净花三之一。他处用碾轴或搅车，惟太仓车式一人当四人。"此"轧车"，即王祯之谓"搅车"，陶宗仪之谓"捍"车，宋应星之谓"赶车"。这里详述了太仓式脚踏搅车的结构和基本操作。左足踏小板，通过踏板和络于轴端的绳索传动，便可带动轧车之轴转动。可惜原文无图。《太仓州志》的成书时间待考，今引自《钦定古今图书集成》"考工典"卷二一八（康熙四十五年，即1706年成书）。因明末徐光启（1562～1633年）《农政全书》（初版于1639年）卷三五在谈到"木绵搅车"

时，也提到过太仓式木棉搅车，故我们推测《太仓州志》所记木棉搅车的年代，亦应在明代末年之前。

当然，关于脚踏式搅车的发明年代，现今依然是了解得不太具体的。王祯《农书》（1313 年成书）所载为手摇式搅车，陶宗仪《辍耕录》（1367 年成书）却提到了"踏车"一词，看来，并不能完全排除此"踏车"即脚踏式搅车的可能性。若此说成立，脚踏搅车的发明时间便可上推到元代末年。

在讨论明代木棉搅车时，《农政全书》的有关文字和插图是需要讨论一下的。该书卷三五谈到过两种"木绵搅车"：一是手摇式，其文字与王祯《农书》基本一致，这是该书"木绵搅车"条的主要部分。二是脚踏式，这是该条最后以"玄扈先生曰"的形式提出的；原文为："玄扈先生曰：今之搅车，以一人当三人矣。所见句容式，一人可当四人；太仓式，两人可当八人"。对这两种脚踏搅车的具体结构，玄扈先生①均未做进一步说明。两种搅车只附有一幅插图。现在的问题是：在今较为流行的《农政全书》三个本子中，同一幅"木绵搅车"图却有两种不同的形态。《钦定四库全书》本、中华书局本的插图仍为手摇式[7]；上海古籍出版社本的插图却是脚踏式的[8]。这是一个不太和谐的现象。现今纺织史研究者多引用上海古籍出版社本[9][10]。那么，《农政全书》木棉（绵）搅车的原图，到底是手摇式还是脚踏式？这是需要辨别一下的。

经查，徐光启《农政全书》初版于崇祯十二年（1639 年），是在陈子龙的私宅平露堂刊印的，世称"平本"，今世犹存。《钦定四库全书》中也收有《农政全书》，其依据未曾细查，可能是"平本"，也可能是某种手抄本，其"提要"作于乾隆四十六年（1781 年）。19、20 世纪时，《农政全书》又曾多次出版。中华书局本是由中国农业遗产研究所校刊的，1956 年出版；校订办法是："主要依照平本，遇有平本显然有错误，而'黔本'（1837 年贵州粮署刊）或'曙本'（1834 年上海王寿康刊）的修改较胜的，则依照'黔本'或'曙本'改正"。可见，中华书局本，以及《钦定四库全书》本都基本上保持了该书的原貌。图 8 - 4 - 2 便是"平本"所载"木绵搅车"图，为手摇式，与其正文之原意相符，与元王祯《农书》所载基本一致。上海古籍出版社本出版于 1979 年，其校订办法是："用'鲁本'原书剪贴，

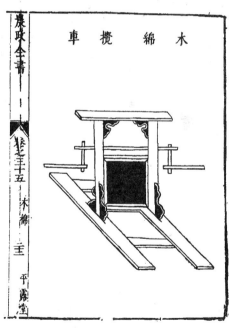

图 8 - 4 - 2　平露堂本《农政全书》所载"木绵搅车"图

---

① 徐光启自号"玄扈先生"，在《农政全书》中，他常以"玄扈先生曰"来强调自己的见解。扈，农桑候鸟，借作农官，传说少暤时代主管农事的官名叫九扈。《左传》召公十七年："九扈为九农正。"

以平本为基础……版本间的差别，则择善而从"。此所谓"鲁本"，是同治十三年（1874年）山东书局依黔本复刻的，复刻时有一些变动，如重绘了木棉搅车，从手摇式改成了脚踏式等。现在，问题便大体明白了：问题原来出在"择善"二字上；上海古籍本的脚踏式搅车图，是从"鲁本"剪贴过来的，而"鲁本"脚踏搅车却是自绘的，并非"平本"原图。所以，"鲁本"、"上海古籍本"，以及今世部分学者引用的脚踏式木棉搅车图，其优点是反映了明代的最新发展水平，不足处是与原著不符。

悬吊式弹花机的出现。弹松棉花的方法，宋前无闻，宋代使用了小竹弓，元代之弓虽有增大，但依然是竹弓；明代弹棉弓有了两点改进，一是使用了木弓，更为宽大；二是改成了悬吊式，更为省力。徐光启《农政全书》卷三五"蚕桑广类·木棉"云，木棉弹弓，"今以木为弓，蜡丝为弦"。宋应星《天工开物》卷二"乃服·布衣"，棉花以赶车去籽后，"悬弓弹花"。若只"为挟纩温衾者，就此止功"。若需织布，则"弹后以木板擦成长条，以登纺车，引绪纠成纱缕"。其棉花弹弓悬吊在弯竹顶端（图8-4-1，右），从而省去了弹棉人举弓之劳。

（二）对棉花分类有了较深认识

至迟两汉时期，人们对棉花便有了一定的接触和了解。之后，有关记载一直不断，及至宋末元初，棉花终于在中原地区广泛地种植起来。明代晚期时，人们对棉花的栽培技术和认识水平，都有了较大提高。

经过300多年的栽培后，在人为的和自然条件的作用下，内地棉花遂衍生出不少新品种。徐光启《农政全书》卷三五"蚕桑广类·木棉"条载："中国所传木棉，亦有多种，江花出楚中，棉不甚重，二十而得五，性强紧。北花出畿辅、山东，柔细，中纺织，棉稍轻，二十而得四、或得五。浙花出余姚，中纺织，棉稍重，二十而得七。吴下种，大都类是。"接着，徐光启还说有数种稍异者：一曰黄蒂穰，一曰青核，一曰黑核，一曰宽大衣，一种曰紫花[11]。这是我国古代对棉花的较早分类，这一方面说明了棉花栽培和驯化技术的发展，另一方面也说明了人们对棉花认识水平的提高。

宋、元时期由闽广传入中原的木棉，其始应当是多年生的灌木、小乔木类，但也不排除有一少部分为一年生灌木棉的可能性。但不管哪种，一旦进到纬度稍高处，如福建北部、广西北部，很快便会由多年生蜕变为一年生植物。往日有学者主张它原是一年生灌木棉[12]，也有学者认为它是多年生树棉[13]，其实这并无太大区别。多年生木棉古时在华南[14]和闽南，都是比较普遍的，早到商代[15]，晚到明代，及至近现代都可看到。明王世懋（1536～1586年）《闽部疏》（1585年，不分卷）载："昔闻长老者言，广人种绵花，高六七尺，有四五年不易者，余初未知信。过泉州至同安、龙溪间，扶摇道傍，状若榛荆，迫而视之，即绵花也。时方清和，老干已着瘦黄花矣。然不可呼为木棉，木棉花者……吴中所谓攀枝花也。"[16]王世懋，明代中期曾任福建提学副使。这是明时闽广一带曾有多年生树棉之证。据调查，我国近代在云南开远还见过生长近20年的木棉，高一丈以上，主茎粗8厘米，棉树蜿蜒地上，分枝繁密，年产籽花6斤左右[17]。直到20世纪50年代，闽南还有多年生亚洲棉[14]。在此还值得注意的一点是，王世懋同时使用了

"棉"字和"绵"字，并把世俗所谓"棉花"称为"绵花"，而认为"木棉"即攀枝花，与其他学者稍有不同。

关于"木棉"（棉花）与攀枝花的关系，往昔的文献因记述较简，经常混淆不清。直到明代末年，人们才更好地将之区分开来。明末清初屈大均（1630～1696年）《广东新语》卷二五"木语·木棉"条对攀枝花的性态作了较好的描述："木棉，高十余丈，大数抱，枝柯一一对出，排空攫拏，势如龙奋。正月发蕾，似辛夷而厚，作深红、金红二色；蕊纯黄六瓣，望之如亿万华灯，烧空尽赤。花绝大，可为鸟窠；尝有红翠、桐花凤之属藏其中。""子大如槟榔，五六月熟；角裂，中有绵飞空如雪。然脆不坚韧，可絮而不可织，絮以褥以蔽膝，佳于江淮芦花。或以为布曰缕，亦曰毛布。可以御雨，北人多尚之。绵中有子如梧子，随绵漂泊，著地又复成树。树易生，倒插亦茂；枝长每至偃地，人可手攀，故曰攀枝。其曰斑枝者，出以枝上多苔文成鳞甲也。南海祠前，有十余株最古，岁二月，祝融生朝，是花盛发，观者至数千人。""花时无叶，叶在花落之后；叶必七，如单叶茶；未叶时，真如十丈珊瑚，尉佗所谓烽火树也。"可见，屈大钧所说"木棉"，实即是攀枝花；因人可攀枝，故曰"攀枝"；因枝上多苔文成鳞甲，又名"斑枝"。再结合前面各章所云，木棉花与攀枝花性态之别便可归结如下：（1）攀枝花高达十丈余，枝柯一一对出；而木棉花高仅丈余，或说七八尺，且分枝不广。（2）攀枝花之"绵"脆而不坚，是难用纺车纺纱的；只可用手工接绩、纺坠加捻的方法缉织成布。木棉花的纤维性柔，具有良好的纺织性能和吸湿性能。（3）攀枝花二月开花，先花后叶，五六月子熟。木棉花则入秋开花，先叶后花，秋后子熟。这三点，对我们分辨古代文献经常看到的"木棉"一词的真实含义，是有一定帮助的。

在此有一点需要说明的是：在明代，人们对"绵"、"棉"二字还是区分得不太清楚的，在同一部书的同一卷，及至同一段内，也有二字兼用的现象[21]。看来这主要是棉花技术刚刚开始推广，人们的认识依然滞后的缘故。

（三）苎麻脱胶技术

前引元王祯《农书》曾较为详细地记述了苎麻脱胶的整个工艺过程，明宋应星《天工开物》卷二"乃服·夏服"又对此作了一些补充，其云："凡苎皮剥取后，喜日燥干，见水即烂。破析时则以水浸之，然只耐二十刻，久而不析则烂。苎质本淡黄，漂工化成至白色（原注：先用稻灰、石灰水煮过，入长流水再漂，再晒，以成白色）"。显然这也是"水浴日曝"的工艺，也谈到了石灰水煮过，但此更强调只宜浸二十刻，且须长流水。王祯和宋应星都较为重视苎麻，看来与其生产和使用量是有关的。《天工开物·夏服》曾云："凡苎麻，无土不生。"

（四）养蚕技术的发展

这主要表现在两个方面：一是利用杂交优势，培育出了新的优良品种，并在预防蚕的传染性疾病上，有了一套行之有效的措拖；二是采用了方格簇，推广了"炙箔"技术[18]。这在宋应星《天工开物》等书中都有明确记载。

《天工开物》卷二"乃服·种类"载："凡茧色，唯黄白两种，川、陕、晋、豫，有黄无白，嘉、湖有白无黄；若将白雄配黄雌，则其嗣变成褐茧。""今寒家有将早雄配晚雌者，幻出嘉种。"这里谈到了两组杂交，一是吐白丝的雄蚕与吐黄丝的雌蚕，杂交得到吐褐丝的新品种；二是雄性早蚕与雌性晚蚕，杂交得到嘉种，即良种。这是中外蚕业中，关于家蚕杂交的最早记载。显然，这种改良，对于提高蚕丝产量和质量，都具有十分重要的意义。在国外，关于家蚕一代杂种的学术研究是1900年由日本学者开始的，1906年开始发表，1914年开始推广[19]。

早在先秦时期，人们对蚕病便有了一定的认识，此认识在明代又有了进一步提高，尤其是常见的家蚕软化病和僵病，在对发病特征有了清楚认识的同时，还探索出了一套行之有效的处理办法。

《天工开物》卷二"乃服·病症"载："凡蚕将病，则脑上放光，通身黄色，头渐大而尾渐小，并及眠之时，游（原作遊）走不眠，食叶又不多者，皆病作也，急择而去之，勿使败群。"此即常说的"软化病"。文中简明地说到了疾病的基本特征和处理方法，即"急择而去之"。这是世界上关于家蚕传染病及其处理方法的最早记载[19]。

《天工开物》卷二"乃服·养忌"载："若风则偏忌西南，西南风太劲，则有合箔皆僵者。"这里说到了西南风与僵病的关系，故应忌之。汪子春曾对此作过不少研究，认为西南风使蚕致病的原因主要有三：（1）西南风多湿，影响蚕的正常生理代谢，降低了其对疾病的抵抗能力。（2）温度稍高，湿度稍大的西南风，有利于僵菌繁殖。（3）风的机械作用亦有利于僵菌的传播[18]。

"方格簇"和"炙箔"都是提高蚕丝质量和产量的重要措施。明万历年间出版的《便民图纂》卷二载有一幅"方格簇"图，将蚕簇做成大小均等的方格；蚕作茧时，一茧只占一格，所有茧子基本上大小相仿，便提高了茧的质量。"炙箔术"始见于前引北魏贾思勰《齐民要术》卷五《种桑柘》条，工艺要点是：蚕上簇后设炭火微烘，使蚕丝随吐随干，明代又谓之"出口干"[20]。对此，《天工开物》卷二"乃服·结茧"说得较为具体："其法析竹编箔，其下横架料木，约六尺高，地下摆列炭火（原注：炭忌爆炸），方圆去四五尺即列火一盆。初上山时，火分两略轻少，引他成绪，蚕恋火意，即时造茧，不复缘走。茧绪既成，即每盆加火半斤，吐出丝来，随即干燥，所以经久不坏也。"这套操作自然是人们在长期生产实践中总结出来的。蒋猷龙认为，当熟蚕上簇时，其水分量约占蚕体重的一半，吐丝过程中这些水分都要散发到簇室中，若不加温排湿，则蚕室内湿度过高。这一方面会加速丝胶转化为不溶性 β 态，另一方面延缓丝胶凝固速度，而当一遇干燥条件忽儿凝固时，就会造成各层粘合，缫丝时不易离解[19]。所以，蚕吐丝时，簇中温度偏低、湿度偏大，部分茧质就会产生不良变化，使茧解舒不良，弹性不佳，茧色发黄且无光泽[18]。

（五）缫丝技术的发展

明代缫车主要有两种类型，一种是前世沿用下来的两人共同操作的足踏式缫车，其一人踏轩理绪添头，另一人专事备茧、添茧入锅等；第二种是5人共同操作的连盆式缫车，一人煮茧、两人专打丝头、两人主缫[6]。其中较值得注意的是后者。

《农政全书》卷三一载："釜俱改用砂锅或铜锅，比铁釜，丝必光亮。以一锅专煮汤，供丝头。釜二具，串盆二具，缫车二乘，五人共作。一锅二釜共一灶门。

火烟入于卧突，以热串盆。一人执爨，以供二釜二盆之水。为沟以泻之，为门以启闭之。二人直釜，专打丝头，二人直盆主缫。即五人一灶，可缫茧（丝）三十斤。胜于二人一车一灶缫丝十斤也。是五人当六人之功。"[22]这便是 5 人供缫的连盆式操作，其将煮丝与抽丝分开；茧稍经煮练后，即时移入温度稍低的串盆中抽丝；抽丝工作便可从容进行，亦可避免抽丝不及，煮得过热而使丝质受损[6]。

此期的添绪技术更趋娴熟，而且各家作坊都积累了相当丰富的经验。如：《农政全书》卷三一载："添丝（今俗谓之添绪）搭在丝窝上便有接头，将清丝用指面喂在丝窝内，（使丝）自然带上去，便无接头也，此名全缴，丝圆紧无疙疸，上等也。"[22]《天工开物》卷二"乃服·治丝"条还谈到了一种"出水干"操作法："丝美之法有六字：一曰'出口干'，即结茧时用炭火烘。一曰'出水干'，则治丝登车时，用炭火四五两，盆盛，去车关五寸许。运转如风时，转转火意照干，是曰'出水干'也（若晴光又风色，则不用火）。"这样，生丝随缫随干，丝质既柔软坚韧，又白净晶莹；同时还避免了蚕丝间的彼此粘结。明邝璠《便民图纂》卷四载："缫丝之诀在细、圆、匀、紧，使无褊、慢、节、核，麄恶不均。"

明代对缫丝机构也做了一些改进。如其集绪眼由往日的铜钱眼改成了"竹针眼"，以为导丝用。明代以前，缫丝车的煮茧锅上皆放一块木板，木板中间插一个铜钱，使丝绪通过钱眼而上。明代将导丝眼改成竹针眼后，丝可从豁口进入，就避免了穿过线眼的麻烦。《天工开物》卷二"治丝"所述甚详。此"竹针眼"实际上是现代导丝钩的雏形[6]。

二、棉纺技术的发展和麻纺业的衰减

（一）木棉纺车的发展

元代已使用了三锭脚踏式棉纺车[23]，明时，此技术得到了进一步推广，操作上亦更为熟练。

宋应星《天工开物》卷二"乃服·布衣"条在谈到棉纺车时说："凡纺（纺）工能者一手握三管，纺于铤上（原注：捷则不坚）。"此说凡纺工，能者使用三锭棉纺车。直到 20 世纪 50 年代，这种纺车在许多地方仍有使用。

《农政全书》卷三五"蚕桑广类·木棉"载："木棉纺车，其制比麻苎纺车颇小。夫轮动弦转，筝维随之。纺人左手握其棉筒不过二三，续于筝维，牵引渐长，右手均撚。俱成紧缕，就绕维上。"此说纺人用二锭或三锭棉纺车。

明末清初方以智《物理小识》卷六"纺车"条也有相类的记载："一铁一木，转圆相背，则棉花出其子矣；弦弹碎而版赶为条，乃置车轮踏之；以铁锭插芒梗，纺丝则缕积矣。有纺双缕者，有一手钩三线者、省用天梯者。松江、徽、池、台州，九江皆能之。"这前几句是说轧花、弹花、卷筵，后几句说的是棉花纺纱，说松江等许多地方都能纺二锭、三锭，说明先进纺纱技术在明末业已推广。

又，徐光启《农政全书》卷三五"蚕桑广类·木棉"还谈到过四维、五维纺车："纺车容三维，今吴下犹用之。间有容四维者，江西乐安至容五维。往见乐安人于冯可大所道之，因托可大转索其器，未得。更不知五维向一手间，何处安置也。"此说棉纺车中有的可容四维，江西乐安有容五维者。对此"五维"，徐光启是有怀疑的，今世学者认为它可能指麻纺车[24]。我们认为，五维棉纺的可能性还

是存在的，手有五指，合在一起时正好有五个间隔，每个间隔可夹一支棉条。因操作起来十分困难，非绝顶高手恐不能为之，故才使徐光启感到惊奇。清嘉庆《松江府志》卷六"物产·木棉花"条载："善纺者能三缕四缕为常，两缕为下。"[25]此未提到五缕。

（二）麻纺业之减退

麻的劈绩自古便是手工操作，迄明仍无大的变化；名噪一时的宋元大纺车，明时亦无大的改进。因大纺车的主要功能是加捻和合股，并无牵引机构，无法完成棉纱牵引的任务。而棉纱通常无须合股，其单纱可直接用于织造，于是这种大纺车与明代普遍植棉的潮流便产生了不适之感。《天工开物》谈到了许多纺织机械，却未言及大纺车，说明其使用范围已经很窄。大约到了清代，这种大纺车才有了较大的改进。

三、织造技术的发展

在丝、麻、棉三大织品中，棉麻类主要是用作大众衣料，多为平纹、斜纹或色织，织造和印染技术的复杂程度都较丝织品为低。我国古代纺织技术的各种高超技艺，主要是通过丝织品表现出来的。棉花虽在明代推广到了全国，但其织造机械依然主要是腰机和脚踏式斜织机。丝织业在明代虽受到了很大冲击，但其织造机械却更为完善，印染技术亦空前地繁荣起来。

明代织机种类较多，粗略分来约有三大类：

腰机。主要用来织造平素织物。《天工开物》卷二"乃服·腰机式"载："凡织杭西、罗地等绢，轻、素等绸，银条、巾、帽等纱，不必用花机，只用小机。织匠以熟皮一方置坐下，其力全在腰尻之上，故名腰机。普天织葛、苎、棉布者，用此机法，布帛更整齐坚泽。"腰机约发明于先秦，但一直沿用下来，历代大约都稍有改进。

改机。明弘治年间福建织工林洪所创。万历《福州府志》卷三七"食货志·物产"载："民缎机故用五层。弘治间有林洪者，工杼柚，谓吴中多重锦，闽织不逮，遂改机为四层，名为改机。"[26]此"五层"、"四层"，以往多释作五层经丝、四层经丝，最新研究认为，这种可能性是很小的，其实它应指织机的综片数。改机系由缎机改造来的，缎机原使用五片综，林洪将之作了一些改动，织平素产品时，改成了四片综；织提花产品时，再增设提花装置，依纹样设计要求，另加不等的伏综[27]。

花楼提花机。用来织造提花织物。宋应星《天工开物》卷二"乃服"详细地记述了提花机的结构、部分尺寸和安装方法，该卷的"机式"、"边维"、"经数"、"花本"、"穿经"、"分名"、"龙袍"等条都谈到了与提花机有关的内容，其中又以"机式"最为系统。其云："凡花机，通身度长一丈六尺，隆起花楼，中托衢盘，下垂衢脚（原注：水磨竹棍为之，计一千八百根）。对花楼下堀坑二尺许，以藏衢脚（原注：地气湿者，架棚二尺代之）。提花小厮坐立花楼架木上。机末以的杠卷丝，中用叠助木两枝，直穿二木，约四尺长，其尖插于筘两头。叠助，织纱罗者视织绫绢者减轻十余斤方妙。其素罗不起花纹，与软纱绫绢踏成浪、梅花小者，视素罗只加桄二扇，一人踏织自成，不用提花之人闲住花楼，亦不设衢盘与脚也。其机式两接，前一接平安，自花楼向身一接斜倚低下尺许，则叠助力雄。
若织包头细软，则另为均平不斜之机，坐处斗二脚，以其丝微细，防遏叠助之力
也。"（图8-4-3）

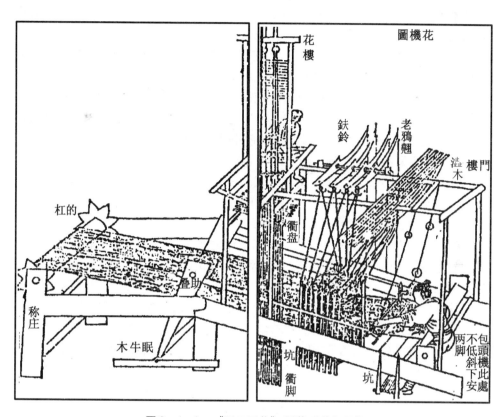

图8-4-3 《天工开物》所载"花机图"

可见此机式较宋《耕织图》、元《梓人遗制》中的织机皆更为复杂、完善。其
前斜后平，分为两节，机身通长1丈6尺；经面倾斜，两端分别由布轴和经轴卷
绕，由于机身较长，有利于提花时经丝的伸长和张力控制。高处为花楼，提花纤
垂直而下位于经丝中段。现代织机上的几个基本运动，开口、打纬、卷取、送经，
图中都有反映。织机运动的一些关键部位，即门楼、涩木、老鸦翅、铁铃、花楼、
的杠、称庄、叠助、眠牛木、衢盘、衢脚、坑（机坑）、包头机（此处不低斜，下
安两脚）等13处，都已一一标明。由其结构可知，这是一种斜身式小花楼提花
机，这种织机的主要特点是：（1）织机属斜身式，即其机架主干是倾斜的，从而
提高了打纬能力。引文中所云"自花楼向身一接斜倚低下尺许，则叠助力雄"，正
是此意。获得力雄之因是：织口处于较低位置时，打纬部件是向下作倾斜运动的，
在重力和人力的共同作用下，打纬力就能在瞬间爆发出来。水平织机则无重力帮
助，全靠人力打纬。及清，为了提高机身的倾斜效果，以提高打纬力，遂将机腿
加到了3尺。（2）提花机上出现了坑坑、隔幛竹、吊框子、羊角等许多新的部件，
结构更为复杂和完善，从而有效地提高了织机的生产能力，并扩充了它的工艺性
能，出现了一些新的生产方法。（3）机身斜置，使织工的操作经面呈现一个较好

的斜面，这就便于看清花纹，并便于操作，亦为妆花技术的快速发展创造了良好的条件[28][29]。此提花机既可织提花织物，也可织素罗及小花纹织物。在织造素罗和小花织物时，无须提花楼的提花束综，只需在织机上加两扇综絖便可。使用调换叠助木来调节打纬力，便可织出纬密不同的品种。自花楼到机前一段经丝既可倾斜搁置，也可水平搁置。利用这种提花机，运用挑花结本的方法进行提花，便能织出许多绚丽多姿的丝织品来[6][30]。花楼提花是我国古代纺织技术的一项重要技术成就，它把复杂的织机提花讯息用花本的形式贮存并释放出来，通过花楼提花与织造相配合，而生产出精美的织物来。它使一人专司提花，使大型、复杂、多彩织物的出现成为可能[29]。明、清时期，缎类织物、工艺美术类织物皆甚为盛行，与林洪改机及宋应星所述提花机等的使用都是密切相关的。

四、丰富多彩的织物品种

明代纺织品种类较多，这在文献记载、考古发掘和传世品中都可看到。文献如《天水冰山录》所记，考古实物如定陵所出者[31]，传世品如明刊《大藏经》封裱等，它们都在较大程度上反映了明代纺织技术的先进水平。《天水冰山录》[32]原是明嘉靖间严嵩在其原籍江西分宜的财产籍没之册，其中记有大量衣物、各种纺织品和金银器等。所记各色衣物有：织金妆花缎、绢、罗、纱、紬、改机、绒和丝布衣，宋锦刻丝衣、蟒葛衣、洒线裙襕等。明刊《大藏经》封裱有妆花缎、妆花纱、实地纱、亮地纱、暗花缎、暗花丝绒、织金锦和花绫等。定陵出土各种袍料、匹料和服饰等共计644件，有绫、罗、绸、缎、纱、绢、锦、绒、改机、纻丝、织金、各类妆花和缂丝、刺绣等10余类。在今知明代丝织品中，较值得注意的是如下几种：

双面绒。正反两面都布满了绒毛的织物。绒始见于汉，其早期织物除表面起绒外，组织结构和花纹都与经锦相同。迄今为止，只有两个地方出土过双面绒，一是苏州王锡爵的官帽，二即定陵出土的2件双面绒绣龙方补方领女夹衣[31]，正反两面均有高6.5~7.0毫米的褐色绒毛，系万历四十八年入葬（1620年）。其地为平纹组织，经密为68根/厘米，纬密为37根/厘米；经线较细，纬线较粗。完全组织内地经与绒经之比为2:2。绒袍缝成后，背面有衬里，使织物具有良好的保温性能[33]。

漳缎。又谓之花绒，以平纹或缎纹为地，以经起绒构成提花织物。是在元代"怯绵里"（剪绒织物）基础上发展起来的，相传起源于福建漳州而得名[15]。明代晚期南京生产的"金地莲花牡丹云龙漳缎"炕褥，纬二重经起绒组织，以双股拈金线浮纬为背景，朱红色绒毛显花。绒毛挺立而整齐密集，高度约2.0毫米。纹样由五爪龙、四合如意云、缠枝莲花牡丹组成。漳缎和漳绒都属机织起绒类织物，前者属纹织，后者为素织。

妆花缎。是以挖花为主要显花方法的重纬缎地多彩纹织物。约产生于明代早期。最初是在缎地提花织物上挖花妆彩，后来又把这种配色织造的技法用到了纱、罗、绸、绢、绒等不同质地、不同组织的织物上。其织法复杂，花纹秀美，色彩富丽。把我国彩织锦缎的配色织造技术发展到一个新的水平[34]。《天水冰山录》便有大量妆花织物，明《大藏经》封面亦有使用。定陵出土有妆花缎、妆花纱、妆花绸、妆花罗计 4 种妆花类织物，是定陵丝织品中最具代表性的品种之一[31]。

改机织物。古人往往又简称为"改机"。因文献记载较为简单，所以在相当长的时期内，人们对改机的织造方法和组织特征都存在许多不同看法，或谓多彩缎，或谓双层提花织物、经二重提花织物，或谓一种特殊的经四重织物。赵承泽等的最新研究认为：（1）改机衍生于缎机，其一方面改缎机的五片综为四片综，另一方面却继续保持高齿密的缎箱；改机织物的地组织必然皆为平纹、斜纹或二者的变化组织。而这类组织在改机出现前便已使用，且均已见于绸类织物，为此，明人又称改机织物为改机绸[35]。1964 年江西南城县明墓出土一件衣物疏，其中便有"绿云纹改机绌衬裸一件"字样（原物风化无存）[36]。（2）改机提花产品的地组织则可能有两种情况，凡单层的单色暗花和花纹比较简单的织品，采用平纹、斜纹或二者的变化组织作为地组织；凡花纹色彩变化较多和花回较大的织品，则采用纬二重组织（限于四综的缘故）。花部以纬显花，个别情况下，加施挖梭和抛梭技法。用料多选水丝[35]。（3）改机织物也是一个基础品种，以之为地组织，可织造平素、暗花、织金、妆花、闪色等各类花色品种的织物[37]。同时它也是一系列织造原则相同的丝织物的共称，其密度近于缎而非缎；大都先练后织。其特点并不在于组织、色彩和花回，而是做工和用料更为讲究[35]。我国现存的改机织物皆属明清时期。《天水冰山录》载有改机 21 种 274 匹，如大红妆花过肩云蟒改机（3匹）、大红妆花斗牛补改机（18 匹）等；另有改机衣 4 种 17 件，如青织金妆花孔雀改机圆领（12 件）等[38]。

织金织物。其在明代亦较盛行，除加金锦外，还出现了金彩绒、织金妆花缎、织金妆花绢、织金妆花罗、织金妆花丝布等，都突破了元代织金"纳失失"的范围。

今见实物如浙江图书馆藏明"正统特世经卷第一（常七）"封织金罗，在淡绿色的素罗上用扁金线织出花纹，经密为 66 根/厘米，纬密在罗地处为 22 根/厘米，织金花处为 33 根/厘米[30]。1970～1971 年，邹县明鲁荒王朱檀墓出土有：（1）织金缎龙袍，身长 1.3 米、袖长 1.1 米，米黄色，两肩及胸背上织金盘龙云纹。（2）盘领窄袖金织龙袍，身长 1.3 米、袖长 1.1 米，宽 0.15 米，袍面米黄色，两肩及胸背上绣金织盘龙云纹。此类袍较多[39]。朱檀是朱元璋第十子，薨于洪武二十二年（1389 年）。故宫博物院藏有明缠枝花卉纹织金缎，产于南京，其纬片金显花，用一组红色地纹经和一组管片金的接结经，与一组红色地纹纬及一组片金花纹纬交织[40]。《天水冰山录》亦列有大量织金织物，其中包括成衣和丝布，如大红织金妆花过肩蟒罗衣（10 件）、青织金妆花丝布（43 匹）、青织金仙鹤补丝布（37匹）等。

除此之外，罗织物在明代也得到了较大发展，绫织技术亦更臻完备。《天工开物》卷二"乃服·分名"云："凡单经曰罗地，双经曰绢地，五经曰绫地。"同卷"花本"条说："绫绢以浮经而见花，纱罗以纠纬而见花，绫绢一梭一提，纱罗来梭提，往梭不提。"可知明代绫织物已能织出五枚经斜纹组织，比宋代更为复杂。

明时，内地出土的棉织物亦开始多了起来，明初朱檀墓便出土有棉织平纹布单、棉布围裙、浴巾三物[39]。

五、漂练和印染技术的发展

(一)漂练技术的发展

元、明两代的丝麻漂练技术都表现了较高的水平，这主要表现在：生物化学脱胶的使用和练液原料的扩展，以及脱胶量的考察上。这在元末明初《多能鄙事》和明代中期邝璠《便民图纂》、明末宋应星《天工开物》等中都可看到。《多能鄙事》的记述前章已有引述。

《便民图纂》卷一六"制造类下·练绢帛"谈到了两种练绢帛法：（1）"先用酽桑灰或豆秸等灰，煮熟绢帛，次用猪胰练帛之法，伺灰水大滚，下帛，须频提转，不可过熟，亦不可夹生，若扭住不散，则帛方熟。"（2）"用胰法。以猪胰一具，同灰捣成饼，阴干。用时量帛多寡剪用。稻草一茎，折作四指长，搓汤浸帛。如无胰，瓜蒌去皮，将穰剁碎，入汤化开，浸帛亦可。"此书刻于嘉靖丁亥（1527年）。这里谈到了两种操作，与《多能鄙事》所述相近。

《天工开物》卷二"乃服·熟练"云："凡帛织就，犹是生丝，煮练方熟。练用稻稿灰入水煮，以猪胰脂陈宿一晚，入汤浣之，宝色烨然。或用乌梅者，宝色略减。"此谈到了两种漂练、精练法。其练液原料有二：一是稻稿灰和猪胰脂，二是乌梅。说明明代丝帛漂练液用料在元代基础上又有了扩展。由现代技术可知，猪胰内含有多种酶菌，其中的蛋白酶对丝胶蛋白的水解能起到催化作用；且精练可在常温下进行，从而减少了丝体的损害。猪胰酶脱胶所得丝绸，色泽柔和，手感较好，为单纯的碱液脱胶所不及。西欧是到了1857年才开始利用酶剂于纺织品中的。前云《多能鄙事》还说到了瓜蒌脱胶，《天工开物》又谈到了乌梅脱胶，大约同样是利用了蛋白酶的脱胶作用。用动物和植物内的生物酶来为生丝脱胶，是元、明两代丝绸漂练的一项创造。尤其是猪胰练白法，是我国古代丝帛漂练技术上的一项重要成就，并为后世长期沿用[41][6]。

值得注意的事，《天工开物》卷二"乃服·熟练"条还谈到了蚕丝在漂练过程中的脱胶量："凡早丝为经，晚丝为纬者，练熟之时，每十两轻去三两，经纬皆美好早丝，轻化只二两。练后日干张急，以大蚌壳磨使乖钝，通身极力刮过，以成宝色。"说明当时一化性蚕丝胶量低于二化性蚕，练后脱胶程度约在20%～30%间。这显然是长期实践的结果，与现代练丝工艺亦大体相符[41][6]。

(二)染色技术的发展

我国古代染料种类甚繁，从染料来源上看，可分为植物性染料和动物性染料两大类；从染料性能和染色过程上看，又可区分为直接染料（如红花、郁金等）、媒染染料（如茜草、紫草、苏木、荩草、皂斗、栀子等）、还原染料（蓝草）等；从染色色调上看，又可区分为红、黄、蓝、紫、黑五大类，及至数十种。在明代，这些染料都已具备。

明代染色技术已达较高水平，其色谱较宽。据统计，见于明初《天水冰山录》的色彩有34种，见于明末《天工开物》的服饰颜色便有23种[6]。此两书所记红色计有9种，即红、大红色、莲红、桃红、暗红、银红、水红、木红、西洋红；绿色计有7种，即绿、柳绿、墨绿、油绿、沙绿、官绿、豆绿。其他不再一一引述。明代染料种类亦较多，仅《天工开物》卷三"彰施"所云便有红花、苏木、菘蓝、蓼蓝、苋蓝、马蓝、木蓝、槐、黄檗、黄栌、莲、栗、杨梅、五倍子等14种。五倍子为动物性染料，其余皆属植物性染料。我国古代动物性染料的发明期尚不十分清楚，有学者将之推到了唐及至三国时期[42]，可以进一步研究。

明代植物性染料在栽培、采集和加工上都积累了丰富的经验。如红花，汉代便已种植，南北朝便已推广，明代红花加工技术有了很大的进步，尤其是制作红花饼前，采用了"青蒿覆一宿"的处理法。此"青蒿"，又叫香蒿，具有杀虫抑菌的作用。《天工开物》卷三"彰施"在谈到"造红花饼法"时说："带露摘红花，捣熟，以水淘，布袋绞去黄汁。又捣，以酸粟或米泔清又淘，又绞袋去汁，以青蒿覆一宿，捏成薄饼，阴干收贮。染家得法，'我朱孔扬（阳）'，所谓猩红也。"经过处理后，可防止红花饼因储存变质，而降低染色效果。此最后三句的意思是：如若工匠染色得法，便可染得鲜红的颜色。"我朱孔阳"出自《诗·豳风·七月》。元时无此种操作，王祯《农书》卷一〇"红花"条只说到了"以布盖之"。

明代已掌握了红花染色织物的脱色技术，《天工开物》卷三"彰施·诸色质料"条说："红花最忌沉、麝，袍服与衣香共收，旬月之间，其色即毁。凡红花染帛之后，若欲退转，但浸湿所染帛，以咸水、稻灰水滴上数十点，其红一毫收转，仍还质。"这与现代科学原理是完全相符的。

明代染色工艺较多，且往往较为简便，仅《天工开物》卷三所云便有复染、酸性染（如红花染色等）、碱性染（黄檗染色等）、还原染（如蓝靛染色等），以及媒染剂染色[43]。该书提到的媒染剂有明矾、皂矾、麻蒿淋碱水、铁砂等。明代的染色牢度也明显提高，在考古发掘和传世品中所见许多纺织品，至今依然艳色不减，色泽宜人。明代的苏枋染色和套色技术也很值得注意，《多能鄙事》卷四载，用苏木、黄丹、槐花染料拼色后，再以明矾为媒染剂套染小红，染后扭起，"吹于风头令干，勿令日晒，其色鲜明甚妙。又法，只以槐花苏木同煎亦佳"[44]。

元代使用的拼色、套色技术，明代亦使用较多，并增加了一批新的媒染染料。《天工开物》卷三"彰施·诸色质料"条谈到了两种获得玄色的工艺：（1）染玄色，"将蓝芽叶水浸，然后下青矾、栳子同浸。令布帛易朽"。即是说，布帛先在蓝芽嫩叶水中浸染，后在五倍子、青矾水中套染，可得到乌黑色。但织物易受损。此五倍子为栳蚜科昆虫，寄生于盐肤木等植物形成的虫瘿中，含60%～70%的鞣质，是理想的黑色媒染染料。（2）染包头青色（青黑色），"此黑不出蓝靛。用栗壳或莲子壳煎煮一日，漉起，然后入铁砂、皂矾锅内，再煮一宵即成深黑色"。利用黑色套染和拼色的工艺，长期为后世沿用。此"再煮一宵"，显然是对染液的加温，以加速染色过程[45]。

明代更注意到了水质对织物染色质量的影响。李时珍《本草纲目》卷五"水部·流水·集解"载："流水者，大而江河，小而溪涧，皆流水也。其外动而性静，其质柔而气刚，与湖泽陂塘之止水不同。然江河之水浊，而溪涧之水清。复有不同焉。观浊水流水之鱼，与清水止水之鱼，性色迥别，淬剑染帛，色各不同，煮粥烹茶，味亦有别。"这段话是从配药用水的角度说起的。水质对染帛质量存在影响，已是时人常识。

（三）印花技术

印花布在明代也较盛行，尤其是松江的药斑布，畅销中外。褚华《木棉谱》对明代印花之法所述甚详："其以灰粉渗矾，涂作花样，随意染何色，而后剥去灰粉，则白章灿然，名曰印花。或以木板刻作花卉人物禽兽，以布蒙版而砑之，用五色刷其砑处，华彩如绘，名刷印花。"

印金织物在明代也较盛行。如1958年定陵地下宫便出土过印金衣物。人们还对其中一件印金云龙纹包袱皮作过科学分析，得知其黄金是一种金箔，而不是金泥。从传统技术调查来看，印金工艺大凡是这样的：先用型版蘸浆，并在织物上印出纹样，然后取碎金箔覆在其上，再盖以薄纸，在纸上用毛笔轻刷；待浆料干燥后，再将印金织物背面朝上，轻轻拍击，使多余的金箔落在纸上，印金即成。若在花纹部位轻轻砑光，则粘贴更为牢固。这对我们了解古代印金技术亦具有一定的参考价值[46]。

第五节　机械技术的全面发展

明代是我国古代机械技术全面发展的一个重要阶段，不管在动力使用，还是在传动机械方面，都发展到了前所未有的高度。其动力有人力、畜力、水力、风力；其传动机构有齿轮、连杆、拨杆（凸块）、绳索。不但农业、手工业、交通、军事等部门广泛地沿用了唐、宋以来所创造的许多优秀机械，而且在此基础上还有许多创新。深井开采、冶金、纺织等方面的一些机械装备，本书在有关章节皆已提及，在此主要谈一下风力机械、绳索传动、齿轮传动、连杆传动，以及船舶机械等问题。

一、风力机械的发展

在宋代的基础上，明、清时期的风力机械又有了进一步发展，尤其是风帆水车，多种文献都有记载。

宋应星《天工开物》卷一"乃粒·水利"在谈到今扬州一带使用风帆车救潦时说："扬郡以风帆数扇，俟风转车，风息则止。此车为救潦，欲去泽水，以便栽种，盖去水非取水也。不宜济旱。"这是一种只宜救潦，而不宜济旱的风车。

徐光启《农政全书》卷一六"水利"在谈到作潴五法时说："高山野岭，或用风轮也。"潴，《古今韵会举要》卷三："水所停曰潴。""作潴"，徐光启原注云："作潴者，池塘水库也"。所述甚简，风车构造和用法皆不明了。

徐光启《农政全书》卷一七在谈到水转龙骨车的缺点时说："此却未便，水势太猛，龙骨板一受龃龉，即决裂不堪，与今风水车同病。"此亦提到了"风水车"。

在明代风帆水车资料中，较值得注意的是明童冀《尚絅斋集》提到的大风轮，其卷三"南行集·水车行"云："零陵水车风作轮，缘江夜响盘空云；轮盘团团径三丈，水声却在风轮上。大江日夜东北流，高岸低岸开深沟；轮盘引水入沟去，分送高田种禾黍。盘盘自转不用人，年年秪用修车轮"。原题注云："永州水车，不假人力，分送诸沟，可以及远数里之外，其田亦仰此水云。"[1]此水车的风轮径及三丈，这是较大的。

明末方以智《物理小识》卷八"器用类·转水法"条也谈过一种大风轮："用风帆六幅车水灌田者，淮、扬海堰皆为之。"此书成于崇祯十六年（1643年）。

总的来看，上述关于风帆水车的记载都较简单，对其传动机构、轴向布置法，今人都很难获得真切的了解。由清代资料和传统技术调查来看，一般车水用的风车大凡都是齿轮传动的，其风轮当有卧轴式、立轴式两种，有关情况下章还要谈到。

在明代风力机械中还有一种儿童玩具风车。刘侗等著《帝京景物略》（1635年）卷二载："剖秫秸二寸，错互贴方纸其两端，纸各红绿。中孔以细竹横安秫竿上，迎风张而疾趋，则转如轮。红绿浑浑如晕，曰风车。"图8-5-1所示为流传下来的儿童玩具风车图，为卧轴式，以拨杆作驱动机构。其敲击鼓面的小杆，便是由小拨杆来驱动的[2]。我国古代拨杆机构至迟发明于汉，之后便一直沿用了下来，汉代发明的水碓、记里鼓车，东晋十六国时期发明的舂车，唐代或稍前发明的走马灯，以及此玩具风车等都设有拨杆机构。

二、绳索驱动机械的发展

绳索驱动当可上推至旧石器时代，弓之弦便是一种驱动装置，之后便一直沿用了下来，并在农业、手工业等许多部门都有使用。先秦发明的滑车、辘轳、绞车所用绳索是作牵引用的，也即驱动绳索。"飞车"（见《抱朴子》）和舞钻的革带，都是一种驱动装置。这种绳索驱动，既无主动轴亦无从动轴，与"机械传动"的定义不符，故不属机械传动范围。今主要介绍一下琢玉砣机和代耕具中的绳索驱动，其原动力皆系人力。

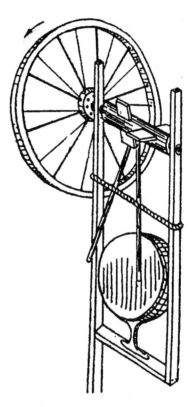

图8-5-1　民间流传的儿童玩具风车
采自文献[2]

（一）琢玉砣机的绳索驱动

一般认为，我国古代的琢玉砣机约可上推至新石器时代[3]，但有关记载和示图却是到了明代才看到的。宋应星《天工开物》卷一六"珠玉·玉"载："凡玉初剖时，冶铁为圆盘，以盆水盛沙，足踏圆盘使转，添沙剖玉，逐忽划断。中国解玉砂，出顺天玉田与真定邢台两邑。其沙非出河中，有泉流出，精粹如面，借以攻玉，永无耗折。既解之后，别施精巧工夫，得镔铁刀者，则为利器也（镔铁亦出西番哈密卫砺石中，剖之乃得）。"图8-5-2所示为《天工开物》"琢玉"图中的绳索驱动。其工作机件主要是解玉盘，此盘贯于横轴上，横轴的两端支在轴承上。备绳索（或皮条）两条，每条的一端皆钉于解玉盘两侧的横轴上，并逆向绕轴数周；另一端皆固定在踏板上。当匠师用两脚轮流不断地驱动两块踏板时，便

带动解玉盘往复转动。匠师手执玉朴，
再在解玉盘上分解、琢磨。

　　对于皮条在此琢玉床中的作用，学
术界是有不同表述方式的。昔有学者认
为，此皮条是"传递动力和运动"的，
属于"牵引传动"[4]。今承郭可谦先生函
告云：此皮条虽起到了牵引的作用，但
这是一种驱动，而不是力或运动的传递，
此整个机构中并无主动轴、从动轴，与
机械传动的定义是不相符的。看来，这
种皮条与滑轮、绞车中的绳索同样，都
是一种牵引，一种驱动。

　　（二）代耕具的绳索牵引

　　我国古代的代耕具至迟出现于唐，
明代文献亦不止一次地说起。其虽非明
代犁耕具的重大成就，但还是值得一提
的，它至少反映了此时人们的一种探索
精神。

　　明谈迁《枣林杂俎》"中集·器用·
木牛"条载："成化二十一年（1485 年），
户部左侍郎隆庆李衍，总督陕西边备，
兼理荒政，发廪赈饥，作木牛，取耕牛

图 8 - 5 - 2　《天工开物》所载"琢玉"图
中的绳索驱动

之末耜，易制为五：曰坐犁、曰推犁、曰抬犁、曰抗犁、曰肩犁。可山耕、可水
耕、可陆耕。或用二人，多则三人。多者自举，少者自合，一日可耕三四亩。作
木牛图布之。"[5]此"木牛"即是一种代耕具。其可山耕、水耕、陆耕，适应范围
还是较广的；既"作木牛图布之"，也说明其已在一定范围内推广。但因无图示
出，具体构造和驱动方式等都较难了解。

　　明王征《新制诸器图说》载，王征自己曾设计过一种代耕具，并附有插图，
也是与木牛功能相类似的器物，这是一种典型的绞车式牵引机械。其制为："以坚
木作辘轳二具，各径六寸，长尺有六寸，空其中，两端设轵，贯于轴，以利转为
度。轴两端为方柄，入架木内，期无摇动。架木前宽后窄，前高后低。每边两枝，
则前短而后长：长则三尺有奇，短止二尺三寸。两枝组合如人字样。即于人字交
合处作方孔，安其轴。两人字相合处，安轴两端。又于两人字两足各横安一枨木，
则架成矣。架之后长尽处安横桄，桄置两立柱，长八寸，上平铺以宽板，便人坐
而好用力耳。先于辘轳两端尽处，十字安木橛，各长一尺有奇。其十字头反以不
对为妙，辘轳中缠以索，索长六丈。度六丈之中安一小铁环。铁环者，所以安犁
之曳钩者也。两辘轳两人对设于三丈之地。其索之两端各系一辘轳中，而犁安铁
环之内。一人坐一架，手挽其橛，则犁自行矣。递相挽亦递相歇。虽连扶犁者三
人乎，而用力者则止一人。且一人一手之力足敌两牛。况坐而用力，往来自如，

似如田作，不无小补。"此"辘轳中缠以索"，自然是一种绞车牵引，即是"绳索"驱动。据王征云，还是行之有效的。

清初屈大均在《广东新语》卷一六"器语·木牛"中也谈到了类似机械，他还想试制。其云："木牛者，代耕之器也。以两人字架施之，架各安辘轳一具，辘轳中系以长绳六丈。以一铁环安绳中，以贯犁之曳钩。用时一人扶犁，二人对坐架上，此转则犁来，彼转则犁去，一手而有两牛之力，耕具之最善者也。吾欲与乡农为之。"此木牛之构造和使用方式与王征所述基本一致，很可能是由之援引过来的，都是以绞车用绳索来牵引耕犁的，同样属于绳索驱动。

三、齿轮、连杆和链传送机械的发展

（一）计时机械中的齿轮传动

齿轮传动至迟发明于汉，之后便一直沿用了下来，除指南车、记里鼓车、天文仪器、计时器外，在农业、手工业、交通运输和游艺性机械中都有使用，其中有人力机械、畜力机械、水力机械，也有风力机械。除前述外，明代齿轮传动机械最值得一提的是"五轮沙漏"计时机械和轧糖车。

《明史》卷二五"天文志"载：洪武八年，李天经又请造沙漏。"明初詹希元以水漏至严寒水冻辄不能行，故以沙代水。然沙行太疾，未协天运，乃以斗轮之外，复加四轮，轮皆三十六齿。厥后，周述学病其窍太小而沙易堙，乃更制为六轮。其五轮悉三十齿，而微裕其窍，运行始与晷协。天经所请，殆其遗意。"明宋濂《文宪集》卷一五"五轮沙漏铭·序"说得更为详细："沙漏之制：贮细沙于池而注于斗，凡运五轮焉。其初轮轴长二尺有三寸，围寸有五分，衡奠之。轴端有轮，轮围尺有二寸八分，上环十六斗；斗广八分，深如之。轴杪传六齿。沙倾斗运，其齿钩二轮旋之。二轮之轴长尺，围如初（轮），从奠之。轮之围尺有五寸，轮齿三十六。轴杪亦传六齿，钩三轮旋之。三轮之围轴若此与二轮同。其（奠）如初（轮）。轴杪亦传六齿，钩四轮旋之。四轮如三轮，唯奠与二轮同。轮（轴）杪亦传六齿，钩中轮旋之。中轮如四轮。余轮侧旋，中轮独平旋。轴崇尺有六寸。其杪不设齿，挺然上出，贯于测景盘。盘列十二时，分刻盈百。斫木为日形，承以云丽于轴中，五轮犬牙相入，次第运益迟。中轮日行盘一周，云脚至处则知为何时何刻也。余轮各有楹附，度中轮则否。轮与沙池皆藏几腹，盘露几面。旁刻黄衣童子二，一击鼓，一鸣钲。"此沙漏删除了元代宫漏的各种装饰结构，成为纯粹的计时器。据今人刘仙洲推测，其工作状况是：沙子从沙池流到初轮的沙斗里，带动全部机械齿轮。其每个大齿轮的另一端都装有一个小齿轮，以带动下一级的小齿轮；最后一个小齿轮则带动一个水平旋转的中轮，中轮轴上装有指针，其在测景盘（相当于现代计时器的钟表盘）上旋转，并指示时刻。中轮上另有拨牙装置，以拨动击鼓鸣钲的木人报时[6]。其原为四对齿轮，每一对的速比皆为6，全轮系的速比便是1296，即每天指针转一周，初轮应转1296周[7]。因詹希元所作漏孔太小，常有沙流堵塞；16世纪中期，民间天文学家周述学进行了一些改良：一是把漏孔加大，使流沙不至堵塞；二是把齿轮传动速比降低，每一对的速比都是5[2]。可见，此沙漏的基本构造与后来的西洋时钟是相类似的，唯测景盘中无转速不同的分针[6]。图8-5-3系今人刘仙洲绘制的五轮沙漏传动机构图。与水漏相

比较，此沙漏的优点是可免受气温影响，缺点是其流速不太均匀，报时准确性也就稍差。但它毕竟是我国古代计时器的一项重要成就，也是我国古代齿轮传动的一项重要成就。宋濂（1310～1381 年），元末明初人，明时官累翰林学士，曾参与制定明代的许多典章制度。

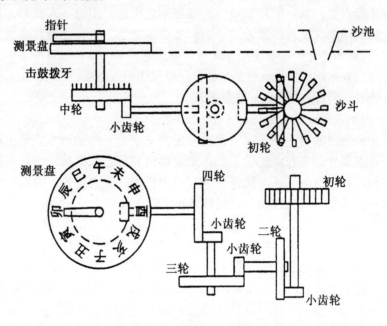

图 8 - 5 - 3　五轮沙漏工作示意图
采自文献[2]

（二）关于轧糖车中的齿轮

文献上关于轧糖车的记载是到了明代才看到的。明宋应星《天工开物》卷六"甘嗜·造糖"载："凡造糖车，制用横板二片，长五尺，厚五寸，阔二尺，两头凿眼安柱，上笋出少许，下笋出版（板）二、三尺，埋筑土内，使安稳不摇。上板中凿二眼，并列巨轴两根（原注：木用至坚重者），轴木大七尺围方妙。两轴一长三尺，一长四尺五寸，其长者出笋安犁担。担用屈木，长一丈五尺，以便架牛团转走。轴上凿齿分配雌雄，其合缝处须直而圆，圆而缝合。夹蔗于中，一轧而过，与棉花赶车同义。蔗过浆流，再拾其滓，向轴上鸭嘴扱入，再轧，又三轧之，其汁尽矣。其滓为薪，其下板承轴凿眼，只深一寸五分，使轴脚不穿透，以便板上受汁也。其轴脚嵌安铁锭于中，以便扱转。凡汁浆流板有槽枧，汁入于㼽（缸）内，每汁一石，下石灰五合于中。凡取汁煎糖，并列三锅如品字，先将稠汁聚入一锅，然后逐加稀汁两锅之内。若火力少束薪，其糖即成顽糖，起沫不中用。"（图 8 - 5 - 4）显然此处使用了齿轮，而且是圆柱齿轮，由"凿齿分配雌雄"一语和示图便可知悉。轧糖车的使用，是明代齿轮应用技术的一大进步，也是榨糖技术的一大进步。

具有齿轮副的轧糖车当是明末之前，宋代之后才发明出来的；宋王灼《糖霜谱》所述榨糖机械实际上是一种石碾，说明齿轮轧糖车当时尚未发明。此外，还

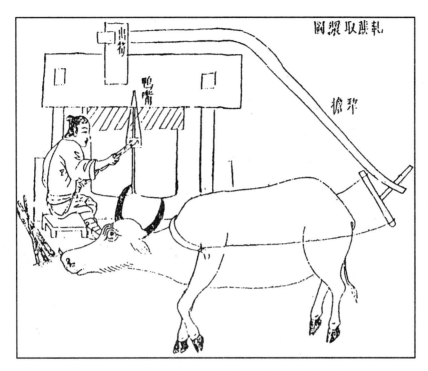

图 8－5－4　《天工开物》所载"轧蔗取浆图"

有一条资料可以为证。20 世纪 60 年代编撰的《仙游县志》载："明万历四十八年榨蔗工具得以改良，蔗农始糖车夹取汁煎为糖，改变原来以舂、捣、磨取汁老法。"此说仙游轧糖车出现于万历四十八年（1620 年）。其说当属可信。其与《天工开物》初版年代（崇祯十年，1637 年）亦相去不远。

在此有一点需要讨论的是，《天工开物》所载轧糖车是否属于齿轮传动，学术界的表述方式是有差别的。往日有学者认为：此"糖车不但采用齿轮机构传递动力，而且还应用了斜齿轮传动"[8]。今承郭可谦先生惠告：此糖车似非齿轮传动，其齿轮虽曾传递过动力，但更为重要的是，它是机械系中的"执行部分"、加工部分；它只相当于一种轧辊，它的主要功能是压榨，而不是传动。这是对轧糖车齿轮功效的两种表述。我们倾向于后一种说法。

由此看来，我国古代机械中的绳索、链、齿轮都有传动和非传动两种不同的机构。非传动绳索的主要功能是牵引和驱动，非传动链的主要功能是传送；非传动齿轮使用较少，在轧糖机械中，它实是一种轧辊。

《天工开物》初刻本的"轧蔗取浆"图有两处是画错了的：（1）主动轮与从动轮的齿向画成了同向。（2）牛的行走方向亦不对[9]。

（三）连杆机构

连杆也是我国古代使用较早、较广的传动机构，鼓风器中的水排，粮食加工中的人力磨、人力砻、水击面罗、脚打罗，纺织中的棉花搅车、脚踏纺车、脚踏缫车，军事上的猛火油柜等都使用了连杆机构。其中许多机械皆在前面几章，或本章的其他部分谈到过，明《武编》"前集"卷五还引用了宋《武经总要》关于猛火油柜的记载。本节主要谈一下脚打罗中的连杆。

脚打罗是依靠人的双脚来踏动的面罗机械，工作原理与水击面罗基本相同。王祯《农书》只谈到水击面罗，却未谈及脚打罗。其发明年代不详，明宋应星《天工开物》卷四"精粹"才将脚打罗以插图（图8-5-5）的形式示出，但无文字说明。由示图可知，其面罗用绳悬挂在一个较大的面箱里，罗的两边各装一条连杆通到箱外，之后再由一个摇杆使之往复摇动。此摇杆装置在下部具有横杆的横轴上，工人用两脚交替踏动横杆的两头，摇杆便左右摇动，并牵动面罗往复摇动；同时，中间还立有一条撞杆（图中名"撞机"），来回摇动时各撞击一次，可增强震动和筛面效果。这是一种较为典型的连杆传动机构。

（四）排灌机械中的链传送

我国古代的链传送装置多用在排灌机械中，其中主要有：（1）高转筒车，约发明于三国时期；元王祯《农书》、明徐光启《农政全书》等亦曾谈及。

图8-5-5 《天工开物》所载"面罗"图

（2）斗链井式水车，约发明于唐，其包括木斗式和筒链式等几种。（3）龙骨车，至迟发明于北宋，包括水力、畜力、风力、双人踏动、单人摇动等种。及明，链传送机械又有了一些新的发展，仅宋应星《天工开物》卷一所载便有双人踏动的龙骨车（名为"踏车"）、牛转卧轮龙骨车（名为"牛车"）、一人摇动的龙骨车（名为"拔车"）等。"拔车"之名是明代才见于文献的，其只需一人用双手摇动，操作简便，适应性强。但《天工开物》一书中只有图示，而无文字说明。宋代龙骨车是否为单人操作的拔车，有待进一步研究。

四、造船技术的发展

明代是我国古代造船业、航海业发展的又一个高峰期。所造船舶不但数量较多、规模较大、品种较繁，而且形成了沙船、广船、福船三大船型，在远洋航海上创造了更高于前代的业绩，并出现了多部关于造船技术的专著，形成了一系列技术规范。因明代中后期采取了严格的"海禁"政策，使我国造船业、航海业和整个社会经济技术的发展，失却了一次很好的机遇。

明初曾多次大规模造船。如明太祖洪武五年（1372年），"诏濒海九卫造海舟六百六十艘"[10]。明成祖永乐三年（1405年），"五月丙戌，命浙江等都司造海舟千八十艘"[11]。永乐十年，一次便造漕船二千余艘[12]。明廷漕运用船量较大，《明史》卷七十九"食货·漕运"载："运船之数，永乐至景泰，大小无定，为数至多。天顺（1457～1464年）以后，定船万一千七百七十，官军十二万人。"为保证安全，运船还须"三年小修，六年大修，十年更造"，依此，平均每年皆须补造千余艘。明初战船打造量也是较大的，后因政策变化，才很快锐减下来。

明代船型种类较多，仅战船便有广船、福船、沙船、开浪船、苍山船、鹰船、两头船、子母船、车轮船、火龙船、连环船等，仅《筹海图编》卷一三图示的便有18种之多。在这些种类中，有的船型是相差较大的，有的却相差较小，归纳起来，其中较为典型、较负盛名者，是沙船、广船、福船三大船型[13][14]。

沙船。这是长江口及崇明一带的方头、方梢、平底，吃水较浅的多桅多帆船。此类船型约形成于唐[15]，相类同的名称约可追溯到宋①，但"沙船"这个正式名称却是到了明代中期才出现并流行开的。明郑若曾《筹海图编》（嘉靖间成书）卷一三载："沙船能调戗使斗风，然惟便于北洋而不便于南洋，北洋浅南洋深也。沙船底平不能破深水之大浪也。北洋有滚塗浪，福船、苍山船底尖，最畏此浪，沙船却不畏此。北洋可以抛铁锚，南洋水深惟可下木椗。"《明史》卷九一"兵志三"载：嘉靖二十三年，"兵部亦言：浙直通泰间最利水战，往时多用沙船破贼，请厚赏招徕之"。《明史》卷九二"兵志四"载："沙船可接战，然无翼蔽"，不能冲锋陷阵，但"沙船随进，短兵接战，无不胜"。这些地方都谈到了沙船之名及其使用性能。

福船。这是闽、浙一带尖底海船的总称。唐、宋时期，由于对外交往之发展，福州、泉州等沿海一带便成了我国重要的造船中心，并逐渐形成了"上平如衡，下侧如刃"的船型。

《筹海图篇》卷一三载："福船高大如楼，可容百人，其底尖，其上阔，其首昂而口张，其尾高耸，设柁楼三重于上。其旁皆护板，钉以茅竹，坚立如衡。其帆桅二道，中为四层。"最下层实以土石，第二层为兵士寝息之所，第三层为下椗起椗用力之所，第四层如露台。"两傍板翼如栏，人倚之以攻敌"。"吃水一丈一二尺，唯利大洋"。

广船。是一种航海尖底战船。广东造船技术亦发明较早，唐、宋时代便达到了较高水平，明代又有了进一步发展。《筹海图编》卷一三载："广船，视福船尤大，其坚致亦远过之。盖广船乃铁栗木所造，福船不过松杉之类而已。二船在海若相冲击，福船即碎，不能挡铁栗之坚也。倭夷造船亦用松杉之类，不敢与广船相冲。但广船难调，不如福船为便易。"

这三大船系之下还有不同的分支，三大船系之外也还有其他一些船型；有的船型是先世产生，明代又作了改进的；有的则可能是明代设计的。前者如"车轮舸"，即前世之车船，其形制在明代稍有缩小，但更灵活。唐顺之《武编》"前集"卷六载：车轮舸，"长四丈二尺，阔一丈三尺"。"内安四轮，轮则入水约一尺许，轴在仓内令人转动，其行如风"。船上配置各种火器，攻击或追逐敌船，均极为方便。其余船型不再一一讨论。三大船系的形成，是我国古代造船技术长期发展的

---

① 《宋史》"兵志一"：建炎初，"其战舰则有海鳅、水哨马、双车、得胜、十棹、大飞、旗捷、防沙、平底、水飞马之名"。一般认为，此"防沙"、"平底"则为沙船名称之始祖。

结果。

明代船舶规模也较大，尤其是远洋船，如郑和下西洋的宝船等。从永乐三年（1405 年）到宣德六年（1431 年），郑和先后七次奉诏出使西洋，不管从船舶规模，还是人员组织上，每一次都是浩浩荡荡的行动。《明史》卷三〇四"郑和传"载："成祖疑惠帝亡海外，欲踪迹之，且欲燿兵异域，示中国富强。永乐三年，命和及其侪王景弘等通使西洋。将士卒二万七千八百余人，多赍金币，造大舶修四十四丈、广十八丈者六十二。"又，谈迁《国榷》卷一三"永乐三年"条载，郑和第一次出使西洋所用宝船为 63 艘，大者长 44 丈、阔 18 丈；次者长 37 丈、阔 15 丈，下西洋官兵计为 27870 人[16]。所说与《明史》有一定差别。依故宫博物院所藏嘉靖牙尺和山东梁山出土的明代骨尺，皆 1 尺 = 0.32 米计[17]，此宝船便长 140.8 米，宽 57.6 米，长宽比约为 2.4。从有关资料看，其他几次航行也不相上下，规模都是较大的。罗懋登《西洋记》第十五回还记述了各种船型的桅数，最大的宝船为九桅；次大的马船，八桅；依次较小者为七桅、六桅、五桅。在此有一点需顺带说明的是，往日曾有学者认为，此宝船长宽比太小，从而对有关记载产生了怀疑。其实这是不必的。前面谈到，宋船便有"形制短圆"和"形如方斛"者，1974 年泉州所发现的宋代海船与此就不相上下。

由于造船业、航海业的发展，此期还出现了多部船舶专著，如沈啟《南船记》（成书于 1541 年）、李昭祥《龙江船厂志》（成书于嘉靖年间）、席书《漕船志》（后又经朱家相增修）。此外还有一些著作虽非船舶专著，却也载有丰富的船舶资料，如《筹海图编》、戚继光《纪效新书》、茅元仪《武备志》、宋应星《天工开物》等，其中都不乏官方和民间的造船技术规范。如申时行重修《明会典》卷二〇〇"工部二十"载："一千料海船一只合用：杉木三百二根，杂木一百四十九根，株木二十根，榆木舵杆二根，栗木二根，橹坯三十八枝，丁线三万五千七百四十二个，杂作一百六十一条个，桐油三千一十二斤八两，石灰九千三十七斤八两，舱麻一千二百五十三斤三两二钱。"这是用料规范，此外还有船舶各部的尺寸规范。三部专著所述尤为详明，不再一一引述。这些专著和用料规范、技术规范的出现，一方面是长期生产经验的总结，另一方面也是为了进一步指导生产。

五、关于楔和床刨的利用及螺旋起重

（一）楔子在榨油机中的应用

楔是较为典型的尖劈，早在新石器时代便被人们用到了木材的纵向加工中；后世对楔的使用中，大家较为熟悉的一个例子便是油榨的长楔。

徐光启《农政全书》卷二三"农器·图谱三"载："油榨，取油具也。用坚大四木，各围可五尺，长可丈余，叠作卧枋于地；其上作槽，其下用厚板嵌作底槃，槃上圆凿小沟，下通槽口，以备注油于器。凡欲造油，先大镬爨炒芝麻既熟，即用碓舂或辗。辗令烂，上甑蒸过，理草为衣，贮之圈内，累积在槽。横用枋楻相梣，复竖插长楔，高处举碓或椎击，掤之极紧，则油从槽出。此横榨谓之卧槽，立木为之者谓之立槽。傍用击楔，或上用压梁，得油甚速。"（图 8-5-6）梣，压迫。脚踏碓椎，冲击长楔，以达到压榨的目的。直到 20 世纪后期，类似利用长楔榨油的传统机械在许多地方还可看到，宋应星《天工开物》卷一二"膏液·法具"

条也有类似的记载。唯两者冲击长楔的
方式稍有不同。《农政全书》所载油榨
图为碓椎式，是用人力踏碓的方式使大
椎自由下落，以冲击长楔；《天工开物》
所载油榨为悬杠式，即推动悬于长梁上
的大杠，利用大杠切线运动的惯性力来
冲击长楔。在传统技术中，《天工开物》
所载者较为习见。

（二）平木床刨的发展

平木床刨是一种重要的平木工具，
约始见于汉，之后，由六朝、唐、宋到
明代，有关资料都可看到[18]。

在现有字书中，最早提到"刨"字
的是《玉篇》，其云："刨，蒲茅切，平
木器"。此书原为梁大同九年（543 年）

图 8-5-6　《农政全书》所载"油榨"图

顾野王撰，后在唐代早期由孙强增字，在宋代由陈彭年等重修，但基本保留了原
有风貌；结合武威汉代刨花来看，此"刨"字很可能是顾野王选入的。

唐代诗文中也有刨的资料。元稹《长庆集》卷一三"江边四十韵"云："官借
江边宅，天生地势坳……栋梁存伐木，苫盖愧分茅。金琯排黄荻，琅玕裹翠梢。花
垞水面斗，鸳瓦玉声敲。方础荆山采，修椽郢匠刨。隐椎雷声蛰，破竹箭鸣胶。"
整段文字描写了建筑工地的热烈场面。作者在题注中说："官为修宅，卒然有作。"
文中提到的伐木、修椽、隐椎、破竹等，都是木工操作。"郢"指江陵，题注中曾
有"并江陵时作"一语。"修椽郢匠刨"一句便指郢地木匠用刨修椽。元稹（779～
831 年）大体上生活于唐代中期。

及宋，刨的使用更加普遍起来，有关文字和图示资料皆更多且更为明确。

《广韵》云："刨，刨刀。治木器也。"说明宋代已用刨平木。该书为陈彭年等
人依《切韵》增订而成，成书于北宋大中祥符元年（1008 年），今见之本基本上
保持了它的原貌，后人只作过校勘。《切韵》系隋陆法言所撰，成书于仁寿元年
（601 年），它的编写大纲是前 20 年由刘臻、颜之推等人讨论商订的，故《广韵》
中的"刨"字很可能源于《切韵》。

《集韵》云："刨，平木器，一曰搔马具。"该书为宋丁度等撰，成书于北宋英
宗治平四年（1067 年）。看来，由《玉篇》到《长庆集》，以及《切韵》、《广
韵》、《集韵》，关于刨的记述是一脉相承，大体一致的。虽此处未曾图示出它具体
的形态，我们以为它应即床刨，而非小锛（锄）、小铲类物。因床刨在技术上较
锄、铲更为进步，使用亦当更广，类于《长庆集》所云官宅修建用刨，应主要指
床刨言。

如前所云，台湾故宫博物院珍藏宋苏汉臣《货郎图》一幅，货郎手推独轮车，
车上挂满 70 种左右不同的器物，包括农具、手工业工具、日常生活用具、乐器等，
其中手工业工具有锛、斧、墨斗、曲尺、舞钻等，值得注意的是其中还有一只刨

（彩版肆，2），形态与今木工用刨无异[19]。这说明床刨在宋代已经广泛使用，这也为《集韵》等关于刨的文字作了较好的注释。也有人认为苏汉臣《货郎图》系明代晚期之作，依据尚嫌不足，需要进一步研究。

及明，宋应星《天工开物》卷一〇"锤锻·刨"还专门谈到了刨的形态和结构，云："凡刨，磨砺嵌钢寸铁，露刃忽，斜出木口之面，所以平木，古名曰准……寻常用者，横木为两翼，手执前推。"所述与苏汉臣所绘基本一致。

（三）关于螺旋起重

明方以智《物理小识》卷八"器用类·起重法"谈到过一种螺旋起重法，其云："起重法，以刚铁作蠡丝，旋入夹铁方基中，既成，二物牝牡相合。左旋则入，右旋则出。乃以承重物先左旋则缩之，后右旋而伸之，其渐长处实之以楔，如此屡加则起矣。"此主要是说螺旋，其实这也是一种斜面，当属斜面的一种特殊利用。类似技法前此很少见人提起，是否西洋传来，很值得研究，今暂录于此。

第六节　造纸技术的发展

由于整个社会经济、文化和科学技术的发展，社会对纸的需求量大增。明王朝对纸的生产也较重视，并较早便设立了纸官局。私营造纸作坊（槽户）在全国南北都有发展。明代纸业，不管在工艺技术上，还是产量质量上，都较前代有了较大提高，其技术上较值得注意的事项是：皮纸和竹纸技术都有了较大发展，尤其是江西和福建二省，不但品种增加，操作上也更为成熟；"宣德五年纸"成为一时之甲；有关造纸技术的文献记载也更为详明。这些都更好地促进了先进文化的保存、传播和发展。

一、明代纸的产地和品种

明代产纸地仍以南方为多，江西、安徽、浙江、福建、江苏、四川等省产量都是较大的，尤其江西；北方的山西、陕西、河北等省也有生产，其中既有先世名品，如仿薛涛笺、仿澄心堂纸等，但更多的是明代创新的。

江西纸业以广信府最负盛名，明初便设槽生产，初始只有玉山一县，之后发展到永丰、铅山、上饶三县。王宗沐、陆万垓《江西大志》卷八①云："广信府纸槽，前不可考，自洪武年间创于玉山一县，自嘉靖以来始有永丰、铅山、上饶三县，续告官司亦各起立槽房。玉山槽坐峡口等处，永丰槽坐柘杨等处，铅山槽坐石塘石垅等处，上饶槽坐黄坑周村高洲铁山等处……制作有方，其槽所非一地。"[1]在明永乐时，朝廷便在江西西山设立了纸官局，专管造纸诸事。如前所云，我国古代纸的职官设立较早，南朝齐设有纸官署，南唐设有纸务。

江西官局纸不但质量好，其品名亦有28种之多。《江西大志》卷八载："司礼监行造纸，名二十八色，曰白榜纸、中夹纸、勘合纸、结实榜纸、小开化纸、呈

---

① 《江西大志》，王宗沐（1523～1591年）修，嘉靖三十五年（1556年）出版，主要论述江西的自然环境、经济状况、工农业生产和施政得失等。其卷七为《陶书》，原缺有关造纸的内容；为此，陆万垓（1525～1600年）于万历廿五年（1597年）将之补入，名为《楮书》，编次卷八。

文纸、结连三纸、绵连三纸、白连七纸、结连四纸、绵连四纸、毛边中夹纸、玉版纸、大白鹿纸、藤皮纸、大楮皮纸、大开化纸、大户油纸、大绵纸、小绵纸、广信青纸、青连七纸、铅山奏本纸、竹连七纸、小白鹿纸、小楮皮纸、小户油纸、方榜纸。以上定例，五年题造一次。""乙字库行造纸，名一十一色，曰大白榜纸、大中夹纸、大开化纸、大玉版纸、大龙沥纸、铅山本纸、大青榜纸、红榜纸、黄榜纸、绿榜纸、皂榜纸。以上随缺取用，造解无期。"[1]看来这是一种综合分类法，有的可能是以原料为标准的，如藤皮纸、楮皮纸等；有的则以外形和规格为标准，如大楮皮纸、小楮皮纸等。其中有本色纸，也有加工纸。此"绵纸"系纤维较为纤细且坚韧者。《天工开物》卷一三"杀青·造皮纸"条云："凡皮料坚固纸，其纵纹扯断如绵丝，故曰绵纸，衡断且费力。"此"青纸"，在唐、宋时期是一种青藤纸，信奉道教的人常用它来书写祝辞，即世俗之"青词"；明代青纸可能是藤皮纸或桑皮纸。奏本纸，亦即柬纸，一种特制专用高级纸。明代铅山产竹纸。《天工开物》卷一三"杀青·造竹纸"条载："若铅山诸邑所造柬纸，则全用细竹料厚质荡成，以射重价。最上者曰官柬，富贵之家，通刺（刺）用之。其纸敦厚而无筋膜，染纸为吉柬，则先以白矾水染过，后上红花汁云。"射重价，即谋取重价。奏本纸、玉版纸等都是优质纸。如此众多，且品质优良的书写纸和印刷纸，在前世都是很少看到的。它们多数都是楮皮纸和竹纸。

这是江西纸局的部分情况。其他处产纸也不少，《考槃余事》、《长物志》等都曾对整个明代纸的产地和品种作过综述。

明屠隆（1542～1605年）《考槃余事》卷二"纸笺"条载："永乐（1403～1424年）中，江西西山置官局造纸，最厚大而好者，曰连七［纸］、曰观音纸。有奏本纸，出江西铅山。有榜纸，出浙之常山、［南］直隶庐州英山。有小笺纸，出江西临川。有大笺纸，出浙之上虞。今之大内用细密洒金五色粉笺、五色大帘纸、洒金笺。有白笺，坚厚如板，两面砑光，如玉洁白。有印金五色花笺。有瓷青纸，如缎素，坚韧可宝。近日吴中无纹洒金笺为佳。松江谭笺不用粉造，以荆州川连纸褙厚、砑光，用蜡打各色花鸟，坚滑类宋纸。新安仿宋藏经笺纸亦佳，拆旧裱画卷绵纸，作画甚佳，有则宜收藏之。"[2]这里谈到的产纸地有江西、浙江、安徽、江苏等地；纸的品种则有连七纸、观音纸、奏本纸、榜纸，以及小笺纸、大笺纸、洒金五色笺纸等，其中有本色纸，也有加工纸。屠隆，浙江鄞县人，曾任吏部主事。此"西山"，即江西新建县西山。明项元汴《蕉窗九录》所述大体相同。

文震亨《长物志》（约1640年）卷七"纸"条载："国朝连七、观音、奏本、榜纸俱不佳，惟大内用细密洒金五色粉笺，坚厚如板，面砑光如白玉；有印金花五色笺，有青纸如段（缎）素，俱可宝。近吴中洒金笺纸，松江谭笺，俱不耐久。泾县连四最佳。"[3]此推崇的只有大内用细密洒金五色粉笺和泾县连四纸等，并认为榜纸等亦不佳。

明代私营造纸作坊常称槽户。康熙《上饶县志》卷一〇载：明万历二十八年时，仅江西铅山石塘镇，"纸厂槽户不下三千余户，每槽帮工不下一二十人"。可见规模之大。造纸工艺亦较复杂，《江西大志》说信州楮皮需经七十二道工序。

这是名产地、名品牌的情况，其他不再一一列出。

二、造纸原料的采取

我国古代造纸原料的基本品种，宋前大体都已开发出来。明代造纸原料主要是树皮和竹，此外还有麻类、稻草、棉花等。树皮主要是楮皮，其次是桑皮和芙蓉皮。宋应星《天工开物》卷一三"杀青·纸料"载："凡纸质，用楮树（一名榖树）皮与桑穰、芙蓉膜等诸物者为皮纸，用竹麻者为竹纸。精者极其洁白，供书文、印文、柬启用；粗者为火纸、包果纸。"桑穰，俗称桑白皮，是桑树的第二层皮；芙蓉膜，木芙蓉的树皮；竹麻，即竹丝。此只谈到了皮纸和竹纸的原料，说明了它们在明代社会中的重要地位。明代造纸原料选择上较值得注意的事项是：（1）由于商业和交通技术的发展，供应范围有了很大的扩展。（2）由于多种原因，各种造纸原料产生了不同的消长。

原料供应地域之扩展。明《江西大志》在谈到江西广信府造纸原料和工具时说："楮［纸］之所用为構皮、为竹丝、为帘、为百结皮。其構皮出自湖广；竹丝产于福建；帘产于徽州、浙江。自昔皆属（由）吉安、徽州二府商贩装运本府地方货卖。其百结皮玉山土产。"[1]可见其構（榖）皮是从湖广（今湖南、湖北）贩运来的，竹料等来自福建等地。

竹料之采取。竹纸在我国约始于唐，当时主要产于广东、浙江等地；宋、元的主要产区是江浙一带，但质量未及上乘；及明，竹纸便有了超越皮纸之势。明宋应星《天工开物》卷一三只谈了竹纸和皮纸，并把竹纸放到了皮纸的前面。明代竹纸的主要产地是福建，其次是浙江、江西等省。宋应星《天工开物》卷一三云："凡造竹纸，事出南方，而闽省独具其盛。当笋生之后，看视山窝深浅，其竹以将生枝叶者为上料。节界芒种，则登山砍伐。"此便谈到了竹纸的主要产地为闽；竹料的采取时间则是芒种之际，竹将生枝叶者为上。《闽部疏》（不分卷）载："闽山所产松杉外，有竹、茶、乌臼之饶，竹可为纸，茶可油，乌臼可烛也。"[4]此亦谈到了闽地生产竹纸的情况。

皮料之采取。树皮纸始创于汉，经久而不衰。前引《笺纸谱》、《蜀笺谱》皆说"天下皆以木肤为纸"，便反映了它在宋、元的地位。明代皮纸生产量较大，质量也较高，《江西大志》所云信州贡纸，便主要是皮纸。关于楮皮的割取方法，宋应星《天工开物》卷一三"杀青·造皮纸"曾有简明记载："凡楮树取皮，于春末夏初剥取。树已老者，就根伐去，以土盖之，来年再长新条，其皮更美"。这里谈到了楮皮的采割法，这在明代以前是很少见人提到的。

草类造纸。我国古代草纸技术发明于唐或宋，及明，有关记载便多了起来。申时行重修《明会典》卷一九五载："凡宝钞司年例抄造供用草纸七十二万张，御用监成造香事草纸一万五千张……合用石灰、木炭、铁器、木植等料，俱工部派办。"足见明代已大量使用草类纤维造纸。

混合料的发展。混合料造纸术的发明期约可上推到东汉，之后历代都有使用，如西夏曾用棉布和大麻布混合造纸。在明代，大约一般皮纸都要配入竹麻，有的还要配入稻草。《天工开物》卷一三"杀青·造皮纸"条云："凡皮纸，楮皮六十斤，仍入绝嫩竹麻四十斤，同塘漂浸，同用石灰浆涂，入釜煮糜。近法省啬者，皮、竹十七而外，或入宿田稻草十三，用药得方，仍成洁白。""皮名而竹与稻稿参和而成料者，曰揭帖呈文纸。"可见明代普通皮纸的配料比为：楮皮60%、绝嫩竹麻40%；为节省皮料，亦可皮竹共计为70%，宿田稻草30%。而"皮"也未必尽是楮皮，往往还包括百结皮。此"皮名"即有皮纸之名者，其实际上是竹与稻草参和者。这些关于皮纸配比的记载，前世文献也是很少看到的。

三、抄纸技术

我国古代造纸技术虽然发明较早，但关于造纸工艺的详细记载，却是到了明代才看到的，此前的各种记载都甚为简单。

（一）竹纸之抄造

明代的多种文献都曾提及，尤以宋应星《天工开物》对竹纸工艺所述最详，其卷一三"杀青·造竹纸"载：

竹料采来后，"截断五、七尺长，就于本山开塘一口，汪（注）水其中漂浸。恐塘水有涸时，则用竹枧通引，不断瀑流注入。浸至百日之外，加功槌洗，洗去粗壳与青皮（是名杀青），其中竹穰形同苎麻样。用上好石灰化汁涂浆，入楻桶下煮，火以八日八夜为率"。

"凡煮竹，下锅用径四尺者，锅上泥与石灰捏弦，高阔如广中煮盐牢盆样，中可载水十余石。上盖楻筒，其围丈五尺，其径四尺余。盖定受煮，八日已足。歇火一日，揭楻取出竹麻，入清水漂塘之内洗净。其塘底面，四维皆用木板合缝砌完，以妨（防）泥污（原注：造粗纸者不须为此）。洗净，用柴灰浆过，再入釜中，其中按平，平铺稻草灰寸许，桶内水滚沸；即取出[并入]别桶之中，仍以灰汁淋下。倘水冷，烧滚再淋；如是十余日，自然臭烂。取出入臼受舂（原注：山国皆有水碓），舂至形同泥面，倾入槽内。"

图8-6-1　《天工开物》所载"荡料入帘"图和"覆帘压纸"图

"凡抄纸，上合方斗，尺寸[之]阔狭，槽视帘，帘视纸。竹麻已成，槽内[入]

清水浸浮其面三寸许，入纸药水汁于其中（原注：形同桃竹叶，方语无定名），则水干自成洁白。"

"凡抄纸帘，用刮磨绝细竹丝编成，展卷张开时，下有纵横架匡，两手持帘入水，荡起竹麻入于帘内。厚薄由人手法，轻荡则薄，重荡则厚。竹料浮帘之顷，水从四际淋下槽内，然后覆帘，落纸于板上，叠积千万张（图8-6-1）。数满则上以板压。俏（捎）绳入棍，如榨酒法，使水气净尽流干。然后，以轻细铜镊逐张揭起、焙干。"

"凡焙纸，先以土砖砌成夹巷，下以砖盖巷地面，数块以往即空一砖。火薪从头穴烧发，火气从砖隙透巷外，砖尽热。湿纸逐张贴上焙干，揭起成帙（图8-6-2）。"依《天工开物》所云，当时的大四连纸、官柬纸等，都是品质较好的竹纸。

图8-6-2 《天工开物》所载"透火焙干"图

这里谈到了竹纸生产的全过程。基本操作是：（1）沤制。沤以清水，至百日以上。（2）制成竹穰。即将竹料作槌洗加工，以去除粗皮和青皮，使成竹穰。此过程又叫杀青。"穰"同瓤，常指松散、脆柔的瓜心。（3）灰水浸泡，楻桶蒸煮。先以石灰浆涂刷和浸泡竹穰，之后下大楻桶蒸煮八天八夜。此"楻桶"即环筒状大木桶。煮竹之锅径4尺，锅上以泥和石灰摩封接沿。广中，指广东省境。（4）清洗。煮八日八夜后歇火一日，再入清水塘中将灰浆洗净。（5）柴灰浆多次浇淋煮沸。第一次煮沸前，先把竹麻浆过，入釜中按平，其上平铺约一寸厚的稻草灰，之后在桶中煮沸。为使各部分竹麻均匀受煮，可将之倒换到另外一个桶中，再浇淋柴灰浆。再煮再淋，如是者十余日，自然腐烂。（6）入水碓舂细，成为纸浆。（7）加入纸药。此纸药因形同桃竹叶，各地方言无定名。纸槽的大小是由纸帘决定，帘的大小是由纸决定的。（8）抄纸。纸帘由绝细竹丝编成。纸浆的厚薄完全由工匠的手势决定。抄好一帘后，滤去多余的水分，便覆帘将纸落于板上。此湿纸积叠到一定数量后，用板压去多余的水分，之后再用铜镊将纸逐张揭起。（9）焙干。（10）揭起成帙。所述甚为详尽，此前是不曾有过的。值得注意的是：明代皮纸中已较广地使用了日光漂白，此竹纸工艺却只字未提；当非疏忽，可能是未曾使用或使用未广之故。

（二）皮纸之抄造

明代著作《徽州府志》卷二、《菽园杂记》卷一三、《江西大志》卷八、《天工开物》卷一三等都记述过皮纸的制造工艺，其中又以《菽园杂记》和《江西大志》为详。总体上看，明代皮纸和竹纸的产量大约是不相上下的，但在工艺技术上，则依然是皮纸更为成熟。

明陆容（1436～1494年）《菽园杂记》（1495年）卷一三载："衢之常山、开化等县，人以造纸为业。其造法：采楮皮蒸过，擘去粗质，掺石灰浸渍三宿，蹂之使熟。去灰，又浸水七日，复蒸之。濯去泥沙，曝晒经旬，舂烂水漂；入胡桃藤等药，以竹丝帘承之。俟其凝结，掀置白上，以火干之。白者，以砖板制为案桌状，坳以石灰而厝火其下也。"[5]此述为浙江常山、开化的楮皮纸工艺，简洁明晰，无须重复。值得注意的是"曝晒经旬"一语，这显然是日光漂白。在纺织业中，此工艺约始于先秦时期；它在造纸业中的使用估计也不会太晚，有关记载是到了明代才看到的，主要用于高级白纸。

王宗沐、陆万垓《江西大志》对楮纸制作过程说得更为详细，将构皮、竹丝、帘、百结皮等造纸原料购齐后，"槽户雇倩人工，将前物料浸放清流急水，经数昼夜。足踹去壳。打把捞起，甄火蒸烂。剥去其骨，扯碎成丝。用刀剉断，搅以石灰，存性月余，仍入甄蒸。盛以布囊，放于急水浸数昼夜，踹去灰水见清。摊放洲上日晒、水淋，毋论日月，以白为度。木杵舂细成片。摘开复用桐子壳灰及柴灰和匀，滚水淋泡。阴干半月。涧水洒透，仍用甄蒸、水漂、暴晒，不计遍数。多手择去小疵，绝无瑕玷。刀斫如炙，揉碎为末。布袱包裹，又放急流洗去浊水。然后安放青石板合槽内，决长流水入漕，任其自来自去；药和溶化，澄清如水照。依纸式大小高阔，置买绝细竹丝，以黄丝线织成帘床，四面用筐绷紧。大纸六人，小纸二人，扛帘入槽水中，搅转浪动，捞起帘上成纸一张，揭下叠榨去水，逐张掀上砖造火焙，两面粉饰，光匀内中，阴阳火烧，薰干收下，方始成纸。工难细述论，虽隆冬炎夏，手足不离水火。谚云：'片纸非容易，措手七十二'"[1]。这里详述了江西纸官局制造楮皮纸的全过程，基本程序为：（1）浸泡。将楮皮置清流激水中浸泡数昼夜，目的是脱胶和洗去污物。（2）用足踏去掉部分粗皮。（3）甄火蒸烂。并剥除茎秆芯部，捶去外皮，将内皮撕碎成丝。（4）用刀剉断，砍成短丝。（5）石灰浸泡月余。（6）再次入甄蒸煮。（7）冲净。装入布袋置急流中冲洗数昼夜，并踏去灰水至清。（8）日光漂白。摊放空地上，令日晒水淋，至色泽转白为度，不计时日。（9）用木杵舂成料片。（10）用滚烫的灰浆水淋泡。此灰水须是桐子壳灰和柴灰混合而成。（11）阴干半月。（12）再次入甄蒸煮、水漂、曝晒，且不计遍数。此前须用涧水洒透。（13）挑去结疤小疵。此需许多人手。（14）再用刀碎如炙，揉碎为末。（15）洗去污水。布袱包裹，复置激流中浸洗。（16）配制成浆。先将前料装入石槽内，再引入净洁之长流水。（17）加入纸药。（18）抄纸。（19）将揭下的纸叠在一起压去多余的水分。（20）逐张掀到砖砌的火墙上焙干。（21）揭纸。当然，实际操作应当较此更为繁杂。故谚云："片纸非容易，措手七十二"。这里也提到了日光漂白。这段内容自然是以楮皮纸工艺为主的，但其他皮纸大体亦是如此。

宋应星《天工开物》卷一三"杀青·造皮纸"条关于皮纸的技术内容虽不如《江西大志》丰富，但对我们还是有一定帮助的。其在谈到了选料、配料后说：楮皮与竹，"同塘漂浸，同用石灰浆涂，入釜煮糜"。在皮纸中，"其最上一等，供大内糊窗格者，曰棂纱纸。此纸自广信郡造，长过七尺，阔过四尺。五色颜料，先滴色汁，槽内和成，不由后染。其次曰连四纸，连四中最白者曰红上纸"。"凡造皮纸长阔者，其盛水槽甚宽，巨帘非一人手力所胜，两人对举荡成。若棂纱，则数人方胜其任。凡皮纸供用画幅，先用矾水荡过，则毛茨不起。纸以逼帘者为正面；盖料，即成泥浮其上者，粗意犹存也"。可见：（1）与前云同样，楮皮与竹皮亦须浸泡和蒸煮。但此有一点值得指出的是：宋应星所说的"同塘漂浸"一语说得不太清楚，竹与楮是不宜同置一个水池内浸泡的，故此"同"当是同样之意，即竹与楮同样须要在塘中漂浸，而非竹与楮同在一个水池内漂浸[6]。（2）广信所产最大纸，是供大内所用棂纱纸，其长达七尺，宽达四尺。依故宫博物院所藏嘉靖牙尺（1尺＝0.32米）计[7]，则相当于224厘米×128厘米。这种巨帘便非一人手力所能胜任。这在一定程度上反映了明代造纸业的技术水平。（3）色纸之成色，有将色汁滴入纸浆槽内者，也有成纸后染者。

明代之皮纸用料除楮皮外，便是桑皮和芙蓉皮。以桑皮作为造纸原料之事约始于北魏或稍前，之后便沿用了下来。我国南北许多省份都有较为发达的蚕桑业，这对桑皮纸的发展自然是一个较为有利的因素。重修《明会典》卷三一"户部·钞法"载："洪武八年，令中书省造大明宝钞，取桑穰为钞料。"桑纸韧性较好，强度较高，明初便受到了朝廷的重视。《天工开物》卷一三"杀青·造皮纸"条载："桑皮造者曰桑穰纸，极其敦厚，东浙所产，三吴收蚕种者必用之。""永嘉蠲糨纸亦桑穰造。"看来，桑皮纸主要产于东浙，可用来造纸币和收蚕种等。

以芙蓉皮为原料造纸之事未知始于何时，有关记载是到了明代才看到的。《天工开物》卷一三"杀青·造皮纸"条载："四川有薛涛笺，亦芙蓉皮为料煮糜。"又说："芙蓉等皮造者，统曰小皮纸，在江西则曰中夹纸。""凡糊雨伞与油扇，皆用小皮纸。"看来，明代在四川、江西等地都有芙蓉皮纸生产，但唐或宋、元薛涛笺是否使用了芙蓉皮，则未可知。今人陈大川说："芙蓉在台湾生长甚速，春初插枝，经夏即发长枝，长过六尺，径愈半寸，秋花后即可伐枝取皮供用。笔者试种多株，试制皮纸亦佳。"认为它是可推广之原料。[8]

薛涛笺又名浣花笺，始于唐，之后常有仿造者，但质量和数量皆多不如前，明代也恢复过一段较短的时间，很快便无复再现。《天工开物》卷一三"杀青·造皮纸"条载：薛涛笺是以芙蓉汁来美其色的，"入芙蓉花末汁，或当时薛涛所指，遂留名至今。其美在色，不在质料也"。对此，陈大川曾提出过异议，说"芙蓉花春碎后，变成粘液，用于抄纸时令纤维悬浮不沉则可，染纸则未见显色"。并认为

"《天工开物》著者未经实验，谓薛涛笺其美在色不在料，乃属想当然耳之辞"[8]。看来，此当言之有理。至于明、清文献所云，桃花纷落水中后，亦可用于纸之染色，如明包汝楫《南中纪闻》载："薛涛井在成都府，每年三月初三日，井水浮溢，郡人携佳纸向水面拂过，辄作娇红色，鲜灼可爱"[9]。当亦是想当然耳。

方以智《物理小识》卷八简单地综述了一些不同地区、不同原料、不同纸药的抄纸工艺及其相互间的差别，是一段难得的资料。其云："抄纸法：治楮者沤之，投黄葵之根则释而为淖糜，酌诸槽抄之以帘。其薄者一再抄，厚至五六抄。覆诸夹墙，煏干而揭之。或以石灰水浸楮后，涤其灰，伪者加竹料、草料，以粉取白，则沁不耐书矣。竹[纸]取筍（笋）初成竹，断之去青谓之竹丝，浸而舂之。江西抄者粗，其抄草纸按尺者，煮当子藤叶，抄而累之则番张不粘；或用榆皮。闽中抄竹纸、简纸，取椰树合围者，锯片舂碎煮水，抄帘乃可笪之而番张烤煏也；或用大圆黄香树皮。广信用羊桃藤水，皆取其滑。"可见，不同地区、不同原料，其纸药是不同的，皆取其滑也。

（三）草纸之抄造。在明、清以前的文献中，关于草纸工艺的记载较少，明代太监刘若愚《酌中志》卷一六"宝钞司"载："每年工部商人办纳稻草、石灰、木柴若干万斤；又香油四十五斤以为膏车轴之用。抄造草纸，竖不足二尺，阔不足三尺，各用帘抄成一张，即以独轮小车运赴平地晒干，类总入库，每岁进宫中各官人使用。至圣驾所用草纸，则系内官监纸房抄造，淡黄色，绵软细厚，进交管净近侍，非此司造也。神庙至先帝惟市买杭州好草纸为之。祖宗时造钞印板及红板，闻俱在库中贮之，其衙门左临河，后倚河，有泡稻草池，而每年池中滤出石灰草渣，陆续堆积，竟成一卧象之形，名曰象山"[10]。这段记载虽然较杂，但对我们了解明代草纸生产还是有一定帮助的。

（四）还魂纸。今称之为再生纸，是用旧废纸为原料，往往亦加入部分新料而制成之纸。如前所云，至迟宋代便已出现，但有关记载却是明代才看到的。《天工开物》卷一三"杀青·造竹纸"条载："其废纸，洗去朱墨污秽，浸烂，入槽再造。全省从前煮浸之力，依然成纸，耗亦不多。南方竹贱之国，不以为然，北方即寸条片角在地，随手拾取再造，名曰还魂纸。竹与皮，精与粗，皆同之也。"

（五）火纸、糙纸、包裹纸。前二者是主要用于冥烧的粗纸，后者则用如其名。《天工开物》卷一三"杀青·造竹纸"条载："若火纸、糙纸，斩竹煮麻，灰浆水淋，皆同前法（造竹纸法）。惟脱帘之后，不用烘焙，压水去湿，日晒成干而已。盛唐时，鬼神事繁，以纸钱代焚帛（原注：北方用切条，名曰板钱），故造此者，名曰火纸。荆楚近俗，有一焚侈至千斤者。此纸十七供冥烧，十三供日用。其最粗而厚者，名曰包果纸，则竹麻和宿田晚稻稿所为也。"宿田，歇种庄稼的隔年田。

上面谈到了明代造纸工艺的一般流程，由于原料和地区之别，或要求不同，实际操作是千差万别的。依此，我们又可将明代造纸工艺区分为三种类型：（1）需用石灰和草灰的碱液沤腌和多次甑蒸、漂洗和日光漂白者。这可得到一种纤维较纯、杂质较少、白度较高的优质竹纸，如玉版纸、官束纸等。（2）只用石灰等碱液蒸煮，但不作漂白，或少漂白者，质量较前稍次，是为本色纸，统称表纸，如白表纸、黄表纸等。表纸之名在宋代便已出现，明、清仍在使用。（3）火纸。从原料选择，到灰水沤腌和焙干，皆无上二者讲究。

四、宣纸

明宣德时期，国家经济、技术都发展到了一个较高的水平。宣德五年（1430年），官方制作了一种优质的"宣德纸"，其上钤有"宣德五年造素馨纸"印，以供御府使用和赏赐群臣，后从内府传出，方为民间所重。这种纸与瓷器中的宣德青花等品种、铜器中的宣德炉等鼎彝器系列同样，在我国古代技术史上占有重要的地位。

明沈德符（1578～1642年）《飞凫语略》"高丽贡纸"载："宣德纸近年始从内府溢出，亦非书画所需，正如宣和龙凤笺、金粟藏经纸，仅可装褙耳。"[11]此说宣德纸正如宋宣和龙凤笺、金粟藏经纸一样，是一种只供装褙的高级名贵纸。"非书画所需"，并非不堪书画之用，而是此纸过于名贵，不宜作书画类小用。同书还提到了泾县纸："泾县纸，粘之斋壁，阅岁亦堪入用。盖以灰气且尽，不复沁墨。往时吴中文、沈诸公又喜用。"[11]此"文"、"沈"即书画家文徵明（1470～1559年）、沈周（1427～1509年）。沈德符在此明确提到了"泾县纸"，并说其深受文、沈两位书画家青睐，但须阅岁方堪入用，亦说明其仍存在某些不足。同时由此还可看到，在沈德符生活的年代，即明代晚期，宣德纸与泾县纸是不同的两个品种。

明末方以智《物理小识》卷八"器用·笺纸"条在介绍明代纸的品种时，也曾把宣德纸作为一个重要产品列出："永乐[时]于江西造连七纸。奏本[纸]出铅山。榜纸出浙之常山、庐之英山，[钤]'宣德五年造素馨纸'印。有洒金笺、五色金粉[笺]、磁（瓷）青蜡笺；此外，薛涛笺则[是]矾潢云母粉者；镜面高丽[笺]，则茧纸也。后唐澄心堂纸绝少。松江[有]潭笺或仿宋藏经笺。渍荆川连[纸]，[藉]芨褙蜡研[光]者也。宣德'陈清'款白楮皮[纸]，厚可揭三四张，声和而有穰；其桑皮者牙色，矾光者可书。今则绵[纸]推兴国、泾县。敝邑桐城浮山左亦抄楮皮[纸]、结香纸。邵、建则[有]竹纸、顺昌纸。束纸则广信为佳，即奏本[纸]也。"这里谈到了纸的许多产地和品种，同时也为我们提供了许多与宣德纸有关的资料：（1）浙江常山、安徽英山所产榜纸钤"宣德五年造素馨纸"印。说明宣德纸产地不止一处。（2）宣德纸当有多种名款，陈清款是其中较好的一种；此外应当还有非"陈清"款纸。自然，其品名当亦非一种。（3）宣德纸原料不止一种，陈清款纸便有白楮皮纸，也有桑皮纸，"其桑皮者牙色"。（4）兴国和泾县产有"绵纸"（楮皮纸），但其未钤"宣德五年"印，说明在整个明代，泾县纸与宣德纸都是两种不同的产品。

与此相类的说法在清查慎行（1650～1727年）《人海记》（约1713年）卷下"宣德纸"条还可看到："宣德纸，有贡笺、有绵料，边有'宣德五年（1430年）造素馨纸'印。又有白笺、洒金笺、五色粉笺、金花五色笺、五色大帘纸、磁青纸，以'陈青'款为第一。"[12]又，查悔余咏宣德纸诗云："小印分明宣德年，南唐西蜀价争传，侬家自爱陈清款，不取金花五色笺"[13]。可知在明代晚期和清代早期时，宣德纸在社会上已获得了较高的声誉。

关于明代宣德纸工艺的资料较少，我们只有两点推测：（1）其本色纸工艺应与高级皮纸，如榜纸等大体一致，因常山、英山榜纸曾钤"宣德五年造"字样。

（2）宣德纸技术应是江南历代皮纸技术的总结和提高。

五、纸的加工技术

前面谈到的明代纸品中，相当大一部分是经过了特殊加工的。其加工方法，有沿用先世的，也有明代创新的。我国古代加工纸发明较早，但明代以前，技术性记载却较少，且较简单；明代则多了起来，今仅依明高濂《遵生八笺》卷一五等所记作一介绍。

染葵花笺法。明高濂《遵生八笺》卷一五"燕闲清赏笺中·造葵笺法"载："五六月，戌葵叶和露摘下，捣烂取汁，用孩儿白［纸］、白鹿［纸］坚厚者裁段。葵汁内稍投云母细粉，明矾些少和匀，盛大盆中。用纸拖染挂干，或用以砑花，或就素用。其色绿可人，且抱野人倾葵微意。"[14]孩儿白、白鹿，都是一种纸的地方性名称。戌葵即蜀葵，其叶汁可将纸染成嫩绿色；投入云母后，青绿色的纸面便闪烁银色的光亮。纸经这种染色后可用于书写，亦可用雕花木板砑出图案。这是一种高档书法纸和艺术加工纸。

仿宋金粟笺法。明高濂《遵生八笺》卷一五"燕闲清赏笺中·染宋笺色法"载："黄柏一斤捶碎，用水四升浸一伏时，煎熬至二升止，听用。用橡斗子一升，如上法煎水听用。胭脂五钱，深者方妙。用汤四碗浸榨出红。三味各成浓汁，用大盆盛汁。每用观音［纸］帘坚厚纸，先用黄柏汁拖过一次，后以橡斗汁拖一次，再以胭脂汁拖一次，更看深浅加减，逐张晾干可用。"[14]宋黄色藏经笺十分名贵，书画家皆不惜高价访购，元、明仿制者甚多。此染料依然主要是黄柏，内含小柏碱，可防蛀，魏晋之后即用以染黄。橡子为褐色染料。胭脂作红色染料。此三种染料制备后，分别拖于原纸上，再视需要调整染料的浓度和拖色次数。在此值得注意的是：此三种色液套染后，便具有了宋粟笺的色态和风范。其实，今人所见金粟笺并无纯黄，而是褐黄，加胭脂的目的是抵消过多的褐色，足见其妙哉。

书画用纸加工法。明高濂《遵生八笺》卷一五"燕闲清赏笺中·染纸作画不用胶法"载："纸用胶矾作画，殊无士气，否，则不可着色。开染法：以皂角捣碎，浸清水中一日，用砂罐重汤煮一炷香，滤净调匀，刷纸一次，挂干。复以明矾泡汤加刷一次，挂干。用以作画，俨如生纸。若安三、二月用更妙。折旧裱画卷绵纸（皮纸）作画甚佳，有，则宜宝藏可也。"[14]此即是说，用胶矾纸作画时，显得呆滞而无生气；不用胶矾又不可作色。用皂角和胶矾处理后，便如生纸一般；最好存放三两月后再用，既可写字，又可设色作画。

造金银印花笺法。这是一种印有金银花图案的笺纸，类似的方法约始见于唐代。明高濂《遵生八笺》卷一五"燕闲清赏笺中·造金银印花笺法"条载："用云母粉，同苍术、生姜、灯草煮一日，用布包揉沈（洗），文（又）绢包揉洗，愈揉愈细，以绝细为甚佳。收时以绵纸（皮纸）数层置灰矼上，倾粉汁在上晾（漒）干，用五色笺将各色花板平放，次用白芨调粉，刷上花板，覆纸印花板上，不可重揭，欲其花起故耳。印成花如销银。若用姜黄煎汁，同白芨水调［云母］粉，刷板印之，花如销金。二法亦多雅趣。"[14]苍术为菊科植物，其根茎粉碎后呈灰色，与云母调合后呈银灰色。姜黄含姜黄素，呈鲜黄色，与云母调合后呈金黄色。白芨根部所含胶质颇高，我国古代粉涂加工纸时，常以之作为胶料。

造松花笺法。明高濂《遵生八笺》卷一五"燕闲清赏笺中·造松花笺法"条载："槐花半升炒焦赤，冷水三碗煎汁，用银(云)母粉一两、矾五钱研细，先入盆内。将黄汁煎起，用绢虑过，方入盆中搅匀。拖纸以淡为佳。文房用笺外，此数色皆不足备。"[14]此松花笺，或即前云松江潭笺。槐花为豆科植物，蕾中含有黄色色素，可作黄色媒染剂。与云母粉调匀，并加入少许明矾，而拖染于纸面晾干后，即可显现松花一般的花色。

羊脑笺。这是一种蓝黑色的厚重加工纸，始于宣德年间，清代仍在使用。清沈初(1736～1799年)《西清笔记》(1795年)卷二"纪职志"载："羊脑笺以宣德磁青纸为之，以羊脑和顶烟墨窖藏久之，取以涂纸，研光成笺，黑如漆，明如镜。始宣德年间制。制以写金，历久不坏，虫不能蚀。今内城惟一家犹得其法，他工匠不能作也。"[15]可知其工艺是：以宣德瓷青纸为原料，以羊脑与顶烟墨涂布而成。看来，此羊脑笺大体上亦属于宣德加工纸范围。

伪作古色法。《物理小识》卷八载："作故色纸：桦皮烧烟薰纸作故色如泥，凡纸沁者，薰之不沁(原注：《续录》曰：纸自然故者其表故色，其里必新)。"

捶打熟纸法。明高濂《遵生八笺》卷一五"燕闲清赏笺中·造捶白纸法"条曾有明确记载[14]，其文字与第五章第六节所引《蕉窗九录》的文字几乎完全一样，不再重复。这两种文献在谈到捶纸时，都说要用纸药；明宋诩《竹屿山房杂部》卷七"燕间部·文房事宜"也谈到过捶纸工艺，只是未提到使用纸药[16]。

第七节　印刷技术的发展

明代是我国古代印刷技术发展的一个高峰期，不但印书数量、品种和作坊分布范围都大大地超越了宋、元时期，而且技术上也有多方面的发展和创新，并达到了前所未有的水平。

从经营方式看，明代印刷主要有官刻、坊刻、藩刻、家刻4种。官刻本又可分为朝廷官刻本和地方官刻本两种，朝廷的印书机构主要有国子监和下辖的各部院等。

明代有南北两京、两监、两院。南京国子监不但储集了元集庆路儒学旧藏的各路史书版，还接收了元代杭州西湖书院所藏刻版。据御史周弘祖(1535～1595年)《古今书刻》载，南京国子监印刷的书籍计有271种之多，其中包括儒家经典、史书、文学著作等，属科技类的有《农桑撮要》、《河防通议》、《营造法式》、《大观本草》等。科技类图书出版量的增加，与明统治者较为重视农工业生产显然有关。明代官方出版过许多大型书籍，尤其是道释类，由洪武五年(1372年)至永乐元年(1403年)在南京刻印了大藏经，俗谓"南藏"，计6331卷，57160块版[1][2]。北京内府刻印了三大部道释书，永乐十八年(1420年)至正统五年(1440年)又刻印大藏经，计6361卷，名《大明三藏圣教北藏》，简称"北藏"。万历时又增刻，总计达677函6771卷，180082页。永乐、万历时，皆刻藏文大藏经，称为"番藏"[2][3]。有学者认为藏文大藏经始刻于元[3]，经潘吉星考察，其实非如此，元代只刻印过单独的佛经、经咒和佛像[4]。明代帝皇既信佛又通道，正统九年(1444 年)《道藏》刻印完毕，凡 480 函 5305 卷；万历三十五年又续刊，增 32 函，成为"正续道藏"，计有 512 函。

明代地方官府，如各省布政司、按察史、盐运司等，及各府、州、县也刻书，其中有方志，也翻刻朝廷印书机构的刊本。如应天府曾刻《茅山志》、《南畿通志》、《句容志》等。

在明代刻书机构中，还有一种既非朝廷内，亦非地方官府的藩王；张秀民谓其书为"藩府本"，其既多且精，这是明代印刷技术的一个特点，在其他时代是没有的。刻书藩王可考者约 43 家①，计 400 多种[5]。其中并不乏文人雅士和杰出学者，也刻印过不少很有价值的书籍。如明太祖第五子周定王朱橚（1362～1425 年），好学善赋，对医学和植物学皆有研究，著有《救荒本草》4 卷，并主编过《普济方》168 卷。据张秀民统计，他刻印的书计有 33 种之多[5]。

明代坊刻甚为盛行，其中较为集中的地方是南京、北京、杭州、苏州、常州、扬州、建宁、漳州、抚州、南昌、徽州等。其中刻书最多的应是福建的建宁，其自宋、元以来便负盛名。官刻本主要是一些制书、官书，及正统的经史子集释道类，但这远不能满足社会的需要，坊刻和私刻便在较大程度上弥补了这一不足。人们喜闻乐见的日用百科类图书和类于《三国志演义》、《忠义水浒传》、《西游记》、《牡丹亭》等小说、话本、戏曲类图书等多由他们刻印。这些作坊也刻印过《朱子语录》等理学书，《居家必用》等日用参考书，《武经七书》等军事书，以及《便民图纂》、《九章算法》、《马经》、《牛经》、《鲁班经》等科技类书[6]。

除官刻、坊刻外，当与宋代同样，明代也有个人刻书，习谓之家刻。如大家较为熟悉的宋应星《天工开物》，便是由其友人涂伯聚资助而付梓的[7]。清蔡澄《鸡窗丛话》载："前明书皆可私刻，刻工极廉。"[8]

明代出版物的品种有了很大扩展，除一般经、史、子、集、释、道外，还出版了许多面向大众的通俗读物，如戏剧、小说、科学技术、方志、各种丛书、类书，以及部分西洋著作等，前此的任何一个朝代都不可与之相比。明代印刷技术的主要成就是：印刷字体开始规范化；雕版、彩色套印技术都有了更大的提高；木雕版技术更趋成熟，插图本剧增，画面更为复杂；在宋、元朱墨套印的基础上，发展出了多色套印技术，使印刷品真正地成了一种艺术品；饾版印刷的发明，把我国传统雕版彩色印刷发展到了顶峰；活字印刷此时也发展到了集大成的阶段；明代泥活字使用情况虽未见于记载，但木活字已推广开来，且还发明了铜活字，大约还使用了铅活字。

一、印刷用宋体字的确立

印刷字体不但反映了书籍质量，而且也反映了一个时代的艺术风格，并影响到生产效率的提高。

我国古代印刷字体的发展约经历了三个阶段：（1）随意期，从印刷术发明到北宋初期。此期印刷字体主要是由书写者决定的，除宗教印刷品外，随意性都较

---

①　此 43 藩王中，有 16 位为明太祖之子，此外还有成祖、仁宗、英宗、宪宗、穆宗、神宗等之子。

大，尤其是民间印刷品。这从唐代四川民间历书和咸通九年《金刚经》的比较上便可知悉，其印刷质量存在较大差异。（2）渐变期。从北宋初期到元代，印刷字体逐渐向艺术化、规范化方向发展。北宋印刷字体的基础还是楷书，但又不同于楷书，且吸收了欧、柳诸家笔法，其更注重结构匀称、大小统一和笔画粗细之适中。（3）成熟期，明代初期至中期。经过长期的探索，使人们认识到楷体并不能达到理想的印刷和阅读效果，从而创造了一种更适于刻版、印刷、阅读的字体，即今习之谓宋体字。明嘉靖、万历时期，是宋体字发展的黄金时期，此后印刷字体便完全确立了下来[9]。

在印刷字体确立的同时，有的明刊本还出现了一些简单的标点符号和批点符号等，有的版框上还附有按语、批语，这既便于人们阅读断句，亦便于掌握书中要点。

二、图版印刷技术的大发展

雕版印刷在明、清时期依然占据主导的地位，技术上也取得了相当高的成就，前述官方和民间印刷品中，相当大一部分都是雕版印制的。印刷字体的确立、图版印刷、纸币印刷、多色套印技术的发展，更增添了雕版印刷的光彩。

（一）图版印刷

保留至今的图版印刷实物始见于唐，宋、元时期有了一定增加，其始主要用在佛教物品，后扩展到了民用读物上。南宋已出现过一些图文并茂的通俗读物，元代的戏曲、小说、历史故事等出版物中，有的已配有相当数量的插图。及明，图版技术更有了长足进步，插图著作竟成了这一时期的主流：（1）具有插图的书籍量大增，每部书插图量大增。不仅戏曲、小说、人物传记、历史故事配有插图，即便一些严肃作品，如儒家经典、科技著作等也配有插图，这不但丰富了图书的内容和艺术性，而且提高了它的科学价值。如明李时珍《本草纲目》，初刻于万历二十一年，约190万字，有1109幅插图；明茅元仪《武备志》，初刻于天启元年，约200万字，附有各种图式、图案、图表、图像等1500余幅。明宋应星《天工开物》，初刻于崇祯十年，约6万余字，计有123幅插图，绘有286人。明代后期，还出版了不少以图为主的画册，如《高松画谱》（嘉靖二十九年）、《顾氏画谱》（万历三十一年）、《集雅斋画谱》（万历四十八年）等。（2）插图由朴拙走向工丽，由单一走上多变；技法娴熟，宏大壮观；工整秀丽，雅丽生趣。由于一些名画家、名刻家的结合和积极参与，使图版书籍成了较好的艺术品。

（二）宝钞印刷

明代除使用铜钱和白银外，还发行了纸币，在洪武和永乐时期，这种纸币皆称之为"大明通行宝钞"。重修《明会典》卷三一"户部·钞法"载："国初宝钞，通行民间，与铜钱兼使。""洪武八年，令中书省造大明宝钞，取桑穰为钞料。其制：方高一尺，阔六寸许，以青色为质，外为龙文花栏，横题其额曰'大明通行宝钞'，内上两旁复为篆文八字，曰：'大明宝钞，天下通行'。中图钞贯状，十串则为一贯。其下曰：'户部奏准，印造大明宝钞，与铜钱通行使用。伪造者斩，告捕者赏银二百五十两，仍给犯人财产。'若五百文，则画钞文为五串，余如其制，而递减之。"上盖"宝钞提举司印"两大方朱印。"其等凡六：曰一贯、五百文、四百文、三百文、二百文、一百文。"　"每钞一贯，折铜钱一千文，银一两。"
后因纸币发行过多而贬值。永乐二年，左都御史陈瑛曾提出收回发行过多的纸币，
说："比岁钞法不通，皆缘朝廷出钞太多，收敛无法，以致物重钞轻"。[10]明代中
晚期，纸币发行便时断时续，再无明初的规模。这种贬值，自然是社会的原因，
而非印刷技术之故。因纸币对纸张和印刷都要求较高，且因"大明宝钞"较现代
纸币宽大，故今已成为举世瞩目的收藏珍品。

三、多色套印技术的大发展

朱墨套印，或多色套印在宋代便已出现，但直到元代为止，一般出版物依然
多以单色印制。明万历（1573～1620年）之后，不少作坊竞相推出套色图书，套
色印刷才获得了较大发展。尤其是饾版印刷的发明，使我国出版业进入了彩色印
刷的新阶段，并把我国传统印刷技术推到了顶峰期。在套色工艺中，有朱墨两色
的，也有朱、墨、黄、蓝、紫、墨绿中的三色、四色或五色的。套印既可用于版
图，亦可用于文字。一些名家批点，便可用不同颜色把正文与批点文区别开来。

明代学者对这种套印技术亦早有记载。明胡应麟（1551～1602年）《少室山房
笔丛》（万历十七年，1589年）卷四"经籍会通四"载："凡印，有朱者，有墨
者，有靛者，有双印者，有单印者。双印与朱，必贵重用之。"[11]这里谈到了两色
和三色套印。此"双印"，当即朱墨二色，两张印版，两次印刷；"单印"即一张
印版涂一色或两色、三色一次印刷。可见二色、三色印本在万历时期已较普遍。

明闵齐伋（1580～1650年?）在出版《春秋左传》（1614年）时所写"凡例"
中道："旧刻凡有批评、圈点者，俱就原版墨印，艺林厌之。今另刻一版，经传用
墨，批评以朱，椅仇不啻三五，而钱刀之摩，非所计矣。置之帐中，当无不心赏，
其初学课业，无取批评，则有墨本在。"①　闵齐伋，与凌蒙同为浙江乌程人，皆明
代著名出版业者。据陶湘（1870～1940年）《闵板书目》（1933年）统计，闵、凌
两家在万历、天启、崇祯三朝，所刊经史子集书籍达百种以上，多系彩色印本。
由这段引文可知，当时已较多地使用了正文用墨，点评用朱的印刷方式。

叶德辉《书林清话》（1911年）卷八还谈过明代的朱墨套印、三色套印和四
色套印，在谈到后者时说："四色套印，则有万历辛巳（原注：九年）凌瀛初刻
《世说新语》八卷，其间用蓝笔者刘辰翁（1232～1297年），用朱笔者王世贞，用
黄笔者刘应登也"[12]。这是四色，即墨、朱、蓝、黄套印，时间是万历辛巳
（1581年）。也有学者认为，凌瀛初刻的八卷四色套印本《世说新语》，其时间不
是万历辛巳，而是万历末年[13]。

明人还把多色印刷广泛地用到了版画中，因版画所需色彩更多，人们在多色
印刷方面的才智也得到了更好的表现和发挥。如万历三十三年（1605年），安徽歙
县程氏滋兰堂刻印《程氏墨苑》，附有近50幅插图，多用四色、五色印出[14]。

本书宋代部分谈到，多色套印有多种不同操作：如一版多色一次印刷、一版
多色多次印刷、多版多色多次印刷等。而后者又有三种不同操作，即"每版一色，

---

①　明闵齐伋为《春秋左传》所作"凡例"，置于该书之首。吴兴，闵齐伋刊本，万历四十四年（1616
年）版。今习所见《春秋左传》无此"凡例"，转引自文献[13]。

多版色块，多次印刷"、"每版一色，多版线图，多次印刷"、"饾版印刷"。此"饾版印刷"则是多色套印的高级形式。关于《程氏墨苑》彩版的印色操作，学术界曾有不同看法，有人认为是"一版多色一次印刷"[15]，也有人认为是"一版多色多次印刷"，或"多版多色多次印刷"，后二说的理由是不同颜色交汇处很少发现色泽相混的现象[16]。这些皆可以进一步研究。

四、饾版技术的发明和拱花技术的发展

饾版印刷是一种特殊的雕版彩色套印工艺[17]，也是传统雕版彩色印刷的最高形式，其主要技术目的：是复制彩色绘画，而不是套印一般色块或一般色线，其印刷成品要忠于绘画原作。这是它的主要技术特点，也是它与一般套色印刷的主要区别。拱花实是砑花，是唐、宋以来纸加工工艺中的砑花纸技术在明代版画印刷技术上的应用和发展。

饾版印刷的操作要点是："把每种颜色各刻一块木板，印刷时依次逐色套印上去，因为它先要雕成一块块的小板，堆砌拼凑，有如饾饤，故明人称为'饾板'。饾板是很细致复杂的工作，先勾描全画，然后依画的本身，分成几部，称为'摘套'。一幅画往往要刻三四十块板子，先后轻重印六七十次。把一朵花或一片叶，要分出颜色的深浅，阴阳向背。"[18]因所用色料多为水溶性颜料，故20世纪50年代之后，又有人称之为"木版水印"①。

饾版印刷约始创于明代中后期，有关实物和文字记述却是明末才看到的。明末书画家胡正言（1582？～1674年）主持刊印的《十竹斋书画谱》（1627年）和《十竹斋笺谱》（1644年）便使用了饾版技术。前者为画册，收录有胡正言本人和古人、明人凡30家名画，并讲授画法。其画由五色饾版套印而成[19]。如前所云，笺纸是一种艺术加工纸，经砑花、染色等加工而成，古人用作写信和写诗。《十竹斋笺谱》载有胡正言收录的和他自己设计的各种笺纸样品，有的以饾版印制彩色图案，也有无色的拱花制品。

文献上最早提到"饾版"和"拱花"两个名称，及饾版工艺的是《十竹斋笺谱》一书的"序"。此"序"为胡正言的同乡好友李克恭所撰。其云："嘉、隆以前，笺制朴拙。至万历中，稍尚鲜华，然未盛也，至中晚而称盛矣，历天、崇而愈盛矣。'十竹诸笺'汇古今之名迹，集艺苑之大成，化旧翻新，穷工极变……盖拱花、饾板之兴，五色缤纷，非不烂然夺目。然一味浓装，求其为浓中之淡，淡中之浓，绝不可得，何也？饾板有三难，画须大雅，又入时眸，为此中第一义。其次则镂忌剽轻，尤嫌痴钝，易失本稿之神。又次则印拘成法，不悟心裁，恐损天然之韵。去其三痴，备乎众美而后，大巧出焉。""是谱也，创稿必追踪虎头龙眠，与夫仿佛雪松、云林之支节者，而始情从事。至于镂手，亦必刀头具眼，指节通灵。一丝半发，全依削镂之神，得手应心，曲尽砑轮之妙，乃俾从事。至于印手，更有难言，夫杉杙（yi，小木桩）棕肤（棕刷），《考工（记）》之所不载，胶清彩液，巧绘之所难施。"这里第一次提到了"饾板"、"拱花"两种工艺的名称，

---

① 昔有学者说"木版水印"之名始于清代中期之后，今承张树栋惠告，此名是20世纪50年代荣宝斋最先使用的，此名亦未必十分确切。

认为它们是天启以来才兴起的。文中提到的“三难”，是指饾版印刷过程中的原稿勾描、刻版、印刷三道工序，或三道技术关键。其内容即：（1）勾画既须大雅，又要符合时代精神。要依原画色彩的深浅、浓淡、阴阳背向之不同，勾画出若干个大小形态不一的印块。（2）镌刻要精细严密。必刀头具眼，指节通灵。使各画块严密接合。（3）严格地依画稿原貌配料、涂版，印成后须保持原画神韵。在具体操作上，饾版印刷所用纸张、水墨和颜料，皆须与原作相同，并须依原作的笔墨浓淡顺序分版设色，依次印刷。使印刷品与原作意境酷似，从而具有了中国水墨画的韵味和特点。其整个产品都忠于原画意境，不但形似，更要神似。这就克服了此前多色套印工艺中，用色呆板、意境与原作偏离较大的缺点。据杨绳信《中国版刻综录》一书统计，今藏于国家图书馆的明代套板印本计 23 种，其中包括胡氏十竹斋于崇祯年间印的《十竹斋画谱》八卷、《十竹斋石谱》一卷、《十竹斋兰谱》一卷，以及闵齐伋万历十四年印《考工记》二卷等[20]。

砑花技术在唐代之后的笺纸加工中一直都有使用，明代使之与版画结合在了一起，便把它推向了更高的阶段。胡正言在《十竹斋笺谱》中便使用了这一技术，较好地表现了画面的脉络和轮廓，充分地体现了无彩素笺的风格。

五、木活字印刷技术的推广

木活字约发明于宋、西夏时期，及元，南北许多地方都已使用，明代之后便在全国推广开来，并成了活字印刷的主流。明胡应麟《少室山房笔丛》卷四“经籍会通四”（1598 年）在谈到活版印刷时说：活版始宋毕昇，以药泥为之。“今无以药泥为之者，惟用木称活字云”[11]。其说明代已无泥活字，唯用木活字。充分反映了木活字在明代活字印刷中的主导地位。

明代木活字本今仍有不少传世，具体数字其说不一。张秀民认为有书名可考者约有 100 余种，多为万历印本[21]，亦有少数嘉靖本、正德本[22]，弘治以前者甚为罕见[21]。但可惜的是这些印本只有个别注明了活字材质，多数是未注材质的，加之明代木活字印刷已较成熟，排版较为精细，不易与雕版相区别，给版本鉴定带来一定困难。今举数例如下。

国家图书馆藏仁和卓明卿（1552 ~ 1620 年）编《唐诗类苑》一百卷，明万历十四年（1586 年）刊，每页版心（中缝）下方见有“崧斋雕木”4 字（图 8 －7 －1），知为木活字本无疑。崧斋雕疑即卓明卿雕[23]，该书很可能是自编自刊本。

唐詩類苑第五卷
仁和卓明卿澂父編輯
華亭張之象玄超
長洲毛文蔚豹孫同校
歲時部
春
王維早春行一首
紫梅發初遍黄鳥歌猶澁誰家折楊女弄春如不及
愛水看粧坐羞人映花立香畏風吹散衣愁露霑濕
玉閨青門裏日落香車入游衍益相思含啼向綵帷

图 8 －7 －1　卓明卿编《唐诗类苑》木活字本

转引自文献[22]

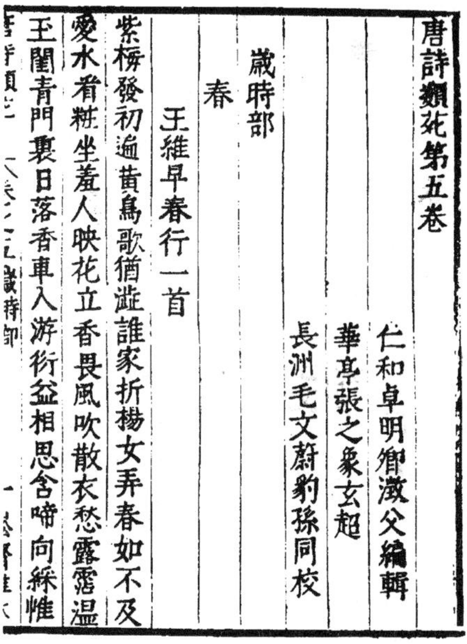

但在明刊本中，这种标明了“雕木”等字样的本子是甚为鲜见的。今人所云“明木活字本”，多数都是一种推断。推断

方式是：（1）首先须判定它是一种活字本。有的是原书标明了为活字本的，有的则是从字体大小、排版方式等综合判断的。（2）在明代活字本中，木活字使用最多，泥活字极少，而金属活字大体上都标明了材质。如是，人们便把普通的活字本定成了木活字本。如南京图书馆藏正德、嘉靖间所刊刘达可（宋人）辑《璧水群英待问会元》九十卷，系备宋太学士对策用的参考书，卷末印有 4 行题记："丽泽堂活板印行/姑苏胡升缮写/章凤刻/赵昂印"。其中不但提到了出版商、写工、刻工、印工，同时还提到了"活板行"。依此便可知此书为活版，并知当时已有了专门从事活版印刷的作坊。又如徐兆稷所刊其父徐学谟（1522～1593 年）《世庙识余录》二十六卷，书中所印题记为："是书成凡十余年，以贫不任梓，仅假活板印得百部，聊备家藏，不敢以行世也。活板亦颇费手，不可为继，观者谅之。徐兆稷白"。此也提到了"活板"。为此，一般学者便将之定成了木活字。其余不再繁举。明代使用木活字的主要是私人作坊和部分藩王府。官府是否使用过木活字，尚无确凿证据。

杨绳信《中国版刻综录》所录现存明代木活字本为 16 种，四川省图书馆藏 10 种、国家图书馆藏 5 种、杭州大学图书馆藏 1 种。其中包括万历十四年《唐诗类苑》100 卷（国家图书馆藏），万历元年（1573 年）《太平御览》1000 卷（四川省图书馆藏）等[24]。

六、铜活字印刷技术的大发展

我国古代的金属活字发明于何时，学术界尚无一致意见。有学者认为发明于宋，且系铜活字，我们认为此说可能性是存在的，但目前尚无确凿的实物和文献依据。从现有较为确凿的资料看，我国最早使用的金属活字当是元代的锡活字，但因其着墨不佳，未能推广。铜活字印刷则是到了明弘治（1488～1505 年）时期才发展起来的，万历时期便达到了相当繁盛的阶段。此时不但分布地域较广，且印书量也较大，许多铜活字本都保留至今。无锡、常州、苏州、南京、浙江、建宁、广州等地都有使用，据张秀民统计，明铜活字本约 61 种[25]，成了明代金属活字的主流。

在明代铜活字印刷中，使用较早，且成就较大的是无锡华氏家族，包括华珵、华燧、华坚，其中又以华燧（1439～1513 年）的会通馆为代表。有关华燧的事迹见于其友人邵宝所撰《会通君传》，其云："会通君姓华氏讳燧，字文辉，无锡人，少于经史多涉猎，中岁好校阅同异，辄为辩证……既而为铜字板以继之，曰'吾能会'而通之矣，乃名其所曰'会通馆'，人遂以'会通'称。"[26]此"铜字板"，显然是铜活字版。会通馆铜活字印刷至迟始于弘治三年（1490 年），目前所见有《宋诸臣奏议》150 卷，其计有大字本和小字本两种，书名前有"会通馆印正"五字。华燧在《〈宋诸臣奏议〉序》中说："燧生当文明之运，而活字铜板乐天之成。"[27]此"活字铜板"，当是"铜字板"的习惯说法。但此版质量较差，有的字只印出一半，有的浓滟邋遢，沾手便黑，且脱字较多[28]。稍后有弘治五年（1492 年）的《锦绣万花谷》120 卷，书中见有"会通馆活字铜板"字样。再后有弘治八年的《容斋五笔》74 卷、《文苑英华纂要》84 卷、《古今合璧事类前集》63 卷。图 8 - 7 - 2 所示为国家图书馆藏《容斋随笔》弘治八年会通铜活字版[28][29]，华燧在其出版"序"中又说："燧当生文明之运，而活字铜版乐天之成"。会通馆铜活字版可考者约 19 种，为明代诸铜活字印行之冠[28]。上海郁文博在明弘治九年版《说郛》序中说：“《（百川）学海》近在锡山华会通先生家翻刊，铜板活字盛行于世。”（“四库”本）可见由于华氏会通馆等的经营，铜版活字当时已相当盛行。据杨绳信《中国版刻综录》所载，今国家图书馆所藏明代铜活字本为 13 种，其中包括华珵弘治十五年（1502 年）印《渭南文集》50 卷、华坚兰雪堂正德十年（1515 年）印《艺文类聚》100 卷等。此外，其他图书馆还藏有明铜活字本 5 种[30]。

會通館印正容齋隨筆序
博學而詳說之將以反說約也然博而不
約者有矣未有不博而能至於約也容齋
隨筆書之博者也提綱挈領博而能約者
也書成於宋學士洪景盧學者歆羨而未
得其真者久矣太醫院醫士吳郡盛用美
得之於京師士夫欲版其行邑宰邢君陽
民用而未行適僉憲　雷公水利江南
巡行吾錫遂致禮會通館以達君志嗚呼
燧生當
文明之運而活字銅版樂天之成苟以是心
至憑之雖謹況士夫以稽古為事君以愛
民為心而公禮意兼至者乎雖然學者徒
務其博而不能反說以至於約則是書為
糟粕豈公之所望於人者哉
弘治八年中秋錫山華燧序

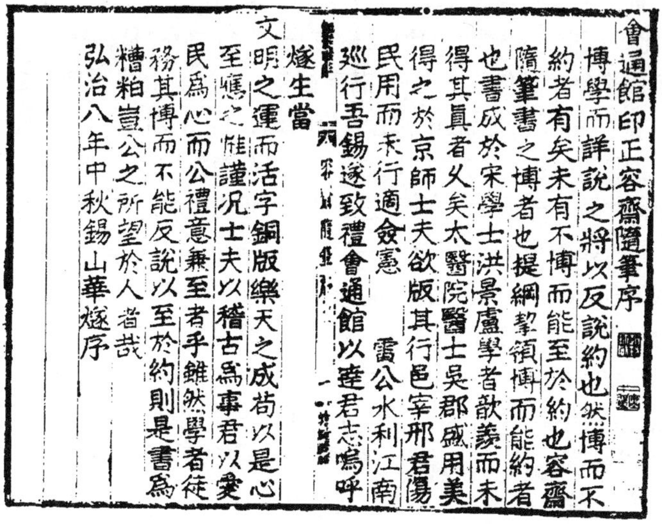

图 8－7－2　《容斋随笔》弘治八年会通馆“活字铜版”

采自文献[29]

除了华氏家族外，无锡安国（1481～1534 年）铜活字版也很有名气。其用铜活字印书约始于正德七年（1512 年）前后，当时南京吏部尚书廖纪修有《东光县志》六卷，请为代印，于正德十六年印成。安氏所印书籍，纪年者不多，但《吴中水利通志》却有些例外，书中标有“嘉靖甲申安国活字铜板刊行”等字样。清初安璇《安氏家乘拾遗》还更清楚地提到了铜活字的一些情况：“翁（安国）闲居时，每访古书中少刻本者，悉以铜字翻印，故名知海内。今藏书家往往有胶山安氏刊行者，皆铜字所刷也。”这里明白地说到了安国铸造了“铜字”。可见，《吴中水利通志》中的“活字铜板”，便是铜活字版。安国印书多为铜活字，亦有木活字[28]。

对明代铜活字的制作工艺，学术界一直存在一些不同说法。张秀民认为：“因无明确记载，又无实物留传，是铸是刻，仍难肯定。”[31]尤丹立则认为：“安国铜活字应是铸造而成。至于华氏铜活字，因史料有限，不敢妄加断言。”[32]我们认为，一般的铜活字，不管明代还是清代，也不管是安国的还是华氏的，若无确切资料证明它是直接镌刻而成，则一般都应当是铸造的。这是由铜的硬度和当时的加工技术条件所决定了的。铸字过程中的缩孔、组织疏松等常见缺陷，都可采取适当措施，使之离开活字版面稍远。铜活字的铸造工艺约与铸印章法相类同，先雕木模，后以木模制泥范，再以泥范铸字。明文彭《印章集说》载：“铸印有二：曰翻砂，曰拨蜡。翻砂以木为印，复于砂中，如铸钱之法。"

在此须得一提的是，华燧所用活字的材质，长时期来学术界都是存在不同看法的。有人认为它是锡活字，其文献依据主要是《华氏传芳集》卷四"会通府君宗谱传"所云："着《九经韵览》，又虑稿帙汗漫，为铜板锡字，翻印以行"。类似的文献还有一些，说法大同小异，当同为一个来源，不再列出。李致忠认为："字义很明确，应该是范铜为板，铸锡为字。板本家所说的明代铜活字，很可能是铜板锡活字的简称。"[33] 张秀民则认为，华燧"除造铜版活字外，似乎又铸过锡字"[34]。我们比较倾向于张秀民的说法。首先应当肯定的是，华燧使用的主要是铜活字：（1）前引《会通君传》所云"铜字板"，其意也十分明确，是为铜字。（2）前引文献中，"活字铜板"之说虽不是十分明确，但由安国"活字铜板"诸事便可知悉，它便是"铜活字板"的习惯说法。但也不能排除华燧使用过锡活字的可能性，因部分文献说得十分明确，只不过其数量可能较少，或不太成功，连华燧自己也把它忽略了。如前所云，华燧分别于弘治三年和弘治八年为《宋诸臣奏议》和《容斋随笔》所写"序"言中，都只说了"活字铜版"，并未说过"铜板锡字"；而弘治五年出版的《锦绣万花谷》上印有"会通馆活字铜板"，亦未提到"铜板锡字"。若用了锡活字，他应当说明一下的。又，与华燧同时的唐锦《龙江梦余录》（弘治十七年刻本）云："近时大家多镌活字铜印，颇便于用"。此"活字铜印"，当非锡活字。此"大家"，自然包括华氏家族。依唐锦之说，当时的大出版商所用多为活字铜版。

有关"活字铜版"的技术资料较少。此"铜"自然不会是纯铜，而应是锡青铜，或以锡为主要合金元素的三元、四元合金，除锡外，可能还含有少量的铅或锌。我们认为，影响铜活字成分的因素至少有三：（1）金属冷凝过程中体积收缩较小；（2）具有一定的机械强度；（3）着墨性能稍好。故其含锡量应当适中，太高则脆，过低则柔。锡青铜在冷凝过程中的体积收缩是最小的，更有利于保证字迹清晰。战国至汉、唐铜镜便是一种以锡为主要合金元素的铜锡铅三元合金，其图纹甚为清晰，与其体积收缩较小是有关的[35]。

我国的雕版印刷、活字印刷发明出来后，很快便传到了其他国家，并促进了各国印刷技术、文化事业的发展。在此值得一提的是朝鲜，中朝两国山水相连，文化技术上的交流甚为频繁，其印刷术亦发展较快，并较早就取得了较高成就，尤其是金属活字，其中主要是铜活字印刷。大约还在高宗二十一年（1234 年，南宋端平元年），便用铸制的金属活字印刷了《详定礼文》五十卷，宰相晋阳公崔怡在《新序详定礼文跋》中说："遂用铸字印成二十八本，分付诸司藏之。"此"跋"是翰林学士李奎报代为起草的[36]。此"铸字"一般认为即铜活字。李奎景认为："铸字，一名活字，其法之流来久矣。中原则布衣毕昇刱活版，即活字之谓也。我东则始自丽季。入于国朝（李朝），则太宗朝命铸铜字。"[37] 可见朝鲜活字技术是由中原传去的。据日本加茂仪一的分析，朝鲜 1455 年乙亥铜字成分为：铜 79%、锡 13%，此外还有少量锌、铁、铅。这是以锡为主要合金元素的铜合金，铁为杂质，铅锌可能是有意加入的。这种成分选择不错，强度适中。

关于铜活字的铸造方法，朝鲜李朝学者成侃（1439 ~ 1504 年）《慵斋丛话》卷七曾有明确记载:"大抵铸字之法,先用黄杨木刻活字,以海浦软泥平铺印板,印着木刻字于泥中,则所印处凹而成字。于是合两印板,镕铜从一穴泻下,流液分入凹处,一一成字,遂刻剔,重复而整之。"其印刷过程的分工十分明确,且有一整套工艺规范。同卷接着说:"遂分诸字贮于藏柜。其守者曰守藏,年少公奴为之。其书草唱准者曰唱准,皆解文者为之。守藏列字于书草上,移之于板,曰上版。用竹、木、破纸填空而致坚之,使不摇动者,曰均字匠。受而印之,曰印出匠。其监印官则校书馆员为之,监校官则别命文官为之。始者不知列字之法,融蜡于板,以字着之,是以庚子(1420年)字尾皆如锥。其后始用竹木填空之术,而无融蜡之费,是知人之用巧无穷也。"[38]

七、铅活字的使用

我国古代关于铅活字的记载约始见于明弘治末至正德初年(1505~1508年)。陆深《金台纪闻》载:"近日毗陵人用铜、铅为活字,视板印尤巧便,而布置间讹尤易。"这是我国古代文献中,关于铅活字的最早记载。但它印刷过何种书籍,今已不得而知。显然,陆深对铅活字是不太满意的。其根由,正如金简《武英殿聚珍版程序》所云:"陆深《金台纪闻》所云铅子之法,则质柔易损,更为费日损工矣。"[39]看来,明代铅活字的缺点主要是其"质柔易损"。后面我们还要谈到,铅活字在我国民间其实是或隐或现,常见有人使用的,只不过数量较少而已。因纯铅较软,故我们推测,这种铅活字很可能是一种以铅为基的铅锡二元合金,此外可能还含有少量其他金属元素。至于它与1851年之后的香港"铅活字"在合金成分和使用性能上有何异同,今已难得知晓。

八、制墨技术的长足进步

明代是我国古代制墨技术发展的一个重要阶段。由于出版业和整个文化事业的发展,使墨的产量、质量和品种都有了较大的提高和扩展,并把我国古代制墨技术提高到了较高的水平。明代南北方都产墨,北方有京墨;南方有徽州墨、松江墨、龙游墨、建阳墨等,其中最著名的是徽州墨。徽州墨不但产量大,而且质量好。明末宋应星《天工开物》说:"凡造贵重墨者,国朝推重徽郡人。或以载油之艰,遣人僦居荆襄、辰沅,就其贱值桐油点烟而归。"[40]徽墨原料主要是黄山松烟,也使用油烟,其盛名一齐流传了下来。明代制墨专著较多且较为详细,如姑苏沈继孙《墨法集要》、奉新宋应星《天工开物》[40]、徽州程君房《墨苑》、徽州方于鲁《墨谱》等。此期也出现了许多名家里手,此徽州程、方二氏便是其中的代表。见于考古发掘的明代墨块有朱檀"蓬莱进余"墨等①[41]。

(一)制墨烟煤的制取

与宋代同样,明代制墨烟煤(炭黑)有松烟和油烟两种,其松烟可直接用松枝烧造,也可直接用松香烧造。不管哪种工艺,此时都已发展到了相当完善的程度。

---

① 朱檀墓的墨块长19.5厘米、宽3.4厘米、厚1.0厘米,圆首方底,四边有栏,模制而成,正面上首饰有团龙,篆文墨名"蓬莱进余";背面上首有"吉甫家子昌法"6字,下有七绝一首:"墨法家传岁月深,高山流水有知音;蓬莱宫里曾经进,一寸真如一寸金"。

1. 松烟及其制作工艺

宋代之后，卧式窑基本上取代了立式窑，明代松烟窑的结构和原理与宋代基本一致。宋应星《天工开物》载："凡烧松烟，伐松，斩成尺寸；鞠篾为圆屋，如舟中雨篷式，接连十余丈。内外与接口皆以纸及席糊固完成。隔位数节，小孔出烟，其下掩土砌砖先为通烟道路。燃薪数日。歇冷入中扫刮。凡烧松烟，放火通烟，自头彻尾。靠尾一二节者为清烟，取入佳墨为料。中节者为混烟，取为时墨料。若近头一、二节，只刮取为烟子，货卖刷印书文家，仍取研细用之。其余则供漆工垩工之涂玄者。"[40]这里简述了松烟窑的结构和烧烟的基本过程，并说第三等松烟，是用来制作印刷用墨的。另外，在这段引文前，宋应星还说过制墨松枝要去除松香的话，云："其余寻常用墨，则先将松树流去胶香，然后砍木。凡松香有一毛未净尽，其烟造墨，终有滓结不解之病"[40]。其实是未必如此的。引起"滓结"的不应是松香，而是其他原因。下面我们还要谈到，明代还有人专用松香烧烟制墨的。

2. 油烟及其制作工艺

油烟主要用来制作优质墨，此技术约始于宋，明代便达到了兴盛的阶段。宋代用油主要是石油、桐油等少数几种，明代则因地制宜，开发了多种使用本地油料制墨的新工艺。宋何薳、明宋应星、沈继孙、宋诩等都认为桐油烟制墨是最佳的。沈继孙《墨法集要·浸油》云："古法惟用松烧烟，近代始用桐油、麻子油烧烟；衢人用皂青油烧烟，苏人用菜子油、豆油烧烟。"并说"桐油得烟最多，为墨色黑而光，久则日黑一日。余油得烟皆少，为墨色淡而昏，久则日淡一日"[42]。明宋诩《竹屿山房杂部》卷七"燕间部·文房事宜·墨"载："墨取桐油烟为上，豆油烟次之。经灯草一茎然者煤细，二茎较麤，三茎则太麤矣。胶少烟细为佳。"[43]明人对油烟制墨也较重视，沈继孙《墨法集要》所述主要为油烟墨，其中包括"浸油、水盆、油盏、烟椀、灯草、烧烟、筛烟、镕胶、用药、搜烟、蒸剂、杵捣、秤剂、锤炼、丸擀、样制、印脱、入灰、出灰、水池、试研"，计21道工序，都作了详细说明；就连明邝璠（1465～1505年）《便民图纂》（1493年）这种日用百科类图书，所述制墨工艺也是油烟墨，而未谈及松烟。

制作油烟的装置由油盏、烟碗、水盆三部分组成。油盏置于冷却用的水盆中，水盆近底处留一小孔，以作换水用。油盏"用壮厚缸砂"制成，内置一优质灯草。油盏之上覆盖一个内面光滑的长柄烟碗，此碗"用淘炼细土烧"成，以承接烟黑。在一个干净明亮，且不通风的密室内，安置类似的十套制烟装置（油灯），便可添油烧烟[44]。

烧烟宜在深秋初冬进行。"烟椀盖之，勿见风，致烟落。约四五刻扫烟一度，则一度剔去灯草"。扫烟时，"须以空烟椀一只，替下有烟椀"。"每日约扫二十余度，扫迟则烟老，虽多而色黄，造墨无光，不黑"。看来，这主要是某些挥发性物质增加了的缘故。"夏烟亦老，频换冷水及减灯草为良"。这是用降温的办法来减少挥发性物质的析出。"每桐油一百两，得烟八两"[45]。

制墨原料由松烟发展到油烟，是一个较大的进步。油烟的优点是，炭黑粒度较细、黑度较高，且可提高墨的光泽，能产生"一点如漆"的效果。但从总体上看，我国古代制墨原料，主要还是松烟，明宋应星《天工开物》说："凡墨，烧烟凝质而为之，取桐油、清油、猪油烟为者，居十之一；取松烟为者，居十之九"[40]。

3. 松香制墨技术

松烟通常都是用松枝制取的，明时，有人直接用松香制取松烟，并以之掺和油烟一起制墨。明方瑞生《墨海书》卷三云："清油、麻子油，沥青作末，各一斤，先将二油调匀，以大碗一只，中心安麻花，点着，旋旋操入沥青。用大新盆盖之周，回以瓦子衬起，令透气，熏取以翎子扫之。"[46]此"沥青"即松香，这里谈到了以清油（茶子油）、麻子油与松香混合制墨。

杨慎《升庵外集》卷一九也有类似的说法："古墨惟以松烟为之。近世称徽墨率用桐油烟，既非古法。""元有朱万初，善制墨，纯用松烟。""余尝谓松烟墨深重而不姿媚，油烟墨姿媚而不深重，若以松脂为炬取烟，二者兼之矣。"[47]此认为松脂烟制墨兼具了油烟和松枝烟的优点。

单用松香烟制墨的工艺约始于清代的谢崧岱，他是著名的"一得阁墨汁"创始人，他在《南学制墨札记》一书中曾对松香烟制墨工艺作了详尽的记述。

（二）炭黑粒度分级技术的发展

依现代技术原理，衡量炭黑质量的标准主要有二：一是粒度；二是挥发性物质的吸附量。通常强调的主要是粒度，粒度越小，表面积越大，也越黑。在宋和宋代以前，不管立式窑还是卧式窑，皆主要采用风选法，依炭黑离火的远近使烟黑自动分级；明代又发明了一种浮选分级法。《天工开物》载："凡松烟造墨，入水久浸，以浮沉分精悫。"[40]悫，粗厚。浮选法在采矿等技术中使用较早，炭黑浮选技术与之显然是一脉相承的。

（三）对添加剂认识的提高

宋人制墨使用添加剂数量较多，明代之后，添加剂数量有所减少，认识上却有了较大提高。明沈继孙《墨法集要·用药》条说："用药之法非惟增光、助色、取香而已，意在经久，使胶力不败，墨色不退，坚如犀石，莹泽丰腴，腻理可爱，此古人用药之妙也。"并进一步指出："药有损有益，须知其由，且如绿矾、青黛，作败；麝香、鸡子青引湿；榴皮、藤黄减黑；秦皮书色不脱；乌头胶力不腻；紫草、苏木、紫矿、银朱、金箔助色发艳，俗呼艳为云头。鱼胶增黑，多则胶笔锋，牛胶多亦然。"为掩盖胶、煤的气味而多用香料，这是"欲其香，不知为病，损色，且上甑一蒸之后，香气全无，用之何益"？其认为最好的香料是蔷薇露，"其香经久不败"。并认为墨的质量主要取决于烟、胶的质量和比例，及其加工技术，添加剂只能起到辅助作用："然欲墨之黑，一须烟淳，二须胶好而减用，三须万杵不厌，此不易之法，不可全藉乎药也"。显然这是人们对添加剂一种较为正确的认识。

（四）和制

和制的一个关键是掌握好煤、胶比，明代对此已有了更深的认识。明沈继孙《墨法集要·熔胶》条载：桐油烟10两，依季节之差别，牛胶量为4.5~6.0两，药水量相应为10两至9两；松煤1斤，牛胶量为4~5两，药水四时俱用半斤。从总体上看，"春冬宜减胶增水，仲夏、季夏、孟秋宜增胶减水"。这里谈到了季节问题，其实就是空气湿度、温度对和墨的影响。油煤与松煤用胶量的差别，主要是考虑了粒度的缘故。因油烟通常粒度较小，故比表面积较大，充分浸润和粘结所需的用胶量较多，故和制时，油烟用胶量应较松烟稍大。

据《墨法集要》等所载，炭黑与胶水混合后，还要经过搜烟，即揉烟，用揉的方式使胶、烟混匀；之后用布包好，入甑蒸煮十数沸，目的是在高温，以及随之而来的胶水粘性下降、流动性增大的情况下，利用蒸汽促进炭黑的充分润湿。之后取出，用臼杵反复春捣练熟，再冲打并成型。经过搜、蒸、杵、冲，炭黑便达到了最佳润湿和分散的状态。

第八节 火药火器技术的空前发展

明代是我国古代火药火器技术大发展的一个重要阶段，不管操作上还是认识水平上，都有较大提高，有关记载亦较详明。硝、硫、炭的选择、加工、配制都更为精细，并形成了一套较为成熟的工艺规范。有关配比更趋于合理，人们对硝、硫、炭在火药中的地位已有了较深认识，并将它们之间的关系形象地喻之为君、臣、使。我国古代火器约可分为四种基本类型，即燃烧型、爆炸型、管型（又包括喷火筒型和射击管型）、喷气型。明代在继承宋、元爆炸型、发射型、燃烧型三类火药的同时，主要发展了发射型、爆炸型。在发射型火器中，初步形成了枪、炮、火箭等品种；在爆炸型火器中，则产生了定时爆炸弹和地雷、水雷等品种，从而初步构成了我国古代热兵器体系的雏形。

一、火药技术的发展

（一）火药配方的发展

我国早期火药是较为原始的，一是组分较为复杂，二是配比不太合理。明代便逐渐成熟起来，尤其是中、后期。

明代初期火药配方在宋、元基础上又有了一些进步。据《高丽史·恭愍王世家》载：洪武六年（1373 年）十一月，为抗击倭寇，高丽恭愍王派密使请明廷颁降各种战用物资，以济度用，其中主要有"船上合用器械、火药、硫黄、焰硝等物"。次年五月，明廷命拨"五十万斤硝，十万斤硫黄"等，供其制造火药之用[1]。可见，此调拨高丽的硝、硫比为 5:1，换成百分比成分则为：硝 83.33%、硫 16.67%；若再配入适量的炭，便是一种较好的发射火药。

明代中期以后，火药技术有了明显的进步。其大体上亦可分为两大类：一是枪炮所用的发射火药，并包括辅助性的火门火药、火线火药等；二是爆炸型、发烟型火药等。此两类都是在宋、元火药基础上改进而成的，个别配方大约还吸收了国外的优点。

发射火药。这在唐顺之《武编》"前集"（成书于 1559 年）[2]、戚继光《纪效新书》（约成书于 1560 年）[3]、何汝宾《兵录》（成书于 1606 年）[4]、赵士桢（1553~1611 年）《神器谱》[5]、茅元仪《武备志》（1621 年初刻）[6] 等兵书中都有记载。《纪效新书》卷一五"布城诸器图说篇"载："制合鸟铳药方：硝一两（75.76%）、熿一钱四分（10.6％）、柳炭一钱八分（13.64％）。"[3]《兵录》卷一一"火药方"载："制火药，每料用硝五觔（71.43％），黄一觔（14.29％），茄杆灰一觔（14.29％）。"[4]（与《武备志》卷一一九"军资类·制火药方"条完全一致）"又法，制火药，每硝十两（83.33％），灰一两五钱（12.5％），磺五钱（4.17％）。"上述文献中提到的"熿"、"磺"、"黄"皆指硫磺。总体上看：（1）明代中、晚期，三元配方已基本确定下来。丘濬《大学衍义补》（成书于 1487 年）卷一二二"严武备·器械之利下"说得十分明白："今之火药用硝石、硫黄、柳炭为之。"虽火药中也常加入其他一些物质，那只是为了实现某目的而采取的辅助措施。（2）硝、硫、炭的比例已相对稳定，含硝量多在 70％ 以上，含硫 4％ ~ 15％，含炭 8％ ~ 15％，与近代黑火药已较接近，从而具有了燃烧快、威力大的特点。（3）部分火药配方往往为多部兵书引用，说明其已经过反复试验，这也是火药技术趋于成熟的一种表现。

《兵录》卷一三还附有"西洋炼造大小铳火药法"，云："大铳配药方：硝六觔（75％）、磺一觔（12.5％）、炭一觔（12.5％）。小铳配药方：硝六觔（72.73％）、磺一觔二两（13.64％）、炭一觔二两（13.64％）。"[4]其中的小铳方配磺量另外还记有两个数据，即："或十六两二钱，或十五两"。可见上云《兵录》中一些传统火药方与此甚为接近。

爆炸、喷射、发烟型火药。这在多部著作中都有记述。《武编》"前集"卷五"火"载："（黄居）硝六分之一，爆伏（仗）用之。黄居硝三十分之一，灰居硝五分之一，为下料，为行火药，火箭、流星、地老鼠及药线用之。""黄居硝三分之一或四分之一，灰居硝四分之一，为上料；凡纸筒、纸毬、梨花竹筒、瓦罐敞口之物、火箭头上及铗（铁）炮欲炸者用之。黄居硝二分之一，古火毬、烟毬用之。黄居硝十分之一，为中料；灰同为中料，凡铳炮及鸟铳用之。"[2]可见，此"下料"的百分比成分为：硝81％、黄（硫）2.7％、炭16.22％；其含硝量尤高，含黄（硫）量较低，古云"有硝无黄为药线"[2]，所以下料主要作火箭流星和浸泡药线用。此"上料"的百分比成分为：硝66.67％、黄（硫）16.67％、炭16.67％；其含黄（硫）、含炭量都较高，古云"黄多则能发火"[2]，故上料主要作爆炸型火药用。"中料"百分比成分为：硝83.33％、黄（硫）8.33％、炭8.33％，为发射型火药。

在此有两点值得注意的是：虽火药的基本组分是硝、黄（硫）、炭三物，但古人早已注意到，同一原料的不同品种，其性能还是有差别的，尤其是硫和炭。如三黄，《兵录》卷一一"火攻药性"条载："雄黄气高而火焰（原注：神火以雄为君），石黄气猛而火烈（原注：信火以黄为君），砒黄气息而火毒（原注：毒火以砒黄为君）。"[4]又如炭，《武编》"前集"卷五云："杉灰为紧药，轻煤为慢药。柳枝灰、茄楷灰最轻，而易引火。瓢灰、蜂窝灰则又轻矣。"[2]人们皆可依据不同需要来选择黄（硫）和炭的种类。

在讨论明代火药时，《火龙经》一书也是值得一提的，其中载有十几个火药配方，从组分数量看，其大体可分为两种类型：（1）三元配方。如，"爆火药：硝四两（91.32％）、杉灰八分（1.83％）、硫火三钱（6.85％）"。"砲火药：硝火十两（46.51％）、硫火六两（27.91％）、葫灰二两（9.30％）、箬灰二两（9.30％）、石黄一两（4.65％）、雄黄五钱（2.33％）"。此"灰"即炭，下同。若将灰、黄

(硫)作一简单集合，"砲火药"的成分则为：硝46.51%、黄（硫）34.89%、灰18.6%。（2）多元配方。即为了不同需要，在硝、硫（黄）、炭外，另加入其他一些物质，如黑烟药："硝火一两、硫火二钱、木煤三钱、灰三钱、生皂角三钱……乃黑夜白日埋伏要地为号记认之法也"[7]。可见：其部分火药配方已剔除了多余的组分，使硝、硫、炭在火药中的作用得到了加强，但硝、硫、炭的配比尚不太合理。只可惜此书的成书年代不是十分具体。其原题作"永乐十年……焦玉自序"，今人冯家昇认为是元末之作；马成甫、刘仙洲、潘吉星等认为成书于明初；成东认为其虽为明初之作，但掺有年代稍后的资料；钟少异则认为其可能成书于嘉靖后期至万历末年时；李斌认为此书可能到嘉靖末年才有抄本流传，是成书较晚的一部伪作，对其在火器史中的地位不应估价过高[7]。众说纷纭，需要进一步研究。

（二）火药加工技术

人们对火药技术一直在进行不断地探索。明代中、后期，随着火器技术的发展，有关操作更为讲究，尤其是硝、硫的提纯和火药的合成，多种文献中都有记载。

1. 硝的刮取和提纯

我国天然硝石一般杂质较少，经浸洗、熬炼、再结晶后，便可得到纯度较高的硝石。具体操作则因地制宜，各有特色。

宋应星《天工开物》卷一五所载较为简明："凡消刮扫取时（原注：墙中亦或进出），入缸内，水浸一宿，秽杂之物浮于面上，掠取去时，然后入釜，注水煎炼。消化水干，倾于器内，经过一宿，即结成消。其上浮者曰芒硝，芒长者曰马牙硝（原注：皆从方产本质幻出）……欲去杂还纯，再入水煎炼。入莱菔数枚同煮熟，倾入盆中，经宿结成白雪，则呼盆消。凡制火药，牙消、盆消功用皆同。"[8]其中的"消"、"硝"同。可见此提纯之法有二：一是浸洗、煎炼，即利用溶解法和浮选法去除部分杂质。为提高纯度，还可再次入水煎炼。二是利用莱菔，即萝卜吸附，以分离部分杂质。

《武备志》卷一一九在某些方面说得更为详细，其中较值得注意的是：（1）提硝之水可以是泉水、河水、池水或甜井水。（2）第一次煎煮后，须下"小灰水"，即草木灰水，使灰水中的碳酸钾与硝石中的部分可溶性钙盐相互作用，生成碳酸钙沉淀，以分离部分钙质[6]。《神器谱》"制硝"条说还须向硝石溶液中加入大红萝卜一个、鸡卵清三个、水胶二两，且须以铁勺搅拌[5]。

硝经提纯后，便须焙干、研细。焙干时，"少者用新瓦焙，多者用土釜焙，潮气一干，即研末"[8]。

2. 硫的提纯

《武备志》卷一一九"军资乘·提黄法"条载："提黄，每锅用水五六碗，烧滚，然后下黄三四十斤，煎开。出在磁盆内，澄一日，去黄底坐（即底部沉淀物），用黄稍。将底坐加水入锅，再煎、澄，通用黄稍。"其中的"稍"同"硝"。该书接着还谈到了另一种方法，即向锅内加入麻油，后再加硫与之共同煎炼，同时还要另加青柏叶入油内[6]。

3. 炭的加工

各书所载方法较多。《神器谱》"炭灰"条载:"炭灰须用柳条,如笔管大者,去皮、去节,取其理直者用以烧灰入药为上。南方柳木甚少,用茄秆灰、蒿灰、瓢灰、杉木灰以代柳木。""草木之中,惟榆柳桑柘诸木火性更旺;诸木之中,又惟柳木枝秆直上,火性直走,余皆枝干曲折,文理从(纵)横,且质坚炭硬,火性不甚轻便。"[5]

4. 火药的配制加工

戚继光《纪效新书》谈到前述鸟铳火药的制作时说:"通共硝四十两,磺五两六钱,柳炭七两二钱,用水二钟。舂得绝细为妙。秘法:先将硝、磺、炭各研为末,照数兑合一处,用水二碗,下在木柏,木杵舂之。不用石椿(杵)者,恐有火也。每一柏舂可万杵。若舂干,加水一碗又舂,以细为度。舂之半干,取日晒打碎,成豆粒大块。此药之妙,只多舂数万杵也。大端如制合好墨法相类。""将人手心擎药二钱,燃之而手心不热,即可入铳。但燃过有黑星白点,与手心中烧热者,即不佳。又当再加水椿(舂)之,如式而止。"[3] 可见其基本操作为:(1)将硝、硫、炭分别碾细,之后依比例用水兑合。(2)下木臼中万杵之。不得用石臼。杵干后可加水再舂,以细为度。(3)舂至半干时,取出晒干,并打碎成豆粒大。是为成品。(4)检查质量之法是:燃烧快、无渣滓、手心不热者为佳;有黑星白点,说明舂杵不充分,燃烧不完全,则须再舂。这显然是一种经验之总结,却既严格又科学。相类同的记载在《武编》"前集"、《天工开物》等多种书籍中都可看到。

(三)火药理性认识的提高[9]

大约从唐代起,人们对硝、硫、炭在火药中的地位便逐渐有了一些认识,经宋、元、明三代的实践,这种认识便逐渐清晰起来,我国古代的火药理论逐渐形成。这种理论在火药配方中得到了体现,更为重要的是,还在文字上明确地表现了出来,使人们的认识得到了进一步深化。这主要包括三方面内容:(1)硝、硫、炭三者中,谁个为主、谁个为辅;(2)三者间的配比;(3)在发射和爆炸过程中,谁个"主直"、谁个"主横"。

1. 用"君、臣、使"来比喻硝、硫、炭在火药中的地位

在现有文献中,较早提起这一问题的是唐顺之《武编》"前集"卷五"火"条,其云:"虽则硝硫之悍烈,亦藉飞灰而匹配。验火性之无我,寄诸缘而合会。硝则为君,而硫则臣,本相须以有为"。"惟灰为之佐使,实附尾于同类。""臣轻君重,药品斯匀,烈火之剂。一君二臣,灰硫同在臣位,灰则武而硫则文。剿疾则武收殊绩,猛炸则文策奇勋。虽文武之二途,同输力于主君。"可知,依唐顺之所言,硝、硫、炭三者在火药中的关系,就如同君、臣、使;它们是"一君二臣",既是"臣轻君重",又须相辅相成,硫、炭须"同输力于主君"。这种比喻虽未必十分科学,但还是有一定道理的,何汝宾《兵录》卷一一"火攻药性"条、茅元仪《武备志》卷一一九"火药赋"等,都沿用了这一说法。

2. 用"君、臣、使"来比喻硝、硫、炭在火药中的配比

此说亦首见于《武编》"前集"卷五"火"条,其云:"药不精专,虽多亦少;

药能精制，以少为多。过与不及兮，失其调剂；用之适中兮，燮理平和。灰硝少文，虽速而发火不猛；硝黄缺武，纵燃而力慢。奈何弃武用文，势既偏而力弱，堪成白火之用；弃文用武，事虽济而力穷。"意思是说，硝、黄、炭三物均须精制，配料比例必须控制得当，谁过多，谁过少，都会造成不良影响。这与现代技术原理是基本相符的。茅元仪《武备志》卷一一九"火药赋"等都引用过这一说法。

3. 用"硝性竖、硫性横"来表述硝、硫二物的燃爆特性

此说亦首见于《武编》"前集"卷五"火"条，其云："硝性竖而硫性横，亦并行而不悖。""（灰）善能革物，尤长陷阵，性炎上而不下，故畏软而欺硬。"①《武备志》卷一一九"火药赋"也援引了这一说法。《兵录》卷一一"火攻药性"条对此作了进一步的发挥，且说得更为具体、明白。其云："硝性主直（原注：直发者以硝为主），硫性主横（原注：横发者以硫为主），灰性主火（原注：火各不同。以灰为主，有箬灰、柳灰、杉木灰、梓灰、胡灰之异），性直者主远击，硝九而硫一；性横者主爆击，硝七而硫三。"宋应星《天工开物》卷一五"佳兵·火药料"条也援引了其中的主要内容。

这些对火药诸特性的描述，是人们认识上的一次深化和飞跃，是明代火药技术的重要成果。因受时代限制，有些表述虽不是十分科学，但却形象、生动，大体上反映了火药的一些基本特性。它显然是人们长期实践经验的总结，又可进一步指导实践。

二、管形射击火器技术的发展

明代金属管形射击火器种类较多，大体上可区分为炮、枪两大类②，它们各自又可区分为许多小的类型。此期火器的长度加大，管径却向加大和变小两个方向发展，大炮管径加大，重量增加；枪则变细，重量减轻，出现了鸟枪。明代中期之后，金属管形射击火器技术获得了许多进步，其中最为重要的是使用了瞄准器，并由火捻点火发展到火绳点火。明代中期以后，金属管形射击火器便成了军队装备和火器发展的主要品种。

（一）火炮的发展

在明代，作为重型管形射击火器的炮主要有两类，一是"碗口铳"，二是大口径的直口炮。前者始见于元代，后者是明洪武时期才出现的。

碗口铳。我国金属管形射击火炮的一种早期制品[10][11]。其始见于元，较早的实物有：内蒙大德碗口铳、房山至顺三年盏口铳[12]、张家口碗口铳等[13]。明代初期，随着火器技术的发展，碗口铳骤增，大家较为熟悉的有：军事博物馆收藏的洪武五年（1372 年）碗口铳[12]、1975 年赤峰所出洪武五年碗口铳[14]、1988 年山

---

① 《武编》"前集"卷五"火"条最后还用诗歌的形式对硝、硫、炭的关系作了简单、明确的归纳："硫磺本是火之精，焰硝一见便兴兵；硝为君而硫作臣，炭灰佐使最通灵。硝力竖而硫性横，炭灰在内助力真；三家本是各类产，会合君臣万古雄。"

② 铳是元、明时期对金属管形火器的统称。今人对管形火器分类时，通常不将铳作为独立的品种。乾隆三十二年《钦定皇朝通志》卷七八在谈到火器时，管形火器便只谈到了炮和枪两大类型："大者曰礮，其制或铁或铜，或铁心铜体。""小者曰鸟枪。"而未再谈及铳（文渊阁《钦定四库全书》抄本，武汉大学出版社电子版第 241 碟，该书第二十八册）。但铳与炮、铳与枪混称之事却又是随处可见的。铳的称呼直到 20 世纪 40 年代民间还在使用，主要指那些口径介于枪和炮之间的管形火器，故本书行文中亦经常使用这一名称。

东蓬莱县所出洪武八年碗口炮（2门）[15]、1664 年山东冠县所出洪武十一年碗口铳[16]、1977 年贵州赫章所出洪武十一年碗口铳[17]，1972 年河北宽城县所出洪武十八年碗口铳等[18]，大体皆属这一类型。重修《明会典》卷一九三"军器军装二·火器"载："正统十年（1445 年）题准，军器局造椀口铜铳，编胜字号。"且弘治（1488～1505 年）以前定例，军器局每三年须造"椀口铜铳三千筒，手把铜铳三千把"。可知碗口铳在明代使用了相当一个时期。这些碗口铳的基本特点是：(1) 筒口皆呈碗口状，炮弹皆放在碗口上，依仗筒内火药的冲击力将其送出。(2) 被投射物，即炮弹，是一个体积较大的石块或铁弹、爆炸弹。(3) 碗口径多在 10～13 厘米间；蓬莱的两门洪武八年炮稍大，碗口径达 26 厘米，管径达 11 厘米；赫章的较小，口径只有 7.5 厘米；后者大约是较为机动的随军用炮。

关于碗口铳的使用方法，《兵录》卷一二载"碗口铳"条曾有说明："碗口铳，用凳为架，上加活盘，以铳嵌入两头，打过一铳，又打一铳，放时以铳口内衔大石弹，照准贼船底膀，平水面打去，以碎其船，最为便利。"可见，这种铳是放在木架上发射的；其口部之所以做成碗口状，是为了便于放置大石弹。

碗口铳的名称也很值得注意，从大量资料看，明人在把它称之为"碗口铳"的同时，也称之为炮。这有多条资料为证。

《武备志》卷一二二载有 3 门称之为"飞摧炸砲"的火器，其形态实际上就是碗口铳（图 8 - 8 - 1）。3 门炮中，两门正在发射，一门待发，炮口上见有一个大炮弹；但此炮弹不是石球，而是一个火药包。原附文云："用大铁砲装火药舂实，用生铁铸小口空腹蒺藜砲，入炸药杵盈口，进小竹筒安药线稍长，放在大砲口上。临用先点小砲药线，次点大砲药线，以大砲而送小砲。"此"大铁砲"指碗口状管形火器；"小口空腹蒺藜砲"、"小砲"指生铁铸成的内装炸药的炮弹。将"蒺藜砲"放在大炮口上，点火后便可将其射出。

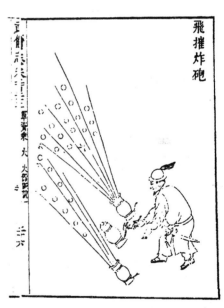

图 8 - 8 - 1 明《武备志》所载碗口"飞摧炸砲"图

在考古实物中，山东蓬莱洪武八年铜砲的口部也是碗口状的。此炮计两门，两器上皆有铭文，皆自称为"大砲"。一炮之铭为："莱州卫莱字七号大砲筒重壹佰贰拾斤洪武八年二月日宝源局造"。另一炮铭为："莱州卫莱字二十九号大砲筒重一百二十一斤洪武八年二月日宝源局造"[15]。此"砲"字铭文也说明，明人是将碗口状管形火器也称之为"砲"的。

关于铳与炮混称的情况，明丘濬（1420～1495 年）《大学衍义补》（成书于 1487 年）卷一二二"严武备·器械之利下"也有一段说明："近世以火药实铜铁器中，亦谓之礮，又谓之铳。铳字韵书无之，盖俗字也。其以纸为之者，俗谓之爆，爆者，如以火烧竹而有声，如竹爆然也。今礟之制，用铜或铁为具，如筒状，中实以药而以石子塞其口，旁通一线，用火发之，其石子之所及者，无问人物皆糜烂。"[19] 此说"今礟之制"，"以石子塞其口"，显然是一种碗口状火器。其中"礟，又谓之铳"，当指碗口铳言。

直口炮。口径达 22～23 厘米，这是重型火器，所见数量较少。1965 年株洲出土 1 件铜炮，直口，全长 81 厘米，外径 32 厘米、内径 22 厘米，重 348 千克，铭文有"正德陆年十月"等字[20]。

明代火炮名目较多，见于《明史》、《明会典》、《武编》、《武备志》等兵书，考古发掘的有："大将军炮"、"二将军炮"、"三将军炮"、"四将军炮"、"五将军炮"、"旋风炮"、"碗口炮"、"神威大炮"、"铜发熕"、"威远炮"、"红夷炮"等名目，约数十种之多。若从性能上分类，则有野战炮、攻城炮、守塞炮、舰船炮等；若从材质上分类，则有铜炮和铁炮两种，其中有本国设计的，也有仿造外国的，明代中期之后则仿造者增多。

直至明、清时期，以抛石机投掷火药包，及至巨石之"砲"仍有使用。如明茅元仪《武备志》卷一二二谈到过一种"宋火砲"，便是以抛石机投掷火药包的装置，其云："宋人用旋风、单稍、虎蹲等砲。所谓火砲者，但以其车放毯、鹞、枪等诸火器耳，此为砲之祖"。也有投掷石块的，如《明史·朱燮元传》载：天启时贵州土司奢崇明叛明，率军围攻成都，造大型吕公车攻城，城中守将朱燮元"乃用巨木为机关，转索发炮，飞钩石击之"。《盾鼻随闻录》卷二载，杨秀清指挥攻打衡州（湖南衡阳），守城清军也"掷出石炮"，砸伤太平军将领韦镇。自然，这类炮的数量在明、清时代都已很少。

我国古代金属管形火器最先使用的主要是铜质炮，之后才是铁质炮。铁炮实物始见于明代初年。大家较熟悉的有：（1）山西省博物馆旧藏洪武十年铁炮，计 3 门，通长 100 厘米，口径 21 厘米，炮口下两箍间铸有三行铭文："大明洪武十年丁巳口口季月吉日平阳卫铸造"（图 8 - 8 - 2）[21]。（2）1979 年时，镇江亦出土过 23 门明初铁炮[22]。明末所见红夷炮铁炮实物稍多，

图 8 - 8 - 2　山西省博物馆藏洪武十年铁炮

多处都有出土或收藏。如：（1）20 世纪 50 年代时，石家庄市发现有崇祯十一年红夷大铁炮[23]。（2）上海闸北区发现两门崇祯十六年大铁炮，皆铭之为"红夷灭虏大将军"[24]。山西洪武铁炮的炮身上有两对耳柄构成互相平行的两条直杠，这当是调节炮身俯仰的承载轴，两条直杠断面皆呈四方形，且互相平行，若用一个斜面来垫塞，俯仰起来就会更为平稳。早先将其释成转轴，其实它是不能转的；后又

有学者而认为它是用作扛抬的把手[25]，但这种巨炮并非经常移动之物，把手并无必要；同时，把手通常都是圆的，不宜作成方形。

明代铜炮皆为铸造，铁炮则有铸、锻两种。重修《明会典》卷一九三"军器军装二·火器"在谈到"毒火飞砲"成型工艺和使用方法时说："用熟铁造，似盏口将军，内装火药十两有余，盏口内盛生铁飞砲一个，内装碗硫毒药五两。药线总缚一处点火，大砲先响，将飞砲打于二百步外，爆碎伤人。"此"熟铁造"即锻造，当时尚未具备"熟铁"铸造的技术条件。

明代火炮结构的进步主要有下列几方面：[11][25][9]

（1）从明代初年起，一般铜铁炮（铳）上都加了一道或多道箍，就提高了炮身强度。

（2）一般都设置了耳轴，这是一种为了便于炮身安置的对称轴，使火炮发射时可俯可仰，提高了其火力的机动性。

（3）早期火炮多为固定式的，后来才成了活动式。《火龙经》卷中所载"子子雷砲"、"七星铳"等，皆有两轮或多轮车，因而可"随高随低，点火对打"。15世纪时创造了比较完整的炮车炮架，发明了可以转动的"滚车"和"台车"，从而使火炮的灵活性大为增加。这种车在多种兵书中都可看到。

（4）明代中期后，兵仗局开始仿制佛郎机炮，设置了照星、照门，便改变了我国火铳没有瞄准装置的状况，从而提高了火炮命中率。

（6）仿佛郎机炮，使用了子铳，又名"提心铳"，便在一定程度上克服了火炮"重而难举，发而莫继"的缺点。张萱《西园闻见录》六九"车战"条载："今所制提心铳举放即于车上，每铳一门，提心有五，即以五卒分携之。一心才发，一卒即前提之，又入一心，又一卒提之。如此循环至于五心才毕。则头一卒提心制药讫，又来入放；虽继百响，不歇可也。"[26]

（二）手铳的发展

由于火器的威力和统一战争的需要，明廷把火器生产放到了一个相当重要的地位，其在朝廷官府中设有火药制造局，一些地方官府设作坊制造火药。先是宝源局，稍后，军器局、兵仗局，以及许多驻军皆铸手铳。手铳者，小炮也。《明会典》卷一九三"工部十三·火器"载：兵仗局每三年须造大将军、二将军、三将军、夺门将军、神砲、神铳、手把铜铳、手把铁铳等若干。目前许多地方都有明代火铳出土或收藏。明代中、后期，由于轻型火枪和重型火炮的发展，手铳技术才开始削弱。

由大量考古实物看，若碗口铳单算，元代火铳便只有一种，明代火铳则至少有四大类，并且趋向于定型[9]：（1）初期手铳，始见于元，明洪武时有了较大发展。口径多为2～2.2厘米，只有少数超过此数，达3.3厘米；长多为40～44厘米。（2）轻便手铳，始见于永乐时期，出土实物较多。口径多为1.2～1.7厘米，全长34～36厘米。年代稍早的有多件永乐七年铳，1978年辽宁辽阳出土的一件全长35.2厘米，内径1.5厘米[27]。（3）中型手铳。数量较少，口径5.2～5.3厘米，全长43～44厘米。今见有"永乐拾叁年玖月"铭3件等，分别出土于内蒙古克什克腾旗[28]、河北[29]和北京[30]。（4）大型手铳。数量亦较少，口径介于7～22厘米间，今日所见有永乐七年铳2件等。一件为1983年甘肃张掖县出土，全长55厘米，内径7.3厘米、外径10厘米，重20千克，上有"奇字壹千陆佰拾壹号"，"永乐柒年九月日造"铭[31]。另一件出土于嘉峪关，全长55厘米，口径11厘米，重15余千克，壁厚1厘米，上有"奇字壹千玖佰叁拾叁号，永乐柒年玖月日造"字铭[32]。两器铭文基本一致。因这类铳稍大，故今也有学者称之为炮铳、铳炮。除此四类铳外，还有一些其他类型，如两头铜铳、长柄铳等。

由洪武到永乐时期，手铳技术的进步主要是：

（1）增加了火门盖，盖可开合，可保护火药免受风雨侵蚀。

（2）从河北省文物研究所收藏的永乐十三年铜铳来看，在火药与弹丸之间使用了木马子[25]，这是用于充实火药的附件，兼有塞紧和密闭的作用，使弹丸能集中瞬时的爆发力，从而增加了射程和杀伤力。申时行重修《明会典》卷一九三"火器"载，弘治以前定例，军器局三年一造椴木马子三万个，檀木马子九万个。

（3）尺寸较为规范，加工亦更为精细。如1988年时，成东统计过20把由永乐七年（1409年）到正统元年（1436年）的"天字"号铜手铳，时间跨度较大，且出土于不同地方，长皆介于34.5~36厘米间，口径皆介于1.3~1.7厘米间[25]。

（三）金属管形火枪

我国古代被称为"火枪"的兵器至少有6种不同类型①：（1）抛石机火枪。这是由抛石机投射的带火矛头，如《武经总要》"前集"卷一二所云。（2）长竹竿火枪。这是一种喷火的长竹竿火器，如陈规所用者。（3）飞火枪。这是一种带有喷火管的长矛。如"赤盏合喜传"所云。（4）烟枪。这是施放烟幕的长竹竿类火器。如《武林旧事》所云。（5）子窠突火枪。这是带有子弹的竹质管形火器。开庆元年曾见于寿春。（6）金属管形火枪。始见于元。值得注意的是：火枪之"火"仅指火药燃烧之火，而火箭之"火"则还包括油剂类易燃物所生之火，这是有差别的。前五种皆出现于宋，今主要讨论第六种。

金属管形射击火枪在明代便有了较大发展，并很快就成了明代兵士重要的轻型武器。明初这类轻型火器种类较多，今主要介绍轻型手铳、交阯神机枪、鸟铳三种。

1. 轻便手铳。这也是明代金属管形发射火器的一个重要类型。其又包括单管式、并联多管式、串联多管式等种。前者的缺点是不能连续发射；而后者则在同一火器上采用不同方式，安上了多个铳管，便在较大程度上弥补了这一缺点。常见有3管、4管、5管，以及7管、10管不等，最多达36管。

并联多管式，即是一个火铳使用了多个铳管，这些铳管相互平行地固定连在

---

① 今世学者对"火枪"曾有多种不同的界定法：（1）界定为长竹竿火枪、飞火枪和突火枪，并将梨花枪、喷筒归于其下，而不包括手铳和鸟枪等金属管形火器（见《中国军事百科全书》"古代兵器分册"，军事科学出版社，1991年）。（2）界定为元、明长竹管火枪，亦不包括金属管形的手铳和鸟枪。（3）有学者在讨论古代火枪时，只谈作为金属管形射击火器的火枪，并将这种金属管形火枪分为两大类：一是没有瞄准器的火枪，包括单管枪（如明初的神铳、手把铜铳等）、多管枪（如三眼铳、五眼铳、子母百弹铳等）、分段发射的枪（十眼铳等）；二是有瞄准器的火枪，包括单管枪、多管枪、鸟枪；而鸟枪又包括鸟嘴铳、自生火铳等（《中国军事史》第一卷"兵器"，解放军出版社，1983年）。笔者则将时间范围放得更宽一些。

一起，且铳口对齐，但共用一个尾銎和手柄。1987 年，辽阳出土两支形制相同的铁三眼铳[27]，铳身由三支铳管绕铳柄固连而成，三个铳口成品字形分布，每管都有凸起的外缘，前膛有箍，之后有药室和火门，三管合用一个喇叭形尾銎。其中一件全长 40.5 厘米、单铳口径 1.3 厘米。1991 年河北赤城出土两支铁五眼铳[29]，单管通长 46 厘米，铳管和銎部各长 23 厘米，内口径 1.5 厘米，重 5.5 千克，5 支枪管分上下两层排列。重修《明会典》卷一九三"火器"载，嘉靖二十五年军器局制造的"四眼铁枪"大体上亦属这一类型，皆无瞄准器，可连续发射，放完一筒再放一筒。

串联多管式，即一门火铳具有串连在一起的多个铳管。《武备志》卷一二五载有"十眼铳"的文字和图案，其火铳管用铜铸造，或精铁打造，长 5 尺，中间一尺为实心，两端各 2 尺为铳筒；每端 5 节管筒，每节长 4 寸，内装火药和弹丸，并开有火门。节与节之间用纸隔开。作战时，射手先点着最外一节，之后依次点燃其余 4 节，点完一端再点另一端。连续发射。重修《明会典》卷一九三"火器"载，嘉靖二十五年军器局又造"十眼铜铳"若干，当属于同一类型。

2. 神机火枪。可能是永乐时由安南传入的。丘濬《大学衍义补》卷一二二载："近有神机火枪者，用铁为矢镞，以火发之，可至百步之外；捷妙如神，声闻而矢即至矣。永乐中平南交，交人所制者尤巧，命内臣如其法监造。在内命大将总神机营，在边命内官监神机枪。"此当为单管火枪，枪筒中放入火药和箭镞，点火发之。因历代营造常以五尺为步，据故宫博物院所藏嘉靖牙尺，明一尺合今 0.32 米[33]，那么，此"百步"则相当于今 160 米。这距离是不短了。它的优点是以火药发射箭镞，相当于后世的子弹，杀伤力较强。缺点是要临时装药，不能连续发射，故丘濬说此"火枪手必五人为伍"，轮流装药，轮流发射。

3. 鸟铳。为明代中期之后仿西洋火绳枪制成，它使明代管形单兵射击火器技术有了较大的提高。

明代的火炮有铜、铁两种材质，故其成型工艺有铸、锻两种。枪则多为铁质，以打造者居多。《天工开物》卷一五"佳兵·火器"条在谈到鸟铳，亦鸟枪的制作和使用法时说："凡鸟铳，长约三尺，铁管载药，嵌盛木棍之中，以便手握。凡锤鸟铳，先以铁挺一条大如箸者为冷骨，果[裹]红铁锤成。先为三接，接口炽红，竭力撞合，合后以四棱钢锥如箸大者，透转其中，使极光净，则发药无阻滞，其本近身处，管亦大于末，所以容受火药。每铳约载配消一钱二分、铅铁弹子二钱。发药不用信引（岭南制度，有用引者），孔口通内处露消分厘，捼熟苎麻点火"。"若百步则铳力竭矣，鸟枪行远过二百步，制方仿佛（彷彿）鸟铳，而身长药多。"可见鸟铳和鸟枪锻造，都是以冷铁为骨，分段锻制并焊合的。鸟枪行远过二百步，主要是其身长药多之故。

明代火枪主要指金属管形火器，但与宋、金飞火枪相类同的兵器仍在使用。这有两个例子，一是前云明《筹海图编》卷一三所云"梨花枪"；二是《火龙经》卷中所载"飞天毒龙神火枪"，其"枪身长一尺五寸，或用铜铸或铁打，中空，藏铅弹一枚……两旁缚毒火二筒，与贼对敌，远则发铅弹击之，近则发毒火烧之，战则与枪锋刺之，一器而三用"。这两种火枪都兼具了冷热兵器的功能。但宋、元飞火枪多为喷火式或使用散弹，此则使用了可以远射的铅弹，且一支枪柄上绑了两个"毒火筒"。

三、佛郎机炮、鸟铳和红夷炮的传入

14世纪初，中国的火药火器技术经阿拉伯传入欧洲；15世纪时，欧洲制造出了在结构和性能上都优于当时明代火铳的火绳枪炮；16世纪时，西班牙、葡萄牙的航海冒险家将之变成了掠夺拉丁美洲和东方国家的重要手段。在与西方掠夺者的交往中，这些火器技术便以更高的姿态传回了中国，其中名声最大的便是佛郎机炮①、鸟铳和红夷炮。获得这些火器后，明廷很快便进行了研究和仿制，赵士桢、徐光启等人都作出了较大的贡献。

（一）佛郎机炮的传入

关于佛郎机传入我国的具体时间，明、清时期便存在一些不同说法，如明赵士桢《神器谱》"原铳"说是明成祖"征交趾所得"，《明史》卷三二五"佛郎机传"说是嘉靖二年（1523年）。从现有研究情况看，中国官方首次得到它的时间当是明正德十二年（1517年），据刑部尚书顾应祥云，这是他任广东佥事时亲眼所见。首次仿制佛郎机的时间则可能为嘉靖三年[35]。

明嘉靖间成书的《筹海图编》卷一三载："刑部尚书顾应祥云：佛郎机，国名也，非铳名也。正德丁丑（十二年，1517年）予任广东佥事，署海道事，蓦有大船二只，直至广城怀远驿，称系佛郎机国进贡……其人在广久，好读佛书，其铳以铁为之，长五六尺，巨腹长颈，腹有长孔，以小铳五个轮流贮药，安入腹中放之；铳外又以木包铁箍，以防决裂。海船舷下，每边置四五个于船舱内，暗放之，他船相近，经其一弹，则船板打碎，水进船漏，以此横行海上，他国无敌。时因征海寇，通事献铳一个，并火药方。此器曾于教场中试之，止可百步……后汪诚斋铉为兵部尚书，请于上，铸造千余，发与三边。"[34]可见：据顾应祥云，正德十二年时，通事已将佛郎机炮及其火药配方献给了他，并且还在教练场试放过。这是中国官方最早获得佛郎机的时间[35]。

佛郎机炮在结构上主要有如下几个特点：

（1）较长较大。其"长五六尺，巨腹长颈"[34]。据故宫博物院所藏嘉靖牙尺[33]，其长相当于今1.6～1.9米。"巨腹"用来装填子铳，"长颈"可形成一个较好的弹道，都有利于远射、准射。明代前期火铳则远不及此。

（2）采用了母铳衔扣子铳的结构，母铳后膛开一敞口（即巨腹），以纳子铳。一门母铳配有5～9个子铳，子铳可事先装好弹药，"以小铳五个轮流贮药，安入腹中放之"[34]。这就缩短了由于现场装药而造成的射击时间间隔，便于连续发射，增强了杀伤力。

这两点，前引顾应祥话都已谈到[34]。

（3）由于子母铳设计、加工较好，各部衔接严密，故较好地解决了密闭性问题。戚继光云："其妙处在母铳管得法，子铳在腹中，亦要两口得法，使火气不

---

① "佛郎机"系西名 Ferangi 的音译，原是明人对葡萄牙、西班牙等国的称呼，后又用它称呼葡萄牙传入的火炮。

泄。"从而提高了射程和杀伤力。"凡铸铳之法，子铳口大则子难出，要破母铳；母铳口大而子铳口小，则出子无力且歪；务要子母二铳之口圆径分毫不差乃为精器。"[34]

（4）安装有照门、准星等瞄准装置，从而提高了命中率。《筹海图编》引戚继光云："其妙处在前后二照星。""托面以目昭对其准，在放铳之人用一目眇看后照星孔中对前照星，前照星孔中对所打之物。若子马俱大，则难出，出则力大要座，后面人力不能架之。若子小则出口松而无力，歪斜难准。法既省下木马烦难之功，又出口最易。"[34]

（5）佛郎机安有炮耳。故"其机活动，可以低可以昂，可以左可以右，乃城上所用者，守营门之器也"[34]。从而扩大了视野和打击范围。顾应祥认为，"可低可昂，可左可右者，中国原有此制，不出于佛郎机"[34]。

佛郎机炮的前4个特点，对中国火器技术产生了很大的影响，人们一方面积极仿制佛郎机，同时也对佛郎机和中国炮作了一些改革。《续文献通考》卷一三四载："世宗嘉靖三年四月，造佛郎机铳于南京。"并详细地谈到了仿造的原委。"八年十二月，诏铸佛郎机三百分发各边"[36]。明谈迁《国榷》卷五三也有类似的记载[37]。仿制的佛郎机名目繁多，不但有大中小之别，同时还有马上佛郎机、连珠佛郎机、万胜佛郎机，以及黄铜佛郎机等。其中需要一提的是一种名为"发烦"的炮（或写作"发贡"、"发𬬻"）。《筹海图编》云："（佛郎机之）制出于西洋番国，嘉靖之初年始得而传之。中国之人更运巧思而变化之，扩而大之，以为发𬬻。发𬬻者，乃大佛郎机也。约而精之以为铅锡铳，铅锡铳者，乃小佛郎机也。其制虽若不同，实由此以生。"[34]"烦"或"𬬻"，疑是西文 gun 的音译。可知"发烦"实是一种大佛郎机，"铅锡铳"则是小佛郎机。考古发掘中，佛郎机炮（铳）亦不乏见，前云1978年辽阳所出铜火器中，便有2门，皆"胜字"号，皆"嘉靖辛丑年兵仗局造"[27]。

（二）火绳枪的传入

关于这种火绳枪的来源，自明代起便存在多种不同说法，其中又以"倭寇说"、"西番说"较为流行。戚继光《练兵实纪杂集》卷五"鸟铳解"条载："此器中国原无，传之倭寇，始得之。"[38]《筹海图编》卷一三"鸟嘴铳"条载："鸟铳之制（原作製），自西番流入中国，其来远矣，然造者未尽其妙。嘉靖二十七年（1548年），都御史朱纨遣都指挥卢镗破双屿，获番酋善铳者，命义士马宪制器，李槐制药，因得其传而造作，比西番犹为精绝云。"我们比较倾向于西番说，现代技术多首盛于西方。依此，鸟枪亦于嘉靖间传入，但较佛郎机稍后，试制当是嘉靖二十七年的事。在此，"鸟铳"与"鸟枪"两个名称似乎是混合使用的，说明当时对这二者尚未严格区分。

1978年，辽阳城南兰家堡子村出土一批火器，其中有鸟铳管3支，一长二短；长管鸟铳口径1.4厘米，长87厘米。有望山和准星，尾部右侧为半圆形药室，上有火门[27]。木质铳床和手柄皆已朽烂，若手柄为7寸，铳床较铳管短2寸的话，全铳长便达110厘米左右。身长为口径之62倍。

《筹海图编》卷一三"鸟嘴铳"条引唐顺之说："佛郎机、子母砲、快铳、鸟嘴铳皆出嘉靖间，鸟嘴铳最后出，而最猛利，以铜铁为管，木橐承之，中贮铅弹，所击人马洞穿。其点放之法一如弩牙发机，两手握管，手不动而药线已燃。"这种"铳"名冠之以"鸟嘴"，大约是其"木橐"状似鸟嘴之故。因其以药线点火，俗又谓之火绳枪、鸟枪、鸟铳。

从上述考古实物，及戚继光《练兵实纪杂集》等记载[38]来看，火绳枪的特点是：

（1）枪筒较为细长，其筒长与口径之比常达 60 倍左右。与前述佛郎机同样，这有利于火药在膛内充分燃烧，并产生较大的推动力。"夫透重铠之利在腹长"。

（2）与佛郎机同样，也安有准星、照门等瞄准装置。"目照之法：铳上后有一星，口上有一星，以目对后星，以后星对前星，以前星对所击之物，故十发有八九中"。

（3）安有火绳点火的发射装置，"其点放之法，一如弩牙发机"。发射时，先点着枪机夹着的药线，之后扣动扳机，火星落入药室，点着火药。因药线燃烧缓慢，可连续使用，故可连续发射。

（4）安装了鸟嘴形枪托，"有木为托，即有腹炸不能伤手"。发射时，脸部一侧可靠近枪托，"一手擎在腹前"，"后手不用弃把，点火则不摇动。后手执定，一目照直，以指勾轨，则火自然"[38]。从而保证了发射的稳定性和准确性。

（5）火药配制较好，使用了铅子弹。正如戚继光云，"铅子之利在于合药之方。其神机铳用木马，繁而多，误势难再发"[34]。

任何一项先进技术，不管是传统的，还是西洋的，也不管是火枪还是火炮，人们都会依据不同需要加以继承和改造，并使用到现实生产中的，明代炮、枪技术的发展便是一个较好的例证。重修《明会典》卷一九三"工部·火器"载：嘉靖三十七年，兵仗局制鸟嘴铳 10000 把。可见仿造数量之大。清牛应之《雨窗消意录》卷三载有明人创造性地进行了仿造，并使用了击石引火的技术："前明万历时，浙江戴某（戴梓？）有巧思，好与西洋人争胜，尝造一鸟铳，形若琵琶，凡火药铅丸，皆贮于铳脊，以机轮开闭。其机有二相衔，如牝牡，扳一机则火药铅丸自落筒中，第二机随之并动，石激火出而铳发矣。计二十八发，火药铅丸乃尽。拟献于军营，夜梦神诃曰：'上帝好生，如使此器流布，人间无噍类矣。'乃惧而止。后官钦天监，以忤南怀仁坐徒"[39]。

（三）红夷炮的传入

佛郎机炮虽有诸般优点，但口径稍小，使杀伤力受到影响。明万历后期，一种更大型的西洋大炮，国人谓之红夷炮者传入。《明史·兵志·火器》载："大西洋船至，复得巨礮，曰红夷。长二丈余，重者至三千斤，能洞裂石城，震数十里。天启中锡以大将军号遣官祀之。崇祯时，大学士徐光启请令西洋人制造。"

红夷炮的尺寸较为讲究。据《火攻契要》（成书于 1642 年）所云：其厚薄尺量之制，"必依一定真传，比照度数，推例其法；不以尺寸为则，只以铳口空径为则。"即火炮各部尺寸都是以炮口为基数推算出来的。其主要特点是：（1）炮身较长。要使炮射程远、打击准、破坏力强，炮的长度宜为口径的 20 倍或稍多。（2）管壁较厚。（3）前细后粗。药室火孔处的壁厚约等于口径，炮口处的壁厚约等于口径的一半。（4）炮身上铸有炮耳、准星、照门，用铳规等测量射击角度。1993 年时，成东统计过 16 门红夷炮的尺寸，其长径比（身长与口径之比）皆超过 20 倍[40]。中国国家博物馆所藏天启二年（1622 年）红夷炮，身长 3 米，口径才 12.5 厘米，上有"天启二年"、"红夷铁铳"等铭[41]。山西省博物馆藏崇祯十一年红夷炮 2 门，皆长 190 厘米，口径 8 厘米，其上皆有"崇祯戊寅岁"、"捐助建造红夷大砲"等铭[21]。前面提到，石家庄出有崇祯十一年红夷大铁炮一门，铭文与山西省博物馆所藏相同[23]；上海藏有崇祯十六年红夷大铁炮一门[24]。

四、火箭技术的发展

我国古代"火箭"约有三重含义：一是以弓弩发射而带火的箭镞，此"火"为油脂类易燃物所生，可称为"油脂火箭"，主要使用于先秦至唐五代；二依然是以弓弩发射箭镞，但此"火"系缚附的火药所生，可谓之"火药火箭"，约发明于北宋初年，明代还在使用；三是以火药燃烧产生的反冲力来推进的箭镞，可谓"喷气式火箭"，其发明年代目前尚有不同说法，但可肯定的是，在明代后期，便与鸟枪一起成了军队的主要轻型武器。

明代火箭约有两种类型，即单级式和二级式，前者又有单发式和多发式（集束式）两种。多发式和多级式火箭的出现，是明代火箭技术的主要成就。

（一）单级单发式火箭

这是喷气式火箭的早期形态。基本操作是在箭竿上绑一个火药筒，点着后，利用火药燃气的反作用力将箭镞射向敌方。依箭镞形态，《武备志》卷一二六"火器图说·箭"条列有飞刀箭、飞枪箭、飞剑箭、燕尾箭、神机箭。

（二）单级多发式火箭

将许多支火箭用一条总的药线联结成束，一齐发射。《武备志》卷一二七载有 9 种集束式火箭，即五虎出穴箭（5 支集束）、七箭箭（7 支）、九龙箭（9 支）、长蛇破敌箭（30 支）、一窝蜂箭（32 支）、群豹横奔箭（40 支）、四十九矢飞帘箭（49 支）、群鹰逐兔箭（两头计 60 支）、百虎齐奔箭（100 支）等，其中较为著名的大约是一窝蜂箭等。重修《明会典》卷一九三"火器"在谈到兵仗局定例时，谈到的箭只有三种，即"一窝蜂箭"、"神机箭"、"铳箭"。神机箭即是单支箭。据《武备志》卷一二七载，群豹横奔箭可射四百余步，一窝蜂箭可射三百余步。依前法计算，此二者的射程便相当于今 640 米、480 米左右。《明史》卷九二"兵志"谈到了一个使用九龙箭的战例："天顺八年（1464 年），延绥参将房能言，麓川（今云南腾冲县）破贼，用九龙筒，一线然，则九箭齐发。请颁式各边。"《武备志》卷一二七详细地记述了四十九矢飞帘箭的制作方法："编竹为笼，中空圆眼，约长四尺，外糊纸帛，内装四十九矢。以薄铁为镞，卷纸为筒，长二寸许。前装烧火（用砒霜、巴豆合），后装催火（发药也）缚于镞上，顺风放去，势如飞蝗，中贼则腐烂，挂蓬则焚烧……破之必矣。前装烂火药、神火药各对分，后装催火发药；务首尾轻重相等，则去远。或箭蘸虎药，中贼则见血封喉，亦水战之利器也。"可知这是用集束火箭运输的炸弹，它具有纵火、放毒、直接杀伤等功能。

（三）二级式火箭

此火箭初始形态即宋代的二踢脚爆仗，二级火箭当是明代兴起的。今见于

《武备志》等兵书的二级火箭主要有两种，即"火龙出水"和"飞空砂筒"。

火龙出水。这是单向飞行的二级火箭。《武备志》卷一三三"军资乘·水具"详细地谈到了"火龙出水"的制作法："用猫竹（茅竹）五尺，去节，铁刀刮薄；前用木雕成龙头，后雕龙尾，口宜向上。其龙腹内装神机火箭数枚，龙头上留眼一个，将火箭上药线俱总一处。龙头下，两边用斤半重火箭筒二个，其筒大门宜下垂，底宜上向。将麻、皮、鱼胶缚定，龙腹内火箭药线由龙头引出，分开两处，用油纸固好装钉，通连于火箭筒底上。龙尾下两边亦用火箭筒二个，一样装缚。其四筒药线总会一处捻绳，水战可离水三四尺燃火，即飞水面二三里去远，如火龙出于江面。筒药将完，腹内火箭飞出，人船俱焚，水陆并用。"（图8-8-3）可知其第一级是龙头、龙尾下部4支火箭，将其总药线点燃后，整个火龙会迅速飞向敌方；第二级是藏于龙腹内的数枚火箭。当一级装置的火药将尽时，连接火捻便将二级装置之药引燃，腹内火箭便飞出龙口，射向目标。

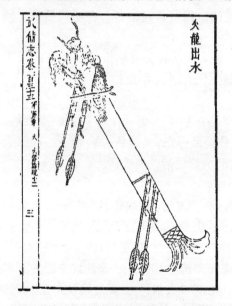

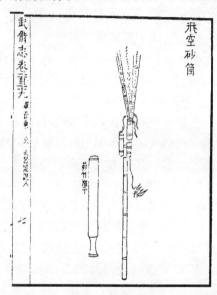

图8-8-3 《武备志》所载二级火箭　　　　图8-8-4 《武备志》所载二级火箭
　　　　　　"火龙出水"图　　　　　　　　　　　　　　"飞空砂筒"图

飞空砂筒。这是返回式二级火箭。《武备志》卷一二九载："飞空砂，制度不一，用河内流出细砂，如无，将石捣为末，以细绢罗罗去面灰，次用粗罗落砂。每斗用药一升，炒过听用。铳用薄竹片为身，外起火二筒，交口颠倒缚之；连身共长七尺，径一寸五分，鳔、麻缠绑一处。前筒口向后，后筒口向前，为来去之法。前用爆竹一个，长七寸，径七分，置前筒头上。药透于起火筒内，外用夹纸三五层作圈，连起火粘为一处。爆竹外圈装前制过砂，封糊严密。顶上用薄倒须**铳**，如在陆地，不用。放时先点前起火，用大茅竹作溜子，照敌放去，刺彼篷上，彼必齐救。信至爆烈，砂落伤目无救。向后起火发动，退回本营，敌人莫识。"（图8-8-4）可知其基本装置是两个"起火"和一个爆仗。两个"起火"皆内盛发射药；"起火甲"的喷火口向后，"起火乙"的喷火口向前，二者的方向正好相反。爆仗内含炸药和细砂。将此三者绑在一起，并用药线相连。点燃"起火甲"

后，火箭就飞向敌方；到达目标后，火捻又点燃爆仗，令其爆炸并喷出毒砂，伤敌眼目；之后，火捻又会引燃"起火乙"，整个装置又返回发射者一方。这是一种回收式、往复式火箭。前此的《武编》"前集"卷五"飞空神砂火"所记略同。

（四）单级有翼式火箭

其装备形式主要是神火飞鸦等。《武备志》卷一三一"火器图说一·神火飞鸦"条载，其制法是："用细竹篾为篓，细芦亦可，身如斤余鸡大，宜长不宜圆。外用绵（棉）纸封固，内用明火炸药装满，又将棉纸封好。前后装头尾，又将裱纸裁成两翅，钉牢两旁，似鸦飞样。身下用大起火四枝（支）斜钉，每翅下二枝（支），鸦背上钻眼一个，放进药线四根，长尺许，分开钉连四起火底内；起火药线头上另装拼总一处，临用先燃起火，飞远百余丈。将坠地，方着鸦身，火光遍野。对敌用之，在陆烧营，在水烧船，战无不胜矣"。（图8-8-5）

图8-8-5 《武备志》所载"神火飞鸦"图　　图8-8-6 万虎和他的喷气式飞椅

在讨论喷气式火箭时，万虎和他的飞椅也是需要一提的。1945年，美国火箭专家赫伯特（Herbert S. Zim）在所著《火箭与喷气发动机》（Rockets and Jets）一书中记载了这样一件事，即14世纪末的一位名叫万虎的中国人，坐在椅子上，利用大型火箭进行了一次飞行试验。其原意是这样的："必须提一下万虎的事迹。如果记载正确的话，这位快要活到15世纪的中国绅士和学者，是一位试验火箭的官员。让我们把万虎评价为试图利用火箭作为交通工具的第一个人。他先是制得两个大风筝，并排安放；并将一把椅子固定在风筝之间的构架上。他在构架上绑上47支他能买到的最大的火箭。当一切就绪后，万虎坐在椅子上，并命令仆人们手持火把。这些助手们按口令用火把点燃所有47支火箭。随即发出轰鸣，并喷出一股火焰。试验家万虎却在这阵火焰和烟雾中消失了。这种首次进行火箭飞行的尝试没有成功。"原书并附有插图（图8-8-6）[42][43]。可知赫伯特认为，万虎是试图利用火箭作为交通工具的第一人。苏联火箭学家费奥多西耶夫和西亚列夫认为："中国人不仅是火箭的发明者，而且也是首先企图利用固体燃料火箭将人载到空中去的幻想者。"这些评价都不低。古人的创造精神自是无可争议，只可惜在浩如烟海的中国文献中却了无踪迹。

五、早期自动爆炸装置

明代后期的爆炸性火器有了较大发展，在火药配制和点火方式等方面都有了较大的提高。其点火方式除火绳点火外还有拉发、触发、定时爆炸、钢轮发火等，其外壳有石、木、铁、陶瓷等，制作出了类同于近代定时炸弹、地雷、水雷一类装置，且运用到了军事上，使火药的爆炸性能得到了更好的体现和发挥。

定时爆炸弹。系明嘉靖年间(1522～1566年)总督三边侍郎曾铣创制，时当1549年稍前。《御定渊鉴类函》卷二一三"火攻·制地雷"引《兵略纂闻》说："曾铣在边，置慢砲法，砲圆如斗，中藏机巧，火线至一二时才发。外以五采饰之。敌拾得者，骇为异物，聚地传玩者墙拥。须臾药发，死伤甚众。"[44]此"圆如斗，中藏机巧，火线至一二时才发"的"慢砲"，显然是一种定时爆炸弹。

地雷。同书引文接着又说："(曾铣)又制地雷，穴地丈许，柜药于中，以石满覆，更覆以砂，令与地平，伏火于下，可以经数月。系其发机于地面。过者蹴机，则火坠药发，石飞坠杀人。故惊以为神。"[44]这显然是一种触发式自动地雷。可知16世纪前期我国便有了"地雷"的装置和名称。在曾铣之后，又有多种地雷问世，仅《武备志》卷一三四"火器图说·地伏"条所载各色地雷便有10多种，以铁、石、陶瓷等为壳，有触发式、绊发式、拉发式等。如其中有一种名为"炸砲"的地雷，系生铁铸成的踏发式地雷，埋雷时，将十余个炸炮连接到钢轮发火装置的"火槽"上，敌人踏动钢轮机，便发火爆炸。

水雷。主要品种有水底雷、混江龙、水底龙王炮等。《武编》"前集"卷五"火器"谈到过水底雷："水底雷以大将军为之，埋于各港口，遇贼船相近，则动其机，铳发于水底，使贼莫测，舟楫破而贼无所逃矣。用大木作箱，油灰粘缝，内宿火，上用绳绊，下用三铁锚坠之。"可见此水底雷是密封于木箱中，沉于水底，借机械式击发点火而发射的火铳。明宋应星《天工开物》卷一五"佳兵·火器"谈到过混江龙，能自动地用火石火镰发火。其云："混江龙，漆固皮囊果(裹)砲沉于水底，岸上带索引机，囊中悬吊火石、火镰，索机一动，其中自发。敌舟行过，遇之则败。"水底龙王炮类同定时炸弹，接触敌船时，信香药烬而燃，自动爆炸，不再引述。

第九节　髹漆技术的大发展

明代是我国古代髹漆技术集大成的阶段，古代发明出来，且经受了历史洗礼的许多优秀工艺，此期都被人们吸收和利用起来，往往还集多种工艺于一器，使髹漆技术的长处在同一器物上得到了最为集中的发挥和体现。雕漆技术、镶嵌技术都发展到了更高水平，创造了汇聚诸多宝色的"蜔斓"工艺。在髹漆技术普遍发展的基础上，新安名匠黄成还编撰了一部名为《髹饰录》的专著，对明及其稍前的髹漆技术作了全面总结。这是我国古代保存下来的唯一髹漆技术专著。

一、髹漆技术发展的一般情况

明廷对髹漆技术较为重视，洪武初年便在南京东部设立了漆园、桐园、棕园，当时的目的主要是为了军备。近人王焕镳《首都志》卷三载：南京钟山，"山之阳有漆园、桐园、棕园，皆明代种植处"。同书并引顾祖禹《读史方舆纪要》云："洪武初，以造海运及防倭战船，油漆棕缆，用繁费重，乃立三园，植棕、漆、桐树各千万株，以备用，而省民供焉。今废。"[1]

永乐时，明政府还在北京果园设立了皇家漆器厂，生产了许多高档漆器。明高濂《遵生八笺》卷一四"论剔红倭漆雕刻镶嵌器皿"载："我朝永乐年果园厂制漆，朱三十六遍为足，时用锡胎、木胎，雕以细锦者多。"[2]此"细锦"当指地纹言。据考[3]，果园厂的具体位置[4]，即今西什库东，北京医学院一带。果园厂有两位较为著名的匠师，即张德刚、包亮。康熙二十四年《嘉兴府志》载："张德刚，父成与同里杨茂俱善髹漆剔红器，永乐中，日本、琉球购得以献于朝，成祖闻而召之，时二人已殁。德刚能继父业，遂召至京面试，称旨，即授营缮所副，复其家。时有包亮，亦与德刚争巧，宣德时亦召为营缮所副。"营缮所属工部，洪武二十五年置。《明史》卷七三"职官志"载："改将作司为营缮所，秩正七品，设所正、所副、所丞各二人，以诸匠之精艺者为之。"

今见明代漆器较多，这在考古发掘，以及故宫博物院、各地博物馆都可看到，民间亦有收藏，皆不乏精美之品。其中既有官器，也有民器。下面仅介绍一下朱檀墓中的漆器和部分馆藏品。

（一）朱檀墓漆器

1970~1971年，山东邹县明鲁荒王朱檀墓出土了大批珍贵文物，品种有冠冕袍服、丝棉织品、玉带玉佩、琴棋书画，以及漆木器等。漆器计约9件，包括戗金漆器5件、剔黄笔管1件、沥粉贴金盝顶匣1件等。朱檀为朱元璋第十子，死于明洪武二十二年（1389年）[5]。

戗金盝顶漆箱，1件，高61.5厘米、宽58.5厘米，木胎厚1厘米。经合缝、捎当、布漆、垸漆、糙漆、朱髹、墨样、戗划、施金、磨光等工序加工而成。箱外朱漆，四壁及顶上饰团花戗金云龙纹，边饰忍冬纹。其布、垸、糙漆层皆不厚，朱髹更薄。用勾刀在干湿合度的朱色漆层上刻出阴线云龙纹，先"打金胶"，后填泥金，磨光即成[5][6]。

戗金夹纻墩式罐，2件。通高、腹径皆10.5厘米，口沿9.5厘米，夹纻胎，内外皆髹黑漆，器表戗金。由残破口处观察，"夹纻"系两层麻布。垸、糙漆层皆薄，黑漆地上戗有回文和山字纹，后者与战国铜镜上的山字纹颇为相似。金色物质较薄，且有若干脱落[6]。

戗金漆盒，2件，长36厘米、宽11厘米、高7.2厘米，木胎朱漆，花纹制作与戗金盝顶漆箱相同[5]。

剔黄笔管，1件，笔杆长21厘米、直径1.4厘米；笔帽长9.7厘米、直径1.6厘米，笔杆和笔帽皆通体髹黄，雕刻卷云纹图案。笔杆两端上饰有回文泥金环带，兼备了剔黄与泥金两种工艺。漆层厚约1毫米。髹黄漆仅20~30道，远不及永乐剔红。剔黄是雕漆的一种，系漆内调入了石黄所致。剔黄可区分为"通黄"和"红地"两种；此笔管并无红地，属于通黄。这是迄今所见年代最早、做工较精的剔黄器[6]。

沥粉贴金盝顶匣，1件，长、宽、高各为22.8厘米、22.8厘米、27.4厘米，匣内盛装"鲁王之宝"木印。制作工艺是：先在木胎上做出极薄的浅黄色"糙漆"地，再过云龙墨样，后用"沥粉"法沿稿样做隐起浑圆线条，晾干后便打金胶贴金。沥粉又名立粉，髹漆工艺使用沥粉之事始见于浙江瑞安慧光塔北宋庆历二年（1042年）舍利函[6]，但所用不是太多。

夹纻朱漆帽，1件，似以两层粗绢为骨，上垸漆、糙漆后再髹朱漆[6]。

黑漆冕，1件，以藤编成，髹黑漆，表敷一层黑罗绢[5]。

这批漆器虽系明器，偷工减料现象较为明显，但依然表现了相当高的技艺；其朱漆平滑匀称，戗金极为熟练，皆显得富丽堂皇，光彩夺目。因果园皇家漆器厂当时尚未组建，应是其他官办漆器作坊的制品[6]。此"剔黄笔管"集剔黄与泥金两项技艺于一身，"沥粉贴金盝顶匣"集沥粉与贴金两艺于一器，皆弥补了《髹饰录》记载之不足。《髹饰录》的"褊斓"、"复饰"、"纹间"等条目，所述都是集两种或多种髹漆工艺于一器的，但细目中却不见剔黄兼泥金；《髹饰录》一书关于金漆的记载不下十几处，独不见沥粉兼贴金[6]。

（二）部分馆藏明代漆器

这类器物较多，仅《中国工艺美术全集》"漆器"部分便载有40件，其中包括故宫博物院所藏32件、安徽省博物馆3件、南京博物院和苏州市博物馆各2件、中国国家博物馆1件；年代由永乐年间到明代晚期；苏州市博物馆所藏2件漆器原注明为明墓出土，其他或多为传世品。器物有盒23件，盘7件，箱3件，壶2件，屏风2件，匣、洗、笔筒各1件。依装饰工艺粗略分来，约包括10种类型：（1）剔红器，计12件，其中普通剔红器10件（标本号为114、115、116、117、118、119、122、125、126、135号）、皮胎剔红器1件（133号）、紫砂胎剔红器1件（136号）。（2）剔黑器，1件（123号）。（3）剔彩器，2件（120、134号）。（4）戗金器，3件，其中戗金红漆器1件（121号）、戗金黑漆器2件（同为124号）。（5）雕填漆器，7件（127、128、129、130、131、132、137号）。（6）填漆器，3件（138、139、140号）。（7）螺钿器，3种6件，其中螺钿黑漆器3件（146、148、151号）、锡胎螺钿黑漆器1件（152号）、彩绘螺钿器2件（143、149号）。（8）描金器，3种4件，即黑漆描金器1件（145号）、皮胎黑漆描金器1件（150号）、朱地彩绘描金器2件（141、142号）。（9）素髹黑漆器1件（144号）。（10）百宝嵌器1件（147号）。其器胎多为木质，此外还有皮胎、紫砂胎、锡胎等；其装饰工艺最多的是各种雕漆，包括剔红、剔黑、剔彩、雕填漆，计22件，占标本总数的55%；此外还有螺钿、彩绘、戗金、描金、填漆、素髹等；独不见金银平脱。好几件器物皆集多种工艺于一身[7]。这些标本虽皆是从美术史，而不是技术史角度来选择的，但也在较大程度上反映了明代髹漆技术发展之大观。

此期的民间收藏亦较丰富，如山西南部各县，百姓家往往皆有明代金漆、彩漆、雕漆、螺钿的大屏风、大木箱或大立柜等器收藏。立柜高八尺、一丈不等，柜门多作山水、人物、花鸟等图画。其漆多产自洪洞县一带，极富民间工艺价值[8]。

二、制胎技术的发展

在此较值得注意的事项有二：（1）文献上有了关于各种器胎的系统记载。（2）

除沿袭先世创制的器胎外，此期又使用了少数新的器胎。

我国数千年的漆器制造中，所用主要是木胎，明代自然也是这样的。依加工方法和厚薄之不同，又有斫木胎、旋木胎、卷木胎、雕木胎，以及厚木胎、薄木胎等之别。《髹饰录》"质法"第十七"棬榡"条在谈到卷木胎时说："棬榡，一名胚胎，一名器骨。方器有旋题者，合题者。圆器有屈木者，车旋者。皆要平正、轻薄，否则布灰不厚。布灰不厚，则其器易改败，且有露脉之病。"[9]这里谈到了木胎的基本类型，及其制胎时的注意事项。

除木胎外，明黄成《髹饰录》较为注意的便是木胎夹纻，其把这种胎质称之为"布漆"，意即在木胎和布上髹漆。其说本书第四章已经引用。杨明"注"又对此"布"的质料作了进一步解释，云："古有用革苎衣，后世以布代皮，近俗有以麻筋及厚纸代布，制度渐失矣。"[10]杨明所云"布"质的演变顺序虽未必十分准确，但应大体如此。

除木质胎和木胎夹纻外，杨明"注"说还谈到了其他多种胎质，即："篾胎、藤胎、铜胎、锡胎、窑胎、冻子胎、布心纸胎、重布胎，各随其法。"[9]杨明在谈到描金罩漆时，还谈到过皮胎，说"今处处皮市多作之"[11]。可见黄成和杨明提到的胎质计有11种。这众多种类的器胎，杨明之前还不曾见人做过这种统计和说明。此"窑胎"即窑器，如上述紫砂胎器等。冻子胎，含义不明，有学者认为它可能是某种胶质物，干涸后十分坚硬，可作胎骨，亦可代替漆或漆灰在器物上做出花纹来[12]。"布心纸胎"，应是布胎外再糊纸。"重布胎"，即是重布以为胎，是即夹纻胎[13]。个中"冻子胎"、"布心纸胎"此前尚未见人提到，很可能是明或稍前的一项技术创造。

除黄成和杨明所说外，明代漆器也使用过金银胎。清高士奇《金鳌退食笔记》卷下载："明永乐年制造漆器，以金、银、锡、木为胎。"[4]如此说来，明代漆器胎质便至少有13种。

下面仅举例介绍不太多见的皮胎和紫砂胎器。"冻子胎"和"布心纸胎"器实物在传世品和考古发掘中皆未看到过。

孔雀牡丹纹皮胎剔红盘。直径35厘米，高5.2厘米。皮胎，灰漆地，涂红漆。盘心雕三道弦纹，内有牡丹、孔雀纹；盘心四周雕瓜果，盘之背面雕勾连纹。属明代中期至晚期，故宫博物院藏[7]。

"时大彬造"山水人物纹紫砂胎剔红壶。口径7.6厘米、通高13厘米。紫砂胎，方形身，柄呈环曲线状，通体髹红。壶身四面开光，其内有山水、人物、乐器等器饰纹；肩部饰锦纹地杂宝纹；盖上有莲花形钮，其周亦饰杂宝纹；柄及流上饰云鹤纹。底髹黑漆，漆下隐约可见"时大彬造"楷书款。时大彬为万历年间著名的紫砂壶作者。以时大彬紫砂器为胎的漆器仅见此一器。属明代晚期，故宫博物院藏[7]。

三、雕漆技术的发展

雕漆至迟发明于后赵或三国时期，宋、元时期便有了一定发展，及明，又发展到了一个新的高峰，不但产量大、品质好，而且出现了多种工艺形式和艺术流派，人们还对它进行了系统的总结和归纳。

明代雕漆约有 7 种类型，即剔红、剔黄、剔绿、剔黑、剔犀、剔彩、复色雕漆，这在黄成《髹饰录》"雕镂"第十中都已提到，这种分类法此前是未曾看到的。7 种类型之中，用得较多的依然是剔红，其工艺已达到相当高的水平。清高士奇《金鳌退食笔记》卷下载：明永乐年果园皇家漆器厂制造漆器，"有剔红、填漆二种。所制盘合（盒）文具不一。剔红合有蔗段、蒸饼、河西、三撞、两撞等式，蔗段人物为上，蒸饼花草为次。盘有圆、方、八角、绦环、四角、牡丹瓣等式。匣有长、方、二撞、三撞四式。其法朱漆三十六次，镂以细锦，底漆黑光，针刻'大明永乐年制'，比元时张成、杨茂剑环香草之式似为过之。宣宗时，厂器终不逮前工，屡被罪，因私购内藏盘合，磨去永乐书细款，刀刻宣德大字，浓金填掩之，故宣德款皆永乐器也"[4]。这里主要谈了剔红器在明代的发展情况。明高濂《遵生八笺》卷一四"燕闲清赏笺上"载："穆宗时，新安黄平沙造剔红，奇巧精雅，花果人物之妙，刀法圆滑清朗。"[2] 此主要赞扬了黄成剔红技艺之高超。连同剔红器在内，多种雕漆器前已提及，操作上大同小异，不再一一说明。今仅介绍一下剔彩和复色雕漆。

剔彩。是用不同颜色的漆，逐层髹到器物表面，每层若干道，使各色层都有一定厚度，之后再用刀剔刻。需何种颜色，便将它上面的各个漆层皆剔去，使需要的色层显露出来，并在上面刻镂花纹。最后便得到一种具有不同色层的漆雕，五彩斑斓，故名彩雕[14]。剔彩又可分为两种类型，一是繁文素地，即器物表面几乎全为繁缛的花纹占去，只在花纹间露出少量再也无从下刀的光素地子；二是疏文锦地，即花纹疏朗，其间露出的地上可雕刻出一种或几种花样，而成为锦地[15]。如故宫博物院藏林檎双鹂图剔彩捧盒，口径 44 厘米、高 19.8 厘米；由红、黄、黑、绿 4 色漆髹成，计 13 层，由下至上的排列顺序为：红、黄、绿、红、黑、黄、绿、黑、黄、红、黄、绿、红。盖面圆光内的红锦地上，雕木檎（沙果）一枝，其上果实累累；枝头立两黄鹂，相向呼应；另有蜻蜓、蝴蝶各一。在红锦地凸起的长方面上，刀刻填金"大明宣德年制"款。圆光外及足上部各雕缠枝花果一周，有桃、石榴、樱桃、葡萄等。上下口边刻花卉两周，有牡丹、茶花、菊花等。四周花果纹均无锦纹地，而以黄素地衬托[7]。

复色雕漆。杨明"注"认为，这是一种"髹法同剔犀，而错绿色为异，雕法同剔彩，而不露色为异"的工艺[16]。即是说，复色雕漆是将几种色漆一层层髹上去的；剔法与剔彩同样，以花鸟、山水人物为题材。与剔犀不同处是：（1）其可髹绿，剔犀的传统做法是不髹绿色的。（2）不以回转圆婉的图案，如绦环、云钩、香草等为题材。与彩雕和犀剔皆不同处是：全器表面纯系一色，不分层取色，未显露几种不同的色漆。而彩雕和犀剔表面都显示了不同颜色[17]。十分遗憾的是，这种复色雕漆的实物迄今尚未看到。

在雕漆技术普遍发展的基础上，从元到明，都存在两个雕漆水平较高的地区体系[18]：一是浙江嘉兴，元时著名雕漆家张成、杨茂，明永乐时的张德刚、明天启时杨明，皆嘉兴人；与张德刚同时的包亮，明隆庆时新安人黄成亦属这一系统。二是云南。据《万历野获编》卷二六载："元时下大理，选其工匠最高者入禁中，至我国初收为郡县，滇工布满内府，今御用监供用库诸役，皆其子孙也，其后渐消灭。嘉靖间又敕云南拣选送京应用。"明高濂《遵生八笺》卷一四"论剔红倭漆雕刻镶嵌器皿"载："云南（人）以此为业，奈用刀不善藏锋，又不磨熟棱角。"[2]现存许多永乐宣德时期浙江系统的作品皆注重磨工，不露刀痕；而嘉靖以后者皆有露出锋棱的剔法，这显然与云南漆工的影响有关[18]。

四、镶嵌技术的发展

我国古代漆器镶嵌的内容十分丰富，戗金、填漆、螺钿、百宝嵌等技术在明代都有较大发展，尤其是后二者。

（一）螺钿技术的发展

螺钿技术约发明于大甸子文化时期，之后便一直沿用了下来，西周、唐代、宋代，都曾获得过较大的发展。及明，便进入了更为繁盛的阶段，薄螺钿技术更为成熟，人们不但对钿片本身的装饰更为重视，出现了划文、镌甸、衬色等多种不同的操作，使螺钿器五彩斑斓，显示了更高的艺术价值，而且也有了较为详明的记载。

《髹饰录》"填嵌"第七"螺钿"条载：凡螺钿，"百般文图，点、抹、钩、条，总以精细密致如画为妙。又分截壳色，随彩而施缀者，光华可赏。又有片嵌者，界郭理皱皆以划文。又近有加沙者，沙有细粗"。杨明"注"云：此"点、抹、钩、条"等，指螺片加工后的形态，计55式，无所不备，皆刀、凿、刻而成。其"壳色有青、黄、赤、白也"。此"沙"即壳屑，"分粗、中、细。或为树下苔藓，或为石面皱文，或为山头云气，或为汀上细沙"。"凡沙与极薄片，宜磨显揩光"[19]。这里谈到了螺片的制作、颜色、成文的一般情况。大凡薄螺钿器多用加"沙"法。

薄螺钿工艺约始见于宋[7]。有关器物在明代便有了增加，大家较为熟悉的有故宫博物院藏鹭鸶莲花纹嵌螺钿黑漆洗等。此洗椭圆形，长38厘米、宽21.5厘米、高7.7厘米。洗内嵌鹭鸶莲花纹，洗外嵌石榴花纹，螺壳皆闪白光，不分色。全部花纹皆用窄条螺钿嵌出，不用壳片，也无划纹。断代明代中叶或稍晚[20]。此外，有关器物还有一些，不再一一枚举，国内外都有收藏。

下面分别介绍钿螺片的划文、镌甸、衬色等三种装饰性加工：

所谓钿螺划文，即上述黄成所云"界郭理皱皆以划文"。一般而言，不管厚螺钿还是薄螺钿，皆须划文。划文的方法，皆视构图之需和螺片本身的性状来决定。划文计分两种，一是各螺片因拼合形成的接缝，客观上便成了画面构图的线条。二是专门在螺片上刻划出来的线条，如花叶的脉文和筋须，树石的皱擦，禽兽的羽毛，人面的眉眼口鼻，衣服的皱褶等，皆须专门刻纹，光靠接缝纹是不能将图像完全表现出来的[21]。

所谓镌甸，实际上是一种浮雕式钿螺划文工艺。做法是：用钿螺、玉瑕、老蚌等贝壳，镌刻成飞禽、走兽、花果、人物，再镶嵌到漆地中，并组成所需图案[22]。《髹饰录》"雕镂"第十载："镌甸，其文飞走、花果、人物、百象，有隐现为佳。壳色五彩自备，光耀射目，圆滑精细，沈重紧密为妙。"所云即是此意。其与上述螺钿划文的区别是：划文螺钿与漆面是平齐的，钿螺上的刻划文理，是嵌入、磨显后再刻划出来的。而"镌甸"则是，将花纹刻成之后，再嵌入漆地的，漆器表面呈不平状。其与下述百宝嵌的区别是：百宝嵌所嵌之物为"百宝"，而镌甸所嵌之物只是钿螺"一宝"而已[23]。

衬色螺钿，即是在薄螺片下再衬以金、银，或其他色片的工艺。《髹饰录》"填嵌"第七载："衬色甸嵌，即色底螺钿也。其文宜花鸟、草虫，各色莹彻，焕然如佛郎嵌。又加金银衬者，俨似嵌金银片子，琴徽用之亦好矣。"因一般钿片之色，皆限于天然自生而成；在薄螺片下衬色之后，便相当于人工设色了，从而极大地增加了各种用色的灵活性。因所衬之色可透过薄薄的螺片映射出来，其状便类同于掐丝珐琅（佛郎嵌）；若衬金银，便能显示出类似于嵌金银的效果[22]。

（二）"百宝嵌"技术的发展

顾名思义，百宝嵌便是诸多"宝物"共嵌于同一漆器上的工艺。"百"言多也。其早期形态约在唐代，及至西汉时期便已出现，前述一枚唐螺钿宝相花镜镶嵌有玉石、青金石、贝壳、琥珀等，西汉一些扬州漆器上镶有金、银、玛瑙等物。但"百宝嵌"一辞却始见于明，明代所嵌饰的宝物更多，加工更为精细，构图更为新颖。

《髹饰录》"斒斓"第十二"百宝嵌"条载："百宝嵌，珊瑚、琥珀、玛瑙、宝石、玳瑁、钿螺、象牙、犀角之类，与彩漆板子，错杂而镌刻镶嵌者，贵甚。"杨明"注"："有隐起者，有平顶者。"可见"百宝嵌"饰件的材质种类是较多的，皆系名贵之物。从杨明"注"可知，其花纹计有两种类型，一是隐起如浮雕者，二是平顶而不见起伏者。类似的记载在谢堃《金玉琐碎》、钱泳《履园丛话》等中都可看到，而且说得更为详明。

在"百宝嵌"实物中，大家较为熟悉的是中国国家博物馆藏"千里"款嵌螺钿锡胎黑漆执壶。其高35厘米、长7厘米、宽6.3厘米，壶身修长，断面作四方刓角海棠形；柄、流细长，棱边嵌螺钿鱼子片及小六瓣花。颈、腹各有开光，皆在黑漆上以红玛瑙、珊瑚、绿松石，及白色和绿色螺钿嵌成花鸟小景。盖面作描金缠枝花卉。外底有螺钿篆书款"千里"二字，可知其成于明末江千里之手。江千里螺钿器久负盛名，此壶精美轶群，当为其代表作。属明代晚期[7][24]。

五、宝色汇聚的斒斓技术

"斒斓"，这是黄成在《髹饰录》中提出的新型髹饰门类。斒斓者，即色彩杂错鲜明、宝色汇聚之意。前云"百宝嵌"是指镶嵌了多种宝物的工艺，仅仅是指镶嵌说的；此斒斓，则是兼容了镶嵌，而且还包含了描金、雕漆、填漆等诸多髹饰工艺，容入了能容的诸多宝色。《髹饰录》"斒斓"第十二杨明注云："金银宝贝，五彩斒斓者，列在于此。总所出宋、元名匠之新意，而取二饰、三饰可相适者，而错为一饰也。"百物同献、宝色汇聚，是明代髹饰技术的一项重要成就，也是一个重要特点。

斒斓技术包含的门类较多，依《髹饰录》所列，有描金加彩漆、描金加甸、描金加甸错彩漆、描金散沙金、描金错洒金加甸、金理钩描油、描金错甸、金理钩描漆加甸、金理钩描漆、金双钩螺钿、填漆加甸、填漆加甸金银片、螺甸加金银片、衬色螺钿、戗金细钩描漆、戗金细钩填漆、雕漆错镌甸、彩油错泥金加甸金银片、百宝嵌，计19种。前面提到过的衬色螺钿、百宝嵌也都包含在了斒斓中，这是我国古代漆器中，至为名贵之品。

在明代漆器的诸多装饰工艺中，与螺钿不同的另一面，还有一种素色漆器，因其素色无文，显得纯真、淡雅，而别具一格。其多为一般用具，也有少量为案头文玩，可供文人学士陶冶情操，洗涤心志，警示良知。

六、黄成及其《髹饰录》

黄成，号大成，新安平沙人，明代著名漆工，约生活于隆庆（1567～1572年）前后。《髹饰录》一书是我国古代髹饰工艺技术的汇聚，也是黄成毕生经验的总结。此书在明、清时期是否曾经付梓，眼下尚无确凿资料。只知其著成后，曾于天启乙丑间（1625年）由杨明逐条加注过。今见最早的版本是1927年由朱启钤刊印的，所本系日本人收藏的一个手抄本[25]。

"髹饰"一词始见于《周礼·春官·巾车》，其云："駹车、藻蔽、然幦、髹饰"。这是我国古代文献中较早提到"髹饰"一词的地方。杜子春云："垸子桼直谓髹漆也。"[26]《汉书》卷九七下唐师古注云："以漆漆物谓之髹。"髹，同髤，桼同漆，可知"髹漆"即是俗所谓上漆、涂漆之意。"髹饰"便是涂漆以作装饰。《髹饰录》计分乾、坤二集，18门，186条，叙述了工具和原材料准备、成型，到各种髹饰工艺。乾集只有"利用"、"楷法"2门；"利用"门主要介绍髹漆所用的工具和原料，"楷法"主要介绍髹漆工艺的楷模和章法，实即是一些注意事项和操作警示。坤集计16门，分别介绍各种不同的髹饰工艺，如：（1）质色，无文彩的素色漆器。（2）纹𪒪，表面有不平细纹的漆器。（3）罩明，色地上罩有透明漆的漆器。（4）描饰，以油或漆描绘花纹者。（5）填嵌。（6）阳识，用漆堆出花纹者。（7）堆起，即用漆灰堆出花纹，并再雕刻、描绘。（7）雕镂。（8）戗划。（9）螺钿等。

《髹饰录》是我国古代保存下来的唯一的髹漆技术专著，它增进了人们对我国古代髹漆技术操作及其杰出成就的了解，在我国古代艺术发展史、技术发展史上，都占有重要的地位。

1.《髹饰录》记述了许多髹饰工艺，它一方面保存了大量的古代技术资料，另一方面对后世亦起到了启发和借鉴的作用。

2.《髹饰录》许多资料是首次见于记载的，对我们了解我国古代髹漆技术的发展状况及其成就都具有重要的意义。如唐代剔红，有关实物迄今未见，他处亦未曾见人提起，而黄成却说"唐制多印板刻平锦朱色，雕法古拙可赏"。这便成了关于唐代剔红的唯一资料。

3.《髹饰录》一书对髹饰工艺的分类和命名都反映了较高的认识水平，为今人对漆器的分类和命名提供了一个参考和依据[25]。

该书不足之处是：文字较为简单、隐晦，不太通俗易懂。自然，这丝毫掩盖不了其本身的光辉。

第十节 玻璃技术的发展

明代是我国古代中原文化区玻璃技术发展的一个重要阶段，由于社会的需要和这项技术本身的发展，此时出现了一个全国性的玻璃生产中心，即颜神镇。其从成分配置到成型，已形成了一套较为规范的工艺；铅玻璃的主导地位已被钾钙玻璃所取代，玻璃的品种和产量都有了较大的扩展和提高。

一、山东颜神镇玻璃生产中心的出现

我国古代中原文化区的玻璃技术至迟发明于春秋晚期，之后，历代都有生产，但有关玻璃作坊遗址却一直很少看到，唯镇江发现过一处宋琉璃作坊遗址，及至元、明考古中，才在今山东博山，时称颜神镇，发掘了一个玻璃、琉璃生产中心。它的发现，说明我国古代玻璃技术、琉璃技术发展到了一个新的水平。直到 20 世纪前期，博山的玻璃、琉璃生产，在我国一直占有重要的地位。颜神镇也就成了我国较早的一个玻璃制作中心。

（一）颜神镇玻璃、琉璃生产中心的出现

由现有资料看，颜神镇玻璃、琉璃生产中心的形成约可上推至元末明初之时。这有文献记载和考古实物两方面的依据。

孙廷铨（1613～1674 年）《颜山杂记》卷二载："炉座者，余家自洪武垛籍，所领内官监青帝世业也。维国家营建郊坛、飨殿，则执治其棂扉帘幌之事，而鳞次之琉璃，晶映上彻……隶籍内廷班匠事焉，故世执之也。"[1]此"棂扉帘幌"，当指玻璃。此"鳞次之琉璃，晶映上彻"，当指琉璃瓦类。可知颜神镇较早便生产有玻璃和琉璃两种产品。孙廷铨，今山东博山人，其生平事迹本章第一节已经提到。既然孙家的炉座自洪武垛籍，说明早在明代初年，其生产技术和生产规模都已达到了一定水平。依此而推之，颜神镇玻璃、琉璃生产，至少兴起于元代晚期。乾隆《博山志》卷七下"孙延寿传"也有类似的记载："家自洪武时隶籍内廷班匠事，故世执琉璃青帝。"孙延寿，孙廷铨的祖父。下面马上还要谈到，考古工作者今在颜神镇尚发掘有元末明初的玻璃作坊。

《颜山杂记》卷四"物产"条所列颜神镇物产有：石炭、铁冶、瓷器、黄丹、白矾、绿矾、淄石砚、琉璃等，其中最为重要的大约是石炭、陶瓷、琉璃，可算是颜神镇在明、清时期的三大手工业。玻璃自是包括在"琉璃"之中。康熙《益都县志》卷二也突出地谈到了琉璃等业的重要地位，云："其器用淄砚、琉璃、瓷器，颜神镇居民独擅其能，镇土瘠确，而无冻馁者以此"。

当时的玻璃、琉璃作坊主要集中在名为"西冶"的地方，且具相当规模。《颜山杂记》卷一"石城"载："大街北，出乱河，而西起于西寺之崖，陂陀而下，北至于叠道，西负崖，东枕孝河为西冶，言琉璃之炉冶也，其民多业琉璃。"[2]

颜神镇琉璃生产当时已负盛名。明末清初方以智《物理小识》卷七的"玻璨琉璃"条载："今山东益都颜神镇烧琉璃，采诸石以礁化之，即臭煤也。慢礁三日不熄，紧礁五日不熄，煮石为浆。"[3]方以智（1611～1671 年），安徽桐城人，崇祯进士，属明末四公子。足见颜神镇琉璃已广为人知。

（二）颜神镇玻璃作坊遗址的发掘

1982 年，博山某建设工地发掘了一处元末明初的玻璃作坊遗址，这是我们说颜神镇玻璃业始于元的又一证据。今发掘面积为 403 米^2，出土有熔炼矿石的大炉 1 座，生产玻璃器的小炉 21 座，此外还有数量不等的硝罐、硝罐盖、坩埚、模范、瓷器、玻璃器、玻璃料、玻璃料条等。炉子密布，排列整齐，可知这是工序较多，

分工较细的大型玻璃、琉璃作坊。其伴出物有"洪武通宝"铜钱1枚，下层为金、元遗址[4]。现将关于玻璃生产的主要遗物介绍如下：

大炉（L9），这是硝罐加热炉，将矿料置硝罐内，加热烧炼便成为玻璃汁。产品是俗称为"料条"的半成品。大炉平底，直壁，厚8厘米、残高40厘米，炉底呈方形，长2米，炉底距地表1.1米[4]。

小炉，这是加热玻璃料条，并将之烧制成器的设备。炉底平面有亚葫芦形（L12）和"凸"字形（L10）两种。如L12，仅存炉底，平面呈亚葫芦形，前小后大，长80厘米、深20厘米。后部直径30厘米，壁厚为8厘米的红烧土块；前部直径约30厘米，底和四壁皆为一层较薄的红烧土层。前部和后部以一条宽9厘米耐火砖通道相连。炉底前浅后深，呈簸箕形。每座小炉主要生产一种或一类产品，如L1，主要生产绿色玻璃；L2，主要生产乳白色空心玻璃簪；L5，主要生产浅蓝色和乳白色玻璃串珠；L11，主要生产淡黄色、乳白色、蓝色玻璃串珠[4]。

硝罐，9件。呈腰鼓状，实系置于大炉中，将矿石烧炼成玻璃汁的大型坩埚。唯标本L21:1完整，圆唇，敛口，鼓腹，小平底，厚重粗糙。高33厘米，口径18厘米、腹径28厘米，底径17厘米。其耐火材料中夹有粗砂。内壁粘有粉末状矿料[4]。

硝罐盖，2件。L5:2呈铁饼状，一面较平，中部稍厚，边部稍薄，中心有一圆孔，孔中配有耐火材料的圆塞[4]。

坩埚，2件，均残[4]。一件的复原高度约40厘米，口内径约30～32厘米，壁厚约5厘米。器壁断面分为两层，内层颜色较深，气孔率仅22%，致密且耐侵蚀；外层气孔率高达40%。这种坩埚的优点是能承受急冷急热的变化。内外两层气孔率不同，可能主要与熟料颗粒配比不同有关。此坩埚当采用了含二氧化硅、三氧化二铝较高的矿物制成，经检测，耐火度为1610℃～1630℃，完全可以满足玻璃生产的要求[5]。此坩埚呈直筒状，而硝罐是呈腰鼓形的。

范，1件，耐火材料制成，质地细腻，浅红色。长7.2厘米、厚1.6厘米、宽3厘米，正面中间有一横贯的纺锤形凹槽，两端有三个圆锥形凹槽[4]。所制器形不明。

此外，还有：（1）玻璃料，即矿石熔炼而得到的玻璃块，但尚未制成玻璃条，其大小不一。有半透明和不透明两种，颜色较多。（2）丝头，即制作器物后，剩余的料条残段，亦有不透明和半透明两种，颜色较多。（3）矿料，即炼制玻璃的矿石。烧炼玻璃所有燃料、矿料，皆系本地所产[4]。

（三）颜神镇玻璃产品的种类和使用情况

明代玻璃、琉璃品种较多，仅《颜山杂记》便记有18种，其卷四"物产·琉璃"条载："琉璃之贵者为青帘"，"其次为佩玉"，"其次为华灯、屏风、礶合果山，皆穿珠之属"。"其次为碁子、风铃、念珠、壶顶、簪珥，料方皆实之属"。"其次为泡灯、鱼瓶、葫芦砚、滴佛眼、轩辕镜、火珠、响器、鼓珰，皆空之属"。依现代分类标准，约可归为3类：（1）生活日用品，如、青帘、泡灯、屏风等。前者即青色的玻璃帘子。（2）装饰用品，如簪珥等。（3）玩具等。可知此时玻璃器已较广地走进了人们日常生活的多个领域。其中当多属非晶态，部分产品可能是非晶态和晶态，或其他形式的二相或多相结构。

颜神镇元末明初玻璃作坊出土的玻璃品种较少，只有簪数十件，串珠 14 件，环 2 件，簪花、柱形绞丝饰器各 1 件。有的半透明，莹润透亮；有的不透明，质如凝脂；有的实心，有的空心。玻璃器多为单色，有蓝、红（鲜红、亘红）、绿、黄、白（乳白、牙白）、黑、琥珀、影青等色，各色皆鲜亮纯正[4]。

二、玻璃原料的选择

今通过科学分析和文献记载，来了解明代玻璃原料的选择。

（一）元、明琉璃成分分析

表 8 - 10 - 1　　　　　　元、明玻璃、琉璃、矿料成分分析

| 编号、断代、名称、状态 | 成　分（%） | | | | | | | | | | 文献 |
	SiO₂	Al₂O₃	FeO	PbO	CaO	MgO	K₂O	Na₂O	CuO	其　他	
1. 伊犁元代玻璃片,蓝绿透明含气泡	60.43	4.09	0.35 *		8.16	4.71	5.27	15.78	0.02	MnO₂ 0.04	[6]
2. 浅绿半透明玻璃珠	64.33	6.77	0.57		10.77	3.66	8.67	3.3	0.11	TiO₂ 0.31	[4]
3. 深蓝透明玻璃簪	59.93	6.06	0.3	0.46	9.42	0.22	19.78	2.0			[4]
4. 乳白空心玻璃簪	58.76	7.83	0.64	0.25	12.09	0.48	14.99	3.53		TiO₂ 0.25	[4]
5. 蓝色玻璃料	59.73	7.22			9.33		20.34	2.44			[4]
6. 黑色玻璃料	64.38	5.90			13.52	3.29	8.39	3.61	0.11	F 0.1	[4]
7. 紫色玻璃料	66.86	7.20	3.04		8.21	0.3	12.19		0.6	TiO₂ 0.3	[4]
8. 淡绿玻璃料	72.04	19.97	0.76		2.28	0.49	0.15	0.3	0.46	F 0.8 TiO₂ 0.18	[4]
9. 黄色玻璃料	76.64	12.04	2.77		1.99	0.94	3.67		0.15	TiO₂ 0.58	[4]
10. 淡蓝玻璃料	67.18	4.63			8.11	0.22	16.34	0.99	1.23		[4]
11. 坩埚内熔过的琉璃块	58.48	6.58	0.3 *		9.81	0.26	16.07	4.42	0.81	TiO₂ 0.23 F 4.99	[5]
12. 明代浅蓝玻璃,不透明	68.7	0.7	0.23 *	5.21	7.71	0.17	15.6	0.05	1.35	MnO 0.002 BaO 0.01	[7]
13. 玻璃的矿料	62.98	22.59	0.2		2.08		1.08	9.65		F 0.23	[4]
14. 硝罐粘壁残渣	28.80	43.02	1.26		0.31	0.13	3.91	2.5		F 12.85 TiO₂ 4.64	[4]

注：（1）标有 * 号者，原标为 Fe₂O₃。

（2）除表中所列，8 号标本尚含 ZnO 0.35%，14 号标本尚含 ZnO 0.34%。

表 8 - 10 - 1 示出了元、明两代 12 件玻璃、琉璃标本的成分。其中 1 号标本为新疆伊犁出土，属元代[6]。2～11 号标本皆山东博山玻璃作坊遗址出土，属元末明初。其中 11 号标本为琉璃，其余皆定为玻璃[4][5]。12 号玻璃标本出土地点不详，属明代[7]。由之可见：

1. 此 12 件标本的成分约可区分为 3 系 8 型：

（1）钠系，1 型 1 件。

Na₂O - CaO - K₂O - SiO₂ 型，1 件，即 1 号标本，其钠、钙量都较高，此外还含有一定量的钾和镁。

（2）钙系，3 型 3 件。

CaO - K₂O - MgO - SiO₂ 型，1 件，即 2 号标本。

CaO - K₂O - Na₂O - SiO₂ 型，1 件，即 6 号标本。

CaO - SiO₂ 型，1 件，即 8 号标本。此器熔剂量很低，含钙量只有 2.28%。

（3）钾系，4 型 8 件。

$K_2O - CaO - SiO_2$ 型，3 件，即 3、7、10 号标本。

$K_2O - CaO - Na_2O - SiO_2$ 型，3 件，即 4、5、11 号标本。

$K_2O - CaO - PbO - SiO_2$ 型，1 件，即 12 号标本。

$K_2O - SiO_2$ 型，1 件，即 9 号标本。此器熔剂量很低，含量只有 3.67%。

此三系之中，前系当为外域传来，后两系当为本地所产。在元末至明，颜神镇及中原其他地方，仍以钾钙玻璃为主；此期颜神镇玻璃、琉璃含 K_2O 量较高，其 10 件标本的平均 K_2O 量为 12.06%。可知此期国产玻璃主要是钾钙型和钙钾型，钠钙玻璃依然很少看到。

2. 这些玻璃的 SiO_2 含量较高，12 件标本的 SiO_2 量处于 58.48% ~76.64% 间，平均 64.79%。

3. 12 件标本中，只有 3 件显示了铅，其中 2 件标本的 PbO 量都较低，分别为 0.25%、0.46%，只有一件出土地点不详的标本 PbO 量达 5.21%。可知元末明初颜神镇基本上不生产铅玻璃。各作坊皆不生产含钡玻璃。

4. 12 件标本中，有 3 件含有一定量的氟。另外，一份矿料、一份硝罐粘壁残渣亦含氟。

5. 11 号标本为残留于坩埚内的琉璃料块，表层风化，经 X 射线衍射结构分析，主体为玻璃相，但亦发现有少量晶体。表中其他标本因未作结构分析，皆暂定为玻璃，但并不排除其具有二相或多相结构的可能性，即除非晶态外，可能还包含少量晶态，及至少量细小气泡。

由这些分析数据看，颜神镇元末明初玻璃的原料当主要有长石、硝石、萤石等。K_2O 当主要由硝石等引入，铝和钙当主要由长石等引入，氟当是萤石引入。萤石既可作助熔剂，亦可作乳浊剂。

（二）原料选择

在明代以前，有关玻璃生产的文献记载既少且十分简单，明代之后才逐渐增多并详细起来。明初刘基《多能鄙事》、明代晚期宋应星《天工开物》、明末方以智《物理小识》、明末清初孙廷铨《颜山杂记》等都曾有记述。

《多能鄙事》卷五"炼琉璃法"在谈到琉璃、玻璃的配料比时说："黑锡四两，硝石三两，白矾二两，白石末二两。右捣为极细，以锅用炭火熔前三物，和之，欲红入硃，欲青入铜青，欲黄入雄黄，欲紫入代赭石，欲黑入杉木炭末，并搅匀，令成色，用铁箭（？）夹抽成条，白则不入他物。"[8] 此"黑锡"即铅。此烧制玻璃的原料当为：铅、硝石（KNO_3）、明矾、石英石四种。明矾化学式为 $K_2SO_4 \cdot Al_2(SO_4)_3 \cdot 24H_2O$。其铅的配比较高，产品当属铅钾玻璃。此书成于明代初年，大体上反映了元末明初或更早一些的技术状态。

宋应星《天工开物》卷一八"珠玉·琉璃"条载："凡琉璃石，与中国水精、占城火齐，其类相同，同一精光明透之义，然不产中国，产于西域。其石五色皆具，中华人艳之，遂竭人巧以肖之。于是烧瓴甋，转锈成黄绿色者，曰琉璃瓦。煎化羊角，为盛油与笼烛者，为琉璃碗。合化硝铅，写（泻）珠铜线穿合者，为琉璃灯。捏片为琉璃瓶袋（硝用煎炼上结马牙者）。各色颜料汁，任从点染。凡为灯、珠，皆淮北齐地人，以其地产硝之故。凡硝见火即空，其质本无，而黑铅为重质之物。两物假火为媒，硝欲引铅还空，铅欲留硝住世，和同一釜之中，透出光明形象。"可见，此"琉璃"的基本组分是"五石"，但其具体含义却未明说；之后再依产品种类，再在五石的基础上做出适当调整。如，烧瓴瓿，施釉（锈）成黄绿者为琉璃瓦；"琉璃"碗则需煎化羊角入内，此羊角当含钙、磷；琉璃灯则需加硝、加铅等；总体上是一种含铅含钾含钙的玻璃及琉璃。

孙廷铨《颜山杂记》卷四"物产·琉璃"条所述尤为详明："琉璃者，石以为质，硝以和之，礁以锻之，铜铁丹铅以变之。非石不成，非硝不行，非铜铁丹铅则不精，三合然后生。白如霜廉削而四方，马牙石也。紫如英札札星星，紫石也。棱而多角，其形似璞，凌子石也。白者以为干也，紫者以为软也，凌子者以为莹也。是故白以为干则刚；紫以为软则斥之为薄而易张；凌子以为莹，则镜物有光。硝，柔火也，以和内礁猛火也，以攻外其始也。"可见此制作"琉璃"的原料主要是三大类，一是石，二是硝，三是铜铁丹铅。此石，文中说到了三种，即马牙石、紫石、凌子石。马牙石，有人释之为长石，也有人释之为石英。从元末明初颜神镇玻璃含硅量较高，且含铝量不低的情况看，当释为长石更为合理一些。长石种类较多，成分也较复杂，基本组分是硅和铝的氧化物。紫石，即萤石，氟化钙（CaF_2）。凌子石，即白云石（$CaCO_3 \cdot MgCO_3$）。此"硝"，结合前述科学分析看，当是硝酸钾，而不是硫酸钠等。"铜铁"当为着色剂。"丹铅"当为铅的化合物，如铅丹等。看来，此颜神镇琉璃的基本组分应当是 SiO_2，属钾钙玻璃。这些记载与前述元末明初标本分析结果基本相符。在表 8–10–1 中，颜神镇玻璃含铅量虽然较低，当亦有意加入。

自然，不同使用性能的器物，配料和加工工艺都是不同的。《颜山杂记》卷四"琉璃"条在谈到颜神镇所产琉璃、玻璃品种时说：碁子、风铃等，"料方，皆实之属"。而响器、鼓珰等，其配方便是"皆空之属"。这些情况都说明，人们对琉璃、玻璃成分与性能间的关系，已有了一定认识。此书虽成于明末清初，但这认识的获得当更早一些。

《颜山杂记》卷四"物产·琉璃"条还谈到了为获得不同色态的玻璃，而调剂组分及其配比的方法："白五之、紫一之，凌子倍紫，得水晶。进其紫，退其白，去其凌子得正白。白三之、子（紫）一之，凌子如紫，加少铜及铁屑焉得梅萼红。白三之、紫一之，去其凌，进其铜，去其铁，得蓝。法如白焉，钩以铜碛得秋黄。法如水晶，钩以画碗石，得映青。法如白，加铅焉，多多益善，得牙白。法如牙白，加铁焉，得正黑。法如水晶，加铜焉，得绿。法如绿，退其铜加少碛焉，得鹅黄。凡皆以焰硝之数为之程"。此第一种，即"水晶"，当指无色透明玻璃，其三种原料配比当为：石英62.5%、紫石12.5%、白云石25.0%。此第二种，即"正白"的料方是：在"水精"玻璃基础上，增加紫石，减少石英，去掉白云石，目的是增加玻璃的乳浊度，使玻璃由透明变成不透明的白色。此第三种，即"梅萼红"玻璃，其料方中的三种矿石的配比是：马牙石三（60%）、紫石和凌子石各一（各20%）。其他不再一一重复。此铜碛，即黄铁矿（FeS_2）。画碗石即无名异（氧化钴 CoO）。铜、铁、钴都是着色剂。这提到了一系列的工艺规范，可惜的是其中未提到硝石量。

总体上看，中原明代玻璃，当主要是钾钙系，钠钙系依然很少看到。

三、烧炼和成型技术

（一）文献记载中的成型工艺

颜神镇玻璃成型的基本工艺是吹制，辅助工艺有滴、铸、缠、写、车、错、点、旋等，《颜山杂记》卷四对此曾有详细说明。该书重点介绍了吹制法，其先谈到了一般原理，接着谈到了多种器物的具体操作，基本上反映了我国明代玻璃技术的发展水平。

其在谈到吹制法的一般操作原理时说："凡制琉璃，必先以琉璃为管焉，必有铁杖剪刀焉，非是弗工。石之在冶，涣然流离，犹金之在熔。引而出之者，杖之力也，受之者管也。授之以隙，纳气而中空，使口得为功管之力也。乍出于火，涣然流离就管矣，未就口也。急则流，缓则凝；旋而转之，授以风轮；使不流不凝，手之力也。施气焉，壮则裂、弱则偏。调其气而消息之气行，而喉舌皆不知，则大不裂，小不偏，口之力也。吹圆毬者，抗；吹胆瓶者，坠之。一俯一仰，满气为圆，微气为长，身如朽株，首如兆龜鼓，项之力也。引之使长，裁之使短，拗之使屈，突之使高，抑之使凹，剪刀之力也。"这里详细地谈到了玻璃吹制技术的一般要领和操作方法。器圆器长，器大器小，全在口之力也。在此顺带提一下"流离"一词，由引文"涣然流离"可知，此"流离"显然是状貌的；又，宋《文房四谱》卷四"纸谱"在描写流沙笺的性状时说："以纸曳过令露濡，流离可爱。"此"流离"显然也是状貌的。这些，对我们了解"琉璃"一词的本意和它是否外来语，都有一定的帮助。

其在介绍各种空心类器物的吹制工艺时说："凡为葫芦，先得提，后得腹，接处为腰。为含子葫芦，先得子，次得提，纳子焉后得腹。凡为鱼瓶，先得口，次得腔，次得山，后得果枝。凡为花簪，先得茎，后得顶，断而殊之，易手而燎之，后得蜂末。凡为响器，先得下口，后得上口。凡为滴砚，先得顶口，次得腹，次得提，后得吐水。凡为灯碗，先得圆毬，吸其下，按其上，断其脐，而坐之，上反为底，下反为面。凡为鼓珰，先得葫芦，旋烧其底，而四流之，以均其薄。欲平而不平，使微杠焉，以随气之动乃得鸣。鼓珰者，响葫芦也，言微气鼓之而珰鸣也……凡为空者，先养其气，气圆而体圆，此学书之说也。"此谈到了葫芦、含子葫芦、鱼瓶、花簪、响器、灯碗、鼓珰等的吹制要领。其工艺步骤是：先用铁吹筒将玻璃液引出，再用口吹气。吹气时手要不断旋转，使玻璃液不流不凝。急则流，缓则凝。其中的一个关键便是用气量恰到好处，两手须密切配合。

其在介绍实心器物的成型工艺时说："围棋滴之，风铃范之，料方也如之。条珠缠之，细珠写之，大珠缠之、夏之。簪珥惟错车碟者杂二色药而糅之；玛瑙者，珐琅点之，缠丝者，以药夹丝待其融也，引而旋之。"

其他文献也谈到过玻璃成型工艺。如前引《多能鄙事》卷五"炼琉璃法"谈到了"用铁筒夹抽成条"等，但较为简单。

（二）传统技术中的烧炼和成型技术

博山的传统玻璃生产工艺一直保存了下来，20世纪30年代[9]和80年代[4]，都有学者做过专门调查，这对我们了解元、明、清三代，及至更早的玻璃生产工艺都是很有帮助的。20 世纪 80 年代时，其炉子主要有大炉、小炉两种。"大炉"是一种坩埚式加热炉，主要用于生产玻璃料；"小炉"是直接加热玻璃料，以便成型的。与元末明初的大、小炉结构较为接近[4]。

据 20 世纪 80 年代的调查，一座大炉尺寸为：长 1.9 米、宽 2.14 米、高 2.62 米。底部设有炉条，炉条上置焦炭，焦炭上置硝罐烧炼。炉条原用枣木等硬质木棒制成，今改用了铁轨。硝罐内装上配好的矿石后，便置于炉腔中，并盖严。在高温下，罐内矿石熔化为玻璃汁。达一定火候时，打开出料口，启开硝罐盖，除去浮滓。再用药杆，即一端粘有圆球状耐火料的铁柄状炉具，从硝罐内蘸出玻璃汁，将其拖淌到铁板上，即凝为料条。趁其尚软时，用铁箍将玻璃条截成 1 米左右，以供小炉使用。这种炉的结构和大小与元末明初 L9 基本相同[4]。

20 世纪 80 年代时，博山仍有一种以手工制作珠、环等小件器物的小型玻璃炉。其横断面呈亚葫芦形，宽处 69 厘米、束腰窄处 30 厘米。炉体高 72 厘米、长 120 厘米。炉腔呈密封式。炉顶平，中间有一条出火口；其水平尺寸为：长 38 厘米、中段宽 13 厘米、两端宽 4 厘米。炉内烧焦炭。出火口上盖一弧形耐火瓦，其既可把炽烈的火苗逼向炽火口两端冒出，亦可起到保温的作用。炉的两端可各坐一人操作。工匠一手持药捻子（即粘满耐火料泥浆的铁条），一手持料条，并在出火口处搭于药捻子上。于是，玻璃料烧成了粘稠态，有节奏地捻转和抽药捻子，玻璃串珠、玻璃环即刻制作出来。这种小炉的结构与元末明初小炉 L12 相似[4]。

四、关于明代对玻璃的一些称谓

玻璃是古人为仿玉而烧制的一种无定形物质，在明代以前的漫长历史时期内，它一直没有固定的称谓，其中使用较多的一个名称是"琉璃"，但这一名称在古代至少有三层含义，即天然水晶、建筑用琉璃、玻璃。从《颜山杂记》等书的记载来看，直到明末清初，玻璃仍是琉璃的一个品种，是包含于琉璃之中的。除"琉璃"外，此期人们对玻璃的称谓还有"罐子玉"、"硝子"、"玻璨"、"玻黎"、"颇梨"、"假水晶"、"水晶"、"水玉"等名。但值得注意的是，在部分文献中，"玻璃"一词已具有了与现代较为接近的含义。

明初曹昭《格古要论》卷中"罐子玉"条载："雪白罐子玉，系北方用药于罐子内烧成者。若无气眼者，与真玉相似，但比真玉则微有蝇脚，久远不润且脆甚。"[10]显然，此"罐子玉"即是玻璃。元代也有类似的名称。元陶宗仪《辍耕录》卷二一载，元"将作院"的下设机构有"玉局提举司"、"玛瑙局提举司"、"金丝子局"、"瓘玉局"、"珠子局"等[11]。此"瓘玉局"很可能便是主持生产和加工"罐子玉"的管理机构。

《格古要论》卷中"硝子"条：硝子，"假水晶，用药烧成者，色暗青，有气眼。或有黄青色者，亦有白者，但不洁白明莹"。此"硝子"、"假水晶"，显然都是玻璃。

同书同卷"玻璨"条：玻璨，"出南蕃，有酒色、紫色、白色者，与水晶相似，器皿皆多碾雨点花儿者是真；其用药烧成者入手轻，有气眼，与琉璃相似"。此"玻璨"当指南蕃玻璃。

《明史》卷六七"舆服志·文武官冠服"载，嘉靖八年更定朝服之制，在谈到佩饰时说，"三品以上玉，四品以下药玉"。显然此"药玉"当指国产玻璃，其使用量还是不小的。

《夷门广牍》："玻黎出南蕃……与水晶相似……其用药烧煮者，入手轻，有气眼，与琉璃相似。"[12] 其文字与《格古要论》卷中"玻瓈"条基本一致。可见此"玻黎"，亦南蕃"用药烧成"的玻璃。

《本草纲目》卷八"水精·集解"，李时珍曰："水精亦颇黎之属，有黑白二色，倭国多水精，第一。南水精白，北水精黑，信州武昌水精浊，性坚而脆，刀刮不动，色澈如泉，清明而莹，置水中无股（瑕？）。不见珠者佳。古语云水化，谬言也。药烧成者有气眼，谓之硝子，一名海水精。《抱朴子》言，交广人作假水精盌是此。"依李时珍之见，水精亦有两种，一为天然自生者，二为药烧成而有气眼者，当亦玻璃，其名硝子。看来，此"水精"、"颇黎"、"硝子"、"海水精"都是玻璃，当时国内南北已有多处生产。

在人们用"琉璃"、"水精"称呼人工烧制的无定形物质的同时，也较为准确地使用了"玻璃"一词。

万历进士顾起元《客座赘语》载："玻璃：一作颇梨，一作玻瓈，西国宝，千年冰作化，故曰冰玉。今有外国所市玻璃杯、镜，乃烧成者。又有五色小瓶，值极高，靥质俱自销冶所成，非所谓冰玉也，恐别是一种耳。"

明末方以智《物理小识》卷七"玻瓈琉璃"条载："今山东益都颜神镇烧琉璃，采诸石以礁化之，即臭煤也。慢礁三日不熄，紧礁五日不熄，煮石为浆，重滤而凝即玻璃也，西玻璃镜近亦取此。"[3] 可知方以智是把"玻瓈"与"琉璃"同视为一物，且不分地域，把东方、西方的玻璃都使用了同一名称。

明末清初屈大钧（1630～1696 年）《广东新语》卷一五"货语"还专设了一个"玻璃"的条目，说："玻璃来自海舶，西洋人以为眼镜……又以玻璃为方圆镜、为屏风。"可知清代初年，"玻璃"一词已较为流行。

将玻璃块简称为"料"之事可能早在明代便已出现。《颜山杂记》卷二谈到了孙廷铨曾祖父的一些情况："曾大父柳溪公，讳延寿……大父所居惟堂一寝一，余屋八九间，仆婢才给洒扫，晨起检料毕，即还视炉座、工人。"此"检料"，当指收拾玻璃、琉璃料。孙延寿当为明代晚期人。

参考文献

第一节　采矿技术的大发展

［1］《明实录·太祖实录》卷二一。

［2］万小佲：《明代贵山冶铁遗址》，《南方文物》1993 年第 1 期。

［3］明末清初孙承泽：《春明梦余录》卷四六"工部一·铁厂"条："正统初，尝谕工部：军器之铁止取足于遵化，不必江南收买，后复命虞衡司官主之。则国初诸官冶虽废，而遵化铁矿尚足供工部之用也。"文渊阁《钦定四库全书》抄本第二十二册，第 70 页，武汉大学出版社电子版第 318 碟。

［4］申时行重修：《明会典》卷一九四"工部·遵化铁冶事例"。

［5］《颜山杂记·提要》，文渊阁《钦定四库全书》抄本，武汉大学出版社电子版第 236 碟。本节所引《颜山杂记》皆"四库"本，以后不再一一注出。

［6］矩斋：《古尺考》，《文物参考资料》1957 年第 3 期。此文载有山东梁山出土的骨尺一枚，故宫博物院所藏嘉靖牙尺一枚，皆是 1 尺 = 0.32 米。

［7］赵承泽、何堂坤：《宋应星和〈天工开物〉》，《中国科技史料》1987 年第 6 期。

［8］新雨：《中国古代对煤的认识和应用》，《科技史文集》第九辑，上海科学技术出版社，1982 年。

［9］明陈继儒：《偃曝谈余》卷上，《四库全书存目丛书》子 111 – 849，齐鲁书社，1995 年。

［10］张学君等：《我国宋代井盐钻凿工艺的重要革新——四川卓筒井》，《文物》1977 年第 12 期。

［11］（光绪）《射洪县志》卷九"职官·知县"。

［12］明马骥：《盐井图说》，采自文渊阁《钦定四库全书》所收明曹学佺《蜀中广记》卷六六"方物记·井法"条。明万历初年，马骥曾任四川射洪县令，在任期间，曾与郭子章、岳谕方等人对射洪盐井技术进行了一番考察，之后由岳谕方绘制了"盐井图"，马骥为之撰文，郭子章为之作"序"。可惜岳谕方的"盐井图"早佚，马骥《盐井图说》幸由曹学佺在《蜀中广记》中保存了下来，郭子章"序"在（光绪）《射洪县志》卷五"物产·盐井"条曾有引用。另外，《盐井图说》一书，一般认为只有一个稿子，即《蜀中广记》所说的马骥之稿，但郭子章对此事说得并不太明白，其《〈盐井图说〉序》在谈到盐井考察和撰书时是这样说的："予过射洪，同马令明衡三问灶丁、井匠，颇得其详，顾命岳谕方记之，谕方前为图，后记其事末"。可知，岳谕方既绘了图，又有笔录，且对有关资料作过整理。

［13］明郭子章：《〈盐井图说〉序》，见（光绪）《射洪县志》卷五。

［14］刘德林、周志征：《中国古代井盐工具研究》第 41～55 页，山东科学技术出版社，1990 年。

［15］明曹学佺：《蜀中广记》卷六六（第二十四册）第 27 页，文渊阁《钦定四库全书》抄本，武汉大学出版社电子版第 236 碟。

［16］明杨慎：《升庵外集》，台湾学生书局，1971 年，据万历四十四年本影印。

［17］明朱国祯：《涌幢小品》卷一五，《续修四库全书》1173 – 138。

第二节　金属技术的重大成就

［1］《笔记小说大观》第十三册，江苏广陵古籍刻印社出版，1983 年。

［2］矩斋：《古尺考》，《文物参考资料》1957 年第 3 期。

［3］丁格兰著，谢家荣译：《中国铁矿志》第二篇（《地质专报》甲种第二号），民国十二年十二月，农商部调查研究所印行。

［4］《重修政和经史证类备用本草》卷四"雌黄·宝藏论"条引。

［5］何堂坤：《关于明代炼钢术的两个问题》，《自然科学史研究》1988 年第 1 期。

［6］何堂坤：《我国古代炼钢技术初论》，《科技史文集》第 14 辑，上海科学技术出版社，1985 年。

［7］何堂坤：《关于灌钢的几个问题》，《科技史文集》第 15 辑，上海科学技术出版社，1989 年。

［8］何堂坤：《百炼钢及其工艺》，《科技史文集》第 13 辑，上海科学技术出版社，1985 年。

［9］明沈周：《石田杂记》，《四库全书存目丛书》子 239－567，齐鲁出版社，1995 年。

［10］何堂坤：《关于〈天工开物〉所记炼锌技术之管见》，《化学通报》1984 年第 7 期。

［11］梅建军：《中国和印度古代炼锌术的比较》，《自然科学史研究》1993 年第 4 期。

［12］赵匡华：《中国古代的金银分离术与黄金鉴定》，《化学通报》1984 年第 12 期。

［13］郭正谊：《"墨娥小录"辑录考略》，《文物》1979 年第 8 期。

［14］凌业勤等：《北京明永乐大铜钟铸造技术的探讨》，《科学史集刊》1963 年第 6 集。

［15］吴坤仪：《梵钟的研究及仿制》、《明永乐大钟铸造工艺研究》，《中国冶金史论文集》，《北京钢铁学院学报》编辑部，1986 年。

［16］吴坤仪：《明清梵钟的技术分析》，《自然科学史研究》1988 年第 3 期。

［17］小松茂、山内淑人：《東洋古銅器の化學研究》、《古鏡の化學的研究》，分别载于《東方學報》（京都版）1933 年第 3 册、1937 年第 8 册。

［18］何堂坤：《中国古代铜镜的技术研究》第 38 页、第 44 页、第 89～91 页，紫禁城出版社，1999 年。

［19］赵匡华等：《明代铜钱化学成分剖析》，《自然科学史研究》1988 年第 1 期。

［20］明黄一正：《事物绀珠》，《四库全书存目丛书》子 200～201 册，齐鲁书社，1995 年。又，清陈元龙《格致镜原》卷三四引。

［21］凌业勤等：《中国古代传统铸造技术》第 340 页，科学技术文献出版社，1987 年。

［22］华觉明等译编：《世界冶金发展史》第 622 页，科学技术文献出版社，1985 年。

［23］凌业勤等：《北京明永乐大铜钟铸造技术的探讨》，《科学史集刊》（6），1963 年。

［24］何堂坤：《关于镔铁的产地和工艺》，《中国国学》，第 25 期，台湾，1997 年。

［25］何堂坤：《关于花纹钢及其模拟试验》，《锻压技术》1988 年第 4 期。

［26］丁安民：《我国现存最早的锻打铁画》，《江汉考古》1987 年第 3 期。

［27］《天一阁藏明代方志选刊续编》（二十四），第 887 页，上海书店据明嘉靖刻本影印，1990 年。

［28］张光远：《大明宣德炉》，台北《故宫文物月刊》第三卷第八期，1985 年 11 月。

［29］王琎：《中国黄铜业全盛时代之一斑》，《科学》第十卷第四期第 500 页，1925 年。

［30］张临生：《我国明朝早期的掐丝珐琅工艺》，《东吴大学中国艺术史集》第十五卷，1986 年。

［31］明曹昭：《格古要论》，文渊阁《钦定四库全书》抄本，武汉大学出版社电子版第

318 碟。

  [32] 张子高、杨根:《镔铁考》,《科学史集刊》第 7 期,1964 年。

  [33] 明周履靖:《夷门广牍》关于镔铁的记载,并参见《格致镜原》(第十五册)卷三四"珍宝三·铁",文渊阁《钦定四库全书》抄本,武汉大学出版社电子版第 335 碟。

  [34] 何堂坤:《中国古代的钢铁热处理技术》,《技术史丛谈》,科学出版社,1987 年。

  [35] 凌业勤等:《中国古代传统铸造技术》第 407~413 页,科学技术文献出版社,1987 年。

  [36] 杨宽:《中国土法冶铁炼钢技术发展简史》第 195~197 页,上海人民出版社,1960 年。

第三节 以景德镇为中心的明代制瓷技术

  [1] 景德镇御窑厂的设置年代,史籍中曾有洪武二年和建文四年两种说法。《景德镇陶录》卷一"图说·景德镇图":"明洪武二年(原注:《江西大志》作三十五年)就镇之珠山设御窑厂,置官监督烧造。"(同治九年版,中国书店 1991 年影印。)此"三十五年"即"洪武三十五年",也即是建文四年,洪武年号实无"三十五年"。

  [2] 明王宗沐:《江西大志·陶书》,成书于明嘉靖年间。熊寥主编《中国陶瓷古籍集成》(江西科学技术出版社,2000 年)转载。雍正十年《江西通志》(第二十四册)卷二七"土产·饶州"。文渊阁《钦定四库全书》抄本,武汉大学出版社电子版第 228 碟,亦曾部分摘引。

  [3] 此"过手七十二"当是工序多或很多之意。《景德镇陶录》卷一"图说·御器厂图"载,"陶务作二十有三,曰大器作、曰小器作、曰仿古作、曰雕镶作、曰印作、曰画作、曰创新作、曰锥龙作、曰写字作、曰色彩作、曰漆作、曰匣作、曰染作、曰泥水作、曰大木作、曰小木作、曰船木作、曰铁作、曰竹作、曰索作、曰桶作、曰东碓作、曰西碓作。"此"作"多数是不同的工序,有的当为辅助性作坊,有的则应是不同规格的成品作坊。朱琰《陶说》卷三"说明·造法"条等也曾引述。清康熙二十一年《浮梁县志·陶政》所载稍有差别。

  [4]《明英宗实录》卷二二。

  [5] 中国硅酸盐学会编:《中国陶瓷史》第 361 页,文物出版社,1982 年。

  [6] 杨维增:《天工开物新注研究》第 164 页,江西科学技术出版社,1987 年。

  [7] 周仁等:《景德镇瓷器的研究·景德镇制瓷原料及胎釉的研究》,科学出版社,1958 年。

  [8] 郭演仪:《中国制瓷原料》,《中国古代陶瓷科学技术成就》,上海科学技术出版社,1985 年。

  [9] 周仁等:《景德镇历代瓷器胎、釉和烧制工艺的研究》,《硅盐学报》1960 年第 2 期。

  [10] 郭演仪等:《古代龙泉青瓷和瓷石》,《考古》1992 年第 4 期。

  [11] 周仁等:《历代龙泉青瓷烧制工艺的科学总结》,《考古学报》1973 年第 1 期。

  [12] 曾凡:《关于德化窑的几个问题》,《中国古陶瓷论文集》,文物出版社,1982 年。

  [13] 李家治等:《中国历代南北方著名白瓷》,《中国古代陶瓷科学技术成就》,上海科学技术出版社,1985 年。

  [14] 陈尧成等:《玉溪、建水窑青花瓷器研究》,《中国陶瓷》1989 年第 6 期。

  [15] 见本书第一章第三节。

  [16] 中国硅酸盐学会编:《中国陶瓷史》,文物出版社,1982 年。辽代碾子见第 317 页、第 318 页;明代脱胎器见第 387 页;明代青料见第 377 页。

  [17] 明黄一正:《事物绀珠》卷二二"器用·今窑器类":"窑器,方为难,今制为盛。"见《四库全书存目丛书》子 200 册,齐鲁书社,1995 年。

〔18〕李家治:《景德镇永乐白瓷的研究》,《景德镇陶瓷学院学报》第12卷第1期,1991年6月。

〔19〕江西省陶瓷研究所:《景德镇陶瓷史稿》第112页、115页,三联书店,1959年。祝寿兹:《中国古代工业史》第706页,学林出版社,1988年。

〔20〕陈尧成等:《历代青花瓷和着色青料》,《中国古代陶瓷科学技术成就》,上海科学技术出版社,1985年。

〔21〕陈尧成等:《历代青花瓷器和青花色料的研究》,《中国古陶瓷论文集》,文物出版社,1982年。

〔22〕周仁等:《景德镇瓷器的研究·钴土矿的拣炼和青花色料的配制》,科学出版社,1958年。

〔23〕南京博物院:《南京明故宫出土洪武时期瓷器》,《文物》1976年第8期。

〔24〕河北保定曾发现过元代的釉下青花与釉下铜红彩相结合的青花釉里红器,见《文物》1965年第2期,但这工艺在明代很少使用。

〔25〕中国硅酸盐学会编:《中国陶瓷史》第370页、390页,文物出版社,1982年。

〔26〕余家栋:《明代中晚期景德镇瓷器演进特征试析》,《东南文化》1994年增刊1。

〔27〕张福康等:《我国古代釉上彩的研究》,《硅酸盐学报》1980年第4期。

〔28〕张福康等:《中国历代低温色釉和釉上彩的研究》,《中国古陶瓷论文集》,文物出版社,1982年。

〔29〕张福康:《中国传统低温色釉和釉上彩》,《中国古代陶瓷科学技术成就》,上海科学技术出版社,1985年。

〔30〕周世荣:《长沙古瓷窑的彩釉绘装饰》,《考古》1990年第6期。

〔31〕吕成龙:《论明代官窑高温铜红釉瓷器》,《文物研究》总第10辑,1995年。

〔32〕叶喆民:《中国古陶瓷浅说》第78页,轻工业出版社,1982年。

〔33〕李兵等:《浅谈对河南钧瓷与后起之秀铜红釉的见解》,《中国陶瓷》1990年第5期。

〔34〕郭演仪:《古代景德镇瓷器胎釉》,《中国陶瓷》1993年第1期。

〔35〕张福康等:《中国历代低温色釉的研究》,《硅酸盐学报》1980年第1期。

〔36〕曾凡:《关于德化屈斗宫窑的几个问题》,《文物》1979年第5期。

〔37〕中国硅酸盐学会编:《中国陶瓷史》第394~412页,文物出版社,1982年。李锡经等译:《陶瓷之路》,文物出版社,1984年。〔日〕三上次男原著,岩波书店,1972年。

〔38〕宋伯胤:《谈德化窑》,《文物参考资料》1955年第4期。

〔39〕德化古瓷窑址考古发掘工作队:《福建德化屈斗宫窑址发掘简报》,《文物》1979年第5期。

〔40〕刘振群:《窑炉的改进和我国古陶瓷发展的关系》,《中国古陶瓷论文集》,文物出版社,1982年。

〔41〕南京博物院:《明代南京聚宝山琉璃窑》,《文物》1960年第2期。

〔42〕刘新园等:《景德镇湖田窑考察纪要》,《文物》1980年第11期。

〔43〕北京大学考古文博学院等:《江西景德镇市明清御窑遗址2004年的发掘》,《考古》2005年第7期。

〔44〕王上海:《从景德镇制瓷工艺的发展谈葫芦形窑的演变》,《文物》2007年第3期。

第四节 棉织技术的全面推广和丝织技术之继续发展

〔1〕《明太祖实录》卷一五。

［2］《明史》卷七八"食货志二·赋役"。

［3］张履祥：《杨园先生集》卷四三"近古录"。

［4］张瀚：《松窗梦语》卷四。

［5］顾炎武：《天下郡国利病书》原编第六册"苏松"引《嘉定县志》。

［6］黄赞雄：《明代的丝绸业》，《丝绸史研究》1989年第1期。

［7］明徐光启：《农政全书》卷三五"蚕桑广类·木棉"第714页，中华书局，1956年版。中国农业遗产研究室校。

［8］《农政全书校注》第976页，明徐光启撰，今人石声汉校注，上海古籍出版社，1979年。

［9］陈维稷主编：《中国纺织科学技术史（古代部分）》第153页，科学出版社，1984年。

［10］赵承泽主编：《中国科学技术史·纺织卷》第152页，科学出版社，2002年。

［11］石声汉：《农政全书校注》第961页，上海古籍出版社，1979年。

［12］陈维稷主编：《中国纺织科学技术史（古代部分）》第151页，科学出版社，1984年。

［13］赵承泽主编：《中国科学技术史·纺织卷》第149页、151页，科学出版社，2002年。

［14］于绍杰：《中国植棉史考证》，《中国农史》1993年第2期。

［15］林忠干等：《福建古代纺织史略》，《丝绸史研究》1986年第1期。

［16］明王世懋：《闽部疏》，见《续修四库全书》734（"史部·地理类"），上海古籍出版社，2002年。清陈元龙：《格致镜原》（第二十五册）卷六四"草本木棉"条所引大体相同，见文渊阁《钦定四库全书》抄本，武汉大学出版社电子版第335碟。

［17］陈维稷主编：《中国纺织科学技术史（古代部分）》第148页，科学出版社，1984年。

［18］汪子春：《〈天工开物〉所记载的养蚕技术探讨》，《科技史文集》第3辑，上海科学技术出版社，1980年。

［19］蒋猷龙：《宋应星在总结蚕业科技上的贡献》，《〈天工开物〉研究》（纪念宋应星诞辰400周年文集），中国科学技术出版社，1988年。

［20］明末方以智：《物理小识》卷六"丝绵"条："结茧时炭火烘曰出口干。丝登车，火照之曰出水干，是为上茧缫耳。"

［21］其例见明徐光启：《农政全书》卷三五"蚕桑广类·木棉"，文渊阁《钦定四库全书》抄本第二十三册，武汉大学出版社电子版第304碟。

［22］明徐光启《农政全书》卷三一"蚕桑·养蚕法"在引述了《士农必用》关于缫丝的技术后，徐光启又作了一段小注。文渊阁《钦定四库全书》抄本第二十一册，武汉大学出版社电子版第304碟。

［23］王祯：《农书》卷二一"纩絮门·木棉纺车"。

［24］陈维稷主编：《中国纺织科学技术史（古代部分）》第182页，科学出版社，1984年。

［25］清嘉庆《松江府志》，《续修四库全书》"史部·地理类"第687册，上海古籍出版社，2002年。

［26］引自《钦定古今图书集成·考工典·织工部纪事》。

［27］赵承泽主编：《中国科学技术史·纺织卷》第365页，科学出版社，2002年。

［28］金文：《〈天工开物〉中的提花织机》，《丝绸史研究》1987年1、2合期。

［29］赵承泽主编：《中国科学技术史·纺织卷》第195～202页，科学出版社，2002年。

［30］区秋明、黄赞雄：《明代丝绸科技发展初探》，《中国丝绸史学术讨论会论文汇编》，浙江丝绸工学院丝绸史研究室编，1984年。

［31］王秀玲：《定陵出土的丝织品》，《江汉考古》2001年第2期。

［32］《天水冰山录》，王云五《丛书集成初编》1502～1504，商务印书馆。作者不详。

［33］赵承泽主编：《中国科学技术史·纺织卷》第358页，科学出版社，2002年。关于定陵双面绒的经纬密度，各家测量的数据略有出入。

［34］徐仲杰：《南京云锦史》第50～51页，江苏科学技术出版社，1986年。

［35］赵承泽主编：《中国科学技术史·纺织卷》第366～367页，科学出版社，2002年。

［36］黄能馥：《中国美术全集·工艺美术编7·印染织绣下》，文物出版社，1986年。

［37］赵承泽、张琼：《改机及其相关问题探讨》，《故宫博物院院刊》2001年第2期。

［38］《天水冰山录》，王云五《丛书集成初编》1503，商务印书馆。作者不详。

［39］山东省博物馆：《发掘明朱檀墓纪实》，《文物》1972年第5期。

［40］陈娟娟：《介绍几件优秀的明清织锦》，《文物》1973年第11期。

［41］陈维稷主编：《中国纺织科学技术史（古代部分）》第247页，科学出版社，1984年。

［42］陈维稷主编：《中国纺织科学技术史（古代部分）》第251～252页，科学出版社，1984年。

［43］赵丰：《〈天工开物〉"彰施"篇中的染料和染色》，《农业考古》1987年第1期。

［44］明刘基：《多能鄙事》卷四，上海荣华书局版，民国六年。并《续修四库全书》1185。

［45］陈维稷主编：《中国纺织科学技术史（古代部分）》第266页，科学出版社，1984年。

［46］罗瑞林：《关于印金云龙纹包袱皮印染工艺的分析》，《中国丝绸史学术讨论会论文汇编》，浙江丝绸工学院丝绸史研究室编，1984年。

第五节　机械技术的全面发展

［1］明童冀：《尚纲斋集》卷三"南行集·水车行"（第三册），文渊阁《钦定四库全书》抄本，武汉大学出版社电子版第418碟。

［2］刘仙洲：《中国机械工程发明史》第59页，科学出版社，1962年。

［3］张国敬等：《凌家滩玉器微痕迹的显微观察与研究——中国砣的发现》，《东南文化》2002年第5期。

［4］陆敬严、华觉明主编：《中国科学技术史·机械卷》第76页，科学出版社，2000年。

［5］明谈迁：《枣林杂俎》，《续修四库全书》1135，上海古籍出版社。

［6］刘仙洲：《中国在计时器方面的发明》，《清华大学学报》第3卷第2期，1957年。

［7］刘仙洲：《中国机械工程发明史》第115页，科学出版社，1962年。

［8］陆敬严、华觉明主编：《中国科学技术史·机械卷》第93页，科学出版社，2000年。

［9］潘升材等：《仙游糖车考》，《古今农业》1993年第2期。

［10］《明会要》卷六二"兵五·战船"。

［11］《明成祖实录》卷三五。

［12］《明会要》卷五六"食货四·漕运"。《明史》卷一三五"陈瑄传"："议造浅船二千余艘，初运二百万石，寝至五百万石，国用以饶。"

［13］周世德：《雕虫集·中国古代造船工程技术成就》，地震出版社，1994年。

［14］席龙飞：《中国造船史》第246～249页，湖北教育出版社，2000年。

［15］周世德：《雕虫集·中国沙船考略》，地震出版社，1994年。

［16］明谈迁：《国榷》第一册第953页，（北京）古籍出版社，1958年。

［17］矩斋：《古尺考》，《文物参考资料》1957年第3期。

［18］何堂坤：《平木用刨考》，《文物》1996年第7期。

［19］马晋封：《苏汉臣货郎图》，《故宫文物月刊》第1卷第11期，1984年，台湾。

第六节　造纸技术的发展

[1] 明王宗沐、陆万垓：《江西大志》卷八，明万历二十五年刊。今采自雍正十年《江西通志》（第二十四册）卷二七"土产·广信府"，文渊阁《钦定四库全书》抄本，武汉大学出版社电子版第 228 碟。

[2] 明屠隆：《考槃余事》，《丛书集成初编》1559。

[3] 明文震亨：《长物志》（第二册）卷七，文渊阁《钦定四库全书》抄本，武汉大学出版社电子版第 318 碟。

[4] 明王世懋：《闽部疏》，《续修四库全书》（史部·地理类）734，上海古籍出版社，2002 年。

[5] 明陆容：《菽园杂记》（第四册）卷一三，文渊阁《钦定四库全书》抄本，武汉大学出版社电子版第 336 碟。

[6] 潘吉星：《中国科学技术史·造纸与印刷卷》第 248 页，科学出版社，1998 年。

[7] 矩斋：《古尺考》，《文物参考资料》1957 年第 3 期。

[8] 陈大川：《中国造纸技术盛衰史》第 241 页，中外出版社，台湾，1979 年。

[9] 明包汝楫：《南中纪闻》，见《丛书集成初编》3114。

[10] 明刘若愚：《酌中志》卷一六，见《四库毁禁书丛刊》史部 71 – 158、159，北京出版社，1998 年。

[11] 沈德符：《飞凫语略》，《丛书集成初编》1559，商务印书馆，1937 年。

[12] 清查慎行：《人海记》，《续修四库全书》1177 – 228，上海古籍出版社，2002 年。

[13] 查悔余诗，转引自《骨董琐记》卷四第 19 页。民国丛书第五编第 84 册。上海书店。

[14] 明高濂：《遵生八笺》（第十四册）卷一五"燕闲清赏笺中"，文渊阁《钦定四库全书》抄本，武汉大学出版社电子版第 318 碟。

[15] 清沈初：《西清笔记》，《笔记小说大观》第二十四册，江苏广陵古籍刻印社，1983 年。

[16] 明宋诩：《竹屿山房杂部·燕间部·文房事宜·纸》，第三册卷七第 4 页，文渊阁《钦定四库全书》抄本，武汉大学出版社电子版第 318 碟。

第七节　印刷技术的发展

[1] 张秀民：《明代南京的印书》，《张秀明印刷史论文集》，印刷工业出版社，1988 年。

[2] 郑如斯：《国子监刻书略述》，《中国印刷史学术研讨会文集》，印刷工业出版社，1996 年。

[3] 张秀民：《明代北京的刻书》，《张秀明印刷史论文集》，印刷工业出版社，1988 年。

[4] 潘吉星：《论藏文〈大藏经〉的刊刻》，《中国印刷史学术研讨会文集》，印刷工业出版社，1996 年。

[5] 张秀民：《中国印刷史》第 402 ~ 445 页，上海人民出版社，1989 年。

[6] 张秀民：《明代印书最多的建宁书坊》，《张秀明印刷史论文集》，印刷工业出版社，1988 年。

[7] 明宋应星：《天工开物》"序"。

[8] 清蔡澄：《鸡窗丛话》，《丛书集成续编》90 – 1005，上海书店，1994 年。

[9] 罗树宝：《中国古代印刷字体的发展》，《中国印刷史学术研讨会文集》，印刷工业出版社，1996 年。

[10]《明史》卷八一"食货五·钱钞"。

［11］明胡应麟：《少室山房笔丛》卷四；见《丛书集成续编》172－271，上海书店，1994年；或见文渊阁《钦定四库全书》抄本第二册，武汉大学出版社电子版第319碟。

［12］《书林清话》卷八第14页，《民国丛书》第二编第50册，上海书店，1990年，据宣统辛亥年观古堂刻本影印。书前有叶德辉宣统辛亥年自述。

［13］潘吉星：《中国科学技术史·造纸与印刷卷》第429～430页，科学出版社，1998年。

［14］《中国版刻图录》，文物出版社，1961年。

［15］罗树宝：《中国古代印刷史》第364页，印刷工业出版社，1993年。

［16］潘吉星：《中国科学技术史·造纸与印刷卷》第431页，科学出版社，1998年。

［17］方晓阳：《饾版印刷术之研究》，《中国印刷史学术研讨会文集》，印刷工业出版社，1996年。

［18］张秀民：《中国印刷史》第451页，上海人民出版社，1989年。

［19］蠲戏生（向达）：《记十笔斋》，《图书季刊》第二卷第一期，1935年。

［20］杨绳信：《中国版刻综录》第529～530页，陕西人民出版社，1987年。

［21］张秀民、韩琦：《中国活字印刷史》第28页，中国书籍出版社，1989年。

［22］潘吉星：《中国科学技术史·造纸与印刷卷》第413页，科学出版社，1998年。

［23］北京图书馆（赵万里等）编：《中国刻版图录》，第一册第101页，文物出版社，1961年。

［24］杨绳信：《中国版刻综录》第515～516页，陕西人民出版社，1987年。

［25］张秀民、韩琦：《中国活字印刷史》第46页，中国书籍出版社，1989年。

［26］明邵宝：《容春堂集》"后集"（第十二册）卷七（第40～41页）"会通君传"。文渊阁《钦定四库全书》抄本，武汉大学出版社电子版第421碟。

［27］明华燧：《〈宋诸臣奏议〉序》，载《宋诸臣奏议》卷一书首，无锡会通馆铜活字印本，弘治三年。转引自文献［13］，第416页。

［28］张秀民、韩琦：《中国活字印刷史》第32～40页，中国书籍出版社，1989年。安璎《安氏家乘拾遗》（康熙本，上海图书馆藏）载，安国计七子，老七出嗣于人，未得遗产；其余六人中，三位嫡子共得六份，三位庶子共得四份，其铜字也如此四六分成，如是，残缺失次，无所用矣（转引自文献［21］第39页）。

［29］潘吉星：《中国科学技术史·造纸与印刷卷》第415页，科学出版社，1998年。

［30］杨绳信：《中国版刻综录》第527页，陕西人民出版社，1987年。

［31］张秀民：《中国印刷史》第691页，上海人民出版社，1989年。

［32］尤丹立：《明代无锡安国铜活字是浇铸而成》，《中国印刷史学术研讨会文集》，印刷工业出版社，1996年。

［33］李致忠：《中国古代书籍史》第76页，文物出版社，1985年。

［34］张秀民：《中国活字印刷简史》，《活字印刷源流》（中国印刷史料选辑）第29页，印刷工业出版社，1990年。

［35］何堂坤：《中国古代铜镜的技术研究》，中国科学技术出版社，1992年；紫禁城出版社1999年再版。

［36］李奎报：《代晋阳公崔怡新序详定礼文跋》，《东国李相国后集》卷一一，载《朝鲜群书大系》"续集"，汉城，朝鲜古书刊行会，1913年。关于朝鲜铸造金属活字的具体时间，张秀民认为是1234年，潘吉星认为是1242年前后。转引自文献［13］第511页。

［37］李奎景：《铸字印书辨证说》，《五洲长笺衍文散稿》卷二四，上册，第699页，汉城，明文堂景印本，1982年。转引自文献［13］第511页。

［38］成伣：《慵斋丛话》卷七，《朝鲜群书大系正集·大东野乘》第一册，汉城，朝鲜古

书刊行会，1909 年。

[39]《钦定武英殿聚珍版程序》第 2 页，文渊阁《钦定四库全书》抄本，武汉大学出版社电子版第 244 碟。

[40] 明宋应星：《天工开物》卷一六"丹青·墨"。

[41] 山东省博物馆：《发掘明朱檀墓纪实》，《文物》1972 年第 5 期。

[42] 明沈继孙：《墨法集要》，文渊阁《钦定四库全书》抄本，武汉大学出版社电子版第 315 碟。

[43] 明宋诩：《竹屿山房杂部·燕间部·文房事宜·墨》（第三册卷七），文渊阁《钦定四库全书》抄本，武汉大学出版社电子版第 318 碟。

[44] 明沈继孙：《墨法集要》"水盆"、"油盏"、"烟碗"三条，文渊阁《钦定四库全书》抄本，武汉大学出版社电子版第 315 碟。

[45] 明沈继孙：《墨法集要》"烧烟"条，文渊阁《钦定四库全书》抄本，武汉大学出版社电子版第 315 碟。

[46] 明方瑞生：《墨海书》，民国十六年陶湘涉园影印明刻本。

[47] 杨慎：《升庵外集》卷一九"用器·文具"，桂湖藏版，道光甲辰版重刻。

第八节　火药火器技术的空前发展

[1] 吴晗：《朝鲜李朝实录中的中国史料》（一）第 34～35 页，中华书局，1980 年。

[2] 唐顺之：《武编》"前集"（第五册）卷五"火"（第 62～64 页），文渊阁《钦定四库全书》抄本，武汉大学出版社电子版第 304 碟。

[3] 明戚继光：《纪效新书》（第五册）卷一五"布城诸器图说篇"（第 18 页），文渊阁《钦定四库全书》抄本，武汉大学出版社电子版第 304 碟。

[4] 何汝宾：《兵录》，见《中国科学技术典籍通汇·技术卷》（五），河南教育出版社。

[5] 赵士桢：《神器谱》，见《中国科学技术典籍通汇·技术卷》（五），河南教育出版社。

[6] 茅元仪：《武备志》卷一一九，《中国科学技术典籍通汇·技术卷》（五），河南教育出版社。

[7]《火龙经》，原题汉武侯著，明刘基、焦玉同校，永乐十年出版。见《中国科学技术典籍通汇·技术卷》（五），河南教育出版社。

对此书年代作过评述的今世学者有：冯家昇：《伊斯兰教国为火药由中国传入欧洲的桥梁》，《史学集刊》1949 年第 6 期；马成甫：《火炮の起源とその傳流》，東京，吉弘文舘，1962 年；刘仙洲：《我国古代慢炮、地雷和水雷自动发火装置的发明》，《文物》1973 年第 11 期；潘吉星：《中国火箭技术史稿》，科学出版社，1987 年；成东：《焦玉的真实身分和他的〈火攻书〉》，《中国科技史料》1984 第 1 期；钟少异：《关于焦玉火攻书的年代》，《自然科学史研究》1999 年第 2 期；李斌：《〈火龙经〉考辨》，《中国历史文物》2002 年第 2 期。

[8] 明宋应星：《天工开物》卷一五"佳兵·消石"。

[9] 王兆春：《中国科学技术史·军事技术卷》第 263～266 页、158～164 页、221～224 页，科学出版社，1998 年。

[10] 成东：《碗口铳小考》，《文物》1991 年第 1 期。

[11] 成东：《关于中国古代火炮发明问题的新探讨》，《中国科学技术史国际学术讨论会论文集》，中国科学技术出版社，1992 年。成东：《中国古代火炮发明问题的新探讨》，《中国古代火药火器史研究》，中国社会科学出版社，1995 年。

[12] 王荣：《元明火铳的装置复原》，《文物》1962 年第 3 期。洪武五年"韩"字铳长

36.5 厘米、铳口径 11 厘米，重 15.75 千克。口沿下铭文为一"韩"字，中部铭为"水军左卫，进字四十二号，大碗口筒，重二十六斤，洪武五年十二月吉日，宝源局造"等字。可见这是把碗口状火器称之为"筒"的。

[13] 河北省博物馆：《河北出土文物选集》第 232 页，文物出版社，1980 年。

[14] 项春松：《内蒙古赤峰市大明镇发现明初铜铳》，《考古》1990 年第 8 期。1975 年赤峰计发现明初碗口铳 2 门、手铳 12 门。碗口铳中，一门有纪年铭，全长 31.7 厘米、口径 13.4 厘米，重 9 千克，铭文："神策卫神字柒拾伍号次碗口筒重壹拾捌斤，洪武五年八月吉日宝源局造。"另一门无铭，长 37 厘米、口径 12.2 厘米。手铳中，3 门有纪年（2 件为"洪武十年"，1 件为"洪武十一年"），全长 42.7 ~ 44 厘米，口径 2 ~ 3.3 厘米；1 件有铭无纪年，长 31 厘米，口径 4 厘米。

[15] 袁晓春：《山东蓬莱出土明初碗口炮》，《文物》1991 年第 1 期。两炮形制相似，炮口略呈大碗口状，碗口径 26 厘米，碗口以下内径 11 厘米。一门长 61 厘米，重 73 千克；另一门长 63 厘米，重 73.5 千克。两器之铭文皆名之为"砲"。

[16] 刘善沂：《山东冠县发现明初铜铳》，《考古》1985 年第 10 期。1964 年出土，原有大中小 3 门，今只保存中型者，为碗口铳，其全长 36.4 厘米、碗口径 14.9 厘米、壁厚 1.5 厘米、筒径 11.5 厘米，重 15.5 千克。铭文中有"横海卫""洪武十一年"等字。

[17] 殷其昌：《赫章出土的明代铜炮》，《贵州社会科学》1982 年第 5 期。全长 31.8 厘米、口径 7.5 厘米，重 8.3 千克。铭文中有"永宁卫""洪武十一年"等字。

[18] 陈烈：《河北省宽城县出土的明代铜铳》，《考古》1986 年第 6 期。全长 52 厘米、口径 10.8 厘米，重 26.5 千克。

[19] 明丘濬：《大学衍义补》（第五十一册）卷一二二（第十一页）"严武备·器械之利下"，文渊阁《钦定四库全书》抄本，武汉大学出版社电子版第 303 碟。

[20] 赵新来：《在株洲鉴选出一件明代铜砲》，《文物》1965 年第 8 期。铭作"正德陆年拾月"等字。

[21] 胡振祺：《明代铁炮》，《山西文物》1982 年第 1 期。

[22] 史宝珍：《镇江出土的明代火器》，《文物》1986 年第 7 期。21 门铁炮完整，2 门残。完整者炮长 55 ~ 108.2 厘米，口径 3.5 ~ 7.0 厘米；残炮中，有一门口径达 10 厘米。

[23] 王海航：《石家庄市发现明代大铁砲》，《文物参考资料》1957 年第 6 期，砲长 1.5 米，铭文中有"崇祯戊寅岁仲寅吉日捐助建造红夷大砲"等字。

[24] 孙桂恩：《在废铜铁中发现明、清时代铜铁炮》，《文物参考资料》1957 年第 4 期。

[25] 成东：《明代前期有铭火铳初探》，《文物》1988 年第 5 期。

[26] 张萱：《西园闻见录》卷六九，《续修四库全书》1169 – 569。

[27] 杨豪：《辽阳发现明代佛郎机铜铳》，《文物参考资料丛刊》（七），1983 年。永乐七年铳铭文为："天字贰万贰千伍拾捌号 \ 永乐柒年玖月 \ 日造"。

[28] 刘志一：《内蒙古克什克腾旗出土明代铜铳》，《文物》1982 年第 7 期。外径 7.2 厘米、内径 5.2 厘米、长 44 厘米，铳体均厚 0.7 厘米。铭作"永乐拾叁年玖月"等字。

[29] 王国荣：《赤城出土一批明窖藏火器》，《中国文物报》1991 年 9 月 1 日。1991 年赤城窖藏出土有铁五眼铳、直横铳、佛郎机母铳、铜盏口炮、铜火铳等火器计 32 件。克字中型铜铳长 44 厘米、内径 5.3 厘米，重 8.2 千克，有"永乐拾叁年"等字铭。

[30] 转引自成东：《明代前期有铭火铳初探》，《文物》1988 年第 5 期。首都博物馆藏永乐拾叁年火铳：长 44 厘米、口径 5.2 厘米。

[31] 师万林：《甘肃张掖发现明代铜铳》，《考古与文物》1986 年第 4 期。

[32] 高凤山、张军武：《嘉峪关及明长城》第 39 页，文物出版社，1989 年。

［33］矩斋：《古尺考》，《文物参考资料》1957 年第 3 期。

［34］《筹海图编》（第十册）卷一三"佛郎机图说"。文渊阁《钦定四库全书》抄本，武汉大学出版社电子版第 235 碟。说明：（1）关于此书作者，"四库提要"说是胡宗宪；今世有学者考证为郑若曾。（2）此书中引用过顾应祥、戚继光等人的话。

［35］郭永芳、林文照：《明清间西方火枪传入中国历史考》，《亚洲文明》（黄盛章主编），四川人民出版社，1986 年。

［36］《续文献通考》（第八十一册）卷一三四（第 30 页）"兵制十四·军器"。文渊阁《钦定四库全书》抄本，武汉大学出版社电子版第 240 碟。

［37］明谈迁：《国榷》卷五三。（北京）古籍出版社，1958 年。嘉靖三年四月，"丁巳，南京仿造佛郎机铜铳"。

［38］明戚继光：《练兵实纪杂集》卷五，《中国科学技术典籍通汇·技术卷》（五），河南教育出版社，1994 年。

［39］清牛应之：《雨窗消意录》卷三，《笔记小说大观》第 25 册，第 297 页，江苏广陵古籍出版社，1983 年。

［40］成东：《明代后期有铭火炮概述》，《文物》1993 年第 4 期。

［41］周铮：《天启二年红夷铁炮》，《中国历史博物馆馆刊》第 5 期，1983 年。

［42］H. S. Zim：Rockets and Jets，pp. 31 ~ 32（New York：Harcourt Brace and Co.，1945）。

［43］潘吉星：《中国火箭技术史稿》，科学出版社，1987 年。关于万虎飞行试验的资料，1962 年时张子高曾经引用（见《中国机械工程发明史》，科学出版社，1962 年）；1987 年潘吉星再次引用时，重新作了翻译（见文献［43］第 72 页）。

［44］清张英、王士祯等：《御定渊鉴类函》（第一四四册）卷二一三（第七页）"火攻·制地雷"，文渊阁《钦定四库全书》抄本，武汉大学出版社电子版第 330 碟。

第九节　髹漆技术的大发展

［1］王焕镳：《首都志》卷三，《民国丛书》5 - 76，上海书店，1996 年。关于《读史方舆纪要》所记"立三园诸事"，多次查找而未果。待查。

［2］明高濂：《遵生八笺》（第十三册）卷一四（第 73 ~ 74 页）"燕闲清赏笺上·论剔红倭漆雕刻镶嵌器皿"，文渊阁《钦定四库全书》抄本，武汉大学出版社电子版第 318 碟。

［3］《髹饰录解说》，文物出版社，1983 年。此书为明庆隆间黄成原著，明天启间杨明注，今人王世襄解说。今参考第 23 页第 3 ~ 4 段，王世襄考证。

［4］清高士奇：《金鳌退食笔记》卷下："棂星门在金鳌玉蝀桥西……果园厂在棂星门之西。"《丛书集成初编》3213 - 27。

［5］山东省博物馆：《发掘明朱檀墓纪实》，《文物》1972 年第 5 期。杨伯达：《明朱檀墓出土漆器补记》，《文物》1980 年 6 期。

［6］杨伯达：《明朱檀墓出土漆器补记》，《文物》1980 年第 6 期。戗金使用的工具有 3 种说法，即勾刀，故宫博物院修复室；剞劂刀，《髹饰录》"利用"第一；针，《辍耕录》卷三〇。

［7］中国美术全集编辑委员会：《中国美术全集》"工艺美术编 8·漆器"，文物出版社，1989 年。

［8］史树青：《漆林识小录》，《文物参考资料》1957 年第 7 期。

［9］《髹饰录解说》，文物出版社，1983 年。杨明注，第 163 页。

［10］《髹饰录解说》，文物出版社，1983 年。杨明注，第 170 页。

［11］《髹饰录解说》，文物出版社，1983 年。第 94 页。

［12］《髹饰录解说》，文物出版社，1983 年。王世襄解说，第 43 页。

［13］《髹饰录解说》，文物出版社，1983 年。王世襄解说，第 165 页。

［14］《髹饰录解说》，文物出版社，1983 年。王世襄解说，第 126 页。

［15］《髹饰录解说》，文物出版社，1983 年。杨明注，并王世襄解说，第 126 ~ 127 页。

［16］《髹饰录解说》，文物出版社，1983 年。杨明注，第 129 页。

［17］《髹饰录解说》，文物出版社，1983 年。王世襄解说，第 129 页。

［18］朱家溍：《元明雕漆概说》，《故宫博物院院刊》1983 年第 1 期。

［19］《髹饰录解说》，文物出版社，1983 年。黄成原文，杨明注，皆见第 101 页。杨明注并见"利用"第一"河出"条，第 49 页。

［20］转引自《髹饰录解说》第 105 页，文物出版社，1983 年。

［21］《髹饰录解说》，文物出版社，1983 年。王世襄解说，第 103 页。

［22］《髹饰录解说》，文物出版社，1983 年。王世襄解说，"衬色甸嵌"见第 105 页，"镌甸"见第 134 页。

［23］《髹饰录解说》，文物出版社，1983 年。王世襄解说，第 134 页。

［24］石志廉：《明江千里款嵌螺黑漆执壶和明紫檀雕十八学士长方盒》，《文物》1982 年第 4 期。

［25］《髹饰录解说》，文物出版社，1983 年。见杨明"序"，并朱启钤"序"、王世襄"前言"。

［26］《周礼注疏》卷二七（第十七册第 14 ~ 15 页），文渊阁《钦定四库全书》抄本，武汉大学出版社电子版第 109 碟。

第十节　玻璃技术的发展

［1］明末清初孙廷铨：《颜山杂记》第一册卷二第 11 页，文渊阁《钦定四库全书》抄本，武汉大学出版社电子版第 236 碟。

［2］明末清初孙廷铨：《颜山杂记》第一册卷一第 27 页，文渊阁《钦定四库全书》抄本，武汉大学出版社电子版第 236 碟。

［3］明方以智：《物理小识》（第五册）卷七，文渊阁《钦定四库全书》抄本，武汉大学出版社电子版第 317 碟。

［4］淄博市博物馆：《淄博元末明初玻璃作坊遗址》，《考古》1985 年第 6 期。

［5］易家良等：《十四世纪中国博山的琉璃工艺》，《中国古玻璃研究（1984 年北京国际玻璃学术讨论会论文集）》，中国建筑工业出版社，1986 年。

［6］建筑材料研究院等：《中国早期玻璃器检验报告》，《考古学报》1984 年第 4 期。

［7］美国康宁玻璃公司 R. H. Brill 等：《一批早期中国玻璃的化学分析》，《中国古玻璃研究（1984 年北京国际玻璃学术讨论会论文集）》，中国建筑工业出版社，1986 年。

［8］明刘基：《多能鄙事》卷五，见《续修四库全书》1185 册。

［9］谢惠：《山东博山玻璃工业概况》，《交大季刊》13 期，1934 年。

［10］明初曹昭：《格古要论》卷中，文渊阁《钦定四库全书》抄本，武汉大学出版社电子版第 318 碟。

［11］元陶宗仪：《辍耕录》卷二一，文渊阁《钦定四库全书》抄本，武汉大学出版社电子版第 336 碟。

［12］明周履靖：《夷门广牍》关于"玻瓈"的记载，今引自清陈元龙《格致镜原》（第十四册）卷三三"珍宝类二·玻瓈"（第 18 页），文渊阁《钦定四库全书》抄本，武汉大学出版社电子版第 335 碟。在"四库"本的《格致镜原》中，标题作"瓈"字，《夷门广牍》正文作"黎"字。

第九章

清代早中期手工业技术的缓慢发展

　　1644 年，吴三桂引满人入关，满清贵族入主中原，到 1840 年鸦片战争，一般归为清代早、中期；由 1840 至 1911 年辛亥革命，史称清代晚期①。早、中期经历了顺治、康熙、雍正、乾隆、嘉庆、道光六朝皇帝；康、雍、乾三朝为清之盛世，嘉、道始衰。

　　清（1644～1911 年）王朝是在民族压迫和阶级压迫的基础上建立起来的。满族原是我国东北地区的一个少数民族，先秦称肃慎；唐时正式成为臣属于中原王朝的地方政权；五代时改称女真，之后建立了金朝；明政府曾对其采取过"分而治之"的策略。满清统治者入主中原后，对广大人民群众的反清斗争实行残酷镇压，社会生产遭到极大破坏，尤其是已经较为繁荣的江南，更遭空前洗劫。如松江，几经屠杀，"满目伤痍，积棘载道"[1]。如震泽，"兵燹之祸，市里为墟"[2]。数百年来繁荣富庶的苏州，则是"六门闭，留于城中者死无算；道路践死者相枕藉"。清兵"由盘门屠至饮马桥"[3]。扬州十日，被杀数十万人；嘉定三屠，城内外死者两万余人。满清贵族又在相当长一个时期内大兴文字狱，使文化事业受到很大摧残。后来，清统治者为了自身的利益，才采取了两项较为重要的变更措施：一是对人民群众做出了某些让步，如康熙朝废除"圈地"制度，实行蠲租免税政策等；二是注意总结明朝灭亡的教训，革除明代末年阉党专横、朋党祸国、狂征暴敛等种种弊政，从而使社会逐渐安定下来，经济和文化也得到一定的发展。在手工业、农业中都出现过许多商品性经营，商业异常活跃，国力也强盛起来；收复了台湾，平定了噶尔丹叛乱，加强了对西藏的统治；同时还有效地阻止了西方早期殖民主义者的入侵。清代疆域，西达葱岭，北接俄国西伯利亚，达外兴安岭，南到南沙群岛，实现了历代王朝从未有过的，在更为辽阔地域内的有效统一。清代早、中期的学术思想也较活跃，且整理、出版过不少大型文化典籍；早在明代晚期，西方先进的科学思想便开始传入中国。清初之时，全国人口总数约 1 亿多，18 世纪中叶达 2 亿多，19 世纪中叶突破 4 亿。此时资本主义已在西方兴起，其魔爪伸向全世界，而中国依然停留在腐朽的封建制度下，清代晚期，陷入积贫积弱、备受欺凌的境地。

---

　　① 学术界对清代的分期法，习见有"两期"和"三期"说。"两期"即：前期，1644～1840 年；后期，1840～1911 年。三期即早、中、晚期，此晚期亦是 1840～1911 年。不管两期还是三期，都不是纯时间上的划分，而是都兼顾到了当时的政治经济形态。因两期说在时间上相差稍大，今采用三期说。

此期的传统手工业技术发展不甚平衡，有的行业并无太多建树，唯操作技术发展到相当娴熟的阶段。但有的行业，如盐卤和天然气开采技术、制瓷技术、印刷技术等，却获得了不少新成就，并在历史上留下了深刻的记忆。

第一节 采矿技术

与历代统治者同样，清初对矿业也存有戒心。《清史稿》卷一二四"食货·矿政"载："清初鉴于明代竞言矿利，中使四出，暴政病民。于是听民采取，输税于官，皆有常率；若有碍禁山、风水、民田庐墓，及聚众扰民，或岁歉谷踊，辄用封禁。世祖初，开山东临朐、招远银矿，八年罢之。十四年开古北、喜峰等口铁矿。康熙间遣官监采山西应州、陕西临潼、山东莱阳银矿，二十二年悉行停止，并谕：开矿无益地方，嗣后有请开者，均不准行。"这大体上反映了清初一个时期的矿业政策。但之后便逐渐发生了变化。总体上看，清代矿业较明代还是有了进一步发展，尤其是盐卤和天然气，在开采技术和认识能力上都有了较大提高，并达到了世界领先水平。

一、采铜技术

此期采铜业较为发达的地方是云南，清檀萃《滇海虞衡志》（1799 年成书）、王崧《矿厂采炼篇》、吴其濬（1789～1847 年）《滇南矿厂图略》等都有较为详明的记载，对矿藏的认识以及开凿、通风、照明、排水技术等都有描述。

清代铜矿也有露天采和地下采两种。开采前皆须先选矿脉。"卝有引线，亦曰卝苗，亦曰卝脉；其为藏否，老于厂（矿？）者能辨之。"[4]

露天开采。《滇海虞衡志》卷二引《农部琐录》载："凡矿之为物善变，忽有忽无为跳矿，小积为窝，为鸡窠矿，入不深为草皮矿。"[5]此述几种当为风化残留的、露天开采的小矿。"鸡窝矿"等名①，至今仍在沿用。

地下开采。"选山而劈凿之，谓之打硐子，亦曰打硐②，略如采煤之法。硐洞口不宽广，必伛偻而入。虑其崩摧，揹挂以木，名曰架镶，闲二尺余，支四木，曰一箱。硐之远近，以箱计。"[4]这里谈到了开凿井巷和地下支护的方法。较此稍早的《张君杂记》也有类似说法，且云"上有石则无虑，厢亦不设"[5]。即顶板有石时，可不设井架。我国采矿技术中的地下支护至迟发明于商，但在清代之前，有关记载很少看到。

矿洞形态有"直攻、横攻、仰攻，各因其势，依线攻入。一人掘土凿石，数人负而出之。用锤者曰锤手，用錾者曰錾手，负土石曰背墥，统名砂丁。土内有豆大卝子，曰肥墥，检出尚可煎炼"[4]。此"线"当指矿脉。

"硐内虽白昼，非灯火不能明路。直则鱼贯而行，谓之平推。一往一来者，侧身相让。由下而上，谓之钻天，后人之顶接前人之踵。由上而下，谓之吊井，后

① 严中平《清代云南铜政考》也有类似说法："凡铲草掘地入深数尺，便获矿砂一片的，叫做草皮矿，又叫鸡爪矿。其易采如草皮而矿砂成窠，每穴不过数升数合的，叫做鸡窝矿。"

② 《滇海虞衡志》卷二"志金石"："《农部琐录》云：厂民多忌讳，石谓之硖，土谓之荒，好谓之徹……硐谓之礄。"

人之踵接前人之顶。作阶级以便陟降，谓之猓夷楼梯。两人不能并肩，一身之外，尽属土石……释氏所称地狱，谅不过是。"[4]此谈到了照明的重要性和井下工作的一些情况，此亦有助于我们对前云孙廷铨《颜山杂记》卷四所述采煤法的了解。

我国传统的井巷支护法，约有自然支护、留柱支护、木架支护、充填支护4种，直到清代仍在使用，且记载更为明确。今仅介绍一下木架支护，因其不但使用较广，而且更能反映人们的智慧。这里有两段资料，所说皆为木架支护：

田雯《黔书》卷四"朱砂"条在谈到矿井时说："尾之掘地而下曰井……皆必支木幂版以为厢，而后可障土。"[6]此述为朱砂矿木架支护。

张泓《滇南新语》"象羊厂"在谈到铜等矿井时说："虑内陷，支以木。间二尺余，支木四，曰一厢，洞之远近以厢计；上有石，则无虑，厢亦不设。"[7]此云为铜矿木架支护，可见它是较为讲究的，文中还使用了"架镶"等术语。

关于照明。所用工具为矿灯，俗名"曰亮子，以铁为之，如灯盏碟而大，可盛油半斤；其柄长五六寸，柄有钩。另有铁棍长尺，末为眼，以受盏。钩上仍有钩，可挂于套头上"[8]。"以巾束首，曰套头，挂灯于其上"[4]。"棉花搓条为捻。计每丁四五人，用亮子一照"[8]。此对井下照明描述得十分明白，以往也是不曾多见的。

关于通风。《滇南矿厂图略·滇矿图略上·硐之器第三》载：鼓风器"曰风柜，形如仓中风米之箱后半截，硐中窝路深远，风不透入，则火不能燃，难以施力。或晴久则太燥，雨久则湿蒸，皆足致此，谓之闷亮，设此可以救急，仍须另开通风"[3]。此处强调人为送风，以及气压对井内通风的影响。此鼓风器不叫风箱，而叫"风柜"，形同仓中风米箱之后半截。

王崧《矿厂采炼篇》还谈到两种通风方式，即自然通风和风箱扇风："硐中气候极热，群裸而入，入深苦闷，掘风洞以疏之，作风箱以扇之"[4]。

我国古代矿井亦有自然通风和人工通风两种。人工构筑的自然通风系统至迟始见于北魏时期，及至明、清，有关记载更为明确，前引《颜山杂记》说："凿井必两，行隧必双，令气交通，以达阴阳"。《农部琐录》也有类似说法："裸而入深苦闷，凿风硐以疏之。"这都谈到了人工开凿的自然通风系统。结合清吴其濬《滇南矿厂图略》和王崧《矿厂采炼篇》的记载来看，人工凿洞通风，人为鼓风，已是世人熟知了的工艺。后者的发明年代亦应远在清代之前。

关于排水。"掘深出泉，穿水窦以泄之……水太多，制水车推送而出，谓之拉龙。拉龙之人，身无寸缕，蹲泥淖中如涂附，望之似土偶而能运动。"[4]

关于火爆法的使用。《滇海虞衡志》卷二"志金石"引《农部琐录》云："礭坚谓之硖硬，以火烧硖，谓之放爆火。"显然，此说到了火爆法。

总的来看，清代金属矿开采技术虽无创造性成就，但许多记载，如井壁防护、人工送风、井下照明等都较为详明，此前都是很少看到的。

二、采煤技术

（一）采煤技术

前云孙廷铨《颜山杂记》本为明末清初著作，其采煤技术也应大体反映了明末清初及至稍前我国采煤技术的发展水平。

清代煤井深度与明代大抵一致。康熙（山东）《颜神镇志·物产》条载："煤则凿石为井，有至二三百尺深者，炼而为焦，以供诸冶之用。"乾隆（陕西）《白水县志》卷一"物产"条载："煤炭，凿井深三四百尺取之，足供炊爨，兼资贩易。"乾隆十三年（河北）《丰润县志》卷六"杂记"："丰（润）人呼碟为水火（和）炭，唐山及陡河等处产之，不于山而于近山之地，穴土三四十丈，不得，则另易一处。"咸丰（陕西）《澄城县志》卷五"土产"条："爨资石炭，有块炭、碎炭，井深三百尺，在治西三十里洛河岸谷中。"此四条文献，说了四种凿井深度，即"二三百尺"、"三四百尺"、"三四十丈"、"三百尺"，深度都是不小的。

（二）对煤炭性能的认识又有提高

清代对煤的性态的观察较明代又进了一步，并出现了"有烟"、"无烟"之说。乾隆（山西）《赵城县志》卷六"物产"条载："石炭有数种：有夯炭，微烟；有肥炭，有烟；有煨炭，无烟……亦产山西。"嘉庆《山西通志》卷四七"物产"条载：石炭，"俗称煤炭，有夯炭，微烟；有肥炭，有烟，出平定者佳；有煨炭，无烟，出广昌、广灵者佳，精腻而细碎，埋炉中可日夜不灭"。此皆依"微烟"、"有烟"、"无烟"，将煤分成了三种类型，同时还提出了"肥炭"之说，与现代常用分类法已相当接近。这表明人们对煤中挥发物以及烧结性能又有了进一步的认识。咸丰（陕西）《澄城县志》卷五"土产"也有类似说法，但较为简单："爨资石炭，有块炭、碎炭……又有煨炭，质弱于石炭而无镁（焰），亦无烟"。"以糠然（燃）煨炭，昼夜常暖，可数月不灭。"

大约在明，或明代以前，人们就开始注意到了不同品种的煤在用途上的区别，及清，此认识又有了发展，主要表现在劣质煤的利用上。上引乾隆十三年（河北）《丰润县志》卷六"杂记"载："丰(润)人呼碟为水火（和）炭，唐山及陡河等处产之……较西山所出，材差下，臭弥甚，土人第用以烧窑耳。"将质地较差的煤用来烧窑，这一方面是充分利用了能源，另一方面也是人们对煤炭认识上的一个进步[9]。

（三）对煤的成因有了较深认识

前云，大约在明代，人们对煤炭的成因便开始有了一些了解，及清，便明确地提出了煤炭系由树木转变而成的观点。

檀萃《滇海虞衡志》卷一一"志草木"载："楠木……各省皆有之，而滇出尤奇。盖滇多地震，地裂尽开，两旁之木，震而倒下，旋即复合如平地，林木、人居皆不见，阅千年化为煤。"

同书卷一二"杂志"亦有类似的说法："地震于云南最奇……滇南地震，往往裂成大壑，林木、民居皆没入之，震而复合遂成平地。尝过某处，前行三十里已上高山，忽地震，回顾所经之箐林木、民居尽失。予闻此言，因思滇煤多木，即劫灰之余所成。"

赵翼（1727~1814年）《簷曝杂记》卷四"河底古木灰"条亦有类似的说法："岁丙午（1786年），江南大旱，余乡河港皆赤裂百余日，居民多赴烟城濠中掘黑泥，和麸作饼……乡人以各河底皆有黑泥，亦掘之，至五六尺许，辄得泥如石炭者……以作薪火，乃终日不熄。其质非土非石。有大至数围，须用斧劈者，有碎叠成块缝，层层可揭者。细验之，则大者本巨木层叠者，则木叶所积，年久烂成块也……意必洪荒以来，两岸本多树，随山刊木时，始伐而投之，历千年成此耳。"[10]

这些记载都说得十分明白，与现代技术原理也是基本相符的。当然，其中的"历千年"、"阅千年"，只表示十分的久远。

三、盐卤开凿技术的杰出成就和小口深井的出现

我国古代对盐卤的开采和利用，大体经历了四个不同的阶段：一是利用地表泉卤时期，至迟始于商，而止于周；二是大口浅井时期，至迟始于战国，止于北宋中期，代表是唐代陵井；三是小口井时期，始于北宋中期，代表是北宋产生的卓筒井；四是小口深井时期，始于清代中晚期[11]。

小口井技术发明于宋，明代钻井工艺便已相当规范；清初之时，由于战争等的影响，四川盐井受到了很大破坏，清代中、晚期遂复兴起来，有关工艺操作亦更为完善、规范。[12][13][14]此期的深井钻凿工艺已形成了一套完整的工艺程序，其大致是：(1)定井位；(2)开井口、下石圈；(3)凿大口；(4)下木柱；(5)凿小眼。我国盐卤开采技术亦发展到了一个更高的、小口深井的阶段[15]。此基本程序与明代差别不大，当更加完善和严格，不再一一介绍。此期井盐开凿技术的主要成就是：凿井工具更加多样化和专业化，补腔技术得到了更为充分的发展，打捞落物技术发展到更高水平，凿井工艺程序进一步完善起来，从而钻出了当时世界上最深的盐井。严如熤(1759~1826年)《三省边防备览》[16]、李榕《自流井记》[17]、吴鼎立《自流井风物名实说》[18]、四川总督丁宝桢等撰《四川盐法志》[12]等，对清代后期四川盐井技术都有较为详细的记载。云南井盐开采此时也有了较大发展，并在康熙年间出现了一部名为《滇南盐法图》的书，有学者誉之为"清代云南井盐生产的历史画卷"[19]，其中载有许多少数民族以井卤、泉卤制盐的资料[20]。

(一)钻具的完善和多样化

钻具是钻井的主要工具，它的性能直接影响到钻井工效。钻具大体上包括两大部分，一是钻头，二是其他连接部分、辅助部分。

1. 钻头

明代谓之钎，清代谓之锉。明《盐井图说》提到的钻头只有大钎和小钎两种。清代之后，由于井深加大，岩层更为复杂，适应于不同的地质条件、不同深度、不同用途，钻头形态和结构就更加复杂多样和完善起来。吴鼎立《自流井风物名实说》载："锉之名不一，有大锉、银锭锉、财神锉、马蹄锉，有一皮草、四楞子、八王鞭、列子、松虬子、罗布头、二水列子、三水列子，有半边马蹄、半边银锭者，名为垫根子，有长条。"[18]计十多种，现简单介绍其中几种。

大锉，又叫鱼尾锉。当由明代大钎演变而来[13]，为"平地开井用锉，上锐中阔，其末斜而宽，曰鱼尾锉，长一丈"[21]。《四川盐法志》卷三"器具图说·鱼尾锉"载："其末广博八九寸，大

图 9 - 1 - 1 《四川盐法志》所载"鱼尾锉"

者尺一二寸，小大因井。柄长六七尺，或八九尺。柄中作环，或方或圆（曰窝弓），为山匠用手转旋地。锉上系竹绳，曲屈旋柄而上，交于系锉之篾，虑用力猛，锉偶折，系之使不脱也。重百二十觔，或百七八十觔。下石圈后用此锉大口，自八九尺至三十余丈，然后下木竹焉。"（图9-1-1）同时它还用于团大口位置及踏木柱，或说"石臼以下用大锉"[17]。

银锭锉，又叫小锉、太平锉。"长柄大末如银锭。"[21]当由明代小钎演变而来，这是凿小眼的基本锉。《四川盐法志》卷三"器具图说·银锭锉"载："下木竹后，锉小口至底皆用此。""其柄上方下圆，剖斑竹或南竹四片，长可二尺，束方柄上（原注：曰把手），上用转槽子或梃子纳把手，上口内束，其口可上下提挈（原注：后凡用把手者视此）。"其锉头"高可六七寸，或八九寸，前后椭圆，左右中削（原注：曰泥槽），锉井时有泥沙可让由中出，则锉易下。柄长丈二尺，小者八九尺，重八九十觔，或百三四十觔；视井深浅，深宜轻，重则坠；浅宜重，轻无力"。此钻头"中削（曰泥槽）"，即钻头中部开有凹槽。

单马蹄锉（垫根子锉）和双马蹄锉。即锉的底部呈单马蹄或双马蹄状。在清代，马蹄锉主要用于治井，即处理钻井过程中遇到的一些疑难现象，如井中遗石，便可下双马蹄锉击碎，再用吞筒吸出；若井底半软半硬，为预防井斜，则用单马蹄锉。但清代以后，单马蹄锉和双马蹄锉皆与银锭锉交错用于钻井[12][13]。

财神锉。主要功用是："开大口后，井中走岩、遗竹、绞沙泥，则下此捣之，可碎作泥。"锉的尺寸是："广博三寸，厚五分寸之一，中曲诘作纽，旁有齿，柄有把手，与银锭锉略同。长丈余，圆径一寸二三分，重百二十觔。"[12]

上述锉头中，鱼尾锉、银锭锉、垫根子锉、双马蹄锉，皆为正常钻进使用的钻井工具，财神锉则是为了适应各种不同的特殊需要而发明出来的特殊钻头。其他不再一一介绍。北宋中期的钻头较为简单，由《东坡志林》卷六可知，它只是一种"圜刃凿"；明代晚期或稍前便有了进步，出现了扁钻头，钻井工具有大钎、小钎两种；清代晚期或稍前，又发明了多种形式的锉头，便极大地提高了钻井工效。

2. 连接工具

在锉头不断改进和完善的同时，钻具其他部分也有了较大的发展。明代凿井时，通常是"以火掌绳钎末"，即直接以火掌篾连接钻头，结构较为简单。清代则发明了名叫"转槽子"、"梃子"、"压手"等连接具，分别连接在凿井工具、打捞工具、汲卤工具上部，从而构成了一个既复杂又灵活的井卤开采工具。

"转槽子"。在明代撞子钎的基础上发展演变而成。此名始见于吴鼎立《自流井风物名实说》①，丁宝桢等撰《四川盐法志》卷三"转槽子"条说得甚为详细："凡锉，皆系转槽子下，转槽子上即悬于花滚篾条。其器铸铁为梗，上广博二指许，取篾片合而束之；有钩距，著绳稳固不脱。末大作方楞，下微椭（俗曰'四楞鸡脚杆'），以入把手方口束其上。又铸铁圆而椭，中空如悬钟，约梗上，活脱

———————————

① 吴鼎立《自流井风物名实说》：其状类如铁梃。"吊锉一管，锉之上有一铁挺（梃），名曰转槽子，长四五尺，上大下细，底包一铁壳，系活动之物，名'鸡蛋壳'。入锉之把手中以试'蛋门'，方知锉曾否权（同治《富顺县志》作拢）底。"

能高下转动（俗曰'蛋门'，又曰'鹅公泡'，又曰'鸡蛋壳'）。其末既入锉，把手下井中，锉及底则把手上撞梗上铁，必上下作声；如篾短而锉悬，与篾长委井底，则铁无声，即知锉不曾下，或铁空处为泥沙淤塞亦无声，必取而除之，然后复入锉。盖恃此为消息也。器长四五尺，重可四十勋。"（图9-1-2）这里谈到了转槽子的结构、使用方法和功能。其外壳是竹的，形似腰鼓，其上系绳，下连钻头（即锉）。转槽子是我国古代劳动人民的一项杰出创造，在世界钻井史上占有重要的地位。

图9-1-2　《四川盐法志》所载"转槽子"

从传统技术调查来看，转槽子也有一些不同类型，一般由铁杆、"球球"、铁壳（即"蛋壳"）、铁箍子等组成。铁杆有圆形和矩形两种，顶端有"老鸦嘴"（又称"云头"），或"针鼻子眼孔"等；下部逐渐收小成四楞形（或圆形），俗谓"鸡脚杆"。鸡脚杆的底端连接"球球"，这实际上是一个上大下小的方形（或圆柱形）平截圆锥体。鸡脚杆面套一铁壳，铁壳有方形和圆形两种，铁壳内部空腔为正方形通道，与鸡脚杆紧密配合；蛋壳在鸡脚杆外可上下滑动。球球的上部一定要大于蛋壳的内孔，以保证鸡脚杆上下活动时不致脱出。蛋壳活动范围，上受鸡脚杆下受球球的限制，这段活动距离便是现代钻井的冲程。转槽子为锻件，长约1.9米，其中球球长4.7厘米、蛋壳长20厘米、鸡脚杆长75厘米。鸡脚杆上部谓"量天尺"，尺寸为6.5厘米×4.6厘米。鸡脚杆尺寸为4厘米×4厘米。球球上部为6.5厘米×6.5厘米、下部为4.6厘米×4.6厘米。蛋壳内孔为5厘米×5厘米。铁箍子外径约11.5厘米，内径约9.2厘米[13]。

转槽子的主要作用有二[14]：（1）指示器的作用，即显示锉的工作状态和井下工作情况。当篾的长短适中时，钻头下冲，接触到井底岩石后便会骤然停止，但此时转槽子却仍在继续下行，并与锉相碰而发出强有力的声音，匠人便"恃此为消息"，即依此井下传来的声音，便可判定钻头已达井底。反之，"如篾短而锉悬，与篾长委井底，则铁无声"。说明钻头已不能正常工作，匠人便可及时放长或收短篾绳。（2）震击，以解除卡锉的作用。凿井过程中，若锉头或锉杆被卡在井内，便可用"鸡脚杆"往下冲击锉头，或上提撞击"蛋壳"，于是产生强烈振动，从而使锉头或锉杆从岩石中松脱，随之提起。

铤子。由明代撞子钎演变而来[13]，它的结构和工作原理与转槽子基本一致，唯更长更重。搰泥和处理事故时必用此器。"长八九尺，略如转槽子。凡扇泥暨用疗井病之铁器，必以此挺系其上，镇之使下坠。"[21]《四川盐法志》卷三"铤子"载："槽转子柄末制方，而此圆，径六七分（原注：俗曰'鸡脚杆'）。转槽子上扁，而此仍用把手，柄上仍约铁令作声。重五六十勋，或七八十勋，用法略如转槽子。必两具者，转槽子较轻，或遗物有窒碍者，须重乃能陷入，轻则浮故也。"

（图 9 - 1 - 3）

从传统技术调查来看，铤子的本体为圆铁杆，全长约 4.8 米，直径 9.5 厘米，其中鸡脚杆长 75 厘米，横截面呈圆形；球球长 15 厘米，上部直径 7 厘米，下部直径 5.5 厘米，为上大下小的圆台形；铤子顶部上端为云头，或针鼻子。凡打捞工具下井作业时，必须连接铤子。因铤子的记载较早，故有学者认为转槽子是由铤子发展过来的[13]。

（二）补腔技术的发展

古代盐井都是裸眼开采的，通常只在近表较易崩塌的岩层放入竹、木套管，产层皆为裸眼。入清之后，随着井深的增加，井壁坍塌、淡水渗入的现象日益加剧，为此，补腔技术也就发展起来，使井壁坍塌和淡水渗入现象得以避免。

补腔技术应是随着深井技术而发展起来的，嘉庆（1796～1820 年）年间便已达一定水平。严如熤《三省边防备览》卷九"山货"载："犍、富之井皆系凿成，相其地脉，出盐者凿之……盐井沿山皆有，高下深浅不一，自百数十丈至三四百丈，井口大如碗……偶坠物件，能以竿捡取。遇井内有渗漏，能补塞之。"道光二十四年（1844 年）成书的范声山辑《花笑庼杂记》则说得更为明晰、完善："筒或漏水，试探上下左右能悬补之。"补腔材料大约主要是桐油和石灰等物，李榕《自流井记》载："走岩者以油灰补之"。

图 9 - 1 - 3　《四川盐法志》
所载"梃子"

（三）打捞落物技术的发展

早在明代，打捞落物技术便发展到了较高水平，并出现了搅镰、铁五爪等打捞工具。清代打捞工具更是名目繁多，凡落入井中之物，无不顺利捞起。李榕《自流井记》载："凡已未成之井，均不能无病，有病必停工，谓之挂井，因其病而治之。如落大锉者用'埽链'，落小锉者用'偏肩'，落筒者用'木龙'，落索者用'穿鱼刀'，落篾者用'独脚棒'。其器之机巧，不能名状。有时神明变通，并不能拘成法也。"可见这工具种类和打捞方法，都比明代有了发展，其最后四句，更反映了其应变自如的技术。

传统的井卤开采工具异常丰富，刘德林等曾依其使用性能和几何形状，把自贡盐业历史博物馆收藏的 600 多件工具归为 12 种类型，即：（1）钻井工具，如银锭锉、马蹄锉等，计 9 种。（2）打捞工具，俗谓"取难"工具，如偏肩、五股须等，计 28 种。（3）辅助打捞工具，如扫镰、三楞子等，计 40 种。（4）固井工具，旧称"刁换木柱"，如"锯子"、"木柱"等，计 21 种。（5）测补工具，如"上欠"、"发口壳子"等，计 18 种。（6）维修工具，旧称"淘治井"，如"盐杆铲铲"、"文财神"等，计 26 种。（7）连接工具，如转槽子、铤子等，计 16 种。

（8）搊泥汲卤工具，如搊泥筒、汲卤筒等，计4种。（9）扶正工具，如梭皮、梭边等，计7种。（10）井上设备，如天车、碓架等，计8种。（11）制盐工具，如"小小锅"、千斤锅等，计16种。（12）输卤、输气工具，如输卤枧等，计10种。其中属于盐井凿、治工具的大约有130多种[22]。这些工具多数源于清代，也可能有一部分是近代发明、制作的。图9-1-4所示为《四川盐法志》卷二所载锉大口图。、

图9-1-4 《四川盐法志》所载"锉大口图"

此期的汲卤法依然是竹筒法，严如熤《三省边防备览》卷九"山货"载："取水用大斑竹，长二丈余，去内节，谓之筒竹，筒底以牛皮为机关，入井则皮内吸水即入筒，挈走则皮自闭"。

清代中、晚期，我国深井技术发展到当时的世界最高水平。前面提到，严如熤《三省边防备览》卷九"山货"载：犍为、富顺的盐井"沿山皆有，高下深浅不一，自百数十丈至三四百丈"。此"三四百丈"，依中国国家博物馆藏清代裁衣牙尺，每尺合今0.358米[23]，则达1000～1400米。一些国外资料说，道光十五年（1835年）时，所凿燊海井深达1001.42米；[24][25][11]若无先进的钻井工具和完善的补腔技术、打捞落物技术，以及十分规范的工艺程序，是很难达到这一深度的。直到清代晚期为止，我国深井钻凿技术在世界上一直是遥遥领先的，并一直受到国内外学者的关注。德国学者福格尔引用我国井盐史研究家林元雄等的观点后写道："继火药、指南针、印刷术和造纸术之后，四川深钻井技术被誉为中国科学技术史上的第五大发明或发现，是不足为怪的。实际上，深钻井技术对现代工业发展的重要性是显而易见的。我们只需提一下深钻井对石油和天然气的抽取、供水和地质研究的重要性就足以说明了。"[26]

四、天然气开采技术的杰出成就

我国古代对天然气的开采和利用都是较早的，但直到明代为止，在技术上长时期皆无太大进步，其最大成就是类如张瀚所说的以竹枧引气煮盐，且使用了分

管。这情况到了清代才有较大变化，此时发明了一种名叫窠盆的低压采气装置，将我国采气技术发展到了相当完善的阶段。

在窠盆出现前，四川天然气开采量便进入了一个兴旺的阶段。严如熤《三省边防备览》卷九"山货"载："川中古传火井有盛有歇，近来（指道光初年）犍、富各县火井大旺，较之昔年，可省煤十之三。火井与水井同，开凿时，不知有火，及见火，初只有气，复淘至二三丈，火始旺。泥封井口，插竹筒导火入灶以煎盐。极旺之井分售于它井，颇获其利。嗅之有硫黄气，贮以猪尿胞（脬）可寄远。刺小孔以阳气引之，气出如缕，暗室生光。火井中仍出盐水，亦一奇也。"此处值得注意的是：（1）"泥封井口"，这对采集天然气显然是个较好的措施。（2）其天然气不但可供井口周围之灶，还可"分售于它井"，可见其已有了较好的输气管和分气管。

清李榕《自流井记》还谈到了清代晚期天然气煮盐业的一些兴盛情况：自流井区在"道光初年见微火，时烧盐者率以柴炭，引井火者十之一耳。至咸丰七、八年而盛，至同治初年而大盛"。"火之极旺者：曰海顺井，可烧锅七百余口，水、火、油三者并出口；磨子井，水、油二种经二三年而涸，火可烧锅四百口，经二十余年犹旺也；德成井火，卤气熏人致死，可烧锅五百余口，水自井口喷出，高可三四丈，昼夜可积千余担，然水火并涸矣。双福井，水亦昼夜喷千余担，经年不喷，牛车推之，尚可百余担。"[17]

类于窠盆的记载始见于道光（1821～1850年）时期，范声山《花笑廎杂记》在描述富顺火井的采气工艺时说："用衔竹吸烟，如接水状，引入锅底煮盐，省煤，利益厚，甚有一口井接数十竹者，并每竹中间复横嵌竹以接之，烟盛，无不贯透"。此"一口井接数竹"、"每竹中间复横嵌竹以接之"的做法，显然较严如熤所云有了很大的进步，它应是一种纵横交错的管道网，这很可能是窠盆的初始形态。

清王培荀《听雨楼随笔》卷六对此作了更为清楚的描述："火井昔在（临）邛，今富顺、荣县俱有。凿深百余丈，或二三百丈，热气涌出，甚或烧屋，此其变也。制木为盖，覆井口环盖。穿穴不拘数，每穴承以竹笕，每竹笕接处箍以铁，以笕凿孔，竖以铁筒，气从笕筒出，置锅其上，引以人火，合同而化，光焰蓬勃，隆隆有声，异于常火，铁热而竹不燃。猪脬盛之，可以赠远。一井能供二三百锅，次者七八十口，最下七八口。"[27]显然，这是在井口上覆以"环盖"，盖上插有许多引气竹笕，竹笕开口再引出分管的一个完整的引气输气系统。其形态与后来的窠盆应基本一致。此书成于道光二十六年（1846年）。

同治及光绪初年，李榕《自流井记》还较早地谈到了这种气水同采的装置及其具体结构："井火之发也，覆以木盆，其盆高一丈，径一丈，围三丈，上锐而下丰，以束其气。盆上环置竹笕，引其气以达于盐灶，盆中央仍开一孔径三寸，环以石圈，附以土围，结为井口。井有水筒取之如故也"[17]。这是一种气水同采装置，看来，其引气之法与《听雨楼随笔》又稍有差别：此盆之中央仅"开一孔"，《听雨楼随笔》则说盖上"穿穴不拘数"。

丁宝桢《四川盐法志》卷二"井火煮盐图"对这种采气技术又作了进一步的

总结:"用井火煮盐者,凡火井成,井口尚陷地丈许,上用虚底木桶罩之(曰炕盆)。桶式下阔而上狭,大小视火之强弱。桶上覆以木板,中留小窍,上覆片席,席上置木箱一,亦下阔上狭而方,与下井口相承。气由席上达箱(曰冷箱,又曰冲天枧),箱口不见火,惟有气。""其桶旁凿窍,以枧端接穿地中。将至灶外户,又作一桶,凿窍置枧如前,达于灶圈侧小气桶。又由气桶置铁枧达灶内石火罐。先用阳火引之,锅下四旁用泥作枕,高六七寸,以支锅灶。"(图9-1-5)这里用到了"炕盆"一词,与前云《自流井记》所云"木盆"、《听雨楼随笔》所云"环盖"应大体一致。稍后便出现了"襄盆"一词,并在富荣盐场流行起来,沿用至今。此系统地谈到了采气、试气、输气和引气入灶燃烧的全过程,还描述了天然气由井腔—炕盆—气桶—小气桶—火罐子的流向,是一段十分难得的资料。

图9-1-5　《四川盐法志》卷二所载"井火煮盐图"

有关研究认为:这种襄盆采气是十分科学的,它不但可测量气之大小、分离天然气和卤水,而且可调节空气与天然气的配比,防止爆炸事故。这既具有减压、气水分离的性能,又具有防爆、防毒(硫化氢)和气水同采的功效,其中某些功能甚至是可与近代采气装置媲美的,故它一直受到中外采气专家的赞许,至今仍不失其使用价值。襄盆采气的发明,是我国古代采气工人的一项杰出创造。

五、石油开采技术的发展

我国古代的石油开采法,大约宋代及其之前,是自然流出,露天采取的;元代发明了人工凿井工艺;至迟明代,便采用了"小口井"工艺,清代便更加普遍地使用起来,并且往往盐、油同采。

严如熤《三省边防备览》卷九"山货"载:在犍为、富顺,"水井之内更有井油,色与水同,汲水入筒,油浮水面若腻脂,舀起盛盆,夜间煎盐用之。燃灯微有硫磺气"。这里谈到了油、水同采的工艺。

吴鼎立《自流井风物名实说》载:"石油有浅深之别,浅者五六十丈,深者百余丈,或二百六七十丈不等。多者推出皆属净油,少者油水相搀,油浮水面,取时以竹器掬之。再少者，以谷草揉之。"[18]此二百六七十丈，折合公制则有 860 ~ 890 米。显然，这也是个水、油兼采的工艺。

清杜应芳等《补续全蜀秋文志》卷四六载："油井在嘉定、眉州、青神、井研、洪雅、犍为诸县。居人用以燃灯，官长夜行则以竹筒贮而燃之，一筒可行数里，价减常油之半，光明无异。"[28]可见四川产油之广。显然，这与其采盐业的发展是密切相关的。

第二节 金属冶炼和加工技术

清代早、中期是我国传统冶金业的衰退期，技术上很少有新的建树，比较值得注意的是：出现了一些规模较大的冶铸工场，构筑了较为坚实而高大的炉子，广东部分地区还采用了机车装料，坩埚炼铁始见于记载。灌钢技术有了提高，并发展到了"苏钢"的阶段。白铜技术有了较大发展，并出现了不少白铜厂。铁模铸造技术有了新的发展。管形火器和铁画的锻制工艺都有了提高。拉制出了多种不同型号的铜铁材料。硬钎焊技术也有了一些发展。

一、炼铁技术的发展

在清代冶铁术中，最值得注意的成就是构筑了一些较为高大的炼铁高炉，坩埚冶铁有了明确的记载。

（一）高炉冶铁技术的发展

屈大均（1630 ~ 1696 年）《广东新语》卷一五"货语·铁"条载："铁莫良于广铁……炉之状如瓶，其口上出，口广丈许，底厚三丈五尺，崇半之，身厚二尺有奇。以灰沙盐醋筑之，巨藤束之，铁力、紫荆木支之，又凭山崖以为固。炉后有口，口外为一土墙，墙有门二扇，高五六尺，广四尺，以四人持门，一阖一开，以作风势。其二口皆镶水石，水石产东安大绛山，其质不坚，不坚固不受火，不受火则能久而不化，故名水石。凡开炉始于秋，终于春……下铁矿时，与坚炭相杂，率以机车从山上飞掷以入炉，其焰烛天；黑浊之气数十里不散。铁矿既溶，液流至于方池，凝铁一版（板，下同）；取之，以大木杠搅炉，铁水注倾，复成一版。凡十二时，一时须出一版，重可十钧；一时而出两版，是曰双钧，则炉太王（旺？），炉将伤。"这里说到了炉型（如瓶）、炉子尺寸、构筑方式、风口设置、鼓风、装料，以及熔炼情况等。

严如熤（1759 ~ 1826 年）《三省边防备览》卷一〇"山货"在谈到关中冶铁炉情况时说："铁炉高一丈七八尺，四面椽木作栅，方形，坚筑土泥，中空，上有洞放烟，下层放炭，中安矿石。矿石几百斤，用炭若干斤，皆有分量，不可增减。旁用风箱，十数人轮流曳之，日夜不断，火炉底有桥，矿渣分出，矿之化为铁者，流出成铁板，每炉匠人一名辨火候，别铁色成分。"这里也谈到了筑炉和冶铁的简单过程。

此两段文献大体上反映了清代早、中期广东和关中冶铁技术的基本情况。由之可见：（1）炉子可用灰沙盐醋、石块和土泥构筑；为坚牢故，亦可傍山穴，或用巨木匡围，巨藤束之。明代也有类似的操作，此应是明、清筑炉技术上的一项进步。（2）屈大均说"炉之状如瓶"，说明其具有炉身角和炉腹角。（3）广东在明末清初曾用风扇送风；关中在清代中期则使用风箱送风。（4）广东地区在明末清初还使用了机车装料，这是我国古代使用半机械装置的最早记载。（5）直到清代，关中冶铁炉依然沿用炉底风沟技术，即"火炉底有桥"。

此外还有两点值得注意的是：

（1）1978年，广东省博物馆对罗定县炉下村清代冶铁遗址进行了一次调查，在距铁炉遗址约500米处发现了一座水碓遗址，调查者认为它是用来破碎矿石的[1]。此遗址即是清代的罗定大塘基，屈大均《广东新语》卷一五"货语·铁"条说："然诸冶，惟罗定大塘基炉铁最良。"水碓约发明于西汉时期。若判断无误的话，这便是水碓碎矿的重要例证。此前很少看到。

（2）明末清初在钢铁业中还出现了"大炉"、"小炉"之名，清代中期又出现了"高炉"之名。《广东新语》卷一五"货语·铁"条载："炉有大小，以铁有生有熟也。故夫冶生铁者，大炉之事也；冶熟铁者，小炉之事也。"自然，此"大炉"指炼铁炉，"小炉"即炒钢炉。《清代钞档》"乾隆十七年八月总督四川等处地方军务兼理粮饷管巡抚事臣策楞谨题"在谈到四川威远铁业时说："今查大山岭铁炉沟二处，铁矿颇旺，共设高炉六座。每炉一座，用夫九名，每日每名挖矿十斤，煎得生铁三斤……高炉六座，通共用夫五十四名。"[2]这是今见文献中，较早提到"高炉"一词的地方。此"高炉"之本义，当即体形高大之炉。其实，清人不但用"高炉"一词来称呼炼铁炉，而且还用它称呼其他较为高大的有色金属冶炼炉。《道光大定府志》卷四二"经政志"载："《威宁州志》云：天桥银厂沟产黑铅、白铅；长炉、高炉均有。"此"长炉"当为炼锌炉，"高炉"则为炼铅炉。今世学者常把古代高炉称之为竖炉，以为"高炉"一词属现代科学范围，其实未必如此。从现有资料看，倒是"高炉"之称出现较早，"竖炉"之称出现稍晚的。

从有关资料看，清代冶铁可能也使用过少量焦炭。康熙《颜神镇志·物产》条载："煤则凿石为井……炼而为焦，以供诸冶之用。"这里谈到了"诸冶"用焦。此"冶"可能包括坩埚之冶、锻户之冶，当然也不能排除了高炉之冶。

（二）坩埚冶铁技术的发展

我国古代生铁曾有两种不同的冶炼工艺，一是高炉冶炼，二是坩埚冶炼。今见较为完整的冶铁高炉约属战国晚期，较为完整的冶铁坩埚约始见于汉，但关于高炉形态的文字描述却是到了明代才有，关于坩埚冶炼的文字描述则是到了清代才看到。

刘耀椿等《（咸丰）青州府志》卷三二"风土考"在谈到博山冶铁时，引"县志"说："康熙二年（1663年），孙廷铨召山西人至此，得熔铁之法。凿取石，其精良为礓石，次为硬石，击而碎之，和以煤，盛以筒，置方炉中，周以礁火，初犹未为铁也。复碎之，易其筒与炉，加大火，每石得铁二斗，为生铁"。此"石"当指铁矿石，"煤"主要作还原剂，"礁"主要作燃料，"筒"即坩埚，"方炉"即坩埚的外加热炉。此第一次加热相当于焙烧，主要是去硫；第二次加热才是还原冶炼，其产品才是生铁。这是我国古代关于坩埚冶铁较早和较为详明的记载。直到近现代，坩埚冶铁工艺还在山西、山东、辽宁等地流传。此法的主要优点是：

设备简单，操作方便，可大量地用煤冶炼，且可利用粉矿，成本较低[3]。19 世纪时，曾引起过不少西方人的兴趣。缺点是金属收得率太低，产品含磷、硫较高。

二、炼钢技术的进步

此期的炼钢工艺较为重要的主要有三种，即炒钢法、灌钢法、百炼钢法，其中成就较大的是灌钢法。

（一）炒钢的发展和反射炉炼钢法的使用

此期炒钢技术中最值得注意的事项是，可能使用了反射炉炼钢。

我国反射炉炼钢的起始年代今已难考。依 1935 年出版的《中国实业志（湖南省）》所云，当可上推至清代初期，其第七编在谈到湖南邵阳土钢时说："湘省邵阳、武冈、新宁、湘潭等县之土法炼钢，由来已久。邵阳原名宝庆，所产之钢，称曰'宝庆大条钢'。邵阳附近之武冈、新宁出品，均集中于邵阳，业中人亦以'宝庆大条钢'名之。前清初叶，宝庆大条钢极负盛名，而产额之多，首推邵阳南乡，取当地之矿铁炼成。炼钢之家，统名钢坊。同治年间，有二十余家。所产钢条，年约一万余担，行销汉口、长沙、河南、甘肃、山西、河北等处，颇形畅旺"。此说清代初叶宝庆大条钢便极负盛名，而在流传下来的传统技术中，邵阳土钢法实系以反射炉进行加热的炒炼工艺。依此，一般认为我国古代的反射炉炼钢当在清初便已使用[4]。看来此可能性还是存在的。20 世纪三四十年代，四川綦江和威远都还保留着一种燃烧室在上、熔炼室在下的甑式炒钢炉，亦是一种反射炉[5]。我国古代陶瓷技术中是否存在倒焰窑，目前尚不能肯定，但在炼钢技术中存在反射炉还是基本可信的。反射炉的优点是：（1）熔炼室与燃烧室分离，便减少了燃料中的硫等有害物质进入金属的可能性。（2）热分布更为均匀，有利于均匀脱碳。反射炉的使用，是清代炒钢技术的一个重要技术事件。

清刘耀椿《（咸丰）青州府志》卷三二"风土考"条谈到过山东博山一带以坩埚生铁为原料的炒炼法。说坩埚生铁中，质优者可用来铸器，质恶者则用来炒炼："每石得二斗为生铁。复取其恶者，置圆炉中，木（大）火攻其下，一人执长钩和搅成团，出之为熟铁，减其生之二焉"。此说炒炼炉呈圆形，其下用大火加热，为底吹式，用长钩炒炼。

炒炼技术在我国经历了两千年左右的漫长历程，在不同历史时期、不同的地域、不同的作坊，具体操作都可能不同。从金属加热情况看，我国传统炒钢工艺大体包括 3 种不同类型：（1）熔炼室与加热室共用一个空间者。此法发明较早，且一直沿用到了近现代，这是炒炼法的基本工艺。今在考古发掘中看到的汉代炒炼炉，以及《（咸丰）青州府志》所云炒炼炉，大体上皆属这一类型。（2）无需加热室者，如宋应星所云串联式。（3）炒炼室与加热室相分离者，即宝庆一带的反射炉炒炼。

（二）灌钢技术的发展和苏钢的出现[6]

灌钢技术在清代的主要成就，是明代的"灌淋法"发展到了"苏钢"的阶段。

陈春华纂《（嘉庆）芜湖县志》卷一载："芜工，人素朴拙……惟铁工为异于他县。""居于廛治钢业者数十家，每日须工作不啻数百人。初锻熟铁于炉，徐以生镆下之，名曰餧铁，餧饱则不入也。于时渣滓尽去，锤而条之，乃成钢。其工之上者，视火候无差，忒手而试其声，曰若者良，若者楛。其良者扑之皆寸断，乃分别为记，囊束而授之客，走天下不訾也。工以此食于主人倍其曹，而恒秘其术。"可见这也是一种灌淋法。"徐以生镁下之"，即缓慢地将生铁灌淋到"熟铁"上，说明生铁灌淋"熟铁"的速度和生铁与"熟铁"间的相对位置，都是可以适当控制的。此即后世之谓"苏钢法"。其与前述灌淋法的主要区别是：其原料是"初锻熟铁"，实际上只是将炒得之"熟铁"拍打、拍聚在一起而已[7]。其优点是：(1)"初锻熟铁"组织较为疏松，而有利于渗淋。(2)其所含氧化夹杂较多，可较大地提高碳氧化反应的强度。(3)其中的氧化亚铁会部分地还原出来，从而提高了金属收得率。(4)去渣能力较强，"于时渣滓尽去"。

据说苏钢首盛于芜湖，而为江苏籍某氏所创[7]。1935年出版的《中国实业志(湖南省)》第七编载："湘潭产钢，名曰苏钢，与宝庆大条钢形式不同，质地较优。该业起自前清乾隆年间，由芜湖陶裕盛传授来湘。至咸丰时，湘潭之苏钢坊，计有四十余家……亦为湘潭苏钢业之黄金时代。"此明确地提到了"苏钢"之名，并说湘潭苏钢系乾隆时(1736~1795年)由芜湖传来。据今人张九皋研究，芜湖炼钢业约始于南宋[8]，明、清时期芜湖钢业甚盛，不少大钢坊皆由南京迁去，其工人也多出自南京地区，故说"苏钢"为江苏人所创是有一定道理的[4]。此工艺在我国一直沿用了下来，及至20世纪30年代，我国西南一些地方还在使用[7]。图9-2-1为20世纪30年代重庆附近的苏钢炉(抹钢炉)及其风扇示意图。

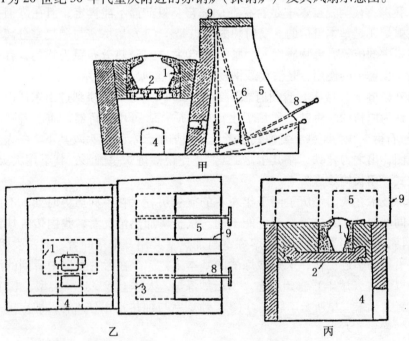

图 9-2-1　20 世纪 30 年代重庆北碚抹钢炉及其风扇

甲　正面中截面图　　乙　平面图　　丙　横中截面图

1. 炉膛及砂泥内衬　　2. 炉桥　　3. 进风口　　4. 灰渣出口处
5. 连续性风扇　　6. 风叶　　7. 活门　　8. 送风柄　　9. 风扇墙

关于灌钢冶炼的工艺原理，国内外许多学者都作过研究，有人认为它是一种渗碳钢，或者匀碳钢，即用生铁向熟铁渗碳，或匀碳。英国学者李约瑟[9]，日本学者吉田光邦[10]、薮内清[11]，我国学者张子高[12]、陈良佐[13]等，大凡皆持此种观点。但我们认为它既不是渗碳钢，也不是匀碳钢，而是一种"排渣钢"。灌钢冶炼的主要目的并不是调剂含碳量，而是排除夹杂[6]。说其为渗碳钢，是把作为灌钢原料的"熟铁"，与现代熟铁等同起来了之故。其实这是一种误解。

（1）从文献记载看，古代"熟铁"、"柔铁"即相当于现代意义的可锻铁，其含碳量可能与现代熟铁相当，也可能与现代高碳钢相当[14]。如明宋应星《天工开物》卷一四说："凡铁分生熟，出炉未炒则生，既炒则熟。"此"熟铁"实际上是一种炒炼产品，因炒炼过程可适当控制，故其含碳量是可高可低的。又如前引元人伪撰《格物麤谈》卷下载："地溲油又如泥……柔铁烧赤投之二三次，刚可切玉。"此"柔铁"烧赤淬火后，"刚可切玉"，含碳量自然是较高的。

（2）从实物分析看，炒炼产品含碳量也有较高的。前云汉建初二年五十炼长剑，刃部中心含碳量为 0.7% ~ 0.8%[15]；永初纪年三十炼大刀，刃部含碳量为 0.6% ~ 0.7%[16]；它们都是炒钢，都是高碳钢。汉铁生沟所出两件炒炼产品中，一件含碳量高达 1.288%，相当于过共析高碳钢[16]。若以这类炒炼产品作为灌钢原料时，这是未必要渗碳的。

（3）1938 年，周志宏曾对重庆北碚苏钢作坊进行过一次考察，得知原料"熟铁"与灌钢产品的含碳量是大体一致的，皆达 0.92%[7]。可见其灌炼过程中并未渗碳，是不能用"渗碳"和"匀碳"来解释灌炼工艺的。

这些文献记载、考古实物科学分析和传统技术调查，便是我们认为灌钢并非渗碳钢、匀碳钢，而是"排渣钢"的主要依据。

那么，作为灌炼原料的"熟铁"含碳量已达 0.92%，为何还要灌炼呢？我们认为是为了去除夹杂。现代炼钢是在液态下进行的，去渣较为容易，炼钢的主要任务便是调剂含碳量；古代炼钢则是在固态或半液态下进行的，炼钢的主要任务：一是调剂含碳量，二是去除夹杂，往往后者比前者更为困难。为了去除炒钢中的夹杂，古人最初主要是采用反复锻打，为此便发明了百炼钢工艺，但百炼过程甚为艰难，于是才又发明了灌钢工艺。其实，百炼钢和灌钢，其原料都是含碳量稍高的炒炼产品，两种工艺的主要技术目的，都是为了进一步去除炒炼产品中的夹杂。

（三）百炼钢技术的发展与应用

由于灌钢技术的发展，宋时百炼钢已是稀罕之物，明、清时便更为稀罕了，但类似的工艺依然保留着。张澍如《续黔书》（嘉庆九季）卷六："苗人制刀必经数十锻，故铦锐无比。其试刀，尝于路旁伺水牛过，一挥牛首落地，其牛尚行十许步才仆。盖犀利之极，牛猝未觉也。"此"数十锻"刀当即百炼钢类。另外，清代晚期时，人们还把它用到了铁炮工艺中，使其使用范围在新的历史条件下又有了一定发展。

清魏源（1794 ~ 1857 年）《海国图志》曾多次谈到用百炼钢制作火器。其卷一载："铁经百炼而钢纯，皆与西洋无异。"（古澂堂六十卷本）其卷五五曾引江苏候补知府黄冕《炸弹飞炮说》，谈到了铸造生铁炮的缺点和打造熟铁炮的优点，说："其打造之法，用铁条烧熔百炼，逐渐旋绕成团，每五斤熟铁方能炼成一斤，坚刚光滑无比……铁经百炼，永无铸造之炸裂，施用灵活，尤胜巨炮之笨重"。此"熟铁"即含碳量稍高的可锻铁[6][14]。此用"逐渐旋绕成团"的方法进行百炼，是百炼钢技术的新操作。

清代也有"百淬百炼"说。清徐寿基《续广博物志》第八"制造"条："炼铁之法，以硝黄、盐卤、人溺合置器内，取铁烧透，俟其红时淬之，每淬一次，则锤炼一次。如是百回，则纯铁百斤仅得宝剑双股，削凡铁如泥。"硝黄、盐卤、人溺皆系淬火剂。此百淬百炼，金属损耗是很大的，故"纯铁"百斤仅得宝剑双股。近现代云南有一种称之为"毛铁"的较粗的炒炼产品，将之炼成"熟铁"时，也使用了淬炼法，使用"热锻—淬火—热锻"的方式，反复三次，金属损耗五分之一[17]。

百炼钢技术约发明于东汉，到近代炼钢法确立为止，约在我国沿用了一千九百年，从我们接触到的资料看，其操作工艺大约主要有4种类型[18]：（1）"百辟百炼"法，如永初纪年"卅炼涷大刀"、曹操的"百炼利器"等。基本特点是"百炼"过程中要多层积叠和多次折叠。（2）"旋绕百炼"法，如魏源引文所云。基本特点是"百炼"过程中要对材料做旋绕操作。（3）"百淬百炼"法，如《续广博物志》所云。（4）单料反复折叠锻打法。据调查，现代龙泉宝剑社曾使用过这一操作①。据说日本刀也有类似的操作，有人认为其"新刀期"的操作要折叠15次，得到32768层组织；有人认为近世日本刀不过折叠7～8次，得到128层或256层组织[19]。折叠时，可垂直式地交叉进行，也可反复单向折叠。

关于"百炼"工艺的实质，相当长一个时期内，国内外学术界一直存在不同看法，归结起来主要有两种观点：日本学者吉田光邦[10]等认为，百炼便是生铁脱碳的过程；日本学者薮内清[11]、我国学者杨宽[4]等人认为，百炼为熟铁渗碳过程。其实这都值得商榷。我们认为，百炼工艺既不是生铁脱碳，也不是熟铁渗碳，而是对"精铁"的反复锻打。百炼钢原料通常应是含碳量较高的炒炼产品，百炼的目的是要进一步排除夹杂，同时还可起到均匀成分、致密组织的作用。百炼钢工艺的基本操作是多层积叠、多次折叠、反复锻打。

这是清代的三种主要炼钢法，此外自然还有一些，如渗碳炼钢法，近现代民间还在使用[4]，清代肯定也使用过这一工艺。

三、炼铜技术的发展

清代冶铜业较为发达，技术上也有一定提高。清代主要产铜地是云南，在云南铜业的基础上，出现了多种关于铜矿采冶的专著，其对炉子结构、原料准备和配矿技术、冶炼操作等，都做了较为详细的记载。其中较为重要的有：一如吴其濬《滇南矿厂图略》，这是一部反映云南金属矿开采、冶炼、经济和行政管理的综合性著作，成书于1844～1845年；二如倪慎枢《采铜炼铜记》和浪穹王崧《矿厂

---

① 我们对浙江龙泉宝剑工艺的调查是1977年10月27日至30日进行的，一行三人，即北京钢铁学院黄务涤、姚建芳，以及敝人。

采炼篇》，皆属技术性专著，未见单本印行，皆今为《滇南矿厂图略》收录。此外，檀萃《滇海虞衡志》、张泓《滇南新语》等都有过关于炼铜技术的大段记述。

（一）关于炼炉结构

《滇南矿厂图略》"炉"第五载："凡炉以土砌筑，底长方广二尺余，厚尺余，旁杀渐上至顶而圆。高可八尺，空其中，曰甑子。面墙上为门，以进炭卝。下为门曰金门，仍用土封，至泼炉时始开。近底有窍，时开闭，以出锅。后墙有穴，以受风。铜炉风穴上另有一穴，以看后火。银炉内底平，铜炉内底如锅形。"可见此炼铜炉以土筑成，外呈方形，内如甑状，分别设有进料口、金门、鼓风口、观火口等。

这是我国古代文献关于炼铜炉结构较为详细的描述。尤其值得注意的是观火口，这是观察火候的重要技术措施。早在唐代，长沙窑等地就使用了名叫"火照"的火候试验装置[20]。看来铜炉观火口的发明当在清代以前。"锅"、"埽"，铜渣。《滇海虞衡志》卷二"志金石"引《农部琐录》云："铜渣谓之埽。"

（二）关于原料准备和配矿

《采铜炼铜记》云："至于炼卝之法，先须辩卝，彻卝即可入炉。卝带土石者必捶拣淘滤；卝汁稠者取汁稀者配之，或取白石配之；卝汁稀者，最汁稠者配之，或以黄土配之，方能分汁；谓之带石卝之易炼者，一火成铜，止用大炉煎熬。"这里谈到了辨矿、淘洗、配矿等操作。此"辩卝"即辨矿，即分辨矿之优劣。《汉书·百官公卿表上》说武帝元鼎二年置有名为"辩铜"的职官，如淳注："辩铜，主分别铜之种类也"。彻，当是"彻底"之意，"彻卝"即是彻底的上等好矿；下文将要提到，品位更低的依次叫"次卝"和"下卝"。在这段引文中尤其值得注意的是配矿技术，其约发明于先秦时期，但关于炼铜配矿的明确记载却是清代才看到的。带石，即配带白石、黄土等造渣熔剂，使其中的 FeO 与 SiO_2 等以熔渣形式排出。稀、稠，指高熔点夹杂之多少和矿石品位。分汁，指熔渣与熔铜分离。这是我国古代文献中所见关于渣铜分离的较早描述。在此值得注意的是"一火成铜"一语。从字面上看，"一火"当是一次冶炼，但其真实含义则难以确知。《天府广记》卷二二"宝源局·户部尚书侯恂条陈鼓铸事宜"载："铜矿产于石中，用钢钻打入，每得矿百斤，用木炭百斤，将矿烧炼，一火成铜铅，二火成黑铜，三火成红铜。每矿百斤，上者烧铜十五斤，次者十二、十一斤不等。"此"一火"可能是指一次加热冶炼，但也可能指一个回合的多次加热冶炼。

《滇海虞衡志》卷二引《农部琐录》也谈到过配矿，而且还谈到了矿石焙烧："煎矿为扯火，配石为底子。多配谓之稀，少配谓之稠。末柴烧矿谓之锻，有经一、二、三锻然后入炉者，谓之锻窑"。此"锻"即煅，当指焙烧，所用当为硫化矿。

（三）关于冶炼操作

《滇南矿厂图略》"炉"第五载："凡起炉，初用胶泥和盐于炉甑内，周围抿实，曰搪炉。次用碎炭火铺底烘烧，曰烧窝子，约一二时，再用柱炭竖装令满，扯箱鼓风，俟其火焰上透；矿炭均匀，源源轮进炉内。风穴上，卝炭融集成一条如桥衡，通炉皆红，此条独黑，曰嘴子。看后火即看此。扯箱用三人，每时一换，曰换手。用力宜匀，太猛则嘴子红，太慢则火力不到之处，炉不能化，胶结于墙，曰生勝。每六时为一班，铜炉二班曰对时火，三班曰丁拐火，四班曰两对时火，六班曰二四火。泼炉则开金门，用爬（耙）先出浮炭渣子，次揭冰铜（原注：一冷即碎，故曰冰，亦曰宾铜）；次用铁条搅汁，拨净渣子，曰开面；次揭圆铜（原注：揭铜或用水，或用泥浆，或用米汤，视卝性所宜）。铜炉无过六班。炉火不顺，卝锑结成一块，曰招和尚头，配合不宜时有之。金门或碎，卝汁飞溅，曰放爆张，每致伤人，幸不常有。铅矿搪炉、烧窝皆同，而扯火紧慢任便。放锑一次，放铅一次，可至七八十班，至炼银罩渣子，亦只一二班。"这里从搪炉、烘炉、装料，到鼓风、出渣、出铜，以及炉龄和常见事故，都作了简要介绍。甚为难得。

《采铜炼铜记》所记冶炼操作又有一些特点，说："每煅一炉，俗谓之扯火一个，彻卝须四十桶用炭百钧；次卝惟倍加糜炭五之一，下卝三培（倍）而差加糜炭三之一。火候停匀，昼夜一周，渣锑质轻，自金门流出，即从金门中钩去灰烬；铜质沉重，融于炉底，闪烁腾沸，光彩夺目，以溃米水浇之，上凝一层，钳揭而起，用松针糠蘖之类掠宕其面，深入水中，即成紫板（原注：凡铜元热敲易碎，其口青色，冷敲惟开，其口红色），或得五六饼、六七饼不等。初揭一二饼，浮滓未净，谓之毛铜。须改煎方能纯净，自三四揭后，则皆净铜矣。其有卝经煅炼结而为团者，卝不分汁之故也。亦有本系美矿亦结为团者，配制失法，火力不均之故也"。在此比较值得注意的是：（1）次矿配炭量须稍有增加。（2）美矿而结为团，主要是配矿不佳、火力不均之故。可见配矿对冶炼过程的影响是很大的。这里又突出地谈到了次矿用炭量和配矿对冶炼过程的影响。

实际冶炼是较为复杂的，"一火成铜"的情况较少。《采铜炼铜记》载："然一火成铜之厂，寥寥无几。其余各厂，并先须窑煅后始炉融。窑形如大馒首，高五六尺，小者高尺余，以柴炭间卝，泥封其外，上留火口。炉有将军炉、纱帽炉之分。将军炉上尖下圆，其形如胄；纱帽炉上方下圆，形如纱帽，并高二寻。十分高之四为其宽之度，十分宽之四为其厚之度，亦有高一寻者，其宽与厚亦称之，余同大炉。又有蟹壳（炉），上圆下方，高一丈有奇，宽半之，深尺有咫，余亦同大炉。卝之稍易炼者，窑中煨煅二次，炉中煎炼一次，揭成黑铜，再入蟹壳炉中煎炼，即成蟹壳铜，揭滓略如前法。其难炼者，先入大窑一次，次配青白带石入炉一次，炼成冰铜，再入小窑，翻煅七八次，仍入大炉，始成净铜，揭滓亦如前法。计得铜百斤，已用炭一千数百矣，此煎炼之大略也。"此说一般的冶铜皆较复杂，矿须先煅，后熔；依据不同的需要，炼炉有将军炉、纱帽炉、蟹壳炉、大炉等之别；此"蟹壳炉"大约是用于冶炼粗铜或精铜的。较难冶炼之矿，估计也要煅炼10余次，较陆容所述稍少。

四、铜合金技术的发展和演变

我国古代的铜合金主要是青铜、白铜、黄铜三种。青铜盛行于先秦时期，汉后由于钢铁技术的发展和社会风尚的变化，其主要用途就逐渐转移到了铜镜、铜钱和响器这三种器物上。人工配制的白铜和黄铜技术的发明年代较青铜稍晚，大体兴盛于宋、明时期；明代中期之后，及至清代，由于黄铜技术的兴起，原本使用青铜制作的铜器，如铜镜[21]、铜钱、铜钟，有的也部分地改用了黄铜，使青铜的使用范围更窄，主要用途就只剩下了锣钹和流行于西南地区的铜鼓等器。今便通过几种铜器合金成分的演变，来了解清代铜合金技术的发展状况。

（一）铜钟合金技术

钟作为一种响器，自先秦至明，基本上都是锡青铜、铅锡青铜铸制的。清代出现了黄铜钟。有学者分析过康熙三十六年、五十二年和乾隆纪年钟各一件[22]，唯前者属锡青铜，成分为铜75.2%、锡11.15%、铅1.07%；后两者竟皆为黄铜，且成分相当接近，皆可视为锡黄铜，平均值为：铜60.5%、锡2.32%、铅0.65%、锌23.2%。与明代的相比较，此康熙三十六年青铜钟的含锡量稍有降低，其声音当无明代的清脆、悠扬；两件黄铜钟的音色、音质恐难与锡青铜钟相比。但有一点值得注意的是，清代梵钟的含铅量依然是较低的，这是人们对铅的阻尼作用一直保持着清晰的记忆，也说明古人对铅、锡是区分得十分清楚的。

（二）关于铜镜合金技术

先秦至明代，我国镜用合金基本上都是青铜，黄铜只是偶见之例。但1918年日本学者近重真澄分析过2件清代镜[23]，20世纪80年代时笔者也分析过5件清代镜[21]，却清一色都是黄铜质。这大约与清代铜镜已多非实用之物有关。但与明代同样，此时人们依然认为高锡青铜是最佳铸镜合金。清郑复光《镜镜诊痴》（1846年）卷一"镜资"条载："铜色本黄，杂锡则青，青近白故宜于镜。"此话说得十分透彻。

（三）铜钱合金技术

自先秦到明嘉靖，我国铜钱基本上都是青铜铸制的；明嘉靖之后，及至清代，黄铜钱便占据了主导的地位。乾隆十二年奉敕撰《钦定大清会典则例》卷一二九"工部·鼓铸"载："（雍正）六年奏准……其钱按照估定成色分别搭配。如九成铜，以铜六铅四配铸，每百斤加铜二十斤；九五铜以铜五五铅四五配铸，每百斤加铜十斤。""乾隆元年奏准，鼓铸之法，以八成至十成配为五等。如铜系十成者，以铜铅各半；九五者以铜五五，铅四五；九成者，以铜六铅四；八五者，以铜六五铅三五；八成者以铜七铅三搭配鼓铸。"乾隆五年改制为："除净铜按铜铅百斤内，用红铜五十斤，白铅四十一斤八两，黑铅六斤八两，点铜锡二斤配铸外，九五铜向系每百斤加铜十斤，今加五斤；九成铜向加二十斤，今加十斤；八五八成皆照此递行。"[24]引文中的"铅"、"白铅"皆指锌；"黑铅"即铅；"点铜"即配制、调整的合金成分，"点铜锡"即配制、调整铜合金成分用的锡（Sn）。从文献所记雍正六年、乾隆元年、乾隆五年[24]、乾隆六年钱[25]，以及咸丰当百大钱、咸丰五十大钱、咸丰当五大钱[26]的配料比来看，清代钱币合金的基本情况是：（1）基本上为铅黄铜和简单黄铜，唯乾隆五年、六年使用过锡铅黄铜。与明天启、崇祯的情况相似。（2）雍正、乾隆时含锌量稍高，除去烧损后，约达30%～38%；咸丰时含锌量稍低，约为20%～25%。

从先秦到明、清，我国金属钱币的合金成分约经历了6个阶段：（1）先秦时期，各国钱币一般含铅量较高，含锡量较低，大约70%的钱币为锡铅青铜和铅青铜，28%左右为铅基合金。前者含铅量达15%～40%，后者高达47%～66%。平均含锡量一般都低于5%，唯Ⅰ式蚁鼻钱的达10%。（2）汉代钱币含锡含铅量都较低，含锡量相对集中的成分范围是2%～8%，平均4%左右；含铅量相对集中的成分范围是 0 ~8%，但有少数几件含铅量较高。（3）唐代钱币含锡含铅都有一定提高。平均成分约为铜 70% 左右、铅 16%、锡 10%。（4）宋代钱币含铅量又有了提高，北宋钱币含铅量大部分处于 20% ~30% 之间，含锡量较唐代稍有降低，其大部分处于 5% ~11% 之间；南宋钱币平均含铅量达 37% 左右，含锡量不足 4%，而且还出现了少量铅钱（铅基合金钱币）。（5）明代前期钱币含铅量有所降低，嘉靖后出现了黄铜钱。可见，从先秦到明嘉靖，我国钱币的主要合金元素是铅，其含铅量经历了"高—低—高—低"的发展过程。（6）自明嘉靖至整个清代，基本上都是黄铜钱，或以黄铜钱为主。

（四）镍白铜技术的发展

我国古代白铜有砷白铜和镍白铜两种。砷白铜最初是利用共生矿冶炼的，至迟东晋，就发明了人工配制技术。镍白铜始见于东晋或稍早，直到明、清时期，都是以共生矿为基础进行冶炼的，古人未曾炼出金属镍。明、清时期，这两种白铜技术都有了较大发展，有关记载也多了起来，尤其是镍白铜，不但开设了不少冶炼厂，而且在 18 世纪初，它还传入欧洲，对欧洲化工技术、冶金技术的发展，都起到了一定的促进作用。

我国镍白铜主要产于云南、四川两省交界处。清代四川的白铜产地主要是会理，其在立马河、九道沟、清水河、黎溪等处都设有白铜厂。《清朝通典·食货八》载："康熙二年（1663 年）令四川黎溪、红卜苴二洞白铜旧厂听民开采，输税十九年。"《会理县志·铜政》（同治九年）载：黎溪厂产白铜，乾隆十七年开采，四十九年归会理州管理。额设每双炉一座，抽小课白铜五斤，每年获白铜一百一十斤；内抽大课十斤，每年额报双炉子二百一十六座，各商共报煎获白铜六万三千二三百斤。该书还说立马河、九道沟、清水河皆配制白铜。

清代云南白铜产地主要是今牟定、大姚、武定等县，雍正《云南通志》卷一一、《清朝通典·食货八》、光绪《续云南通志》卷四三、《清一统志·会理州》、《钦定古今图书集成》等都有记载。如《清朝通典·食货八》载：云南"定远县（今牟定县）妈泰、茂密二厂白铜，岁无定额"。《续云南通志》卷四三"食货·矿物"引"旧志"云："茂密白铜厂子，大姚县属，发红铜到厂，卖给砜民，点出白铜……每炉每日抽白铜二两六钱五分。"

从历史上看，镍白铜的冶炼工艺约有四种：

1. 直接利用共生矿冶炼。这种共生矿在会理力马河、青矿山等处都有分布，早期镍白铜很可能是利用此矿直接炼制的。因古人很难将其中的铜、镍分离开来。

2. 利用镍矿石与铜矿石混炼。同治九年（1870 年）《会理县志》卷九载："煎获白铜需用青、黄二矿搭配。黄矿炉户自行采办外，青矿另有。"这是今见文献中，较早提到镍白铜冶炼工艺的地方。此"青矿"即镍矿，"黄矿"即铜矿。

3. 用镍高锍点炼红铜，或用镍矿石点炼红铜。这主要见于传统技术中。今人于锡猷《西康之矿产》载："取炉（鹿）厂大铜厂之细结晶黑铜矿与力马河镍铁矿各一半混合，放入普通冶铜炉中冶炼。矿石最易熔化，冷后即成黑块；性脆，击之即碎。再入普通煅铜炉中，用煅铜法反复煅九次，用已煅矿石七成，与小关河镍铁矿三成，重入冶炉中冶炼，即得青色金属块，称为青铜；性脆，不能制器。

乃以此青铜三成，混精铜七成，重入冶炉，可炼得白铜三成；其余即为火耗及矿渣。"[27]这是 20 世纪 40 年代初，地质工作者访问清末白铜冶炼匠师的笔录，大体上反映了清末或稍前的白铜冶炼工艺。所用应是一种铜镍硫化矿，整个操作都已相当成熟。冶炼过程约分四步：（1）依 1:1 的比例，将镍铁矿与黑铜矿混合冶炼。产品即所谓"黑块"，实为"铜镍锍"、"镍冰铜"，是二硫化三镍、硫化亚铜、硫化铁的共晶或共熔体，化学式为 $Ni_3S_2 \cdot Cu_2S \cdot FeS$。这铜镍锍的含铜含镍量较低，铜镍总量大约只有百分之十几（如 13%）。（2）将前项产品，即铜镍锍煅炼九次，以去硫，进一步富集铜和镍。其产品依然是一种中间产物。（3）依 7:3 的比例，将前项产品与小关河所产镍铁矿混合冶炼，产品为"青铜"，当即杂质稍多、含镍亦稍高的铜镍合金，或称为"镍高锍"。（4）依 3:7 的比例，将此"青铜"与"精铜"（纯铜）混炼，即为镍白铜[28]。前云李时珍和宋应星提到的南番"青铜"，当亦是这种含镍稍高的铜镍合金。

光绪《续云南通志》卷四三引"旧志"说得较为简单："茂密白铜子厂，大姚县属，发红铜到厂，卖给硐民，点出白铜。"说以红铜点出白铜。此"点药"即镍高锍，或镍矿石。今人李春昱在《四川西康地质志》中也谈到过类似的操作："今会理青矿山镍矿，在今会理之南，矿石含镍 2%，昔时常与红铜制成合金以作白铜。"[29]

4. 在铜镍合金中加入红铜、黄铜或锌，制作 Cu－Ni－Zn 三元合金。

蕾蘩室《中国矿产志略》第 39 页载："白铜以云南为最佳，其出产亦惟滇最盛。熔化制器时，须预派紫铜、黄铜及青铅若干，搭配和熔以定黄白。若搭冲三色三成，只用真云铜三成，已称上高白铜矣，至真云铜熔化时，亦须帮搭紫铜与青铅，使能色亮而韧。"此"青铅"当为锌；"真云铜"可能是含镍较高的铜镍合金；"上高白铜"当即白度较高的铜镍锌三元合金。"三色"大约是指紫、黄、青。加入锌的目的，看来主要是改善色态等性能。此书约成于 1890 年，大体上反映了清代晚期及至中期的铜镍锌三元合金配制工艺。

以上四种操作，实际上都是以共生矿冶炼为基础的。前三种产品大约主要是铜镍合金，第四种则是铜镍锌合金。这些工艺的产生和演变年代，目前尚难了解。

大约 18 世纪前期，镍白铜传到了欧洲。因其色泽如银，且耐腐蚀，很快就引起了广泛的兴趣，许多从事金属研究和生产的人都开始了长期的试炼和仿制。1751年，瑞典矿物学家制作出了金属镍；1823 年，英国汤姆逊（E. Thomason）制出了质地与中国白铜相似的合金；大约也在这同时，撒逊尼（Saxony）的冶金家也获得了成功，并于 1830 年开始设厂炼制；1824 年，德国的翰宁格（Hhnninger）兄弟二人亦仿制成功，最初称之为"新银"（Neusilver），后来一些科学文献又称之为"德国银"（German Silver），而且名噪一时。西方人仿制的这些白铜中，既有铜镍二元合金，也有铜镍锌三元合金。由于镍白铜的研究和仿制，一定程度上促进了西方化工业、冶金业的发展[30]。

（五）砷白铜技术的发展

清赵学敏（约 1719～1805 年）《本草纲目拾遗》卷二"金部·白铜矿"："此乃矿中白铜，质脆；今时用白铜，以赤铜、砒石炼成，有毒，不堪用。"此"白铜矿"即使铜致白之矿，即镍矿。"矿中白铜"，应指由铜镍共生矿冶炼之白铜，而"以赤铜、砒石炼成"之白铜则是砷白铜。赵学敏说"今时用白铜，以赤铜、砒石炼成"，其意十分明白，说明砷白铜的数量是不少的；唯因其有毒，故不堪入药。可见清代砷白铜技术有了不少发展。

五、黄金淘冶技术

清代前期黄金淘冶技术大体上沿用先世的工艺，技术创新较少，但有的记载却更为详细。

对于黄金的产状，明及其之前的文献都作过许多描述，但清初谷应泰《博物要览》卷三所说则更为简明："胯子金产湖广，湖南北诸郡砂土中，象腊茶腰带胯子。足赤十一成，不须淘炼，自然居颗块，亦生金也"。"豆瓣金产梁州土中，掘土十余丈见方，形圆扁如豆瓣状。足赤十成，土人铸炼成铤，每铤重一两六七钱不等。乃熟金也。""麦颗金产梁州属县砂石土中，形尖如麦。足赤十成，土人淘炼而成，小铤重三两三四，金亦熟金也。"这说明人们的认识又有了一些深化。"伴金石"是寻找"山石金"的重要线索，明末清初的屈大均在《广东新语》卷一五"货语·金"中也有一段较好的描述："掘地丈余，见有磊砢纷子石，石褐色，一端黑焦，是为伴金之石，必有马蹄块金。盖丹砂之旁有水晶床，金之旁有纷子石"。磊砢，散落状；纷，杂乱。看来，此纷子石（伴金石）应当是呈散落状、颜色多样的矿石。

清代黄金淘冶中，值得注意的是有关溜槽淘金法的记载更为详明。严如煜（1759～1826年）《三省边防备览》卷九载："淘金厂，南郑城洋滨临汉江一带沙滩多有之。法用木作淘床，长五尺五六寸，宽二尺七八寸。四周有边，边高三寸许；边内前镶木板一块，长六七寸；后镶木板一块，长二尺许；板前安横木一根，较床长数寸；横木下安柱二根，高三尺许，木柱立定则淘床前低后高。横木之上凿圆孔二，另安二尺余十字木架，架下二小柱，插入横木孔内，使其活动。架缚圆竹筐，高三四寸，径一尺六七寸，将沙倒入筐内，床后把住木架一头，不住掀簸，用水频浇，则沙随水流；金性沉，沉在筐底细缝中，透下木床。其木床除两头镶板，中空三尺许，另安木板一块，厚三寸，其上横刻木槽百十道，宽二三分，深寸余，筐底透出金沙，顺水沉入槽内；另用木匣一个，空一面如簸箕式，然后将槽内金沙扫入木匣，就水中漾摆，沙土摆尽，但存金屑。"这里主要谈了淘金床的结构和淘金的具体操作。1984年时我曾到山东招远金矿调查，类似的方法仍在使用。溜槽式重力浮选法在商代铜岭采铜业中便已使用，宋代有了较为明确的文献记载，但在不同矿物中的演变情况和具体操作则缺乏详明的资料。

接着，严如煜《三省边防备览》卷九还谈到了汞炼金法，以去除不能形成汞齐的金属和非金属夹杂："再用水银同金屑入硝银罐烧炼，水银成灰，金成小粒，如黄豆大"。此即混汞法取金。类似的方法虽早已出现，但往日的记载从无如此详明。

人们在提取和使用黄金的过程中，对金银合金的性态也有了进一步认识。清朱象贤《印典》卷七"器用·金银"引《游艺杂述》云："凡造印章，金须精，银须纹，古制皆然。若银潮而金杂，则硬不易刻也。"这与现代技术原理相符。这大体反映了清代，及其稍前一个时期的认识水平。

六、铸造技术

泥型铸造、出蜡铸造、砂型铸造等传统铸造工艺此时都在使用，皆无突破性成就。在清代铸造中，值得一提的是铁范铸造被重新起用，并用到了火炮铸造中。

我国古代的金型铸造始创于先秦时期，两汉便发展到较为兴盛的阶段。唐后渐衰，虽辽、金、元时期仍可看到，但已使用较少。清代晚期，由于一种特殊的需要得以再现。1840 年夏，英帝国主义侵犯我江浙和福建沿海，危在旦夕。嘉兴县丞龚振麟刚好调任宁波军营监制军械，因当时炮多为泥型铸造，既难制且难干，不能应急。龚振麟极具爱国热情，又注意学习近代科学。当时铁范铸造已为世人淡忘，龚振麟遂重新将之发掘出来，并用到了铸炮工艺中，并于 1841 年写成了《铸炮铁模图说》，以求推广。基本原理与汉代铁范铸造是一致的，但工艺上要求更高，铁模（铁范）铸炮因具有省工省时等许多优点，当时便受到了多方面的赞许。

出蜡铸造、砂型铸造等传统铸造工艺基本上是沿用先世的操作。清朱象贤《印典》卷六"镌制·铸印法"引宋王基《梅菴杂志》便谈到过砂型法和出蜡法这两种不同的操作，云："铸印法有二，一曰翻沙，一曰拨蜡。翻沙以木为印，覆于沙中作范，如铸钱法。拨蜡以黄蜡和松香作印、刻纹、制钮，涂以焦泥，俟干，再加生泥；火煨，令蜡尽、泥熟。熔铜倾入之，则文字钮形，俱清朗精妙"。《印典》成书于康熙六十一年，其中多处引用宋、元事迹。大约在相当一个时期内，这类操作并无多大变化。同书卷七"器用·蜡"条又说："拨蜡之蜡有二种，一用铸素器者，以松香熔化，沥净，入菜油，以和为度；春与秋同，夏则半，冬则倍。一用以起花者，将黄蜡，亦加菜油，以软为度，其法与制松香略同。凡铸印，先将松香作骨，外以黄蜡拨钮、刻字，无不尽妙。"卷七"泥"条还谈到了蜡模外所用之泥，说："印范用洁净细泥，和以稻草。（稻草）烧透、俟冷，捣如粉；沥生泥浆调之，涂于蜡上。或晒干，或阴干，但不可近火。若生泥为范，铜灌不入，且要起窠（原注：深空也）。熟泥中，粘糠秕、羽毛、米粞等物，其处必吸（原注：铜不到也）。大凡蜡上涂以熟泥，熟泥之外再加生泥；铸过（之泥）作熟泥用也"。这里着重谈到了蜡料、泥料的配制和有关注意事项，这是十分难得的。尤其是说到了松香，并说不宜用生泥，否则要发气，还说熟料中不可沾有杂物。这自然是生产经验的总结。从现代技术观点看，加入少量松香后，蜡的软化温度相应提高，膨胀系数变小，所以松香加入量的多少是调整蜡料硬度、软化点、热膨胀系数的关键。

清代的熔炼技术也有了一定的发展，一个重要例证是人们对熔炼过程中的金属烧损有了定量认识。清代匠作则例中《铜作用料则例》云："凡熔化所耗，内务府红铜每斤耗五钱（约相当于 3.125%），黄铜每斤折耗九钱（相当于 5.625%），制造库熔化每斤折耗三两二钱（相当于 20%），今拟红铜每斤折耗五钱，黄铜每斤折耗九钱。"[31] 此以内府之烧损量作为工艺规范，与现代熔炼烧损大体处于同一水平。

七、金属加工技术的发展

清代金属工艺基本上沿袭了前代的一些操作，创造性成就不多。下面先介绍几种特殊器物的加工，再一般性地介绍几种加工工艺。

（一）铁炮锻造技术

我国管形火器锻造技术始见于明，清代又有了进一步发展。清魏源（1794～1857年）《海国图志》卷五五引江苏候补知府黄冕《炸弹飞炮说》："如欲以少胜多，须讲究小炮可容大弹之法，因又精益求精，别制捷胜小炮，不用铸造而用打造，不用生铁而用熟铁，方能使炮身薄而炮膛宽。缘生铁铸成，每多蜂窝涩体，不能光滑，难于铲磨，故子弹施放不能迅利。至熟铁则不可铸，而但可打造。""每五斤熟铁方能炼成一斤，坚刚光滑无比……铁经百炼，永无铸造之炸裂，施用灵活，尤胜巨炮之笨重。"这里全面地比较了铸件和锻件的优缺点。说锻制火炮"坚刚光滑无比"。

（二）铁索桥工程的进步

明、清时期，我国西南一些峡谷峻深、水流湍急处架设了多座大型铁索桥。清代较为著名的是四川泸定桥等。

大渡河泸定桥建于康熙四十五年（1706年）。清张晋生等《四川通志》卷三九"艺文志"载清圣祖玄烨所制碑记云："入炉（打箭炉）必经泸水，而渡泸向无桥梁。巡抚能泰奏言：泸河三渡口，高崖夹峙，一水中流，雷犇矢激，不可施舟楫。行人援索悬渡，险莫甚焉。"于是呈请在名叫安乐的地方，"仿铁锁桥规制建桥"。诏从所请。"桥东西长三十一丈一尺，宽九尺，施索九条。索之长视桥身余八丈而赢。覆板木于上，而又翼以扶栏，镇以梁柱。皆熔铁以庀事。桥成。""爰赐桥名曰泸定。"据今之测量，桥东西长约103米，宽约2.8米，桥面计9根铁链，铁链直径3厘米。

（三）铁画工艺的发展

铁画工艺在清康熙、乾隆时期有了较大发展，并出现了汤天池、梁应达两位著名的工艺大师[32]，他们皆有作品留传至今[33]。

汤天池，芜湖人，原籍溧水[32]，约生活于清顺治到康熙间。陈春华等《（嘉庆）芜湖县志》卷一载："有锤铁为画者，治之使薄，且缕析之，以意屈伸，为山水、为竹石、为败荷、为衰柳、为蜩塘（螗）、郭索，点缀位置，一如丹青家，而无襞积皱皴之迹。康熙间，有汤天池者，初为此，名噪公卿间。今咸祖其法，虽制作远逊汤，而四方多购之，以为斋壁雅玩。"梁山舟《铁画歌序》说，汤氏铁画的特点是"尤工山水大幅，积岁月乃成"。邓之诚《骨董琐记》卷一"铁画"称其为"炉锤之巧前此未有"，这都说明汤天池对铁画技艺的贡献是较大的。

梁应达，安徽建德人，约生活于清乾隆年间，据金浚《梁应达像生志》载，其原以冶铁为生，业余时"为花鸟虫鱼无不肖，久乃益工，遂擅绝技"。其艺术和技巧，皆在汤天池之上[32]。

铁画的发展，一定程度上反映了清代金属加工技术的发展和匠师们的艺术才华。青花瓷应是国画艺术在瓷器上的应用，铁画则应是水墨丹青艺术在铁器上的反映，时兴时衰，一直流传至今[34]。

（四）拉拔技术的发展

清代的拉拔技术有了进一步发展。广东罗定、佛山的拉拔生产已具一定规模，尤其是佛山，其产品无处不在。《广东新语》卷一五"货语·铁"："诸冶惟罗定大塘基炉铁最良，悉是皆铁，光润而柔，可拔之为线，铸镬亦坚好。"陈炎宗《乾隆佛山忠义乡志》卷六"乡俗志"："铁线：有大缆、二缆、上绣、中绣、花丝之属，以精粗分。铁锅贩于吴、越、荆、楚而已，铁线则无处不需，四方贾客各辇运而转鬻之，乡民仰食于二业者甚众。"《民国佛山忠义乡志》卷六也有类似的说法。

（五）焊接技术的发展

焊接技术在明、清两代都有一定发展，不但许多文献都记载了焊料的配方，而且还记述了一些具体操作。铜焊和银焊内容有了扩展，并有了汞齐焊的记载[35]。

清郑复光《镜镜详痴》（1846年）卷四更说到了多种焊料的配方，及其基本操作。对焊接强度要求较高的一般铜器，当用"铜大焊方"，配比为："菜花铜一斤（顶高之铜），白铅半斤，纹银一钱八分。合化，然后入点锡四钱八分，速搅匀即得"。此"点锡"即锡，同书同卷在谈到磨镜药时，说过要"上好生点锡"。可知此大焊方实为 Cu – Zn – Sn – Ag 四元合金，经计算，配料比为：铜 64.88%、锌 32.44%、锡 1.95%、银 0.73%。这大体上反映了清代中期的一些情况。

由于炼锌技术的发展，金属锌也较多地被使用到了焊料中。清末刘岳云《格物中法》卷五下引《鄙事缀纪》云："钎药有老嫩不同，或红铜三分白铅一分，或黄铜八分白铅一分，或黄铜六分白铅一分，或黄铜四分白铅一分。"此"黄铜"含义不明，当为铜锌合金或红铜。上述焊药似为 Cu – Zn 二元合金。《格物中法》出版于光绪二十五年（1899年）。

对于较为讲究的铜器，如钟表等，则可用"四六银焊药"。《镜镜详痴》卷四云："钟表焊药，以银焊为良方，用菜花铜六分、纹银四分，则老嫩恰好。"这种焊料在清代广储司磁器库铜作中也曾使用，如"造红铜钮，头号至二号，每百个用四六银焊药一钱二分，硼砂二钱四分，乌梅四两。三号至七号，每百个四六银焊药一钱，硼砂二钱，乌梅三两五钱"[31]。此"乌梅"为去污剂。

对焊接强度要求不是太高的铜器，也可使用汞齐焊。《镜镜详痴》卷四："铜小焊方：取水银先用香油制死，然后入高锡参匀，以备临时用。"此焊料显然是锡汞齐。同书同卷又载，对焊接强度要求较高的器物，则可用"锡大焊方"，其比例为锡六汞一，其也是一种汞齐焊。基本操作是：先将焊接口清理干净，将汞齐填于接口处，汞挥发后，存留之锡便自然将之固结起来。通常的硬钎焊和软钎焊都是在高温下进行的，此汞齐焊实与室温软钎焊相当。其发明时间待考，迄今民间仍有使用。

此时人们对焊料成分的选择也有了较深认识。《镜镜详痴》卷四又载："锡工小焊，低锡不可宜也，高亦不可，何也？盖焊，必较本身易化；故金银工焊用银参铜及硼砂，铜铁焊用焊药参（掺）硼砂，铜小焊用高锡参水银，锡大焊用次锡、水银参松香，锡小焊用次锡参松香，咸取其易化也。"此说大体上都是对的，亦与现代技术原理相符。

我国古代的狭义焊接约可区分为软钎焊、硬钎焊、汞齐焊三种。前者的焊料主要是锡和铅锡合金。次者的焊料有银基合金和铜基合金，铜基合金又包括红铜、响铜，以及多元铜合金等。"汞齐焊"的焊料是水银和锡，其大体与室温钎焊相当。我国古代的焊接操作主要有三种，即浇焊、点焊、汞齐焊，后两种迄今民间仍可看到[35]。

第三节　制瓷术的黄金时代

清代前期是我国古代制瓷技术全面发展的阶段，凡明代已有的工艺和产品，此时大多数都有了提高或创新，并在更大程度上满足了国内外市场的需要。

此时的制瓷业依然以景德镇为中心，御器厂仍占据重要地位。清代初年时，由于满清贵族的蹂躏和战乱，景德镇瓷业一度陷入停滞状态，顺治时曾多次下诏烧造，均未获成功，但到康熙十九年前后，却得到了迅猛的发展。清代前期的制瓷技术，习惯上是指康熙、雍正、乾隆三朝制瓷技术，这是我国瓷器生产的黄金时代，也是我国古代瓷器生产的高峰期，嘉庆之后渐衰。

清代民窑也有了较大发展，不管规模还是产品质量，都有了扩展和提高。唐英《陶冶图说·祀神酬愿》载："景德一镇，僻处浮梁邑境，周袤十余里，山环水绕中央一洲，缘瓷产其地，商贩毕集，民窑二三百区，终岁烟火相望，工匠人夫不下数十余万。"[1]此"区"当即座意①。此"数十余万"或有些夸张，但民营业甚为繁华是肯定的。清代御器厂的官窑器，通常只供宫廷使用，除了帝王赏赐外，一般官僚和皇亲国戚皆不易从御器厂直接得到官窑制品，故满汉贵族所用优质瓷器多数皆产自民窑，尤其是其中的"官古器"窑。《景德镇陶录》卷二"国朝御窑厂·镇器原起·官古器"条云："此镇窑之最精者，统曰官古，式样不一，始于明，选诸质料精美细润，一如厂官器，可充官用，故亦称'官'。今之官古有混水青者，有淡描青者，有兼仿古名窑渤者，若疑为宋之汴杭官窑则误。"稍次的还有"假官古器"、"上古器"等窑。清代的"官搭民烧"也十分盛行，康熙十九年后，竟成了一种固定制度，所以许多官窑产品实系民窑烧造。不少民窑产品，尤其是青花瓷，质量是较好的。有清一代，青花器皆以康熙民窑最为上乘。

在陶瓷技术发展的同时，清代还出现了多部关于陶瓷工艺的专著。其中比较值得注意的有唐英《陶冶图说》、蓝浦《景德镇陶录》、朱琰《陶说》、佚名《南窑笔记》等。《陶冶图说》成书于乾隆八年（1743年），此前，宫廷画师孙祜、周鲲、丁观鹏绘有陶冶图20幅，反映了从瓷石开采、练泥、配釉、成型、施釉、烧成到包装的全过程，原图藏于内廷，且无编次。乾隆八年四月，唐英奉命将图像编排，并一一作了文字说明，成为《陶冶图说》一书。唐英为内务府员外郎，曾管理九江关务。朱琰《陶说》成书于乾隆三十二年（1767年），凡六卷，卷一主要辑录唐英《陶冶图说》的基本内容，并附朱琰按语；卷二述说陶瓷起源和历代名窑，时间从远古至宋；卷三"说明"，主要介绍了景德镇窑及其工艺操作；卷四、五、六，记述了先秦至明代的各种陶瓷器。该书既引经据典，又不乏作者独到的见解，可说是我国古代第一部陶瓷技术史专著。《景德镇陶录》计10卷，其

---

① 区，原为"小屋"意。《汉书》卷六七"胡建传"："穿北军垒垣，以为贾区。"注："区者，小室之名，若今小庵屋之类耳。"

中第二至第九卷系蓝浦于乾隆末年原著；第一卷及第十卷为嘉庆间郑桂廷补辑。其卷一多采摘于《陶冶图说》，其余各卷述说明、清两代景德镇陶务、产销情况。《南窑笔记》约成书于雍正年间，作者佚名，记述明代及清代乾隆以前景德镇烧造瓷器的情况，对各期官窑的成就，胎、釉配制，以及成型、彩绘、烧造技术，皆所述甚详，且较为确切。

　　清代前期景德镇制瓷技术的主要成就是：瓷胎含铝量明显提高；石灰—碱釉更为成熟，并发展成了碱—石灰釉；作为釉下彩的釉下青花和釉里红，以及釉上彩技术都得到了进一步发展，内容亦更为丰富。康熙青花色泽鲜艳、纯净；因釉上蓝彩和墨彩的发明，康熙五彩更为多样，单色釉技术亦有了较大进步，传统青釉和铜红釉发展到更为成熟的阶段；一些仿宋瓷亦达到了相当高的水平；创造了胭脂红、珊瑚红、乌金釉，把清代瓷器打扮得五光十色，琳琅满目。景德镇又发明了蛋形窑，烧造技术进一步提高。

一、胎料选择加工技术之提高

　　主要表现是景德镇瓷胎的二元配方更加娴熟。其二元配方法始创于元，但元、明两代的景德镇瓷胎含铝量提高不多，清代之后才有了明显增长。这表明其选料、配料、加工等一系列技术都有了较大的进步。

　　（一）原料选择和加工技术的进步

　　关于清代景德镇瓷胎的二元配方，唐英《陶冶图说》、朱琰《陶说》、蓝浦《景德镇陶录》等都有说明。《陶冶图说·采石制泥》云："惟陶利用范土作胎，其土须采石炼制。石产江南徽郡祁门县，距窑厂二百里，山名坪里、谷（葛？）口，二处皆产白石；开窑采取，剖有黑花如鹿角菜形。土人借溪流设轮作碓，舂细淘净，制如砖式，名曰'白不'，色纯质细，制造脱胎、填白、青花、圆琢等器。别有高岭、玉红、箭滩数种，各就产地为名，皆出饶州府属各境。采制法同'白不'。止可供搋合制造之用，于粗厚器皿为宜。"此"鹿角菜"系藻类，生于岩石之上，可食。这里主要说到了三个问题：（1）瓷石和高岭的产地，前者主要产于徽州祁门县坪里和谷（葛？）口二处，后者主要产于饶州府境内的高岭村等地。（2）瓷石的特征是"剖有黑花如鹿角菜形"；另一种原料有高岭、玉红、箭滩数种。（3）瓷石须以水碓舂细淘净，制如砖式，名为"白不"（音敦）。高岭的制法亦同"白不"。（4）制瓷胎时，须两瓷石和高岭搋合使用。

　　制胎之泥还须"淘练"。同书"淘练泥土"条载："造瓷首须泥土，淘练尤在精纯……淘练之法，多以水缸浸泥，木钯扰标（漂），起渣沉过，以马尾细箩（罗），再澄双层绢袋，始分注过泥匣钵，俾水渗浆稠。用无底木匣，下铺新砖数层，内以细布大单，将稠浆倾入，紧包砖压吸水，水渗成泥，移贮大石片上，用铁锹翻扑结实以便制器。凡各种坯胎不外此泥，惟分类按方加配材料以别其用。"这里谈到了淘练胎泥的基本操作过程，引文前段所说便是"淘"，"用铁锹翻扑结实"便是"练"。"淘"和"练"，都是原料加工的重要工序。所云与《天工开物》基本一致，但这更为简明、准确，如其泥不但要澄清，而且要过马尾细罗，再入双层绢袋过滤。说明清代早期或稍前，景德镇便形成了一套较为完整的原料选择、加工技术规范。

（二）从科学分析看配料技术的进步

周仁等人分析过 17 件景德镇清代瓷器，分属康熙、雍正、嘉庆、光绪时期，平均成分为：SiO_2 67.95%、Al_2O_3 25.53%、Fe_2O_3 1.10%、TiO_2 0.09%、CaO 0.7%、MgO 0.19%、K_2O 3.07%、Na_2O 1.48%[2]~[5]。其特点是：（1）Al_2O_3 量较高，介于 20.17%（雍正祭红瓷）~30.51%（雍正浆胎青花盘）间。前云景德镇 8 件明代瓷器的 Al_2O_3 平均值仅为 21.25%。（2）Al_2O_3 量分布较为集中，在 17 件标本中，相当部分处于 26%~29% 间，占标本总数的 47%。有学者估计雍正浆胎青花盘的高岭土配入量可达 60%[5]。（3）SiO_2 量较低。从历史上看，景德镇瓷胎的平均 SiO_2 量是逐渐降低的。五代和宋代稍高，分别为 76.22% 和 74.55%；元、明两代明显降低，分别为 73.16% 和 72.24%；清代又有所降低，为 67.95%。（4）景德镇历代制瓷原料含铁量都不低，清代一件雍正仿哥窑青瓷竟达 4.16%，即使将之剔除，其余 16 件清代瓷器的平均值亦达 0.9%。而其多以 FeO 形式存在，说明直到清初，景德镇瓷器仍在较强的还原性气氛中烧成[2]，故其胎总是泛黄且泛青的。

在相当长一个时期内，浙江瓷胎基本上是采用单一瓷石、瓷土为原料的，为提高胎质强度，以适应制造大型器物的需要，匠师们曾采用过两种较为有效的方法：（1）选用风化程度较深，即高岭化程度较高的瓷石为胎料；（2）精细淘洗，以提高高岭，减少粗粒石英的含量。景德镇在明代以前大约也采用过单一瓷石制胎，其所含高岭石、石英、绢云母皆较适中，从而具有了较好的成瓷特性；明代之后便采用了二元配方法，使瓷胎成分控制自如。二元配方的采用，为景德镇瓷器品种的增加打下了良好的基础[5]。

（三）关于传统制瓷技术中的原料选择和加工

20 世纪 50 年代，有关学者对景德镇传统制瓷技术进行了许多调查，得知其制瓷原料亦主要是瓷石和高岭两种。瓷石是一种岩石，其色白中泛黄、泛绿、泛灰或稍泛绛红；主要产于浮梁、窑里、祁门等地。有的瓷石又可用于制釉，故又谓之釉石。瓷石开采后，须以水碓舂细，再淘洗、沉淀，并制成砖状，名为"不子"、"白不子"。瓷石的矿物成分主要是绢云母、石英，以及少量的长石和方解石等。窑里瓷石所含长石较少，因绢云母化作用，它几乎全都变成了绢云母。"高岭"是一种白色粘土，但非纯白，而是泛灰、泛黄，矿物成分主要是"高岭石"，此外还有多量的石英和绢云母。"高岭石"是矿物学名词，化学式为 $Al_2O_3 \cdot 2SiO_2 \cdot 2H_2O$。高岭在矿区采集后须经淘洗，以去除大部分石英和云母，之后再沉淀、制块、晾干[6]。景德镇制瓷原料含铁较高，尤其是高岭，多在 1% 以上。

胎泥由高岭和瓷石（不子）配合而成。从清代官窑到 20 世纪 60 年代，明砂高岭和祁门不子配成之胎泥皆是制造上等瓷器的原料。其配比与器物之大小、形状、厚薄、烧成条件等都有一定关系；波动范围是：30% 高岭和 70% 瓷石（不子），到 60% 高岭和 40% 瓷石（不子）。高岭配比增加，烧成温度提高，更宜于制作大型、薄壁器件。瓷石产地较宽，各地瓷石的成分和性质亦有差异，有时须多种瓷石混合使用[6]~[9]。外国瓷胎多用粘土、石英、长石三物配成，这与我国是不同的。

二、成型技术的发展

我国古代瓷器成型主要有拉坯法、模印法、手制法三种，它们可单独使用，也可混合使用。在清代，这些成型方式都发展到了顶峰。

《景德镇陶录》卷一"做坯"条曾提到了多种做坯工艺，其云："圆器之制，其方稜者则有镶、雕、印、削之作；而浑圆之器，必用轮车拉成。大者拉一尺以上，坯小者拉一尺以内。坯车如圆木盘，下设机局，旋转甚便。拉者坐于车上，以小竹竿拨车使疾转，双手按泥，随拉之千百不差毫黍。若琢器其浑圆者，亦如造圆器法，其方稜者则用布包泥，以平板拍练成片，裁方粘合，各有机巧"。

这里提到的清代景德镇瓷器做坯法有：

1. 拉坯法。浑圆之器纯用拉坯法，琢器亦有使用。

2. 琢器法。用于形状较为复杂，不能完全依靠陶车，而要兼用手工来帮助成型的器物；其中的方形、带棱角者，均须藉助于手工，以胎泥拍练成片，以刀裁切，以原泥调匀粘合。《陶冶图说》也曾说到过琢器，且说得更为详细："瓶、尊、罍、彝皆名琢器。其浑圆者亦如造圆器之法，用轮车拉坯。俟其晒干，仍就轮车刀旋。定样之后，以大羊毛笔蘸水洗磨……其镶方棱角之坯，则用布包泥，以平板拍练成片，裁成段，即用本泥调糊粘合"。从传统技术调查来看，琢器的拉坯操作与普通圆器基本相同，所相异者是：（1）其所用胎泥含水量稍低，故坯之强度稍高。（2）不做印坯加工，毛坯件内外表面皆用利坯法旋削。（3）毛坯远较成品为厚，须再用轮车进行旋削加工，毛坯要留有较大的加工余量[6]。故琢器法中有拉坯成型，也有手工成型。

3. 镶雕法。实际上皆用手工成型。文中只提到了它的名称，却未细谈。在传统技术中，方形、六角形等带有棱角的瓷器，以及壶把、壶嘴等配件，皆用镶雕法。镶，原指镶接；雕，原指雕镂。具体操作是：先将胎泥在麻布上拍练成片，之后依需切割，之后再用泥浆镶接，最后修整[6]。

4. 模印法。此引文中只提到了一个"印"字，未曾细说。《陶冶图说》"琢器做坯"条也曾提及，云："另有印坯一种，系从模中印出，制法亦如镶方"。其"图器修模"条还从烧成收缩的角度，谈到了修模的必要性和注意事项，云："圆器之造，每一式款，动经千百，不模范，式款断难画一。其模子必须与原样相似，但尺寸不难(能?)计算、放大，则成器必较原样收小。盖成坯泥松性浮，一经窑火，松者紧、浮者实，一尺之坯止得七八寸之器，其抽缩之理然也。欲求生坯之准，必先模子是修，故模匠不曰造，而曰修。凡一器之模，非修数次，其尺寸、款式烧出时定不能吻合。此行工匠务熟谙窑火、泥性，方能计其加减以成模范。景德一镇，群推名手，不过三两人"。从传统技术调查看，模印法还常用于批量生产的像生瓷（如佛像类），其模子为黄泥制成，分上下两片，胎泥压成片后分别在模内压制成型，之后再镶接成像，头、手部用另外的模子压成后镶上。瓷质佛像以德化窑最佳。但瓷像之极佳品都是名家巧手雕成[6]。

三、碱—石灰釉的发展和吹釉技术的发明

由大量科学分析资料看，由商、周到明、清，我国高温瓷釉中的 CaO 量经历了一个"高—低—高—低"的发展过程；良渚文化时期稍高，达 16.58%（1件，

宜兴出土)[10]，夏、商代较之稍低，平均8.88%（14件，上海马桥、山西垣曲、江西鹰潭角山、清江樊城、河北藁城、广东饶平、河南郑州出土)[11]；周代稍有升高，且直到唐代为止，一直保持在较高水平上。周代平均11.08%（18件，河南洛阳、浙江德清、江山、上虞、绍兴和江西吴城、山西侯马出土)[11]；东汉平均17.65%（3件，浙江上虞出土)。三国至南朝青釉的平均为17.85%（13件)，唐代青瓷釉的 CaO 量依然较高，浙江青釉平均达 17.21%（3件)，耀州窑青釉达16.51%（3件)。及宋，釉中 CaO 量才开始下降。北宋至南宋早期的黄绿色青釉(2件) 的 CaO 量为14.52%；南宋晚期不同形态的青釉(7件) 平均含量为 10.0%。元代龙泉青釉大体上亦处于这一水平。可见宋代以前的瓷釉，多数都属石灰釉，釉中主要熔剂是 CaO，它可能是由单一的石灰石原料，也可能还引入了其他富 CaO 原料制备的；宋代之后，釉中 K_2O、Na_2O 量明显增加，故部分德化白瓷，半数龙泉白胎青瓷釉都为石灰—碱釉；元代之后，以景德镇为代表的瓷釉技术不断提高，使碱—石灰釉在清代获得较大发展。此 CaO 量的下降与胎中 Al_2O_3 量的提高是相应的，对于提高釉层白度和光洁度都有较大帮助。

有学者分析过 13 件景德镇清代前期瓷釉化学成分，[2][3][5]分属康熙、雍正、乾隆三朝，有白釉、黑釉、红釉等；几种熔剂的平均成分为：CaO 7.17%、MgO 0.42%、K_2O 3.46%、Na_2O 1.96%（表9-3-1）。可见其 CaO 量较低，而 R_2O 量却较高(5.42%)。经计算，此 RO 的平均成分的釉式分子数为 0.669，属石灰—碱釉。值得注意的是，不同的瓷品，釉的种类是不同的。依同样的方法计算，康熙青花釉(C2)，其 RO 的釉式分子数为 0.545，康熙厚胎五彩花觚里釉（C11）的相应数为 0.388，雍正薄胎粉彩碟白釉(C15)的相应数为 0.47，雍正祭红釉的相应数为 0.78（表9-3-2）；依此，此 4 件釉片便有 2 件碱—石灰釉，1 件石灰—碱釉，1 件石灰釉。其他标本未再一一计算。从所含 CaO 量估计，此 13 件釉片当以石灰—碱釉为多，碱—石灰釉大约只有 2 件，石灰釉则有 2 件(含 CaO 量大于13%者)或 2 件以上。但总体上看，清代瓷釉 CaO 量是降低了的，碱—石灰釉的比例则有了一些增加，其措施当主要是釉灰(石灰 + 草木灰)配入量减少，釉石(瓷石)配入量增加，使釉中 K_2O、Na_2O 量提高。有关研究认为，五代至宋，景德镇釉灰用量约为 15% ~30%，釉石用量则为 70% ~85%；元、明时期，釉灰用量降至 20%以下，多在 4% ~13%之间，清代多在 2% ~10%之间。一般而言，用于配釉的瓷石风化较浅，其中含有较高的 K_2O 和 Na_2O，以此便可减少 CaO 量，这有助于提高釉的烧成温度和扩展烧成温度范围[5]。

表9-3-1　　　　　　　　　　景德镇清代瓷釉成分

样号	名称	成分(%)												文献
		SiO_2	Al_2O_3	Fe_2O_3	CaO	MgO	K_2O	Na_2O	CuO	PbO	MnO	TiO_2	P_2O_5	
C11	康熙厚胎五彩花觚里釉	77.82	11.81	0.80	2.17	0.47	4.07	2.25	0.21	0.016				[2]
C14	康熙中胎五彩盘白釉	70.79	14.94	0.97	5.47	0.75	3.16	2.63	0.06					[2]
C17	康熙中胎斗彩盘盘花釉	67.92	15.66	1.20	7.11	1.06	4.11	2.14	0.16	0.018				[2]
C1	康熙青花釉	70.22	14.25	0.79	9.12	0.22	3.03	2.28			0.12	0.11	0.10	[3]
C2	康熙青花釉	73.48	15.38	0.96	3.82	0.33	3.97	1.34			0.14	0.34	0.09	[3]

（续表）

样号	名　称	成　分（%）												文献
		SiO$_2$	Al$_2$O$_3$	Fe$_2$O$_3$	CaO	MgO	K$_2$O	Na$_2$O	CuO	PbO	MnO	TiO$_2$	P$_2$O$_5$	
C6	雍正青花瓷釉	70.54	14.43	0.74	8.90	0.21	2.98	1.36						[3]
C15	雍正薄胎粉彩碟白釉	72.09	14.71	1.39	3.54	0.45	4.61	2.25	0.24	0.08				[2]
	雍正祭红釉	62.54	15.45	1.09	13.85	0.29	2.35	3.01	0.58					[5]
	雍正仿哥窑青釉	69.51	16.36	1.34	6.08	0.32	3.96	1.96						[5]
	雍正粉青釉	63.94	15.58	1.71	13.23	0.34	2.83	1.30	0.15		0.21	0.18	0.09	[5]
	乾隆祭红釉	64.88	16.00	2.20	10.17	0.69	4.13	1.50	0.30					[5]
C7	乾隆青花瓷釉	70.09	17.63	0.83	7.20	0.22	3.13	0.90						[3]
C8	乾隆青花瓷釉	76.09	14.39	0.92	2.11	0.14	2.67	2.61			0.27	0.25	0.08	[3]
平　均　成　分（%）		70.46	15.12	1.15	7.17	0.42	3.46	1.96						

注：（1）原分析者说明：试样 C11 因釉层太薄，取样时可能已有部分瓷胎混入了釉样中。

（2）除表中所列，标本 C1 含 CoO＜0.11%、标本 C8 含 CoO 0.05%。

表 9－3－2　　　　　清代瓷釉碱土金属和碱金属氧化物的釉式分子数计算

样品名称或编号	分子数类别	氧化物及其分子量			
		CaO 56.08	MgO 40.32	K$_2$O 94.19	Na$_2$O 61.99
13 件清代景德镇瓷釉平均成分	重量百分比的分子数	7.17/56.08 = 0.12785	0.42/40.32 = 0.01042	3.46/94.19 = 0.03673	1.96/61.99 = 0.03162
	（RO＋R$_2$O）为 1 时釉式中的分子数	0.12785/0.20662 = 0.61878	0.01042/0.20662 = 0.05042	0.03673/0.20662 = 0.17778	0.03162/0.20662 = 0.15302
C15	重量百分比的分子数	3.54/56.08 = 0.06312	0.45/40.32 = 0.01116	4.61/94.19 = 0.04894	2.25/61.99 = 0.03630
	（RO＋R$_2$O）为 1 时釉式中的分子数	0.06312/0.15952 = 0.39570	0.01116/0.15952 = 0.06996	0.04894/0.15952 = 0.30680	0.03630/0.15952 = 0.22753
C2	重量百分比的分子数	3.82/56.08 = 0.06812	0.33/40.32 = 0.00818	3.97/94.19 = 0.04215	1.34/61.99 = 0.02162
	（RO＋R$_2$O）为 1 时釉式中的分子数	0.06812/0.14007 = 0.48632	0.00818/0.14007 = 0.05843	0.04215/0.14007 = 0.30092	0.02162/0.14007 = 0.15433
C11	重量百分比的分子数	2.17/56.08 = 0.03869	0.47/40.32 = 0.01166	4.07/94.19 = 0.04321	2.25/61.99 = 0.03630
	（RO＋R$_2$O）为 1 时釉式中的分子数	0.03869/0.12986 = 0.29798	0.01166/0.12986 = 0.08976	0.04321/0.12986 = 0.33275	0.03630/0.12986 = 0.27951
雍正祭红釉	重量百分比的分子数	13.85/56.08 = 0.24697	0.29/40.32 = 0.00719	2.35/94.19 = 0.02495	3.01/61.99 = 0.04856
	（RO＋R$_2$O）为 1 时釉式中的分子数	0.24697/0.32767 = 0.75372	0.00719/0.32767 = 0.02195	0.02495/0.32767 = 0.07614	0.04856/0.32767 = 0.14819

《陶冶图说》"炼灰配釉"条说："陶制各器，惟釉是需；而一切釉水，无灰不成其釉。灰出乐平县，在景德镇南百四十里。以青白石与凤尾草迭叠烧炼，用水淘洗即成釉灰。配以白不细泥，与釉灰调合成浆，稀稠相等；各按瓷之种类，以成方加减。盛之缸内，用曲木棍横贯铁锅之耳，以为舀注之具，其名曰盆。如泥十盆灰一盆，为上品瓷器之釉；泥七八而灰二三，为中品之釉；若泥灰平对、灰多于泥，则成粗釉。"此"凤尾草"即蕨蓝草，羊齿科，俗名狼鸡草。"白不细泥"，即经舂捣、淘洗过的极细瓷石粉。这里主要谈到了 4 个问题：即釉灰产地、釉灰制法、釉的配法和比例。类似的配釉法在我国一直保留到了 20 世纪。此上品釉，即 CaO 较低，K$_2$O 和 Na$_2$O 量较高者；下品釉，即 CaO 较高，K$_2$O 和 Na$_2$O 量较低者。

清代施釉技术取得了很大进步,在继续沿用蘸釉法、荡釉法的同时,还发明了吹釉法,有关记载在清代多种文献中都可看到。《陶冶图说·蘸釉吹釉》载:"圆琢名器,凡青花与观(官)、哥、汝等,均须上釉入窑。上釉之法:古制,将琢器之方长棱角者,用毛笔拓釉,弊每失于不匀。至大小圆器及浑圆之琢器,俱在缸内蘸釉,其弊又失于体重多破坏,全器倍为难得。今圆器之小者,仍于缸内蘸釉,其琢器与圆器大件俱用吹釉法。以径寸竹筒截长七寸,头蒙细纱蘸釉以吹;俱视坯之大小,与釉之等类,别其吹之遍数,有自三四遍至十七八遍者,此蘸釉所由分也。"此主要谈到了三个问题:(1)旧日施釉法主要是刷釉法和蘸釉法。其缺点,刷釉法是每失于不匀,蘸釉法则易于损坏。因器坯为泥质,且往往较重。(2)今制,即乾隆时,小圆器仍用蘸釉法,琢器与大圆器改用吹釉法。(3)吹釉法的基本操作是以小竹管蒙纱蘸釉以吹。由这段记载看,吹釉当系清代发明,这是清代制瓷技术上的一项重要成就,它较好地解决了大型复杂器物施釉不匀的问题。《景德镇陶录》卷一"图说·荡釉"条所云文字稍简,内容基本一致①。《陶说》卷一引《陶冶图说·蘸釉吹釉》,朱琰按:"旧器釉重,大抵蘸釉,不急能匀,重复蘸之,故莹厚者多也。""吹釉之法,补从前所未有,用之良便。"这也说到了蘸釉法的缺点,亦认为吹釉法是前所未有的。《景德镇陶录》卷三"陶务条目"说陶有窑,窑有户,户有工,并谈到了户的20多个工种,其中便有一个"上釉工",并说"有蘸上者,有吹上者"。同卷"仿古各釉色"条在谈到吹釉时,还有"吹红釉"和"吹青釉"之别。可见吹釉法在清代已较普遍,且分工较细,也说明其已发展到了较为完善的阶段。

四、彩瓷技术的进一步发展

彩瓷技术在明代已取代了单一色釉瓷的主导地位,清代又有了进一步提高,不管釉下彩还是釉上彩,都发展到了娴熟的阶段。

(一)釉下彩技术

1. 釉下青花

釉下青花在元、明两代都一直占据着彩瓷生产的主导地位,及清,它依然是景德镇瓷器的大宗产品。清代彩瓷的典型产品是康熙民窑青花,其主要特点是色泽鲜艳、层次分明、题材多样[12],系清代同类产品之最佳者。

表9-3-3　　　　　　　　景德镇清代(青花+釉)的化学成分

| 样号 | 名　称 | 成　分(%) | | | | | | | MnO/CoO | Fe₂O₃/CoO | 文献 |
		CaO	Fe₂O₃	MgO	MnO	CoO	K₂O	Na₂O			
C1	康熙青花瓷釉	7.23	0.96	0.03	2.29	0.32	3.11	2.13	7.16	3.00	[3]
C2	康熙青花瓷釉	2.31	0.91	0.24	2.11	0.32	4.16	1.19	6.60	2.84	[3]
C6	雍正青花瓷釉	8.35	0.93	0.20	2.34	0.36	2.99	1.39	6.50	2.58	[3]
C7	乾隆青花瓷釉	6.43	0.92	0.21	2.28	0.45	3.00	0.90	5.07	2.04	[3]
C8	乾隆青花瓷釉	1.64	1.10	0.14	4.11	0.70	2.54	2.36	5.87	1.57	[3]

注:除表中所列,标本C8尚含有CuO<0.01%、NiO<0.05%。

---

① 《景德镇陶录》卷一"图说·荡泑":"凡青花与观(官)、汝等器均须上泑。旧法:长方棱角者,用毛笔搨泑,弊每失于不匀。浑圆之琢器俱在缸内蘸泑,弊又失于体重多破,故全器难得。今圆器之小者,仍于缸内蘸泑,其圆琢大件,俱用吹釉法。以筒竹蒙细纱吹之;俱视器之大小,与泑之等厚薄,别其吹之遍数,有三四遍至十七八遍者。"泑,釉的假借字。此"泑"、"釉"混用(中国书店,1991年出版)。

从实物分析和文献记载看，有清一代，青花着色钴料都是国产钴土矿炼制的，它是二氧化锰、氧化钴、氧化铁等组成的复合矿，云南、江西、浙江、福建等省都有蕴藏，其含钴量常在2%以下，极少数可达9%。有学者分析过5件清代瓷器（青花＋釉）的成分（表9-3-3）[3]，其 MnO/CoO 比的平均值为6.24，Fe_2O_3/CoO 的平均值为2.41。唐英《陶冶图说》"采取青料"条载："瓷器无分圆琢，其青花者，有宣、成、嘉、万之别。悉借青料为绘画之需，而霁青大釉亦赖青料配合。料出浙江绍兴、金华两郡所属诸山。采者赴山挖取，于溪流洗去浮土，其色黑黄，大而圆者为顶选，名为顶圆子，俱以产地分别名目。贩者携至烧瓷之所，埋入窑地锻炼三日，取出淘洗，始售卖备用。其江西、广东诸山间有产者，色泽淡薄不耐锻炼，止可画染市卖粗器。"这里谈到了青料的产地和采取方法。接着，该书"拣选青料"条还谈到了依颜色和光泽，将青料区别为三个等级的方法："料之黑绿润泽，光色俱全者乃为上，选于仿古、霁青、青花，细釉用之。色虽黑绿，而鲜润泽者，为市卖粗瓷之用；至光色全无者，性薄，炼枯悉应选弃"。康熙青花呈色较好，与人们对钴土矿进行了较好的采取、选拣、加工、烧炼是密切相关的。在传统技术中，钴土矿的选拣方法是：先在水中充分淘洗，后装钵煅烧，再精选出色泽莹润、比重较大、拨动时发出金属之声的上等料，最后研至极细[13]。经这样处理后，MnO/CoO 比会下降40%～50%，Fe_2O_3/CoO 比则可下降60%～90%，从而使 CoO 得到富集，以改善青花料的呈色效果[14]。

青花料在釉下着蓝色，主要是高温熔融后氧化钴进入了釉中，形成了含钴玻璃相之故。一般认为，钴在玻璃相中以离子状态存在，大多数硅酸盐玻璃中，Co^{2+} 为四配位，呈蓝色；少数为六配位，使玻璃质呈粉红色[15]。

康熙青花之层次分明，甚至一笔青料也能区分出浓淡不同的韵味，从而获得了"青花五彩"的美誉。这种层次分明的效果至少与两方面因素有关：（1）绘画技巧。清代瓷器绘画分工较细，《景德镇陶录》卷三说到的"彩之工"包括"乳颜料工、画样工、绘事工、配色工、填彩工、烧炉"。《陶冶图说》"圆器青花"条说："青花绘于圆器，一号动累百千，若非画款相同，必致参差互异。故画者止学画而不学染，染者只学染而不学画，所以一其手而不分其心。画者、染者各分类聚处一室，以成其画一之工。"（2）青料成分。如 Al_2O_3，据分析明代中期及清代，青花料中的氧化铝含量一般都大于18%，高温烧成时，便可产生层次分明的效果。元代及明宣德，青花多用低锰、低铝的青料着色，清代之后基本上都采用高锰、高铝青料着色，其中云南"珠明"青料的氧化铝量最高达36.37%，这与明砂高岭较为接近。使用高锰、高铝的钴土矿着色时，不但色泽鲜艳，纹路清晰，而且烧成工艺易于掌握，这是明代中后期和清代青花工艺的一大进步和重要创造[15]。

2. 釉里红

明正德时期，景德镇釉里红技术已享有一定声誉，明代中后期曾一度衰落，清康熙间又才复兴。

康熙釉里红的主要成就是呈色比较稳定，其色淡红、幽雅，说明清代已基本上掌握了铜红釉的呈色技术。清雍正时期，釉里红技术又有了发展，出现了鲜红色，而且成品率很高，说明此技术已经相当成熟。

3. 青花釉里红和釉下三彩

操作要点是以铜红料和钴蓝料在釉下着色，之后在还原焰下一次烧成。此技术始创于元[15]，明时无大发展，只是演变出了釉下青花和釉上红彩相结合的新品种；清康熙时，随着釉里红的复兴，此技术亦复盛起来。今日所见康熙釉里红器装饰有钴蓝龙纹与铜红龙纹相结合的双龙图案，以及钴蓝与红铜相结合的花卉图案等。"釉下三彩"是在青花釉里红的基础上发展起来的，工艺要点是：钴蓝、铜红、豆青三者相结合，它的出现，把釉下三彩更向前推进了一步。为发挥釉里红的艺术效果，康熙时还发明了釉上绿彩与釉下红彩相结合的工艺，用以绘制红花绿叶图案，显得格外娇艳。

（二）丰富多彩的釉上彩工艺[9][16]~[20]

釉上彩是在传统低温色釉基础上发展起来的，始见于唐，明代已较发达，清代又有了进一步提高。明、清时期，人们对着色元素铁、铜、钴、锰在铅釉中的着色作用和呈色规律都有了进一步认识，这些低温色釉的配制技术亦不断改进，并创造了许多新的釉上彩品种。康熙时期的主要成就是釉上蓝彩和黑彩的发明和金彩的应用，这些都扩充了釉上彩的色谱，康熙末年又创造了粉彩。清代釉上彩品种主要有：

1. 康熙五彩

常用色料有红、黄、绿、蓝、紫、黑，以及它们的调合色等，名为五彩，实际上是多彩的。古以红、黄、黑、白、青为正色，谓之五色；此"五彩"即由此演变而来。康熙五彩的主要成就是发明了蓝彩和黑彩，其蓝色之浓艳胜过青花，其黑色是黝黑而有光泽。实际上，若烘烤温度、气氛控制较好，其余诸种色彩同样是鲜艳明净的，故康熙五彩更较明代五彩明媚娇艳。

红彩。包括矾红和金红两种。

矾红又称铁红，以氧化铁着色。此技术始见于宋[19]，后世一直沿用，是我国古代的传统红彩，明宣德青花五彩、成化斗彩、清康熙五彩等中的红彩，皆属矾红。矾红是以青矾，即 $FeSO_4 \cdot 7H_2O$ 为原料，经煅烧、漂洗而制成的，这种红矾不但活性较大，而且极易研成细粉。这种 Fe_2O_3 细粉便是所谓的红矾料，再配入适量的铅粉、牛胶便可用于彩绘。矾红的色调与彩料的细度、绘制后的烘烤温度和时间等都有一定关系。通常是粉料越细，色调越鲜艳；但若烘烤温度过高、时间过长，部分 Fe_2O_3 便会熔入底釉而使红彩色调闪黄。

金红系康熙二十年（1681年）由西洋传入景德镇的，故又谓之洋红；因其色调与胭脂相近，故又谓之胭脂红。其着色机理与铜红同样，也是依靠金属悬浮体、胶着体着色的。但其外观与铜红、铁红不同。有学者分析过 19 世纪中叶的胭脂红生料和胭脂红细料各 1 件，后者成分为：SiO_2 38.8%、PbO 47.37%、Fe_2O_3 0.3%、CuO 0.4%、Au 0.25%、（$K_2O + Na_2O$）7.54%、烧损 3.6%[20]。

黑彩。主要着色元素是铁、锰、钴、铜。它可能是以钴土矿和铜花（铜炼渣）配制成的。其化学成分的基本特点是：（1）K_2O 和 Na_2O 含量极低，说明此色料中不曾加硝；除矾红外，我国其他釉上彩都是要加硝（KNO_3）的。（2）烧损量高达 14%~26%，显然是加入了某种有机质，如作粘结剂用的牛胶等之故。有人分析过一件 19 世纪中叶的釉上黑彩，其 K_2O 和 Na_2O 总量为零，烧损高达 14.2%[20]。

蓝彩。我国传统的釉上蓝彩是从钴蓝铅釉发展起来的，此釉在唐三彩上已经使用。清代蓝釉和蓝彩皆系天然钴土矿着色，主要着色元素除钴外还有铁、锰等。但值得注意的是，为了调整蓝彩的色调，有时还加入少量绿彩，故蓝彩有时也含铜。

绿彩。由铜绿铅釉发展而来，此釉始见于汉。绿彩和绿釉都以 Cu^{2+} 着色。有学者分析过 5 件釉上绿彩，CuO 量介于 0.51% ~ 5.05% 间，平均 2.87%。法国传教士昂特雷科莱（汉名殷弘绪）在他给教会的第二封信中说，清代铜绿料的制法是这样的："往一两铅粉中添加三钱三分卵石粉和大约八分至一钱铜花片。铜花片不外乎是熔矿时获得的铜矿渣而已……以铜花片作绿料时必须将其洗净，仔细分离出铜花片上的碎粒。如果混有杂质，就呈现不出纯绿色"。昂特雷科莱曾在景德镇居住过多年。

黄彩。有铁黄彩和锑黄彩两种。前者是从铁黄铅釉发展来的，铁黄铅釉始见于汉。康熙以前，我国瓷器上的黄彩只有铁黄一种，以三价铁离子 Fe^{3+} 着色，据昂特雷科莱在给教会的第二封信所云，清代景德镇铁黄釉的制法是："往一两铅料中调入三钱三分卵石粉和一分八厘不含铅粉的纯质红料……如果调入两分半纯质红料，便会获得更美丽的黄料"。此"红料"即矾红料。

锑黄彩始见于清康熙时期[19]。康熙珐琅中的黄彩是进口料，国产锑黄在雍正粉彩上才较多地看到。有人分析过清代在 19 世纪中叶使用的锑黄，成分为 SiO_2 40.47%、PbO 51.53%、K_2O 3.39%、Na_2O 0.71%，Al_2O_3 和 Fe_2O_3 皆为痕量，Sb_2O_3 3.66%（锑酸）、CuO 0.35%、CaO 0.17%[20]。其工艺操作有待进一步研究。

这是康熙五彩中，诸彩的着色机理及其制作工艺。

2. 金彩

我国古代用金来装饰陶瓷的工艺是较早的，唐、宋、明代都可看到。最初是用金箔，以漆粘结；清代改用了金粉。金粉绘饰的基本操作是：先用笔将金粉绘于瓷器表面，然后在 700℃ ~ 850℃ 下烘烤，金粉便附于釉面，再用玛瑙棒等研光[19]。此法又谓之描金。昂特雷科莱给教会的第一封信中云，金粉的做法是：先"将金子磨碎，倒入瓷钵内，使之与水混合，直到水底出现一层金为止。平时将其保持干燥，使用时取其一部分，溶于适量的橡胶水里，然后掺入铅粉。金子与铅粉的配比为 30 比 3"[21]。此橡胶水疑是牛胶或其他动植物胶之误。

3. 珐琅彩

以瓷为胎的珐琅工艺约始见于清康熙时期，它显然是从明代铜胎珐琅工艺中演变过来的，其在康熙、雍正、乾隆三朝都是十分名贵的宫廷用品。康熙珐琅彩常在素烧过的瓷胎（内壁有釉，外壁无釉）上，以黄、蓝、红、豆绿、绛紫彩色为地，再用珐琅彩绘图；也有部分珐琅彩瓷系宜兴紫砂胎质的。雍正之后则多在精致的白瓷器上精心彩绘。珐琅彩最初是进口的，至迟雍正六年，清宫造办处即开始自己炼制。从科学分析可知，珐琅彩与我国传统釉上彩的差别主要是：（1）其中含硼，它的基质是铅硼玻璃；传统釉上彩是不含硼的，其基质是含有少量 K_2O

的铅玻璃。（2）其含砷。除康熙以后的粉彩外，我国传统釉上彩和釉下彩都是不含砷的。（3）其黄彩为锑黄，粉彩中的黄彩也是锑黄。康熙以前，不论五彩中的黄彩还是低温色釉中的黄彩，都是铁黄。（4）其胭脂红为金黄色粉着色，但金黄色在康熙以前是不曾见过的。这些情况说明，此珐琅彩工艺是从国外引入的[18]。

4. 粉彩

这是在康熙五彩基础上，受了珐琅彩工艺的影响而发明出来的，约始创于康熙时期，雍正年之后便达到了相当成熟的阶段。粉彩的技术关键是在白色彩料（玻璃白）中引入了砷作为乳浊元素。玻璃白的主要成分是 PbO、SiO_2、As_2O_3，前者是熔剂，次者是形成玻璃的主要成分，后者可起到乳浊作用。粉彩的一般操作步骤是：先在高温烧成的白瓷上勾画出图案轮廓来，后在其内填上一层玻璃白，再把彩料施于玻璃白上，并用毛笔依深浅浓淡的不同要求，将彩料洗开，使花瓣和人物的衣服皆有阴阳、浓淡的立体感。粉彩中有的色料是用油料绘彩的，不像五彩那样用胶水绘画，故色料厚薄的本身就造成了一种立体感，这种效果是五彩的单线平涂法无法获得的。前述 11 件清代前期瓷器中，有 2 件雍正薄胎彩瓷，其 Al_2O_3 量分别为 26.25% 和 27.42%；Fe_2O_3 量分别为 0.84% 和 0.77%，胎厚却只有 1.5～2.0 毫米。这种粉彩瓷不但画面立体感较强，艺术性较高，胎质洁白且较薄，甚至达到了"只恐风吹去，还愁日炙销"的地步。

5. 斗彩

是釉下青花和釉上彩色相结合的工艺，约始创于明成化时期，并很快就发展到了较高水平，清雍正时又发展到了更高的阶段。雍正斗彩的主要成就是：（1）成功地仿制了成化斗彩。（2）把昔日釉下青花与釉上五彩相结合的工艺改成了釉下青花与釉上粉彩的结合，使图案显得更加艳丽、清逸。（3）在色彩上常以金红代替铁红，使斗彩更为娇艳。

6. 素三彩

是不用红彩，而以黄、绿、紫等为主色的釉上彩工艺，约始见于明，正德时已相当精致，清康熙时又有了进一步发展。此时的主要技术措施是：（1）在基本色调中增加了当时特有的蓝彩。（2）加彩方法较为多样，有时在素烧的白瓷胎上直接加彩，之后罩白，并低温烧成；有时在白釉瓷器上先涂色地，之后再绘素彩。色地中有一种墨地，构成墨地素三彩，甚为罕见。

我国明、清时期的釉上彩多是在古代低温色釉基础上发展、演变过来的。它们的主要区别是：低温色釉属 $PbO-SiO_2$ 二元系，釉上彩中除少数品种外，多数是属于 $PbO-SiO_2-K_2O$ 三元系的。当然，着色机理并无本质区别，绿釉和绿彩都主要是 Cu^{2+} 着色，黄釉和黄彩都主要是 Fe^{3+} 着色，蓝釉和蓝彩都主要是 Co^{2+} 着色。

釉上彩之烘烤常在专门的炉子中进行，《景德镇陶录》卷四"陶务方略"载："镇有彩器，昔不大尚。自乾隆初，官民竞市，由是日渐著盛……皆不用古法明暗炉之制，但以砖就地围砌，如井样高三尺余，径围三两尺，下留穴中，中置彩器，上封火而已，谓之烧炉，亦有期候"。可见彩器烧烤炉是围砌如井状的简单设备。

五、色釉技术的发展

从烧成温度看，我国古代色釉包括高温和低温两种类型。前者至迟发明于夏末商初，所见实例如马桥原始瓷罐黑釉等；高温釉主要以 CaO、MgO、K_2O、Na_2O 作助熔剂，在 1200℃ 以上的高温下烧成，是我国古代瓷釉的基本类型；后者约发明于汉，利用 PbO 作助熔剂，在 700℃~900℃ 下烧成。清代前期，它们都在明代基础上有了进一步发展，有的还有创新。传统青釉在雍正时趋于稳定①，铜红釉在清代前期达到历史上最高水平，仿汝、仿官、仿钧釉，以及茶叶末、蟹壳青、铁锈花等含铁结晶釉都获得了很高成就，这些工艺中，前几种是利用釉面开片和釉色变化，后几种则是利用了铁的结晶来装饰的。明代已有多种色釉，如蓝、黄、绿、紫、酱色釉等，清代都有一定发展。此外，还新创了胭脂水、乌金釉、珊瑚红釉等。这些单色釉技术的进步都主要反映在景德镇官窑器上。如前所云，依着色元素来分，我国传统瓷釉主要包括三大体系，即铁系、铜系、钴系，前者沿用时间最长、品种最为多样、产量最大、使用范围最广。除了三大体系外，还有一个锰系，但它只在某些紫色低温釉和釉上彩中与钴一起着色，应用范围较窄[10]。

（一）青釉技术的发展[9][10]

青釉属铁系高温釉，以 CaO 为主要助熔剂，是铁系高温釉中沿用时间最长的品种。商、周原始瓷，汉代越窑青瓷，及至宋代的龙泉、官、哥、汝等窑器，皆属青釉范围。青釉在南宋龙泉窑曾达到了历史上的一个高峰，因元代盛行青花、釉里红，明代推崇彩瓷；青瓷在明代初年虽有一定发展，但到明代后期时，有的青釉竟成了油灰色，使青瓷一度衰退；清康熙时期，青瓷又才复起，并烧出了苹果青等成功之作。清代青瓷技术的主要成就是：雍正时成功地烧出了"东青（豆青）"釉，据《景德镇陶录》云，当时的官窑、民窑都烧过东青釉。因东青釉的出现，就把青釉技术提高到了一个更为成熟的阶段。

与南宋龙泉青釉相比较，清雍正时景德镇东青釉的突出成就是：（1）成色稳定、均匀，说明其在成分选择和烧成技术上都达到了更为成熟的阶段。东青釉的制法，《景德镇陶录》卷三"配合釉料"条说是"用紫金釉微掺青料合成"。而作为南宋上乘之品的梅之青、粉青釉，都常见有青中带黄，或完全呈黄色的现象。（2）成品率较高，且制作了一些大型器物，这显然与瓷胎含铝量增加和烧成技术提高是密切相关的。

（二）铜红釉技术的发展

铜红釉虽在元、明时有了一定提高，但终因气氛控制难度大，明代中期之后几乎一度失传，清康熙之后又才复兴起来，并创造了一些新的品种，其中较为重要的有：

郎窑红。这是清康熙时期仿明宣德宝石红的成功之作，是郎廷极任"督窑"时制作出来的。其色深艳，犹如初凝的牛血一般，故又谓之牛血红，亦叫宝石红。釉面透光垂流，器物里外开片，底足内呈透明米黄色或苹果绿。杨文宪分析过 7 件郎红釉，平均成分为：SiO_2 64.72%、Al_2O_3 10.87%、Fe_2O_3 0.78%、MgO 0.98%、CaO 12.28%、BaO

---

① 青釉是否属于色釉，学术界是有不同意见的，有学者认为纯色釉主要包括红、黄、蓝、黑、绿等种色釉，而不包括青釉；多数人都将青釉归于色釉之中，本书亦持此说。其实，青釉器的色态也是较为鲜明的，尤其是部分清代的青釉器。

残痕、PbO 2.71%、MnO$_2$ 0.26%、CoO 残痕、CuO 0.35%、TiO$_2$ 0.05%、SnO$_2$ 0.04%、P$_2$O$_5$ 0.17%、B$_2$O$_3$ 0.14%、K$_2$O 2.82%、Na$_2$O 5.1%。CuO 含量波动于 0.34% ~ 0.67%间[21]。

豇红釉。其酷似豇豆之红色，俗又谓美人醉、桃花片等。相传始于明代中叶，盛于清康熙、雍正时期。郎红者，宝光四溢，鲜艳夺目；豇豆红者，则是浓淡相间，幽雅清淡、柔和悦目，颇似桃花和海棠之色，给人以意境深远之感。其釉面习见有绿色苔点，原是烧成过程中的一种缺陷，但在浑然一体的淡红釉中点缀出少许绿斑，却是相映成趣。

霁红。是一种失透深沉的红釉，其呈色均匀、釉如橘皮，既不同于郎红釉之浓艳透亮，又有别于豇豆红之淡雅柔润。其始见于明永乐、宣德时，因王室常用之作为祭器，故后人又谓之祭红。它在康熙、雍正、乾隆三朝都可看到，之后即衰。

如上三个品种都是以铜着色的，在1300℃左右的还原性气氛中烧成，它们之成功烧制，说明从原料选择和制备，到烧成温度和气氛的控制都已形成了一套比较成熟的工艺。清代铜红釉还有一些，不再一一介绍，其时它已发展到了相当高的水平。

（三）仿宋诸色釉技术之发展

清代前期，尤其是雍正之后，仿制汝、官、哥、钧釉技术都达到了较高水平。官窑、民窑都曾投入到了这一仿制行列，官窑的成就尤为出色。

清代仿汝釉系天蓝色，其中显现有鱼子纹的小开片。其质色之佳，比宋汝釉有过之而无不及。两者的主要区别是：（1）宋汝器的釉面是失透的，显得厚润而沉稳；仿汝釉则釉面透亮，清澈而晶莹，色泽淡雅柔和。（2）宋汝器多为小件，仿汝器则有瓶、洗等大件。

雍正时期的仿钧器，实际上是"仿钧不似钧"的新品种，它主要是仿制宋钧的窑变花釉。它的基本操作是将多种不同的色釉施于一器，令其在高温下自然流淌，相互交融，而呈现一种犹如火焰的图案。具体操作约有两种：（1）在同一部位施以两种不同的色釉，通常是先涂含铜的底釉，再涂滴含铁的面釉。（2）在不同部位施以不同成分的釉料，如先在胎上施一层含铁的底釉，后在器物下部洒滴含钴的面釉，再在器物上部涂一层含铜的釉料，之后高温烧成。此第二法虽无千变万化的多色交融，但却别有一番情趣[22]。

（四）其他色釉的发展

清代前期的色釉，不但名目繁多，而且品种多样，其中有沿袭前代的，也有创新的。前者如蓝釉、黄釉、绿釉、紫釉、酱色釉、茶叶末釉等，后者如乌金釉、天蓝釉、珊瑚红等，而在每一品种下又可细分出多个小的品种来。大家较为熟悉的如：

珊瑚红，这是一种低温铁红釉，始于康熙朝，盛于雍正、乾隆时期。雍、乾两代的一种做法是：以珊瑚红作地色，后再分别绘以五彩或粉彩。

乌金釉，这是一种乌黑如漆的黑色亮釉。昂特雷科莱给教会的两封信中说，它是由浓度较高的优质青料和紫金釉混合而成的。紫金釉即是酱色釉，是以铁为着色剂的高温釉，宋代便已出现；乌金釉的着色元素除铁外还有钴和锰，其始创于康熙时期，并盛于康熙时期。我国原始瓷黑釉约始于夏末商初，瓷之黑釉约始于东汉，江浙一带的六朝墓葬曾常有出土；迄唐，北方不少窑口都已烧造；宋时，南北各地约有 1/3 的窑口烧造过黑釉器。黑釉瓷是一种铁系高温釉，胎中、釉中的含铁量都较高。但值得注意的是：这种黑釉并非纯黑，而是稍带棕色的，唯康熙乌金釉才是纯黑的。[10][22]只可惜乌金釉甚为鲜见。

茶叶末和蟹壳青，它们都是含铁结晶釉。原是釉中所含溶液处于过饱和态，在缓慢冷却中发生了析晶之故，釉色多为失透的黄绿色。它起源于黑釉，清康熙时已出现过蛇皮绿、鳝鱼黄等品种。《景德镇陶录》卷五"景德镇历代窑考·国朝"载："康熙藏窑，厂器也，为督理官臧应选所造……有蛇皮绿、鳝鱼黄、吉翠、黄斑点四种为佳。其浇黄、浇紫、浇绿、吹红、吹青者亦美。"雍正时期，其釉色亦多偏黄，俗谓鳝鱼皮、鳝鱼黄；乾隆时期的釉色多稍偏绿，俗谓之茶叶末、蟹壳青。[10][22]

六、筑窑技术的进步和烧造技术的提高

（一）筑窑技术之进步

明景德镇使用的窑炉主要是葫芦窑和阶级龙窑，宋应星《天工开物》皆曾谈及。入清，葫芦窑仍在沿用；大约清代初期，又演变出了蛋形窑。不管葫芦窑还是蛋形窑，都兼具了半倒焰窑和龙窑的一些特点。

关于清代葫芦窑的形制，清雍正年间的《南窑笔记·窑》曾有明确记载："窑形似卧地葫芦，前大后小，如育婴儿鼎器也。其制：用砖周围结砌，转蓬如桥洞。其顶有火门、火窗、库口、对口、引火处、牛角抄、平风起、末墙火眼、过桥处、鹰嘴、余堂、靠背以至烟囱。深一丈五尺，腹阔一丈五尺。架屋以蔽风雨。烟囱居屋之外，以腾火焰。凡坯入窑，俱盛以匣，上下四围俱满粗瓷卫火。中央十路位次俱满细瓷。火用文武，经一昼夜，瓷将熟时，凡有火眼处，极力益柴，助火之猛烈十余刻，名曰上烼。用铁锹从火眼出坯片，验其生熟，然后歇火，缓去门砖，俟冷透开之，便无风裂破之患矣"。这里简要地谈到了葫芦窑的结构、装烧方法和出窑注意事项。

蛋形窑显然是从葫芦窑演变过来的，它兼具了龙窑和馒头窑的特点，比阶级窑又进了一步。《景德镇陶录》卷一"图说·满窑"条载："窑制：长圆形如覆瓮，高宽皆丈余，深长倍之，上罩窑棚，其烟突围圆，高二丈余，在窑棚之外。瓷坯既成，装匣入窑，分行排列，中间疏散，以通火路。其窑火有前中后之分，安放坯匣，皆量泑之软硬，以定窑位。发火时随将窑门砖封，留一方孔，入柴片刻不停。有试照者，熟则止火，窨一昼夜始开。幅中满烧备具。"显然，此"长圆形如覆瓮"之窑即是蛋形窑，这里谈到了它的结构和装烧工艺。此"窨一昼夜"，目的当是令其缓慢冷却。虽《陶冶图说》未提到此种窑制，但将其发明期推到清初还是可以的。

从传统技术调查来看，蛋形窑的纵剖面如半个蛋壳，窑身的前段宽而高，后段窄而低，投柴口、进出门、火床，均设在前段；烟囱紧接着窑身的后段，高度相当于窑长。此与《景德镇陶录》所述有一定区别。窑底前低后高，构成 3 度倾斜。窑身全长 15～20 米，容积 150～200 米^3，全窑最高处达 5.0 米左右。窑门封闭后留一投柴口，靠近窑门的窑底上设有炉条，窑的最高处与窑门的水平距离约

3～4米。它与葫芦窑的主要区别是：蛋形窑取消了葫芦窑中的第二个小室。其在结构和操作上的主要特点是：（1）窑墙和窑顶之壁皆可分为三层：内层为窑壁，甚薄，厚度大约只有0.2～0.25米；第二层为隔热层，厚约0.2～0.3米，内填砂土。它既可隔热，减少热损失，也可缓冲窑壁、窑顶因急冷急热而引起的开裂。最外为护墙。（2）烟囱较为高大，故抽力较大。图9-3-1所示为两种窑形的火焰流向示意图。（3）窑中不同部位装烧不同制品。一般情况下，全窑水平方向放置匣钵40排，每5排一个"配方"（配置方阵），从窑顶到窑底，竖直方向为3个配方，全窑24个配方。如钧红、青花、祭红和色釉等放在第12、13排以前的上部，铜红釉器须在15排前后的中部，不同的制品在同一窑内也能获得良好的烧造效果。蛋形窑对西欧的筑窑技术曾产生过较大的影响，18世纪英国的纽卡斯特尔窑（Newcastle kiln）、德国的卡塞勒窑（Kasseler ofen）皆系仿景德镇窑而筑成。[21][23]

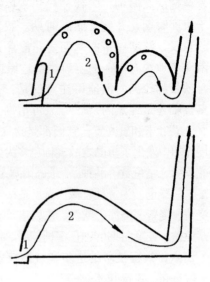

图9-3-1 葫芦窑和蛋形窑火焰流向示意图

上．葫芦窑　下．蛋形窑

1．火膛　2．窑室

采自文献［23］

（二）匣钵成型技术的记载

匣钵约发明于东晋，宋后普及开来。但关于匣钵制作技术的详细记载却是到了清代才看到的。唐英《陶冶图说》"制造匣钵"条载："瓷坯入窑最宜洁净，一沾泥渣便成斑驳；因窑风火气冲，易于伤坏，此坯胎之所必用匣钵套装也。匣钵之泥土，产于景德镇之东北里淳村，有黑、红、白三色之异。名（朱琰《陶说》引作'又'）有宝石山出黑黄沙一种，配合成泥，取其入火禁（《陶说》引作'烧'）炼。造法用轮车，与拉坯之车相似。泥不用过细，俟匣钵微干，略旋；入窑空烧一次，方堪应用，名曰镀匣。"这里谈到了两个问题：（1）匣钵的作用，是为防沾污和高温火焰流的伤害。（2）匣钵的制造工艺。《陶说》卷一"制造匣钵"条朱琰"按"，曾对匣钵的重要性作了进一步的说明："旧制窑有六，匣窑居一；作有二十三，匣作居一。火烈土柔，匣所以护坯者，故必专事而后可应用"。可见历代对匣钵都是较为重视的。

（三）烧成技术的提高

在瓷器胎釉选择技术、配制和加工技术，以及成型技术、筑窑技术提高的同时，清代前期的烧造技术也有了较大进步。宋代以前，景德镇瓷器烧成温度常低于1200℃，元、明时期常达1200℃上下，清代达1300℃左右，显然，这与胎釉成分的变化是相一致的。提高窑温的重要措施之一是改进窑的结构，所以蛋形窑的发明对清代瓷业的发展是作出了重要贡献的。清代前期的青花瓷，胎质洁白致密，白度高达72.1%，吸水率大都降到了0.1%左右[3]。康熙青花等胎中残留石英、长石、云母诸相的颗粒极细，大小均匀，说明其胎料是经过了较好的淘洗和精细加工的。其胎中莫来石发展得较为充分，相互交叉成席状，这种致密的结构在明代以前是很少看到的。莫来石的增加有利于提高瓷胎强度。所以清代高级白瓷无论在外观上，还是物理机械性能上，都达到了历史最高水平。

第四节　机械技术的发展

清代早、中期的机械技术，总体上是沿袭了前世的业绩，但不同技术门类间也存在一些差别。井盐开采机械便获得过一些令人瞩目的成就；广东高炉的机械车装料，对社会生产也产生过积极的影响；纺织机械也有一定发展，并出现了一些专业生产场所；这些情况在有关章节都会谈到。此期的农业机械并无太多建树，其中较值得注意的是风力排灌机械。风力排灌机械虽始见于宋，但有关其具体构造、传动机构的记载，却是到了清代才看到的。本节主要介绍一下风力排灌机械和风力推车的部分情况。

由清代以及保留到 20 世纪的传统技术来看，我国排灌风车都是齿轮传动，计有立轴式和卧轴式两种。

曾廷枚《音义辨同》卷七载："有若水车桔槔，置之近水旁，用篾篷如风帆者五六，相为牵绊，使乘风引水也。"此只谈到了"风帆者五六"，也十分简单。

1656 年，一位名叫 Jan Nieuhoff 的荷兰人在江苏一带绘制了一幅风车图，立轴式，齿轮传动（图版拾肆，1），使我们对清代早期风帆水车基本形态有了一些了解；李约瑟博士将之收入了《中国科学技术史》一书中[1]。这是今日所见我国最早的风帆水车图像。

周庆云《盐法通志》卷三六"盐具二·风车"条也记载了一种风车："风车者，借风力回转以为用也。车凡高二丈余，直径二丈六尺许。上安布帆八叶，以受八风。中贯木轴，附设平行齿轮。帆动轴转，激动平齿轮，与水车之竖轮相抟，则水车腹页周旋，引水而上。此制始于安凤官滩，用之以起水也（原注：《东三省志》）。长芦所用风车，以坚木为干，干之端平插轮木者八，如车轮形，下亦如之。四周挂布帆八扇，下轮距地尺余，轮下密排小齿。再横设一轴，轴之两端亦排密齿与轮齿相错合，如犬牙形。其一端接于水桶，水桶亦以木制，形式方长二三丈不等，宽一尺余，下入于水，上接于轮。桶内密排逼水板，合乎桶之宽狭，使无余隙，逼水上流入池。有风即转，昼夜不息。不假人工，不资火力。"[2]此记述较详，显然也是一种齿轮传动的立轴式风车，车高 2 丈余，风轮直径 2 丈 6 尺多，计安 8 张风帆。属清代中期。同卷"水车"条还谈到了一种风力推动的龙骨车，说："一风车能使动两水车。譬如风车平齿轮居中，驭驶两水车竖齿往来相承，一车吸引外沟水，一车吸引由汪子流于各沟内未成卤之水"。原文说，此"水车"即龙骨车。

直至 20 世纪中后期，这种立轴式风车在我国还大量地保存着。据陈立调查，1951 年时，仅渤海之滨的汉沽塞上区和塘大区便有立轴式风车约 600 部之饶[3]。又据易颖琦等调查，1982 年时，江苏阜宁县沟墩地区盐场尚有立轴式风车存留，车高达 2 丈 4 尺，宽 4 丈余。据同济大学机械史课题组调查，1985 年，沟墩风车已经拆除；老木匠回忆说，风车最长约 14 米、宽 11.2 米、高 10.6 米；风帆尺寸规格均为 4.2 米 ×2.8 米，大小齿轮的齿数分别为 88 齿、18 齿，直径分别为 3.5 米、0.7 米。车帆构造与船帆基本一致，每张帆以藤圈套在桅杆上，上端系游绳（升帆索）吊挂在辐杆的滑车上。风帆靠近立轴一边用缆绳拉系在临近的桅杆上。通过收放游绳便可调节帆的高低及其受风面积。风压与帆的面积、升挂高度、安装角度都有一定关系。风力大时，一个平齿轮可驱动 2～3 台龙骨车。立轴式风车的优点是：风帆的方向可自动调节。当风帆转到顺风一边时，它就自动地趋于与风向垂直，使所受风力达最大值；当风帆转至逆风处时，便自动地转至与风向平行，使所受阻力达最小值。故立轴式风车不受风向变化的影响。风轮转速常为每分钟 8 转左右[4]。

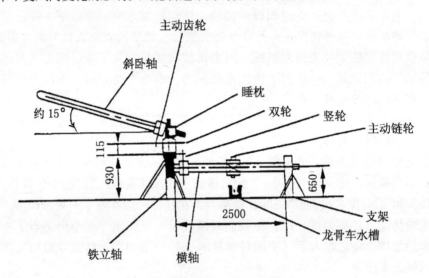

图 9 - 4 - 1　20 世纪赣榆卧轴式风车传动机构示意图
采自文献[5]

　　除立轴式外，在传统技术中还有一种卧轴式风车。1993 年，冯立升等在江苏连云港市赣榆县盐场(柘汪乡西林子村)调查时看到一种轮轴为斜卧式的大风轮，以驱动龙骨车提取盐水。其风轮可挂 3～6 幅风帆，使用了两级齿轮传动（图 9 - 4 - 1）。风车斜卧的长轴下端安有主动齿轮，此轴下贯于轴座中，并以为支点。轴座下有铁立轴，作承载用。立轴上安有双轮，其实是在长轮毂上制成的两个平行齿轮。与立轴相连处还有一个水平放置的横轴，用于传动作为工作机械的龙骨车。在横轴上，靠近立轴的一端装有一个竖齿轮，横轴中段安有龙骨车的齿状链轮。风轮旋转时，便依次带动主动齿轮、双轮、横轴竖轮、横轴转动，从而将动力传到了龙骨车

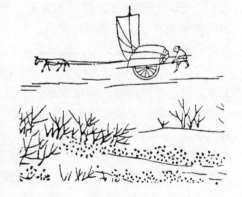

图 9 - 4 - 2　《鸿雪因缘图记》（1839 年）所载风帆车

的链轮上。其齿轮由木质轮毂、木齿、铁箍组成。主动齿轮、双轮、竖轮的直径和齿数均相同[5]。

除风帆水车外,风帆推车是此期利用风帆的另一范例。风帆推车在我国至迟发明于南朝,之后就一直沿用了下来。清麟庆《鸿雪因缘图记》(1839 年)绘有一幅加帆独轮车,一畜拉车,一人扶辕,车上立有一面风帆(图 9 - 4 - 2)。直到 20 世纪,类似的风帆车在山东、河南等地仍有使用;东北地区还有人在冰床上加帆的。风帆车多为独轮,但不易掌握平衡;也有双轮者,缺点是重载时阻力较大;故其不及畜力车灵活、稳当。

第五节　纺织技术的发展

清代在纺织技术上仍有不少的进步:工艺上有一定的改进,操作更为娴熟,纺织品的产量、质量和花色品种,都有一定的扩展。

早在明代,棉布便成了大众衣着的主要用料;到了清代,全国南北无不植棉。乾隆时代的李拔《种棉说》载:"予尝北至幽燕,南抵楚粤,东游江淮,西极秦陇,足迹所经,无不衣棉之人,无不宜棉之土。八口之家,种棉一畦,岁收百斤,无忧号寒。"[1]丝织业则不管在地域上,还是产量上,都较明代见小,其中较为发达的地区只剩下太湖流域。广东、福建、贵州、云南、四川、陕西等地的蚕桑业也有一定发展,但较东南逊色。苎麻、葛等的种植更无棉花普遍,且数量也不大。

清代早、中期纺织技术上值得注意之点是:在家蚕饲养方面培育出了许多新的品种;柞蚕放养技术逐渐成熟起来。缫丝过程中更注意到了用水对丝质的影响。大纺车的设置由单面改成了双面排列,并增设了给湿定形装置;人们不但注意到了干湿度对织造生产的影响,而且采取了防范措施。不管是丝,还是棉麻,都织出了不少名牌产品。云锦技术更加成熟。在漂练工艺中,丝织品使用了"半练法",麻类织物使用了强碱沤练和草地晒白法,棉织品则可能使用了发酵槌捣法。染色时更为普遍地使用了加热法来提高染色速度和效果。在印花技术中发明了木戳印花、木滚印花,以及刷印花和刮印花等工艺。

一、原料加工技术的进步

清代纺织用纤维,包括棉、丝、麻葛、毛等,其加工技术都有不同程度的进步,其中尤其值得注意的是家蚕饲养和柞蚕放养。

(一)棉花初加工技术

棉花初加工的轧花、弹花、捲筵三项工序中,值得一提的是轧花。

清代轧花用搅车依然沿用明代的脚踏机,但增加了一个飞轮。褚华《木棉谱》载:"搅车,今谓之轧车,以木为之,形如三足几,坐则高与胸齐,上有两耳卓立。空耳之中置木轴一,径三寸。有柄在车之左,以右手运其机。向外复置铁轴一,径半寸,有轮在车之右,以左足运其机,向内皆用木楔笼紧,中留尺许地。取花塞两轴之隙,而手足胥运,则子自内落,无子之花自外出;若云暖硬然。"此车右之"轮",当即飞轮。利用飞轮的惯性力,不但省力,而且车轴旋转得更加匀速平稳;明代搅车未提飞轮,示图上亦未看到,飞轮的使用显然是个进步。从机械学角度看，它是对惯性的一种有效利用。类似的搅车直到 20 世纪 50 年代还可看到。

（二）家蚕饲养技术

清代蚕桑业较好地继承了前世的技术成果，其较值得注意的事项有二：一是家蚕品种较多，使家蚕的杂交优势更充分地显示了出来；二在饲养方面，各地都总结出了许多较好的经验。

清代家蚕品种较多。仅《吴兴蚕书》所云，依化性分，"有头蚕、二蚕、三蚕、四蚕、五蚕，种类纷纭，错出于春夏秋三时。湖人所重在头蚕，饲养颇广"。依眠性分，又有三眠蚕、四眠蚕。"二蚕、三蚕、四蚕、五蚕皆眠四番。惟头蚕有四眠者，有三眠者（原注：四眠之中亦间有变三眠者）"。依体态和生活习性分，又有泥种、石灰种、懒替种、石小罐种、白皮种、丹杵种等[2]。此书为嘉庆间（1796～1820 年）浙江人高铨所著，光绪十六年（1890 年）刊。此时人们对各种家蚕的繁殖方法、生活习性等都有了更深的了解。《吴兴蚕书》又载："（若）不顺其性，鲜有能遂其生者，故育蚕之道，当以辨种为先务，知其种则知其性矣。"

人们在家蚕饲养方面已积累了相当丰富的经验，且各家都作过许多总结。清代蚕桑著作较多，有专著，也有杂合于其他综合性图书中的。大家较为熟悉的如：杨屾《豳风广义》（成书于乾隆五年）、高铨《吴兴蚕书》（成书于嘉庆间）、溧阳沈练《广蚕桑说辑补》等，计约 30 余种。各项管理也都更加细化，更为成熟。从《广蚕桑说辑补》之成书过程便可见此"细化"之一斑。此书原作者为沈练，江苏溧阳人，清道光二十年（1840 年），他到安徽绩溪任司铎；绩溪原无蚕桑之业，为提倡蚕桑，遂成《蚕桑说》一书。咸丰四年（1854 年）时，沈练又依沈秉成的《蚕桑辑要》，对自己的《蚕桑说》作了增订，遂成为《广蚕桑说》，并于同治二年刊行。光绪三年（1877 年），宗源瀚任浙江严州知府，为推广蚕桑，命浙江淳安人仲昴庭用按语形式对《广蚕桑说》进行增补，遂成《广蚕桑说辑补》。光绪三十三年，湖州人章震福，又依湖州见闻，再次用按语形式作了补缀校订，最后方成为《广蚕桑说辑补校定》[3][4]。可见时人对蚕桑业之重视和知识之快速增长。

（三）柞蚕放养技术

我国古代对野蚕茧的利用至迟始于汉，之后，文献上常有一些记载。宋、元以前，柞蚕的用途主要是：（1）用其丝絮以防寒。（2）用其丝拉线纺织粗帛。宋、元之后，柞蚕首先在山东的登、莱等地有了人工放养，并仿效家蚕缫丝织绸，获得成功。但有关柞蚕放养技术的记载一直未曾看到；及清，放养技术逐渐成熟起来，有关记载也多了起来。

在现有资料中，关于柞蚕放养技术的记载始见于明末清初益都（今山东淄博）人孙廷铨（1613～1674 年）《南征纪策》卷上"山蚕说"[5][6]。顺治八年（1651 年），孙廷铨受清世祖派遣，由京师琉璃厂起身，前往南方祭告禹陵和南海；沿途见闻颇多，他便以日记形式将之记述了下来，汇成是书；关于柞蚕的记载是顺治八年六月初四（己酉），过山东诸城县石门村的一篇日记。其云："野蚕成茧，昔人谓之上瑞。乃今东齐山谷，在在有之，与家蚕等。蚕月抚种，出蚁蠕蠕然，即散置槲树上……弥山遍谷，一望蚕丛。"在谈到饲养时，其说到过两件值得注意的事项：一是"听其眠、食。食尽，即枝枝相换、树树相换，皆人力为之"。二是野蚕"生而习野，日日处风日中、雨中不为罢；然亦时份水暵，畏雀啄"。接着，文中还谈到了柞蚕的抽丝法："练之。取茧置瓦甒中，藉以竹叶，复以茭席。洮之，用纯灰之卤。藉之，虞其近火而焦也。复之，虞其泛而不濡也。洮之，用灰柔之也。厝火焉，朝以逮朝，夕以逮夕，发复而视之。相其水火之齐，抽其绪而引之，或断或续，加火焉，引之不断乃已。去火而沃之，而盍之，俾勿燥。辟之不用缫车；尺五之竿，削其端为两角，冒茧其上，重以十数，抽其绪而引之"。这里有两点值得注意：一是亦须"加火焉"；二是"辟之不用缫车"。可见其与家蚕抽丝是有区别的。

大约康、乾时期，柞蚕先后在陕西和贵州等地推广开来。陈宏谋《巡历乡村兴除事宜檄》载："宁羌（今强宁县）则采取槲叶，喂养山蚕，织成茧绸，因系前州刘名荣者教成，遂名刘公绸。"[7]刘荣，山东诸城人，康熙时曾任陕西宁羌知州。说明康熙时，柞蚕业已由山东推广到了陕西。贵州放养柞蚕之事约始于乾隆七年（1742年）。吴振棫《黔语》卷下"槲茧之始"载："遵义食槲茧，利自太守陈公始，公……山东历城人。""乾隆三年来守遵义，地故多槲，仅供爨薪。公曰：此吾乡登莱间树，可蚕也。遂自山东购山蚕种，且以蚕师来，中道蛹出而罢。六年复遣人归，期已冬至，蛹不得出。明年乃蚕，蚕大熟，乃遣蚕师四人，教四乡蚕；又筑庐于城东水田坝，命善织者教民以手经指纬之法。授以种，资以器，八年（1743年）得茧至八百万。自是郡人户养蚕，今百余年为黔富郡。"[8]中道蛹，即由山东到遵义的路上蚕蛹孵出。可见，陈太守遵义养蚕，几经失败遂成。之后不久，柞蚕又由遵义传到了四川；在其他一些地方，如江西等地，清代也都养起柞蚕来。

（四）缫丝用水的选择

清代早、中期的缫丝工具大体承袭了前代，具有特色的是：缫丝用水更为讲究；缫丝过程中，十分讲究换汤。

我国古代对丝绸漂练用水的选择至迟始于西晋时期，虽今见关于缫丝用水的文献却多属19世纪中期之后，但我们认为，此技术的产生年代应远在此之前。归结起来，选择标准主要有如下几项：

（1）用清澈之水。卫杰《蚕桑萃编》（1900年）卷四"缫茧类·清水"载："缫茧以清水为主，泉源清者最上，河流清者次之，井水清者亦可。如山涧中水，须择溪中极清者，或流自石罅间。""用水不清，丝即不亮。"[9]汪日桢《湖蚕述》（1874年）卷三说："丝用由水煮，治水为先。有一字诀曰清，清则丝色洁白。"[10]清人范颖通《研北居琐录》在谈到七里湖丝时说，七里附近"有穿珠湾，水澄清，取以缫丝，光泽可爱"[11]。"七里"是距南浔七里远的一个小村。村东有雪荡河，在穿珠湾附近分流到革里村的淤溪。七里湖丝在明万历时便已崭露头角；清康熙晚年，南浔丝商将"七里丝"之名雅化，成为"辑里丝"[12]。这两条文献中，前者泛指一般清澈之水，后者指特定地区、特定水域的清澈水。

清沈练《广蚕桑说辑补》卷下"饲蚕法·缫丝器具说"载："缫丝之水，择溪涧之极清者取之（原注：自石罅流出者尤佳），勿用井水（原注：用井水者丝不亮）。”“仲昂庭按：用井水而丝不亮者，其水必带咸味，或黯浊不清故也。”[13]此强调溪涧清澈之水，且勿用井水。“勿用井水”之因，是咸味对丝质有不利的影响。

（2）若无自然清水时，可用人工将水澄清；可自然澄清，也可用螺帮助，但忌用矾。汪日桢《湖蚕述》卷三载：若无极清之水时，“须于半月前用旧缸贮蓄，以待其清。缫丝之时，恒多雨水，河水涨溢，浑浊难清，故须先时预贮；如或不及于贮，缸旧则不汛。如或不及预贮，临时欲其澄澈，当取螺升许投之，螺涎最能洁水。大忌用矾，丝遇矾水，色即红滞”[10]。成都还有人工过滤法。卫杰《蚕桑萃编》卷四“缫茧类·清水”载：“成都有沙缸滤水之法。置上下二缸，上缸盛沙，缸底隔之以布，穿小孔安竹管，水由上缸流入下缸，清洁无滓。或投螺升许于缸内，无用白矾，使茧滞难缫。”[9]此前一段文献谈到的“矾”可能是绿矾，即七水硫酸亚铁 $FeSO_4 \cdot 7H_2O$，水解后，若其中的 Fe^{2+} 转变成 Fe^{3+}，就会使丝发红；“白矾”即明矾，化学式为 $K_2SO_4 \cdot Al_2(SO_4)_3 \cdot 24H_2O$，水解后，其中的 SO_4^{2-} 会使水的 pH 值发生变化，从而影响丝胶的膨润。绿矾中的硫酸根离子也会改变水的 pH 值[14]。

（3）河水、流动之水。《湖蚕述》卷三“缫丝”条：缫丝，“须明水性，使水不为丝疵。山水性硬，其成丝也刚健；河水性软，其成丝也柔顺；流水性动，其成丝也光润而鲜；止水性静，其成丝也肥泽而绿。山水不如河水，止水不如流水（原注：止水不宜独用，须用流水对半调和，以其色太绿也。《吴兴蚕书》）”[10]。看来，影响缫丝用水质量的因素主要是两方面：一是所含矿物质的多少和种类；二是微生物的多少和种类。流水、清澈之水，所含矿物质和微生物都较少；止水、不太清之水和部分井水，所含矿物质和微生物则可能较多；咸味之水、明矾澄清之水，皆会对丝质产生不利的影响。

换汤是否勤快，也会影响到脱胶的速度和质量。《湖蚕述》卷三引《吴兴蚕书》云：“丝之色，汤清则鲜，汤浑则滞，故丝釜之汤，不可不频换。然待其浑而后换，则时清时浑，则丝不能一色到底矣。精于治丝者，时时察看汤色，微变则取出三之一，以清热水添满。频频添换，谓之走马换。”

（五）麻类纤维的洗练技术

此期麻类纤维的脱胶、洗练技术并无创新，大体上是沿袭了往昔的工艺，直到 20 世纪依然如此。《广东新语》卷一五“货语·葛布”载：雷州盛产蕉麻，有“山生或田种，以蕉身熟，踏之，煮以纯灰水，漂瀄令乾，乃绩为布”。蕉麻，是一种有花无实的水蕉。此使用的依然是灰水煮，清水漂，取其纤维以之为布。这是清代早期的情况。民国《闽侯县志》卷二三“物产”载：“二月下种，五月割者为头苎；七月割者为二苎，九月割者为三苎。捣其皮，沤以灰水，织为夏布，粗细广狭，各随其机，各视其工。”此依然是沤以灰水。这是 20 世纪前期的苎麻纤维洗练情况。

二、纺纱技术的发展

（一）棉纺技术

清代棉纺车大体承袭了前代工艺，计有手摇式和脚踏式两种，通常是 1~3 锭。

关于脚踏纺车的结构，嘉庆《松江府志》卷六"物产·木棉花"条曾作过专门描述："纺车，以木为之，有背有足。首置木梴三，形锐而长，刻木为承。其末以皮弦襻连一轮上，复以横木，名踏条者。置轮之窍中，将两足抑扬运之。取向所成条子，粘于旧繀，随手牵引，如缫茧丝，皆绕锭而积，是名棉纱"[15]。这是指松江地区的脚踏纺车纺纱，此说纺车用木梴，其实明、清时代已大量地使用了铁锭。据《豳风广义》卷三"脚踏纺车"条载："梢头留寸许安一立木牌，高二寸，厚七分，阔与横木齐，上刻一小口，如豆大（原注：如欲安二定者，刻二口），以容铁定……中间硬安一木壳辘子，周围刻渠子（漕）二道，以承轻弦"。利用摩擦力来带动锭子转动。清孙琳《纺织图说》还专门谈到了木梴与铁锭的异同，"习学用手，脚车纺纱，木梴铁锭，理同事一。木梴纺纱细而光，铁锭纺纱慢而粗。木梴本易脆，铁锭可经久。总以初学时用木梴，则木梴便、益；用铁锭，则铁锭便。学而致之，皆可精成"。这几段文献中的"梴"、"定"、"锭"含义相同，都指纺车上的一个部件，清人对此三字常有混用的情况。

（二）大纺车技术

虽因棉纺技术的发展，丝、麻纺的使用地域大为收缩，但由于一些特殊需要，宋、元发明的大纺车技术不但保留了下来，并较多地用到了丝纺中；因丝较麻轻而细，清时人们还对纺车结构和操作做了不少改进；其思路精妙，生产率较高，备受后世学者关注。

明、清丝纺车可分为"水纺"和"旱纺"两种，前者即江浙式，后者即四川式。卫杰《蚕桑萃编》（1897年）卷一一"图谱·水纺图说"载："纺丝之法，惟江、浙、四川为精。"[16]说江浙和四川这两个地区的丝纺技术水平最高。同书卷五"纺政·水纺类"在解释这两类纺车的名称时说：水纺摇经车（江浙式），"纺以水名，重淘洗也。因潮，重风燥；水性带泥，浊尘易沾，故倒经必过水盆，摇经必过水鼓，所以倒洗三次，摇洗亦三次。是纺中洗经则易净，经必湿，纺则愈紧，色自鲜亮"[17]。旱纺摇经车（四川式），"纺而曰旱，用水少也。因天气温和，水不加泥，室不起尘。以细毡片泡水，搭于水淋竹上，令经丝擦过，所以去尽污浊，而求纯洁。愈湿愈净，愈紧练也。色自鲜亮"[17]。该书曾详述了此两种纺车的结构，且曾附图，为我们了解清代纺车的结构提供了很好的依据。据调查，直至20世纪70年代，与之相类似的水纺车在湖北江陵和四川仍可看到。

从《蚕桑萃编》所述和湖北、四川保留下来的实物看，清代大纺车较宋、元时期又有了如下几点进步：

（1）纺车框架由长方形改成了梯形，纺车更为稳定。

（2）纱锭由单面排列改成了双面排列，或说由竖直排列改成了横卧排列，就增加了每台纺车的锭子数。宋、元纺车每台仅32锭，清代则增至50或56锭。同时，锭子还由中空的桶状改成了实心的杆锭状。

（3）增设了给湿定形装置，即竹壳水槽（江浙水纺车）或湿毡（四川旱纺车），使纱管上卷绕的丝条能浸在水中，或使丝条在加捻时，因穿过湿毡而被润湿。这不但可提高丝条张力，防止加捻时脱圈，亦有利于稳定捻度和涤净丝条[18][19]。

（4）皮弦改成了由锭子底部通过，从而提高了锭子的稳定性。往昔，皮弦是从锭子侧面通过的，易于造成锭子摇摆。

（5）导纱方式更为合理。宋、元纺车是靠"小铁叉"完成导纱的，清代纺车则靠"交棍竹"导纱。此交棍竹并非简单地完成导纱工作，而是摆动着使丝线能分层卷绕。

（6）车架一侧的导轮直径大为缩小，操作更为省力[19]。

在此有一点需顺带说一下的是，棉纺车有手摇式和脚踏式两种，手摇式还一直沿用到了20世纪50年代；丝纺则多是脚踏式的；这是棉纺与丝纺的一个重要区别。清卫杰《蚕桑萃编》卷一一"图谱·脚踏纺车图说"："丝绵纺车与木棉纺车异。木棉纺芒短易扯，一手搅轮，一手扯棉，便纺成线。丝绵芒长，力劲难扯。一手执茧，一手扯丝，必须用脚踏转车方能成线。"[16]

三、织造技术的发展

清代早、中期的织机已相当完善，尤其是提花机，《豳风广义》、《蚕桑萃编》等都有较为详细的描述；前者反映的大约是清代前期的陕西提花机，作者杨屾（1699～1794年）系陕西兴平人；后者则反映了清代江南提花机的实际水平。

杨屾《豳风广义》卷三"织纴图说"载，织机种类甚多，就以他家用过的简便之机言，"亦能织提花绫绢䌷纱，但其制难以笔罄"。其一般操作是："织时将经缕根根穿过综环。综俗呼为缯。综制用木五根，径六分，造成方架，阔长各二尺，中安一梁。二人对坐，以综线二环相套，缚（缚，薄摊）于架上；或一千，或千五，或二千，足数而止。再用细竹竿二根，大如小指，长二尺二寸；将综线两边领起，卸去综架，挂在机顶罗面桃之上。每综一付（副），下用脚竿棍一根，安在机之中间，以便蹑交。若织无花绢缣，只用综二付（副）；若织提花绫缎，将综线缚（缚，薄摊）于范架之上，用十付（副），下用脚竿棍十根。又将渠（衢）线从花样中穿过，挂于花楼之上。花之式样，随人所便。乃江南织工以丝线盘结而成者……织时一人坐在花楼之上，手提渠（衢）线，一人坐在卷幅之后，以脚次第蹑竿，旋提旋织，自然成花。又将经缕前后二根相并，穿过绳齿。以数丝拴一结，复贯在小竹棍子上。长与卷幅齐。牵引经缕，缚（缚）在卷幅之上，两边再拴边线十二根。织不另挂边线，纬束（缩）经线窄小必不能织，须用双丝合成壮线，经挂拾交如上法，收在边筐篓之上。在后边桩外侧锭（定）一铁环。将边线从环中穿过，牵引至前滕子，对高梁上再锭（定）一环；复穿过引下，将边线停分开。用竹片二个，长六寸，上各钻六孔，将线复穿过孔中，引至综环，分左右各贯六环，复穿过绳边齿三眼内，紧系卷幅上。织时用甄（砖）一块，约重斤余，用绳子挂在边篓之上，自然边线绷紧，纬不能束（缩）边，易织。再䌷面用撑幅两根，用竹片两个，阔二指，长与幅等，厚三分，两头各锭（定）半截钉三根，长二分，紧撑在幅上。机制经纬，安装停当，然后推撞抛梭，自然成幅。织具无他奇，惟人自便，智者斟酌损益而为之，自见其妙。"（图9-5-1）[20]这种提花机的设计思想和各部件尺寸，都发展得较为完善。《蚕桑萃编》所示提花机大体包括五大部分：（1）排担机具，即送经部分。（2）机身楼柱机具，以起花楼。（3）花楼柱机具。花楼即提花束综部分。（4）提花线各物件。提花线即提花束综。（5）三架梁各机件[21][22]。

它们皆大体反映了清代提花技术的先进水平。

图9-5-1　清《豳风广义》所载织纴图

在织造过程中，人们已注意到了干湿度对生产过程和织物质量的影响，并采取了一些调节湿度的措施。《双林镇志》卷一六"物产"载：浙江双林织户，"天阴则筘下置火盆，燥则喷水，必顺天时也"。

清代纺织业的规模已经较大，提花机之多少通常就成了衡量作坊规模的一个重要依据。在官府手工业的东南三局中，苏州局织机数最多，康熙时上用缎机420张，"部机"380张[23]；乾隆时织机总数达663张[24]。杭州局次之，康熙时共有织机770张，其中上用缎机和部机各385张[23]；乾隆时有织机600张[24]。此"缎机"是织造上贡缎匹等物的，"部机"则是织造赏赐缎匹等物的。江宁局又次之，康熙时计有织机565张[2]；乾隆时有织机600张[24]。这是官府在东南三个织造局的情况。东南一带的民营织造业也相当发达。以江宁为例，其织机种类有花机、绒机、纱机、绸机等[25]；乾、嘉之际，全城织机达三万张以上，"缎机以三万计，纱绸绒绫不在此数"。仅"织缎之机，名目百余"，最为精巧者，"其经有万七千头者"[26]。

四、漂练和印染技术

清代丝、麻、棉织品的漂练工艺都较讲究，但多沿用前世的一些工艺，如对麻织品则依然采用沤练与草地晒白相结合的方法。徐缙等撰《崇川咫闻录》卷一一在谈到江苏通州苎布漂练工艺时说："取苎麻辟纑织就，涷和石灰、灰藋少许，漂之河中，曝之草上，色白。"对棉布漂练也有一些创新，但有关记载较少。

从传统工艺调查来看，南方清代的棉布可能采用过多种漂白法，较为习见的有：（1）灰水煮沸捶捣曝晒法。先用稻蕙秆烧灰，沥清后，将棉布放入灰水中煮一沸，之后捶捣洗净、日光下曝晒；如此反复多次。此法较为简便，使用较广，20世纪50年代还可看到。（2）发酵捶捣法。先在砂缸内盛贮发酵液，后将待练之棉布用石块压于液面之下，经一昼夜，将棉布取出，挤出水液，置木台上用木棒捶捣，之后再投入缸中压于液面之下，如此反复多次，至手感柔软为止。此发酵液常用小麦粉的洗面筋残液，也可将小麦麸投入缸水中，自然发酵而成。这种发酵液含有大量的果胶酶、蛋白酶和纤维素酶，均有助于去除棉纤维上的天然杂质。此多用于大批量处理[27]。

我国古代染色技术发明较早，先秦时期便建立了套染、媒染和草石并用等染色工艺；两汉之后，植物性染料迅速推广开来，栀子染成的金黄色，茜草媒染的深红色，靛蓝还原染色等均已成熟，同时还使用了复色套染。元代还使用了同浴拼色工艺，依次以不同的染料或媒染剂浸染。清代早、中期主要沿用前代的染料工艺，因其技术精良，色谱较宽，个别工艺上亦有创新，故染色效果还是不错的。

据李斗《扬州画舫录》卷一载，“扬州染色，以小东门载家为最”，能染40余种颜色。如红色，有淮安红、桃红、银红、靠红、粉红、肉红；紫色，有大紫、玫瑰紫、茄花紫；白色，有漂白、月白；黄色，有嫩黄、杏黄、蛾黄；青色，有红青、金青、玄青、虾青、沔阳青、佛头青、太师青；绿色，有官绿、油绿、葡萄绿、苹婆绿、葱根绿、鹦哥绿；蓝色，有潮蓝、翠蓝。此外还有黄黑色、紫黑色、白绿色、浅红白色、浅黄白色、深紫绿色、红棕色、黑棕色、紫绿色、硃墨色，以及茹花、兰花、栗色、绒色等，可见名目之多。其中有纪地的，如淮安红、沔阳青等。有因姿定名的，嫩黄，如桑初生；虾青，青白色；蛾黄，如蚕欲老。有依习惯定名的，如玄青，玄在缬缁之间，合于则为黤黯；佛头青，即深青。有特殊纪名的，如太师青，“即宋染色小缸青，以其店之缸名也”。

元、明之后，染液用灶加热已成普遍采用的工艺，及清，有关记载更为具体、明确。《双林镇志》卷一六“物产”载：“凡绢必染皂，皂必煮以橡斗、铁沙，然后漂以清流，敷以蕨粉，捣以砧石，抹以絮布，其工最繁。故染有灶、有场、有架，名曰皂坊。”此简要地谈到了漂练和染色的一般情况，突出地谈到了染必有灶。同治《湖州府志》卷三三在谈到湖州染丝时说：“染有灶，有场，有架，名皂坊……又有一种胶坊。”

颜料印花在清代依然是一种重要的印花工艺，它在沿用前世操作的同时，也有一些创新。其中较值得注意的是：

(1) 维吾尔族地区发明了印花木戳和木滚。木戳面积较小，其雕有所需图案，其中既有阴纹，也有阳纹，蘸上色料后便可直接压印在白布上；此木模可以单独印花，也可做成二方连续、四方连续等各种组合，适于小单元印制。木滚在刻制时安排了花位循环，为大幅度印制打下了良好的基础（图9－5－2）[28][29]。

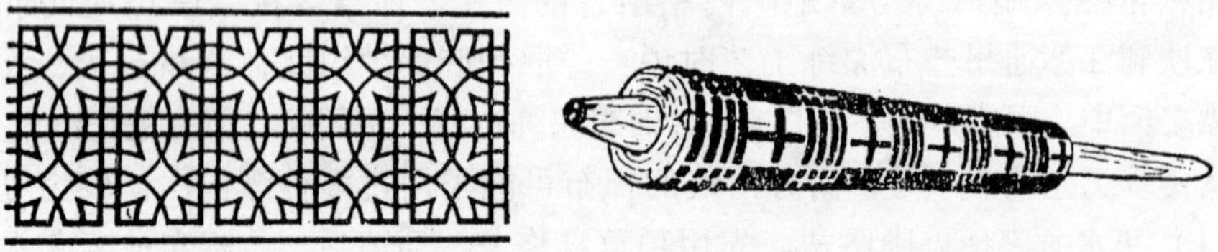

图9－5－2　维吾尔族地区木戳印花图案和印花木滚

采自文献[29]

（2）型板印花分出了刷印花和刮印花两种工艺。褚华《木棉谱》载："染工：有蓝坊，染天青、淡青、月下白；红坊，染大红、露桃红；漂坊，染黄糙为白；杂色坊，染黄、绿、黑、紫、古铜、水墨、血牙、驼绒、虾青、佛面金等。其以灰粉渗胶矾涂作花样，随意染何色，而后刮去灰粉，则白章烂然，名刮印花。或以木版刻作花卉人物禽兽，以布蒙板而砑之，用五色刷其砑处，华采如绘，名刷印花。"[30]前部分所说为棉布的一般染色，后部分所说则是两种印花法。棉布多作大众衣料，故染色亦较丝织品稍见简单。此印花之法，此前是不曾见于记载的。

五、丰富的纺织品

清代的纺织品较为丰富，丝、麻、棉各类纤维织品都发展到较高水平。但从织造技术和织物组织上看，最具代表性的依然是丝织品。官府织造局的生产，主要是为满足宫廷和官府的需要，各局之间都有一定分工。苏州局，主要"分织龙衣、采布、锦缎、纱绸、绢布、棉甲，及采买金丝织绒之属。岁由府拟定色样及应用之数，奏行织造"[31]。江宁织造局，主要"造作缣帛纱縠之事"，并织造"神帛，以事神示宗庙；诰敕以封赠文武庶官，采缯以待庶用"[32]。因其技术力量较强、要求较高，资金和设备较为雄厚，故产品质量一般亦较好。清代民间丝织物中，江、浙、川、粤、鲁等地都出现了一些名牌产品，其中较值得注意的主要是如下几种：

南京云锦。[33][34]因其文采华贵、绚丽如云而得名。其约始于元而盛于明、清，它的出现当与南京官营织造有关，明、清时期主要生产宫廷贡品，清代晚期发展到成熟的阶段，"云锦"之名亦是这一时期出现的。其织品主要是妆花、库锦、库缎三种，最具代表性的品种是妆花，它也是中国古代织锦水平的反映。但云锦中有的品种已不属锦的范围。云锦构图庄重严谨，高度概括，用色浓艳，常用金片勾边，其挖花妆彩工艺精湛，晕色调和，层次分明，花纹繁而不乱，配色艳而不俗。南京大学历史系收藏有乾隆时期的"白地青花四合纹锦"，采用表里换层的双层平纹提花组织，与一般织锦，如宋锦、妆花缎相比较，更显得质薄和柔软，图纹布局丰满，设色深沉而淡雅。

缎类织物。缎组织约出现于唐，宋代即已形成，清代尤为盛行，其江南三局都曾生产，尤其是江宁。甘熙《白下琐言》卷八载："蚕桑盛于苏浙，金陵间亦习之，然丝质粗肥，远逊湖宁，惟织工推吾乡为最。入贡之品，出自汉府，民间所产，皆在聚宝门内东西，偏业者不下千数百家，故江绸贡缎之名甲天下。"[35]即是说，江宁之业，以织为大宗，而织之业，以缎为大宗。此书成于道光二十七年。其实，不但东南三局，就连边远的岭南广东也产缎。乾隆《广州府志》卷四八载："粤缎之质密而匀，其色鲜华，光辉滑泽。然必吴蚕之丝所织，若本土之丝，则黯然无光，色亦不佳。"

此时漳缎仍在发展，而且清代苏、杭生产的漳缎都颇具特色，尤其是苏州漳缎，其绒毛纤细而挺立不倒，深受世人垂青。其主要技术措施是：绒经采用了加有一定捻度的蚕丝，遂使绒毛挺立。又，其地组织与绒经配合亦较好，绒经的绒头不在地经交叉处，而在地经浮长处伸出，亦有利于绒毛挺立。道光时，苏州机户多织漳缎。

绸子。在江宁、湖州等地都有生产。宁绸无论平素还是织花，皆精细柔韧、富有光泽。湖绸又有许多不同品种，乾隆《湖州府志》卷四一"物产"载："湖䌷散丝而织曰水䌷，纺丝而织曰纺䌷。水䌷、纺䌷，出菱湖者佳。"

绉类织物。湖州等地都有生产。湖绉起于明，其光泽柔和，富有弹性，起绉效果极佳。乾隆《湖州府志》卷四一"物产"载：其"亦有花有素，而素绉纱大行于时。又有绉纱手巾，雅俗共赏"。清代后期，浙江濮院镇仿湖绉织法，生产出一种"濮绉"，很是使人注意。

纱类织物。广州、湖州、江宁、苏州、杭州等地都有生产，以广州为佳。乾隆《广州府志》卷四八载："粤纱，金陵、苏杭皆不及。然亦用吴丝，方得光华，不褪色、不沾尘，皱折易直。故广州纱甲于天下。"

棉布。在江苏、河北、湖南、贵州、四川、福建等地都生产过一些名牌产品[36]。其中尤以江苏的松江布，全国负有盛名。康熙《松江府志》卷五载：其所出"精线绫、三梭布、漆布、方布、剪绒毯，皆为天下第一"。其还生产过一种夹丝布，同书卷四说："以丝作经，而纬以棉纱，曰丝布，即俗所称云布也"。南京棉布也颇受世人关注，1833 年 2 月出版的《中国博览》一书说："南京土布是棉布的一种，因最初出产带红色棉纱的南京（紫花布）而得名。这种布分为'公司布'（Company）和窄布两种，前者最为名贵……中国织造的南京土布在颜色和质地方面，仍然保持其超过英国布匹的优越地位"[37]。这应是恰如其分的评价。其中所云以红色棉纱织成的紫花布，在松江、青浦，以及北方的冀州亦有生产。范清旷《（乾隆）冀州志》卷七说："棉花，近有紫花。棉布，近有紫花布。"冀州布之精美可与松江匹敌。《御制棉花图》方观承跋：冀州棉布之"产既富于东南，而其织纴之精"，可与松江类比。

麻织品。清代产量最大的纺织品当属棉类，技术水平最高的当属丝类，麻类织物是不可与之相比的，但其质量仍有不少提高。清时，广东、湖南、四川、安徽、江西、浙江等许多地方都曾产麻，尤以广东为盛为良。屈大均《广东新语》卷一五载："其细者当暑服之。凉爽无油汗气，涑之柔熟如椿椒蚕绸，可以御冬。"其中又以雷州为良。"织成弱如蝉翅，重仅数铢，皆纯葛无丝。"若以葛与蚕丝交织，"以蚕丝纬之者，浣之则葛自葛，丝自丝，两者不相联属"[38]。李调元《南越笔记》卷五也有相类同的说法。

第六节　造纸技术

由明到清代中、晚期，除了明末清初的战争破坏外，我国古代造纸技术大体上皆处在一个相对高涨的阶段。清代末期之后，由于洋纸传入，传统造纸技术才逐渐衰落下来。清代造纸技术较值得注意的事项是：纸的产量、质量、品种都在明代基础上有了进一步的提高和扩展，各项操作更为纯熟；出现了"清宣纸"，使我国古代传统的手工纸走向更为成熟的阶段；有关造纸技术的许多记载也更为详细。

一、造纸技术发展的一般情况和清宣纸的出现

（一）产区的扩展

在清代，不管高档纸，还是普通纸，其产量、质量和品种都有了较大扩展，

不但旧产地，如江西、福建、浙江、四川、安徽的纸业仍在继续发展，而且还开拓了不少新产区；随着资本主义经济的产生和发展，资本、技术、人员都在更为广泛的地域内流动起来。此期纸业新区中，最值得注意的是广西和陕西等地，今以之为例作一简单说明。

乾隆《梧州府志》卷三引《容县续志》云："康熙间，闽潮来客始创纸篷于山中，今有篷百余间，工匠动以千计。"[1]稍后，光绪《容县志》卷六也谈到了同一事件："康熙间，有闽人来容教作福纸，创纸篷于山间。春初采扶竹各种笋之未成竹者，渍以石灰，沤于山池，越月碾漉成絮，濯以清流。又匝月下槽，随捞随焙，因而成纸。每槽司役五六人，岁可获百余金。至乾隆间，多至二百余槽。如遇荒年，借力役以全活者甚众。"[1]此两段文献都说到了康熙年间，福建人到广西容县开办纸厂之事，同时还简述了竹纸的一般工艺。

卢坤（1772~1835年）《秦疆治略》（成书于1824年前后）载："南乡有纸厂七座，厂主雇工，均系湖广、四川人。"[2]此说清代晚期时，湖北、湖南和四川人到陕西开办了纸厂；不但厂主和资金，就连雇工也是这些地方雇来的。

卢坤《秦疆治略》又载：宝鸡县有"纸厂三处，其中资本俱不甚大"。汉中府定远厅为嘉庆八年（1803年）新设，近来烟户渐多，"川人过半，楚人次之，土著甚少……并有纸厂四十五处……其工作人数众多"。西乡县道光三年（1823年）时共有52300余口，客民居多，土著不过十之一二。"山内有纸厂三十八座……每厂匠工不下数十人"。兴安府安康县"有纸厂六十三处，工匠众多"。兴安府砖坪厅有"纸厂二十二处，每处工作人等不过十余人"。紫阳县，"有三四家草纸厂，每家匠作不过三四人及五六人不等"。孝义厅亦有纸厂，但杂聚庸流[2]。道光《略阳县志》卷四载："乐素河两沟之地多产楮材，故其民三时务农，而冬则造纸为业。"[3]这些记载一方面说明了陕西南部造纸业蓬勃发展的情况，同时也说明了资金、技术和劳动力大范围流动的事实。在1803年之后，定远厅有纸厂45处；1823年时，安康府有纸厂63处，砖坪厅有22处；可见其数量之多。

严如熤《三省边防备览》（1822年）卷九"山货"条也谈到过陕西南部纸业的发展状况："西乡纸厂二十余座，定远纸厂逾百，近日洋县华阳亦有小厂二十余座。厂大者匠作佣工必得百数十人，小者亦得四五十人。山西居民当佃山内有竹林者，夏至前后，男妇摘笋砍竹作捆，赴厂售卖，处处有之。借以图生者，常数万计矣。"[4]自然，广西、陕西等新区所产之纸，当主要是普通用纸。

（二）清宣纸的出现

在清代造纸技术中，值得特别提出并进行专门研究的是清宣纸。清代中晚期之后，它在我国诸多手工纸中一枝独秀，经受住了众多洋纸的冲击和摧残，一直保留了下来，1917年还在巴拿马万国博览会上获得金奖，至今依然是书画家须臾不可缺少的物品，长时期来一直受到国内外纸业界、学术界的关注。胡韫玉（1878~1947年）《纸说·附宣纸说》（1923年）载：宣纸，"近自国内，远至东瀛，无不珍重视之，以为书画佳品"[5]。此话便大体上反映了这一实情。此清宣纸，实际上是在泾县纸的基础上，由仿明宣德纸开始，于清代中期逐渐形成的，它也是千百年来皖南造纸技术的发展和总结。

前面提到，皖南造纸技术早在唐代便已负盛名。《新唐书》卷四一"地理志"载：宣州土贡纸笔等物，歙州土贡纸、黄连等物。据查，宣州辖八县，即宣城、当涂、泾、广德、南陵、太平、宁国、旌德；歙州辖六县：即歙、休宁、黟、绩溪、婺源、祁门。除婺源外，其余大体皆处今安徽南部。在宋代，苏易简《文房四谱·纸谱》说："黟、歙间多良纸。"在明代，《考槃余事》卷二"纸笺"条说南直隶庐州英山等有榜纸，新安有仿宋藏经笺纸。明代《徽州府志》卷二还谈到了楮皮纸的制作工艺。泾县纸在明、清时代亦颇受文人青睐，文震亨《长物志》卷七"纸"条说泾县连四纸最佳；明末方以智《物理小识》卷八说绵纸首推兴国和泾县。这些，都说明了皖南造纸技术在历史上的成就。但这"泾县纸"又如何演变成了"宣纸"呢？自清末以来，却一直存在不同说法。有认为此"宣纸"原是纪地纸，是"宣州纸"或"宣城纸"的简称，因泾县与宣州或宣城有着各种各样的关系；有说它原是纪年纸，是"宣德纸"的简称；至今依然争论不休。下面先对此两种观点作一介绍，之后再简述管窥之见。

　　对"纪地说"有利的资料主要有如下三条：

　　陈焯《湘管斋寓赏编》所载元、明时期60多幅书画中，称"宣城纸"者有15幅，称"宣德纸"者4种。说明宣城纸在明、清时期已负盛名。

　　光绪十四年（1888年）《宣城县志·物产》载："纸，宣、宁、泾、太皆能造，故名宣纸，以檀皮为之。"其认为泾县纸、宁国纸、太平纸、宣城纸都可简称为"宣纸"。

　　胡韫玉《纸说·附宣纸说》（1923年）载："泾县古属宣州，产纸甲于全国，世谓之宣纸。"[5] 此说泾县属古宣州，故泾县纸亦称宣纸。

　　在今世学者中戴家璋等是主张泾县"宣纸"为"宣城纸"，是纪地纸，而不是"宣德纸"的。他认为：因自古以来，以地名、人名、原料、用途及素质来命名的纸不胜枚举，以帝王年号来命名者则殊属罕见，而且泾县纸系民营纸，更不敢以年号来命名的[6]。

　　对"纪年说"较为有利的资料主要是下面两条：

　　乾、嘉时期，人们曾简称宣德纸为"宣纸"。清邹炳泰（1745～1805年）《午风堂丛谈》（1799年）卷八载："宣纸至薄能坚，至厚能腻，笺色古光，文藻精细。有贡笺、有绵料，式如榜纸，大小方幅，可揭至三四张，边有'宣德五年造素馨纸'印。白笺，坚厚如板面，面砑光如玉。洒金笺、洒五色粉笺、金花五色笺、五色大帘纸、磁青纸，坚韧（韧）如段（缎）素，可用书泥金（原注：宣纸，'陈清'款为第一）；薛涛蜀笺、高丽笺、新安仿宋藏金笺、松江谭笺，皆非近制可及。"[7] 这里谈到了"宣纸"的许多品种和性能，并说此宣纸以"陈清款为第一"，显然，此"宣纸"即是"宣德纸"。陈清，《人海记》作"陈青"。

　　泾县在清乾隆时曾仿造宣纸。沈初（1736～1799年）《西清笔记》"纪职志"（乾隆六十年，1795年）载："泾县所进仿宣纸，以供内廷诸臣所用，匠人略加矾，若矾多则涩滞难用。"[8] 此泾县"仿宣纸"的本意，显然是仿宣德纸，"宣纸"便是宣德纸。在明、清时期，泾县纸已负盛名，无须仿宣城纸；泾县本属古宣州，更无所谓仿宣州纸之说。

在今世学者中，曹天生是主张泾县宣纸源于宣德纸的。认为宣纸创于元、明之际，成熟于明代中期。宣德纸的诞生，是"宣纸真纸成熟的标志"，并把宣德纸、泾县仿宣纸，都称作了真宣纸[9]。

这是关于"清宣纸"来历的部分资料和两种代表性观点。

我们的看法是：今俗之所谓"宣纸"，其实是由泾县仿"宣德纸"演变过来的，亦可称之为"清宣纸"、"泾县宣纸"；其出现于清代中期，它也是千百年来皖南造纸技术的发展和总结；它与唐"宣州纸"、明"宣德纸"、清"宣城纸"，是有区别的，尽管这些名纸也曾被部分人称作"宣纸"；与清代中期之前的泾县纸也有不同。今人把泾县宣纸称作"真宣纸"、"正统宣纸"，都是世俗的说法，其实它是仿宣纸。当明"宣德纸"消耗殆尽，而"仿宣"纸的品质又大为提高，其产品充斥市场并受到文人青睐时，"仿宣纸"就成为"宣纸"了。这种变化，既是人们对仿宣纸的一种赞许，也是人们为着省事，舍去了其中"仿"字的结果。这种以"仿"充"真"、代"真"之事在历史上是经常可以看到的；如薛涛笺，本属唐代，但宋、元、明皆有仿制者，这种仿制品皆堂而皇之地称之为"薛涛笺"，而不称"仿薛涛笺"。我们提出这一看法的主要依据是前引《午风堂丛谈》和《西清笔记》。由这两种文献可见，（1）在清代中期，将宣德纸简称为宣纸，已是常见现象；（2）清代中期时，泾县已有了"仿宣"的工艺和名气。

戴家璋之说虽有一定道理，值得商榷处是：（1）《湘管斋寓赏编》只能说明宣城产纸，并不能说明宣城纸与泾县纸之间存在这种特殊的"代称"关系。（2）此《宣城县志》的说法需要斟酌。不管明代[10]，还是清代[11]，宣城和泾县皆是宁国府属县，它们是同级的；人们将"宣城纸"简称成了纪地性"宣纸"，是合情合理的；若把泾县纸简称成纪地性"宣纸"，则不好理解。因不管明代还是清代，"泾县纸"、"徽州纸"皆较"宣城纸"更负盛名。（3）《纸说》（1923年）的年代稍晚，不宜作为今人的立论依据。（4）早在清代中期，人们便把明"宣德纸"简称为"宣纸"了，故戴家璋说以帝王年号为纸名者鲜，其立论依据恐非属实。（5）自明宣德之后，在众多冠以"宣"字的纸中，最负盛名的是"宣德纸"，而不是唐代宣州纸、明清宣城纸。人们舍此现实的名牌名号不用，而使用其他名号和含义，这是不好理解的。宁国纸、太平纸称为"宣纸"的原因较为复杂，原因之一当也是此"宣"字较为响亮、名贵和诱人；而这个响亮、名贵和诱人，自然都与"宣德纸"有关。

我们基本上同意曹天生的宣纸纪年说，但其认为宣纸创于元、明之际，成熟于明代中期，又说宣德纸的诞生，是"宣纸真纸成熟的标志"，则有一些不同看法。我们认为：今俗之谓宣纸，是从仿宣德纸开始的；仿宣前和仿宣后的泾县纸，在工艺上是未必相同的。我们不宜完全地将泾县纸、仿宣泾县纸等同起来；创于元、明之际，并成熟于明代中期的，大约是泾县纸，而不是仿宣纸。如若明代中期宣纸便已成熟，清代便不会出现"仿宣纸"了。

（三）清代纸的品种

评价任何一项技术的发展状况，大凡都有两项指标：一是这项技术的普及程度，二是其所达到的最高技术水平。二者不可偏废。前述陕西、广西纸业，大约只从一个侧面说明了清代纸业之兴盛，但真正反映清代造纸技术水平的，则应当是某些高档纸。

清代高档纸的品种也是较多的，其中包括当世名纸、前世名品和外国贡品等。吴振棫（1792～1871年）《养吉斋丛录》（约1871年）卷二六在谈到各省所贡名纸时说："纸之属，如宫廷贴用金云龙硃红福字绢笺、云龙硃红大小对笺，皆遵内颁式样、尺度制办呈进。其他则有五彩盈丈大绢笺、各色花绢笺、蜡笺、金花笺、梅花玉版笺、新宣纸。旧纸则有侧理、金粟、明仁殿、宣德诏敕；仿古则有澄心堂、明仁殿、侧理纸、藏经纸、宣德描金笺。外国所贡，高丽则有洒金笺、金龙笺、镜光笺、苔笺、咨文笺、竹青纸、各色大小纸；琉球则有雪纸、头号奉书纸、二号奉书纸、旧纸。西洋则有金边纸、云母纸、漏花笺、各色笺纸。又，回部各色纸、大理各色纸。此皆懋勤殿庋藏中之别为一类者。"[12] 其中的"绢笺"是一种裱有绢的厚纸；"新宣纸"，当是泾县宣纸。

泾县宣纸的品种亦较多，其中尤以胡韫玉《纸说·附宣纸说》（1923年）所述为详，此书年代虽然较晚，但大体上反映了清代中、晚期以后的情况。其云："泾县产纸之区，惟枫坑及大小岭与漕溪之泥坑……纸之种类，据县志所载，有金榜、璐王、白鹿、画心、罗纹、卷帘、公单、学书、伞纸、千张、火纸、下包、高帘衣诸名。千张、火纸以竹为之，下包、高帘以草为之，皆非上品不足论已。伞纸非文人之用。卷帘、连四、公单、学书不入书画之选。纸之佳者，厥为金榜、璐王、白鹿、画心、罗纹；罗纹近不常制。今纸统名画心，画心本澄心堂遗法，宜书宜画，为艺苑之珍宝。其长短有丈二尺、八尺、六尺、四尺之别；其厚薄有单层、双层、三层之异。"[5] 这大体上也是一种综合分类法，"宣纸"只是一个总名，具体品名则依配料、尺寸、厚薄、颜色、加工方法及用途等不同而异。可见此泾县宣纸有檀皮纸、草纸，也有竹纸及檀草混合纸。有高档纸、普通纸，也有不能入档的火纸、草纸。在高档的画心纸中，也有各种不同尺寸、厚薄之别。因其为民营，时代也不一样，故其纸品与前述贡纸亦存在不少差别。

二、原料选择

由于商品经济的发展，整个明、清时期，造纸原料的供应范围都远远超出了"就地取材"的模式，原料种类也更多。如雍正十年（1732年）《江西通志》卷二七"土产"载：广信府，"玉山县东北乡有楮皮纸，广丰东乡亦有之，其树皮俱出自湖广。铅山、贵溪二县有白鹿纸，煮竹丝为之，今铅山者佳；有高帘纸，俗名蓬纸。上饶县有黄白表纸，亦有四连纸，俱不甚佳。弋阳黄家源、石垅等处杂竹丝、荻蒿为纸，止（只）可祭神不可写字"[13]。此造纸原料提到了树皮、竹丝、荻蒿等；广信府造纸用树皮竟出自湖广，这种大范围的原料采购模式大约自明代以来便形成，清时得到进一步的加强和改善。

清代造纸原料主要是竹子和树皮，其次是草料和破棉布，麻类已经很少，藤皮基本上已经消失。

竹料。竹纸在清代已占主导地位，其主要产地依然是南方的福建、江西、浙江、广西等地，陕西南部也有生产。

乾隆二年（1737年）《福建通志》卷一一"物产·建宁府"："纸出建阳、浦城、崇安三县。又有稻稿纸出松溪。"[14]福建竹纸早在明代便已负盛名。此处虽未言明其以竹为原料，但下面紧接着便谈到了楮皮纸和稻草纸，故此为竹纸当无疑问。

雍正十年《江西通志》卷二七"土产"载：瑞州府，"竹纸即古之陟釐，有老大、中大、罗端、晒纸、火纸等名，出新昌"。南安府，"竹纸出大庾行路阬，其阬之水惟一处可造纸"。吉安府，"竹纸，泰和县出"[13]。

道光《广西通志》卷三一"物产"载："纸，各州县出。又竹纸出六峝，近设官厂，制颇洁。"[15]

严如熤《三省边防备览》（1822年）卷九"山货"载："纸厂，定远、西乡，（大）巴山（区）林甚多，厂择有树林、青石、近水处方可开设。有树则有柴，有石方可烧灰，有水方能浸料。如树少、水远，即难做纸……纸厂则于夏至前后十日内，砍取竹初解籜尚未枝者。过此二十日，即老嫩不匀，不堪用。其竹名水竹，粗者如杯，细者如指，于此二十日内，将山场所有新竹一并砍取，名剁料。"[4]这里谈到了设立纸厂的资源条件和砍取竹料的时间。

皮料。在用量上，树皮在此期大约是仅次于竹的造纸原料。江西、陕西、福建、广西、湖北等地都有出产。主要是楮皮，也有桑皮，泾县宣纸使用青檀皮。

雍正十年《江西通志》卷二七"土产"载：九江府，"楮皮纸出瑞昌，草纸出德安"[13]。

雍正十三年《陕西通志》卷四三"物产·纸"载："兴元府贡蠲纸，金州贡纸（'寰宇记'）。为纸则有楮构（《盩厔县志》），洋县出楮纸，构皮可作纸（《商州志》）。"[16]

乾隆二年《福建通志》卷一一"物产·建宁府"："纸被，以楮树皮为之。"[14]

雍正《湖广通志》卷一八"物产附"载：武昌府兴国州出皮纸，"火纸出各州县"[17]。

道光《广西通志》卷三一"物产·思恩府"载："榖纸，田州、土州各土司出，以榖木为之，因名。""草纸，旧城土司出。"[15]

泾县纸最初也是使用楮皮的，方以智《物理小识》卷八所说兴国、泾县绵纸，可能就是楮皮纸。宣纸使用青檀皮的记载始见于前引清光绪十四年《宣城县志·物产》条，说宣城、泾县、宁国、太平等县都用青檀皮造纸。檀有青檀、紫檀、黄檀三种，后二者不宜造纸。自然，始用青檀皮的时间当较此为早。有学者认为，大约清代中期，泾县纸中便掺入了部分稻草[18]。

麻料。我国古代麻纸主要产于晋、陕、川、甘等地，明、清时期，虽因棉花种植扩大，麻类种植面积减少，但麻纸在一些地方依然保存着。如雍正《山西通志》卷四七"物产·平阳府"载："绵纸，以麻为之，有尺样、双抄诸名，临汾、襄陵出。"[19]

草料。《浙江通志》卷一〇四"物产"引《山阴县志》云，绍兴府山阴县南池出草纸[20]。道光《广西通志》卷三一"物产·思恩府"载："草纸，旧城土司出。"[15]如前所云，福建松溪出稻稿纸[14]，江西九江府德安、抚州府崇仁出草纸[13]，陕西商南县出草纸[2]。

三、竹纸抄造技术

及至清代，竹纸在我国便占据了主导地位，技术上亦更趋成熟。

雍正十年《江西通志》卷二七"土产·广信府"引"府志拾遗"云："石塘人善作表纸，捣竹丝为之。竹笋三月发生，四月立夏后五日，剥其壳作蓬纸，而竹丝置于池中，浸以石灰浆，上竹榥锅煮烂，经宿，水漂净之。复将稿灰淋漉水，上榥锅煮烂，复水漂净之，始用黄豆泔注一大桶，榥一层竹丝则一层豆泔，过三五日始取为之。白表纸止用藤纸药，黄表纸则用姜黄细春末，称定分量。每一槽四人，扶头一人，春碓一人，检料一人，烘干一人，每日出纸八把。"[13] 此简单地谈到了砍竹时间、石灰水浸渍、榥锅煮烂、洗涤、加入黄泔、加入纸药、春料等工序。其中较值得注意的是，石灰水煮烂（一般都说石灰水蒸料）、黄豆泔的使用和黄表纸加入姜黄的工艺。

严如熤《三省边防备览》（1822 年）卷九"山货"条也谈到过竹纸工艺，而且所述较详："于近厂处开一池，引水灌入。池深二三尺，不拘大小，将竹尽数堆放池内，十日后方可用。其料须供一年之用，倘池小竹多，不能堆放，则于林深阴湿处堆放，有水则不坏，无水则间有坏者。从水内取出，剁作一尺四五寸长，用木棍砸至扁碎，篾条捆缚成把，每捆围圆二尺六七寸至三尺不等。另开灰池，用石灰搅成灰浆，将笋捆置灰浆内蘸透，随蘸随剁，逐层堆砌如墙。候十余日，灰水吃透。去篾条，上大木甑。其甑用木拚成，竹篾箍紧；底径九尺，口径七尺，高丈许，每甑可装竹料六七百捆。蒸四五日，昼夜不断火，甑旁开一水塘引活水，可灌可放。竹料蒸过后，入水塘，放水冲浸二三日，俟灰气泡净，竹料如麻皮，复入甑内，用碱水煮三日夜。以长铁钩捞起，仍入水塘淘一二日，碱水淘净。每甑用黄豆五升、白米五升，磨成水浆，将竹料加米浆拌匀，又入甑内再蒸七八日，即成纸料。取下纸料，先下踏槽。其槽就地开成，数人赤脚细踏后，捞起下纸槽。槽亦开于地下，以二人持大竹棍搅极匀，然后用竹帘揭纸。帘之大小，就所做纸之大小为定。竹帘一扇，揭纸一层，逐层夹叠，叠至尺许厚，即紧压。候压至三寸许，则水压净。逐张揭起，上焙墙焙干。其焙墙用竹片编成，大如墙壁，灰泥搪平，两扇对靠，中烧木柴，烤热焙纸。如细白纸，每甑纸料入槽后，再以白米二升磨成汁搅入，揭纸即细紧。如作黄表纸，加姜黄末即黄色。其纸大者名二则纸，其次名圆边纸、毛边纸、黄表纸。二则、圆边、毛边论捆，每捆五六合，每合两百张。每甑之料，二则纸可作三十捆，圆边、毛边纸可作三十五六捆，黄表纸论箱，每甑作一百五六十箱。染色之纸，须背运出山，于纸坊内将整合之纸大小裁齐，上蒸笼蒸干后，以胶矾水拖湿，晾干刷色。此造纸之法也。"[4]

此叙述了陕南竹纸生产的全过程，归结起来，基本工艺程序是：（1）清水浸料。竹料须浸泡十日，泡过后堆于林深湿处。所泡之料须足一年用。（2）石灰水浸泡，须十余日。浸泡前，竹料须剁断、砸碎、打捆。（3）木甑蒸煮，经五六日。（4）水塘浸泡二三日，以去除灰水。此时，竹料已如麻皮。（5）复入甑内，碱水蒸煮三日夜。（6）复入清水塘中淘一二日，淘净碱水。（7）复入甑，用黄豆浆和白米浆蒸煮竹料，经七八日，即成纸料。（8）入踏槽，数人细踏纸料。（9）入纸槽，搅极匀。若为细白纸，则须以二升白米磨成浆搅入；若作黄表纸，则加入姜黄。（10）捞纸。（11）揭纸、压干、焙干、打捆。（12）凡染色之纸，须裁齐、蒸干、拖胶矾水、晾干后方能刷色。

与前云明代造纸工艺相比较，有几点值得注意的是：（1）此以豆浆和米浆当作纸药用，而前云明代抄纸是以植物粘液作纸药的。（2）与前述明代竹纸工艺同样，此亦未说到日光漂白。（3）此焙纸用竹墙，前云明代焙纸用砖墙。（4）前面提到了水碓捣料，而此用人工以脚细踏。这种差别，很可能与各地自然条件、操作习惯和对产品质量的要求有关。前云明代江西造纸工艺，主要是指贡纸、高档纸，此陕南造纸工艺，大约主要指普通纸。

清黄兴三（1850～1910年）《造纸说》（约1885年）[21]亦曾较为详细地记载过清代浙江地区的竹纸技术，与明宋应星《天工开物》所述竹纸工艺相差不大，主要差别是《造纸说》提到了日光漂白工艺；今仅将有关文字摘录如下："造纸之法，取稚竹未栟者，摇折其梢，逾月斫之。渍以石灰，皮骨尽脱，而筋独存，篷篷若麻，此纸材也。乃断之为二，束之为包，而又渍之。渍已，纳之釜中，蒸令极熟，然后浣之。浣毕，曝之。凡曝，必平地数顷如砥，砌以卵石，洒以绿矾，恐其莱也，故曝纸之地不可[种]田。曝已复渍，渍已复蒸，如此者三，则黄者转而白矣。其渍也必以桐子若黄荆木灰，非是则不白，故二者之价高于菽粟。伺其极白，乃赴水碓舂之，计日可三石，则丝者转而粉矣。犹惧其杂也，盛以细布囊，坠之大溪，悬版于囊中，而时上下之，则灰汁尽矣。粲然如雪，此纸材之成也"。这里谈到了由砍竹到打浆的整个工艺过程，基本操作是：（1）砍下嫩竹。（2）以石灰水浸渍，并敲打成竹丝。（3）截断后打包又浸。（4）石灰水蒸料。（5）清水冲洗。（6）日光曝晒漂白。晒场宜砌以卵石，其上须洒绿矾，以防苔类滋生。（7）用桐子灰水或黄荆木灰水浸渍，并清水冲洗、日光漂白，如是者三次。（8）水碓舂之。（9）盛于细布袋内，在大江中冲洗。此纸材之成也。之后便可加入纸药匀浆抄纸。其中最值得注意的是日光漂白，这是前述多种文献皆未曾提到的。日光漂白无疑会提高纸的白度，但也会延长生产周期。竹纸日光漂白工艺使用稍晚，文献记载也较少，看来主要与漂白效果和生产周期等因素有关。接着其又简要地谈到了抄纸过程："其制，凿石为槽，视纸幅之大小而稍宽焉。织竹为帘，帘又视槽之大小，尺寸皆有度，制极精……槽帘既备，乃取纸材授之，渍水其间，和之以胶及木槿汁，取其粘也。然后两人举帘对漉，一左一右，而纸以成。即举而覆之傍石上，积石百番并醡之，以去其水，然后举而炙之墙。"

四、皮纸之抄造

清代皮纸主要有楮皮纸、桑皮纸、青檀皮纸等。楮皮纸工艺与明代相差不大，清雍正《江西通志》便曾大段引述过明《江西大志》中的皮纸工艺，且无任何补充。说明其变化不会太大。青檀皮纸主要用于宣纸中，下面再作介绍。今简单地介绍一下桑皮纸工艺。

清佚名《蝶阶外史》卷四"桑皮纸"载："永平之地多老桑，居人植此为业，而育蚕者颇少，大者蔽牛中车，材柔条脆，干摧为薪……而其利尤在皮，剥之、劚之、揉之、舂之成屑，焙釜中令热。拓石塘，方广数尺，浸以水，调以汁如胶漆。制纸者，刳木为范，罨蝦须帘，两手持范，漉塘中去水存性，复置石板上，时揭而曝之，即成纸矣。"[22]永平，在今江西南部的铅山县境。所述甚为简单，与一般皮纸工艺大体相类似。

五、泾县宣纸抄造技术

泾县宣纸质量较好，在国内外都享有崇高声誉。早在19世纪末至20世纪初期，日本人便对其工艺过程作了许多较为详细的调查和记录，并带走了许多极有价值的资料；但自清代中期以来，我国学者的记载却较少，且多较简单，其中较值得注意的是胡韫玉《纸说·附宣纸说》（1923年），在谈到泾县宣纸工艺时，其云："今则宣纸惟产于泾县，故又名泾县纸"。"其用料也，有全皮、半皮、七皮三草之不同。纸之制造，首在于料，料用楮皮或檀皮，必生于山石崎岖、倾仄之间者，方为佳料。冬腊之际，居人斫其树之四枝，断而蒸之。脱其皮，漂以溪水，和以石灰，自十余日至二十余日不等。皮质溶解，取出以碓春之。碓激以水，其轮自转，人伺其旁。俟其融，再漂再春，凡三四次，去渣存液。取杨枝藤汁冲之，入槽搅匀。用细竹帘两人共舁捞之。一捞单层，再捞双层，三捞三层，垒至丈许而榨。榨干，粘于火墙，随熨随揭，承之风日之处，而纸成矣"[5]。此"杨枝藤"应即杨桃藤。此简述了泾县宣纸工艺的全过程，谈到了原料选择、石灰水浸泡、蒸料和水碓春捣等。但不太全面，有的地方亦不太确切。如，其原料只提到了楮皮和檀皮，未说到稻草；未提到日光曝晒工艺；少记了一道蒸煮工艺，通常皮纸在第一次蒸煮后，都要再蒸一次或多次的；其说"垒至丈许而榨之"，垒得这样高是很难施压滤水的[23]。

近几十年来，我国学者对保留至今的泾县宣纸工艺作过许多调查。总体上看，其工艺程序与普通皮纸工艺并无太大区别，主要是精于加工和制作，并随着历史的发展，不断改善原料条件和各项操作工艺。其原料最初是楮皮，后用青檀皮，后来又在青檀皮中掺入了稻草。早期宣纸是不用稻草的，这不但成本较高，而且青檀皮纤维较长，纸质松软，纤维间孔隙较多，吸水性较强，对书画泼墨易产生不良效果；稻草虽纤维较短，强度较低，向来被人们视为低级造纸原料，但将其与青檀皮纸浆掺合后，却可填塞长纤维的孔隙，使整个纸浆纤维结合得更为紧密，且表面平滑均匀[18]。泾县宣纸掺用草浆的工艺约始于清代初年[24]。稻草的初始配入量只有10%，后来增加到了70%[25]。泾县宣纸工艺的基本特点，是用弱碱，如石灰、纯碱等对檀皮和稻草进行多次蒸料、多次曝晒，使非纤维素物质大部分去除，而其化学作用较为和缓，对纤维本身的损害较小。宣纸纸浆最初采用草木灰浸泡并蒸料，后采用湖南常德桐壳碱（主要成分是碳酸钾）；1893年后采用纯碱浸泡。往昔的纸浆漂白完全是曝晒，生产周期长达一年；1893年后辅之以漂粉精（主要成分是次氯酸钙）。漂粉精的缺点是易对纤维造成损害，从而失去了早期宣纸的优点[25]。

从保留至今的传统技术来看[25]，宣纸工艺是较为繁杂的，总体上可区分为制料和制纸两部分，而原料又包括青檀皮和稻草两种。

（一）制皮料

1. 制毛皮：（1）将二岁青檀枝条砍下，并扎成小捆；（2）入水锅蒸料；（3）清水浸泡。（4）手工剥皮。（5）打捆，是为毛皮。每100千克青檀枝条可得8~12

千克毛皮。

2．制皮胚：（1）清水浸泡约12小时。（2）置木桶中用石灰水浸泡，后堆置17天（热天）~40天（冷天）。（3）蒸皮。将前料直立地置于煐甑内，汽蒸10~12小时。（4）踩皮。将黑色的外皮踩松。（5）堆置，发酵4~10天，以去除部分非纤维素物质。（6）洗皮。（7）晒干，即皮胚。每100千克毛皮可得42~47千克胚皮。

3．制青皮：（1）碱蒸，经12小时。（2）洗去废液。（3）晒干。（3）撕选，撕成宽约4.7毫米的窄条，并将黑皮、斑纹皮、老皮选出。（4）日光漂白，至皮料两面均呈白色为止。此即"青皮"。每100千克皮胚约可得65千克青皮。

4．制燎皮：（1）碱蒸。（2）日光漂白。每100千克青皮可制得85~90千克燎皮。制燎皮是上等宣纸的特有工序，若为一般宣纸，此工序则可省去。

5．制皮料：（1）碱蒸。（2）洗皮。（3）榨干。（4）选皮，即将不洁之物选出。（5）碓皮，用人力或水力在石板上用碓将皮料击成饼状皮条。（6）切皮。因碓过的纤维有的依然较长，必需将之切断。（7）瓮内踩皮一小时。（8）洗料，以无白色污水流出为度。此即捞纸用皮料。

（二）制草料

1．制草胚：（1）选料。泾县宣纸主要用沙田稻草，须割去穗端和叶片。（2）以践碓将之春碎。（3）清水浸泡7~40天。（4）石灰水浸泡。（5）堆置发酵。（6）洗去灰渣。（7）晒干后，即为草胚。

2．制青草：（1）将草胚上的石灰抖掉。（2）碱蒸。（3）洗涤。（4）晒干后，即为青草。

3．制燎草：碱蒸，后经冲洗、摊晒后，即为"燎草"。

4．制草料：（1）用细木鞭子抽打燎草，以打掉部分石灰粒。（2）用竹筛将灰渣洗去。（3）用木榨将水分榨干。（4）将草料中的黄筋、未晒白的草料挑去。（5）用水碓或践碓入臼中春料，每臼须12小时；（6）倒入缸内人工踩料。（7）装入麻袋中冲洗以净。即为草料。

（三）制纸

1．制细料：（1）配料。将制好的皮料和草料依一定比例配合，皮料配比常为30%~80%。（2）用漂粉精补充漂白一次，使白度更高更均匀。（3）打槽，即入槽内进一步搅打纸料。（4）用细麻布袋滤干，即是细料，置缸中备用。

2．造纸：（1）将纸料和杨桃藤粘液调匀。（2）抄纸。普通四尺、六尺宣纸均由2人抬帘抄纸，最大的丈六宣纸则需14人合抄。（3）榨干。（4）烘纸块。（5）浇水。（6）分纸。（7）烘纸。（8）毛纸[25]。

戴家璋认为：保留下来的宣纸之工于制作，主要表现在三方面：（1）原料精于选择和加工。如檀枝须区分老嫩粗细，皮料须依厚薄长短分别捆扎，且须少破皮。（2）不管皮料、草料，均须再三灰水浸渍、蒸料、发酵、洗涤、选择。（3）不管皮料还是草料，均须日光漂白，任其雨淋日晒，不计时日，以白为度[18]。王诗文认为，传统宣纸的主要技术成就是：（1）使用皮料与草料的混合纤维，成功地抄出了高质量的书画用纸，既开拓了更为宽阔的原料资源，也弥补了单一原料在使用性能上的缺陷。（2）经过长期摸索，精选出了青檀皮和沙田稻草这两种较好的原料组合。（3）继承了我国古代手工纸特有的发酵制浆、石灰与碱液分级汽蒸、日光漂白等工艺，使成纸既便于书画，又耐久而不变形。（4）在草料准备时，先去除杂细胞较多的稻叶和草节，再用洗料和木鞭抽打的方式去除杂细胞，与现代机制纸的技术原理完全一致。（5）其使用的自然溪水不含或少含有害金属离子，为成纸的耐久性创造了较为有利的条件[25]。

第七节 印刷技术的发展

从管理体制上看，清代印刷业也可区分为官刻、坊刻、家刻三种，其中的官刻亦可区分为朝廷和地方官府两个级别。官刻和家刻通常都是非营利性的，坊刻则是营利性的。与前代不同的是：其朝廷内的印刷管理机构不再是国子监，而是武英殿；清代国子监印书较少，其主要是管理教育，并兼管书版贮存。

武英殿位于紫禁城的西华门内，约设立于康熙早期。于敏中《钦定日下旧闻考》卷七一载："增康熙十九年（1680年）始以武英殿内左右廊房共六十三楹为修书处，掌刊印及装潢书籍之事。"[1]依此，武英殿修书处应设于康熙十九年或稍前。在清代早、中期，清廷的典章、法令、御撰、钦定的经史子集等重要文件、书籍，几乎都是由武英殿出版的。这种版本世谓之"殿本"。殿本数量其说不一，张秀民认为是312种[2]。清代出版过不少大型图书，如《大清会典》、《大清一统志》、《佩文韵府》、《渊鉴类函》、《全唐诗》、《十三经》、《钦定古今图书集成》，以及汉文、满文《大藏经》等。其中大量的是雕版，也有不少木活字和铜活字版。朝廷积极使用活字印刷，这是清代的一个特点。

清代各地方官府都设有书局，可翻印殿本，也可自刻它书，其印本世谓之"局本"。在清代早中期，地方印书远无宋、明活跃，印书量亦较少，这显然是与清廷控制较严和文字狱等因素有关的。所以清代早、中期的官本，实际上主要是武英殿本。同治之后，地方出版业才有了发展，并出版过不少较有价值的图书。如同治六年（1867年）成立的金陵书局，便先后出版过《王船山遗书》、《文选》、《经典释文》、《百子全书》、《史记》、《天下郡国利病书》、《湖北通志》等。

由于战乱和文字狱的影响，民营出版业在清初受到了很大的摧残。直至乾隆末年，"山西一省皆无刻板大书坊，其坊间所卖经史书籍，内则贩自京师，外则贩自江浙、江西、湖广等处"[3]。乾隆过后才逐渐发展起来，且从规模和地域上看，都超过了历史上任何一个时代。清代早、中期时，民营作坊主要出版古代经、史、子、集类典籍和翻刻殿本；清代中、晚期之后，由于政策稍宽，戏曲、小说等类图书亦开始大量出版。此期民间印刷较为发达的地方是北京、苏州、广州，以及南京、杭州、江西、湖广等地。由于战争的摧残，福建建阳印刷业已经败落。

清代印刷技术的主要特点是：（1）雕版印刷在相当长一个时期内依然占据主导的地位，木版、石版、铜版都相当发达；及至清代晚期，雕版印刷业始才转衰。（2）木活字、铜活字都较流行，技术上也发展到了较为成熟的阶段；泥活字又再次兴起；不但局本、坊本、家本，而且殿本都使用过活字。（3）版画较为盛行[4]。

宋代便已负盛名的徽州墨此时依然保持着较高的发展水平，北京内务府"制墨工艺"除桐油外，还使用了猪油烟子制墨，且使用了熊胆、麝香、冰片等贵重药物作添加剂，清乾隆墨质量极佳，当与此有关[4]。但清代制墨技术创新无多，故今从略。

一、雕版印刷

雕版印刷在清代依然占有十分重要的地位，许多重要文档、大型著作，都是用雕版印刷的，其中包括御纂、御选、御注、御批、御定、钦定等名目。内府所刻有：《御定佩文韵府》106 卷（康熙五十年）、《工程做法则例》74 卷（雍正十二年）、《大清一统志》356 卷（乾隆九年）；武英殿刻有：《子史精华》160 卷（雍正五年）、《二十四史》3250 卷（乾隆四年）等[5]。《二十四史》之名即始于此①。乾隆时期刻书尤多，弘历当政六十年，据《殿板目录》所载，所刻经史子集有一百余种。在这些雕版中，凡乾隆十二年前刊印者，皆写刻工致、纸墨精良，堪称殿本极盛时代。因武英殿刻书较多，道光十四年时，北京国子监计贮雕版 64 种、149782 面；同治八年（1869 年），武英殿偶生火灾，200 年来所藏书版一炬荡然，唯存《二十四史》版片[2]。

清国子监刻书较少，今仅见北京师范大学图书馆存有两种，即康熙五十二年（1713 年）刊《韩子粹言》两卷，唐韩愈著，清李光地编；雍正十一年（1733 年）刊《朱子礼纂》五卷，清李光地编[5]。

由于清廷贵族文化专制主义的影响，清代的木刻图版印刷显得十分萧条。但此技术并未完全消失，不管殿本还是坊印本，也不管雕版还是活字版，都有木刻插图的，而且有的插图较多，亦较精美。如殿本《万寿盛典》一书，计 120 卷，其中的第 41 卷、第 42 卷全为插图，计 148 页，其内容是记录康熙圣寿盛典的场面，构图缜密、人物精丽。

活字印刷虽发明于宋，但直到清代中期，我国印刷业依然是以雕版为主的。此并非某人或某阶层不接受新事物，而是由我国国情、技术条件和汉字本身结构决定了的。雕版印书量较大，一次印刷过后，将印版保存起来，下次还可再用；中国人口众多，印本很快便会脱销，再版机会是较多的。但若要保存活字版，就有些不符经济原则。常用汉字大约 2～3 万个，若以活字印书，则需 10～20 万个或更多，是个巨大工程，倒不如雕木来得方便。现代金属活字生产技术引入后，此状况才得以根本改变[6]。

二、套色印刷

清代套色印刷虽不可与明代相比，但它依然保持着，不管文字还是版图，都有两色和多色套印的，饾版印刷得到了进一步推广。

（一）书籍多色套印。其中大家较为熟悉的例子有：乾隆时期出版的《雍正硃批谕旨》，计 112 册，朱墨套印。据《书林清话》卷八载，清代还有六色套印，如："道光甲午（1834 年）涿州卢坤刻《杜工部集》二十五卷，其间用紫笔者明王世

---

① 我国古代纪传体史书，至明总计已有二十一史。清乾隆时《明史》定稿，又诏增《旧唐书》、《旧五代史》，总计成为二十四史。

贞，用蓝笔者明王慎中，用朱笔者（清）王士禛，用绿笔者（清）邵长蘅，用黄笔者宋荦也，是并墨印而六色矣。斑斓彩色，娱目怡情。"[7]创多色套印点评的空前纪录。

（二）饾版印刷技术。如前所云，饾版印刷的主要技术特点是用套印方式复制彩色图画，获得与原画形神兼备的效果。清代饾版印刷继承了前代的传统，并有一定发展，大家较为熟悉的事例主要有：

《耕织图》，康熙五十一年（1712年）殿刻，其包括"耕"、"织"两大部分，各有图23幅，由内廷画家焦秉贵绘画，全部采用饾版印刷，是清代前期殿本饾版的代表作之一。

《芥子园画传》，计四集，前三集由收藏家沈心友发起并主持刻印，由画家王槩（1644~1700年）、王蓍、王臬兄弟三人负责编绘，由戏曲家李渔（1611~1679年）资助，并在李渔的金陵别居芥子园内刻印完成，皆采用饾版印刷。第一集出版于康熙十八年（1679年），其第一卷为文字，内容为"画学浅说"和"设色各法"；第二卷至第五卷为树谱、山石谱、人物屋宇谱和模仿各家画谱。第二集出版于康熙四十年（1701年），包括兰、竹、梅、菊四谱，每谱前皆有画法浅说。第三集出版于康熙四十一年（1702年），包括花卉草虫谱和花卉翎毛谱。此书是在沈心友所藏明末画家李长蘅43幅课徒山水画稿的基础上，经王槩兄弟整理，并增绘至133幅而成的。到了嘉庆二十三年（1818年），苏州书商将丹阳画家丁臬（1761~1826年）的《传真心领》和上官周的《晚笑堂画传》两部人物画谱等编在一起，以《芥子园画传》第四集之名出版，分为仙佛、贤俊、美人三谱，仍以饾版印刷。虽这第四集与前三集在编、绘、刻、印等方面全无关系，但其保留了前三集的原有风格，亦弥补了前三集缺少人物画谱之不足，故为后人所重。此套书前后四集，绘、刻、印三者都反映了清代饾版印刷的发展水平，刻和印都体现了原画的风貌[8][9]。

康熙年间还以饾版复制了明胡正言《十竹斋画谱》，但刻版、设色、用墨、用纸，皆远不如胡氏原印本精良[8]。杨绳信《中国版刻综录》所载清代套版本计43种，今藏于国家图书馆者计24种[10]。

（三）木版年画的兴盛

木版年画应是随着雕版印刷的发展而兴起的，今见最早的年画大约是1909年甘肃发现的《四美图》，为南宋平阳印制。明弘治至万历年间，年画印刷已较兴盛；清代初年，年画印刷便在许多地方发展起来，并成为一个独特的印刷门类，湖南、河北、浙江、江苏、福建、广东、河南等地都有木版年画雕印，其中最负盛名的是天津的杨柳青、苏州的桃花坞、山东潍坊的杨家埠三地。这种木版年画显然受到过明、清两代饾版印刷的影响，虽技术上并无太大成就，但其开创了一个新的印刷门类，使木版彩色印刷得到了更为广泛的普及，且在内容和用色上都形成了自己鲜明的特点。桃花坞年画最兴盛的年代是康熙至乾隆时期，其用纸幅面可达110厘米×60厘米，用色鲜艳，涂色巧妙，套印准确，成为精致的彩色印刷品。杨柳青一带至迟明代中期便有了年画作坊，但其绘画风格与桃花坞略有不同。杨家埠年画约始于清代初年，其早期印刷方法，是用雕版先印画面轮廓，再用手工涂上色彩，后来请杨柳青技师传授了饾版印刷，才进行了彩色套印。

三、木活字印刷的空前发展

木活字印刷在清代得到了空前的发展，因有清廷支持，官刻本、坊刻本、家刻本都有使用，几乎遍及各省。王士祯（1634～1711 年）《居易录》卷三四载："庆历中有毕昇为活字板，用胶泥烧成。今用木刻字，铜板合之。"[11]可知康熙时期木活字已较盛行，且成了活字印刷的主流。此"铜板"即王祯说的印盔、印框。

清代木活字的大量使用是乾隆刊行"武英殿聚珍版丛书"时开始的。"乾隆三十八年春，诏出内府所藏秘籍及徵天下遗书，与永乐大典中散见而世罕传本者，汇录为'四库全书'，择其尤者刊布海内。"[12]这最后一句，便是武英殿聚珍版之由来。当时鉴于出版《钦定古今图书集成》等的铜活字已改铸铜钱，而雕版又费工费时、耗资巨大，"武英殿聚珍版丛书"负责人金简便奏准清高宗使用木活字刊印；因"活字版"其名不雅，高宗特赐名"聚珍版"[12]。乾隆三十八年十月，金简上奏请准刻出大小木活字 15 万余；三十九年四月，又训示添备 10 万余字，计刻 25 万余活字。乾隆四十一年，《钦定武英殿聚珍版程式》一书出版，对两年多来木活字印刷实践进行了系统的总结，并以此为基础，提出了一整套工艺规范。其规范的"程式"分为 15 部分，即：造木子、刻字、字柜、槽版（植字盘、印盔）、夹条、顶木（填空材料）、中心木（中缝木）、类盘（检字盘）、套格、摆书（植字）、垫板、校对、刷印、归类（拆版并将活字入柜）、逐日轮转（交叉排字）[12]。甚为详明，相当完整，且与现代技术原理相符，在现代印刷厂中几乎都可看到类似的工艺规范[13]，这在中国印刷史、世界印刷史上都占有重要的地位。这种木活字的风采今日还可在不少影印本中看到，如 1995 年齐鲁书社出版的《四库全书存目丛书》子部第 117 册所收《格物麤谈》，原便是道光十一年六安晁氏木活字本。

金简造木子之法是："利用枣木解板，厚四分许，竖裁作方条，宽一寸许，先架叠晒（晾）干两面，用鑢（刨）取平，以净厚二分八厘为准，然后横截成木子，每个约宽四分。"将数十个木子（字坯）放在硬木制成的排槽内，以活闩挤紧，刨之以平槽口为度，使木子尺寸匀称统一。大木子尺寸为：厚 0.28 寸、宽 0.3 寸、长 0.7 寸。小木子厚长与大木子相同，唯宽只有 0.2 寸。大字用于正文，小字用于小注。凡刨必须轻捷。刨完后，再用标准的铜制大小方漏子逐个检验大小木子，视其尺寸是否符合要求。之后刻字。先将需刻的字写在薄纸上，再翻过来贴在木子上，形成反字迹，再置刻字床上刻字。之后再将刻好的字，依《康熙字典》分为子丑寅卯……十二部，排列入 12 个字柜中，每柜有 200 个抽屉[12]。

与王祯木活字工艺相比较，金简木活字工艺又有了不少改进，如：（1）王祯木活字是先雕成整块印板，之后再锯成单个活字的，故活字加工精度必然受到一定影响；金简活字是先加工成木子的，加工方法和尺寸都有严格规定，且有一个检验木子的程序，故活字加工精度较高，使印刷质量有了较好的保证。（2）王祯之法以旋转字盘来贮字和捡字，一人管两个字盘，劳动强度较大；其字依音韵排列，对操作人员要求较高。金简之法是以木柜抽屉贮字的，各字依部首、偏旁及笔画顺序排列，故粗通文墨之人便可操作。排版时，先有一人捡字置于托盘上，另一人依书稿唱字，捡字人再将活字交植字工排版，分工更细，减轻了劳动强度，提高了工作效率。（3）王祯用一次排版法，将活字、边框、行格都放在印版上，一次印成；

金简以两次套印法，先用雕版印出版框、版心、行格，之后再将此种印有版框等的纸覆印到活字印版上，再印出文字，虽多了一套工序，却更清晰规整，犹如雕版[14]。(4) 各项操作考虑得更为周密，亦较科学。如其"刷印"条载："如遇溽暑天气，刷书时木子渗墨微涨，即略为停手，将版盘风晾片刻，再为刷印。"这就保证了印刷质量[13]。可见，在活字制作、捡字、排版、印刷等方面，金简都有了不少改正。木活字印刷在清代获得了较大发展，与技术上的改进是密切相关的。

据陶湘《武英殿聚珍版书目》（1938 年）统计：自乾隆三十八年（1773 年）至乾隆五十九年（1794 年），武英殿依"聚珍版程式"之法，计用木活字刊印了经、史、子、集各类书籍 134 种，2390 卷，1423 册，约 3358 万字[15]。在活字版未成之前，武英殿曾刊印过 4 种雕版本；嘉庆年间，武英殿又排印过 8 种木活字本，世谓聚珍版单行本[13][15]。这是殿本使用木活字的部分情况。

在清廷的支持和殿本的影响下，木活字印刷在坊本、官局本中也兴盛起来，而且坊本也采用了"聚珍版"的工艺规范，其中年代最早的是程伟元的萃文书屋，其在乾隆五十六年(1791 年)时便用"聚珍版"规范排印了《红楼梦》，这是《红楼梦》最早的印本。杨绳信《中国版刻综录》一书载有清代木活字印本计 211 种，多数都是坊印本，如道光十一年六安晁氏刊印的《学海类编》807 卷（清曹溶编，陶樾订，今藏国家图书馆）、嘉庆二十四年（1819 年）海虞张氏爱日精庐印《续资治通鉴长编》520 卷（宋李焘撰）。清代木活字版虽然较多，但在整个出版物中所占比例依然是较小的[14]。

四、铜活字印刷的空前发展

铜活字印刷在清代也得到了空前的发展，虽其印本种类不是太多，但印书量却是不少的，而且官本、坊本都有使用。

今见传世本中，年代较早的清铜活字本是康熙二十五年（1686 年）《文苑英华律赋选》四卷，封面左下题"吹藜阁同板"五字。此书为虞山钱陆灿选，其在"自序"中说："于是稍简汰而授之活板，以行于世。"[16]这也是清代坊本中年代较早的铜活字本，"吹藜阁"当为常熟书坊[17]，国家图书馆善本部曾有珍藏[10]。但清代最为著名的铜活字印刷工程是雍正四年(1726 年)至六年内府排印的《钦定古今图书集成》一万卷，目录 40 卷[10]；书中文字用铜活字排版，插图用木板刻印。因"武英殿聚珍版丛书"所刻木活字为 25 万余，其卷数不及《钦定古今图书集成》的 1/4，故今有人估计，《钦定古今图书集成》的铜活字数应达 100～200 万个[14]。至于此书当时的印数，则一直存在不同说法，其中较为流行的是 66 部，但今国内外所存约 12 部。这是当时世界上规模最大的百科全书，也是印刷史上的空前壮举。杨绳信《中国版刻综录》所载清代铜活字版书计 8 种，其中国家图书馆藏有 4 种，除《文苑英华律赋选》、《钦定古今图书集成》外，还有乾隆十六年梁诗正《西清古鉴》等，后二者皆内府所印。

此内府铜活字自然也是铸造的，而且清人早有说明。吴长元（1743～1800 年）《宸垣识略》（1788 年）卷三云："武英殿活字板处在西华门外北长街路东。长元按：活字板向系铜铸。为印'图书集成'而设康熙中。"[18]此"向系"二字对我们了解明、清两代铜活字工艺都是很有帮助的。

《钦定古今图书集成》出版后，其铜活字便未再用。后因丢失过多等原因，乾隆九年，剩余的铜活字和铜盘便被投入洪炉铸钱。但铜活字印刷技术并未因此中断，许多地方仍在使用。杨绳信《中国版刻综录》一书便载有道光和光绪年间的铜活字本，如福州林春祺福田书海于道光二十八年（1848 年）印《音学五书》五种（清顾炎武撰），北京都宝堂于光绪七年（1881 年）印《书经》六卷（宋蔡沈集传）等。

五、泥活字印刷的空前发展

泥活字印刷虽宋代便已发明，宋、西夏、元都在使用，但使用量一直较少，明代甚至鲜见提及，清代就发生了变化，并在道光时获得了空前的发展。今在天津、湖南、安徽等地都发现过与泥活字印刷有关的实物。具体实例主要有：吕抚活字泥版、李瑶活字泥版、翟金生活字泥版印刷。此三例中，吕抚活字泥版印刷留下过不少文字资料，翟金生活字泥版印刷则留下过一些实物资料，李瑶活字泥版印刷则两种资料都不太多。此三种活字泥版印刷约包括两种不同的工艺类型：甲、活字活版印刷。其操作程序是：（1）寻找现成的木质雕版（阳文反书）。（2）利用木质雕版复制出泥质活字母范（阴文正书）。（3）利用泥质活字母范制作出泥质活字（阳文反书），以供印刷之用。翟金生的印刷工艺即属此类。乙、活字整版印刷。其操作程序是：（1）亦是寻找现成的木质雕版（阳文反书）。（2）利用前版复制出泥质活字母范（阴文正书）。（3）利用泥质活字母范制作整张泥质印版（阳文反书）。吕抚印刷工艺即属此类。可见这两种印刷工艺的共同点是：其最早得到的泥质活字母范（阴文正书）都是从现成木质雕版上复印下来的，而不是直接在泥坯上一枚一枚地雕出的。不同处是：吕抚印刷工艺中，唯"阴文正书字范"是单个的，实际印刷的"阳文反书"字却是整块泥版；在翟氏工艺中，"阴文正书字范"和"阳文反书字"都是单个的。下面分别介绍。

（一）吕抚活字泥版

吕抚（1671 ~？年），新昌秀才，他自制泥质活字 7000 个，并于乾隆元年（1736 年）刊印了自己的著作《精订纲鉴二十一史通俗衍义》二十六卷，四十四回，首一卷。天津图书馆珍藏有此书[19]。

对其印刷工艺，《精订纲鉴二十一史通俗衍义》卷二五（第四十二回）曾有详细介绍："抚因思一法，以杭米粉和水捻成团，如梅子大，入滚汤内煮令极熟。去汤，用小木捶练成薄糊，待牵丝不断，以大梳梳弹过新熟棉花，和匀；乃和漂过燥泥粉，放厚板上，用斧杵千百下，宁硬无软。用两开方铜管，借他人刻就印板，或照《字汇》将要字另刊，挤印造成字母，如图书状，阴干待燥。照《字汇》分行分格排定，面写本字，以便寻印；背写行格马子，以便退还。然后以熟油桐练漂过细泥，用斧杵千万下，宁燥毋湿。待极粘腻，屈丝不断。将油泥打成薄薄方片，用飞丹刷格板，以泥片印成细格，乃用木板刷薄油一层，以泥片切齐铺板上。先做外方线，撮字母，依书样用尺用线照格逐字印之，其字母有高者，用砖略磨平之。印以平直为主。每印一行，用刻字小刀割清一行。若有歪邪，用字母套移端正，再用平头小竹针于空处筑实，用笔涂桐油做圈点。待坚燥讫，用沙纸沙平刷印。价甚廉而工甚省……姑试为之，坚如梨枣"[19]。

这里系统地谈到了制字和印刷的基本过程，虽然稍长，却是我国古代泥活字印刷工艺中难得的文献。基本程序是：（1）配制"字母"（字范）用"泥"。此泥由澄清泥粉、秫米粉、新熟棉花配合而成。（2）练"泥"。秫米粉须和水，并捻成团，再煮熟、捶至牵丝不断；棉花须是弹过的新熟棉花；原泥须是澄清过的燥泥粉。三物和好后须用斧杵千百下。（3）制作"字母"，即用挤印法复制"阴文正书字范"。以现有雕版为字模，挤印而成，即文中所云"借他人刻就印板"、"挤印造成字母"。现成雕版中没有的字，便照《字汇》另行刊刻出阳文反字，再用挤印法复制出字母来。其中的"两开方铜管"便是挤印字母的主要工具。"如图书状"，当指字形言。（4）将字母（阴文正书字范）依《字汇》排好，面写本字，背写行格编号。（5）练制泥质印版用泥。要点是以熟桐油捣练澄清过的细泥，用斧杵千万下，宁燥毋湿，至屈丝不断。值得注意的是，此泥的配料和制作工艺与"阴文正书字范"都有差别。（6）以一个一个的字母（阴文正书字范）排版、制版。先将油泥打成薄片，用刷有红色颜料（飞丹）的格板在泥片上印出格子，后将此印有格子的泥版铺于刷有薄油的木板上，并在此泥版上用字母印字。印完一行再一行，最后成为一整块泥质印版。文中即"将油泥打成薄方片"至"做圈点"17句。（7）阴干印版，印刷。即"待坚燥讫"以下两句。可见，此吕抚活字泥版印刷工艺，是用木质雕版（阳文反书）复制出泥质活字母范（阴文正书），用活字母范复制出整块泥版（阳文反书），作整块泥版印刷的。其只有一个个的"泥质阴文正书字范"，而无一个个用于印刷的"泥质阳文反书活字"。此工艺与通常的木活字、铜活字，以及毕昇泥活字和下面将要说到的翟金生泥活字工艺都有一些不同。因名之曰"泥质活字整版印刷"。此法的优点是：（1）因"借他人刻就印板"造字，就省去了雕造活字的繁杂工序。（2）其一个个的阴文正书字母只用于复制阳文反书的印版，就减少了字母受磨损的次数。一套印版只能印刷一种书，而一套阴文母范却可复制多套印版，从而延长了字母范的使用寿命，也就提高了生产率。类似的复制工艺显然是从青铜铸造的制范工艺中援引过来的。

另外，吕抚还对有关操作步骤和工具作了进一步的说明。其中较值得注意的是"两开方铜管"：其"总形，竹针形。此竹针两头平，一头大一头小；须于铜管内面可行，不大不小方妙……铜管分形：外边中间有耳，以便开合。内边中间外面为雌雄笋（榫），犬牙相挽，拿紧方不参差。将铜管擗开，入秫米粉糊，所取泥条在内，叩在印板字上，将平头方竹针揿下，即成阴文字一个，待阴干后，晒极燥听用"。此虽说得不十分明白，但对我们了解字母的复印技术仍有一定帮助。

关于此工艺的生产效率，吕抚说："大抵一人撮，二人印，每日可得四页。率昆弟友生为之，不用梓人，虽千篇，数月立就。士人得书之易，无以加于此矣"。

（二）李瑶活字泥版

李瑶（1790～1855年），苏州人，寓居杭州。道光十年（1830年），其用自制泥活字刊印了《南疆绎史勘本》58卷，80部。此书实为南明史，清初温睿临著；李瑶校订、补充，并在杭州刊印。书的扉页背后印有"七宝转轮藏定本"、"仿宋胶泥板印法"篆文2行。孙殿起（1894～1958年）《贩书偶记》（1936年）也曾著录过此书："《南疆绎史勘本》五十八卷，乌程温睿临原本，吴郡李瑶勘定，道光十年七宝转轮藏本，仿宋胶泥版印活字本。"1980年，湖南省图书馆亦发现一部[20]。

道光十二年（1832 年），李瑶又在杭州校订，并用泥活字印制了《校补金石例四种》[21]。此书包括元潘昂霄《金石例》及清人对它的补充。李瑶在"自序"中说："余乃慨然思其广传，即以自治胶泥板，统作平字搨之，且以近见吴江郭氏祥伯之《金石例补》补之。"书前题有"七宝转轮藏定本，仿宋胶泥版印法"（篆字）。今国家图书馆藏有此书[10]。

　　（三）翟金生活字泥版

　　翟金生（1775～1860？年），字西园，秀才，安徽泾县人，好诗画，对泥活字潜心研究了三十年，制作了十万多枚，并与其子、孙、内侄等，先后用它印刷了《泥版试印初编》[22]、《牡丹唱和诗》、《仙屏书屋初集》、《修业堂初集肆雅堂诗钞》、《水东翟氏宗谱》等书，其中有翟金生自己的著作，也有友人著作。《泥版试印初编》是翟金生的诗文和联语集，道光二十四年（1844 年）印成，翟金生时已七十高龄；虽少数字迹方向有些偏离，但纸墨清晰，笔画工整。十分可惜的是，该书对泥活字工艺并无详细描述，只有少数几处提到过与泥活字有关的事。如书中有"泾上翟金生西园氏著，并自造泥字"等字样。作者在"自序"中说："调泥埏埴，磨刮成章，制字甄陶，坚贞拟石。"翟金生在所作《泥版造成试印拙著喜赋十韵》诗中说："卅载营泥版，零星十万余。坚贞同骨角，贵重同璠玙。直以铜为范，无将笔作锄。"璠玙，鲁之美玉。《仙屏书屋初集》为友人黄爵滋的诗集，道光二十七年（1847 年）排印，封面印有"泾翟西园泥字排印"小字两行。《水东翟氏宗谱》是明嘉靖年间（1522～1567 年）翟震川修辑的翟氏家谱，封面左题"大清咸丰七年仲冬月泥聚珍重印"一行。

　　《泥版试印初编》一书对有关工艺并无专门记述，值得庆幸的是其有数千枚泥活字流传了下来，并为中国科学技术大学、安徽省博物馆等单位和某些收藏爱好者所得。这数千枚泥活字约可分为大小五种类型，其中 1、2、4 号为方字，3 号为长方字，5 号为圆圈号。1 号字的长、宽、高分别为 0.9 厘米、0.85 厘米、1.2 厘米，4 号字的长、宽、高分别为 0.4 厘米、0.35 厘米、1.2 厘米。各字型皆为宋体，绝大多数都是阳文反书，圆圈号可作句号和逗号用，另有少量白丁和 5 枚阴文正书字范。此 5枚字范适与另 5 枚阳文反书活字相吻合。显然，此"阴文正书字范"是用来复制阳文反书字的，它多数是在木质雕板（阳文反书）上复印而成的[24]。

　　一般认为，翟金生胶泥活字印刷工艺的基本步骤是：（1）选择并加工好胶泥。（2）在现成的雕版上复制出"阴文正书字范"（图 9 - 7 - 1）。现成雕版中没有的字便可重新雕刻。（3）将"阴文正书泥质字范"作风干、焙烧处理。温度可达 870℃，多数为 500℃左右。（4）在焙烧过的"阴文正书泥质字范"上，用胶泥复制出"阳文反书的泥活字"来，风干后，并在与前相同的温度下焙烧，制成用于印刷的阳文反书泥活字。（5）用阳文反书的泥活字排版、印刷。为此，有关学者还进行了模拟试验[24][25]。与这种泥活字制作法相类同的工艺在古代铜铁器铸造中常可看到，且往往较此更为复杂。自然，翟氏泥活字也具有吕抚泥活字的优点。

其制作出了大批阳文反书泥活字，与吕抚法各有千秋①。

翟氏练泥法不详。从科学分析来看，其胶泥是一种含 SiO_2 稍低、Al_2O_3 稍高的粘土，具体成分为：SiO_2 54.5%、Al_2O_3 26.68%、Fe_2O_3 9.58%、TiO_2 1.06%、MnO 0.08%、Na_2O 1.08%、MgO 1.93%、K_2O 2.43%、CaO 0.26%。烧成温度为870℃左右[24]。与商、周灰陶相比较，此组分含铝量稍高，含硅量较低，故其烧成温度应当稍高。显然，在870℃以下，此胶泥并未陶化，基本上仍属泥质。值得注意的是其钙镁量较低，因 $CaCO_3$ 和 $MgCO_3$ 加热过程中会发生分解而引起体积疏松，钙镁量低便减少了这一变化所造成的影响。显然，这种成分是经过了选择较好的。

图 9-7-1 翟金生泥活字范
采自中国历史博物馆等编《中国古代科技文物展》，朝华出版社，1997 年

从现代技术原理看，笔者认为泥活字的成分应具备下列几个基本条件：（1）含铝量稍高，如大于25%；含硅量稍低，如小于55%。以保证活字有足够的强度。（2）$CaCO_3$ 和 $MgCO_3$ 总量不宜太高，如总量小于0.5%左右；以减少碳酸盐分解而引起的结构疏松。（3）熔剂总量不宜太高，以提高其烧结温度。（4）泥活字之煅烧，实际上是低于成陶温度的焙烧，主要目的是释放加工过程中产生的结构应力、脱水、部分碳水化合物分解等。此阴文正书字范、阳文反书泥活字，在技术要求和加工工艺上，与金属铸造用泥范都有不少相似之处。

与木活字相比较，泥活字的优点正如《泥版试印初编·包世臣序》所云：木活字"排成版片印及二百部则字划胀大模糊，终不若泥版之千万印而不失真也"。

六、关于"磁活字"

在清代文献中，至少有两例资料，即泰山徐志定"泰山磁版"、益都翟进士"青磁《易经》"都涉及到了"磁（瓷）活字"的问题，但类似的工艺在传统技术中尚未看到，也未曾得到过科学分析的证实。我们认为，它很可能依然还是一种泥活字，或半陶态的活字。因这两例资料广为学术界关注，今简述如下。

（一）徐志定"泰山磁版"

国家图书馆藏康熙五十八年（1719年）泰山徐志定（1690~1753年）印《周易说略》四卷，清张尔歧撰[5]。版框上有"泰山磁板"4字，印者在"跋"中云："戊戌（1718年）冬，偶创磁刊，坚致胜木，因亟为次第校正。逾己亥（1719年）春，而《易》先成"。其下落款为："康熙己亥四月，泰山后学徐志定书于七十二

---

① 当然，翟金生泥活字制作工艺还存在另外一种可能，即部分泥活字可能是在雕版上，或木活字上复制出来的，而另一部分则可能是直接在泥丁上刻出的，且数量较大。不然，目前发现了一千多枚翟氏泥活字，为何只有5枚为"阴文正书字范"，而绝大部分皆为"阳文反书活字"？

峰之真合斋。"此事在当时便引起了学术界的注意。金埴（1730～1795年）《巾厢记》（约1760年）载："康熙五十六七年间（1717、1718年）泰安州有士人，忘其姓名，能锻（煅）泥成字，为活字板。"显然，这两条文献说的都是同一件事情，虽金氏忘其姓名，但从时间、地点上考察，其所指"士人"为徐志定是无疑了的。

学术界对"泰山磁版"的真实含义历来便有不同意见，陶宝成[26]、魏隐儒[21]认为它是整块的瓷雕版，因保留下来的印本中，发现个别文字断裂和版面断裂。张秀民则认为其依然是泥活字，"是泥字上过釉的"。理由是：瓷不易着墨，大张的瓷版难制[23]。同时，金埴也说它是煅泥而成的活字板。潘吉星则认为它是白陶活字，因当地出产高铝质瓷土，经煅烧后，活字便成了坚硬的白陶[27]。我们倾向于张秀民之说，认为它既非瓷，亦非陶，而是含铝量稍高的泥质或半陶质。其与陶、瓷的区别是：煅烧温度稍低，未达成陶、成瓷的温度范围，且未必上釉。高铝质瓷土经焙烧后，质地洁白坚硬，似瓷而非瓷。因从现代技术原理看，要制成陶瓷印刷活字是不易的，因在烧造过程中，要发生一系列的物理化学变化，从而会引起一连串的体积变化，若含碳酸盐稍高时，还会有物质的分解，这都会影响到活字笔画的准确性和清晰度，施釉后会在更大程度上影响到笔画的清晰度。所以，窃以为"泰山磁版"应即是白泥活字版。其与铸造行业中的陶范相类似，名为陶范，实为泥范或半陶范。当然，这都是一种推测，需用试验来证明。

除《周易说略》外，国家图书馆还藏有雍正八年（1730年）徐志定印《嵩庵闲话》两卷，清张稷若撰。学术界亦定之为"磁活字"版[5]，看来同样应是白泥活字版。

（二）益都翟进士某"青磁《易经》"

清初王士禛《池北偶谈》（1691年）卷二三"瓷《易经》"载："益都翟进士某，为饶州府推官，甚暴横。一日集窑户造青磁《易经》一部，楷法精妙，如西安石刻'十三经'，式凡数易然后烧成。"[28]

对此"青瓷《易经》"，学术界也有不同说法，张秀民认为是青瓷器，工艺"可能是把文字写在磁板上，加釉烧制而成"[23]。与"泰山磁版"同样，潘吉星认为它"仍然是以制青瓷的瓷土素烧成的陶活字排版印成"的书，而"不是挂青釉的瓷雕版或瓷活字印本"[27]。我们的看法是：（1）此"青瓷《易经》"原不是书，而是刻有部分《易经》的器物，可能为板状或其他形状。原文并未指明它是书，而只说其"如西安石刻'十三经'"。（2）其文字若为写上去的，便不宜与西安石相比，故应是刻上去。（3）其胎的成分可能与瓷器相同，表面可能施有一层薄釉。但烧成温度难以分辨，似不应烧到瓷化，因瓷化后便很容易造成棱角模糊。

七、锡活字和铅活字

（一）锡活字

锡活字印刷早在元代便已发明，但因难于使墨，率多印坏而未能推广；明代的华燧大约也曾使用，但数量较少。清代之后，在木活字、铜活字大量使用，泥活字复兴的情况下，锡活字也再次被人使用起来，但其数量依然是较少的。

据美国卫三畏（S. Wells Williams）的记载，广东佛山一位唐姓印刷工人，为了印刷用于赌博的彩票，于道光三十年（1850年）开始铸制锡活字，前后铸了三副，一副扁体字，一副长体大字，一副长体小字（作正文小注用），字数超过20

多万个。其范铸法的工艺程序是：（1）先刻出活字的木模，为阳文反书。（2）用木模翻制澄清泥的铸范，为阴文正书。（3）用泥范浇出锡活字，为阳文反书。（4）修整锡活字。为节省金属，其锡活字高只有 4 分多。咸丰二年（1852 年）刊印了元马端临《文献通考》348 卷，凡 19348 面，字迹清晰，笔画刚劲，排列规整，一如雕版。其铸字、排版、着墨技术，都达到了相当高的水平。这是世界印刷史上的第一个锡活字本[29]。此活字成分不明，估计为锡基合金。

（二）铅活字

我国古代关于铅活字的明确记载始见于明，及清便有了一定的进步。清魏崧《壹是纪始》（1834 年）卷九载："活板始于宋……明则用木刻，今又用铜、铅为活字。"由这段记载看，在鸦片战争前，可能我国一直有人在使用铅活字，而且是国人自己铸造的。英国人在香港铸造铅活字是 1851 年之事[30]。此外，光绪十三年（1887 年），淮安王锡祺依然使用传统之法自铸过铅活字，并用它补正了友人潘德舆的《金壶浪墨》，前此，此书曾用铅活字刊印过[29]。这些铅活字的成分和工艺，皆详情不明，但有一点可肯定的是：不应是纯铅，而应是一种铅基合金。因西洋铅活字在生产率等方面技高一筹，遂使传统的活字工艺为西洋之法取代。

第八节　火药火器技术的发展

后金擅长弓马骑射。有鉴于 1626～1627 年两次进攻宁远等地时，皆败于明朝火器的深刻教训，皇太极等人才感到了火器的威力，并于 1631 年开始了对它的仿制。之后，火器在对明战争、平三藩、平定准噶尔叛乱、反对沙俄入侵的雅克萨之战中，都起到了十分重要的作用。自康熙后期，因战事平息，火器研制渐少；雍正朝则重弓马箭矢而轻火器；乾隆时期，更是墨守成规；雍、乾二代，所制新炮皆少。嘉、道之后，境况日下。有清一代，火药火器技术除承袭明朝旧制和部分仿自西洋者外，自身并无多大建树。值得注意的是，康熙时期，戴梓发明了连珠火铳；19 世纪早期，火药配比技术有了一定提高。鸦片战争前后，在"师夷长技以制夷"的思想指导下，陈阶平配制了较好的火药，丁守存试制成功自来火药，龚振麟、丁拱辰等对火炮技术的改进也都作出了一些积极的贡献。

一、清代早、中期的火药技术

清代早、中期硝、硫、炭加工依然是传统的手工操作，较明代并无多大进步。（光绪）《钦定大清会典事例》卷八九五"工部·军火·火药二"载，嘉庆二十三年（1818 年）工部定制，谈到了硝、磺、炭的加工工艺："配造军需火药，先期熬硝，每锅一百二十斤，去其矾碱，入小铁锅内，候冷扣成硝它（原注：演放火药不扣硝它）。又将净磺块碾干，用细绢罗筛成细磺面。又将柳木炭入窑烧红，以无烟为度，窑口覆大铁锅，封三日取出，入大铁槽碾轧，用极细绢罗筛成极细炭面。"[1]"它"，硭。

接着，同书同卷还谈到了军用火药的合成工艺："先以炭面、磺面搅匀，入会药库缸内，倾入硝水，以木楸搅匀如稀泥，晾冷定干。用小觉罗盛三十五斤，放石碾上碾轧，不时泼水，俟碾轧三次（演放火药碾轧一次）。每夫一名发给二十五斤（演放火药发给三十五六斤），分五六次做。入大囤罗内，用木棒打过，手搓成珠。粗筛筛下细珠，又用马尾罗筛去其面（演放火药不用马尾罗），然后方成火药，用布袋装储。奏派大臣点检，存备库仓"[1]。

接着，同书同卷还谈到了当时军需火药配比："凡配药百斤，计用熬过净硝八十斤（仍熬化成水），炭面十二斤八两，磺面十斤，共一百二斤八两（二斤八两预备抛洒）"[1]。换算成百分比成分则为：硝 78.05%、硫 9.76%、炭 12.20%。这是清嘉庆年间的标准火药，较明末清初有了改正。这自然也是通过反复试验、反复实践总结出来的。《嘉庆大清会典事例》卷六八六载："（康熙）三十一年题准，八旗试演枪炮火药，移濯灵厂贮取用。"此"试演"，便是一种试验、演习。我国古代冶金、陶瓷、造船、建筑、火药火器等技术，一直都有试验的习惯，前面亦曾多次提及。

19 世纪初叶，英国人便采用了先进的加工设备对硝、硫进行了化学提纯，并用蒸汽动力机械对原料进行了粉碎和拌匀。按歇夫列里于 1825 年提出的化学反应式，配制成了枪用发射火药和炮用发射火药，此两组火药硝:硫:炭 的比例分别为75%:10%:15% 和 78%:8%:14%。这两组配比便成了各国采用的标准。

直到清代后期，我国的火药加工依然是采用传统的工艺。据（光绪）《钦定大清会典事例》卷八九七"工部·军火·火药四"载，同治六年（1867 年），陕西省聘请上海良匠配制火药时，其原料加工为："每百斤用上好石硐硝，以水胶、糟水、罗卜汁、鸡蛋清各提煮一次，又用清泉水提煮三次。以舌舐，无盐卤味为率。渗干，取用牙硝八十斤。硫磺以牛油提煮一次，澄干，取用磺梢(硝)十斤。柳炭去尽皮节，加茄麻杆灰，共十斤。"[2]前后如此六七次。可知中外火药技术已存在巨大的差距。

二、清代早、中期的火器技术

清代的火药、火器生产，一直是与政治军事形势密切相关的。清军入关后，便命各旗在北京设立炮厂和火药厂，从事火炮和火药生产。《嘉庆大清会典事例》卷六八六载："顺治初年，工部设濯灵厂，委官制火药……厂设石碾二百盘……予贮军需火药，以三十万斤为率，随用随备。"可见国家生产和贮备了不少火药。康熙初年，南明灭亡，战事减少，火药、火器制造便回复到了正常状态。此时的火炮主要由北京的三个造炮处，即紫禁城养心殿、景山、铁匠营生产。前者是朝廷的主要造炮地，凡重要火炮均需由皇帝指派官员督造，后二者属工部。各地只能制造火药、鸟枪和轻型火炮，事前均须兵部、工部核准。

康熙十二年(1673 年)之后，三藩相继叛乱，玄烨决定武力平叛。并于次年八月"谕兵部：大军进剿，急须火器，着治理历法南怀仁①铸火礟，轻便以利登涉"[3]。据《嘉庆大清会典事例》卷六八六所载，由康熙十四年至六十年，新铸炮数至少达 843 位，其中十四年铸大炮 80 位；十五年铸大炮 52 位，钦定名号"神威无敌大将军"；同年并造木镶大炮 20 位；十九年造鋄金龙炮 8 位；二十年造铜炮 240位，钦定名号为"神威将军"；二十四年造铁心铜炮 85 位、铁奇炮 1 位；二十五年造鋄金龙炮 1 位；二十六年铸炮 5 位，钦定名"威远将军"（即冲天炮）；二十

---

①　南怀仁，Ferdinandus Verbiest，1623～1688 年，比利时人，1657 年来华。因其通晓多门科学技术，颇受玄烨重视。

八年造大炮 61 位，钦定名为"威武永固大将军"；又改造木镶炮 80 位，钦定名"神功将军"；二十九年造铁子母炮 202 位、铜冲炮 8 位；三十四年造铜炮 48 位，钦定名"制胜将军"；五十七年造威远将军铜炮 10 位；五十八年造威远将军铜炮 16 位；六十年造铁子母炮 6 位。若新铸炮加上改造木镶炮，则至少 923 位，这数量是不小的。这 900 多位炮大体可分为三种类型，即：（1）重型火炮，如神威无敌大将军、威武永固大将军、木镶铜炮、九节十成炮等。1975 年齐齐哈尔发现神威无敌大将军炮一门[4]。（2）轻型火炮，如神威将军炮、龙炮、奇炮等，多用于野战。（3）短管炮，如冲天、威远将军炮（冲天炮）等。其中有铜质，也有铁质。值得一提的是威远将军炮，其射程是由装药量和初射角决定的；射 200～250 步时，用药一斤；300 步时增 2 两；射二三里时用药 3 斤。并使用了炮尺（角度尺），"其最远在炮尺四十五度，本度上下若干，即减远若干"[5]。因其系南怀仁指导下铸造的，自然采用了西方的技术成果。

雍正、乾隆时期也曾铸炮，但数量和次数都较少。《嘉庆大清会典事例》卷六八六载，胤禛在位 13 年，唯雍正五年造过一次，其中有远威将军铁炮 10 位、镀金子母铁炮 17 位、镀银子母铁炮 14 位、子母铁炮 3 位，计 44 位。《清史稿》卷一三九"兵十·训练"载，雍正时期，又执行起"不可专习鸟枪而废弓矢"的政策来，致使许多兵士弃火器而习弓箭。这显然是一种历史的倒退。弘历在位 60 年，只铸过一次炮，即乾隆十三年，"平定金川，制九节十成炮"[5]。据《钦定皇朝通典·皇朝礼器图式武具·火器》卷七八载，清代火炮至少有 21 种，除上面提到过的外，还有红衣炮、浑铜炮、回炮、台湾炮等。因最高统治集团不了解历史发展的进程，不了解科技发展的方向，导致决策失误，致使火器技术急速滑坡。结果便是，在不断更新的洋枪洋炮下，国家长时期陷入了被动挨打的地位。

单兵枪在清军装备中占有相当重要的地位。自入关到鸦片战争，清军单兵使用的火器主要是鸟枪。《钦定皇朝通典·皇朝礼器图式武具·火器》载："大者曰礮"，"小者曰鸟枪"。其中所载清代军用枪有 53 种，包括御制和御用枪 16 种、花枪 3 种、交枪 8 种、线枪 20 种、套枪 2 种、奇枪 3 种、兵丁鸟枪 1 种，其中多为火绳枪[6]。自然，在"不可专习鸟枪而废弓矢"这一指导思想下，清代鸟枪技术也已停滞不前。

虽火药、火器技术在相当长一个时期内备受冷落，但人们的探索却是一刻也不曾停止过的。康熙时期我国便出现了一位出色的火器专家戴梓（1649～1727年）。《清史稿》卷五〇五"戴梓传"载：戴梓，钱塘人，"少有机悟，自制火器能击百步外"。康熙初，"以布衣从军，献连珠火铳法"。"铳形如琵琶，火药铅弹皆贮于铳脊，以机轮开闭。其机有二，相衔如牝牡。扳一机则火药铅弹自落筒中，第二机随之并动，石激火出而铳发，凡二十八发"。可见这是一种连扳、连射的单发火绳枪。其最大优点是每装药一次，便可连续射击 28 次。但可惜当时未受重视，亦未提交制造，并很快便失传了。此外，据《清史稿》同卷载，戴梓还仿造过西洋"蟠肠鸟枪"，并对冲天炮研究作出了一定贡献。在此有一点亦需顺带指出的是，此连珠火铳虽能连发，但与近代机枪间还是存在较大差距的[7]。

三、19 世纪 40 年代前后的火药、火器技术

19 世纪三四十年代之后，由于抗击外国侵略者的需要，一些有识之士提出了

"师夷长技以制夷"的口号，大量引入西方先进的火药、火器等军事技术，以达到抵御西方列强的目的。这一思想是由魏源（1794～1857年）在《海国图志》（1842年初刊）一书中最先明确提出的①，这对整个科技界和政治思想界都产生了重要的影响。林则徐（1785～1850年）等人都为这一口号的提出作了许多准备；陈阶平、丁拱辰、龚振麟、丁守存等都是这一口号的较早实践者。

道光二十三年（1843年），福建提督的陈阶平提出了仿造西洋火药的建议，并对当时火药配制和加工提出了许多看法。他认为火药制造"若不彻底讲求，总（纵）有加工火药之虚名，而无加工火药之实效"。加工造药，全在炼硝。"硝性劲直，必须煮炼如法，方能收猛力直前之效。"他还对制硝工艺做出了一系列的规范，并对炼硝季节提出了要求。"提炼硝磺，宜于春季，进药必在夏初；取其昼夜白造晒晾，易于见功。如遇缓急需用，则长夜亦可造办。"陈阶平对硝硫提纯次数和药料碾和后的捣碾次数都要求较高，"提煮三次，臼杵三万，慎勿减少"。以保证硝、硫的纯度和火药成品的均匀性。他的配方是："每白用牙硝八勺、磺粉一勺二两、炭粉一勺六两"，即硝76.19%、硫10.71%、炭13.09%。与当时西方火枪发射用药的成分基本一致。其将制成的火药用鸟枪试射，射程可达240弓（一弓为5尺）[8]。依中国国家博物馆所藏清代裁衣牙尺，清一尺为今0.358米[9]，此射程便达429.6米，效果甚佳。

与陈阶平不相先后，时任户部主事的丁守存（1812～约1886年）还试制了自来火药。他认为我国铳炮用纸信、烘药，以火绳点火，存在两大缺点：一是临阵忙乱；二是纸信恐风怕雨，晦夜操作不便。洋人使用的引信和发火装置，则不受天气影响，扣动枪机，便能发火并将枪弹射出。他注意到了洋枪的击发装置和使用了雷酸汞一类快速敏感型引爆药，即"自来火药"，于是开始了对自来火药的研制。当时雷酸汞的配方尚未传入，他便以净硝、火酒、潮脑、砒霜、青粉、纹银为原料，试制成功了快速引爆药，并于道光二十三年（1843年）写入了《西洋自来火铳制法》一文中[10]。丁守存制作的雷酸汞虽较英国人稍晚，但他却是独自试制成功的，也是中国火器技术的一项重要成就。

龚振麟对铸炮技术作了许多研究，鉴于泥范铸造生产率较低等缺点，他使用了铁范铸造。从现有考古资料看，我国金型铸造遗物最晚的属辽、金时期，故龚振麟的铁范铸炮可算是对这一古老工艺的发掘和利用。此法生产率高、省工省时，一定程度上满足了社会对产品的需要②。龚振麟还对炮耳位置安排也作了一些改进，以炮耳为中点，炮身前后两段之比往日为6∶4，龚振麟将之调整成了5.8∶4.2，并认为这最为稳定[11]。此外，龚振麟还设计了磨盘式旋转炮架，以便于大型火炮转动。此炮架分为两层，下层安轮，上层中心处设有一个形如蘑菇头的小铁轴，火炮便可通过铁轴安在架上，"虽重万斤，以一人之力，即可旋转轻捷指挥如意"。

---

① 《海国图志》，系道光二十一年（1841年）魏源在镇江受林则徐嘱托而辑成，二十二年初刊，为五十卷；二十七年刻本增订为六十卷；咸丰二年（1852年）增补为一百卷。

② 龚振麟谈了铁模（铁范）铸炮的多种优点。从现代技术观点看，主要应是生产率较高、节省了时间和成本，一定程度上满足了实战的需要。主要缺点是：（1）其精度往往不如泥型所铸；（2）产品易于得到白口铁组织，性硬且脆，强度可能较泥型所铸者稍低。当时我国尚无铸钢。

即可扩大火炮的扇面和打击范围[12]。江苏候补知府黄冕还十分推崇以锻钢来制造火炮，说"铁经百炼，永无铸造之炸裂"[13]。

丁拱辰对大炮和炮弹也都作了不少研究，在提倡用出蜡法铸造炮身的同时[14]，还用出蜡法铸造了空心炮弹，从而增加了射程，增强了杀伤力[15]。

第九节　髹漆技术的发展

清代早中期，髹漆技术继承了明代的技术传统。康熙、雍正、乾隆三朝皆工于制作、操作熟练，依然保持在较高水平上；乾隆之后，随着社会经济和国力的衰退，髹漆技术也随之衰退下来。

此期官营和民营漆器都较发达，且各具特色。官营漆器中，最为重要的便是内廷造办处下的"漆作"。《钦定大清会典事例》卷一一七四载：养心殿造办处置有铸炉作、玻璃作、珐琅作、镶嵌作、漆作等，成造内廷交造什件。《清史稿》卷一一八"职官志"载，内务府下设有"铁作、漆作司匠，八品衔"。造办处作坊，在乾隆四十二年(1777年)以前已有42处，漆作便是其中之一[1]。清代髹漆业较发达的地方主要还是南方，如苏州，习寯等《道光苏州府志》卷一八载：苏州府有漆作，有退光、明光，有剔红、剔黑，彩漆皆精，皆旌德人为之。清代"漆作"在紫禁城和圆明园制作的漆器，以及江宁、苏州、杭州、扬州、江西、福州、广州、贵州制作的漆器，今在故宫仍有不少保存下来[2]。

朱家溍曾对《清内务府养心殿造办处各作成做活计清档》(以下简称《各作清档》)所记漆器资料进行过一些整理，在康熙、雍正、乾隆时期，髹饰工艺主要有：黑髹、朱髹、金髹、彩漆、描金、填漆、戗金、雕漆、阳识、堆起、嵌螺钿、嵌金银、描金等[2][3]。但不同历史时期，侧重点是不同的。康熙时期以黑漆嵌薄螺钿、填漆、戗金为主；雍正时以描金(包括瓷胎漆器)、彩漆、彩漆描金为主；乾隆时期除沿用康熙、雍正时期的大部分品种外，雕漆技术又有较大发展[2]。

《中国工艺美术全集》收录有清代漆器12种38件，对我们了解清代漆器装饰工艺的种类还是有一定帮助的。此12种分别为：(1)描金器，4种12件，即普通描金器6件，即166、167、176、177、182、186号；堆漆描金1件，即161号；漆灰堆纹描金1件，即181号；彩绘描金4件，即159、162、163、190号。(2)剔红器，5件，即158、168、169、170、187号，其中168号为铅胎。(3)彩绘器，3件，即156、157、180号。连同描金彩绘则计7件。(4)剔黄器，1件，即172号。(5)雕填漆器，4件，即155、160、174、175号。(6)填漆器，1件，即173号。(7)螺钿器，2件，即153、183号，皆螺钿黑漆器。(8)剔犀，3件，即154、171、185号，其中154号为瓷胎。(9)脱胎器，2件，即178、179号。(10)镶嵌，2件，即嵌骨器184号、百宝嵌"漆砂器"189号。(11)"漆砂器"，1件，即188号，锡胎。连同百宝嵌器189号，则计2件。(12)描油，2件，即164、165号[4]。可见这最多的是描金器，计12件，其次是雕镂，包括剔红、剔黄、雕填漆，计10件。这与前述《各作清档》资料可互为补充，都从一个侧面反映了清代髹漆技术的发展状况。当然，"全集"收录的图片具有一定的偶然性和倾向性，如清代漆器中，最为习见的还是黑髹和朱髹[2]，而该"全集"竟未收录1件。

在清代髹漆艺人中，较值得注意的是晚清扬州卢葵生，其作品仅故宫博物院便收藏有10余件、上海市博物馆收藏至少6件，其他地方和个人也有收藏[5]。

清代漆器虽较精良，但基本上是沿用先世的工艺。在胎质中，较值得注意的是皮胎技术有了较大发展，使用了部分瓷胎，且皆有了专门的文献记载。此期技术创新无多，较值得注意的是漆沙器和描金技术。

一、制胎技术

清代漆器亦是沿用传统的器胎，清宫《各作清档》所记便有木胎、皮胎、夹纻胎、葫芦胎、铜胎、瓷胎等[2][3]，其木胎并有卷制者[2]。《中国工艺美术全集》收录有铅胎、锡胎[4]。锡胎漆器并不乏见，中国国家博物馆、上海博物馆，以及李一氓和王世襄等处都有收藏，有的还是扬州髹饰名家卢葵生所作[5]。在此值得一提的是皮胎、瓷胎和夹纻胎。

（一）皮胎。皮胎漆器至迟出现于春秋中期，大约历代都有使用。及清，更多地受到了人们的关注。业无官民，地无南北，都有皮胎漆器生产。

《各作清档》载："雍正七年正月，做得漆皮盘、盒、碗各十件。""雍正十一年十月五日，据宫殿监副侍李英传旨：'着照漆皮盆做一盒牌样，再比此盆放大些，收小些，亦各做一盒牌样，俱交闽海关准泰照样各做皮胎漆盆几件，钦此'。"[2]这是官府皮胎漆器的重要资料。可知除造办处漆作外，还曾命福建定做。《各作清档》还说，雍正元年十月二十六日，贵州巡抚金世扬进呈"描金龙漆皮捧盒大小四十个"[3]。皮胎漆器的优点是体轻、不易摔坏，且便于携带。皮胎漆器的发展，也反映了社会生活的某种变化。这里说到了北京、福建、贵州三处生产皮胎漆器，且皆为宫廷所用。

清田雯《黔书》卷下"革器"条还谈到了贵州皮胎漆器生产的简单情况："盘、盂、盅、盖之属，凡数种矣，壶为善……用水牛皮，牝者首，牡者亚焉。阔者贵，狭者贱焉。㲉者上，皱者次焉。以水浸之，燖毛剐肉，取其泽且平也。以火烘之，龟纹缦理，取其干（乾）且厚也。以木张之，以齧定之，以刀削之，而后膏以福髹焉。膏之其功十也。以沙复之，以土窨之，以石砻之（原注：石出威清），而后绘以文采焉。绘之其色四也，四色皆和漆成之。首则黄，盖色之正者，故首也……黄以石黄；绛以灌口砂；碧色合靛青、石黄而一之；羊肝色兼黄、朱、靛而三之。镂车铁笔，共鸟赋形，斫轮承蜩之技也。雕虫镂卉，运斤成风，崔青蚓、边鸾之手也。"[6]这里着重谈到了贵州皮胎雕镂漆器的基本生产过程，包括牛皮的选择、处理、髹漆、调彩、雕镂等工序。盖，《集韵》：通槞。原指木条编成的盂。㲉，《广韵》：皮厚貌。窨，本义为地窖、窨藏，此当转意为覆盖。皱，皮受冻而皱裂，毛糙。此牛皮处理工艺当是：（1）选择皮料。以雌性水牛皮为佳，阔者为佳，坚平光净者为佳。（2）以水浸之，燖毛剔肉，取其泽且平也。（3）以火烘之，取其干且厚也。（4）以木张定，以刀铲平，膏以福髹。福髹的具体操作不明。（5）复以沙，复以土，以石砻之；大约主要为滋润研光。这是我国古代文献中，关于皮胎漆器工艺的较为详明的记载。依朱桂辛的调查，现代贵州毕节漆胎牛皮处理的基本程序是：先将它泡软、铲平，置模型上干固后取下，再用熨斗熨平，再髹漆[7]。这对我们了解清代贵州皮胎处理亦有一定帮助。《黔书》作者田雯，德州人，康熙甲辰（1664 年）进士。其中记载大体反映了明至清代早期贵州皮胎雕漆工艺的部分情况。至于清代皮胎漆器在技术上有何进步，因缺少实物分析和文献记载，很难进行比较。

从有关资料看，除北京、福建、贵州外，清代在广东、河南、山西[8]等地都有皮胎漆器生产。如河南襄城，"也产皮胎漆器，箱匣多用牛皮，上朱漆描金色花纹，可历百年不坏，也有用马皮代制的，但不及牛皮坚固"。这些清代漆器，不少都保存了下来。国家原古物陈列所藏有皮胎大葫芦，内装成套餐具，有碗、碟、羹匙等不下百数十件，也全用皮胎做成[9]。后来，古物陈列所的部分藏品归故宫博物院收藏，其中便包括了葫芦形外盒的成套皮胎漆餐具[10]。

据宋兆麟调查，直到 20 世纪八九十年代，皮胎漆器技术还在四川凉山彝族地区保存着。其皮胎制作过程是这样的：（1）先将牛皮剥下，后刮毛，并入水中浸泡。（2）依所需器物形状剪成皮料，再入水中浸泡。（3）制皮胎，即将泡好的牛皮紧紧地包扎在内模上，越紧越好，再用木钉钉住。内模即所需器物的内部轮廓的模型，用木材或石料制成。(4) 用石锤敲打绷紧了的牛皮，令其平整。（5）阴干。（6）割掉器口以上的牛皮，取出内模，取下皮套，即是皮胎。这种皮胎可做酒杯、酒碗、护臂、盾牌、甲胄[11]。这对我们了解清初《黔记》中的皮胎工艺具有重要的意义。

（二）瓷胎。原始社会、先秦、两汉等漆器中都出现过陶胎，西周有过原始瓷胎，明代出现过紫砂胎，但总体上看，陶胎、瓷胎漆器数都不是太多。在此值得注意的是，清代出现过多处关于瓷胎漆器的记载。《各作清档》载：雍正五年三月初一圆明园来帖内称："着传给江西烧造瓷器处，将无釉好款式的瓷碗烧造些来，以便漆作。八月二十九日张玉柱交来无釉瓷碗八十件"。一次八十件瓷碗用作漆胎，数量是不少的。又，"雍正九年四月二十六日，内务府总管海望持出无釉白瓷碗四件，奉上谕：将无釉白瓷器上做洋漆，半边或画寸龙，或画梅，或竹，或山水；半边着戴临写诗句。钦此"[3]。洋漆，指描金，下面将要细谈。

故宫博物院收藏康熙寿字云纹瓷胎剔犀尊 1 件，瓷胎，口径 22 厘米、足径 16 厘米、高 44 厘米。器形如瓠，外底有青白釉，中心有青花"大明成化年制"双行竖款，为康熙年仿制。尊表及口里用黑、黄二色漆分层涂成，尊表上下两段雕云纹，中部一周雕四团寿字纹[4]。

（三）夹纻胎。我国古代夹纻胎至迟发明于战国中期，之后便沿用了下来，至迟东晋便出现了夹纻胎制作的佛像。文献上关于夹纻胎操作的记载始见于元。在清代，值得注意的是：（1）"夹纻胎"之称最终演变成"脱胎"，并沿用至今。(2)"工部工程则例"中有了夹纻胎工艺的用料规范。

"脱胎"一词在清代文献中常可看到。《各作清档》载：雍正七年"二月十六日，郎中海望、员外郎满毗传做备用托（脱）胎漆盒二十八件"[2]。雍正某年二月所做红漆托胎小盘无具体年款，乾隆时曾大量制造。乾隆曾题诗云："吴下髹工巧莫比，仿为或比旧还过。脱胎那用木和锡，成器奚劳琢与磨。"[3]这些地方都明确用到了脱胎(托胎)一词。

《圆明园内工佛作则例》在谈到夹纻胎佛像时，也用到了这个"脱"字，并谈到了用料规范，说："佛像脱纱堆塑泥子坐像，法身高一尺四寸至三尺，立胎糙泥一遍，衬泥一遍；长面像粗泥一遍，中泥一遍，细泥二遍。每高一尺用：黄土一筐，西纸六张，砂子三分筐，麦糠三分筐，麻经（筋）二两，塑匠一工二分。每尊用秫秸半束。漆灰脱纱使布十二遍，压布灰十二遍，长面像衣纹熟漆灰一遍，垫光漆三遍，水磨三遍，漆灰粘做一遍，脏膛朱红漆二遍。每尺用：严生漆十二两六钱，夏布一丈四尺四寸，土子面三斤十五两二钱，笼罩漆六钱，漆朱一两二钱，退光漆一斤十五两六钱，脱纱匠二工四分"。此"堆塑泥子"，即塑造泥模，以为内范，之后再在表面糊上粗细相同的泥料。所谓"脱纱"，使布胎成为脱空像的过程。

二、装饰技术

清代漆器装饰工艺中较值得关注的应是下列两项：一是漆沙器，二是描金。

（一）漆沙器。即以和沙之漆而鬃得之器，常用作砚台、盒、壶诸物。其始见于汉，即前云扬州姚庄 101 号汉墓中出土的漆沙砚[12]，三国和宋代等都有使用。及清康熙时，扬州鬃漆名家卢映在城南购得"宋宣和内府制"漆沙砚一块，于是授工仿造。及卢葵生（卢映之孙）时名声大噪，漆沙器技术亦发展到了它的顶峰期。顾广圻《思适斋集》卷五"漆沙砚记"在谈到漆沙砚的优点时说："予惟砚之品颇夥，产于天者端溪称首，为于人者澄泥盛行，而逮今日端溪老坑采凿已罄，澄泥失传，粗疏弗良。求砚之难殆同赵璧。若此漆沙有发墨之乐，无杀笔之苦，庶与彼二上品媲美矣。适当厥时以济天，产之不足且补人为所未备。"[13]可见这种砚台不但轻便，有沙质感，利于发墨，无杀笔之苦，而且开辟了砚台原料的广阔来源。

目前见于各家收藏的漆沙砚较多，据张燕调查，故宫博物院至少7件、中国国家博物馆至少3件、上海博物馆至少2件；李一氓原藏5件，后捐四川省博物馆[5]；其他一些博物馆和私家可能还有收藏。漆沙器多为木胎，也有锡胎等，有的可能"无胎"；其漆色有黑色、鳝鱼青色、紫色等；其器身或器盖亦可做出雕刻、镶嵌等不同的装饰。今举例如下：

葵生款人物纹锡胎漆沙壶。通高 12 厘米。长柄，短流，外涂漆沙皮，作鳝鱼青色，造型雅致，小巧玲珑。壶身一侧浅刻山石人物，左上角刻有楷书"扫石待烹茶陈农"七字。右下角刻白文篆书"葵生"小方印一。另一侧刻有清代史学家钱大昕的诗，中国国家博物馆藏[4]。

"卢葵生制"雄鸡图百宝嵌长方形漆沙砚盒及漆沙砚。盒口长 22.6 厘米、宽5.7 厘米。通身沙漆地，盖面嵌形态各异的三只雄鸡，旁嵌山石、菊花，皆用岫岩玉、螺钿、红珊瑚、绿松石、象牙、玳瑁嵌成。立壁四侧光素无纹，外底中心有红漆篆书"卢葵生制"方印。盒内有漆沙砚一方。故宫博物院藏[4]。

"卢葵生制"嵌梅花纹沙砚。砚台宽8.5厘米、长14.6厘米、厚1.9厘米，黑色，内含极细的闪光沙粒。其中有无胎骨不详。漆砚质地之粗细约与歙石相当，似相当发墨。重119克，较轻。墨池凹下，两端深分别为0.6厘米、0.8厘米。砚侧阴刻篆书"葵生"二字。砚台底外鬃紫漆，里鬃黑漆。底外为四乳足，中间凹入部分亦鬃黑漆，正中有"卢葵生制"阳文印，此印系图章蘸朱漆钤盖而成。砚盖外表亦鬃紫漆，里鬃黑漆盖嵌折枝梅花两本，梅花系螺钿琢成，花瓣饱满，光彩夺目。全部花纹镶嵌都高出漆面。砚台装于一个十分别致的楠木盒内。赵元方藏[14]。

此三件漆沙器皆为卢葵生制。卢葵生，扬州人，生活于乾隆至道光年间，在漆沙器技术上有较高的造诣，一直受到当代和后世学人的称赞[15]。

颜色着紫色的沙漆器所见有：上海博物馆藏卢葵生款锡胎仿紫沙漆壶、南京博物院藏道光十六年卢葵生制仿紫沙漆茶壶等，所髹皆是紫色沙漆[5]。

关于沙与漆的和制方法，今已难得详知，但古人对沙、漆的选择加工都是十分重视的。这可由漆沙器铭中看到。故宫博物院藏八宝灰瓶漆砚铭云："恒河沙，沮园漆，髹而成，研同金石，既寿其年，且轻其质，子孙宝之传奕奕。"下落有正方篆文小印"葵生"。此"恒"当有两层意思，一是长久、永恒意；二是恒水意，《禹贡》"冀州"所云："恒、卫既从。""沮"、"漆"，当为漆沮二水之会意。《禹贡》"雍州"条："漆沮既从。"中国国家博物馆藏八宝灰漆砚盒(木胎)一，其漆沙砚铭云："和沙漆，含辉光，比金玉，大吉祥"[5]。这两段铭文都包含了对沙和漆的性能要求。

（二）描金器

描金至迟发明于战国早期，历代都有采用。及清，尤其是雍正时期，成了养心殿漆作的重要产品之一。近代北京匠师的基本操作是：在退光漆地上先用色漆（或朱或紫）画花纹，待干后再在花纹上打金胶，再将金贴上去[16]。具体做法是：先打磨好中涂漆，再髹红色或黑色的上涂漆，待干后打磨平滑，再作两次推光，再用半透明漆调和彩漆，并薄薄地将花纹描到漆地上，后入温室烘烤，待漆将干时，用丝棉球着金、银粉刷在花纹上，遂成金银纹。此半透明漆即经过脱水精制者；调和用彩漆多为黄色，以便为金色衬底[17]。

描金器的漆地可有黑漆、朱漆及其他色漆。在《中国工艺美术全集》收录器物中，盘161、177、186号皆为黑漆地，盒176号为紫漆地，盒181号为金漆地，盒182号为洒金地；手炉166号开光内为朱漆地，开光外为米黄漆地；手炉167号开光内为黑漆地，开光外为黄褐色地[4]。其描法亦各有别，有"黑漆理描金"、"彩金象描金"、"金理钩描漆"、"金理钩描油"、"识文描金"、"洒金"云云[2]。描金器亦可兼彩绘、堆漆等装饰，如《中国工艺美术全集》所载，第159、162、163、190号器物便是描金兼有彩绘[4]。

清代有人称"描金漆"为"洋漆"、"洋金"，这是对东洋描金工艺的一种误解或褒奖。大约8世纪时，我国的描金技术便传到了日本，元、明两代，日本髹漆技术达到较高水平，并较多地回传到中国来，受到中国业界的赞许。明《髹饰录》"阳识"第八"识文描金"条杨明"注"云："傅金屑者贵焉。倭制殊妙。"明高濂《遵生八笺》卷一四载[18]："漆器惟倭为最，而胎坯式制亦佳。"当时曾有人认为这种描金工艺系东洋传来，故谓之"洋漆"或"洋金"。

第十节　玻璃技术的发展

清代是我国古代玻璃技术发展的重要阶段，为满足日常生活和科学研究的需要，康熙时设立了皇家玻璃厂，并引进了西方技术和人才，使玻璃的产量和质量都有了较大提高，生产了我国历史上的第一批光学玻璃。乾隆时期，造办处玻璃厂使用了盆硝作为熔剂，使主要熔剂实现了从钾盐到钠盐的转变。清代末年，山东颜神镇亦引进了西方配料法，使钠钙玻璃开始推广，并最后完成了由传统钾系、铅系玻璃向钠钙玻璃的转变。

一、造办处玻璃厂的设立[1][2]

我国古代玻璃技术经常受到最高统治者和王公贵族们的垂青。先秦有随侯作珠；西汉时期，武帝曾派人入海市明珠和璧流离；及元，"将作院"下设有"璀玉局"；明时，颜神镇孙家自洪武时便领内官监造玻璃青帘世业。清代则建立了皇家玻璃厂，其被重视程度为历代所不及。

从有关记载看，清廷造办处玻璃厂设立于康熙三十五年，厂址在京城西安门内，蚕池口之西。《钦定大清会典事例》卷一一七三载："（康熙）三十五年（1696 年）奉旨设立玻璃厂，隶属于养心殿造办处，设兼管司一人……四十九年，设玻璃厂监造二人。"[3]此谈到了玻璃厂的创办时间和职官。

清于敏中《钦定日下旧闻考》卷七一"官署"载："造办处掌成造诸器用之物，康熙三十一年以慈宁宫之茶饭房一百五十有一楹为造办处。四十八年，复增白虎殿后房百楹。所属玻璃厂在西安门内，蚕池口之西，共房三十有六楹。"[4]此说到了玻璃厂的位置。

此外还值得注意的是，这两条文献都用到了"玻璃"一词。此词在宋《白雪圣石经》[5]和明《物理小识》卷七便已提到，康熙中期便较多地使用起来。

设立造办处玻璃厂的目的，除制造一般生活日用器和饰器外，还有一个较为重要的任务，便是生产光学透镜等器。据说耶稣会士苏霖沛（Jose Suarez, S. J., 1656～1736 年）"当时侍奉皇帝的工作就是为各种透镜制造玻璃"[1]。

有关研究认为，造办处玻璃厂在建设和生产过程中，耶稣会士都起到过重要的作用。首先，它的设置便是在德国传教士纪里安（Kilian Stumpt, 1655～1720 年）的主持下进行的[6]。纪里安于 1694 年抵达澳门，1695 年到北京；康熙四十九至五十九年（1710～1720 年）授钦天监正职[2]。清朝统治者对西方玻璃一直十分关注，外国人的贡品中亦常有玻璃。据说 1689 年康熙南巡到杭州时，传教士殷铎泽（Prospero Intorcetta, 1625～1696 年）向他进奉的礼品中，有一个多彩玻璃球，另一传教士则进奉了一个小型望远镜、一个梳妆镜和两个玻璃花瓶。康熙对这些玻璃器大加赞赏，并认为玻璃器是最为珍贵的贡品之一。这些优质玻璃器的传入，对皇家玻璃厂的设立显然是有影响的[1]。

宫廷玻璃作坊自设立后，一直延续到了宣统三年。其间生产了大量玻璃器，其品种也有了较大的扩展，尤其是雍正时期。从《各作清档》等的记载来看，其中有生活用品、陈设品、文房用品、宗教用品和赏品五类。生活用品包括杯、碗、罐、盒、渣斗、鼻烟壶等；陈设品包括瓶、花盆、磨棱球、菊花碟、轩辕镜等，其中瓶类又有天球瓶、八棱瓶、直颈瓶、瓠形瓶、胆瓶等[2]。可知容器、陈设器都有明显的增加。

有一点值得注意的是，虽玻璃在清代已使用较多，但人们对它依然是十分器重的。据《清实录》载，雍正时，玻璃还与宝石一起，正式列入了典章制度。如官员所戴帽顶，"奉国将军及三品官，俱用蓝宝石或蓝色明玻璃"；"奉恩将军及四品官，俱用青金石或蓝色涅玻璃"；"五品官用水晶或白色明玻璃"；"六品官用砗碟，或白色涅玻璨"[7]。即使到了清代晚期，宫廷内以各种玻璃作为珍珠宝石代用品的现象依然有增无减。

清代玻璃器的主要产地有四处：即山东颜神镇、北京、广州、苏州[8]。前二者的情况前已分别提及，今谈一下其他地方。

据《各作清档》载，雍正六年内廷已有"广玻璃鼻烟壶"[9]，乾隆二十一年粤海关万寿进贡玻璃盖碗[10]。清人梁同书在《古铜瓷器考》一书中说：中国玻璃"质脆，沃以热汤应手而碎"。同时还说到了苏州、广州、山东青莱三地产玻璃。人们把苏州生产的玻璃称为"苏铸"，并认为苏铸不如广铸[11]。此外，同治时蜀人王侃《江州笔谈》谈到了重庆玻璃炉及其生产的一些情况。这一点下面再谈。

二、清代玻璃成分选择和原料配制

清代在玻璃成分选择上值得注意的事项是：清代中期，造办处玻璃厂使用了盆硝作为主要熔剂，清代晚期引入西方技术，开始生产钠钙玻璃。

表 9 – 10 – 1　　　　　　清至民国玻璃成分分析

编号、时代、名称、性状	成　分（%）										文献
	SiO_2	Al_2O_3	Fe_2O_3	PbO	BaO	CaO	MgO	K_2O	Na_2O	CuO	其　他	
1. 清红套涅白玻璃片	64.91	0.54	0.11	4.57		2.03	0.13	15.34	3.9		B_2O_3 2.59 As_2O_3 2.28	[6]
2. 前器之红套	65.52	0.32	0.12	4.57		2.04	0.07	14.41	4.44		B_2O_3 2.3 As_2O_3 2.45	[6]
3. 清蓝色玻璃瓶耳	66.53	1.03	0.25	4.86		1.85	0.02	15.78	3.87		CoO 0.18 B_2O_3 2.05	[6]
4. 清玻璃水盛	74.80	1.63	0.15	0.25		0.19	0.04	20.89	0.18	0.49		[6]
5. 清鼻烟壶	67.74	0.8	0.37	0.23		5.61	0.09	21.76	0.42			[6]
6. 20（?）世纪紫色玻璃	70.8	1.11	0.26	0.08	0.1	6.39	0.17	18.5	1.7	0.005	MnO 0.57	[12]
7. 清乳白花瓣玻璃	60.57	5.66	0.48			12.39	2.21	12.76	3.88			[6]
8. 清乳白色玻璃	58.5	1.72	0.51	0.04	0.07	21.1	5.25	10.1	2.56	0.005	MnO 0.012	[12]
9. 清广州玻璃残块	59.17	3.93	0.93			6.38	6.87	2.79	17.54	1.05	MnO 0.38	[6]
10. 清广州玻璃碗片	69.80	1.22	0.29			14.10	0.09	0.28	11.98			[6]
11. 17～19 世纪灰色透明玻璃	40.0	0.17	0.15	48.5	0.1	0.27	0.12	10.6	0.25	0.01	MnO 0.025	[12]
12. 18～19 世纪深蓝色玻璃	73.6	1.55	0.24	0.04	0.002	4.52	0.24	0.41	19.1	0.005	MnO 0.005	[12]
13. 19～20 世纪深蓝色玻璃	57.3	1.61	0.24	17.5		6.52	0.46	1.27	13.9	0.63	MnO 0.082	[12]
14. 20 世纪(?)黄绿玻璃	62.1	0.26	0.17	17.8	0.1	1.86	0.093	14.9	2.38	0.15	MnO 0.008	[12]
15. 20（?）世纪无色玻璃	42.3	0.13	0.12	44.9	未见	0.76	0.074	10.9	0.68	0.01	MnO 0.034	[12]
16. 20（?）世纪紫色玻璃	71.0	4.31	0.19	0.02	0.05	5.65	0.26	0.76	17.4	0.005	MnO 0.009	[12]

（一）清代玻璃成分分析

表 9 - 10 - 1 列出了 13 件清代玻璃的成分[6][12]。多数标本的出土情况不明；9 号标本为深蓝色玻璃残块；10 号标本为玻璃小碗残片，较薄，泛浅绿色，透明，但未达水晶玻璃的纯洁程度[6]。由之可见：

1. 其大体可区分为 4 系 10 型：

（1）钾系，4 型，计 7 件标本。

$K_2O - SiO_2$ 型，1 件，即标本 4 号。

$K_2O - PbO - Na_2O - SiO_2$ 型，3 件，即标本 1、2、3 号。

$K_2O - CaO - SiO_2$ 型，2 件，即标本 5、6 号。

$K_2O - CaO - Na_2O - SiO_2$ 型，1 件，即标本 7 号。

（2）铅系，2 型 2 件。

$PbO - K_2O - SiO_2$ 型，1 件，即标本 11 号。

$PbO - Na_2O - CaO - SiO_2$ 型，1 件，即标本 13 号。

（3）钙系，2 型 2 件。

$CaO - K_2O - MgO - SiO_2$ 型，1 件，即标本 8 号。

$CaO - Na_2O - SiO_2$ 型，1 件，即标本 10 号。

（4）钠系，2 型 2 件。

$Na_2O - CaO - SiO_2$ 型，1 件，即标本 12 号。

$Na_2O - MgO - CaO - SiO_2$ 型，1 件，即标本 9 号。

民国标本 3 型 3 件：

$Na_2O - CaO - SiO_2$ 型，1 件，即标本 16 号。

$PbO - K_2O - SiO_2$ 型，1 件，即标本 15 号。

$PbO - K_2O - Na_2O - SiO_2$ 型，1 件，即标本 14 号。

2. 在清代 13 件标本中，数量最多的是钾系玻璃，计为 4 型 7 件，占此期标本总数的 53.8%。可知钾系玻璃依然是清代玻璃的主流。其中鼻烟壶（标本 5 号）含 K_2O 量最高，达 21.76%。

3. 铅系玻璃（标本 11、13 号）依然保存着，直到民国还可看到，但数量较少。虽有多件标本显示了钡，但含量甚低，大体上可视为杂质。

4. 约 18~20 世纪，出现了标准的钠钙玻璃（12 号标本）。标本 16 号属 20 世纪，当属同一工艺类型。

在上述 4 系标本中，钾系、铅系玻璃当系本国所产；钙系和钠钙系玻璃则须细加分析，有的可能是外来，有的则应是本国所产的。其中标本 8 号（钙系）、9 号（钠系），有学者认为它来自广州，是进口料回炉而制得的产品[6]。但其未说出依据，可作进一步研究。从大量考古资料、文献资料来看，清代中期之前，钙系玻璃一般都应当是本国生产的，钠钙系玻璃当绝大多数是外国进口的。我国在这一历史时期生产的钠钙玻璃很少，而且带有一定偶然性，未能成为一种成熟工艺而稳定下来，所以这一时期内，我国玻璃成分选择和原料配制，与明代并无大的变化。从下述记载看，这种变化大约是清代中期之后才逐渐发生的。

（二）造办处玻璃原料的基本配置和主要熔剂的选择

清造办处档案中，保留有一份乾隆之后的玻璃烧造工程则例，这对我们了解清代玻璃的基本配料和主要熔剂的选择，都是很有帮助的。

据《各作清档》载：乾隆十七年（1752 年）十一月二十日至十八年三月十三日，烧大窑共 113 日，所用马牙石面 2329 斤、盆硝 1376 斤、硼砂 601 斤 8 两、砒霜 230 斤 6 两、紫石 102 斤、顶圆紫 13 斤 11 两、定粉 234 斤、赭石 3 斤 10 两、灵紫石 12 两、青紫石 2 斤 4 两、轿顶锡 6 斤、开平土 1860 斤、红飞金 4866 张[13]。此"大窑"是为烧造大型花灯的，"小窑"则烧造年节进贡玻璃活计或皇帝临时指令生产的各种活计[8]，其含义与前述颜神镇元末明初窑址命名法是有差别的。

看来，清宫廷作坊玻璃配料中，基本组分依然是马牙石粉，此外还用到了紫石，这与明末清初《颜山杂记》所云一致。但其他一些物料，尤其是主要熔剂，却发生了不少变化。

马牙石面，当为长石粉，这在前面已谈到。大约亦是后世的所谓白砟石。20 世纪 30 年代，有学者对博山玻璃工艺作过一次考察，其基本原料是砂子（莱芜产）、石灰石、菱石、紫石（皆博山产）、白砟渣（淄川产）。此白砟渣的成分是：SiO_2 87.78%、Fe_2O_3 0.32%、Al_2O_3 8.29%、CaO 0.43%、MgO 0.09%、K_2O 1.97%[14]。长石种类较多，看来这应是钾长石。

盆硝。又名芒硝，即十水硫酸钠 $Na_2SO_4 \cdot 10H_2O$。《重修政和经史证类备用本草》卷三"芒消·今注"："以煖水淋朴消，取汁炼之令减半，投于盆中，经宿乃有细芒生，故谓之芒消也。又有英消者，其状若白石英，作四五稜，白色，莹澈可爱。"其名为"盆消"，或与投于盆中有关。前面谈到，宋代还用黄丹和"盆消"制作过琉璃[15]。据考，《神农本草经》中的"消石"主要为硫酸钠[16]，可知医学上对硫酸钠的接触和利用，至少可上推到东汉时期。此清代文献便是用芒硝制作玻璃的最早记载。但因古人有过将芒硝误作硝石的情况，故用盆硝制作玻璃的起始年代，当在清代以前。

定粉，即胡粉、铅白、碱式碳酸铅，化学式为 $Pb(OH)_2 \cdot 2PbCO_3$。

开平土，当指开平所产之土。主要成分是一种硅铝酸盐[6]。

硼砂。化学式为 $Na_2B_4O_7 \cdot 10H_2O$，早在五代，人们便用它入药，并用到了金属焊接中，五代至宋的医药学家日华子云："蓬砂，味苦，辛暖，无毒，消痰止嗽，破症结喉痹及焊金银用，或名鹏砂"[17]。

在这些组分中，比例最大的是马牙石面，其次为开平土，再次为盆硝、硼砂、定粉、砒霜、紫石等。看来，其产品当含硅量较高，且含有一定量铝，主要熔剂当是盆硝，其次是硼砂、定粉和紫石等，砒霜或可起到乳浊作用，赭石当为着色剂。表 9-10-1 中的标本 2，光谱分析显示有微量的金，人们推测其可能使用了黄金显色[6]。顶圆紫即钴土矿，着色剂。表 9-10-1 所列标本 3，即是用顶圆紫呈色的[6]。青紫石等的成分和作用不太了解。此盆硝和硼砂都含钠，定粉含铅，紫石含钙。我们推测，此玻璃当含钠量稍高，且含有一定量的铅和钙。烧制过程中，各物料间自然还会发生一些化学变化，但这配料比对我们了解产品成分还是很有帮助的。这是今见玻璃配料中，明确提到使用盆硝（十水硫酸钠）的最早记载。依此可以肯定，至迟乾隆十七年前后，造办处玻璃配料中便把硫酸钠作为主要熔剂了，这是清代玻璃工艺的一个重要特点，也是它区别于前代玻璃配料的地方。我国钠玻璃的起点，当可上推到这一时期。此外，此配料与《颜山杂记》所列还有一些不同：（1）此未提到凌子石，即白云石（$CaCO_3 \cdot MgCO_3$），这自然影响到它的含钙含镁量。（2）此大量地使用了开平土。（3）此增添了硼砂、砒霜、顶圆紫等，这一定程度上说明人们对玻璃配料又进行了新的探索。

（三）着色剂选择技术的发展

清代玻璃的色彩明显增加，《各作清档》存有不少雍正、乾隆时期的资料，经有关学者整理，雍正时期的单色玻璃计 30 余种[2]，乾隆时计 20 余种[8]，说明此期着色剂选择和搭配技术都有了较大进步。

雍正期的单色玻璃有：红、大红、亮红；绿、涅绿、豆绿、淡绿、松绿、假松石色、翡翠色；白色、月白色、亮白色；葡萄色、黄色、亮黄色、金黄色、橘黄色、酒黄色；蓝色、涅蓝、亮蓝、天蓝、雨过天晴色；紫青色、天青色；金珀色、黑色、蜜蜡色、琥珀色等 30 余种。从透明度上看，则可区分为涅玻璃（不透明）和亮玻璃（透明）两种。雍正时期生产最多、器型最为丰富的是单色玻璃[2]。

乾隆时期的单色玻璃有：涅白、砗磲白、月白；浅黄、娇黄、雄黄；亮茶、亮茶黄；宝蓝、空蓝、亮浅蓝、亮深蓝；桃红、亮深红、亮玫瑰红、亮深宝石红；豆青、粉绿；豇豆紫、浅紫、亮深紫；水晶、茶晶等 20 余种[8]。

这不同彩色的获得，与着色剂的选择、搭配、温度和气氛的控制等都有关系。只可惜有关操作资料未曾看到。它可能与西洋技术的影响有关，但主要应是有关匠师的努力和创造。

（四）其他地区玻璃原料的选择

颜神镇。清初之后，有关其玻璃配方的资料较少，大约是沿袭《颜山杂记》的配比，使用硝石作助熔剂的。1869 年，一位名叫维廉顺（Rev. A. Williamson）的人曾到过博山，并在《中国北部旅行日记》中说："中国人于博山县附近发现一种石块，碎之与硝酸钾相化合，则成琉璃，其地土人之从事于斯者历年已久。吾见其制造精美之玻璃窗片、大小不等之响葫芦、模制之刻画杯，以及灯笼（笼）念珠各种无量数之装饰物品"[18]。英人波西尔（S. W. Bushell）曾在北京居住过 30 余年，并著有《中国美术》一书，其认为维廉顺所说的石块，疑是石英[18]。可知直到 19 世纪后期，博山依然是以硝石为熔剂的。直到光绪三十二年（1906 年），博山才引进了德国机器，聘用德国专家，使用 Na_2CO_3 制造玻璃。

清代广州玻璃配方的资料较少。1790 年赵翼《陔余丛考》卷三〇"琉璃"条载："俗所用琉璃，皆消融石汁及铅锡，和以药而成。其来自西洋者，较厚而白。中国所制则脆薄而色微青……余在粤东，有西洋人能在中国制琉璃，试之亦采石熔汁并铅，和药而成。"可知这国产玻璃是铅玻璃。清郑复光《镜镜詅痴》（1846 年）卷一"镜质"条也有类似说法："据云，闻广人以博山石粉加铅药炼成料，亦如此吹成大泡，再火而平之，予曾游粤，见肆中吹成之泡高三尺余，大如瓮。"[19] 足见清代晚期时，广东还用博山石粉加铅生产过玻璃，其产品可能是铅玻璃或钾铅玻璃。虽钠玻璃器早已传入我国，但只是少数人手中用来欣赏的艺术品，直到清代中、晚期，在我国占主导地位的依然是铅玻璃和钾玻璃。

（五）关于北京玻璃制品的原料来源

北京玻璃制品的原料当有两个来源，一是皇家玻璃厂自产，其在乾隆十七年以盆硝为主要熔剂，生产过含钠较高的玻璃料。这在上面已经提到。二是由颜神镇提供的。此除了民间传说外，英人波西尔在《中国美术》卷下"玻璃"条也曾提及："博山县为中国制造精良玻璃著名之地，有似白玉之货品，及琉璃瓦片等物，多为北京商人所收买，号曰京料，而实则山东博山县人之所制也。""料为玻璃之俗称，关税表中称曰料器。京料之真者乃取博山所制之玻璃棒及玻璃片，至京融化，制成货物。故其构制及价格，均远过于在博山制成之京料也。"[18]看来，此第二种的数量也是较大的，且延续时间较长，致使有学者认为，"清代北京玻璃业严格地说只不过是玻璃加工业，其所用原料来自博山"[8]。

三、关于我国古代玻璃系演变的简单情况

表 9 - 10 - 2 所示为人们分析过的我国由先秦至清代的料器、玻璃成分分布的简单情况，由西周至清代，今统计到的标本为 183 件，可分成 5 系 35 型。下面简单地作一归纳。

（一）最早的玻璃系

我国最早的玻璃始见于新疆，其相当于西周至春秋早期，共包括 2 系 5 型，即：

钙系：钙—镁—钾—硅型、钙—钠—镁—硅型、钙—锑—镁—硅型、镁—钙—硅型。

铅系：铅—钙—硅型。

中原最早的玻璃属春秋晚期，计 3 系 3 型，即 $Na_2O - CaO - SiO_2$ 型、$K_2O - CaO - SiO_2$ 型、$CaO - SiO_2$ 型。

（二）各系玻璃发展和演变的简单情况

1. 铅钡系，计 5 型，直属型 1，旁属型 4（即铅钙钡型、钡铅钙型、铅钡钠型、铅钡钙型），计 42 件标本。

此体系始见于战国时期，东汉还可看到，此后再也未见。在战国玻璃中，铅钡系是占据主导地位的。战国时期，此系达 21 件，占此期标本总数（43 件）的 48.84%。秦、汉时期，其主导地位虽为钾系玻璃取代，但其比例依然较大；秦、汉玻璃标本计 65 件，铅钡系达 21 件，占此期标本总数的 32.3%。在整个铅钡系中，数量最多的是铅钡钠型，即 $PbO - BaO - Na_2O - SiO_2$；战国铅钡系计 21 件标本，此型便有 12 件；秦、汉铅钡系计 21 件标本，此型便有 17 件。

2. 铅系，计分 6 型，直属型 1，旁属型 5（铅钠型、铅钾型、铅钙型、铅钾钙型、铅钠钙型），计 20 件标本。

在新疆，此系始见于西周至春秋早期的克孜尔墓地。在中原地区则始见于战国，主要分布于唐、宋时期，一直延续到了近现代。隋、唐标本总计 15 件，此系占去 7 件，占此期标本总数的 46.7%；宋、辽标本计 15 件，此系达 8 件，占此期标本总数的 53.33%。从文献记载看，明代也应当生产过铅系玻璃的，但有关标本中却未显示出来。

3. 钾系，计 5 型，直属型 1，旁属型 4（钾钙型、钾钙钠型、钾钙铅型、钾铅钠型），计60件标本。

表9-10-2　　　　　　　我国古代玻璃琉璃成分分布小计

类型	时代	西周至春秋早期	春秋晚期	战国	秦汉	魏晋南北朝	隋唐	宋辽	元	明	清	小计(件)型	小计(件)系
铅钡系	铅钡型			6	1							7	42
	铅钙钡型				1							1	
	钡铅钙型				1							1	
	铅钡钠型			12	17							29	
	铅钡钙型			3	1							4	
铅系	铅型						6	3				9	20
	铅钠型		1	1			1					3	
	铅钠钙型									1		1	
	铅钾钙型							2				2	
	铅钙型	1										1	
	铅钾型							3			1	4	
钾系	钾型			5	36					1	1	43	60
	钾钙铅型									1		1	
	钾钙型		1	2	1					3	2	9	
	钾钙钠型									3	1	4	
	钾铅钠型									3		3	
钠系	钠型				1							1	40
	钠钙型		1	4	4	3					1	13	
	钠镁型				1							1	
	钠钙镁型						1	1				2	
	钠镁钙型						3				1	4	
	钠钙钾型					4		5	1			10	
	钠钾型					2						2	
	钠钙铅型			1								1	
	钠钾钙型					3		1	1			6	
钙系	钙型		1							1		2	21
	钙钠型			1							1	2	
	钙钾钠型			1			1			1		3	
	钙钠镁型	1					1					2	
	钙镁钾型	1										1	
	钙锑镁型	1										1	
	钙钠钾型			2								2	
	钙钾型			4								4	
	钙钾镁型							1		1	1	3	
	镁钙型	1										1	
标本总数(件)		5	3	43	65	12	15	15	1	11	13	183	183

注：西周至春秋早期的5件标本，为新疆克孜尔水库墓葬出土。

此体系始见于春秋晚期，战国便有了较大发展，两汉时更大地发展起来，但唐、宋钾玻璃标本较少，明、清时期复又增多起来。战国时期，此系标本7件，占此期标本总数（43件）的16.28%；秦、汉时此系标本37件，占此期标本总数（65件）的56.92%。在此系标本中，数量最多的是钾型，即$K_2O - SiO_2$，秦、汉时期的钾系玻璃计37件，36件皆为此型。

4. 钙系，包括10型，直属型1、旁属型9（钙钠型、钙钾钠型、钙钠镁型、钙镁钾型、钙锑镁型、钙钠钾型、钙钾型、钙钾镁型、镁钙型），计21件标本。

此系在新疆始见于西周至春秋早期，中原始见于春秋晚期，之后便延续了下来，多数时代都有使用，但分布较为分散，除战国时期有一定发展外，历代都使用不多。

5. 钠系，计9型，即钠型、钠钙型、钠镁型、钠钙镁型、钠镁钙型、钠钙钾型、钠钾型、钠钙铅型、钠钾钙型，计40件标本。其中主要是 $Na_2O - CaO - SiO_2$ 型和 $Na_2O - CaO - K_2O - SiO_2$ 型，计23件，占此期此系标本的57.5%。

此钠系始见于春秋晚期，并一直延续了下来。前4系玻璃大体上都是本国所产的，此系的产地则各有不同。我们认为，春秋晚期至战国的7件标本，即春秋晚期侯古堆1件、战国早期曾侯乙墓2件、江陵九店2件、战国二里岗1件、战国平山1件，皆系本国所产。汉至明代的此型标本，除唐李泰墓绿色玻璃瓶等外，大部分应是外来的。但值得注意的是：（1）此玻璃系分类讨论，主要是以部分科学分析为依据的，并未参照有关记载，故这只反映了各系、各型玻璃发展的一个概貌。（2）从《南州异物志》和《抱朴子·内篇》卷二的记载看，三国时期至东晋时期，交广一带生产过钠钙玻璃是肯定的，也不能排除在三国之后仍有生产的可能性。（3）我国接触和利用盆硝的时间较早，而人们又常把盆硝与硝石相混，故在漫长的岁月中，人们用它生产过钾钙玻璃，及至有意无意地生产过钠钙玻璃都是可能的，即汉代之后，我国实际生产的钠钙玻璃当不止李泰墓绿色玻璃瓶等少数器件，也不止唐代一个历史时期。

（三）关于我国古代玻璃成分分布的几个特点

1. 我国古代玻璃的主要体系是铅钡系、铅系、钾系。前者在先秦、两汉时期曾盛极一时，汉后未曾再现；钾系和铅系皆始于战国，忽强忽弱，一直沿用到了明、清。钾系玻璃在许多时代都占有较大的比重。钠钙玻璃虽也出现较早，时断时续，大体上是清代晚期才稳定地发展起来的。

2. 我国古代玻璃体系的发展经历了"多—少—多"的变化过程。先秦玻璃的成分体系和类型较多，秦、汉有所减少，由唐、宋至明更少一些，清代忽又增多起来。新疆西周至春秋早期5件标本，分属2系5型；中原春秋晚期3件标本，分属3系3型；战国43件标本，分属5系13型。秦、汉65件标本才分属4系11型。魏晋南北朝皆钠钙玻璃，皆是外域标本。隋、唐减少到3系8型，宋、辽只有2系6型，明代只有2系7型；清代却达4系10型。这说明，先秦是玻璃体系的探索期，之后便是相对稳定期，及清，人们又力图进行新的探索。但清代占主导地位的依然是钾玻璃，钾系有7件标本，占去此期标本总数（13件）的53.85%。

3. 我国古代玻璃技术应是独自发明出来的，不管新疆地区还是中原文化区都是如此。但外来影响也十分明显，从先秦到明、清，一直未曾中断。这种影响主要表现在两方面：一是不少西方玻璃输入了中国，这在考古发掘中都可看到；二是某些烧制和成型技术可能也随之传入了中国，一般认为，吹制法很可能是外域传入。但同时还有一个值得注意的现象是：在相当长一个时期内，西方玻璃的原料配比对中国并无太大影响，由先秦到清代中期，中原玻璃技术的基本体系依然是钾系、高铅系，国产钠钙玻璃较少。这说明，虽外来影响既强烈且持久，但我国古代的玻璃技术，基本上是就地取材，利用自身资源发展起来的。

4．我国古代玻璃技术发展十分缓慢，相当长一个时期都停留在钾玻璃和铅玻璃的范围。看来其原因主要有二：一是我国陶瓷技术十分发达，其产量、质量、品种和艺术水平，都达到了十分完美的程度，而社会对玻璃器皿并无急切的需要；二是在当时技术条件下，缺少充足的钠钙玻璃的原料。

以上讨论是以考古实物科学分析为基础的，它从一个方面反映了我国古代玻璃技术发展的实际情况。但此分析数据仍有一定局限：一是标本数还不是太多；二是标本的采集具有一定的随机性。若能与文献记载结合起来，就会更加全面一些。一般而言，上述玻璃的五个大"系"，多数应是人们有意识地生产的，少数则可能是无意间得到的。

民国玻璃3件，其中铅系2型2件，钠系1型1件，总体上看仍是沿袭清代的传统，因标本量较少，不便深入讨论。

四、清代玻璃加工技术

清代玻璃加工引入了一些西方人才和技术，设立了皇家玻璃厂，在成分配置、烧造和成型技术上，都有了明显的进步。此期不但生产了一些艺术玻璃，使玻璃的花色、品种都有了较大增长，一定程度上满足了社会的需要。同时，更为重要的是，还生产了部分光学玻璃和日用玻璃器。

（一）吹制和范铸

郑复光《镜镜詅痴》卷一"镜质"条载：玻璃由"火化吹成，故多泡多纹不能砥平，更有玻璃差是其所短。惟红毛玻璃坚厚少疵，但质愈厚玻璃差愈大耳"。"予亲见张明益熔玻璃于铁管一端，其一端套木，嘴含而吹之成泡。欲作管则火而长之，欲作方则火而范之"。这里谈到了玻璃管等的吹制和方形器等范铸的情况。

（二）平板玻璃

虽汉代便生产过一些玻璃小板，但大型玻璃板技术当是明、清之后才由西方传入的，有学者认为其始于广州、重庆，北京等地也能生产[20]。王侃《江州笔谭》卷下曾简单地谈到过重庆生产平板玻璃的情况："琉璃玻瓈，皆冶石汁入药为之。""本朝二百年来，唯广州人能之。今前后来重庆支炉者三家，盖巴峡中有矿可采，故竞来相就，而此物由是价贱蜀中矣。昨偕友人往观，见炉炽，石瓮通红，瓮身欹侧其口，外向深二尺余，消冶石粉，如金之在熔。匠者力持四尺铁管，挑起如饧，旋转其管裹之，急以拍扳（板）相规。再入火中，移时，自管端吹，使微空。复挑复裹，视其加大如茹。持登木架，俯向地坑中，手转口吹，渐长二尺余，大过合抱。既冷，赤色转绿，光明透澈可爱。脱其管，以金刚（石）划开，有若瓦解。承以大土坯，入别炉烘之，则渐展平，以作镜屏各物，随料取用。向其火候，盖三昼夜乃能熔化也。"[21]这是我国今见文献中，关于平板玻璃工艺的最早记载。基本操作是：先吹制玻璃管，之后再划开、展平。

（三）透明玻璃及其加工

"透明"玻璃，清郑复光谓之"通光"玻璃，主要包括普通光学玻璃和日用玻璃两种。《镜镜詅痴》卷一"原镜"条载："通光镜，其质四，曰烧料、曰玻璃、曰水晶、曰玻瓈纸。其色五，曰五色玻瓈，曰五色晶，曰熏黑玻璃。其形十一，曰平、曰凸、曰凹、曰方、曰三棱、曰多面（如多宝镜之属）、曰空球（如金鱼缸之属）、曰实球、曰空管（如寒暑表之属）、曰实管（如料丝灯之属）、曰水筋管（如水法条是也）。"此"烧料"、"玻璃"，当皆为现今意义的玻璃，但此两个名称有何区别，则不太明白。"水晶，为天生玉石之类"，"玻璃纸，为天生云母之属"，这在同卷"镜质"条已有说明。此"玻璃纸"、"玻瓈纸"为两种写法，在同书同卷内是并存的。这里谈到了透明玻璃等的不同色态和器形，其中相当部分可作光学玻璃。我国古代科学家对光学的研究至迟始于战国时期，众所周知，《墨经》中便记载了大量的光学实验资料，当时所用之镜，自然主要是铜镜。由这段文献可知，至迟清代晚期，我国便生产了第一批光学玻璃，并将之用到了实验中。其中的不同器形，自然也包含了不同的加工工艺。

同卷"镜质"条在谈到玻璃料选择时说："料色混，玻璃有纹、有泡；水晶有绵之类，生质之疵也。平镜不平，凹凸不圆，则光线相拗。磨砻草率，则镜光未莹，形质之疵也。"在谈到进口原料时说："洋料，佳者明净，殊胜。博山料佳者亦明净。"由这些情况看，光学实验用玻璃，以洋料为佳，但博山料佳者亦明净，说明博山料也制作过部分光学实验用玻璃。

同书卷一"镜色"条在说到观察日蚀时说："视日食，无黑玻璃则用熏黑玻璃视之，日光虽盛，绝不射目。"此说到了对玻璃作最为简单的加工，以进行天文观察。

（四）复色玻璃。这是通过某种机械方式，使两种或两种以上彩色玻璃结合在一个器物上。如点彩，是以一种玻璃作地，捺压色彩玻璃斑点成块状。如夹金，是黑或蓝地洒金，外套透明玻璃。又如夹彩，则是涅白地捺金星、绿、蓝三色斑，外套浅绿透明玻璃。此多见于乾隆时期[8]。

（五）套料。又叫套玻璃，是由两种以上的玻璃制成的器物，这是清代玻璃加工技术的一项创新。具体操作有二：（1）在玻璃胎上满套另一颜色的玻璃，再在外层玻璃上雕饰花纹。（2）将加热至半熔的色料棒直接在胎上做出花纹。此二法均能显示凸雕效果[2]。赵之谦《勇庐闲诘》载："时（康乾之世）天下大定，万物殷富，工执艺事，咸求修尚。于是列素点绚，以文成章，更创新制，谓之曰套。套者，白受彩也，先为之质曰地，地则玻璃、砗磲、珍珠，其后尚明，玻璃微白，色若凝脂，或若霏雪，曰藕粉。套之色有红有蓝，更有兼套，曰二彩、三彩、四彩、五彩或重叠套，雕镂精绝。康熙中所制浑朴简古，光照艳烂若异宝。乾隆以后，巧匠刻画……细入毫发，扪之有棱。"[22]

（六）搅胎玻璃

在考古发掘中，最早的搅胎玻璃始见于东汉，其当系外域传来，此后再未看到。在现有资料中，国产搅胎玻璃的实物约始见于清，多见于乾隆时期。约有两种不同操作：（1）一色深浅搅料，如藕荷色绞料、玫瑰紫绞料、深粉绿绞料。（2）多色绞料，如涅白地绞绿、鲜红地绞黄、宝蓝地绞白、豌豆黄地绞深红、浅绿[8]。

此外，清代玻璃还增添了多项艺术加工，如雕刻、描彩、描金、珐琅彩等。

五、关于"料器"

近人常称玻璃为"料器"，对这一名称的由来，目前还不是十分明晰。有学者认为：北京玻璃俗称为"料器"，是山东玻璃料制品的省略语，也是博山大炉匠的行话，被商界接受后传至北京，并沿用至今。同时，说从清代晚期到民国年间，北京玻璃器皿的原料皆来自博山。言下之意，即将玻璃制品称之为"料器"之事应属清代晚期至民国间，始于匠师，传于商家，流于世俗、学人。这些说法有一定道理，但犹言未尽，似还存在一些语言背景，今再从文献上试作一些补充。

（一）关于料器一名之蠡测

在"料器"一词中，"料"自然是"原料"、"材料"、"物料"之意，人们对它的使用是既早且广的。唐高适《高常侍集》三"留别郑三韦九兼洛下诸公"诗："羁旅虽同白社游，诗书已作青云料。"[23] 此青云料，指青云的原料，说诗书已化作了青云。当然，"料"字的这种简用之法，可能更早便已出现；将玻璃料简称为"料"之事，至迟亦始于明代晚期。前引《颜山杂记》卷二说，明末孙延寿每晨起来"检料"，其中的"料"，自然是指初烧而得的玻璃、琉璃料块。清代晚期，将玻璃料简称为"料"的记载便多了起来。如前引《镜镜诊痴》（1846 年）卷一"镜质"条说到过"料色"、"洋料"、"博山料"，显然这都是指玻璃说的。

但"料"与"料器"是不能等同的。一般器物皆以物料、材料、原料制成，为何人们只把玻璃器简称为"料器"？这却是值得思索的。管窥蠡测，笔者认为其原因至少有二：（1）因玻璃自古便是仿玉之作，故其制品独得上层人士青睐。（2）"料器"之名，很可能还与"烧料"所成之器有关。自古以来，人们便认为玻璃乃烧石而成，清时又出现了"烧料"一词。前引《镜镜诊痴》卷一"镜原"条便用到了"烧料"一名，此名是很有讲究的，在诸多关于古代玻璃、琉璃的术语中，这是概括性较强的一个。烧料所成之器，称之为料器，便是顺理成章的事。

在文献记载中，"料器"一词可能出现较晚。《光绪三十三年重庆口华洋贸易情形论略》载："此项（复进口）料器短少之处，因本省（四川）玻璃厂仿造抵制所致。料灯筒、料灯并各项料器，近来四川省现有数州县，亦能制造也。"[24] 可知在 19 世纪末至 20 世纪初，官方已使用这一词语。民间使用这一词语的时间则可能稍早一些。

进入 20 世纪后，"料器"一词便更多地使用起来。赵汝珍《古玩指南》（1944 年）第二十二章"料器"说："'料'者，今之玻璃也。凡玻璃制器，以前皆曰料器；即现在仍多以料器称也，如以玻璃制之烟壶嘴，皆曰料壶料嘴，绝没有称玻璃壶玻璃嘴者。"赵汝珍说的"以前"，至少应是清代末年。

（二）关于"料丝"

在讨论料器一词时，还有一件值得注意的事：即至迟元、明时期，还出现过"料丝"一词，料丝也是一种人工烧制物，且亦是一种以硅酸盐为基的非晶态物质，或者还包括部分晶态物质。看来，在语言结构上，与"料器"相似的名称并非个别现象。这对我们了解"料器"一称的来由也有一定帮助。

明郎瑛《七修类稿》卷四四"事物类·料丝"载："料丝灯出于滇南，以金齿卫者胜也，用玛瑙、紫石英诸药捣为屑，煮腐如粉，然必市北方天花菜点之方凝。而后缫之为丝，织如绢状，上绘人物山水，极晶莹可爱。价亦珍贵，盖以煮料成丝，故为之料丝。阁老李西涯以为'缭丝'书之于册，一时之误耳。"[25] 可见此

"料"原由玛瑙、紫石英诸物烧成。煮料成丝，故为料丝。玛瑙，由含有不同杂质的各种 SiO_2 胶体溶液，分期沿岩石空隙的壁向内逐渐沉积而成。紫石英即紫水晶，化学式亦为 SiO_2。若所记不误的话，以此二物为基本原料，加药烧成后，此料丝便应是一种含 SiO_2 较高的玻璃类制品。但此二者都是较为名贵的宝石，这种工艺纵然存在，其成本也是很高的，使用量当亦较少，并不能成为"料"器的主流产品。

明末清初王夫之（1619～1692年）《薑斋文集》卷九"杂物赞·料丝灯"也说到过料丝灯："烧药石为之，六方合成；外加丝，内如屏，花卉虫鸟，五采斯备。然灯其中，尤为绮丽。"[26]此说得较为简单，未说到料丝灯的原料和制法。估计与上述相类同。

清代中期赵翼（1727～1814年）《陔余考丛》卷三三"料丝"条所说与明郎瑛所述大体一致，有的地方更为具体："料丝灯，见李西涯诗。而诗用'缭丝'字，郎瑛谓误也。料丝出于滇南，以金齿卫者为胜，用玛瑙、紫石英诸药捣为屑，煮腐如粉，必市天花菜点之方凝。然后取以为丝，极晶莹可爱。盖以煮料成丝，故名料丝耳……此物前明时仅出于滇也……然则料丝在元时已有之，今之为料丝者，不必用玛瑙等石，但以糯米和药煮耳，其色亦复不减。"[27]赵翼也说到了用玛瑙、紫石英诸药煮炼成的料丝，还认为此"料丝"的发明期可上推到元，并说清代中期创造了一种用糯米和药煮制的制料法，可惜具体工艺不详。

参 考 文 献

第一节 采矿技术

[1] 董含：《三冈识略》卷一。

[2]（乾隆）《震泽县志》卷二五。

[3] 顾公燮：《消夏闲记摘抄·平定姑苏始末》。

[4]（浪穹）王崧《矿厂采炼篇》，见吴其濬《滇南矿厂图略》附。见《中国科学技术典籍通汇·技术卷》（一），河南教育出版社，1993年。

[5] 檀萃：《滇海虞衡志》（嘉庆己未成书）卷二"志金石"引。《丛书集成初编》3023。

[6] 清田雯：《黔书》卷四，《丛书集成初编》3183。

[7] 清张泓：《滇南新语》，《丛书集成初编》3142。

[8] 吴其濬：《滇南矿厂图略·滇矿图略上·硐之器第三》。见《中国科学技术典籍通汇·技术卷》（一），河南教育出版社，1993年。本书所用《滇南矿厂图略》，及其收录的《矿厂采炼篇》、《采铜炼铜记》皆此版本。下节不再说明。

[9] 新雨：《中国古代对煤的认识和应用》，《科技史文集》第9辑，上海科学技术出版社，1982年。

[10] 清赵翼：《簷曝杂记》，《续修四库全书》1138，上海古籍出版社，2002年。

[11] 吴天颖：《中国井盐开发史二、三事——"中国科学技术史"补正》，见《中国盐业史论丛》，中国社会科学出版社，1987年。

[12] 丁宝桢、菘蕃、唐炯等：《四川盐法志》，刊于光绪八年（1882年）。今见《续修四库全书》第842册。其卷二为"井盐图说"，包括"凿井"、"汲井"、"煮井"、"发运"四项。卷三为"器具图说"，介绍诸器的结构、尺寸、功用。

[13] 刘德林、周志征：《中国古代井盐工具研究》第50页、第138～141页，山东科学技术出版社，1990年。

[14] 林元雄等：《中国井盐科技史》第204～205页，四川科学技术出版社，1987年。

[15] 白广美：《中国古代盐井考》，《中国盐业史论丛》，中国社会科学出版社，1987年。

[16] 严如熤（1759～1826年）：《三省边防备览》卷一〇，《续修四库全书》732，上海古籍出版社，2002年。

[17] 清李榕：《自流井记》，《十三峰书屋文稿》卷一，光绪壬辰年（1892年）刊本。

[18] 同治富顺县令吴鼎立：《自流井风物名实说》，《（同治）富顺县志》卷三〇第13页之后全文引述。关于"自流井"一名的来源，该书说："相传井水自然流出，非人力鎜凿"。

[19] 吕长生：《清代云南井盐生产的历史画卷》，《中国历史博物馆馆刊》1983年第5期。

[20] 朱霞：《从〈滇南盐法图〉看云南少数民族的井盐生产》，《自然科学史研究》2004年第2期。

[21]《四川盐法志》卷三"器具图说"引《自流井风物名实说》。

[22] 刘德林、周志征：《中国古代井盐工具研究》第111～112页，山东科学技术出版社，1990年。

[23] 矩斋：《古尺考》，《文物参考资料》1957年第3期。

[24] 林元雄等：《中国井盐科技史》第211页，四川科学技术出版社，1987年。关于燊海

井的原文为："联合国教科文组织《博物馆》杂志 1980 年第 4 期上曾这样介绍道，1835 年燊海井钻凿成功，深达 1000.42 米，这是中国当时深井的最高记录，也是 19 世纪中叶前世界深井钻井记录。"此当为洋人当年的调查数字。今虽未能查核原文，当属可信，此前严如煜便说盐井深度可达三四百丈，有的可能超过了千米。

[25]〔德国〕汉斯·乌尔利希·福格尔：《四川深钻井技术传播到西方的真相和争议》，《中国盐业史国际学术讨论会论文集》第 39 页，四川人民出版社，1991 年。该文载："1835 年，世界上第一口超千米深井——燊海井在自流井（自贡市）钻成。"

[26] 福格尔的话见文献［25］，第 41 页。林元雄的原话见文献［14］，第 3 页。

[27] 清王培荀：《听雨楼随笔》卷六，《续修四库全书》1180 – 391，上海古籍出版社，2002 年。

[28] 清杜应芳等：《补续全蜀秇文志》，《续修四库全书》1677 – 539，上海古籍出版社，2002 年。

第二节　金属冶炼和加工技术

[1] 广东省博物馆：《广东罗定古冶铁炉遗址调查简报》，《文物》1985 年第 12 期。

[2] 转引自彭泽益：《中国近代手工业史资料》（1840～1949）第一卷第 315 页，三联书店，1957 年。

[3] 丁格兰：《中国铁矿志》第二篇（《地质专报》甲种第二号）。谢家荣译。农商部调查研究所印行，民国十二年。

[4] 杨宽：《中国土法冶铁炼钢技术发展简史》第 186 页、第 194～197 页、第 205 页，上海人民出版社，1960 年。

[5] 石心圃：《中国古代冶金》，《北京钢铁工业学院第一次科学研究及教学法讨论汇集》，1956 年。

[6] 何堂坤：《关于灌钢的几个问题》，《科技史文集》第 15 辑，上海科学技术出版社，1989 年。何堂坤：《我国古代炼钢技术初论》，《科技史文集》第 14 辑，上海科学技术出版社，1985 年。

[7] 周志宏：《中国早期钢铁冶炼技术上创造性的成就》，《科学通报》1955 年第 2 期。

[8] 张九皋：《芜湖手工炼钢业的片断史料》，《安徽史学通讯》1958 年第 1 期。张九皋：《濮家与芜钢》，《安徽史学通讯》1959 年第 3 期。

[9] Joseph Needham, The Development of Iron and Steel Technolgy in China. p. 26, 1958.

[10] 吉田光邦：《天工開物の製錬·鑄造技術》，载藪内清主编《天工開物の研究》，恒星出版社，東京，昭和三十年。

[11] 藪内清：《中國古代の科學》第 51 页，角川新书，昭和三十九年。

[12] 张子高：《中国化学史稿（古代之部）》第 34 页、第 101 页，科学出版社，1964 年。

[13] 陈良佐：《我国炼钢史上的一个问题》，《大陆杂志》第 49 卷第 6 期，1974 年。

[14] 何堂坤：《关于明代炼钢术的两个问题》，《自然科学史研究》1988 年第 1 期。

[15] 柯俊等：《中国古代的百炼钢》，《自然科学史研究》1984 年第 1 期。

[16] 李众：《中国封建社会前期钢铁冶炼技术发展的探讨》，《考古学报》1975 年第 2 期。

[17] 黄展岳等：《云南土法炼铁的调查》，《考古》1962 年第 7 期。

[18] 何堂坤：《百炼钢及其工艺》，《科技史文集》第 13 辑，上海科学技术出版社，1985 年。

[19] 本间顺治：《日本刀》第 34～36 页，岩波书店，昭和十四年。

［20］长沙窑课题组编：《长沙窑》第 115～116 页，紫禁城出版社，1996 年。

［21］何堂坤：《中国古代铜镜的技术研究》第 39 页，紫禁城出版社，1999 年再版。

［22］吴坤仪：《明清梵钟的技术分析》，《自然科学史研究》1988 年第 3 期。

［23］近重真澄：《東洋古銅器の化學的研究》，《史林》第三卷第二號，1918 年。

［24］乾隆十二年奉敕撰《钦定大清会典则例》卷一二九"工部·鼓铸"，文渊阁《钦定四库全书》抄本第 94 册，武汉大学出版社电子版第 239 碟。

［25］《清朝文献通考》卷一六"钱币考四"。

［26］（光绪）《钦定大清会典事例》卷八九〇"工部·鼓铸·鼓铸局·钱"。

［27］于锡猷：《西康之矿产》第 32 页，国民经济研究所，1940 年。

［28］梅建军等：《中国古代镍白铜冶炼技术的研究》，《自然科学史研究》1989 年第 1 期。

［29］李春昱：《四川西康地质志》第 207 页，地质出版社，1959 年。

［30］转引自张资珙：《略论中国的镍质白铜和它在历史上与欧亚各国的关系》，《科学》1957 年 10 月，第 33 卷第 2 期。

［31］王世襄整理《清代匠作则例汇编》之"铜作"第 5 页，油印本，原无页号。

［32］姚翁望：《汤天池和梁应达的铁画》，《文物参考资料》1957 年第 3 期。

［33］毛颖：《汤鹏"溪山烟霭园"铁画》，《中国文物报》1995 年 9 月 4 日第 4 版。

［34］颜昌贵：《锤笔铁墨绘丹青——安徽芜湖铁画》，《中国工艺美术》1982 年第 4 期。

［35］何堂坤、靳枫毅：《中国古代焊接技术初步研究》，《华夏考古》2000 年第 1 期。

第三节 制瓷术的黄金时代

［1］本书所引《陶冶图说》，均见熊寥主编《中国陶瓷古籍集成》，江西科学技术出版社，2000 年。

［2］周仁等：《景德镇瓷器的研究·清初瓷器胎釉的研究》，科学出版社，1958 年。今转引自《中国古陶瓷研究论文集》第 24 页，轻工业出版社，1983 年。

［3］陈尧成等：《历代青花瓷和着色青料》，《中国古代陶瓷科学技术成就》，上海科学技术出版社，1985 年。

［4］周仁等：《景德镇历代瓷器胎、釉和烧制工艺的研究》，《中国古陶瓷研究论文集》，轻工业出版社，1983 年。原载《硅酸盐》1960 年第 3 期。

［5］郭演仪：《古代景德镇瓷器胎釉》，《中国陶瓷》1993 年第 1 期。

［6］周仁：《我国传统制瓷工艺略述》，原载《文物》1958 年第 2 期，今引自《中国古陶瓷研究论文集》，轻工业出版社，1983 年。

［7］郭演仪：《中国制瓷原料》，《中国古代陶瓷科学技术成就》，上海科学技术出版社，1985 年。

［8］周仁等：《景德镇瓷器的研究·景德镇制瓷原料及胎、釉的研究》，科学出版社，1958 年。今转引自《中国古陶瓷研究论文集》，轻工业出版社，1983 年。

［9］周仁：《陶瓷试验场工作报告》，《中国古陶瓷研究论文集》，轻工业出版社，1983 年。

［10］张福康：《铁系高温釉综述》，《中国古代陶瓷科学技术成就》，上海科学技术出版社，1985 年。

［11］李家治：《原始瓷的形成和发展》，《中国古代陶瓷科学技术成就》，上海科学技术出版社，1985 年。有关夏、商、周原始瓷釉的出土情况和具体成分，详见本书表 2－3－2。

［12］中国硅酸盐学会：《中国陶瓷史》第 419 页，文物出版社，1982 年。

［13］《中国古陶瓷研究论文集》第 79～86 页，轻工业出版社，1983 年。

［14］《中国古代陶瓷科学技术成就》第327页，上海科学技术出版社，1985年。也有学者认为钴土矿中各氧化物是不易分开的，淘洗和分级对氧化钴的富集作用都不明显（文献［2］，第83页）。

［15］陈尧成等：《景德镇元明清青花的着色和显微结构特征》，《中国陶瓷》1981年第2期。

［16］张福康等：《我国古代釉上彩的研究》，《硅酸盐学报》1980年第4期。

［17］张福康等：《中国历代低温色釉的研究》，《硅酸盐学报》1980年第1期。

［18］张福康：《中国传统低温色釉和釉上彩》，《中国古代陶瓷科学技术成就》，上海科学技术出版社，1985年。

［19］叶喆民：《中国古代陶瓷科学浅说》，轻工业出版社，1960年。

［20］原出自 M. Ebelmen and M. Solvetat，《Annales de Chimie et de Physique》，3e Serie，Tome xxxv 312～365（1852）. 今转引自文献［16］。

［21］杨文宪：《古代窑炉与铜红釉》，《中国陶瓷》1985年第1期。

［22］中国硅酸盐学会：《中国陶瓷史》第432～437页，文物出版社，1982年。

［23］刘振群：《窑炉的改进和我国古陶瓷发展的关系》，《中国古陶瓷论文集》，文物出版社，1982年。

第四节　机械技术的发展

［1］Joseph Needham，Science and Civilisation in China，Vol. 4，PartⅡ，fig. 688 Cambridge University Press，1965。

［2］乌程周庆云：《盐法通志》卷三六，第14页，民国十七年，鸿宝斋排印。文中说水桶"长二三丈不等，宽一尺余"，详情不明。后文的"水桶"条说："水桶，木制，高一尺六寸，直径一尺三寸，用以盛卤或水，以便搬运。"

［3］陈立：《为什么风力没有在华北普遍利用——渤海海滨风车调查报告》，《科学通讯》第2卷第3期，1951年。

［4］易颖琦、陆敬严：《中国古代立轴式大风车的考证与复原》，《农业考古》1992年第3期。

［5］陆敬严、华觉明主编：《中国科学技术史·机械卷》第91～92页、第258～266页，科学出版社，2000年。

第五节　纺织技术的发展

［1］《皇朝经世文编》卷三七引。

［2］《吴兴蚕书》，清嘉庆（1796～1820年）间归安人高铨著，光绪十六年（1890年）四川人刊刻。今转引自文献［4］第3页。

［3］《广蚕桑说辑补》，清沈练著，仲昂庭辑补，农业出版社，1960年。参见郑辟疆1959年校注序、宗源瀚光绪三年序。

［4］章楷、余秀茹：《中国古代养蚕技术史料选编》第182页，农业出版社，1985年。

［5］于云傲：《孙廷铨与〈山蚕说〉》，《丝绸史研究》1986年第3期。《山蚕说》原无标题，系他人或孙氏后加。《南征纪策》国家图书馆有藏本，今引自文献［5］。

［6］华德公：《人工放养柞蚕以鲁中南山区为早》，《丝绸史研究》1987年1、2合期。

［7］陈宏谋：《巡历乡村兴除事宜檄》，《皇朝经世文编》卷二八。

［8］吴振械：《黔语》卷下，咸丰四刻本，书名为俞樾所题。

［9］《蚕桑萃编》卷四，《四库未收书辑刊》肆辑 23－614，北京出版社，1997 年（前言）。

［10］《湖蚕述》第 61 页，中华书局，1956 年。

［11］引自道光二十年《南浔镇志》。

［12］朱从亮、黄志昌：《辑里丝经的起源初考》，《丝绸史研究》1988 年第 1 期。

［13］《广蚕桑说辑补》，第 42 页，清沈练著，仲昴庭辑补，农业出版社，1960 年。参见郑辟疆 1959 年校注序、宗源瀚光绪三年序。

［14］金远：《我国古代制丝用水之初探》，《中国丝绸史学术讨论会论文汇编》，浙江丝绸工学院丝绸史研究室编辑，1984 年。

［15］（嘉庆）《松江府志》，《续修四库全书》"史部·地理类"第 687 册，上海古籍出版社，2002 年。

［16］《蚕桑萃编》卷一一，《四库未收书辑刊》肆辑 23－700、23－698。

［17］《蚕桑萃编》卷五，《四库未收书辑刊》肆辑 23－632、23－634。

［18］陈维稷主编：《中国纺织科学技术史（古代部分）》第 191 页，科学出版社，1984 年。

［19］赵承泽主编：《中国科学技术史·纺织卷》第 181 页，科学出版社，2002 年。

［20］杨屾：《豳风广义》（《中国古农书丛刊蚕桑之部》），农业出版社，1960 年。并见陕西通志馆印《关中丛书》本。

［21］陈维稷主编：《中国纺织科学技术史（古代部分）》第 216 页，科学出版社，1984 年。

［22］卫杰：《蚕桑萃编》（光绪二十三年），中华书局，1956 年。

［23］原出"大清会典"，今引自《钦定古今图书集成·考工典型·织工部》。

［24］（光绪）《钦定大清会典事例》卷一一九〇"内务府·库藏"。

［25］陈作霖：《金陵物产风土志》卷一五。

［26］陈作霖：《凤麓小志》卷三。

［27］陈维稷主编：《中国纺织科学技术史（古代部分）》第 294 页，科学出版社，1984 年。

［28］韩连芬等：《维吾尔民间印花布图案集》，新疆人民出版社，1981 年。

［29］陈维稷主编：《中国纺织科学技术史（古代部分）》第 271 页，科学出版社，1984 年。

［30］褚华：《木棉谱》，《续修四库全书》977—127，上海古籍出版社，2002 年。

［31］（道光）《苏州府志》卷一七。

［32］（光绪）《续纂江宁府志》卷一一。

［33］徐仲杰：《南京云锦史》第 50～51 页，江苏科学技术出版社，1986 年。

［34］沈宛：《〈南京云锦史〉评介》，《丝绸史研究》1987 年第 3 期。

［35］甘熙：《白下琐言》卷八，第 15 页，丙寅年（1926 年）江宁甘氏重刻本。

［36］李仁辅：《中国古代纺织史稿》第 268～270 页，岳麓书社，1983 年。

［37］原出自 The Chinese Repositry，vol. ll，NO. 10，Feb. 1833 年。转引自彭泽益《中国近代手工业史资料》（1840～1949）第一卷第 247 页，三联书店，1957 年。

［38］《广东新语》卷一五"货语·葛布"，第 424～425 页，清代史料笔记丛刊，中华书局，1985 年。

第六节 造纸技术

［1］（乾隆）《梧州府志》，（光绪）《容县志》，皆转引自彭泽益《中国近代手工业史资料》（1840～1949）第一卷第 261 页，三联书店，1957 年。

［2］卢坤：《秦疆治略》（成书于 1824 年前后）：歧山县，见第 42 页；宝鸡县，见第 43 页；

定远厅，见第 49 页；西乡县，见第 45 页；安康县，见第 59 页；砖坪厅，见第 61 页；紫阳县，见第 65 页；商南县，见第 23 页；孝义县，见第 1 页。今皆转引自彭泽益《中国近代手工业史资料》（1840～1949）第一卷第 261～263 页，三联书店，1957 年。

［3］（道光）《略阳县志》卷四，第 55 页。今转引自彭泽益《中国近代手工业史资料》（1840～1949）第一卷第 263 页，三联书店，1957 年。

［4］清严如煜：《三省边防备览》卷九"山货"，《续修四库全书》732 册第 266～270 页，上海古籍出版社，2002 年。

［5］胡韫玉：《纸说》，原载《朴学斋丛刊》（第三册），民国十二年；今见胡朴安编《朴学斋丛书》第二集第八册，绿色封面，泾县胡化刊，1941 年。

［6］戴家璋：《中国造纸技术简史》第 231～233 页，中国轻工业出版社，1994 年。

［7］清邹炳泰：《午风堂丛谈》，《续修四库全书》1462－243，上海古籍出版社，2002 年。

［8］清沈初：《西清笔记》，《笔记小说大观》第二十四册，江苏广陵古籍刻印社，1983 年。

［9］曹天生：《中国宣纸》第 43 页，中国轻工业出版社，2000 年。

［10］《明史》卷四〇"地理志"，二十五史本，第 7883 页。

［11］《清史稿》卷五九"地理志"，二十五史本，第 9083 页。

［12］吴振棫（1792～1871 年）《养吉斋丛录》卷二六（约 1871 年），《续修四库全书》1158－486，上海古籍出版社，2002 年。

［13］（雍正十年）《江西通志》（第二十四册）卷二七"土产·广信府·纸"，文渊阁《钦定四库全书》抄本，武汉大学出版社电子版第 228 碟。

［14］（乾隆二年）《福建通志》（第十三册）卷一一"物产·建宁府"。

［15］（道光）《广西通志》（第十九册）卷三一"物产"，文渊阁《钦定四库全书》抄本，武汉大学出版社电子版第 231 碟。

［16］（雍正十三年）《陕西通志》（第四十一册）卷四三"物产·纸"，文渊阁《钦定四库全书》抄本，武汉大学出版社电子版第 232 碟。

［17］（雍正）《湖广通志》（第十四册）卷一八"物产附"，文渊阁《钦定四库全书》抄本，武汉大学出版社电子版第 230 碟。

［18］戴家璋：《中国造纸技术简史》第 237～240 页，中国轻工业出版社，1994 年。

［19］（雍正十二年）《山西通志》（第三十九册）卷四七"物产·平阳府"，文渊阁《钦定四库全书》抄本，武汉大学出版社电子版第 231 碟。

［20］（雍正十三年）《浙江通志》（第五十四册）卷一〇四"物产·绍兴府"："草纸，《山阴县志》，南池以草为之。"文渊阁《钦定四库全书》抄本，武汉大学出版社电子版第 229 碟。

［21］黄兴三：《造纸说》，为民国杨钟羲《雪桥诗话续集》（1917 年）卷五（线装《求恕斋丛书》本，卷内第 39～40 页）所收。原文未曾独刊，亦不知此文原名为何，今人且以《造纸说》名之。

［22］《蝶阶外史》卷四，《笔记小说大观》第十七册，广陵古籍刻印社，1983 年。

［23］潘吉星：《中国科学技术史·造纸与印刷卷》第 251 页，科学出版社，1998 年。

［24］荣元恺：《关于泾县宣纸名称起源与发展浅见》，《纸史研究》总第 10 期，1992 年。

［25］王诗文：《中国传统手工纸事典》第 152～160 页，财团法人树火纪念纸文化基金会，台北市，2001 年。

第七节　印刷技术的发展

［1］于敏中：《钦定日下旧闻考》（第三十册）卷七一（第 24 页），文渊阁《钦定四库全

书》抄本，武汉大学出版社电子版第 227 碟。

〔2〕张秀民：《中国印刷史》第 549 页，上海人民出版社，1989 年。

〔3〕清鲁九皋：《鲁山木先生文集·外集》卷一。

〔4〕张秀民：《中国印刷史》第 546~547 页，上海人民出版社，1989 年。

〔5〕杨绳信：《中国版刻综录》第 179~189 页、第 528 页，陕西人民出版社，1987 年。

〔6〕潘吉星：《中国科学技术史·造纸与印刷卷》第 412 页，科学出版社，1998 年。

〔7〕叶德辉：《书林清话》（1911 年）卷八第 14 页，《民国丛书》第二编第 50 册，上海书店，1990 年，据宣统辛亥年观古堂刻本影印。

〔8〕魏隐儒：《中国古籍印刷史》第 179~181 页，印刷工业出版社，1988 年。

〔9〕潘吉星：《中国科学技术史·造纸与印刷卷》第 436 页，科学出版社，1998 年。

〔10〕杨绳信：《中国版刻综录》第 528~532 页，陕西人民出版社，1987 年。

〔11〕王士禛：《居易录》（第十六册）卷三四第 9 页，文渊阁《钦定四库全书》抄本，武汉大学出版社电子版第 318 碟。

〔12〕金简：《钦定武英殿聚珍版程式》，文渊阁《钦定四库全书》抄本，武汉大学出版社电子版第 244 碟。

〔13〕魏志刚：《〈武英殿聚珍版程式〉制印 220 周年》，《中国印刷史学术研讨会文集》，印刷工业出版社，1996 年。

〔14〕潘吉星：《中国科学技术史·造纸与印刷卷》第 424~427 页，科学出版社，1998 年。

〔15〕陶湘：《武英殿聚珍版书目》（1938 年），转引自文献〔13〕第 206 页，其中经部 31 种、史部 27 种、子部 33 种、集部 43 种。

〔16〕张秀民等：《中国活字印刷史》第 88 页，中国书籍出版社，1998 年。

〔17〕罗树宝：《中国古代印刷史》第 246 页，印刷工业出版社，1993 年。

〔18〕吴长元：《宸垣识略》卷三，《续修四库全书》730 – 343，上海古籍出版社，2002 年。

〔19〕白莉蓉：《清吕抚活字板印书工艺》，《文献》1992 年第 2 期。此文计分四部分：（1）《精订纲鉴二十一史通俗演义》的成书过程。（2）该书卷二五的基本内容原文引录。（3）吕抚活字泥板印书工艺探析。（4）版本考订。吕抚工艺的原文今完全转引自此文。白莉蓉：《清吕抚活字泥版印书工艺与泥活字印书工艺之比较》，《中国印刷史学术研讨会文集》，印刷工业出版社，1996 年。

〔20〕李龙如：《我省发现泥活字印的书》，《湖南日报》1980 年 3 月 4 日第 4 版。涂玉书：《胶泥活字印制的书》，《湘图通讯》1982 年第 1 期。

〔21〕魏隐儒：《中国古籍印刷史》第 235~245 页，印刷工业出版社，1988 年。

〔22〕《泥版试印初编》，见《中国科学技术典籍通汇·技术卷》（一），河南教育出版社，1994 年第 1 版。

〔23〕张秀民等：《中国活字印刷史》第 50~54 页，中国书籍出版社，1998 年。

〔24〕张秉伦：《关于翟氏泥活字的制造工艺问题》，《自然科学史研究》1986 年第 1 期。

〔25〕刘云等：《翟氏泥活字制造工艺研究及泥活字印刷术模拟实验》，《文物》1990 年第 11 期。

〔26〕陶宝成：《是磁版还是磁活字版》，《江苏图书馆工作》1981 年第 3 期。《一部珍贵的磁版印本〈周易说略〉》，《山东图书馆季刊》1984 年第 2 期。

〔27〕潘吉星：《中国科学技术史·造纸与印刷卷》第 419 页，科学出版社，1998 年。

〔28〕王士禛：《池北偶谈》，景印文渊阁《钦定四库全书》870 – 330，台湾版。

〔29〕张秀民：《中国印刷史》第 725~729 页，上海人民出版社，1989 年。

〔30〕韩琦：《西方人研制中文活字史略》，《文献》1992 年第 1 期。

第八节　火药火器技术的发展

　　[1]（光绪）《钦定大清会典事例》卷八九五"工部·军火·火药二"，《续修四库全书》810－803，上海古籍出版社，2002年。

　　[2]（光绪）《钦定大清会典事例》卷八九七"工部·军火·火药四"，《续修四库全书》810－820，上海古籍出版社，2002年。

　　[3]《清实录》（四）"清圣祖实录"卷四九，第640页，康熙十三年八月。

　　[4] 黑龙江省博物馆历史部：《康熙十五年"神威无敌大将军"铜炮和雅克萨自卫反击战》，《文物》1975年第12期。炮上有满、汉两种文字："神威无敌大将军"、"大清康熙十五年三月二日造"。炮口内径11厘米、外径27.5厘米、底径34.5厘米。

　　[5]《嘉庆大清会典事例》卷六八六。说明：九节十成炮，"铸以铜，前后若一，前分九节，后加底，各有螺旋，以便分负涉险，用时合成。重自七百九十斤至七百九十八斤，长自五尺一寸至六尺九寸……用药自一斤四两至一斤八两，铁子二斤八两，载以四轮车……加立表以为准，板轮不施幅"。即是说，炮身分九节，每节长短粗细相同，每节的一端有阳螺纹，另一端有阴螺纹，以便拆开行军，使用时再合在一起。载于四轮车上，炮身上有瞄准器。

　　[6] 清嵇璜等：《钦定皇朝通典》卷七八"兵十一·皇朝礼器图式武具·火器"，《钦定四库全书》抄本第28册，武汉大学出版社电子版第241碟。

　　[7] 王兆春：《中国科学技术史·军事技术卷》第287页（科学出版社，1998年）：机枪是后装针击式的，其弹丸呈长筒形；其在扣动扳机射出第一发子弹后，便可利用火药燃气的反冲力，推动枪管后座一段距离；并利用枪管后座的能量，完成打开枪机，退出弹壳和重装发射的整个过程。连珠火铳没有这些构造和技术条件。

　　[8] 陈阶平：《请仿西洋制造火药疏（道光二十三年福建提督陈阶平）》，《海国图志》卷九一，《中国兵书集成》（47）第497～504页，解放军出版社等，1992年。

　　[9] 矩斋：《古尺考》，《文物参考资料》1957年第3期。

　　[10] 丁守存：《西洋自来火铳制法》，《海国图志》卷九一，《中国兵书集成》（47），第483～496页，解放军出版社等，1992年。

　　[11] 龚振麟：《铸砲铁模图说》，《海国图志》卷八六，《中国兵书集成》（47）第277～304页，解放军出版社等，1992年。

　　[12] 龚振麟：《枢机砲架新式图说》，《海国图志》卷八七，《中国兵书集成》（47）第337～339页，解放军出版社等，1992年。

　　[13] 黄冕：《炸弹飞砲轻砲说》，《海国图志》（咸丰二年本）卷八七，《中国兵书集成》（47）第327～336页，解放军出版社等，1992年。黄冕此文已为道光二十七年（1847年）《海国图志》的60卷本收入（见其卷五五），文中又提到过"道光二十四五年间"，故此文应成于1845～1847年间。

　　[14] 丁拱辰：《西人铸砲用砲法》，《海国图志》卷八八，《中国兵书集成》（47）第399～401页，解放军出版社等，1992年。

　　[15] 丁拱辰：《铸砲弹法》，《海国图志》卷八六，第17～18页，《中国兵书集成》（47）第309～311页，解放军出版社等，1992年。

第九节　髹漆技术的发展

　　[1] 崇璋：《造办处之作坊及匠役》，《中华周报》第二卷第十九期，第8页。转引自彭泽

益《中国近代手工业史资料》（1840～1949）第一卷第 148 页，三联书店，1957 年。

　　［2］朱家溍：《清代造办处漆器制做考》，《故宫博物院院刊》1989 年第 3 期。关于清代《各作清档》的原始资料转引于此。

　　［3］朱家溍：《清雍正年的漆器制造考》，《故宫博物院院刊》1988 年第 3 期。关于清代《各作清档》的原始资料转引于此。

　　［4］《中国工艺美术全集》"工艺美术篇 8·漆器"，文物出版社，1989 年。

　　［5］张燕：《晚清扬州漆器艺人卢葵生作品闻见录》，《故宫博物院院刊》1992 年第 1 期。

　　［6］田雯：《黔书》卷下"革器"，附于《古欢堂集》第十四册卷三九第 35 页、第 36 页，文渊阁《钦定四库全书》抄本，武汉大学出版社电子版第 427 碟。

　　［7］《髹饰录解说》，文物出版社，1989 年。朱桂辛关于毕节皮胎处理工艺，转引自 168 页。

　　［8］《髹饰录解说》，文物出版社，1989 年，王世襄解说。第 95 页："现在广东及山西还在制造"皮胎漆器。第 97 页：过去北京古董店中偶尔看到一种"黑质红细文"的填彩器，即皮胎黑漆，划纹很细，填色漆（以朱色为主），它种漆器在贵州和山西两地都有生产。第 98 页：1957 年秋，山西皮胎雕填漆器曾在全国工艺品展览会上展出。第 168 页：广东阳江亦产皮胎漆器，且"县志"上早有记载。

　　［9］《髹饰录解说》，文物出版社，1989 年，第 168 页。此系朱桂辛转告王世襄的资料。

　　［10］《髹饰录解说》，文物出版社，1989 年，第 168 页，王世襄解说。

　　［11］宋兆麟：《凉山彝族的漆器制作工艺》，《中国历史博物馆馆刊》1996 年第 1 期。

　　［12］扬州市博物馆：《江苏邗江姚庄 101 号西汉墓》，《文物》1988 年第 2 期。

　　［13］清顾广圻：《思适斋集》卷五"漆沙砚记"。《续修四库全书》1491－50，上海古籍出版社，2002 年。顾广圻，字千里。

　　［14］王世襄、袁荃猷：《扬州名漆工卢葵生和他的一些作品》，《文物参考资料》1957 年第 7 期。

　　［15］张燕：《晚清髹漆艺人卢葵生及其艺术成就》，《故宫博物院院刊》1989 年第 4 期。

　　［16］《髹饰录解说》，文物出版社，1989 年，第 86 页，王世襄解说。

　　［17］沈福文：《漆器工艺技术资料简要》，《文物参考资料》1957 年第 7 期。

　　［18］明高濂：《遵生八笺》（第十三册）卷一四（第 75 页）"燕闲清赏上·论剔红倭漆雕刻镶嵌器皿"，文渊阁《钦定四库全书》抄本，武汉大学出版社电子版第 318 碟。

第十节　玻璃技术的发展

　　［1］E. B. 库尔提斯：《清朝的玻璃制造与耶稣会士在蚕池口的作坊》，《故宫博物院院刊》2003 年第 1 期。米辰峰译。

　　［2］张荣：《清雍正朝的官造玻璃器》，《故宫博物院院刊》2003 年第 1 期。

　　［3］《钦定大清会典事例》，台北新文丰出版公司，1976 年，依光绪二十五年本影印。

　　［4］清于敏中等编：《钦定日下旧闻考》，文渊阁《钦定四库全书》抄本第 69 册第 28 页，武汉大学出版社电子版第 227 碟。

　　［5］《白雪圣石经》，收于《道藏》的《铅汞甲庚至宝集成》卷四（见涵芬楼影印本第 595 册）。

　　［6］杨伯达：《清代玻璃配方化学成分的研究》，《故宫博物院院刊》1990 年第 2 期。

　　［7］鄂尔泰、张廷玉等：《清实录》"世宗宪皇帝实录"（二）卷九九，雍正八年十月。

　　［8］杨伯达：《清代玻璃概述》，《故宫博物院院刊》1983 年第 4 期。

［9］《清内务府养心殿造办处各作成做活计清档》雍正六年，编号3313，中国第一历史档案馆。今转引自文献［6］。

［10］《清内务府养心殿造办处各作成做活计清档》乾隆二十一年，编号3475，中国第一历史档案馆。今转引自文献［8］。

［11］清梁同书：《古铜瓷器考》，《美术丛书》（五）。

［12］美国康宁玻璃公司 R. H. Brill 等：《一批早期中国玻璃的化学分析》，《中国古玻璃研究（1984年北京国际玻璃学术讨论会论文集）》，中国建筑工业出版社，1986年。

［13］《清内务府养心殿造办处各作成做活计清档》乾隆十七年，编号3438，中国第一历史档案馆。今转引自文献［6］。

［14］谢惠：《山东博山玻璃工业概况》，《交大季刊》13期1934年。

［15］宋李诫：《营造法式》（第四册）卷一五"窑作制度·瑠璃瓦等"（第11页），文渊阁《钦定四库全书》抄本，武汉大学出版社电子版第224碟。

［16］孟乃昌：《汉唐消石名实考辨》，《自然科学史研究》1983年第2期。

［17］《重修政和经史证类备用本草》卷五"玉石·蓬砂"条引。

［18］〔英〕波西尔（S. W. Bushell）：《中国美术》卷下"玻璃"条，第118～119页，戴岳译，商务印书馆，1923年初版。维廉顺（Rev. A. Williamson）的《中国北部旅行日记》亦转引于此书。

［19］清郑复光：《镜镜诠痴》，《丛书集成初编》1340。本书所引《镜镜诠痴》皆此版本。

［20］程朱海：《试探我国古代玻璃的发展》，《硅酸盐学报》1981年第1期。

［21］王侃：《巴山七种》"江州笔谭"卷下，同治乙丑（1865年），光裕堂刊发。

［22］赵之谦：《勇庐闲诘》，《丛书集成新编》卷四七第765页，新文丰出版公司，1985年。

［23］高适：《高常侍集》第一册卷三第1页，文渊阁《钦定四库全书》抄本，武汉大学出版社电子版第402碟。

［24］《光绪三十三年重庆口华洋贸易情形论略》，《通商各关华洋贸易总册》下卷，第32页。转引自彭泽益《中国近代手工业史资料》（1840～1949）第二卷第340页，三联书店，1958年。

［25］明郎瑛：《七修类稿》卷四四"事物类·料丝"，《续修四库全书》1123-259上，上海古籍出版社，2002年。

［26］明末清初王夫之：《薑斋文集》卷九，《续修四库全书》1403-533，上海古籍出版社，2002年。

［27］清赵翼：《陔余考丛》卷三三"料丝"，《续修四库全书》1152，上海古籍出版社，2002年。

后　记

　　我原主要是作冶金技术史研究的，1989～1994 年，北京师范大学等单位的学者策划了一部名为《中华文明史》的大型丛书，时间范围由洪荒到清末，计 1000 多万字，由河北教育出版社出版，其中的"古代手工业技术史"部分是由我撰写的，计 30 多万字。自此，我便与手工业技术史结下了不解之缘。

　　本书于 1994 年开始动笔，后因《中国古代金属冶炼和加工工程技术史》的编撰，间断了四五年时间，直到 2005 年才完成。计包含 10 个学科，即采矿、冶铸、陶瓷、机械、纺织印染、造纸印刷、火药、指南针、油漆、玻璃，不含建筑和水利；依历史年代分章，依技术系统分节、分目。书中引用的文献资料，大体上截至 2005 年；2006 年之后者，只有少数增补。

　　本书涉及学科较多，做起来十分辛苦。好在我自幼生活在农村，对部分手工业技术的工艺程序略知一二；我在大学的专业是冶金学，专业基础稍宽，对此都是有帮助的。本书一方面系统地介绍了我国古代手工业各主要学科的发展概况和主要技术成就；另一方面也作了一些新的研究，并提出了一些粗浅的看法，今略举数例如下：

　　如"采矿史"部分，本人对"卝"字的本义采用了另外的解释。今世研究者一般认为，"卝"即是"礦"之古文，是矿井之象形字。本人经查证后认为，"卝"的本义是卵，是"未出生"、"未突破"之义，后转义为"未曾开采"。它并不是"礦"的古体或异体，《周礼》"卝人"以"卝"代"礦"，是作为假借字使用的。

　　如"陶瓷史"部分，今举二例。一是关于原始瓷的原料，往昔一般认为它可能是瓷石；因考虑到瓷石加工较为困难，又见部分早期陶器存在高硅制品，便提出了原始瓷原料可能主要是某种高硅粘土的观点。二是倒焰窑问题，早在 20 世纪 60 年代，便有学者提出了我国古代存在倒焰窑的观点，本人对有关资料研究后认为，迄今所见我国古陶瓷窑无一可称之为倒焰窑的。

　　如"机械史"部分，今举三例。一是本人对金属加工和焊接技术都作过一些科学分析，并发表过多篇论文，从而增进了我们对有关技术的认识，此前，我们对它是不了解或了解不深的。二是对平木用刨作过一些研究，发表过文章，认为它在汉代便已出现。此前，有学者认为它是明代才出现的。三是提出了《后汉书》和《三国志》中的"翻车"应是水力或人力推动的大水轮车，即普通筒车，或高转筒车的观点，而不是后世的龙骨车。认为龙骨车可能是北宋才出现的。此前一般皆认为《后汉书》和《三国志》中的"翻车"即是后世的龙骨车。

再如"纺织史"部分，今举两例。一是往昔一些学者将《农政全书》中的木棉搅车图示为脚踏式的，经查证，我认为其仍属手摇式。二是查到了一些新资料，如陕西凤翔府在北宋便贡棉布，说明当时凤翔府便已经植棉，这是此前未曾引起注意的。

再如"玻璃史"部分，本人作过一些科学考察，并发表过三篇文章，对我国古代玻璃的起源提出了管窥之见；并对先秦玻璃的着色元素找到了一些实物依据，此前尚未看到类似的分析资料。

本书纳入《中国古代工程技术史大系》（以下简称"大系"）中，是2003年底才确定的。"大系"原定20卷，但人事沧桑，在多年运作过程中，由于一些不可抗拒的因素，作者队伍发生了一些变化，某些卷目亦做出了适当调整。"大系"卷目原设计中曾有过"工程技术史综合卷"的设想，准备全书完稿后，由各卷作者共同撰写，但从现实情况看，这种"综合卷"已很难实现。最后才决定将本书纳入以代之，这自然是有利亦有弊的。

本书初稿完成后，曾分别拜请有关学科的专家王兆春（火药火器、指南针）、王菊华（造纸技术史）、安家瑶（玻璃技术史）、刘德林（井盐、天然气、石油开采技术史）、李文杰（陶瓷技术史）、李进尧（金属矿、煤矿开采技术史等）、林文照（指南针技术史）、苏荣誉（冶铸技术史）、陈振裕（油漆技术史）、张树栋（印刷技术史）、赵承泽（纺织技术史）、郭可谦（机械技术史）等先生作为主审，后由黄展岳先生复审全稿，最后又由山西教育出版社原总编辑左执中先生审阅全稿，皆提出了许多宝贵意见，在此表示衷心的感谢。

平凡人生，数十年中也总会遇到一些奇事和好事的，"大系"筹划过程中，我们的想法与山西教育出版社不谋而合，便是最好例子。1994年秋，《中国古代工程技术史大系》正在策划过程中，出版问题一直没有眉目。某日上午下班后，我刚走出单位大门，便遇上了前来组稿的山西教育出版社王佩琼先生，他说明了来意，希望组织一部工程技术史方面的大型丛书。真是不期而遇、不谋而合，双方都十分高兴。在商品社会、市场经济条件下，人心中多怀一股莫名的冲动，空气里弥漫一种别样的气味，山西教育出版社不但资助了"大系"出版，而且每卷资助了1万元科研费，其心可鉴，其志可铭，"诚意动天"[1]。佩琼本人不但付出了大量心血，也蒙受了不少经济损失。王佩琼先生系博士，多才多艺，业余时一直从事科学哲学的研究，并有较深造诣；其喜作古体诗词，既情情切切，又荡气回肠。近日承蒙惠赐，并得允抄录一首"桂枝香——北京怀古"如下，以共飨之：

> 危处凭栏，观苍茫晨色，残星零露。一行大雁飞绝，清秋盈目。
> 朱墙翠瓦西风里，谁鸣钟唤醒无数。香炉霜叶，万寿昆明，长卷画图。
> 古燕地，多少铁骑。沐腥风血雨，英雄仆继。悲歌慷慨，千古回肠荡气！

---

[1] 明宋应星在《天工开物·序》中说：《天工开物》卷毕，"伤哉贫也"，无力付梓。好友涂伯聚先生刚支持他出版了《画音归正》一书，现又资助他出版《天工开物》，宋应星十分感动，高声盛赞涂伯聚"诚意动天"。

永乐康乾卧土丘，乐毅元汗觅无迹。游人惟睹，北海九龙，天坛音壁。

真乃"黄绢幼妇，外孙齑臼"①。

本人平生无甚嗜好，不抽烟，不喝酒，不打牌，不踢球。偶尔浏览一下文艺作品，有时亦胡诌一首歪诗，皆为消遣故，多年来只有四首词在不经意间让友人发表过。某日忙中偷闲，再次读到了李太白诗句："天地者万物之逆旅，光阴者百世之过客"，又有一些新的感悟。今拾得打油诗一首，唤做"我悄悄地走来"，抄录如下，作为"后记"之结语：

　　我悄悄地走来，来到那僻静的山村；我悄悄地离去，消失在茫茫的荒原。

　　世上原无我，只有山花、小草和清泉；只因上苍的欢爱，才飘落到了这繁杂的世间。

　　多少梦幻和追求，多少痴情和爱恋；多少忧伤和自得，都不过是一刹那的风烟。

　　我悄悄地走来，带来的是一声轻轻的呼唤；我悄悄地离去，带走的是一缕细细的青烟。

　　我化做一抔净土，培育一株禾苗；化做一滴露珠，滋润一棵芳草。我已不再是我，——是清风，是彩霞，是田野里的欢笑。

何堂坤　2006 年 12 月

---

①　南朝刘义庆《世说新语》卷中下"捷悟第十一"："魏武尝过曹娥碑下，杨脩从，碑上见题'黄绢幼妇，外孙齑臼'八字。魏武谓脩曰：'解不'？答曰：'解。'魏武曰：'卿未可言，待我思之。'行三十里，魏武乃曰：'吾已得。'令脩别记所知。脩曰：'黄绢，色丝也，於字为绝。幼妇，少女也，於字为妙。外孙，女子也，於字为好。齑臼，受辛也，於字为辞。所谓绝妙好辞也。'魏武亦记之，与脩同。乃叹曰：'我才不及卿乃觉三十里。'"（文渊阁《钦定四库全书》抄本，武汉大学出版社电子版第 335 碟）